復刻版

昆虫の分類

素木得一

Classification of Insects

Tokuichi Shiraki

北隆館

HOKURYUKAN CO., LTD.

TOKYO

序

本邦に昆虫学に関する総括的な著者が無い為めに著者が大学に職を奉じていた際少なからず凡ての点に就いて不便を感じて居つた。然し自身として適切な著述をなす事も出来ずして終に停年となり教壇から去る事となり，間もなく終戦を迎え，本土に帰る事となつた。然しその為めに頗る余裕を見出す事が出来，昔からの希望を是非達成せしめんと心掛け遂に本書の執筆に取りかかり数年前に脱稿したのである。従つてその後の発見にかかるものに就いては多分かなりのものが除かれたと思う。

本書は欧米に於ける最近迄の昆虫書の編纂であるが，特に 1915 年の A. Berlese の Gli Insetti I. II, 1925 年の A. Handlirsch (C. Schröder) の Handbuch der Entomologie Band III, 1932 年の C. T. Brues and A. L. Melander の Classification of Insects, 1933 年の H. Weber の Lehrbuch der Entomologie, 1934 年の A. D. Imms の Ageneral textbook of entomology, 1947 年の E. O. Essig の College Entomology, 1948 年の H. H. Ross の A Textbook of Entomology, 1949 年の P. P Grassé の Traité de Zoologie, Tome IX, Inectes 及び北隆館出版の日本昆虫図鑑等を主体となせるもので，大体理論をはぶき現実の儘を記述せるものである。従つて多数の図書を一括した様なものである。勿論著者の意志に或る程度一致したもののみを取扱い，且つ出来得る限り細分した科を採用したものである。

先ず昆虫の全面的方向の一般的思想を明かにする事を第一義とし，昆虫学の基礎的容貌を被う様な，指導書となる様に考え，基礎的原理が不明瞭にならない希望を以つて多数の精細な知識を故意にはぶいた。然し昆虫に関する緊要な事実を世界的見地から，それ等を処理する事を怠らなかつた。既に記載された 150 万以上の種類の中多数のものの除外が予期されていることは明瞭な事で，人類と長い間関連を有するものと形状・大きさ・色彩・習性等に於けるある特種なものと各科の中で興味ある且つ模式的或いはそれに近似なもの等は大体包含せしめた。

本書に於ては種の説明を大部除いた。然し一般的に昆虫に対して正確な考えとよい意志との感を創造する様に望んだのである。非常な種類が人類の経済的福祉に有害であり且つ多数のものは人類の安楽を多く妨害しつつあり，更に健康に危険であるが，より多数のものは人類に有利でもあり又人類を妨げるものでもない。事実として植物の交雑に重要な役割をなすものが少なくなく，人類の食物や衣服やその他の商業用品を造り，多くの鳥類や魚類や他の動物に対しての生活に役立ち，多くの害虫や雑草を減じそうして駆除し，その上自然界に対し色彩や情味や興味その他等を添えている。著者は非常に多数の無害な昆虫の種類は一般的の生物と同様に考えられ，且つ保護される事を望んでいる次第である。

種々なカテゴリーの分類学的整配に於て，著者は昆虫分類に於ける現在の傾向に適合している様に現われている処の進歩せる見解を受け入れたつもりである。目や科や属等の名に関する各変化に非常な注意を払つた。而して全体がより多くの調査と論議と進歩せる考慮との生産物である。尤も万国動物命名規約に出来るだけ従い，一般の概念は1938年に Sabrosky によつて現わされたものと一致している。

吾々が集産主義が分類組織を支持する事に関する重要な役割を処置した事実を見のがす事は不都合である。各昆虫研究者は正確を期する事に対し忍耐強くなければならない地位にある事を見のがす事が出来ない。

目と科との中の既発表種の数は凡ての有効な出所から採用されてある。又それ等の名に対する確定せる著者名と日附とに関し非常な困難が優先を決定するのに経験されてあつた。而して其処にそれ等の論争のたねとなる事柄に於て勿論誤りがある。従つて提言と修正とが最も好ましい次第である。

挿画材料は充分綿密な考慮を受け入れた。そうして広範囲の種類が使用された。1昆虫書に図版材料の非常に価値のある点に於てより多数の画や写真や特に着色画が包含せしめ得られなかつた事は残念である。元来周縁線の画を凡ての検索表を説明するのに使用する計画であつたが，その数があまりに多数であつた為めに先ず必要欠く可からざるもののみに極限した。

術語に関しては各目殆んど区々の様に思われる感があるので，成る可くそれ等を統一する考えをもつて記述した，然しなお充分でなく且つ現在迄に一般的に使用され来たつたものを改める事も好ましくないものが相当な数にのぼる為めに，それ等はその儘採用した。巻末の索引により各頁を対照される事によつて大体同質異名を明瞭にする事が出来る様に思われる。

最初各目末に参考書名を列記する計画であつたが出版の都合により止むを得ずそれ等をはぶく事とした。読者諸兄の今後の研究に頗る不便である事を切におわび致さねばならない。必要に応じ御答も可能であるが，各専門の方々に御指導を仰がるる様切に望む次第である。

本書編纂にあたつて全く他に依存しなかつた。然し新しく発見された数科の標本に就ては西ヶ原農業技術研究所の長谷川仁及び岡山大学の小泉憲次両君の助勢を得た。両氏に対し深謝の意を表する次第である。最後に利益を度外視して本書を出版された北隆館社長福田良太郎氏に心からなる謝意を呈する次第である

昭和29年9月

凡　　例

1．内容の配列は下等から高等への順とした．

2．各昆虫の和名は新仮名遣い片仮名とし各専門家の採用されたものを用い，異名の類はこれを省いた．然しあまりにも通俗的なものはそれ等を附記した．

3．欧米に於ける通俗名は出来るだけ記入した．

4．目から科迄の和名にはその名称の意義を明かにする為めに適当な且つ従来使用された漢字を附記し，漢音にて取扱つた．尤も上科と科とのものは和音読として取扱う事にした．

5．術語その他は一箇所に於ける説明にて或は明瞭をかくものが相当数にのぼつている事と思われる故，それ等は索引に記入した各頁を対照する事によつて補足され得る様に心掛けた．

6．挿図は著者自身のもの以外は括弧内に夫々原著の氏名を記入した．

7．索引はＡＢＣ順となし，欧文以外のものは大体ヘボン氏の綴り方を用いて配列した．種の学名は種名を先きに現わし次ぎに括弧内にその属名を記入して配列に用いた．例えば domestica (Musca) の如し．

8．著者の写真は 72 才の夏のもので，読者諸兄への贈りものと考えた次第である．

目　　次

総　論……………………………………………1
第1章　昆虫とその類似動物：節足動物……………1
節足動物各綱の検索表…………………………2
1. 有爪綱……………………………………3
2. 三葉虫綱…………………………………3
3. 甲殻綱……………………………………3
鰓脚亜綱…………………………………4
介形亜綱…………………………………4
撓脚亜綱…………………………………6
蔓脚亜綱…………………………………8
軟甲亜綱…………………………………8
4. 蛛形綱……………………………………10
劍尾亜綱…………………………………10
蜘蛛亜綱…………………………………10
皆脚亜綱…………………………………13
舌虫亜綱…………………………………13
緩歩亜綱…………………………………13
5. 倍脚綱……………………………………13
6. 少脚綱……………………………………13
7. 唇脚綱……………………………………14
8. 結合綱……………………………………15
9. 昆虫綱……………………………………15
特　徴…………………………………15
1群としての成功者……………………15
適応的形態………………………………17
適応性……………………………………17
第2章　昆虫の外形態…………………………18
1. 体壁と外骨骼……………………………18
2. 体の部分…………………………………19
3. 頭　部……………………………………19
4. 口　器……………………………………22
5. 脛　部……………………………………26
6. 一般化せる昆虫環節の発達……………26
7. 胸　部……………………………………27
8. 脚…………………………………………28
9. 翅…………………………………………29
10. 腹　部……………………………………31
11. 音器官……………………………………32
第3章　内形態…………………………………34
1. 消食系……………………………………34
2. 循環系……………………………………35
3. 気管系……………………………………36
4. 神経系……………………………………38
5. 筋肉系……………………………………39
6. 生殖系……………………………………40
7. 特種組織…………………………………41
第4章　生　理…………………………………41
1. 体壁：皮膚………………………………42
2. 脱　皮……………………………………43
3. 消　化……………………………………44
4. 同化作用と栄養…………………………48
5. 排　泄……………………………………49
6. 代謝作用：新陳代謝……………………50
7. 呼　吸……………………………………52
8. 血液と循環………………………………56
9. 生　殖……………………………………58
10. 刺戟感受性………………………………59
11. 行　為……………………………………64
第5章　生活環…………………………………64
1. 発　達……………………………………64
2. 成　熟……………………………………72
3. 食習性……………………………………73
4. 季節的生活環……………………………75
5. 社会棲昆虫………………………………78
6. 水棲昆虫…………………………………81
第6章　分　類…………………………………82
昆虫各目の検索表………………………82
各　論……………………………………………85
A. 多節昆虫亜綱……………………………85
I. 原尾目……………………………………85
科の検索表………………………………86
1. 初虫科…………………………………86
2. 無角虫科………………………………86
3. 原虫科…………………………………86
B. 少節昆虫亜綱……………………………86
II. 粘管目……………………………………86
外形態……………………………………87
内形態……………………………………88
亜目の検索表……………………………88
a. 分節亜目………………………………88
科の検索表………………………………89
4. 水跳虫科………………………………89

目　　次

5. 紫跳虫科……89
6. 瘤跳虫科……90
7. 擬跳虫科……90
8. 節跳虫科……90
9. 角跳虫科……90
10. 扇跳虫科……91
11. 棘跳虫科……91
12. 蟻巣跳虫科……91
b. Actaletoidea……91
13. Actaletidae……91
c. 合節亜目……91
科の検索表……92
14. Neelidae……92
15. 円跳虫科……92
C. 真昆虫亜綱……92
甲. 無翅上目……92
Ⅲ. 総尾目……92
外形態……93
内形態……93
科の検索表……94
16. 石蚕科……94
亜科の検索表……94
17. 衣魚科……94
亜科の検索表……95
Ⅳ. 無翅目……95
外形態……95
科の検索表……96
18. 長小虫科……96
19. Projapygidae……96
20. 鋏小虫科……96
乙. 有翅上目……97
i 半変態類……97
Ⅴ. 蜉蝣目……97
外形態……99
内形態……99
上科及び科の検索表……99
若虫の科の検索表……100
紋蜉蝣上科……101
21. Palingeniidae……101
22. 網目蜉蝣科……101
23. 紋蜉蝣科……102
24. 河蜉蝣科……102
小蜉蝣上科……102
25. 燈蛾蜉蝣科……103
26. 小蜉蝣科……103
27. 姫蜉蝣科……103
28. 鳶色蜉蝣科……104
29. 斑蜉蝣科……104
扁蜉蝣上科……105
30. 扁蜉蝣科……105
31. Ametropodidae……105
32. 雙尾蜉蝣科……106
33. Baetiscidae……106
34. Prosopistomatidae……106
Ⅵ. 蜻蛉目……106
外形態……107
内形態……110
生　態……111
亜目・上科・科の検索表……113
若虫の亜目及び科の検索表……114
a. 均翅亜目……115
糸蜻蛉上科……116
35. Synlestidae……116
36. Hemiphlebiidae……116
37. 糸蜻蛉科……116
亜科の検索表……116
38. 青糸蜻蛉科……116
39. 山糸蜻蛉科……117
川蜻蛉上科……117
40. 川蜻蛉科……117
b. 昔蜻蛉亜目……117
41. 昔蜻蛉科……117
c. 不均翅亜目……118
蜻蜓上科……118
42. 昔蜻蜓科……118
43. 早苗蜻蛉科……118
44. 蜻蜓科……119
45. 鬼蜻蜓科……119
蜻蛉上科……120
46. 太尾蜻蛉科……120
47. 蜻蛉科……120
Ⅶ. 蜚蠊目……120
外形態……121
内形態……122
生　態……123
科及び亜科の検索表……124
48. 兜蜚蠊科……126
49. 蜚蠊科……126
50. 姫蜚蠊科……126
Ⅷ. 蟷螂目……127

目　　次

外形態…… 128
内形態…… 128
生　態…… 129
51. 蟷螂科…… 130
亜科の検索表…… 130
IX 竹節虫目…… 134
外形態…… 134
内形態…… 137
生　態…… 138
上科・科・亜科の検索表…… 139
竹節虫上科…… 140
52. Bacillidae…… 140
53. Phyllidae…… 140
54. Phasmidae…… 140
棒竹節虫上科…… 141
55. 長竹節虫科…… 141
56. 飛竹節虫科…… 141
X. 直翅目…… 141
外形態…… 141
内形態…… 142
亜目及び科の検索表…… 142
a. 蝗虫亜目…… 143
57. 蝗虫科…… 143
亜科の検索表…… 145
58. 菱蝗虫科…… 147
59. Proscopiidae…… 148
60. Pneumoridae…… 148
b. 螽蟖亜目…… 148
61. 螽蟖科…… 148
亜科の検索表…… 149
62. 蟋蟀螽蟖科…… 152
63. 竈馬科…… 152
亜科の検索表…… 153
64. Phasmodidae…… 153
65. 蟋蟀科…… 154
亜科の検索表…… 154
66. 螻蛄科…… 158
67. Cylindrachetidae…… 158
68. 蚤蝗虫科…… 158
XI. 擬蟋蟀目…… 159
69. 擬蟋蟀科…… 159
XII. 革翅目…… 160
外形態…… 160
内形態…… 163
生　態…… 164
亜目及び科の検索表…… 167
a. 蠼螋亜目…… 167
70. Apachyidae…… 167
71. 胸細蠼螋科…… 167
亜科の検索表…… 168
72. 大蠼螋科…… 168
亜科の検索表…… 168
73. 矮蠼螋科…… 169
亜科の検索表…… 169
74. 熱帯蠼螋科…… 169
75. 蠼螋科…… 170
亜科の検索表…… 170
b. 擬蠼螋亜目…… 171
76. Arixeniidae…… 171
XIII. 倍舌目…… 171
77. Hemimeridae…… 172
XIV. 襀翅目…… 172
外形態…… 173
内形態…… 174
生　態…… 174
科の検索表…… 175
78. Pteronarcidae…… 175
79. 襀翅科…… 176
80. 無尾襀翅科…… 176
81. 黒襀翅科…… 176
82. 広胸襀翅科…… 177
83. 十和田襀翅科…… 177
XV. 等翅目…… 177
外形態…… 178
内形態…… 180
階級型…… 182
住　居…… 184
共同生活…… 185
多型の基源…… 186
変　態…… 188
科の検索表…… 189
84. 原始白蟻科…… 189
85. 大白蟻科…… 189
86. 麗美白蟻科…… 190
87. 溝頭白蟻科…… 190
88. 白蟻科…… 191
XVI. 絶翅目…… 191
Zorotypidae…… 192
XVII. 紡脚目…… 192
生　態…… 193

外形態……193
内形態……194
科の検索表……194
89. 擬白蟻科……195
XVIII. 嚙虫目……195
外形態……196
内形態……197
亜目及び科の検索表……197
a. 等節亜目……199
90. 茶柱虫科……199
91. 毛茶柱虫科……199
b. 異節亜目……199
92. 円茶柱虫科……199
93. 星茶柱虫科……200
94. 殼茶柱虫科……200
95. 粉茶柱虫科……200
XIX. 食毛目……201
外形態……201
内形態……202
亜目及び科の検索表……203
a. 鈍角亜目……204
96. 長獣羽蝨科……204
97. 南獣羽蝨科……204
98. 短角羽蝨科……204
99. 大羽蝨科……204
100. 種子羽蝨科……204
b. 細角亜目……205
101. 獣羽蝨科……205
102. 長角羽蝨科……205
XX. 蝨　目……206
外形態……206
内形態……209
科の検索表……212
103. 水蝨科……212
104. 毛蝨科……212
105. 人蝨科……213
106. 獣蝨科……213
107. 象蝨科……214
XXI. 総翅目……214
外形態……215
内形態……216
生　態……216
亜目・上科・科の検索表……217
a. 穿孔亜目……219
縞薊馬上科……219
108. 縞薊馬科……219
薊馬上科……219
109. 薊馬科……219
b. 有管亜目……220
管薊馬上科……220
110. 管薊馬科……220
111. 偽管薊馬科……220
112. 長尾管薊馬科……220
113. 棘管薊馬科……221
114. 無棘管薊馬科……221
XXII. 半翅目……221
外形態……222
内形態……226
生　態……229
亜目・群・上科・科の検索表……229
a. 異翅亜目……241
顕角群……241
椿象上科……241
115. 土椿象科……241
116. 円椿象科……241
117. 金椿象科……241
118. 赤条椿象科……242
119. 椿象科……242
120. 櫟椿象科……243
縁椿象上科……244
121. 縁椿象科……244
122. 嗅椿象科……244
123. 蜘蛛縁椿象科……244
長椿象上科……245
124. 糸椿象科……245
125. 撞木椿象科……245
126. 長椿象科……245
127. 星椿象科……246
扁椿象上科……246
128. 扁椿象科……246
129. 大扁椿象科……247
軍配虫上科……247
130. 軍配虫科……247
131. 矮扁椿象科……248
132. 芥子水椿象科……248
133. 水椿象科……249
水黽上科……249
134. 糸水黽科……249
135. 肩広水黽科……249
136. 水黽科……249

刺棒象上科……250
137. 首長棒象科……250
138. 鬚太棒象科……250
139. 長脚刺棒象科……251
140. 刺棒象科……251
141. 牧場刺棒象科……252
床蝨上科……252
142. 床蝨科……252
143. 花棒象科……253
144. 盲棒象科……253
145. 姫跳棒象科……254
146. 達麿棒象科……255
147. 水際棒象科……255
隠角群……256
148. 眼水虫科……256
149. 小判虫科……256
150. 鍋蓋虫科……256
151. 田亀科……257
152. 太鼓打科……257
153. 松藻虫科……258
154. 円水虫科……258
155. 水虫科……259
b. 同翅亜目……259
泡吹虫上科……259
156. 棘泡吹科……259
亜科の検索表……260
157. 小頭泡吹科……260
158. 泡吹虫科……260
蟬上科……261
159. 蟬　科……261
160. ちっち蟬科……262
角蟬上科……262
161. 角蟬科……262
横這上科……262
162. 大横這科……263
163. 扁横這科……263
164. 木菟科……263
165. 冠横這科……264
166. 姫冠横這科……264
167. 細匙横這科……264
亜科の検索表……264
168. 横這科……265
亜科の検索表……265
169. 広頭横這科……266
170. 姫横這科……266
下紅羽衣上科……266
171. 下紅羽衣科……266
172. 天狗透翅科……267
173. 菱浮塵子科……267
174. 縞浮塵子科……268
175. 小頭浮塵子科……268
176. 長翅浮塵子科……268
177. 浮塵子科……269
178. 軍配浮塵子科……269
179. 円浮塵子科……270
亜科の検索表……270
180. 羽衣科……271
181. 青翅羽衣科……271
182. 太脚浮塵子科……271
腹吻群……272
木蝨上科……272
183. 木蝨科……272
亜科の検索表……272
粉蝨上科……274
184. 粉蝨科……274
亜科の検索表……275
蚜虫上科……276
185. 毬蚜虫科……276
亜科の検索表……277
186. 根蚜虫科……277
187. 綿蚜虫科……278
亜科の検索表……278
188. 蚜虫科……279
亜科の検索表……280
介殻虫上科……282
189. 綿吹介殻虫科……283
亜科の検索表……283
190. 袴介殻虫科……284
191. らっく介殻虫科……284
192. 總介殻虫科……285
193. 球介殻虫科……285
194. 粉介殻虫科……285
195. こちにーる介殻虫科……286
196. 硬介殻虫科……287
197. 円介殻虫科……287
亜科の検索表……288
ii 完変態類……290
XXIII. 広翅目……291
外形態……291
内形態・生態……291

科の検索表……………………………… 292
198. 千振科……………………………… 292
199. 蛇蜻蛉科…………………………… 292
XXIV. 駱駝虫目 ………………………… 293
外形態……………………………… 293
内形態……………………………… 293
生　態……………………………… 293
科の検索表………………………… 294
200. 駱駝虫科…………………………… 294
201. 無腿駱駝虫科……………………… 294
XXV. 脈翅目……………………………… 294
外形態……………………………… 294
内形態……………………………… 295
生　態……………………………… 295
上科及び科の検索表……………… 296
粉蜻蛉上科………………………… 298
202. 粉蜻蛉科…………………………… 298
亜科の検索表…………………… 298
姫蜻蛉上科………………………… 299
203. 水蜻蛉科…………………………… 299
204. 広翅蜻蛉科………………………… 300
205. 姫蜻蛉科…………………………… 300
206. 草蜻蛉科…………………………… 301
207. 毛蜻蛉科…………………………… 302
208. 櫛鬚蜻蛉科………………………… 302
209. 網目蜻蛉科………………………… 302
210. 絹翅蜻蛉科………………………… 302
211. 擬蟷螂科…………………………… 303
薄翅蜻蛉上科……………………… 303
212. 薄翅蜻蛉科………………………… 303
213. 角蜻蛉科…………………………… 304
XXVI. 長翅目 ………………………… 305
外形態……………………………… 305
内形態……………………………… 307
生　態……………………………… 307
科の検索表………………………… 307
214. 擬大蚊科…………………………… 308
215. 挙尾虫科…………………………… 308
XXVII. 毛翅目 ………………………… 308
外形態……………………………… 309
内形態……………………………… 310
生　態……………………………… 310
科の検索表………………………… 312
216. 姫石蚕科…………………………… 313
217. 流石蚕科…………………………… 313
218. 長角河石蚕科……………………… 314
219. 岩石蚕科…………………………… 314
220. 白斑艶石蚕科……………………… 315
221. 管石蚕科…………………………… 315
222. 縞石蚕科…………………………… 315
223. 蓑枝石蚕科………………………… 316
224. 歯角石蚕科………………………… 316
225. 細翅石蚕科………………………… 316
226. 長角石蚕科………………………… 317
227. 北上石蚕科………………………… 317
228. 石蚕科……………………………… 318
229. 刳石蚕科…………………………… 318
230. 毛石蚕科…………………………… 319
XXVIII. 鱗翅目 ………………………… 319
外形態……………………………… 320
内形態……………………………… 323
生　態……………………………… 325
亜目の検索表……………………… 326
a. 同脈亜目………………………… 326
上科及び科の検索表…………… 326
小翅蛾上科………………………… 327
231. 小翅蛾科…………………………… 327
232. 吸小翅蛾科………………………… 327
蝙蝠蛾上科………………………… 328
233. 蝙蝠蛾科…………………………… 328
b. 異脈亜目………………………… 328
群及び上科の検索表…………… 328
蛾　群……………………………… 330
木蠹蛾上科………………………… 330
科の検索表……………………… 330
234. 木蠹蛾科…………………………… 331
235. 胡麻斑木蠹蛾科…………………… 331
Superfamily Castnioidea ………………… 331
科の検索表……………………… 331
曲蛾上科…………………………… 332
科の検索表……………………… 332
236. 曲蛾科……………………………… 332
237. 長角蛾科…………………………… 332
潜矮蛾上科………………………… 332
科の検索表……………………… 332
238. 潜矮蛾科…………………………… 333
広頭小蛾上科……………………… 333
科の検索表……………………… 333
239. 筒蓑蛾科…………………………… 334
240. 広頭小蛾科………………………… 335

241. 褄折蛾科……335
242. 擬褄折蛾科……336
243. 前角蛾科……336
244. 細蛾科……337
245. 潜細蛾科……338
巣蛾上科……338
科の検索表……338
246. 巣蛾科……339
247. 姫心喰蛾科……339
248. 絹翅小蛾科……339
249. 舞小蛾科……340
250. 広翅牙蛾科……340
251. 擬葉捲蛾科……340
亜科の検索表……341
252. 擬前角蛾科……341
253. 長脚蛾科……341
254. 透翅蛾科……342
牙蛾上科……342
科の検索表……343
255. 飾翅蛾科……344
256. 牙蛾科……344
257. 基円翅蛾科……345
258. 円翅牙蛾科……345
艶小蛾上科……346
科の検索表……346
259. 艶小蛾科……346
葉捲蛾上科……346
科の検索表……346
260. 心喰蛾科……347
261. 姫葉捲蛾科……347
262. 葉捲蛾科……348
263. 細葉捲蛾科……349
鳥羽蛾上科……349
科の検索表……350
264. 多翼蛾科……350
265. 鳥羽蛾科……350
螟蛾上科……351
科の検索表……351
266. 綴蛾科……352
267. 苞蛾科……352
268. 細苞蛾科……353
269. 大螟蛾科……353
270. 斑螟蛾科……353
271. 太螟蛾科……354
272. 尖螟蛾科……354
273. 縞螟蛾科……354
274. 水螟蛾科……355
255. 山螟蛾科……356
276. 野螟蛾科……356
277. 窓蛾科……357
斑蛾上科……358
科の検索表……358
278. 斑蛾科……359
279. 蟬寄生蛾科……360
280. 刺蛾科……360
281. 避績蛾科……361
夜蛾上科……362
科の検索表……362
282. 鹿子蛾科……363
283. 疣蛾科……364
284. 細翅蛾科……364
285. 燈蛾科……365
286. 擬燈蛾科……366
287. 虎蛾科……366
288. 金上翅蛾科……367
亜科の検索表……367
289. 夜蛾科……370
亜科の検索表……371
290. 実蛾科……376
291. 天社蛾科……377
292. 毒蛾科……379
鉤翅蛾上科……381
科の検索表……381
293. 尖翅蛾科……382
294. 鉤翅蛾科……382
295. 錨紋蛾科……383
燕蛾上科……383
科の検索表……383
296. 燕蛾科……384
297. 雙尾蛾科……384
雀蛾上科……384
298. 雀蛾科……384
亜科の検索表……385
尺蠖蛾上科……388
科の検索表……388
299. 樺尺蠖蛾科……389
300. 星尺蠖蛾科……389
301. 青尺蠖蛾科……389
302. 姫尺蠖蛾科……391
303. 波尺蠖蛾科……391

304. 枝尺蠖蛾科……… 393
305. 擬鳳蝶蛾科……… 398
家蚕蛾上科……… 398
科の検索表……… 398
306. 枯葉蛾科……… 399
307. 帯蛾科……… 400
308. 水蠟蛾科……… 401
309. 家蚕蛾科……… 401
野蚕蛾上科……… 401
科の検索表……… 401
310. 天蚕蛾（山繭蛾）科……… 401
蝶　群……… 403
上科の検索表……… 403
弄蝶上科……… 403
科の検索表……… 403
311. 弄蝶科……… 403
亜科の検索表……… 403
鳳蝶上科……… 405
科の検索表……… 405
312. 鳳蝶科……… 406
313. 薄翅白蝶科……… 407
314. 白蝶科……… 407
315. 小灰蝶科……… 409
316. 天狗蝶科……… 412
317. 斑蝶科……… 412
318. 蛺蝶科……… 412
319. 蛇目蝶科……… 415
鱗翅目幼虫の科の検索表……… 417
XXIX 鞘翅目……… 426
外形態……… 427
内形態……… 430
生　態……… 432
亜目の検索表……… 435
a. 飽食亜目……… 435
上科の検索表……… 435
歩行虫上科……… 435
科の検索表……… 435
320. 斑蝥科……… 436
321. 歩行虫科……… 436
322. 河原芥虫科……… 438
323. 小頭水虫科……… 438
324. 龍蝨科……… 439
亜科の検索表……… 439
鼓豆虫上科……… 441
325. 鼓豆虫科……… 441
角太歩行虫上科……… 442
326. 角太歩行虫科……… 442
b. 多食亜目……… 442
上科の検索表……… 443
牙虫上科……… 447
327. 牙虫科……… 447
隠翅虫上科……… 448
科の検索表……… 448
328. 埋葬虫科……… 449
329. 毬蕈虫科……… 450
330. 擬毬蕈虫科……… 451
331. 苔虫科……… 451
332. 微塵虫科……… 451
333. 頭矮虫科……… 452
334. 尨毛蕈虫科……… 452
335. 出尾蕈虫科……… 452
336. 隠翅虫科……… 453
亜科の検索表……… 453
337. 擬隠翅虫科……… 457
338. 蟻塚虫科……… 457
339. 太角蟻塚虫科……… 457
340. 閻魔虫科……… 458
亜科の検索表……… 458
341. 細閻魔虫科……… 459
菊虎上科……… 459
科の検索表……… 459
342. 菊虎科……… 460
343. 紅螢科……… 461
344. 螢　科……… 461
345. 擬螢科……… 462
346. 擬菊虎科……… 462
347. 偽菊虎科……… 462
348. 郭公虫科……… 463
349. 干鰯虫科……… 463
350. 擬朽木虫科……… 464
筒蠹虫上科……… 464
科の検索表……… 464
351. 筒蠹虫科……… 464
長扁虫上科……… 465
352. 長扁虫科……… 465
叩頭虫上科……… 465
科の検索表……… 465
353. 櫛角虫科……… 466
354. 叩頭虫科……… 466
355. 偽叩頭虫科……… 467

目　　次

356. 太角叩頭虫科……………………………… 468
357. 吉丁虫科……………………………… 468
亜科の検索表……………………………… 469
長泥虫上科……………………………… 471
科の検索表……………………………… 471
358. 長泥虫科……………………………… 472
359. 泥虫科……………………………… 472
360. 扁泥虫科……………………………… 472
361. 長脚泥虫科……………………………… 473
362. 円泥虫科……………………………… 473
長花蚤上科……………………………… 473
科の検索表……………………………… 474
363. 長花蚤科……………………………… 474
364. 円花蚤科……………………………… 474
365. 偽円花蚤科……………………………… 475
366. 鰹節虫科……………………………… 475
亜科の検索表……………………………… 475
367. 擬木吸虫科……………………………… 477
368. 円棘虫科……………………………… 477
369. 姫棘虫科……………………………… 477
背条虫上科……………………………… 478
370. 背条虫科……………………………… 478
扁虫上科……………………………… 478
科の検索表……………………………… 478
371. 擬閻魔虫科……………………………… 480
372. 穀盗科……………………………… 481
373. 出尾虫科……………………………… 481
374. 出尾扁虫科……………………………… 482
375. 根吸虫科……………………………… 482
376. 扁虫科……………………………… 483
377. 細扁虫科……………………………… 483
378. 大木吸虫科……………………………… 484
379. 大蕈虫科……………………………… 484
380. 擬薪虫科……………………………… 484
381. 木吸虫科……………………………… 485
382. 尨毛木吸虫科……………………………… 485
383. 姫花虫科……………………………… 485
384. 姫薪虫科……………………………… 486
亜科の検索表……………………………… 486
385. 小蕈虫科……………………………… 487
386. 細堅虫科……………………………… 487
387. 偽瓢虫科……………………………… 488
388. 瓢虫科……………………………… 488
亜科の検索表……………………………… 489
花蚤上科……………………………… 490
科の検索表……………………………… 490
389. 長頸虫科……………………………… 491
390. 擬天牛科……………………………… 491
391. 花蚤科……………………………… 492
392. 大花蚤科……………………………… 492
393. 地膽科……………………………… 493
394. 樹皮虫科……………………………… 494
375. 赤翅虫科……………………………… 494
396. 細頸虫科……………………………… 494
397. 偽頸細虫科……………………………… 495
398. 一角虫科……………………………… 495
399. 長朽木虫科……………………………… 496
擬歩行虫上科……………………………… 497
科の検索表……………………………… 497
400. 朽木虫科……………………………… 497
401. 偽歩行虫科……………………………… 498
402. 艶樹皮虫科……………………………… 499
403. 偽葉虫科……………………………… 499
404. 筒蕈虫科……………………………… 500
標本虫上科……………………………… 500
科の検索表……………………………… 500
405. 扁蠹虫科……………………………… 500
406. 長蠹虫科……………………………… 501
407. 死番虫科……………………………… 501
408. 標本虫科……………………………… 502
金亀子上科……………………………… 503
科の検索表……………………………… 503
409. 金亀子科……………………………… 504
410. 馬糞金亀子科……………………………… 505
411. 偽馬糞金亀子科……………………………… 505
412. 偽雪隠金亀子科……………………………… 506
413. 雪隠金亀子科……………………………… 506
414. 瘤条金亀子科……………………………… 506
415. 粉吹金亀子科……………………………… 507
416. 金金亀子科……………………………… 508
417. 兜虫科……………………………… 508
418. 花潜科……………………………… 509
419. 虎花潜科……………………………… 509
420. 黒艶虫科……………………………… 510
421. 鍬形虫科……………………………… 510
天牛上科……………………………… 511
科の検索表……………………………… 511
422. 鋸天牛科……………………………… 512
423. 天牛科……………………………… 513
424. 長角天牛科……………………………… 515

425. 喰根金花虫科 …… 516
426. 長頸金花虫科 …… 516
427. 広肩金花虫科 …… 517
428. 猿金花虫科 …… 517
429. 長角猿金花虫科 …… 517
430. 太角金花虫科 …… 518
431. 金花虫科 …… 518
432. 擬金花虫科 …… 519
433. 蚤金花虫科 …… 520
434. 棘金花虫科 …… 521
435. 亀子金花虫科 …… 521
436. 豆象虫科 …… 522
c. 有吻亜目 …… 523
上科の検索表 …… 523
三錐象虫上科 …… 523
437. 三錐象虫科 …… 523
象鼻虫上科 …… 524
科の検索表 …… 524
438. 長角象虫科 …… 524
439. 象鼻虫科 …… 525
亜科の検索表 …… 526
440. 長蠹虫科 …… 535
441. 棘小蠹虫科 …… 536
442. 小蠹虫科 …… 536
443. 粗脚小蠹虫科 …… 541
XXX. 撚翅目 …… 542
外形態 …… 542
内形態 …… 543
生　態 …… 543
上科及び科の検索表 …… 544
444. 枝角撚翅科 …… 545
445. 櫛角撚翅科 …… 545
446. 蜂撚翅科 …… 546
XXXI. 膜翅目 …… 546
外形態 …… 546
内形態 …… 550
亜目の検索表 …… 552
a. 広腰亜目 …… 552
上科の検索表 …… 552
葉蜂上科 …… 552
科の検索表 …… 552
447. 長刀葉蜂科 …… 553
448. 扁葉蜂科 …… 553
449. 棍棒葉蜂科 …… 554
450. 三節葉蜂科 …… 555
451. 四節葉蜂科 …… 555
452. 葉蜂科 …… 556
亜科の検索表 …… 556
453. 松葉蜂科 …… 560
樹蜂上科 …… 561
科の検索表 …… 561
454. 茎蜂科 …… 561
455. 長頸樹蜂科 …… 562
456. 樹蜂科 …… 562
寄生樹蜂上科 …… 563
457. 寄生樹蜂科 …… 563
b. 細腰亜目 …… 563
上科の検索表 …… 563
姫蜂上科 …… 564
科の検索表 …… 564
458. 瘦蜂科 …… 566
459. 棍棒瘦蜂科 …… 566
460. 高背瘦蜂科 …… 567
461. 姫蜂科 …… 567
亜科の検索表 …… 567
462. 小繭蜂科 …… 571
亜科の検索表 …… 571
463. 鉤腹蜂科 …… 575
464. 水蜂科 …… 575
465. 蚜虫寄生蜂科 …… 575
466. 頸小繭蜂科 …… 576
467. 角細蜂科 …… 576
没食子蜂上科 …… 576
科の検索表 …… 577
468. 没食子蜂科 …… 577
小蜂上科 …… 578
科の検索表 …… 578
469. 細翅寄生小蜂科 …… 581
470. 太脚小蜂科 …… 581
471. 円腹小蜂科 …… 582
472. 蟻寄生小蜂科 …… 582
473. 長尾小蜂科 …… 582
474. 無花果小蜂科 …… 583
475. 広肩小蜂科 …… 583
476. 黄金小蜂科 …… 584
477. 跳小蜂科 …… 585
478. 姫小蜂科 …… 586
479. 棘姫小蜂科 …… 586
480. 介殻寄生小蜂科 …… 587
481. 細腰小蜂科 …… 588

482. 細長小蜂科…… 588
483. 卵寄生小蜂科…… 589
484. 潜葉寄生小蜂科…… 589
485. 举尾小蜂科…… 590
細尾黒蜂上科…… 590
科の検索表…… 590
486. 細尾黒蜂科…… 591
487. 長角黒蜂科…… 591
488. 黒卵蜂科…… 592
蟻形蜂上科…… 592
科の検索表…… 592
489. 鎌蜂科…… 592
490. 蟻形蜂科…… 593
蟻上科…… 594
491. 蟻　科…… 594
亜科の検索表…… 597
青蜂上科…… 600
科の検索表…… 600
492. 青蜂科…… 601
細腰蜂上科…… 601
科の検索表…… 601
493. 長背穴蜂科…… 602
494. 擬高鼻蜂科…… 603
495. 擬泥蜂科…… 603
496. 尖額穴蜂科…… 603
497. 尖穴蜂科…… 604
498. 高鼻蜂科…… 604
499. 細腰穴蜂科…… 605
500. 擬細腰蜂科…… 605
501. 細腰蜂科…… 606
502. 銀口蜂科…… 606
503. 黄条細腰蜂科…… 607
504. 擬黄条細腰蜂科…… 607
505. 土棲蜂科…… 608
506. 擬艶泥蜂科…… 608
507. 棘胸穴蜂科…… 608
胡蜂上科…… 609
科の検索表…… 609
508. 蟻蜂科…… 611
509. 土蜂科…… 612
510. 小土蜂科…… 613
511. 艶蟻蜂科…… 613
512. 擬蟻蜂科…… 614
513. 徳利蜂科…… 614
514. 細長脚蜂科…… 615
515. 長脚蜂科…… 615
516. 胡蜂科…… 615
517. 鼈甲蜂科…… 616
蜜蜂上科…… 616
科の検索表…… 617
518. 擬蜜蜂科…… 618
519. 艶姫花蜂科…… 618
520. 小花蜂科…… 619
521. 姫花蜂科…… 619
522. 擬姫花蜂科…… 619
523. 毛脚花蜂科…… 620
524. 黄斑花蜂科…… 620
525. 寄生蜜蜂科…… 621
526. 青条花蜂科…… 621
527. 葉切蜂科…… 622
528. 尖花蜂科…… 622
529. 熊蜂科…… 623
530. 姫花蜂科…… 623
531. 円花蜂科…… 624
532. 蜜蜂科…… 625
膜翅目幼虫の検索表…… 625
XXXII. 雙翅目…… 628
外形態…… 628
内形態…… 630
生　態…… 631
群の検索表…… 631
A. 直縫群…… 632
亜目の検索表…… 632
a. 長角亜目…… 632
類の検索表…… 632
原蚊類…… 632
科の検索表…… 632
533. 跳蚊科…… 634
534. 蚊蠅科…… 634
535. 擬網蚊科…… 635
536. 網蚊科…… 635
亜科の検索表…… 636
537. 毛蠅科…… 637
亜科の検索表…… 637
538. 長角毛蠅科…… 638
539. 蕈蠅科…… 638
亜科の検索表…… 638
540. 偽蕈蠅科…… 639
541. 細蕈蠅科…… 639
542. 角蕈蚊科…… 640

多脈類……640
科の検索表……640
543. 偽大蚊科……640
544. 尾太大蚊科……641
545. 姫大蚊科……641
亜科の検索表……641
546. 大蚊科……644
亜科の検索表……644
少脈類……646
科の検索表……646
547. 偽姫大蚊科……647
548. 細腰大蚊科……647
亜科の検索表……647
549. 蝶蠅科……648
亜科の検索表……648
550. 細蚊科……650
551. 蚊　科……651
亜科の検索表……653
552. 毛装蚊科……658
553. 蚋　科……658
亜科の検索表……660
554. 揺蚊科……662
亜科の検索表……662
555. 蠓蚊科……665
亜科の検索表……666
嶺蚊類……667
科の検索表……667
556. 偽毛蠅科……668
亜科の検索表……668
557. 黒翅蕈蠅科……668
亜科の検索表……669
558. 癭蠅科……669
亜科の検索表……669
559. 樹蠅科……670
亜科の検索表……670
b. 短角亜目……671
類の検索表……671
同盤類……671
科の検索表……671
560. 木虻科……672
561. 水虻科……673
亜科の検索表……673
562. 臭虻科……677
亜科の検索表……677
563. 擬木虻科……678
564. 虻　科……678
亜科の検索表……680
565. 擬長吻虻科……683
亜科の検索表……683
566. 小頭虻科……683
亜科の検索表……684
異盤類……684
科の検索表……684
567. 剣虻科……685
568. 鷸虻科……686
亜科の検索表……686
569. 櫛角木虻科……687
570. 窓蠅科……688
571. 長吻虻科……688
亜科の検索表……689
572. 食虫虻科……691
亜科の検索表……692
c. 前切形亜目……695
573. 揺蚊蠅科……695
d. 畸脈亜目……696
科の検索表……696
574. 舞蠅科……696
亜科の検索表……696
575. 槍蠅科……698
576. 長脚蠅科……698
亜科の検索表……699
B. 環縫群……701
亜目の検索表……701
a. 不裂額亜目……701
科の検索表……701
577. 蚤蠅科……702
亜科の検索表……702
578. 蜜蜂蝨蠅科……704
579. 扁脚蠅科……704
亜科の検索表……704
580. 食蚜蠅科……704
亜科の検索表……707
581. 頭虻科……719
b. 裂額亜目……720
類の検索表……720
原裂額群……720
582. 眼蠅科……721
亜科の検索表……721
前蠅類……722
科の検索表……722

583. 糞蠅科 722
584. 擬糞蠅科 723
無瓣類 723
科の検索表 723
585. 鼈甲蠅科 731
586. 艶細蠅科 732
587. 細蠅科 732
588. ちーず蠅科 733
589. 折翅蠅科 733
590. 長脚痩蠅科 734
591. 黒艶蠅科 735
592. 出頭蠅科 735
593. 振翅蠅科 736
594. 広口蠅科 736
595. 果実蠅科 737
596. 縞蠅科 740
597. 蚜小蠅科 741
598. 野地蠅科 742
599. 鎧蠅科 742
600. 浜辺蠅科 743
601. 棘翅蠅科 743
602. 渚蠅科 744
603. 突眼蠅科 746
604. 細猩々蠅科 746
605. 猩々蠅科 747
亜科の検索表 747
606. 太角小蠅科 748
607. 潜葉蠅科 748
608. 棘脚潜蠅科 749
609. 黄潜蠅科 749
亜科の検索表 750
有瓣類 751
上科の検索表 751
家蠅上科 751
科の検索表 751
610. 花蠅科 751
亜科の検索表 752
611. 家蠅科 754
亜科の検索表 754
612. 刺蠅科 755
613. 馬蠅科 756
前寄生蠅上科 756
寄生蠅上科 757
科及び亜科の検索表 757
614. 扁花蠅科 758
615. 牛蠅科 758
616. 羊蠅科 759
617. 黒蠅科 759
亜科の検索表 760
618. 肉蠅科 760
亜科の検索表 761
619. 短角寄生蠅科 762
620. 寄生蠅科 762
621. 長脚寄生蠅科 764
蛹生類 765
科の検索表 765
622. 蝨蠅科 765
亜科の検索表 765
623. 蝙蝠蠅科 766
624. 蛛蠅科 766
無翅又は痕跡的な翅を有する雙翅目の
科の検索表 767
雙翅目の主な科の幼虫に対する検索表 769
雙翅目の主な科の蛹に対する検索表 777
XXXIII. 隠翅目 780
外形態 781
内形態 781
生　態 782
亜目及び科の検索表 784
625. 砂蚤科 785
626. 蚤　科 786
627. 棘蚤科 787
628. 溝蚤科 788
索　引 789
正誤表 巻末

昆虫の分類

総　　論

第1章　昆虫とその類似動物：節足動物

昆虫は環節よりなる脚を有する動物，即ち節足動物に属し最も発達したものである。成虫態に於ける昆虫は体が3部分即ち頭部と胸部と腹部とからなり，胸部には肢の3対がある事によつて根本的に特徴付けられている。

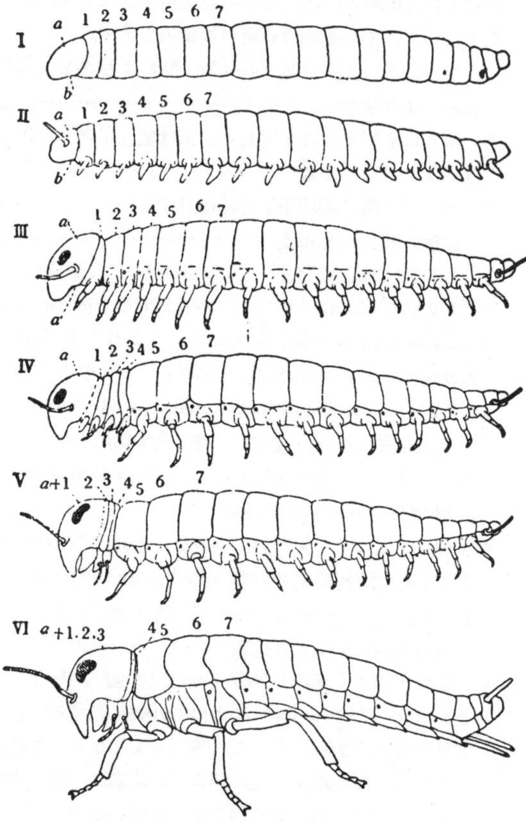

Fig. 1. 蛆状の祖先から発達した仮説的各型を現わせる模式図 (Ross)
a. 前口節　b. 口部　1〜7 体節。a から第4節迄が頭部で感覚と摂食とに特化せる部。第5乃至第7節迄が胸部で移動に特化せる部。第8節以下は腹部で食物の消化と生殖とに特化せる部。

之れ等体の部分と肢の数との両者が部分の機能的区分である。その区分は根本の祖先に於けるものと著しく異つている。

節足動物はうたがいもなく環形動物 (Annelida) に一般的構造が甚だよく似ている蠕虫状の生物から生じたものである。この祖先の体は一様な輪環の一組から構成され (Fig. 1のⅠ)，頭は簡単な構造で多分感覚毛を具え，口部は頭部と第1輪環即ち体の第1節との間の下面に位置している。この頭部の位置が口即ち口道孔 (Stomodeal opening) の前にある為めに早い時代に於ける頭部は前口節 (Prostomium) と称えられている。この簡単な時代に初まり進化の進行に於て一般的節足動物より昆虫に到達した事を仮説的階段を以て示すと Fig. 1 の如くなる。

第一の大きな段階は体の各節に移動の肋となる腹附属器の1対が発達する事である (Fig. 1のⅡ)。最後の環節即ち端節 (Periproct) は肛門 (Anus) を有し決して附属器を具える事がない。これと同時に頭部の感覚器官のある進歩が起る。即ち眼と触角 (Antennae) とが出来る。現存節足動物の *Peripatus* (Fig. 2) は附属器の発達に関しては上述の型のものである。

最初は脚が無節で，つぎの段階に脚に環節が発達し移動に対しそれ等の使用に非常な進歩を認める (Fig. 1のⅢ)。この時代頃に於て最前方の脚は匍行に対するよりはむしろ食物を口の方におしやるために用いられた。化石の三葉虫 (*Trilobita*) に見出される状態から判断して第1体節は第1対の脚の給食機能をよりよく導くために初めの進化時代に於て前口節と癒合された。これと同様な目的から明瞭に眼と触角とがこの時代によく発達された。斯くの如き形態の節足動物は現存していないが然し化石の三葉虫はこの種の構造を本質的に具えている。

この時代に近いある点に於て節足動物の進化した形態が異なる経路に分離した事は明瞭で，一つの径路は珠形群に導き他の径路は昆虫や唇脚綱 (Chilopoda）や甲殻綱（Crustacea）等を含む咀嚼口を有する節足動物に導いた。

昆虫に導いた分岐に於てのつぎの発達は給食器官として第2 第3 第4 の環節に在る附属器の利用であつた（Fig. 1のⅣ）。これ等の附属器は単に食物をおしやる事のみでなく食物を咀嚼するために噛み砕きかつ寸断する面を要求した。第1体節の附属器は明かに強い口器に決して発達しないで多くの群に於て退化した。第2体節

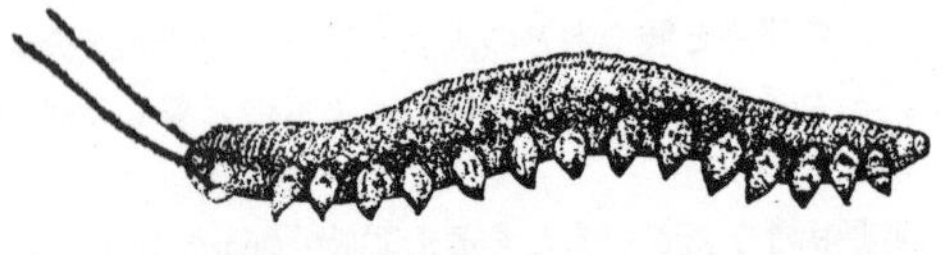

Fig. 2. *Peripatus* (*Mac Dougall and Hegner*)

の附属器は結極大腮（Mandible）となり，第3節のものは小腮（Maxillae）となり，第4節のものは第2小腮即ち下脣（Labium）に変化した。口器を具えるこれ等3環節は顎節（Gnathal segments）と名命されている。

前口節と顎節との固結は（Fig. 1のⅤ）その根源的模式に於て現存の倍脚綱（*Diplopoda*）と昆虫綱とそれ等類似のものに現われている。頭構造のこの型はある甲殻綱にも見出されている。然しそれ等の多くのものにあつては顎節は頭と固体的に癒合していない。*Eubranchipus*（Fig. 3）の如し。この複合構造は接食に密接な連繋を有する凡ての器官が1機能単位に一所になつている。この状態における他の体附属器は移動に関する1機能単位形を作る。現存動物中この型の構成を有するものは貧脚綱（Pauropoda）と脣脚綱とである。

促進分割は昆虫枝に生ずる。移動附属器の最初の3対は大形となり，残りのものは減退し遂に消失するかまたは不移動的構造に変化する（Fig. 1のⅥ）。この移動器官の頭後方への集中は体の顕著な部分即ち胸部を形成する。体の後方部は内部器官の大部分を蔵し，腹部（Abdomen）と称えられる。腹部の後方の附属器は成熟または産卵に向つての器官として変化する。甲殻綱のあるものは明確な胸部と腹部とを有するが，それ等の中胸部は一般に約8環節からなる。

原始的無脚節足動物の祖先からこれらの発達を総括するとつぎの様に想像する事が適当な様に見える。(1) 同様な一般的附属器が口後の全環節に発達してあつた。而して (2) これ等の器官は連続的に変化し特別な機能に向つての群に分けられた。昆虫ではそれが3部分の体構成となつた。即ち頭部—感覚附属器と口器とを具え，胸部—3対の脚を具え，と腹部—生命器官の大部分を蔵し且つ生殖機能に適応せる尾端附属器を具えている，とに分割されている。

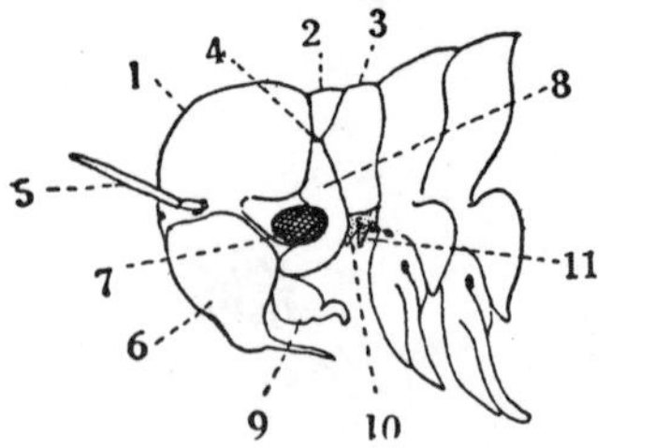

Fig. 3. コエビ1種（*Eubranchipus*）の頭部（Snodgrass）
1．前口節＋第1体節
2．第2体節　3．第3＋4体節
4．大腮の関接部　5．第1触角
6．第2触角　7．眼　8．大腮
9．上脣　10．第1小腮
11．第2小腮

節足動物の主な群の再検は彼れ等の中に於ける昆虫の位置を明確にする上に興味がある。更に実際的応用を持つものである。即ち昆虫学者は屢々昆虫以外の節足動物を取り扱う事がある。例えば水棲型例えば（Isopoda 等脚目）や陸棲型例えばダニ目等である。つぎに節足動物の各綱の検索表を示す。

1．触角はない。脚は屢々4〜5対で時により多数，甚だ稀れにより少数……………………………………………2
　触角は1対または2対ある。脚は変化が多く，屢々3対またはより多数……………………………………………9

2．海水棲で時に潮地帯近くに棲息する………………3
　陸棲，稀れに海水棲……………………………………4

3．呼吸器官はよく発達し血液鰓からなり，最初の4対の脚は末端に鉤爪を具えている。大形で体は頭胸甲（Carapace）にて覆われている。尤も化石の *Eurypterida* 目のものには頭胸甲がなくサソリ状となつている。……Subclass Merostomata……*Arachnoidea*
　呼吸器官はないか痕跡的，脚は凡て鉤爪を欠く。小形で非常に長い脚を具えている……Subclass *Pycnogonida*………*Arachnoidea*

4．脚は成虫に4対を具えているが，時にはそれ等の前方に1対の附属器即ち脚鬚（Pedipalpi）を具えている…………………………………………………………5
　脚は3対またはより少数…………………………………6

5．呼吸系はよく発達し肺臓（book lung）からなるかまたは気門（spiracles）によつて外気に通ずる管状の気管からなるか或はまたこれ等両者よりなり，生殖器官は腹部下面の基部近くに開口し，皮膚は一般に少くとも体の部分に於てよく幾丁質化している……………Subclass *Arachnida*……*Arachnoidea*
　特別な呼吸器官はなく，生殖器官は消食管に開口している。甚だ小形または顕微鏡的動物で，弱い幾丁質化の皮膚を有し，湿地棲または水棲…………Subclass *Tardigrada*……………………*Arachnoidea*

6．脚は3対または2対，後の場合には体が蠕虫状で無

数の微横皺または擬節を現わしている。小形または微形……………………………………………………………7

脚は成虫になく，幼虫には2対を具えている。成虫は蠕虫形で，幼虫は短形で擬節を有しない。脊推動物の内寄生……Subclass *Pentastomida*…*Arachnoidea*

7．脚は3対……………………………………………………8

脚は2対，体は長く末端の方に漸次細まり，皮膚に微横輪または皺を有す。植物または動物組織内に生活する………ある *Acarina*………*Arachnoidea*

8．体は長く，腹部は11節よりなりその基部3節の各々に1対の痕跡脚を具えている……Order *Protura*……若し内寄生の場合は Order *Strepsiptera*……*Insecta*

体は短かく円いか卵形，腹部は環節なく且つ下面に附属器を具えていない………ある *Acarina* の幼いもの……………………*Arachnoidea*

9．触角は一対……………………………………………10

触角は2対，脚は5対またはより多数。水棲（甚だ稀れに陸卵）で海水または淡水に生活し，ある寄生棲のもの以外は凡て真の鰓を具えている……*Crustacea*

10. 脚は成虫に3対，幼虫では大さと構造とが減退するかまたは屢々完全に欠けている。翅は成虫に存在する……………………………*Insecta*

脚は3対以上で翅はない。体は普通は細長い……11

11. 最初の3対の脚は同様で明瞭な環節よりなり，後方のものは異なる形態で明かに環節を有しない。幼虫。……………………………*Insecta*

脚は凡て本質的に同様で，多くとも最幼の1対のみ他と異なつている……………………………………12

12. 脚は明瞭な幾丁質化せる環節よりなり，皮膚は普通著しく幾丁質化している……………………………13

脚は肉質で多数の擬節を有するが明瞭な環節がない。長い円筒状の軟い体……………… *Onychophora*

13. 体の如何なる環節にも1対以上の脚を有していない……………………………………………………………14

体のある節普通は大部分の節に2対宛の脚を具え，体は普通多少円筒形…………………………*Diplopoda*

14. 触角は簡単で分岐していない………………………15

触角は末端分岐し多数節よりなる3本の棘状附属器にて終り，脚は9対。微小で呼吸器官を欠く…………………………………………*Pauropoda*

15. 脚は分叉している。化石としてのみ存在……………………………………………*Trilobita*

脚は分叉していない。現存動物……………………16

16. 脚は一本の爪にて終り，第1対は顎状の毒牙を形成し，成虫は少くとも19体節で15対またはより多数の脚を具えている………………*Chilopoda*

脚は2本の爪を具え，第1対は多少小形となり顎状でなく且つ毒腺を欠き，体は15～22節よりなり12対の脚を具えている………………*Symphyla*

つぎに節足動物の各綱に就て大略を，特に昆虫と共に一般に発見される淡水棲と陸棲との両者に就て説明する。尤も海水棲のものに就ても多少説明し，更に節足動物の系統学上興味ある化石の *Trilobita* と *Eurypterida* にも言及する事にした。

1. Class *Onycophora* 有爪綱 (Fig. 2)

(*Malacopoda, Polypoda, Protracheata*)

中庸大乃至むしろ大形で，体は蠕虫状を呈し軟く後方に漸次細まり，背面は円味を有し下面は平たく，同様に偽節を有し，第一と末端との節を除き無節の脚を1対宛具えている。第1節は背面より1対の触角を有し下面に1対の口突起を具え，口の開口部は肉質縁を有し且つ角質の大腮の1対を具えている。環形動物の特徴の多くを持つているが一般に古代節足動物として認められている。彼れ等は腐殖質物に食を求め湿気ある暗処に見出され，熱帯産で，*Peripatopsidae* と *Peripatidae* との2科に区分されている。

2. Class *Trilobita* 三葉虫綱 (Fig. 4)

体は頭部と胸部と尾部（Pygidium）とに分かたれ，全体扁平で2本の縦溝により縦に3区分されている。頭は1対の長い有節の触角を具えている前口節と各1対の分叉せる脚を有する4体節とからなる弛く組成されている部分で，それが1個の介殻様の頭胸甲にて覆われていて，多くの種類はよく発達した眼の1対を有す。体の他の各環節は末端節即ち尾節（Telson）を除き1対の分叉脚を具えている。それ等の脚は *Cryptolithus* 属や *Neolenus* 属では凡て一様で多分移動器官として働くものならんが，*Triarthrus* 属の如く頭部にある4対は他のものより短かく移動器官としてよりは食物を口に推進せしむるものとなつているならん。

この綱の動物はパレオゾイックの早期に海水に生活して居つたもので，原存の等脚目（甲殻綱）に恐らく類似し，僅かに游泳し，海底を走り，汚物食性であつた。あるものは肉食性で，他のものは大洋棲で浮游生物を食し，また他のものは海底に潜人し泥や分泌物を飲込んでいた様である。

3. Class *Crustacea* 甲殻綱

この綱に属する動物は形態的に著しい変化があつて簡単に説明する事が困難である，然し大部分は体が頭部と胸部と腹部とに分かれ，頭部と胸部とは屢々密着して頭胸部（Cephalothorax）と称えられ，頭は2対の触角と

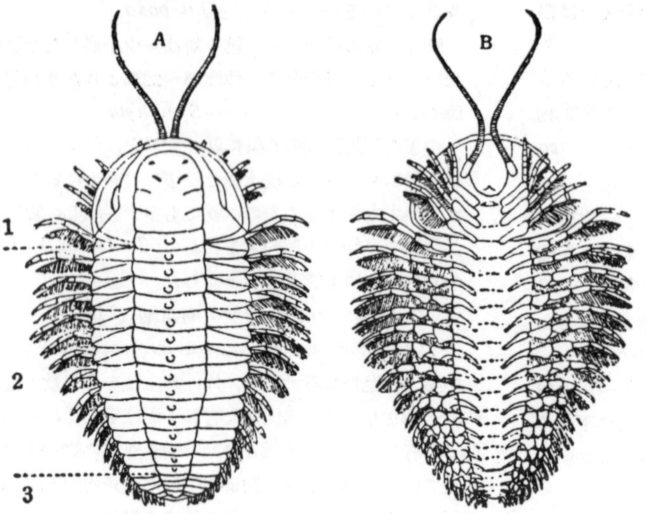

Fig. 4. 三葉虫 (Triarthrus becki) (Schuchert)
A 背面 B 腹面 1. 頭部 2. 胸部 3. 尾部

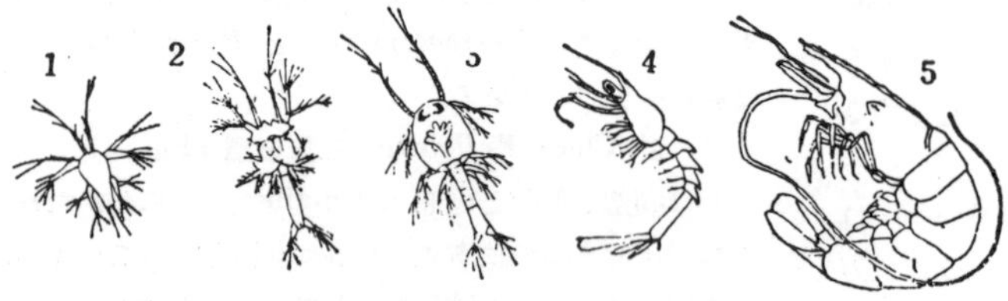

Fig. 5. エビ1種 (*Penaeus*) の変態を示す (Storrer)
1. Nauplius 2. Protozoea 3. Zaea 4. Mysis 5. 成 虫

1対の大腮と2対の小腮とを具え，胸部は一般に4～20節よりなり各節に有節の附属器を具え，腹部は1節乃至多数節よりなり短い附属器を具えているかまたはそれを欠く。少数の寄生性または固着性の類は体節と附属器とが非常に減退している。また数群のものは頭胸甲にて体の多くの部分を覆い，更にまたあるものは外見上2瓣に見える介殻を有しその内に体と附属器の大部分を蔭している。

甲殼類は形態の変化の甚だしい事に於て昆虫類に対抗するもので，また生活様式に於て種々なものがある事によつて昆虫に対比する。それはエビ(Fig. 5) に就て最もよく現われ一生の間に5個の異なる形態を有する。

この類は5亜綱に分類され，それ等の4類は陸棲か淡水棲で，他の1類は海水棲である。

Subclass *Branchiopoda*
鰓脚亜綱

この亜目は胸部の附属器が葉状で鰓にて縁取られている事が特徴で，多くのものは淡水に生活する。ミヂンコ類カイエビ，カブトエビ，ホウネンエビ等が属している。

葉脚目 (*Phyllopoda*) と枝角目 (*Cladocera*) とに分つ事ができる。前者にはホウネンエビ (Fig. 6) やカイエビ (Fig. 7) やカブトエビ (Fig. 8) 等が属し，後者にはミヂンコ (Fig. 9) やシダ (Fig. 10) やマルミヂンコ (Fig. 11) やフトヲケブカミヂンコ (Fig. 12) やゾウミヂンコ (Fig. 13) やホロミヂンコ (Fig. 14) やオウメミヂンコ (Fig. 15) やノロ (Fig. 16) 等が属し冷湖や池に非常に多数に棲息し触角を橈に使用して痙攣的に泳ぐものである。

Subclass *Ostracoda* 介形亜綱

小微の節足動物で左右2片の介甲にて完全に被れ二枚介状の外観を呈し0.5—1.5mm の体長，体節は不明瞭

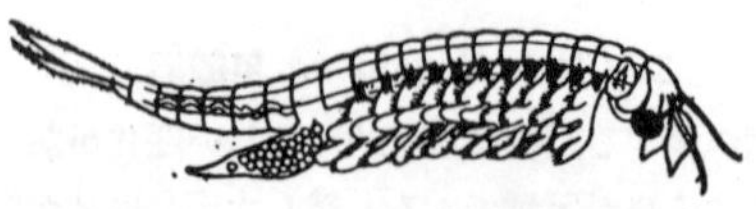

Fig. 6. ホウネンエビ (*Branchinella kugenumaensis* Ishikawa) (上野)

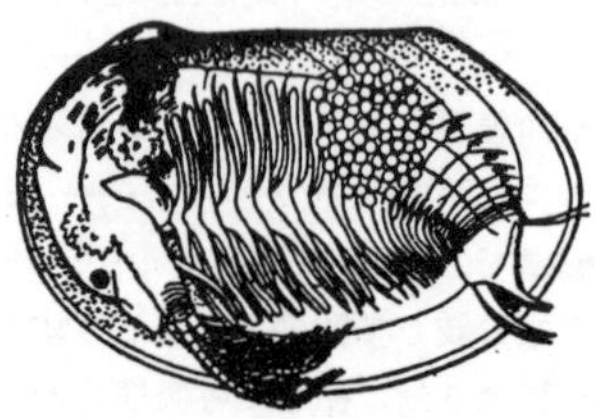

Fig. 7. カイエビ (*Caenestheriella gifuensis* Ishikawa) (上野)

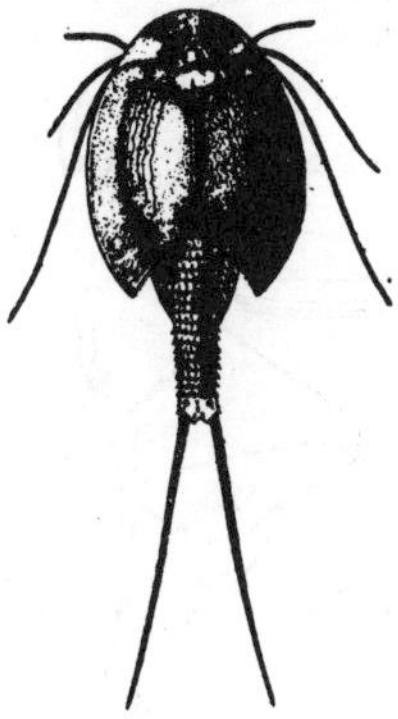

Fig. 8. カブトエビ (*Apus aequalis* Packard) (上野)

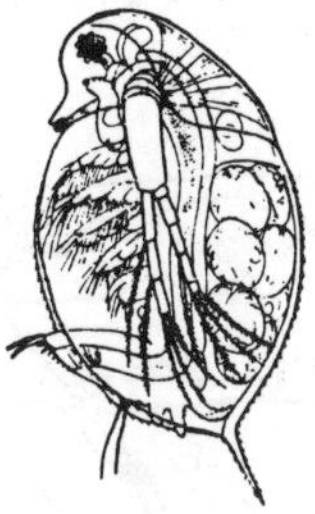

Fig. 9. ミヂンコ (*Daphnia pulex* de Geer) (上野)

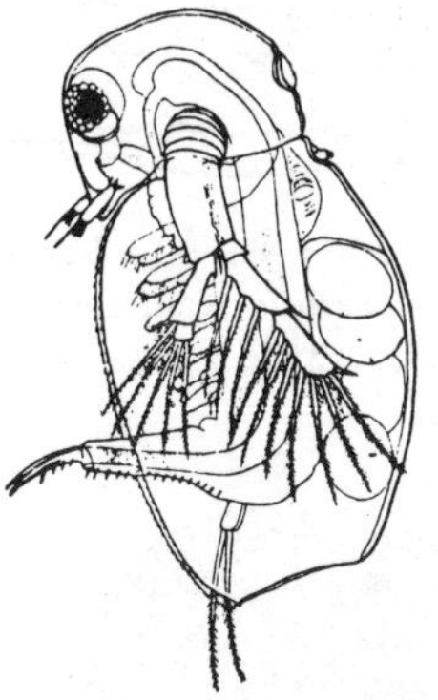

Fig. 10. シダ (*Sida crystallina* O.F. Müller) (上野)

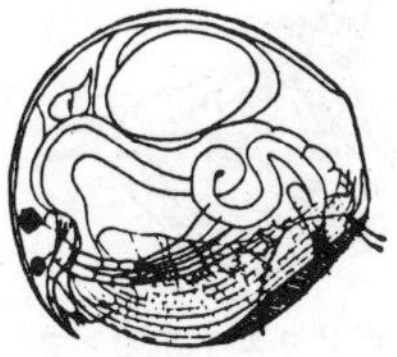

Fig. 11. マルミヂンコ (*Chydorus sphaericus* O.F. Müller) (上野)

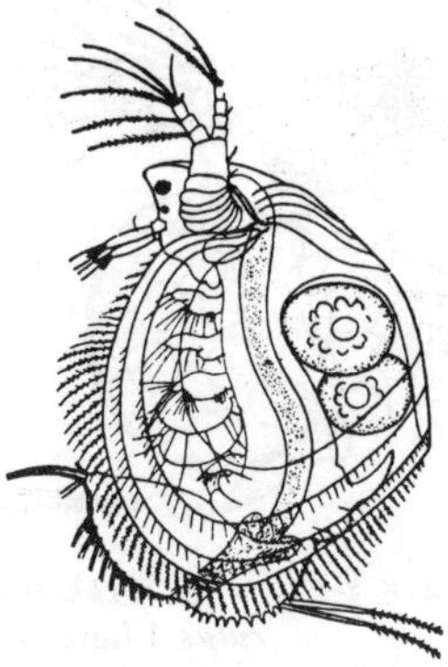

Fig. 12. フトヲケブカミヂンコ (*Iliocryptus sordidus* Liévin) (上野)

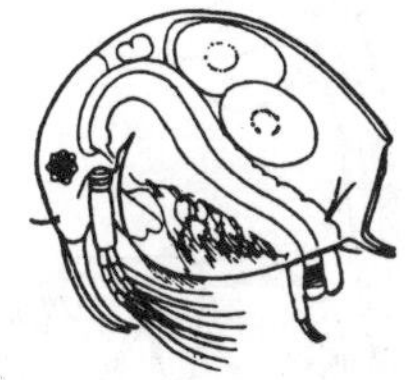

Fig. 13. ゾウミヂンコ (*Bosmina longirostris* O.F. Müller) (上野)

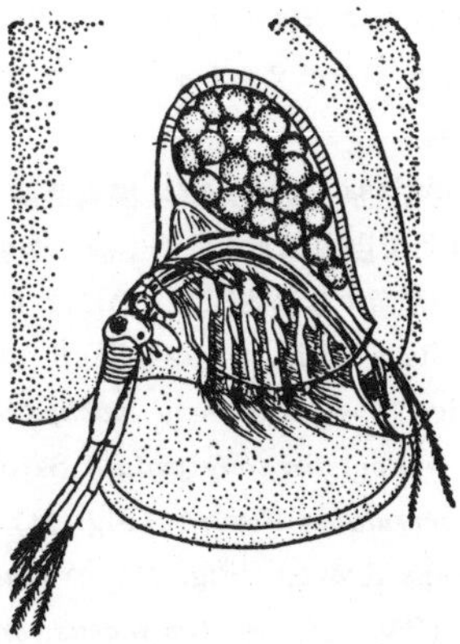

Fig. 14. ホロミヂンコ (*Holopedium gibberum* Zaddach) (上野)

Fig. 15. オオメミヂンコ (*Polyphemus pediculus* Linné) (上野)

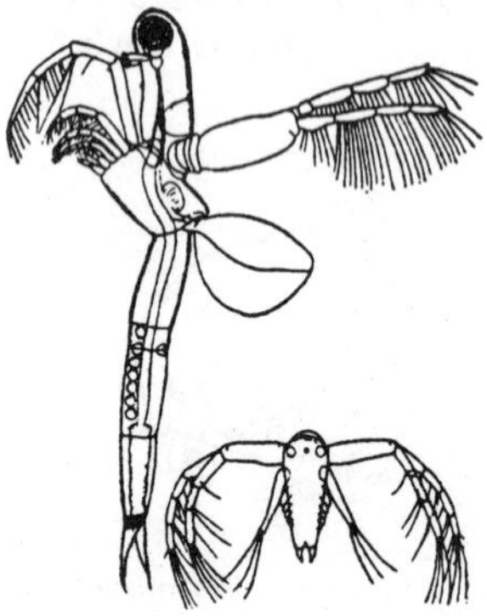

Fig. 16. ノロ (*Leptodora kindtii* Focke) (上野)

で胴に2対の附属脚を有するのみ。この類は淡水と海水とに見出され，ウミホタル (Fig. 17) やナガカイミヂンコ (Fig. 18) やイボソコカイミジンコ (Fig. 19) 等が属している。

Subclass *Copepoda* 橈脚亜綱

微小乃至小形で自由棲または寄生棲で淡水や塩水に生活する。本邦に産する淡水棲のものには *Calanus helgolandicus* Claus (Fig. 20) や *Centropages bradyi* Wheeler (Fig. 21) や *Candacia pachydactyla* Dana (Fig. 22) や *Pontella longipedata* Sato (Fig. 23) や *Cyclops serrulatus* Fischer (Fig. 24) や *Harpacticus uniremis* Kröyer (Fig. 25) や *Oncaea media* Giesbrecht (Fig. 26) や *Corycaeus crassinsculus* Dana (Fig. 27) や *Ergasilus orientalis* Yamagu (Fig. 28) やイカリムシ (Fig. 29) やテウ (Fig. 30) 等が属し後2種は寄生棲で前者は鰻に多く後者は各種の淡水魚の皮膚に発生するものである。他の凡ては自由棲で 0.5〜1.4mm の間の長さで大体円筒形で簡単な長い

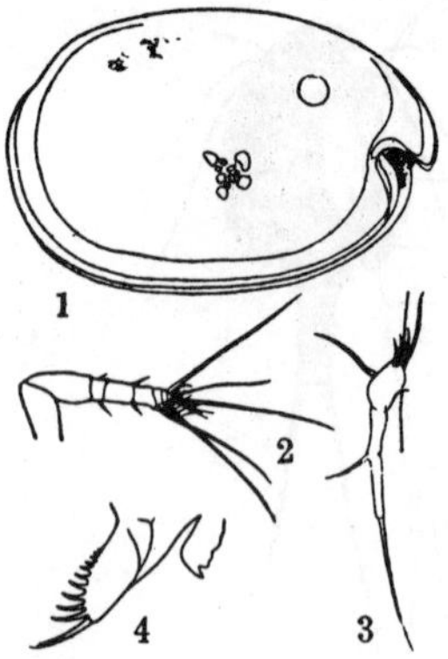

Fig. 17. ウミホタル (*Cypridina hilgendorfii* G. W. Müller) (上野)
1. 側面図 2. 第1触角 3. 第2触角の副枝 4. 尾 叉

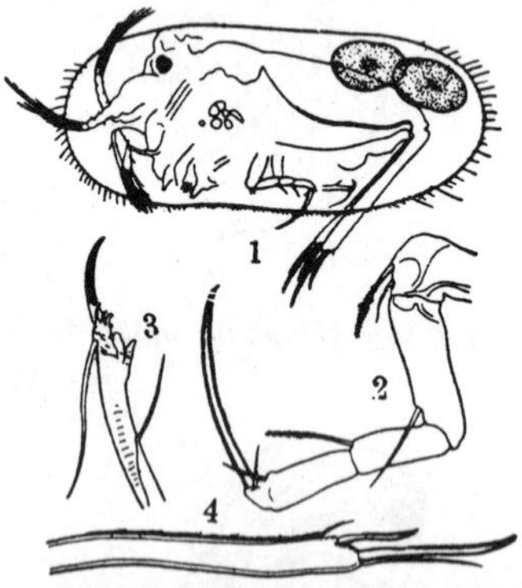

Fig. 18. ナガカイミヂンコ (*Herpetocypris intermedia* Kaufmann) (上野)
1. 雌側面図 2. 第1胸脚 3. 第2胸脚先端 4. 尾 叉

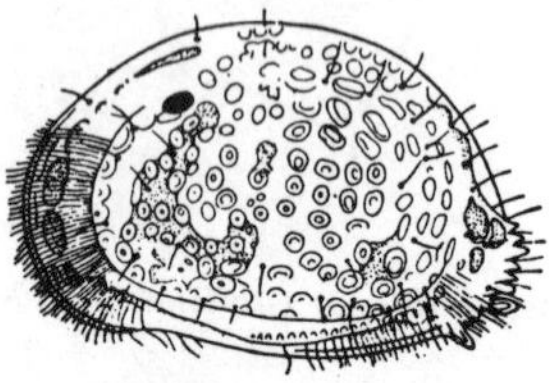

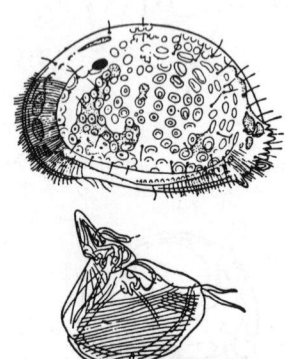

Fig. 19. イボソコカイミヂンコ (*Cythereis convexa* Baird) (上野)
上図，殻の側面 下図，雄生殖器

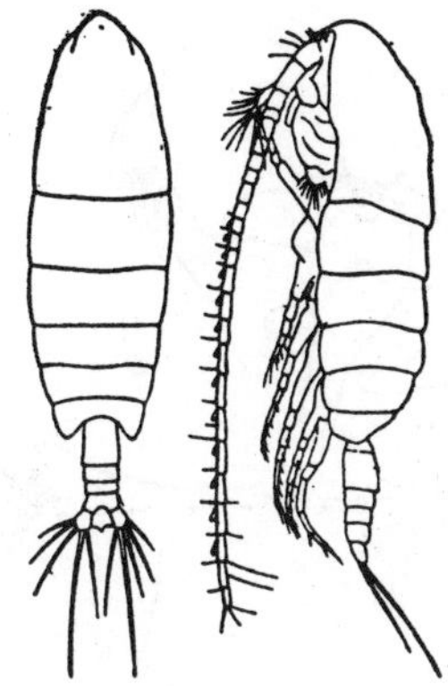

Fig. 20. *Calanus helgolandicus* Claus（丸川）

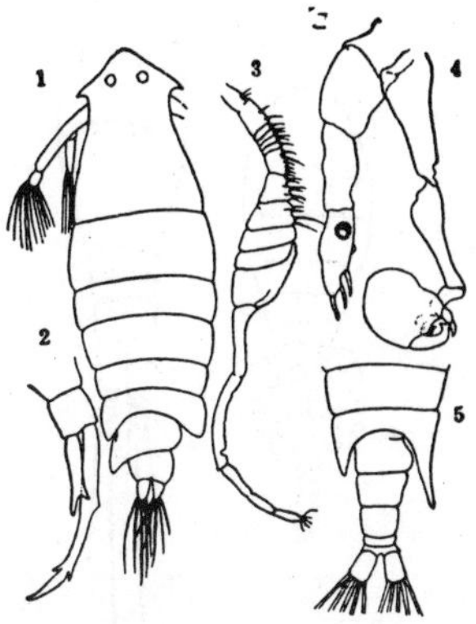

Fig. 23. *Pontella longipedata* Sato（丸川）
1．雌背面　2．雌第5脚　3．雄右第1触角
4．雄第5脚　5．雄後体部背面

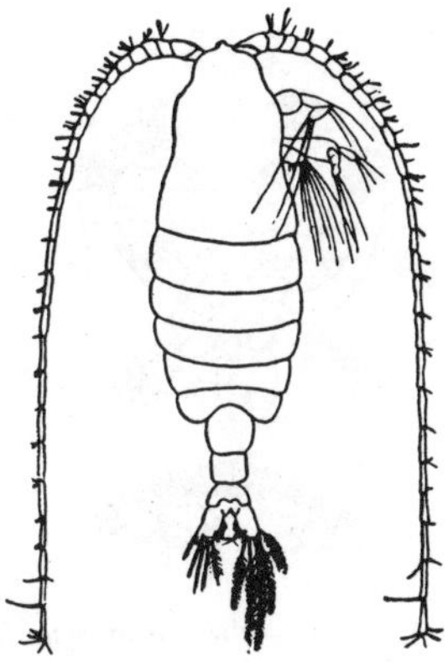

Fig. 21. *Centropages bradyi* Wheeler（丸川）

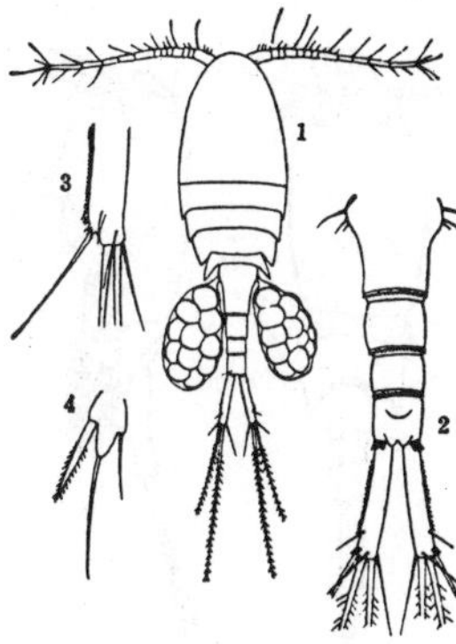

Fig. 24. *Cyclops serrulatus* Fischer（丸川）
1．雌背面　2．雌腹部腹面　3．雌第1触角末端　4．雌第5脚

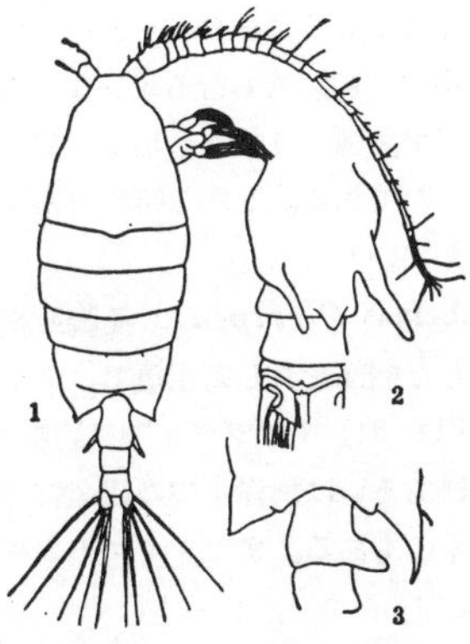

Fig. 22. *Candacia pachydactyla* Dana（丸川）
1．雌背面　2．同後体部腹面　3．雄胸腹境界部背面

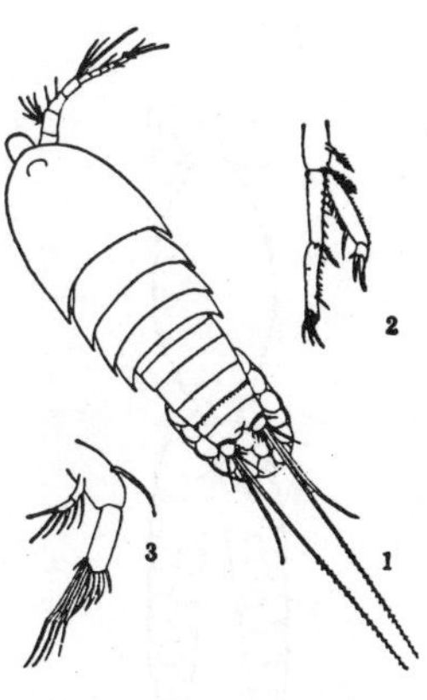

Fig. 25. *Harpacticus uniremis* Kröyer（丸川）
1．雌背面　2．雌第1触角　3．雌第2触角

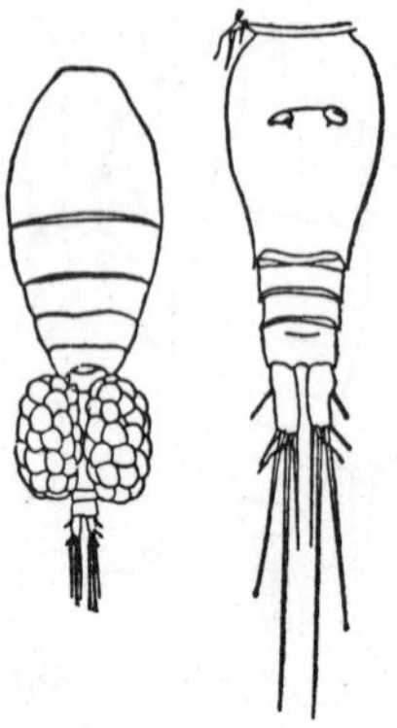

Fig. 26. *Oncaea media* Giesbrecht (丸川)
左，雌背面　右，雌腹部背面

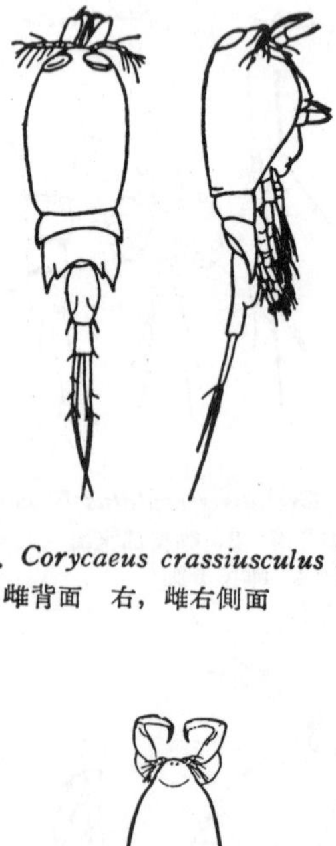

Fig. 27. *Corycaeus crassiusculus* Dana (丸川)
左，雌背面　右，雌右側面

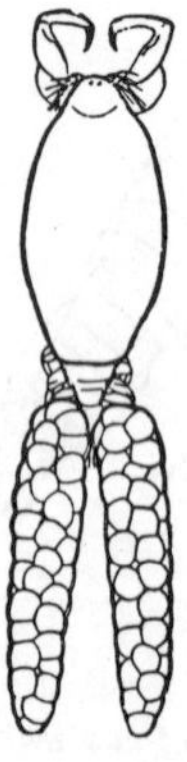

Fig. 28. *Ergasilus orientalis* Yamaguchi (丸川)

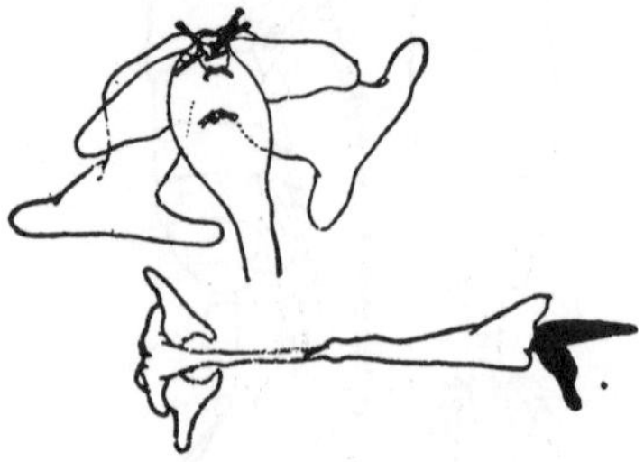

Fig. 29. イカリムシ (*Lernaea elegans* Leigh-Sharpe) (丸川)
下図，雌背面　上図，雌頭胸部腹面

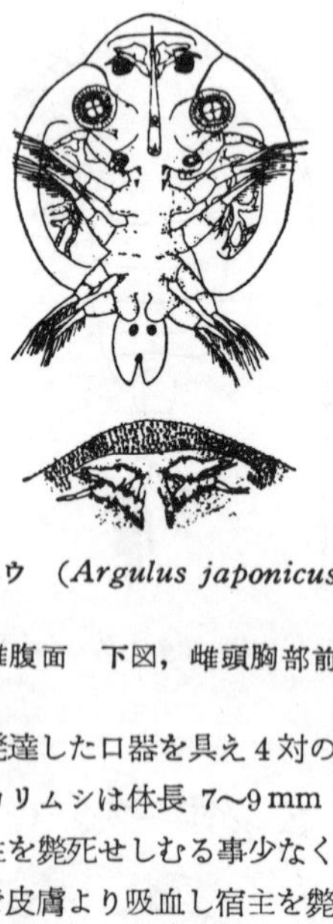

Fig. 30. テウ (*Argulus japonicus* Thiele) (丸川)
上図，雌腹面　下図，雌頭胸部前端

触角を有しよく発達した口器を具え4対の脚と簡単な後体とを有す。イカリムシは体長 7～9 mm で口腔や鰓等に懸重し遂に宿主を斃死せしむる事少なくなく，テウは体長 3～5 mm で皮膚より吸血し宿主を斃死せしめ養魚家の最も忌むものである。しかし時に自由に水中を游泳する性質を具えている。

Subclass *Cirripedia* 蔓脚亜綱

非常に変形した柄部を有し寄生棲で，全く海水産で，エボシガイ (Fig. 31) やフジツボ類 (Fig. 32) 等が普通で中には船底あるいは海岸水中の建造物等に附着し相当被害の多いものもある。またシヤコやカニ等に寄生する種類もある。

Subclass *Malacostraca* 軟甲亜綱

数粍乃至1尺余の体長を有する種々な形態のものの組合せのもので，頭は2対の触角と3対の口器とを有し，胸部は一般に8節からなり各節に1対の脚を有し前方の

3対は時に小形となり小腮脚 (Maxillipeds) と称えらるる口器の附属に役立ち，腹部は普通6節で各節に鰓の作用を司る即ち呼吸器官として働く短い附属器官を具えている。これに属する現存動物の7目は海水棲で他の4目は海水棲と陸棲即ち淡水棲である。

等脚目 (*Isopoda*) は背腹に扁平となり胸部を越えて頭胸甲を欠く (Fig. 33)。

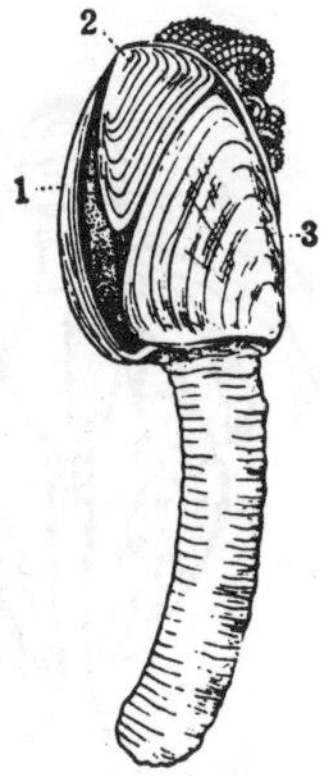

Fig. 31. エボシガイ (*Lepas anatifera* Linné) (椎野)

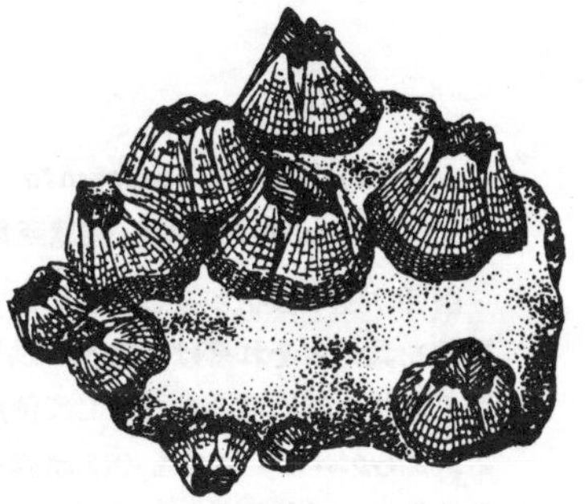

Fig. 32. サラサフジツボ (*Balanus amphitrite communis* Darwin) (椎野)

彼等は枯葉や枯木や床下等に生活し腐敗有機質物を食す。淡水棲の種類は普通池や小流等に生活している (Fig. 34)。眼を欠く種類もあつて，それ等は地下水中にのみに見出されている。またダンゴむし (Fig. 35) の如く畑作物に害有なものもある。

端脚目 (*Amphipoda*) は頭胸甲を欠き一般に扁平でノミ状のものが多い (Fig. 36)。淡水種は泉や湖水や不時の流れや殆んど凡ての水のある個所に発見される。等脚目と同様汚物食性である。

アミ目 (*Mysidacea*) は大部分海産であるが1部のものは汽水乃至淡水区域にも産する (Fig. 37)。

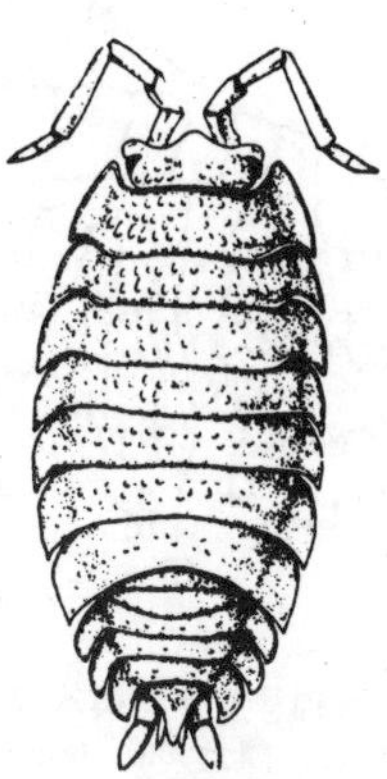

Fgi. 33. ワラジムシ (*Porcellio scaber* Latreille) (岩佐)

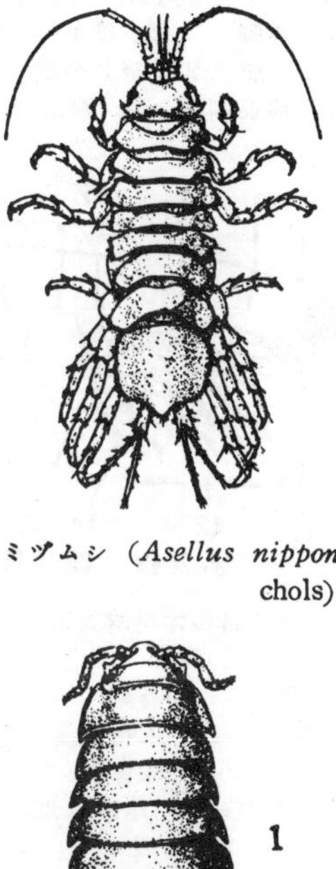

Fig. 34. ミヅムシ (*Asellus nipponensis* Nichols) (岩佐)

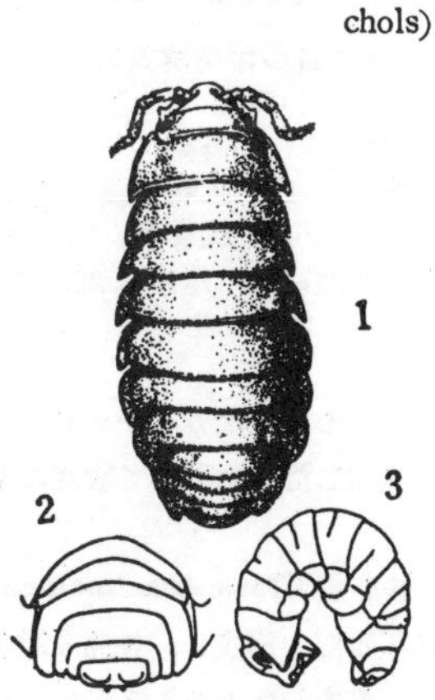

Fig. 35. ダンゴムシ (*Tylos granulatus* Miers)
1. 背面 2. 後面 3. 側面 (岩佐)

十脚目 (*Decapoda*) は最もよく知られている大形の淡水甲殻類即ちヌカエビ (Fig. 38) やザリガニ (Fig.

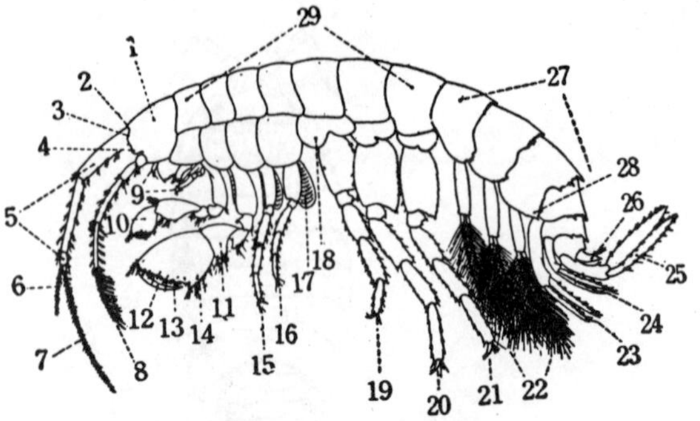

Fig. 36. 端脚目の体制模式図（岩佐)。
1. 頭部　2. 額角　3. 複眼　4. 頭側葉　5. 第1触角柄部　6. 同鞭状部副枝　7. 同主枝　8. 第2触角　9. 口器　10. 第1顎脚　11. 第2顎脚　12. 同指節　13. 同掌縁　14. 同後縁　15. 第1歩脚　16. 第2歩脚　17. 鰓　18. 第5底節　19. 第3歩脚　20. 第4歩脚　21. 第5歩脚　22. 第1～3腹肢　23. 第1尾肢　24. 第2尾肢　25. 第3尾肢　26. 尾節板　27. 腹部　28. 第3腹節側板　29. 胸部

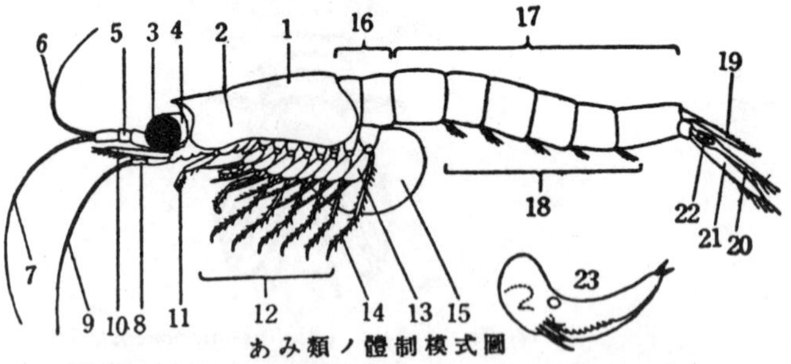

Fig. 37. アミ目の体制模式図（井伊)。
1. 頭胸甲　2. 頸溝　3. 眼　4. 眼柄　5. 第1触角柄　6. 同内鞭　7. 同外鞭　8. 第2触角柄　9. 同　鞭　10. 同鱗片　11. 上顎触鬚　12. 胸肢　13. 同外肢　14. 同内肢　15. 保育嚢　16. 露出胸体節　17. 腹体節　18. 腹肢　19. 尾節　20. 尾肢内肢　21. 同外肢　22. 平衡器　2.3 幼生

39) を含み，海水棲のものはカニやエビ等である。この目のものはよく発達した頭胸甲にて胸部の環節の背面を覆うている。

4. 蛛形綱 Class Arachnoidea

前方の体節は頭胸部を形成し，普通6対または8対の有節脚を具え，その中の前方のあるものは口器を形成している。甲殻綱に於ける第2触角を形作る1対の附属器は一般に擢握の釘抜に変化し，第1即ち口前触角は退化している。腹部の附属器は高度に変化するかまたは欠けている。この網は5亜網に分けられ，中2亜網はその関連がうたがわしい。

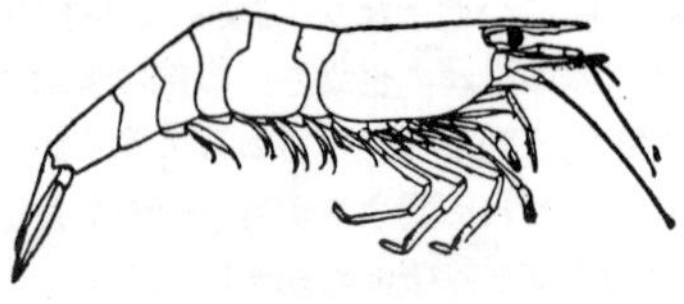

Fig. 38. ヌカエビ (*Paratya compressa improvisa* Kemp（中沢)

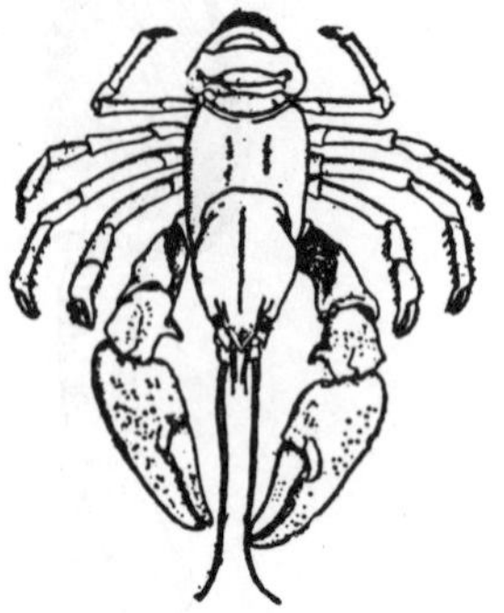

Fig. 39. ザリガニ　(*Cambaroides japonicus* de Haan)（中沢)

Subclass *Merostomata* (*Gigantostraca*) 剣尾亜綱

腹部は鰓と板状の覆物とを形成する附属器を具え，それ等は呼吸及び動物が水底を離れた時に游泳の撓として使用される。*Euypterida* 目のものは頭胸甲を欠き多少サソリ状を呈し，*Xiphosura* 目のものは頭胸部が1大馬蹄形の頭胸甲となりカブトガニの名を有す (Fig. 40)。

Subclass *Arachnida* 蜘蛛亜綱

腹部は大形なれど外鰓あるいは移動器官を欠き，成虫の頭胸部は鉤子 (Chelicerae) と脚鬚と4対の脚とを具えている。

Ord. *Scorpionida* 全蠍目

サソリ類 (Fig. 41) は腹部の後方部が細長く有節で末端に1本の毒針を具えている。本邦には産しない。夜間活動性で昆虫やクモや他の小形動物を食物としている。

Ord. *Pedipalpi* 尾蠍目

シリヲムシ(Fig. 42) と称え，サソリに類似している

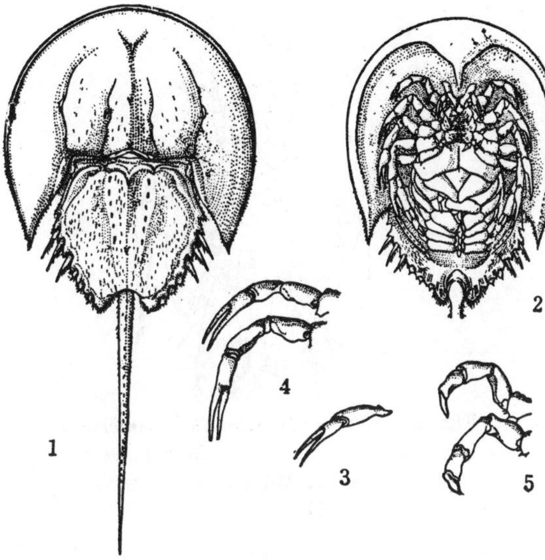

Fig. 40. カブトガニ (*Tachypleus tridentatus* *Leack*) (岸田)
1. 雌背面 2. 同腹面 3. 同上顎 4. 同第2及び第3胸脚 5. 雄の第2及び第3胸脚

が毒針がなく尾端に甚だ細長いムチ状の突起を具えている。本邦には産しない。

Ord. *Pseudoscorpionida* 擬蠍目

この類もまたサソリに類似しているが腹部の後方決して細長くなつていない。凡て肉食性で脚鬚は鋏子状となりこれによつて餌を捕える (Fig. 43)。これ等は落葉下や樹皮下や古丸太内や時に家屋の割目内等に見出され，本邦に広く分布している。

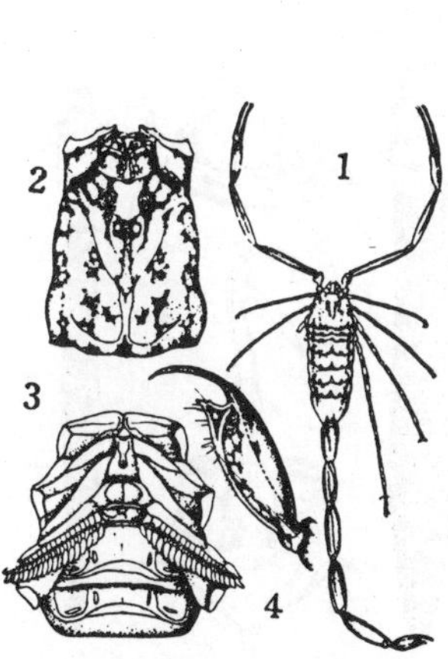

Fig. 41. マダラサソリ (*Isometrus europaeus* Linné) (岸田)
1. 雄背面 2. 背甲 3. 櫛状器とその前後 4. 毒器 (右側面)

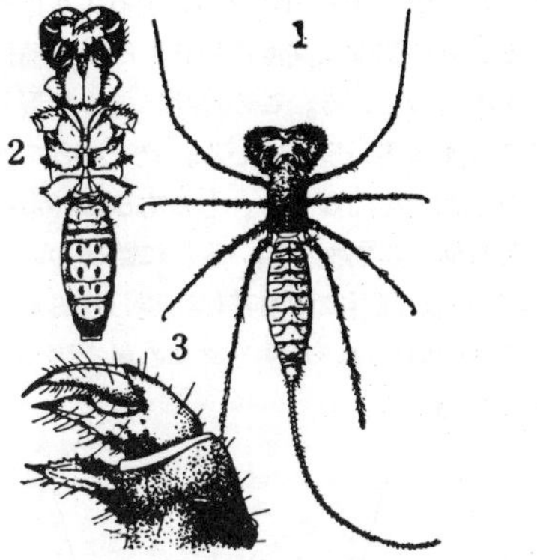

Fig. 42. シリヲムシ (*Typopeltis stimpsoni* Wood) (岸田)
1. 雌背面 2. 同腹面 3. 同右側触肢(先端)

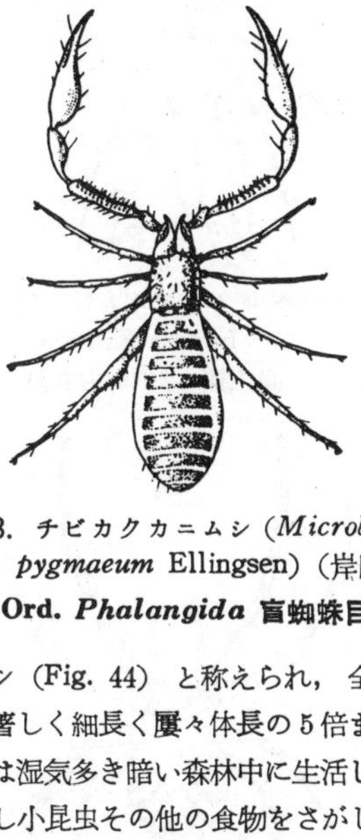

Fig. 43. チビカクカニムシ (*Microbisium pygmaeum* Ellingsen) (岸田)

Ord. *Phalangida* 盲蜘蛛目

ザトウムシ (Fig. 44) と称えられ，全体太く卵形を呈し，脚は著しく細長く屢々体長の5倍またはより長い。この類は湿気多き暗い森林中に生活し葉や樹幹や地面上を移動し小昆虫その他の食物をさがし廻つている。本邦には *Liobunum* や *Nelima* や *Amamia* 等の属の種類が発見され，時に屋内にも見出される。

Ord. *Araneae* 蜘蛛目

普通のクモ類で本邦に多数を産し，ヒトエグモ，シボグモ，アワセグモ，アシダカグモ，フクログモ，ハエトリグモ，カニグモ，タナグモ，ドクグモ，キシダグモ，ミヅグモ，コガネグモ (Fig. 45)，イウレイグモ，センセフグモ，サラグモ，ヒメグモ，ヤマシログモ，チリグモ，ウヅグモ，ハグモ，カケヂグモ，タマゴグモ，イノシシグモ，カヤシマグモ，ナゲフデトタテグモ，ヂグモ，トタテグモ，キムラグモ等の科が発見されている。脚も脚鬚も鋏子状となつていない。腹部は有節の痕跡が認められ，頭胸部と細腰を形成するように基部にて括れている。雄の脚鬚は高度に変化し雌の生殖器に精虫を運ぶようになつている。この変化は種々な形状に現われこの類の分類に用いられている。クモは凡て肉食性で昆虫や他の小動物を捕食する。その方法は非常に異差があつて，ある種は餌動物を追いそれに跳びついて捕え，ある種は花や他の個所に待ち其処に現われるものを捕える。最も普通の場合はいわゆるクモの巣を張つてこれにかかるものを捕える。

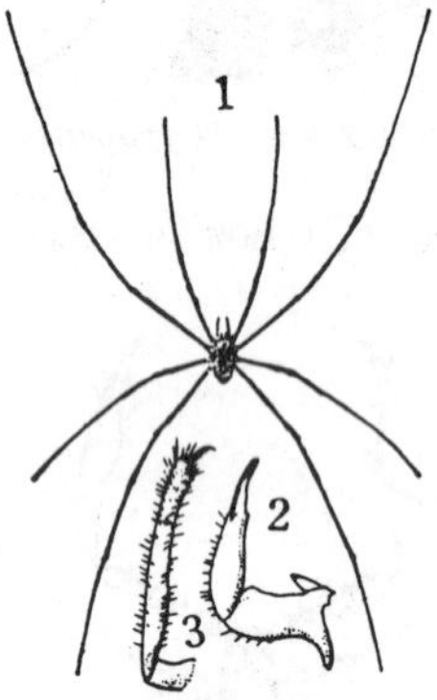

Fig. 44. モエギマメザトウムシ (*Liobunum luteum* Kishida) (岸田)
1. 雌　2. 同上顎　3. 同右触肢の末端

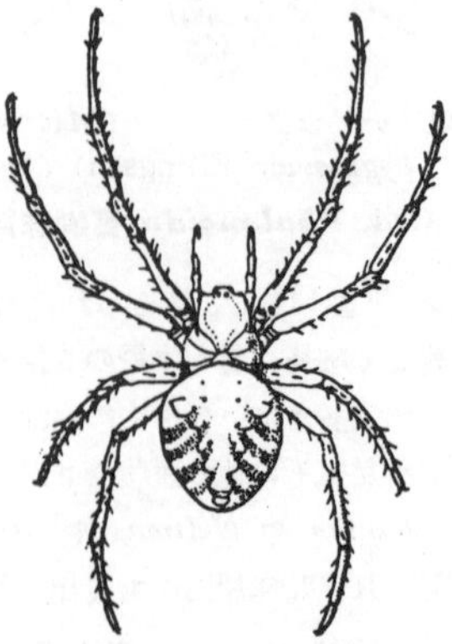

Fig. 45. オニグモ (*Araneus ventricosus* Koch) (岸田)

Ord. Acarina 蜱目

ダニは小形で1～15mm の長さで，頭胸部と腹部とが癒合して全体が1つになつていて外部に節を認める事が出来ない。彼等は構造と習性とが種々異なり，ハダニ科 (Fig. 46) は植物の葉上に生活し屢々大害を与え，コナダニ科 (Fig. 47) は貯蔵食品類や球根類その他に食を求め，ニキビダニ科 (Fig. 48) やヒゼンダニ科は人

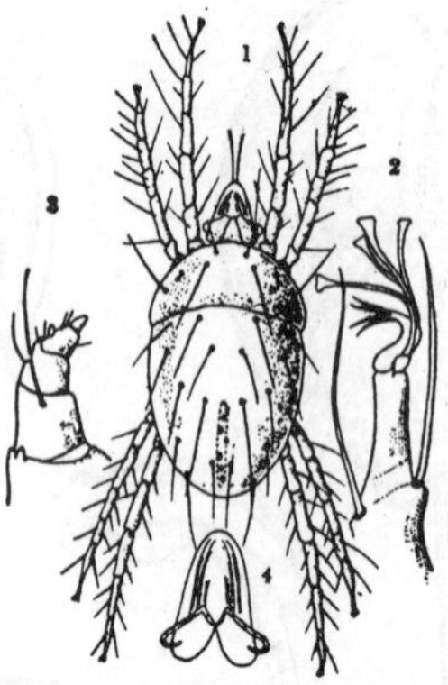

Fig. 46. ハダニ (*Tetranychus lintetarius* Linné) (岸田)
1. 雌　2. 第1歩脚端　3. 右触肢
4. 上顎板

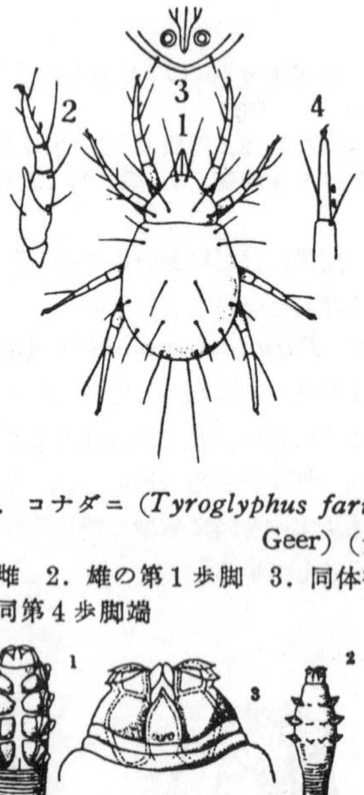

Fig. 47. コナダニ (*Tyroglyphus farinae* de Geer) (岸田)
1. 雌　2. 雄の第1歩脚　3. 同体後部腹面
4. 同第4歩脚端

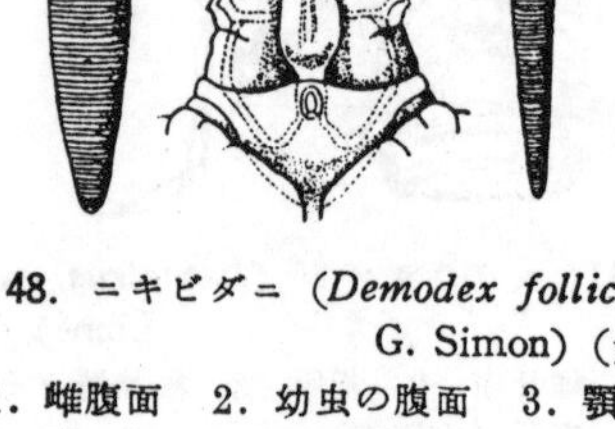

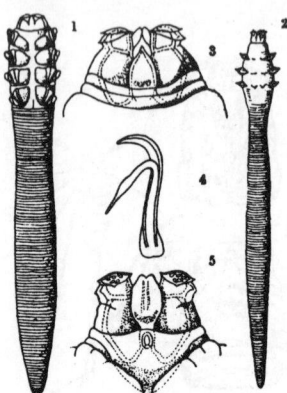

Fig. 48. ニキビダニ (*Demodex folliculorum* G. Simon) (岸田)。
1. 雌腹面　2. 幼虫の腹面　3. 顎体背面
4. 陰　茎　5. 顎体腹面

類に寄生し，フシダニ科のものは植物に虫癭や泡膏を生じ，ムシダニ科やヤクモ科のものには人類の病原と関係を有するものがあり，マダニ科のものは哺乳動物に寄生する等種々な生活をいとなむ。更にまた水棲のもの等もある。

Subclass *Pycnogonida* 皆脚亜綱

ユメムシ類(Fig. 49)やウミグモ類で小形(3〜10mm)の海水に生活するクモに類似の動物で，腹部は小さな栓状を呈す。Hydroids や Sea anemones 等の上に見出されるが時にクラゲにも見出される。

Subclass *Pentastomida* (*Linguatulida*)
舌虫亜綱

内寄生虫で (Fig. 50) で，成虫は著しく減退せる蠕虫状なれど幼虫は4脚を具えダニの幼虫に多少似ている。この類は幼虫の形体よりして多くの学者は蜘形類の1目として取りあつかつているが，正確の分類は未だ不明。種々な種類が脊椎動物やその他に寄生している。

Subclass *Tardigrada* 緩歩亜綱

湿地や淡海両水中に見出される微小動物でクマムシ(Fig. 51) がこの類に属し，体は 1mm を越える事がなく爪を具える4対の脚を有し，頭は明瞭な口器も他の附属器も有していない。この動物の他との関係は不明なれど4対の脚を有する事よりして此処に置かれている。長命と温度の高底に耐ゆる事に於て有名な動物である。

多足類 (*Myriapoda*)

次下に述べる *Diplopoda*, *Chilopoda*, *Symphyla*, *Pauropoda* の4綱はムカデ状で屢々一所にして多足綱として取り扱われている。彼等は凡て明瞭な頭部（本来の前口節と口器を形成する附属器を有する数個の体節とが癒合した）と各節に歩行脚を具えている長い胴とよりなる。何れも触角を有す。これ等の綱は多くの表面的類似を有するが基本的構造に於ては系統学的に遠く離れているものである。

5. Class *Diplopoda* 倍脚綱

ヤスデ類で(Fig. 52) 体節は2個宛癒合しそのために各節に2対の脚を具えている。口器 (Fig. 53) は2対の附属器よりなり，少くとも1対の大腮は昆虫のものに類似し，第2顎即ち顎唇 (Gnathochilarium) は附属器の癒合した1対のものよりなりこのものは昆虫の下唇に似ている。生殖器は脚の第2対の後方に開口している。

ヤスデ類はヒメヤスデ，イトヤスデ，マルヤスデ，ナミヤスデ，ババヤスデ，ヤケヤスデ，クビヤスデ，ヲサヤスデ，アカヤスデ，ヒラタヤスデ，オビヤスデ，タマヤスデの諸科が本邦に産し，何れも落葉下や腐敗木中や他の腐植物中に生活しているが，少数の種類は生植物を食し地方的には害を与えている。

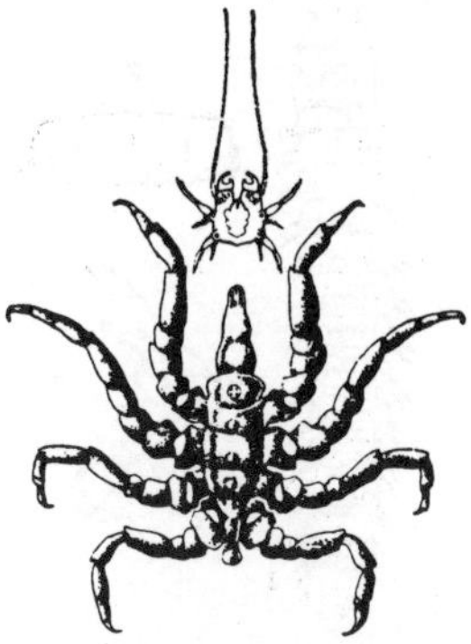

Fig. 49. ユメムシ(*Pycnogonum tenue* Slater) (岸田)

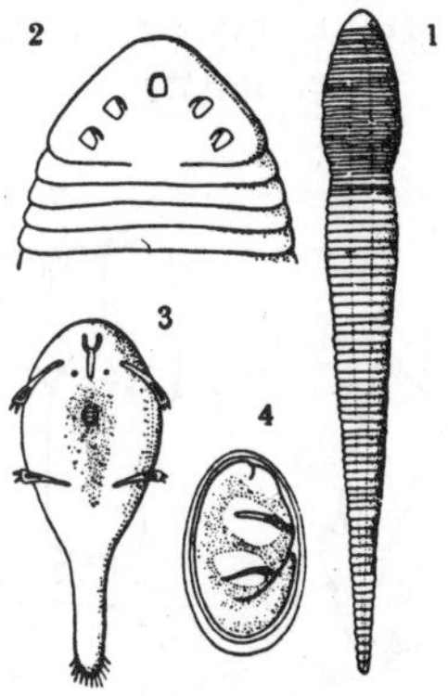

Fig. 50. ウスシタムシ (*Linguatula serrata* Froelich) (岸田)
1. 成体背面　2. 前端腹面　3. 幼生
4. 熟卵

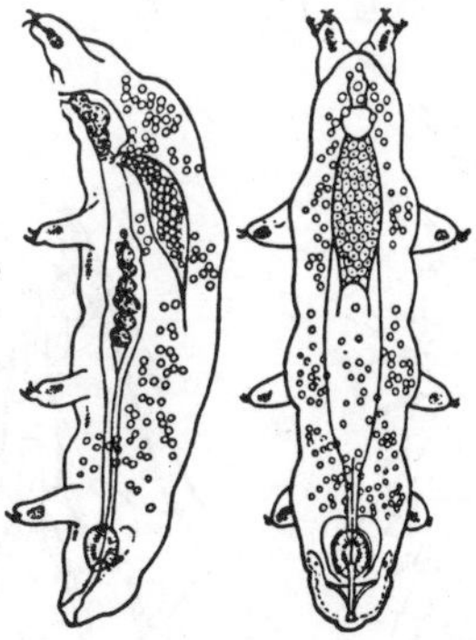

Fig. 51. クマムシ (*Macrobiotus intermedius* Plate) (岸田)

6. Class *Pauropoda* 少脚綱

ムカデに一寸類似し微小な動物で数属よりない (Fig.

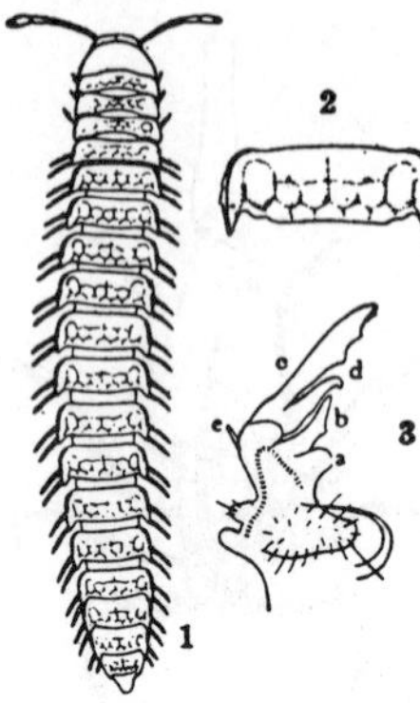

Fig. 52. オビヤスデ (*Epanerchodus orientalis* Attems) (高桑)
1. 背面　2. 後方胴節の後環節　3. 生殖肢 (a. 縟状物　b. 腿節突起　c. 脛跗節　d. 副　肢　e. 鈎状物)

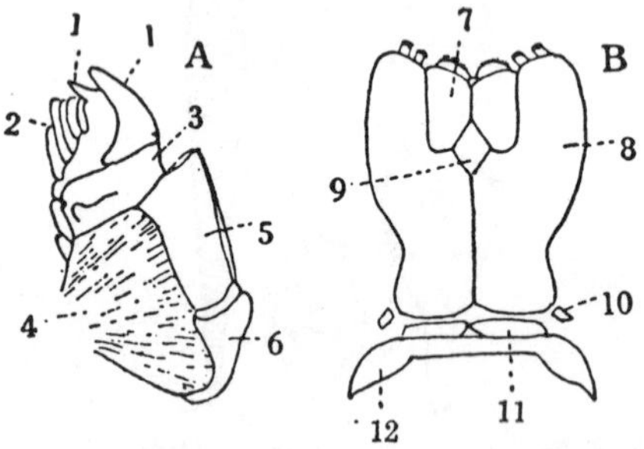

Fig. 53. 倍脚綱1種の口器　A. 大顎(Latzel)　B. 顎唇 (Silvestri)　1. 歯　2. 櫛状葉　3. 摩砕板　4. 筋肉　5. 蝶鉸節　6. 軸節　7. 舌葉　8. 蝶鉸節　9. 前唇基節　10. 軸節　11. 唇基節　12. 下口節

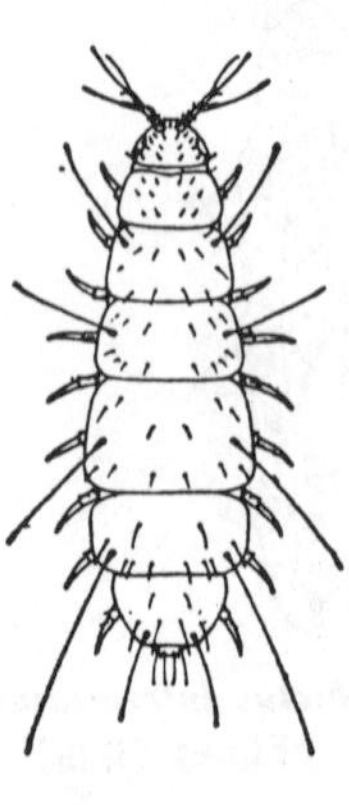

Fig. 54. ニワヤスデモドキ (*Nespauropus niwai* Kishida) (江崎)

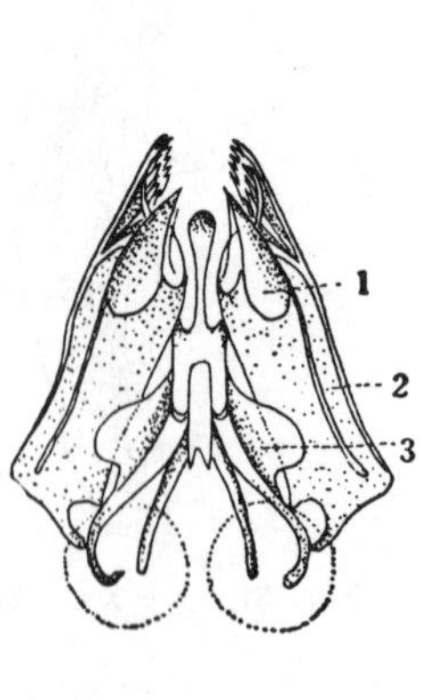

Fig. 55. オビヤスデモドキ1種の口器 (Latzel)　1. 第2小顎　2. 大腮　3. 下唇

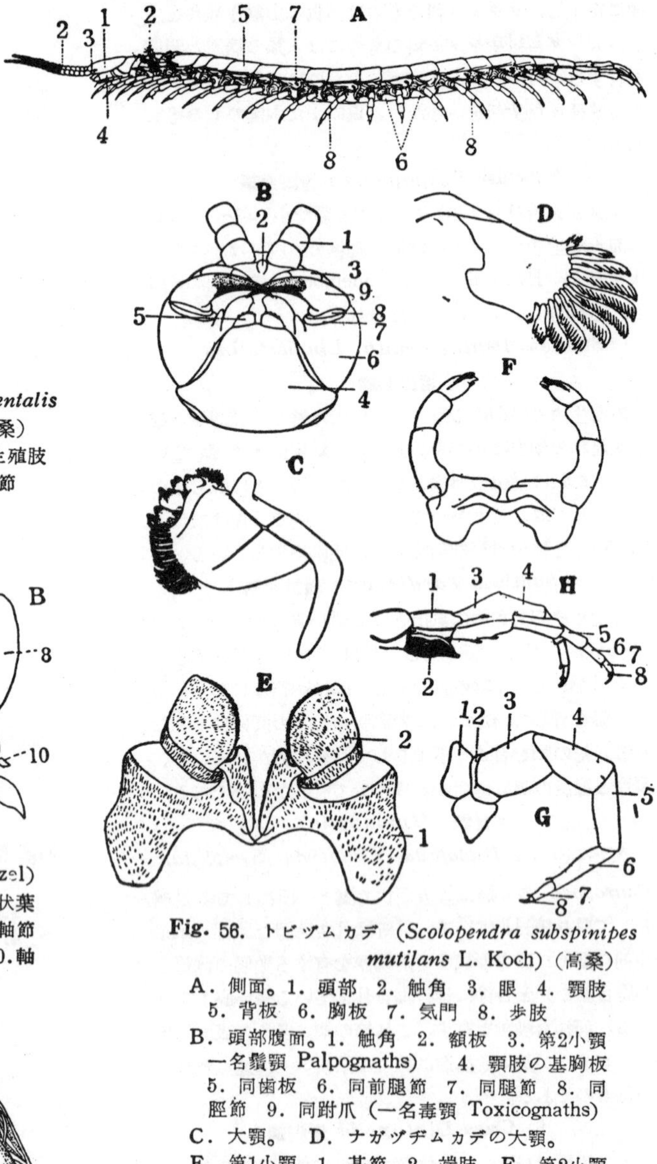

Fig. 56. トビズムカデ (*Scolopendra subspinipes mutilans* L. Koch) (高桑)
A. 側面。1. 頭部　2. 触角　3. 眼　4. 顎肢　5. 背板　6. 胸板　7. 気門　8. 歩肢
B. 頭部腹面。1. 触角　2. 額板　3. 第2小顎 一名鬚顎 Palpognaths)　4. 顎肢の基胸板　5. 同歯板　6. 同前腿節　7. 同腿節　8. 同脛節　9. 同跗爪 (一名毒顎 Toxicognaths)
C. 大顎。　D. ナガヅヂムカデの大顎。
E. 第1小顎。1. 基節　2. 端肢　F. 第2小顎
G. 歩　肢。1. 基節　2. 転節　3. 前腿節　4. 腿節　5. 脛節　6.7. 跗節　8. 前跗節
H. 最終歩肢節。1. 背板　2. 基側板　3. 前腿節　4. 腿節　5. 脛節　6.7. 跗節　8. 前跗節

54)。体は12節からなり背面は対宛癒合し，腹面の9節に各1対の脚を具えている。触角は分叉し，腹眼は1小点として現われ，口器 (Fig. 55) は顎の2対と複雑な下唇とからなる。生殖口は体の前方部に位置している。

7. Class *Chilopode* 脣脚綱

ムカデ類 (Fig. 56) で，本邦にはゲジ，イシムカデ，

ヂムカデ，アカムカデ，オウムカデ等の科の動物が発見され，細長い多数節からなり，各節に１対の脚を具え，生殖口は末端前節に位置している。頭は長い触角と複眼または単１小眼面からなる眼とを具えている。口器は３対の附属器即ち，顎状の大腮と昆虫の下唇に似た左右癒合せる小腮と第２小腮即ち鬚顎（Palpognaths）とからなり，最後のものは脚状で時に基節と癒合している。興味深い構造は毒爪即ち毒顎（Toxicognaths）で，このものは第１体節の附属器なれど頭の下面に保たれ外見上口器に似ている。

唇脚綱の動物は肉食性で，多くの種類は夜間活動性で，日中は落葉や腐敗木や地中の坑道等の中に陰れている。温帯棲のものには稀れに１寸以上のものがあるが熱帯棲のものの中には約８寸位の体長を有するものもある。本邦で屋内に普通のものはゲジゲジ（Fig. 57）である。

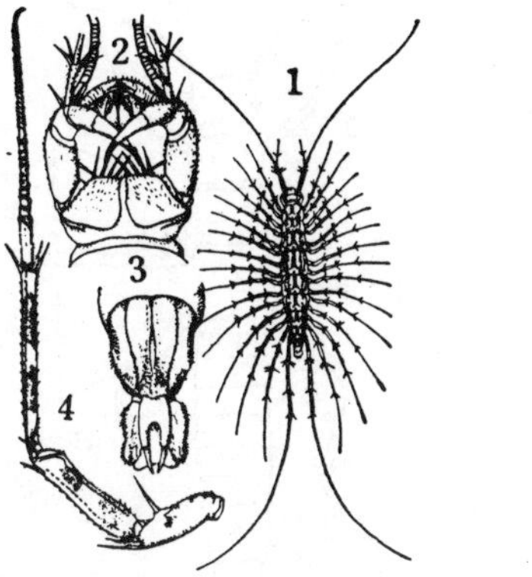

Fig. 57. ゲジ（*Thereuonema tuberculata* Wood）（岸田）。
１．雌背面　２．頭部腹面　３．胴後端腹面　４．第５歩肢

8. Class *Symphyla* 結合綱（祖形綱）

体長 7 mm 内外のムカデに似た動物で約15節からなり，それ等の内11，または12節に脚を具えている（Fig. 58）。生殖口は体の後端に位置す。頭は多くの特徴に於て著しく昆虫型で，頭蓋線の幹線と長い触角を有し，口器は大顎と小顎と下唇とからなる。以上の構造よりして祖形類は昆虫に最も近い動物であると認められている。この類は稀れな動物で，腐植質物中に普通発見される。然し時に温室にて植物の根を食害するものがある。本邦からナミコムカデ（*Hanseniella* sp）（コムカデ科）が発見されている。

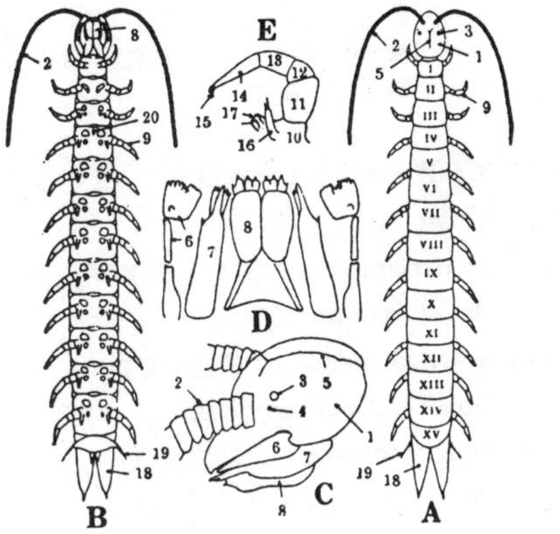

Fig. 58. 結合綱の体制模式図（江崎）。

A．*Scutigerella immaculata* Newport の背面　B．同腹面　C．頭部　D．口器　E．脚　1．頭部　2．触角　3．感覚器　4．気門　5．頭頂縦皺（頭蓋線）　6．大顎　7．第1小顎　8．第２小顎　9．脚　10．基節　11．前腿節　12．腿節　13．脛節　14．跗節　15．爪　16．基節突起　17．基節嚢　18．尾毛　19．触毛　20．生殖孔

9. Class *Insecta* 昆虫綱

第一の特徴としては６本の脚を有する事で，各対は各胸節に生じている。この形態よりして六脚綱（Hexapoda）の術語が現われたのである。

特　　　徴

模式的成虫は体が３区分されている（Fig. 59）。前方部分は頭で，複眼と触角と３対の口器とを具えている。第２の部分は胸部で，３環節からなり，普通各節に１対の脚を具え，多くの群には第２と第３の各環節に１対の翅を具えている。後方の部分は腹部で，最多11環節からなり，脚を有する事がない。第８，第９及び第10環節は普通配合活動又は産卵のために変化せる附属器を具えている。

昆虫の外骨骼は他の節足動物に於けるが如く生器官の保護と体形の維持とに役立つている。内器官の主なものは (1) 管状の消食管と (2) 血液の送出に対する長い有瓣の心臓と (3) 呼吸に対する導管様の器管の１組と (4) 体の後端に開口する対をなす生殖器官と (5) 錯雑せる筋肉系と (6) 脳と対をなす節神経球及び神経連鎖とからなる神経系等である。

成熟せざる昆虫は翅を欠いている，尤も例外として蜉蝣目（*Ephemeroptera*）は最後の短い未熟期間に動作的の翅を有する。未熟昆虫は一般的外観に於て成虫と全く異なり脚と明確な頭と昆虫のみでなく他の節足動物に特徴ある多くの他の構造を欠いている。

昆虫の外形態　内形態，生態，その他に関する詳細は

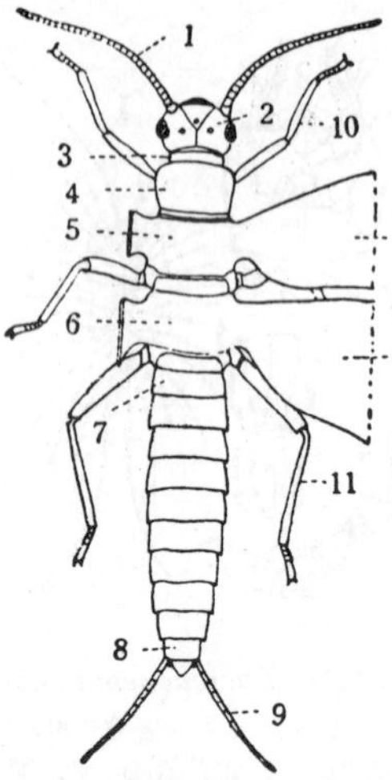

Fig. 59. 昆虫の模式図 (Snodgrass)
1. 触角　2. 頭部　3. 頸部　4. 前胸　5. 中胸　6. 後胸　7. 腹部第1節　8. 腹部第10節　9. 尾毛　10. 前脚　11. 後脚　12. 中翅　13. 後翅

各論に於て記述する事とした。昆虫はつぎの如き目に分類する事ができる。

Subclass Myrientomata (多節昆虫亜綱) ——
1. Order Protura (原尾目)
Subclass Oligoentoma (少節昆虫亜綱) ——
2. Order Collembola (粘管目)
Subclass Euentomata (真昆虫亜綱)
Superorder Apterygota (無翅上目)
3. Order Thysanura (総尾目)
4. Order Diplura (雙尾目)
Superorder Pterygota (有翅上目)
Series Hemimetabola (半変態類)
5. Order Ephemeroptera (蜉蝣目)
6. Order Odonata (蜻蛉目)
7. Order Orthoptera (直翅目)
8. Order Gryllobattodea (擬蟋蟀目)
9. Order Blattaria (蜚蠊目)
10. Order Phasmida (竹節虫目)
11. Order Mantodea (蟷螂目)
12. Order Dermaptera (革翅目)
13. Order Diploglossata (複舌目)
14. Order Plecoptera (襀翅目)
15. Order Isoptera (等翅目)
16. Order Zoraptera (絶翅目)
17. Order Embioptera (紡脚目)
18. Order Corrodentia (嚙虫目)
19. Order Mallophaga (食毛目)
20. Order Thysanoptera (総翅目)
21. Order Anopleura (蝨目)
22. Order Hemiptera (半翅目)
Series Holometabola (完変態類)
23. Order Heuroptera (脈翅目)
24. Order Megaloptera (広翅目)
25. Order Raphidiodea (駱駝虫目)
26. Order Mecoptera (長翅目)
27. Order Trichoptera (毛翅目)
28. Order Lepidoptera (鱗翅目)
29. Order Coleoptera (鞘翅目)
30. Order Strepsiptera (撚翅目)
31. Order Hymenotera (膜翅目)
32. Order Diptera (雙翅目)
33. Order Siphonaptera (隠翅目)

1群としての成功者

昆虫は動物界中最も多数の種類からなるもので1758年から1940年迄に少なくとも1.500,000種が記載されている。而して時に空を被う程にまたは地上を1尺内外の厚さに覆うようにあるいはまた数里に亙り群生する事がある。

他の動物との競争に於て昆虫は地球の隅々に適し且つ棲息し得ている。尤も大洋の深底には存在しない。彼等は熱帯は勿論南極に於ける氷住動物の中の一つでもあり，水棲昆虫は大河や大湖の底を歩き水中にて成熟する，蝗虫の如き大草原に数里にわたつて行列をなし，また蛆のあるものは腐敗せるクルミの殻の中で成長し且つ成熟し，更にまた他の場合ではある蜂は小さい植物の微細な種子内に成熟する。

現在世界に知られている動物の類を見ると大体つぎのようである。

Chordata	38,000種
Arthropoda (昆虫以外の)	50,000〃
Insecta	1,500,000〃
Mollusca	80,000〃
Echinodermata	5,000〃
Annelida	5,000〃
Molluscoidea	2,500〃
Platyhelminthes	6,500〃
Nemathelminthes	3,000〃
Trochelminthes	1,500〃
Coelenterata	5,000〃
Porijera	3,000〃
Protozoa	15,000〃
合　計	1,715,000〃

これ等は昆虫が生物中の顕著な成功せる1群である事を明瞭にする断片である。何故に昆虫が種数及び個体数に於て斯くの如き大多数に発達したかの理由のあるものを思索する事は興味深い事である。

適応的形態

節足動物中昆虫は陸棲形に進化的発達の頂点を現わしている。昆虫は外骨骼の機械的利益を利用し且つ彼等の競争者をりようがするための特化に用いた。外骨骼の主な利益は (1) 筋肉の附着面積を大にし，(2) 蒸発作用の防止，(3) 内臓器官が外部からの被害から殆んど完全に防禦され得る事等である。

以上の基礎に昆虫はある形態的と生理的との他の特化を附加した，即ち昆虫の現在の発達を得るために助けとなつた特化を追加した。それ等の特化のより多くの目立つた事柄はつぎに順次述べる事にする。

可動作的翅　飛翔力は生存と伝播とに対し統計上の変化を非常に増加した。尤も風が常に吹いている島々に於ては然らず。翅があるために摂食と播殖との範囲が増加せしめられ且つ外敵を避ける新らしい方法に役立つた。摂食範囲の増加はうたがいもなくより多くの特別な限界の食物の採用に対する道を開いた。特に宿主または播殖中間物が少量で且つ分撒せる個所に生ずる場合に於て然りである。例えば食物として腐肉を採用する昆虫は個々が可動的翅を具え個立的であるのみでなく食物として短期間のみ適している死体をさがし且つそれ等に達する事ができる。

形態の小さな事　昆虫の進化は主に少数の大形種よりはむしろ多数の小形種に発達の進歩が伴つた。これは少量に生ずる多くの新らしい種の食物に有利となつた。而して外敵から隠れ且つ避ける機会を増加した。形の小さな事が体容積に比し体表面積が非常に大となる利益がある。然しそのために蒸発率が非常に高くなる。そのために昆虫は外骨骼を具え蒸発を防止するようになつていて，この外骨骼の存在は昆虫が小形に発達した主因子の1つとなつている事はうたがいがない。

構造の適応性　昆虫は異なる作用を果たすために同じ構造を採用した。例えばカマキリとヒゲブトカメムシとの前脚は食餌を捕獲し且つ保持し，摂食中は捕獲脚としてよりむしろ附属口器として動く。昆虫は同じ構造を完全に異なる状態のもとに動作するために適用する。例えば呼吸系の非常な変異が水棲と陸棲との多数の模式に適用された。

完全な変態　昆虫のある群のこの発達は動物界に唯一のもので，それは生活史が4つの明確な部分に分かれている。即ち (1) 卵，(2) 幼虫即ち摂食時代，(3) 蛹即ち不動変形時代，及び (4) 成虫即ち生殖時代である。生活史のこの模式に於ては凡て真の成長は幼虫の摂食の結果で，成虫は多少静止的新陳代謝を持続するのみで且つ多くとも精虫または卵の成熟に向つて充分な食物を供給するのみである。この方式は幼虫と成虫とを全く異なつた場所と異なる条件のもととに生活するように適当するようにした，即ち幼虫は早い成長に対し最適な条件の利益を得るのに適するようになり成虫は受精と分散と産卵に最適の条件に生活するに適するようになつている。完全変態は棲息所と食物の可能性との無限の変種を類集するようにした。それとの連結に於て複雑な本能的行為の変化ある発達が屢々存在した。更に非常な短い生活環が屢々発達した，それは幼虫の非常な摂食と消化能力に基するものである。例えばニクバエの蛆は孵化より成熟幼虫迄に僅かに3日間を費す。要約すると完全変態は1種の昆虫が生活の完全に異なる2つの道の利益を結びつけ且つ同時に両者の不利益になるものの多くをさけるに適した。

高度の生殖力　たとえこの状態は下等動物中の例外としてよりはむしろ規則であるが，それは昆虫の成功に寄与する1因子として見逃す事は出来ない。

白蟻の女王やある他の社会棲昆虫の個々は数十万の卵を産下し得る。カゲロウやある寄生蠅は数千の卵を産下し，多数の蛾や蠅やトビケラや他の目の代表者は1雌がよく数百の卵を産下する。これと反対にある蚜虫の卵生雌虫は1卵子のみを産出する。然しこれは続く他の世代の多産を伴つている。

以上の各因子の何れが昆虫の現在の拡大で無数となつたかの最も重要な理由であるかを考える事ができない。その方法は著しく複雑でこれ等の因子の種々な組合せとうたがいもなく他のものは最後の結果を生ずるに共同に作用しているものである。即ちこれ等の特徴の各々1個を用いて各々の昆虫が生じたのではない事を考えに置かねばならない。例えば昆虫の全目例えばハジラミやシラミやノミは翅を失い宿主上にまたはその近傍に活動圏限を有し，完全変態が凡ての目の約1/2に生じない然し他のものには起る。又これ等の特変は昆虫網に発達した甚だ多数の最も重要なものの少数のみである事を記憶せねばならない。

適　応　性

昆虫の個々及び個々の種類がある位置の周りの最も目立ち且つ予期せざる情況は実際に適応性を持つていない。昆虫の適応性は全体として各々の種類が特化せる出現と住所に対し適応した非常な数の種類の発達に帰した。例えば多くの種類が1種の植物のみに食を求め，若しもその１種の植物が使いきられた場合には昆虫は他の種類の植物上にて完全に発達する事ができない。他方昆虫の攻撃から免疫の植物が実際的にない程植物食性の多数の昆虫がある。而してある植物例えばカシ類の如きは数百種の昆虫をささえ得ている。多くの昆虫，少くとも彼等の発達中のある世態の間に，温度と湿度との非常な臨界的結合を要求する。然し各種が異なる要求をなす。１種またはより多数種が熱帯から極帯迄の砂漠から降雨森林迄，陸上や水中等ありとあらゆる位置に産するように見えるような多くの昆虫種がある。

第２章　昆虫の外形態

１．体壁と外骨格 (Exoskeleton)

昆虫の体壁は外骨骼として役立ち脊椎動物の内骨骼の相対物である。この外骨骼に体に凝聚力を与える処の主な筋肉が附着している。体壁は著しい弾力または柔軟性を有し，延伸する事がない。然し脱皮後の短期間は例外である。

防禦と筋肉の附着する堅い個所との両方を得るために体壁の種々な部分が剛化即ち節片化する。さて若しも体壁全体が一様に剛化すると動作が不可能となり，体の移動は勿論食物摂取や卵の発達やの如き主要な活動に対する発展が出来ない事になる。この困難を圧服するために剛化体の部分が板即ち節片 (Sclerites) の組をなし，各節片間の体壁は軟く且つ曲げやすく即ち膜質となつている。この配列は防禦と剛性とに対する堅い外板の発達を容易にし，それと同時に動作の多くの形式を可能ならしめている。

この仕事が如何にあるかの１例は蚊の腹部に見出される (Fig. 60)。腹部が食物を詰込んでいない時はその横断面は楕円形で，背板と腹板とが側部にて甚だ微細に手風琴が褶まれてあるような膜の細片によつて結び付けられている。腹部は血液が取入られつつある間はそれ等の膜が簡単にほごされ，背板と腹板とが食物の量の増加につれ互に離れ，その最大拡張は体の横断面が殆んど円形となる。

膜結合の他の普通の形式は (Fig. 61) 望遠鏡の環管の原理に動作する。膜が引かれると環輪が順次重なり，膜が延ばされると環輪が望遠鏡的に出る。その際膜の長さの極限迄突出する。

脚の関節の膜片は如何に動作するかは Fig. 62 に示されている。右には脚と１板との間の蝶番を形作る膜の狭い小切があつて，左には脚と他の板との間を結ぶ膜の巻物がある。Ａでは脚は直線に保たれ，左の膜は褶の１組を形成し，Ｂでは脚が前方に引かれて左の膜は簡単に延ばされ，斯くして脚の角が前後に動くのである。

昆虫の成虫の脚の関節に見出される普通の関接の模式は Fig. 63 に示されている。環節が右に延ばされてい

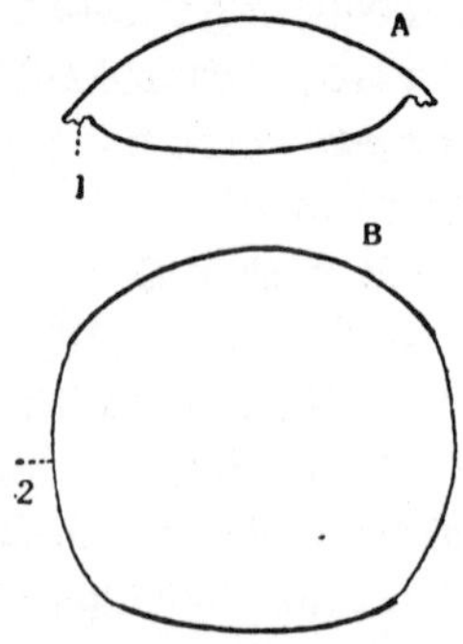

Fig. 60. 蚊の腹部横断面模式図 (Ross)
Ａ．縮狭形　Ｂ．膨脹形
１．回旋せる膜　２．伸脹せる膜

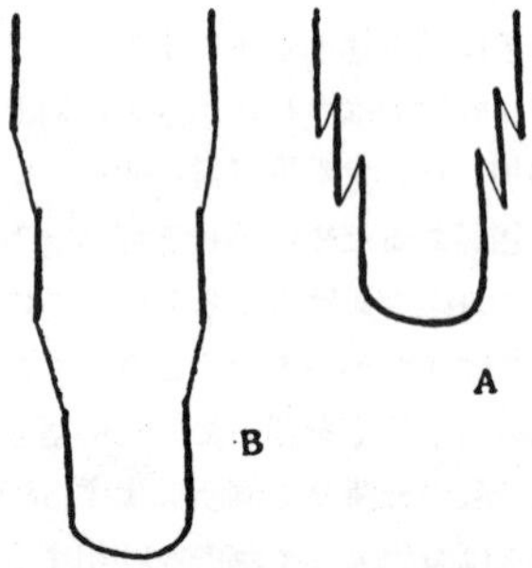

Fig. 61. 腹部末端部の縦断面模式図 (Ross)
Ａ．引きこまれた形　Ｂ．伸脹せる形。細線は膜質部

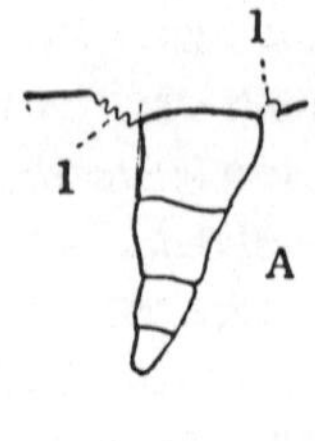

Fig. 62. 膜質脚関接 (Ross) Ａ.直角に保てる形 Ｂ.前方に延ばせる形 １．体と脚との間を結ぶ膜

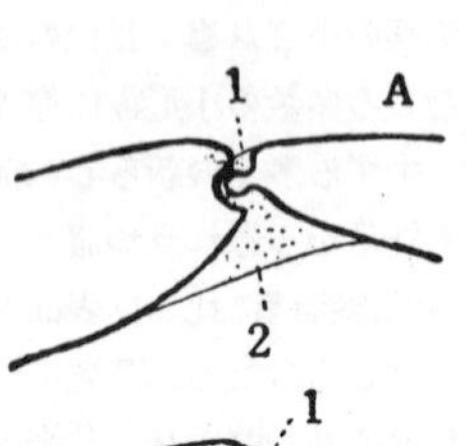

Fig. 63. ソケット脚関接 (Ross) Ａ.直線に保たれた形 Ｂ.内方に引かれた形
１．上膜　２．下膜

る時はA図の如く上方の膜(1)が畳まれ下方の膜(2)が延びる。環節が下方に引かれるとB図の如く上膜が引かれ下膜が畳まれるか褶付けられる。

これ等の4例に於て動作は柔軟によつて可能で弾性によるものではない。この図示は動作の実際的な原動力となる筋肉を現示していないが動作を許容する膜のみを示している。

節片 (Sclerites)。体の硬化せる部分は節片と称えられている。主な節片は一般に膜の部分または線によつて分離され，多くの主な節片は溝または膜の新らしい線によつて追加節片に亜分離され得る。節片はまた結合され得て，普通は明瞭な線や溝や縫目を結合部に現わしている。これ等のものは昆虫学では縫合線 (Sutures) と称えている。節片なる術語はあらゆる型式の縫合線によつて境されている硬化部分に適用されている。

外突起 (External Processes)。皮膚の表面は一般に皺や距や鱗片や棘や毛等を含む多くの種類の突起を具えている。これ等は体壁の成長で，外形態の一般問題には単なる附随的興味あるものである。然し分類学上には非常に重要もものである。

内突起 (Internal Processes)。体壁の内陥によつて形成されている多数の突起がある。それ等は内甲 (Apodemes) と称えられ，彼等の内陥の点または線は殊んど常に外部には孔または溝にて指示さされている。これ等の孔や溝は内甲を生ずる節片を決定するのに最も確実な目表となる。内甲は筋肉附着に対する内部の個所に役立つている。

2. 体の部分

成虫体は3部分に分られ，頭部と胸部と腹部とからなる。これ等の部分の系統的基源は既述した（節足動物の項に)。頭部は一般は固形的に構成されている嚢で明瞭な節がない。胸部と腹部とは何れも多少環状の明瞭な環節を具えている。

ある昆虫の無脚の未熟齢虫は体の部分間に僅かな変異がある。頭は普通明瞭なれど，胸部と腹部との両者は外観上同一で一様ないわゆる胴部を形成している。

標定法 (Orientation)。1昆虫の比較位置やまたは種々の部分を記述するのに術語の種々な組合せが方向や位置を示すのに用いられている。一定の体の部分は標定に対しての基素として主としてつぎのような術語が用いられている。

1）前部 (Anterior portion)—頭を具えている体の部分，または頭端の方に位置している如何なる部分をも表示する。

2）後部 (Posterior portion)—尾部を具えている体の部分即ち腹部の尾端，または後端の方に位置する如何なる部分をも表示する。

3）背面部 (Dorsum)—体の頂上または上面あるいはその部分の1つを表示する。

4）腹面部 (Venter)—体の下面あるいはその部分の1つを表示する。

5）中部 (Meson)—背面か腹面かにまたはその間の如何なる部分に突起している体の縦中線を表示する。

6）側部 (Lateral portion)—体の側部またはその部分の1つを表示する。

7）基部 (Base)，末端 (Apex)—体の附属器即ち外生物に於て，例えば触角または脚に於て，その附着点またはその部分を基部と称え，附着個所より離れた点または末端を末端と称える。附属器の部分，例えば脚の1節の如きでも同様な標示法が用いられ，体に最も近い関節部は基部即ち内部 (Proximal portion) と云い，体より離れた部分を末端即ち外部 (Distal portion) と称える。

3. 頭　部 (Head, caput)

頭部は1昆虫の前方の体の部分を含む。而してそれは普通に硬化せる上面部を有する1蓋嚢で，脳を含有し，床は膜からなり口孔を位置せしめている。

基源—頭部は最初の4後口節 (Postoral segments) が癒合した原始的前口 (Prostomium) からなる1合成構造物で，それ等の基源を示す微かな明瞭度を止めているのみである。たしかな節間縫合線は第3と第4後口節との間を表示する後頭線 (Postoccipital suture) のみが明瞭となつているのみである。

位置—頭部は体の長軸に対し種々な位置に存在し，それ等の位置が屢々分類に使用され，2つの最も重要な位置が決定名を与えられている。即ち，下口式 (Hypognathous type) と前口式 (Prognathous type) とで，前者では口部が下方に向い頭節が体の体節の如く同様な位置にあつて (Fig. 64)，一般的の状態である。後者の場合に

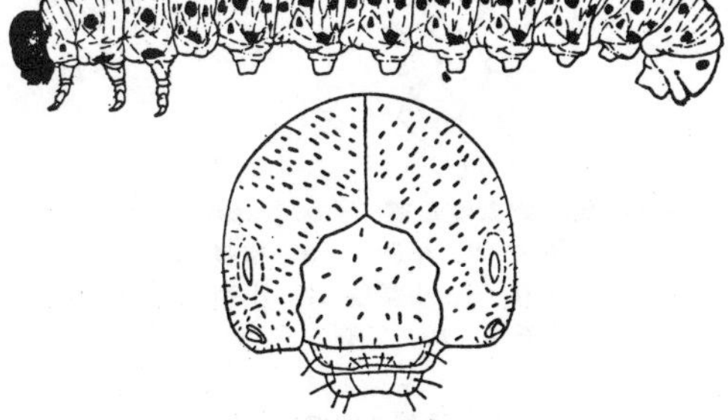

Fig. 64. アケビコンボウハバチ (*Zaraea akebii* Takeuchi) の幼虫(奥谷)

Fig. 65. コニワハンミョウ (*Cicindela hybrida japonensis* Chauloir) (湯浅)

は頭が頸部にて上方に傾斜し口部が前方に突出しているものである (Fig. 65)。

頭部の組織と附属器

模式的下口式頭部 (Fig. 66) にては前方部即ち顔と背部と側部とが連続している硬化嚢を形作り下方に開口し倒さになつた鉢状に似ている。この嚢の上に1対の複眼と3個の単眼と1対の触角とが位置し，上唇は口部の前方に垂扉を形作るために嚢の下前縁から垂下している。頭の下方部は口に対し後方に1膜質床を形成し，この床より下咽頭 (Hypopharynx) が生じそれに唾液管の開口部を具え，この床の両側上に咀嚼器即ち口器を形成する3対の附属器が垂下している。即ち大顋と小顋と下脣とがある。これ等のものは頭嚢の下縁に関接付けられている。頭の後方部は倒さになつた馬蹄形を呈し，頭嚢は背部と側部とを構成し下脣は蹄鉄の底を閉ざし，開口の中心は後頭孔 (Occipital foramen) と称えられ，それを通じて咽喉と神経索と唾液管と大動脈と気管と自由血液とが通過している。頭の内部は幕状骨 (Tentorium) と称えられている繋梁の1組がある (Fig. 70)。

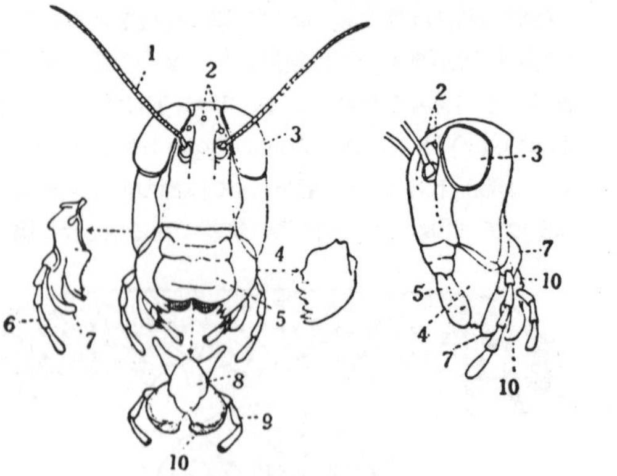

Fig. 66. 蝗虫の頭部 (Snodgrass)
1. 触角 2. 単眼 3. 複眼 4. 大顋
5. 上脣 6. 小顋鬚 7. 小顋 8. 下咽頭
9. 下脣鬚 10. 下脣

頭嚢の附属器

複眼と単眼と触角と上脣とは口器の如き真の環節的附属器から基礎的に異なるものであると考えられ，而して *Annelida* の前口触器と同質異形物であると考えられている。これ等の部分は殆んど常に存在し昆虫形態の最も常態のあるものである。

複眼 (Compound eyes)—頭嚢の背側に位置し一般に多数の小眼面 (facet) からなる大きな構造物で，各眼は細い環状または架状の眼節片 (Ocular sclerite) に取り囲まれて存在する。多くの形状では特に幼虫では複眼は単一小眼面に減退している。ある種の幼虫では複眼は分離せる小眼面の1群からなり，この群を集眼 (Ocularium, Ocularum) (Fig. 67) と称える。成虫では小眼面の数が甚だ大で，イエバエの如き1複眼が約4,000の小眼面からなり，ある甲虫では約25,000からなる。

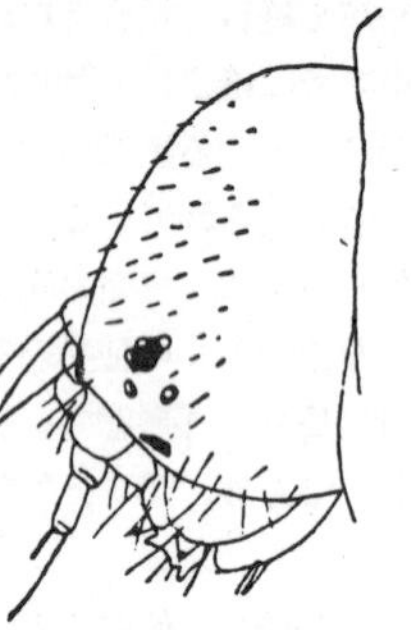

Fig. 67. 鱗翅目幼虫の頭部側面図 (Folsom and Wardle) 集眼を現わす

単眼 (Ocelli)—顔上で普通複眼間に位置する単一小眼面からなる3個の器官で，内上方の2個は対に存在し中央線の両側に1個宛あつて側単眼 (Lateral ocelli) と称え，下方の1個は中央線上にあつて中単眼 (Median ocellus) とよぶ。

触角 (Antennae)—顔の普通複眼間から生じている可動的多節附属器である。触角は触角軸孔に関接付けられ，この孔は時に細い環状の触角節片 (Antennal sclerite) によつて取り囲まれている。孔の周囲は触角を関接付ける小さな1突起を具えている。触角は形状に於て非常に差異があり，各々最も特徴ある形態にそれぞれ名がつけられ少例を挙げるとつぎの如くである (Fig. 68)。

糸状 (Filiform)，鞭状 (Setaceous)，珠数状 (Moniliform)，鋸歯状 (Serrate)，棍棒状 (Clavate)，球桿状 (Capitate)，鰓葉状 (Lamellate)，櫛葉状 (Pectinate)，羽毛状 (Plumiliform)。

上唇 (Labrum)—顔の下縁に附着している可動扉で，その内壁は前口腔 (Preoral cavity) の前面を形成し上咽頭 (Epipharynx) と命名されている。この上咽頭は屢々隆起葉片と感覚乳房突起及び毛の複雑な組合せとを具えている。而して幼虫型の分類に甚だ役立つている。

主縫合線と主部分

頭嚢は種々な縫合線によつて区分され，それ等の大部

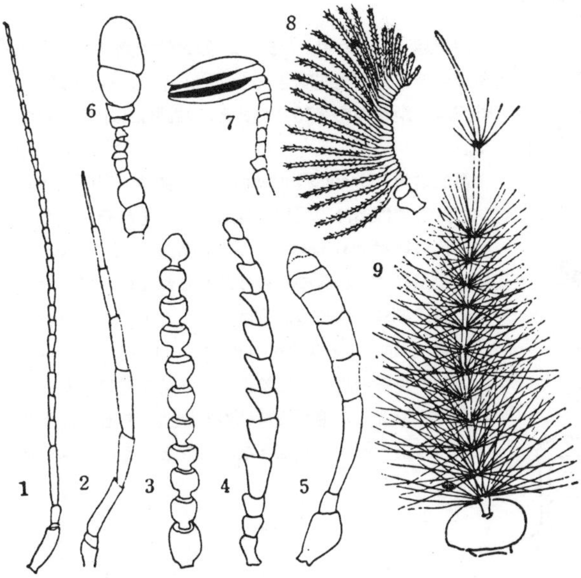

Fig. 68. 触角の各模式図
1.糸状　2.鞭状　3.球数状　4.鋸歯状　5.棍棒状
6.球桿状　7.鰓葉状　8.櫛歯状　9.羽毛状

分のものは基源的環節の縫合線の消滅に伴い第二次的に発達したものであると考えられている。主な頭部縫合線とそれ等に接する部分とはつぎの如くである (Fig. 69)。

頭頂 (Vertex)—複眼間で背部にある頭の全背面部を斯く称える。

頭蓋線 (Epicranial suture)—Y字形の縫合線で，その幹線は頭の背部に始まり，頭頂を横切り，顔にて叉分している。この幹線は頭蓋幹線 (Epicranial stem) と称え，叉分せる2本の支線は頭蓋翼線 (Epicranial arms) である。

額 (Frons or Front)—前方の顔の部分で頭蓋翼線の間かまたは下方に横たわり，この節片上に中単眼が生じ，下方は額頭楯線 (Frontoclypeal suture) によつて界されている。

頭楯 (Clypeus)—額頭楯線と上唇との間にある唇瓣状の部分で，額と関接付けられる事がなく常に額に固着している。上唇 (Labrum) はその下に垂下し，膜にて互に結合している。

顴 (Gena)—複眼の下方で額の後方に位置する頭の下部を斯く称え，時に顴線 (Genal suture) が額と顴との間の顔の前方部にある。而して若しこの縫合線がない場合には額と顴との区分が不明瞭である。複眼の直後方部は後顴 (Postgena) と称え，後顴と頭頂，または後顴と顴とのそれぞれの間に一定の区分がない。

後頭 (Occiput)—頭の後面の大部分を称え，後頭線 (Occipital suture) によつて頭頂と顴とから区分され，多くの顴に於てこの縫合線は皺に退化しているかまたは完全に消失している。この後の場合には後頭と頭頂と顴とに合併された一般部としてのみ認められる。

後後頭 (Postocciput)—後頭孔の縁を形成する狭い環状節片で，後後頭線 (Postoccipital suture) によつて後頭から分けられ，成虫には殆んど凡てに存在している。後後頭は後頭関接頭 (Occipital condyle) を具え，それによつて頸部の節片と関接付けられている。

幕状骨 (Tentorium) (Fig. 70)

頭部は体壁の内陥即ち硬化甲の1組によつて内部が強化されている。これ等が集まつて幕状骨を構成し，時にこれ等を頭部の内骨骼として認めている。無翅昆虫では幕状骨の部分が常によく発達していない。有翅昆虫では4部分からなる。即ち前腕 (Anterior arms) と後腕 (Posterior arms) と中体 (Corporotentorium) と背腕 (Dorsal arms) とである。前腕は額の両下端に

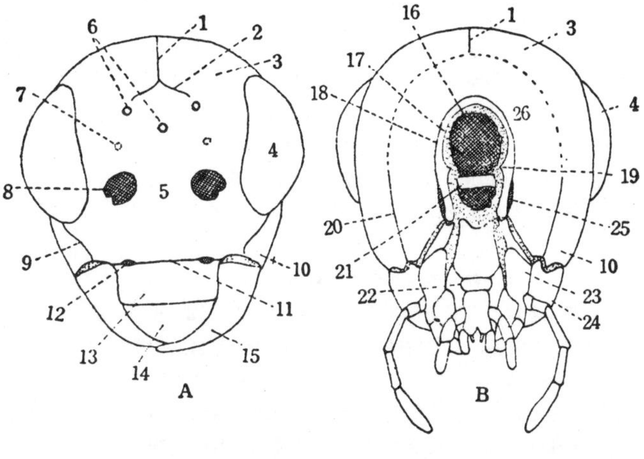

Fig. 69. 頭部の模式図 (Ross)　　A. 前面　　B. 後面
1. 頭蓋幹線　2. 頭蓋翼線　3. 頭頂　4. 複眼　5. 額　6. 単眼　7. 背幕状骨附着部　8. 触角のソケット　9. 顴線　10. 顴　11. 額頭楯線　12. 前幕状骨孔　13. 頭楯　14. 上唇　15. 大顋　16. 後頭窩　17. 後後頭　18. 後後頭線　19. 後頭関接頭　20. 後頭線　21. 幕状骨板　22. 下唇　23. 小顋　24. 大顋　25. 後幕状骨孔　26. 後頭

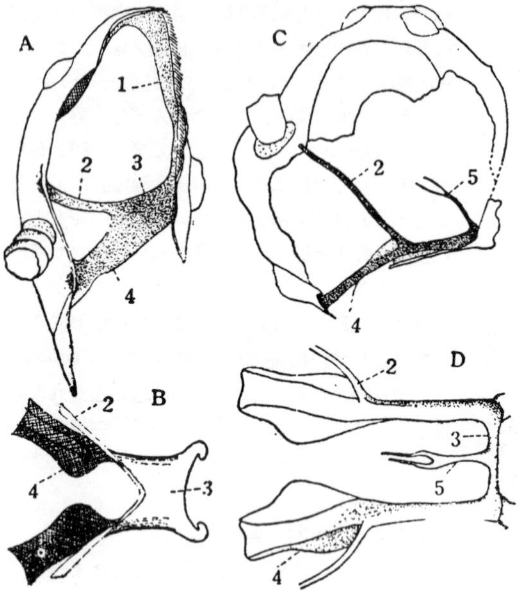

Fig. 70. 膜翅目の幕状骨 (Ross)
A．Macroxyela の頭部側面図　B．同幕状骨背面図　C．Aleiodes の頭部側面図　D．同幕状骨背面図　1．幕状骨の頭側部に沿い延長せる厚化部　2．幕状骨の背腕　3．幕状骨板　4．幕状骨の前腕　5．幕状骨板腱

小孔として明確に現われている前幕状骨孔 (Anterior tentorial pits)から内陥したもので，後腕は後後頭線上の割れ目として殆んど常に存在する後幕状骨孔(Posterior tentorial pits)から内陥したものである。中体は前腕と後腕との内方への拡張部で互に癒合したものである。背腕は前腕の第二次的成長物として考えられ，頭嚢の外面にそれぞれの腕の附着個所に何等の孔を認める事がなく，普通触角孔と側単眼との間に附着している。幕状骨の各部の形状と比較位置とは昆虫類によつて著しい差異がある。

4．口　器 (Mouthparts)

昆虫の口器は最も顕著な3器からなる。即ち大顎と小顎と下唇とである。これ等は節足動物の対をなす模式的肢の変形物を代表している。而して昆虫に於けるこれ等の部分の形状は根本の古代形のものより著しく異つている。化石節足動物の肢を現存節足動物のものに比較研究する事によつてその変化が明瞭となる。

一般的節足動物の肢 (Fig. 71)

基節即ち底節 (Coxopodite) は体壁の側部に植付けられ，末端の数節は端節 (Telopodite) を形成している。各節は側面と中央面との両面上に突起が発達する潜勢力を有し，側面の突起は外突起 (Exites) と称え，中突起は内突起 (Endites) と云う。原始的で最初の変形は三葉虫の肢によつて説明される (Fig. 72)。底節は鰓状の外突起と距状の内突起とを具え，端節は簡単で突起を欠く。

第二触角 (Second antennae) と**鉤角** (Chelicerae)

これ等の構造は甲殻類と蛛形類とにそれぞれ属し第1後口節 (Postoral segment) の附属器ある (Fig. 1)。現存昆虫にはこれ等のものは認められない。昆虫の初期での発達期にこれ等の器官は消失したものである。

大顎 (Mandibles) Fig. 66, 73, 74.

大顎は昆虫の真の口器の前方即ち第1対のもので上唇の直後に位置し，第2後口節の附属器である。模式的には硬化し歯と刷毛との種々な組合せを具え，側縁の基部

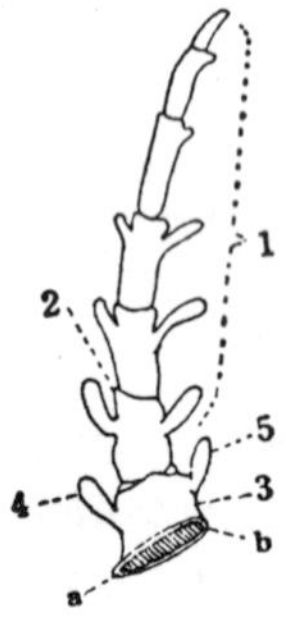

Fig.71．節足動物の仮説的附属器 (Snodgrass)
1．端節　2．基節
3．底節　4．外葉
5．内葉
a．外部　b．内部

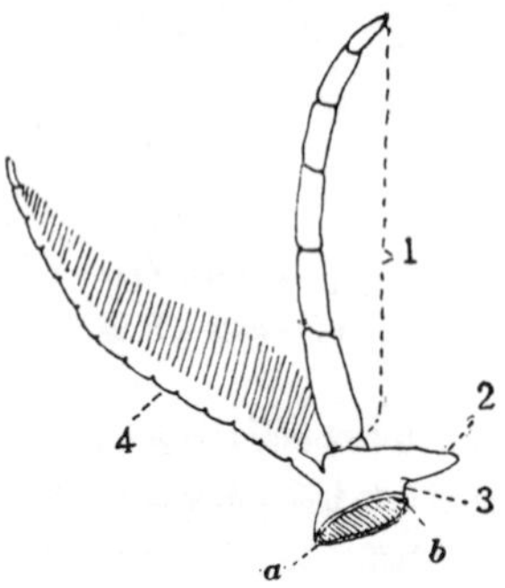

Fig. 72. 三葉虫の肢 (Snodgrass)
1．端節　2．内葉
3．底節　4．外葉
a．外部　b．内部

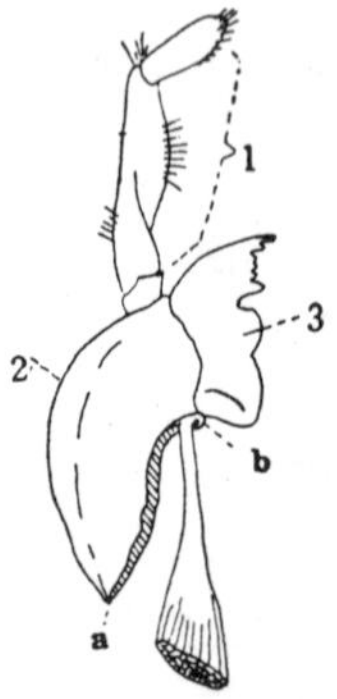

Fig. 73. 甲殻綱(*Anaspides*) の大顎 (Snodgrass)
1.端節　2.底節　3.内葉
a．外部　b．内部

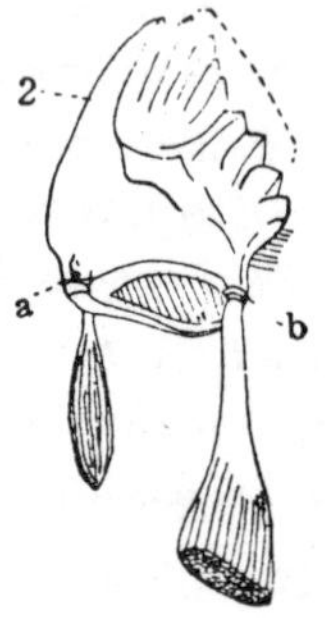

Fig. 74. 蝗虫の大顎 (Snodgrass)
1．内葉　2．底節
a．外部　b．内部

（少数の原始的昆虫は例外）と更に中縁の基部とにて頭と関接付けられている。これ等関接部の各々の近くに頭の方に延びている強腱を生じ大顋を動作せしむる強筋肉の附着個所となつている。

昆虫の大顋は如何にして簡単な環節肢から生じたかを説明するのに役立つ特徴を保存していない。然し多くの甲殻類では大顋はより原始的で(Fig. 73)，筋肉の発達が三葉虫の肢の如きものからの簡単な由来物である事を示している（Fig. 72)。主な変化は (1) 底節の大形となり且つ強化している事，(2) その内突起の発達が錐擦有歯部になり，(3) 外突起の消失と (4) 端節の減退とである。凡ての昆虫の大顋は（Fig. 74）端節が完全に消失し，より著しい変形の底節とその内突起とのみである。

小　顋 (Maxillae) Fig. 75.

小顋は大顋の直後に横たわり，第3後口節の附属器である。筋肉系が大顋のものに甚だ近似している事によつてその発達が大顋と類似している事を示すものなれどつぎの如き差異がある。(1) 中関節が発していない，(2) 端節が感覚器即ち鬚 (Palpus) として止まり，(3) 底節が分けられ，(4) 内突起が2個の明瞭な可動葉片に発達している。

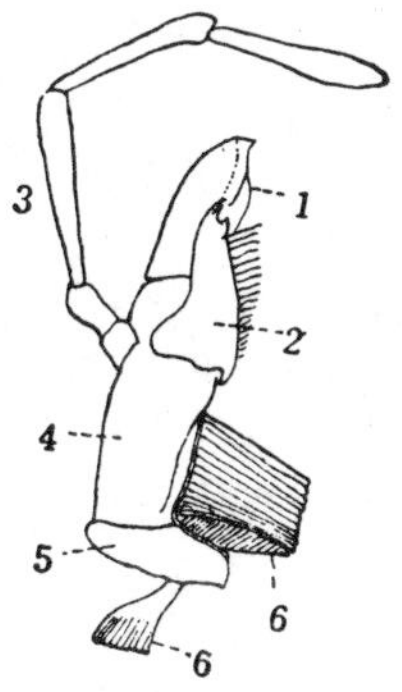

Fig. 75. コキブリの小顋 (Snodgrass)
1. 外葉　2. 内葉　3. 鬚
4. 蝶鉸節　5. 軸節
6. 筋肉

節足動物の附属器の基礎的区分と突起たる底節や端節や内突起やその他の術語は昆虫学には僅かな参考となるのみである。然し他の節足動物のものと昆虫のものとを明瞭にするためにはこれ等の術語を採用する事が適当であらん。尤も昆虫のこれらの部分はあまりにも他の節足動物のものと異つて発達しているために，それ等を明瞭に区別するために特別な術語を使用する事が適切のようである。即ちつぎの如し。

軸節 (Cardo)—三角形の基節で頭嚢に附着し小顋の他の部分の運動に対する1蝶番として役立つている。

蝶鉸節 (Stipes)—小顋の中部即ち体で普通多少方形となり，軸節の上方に位置し小顋の残りの部分に対する基部である。

外葉 (Galea)—蝶鉸節の末端に関接付けられている外片で，屢々感覚褥として発達し即ち感覺器官の柱頭を具えている。

内葉 (Lacinia)—蝶鉸節の末端に関接付けられている内片で，その普通の形状は大顋状でその中央縁に沿い棘または歯の1組を具えている。

鬚 (Palpus)—蝶鉸節の側面から生ずる触角様の有節附属器で，普通5節からなり，多分全体が感覚を司るものである。

下　脣 (Labium) Fig. 76.

この構造は小顋後方の脣を形作り，単一片のように見えるが小顋の第2対のものより構成され，単一動作の構造を形成するように中央線にて左右癒合している。下脣の部分は小顋のそれ等に甚だ類似し，彼等と同質異形である事は筋肉とその附着点との研究によつて確立せしめられた。

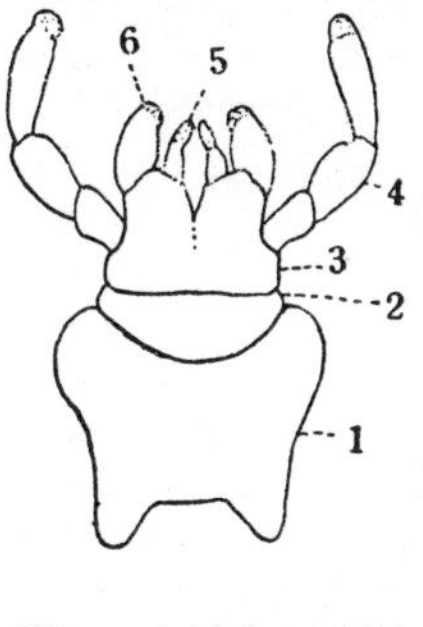

Fig. 76. コキブリの下脣 (Imms)
1. 亜基節
2. 基節　3. 前基節
4. 鬚　5. 中　舌
6. 側舌

後下脣 (Postlabium)—下脣の基部で頭膜と結合し，屢々基部の亜基節 (Submentum) と末端の基節 (Mentum) との2部分に分かれ，小顋の左右の軸節の癒合せるものを代表している。

前下脣 (Prelabium)—下脣の末端部で種々な葉片と突起とを含み，中央部即ち体は前基節 (Prementum) で時に stipulae, eulabium, labiostipites, labiosternite 等と唱えられ，各側に普通3節からなる下脣鬚 (Labial palpi) を具えている。

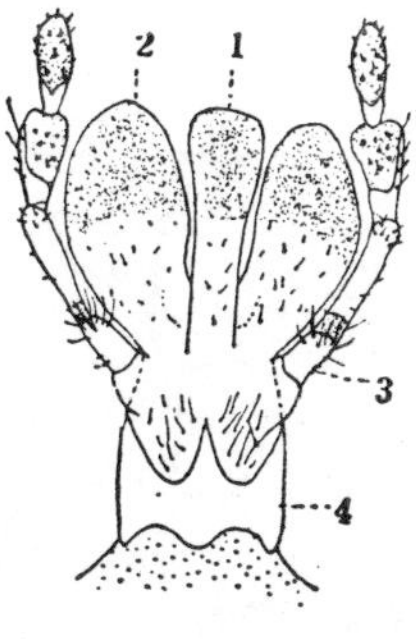

Fig. 77. 膜翅目1種の下脣の1部 (Ross)
1. 軸舌　2. 側舌
3. 鬚　4. 前基節

前下脣の末端部は屢々舌状となり，そのために脣舌 (Ligula) と称えられている。構造上甚だ変化が多いが一般に葉片の2対に分かれ，その1対は中舌 (Glossae) で中葉片の1対からなり普通互に接近し，他の1対は側舌 (Paraglossae) で中舌に普通平行する側葉片の1対である。膜翅目の如き多くの類では中舌は左右癒合し軸舌 (Alaglossa) と称えられている(Fig. 77)。他の場合に中舌と側舌とが癒合し全舌 (Totoglossa) と称えられている (Fig. 78)。

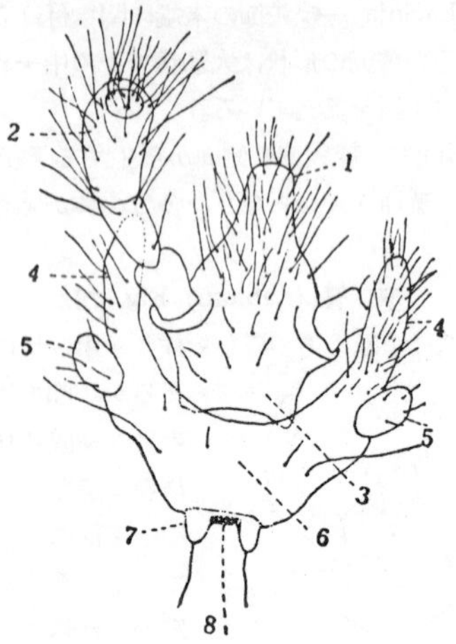

Fig. 78. ヒラアシキバチ1種の下唇と小顋 (Ross) 1．全舌 2．下唇鬚 3．前基節 4．内葉と外葉との癒合体 5．小顋鬚 6．癒合蝶鉸節 7．転節 8．亜基節

つぎに小顋と下唇との各部分の対称を示す。

小 顋	下 唇
軸 節	後下唇 {亜基節 基 節
蝶鉸節	前基節
鬚	鬚
内 葉	中 舌
外 葉	側 舌

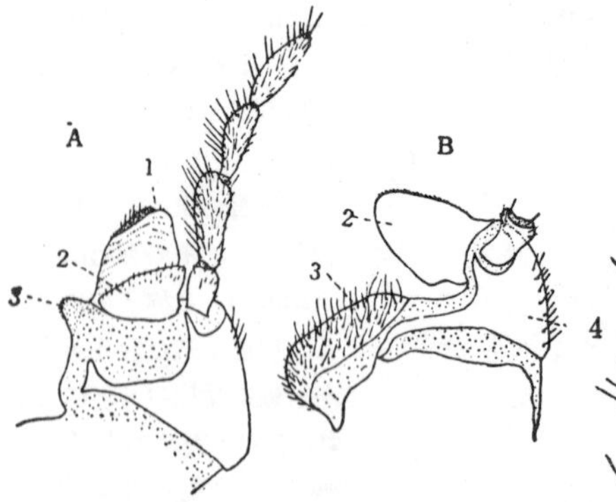

Fig. 79. 膜翅目の下唇と下咽頭 (Ross)
A．チュウレンジバチ1種
B．コマユバチ1種
1．中舌　2．側舌
3．下咽頭　4．前基節

下咽頭 (Hypopharynx)

このものは頭の下面の膜床から生じ (Fig. 79)，普通1突出片または堤を形作つている。一般昆虫では下咽頭は下唇の1部と考えられる程その基部に密接して存在し，他の口器と異なり附属器でなく体壁の無節成長物である。

口器の主型

昆虫の口器は食物の異なる形態を摂取する事と異なる方法によつてそれを実行する事とによつて種々な群に変化されている。つぎに最も異なる且つ興味深い型式のものを記述するが，他の多数の型式のものがそれ等の中間形として存在するものである。

イ．咀嚼型 (Chewing-Type)

この型式のものは Fig. 74 と 75 と 76 とに図示している。大顋は固形食物を切断し且つ噛み砕き，小顋と下唇とはそれを咽喉の内におしやる。蝗虫や鱗翅目の幼虫等は普通の例で，口器の咀嚼型は一般的のものでそれから他型が発達したのである。この見解はつぎの2種類の重要な証拠によつて保持されている。第1は昆虫に近い類似者であるムカデ類即ち唇脚網と祖形網との口器が構造上昆虫のものに最も類似している。第2には一般的の昆虫目の殆んど凡てに例えばゴキブリやバッタやアザミウマ等に咀嚼口が認められ且つ完全変態の少なくとも

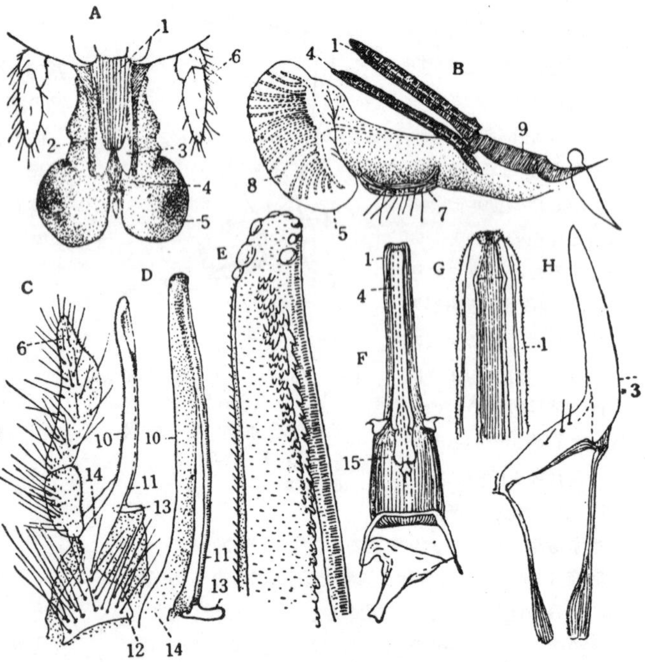

Fig. 80. シギアブ1種の口器 (Ross)
A．前面図　B．側面図　C．小顋　D．小顋（基部を除く）　E．小顋末端部　F．咽頭　G．上咽頭末端部　H．大　顋
1．上咽頭　2．小顋　3．大顋　4．下咽頭　5．下唇　6．小顋鬚　7．口吻鞘　8．擬気管　9．底咽頭　10．外葉　11．内葉　12．軸節　13．擬蝶鉸節　14．真蝶鉸節　15．前基節

原始的科の幼虫に咀嚼口が認められる。完全変態の目の多くのものでは成虫は屢々咀嚼口を具えている，尤も原始的型のものより少しく変化している。例えば鞘翅目や膜翅目の多数のもの等の如くである。

ロ．切断吸取型 (Cutting-Sponging Type) (Fig. 80)

アブやある他の雙翅目では大顋は鋭い葉片となり小顋が長い探針に変化している。これ等両者が哺乳動物の外膚を切り且つ裂き，その傷より血液が流出するようにする。この血液は下脣の海綿様発達により集められ下咽頭の末端に運ばれるのである。下咽頭と上咽頭とが一所になつて一つの管を形作り，それを通じて血液が咽喉に吸取られるのである。

ハ．吸取型 (Sponging Type) Fig. 81.

イエバエを含む無嚙蠅の大部分のものはこの形式の口器を具え，液体かまたは唾液に可溶性かの何れかである食物のみを摂取するのに適している。この形式の口器は切断吸取型のものに最も類似しているが，大顋と小顋とが無作用的で他の部分が海綿状の末端即ち脣瓣を具える口吻を形成している。この口吻が液体食物中に突込まれ，その液体が脣瓣の表面上にて微毛細管により食管に運ばれるのである。食管はまた抱合されている長い下咽頭と上咽頭とによつて形成され，咽喉に導かれる1管を形作つている。ある固形食物例えば砂糖の如きはこれ等の口器を以つて蠅により食われるのである。その方法は第1に蠅は食物上に唾液滴を落し，食物が溶かされ，斯くして液体として口の内に取り入れらるるのである。

ニ．嚼舐型 (Chewing-Lapping Type) Fig. 82.

液体食物を摂取する口器の他の形式がハチやミツバチ類に見出される。大顋と上脣とが咀嚼型で食餌や蠟材料や造巣材料等を捕持するに用いられる。小顋と下脣とは扁平の長い構造の1組に発達し，それ等の内の全舌（一般に中舌と称えられる）が延長せる有溝の器官となり，それが花の花蜜中に深く刺し込むのに使用される。小顋と下脣との他葉片は中舌に対して上に位置し管溝の1組を形成し，その下に唾液が出され，その上に食物が引き入れらるるのである。この液体の通過に関しては学者によつて説を異にしている。

ホ．刺吸型 (Piercing-Sucking Type) Fig. 83.

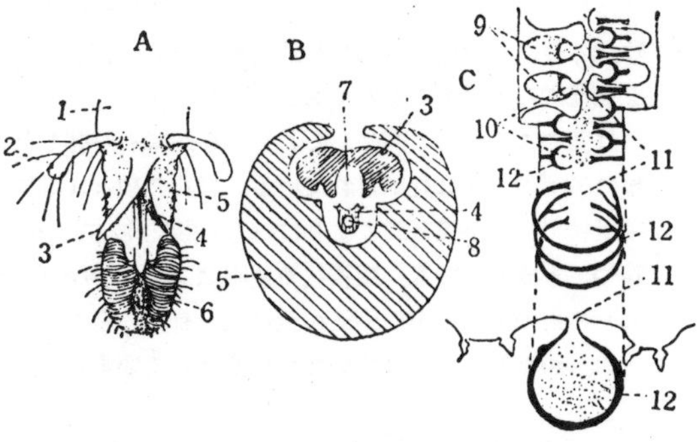

Fig. 81. イエバエの口器 (Metcalf)
A．前面図　B．横断面図　C．擬気管（上方は表面，中央は擬気管輪の連接状態，下方は擬気管横断面）　1．吻基　2．小顋鬚　3．上脣上咽頭　4．下咽頭　5．下脣　6．脣瓣　7．食管　8．唾液管　9．二叉間溝　10．二叉間部　11．表面孔　12．幾丁質輪

昆虫の多数の類の口器は組織に刺込み且つ汁液を吸収するように変化している。この形式のものには蚜虫や蟬や浮塵仔や介殻虫やその他植物から汁液を吸収する昆虫類が含まれ，サシガメ類やアメンボ類や昆虫と他の小動物から体液を吸収する多数の捕食性の昆虫や更に哺乳動物と鳥類とから血液を吸収する蚊やトコジラミやシラミやノミ等が何れもこの種の口器を具えている。この類では上脣と大顋と小顋（時に更に下咽頭）とが細長くなり弱体のうつろな針を形成する様に一所になつている。下脣はこの針を保つ太い鞘となり，全構造が嘴 (Beak) と

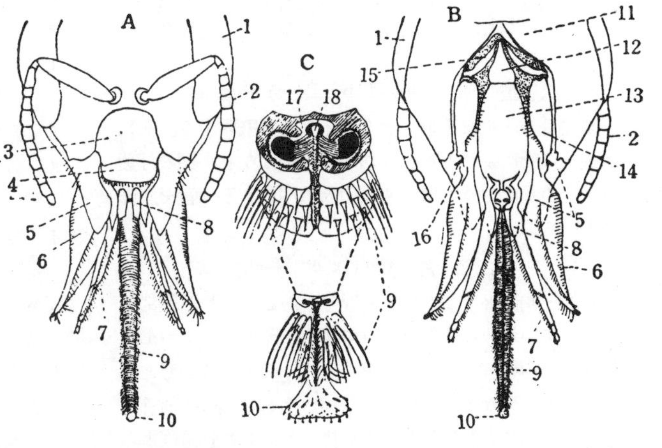

Fig. 82. 蜜蜂の口器 (Metcalf)　A．前面　B．後面　C．中舌後面の基部と末端　1．複眼　2．触角　3．頭楯　4．上脣　5．大顋　6．外葉　7．下脣鬚　8．側舌　9．中舌　10．舌瓣　11．後顋　12．基節　13．前基節　14．蝶鉸節　15．角片　16．小顋鬚　17．舌棒　18．同内溝

称えられている。摂食の際に昆虫は全嘴を宿主に押し付け然る後に針を組織内に刺し込み針を通じて宿主の汁液を咽喉内に吸収するものである。

口器のこの形式の興味ある且つ明らかに一般化した種類はアザミウマに見出されている。口器の種々な構成物は針状であるが嘴と云うよりはむしろ鈍円錐体を一所になつて形成している。複雑化の極限は *Anoplura*（シラミ）のもので，一定の引込可能な嘴を有し，各部分の同質異形がたしかめられていない程変化している。

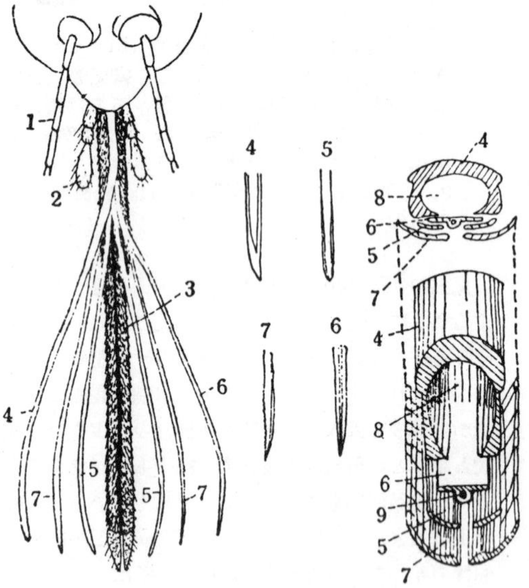

Fig. 83. 蚊の口器（Metcalf） 1. 触角 2. 小顋鬚 3. 下脣 4. 上脣上咽頭 5. 大顋 6. 下咽頭 7. 小顋 8. 食溝 9. 唾液管

ヘ. 吸管型 (Siphoning-Tube Type) Fig. 84.

鱗翅目の成虫は花蜜や他の液体食物を摂取する。それは長い口吻によつて吸収され，同口吻は左右小顋の外葉の癒合のみによつて構成され咽喉に開口する一管を形作つている。

5. 頸　部 (Cervix or Neck)

頭部と胸部との間に膜質の部分がある。これが頸部を形成している。この部分は時に体の1環節として考えられ小胸 (Microthorax) と称えられているが，この考えを支持する明確な事実が殆んどない。而して頭の下脣節と前胸節との間の柔軟な部分を形作るためにこれ等両者の部分から頸部が出来ていると考える方がより望ましい。

頸部内に頸節片の2対が含まれ（Fig. 85），それ等節片は頭と胸の関接の点として役立つている。各側にある2個の節片は簡単な単位を形成するために互に合着され，それが前方にて後後頭上の後頭瘤と関接し後方は前胸と関接している。屢々頸節片は前胸の側板と癒合している。

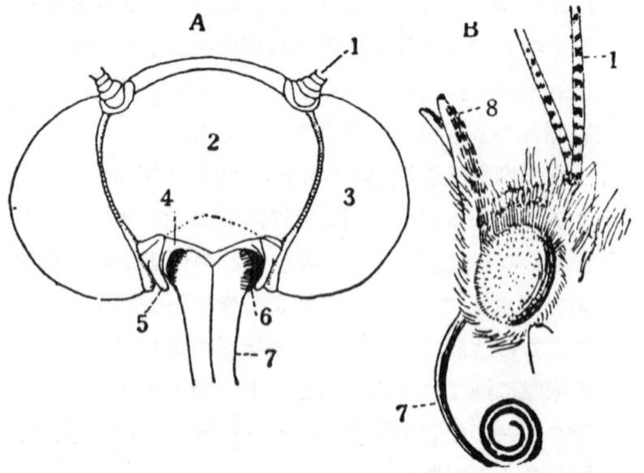

Fig. 84. 鱗翅目の口器（Folsom） A. 前面図 B. 側面図 1. 触角 2. 頭楯 3. 複眼 4. 上脣 5. 大顋 6. 頭楯側片 7. 口吻 8. 小顋鬚

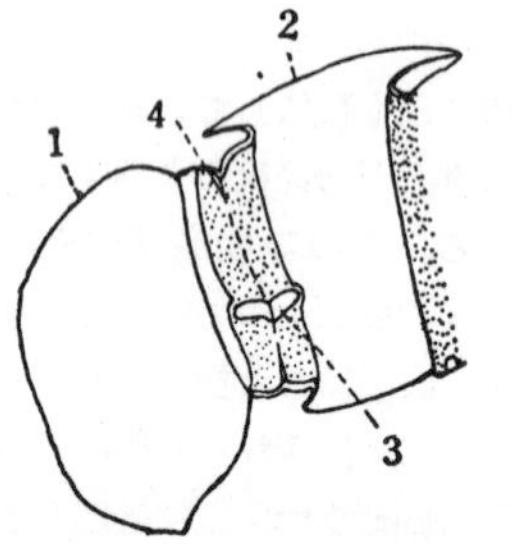

Fig. 85. 昆虫の模式的頸節片（Snodgrass） 1. 頭部 2. 前胸 3. 頸節片 4. 節間線

6. 一般化せる昆虫環節の発達

現存唇脚綱と原始的昆虫との構造はこれ等両者の体の環節がつぎの5部からなる甚だ簡単な模式により発達せるものである事を想像する事ができる。

1）背板（Tergum）即ち環節の背面の硬化板，このものが胸部にある場合には胸背（Notum）と称える。
2）腹板（Sternum）即ち環節の腹面の硬化板。
3）背板と腹板とを結合する側面部，この部は全部膜質。
4）有節脚の1対，各脚の基節即ち底節は背板と腹板との間の膜に含まれている。この基節は基部（亜基節–Subcoxa）と末端部（基節–Coxa）との2部に分かれている。亜基節は3節片に分かれる（Fig. 86）。
5）1対の気門，1個が各脚上方の膜質部に存在している。

小数の古代の群の昆虫と唇脚綱とでは環節の1型が見出されている（Fig. 87），それは簡単な原始型を代表している。背板と腹板とが不変化で，亜基節が三ケ月形の節片にて代表されその一つは基節の中央に他の2個は基節の側方に位置している。後者の2個は脚の基節と背板

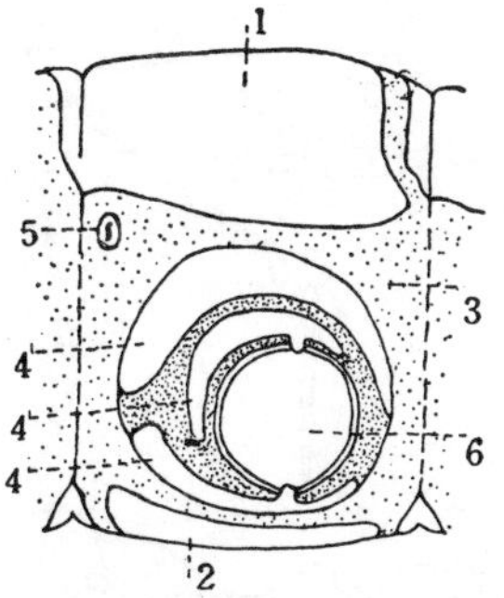

Fig. 86. 昆虫の簡単な体節の模式図 (Snodgrass)
1. 背板　2. 腹板　3. 側部　4. 脚の亜基節節片　5. 気門　6. 脚の基節窩

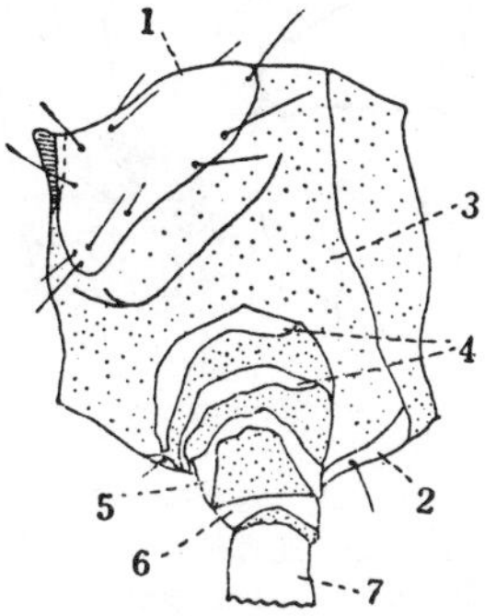

Fig. 87. 原尾目1種の中胸 (Snodgrass)　1. 背板　2. 腹板　3. 膜質側部　4. 脚の亜基節節片　5. 基節　6. 転節　7. 腿節

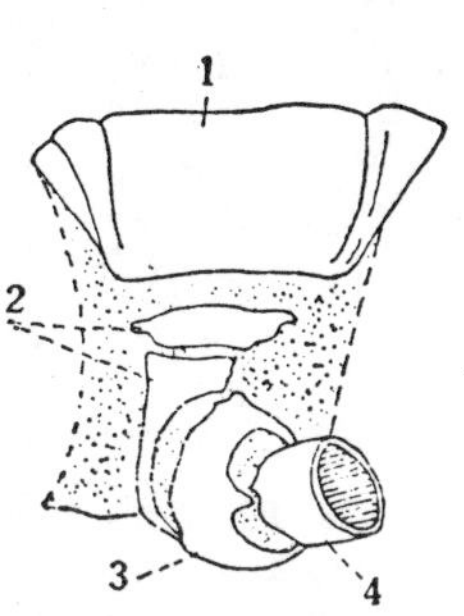

Fig. 88. カワゲラ1種の若虫の前胸 (Snodgrass)　1. 背板　2. 亜基節節片（将来の側板）　3. 基節　4. 転節

との間を結合しているように見える。側面部にあるこれ等分離していて節片は側節片の前駆者で，基節は脚の関接基部を形成している。

つぎの進化的発達に於て (Fig. 88) 亜基節節片が1つの固定基部を形作るために環節壁に不動的に植え付けられそれに動作脚が関接付けられる。中央の亜基節は腹板に癒合し，側亜基節は接する側片と一所に扁平となり側板 (**Pleuron**) を形成する。この状態が一般型と考えられ，これより特別な胸部の翅環節と簡単な腹部環節との両者に発達したのである。

7. 胸　部 (**Thorax**)

胸部は頭部と腹部との間の部分で，前胸 (Prothorax) と中胸 (Mesothorax) と後胸 (Metathorax) との3環節からなる。

翅が決して発達しない目ではこれ等3環節は一般構造に於て同様で，背板と腹板とが板状となり側節片（亜基節弧-Subcoxal arcs)は小形かまたは退化している(Fig. 87)。

有翅昆虫では胸部の3環節は非常に差異がある。前胸は本質的には基状態の如き同様の部分を有す (Fig. 88) るが，種々な節片はそれ等の正確な解釈が困難であるかもしれぬ程の拡がりに固結または再結合され得るであろう。中胸と後胸とは1環節に於ける走り且つ飛ぶ機構を結び付けるのに必要な筋肉系を調節するためにまぎれない形態的進歩を持ち来たしている。多数の新らしい節片が追加され，彼れ等の多くのものが再群されている。

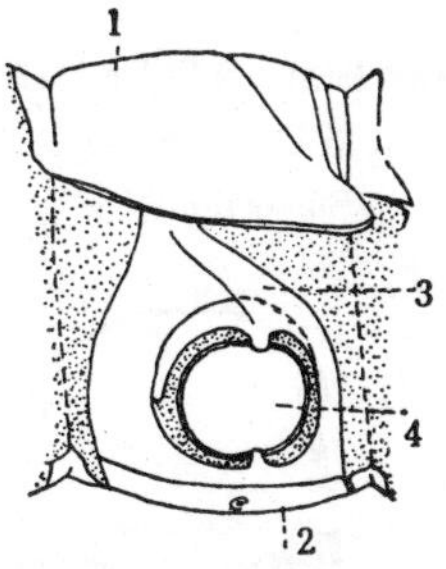

Fig. 89. 有翅節の発達の1仮設的階段の模式図 (Snodgrass)
1. 背板　2. 腹板
3. 亜基節（側板）
4. 基節窩

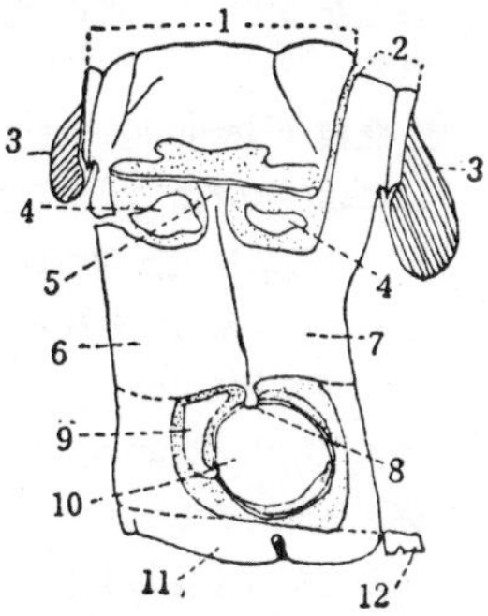

Fig. 90. 模式的有翅節の図 (Snodgrass)　1. 有翅背板　2. 後背板　3. 分割甲　4. 翅節片　5. 翅突起　6. 前腹板　7. 後側板　8. 基節突起　9. 転節　10. 基節窩　11. 真腹板　12. 副腹板（棘膜板 Spinasternum)

一般的有翅環節

普通の無翅型のものに於けるが如くこの環節に3個の主な部分がある。即ち背板 (Notum) と腹板と側板とである。原始的体節からこれ等の変化は図式的に示すと **Fig. 89** の如くである。各板は多くの変化を有するが，側板では有翅状態に伴い最も顕著な外形を現わす。有翅の現存昆虫では Fig. 90 に示される如き一般形となつている。

側板 (Pleuron)。この節片は顕著な1側板を形作るために大形となつている。それは脚が関接付けられている1腹基節突起 (Coxal process) と翅が関接付けられている1背翅突起 (Wing process) とを有す。側板は前方部即ち前腹板(Episternum)と後方部即ち後側板(Epimeron) とに分かれ，これ等は基節突起から翅突起に延びている側線 (Pleural suture) によつて区分される。この縫合線は側板の内部甲即ち側甲 (Pleurodema) の陥入線である。側板は前方と後方とで腹板に癒合し，その癒合部は基節窩の前後の橋を形成している。

背板 (Notum)。この部分は2個の主節片即ち翅背板 (Alinotum) と後背板 (Postnotum) とに分かれている。翅背板は前甲即ち分割甲 (Phragma) を有し而して翅と直接に結合している節片である。このものはさらに種々な群に異なる型に分けられている。後背板はまた分割甲を有しそうして側方翅と結び付いていないが翅の後に一橋を形作るために後側板と結び付いている。後背板は実は続く後方の環節の1部分で，その後方環節は前方環節の可動的部分となつている。この型式の変動は昆虫に屢々見られる。

腹板 (Sternum)。この板は前帯と後帯とにて側板に結び付き斯くして基節が位置しているソケットを形作る。中央部即ち真腹板 (Eusternum) と称えられている部分は1溝を有す，その溝は末端叉分しているために叉状甲 (Furca) と称えられている大きな内甲の内陥線を現わすものである(Fig .91)。真腹板の後に1小節片即ち棘腹板(Spinasternum) がある。このものは内部に簡単な1甲即ち棘甲(Spina) を具えている。この棘腹板は基源が節間膜にある。然し一般に基源の個所の前方の環節と結合している。

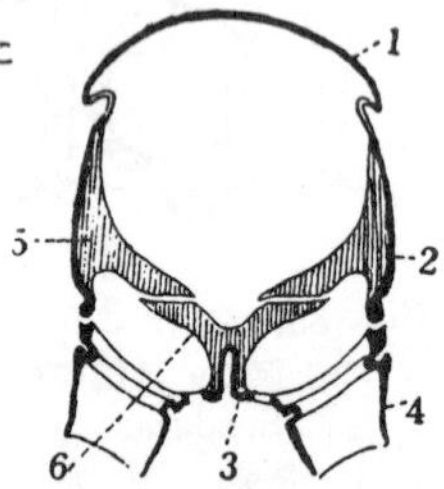

Fig. 91. 胸環節の模式的横断面図 (Snodgrass)
1.背板 2.側板 3.腹板 4.基節 5.側甲 6.叉状突起(叉状甲)

内骨骼 (Internal skeleton)。環節の種々な甲は屢々総括的に内骨骼として称えられ，彼等は大きな脚筋肉と翅筋肉との多くのものの附着部分として役立つている。側甲と叉状甲とは殆んど1連続帯の如く接近して共になつている。

現存形 (Existing forms)

現存昆虫の胸部の構造に於ける変化は殆んど無限であるために上述の大要よりもつと詳細をきわめる事が実際的でない。多くの目は明瞭な基本的板を現わし大きな目例えば鞘翅目や雙翅目では同目中に多くの非常な変異がある。

屢々一般型式とある現存型との間に僅かな類似性がある。斯くの如き場合に於ては節片の同定は安定形即ち地界標に関して移動によつて先だたねばならない。彼等の外部の標識である甲や縫合線且つ脚や翅の関接点等が最も頼みになるものである。

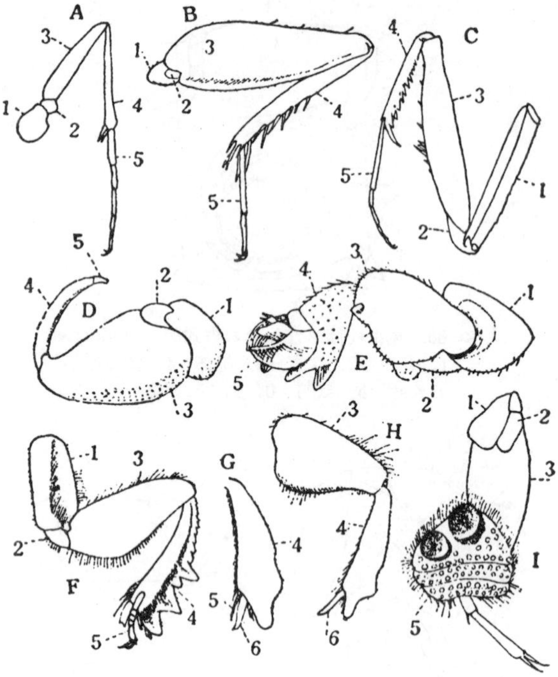

Fig. 92. 昆虫の脚(Folsom) A. 歩行脚 B. 跳躍脚（コウロギの後脚） C. 捕獲脚（カマキリの前脚） D. 把握脚（コバンムシの前脚） E. 開堀脚（ケラの前脚） F～H. 開堀脚（甲虫の前脚） I. 吸着脚（ゲンゴロウ雄の前脚）
1. 基節 2. 転節 3. 腿節 4. 脛節 5. 跗節 6. 距棘

8. 脚 (Legs) Fig. 92

模式的胸脚は6部分からなる。即ち基節 (Coxa)，転節 (Trochanter)，腿節 (Femur)，脛節 (Tibia)，跗節 (Tarsus)，及び前跗節(Pretarsus)等である(Fig. 92A)。基節は体に関接する節で，後片たる副基節 (Meron) を具えている。成虫の跗節は一般に 2～5 節に分かれている。前跗節は粘管目に於ける脚の末端に1小節として現われ，他の凡ての昆虫では跗節の末端にある爪と微小節片との組合わせによつてのみ現われている。粘管目は普通脛節と跗節とが合して簡単な脛跗節 (Tibiotarsus) を形成している事に於て昆虫界唯一のものである。

一般に昆虫は歩行または走行に対して設計されている簡単な脚を具えている (Fig. 92A)。然し他の用途に適するように変化せる多数のものがある。それ等は蝗虫の如く非常に太い腿節を有する跳躍型 (Jumping type) (Fig. 92B)，カマキリの如く相対向の鋭い距棘や棘を具えている把握型 (Grasping type) (Fig. 92C)，ミヅムシ科のものの如く扁平部と長刷毛とを有する游泳型

(Swimming type)，ケラに見出されるような強い掻具を有する開堀型 (Digging type) (Fig. 92E) 等が含まれている。

9．翅 (Wings) Fig. 83～99

昆虫の翅は動物界唯一型で，鳥やコオモリの羽は前脚の著しく変化したものである。昆虫では斯くの如き場合がない。昆虫の翅は胸背板の側縁に沿い体壁の突出したもので，昆虫の他の多くの附属器と異なり翅の内部に筋肉が附着していない。

飛翔力を附与せられている翅は全体として昆虫群の成功に対する最も重要な理由の一つとなつている。他の無脊推動物に発達した翅を有する類がない。飛翔は昆虫群に斯く特徴である故に多くの動物に成就している歩行の如き活動よりもつと詳細に次下に記述する。

模式的に有翅昆虫は2対の翅を中胸と後胸とに1対宛具えている。前胸は常に翅を欠く。少数の化石では前胸に側垂片を有する事が知られているが，然しこの環節に可動作的翅の発達した事を示す事実が認められない。

基　源 (Origin)

翅と飛翔とが昆虫に発達した方法はたしかめられていない。多くの古代有翅昆虫の知既化石は現在のトンボの翅の如く能く発達した翅を具えている。可動作的翅を有する群とシミの如き原始的無翅形との間の中間型は発見されていない。

翅の基源に関する最も広く採用されている定義は翅が高度より底度に空中を滑走するのに昆虫を助勢した胸背板の扁平な側延長部として始まつたのであると云うのである。想像された最初の滑走翅 (Planing wings) は Fig. 93 に示される。斯くの如き滑走伸張器は操舵に助勢するために撓または反曲に対しての彼等の最初の運動を発達させた。飛翔を果すために翅と体との間に蝶番または柔軟な結合環が必要であつた。ある昆虫例えばトンボの如きは飛翔発達が本質的にこの点に止まつている。然し多くの他の昆虫では機構が不用の際には翅を体の背部に畳むように発達した。

構　造 (Structure)

基本的設計に於ては昆虫の翅は甚だ簡単で，体壁の垂片様延長部で上膜と下膜とからなりその間に翅脈 (veins) と称する支持組織が走つている。翅の基部は翅軸節片(Axillary sclerites, axillaria)と称えられている小節片の1群が置かれている1膜質蝶番によつて体と結合している (Fig. 94)。これ等の節片は胸背板の縁と関接している。而してこれ等節片に密接に組合つて2個の小節片即ち翅基節片(Basalar sclerite)と亜翅節片 (Subalar sclerite) とがあつて，それ等は側板の翅突起の各側に1個宛存在している。

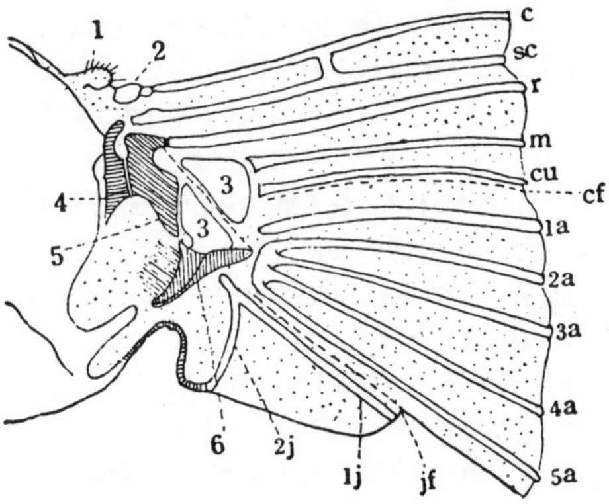

Fig. 94. 翅の基部 (Snodgrass)
1．覆片　2．肩板　3．中板　4．第1翅軸節片
5．第2翅軸節片　6．第3翅軸節片

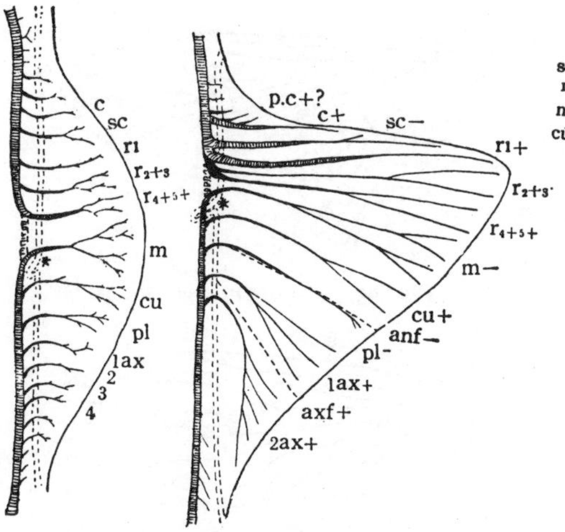

Fig. 93. 昆虫の仮設的滑走翅 (Forbes)

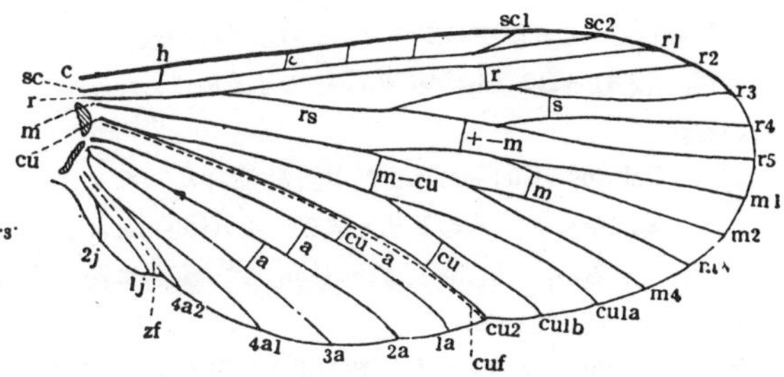

Fig. 95. 模式的翅脈 (Ross)

翅脈組織 (Venation)

多数の翅では (Fig. 95) 薄膜を強力にする多数の厚

化線がある。それ等のあるものは翅の基部から末端の方に走つている。それ等を翅脈(Veins)と称える。他のものは翅を多少横切るように走り翅脈を連結している。それ等を横脈(Crossveins)と称える。翅脈と横脈との構成を翅脈組織(Venation)と称える。

基源的の翅脈と横脈とは体から翅に走る且つその成長中翅に空気を送る気管(Tracheae)から発達した事はたしかなようである。これ等の気管は硬化し基部にて分離し而して翅が充分形成された時に翅膜の支持者として役立つている。

昆虫の翅は翅脈組織に於て非常に差異がある。翅脈組織の特徴は多くの目や科や属を同定する事ができる故に分類学上翅脈の差異は重要なものである。翅脈組織の凡ての型式は同じ基本型から発達したように見える。これは翅脈の主幹にのみ応用されるのである。

翅脈の基本型は Fig. 95 に図示されている。このものは模式図で実際にはないが多数のものの状態から蒐集された事実を結合したものである。各々の主翅脈は一定の名が附せられ，それ等は翅の前縁から後縁の方に順次に次下に挙げられる。ある脈は一定の支脈を有する。基本の略字が各脈に用いられている。

前縁脈 (Costa＝C)—普通翅の厚化せる前縁を形作り，分岐していない。

亜前縁脈 (Subcosta＝Sc)—前縁脈の直下を走り，前縁脈と径脈との間に位置し，2分岐している。

径脈 (Radius＝R)—つぎの主脈で，太く基部にて翅軸節片に連結している。このものは2主支脈に分かれ，即ち第1径脈 (R_1) と径分脈 (Radial sector＝Rs) とに分かれ，径分脈は屢々4主支脈に分かれている。

中脈 (Media＝M)—小形の中央の翅軸節片のあるものに関接している3脈中の1つで，その基部は一般に沈圧され，模式的には M_1, M_2, M_3, M_4 の4支脈に分かれている。

肘脈 (Cubitus＝Cu)—これまた中翅軸節片に関接し2本の主支脈を有す。その基部と第2肘脈 (Cu_2) とは沈圧されているが，然し第1肘脈 (Cu_1) は隆起縁に沿い走り普通分岐している。

肘溝 (Cubital furrow＝cf)—翅が畳まれる処の一定の摺痕で脈でない。然し肘脈と臀脈とを同定するのに最も重要な境界標の1つで，この折目にて肘脈と臀脈とが分けられるのである。

臀脈 (Anal veins＝1A, 2A, 3A, etc)—基部にて共に結合または接近する1組を形成し，第3翅軸節片と密接な結合を有するものである。

垂溝 (Jugal furrow＝jf)—臀脈または臀部を翅後基部に於ける小部分である垂部 (Jugal Fold) から分ける摺痕である。この皺はまた最も確乎たる翅の地界標となつている。

垂脈 (Jugal veins＝1J, 2J)—翅垂にある短脈である。

横脈 (Crossveins)—一定の名称が彼等が結びついている脈名を基としてつけられている。而して基準となる略字は小字にて書かれ決して大字で書く事ができない事になつている。それ等はつぎに表示する。

結びつく脈	横　脈	略字
前縁翅と亜前縁脈またはR_1	前横脈 (Costal crossvein)	c
径脈の支脈	径横脈 (Radial crossvein)	r
径脈の中脈	径中横脈(Radio-medial crossvein)	r-m
中脈の支脈	中横脈 (Medial crossvein)	m
中脈と肘脈	中肘横脈 (Medio-cubital)	m-cm
肘脈の支脈	肘横脈 (Cubital crossvein)	cu
肘脈と臀脈	肘臀脈 (Cubito-anal crossvein)	cu-a
臀　脈	臀横脈 (Anal crossvein)	a

数字が同種の横脈が多数にある場合に用いられる。例えば第4前横脈 (Fourth costal crossvein) とか第3径中横脈 (Third radio-medial crossvein) とかその他の如し。ここに最も顕著な例外がある。それは前縁脈と亜前縁脈とを翅の基部近くにて結びつけている横脈は肩横脈 (Humeral crossvein) と称えられ "h" にて示されるのである。毛翅目や鱗翅目の如き目では横脈が非常に減退し，第1径脈と第2径脈との間の横脈を径横脈 (r) と称し第3径脈と第4径脈とを結ぶものを分横脈 (Sectorial crossvein＝s) と唱える。

翅脈組織の発達 (Venational Evolution)

カゲロウの如き原始的翅型に於ては (Fig. 96) 翅脈は翅縁の方に沢山に分岐し横脈が非常に多数となつてい

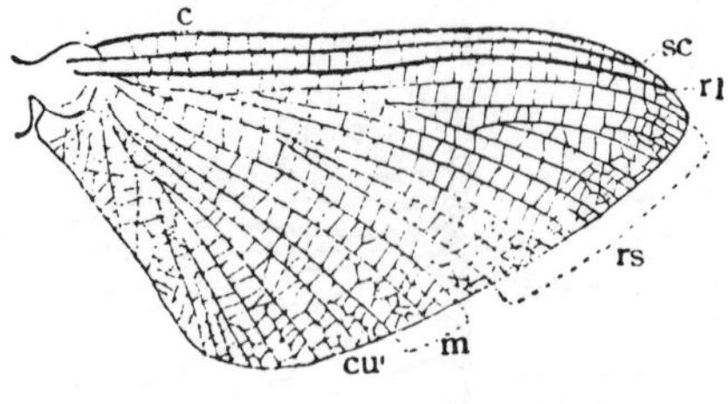

Fig. 96. カゲロウの前翅 (Ross)

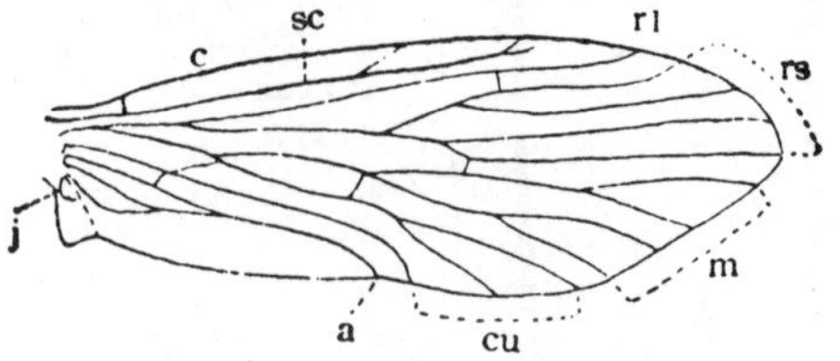

Fig. 97. トビケラの前翅 (Ross)

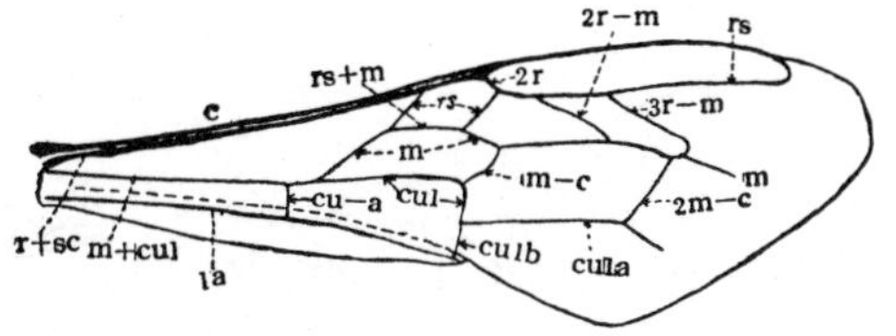

Fig. 98. ミツバチの前翅 (Ross)

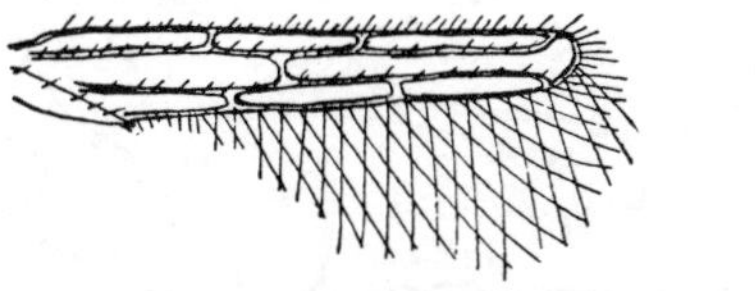

Fig. 99. アザミウマの前翅 (Crawford)

る。而して翅の基部近くにのみ模式的翅脈が現われている。然し昆虫の殆んど各目に於ては翅に対するより強力な支持組立に向つて不変の進歩発達が見られる。これは横脈と支脈との両者の数の減少で，普通種々な主翅脈の結合あるいは翅脈の再列あるいはまたこれ等両者が伴つている。トビケラ (Fig. 97) の翅は横脈と翅縁の支脈との減退を示し，ミツバチ (Fig. 98) では横脈の減退は進まないが翅脈が数に於て減少し癒合し再列され，アザミウマ (Fig. 99) では少数の残止翅脈の同定が殆んど不可能である程減退している。

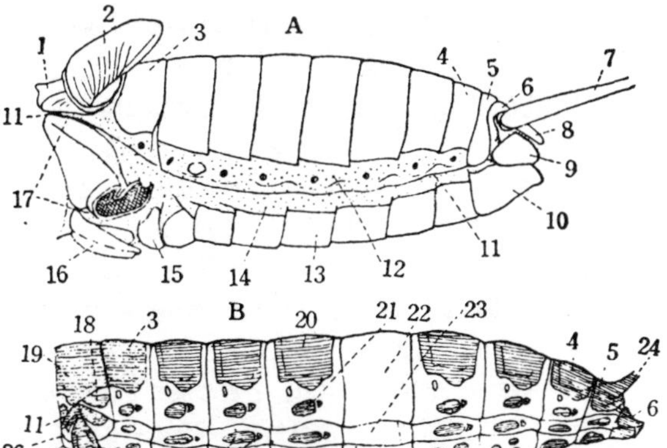

Fig. 100. 昆虫の後胸と腹部 (Snodgrass)　**A. コウロギの成虫　B. オサムシの幼虫**　1. 後胸背板　2. 後翅　3. 腹部第1背板　4. 同第8背板　5. 同第9背板　6. 同第10背板　7. 尾毛　8. 肛上板　9. 肛上側板　10. 腹部第9板腹　11. 背側線　12. 側背膜　13. 腹部腹板　14. 腹部側部　15. 腹部第1腹板　16. 後胸腹板　17. 亜基節部　18. 後胸背板側片　19. 後胸背板の中部　20. 腹部第4背板の中部　21. 腹部背板の側片　22. 腹部の背部　23. 同側部　24. 原尾突起　25. 腹部腹面部　26. 側腹線　27. 腹部側板　28. 後脚基節

10. 腹　部 (Abdomen) Fig. 100〜106

体の第3部で且つ後方部である。構造に於ては胸部に比し比較的簡単で，成虫の場合には歩行脚を具えていない。原始的には12節なれど，この状態は原尾目とある胚子とにのみ明らかである。腹部は一般に10節か11節 (Fig. 100A) からなり，あるものでは更に減退し，粘管目に於けるが如きは僅かに6節からなつている。イエバエ群の如き多くの類は末端数節が普通に前方数節内に引き込められている交尾器または産卵管に発達している。

環節構造 (Segmetal Structure)

成虫では模式的環節は (1) 背板，(2) 腹板，(3) 背板と腹板とを結ぶ側面の膜，及び (4) 普通に側膜に位置している気門 (Spiracle) から構成されている。ある幼虫 (Fig. 100B) と少数の成虫とでは側膜に節片があつて，それ等節片のあるものはうたがいもなく原始的附属肢の亜基節節片の痕跡物を代表している (Fig. 87)。

附属器 (Appendages)

体の附属器は大略2類に分つ事が出来，その1つは生殖に関係なきもので他の1つは交尾あるいは産卵の如き生殖活動に対して発達したものである。

不生殖型 (Non-reproductive types)—多数の成虫では末端数節を除き腹部附属器がない。少数の原始形のものはシミの如く尾突起 (Styli) にて代表されている退化肢を止めている (Fig. 101)。第11節の附属器即ち尾毛 (Cerci) は多くの昆虫に現われている(Fig. 100A)。尾毛は一般に感触器官で，トビケラの如き類では雄生殖器の部分となつている。尾毛はもし第11または第10腹節が減退している時は第10節または第9節に附属しているように見え

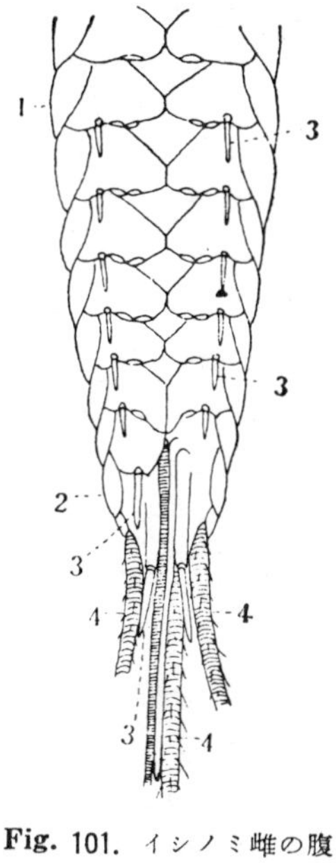

Fig. 101. イシノミ雌の腹部腹面図 (Oudemans)
1. 第1節　2. 第9節
3. 残留肢 (腹節肢突起)
4. 尾毛

得る。幼虫では腹部附属器の多数の変異のものが発達し，よい例としては鱗翅目幼虫の腹脚（Fig. 64）とカゲロウ幼虫の環節鰓等がある。

生殖型 (Reproductive types)—これ等は一般に雌に於ける第8と第9腹環節の附属器を包含しているが，雄では第9腹環節のもののみである。

雌虫—模式的産卵管（Fig. 102）は3薄片即ち第1，第2，第3瓣片から構成され，第1瓣片(First valvulae)は第8腹環節の第1基板（First valvifers）たる1対の板から生している。基板と瓣片とは節足動物の一般的環節の底節（Coxopodite）と端節（Telopodite）に夫々一致している（Fig. 71）。第2基板は第2瓣片たる腹面の1対の薄片と第3瓣片たる背面の1対とを具えている。ハバチ群（Fig. 103）の如きよく発達した産卵管を具えている多くの昆虫では第1と第2瓣片とが卵が通過する内溝を下に有する切開器または刺込器を形成する。第3瓣片は1鞘を形作り，その中に産卵管が引き込まれた時に畳まれるのである。直翅目では3対の瓣片が夫々に可作用的産卵管を形成するように一所に適応する。即ち第2瓣が卵の誘導器を形作つている。

多数の昆虫では瓣片は微弱に発達するかまたは凡てが発達していない，その場合には腹部の末端数節が一般に

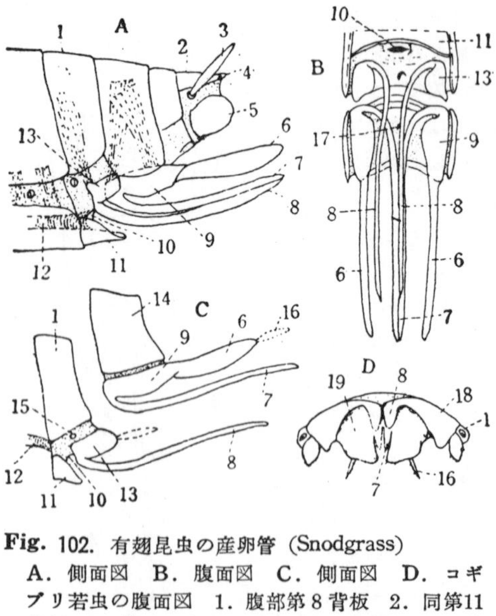

Fig. 102. 有翅昆虫の産卵管 (Snodgrass)

A．側面図　B．腹面図　C．側面図　D．コギブリ若虫の腹面図　1．腹部第8背板　2．同第11背板　3．尾毛　4．肛上板　5．肛上側板　6．産卵管背（第3）瓣　7．同中（第2）瓣　8．同腹（第1）瓣　9．同第2底板　10．生殖孔　11．腹部第8腹板　12．輪卵管　13．産卵管第1底板　14．腹部第9背板　15．気門　16．尾突起　17．附属腺開口部　18．第8基肢　19．第9基肢

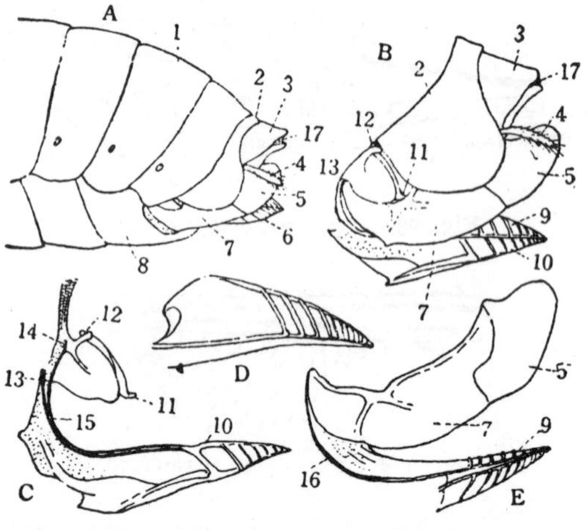

Fig. 103. ハバチの産卵管 (Snodgrass)

A．腹部末端部　B．産卵管の基部と第9背板との関係を示す　C．腹（第1）瓣と第1底板　D．中（第2）瓣　E．第2底板と中瓣と背瓣　1．腹部第7背板　2．同第9背板　3．肛上板　4．尾毛状附属器　5．背瓣　6．産卵管　7．第2底板　8．腹部第7腹板　9．中瓣　10．腹瓣　11～14．底板の関接部　15．腹瓣内枝　16．中瓣内枝　17．肛門

1産卵管として作用する長管を形作つている。これは鱗翅目や雙翅目の多数のものに見出されている（Fig. 104）。

雄　　虫

第9腹環節の附属器が一般に第9節本体と時に第10節のある部分と結合して交尾器官を構成している。各目に於てこの交尾器官は普通基礎的特性を顕わし，各部分の同質異形を明瞭にする事が非常に困難である。

交尾器に於ける構造の差異は科や属やまたは種の差異に対し昆虫の多数の群に於て優れた分類学的特徴となつている。如何なる類に於ても交尾器官を構成している部分は一般によく明らかにされ，各群に於てそれ等の部分の指定に対し明瞭な名命法がある。異なる目に於けるそれ等の構造の同質異形が認められる迄は特別な群に向つて使用されている名命法を使用する事がより実際的である。簡単な型式のものは総尾目（Fig. 105）によつて図示し，より多く複雑な型式のものはトビケラ（Fig. 106）に認められる。これ等の2例は昆虫の凡ての目中の異なる型式の充分な範囲のものではないが変化のあるものを指示するのに役立つ。

11. 音器官 (Musical organs)

昆虫は種々な方法で音を出す。ある場合には特別な発音構造の助けによらずして昆虫の普通の活動によつて音が生ずる。最も吾人にしたしまれている例は飛跳または

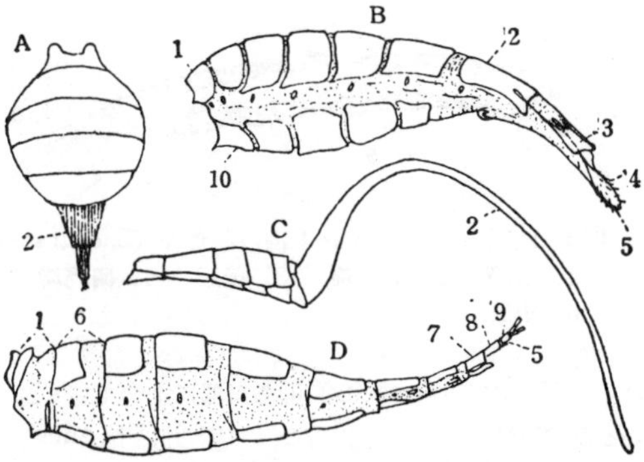

Fig. 104. 腹部末端数節から形成されている産卵管
A．ミバエ1種 (Ross)　B．ノンネマイマイ (Eidmann)　C．ミバエ1種 (Ross)　D．シリアゲムシ1種 (Snodgrass)　1．第1背板　2．第7背板　3．第8背板　4．第9+10背板　5．肛門　6．第2背板　7．第9背板　8．第10背板　9．第11背板　10．第2腹板

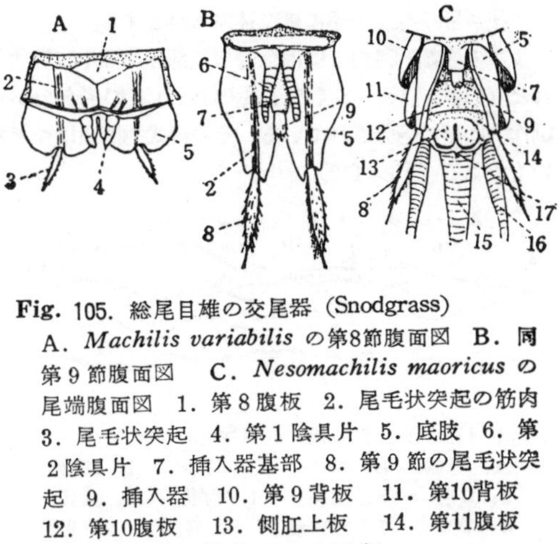

Fig. 105. 総尾目雄の交尾器 (Snodgrass)
A．*Machilis variabilis* の第8節腹面図　B．同第9節腹面図　C．*Nesomachilis maoricus* の尾端腹面図　1．第8腹板　2．尾毛状突起の筋肉　3．尾毛状突起　4．第1陰具片　5．底肢　6．第2陰具片　7．挿入器基部　8．第9節の尾毛状突起　9．挿入器　10．第9背板　11．第10背板　12．第10腹板　13．側肛上板　14．第11腹板　15．尾糸　16．尾毛　17．肛上板

舞飛中の昆虫によつてなされるブーンという音で，この音は翅の非常に迅速な振動によつて生ずるものである。

少数の昆虫群は特別の音発生構造を有す。音波は翅膜や体壁の特化部やまたは特別な膜の振動によって生ずる。それ等の部分はその目的に向つて特化された構造にて運動に組合されているものである。蝗虫は簡単な機構にて音を生じ，後翅の前縁が前翅の厚化翅脈をこすり前翅が振動して音を生じ，他の蝗虫では後腿節の内面に微歯からなる鑢を具え（Fig. 107）この鑢が前翅をこすり前翅が振動して音が出る。種々なコオロギは前翅または前後両翅に鑢を具え，そのものが翅の特別な部分の振動を起さしめ発音する（Fig. 108）。他の目例えば鞘翅目の如きでは摩擦片と鑢状器とが脚と体とに夫々ある（Fig. 109）この場合には体壁自体が振動面として役立つように見える。唯一の機構がセミ（Fig. 110）に発達している。セミは腹部の基部近くにある凹みまたは孔の中に位置する膜の1組があつて，それら膜の1つが内方に1筋肉繊維と結びつき，この筋肉の弛緩によつて膜が原形にはじかれるようになる。この運動が非常な速度で操り返され音波が生じ，他の膜は音の反鏡として働いている。

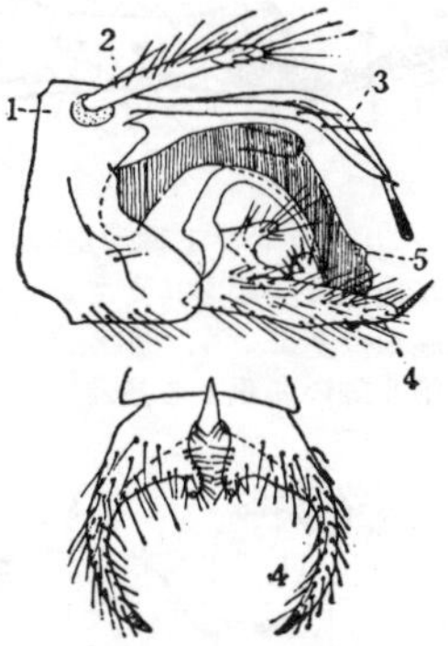

Fig. 106. 毛翅目雄の交尾器 (Ross)
1．腹部第9節　2．尾毛　3．腹部第10背板末端部　4．把握器　5．挿入器

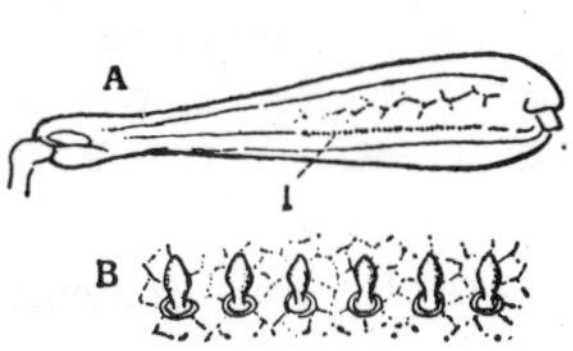

Fig. 107. バッタ1種の発音器 (Comstock)
A．後脚腿節の内面図　B．鑢状器1部
1．鑢状器

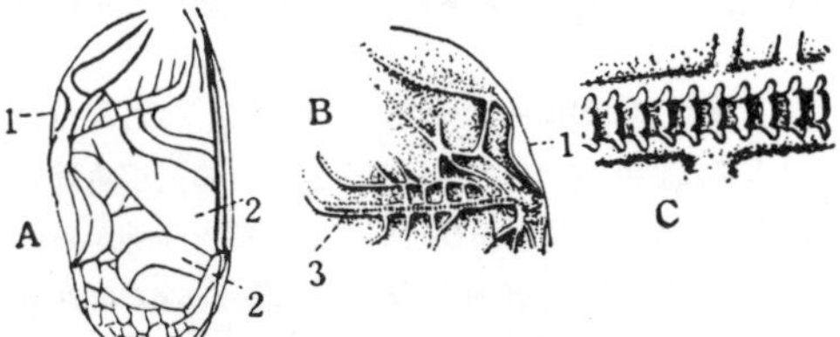

Fig. 108. コウロギの前翅 (Comstock)
A．表面図　B．基部裏面　C．鑢状器
1．搔器　2．鼓膜　3．鑢状器

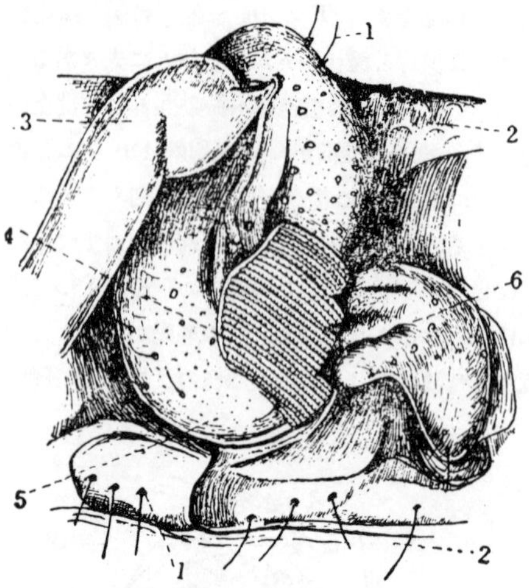

Fig. 109. クロツヤムシ１種幼虫の発音器(Sharp)
1．基部に幾丁質突起を具えている毛　2．後胸部
3．中脚腿節の基部　4．鑢状器　5．第２脚の基節　6．第３脚の変化せる掻器

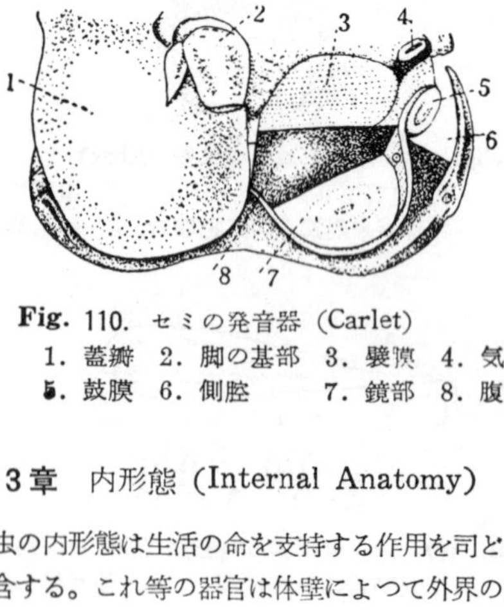

Fig. 110. セミの発音器 (Carlet)
1．蓋瓣　2．脚の基部　3．襞膜　4．気門
5．鼓膜　6．側腔　7．鏡部　8．腹腔

第３章　内形態 (Internal Anatomy)

昆虫の内形態は生活の命を支持する作用を司どる器官を包含する。これ等の器官は体壁によつて外界の力から保護されている。もしある器官の部分が体の外線より外方に垂片または葉片として突出している時はそれ等は体壁の薄い外蓋によつて囲まれ而して外骨骼の区域内にある。

1．消食系 (Digestive System) Fig. 111～114

消食系は食物道とその附随部分とである。消食管とそれに直接または間接に結び付いている種々な腺から構成され，それ等は模式的に唾液腺と胃盲嚢(Gastric coeca)とマルピギー氏管 (Malpighian tubules) とを包含している。

消食管 (Alimental canal) (Fig. 111)。体内の中央部を縦に通ずる不対称的の管で，その前方の開口即ち口

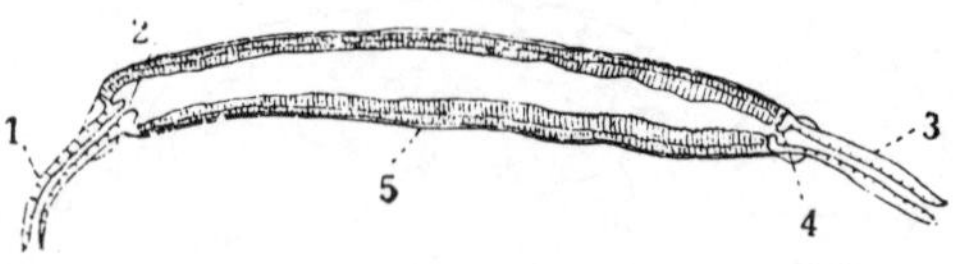

Fig. 111. ツノトビムシ１種の消食管 (Snodgrass)
1．前腸　2．賁門瓣　3．後腸　4．幽門瓣
5．中腸

は前口腔 (Preoral cavity) 即ち口器によつて包まれている部の基部に位置し，後方の開口即ち肛門 (Anus) は後方の体節に存在する。消食管は明瞭な３部分即ち前方の口陥 (Stomodeum) と中部の中腸 (Mesenteron) と後方の肛門陥 (Proctodaeum) とからなる。一般に口陥（前腸）と中腸との間に口陥瓣 (Stomodeal valve) または賁門瓣(Cardiac valve)があり，中腸と肛門陥との間には肛門瓣または幽門瓣 (Pyloric valve) が存在している。口陥と肛門陥とは外細胞層の胚子的内陥から生じ，中腸は中細胞層から形成されている。この事に関しては後に胚子発生の処に更に述ぶる事とする。

少数の原始的昆虫では消食管の３部分が簡単で管状なれど (Fig. 111)，多くの昆虫ではこれ等の各部分が可動作的に更に区分されている。その模式的構造はつぎの如くである (Fig. 112)。

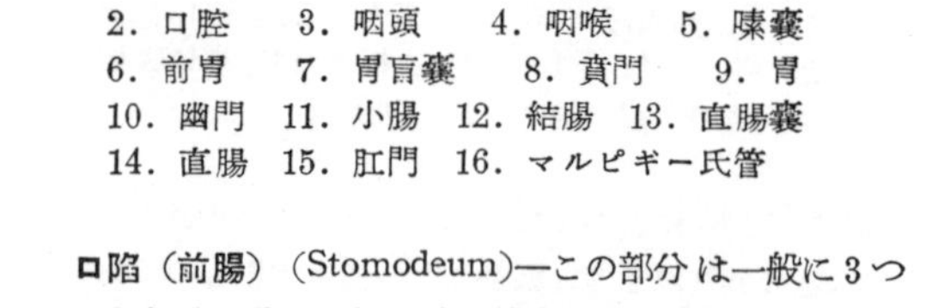

Fig. 112. 消食管の模式図 (Snodgrass)
A．前腸　B．中腸　C．後腸　1．口部
2．口腔　3．咽頭　4．咽喉　5．嗉嚢
6．前胃　7．胃盲嚢　8．賁門　9．胃
10．幽門　11．小腸　12．結腸　13．直腸嚢
14．直腸　15．肛門　16．マルピギー氏管

口陥（前腸） (Stomodeum)―この部分は一般に３つの主な部分に分かたれ，(1) 前方の多少管状の部分即ち咽喉 (Oesophagus) は (2) 大形部たる嗉嚢 (Crop) に続き，後者は中腸との結合部にて (3) 瓣状の前胃 (Proventriculus) に細まる。口孔に於ける咽喉の不定部は屢々咽頭 (Pharynx) と称えられるが筋肉系の知識なしには同定困難である。咽喉と嗉嚢との間の境界は屢々 Fig. 112 に示される如く消失し，ある昆虫例えばある蛾 (Fig. 113C) の如きは嗉嚢が球室に発達し，この変化は更に多数の蠅 (Fig. 114) によつて進行し１本の長

い側管によつて咽喉に結びつく嚢を形作つている。前胃は中腸に通ずるに簡単な瓣を以てしている，固形食物を摂取する昆虫では食物を細片に裂くために鈎の１組を具え胃粉機（Gastric mill）と称えられている。

中腸（Mesenteron）—この部分で消化が行われ，屢々胃（Ventriculus）と称えられている。普通管状，然し時に一定の部分に再分され，その状態は半翅目に於て最も顕著で３または４区分を有す。中腸は模式的に種々な指状の外突起即ち胃盲嚢（Gastric coeca）を具え，それ等は胃の前端頸に生じているが（Fig. 112）より後方部に位置するならん。

肛門陥（Proctodaeum）—消食管のこの後方部は異なる昆虫にて非常に変化するが，普通に管状の前方腸（anterior intestine）と太い後方腸（posterior intestine）とに分かれ，後方のものは直腸（Rectum）と命名され肛門に直接連結している。

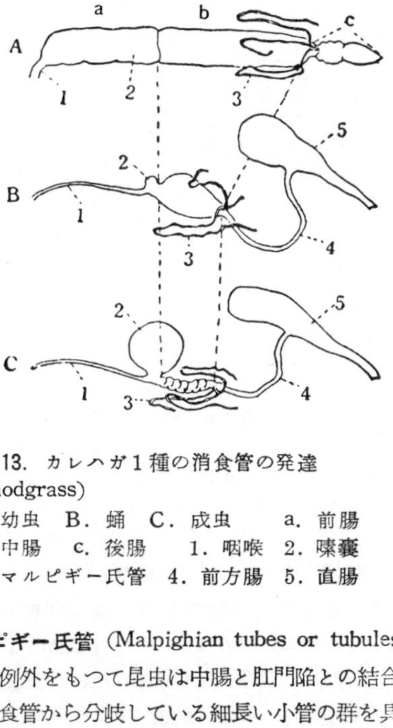

Fig. 113. カレハガ１種の消食管の発達
(Snodgrass)
Ａ．幼虫　Ｂ．蛹　Ｃ．成虫　ａ．前腸
ｂ．中腸　ｃ．後腸　１．咽喉　２．嗉嚢
３．マルピギー氏管　４．前方腸　５．直腸

マルピギー氏管（Malpighian tubes or tubules）

小数の例外をもつて昆虫は中腸と肛門陥との結合部近くにて消食管から分岐している細長い小管の群を具えている（Fig. 112)。それ等がマルピギー氏管で，その作用は排泄である。これ等小管の数は1〜150で，多数存在する時は屢々等大のある数の束に分群されている。

下脣腺（Labial glands）

大部分の昆虫は中腸の側部に沿うて横たわり下唇と組合う腺の１対を有し（Fig. 114)，それ等の各々は前方に走る１管を有し，その２管が普通頭内で下脣と下咽頭との間で前口腔内に開口する１管を形成するように癒合している。これ等の腺の作用は昆虫の異なるものにて変化があつて，ある種類では決定されていない。多くの昆虫では下脣腺は唾液を分泌する事ゴキブリの如くである。鱗翅目や膜翅目やの幼虫ではこれ等の腺は絹糸を分泌し，幼虫の巣や蛹の室を構造するのに用いられ，吸血昆虫ではのみ込んだ血液を液状に保つ処の防凝固剤を分泌する。

２．循環系（Circulatory system） Fig. 115〜116

循環系は主として血液と体を通じてその循環を起す処の組織及び器官とからなる。多数の動物例えば脊椎動物の如きでは血液はその循環の目的に向つて発達した特別な器官（動脈や毛管や脈）を通じてのみ運ばれ，この状態は閉式系（closed system）と称えられている。昆虫はこの式をとらない。血液進行の大部分は体腔（Coelom）を通じて血液が簡単に流れ組織と器官とを潤おす。体内の背面に位置して心臓（Fig. 115）があり，このものは血液を体の後方部から汲み出し頭の内腔中に注ぐ。頭腔から血液は再び体内を通りて後方に流れ心臓内に引き入れられ再び前方に押し出される。斯くの如き配列の種類を開式系（Open system）と称える。

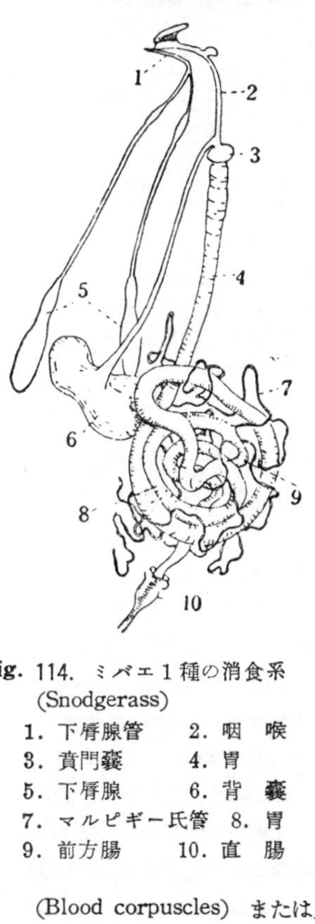

Fig. 114. ミバエ１種の消食系
(Snodgerass)
１．下脣腺管　２．咽　喉
３．賁門嚢　４．胃
５．下脣腺　６．背　嚢
７．マルピギー氏管　８．胃
９．前方腸　１０．直　腸

血　液（Blood）

体腔を通じて循環する液体は血液と称えられ，それは液体の部分即ち血漿（Plasma）または血清（Hemolymph）と血球（Blood corpuscles）または血嚢（Hemocystes）と称えられている自由に浮いている細胞の各種取合わせから構成されている。血液の研究は組織学と生理学とを包含し，つぎの章に論述する事となす。

背　管（Dorsal vessel）

この名が示す如く背管（Fig. 115）は体の背壁直下に横たわり，腹部の後端から頭内迄体の長さに延び，血液の流動を起す処の主な脈搏器官である。背管は２部分即ち心臓（Heart）と称えられる後方部と大動脈（Aorta）

と称する前方部とに区分されている。一般に心臓は鼓動部で，大動脈は血液を前方に運び頭内にそれを放つ管である。

心臓は括れによつて環節室を形作るように各環節にて多少膨れている。この室は模式的には9個で腹部の第1〜第9節に生じている。各室は側口即ち瓣口（Ostia）の1対を有し，それ等を通じて血液が室内に入る。ある昆

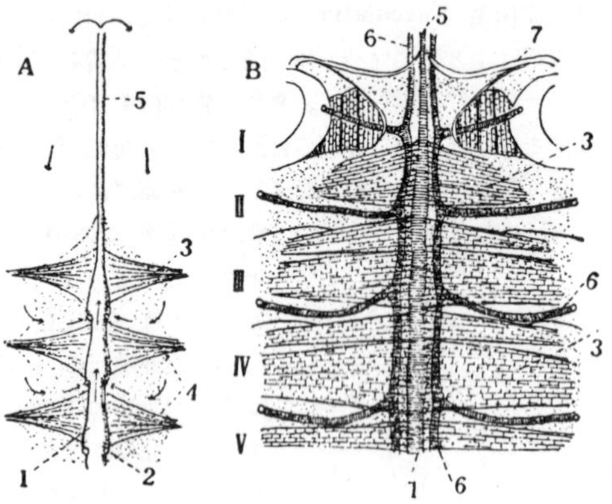

Fig. 115. 背管と背横隔膜（Snodgrass）
A．大動脈とこれに続く3心臓　B．蝗虫1種の背管と背横隔膜（後胸から腹部第5節）
1．心臓　2．瓣口　3．横隔膜筋（翼筋）
4．背横隔膜　5．大動脈　6．気管

虫では心臓が上述の模式状態より根本的に異なる。例えばゴキブリやハサミトビムシでは最初の2室が中胸と後胸とに生じ，*Nezara* カメムシでは心臓が3対の瓣口を具えている大きな1室から構成されている。

大動脈は模式的には心臓から延びている簡単な1管なれど，あるものでは例えばガガンボの幼虫では大動脈もまた鼓動作用を司り循環を導くのに心臓に伴つている。

背横隔膜（Dorsal diaphragma）**と体竇**（Sinus）

心臓の下面に結びついて筋肉帯の対がある。これ等を翼筋（Wing muscles, alary muscles）と称え，心臓の各室に結びつき扁平な扇または翼を形作り背板の側方に結合している。この翼状の筋肉はよく発達すると主体腔と心臓周辺部とをかなり完全に分離するようになる。斯くの如き場合にその分界を背横隔膜と称え，遮断された心臓部を背竇（Dorsal sinus）と唱える。横隔膜と体竇とは心臓のある部分のみに拡がり大動脈の部分に前方に連続していない。

附属脈搏器官（Accessory pulsating organs）

心臓に附け加えて血液の循環を助勢する他の脈搏器官がある。最も屢々見出されるものは胸部の脈搏器官と腹面の横隔膜とである。他のものは稀れに見出される。

胸部脈搏器官（Thoracic pulsating organs）（Fig. 116）—多数の昆虫に特に速かに飛ぶ昆虫例えばスズメガの如きは翅を通して血液を引きそうして大動脈の内に血液を放出する脈搏器官がある。この脈搏器官は柔軟な即ち脈搏膜を具えている小楯板に於ける1腔室である。構造の外線は大動脈と直接に結合している大動脈の膨大部即ち大動胃（Aortic diverticulum）と称する管である。

腹横隔膜（Ventral diaphragma）—多数の直翅目や膜翅目や鱗翅目は腹面の神経索の上面に発達した筋肉帯を有し，この帯は心臓の直下に横隔膜を構成する翼筋と同様な方法で形成されている。斯くの如く神経索上に形成された筋肉帯が腹横隔膜と称えられている。この筋肉の拡張と収縮とによつて血液の流れが後方へ且つ側方へ生ずるのである。

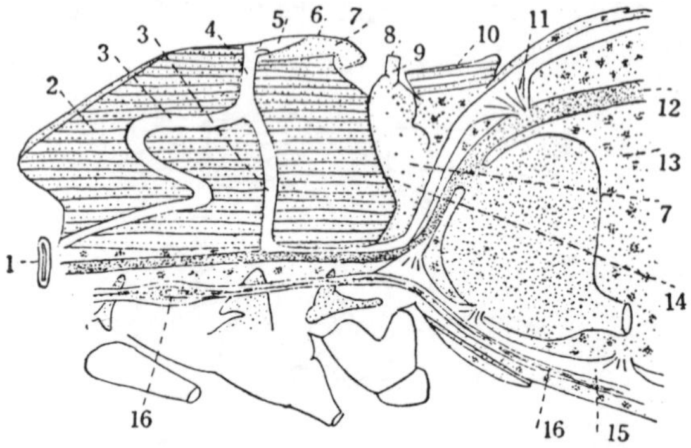

Fig. 116. エビガラスズメの胸部と腹部基部の循環系模式図（Brocher）　1．気門　2．中胸背板筋　3．大動脈彎曲部　4．大動脈枝　5．脈搏器官　6．小楯板　7．気嚢　8．後胸背枝　9．同脈搏器官　10．腹部第1背板　11．翼筋　12．腸　13．血液腔　14．中胸分割甲　15．腹横隔膜　16．神経系

3．気管系（Tracheal system） Fig. 117〜119

昆虫の大部分のものは内管即ち気管（Tracheae）の組織を有し，これによつて自由空気が体細胞に導かれるのである。管のこの組織が気管系で，それが呼吸の作用を司どる。殆んど凡ての他の動物にては呼吸は皮膚または肺の如き空気にさらされる表面との結合に於て，血液の流れの作用である。然し昆虫に更に節足動物の少数群にはよく発達した気管系がある。これ等の群は蛛形類のあるものや少数の甲殻類や唇脚類の大部分のものである。痕跡的な小気管は軟脚類と倍脚類とに見出されている。

この気管系は細胞の小群のみにしたしく達する微細管の巨万な分岐が必要である故に必要上非常に複雑となつている。気管のこの小分岐は脊椎動物に於ける血管と毛

細管とのそれ等と相似なものである。

気管系の主構成

気管系の普通の型式は Fig. 117 に示されている。気管は各環節に一定の群を形作り気門 (Spiracles) と称えられている環節に配置されている1対の開口によつて外部から空気を受ける。この気門は主幹気管と多少直接に結びつき，主幹の1対は普通体の全長を走つている。各環節にはこれ等主幹から種々な支管が生じ（常に対をなし，各主幹から1本宛），それ等支管が各器官に空気を送るのである。これ等支管の数と位置とは異なる昆虫にて甚だ差異がある。然し一般的には如何なる環節に於ても各側に3本の大支管を生じている。即ち(1)背管と背筋肉とに空気を送る背支管，(2) 消食器官と生殖器官とに空気を与える腹即ち内臓支管，(3) 腹面筋肉と神経索とに空気を供する腹支管とである。

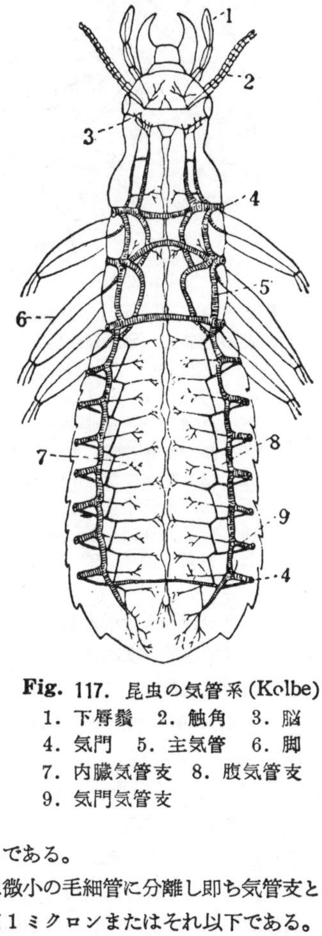

Fig. 117. 昆虫の気管系 (Kolbe)
1．下唇鬚　2．触角　3．脳　4．気門　5．主気管　6．脚　7．内臓気管支　8．腹気管支　9．気門気管支

気管の微細末端は微小の毛細管に分離し即ち気管支となり，普通直径にて1ミクロンまたはそれ以下である。これ等の気管支は他の組織の細胞の間や週辺に網状になり而して気管系の機能的部分で，そこを通じて酸素が体細胞内に拡散するのである。

気管主幹 (Tracheal trunks)

気管支の1団の環節的配列は元来昆虫が後口の各環節に1独立気管系を有し，それ等が他の環節のものと連絡がなかつた事を示している。少数の例外があるが，現存昆虫は若し気管系が発達しておれば接近する環節の気管との間に結び付きを持つている。この連絡管は主幹を形成しているのである。多くの昆虫では気管主幹は側方に位置し側気管主幹 (Lateral tracheal trunks) と称えられている。屢々第2対即ち背気管主幹 (Dorsal tracheal trunks) が見出され，それは心臓の各側に1本宛存在している。このものは側気管主幹より一般に直経が小さい。大部分の蠅の幼虫では反対な場合となつていて，背気管主幹が著しく発達し主な呼吸路となつている (Fig. 118)。

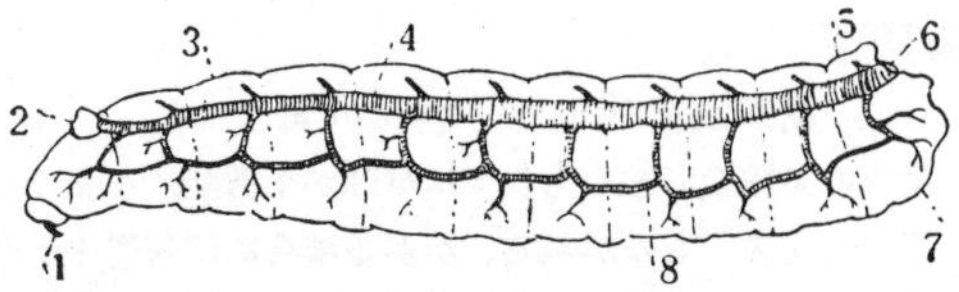

Fig. 118. ハエの幼虫の気管系 (Snodgrass)
1．口鉤　2．前気門　3．胸部第3節　4．背気管主幹　5．腹部第8節　6．後気門　7．肛門　8．側気管主幹

気管囊 (Tracheal air sacs)

呼吸を助ける空気の貯蔵部として役立つ気囊の発達が多くの類にある。それ等は屢々気管主幹の膨脹部で Fig. 119 に図示されている如きものである。多く速飛昆虫では，イエバエや蜜蜂類の如きでは，気囊が体腔の大きな部分を満たし，それ等の囊は鞴の如く働き空気の取入れや放逐をするために体の筋肉収縮によつて締められ且つ解放され得る。

気　門 (Spiracles)

呼吸作用の場合は気門は呼吸の1重要な調節器官である。形状や大さや構造に於て非常に変化がある。若し動作の時は閉じる計画の成る階級を持つ。この閉塞計画は外部的（普通2個の相対待する唇片の形状に出来ている）かあるいはまた内的（普通気管閉鎖を挟む鋏の形状にできている）かであり得る。

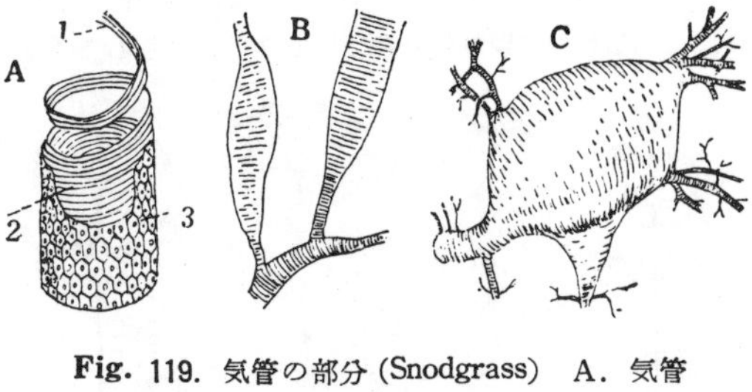

Fig. 119. 気管の部分 (Snodgrass)　A．気管の構造　B．C．気囊の例　1．螺旋弾糸　2．内膜　3．皮膜細胞

開気管系 (Open tracheal system)

気門が開口し且つ機能的となつている場合を開系と呼ぶ，より一般的型は気門が10対で，各1対が中胸と後胸と腹部の最初の8節とに存在しているものである。この

型式に多くの変形があつて，例えば蚊の幼虫の如く腹部第8環節にのみ気門を有するものもあり，蛆の大部分のものは前胸と腹部第8環節との2対のみのもあり，蠅の蛹の如く前胸のみに1対の気門を有するものがあり，種々の水棲形例えば長尾蛆の如きはその尾端に後方の気門を具えそれを生活液体外に出して呼吸を行うもの等がある。

閉気管系 (Closed tracheal system)

昆虫の多数の形態のものでは気門が不機能的かまたは全然これを欠くものがある。かかる場合には気管系が閉ざされていると称えられている。然し気管主幹や彼等の内支管はよく発達している。大部分の閉気管系のものでは気門は皮膚下または鰓内に走る微気管支の綱目のものによつて置き換えられている。この形態のものは多く水棲昆虫例えばカゲロウやトビケラやトンボ等の幼虫に現われている。

水棲昆虫中の興味ある変異はトンボの若虫に生じている。それは直腸が内的鰓様の皺を含有し，それ等の皺を通して微気管支が拡がつている。この若虫は時間的に水を直腸内に引き入れそれを排出し，気管に空気を与える，この鰓を直腸鰓 (Rectal gills) と称える。

4．神経系 (Nervous system)

昆虫に於ける神経系は高度の発達をなし中系と口陥系とからなる。他の動物に於けるが如く神経系は体の内部と外部との両者の状況にて活動を調整するのに役立つている。

中央神経系 (Central nervous system) Fig. 120～122

中央神経系の基礎的単位は(Fig. 120) 本質的に (1) 頭内に位置している脳と (2) 各体節に1対宛ある神経球とである。神経球は1索中に2重繊維によつて結びつけられ，前方の神経球は脳と結びついている。昆虫群の進歩に於て起る処の体環節の癒合 (Fig. 1) と一致して各節

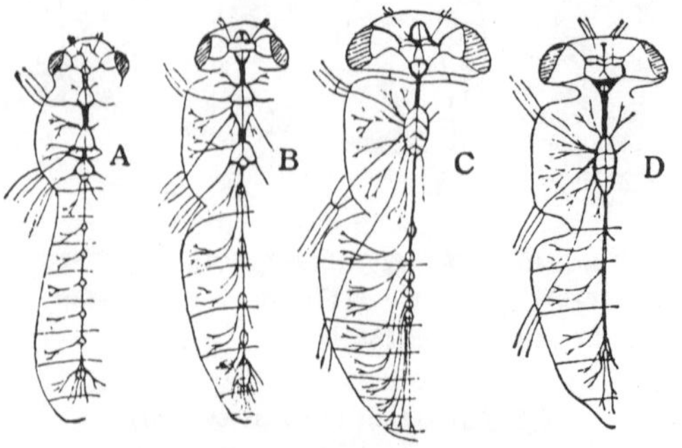

Fig. 120. 雙翅目の中神経系変化の順序 (Brandt)
A. ユスリカ　B. オドリバエ　C. アブ
D. ニクバエ

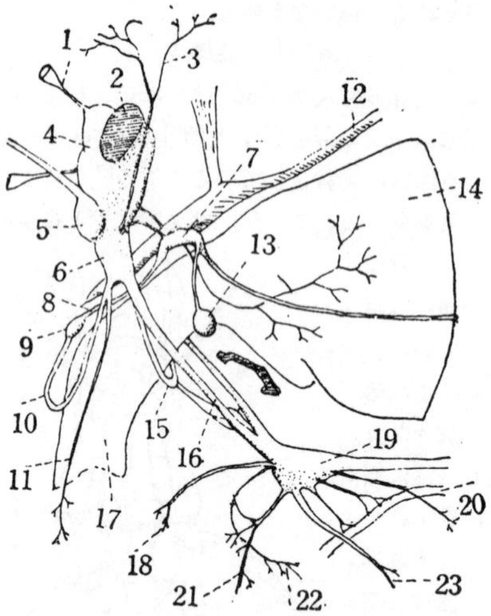

Fig. 121. バッタの脳とそれに関連する各構造との側面図 (Snodgrass)
1. 単眼柄部　2. 視神経葉　3. 背皮膚神経　4. 前大脳　5. 後大脳　6. 第3大脳　7. 後頭神経球　8. 逆走神経　9. 額神経球　10. 額神経球連索　11. 上唇神経　12. 大動脈　13. 咽喉側腺　14. 嗉嚢　15. 第3脳鏈鎖　16. 廻咽喉索　17. 咽頭　18. 大顋神経　19. 喉下神経球　20. 唾液管　21. 小顋神経　22. 咽頭下神経　23. 下脣神経

に属する神経球の癒合が生じた。この理由に対して頭の神経中心は原始的状態に僅かに類似して現われている。

脳 (Brain) (Fig. 121)—咽喉上の頭内に位置している。そのために屢々喉上神経球(Supraoesophageal ganglion) として書かれる。このものは主なる3部分即ち (1) 複眼と単眼とを支配する前大脳 (Protocerebrum) と (2) 触角を支配する後大脳 (Deutocerebrum) と主な交感神経系を調節する第三大脳 (Tritocerebrum) とからなる。これ等3部分は対をなしている。

長期間の進歩的発達に於て昆虫の頭部の種々な部分が一般的移動に於て多少置換えられてあつた。元来口の前方にありし脳は今は口または咽喉の上にある。前大脳と後大脳とは咽喉の上に位置し，しかしこの理所のために環形動物に見出されているが如き原始的前口脳の成長物であると考えられている。第三大脳は後大脳にしたしく結びついている，然しその2半部は咽喉の下を通過している処の神経鏈鎖 (Commissure) 即ち結合繊維によつて結び付けられている。この事情のために第3大脳は体の第1節の神経球で今は頭と癒合したものと考えられている。

喉下神経球 (Suboesophageal ganglion)—咽喉の下で

頭内に位置し太い結締糸 (Connectives) の1対にて脳に結びついている大形の1神経中心である。このものは本来の大顎と小顎と下唇との神経球の癒合体で，口器を支配する神経幹に生じたものである。この中心球から頭部を通り胸部に進む結締糸の1対がある。

腹面神経連鎖 (Ventral nerve cord)—胸部と腹部とに模式的に各節の腹面部に各1個の神経球がある。接近環節の神経球は対をなす神経結締糸によつて結びつけられ，全体が前胸から後方に延びつつ神経中心の1鏈鎖を形成している (Fig. 120)。この鏈が即ち腹面神経鏈鎖である。このものは頭部を通過する神経結締糸によつて喉下神経球に結びついている。胸神経球は脚と翅とを調整する神経を生し，腹神経球は腹部筋肉と腹部附属器とに神経支や神経繊維を送つている。

一般化せる腹面神経鏈鎖はよく分離した神経球の1鏈から構成されている。昆虫の種々な群に於てこれ等神経球のあるものはより大きな単位のより小数を形成するように癒合し得る。変異のこの型式は雙翅目 (Fig. 120) に於て明瞭に説明する事が出来る。この目の原始的神経球数はかなり一般化せる神経鏈鎖を有し，より多く特化せる科のものでは胸神経球が単一な大塊となり腹神経球がより小形となり終にはかろうじて認識され得るようになつている。変化のこの組合わせに於ける状態は Fig. 120 A—D に図示されている。

口陥神経系 (Stomodeal nervous system)

消食管と背管との前方部の無意思的運動のあるものを調整するために昆虫は 通称交感神経系 (Sympathetic nervons system) を持つている (Fig. 122)。然し多くの神経支の正確な機能に関しては著しく疑わしい。この術語はむしろ口陥神経系とした方がより望ましい。それはこの神経系の大部分が口陥の頂上か側部に位置しているからである。この神経系の中心構造は脳の前方に位置し神経繊維の1対によつて第三大脳と結合している額神経球 (Frontal ganglion) であるように見える。この額神経球より1本の中央逆走神経 (median recurrent nerve) が脳の下で咽喉の頂上に沿うて後方に走り，そこで小さな神経球と神経との1系に結びついている。この神経群は口陥と唾液管と大動脈と明らかに口器のある筋肉とを支配している。

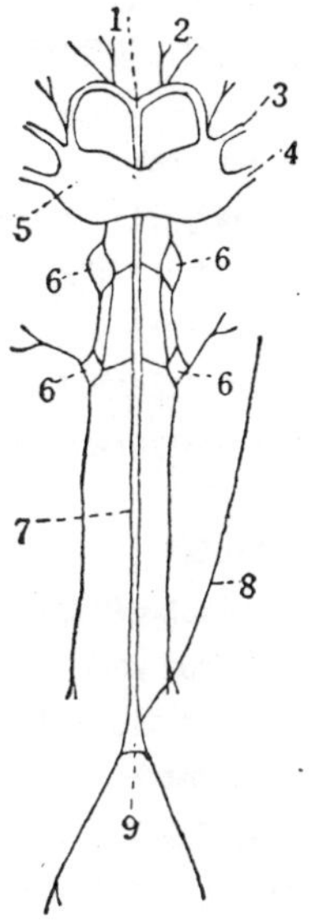

Fig. 122. 交感神経系 (Kolbe)
1.額神経球　2.口器上部の神経　3.触角神経　4.視神経　5.脳　6.側神経球　7.逆走神経　8.唾液腺えの神経　9.胃神経球

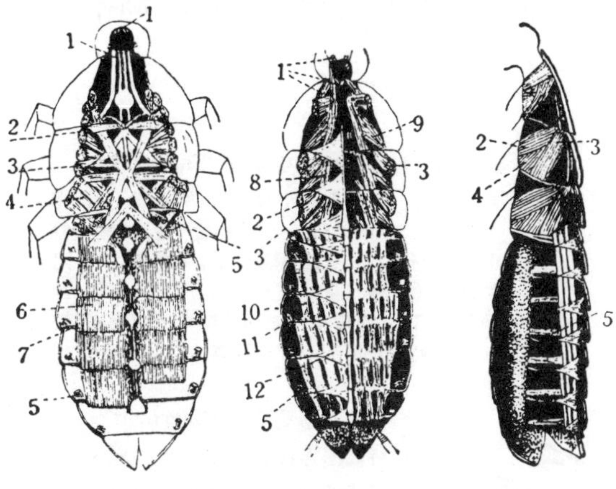

Fig. 123. コギブリの筋肉系 (Miall and Denny)
1. 頭部筋肉　2. 基節の内転筋　3. 同外転筋　4. 腿節の伸張筋　5. 背腹筋　6. 腹縦筋　7. 斜腹筋　8. 背縦筋　9. 側胸筋　10. 背縦筋　11. 斜背筋　12. 翼筋

5．筋肉系 (Musculature) Fig. 123～126

昆虫体は筋肉の非常に複雑な1系を具え，これ等が体と附属器との運動の殆んど凡てに対して責を負わされている。ある昆虫は2千以上の筋束を所有するならん。

解剖に於て筋肉組織は昆虫体内に於ける顕著な特色の1である。それは連続系を形成していないが異なる部分

Fig. 124. アオムシの中胸部と後胸部との筋肉系 (Snodgrass)
Ⅰ 前胸　Ⅱ 中胸　Ⅲ 後胸　Ⅳ 腹部第1節
1. 腹帯　2. 背帯

に分布され且つ種々な器官の組成内に入り込んでいる。分布の基礎に関し筋肉組織は3個の類目に集合せしめられ得るならん。次の如し。

内臓筋肉 (Visceral muscles)

消化管と生殖系の管とは筋肉の外層を有し，この筋肉層は蠕動的運動を生ずるものである。これ等筋肉は環状帯か縦帯か斜帯かまたはこれ等の結合かであり得る。特種は筋肉が気門の開閉機構として且つ口部の如き個所に起生している。循環系の運用に役立つ脈搏帯を形成する筋肉もある。

環節帯 (Segmental bands)

体の種々な環節は体形を維持する筋肉帯の組織によって結びつけられている (Fig. 123)。腹部では背板が縦背帯 (Longitudinal dorsal bands) によつて結びつけられ，腹板は縦腹帯 (Longitudinal ventral bands) によつて結びつけられている。同じ環節の背板と腹板とは斜背腹筋肉 (Oblique tergosternal muscles) または垂直背腹筋肉 (Perpendicular tergosternal muscles) によつて結合されている。胸部に於ける筋肉系は全然異なり，最も顕著な筋肉は脚と翅とを動作する大きな索状群で，他の筋肉は大さと卓越とに於て上述のものの下位にある。これ等大筋肉群につけ加えられて非常に複雑になつている多数のより小さな帯群がある (Fig. 124)。胸部と腹部とに於ける筋肉は昆虫の種々な種類に於て非常に異なつている。

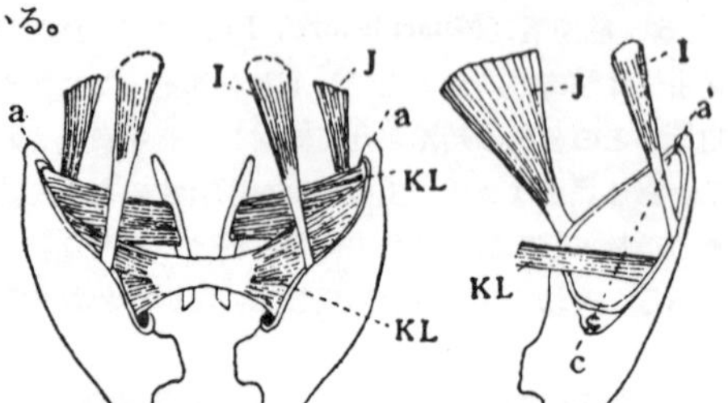

Fig. 125. 大顎筋肉の模式図 (Snodgrass)
A. 無翅亜綱の単1関接部を有するもの
B. 有翅亜綱の複関接部を有するもの
a, a'c. 関接部　　I. J. KL. 筋肉

附属器の筋肉 (Muscles of the appendages)

可動附属器は種々な大さと複雑化せる筋肉帯を有し，咀嚼昆虫の大顎は頭嚢の大部を満す少数の筋肉群を有するが大顎自体内には筋肉がない (Fig. 125)。他方有節の附属器例えば小顎や脚 (Fig. 126) の如きは体内の大きな筋肉によつてのみ動くものでなくその外に節より節え拡がる筋肉を具えている。

6. 生殖系 (Reproductive system) Fig. 127～129

昆虫は元来雌雄別々の個体に現われる。然し甚だ稀れに雌雄同体 (Hermaphrodite) のもの即ち両性が同じ個体に現われるものが知られている。その最も顕著な場合はワタフキカイガラムシ (*Icerya purchasi*) である。

昆虫では生殖系は腹部に位置している高度に発達したもので，雌雄の各系の部分の間に近い平行があつて，何れもその大部分が左右に対称的に構成されている。

雌生殖系 (Female reproductive system)

雌の生殖系は卵が生ずる卵巣 (Ovaries) の1群と精虫

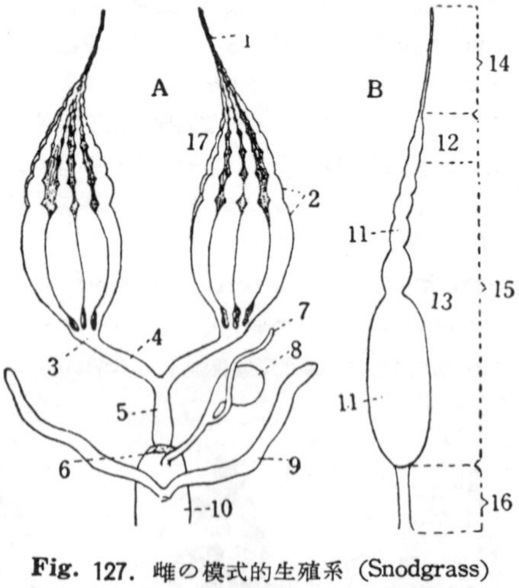

Fig. 127. 雌の模式的生殖系 (Snodgrass)
A. 全形　B. 卵巣小管　1. 卵巣帯　2. 卵巣小管　3. 卵巣傘　4. 輪卵管　5. 総輪卵管　6. 生殖孔　7. 受精嚢腺　8. 受精嚢　9. 附属腺　10. 膣（生殖室）　11. 包嚢　12. 生殖巣　13. 卵黄巣　14. 端糸　15. 卵管　16. 卵巣小管柄部　17. 卵巣

が貯蔵される受精嚢 (Spermatheca) と卵が体外に出される管 (Duct) とからなり，その模式的のものは Fig. 127 に図示されている。体の各側に1個宛，即ち全体として2体の卵巣があり，各卵巣は数本乃至多数の卵巣小管 (Ovarioles) からなり，各小管は端糸 (Terminal filament) と称する1

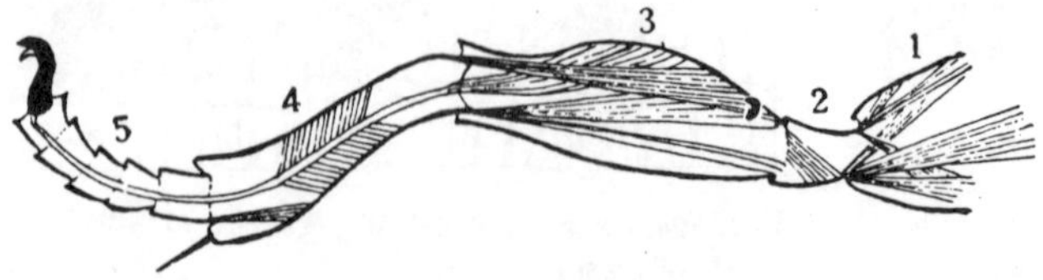

Fig. 126. 脚と脚筋肉との模式図 (Berlese)
1. 基節　2. 転節　3. 腿節　4. 脛節　5. 跗節

糸に終り，小管の上方部は成生中の卵を含み下方の大きな部分はより多く成熟した卵を有す。卵巣小管の底は小管即ち柄部 (Pedicel) を形作り，各群の柄部は１卵巣傘 (Calyx) を形作るように癒合し，各々の傘は側輪卵管 (Lateral oviduct) に開口し，左右の側輪卵管は総輪卵管 (Common oviduct) を形成するように結合している。この総輪卵管は卵保持室たる膣 (Vagina) に開口し，膣は産卵機構たる産卵管 (Ovipositor) に直接開口している。

２個の腺が輪卵管の背壁と結びつき，その１つは受精嚢でこのものは１本の球茎状の器官でその管に附着している１腺を附している。他の１つは対をなし附属腺 (Accessory glands) または膠質腺で卵塊を覆うまたは卵を附着面に粘つけするための粘着性物質を分泌するものである。

より多く原始的の類例えば直翅目の如きでは膣は第８腹板の嚢状の陥入部である。

多くの偏差が卵巣及び卵巣小管の数及び形状や管や腺等に起る。受精嚢は多くの類にて種々な形状を現わし分類学的価値を有するものである。

原始的の科たるハサミトビムシ科は最も興味ある生殖系を有し，卵巣小管 (Fig. 128) が環節的に配列され，長い側輪卵管の１対に結びつき，輪卵管は産卵口近くで共通管を形成している。この状態は祖先の昆虫群が各体節に独立の卵巣を有し而して体の後端にこれ等の絶えざる移動と合併が起り終に Fig. 127 に示されているような模式的系になつた事を想像させる。

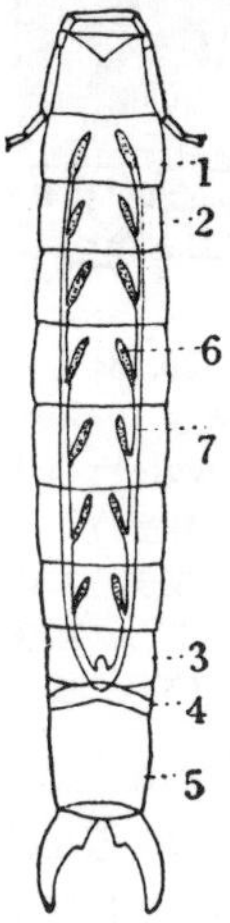

Fig. 128. ハサミトビムシ１種雌の生殖系 (Snodgrass) 1.腹部第１節 2.同第２節 3.同第８節 4.同第９節 5.同第10節 6.卵巣小管 7.輪卵管

雄生殖 (Male reproductive system)

一般的組成に於ては雌のものに類似し，最初に睾丸の１対とこれに附随している管と貯精嚢とからなり，体の外部に連つている。普通の型式は Fig. 129 の如くである。

各睾丸は精管 (Sperm tubes) の１群からなり，精管内に精子が生ずるのである。精管は共通管即ち輪精管 (Vas deferens) に開口し，輪精管は貯精嚢 (Seminal vesicle) に開口している。各貯精嚢は１管を有し，その２管が合して共通の射精管 (Ejaculatory duct) を形成

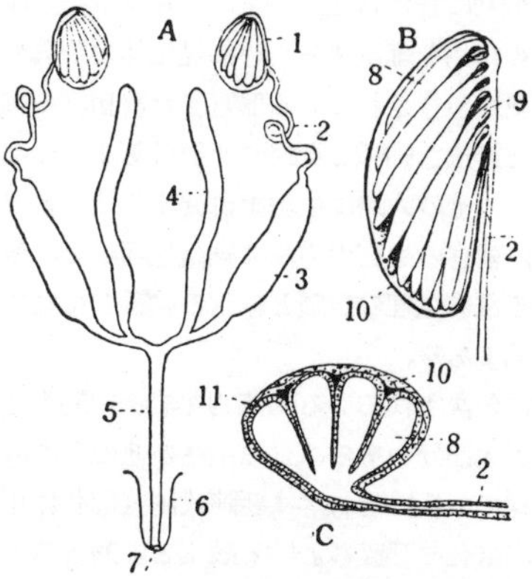

Fig. 129. 雄の模式的生殖系 (Snodgrass)
A．全系　B．睾丸の構造　C．睾丸の断面
1．睾丸　2．輪精管　3．貯精嚢
4．附属腺　5．射精管　6．陰茎　7．生殖孔
8．精管　9．輪精小管　10．囲膜鞘
11．皮膜鞘

している。この管は陰茎を通りて走りその末端にて精子がのがれ出づる。陰茎は普通外部の雄生殖器の構造と組合つている。その構造は挿入器 (Aedeagus) と称えられ真の膜質陰茎を囲む堅い鞘を形作つている。射精管の内部に組合つて附属腺 (Accessory glands) がある。この腺は単１のものと対をなすものとがある。

７．特種組織 (Specialized tissues)

上述の他に昆虫の体内により小さなあるいはかろうじて組織立つている組織がある。それ等の内最も重要なものは脂肪体 (Fat body) と気門下腺 (Enocytes) と咽喉側線 (Corpora allata) とである。

脂肪体―このものは細胞の粗集積で体全体に生じ，特に幼虫の後期齢に多い。脂肪体の細胞は編制された１組織の如く見ゆるようにしつかり包まれてあり得る。このものの作用は一部食物の貯蔵で一部排泄の作用を助けるものである。

気門下腺―体腔内の種々な点に生ずる細胞のかたまりで，彼等の作用は充分明瞭となつていない。

咽喉側腺―神経球様体の１対が口陥神経系と組合つて存在する Fig. 121。彼等の作用は充分わかつていないがホルモンを分泌するものとして知られている。

第４章　生　　理

昆虫の生理は比較的近年迄研究の無視舞台であつた。この20年の内に害虫駆除の方法に於ける進歩に関する１方法として昆虫体内に於ける生理状態をより多く知る必要にせまられ非常な刺戟を受けた。

この章は最初に各器官と組織との作用を取扱う事にする。これ等の作用を理解するために昆虫体の形態の一般的な概念と更に包含されている器官または組織の細胞的構造に関する詳細な知識とを持つ必要がある。内部解剖は特に重要で，その大略は生理を研究する前に習得せねばならない。器官の生理の方法は細胞生理の上に基礎つけられている故に生理の論議と細胞の論議とを結びつけるのが実際的である。

昆虫生理に包含されている基礎的化学物理的方法の凡てではないが大部分のものは動物生活の他のものに起るそれ等と同様である。それ等は新陳代謝（同化作用）に於ける食物の酸化や呼吸に於ける酸素と炭酸ガスとの交換や生殖に於ける受精や神経繊維を通じての刺戟の伝導の如き項目を包含する。より大きな方法のある物，例えば脱皮と皮膚の特徴との如きは昆虫及び彼等類似のものにより多く特別なものである。

1．体壁 (Body wall) 即ち皮膚 (Integument)

体壁は体と附属器とを囲む外細胞の表面層で，複雑で，表面の覆物即ち皮膚のみとよりなつているものでなく，外毛と筋肉の附着する多型の内部突起及び感覚受器とを包含している。

体壁は3つの原始的作用を司る。即ち (1) 蒸發（昆虫の最も重要な外敵）や敵意ある生物や病気の如き外部の力から防禦する事，(2) 特別な感覚毛や突起や面を通して外部刺戟の受理，(3) 外骨骼に附着している脚や翅や可動節片等の筋肉，即ち移動系の動作者として働く事，を行う。これ等に追加して皮膚は延びない，而して幼い昆虫では成長に従つて規則正しく脱かされる。これらの動作は驚く可き程簡単な細胞構造によるものである。

蒸　發 (Evaporation)

蒸發による水分の消失は地上棲生物に対する最も大きな脅迫で，凡ての昆虫は少なくとも彼等の生活のある部分に於て陸棲かまたは空中棲である。蒸發は容積でなく表面の作用で，大さが減ずると容積に対し表面の比が増加する。斯くして昆虫は小形で陸棲である故に彼等の体内に含まれている水の量が少なくこれが蒸發する面が比較的大となり，そのために余分の蒸發を防止する大問題に面しているのである。この防禦は昆虫の外皮の不滲透性の性質に横たわつている，昆虫の外皮は水または水蒸気の通過に対し非常な抵抗性のものである。斯くの如き充分な防禦なしには若し昆虫が短時間でさえも空中を飛翔すると致死点に対する乾燥をのがれ得る事はうたがわしい。

皮膚の構造 (Structure of Integument)

体壁 (Fig. 130) は最初に真皮細胞 (Epidermis) の1層と無生被物たる表皮 (Cuticle) とからなり，後者は体の外表に位置して前者によつて分泌されたものである。表皮の形成は真皮細胞の主作用で，表皮は昆虫生理の多くに対する要素を含む機械的外部の防禦層を形成している。

真皮 (Epidermis)—真皮の大部分をなす細胞は模式的に簡単で大きな細胞核を有しある不明瞭な基底膜(Basement membrane) によつて結合されている。然しこの層のある細胞は高度に特化し毛を生じ且つ特種型式の表面を構造する。

表皮 (Cuticle)—比較的厚い内層即ち内表皮 (Endocuticle) と甚だ薄い上表皮 (Epicuticle) とからなる。

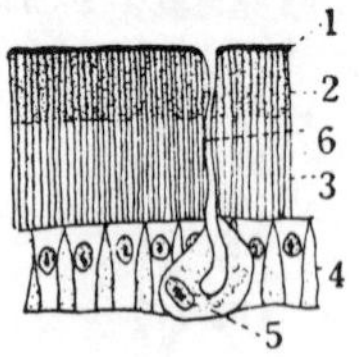

Fig. 130. 体壁の模式的構造 (Wigglesworth)
1.上外表皮
2.外表皮　3.内表皮
4.真皮　5.腺細胞
6.腺管

上表皮は約1ミクロンのみの厚さなれど全表皮に不滲透性の固有性を与える層であるように見える。それは表皮素 (Cuticulin) からなり，表皮素は種々な脂肪と臘との混合物であると考えられ且つ植物の外皮の薄い外層に甚だ類似している。上表皮は幾丁質も蛋白質も含んでいない。

内表皮は幾丁質と不溶性蛋白質とから構成され，曲げやすい軟かな水や水溶物質に比較的滲透性なものである。内表皮の明瞭な成分たる幾丁質はある酸に敏感なれどアルカリーに抵抗性を有す。内表皮の上表は多少一定の第3層即ち外表皮 (Exocuticle) として変化されている。これに屢々表皮素とカロティンやメラニンの如き色素とを飽充している。これ等の物質は軟い幾丁質を強力となし且つ色付け，而してこの飽充部を硬化せしめ且つより多く不滲透性となす。斯くの如き強力化された面は節片化 (sclerotized) と称えられ20%以下の幾丁質を含むようになる。軟い面即ち80%以上の幾丁質を含有する部分は膜質 (membranous) と称えられている。

内表皮と外表皮とはかなり弾力性膠質物の形を持ち非常に微細な開口即ち小孔管にて横たわれている。この小孔管は真皮細胞より上表（通過していない）迄走つている。彼等は胞質線糸 (Cytoplasmic filaments) にて満たされていると信じられ，若しそれが真実であれば胞質は感覚のある量を以て表皮に賦与するであろう。甚だ厚い硬い表皮に於て例えば甲虫の鞘翅に於けるが如きでは表皮が微小な平行棒の連続組合として横たえられ得て構造に追加強力を与えるものである。

特化細胞 (Specialized cells)—真皮細胞の特定のも

のは特別な機能を持つ，即ち液体の分泌かまたは毛の如き一定の構造物の形成か何れかを司どる。

皮腺（外腺）(Dermal glands)—単1真皮細胞かまたは細胞群が大形の細胞に発達し種々な分泌物を生産する。これ等の細胞 (**Fig.** 130) は外皮を通りて走る1管によつて外部に連つている。異なる型式の分泌物はこれ等皮腺の1変種によつて生産されている。例えば蠟（屢々一定の外部型を形成する）や悪臭化合物の多くの型や刺戟毒等が包含される。

剛毛 (Setae) (Fig. 131)—昆虫の柔軟毛や棘毛の大部分のものは毛母細胞 (Trichogen cells) と称えられている真皮細胞によつて形成される。毛の実際的形成の時には毛母細胞は大きく核分裂が行われ且つ体表に外皮を通過する1管を持つ，この点から細胞の生産物が毛を構造するものである。毛母細胞に密接な関連を持つて1窩生細胞 (Tormogen cell) があつて，このものは毛の基部を囲む普通柔軟な凹所を形成するものである。 この組織的基礎からなる毛又は棘毛が Seta (pl. Setae) と称えられる。これ等の親細胞は Seta が形成された後に退化するものならん。

特化剛毛は同じ方法によつて構成され，鱗片 (scales) や毒毛 (Poison hairs) や感覚毛 (Sensory setae) 等がそれである。

色彩 (Color)—昆虫色彩の大部分は真皮またはその被物の内に位置している。昆虫の色彩は2型からなる。即ち色素色と構造色とである。

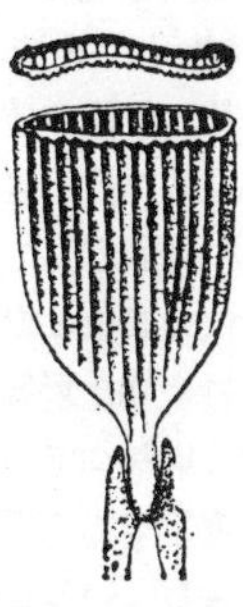

Fig. 132. スヂクロカバマダラの鱗片，上端を切断し横桧を現わせる図。上図は横断面 (Mayer)

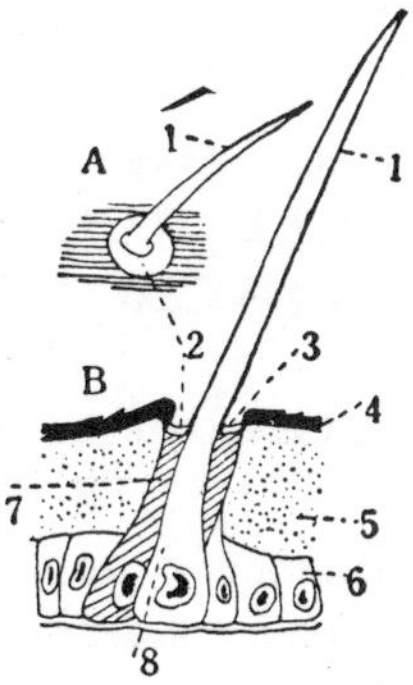

Fig. 131. 棘毛とそのソケット (Snodgrass)
A. 面表図　B. 断面図
1. 棘毛　2. ソケット
3. 棘毛膜　4. 上表皮
5. 表皮　6. 真皮細胞
7. 窩生細胞　8. 毛母細胞

色素色即ちカロティンとメラニンの如きは外表皮内に蓄積せられ，光線の異なる波長に関する撰択作用によつて異なる色彩を生ずるものである。これ等の色素色は実際的に非金属色の凡ての昆虫及び少数の金属的のものに認められるものである。

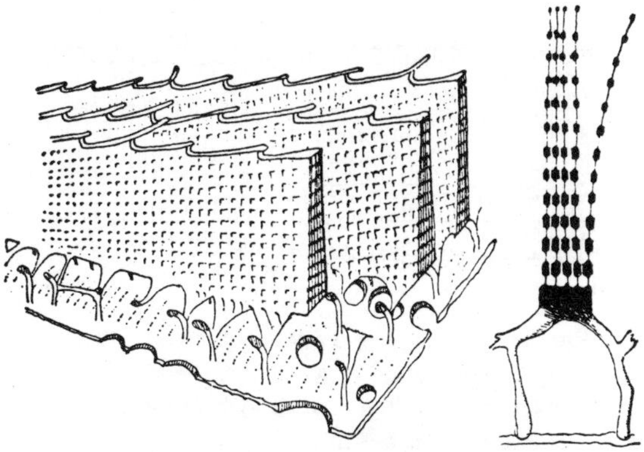

Fig. 133. 蝶の鱗片の光線分解構造の模形図 (Anderson and Richards)

構造色は反射と相殺とによつて種々な波長に光線を破壊する処の非常に精巧な且つ微小な翼によつて生ずるものである。これ等の翼は多数の甲虫特に金属色を有するものの場合である如く上表皮によつて生産され得るものならん。この最も普通な例は蛾や蝶に現われる。これ等のものでは翅が鱗片（変化せる剛毛）を以て被われ，而して鱗片はその長軸に走る竜骨を具えている (Fig. 132)。電子検微鏡による最近の研究は各竜骨は種々な平行せる非常に薄い透明斑点のある翼から構成されている。熱帯産 ***Morpho*** 属の蝶に関する研究がより簡単な構造の竜骨は非金属色を生じ非常に複雑化した竜骨 (Fig. 133) は眩惑的な虹色を生ずる事が明らかになつた。

2. 脱　皮 (Molting)

たとえ幼虫に於て体壁の真皮細胞層が成長し拡大するも表皮は成長も伸びもしない。それで体の大さが増すにつれ昆虫は定期的により大きな表皮を造りそうして古い表皮を脱がねばならない。この古皮を脱く現象を脱皮 (Molting, ecdysis) と称えている。この事実は昆虫の最も重要な生理作用の1つである。

皮膚の実際的脱却は真皮細胞と特種な脱皮腺 (Molting glands) との共同活動によつて先立たれる。この方法に於ける各階段の正確な方法に関してはある疑問がある。然し次の行動が最も澄拠立てられるように見える (Fig. 134)。

1）第1段階は古い内表皮の下に新らしい上表皮の分泌が真皮細胞によつて行われる。この新らしい上表皮は脱皮液に対し明らかに充分前にできる。

2）脱皮腺（特種の真皮細胞）はこの時は大形となり，

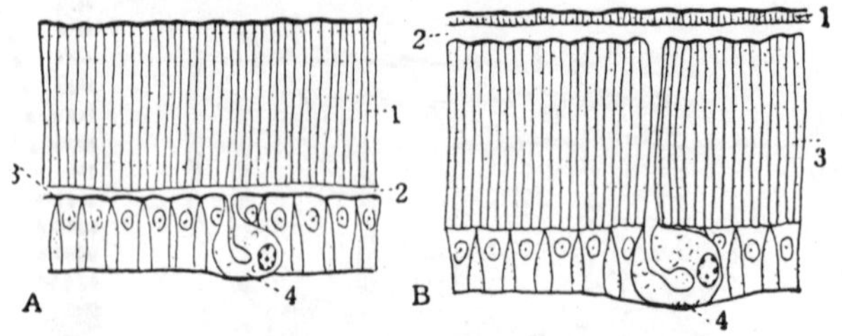

Fig. 134. 脱皮に先立つて新しい表皮形成の模式図 (Wigglesworth)　A. 上表皮が形成され旧内表皮の吸収が初まる場合　B. 旧内表皮の消化と吸収とがほとんど完結せる場合
1. 旧表皮　2. 脱皮液　3. 新表皮　4. 脱皮腺

新上表皮を通し且上部に開口する1管を通じて脱皮液 (Molting fluid) を排出する。この液は実際的には酵素で，このものは蛋白質と幾丁質とを消化するが皮素と上表皮及び外表皮を造る処の他の物質とには作用しない。この液は主として幾丁質からなる古い内表皮を溶解し去る。

3）脱皮液が旧内表皮を溶解しつつある間に真皮細胞は新上表皮によつて脱皮液から防禦されてある新内表皮を形成しつつある。新らしい上表皮と内表皮とは旧表皮の消化からなる溶解物に滲透性である。而してこれ等の生産物は真皮細胞によつて連続的に再び吸収されるものがある。旧表皮の85%の如き大量が溶解され得てそれが再び新らしい表皮の分泌に使用され得る。この方法に於て1空間が両表皮の間に残されるのである。

4）新らしい表皮が充分形成された時に昆虫は旧表皮を破るのである。最初の破裂は胸背に模式的に延びている弱い表皮の中縦線に沿い作られる。この破裂は血液の圧力によつて行われる。昆虫は腹部を縮め胸部の内に血液を押入れ弱い線に沿い表皮が破れる迄胸部が膨脹する。昆虫は斯くして空気，若し水棲の場合は水，を吞み得る。然る後揺動し旧皮から自由にのたくる。この時または以前に脱皮液が普通体によつて再び吸収され旧皮と新皮との間の面が乾燥されるものである。

5）脱皮後短時間新表皮は延ばされ得て，少くとも所謂膜質部に於て然り。それでこの短期間の昆虫はつぎの脱皮前につぎの体の大さの増加を予想せる程度迄表皮を延ばすものである。この間は最初の1部分に於ける血液圧力を増加する事によつてなされ，而して後に他の部分が吹き脹らされ皮膚を延ばすのである。血液圧力が減少された時に延ばされた皮膚が再び縮まない，然し小さな褶即ち微細なアコーディオン様の壁の1組に皺寄せられる。非節片化体を有する幼虫ではこれらの壁は体全面に生ずるならん(Fig. 135)。一定の剛化板を有する昆虫では襞は節片間の膜に生ずる。体がその後の成長にて大さが増すと皮膚は襞の簡単な拡大によつて Fig. 60. 61 に図示されているように増加する。増加に対してこの通路が使い尽されると昆虫はより多くの大さの増加を容任するために更に脱皮を行わねばならない。この脱皮に要する時間は僅かに数秒かまたは1時間あるいはより多くを費すならん。

6）完全な形成後は新皮は多くの物質特に水に不滲透性となり，そうしてその普通状態を装う可く局部的に剛化し且つ着色する。多くの類例えば蝗虫の如きでは脱皮に続く伸脹の直後にこの変化が起り，他の場合例えば成虫の毛翅目や多数膜翅目に於てはこの事実が成虫が蛹の皮膚内に包まれている間に脱皮中に起るのである。以前は脱皮後に空気にさらされる結果皮膚が堅くなり且つ着色するのであると考えられていたが，部分的の解剖実験と自然に於けるより完全な観察とによつてこの変化は表皮上の真皮細胞の直接作用に多分原因するものであろうと云う事になつている。

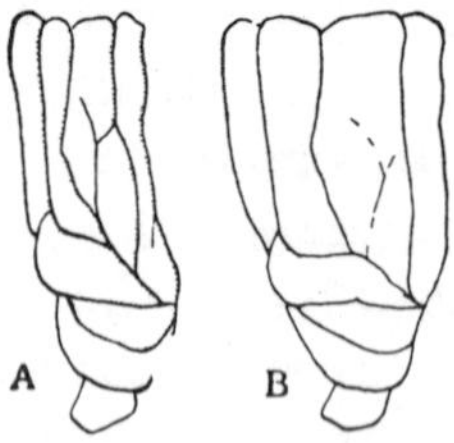

Fig. 135. ハバチ幼虫の腹部環節の膜襞を現わす (Ross)
A. 脱皮直後　B. 成長後

3. 消　化 (Digestion)

消化は食物が体の栄養を作り且つ血液によつて同化され得るように溶解し且つ化学的に変化される方法である。異なる昆虫の食物は物質の拡大な陳列を含むもので，生植物，死植物，木材，蘚類，植物汁，血液，肉類，昆虫類，而して実際的に有機質の凡ての他の種類等を包含する。その結果多くの変異が消化系に見出され，各変異は夫々食物の特種型を取り扱うのに適応しているものである。消食系は同種の昆虫の幼虫と成虫とでは全然異なり得可く (Fig. 113)，特に雙翅目の如き形態のものでは明瞭で，種々な時期の食物が全く異なつている。ある目の内でもそこに著しく異なる消食系があり得る。例えば膜翅目は種々な型式のものを包含している。即ちハバチの幼虫は食草性でヒメバチの幼虫は内寄生性で，夫々消食系の異なる型式を具えている。

消化と消食系との一般的模式型は食草性と雑食性との昆虫に見出され，ゴキブリやバッタや多数の甲虫の幼虫及び成虫に於けるが如きである。この模式はつぎの説明に対する基礎として用うる，然しより多く顕著な変形に就ては論述する，尤も他の変型の非常な数のものに就いてはこれを略す事とした。

催　唾 (Salivation)

昆虫の多数のものでは唾液が食物がのみ込まれない前にそれと混合される。咀嚼性昆虫では唾液が口の内に吐出され，そこで食物に混ぜられる。吸収性昆虫に於ては唾液は液体食物中に遂出され，その混合液が咽喉内に吸取られる。唾液は一般に下唇腺によつて生成される。

模式的に左右の各腺は葡萄の長い房のような形で，房を構成する各粒は分泌細胞の小塊即ち腺粒 (Acinus) で．各々の腺粒はそれ自体の管を具え，それ等が全腺の太い管を形成するためにつぎつぎに結びついている。腺粒は異なる組織構造の細胞を含有し得る。食物に関連する作用を有する下唇腺は分泌するものと認められている主な物質を基礎として2つの一般群に集合せしめられ得る。

1）**消化群** (Digestive group)。多数の昆虫に於ては下唇腺は澱粉酵素 (amylase) の主たる源泉である。唾液は一般に食物が呑込まれる以前にその中に分泌され，実際の消化は消食管内で行われる。成虫の鱗翅目と蜜蜂類とでは唾液腺は転化酵素を分泌し，このものは口吻の末端にて排出され花蜜と共に胃の中に引き込まれる。酵素が腺粒 (Fig. 136) 内に分泌される。ゴキブリでは腺粒は哺乳動物の胃腺の主な及び腔壁の細胞（前者はペプシン，後者は塩酸を分泌する）に組織的と染色特質に於て同様な細胞の2型から構成されている。この明瞭な相似は腺粒の大形細胞が澱粉酵素を分泌し小形の腔壁細胞の如き細胞はある酸の如きある他物質を分泌するものなん事を想象せしむる。

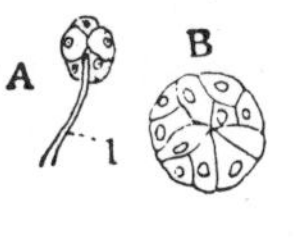

Fig. 136. ゴキブリの唾液腺の葡萄状腺 (Ross)
A．小葡萄状腺
B．同横断面
1．腺　管

2）**防凝結群** (Anticoagulin group)。吸血昆虫の下唇腺は消化酵素を分泌しない，然しそのかわりにある防凝結物質を生ずる。この目的は呑込まれた血液食物が嘴と消化管とを汚固し且つ塞ぐ事を防止するためである。

腸外消化 (Extraintestinal digestion)

特別な場合に於て消化酵素が食物上にまたは内に体から押出され太くて食物が消化管内に取り入れらるる以前に少なくとも部分的消化を司どる。これは腸外消化と称えられる。例えば蚜虫は宿主植物の組織内に嘴より澱粉酵素を含有する唾液を押出し，この方法にて宿主植物細胞内の澱粉を消化する。唾液腺を欠いている多数の捕食性甲虫類は彼等の腸酵素を彼等の食餌動物上に口を通じてはき出す，而して消化が生じた時に成生せる液体が再び吸入される。肉食蛆は肛門から蛋白分解酵素を排出し，彼等が生活し且つ彼等の食物を形成する組織の腸外消化を生ぜしむる。

呑　入 (Ingestion)

昆虫は彼等の食物を口を通して消食管の中に取る。咀嚼口器を有する昆虫では大顋と小顋とが食物を切断し且つ細片に裂く。これ等相対持する構造物の閉塞が下咽頭の基部にて口の後方に食物を圧する (Fig. 137)。下咽頭は然る後に上前方に引かれ，咽喉の前端にある咽頭内に食物を押す。この点から食物が蠕動によつて消化管に沿うて動かされるのである。吸収口器を有する昆虫では (Fig. 138) 咽頭が球茎状ポンプを形作り，このポンプは頭筋肉の作用によつて拡大し且つ縮小する。咽頭喞筒 (Pharyngeal pump) は名の示すが如く嘴を通して蠕動管理の部分の内に液体食物を引くものである。消化酵素または他の分泌物は食物を呑み込む以前に食物と混合せしめられ得るであろう。

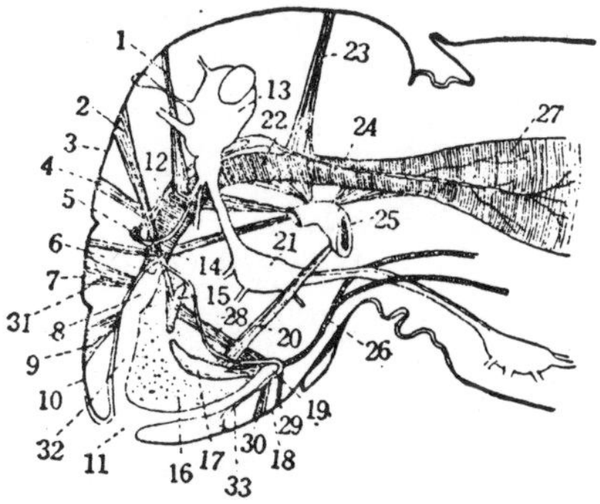

Fig. 137. 咀嚼性昆虫の頭部筋肉の模式図 (Snodgrass)　1．咽頭第2拡張筋　2．前口牽引筋　3．額　4．咽頭第1拡張筋　5．額神経球　6．口　7．頭楯　8．食嚢　9．食道牽引筋　10．上唇　11．前口腔　12．咽頭　13．脳　14．口腔　15．下咽頭懸筋　16．下咽頭　17．下咽頭底節片　18．前基節　19．唾液管開口部　20．下咽頭牽引筋　21．喉下神経球　22．後咽頭　23．後咽頭拡張筋　24．咽喉　25．幕状骨　26．唾液管　27．嗉嚢　28．唾液嚢第1筋　29．同第2筋　30．同第3筋　31．食嚢拡張筋　32．食道　33．唾液道

口より食物が呑み込まれるのに対し例外として知られているものはある内寄生昆虫の初期の幼虫に於て起る現象で，それは宿主の組織または血液から一般の体表面を

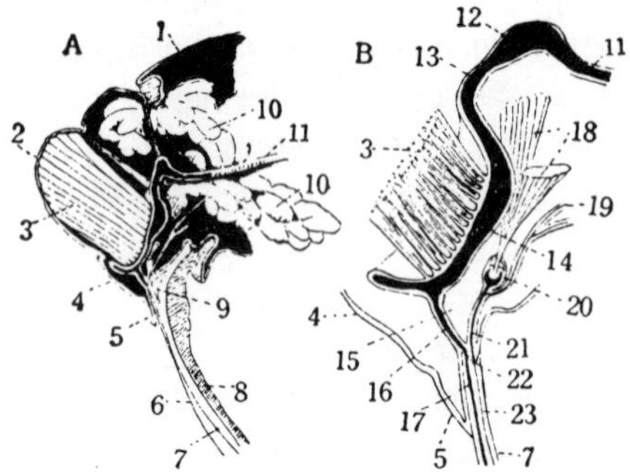

Fig. 138. セミの頭部縦断面 (Snodgrass)
A．全形 B．口部 1．前胸背板 2．頭楯 3．食嚢拡張筋 4．前頭楯 5．上唇 6．大顋針 7．小顋針 8．下脣 9．小顋板 10．唾液腺 11．咽喉 12．咽頭 13．口 14．吸喞筒 15．下咽頭 16．食道 17．食溝 18．唾液射出器拡張筋 19．唾液管 20．唾液射出器 21．唾液道 22．唾液管開口部 23．唾液溝

通して彼等の栄養物を吸収する事である。

口陥 (Stomodeum) 即ち**前腸** (Fore-intestine)

食物は咽喉を通りて口陥内に通過する。口陥の作用には著しい変異があつて，中腸への1通路として役立つか，または食物が貯蔵され且つ1部消化する処の大容積の嗉嚢を形成するように脹大となつている。ある場合には直翅目の如く消化液が中腸から口陥に通過せしめられる。

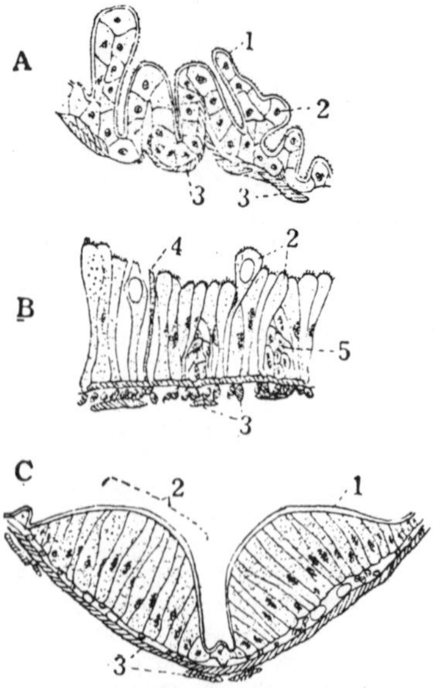

Fig. 139. ゴキブリの消食管の部分の細胞構造 (Ross) A．前腸の縦断面 B．中腸の縦断面 C．後腸の横断面 1．表皮 2．皮膜細胞 3．筋肉 4．破細胞 5．腺細胞成生中体

口陥は模式的には一定の表皮を分泌する簡単な皮膜細胞 (Fig. 139A) の一層から構成されている。この表皮は酵素と消化の生産物との両者に不滲透性である事，及びこの表皮は僅かに吸収性かまたは全く斯かる性を有せざる事が信じられている。この表皮の作用は多分部分的のみ消化せる化合物の吸収を防止する事であろう。なぜならば斯くの如き早計の吸収は完全な消化をさまたげる事になるからである。

前 胃 (Proventriculus)

粗い食物を食する直翅目や他の類は食物をより小分子に分離する為めに前胃の中に強力な細片に裂き得る歯の1組を具えている。その模式的配列はゴキブリに見出される (Fig. 140)，その内にある6本の太い歯が食物を細裂するものである。蚤は鋭い後向せる針状の歯の1塊を使用する。消化期間に血液食物が中腸内に於て前方に推し進められると同時にこれ等歯は後方に追われる，而してこの細い歯が血球を突き刺し分散するように血球を導く。これ等の動作は律動的且つ対待筋肉の収縮によつて導かれるものである。他の昆虫では前胃は口陥の狭い終りの部分である。

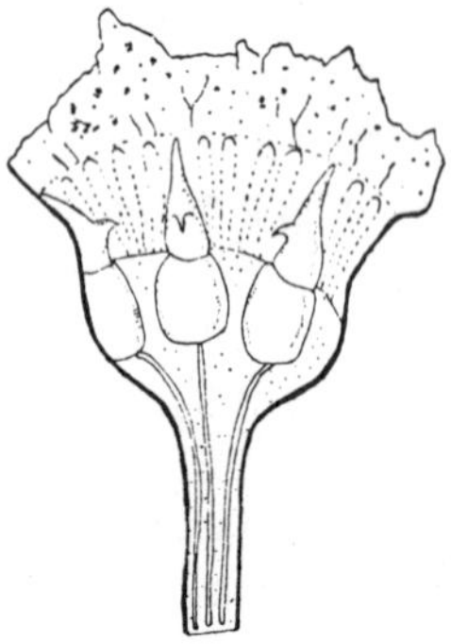

Fig. 140. ゴキブリの前胃を切り開き6個の軟解歯のうち3個を現わせる図 (Ross)

中 腸 (Mesenteron, Mid-Intestin)

消食管のこの部分に於ては皮膜細胞 (Fig. 139B) は現わされ，表皮を分泌していない。これ等の露出細胞のあるものは実際的な食物吸収の大部分を取り扱い，而して他の細胞は酵素の分泌を行う。

皮膜細胞による酵素の実際的分泌は次の2方法によつて完成されている。

1) 完崩分泌 (Holocrine secretion)―腸腔内に細胞含有物を注ぎつつ細胞が徐々に崩づれる。2) 局崩分泌 (Merocrine secretion)―腸腔内に酵素が細胞膜を通りて拡散する。完崩分泌は Fig. 139B に図示され，更新細胞 (Nidi) の塊が完崩分泌中に使用された細胞に置きかわりつつあるのが示されている。

酵 素 (Encymes)

若しも唾液腺が澱粉酵素を生ずれば中腸は主として糖酵素（Maltase の如き）と脂肪酵素（Lipase）と蛋白酵素たる Pepsin や Trypsin とを生じ得る。酵素の生産はまた食物に相互関係がある。雑食性昆虫例えばゴキブリの如きは食物の凡ての型式のものを消化する為めに酵素の全てのものを生ずる。しかし吸血昆虫は主として蛋白酵素を生ずる。ある昆虫は繊維素を消化する為めに繊維酵素（Cellulase）を分泌する。ハチミツガは蠟を消化しイガは角質(Keratin）を消化する。しかしそれ等をなすに適当な酵素は未だ分離されていない。

囲食膜 (Peritrophic membrane)

中腸の皮膜細胞がさらされ且つ柔弱となつている。食

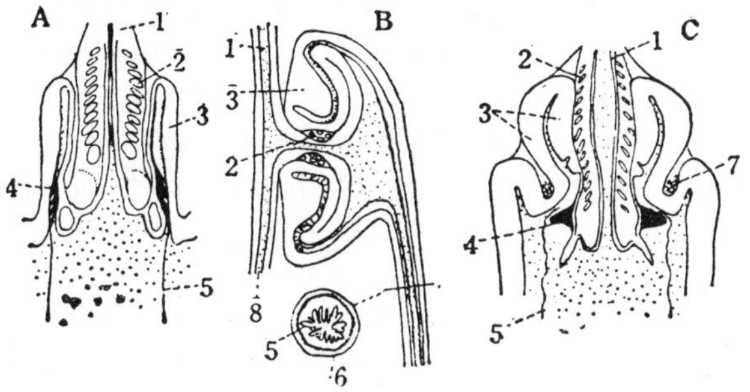

Fig. 141. 囲食膜の環形 (Wigglesworth)
A. ハマダラカの幼虫　B. Glossina　C. ハサミムシ　1. 咽喉　2. 括約筋　3. 膜質物を分泌する細胞　4. 圧搾器の内壁を形成する環輪　5. 囲食膜　6. 中腸横断面　7. 4 に対する外壁を圧縮する環筋　8. 嗉嚢管

物のいやなものがこれ等の細胞の非被表面に圧しつけられるとうたがいもなくそれ等細胞が甚だしく害され而して分泌と吸収との彼等の作用がさまたげられる。脊椎動物では粘液腺があつて胃の皮膜細胞を害する事をさける為めに食物のいやなものや剛い分子を滑かにする。昆虫は斯かる粘液腺を持たない，しかし皮膜細胞を防禦する為めに囲食膜の形成が生ずる (Fig. 141)。この膜は食物塊を取り囲む連続管を形成し，その膜は幾質丁からなり消化酵素と消化物の凡てとを自由に滲透せしめ得るものである。その顕著な滲透性は染料を用いて実験的に証明されている。

囲食膜の形成は非常に興味深い論題で，非常に多数の昆虫に於てはこの膜は中腸の一般表面の分泌から形成されるものである。この幾丁質的分泌は親皮膜細胞を被う1層に形作られしかる後に食塊を取りかこむ管の1種を形成する為めに親細胞から分離されるのである。この管は前腸が中腸内に突出している処即ち中腸の前方部に普通附着して止まつている。

囲食膜は半翅目や蝨目や蚤，蚊，虻等の成虫を包含する液体食物のみを摂取する昆虫類には形成されていない。尚また少数群特にオサムシ科やゲンゴロウ科やアリ科等にも欠けている。

噴門部 (Cardia)—昆虫のある群では囲食膜が中腸の前端を囲む細胞の特種群によつて分泌されている。この分泌物は入りつつある食物によつて膨脹せしめられるときの中腸入口の外方への圧力によつてあるいは賁門部による外方への圧力によつて膜内に押し込まれまたは捏ねられる。この構造は雙翅目と革翅目とに於て最も高度の発達を示している (Fig. 141c)。それは主として中腸内えの開口部をかこむ1硬化輪からなり，その輪環はその直前の細胞群からの分泌物の流れを腸壁に押付けている。膜が形成されると食物を取り囲む1鞘として腸を通り後方に過ぎるものである。

肛門陥 (Proctodaeum, Hind Intestin)

消化管のこの部分の作用は多くの昆虫に於て尚充分理解されていない，尤も一般には食物の吸収がこの部分にては行われないものであると考えられている。皮膜細胞は一定の表皮 (Fig. 139C) を分泌する事は口陥に於けると同様なれど，この表皮は水に対し滲透性を充分に有する。後方部は直腸となり一般に消化後の食物残物を圧搾し斯くして便通前に小弾丸状に排泄物を形作る為めに著しく筋肉化している。この他次の2作用がよく実証されている。

1）**水の吸収** (Water absorption)—極度に水を貯蔵せねばならぬ凡ての昆虫は排泄物から水を吸収し且つそれを体にもどす可く肛門陥を信頼する。水吸収は排泄に於ける特に重要な役割を演ずるもので，排泄の項にて充分な説明をなす事にする。

2）**共棲者による消化** (Symbiotic digestion)—白蟻やある食木ゴキブリやあるコガネム幼虫（それ等の主な食物は木質繊維である）は彼等が食する繊維素を消化する為めの酵素を持たない。彼等はそのかわり繊維素を消化し彼等に利用され得るように造る処の共棲微生物の多量を腸内に棲まわせている。この動物相は普通肛門陥内に含まれ，そこで繊維素の消化が起るのである。その消化された物質が吸収される為めに中腸にかえされるかまたはそうでないかは知られていない。他の昆虫に於ける共棲者の研究は多くの矛盾と問題とを残し，更に充分な調査が必要である。

液体食物への適応 (Adaptations to liquid diet)

血液あるいは植物汁液を吸収する処の種々な昆虫は食物が消化酵素に接触する以前に食物から水分の多くを抽出する事に対する発達せる方法を持つている。この配列

は2つの利益を持つ。(1) 食物中にある可同化糖分のあるものは速かに吸収され得るならん，而して (2) 酵素は過分の稀釈に困らない。部分的脱水が次の方法によつて完成される。

1）多くの雙翅目成虫に於ては中腸は種々な区分に分割されていて，その各部分は異型の皮膜細胞を具えている。第1区は吸収された液体から水の多量を取る吸収部として働く事が考えられている。

2）トコジラミの如き吸血半翅目では中腸の第1区部分は血食物を受入する処の大形の嗉嚢となつている。この嗉嚢は酵素が生じている部分に血液が行く以前に水の多くを吸収し血液を濃厚にする部分である。雙翅目とトコジラミとに於て水が中腸から吸収され体内の血液の流の中に過ぐる事が記述されている。而して血液流からマルピギー氏管を通り肛門陥内に排泄される。

3）介殻虫や蟬や大部分の他の同翅亜目は凡て植物汁液に飼われている。充分な栄養を得る為めに植物汁液の比較的大変な量が比率的に大量の水と共に個体によつて取られねばならない。この除分の水が沪過室 (Filter chamber) と称えられている精巧な構造によつて処理される。この室の本質は甚だ簡単。中腸の前方部は肛門陥の1部の側に横はり，そうして中腸内に入り込む汁液からの多くの水が接近する2個の腸壁を直接通過されるように斯く2つの腸が密接している。多分水の通過する方向は皮膜細胞膜の滲透性によつて調整されるものであろう。これが中腸の全長を通りて普通に過ぎ且つ消化された処の汁液を濃厚にする。肛門陥内に短い巡回をなせるが如き除分の水は蜜滴として直腸から排出せしめられる。

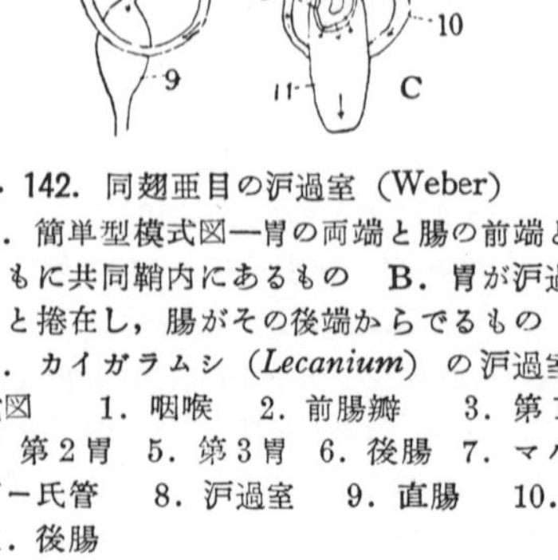

Fig. 142. 同翅亜目の沪過室 (Weber)
A．簡単型模式図—胃の両端と腸の前端とがともに共同鞘内にあるもの　B．胃が沪過室内と捲在し，腸がその後端からでるもの
C．カイガラムシ (*Lecanium*) の沪過室模式図　1．咽喉　2．前腸瓣　3．第1胃　4．第2胃　5．第3胃　6．後腸　7．マルピギー氏管　8．沪過室　9．直腸　10．胃　11．後腸

沪過室の多くの設計が生ずる。中腸と肛門陥の接続部分は1包鞘によつて一所に境界されているかあるいはまた中腸が肛門陥の1孔あるいは1壁の中に包まれているかの何れかである。これ等の凡ての工作は Fig. 142 に示されている一般的設計に倣うものである。この図は半模式的である。

幼虫期の適応 (Larval Adaptation)

消化管の不可思議な変異が高等な膜翅目と脈翅目との幼虫に見出されている。中腸の後端が閉口し，肛門陥と連結していない。幼虫の成育中に中腸が糞物にて著しく膨脹させられる。蛹化に先き立ち腸のこの2つの部分が結び付き，而して幼虫の全生涯の間の糞小塊が排泄せしめられる。

胃反応 (Stomach Reaction)

大部分の昆虫に於ける消化管の含有物は平均微かな酸性で 6〜7pH である。唾液は普通中性。食植物性の昆虫に於ては腸は平均もつとアルカリー性で，カイコでは 8.4〜10.3pH が記録されている。食肉性の昆虫は普通平均により多く酸性で，ゴキブリが炭水化物の食物を摂取せる後の嗉嚢内の調査では pH4.8〜5.2 であつた。この酸性度は微生物による醱酵の結果であると想像されている。しかし唾液腺のある細胞の酸分泌に基するものならん。最大酸性の記録は ***Calliphora*** 幼虫の腸の1部に於て 3.0pH を示したものである。

噴門盲嚢 (Cardiac coeca) または
胃盲嚢 (Gastric coeca)

これ等の盲管突起の作用に就ては殆んど知られていない。彼等は腸の普通のバクテリア相の更新供給を始末するものであると想像されている。

4．同化作用と栄養 (Assimilation and Nutrition)

同化作用 (Assimilation)

多くの昆虫は炭水化物と脂肪と蛋白質との混合物を呑み込み，而して彼等の消化に対し便宜な酵素を生産する故に一般的には彼等の同化作用は脊椎動物に於けるものと同様な形式をとるものと仮定されているこの事実の実際な証明は重要でなく，且つ現在未知である反応と方法とがある事は可能である。他の未知事項は炭水化物が脂肪に転換される方法と個所，蛋白質の分解がどこで起るか及び同化の他の中間行程等である。

栄　養 (Nutrition)

ゴキブリの如き昆虫は人類の食物と同様な雑物を要求するように見える。しかし多数の昆虫の食物要求は見えるようなものではない。成虫で砂糖のみを食する昆虫は一般に，幼虫時代には異つた食物に飼われる。他の昆虫は繊維素の如き食物を他の化合物に転化させる共棲微生物を彼等の腸内に有す。更に他の昆虫は木材または他の生気のない物質を食するように見える。しかし実際は菌類や硅藻類や無生物上に生ずる他の微生物を食している。たとえこの方面に関する吾々の知識が完全から遠く離れて居るが昆虫は全体として殆んどありとあらゆる物体を食し，而して共棲者の助勢を持ちまたは持たずして蛋白質物と燃質物の本来の供給を抽出する事は明確である。

ビタミン (Vitamins)—現在迄の調査によると昆虫は多分AとBとの複雑なビタミンを必要とするがCは必要でない事が示されている。しかしあるものは脊椎動物の栄養に未だ発見されていない因子を必要とするように見える。*Calliphora* 幼虫に関する実験にてこれ等ビタミンのあるものが普通の食物と混合されていた共棲物または微生物から獲得されてあつた。

水の要求 (Water repuirements)—他の生物に於けるが如く水は新陳代謝の基礎である。それは新陳代謝方法の凡てが水溶液中に実際的に起るものであるが為めである。従つて水は昆虫食物の甚だ重要な項目である。昆虫は水を保存する為めに多くの構造的と生理的との特化に発達した彼等の大部分のものは簇葉や血液やの如きかなり高度の含水食物に彼等の必要に対する潤沢を得るのである。昆虫が乾燥物に完全に存在するに適するような高度の水を貯蔵する場合がある。これ等の例に於て昆虫は食物の酸化から生ずる水の使用を作る。しかしこれ等の場合に於てさいも食物は新陳代謝水を保足する水の小率を含有していなければならない。ある例外の固有性がカシノシマメイガに見出されている。この昆虫の幼虫は空気の高湿気から水を吸収する事が出来るものである。

5．排　泄 (Excretion)

新陳代謝の多くの廃生産物は生物に無価値かまたはもしそれが蓄積されると有害であり得るものかの何れかである。これ等廃物を排棄する方法は排泄である。炭酸ガスとある水との排棄は技術的排泄である。しかし便利上呼吸の処に論述する。この処に説明する排泄は余分の水と塩類と窒素系廃物尿酸の如きものと種々な望ましからざる有機化合物との排棄に限られている。

昆虫に於てはマルピギー氏管が主な既知排泄器官である。ある排泄物は色素として表面または毛に蓄積され得る。また総尾目に於て唾液腺のある部が作用的に排泄器官であり得る事が説明されている。

脂肪体や脱皮腺の如き種々の組織が，彼等の細胞内に尿酸結晶体の蓄積がある故に，作用上排泄器官として考えられた。しかし尿酸は蛋白同化作用の最後生産物で甚だ容易に結晶体として沈澱する。多数の組織内に観察された尿酸結晶物は体血液によつて完全に摂取されるのにあまり早く尿酸の生産が起る結果により敏速な蛋白同化作用に簡単に基因するものである事が信じられている。これ等の状態のもとに余分の尿酸はそれが作られた細胞内に結晶として沈澱され，後に溶解され排棄されるものである。

マルピギー氏管 (Malpighian tubules)

この器官は主として尿酸を排出する。大部分の昆虫では排泄作用は脊椎動物の大部分のものの場合のように水の循環によつて完成される。

昆虫に於ける最も簡単な型式ではこの方法は次の如くである。体細胞中の尿酸多分ソーダまたはポッタシウムの塩類の形が最後にマルピキー氏管の周囲を循環している血液中に拡散される。これ等の管の細胞の全体または一部のものが血液から尿酸を吸収し而して管の腔室内に水溶液の状態にてそれを放出する。この処から尿酸液即ち尿が肛門陥中に押しやられ而して肛門を通して排泄する。

排泄のこの方法は水の連続的供給を要し，甚だ多数の昆虫では水が高度の需要にある。多分塩基性溶剤(ソヂアム塩とポフタシウ塩）が同様に価値がある。彼等を保存する為めに種々な方法が尿から水と塩基とを抽出し而して血液または管の上端に彼等をもどすように進化した。

ハサミムシとバッタとによつて例を取ると1方法は直腸内に吸収区域の発達が認められる (Fig. 143)。これ等の区域は糞より水を抽出しそうして血液にそれをもどす。カシノシマメイガ幼虫の如き形態では (Fig. 144) マルピギー氏管の末端が1膜にて直腸に束にされている。この処では明瞭にマルピギー氏管の吸収力が直腸のそれに付け加えられ，この形態に於ては排泄物は粉末にまで乾燥せしめられる。しかしこの吸収された水は多分マルピギー氏管内に直接かえされるものであろう。而して斯くして同じ水が再び吸収され且つ使用され，くり返されるのである。

第2の変異はマルピギー氏管の下方部の細胞が尿から水と塩基とを抽出するもので，この場合には管の上方部は透明液を含有し，下方部は沈澱せる尿酸の結晶体を含有するものである。これ等結晶体は排泄に向つて肛門陥の内に押しやられる。この2部分は細胞組織に於て明瞭に異つている。この処にまた Fig. 143 に示されている矢印の如く水のあるものが連続的に使用されているものであろう。多数の昆虫例えば鱗翅目の幼虫の如きはこれ

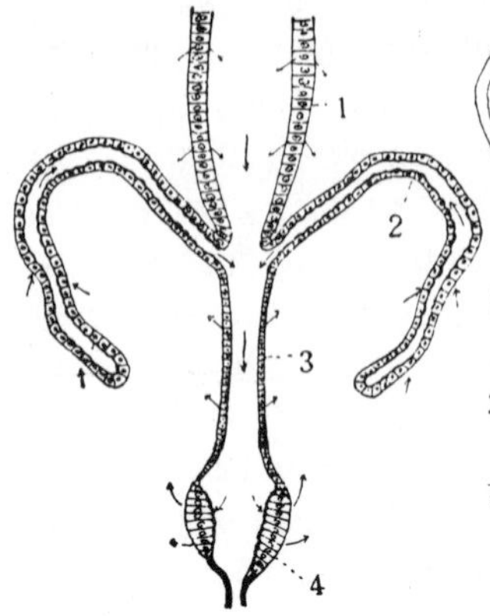

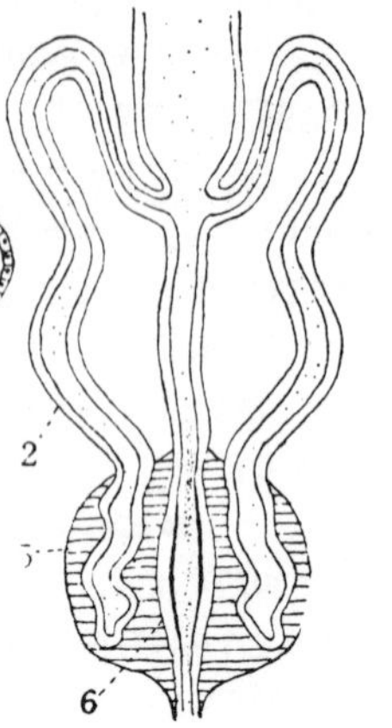

Fig. 143. 昆虫の消化系と排泄系とにおける液流動の模型図 (Ross)

Fig. 144. ゴミムシダマシにおけるマルピギー氏管と直腸との関係模型図 (Ross)　1. 中腸　2. マルピギー氏管　3. 後腸　4. 直腸腺　5. 括束組織　6. 直腸

等の凡ての方法を結合している。

多くの昆虫のマルピギー氏管の中に炭酸化物の沈澱が見出されている。しかしなぜこれ等のものが存在するかまた何からこれ等が生ずるかは知られていない。これ等のものの存在はマルピギー氏管が尿酸と水とに関連して他の排泄作用を持つているのによるものであろうと想像されている。

色　素 (Pigments)

同化のある残物が色素 (あるものは尿酸の分岐体) に転化され得可く，且つそれ等が屢々表皮内に蓄積されている。シロチョウ科に於てこれらの色素は翅の鱗片内に蓄積せしめられ，葉虫科のあるものでは節片内に蓄積されている。これ等両者ではその色素が昆虫の斑紋を形成する。同化敗物の色素への転換は昆虫類に於ける普通の現象のようである。

腺分泌物 (Glandular secretions)

蠟や香や他の物質を分泌する処のある腺はその分泌物に向つての基として敗生産物を利用するのに適しているものならん。この推測を支持する僅かな実験的明確さがある。

6. 代謝作用 (Metabolism) (新陳代謝)

生物体内に起る化学的及び物理的方法の凡ての総括現象を云う。この現象は構成作用 (Anabolism) と分解作用 (Catabolism) との両者を包含している。昆虫の代謝作用は昆虫自体の活動と温度や湿度や大気の如き外界の状態との両者によつて著しく支配されている。基礎的代謝作用えのこれ等の況響は動作と習性とえのそれ等と共に生態的考察の項の処に論述する。

温度調整 (Temperature control)

昆虫は冷血動物で，体温は一般に外界の気温に左右され，ある限界内で体温を変化せしめ得る。高温では充分な大きさの昆虫は体表からの水の蒸発によつて彼等の体温を減少する事が出来，底温では化学的変化が生じ体温を周囲より高くする事があり得る。例えば土中棲息昆虫のあるものは気管的蒸発によつて体温を3.6°F (2°C) 下げる事が観察されてあつた。飛翔の際の非常な速度の筋肉活動に対してはかなり高度の体温が必要である事が認められている。例えば大形のスズメガでの実験によると体温が 30°C 以下では飛ぶ事が不可である事を証明している。この温度下で蛾が立ちそうしてその翅を振動させ，筋肉の運動が体温を 30°C 迄上昇せしめると始めて飛翔するのである。飛翔中はその温度が激しい筋肉動行の為め 40°C 以上にも上昇する。

如何なる範囲迄昆虫は静止状態にて体温を維持する為めに彼等の代謝作用を増加するかは知られていない。

代謝率 (Metabolic rate)

一定の限度内に昆虫の代謝作用は温度の上昇と共に増加す。代謝率に於ける変化は温度に於ける上昇に自動的に供う次ぎの如き物理化学的現象と相互関係がある。

1) 化学反応は率に於て増加する。
2) 液体中に固形物の溶解度が増加する。
3) ガスの拡散速度が増加する。
4) 液体中にガスの溶解度が減少する。

昆虫に在つては温度の増加は亦活動に於ける増加となり，それが代謝作用を増加する。湿度は亦代謝作用に況響する，即ち湿度の増加は代謝作用の率を減ずる事が種々な昆虫に於て説明されている。これ等の相互関係は明瞭に昆虫の安寧に有害にまたは温度と湿度の矛盾せる結合のもとに底いまたは高い温度を生ぜしめない。

温度と湿度と基礎代謝作用と活動と成長との間の一定せる数学的関連を現わす種々な試みがなされた。それ等結果の解釈に関し 2, 3 の研究者のみが一致したように多数の変化が数えられてあつた。

蜜蜂の静止状態に於ける代謝作用は人類のそれに対する重量の 1 単位毎のものに比例している。即ち 1 秒毎に 1 キログラム重量に対し約20グラムカロリーの熱量を消費する。しかし運動の極限に於ては蜜蜂は1300倍に増加するのに人類は最大運動に於て僅かに10または12倍に増加せしめ得るのみである。斯くして蜜蜂は飛翔中では 1 秒毎に 1 キログラム重量毎に 26000 グラムカロリーを消費する (基本の26倍)。

普通によく摂食した昆虫は活動中の呼吸係数は炭水化物のみが酸化されつつある事を示し殆んど1である。飢餓の際はその係数が落ち脂肪や蛋白質の酸化を伴つている現象となる。この事実は飢餓状態のもとでは昆虫は他の動物と同様で彼等の炭水化物が消耗される迄燃焼し而してしかる後に脂肪と蛋白質とがエネルギーに向つて使用される。

酸素要求 (Oxygen reguirements)

昆虫は酸素欠乏に対し著しい抵抗者で，彼等が大気から酸素を抽出するに適している比率は酸素圧の甚だ底い水準に同じ下に止まる。正確な水準は種類によつて異る。臨界酸素圧の下に吸収された処の比率は急に下る。

ある昆虫は特別な無酸耐率 (Anaerobic tolerance) を有し，彼等は酸素の完全な欠亡状態に於て長期間生存し得るものである。これ等の環境に於て昆虫はその活動を中止し不動となる。代謝作用の最小限度のみが行われ，それは多分循環と消化を調整する不随意筋活動から主としてなるものであろう。乳酸と他の不酸化同化物と炭酸ガスとが体内に蓄積する。空気が再び得らるるようになると，昆虫は無酸状態の間に蓄積した敗物を酸化せしむる為めに非常な高率に空気から酸素を吸収する。この無酸耐率は多くの昆虫にて実験的に説明されている。ウマバエの幼虫は普通その宿主たる馬の消化活動にて調整される有酸と無酸との状態の1環を悦ぶ。このハエの幼虫は酸素なしに17日間も長い間生存し得る事が実験的に証明されている。昼間の有酸と無酸との生活環はある湖水棲昆虫の内にうたがいもなくある。その昆虫は日中は湖水の下層に隠れ夜間は水の酸素を運び得る表層近に出て食を求める。

温度抵抗 (Temperature resistace)

昆虫は生活中に温度の非常な極点にさらされ得る。乾燥によつて水分を失つた昆虫は矛盾せる温度に対し普通状態の昆虫よりはより抵抗がある。この事実に対する正確な理由は不明である。*Leptinotarsa* 甲虫の乾燥せる個体は乾燥せざる個体に致命的な温度を越える事1～8°Fにてよく生命を保つた。同様に寒気に対しても抵抗力が強い。

部分的な乾燥に関連するこれ等の現象の完全な説明は未だ明かにされていない。寒気抵抗は溶解されている物質の簡単な濃度化によつて細胞含有物の氷化点の底下に1部帰するものであると考えられている。他の説明された理由は体の自由水分のより多くが体のコロイドと結合即ち結束される為めであると。束縛水に変えられる事によつての斯くの如き自由水の減少が体含有物の氷化点を下げ斯くして寒気に我慢が出来る非常な度を結果に導いた事が考えられている。しかし正確が化学的且つ物理的変化及びそれ等の意義は知られていない。熱に対する抵抗力の増加に就ての説明も同様な変化によつて定まるものならん。

色素代謝作用 (Color-pigment metabolism)

昆虫の色素は代謝作用と外部状態とに興味ある作用を現わす。多数の昆虫に関する実験（ジャガイモハムシ *Leptinotarsa* とその害敵カメムシ *Perillus* 等の実験も含まれている）は代謝作用が高温または底湿度で増加し色素のより多くが酸化し淡色昆虫が現われる事が認められている。黒色メラニンと橙色カロティノイドとの両者がある昆虫ではこの方法に於て作用する事が見出されている。これ等の場合に於て（例えばコロラドジャガイモハムシ）は高温で底湿の場合には殆んど無色，中庸の温度湿度では橙色，底温で高湿の場合には黒色となる。

これ等の効力の応用は極限されていて，ある昆虫では単に体のある部分のみがこれ等の反応を示し，他のものでは色彩模様は固定していて明かに外部状態の況薔に支配されない。

色彩変化の最も目覚ましい場合は昆虫が自体の色彩をその周囲の色彩に適応せしむるものである。ナナフシ (*Dixippus*) は日中は淡色で夜間は濃色となる，この色彩の変化は各真皮細胞内に於ける色素粒の叢がる事あるいは分散する事に伴うものである。この変化は複眼あるいは気管系を通じて脳に於ける神経中心に多数の刺戟作用によつて持ち来たらされるもので，これ等は明かに血中に循環する且つ細胞内に於ける色素運動を決定するホルモンの分泌を引き起す。ある鱗翅目の幼虫と蛹とは彼等の背後の色調または色彩を獲得する力を持つている。注意深い観察は *Pieris* 蝶の蛹では周囲から反射する且つ蛹化中の幼虫の眼を通過する光線の量が蛹色彩に対する源刺戟である事を示すように見える。この光線刺戟は明かにホルモンを解放する1神経中心を通して蛹の真皮細胞に色素蓄積を導くように作用する。

発達調整と変態 (Development control and metamorphosis)

昆虫に於ける発達は栄養的要求より他の内的因子によつて支配されている事を指示する顕著な事実が集積されつつある。除頭昆虫の発達に関する Wigglesworth と他者とによる実験は興味ある観念を持ち来した。彼等は生殖発達を防ぐるホルモン様の物体が頭の内に生産される事を甚だ強く想像した。この観念を進めつつ Wigglesworth は斯くの如きホルモンが完全な変態の複雑な現象を解釈する事が出来る事を指示した，その変態に於て早期の時代は主として大きさが成長し而して実際に凡ての成果の特徴は蛹時代に発達されている。

変　態 (Metamorphosis)

不完全変態の昆虫では成虫に導く生理的変化は多少一様に全生涯を通して蔓延されている。完変態昆虫では成虫の特徴の採取は蛹時代に急に生ずるものである。この時期に於て幼虫特徴から成虫特徴迄の外見的の物理学的進歩がある。しかし凡てを包念する生理的発達を伴わない。真皮と気管系とは彼等の模型細胞の普通な分泌によつて簡単に再構成される。しかし分泌物は異なる模型に鋳造される。神経系は構成部分の成長によつて速かに大形となり，ときにある神経球の癒合が伴う。心臓は顕著な変化なしに成長する。消化管はある部分の成長または減退により且他の部分の再鋳造によつて変化される。

翅や生殖系の如き幼虫構造の代表者でない成虫のある構造がある。ある他の成虫形態は幼虫の相対物から大きさまたは組織に於て一般に根本的に異つている。特に脚や筋肉系（飛翔や生殖活動を調整する）に於て顕著である。これ等の成虫の部分は幼虫の脂肪体や血液糖分や筋肉から2型即ち組織分散(Histolysis)と組織創生(Histogenesis)とに群類されている処の転換方法の1組に於て形成されている。組織分散は破壊方法で本質的に体質消耗で，白血球と酵素とが幼虫脂肪体や筋肉組織の大部分やうたがえもなく他の組織の部分や而しく後には白血球自体をも成長中の組織に血液によつて運搬可能なる栄養的胚素に転化させる。組織創生（構成作用を代表している）は組織分散の生産物から成虫組織の構成である。これ等両型は同時に進行するものである。

蛹化前に幼虫は1日乃至数日間静止時代に入る。この時期間に転化方法が初まる。この方法は蛹期間を通じ成虫構造が完成する迄連絡し，これ等の方法の間に幼虫が摂食期間に蓄積した脂肪と肝液素との貯蔵物が殆んど完全に空虚にされる。

停止活動 (Suspended activity)：
停活状態 (Diapause)

多数の昆虫の生活中に見られ得る活動と多くの生理的方法が停止され静止即ち沈静の多少長期間がある。これ等の期間は停活状態と称えられ，卵や幼虫や蛹や成虫に起る。これは未成熟時代に於ける成長のある断絶によつて且つ成虫に於ける性成熟の1停止によつて特徴付けられている。

停活状態は種々な不利の状態によつて起る，即ち熱や乾燥や寒気やその他等によつて持ち来たらされるものである。例えば鱗翅目幼虫が暖い乾燥する夏期に夏眠 (Estivation) を行う。また種々な世態に冬を越す即す越冬(Hibernation)をなすが如くである。この停活状態の期間は種類によつて異なり而してある興味ある理由を現わす。ある種類に於ては停活状態は不適当な状態が終る迄続きしかる後直ちに普通の活動を再び始める。他の種類では好条件の回復のみでは停活状態を破る事がなくある他の刺戟例えば寒気とか寄生虫の産卵とか食物状態とかが停活状態を破る。この点に関してはある蚊の卵に就ての反応によつてよく説明されている。***Aedes vexans*** の卵は湿地に産下されその場所が幼虫に適当な条件に池をなすように水にて被われる迄発育停止状態をとる。***Aedes canadensis*** は ***vexans*** と同様な個所に産卵するがたとえ水にて満たされても寒気に相遇する迄は孵化しない。これ等両種の卵は初夏に屢々一所に産下され，***vexans*** の卵は晩夏の降雨によつて池が構成されると孵化するが ***canadensis*** の卵は冬を越し翌春の雨による池の中で初めて孵化する。

第3の因子即ち時間がなお他の種類に於て停活状態に関係を持つ。停活状態を破るに要せられる種々な刺戟のみでなく一定の刺戟がこれを破壊する以前に一定のときの長さを必要とする。この時間の因子はあるネキリムシの越冬特性の研究に於て説明されてあつた。

多数の推察が停活状態の開始と破壊とに対しての理由に関して行われてあつた。成長が主な活動である可く現われる以後に停活状態の真の調整は成長ホルモンの調整を通じて生ずるものである事が想像されてあつた。この凡ての問題に就ての吾々の知識は闇中模索時代である。停活状態とホルモンとの調査は基礎的昆虫研究に於ける最も誘惑的な分野の1つである。

7. 呼　吸 (Respiration)

組織に対する酸素の供給と炭酸ガスの処置とは呼吸の方法である。大多数の昆虫に於ては気管系によつてこれが行われる。これは本質に於て開口管の1系で，これを通じて空気が直接に組織細胞に持ち来たらされるのである。

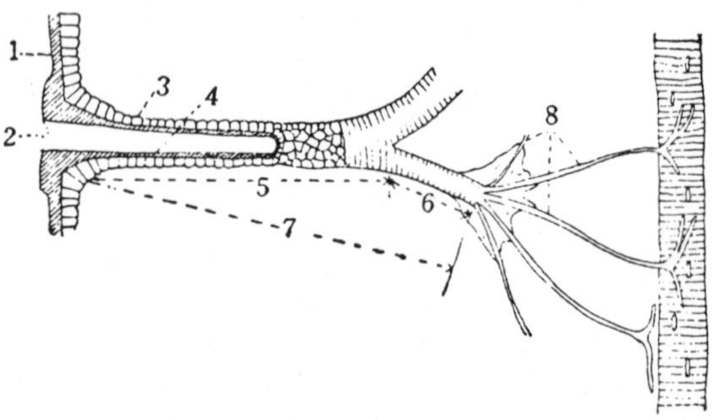

Fig. 145. 昆虫の開口気管の模型図 (Ross)
1. 体壁　2. 気門　3. 皮膜細胞　4. 内膜　5. 幹気管　6. 技気管　7. 気管　8. 微気管

気管 (Tracheae) と微気管 (Tracheoles)

気管は外細胞層 (Ectoderm) の陥入で，その一般構造は真皮細胞層のものに同様である (Fig. 145)。基礎構造は扁平な皮膜細胞の一層で，これが内膜 (Intima) と称えられている表皮様の物体で気管の内層となるものを分泌する。内膜の表面は螺旋状糸即ち螺旋弾糸 (Taenidia)によつて厚化されこの螺旋弾糸は圧力に抵抗する大きな力を気管に与え而して折曲と圧力とによつてさいも円く且開いて気管が止まらないように保証されている。気管は分かたれ更に再分岐し漸次より小形となり終にそれ等の各末端が微小枝即ち微気管 (Tracheoles) の群に終る。微気管は気管と異なり皮膜細胞の正式な層を有せずして簡単な表皮管である，しかし螺旋弾糸はやはり存在している (電子検微鏡による)。微気管の各群の基部は1個の蜘蛛状細胞即ち微気管細胞 (Tracheole cell) を有し，この細胞は非常に薄い原形質の拡脹である。この拡脹は微気管を取りまき且つ従えているように見える。微気管の末端は体の組織細胞の傍にあるいは間にあるいは真に内部に横たわる。これ等の微気管端を通じて組織の呼吸ガス交換の大部分が行われる事が信じられている。

気管と微気管との本質は真皮層のものと全く異なり，これ等両者はガスに対し滲透性で，壁が微気管に於けるが如く柔弱な処に於ては非常にしかりである。気管は液体に対し不滲透性で，螺旋弾糸は少くとも非常に恐水性で表面は水の進入を防ぐ。微気管特に彼等の末端は水に対して滲透性である。

微気管液 (Tracheole liquor)--多数の昆虫に在つては微気管の末端が不明成分の液体のある量を含んでいる。弛筋 (Relaxed muscle) を伴つているときは (Fig. 146) この液体は微気管内は著しい距離に昇り得る。この筋肉が疲れたときには液の大部分のものが微気管から細胞内に引き入れられる (Fig. 146 B)。この引込は収縮中に惹起された酸の同化作用から起る筋肉の滲透圧の増加によるものであり得る。液体への斯くの如き作用は疲れた細胞に密接している空気を引く結果となり，終に酸素の必要が最大である動作中の組織に供給する酸素を増加するのに助けとなるものである。

拡　散 (Diffusion)

酸素が気門から気管と微気管を通りて終に組織迄運搬される実際の機工と炭酸ガスが逆の路に沿うて排棄される機工とは多数の原理の問題であつた。現在は一般にこれ等のガスはある昆虫に於てはある機械的換気の助けを以て拡散により運搬される事が受け入れられている。最近の解析は種々の昆虫の気管の容積と酸素消耗と

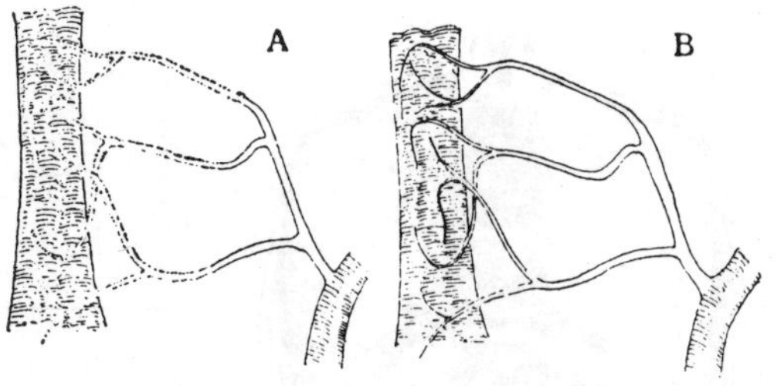

Fig. 146. 微気管内の血液の欠充 (Wigglesworth)
A. 静止状態　　　B. 疲労状態
点線部は血液を包含せるもの。
正線部は空気を包含せるもの。

酵素の拡散係数とから作られた。彼等は大形の毛虫の場合に於てさえも若し微気管端内に於ける酸素圧が大気の酸素圧より2〜3%のみ低い場合でも微気管端に酸素の充分な流を拡散のみにて導くであろう事が明かにされた。

この同じ推理がまた炭酸ガスの排棄に対しても役立つ。それは酸素のそれより微かに少いのみの拡散率を持つからである。しかし炭酸ガス排棄の分析は体内に生ずる量の殆んど 1/4 が一般の体表面から排棄される事が明かにされた。これは炭酸ガスが酸素の約35倍の早さで動物組織を通じて拡散される事実によつて説明されている。従つて代謝作用に於て作られた如何なる炭酸ガスでも微気管内に於てのみでなく凡の方向に於て取りかこんでいる組織内に拡散され而して終に体壁を通じて外部に拡散される。

血液呼吸 (Blood respiration)

普通血液は大気から組織に酸素を運搬するのに重要な役割を演じていない。しかし血液自体がその維持と機能を発起する事に向つて酸素を要し且つ健康を持つ為めに炭酸ガスを処分する処の拡大な生組織である事を記憶する必要がある。如何となれば血液は多くの気管や微気管を一面にうるおす故に体腔内の運行を通じて酸素の充分な供給を持つ。血液内の如何な余分の炭酸ガスも結局は気管壁または体壁を通して脱がれるであろう。

気管系の換気(Ventilation of the Tracheal system)

多くの小昆虫または遅動的昆虫に対してはガス拡散のみが呼吸の必要物を満足させるのに充分である。しかし高度の代謝率と大きなエネルギー消費を持つ活潑に走る昆虫や活潑に飛翻する昆虫に対しては充分でない。これ等のものは気管系の機械的換気を以ての保助拡散を有す。

構造の2型がこの目的に向つて用いられている。

1) 気管の螺旋弾糸は彼等の扁平となる事を防いでいる。しかしある例に在つてはアコーディオンの如く縦

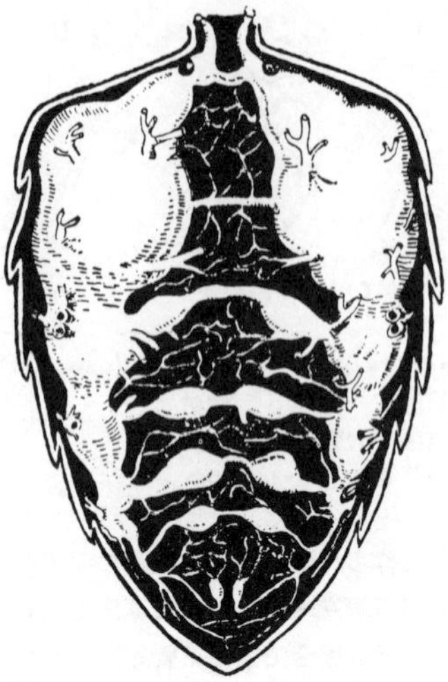

Fig. 147. ミツバチの腹部腹面の気嚢（背面部のものを除却せるもの）(Snodgrass)

に縮み且つ伸び得るようになる。この短縮は脹容積の30%程の容積の減少を持ち来す。

2）気管のある部分は円いかわりに楕円形で弱い螺旋弾糸を持つかまたはこれを欠いている。これ等の楕円形部は血液圧力の増加によりあるいは曲折によつて扁平となり得る処の気嚢を形造る。多くの例に於てこれ等の気嚢は螺旋弾糸を有せず且つ充分圧縮され得る楕円気管構造に似ている明確な大形の室を形成する (Fig. 147)。これ等の作用は次に記述する。

これ等構造の両者は肺に類似せる気嚢として動く。昆虫体の呼吸動作はこれ等気嚢の充実と空にする事とを交互に導く事で，体が収縮するときにはアコーディオン様の部分が縮み，あるいは血液圧が増加して気嚢の圧縮に結果する。これ等両動作は気嚢から気門を通じて空気を放出せしむる。体が弛められたときには気嚢は彼等自体の弾力性によつて拡大し外部から空気が満たされる。

この換気の効果 (Fig. 148) は気嚢と幹気管とが大気の組成と同様な空気を以て充満されて保たれる事である。拡散は気嚢または幹気管から分岐している気管を通して組織迄に残されている短距離に沿い働く。

律動的換気 (Rhythmic ventilation)

実験的仕事に於て空気が胸部気門から引き入れられ腹部気門から放出され，あるいはその反対の流通が，気管換気の型式が，起る事が屡々観察されている。これは幹気管を通して空気を引くものである。ある研究者はこの型式のものは重要な気換方法であると考えた。換気のこの型式の真の重要さに関しては著しい疑問がある。即ち僅かな均一が研究された種々な昆虫に見出されているのみである。

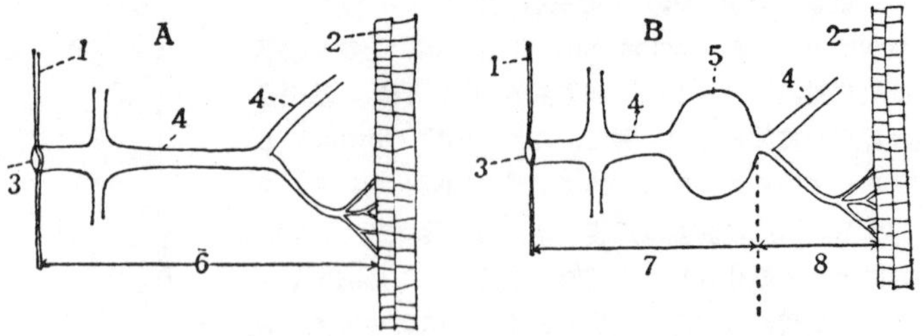

Fig. 148. 拡散と換気との関係を説明する模型図 (Ross)
A．無気換型　B．有換気型　1．体壁　2．組織　3．気門
4．気管　5．気嚢　6．拡散によつて酸素を包含せしめる部
7．換気によつて酸素を包含せしめる部
8．拡散によつて酸素を包含せしめる部

気門調整と蒸発

(Spiracle control and Evaporation)

酸素と炭酸ガスとは気管系を通して容易に拡散し，而して水も水蒸気の形にて拡散する。若しも気門が定限なく開口して止まない場合には昆虫は絶間なく水を失う．水は昆虫に対し普通貴重な日用品の1つである。従つて不必要な蒸発を除去する為めに気門は可能なだけ閉ざされて保たれる，而して酸素取入と炭酸ガス放出との要求を満足するのに充分なだけのみ開口する。

呼吸調整 (Respiration control)

蒸発調整と通気との結合に必要である為めに気門の開閉と呼吸動作の調整とがある感覚機工によつて調整されねばならぬ事は明瞭である。この問題に関し多くの仕事が行われたがたびたび全く反対の結果を生じている。それにもかかわらず実験結果の多数から興味深き通則が現われた。その最も重要なものを次に記述する。

1）呼吸の直接的感覚調整は腹面神経系の環節神経球による。生体解剖に於ける実験は各神経球が普通個々に感応し得て而して多分それを実行するものであろう。各神経球は各環節が普通呼吸に関する限り単独単位として動作するようにそれ自体の環節のみを調整する。

2）脳は呼吸に僅かに作用するかまたは全然関係がない。若し全節または数節の律動的動作を起さしめ得るある調節されたあるいは調和された神経中心が存在するならばそれは明かに前胸神経球に座位を置いたものである。

3）静止時の間呼吸運動は凡て止まるかもしれず而して気門は閉ざされる。ある昆虫に在つては酸素の過剰が同様な反応を結果せしめるであろう。

4）実際上如何なる外部的神経刺戟（視，触，その他）は呼吸活動を起しまたは増加せしめるであろう。

5）種々な内的化学刺戟は呼吸を増すであろう。大部分の昆虫にあつては呼吸神経中心はその容受力ある組織の酸性増加によつて刺戟される。同様に高度の炭酸ガス張度か酸素欠乏による酸同化かの何れによつてもよく惹き起される。ゴキブリにあつては炭酸ガスの高張度が呼吸活動を惹き起す。他方蚊の幼虫では炭酸ガスが体から速かに拡散され且つ稀れに余分の量に作られる。それは酸素の欠乏で，斯かるものはより多くの空気に向つて水表に追いやられるのである。

水棲生活えの適応 (Adaptations for Apuatic life)

上述の論議は陸棲昆虫に見出される呼吸の型式を処理した。しかし水中に生活するかまたは永い間水中にときを消している多数のものがある。水中にて呼吸が必要である昆虫にはそれに適応する種々な型式が見出されている。

1）**潜水用空気貯蔵** (Diving Air stores)—ある昆虫は彼等が水中に潜ぐる時に体の或る部分に空気層または空気泡を附着して一所に潜水する。ミズムシ科とマツモムシ科との成虫も幼虫も共に体の腹面に在る被毛中に空気の層を運ぶ。この薄膜は嫌水毛によつて保持される。この毛は水によつて空気層が通過されざる様に防止する。ガムシ科やゲンゴロウ科の成虫は気門が開口している腹背と前翅との間に空気室があつて，其処に貯蔵されている空気は酸素の供給としてのみに役立つものでなく，肺と鰓とのある種のものとしても役立ち水から酸素を得且つ水中に炭酸瓦斯を拡散によつて放出する。この方法が継続的に呼吸に対し必要であるか証明されていないが昆虫がより多くの空気に向つて水表に来る前に著しい長い間水中に止まるのに適している。

2）**呼吸管** (Air tubes)—しじゆう水中に生活している多数の昆虫は水表を破り得る1管または1対の管によつて呼吸する。これ等の管に連絡している1対の気門のみが作用的で他の気門は閉ざされているかまたは発達していない。蚊の幼虫は1本の撓まぬ管を具えていて，酸素の必要な時にボウフラは水表迄泳ぎそうして水の表面張力膜をこの管にて破り管の末端を空気に接触させる。オナガウジ（ハナアブ幼虫）は粘着性または水性養液中に生活し，彼等は表面迄泳ぐ事なく液面迄2，3寸も延ばす事が出来る呼吸管を具えている。種々な他の種類の管が種々な昆虫群に見出されている。

3）**皮膚呼吸** (Cutaneous respiration)—水棲昆虫幼虫の多数は大気に接する事がなく且つ呼吸に対し外部意匠も特種構造も持たない。これ等のものに於ては瓦斯交換は体壁を通じて拡散によつて行われる。この昆虫は水に溶解している酸素を利用し過剰炭酸瓦斯は水中に拡散せしめる。皮膚呼吸には明瞭に区分され得る2型式がある。その1つは（甚だ小形なまたは第1齢虫を含む)気管系がなく，体内に於ける瓦斯交換は血液を包含して組織を通して拡散によつて行われる。第2のものは（より大形の鰓を有せざるものの大部分，例えばユスリカ幼虫や多数のトビケラ幼虫を含む）気管系が発達しているが気門のかわりに真皮細胞内に微気管の群塊がある (Fig. 149)。ここで瓦斯交換が表皮を通して最初に行われしかる後に微末梢気管中に行われる。この役は気門系のものと同様である。

4）**鰓呼吸** (Gill respiration)—水棲生活に対する最も顕著な適応中にはイトトンボの若虫やカゲロウの若虫等のシダの葉の形を呈する鰓がある。これ等は多数の水棲幼虫に特徴なもので呼吸的交換に対して鰓が発達している。気管がこれ等鰓の中に拡がり，瓦斯の拡散が気管糸と水との間の表皮を通して行われる。普通ならざる構造がヤンマの若虫に見出され (Fig. 150)，直腸が膨大し，鰓が無数の微気管糸を蔵している。この直腸室内に昆虫が水を引き入れしかる後にそれを射出する。呼吸交換は鰓の薄壁を通して起る。

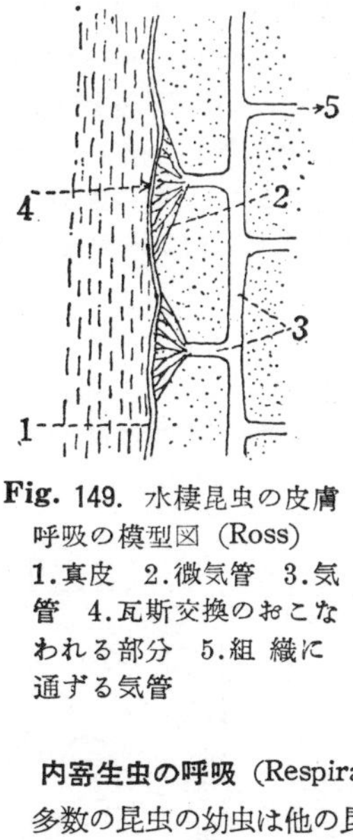

Fig. 149. 水棲昆虫の皮膚呼吸の模型図 (Ross)
1.真皮　2.微気管　3.気管　4.瓦斯交換のおこなわれる部分　5.組織に通ずる気管

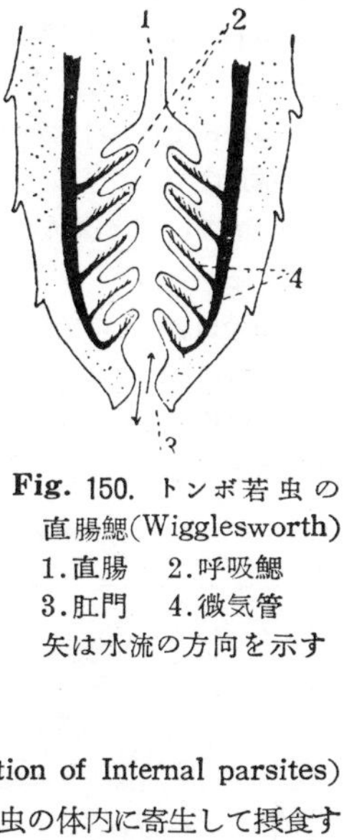

Fig. 150. トンボ若虫の直腸鰓(Wigglesworth)
1.直腸　2.呼吸鰓
3.肛門　4.微気管
矢は水流の方向を示す

内寄生虫の呼吸 (Respiration of Internal parsites)

多数の昆虫の幼虫は他の昆虫の体内に寄生して摂食する。彼等はその宿主の体液によつて囲まれている故に彼等は実際的にある水棲習性に於て生活している。それで彼等の呼吸適応は水棲昆虫のものと平行している事は何等驚く事ではない。

寄生性幼虫の多数のものは皮膚呼吸を行う。非常に小さなものは気管系を有していないが大形のものは気管系がよく発達し且つ末梢気管糸の綱を持つている。他のもの即ちヤドリバエの幼虫の如きは可動作的の後気門を具え，その気門は宿主の体壁を通じて外方に突出しているかあるいはまた宿主の幹気管の1つに内部的に連結している。

8．血液と循環 (Blood and Circulation)

昆虫はある点に関して哺乳動物の血液に等しい組織液である血液の供給を持つものである。血液は組織に対する食物生産物の主な分布を果す。それは呼吸に於ける重要な役割ではあるが普通は二次的のみの役割を持つものである。血液はその進行の短い部分のみが閉管を通つて流れ，組織を通るその進行は滲透によつて行われつつある。斯くして血液分布の特徴と循環方法との両者に於て，昆虫の血液は哺乳動物の血液よりはより多く哺乳動物の血清に似ている。昆虫に於ける血液は先に記述した作用に附け加えてそれ自体の不思議な作用をもつてある水圧系を構成する。

血液の性質 (Blood properties)

昆虫の血液は一般に帯緑色または帯黄色の液体である。しかし透明で且つ無色であり得る。その比重は水のものに近く，1.03～1.05である。普通微かに酸性で，pHは種類や齢虫や齢や性やにて差異がある。昆虫の血液中に溶解している物体は哺乳動物の血液の如く塩類と蛋白質物とグルコースと尿素と脂肪類との約同列序を包含しているが，それ等の比率は屢々全く異つている。最も顕著な構造は塩化物が甚だ少ない事とアミノ酸の量が非常に多い事で，後者は人類血液に於ける約20～30倍となつている。

昆虫の血液はその凝固性に於て著しく異り，多数の昆虫の種類に在つては全然凝固しない，しかして傷は簡単に細胞の栓で止められる。しかし他の種類では血液が容易に凝固する。

殆んど例外なしに血液は赤血球を含有しない。しかして化学的結合に於て酸素を吸収する機工がない。酸素と炭素瓦斯とは物理学的溶解に於て取り扱われている。

血液細胞 (Blood cells)

最初の検定に於て昆虫血液中に細胞が種々な形を持つて存在する。種々な昆虫に於てこれ等細胞の分折によると普通血球 (Hematocytes) と游擬球 (Enocytoids) との2型のみに分ける事が出来る (Fig. 151)。

血球は最初食細胞作用に役に立たない小さな暗色に染まるものとして現われ，成熟すると西洋梨形または紡錐形となり組織敗物や死細菌や他の分子を消化する。この時代に於て彼等は食球 (Phagocytes) と称えられる。血球は昆虫の生活を通じて増加し且つ成長する。彼等は成長期間種々な形状を呈し，成熟するとその形状は摂食せる物体に支配される。血球は組織に附着する性を有し，かかる時は星状形に拡がる。ある昆虫ではすべての血球は血液と共に循環し，他のものではすべてが組織に附着し食球的組織の塊を形成し，多くの他の昆虫では循環型と附着型との両者が認められる。

血球は見た所では作用に於て変化がある。彼等はある生細菌や全死細菌を摂取し，傷に集まつて体壁に於ける斯くの如き破壊部を閉ざす為めに栓を形成し，且つ体腔からある寄生物を逐出するためにある分割を形成する。以上の他に血液細胞は屢々進行せる変態期間に組織分散に於けるある重要な役割をはたす。

游擬球は円形かまたは卵形の細胞で大部分の昆虫血液中に見出され，脱皮期間中に最も多数に現われるものである。血球と異なり食細胞性がない。彼等の作用は未知なれど他物体を取りかこみつつある食球帯の週辺に集まる事が注意されている。

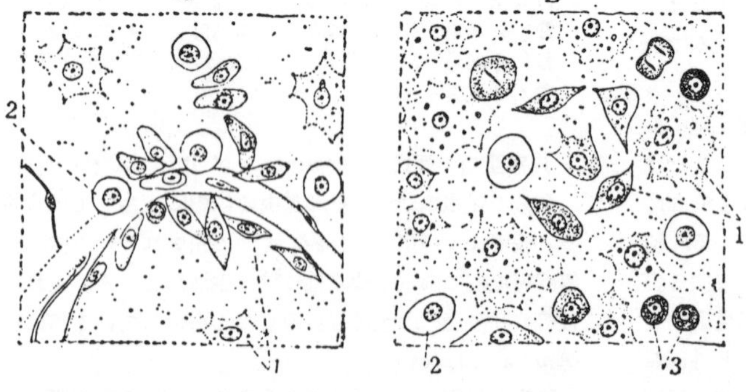

Fig. 151. カメムシ (Rhodnius) の血球 (Wigglesworth)
A. 真皮の基底膜を通過する気管の周辺に集合する血球と基底膜上に分散する血球　B. 脱皮期における基底膜下にある血球　1. 食球　2. 游擬球　3. 前血球

血液の機能

昆虫の血液は既知の4機能を持ち，その内3つは生きた組織の如き作用で他の1つは純粋な機械作用である。

1）運搬—消化された食物質は消化系から吸収され組織に送られ，敗生産物は組織から排泄器管に運ばれる。更にあるホルモンが彼等の源から組織に運搬される。

2）呼吸--最後にすべての昆虫に在つては少くとも細胞のあるものが直接呼吸交換に対する微気管に用意されていない。これ等の細胞はうたがいもなく血液中に溶解して貯蔵されているものから彼等の酸素を得る。吾々は多くの炭酸瓦斯が組織を通し終には表皮を通して拡散する事を知つた。この方法は血液によつて助勢されている。ユスリカ（*Chironomus*）のある種類の幼虫に在つては血液が溶解せる赤血球を含有しているがこれは哺乳動物に於ける赤血球の如く酸素を吸収するために殆んど効果的ではない。しかしそれは著しい酸を取る。この酸素は幼虫が池の底に在つて酸素不足の軟泥中に隠れている時に使用されるものである。

3）**保護**—血球はある細菌と寄生虫とを処分する。傷の本復は血液即ちその血球によつて行われる。

4）**動水機能**—体壁内に包まれてる血液の全量は体の1部から他部への伝達圧力の能力ある1閉塞動水系を形作る。この純然たる機械的意味に於て体によつて多くの用途に置かれている。血液の圧力は胸部のまたは腹部のあるいはまたこれら両者の収縮によつて調整されている。呼吸動作によつて持ち来たらされる血液圧力の交互増減は気管嚢や気管膨張部の空虚と充満とを惹き起す。部分的血液圧は脱皮後に於ける外骨骼の伸張や翅の膨張や屢々卵孵化時に於ける卵殼破砕計画の作業等に対して責を負う可きである。

循　環 (Circulation)

一般に（Fig. 152）昆虫の血液循環は図示されているが如きで，血液は腹部から心臓によつて前方に押しやられ大動脈を通りて頭内に注ぎ，頭から腹部に達する迄組織の間を後方にしみとうる。この腹部にて再び心臓を通りて循環が前方に始まる。

血液は弁口を通して心臓内に吸い取られしかる後に心臓の全長に沿いて蠕動的動作によつて前方に追いやられる。血液を吸引する所の心臓室の陰圧力と血液の前方への流を起す処の心臓収縮圧力とは心臓の弾力性と翼筋と且つこれ等に供つている他の筋肉とによるものである。時には血液が逆流し且つまた心臓から腹腔内に注がれる。大部分の昆虫に在つては心臓はその全長に対して遮断されていない。少数のものでは弁口が各体節室に心臓を分けている所の弁状垂片を形成するように心臓内に隠されている。

心臓に附け加つて構造の種々な取合せが附属器を通じての血液流をあるいはまた体腔内に於ける血液分布を助ける為めに存在する。稀れな場合に大動脈が種々な方向に血液を運ぶ所の器管内に放射されている。多くの昆虫に於ては触角と脚とが縦膜によつて分けられ，血液がその1方を縦に流れその反対の側を空にする。附属器内の血液動作はまた呼吸運動によつて助けられている，即ち脚に於ける脈動は呼吸収縮と同時に起り心臓の鼓動に伴つていない。

屢々翅を通して血液を吸取る為めに中胸と後胸とに附属血液筒喞即ち皷動器管（Pulsatile organs）がある。これ等の例に於ては血液が翅脈のあるものを通して流れ（Fig. 153）そうして直接に大動脈にあるいは体腔に返される。よく発達している場合には腹面横隔膜がまた血液の流れを助け，横隔膜筋肉の収縮が血液を側方と背とへ追いやる。

第152図の模式はこれ等種々な方法によつて生ずる血液の流れの方向の大略を示したものである。

心臓は内臓神経系と環節神経球との両者から神経を供給され，多数の研究者によつてすべてその活動が神経刺戟によつて調整されている事が信じられている。しかしそれは尚討論価値の存するもので，自動的心臓皷動が神経刺戟によるものかあるいはまた神経刺戟なしに定時に収縮し且つ弛められる能力を有する筋肉によるものかが問題となる。

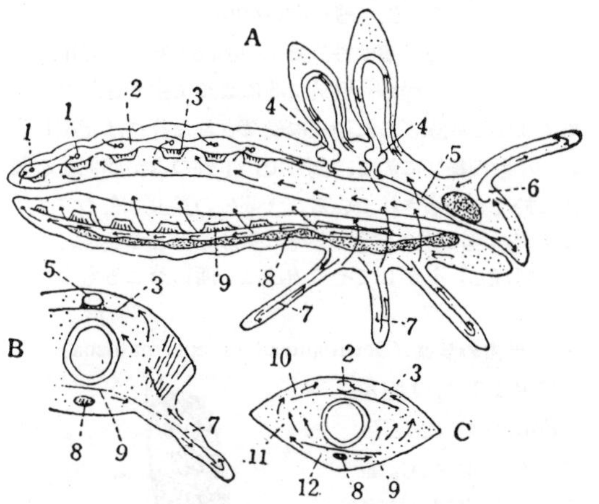

Fig. 152. 血液循環模型図（Wigglesworth）
A．完全に発達せる循環系　B．同胸部横断面
C．同腹部横断面　1．弁口　2．心臓　3．背横隔膜（翼筋を有する）　4．中胸と後胸との脈搏器　5．大動脈　6．触角の附属脈搏器
7．脚の分割膜　8．神経連鎖　9．腹横隔膜
10．囲心竇　11．内臓竇　12．囲神経竇

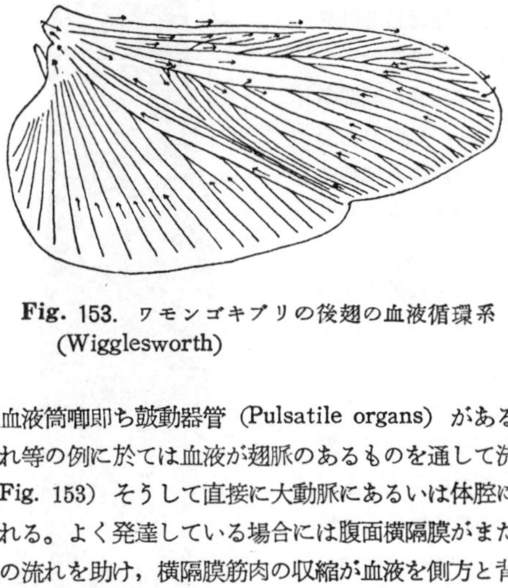

Fig. 153. ワモンゴキブリの後翅の血液循環系（Wigglesworth）

9．生 殖 (Reproduction)

昆虫に於ける生殖は性生殖系の機能である。規則通りに昆虫の生殖は雌雄両性的で雌によつて生産された卵が雄によつて生産された精虫に受精されなければ発達しない。小数の種類に於ては例外で，1性のみが如何なる個体に於ても代表されている。大部分の昆虫に在つては生殖生理が雄に於ける精虫と雌に於ける卵との発達と成熟とを処理し，しかしてその方法は一所におこるものである。

精虫の発達 (Development of Spermatozoa)

精虫は睾丸の胞嚢(Follicles) 内に生産される (Fig. 154)。胞嚢の上方部は精原細胞(Spermatogonia) と称えられる最初の生殖細胞 (Germ cells) を包含している。この生殖細胞は胞 (Cysts) を形造くる為めに繰返し分裂し，胞は彼等自身の大きさの増加の圧力によつて胞嚢の底部の方に動く。胞嚢の基部に於て胞内の各細胞は分裂を繰返し数に於て5—250倍に増加する。この増加期に続く次の細胞分裂に於て染色体の減退分裂が起る。これに続き変形時代が伴い円い細胞が細長い鞭毛状精虫に発達する。これ等の成熟精子は輸精小管(Vas efferens) から輸精管 (Vas deferens) 内に逃れ，それ等は配遇迄貯精嚢 (Seminal vesicle, vesicula seminalis) たるこの管の膨大部あるいは捲旋部の内に貯蔵される。交尾の時に精虫は雌の受精嚢 (Spermatheca) に運ばれ，そこで受精に向つて必要となる迄貯えられるのである。

Fig. 154. 蝗虫の睾丸の縦断半模型図 (Depdolla)
1.精原細胞によつて囲まれている端細胞群 2.精原細胞帯 3.精子細胞帯 4.第2成熟分裂の有糸胞嚢 5.同 6.精子帯 7.精虫帯

卵の発達 (Development of eggs)

卵は卵巣 (Ovary) の卵巣小管 (Ovarioles) 内に発達する。卵巣小管の頂端即ち生殖室 (Germarium) は発育卵即ち卵母細胞 (Oöcytes) を生ずる為めに分裂する処の最初の生殖細胞 (Germ cells) を包含している。これ等は一般に卵巣小管の全長の下に成長の連続期に於て現われる。

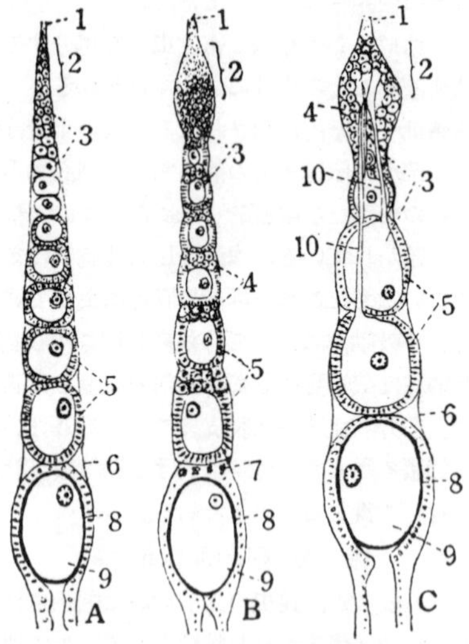

Fig. 155. 卵巣小管の縦断面 (Wigglesworth)
A．無栄養室型 B．交互栄養室型 C．端栄養室型 1．端糸 2．生殖室 3．卵母細胞 4．栄養細胞 5．小胞細胞 6．周囲膜 7．退化栄養細胞 8．卵殻 9．卵子 10．栄養索

卵母細胞は卵巣小管を形成している胞皮膜細胞 (Follicular epitherial cells) (Fig. 155 A) あるいはまた卵巣小管内に存在する特種な栄養細胞 (Nurse cells) (Fig. 155「BC) の何れからか彼等の成長に向つて滋養物を引き出す。卵巣小管の終りで卵母細胞の下に卵巣小管から輸卵管に導く管を密閉する所の皮膜細胞の栓がある。卵母細胞が充分発達してある時にこの栓が破砕し卵母細胞即ち輸卵管内に解放される。この解放された卵があつた所の卵巣小管の部分は縮少し新しい栓がつぎの卵母細胞の下に形成される。この卵母細胞が受精しそうしてその室が大形となる時にその卵はさきに放出された卵のあつた同じ位置を取る。

卵が輸卵管内に放出される時に卵殼 (Chorion) によつて取りかこまれる。この卵殼は1個所または数個所にて微孔即ち1精孔 (Micropyle) によつて貫かれている。これ等の微口を通して精虫が卵内に進入するものである。

受 精 (Fertilization)

卵が輸卵管の筋肉の蠕動によつて輸卵管の下即ち膣(Vagina) 内に入ると，卵は受精嚢管の開口部に横たはる。この管より精虫が現われ卵の精孔の内に入る。精虫が卵に進入した後に卵細胞核が2分裂し，その1つは減退分裂で雌の原核(Pronucleus) と極体 (Polar bodies) との生成を伴う。精虫はその尾部を失い雄の原核に変化する。雄と雌との原核は接合胞子 (Zygote) を形成する為めに合体する。

出来事のこの普通の連続から多数の偏差がある。つぎのものは興味ある例である。トコジラミに於ては精虫は受精嚢から移動し卵巣小管の胞嚢構造中にしかしてそこから早期の卵母細胞内に入る。斯くして受精は卵殻が形成されない前に行われる。単性生殖種に在つては例えば欧州のハリモミハバチ (*Diprion hercyniae*) の如きは受精が行われないがしかし倍数染色体総数が極体と雌の原核との癒合によつて回復される。

交　尾 (Mating)

各々の交尾にて精虫の多数が雄より雌に運搬され，雌がそれ等を貯蔵し卵がつぎつぎに輸卵管に下に通過する時に小数のみが自由になるように調整する。この方法に於て分離された交尾が各卵の受精に対して必要でない。従つて昆虫の多数のものは彼等の生活中に唯一度のみ交尾し，他の大部分のものは少数度のみ交尾する。

交尾は多くの種類の刺戟によつて導かれるもので，特種な運動例えば雄のカゲロウの群飛中に於ける舞飛や音例えばコオロギ及びバッタ等の発音や色彩反応例えばある蝶類に於けるものや主として香気の広大な種類等やによつて交尾が刺戟される。生殖巣 (Gonads) は交尾行為に影響を持たないように見える。なぜならば多くの種類の昆虫は雌の卵巣がよく発達しない以前に交尾し，且つ去勢雄虫は正しく交尾する（尤も精虫の運搬はない）からである。

精虫運搬の機工は数種の明確な形式に分かち得る。多くの種類例えばカメムシのあるものの如きは陰茎を雌の受精嚢に刺込みこの室に直接に精虫を置く。多数の蛾や蝗虫や甲虫に在つて雌の交尾嚢 (Bursa copulatrix) 内に精虫を陰茎を以て射出する。斯くして交尾後に精虫が交尾嚢から受精嚢に運ばれる。この運搬機工は知られていない。この類の多くの昆虫においては（交尾嚢を有する）虫は膜質嚢即ち精莢 (Spermatophore) の中に運搬される。この莢膜は雄の附属腺からの分泌物によつて形成されるものである。この精莢は交尾嚢あるいは膣内に産下され，その内容物が受精嚢に運ばれる。この運搬後に空となつた精莢は雌虫によつて射出せしめられる。

精虫の寿命 (Longevity of Spermatozoa)

明瞭に雌の受精嚢またはその附随腺の分泌物が精虫を著しい期間生活し得るように保ち得る。蜜蜂は数年間その精虫貯蔵を支持し得る。蛾に於ては精虫は数ヶ月間受精嚢中で生命が支持される。少数の昆虫の雌に在つては例えばトコジラミの如きは数週間使用されない精虫は体組織によつて消化され且つ吸収され，精虫の補充の為めに時々交尾が行われる。

10. 刺戟感受性 (Irritability)

生きている生物の1特質は刺戟に感応する彼等の能力で，刺戟感受性と称えられている固有性である。一般的道程に於て刺戟感受性は防禦機能で，それによつて生物が有害な外条件から逃れまたはより好都合な条件の方に移動し得るものである。機械的行為の立場から3つの一定の機能が刺戟感受性の内に含積されている。これ等は感性 (Sensitivity)，即ち刺戟を見つけまたは知覚する能力，伝導性 (Conductivity)，即ち刺戟を受理した点から種々な部分にその刺戟を運ぶ事，及び収縮性 (Contractility)，即ち収縮の力で原刺戟に反応を作る生物の能力に関するもの，等である。

単細胞生活の原始的のものにあつてはこれ等機能の3つのすべてが同じ細胞によつて果される。感性は細胞膜に横たわり，伝導性と収縮性とは明かに一般の原形質の性質である。高度に組織された動物においてはこれ等機能の各々が特種な構造または組織によつて果される。昆虫は刺戟感受性のこれ等異なる分力をしとげる為めによく発達した系式を有している。感性はある簡単なものとある複雑なものとの感覚器管内に坐しそれ等器管は体の種々な部分に分布されている。これ等が刺戟を受理するのである。伝導性は神経系によつて果され，感覚器管から反動組織に刺戟の通知を電話するものである。収縮性は種々な細胞または組織（特にこの目的に向つて変化せる）によつて果され，特に筋肉組織とある腺とによつてなしとげられる。神経系を経て来る通知によつて活動せしめられる時には筋肉の収縮あるいは腺によつてホルモンの分泌が感覚器管によつて看出されし刺戟に対し反応即ち応答を起させる。

行為に関する観察に於て受納 (Reception) と応答 (Response) との術語が一般に使用されている。これ等の術語は生物によつて受理した刺戟と生物によつて与えられた応答とを強調しつつ刺戟感受性鎖の両端に属したものである。

感　性 (Sensitivity)

生物の感性は1単位として感覚器管として名付けられている細胞の群の中に集中している。これ等は触感，聴感，味感，嗅感及び視感を包含する刺戟の多数の外部型の受理に対して役立つものである。それに付け加つて昆虫は温度の変化や飢餓や内部生理状態等に的確に反応する。しかしこれ等の感覚に対して何等特別な受納器がない。昆虫はまた重力（趨地性）に対する鋭い定位性を有す。しかし彼等の方法即ちこれを果す方法は僅かより理解されていない。

神経系は何等撰択性（Selectivity）を持たない。彼等は抽象的衝動のみを運ぶ。異なる刺戟の性質を以つて中心神経系に知らす為めに感覚部分は各々が刺戟の1型のみを反応可能で且つ各々がその分離せる神経末端を以つて発達した。神経系はそれ故に衝動が来たその所々によつて刺戟の型を同定するに適している。

感覚受理者として役立つ所の真の構造は簡単なものから複眼の如く非常に複雑なものまでの変化がある。

感覚受理器の構造（Structure of Sense receptors）

毛状の感覚器は最も簡単な型式のもので，神経細胞または神経末端を有する模式的毛である（Fig. 156）。神経末端は毛の運動が神経末端の頂点に於ける圧力を変化させるような方法にて毛の基部に仕組まれている。圧力の斯くの如き変化は一定の衝動が神経系に沿つて運搬されるように導くものである。味覚または嗅覚に関係ある刺戟の受理に対する器管の著しい種類はこれ等毛器管に一般的構造に於て同様である。彼等は毛が薄壁よりなる小抗（Fig. 157A）によつて置き換えられている。あるいは板あるいは円蓋（Fig. 157B）によつて置き換えられている。しかしてそれ等の部分に神経末端が接触しているものである。これ等の感覚器管のあるものは小抗または板と共同している感覚細胞の1群を持つ。しかして同じ受理器内に終る数神経の供給を許している（Fig. 157A）。

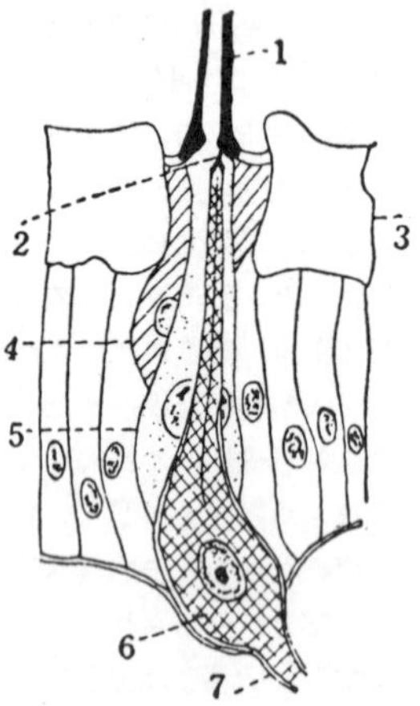

Fig. 156. 簡単な毛状感覚器（Snodgrass）
1.毛　2.感覚細胞と表皮との結合　3.表皮　4.窩生細胞　5.毛母細胞　6.感覚細胞　7.神経

眼（Eyes）

視覚器管（Visual organs）即ち眼は大部分の昆虫に生じ受光細胞（Photoreceptive cells）の聚合からなる。受光感覚細胞は組織学的詳細に於て非常に変化が多い。

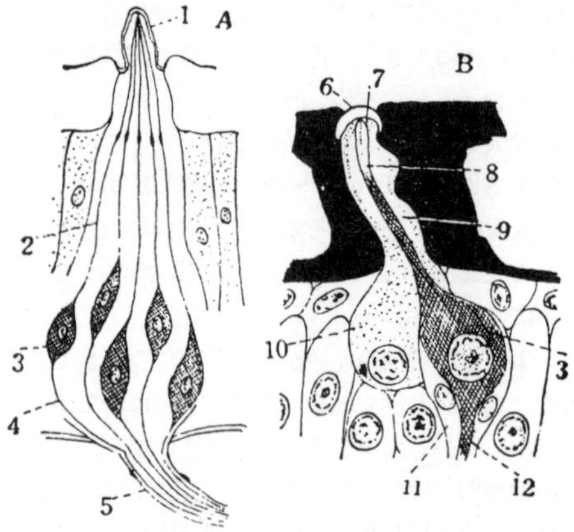

Fig. 157. 感覚細胞と受覚器（Snodgrass）
A. 化覚器の1例　B. ゴキブリの尾毛にある円蓋状受覚器　1. 表皮の薄壁突起　2. 神経外糸　3. 感覚細胞　4. 神経内糸　5. 神経束　6. 円蓋状受覚器　7. 神経と表皮との接触部　8. 神経の外部　9. 空胞　10. 毛母細胞　11. 神経鞘　12. 神経

彼等は感覚細胞の他型から2形態に於て異なる，(1) 外表は透明で角膜（Cornea）を形成し，(2) 感覚細胞は一定の頂点を持たないがそのかわりに細胞の感覚受理要素である所の微細な表面細溝を包含している（Fig. 158A）。

昆虫の眼は便利上2型に分けられる，即ち単型と複型とに分類されている。簡単型は全眼が単一レンズからなり（Fig. 159），レンズは角膜生細胞（Corneagenous cells）と称えられている皮膜細胞の一層によつて分泌された特化表皮である。この表皮は透明である。神経細胞は角膜生細胞層の下に網膜（Retina）を形成する。大部分の眼に於ては感覚細胞の有線感覚素は細胞の1側に下

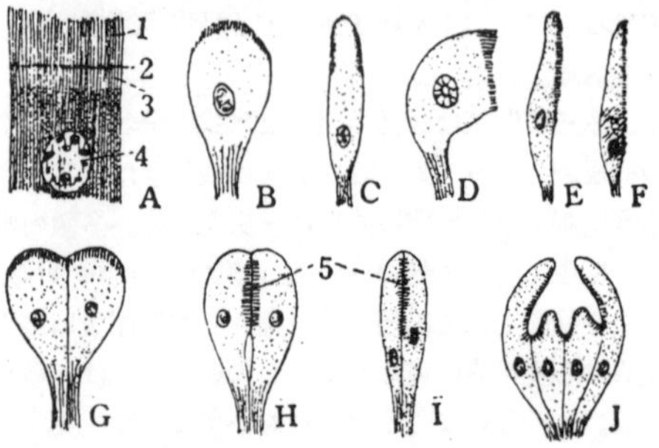

Fig. 158. 感覚細胞と杆状体の発達との模型図
A. 感覚細胞の感受極（Hess）　B～J. 感覚細胞の末端における線帯の位置の各種（Weber）　H. I. 近接細胞の線帯が結合して杆状体を構成するもの　1. 線帯（杆状小体）一神経原繊維の末端から構成される　2. 基体　3. 明帯　4. 神経細胞核　5. 杆状体

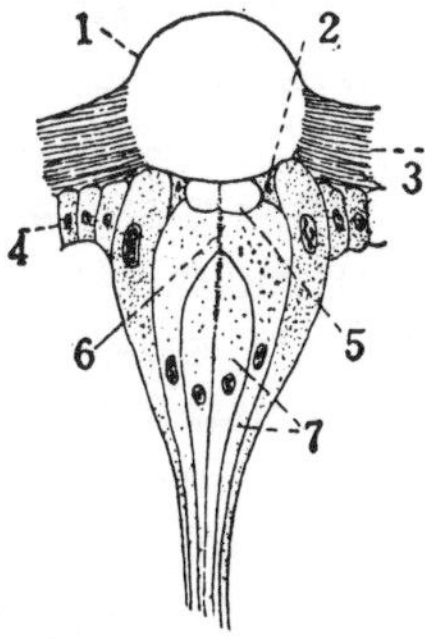

Fig. 159. 鱗翅目幼虫の単眼 (Snodgrass)　1. 角膜(レンズ) 2. 角膜細胞　3. 表皮　4. 真皮細胞　5. 水晶体　6. 杆状体　7. 感覚細胞

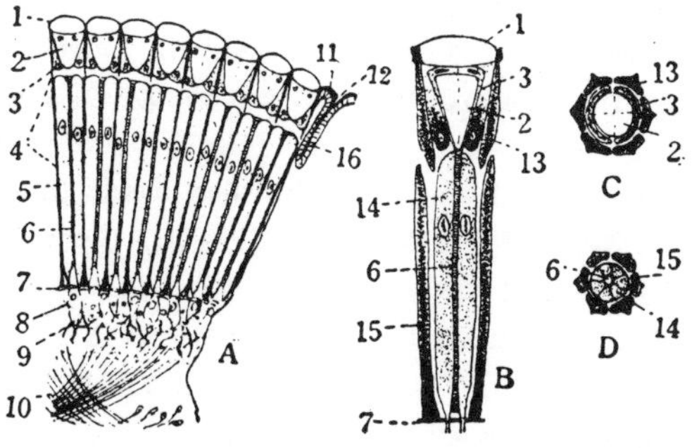

Fig. 160. 複眼と小眼との模型図 (Snodgrass)　A. 複眼の1部の縦断面　B. 小眼の模式的構造　C. 小眼の円錐晶体部の横断面　D. 小眼の網膜部の横断面　1. 角膜　2. 円錐晶体　3. 角膜細胞　4. 色素細胞　5. 網膜　6. 杆状体　7. 基底膜　8. 神経　9. 神経球葉　10.外X状交叉神経　11. 眼節片　12. 眼線　13. 虹彩色素細胞　14. 感覚細胞　15. 網膜色素細胞　16. 眼梁

方に1線を形作るように移動する。この細胞は屢々相接する細胞のこれ等線が一所になるように移動している。斯様に造られた線状複合感覚素は杆状体(Rhabdom)と称えられている (Fig. 158H. I)。

複眼は単眼の如き同じ基礎部分を有するが感覚細胞が小眼 (Ommatidia) と称えられている集心単位に群集されている。各小眼 (Fig. 160) はそれ自身のレンズ(外面は小眼面=Facet として区別されている) を有し，時にレンズよう円錐体を有し，この下に普通8個の感覚細胞からなるロゼットが中心杆状体を伴い且つ色素細胞が円錐体とロゼットとの両者の週囲にある。この色素細胞は着色粒を包含し，この粒は細胞内を上下に動き得るものである。この運動が小眼を囲む全色素細胞内で同時に起りしかして小眼の感覚部に達する光の量を調整している。

成虫に於ては単眼 (Ocelli) は単型眼で大形の頭側面にある小眼面からなる眼が複眼である。幼虫は単型眼のみを有し，時にこの型の数個が1塊となつている。これ等両型の眼は1単位として脳と直接に結び付いている。

伝導性 (Conductivity)

昆虫に於ては高等多細胞動物 (Metazoa) のすべてに於けるが如く伝導性の基礎は神経細胞である。しかしこれ等の細胞はそれ等がまた同等にあるいは連合の能力にて作用する種々な型に充分発達した。

神経細胞 (Nerve Cells)

1つの神経細胞即ち神経素 (Neuron) (Fig. 161) は3つの主な部分から構成されている，即ち細胞核(Nucleus)と1本の長い神経糸即ち神経軸 (Axon) と副枝 (Collateral branch) と称する神経軸の1支神経とからなる。衝動あるいは刺戟は副枝の末端によつて受理され神経軸の末端に伝わる。この方向は転換し得られない。衝動は1つの神経細胞から接合体 (Synapse) と称する1細胞の軸の末端小繊維と他の細胞の副枝の末端小繊維とが混交している部分を通りて他の神経細胞に通過し得る。神経細胞の3型がより多く一般化せる反応に用いられている。(1) 感覚神経細胞(Sensory nerve cells), 感覚細胞と密接な連関を持つ副枝の末端即ち小繊維を有するもの，(2) 連合神経細胞(Association nerve cells), これ等は感覚細胞からの衝動を受理し原動細胞(Motor cells) または更に他の連合細胞の何れかにその衝動を通ずるもの，及び (3) 原動神経細胞 (Motor nerve cells), それは連合細胞から衝動を受理して彼等を腺細胞または筋肉細胞に伝送するものでである。これはこれ等の最後の細胞が分泌しまたは収縮するように夫々を導き，しかして元の衝動がその進路を走るものである。

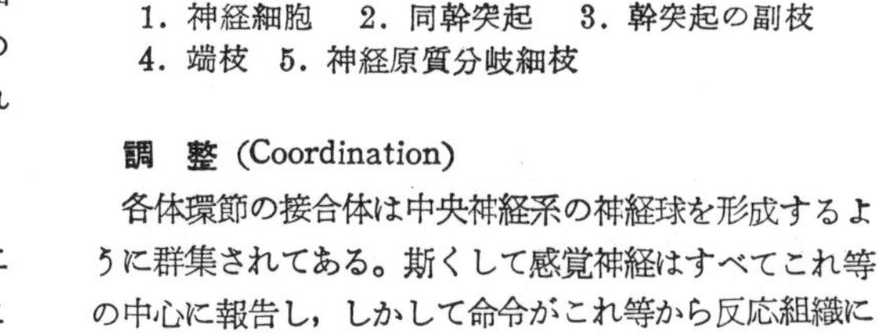

Fig. 161. 神経細胞(神経原質)の模型図 (Snodgrass)　1. 神経細胞　2. 同幹突起　3. 幹突起の副枝　4. 端枝　5. 神経原質分岐細枝

調　整 (Coordination)

各体環節の接合体は中央神経系の神経球を形成するように群集されてある。斯くして感覚神経はすべてこれ等の中心に報告し，しかして命令がこれ等から反応組織に行くものである。連合組織は神経球から神経球に走りしかして脳の内に走るものである。彼等はまた同じ原動細胞を種々な感覚細胞に連結しまたは種々な原動細胞を1感覚細胞に連結する。この全連係組式が1個所のみに於て受理した刺戟を持つて体の異なる部分に於ける感応を調整する。斯くしてゴキブリの尾毛（腹部の末端神経球に報告する）上への1接解が脚（胸部神経球によつて動かされる）に疾走運動を持つて応答するように進めるのであろう。

収縮性 (Contractility)

前述せる如く昆虫に於ける収縮性の機能は運動を結果する筋肉反応とホルモン分泌を結果する腺分泌とに包含されている。筋肉組織はより多く顕著な型で，その収縮は全体として昆虫の運動に対して感応的である。しかしてその内的部分と外的部分とが個々に感応するものである。

1）**筋肉反応** (Muscular Reaction)

昆虫の筋肉は細長い事と1神経細胞からのある衝動によつて刺戟される時に収縮する力を有する事とに於て他の動物の筋肉と同様である。収縮の時期は筋肉細胞がその原形にもどる回復の時期に起るものである。昆虫の筋肉は条付けられていて，個々の筋肉細胞が1単位として働く所の束または繊維を形成するように集合されている (Fig. 162)。解剖学的慣例に於てこれ等の束が筋肉と命名されている。

筋肉の収縮はある部分の運動を導き，各運動に対してある反対運動があり，それによつてその部分が再び正常の位置を得る。この反対運動は屢々 Fig. 163 に示されているように第2の筋肉の作用によつて持ち来たらされる。脛節が4の点に於て腿節と各側にて関接し，挙筋 (Elevator muscle, 3) の収縮が最初の運動に対して脛節を高め圧低筋 (Depressor muscle, 2) の収縮によつて反対運動に対して脛節を下げる。他の場合に於ては単一筋肉が掛り合いとなる。この場合に於ては反対運動は血液の圧力かまたは柔軟な膜の伸張力かの何れかによつて持ち来たらされる。血液の圧力即ち血液の水力学的圧力による反対運動は筋肉張力が解放された時にその部分が簡単にもとにもどるのである。

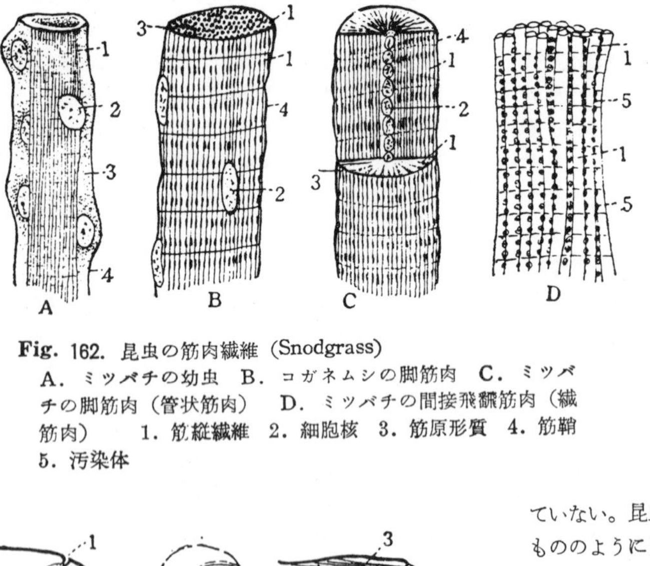

Fig. 162. 昆虫の筋肉繊維 (Snodgrass)
A. ミツバチの幼虫　B. コガネムシの脚筋肉　C. ミツバチの脚筋肉（管状筋肉）　D. ミツバチの間接飛翔筋肉（繊筋肉）　1. 筋縦繊維　2. 細胞核　3. 筋原形質　4. 筋鞘　5. 汚染体

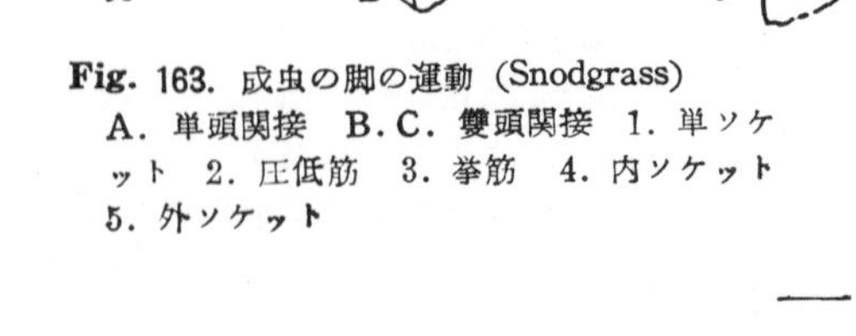

Fig. 163. 成虫の脚の運動 (Snodgrass)
A. 単頭関接　B.C. 雙頭関接　1. 単ソケット　2. 圧低筋　3. 挙筋　4. 内ソケット　5. 外ソケット

飛翔 (Flight)—昆虫飛翔に対する筋肉機工は如何なる他の動物にも似かよつたものが全く見出されない故に非常に興味あるものである。飛翔は本質的に中胸と後胸との側縁突起たる翅の打撃によつて起るものである。トンボやカワラトンボやクサカゲロウや他の原始的目に於ては翅の2対が個々に動く，例えばカワラトンボに在つては翅の1対が上に行き他の1対が下に行く。蛾や蝶，蜂や蜜蜂，他のあるものでは1側の2翅が鈎または棘毛あるいはまた襞等の種々な型式のものによつて結合され2対の翅が一所に動く。甲虫やカメムシのあるものでは前翅が剛い防護板を形成し後翅のみが飛翔に作用的である。撚翅目の昆虫に在つては前翅が減退し，双翅目のものでは後翅が退化し，これ等2目の各々は飛翔翅の1対のみが存在している。

飛翔を起す運動は約6対乃至12対の筋肉によつて調整されている。正確な筋肉配列は種々な目に於て異つている。これ等の筋肉は背板と翅基節片 (Basalar sclerites) と亜翅節片 (Subalar sclerites) と軸節片 (Axillary sclerites) とに働く。しかし翅自体には直接結び付いていない。昆虫が飛翔を留意するように表われる複雑なもののように見えるにかかわらず翅の運動は甚だ簡単な上下または槓杆の配列によつて生ずるものである。

これ等に包含されている主な部分と点とはつぎの如くである (Fig. 164A)。

1）翅は背板の中央の縁に仲よく附着して蝶番節(2)は附着の線に沿つて存在している。
2）背板の中央は筋肉の運動によつて上下に動かされ，それに翅の基部が一所に運ばれる。
3）翅はその基部直後で側板突起 (Pleural process 3)

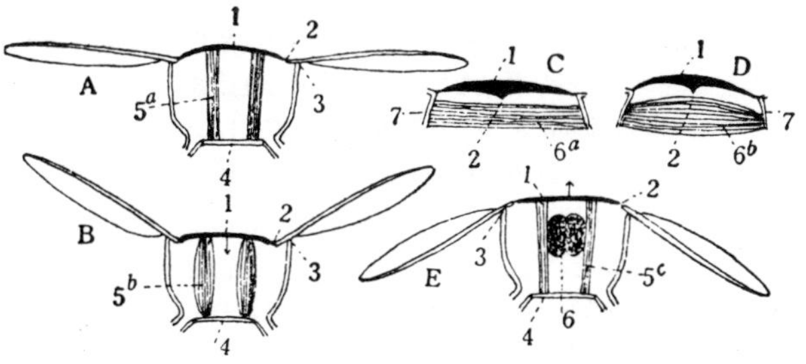

Fig. 164. 飛翔を生ずる筋肉とその運動との模型図 (Ross)
A. B. 横断面図—背板と腹板とを結ぶ垂直筋肉のみを現わせるもの　A. 同筋肉の正常の場合　B. 同筋肉が縮まつた場合
C. D. 縦断面図—縦筋のみを現わせるもの　C. 同筋肉の正常の場合　D. 同筋肉が縮まつた場合　E. Dの場合の横断面図で背板に翅が附着する点(2)が隆められそのために翅の付根が上方高まつた場合
1. 背板　2. 翅の付根　3. 尖軸　4. 腹板　5. 垂直筋 (a. 正常 b. 収縮 c. 伸張)　6. 縦筋 (a. 正常 b. 収縮)

を越えて過ぎ，この突起は翅シーソーの尖軸即ち挺子節 (Fulcrum) である。飛翔の理由に関する限りこの尖軸は動かないものである。

斯くして (Fig. 164B) 腹板と背板とを結ぶ強力な筋肉の組式が収縮する時に背板が下方に引かれそれと共に翅の基部が引かれる。尖軸の末端は動かない故に尖軸を過きている翅の拡がつている部分が翅の基部の下降に比例する角度に高められる。これが翅の上打を導く。腹背筋肉 (Sternonotal) が弛み他の筋肉即ち背板の前縁と後縁を結ぶ筋肉 (Fig.164 C. D) が弓づるの如くなつていてこれが収縮 (Fig. 164 D. E) すると弓即ち背板がアーチ形となり中央部が隆められ翅の基部が上方に運ばれ，しかして下打を導きシーソーの他の半分の運動を生るずのである。Fig. 164 A—E は各点を明示するのに非常に誇張されていて，実際には微小で筋肉系は複雑となつている。

翅の撓度は他の筋肉によつて導びかれるもので，それ等の筋肉は軸節片 (Axillary sclerites) に作用し翅の前縁を下にひくものである。この動作に於て側板突起が再び尖軸点即ち挺子節として用いられるのである。

飛翔速度と方向 (Flight speed and direction)—飛翔に於て翅の運動の3型が生ずる。(1) 上打と下打，(2) 偏撓即ちユラユラする事，と (3) 前後にゆれる事。これ等3型の運動は同時に起るが速力と翅の大きさとによつて異る度合に生ずるものである。

上下打運動のみは昇進よりは少しく多く生ずる。即ちこの打撃運動に主にたよつている蝶類に於ては飛翔は大部分翺翔で前行に甚だ僅かな速度を持つものである。偏撓運動の追加が翅の前方に於ける気圧を減じ翅の後方の気圧を増加する，これは飛行機のプロペラーと同じような方法である。後方の圧力が昆虫を前方に押しそれと同時に前方における部分的真空が昆虫を前方に引くのである。それで偏撓が前進運動に於ける主な動因である。高度に発達した偏撓運動を有する昆虫例えばヤンマの如きは確固たる前進飛行をなすのに適している。

打撃の比率は種類の異るに従つて著しい差異がある。最も遅い類は蝶類によつて例証され，モンシロチョウは1秒に約10打，早い例は蜜蜂の190，クマバチの240，イエバエの330打である。

最大速力は大偏撓運動と長い細い翅と普通少くとも打動のかなり高い率との結合によつて得られる。昆虫の最速記録はスズメガ科の1時間33哩以上，アブの31哩以上，ヤンマの約25哩等が知れらている。

前進飛行に於ては翅の通路が翅の打撃運動の頂上にて前方に傾斜する所の8形を作る。多数の昆虫例えばショクガバエ科や蜜蜂類や多くの訪花蛾等の如きは後方に飛び得る。これは打運動の頂上に於て8形が後方に傾くように翅の通路を逆にする事によつて行われる。

2) **腺反応** (Glandular Reaction)

不明瞭であるが著しく必要なものはホルモン腺である。昆虫に関する実験的な仕事がある期間に対し重要な活動例えば脱皮や変態の如きはホルモン分泌によつて調整される。またある種の色調が同じ方法によつて調整さ得れる事が明瞭である。例えば *Pieris* の蛹に於て眼によつての色の受理がホルモンを調整する。このホルモンは真皮細胞の色素付けに影響し且つその週囲の色彩に相配する所の蛹の色調を持ち来す。すべてのホルモンが昆虫体内の何所に生ずるかは正確には不明である。斬頭と縛帯との実験によりホルモンの多くの源は頭部である事が証明されている。最近の組織学的の且つ摘出の実験は少くともあるホルモンは咽喉側腺 (Corpora allata) によつて生産される事を指示した。この咽喉側腺は脳と密接関係のある小さな構造物である。甲殻類に於ける摘出実験がこれ等の群 (昆虫に於てもまた) においては脳自体の多くの部分が外部の刺戟に反応して明瞭なホルモンを分泌する事を強く想像せしめる。

それ故に脳 (咽喉側腺も共に) が部分的にそれ自身ホルモンの薬局であり得てこれ等の分泌物を通じてその調

整の多くを実行し得る事を受理し得る。斯くの如き配列は1つより多くの点に於て有利であり得る。ホルモン生産は刺戟の中心かまたはその近くに存在されていて，ホルモンはその最も濃度の高い点に於て血液流に入りしかして体のすべての部分に速かに運ばれ得る，しかし斯くの如き配列は腹面神経系に他の共同者と動力原とを追加する必要を除去し得る。

これはホルモンが体の他の部分に於て生産される事の可能性を除くものではない。昆虫の無導管腺法（Endocrine processes）の研究はなお幼稚である。

11. 行 為 (Behavior)

昆虫の行為とは昆虫が彼等自体を指導する所の手段である。他の言葉を以つてすると何を彼等がなすか，いつ彼等がそれをなすか，しかしてなぜ彼等がそれをなすかを意味するものである。昆虫の行為の研究に関しては非常に多数の研究が行われた。これ等の研究は2つの接近の1つから行為の問題を吟味する。その一つは個々的接近である。実験，特に軌範を訓練する実験が光や嗅や味や接触やその他の刺戟の種々な性質と量とに迄多くの昆虫の改造を実証した。異常な境遇に対する個々の反応と調節とは習得する能力と本能及び知能が重なる所の眼蓋とえの通知に於て結果された。

第二の接近は種類の行為特質を処理する。ある昆虫の全生活環は一定の行為の継続である。同じ種類に於てさえも彼等はたえず且つ規則正しく変化する。斯くしてコガネムシの幼虫は光を忌むが成虫は光に透導され，あるネキリムシは日中地中に潜入し夜間に植物上に匍い昇りこれを食す。繭形成と交尾とは昆虫の生活環の甚だ短い期間のみに現われ且つ消失する。

遺伝されし行為の基礎単位は反射作用で，即ち同じ刺戟に対する自動衝動である。全体の1生物がある与えられた刺戟に関連して自動的にそれ自身を移動する時は，これは趨性（Tropism）として知られている。例えば夜にある種の蛾が火焔の方に常に飛ぶであろう，これは光に対する積極的趨性衝動を現わすのである。遺伝されているしかしてそれ故に練習の恩恵なしに作用する所の趨性はこれを本能（Instinct）と称える。一般に昆虫の行為は卓越せる天性である。然しそれは反応と趨性との簡単な追加ではない。最初にこれ等は訓練または稽古の結果がある如く変化されあるいは抑制されあるいはまた調整され得るならん。つぎに多くの研究者は生物の知覚し得たすべての全景がある種の模様を形作る事を信じた，且つまた生物がこの模様における一般的な変化に感応し模様が構成されている所の個々の刺戟に感応しない事を信じた。

更に行為の見分けの出来ぬ形のものがある。その行為はつぎの如く説明する事が出来る。自然状態のもとで昆虫の行為を考える時は吾々は感覚印象の無限の変種によつて彼等の両端を増進する彼等を見出す。内生反応と個々の経験によつて加減された反応とはたしかに生ずる。しかしこれ等は抑制によつて掩蔽され且つ高い中心によつて全体として昆虫の必要と目的とに常に役立つような方法に於て成全される。それは1生物を一所に鎔接ししかして各部の和よりより大きな全体のあるものを作る単一化せる性質のものである。しかしてそれは成長の球に於けるが如く行為の球の中になお生理的分析を脱する所のものである。

第5章 生活環 (Life Cycle)

1卵子中に於ける成長の開始は成虫たる事の造詣に且つ他の世代に対して卵または幼虫の生産に最後に導く変化の長い1組の初まりを合図する。この出来事の連鎖即ち卵から完全な成虫となる迄の連続は個々別々の生活環を形成する。昆虫に在つては発達の異なる方法と1世代から他の世代迄の異なる関係と単一生活環の異なる区分間の食物あるいは住所の可能的交替とを包含する生活環の多くの型式がある。社会生活昆虫に於ては同じ群棲内に生活しつつある個体数の同時代の仲間は生活環の異なる型を持ち得る。

1. 発 達 (Development)

個々の生活環は普通2型として考えられている，即ち卵から成虫迄の発達と成熟との2型である。発達は成長とその進路を通して基礎的に暫進で且つ連続的である所の変化との時代である。しかし外部表明の基礎に関してはそれは一定の部分即ち時代に破壊される。如何んとなれば大部分の昆虫は卵として出発する故に昆虫発達の最も一般に重要な分割点は卵から孵化の現象である。卵内に於ける発育時代は胆子発育即ち発生で孵化後の時代は後胆子的発達である。この後の時代の間の形状の変化は変態と称えられている。

発生学 (Embryology)

卵(Egg)卵ち**卵子**（Ovum）—昆虫の卵は多数の形状を現わし(Fig. 165),彼等の多くのものは簡単で滑かな楕円形，他のものは肋骨を附しまたは種々な方法に彫刻附けられ，その他のものは水表に浮ぶ事が出来るようにハマダラカの卵の側浮嚢の如き種々な突起を具えている。

模式的卵（Fig. 166）は2個の被物に包まれている1細胞で，その外被物は強靱な殼で，卵殻（Chorion）と称えられ，精虫が卵内に侵入する微孔即ち精孔(Micropyle）の1個または数個を具えている。この卵殻内に柔弱な1膜即ち卵黄膜（Vitelline membrane）があつ

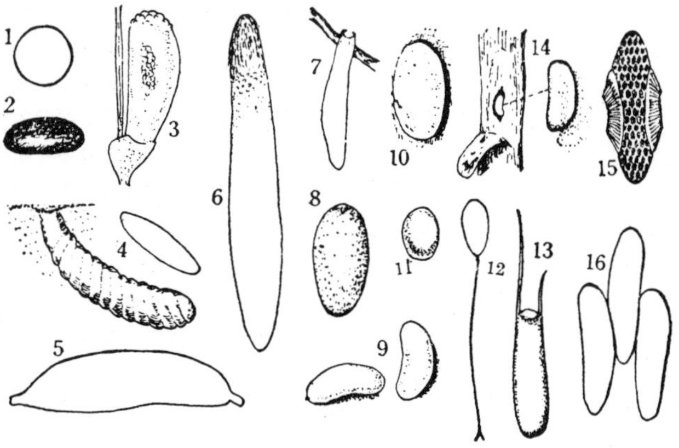

Fig. 165. 昆虫の卵（諸学者） 1. マルトビムシ1種 2. アブラムシ1種 3. ケモノジラミ1種 4. バッタ1種 5. ヒメバチ1種 6. トンボ1種 7. メクラガメ1種 8. イガ1種 9. アザミウマ1種 10. テントウムシ1種 11. イヌノミ 12. クサカゲロウ1種 13. チャノメクラガメ 14. ゾウムシ1種 15. ハマダラカ1種 16. イエバエ

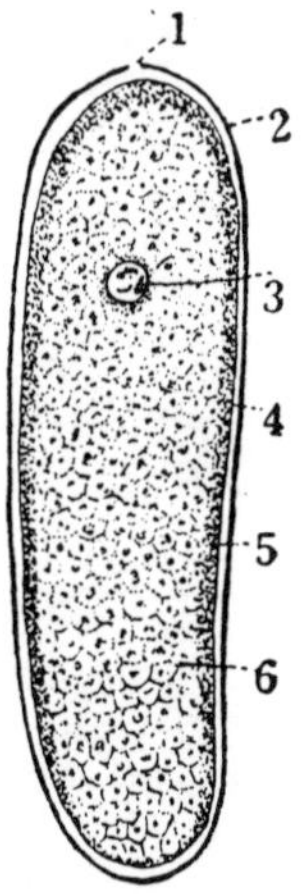

Fig. 166. 模式的昆虫卵の縦断面 (Snodgrass)
1. 精孔 2. 卵殻 3. 細胞核
4. 卵黄膜 5. 原形質の皮層
6. 卵黄

て，これによつて大形の細胞核と細胞質 (Cyto-plasm) とが包まれている。細胞質は卵黄 (Yolk) の大きな中央部と周辺層 (Peripheral layer) 即ち皮層 (Cortical layer) とからなり，後者は中央部より密で卵黄から比較的自由となつている。

早期分割 (Early Cleavage)—粘管目に於ては卵全体が早期分割期間に分割される。知られている範囲に於てはこの目は全割分割 (Holablastic cleavage) をもつ所の昆虫唯一のものである。他の昆虫に在つては細胞核のみが早期分割期間に分割する (局割分割 Meroblastic cleavage)。これが昆虫に於ける分割の普通な方法である故にそれは一般的昆虫の発生学を説明するのに撰択されるものである。

早期分割によつて生ぜる細胞核は最初に卵黄を通して分散される (Fig. 167A. B)，しかして屢々彼等核の数個が核集成に於て一所に群る。多数の細胞核が形成された後に，それ等の大部分のものは卵黄から皮層内に移住し (Fig. 167 C—E)，そこで各細胞核が細胞質と細胞壁とに被われる。これ等の細胞は卵の周壁を作る。腹面に於て，細胞は厚い部分を作る為めに一所に群集され，腹板即ち胚帯 (Germ band) (Fig. 168) となる。これが胚子の最初の組織形である。ある場合にはこの胚帯は充分大形で卵の著しい部分に延拡されるが，他の場合には小さな板状部分としてのみ形成

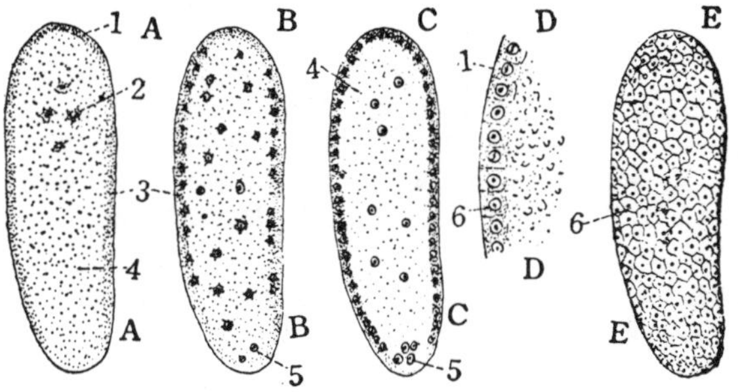

Fig. 167. 卵子初期の分割と胚盤の形成 (Snodgrass)
A. 卵核の分裂（発育の初期） B. 分裂せる多数の核が原形質皮層中に移動するもの C. 同核が卵の表面内に一定の層を形成せるもの D. 同核が細胞層を形成せるもの E. 胚盤の表面図
1. 卵黄膜 2. 分裂核 3. 原形質の皮層 4. 卵黄
5. 生殖細胞（後部） 6. 胚細胞 (Blastoderm)

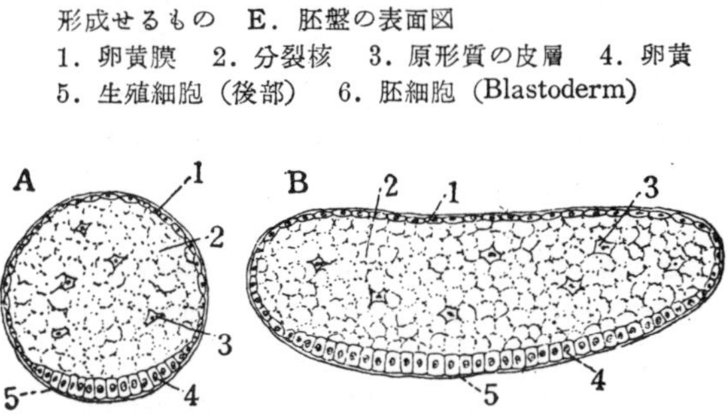

Fig. 168. 胚盤の下面部に胚帯が形成する模型図 (Snodgrass) A. 横断面 B. 縦断面 1. 胚盤の背薄部 2. 卵黄 3.卵黄細胞 4. 胚帯 5. 卵黄膜

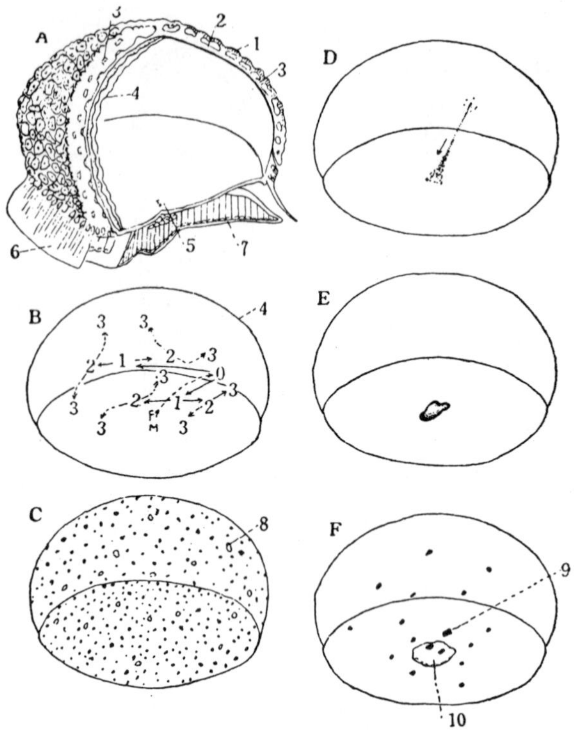

Fig. 169. カワゲラ１種の卵子の胚盤形成順序 (Miller)
1．外卵殻の外層　2．外卵殻の底層　3．外卵殻の支柱　4．卵黄膜　5．成熟個所　6．卵子輪縁　7．卵子の附着面　8．第１集合核　9．第２集合核　10．胚板
F．雌雄の前細胞核の癒合個所　M．成熟個所

され，のそ場合には胚帯と称えるよりはむしろ胚盤(Germ disc)と称する事が出来る。細胞のある群は卵黄中に止まり消化動作者として明かに働き卵黄を成長中の胚子によつて吸収され得る形態に伝化させる。早期分割より胚板の形成迄の変化は Fig. 169 に示されている。

胚子の成長 (Growth of the Embryo)

胚帯は細胞の増殖と分化とによつて成長し，最初に胚板の大きさに於ける増加が大部で，直ちに表面の区別が起り，そこに体環節と附属器とが出発する。これは Fig. 170 に示され，この図は完全な胚子と第１齢虫 (Fig. 171) との形成に導かれる大きな変化を図式的に描写せるものである。

体節分割と附属器 (Segmentation and Appendages)—胚子内におけるこれ等の発達は昆虫群の想像されし進化史にかなりな範囲に迄平行している。

体の環節は最初に横の刻み目の１組によつて胚子に形成される (Fig. 170D)。初めに口器を持つ且つ頭構造と癒合する環節は後方の環節と基原的には同様なものとして現われ，附属器たる大顋と小顋と下唇との各節がよく発達する迄は頭構造と癒合しない (Fig. 170G)。

附属器は体節分割が明かとなるや直ちに発達し始める (Fig. 170E)。模式的に各環節は腹面附属器の１対を生ずる。しかし腹部のものの大部分は貧弱に現われるのみである。昆虫の多くの数にあつては尾毛を除く他の腹部附属器のすべては小さな痕跡物より決してより多く発達しない。しかしてこれ等のものは幼虫の早期に於て再び収吸される。前方の環節と附属器とは規則的にこの時代に於ける胚子は Fig. 172 の如く現われるように後方部のものよりは速かに発達する。

体形 (Body shape)—早期に於ては附属器と体の腹面部とのみが形成され斯くして Fig. 170 E. F に於て側面または背面がなく，胚子は附属器と腹面部とが現われている。骨子に於て体は頂上にて開いている。これより後の成長にて側部が第１に前方と後方とにて外方と上方とに成長する。Fig. 170 H は頭が背方に閉ざされ且つまた腹部の後方の４節または５節が背方に閉ざされた時代のものを示し，胚子はこれ等の中間部の開口部即ち所謂頂上 (top) が卵の残腔を充たしている卵黄に押しつけられている。この時代から開口環節の側縁が外方と上方とに卵の側に沿いて成長し卵黄を包み体の閉塞を完全にするように背中線にて合する。

胚葉と原腸成生 (Germ layers and Gastrulation)—最初に胚帯は細胞の１層のみからなるが胚子生活中の早期に第２層を形成する。これは一般に原腸成生即ち胚帯の１部の包によつて形成される。昆虫ではその普通の方法は Fig. 173 に模式的に示されている。原腸生成は胚帯の中央の縦溝として始まり (Fig. 173 A)，この溝の外側縁は御互の方に成長し，将来の第２層が内方に増生し (Fig. 173B)，最後に溝の縁が出合いしかして外層即ち外胚葉 (Ectoderm) を形成するように癒合する。内層即ち内胚葉 (Mesoderm) がその上に広がる (Fig. 173C)。Fig. 170A—E に於て中胚葉は暗色背部として示されている。

外胚葉は体壁，消食管の口陥部と肛門陥部，神経系，気管系，心臓及び多くの腺等に起原を与え，中胚葉は中腸，筋肉系，生殖巣及び脂肪体に起原を与うるものである。

胚子被物 (Embryonic Coverings)—発達の多くの胚子は部分的または全体が卵黄内につかつている，これは多分防護を意味するならんか，しかして膜の１対がその廻りに形成される。これに従う２主方法が Fig. 174

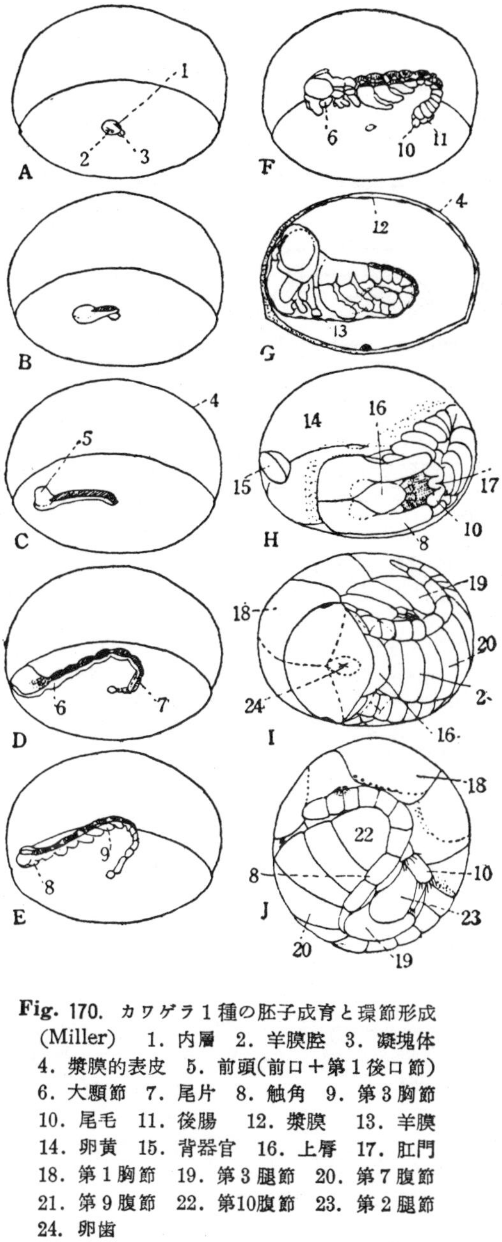

Fig. 170. カワゲラ1種の胚子成育と環節形成(Miller)　1．内層　2．羊膜腔　3．凝塊体　4．漿膜的表皮　5．前頭(前口＋第1後口節)　6．大顋節　7．尾片　8．触角　9．第3胸節　10．尾毛　11．後腸　12．漿膜　13．羊膜　14．卵黄　15．背器官　16．上唇　17．肛門　18．第1胸節　19．第3腿節　20．第7腹節　21．第9腹節　22．第10腹節　23．第2腿節　24．卵歯

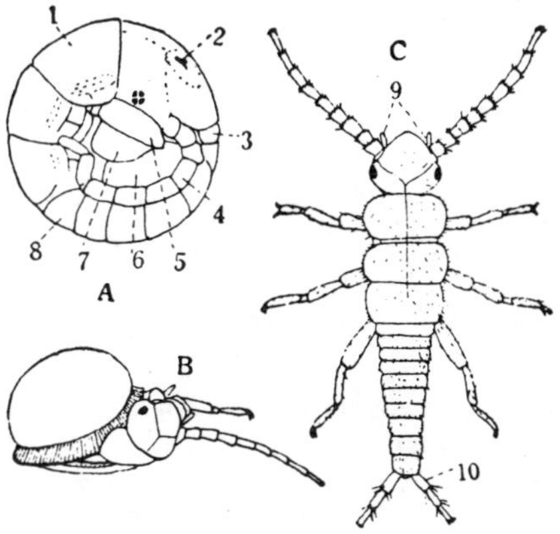

Fig. 171. カワゲラの胚子発育の終り(Miller)　A．卵殻内の胚子　B．卵殻から脱出中の完成胚子　C．孵化当初の若虫　1．第1胸節　2．卵歯　3．上唇　4．触角　5．第1腿節（前脚腿節）　6．第3腿節　7．第2腿節　8．第1腹節　9．小顋鬚　10．尾毛

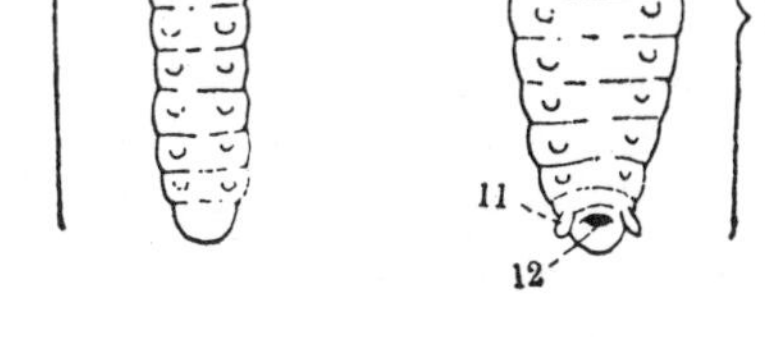

Fig. 172. 附属器の発育初期における胚子(Snodgrass)
A．初期　B．後期　Ⅰ．前頭　Ⅱ．体　Ⅲ．頭部　Ⅳ．胸部　Ⅴ．腹部
1．上唇　2．触角　3．第2触角　4．腹面附属器　5．複眼　6．口部　7．大顋　8．小顋　9．第2小顋（下唇）　10．脚　11．尾毛　12．肛門

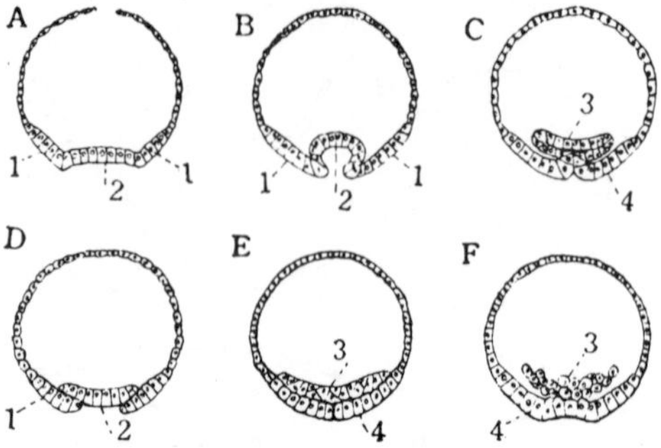

Fig. 173. 簡単な原腸成生による中細胞層の発達（Snodgrass）
A．側板と中板とに変化せる胚帯を有する卵子の横断面　B．同卵子の成育の進行せるもの　C．更に進行せるもの　D．E．内胚葉形成の第2方法　F．内胚葉形成の第3方法—中板細胞の内端から内胚葉細胞が生ずる場合
1．側板　2．中板　3．内胚葉　4．外胚葉

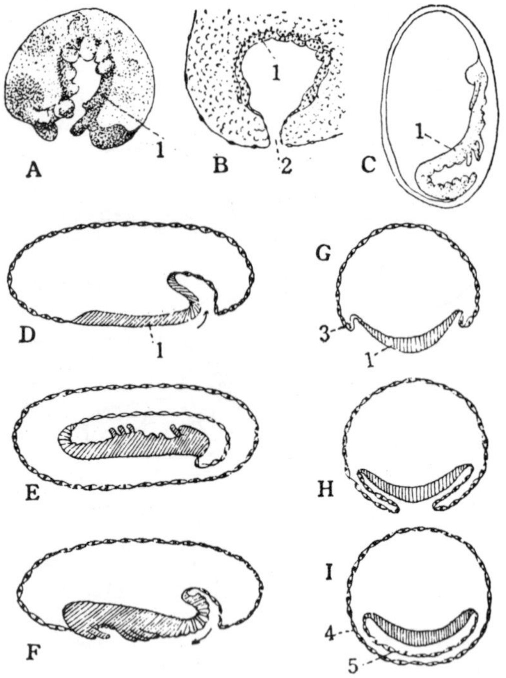

Fig. 174. 卵子内における胚子の位置と移動との3模型図（Snodgrass）
A．トビムシ1種の胚子(1)—卵子の下部にある卵黄中に彎曲する（Philiptschenko）　B．C．シミ1種の胚子　B．同初期（Heyons）—卵子の後端近くの卵黄中深くはいり込み小孔(2)を止める
C．同後期—1部が卵子の外面の方に旋回する。その部分にて発育が完成する　D．E．F．卵子の縦断面　D．胚子が最初に孵化端を旋回する　E．つぎに完全に反対で裏返つた位置に閉ざされる　F．然る後再び元の位置に孵化前にもどる　G．H．I．卵子の横断面　G．胚子が背盤の襞(3)によつて被われはじめる　H．その襞が胚子の下面に拡がる　I．終りに2膜即ち外方の漿膜(4)と内方の羊膜(5)とを形成するように襞の両端が癒合する。

に示されている。第1方法に在つては最初に胚子は卵黄内に尾部をすべらしそれにつれて膜を引き入れる（Fig. 174D）。胚子が完全に陥入すると（Fig. 174E）膜が2枚の最後の膜を形成するように陥入穴の端を越えて成長する，その外方のものは漿膜（Serosa）で内方のものは（胚子の腹面の腔室を包む）羊膜（Amnion）である。第2の方法は胚子が卵黄内に単に沈下するもので（Fig. 174G—I），膜は腹面上に成長し反対側の膜縁が結び付き羊膜と漿膜とを形成する。発達の後期に於て胚子は両膜を破り卵黄にその背部を向ける様に再び位置を変向する（Fig. 174F）。

消化系の形成（Formation of Digestive System）—種々な器官の起原や形成に関する詳細な論議は此の本の範囲を越える，しかし消化系の形成は異常な興味ある問題で，その早期成長の概略は器官が生ずる一般型に対する説明となる。消化管の形成に於ける連続段階は Fig. 175 に模式的に示されている。Fig. 175 A に於て胚子の両端から内方に成長する前中腸素（Anterior mesenteron rudiment 4）と後中腸素（Posterior mesenteron rudiment 5）との内胚葉細胞の2群がある。Fig. 175B に於てこれ等素群の各々が体の中央の方に開口する1つの袋の形成を初め，それ等が中央の卵黄を包むように初まる，これと同時に各端の外胚葉が消化管の前方部と後方部との初まりを形成するように内陥する。Fig. 175C に於てこれ等の発達の後の時代を現わし，Fig. 175D に於て完全な構造が示され中腸の前後両嚢が結び付き卵黄

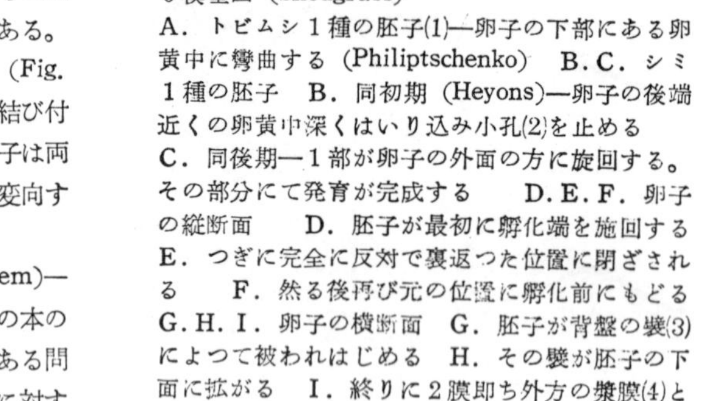

Fig. 175. 消食管の胚子における成形（Snodgrass）
A—D．発育の順次　1．卵黄　2．外胚葉　3．内胚葉　4．前中腸の成生点　5．後中腸の成生点　6．口陥（前腸）　7．肛門陥（後腸）　8．前中腸の成生部　9．後中腸の成生部　10．口部　11．肛門　12．咽喉　13．胃　14．腸

の残物を完全に包み，前後の外胚葉陥入部と中腸との結合によつて開口が形成される。斯くして消化管は (1) 外胚葉からなる前方の口陥部と (2) 内胚葉からなる中央の中腸と (3) 外胚葉の起原からなる後方の肛門陥との3部分から構成されるものである。

孵化 (Hatching)—胚子が充分に発達し卵を去る可く用意が即ち孵化準備が出来ると幼虫は卵殼を通してそれ自身の努力によつてその通路を作らねばならない。孵化に先き立つて胚子はより大きな体軀即ち腫脹を得る為めに空気または羊液を呑む。実際の孵化方法に於ては卵殼の前方部に対して圧す可く即ち頭部を以て繰返し打撃する為めに蠕動的筋肉活動を使用する。

ある昆虫に於ては例えば蝗虫の如きでは胚子は卵殼の前方部の裂け目を簡単に押すものである。他のものでは例えば多数の半翅目やあるトビケラ (Fig. 171B) の如きは卵の1部が容易に分離される蓋帽を形作り，この部が胚子によつて蓋の如く押し開かれる。第3の類に於ては胚子の前方部に破卵器 (Egg burster) を具え，このものは硬化せる鋸歯または棘または刀葉となつていて，それによつて卵殼が最初に裂破されるのである。

一度卵殼が破れると胚子は卵から外に出る。多くの場合に幼虫は胚子包被即ち前若虫膜 (Pronymphal membrane) 内に包まれている。この膜は幼虫が卵から出る中途に脱皮される。この脱皮殼は卵殼かまたは卵から突出されて残る。破卵器はこの前若虫膜の厚化物である。卵からと胚子被物から自由になつたときにその胚子は後胚子時代の第1齢虫として認められている (Fig. 171C)。

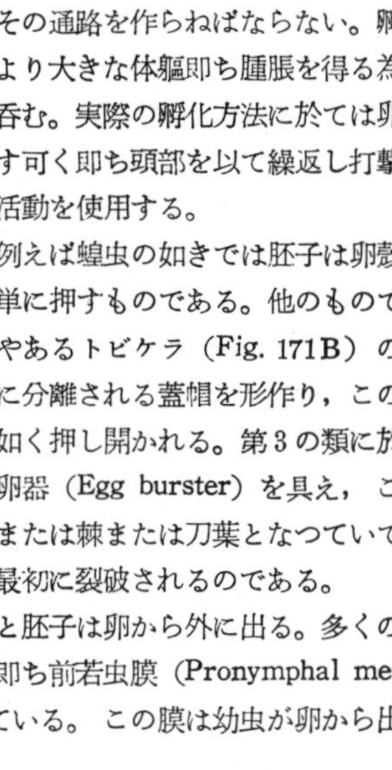

Fig. 176. コバチ1種の増胚生殖 (Sylvestri)
宿主たる鱗翅目幼虫に寄生せる1卵子が2000頭の以上の寄生幼虫となる

多胚子産 (Polyembryony)—ある寄生性膜翅目の卵は屢々1胚子以上の胚子を生ず。タマバエ科の *Phytophaga destructor* の寄生蜂たる *Platygaster hiemalis* は各卵から2胚子が発達し，コマユバチ科の *Macrocentrus gifuensis* では各卵から数胚子が生じ，他の種類では1卵から100〜3000の胚子が生れる。これ等の胚子の各々は実際的幼虫に発達する。多数胚子えの分割は他の胚子的発達が起る前に生ずるもので，分割細胞核は娘細胞核の必要数に有糸分裂によつて分かれる。しかしてそれ等の各々が然る後に1胚子に発達するものである。これ等の胚子は不規則群かまたは長い鎖かの何れかを形成する。多胚子産によつて1小寄生虫が大形の1宿主の中に1卵を産下し，それによつて1卵が宿主内の大量な食物見込の利益を取るのに充分な子孫を生ずる。この1例は微小コバチたる *Litomastix truncatellus* で，この蜂は大形の鱗翅目幼虫 (Fig. 176) に寄生し，卵の小数から2000以上の幼虫がその中に普通発達し，これ等寄生虫が宿主体内を全部消費する。

後胚子的発達 (Postembryonic Development)：
変態 (Metamorphosis)

卵子の孵化から成虫まで個体が成長の時期を通りて経過しそうして変化する。昆虫の皮膚は伸脹出来ず然るに大きさの増加を必要とする為に昆虫は定期的にその旧皮を脱ぎそうしてより大きなものを持てそれに置き換えられる。この脱皮の機工と生理とは既に論述した。大部分の昆虫は少くとも3〜4回脱皮し，ある場合には13回またはより以上の脱皮が正常な発達期間に行われる。平均は5〜6回の脱皮を行う。

この脱皮の方法はときに Ecdysis (脱皮) と称えられ，昆虫によつて脱き棄てられた旧皮を脱皮殼 (Exuviae) と称える。

齢虫と齢 (Instar and Stadium)—少数の例外があるが各昆虫に対する脱皮は数に於けるが如く一定の続発事即ち脱皮間の時間と脱皮に伴う大きさの増加を従うものである。2回の脱皮の間の全期間を齢(Stadium)と称し，1齢期間の真の昆虫は齢虫と命名されている。それで孵化のときから第1回の脱皮迄が第1齢である。発達のこの期間にある如何なる個体もこれを第1齢虫と称える。即ち脱皮の数に1を加えたものが齢の数となる。少数の例外はあるが凡ての昆虫は可動的成虫に達せる後は脱皮がともなわない。

成虫たる事 (Adulthood)—成虫 (Adult, Imago) は充分発達した可機能的生殖器官とこれに附随する交尾または産卵構造を持つ時代のものである。有翅の種類では可機能的翅を有する時代のものである。しかし唯一つの例外がある，即ち浮游目は有翅生殖時代の直前に既に翅を具え且つこれを使用する，この不思議な飛翔性の成虫前の齢虫は亜成虫 (Subimago) と称えられている。

変態 (Metamorphosis)—大部分の昆虫に在つては第1齢虫と成虫との間に顕著な差異が認められる，それ等の世代間に生ずる変化の方法を変態と呼ぶ。この変化は大きさの増加，生殖器官とその附随器官との発達，大部分のものでは翅の発達，形状や外観や体の種々な部分及び附属器に於ける度々の変化等を包含している。

昆虫によつて展開される変態の型式は3つの主な項目に分つ事が出事る，即ち不変態 (Ametabolous)—微かな即ち目に見えぬ変態で翅は決して発達しない，半変態 (Hemimetabolous)—漸進即ち不完全な変態で翅の外的発達を持つもの，及び完変態 (Holometabolous)—複雑即ち完全な変態で，蛹期間迄翅の内的発達を有するもの，等である。

不変態 (Ametabolous Metamorphosis)—小数の無翅昆虫群に於て幼虫は大きさと生殖能力とを除くと成虫と実際的に同様である。彼れ等は変態を行わないものとして考えられている程そんなに微かな変化が成長中に生ずるものである。この類を不変態類 (Ametabola) と唱え，粘管目や総尾目がこれに属する。大部分の不変態にあつては成虫時代が明瞭にされない，即ち生殖が個体が最大の大きさに達する以前に獲得され且つ脱皮が生殖可機能後に続いて行われる。

他の凡ての昆虫は一定の変態が行われて，変態類 (Metabola) と唱えられている。

半変態 (Hemimetabolous Metamorphosis)—漸進変態 (Gradual Metamorphosis) または不完全変態 (Incomplete) とも称えられている。変態のこの種 (Fig. 177) のものに於ては未熟齢虫は普通体や触角や脚や等の一般的外観に於て更に摂食習性に於て成虫に類似している。しかしこの未熟型は翅とよく発達した生殖構造とを欠除している事に於て成虫と異なる。

成虫の形態的特徴は漸進的に獲得され，各連続齢虫は漸次に成虫に段々に類似してくる (Fig. 177)。変態のこの型式のものに於ては成虫直前の齢虫が亜成虫 (Nymphs) と称せられている。有翅昆虫に在つては翅が最後の2～3齢虫に於て中胸背と後胸背との褥盤様の突起として現われる。無翅昆虫に在つては若虫に非常に似ている最後の齢虫は主として不完全な外生殖器によつて区別され得るものである。変態のこの型式を持つ目は半変態類 (Hemimetabola) と命名されている。

半変態類の大部分のものでは若虫は成虫と同じ方法にて同じ食物を摂取する。食毛目 (*Mallophaga*) と蝨目 (*Anoplura*) との両者の場合に於ては若虫の凡ての齢虫が成虫と一所になつて摂食して宿主上に見出される。ゴキブリの若虫と成虫とは共に汚物食者として一所に生活している。植物類を食するもの例えばカメムシや蝗虫の如きは若虫が成虫同様に同じ種類の植物上に摂食し，蚜虫や介殻虫に在つては成虫と彼等の子孫とが密接な集団として同じ植物上に生活している。

半変態類の3目，即ち積翅目と蜉蝣目と蜻蛉目とに在つては若虫は水棲性である。これ等3目に於ける若虫はある若虫によつて水棲若虫 (Naiads) と唱えられている。積翅目に於ては変態はゴキブリに於ける如く簡単で，トビケラ類は遥然にゴリブリに密接な関係を持つている。この若虫は水棲生活に対し只微小な点に於て構造上

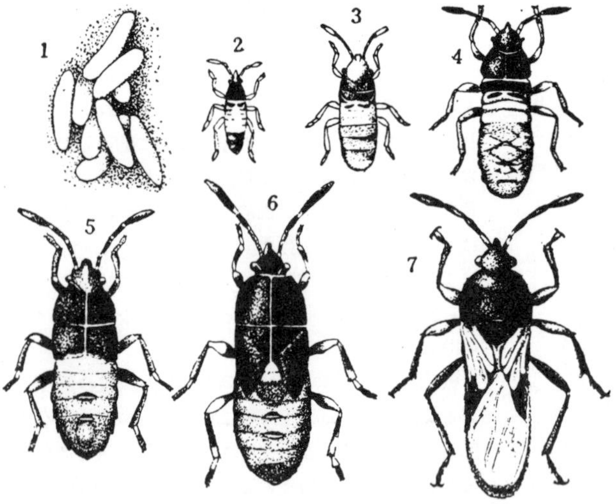

Fig. 177. 漸進変態—ナガカメムシ1種　1. 卵　2. 第1齢虫　3. 第2齢虫　4. 第3齢虫　5. 第4齢虫　6. 第5齢虫（亜成虫）　7. 成虫

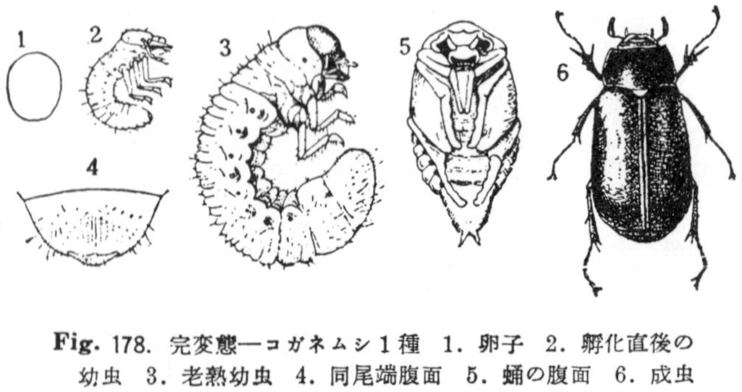

Fig. 178. 完変態—コガネムシ1種　1. 卵子　2. 孵化直後の幼虫　3. 老熟幼虫　4. 同尾端腹面　5. 蛹の腹面　6. 成虫

の適応を具えているのみで，最も顕著な事はある種類によつて鰓を具えていて，このものの痕跡が成虫に存在している。他の半変態の２つの水棲性の目は蜉蝣目と蜻蛉目とで，これ等の若虫はよく発達した側鰓または尾鰓と他の構造とを具え，これ等は成虫に経続されない。しかして一般に一般的外観に於て成虫と異つている。しかしこれ等３目に在つては翅は翅片として外的に発達し，静止蛹期間がなく，真の半変態類である。

完変態 (Holometabolous Metamorphosis)—複雑変態 (Complex metamorphosis) または間接変態 (Indirect metamorphosis) と称えられ，翅は成虫直前の齢虫迄内的に発達し，成虫直前齢虫にて翅は大形の片として反転される。後胚子的期間中に３つの明確な形態，即ち幼虫即ち摂食時代と蛹即ち休息時代と成虫との３型がある (Fig. 178)。

幼虫は元来摂食と成長との期間で，外観上成虫と全く異なり，外翅がなく，屢々小さなまたは不完全な触角と眼とを具えている。多数の幼虫は成虫に見出されない器官，即ち腹部に可動的の脚部即ち幼虫脚 (Larvapods) を具え，大部分の蛾の幼虫は５対 (Fig. 179B)，ある膜翅目（ハバチ類）は８対，毛翅目と少数の小さな群では最後の１節に１対 (Fig. 179A) を具えている。幼虫の期間は群によつて２，３乃至多数の齢虫からなる。

たとえ完変態の幼虫は半変態の若虫の如く外的翅片を具えていないが，それにもかかわらず翅の発達は基礎的にこれ等両群に於て同様である。完変態類に在つては翅は内的片即ち内嚢として発達し，成虫芽即ち組織胚葉 (Histoblasts) として知られ，蛹に変化する時に反転されそうして外的翅片となる。無脚幼虫に於ては成虫の脚は翅と同様な方法にて組織胚葉として形成される。

この組織胚葉は幼虫の早い時期に発達し始め時には胚子の後期に於てさえも現われる。翅組織胚葉の成長に於ける模式的階段は Fig. 180 に模式的に示されている。最初はこの組織胚葉は厚化せる皮膜細胞の１区劃のみで (Fig. 180A)，この部分が大形となり表皮から離れ Fig. 180C の如く内的ポケットを形成し，この嚢の１部の壁が嚢の内方に大きくなる(D)，漸次二重嚢となる (Fig. 180E，F)。蛹化直前にこの嚢即ち未成翅が一般に押し出されそうして嚢が扁平となり表皮の直下に横わる (Fig. 180G)。この表面が蛹齢虫に脱皮する間に脱がされ翅が最後に外部構造としてさらされるのである。もし未成翅が組織胚葉から解体されると，それは半変態若虫の翅片に甚だよく似て見える。

蛹 (Pupa) は無食休止時代で，体と附属器とが一般に成虫に於けるが如く多少ぼかされているが僅かな輪郭を現わすのみである。鞘翅目と膜翅目とある他の目とに於ては蛹は軟かで縮りがなく，附属器が体の側部にゆるく保持されている (Fig. 178-5)。鱗翅目に在つては蛹は非常に硬化され，附属器は体に対し密接にしかも窮屈に保持され，ある類では附属器は溝の内に埋められ体と固く癒合されているように現われている。

蛹は屢々蛹化前に幼虫によつて紡がれた繭の中に存在し，また幼虫は土中に室を造りその中で蛹化する。雙翅目の多数の科に於ては蛹化時代は幼虫の最後の皮膚の内部に経過し，蛹が形成された後にこの幼虫皮膚は排水性の保護殻に硬化する。これを蛹殻 (Puparium) と称える。

蛹時代は変態の１つで，組織が幼虫から成虫への変化を持ち来す為めに組み換えられ且つ発達する。これ等変化の機工は生理の処に大略を記述してある。

成虫 (Adult) は最後の齢虫で完全に発達した生殖器官と大部分の種類に在つては翅とを具えている。成虫の

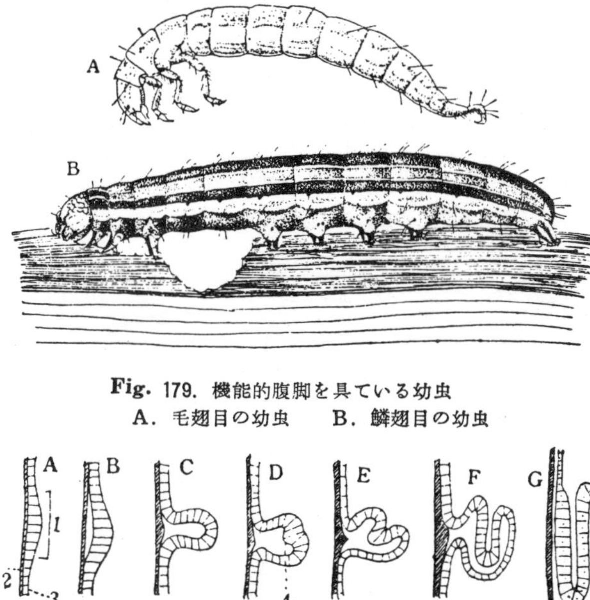

Fig. 179. 機能的腹脚を具ている幼虫
A. 毛翅目の幼虫　B. 鱗翅目の幼虫

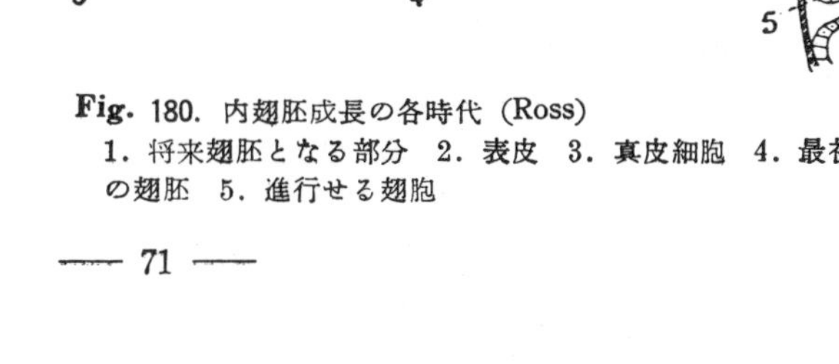

Fig. 180. 内翅胚成長の各時代 (Ross)
1. 将来翅胚となる部分　2. 表皮　3. 真皮細胞　4. 最初の翅胚　5. 進行せる翅胞

主要機能は生殖である。ある種類では成虫期間が短生活で且つ僅かな食物をとるかまたは何等の食物をも摂食しない程高度に発達し，他の類に在つては特に鞘翅目では成虫が長生活で幼虫と殆んど同量の食物を摂取する。

鞘翅目に於ては成虫の口器が幼虫のものと同模式で，同食物かまたは同じ種類の食物を摂取する。例えばキノコムシの如く成虫も幼虫も共に菌蕈に一所に生活し，*Diabrotica* 属のハムシは幼虫は植物の根に寄食し成虫は地上棲で葉（尤も常に幼虫の宿植物と同種ではないが）を食害する。

多数の完変態の目の成虫は彼等の幼虫に見出されるものと異つた型式の口器を具え全く異なつた摂食習性を特つ。この事は特に雙翅目に於て真実となつている。蚊の幼虫は水棲で咀嚼口器を持ち，大部分のものは微生物を食し，成虫は刺吸口器を具え雄は花蜜を雌は鳥や哺乳動物の血液を摂食する。微翅目は他の顕著な例で，幼虫は生気のない有機質物上に汚物食者として生活し成虫は血液を吸収する。

過変態 (Hypermetamorphosis)—完変態類の大部分のものに於ては１種の凡ての幼虫齢虫は摂食習性と一般的外観とに於て同様で主として大きさに差異を認める。しかしある群は１生活環中に幼虫の２型またはより多数の型を有するかも知れない。斯くの如き事態が起つた時にはそれを過変態と称える。最もよい例の中に寄生性膜翅目の多数がある (Fig. 181)。第１齢虫の幼虫は棘毛または尾あるいは他の突起を具えている可動型で，宿主の皮膚を通過するかまたは宿主組織内を移動する。しかしてその後の齢虫は不動で第１齢虫の具備せるようなものは凡て消失している。他の顕著な例は撚翅目で幼い幼虫は活潑で脚と棘毛と尾毛とを具え，後の齢虫は蛆状。発達の同様な種類がツチハンメヨウに生ずる。しかしこのものでは幼虫の齢虫間の差異は主として一般形で僅かな構造上の変化があるのみである。

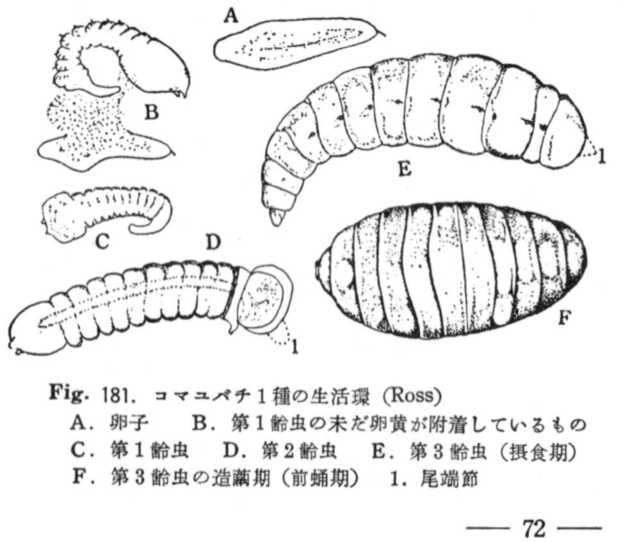

Fig. 181. コマユバチ１種の生活環 (Ross)
A．卵子　B．第１齢虫の未だ卵黄が附着しているもの
C．第１齢虫　D．第２齢虫　E．第３齢虫（摂食期）
F．第３齢虫の造繭期（前蛹期）　1．尾端節

移変型が屢々あつて，種々な齢虫が形状と習性とに於て著しい差異を現わすが形態学的には僅かな差異よりないものがある。例えばある寄生性ハネカクシは細い活潑な第１齢虫とジムシ状の続く齢虫とを有し，毛翅目の少数属は第１齢虫は細い自由生活者で後の齢虫は巣筒を構成する太い体となる。

幼産生殖 (Pedogenesis)—早成生殖成熟で，少数の昆虫に見出され，卵または幼虫または蛹の生産に結果している。稀れな甲虫 ***Micromalthus debilis*** (***Micromalthidae***) の生活環に於てある幼虫が卵を産下しまたは幼虫を産む。タマバエ科の ***Miastor*** と ***Oligarces*** との幼虫は幼虫を産むが産卵はしない。ユスリカ科の ***Tanytarsus*** 属の蛹は卵または幼虫の何れかを産むものかもしれない。この幼産生殖は変態の畸形型で成虫の特質の成熟なしに生殖器官の成熟を包含して成長する。これは屢々普通ならざる世代環を伴うものである。この事に就ては更に後に述ぶる事とする。

2．成　熟 (Maturity)

性成熟と交尾 (Sexual maturity and mating)—成虫は稀れに成虫直前の世態から羽化するや直ちに性成熟を伴う。大部分の場合に雄虫は成熟迄数日を要し雌虫は更に長時日を要する。交尾は多くのものに於て雌虫が成熟卵を持つ前に起る。しかして精子が使用される迄雌の受精嚢中に貯蔵されている。

カゲロウの如く短生活昆虫のある場合には最後の脱皮後約数時にして性的成熟が完成し，交尾が羽化後その日の中にあるいは直ちに行われ，産卵は僅か後に起る。

単性生殖 (Parthenogenesis)—受精なしに生産するこの能力はある昆虫によつて所有されている。ある種類に於ては単性生殖は不規則的にのみ生ずる。あるハバチに於ては無交尾の雌虫は雄のみを生ずる卵を産下し，受精雌虫の卵は雄かまたは雌かの何れかを生ずる。常規としては雄虫がない場合にはある他の単性生殖をなす昆虫に於ては如何なる時でも雄を生産しない。しかして雌は無受精卵を産下しその卵から生れる。ナシハバチ (*Caliroa cerasi*) と ***Endelomyia aethiops*** とは永久的な単性生殖の例である。

産卵 (Oviposition)—大多数の昆虫は卵生即ち卵を産下する。しかし種々な昆虫の産卵習性が驚く可き程異つている。ナナフシムシ科は彼等の卵を地上に個々に産み落とし，蝶は植物葉上に糊付にし，ハバチ類は各卵の退隠所を形成するように葉や茎に穴を鋸切する。卵は個々にまたは大塊に産下され得る。トビケラやカゲロウの押出された卵は体の末端に1塊として集められ，この塊が1単位として産下される。ゴキブリ類ではこの傾向が非常に発達し卵が体から出される時に1所に糊付けされ且つ腺分泌物によつて固められ硬い囊即ち卵莢 (Oötheca) に形成され，それが産下される。カゲロウの如きものでは産卵は単一の大卵塊の産下で完結し，トコジラミに於ける産卵は緩慢なれど数ケ月間連続する。これ等は少数の例に過ぎない。何れ各科の処に更に記述する事にする。

胎生 (Viviparity)—凡ての昆虫は卵を産下しない。種々な類の種類は胎生即ち卵のかわりに幼虫を産下する。胎生の昆虫は卵が少くとも胚子的成長の完成迄輸卵管または膣内にて発達する。この現象は昆虫目を通して分散されている多くの類に生ずる。成虫に於て胎生の種々な種類があつて，ある場合は卵生状態から微かに変化するのみで，他のものは特別な構造の発達を包含している。

卵通路内に於ける胚子の早熟孵化はニクバエ科に起り，卵が成熟迄膣内に止まり，産生されるその瞬間に孵化し，その幼虫が卵の如く産卵管を通して過ぎ，生産に於て幼虫発達の早期であつて，恰もそれは卵生昆虫に於て卵から孵化する点に相当している。撚翅目に在つては卵が雌の体内で孵化し，微小な幼虫が生殖口を通りて匍い出る。

幼虫の膣内的発達はヒツジバエ (*Melophagus*) やツエツエバエ (*Glossina*) に見出されていて，これ等のハエに在つては膣が大室となり (Fig. 182) 幼虫に対する養分を生ずる腺を具備し，幼虫はそこにあつて成熟迄発達し，蛆は膣から産下されるや否や蛹化する。

胎生の最も普通な例の1つは蚜虫の単性生殖世代に於て起る。無受精胚子が卵巣内で発達し，卵生世代の第1齢虫に相当する活潑な若虫として自由となる。

成虫の寿命 (Longevity of adults)—昆虫の成虫は種類によつては数日及び数年の正常な生活をなす。生命の長さは生殖力に関連を有し，死は一般に交尾または産卵活動の完了後短時期に起るものである。嚙虫目のある種の雌成虫の寿命は約20日間で，最後5～6日にして死亡する。しかし無交尾の雌は稀れに産卵し，交尾のものよりも約20日間も長く生きその間に正規の卵粒数を産下する。多数の昆虫種の越冬するものは成虫で，この場合には殆んど1年間の寿命を保つ。例えば多数のハムシ類の成虫は六月に成熟し秋頃迄摂食し後越冬し，翌春活動を

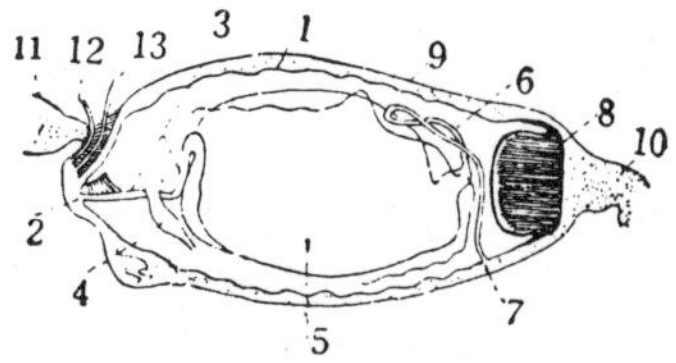

Fig. 182. ツェツェバエ (*Golossina*)の幼虫(母体の子宮内にあるもの) (Snodgrass)
1. 幼虫　2. 同口部　3. 同咽喉　4. 同腹面神経　5. 同胃　6. 同腸　7. 同肛門　8. 同気門板　9. 母体の子宮　10. 同膣　11. 同総輸卵管　12. 同受精囊　13. 同附属腺

初め交尾し五月と六月とを通じて産卵し後直ちに死するものである。

3．食習性 (Food Habits)

食物は如何なる生物の生成に対しても根本的なものである故にそれは1昆虫の生活環に於ける1重要事である。生と死との有機質物の広い範囲のものが食物として昆虫によつて用いられている。利用される食物の型式に従つて昆虫は次の如き方法にて分類する事が出来る。

1．**腐物食性** (Saprophagous)—死有機質物を食するもの
　一般雑腐物食性昆虫 (General scavengers)—ゴキブリ類
　腐植土食性昆虫 (Humus feeders)—粘管目類
　糞食性昆虫 (Dung feeders, Coprophagous insect)—あるコガネムシ類
　死植物組織のみを食するもの (Restricted to dead plant tissue)—シロアリ
　死動物組織のみを食するもの (Restricted to dead animal tissue)—カツヲブシムシ科
　腐肉食性昆虫 (Carrion feeders)—ニクバエ科
2．**植物食性** (Phytophagous)
　葉食性昆虫 (Leaf feeders)—直翅目
　潜葉性昆虫 (Leaf miners)—ハモグリバエ科
　幹根穿孔昆虫 (Stem and root borers)—カミキリムシ科
　根食性昆虫 (Root feeders)—あるコガネムシ類
　虫癭造性昆虫 (Gall makers)—タマバチ科
　汁液吸収昆虫 (Juice suckers)—フジンシ及びアブラムシ
　菌食性昆虫 (Fungus feeders, Mycetophagous insects)— コキノコムシ科
3．**動物食性** (Zoophagous)
　寄生性昆虫 (Parasites)—他動物に生活するもの
　　温血脊推動物に生活するもの (Living on

warmblooded vertebrates)—シラミ

他昆虫に生活するもの (Living on other insects)—ヒメバチ科

捕食性昆虫 (Predators)—食餌をさがしそうしてそれを殺す—サシガメ科

血液食性昆虫 (Blood feeders)—カ

虫食性昆虫 (Entomophagous insects)—他の昆虫に寄生するかまたはそれを捕食するもの

上述の食物分類の中，昆虫と宿主との間に関連を含む2つのものは普通のものでない。それ等は虫癭造性のものと寄生性のものとで，夫々以下に記述する。

虫癭造性昆虫

多くの昆虫は虫癭と称えられている異状成長または畸形が発達するように植物を導き，それらの構造の内に生活する (Fig. 183)。虫癭は植物の特別な組織の異状成長によつて形成され，葉や芽や茎や根に生ずるものである。各昆虫は虫癭の特種型を常に植物の同じ部分に生ぜしめる。ハバチの *Euura salicinodus* は柳の幹に虫癭を造り，他の *Euura hoppingi* は常に柳の葉に虫癭を造る。交互世代を有するある昆虫に在つては各世代にて虫癭の形態を異にする。

虫癭形成の原因は正確には知られていない。しかし昆虫の存在によつて生ずる刺戟かあるいはまた昆虫によつて分泌されるホルモン即ち成長刺戟物かの何れかによつて植物組織の異常な成長である。吸収性昆虫が虫癭を導く時は斯くの如き分泌物がその昆虫の摂食の際の唾液と共に注射されるものならん。若し咀嚼性昆虫が関係する時は分泌物が植物の掻裂された組織上に自由に出されるものならん。

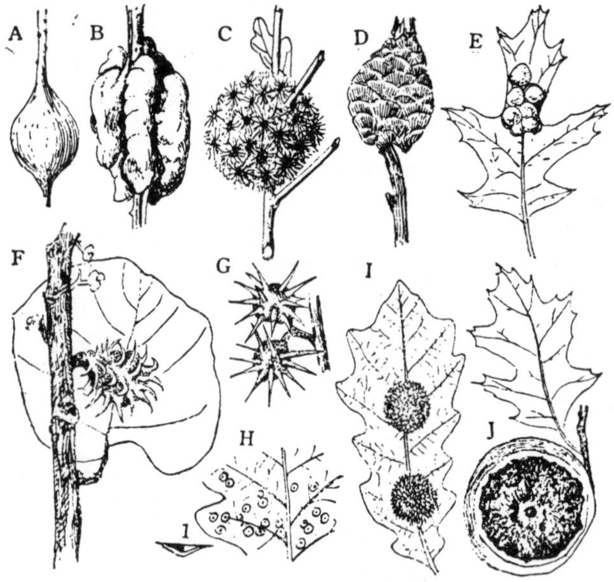

Fig. 183. 虫癭の例 (Metcalf and Flint)
A. アキノキリンソウの虫癭（ミバエ *Eurosta solidaginis* の幼虫の寄生によるもの） B. キイチゴの虫癭（タマバチ *Diastrophus nebulosus* の幼虫の寄生によるもの） C. カシワの虫癭（タマバチ *Andricus seminator* の幼虫の寄生によるもの） D. ヤナギの虫癭（タマバエ *Rhabdophaga strobiloides* の幼虫の寄生によるもの） E. カシワの葉の虫癭（タマバエ *Dryophanta lanata* の幼虫の寄生によるもの） F. ハシバミの虫癭（アブラムシ *Hamamelistes spinosus* の幼虫の寄生によるもの） G. バラの虫癭（タマバチ *Rhodites bicolor* の幼虫の寄生によるもの） H. カシワの葉の虫癭（タマバエ *Cecidomyia poculum*）の幼虫の寄生によるもの）（1. 断面図） I. カシワの葉の虫癭（タマバチ *Philonix prioides* の幼虫の寄生によるもの） J. カシワの虫癭（タマバチ *Amphibolips confluens*）の幼虫の寄生によるもの）

虫癭には2型即ち開口と閉口とがある (Fig. 184)。開口虫癭は本質的に袋状で外界に対し1孔を有し，蚜虫の虫癭はこの種のもので，単独蚜虫の摂食位置の廻りに最初形成され，この部分を囲む植物組織が大形となり漸次撚れあるいは彎曲し内に蚜虫をおさめる財布状に形作られる。斯くの如き虫癭の縁はその中に位する蚜虫が完全に成育する迄は普通しつかりおし付けられてる。しかし内に在る蚜虫が移住する時にはその縁が開かれるものである。ブドウアブラムシ (*Phylloxera*) のもるはこの種に属す。

閉口虫癭は膜翅目のハバチの数属や小蜂科のある類やタマバチ科等のものによつて形成され，これ等の類では雌虫が植物組織内に表皮下に各卵を産入し，これより孵化した幼虫はそこを去る事なくその週辺に形成される虫癭の内組織に生活する。しかして成長するとそこから出て他に蛹化するものと，その儘虫癭内に蛹化し

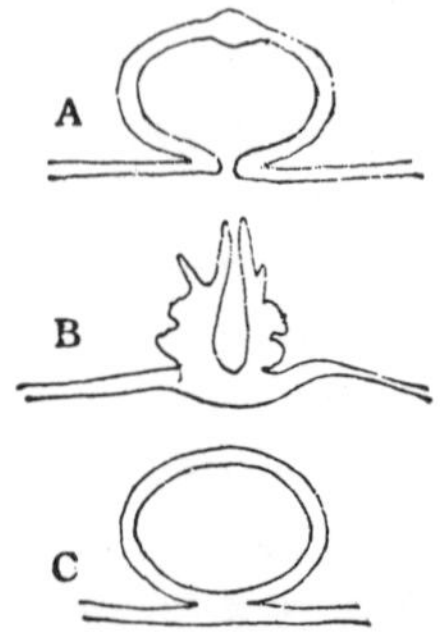

Fig. 184. 虫癭構造の模型図
A. B. 開口虫癭 (Wellhouse)
C. 閉口虫癭 (Ross)

て成虫となつて初めて外部に出ずるものとがある。

寄生性昆虫—動物学的意味に於て寄生虫とは他の動物即ち宿主の体内かまたは体上かに生活し，その処から少くとも1生の間のある時代食物を摂取するものである。種々な昆虫類は真の寄生虫である。習性と宿主との基礎に於て寄生性昆虫は2群に入り，即ち温血脊椎動物の寄生虫と昆虫または他の小形の無脊椎動物例えば蜘蛛や蠕虫等の寄生虫とてある。

温血脊椎動物に寄生する昆虫は彼等の宿主を殺す事がなく，同じ宿主動物上にて寄生虫の多数の個体または多数の世代が生活し得るものである。シラミ目やハジラミ目は外部寄生虫の例である。彼等は鳥や哺乳動物上にて終生生活し，屢々同じ動物上に多数に生じ，且つ宿主の終生間に連続的世代を重ねる。稀れに，たとえ一般の健康と他の病気に対する抵抗とが害されるが，宿主はこれ等の侵害によつて死亡する事がある。ウマバエやウシバエは内寄生虫のすぐれた例で，これ等の蠅の幼虫は宿主の鼻腔や胃や肺等の中に生活し成熟し，充分成熟するとそこを去り地中にて蛹化する。多数の個体が1宿主に個々に寄生する。しかしそれはたとえ害をなすが死に至らしめない。且つ寄生虫の続く世代によつて侵害される。

他の昆虫に寄生する昆虫は脊椎動物に寄生するものから2特徴に於て異なる。即ち (1) 一般に1寄生虫が1宿主を侵害する。 (2) 一般に寄生虫は宿主を殺す。脊椎動物の内寄生虫の如く，幼虫のみが宿主上にて完全に生活する。寄生のこの型式のものは膜翅目の多数の科と雙翅目の数科と鞘翅目の少数の属に見出される。

昆虫の寄生虫は一般に3方法の中の1方法にて宿主を侵す。最も普通の方法は雌虫が宿主上に1卵を産下するかまたは産卵管を以て宿主の皮膚を通し宿主の組織内に1卵を産入するかである。寄生性の膜翅目と雙翅目との大部分のものはこの方法を用いる。第2の方法は間接接近で，寄生虫の雌が卵を宿主昆虫が食物とする植物葉上に産附し，若し宿主が卵附着の葉のあるものを食するとその卵は害されずして宿主の消食系内で孵化し，その幼虫が宿主組織の内に出ずるものである。膜翅目のカギバラバチ科とヤドリバエ科の多数の種類とがこの方法を用いる。第3の方法は卵が多少手当り次第な場所に産下され，第1齢虫が宿主えの道を見出すもので，ツチハンミョウ科やネジレバネ科の如きものである。

これ等の寄生虫の大多数のものは内寄生，しかし寄生性膜翅目のある数のものでは幼虫が宿主の体上にて外的に摂食する。これ等の例に於ては状況が寄生よりもむしろ捕食の状態に近よつている。

寄生の習性はある非常に特化せるもので，膜翅目と雙翅目との数千種が寄生性昆虫でしかも各種が単一宿主種にまたは非常に近似種の1群に寄生するものである。第一次寄生虫と称えられるものは屢々第二次寄生虫によつて寄生され，そのものは更に第三次寄生虫によつて寄生される。第二次及び第三次寄生虫は第一次寄生虫よりも宿主の撰択が比較的制限されている。

摂食と生活環世態(Feeding and Life-cycle Stages)——一般に成虫の生活は元来生殖に関係するもので，成虫は彼等の活動方法とに帰する同化消失を維する為に，あるいはまた体内に於ける卵または精虫に栄養を供給する為めに摂食するものである。直翅目や半翅目や蚤目や吸血雙翅目等の如き群に在つては成虫は若虫または幼虫時代からの栄養貯蔵を補う為めに大量の食物を要するものである。

多数の群に於ては脂肪または他の栄養物の貯蔵が未熟世態から成虫に運ばれ，その為に成虫は摂養を僅かに必要とするかまたは全然その必要を認めないものである。この事実は毛翅目や多くの膜翅目や鱗翅目や雙翅目等に於て真実である。極端な場合，例えば蜉蝣目の如きは卵が成虫羽化の時に既に産下に充分に事実上用意されていて，成虫時代には摂食を行わない。この最後の例は無摂食の方向に於ける極端なもので，これに対して反対な極端者がある。即ちヒツジシラミバエ（雙翅目）で，その幼虫は雌虫の体内にて成熟迄発達し，その母親は終生活潑に摂食するものである。幼虫の為に食物を集める蜜蜂類や多くの蜂類は多少上記のものに平行な位置にあるものである。

4．季節的生活環 (Seasonal Cycles)

生活環は卵から次ぎの卵迄の個々の発達で，季節的生活環とは1年を通じで，即ち冬から翌年の冬迄，ある種に於て正常に生ずる世代，即ち全経続生活環を云うものである。

多数の昆虫の生活環は毎年1世代からなる。斯かる場合には生活環と季節的生活環とが同じである。家蠅の如き場合には暖い季節を通じて生ずる連続的世代があつて，それに続き越冬期間または休息期間がある。斯くの如きものでは季節的生活環は数生活環からなるものである。

ある種の昆虫では生活環が1年以上を要するものがある。例えば多くのコガネムシでは幼虫が2～3年にて初めて成熟し，17年ゼミの如きは幼虫が17年間もその発育に要する。これ等の昆虫は季節的生活環は生活環の1部分のみに包含される。しかし大多数の場合には世代は各種の成虫が年々生じるように重なるもので，季節的生活環は是処ではその年に向つて種の結合世代の活動を包含するように用いられるものである。

一生活環以上を作る季節的生活環は２型がある。即ち反覆生活環を持つものと世代交番を持つものとである。

反覆世代 (Repetitions Generations)

この部属に於ては経続生活環が基礎的に同じで，例えばイエバエの１世代は最初の世代のものと全く同じ形態的特徴と摂食習性と生殖習性とをもつ他の世代に発達する処の卵を産下するものである。夏眠または越冬あるいはまた休息の他の型式のものによるある世代の発達に於ける中断は，生活環の一般形を基礎的に変ずるものとして考えられないものである。再びイエバエを引用すると，それは夏の期間に連続世代を有し，各々の生活環は気候状件に従つて４～５週間を要する。しかし秋に羽化した成虫は越冬し翌春再び正常活動に入る。冬の開始によつて中断されし生活環は時の因子以外夏のものとの差異はない。

世代交番 (Alternation of Generations)

生殖方法と時に習性とに於て全く異なる経続世代を有する種々な昆虫群がある。

成虫のみによつて生殖が行われるもの (Forms with reproduction only by adults)—この部属に属する周知の２群がある。即ちアブラムシとタマバチ，これ等は植物食性のものである。

蚜虫は両性卵生と単性胎生との世代や有翅と無翅との世代や屢々一定宿主植物と異なる夏冬の宿主植物との間の移住等を包含する変化ある且つ複雑な季節的生活環を有するものである。かなり簡単な季節的生活環は蔬菜蚜虫 (*Brevieoryne brassicae*) によつて例を取る事が出来，この蚜虫は十字花植物の茎上に秋産下された卵にて越冬し，翌春孵化し無翅単性胎生型即ち**幹母** (Stem mother) に発達する。この際全卵が凡て幹母となるのである。これ等が有翅または無翅であり得る処の単性胎生世代を構成する。同様な胎生世代が夏中連続的に生ずる。規則としてはこれ等単生生殖をなす個体は約１ヶ月間生活し 50～100 の幼虫を生産する。秋に於て日が短かくなると胎生型が両性世代即ち無翅雌虫と有翅雄虫とを生じ，これ等が交尾して，各雌虫が１個乃至数個の卵を産下し，その卵にて冬を経過する。

上述のものより複雑となつている季節的生活環は種々な特化を持つもので，多くの種類は夏期宿主植物に移住するが，冬期宿主即ち第一宿主植物は一般に木または灌木で，卵が秋期に斯くの如き宿主植物上に産下され，翌春孵化し無翅幹母に発達する。この幹母が正常に有翅胎生雌虫を生産し，それが夏期宿主植物即ち第二次宿主植物に移飛する。しかして連続的な有翅または無翅の胎生世代が秋期迄これ等植物上に於て生ずる。この秋に於て移住型が生れ，それ等が第一次宿主植物に飛移し両性世代の幼虫を産するものである。ある種類に在つては有翅雄虫が第二次宿主植物上に生じ，第一次宿主植物に移住し，そこで無翅卵生雌虫と交尾する。他の種に於ては雄も雌も共に無翅で，それ等は共に最初に第一次即ち冬期宿主植物に移住した有翅胎生雌虫によつて生産されるものである。

以上を表示するとつぎの如くなる。

<table>
<tr><th rowspan="2">季　節</th><th>無　移　住　型</th><th colspan="2">模　式　的　移　住　型</th></tr>
<tr><th>全生態が１宿主上に在る</th><th>一次宿主上の生態</th><th>二次宿主上の生態</th></tr>
<tr><td>冬　期</td><td>卵</td><td>卵</td><td></td></tr>
<tr><td>早春期</td><td>幹母。無翅胎生雌虫</td><td>幹母。無翅胎生雌虫</td><td></td></tr>
<tr><td>晩春期</td><td>有翅胎生雌虫（春期移住形）</td><td>有翅胎生雌虫（春期移住形）</td><td>第一宿主からの春期移住形</td></tr>
<tr><td>夏　期</td><td rowspan="2">有翅と無翅との胎生雌虫（これ等は同種宿主植物の１植物から他植物へあるいは適合関係植物へ移住する）</td><td>少数の迷者</td><td>有翅と無翅との胎生雌虫</td></tr>
<tr><td>早秋期</td><td>二次宿主植物からの秋期移形</td><td>有翅胎生雌虫，ときに有翅雄虫（秋期移住形）</td></tr>
<tr><td>晩秋期</td><td>両性形：雄虫と卵生雌虫</td><td>両性形：雄虫と卵生雌虫</td><td></td></tr>
<tr><td>冬　期</td><td>卵</td><td>卵</td><td></td></tr>
</table>

ある蚜虫の異なる世代中には習性に於ける根本的な差異がある。例えば *Pemphigus* 属に在つては幹母はポプラの葉あるいは葉柄上に虫癭を形成し，その子孫は菊花植物や他の植物やの根に移住し根住世代のセリースを開始する。

フィロキセラ科 (*Phylloxeridae*) (Fig. 185) は普通アブラムシ科に属せしめられている。この科のものもまた単性生殖世代と両性生殖世代との交番をなし複雑な移住習性を有するものである。しかし普通の蚜虫と異なり凡てが卵生である。普通の例はブドウフィロキセラで，

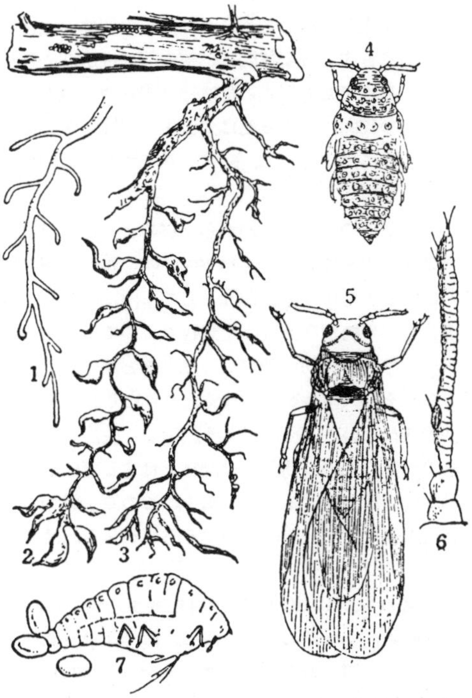

Fig. 185. ブドウのフィロキセラの根部生活型(Riley)　1. 完全根　2. 寄生により膨脹せる根部　3. 寄生により害された根部　4. 無性若虫の背面図（雌）　5. 有翅無性成虫の背面図（雌）　6. 同触角　7. 無翅無性成虫の産卵状態

このものは単性生殖世代の１組が葉虫癭を形成しブドウの根に秋期に移住し，その処に翌春の単性生殖世代の他の組が小さな根に膨脹部と虫癭とを形成する。根に寄生するもののあるものは秋に単性生殖の有翅移住形となり，それ等が地上に匍い昇り葡萄蔓に飛びしかる後無翅雄虫と雌虫とをその処にて生産する。これ等が交尾後雌虫は各々１卵を皮の割目内に産下し，その卵にて冬を越し葉住の世代の１組を開始するものである。

タマバチ科は両性世代と単性世代との交番をなす多くの種類を包含している。その１例はカシワに寄食する *Andricus erinacei* で，この種は葉あるいは花芽内に産下された卵にて冬を越し，翌春孵化して各幼虫がその植物によつて生ぜしめられるる軟い芽虫癭によつて囲まれる。この虫癭の内層は幼虫に対する食物となる。早夏に於てこれ等の幼虫が老熟すると有翅の雄虫と雌虫とが羽出する。雌虫はカシワの葉脈内に産卵し，孵化した幼虫は葉脈を針差ように成長せしむ。これが所謂ハリネズミ虫癭(Hedgehog galls) と称えられている。この虫癭内の幼虫は秋に老熟し，凡ては短翅型雌虫として羽化し，この雌虫が単性生殖的に増殖しカシワの芽の内に越冬卵を産下するものである。

世代交番の利益はうたがいもなく食物供給に関連している。この習性は宿主のより多数の種類に生活するもの，あるいはより多数の個体を有するもの，あるいは更に同じ宿主植物の異なる部分に生活する種数に許されている。これは換言すると昆虫種のより多数の密度が食物供給が切詰められる危険なしに生産し得る事を許容するものである。

幼産生殖型 (Paedogenetic forms)—幼虫による生殖を含む幼産生殖は常に世代の複雑で不規則な生活環と結合している。研究されし例は正常に老熟し蛹化する処の幼虫の不規則な生産を伴い幼産生殖幼虫の経続世代があり得る事を標示している。これ等の蛹から出た成虫は正常通り交尾し有精卵を生ずる。 *Micromalthus debilis* 甲虫は幼産生殖世代と正常の世代との複雑な生活環を有す。最も完全に研究された例はタマバエ科のもので特に欧州産の *Oligarces paradoxus* である。この種に対する世代の模式環は Fig. 186 に模式図的に示されている。幼産生殖性幼虫(1)がつぎの４型の１つに成長し得る処の幼虫(2)を生産する。即ち (イ) (1)の如き他の幼産生殖

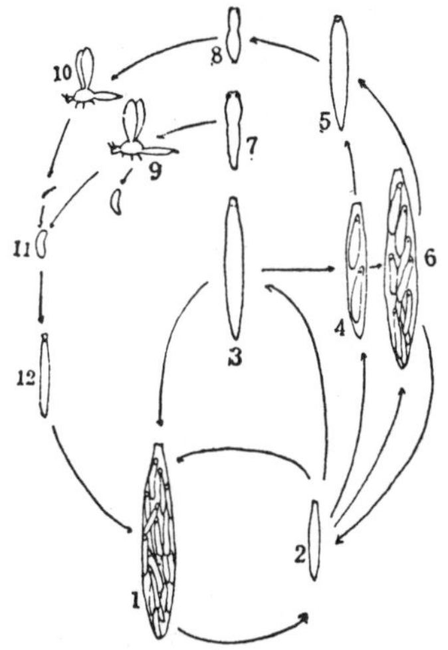

Fig. 186. タマバエ1種 (*Oligarces paradoxus*) の世態 (Ulrich)
1. 幼産幼虫　2. 雌幼虫　3. 雌成虫を生ずる幼虫　4. 雄成虫を生ずる幼虫となる幼虫或いは雌幼虫と雄成虫とを生ずる幼虫となる幼虫　5. 雄成虫を生ずる幼虫　6. 雌幼虫と雄成虫とを生ずる幼虫　7. 雌の蛹　8. 雄の蛹　9. 雌の成虫　10. 雄の成虫　11. 卵　12. 卵からの幼虫

幼虫，あるいは (ロ) 雌虫を生産する幼虫(3)，あるいは (ハ) 雄を生産する幼虫 (5) のみを産む幼産生殖幼虫 (4)，あるいはまた(ニ) 雄を産む幼虫(5)と(1)に類似する他の幼産生殖幼虫との両者を産む幼産生殖幼虫(6)の何れかであり得る幼虫(2)を生産する。雄生産と雌生産との幼虫が蛹化ししかして正常の成虫が羽化する。雌虫は幼産生殖幼虫(1)に発達する処の受精卵を産下する。

Heteropezidae(雙翅目) の *Oligarces paradoxus* の成虫に於ては屢々群団が過剰で即ち食物供給が少ない程に多数に生産される。同科の *Miastor* 属の幼産生殖種に於ては温度の変化が生ずる世代の型に決定的影響を持ち，幼産生殖世代の生活環が日々の状件並びにより多くの包括せる季節的生活環と相互関係を有する。

5．社会棲昆虫 (Social Insects)

生活の型式に於て昆虫の大部分のものは単棲で，各個々が自身で生活し，一種類のものは交尾時期以外は互に何等の誘引がない。親は彼等の食物上にまたはその近辺に卵または幼虫を置く以上に彼等の子孫に何等の興味を持たない。親は一般に子孫が成熟する以前に死亡する。従つて親と子供との関係に対する機会がない。しかし昆虫のある群は社会的生活形式を有する。白蟻や蟻や社会棲蜂類ではよく発達し且つ複雑となり，個々活動の殆んど凡ての模式を包含している。他の昆虫は社会生活の初まりの方に傾いている性を現わしている。例えば母性的世話や社会棲幼虫や共同生活の如き現象がある。

母性看護 (Maternal care)—あるハサミムシの雌虫は卵を被れた室に産下し，それ等を守護し，害敵を追い払う。しかして卵が孵化した後もこの看視が続けられ，幼虫が独立して彼等の巣を去るようになる迄保護している。この時期に於て初めて母性看護がなくなるものである。同様な観察が少数の他の昆虫にも記録され，それ等の中にケラが含まれている。

社会棲幼虫 (Social larvae)—蛾の中に同一卵塊より孵化した幼虫が1つの絹糸綱の巣を構成し，凡ての幼虫がその共通住家を使用するものがある。この巣は木のまたや枝をかこみ全幼虫によつて造営され，それ等の幼虫は日中巣から出て樹木の葉芽を食し休息に際し巣に帰る。テンマクケムシは彼等の全幼虫期間を巣の内に生活し，蛹化に向つてこれを去る。アメリカシロヒトリはまた同様な生活をなすが最後の幼虫齢虫に巣を去り単独棲となる。

共同棲の発達 (Community development)—紡脚目ではある種類は群棲で，土中または地表被物中あるいはまた植物の基部等に絹糸隧道を構成しその内に群団として生活する。雌虫は卵と幼い若虫を看守り母性看護をなす。これ等群団のあるものは地上に数平方ヤードにしつかりした絹糸布を形成し数百または数千の個体を包含する。しかし今日迄彼等個体間に何等の関連性が認められていない。それでこの形式の群棲性は両親や祖親上あるいはそれ等の周囲に蚜虫または介殻虫の群棲があるよりも社会的意味に於て僅かに多くを意味するかも知れない。

社会的生活えの発達の見地から，群のより進んだ模式はゴキブリに生している。*Cryptocercus* 属の所謂キゴキブリは腐敗木材中に家族群団として一所に生活し，彼等の消化管中の特別な共棲原生動物によつて摂食せる本質部が消化される。幼い若虫が脱皮すると消化管が完全に空となりその共棲生動物がなくなり為にそれが何れかから供給されないと直ちに飢える。新しく脱皮した若虫は同群中の他のものの新しい排泄物を食する事によつて原生動物の供給を受けるものである。この原生動物の交換の必要上群団中に一所に生活する必要があるわけである。

社会生活 (Social life)—蟻や白蟻やある蜂やある蜜蜂等は高度に社会生活の発達を持つ。彼等は家族的団体に於て生活し，個々の労働の分離と食物の交換即ち分配と他のものとを有する。上記4類の各々に於て社会生活が独立的に生じている。これは動物習性に於ける平行的進化発達の最も顕著な周知の例の1つである。変態と摂食習性と群形成との実際的詳細はこれ等4類に於て異なり屢々根本的に異つている。されど各々に於て得られた最後の組織は著しく類似している。これ等の中の差異に関して4類の社会的形態の簡単なスケッチを説明する事とする。

白蟻 (等翅目)—木質中の孔か咀嚼生産物から構成されたものの内かにあつて種々な異なる型によつて繁殖せる一定の群団を形造る。年のある時期に有翅両性形の群飛が旧群団から生じて分撒する。彼れ等の飛翔後それ等は陸上に降下し翅を落下させる。雄と雌とが対となり，一所になつて新巣に向つて小さな孔の構成を始める。この時代に交尾が行われ，後雌虫が産卵しそうして孵化せるものを看守する。親雌は最初の若虫を唾液と他の分泌物によつて飼い，斯くして新群団が生ずる。若虫が孵化すると直ちに彼等は自身に頼り摂食し且また親より給食される。この時期から親たる雄と雌とは王と称えられ生殖機能のみを取扱うものである。群団の早い時代には若虫が3型に発達し，何れも無翅で，(1) 働蟻型—構造は簡単で，木質または菌生産物にてそだち，投返によつて若虫や他の型を養う。(2) 兵蟻型—大形の頭を具え，巣の入口と王様を守護しつつ群団に於ける防禦の機能を司る。(3) 代理生殖型―成熟し得て若し王様の死亡する場合にこれに交代し得るもので，普通2型があつて，その1はよく発達した翅突起（決して翅でない）を具えて二次女王と称えられ，その2は翅突起がなく働蟻型に甚だ類似し三次女王と唱ぶ。無生殖型は雄と雌とを有するが，彼れ等の生殖器官は痕跡的である。ある種に在つては兵蟻は長鼻を具えている長頭形によつて置き換えられていて， この形のものは鼻型（Nasutes）と称えられ，このものは不愉快な嗅気を出し外敵を追放するのに役立つている。群団が繁栄すると有翅生殖型の週期的種型が生じ，分散して新らしい群団を構成するものである。

新北洲産の白蟻は地中または木質中に穿がたれた孔に造巣し，ある新熱帯産白蟻は樹木の中に膨大な巣を造り，アフリカや濠洲のある種は地上に塚を造営する。特種な白蟻の塚は明確な形状と大きさをもち数寸から20尺内外にも達する高さのものである。これ等の巣即ち家は職蟻によつて唾液と土または咀嚼木質部とを一所にした所謂漆喰を用いて構造されるものである。これ等の構造が形と大きさとに於て一様で，外部から巣を決して見ない職蟻の数万によつて造られる。これに対しては本能的行為が責任をもちしかして他の活動によつて行われる最も驚く可き現象の1つである。

白蟻社会群の内に材料の変化なき交換があつて，職蟻は兵蟻と生殖型に食物を与え，その返しとして彼等から口または肛門より分泌物を得ている。女王は体の多くの点から望ましい物質を分泌すると考えられている。それは他型のものが女王の体をなめ並びに口分泌液または肛門分泌液を得ている事よりして想像される。物質のこの交換は食物交換（Trophallaxis）と称えられている。

白蟻は木質を食物としているゴキブリ類の如く腸内に共棲原生動物を有し，この原生動物は白蟻によつて食われた繊維素を前持つて消化する性を有す。これ等の共棲者が居ないと白蟻は木質または菌繊維にて生活不可能である。この原生動物は白蟻から白蟻へ白蟻が非常に好んでいる分泌物によつて伝わるものである。白蟻群に於ける社会生活は吾人が現在見出した木質食性のゴキブリに於けるが如く共棲者の伝播を中心としての家族的集団が作られたものであらう。

白蟻の異なる型が生じた実際的な機工は多くの研究者によつての調査と考案との問題となつている。最初即ち第一次の雌雄型を除き他の凡ての型のものはたとえ成熟しても完全な成虫の特質に発達する事が出来ない個々である。非常な特化として成熟せる第二次型の生殖型は可機能的生殖器官の発達をなすが，翅は翅片状態以上に決して発達しない。この型のものは完全型の最後の若虫時代のものに類似している。第3次型の生殖型は可機能的生殖器官を持つているが翅の痕跡もなく，早期の若虫に類似している。職蟻と兵蟻とは可機能的生殖器官も翅の如何なる痕跡をも発達する事がない。

この情況は成長の調節が各型中に於ける差異に対する責任を持つ事をほのめかしている。この調節は差別的かまたは性質的で多分複雑なホルモンの1組からなり，ホルモンの各々が白蟻の1部分に影響し得て他のものと抵触しない。胚子の研究に関する基礎による事実は成長法則の一定の型が卵から孵化する以前に個々の上に負わされている事を指示した。しかしある調整は個々の全生活中に行われている。例えば代理生殖型は女王が死亡するかまたは取り除かれてある迄は可機能的にならないで，しかる後に代理型のある個々体が産卵し初める。この場合及び同様な場合に於て成長ホルモンが型から型へ食物交換によつて交換されるものであると想像されている。即ち可機能的女王が一定成虫の特質の成長と代理生殖型の成熟を防止する事とを禁止する処のあるホルモンを分泌し得るならん。若し女王が死亡したときはこの禁止が除かれて代理生殖型の生殖器官系の成熟を許容するものであらねばならない。更に可能的な事は種々な型によつて供された物質即ち女王によつて摂食された物質は卵と若虫との性質に影響するホルモンを含有し得て巣中にある異なる型の数比をかなり一定に保つ事を助け得るならん。

これ等の思索的な概説は実験的証明方法に於ては微かに基礎付けられたのみなれど群団観察に於ては顕著な証明を有するものである。ある従順な機工が不幸及び掠奪に対して各群が自体でそれ等を調節するように許容されている事を現わす事はうたがいのない事で，ある調整即ち行為形式でなされない調整が不変の本能によつて完全に調節される。

単棲昆虫の習性を持つ白蟻に於ける対照的社会生活に於ては，白蟻習性の種々な形式が社会生活の彼等の模式を形成可能にする特別な指示となつている事は明瞭である。それ等の習性形式はつぎの如きものである。

1）群団の確立中に両親によつて卵と若虫とに対する用心。

2）性的成熟成虫の数年にわたる生活期間中に子孫の多数世代が成熟する。

3）群団を始める生殖型の子孫による両親と若虫との養育。

4）群団中に労働の区分と相関連せる異なる型の発達に導く個々の成長の調節。

蟻（*Formicidae Hymenoptera*）―組織に於て白蟻の

ものによく平行せる社会生活型を現わしている。模式的蟻巣即ち群団は普通木材即ち孔の中あるいは地中に存在し，屢々その上に土の塚を持つている。群団は個体数に於て数十から数万迄の差異があり，各群団は移住性有翅女王によつて基礎付けられる。交尾飛翔後雄は死亡し雌は翅を失う。群団はよく発達すると基本女王と無翅不妊性職蟻や屢々無翅不妊性大頭の兵蟻や幼虫やの多数とからなつている。変態に関しては白蟻と全然異なり，白蟻は半変態で若虫は活潑で孵化後直ちに自身で摂食する。しかるに蟻は完変態である。彼等の未熟時代は無脚で助けなきジムシで不動性で発達する迄全期間養われなければならない。幼虫が成熟するとある類では繭を造りその中に蛹化し，他の類では巣中に裸体の儘蛹化する。群団の早期には不姙職蟻（即ち中性者）が生産され，それ等は無翅で痕跡的生殖器官のみを具えている。群団がよく発育すると有翅雌雄の定期的系統が生産されこれ等が分散する。

白蟻に於ける4習性形式が蟻にも適用されるが変化の方法は異なる。

1）女王のみが経続生活をなし1回の交尾にて数年間の生活に充分で，雄は結婚飛（Nuptial flight）後死亡する。2）女王による最初の卵と幼虫とに対する用心は彼等が成熟する迄養われねばならぬ関係上長引くものである。この期間中に女王の翅筋肉は組織分散をなしそれが女王自身の栄養と幼虫を養う口分泌物との根源となる。3）職蟻は巣が造られると女王と幼虫との養育を司どる。4）異なる型の生産と労働の分割とを以て発達の白蟻同様な調節がある。

蟻は白蟻同様に個々の間に養物の交換を行い，職蟻は女王や兵蟻や幼虫を養い，個々からの滲出物または肛門分泌物を与える。蟻は雑食性で白蟻の如く特種な腸内生物相を持たない。従つて蟻に於ける食物交換は簡単な因果応報式で受理者が供与者に報いられるものである。蟻

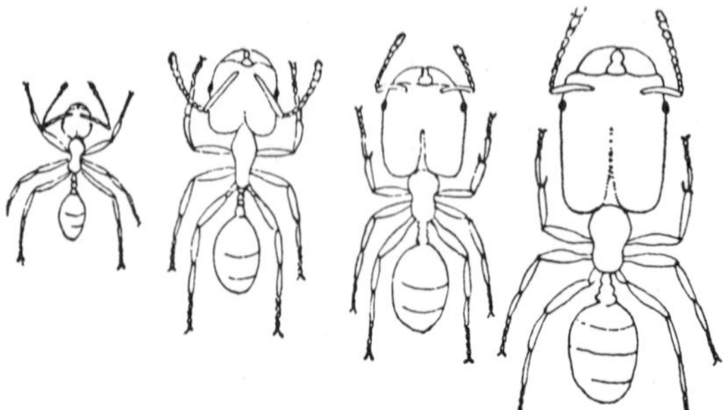

Fig. 187. アリ（*Pheidole instabilis*）の中性における異形態（Wheeler）

に於ける成長ホルモンの可能的交換によつて行われる形式は知られていない。

各個体が性型または中性型の何れかに発達するかは卵の内に既に決定されていると考えられている。しかし中性型の中には世代交番による多型の多くの場合がある。世代交番に於ては体の異なる部分が異なる比率に，即ち小さい個体に在つては凡ての部分がよく比例されて現われるならんもより大形の個体に於てはある部分が異常に大形に現われ得るならんような比率に成長する。蟻の場合に於ては頭は不比率的な成長の部分である。例えば *Pheidole*（Fig. 187）では小さい中性型は頭と腹部とが約同大で，より大きな個体では頭は不比率的により大形で，最大の個体に在つては頭は非常に大形となつている。より大形の頭を具えている型のものは特別な役割を演ずる。即ち兵蟻的能力に於て働くかまたは種子を割る如き仕事に従事する。しかして附加型として一般に考えられている。幼虫に与えられる食物の量がそれから発達する中性型の大きさを決定する。従つて職蟻は給食によつてある型の生成を調節するのに適している。

社会棲蜂（Social wasps）はスズメバチ科（*Vespa* や *Polistes* やそれ等に関連ある属）のもので，社会棲蜜蜂（Social bees）はマルハナバチ科とミツバチ科とのものを称え，習性が社会的で群団をなして生活し不姙職蜂型を有するものである。これ等は凡て白蟻や蟻などとはある見地から異つている。職蜂は有翅で主として小形な事によつて女王から外見上の区別が出来る。これ等両群の蜂は完変態で，幼虫は無脚で蟻と同様全生活中養育されるものである。しかし各々個々の幼虫は個々の室内にあつて，その室は蛹化期間中は閉ざされる。スズメバチ類は昆虫によつて養われ，マルハナバチ類とミツバチ類とは花蜜によつて養われる。ミツバチ以外は1年のみの群団を作り年々受精雌虫によつて始まり，その雌虫は巣を造営し産卵し幼虫のものに食物を集め，それ等の幼虫が職蜂として成熟し，そのものが群団に対し造巣と糧食徴発との義務を補わされる。秋期にのみ雄と雌とが生し，それ等が分散し交尾し雄は死亡し，雌は冬を越し翌春新群団の出発にたずさわる。冬が近づくと旧女王と職蜂とは死亡するものである。

蜜蜂は他のものよりより多く社会的に特化し，彼等の群団は永年で，夏期に寒冷期間即ち花蜜や花粉を得る為の花がない期間を通じて全群団が生活し得るに充分な食物を貯蔵する性を有す。この貯蔵習性の始まりはマルハナバチの特化種に見出される。それ等のマルハナバチの巣の内に数室が食物貯蔵用に構成され，その食物は秋即ち花が少くなつたときに使用される。蜜蜂の巣には（正

規としては樹孔内に造られる）臘室即ち巣の垂直列がある。その室の多数は子供の生産に用いられるがかなり多数の室は食物即ち蜜の貯蔵に使用される。寒冷期間中群団中の個々は巣の内にあつて不精ではあるが活動的で彼等の体内の食物の酸化によつて巣内の温度をよく保つている。無精卵は雄即ち雄蜂 (Drones) を生じ，それ等は何等働かず単に巣の週辺に交尾の為に止まるが数週間後には職蜂によつて追放される。受精卵は孵化後与えられる食物によつて女王かまたは職蜂かの何れかに発達する。それ等幼虫が職蜂の頭内にある腺からの乳状物たる所謂王食物 (Royal jelly) に養われ後に花粉と花蜜とにて養われた場合には職蜂となり，全生育期間 Royal jelly のみにて養われると女王になる。職蜂は給食の凡てを司どる故に職蜂が女王の生産を決定する事になる。

女王は彼等のみでは新群団を基礎付ける力を持つていないで，群飛によつて女王は職蜂群の一部を供い一所に巣を去り新らしい個所を見出しそこに新群団を造る。この型式に於て蜜蜂は他の凡ての社会棲的昆虫と異つている。

社会的生活環 (Social Life Cycle)—社会棲昆虫は他のものから群団，即ち個々でなく，が生殖単位である事に於て異なるものである。生殖型の生産力は不妊職型と兵型とによつて果たされる造巣と食糧貯蔵と防禦とによつて可能的に作られるものである。新巣内のこれ等の型の新世代に結果されるのであろう本能と行為との模式が移住生殖型によつて巣から運ばれる始元内に代表されてあらねばならぬ。

吾々は如何にある昆虫が不均等な世代環を有するかを知つた。各世代がある方法に於て種の福利を助ける為に特化されている。社会的棲昆虫に於て吾々は同じ原理を持つ。しかし種々な世態（生殖型，職型及び兵型）凡てが同時代に起り且つ共通の住家の内で左右に働く。上記の凡てのこの社会的現象が起る４類に於て労働または生態的機能の分割がある。第１型は生殖機能を，第２型は養育機能を，時に第３型が防禦機能を夫々果すものである。これは後生的体の細胞中に起る特化の同じ種類を個々体に運びつゝあるものである。

6．水棲昆虫 (Aquatic Insects)

昆虫は有力な陸棲動物である。しかしある目または科あるいはまた属のものは水棲で少くとも生活環のある時期を水中に経過する。大部分の研究者は祖先の昆虫は陸棲で，現在の水棲者は生活の原始型または一般型からの変化を現わしていると考えている。この事は水棲昆虫の分類的構成によつてよく認められる。それは互によりは種々な陸棲群により多く近似する多数の群の集積を比較する事によつて認められる。ある水棲群は鞘翅目の如き本来の陸棲である目の個立する科である。しかして同じ方向に示される構造的証拠は全昆虫に基礎的器官で水的物質よりもむしろ空気的物質に於て呼吸するように発達した気管系に於て見出される。

水棲昆虫は水中に過ごされる生活環の部分と水棲時代の摂食習性に於て非常に異なるものである。つぎにこれ等を略記する。

蜉蝣目，蜻蛉目及び襀翅目　これ等の目の凡ての種類は水棲で且つ半変態の昆虫である。卵と若虫時代は水中に生活し，成虫のみが空中棲である。蜻蛉目の若虫は捕食性で，蜉蝣と襀翅目との若虫は主に食草性なれど各々は捕食性である数属を有する。

半翅目　6科は水棲，内3科即ちミズムシ科とマツモムシ科とタガメ科とは早い游泳者で，他の3科即ちマルミズムシ科とタイコウチ科とコバンムシ科とは水中にて歩行または他物体上を匍匐する。全生活環が水中に過ごされるが成虫の分散飛翔のときのみ例外となつている。ミズムシ科とマルミズムシ科は植物質物と有機質物にて育ち，他は捕食性。この目の1部水棲のものは後に記述する。

鞘翅目　約10目が水棲で，ミズスマシ科やゲンゴロウ科やドロムシ科等が含まれている。卵と幼虫と成虫とが水中に生活し，蛹は陸上に形成される。あるものは游泳者で他のものは匍匐者，あるものは捕食性で他のものは食草性または汚物食性。少数の他の科では幼虫が水棲で成虫が陸棲，例えば葉虫の *Donacia* の如きである。

脈翅目扁翅亜目　単一の小さな科たるミズカゲロウ科は幼虫が水棲で淡水海綿中に生活し，成虫と蛹とは陸棲。

脈翅目広翅亜目　幼虫は凡て水棲で捕食性。蛹と成虫とが陸棲で卵は水の外に産下される。

膜翅目　微小な蜂の少数の属はある水棲昆虫の水棲卵に寄生する。その幼虫は陸棲卵に寄生するものと同様である。しかし成虫は水中に入り翅をカイとして用い宿主卵をさがす為に水中を游泳する不可思議な習性を具えている。

毛翅目　凡ての世態が水棲なれど成虫とある種の卵とは別で，後者は水上に懸垂している植物の枝上に産下される。欧州産の1属は例外で幼虫は蘚苔及び腐植質土中に生活している。水棲種は捕食性と食草性とがある。

鱗翅目　少数の属が水棲で，幼虫と蛹とが水中に棲息し，成虫は陸棲。幼虫は食草性。

雙翅目　多くの科は水棲幼虫を有し，あるものはまた水棲蛹を有す。成虫は凡て陸棲，あるものは水表上を歩き廻り且水面に静止するが決して水面下に入る事はない。普通の例はユスリカ科とカ科とで，幼虫と蛹とが水棲。アブ科では幼虫が水棲なれど蛹は正規としては水線上の湿気ある個所に見出される。水棲雙翅目は卵を水中に産下するかその上の物体上にあるいはまた水に浸る可能性のある低い地上に産下する。水棲雙翅目の幼虫は捕食性か食草性か汚物食性。

水棲昆虫は水中に於ける生活に対する変化のある数があつて，それ等は主として呼吸と移動とに関するものである。最も広大な適応性は呼吸系に生じ，空気層を保持する有毛部の発達，鰓の発達，及び延長せる気筒の発達等が包含される。これ等は既に記述した。

移動に対しては多くの水棲群は幅広の扁平な縁毛を装う脚が游泳に対して発達している。トンボの若虫は水を通りて自身進行する為に直腸呼吸室から水を放射する性を有する。

半水棲昆虫 (Semiaquatic Insects)—半翅目異翅亜目にはアメンボ科の如き数科が水表面上に生活する。これ等を半水棲と称える。この類は捕食性と汚物食性で，水表面に自然に生ずるものかまたはそこに打ち上げられたものかの昆虫や他の小生物にて生活している。半水棲の個々は水返撥毛を跗節の下面に装い他の昆虫が乾燥面を歩行するが如く容易に水表面を歩行する事が出来る。これと同じ特徴がある水棲雙翅目の成虫に見出され，特にミギワバエ科の水棲のものに顕著で，この幼虫は水棲のものである。ある弾尾目は水表に生活し，体の支持に対して表面張力膜を用い歩行跳躍を容易に行う。

海水棲昆虫 (Marine Insects)—少数の昆虫は大洋に生活する。カタビロアメンボ科の数種と少数のユスリカ科のものは海水棲で岸より遠く離れた所に見出される。大洋に棲息する他の少数のものは満潮と干潮との間の地帯に見出され，満潮の際は海水中に没して生活している。

カ科やヌカカ科や少数の他の水棲昆虫は塩水沼沢や河の海口近き処の塩分水中に生活する。

第6章　分　　類

世界に於ける昆虫の種類は Z. P. Metcalf (Ent. News LI. 1940) によると大凡百五十万種が1758年から1940年迄に発表されている。これ等のものは類似形を一所にする為と同定の実際的意味を作る為に目と科と属との方式に類別されている。目に昆虫を同定する為めに最も多く用いられている特徴は (1) 翅，その発達と組織と翅脈式と数，(2) 口器，咀嚼型か吸収型かまたは他の変型，及び (3) 生活史と未成熟時代との種類等である。

昆虫網は3亜網，即ち多節昆虫亜網 (*Myrientomata*) と少節昆虫亜網 (*Oligoentoma*) と真昆虫亜綱 (*Euentoma*) とに分つ事が出来る。しかしてこれ等亜綱に33目が分属せしめられ得る。つぎの表の如くである。

目の索引表（成虫）

1．無翅または不明瞭な痕跡的翅を具えている………2
　充分発達した翅または痕跡的翅を具えている……25
2．口器は咀嚼型，即ち咬み且つ咀嚼に適応している……………………………………………………3
　口器は吸収型，即ち螫し且つ吸収に適応している……………………………………………………21
3．口器は頭内に引込可能で末端のみが常に現われている…………………………………………………4
　口器は自由で頭内に引込まれ得ない………………7
4．腹部は6節またはより少数節で，腹面吸器と尾跳躍器とを具えている。雌雄共に一定の外生殖器がなく，マルピギー氏管を欠く……Subclass *Oligoentoma*… Order *Collembola*（弾尾目）
　腹部は10〜12節で，吸器も跳躍器もない…………5
5．第1〜第3の各腹環節は1対の小形尖突起を腹面に具え，触角も尾毛もない。微小種…………Subclass *Myrientomata*……………Order *Protura*（原尾目）
　第2〜第7の各腹環節は1対の小形尖突起を腹面に具え，触角と尾毛または鋏子とを具えている………6
6．体は普通鱗片にて被われ，長い尾毛と中尾糸状突起とを具えている………Order *Thysanura*（総尾目）
　体は滑かで鱗片を欠き，尾毛または鋏子を具え，中尾突起を欠く………………Order *Aptera*（無翅目）
7．頭は嘴状に延びている…Order *Mecoptera*（長翅目）
　頭は正常で嘴状に延びていない……………………8
8．小形，軟体かまたは強靱，匍匐且疾走可能な蝨様の昆虫で，前胸は小さく不明瞭…………………………9
　小形または大形，軟体かまたはよく硬化し，前胸は正常……………………………………………………10
9．触角は5節またはより少数節。鳥類や哺乳動物の外寄虫……………………Order *Mallophaga*（食毛目）
　触角は5節以上，草食性……………………………………………Order *Corrodentia*（嚙虫目1部）
10．腹部は基部にて括れ，尾毛はない……………………………………Order *Hymenoptera*（膜翅目1部）
　腹部は括れていない。尾毛は存在する……………11
11．跗節は2節，尾毛は無節……………………………………………………Order *Zoraptera*（絶翅目）
　跗節は3節，前脚の第1跗節は膨大している……………………………Order *Embioptera*（紡脚目）

跗節は2～5節……………………………………12
12. 後脚は膨大となり跳躍に適応している………………
………………Order *Orthoptera*（直翅目1部）
後脚は正常，跳躍に対し特化していない…………13
13. 前胸は著しく長く，前脚は捕獲脚となる……………
…………………Order *Mantodea*（蟷螂目1部）
前胸は長くなつていない。前脚は正常……………14
14. 尾毛はなく，体はよく武装され，触角は普通11節
…………………Order *Coleoptera*（鞘翅目1部）
尾毛を具えている…………………………………15
15. 尾毛は普通無節……………………………………16
尾毛は普通有節……………………………………17
16. 尾毛は短かく角質で鋏子状。哺乳動物の外寄生でなく，広分布のもの…………………………………………
………………Order *Dermaptera*（畳翅目1部）
尾毛は比較的細長，齧歯類の外寄生虫………………
…………………Order *Diploglossata*（倍舌目）
17. 尾毛は3節またはより多数節………………………18
尾毛は1～3節またはより多数節…………………19
18. 体は扁平楕円形，頭は垂直に位置し口器は下方に向い即ち下口式，前胸は常態……………………………
…………………Order *Blattaria*（蜚蠊目1部）
体は多少円筒形，頭は水平に位置し口器は前方に向い即ち前口式，前胸は方形………………………………
………Order *Grylloblattodea*（擬蜚蠊目1部）
19. 跗節は5節，体は長く棒状かまたは扁平で葉状……
………………Order *Phasmida*（竹節虫目1部）
跗節は2～4節，体は棒状でもなく葉状でもない
……………………………………………………………20
20. 跗節は明かに4節，尾毛は2～6節，触角は普通9節より多節………………Order *Isoptera*（等翅目）
跗節は2節，尾毛は無節，触角は9節………………
………Order *Grylloblattodea*（擬蜚蠊目1部）
21. 鳥類や哺乳動物の外寄生虫…………………………22
上述の如き寄生虫でなく，草食性…………………24
22. 体は著しく側扁し，稀に痕跡翅を具え，小形の跳躍性または穿孔性の昆虫……………………………………
…………………Order *Siphonaptera*（隠翅目）
体は側扁せず，匍匐性昆虫…………………………23
23. 触角は溝の中に在つて上方から見えない……………
……………………Order *Diptera*（雙翅目1部）
触角は現われ上方から明瞭に見える…………………
…………………………Order *Anoplura*（蝨目）
24. 跗節の末端節は爪を欠き胞状となつている…………
……………Order *Thysanoptera*（総翅目1部）
跗節の末端節は胞状とならずしてよく発達せる爪を具えている………Order *Hemiptera*（半翅目1部）
25. 翅は1対のみ………………………………………26
翅は2対存在する……………………………………28
26. 腹部は尾糸状突起を有す…………………………27
腹部は尾糸状突起を欠く……………………………
……………………Order *Diptera*（雙翅目1部）
27. 平均棍即ち後翅を代表する小形の有頭器官を欠き，前翅は多数の脈を有す…………………………………
………………Order *Ephemerida*（蜉蝣目1部）
平均棍を有し，前翅は簡単な叉状脈を有し，微小軟弱な昆虫で2本の腹端糸状突起を具えている…………
…………………Order *Hemiptera*（半翅目1部）
28. 前翅と後翅とは異なる構造を有し，前翅は厚く革質か角質で，後翅は膜質………………………………29
前翅と後翅とは同様な構造で，膜質………………35
29. 前翅は退化し細い棍棒状の附属器に化し，甚だ小形種………………………Order *Strepsiptera*（撚翅目）
前翅は基部厚化し屢々不透明となり，末端部は膜質，口器は螫し且つ吸収に適応している………………
…………………Order *Hemiptera*(半翅目1部）
前翅は1様の組織からなる…………………………30
30. 前翅は革質かまたは角質で翅脈を欠き，後翅の被物として役立つている……………………………………31
前翅は革質かまたは羊皮紙質で網脈を有し，後翅は前翅の下に扇子様に畳まれている……………………32
31. 前翅は短かく腹部全体を被う事が決してない。腹部は末端に可動的鋏子を具えている……………………
………………Order *Dermaptera*（革翅目1部）
前翅は部分的かまたは完全に腹部を被い，腹部は鋏子を有する事がない…………………………………
………………Order *Coleoptera*（鞘翅目1部）
32. 後脚の腿節は跳躍に適応し太まり，若ししからざれば前脚が幅広となり開堀肢となつている。腹部は多少円筒形または側扁し，翅は静止の際には多少屋根形に置かれ，背板は一般に腹板より大形，発音器を具えている………………Order *Orthoptera*（直翅目1部）
後脚の腿節は跳躍に適応せず太まらず，体は多少背面扁平，翅は静止の際に体背に平に保たれ，背板と腹板とは亜等大，発音器官を欠く………………………33
33. 体は長く，頭は自由で被われず，緩歩昆虫………34
体は楕円形で扁平，頭は一部または全部が前胸背板下に隠され，疾走昆虫…………………………………
…………………Order *Blattaria*（蜚蠊目1部）
34. 前胸は著しく長く，前脚は捕獲肢となり，尾毛は普

通1節以上の環節からなる……………………………………Order *Mantodea* (蟷螂目1部)

前胸は短く，各脚共等しく，尾毛は簡単。捧状または葉状の昆虫……Order *Phasmida* (竹節虫目1部)

35. 末端跗節は胞状器官に終りよく発達した爪を具えていない。翅は一般に縁毛を装う……………………Order *Thysanoptera* (総翅目1部)

末端跗節はよく発達した爪にて終つている………36

36. 翅は部分的かまたはより多く屢々全面が鱗片にて被われ，口器は吸収に適応している……………………Order *Lepidoptera* (鱗翅目1部)

翅は透明かまたは薄く微毛にて被われている……37

37. 口器は前脚基節近くにて頭の基部下面から生じ吸収に適応せる有節の口吻に包まれている……………………Order *Hemiptera* (半翅目1部)

口器は普通頭の前方部に位置している……………38

38. 翅脈は網状で，多数の縦脈と横脈とからなる……39

翅脈は網状でなく，分岐し少数の横脈からなる…40

39. 跗節は5節より少数節……………………………………40

跗節は5節で稀れに少数節………………………………44

40. 触角は顕著でなく，小さく短かく且つ棘毛状……41

触角は顕著で種々な形状を呈す……………………42

41. 前後両翅は大きさに於て殆んど等しく，跗節は3節……………………Order *Odonata* (蜻蛉目)

前翅は後翅より著しく大形，跗節は4節……………………Order. *Ephemerida* (蜉蝣目1部)

42. 跗節は2節または3節……………………………43

跗節は3節で前脚のものは大形，雄のみが有翅……………………Order *Embioptera* (紡脚目1部)

跗節は4節，前後両翅は殆んど等大……………………Order *Isoptera* (等翅目1部)

43. 前翅は後翅に等しいかまたは狭い……………………Order *Plecoptera* (襀翅目1部)

前翅は後翅より大形……………………Order *Corrodentia* (嚙虫目1部)

44. 腹部は長く糸状で多節の尾糸状突起を具えている……………………Order *Ephemerida* (蜉蝣目1部)

腹部は斯かる突起を具えていない……………………45

45. 頭は嘴状に延びている……………………Order *Mecoptera* (長翅目1部)

頭は嘴状に延びていない……………………………46

46. 前胸は方形かまたは殆んど方形に近く，後翅は襞があるかまたはその臀部が静止の際に扇子状に畳まれる。水棲昆虫……………………………………47

前胸は円筒形または亜円筒形，後翅は静止の際に稀れに扇子状に畳まれる。大部分陸棲（毛翅目は後翅が常に畳まれ水棲）……………………………………48

47. 尾毛は細長く多節，翅は静止の際は背上に平たく密接して保たれる……Order *Plecoptera*(襀翅目1部)

尾毛はない。翅は静止の際に背上にゆるくかまたは屋根形に畳まれる……Order *Megaloptera*(広翅目)

48. 前胸は甚だ細長く，翅は亜等……………………Order *Raphidiodea* (駱駝虫目)

前胸は著しく長くなく，翅は異形……………………49

49. 跗節は2節または3節……………………………50

跗節は4節または5節……………………………51

50. 尾毛は存在す。体長3mm以下……………………Order *Zoraptera* (絶翅目1部)

尾毛はない。体長3mmまたはより大……………………Order *Corrodentia* (嚙虫目1部)

51. 腹部は長い多節の尾糸状突起を有す……………………Order *Ephemerida* (蜉蝣目1部)

腹部は長い尾糸状突起を欠く……………………52

52. 前胸は強く硬化しまたは角質，前翅は後翅より大形，後翅は少数の翅脈を有し，大顋はよく発達し，鬚は短い…………Order *Hymenoptera* (膜翅目1部)

前胸は薄く膜質か羊皮紙質，後翅は前翅と等長か長い。共に多くの脈を有す。大顋は小形，鬚は長く顕著……………………………………53

53. 前後両翅は殆んど同大で畳まれず，静止の際に背上に屋根形に保たれる。陸棲と水棲……………………Order *Neuroptera* (脈翅目1部)

後翅は前翅に等しいかまたはより屢々長く縦に畳まれる。翅は静止の際に背上に平たく保たれるかまたは体側に置かれる。水棲……………………Order *Trichoptera* (毛翅目)

各　　論

A　多節昆虫亜綱
Subclass *Myrientomata* Berlese 1909

細長く無翅で6肢を具えている動物で原尾目からなる。この昆虫は他の凡ての昆虫から成長の形式が全く異つている。即ち増節変態 (anamorphosis) を行うものである。この変態は脱皮につれ環節数が増加するもので，原尾目に在つては各脱皮毎に腹部の環節が追加される。原尾目はまた触角を欠き，この特徴が更に他の昆虫類と区別される点である。

I　原尾目
Order *Protura* Silvestri 1907

(Fig. 188, 189)

(*Myrientomata* Berlese 1909, *Anamerentoma* Prell 1912.)

英名 Proturans, 仏名 Protires, 独名 Proturen.

成虫—微小で細く，体長0.5乃至2 mm 白色。頭は円錐形に近く，触角も眼もない，しかし後者は1対の擬眼 (Pseudoculi) にて代表されている。口器は咀嚼型で針状の大顋と小形の小顋と貧弱な膜質の下唇とよりなる。脚は3対殆んど同様な構造なれど，前脚は触覚器官として作用する。小顋鬚は3節あるいは4節，下唇鬚は2節または3節，上唇はないか棘状かまたは顆粒状。跗節は1節，爪は1本，爪間盤は棘毛状。腹部は12節，尾毛はなく，腹面の最初の3節には各々1対の短い1節または2節の附属器を具え，同器の末端に反転性小嚢を具えている。気門は中胸と後胸とに各1対を有し，腹部にはない。

消化系は簡単で直線となり大形の円筒状の胃を有し，2対の小顋腺と1対の下唇腺即ち唾液腺とを具えている。マルピギー氏管は2群に配列されている6個の単細胞または2細胞からなる乳房状物にて代表されている。

循環系は正常でなく無脈搏の縦背囲心索 (Pericardial cord) を有するのみ。

呼吸系 (Fig. 190) は気管が簡単で2対がある，または全体ない。

神経系は脳と喉下神経球，各胸部環節及び最初の5腹部環節に各々神経球があつて2本の神経連鎖により連続し，最後の神経球が最大となつている。更に各脚の基部に附属神経球があり，また前脚に特別な感覚器官がある。

Fig. 188. *Eosentomon ribagai* Berlese の背面図 (Berlese)

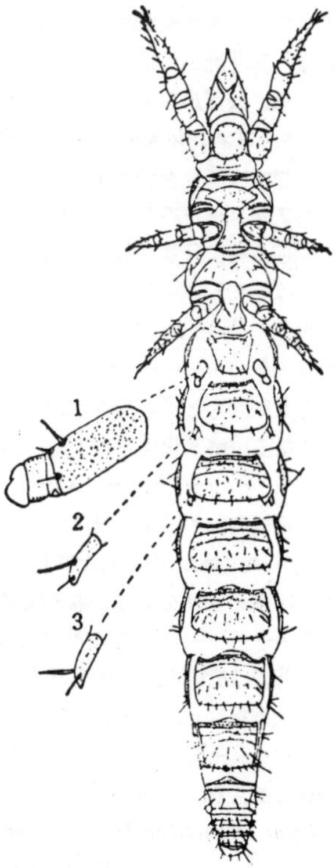

Fig. 189. *Acerentomon doderoi* Silvestri の腹面図 (Berlese) 1～3尾状突起

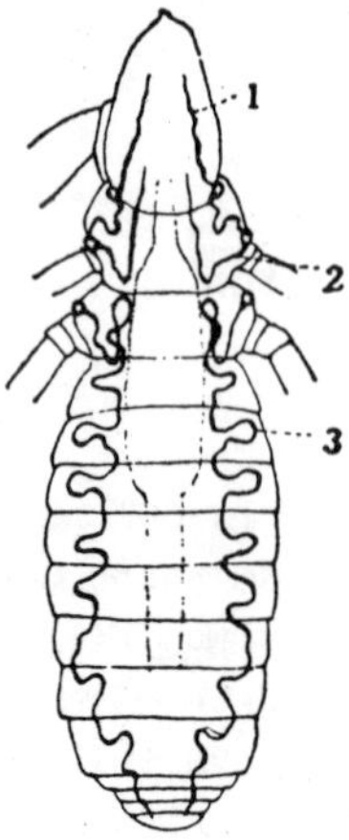

Fig. 190. *Eosentomon* の気管系(Berlese)
1．頭部気管
2．胸部気管
3．腹部気管

生殖系は各生殖巣が1本の卵管または精管からなり，ある1例は3対の卵管を有す。輸精管は長く捲旋し第11と第12腹環節の間にある生殖器官を通じて開口し，輸卵管は第8腹環節にて左右合し総輸卵管を構成している。

若虫は一般的外観が成虫と同様，成長は増節変態で，各脱皮毎に環節が1個宛追加される。第1齢虫即ち前若虫（Protonymph）は9腹環節を具え，第2若虫（Deutonymph）は10節となり，第3若虫（Tritonymph）は11節の腹環節を具えている。而して成虫において12腹環節を持つことになる。その他の変化は殆んど認められない。

世界から発見され略62種で，新北洲から23種，新熱帯から2種，旧北洲から27種，東洋から1種，エチオピヤ洲から1種，濠洲から6種が発見されている。日本からヨシイムシ（*Acerentomon nippon* Yosii）が発見されている。標本は落葉を乾燥することによつて採集可能で，エチールアルコールの70%中に保存する必要がある。

次の如き3科に分類されている。

1．気管は存在し，中胸と後胸とが各1対の気門を有し，腹部の痕跡的附属器は2節，第8腹環節には櫛歯列を欠く……………………*Eosentomidae*（Fig. 188）

気管も気門もなく，腹部附属器は第3節のものが1節よりなる，第8腹環節は1対の櫛歯列を具えている……………………………………………………………2

2．腹部背板の各々が1本または3本の横線と側背板（Laterotergites）の1対を有し，腹部各背節は2列の完全な横棘毛列を具え，第8腹環節は明瞭な櫛歯列を装う……………………*Acerentomidae*（Fig. 189）

腹部背板は横線も側背板もなく，各節に1列の完全な横棘毛列を具え，第8腹環節は櫛歯列を欠くか減退せる櫛歯を具えている……………*Protentomidae*

1．ショチュウ（初虫）科

***Fam. Eosentomidae* Berlese 1909**

Protapteridae Börner 1910

Eosentomon Berlese 1属のみからなり，14種が記載され，欧州に6種，熱帯アジアに1種，北米に7種。

2．ムカクチュウ（無角虫）科（鎌脚虫科）

***Fam. Acerentomidae* Berlese 1909**

Acerentomon Silvestri と *Acerentulus* Berlese（*Acerentuloides* Ewing, *Acerella* Berlese）との2属が含まれ，前者は17種（欧州に10，北米に5，欧州及び北米に2種），後者は15種（欧洲に6，北米に7，欧洲・北米及び日本に各1種）等が知られている。

3．ゲンチュウ（原虫）科

***Fam. Protentomidae* Ewing 1936**

世界より3属即ち *Microentomon* Ewing（欧州に1種）と *Protentomon* Ewing（北米から1種）と *Proturentomon* Ewing（*Paraentomon* Womersley, *Parentomon* Womersley）（欧州に2，北米に1種）等が発見されている。

B 少節昆虫亜綱

Subclass *Oligoentoma* Ross 1948

この亜綱は弾尾目のみからなり，明瞭な変態がなく，つぎの構造上の3特徴が基礎となつて他の昆虫から区別される。1）腹部は6環節のみ，2）一定の生殖器が雌雄共に存在しない。3）マルピギー氏管がない。胚子的分割に於いても他の昆虫と全く異なる。即ち弾尾目に在つては全割（Holoblastic）で卵全体が最初の分割に於いて割れるが，他の昆虫では局割（Meroblastic）で細胞核の分列に際し卵黄の分列が伴わない。

II 粘管目

Order Collembola Lubbock 1870

Podurida Leach 1817, *Apontoptera* Shipley 1904.

Springtails, Snowfleas, 独乙にては Springschwänze, 仏国では Collemboles と称えられ，微小の昆虫で稀れに5mm の体長を有するものがある。口器は内顎口（Entognathous）で咬むに適応し，触角は普通4～6節，眼は存在するかまたはなく，有する場合には頭の各側に8個以上の小眼によつて代表され，跗節と脛節とは一般に癒合し，腹部は6節からなり，第1腹板に腹管（Ventral tube），第3腹板に微小の保器（Tenaculum）即ち鈎器（Hamula），及び第4腹板または第5腹板に叉状躍器（Forked spring）を具えている。尤もある種類には鈎器と躍器とがない。

世界より約1100種が発表され，殆んど如何なる個所にも発見される。土中，腐敗植物質中，牧草間，樹皮下，その他等は勿論，ある種類は蟻や白蟻の巣中に，また他のものは淡水面に，海浜に，更に満潮の際に海水にて常に被われる様な個所等にも生活している種類がある。主に湿気が必要であるが稀れに甚だ乾燥せる所にも生存している。世界に広く分布するが独り個々の種類としてのみでなく，同属，または同種のもので共通的な分布をなすものが少くなく，例えば *Isotoma* 属の如きは南北両極より全欧州，北米，南米，大平洋小島，南洋群島，その他にも発見され，*Sminthurus hortensis* の如き欧州や北米や日本等に広く分布している。彼等の色彩は甚だ変化に富み，多数のものは暗藍黒色，他のものは緑色あるいは帯黄色で暗色の不規則斑紋を少数のものは帯紋を有し，更に全体白色や鮮紅色や金属色等の種類もある。

食物は主に腐敗植物質や菌類や地衣類であるが，ある種類は胞子や発芽種子や生植物等を食する。為めに温室や蔬菜園や畑等の害虫と認められている種類も少くない。水表に生活している種類は硅藻や藻類その他を食物とし海水棲のものは腐肉を食している。

蟻や白蟻の巣中に棲息しているものは眼と躍器とを欠いている。化石としては9属12種がコハク層中に見出されている。

粘管目類は刷子やピペット等で容易に採集する事ができるが普通ゴム管付吸虫管等を使用することが便利である。尤も多数に同時に採集せんとする場合にはベルレーゼ氏式の採集箱を使用することが最もよい。標本の貯蔵には70〜90%のアルコールを一般に用い，それ等をKOHや乳酸やその他の透明剤を以て浄め後バルサムまたはユーパラールを以て固定せしめるのが普通である。新らしい標本はスライド上にて直接ベルレーゼ液に浸し約1時間120°Fに熱し後充分乾燥させると永年の貯蔵に耐える。

外形態 (Fig.191)

細いものより殆んど球形に近いものまでがあり，外皮は軟かで滑かまたは顆粒を布し，屢々鱗片か棒状物か毛等に被われ，また種類によつては擬小眼 (Pseudocelli) と称える感覚徴器官を表面に撒在せしめているものもある。

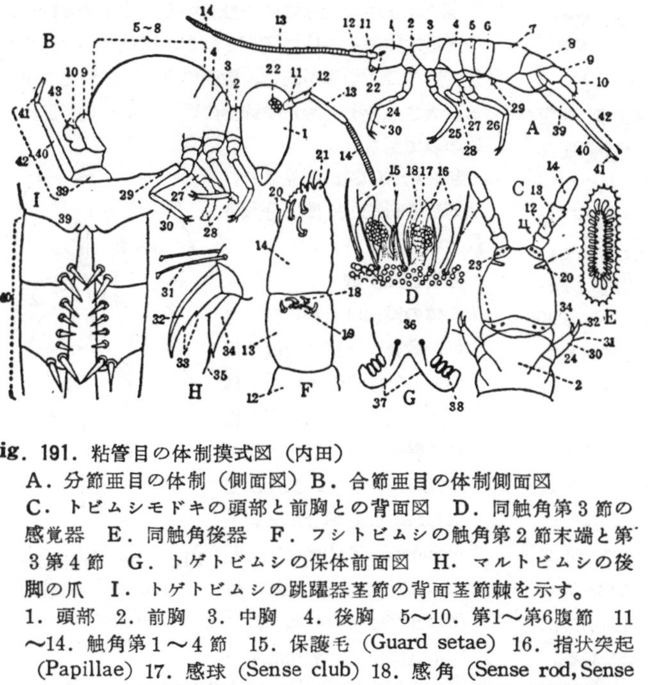

Fig. 191. 粘管目の体制摸式図（内田）
A. 分節亜目の体制（側面図）B. 合節亜目の体制側面図
C. トビムシモドキの頭部と前胸との背面図　D. 同触角第3節の感覚器　E. 同触角後器　F. フシトビムシの触角第2節末端と第3第4節　G. トゲトビムシの保体前面図　H. マルトビムシの後脚の爪　I. トゲトビムシの跳躍器茎節の背面茎節棘を示す。
1. 頭部　2. 前胸　3. 中胸　4. 後胸　5〜10. 第1〜第6腹節　11〜14. 触角第1〜4節　15. 保護毛 (Guard setae) 16. 指状突起 (Papillae) 17. 感球 (Sense club) 18. 感角 (Sense rod, Sense cone) 19. 触角第3節の感覚器　20. 嗅毛または感毛 (Olfactory hair or Sensory hair) 21. 端球(End club, apical sense organ) 22. 眼　23. 擬小眼 (Psendocelli) 24. 前脚　25. 中脚　26. 後脚　27. 腹管 (Ventral tnbe) 28. 腹嚢(Ventral sac) 29. 保体 (Retinaculum, tenaculum, hamula, catch) 30. 脛跗節　31. 粘毛 (Tenent hair) 32. 上爪，爪 (Superior claw, unguis, claw) 33. 内縁歯 (Inner marginal teeth) 34. 下爪，擬爪 (Inferior claw, unguiculus) 35. 亜端糸 (Subapical filament) 36. 主体 (Corpus tenaculus) 37. 分枝，保鉤 (Rami, hooks) 38. 歯 39. 柄節 (Manubrium) 40. 茎節 (Dentes, dens) 41. 端節 (Mucro) 42. 叉状器，跳躍器 (Furcula, spring organ) 43. 肛棘，肛節附属器 (Appendices anales)

頭は前口式 (prognathous) か下口式 (hypognathous)。複眼はないが8個またはより少数の小眼にて代表され，単眼はない。触角は普通4節なれど稀れに5節または6節で，感覚器官が第3と第4節とに存在している。口器は頭内に引込まれ，咀嚼または吸収に適し，大顋 (Fig.192) は細く一般に末端に歯を具えている。小顋は屢々複雑な末端構造いわゆる頭部 (Head) を具え鬚を欠いているが，時に1棘毛にて代表されている。下唇は非常に退化し中舌も側舌も分離する事がなく且つ鬚もない。下咽頭は完全かまたは分離しよく発達した葉片状の背舌を具えている。頭部に特種感覚器官がある。即ち触角後器(Postantennal organs) がある。このものは簡単な円い膨みかまたは輪環状や総状等の複雑な構造物かである。尚更に触角第3と第4環節上に棍棒状か球桿状か円錐状か棒状や凹陥状か毛状等の感覚器官がある。

胸部は3環節が明瞭で，時に中胸背が前胸を被つている事があり，また稀れに腹部に密接し分割が不明なものもある。脚は4節よりなる。即ち基節と転節と腿節と脛附節 (Tibio-tarsus) とで，末端に大爪(Unguis) と小爪 (Unguiculus) として知られている1対の爪を具え，前者は上方に後者は下方に位し，この小爪は痕跡的かまたは欠けている。

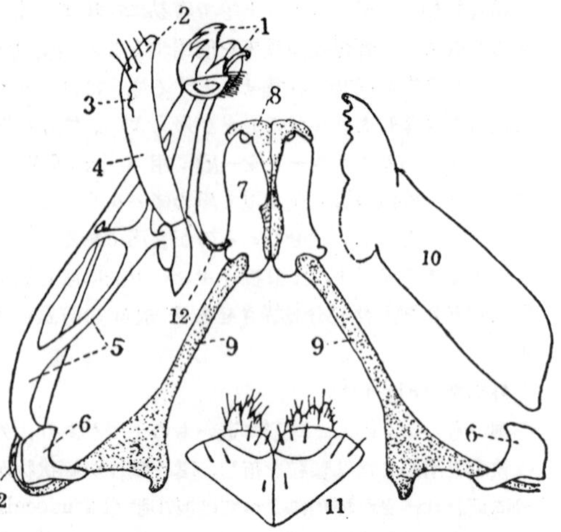

Fig. 192. *Orchesella* の口器背面図(Folsom と Imms)
1. 小顋内葉 2. 同外葉 3. 同鬚 4. 担鬚節 5. 蝶鉸節 6. 軸節 7. 背舌 8. 下咽頭 9. 下咽頭柄部 10. 大顎(右) 11. 下唇

腹部は6環節が区分されまたは癒合し，第1節の腹板に腹管があつて末端2片となり1対の可出小嚢を具え，この小嚢は一般に浅いが時に長い管状となつている。この器官は多くの学者によつて滑かな面や傾斜面を歩行の際それに附着するに役立つものと考えられている。第3環節腹板は鈎器 (Hamula)，または腹管 (Tenaculum)，または保体 (Retinaculum)，あるいは躍器保持器 (Spring holder) 等と称えられている器官を有す。このものは本来1対なれど基部癒合し1基片即ち幹部(Corpus)となり末端は分かれいわゆる分岐部 (Rami) となつていて，躍器を保持するに役立つている。第4節または第5節の腹面に躍器即ち叉状器 (Furcula) がある。このものは1対よりなるが部分的に癒合し，基部は基節 (Manubrium) となりその末端が2分し端腕即ち茎節 (Dentes) となり更にそれ等の尖端に端節 (Mucro) を具えている。この躍器は静止の際に腹面前方に曲り，之れが急激に延ばされ跳躍が行われるのである。尾毛はない。生殖器はなく，生殖孔は第5腹板の後縁近くに開口し，肛門は第6腹板上に存在している。

内形態

消食系は簡単で直管よりなり，大部分は中腸よりなり，中腸は *Neelidae* では4室よりなる。唾液腺は存在し，マルピギー氏管はなく排泄は脂肪体と胃の皮膜細胞によつて行われ，後の場合は脱皮の際に出されるものである。

循環系は6室よりなる心臓とその前端の大動脈とよりなり，心臓と6対の瓣口と翼筋とを具え，大動脈は *Anurida* 属では前腸を囲み頭の大脳下に開口している。

呼吸系は大部分の場合に表皮にて行われるが，*Sminthurus* や *Smynthurides* や *Actaletes* の属では気管 (Fig. 193.) があり，第1の属では頭と胸部との間に簡単な1対の気門がある。

神経系は喉下神経球と3胸神経球とがあつて1対の神経連鎖によつて連り，腹神経球は胸部のものと合体している。

生殖系は雌雄同様で，雌雄の生殖巣 (Germarium) は後方と言うよりは側方に位置し，1対の大嚢よりなり，これより出ずる左右の管は短く互に癒合し，膣または射精管を形成している。卵巣は卵黄細胞と卵との群よりなる。

後胚子的発育

卵は滑かまたは有毛で球状，普通乳白色，小群にまたは個々に土中や腐植質中や推肥中や樹皮下や葉間か石下や腐敗木中やその他に産下される。孵化当時の若虫は白色で眼の周辺のみが暗色。数回の脱皮を経て成虫となる。大さと色彩と触角や躍器の環節とに変化が認められるのみである。

現在約1200種が発見され，3亜目6科約100属に分類されている。

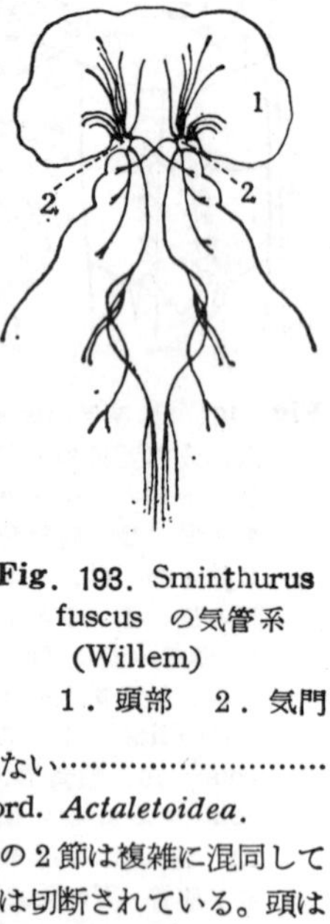

Fig. 193. Sminthurus fuscus の気管系 (Willem)
1. 頭部 2. 気門

亜目の索引表

1. 体の環節は明瞭に区割され，最後の2節または3節が部分的癒合している。体は多少長く，頭は水平で稀れに幾分曲り，触角は頭の末端半に位置す。鱗片にて被われている場合が多い……Subord. *Arthropleona*.
2. 体は緻密に構成され，最後の2節は幾分分離し，頭は垂直に位し，触角はその中央に存在している。鱗片はない……………………………Subord. *Actaletoidea*.
3. 体は多少球状に近く，最後の2節は複雑に混同しているかまたは癒合し，末端節は切断されている。頭は垂直に位し，触角はその中央か中央の上方に生しあるいは稀れに中央前方に存在している。鱗片は小形で顕著でない……………………Subord. *Symphypleona*.

a. 離節亜目

Suborder *Arthropleona* Börner 1901
(*Entomobryoidea* Crampton 1920)

つぎの9科に分類する事が出来る。

1．前胸背板は背面から見る事が出来，体は鱗片にて被われていない。躍器は若し存在する時は腹部第4節から生じ，触角は短かく4節からなる……………………2

前胸背板は背面から見えない。即ち中胸背板にて被われ一般に膜質。皮膚は滑かまたは稀れに微顆粒を散布し，毛または鱗片にて被われている。躍器は一般に腹部第5節から生じ，甚だ稀れにこれを欠く。触角は4～6節からなる……………………………………………5

2．額は擬小眼を具え，眼はなく，躍器は一般にない。前胸背板は他の節と同様な構造で微棘毛を装い，皮膚は微顆粒を装う…………………Fam. *Onychiuridae*.

額は擬小眼を欠き，眼は屢々存在し，躍器は一般にある……………………………………………………………3

3．頭部は下口式，眼は頭部の後縁近くに位置し，跳躍器の茎節は輪環付けられ腹管に達し，柄節は茎節の1中担器を具えている………………Fam. *Poduridae*.

頭部は幾分前口式，眼は頭部の中央前に位置している。跳躍器の茎節は輪環付けられていない且つ甚だ稀れに腹管に達し，柄節は存在する場合には中担器を具えていない……………………………………………………4

4．体の表面に顆粒状突起を具え，それから毛を生じている。時に有毛微顆粒を散布するのみ…………………………………………………Fam. *Achorutidae*.

体の表面に顆粒がない……………………………………………………………Fam. *Hypogastruridae*.

5．腹部の第3節は第4より明かに短かい。後脚転節の上面に転節器官（上向の棘毛）を具え，爪の下縁は割れている。跳躍器を有する。体は鱗片を装うかまたは然らず……………………………………………………6

腹部の第3節は第4より長いかまたは殆んど等長。後脚転節には転節器官を欠く，爪の下縁は多くは簡単……………………………………………………………8

6．体は幅広の鱗片を装う。跳躍器の茎節は末端狭小となり鱗片を装う………………Fam. *Cyphoderidae*.

体は細長の幅広の鱗片を欠く……………………………7

7．跳躍器の茎節は末端に随円形または嚢状の附属器を具えている………………………Fam. *Poronellidae*.

茎節は末端に著しく狭小となり附属器を欠く………………………………………………Fam. *Entomobryidae*.

8．腹部の第3節は第4より非常に長い。跳躍器は発達している。体は鱗片にて被われている……………………………………………………Fam. *Tomoceridae*.

腹部の第3節は第4と殆んど等長かまたは幾分より長い。体は鱗片を欠き，跳躍器は時にない…………………………………………………Fam. *Isotomidae*.

4．ミズトビムシ（水跳虫）科

Fam. Poduridae **Börner 1913**

この科は *Podura* Linné 1属からなる。ミズトビムシ（*Podura aquatica* Linné）（Fig. 194）は世界に広く分布し，本邦にも到る処の池沼の汀線に見出され屢々群をなして水面に浮んでいる。体長1.3mm内外。青黒色で触角と脚と跳躍器とは赤紫色，全面粗大な顆粒に被われ且つ屈曲した棘毛を疎生している。眼区内には10数個の円錐形突起を有する。触角の第3節にある感覚器は短直で2本の棘毛状感角を具え，第4節の端球は3個で半球状。触角後器はない。跳躍器茎節は弓状で外方に張り，端節は1外葉と2内葉とを附し基部に三角状突起を見えている。

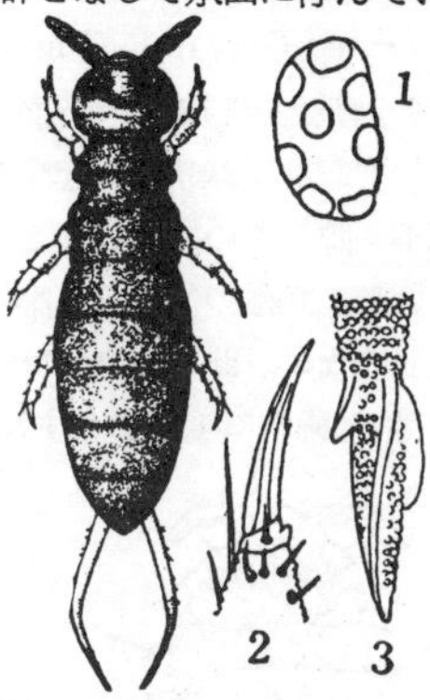

Fig. 194. ミズトビムシ（内田）
1. 眼　2. 爪　3. 跳躍器端節

5．ムラサキトビムシ（紫跳虫）科

Fam. Hypogastruridae **Linnan 1912**

この科は *Hypogastrura* Bourlet, *Xenylla* Tullberg その他の属からなり，本邦には更に *Beckerella* 属が発見されている。ムラサキトビムシ（*Hypogastrura communis* Folson）（Fig. 195）は本邦全土に産し，台湾や支那に分布し，体長1.2mm内外。体は円筒形に近く，赤紫色に藍色調を交え灰白色の散点を有し，環節の境は灰白色，腹面は淡色。全体にやや長い棘毛を疎生している。触角第3節の感覚器は褶襞中に2本の屈曲せる感角を有し，第4節の端球は3個で半球形。触角後器は4個の縁瘤と1個の楕円形の副瘤からなる。爪は内縁に

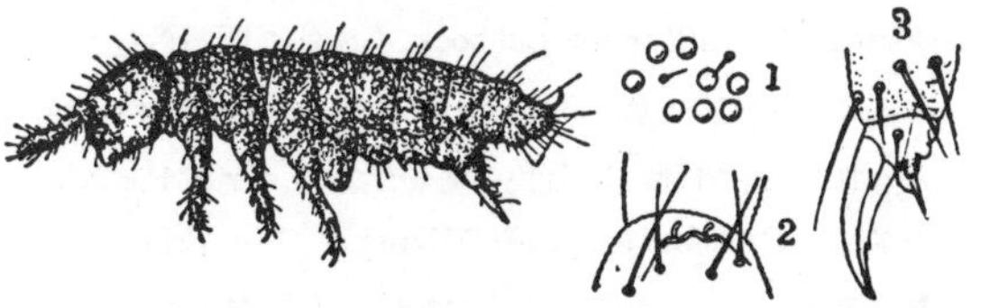

Fig. 195. ムラサキトビムシ（木下）
1. 眼　2. 触角第3節の感覚器　3. 後脚の爪

1歯と基部に1側歯を有し，褥爪は爪の半長で棘毛状で基半に半月状の内葉がある。粘毛は各脚に1本で棘毛状。跳躍器は短かく，端節は中央凹み末端円く基部に顆粒を装う。肛棘は長く爪と等長。本邦に極めて普通で屢々雨後の水溜等に大群をなして浮び，また栽培蕈類を加害することがある。

6．イボトビムシ（疣跳虫）科

Fam. Achorutidae Börner 1913

この科は跳躍器がないかまたは僅かに発達し *Achorutes* Temple, *Odontella* Schäffer, *Pseudachorutes* Tullberg, *Anurida* Lab. その他の属からなり，本邦には最初の3属の他に *Morulina* 属が知られている。ベニイボトビムシ（*Achorutes roseus* Gervais）（Fig. 196）は体長2mm位。全体微小顆粒を密布し，背面は鮮紅色で腹面はやや淡色。疣状突起は半球状に隆起するが側縁以外のものはその輪廓不明瞭。この突起には2～4本の淡褐色長剛毛を生じている。角触の第3節と第4節とは癒合している。触角後器はない。跳躍器はない。爪はやや彎曲し内縁に歯を欠き（稀れに1歯を有す），褥爪を欠く。本邦各地，台湾，欧洲等に広く分布し，倒木や落葉や堆肥等の下に特に湿気多き処に普通。この科のものは一般に汚木や腐敗植物質の処に見出されるが，エサキウミトビムシ（*Pseudachorutes esaki* Kinoshita）は対島の海岸の波打際に棲息している。*Pseudachorutes* と *Odontella* との両属のものは短かい跳躍器を具えている。

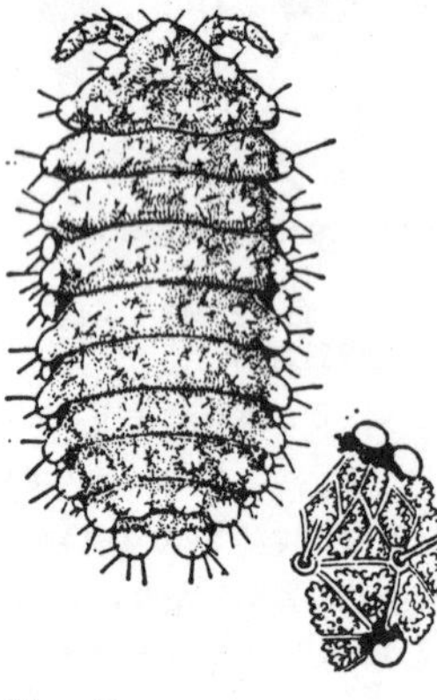

Fig. 196． ベニイボトビムシ（内田）
右図は右の眼

7．トビムシモドキ（擬跳虫）科

Fam. Onychiuridae Börner 1913

（*Lipuridae* Lubbock 1862）

この科は *Onychiurus* Gervais や *Lophognathella* Börner や *Tullbergia* Lubbock その他の属からなり，本邦には最初の2属が発見されている。Snowfleas と称えられ，白色や稀れに藍色のものがある。ヤギトビムシモドキ（*Onychiurus yagii* Miyoshi）（Fig.197）は体長2.2mm内外。白色。全面に微顆粒を密布する。触角第3節の感覚器は5本の保護毛と同数の指状突起と2感角と2感球とを具え，後者は顆粒状。擬小眼の各側に於ける配置は触角基部に3個，頭部の後縁に2個，前胸になく，中後各胸に2個，腹部の第1と第2節とに各3個，第3節に2個，第4節に3個，第5節に2個，第6節にない。肛棘は後脚の爪の約1/2長。本州と九州とに産し，ワタナベトビムシモドキ（*Ony. watanabei* Matsumoto）と共に小麦の発芽を害する事甚だしく，夏は深く地中に眠り，冬から早春に互り盛んに繁殖して活動する。クロトビムシモドキ（*Lophognathella choreutes* Börner）は藍色で跳躍器が発達している。

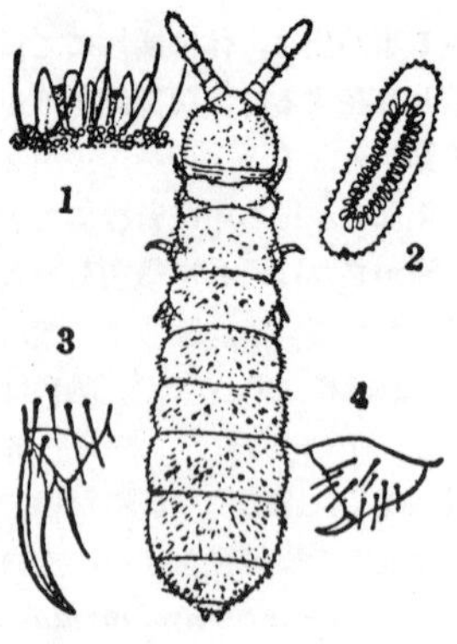

Fig. 197． ヤギトビムシモドキ（木下）（昆図23）
1．触角第3節の感覚器
2．触角後器　3．後脚末端　4．腹端の側面図

8．フシトビムシ科

（節跳虫）

Fam. Isotomidae

Börner 1913

この科は *Isotoma* Bourlet や *Folsomia* Willem や *Pteronychella* Börner や *Agrenia* Börner や *Ballistura* Börner や *Isotomurus* Börner その他の属からなり，雪の上に発見される種類も少なくなく，時に大群をなして溜水等の表面に浮ぶものもある。ミドリトビムシ（*Isotoma viridis* Bourlet）（Fig. 198）は体長3mm内外，地色は淡黄色や暗黄色や黄緑色や暗緑色や暗褐色等で，両眼間の楔状紋と頭頂紋と中・後胸及腹部正中線上の不規則紋と中胸乃至第3腹節の両側にある斑紋と各体節後縁の横条等は菫黒色を呈し，中・後胸背板の側縁は菫黒色に縁取られている。触角第3節の感覚器は露出する2本の感角からなり，触角後器は楕円形か卵円形。跳躍器はよく発達し，茎節は先端鞭状に細まり毛を疎生し背縁に先端を除き環褶がある。体は簡単な毛と鋸歯状の縁毛とを混生し，各節に少数の長棘毛を直立せしめている。本邦，欧洲，シベリア，アラスカ，グリーンランド，北米，メキシコ等に分布し，堆肥や落葉や倒木等の下で沼沢附近に普通，時に蘚苔上や溜水面や海岸の残滓下や雪上等からも発見される。

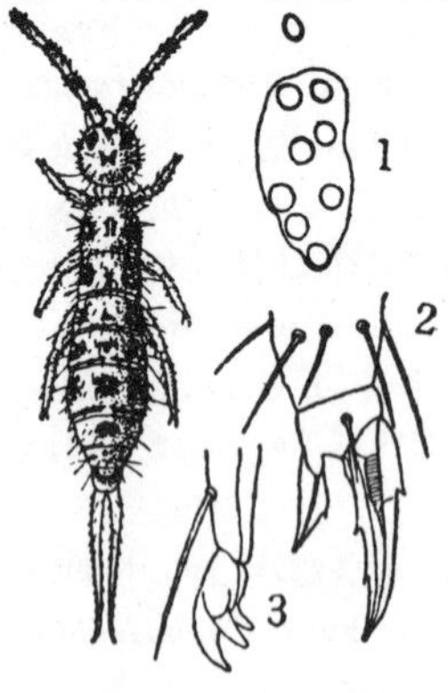

Fig. 198． ミドリトビムシ（内田）
1．左の眼　2．後脚の爪
3．跳躍器の端節

9．ツノトビムシ（角跳虫）科

Fam. Entomobryidae Böruer 1913

この科は *Entomobrya* Rondani や *Sira* Lubbock や *Sinella* Brook その他等の属からなり，体に長い剛毛を

散生し，触角は細長いが体長より著しく長い事がなく一般に短かく，跳躍器の端節には明瞭な歯を具えている。ザウテルツノトビムシ（*Entomobrya sauteri* Börner）（Fig. 199）は体長 2mm 内外。体色は変化が多いが，地色は黄白色，中胸から第4腹節に至る各背枚の側縁の縦条と第3腹節全体と第4腹節の中央及後縁にある横帯と第5腹節とは黒紫色，脚の基節乃至腿節は暗色で脛跗節は淡紫色，触角は第1節と第2第3の各基部を除き暗紫色。眼は8小眼からなり黒斑上にある。頭部と各体節の背枚とに長いなぎなた状の褐色剛毛を生じ，鱗片を欠く。本州，四国，九州等に普通で，倒木や落葉や石下等に見出される。シロツノトビムシ（*Sinella straminea* Folsom）は本邦各地に産し，石下に普通棲息し活潑な白色乃至黄白色の1.7mm 内外の種類で蟻の巣中にも生活している。

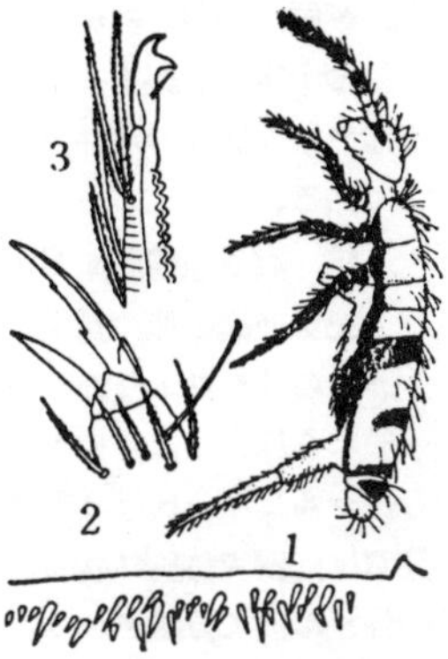

Fig. 199. ザウテリツノトビムシ（内田）
1．跳躍器の茎節棘
2．後脚の末端
3．跳躍器の端部

10．オウギトビムシ（扇跳虫）科

Fam. Paronellidae Börner 1913

この科は *Paronella* Schött その他の属からなり，本邦には *Salina*, *Microphysa*, *Akabosia* 等の属が知られている。触角は甚だ長く，体長より長いものが普通，跳躍器の端節は普通扇状を呈し，しからざれば基節端に扇状の附属器を具えている。アカボシトビムシ（*Akabosia matsudoensis* Kinoshita）（Fig. 200）は体長1.5 mm，紡錘形で密毛に被われている。色彩は鮮緑黄色，触角は赤褐色，触角間に黒色と赤褐色との竝走する横条

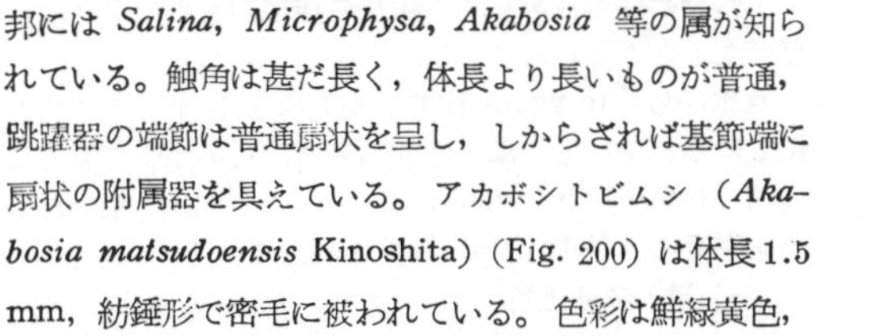

Fig. 200. アカボシトビムシ（木下）
1．眼　2．触角末端　3．爪（内側）　4．跳躍器末端（背面）

を有し，軀幹には背線と各側とに赤褐色の1縦条を有するが個体によつては殆んど消失している。跳躍器の茎節背面に環帯を列ね末端に嚢状附属物を具えている。本州に産し，溜池の縁にある草叢間に棲息している。

11．トゲトビムシ（棘跳虫）科

Fam. Tomoceridae Börner 1913

（*Lepidophorellinae* Börner 1913）

この科は *Tomocerus* Nicolet や *Lepidophorella* Schäffer その他の属からなり，本邦からは最初の1属が知られている。ヒメトゲトビムシ（*Tomocerus varius* Folsom）（Fig. 201）は体長2.5mm 内外。体は銀白色の鱗片にて被われ生時は光輝を有し，鱗片が脱離すれば褐黄色に赤紫色の細点を粗布するのを見る。触角は赤紫色，眼斑は黒色で各6個の小眼を有する。本邦と朝鮮とに分布し，落葉下や石下等に棲息する。

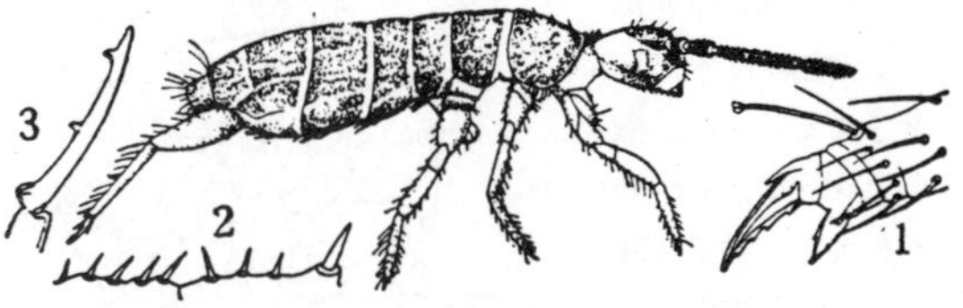

Fig. 201. ヒメトゲトビムシ（木下）
1．爪　2．跳躍器の茎節棘　3．同端節

12．アリノストビムシ（蟻巣跳虫）科

Fam. Cyphoderidae Börner 1413

この科は *Cyphoderus* Tullberg その他の属からなり，本邦からはホウザワアリノストビムシ（*Cyphoderus hozawai* Kinoshita）（Fig. 202）が発見されている。この種は体長 1.2mm 以内，乳白色で多少光輝を帯び，体全体と跳躍器と触角第1第2両節とは卵形乃至長卵形の鱗片で被われ，短毛を混生している。ヤマトシロアリの巣に棲息し，行動極めて敏活。本州産。

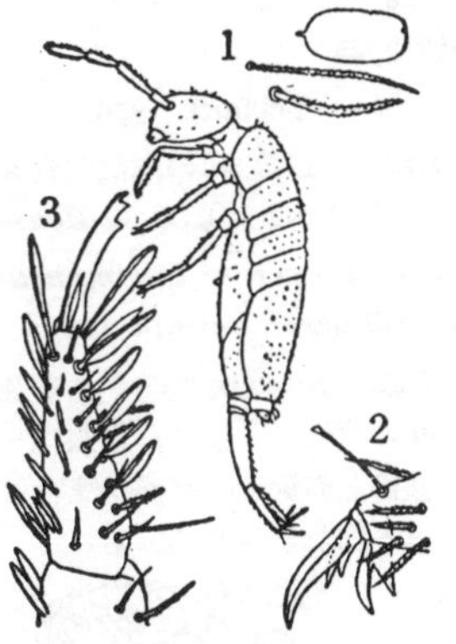

Fig. 202. アリノストビムシ（内田）
1．鱗片と体毛　2．後脚の爪
3．跳躍器の茎節と端節

b. Suborder *Actaletoidea* Schröder 1925

つぎの1科からなり，普通離節亜目中に包含せしめられている。しかし頭部が垂直に位置し，触角が頭の中央より生じている事によつて簡単に区別する事が出来る。

13. *Fam. Actaletidae* Handlirsch 1925

仏国で発見された *Actaletes* Giard の1属のみからなり，体は鱗片を欠き，跳躍器が大形となつている。海岸棲。

c．合節亜目

Suborder *Symphypleona* Börner 1901

Crampton の *Smynthuroidea*（1920）は異名である。

次の2科に分類され得る。

1. 脚の基節は転節より長く，触角は太く頭部より長くなく，その末端節は短かく更に分節していない。胸部は腹部より長い…………………………Fam. *Neelidae*.

2. 脚の基節は転節より長くなく，触角は正常で頭部より長く，末端節は長く更に分節している。胸部は腹部の如く長くない……………………Fam. *Sminthuridae*.

14. ***Fam. Neelidae* Folsom** 1896 (Fig. 203)

Börner の *Megalothoracidae* (1874) は異名で，*Neelus* Folsom や *Megalothorax* Willem やその他の属が知られ，全北洲産で本邦には未だ見出されていない。微小で球形に近く，棘毛を装う。触角は甚だ短く頭の中央または前方より生じ，頭より短い。複眼は存在しまたは稀れにない。跳躍器は触角の約2倍長。枯死の樹皮下や湿気多い腐敗植物中に見出されている。

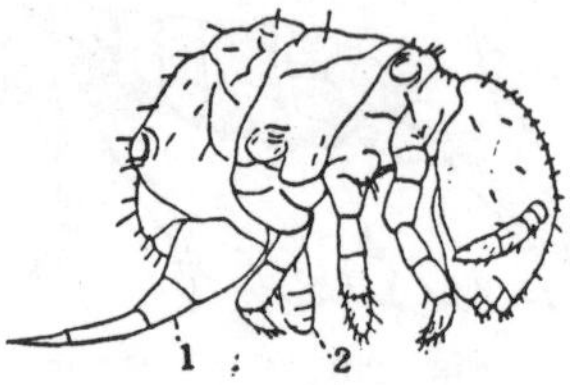

Fig. 203. *Megalothorax minimus* Willem (Willem)
1. 跳躍器 2. 保器

15. **マルトビムシ(円跳虫)科**

Fam. Smynthuridae Lubbock 1870

Corynephoridae=*Papiriidae* はこの科の内に包含されるもので，大略250種以上が発表されている。*Bourletiella* Banks や *Ptenothrix* Börner や *Smynthurus* Latreille, *Sminthurides* Börner, *Sminthurinus* Börner 等の属が日本に産する。多少球状に近く，普通頭部は垂直に位し，触角は頭の背面より生じ，複眼は一般に存在する。脚は長く，基節と転節とは等長かまたは前者が短く，跳躍器は腹部第5節から生じている。

普通に Springtails と称えられ，甚だ快活に跳躍する性に富み，地上の湿気多き個所や水表や生植物上等に無数発見され，中には農作物を加害するものもある。

キマルトビムシ (*Sminthurus viridis annulatus* Folsom) (Fig. 204) は体長1.3mm内外。地色は淡黄色。黒紫色の輪状小斑点を散らし，その背中線上のものは密集し黒紫色条となる。眼斑は黒色で各8個の小眼を付する。殆んど全世界に分布し，本変種は本邦各地に産し，茄子や瓜や馬鈴薯の稚苗やルーサン等を加害する。尚おキボシマルトビムシ (*Bourletiella pruinosa* Tullberg) は本邦各地，樺太，朝鮮，満洲，欧洲，米国，濠洲等に分布し，甜菜や瓜類や十字科蔬菜や茄子やトマトやルーサンやゲンゲその他多数の植物の萠芽及び嫩根を害する有名な害虫の1つである。

Fig. 204. キマルトビムシ (内田)
1. 後脚末端部 2. 跳躍器端節

C. 真昆虫亜綱 Subclass *Apterygota*

上記2亜綱の他の昆虫は凡てこの亜綱に属し，構造と生態との甚だ拡大な範囲のものが含まれている。腹部は一般に9節または10節で，一定の生殖器官が普通発達し，マルピギー氏管は存在し屢々多数よりなる。胚子的発育は局割で細胞核物質のみが接合体 (Zygote) の最初の分割に於て分離される。変態は種々な型式のものがあるが多節昆虫亜綱に於けるが如く増節変態を行うものはない。

この亜綱は2群に大別する事が出来る。即ち Apterygota と Pterygota との2上目に分類される。Apterygota は2つの小さい目からなり，翅が昆虫群に出現せる前の原始的昆虫を代表していて，基源の古い事は形態的と生態的との両性質の非常に原始的である事によつて示されている。Pterygota は有翅のもので，この中に無翅のものも含まれているがそれ等は形態的かまたは生態的に有翅のものに近い関連を有し且それ等の祖先は有翅であつた事等が認められて現在の無翅のものは退化の状態であると考えられている。

有翅即ち Pterygota は変態を基礎として2つの大群に分けられている。即ち変態が漸進即ち不完全であるものはこれを半変態 (Hemimetabola) と称い，完全なものを完変態 (Holometabola) と唱んでいる。

甲 無翅上目
Superorder *Apterygota*

この上目は *Thysanura* と *Aptera* (*Diplura*) とによつて代表され，完全に無翅の状態の昆虫である。変態は顕著でなく若虫は体の大さ以外は成虫に甚だ近似している。原始的形態は変態と無翅との型のみでなく次の4形態の特徴を具えている。1）生殖巣は環節的に配列され，2）3胸環節上の背板は分割されていない，3）胸部側板は貧弱な発達を見る。4）*Thysanura* では腹部に痕跡的な附属肢を具えている。*Thysanura* と *Aptera* とはよく発達した脚と触角と尾毛と咀嚼型の口器とを具えている。

III 総尾目

Order *Thysanura* Latreille (1796)

(*Lepismida* Leach 1817, *Cinura* Packard 1883, *Ectognatha* Stummer.)

Thysanurans, Bristletails, Silver Fish Moths, Slickers 等と称えられ，更にドイツにては Zottenschwänze, Felsenspringer, Fischchen, フランスにては Thysanoures と称えられている。小形で原始的無翅の昆虫。体は長く扁平，軟い裸体または鱗片を装う皮膚からなる。変態は原始的。口器は咀嚼型で長い小顋を具え，触角は長く多節，複眼はよく発達するか痕跡的かまたはなく，単眼は発達するかあるいは欠け，脚の基節は小形で跗節は3節または4節からなり2本または3本の爪を具え，腹部は腹面に棘状附属器を付し，尾毛は長く多節でその間から1本の長い多節の中尾糸突起を出している。

殆んど全世界に分布しているが小さな目。一般に白色か灰色か褐色，しからざれば地上に於ける乾燥せるまたは湿気ある葉の中や岩石上や丸太上や樹幹上やその他類似の個所に於ける週辺のものに調和した色彩となつている。運動活発で疾走や跳躍等にて移動する。

外形態 (Fig. 205)

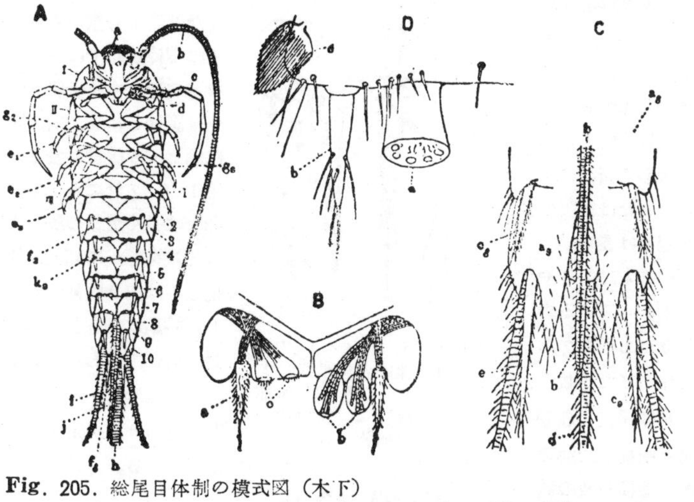

Fig. 205. 総尾目体制の模式図（木下）

A. イシノミ雌の腹面，a. 複眼　Ⅰ～Ⅲ，前胸，中胸，後胸　1～10. 第1～第10腹節　b. 触角　c. 小顋鬚　d. 下唇鬚　e_1～e_3. 前・中・後脚　f_2～f_3. 第2～第8腹節肢突起　g_2.g_3. 中後各脚基突起　h. 尾糸突起　i. 尾毛　j. 産卵管　k_3. 第3腹節腹胞

B. イシノミ雌の腹板1部の廓大　a. 脚基突起　b. 膨出せる腹胞　c. 収縮せる腹胞

C. シミ尾端の腹面　a_8.a_9. 第8・第9腹節　b. 産卵管　c_8.c_9. 第8・第9腹節脚基突起　d. 中尾糸突起　e. 尾毛

D. ウロコナガノミの腹節腹面の1部　a. 突起腹胞　b. 脚基突起　c. 鱗片

体は一見裸体の様であるが，事実上多少毛を生じているかまたは重なりあつている金属的鱗片にて被われている。頭部は比較的幅広く後方括れていない。触角は長く30またはより多数の環節から構成され糸状，複眼は大きく突出しているかまたは痕跡的あるいは完全になく，単眼は比較的小数のもののみに存在している。大顋は細長く一体となつているか2部分に分割され切歯部と砕潰部とが広く離れている。小顋鬚は4節か5節かまたは7節からなり，下唇鬚は3節。胸部は体中最も幅広の部分となつている。脚は3対とも同様で，イシノミ科では中後各脚の基節に1本またはより多数の可動的棘即ち外肢 (Exopodites) を具え，跗節は3節または4節からなり1対の爪を具えている。腹部は10個の完全な環節からなり第11節は屢々中尾糸突起に変化している。腹部腹板の種々な数の上に1対の棘突起（脚基突起）(Styli, abdominal styli) と1対または2対の反転嚢（腹胞）(Eversible sacs, protrusible sacs, ventral sacs) とを具えている。尾毛は屢々50個またはより多数の等節からなり腹部の第10環節から生じている。

内形態

消食管は大形または小形の砂嚢 (Gizzard) と直線または1捲旋の後腸とからなり，腸盲管(Enteric coeca)と唾液腺とは存在し，マルピギー氏管はよく発達し，シミ科では4～8本イシノミ科では 12～20 本からなる。気門は普通胸部に2対腹部に7～8対を存する。神経球は胸部に3個腹部に8個がある。

総尾目の昆虫の棲息所は充分変化に富んでいる，しかし多分大部分のものは落葉下や堆積物下や樹皮下等の湿気ある個所を好む様で，腐敗木や蘚苔や地衣等の中，石や樹幹等の上，更に蟻や白蟻の巣等の中，等に棲息している。しかしかなり多数の種類は比較的乾燥した日光にさらされている暑い地面上に見出され，乾燥葉や牧草中，暖い露出岩石上や乾燥せる木の洞孔や洞窩や他の自然的覆い物中，更に屋内特に地下室や台処やストーブや窯や炉やその他火を取り扱う個所によく発見され，日中活動性のものと夜間活動性のものとがあつて，食性は多少雑食性である。大部分の種類は植物質物を好み，乾燥または腐敗植物，菌類，地衣，蘚苔等を食し，屋内棲のものは穀類や糊や紙や糊付せる衣類や絹やレーヨン，時に砂糖や大豆糟等も食し，更に羊毛品や他の動物質物等をも食害する事が知られている。

生態に関しては僅かより知られていないが，大部分卵生で，吾人の目に触れない様な割目やすき間等の内に産卵し，幼虫は6齢またはより以上の齢で，熱帯地方の好適個所では1世代1年以内ならんも温帯地方では2または3年を要するならん。

次の如く2科に分類されている。

1．複眼は大形で背面にて左右が接触しているかまたは近寄つている。単眼は2個，中後各脚の基節に可動棘突起を具え，腹部棘突起は第2～第9環節上に存在し，跗節は3節……………………Fam. *Machilidae*.

2．複眼は小形で左右広く離れているかまたはなく，単眼はなく，脚の基節上に棘突起を欠き，腹部棘突起は第7～第9または第8と第9環節に存在し，跗節は3～4節……………………………Fam. *Lepismidae*.

16．イシノミ（石蚤）科

Fam. Machilidae Grassi 1888

(*Machiloidea* Handlirsch 1903, *Microcoryphia* Verhoff 1904, *Archaeognatha* Börner 1904)

Machilids と称えられ，世界より少くとも30属150種が発表され，その殆んど半数は旧北洲産で，これにつぎ新北洲，インドマレー洲，新熱帯，エチオピア洲，その他の順序に発見されている。体は平均10～12mm長で，幾分円筒形となり鱗片にて被われ，胸部は最大幅となつている。触角は長く，複眼はよく発達し大形で背面にて左右接するかまたは近より，単眼は長いかまたは複眼の前方に群をなしている。尾毛と中尾糸突起とは長い。

草地や森林地に棲息し，草の中や落葉中や枯木内や樹皮下や石下や地中の根の間や地衣にて被われている岩石上やその他で湿気を好む種類と乾燥を好むものとがあり，更に他のものは地中の洞窩内や小孔中やまた小数のものは白蟻の巣中等に棲息している。正常は緩漫な運動より行わないが万一ヂヤマされると非常な敏捷さで跳躍する性を有する。食物は乾燥または腐敗せる植物質の種々な形態のものである様に見える。しかして未だ生植物あるいは室内の害虫として認められた事がない。

採集は手頃のガラス壜を用いてその口にて虫を覆うときは同虫は真ちに跳躍して内方に入る。これを80%のアルコール中に落して研究材料に供える。尤も永久的な標本となす場合にはスライド上にバルサムか euparal か他の薬品にて固定せしむる。しかし新しい採集品はキヨウに取扱い得るならば乾燥標本となすことが出来る。

この科の昆虫は多数の亜科に分類されているが次の如く3亜科に分つ事が一般的な様である。

1．少くともある数の腹節は各2対の腹胞を具えている……………………………………Subfam. *Machilinae*.

腹節は常に1対の腹胞を具えている………………2

2．腹部の腹板は腹肢基節間に入りこんでいないかまたは僅かにはまつている（*Machiloides* Silvestri, *Machilinus* Silvestri）……………………………………………Subfam. *Meinertellinae* Handlirsch 1925

腹部の腹板は腹肢基節間に大きく三角形状にはさまれている（*Praemachilis* Silvestri, *Dilta* Strand）…………Subfam. *Praemachilinae* Handlirsch 1925

本邦にはイシノミ亜科（Subfam. *Machilinae* Handlirsch 1925）のみが知られ，*Halomachilis* と *Lepismachilis* との2属が発見されている。この科の代表属は *Machilis* Latreille である。イシノミ（*Lepismachilis nipponica* Silvestri）（Fig. 206）は体長雌14mm内外，雄11mm内外。背面は一様に灰色鱗片にて被われ，灰白色と黒褐色との鱗片による紋様を示し，全体少しく銅色の光沢を帯びる。腹面は脚と脚基突起と共に灰色。触角は第1と第2節とが鱗片を被い他は黒白の環帯を交互する。中尾糸突起と尾毛とは同様に環帯を付する。大顋の先端は4小歯からなり，下唇鬚の末節は雌では棍棒状雄では三角形。脚基突起は中後各脚と第2～9腹節とに各1対。腹胞は第2～5腹節に各2対，第1・6・7節に各1対。産卵管は長く最後の脚基突起の先端を遙かに超え，雄の把握器は第9腹節にのみ存し，陰茎は把握器とほぼ等長。蘚苔で被われた石上や大木の樹幹等を歩行し，人若し近づけば疾走する。全土に産する。

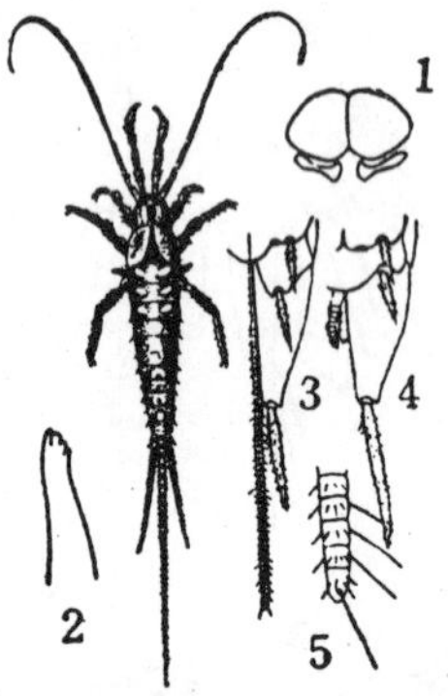

Fig. 206. イシノミ（内田）
1．複眼と対単眼　2．大顋の末端　3．腹部端（雌）　4．同（雄）
5．産卵管末端

17．シミ（衣魚）科

Fam. Lepismidae Lubbock 1873 (Fig. 199)

(*Zygentoma* Börner 1904, *Lepismatoidea* Crampton 1920)

Bristletails, Silverfish, Fish moths, Slickers 等と称えられ，世界より約50属200種が発見されている。体は長く扁平で胸部が最も幅広となる。鱗片にて被われているが *Nicoletia* 属はこれを欠く。触角と尾毛と中尾糸突起と鬚とが長く顕著となり，複眼は屢々小眼群にて代表され，小形で左右著しく離れている。

この科の昆虫は落葉間や石下や堆積物下や洞窟中や屋内等の乾燥個所に棲息し，また蟻や白蟻の巣の中にも発見されている。屋内棲のものは主に夜間活動性である。乾燥植物や植物製造物等を食し，屋内棲の種類は糊類を

好み屢々糊を使用せる紙函や書籍等を食害し更に澱粉質物やレーヨン布等をも侵害する。採集や標本製作は前科同様

この科はつぎの如く3亜科に分類されている。

1．眼を有する……………………………………………2
　眼を欠く……………………Subfam. *Nicoletiinae*
2．体は鱗片にて被われている……………………………
　……………………………………Subfam. *Lepismatidae*
　体は鱗片にて被われていない（*Maindronia* Bonv）
　……………Subfam. *Maindroniinae* Escherich 1905

つぎの2亜科が本邦から知られている。

1．シミ亜科
Subfam. *Lepismatinae* Escherich 1905

この亜科は *Lepisma* Linné, *Thermobia* Bergroth, *Ctenolepisma* Escherich, *Heterolepisma* Escherich, *Acrotelsa* Escherich, *Silvestrella* Escherich その他の属からなり，最初の4属が本邦から発見されている。

シミ（セイヨウシミ）（*Lepisma saccharina* Linné）(Fig. 207) は体長8～9mm。地色は淡黄色，黒灰色の鱗片で被われやや光沢を有し，腹面は銀白色の鱗片を装う。触角・小顋鬚・下脣鬚・脚の脛節と跗節・中尾糸突起・尾毛等は淡黄色。殆んど世界に分布し，欧米では極めて普通の屋内害虫で紙類を食害し，台湾で同様な害虫であるが，本邦では未だ多数発見されていない。ヤマトシミ（*Ctenolepisma villosa* Escherich）は暗灰色の鱗片にて被われ銀白色の光沢を有し，本邦・台湾・支那・ジャワ・インドその他に分布し，紙類を好み，人絹やスフ等をも食害する屋内害虫。マダラシミ（*Thermobia domestica* Packard）は灰白色と黒褐色との鱗片をまだらに散布し，小麦粉やパンその他の食料品を食害する。アジア・欧洲・アフリカ・北米・濠洲等に分布する。

Fig. 207. シミ（内田）
右図は剛毛

2．メナシシミ亜科
Subfam. *Nicoletiinae* Escherich 1905

この亜科は *Atelura* Heyden や *Nicoletia* Gervais や *Lepidospora* Escherich や *Gastrotheus* Casey や *Lepismina* Gervais その他の属からなり，最初の1属のみが本邦から知られている。クボタアリシミ（*Atelura kubotai* H. Uchida）(**Fig**. 208) は体長約4mm，乳白色で無色の鱗片を密布する。脚基突起は3対（第7～9腹節），腹胞は1対（第6・7の各腹節），陰具片は強大で基部露出する。八丈島産で蟻の巣中に棲息する。

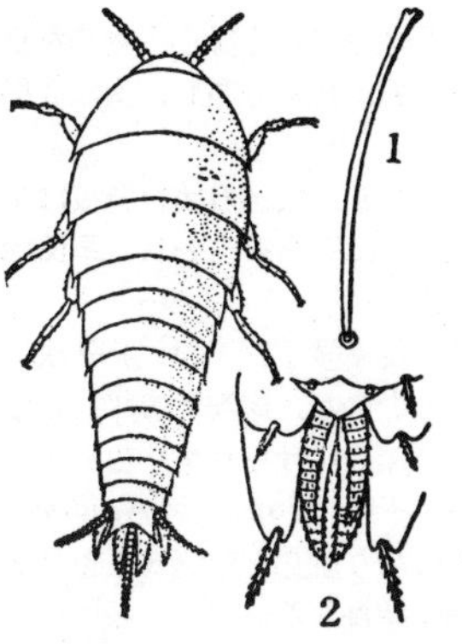

Fig. 208. クボタアリシミ（内田）
1．剛毛　2．雌の尾部複面

IV　無翅目
Order *Aptera* Linné 1758

Thysanura Entotropha Grassi 1888, *Entotrophi* Grassi 1890, *Archinsecta* Haeckel 1896, *Campodeoidea* Handlirsch 1903, *Diplura* Börner 1904 等と命名されしもので，かなり多数の学者によつて総尾目の1亜目即ち Entotrophi（内顋亜目）として取り扱われているものである。Campodeids, Japygids, Projapygids 等が包含されている。世界より約100種が知られ，何れも小形で白色または淡色，眼を欠き扁平無翅の昆虫。口器は咀嚼型，触角は長く多数節よりなる。脚の基節には棘突起がなく，ある腹環節には棘状突起を存し，尾毛は長く多数節よりなるか短くして末端に開口を有するかあるいはまた短い幾丁質の鋏子となつている。中尾糸突起はない。

体は細い軟体で稀れに8～10mm の長さに達する事がある。一般に地下またはそれに類似の個所に棲息している。

一般の形態は総尾目に近いが，複眼と単眼とがなく，口器は頭内に包まれ，大顋は一体となり歯を具えある場合に末端近くに小さい板状附属器即ち可動葉節(Lacinia mobilis) を具え，小顋鬚と下脣鬚とは非常に退化しまたは消失し，脚の基節外肢はなく跗節は1節，腹部第11背板は小形の肛上板（Suranal plate）となり，腹部棘突起は第1～第7かまたは第2～7腹板に存在し，腹部腹胞の1対が第1～第7か第2～第7腹板上にまたは第2腹板上のみにあるいはまた全く欠けている。尾毛は種々。マルピギー氏管は存在しないかまたは乳房突起によつて代表され，気門は3対乃至11対，神経球は胸部に3個で腹部に7または8個存在している。

この昆虫は光線を忌み，枯葉や植物質土や敷藁や岩石や丸太や樹皮等の下腐植質の多い土中等湿気の多い個所に最も多数に棲息し，運動は敏活で出来るだけ隠所を求

め，生死何れかの植物質や菌類や恐らく微小動物等を食物としているようである。世界に広く分布し，次の3科がある。

1．尾毛はある数の環節からなり，腹部の第11背板は第10背板によつて殆んどあるいは完全に被われ，尾觭は甚だ明瞭……………………………………………… 2

尾毛は1節からなり甚だ硬く幾丁質化し鋏子状，腹部第11背板は第10背板と癒合し，尾觭は明瞭でない。若虫の尾毛は不明確に環節付けられている……………………………………………………Fam. *Japygidae*

2．尾毛は細長く多数節からなり触角と等長かまたはより長く，その末端節に腺の開口がない………………………………………………………Fam. *Campodeidae*

尾毛は短く太く数節からなり，その末端節に腺の開口がある…………………………Fam. *Projapygidae*

18. ナガコムシ（長小虫）科

Fam. Campodeidae Westwood 1873

(*Rhabdura* Cook 1896)

Campodeids と称えられ約20属75種が世界から発表され，濠洲からは未だ発見されていない。凡て小さな体長1.9〜7mm の軟弱で白色の細い扁平体のもので非常に長い触角と1対の長い尾毛とを具えている。最もよく知られている種類は *Campodea staphylinus* Westwood で欧洲に普通のものである。日本には *Campodea* Westwood と *Lepidocampa* Oudeman との2属が知られている。多くの種類は湿地の被覆物下に棲息し活発である。採集はベルレーゼ氏採集器を使用する事がよいが，吸管を用いて容易に捕獲する事が出来る。そうして70%のアルコール液に浸漬して貯蔵する。尤も永久標本となすにはスライド上の95%のアルコール液に浸し後直ちに de Faure's Fluid を以て固定するのがよい。この液はアラビアゴム 2gr. Chloral hydrate 3.24gr. グリセリン 20cc. 蒸溜水 50cc. 及 Chlorhydrate of cocaine 0.5gr. とを混合し濾過せるものである。

イシイナガコムシ(*Campodea ishii Silvestri*)(Fig.209) は体長3.3mm. 白色で鱗片と眼とがなく，微毛を有する棘毛を規則正しく配置する。即ち前中各胸背板に各3対，後胸背板に2対，第1〜7腹節の各亜背線に1対，尚お第4〜9腹節背板の後縁角と後縁に数対，第10腹節背板に4対ずつ2横列にある。触角は20節で，第3〜6節の背面に各2本の感覚毛を具えている。腿節前端と内縁とに長剛毛を列生，脛節内縁の剛毛は先端2叉。本州中部以西，九州その他に分布する。ウロコナガコムシ (*Lepidocampa weberi* Oudeman) は体が鱗片にて被われている。本州・九州・東洋熱帯地方に分布する。

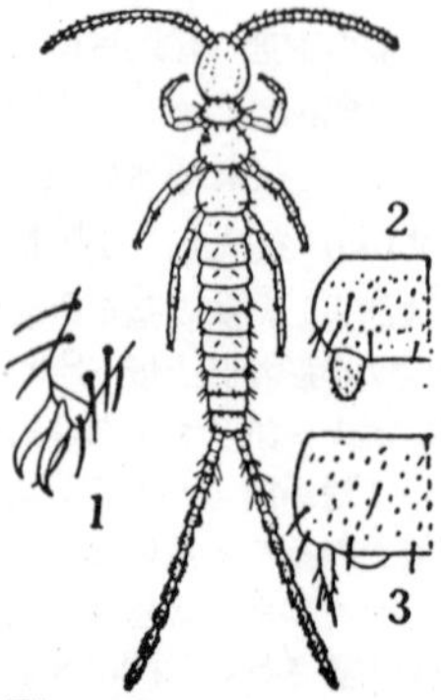

Fig. 209. イシイナガコムシ（内田）
1．後脚の末端 2．雌の第1腹節腹面 3．第3腹節腹面

19. *Fam. Projapygidae* Cook 1896 Fig. 210

小さいやはり盲目の昆虫でナガコムシ科とハサミコムシ科との中間のもの，短い有節の尾毛を具えその末端に腺の1開孔を有する事によつて他の科と明瞭に区別する事が出来，以前はハサミコムシ科の若虫と考えられていた。3属5種のみで南欧の地中海沿岸地方と北アフリカとメキシコと南米とから発見されているのみ。

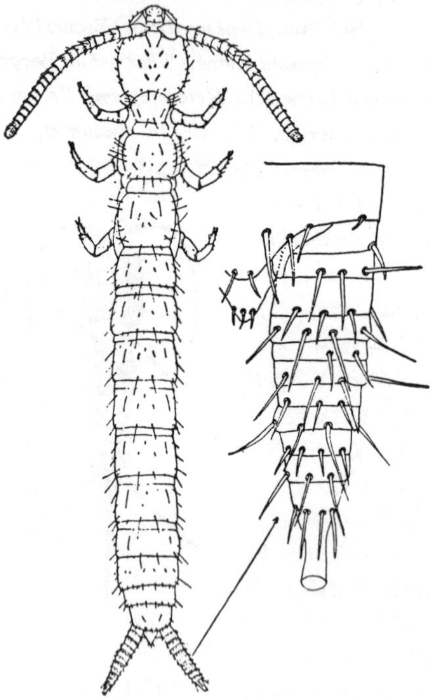

Fig. 210. ***Anajapyx vesiculosus*** Silvestri (Silvestri)

20. ハサミコムシ（鋏小虫）科

Fam. Japygidae Lubbock 1873.

(*Dicellura* Cook 1895, *Uratochelia* Ashmead 1896.)

Japygids と称えられ，虚弱な細い帯白色の体を有し，むしろ短く無節の尾毛即ち鋏子を有する事によつて区別が出来，6〜49mm の体長を有す。約15属100種が旧北洲と新北洲と新熱帯とエチオピア洲と濠洲とから発見されている。日本からは *Japyx* Lubbock 1属が発見されている。何れもナガコムシと同様な個所に棲息しているが普通でもなく多数に発見もされない。最大のものはチベット産の *Heterojapyx souliei* Bouvier で，この種は無翅目中最大の昆虫で体長 49mm。

ヤマトハサミコムシ（*Japyx japonicus* Enderlein）(Fig.211）は体長 10mm 内外，乳白色，第８腹節は淡褐色，第10腹節は黄褐色，尾毛即ち鋏子は濃褐色で光沢を有する。触角は24節で連鎖状，短毛を密生し長毛を輪生する。石下や倒木下等に見出され，活発。本州と九州とに産する。

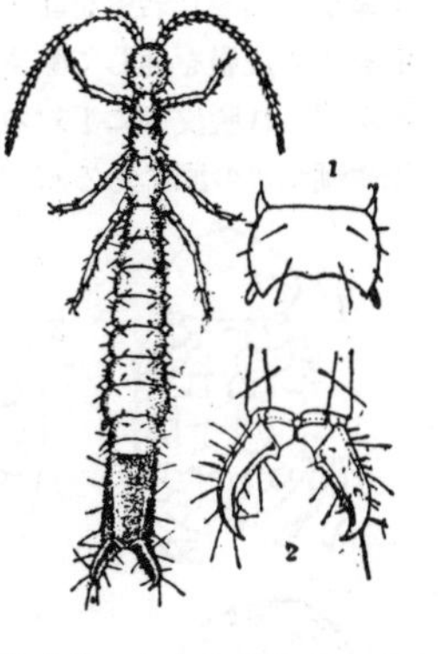

Fig. 211. ヤマトハサミコムシ（内田）
1．腹部第７背板　2．尾毛

乙　有翅上目
Superorder *Pterygota*

この群には有翅昆虫の非常な変型のものが属し且つ退化によつて翅を消失した蚤の如き無翅の類も包含されている。無翅上目の昆虫に似ないで非常に広範な類があつて，口器の如きも咀嚼型や吸収型や海綿吸取型や嘗食型やその他種々の型式のものがあり，変態も漸進的なものから完全なもの迄がある。

有翅昆虫の種々な目は変態を基礎として２組に分つ事が出来る。その１つは異変態類（Heterometabola）または半変態類（Hemimetabola）あるいはまた外翅類（Exopterygota）と称えられ，変態が原始的かまたは簡単であるもの例えばバッタであるとかカメムシであるとかがこの類に属す。他の１つは完変態類（Holometabola）または内翅類（Endopterygota）と称えられ，変態が完全で幼虫と蛹との期間が発達し，例えばチョウとかハチとか甲虫等がそれに属している。

i　半変態類 Series Hemimetabola

この類は18目からなり，それ等の内蜉蝣目と蜻蛉目との両目に於ては翅は畳まれる事がなく且つ背上に屋根形に置かれる事がなく，静止の際には胸部より外方に直線にかまたは垂直に上方に保たれる。この状態は飛翔性昆虫の最も原始的で古代型のものであると信じられ旧翅類（Palaeoptera）と称えられている。旧翅類の種類の目の昆虫は近代パレオゾイツク時代に発見され，それ等の中で上記２目のみが現在に迄残存している。絶滅せる目の若虫時代は現存昆虫の若虫と同様に明かに水棲性であつた。特に興味ある事は絶滅目たる *Protodovata* が蜻蛉目に非常に近似し最大の昆虫たる *Meganeuron*（翅の開張 74cm）を包含している事である。

半変態類の他の有翅目では翅が畳まれ得て静止の際に背上に置かれる。この群を新翅類（Neoptera）と称え昆虫中に在つて翅の機工の発達に於て明瞭な進歩を現わしているものであると考えられている。

この新翅類に在つては直翅群が口器の一般的構造と網脈を有する翅とによつて最も原始的なものである。革翅目と等翅目と積翅目とは直翅群に近く，絶翅目と紡脚目と囓虫目と食毛目とは咀嚼型の口器を有する事によつてそれにつぎ，残りの蝨目と半翅目と総翅目とは刺吸型の口器を有し他の目と非常に異なつている。

V　蜉蝣目

Ord. *Ephemerida* Leach 1817.（Fig. 212）
（*Odonata* Latreille 1806，*Ephemerina* Burmeister 1829，*Anisoptera* Leach 1835，*Agnatha* Meinert 1883，*Plectoptera* Packard 1886，*Ephemeroptera* Haeckel 1896，*Archipterygota* Börner 1909.）

小形乃至中庸大，体は軟く脆弱で細い。触角は短かく棘毛状，口器は退化せる咀嚼口型，複眼はよく発達し単眼は３個。翅は膜質で１対または２対で多数の脈を有し，静止の際に背上に垂直に保たれ，後翅は著しく減退するかまたはなく，屢々無翅。脚はむしろ細く弱体，跗節は１節乃至５節。尾毛は甚だ細長く糸状で多節からなり，これに類似せる１本の中尾糸を具えている。変態は

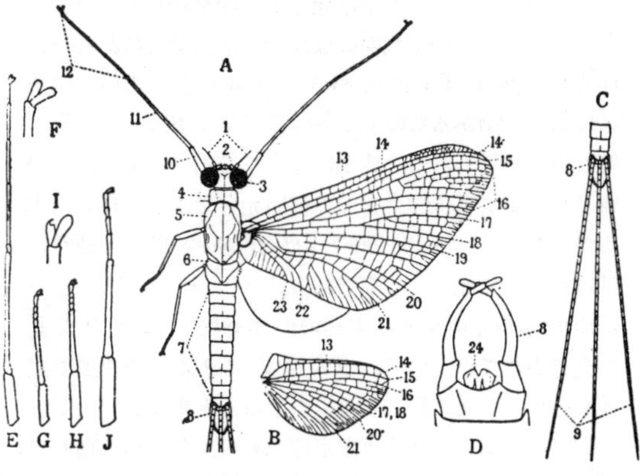

Fig. 212. 蜉蝣目の体制模式図（*Ephemera*）（上野）
A．背面図　B．後翅　C．腹部後方部背面図　D．腹部末端腹面図　E．雄の前脚　F．雄の前脚の爪　G．雄の中脚　H．雄の後脚　I．雄の中後両脚の爪　J．雌の前脚
1．触角　2．単眼　3．複眼　4．前胸　5．中胸　6．後胸　7．腹部（第1～10）　8．鋏子　9．側方の１対は尾毛で中央の１本は中尾糸，普通尾毛（Caudal setae）と称えられている　10．腿節　11．脛節　12．跗節　13．前縁脈　14．亜前縁脈　15．径脈　16．径分脈　17．第１中脈　18．第３中脈　19．第１肘脈　20．第２肘脈　21．第１臀脈　22．第２臀脈　23．第３臀脈　24．挿入器

半変態で亜成虫 (Subimagoes) を存し，若虫は成虫に似ているが腹部に気管鰓を具え且強力な口器を有す。

Mayflies, Dayflies, Ephemerids 等と称えられ，広分布で一般によく知られ，甚だ古い時代から発生しておつたものである。原始的な古代のカゲロウ即ち *Triplosoba pulchella* Brongniart (1893) は *Protoephemeroidea* Handlirch (1908) 目の唯一の代表者で石炭期時代のものである。真の蜉蝣目の最も早い既知化石即ち *Protereisma* Sellards はカンサス州の下二畳紀から発見され *Protereismephemeridae* 科として認められている。このものは現存種と異なり前後両翅が殆んど等大で且つより大形である。これに近いものがロシヤから *Thnetus* や *Phthartus* や *Dyadentomum* 等の属が発見されている。ジュラ紀からは現存のものに非常に類似しているものが発見されているが多少大形である。

成虫は非常に短命で，ある種類は僅かに数時間，他のものは1両日間更に他のものは1週間内外の寿命である。成虫の羽化は屢々日没に行われ，後1回の脱皮をなし，しかる後にいわゆる交尾飛翔 (Mating dance) を行い産卵し夜明け前に死亡する。この成虫の脱皮は有翅昆虫中の例外な現象で，若虫より羽出した成虫は適当な個所を求め数時間の内に脆弱な皮が体と翅とからはがれる。この脱皮に先達つ不活発な中間期を称して亜成虫と称える。これに続く真の成虫は頗る活発で特徴あるいわゆる舞蹈群飛 (Dancing swarms) を行う。この交尾飛翔は最も特徴あるもので上昇は甚だ早く下降は遅くそれ等が交互に行われる。成虫は燈火に誘引され屢々温い晩春や早夏の夕暮に燈火を全く被い光線をふさぐ程飛来する事がある。セイロン産の *Teloganodes* のある種の腹部はかすかに光るとの事である。ニューギニア産の *Palingenia papuana* (Papuan mayfly) は真の成虫が発見されていないで，Tillyard によると亜成虫で交尾を行いそのまま死亡するものならんと言う。

卵 (Fig.213.) は種々な形態のものがあるが，殆んど凡てが非常に微小で白色や緑色や淡褐色やその他の色彩を有し，多少彫刻付けられ粘着性を有し錨具のあるものを具えている。この錨具は普通瘤や糸から構成され水中にある植物または汚物にすがりつくようになつている。ある卵はまた顕著な精孔構造を有す。卵は普通水中に直接押出されまたは水面上に塊にあるいはゆるやかに洗われる。あるいは雌が他の水棲昆虫の如く水中に潜入し石の下等に産卵する。産卵数は非常に多く1雌虫が数百乃至4000粒を産下する事が認められている。卵は一般に1週間乃至2週間内外に孵化するが時に1ケ月以上にして初めて成熟するものもある。稀れな場合として雌が胎生で微小で活発な若虫を産下する。孵化当初の若虫は凡て鰓を欠き皮膚を通して酸素を呼吸し，第1回の脱皮後に鰓が現われ脱皮毎に1対のものが生ずる。若虫は普通河川や湖水等の底にある石や堆積物や水生植物等の下に隠れて生活し，時に水中を突き進んでいるものや岩及他の物体にすがり付いているものやを見出す事がある。薄い扁平の幼虫は急流中の岩石にしっかりすがり付き，他のものは静水中にて水生植物間を自由に動いているのを見る。尚お他の若虫は河川の泥土中やどての中に穿孔している。これ等若虫は縁毛を装う尾附属器や鰓にて水中を速かに游泳する事が出来る。

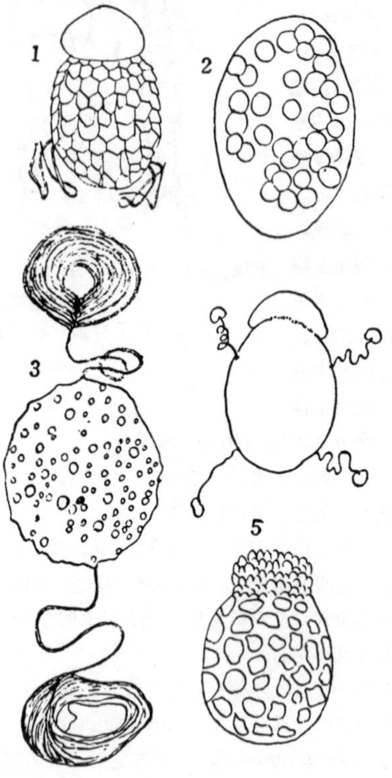

Fig. 213. カゲロウ類の卵 (Morgan)
1. *Tricorythodes allectus*
2. *Isonychia albomanicata*
3. *Stenonema interpunctata*
4. *Ephemerella rotundata*
5. *Ephoron album*

若虫の食物は大体に於て高等植物組織の微片やこけや硅藻類であるが，ビルマに於てある種が水中の木材を食害する事が認められ，またあるものは動物質のある量を摂食するものや更にまた水棲昆虫を食するもの等が知られている。完全な生活史はその調査が甚だ困難であるが少数の種類に於ては知られている。若虫の発達は普通緩慢で1年乃至3年を要し，この期間に24回も多数の脱皮を行う。しかしあるものは速かな発達をなす。*Callibaetis* は6週間以内に1生活環を完了する事が知られている。若し1雌が1000の卵を産下しそれが孵化発達し1季節に4世代を重ねると125兆となる。勿論斯くの如き現象は起り得ないが，生殖のこの考えが如何に若虫が淡水魚や水棲昆虫や他の小動物の確乎たる且つ重用な食物の１つを構成しているかを示す事が出来る。

外形態

体は長く多少扁平かまたは円筒形。頭は自由，複眼は常に存在し大形で雄では屢々分割され，額は隆起しまたは柱状を呈し，複眼間に３個の単眼を有す。触角は普通短かく基部の２節と末端の不明瞭な数節とからなる。口器は出来そこなつているか多くとも甚だ僅かに発達し，大顋は痕跡的かまたはなく，小顋は甚だ小さいが鬚は発達している。下唇は *Ephemera* 属では基節と小さい鬚を具えている１対の末端片とからなる。(Fig.214).

胸部は３環節ともよく発達し，中胸が最大となつている。脚は変化があつて，歩行に使用されない。前脚は一般に雄では長く交尾の手助けとなる。跗節は１節乃至５節で，普通は４～５節，２本の簡単なまたは２叉の爪を具えている。翅は無いものがあるが普通は２対で，前翅は後翅より著しく大形，後翅は時に欠けている。何れも三角形を呈し，翅脈は多数で，それは間脈 (Intercalary veins) と横脈とが多い事が主な原因で，間脈は基部にて他の縦脈に結合していない。翅脈の研究は未だ不充分である。

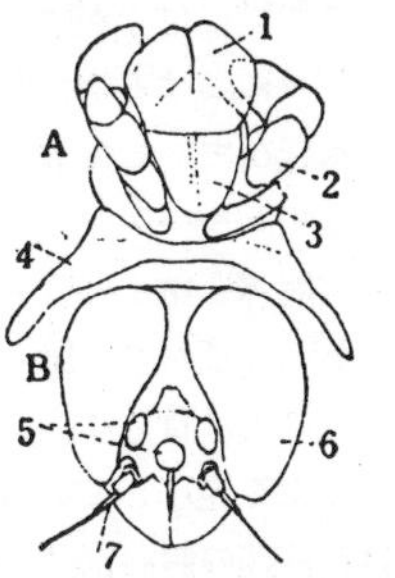

Fig. 214. *Ephemera* の部分図 (Silvestri)
A．小顋と下唇　B．頭部背面
1．唇舌　2．小顋　3．前基節　4．基節　5．単眼　6．複眼　7．触角

腹部は明瞭に10節で，第11は小形の背板の形を取つている場合と尾毛に似ている非常に長い多数節の附属器の形として現われている。雄は普通３節からなる把握器 (Claspers) の１対とそれ等の間にある２本の分離せる挿入器 (Aedeagus) とを具えている。雌の産卵管はなく２本の輸卵管が第７と第８腹板間に別々に開口している。尾毛は長く無数の節からなり体長より短いかまたは長く雌雄共に発達している。気門は胸部に２対腹部に８対存在する。

内形態

1666年に有名な Jan Swammerdam は注意深く研究せるにもかかわらず未だに完全になつていない。他の昆虫に見出されていない小さな完全に幾丁質化している小体が頭の単眼後方直下に存在し，このものは頭内に延びている気管本体と各側にて接している２本の気管の間に横わり，パルメン氏器官 (Palmen's organ) と称えられ，若虫と成虫とに現われ，若虫では移動に関するあるものを有するならんと考えられているが成虫の場合はその機能は全く不明である。

消食管は飛翔の際に役立つ空気の貯蔵所となり，咽喉は非常に細くなり空気含有量を調節する拡張筋の複雑な構造がある。空気は口を通りて内方に取り入れられ且また出され，胃は空気の貯蔵嚢に変化し皮膜細胞は分泌を司どらず鋪床となり筋肉は消失している。マルピギー氏管は約40本で，後腸の最初の部分は胃から空気の流れを調節する複雑な瓣となつている。生殖器官は原始的で附属腺を欠き，輸卵管も輸精管も１対で夫々別々に開口している。睾丸は卵形で各々別々の陰茎側部に連続し，卵巣は後方で輸卵管として連結している共通管に沿い配列する小形の卵巣小管の多数より構成されている。交尾は空中にて行われる。

幼虫　体の形状は甚だ差異がある。しかし凡てシミ型で明瞭な多節の触角を有し，頭は大形で２複眼と３単眼とを有す。口器はよく発達し，上唇と強い大顋と３節の小顋鬚と４分列の下唇と３節の下唇鬚とを有す。胸部の３環節中前胸は最も狭い。脚は成虫より短かく且つ太く，跗節は１節で１爪を具えている。翅は勿論ないが最後には明瞭な翅突起を現わす。腹部は明瞭に10節，第11節は尾毛と等長かまたは短い多数節からなる中尾糸突起となり，このものは第１齢虫にはない。尾毛はむしろ短いかまたは細長で，多数節からなり屢々明瞭な縁毛を装う。呼吸は外鰓にて行われ，鰓は最初の７腹節のあるものかまたは凡ての背面あるいは側部より突出し，その形状は様々で，屢々葉片状となつている。斯くの如き位置に鰓を具えている昆虫は他にない。これ等の鰓は孵化当初の若虫には発達していない。

若虫の消食管は胃が大形である事と無数 (100以上) のマルピギー氏管がある事によつて特徴となり，後者は属によつて異なり，後腸に直接開口するかまたはある数の群に結合してそれが腸に結び付いている西洋梨形の嚢に夫々連続している。循環系はよく発達し，背管は各腹環節に１室を有し，後胸にて大動脈として前方に延びている。神経系は球の癒合が様々で，脳は小さいが視神経と視神経球とがよく発達している。

分　類

つぎの如く分類されている。

1．前翅の中脈 (M_{1+2}) は基部にて第１肘脈から著しく拡つている。後脚の跗節は４節またはより小数節の可動環節からなり，若し第５節が認められる場合は第１節が脛節に癒合して不可動的となつている……………
……………………Superfamily *Ephemeroidea*………２

中脈は基部にて第１肘脈と平行かまたは甚だ微かに

拡がり，後跗節は4個または5個の可動環節からなる…………………………………………………………………5

2．前翅の亜前縁脈は翅膜の襞の内に隠され基部のみ現われ，径脈と中脈との支脈は対に於て相接近している。翅は鈍ぶく半透明。雌の脚は短かく弱く，雄の脛節と跗節とは横に条付けられている。尾糸（Caudal filaments）は2本のみ即ち尾毛のみで中尾糸突起を欠く……………………………Fam. *Palingeniidae*

前翅の亜前縁脈は全体現われている………………3

3．翅は不透明，雄では亜不透明で雌は全く不透明，翅の後縁部に間脈がない。脚は弱く，前脚はときに雄に於て長く，後脚は殆んど常に短かく弱い…………………………………………………Fam. *Polymitarcidae*

翅は半透明で光沢を有し，翅縁特に後翅の翅縁部に多数の短い間脈を有す。脚は強く，機能的…………4

4．前翅の第1肘脈は簡単で分岐しないが多数の横脈にて翅縁と結び付いている。後翅の第2径脈と第4径脈との叉状部はその幹部より著しく長い……………………………………………………Fam. *Ephemeridae*

前翅の第1肘脈は分叉し横脈にて翅縁と結び付いていない。後翅の第2径脈と第4径脈との叉状部はその幹部より短かいかまたは長くない…………………………………………………Fam. *Potamanthidae*

5．後脚の跗節は可動的の4環節からなり，若し第5節が認められるときは第1節が脛節と結合し不可動的となつている……………Superfam. *Baetoidea*………6

後脚の跗節は可動的の5環節からなる…………………………… Superfam. *Ecdyuroidea* ……………10

6．前翅の亜前縁脈は径脈と癒合しているかまたはなく多くとも基部のみが認められる。翅は乳白色か灰色で甚だ簡単な翅脈を有し，前翅は4乃至7本の縦脈を有し前方部のみに横脈を有し，後翅もまた前方部のみに横脈を有す。大形または中庸大…………………………………………………Fam. *Oligoneuriidae*

前翅の亜前縁脈は自由でよく発達し全長が認められている…………………………………………………7

7．前翅の中脈は明かに叉状となつている……………8

前翅の中脈は簡単で叉分していないが中脈の後方に基部で附着していない2本の自由脈がある。前翅は普通少数の横脈を有し，後翅は甚だ少さく狭く多くとも2本または3本の縦脈を有するのみでときに後翅はない…………………………………………Fam. *Baetidae*

8．翅は乳白色か曇色で後縁に縁毛を生じ，後翅はなくたといあつてもそれは亜成虫にのみ，間脈はなく，屡々小数の横脈を有す。小形種………Fam. *Caenidae*

翅は透明，後翅は殆んど常に存在し，翅は多数の横脈を有す……………………………………………9

9．前翅の第1臀脈は基部にて肘脈から広く分離し第2臀脈に近く横わり，中脈と肘脈との間に間脈がなく中脈の後支脈の前に間脈がない…………………………………………………………Fam. *Leptophlebiidae*

前翅の第1臀脈は肘脈の基部にて近より第2臀脈から広く離れて，中脈と肘脈との間に数本（普通2本）の間脈を有し且つまた中脈の後支脈の前方にも有する………………………………Fam. *Ephemerellidae*

10．肘脈と第1臀脈とは多少平行に走り，その間は横脈にて結び付くが肘脈部に対をなす横脈がないかまたは翅縁に達する彎曲脈もない。後翅は円く翅縁の後方部に延びている多数の長い間脈を有す。前胸は甚だ小形……………………………………………Fam. *Baetiscidae*

肘脈と第1臀脈とは基部にて甚だ近より末端の方に著しく拡がり，第1臀脈は第2肘脈より甚だ短かく末端の方に背方に強く彎曲する。後翅は楕円形，前胸背はよく発達している……………………………………11

11．前翅の肘脈部は肘脈から翅縁に迄延びている多少彎曲せる脈のある数を有す…………Fam. *Siphluridae*

前翅の肘脈部は肘脈から翅縁に延びている斜彎曲せる脈を有していない。しかし肘脈の支脈に多少平行せる2本乃至4本の直線の間脈を具えている…………12

12．前翅の肘脈部に2本の間脈を有するのみ，若し第2対のものが認められるときはそれ等は短かく肘脈の第2支脈に近く横わつている。尾糸は2本または3本……………………………………………Fam. *Ametropodidae*

前翅の肘脈部に4本の間脈がありその長い1対は肘脈の第2支脈に近く横わつている。尾糸は2本………………………………………………Fam. *Ecdyuridae*

若 虫 の 索 引

1．腹部の鰓は腹部側部の上または側部に附着しその基部を背面より見る事が出来る………………………2

腹部の鰓は胸部の大きな楯甲様の延長にて腹部の大部分が被われているために背面より見る事が出来ない（*Prosopistoma* Latreille 旧北洲，エチオピア）……………………Fam. *Prosopistomatidae* Ulmer 1920

2．大顋は甚だ長く前方に延び，鰓は羽毛状で6対または7対で第1対のものはときに著しく退化し，脚は太い…………………………………………………………3

大顋は甚だ短かく前方に延びない。鰓は羽毛状でなく脚は細い…………………………………………………6

3．大鰓は非常に大きく頭を越えて突出し，鰓は腹上に背面に延びている……………………………………4

大鰓はより短かいが頭の前方に僅かに突出し，鰓は側方に延びている……………Fam. *Potamanthidae*

4．額は前方に2個の顆粒を存し，大鰓は末端にて外方に彎曲し，触角は長い縁毛を装う…………………………………………………………………Fam. *Ephemeridae*

額は顆粒を欠き，大顋は末端にて下方に彎曲し，触角は縁毛を欠くかまたは短毛を装う…………………5

5．体は短かく太く，鰓は同様で6対，中尾糸は短かく尾毛より短い……………………Fam. *Palingeniidae*

体は長く且く細く，鰓は7対で第1対は甚だ小形，中尾糸は長く尾毛と等長………Fam. *Polymitarcidae*

6．体は強く扁平，頭は球状か多少横形，眼は頭の背面に位置している……………………………………………7

体は多少円筒形で扁平でないかまたは甚だ微かに平たく，眼は頭の側部に在る……………………………8

7．鰓は一様で腹部側面より突出し，尾糸は短かくとも体と等長…………………………Fam. *Ecdyuridae*

鰓の第1対は腹部第1環節の下面に生じ，これに続く7対のものは腹部側面より突出している……………………………………………………Fam. *Oligoneuridae*

8．尾毛（側尾糸）は両縁に毛を装う…………………9

尾毛は内面のみに縁毛を有す……………………11

9．7対の鰓は腹部側面に生じときに凡てが糸状かまたは第1対が退化し他のものが葉状となる………………………………………………Fam. *Leptophlebiidae*

5対または6対の鰓が腹部側面の背上に生じている………………………………………………………………10

10．鰓は6対で第1対のものは甚だ小さく第2対のものは非常に大きく他のものを被い，第3対以下のものは縁毛を装う…………………………Fam. *Caenidae*

鰓は5対で最後のものまたは最後の2対は背面より見えない………………………Fam. *Ephemerellidae*

11．体は円筒形，頭は下方に曲り，腹部各節の後角は延びていない……………………………Fam. *Baetidae*

体は多少扁平，頭は水平かまたは殆んど水平に位置し，腹部各節の後角は歯状突起を形成するように延びている………………………………………………………12

12．爪は脛節より長くない…………Fam. *Siphluridae*

後方4対の脚の爪は太く夫々の脛節と等長，前脚の爪は末端2分している………Fam. *Ametropodidae*

紋蜉蝣上科

Superfamily *Ephemeroidea* Ulmer 1920

21. *Fam. Palingeniidae* Klapálek 1909

この科の種類は本邦には未だ発見されていない。しかし旧北洲とインド・マライ洲とに分布し，その主な属は *Palingenia* Eaton（旧北洲）と *Anagenesia* Eaton（旧北洲）と *Plethogenesia* Ulmer（インドマライ洲）等である。

若虫（Fig. 215.）は大きな突出せる有歯の大顋を有し，前脚の脛節は開堀に適応し，中尾糸は尾毛より著しく短かい。成虫は多数の縦脈と横脈とを有する2対の翅を有し，雌の脚は短かく脆弱かまたは著しく減退し，雄の把握器は4節よりなり第1節は甚だ短く第2節は内曲し他節の和より長い。

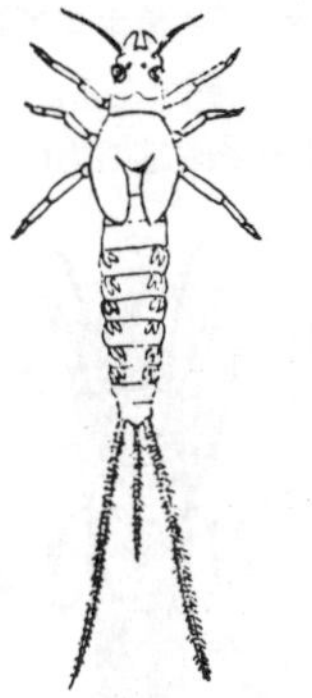

Fig. 215. *Palingenia* の若虫 (Rousseau)

22. アミメカゲロウ（網目蜉蝣）科

Fam. Polymitarcidae Klapálek 1909

本邦に *Polymitarcis* Eaton（世界共通）が知られ，他に重要な属としては *Porilla* Navás と *Euthyplocia* Eaton と *Exeuthyplocia* Lestage（エチオピア），*Campsurus* Eaton（新熱帯）等がある。

若虫（Fig.216.）は長い牙状の大顋と3本の等長の尾糸とを具え，稀れに泥中に潜入する。成虫の雄の把握器は4節で内彎し，第1節は第2節の約1/2長，末端2節は甚だ小形。

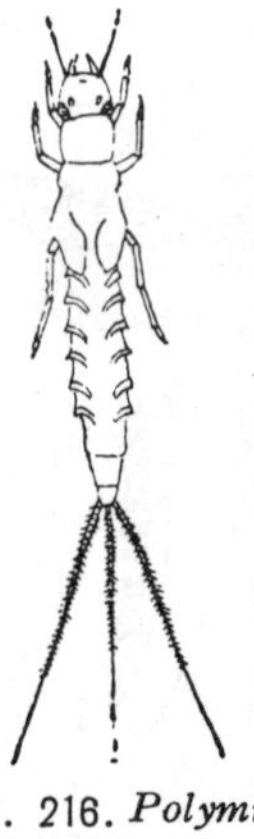

Fig. 216. *Polymitarcis* の若虫 (Rousseau)

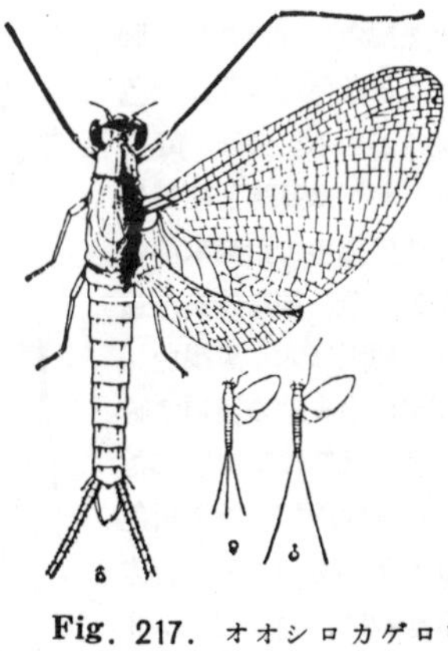

Fig. 217. オオシロカゲロウ（上野）小図は尾糸と体との比長を示す

オオシロカゲロウ（*Polymitarcis shigae* Takahashi）（Fig. 217）は体長10mm，頭部は黄褐色，複眼と単眼とは黒色，前胸背板は褐色，中後両背板は黄褐色，腹部は黄白色。前脚は黒褐色，中後両脚は黄色。前翅は無色透明で先端部のみ帯黄色。中尾糸は雌のみに発達する。

23. モンカゲロウ（紋蜉蝣）科
Fam. Ephemeridae Klapálek 1909

本邦には *Ephemera* Linné（全北洲，インド，濠洲）属の相当数が産し，*Hexagenia* Walsh（新北洲，新熱帯，エチオピア）や *Eatonica* Navás（エチオピア）や *Pentagenia* Walsh（新北洲）等が主な属である。

若虫（Fig.218.）は長く多少円筒形で両端の方に細まり，大顋は長い牙状で外方に彎曲し，触角はむしろ長く縁毛を装い，尾糸は3本とも等長，脚は強く泥中に潜入するに適応している。泥床の水中に棲息している。

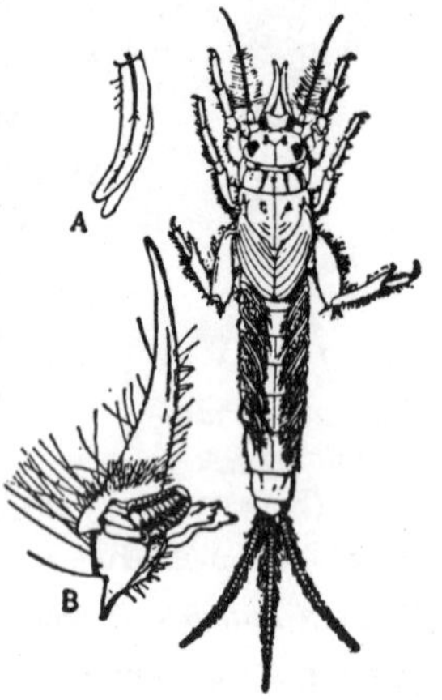

Fig. 218. モンカゲロウの若虫（川村）
A. 第1小の鰓 B. 大顋（左）

成虫はむしろ小形の後翅を具え，尾糸は2本または3本で甚だ長く，雄の把握器は4節からなり第2節は著しく内方に曲り他節の何れよりも著しく長い。

モンカゲロウ（*Ephemera strigata* Eaton）（Fig.219.）は体長16mm内外。体は黄褐色。頭部は黒褐色で顔は黄色，胸背は暗褐色で両側に黒色縦条がある。脚は黄白色。前脚は基節と転節以外は黒褐色で跗節末節のみ黄白色。翅は暗黄色透明。翅脈は太く黒褐色，前翅の中央部の横帯は暗褐色。腹部は黄褐色で各側の背腹両板に各黒褐色の斜条があつてその背方のものは太い。尾糸は3本共に黄褐色で環節接合部は黒色，把握器は褐色。雌は体翅共にやや淡色。北海道・本州・朝鮮産。

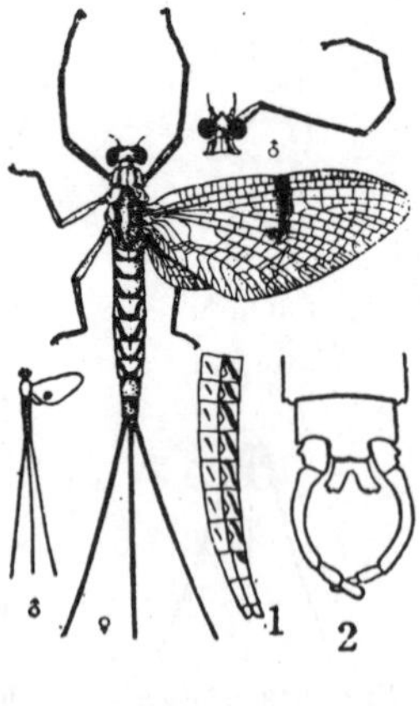

Fig. 219. モンカゲロウ（上野）
1. 腹部側面図 2. 把握器と挿入器。小図は尾糸比

24. カワカゲロウ（河蜉蝣）科
Fam. Potamanthidae Klapálek 1909

Potamanthus Pictet（全北洲）や *Rhoënanthus* Eaton（旧北洲，インド，マレイ洲）や *Potamanthodes* Ulmer（インド，マレイ洲）等が重要な属である。本邦からは最初の1属が知られている。

若虫（Fig.220.）は短い牙状の大顋と長い2分せる縁毛を装う。鰓と3本の等長の尾糸とを具え，脚は蟹形で，脛節は跗節の基部にかぶさる扁平棘に延びている。泥床上の泥滓にて被われている岩石上に棲息している。

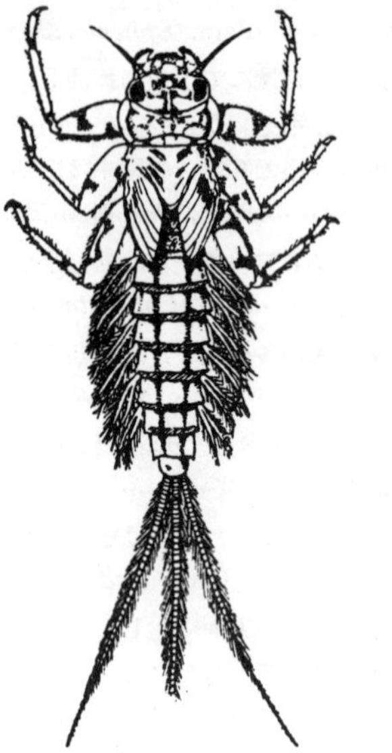

Fig. 220. キイロカワカゲロウ（川村）

雄の成虫は体と等長の前脚を具え，その爪は鈍い。把握器は3節で甚だ細長い内彎の基節を有し末端2節は短かく殆んど等長。

キイロカワカゲロウ（*Potamanthus kamonis* Imanishi）（Fig. 221）は体長10～11mm全体帯黄色。雄。頭部は黄褐色で中央に前胸前端に達する褐色紋があり複眼は緑色を帯び，単眼は褐色輪にて縁取られている。脚は黄色，前脚の腿節末端と脛節基部とは褐色，跗節の各節は末節を除き末端部栗褐色，前脚の爪は同形，中後各脚の爪は異形，翅は無色透明，横脈は帯褐色。亜前縁脈と前縁脈とは黄緑色で特にその前半部のものと前縁とは褐色。腹部は黄色，腹面は黄白色で第1～7節は透明，側方に褐色斑を有し腹面にはこれを欠く。尾糸は3本で黄白色。挿入器は黄白色。雌は雄と殆んど等しいが，腹部が赭黄土色で爪が凡て同形。本邦各地に産し，若虫は河川の石下に棲息する。

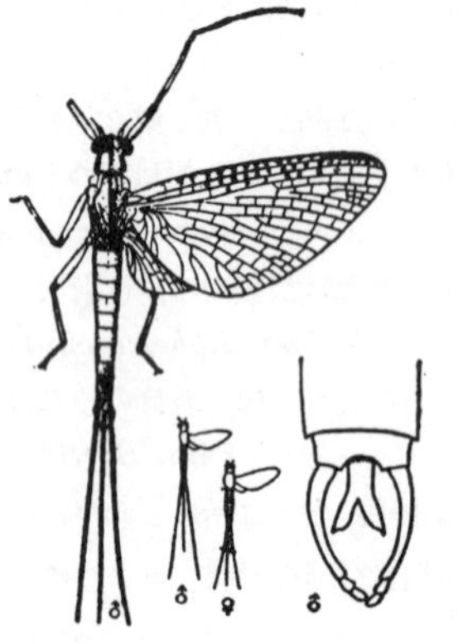

Fig. 221. キイロカワカゲロウ（上野）
右図は雄尾端腹面の把握器と挿入器，中央の小図は尾糸の長比を示す

小蜉蝣上科
Superfamily *Baetoidea* Ulmer 1920

25. ヒトリガカゲロウ（燈蛾蜉蝣）科
Fam. *Oligoneuriellidae* Ulmer 1920

Oligoneuridae は異名。むしろ大きな科で世界の各所に分布し，*Oligoneuriella* Ulmer（*Oligoneuria* Pictet（旧北洲，新熱帯，エチオピア洲）や *Homoneuria* Eaton（新北洲）や *Spaniophlebia* Eaton（新熱帯)や *Elassoneuria* Eaton（エチオピア洲）等の属が重要なものである。

若虫は多少円筒形で短いむしろ不明瞭な鰓を有し，前脚は内縁に長毛を装い，尾糸は3本で中央のものは多少短い。

成虫は少数の縦脈を有する翅を具え，前翅には少数の横脈があるが後翅にはこれを欠く。尾糸は3本で中央のものは短い。雄の把握器は3節で甚だ長い且つ内彎せる基節を有す。

ヒトリガカゲロウ(*Oligoneuriella rhenana* Imhoff)（Fig.222）は体長11mm内外，体は黄土色。雄。頭部と胸部とは黄土色，複眼は黒色，脚は黄白色。翅は乳白色乃至灰色，腹部は黄白色で第2～7節は透明で各背板には不明瞭な斑点があり，尾糸は白色。雌は雄に比し幅広く褐色を帯び，脚節は明瞭でなく，短太の腿節とこれに続く細弱な節と1爪とを有し，尾糸が短い。本州の日本海沿岸地方に産し，若虫はゆるやかな河川の水底の泥土やゴミに埋れて生活する。

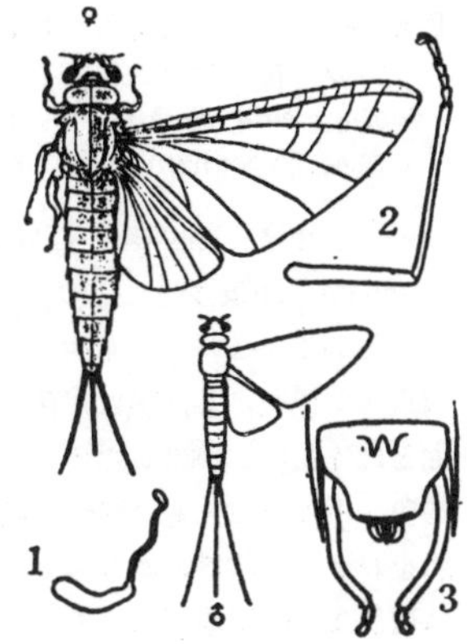

Fig. 222. ヒトリガカゲロウ（上野）
1．雌の脚　2．雄の前脚
3．雄の尾端腹面把握器と挿入器とを示す

26. コカゲロウ(小蜉蝣)科
Fam. *Baetidae* Klapálek 1909

大きな科で世界に分布し *Cloëon* Leach（世界共通）や *Centroptilium* Eaton（全北洲，エチオピア洲）や *Baetis* Leach（広分布）や *Collibaetis* Eaton（米国）や *Procloëon* Bengtsson（旧北洲）等が重要な属である。本邦には最初の3属の他に *Baetiella* 属が知られている。

若虫（Fig. 223）は長くむしろ長い触角及脚と葉状の鰓とを具え，尾糸は3本で中央のものは短い。滝や瀑水や緩流水等に発見され，泥土中や水生植物中等にも棲息している。

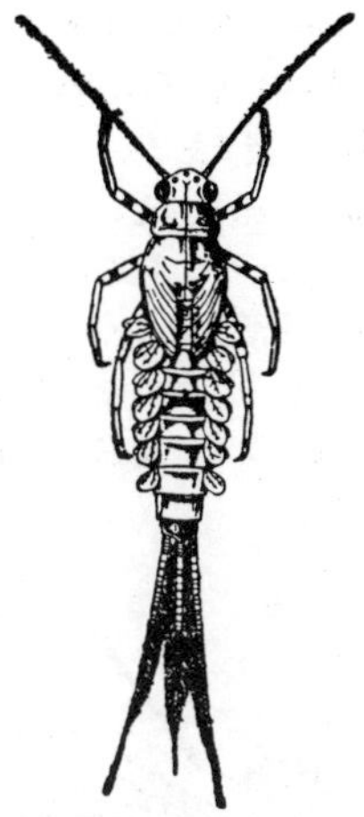
Fig. 223. フタバカゲロウの若虫（川村）

成虫は翅に比較的少数の横脈を有し，後翅は甚だ小形となるかまたはない。尾糸は尾毛のみで2本。ある属の雄の複眼は頭巾状を呈する事が少くない。雄の把握器は4節なれどあるものは3節より認められない。第2節は細く屢々第1節とほぼ等長で第3節と癒合する事があつてその場合は最長となり屢々内曲している。末端節は甚だ小さく明確に区分する事が出来ない。

シロハラコカゲロウ(*Baëtis thermicus* Uéno)（Fig. 224）は体6.5～9.5mm，一般に黄色を帯びている。雄のいわゆる大複眼は大形で輝く紅色を呈しその下部のいわゆる基複眼は暗緑色，単眼は黒く縁取られている。胸背は赭褐色。脚は黄白色で関接部と爪とは暗色。翅は無色透明で先端部と亜前縁脈と径脈との基部区域はややくもる。翅脈は琥珀褐色。後翅は頗る小さく長卵形で，前縁の基部に近く暗色にくもつた三角形の小突起を有す。第2～6腹節は黄白色で半透明，第7～10節は黄土色で不透明，各節後縁は褐色。尾糸は尾毛のみで黄白色。本州中部に普通，北海道・朝鮮・樺太等に分布し，若虫は山間の渓流に棲息する。フタバカゲロウ（*Cloëon dipterum* Linné）やフタバコカゲロウ（*Baëtiella japonica* Imanishi）は後翅を欠く。

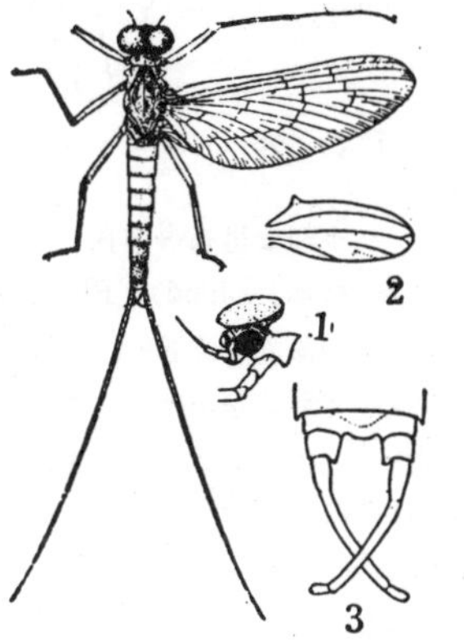

Fig. 224. シロハラコカゲロウ（上野）
1．雄頭部の側面図（背上の楕円形が大複眼で下方の暗緑色部が基複眼）　2．後翅
3．把握器

27. ヒメカゲロウ（姫蜉蝣）科
Fam. *Caenidae* Klapálek 1909
（*Brachycercidae* Lestage）

本邦には未だ *Caenis* Stephens（世界共通）の1属のみより知られていないが，世界に広く分布する大きな科の1つで，*Brachycercus* Curtis（旧北洲）や *Tri-*

coryphodes Ulmer(米国)や *Leptohyphes* Eaton(南米)や *Leptohyphodes* Ulmer (新熱帯) や *Tricorythus* Eaton (エチオピア洲) 等が重要な属である。

若虫 (Fig. 225) は特徴ある第2鰓を具え，この鰓は大形で覆翅状を呈し続く鰓を被うている。尾糸は3本で殆んど等長。種々な状件の個所に生活し，多くのものは砂床または泥床の水中に棲息している。成虫は甚だ少数の横脈を有する前翅を具え，後翅はなく，尾糸は3本，雄の把握器は角状で1節からなる。

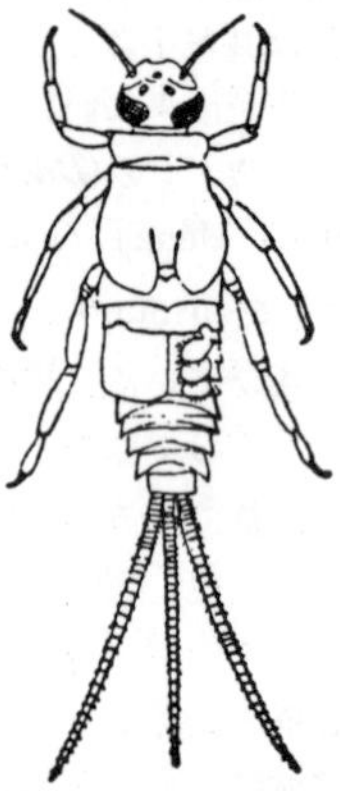

Fig.225. ヒメカゲロウ1種(Tricorythus)の若虫 (Rousseau)

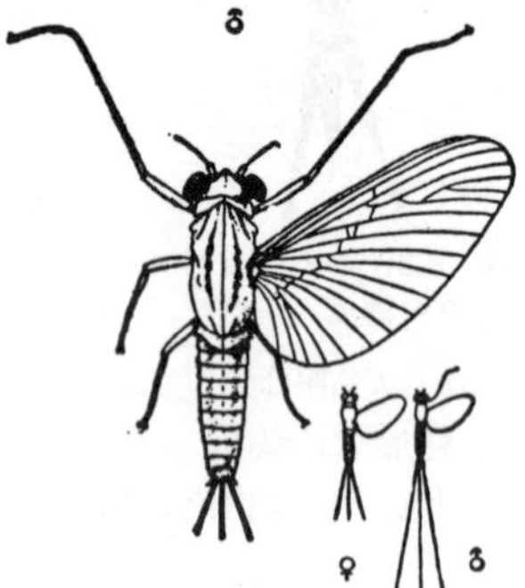

Fig. 226. ヒメカゲロウ (上野) 小図は尾糸の長比

ヒメカゲロウ (*Caenis horaria*) Linné) (Fig. 226) は体長3～5mm，複眼は頭部の側面に位置し，爪は前脚のものは同形で他のものは不等形，尾糸は3本で雄では体長の3倍以上雌では短かく，後翅はなく，把握器は1節。胸背は黄褐色，腹部は黄白色で背面と側方とに暗灰色の斑紋を有し，翅は無色透明で前縁部のみ暗色を帯びる。本邦と欧州とに知られる。

28. トビイロカゲロウ (鳶色蜉蝣) 科

Fam. Leptophlebiidae Klapálek 1909

大きな科で広分布，本邦には *Paraleptophlebia* Lestage (旧北洲) の1属が知られ，*Choroterpes* Eaton (全北洲) や *Thraulus* Eaton (全北洲，インド，マレイ洲) や *Atalophlebia* Eaton (新熱帯，インド，マレイ洲) や *Habrophlebia* Eaton (全北洲) や *Leptophlebia* Westwood(全北洲)や *Habroleptoides* Schoenemund (旧北洲) や *Adenophlebia* Eaton (エチオピア洲) 等が最も重要な属である。

若虫 (Fig.227) は長く，触角はかなり長く尾糸は，3本で等長で体長と等しいかまたは殆んど等しく，鰓は細長い葉状かまたは紐状。

成虫は多数の細翅脈を有する翅を具え，後翅は甚だ小さく尾糸は3本で著しく長く等長。雄の把握器は3節または4節で，基節は甚だ幅広，第2節は長く内方に彎曲し，第3節は短かく，第4節は前節の約1/2長。若し3節の場合は基節は第2節より幅広く等長かまたは長く第3節は第2節より微かに短い。

Fig. 227. トビイロカゲロウ1種 (*Paraleptophlebia packii*) の若虫 (Needham)

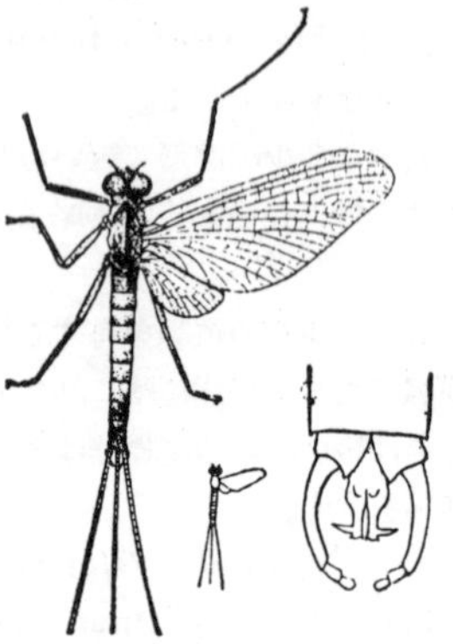

Fig. 228. ナミトビイロカゲロウ (上野) 右図は把握器と挿入器との腹面図

ナミトビイロカゲロウ (*Paraleptophlebia chocorata* Imanishi) (Fig.228) は体長5～7.5mm，全体赤味がかかつているチョコレート褐色。雄の頭部は黒褐色で，大複眼は黄褐色，基複眼は黒色。胸背は黒褐色で側方と腹面とは赤褐色。脚は黄白色だが前脚の腿節と脛節とは黄褐色。爪は各脚ともに異形。翅は無色透明で帯白色の翅脈を有する。腹部の第2～6節は半透明，各節の後半部は褐色または帯紫褐色，尾糸は帯白色で褐色輪を有する。本邦各地に普通，若虫は河川の石下に棲息する。

29. マダラカゲロウ (斑蜉蝣) 科

Fam. Ephemerellidae Klapálek 1909

本邦には *Ephemerella* Walsh (全北洲) 1属のみ。*Torleya* Lestage (旧北洲) や *Drunella* Needham(新北洲) や *Teloganodes* Eaton (インド，濠洲) 等が重要な属である。

若虫 (Fig.229) は長いかまたはむしろ短かく殆んどカニ状，触角はむしろ長く，尾糸は3本で等長で殆んど裸体か縁毛を装い，鰓は扁平で腹部の幅の1/2または1/3の幅を有す。急流中の岩石にすがりついているかまたはその下に棲息し，ある種類は腹部下面に吸盤を形成している。屢々顕著で隠性的色彩を呈するものがある。

成虫は甚だ小さな後翅と3本の尾糸とを具え，雄の把握器は3節で基節と末端節とは短かく中節は甚だ長く内方に彎曲している。

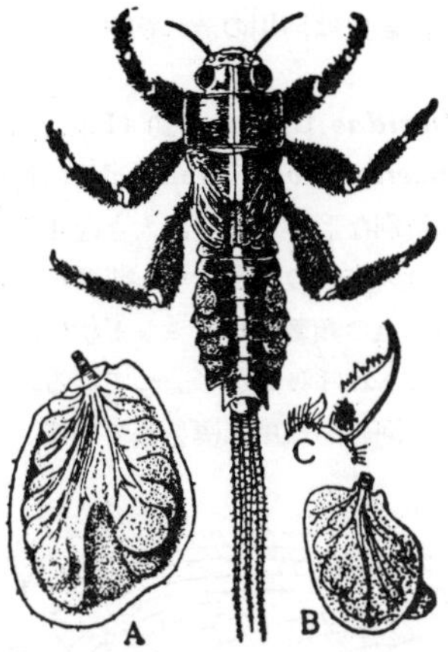

Fig. 229. クロマダラカゲロウの若虫（川村）
A．第1対の鰓の下面　B．第5対の鰓の上面　C．脚の爪

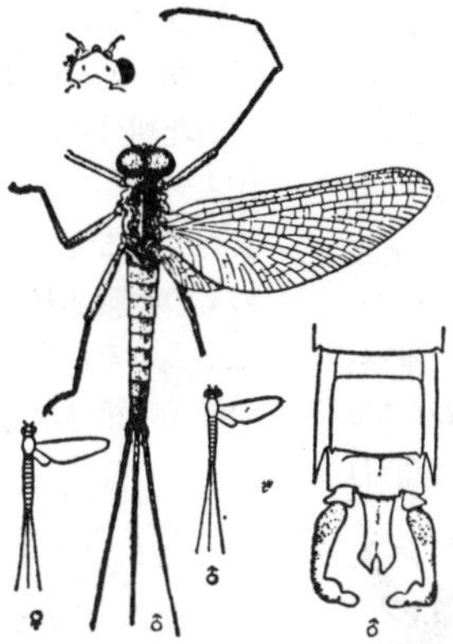

Fig. 230. クロマダラカゲロウ（上野）
上図は雌の頭部背面図，右図は把握と挿入器との下面

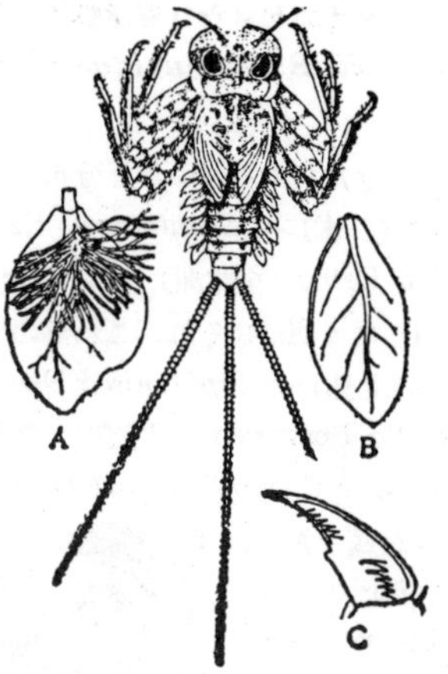

Fig. 231. クロタニガワカゲロウの若虫（川村）
A．第6対の鰓　B．第7対の鰓　C．爪

クロマダラカゲロウ（*Ephemerella nigra* Ueno）（Fig.230）は体長8.5〜12mm，雄。全体褐色を帯び，頭部と胸背とは栗褐色，複眼は灰色，脚は黄白色なれど前脚と跗節とが褐色，翅は透明，翅脈は基部が黄色で先端の方に褐色となり，腹部の背面は鮮栗褐色で腹面は暗褐色，尾糸は黒褐色，把握器は褐色。雌は大体雄に同じであるが腹部の背面赤褐色で腹面淡色。本州各地に産し，若虫は渓流中の石下に棲息する。

扁蜉蝣上科
Superfamily *Ecdyuroidea* Eissig 1947
(*Heptageneoidea* Ulmer)

30．ヒラタカゲロウ（扁蜉蝣）科
Fam. Ecdyuridae Klapálek 1909
(*Ecdyonuridae*) (*Heptageniidae* Bengtsson 1913)

多数の種類が含まれている科で，本邦には *Rhithrogena* Eaton（全北洲）と *Ecdyurus* Eaton（*Ecdyonurus*）（全北洲）と *Epeorus* Eaton（全北洲）と *Heptagenia* Walsh（全北洲）の4属が発見され，この他 *Iron* Eaton（新北洲）と *Atopopus* Eaton（インド，濠洲）とが重要な属である。

若虫（Fig. 231）は体も脚も扁平，頭は大きく鰓は扁平で葉状。脚はカニ形，尾糸は2本または等長の3本で殆んど裸体。急流中に生活し，石や他の物体にすがりついている。また湖水の岸や緩流の辺にも棲息する。

成虫は多数の脈を有する翅を具え，後翅は大さに於て変化が多く屡々非常に小形となつている。尾糸は2本。雄の把握器は4節からなり，基節は短かく，第2節は甚だ長く微かに内方に彎曲し，末端節は小さく第3節はそれより長い。

クロタニガワカゲロウ（*Ecdyurus tobiironis* Takahashi）（Fig.232）は10〜13mm，全体黒褐色。頭部は黒色，複眼は灰色で下部に2白線がこれを取りまいている。前胸背は暗褐色，中・後両胸背は黒褐色，最初の2腹節は赫褐色，第3〜7腹節は白色半透明，最後の3腹節は暗褐色，尾毛は褐色。前脚は暗褐色で腿節に2個の黒色斑紋を有し，中・後両脚は褐色，爪は各脚共に不等形。翅は透明，少し琥珀色を帯び先端部のみくもり，翅脈は暗褐色。把握器は黒褐色で末端に到るに従い次第に淡色，挿入器は黄褐色。雌の第3〜7腹節は半透明。本州中部に普通。幼虫は渓流に棲息する。

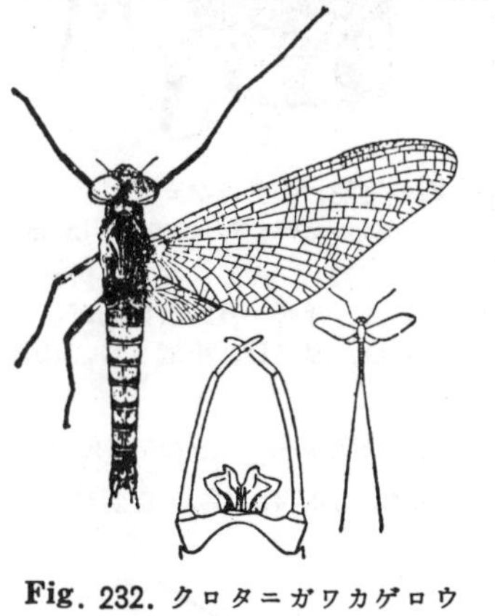

Fig. 232. クロタニガワカゲロウ（上野）
中央の図は把握器と挿入器との腹面図

31．*Fam. Ametropodidae* Bengtsson 1913

小さな科で本邦には未だ発見されていない，重要な属は旧北洲に分布する *Ametropus* Albard と *Metretopus* Eaton の2属のみである。翅は多数の脈を有し，尾糸は3本。雄の把握器は4節で微かに内方に彎曲し，基節は長く，第2節は最長，他の2節は何れも短い。

32. フタオカゲロウ（雙尾蜉蝣）科

Fam. Siphlonuridae Klapàlek 1909

(*Siphluridae*)

むしろ大きな科で世界に広く分布し，本邦には ***Diptèromimus***（日本）や ***Siphlonurus*** Eaton（全北洲）や ***Isonychia*** Eaton（全北洲）や ***Ameletus*** Eaton（全北洲，濠洲）の4属が知られ，これ等の他に ***Chirotonetes*** Eaton（新北洲）や ***Siphlonisca*** Needham（新北洲）や ***Siphlurella*** Bengtsson（旧北洲）や ***Oniscigaster*** Mc Lachlan（インド・濠洲）や ***Coloburiscus*** Eaton（濠洲）等が重要な属である。

若虫（Fig.233）は頭が小形，鰓が大きく扁平，尾糸が3本で等長かまたは中央のが短く，脚が小形。流水中に生活し，瀑布や滝の中にも発見される。

成虫はよく発達した多数の脈を有する翅を具え，後翅は小さく，尾糸は2本即ち尾毛のみ，雄の把握器は4節で，第1節は幅広く，第2節は最長で微かに内方に曲り，末端の2爪は小形。

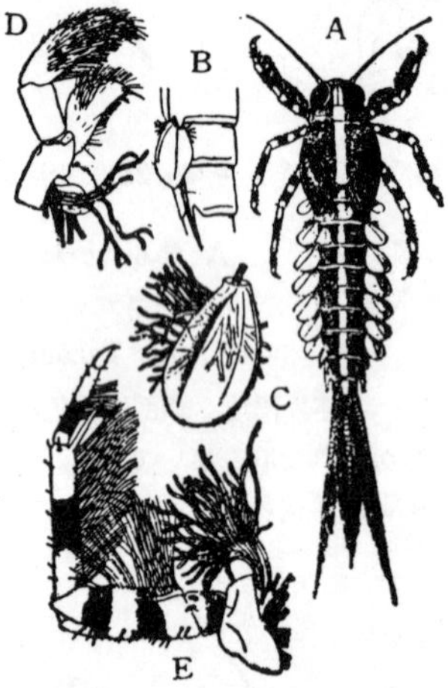

Fig. 233. チラカゲロウ (*Isonychia japonica* Ulmer)（川村）

A．背面　B．腹部側面
C．鰓　D．小鰓　E．前脚

オオフタオカゲロウ（***Siphlonurus binotatus*** Eaton）（Fig.234）は体19〜22mm，頭部は黒色，複眼は灰色で上下2個に分れ，胸背は褐黒色，各腹節は黄色の地に濃黒褐色の斑紋を有し，尾糸は尾毛のみで黄色なれど基部2/5は黒褐色，前翅無色透明で琥珀色の先端部を有し前縁中央に濃褐色の1斑点を有し，翅脈は褐色，脚は黄色で爪は凡て等形，把握器は黒褐色で先端の方に淡黄となる。本州に広く分布し，若虫は河川の流れ緩やかな中流に棲息する。

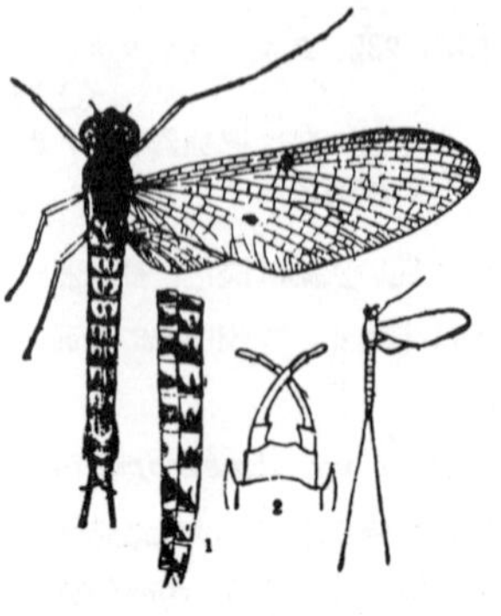

Fig. 234. オオフタオカゲロウ（上野）

1．腹部側面　2．雄の尾端腹面

33. ***Fam. Baetiscidae*** Ulmer 1920 (Fig.235)

新北洲のみに産し *Baetisca obesa* Walsh がこの科の代表者である。若虫は特別な形態を有し，大きな4棘を具えている脊甲が胸背の後方への延長にて形成され，このものは腹部背面の中央上の顕著なピラミッド状の隆起と出会いその中に鰓が包まれ呼吸室を形造つている。この種類は稀れなもので大河の急流中に棲息している。

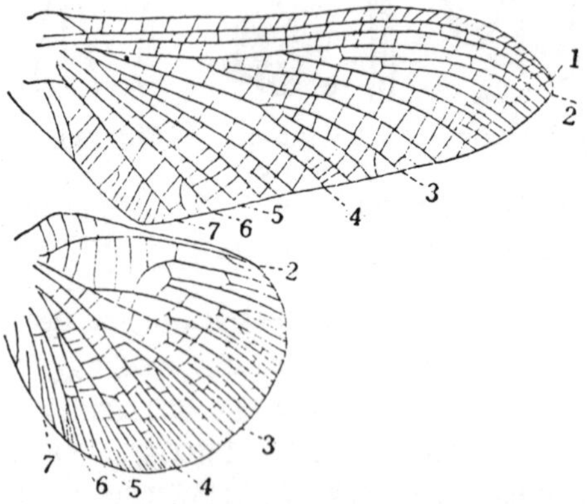

Fig. 235. *Baetisca* の翅 (Eaton)

1．亜前縁脈　2．径脈　3．中脈　4．肘脈
5．第1臀脈　6．第2臀脈　7．第3臀脈

34. ***Fam. Prosopistomatidae*** Lestage 1919 (Fig. 236)

この科は甚だ小さな科で ***Prosopistoma*** Latreille 1属のみよりなり少数の種類が欧洲大陸とマダガスカールとから発見されているのみ。

若虫は扁平で楕円形に近い盤状，口は下唇基節によつて隠され，鰓は大きな覆翅様の拡大部にて被われ，腹部の大部もまた被われている。尾糸は短かく3本で等長，縁毛を装う。急流中の岩石にすがり付いている。亜成虫のみが知られ，翅は甚だ簡単な翅脈を有し横脈を欠く。

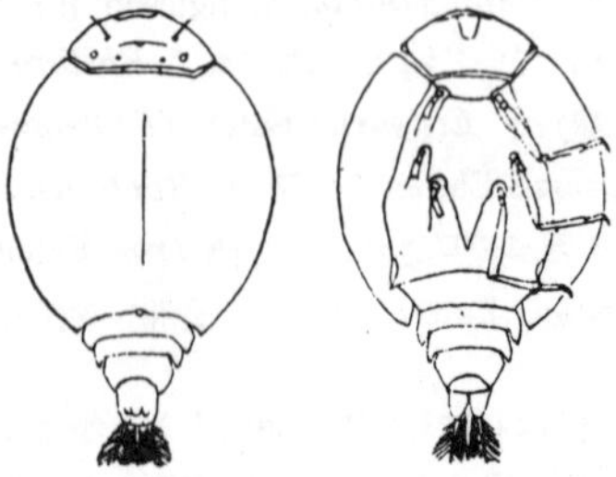

Fig. 236. *Prosopistoma* の若虫 (Eaton)

左図は背面　右図は腹面

VI 蜻蛉目

Order *Odonata* Fabricius 1793

(*Cryptodontia* Latreille 1802, *Libellulides* Leach

1815, *Libellulina* Neuman 1834, *Paraneuroptera* Shipley 1904)

Damselflies, Dragonflies, Devil's Darning Needles, Snakedoctors, Mosquito Hawks 等と称えられるものが含まれている。

中庸大乃至大形，細長く遠飛または速飛の捕虫性昆虫で，半変態。頭は可動的で甚だ大きな複眼と3個の単眼を具え，口器は咀嚼型で強い大顋と1節の小顋鬚と2節の下唇鬚とを具えている。胸部は大きく，短い3対の有棘脚と2対の同様な細長い網脈を有する翅とを具え，前者は3節の跗節を有し，後者は静止の際に体の側方にまたは背上に直線に延ばしている。腹部は細長く円筒形かまたは扁平，雄の交尾器官は腹部の第2と第3腹板にある。若虫は水棲で，非常に発達した捕獲下唇いわゆる仮面 (Mask) を具え，外部に現われている尾鰓を欠く。

トンボは蝶や蛾等の如く一般によく知られていて凡ての昆虫中最も興味ある且つ恍惚ならしめるものに属し，ヤンマの急速な飛行は実に巧妙で前進中急返し反対の方向に飛行するその熟練さと機工とは他の動物にこれを見る事が出来ない。彼れ等は大さに於ては甚だ差異があるが形状に於てはむしろ一定している。現存種類では中南米産の *Megaloprepus caerulatus* Drury の約7寸の開張を有するものが最大で，反対の最小なものは濠洲産の *Agriocnemis* や *Austrocnemis* 両属の開張8分内外。イトトンボの類は虚弱で甚だ細い体を具えその飛行はまたむしろ遅い。色彩は温帯地方のあるものは無地で陰気なものさえあるが，他のものは美麗に鮮明な色にて条付けられまたは斑紋を附しまたは帯紋を付け多くは藍色や青色や黄色や赤色等である。熱帯や亜熱帯のものは同じ地方に於ける蝶の如く輝ける金属的色彩を有するものが多い。多数の種類は光輝を軟げるように帯白色粉にて被われている。雌雄が同様な一般色であるかまたは雌は鈍色あるいはより多く鮮明色となるものがあり，稀れに同一種で2色型の場合もある。翅は鱗片も毛もないが甚だ少数のものは例外となつている。普通透明で帯黒色や帯褐色やまたは鮮明色にて曇らされている。

トンボの古代形の残物たる *Protodonata* Handlirsch はフランス石炭層に見出されてあつた。しかして真のトンボは下二畳紀迄現われていない。これ等は現存種から翅の亜結節 (Subnodus) と中室とを欠き，結節前横脈 (Antenodals) と結節に終る甚だ短い亜前縁脈と他の特徴の多数とを有する事によつて区別する事が出来，これ等の特徴により亜目 *Protozygoptera* が作られている。後二畳紀の化石は世界の多くの地方より発見され Handlirsch (1908) によつて研究されている。

未熟時代は厳確に水棲であるが成虫特に強飛のヤンマ類は屢々水辺から非常に離れた処に発見される。

卵は外産 (exophytic) のものは普通円く内産 (endophytic) のものは長く，種々な方法で産下される。即ち卵が雌が飛翔中に水の表面内に落されるかまたは長い膠質物の紐あるいは塊に産下され水面直下の物体上にあるいは水に浮いている樹皮片の下側に，更にまた水辺または水中にある丸太や泥や生植物の組織等の中に産入される。最後の場合では雌はときに雄を供い植物の茎をつたわり水中に匍い入りその処に著しい長時間止まり空気の新たな供給を受けるために何等いそぐ事がない。雌はまたその腹部を単に延ばして水中の植物に産卵するものもある。1雌は1塊に800以上の卵を産下するものが知られている。若虫 (Naiads) は美麗と言う事が出来ず且つ活発度に於て成虫に比較が出来ない。かれ等は形状と動作とに於て眼につきにくく，陰隠的でしかも屢々変化され得る色彩がかれ等の特別な生活によく適応している。若虫は淡水または稀れに塩水に見出され，水棲植物間に生活しまたは岩石あるいは丸太にすがりつきまたあるいは池や湖水や川河の底にて砂中や泥中にうづもれ，且またときどき水中に現われて見出される。凡てが著しい捕食性で水棲動物の如何なるものでも粉細し且つ残忍性を持つている。カゲロウの若虫や蚊の幼虫やユスリカの幼虫等はかれ等の好食餌である。10乃至15齢虫を経て1年乃至5年の歳月の後に若虫は充分成長し，水から匍い出て脚にて適当な個所に附着し後頭と胸部との背面の裂目から成虫が羽出する。成虫は飛行中に脚を前方にして食餌を捕えるが，その食物となるものはタマバエ，ユスリカ，蚊及び蠅等が主で，従つて人類に対して有益虫となつている。冬期は一般に若虫時代なれど，成虫にても越年する種類がある。成虫はまた大群にて屢々現われ，主として日中しかも晴天の場合に活動性であるが，熱帯種には夜間性のものもある。

外形態 (Fig. 237, 238)

頭部は複眼の非常な発達に供い変化し，不均翅亜目では複眼が背面中央にて合し頭の大部分を占め，均翅亜目ではより小形となり頭の横延端に附着している。その為めに視野が増加している。単眼は3個で頭の背面にて複眼間の直前に存在している。触角は甚だ短かく顕著でなく突錐状で3～7節からなるが一般は7節，感覚器が発達していない。口器 (Fig.238) はよく発達し蛟み且咀嚼に適し，大顋は非常に強い且鋭い歯を具え，小顋は無節の鬚と有歯有棘の磨片 (Malae) とを具えている。下唇は著しく発達し，基節は側方に生鬚節即ち鱗片葉 (Squamae) として発達し各鱗片葉は鬚即ち側片 (La-

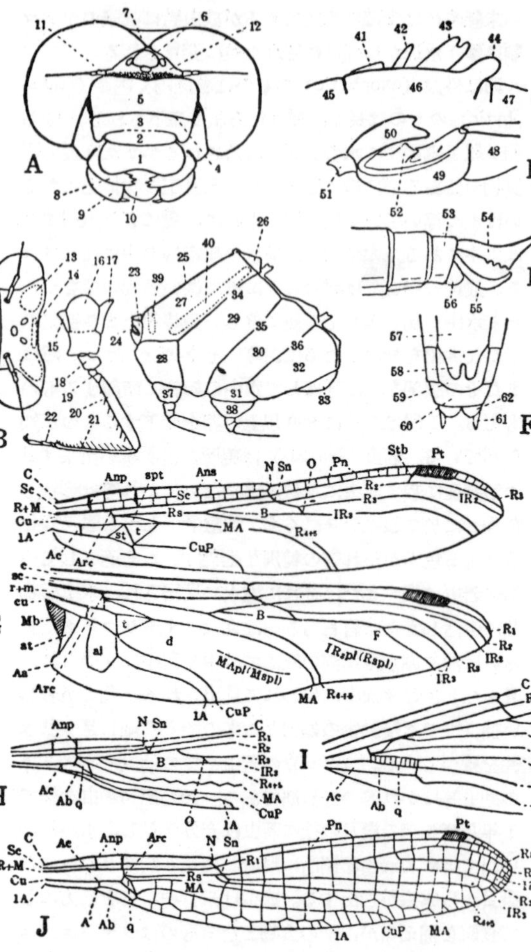

Fig. 237. 蜻蛉目の体制模式図（朝比奈）

A．頭部前面　B．均翅類頭部背面と胸部側面　C．不均翅類雄の第2.3腹節にある交尾器　D．均翅類の陰茎　E．不均翅類雄の尾部附属器側面　F．トンボ科雌の尾端腹面　G．不均翅類の翅脈　H．アオイトトンボ科の翅脈　I．カワトンボ科の翅脈　J．イトトンボ科の翅脈

1．上唇　2．前頭楯　3．後頭楯　4．頭楯額線　5．額　6．単眼間瘤　7．後頭三角部　8．大顎　9．下唇側片（鬚）　10．下唇中片（唇舌）　11．触角　12．額基条　13．眼後紋　14．後頭条　15．前胸背前片　16．前胸背板　17．前胸背後片　18．前脚基節　19．前脚転節　20．前脚腿節　21．前脚脛節　22．前脚跗節　23．中胸気門板　24．中胸気門　25．背瞼線　26．翅前瞼起（肩板）27．中胸前腹板（前側板）28．中胸下前腹板（前側下板）29．中胸後側板　30．後胸前腹板（前側板）31．後胸下前腹板（前側下板）32．後胸後側板　33．後胸後後側板　34．肩線　35．第1側線　36．第2側線　37．中脚基節　38．後脚基節　39．襟条　40．前肩条　41．前片　42．生殖前鉤　43．生殖後鉤　44．雄生殖辧　45．46．47．第1・2・3腹節　48．49．50．陰茎第1・2・3節　51．端辧　52．内辧　53．第10腹節　54．上跗属器　55．下跗属器　56．肛側板　57．第8節腹板　58．雌生殖辧　59．第9節腹板　60．第10節腹板　61．尾毛　62．肛側板

Aa．臀角　Ab．臀横脈　Ac．臀横脈　al．臀絡室　Anp．第1次結節前横脈　Ans．第2次結節前横脈　Arc．弧脈　at．臀三角室　A′．臀逆支脈（第2次臀横脈）B．橋脈　C．前縁脈　Cu．肘脈　cu．肘室　CuP．肘脈後枝　d．中室区（Discoidal field）　F．第3径間（挾）脈叉分岐　IR_2．第2径間（挾）脈　IR_3．第3径間（挾）脈　MA．前中脈（中脈前枝）　Mb．小膜部　Mspl．中補脈　N．結節　O．斜脈結節後横脈　Pt．縁紋　P．四角室（中室）R．径脈　Pn．R_1．第1径脈（径主脈）R_2．第2径脈　R_3．第3径脈　R_{4+5}．第4+5径脈　R+M．径+中脈　r+m．径中脈室（中室）Rs．径方脈　Rspl．径板補脈　Sc．亜前縁脈　sc．亜前縁室　Sn．亜結節　t．三角上三角室　st．亜三角室　Stb．縁紋補脈　spt．室　1A．第1臀脈

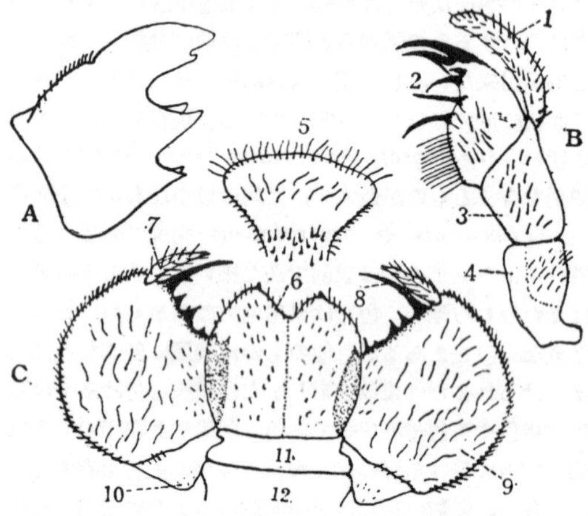

Fig. 238. オニヤンマ1種（*Cordulegaster annulatus*）の口器（Imms）

A．大顎（左）B．小顎（左腹面）C．下唇

1．小顎鬚　2．磨片　3．蝶鉸節　4．軸節　5．下咽頭　6．中葉片（唇舌）7．可動鉤　8．端鉤　9．側片（鬚）10．生鬚節（鱗片葉）11．亜基節　12．基節

teral lobe）を出し，その葉片の内縁は端鉤(End hook)に終りその僅か外方に少さな可動鉤（Movable hook）を具えている。下唇基節は1本の中片（Median lobe）即ち唇舌（Ligula）を末端に出し，唇舌の末端は屢々中央が割れている。トンボ科ではこの可動鉤がなく，端鉤と唇舌とが痕跡的で側葉片が非常に発達している。

頸部は4個の頸節からなり甚だ細く且つ小形で，これ等の節片が両側部に配列せられ頭の自由運動を可能ならしめている。

胸部は各環節が傾斜し背部が後方に腹面部が前方に位置している。前胸は非常に退化しているが明瞭な環節として存在し，中胸と後胸とは密着し共に脚と翅との附着に対し特別に変形している。脚は前方に移動しそれにつれ腹板が供い，翅は反対に後方に移動し背板を供つている。しかして中後両背板と腹板とは退化しているが，側板は著しく発達し，中胸前側板 (Mesepisterna) は背隆起線を形成するように中胸背板の前方に左右より出会様に前方と背方とに延び，そのために背板は後方に押しやられ翅基間に横わる。後胸後側板 (Metepimera) は反対に下方と後方に位置し一般に後胸腹板後方腹面にて左右が癒合している。これによつて腹板は前方におしやられ脚が口部後方近くに位置するようになりために食餌を保持するのに便利となつている。

脚は短かく歩行に適していない。しかし挙昇にいくらか役立ち棲止にのみ適応している。跗節は3節で1対の爪を具え，爪の間に痕跡的爪間盤即ち自由盤片 (Plantula) を有す。ある種類では跗節は幅広となつている。

翅は前後各対にて形状と大さとに於いて微かな差異がある。しかし科によつては変化が大きいものもある。小翅脈は著しく発達して複雑に網目状となり屢々無数の微室を構成しときに1翅に3000以上の翅室を有するものがある。翅の特徴となつているものは前縁脈と径脈との間に翅膜の厚化による縁紋 (Pterostigma) がある事で，縁紋は非常に長いものや方形のものやあるいはまた雄にはなく雌には擬縁紋を有するが如きがある。主翅脈に関しては前縁脈は翅頂に達し，亜前縁脈はその少しく下に位置し結節 (Nodus) に終り，径脈と中脈とは基部癒合し，肘脈と臀脈ともまた基部にて合している。亜前縁脈の末端は前縁脈と1厚化横脈によつて結び付き，この横脈は翅縁にて明確な結節を形成している。径脈は不均翅亜目に於てのみ分岐し，径分脈 (Radial sector) と同質異形体ならん1支脈は結節にて分かれ第1中脈と第2中脈とを横切り翅頂に通じている。均翅亜目では径分脈は第2中脈と第3中脈との間にある1支脈によつて置換されている。中脈主幹の自由部はその下の厚化横脈と共に特別な形状を形成している。即ち弧脈 (Arculus) で，この弧脈は肘脈に結び付いている。中室 (Median space, discoidal cell) は重要な部分で均翅亜目では屢々四角室（方室） (Quadrangle, guadrilateral) と命名され上縁は第4中脈にて下縁は肘脈にて基縁は弧脈の下部にて末端縁は横厚化脈にて夫々囲まれている部分である。不均翅亜目ではこの室が三角室 (Triangle) と上三角室 (Supertriangle) との2部分に分かたれ，前者は基部が肘脈にて前方と末端とが厚化横脈にて夫々囲まれ，後者は弧脈より三角室の末端角迄の部分である。

腹部は幅に比し非常に長くなり極端な場合には太い棘毛より微かに太いようなものがある。10節が明瞭に認められ，Heymons によると第11と第12節とが痕跡的に在ると，第11節の背板は1中背瘤にて代表され，腹板は1対の瘤にて代表されている。第12節は肛門を直接取り囲んでいる3個の小突起よりなり，これ等のものの中央背面に位するものは肛上板 (Lamina supra-analis) で対をなす側下のものは肛下板 (Laminae infra-anales) である。角張つた後翅を有する不均翅亜目の雄では第2背板上に側突起即ち耳状附属器 (Auricles) の1対がありある場合にはまた雌にも減退しているが認められる。凡ての蜻蛉目には第10背板より肛上附属器 (Supra-anal appendages) の1対が存在し，雄ではよく発達し雌では退化している。不均翅亜目の雄ではまた肛門上に位置し第11節に属する中肛下附属器 (Median inferior anal appendage) が存在している。この附属器は均翅亜目では対をなし肛門の下に位置している。交尾中は雌が雄の尾附属器によつて保持され，肛上附属器は頸部（不均翅亜目）または前胸（均翅亜目）をしつかり保持し肛下附属器は後頭上に押し付けられる。しかし均翅亜目では一般に短い為めに頭に達しない。

雄の交尾器は動物界唯一のもので，腹部の第2と第3との両腹板から発達し真の生殖口は第9節に開口している。第2腹板上に1凹所即ち生殖窩 (Genital fossa) があつてその内に交尾器が蔵宿され壁は複雑な幾丁質骨組によつてささえられている。この窩は後方にて小嚢に続き，この小嚢即ち陰茎嚢 (Penis vesicle) は第3腹板の前方部より発達している。陰茎はこの小嚢より生じ不均翅亜目ではその凸面に1小孔を具えている複雑な有節器を形成している。均翅亜目ではその唯一の連続は体腔で末端孔を具えていない。把握器即ち鈎列 (Hamuli) の1対または2対が陰茎と聯合して交尾中にその位置に産卵管を導き且つそれを保持するのに役立つている。鈎列の後方の1対は一般的に存在するが前方の1対はヤンマ科のみに現われている。構造の著しい差異は種々な属に於て生殖器に現われている。交尾器が生殖口より離れている為めに精虫は交尾に先立つて陰茎嚢に移されるのである。雌に在つては外生殖器は模式的に産卵管を構成している処の腹面突起即ち陰具片 (Gonapophyses) の3対からなる。均翅亜目では前陰具片と中陰具片とが屢々植物組織を切断するのに適応される細い構造物となり，これ等が一所になつて穿孔器（Terebra）を構成している。側陰具片即ち瓣片（Valves）は幅広の葉片器で左右各片が堅い尖つた針に終り，多分機能に於て感覚を司どるものであろう。不均翅亜目に於ては産卵管の種々な減退の階段が認められ，何れも産卵方法の差異に関連している。

内形態

内臓器管は体が長い為めに著しく長くなつている。消食管は全長捲旋する事がなく，咽喉は細長く腹部の初まりにて嗉嚢に拡大している。砂嚢は痕跡的となり，内壁の微歯具は甚だ弱体となつているかまたは全然欠けている。中腸は最大の部分で腹部の大部分を占め腸盲管（Enteric coeca）を欠き甚だ短い後腸に続く。後腸には50～70本のマルピギー氏管があつて，それ等は5群または6群に結合し，各群が甚だ小さな口径の1共通管によつて腸に開口している。直腸乳房突起（Rectal papilla）は一般に6個で縦に位置している。神経系はよく発達し比較的僅かな集中を現わし，脳は横形で視神経球が著しく発達している。腹面の神経索は3胸神経球と7腹神経球（第2～第8環節にある）とからなり，第1腹神経球は後胸のものに合体している。交感神経系は *Libellula* 属によく発達している。循環系は詳細に研究されていないが恐らく幼虫のものに著しく類似しているようであるが神経主索に密接して腹面血竇（Ventral blood sinus）が存在している事によつて異つている。気管系は各節に支管を出している3対の幹縦管よりなり，中後両胸節と最初の8腹環節とにある10対の気門によつて外気に通じている。雄の生殖器官は甚だ長い1対の睾丸からなり，各睾丸は精虫が内部に発育する球状の小葉（Lobules）の多数からなり，輸精管はむしろ短い細管で生殖口の直上にて総輸精管に連なり，この共通路は顕著な精嚢を形成するように背方に拡つている。精虫は円い塊即ち精繭（Spermcapsules）を形成しつつ放射状に附着し，各々の精繭は明かに睾丸の1小葉から生じ，精繭は外面多少粘性で交尾に先立ち第9腹環節から第2環節迄運ばれるように適応している。雌の生殖器官は卵巣の非常な太さと長さとで特徴付けられ腹部第7節迄延び，左右の卵巣は縦に配列されている無栄養室卵巣小管（Panoistic ovarioles）の多数からなり，2本の輸卵管は甚だ短く第8環節にある大きな袋状の受精嚢に開口し，この受精嚢の背面に1対の附属腺が1共通管によつて連結している。

生　態

産卵は内産下的（endophytic）か外産下的（exophytic）かで，後者の場合には卵は円形で水中に自由に落下されるかまたは水生植物面に附着せしめられるかである。この方法は不均翅亜目（あるヤンマ科を除く）に共通なものである。内産下は均翅亜目とヤンマ科の *Aeschninae* や *Petalurinae* とに特徴なもので，卵は長形で水辺や水面下にある植物の茎や葉やその他の物体内に産卵管を以つて切開しその割目の中に産下される。ある雌虫は単独または雄を供いて産卵のために水表下に潜入する事が知られている。

若虫（Fig. 238）は卵から孵出する前に特別な脈搏器官即ち頭心臓（Cephalic heart）が頭部に現われる。この小嚢によつて生ずる圧力は孵化の直接な原因となり卵蓋の前端を押し開く力となるものである。孵化当初の若虫は前若虫（Pro-nynrph）として知られ，この時代は多少胚子的な外観を現わし体全体と附属器とが弱い幾丁鞘にて包まれている。前若虫は非常な単時間の存在で *Anax* 属では数秒，*Agrion* 属では2・3分である。この期間には頭心臓の脈搏が屢々増加し，この器官によつて起る圧力が前若虫鞘を被るのに役立つている。しかして，後出現する若虫は第2齢虫で将来の生存に充分用意された自由体である。蜻蛉目の若虫はシミ型で，不均翅類と均翅類との2型に分つ事が出来る。前者は体が普通小さな3突起に終り，その1個は背附属器（Appendix dorsalis）で他の2本は側方に位し尾毛の1対である。これ等3附属器が閉ざされると肛門を隠すいわゆるピラミッド（Pyramid）を形成する（Fig.239）しかして呼吸は隠されている直腸気管鰓（Rectal tracheal gills）によつて行われる。均翅類に於ては3個の尾端突起は尾鰓（Anal gills）を形成するように非常に発達し直腸気管鰓を欠いている（Fig.240）。若虫は凡て水棲で淡水中の種々な位置に生活している。多くのものは砂または泥やその他の中に隠れて棲息し一様色で斑紋を欠く，しかし川底や草間に生活するものは敵と食餌とからかれ等を隠すのに役立ついわゆる保護色的な斑紋を現わしている。ある種類は岩石に縋りつきかれ等が屢々存在する個所の表面色に擬するようになる。しかもかれ等の生活周辺の異るにつれ一般の色彩を変えるのに適応している。捕食性で水生動物の種々な形のものを食し，若虫の齢によつて食物の性質を異にしている。生活の進行したときには特にカゲロウの若虫と蚊の幼虫並びにかれ等自身の若虫や他の蜻蛉目の若虫をも捕食する。大形のヤンマ類の若虫はオタマジャクシや小魚等をも捕食する。卵より

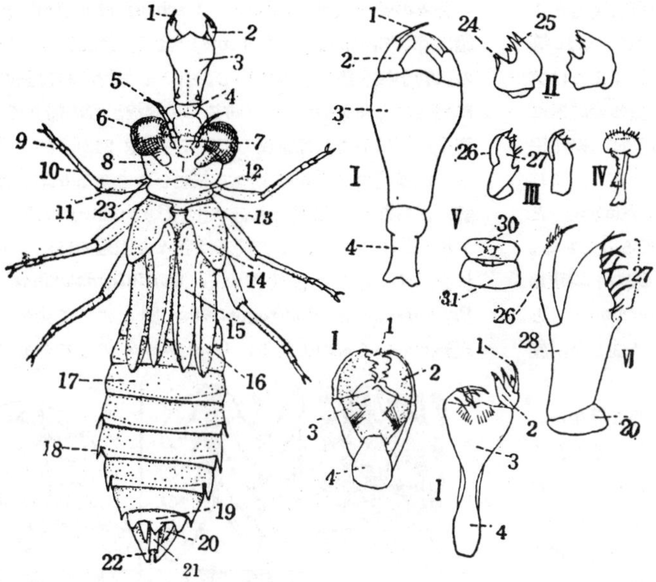

Fig. 239. 蜻蛉目の若虫 (Essig)
Ⅰ．下脣　Ⅱ．大顋　Ⅲ．小顋　Ⅳ．小顋の内片　Ⅴ．上脣
1．可動鉤　2．側片　3．基節　4．亜基節　5．触角　6．複眼　7．頭蓋片　8．後眼片　9．跗節　10．脛節　11．腿節　12．前胸背板　13．中胸側板　14．後胸側板　15．前翅鞘　16．後翅鞘　17．第5腹節　18．腹節側棘　19．第10腹節　20．擬尾毛　21．背附属器　22．尾毛　23．転節　24．磨歯　25．功歯　26．小顋鬚　27．外＋内葉　28．蝶鉸節　29．軸節　30．上脣　31．頭楯

成虫迄の間の若虫の齢数は種の異なるに従つて差があり且また同種の個体によつても異なり，11～15齢に亙り，全若虫期間は多くの均翅類では1年間に終るが *Aeschna* 属の如く2年を要するものがあり，更に3～5年の永きを要する場合もある。その間主な外形の変化は複眼の大さを増す事で，最後の数齢間に単眼が明瞭となり，触角の節数が増加し，翅痕に一定の変化が起り後翅が前翅を覆う事になり，翅を具える環節がその大さを増し，均翅類では尾鰓に明瞭な変化が現われる。

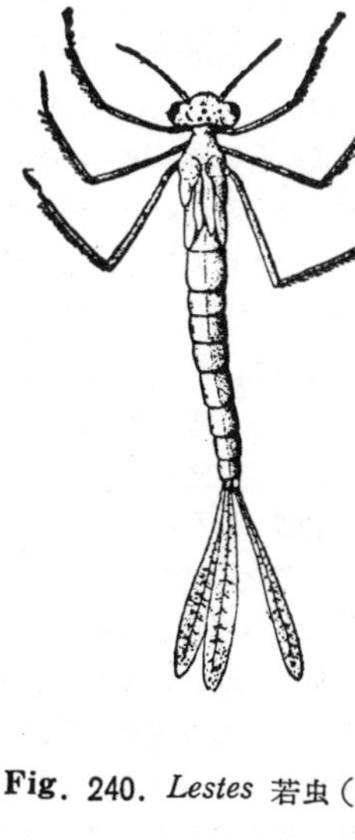

Fig. 240. *Lestes* 若虫（川村）

成虫が羽化に近づくと若虫は摂食を中止し緊張と膨脹とが現われ，胸部が特に著しく膨脹し翅鞘が垂直立となり，鰓はもはや可機能的でなく同時に若虫は空気を呼吸する為めに水中から自体を部分的に現わしつつ胸部気門が使用され得るようになる。体内の変化が完全となると若虫は水の外にある適当な物体上に攀昇し爪にてしつかり附着し成虫羽出後その脱皮殻が永くその儘附着している。初め若虫は不動となり後表皮が胸部の背中線に沿い裂開し頭部の方に前方にそれが拡がりしかる後成虫が頭部と胸部とをその割目から出し脚と翅とが自由に引き出されるが腹部は未だ充分に引き出されない。しかして昆虫は脚が充分自由な運動をなす事が出来るまで頭を下にして垂下している。腹部の引出は最後で，翅と腹部とが充分伸張する迄止まつている。成虫の色彩紋が充分に現われるにはある時間を要する。

若虫 (Eig.239) の頭部と成虫のそれとの主な差異は下脣に見出される。若虫の下脣は把握の目的に向つて変化していて仮面 (Mask) と称えられ他の口器を隠している。基節と亜基節とが著しく延び，これ等両部間の運動が非常に自由となつている。中舌は分割される事がなく基節と癒合している中葉にて代表されている。下脣鬚は側片を形成するように変化し，左右各片はその外側に可動鉤を具えている。若虫は食餌の捕獲に仮面を完全に使用する。静止状態に在つては亜基節はその腹面に蝶番付けられている基節と共に脚の基部間に曲げられていて，食餌を捕獲する際に仮面を非常な早さで前方に突き出し可動鉤を以てそれを刺し殺すのである。

若虫の前胸は成虫のものより常に長く，進んだ若虫では中後両胸部は癒合している。脚は成虫のものより非常に長く，腿節と転節との間の関節は切断節を形成するように変化している。転節筋肉の急激な収縮によつて腿節との中間膜が裂けるようになり捕虫性昆虫によつて捕獲されるとその脚が取り棄てられるのである。腹部は10環節で Heymons によると第11と第12との両節が著しい退化状態にて存在する。第11節は背附属器の基部にて背板が代表され，腹板は尾毛の基部にて代表されている。第12背板は肛上板として残り，腹板は左右に分かれて肛側板 (Lamina sub-anales) として現われている。尾端の大きな3個の附属器は既述したが中央の背附属器と1対の側腹尾毛 (Latero-ventral cerci) とで，これ等のものは均翅亜目の尾鰓を形成している。第4または第5齢虫より後に附属器の第2組が現われ成虫の交尾器に成長する。彼れ等は雌雄共に小さな尖れる器官 (擬尾毛 =Cercoids) の1対からなり尾毛の上方に存在し，これ等から雄の成虫の上附属器 (Superior appendages) と雌の尾附属器 (Anal appendages) とが出来るのである。最後の変態にて中背附属器が放棄されるが雄の不均翅類では1小基突起たる下附属器 (Inferior appendage) として残る。尾毛はなくなるが不均翅亜目では残り下附属器が尾毛の基部に発達している。

若虫の消食管は成虫のものと種々な点に於て異なる。例えば砂嚢は歯列からなる縦隆起が4個または4のある陪数を具え，中腸は成虫のものより著しく短く，マルピギー氏管は最初3個で齢を増すにつれ増加する。神経系では腹部に明瞭に8神経球があつてその第1のものが成虫では後胸神経球に癒合している。循環系は *Aeschna* 属では心臓が8室からなり腹部の第2～第9環節に夫々存在し，翼筋は最後の2室のみに現われている。呼吸系は特に興味あるもので，気門は中胸と後胸とに存在するが中胸の1対のみがよく発達し若虫が水を去つたときに機能的となる。後胸と腹部とのものは小形で普通不機能的である。気管鰓の形態に於ける特種の呼吸器官が凡ての蜻蛉目に存在し，不均翅亜目では直腸鰓の形態をとり鰓籃 (Branchial basket) として知られている。均翅亜目の多くのものでは尾鰓であるが小数のものでは側腹鰓が存在している。

1）**鰓籃**—直腸の前方2/3が拡がり樽状となり (Fig. 241) その内壁に最初に6本の縦褶として鰓が発達し，この鰓は6個の直腸乳房突起と同質異形物で，それ等は非常に弱い表皮にて被われしかして下層の皮膜層には気管小管が透入している多核質髄を形成するように変化している。水が直腸内に交互に出入され鰓が空気を受取するのである。しかして水の排出によつて若虫が前進するものである。最初の輸出的気管の6組が水から鰓によつて取られた酸素を縦気管に送る。最初の各々の輸出気管 (Efferent trachea) は2個の二次的輸出管 (Secondary efferents) に分かれこれから無数の気管小枝を鰓に送つている。各々の気管小枝は鰓の中に完全な1環を形作る (同じ二次的輸出管に帰りて)。

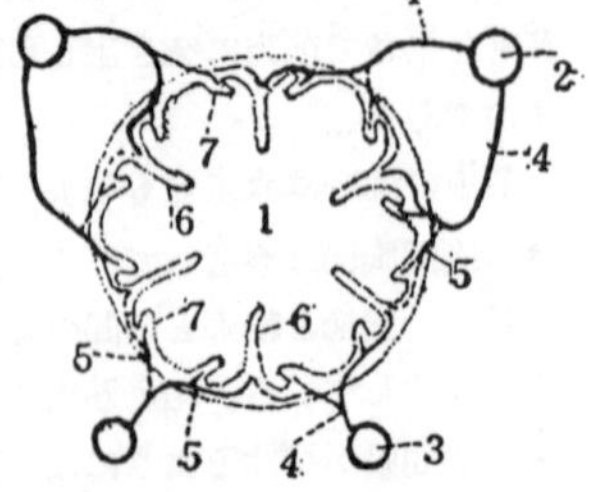

Fig. 241. *Austrogomphus* 若虫の直腸模式図 (Tillyard)
1. 直腸 2. 気管背幹 3. 気管腹幹 4. 第1次気管支 5. 第2次気管支 6. 縦褶 7. 横褶

鰓系は簡単かまたは重複している (Fig. 242)。簡単系のものは横褶の2重組によつて左右をささえる6本の幹縦鰓褶からなり，2型即ち波状型 (Undulate) と乳頭型 (Papillate) とである。前者は各々の鰓褶の自由縁が波状を呈するもので古代群たる *Cordulegasterinae* と *Petalurinae* と *Austrogomphus* 属とに於て全生涯に現われているものである。*Gomphinae* の多数のもので

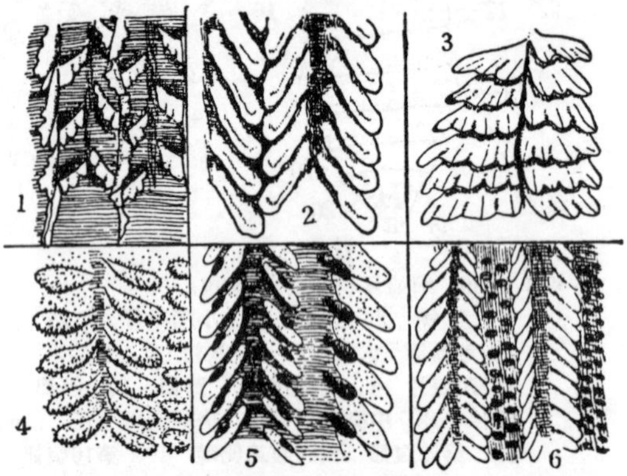

Fig. 242. 蜻蛉目若虫の鰓の部分図 (Tillyard)
1. 波状型 2. 重複型 3. 葉状型 4. 乳頭葉状型 5. 6. 鰓状型

は凡ての鰓褶が長い糸状に破られ乳頭型と称えられる。この数は各糸が凡ての縁にて水に浴する事が出来る為め非常な呼吸能力を有する事になる。重複型 (Duplex system) は二次的発達で，幹縦褶が不機能的かまたは褶がないかで，鰓が全部横褶の2重組から形成されている。この型には3個の主な型式が認められている。錯綜せる型式のものは *Aeschninae* の *Brachytronini* に現われ鰓が他のものの上に僅かに重なり斜に置かれた凹んだ瓦の1組に類似している。葉状型 (Foliate type) は *Aeschnini* に見出され，各々の鰓が基部にて括れ葉片状となつている。鰓葉状型 (Lamellate type) はトンド科に現われ，鰓が直腸腔内に突出している扁平板として現われ幅広の基部にて附着している。

2）**尾鰓**—殆んど凡ての均翅亜目の幼虫は尾端に3本の外気管鰓を具えている。その中央の1本は背面に位置し背附属器から発達し，2個の側鰓は尾毛から変化したものである。幼い若虫では尾鰓は糸状なれど間もなく三稜形となる。この凹面三角軸鰓 (Triquetral gill) は少数の場合に全生活を通じて止まり例えば *Calopteryx* 属の側鰓の如くである。多くの例に在つては膨れて胞鰓

(Saccoid gill)かまたは扁平で鰓葉鰓 (Lamellate gill) かの何れかである。

均翅亜目の若虫の呼吸に関する問題は充分な研究が必要で，尾鰓のみが明かに呼吸を司どるものでなく，同器官を除去するも若虫が死に至らない。更に直腸を補助呼吸室として使用する。しかし直腸乳房突起は特別な気管の供給を受けていない。それで恐らく血液鰓として作用するものであろう。一般の体表面と気門のあるものと稀れに側腹鰓とが均翅亜目の異なる世態に於てまたは異なる種類に於て何れかに必要な呼吸をゆだねるものである。

3）**側腹鰓** (Lateral abdominal gills) ―カワトンボ科の少数の原始的属に於て腹部の第2～第7または第2～第8環節の両側にこの種の鰓が生ずる。これ等は腹面の方に附着し糸状で，多分真の腹部附属器即ち肢の残物として考える事が出来るものである。

分　類

蜻蛉目は世界に広く分布し，約4500種が発見され大体500属に分けられ，それ等は3亜目19科に分類されている。つぎにそれ等の索引表を示す。

1．中室は前後両翅共に簡単な方室，翅は多少明瞭に柄部を有し，前後両翅とも本質的に形状と翅脈とに於て等しく，結節は殆んど常に翅の中央前に位置している。細長い種類で静止の場合に翅を体の上方に左右のものを合して置く……………………………………2

中室は2室に分かたれ即ち三角室と上三角室との2室が存在し，翅は基部にて明瞭な柄部を有せず，後翅は形状と翅脈とに於て前翅と著しく異なり，結節は翅の中央かまたは中央後に位置し（少くとも前翅に於て）ている。体は太く静止の場合に翅を体側から水平に拡げている………Suborder *Anisoptera*………14

2．複眼は頭の側方に著しく突出し屢々殆んど柄部を有し且つ背面より見るときは常に複眼より幅広く互に離れている。中胸は幅より長く，腹部は細長く円筒状…………………Suborder *Zygoptera*………………3

複眼は側方に少しく突出し，雌では複眼から狭く左右距り雄では互に殆んど相接している。中胸は長さより幅広く，腹部は末端明瞭に膨大している……………Suborder *Anisozygoptera*…Fam. *Epiophlebiidae*

3．結節前横脈 (Antenodal crossvein) は2本 (*Thaumatolestes* と *Neurolestes* との両属は例外) で，弧脈は翅基より結節に近く位置す。翅は著しく柄状となる。中胸側板は斜線にて分かたれていない……………Superfam. *Coenagrioidea* (*Coenagrionoidea*)…4

結節前横脈は5本またはより多数，弧脈は翅基の方に近く位置する（ある *Libellaginidae* では結節迄の中央にある）。翅は僅かに柄状となり，屢々金属的色彩を有す。中胸側板は翅の付け根から中脚基節の方に延びる1本の明瞭な斜線にて分かたれている…………Superfam. *Agrioidea* (*Agrionoidea*)………10

4．肘脈の第2支脈は中室末端直後にて基部にて強く上方に彎曲し，中室は甚だ細く末端尖り，結節前横脈は2本稀れに3本，結節は翅の1/3基部に位置している…………………………………Fam. *Synlestidae*

肘脈の第2支脈は直線かまたは基部にて微かに上方に彎曲している……………………………………5

5．結節後横脈 (Postnodal crossveins) はそれ等の下方に在る横脈と多少完全な同線となつている。即ち前縁から径脈の第一支脈迄直線に延びている…………6

結節後横脈は凡てそれ等の下方に在る横脈と同線となる事がなく，中室は基部開口。小さい細い金属的青色で短い翅を具えている………Fam. *Hemiphlebiidae*

6．翅は後縁の末端部から内方に延びている附属分脈を (Supplemental sectors) を有しない………………7

翅は1本またはより多数の附属分脈を有す………8

7．肘脈の第2支脈は長く翅の中央を越えて延び (*Chlorocnemis* を除く) 第1臀脈は一般に存在する (*Platycnemidae* を含む) …………………………………………………Fam. *Coenagriidae* (*Coenagrionidae*)

肘脈の第2支脈は短く翅の中央前にて翅縁に達し，第1臀脈は普通ない……………Fam. *Protoneuridae*

8．径分脈の最後の2支脈は弧脈迄よりは結節迄に近い処から生じ，中室の末端角は鈍角で稀れに多少鋭くなつている……………………………………………9

径分脈の最後の2支脈 (R_{4+5} と $1R_3$) は翅の基部近くから生じ結節迄よりは弧脈に近く位置し，中室は末端にて甚だ鋭く尖り延びている……Fam. *Lestidae*

9．結節は翅の1/3または1/4基部に存し，縁紋は規則正しい形状で短いかまたは長い……………………………………………………Fam. *Megapodagriidae*

結節は翅の1/6または1/7基部に存し，縁紋は弱体かないかまたは異常形……Fam. *Pseudostigmatidae*

10．翅は基部にて明瞭な柄部を形成せず，後縁に弧脈近く基部に角張つた部分がなく，前縁脈と亜前縁脈と径脈との間に多数の結節前横脈を有す…………………11

翅は明瞭な柄部を有し，弧脈近くにて後縁基部に角張つた部分を存し，亜前縁脈と径脈との間に少数（7本またはより少数）の結節前横脈を有しときにこれ等を欠く。(*Amphipteryx* 新熱帯，*Diphlebia* 新熱帯・濠洲，*Devadatta* インド，マレイ）…………………

………………Fam. *Amphipterygidae* Tillyard 1926

11．弧脈の分脈は弧脈の中央か中央近くかまたは中央下から出で，中室は基縁が末端縁より長くない………12

弧脈の分脈は弧脈の上端から即ち径脈に附着して出で，中室は不規則でその基縁は末端縁より長い（*Tore*, *Euthore*, *Chalcopteryx*, 新熱帯）……………………

……………………Fam. *Polythoridae* Tillyard 1926

12．弧脈の分脈は弧脈の中央近くから出で，縁紋は長く正形……………………………………………………13

弧脈の分脈は弧脈の下 1/3 から出で，縁紋は屢々不完全かまたは雄にて消失している。翅全体が臀部を含み密網目状となつている………………………………

……………………Fam. *Agriidae* (*Calopterygidae*)

13．結節前横脈の第１組と第２組とは殆んど凡てが相対的となり，弧脈は翅基迄よりは結節迄の方により接近して存在する（*Pseudophaea* インド・マレイ，*Dysphaea* マレイ，*Anisopleura* インド）………………

……………………Fam. *Epallagidae* Tillyard 1926

結節前横脈の第１組と第２組とは弧脈を越えて相対的となつていない。弧脈は屢々翅基と結節との殆んど中央に位置している（*Rhinocypha* インド・マレイ，*Dicterias*, *Heliocharis* 新熱帯）……………………

…………………Fam. *Libellaginidae* Tillyard 1926

14．結節前横脈の第１組と第２組（即ち亜前縁脈の上方のものと下方のもの）とが相対的でもなく連続もしていない，尤も２本の著しく太い横脈は前縁から径脈迄直線に延びている。前翅と後翅との三角室は形状に於て等しいか近似し，弧脈に対して同位置を占めている。下唇鬚は２節………Superfam. *Aeschnoidea*…15

結節前横脈の第１組と第２組とは相対的で前縁から径脈迄直線に連続しているがときに最後の１本または２本がしからざる場合がある。しかしてそれ等の何れもが著しく太くなる事がない。前後各翅の三角室は形状と位置とにて著しく異なり，後翅に於ては前翅に於けるよりは弧脈により近く位置している………………

……………………Superfam. *Libelluloidea*………18

15．複眼は背面明瞭に分離し普通幅広く左右が離れている。後翅は絡室（Anal loop）を有しないかまたは甚だ不完全にそれが発達している………………………16

複眼は背面にて接しているかまたは甚だ狭く離れ，後翅の絡室は明瞭に形成されている…………………17

16．雌はよく発達した産卵管を具え，径脈の第３支脈と第４支脈との間の横脈の２本（R_3 と $1R_3$）は著しく傾斜し，雄の後翅の臀角は角張つている。甚だ大形…

………………………………………Fam. *Petaluridae*

産卵管は第８腹節に附着する１対の瓣片に退化し，径脈の第３と第４支脈間に１本の斜横脈を存するのみ。小形…………………………Fam. *Gomphidae*

17．径脈の第３支脈（結節分脈）は縁紋の下に著しく弧状を呈し，１本の太い横脈（梁脈 Brace vein）は縁紋の基部直下に存在している。複眼は背面に於て殆んど常に長い間左右相接している…………………………

…………………………………………Fam. *Aeschnidae*

径脈の第３支脈はおだやかに彎曲し，梁脈はなく，複眼は背面にて寸度相接するかまたは甚だ僅かに離れている。産卵管は長い………Fam. *Cordulegastridae*

18．前翅の三角室は短くなくその上縁は基縁の 1/2 より長く，翅の臀角は雄では殆んど常に角張り，複眼の後縁は中央にて微かに出ている……………………………

…………………………………………Fam. *Corduliidae*

前翅の三角室は著しく短くその上縁は基縁の 1/2 より常に短かく，翅の臀角は両性共に円く，複眼の後縁は一ように円い……………………Fam. *Libellulidae*

若虫の索引

1．体は細く，尾端に３本の長い気管鰓を具え，それ等は普通葉状で且つ明瞭な気管によつて横ぎられている（稀れにある *Coenagriidae* では甚だ退化している）。腹側鰓は一般にない……Suborder *Zygoptera*……3

体は太く腹部狭くなく尾端に気管鰓を欠く。尾鰓は直腸の膨大部の内に隠されている。腹部末端に３本の棘状または三角形状の突起を具えている……………2

2．砂囊は４～８個の歯褶を有す………………………

…………………Suborder *Anisoptera*………………12

砂囊は16個の歯褶を具えている………… Suborder *Anisozygoptera*………………Fam. *Epiophlebiidae*

3．仮面は少くとも２対の棘毛を有し，普通は多数の則毛を装う……………………………………………………4

仮面は基節と側片との両者に棘毛を欠く…………6

4．仮面の中片は切開せられ，側片は深く裂けている。尾鰓は軸に直角に横たわる二次気管を具え，脚は長い

…………………………………………………Fam. *Lestidae*

仮面の中片は突出し切開せられず，脚は短いかまたは中庸長……………………………………………………5

5．尾鰓は有柄で尖る葉状の末端部を有す………………

……………………………Fam. *Pseudostigmatidae*

尾鰓は普通細く鰓葉状で垂直に保たれ，明瞭な柄を有さざるも屢々明かに括れている……………………

………………………………………Fam, *Coenagriidae*

6．触角第２節は非常に長く続く他節の和と等長かまたはより長い（Fig. 242）……………………………7

触角第2節は顕著な長さを有しない……………………………… 8

7．中尾鰓は扁平で側尾鰓より著しく短い。側尾鰓は三角形の横断面を有す……………Fam. *Agriidae*

尾鰓は3本共大きさと形状とに於て殆んど同様……………………………………… Fam. *Synlestidae*

Fig. 243. 若虫の触角 (Tillyard)

8．尾鰓は中央にて強く括れている (Fig. 244) ……………………………………………………Fam. *Protoneuridae*

尾鰓は中央にて括れていない……………………… 9

9．腹部は6対または7対の側鰓を有し，尾鰓は膨れ袋状…………………………………………………………10

腹部は側鰓を欠く……………………………………11

10．尾鰓は膨れ長楕形で尖端を有す…………………………………………………………………Fam. *Epallagidae*

尾鰓は末端幅広く尖つていない…………………………………………………………………Fam. *Polythoridae*

11．尾鰓は幅広く扁平で葉状…………………………………………………………Fam. *Megapodagriidae*

尾鰓は扁平でなく横断面が円く末端迄漸次細まつている…………………………Fam. *Amphypterygidae*

12．触角は7節，凡ての脚の跗節は3節………13

触角は4節 (Fig. 245) 前中各脚の跗節は2節，仮面の中片は扁平，基節の末端縁は裂けていない…………………Fam. *Gomphidae*

Fig.244.*Isosticta* 若虫の尾鰓 (Tillyard)

Fig.245. *Gomphus* 若虫の触角 (Howe)

13．下唇は多少スプーン状の仮面を形成し，同仮面は頭の腹面を被い且つ時に頭の前面触角迄を覆う事があり (Fig. 246) 棘毛は普通多数………………………………14

下唇は扁平で，仮面が頭の下面に対しスプーン状となつていない(Fig. 247)殆んど常に棘毛を欠く……16

14．下唇の側片はその円縁に少数の大きな不規則形の歯を具え，同歯は左右のものが閉ざされると互に間に入るようになつている。中片は1中刻によつて末端別かれ (Fig.248)仮面は触角基部迄延びている ……………………………………………Fam.*Cordulegastridae*

Fig.246.トンボ科若虫の頭部側面図(Howe)

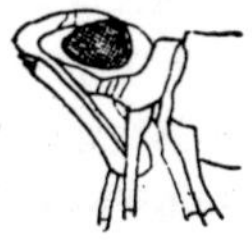

Fig.247.ヤンマ科若虫の頭部側面図(Howe)

下唇の側片は形状によって変化があり，滑か鋸歯状か規則正しい歯状かまたは時に2･3本の長歯を具えている。しかし最後の場合にはそれ等の歯は左右互に組み合う事がない。中片は，三角形状で突出しふたまたとならずまた刻目を有しない (Fig.249)…15

15．下唇側片の内縁に沿う歯は深いかまたは中庸長で常に明瞭に歯状となり，脚は普通長く頭幅より長い後腿節を有す。一般に大形……………Fam. *Corduliidae*

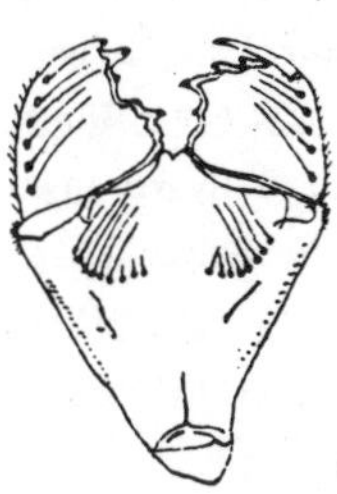

Fig. 248. *Cordulegaster* 若虫の下唇 (Garman)

Fig. 249. *Plathemis* 若虫の下唇 (Garman)

下唇側片の内縁は普通微歯を有するかまたはこれを欠く。少数のものには長歯を有するがその場合には仮面は大形 (*Pantala*) となるかまたは甚だ小形種 (*Tetratheminae*)………………………Fam. *Libellulidae*

16．触角は長く細く各節は幅より長い (Fig. 250) 下唇側片は1本の長い可動鉤を具えている (Fig. 251) ………………………………………………Fam. *Aeschnidae*

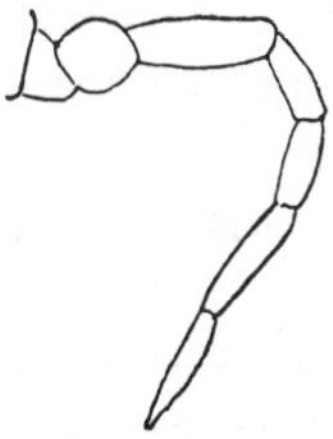

Fig. 250. ヤンマ科1種の若虫の触角(Howe)　**Fig**. 251. ヤンマ科1種の若虫の下唇側片(Tillyard)　**Fig**. 252. *Tachopteryx* 若虫下唇側片 (Howe)

触角は短く太く各節は長さより幅広く，下唇側片は短い可動鉤を具えている (Fig. 252) …………………………………………………………Fam. *Petaluridae*

a．均翅亜目 Suborder *Zygoptera* Selys 1854

カワトンボやイトトンボの類で普通 Damselflies と

称えられているものを包含している。蜻蛉目中の小さな細い種類で，遠飛性でしかもへんてこな飛び方をし，静止の際には翅を背上に高く左右のものを合せる性を有する。雌虫は水生植物の茎中に産卵する為めによく発達した産卵管を具えている。若虫もまた細く，3本の顕著な尾鰓を具えている。

糸蜻蛉上科

Superfamily *Coenagrioidea* Tillyard 1926

(*Coenagrionoidea*)

次の7科に分類されているが，*Coenagriidae* の1科として取り扱われる事も稀れではない。

35. *Fam. Synlestidae* Tillyard 1926

小さな科で原始的なもので本邦には産しない。*Synlestes* Selys (濠洲), *Chorismagrion* Morton (濠洲), *Megalestes* Selys (インド), *Chlorolestes* Selys (エチオピア洲), *Perilestes* (新熱帯) 等が代表の属である。

36. Fam. *Hemiphlebiidae* Tillyard 1926

濠洲産の *Hemiphlebia mirabilis* Selys 1種のみからなり，体長10～12mmの小形種で金属的青色を呈し，Tillyard によると現存蜻蛉虫最も古代の種類であると。

37. イトトンボ (糸蜻蛉) 科

Fam. Coenagriidae Tillyard 1926

Coenagrionidae Karsch 1894, *Agrioninae* Tillyard 1917 等は異名。優勢な科で世界に広く分布し，*Coenagrion* Kirby (*Agrion*), *Enallagma* Charpentier, *Ischnura* Charpentier (以上世界共通), *Nehalennia* Selys (全北洲・新熱帯), *Ceriagrion* Selys (旧北洲), *Agriocnemis* Selys (濠洲), *Agria* Rambur (米国), *Chlorocnemis* Selys(エチオピア), *Pseudagrion* Selys (インド・濠洲), *Austrocnemis* Tillyard (濠洲), *Platycnemis* Charpentier (旧北洲) その他等の属が重要である。本邦産のものは次の如く2亜科に分類する事が出来る。

1. 翅の方室は不規則な四辺形でその外後角が著しく尖り，縁紋は種々形，脚は短かい棘を列し，脛節は扁平となつていない…………………Subfam. *Coenagriinae*
2. 翅の方室は殆んど矩形，縁紋は幅より明かに長く，頭部は著しく撞木状，中後両脚の各脛節は扁平となり，脚の棘は長い…………Subfam. *Platycneminae*

イトトンボ亜科

Subfam. *Coenagriinae* Tillyard

本邦には *Coenagrion*, *Ischnura*, *Nehalennia*, *Ceriagrion*, *Agriocnemis*, *Aciagrion*, *Cercion*, *Mortonagrion* 等の属が知られ，体長の最も長い種類は先ずキイトトンボ (*Ceriagrion melanurum* Selys) で腹長30mm内外，本州以南に産し，全土に産するものはクロイトトンボ (*Cercion calamorum* Ris) で，平地の池沼に最も普通，腹長22～25mm，朝鮮・支那等にも産する。エゾイトトンボ (*Coenagrion lanceolatum* Selys (Fig. 253) は腹長27mm内外，雄は淡青色，雌は黄緑色，黒色紋を有する。

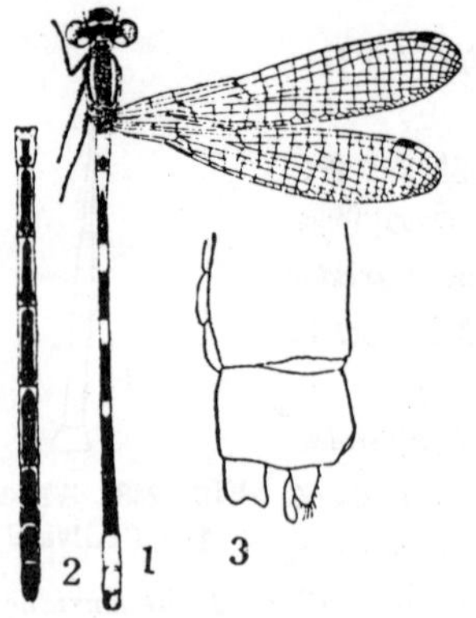

Fig. 253. エゾイトトンボ (朝比奈) 1. 雄 2. 雌の腹部背面 3. 雄の尾部側面

グンバイトンボ亜科

Subfam. *Platycnemiinae* Tillyard 1917

本邦からは *Platycnemis* と *Copera* との2属が知られ，前者は中後両脚の脛節がグンバイ状に幅広く扁平となり，後者は脛節が多少幅広くなつている。何れも腹長30mm以上である。グンバイトンボ (*Platycnemis foliacea sasakii* Asahina) (Fig. 254) は腹長32mm内外。雄の中脚脛節は全体白色。頭部は黒色で上唇と額との間が黄白色，胸背は黒色で黄白色の縦条を有し，胸側は黄白色で第2側線に沿い極細の黒線がある。腹部の第1・2節は黄白色で背面に黒条を有し，第3～7の各節基部に黄白色環を有し背面と各節端の環紋とは黒色，第8～10節は大部分黒色で後者の末端白色。雌は中後脚の各脛節が多少幅広となるのみ。翅は透明で黒褐色の縁紋と翅脈とを有する。本州と九州とに産する。

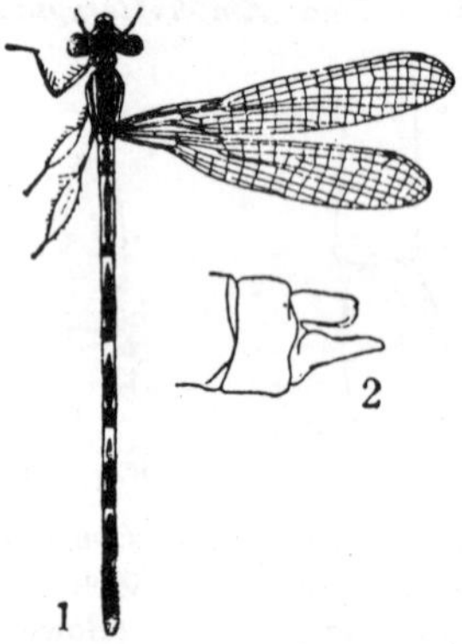

Fig. 254. グンバイトンボ (朝比奈) 1. 雄 2. 同尾端側面図

38. アオイトトンボ (青糸蜻蛉) 科

Fam. Lestidae Jacobson et Bianchi 1905

大形のイトトンボ類で世界に分布し，体の大部分が青銅色，藍色，緑色，汚黄色等の種々な組合せからなり，翅は静止の際に上方や後方に保たれる。若虫は細長い篦状の尾鰓 (Fig. 239) を具え，下唇基節は甚だ細い。植物の密生している沼地帯に棲息している。*Lestes* Leach

(世界共通), *Sympycna* Charpentier (旧北洲), *Archilestes* Selys (米国), *Austrolestes* Tillyard (濠洲) 等が主な属である。本邦からは最初の2属の他に *Cerlonolestes* 属が知られている。オオアオイトトンボ (*Lestes temporalis* Selys) (Fig. 255) は腹長33mm内外。頭部は黒緑色で後頭に1対の黄色斑がある。胸背は緑色，胸側は鮮明黄色。腹部背面は金属緑色。水辺に生育する灌木の枝に産卵するのが普通であるが，桑樹や果樹等にも産卵する為め害虫として認められる事がある。孵化した前幼虫は水面に落下し後水中にて生活する。本州・四国・九州等に分布する。

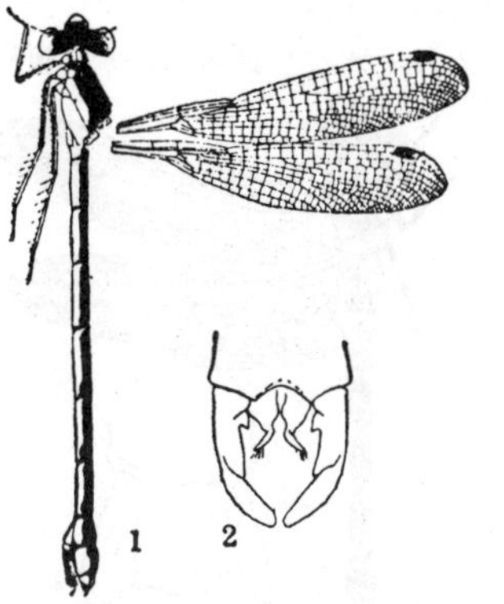

Fig. 255. オオアオイトトンボ (朝比奈)
1. 雌　2. 雄の尾端

オツネントンボ(*Sympecna paedisca* Brauer)は本州・北海道・朝鮮・満洲・中央アジア・欧洲その他に分布し，成虫にて越冬し翌春交尾産卵する。

39. ヤマイトトンボ (山糸蜻蛉) 科

Fam. Megapodagriidae Tillyard 1926

Megapodagrion Selys (新熱帯), *Agriolestes* Selys (濠洲), *Lestoidea* Tillyard (濠洲), *Podolestes* Selys (濠洲・マレー), *Podopteryx* Selys (濠洲・マレー) 等が主な属で，本邦からは *Rhipidolestes* 1属が知られている。トゲオイトトンボ (*Rhipidolestes aculeata* Ris) (Fig. 256) は腹長30～35mm，地色は黒褐色で黄色斑を有し，上唇と頭楯とは赤褐色，額と後頭とは黒褐色で斑紋を欠く。胸部には前胸から後方に走る1対の黄色線を有し，後胸前側の大部と後側板上方にある紋とは黄色。腹部の第2～6各節基部の横帯は黄色。縁紋は大形で赤褐色。雄の腹部第9背板上に顕著な1突起を有する。四国・九州・台湾等に分布する。

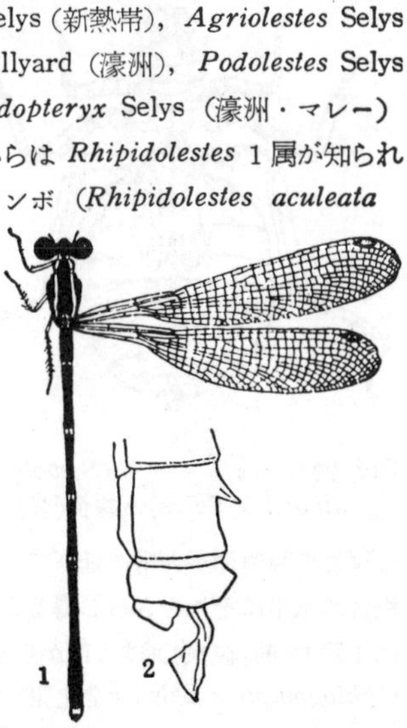

Fig. 256. トゲオイトトンボ (朝比奈)
1. 雄　2. 同尾端側面図

川蜻蛉上科

Superfamily *Agrioidea* Tillyard 1926

Agrionoidea Tillyard, *Calopterygina* Selys 等は異名。既述の5科の中次ぎの1科のみが本邦から知られている。

40. カワトンボ (川蜻蛉) 科

Fam. *Agriidae* Tillyard 1926

Calopteryginae Jac et Bianchi 1905, *Agrioninae* Muttk. 1910, *Vestalinae* Needh. 1903 等は異名。大きな科で世界に広く分布し，特に熱帯地方に多い。*Agrion* Fabricius (*Calopteryx* Leach) (全北洲), *Mnais* Selys (東アジア), *Hetaerina* Hagen (米国), *Pentaphlebia* Förster (エチオピア), *Sapho* Selys (エチオピア), *Vestalis* Selys (インド・マレー), *Neurobosis* Selys (インド・濠洲) その他が重要な属である。本邦からは最初の2属が知られている。

ミヤマカワトンボ (*Agrion cornelia* Selys) (Fig. 257) は腹長52～55mm，金属緑色で銅色様の光沢を有し，胸部腹面は黄褐色，翅は一様に赤褐色を呈し，雌では淡色，後翅の先端近くに濃色の帯紋があつて雌では太い。偽縁紋は雌のみにあつて白色。翅脈は褐色。全土の低山地の流水附近に普通で本邦の特種である。

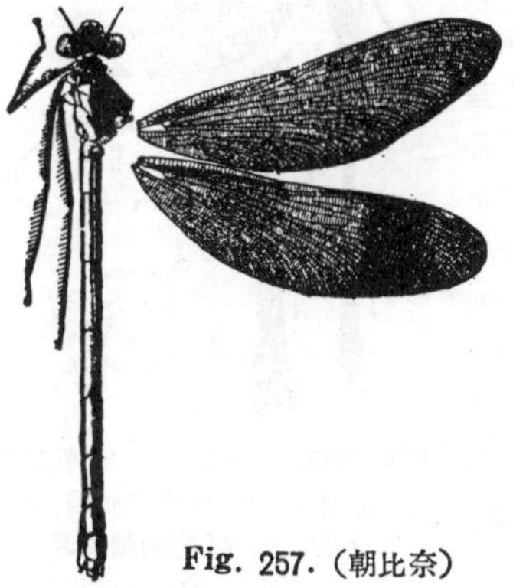

Fig. 257. (朝比奈)

b. 昔蜻蛉亜目

Suborder *Anisozygoptera* Handlirsch 1906

この亜目は均翅類と不均翅類との合体型で世界から1属2種を産するのみ。Diverse Damselflies と称えられている。

41. ムカシトンボ(昔蜻蛉) 科

Fam. Epiophlebiidae Muttkowski 1910

Epiophlebia laidlawi Tillyard がインド，ヒマラヤ山麓から若虫のみが発見され，成虫としては北海道・本州・四国・九州等の山間急流に棲息するムカシトンボ (*E. superstes* Selys) 1種のみが知られているのみである。外観はサナエトンボに類似するが翅はカワトンボ

に近く，前後両翅は殆んど等しい構造で基部細まり多少柄状を呈し方室を具えている。体長約50 mm で後翅の長さ30mm内外。胸部黒色で肩と側面に黄色帯を有し，腹部は黒色で各節の背面に1黄色紋を有し，第1と第2節の側面にも黄色紋がある。翅は透明で黒褐色の翅脈を有し，縁紋は帯赤黒褐色。若虫は赤褐色または黒褐色で皮膚堅固で毛を欠くが粗造。頭は扁平，上唇は短く幅広で側端側方に著しく尖る。触角は5節。下唇は扁平で畳んだときには中胸中央に達し，中片は扁三角形に突出し中央に短縦欠刻を有し，前縁に剛毛を列し，側片は先端内方に曲る鈍歯に終り内縁に8～9個の小歯を列し，可動鉤は太く側片の前縁の長さより短い。腹部の第3～7節側面にヤスリ状の発音器を具え，第8・9各節には円頭の側棘を有し，尾附属器は頗る短く肛上板と肛側板とは密着し肛門を閉ざす。終齢若虫は細まり翅芽が第4腹節に達する (Fig. 258, 259)

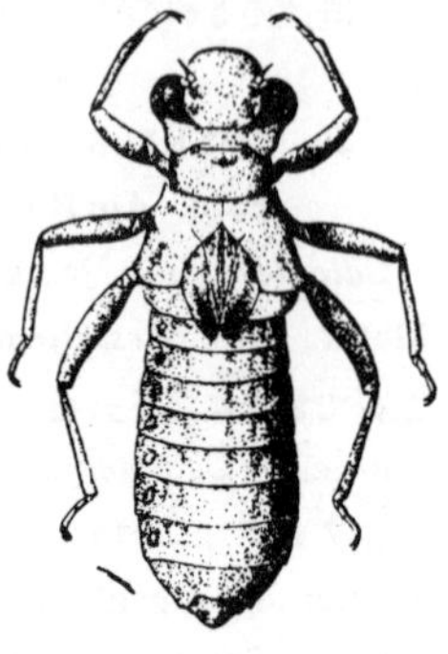

Fig. 258. ムカシトンボ若虫（朝比奈）

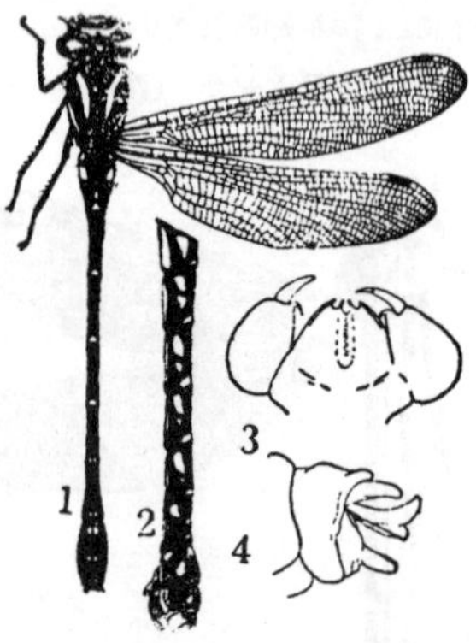

Fig. 259. ムカシトンボ（朝比奈） 1.雄 2.腹部側面図 3.下唇 4.雌尾端側面図

c. 不均翅亜目

Suborder *Anisoptera* Selys 1834

トンボやヤンマが包含され，Dragonflies と称える。大形で強力な飛行性を有し，空中棲動物中最も可転性に富むものに属す。成虫は多少不等の翅を具え，静止の際には体の側方に水平直角に保つ。若虫は強く屢々大形で，鰓は直腸腔内に隠されている。*Aeschnoidea* と *Libelluloidea* との2上科に分属する6科からなる。

蜻蛉上科

Superfam *Aeschnoidea* Selys 1840

この上科のものは早飛性で大きな類で次の4科がある。

42. ムカシヤンマ（昔蜻蛉）科

Fam. Petaluridae Tillyard 1926

小さな科で約12種が世界から知られ，本邦にはムカシヤンマ（ギフヤマトンボ）(*Tanypteryx pryeri* Selys) 1種のみが発見されている。世界から *Petalura* Leach (濠洲)，*Uropetala* Selys（ニュージーランド），*Tachopteryx* Selys（全北洲），*Phenes* Rambur(新熱帯)，*Tanypteryx* Kennedy（新北洲）等の属からなり9種が知られている。

ムカシヤンマ (Fig. 260) は腹長50mm内外。黒褐色の地に黄色斑がある。胸背前面は灰褐色。胸側には黄色の太い2条を有し，後胸後腹板には円形の1瘤がある。腹部は雌雄共に太く円筒形。第3～7の各節には3対の黄色小条を有する。本州と九州との山地にのみ発見されている。

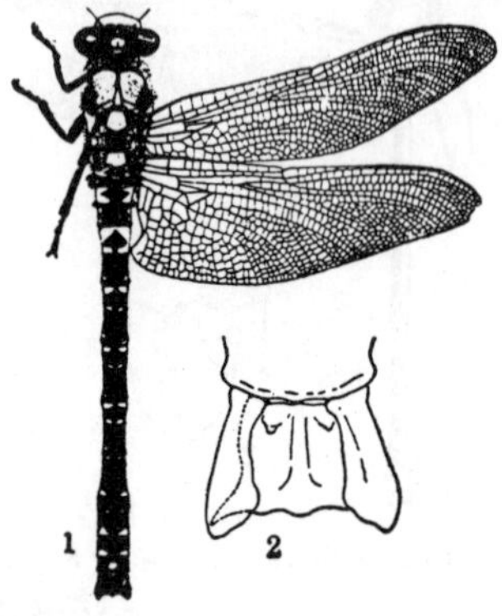

Fig. 260. ムカシヤンマ（朝比奈） 1．雄 2．同尾端背面

43. サナエトンボ（早苗蜻蛉）科

Fam. Gomphidae Banks 1892

世界から約350種が知られ，Clubtails と称えられるものが包含されている。大形黒色で帯緑色または帯黄色線を付し，流水を好み，屢々水上に現われている岩石上や地上に静止している。雄は腹端が太くなつている為めに Chubtails の名称が生じている。若虫 (Fig. 361) は川底の砂や泥の内に潜入しているかまたは堆積物中に隠れている，あるものは尾端の腹環節が非常に延びて泥その他に深く潜入した場合に水中にそれをさらし得るようになつている。触角は4節で，前脚の跗節は2節からなる。*Gomphus* Leach *Ophiogomphns* Selys（全北洲），*Lindenia* Haan（旧北洲），*Erpetogomphus* Selys（米国），*Ictinus* Rambur（インド・濠洲），*Austrogomphus* Selys（濠洲）等が重要な属で，本邦からは *Anisogomphus*, *Gomphus*, *Davidius*, *Sinogomphus*, *Lanthus*, *Nihonogomphus*,

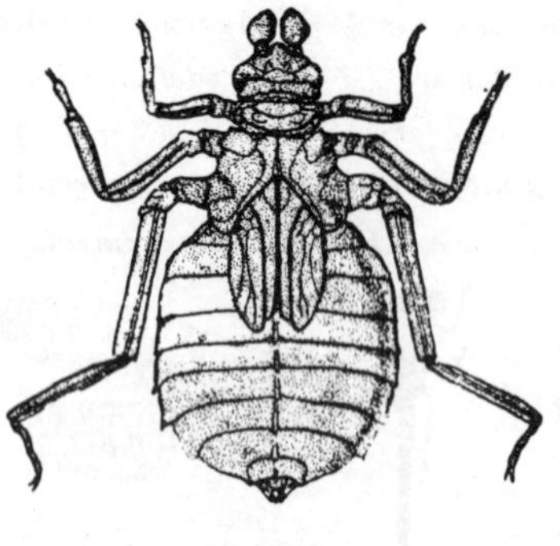

Fig. 261. コオニヤンマ (*Sieboldius albardae* Selys)の若虫（朝比奈）

Onychogomphus, *Sieboldius*, *Ictinogomphus* 等の属が知られている。

サナエトンボ (*Gomphus melampus* Selys) (Fig. 262) は腹長30mm内外。頭部は前面から見ると前額と後頭楯と上唇とにそれぞれ1横条を有し，襟黄条はL字状の1対の紋となりこの上方に黄色の1点がありまた外側に細い黄条が残存する。胸側の第1側線上の黒色条は気門迄で止まり第2側線に沿う唯1本の黒条は完全。腹部は黒色で，黄色の小斑を有する。雄尾部の上附属器は背面黄白色，下附属器は黒色。翅脈は黒褐色，縁紋はやや淡色。北海道と本州とに分布する。

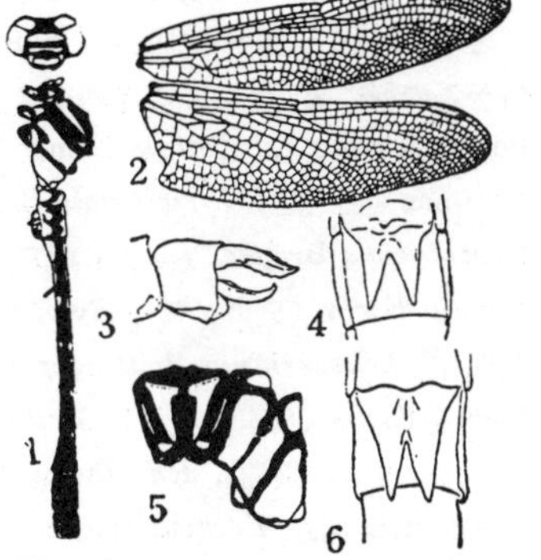

Fig. 262. サナエトンボ（朝比奈）
1. 雄頭の前面と体の側面　2. 翅　3. 雄尾端側面　4. 雌第10腹節腹面　5.6. *G.m.bifasciatus* Asahina

44. ヤンマ（蜻蜓）科

Fam. Aeschnidae Burmeister 1839

この科には蜻蛉目中最大で最速飛行のあるものが包含され，屢々 Darners や Large Dragonflies 等と称えられ，ヤンマやヨシトンボやカトリトンボ等が属している。屢々光沢強い色彩で藍色や緑色にて斑紋つけられ，日没頃迄よく食餌をあさりつつ飛行しているものがある。若虫 (Fig. 263) は静水または静かに動く水の中の植物等に生活している。世界より約250種程知られ，重要な属の中には *Anax* Leach (世界共通), *Aeschna* Illiger (世界共通), *Austroaeschna* Tillyard (濠洲), *Basiaeschna* Selys, *Gynacantha* Rambur (世界共通) 等がある。本邦からは *Oligoaeschna*, *Planaeschna*, *Boyeria*, *Aeschnophlebia*, *Gynacantha*, *Polycanthagyna*, *Aeschna*, *Anaciaeschna*, *Anax* 等の属が知られている。

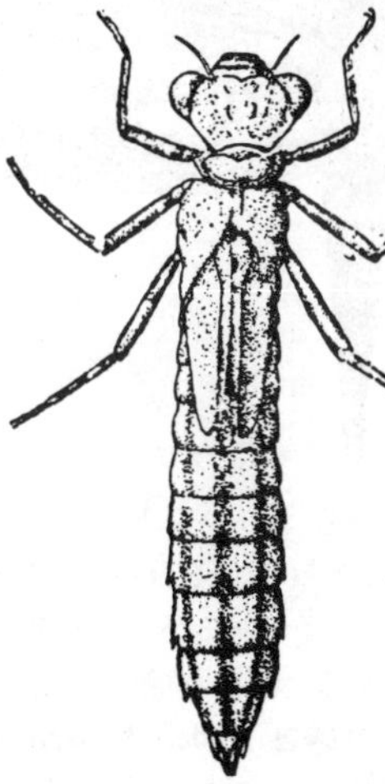

Fig. 263. アオヤンマ若虫（朝比奈）

マダラヤンマ (*Aeschna mixta* Latreille) (Fig. 264) は腹長46～48mm。雄。やや淡色，頭部は淡青色，T字紋は顕著，額隆起と後頭とは淡色。胸背は淡褐色で細い淡色条を有し，胸側は淡青色で後胸前腹板は大部分褐色。腹部は各節に淡青色の斑紋が多い。雌は淡赤褐色で雄同様な黄緑色の斑紋を有する。札幌，青森，東京，酒田等に発見され，満洲，北支，カシミル，小アジア，欧洲等に分布する。

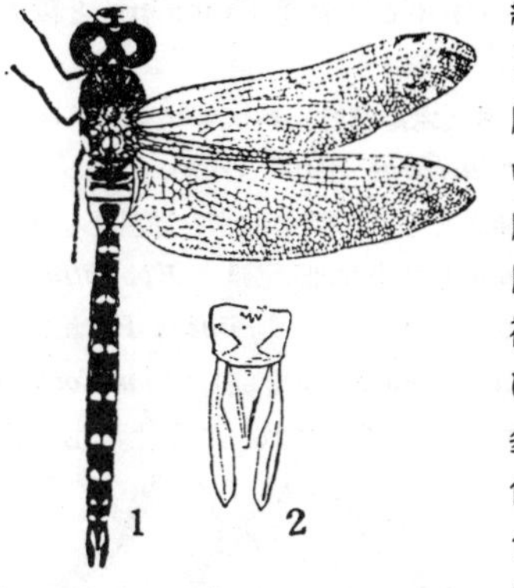

Fig. 264. マダラヤンマ（朝比奈）
1. 雄　2. 同尾端背面

45. オニヤンマ科（鬼蜻蜓）

Fam. Cordulegasteridae Banks 1892

小さな科。大形の黄色と黒色とのヤンマで世界に発見され，約25種が知られている。本邦には *Anogaster* Selys (旧北洲とインド，マレー), *Chlorogomphus* Selys (東アジア) とが産し，*Cordulegaster* Leach (全北洲) と *Allogaster* Selys (インド，マレー) とが主な属である。*Cordulegaster* の種類は屢々 Biddies と称えられている。オニヤンマ (*Anogaster sieboldii* Selys) は本邦産ヤンマ中最大な種類で全土に分布し，森林地帯に最も多く見出される。

オニヤンマ (Fig. 265) は腹長73mm内外，黒色，額頂の小斑と後頭楯の大部分と上唇の2大紋と大顎基部の外側とは黄色，且翅胸背の2長斑と側面の各2条とも黄色。腹部各節の中央よりやや前方に鮮黄色帯を有し，最後の2節にはこれを欠く。雄の尾部上附属器の基部下面に2歯を具え，雌の産卵管は長大。翅は透明で黒褐色の翅脈と縁紋とを有す。後翅の臀角は雌雄共に円い。全土に

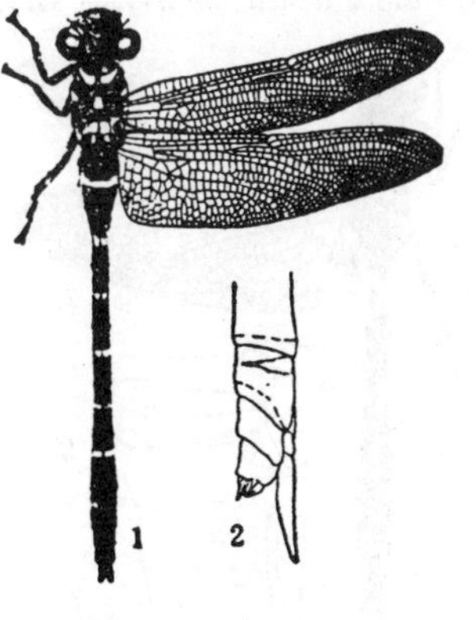

Fig. 265. オニヤンマ（朝比奈）
1. 雄　2. 雌尾端側面図

産し，朝鮮，台湾，支那等に分布する。

蜻蛉上科

Superfam. *Libelluloidea* Selys 1840

よく知られたトンボ類で，普通 Skimmers と称えられ，2科を包含している。

46. フトオトンボ（太尾蜻蛉）科（エゾトンボ亜科）

Fam. Corduliidae Banks 1892

世界から約200種が知られ，特に北米と濠洲とに多産。本邦には *Macronia* Rambur(旧北洲)，*Epophthalmia* (*Azuma* Needham)(東アジア)，*Epitheca* Burmeister (旧北洲)，*Cordulia* Leach (全北洲)，*Somatochlora* Selys (全北洲，濠洲) 等が発見され，この他新北洲産の *Tetragoneuria* Hagen が重要な属の1つである。大部分のものは金属的藍色や緑色種で黄色の条や斑紋や帯紋等を付し，脚は黒色。この科はトンボ科の1亜科として取扱われる事が少くない。若虫(Fig. 266)は幅広で有毛または無毛，触角は大体7節，下脣はよく発達し頭部の腹面を覆う。脚は頗る細長い。流水や池沼等に棲息し，運動緩慢。

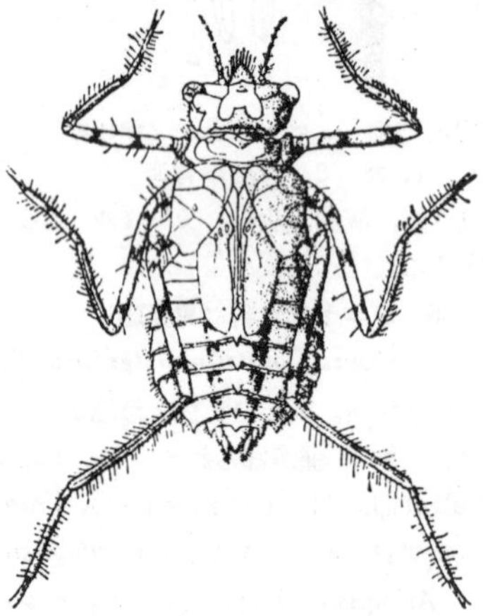

Fig. 266. コヤマトンボ (*Macromia amphigena* Selys) の若虫 （川岸）

カラカネトンボ (*Cordulia aenea amurensis selys*) (Fig. 267) は腹長 0mm内外。金属緑色で軟毛が多い。頭部は緑黒色。下脣と前頭楯とは黄白色。胸部は全体金緑色。腹部は全体黒味ある金属青藍色。第2節の後縁細く黄色，第3節背板の下縁は黄白色。翅は透明で基部僅かに淡黄色を帯びる。北海道，本州高山，樺太，北朝鮮，北満，東シベリア等に分布する。

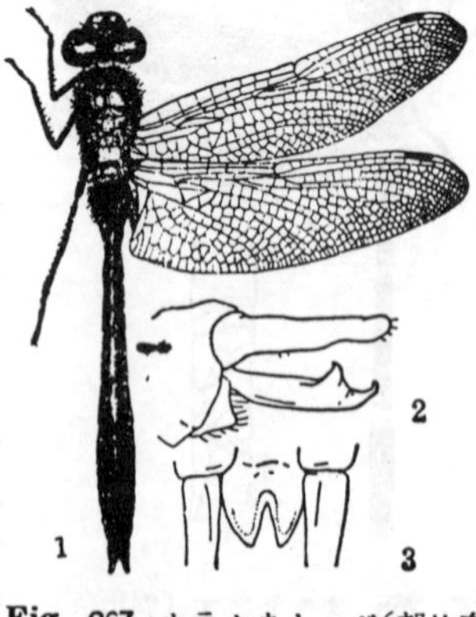

Fig. 267. カラカネトンボ(朝比奈) 1. 雄 2. 同尾端側面図 3. 雌の生殖弁を示す

47. トンボ（蜻蛉）科

Fam. Libellulidae Stephens 1836

大きな科で，金属的色彩のものがないが鮮明色のトンボで，腹部は横断面が三角形を呈し，翅は屢々部分的に曇つている。雌はよく発達した産卵管を欠いている。少くとも570種が世界から知られ，Skimmers や Topers 等がこの科に属している。本邦には *Nannophya* Rambur(東南アジア)，*Lebellula* Linné(全北洲)，*Orthetrum* Newman (旧大陸) *Lyriothemis* Brauer (東アジア)，*Crocothemis* Brauer (エチオピア，インド，濠洲)，*Deielia* Kirby (東アジア)，*Sympetrum* Newman (全北洲)，*Leucorrhinia* Brittinger (旧北洲)，*Pseudothemis* Kirby (日本，支那)，*Trithemis* Brauer (アジア，アフリカ，濠洲)，*Rhyothemis* Hagen (東アジア，アフリカ，濠洲)，*Tramea* Hagen (世界共通)，*Pantala* Hagen (世界共通)，等が知られ，その他 *Potamarcha* Karsch (東南アジア) や *Celithemis* Hagen (新北洲) や *Crocothemis* Brauer (エチオピア，インド，濠洲) や *Neurothemis* Brauer (東南アジア，濠洲) や *Brachythemis* (東アジア)，や *Diplacodes* Kirby (アジア，濠洲) 等はまた重要な属である。

ベッコウトンボ (*Libellula angelina* Selys) (Fig. 268) は腹長27 mm 内外。チョコレート色。頭部は額基条のみ黒色。灰色の軟毛が多い。胸部は黒褐色の長軟毛で被われ，背隆線と肩線と第1側線とに沿う細い黒色線がある。腹部は各節側縁と第5節以下の背中線に沿う黒色条があるが識別し難い。翅は透明で斑紋は黒褐色。本州，九州，朝鮮，支那等に分布する。

Fig. 268. ベッコウトンボ雄(朝比奈)

VII 蜚蠊目 Order *Blattaria* Burmeister 1929

この目は多数の学者によつて *Orthoptera* の1科 *Blattidae* として取り扱われているもので，今日迄多数の名が付けられている。即ち *Blattariae* Latreille 1810, *Dictuoptera* Leach 1818, *Crusoria* Westwood 1839, *Blattodea* Brunner 1882, *Neoblattariae* Scudder 1895, *Blattoidea* Handlirsch 1903 等である。これ等の

中で *Blattariae* が最も妥当なものであるが語尾の“ae”は目の語尾に使われないものである。それでこの Latreille のものを語尾の変化を認めて日附としては後年になるが Burmeister の *Blattaria* を用ゆる事とした。

大部分のものは中庸大乃至大形の無翅と有翅の昆虫で，咀嚼口を有し，体は幅広く扁平，前胸背は大きく頭の背面に延び，触角は長く糸状で多節，脚はむしろ長く細く大形の自由基節を具え，尾毛は顕著。変態は簡単。

Roaches や Cockroaches や Blackbeetles や Steamfly や Crotonbug や Schaben や les blattes や Cucarachas 等と称えられ2250種程発見され約250属に分属せしめられている。本邦からは18種が知られている。大体暖地に棲息する疾走性の昆虫で熱帯に多数産す。パイオゾイック時代に原始節足動物から分かれた古い昆虫で，フランスのシルリア時代の砂岩中からこの昆虫の前翅らしいものが発見され，その後石炭時代には多数発見せられ各地方に広く分布されて居つた事が明かになつている。この時代を蜚蠊時代と呼ぶ事がある程多数発見せられたのである。而してその後現今迄あまり発達せずして経過している事が古い化石と現代のものとの比較研究によつて明かにされたが，大さに於て著しく小形となつた事がわかる。コキブリまたはいわゆるアブラムシは普通幅広く扁平で表面滑かで強靱な弾力性ある皮膚からなるがある種類は短い微毛にて満に被われている。色彩は常にむしろ鈍色で褐色や灰色や赤褐色や黒色の種々な陰影を有し，熱帯産のものの多くは鮮明な緑色や黄色や赤色や橙黄色やこれ等の色彩と他の色との混合色のものである。疾走性で非常に早く捕獲に困難である。多くの種類は翅を欠き，他のものは短翅で，約1/2の種類は完全な有翅型である。またある種に在つては雌が短翅型で雄は完翅型。またあるものは臭気を発散する。大部分は夜間活動性なるも，殆んど凡ての種類が日中も外部に現われる。

外形態 (Fig. 269)

頭 (Fig. 270) は小さく，よく発達したY-字形頭蓋線を有し，垂直に位置し大形の前胸背板にて隠されているがあるものは一部分を現わしている。触角は長く鞭状で多数節でときに100環節も算せられる事が少くない。複眼は大形で触角の根元で凹んでいる。単眼は1対で有翅型に在つては明瞭なれど大部分の短翅型や無翅型の種類では淡色点として現われ普通微窓 (Fenestrae) と称えられている。口器は模式的咀嚼型で，頭楯と下脣亜基節とは大形で，大顋は強く短かくある属では基部内側に基節 (Prostheca) がある。前胸背は大形で頭部のみでなく全胸部をも覆い，一般に多少楕円形または亜円形で

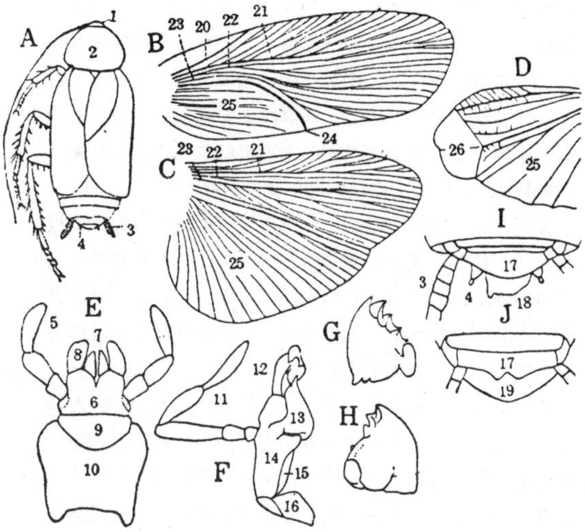

Fig. 269. 蜚蠊目の体制模式図
A．コバネゴキブリ雄背面　B．同前翅　C．同後翅　D．ゴキブリ1種の後翅　E．コバネゴキブリの下脣腹面　F．同小顋　G．同右大顋腹面　H．同左大顋腹面　I．ゴキブリ1種雄尾端背面　J．同雌尾端背面
1．頭部　2．前胸背板　3．尾毛　4．尾突起　5．下脣鬚　6．前基節　7．中舌　8．側舌　9．基節　10．亜基節　11．小顋鬚　12．外葉　13．内葉　14．蝶鉸節　15．亜外葉　16．軸節　17．肛上板　18．生殖器　19．亜生殖板　20．亜前縁脈　21．径脈　22．中脈　23．肘脈　24．臀溝　25．臀部　26．三角部

円味を有する端角を有し，中後両胸部は殆んど同大で明かに区割され得る自由な動作をなす事が出来ない。胸側板は明瞭で，腹板は脚の基節によつて甚だ小形となる。翅は2対共に発達すれば，ときに後翅のみまたは両翅共に退化したり全く消失したりしているものがある。

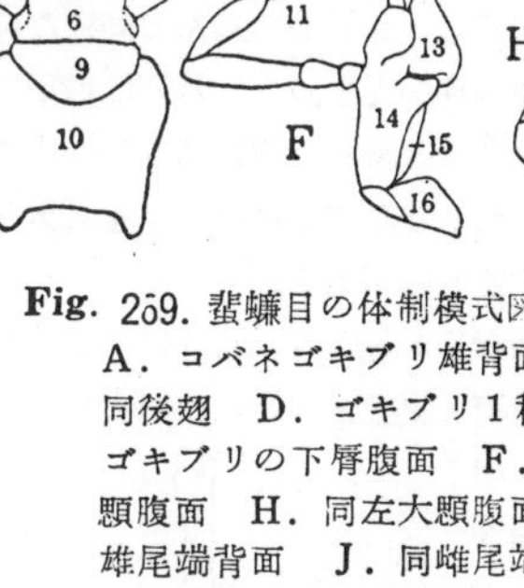

Fig. 270. *Blatta* 頭部の前面図 (Imms)
1．頭蓋板　2．複眼　3．触角附着孔　4．顴　5．大顋転節　6．大顋　7．上脣　8．顔　9．頭楯　10．単眼　11．触角節片　12．膜状骨前腕の陥入点　13．頭蓋翼線　14．頭蓋幹線

前翅は普通覆翅 (Tegmina) と称え，膜質か革質かまたは角質で，一般に多少透明となり，よく発達せる場合は左右のものが互に相重積せしめられ，雌虫では普通小形かまたは退化かまたは全然こ

れを欠く場合が少くない。翅脈は前縁脈が不明，亜前縁脈は短かく前縁の中央以前に終り，径脈は一般に多数の支脈を前縁に走らせ，中脈は弱いのが常であるがときに明かに少数の支脈を出し，肘脈はよく発達して支脈を出し，臀脈は第1脈が常に明かでその前に臀溝（Anal sulcus）があつてその後方部が臀部となつている。

後翅は常に膜質で幅広く，第1臀脈の後方は扇状に畳まれ放斜縦脈を多数に基部から出している。種類によつては末端部に三角形状の特別な部分を有す。これは三角部（Apical triangle）と称え其の形大きな場合には横と縦とに畳まれるのが常である。

脚はよく発達し疾走に適し，3対共に殆んど同様な発達をなしむしろ細長く普通棘か毛を装う。基節は扁平で幅広で大形となり腹板を殆んど覆い，跗節は5節でその基部4節は屢々下面褥盤状となり末端節に2爪を具えときに爪間盤や蹠片を有するものがある。

腹部は大きく幅広で10環節からなり，基部付け根は幅広く運動自由でない。背板と腹板とは殆んど同大で，それ等の両側は側膜か多少明確な側板かによつて連結されている。第1節は甚だ短かくその腹板は著しく退化し，背板は中節（Median segment）として知らるる事が多く，いわゆる第1背板は実は第2背板である。第8と第9との背板は短かく互に癒著する事が多く，第10背節は普通肛上板と称えられ殆んど凡ての雌雄に認められ，この板の形状が分類学上特徴の1つとして用いられる。腹面は雄虫では9節，雌では7節が認められ，その最後のものは亜生殖板（Subgenital plate）と称えられ，その後端に雄では1本または2本の無節の細い附属物を生ずる事がある。これを棘突起(Styli)と称える。尾毛は第10背板から生じ，その節数や長さや形状等が種の特徴となる事が多い。雌の第7腹板は卵莢の産出に対する溝即ち生殖鞘を有するものとしからざるものとがある。腹部の背面環節の多くのものに嗅腺即ち嫌忌腺（Repugnatorial glands)を装えある種類特に雄に顕著となつている。これ等腹部環節は互に重なり伸縮または膨縮自在となり，ために如何なる狭い空間をもよく通過する事が出来るものである。

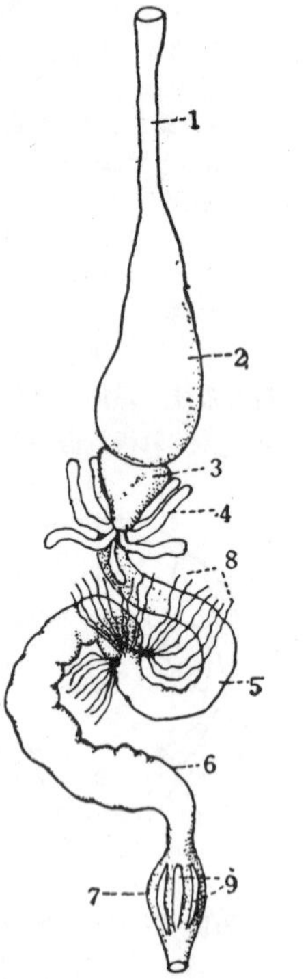

Fig. 271. ワモンゴキブリ（*Periplaneta americana*）の消食系 (Bordas) 1. 咽喉 2. 嗉嚢 3.砂嚢 4. 胃忘嚢 5. 中腸 6. 後腸 7. 直腸 8.マルピギー氏管 9.直腸板

内形態

消食管は（Fig. 271）長く彎曲し，嗉嚢は大きく，砂嚢は小さいが強靱な皮膚からなり，胃盲嚢は管状で8個，マルピギー氏管は多数で細く6群となつている。唾液腺はよく発達し葉片状で，各片は腺粒起（Glandular acini）の群から構成され，唾液貯嚢（Salivary reservoirs）が存在している。後腸は大形で，明瞭な乳房突起を具えている。

気管系（Fig. 272）は10対の気門により外気に通じ，最初の2対は大形で胸部に存し，他のものは腹部に配列されている。気嚢は全然発達していない。

神経系は一般的のもので頭脳以外に2個の胸神経球と大体6個の腹神経球とよりなり，脳の蕈状体はよく発達している。

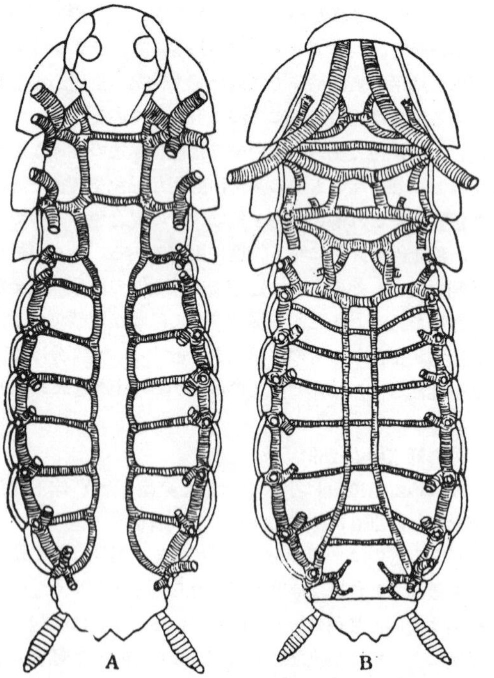

Fig. 272. *Periplaneta* の気管系 (Miall and Denny)
A. 腹面部と内臓を取り去り背気管系を現わす
B. 背面部と内臓とを取り去り腹気管系を現わす

循環系（Fig. 273）は13室からなる心臓よりなり，胸部に2室腹部に10室で，12対の翅筋が発達している。

雌の生殖系 (Fig. 274)。卵巣は8個の無栄養室卵巣小管 (Panoistic ovarioles) からなり，左右の輸卵管が合して共同膣 (Vagina) を形成し第8腹板の中央にある孔によつて生殖嚢 (Genital pouch) 内に開口している。分岐膠質腺(Branched colleterial glands) の1対が存在し膣の腹面に開口し，左の腺は右のものより大形で炭酸石灰のある量を分泌し，右の腺は粘着性物質のみを分泌し，これ等両腺からの分泌物が卵莢 (Oetheca) の構成に使用されるものである。受精嚢 (Spermatheca) は生殖嚢の背壁に第9腹板に開口する不等大の2袋からなる。

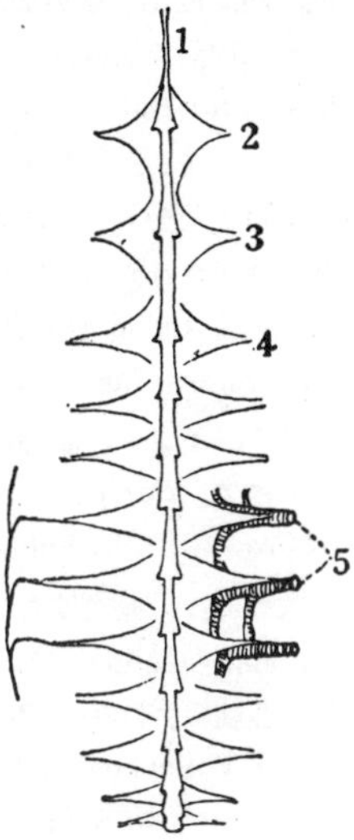

Fig. 273. *Periplaneta* の背管と翼筋(Miall and Denny)
1. 大動脈　2. 第2胸背板の翼筋　3. 第3胸背板の翼筋　4. 第1腹節の翼筋　5. 気管支

雄の生殖系(Fig. 275)。睾丸は第5と第6腹環節内に横わり，左右各々が30〜40個の円い包嚢(Follicles) から構成され各嚢は輸精管の末端部に沿い縦組に配列されている。輸精管は射精管の前端にある袋状の膨大部である貯精嚢 (Vesiculae seminales) の内に放出されている。彼等は非常に発達している附属腺によつて隠され同附属腺は貯精嚢の壁で且つ射精管の前部から生ずる2組の小管からなる。射精管の下に不対の1腺があつて，このものは交尾器の部分を形成する1叉状節片上に開口している。而して防禦作用の嗅腺の1つで揮發性アルカリー性液を分泌するもので鞘翅目の尾腺 (Pygidial glands) と比較さる可きものである。

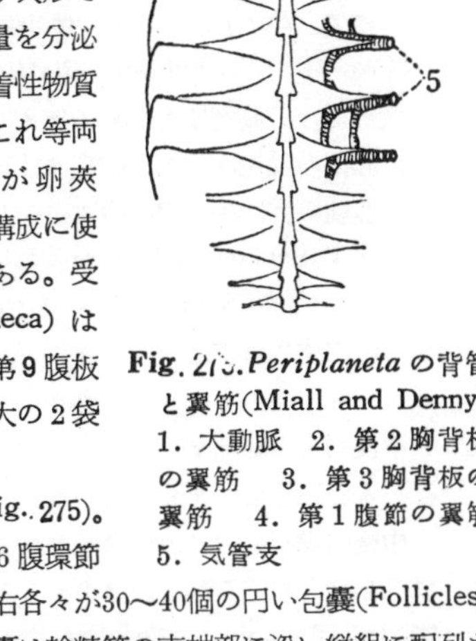

Fig. 274. *Periplaneta* 雌の生殖系 (Miall and Denny)
1. 卵巣　2. 輸卵管　3. 膠質腺

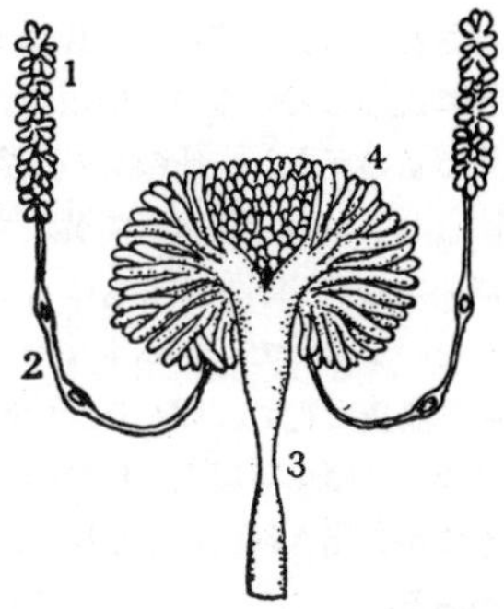

Fig. 275. *Periplaneta* 雄の生殖系 (Miall and Denny)
1. 睾丸　2. 輸精管　3. 射精管　4. 附属腺

嫌忌腺 (Repugnatorial glands) が腹部背板下にある。即ちコバネゴキブリ (*Blatta orientalis*) では雌雄共に第5と第6背板間の体壁の2個の凹陥の形態で現われ，チャバネゴキブリ (*Blattella germanica*) では雄には体腔内に達し雌にはない。腹板腺(Sternal gland) がコバネゴキブリの第6と第7腹板間に1個存在している。

屋内に棲息している種類は雑食性で，たとえ彼等は種種な糖分を含むまたは澱粉性の物質に1部たよるが，吾人の食物や紙類や衣類や書籍や靴やその他または死昆虫等を食する。規則的に彼等は消耗者と云うよりはむしろ遥かに多くの異なる物質を害し且つ汚す性質のものである。異つた国の土着種のものの自然食物に関しては比較的僅かより知られていないが先づ死物質のものが食物の大部を占めていると考える事が出来る。

ゴキブリ類は卵生と卵胎生 (Ovoviviparous) とであるが，普通角質の財布様の卵莢 (Fig. 276) 内に産卵する。卵莢の嚢は構造上甚だ類似しているが大きさと形状とに於て異なる．その内の卵子の数は種類によつて異なり，例えばコバネゴキブリは1卵莢内に16卵子，チャバネゴキブリは約40卵子がある。卵莢は膜質の分割によつて2室に縦に分けられ，各室に円筒状のポケットの1列があつてその各々に1卵子が置かれている。卵莢は雌虫の生殖嚢内に形成され，卵は1つ1つ左右の卵巣より交互に下される。生殖嚢は卵莢の増大につれ容積が大きくなり，その最初に形成された卵莢の部分は体から外方に突出せしめられる。卵の全数が卵莢内に産下された時に卵莢は閉ざされ，雌の体外に突出せしめられた儘種々な時日の間運ばれ，後適当な割目等の中に落下せしめられるものである。ある種類では卵莢は薄い透明な覆物に退化し卵胎生雌虫の若虫嚢 (Brood pouch) の中に置かれ，他のものでは卵莢が全然形成されない。普通の状態に於て若虫が孵化するようになると卵莢はその背縁に沿い割れ2室が互に離れ

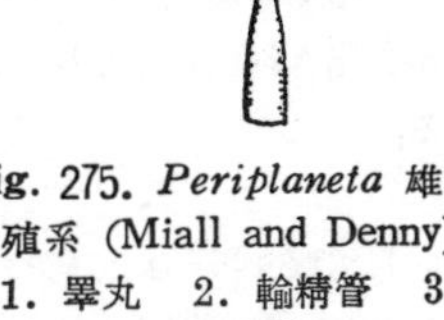
Fig. 276. コバネゴキブリの卵莢 (Miall and Denny)

若虫が脱出する。

野棲種は岩石や木材や湿気ある落葉や等の下に且つまたあらゆる種類の塵芥中等に生活しているが，種類によつては蟻の巣の中に生活するものがあり，他のものは各種植物上に，また水辺に棲息してある時間水底に潜入するものもある。また地中に開堀して生活するものもある。大体長期間の生活環のものが普通で，コバネゴキブリは若虫が6回または7回の脱皮を行い，卵から成虫迄約1年を要し，チャバネゴキブリは1年以内，他の種には数ケ月にて成虫となるものが見出されているが反対に1世態5年も要する種類がある。

分　類

比較的近年迄は1科25亜科として取り扱われて居つたが，それ等の亜科を全部科として認めた学者もある。しかし大体次の如く3科23亜科に分類する事が適当と思われる。

1．後翅は存在するときはその臀部が大形となり多数に扇子状に畳まれている……………………………………2

後翅は存在するときはその臀部が小形で1回または2回縦に畳まれるのみ………………Fam. *Corydiidae*

a．雌の腹部第7腹板は1対の瓣片に分離している……………………………………………………………b

雌の腹部第7腹板は瓣片に分離していない……d

b．小形種で前胸背は有毛，後翅の亜前縁脈は短かくその末端を囲み顕著に厚化している。広分布で熱帯産（*Hypercompsa* Saussure, *Euthyrrhapha* Burmeister, *Holocompsa* Burmeister）……………………Subfam. *Euthyrrhaphinae* Handlirsch 1925

後翅は亜前縁脈の末端に厚化節を有しない……c

c．軟弱な小形種。脛節の棘毛は弱体，尾毛は長く，翅脈は簡単で少数の支脈を有するのみ（*Latindia* Stål 新熱帯）…………………………………………………………Subfam. *Latindiinae* Handlirsch 1925

大形種，脛節の棘毛は強体，尾毛は短かく，翅脈は多数の支脈を有す（*Homoeogamia* Burmeister 米国）……………………………………………………Subfam. *Homoeogamiinae* Handlirsch 1925

d．雄の腹部第10背板は横形で屢々中央にて括れ，大形で幅広の凸形種（*Polyphaga* Brullé 広分布）……………Subfam. *Polyphaginae* Handlirsch 1925

雄の腹部第10背板は多少延びその後縁は割れ，幅広の甲虫様の種類（*Corydia* Serville インド，マレー）………Subfam. *Corydiinae* Handlirsch 1925

2．雌の腹部第7腹板は瓣片を具えている…………………………………………………Fam. *Blattidae*

a．単眼は明瞭に発達している…………………………b

単眼は痕跡的かまたはない。小形種で殆んど無色。翅は退化するかまたはなく，雄の腹部第10背板は長三角形で後縁凹む（*Nocticola* Bolivar, *Spelaeoblatta* Bolivar, インド，マレー）……………………………………Subfam. *Nocticolinae* Kirby 1904

b．中庸大乃至大形。雄の腹部第10背板は多少方形で屢々押印されまたは後縁凹む。主として熱帯産（*Blatta* Linné 世界共通, *Eurycotis* Stål 新熱帯, *Polyzosteria* Burmeister 濠洲, *Methana* Stål エチオピア，インド，濠洲, *Deropeltis* Burmeister エチオピア, *Periplaneta* Burmeister（世界共通）…………………………Subfam. *Blattinae* Kirby 1904

大形種。前胸背は長梯形で無毛，脚は非常に長く，脛節の棘毛は弱体，前翅は前縁部狭く横脈を欠き，亜前縁脈は長く翅の中央に達している（*Archiblatta* Vollenhoven, *Catara* Walker, マレー）………………………Subfam. *rchiblattinae* Kirby 1904

雌の腹部第7腹板は大形で瓣片を具えていない……………………………………Fam. *Phyllodromiidae*

a．中後両脚の腿節または少くとも後脚の腿節は後縁に数本の明瞭な棘を具えている……………………b

中後両脚の腿節の後縁は無棘かまたは毛あるいは棘毛を具えているかまたは1・2本の端棘あるいは亜端棘（Subapical spines）を具えている……… f

b．中庸大乃至大形。蟻の巣の中に生活せず。触角環節は短い…………………………………………………c

甚小，無翅または亜無翅で，2〜5mmの体長。蟻の巣の中に生活し，全体有毛，脚は太く，腿節は著しく棘を具え，触角環節は幅より著しく長い。新熱帯産で客蟻性（*Attaphila* Wheeler 米国）…………………………Subfam. *Attaphilinae* Bolivar 1901

c．雌雄の腹部第10背板は普通横形で細く，後翅が存在するときは末端部（Apical area or field）を有し，前翅は中脈と肘脈との支脈が著しく傾斜し翅の後縁の方に進んでいる。後脚の腿節は下縁に普通棘を粗列している（*Ectobia* Westwood 世界共通, *Anaplecta* Burmeister, *Pseudectobia* Saussure, 新熱帯，エチオピア，インド，マレー，*Hololampra* Saussure 全北洲，エチオピア）……………………………………Subfam. *Ectobiinae* Kirby 1904

雌雄の腹部第10背板は多少延び三角形かまたは後縁凹み，後脚の腿節は下縁顕著に棘を装う……… d

d．雌雄の腹部第10背板は三角形，尾毛は明瞭に突出している………………………………………………e

雄の第10背板は多少方形なれど角張らず，雌のものは幅広く円いか葉片状，尾毛は突出していない。跗節は明瞭な褥盤を具えている（*Calolampra* Saussure 広分布，*Epilampra* Burmeister 新熱帯，*Leurolestes* Saussure，*Phlebonotus* Saussure，*Phoraspis* Serville，*Hyrophicnoda* Saussure，新熱帯，*Homalopterus* Brunner インド，マレー，新熱帯，*Heterolampra* Kirby エチオピア，インド，濠洲）（*Phoraspidinae*）……………………………………………Subfam. *Epilamprinae* Saussure 1893

e．前胸背と前翅とは滑か，後翅は径脈が普通数本の相平行せる支脈を前縁に向つて出し，跗節の褥盤はない（*Caloblatta*, *Pseudomops* Serville, 新熱帯，*Blattella* Rehn, *Ischnoptera* Burmeister, *Loboptera* Brunner, *Phyllodromia* Serville, *Temnopteryx* Brunner, 世界共通，*Ellipsidion* Saussure 濠洲）（*Pseudomopinae*）……………………………………………Subfam. *Phyllodromiinae* Kirby 1904

前胸背と前翅とは絹状微毛にて被われ，後翅は径脈が不規則な支脈を前縁に向つて出している。跗節の褥盤は存在し，一般に大形。新熱帯産（*Megaloblatta* Dohrn, *Nyctibora* Burmeister, *Heminyctibora*）…Subfam. *Nyctiborinae* Saussure 1893

f．腹部第7節は普通で末端節を包まず，尾毛と少なくとも第10背板とが自由となつている……………g

雌雄の腹部第7節は幅広く円く三角形で末端数節と尾毛とを包んでいる。脚の脛節は短く強棘毛を生じ，無翅で著しく凸形（*Cryptocercus* Scudder 新北洲）…Subfam. *Cryptocercinae* Handlirsch 1925

g．後翅は前翅の2倍長で中央に1横褶を有しこれを通して末端迄翅脈が連続し静止の際に畳まれる。前翅は鞘翅様で弱い翅脈を有し，ゲンゴロウに似ている（*Diploptera* Saussure 濠洲，マレー）…………………………Subfam. *Diplopterinae* Handlirsch 1925

後翅は中央横褶がなく，ときに末端三角部を有する……………………………………………………h

h．腹部第10背板は半円形で幅広く突出し後縁は多少強く歯列を有し，雄の末端腹板は甚小で棘状突起（Styles）を欠く。脚は太く，前脚は開掘に適応し，脛節は強く棘を装い，跗節は比較的短かく，褥盤を欠く。前翅の前縁は裂け，後翅は屢々退化している（*Panesthia* Serville, *Salganea* Stål, インド，濠洲，*Geoscapheus* Tepper 濠洲）………………………………………Subfam. *Panesthiinae* Karney 1921

腹部の末端背板は突出せず且つ後縁歯状とならず……………………………………………………i

i．後翅は肘脈と臀脈との間に畳まれ得る部分を有し，臀部は大形，小形種……………………………j

後翅は肘脈褶（Cubital fold）がなく多くとも1本のみ，または翅が退化している…………………k

j．前翅は後縁に向つている中脈と肘脈との支脈を有し，臀部は小形で翅縁に達している数本の脈を有し，前縁部は短い（*Chorisoneura* Brunner 米国，*Choristima* Tepper 濠洲，*Anaptycha*, *Hemipterota* 新熱帯）……………………………………………Subfam. *Chorisoneurinae* Kirby 1904

前翅は末端縁に向う中脈と肘脈との支脈を有し，前縁室は普通長く且つ細い（*Areolaria* Brunner マレー，*Hypnorna* Stål, *Plectoptera* 新熱帯）……………Subfam. *Areolariinae* Handlirsch 1925

k．甚だ小形，5～7mm体長，蟻の巣中に生活している……………………………………………………l

より大形，蟻の巣中に棲息しない………………m

l．扁平で細い有翅型，前翅は有毛で弱翅脈を有し，中脈と肘脈との支脈は相平行，脚の脛節は長い棘毛を装い，尾毛は長く有節。新熱帯産客蟻性（*Nothoblatta* Bolivar 米国）……………………………………………Subfam. *Nothoblattinae* Handlirsch 1925

むしろ凸形で短い前翅を具え，後翅はなく，脚の脛節の棘は弱体，尾毛は短く且つ幅広。客蟻性，新熱帯産（*Atticola* Bolivar 米国）……………………………………………Subfam. *Atticolinae* Handlirsch 1925

m．跗節爪には褥盤がないかまたは爪間に微小の1褥盤を有し，雄の腹部第10背板は多少深く割れている。（*Archimandrita* Saussure, *Blabera* Serville, *Cacoblatta*, *Blaptica* Stål, 新熱帯）……………………………Subfam. *Blaberinae* Saussure 1893

跗節爪の間に明瞭な1褥盤を具えている………n

n．腹部各背板の側角は延び，第10背板は方形で後縁の中央裂けている（*Panchlora* Burmeister 新熱帯，エチオピア，*Gyna* Brunner エチオピア，*Leucophaea* Brunner インド，*Nauphoeta* Burmeister エチオピア，新熱帯，*Pucnoscellus* インド，*Oniscosoma* 濠洲）……………………………………………Subfam. *Panchlorinae* Saussure 1893

腹部背板の側角は突出せず，第10背板は横形でその後縁は直線となつているか円い…………………o

o．後翅は多少尖りまたは著しく突出する末端部を有しその部に肘脈の支脈が進入していない（*Oxyhaloa* Brunner エチオピア，新熱帯）………………………

…………Subfam. ***Oxyhaloinae*** Handlirsch 1925

後翅は末端円く且つ特別な末端部を有しない (***Elliptoblatta*** Saussure, ***Stenopilema*** Saussure, エチオピア, ***Hormetica*** Burmeister 米国, ***Perisphaeria*** Burmeister インド, マレー, ***Parasphaeria*** 新熱帯)…………

…………Subfam. ***Perisphaeriinae*** Saussure 1893

本邦には次ぎの3科が発見されている。

48. カブトゴキブリ (兜蜚蠊) 科

Fam. Corydiidae Brunner 1865

この科は台湾に産するのでここに加えた。

有翅型や短翅型や無翅型や種々なものがあつて，ある種類は大形で幅広で凸形甲虫に類似し，他のものは金属的光滑に富む緑色のものや，また小形で客蟻棲のもの等がある。本邦には産しないが台湾からは2種類が発見され，その1種はオビゴキブリ (*Corydia zonata* Shiraki) で普通カヤやヨシ等の原野地帯に稀れでなく，他の1種 *Pseudoholocampsa formosana* Shiraki は体長僅かに4.5mm の微小種で黒褐色，稀れな種類である。前者は *Corydiinae* 後者は *Euthyrrhaphinae* に属する。

49. ゴキブリ (蜚蠊) 科

Fam. Blattidae Stephens 1829

最も普通の屋内棲の種類の大部分がこの科に属し，無翅や短翅や長翅の種類が含まれ，大きさも種々異つている。この科の種類は貿易の為めに全世界に分布せしめられ，屋内害虫として重要な種類が少くない。雌虫は大形の卵莢を形成するのが普通である。3亜科が包含され，内本邦にはゴキブリ亜科 (*Blattinae*) に属する7種類が産する。それ等の内次の種類が有名な屋内害虫で且つ衛生昆虫として知られている。

コバネゴキブリ (*Blatta orientalis* Linné)(Fig. 277) は世界的に最も古くより知られ，Asiatic Cockroach, Oriental Cockroach, Kitchen Cockroach, Black-beetle 等と称えられ，熱帯・亜熱帯に最も普通であるが屢々温帯にもよく発生し，体長25mm 内外で暗褐色または黒色。雌の翅は痕跡的で雄のものは腹部末端に達していない。卵莢は黒色で短かく16卵子を包含している。横浜以南の海港地域に普通発見される。衛生昆虫の1つである。

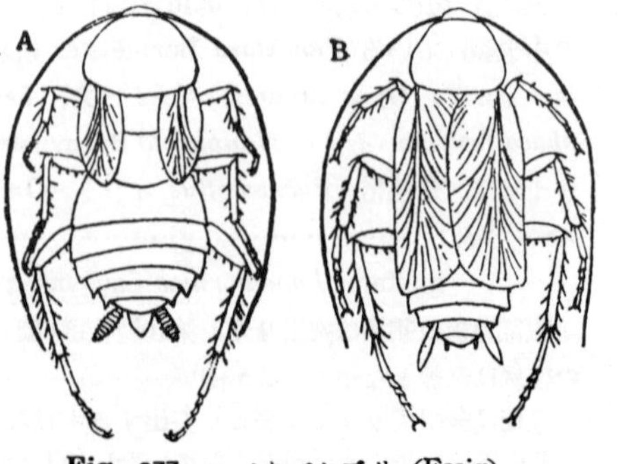

Fig. 277. コバネゴキブリ (Essig)
A. 雌　B. 雄

ワモンゴキブリ (*Periplaneta americana* Linné) はメキシコと中米とが原産地となつているが現在では世界に広く分布し，本邦では九州に産す。体長25～35mm，赤褐色乃至暗褐色。交尾期には夜間よく燈火に飛来する。赤痢やチブス等の伝播者として知られ，日中も屢々吾人の眼に触るる種類である。この属にはクロゴキブリ (*P. picea* Shiraki) やヤマトゴキブリ (*P. japonica* Karny) 等が知られている。

イエゴギブリ (*Stylopyga rhombifolia* Stoll) も亦世界共通種で，体長25～32mm 内外，前翅は葉片状で痕跡的，後翅はない。栗色で黄色の斑紋を有す。前種同様衛生昆虫の1つである。

50. ヒメゴキブリ (姫蜚蠊) 科

Fam. Phyllodromiidae Brunner 1865

この科は大きな群で16亜科に分かつたがそれ等のものの内ある数は多分科として取扱う事の方がより自然的であるようである。大きさに於ても色彩に於ても翅の状態に於ても種々雑多である。本邦には *Phyllodromiinae* と *Epilamprinae* と *Panchlorinae* と *Panesthiinae* との4亜科が発見されている。これ等の亜科の例を次ぎに述べる事とする。

1) ヒメゴキブリ亜科

Subfam. ***Phyllodromiinae*** Kirby 1904, *Pseudomopidae* Burr 1913, *Blattellinae* Karny 1921 等は異名

この亜科中最も重用な種類はチャバネゴキブリ (*Blattella germanica* Linné) (Fig. 278) で，最も広く世界に分布し，Common cockroach, German roach, Croton bug, Steam fly, Shiner, Water bug, Prussian roach, Russian Roach, Yankee settler 等と称えられているものである。本邦では札幌より南方主な都会に於て屋内に発見されるものの内最小の種類で体長 10～13mm の帯褐黄色種である。雑食性で滋養に富み且つ消化し易い小麦粉や澱粉等，また牛乳等の加入せる食料品等

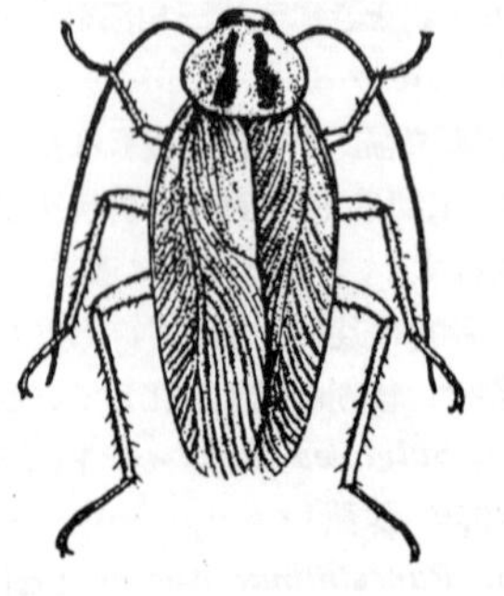

Fig. 278. チャバネゴキブリ

を食する事が普通である。尤もクロース製の本やときには各種の油絵具等をも食する事がある。卵莢は長方形に近く多少彎曲し7.5×3.5mm 内外の大きさで多少側偏し，1卵莢中に20～40内外の卵子が2列に配列され，斯かる卵莢は雌の尾端外に約3/4程突出せしめられた儘24日間以上も母体の活潑な運動と共に運ばれ終に適当な場所に落下せしめられ，後間もなく幼虫が孵化する。第1回の脱皮は大体1日内外の内に行われ，成虫直前の齢虫にて初めて翅芽を生ずる。

2) マダラゴキブリ亜科

Subfam. *Epilamprinae* Saussure

この亜科の種類も亦世界に広く分布し，有翅・無翅何れもあつて，あまり小形のものは少ない。野外産で吾人に殆んど関係がない。本邦には2種が九州に発見されているのみ。マダラゴキブリ（*Epilampra guttigera* Shiraki）（Fig. 278）は体長36～46mmで淡黄褐色乃至茶褐色，前胸背に黒褐色の三階稜に近い大紋を有する事によつて容易に認識する事が出来る。他の1種はサツマゴキブリ（*Opisthoplatia orientalis* Burmeister）で体長25～40mm，黒色扁平で楕円形。前胸背の前側縁は幅広く黄色，前後両翅共痕跡的で各背板側縁に密着している。常に水辺に棲息する。これ等両種とも鹿児島地方に産する。

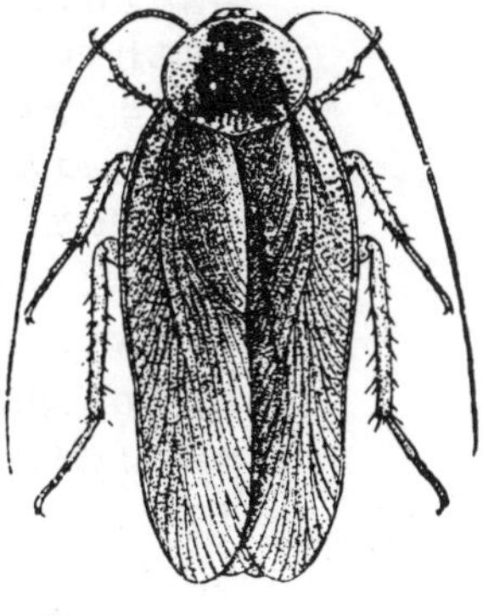

Fig. 279. マダラゴキブリ

3) フトゴキブリ亜科

Subfam. *Panchlorinae* Brunner von Wattenwyl

熱帯，亜熱帯のみに殆んど限られ，本邦では伊豆諸島のみに1種オガサワラゴキブリ（*Leucophaea surinamensis* Linné）（Fig. 280）が産するのみ。この種類は熱帯地方に広く分布し，Surinam roach, Burrowing roach, Dusty-tail roach 等と称えられ，体長14～20mm，暗褐色または帯黒色で淡褐色の翅を具えている。無翅若虫は漆黒色で腹部末端ビロード様不透明となり，その為めに Dusty-tail の名が附けられている。この種は落葉その他汚物の堆積下に潜入して棲息し，ときに地下茎や根や球茎等を食害する事があり，且家鶏の眼に寄生するネマトーダの中間宿主である。

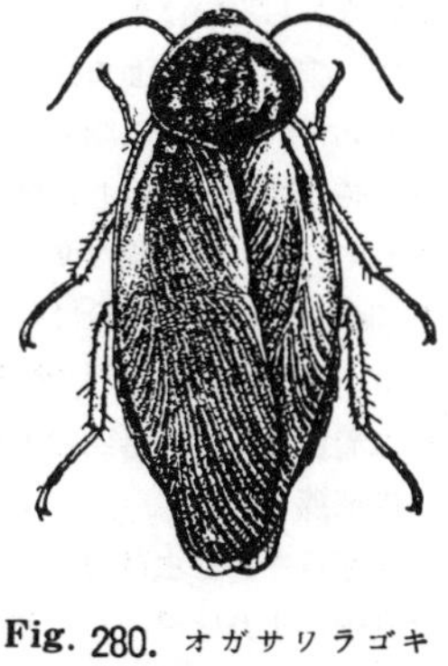

Fig. 280. オガサワラゴキブリ

4) カタゴキブリ亜科

Subfam. *Panesthiinae* Karny

大形種が主で東洋熱帯から濠洲に分布し，本邦にはオオゴキブリ（*Panesthia angustipennis* Illiger）（Fig. 281）と *Panesthia incerta* Br. v. W. とが本洲と九州とに産するのみ。光沢ある黒褐色乃至黒色で前者は体長32～40mm 後者は30mm 以内。湿気ある腐敗木の中や枯死樹皮下や地上の堆積物下等に発見され，翅の完全なものが甚だ少ない。

Fig. 281. オオゴキブリ

VIII　蟷螂目

Order *Mantodea* Burmeister 1838

この目は一般に *Orthoptera* 目の1科として取り扱われているものであつて，*Deratoptera Clairville* 1793, *Elythroptera* Latreille 1806, *Dictuoptera* Leach 1817, *Dacnostomata* Westwood 1839, *Phylloptera* Packard 1883, *Exopterygoptera* Sharp 1899, *Mantoidea* Handlirsch 1903, *Pandictyoptera* Crampton 1917, *Panisoptera* Crampton 1919 等の学名がつけられている。中庸大または大形の捕食性の昆虫で，前脚が甚だ長くなり一般に著しく有棘の腿節と脛節とを具え食餌を捕獲するのに適応している。頭は小さく三角形を呈し，細い頸によつて自由となる。口器は咀嚼型，複眼は大形，単眼は普通3個。無翅や短翅のものがあるが一般は長翅型で，翅は体の側面より背面に扁平に畳まれる。中後両脚は細長く，肘節は5節。尾毛は有節で短い。

カマキリが食餌をさがし求める場合の姿勢が特種であるために種々な名称がつけられている。昔のギリシャ人はこの昆虫を予言者または卜者と称し，アラビア人はこの昆虫は常にメッカの方向に顔をむけて祈つていると認めていた。Nuns, Saints, Mendicants, Preachers, Mule killers, Rear horses, Devil horses, Preying flowers 等とも称えられ，普通は Mantids, Preying Mantids, Praying Mantids, Soothsayers 等とよばれ，ドイツでは Fangheuschrecken や Gottesanbeterinnen, フランスでは les mantides, 濠洲では Hottentot's

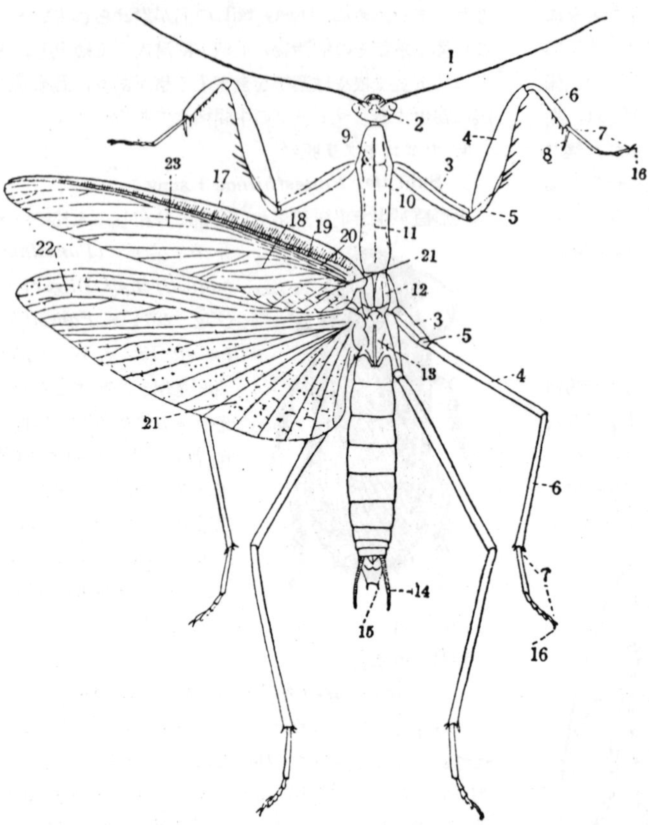

Fig. 282. カマキリ (*Paratenodera sinensis* Saussure) (Essig)
1. 触角　2. 単眼　3. 基節　4. 腿節　5. 転節　6. 脛節　7. 跗節　8. 鉤棘　9. 前胸背板横溝　10. 同側縁部　11. 同中隆起線　12. 中胸背板　13. 後胸背板　14. 尾毛　15. 尾突起　16. 爪　17. 前縁脈　18. 肘脈　19. 亜前縁脈　20. 径脈　21. 臀脈　22. 中室部　23. 中脈

god や Forest ladies 等と称えられている。

外形態　Fig. 282, 283

全体むしろ細長く多少円筒形，尤もあるものは扁平で葉状の場合がある。色彩は隠色で保護色，普通は緑色なれど褐色や灰色やまたは金属的なものもある。体は滑かで普通無毛，しかしときに微棘または葉片状附属器を具えている。頭はむしろ小さく三角形で垂直に位置し細い頸部によつて著しく可動的。触角は長く糸状で多数節からなり，*Empusa* 属の雄では両櫛歯状となつている。複眼は大形で，触角の基部にて多少凹んでいる。単眼は三角形に配列され3個なれどときに欠けている。前胸は常に著しく長く，側縁は滑かまたは微歯を列し，稀れに葉状に拡がつている。而して中央に1縦線即ち中縦隆起線 (Median carina) を有し，これを前脚の付け根の背上にて横ぎる1横線即ち横溝 (Transversal sulcus) がある。この溝の前方部を前部 (Prozona) 後方部を後部 (Metazona) と称え，側部は普通多少とも水平となりその内縁に縦線を存するものが少くなくこの部を特に側縁部 (Lateral margins) と称え，その外方に多少角張つている部分を肩 (Shoulders) または側角 (Lateral angles) と称える。中胸と後胸とは短かく幅広となつている。腹部は10節なれど，全節が完全に認められない。背板は雌雄共に9個，腹板は雌では6個で雄では8個が夫々認められ，雌の第7腹板は上方に返つている。第10背板は肛上板となり，雄の第9背板は普通1対の棘状突起を具えている。尾毛はむしろ短かく，扁平で多数節からなる。産卵管は現われていない。聴器も発音器もないがある種類は音を出す事が知られている。前脚は他の脚と全然異なり生食餌を捕獲し且保持するに適応しいわゆる捕獲脚 (Raptorial legs) となつている。基節は甚だ長く，微棘を粗列している事が稀れでない。腿節は甚だ太く且つ長く，下面に1縦溝を有しその両側縁に種々な大きさの鋭い強棘の1列を具えている。脛節は細い小刀状となつて下縁に棘を列し，腿節の溝の内に当てはまるようになつている。これ等の棘の構造と配列とは種属によつて異つている。中後両脚は細く稀れに幅広となり，移動器としてのみに使用されている。跗節は細く5節からなり，1対の爪を具え，褥盤はない。第2節と第4節との下面に屢々1対の小突起を有する事がある。翅はよく発達しているかまたは小形となつているかあるいはまた全然ないものもあり，静止の際には体の側面より背面の凡てを覆うている。前翅即ち覆翅 (Tegmina) は普通細く1部分または全面着色せしめられ，著しく翅脈を有し，屢々特に雌虫にて退化または消失している。着色部は多くの場合体の側面を被う部分即ち前縁部で，この部分は他より硬化しているのが普通である。後翅は屢々大形で複雑せる翅脈を有し，透明かまたは着色しときに鮮明色となり，常に縦に畳まれる。

内形態

直翅目や竹節虫目等と非常に異なつていない。消食管は直線かまたは彎曲し，嗉嚢はよく発達し，砂嚢は痕跡的，胃盲嚢は8個で管状。唾液腺は大形で貯嚢を有し，

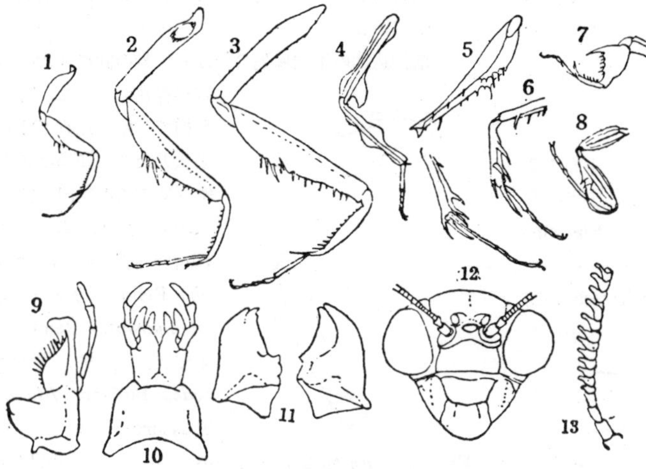

Fig. 283. カマキリ類の口器と附属器
1. *Litaneutria obscura* の前脚 (Essig)　2. ウスバカマキリ前脚 (Essig)　3. カマキリの前脚 (Essig)　4. *Vates pectinata* の前脚 (Saussure)　5. *Thrinaconyx fumosus* の前脚 (Saussure)　6. *Spanionyx bidens* の前脚 (Saussure)　7. *Metallyticus splendidus* の前脚(Giglio–Tos)　8. *Gyromantis kraussi* の前脚(Giglio–Tos)　9. *Litaneutria obscura* の小顋(Essig)　10. 同下脣(Essig)　11. 同大顋 (Essig)　12. カマキリの顔面 (Essig)　13. *Vates pectinata* の触角基方の部分 (Saussure)

マルピギー氏管は約100本。膠腺は2対でよく発達している。神経球は胸部に3個腹部に7個存在し，気門は胸部に2対腹部に8対ある。

生　態

この目の昆虫は大部分樹木上に棲息するが，無翅のものには地上棲のものもある。而して完全に肉食性で生きている生物のみを摂取する。その際油断のない待ちぶせかまたは用心深い忍びより方によつて他小動物を捕獲し，犠牲者が悶え苦しんでいる間にそれを貪食するものである。食餌動物は蠅類，浮塵仔類，蝗虫類，鱗翅目幼虫等は勿論他の如何なる昆虫並びに甚だ小さな蛙やトカゲやその他の動物等である。彼等の歩行は甚だ緩漫であるが前脚の使用は甚だ猛烈なもので非常な速度にて食餌を打捕する性を有す。雄は殺伐性に富み死する迄戦う。中国に於てはこの性質を利用し小籠中に保護し彼等の戦闘をたのしむ習慣がある。雌も亦雄におとらず争闘性が強く，雄を屢々食尽する。斯くの如き性質である為め自然界に於ていわゆる益虫として相当な役割を演じつつある事は明かな事実である。

卵は卵莢内 (Fig. 284) に産下され，卵莢は小枝や樹皮や壁やその他の物体上に附着せしめられている。各雌虫はこれ等卵莢の4個または5個を産み，その構造は種の異なるにつれ差がある。あるものは外面しつかりした海綿様物質に囲まれ多少泡立つ分泌物からなり，この包皮内に約40の卵室が相平行して造られ，それ等の室は角質に甚だ速かに固まる粘着物質から構成されている。ハラビロカマキリモドキ (*Hierodula saussurei* Kirby) の卵莢は約8分内外の長さで卵室は約24個が2縦列に配置され，卵層と外包皮との間に空気層があつて，外表は非常に堅い強靱物質の重合帯からなつている。カマキリ類の卵は卵莢包皮によつて保護されているように見えるが害敵たる寄生蜂に対してはしからず，しかし鳥類やトカゲ等からは充分保護されている事が明瞭である。ある種類は単性生殖を行う事が知られている。孵化当初の若虫は絹糸によつて卵莢面から垂下し風等によつて分散せしめられている。この絹糸は若虫の第10腹板上に在る1対の乳房突起によつて分泌されるものである。この分泌は第1回脱皮後は行われない。脱皮回数は一定していないようで研究者により差異があつて現今迄に知られているものでは3～12回となつている。1生活環に要する日数は明かにされていないが約1年である。

全世界より約1550種が発見され約400属に分属せしめられ，1科35亜科に分類されているが，更に充分な研究

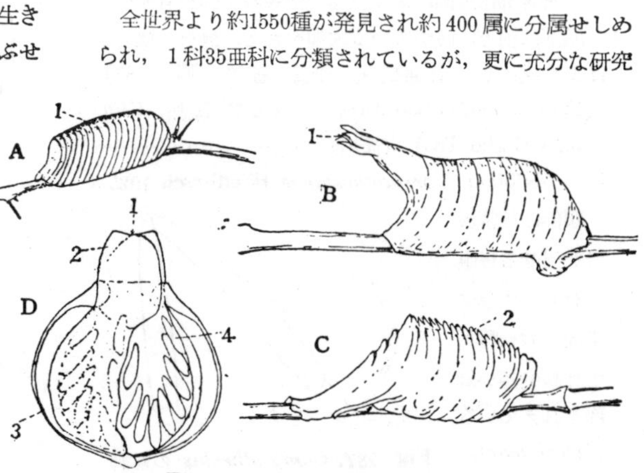

Fig. 284. カマキリ類の卵莢
A. 一般の形状 (Essig)　B. *Oligonyx mexicanus* (Essig)　C. カマキリ (Kershaw)　D. 同横断面 (Kershaw)
1. 若虫の脱出個所　2. 蓋片　3. 莢　4. 卵子

によつてある数の科となる事が自然的なようである。本邦には3亜科10種が発見されている。

51. カマキリ（螳螂）科

Fam. Mantidae Saussure 1869

亜科の索引

1．前脚脛節は端鉤（Apical hook）を欠き，下面に2列の棘を具えている。尾毛は甚だ長く多節，小形の有翅で可動的頭と簡単な後脚とを具えている（Fig. 285）（*Chaeteessa* Burmeister, 新熱帯）……………………………Subfam. *Chaeteessinae* Handlirsch 1925

前脚脛節は端鉤を具えている……………………… 2

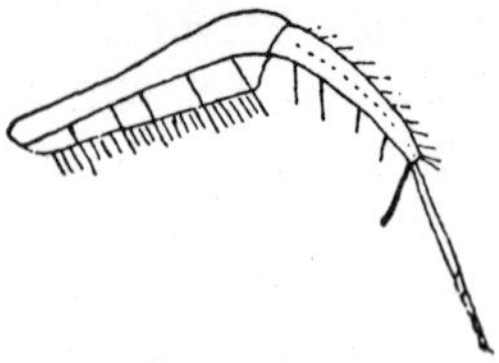

Fig. 285. *Chaeteessa* の前脚（Westwood）

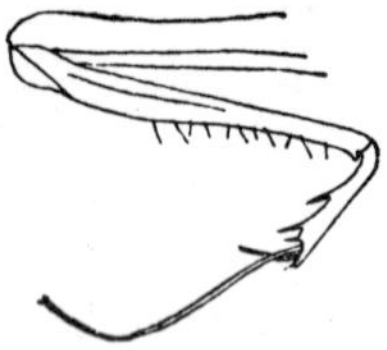

Fig. 286. *Oligonyx* の前脚（Handlirsch）

2．前脚脛節は背面に端鉤前に1本または2本の長歯を具えている。しからざれば甚だ少数の棘を有す。尾毛は簡単。小さい細い種類（Fig. 286）（*Thesprotia* Stål, *Mionyx* Saussure, *Oligonyx* Saussure, 新熱帯, *Haania* Saussureマレー）……………………………………Subfam. *Oligonycinae* Giglio-Tos 1919

前脚脛節は背面に歯を欠く……………………… 3

3．前脚脛節は腹面に強棘列を有せざるかまたは内縁のみに棘列を有す………………………………… 4

前脚脛節は腹面によく発達した棘の2列を有す… 5

4．頭部は前方に向つている大顎を具え，複眼の後方部はよく発達し，普通長い。細長い種類（Fig. 287）（*Compsothespis* Saussure, エチオピア，濠洲，*Cliomantis* Giglio-Tos）（濠洲）………………………Subfam. *Compsothespinae* Handlirsch 1925

頭部は正常形で突出せる複眼を有し，大顎は下向。太い種類で比較的短い胸部を具えている（*Perlamantis* Guérin 旧北洲，*Amorphoscelis* Stål エチオピア，アジア，濠洲）（*Amorphoscelinae*）…………………………… Subfam. *Perlamantinae* Giglio-Tos

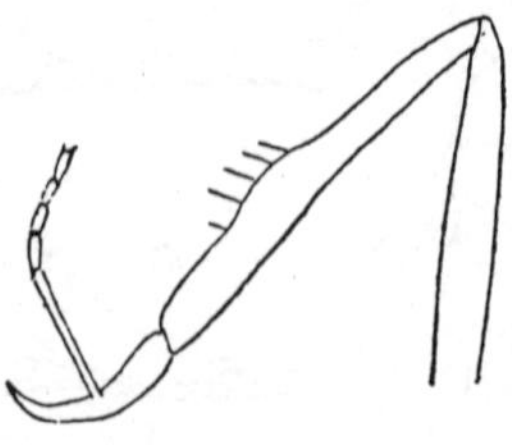

Fig. 287. *Compsothespis* の前脚（Westwood）

5．前脚腿節の下内縁列の棘は等長かまたは長短交互となつている…………………………………… 6

前脚腿節の下内縁列の棘は長い棘の間に3本の短い棘が存在している。普通大形種で，触角は雄では両櫛歯状となり，頭頂は多少円錐形に前方に突出している（Fig. 288）（*Empusa* Illiger 旧北洲，*Idolomorpha* Rehn エチオピア，*Blepharopsis* Rehn エチオピア，アジア，*Blepharodes* Bolivar, *Idolum* Saussure エチオピア）……………………Subfam. *Empusinae* Saussure 1893

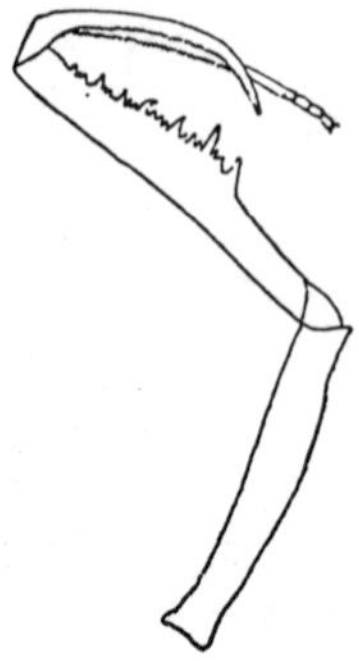

Fig. 288. *Empusa* の前脚（Westwood）

6．後脚脛節は背面に隆起線を有するか，または数縁を有する……………………………………………… 7

後脚脛節は滑で隆起線もなくまた縁付けられてもいない……………………………………………… 8

7．後脚脛節は3縁線を有し，体は金属的光沢を有し，前脚腿節は短かく且つ幅広で1本の甚だ太い基棘を具え，太い種類で短い前胸を具えている（Fig. 283の7）（*Metallyticus* Westwood インド，マレー）………………………Subfam. *Metallyticinae* Handlirsch 1925

後中両脚の脛節は背面に1本または2本の縦隆起線を有す，尤も雄には稀れにそれを欠く。前胸は長い（Fig. 283の4と13）（*Oxyopsis* Caudell, *Pseudoxyops*, *Vates* Burmeister, *Stagmatoptera* Burmeister, 新熱帯，*Stenovates*, *Popa* Stål エチオピア，*Aethalochroa*, *Ceratocrania*, インドマレー）……………………Subfam. *Vatinae* Saussure 1893

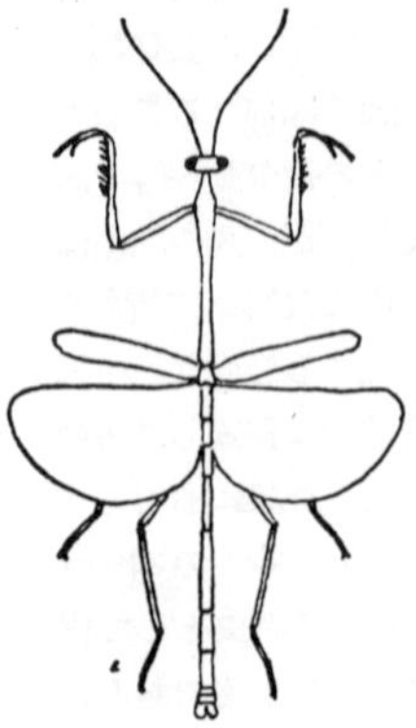

Fig. 289. *Angela* 雄（Saussure and Pictet）

8．前脚腿節は下外縁に5～7本の棘列を具えている…………………………… 9

前脚腿節は下外縁に4棘を列している………19

9．前脚腿節の第1中棘（Discoidal spine—溝の両縁の棘列の間で殆んど中間にある棘を斯く称える）は第2中棘より長い。甚だ長い細い種類（*Schizocephala* インドマレー，*Euchomenella* インド，*Agrionopsis* エチオピア，*Angela* Saussure（Fig. 289 新熱帯）（*Angelinae*）…Subfam. *Schizocephalinae* Giglio–Tos 1927

前脚腿節の第1中棘は第2より短い……………………10

10．尾毛は扁平で末端幅広となり多少葉片状。甚だ細長い種類で薄い前脚腿節を具えている（Fig. 290）（*Toxodera* Serville, *Euthyphleps*, *Loxomantis* Giglio–Tos, インド，マレー，*Calamothespis* Werner, *Belomantis*, エチオピア，*Stenophylla* Westwood 新熱帯）…………………………Subfam. *Toxoderinae* Handlirsch 1925

尾毛は円錐状かまたは側扁し，葉片状でない……………11

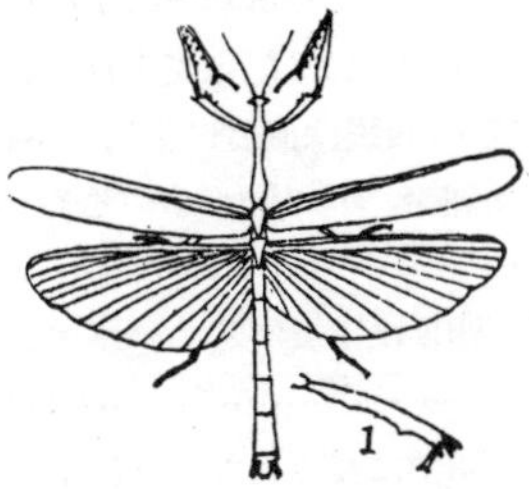

Fig. 290 *Toxodera* (Westwood)　1．後脚腿節

11．前脚腿節は3本の中棘を具えている……………………………12

前脚腿節は4本の中棘を具えている………………14

12．前脚脛節は下外縁に11本以上の棘を列し，腿節は5本の下外縁棘と3本の中棘とを具えている。小形種。（*Acontista* Burmeister, *Tithrone*, *Astollia*, *Callibia* Stål, 新熱帯）……………………………………………Subfam. *Acontistinae* Giglio–Tos 1927

前脚脛節は下外縁に8乃至11本の棘を具えている……………………………………………………………13

13．額板（Frontal shield）は横形，前胸背は少くとも前脚基節と等長で卵形に拡がるかまたはときに多少平行せる側縁を有す（*Brunneria*, *Macromantis*, *Photina* Burmeister, *Orthoderella*, 新熱帯，*Iris*, Saussure 広分布）…………………………………………………Subfam. *Photininae* Giglio–Tos 1919

額板は亜方形（23対照）……………………………………………………Subfam. *Eremiaphilinae*（1部）

14．肛上板は甚だ長く槍状，後脚の腿節と脛節とは下面に少数の小棘を具え，体は細く，前胸背板は前脚基節と等長（*Bolivaria*, *Geomantis*, *Rivetina*, 旧北洲，*Deiphobe* インド，濠洲，*Ischnomantis*, *Omomantis* エチオピア）（*Fischeriinae*）………………………………………Subfam. *Rivetinae* Giglio–Tos 1927

肛上板は短い……………………………………………15

15．前脚脛節は下外縁に6～11本の棘を列している…16

前脚脛節は下外縁に11本以上の棘を列している…17

16．前脚腿節は甚だ幅広で楕円形を呈し上縁著しく弧状となつている。頭頂は複眼に続き各側に1顆瘤を有し円錐形に隆まつている。前胸背板は前脚基節より短いかまたは辛うじて等長で背面に円錐形顆粒を布す。小形種。（*Oxypilus* Serville, *Euoxypilus*, エチオピア，*Pachymantis* Saussure. *Ceratomantis*, *Pseudoxypilus*, インド マレー）……………………………………………Subfam. *Oxypilinae* Giglio–Tos 1927

前脚腿節はより細く多少三角形，前胸背板は側縁円く拡がり3葉片の外観を呈す。小形種。（*Dystacta* Saussure. *Gonypetella*, *Achlaena*, *Telomantis*, エチオピア）………………………………………………Subfam. *Dystactinae* Giglio–Tos 1919

17．複眼は尖るか，後脚腿節が葉片状，中庸大の種類で乾燥葉様の色彩（*Metilia*, *Decimia*, *Acanthops* Saussure, *Epaphrodita* Serville, 新熱帯，*Phyllocrania* エチオピア，*Parablepharis* マレー）……………………Subfam. *Epaphroditinae* Giglio–Tos 1919

複眼は円いか，後脚腿節が簡単……………………18

18．額板は横形（13対照）………………………………………………Subfam. *Photininae*（1部）

額板は亜方形（23対照）……………………………………………………Subfam. *Eremiaphilinae*（1部）

19．前脚基節は前縁に1微小端片を具えている………20

前脚基節は端片を欠く…………………………………21

20．前脚腿節は三角形で幅広く幅の3倍より長くない。小形種で雌は屢々無翅。（*Pseudomiopteryx* Saussure, *Mantillica*, *Diabantia*, *Miobantia*, 新熱帯）…………Subfam. *Pseudomiopteryginae* Giglio–Tos 1919

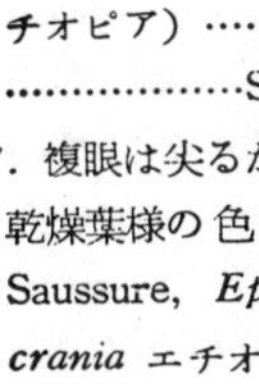

Fig. 291. *Hoplocorypha* の頭部と前胸（Rehn）

前脚腿節は細く幅の3倍以上の長さ，前胸背板は長く且つ狭く，顕著に拡がらない。小さい細い種類（Fig. 291）（*Musoniella*, *Musonia*, *Diamusonia*, *Thespis* Serville, 新熱帯，*Hoplocorypha* Stål（エチオピア）…………………………………………Subfam. *Thespinae* Giglio–Tos 1919

21．前脚腿節の下外列の2本の中棘は他より長い。前胸背板は前脚基節より長い。前翅は雄では長く雌では短い。体は一般に甚だ細い（9対照）……………………………Subfam. *Schizocephalinae*（1部）

前脚腿節の下外列の2中棘は他より長くない……22

22．前脚脛節は下外縁に4本または5本の棘を列する……………………………………………………………23

前脚脛節は下外縁に5本以上の棘を列する………25

23．前脚腿節は基部から離れて脛節爪を受入れる溝を具

えている……………………………………………………24

前脚腿節は基部に近く爪溝を具えている(*Eremiaphila* Lef. 旧北洲, *Tarachodes* Burmeister, *Galepsus* Stål, *Tarachodula*, エチオピア, *Parepiscopus*, *Didymocorypha* インドマレー) (*Orthoderinae*, *Tarachodinae*)……………………………………………

…………Subfam. *Eremiaphilinae* Giglio-Tos 1919

24. 頭頂は突出していない (20対照) ……………………

……………………………Subfam. *Thespinae* (1部)

頭頂は長い三角形突起に延びている (*Pyrgomantis* Gerster エチオピア) (23対照)………………………

………………………Subfam. *Eremiaphilinae* (1部)

25. 前胸背板の側縁は平行かまたは前方に拡く(23対照) (*Humbertiella*, *Theopompula* インドマレー, *Flaea*, *Theopompa* Stål エチオピア) ………………

…………………………Subfam. *Eremiaphilinae*(1部)

前胸背板の側縁は前方に多少すぼまる……………26

26. 前脚脛節の下外列の棘は垂直で互に離れている…27

前脚脛節の下外列の棘は横臥し互に甚だ接近している……………………………………………………50

27. 前脚腿節は1本乃至3本の中棘を具えている……28

前脚腿節は4本の中棘を具えている………………29

28. 前脚基節の内端片はひらき末端にて1小片に幅広となつていない。小形種 (*Tarachina*, *Bolbula*, *Enicophlaebia*, エチオピア, *Bolbe*, *Ciulfina*, 濠洲, *Haplopeza* Stål, *Iridopteryx* Saussure, *Fulciniella*, *Eomantis*, インドマレー) ………………………

…………………………… Subfam. *Iridopteryginae* *

前肢基節の内端片は接続 (14対照) …………………

…………………………… Subfam. *Rivetinae* (1部)

29. 前脚腿節は下外列の第1と第2棘との間に1個のよくしるされた凹陥部または孔を有す……………………30

前脚腿節は上述の如き孔を有しない………………34

30. 前脚腿節の中棘は1波状線に列せられている。中庸大で短太, 前胸背板は幅広で扁平 (*Gonatista*, *Liturgusa* Saussure, 新熱帯, *Dactylopteryx*, エチオピア, *Gonatistella* 濠洲) ………………………………

………………Subfam. *Liturgusina* Giglio-Tos 1919

前脚腿節の中棘は1直線に列せられている………31

31. 前脚腿節の下外列の棘は甚だ長く且彎曲…………32

前脚腿節の下外列の棘はより短く且直線。細い体の種類で雌雄共によく発達した翅を具えている (*Arria* マレー, *Sibylla* Stål, *Presibylla*, エチオピア) ……

…………………Subfam. *Sibyllinae* Giglio-Tos 1919

32. 前胸背板は後方基部近くに2顆瘤を具えている…33

前胸背板は簡単で顆瘤がなく, より細いかまたは甚だ細い種類で雌雄共によく発達した翅を具えている (*Caliris* Giglio-Tos インド, *Leptomantis* マレー, *Deromantis* エチオピア) ……………………………

………………Subfam. *Caliridinae* Giglio-Tos 1919

33. 後脚腿節は下縁末端近くに1小片または1歯を具え, 多少太く且つ短い体の種類で非常に突出した複眼を具えている (*Majanga* Wood-Mason エチオピア, *Majangella* マレー) ……………………………………

………………Subfam. *Majanginae* Giglio-Tos 1919

後脚腿節は簡単で上述の如き突起がない。体は細く扁平, 複眼は適度に突出している(*Melliera* Saussure, 新熱帯, *Mellieriella* 濠洲) ……………………………

………………Subfam. *Mellierinae* Giglio-Tos 1919

34. 頭頂は1長突起に延びている (6対照) ……………

……………………………Subfam. *Oxypilinae*(1部)

頭頂は長くもなく突出もしていない………………35

35. 中後両脚の脛節または腿節は下縁に微棘を列する…

……………………………………………………………36

中後両脚の脛節または腿節は下縁滑か……………37

36. 額板は横形, 後翅の中部 (Discoidal portion) は帯紋を有せず (14対照) ……………………………………

…………………………Subfam. *Fischeriinae* (1部)

額板は高さより微かに幅広く, 後翅の中部は黒色帯紋を有し, 前胸背板は少くとも前脚基節と等長。(*Mantis* Linné 旧北洲, 濠洲, *Stagmomantis* Saussure 米国, *Auromantis*, *Uromantis*, 新熱帯, *Calidomantis* Stål, *Sphodromantis*, エチオピア, *Paratenodera* Rehn, *Polyspolota* Burmeister, 広分布, *Sphodropoda* Stål 濠洲) ………………………

………………………………… Subfam. *Mantinae* *

37. 前胸背板の側縁部は著しく広く葉状………………38

前胸背板の側縁部は拡がらない……………………40

38. 後脚腿節は簡単……39

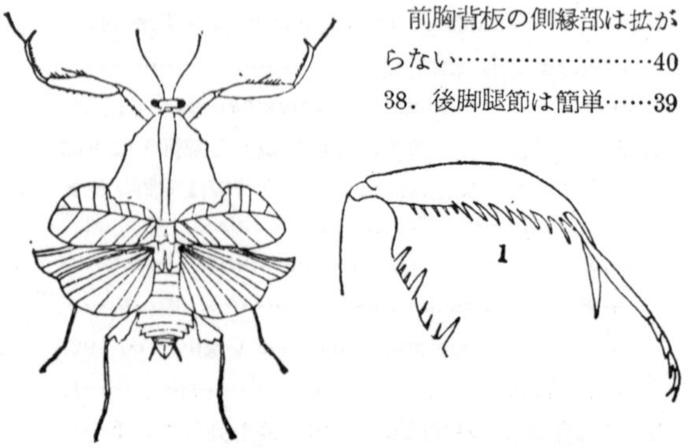

Fig. 292. *Deroplatys* (Westwood)
1. 前脚 (Handlirsch)

後脚腿節は葉片状。大きな褐色の葉状種で，前胸背板の側縁部と中後両脚の腿節末端とは葉状に拡がつている (Fig. 292) (*Deroplatys* Westwood 東アジア，*Brancsikia* Saussure マダガスカール) ………………
……………Subfam. *Deroplatinae* Giglio-Tos 1919

39. 後脚第1跗節は簡単で隆起線がない。大形種で前胸背板の側縁部は葉状に拡つている (*Choeradodis* Serville 新熱帯，　インドマレー)…………………………
…………………Subfam. *Choeradodinae* Kirby 1904

後脚第1跗節は隆起線を有する (36対照) …………
……………………………Subfam. *Mantinae* (1部)

40. 複眼は側方に円錐棘状に突出し，体は甚だ細く糸状 (*Oxyothespis* Saussure エチオピア，アジア，*Heterochaetula* マレー)……………………………………
……………Subfam. *Oxyothespinae* Giglio-Tos 1919

複眼は側方に円い……………………………………41

41. 雄の前翅と触角とは繊毛を装う……………………42

雄の前翅と触角とは無毛………………………………44

42. 前胸背板は線状か非常に細い，小形種で雌は無翅 (*Miopteryx* Saussure, *Promiopteryx*, *Chloromiopteryx*, 新熱帯) ……………………………………
…………Subfam. *Miopteryginae* Giglio-Tos 1919

前胸背板は多少幅広……………………………………43

43. 前胸背板は殆んど3葉状で各拡張部の角は多少尖る。雄の前翅は幅広 (16対照) ……………………………
…………………………Subfam. *Dystactinae* (1部)

前胸背板は多少楕円形で拡張の角は円く，前翅は狭い (45対照) ……………Subfam. *Amelinae* (1部)

44. 前胸背板は前脚基節より短い………………………45

前胸背板は前脚基節と等長かまたはより長い……46

45. 後翅は着色されていない。小形種 (*Ameles* Burmeister, *Pseudoyersinia*, 旧北洲，*Yersinia*, *Litaneutria*, 新熱帯，*Amantis*, *Myrcinus*, *Gonypeta* Saussure インドマレー，*Metentella*, *Ligaria* Ståll, エチオピア) ……………………………………
…………………Subfam. *Amelinae* Giglio-Tos 1919

後翅は鮮明色，しからざれば *Amelinae* に似ている (*Compsomantis* Saussure, *Opsomantis* マレー)……
………Subfam. *Compsomantinae* Giglio-Tos 1919

46. 前脚脛節の下外列の末端から第6番目の棘は第5のものより長い (32対照) ……………………………
………………………… Subfam. *Caliridinae* (1部)

前脚脛節の第6棘は第5より長くない……………47

47. 複眼は側方に円錐棘状に突出している (40対照) …
………………………Subfam. *Oxyothespinae* 1部)

複眼は上述の如く尖らない…………………………48

48. 前脚腿節の中棘列の第1棘は第2棘より短くない。長い大形種で，翅は雄では長く雌では短い (*Archimantis* Saussure, *Rheomantis*, *Pseudomantis* Saussure, 濠洲) ……………………………………………
…………Subfam. *Archimantinae* Giglio-Tos 1919

前脚腿節の第1中棘は第2中棘より短い…………49

49. 肛上板は甚だ長く槍状，大形種で前胸背板は前脚基節より甚だ長い (*Solygia* Släl エチオピア) ………
………………Subfam. *Solygiinae* Giglio-Tos 1919

肛上板は短い (36対照) ……………………………
……………………………Subfam. *Mantinae* (1部)

50. 前胸背板は細く前脚基節と等長……………………51

前胸背板は多少幅広で前脚基節より短い。体は多少短く且つ太く，翅は雌雄共によく発達している (*Odontomantis* Saussure, *Hestiasula* Saussure, *Creobroter* Serille, インド，*Otomantis* Bolivar, *Panurgica* Karsch, *Harpagomantis* Kirby エチオピア) (*Creobrotinae*) ………………………………………………
…………Subfam. *Hymenopodinae* Giglio-Tos 1919

51. 前胸背板の側縁部は幅広く鰓葉状 (17対照) ………
………………………………Subfam. *Epaphroditinae*

前胸背板の側縁部は幅広く鰓葉状でなく，中庸大で少くとも前脚基節と等長の細い前胸背板を有する (*Anaxarcha*, *Acromantis* Saussure, *Citharomantis*, インド，マレー，*Theomantis*, *Sigerpes*, *Anasigerpes*, エチオピア) ……………………………………
………………………………Subfam. *Acromantinae* *

以上の多数亜科中本邦に産するもの * に就て簡単に述べる。

1) ヒナカマキリ (雛蟷螂) 亜科

Subfam. *Iridopteriginae* Giglio-Tos 1919

小形の種類で東洋熱帯亜熱帯とエチオピアと濠洲とに分布し，かなり多数の属が包含されている。前胸背板は多少前方に狭まり比較的短かく，前脚基節は端片を欠き内側端の2葉片は互に末端の方に拡がつている。前脚腿節の中棘は1～3本，下面外縁の棘は4本で中間の2本は他より長く，下面内縁の棘は等長かまたは長短交互に列せられている。前脚脛節は上縁に

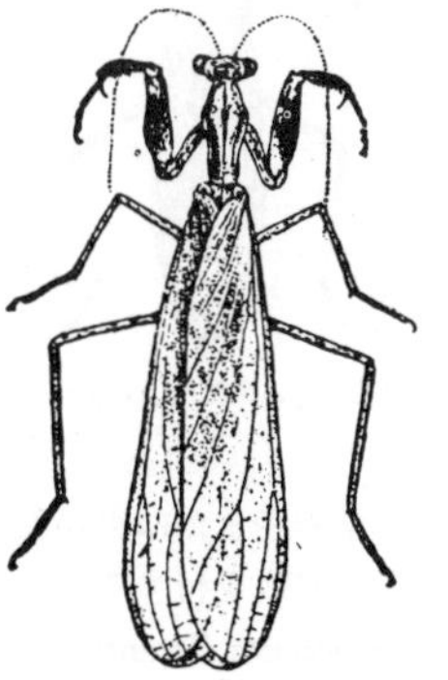

Fig. 293. ヒナカマキリ雄

歯がなく，端鈎は発達し，下面にはよく発達した棘の2列を具え，その外縁列のものは5本以上で直立し互に離れている。後脚脛節は滑かで隆起線も縁もない。本邦には唯1種ヒナカマキリ(***Iridopteryx maculata*** Shiraki)(Fig. 293)が発見され，東京以南に分布するが多からず，体長18～21mmで褐色に黒褐色の小斑点を散布している。雄は両翅共よく発達しているが雌では著しく退化し前後両翅共に前胸背より短い。

2) カマキリ（蟷螂）亜科

Subfam. *Mantinae* Giglio-Tos 1919

寒国を除き世界に広く分布し，多数の属を包含している。頭は正状で，高さより微かに幅広の額板を具え，複眼は側方に円い。前胸背板は短かくとも前脚基節と等長で，側縁部は特に拡大せず。前方に多少狭まる。前脚基節は端片を欠く。前脚脛節は上面に歯を欠き，端鈎はよく発達し，下面によく発達した棘の2列を生じ外列棘は5本以上で直立し互に離れ末端から第6棘は第5棘より長くない。前脚腿節は4本の中棘を具えその第1棘は第2棘より短く，下外縁に4棘を具えその中間の2本他より長くなく，第1と第2棘との間に孔を有しない。下内縁の列棘は等長かまたは長短交互となつている。中後両脚の脛節と腿節との下縁は滑かまたは微棘を生じ，後脚脛節は普通滑かで隆起線も縁もない。前翅と触角とは無毛，後翅は中部に黒色帯斑を有する。肛上板は短い。本邦には *Mantis* Linné（1種）と *Tenodera* Burmeister (Subgen. *Paratenodera* Rehn 3種）と *Hierodula* Burmeister（2種）と *Statilia* Stål（2種）とが発見されている。ウスバカマキリ(*Mantis religiosa* Linné) (Fig, 294) は European mantid と称えられ南欧州に最も普通で，本州・四国・九州に分布し，北アフリカ，中部アジア，印度，支那等にも普通である。体長47～56mmで淡緑色で透明な前翅を具えている。カマキリ(*Paratenodera sinensis* Saussure) は Chinese mantid と称えられ支那に普通で，東京以南九州迄に広く分布し，現在では東部北米にも輸入されている。体長83～104mmで鮮緑色または黄緑色なれど雄では褐色のものや緑色に褐色斑紋を付するものが少くない。コカマキリ(*Statilia maculata* Thunberg)は東洋に普通で，四国・九州に産し，体長48～65mmで，灰褐色乃至暗褐色を呈し普通黒褐色の不規則斑点を散布している。

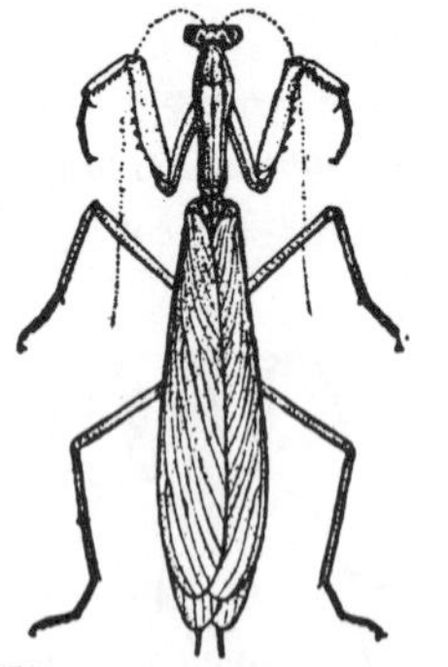

Fig. 294. ウスバカマキリ雄

3) ヒメカマキリ（姫蟷螂）亜科

Subfam. *Acromantinae* Giglio-Tos 1919

東洋熱帯亜熱帯とエチオピア洲とに分布し，比較的多数の属を包含している中庸大乃至小形の種類。本邦には唯1種ヒメカマキリ(*Acromantis japonica* Westwood) (Fig. 295) が東京以南に産するのみ。この亜科は前胸背板の側縁部は葉片状とならず前方に多少狭ばまり，全体細く短かくとも前脚基節と等長。前脚基節は端片を欠く。前脚腿節は下外縁に4本の棘を列し，中間の2本は他より長くなく，下内縁の棘は等長かまたは長短が交互となつている。前脚脛節は端鈎を具え，上面に歯がなく，下面によく発達した棘の2列を有し，その外縁の棘は5本以上で横臥し互に甚だ接近している。後脚脛節は滑かで隆起線も縁もない。ヒメカマキリは体長29～35mmで緑色または褐色，本邦以外には発見されていない。

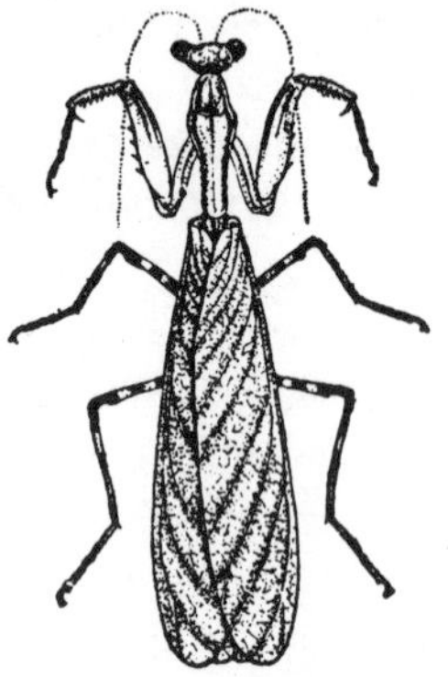

Fig. 295. ヒメカマキリ雄

IX 竹節虫目 Ord, *Phasmida* Leach 1815

この目は普通広義の *Orthoptera* の1科として取り扱われている類で，*Phasmodea* Burmeister 1838, *Ambulatoria* Westwood 1859, *Phasmoidea* Handlirsch 1903, *Gressoria* Börner 1904, *Phasmatodea* Jac. et Bianchi 1905等の異名がある群である。Stick insects や Leaf insects や Walking sticks の英名を有する昆虫で，独乙にては Gespenster や Stabheuschrecken や Wandelnde Blätter と称え，仏国では phasmes や phyllies と唱んでいる類である。普通甚だ細長いがときに幅広で葉状となつているものがあつて，滑かあるいは棘を装うているが毛を装うものはない。何れも大形。

頭は自由で殆んど水平に位置し，普通方形に近く咀嚼口を具え，触角は普通長く鞭状または糸状で多節なれど稀れに甚だ短い。複眼は小さく，単眼は2個または3個で更に欠けているものがある。無翅あるいは有翅で，前翅は小さく鱗片状かまたはない。尾毛は小さく無節。変態は簡単。

外形態 Fig. 296

頭部 多少扁平で卵形なれど，稀れに細長いか球形か後方円く突出し，尚お棘状や角状または葉片状の突起あ

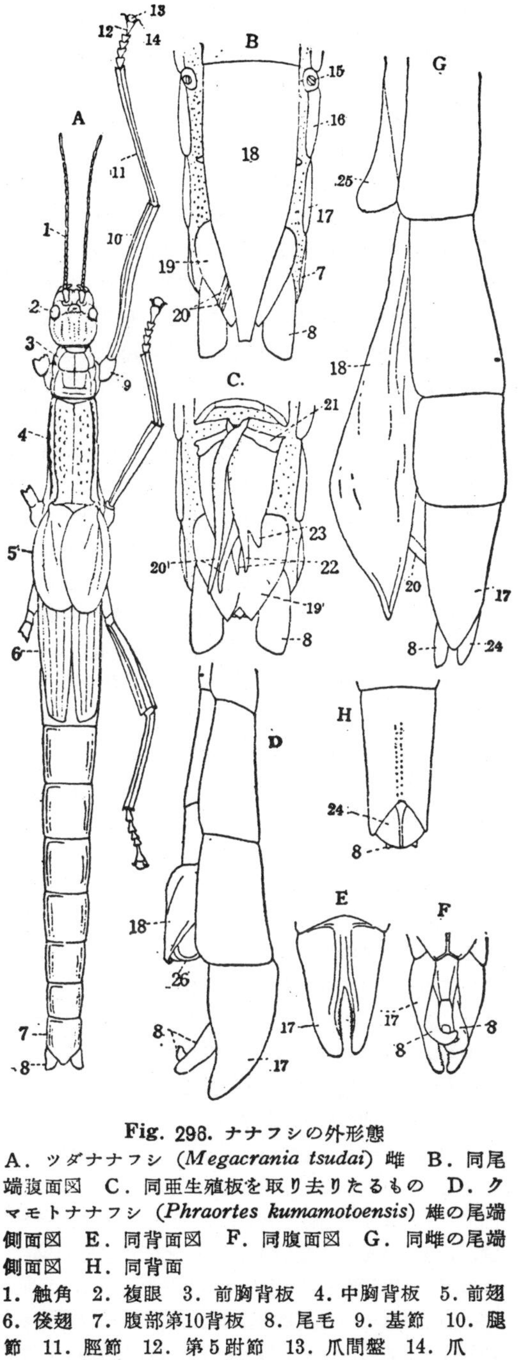

Fig. 296. ナナフシの外形態

A．ツダナナフシ（*Megacrania tsudai*）雌　B．同尾端複面図　C．同亜生殖板を取り去りたるもの　D．クマモトナナフシ（*Phraortes kumamotoensis*）雄の尾端側面図　E．同背面図　F．同腹面図　G．同雌の尾端側面図　H．同背面

1．触角　2．複眼　3．前胸背板　4．中胸背板　5．前翅　6．後翅　7．腹部第10背板　8．尾毛　9．基節　10．腿節　11．脛節　12．第5跗節　13．爪間盤　14．爪　15．最後気門　16．腹部第8背板　17．同第9背板　18．蓋片（亜生殖板）　19．腹部第10腹板　20．第1陰具片　21．第9腹板　22．第2陰具片　23．第3陰具片　24．肛上板　25．腹部腹面中隆起　26．挿入器

るいは隆起突起を有す。複眼の後方部は一般に頭頂として知られ，その前方に不明の1横溝が存在しそれより左右の触角節片間は多少突出する。この部方が額でその前端は普通多少角張る。顔面はその下方に位し小形で頭楯に接する。後頭は背面より見た頭部の最後方部で，屢々普通3本の短い縦溝を列している。複眼は小さく頭の前側部に位し多少突出し，卵形か球形が普通，これ等複眼の内側前方に各1個及びそれ等の中間前方に1個，計3個の微小単眼を有する。尤も中央の1個を欠く場合や3個凡てがない場合もあつて，一般に有翅のものには単眼を有し無翅の類にはこれを欠く場合が多く，更に頭背面に棘または顆瘤突起を有するもので有翅の種類には普通単眼を欠き，尚また雌は雄よりも単眼のないものあるいはその不明瞭となつている場合が多い。触角は鞭状か糸状なれど，真田紐状や棍棒や短太のもの等があり，何れの場合でも多数節で第1節は常に他節より太く円筒形か扁平か三稜形でときに棘または角状突起を具えているものがある。第2節と第3節とはときに他の環節より明瞭に区別する事が出来る場合もある。全体の長さは大部分前脚より長く，短かくとも前腿節より長いかまたは少しく短かいが，ときに著しく短いものがある。

口部　種類によつて変化が少なく，従つて分類上重用な個処でない。上唇は短い大顋を殆んど覆い，周辺は多少縁付けられ円味強い方形。大顋は強硬で左右相似形，内側は凹み鈍角の歯様隆起を有す。小顋はよく発達し，軸節は普通三角形に突出し，蝶鉸節は比較的大きく方形に近く，葉節は太く短かく多少三角形に近く末端尖り内方に2本の小歯を出し，外葉は比較的細く基部に1環節を有するのみ。小顋鬚は多少扁平で長く5節，末端節は著しく細長い。下唇各部よく発達し，亜基節は大きく側縁外方に普通彎曲し，基節は甚だ短かくその区劃明瞭でなく，前基節は長く側縁の中央著しく凹みその基部の方によく発達せる生鬚節を認める事が出来，これから3節の下唇鬚を生じ，前基節末端には1対の中舌と1対の側舌とを生じている。

胸部　前胸は常に短かく殆んど方形か長方形で背板と腹板とからなり，その間の大部分から前脚基節が生じ，側板は甚小で硬い。背板は扁平で1横溝とこれをつらぬく1縦溝を常に存し，この横溝の位置は種の区別上必要でその前方側縁は常に多少凹み前脚基節を出す個所となつている。又前縁の両側端には小凹部を有しその処に排攘腺が開口している。表面は滑か小顆粒を散布するか棘突起又は角状突起を生ずる事が屢々である。腹板は三角形か心臓形か不等四辺形かで，横形か長形，又瘤状や棘状の突起を生ずる事も少くなく，ある属では1円錐形突起を出しある亜科のものは前脚基節に接し粗面の覆輪状突起を生じている。

中胸は体節中最長部で，背板と腹板とに棘や顆粒を生ずる事が屢々で，側板は前後2片からなるがよく合体して細長い1板となつている事もある。これ等側板にもまた小顆粒を生ずる事があれど棘はない。全体細長く，大体相平行する側縁を有するが属によつては後方に著しく幅広くなつている。

後胸は中胸と同様な構造なれど著しく短かく，背板は1横溝によつて又は表面の粗滑或は色彩の著異等によつて後方部が区割され，この部分を中節と称える。中節の長さと幅との比，又は後胸背本体との長さの比は分類学的に相当必要なもので，有翅類では後胸背本体より長いか殆んど等長，無翅のものでは殆んど等長か短かい事が多い。中節は1対の三ヶ月の凹紋を有するが，このものの位置は無翅類に於ける分類上相当な役割を演じている。

翅 前翅は中胸背板後縁から生じ，革質で小さく，卵形か楕円形のものが普通，しかし ***Phyllium*** や ***Chitoniscus*** 等の属の雌の場合は大形となり腹部全体又は大部分を覆うている。微小片のものや棘状や捲葉状や半円状等のものも見出されている。又後翅が発達しているものでもこれを欠ものもある。前翅の翅脈は普通亜前縁脈と径脈と中脈と肘脈と臀脈とが認められ，前縁脈はなく，亜前縁脈は自由となつている。径脈と肘脈との間で後翅の付根の背方にあたる部分は普通隆起し特に側膨部（Tuberculum carina or Gibbus）と称え，その形状や大きさや位置や色彩等が種の区別点となる事が少くない。

後翅は前翅同様これを欠く種類が非常に多く，存在する場合は前翅より常に大形で，臀部のみが膜質となり硬質の他部の下に扇子様に畳まれる。臀部以外の部分は静止の際に体背上に現わされている。翅脈は前翅同様に発達し，臀脈は多数に放射状に分岐し，亜前縁室は甚だ細い。***Phyllium*** 属の雌の場合のように前翅が存在していて後翅を殆んど欠いているものがある。

脚 前脚は静止の際前方に直線に延ばしているのが普通で，腿節は基部にて外方に彎曲している。しかし属によつては直線となつている。普通背腹両面に2本の縦隆起縁を有しこれ等の位置によつて横断面が長方形か亜方形か又はは殆んど三角形に近いもの等がある。又縦隆起縁がなく殆んど円いものも稀れにある。これ等が種類の決定に役立つ場合が少くなく，又これ等縦隆起縁にはその一部に棘や歯や葉状等の突起を生じそれ等によつても種が定められ得る事がある。脛節もまた腿節同様その横断面が円いものや四角形や三角形やまたは扁平等のものがあつて，棘や歯や葉片等の附属物を有する。更にまた脛節基部に運動自由な突起を有するものもある。

中脚は後脚より短かく，両脚共に前脚と形状や構造が大同小異である。腿節の下面中央に1縦隆起縁の有否や末端側部上に於ける棘の有無は分類上の特徴の1つとなつている。中後両脚の脛節は下面中央に1縦隆起線があつてその末端が2分してその間に三角形又は卵形の部分即ち端三角部（Apical triangulare or Area apicalis tibiarum）を存するものと，しからずして単に1棘にて終るものや他のものとがあつて，前者は ***Areolatae*** 類，後者を ***Anareolatae*** 類と称えている。跗節は5節が普通なれど ***Timema*** 属のみはしからず，第1節と第5節とは他節より長く且つ細く，中間の3節は末端太まる。

腹部 細長く明かに10環節を数うる事が出来る。しかしときに第1節は不明となつている事がある。第11節は肛上板として存在し，第12節は尾毛に変化している。各節共に円筒形で雄の場合は雌よりも細長く，有翅のものは背面普通滑かなれど無翅のものは屢々粗面でときに瘤突起や棘突起を生ずる事が少くない。末端の3節以外の各節側面に1気門を有する。第10節即ち尾節（Segmentum anale）は雄に在つては短小円いか縁付けられるか中央にて左右の小片に離れてその下面に微歯を列するかなれど，雌では三角形か四角形か不等方形か半円形かで稀れに縁付けられている。肛上板は全く隠れているかまたは三角形の小片として現われているかなれど，種々な属の雌では細長い簡単なまたは叉状の突起として現われ亜生殖板即ち蓋片（Operculum）と共に吻嘴状態となつているものがあり，また種々な属では上述の如き吻嘴突出部が第9節自体の延長で肛上板との接続不明のものもある。腹部各節の側縁はある属ではある環節のみ葉片状に側方に広まるものや各節共に葉状となるものがある。また背面や腹面に棘突起や葉状突起をある環節に存するものもある。更にまた第7腹板の後縁に1孔を有する雌虫もかなり多数の属にある。尾毛は無節で肛門の両側から生じ，円筒形や円錐形や扁平形や三角錐形等で，ときに内縁に突起を具えているものもある。亜生殖板は雄の場合にのみ斯く称え，第9腹板からなり，円形または卵形で稀れに縦隆起線を有し，あるものでは兜形や鐘状，ときに棘を有するものもある。雌では蓋片（Operculum）と称え第8節からなり小舟形や匙形で，産卵の際に使用されている。産卵管は蓋片の上面に位置し4本の外片と2本の内片とからなり，外片の上位のものは普通短かく基部のみ存在し下位の2本と内片とは普通著しく延長しときに蓋片の後方に現われる事がある。陰茎即ち挿入器は多少硬化せる幾丁質からなり1本の彎曲せる円錐形または爪状となり，いわゆる擽器 (Titillator) または亜肛棒 (Vomer subanalis) となる事もあり，また1対からなつて左片は直線で扁平なれど右片は鎌状で著しく滑かになつている場合と1対が同質同形となつているものとがある。尾突起 (Styli) は普通ないがときに第8腹板の基部両側に微小突起として存在するものがある。尤も種類によつては第9背板に同様な突起を有するものもある。また *Canuleius* と *Donusa* との両属の雌には第9背板の両側に1個の卵形または槍状の可動小片を具えている。これは或は尾突起と考える事が出来るならんも尾突起は雄に限られて存するものであるが故にこのもののホモロギーは不明である。

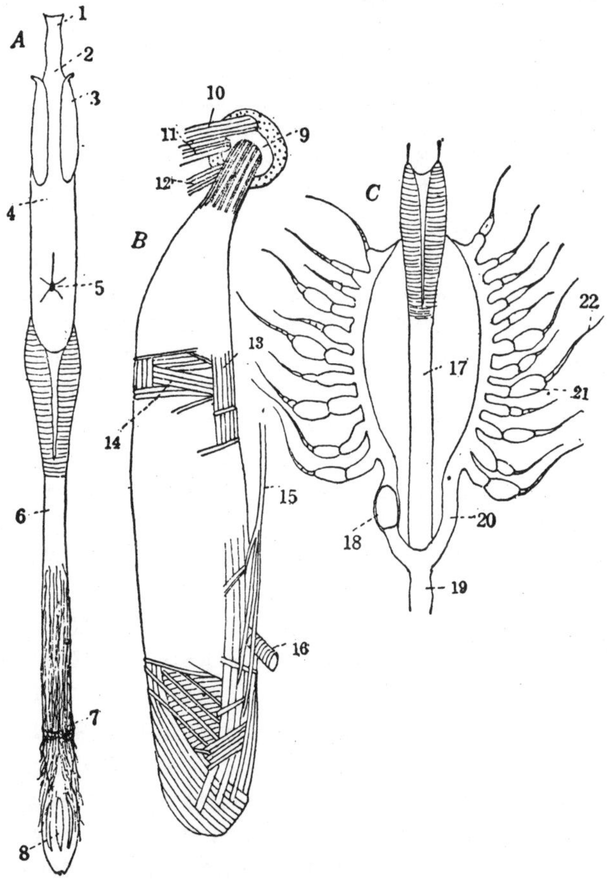

Fig. 297. ツダナナフシの内形態1部
A. 消食計（小林）　B. 排攘腺筋肉系（牧）　C. 卵巣（小林）
1. 咽頭　2. 咽喉　3. 排腺　4. 嗉囊　5. 胃神経　6. 前腸　7. マルピギー氏管　8. 直腸板　9. 排攘腺の孔縁　10. 背廻転筋　11. 前廻転筋　12. 後廻転筋　13. 縦筋　14. 環筋　15. 懸筋　16. 気管　17. 消食管　18. 卵子　19. 総輸卵管　20. 輸卵管　21. 卵巣小管　22. 端糸

内形態　Fig. 297

竹節虫の内部構造に関してはその研究の発表せられたものが甚だ少ない。次下は主としてツダナナフシ (*Megacrania tsudai* Shiraki) のものである。

神経系　蝗虫類のものと殆んど同様で，中央系には脳と喉下神経球と3個の胸神経球と5～7個の腹神経球とがあり，交感神経系としては食消管の背中央を走る単独の逆走神経 (Recurrent nerve) が明瞭で，胃神経球 (Stomachic ganglion) と咽喉神経球 (Oesophageal ganglion と下頭神経球 (Hypocerebral ganglion) とを認める事が出来る。神経連鎖は縦走するものは殆んど凡てが1対からなり，横走のものは喉下神経連鎖のみが明瞭となつている。尚お週辺系 (Peripheral system) に就ては何等研究がない。

消食系　捲旋がなく1直線で，咽頭と咽喉との区割は不明。咽喉は長いしかも太い嗉囊に連続し，後者の後端は微かに括れ退化せる砂囊に連る。嗉囊は外面に縦褶を砂囊には多数の横褶が存在する事によつて両者を識別する事が出来る。中腸は細長く，前半特に砂囊に通る部分が太まり太い環状筋にて包まれ，それ等筋肉は前方部のものは背面にて連続していないのが普通の様である。後半部は外表に無数の球状に近い腺質乳房突起 (Glandular papillae) があつて，それ等個々が微細な線状体の末端に附着している。胃盲嚢は一般に存在しないのが普通のようであるがツダナナフシでは腹面に4個の大きな多少西洋梨形のものが認められている。後腸は短かく，小腸は最長で中腸と同幅なれど後方に多少細まり甚だ短小で多少球形に近い大腸に連り，直腸は大腸より太く且つ長く6個の長い直腸板 (Rectal papillae) を具えている。マルピギー氏管は無数で，多数の束となり腸外壁に存在する瘤状突起ようのものに連続している。この突起は大形のものが1横列に小形のものがその後方に多数存在し，前者から先ず前方に進み後析して後方に向う管を附け他のものからは全部後方に進む管を出すのが普通のようである。

上述の如き消食管の背外面には縦走する筋肉即ち懸筋 (Suspensorium) を有し，砂嚢の中央後方部から初まり中腸の前方部即ち環筋の附着する部分にて多数に分かれ腺質乳房突起の存在部前にて終り，更に中腸後半部に多数の筋肉縦走を認めマルピギー氏管の付根直後にて2本となり直腸末端に終つている。

唾液腺はよく発達し，左右の各1本が2本に分岐して中胸の後方部迄延び，それ等から短かい枝を無数に出してそれぞれの末端に不規則な球状腺をつけている。貯嚢の存在は明かでない。

排攘腺 (Dorsal prothoracic glands) は顕著なものが少くなく，ツダナナフシでは前胸内の消食管の背面に位置し，細長い1対の嚢からなり，前端は細管となつて前胸背前側角凹所に開口している。

生殖系 雌の生殖系は広義直翅目の他のものからつぎの諸点にて異つている。1）左右の卵巣が各共通膜にて包まれる事がなく，2）各卵巣小管が長い輸卵管に個々に外側方に開口し，3）懸筋の附着部が貫門附近に1帯状に配置され，4）喇叭管の末端上部の腹面附着点，等である。生殖室には背面に開口する受精嚢があるが甚だ退化せるものや単一のものや1対からなるもの等がある。更に1対の膠質腺が側壁に開口し，そのものは受精嚢の附属器の如くなつている場合や簡単な1管からなるものや多数の枝状に分岐しているものやまた甚だしく曲折しているもの等種々である。受精嚢はときに退化している。

雄の生殖器は睾丸が長く大形となり左右各1個の塊となつている。輸精管は末端にて嚢状の貯精嚢となり後再び細くなり，其処にて左右各々が1附属腺を受入し後合体して1管となり直接射精管となつている。

生 態

卵 (Fig. 298) 一見植物の種子に似て，種類によつて種々な形状や大きさのものがあつて一様でない。また同じ雌から産下されたものの中にも多少の差異が認められる場合も少くない。一端に卵蓋(Operculum)があつて，その中央に1突起即ち蓋帽 (Capitulum) がある。卵蓋以外の部分は朔 (Capsule) と称えられ，卵蓋と朔との結合は互に徴歯列によつて交錯している。卵蓋の中央は突出し，その処に蓋帽が合して居る。卵は物体に附着せしめられる面の処に特別に扁平となつている部分が認められ，その部を附着部 (Mark of ovary attachment) と称える。卵の大きさは長径 2.1～4mm 内外のものが見出され，色彩は殆んど凡てが灰色を呈し，淡褐色から黒褐色迄の種々な色彩で，一般に朔と卵蓋とは蓋帽に比し光沢を有するのが普通のようである。

竹節虫には単性生殖をなす種類が少くなく，それ等の中に雄虫が存在してしかもこの生殖法をとるものと全然雄虫の発生を見ないものとがある。前者の場合はその例にとぼしくないが，後者の場合は割合に少ないようである。

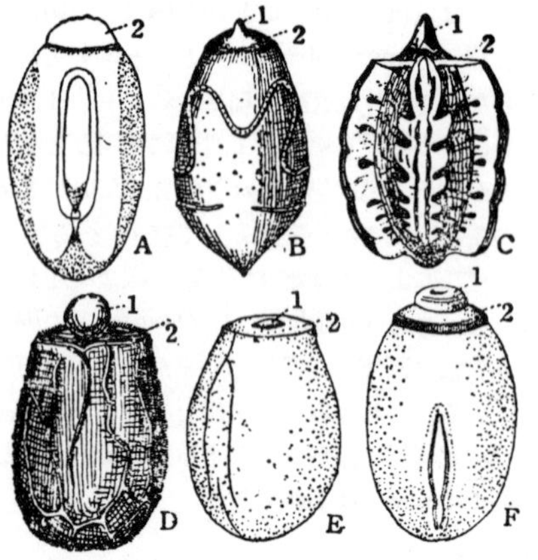

Fig. 298. ナナフシ類の卵子 1. 蓋帽 2. 卵蓋
A. *Diapheromera femorata* (Severin)
B. *Platycrania viridana* (Sharp)
C. *Pulchriphyllium scythe* (Murray)
D. *Podacanthus wilkinsoni* (Froggatt)
E. *Carausius morosus* (Leuzinger)
F. *Bacillus rossia* (Brunner von Wattenwyl)

竹節虫は一般に活動的でない。しかし雄はときに活潑な事がある。普通昼間よりも夜間の方が活動的である。静止の場合は人目に触る事が少なく所謂擬態的の姿勢をとるのが普通で，移動は種類によつて相当な範囲におこなわれる。而して雄は雌より恐らく活動的であろう。摂食は普通夜間に行われる事が多いようで，何れも食草性である。若虫の幼いときは葉脈を残して食するのが普通で，成長につれ葉柄をも食する事が少くない。また飢えたときには植物葉の如何なる個処をも食尽する。摂食の際の咀嚼音は吾人の聴器に感ずる程高い場合が少くなく，群捿の場合には歩行者をして立ち止まらしむる程の高音を伴う事が少くない。また水を好んで飲む性を有する種類も少くない。一般に若虫も成虫も共に腹端を上屈せしむる性質があつて，この性質は圧力による刺戟の強い程多く顕われるようで，また交尾時期に於ける雄虫では特に顕著である。つぎに落下の性質が種々な種類に認められているが，全然この性質を有せざるものもある。この落下は普通何物かに不意に接触されたときに起る現象で，常に後退運動後に落下する。しかし後退の性質があつても落下の性質を有せざるものも少くない。更に顕著な性質としては前胸背板の前角より1種の臭液を発射する事で，ツダナナフシの如きはこの性質を最もよく有する1種で，若し同虫に手を近づけるときは未だ同虫に触れない前に乳白色の液を左右の腺孔から平行に射出し，その方向は手の位置に向つて左右前後何れの方向えも自由である。而してこの射出は一度指が虫体に接触すると殆んど同時に止まる。これは恐らく排臓腺に貯蔵されて居る液の欠乏によるもののようである。

竹節虫は大体春期に卵の孵化を見，３ケ月内外で成虫となるものが多いようで，その間４～６回の脱皮を行う。成虫の産卵は長い間に行わるるのが普通のようである。しかし中には比較的短い期間即ち成虫羽化後１ケ月内外の間に終るものもある。産卵は１粒宛行われるのが普通のようであるが中には１個宛不規則に枝上等に附着せしめる種類も多い。しかしこの附着せしめられた卵も永い間その儘に止まる事が甚だ稀れで，風雨の為めに終には地上に落下せしめられるものである。この落下はときに雨の音の如く顕著な場合がある。要するに竹節虫の卵は地表上にて孵化するものである。卵にて越冬し翌春孵化し繁殖を継続するものが普通のようであるが，*Phyllium* 属のもののように卵期間が短かく越冬性でないものもあり，また数年間卵の状態にて経過するものも少くない。

分　類

世界から2000種以上が発表され約300属に分類されている。２上科５科に分類する事が出来る。

1．中後両脚の脛節下面の末端に薄線によつて区割された三角部（Fig. 299のA）を有し，稀れに１棘を具えている（*Areolatae*）……………
…Superfam. *Phasmotoidea*… 2

中後両脚の脛節下面の末端は簡単で三角部がない（Fig. 299のB）（*Anareolatae*）……………………
……Superfam. *Bacterioidea*… 4

2．中節は後胸背板と等長かまたはより長く，屢々有翅で小形の前翅を具えている……………………… 3

中節は後胸背板から明確となつていて屢々著しく短く，常に無翅で非常に細長い……………………
……………………………………Fam. *Bacillidae*

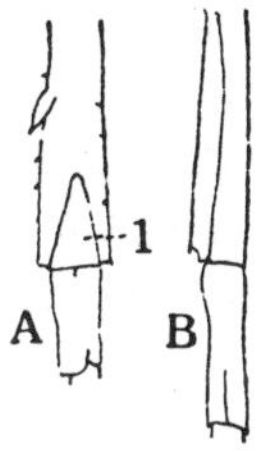

Fig. 299. ナナフシの後脚脛節末端（Brunner von Wattenwyl）
A. *Heteropteryx*
B. *Bacteria*

a．前胸腹板は前脚基節の間に２個の粗顆瘤を有し，触角は屢々前脚と等長かまたはより長く常に前脚腿節より著しく長い（*Obrimus* Stål, *Heterocopus*, *Tisamenus*, *Hoploclonia*, *Datames*, *Dores*. マレー）………………………………Subfam. *Obriminae*
Brunner et Retdenbacher 1908

前胸腹板は粗顆瘤を有せず（*Pseudodatames* は例外でこのものは短い触角を有す）……………… b

b．触角は前脚より著しく短く，稀れに（*Xylica*）等長。旧大陸産（*Pseudodatames*, *Cirsia*, *Antongilia*, マダガスカール，*Xylica* エチオピア，*Bacillus* Latreille 旧北洲）………………………………
………Subfam. *Bacillinae* Brunner et Retd. 1908

触角は前脚と等長かまたはより長い。主に新大陸産（*Pygirhynchus* Serville, *Ceroys*, *Acanthocolonia*, *Mirophasma*, *Canuleius*, 新熱帯, *Orobia* マダガスカール）……………………………………
Subfam. *Pygirhynchinae* Brunner et Retd. 1908

3．触角は雄では長く多節雌で甚だ短かく少節，中胸背板は方形か横形，雌の前翅は腹部の大部分を覆い，腹部の全側縁は幅広く葉状に拡つている（Fig. 300）。Leaf insects（*Phyllium* Illiger, エチオピア，インドマレー，*Chitoniscus* ポリネシア，*Nanophyllium* ニューギニア）………………………………………
……Fam. *Phylliidae* Brunner von Wattenwyl 1893

触角は雌雄共に長く，中胸背板は幅より長く，腹部は簡単で側方に拡大部がない………Fam. *Phasmidae*

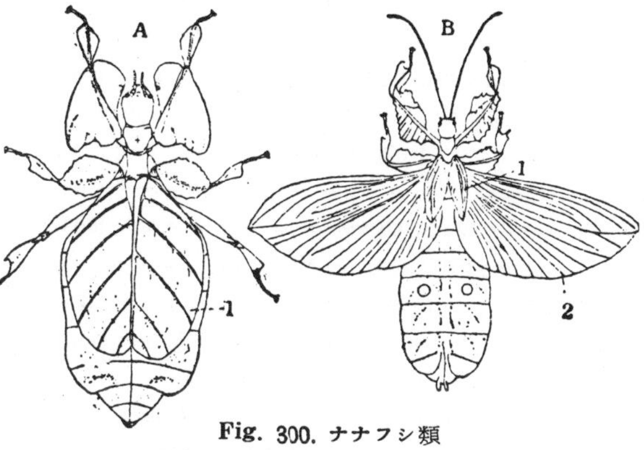

Fig. 300. ナナフシ類
A. *Phyllium siccifolium* 雌（Essig）
B. *Pulchriphyllium scythe* 雄（Murray）
1. 前翅　2. 後翅

a．跗節の爪は簡単，前翅は存在するときは葉片状で甚だ稀れに線状……………………………………… b

跗節の爪は櫛歯状，前翅は存在するときは線状か柄状（*Aschiphasma* Burmeister, *Dina*, マレー，*Prebistus*, *Abrosoma* インドマレー（*Ascepasminae*）……………………………………………
……Subfam. *Aschiphasminae* Br. et Retd 1908

b．体と脚とは多数の棘を装い（稀れに雄では棘を欠く），腿節は方形で扁平でなく上面末端に１棘を具え，脛節末端の三角部に１棘を有す（Fig. 299のA）*Anisacantha*, *Parectatosoma*, マダガスカー，*Leocrates* マレー，*Heteropteryx* Gray インド濠

洲）………………………………………………………
Subfam. *Heteropteryginae* Brunner et Retd. 1908

体と脚とは歯または棘を粗生し，腿節上面の末端に棘を欠き，脛節三角部に棘を欠く……………… c

c．腹部の第6節は方形（雄）か横形（雌）で稀れに長い，脚は無棘，腿節は側扁せずまたは葉片状とならず，殆んど常に無翅（*Timena*、新北洲，*Anisomorpha* Gray 新北洲，新熱帯，*Agathomera*, *Autolyca*, *Decidia*, 新熱帯…………………………
Subfam. *Anisomorphinae* Brunner et Retd 1908

腹部の第6節はより長く，幅は著しく長（雄）いかまたは方形（雌），前脚腿節は側扁しているかまたは葉状拡大部を有す（*Donusa*, *Eucles*, *Stratocles*, *Brizoides*, *Phasma* Serville, *Prexaspes*, *Prisopus*, 新熱帯，*Phaeophasma* マレー，*Damasippoides* マダガスカール）…………………………
…………Subfam. *Phasminae* Br. et Retd. 1908

4．中節は短かく，横形かまたは幅より微かに長く，後胸背板より著しく短い。無翅。…………………………
……………………………………… Fam. *Bacunculidae*

a．触角は前脚より明かに短かい。旧大陸産（*Clitumnus* Stål, *Cuniculina*, インドマレー，*Pachymorpha* インド壕洲，*Gratidia* エチオピア，インド，*Arphax*）…………………………………………
………Subfam. *Clitumninae* Br. et Retd. 1908

触角は前脚と等長かまたはより長い…………… b

b．雄の腹部末端背板は多少2葉片となり，雌の第8腹板（蓋片）は一般に側扁し小舟状（*Menoxemus*, *Promachus*, *Lonchodes* Gray, *Carausius*, インド壕洲，*Dixippus* インドマレー，*Prosomera* マレー）………………………Subfam. *Lonchodinae*

雄の腹部末端背板は切断せられ，雌の蓋片はアーチ形で槍状（*Bacunculus* Burmeister, 米国，*Diapheromera* 北米，*Libethra*, *Ocnophila*, *Dyme* 新熱帯）…………………………………………………
………Subfam. *Bacunculinae* Br. et Retd. 1908

中節は後胸背板と等長かまたはより長く，少くとも幅より著しく長い。屢々有翅……………………
…………………………………………… Fam. *Bacteriidae*

a．触角は前脚より短いかまたは等長……………… b

触角は前脚より著しく長く，甚だ細く不明瞭に環節付けられている（*Necroscia* Serville, *Diardia*, *Pomposa*, *Asceles*, *Marmessoidea*, マレー，*Aruanoidea* インドマレー，*Sipyloidea* インド壕洲）
…………Subfam. *Necrosciinae* Br. et Retd. 1908

b．前脚腿節は背面滑かまたは両側に同様に歯状となり，3面からなつていない（*Bactridium*, *Cleonistria*, *Bostra*, *Bacteria* Latreille, 新熱熱，*Palophus* エチオピア，*Dimorphodes* マレー，*Eurycantha* 壕洲）（*Phibalosominae*）……………………
…………Subfam. *Bacteriinae* Br. et Retd. 1908

前脚腿節は3面からなり背内縁が棘歯状，尾毛は屢々大きく葉片状（*Hermarchus*, *Acrophylla* Gray, *Vetillia*, 壕洲，*Pharnacia* インドマレー，*Eurycnema* マレー 壕洲）…………………………
………Subfam. *Acrophyllinae* Br. et Retd. 1908

竹節虫上科 Superfam. *Phasmoidea* Brues et Melander 1932

この上科は以前に *Areolatae* として取り扱われたもので，3科からなる。

52. *Fam. Bacillidae* Brunner 1893

この科の昆虫はマレー，エチオピア，旧北洲，新熱帯及びマダガスカール等に広く分布し，本邦には産しない。しかし沖縄列島からコブナナフシ（*Datames mouhoti* Bates）1種が発見されている。大体17属内外が包含され，形状や構造等種々で索引表に示せる如き3亜科に分ける事が出来る。

53. *Fam. Phylliidae* Brunner 1893, (Fig. 299)

この科の昆虫は Leaf Insects や Walking Leaves 等と称えられ，エチオピア，インド，マレー，及ポリネシア等の熱帯地に産するもので，興味多きナナフシである。棲息個処によく擬態するもので，体は幅広く扁平となり，前翅と後翅とは屢々最もよく擬態状態を呈していて，それ等は色彩と形状とのみでなく翅脈が植物葉の葉脈に，また脚が葉片状に変化している。欧州の動物園にてはこの昆虫を飼育し観衆の教育に使用しつつある。最も普通の属は *Phyllium* で東インド諸島，セーロン島及比島に分布している。*Pulchriphyllium* 属はインド，東インド諸島及セーロン島に，*Chitoniscus* 属はフィジー島，ローヤルティー島及ビスマーク島に，*Nanophyllium* 属はニューギニア島に夫々分布している。

54. *Fam. Phasmidae* Brunner 1893

この科もまた本邦に産しないもので，*Aschiphasminae*, *Heteropteryginae*, *Anisomorphinae*, *Phasminae* の4亜科に分ける事が出来，マレー，マダガスカー，インド，新北洲，新熱帯，壕洲等に分布し，大体25属が知られている。凡てが長い触角を具え，爪は簡単かまたは櫛歯状，前翅は葉片状か短小，体と脚とは普通棘または歯を装い，前脚腿節は屢々幅広となつている。有翅型と無翅型とが普通である。この科の中には竹節虫目中最大の

類 *Argosarchus horridus* White（ニュージーランド産体長127～152mm）が含まれ，また *Anisomorphinae* 亜科の *Anisomorpha buprestoides* Stoll は Larger striped walking-stick と称えられ北米産で，無翅で，雄は帯褐黄色を呈し約39mm長，雌は多少黒褐色で約77mm長，何れも背面に帯黒色の1縦帯を有す。このナナフシは北米産中排腹腺を有する唯一の種類で，この液に侵されると眼球を損し相当日数間視力が衰える事が認められている。

棒竹節虫上科

Superfam. *Bacterioidea* Brues et Melander 1932

この上科は Anareolatae として取り扱われていた類でつぎの2科に分類する事が出来る。

55. ナガナナフシ（長竹節虫）科

Fam. Bacunculidae Brunner von Wattenwyl 1893

この科の昆虫は凡て無翅で細長く，前脚と触角とは共に充分長い。3亜科に分類する事が出来，*Clitumninae* と *Lonchodinae* と *Bacunculinae* で，前2者に属する種類が本邦に産す。即ちトガリナナフシ亜科 *Clitumninae*（*Pachymorphinae*）には *Baculum irregulariter-dentatum* Brunner von Watteuwyl とヤマトナナフシ *Entoria japonica* Shiraki (Fig. 301) と *Entoria magna* Shiraki と *Rhamphophasma japonicum* Brunner von Wattenwyl の4種，ヒゲナガナナフシ亜科 *Lonchodinae*（*Primomerinae*）には *Neohirasea japonica* de Haan と *Neohirasea lugens* Brunner von Wattenwyl とヒゲナガナナフシ *Phraortes illepidus* Brunner

Fig. 301. ヤマトナナフシ雌

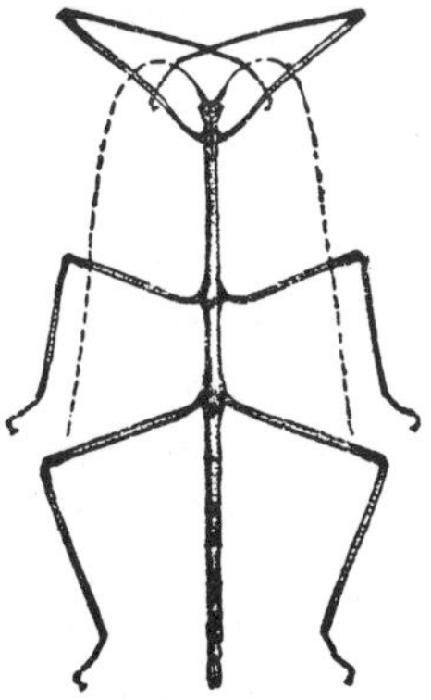

Fig. 302. ヒゲナガナナフシ雄

von Wattmwyl (Fig. 302) と *Phraortes elongatus* Thunberg と *Phraortes mikado* Rehn と *Phraortes koyasanensis* Shiraki と *Phraortes kumamotoensis* Shiraki の7種が夫々発見されている。これ等の中最も普通の種類はナナフシ（*Phraortes elongatus*）で本邦南部に広く分布している。

56. トビナナフシ（飛竹節虫）科

Fam. Bacteriidae Brunner von Wattenwyl

有翅と無翅形とがあつて，インドマレー，大洋洲，新熱帯，壕洲等に分布し，エチオピアにも産す。3亜科に分つ事が出来，本邦にはトビナナフシ亜科 *Necroscinae* の3種，即ちトビナナフシ（*Micadina phluctaenoides* Rehn）(Fig.303）とヤスマツトビナナフシ（*Mic. yasumatsui* Shiraki）とタイワントビナナフシ（*Sipyloidea sipylus* Westwood）とが産し，最初の1種は東京以南に普通である。

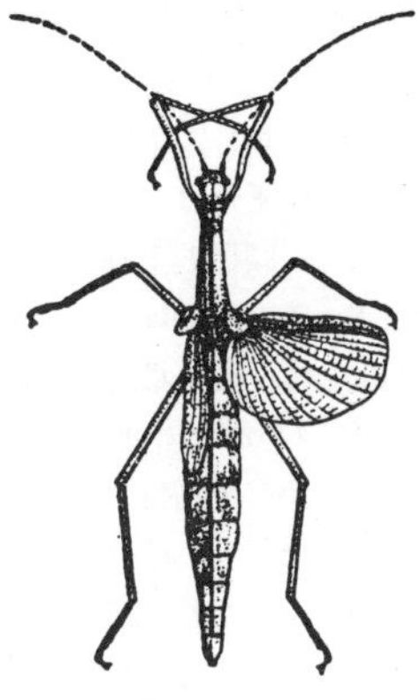

Fig. 303. トビナナフシ雌

X　直翅目 Order *Orthoptera* Olivier 1789

この目は以前に跳躍亜目（*Saltatoria* Latreille 1817）として取扱われたもので，Locusts, Grasshoppers, Katydids, Crickets, Mole Crickets 等即ちバッタやキリギリスやコウロギやケラ等が包含されている。小形のものより大形のものまであつて，狭い革質の前翅即ち覆翅とよく発達した膜質の後翅とを具え，後者は静止の際には縦に畳まれ覆翅にて被われている。短翅型や無翅型のものも少くない。口器は模式的な咀嚼型，複眼はよく発達し，単眼は2個または3個でまたないものもある。尾毛は短いものと長いものとがあつて無節または多節。変態は簡単。

直翅目は甚だ重要な目で約12000種が発表され，両極を除き全世界に分布している。彼れ等は特に跳躍性で，後脚がよく発達している。しかし飛翔は普通発達していない。尤も蝗虫類には特に群飛性に富むものが少くなく各大陸には夫々斯かる種類を産し，それ等が山野のみでなく圃場をも侵害し1草をも止めざるような場合もある。その為め昔より一般によく知られている昆虫である。多くは地上棲なれど樹上や地中に生活しているものも少くない。食草性が普通なれど，1部または全生涯食肉性のものもありまた正常の食物が欠亡せる場合には雑食性となるものもあり，更にまた水辺にあるいはときに水中に浸入するものもある。

外形態

体は長く多少円筒状，しかし多くのものは側扁し，他のものは扁平となり，更に他のものは太くなつている。外表は強靱で革質となり，体の各部を分割する線は分類上非常に重要なものとなつている。頭部は前胸内に附着し，垂直に位置し，下端に口器を具えている。触角は屢々非常に長く線状または鞭状，ときに体より短かく剣状や棍棒状のものがあり，何れも多数節からなり，付根には一般に触角節片 (Antennal sclerite) がある。複眼は大形で帯状の眼節片 (Ocular sclerite) によつて囲まれているのが普通，単眼は一般に2個または3個でときに欠けている。顔は常によく発達し，頭楯と上唇とは大形。前胸背板はむしろ大形で顕著，その両側は側板を覆うている。中胸と後胸は甚だ類似して，屢々構造的に同様で，これ等両環節には後背板 (Postnotum) がない。前脚と中脚とは小さく，匍匐や攀昇や縋付や着陸等に使用されるが，後脚は体を前方にはげしく跳ばすのに適応している。腹部は正常は11節からなり，最初の10節は明瞭なれど第11節は痕跡的となつている。あるもの例えばケラの如きは8節または9節のみが認められ得る。雄の第9腹板は尾突起の1対を具えている。産卵管は不明瞭なものもあるが，キリギリスやコオロギ等では顕著で，剣状や鎌状や槍状となつている。尾毛は長いか短く1節のものや多節のもの等がある。

直翅目の最も特徴である形態の1つとして発音器と聴器とがあつて，これ等は著しく発達し他の昆虫に全然ない。各科の処に記述する。

色彩は普通隠色で棲息個処に擬態している。地上棲のものは普通灰色，黄灰色，褐色，黄色または黒色等の種々な色相で，植物中に棲息するものは屢々緑色かまたは鮮明色の種々の組合せの色彩となつている。後翅はまた屢々赤色や黄色や橙黄色や藍色や黒色等を呈している。夜間活動性のものは黒色か褐色なれど洞孔棲のものは甚だ淡色となつている。

内形態

消食管はよく発達し長く捲旋しているがバッタ科は直線となる。咽喉は大容積の嗉嚢となり，砂嚢はバッタ科では痕跡的かまたはないが他のものではよく発達しキリギリス科では6縦隆起縁に歯列を具えコオロギ科では大形となり幾丁質の截具を装うている。中腸は長く捲旋しているがバッタ科では直線となつている。胃盲嚢は6個で各々が後端膨れている。尤もキリギリス科とコオロギ科では袋状の2個で砂嚢の側部に附着している。マルピギー氏管はバッタ科では束として配列し，キリギリス科のものは毛管で小乳房突起の頂端に群をなして開口し，コオロギ科では1束となつて共通管により腸に開口している。

神経系は胸部に3個腹部に5個または6個の神経球が存在し一般的な構造である。尤も *Gryllotalpa* は例外で腹神経球は4個存在するのみである。交感神経はよく発達している。気管系は10対の気門によつて外気に通じ，内2対は胸部に他は腹部に位置している。バッタ科では気嚢が著しく発達し，前胸部に大形の1対が腹部に5対があつて，これ等の主嚢は外表近くに存在し，其他小形の多数のものが筋肉中に発達している。生殖系は科によつて甚だ差異があつて総括的に記述する事が出来ない。卵巣小管はバッタのある種では左右各16個キリギリス科では甚だ多数。膠質腺はないものやコオロギ科の如く粘液腺 (Mucous glands) として現われるもの等がある。膣はキリギリス科では管状盲嚢となつて存在し，バッタ科では左右の輸卵管が末端に多少同様な発達をなしている。受精嚢は一般に存在するが種々異なりキリギリス科では1器官となり，これに通ずる管はケラ科では長くバッタ科では複雑に捲かれている。睾丸はその形状と構造とに著しい変化があり，附属腺は一般に発達している。貯精嚢は2型があつて，*Gryllus* や *Oecanthus* では精輸管の捲旋拡大部でケラでは射精管に直接開口している盲嚢である。*Oecanthus* の雄には特別な腺即ち後胸背板腺 (Metanotal gland) が後胸背板上の深い凹によつて外部から認められ，この処に2対の小孔が認められそれ等から腹腔内に後方に延びている多分岐の小管がある。それが腺で，このものは多分誘惑腺 (Alluring gland) で，それより分泌される液は交尾中雌を引きつけて置くのに役立つものと考えられている。

生態に関しては各科種々異なるを以て後に述ぶる事とする。

分 類

つぎの如く2亜目12科に分類するが，普通は7科に分つている。

1．触角は体より短く30節以内からなり線状なれど稀れに棍棒状や鋸歯状のものがある。しかし決して甚だ細くなつていない。聴器が若し存在するときは腹部の基部近くに位置しその1部または全部が翅の基部にて覆われている。産卵管は決して長くなくむしろ不明瞭である。跗節は正常は全脚とも3節，しかしときに前中各脚では2節で後脚のみ3節の事がある……………… ……………………Suborder *Acridodea*………………2

触角は普通長く多数節からなり末端の方に非常に細くなり体より長いが，稀れに甚だ短かく僅かに12節またはより少節からなる。聴器は若し存在するときは前脚脛節の基部近くに位置している。産卵管は常に長くよく発達している。跗節は正常は4節なれど，稀れに

3節または前中両脚にて2節で後脚にて1節のものがある……Suborder *Tettigoniodea* (*Locustodea*)…5
2. 爪の間に褥盤がなく，前胸背板は非常に長くなり腹部全体を覆い，前翅は痕跡的で普通大形の後翅の基部に小鱗片となつている。触角は前脚腿節より長い……… (*Tetrigidae*, *Acrydiidae*) ……Fam. *Tettigidae*
爪の間に殆んど常に1褥盤が存在し，前胸背板は小さく腹部の基部より以上に後方に延びる事がない。若し例外的に大形となつている場合は翅と触角とが上述の如くでない……3
3. 体は非常に細長く棒状で甚だ細長い脚を具え，翅はないかまたは痕跡的，頭は円錐形に著しく延長し，前胸は管状で中胸背上にかぶさつていない。触角は8節，爪間の褥盤は小形か不明瞭…Fam. *Proscopiidae*
上述のものと全然異つている……4
4. 後脚は中脚に類似しその腿節はかすかに長くなつているが著しく太まつていない。体は特に腹部が膨脹し前胸背板は甚だ大形となつている。緑色かまたは鮮明色……Fam. *Pneumoridae*
後脚は中脚と異なりその腿節は大形で基部にて非常に太まり全体長くなつている。腹部は特に膨張する事がない……Fam. *Acrididae*
5. 跗節は少くとも中後両脚に於ては4節からなり，触角は常に甚だ長く末端の方に細まり，産卵管は普通長く剣状……6
跗節は3節かまたはより少節，産卵管は若し存在するときは針状……9
6. 跗節は多少扁平……7
跗節は明瞭に側扁し，殆んど常に無翅型，普通鈍色……Fam. *Stenopelmatidae*
7. 前脚脛節は聴器がない……8
前脚脛節は聴器を具えている……Fam. *Tettigoniidae*
8. 頭部は垂直に位置し，体は太い。普通帯褐色で有翅無翅の両型がある (*Prophalangopsidae* を含む)……Fam. *Gryllacridae*
頭部は水平に位置し，体は細長く，脚は凡て甚だ細く長い。無翅で竹節虫類似形……Fam. *Phasmodidae*
9. 触角は甚だ短く12節またはより少数節で末端細まらない……10
触角は多数節からなり長く末端の方に細まる……11
10. 跗節は2節，後脚は甚だ短く，前脚脛節は著しく幅広となり掌状，体は長く円筒状。大形で完全に無翅……Fam. *Cylindrachetidae*
後脚跗節は1節，後脚は著しく大形となり跳躍脚となり，単眼は3個で小形……Fam. *Tridactylidae*
11. 前脚脛節は非常に幅広となり掌状，産卵管は短く突出せず，大形で大形の長い前胸背板を具えている……Fam. *Gryllotalpidae*
前脚脛節は幅広とならず且つ掌状でもない。産卵管は突出し普通長い。触角は常に30節以上からなる (*Achetidae*) ……Fam. *Gryllidae*

a. 蝗虫亜目

Suborder *Acridodea* Burmeister 1829

57. バッタ（蝗虫）科

Fam. Locustidae Kirby 1910

(*Acrydiidae* Brunner v. W.) (Fig. 304)

Locusts や Grasshoppers や Shorthorned Grasshoppers 等と称えられているものである。頭部は多少前胸背板内に沈み，側面に大形の複眼を具え，単眼は小さく3個で複眼の内縁上方に接する1対と触角間の中央の1個とからなる。触角は少数の例外を除き体より著しく短かく，糸状か棍棒状か剣状となつている。頭部は複眼間の前方部はときに明瞭に突出し頭頂突起 (Fastigium of vertex) と称え，その両側縁はときに溝付けられ側窪(Lateral foveolae)と称えられている。顔面は普通中央縦に隆起し額隆起 (Frontal costa) となり，屢々縦溝 (Longitudinal sulcus) を存し，上方は頭頂突起と癒合しているものと1横溝または1深凹部にて分離しているものとがあつて，後の場合にはその頂端を特に額突起 (Frontal process) と称える。前胸背板は普通背面部と側面部とに明瞭な側隆起線 (Lateral carinae) によつて区割されている。尤もこの線を全然欠くものがある。しかし常に側面部は垂直かまたは多少垂直に下方にたれている。その部は側片 (Lateral lobes) と称えられている。普通前胸背と称える場合は背面部を言うので，この部に3横溝 (Sulci) が存在し夫々第1，第2，第3横線と称し，それ等の位置及有無は分類上重要なものの1つとなつていて，第3横線の前方部を前部 (Prozona) 後方部を後部 (Metazona) とよぶ。この後部の後縁後方に突出する場合にはそれを後突起 (Apical process) と称える。側片の下縁の前端を前角 (Front angle)・後端を後角 (Hind angle) と夫々称える。前胸腹板は普通横形で前脚基節の間に突起を生する事が屢々で，これを前胸腹突起 (Prosternal spine) と称する。中後両胸の腹板はそれ等の後縁で前方に著しく凹み，従つて左右両側部が多少とも片状を呈する。この部分を特に腹側片 (Lateral lobes) と称える。前脚と中脚とは後脚に比すると小形，後脚腿節は非常に太く脛節は細長く下面に棘の2列を具えている。後脚腿節は普通その内面に約80～90個の小突起からなる1縦隆起縁を有す (Fig. 305)

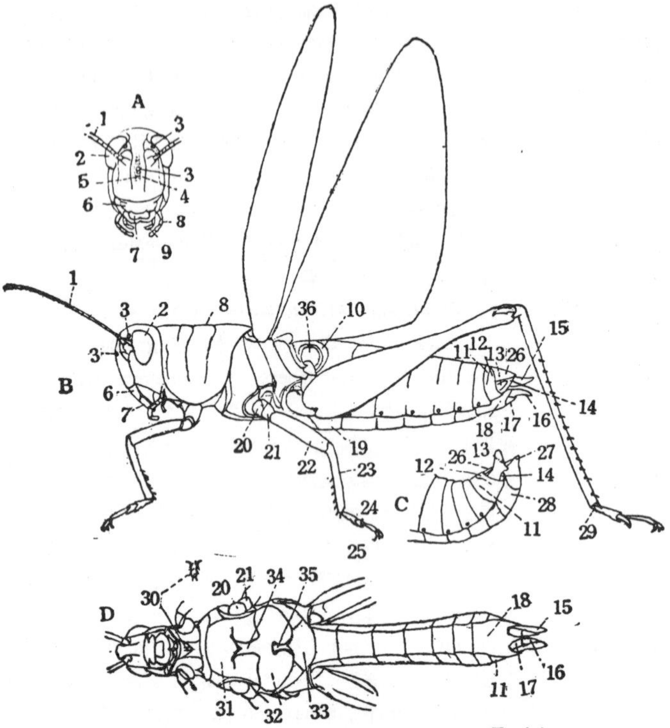

Fig. 304. 昆虫の体制模式図 (Essig)
A. 頭部前面　B. 雌側面　C. 雄尾端側面　D. 雌腹面
1. 触角　2. 複眼　3. 単眼　4. 額隆起　5. 額溝　6. 頭楯　7. 上唇　8. 小顋鬚　9. 下唇顋　10. 腹部第1背板　11. 同第9背板　12. 同第10背板　13. 尾毛　14. 肛側板　15. 産卵管背瓣　16. 同腹瓣　17. 同基瓣　18. 腹部第8腹板　19. 同第2腹板　20. 基節　21. 転節　22. 腿節　23. 脛節　24. 跗節　25. 爪　26. 肛上板　27. 亜生殖板　28. 腹部第9腹板　29. 距棘　30. 前胸腹突起　31. 中胸腹板　32. 後胸腹板　33. 腹部第1腹板　34. 中胸腹中間部　35. 後胸腹中間部　36. 聴器

これは摩擦発音器 (Stridulatory apparatus) で，これに接する覆翅の剛化脈即ち径脈に対して摩擦し，その結果覆翅が振働し底音を生ずる。雄は日中静止の際に発音するが雌は音を出さない。しかしこれと同様な痕跡的な器官が *Stenobothrus* 属の雌に見出されている。*Oedipodinae* のものでは後翅の前縁脈の上面と覆翅の太い脈の下面とが摩擦されて音を出すものである。聴器は腹部基節の両側部に存在し種々な形状の鼓膜 (Tympanum) からなり，一般に雌雄に存在し，翅の基部下に覆われている。(Fig. 306)

この科の昆虫の発達は簡単で，雌は普通地中に産卵する。その際雌は腹端を地中に刺し込み殆んど基部に達する迄深く斜後方に孔を作り，その中にセメントようの分泌物にて鋳型を作りその内に 20～100 の細い卵を斜列して産下する。斯くの如き卵塊はときに1雌によつて20個も産下する種類がある。温帯の地方では晩夏から秋に産卵し卵の状態にて越年するのが普通なれど，亜熱帯や熱帯では年中成虫や若虫を見る事が出来，1年に2～4回位卵が産下され得る。若虫は外観上成虫より小形で色彩は種々異なり有翅型でも翅がない。そうして5～8回の脱皮後成虫となる。普通年に1回の世代を経るが，ある熱帯産のものでは2回世代のものが知られている。蝗虫の移住性に関しては未だ明瞭にされていないが，ある種のものはときに群飛移住を行う。その場合にそれ等を移住型 (Migratory phase) または群飛型 (Swarming phase) と称え，移住を行わないものを単棲型 (Solitary phase) と一般に称えている。

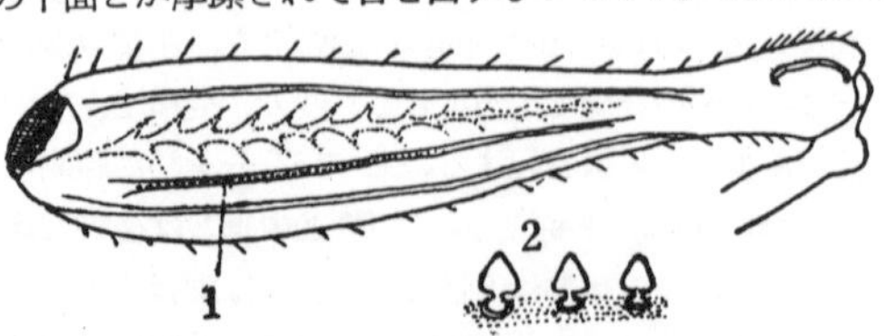

Fig. 305. 蝗虫の後脚腿節の内面図 (Imms)
1. 微杭列　2. 同拡大の3抗

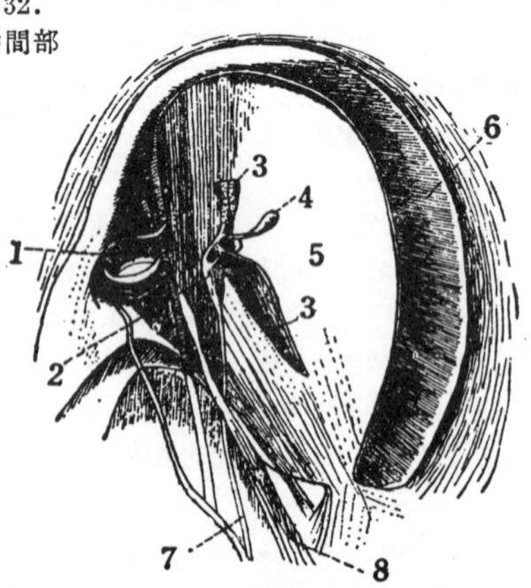

Fig. 306. 蝗虫の聴器 (Graber)
1. 気門　2. ミュウラー氏器官　3. 角状突起　4. 梨状胞　5. 鼓膜　6. 鼓膜枠　7. 聴神経　8. 鼓膜の張筋肉

この科のものはつぎの9亜科に分類する事が出来る。

1．前胸腹板は簡単で扁平……………………………… 2
　前胸腹板は腹突起を具えている…………………… 7
2．触角は前脚腿節より長い…………………………… 3
　触角は前脚腿節より短い…………………………… 6
3．頭頂と額とは一所になつて円く，額は垂直……… 4
　頭頂と額との境は角張り側面から見ると1角をなす…………………………………………………………… 5
4．触角は棍棒状で体と等長，無翅…………………………………………………… Subfam. *Gomphomastacinae*
　触角は棍棒状でなく短く普通有翅…………………………………………………… Subfam. *Oedipodinae*
5．頭頂に凹陥部がなく，頭は水平で殆んど水平の額を有し，触角の縁は鋸歯状，無翅………………………………………………………… Subfam. *Psednurinae*
　頭頂に凹陥部を有し，若しない場合は頭部が円錐形でより傾斜せる額を有する。有翅………………………………………………………… Subfam. *Acridinae*
6．前胸背板は側部にて非常に扁たく屋根形となり屢々中縦隆起縁を有する。後脚腿節は幅広で側扁している…………………………………… Subfam. *Choroetypinae*
　前胸背板は側部に著しく扁たくなく背面に隆起縁を有しない，後脚腿節は細い…Subfam. *Eumastacinae*
7．頭頂の凹陥部は大きく浅く頭頂の前端を形成し，その処で1本の甚だ細い溝にて彼れ等が分離されている。額は甚だしく傾斜し頭頂と1角を形成している………………………………………… Subfam. *Pyrgomorphinae*
　頭頂の凹陥部は頭頂の前端を形成せず背面に存在するか側部にあるかまたは下面に位置し，あるいはまたない………………………………………………………… 8
8．頭頂の凹陥部は背面にあつて後方開口，前胸腹板は1膨隆部を有し，稀れに明瞭な突起を具えている………………………………………… Subfam. *Pamphaginae*
　頭頂の凹陥部は側部にあるか下方に存在しまたはなく，前胸腹板は明瞭な腹突起を具えている……………………………………………… Subfam. *Cyrtacanthacrinae*

Subfamily *Gomphomastacinae* Burr 1903

この亜科は旧北洲とインドとに分布し *Gomphomastax* Brunner v. W. が代表属で，本邦には産しない。

Subfamily *Oedipodinae* Brunner von Wattenwyl 1900

この亜科は世界に広く分布し，大きな亜科で，広分布の *Oedipoda* Serville, *Locusta* Linné, *Pachytylus* Fieber, 旧大陸産の *Acrotylus* Fieber, *Oedaleus* Fieber, 米国産の *Arphia* Stål, *Hippiscus* Saussure, 新北洲の *Dissosteira*, *Trimerotropis* 等が代表的属である。尚お本邦に産する *Celes* や *Trilophidia* や *Sphingonotus* や *Gastrimargus* 等がある。この類には世界的に有名な *Locusta migratoria* Linné がある。この種類は単棲型を *danica* Linnè（トノサマバッタ）(Fig. 307）と称し，黄緑または濃緑色で翅端迄48～65mm内外の長さを有し，欧洲，アジア，アフリカ，大洋洲，北

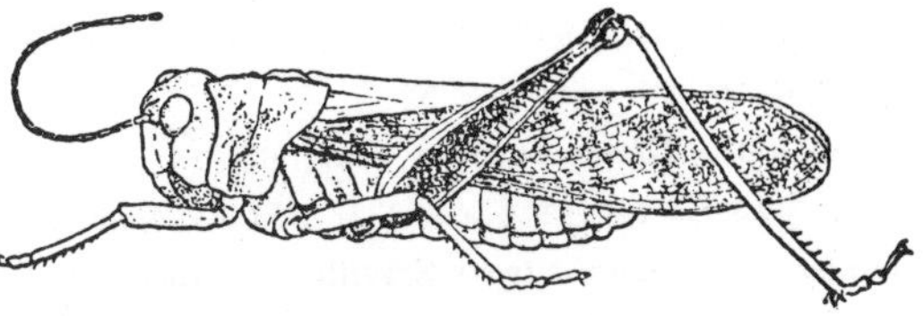

Fig. 307. トノサマバッタ雄

濠洲，ニュージーランド，マダガスカール等に広く分布し，この種の移住型としてはアフリカの *migratoria migratorioides* Reiche et Fairmaire, 欧洲や全アジア北部では *migratoria migratoria* Linné (飛蝗)，東洋洲では *migratoria manilensis* Meyen（タイワンバッタ）等の型として現われ，それ等の出現は昔時は周期的であるとされていたが現今では甚だ不規則である。北海道に明治13～4年頃に大発生を見たがその後殆んどこの移住型の発生なく数年前に多少の出現を見たに過ぎない。また北支那にもときどき大発生を見る。斯かる際にはその大群飛の為めに日光を遮断する事が少くない。また地上に降下の場合尺余に重積する場合もある。更にまた海上に小島の如く浮游する場合も認められている。一度この大群に相遇すると青草を全く止めざるの状況となり農作物の損害甚大となる。恐るべき種類である。

Subfamily *Psednurinae* Handlirsch 1925

この亜科は濠洲やマダガスカールや大洋洲等に産する *Psednura* Burr や *Miraculum* Bolivar 等の属が代表的なものである。

Subfamily *Acridinae* Brunner von Wattenwyl 1900 (*Tryxalinae*, *Truxalinae*)

この類は広分布で *Truxalis* Fabricius (米国)，*Stenobothrus* Fischer (広分布)，*Gomphocerus* Thunberg (旧北洲，米国)，*Stauronotus* Fischer (旧北洲，インド)，*Mecostethus* Fieber (旧北洲) 等が一般的の属で，大きな亜科である。本邦には *Acrida*, *Gelastorrhinus*, *Chrysochraon*, *Dittopternis*, *Aiolopus*, *Mecostethus*. *Chorthippus* 等の属が知られている。

ショウリョウバッタ (*Acrida lata* Motschulsky) (Fig. 308) は体長（翅端迄）54(♂)～89(♀)mm。緑色でときに灰褐色，本邦，台湾，支那等に分布する。ナキイナゴ (*Chrysochraon japonicus* Bolivar) は体長20(♂)～

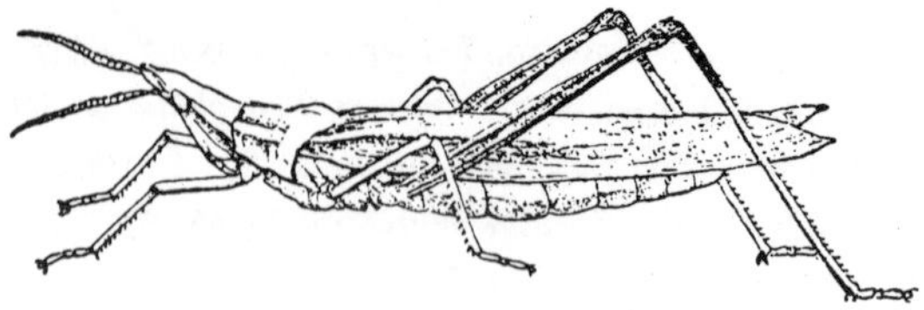

Fig. 308. ショウリョウバッタ雌

30(♀)mmで，黄色に近く雄の翅は複部末端に達していない。本州以南に普通で，さわやかな音を出すので，他種と容易に区別する事が出来る。

Subfamily *Choroetypinae* Stål 1873

この亜科はエチオピアとインドマレイとに分布し，*Scirtotypus* や *Choroetypus* Serville や *Brachytypus* 等が代表的な属で，熱帯産である。

Subfamily *Eumastacinae* Brunner von Wattenwyl 1906 (*Mastacinae*)

この類は熱帯のみに分布し，*Erianthus* Stål(インド，濠洲）と熱帯産の *Teichophrys* や *Eumastax* Burr や *Masyntes* 等が代表属で，台湾産のクビナガバッタ (***Erianthus formosanus*** Shiraki) (Fig. 309) が最北限種である。この種は体長16～35mm，褐色乃至黒褐色で緑色を帯びている。台湾の西部に普通である。

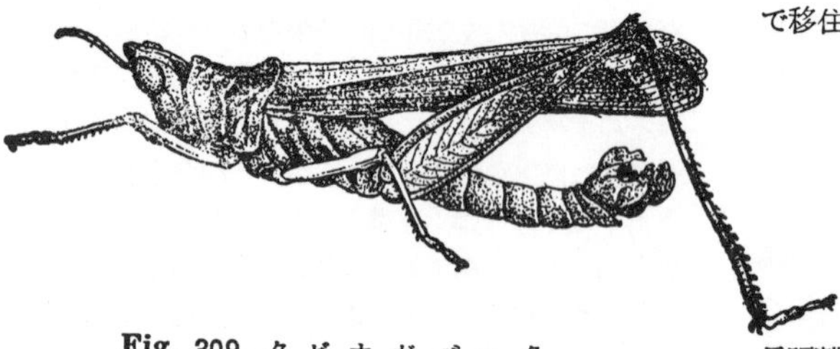

Fig. 309. クビナガバッタ

Subfamily *Pyrgomorphinae* Brunner von Wattenwyl 1900

この類は広分布でエチオピア産の *Maura* と *Chrotogonus*, 濠洲産の *Monistria*, 濠洲マレー産の *Desmoptera*, 米国産の *Celamacris*, 広分布の *Pyrgomorpha* Serville 等が先ず代表的な属で，本邦には *Atractomorpha* Saussure 1属が産するのみである。オンブバッタ (***Atractomorpha bedeli*** Bolivar) (Fig. 310) は体長（翅端迄）28(♂)～42(♀)mm，淡緑色，雌は太いが雄は細小，本邦各地に産する。

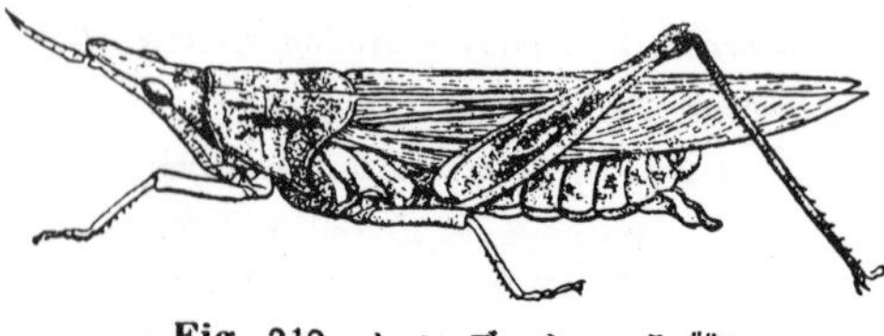

Fig. 310. オンブバッタ雌

Subfamily *Pamphaginae* Brunner von Wattenwyl 1900

この亜科は旧北洲とエチオピアとに分布し比較的少数の種類からなり，*Pamphagus* Thunberg, ***Euryporyphes*** Fischer, *Acinipe* Rambur, ***Lamarckiana*** Kirby 等が代表的属として知られている。

Subfamily *Cyrtacanthacrinae* Kirby 1910 (*Acridiinae*, *Podisminae*)

この類は世界に広く分布し，しかも恐るべき害虫を多数に包含している。米国産の *Melanoplus* Stål, インド濠洲及アフリカ産の *Acrydium* Olivier, 全北洲産の *Podisma* Latreille, インドマレー産の *Cyrtacanthacris* Latreille 等が代表的な属で，本邦には *Podisma*, *Eirenephilus*, *Euprepocnemis*, *Patanga*, *Oxya* 等の属が産し，内 *Oxya* の各種類はいわゆるイナゴと称えられ昔時から稲の大害虫の1つである。この亜科には *Oedipodinae* 亜科と同様移住型となる有名な種類が多数含まれている。即ちつぎの如し

ユーラシア，北アフリカ，オセアニア

Desert Locust, *Schistocerca gregaria* Forskål (*S. peregrina* Olivier, *S. tatarica* Linné) は単棲型が黄色で移住型が帯淡紅色，共に覆翅上に小暈色斑を散布し45mm内外の長さの蝗虫である。彼れ等は砂地の小山で植物の粗生している地方に棲息している種類で，歴史に記されているエヂプトや北阿やアラビアやペルシヤやアフガニスタンや北インドや地中海諸島のいわゆる蝗害はこの種のものであるようである。成虫は移住型の場合には長距離の飛行をなし海上よく1200哩を飛行する事が認められている。1881年にサイプラスに於て1600000000卵塊即ち1300トンの卵を破棄し，1883年には約4倍の卵塊が同島に産下されたと言う。スダンに於ては1930年に1100トンの毒餌がこの蝗害を防止する為めに使用されている。

Bombay Locust, *Cyrtacanthacris succincta* Linné は帯紅黄色で頭頂から前翅端に至る帯白色の太い縦帯を有し，体長40～50mm内外。ボンベー地方の蝗害をなす主な種類で南はゴアから北はパランプールに至る細長い地帯を侵す事が多いようで，6月～7月に産卵し6・7週間にて孵化し，若虫は普通7回の脱皮を経2ケ月以上費し10月頃羽化し屢々集合して移住飛行をなす。最近最も被害の多かつたのは1903年の11月であつた。冬期は森林中に逃げ込み越年する。カナラやゴアの森林中に常に多数棲息する。この種は熱帯アジヤに広く分布するがインドの如き蝗害を見る地方はないようである。

Moroccan Locust, *Dociostaurus moroccanus* Thunberg は淡帯灰褐色で黒色斑を有し，平均 27mm 内外の体長を有す。地中海地方産では東方は北ペルシャとトルコに延びている。山地帯に普通，而してペルシャに於ける蝗害の大部分はこの種類によるものである。

Italian Locust, *Calliptamus italicus* Linné は暗褐色または黄褐色または帯灰色でしばしば覆翅に灰色または褐色の小斑を散布し，体長50mm内外。サルビヤ草地物帯や植粗生の乾燥地帯に著しく棲息し，Moroccan locust と共に同地方に発生する種類である。

南アフリカ

Brown Locust, *Locustana pardalina* Walker, は帯黄灰色で覆翅上に帯褐小斑を散布し，殆んど45mm内外の体長を有す。南アフリカの内陸に棲息しときどき海岸地帯へ移住飛行をなし，年2回またはより以上の世代をかさねる種類である。

Red Locust, *Nomadacris septemfasciata* Serville は赤褐色または褐色で覆翅上に淡色の1背縦帯と数本の帯褐斜平行線を有し，45mm内外の体長を有す。この種の正確な播繁地帯は未だに不明であるがしばしば南アフリカ全地域に大発生して著しい被害をなす種類である。

南　米

South American Locust, *Schistocerca paranensis* Burmeister は灰白色で覆翅上に黒色の大紋を撒布し，45mm内外の体長を有す。卵は春期軟い湿気ある土中に産下され後直ちに孵化し，成虫は夏の終りに羽化し，越年して後移住飛行を行うものである。この種類は南米全帯に発生し北はメキシコに迄延びるが，最も顕著な発生は北部アルゼンチンでしばしば著しい被害を農作物に与える。

北　米

Rocky Mountain Locust, *Melanoplus spretus* Uhler, は黄褐色の小形種で覆翅上に暗色の小斑を撒布し，約36mm内外の体長を有し，合衆国のロッキー山脈の東傾斜地帯の大草原地帯に多数播殖し，小麦やトーモロコシその他の作物に対し1873年この方多年に亘り中西部地域に於て大害を与えた種類であるとして記述された。しかし現在ではそれ等の蝗害は Lesser migratory locust (*Melanoplus mexicanus atlanis* Riley) と Red-legged locust (*Melanoplus femur-rubrum* De Geer) との移住型によるものであるとされている。近年に於いては Two-striped locust (*Melanoplus bivittatus* Say) が中西部のトーモロコシと小麦との圃場に於ける重要な種類である。

Devastiting Locust, *Melanoplus devastator* Scudder は加州の北部と中部との内谿谷地域に於いて1914年迄著しい害を農作物に与えた。

本邦に於ける各種類中年々農作物の被害の多いのはコバネイナゴ (*Oxya japonica* Willemse) (Fig. 311) で，体長30〜38mm，黄緑色で頭から前胸背板に通る側縦帯は黒色，雌の翅は尾端を越える事がない。稲や藺草等を食害し，年1回の発生をなす。東北地方ではテリヤキやツクダニ等にし食料となつている。

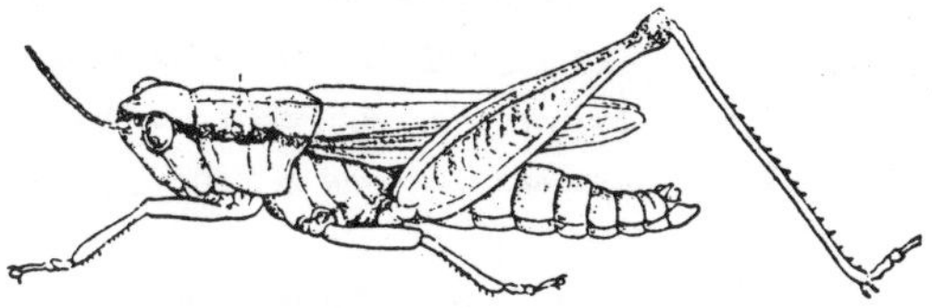

Fig. 311. コバネイナゴ雄

58. ヒシバッタ（菱蝗虫）科
Fam. Tettigidae Walker 1870

Tetrigidae Jac. et Bianchi, *Acrydiinae* Kirby 等は異名で，Grouse Locusts や Pigmy Locusts と称えられ，何れも甚だ小形で最も特別な形状を呈する蝗虫，体長は15mm以上のものは殆んどない。多少太い体で，前胸背板は後方に細く著しく延び腹部末端迄かそれ以上で，前胸腹板は顎状に口を越えて前方に延びている。覆翅は鱗片状の小片として後翅の基部に位置し，後翅はよく発達し普通は前胸背板の後方迄に達し縦に畳まれる大形の臀部を有し他部は多少革質となつている。脚は短いが後脚はよく発達しその腿節は著しく太まり跳躍に適応し，前中両脚の跗節は2節で後脚のものは3節からなる。跗節の褥盤や発音器官や聴器官などは欠けている。

ヒシバッタ類は非常に活潑で，菌類や蘚苔類や藻類や地衣類や禾木科草類や種子類や種々な他の植物やまた腐敗植物質等を食物として生活している。水辺に棲息する種類は水表を游泳し且つ水中に活潑に潜入する性を有する。色彩は棲息個所に非常によく類似ししばしば殆んど発見する事が出来ないようである。成虫は越年し，翌春地中に産卵する。ときに種苗を食害する種類もある。

この科のものは世界に広く分布し，約100属650種が知られ内約2/3は熱帯産で，インドマラーと大洋洲とエチオピアとに最も多数に産す。主な属は広分布の *Tettix* Latreille と *Paratettix* Bolivar, インド濠洲産の *Mazarredia* Bolivar, 新北洲産の *Neotettix*, 米国産の *Tettigidea* Scudder 等で，本邦にはトゲヒシバッタ (*Acantholobus japonicus* de Haan), ハネナガヒシバッタ (*Paratettix histricus* Stål) 及びヒシバッタ(*Tettix*

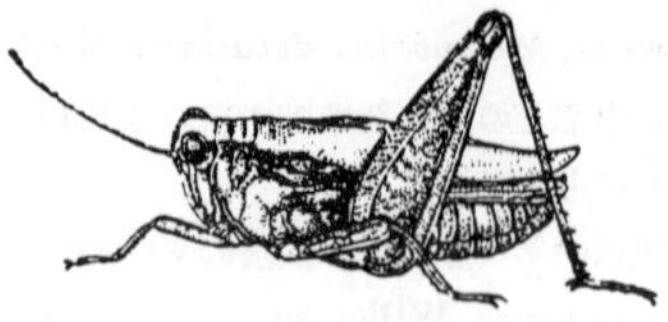

Fig. 312. ヒシバッタ雄

japonicus Bolivar）の３種が普通に発見される。

ヒシバッタ（Fig.312）は体長7〜11mm，灰褐色乃至黒翅色で，普通前胸背板上に黒色の２紋を有することが多い。全土に産する。

59. *Fam. Proscopiidae* Scudder 1868 Fig.313

この科は新熱帯の特産で，一見竹節虫の如き蝗虫で，*Proscopia* Klug, *Prosarthria*, *Apioscelis*, *Corynorhynchus*, *Astroma* 等の属が包含されている。

60. *Fam. Pneumoridae* Stål 1873 Fig. 314

この科は南アフリカ特産で，一見クサゼミの如き外観を呈し腹部が著しく膨脹し半透明で鮮明色の美しいバッタである。*Pneumora* Thunberg や *Bulla* Stål や *Cystocoelia* Serville 等の属がある。

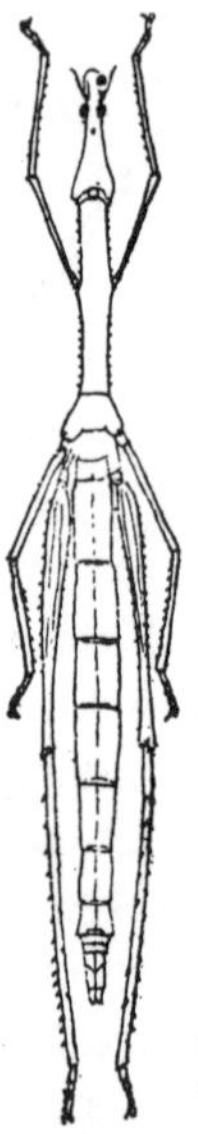

Fig. 313. *Proscopia latirostris* Br. v.W.雌(Br.v.W.)

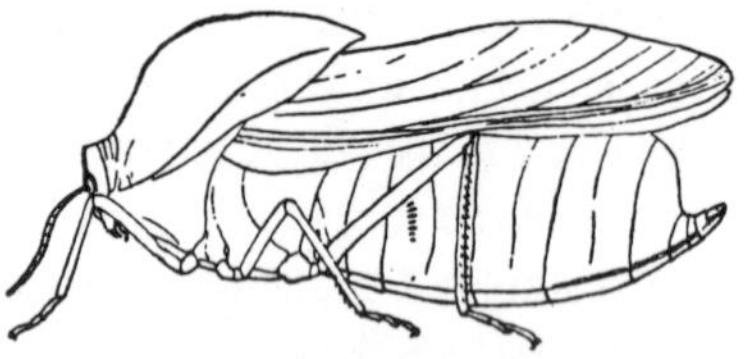

Fig. 314. *Bulla longicornis* Stål 雌 (Handlirsch)

b. 螽蟖亜目

Suborder *Tettigoniodea* Karny 1903

(*Locustoidea* Handlirsch)

既述の如く次の８科に分類する事が出来る。

61. キリギリス（螽蟖）科

Fam. Tettigoniidae Karny 1903

(*Phasgonuridae*, *Locustidae*)

Locustidae なる術語は一般に使用されていたが，これはむしろ蝗虫 (True locusts) にあてはまるものである。Green grasshoppers, Angular-winged grasshoppers, Meadow grasshoppers, または Katydids 等と称えられ，キリギリスやツユムシやカヤキリやクビキリバッタやクサキリやウマオイムシやクツワムシやササキリその他がこの類に包含される。

樹木上に棲息する種類は普通緑色で，しばしば覆翅上に葉状に著しく類似せる模様を有するものが多い。無翅で地上棲のものは一般に鈍色で完全に無翅かまたは微小翅を具えている。体は大体側扁し，触角は非常に長く多数節，跗節は４節，産卵管は著しく発達し剣状か鎌状，後脚は甚だ長く跳躍に適応している。飛翔は短距離で早い。大部分のものは日中活動性で，多数の種類は夕暮と早夜とに発音するが，種類によつて終夜鳴音しコオロギ類と誤認されるものもある。これ等の音はすべて左の覆翅の基部にある鑢状器（File）と右覆翅の摩擦片（Scraper）と擦合わされて生ずるものである。いわゆる無翅型もその実前胸背後端延長部の下に甚だ短い覆翅を有し，音楽者として知られるものが少くない（Fig.315)。雌もまた発音するが甚だ弱い音である。聴器官は前脚脛節の基部外面に鼓膜として存在し，全面現われているものと隠され細い割目にて外気に接するものとがある（Fig. 316)。

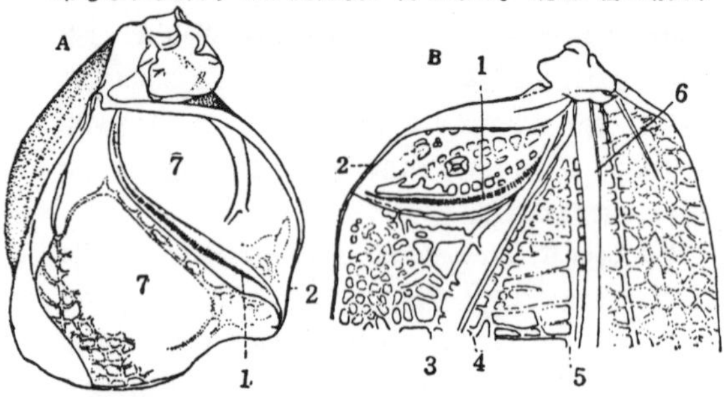

Fig. 315. キリギリス類の前翅の発音器 (Essig)
A. *Neduba carinata* Walker
B. *Scudderia furcata* Br. v. W.
1. 鑢状器　2. 播器　3. 第１脛脈　4. 中脈
5. 径脈　6. 亜前縁脈　7. 鼓膜

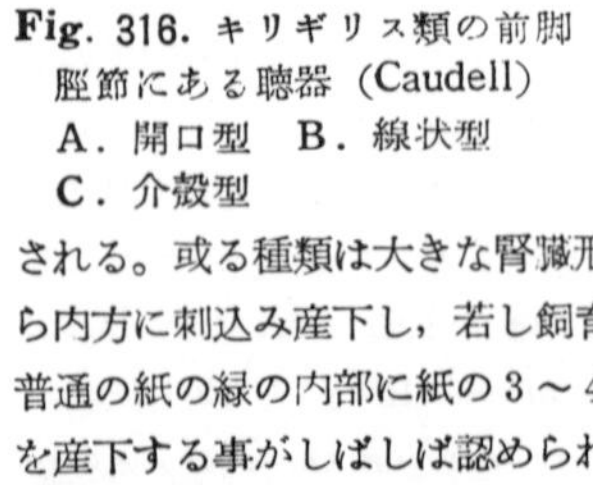

Fig. 316. キリギリス類の前脚脛節にある聴器 (Caudell)
A. 開口型　B. 線状型
C. 介殻型

この科の昆虫は大部分食草性で，樹木や雑草や栽培植物等の葉や芽や幼梢等を食する。しかし或る種類は食肉性即ち他の昆虫類を食するものがあると考えられている。卵は大形の産卵管によつて土中や植物の組織中に産下される。或る種類は大きな腎臓形の卵を植物の葉の縁から内方に刺込み産下し，若し飼育函内等に閉込め置くと普通の紙の縁の内部に紙の３〜４倍もの厚さを有する卵を産下する事がしばしば認められている。また樹木の幼枝等に縦に外皮を切り開き木質部内に数個または十数個やや斜に配列せしめて産卵するものも少くない。温帯地方では卵の状態にて越年し，年々新世代が現われ次の冬期前に成虫が死亡するのが普通である。支那や朝鮮や本邦にては鳴虫として種々な小函に入れ夏から秋に成虫の鳴声を楽しむ習慣がある。この科は約1120属7000以上の種が発表され，次の17亜科に分類されている。

1．触角は複眼の間で頭楯線（Clypeal suture）迄よりは後頭の方に近い処に生じている（Fig. 317 B）……2

触角は複眼の下かまたは複眼の下縁の間で，後頭迄よりは頭楯線迄の方に近い処に生じている（Fig. 317 A）……………………………………………………15

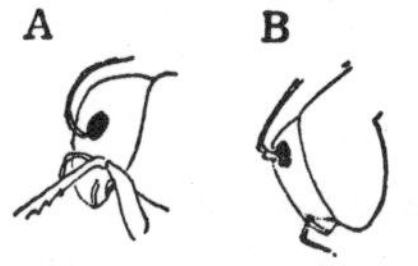

Fig. 317. キリギリス類の触角根部の位置(Caudell)
A．下方に位するもの
B．上方に位するもの

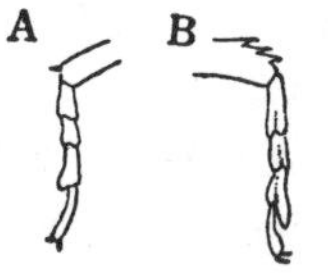

Fig. 318. キリギリス類の跗節（Caudell）
A．無条のもの　B．有条のもの

2．跗節の第1と第2節とは側面縦に溝付けられている（Fig. 318 B）………………………………………3

跗節の第1と第2節とは滑か（Fig. 318 A），後脚の脛節は背面両側端に各1端棘を見えいる。………………………………………Subfam. *Phaneropterinae*

3．前脚脛節の聴器は開口している（Fig. 316 A）…4

前脚脛節の聴器は1部か全部が覆われている（Fig. 316 B, C）……………………………………………………7

4．後脚脛節は背面両側端に各1端棘を具えている…5

後脚脛節は端棘を欠き，有翅型で体は甚だ細く脚は細い（*Prochilidae*）…………Subfam. *Zaprochilinae*

5．前胸腹板は1対の棘または顆瘤を具ている………6

前胸腹板は簡単で棘も顆瘤もない……………………………………………………Subfam. *Meconeminae*

6．前胸腹板は帽子状で後方に著しく延びて尖り，側縁は歯状または微鈍歯状（Fig. 319 B）……………………………………………Subfam. *Phyllophorinae*

前胸背板は帽子状でもなくまた後方は著しく延びてもいない（Fig. 319 A）……………………Subfam. *Mecopodinae*

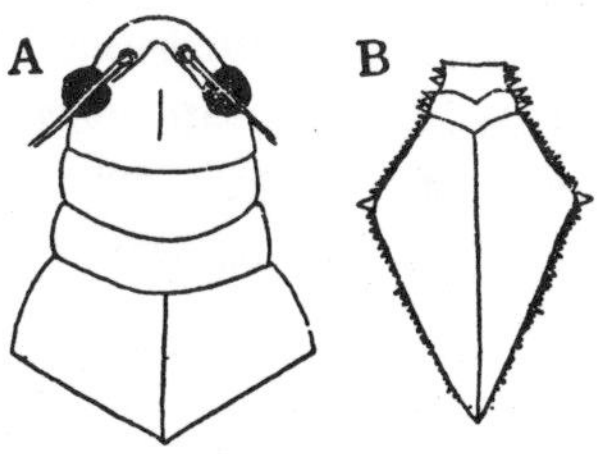

Fig. 319. キリギリス類の前胸背板（Caudell）
A．*Mecopoda* の頭部と前胸背板　B．*Phyllophora* の前胸背板

7．前脚脛節は背面末端に棘を具えていない…………8

前脚脛節は背面の外側端に1棘を具ている（*Arytropteris* 属を除く）……………………………………………………14

8．触角陥窩（Antennal scrobes）即ち触角付根の有する溝はその縁が突出している……………………………………………………Subfam. *Pseudophyllinae*

触角陥窩の縁は殆んど突出していない……………9

9．後脚脛節は背面末端に棘を具えていない……………………………………………………Subfam. *Saginae*

後脚脛節は背面の1側または両側に端棘を具えている……………………………………………………10

10．後脚脛節は背面外側に1端棘を有する……………………………………………………Subfam. *Tympanophorinae*

後脚脛節は背面両側に各端棘を有するかまたは内側のみに1端棘を具えている…………………………11

11．前中両脚の脛節は短いかまたは中庸大の棘を列している……………………………………………………12

前脚脛節または前中両脚脛節は長棘を列しそれ等の棘は末端に進むに従つて長さを減ずる……………………………………………………Subfam. *Listroscelinae*

12．すべての腿節は下面に棘を生せず，稀れに後脚のものが外側または内外両側に棘を列している……………………………………………………Subfam. *Conocephalinae*

すべての腿節は普通下面に棘を列し，稀れに後脚腿節が外側のみに棘を列している。この後の場合には頭頂突起が末端叉分しているかまたは触角基部を越えて延びている。一般に大形種……………………………13

13．頭頂突起は普通触角第1節より著くし細く時に背面溝付けられている………………Subfam. *Agroeciinae*

頭頂突起は普通触角第1節より明かに幅広く決して背面溝付けられていない……Subfam. *Copiphorinae*

14．後脚跗節の第1節は下面に自由褥盤（Plantula）を具えいる（Fig. 320）…………Subfam. *Tettigoniinae*

後脚跗節の第1節は自由褥盤を欠くかまたは甚だ短い褥盤を具えている………Subfam. *Phasgonurinae*

Fig. 320. キリギリス類の自由褥盤を具える跗節（Caudell）

15．後脚跗節の第3節は第2節より長く，前脚脛節は内側に1端棘を具え，後脚脛節は背面外側に端棘を欠く……………………………16

後脚跗節の第3節は第2節より短く，前後各脚の脛節は背面各側に端棘を具えている……………Subfam. *Bradyporinae*

16．触角は複眼の下縁間に生じ，前胸背板は無棘，雌雄共に有翅，前脚脛節は背面外側に1端棘を具え，後脚脛節は下面に4本の端距棘を有する……………………………………………………Subfam. *Ephippigerinae*

触角は明かに複眼の下方から生じ，前胸背板は棘を具え，雌は無翅，前脚脛節は背面に端棘を欠き，後脚脛節は下面に端距棘を欠くかまたは２本のみを具えている……………………………… Subfam. *Heterodinae*

ツユムシ亜科

Subfam. *Phaneropterinae* Br. v. W.

この類は大きな亜科で世界に広く分布し，多数の葉状の種類を包含している。*Phaneroptera* Serville（広分布），*Isopsera*（インド），*Scudderia*（米国），*Tylopsis*（旧北洲，エチオピア），*Isophya*（旧北洲，米国）等が重要な属で，本邦には *Ducetia, Kuwayamaea, Isotima, Psyra, Arnobia, Holochlora, Phaneroptera* の７属が発見され，何れも多数に産するが *Arnobia pilipes* de Haan（ヒロバネツユムシ）はジャバ及びマラッカに多数に棲息する種類で本邦には九洲にて１雄を採集せるのみで甚だ珍種である（Fig. 321)。体長（翅端迄）50mm，

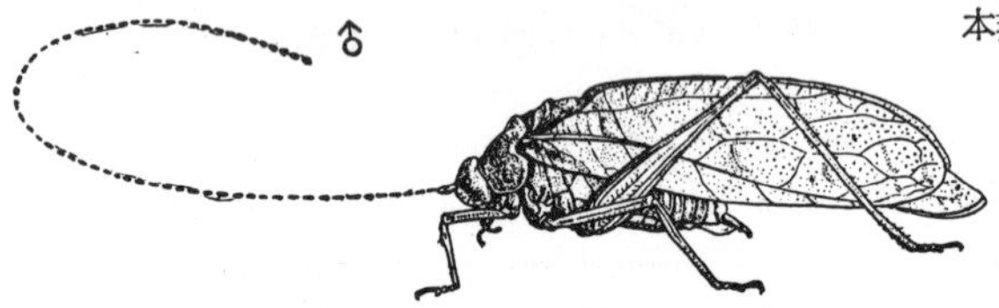

Fig. 321. ヒロバネツユムシ雄

淡緑色で幅広の前翅を具えている。ツユムシ(*Phaneroptera falcata* Scopoli)（Fig. 322）は体長（翅端迄）29～37mm，濃緑色。頭頂突起は触角溝内側縁端に達し細く縦溝を有し，額突起は大きく頭頂から離れている。

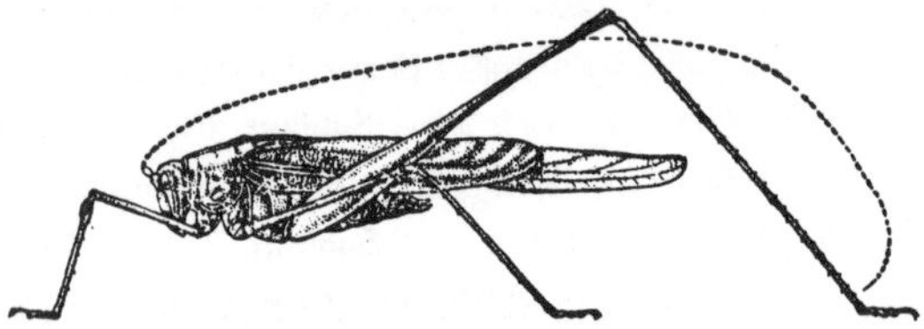

Fig. 322. ツユムシ雄

前胸背板は多少扁平，前縁は多少内方に彎曲し後縁は円く，第１横線は不明，第２はV字形で中央直後に位置し，第３は明瞭でない。雄の亜生殖板は短かく，後縁三角形に内方に切断されている。雄の尾毛は亜生殖板の後方に少しく延び，末端内方に曲り尖る。産卵管は前胸背より長く，背方に斜曲し，上縁は殆んど直線で鋸歯状，下縁は著しく彎曲し末端のみ鋸歯状。本州，九州，台湾，その他東洋熱帯地に分布する。

Subfamily *Zaprochilinae* Handlirsch 1925 (*Prochilidae*)

この亜科は濠洲特産で *Zaprochilus* Caudell (*Prochilus* Brullé) 属によつて代表される。

ヒメツユムシ亜科

Subfam. *Meconeminae* Br. V. W. Kirby 1906

この類は旧北洲産の *Meconema* Serville と *Cyrtaspis*, エチオピア産の *Amytta* と *Anepitacta* 及びインド産の *Thaumaspis* 等が代表的な属で，本邦には *Meconema subpunctatum* Motschulsky と *Amytta albicorne* Motschulsky との２種が1864年（Moskva Bull. Soc. Nat. XXXIX. p. 181）に発表されているのみである。しかしその後今日に至る迄これ等の標本が採集されていない。

コノハキリギリス亜科

Subfam. *Phyllophorinae* Kirby 1906

この亜科は熱帯のみに産し，*Phyllophora* Thunberg（インド 濠洲）と *Hyperhomala*（濠洲 マレー）とが代表的な属で，台湾南端紅頭嶼に産するコノハキリギリス（*Phyllophorina kotoshoensis* Shiraki）（Fig.323）が本邦に最も近い処の種類である。体長（翅端迄）60～64mmで濃緑色，頭は短かく幅広，前胸背板は甚大で菱形にて後方に著しく延び尖り側縁は鋸歯状となり肩部にて側方に鈍角となり尖つている。前翅は革質で木葉状を呈し，産卵管は鎌状。

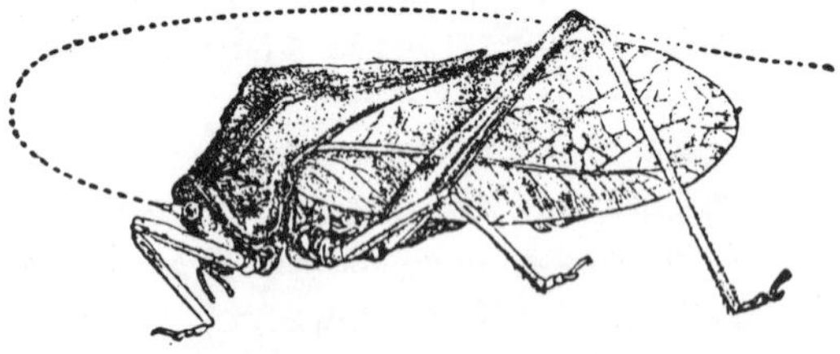

Fig. 323. コノハキリギリス雌

クツワムシ亜科

Subfam. *Mecopodinae* Br. V. W. Kirby 1906

熱帯性の亜科で，*Mecopoda* Serville（濠洲，マレー），エチオピア産の *Acridoxena* と *Apteroscirtus*, 新熱帯産の *Tabaria* と *Rhammatopoda* 等が重要な属で，本邦にはクツワムシ（*Mecopoda elongata* Linné）(Fig. 324）１種のみが産し，本州，四国，九州等に広く分布し，鳴虫として普通に販売され，ガチャガチャとも称え

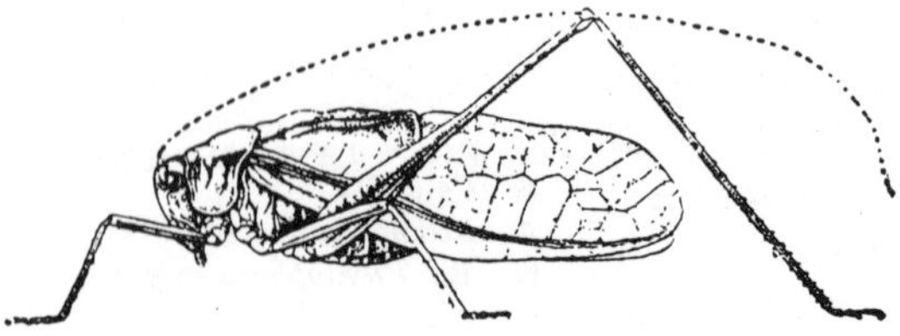

Fig. 324. クツワムシ雄

られ，体長（翅端迄）50〜70mm，緑色または褐色，前胸背側片の基部黒色の事が多く，前翅に黒色の円紋を縦列する事も少くない。

ヒラタツユムシ亜科

Subfam. *Pseudophyllinae* (Burmeister) Saussure 1898

大体熱帯産で，*Pseudophyllus* Serville（旧北洲，インド マレー），インドマレー産の *Cleandrus* と *Phyllomimus*，エチオピア産の *Zabalius* 等が重要な属である。本邦には産しないが，クサキリモドキ(*Togona unicolor* Mats. et Shiraki) (Fig. 325) が台湾より発表されている。体長(翅端迄)36〜46mm，濃緑色で，前胸背板は背面に円味を有し幅広く，翅はむしろ僅かに屋根形を呈して背面に畳まれ，産卵管は剣状，脚は凡てが長く後脚は比較的短い。

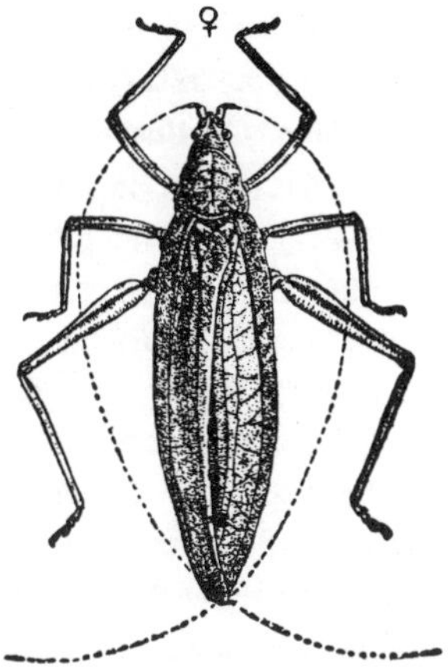

Fig. 325. クサキリモドキ雌

Subfam. *Saginae* (Br. v. W.) Kirby 1906

この亜科は本邦には産せず，旧北洲産の *Saga* Charpenter とエチオピア産の *Clonia* や *Hemiclonia* と濠洲産の *Hemisaga* 等によつて代表されている。

Subfam. *Tympanophorinae* (Br. v. W.) Kirby 1906

小さな亜科で *Tympanophora* White（濠洲）と *Mortoniellus*（マレー）とが重要な属である。

ウマオイムシ亜科

Subfam. *Listroscelinae* Karny 1912

この亜科の重要な属は新熱帯産の *Listroscelis* Serville と *Phlugis* や インドマレー産の *Hexacentrus* やエチオピヤ及び インド濠洲産の *Phisis* 等で，本邦には *Hexacentrus japonicus* Karny（ウマオイムシ）(Fig. 326) 1種で淡青色。この亜科のものは前脚または前中両脚の脛節は下面に長棘を列し，それ等の棘は末端の方に進むに従つて短くなつている事によつて他の亜科から明かに区別することが出来る。この亜科にはアシナガトゲササキリモドキ(*Decolya kotoshoensis* Shiraki)の如く短翅型で前中両脚が非常に長くなつているものもある。

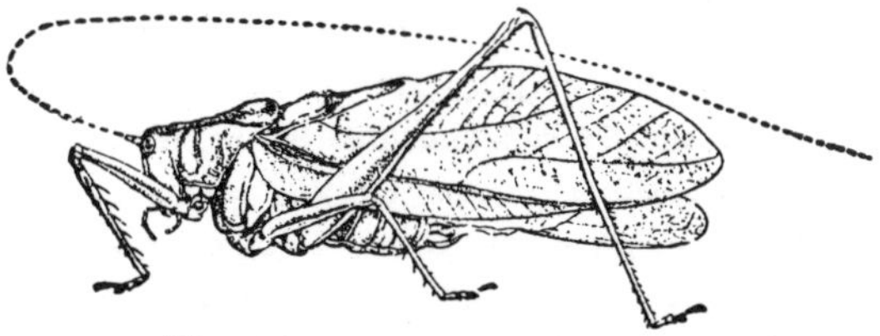

Fig. 326. ウマオイムシ雄

ササキリ亜科 Subfam. *Conocephalinae* Karny 1912 (*Xiphidiinae*)

この亜科のものは普通小形で，世界共通種の *Conocephalus* Serville(*Xiphidion*)や広分布の *Orchelimum* や新北洲産の *Odontoxiphidium* 等が代表の属で，本邦にはササキリモドキ (*Xiphidiopsis suzukii* Matsumura et Shiraki) やホシササキリ (*Conocephalus maculatus* le Guillon)(Fig. 327)その他 *Conocephalus* 属の数種が産する。

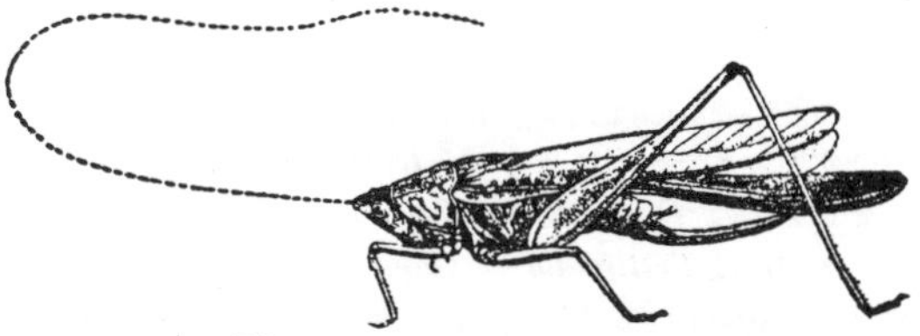

Fig. 327. ホシササキリ雌

オオヅカヤキリ亜科

Subfam. *Agroeciinae* Karny 1912

すべて熱帯産で，新熱帯・エチオピア 濠洲 マレー等に産する *Agroecia* Serville や新熱帯産の *Eschatocerus* や濠洲産の *Nicsara* や インド 濠洲産の *Salomona* 等が重要な属で，オオヅカヤキリ (*Salomona ogatai* Shiraki) (Fig. 328) は台湾紅頭嶼に多数に産し，この亜科中最北産種の1つである。

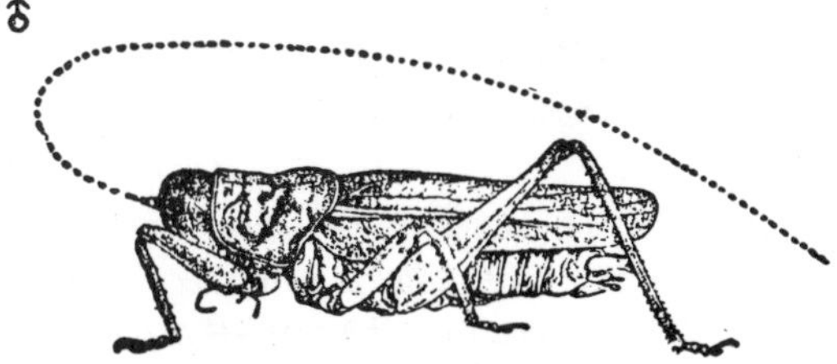

Fig. 328. オオヅカヤキリ雄

クサキリ亜科

Subfam. *Copiphorinae* Caudell 1911 (*Conocephalinae*)

世界に広く分布し，米国産の *Neoconocephalus* やエチオピアとインド濠洲産の *Euconocephalus* や新熱帯産の *Copiphora* Serville や世界共通の *Homorocory-*

phus 等が重要な属で，本邦には *Pseudorhynchus* や *Euconocephalus* や *Homorocoryphus* (Fig. 329) 等が産し，それ等の内後の2属のものはときに大発生して稲の幼い穂を食害する事がしばしばある。

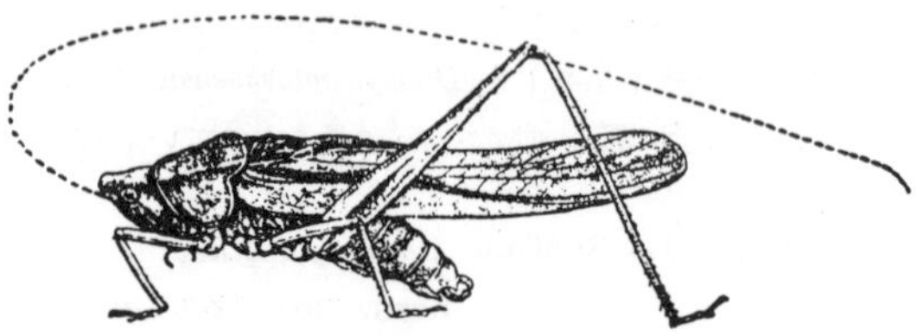

Fig. 329. クサキリ雄

クサキリ (*Homorocoryphus lineosus* Walker) は体長 (翅端迄) 40～50mm，産卵管の長さ18～30mm，で直線，本州，九州に産し，東北地方にて時々秋期稲の幼穂を食害する事がある。

キリギリス亜科

Subfam. *Tettigoniinae* Karny 1912 (*Decticinae*)

この亜科のものは大体温帯産で，新北洲産の *Anabrus* や全北洲とエチオピア産の *Metrioptera* と旧北洲とエチオピア産の *Decticus* や *Tettigonia* 等が重要な属で，本邦には *Tettigonia* や *Gampsocleis* や *Chizuella* や *Metrioptera* 等が産し，何れも鳴虫として成虫時代に飼育されている種類でキリギリスやヤブキリ (*Tettigonia orientalis* Uvarov) (Fig. 330) 等が最も普通のものである。

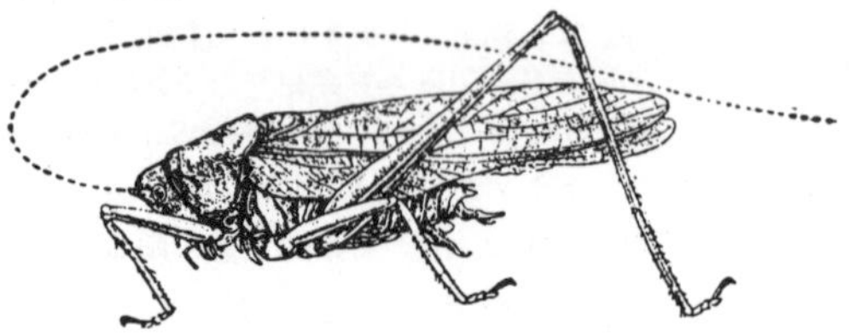

Fig. 330. ヤブキリ雄

Subfam. *Phasgonurinae* Kirby 1906 (*Locustinae*)

この亜科は殆んど旧北洲産で *Phasgonura* Stephens と *Onconotus* とが代表的な属で，欧州や北アフリカや西部アジアに広く分布している大形の緑色種たる *Phasgonura viridissima* Linné は一般によく知られているキリギリスである。本邦には産しない。

Subfam. *Bradyporinae* (Burmeister) Caudell 1911 (*Callimenidae*)

この亜科の種類もまた旧北洲産で，*Bradyporus* や *Derallimus* や *Callimenus* が重要な属である。本邦には発見されていない。

Subfam. *Ephippigerinae* (Brunner von Wattenwyl) Caudell 1911 (*Pycnogastrinae*)

此の亜科もまた本邦に産しない。すべてが旧北洲産で，*Pycnogaster*, *Ephippiger* Latreille, *Uromenus*, *Steropleurus* 等が代表的な属である。

Subfam. *Hetrodinae* (Brunner von Wattenwyl) Kirby 1906

すべてエチオピア産で，*Hetrodes* Fischer, *Acanthoplus*, *Eugaster*, *Anepisceptus* 等が重要な属である。

62. コロギス（蟋蟀螽蟖）科

Fam. Gryllacridae Stål 1874

頭は垂直に位置し，体は太く円筒形に近く普通褐色。翅は発達しているが時に葉片状かまたは欠け発音部がなく，前脚の脛節は聴器を欠き末端棘を有せず，後脚の脛節は末端背面に2本腹面に2本の端棘を具え，跗節は最初の2節に側溝を有する。触角は体長より長く多数節，主として熱帯に多数に産し，熱帯共通の *Gryllacris* Serville や米国産の *Camptonotus* や濠洲産の *Paragryllacris* やアジアとエチオピアとインド濠洲産の *Eremus* 等が代表の属で，本邦にはコロギス(*Gryllacris japonica* Matsumura et Shiraki) (Fig. 331) その他

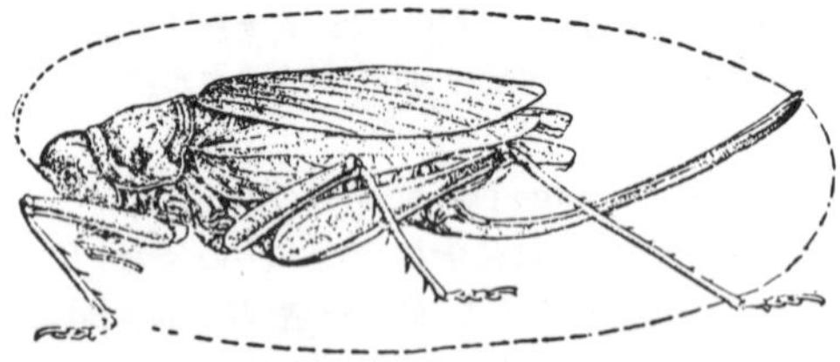

Fig. 331. コロギス雌

を産するのみ，体長30～35mmで黄緑色，頭頂は幅広く末端に狭まり前額と連続する。前胸背板は幅広く方形に近く背面円味を有し周縁は多少背上に返る。雄の亜生殖板は短かく後縁切断せられ尾突起は小，肛上板は大きく，末端著しく円く膨れその中央上端に1小突起を有し下面は深い1縦溝により左右膨大している。前翅は背面幅広く黄褐色で前縁室は細く淡色，後翅は多少尾状となり淡黄色なれど外縁部は暗色。本洲のみに発見されている。此の種は樹上棲である。*Neanias* 属には植物の葉を捲いてその内に若虫時代棲息しているものがある。

63. カマドウマ（竈馬）科

Fam. Stenopelmatidae Burmeister 1838

Sand Crickets や Camel Crickets や Cave Crickets や Jerusalem Crickcts や Wetas 等と称えられているものが含まれている科で，約300種が発見され61属5亜科に分類されている。むしろ太い体で，一般に無翅なれ

ど短翅型や稀に有翅型のものもある。触角は屢々甚だ糸状で体長の4倍または5倍もの長さのものがあり，後脚の脛節は著しく距棘を具え跗節は長く4節で一般に側扁または扁平或は稀れに細い。尾毛は短いが顕著，産卵管は不明なものと短いものと長いものとがある。大部分のものはかなり大形で褐色又は灰色の種々な陰色のものが普通で，或る種類は少くとも1部植物質を食するものがあるも大体食肉性である。此の類の昆虫は洞窩の内や地面の割目や穴の中に棲息し，また枯葉や腐敗葉の推積下その他植物の下や岩石下や岩の割目の中やうつろの樹木中や且つそれ等の湿気のある個処や乾燥個所等の隠れ場所内に常に棲息している。大部分のものは夜間活動性であるが種類によつては日中も容易に見出す事が出来る。大部分のものは発音器も聴器もなく，人類に対して重要な位置にあるものでない。次に各亜科の索引表を挙げ夫々に就いて簡単な説明を下す事にする。

1．前脚の脛節に聴器を具えている……………………2
　前脚の脛節に聴器がない………………………………3
2．尾毛は短く，跗節の第1と第2節とが不明瞭に分離され，翅は大きく発音器を具えている………………………………………………Subfam. *Prophalangopsinae*
　尾毛は長く，跗節の第1と第2節とが明瞭に分離されている。一般に無翅…Subfam. *Anostostomatinae*
3．後脚腿節は基部にて背面より腹面の方がより鋭く突出し，脚はむしろ細長い………………………………………………………Subfam. *Rhaphidophorinae*
　後脚腿節は基部にて腹面より背面の方がより鋭く突出し，脚はより太い……………………………………4
4．前脚の基節は前面に1個の歯状突起を生じている……………………………………………Subfam. *Mimnerminae*
　前脚の基節は簡単で棘も歯もない…………………………………………………Subfam. *Stenopelmatinae*

Subfam. *Prophalangopsinae* Caudell 1911

此の亜科はインド産の *Prophalangopsis＝Tarraga* によつて代表され，小さな亜科である。有翅で他の亜科と異なる。

Subfam. *Anostostominae* Handlirsch 1925

主として濠洲とエチオピアに産し，*Anostostoma*（エチオピアと濠洲），*Deinacrida*（濠洲），*Magrettia*（エチオピアとアジア）とが重要な属である。

カマドウマ亜科 Subfam. *Rhaphidophorinae* Handlirsch 1925 (*Ceuthophilinae*)

Cave crickets と称えられ，*Rhaphidophora* Serville（インド 濠洲），*Ceuthophilus*（米国），*Dolichopoda*（旧北洲），*Troglophilus*（旧北洲）等が代表的な属である。しかしてこの科の中最大な亜科である。本邦にはマダラカマドウマ（*Diestrammena japonica* Karny）（Fig. 332）とカマドウマ（*Diestrammena apicalis* Brunner von Wattemwy）との2種が産するのみ，前者は北海道より九洲に至る迄広く分布し現在では北米にも分布している。屋内によく発見される。尚お種名不明の *Rhaphidophora* が野外の樹皮下から発見されている。

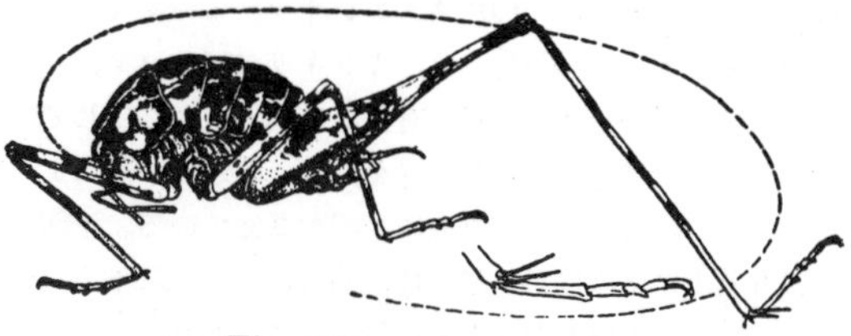

Fig. 332. マダラカマドウマ雄

Subfam. *Mimnerminae* Handlirsch 1925

エチオピアと新熱帯とに産し，*Mimnermus* Stål（エチオピア）と *Cratomelus*（新熱帯）とにて代表されている。

Subfam. *Stenopelmatinae* Handlirsch 1925 Fig. 333

米国にのみ産し *Stenopelmatus* Burmeister が代表の属である。

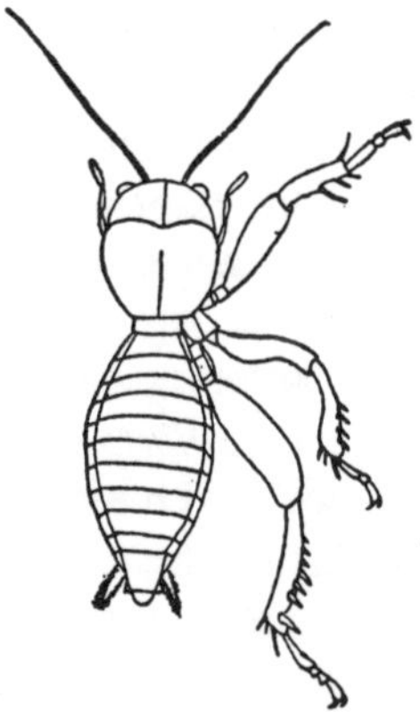

Fig. 333. *Stenopelmatus* (Saussure)

64. *Fam. Phasmodidae* Handlirsch 1925 Fig. 334

頭は水平に位置し，体は細長く無翅，脚は3対とも細長く，跗節は4節からなり多少扁平，竹節虫に類似している。濠洲のみに産し，*Phasmodes* Westwood 属によつて代表されている。

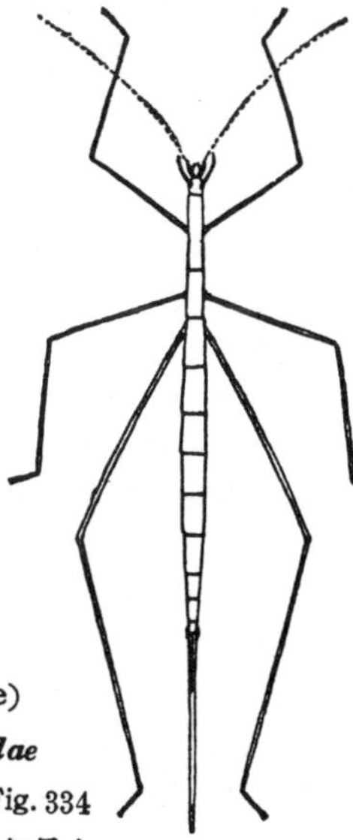

Fig. 334. *Phasmodes ranatriformis* Westwood 雌

65. コウロギ（蟋蟀）科

Fam. Gryllidae Saussure 1894 (*Achetidae*)

この科の昆虫は Crickets や Tree Crickets と称えられる。コウロギ類の他にスズムシやマツムシやカンタンやカネタタキ等が包含され，キリギリス科に直接関連した昆虫で長い糸状の触角を有し，普通外部に突出している槍状または突錐状の産卵管を具え，覆翅の摩擦によつて発音し，脛節の基部両面に聴器を具えている。覆翅は腹部背上に平に畳まれ且つ体の側部に沿い急に下方に曲つていて，右のものは普通左覆翅上に置かれている。摩擦発音器管（Fig. 335）は普通キリギリス科のものより覆翅のより大きな部分を占め，左右ともに鑢状器と摩擦片と鼓膜とを具えている。左右の覆翅は摩擦中に腹部と約45°の角度に高め側方前後に動かし鑢状器と摩擦片との摩擦を生ぜしめ，それによつて鼓膜に発音を生ぜしめる振動を起さしめるものである。聴器は脛節の内外各面にて異なり，外方のものは内方のものより大形となつている。この発音は夏期夜間中休みなく行はれるのが普通である。多数の種類には覆翅と翅とが完全にないものがあり，また *Trigonidium* 属の如く覆翅が円味を有し角質となり鞘翅目のような観を呈するものがある。尾毛は特別に長く無節，尾端の尾突起は一般に短かい。

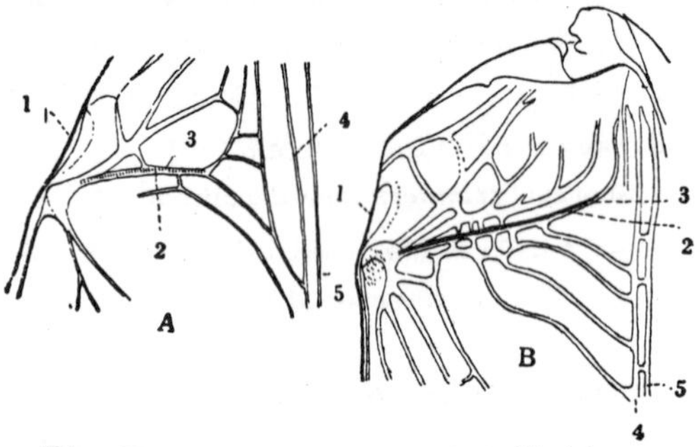

Fig. 335. コウロギ類前翅の発音器 (Essig)
A．カンタン1種 (*Oecanthus niveus*)
B．コウロギ1種 (*Gryllus assimilis*)
1．摩擦部　2．鑢状器　3．第2肘脈　4．第1肘脈　5．中脈

消食管（Fig. 336）は長く捲旋し，嗉嚢と砂嚢とは大形で後者は強い幾下質の武装を具え，胃盲嚢は2個で袋状を呈し砂嚢の側部に附着し，マルピギー氏管は1束となつて1本の共通管即ち輸尿管（Ureter）に開口している。神経系は一般的なもので，脳の蕈状体（Mushroom body）がよく発達している。生殖系にて特筆すべき点は雄の貯精嚢が輸精管の回旋膨大部からなる事である。*Oecanthus* の雄には後胸背板腺（Metanotal gland）が後胸背板上の深い凹に開口している。

卵は大部分の種類に在つては地中に産下され，地棲種の少数のものは地中の室の内に塊状に産卵する。然し或る樹棲種では小枝の心部に簡単に1例として産卵する（Fig. 337）。若虫の脱皮はカンタンの如く5回のものがあるが，普通はより多数である。

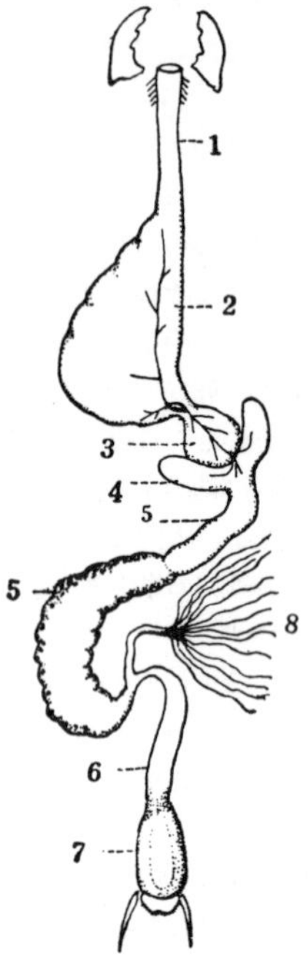

Fig. 336. *Nemobius sylvestris* の消食系 (Bordas)
1．咽喉　2．嗉嚢　3．砂嚢
4．胃盲嚢　5．中腸　6．後腸
7．直腸　8．マルピギー氏管

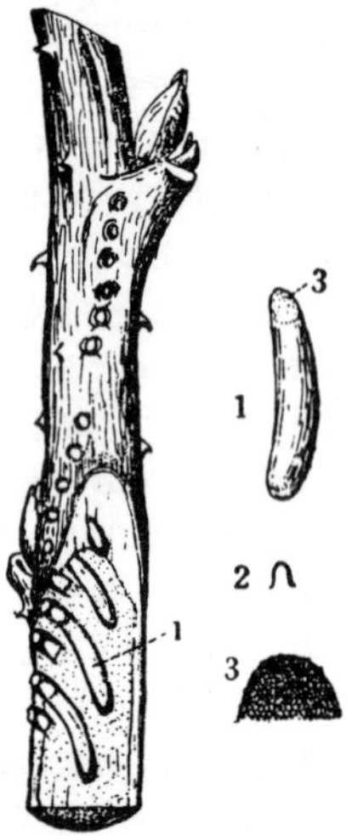

Fig. 337. カンタンの産卵個所 (L. M. Smith)
1．卵子　2．卵蓋の突起　3．卵蓋

大部分の種類は雑食性で，屢々乾燥個所に見出されるが，穴や地下孔内にまたは木材下や枯葉中やその他に生活している。またカンタンの如く樹上や籔の内に捿息している。支那や本邦にては鳴虫として飼育している種類が多数にある。

分　類

世界から約64属約1200種が発表され，つぎの如く10亜科に分類する事が出来る。

1．第2跗節は扁平となり心臓形……………………… 2
　第2跗節は側扁し微小……………………………… 4
2．後脚脛節は背面鋸歯状で棘の2列を具え，内端距棘は3本，産卵管は直線かまたは甚だ微かに彎曲し，前翅の鼓膜鏡は1～2脈によつて分けられている…… 3
　後脚脛節は背面鋸歯状でなく2列の棘を具え，内端距棘は2本，産卵管は短く明瞭に上方に曲り，鼓膜鏡は分かれていない……………Subfam. *Trigonidiinae*
3．後脚脛節の端距棘は長く，それ等の内外各側の中間距棘は長く上方のものより長い。然し時に内側上方のものが中間距棘より長く，跗節第1節は細長い。額突起は幅広で前方に突出していない……………………………………………………………Subfam. *Eneopterinae*

後脛脚節の端距棘は微小で亜等長，内側のものは長くその上方のものが最長で下方のものが最短，跗節第節は短い。額突起は狭く且つ長い……………………………………………………………Subfam. *Podoscyrtinae*

4．後脛脚節は細く棘の2列を具えている。苦し幅広の場合は *Myrmecophilinae* ……………………………5

後脚脛節は棘を欠くが背面鋸歯状となる。若し有棘の場合は幅広くなつている……………………………9

5．後脚脛節は棘間にて鋸歯状となる…………………8

後脚脛節は棘間にて鋸歯状となつていない………6

6．後脚脛節はときに基部にて多少鋸歯状となり末端部が有棘となつている。前翅は短いかなく，後翅はない……………………………………Subfam. *Gryllomorphinae*

後脚脛節は全長鋸歯状でないが有棘，前翅は完全，後翅は殆んど常に完全……………………………………7

7．後脚第1跗節は背面溝付けられ且つ2列に鋸歯状となり，後脚脛節の棘は明瞭に可動的でない……………………………………………………Subfam. *Gryllinae*

後脚第1跗節は背面鋸歯状でないかまたは1列に鋸歯状となり，後脚脛節の棘は甚だ長く完全に可動的………………………………………………Subfam. *Nemobiinae*

8．雄の前翅は発音器を欠く。脛節内側の端距棘は2本か3本…………………………Subfam. *Pentacentrinae*

雄の前翅は発音器を具え，脛節内側の端距棘は3本……………………………………………Subfam. *Oecanthinae*

9．体は亜長形，触角は細く末端の方に漸次細まり，補眼は顕著，後脚腿節は棍棒状，後脚脛節は細長く6本の端距棘を具えている………Sabfam. *Mogoplistinae*

体は亜球形，触角は太く亜糸状形，後脚腿節は卵形後脚脛節は幅広く3～4本の端距棘を具えている……………………………………………Subfam. *Myrmecophilinae*

1．アリヅカコオロギ亜科

Subfam. *Myrmecophilinae* Handlirsch

世界に広く分布し，蟻の巣の中に棲息する種類で，*Myrmecophila* Latreille が代表的な属である。方邦からはアリゾカコウロギ（*Myrmecophila sapporensis* Matsumura）(Fig. 338) 1種が発見されている。北海道と本洲とに産し，体長2.5～3mm，褐色乃至黒褐色で黄金色の微毛を密生し，無翅，背面適度に円味を有し腹面平。雄の肛上板は亜三角形，尾毛は円筒形に近いが末端の方に細まる。産卵管は直線で尾毛端に達し，末端は長く尖り乾燥すると2分する傾向がある。脚は淡色。蟻の巣の中に周年若虫と成虫とを見出す事が出来る。

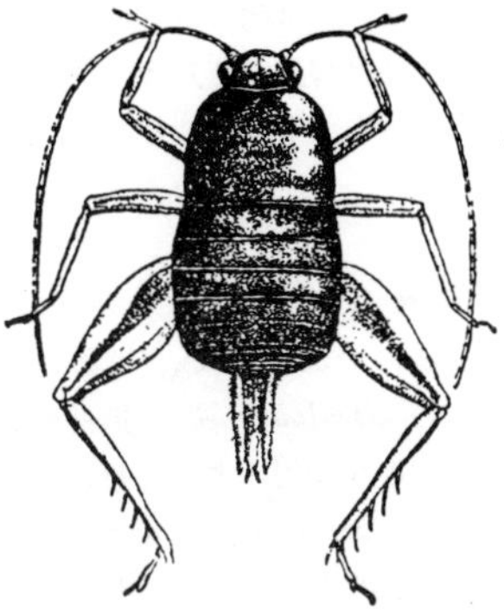

Fig. 338. アリズカコウロギ雌

2．カネタタキ亜科

Subfam.

Mogoplistinae

Chopard 1912

普通小形の種類で，*Mogoplistes* Serville（新旧両北洲，エチオピア），*Ornebius* Guérin (*Liphoplus*)（広分布），*Ectadoderus* Guérin（広分布），*Cycloptilum*（米国）等が重要な属である。本邦から *Ornebius* 属と *Scleropterus* de Haan とが発見されている。カネタタキ（*Ornebius kanetataki* Matsumura）(Fig. 339) は体長9.5～11.5mm，体はやや扁平。全体褐灰色の鱗片にて被われている。複眼は小さく単眼は退化し，触角は体長の2倍以上。雄の前翅は極めて短くよく発達した発音鏡を有し後翅はなく，雌は翅を欠く。産卵管は短かく尾毛の1/2長。卵にて越冬し，年1回の発生し，成虫は主に灌木に棲息している。クマスズムシ(*Scleropterus coriaceus* de Haan）は体に鱗片を欠き，1亜科として分離される事が少くない。

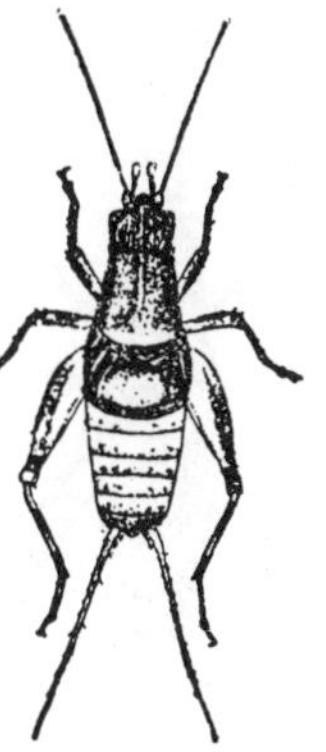

Fig. 339. カネタタキ雄（大町）

3．ス　ズ　亜　科

Subfam. *Nemobiinae*

普通小形の種類で，*Nemobius* Serville（世界共通）が代表的な属で，不規則な斑紋を散布する種類が多い。本邦には他に *Pteronemobius* 属が産する。エゾスズ（*Nemobius yezoensis* Shiraki)(Fig. 340) は体長9～10.5mm，全体単色で黒褐色乃至黒色。触角は体長よりやや長く，前翅は短かく黒色乃至黒褐色で背面側部に白色縦線を有

Fig. 340. エゾスズ雄（大町）

し雌では腹部の半ばに達しない。後翅は長翅型と単翅型とがある。産卵管は尾毛とほぼ等長で薙刀状。幼虫で越年し年1回発生。北海道から本洲中部迄に分布し，平地では2回発生のものがある。

4．コオロギ亜科

Subfam. *Gryllinae* Kirby 1906 (*Achetinae*)

世界に広く分布し，所謂コオロギ類で，世界共通の *Gryllus* Linné や広分布の *Gryllodes* や旧北洲とエチオペア産の *Acheta* 等が重要な属で，本邦からは *Gryllus, Gryllulus, Gryllodes, Scapsipedus, Loxoblemmus* 等の属が知られている。全部地棲で農作物の害虫となる種類が少くない。例えばエンマコオロギ（*Gryllulus mitratus* Burmeister）の如き，またタイワンオウコオロギ（*Brachytrupes portentosus* Lichtenstein）の如きは夜間巣から出て殆んどすべての農作物は勿論果樹その他の苗木等をも食害する有名な東洋熱帯の害虫の1つである。クロツヤコオロギ（*Gryllus ritsemae* Saussure）(Fig. 341) は体長17～21mm。金属的光沢がある漆黒色，翅は褐色を帯び，後脚の関接部は赤褐色。触角は細く体長よりやや短く，雌はその中央の部分が白色を呈する。後翅は発達しない。後脚脛節の棘は5～6本。尾毛は基部が白色に近い。産卵管は細く，かなり長く，褐色を帯びている。本洲・九洲等に産し，若虫にて越冬，土中に20cmぐらいな穴を堀つて棲息する。

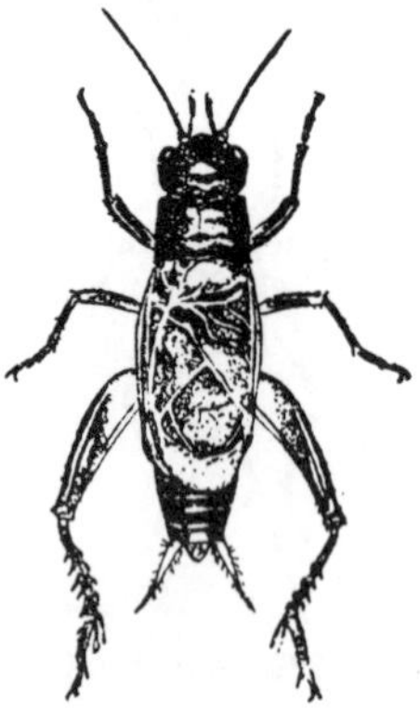

Fig. 341. クロツヤコオロギ雄（大町）

5．クチキコオロギ亜科

Subfam. *Gryllomorphinae* Retdenbacher 1900

Gryllomorphus や *Landreva* 等が代表的な属で，熱帯産，本邦にはクチキコオロギ（*Duolandrevus coulonianus* Saussure）(Fig. 342) が本邦に産する。この種は体長24～29mm，暗褐色で絹様微毛を密生する。頭頂突起は長幅等大で側縁相平行し，顔は同突起下で著しく凹む。複眼は前方に幾分突出し，触角は比較的太く頗る長い。前胸背板横形で，前後両縁殆んど直線。前翅は短く，雄では方形で末端殆んど直線，背面部は淡黄色で基部に黒色の1大紋を有し全面発音部となつているが発音鏡が明瞭でなく，側面部は黒褐色で6本の平行縦脈を有する。雌では甚小で一様に栗色，末端内方に斜に切断されている。腹部は大，肛上板は短く後方狭まる。雄の亜生殖板は半円錐形，産卵管は細長く水平に直線となり後脚腿節と等長。脚は太く，聴器は小円形で両側に開孔。1世代は2年に亘るようで，成虫と若虫とは共に樹上の腐つた洞の中や樹皮下等に棲息し，本洲，台湾，ハワイ等に分布する。

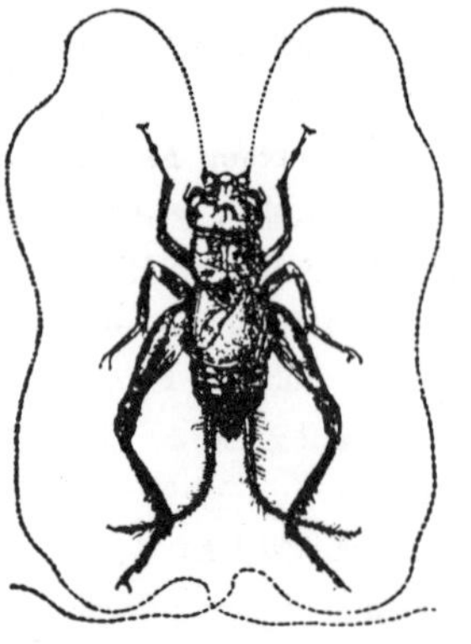

Fig. 342. クチキコオロギ雄

6．カンタン亜科

Subfam. *Oecanthinae* Saussure 1894

大部分のものは樹上棲，中庸形乃至大形。世界共通の *Oecanthus* Serville や米国産の *Amphiacusta* と *Phalangopsis* や濠洲と新熱帯産の *Endacusta* やエチオピア産の *Phaeophyllacris* 等が重要な属で，本邦からはカンタン（*Oecanthus longicauda* Matsumura）(Fig. 343) とタイワンカンタン（*Oe. indicus* Saussure）とスズムシ（*Homoeogryllus japonicus* de Haan）その他等が発見され，何れも鳴虫として飼育せられ，前2者は樹上に最後ものは草むらの下等に棲息する。

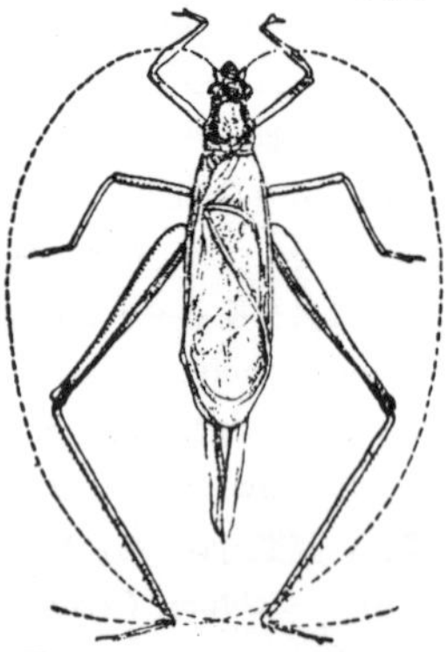

Fig. 343. カンタン雄

7．ナガコオロギ亜科

Subfam. *Pentacentrinae* Retdenbacher 1900

Pentacentrus Saussure が基本属で，前翅に発音器を欠く事によつて容易にカンタン亜科から区別され得る。本邦には産しないが台湾からは *Pentacentrus* と *Parapentacentrus* との2属2種が発見されている。アミメナガコオロギ（*Pentacentrus formosanus* Karny）(Fig. 344) は体長（翅端迄）15mm内外，黒褐色。頭は軟毛を密生し，額突起は前方に傾斜し触角間にて狭まる。触角は太く，黒褐色で中央前方に白色の1大輪を有する。前胸背板は円味強く，長毛を密生し，側片は円い下縁を有する。前翅は尾端を越え，背面は淡褐色で不規則な黒褐色の横斑を疎布し，3本の縦脈を有し，発音部

は殆んど認められない，側面部は黒褐色で3本の縦脈を有する。後翅は太い尾状を呈して後方に延びている。雄の亜生殖板は大形で後縁が円い。台湾阿里山に発見され，雌虫は未だ知られていない。

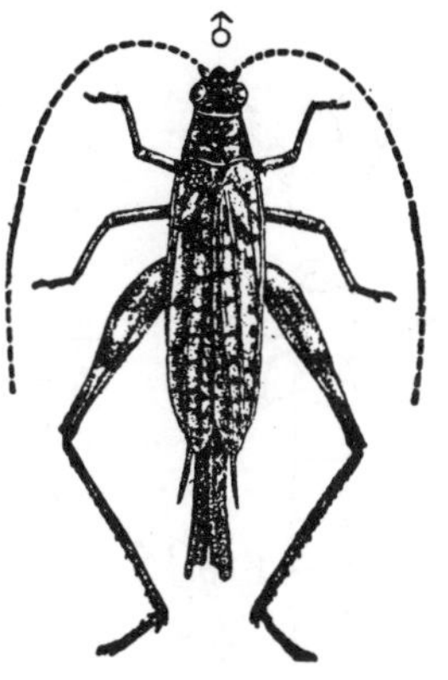

Fig. 344. アミメナガコオロギ雄

8．クサヒバリ亜科

Subfam. *Trigonidiinae* Kirby 1906

小形で草間や灌木等に棲息し，鳴くものと然らざるものとがある。*Trigonidium* Rambur（旧北洲，エチオピア，インド，マライ），*Cyrtoxiphus* Burnner v. W.（広分布），*Homoeoxiphus* Saussure（インド，マライ），*Anaxiphus* Saussure（新熱帯）等が重要な属で，本邦にはクサヒバリ（*Paratrigonidium bifasciatum* Shiraki）やキンヒバリ（*Anaxiphus pallidulus* Matsumura）やヤマトヒバリ（*Homoeoxiphus lycoides* Walker）等の鳴吟類とクロヒバリモドキ（*Trigonidium cicindeloides* Rambur）（Fig. 345）等が発見され，前3種は何れも飼育販売されている。クロヒバリモドキは体長5～7mm，淡黒色乃至黒色で光沢に富む。顔は褐色の長剛毛を疎生し，触角間は多少突出し触角第1節より僅かに幅広。前翅は革質，雄では尾端に達し黒色乃至淡黒色でときに中央縦に黄色を呈するものがあり，縦脈は4本，後端部は淡色で少数の横脈を有する。雌の前翅は淡色で尾端に達しない。前翅の側面部は雌雄共に濃色，3本の縦脈を有し，横脈がない。後翅は発達しない。脚は黄色。産卵管は中脚腿節より長く，背方に曲り剣状。若虫で越冬し，年1回の発生で，萱等の草上に棲息する。本州，四国，九州等に産し，沖縄やハワイに分布する。

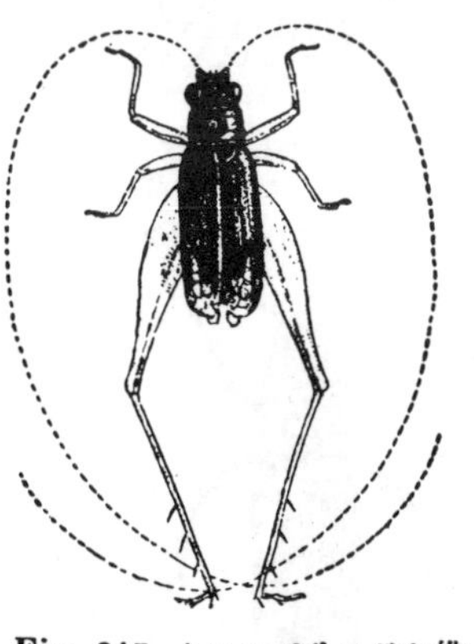

Fig. 345. クロヒバリモドキ雄

9．マツムシ亜科

Subfam. *Eneopterinae* Saussure 1894

大体熱帯産の種からなり，新熱帯産の *Eneoptera* Burmeister，やマライ産の *Nisitra* や濠洲，マライ産の *Cardiodactylus* や米国産の *Orocharis* 等が代表的な属で，本邦からはマツムシ（*Xenogryllus marmoratus* de Haan）(Fig. 346）1種が発見されているのみ，これは有名な鳴吟類の1種で，普通飼育販売されているが本州・四国・九州等から台湾迄分布している。

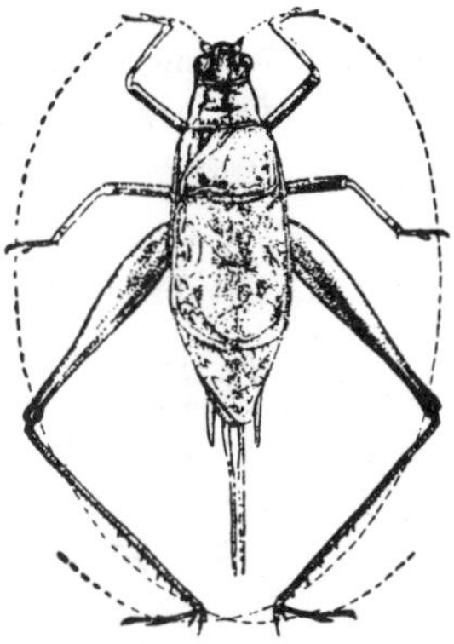

Fig. 346. マツムシ雄

10．マツムシモドキ亜科

Subfam. *Podoscyrtinae* Saussure 1894

この亜科には雄の前翅に発音鏡を有するのと然らざるものが包含され，基本属たる *Podoscyrtus* de Guérin は後者に属する。本邦から発音器を具えているアオマツムシ（*Calyptotrypus hibinonis* Matsumura）と発音器を欠くマツムシモドキ（*Aphonomorphus japonicus* Shiraki）やカヤコオロギ（*Euscirtus hemelytrus* de Haan）との3種が知られている。カヤコオロギ（Fig. 347）は他の種類と全く異つた形状の種類で，体長9～10.5mm，汚黄色。頭部は幅広く背面に著しく隆起し，褐色乃至黒褐色の太い縦帯を有し，額突起は水平に細く突出し背面縦に凹み平行せる側縁を有する。前胸背は横形で後方に微かに狭まり，前縁少しく凹み後縁中央僅かに後方に突出し，背面多少扁平で2本の太い黒褐色の縦帯を有する。側片は基部に黒褐色の1縦帯を有する。前翅は雌雄共に同形で腹部の基部に達するのみ，末端円く，左右の接合部は幅広く黒褐色，側面部は中央に太い黒褐色の1縦帯を有する。後翅は退化する。腹部は円筒形で後方細まり，尾毛は中庸長。産卵管は細長く末端の方に漸次細まり，基部扁平，直線でなく多少上下に変曲する。卵で越冬し，年1回の発生，ススキ等の草の葉に棲息している。

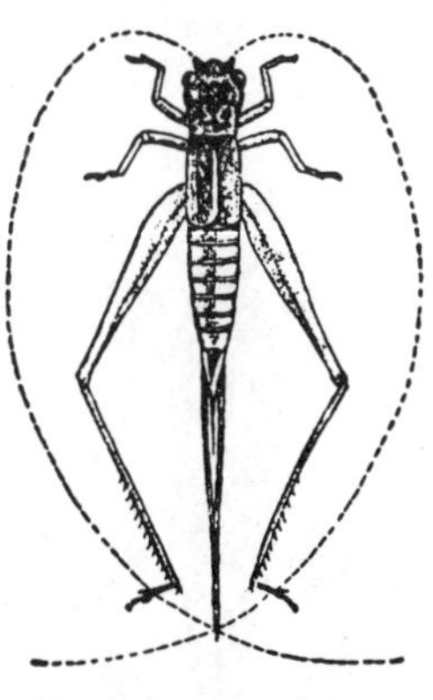

Fig. 347. カヤコオロギ雌

66. ケラ（螻蛄）科

Fam. Gryllotalpidae Brunner v. Wattenwyl 1882 Fig. 348

直翅目中最も驚く可き形態の昆虫で，前脚脛節が甚だ太く変形して開堀に適応し恰もモグラを小さくしたような外観を有する。Mole Crickets と称えられる所以である。大形で太く，のろま的で無跳躍的な昆虫で，地中に深く潜孔する性質を有し，しかも敏活に飛翔する事が出来るものである。色彩は普通褐色又は黒色で，短い微毛にて被われている。聴器も発音器も一般に認められないが，これ等両器管は痕跡的に存在する。複眼は非常に小形，産卵管は突出していない。跗節は3節で末端に2爪を具え，前脚 (Fig. 347) は脛節のみでなく基節も腿節も甚だ太まり短く，転節もよく発達し，腿節基部に太い1棘即ち腿節距棘 (Femoral Spur) を具えている。覆翅は短く，後翅は長く後方に尾状となつて延びている。丈も退化するものもある。尾毛は無節で長いか短い。僅かに5属40種が発見され，全界共通の *Gryllotalpa* Latreille と米国産の *Scapteriscus* Scudder とが重要な属で，本邦にはケラ(*Gryllotalpa africana* Palisot de Beauvois (Fig. 349) 1種のみが産し広く分布し農作物の根部を害するものとして知られている。この種は体長29～31mm。茶褐色乃至黒褐色，本洲・四国・九洲等に産し，アジア・アフリカ・濠洲・ニュージーランド等に広く分布し，禾本科植物の根部や地下茎を食害する。

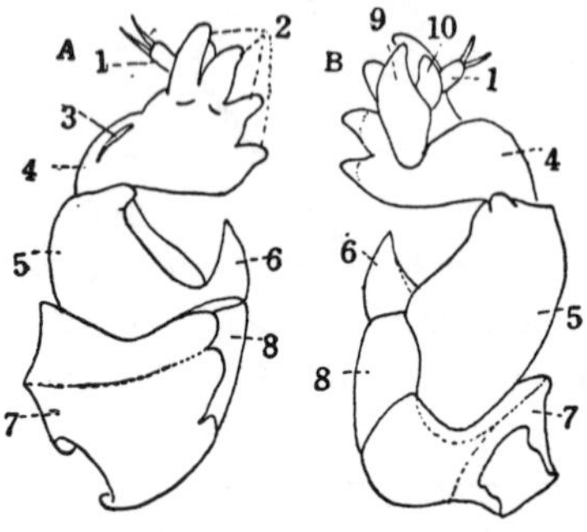

Fig. 348. *Gryllotalpa hexadactyla* Perty の前脚 (Essig)
A．外面（前面）図　B．内面（後面図）
1．第3跗節　2．指状突起　3．聴器孔　4．脛節　5．腿節　6．腿節棘　7．基節　8．転節　9．第1跗節　10．第2跗節

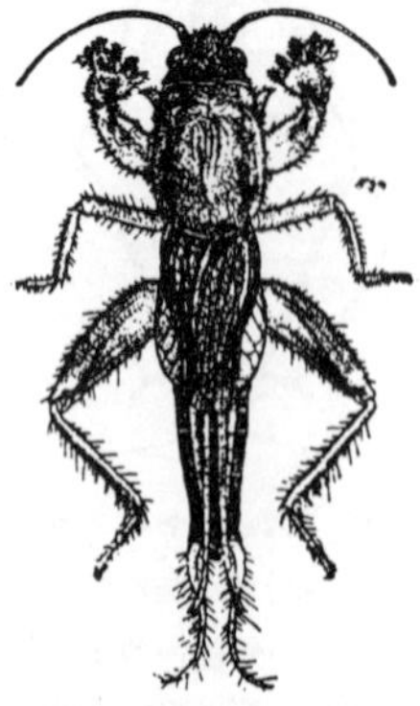

Fif. 349. ケ ラ 雄

67. Fam. *Cylindrachetidae* Giglio-Tos 1914

Fig. 350

濠洲とパタゴニアに産する *Cylindracheta* Saussure が代表的のもので細長く無翅で，一寸紡脚目に似ている。跗節は2節，前脚の脛節は著しく幅広となり，中後面脚は甚だ短い。植物の茎中に潜孔する種類である。

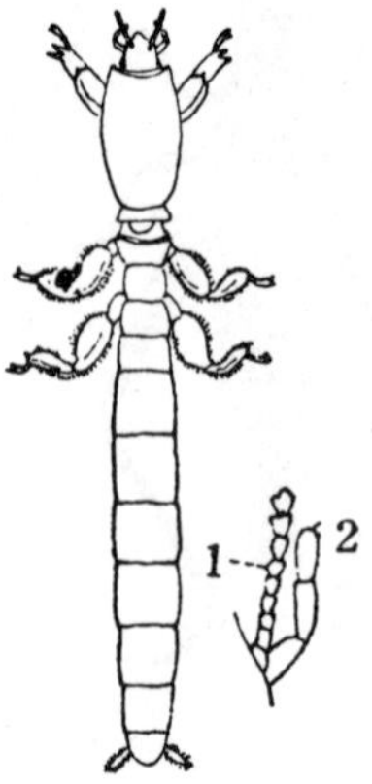

Fig. 350. *Cylindracheta* (Giglio-Tos)
1．触角　3．鬚

68. ノミバッタ（蚤蝗虫）科

Fam. Tridactylidae Brunner von Wattenwyl 1882

奇妙な小さな直翅目で体長10mm以上のものは少なく，前脚の脛節は開堀に適応し，後脚の腿節は著しく大形となり跳躍に適応している。前中両脚の跗節は2節で，後脚のものは1節かまたはない。後脚の脛節は可動的な長い板片即ち游泳片 (Natatory lamellae) にて終りこの板片が拡げられて砂地や水の表面から跳躍するのに役立つものであろう。触角は短く11節からなり，単眼は微小で3個，覆翅は短く，翅は長く屢々腹部の末端を越えて延び，扇状に畳まれる大形の臀部を具えている (Fig. 351*a*)。聴器と発音器とはなく，尾突起の1対を具え，尾毛も1対存在している。普通水辺の湿地に棲息し，砂中に自由に潜孔しまた非常な勢力で跳躍する。ヒシバッタの如く水上や陸上を同様に上手に跳躍する。世界に分布し，3属55種類が知られ，世界共通の *Tridactylus* Olivier や米国産の *Rhipipteryx* と *Ellipes* との属で代表されている。本邦にはノミバッタ (*Tridactylus japonicus* de Haan) 1種が発見され，蔬菜類の稚苗の害虫として認

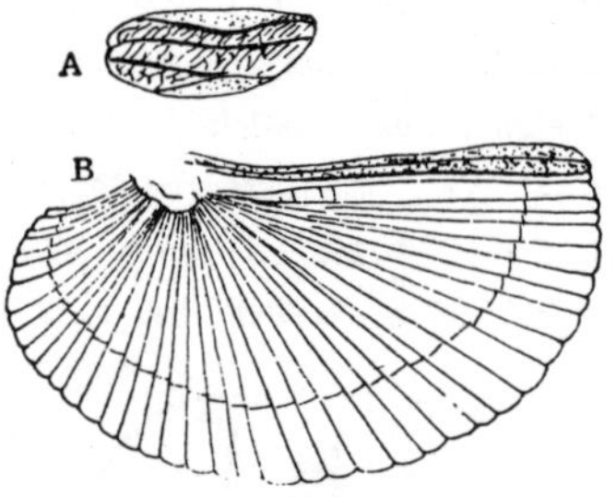

Fig. 351*a*. ノミバッタの翅 (Handlirsch)
A．前翅　B．後翅

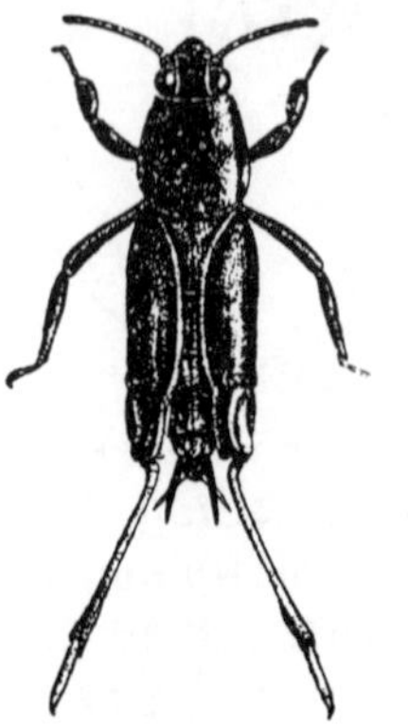

Fig. 351*b*. ノミバッタ雄

められている (Fig. 351*b*)。黒色で光沢を有し，体長5～5.5mm，本洲・四国・九洲・台湾等に普通。

XI　擬蟋蟀目

Order *Grylloblattodea* Brues et Melander 1932. Fig. 352

1914年に直翅目の1科 *Grylloblattidae* として初めて1群に認められたもので，翌年 Crampton が目として *Notoptera* と命名せるが，*Notopterus* は1800年に Lacépède によつて魚類の属として使用せるもので且つ *Notopteridae* は1868年に Günther によつて魚類の1科の名に使用している。従つて Brues and Melander のこの命名を採用するのが正しいのである。

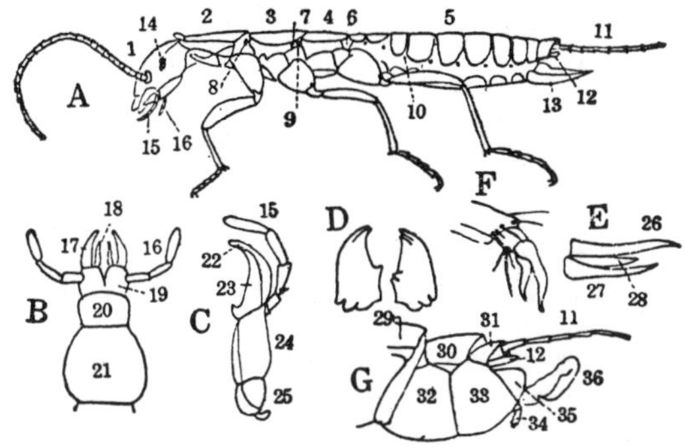

Fig. 352. 擬蟋蟀の体制模式図 (Essig)
A．雌の側面　B．下脣の腹面　C．左小顎の腹面　D．大顎の腹面　E．産卵管の側面　F．後脚の爪　G．雄尾端の側面
1．頭部　2．前胸背板　3．中胸背板　4．後胸背板　5．腹部　6．後胸後側板　7．中胸後側板　8．第1胸気門　9．第2胸気門　10．腹気門　11．尾毛　12．尾突起　13．産卵管　14．複眼　15．小顎鬚　16．下脣鬚　17．側舌　18．中舌　19．前基節　20．基節　21．亜基節　22．外葉　23．内葉　24．蝶鉸節　25．軸節　26．背瓣　27．腹瓣　28．内瓣　29．第8背板　30．第9背板　31．第10背板　32．第9腹板　33．左基腹節 (Coxite)　34．尾突起　35．陰茎の左葉(Left-lobe of phallus)　36．反転嚢

69．コオロギモドキ (擬蟋蟀) 科

Fam. Grylloblattidae Walker 1914

中庸大のシミ状の無翅の昆虫で，口器は咀嚼型，触角は糸状で多数節，複眼は小形かまたは無く，単眼はない。脚の跗節は5節で，各節に1対の小片を具えているものがある。尾毛は長く8～9節，雄の尾突起は存在し，産卵管は突出し剣状。変態はない。

頭は滑かで，表面には少数の毛を生ずるが鬚と触角とには多数の毛を装う。複眼は殆んど円く小形，触角は28乃至40節で末端の方の環節に進むに従つて長く，口器はよく発達し大顎は大形で末端に2個基部に1個の歯を具えている。小顎は軸節と蝶鉸節と外葉と内葉とからなり，よく発達せる5節の鬚を具えている。下脣は長く，大形の亜基節と横形の基節と末端2分せる前基節とからなり，その末端に細長い舌と側舌とを具え，下脣鬚は3節からなる。前胸は方形または幅より多少長く側方に拡がつていない，中胸は後胸より大形。脚は3対共に同様で，疾走に適応し，基節は左右接近し，跗節は5節で末端に2爪を具え，ある雄では各節に膜質の小片を1対具えている。腹部は長く，背板は10節が認められ，各々多少等形で横形，側方にて下方に延びている。腹板は雄では9個，雌では8個からなる。尾突起は雄の第9節より生じ (Fig. 354) 産卵管は3対からなる。

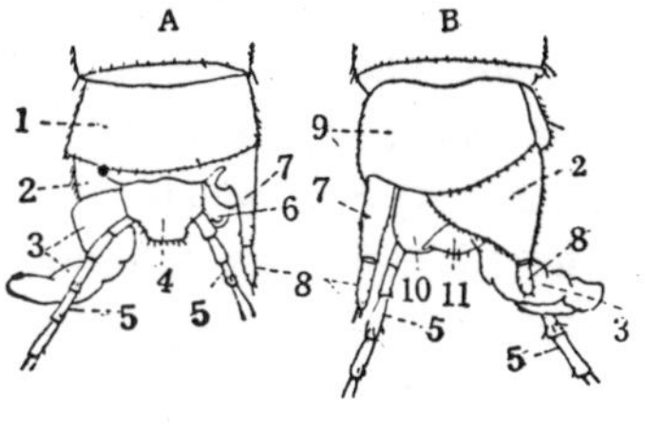

Fig. 353. *Grylloblatta* 雄の尾端図 (Walker)
A．背面　B．腹面
1．第9背板　2．左基腹節　3．反転嚢
4．第10背板　5．尾毛　6．陰茎の右葉
7．右基腹節　8．尾突起　9．第9腹板
10．陰茎の右葉　11．同左葉

この昆虫は採集された個所でも多数に見出されていない。北米産の *Grylloblatta* は4000～7000尺の山に産し，コケや推積物や石等の下または土中に棲息し，本邦産の *Galloisiana* は大体山地の斜傾地の砂礫地帯でブナの粗林地の石下等に棲息している。北米では西部カナダ，ワシントン洲，モンターナ洲及び加洲に発見され，*Grylloblatta campodeiformis* Walker (1変種 *accidantalis* Silvestri) と *Grylloblatta barberi* Caudell とが産し，本邦では東北より中国迄に *Galloisiana nipponensis* Caudell et King (ガロアムシ) Fig. 354，九洲雲泉に

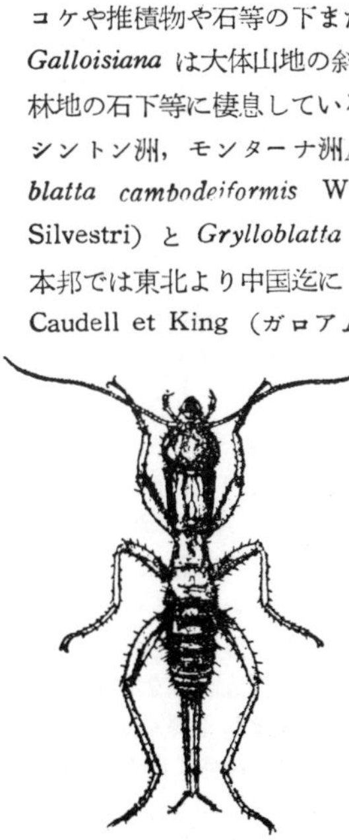

Fig. 354. ガロアムシ雄

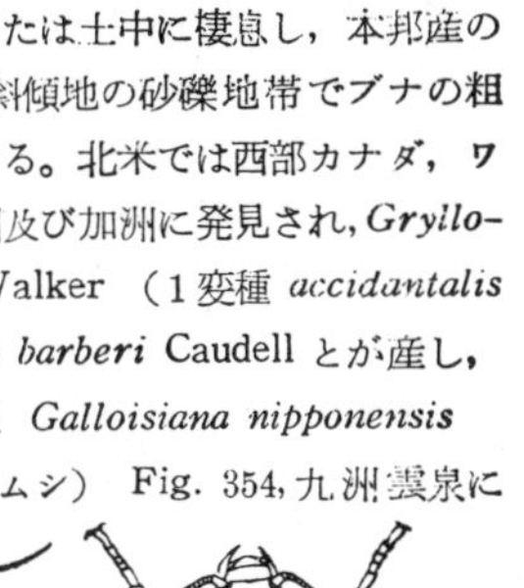

Fig. 355. イシイコオロキモドキ雄 (Silvestri)

Ishiana notabilis Silvestri (イシイコオロギモドキ) Fig. 355 とを産す。

XI 革翅目

Order Dermaptera Leach 1815

Dermaptera なる名は1773年に Carl de Geer によつてカメムシ類に使用されたが，1815年に W. E. Leach と Wm. Kirby とによつて初めてハサミムシに採用した。その前この昆虫目に対し1806年に A.M.C. Duméril が *Labidoures* (*Labidura*) を用い，後1839年に J.O. Westwood が *Euplexoptera* なる名を採用している。永年の間この目は直翅目の1科 *Forficulidae* として取り扱わされておつたものである。Earwigs や Arixenids が包含され，ドイツでは一般に Ohrwürmer フランスでは Forficules や Perce-oreilles と称えられている昆虫である。

小形乃至中庸大の長い体を有し，口器は咀嚼に適応し背舌 (Superlinguae) は顕著で唇舌は左右に分れている。後翅は甚だ短く革質となり脈を欠き，後翅は大きく半円形に近い膜質で著しく変化せる放射状の脈を有する。無翅の場合も少くない。跗節は3節。尾毛は無節で普通の場合には角質の鋏子状附属器に変化している。産卵管はない。変態は僅か。

外形態

体 (Fig. 356) は長く扁平。頭は多少心臓形で，殆んど三角形に近いものから五角形のもの迄に変化がある。しかして後縁は一般に直線であるが時に中央少しく凹んでいるものがある。背面複眼間に1横線を有し，その前方は額で後方は後頭である。後頭は中央に1縦線を横線の中央から頭の後縁迄に有す。これ等の線は蓋頭線で，ある種類では不明瞭となつている。尚お *Diplatys* 属の如く複眼より後方に斜に起る斜縦隆起線を存する場合もある。もつともこの線は雌では辛おじて現われるのが普通である。複眼は一般に小形，しかし *Diplatys* 属や *Brachylabinae* 亜科のあるものでは大形となり突出している。もつとも *Arixeniidae* では著しく退化し左右各僅かに8個の小眼からなつている。口器 (Fig. 357) は咀嚼型で，各器が何れもよく発達し，*Arixenia* 属では大顎の内側に歯を具えているが他のものは普通，小顎の内葉は2本または4本の端歯を具えている。

触角は一般に糸状で9～50節，第1節は比較的大形で末端太まり *Eudohrnia* 属の如く2縦隆起線を有すものがあり且つまた *Arixenia* 属の如く著しく長く前胸背の中央に達しているものもある。第2節小さく円筒形，第3節は著しい変化があつてあるものは円筒形他のものは卵形更にまた棍棒状のもの等がある。第4節は普通微小で第3節より短いが微かに長いものもある。第5節は第

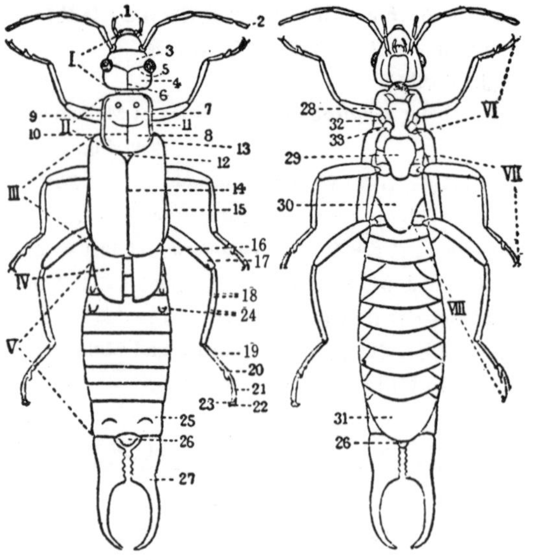

Fig. 356. 革翅目の体制模式図

A. ハサミムシ背面　B. 同腹面

I. 頭部　II. 前胸背板　III. 覆翅　IV. 翅　V. 腹部　VI. 前脚　VII. 中脚　VIII. 後脚

1. 小題鬚　2. 触角　3. 額　4. 後頭　5. 頭蓋翼線　6. 頭蓋軸線　7. 前部　8. 後部　9. 横線　10. 縦線　11. 側溝　12. 小楯板　13. 肩　14. 接縁　15. 側隆起線　16. 後縁　17. 後脚の腿節　18. 同脛節　19. 同第1跗節　20. 同第2跗節　21. 同第3跗節　22. 爪間盤　23. 爪　24. 腺皺　25. 端背節　26. 尾節　27. 鋏子　28. 前胸腹板　29. 中胸腹板　30. 後胸腹板　31. 亜端腹節　32. 前脚の転節　33. 同基節

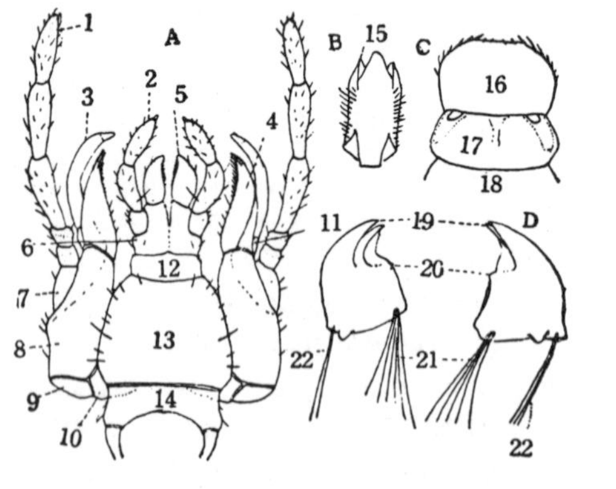

Fig. 357. ハサミムシの口器 (Essig)

A. 口部腹面　B. 下咽喉　C. 上脣　D. 大顋

1. 小題鬚　2. 下脣鬚　3. 外葉　4. 内葉　5. 脣舌　6. 生鬚節　7. 担鬚節　8. 蝶鉸節　9. 軸節　10. 亜軸節　11. 底外葉　12. 基節　13. 亜基節　14. 喉板　15. 背舌 (側舌)　16. 上脣　17. 頭楯　18. 額　19. 端歯　20. 底歯　21. 内転筋　22. 外転筋

4節に類似するが普通は少しく長く，以下の環節は各直前節より少しく長く，ときには第3節と等長のものがある。第3，第4及第5の長比は分類上最も重要な特徴の1つである。触角の各環節は円筒状である事が本来の形で，その場合は細長くなつている。しかして多少楕円形即ち紡錘状となつたり亜円錐形即ち棍棒状となつたりまたは円錐形となつていて，これ等の場合には常に基部の方に細い部分が位置している。ときに各節が球状となり幅より長くなく，また数節が特に太くなつているものもある。

胸部は前中後の3部に区別されている。前胸背板は種々な形状のものがあるが扁平，本来のものは多少方形である。その後縁は有翅型では普通多少円味を有し，無翅型では直線となつている。前縁は一般に直線なれど，稀れに細くなり恰も頸部のように突出している事がある。前胸背板はまたときに楕円形や殆んど円形のものもある。表面の前部は普通多少膨れて屢々両側部に1凹陥部を有し，後部は規則的に扁平で1中縦線を有す。中胸背板は有翅型では鞘翅下に隠され，無翅型では短い横板として存在し，*Brachylabinae* 亜科のものには屢々両側に1斜縦隆起線を有する事がある。後胸背板は翅を具えている，しかし無翅型では横形板として現われ，その前縁は直線となり後縁は凹んでいる。前胸腹板は細長い節片で，普通は平行側縁を有し基部括れている。しかしときに後方に狭まるものもある。中胸腹板は一般に長幅等大，後縁は直線かまたは円味を有し中脚基節を稍々越え，側縁は凹み，全体の形状は不規則形である。後胸腹板はまた不規則形で，一般に長幅殆んど等大，大形で前縁が幅広となり後方に著しく狭まり後脚基節間に延び，側縁は凹み，後縁は直線か凹線かまたは円い。

前翅 (Fig. 358 C. D.) 即ち覆翅 (翅鞘) は革質で，完全にない種類もある。普通の状態のものは多少矩形で翅脈を欠き，体の背上に左右の後縁が相接して水平に安置され，その接縁を一般に縫合縁 (Sutural margin) 即ち接縁と称える。この覆翅は背面部と細い前縁即ち側縁部とからなり，前者は覆翅の大部分で平に置かれ，後者は体側に接し垂直となつている。これ等両部は *Labidura* や*Forcipula* や *Allodahlia* やその他の属では1縦隆起線にて区劃されているが，一般的には斯かる線がない。所謂肩部は普通顕著で円く且つ前胸背板の側部を越えて突出している。しかし翅が完全でないものや無い場合には肩部は発達しないで前胸背板の側縁と覆翅の側縁とが1線上に位置している。普通の有翅のものは覆翅の臀部が規則的に直角となり接縁が基部から末端迄密接している。しかし翅のよく発達していないものや完全に欠けているものでは臀角が丸味を有し為めに中胸背板の1部が接縁間に視われ剛化しこの部分を小楯板と称える。翅が充分発達している種類では前胸背板が後方覆翅の基部上に延び小楯板が現れていないのが普通である。しかし *Apachyus* や *Diplatys* や *Pygidicraninae* 亜科のものでは覆翅が楕円形に近くなつていて臀角が円くなり同時に前胸背板が後方に延びていない為めに小楯板が顕著となつている。覆翅の表面は普通平で滑かであるが，*Allodahlia* 属の如く微顆粒を散布するものがあり，また *Echinosoma* 属の如く鈍棘を生ずるものや，あるいはまた点刻を附するもの等がある。側縁部はときに背面部と異つた色彩を呈している事がある。静止状態に在つては左右の覆翅を合して長方形となり左右が相平行しているのが一般的な状態なれど *Hypurgus* や *Pterygida* や *Allodahlia* 等の属では後方に狭まつている。*Apachyus* や *Diplatys* 等の属では背面部と側面部との間の区劃が明瞭でなく覆翅全面が体の背面に平たく置かれている。覆翅の後端は半有翅型では横直線となり，有翅型では凹線または斜直線となつている。*Borellia* 属の如く覆翅が中胸背板の側部に小片として附着しているものもある。

翅 (Fig. 358 の A. B.) 即ち後翅は *Arixenia* や *Anisolabis* 等の属のものや *Brachylabinae* 亜科のもののように全くないものがある。完全に発達したものは半円形

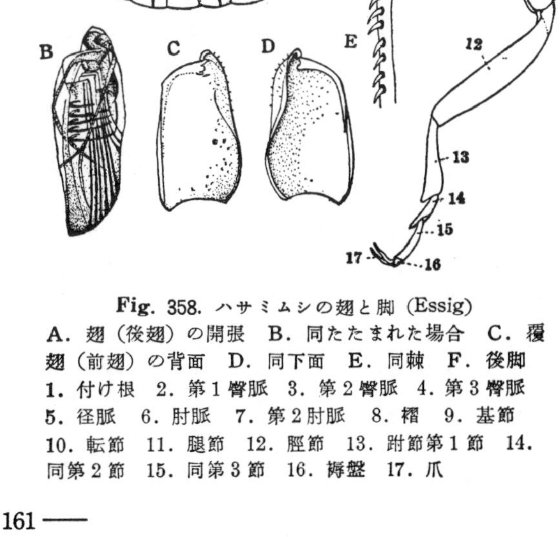

Fig. 358. ハサミムシの翅と脚 (Essig)
A. 翅 (後翅) の開張　B. 同たたまれた場合　C. 覆翅 (前翅) の背面　D. 同下面　E. 同棘　F. 後脚
1. 付け根　2. 第1臀脈　3. 第2臀脈　4. 第3臀脈　5. 径脈　6. 肘脈　7. 第2肘脈　8. 褶　9. 基節　10. 転節　11. 腿節　12. 脛節　13. 跗節第1節　14. 同第2節　15. 同第3節　16. 褥盤　17. 爪

で大きく膜質，前縁部の基半部は革質となり静止の際覆翅の後端外に現われる部分である。この部分の末端から翅脈が放射状に出て，翅が畳まれる場合に扇子の如くこの革質部が軸となつて畳まれ更にこれに直角に折り曲げられて完全に革質部の下に隠されるのである。翅は屢々退化し，しかも同種類のものの中で完全なものや不完全なもの等がある事 *Labia* 属の如きがある。

脚 (Fig. 358 の F) はよく発達し互に著しく隔りて胸腹板から生じ，前中後の 3 脚とも同様な構造で大さに多少の変化があるのみ，即ち前脚は最小で後脚が最大となつている。*Opisthocosmiinae* と *Chelisochinae* とのある属では細長なれば，一般は体に比し短小である。基節と転節とは何れも小形，腿節は一般にむしろ側扁しているが *Timnomenus* 属では著しく太く，*Pygidicraninae* 亜科のものは著しく側扁し細い縦隆起線を有する。脛節は普通少しく彎曲し且つ側扁し，上縁は末端にて扁平となり且つ縦凹を有し, *Exypnus* や *Chelisoches* や類似等の属ではこの凹が顕著で完全な溝となり脛節全長の 1/3 〜1/2 を占めている。跗節は 3 節，第 1 節は普通他の 2 節の和より長いが *Apachyus* 属の如く第 3 節より著しく短いものもあり，第 2 節は最短て種々な形態を呈し *Labia* 属では最も短小となり *Brachylabinae* 亜科のものは最も長大，普通円筒状であるが *Chelisochinae* 亜科のもののように第 3 節の下面に細長く延長しているものや *Forficulinae* 亜科の場合の如く心臓形の葉片となつているものもある。第 3 節は一般に第 1 節の約 1/2 長で普通円筒形，*Chelisochinae* 亜科の場合はむしろ短く幅広となつている。跗節は大体扁平で，普通は著しく棘毛を装い且つ長い棘毛を具え，末端節に 2 爪を具え，爪間に爪間盤を有する事 *Diplatys* 属その他の如きがあるものも乾燥標本に於ては爪間盤が一般に著しく縮小して明瞭でない。

腹部。長形で体の他部と大凡等長。*Solenosoma* 属では殆んど円筒形，*Opistocosmiinae* 亜科の多数の種類では紡錘状で中央部最太でその横断面は殆んど円形に近く，*Diplatys* と *Pygidicrania* との属では円味を有するが中央部最細となつている。腹部の普通の形状は多少扁平即ち横断面が楕円形を呈するもので，両側縁は平行のものや中央部で太くなつているものもあり，また *Apachyinae* 亜科のものや *Platylabia* 属のものの如く厚紙のように著しく扁平となつているものもある。雌では一般に末端の方に進むに従つて多少とも細くなるのが普通である。腹部は10環節からなり，末節を除き 9 節なれど雌虫では 7 環節のみ明瞭で第 8 と第 9 の両節は幾丁質の小板に変化し解体によつて初めて認め得られる状態となつている。各環節中には附属突起を具えているものが少くない。即ち *Forficula* 属ではある環節の側縁部に隆突起や隆起線やまたは長棘等を有し，*Psalidinae* 亜科のある種類では各環節の後縁角が後方に延長して鋭角となり且つ普通に線条付けられ或は細溝を生じている場合が多く，これ等の形態は種の同定に重要なものの一つとなつている。*Eparchus* 属では腹部側縁に小隆起粒を列し，*Labidurinae* 亜科では各節の後縁微かに鋸歯状となつて居る。これ等の構造は雌虫に在つては殆んどすべての場合発達していない。*Forficulinae* や *Labiinae* 等の亜科に属する多数の属では第 2 と第 3 との環節の側縁に隆起褶を有す。これは嗅腺 (Stink gland) の開口で腺皺と称える。腹部各節は互に密接に鱗片様に排列せられ，若し引き延ばす時は各節を接続する間膜が現われる。この膜に微小な気門が存する。各節の表面は滑かな場合と微顆粒が散布されている場合とがあるのみで変化が少なく，腹面は平で背面に比し一般に滑かで且つ色彩が薄いのが普通である。

腹部背面の末端節は大きく且つ幅広く，その形状や附属器物は各種各様で分類学上必要な形態の一つとなつている。しかし雌の場合では雄虫に比し殆んど無変化的に簡単で且つ幅が狭くなつている。腹部腹面の末端節は大部分またい全部が大形の直前節にて覆われている。しかしその直前節を取除いて見るときは排泄物と生殖細胞とを輸出する通路たる中央の 1 縦溝を認める事が出来，恰も左右に 2 分されているが如き観を呈している。末端直前節の外形は雌雄によつて微細な差異を認め得る程度で種と属との同定には必要な形態の 1 つとなつている。

尾節 (Pygidium) (Fig. 359) は革翅目特有の鋏子 (Forceps) (尾毛の変形) の基部中間に突出する特に幾丁質化せる小片でときに現われていないものもありまた著しく突出しているものもある。その形状は種々で且つまた雌雄にて著しく差異がある。*Apachyinae* 亜科に属するものは腹部末節は後方に細く葉片状に延びていわゆる尾突片 (Anal process) 即ち鱗尾節 (Squamopygidium) (Fig. 360) となつている。このものは尾節と後尾節 (Metapygium) と端節 (Telson) との 3 節片の癒合せるものと考えられている。*Arixenina* 亜目には尾節がない。後尾節は尾節の後縁中央に接続する小片で，普通は存在していないが，*Protodermaptera* (*Gonolabina* 属を除く) 類のみに見出され，また端節も同様で後尾節に続く微小片である。

鋏子は *Forficulina* 亜目に最も特筆すべきもので細い無節の硬い幾丁質化せる鋏子状となつた尾毛で，腹部

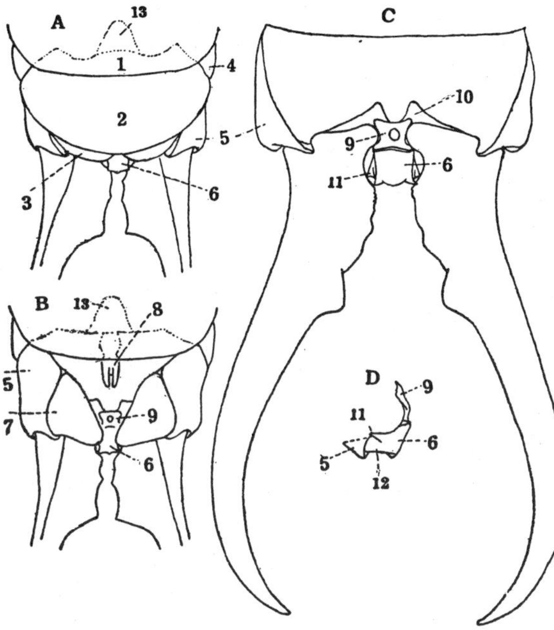

Fig. 359. ハサミムシ雄の尾端部 (Essig)
A．尾端腹面図　B．第9腹板を除去せる腹面図
C．第9腹板と肛側板とを除去せる腹面図　D．後節の側面図
1．腹第8腹板　2．同第9腹板　3．同第10腹板　4．同第9背板　5．同第10背板　6．後尾節　7．肛側板　8．挿入管　9．尾節　10．肛上板　11．端節突起　12．端節　13．挿入器基部

長末節後縁より生じ，その基部に強力な筋肉が附着して同器の運動を司つている。形状は様々で，基部は左右相接するものより遠く隔るもの迄あつて，細長いもの，太く円錐形のもの等があり，横断面は三角形や円形や扁平楕円形等で，普通多少とも末端にて細まり且つ多少彎曲しているのが常である。*Forficula* 属の如く基部のみ著しく扁平となつているものや *Kosmetor* 属の如く細く全長円筒形となるものや *Psalis* 属の如く円錐形のものがあり，また *Eudohrnia* 属の如く著しく長いものや *Pterygida* 属の如く弓状のものや *Anisolabis* 及び *Borellia* 両属の如く左右不対称的に彎曲せるものがあり，なおまた *Anechura* 属と *Allodahlia* 属の如く上下に彎曲せるものや *Eparchus* 属の如く種々雑多に構成された歯を有するものや *Apachyus* 属 (Fig. 360) の如く著しく彎曲して鎌状を呈するもの等がある。一般に雌虫のものは雄虫に比し簡単で直線に近く附属器を有する事がない。最も *Chelisodochidae* 科の或る種類の如く雌虫でもやや雄虫に劣らざる程度の鋏子を有し屢々専門者にも雌雄の区別を誤らしむる事がある。

Fig. 360. *Apachyus feae* Bormans 雄 (Burr)
1．鱗尾節　2．鋏子

鋏子の形態は亜目や科や雌や種を決定する場合に有要なものとなつているが，各種中各個体で相当の変化を有するものでときに甚だしい誤を導く事が少くない。しかし鋏子の発生発育等より研究する場合は革翅目の系統学的研究に甚だ有効に取扱われ得るもののようである。鋏子は尾毛の変形物である事は現今信じられている事実で，*Arixenina* 亜目 (Fig. 361) では鋏子と称する事が困難な形態となつていて稍々鋏子状に曲り比較的短かく細く且つ微毛を密生している。

Fig. 361. *Arixenia jacobsoni* 雄 (Burr)

革翅目の腹部は11節（尾節を含み）よりなり，第1背板は後胸背板と癒合している。雌の第8第9各背板は *Forficulina* 亜目では著しく縮小し解体せざれば殆んどこれを認むる事が出来ない。しかし *Arixenina* 亜目では明瞭に認むる事が出来る。腹面の第1節は殆んど常に欠け，雄では第2～第9雌では第2～第7節のみ明瞭で，雄の第9節は第10節を覆い第10節は尾毛の基部に各小片として存在し，雌の第7節は第8節と第9節とを完全に覆うている。Berlese によると腹面の第11節も存在するもので肛門に接する1対の小片がそれであると。

内形態

神経系は簡単ですべてに於いて殆んど一定しているもののようである。脳と喉下神経球と3個の胸神経球と6個の腹神経球とからなり，脳からは比較的太い2本の触角神経を前方に出し，末端の腹神経球から一対の細い尾端神経を後方に走らせ，他の各球からは側方に数本の神経を稍々放射状に出している。

呼吸系は直翅目のものと大同小異で，10対の気門即ち胸部に2対腹部に8対の気門を開口している。

循環系もまた直翅目と同様である。

消食系は革翅目全体を通じて変化が少く，咽喉から細長く後方に進むにつれ太まり嗉囊に連り，それから小さな球状に近い砂嚢に達しその接続部は著しく縊れているのが普通である。中腸は砂嚢より多少太く円筒形で後方に多少捲曲している。最も *Arixenina* 亜目のものは完全に1回半乃至2回捲旋している，しかし雌では単に弓状に彎曲しているのみである。胃盲嚢はない。マルピギー氏管は8～20本内外で糸状を呈し，普通2群の束となつて附着している。然し *Forficula* 属では Bordas によると8～10本が2束となつていると，また Jordan によると5・3・4・4の4束となつて構成されている事が認められている。要するに2束または種類によつては4束となり各束の本数は必ずしも一定しているものでないようである。後腸は1部分或は全体を通じ捲旋し6個の直腸板を附着せしめている。*Arixenine* 亜目では雌雄の差によつて旋回程度も異にしている事が認められている。

生殖系。種類によつて著しい変化のある事が多数の学者によつて認められている。その大体を述べると次の通りである。

雄虫の場合は属によつて甚だしい差異がある。睾丸は他の昆虫と同様1対で，*Forficula* と *Anisolabis* との属では長く左右の1個はそれぞれ1対の長い互に密接している小胞からなり，*Arixenia* 属では球状で各々16個の短小な小胞から形成され上端莓状を呈している。輸精管は甚だ細く，*Anisolabis* 属では後方脹れ貯精嚢を形り，同貯精嚢は *Arixenia* 属の場合は小さくこれより出づる射精管の途中に1本の盲管を附着せしめている。この管は恐らく腺の1種ならん。輸精管は *Forficula* 属では直線で *Arixenia* 属では明瞭に彎曲している。射精管は *Labidura* 属では1対の管からなり，*Forficula* や *Anisolabis* や *Arixenia* 等の属では1本のようである。陰茎（または挿入器）は *Forficulina* 亜目では扁平で *Arixenina* 亜目では円筒形で末端幅広となつている。*Forficula* 属の陰茎の2個の交尾鈎 (Paramere) は基部少しく幾丁質化し末端著しく硬化し1～2本の歯或いは鈎棘を具えている。しかし *Arixenia* 属では軟かく少しく幾丁質化しているのみでその末端部は亜円筒形となり指状を呈し乳房突起類似の触毛を生じている。而して交尾鈎の末端部は背腹の位置に存在し，陰茎の末端室は彼れ等の腹面部に位置している。この末端室を陰茎嚢 (Preputial Sack or Endophallus) と称え，この室は陰茎の幅より深くその内に4個の幾丁質器を存置せしめている。これ等の装置は *Forficulina* 亜目には甚だ稀れにのみ存在し，*Protodermaptera* 類の *Gonolabis* や *Bormansia* や *Karschiella* 等の属に見出されるのが普通である。

雌の生殖系は2類に分つ事が出来る。即ち *Forficula* 属の如く左右各1本の輸卵管全長の大部分に亘り一定の間隔をもつて配列される無数の甚だ短い交互栄養室型 (Polytrophic) の卵巣小管の3列を認むるものと，*Labidura* や *Arixenia* 等の属の場合の如く卵巣小管の数が甚だ少く且つ1組からなるものとである。*Labidura* 属は5本の細い卵巣小管を *Arixenia* 属は少数の卵巣小管をそれぞれ有し，後のものは甚だ短かく各々の小管は1個の卵を包含しいわゆる胎生生殖をなす事が認められている。

感覚器官。皮膚面に於ける特別なものとしては *Forficula* 属の触角に短い淡色毛と多数の長い触毛とがある。この他に各節末端に1～3個の微小円錐体を包含する閉ざされた殼袋がある。この袋はまた1種の感覚器官であると Nagel が唱えている。また Rath の研究によると小顋鬚の末端に円筒形の附属突起があつてその上端に微小の円錐体が列せられこの附属突起の基部内に触感細胞の1群が認められ，更に下脣鬚にもまた小形の触感円錐体の1列が見出されている。

嗅腺。*Forficulina* 亜目のものには石炭酸とクレオソートとの混合液に等しい1種の液体を分泌する腺を第3第4両腹環節の後縁に沿う小孔の内部に有し，この小孔は側褶の下にあつてこれより体内にある比較的大きな袋胞に通じ，該胞は幾丁質の蓋で覆われ，その真皮は多角形細胞から構成されその間に大形の腺細胞が散在している。該腺細胞から分泌される液は袋胞中に散在する溝によつて開孔に流出するものである。最も真皮中には神経と気管とがあつて且つ開孔の部分から1本の稍々太い斜走せる筋肉が存在し，その作用によつて開孔部の開閉が行われている。この腺から排出される液は帯黄色または帯褐色で乳剤性のものである。

生 態

交尾。*Forficula auricularia* に関する De Geer の最初の観察によつて，雄虫は尾端の鋏子をもつて雌虫を打ち後雌虫の尾端と雄虫の尾端との接近が行われ互の体が一直線上に水平にされしかる後交尾が行われるものであると考えられた。その後 Gadeau de Kerville は雄虫がその鋏子を以つて雌虫を捕うるが如く見ゆれど同器は交尾には全然関係がなく，雄虫は腹部腹面の末端を雌虫の腹面に接せしむるために垂直に腹部を上方に向けはじめ時には頭部の方迄に彎曲せしめ，その後交尾に至る迄に数時間を費せる事を観察している（勿論交尾中は雌雄の体は1直線となる）。*Forbicula lesni* においての Lesne の観察によると玻璃管中にてコルク栓上に在つて並列して交尾が行われたと，Bormans の *Chelidura aptera* に就いての調査で雄虫はその鋏子の腹面を雌虫の腹面に接せしめて交尾すると，Xambeu の *Chelidura pyrenaica* に就いての観察も同様，その他 Bennett の *Anisolabis maritima* に関する研究や Gadeau de Kerville の *Anisolabis mauritanica* に関する観察や Sopp の *Labidura riparia* に関する調査等何れも皆 de Bormans の観察結果と同様である。*Diplatys greeni* では雄はその腹部を雌虫の腹部に巻付け且つ尾端腹面に接置させる事が認められ，*Arixenia jacobsoni* の場合は雌雄が水平一直線となりて互の尾端が接続し雄の尾毛が雌の尾毛を内部に置く事が観察されている。要するに鋏子は交尾に関係をもたない事が現在では認められている。

産卵。 種類によりまた観察者によつて産卵数が頗る相違している。*Forficula auricularia* は12～22粒 (Rühl) *Anisolabis maritima* は25～90粒 (Bennett) または 51～60粒 (高橋)，*Anechura bipunctata* は 18～25粒 (Rühl)，*Chelidura pyrenaica* は40～45粒 (Xambeu)，*Diplatys greeni* は25粒 (Green) 等である。これ等の卵数は1回に産下されるものでなく数回に亘つて産下される。

卵。 大体楕円形と言う事が出来る。*Forficula auricularia* のものは卵形で滑かな白色，*Chelidura pyrenaica* のものは卵円形で滑かで光沢を有し帯黄色を呈し知覚し得ざる程度の点刻を有し，*Anisolabis maritima* のものは楕円形で白色で光沢ある透明な外殻を有すと Bennett は報じているが高橋によると乳白色で少しく光沢を有し球形に近いと，*Anisolabis mauritanica* では球形に近く滑かで帯黄白色，*Diplatys greeni* のものは正楕円形で光沢を有し淡帯紫黄色を呈する。大きさは勿論種類によつて異なり長径0.8～3mm となつている。

若虫。 孵化当時の若虫は成虫に類似しているが尾端の鋏子が簡単で尾毛状を呈し，勿論翅を欠く。*Diplatys gerstoeckeri* の場合は鋏子は環節からなる尾毛状で14節から初まり成長につれ45節迄に増加し成虫直前の齢虫にて単節となり真の鋏子に変化する。その間尾毛の長は体長の2倍位に増大し後縮少する。他の *Forficulina* 亜目では斯くの如き事実は未だ見出されていない。若虫時代の脱皮は種類によつて多きは7回少いものは4回で，ときに同種類のものでも個体によつてその回数を異にする事は他の昆虫と同様である。

有翅型の種類で若虫が脱皮を重ねるに従つて中後両胸背板に変化を起し，前翅即ち覆翅の発育は最初は単なる斜線として現われ後に完全なものとなるが，後翅の場合は単なる斜線から放斜状の褶となり漸次発達して最後の脱皮によつて完全な翅となる。

次に若虫の外形態中著しい変化の起るのは触角で，その節数が脱皮につれ増加するのが普通である。しかし第1令虫は現今迄に知られている種類では8節で第1回脱皮後に増節が行われ，常に第3節が分節されるもので，しかも発育途上にて末端の方の環節が破壊されるとその場合にも第3節が増節する事が *Forficula auricularia* にて認められている。最もこの現象は一般的であるかは不明である。

習性。 今日迄知られているものでは年1回または2回の発生で，成虫は屋外の如何なる処にも見出されるが一般的には太陽の光線を好まざるもののようで，石等の下の地上の浅い溝様の中に棲息する種類が甚だ多い。しかし日中樹上や草本上に見出されるものも少くなく，しかも成虫のみでなく若虫も同様な個所に見出される事実より想像すると地上でも日光の直射せざる場所にも棲息し得る種類が多数ある事を認むべきである。ハサミムシは普通平地産なれど1万尺位の処迄に発見されている。

ハサミムシは夜間活動する種類が多くまた燈火に飛来する性を有するものも少くない。その飛来は或る特別な環境の場合に見出される事が多い。即ち降雨の際とか湿気多き温暖な場合とかまたは月光夜間とか種々な場合で，しかも群飛性を供う種類もある。

ハサミムシ類には真の水棲性のものはないが，屢々著しい湿地の個所や山間の流岸でしかも水に浸つている石下等に棲息する種類もある。扁平な種類は一般に樹皮下等に見出されるようであるが倒木や立木を好む種類もある。また *Opisthocosmiinae* 亜科に属する種々な種類には乾燥せる落葉や植物性廃物や過熟果物等の下に棲息し，他のものには落葉下や空となつた樹瘻中や屋内等にも見出されるものがある。

飛翔は日中でも行われる事が少くない。また吾々が採集の場合にて捕獲する際に翅を開張する事が少くない。*Labidura lividipes* は屢々翅を開張せるままの状態を保つ事があつて，体の前方部の急激な運動によつて翅が開かれるようで，ときにその運動不充分の場合は左右の翅の展開が完全でない場合がありその際は腹部が上方に且つ前方に曲げられ鋏子を以つて不開張の翅膜を延す動作を行う。この際鋏子は翅を保持する事なく互に接近せしめ1個の挺子または撫器のような工合に使用されるものである。これと反対に翅を覆翅下に畳込む場合にもときどき鋏子を用いて押し込む事がある。最もこの場合の主な力は胸部の運動による事が明かである。斯くの如く翅の開畳に鋏子の助勢がある事実は常に認められている。しかし種類によつては斯かる事がなく常に胸部の速かな運動のみによる場合がある。

Forficulina 亜目の鋏子は一般に攻撃及び防禦に使用されるもので，*Labidura riparia* はその食餌となる小形のゴキブリやその他のものの彼等自身の棲息個所近傍を通過するのを見るや腹部をその方向に急速に曲げ同時に鋏子の敏速な回転を行い生餌を捕獲し口中に運ぶ。その際生餌の逃走を大いに注意しつつかなり長い間鋏子をもつて食餌を保持している。しかし完全に口器で保持し得た場合に他の生餌に遭遇すると鋏子を以つてそれを捕獲するべく努力する事が少くないようである。*Diplatys* 属に就いて Green の観察によると生餌を与えられた際にハサミムシはその生餌の片側で且つ少しく前方に彼自身を置きしかる後に腹部を生餌の方に曲げ鋏子を以つて鋭い挟捕を与い直ちに挟作用を止め生餌の動作を観察し，生餌が静止状態にあるときは口器にて食い初める。しかし万一生餌が少しでも動く場合には直ちに攻撃を止め自分の隠れ個所に遁れるのを常とする事が認められている。鋏子の挟捕作用は中々力強いもので，*Forficura anricularia* や *Anisolabis colossea* 等の該動作によつてときどき指からの流血に遭遇する事がある。また *Apterygida linearis* の挟捕作用は比較的弱いが，屢々部分的炎症を起す事があつてそれは毒物によるものでなく鋏子面に附着している各種の腐敗菌によるものであろう。斯かる被害は他の種類に就て各国に於いて多数に認められている。さらに鋏子は *Anisolabis maritima* の如く交尾の際に1種の感覚器として用いられる事があると Bennett が記述している。

Arixenia 属のものは一般のハサミムシ即ち *Forficulina* 亜目のものと全然その生活様式を異にするもので，*A. esau* はボルネオにおいて蝙蝠1種(*Cheiromeles torquatus*) の胸嚢から若虫が発見されているが恐らく真の寄生ではなかろう。*A. jacobsoni* はジャバ産で蝙蝠の棲息する洞穴中に堆積する糞中に棲息する種類で，蝙蝠の排泄物を食物としている。

革翅目に属する昆虫の各世代等に関する調査は甚だ不完全で全生活史を精細に記述する事が出来ない。台湾における *Anisolabis maritima* に関する高橋の調査は恐らく最も完全なものであろう。このハサミムシは5月頃第1回の成虫が現われ6月頃産卵し，約10日間位で幼虫となり8月頃第2回の成虫となる。これより9月頃となり産卵が初まり若虫となり，2回または3回の脱皮後越年状態に入り，翌年4月頃再び成長を初め5月には成虫となる。その間第1回の場合は第1令が12日位，第2令が8日位，第3令が9日位，第4令が10日位，第5令が19日位である。これに反し第2回目のものは越年期間が150日以上も同一令のままでいる事が認められた。

Forficulina 亜目に属する種類の食物に関しては既に多少記述したが，多くは食肉性で他の昆虫類をよく食する，その場合生命のあるものや屍となつたもの等は勿論であるが，動物性の乾物等も食物となり，更にまた植物の花や芽や漿果等をも好んで食する種類が多い。要するに雑食性であると言う事が出来る。

ハサミムシ類は既述せる如く地上に生活するものが甚だ多く，その場合地中に入る習性を現わす。初めは石下や落葉下等の隙間を利用しているが，産卵期や越年期間には特に自ら孔を掘つて地中に入る。その場合体の前半を地中に入れ後半を地上に出して静止するような事も屢々である。地を掘る場合には口器を以つて小量宛の土を運び孔の入口に積載せしめつつ前進する。従つてその入口は不明瞭となる事が普通である。この孔は産卵の場合に使用されるので，体長より少しく長く常に塵芥や砂粒や土塊や残食物等を運び出して常に清潔に保たれる事は *Anisolabis* 属の場合には普通である。斯かる孔を雌虫の巣と称える事が出来，その位置は地表より種々の深さに在つて一定する事がないようで，*Anisolabis maritima* では40～60mmの場合が多かつたと高橋によつて記述されている。如何なる種類または如何なる場合にも雌が斯かる巣を造るかは明かでない。しかしときにより地勢の状態に応じ土質の差異によつて同一種類でも変化の多い事は明かである。樹皮下等に棲息する種類は樹皮の軟い部分を多少噛み取り簡単な溝を造つて巣としているのが普通である。

上述のような巣の中に産卵する。雌虫は産卵を終えるとその後は食物を摂取しないで巣の中に留まり卵や若虫の群の上またはその近くに静止するのが普通である。母親は産下した卵の新旧の区別なく混合する。その際左右の大顋でこの作業を行う。また卵殻の表面を掃除する。これ等の仕事は1日に何回も繰り返され巣の清潔作業と相共に顕著な習性の1つである。母虫は種類によつては自己の若虫を口で運ぶ習性を有する。例えば *Forficula* 属や *Chelidura* 属のある種の如きである。しかし *Anisolabis maritima* はこの習性を持つていないようである。今日迄多くの研究者によつて観察された処によると雌虫は普通自己の産下せる卵は勿論他の卵をもよく自体の下に保護する性質を有し，その場合に孵化せる若虫をも共に保護の下に置く事が認められている。若虫はときに母体の背上に重りまたは腹面に脚で附着している事が屢々である。

雌虫はこの保護時期間その巣から出て食物を捕獲する事があれど，産卵終了後は種類によつては全く斯かる習性を現わさない。しかし若し巣が地表に近い場合には往往自ら巣から出て食物の捕獲に従事する場合がある。尤も生餌が彼等の巣の近傍を通過する場合にはこれを捕食する事が多い。その他の場合には食物をとらない種類も多いようである。

若虫は *Anisolabis maritima* では第1回の脱皮前迄は母親の捕えた食餌を食して生活するが，その後は巣から出て自由の行動をとる。卵は普通母体の保護のもとに在つて孵化するが，しからざる場合もある。

雄虫は全く哺育には関係がなく，雌虫よりも常に少数のようである。尤も地上やその他に於て採集される個体には比較的に雄虫が多い。これは雄が活発に活動する習性を有する事によるものであろう。

分　類

世界から約900種が発表され次の如く2亜目6科に分類する事が出来る。しかし学者によつては2亜目 Eudermaptera, Protodermaptera, Paradermaptera の3群5上科30科に分類する。

1．複眼は著しく退化し，大顋の内縁には棘毛を密生し，鋏子は弱く有毛，体は著しく有毛。蝙蝠の体上または蝙蝠の巣の内に生活している (Fig. 360，361の1.5〜7)…………………Suborder *Arixenina*…………………………………………………Fam. *Arixeniidae*

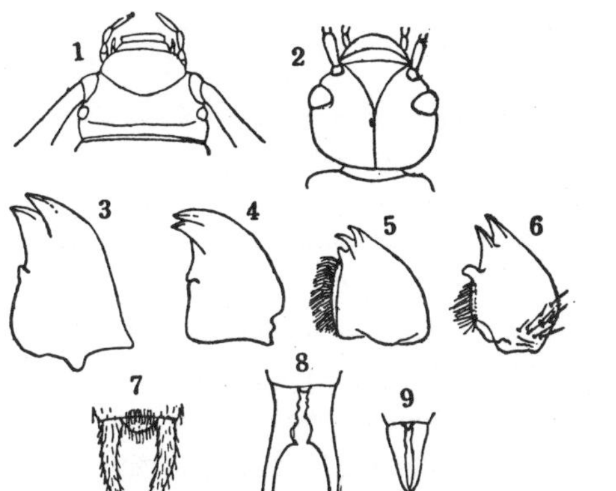

Fig. 361. 革翅目の体の部分図
1. *Arixenia esau* の頭部背面 (Jordan)　2. *Forficula auricularia* の頭部背面(Essig)　3. 同大顋(Essig)　4. *Euborellia annulipes* の大顋 (Essig)　5. *Arixenia esau* の大顋 (Burr & Jordan)　6. *Ar. jacobsoni* の大顋 (Burr & Jordan)　7. *Arixenia esau* の鋏子 (Jordan)　8. *Forficula auricularia* 雄の鋏子(Essig)　9. 同雌の鋏子 (Essig)

複眼はよく発達し，大顋の内縁は普通で棘毛を生ずる事がなく，鋏子は硬化し滑か，体は滑かで稀れに有毛 (Fig. 361の2〜4, 8, 9)…………………………………Suborder *Forficulina*……………………………2

2．後尾節と端節とが明瞭な硬い小板として存在しているかまたはこれ等2節片が第10腹背板と癒合しいわゆる鱗尾節を形成し尾節は簡単で決して突起を具えていない。雄の押入器は2本となつている…………………3

後尾節と端節とは退化し，尾節は小形なれどよく発達し屢々突起を具え，雄の押入器は1中片からなる……………………………………………………………5

3．鱗尾節は稀れに存在し，尾節と後尾節と端節とが明瞭，体は正常的に扁平，鋏子は稀れに鎌状…………4

鱗尾節は常に発達し，体は非常に扁平となり，鋏子は鎌状で歯を具えていない (Fig. 359) …………………………………………………Fam. *Apachyidae*

4．後尾節と端節とは退化せず殆んど尾節と等大，腿節は側扁し隆起縁を具えている…Fam. *Pygidicranidae*

後尾節と端節とは非常に減退し尾節より著しく小形，腿節は側扁せずまたは隆起縁を有せず……………………………………………………Fam. *Labiduridae*

5．跗節の第2節は葉片を有するかまたは幅広となる……………………………………………………………6

跗節の第2節は簡単で葉片もなく幅広ともなつていない……………………………………………Fam. *Labiidae*

6．跗節の第2節は第3節下に延びている細い1葉片を具えている…………………………Fam. *Chelisochidae*

跗節の第2節は葉片状となるか幅広となつている……………………………………………………Fam. *Forficulidae*

a. 蠼螋亜目

Suborder *Forficulina* Newman 1834

70. *Fam. Apachyidae* Verhoeff 1902(Fig. 359)

屢々鮮明色で扁平のハサミムシ，触角は30〜50節からなり，前胸背板は楕円形に近く，覆翅はよく発達し滑かで小楯板を現わし，翅は長く幅広く，腿節は側扁し縦隆起線を具え，跗節の第1節は短く且つ太く，第2節は甚だ微小で第3節は細く最長，爪間盤は存在する。末端直前の腹板は後方に細長い尖つた突起として延長し，鋏子は雌雄共に鎌状で歯を具えていない。この科のハサミムシは原始的なもので濠洲以外の熱帯地に産し枯死の樹木の皮等の下に生活している。 *Apachyus* Serville 属と *Dendroiketes* 属とが代表的な属で，本邦には産しない。

71. ムナボソハサミムシ（胸細蠼螋）科

Fam. Pygidicranidae Verhoeff 1902 Fig. 362

この科の昆虫は東洋に優勢で大体大きな強体のハサミムシである。尤も *Diplatys* 属の如く弱体でしかも小形なものもある。触角は15〜30節で第3節は第4第5より長く，第1節は上面に縦隆起縁を具えている。大部分の種類は有翅形なれど少数のものは無翅型，覆翅は左右弱く接着し小楯板を明瞭に現わしている。腹部は円筒形で多少幅広く，ときに基部の方に著しく狭まつている。次の6亜科に分けられる。

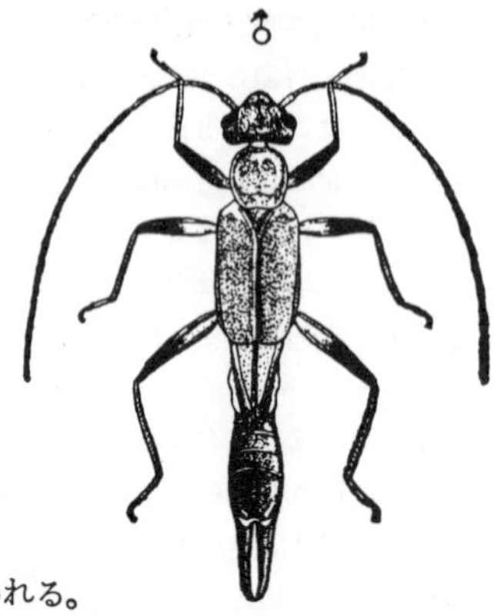

Fig. 362. ドウボソハサミムシ雄 (*Diplatys flavicollis* Shraki)

1．腿節は縦隆起縁を有す…………………………………………………………… 2

腿節は縦隆起縁を有しない…………………………… 5

2．触角は15〜25節，第5と第6節とが長い………… 3

触角は25〜35節，第5と第6節とが短いか横形かまたは方形……………………………………………… 4

3．覆翅と翅とは共になく，後胸腹板は後縁切断されている。若虫は鋏子様尾毛を具えている（*Anatelia* Burr カナリー島，*Challia* Burr 北支）…………………………………Subfam. *Anateliinae* Burr 1909

覆翅は常に翅は普通に完全，後胸腹板は後方彎曲しているか凹所を有す。若虫は長い多数節からなる尾毛を具えている (*Diplatys* Serville 熱帯)……………………………………Subfam. *Diplatyinae* Burr 1909

4．触角は甚だ太く第4乃至第6の各節は横形。若虫は有節の尾毛を具えている(*Karschiella* Burr, *Bormansia*, エチオピア）…………………………………………………Subfam. *Karschiellinae* Burr 1909

触角は著しく太くなく第4乃至第6の各節は短いが横形でない。若虫は無節の鋏子様尾毛を具えている。（*Pygidicrana* Serville 新熱帯)，*Kalocrania* マレイ，*Dicrana* エチオピア，インド，濠洲，*Cranopygia* インド）………Subfam. *Pygidicraninae* Burr 1909

5．前胸腹板は凸形で多少前方に尖り，体は有毛。新大陸産(*Pyragra* Serville, *Pyragropsis, Echinopsalis, Propyragra*, 新熱帯）…………………………………………Subfam. *Pyragrinae* Burr 1909

前胸腹板は前方に尖らず，体は短い剛棘毛にて被われている。旧大陸産 (*Echinosoma* Serville，エチオピア，インド，濠洲）…………………………………………Subfam. *Echinosominae* Burr 1909

以上6亜科中 *Anateliinae* 亜科の *Challia* Burr 属の *fletcheri* Burr が朝鮮に産し，*Diplatyinae* 亜科の *Diplatys* Serville 属の *flavicollis* Shiraki（ドウボソハサミムシ）は台湾に普通で，*Pygidicraninae* 亜科の *Pyge* Burr 属の *sauteri* Burr（ムナボソハサミムシ）と *okunii* Shiraki（オウクニハサミムシ）とは共に台湾に発見され，*Echinosominae* 亜科の *Echinosoma* Serville の *sumatranum* de Haan（ケブカハサミムシ）は台湾より東洋熱帯地に広く分布している。

72. オオハサミムシ（大蠼螋）科

Fam. Labiduridae Verhoeff 1902 Fig. 363

この科のハサミムシは正常かまたは多少扁平，触角は15〜25節，有翅型または無翅型，尾節は背面からは実際的に見えないが後方からは垂直の下方尖つている三角形板として認められる。次の如き亜科に分類する事が出来る。

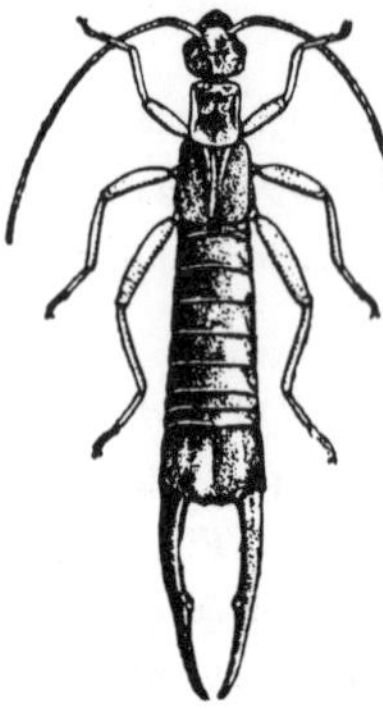

Fig. 363. オオハサミムシ雄 (*Labidura japonica* de Haan)

1．体は著しく扁平となつていない。鋏子は扁平でなくまた鎌状でもない…………………………………… 2

体は甚だしく扁平，鋏子は著しく扁平で鎌状，覆翅は完全に発達し，翅は短く，触角は19〜20節（*Platylabia* Dohrn インド，マレイ)…………………………Subfam. *Platilabiinae* Burr 1911 (*Palicidae*)

2．中胸腹板は後方著しく狭まり，ときに覆翅と翅とがない。太い種類（*Allostethus* Burr, *Gonolabidura, Allostethella*, マレイ)……………………………………………Subfam. *Allostethinae* Burr 1908

中胸腹板は後方著しく狭まつていない…………… 3

3．前胸腹板は後方狭まらない…………………………… 4

前胸腹板は後方狭まり，翅または覆翅がなく，雄の腹部は末端の方に著しく幅広となる（*Esphalmenus* Burr 新熱帯，エチオピア，*Gonolabina* 新熱帯）…………………………Subfam. *Esphalmeninae* Burr 1911

4．中胸腹板は後方円く，有翅または無翅型，むしろ太い種類（*Anisolabis* Fieber 世界共通，*Psalis* Serville, *Gonolabis, Euborellia*, インド，エチオピア，新熱帯）…………… (*Psalididae, Anisolabidae*)……………………………Subfam. *Psaliinae* Burr 1908

中胸腹板は後方切断されている…………………… 5

5．触角は25節以上，覆翅は常に存在し翅は普通に発達している（*Labidura* Leach 世界共通，*Nala* 旧大陸，*Forcipula* 広分布，*Tomopyga* インド，マレイ）……
……………………Subfam. *Labidurinae* Burr 1908

触角は10～15節，覆翅または翅はない……………6

6．腹部の最後の背板は切断されている（*Idolopsalis* 新熱帯，*Pseudisolabis* インド，濠洲，*Parisolabis* Burr 濠洲）………Subfam. *Parisolabinae* Burr 1908

腹部の最後の背板は2分し，長い脚を具えている細い種類（*Ctenisolabis*, *Brachylabis* Dohrn, *Antisolabis*, エチオピア，濠洲，*Nannisolabis* インド，*Metisolabis* エチオピア，インド，*Leptisolabis* 広分布）………………Subfam. *Brachylabinae* Burr 1908

以上の7亜科中 *Psaliinae* 亜科の *Psalis kawakamii* Shiraki（カワカミハサミムシ）は台湾阿里山にて発見され，*Euborellia* Burr 属の *pallipes* Shiraki（キアシハサミムシ）は本州と台湾に産し，*Anisolabis* Fieber 属は無翅形で *marginalis* Dohrn（ヒゲシロハサミムシモドキ）と *maritima* Borelli（ハサミムシ）と *annulipes* Lucas（ヒゲシロハサミムシ）との3種が本邦に普通に産し何れもときに貯蔵中の果物を食害する事がある。*Labidurinae* 亜科には *Labidura* Leach 属の *japonica* de Haan（オウハサミムシ）が本州に普通に見出され，尚お世界的の *riparia* Pallas は台湾に普通で，*Nala* Zacher 属の *lividipes* Dufour（ヒメハサミムシ）は台湾から南アジア・アフリカ等に広く分布している。

73. チビハサミムシ（矮蠼螋）科

Fam. Labiidae Burr 1909 Fig. 364

種々の構造のハサミムシを含むむしろ大きな科で学者によつては数科に分類している。体は正常かまたは著しく扁平となり，触角は10～20節で25節以上の事がなく，腿節は側扁し，跗節の第2節は円筒形で他の節もまた円筒形。次の7亜科に分類する事が出来る。

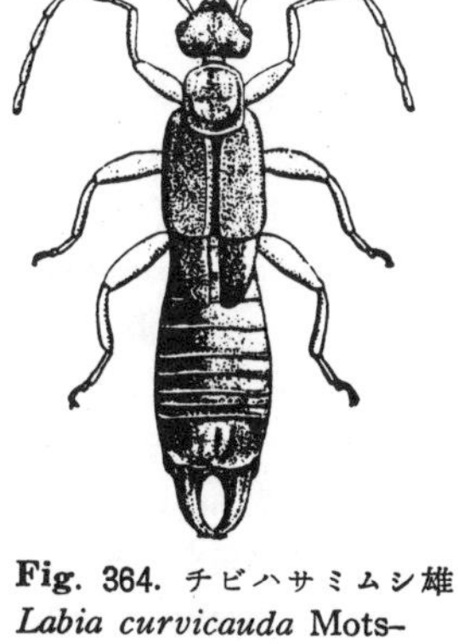

Fig. 364. チビハサミムシ雄 *Labia curvicauda* Motschulsky

1．覆翅は側縁近くに鋭い縦隆起縁または微顆粒の1例を具えている…………………………………………………2

覆翅は隆起縁を具えていない…………………………5

2．跗節は長く且つ甚だ細い，覆翅は微顆粒を装い微粒の1例からなる隆起縁を具えている（*Pericomus* Burr 新熱帯）……………………………………………
……………………Subfam. *Pericominae* Burr 1911

跗節は短く且つ比較的太い，覆翅は滑で鋭い縦隆起縁を具えている…………………………………………3

3．触角の環節は円筒形……………………………………4

触角の環節は末端の方に太まるか棍棒状（*Nesogaster* Verhoeff マレイ，濠洲）……………………
……………………Subfam. *Nesogastrinae* Burr 1911

4．雄の腹部は側縁平行，覆翅は完全で短縮していない，触角は16～20節，細い体，旧大陸産（*Vandex* Burr エチオピア）…Subfam. *Vandicidae* Burr 1911

雄の腹部は中央部幅広，触角は12～15節，覆翅は短小，太い体，新大陸産（*Strongylopsalis* Burr 新熱帯）…………Subfam. *Strongylopsaliinae* Burr 1911

5．体は著しく扁平でない…………………………………6

体は著しく扁平（*Sparatta* Serville, *Parasparatta*, *Prosparatta*, 新熱帯，*Auchenomus*, エチオピア，マレイ）…………Subfam. *Sparattinae* Burr 1911

6．頭は横形，頭蓋線は深く顕著，複眼は大きく突出している（*Spongiphora* Serville, *Purex*, 新熱帯，*Vostox* 米国，*Spongovostox* 熱帯，*Marava* 濠洲，マレイ）………Subfam. *Spongiphorinae* Burr 1911

頭は細く，頭蓋線は弱いか消失，複眼は小さく触角の第1節より長くない（*Labia* Leach 世界共通，*Prolabia* 熱帯，*Larex* 新熱帯，*Chaetospania* エチオピア，インド，濠洲，*Andex* 濠洲）……………………
…………………………Subfam. *Labiinae* Burr 1911

以上7亜科中2亜科のみ本邦に発見されている。即ちクロハサミムシ亜科（*Nesogastrinae*）には北海道よりクロハサミムシ（*Nesogaster nigritus* Shiraki）とギクロハサミムシ（*Nesogaster lewisi* Bormans）とが発見され，覆翅は明瞭に縦隆起縁を有し，頭は前胸背板と殆んど等幅で頭蓋線が不明，鋏子は基部完全に離れ甚だ細長く，尾節はよく突起している。チビハサミムシ亜科（*Labiinae*）にはチビハサミムシ（*Labia curvicauda* Motschulsky）が本州及九州に産し殆んど全世界に分布し，体長僅かに 4～5mm で濃赤褐色，ときには多数日中群飛する事がある。尚おこの亜科には *Chaetospania* Karsch 属の3種が台湾に産す。更に台湾からは *Spongiphorinae* 亜科の *Spongovostox* Burr の *semiflavus* Bormans が発見され，この種はインド，ビルマ，ジャバ等に分布して頭が横形で頭蓋線が明瞭となつている。

74. ネッタイハサミムシ（熱帯蠼螋）科

Fam. Chelisochidae Burr 1907 Fig. 365

中庸大乃至大形のハサミムシで，体は太く強く幾分扁平となり，帯赤色や暗褐色や黒色で屢々金属的光彩を有す。翅はよく発達しあるものはなく，覆翅は完全かまたは短縮している。脚は短かく且つ太く，屢々側扁し，跗節の第2節は細く第3節下に延びているむしろ幅広の葉片に終つている。旧熱帯に多数に産す。この科は亜科に分類されず，学者によつては *Forficulidae* 科の中に含めている。*Chelisoches* Scudder エチオピア，インド，濠洲)，*Proreus*（インド，マレイ)，*Enkrates*（インド，マレイ)，*Solenosoma*（インド)，*Kleiduchus*（濠洲）等が代表的の属で，本邦には発見されていない。スジハサミムシ（*Proreus simulans* Stål）は沖縄から南方旧熱帯地に広く分布し，クロフトハサミムシ（*Chelisoches morio* Fabricius）は Black earwig と称えられ旧熱帯地に広く分布し，この属の *formosanus* Burr は台湾の山間地に広く産している。

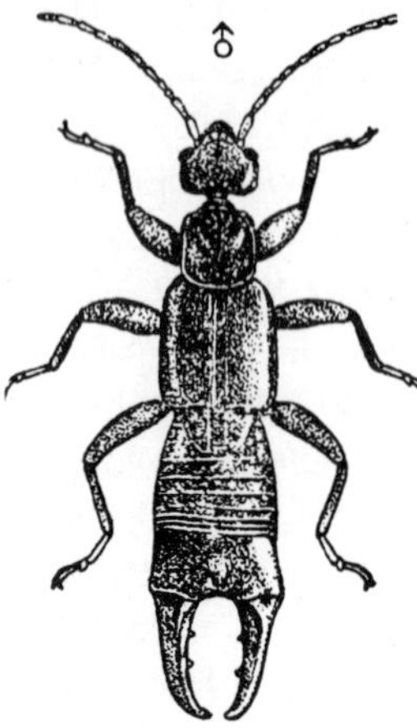

Fig. 365. タイワンハサミムシ 雄 *Chelisoches formosanus* Burr

75. ハサミムシ（蠼螋）科

Fam. Forficulidae Burr 1907 Fig. 366

ハサミムシ類中重要な大きな科で，最も発達した種類を包含し且つある種類は広く分布し有害なものである。体は凸形か円筒形かまたは著しく扁平，触角は12～15節で第4節は第3節と等長かあるいはより短い。有翅型または無翅型なれど翅は一般に存在し，脚は短かく幾分側扁している。腹部は普通平行側縁を有するが中央または後方幅広となり，鋏子は扁平か円筒状。旧北洲に多産。次の8亜科に分類する事が出来る。

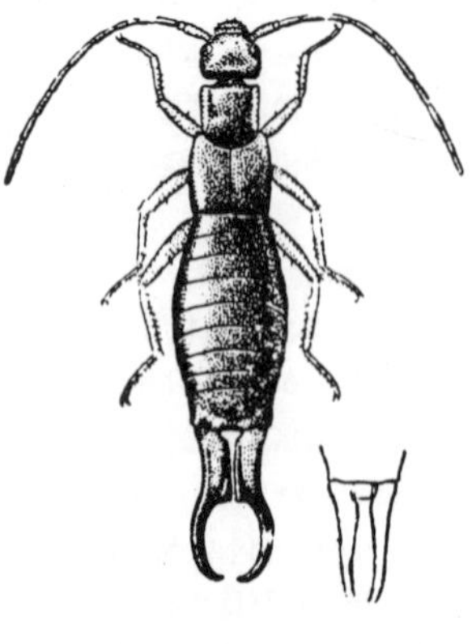

Fig. 366. クギヌキハサミムシ雄 *Forficula scudderi* Bormans 小図は雌の鋏子

1．胸部腹板は著しく横形，覆翅は甚だ小形，腹部は扁平で幅広で横形の尾節を具えている（*Chelidura*, Latreille, *Burriola* 旧北洲，*Mesochelidura* 旧北洲，エチオピア）……Subfam. *Chelidurinae* Burr 1907

胸部腹板は明確に横形でない……………………… 2

2．触角の環節は甚だしく細長くなく第4節は屢々第3節より甚だ短かく第1節は頭より甚だ短い………… 3

触角の環節は凡て細長く，第4節は第3節より短かくなく，第1節は他より長く且く太い……………… 6

3．中胸腹板と後胸腹板と尾節とは幅広く，鋏子は左右離り扁平でなく，覆翅は完全かまたは短縮している（*Anechura* Scudder, *Mesasiobia*, 旧北洲，新熱帯，*Pseudochelidura* 旧北洲，*Pterygida*, *Allodahlia* インド，マレイ）……Subfam. *Anechurinae* Burr 1911

中胸腹板と後胸腹板とは方形かまたは狭く，尾節は狭い………………………………………………………… 4

4．腹部は円筒形で扁平となつていない……………… 5

腹部は扁平，鋏子は扁平か円筒形，中胸腹板は後方円く，触角は12～15節，覆翅は稀れに短かくなつている（*Forficula* Linné, 全北洲，エチオピア，インド，マレイ，*Chelidurella*, *Apterygida*, 旧北洲， エチオピア，*Doru*, 米国，濠洲，*Skalistes* 新熱帯，*Hypurgus* インド，マレイ）…………………………………………………Subfam. *Forficulinae* Burr 1907

5．覆翅は完全で短縮せず，中胸腹板は後方円い。旧大陸産。（*Eudohrnia* Burr, インド，*Kosmetor* インド，マレイ）……Subfam. *Eudohrniinae* Burr 1911

覆翅は短縮，中胸腹板は後方切断されている（*Neolobophora* Burr, 新熱帯，*Archidux* エチオピア）……………………Subfam. *Neolobophorinae* Burr 1911

6．胸部腹板は一般に横形で少くとも比較的幅広，後胸腹板は後方切断され，腹部と鋏子とは扁平となつている。新大陸種。（*Ancistrogaster* Stål, *Vlax*, *Praos*, *Tristanella*, *Paracosmia*, 新熱帯）…………………………………Subfam. *Ancistrogastrinae* Burr 1907

胸部腹板は狭く，中胸腹板は狭く後縁凹んでいる………………………………………………………………… 7

7．腹部は表面むしろ凸形なれど僅かに扁平，脚は細長，尾節は狭く，鋏子は左右離たり細い（*Dinex*, 新熱帯，*Timomenus*, *Eparchus*, *Cordax*, インド，マレイ，*Opisthocosmia* Dohrn, エチオピア，マレイ，*Thalperus* エチオピア）…………………………………Subfam. *Opisthocosmiinae* Burr 1911

腹部は扁平でむしろ幅広，脚は短かく，尾節は強く

横形 (*Diaperasticus* Burr エチオピア)………………
…………………Subfam. *Diaperasticinae* Burr 1911

以上の亜科中コブハサミムシ亜科 (*Anechurinae*) に *Anechura* Scudder 属の *japonica* Bormans と *harmandi* Burr とコブハサミムシ (*lewisi* Burr) との3種が本邦の全土に産し特に最後の種類は最も普通の種類である。尚お *Taipinia* Shiraki は台湾のみに産し，*pulla* Shiraki と *crinitata* Shiraki との2種類にて代表されている。フトハサミムシ (*Allodahlia scabriuscula* Serville) は台湾より東洋熱帯に広く分布する大形の種類である。つぎにハサミムシ亜科 (*Forficulinae*) には *Forficula* Linné 属のキバネハサミムシ (*mikado* Burr) とクギヌキハサミムシ (*scudderi* Bormans) との2種類が本邦に普通に分布し，*Apterygida* Westwood 属の2種が台湾に，尚お Elaunon Burr 属の *bipartitus* Kirby が台湾セイロン，インド，濠洲等に分布している。*Eudohrninae* 亜科では *Paradohrnia* Shiraki 属の *ornaticapitata* Shiraki 1種か台湾から発見されている。ホソハサミムシ亜科 (*Opisthocosmiinae*) には本邦産としてはエゾハサミムシ (*Eparchus yezoensis* Matsumura et Shiraki) 1種で，*Timomenus* Burr 属の6種類と *Mesolabia* Shiraki の1種と *Cordax* Burr の1種とが台湾から発見されている。

b. 擬蠼螋亜目

Suborder *Arixenina* Burr 1913 **Fig.** 360, 361

この亜目は *Arixeniidae* Jordan 1909の1科にて代表されていて，2種類が発見され，甚だ不可思議な昆虫で，*Dermaptera* 目中に包含され得るかは甚だうたがわしい，しかし尚お充分の研究が進む迄は普通に認められているように革翅目中の1亜目として取扱う事とした。

小さい無翅昆虫で，扁平有毛，21mm位の体長を有す。熱帯のコウモリと一所に採集され，外寄生とコウモリの巣の中に於て発見されている。頭部は幾分心臓形を呈し，大顋は扁平でその内縁は短い剛棘毛を密生し2本の太い歯にて終つている。小顋の内葉もまた2歯を具え，下咽頭は3片となつている。複眼は小形かまたは痕跡的で，単眼はない。触角は突出し13節。脚は短く強く疾走に適応している。腹部は11節で，末端に1対の無節尾毛即ち鋏子を具え，鋏子は有毛でハサミムシの如く幾分彎曲している。気門は10対で，2対は胸部に残りは腹部にある。嗉嚢は長く，腸は3捲旋し，マルピギー氏管は2大群に配列され，神経系には11神経球がある。若虫は成虫と同様。

Arixenia esau Jordan は最初の種類で1909年に発表され，マレイのスンダ島産の大きなコウモリの *Cheiromeles torquatus* Horsfield の咽喉袋中に発見されたものである。

第2の種類は *Arixenia jacobsoni* Burr で1912年に発表され，ジャバのババカン海岸近くのコウモリ洞穴内で採集されたものである。

XIII 倍舌目

Order Diplogrossata Saussure 1879 Fig. 367

この目は屢々 *Orthoptera* の1科として取り扱われ，1902年に Verhoeff によつて *Dermodermaptera* 目に置かれ，1915年に Heymons によつて *Hemimeroidea* となされ，Burr と Imms その他は *Dermaptera* 中に置いている。

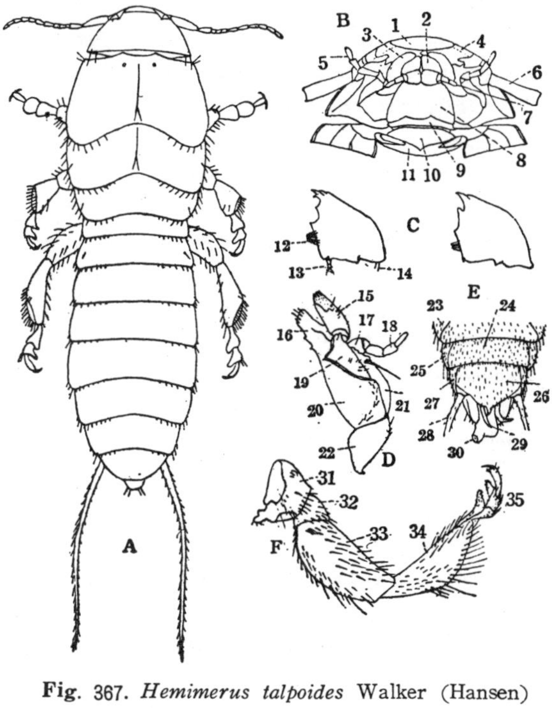

Fig. 367. *Hemimerus talpoides* Walker (Hansen)
A. 背面図　B. 口部の腹面　C. 大顋　D. 左小顋　E. 雄の尾端腹面　F. 雌の後脚
1. 上唇　2. 下唇第3節の葉片　3. 小顋の葉片　4. 大顋　5. 小顋鬚　6. 触角　7. 下唇鬚　8. 下唇基節　9. 同亜基節　10. 下唇腹板　11. 前胸腹板　12. 剛毛　13. 内転筋根部　14. 外転筋根部　15. 第3節葉片　16. 第2節葉片　17. 第4節　18. 鬚　19. 21. 第3節　20. 第2節　22. 第1節　23. 第8背板　24. 第8腹板　25. 第9背板　26. 第9腹板　27. 第10背板　28. 尾毛　29. 交尾鉤　30. 陰茎　31. 基節　32. 転節　33. 腿節　34. 脛節　35. 跗節

はなはだ小さい扁平な無翅の昆虫で，短毛にて被われ，口器は咀嚼型，複眼は消失し，体は1対の長い無節の尾毛にて終つている。

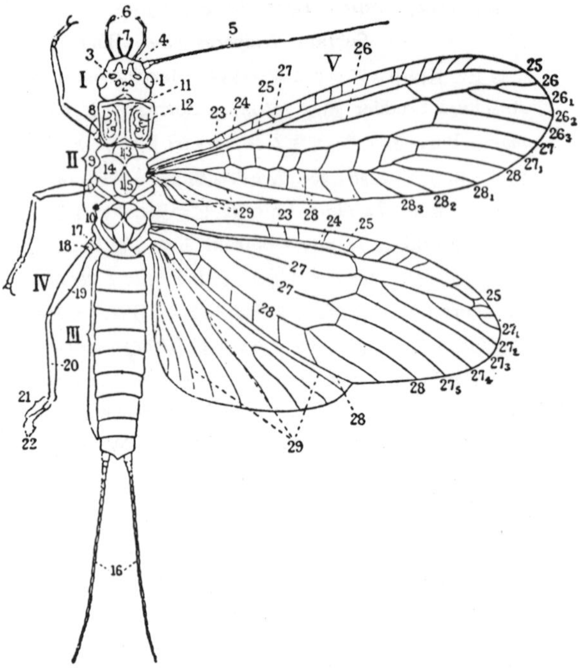

Fig. 368. 積翅目の体制模式図（上野）
Ⅰ. 頭部　Ⅱ. 胸部　Ⅲ. 腹部　Ⅳ. 脚　Ⅴ. 翅
1. 複眼　2. 単眼　3. 額胼　4. M線　5. 触角　6. 小顋鬚　7. 下唇鬚　8. 前胸背板　9. 中胸背板　10. 後胸背板　11. 中溝　12. 虫状胼　13. 前楯板　14. 楯板　15. 小楯板　16. 尾毛　17. 基節　18. 転節　19. 腿節　20. 脛節　21. 跗節　22. 爪　23. 前縁脈　24. 亜前縁脈　25. 第1径脈　26. 第2径脈　26^1. 第3径脈　26.^{2} 第4径脈　26^3. 第5径脈　27. 第1中脈　27^1. 第2中脈　27^{1-5}.（後翅）中脈　28. 第1肘脈(1〜3)図支脈　28.（後方）第2肘脈　29. 臀脈

体長 8〜10mm で *Hemimeridae* 1科のみからなり，昆虫中最小の目で現在僅かに2種が知られているのみである。頭は直顎式（Orthognathous）で口は下方に向いている。大顋は小顋によつて隠され内縁は歯状，小顋鬚は5節，唇舌は分裂し，下唇鬚は3節からなる。前胸は中胸または後胸より大形。脚はむしろ短く，跗節は3節で1対の爪にて終つている。腹部は11節からなり，第8と第9との背板は解体せざれば認められない程に退化している。気門は胸部に2対腹部に8対，神経球は胸部に3腹部に6個，マルピギー氏管は約20本で4群として配列されている。睾丸は小胞の1対からなり陰茎に別々に開口し，卵巣小管は10〜12本からなる。Heymons（1912）によると胎盤（Placenta）が *Hemimerus* に存在し胚子を包んでいると。胚子は一時に約6個でそれらが夫々の卵巣小管中で若虫となる迄養育され後産出されるものであると Imms（1934）が報じている。

77. Family *Hemimeridae* Krauss 1900

Hemimerus talpoides Walker は1871に発表され，アフリカの Sierra Leone において鼠の外寄生虫として発見されたもので，後1909年に *Cricetomys gambianus* 鼠からウガンダの Entebbe にて発見され，熱帯アフリカに分布する事が想像されるに至つた。第2の種類は *Hemimerus hanseni* で1895年に D. Sharp によつてカメルーンにて採集されたものによつて発表され，この種は1937年にロンドンの動物園における gambian 鼠から見出されている。これら両種は学者によつては1種と見做している。

XIV 積翅目

Order *Plecoptera* Burmeister 1839 Fig. 368

この目は1758年に Linné によつて *Neuroptera* 目中に包含せしめられたもので，後1802年に Latreille が *Perliae* なる名を採用し，この名は近代のある学者によつてなお使用されつつある。なお *Perlarides* Leach（1815）や *Nemuraedes* Billberg（1820）や *Perlidae* Stephens(1836) や *Perloidea* と *Perlaria* Handlirsch（1903）等がこの目に対して使用されている。英名は Stoneflies, Salmonflies または Perlids 等で，ドイツにては Uferbolde や Uferfliegen と称え，フランスにては La perle とよび，本邦にてはカワゲラと名づけられている。

中庸大乃至大形で長い幾分扁平な軟い体の昆虫。頭部は幅広，触角は長く鞭状で25〜100節，単眼は2個か3個でまた無いものもあり，複眼は小形乃至中庸大，口器は咀嚼型でよく形成されているかまたは退化している大顋を具えている。翅は2対で一様に多数の翅脈を有し，後翅は大きな臀部を有し，同臀部は屢々後縁の入込みによつて区劃されている。静止の際には翅は背上に密接して畳まれる。脚はよく発達し，基節は小さく，跗節は3節で1対の爪と1爪間盤とを具えている。腹部は11節，最後の端節は減退し，尾毛は長い多数節か少数節かまたは1節である。半変態，若虫（Naiads）は水棲，触角と尾毛とは成虫と同様，特別な呼吸鰓を有するものとしからざるものとがある。

カワゲラは有翅昆虫中原始的なものの1つで，後翅の臀部が非常に大形な事と多数節からなる長い触角とで直翅目に近い関連を有している。しかし翅脈の差異と翅の性質と口器の発達が充分でない事と脚の基節が小形な事等によつて明瞭に異なる。

地質史に関しては甚だ不明瞭で，積翅目の最も古いものは *Protoperlaria* Tillyard で，このものはよく発達した前胸の側拡張部と翅の中脈の2主支脈即ち前中脈と後中脈とを有する事によつて現在のものと異なつている。しかして尾毛と前後同様な翅とを有し，後翅の径分脈と前中脈とが一部癒合している事によつて類似している。この古代のものはカンサスと北ロシアとの下二畳紀から発見され，真のカワゲラの最早期のものはシベリアのジュラ紀の中生層から見出されている。

カワゲラは水棲で，若虫は急流や湖水また池の波立つ岩石よりなる浅瀬や等に生活し，成虫はそれ等の岸に屢々無数に発見される。成虫は色彩や形状や大きさにおいて種々異なり，13～38mmの体長を有す。凡てのものは棲息所に似合つた陰色で，大部分淡暗色に黒色や灰色や褐色や暗赤色や黄色や淡緑色等の種々なかげを附している。尤も中には *Eusthenia* 属の如く後翅が紫色にて縁取られた美麗な赤色を呈するものや *Eustheniopsis* 属の如く後翅が紫色のものやまた *Thaumatoperla* 属の如く前胸背板が鮮橙黄色のもの等がある。飛翔は静かで不規律で，稀れには繁殖個所から遠くにさまよう場合もある。多くは流れや湖水や池等の縁に汚い岩石や丸太や草や灌木や喬木等の上に発見され，また急流や岩石底の流等のある小山地方や山間地帯に無数に見出される事もある。卵は水中に直接に産下され，ある場合には雌にて最後の産卵前に作られる嚢中に出される事もある。甚だ小形で，1雌が5000～6000粒も産下する事が知られている。若虫は透明でよく空気の通ずる水中にある石の下や渦流中の石屑下に生活し，無翅なれど成虫に非常に類似している。気管鰓は束状かまたは対をなる側糸突起かの形にて腹部の最初の5節または6節上に存在するかあるいは肛門の周囲に線状に配列されているか更にまた全然なくて呼吸が直腸を通じて行われるものがある。脱皮の或数の後に翅芽が発達し，最後の変態と共に若虫は水を去り水に沿つてある岩石や丸太や根や灌木等にすがり付き胸部の背面の縦裂を通じて成虫が羽出するものである。若虫はカゲロウやユスリカや他の小水棲動物等の若虫を捕食する。しかし少くともあるものは水底にある植物質の堆積物を食する事が考えられている。大形のものは著しく捕食性である。しかして大部分の若虫は静動なれどあるものは甚だ敏捷である。これ等の若虫は魚類によつて捕食され，マスや他の猟魚の食物の大きな部分となつている。成虫は屢々秋や冬や早春に水を去る必要な場合には氷の割目を通して羽化する。成虫は僅かに摂食しある種類は食草性で，植物の葉を食する。

外形態 Fig. 369

触角は長く鞭状で多数の小環節からなり，複眼はよく発達し，単眼は普通3個で中央のものが小形となりまたは欠けどきに3個ともない種類がある。口器は完全に形成されているが一般に減退し，大顋は *Perlidae* では正常なれど他のものでは僅かに発達している。南半球産の

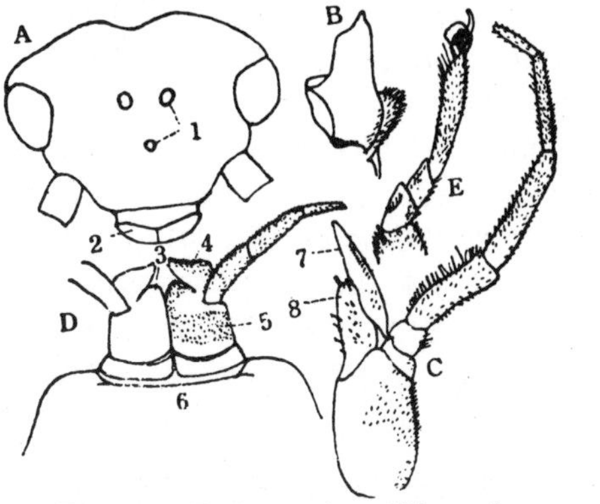

Fig. 369. *Perla maxima* (Silvestri)

A．頭部の前面　B．大顋　C．小顋　D．下唇　E．跗節

1. 単眼　2. 上脣　3. 中舌　4. 側舌　5. 前基節　6. 基節　7. 外葉　8. 内葉

ものは口器が強く発達していて食肉性である。小顋は模式的節片からなり，5節の小顋鬚を具えている。下脣は基節が大形で前基節がときどき区分され，中舌と側舌とが明瞭となり，下脣鬚は3節からなる。胸部と腹部とは多少扁平となり，強く幾丁質化していないために乾燥標本に在つては皺付けられて各節の分割不明となる事が多い。胸部は各節が原始的で，前胸は大形可動的，中後各胸環節は背板が4区分されている。胸部の腹板は完全な各節片からなるも後胸には後小腹板 (Post-sternellum) がない。*Capnia* 属では小腹板 (Sternellum) と後小腹板との間に不割定な1節片が認められ，この事実からしてある学者は胸部腹板は元来5節から構成されていると推断している。*Pteronarcys* 属に在つては胸腹板の各々に脚の間に1対の小孔があつて，それ等は各環節の叉状内骨骼を形成する凹陥部の口であると Newport(1851) が考えていた。脚は長く且つ強く，側扁している腿節を

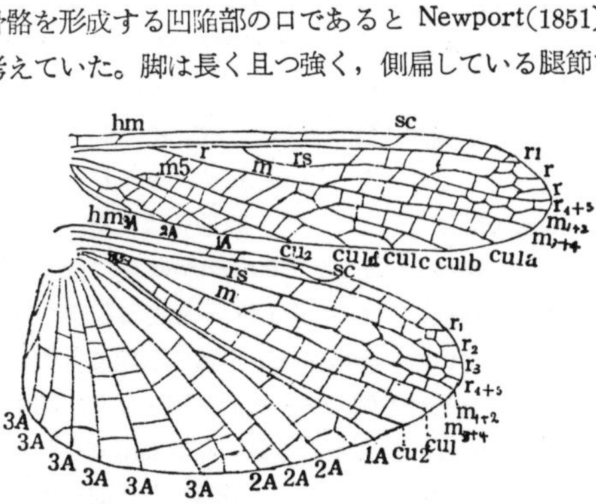

Fig. 370. *Stenoperla prasina* の翅 (Tillyard)

具え，跗節は3節で1対の強爪にて終つている。跗節の各節の長比は科や属やのあるものを区別するのに役立つている。翅は膜質で前翅は一般は細長く後翅は大形の臀部を有して幅広となつている。後翅の臀部は2本の太い脈即ち Cu_2 と 1A とにて区割され扇状に畳まれ，その脈の末端にて屢々明瞭に凹んでいる。*Eutheniidae* 科 (Fig. 370) は最も古代型で各縦脈間に所謂原脈 (Archedictyon) たる細い網目状脈がある。しかし高等な種類にはこの原脈が完全になく (Fig. 371) その中間型もまた多数に存在する。翅脈はときに左右にて異つている事がある。また翅が雄にて特に小形となり，種類によつては全然飛翔不可能な程度にまで短縮している場合もある。腹部は11節からなり，末端部は非常に小形となり長

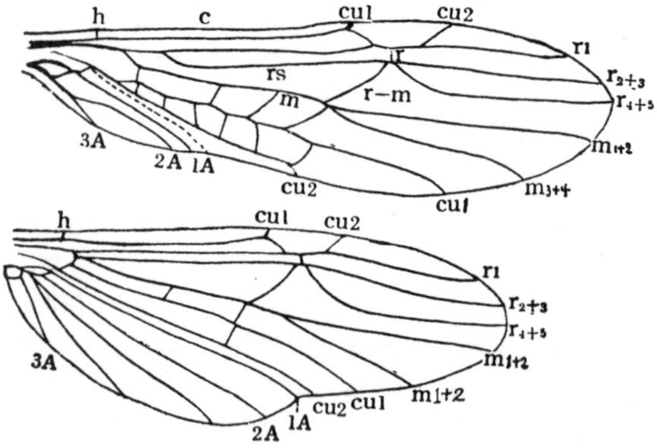

Fig. 371. *Nemoura* の翅 (Comstock)

い多節の尾毛を具えている。尾毛はときに数節かまたは *Nemouridae* におけるが如く小形で1節の事もある。気門は胸部に2対，腹部に8対がある。ある属の雄の腹部第9腹板上に板状の打器があり，これによつて静止個所を打撃し音を出す事が知られている。

内形態

数属のみが研究されているのみで，全般的な記述が出来ない。咽喉は甚だ長く *Pteronarcys* 属では第4腹環節の半ば迄延び，砂嚢はないかまたは痕跡的で，中腸は小形。*Perla* 属には胃盲嚢があつて，その側方の対のものは大形となつている。後腸は短く，マルピギー氏管は20〜60本の間に変化している。唾液腺は1対。喉上神経球と喉下神経球とは小形，*Pteronarcys* 属には3胸神経球と8腹神経球とがあるが *Perla* 属では腹部のものが6個となつている。生殖系は不思議な形態で各側の生殖巣が横に結合して1個のアーチ形器官となり，卵巣小管のある数からなり，またある数の卵形の睾丸小胞からなる。生殖輸管の結合点に雄では管状の貯精嚢の1対があり，雌では1個の大きな袋状の受精嚢がある。気管系は2対の胸気門と8対の腹気門とによつて外気と連続している。

生 態

この目は雌虫の産卵数が非常に多い事によつて特徴の1つとなつていて，あるものでは1雌がよく1500〜2000の卵子を産下する。産卵方法はその観察が少ないが大体水の表面に産下し，卵が水底に沈む前に水の流れによつて分散するもののようである。*Perla* の卵は黒色で透明な物体によつて粗につづけられつつ腹端から突出せしめられて水中に落され，*Leuctra* 属では雌が腹端を上方に曲げ自身の背上に産下し漸次胸背の方に押しやる事が観察されている。

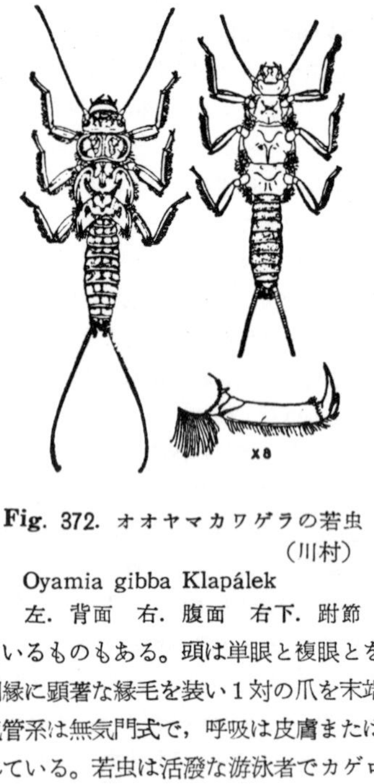

Fig. 372. オオヤマカワゲラの若虫 (川村)
Oyamia gibba Klapálek
左. 背面　右. 腹面　右下. 跗節

若虫の一般的構造は (Fig. 372)成虫に甚だ類似しているが直翅目のものと異なり半変態である。翅がない事の差異以外に水棲に適するような構造を有する。長い多節の触角と同様に長い尾毛とを具えている。尤も *Nemouridae* の如く尾毛が単節の微小器となつているものもある。頭は単眼と複眼とを具え，脚は長く側縁に顕著な縁毛を装い1対の爪を末端に具えている。気管系は無気門式で，呼吸は皮膚または鰓によつて行われている。若虫は活潑な游泳者でカゲロウやユスリカやその他の幼虫更に他の小動物等を捕食する。最も原始的な若虫は *Eustheniidae* 科に見出され，鰓として作用する腹側附属器の5〜6対を具えている。他の科のものは気管鰓の二次的な總によつて呼吸がおこなわれ，例えば *Perla bipunctata* では脚の基部近くに6対の気管鰓があり，更に左右尾毛の基部近くに1個の鰓總がある。血液鰓は位置において甚だ差異があり，*Leptoperlidae* 科では肛門の廻りのみに発達し，*Nemoura* 属のものでは前胸腹板上に葉片状の突起として現われている。成虫に多少委縮した無機能的な血液鰓が残存する事が顕著な特徴で，*Pteronarcys* 属の成虫にては胸環節の各々と腹部基節とに存在している事が認められ，又他の属にも見出

され，屢々甚だ不明瞭となつている事が少くない。

分　類

この目は世界に分布しているが，温帯から両極地帯に特に多く，1260種が発表され約100属に分かたれている。次の9科に分類する事が出来る。

1．無翅，単眼を欠く…………………Fam. *Scopuridae*

普通有翅，単眼を具えている……………………… 2

2．単眼は2個，前胸背板は著しく幅広い………………………………………………Fam. *Peltoperlidae*

単眼は普通3個，前胸背板は頭の側方に拡がつていない……………………………………………………… 3

3．後翅の臀部は第2肘脈の末端直後の凹みによつて明瞭に区割され且つ弱横脈にて網目状を呈していない………………………………………………………… 4

後翅の外縁は一様に円味付けられて上述の如き凹みを有ていない，臀部は細横脈の多数を存す(Fig. 370) (*Stenoperla*, *Eusthenia* Gray，濠洲，新熱帯) (*Gripopterygidae* の1 部を包含する) ……………………………………………Fam. *Eustheniidae* Tillyard 1921

4．前脚の基節は接近している。大顋は甚だ弱体，翅は後翅の臀部を除き横脈を有し，前翅の臀部は横脈の2列またはより多数列を有す……Fam. *Pteronarcidae*

前脚の基節は広く離れている……………………… 5

5．大顋は比較的弱片で，頭楯と上唇とは額架(Frontal shelf)の下に隠され，跗節の第3節は他の2節の和より著しく長い (Perlodidae を包含する)………………………………………………………Fam. *Perlidae*

大顋はよく発達し，頭楯と上唇とは額架の下に隠されていない。跗節の第3節は他の2節の和より短い………………………………………………………… 6

6．前翅は3本の臀脈を有し，その第1脈は肘脈の第2支脈に甚だ近く位置している。濠洲産。(*Austroperla* Tillyard, *Tasmanoperla*) (*Gripopterygidae* の1部を包含する)……Fam. *Austroperlidae* Tillyard 1921

前翅は2本の臀脈を有するのみ，その後脈はときに分岐している………………………………………… 7

7．前後両翅にて径脈と中脈と肘脈とが翅の中央近くにて1横脈または横脈の連続組によつて結合している。普通これより末端の方には横脈がない (Fig. 371) ………………………………………………………… 8

翅の中央に上述の如き横脈がなく，これより末端の方には横脈を有する。濠洲，新熱帯産 (*Leptoperla* Tillyard, *Dinotoperla*) (*Gripopterygidae* の1部を含む)……………Fam. *Leptoperlidae* Tillyard 1921

8．尾毛は甚だ短く時に1節となり決して10節以上ではない。前翅の最後の臀脈は臀室を越えて分叉している……………………………………Fam. *Nemouridae*

尾毛は長く多数節，臀脈は簡単……Fam. *Capniidae*

若虫の科の索引

1．可視鰓が存在している……………………………… 2

可視鰓がない………………………………………… 7

2．鰓が胸部に存する………………………………… 3

鰓が腹部に在るが胸部にはない…………………… 6

3．鰓は胸部と腹部の第1及第2節にまたは第1乃至第3節にある………………………Fam. *Pteronarcidae*

鰓は胸部のみに存在する…………………………… 4

4．鰓は前胸の下面のみにある……Fam. *Nemouridae*

鰓は胸部の3環節にある…………………………… 5

5．鰓の3対は胸側板上に線状の總の形において発達している，脚は長毛にて密に縁付けられている…………………………………………Fam. *Perlidae* 1部

鰓は管状で各基節の基部に1対がある………………………………………Fam. *Nemouridae* のあるもの

6．鰓は腹部の第1～第5または第1～第6節の側腹附属器として発達し，大形種………Fam. *Eustheniidae*

鰓は肛門の周辺に小糸状の線として存在している……………………………………Fam. *Leptoperlidae*

7．鬚の末端節は基部節より細い………Fam. *Perlidae*

鬚の末端節は基部節のように太い………………… 8

8．跗節の第2節は第1節または第3節何れよりも甚だ短い ……………………………Fam. *Nemouridae*

跗節の第2節は甚だしく短かくない……………… 9

9．跗節の第3節は第1と第2節との和より長くない，尾毛は滑かで体と等長………………………………………………………Fam. *Nemouridae* のあるもの

跗節の第3節は第1と第2節との和の2倍長………………………………………………Fam. *Capniidae*

以上の諸科中北半球に発見されているものは次の4科のみ。

78. Fam. *Pteronarcidae*

(Jacobson et Bianchi 1905) Enderlein 1909

この科の昆虫は Stoneflies や Salmonflies 等と称えられ，北アメリカのみに産するもので，前翅の臀脈は全長に亙り横脈を有し，淡黒色の翅を具え，大顋は痕跡的，鬚は多数の不規則な横線によつて多数節に見え，跗節の第2節は基準の1/2長，雄の肛上板は非常に発達しているが等11腹環節は著しく減退している。若虫は大顋が太く末端に歯を具え，鰓は腹部の末端2～3節の前腹面に梗節ある總に配列され，それ等は痕跡として成虫に残つている。*Pteronarcys dorsata* Say (Giant stonefly)

や *Pteronarcys californica* Newport (California salmonfly) 等が普通の種類で，後者はマスつりのえさとして最も優良な種類である。この他に *Pteronarcella badia* Hagen 等がこの属に属する。

79. カワゲラ（襀翅）科

Fam. Perlidae (Latreille 1802) Stephens 1829

大きな科で，これに属する昆虫は小形の緑色や帯黄色のものから充分大きな淡黒色のもの等で，流水や湖水や池等の縁に棲息している。ある種類は雄が短翅型となつている。鬚の末端節と跗節の2基節とが著しく退化し，単眼は2個又は3個，雄の腹部第9腹板上に打器を有するかまたは欠く。アミメカワゲラ科 (*Perlodidae*) はこの科に包含される。世界から約15属が発見され，*Pseudomegarcys Arcynopteryx Perlodes*, *Megarcys*, *Hydroperla*, *Dictyogenus*, *Haploperla*, *Kamimuria*, *Oyamia*, *Paragnetina*, *Acroneuria*, *Togoperla*, *Isoperla*, *Niponiella*, *Neoperla*, *Gibosia*, *Kiotina* 等の属が本邦に産する。

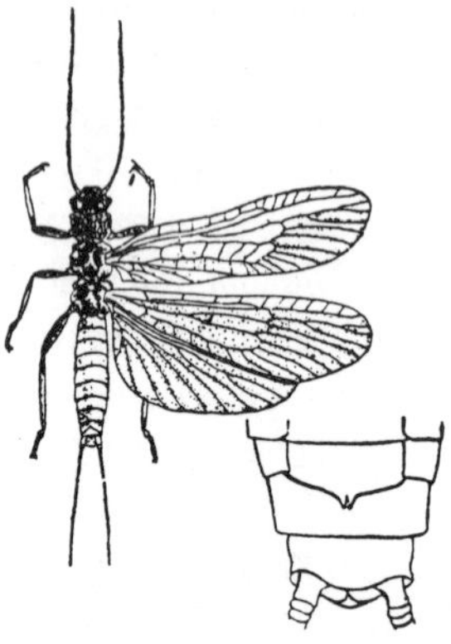

Fig. 373. カワゲラ雌
Kamimuria tibialis Pictet

カワゲラ (*Kamimuria tibialis* Pictet) (Fig. 372) は本州から九州迄に広く分布し体長 14～18mm 内外の黒色種。フライソンアミメカワゲラ (*Perlodes frisonana* Kohno は本州東北部に産し，黒褐色で体長16～18 mm 内外。

80. オナシカワゲラ（無尾襀翅）科

Fam. Nemouridae (Selys 1888) Klapálek 1905

ミジカオカワゲラ科 (*Taeniopterygidae*) とオナシカワゲラモドキ科 (*Leuctridae*) とを包含せしめている。世界に広く分布する大きな科で，尾毛は甚だ短かく，*Nemoura* Letreille と *Leuctra* Stephens と *Perlomyia* Banks とに在つては単節からなり，*Taeniopteryx* Pictet では 1～10節からなる。触角は甚だ細く，単眼は小さく3個なれど甚だ稀れに2個のものもある。跗節の各節は亜等長かまたは第2節が最短となつている。前翅の第2臀脈は叉分している。凡て小形で一般に 15mm より短く褐色または黒色のものが多い。

本邦にはミジカオカワゲラ (*Rhabiopteryx nohirae* Okamoto) やオビミジカオカワゲラ (*Obipteryx femoralis* Okamoto) やオナシカワゲラ (*Nemoura sagittata* Okamoto)(Fig. 374) やハラジロオナシカワゲラ (*Leuctra nipponica* Okamoto) その他等が産する。ミジカオカワゲラ (Fig. 375) は本州産で，体長 9mm 内外の淡黄褐色。成虫は4月頃出現し，杏や桃の花芽を食害しときに大害をなす種類である。尾毛は6節からなり，ミジカオカワゲラ科 (*Taeniopterygidae*) として取りあつかわれている。ハラジロオナシカワゲラ (Fig. 376) は北海道と本州とに産し，体長 6mm 内外の黄褐色種。北米産の Pacific salmon fly (*Taeniopteryx pacifica* Banks) は成虫が果樹の芽を食害する種類である。

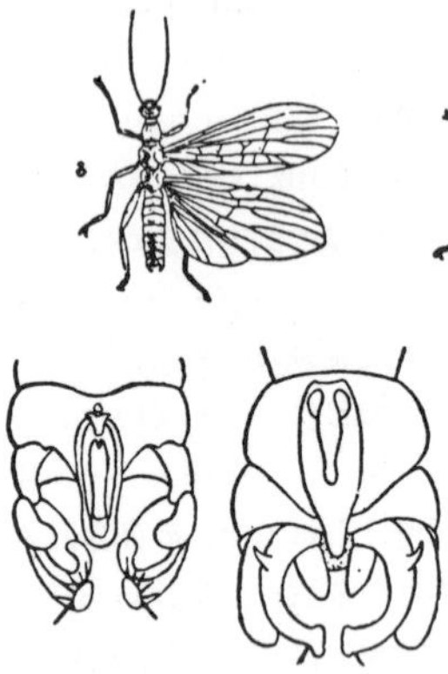

Fig. 374. オナシカワゲラ
雄（岡本）
左下図．雄尾端
右下図．雌尾端

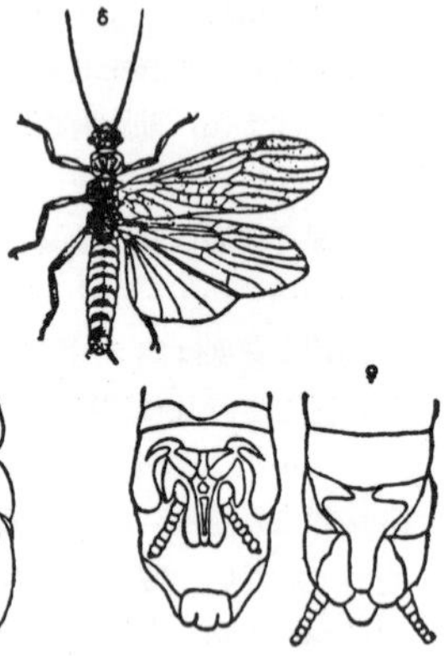

Fig. 375. ミジカオカワゲラ雄（岡本）
左下図．雄尾端
右下図．雌尾端

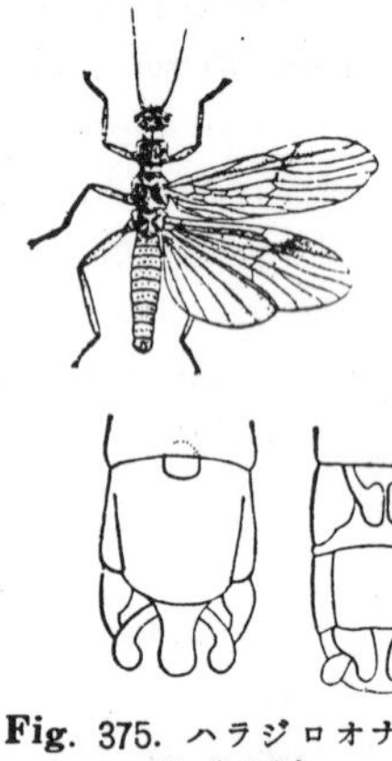

Fig. 375. ハラジロオナシカワゲラ雄（岡本）
左下図．雄尾端
右下図．雌尾端

81. クロカワゲラ（黒襀翅）科

Fam. Capniidae Klapálek 1905

小さい帯黒色のカワゲラで体長12mm 以下。径脈と中脈とは翅の基部よりある距離間癒合し後広角度に分岐し，尾毛は数節または多数節からなり，触角は長く，跗節の第2節は甚だ短く，単眼は3個で何れも小形，翅は屡々短縮し，後翅は大形の臀部を具え，雄の腹部第9腹板に附属器を欠き雌の第8腹板は明瞭な亜生殖板として延びていない。*Capnia* Pictet（全北洲）と新北洲産の *Capniella* や *Capnura* や *Allocapnia* 等が代表的な属で，若虫は帯黒色乃至黒色。最後の1属が本邦から知られている。フタトゲクロカワゲラ（*Allocapnia bituberculata* Ueno）（Fig. 378）は体長 6mm 内外，黒褐色，翅は透明で褐色の翅脈を有し，翅端の第1径室は前後両翅共に暗色。本州産。若虫は体脚共に黒色で，渓流の石下に棲息している。セッケイカワゲラ（*A. nivalis* Ueno）は無翅，本州中部の高山地帯の雪渓または残雪上に夏季出現する。一名セッケイムシと称えられている。

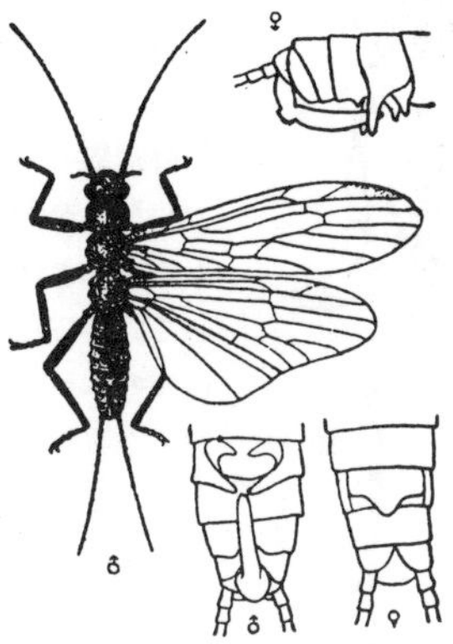

Fig. 378. フタトゲクロカワゲラ

82. ヒロムネカワゲラ（広胸襀翅）科

Fam. Peltoperlidae Ueno

北アメリカ産の *Peltoperla* 属が代表的なもので，本邦からはノギカワゲラ（*Nogiperla japonica* Okamoto）（Fig. 379）1種が知られている。体長7〜9mm，黄褐色。頭部は短かく長さの約2倍の幅を有し，橙黄色，額に方形に近い黒褐色の1紋を有する。前胸背板は暗褐色，中後両胸は黄褐色。脚は黄色で暗褐色の腿節を具えている。翅は透明。腹部背面は褐色，腹面は黄色。尾毛は短かく，橙黄色で末端の方に褐色となる。本州産，若虫は渓流瀑布等のしぶきによつて常に湿れる岩石面上に生活している。

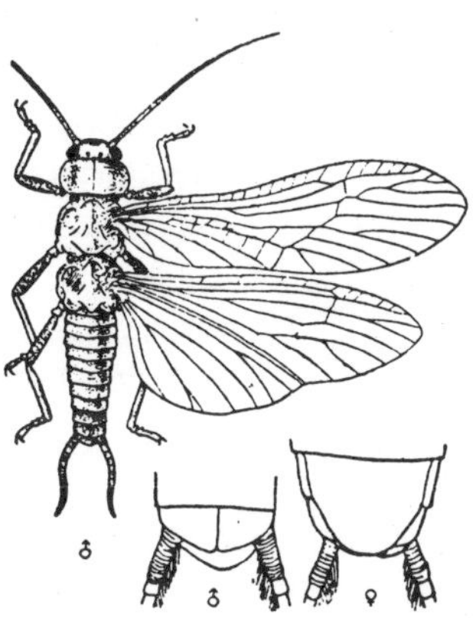

Fig. 379. ノギカワゲラ（上野）
部分図は尾端腹面

83. トワダカワゲラ（十和田襀翅）科

Fam. Scopuridae Ueno

Scopura 属が代表的のもので，トワダカワゲラ（*Scopura longa* Ueno）（Fig. 380）1種からなる。全体光沢ある褐色。頭部は暗褐色，単眼を欠き，触角は赭褐色で約40節からなる。前胸背板は頭部より幅広く，前後両角とも突出し，褐色で不明瞭な斑紋を有する。中後各背板は短かく幅広で，褐色。脚は黄褐色，跗節は3節で第2節が最短。翅はない。腹部は細長い円筒状で褐色，各背板前方に1対の淡色小紋を有する。雄の第9腹節細長く，第10腹節は背面で広く左右に分かれその間から肛上突起を出している。尾毛は黄褐色で，基節の内側に1個の疣状突起を有する。体長20mm(雄)〜23mm(雌)。若虫は小流の石間に棲息し，成虫とほぼ同形態であるが尾毛の基部肛門を囲んで線状鰓の環を有する事によつて異なる。本州と北海道とに発見されている。

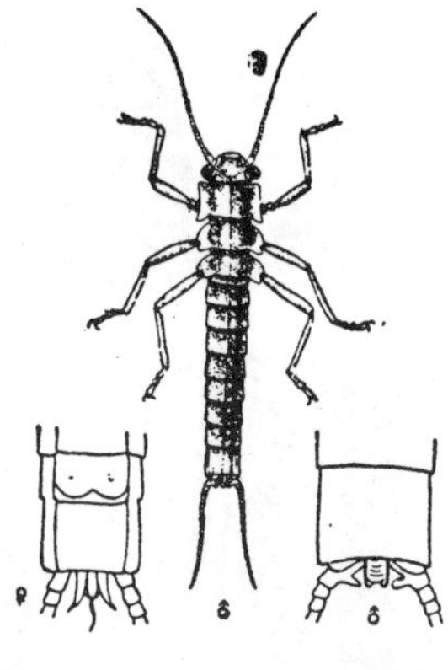

Fig. 380. トワダカワゲラ雄（上野）
部分図．左．雌尾端部
右．雄尾端部

XV　等翅目

Order *Isoptera* (Brullé 1832) Comstock 1895

この目は長い間 *Neuroptera* 目の1群または族あるいはまた科として認められて居つたが，1832年に Brullé によつて *Isopteres* 目として独立せしめられた。しかし 1895 年に Comstock によつて語尾が訂正され *Isoptera* となされ，以後全ての昆虫学者によつてこれが採用されるに至つた。Termites や White Ants と称えられ，ドイツにては Termiten，フランスにては Termites，本邦にては白蟻とよんでいる。

小形乃至中庸大，大部分軟体で淡色の社会的生活を隠所にあつていとなむ昆虫である。頭部は小形乃至大形，自由で著しく幾丁質化している。口器は模式的咀嚼型であるがある兵蟻では痕跡的，大顎は小さく正常かまたは非常に大形で有大顎兵蟻において種々変化がある。複眼はないか痕跡的かまたは大形，単眼は無いがある場合には2個。触角は珠数状で多数節からなり，短いものと長いものとがある。前胸は自由で頭より小形，脚は短く太く4〜5節の跗節と2本の爪とを具え，翅は無いか短翅か長翅で，前後両翅が大さや形状や翅脈が同様，翅脈は簡単で少数の横脈を有する。しかしあるものでは錯雑せる細脈を有する。普通翅の基部に破砕横線を存す。尾毛は短く簡単か，2〜8節からなるものがある。変態は簡単。

この目のものは最も高度に特化せる興味ある且つ有害な昆虫で，自然界におけるかれらの正当な個所が承認されて，かれ等は木の中や土の中に穿穴の構成に，大きな

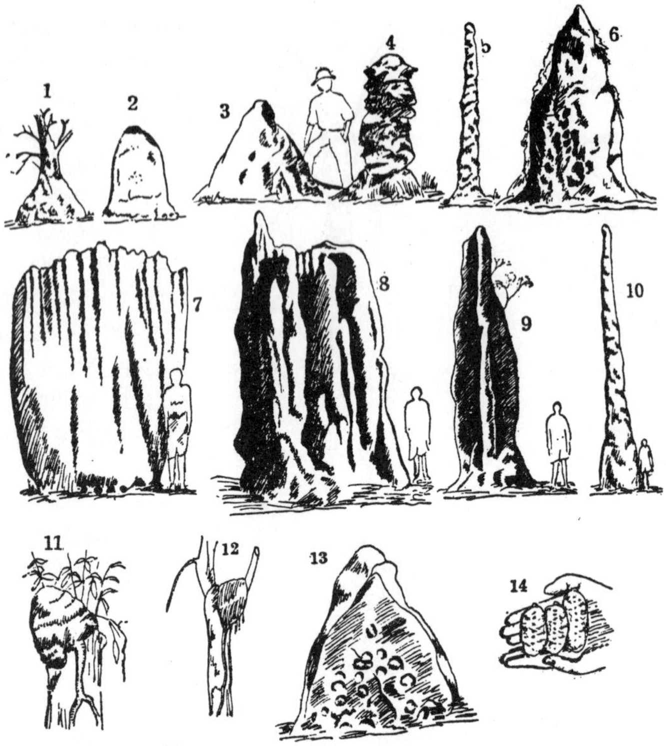

Fig. 381. 白蟻の地上の巣

1〜4, 10 南阿産 4. *Nasutitermes lamanianus*(コンゴー産) (Sjöstedt) 5. 南阿産の或る種の地下巣の出口 6. *Termes redemanni* Wasmann (セーロン産) (Escherich) 7. *Amitermes meridionalis* Froggatt (濠洲産) (Froggatt) 8. *Nasutitermes triodiae* Froggatt (濠洲産) (Hill) 9. *Nasutitermes pyriformis* Froggatt (濠洲産) (Froggatt) 10. 南阿産1種 (Escherich) 11. 12. *Nasutitermes corniger* Motschulsky (Panama 産) (Snyder) 13. *Termes redemanni* の巣の断面 (Escherich) 14. *Macrotermes bellicosus* Smeathman の女王3頭 (ニゲリア 産) (Schechter)

塚の建築に，食物に向つて菌類の栽培に，且つ死植物質の消費や再製に勢力をささげている。ある種類は人類に接触してあるときにはいつでも木造家屋や垣や他の植物質物の如何なるものをも侵害し，そのために熱帯や暖国やでは年々経済的に損失をまねいている。白蟻の巣は全体地下にまたは全部あるいは一部が地上に構成され，その造営方法は種々異つている。空中に在る巣は比較的小形で枯木や枯株や食物たる他物に附着せしめられているか，または乾燥木中に穴を穿ちてその中に造られている。熱帯のアフリカや濠洲における疎生森林地帯や荒廃林地帯等にある白蟻塚 (Fig. 381) は1〜12尺の高さで，土と木と排泄物とが唾液によつて一所にこねられて造られ，内部は室と交通路とからなり，その中に食物となる菌類の栽培が行われている。

下等昆虫中で白蟻は社会的生活を行う事によつて最も顕著なもので，高等の蟻や蜜蜂や蜂等に似て高度に発達している階級型を有する。

外形態

小形乃至大形，普通長く扁平なれど女王の如きは多少円筒形に近くなつている。外皮は薄く柔軟で，無翅のものは頭のみが堅く腹部は屢々弱い透明な膜の性質を有し，有翅型では他の階級型のものよりは完全に幾丁質化している。規則的に外皮は地中棲の種類よりは地上の樹木に棲息するものと光線の当る処に食を求むるものとの両種類の方が暗色となつている。

頭部は前口式か下口式で自由，生殖型と職蟻とのものは卵形か球形，兵蟻では大形で屢々長いか西洋梨形で体の他の部分全体より大形なものが多い。中縦線とV字形線との頭蓋線が屢々明瞭となつている。しかしそれ等の発達程度に非常な差異がある。複眼は大翅型には一般に存在するが他の生殖型では種々な程度の減退が認められ，地上棲または地上に食を求める種類の凡ての階級型には有るが兵蟻と職蟻とに在つては殆んど減退が種々に現われている。単眼は屢々存在するが，複眼と共同でない場合には欠けている。触角は珠数状で左右の大顋の基部直前に在る浅い孔より生じ，環節数は9〜10以上で原始的なある種類において最大数となつている。また個々の齢や階級型に従つて差異があり且つ大翅型のものが最大となつている。卵から孵化した後に触角は第3節の成長と分割とによつて新しい環節が増加して全体の長さが増大するものである。

口器 (Fig. 382, 383) は一般の構造において直翅目によく似ている。上唇はよく発達し大顋の基部を大部分覆い，その形状は非常に差異があり，頭楯に蝶番付けられている。頭楯は額に癒合し，幾丁質化せる後頭楯(Post-clypeus)とから膜質の末端部即ち前頭楯(Ante-clypeus)とに区別されている。大顋は生殖型と職蟻とでは甚だ類似し，形状において少数の著しい変化がある。兵蟻では属の異なるに従つて変化が多く，屢々大形となりまた不思議な形状を呈するものがある。しかし鼻状型のものでは退化して微小となつている。小顋はよく発達し，微小

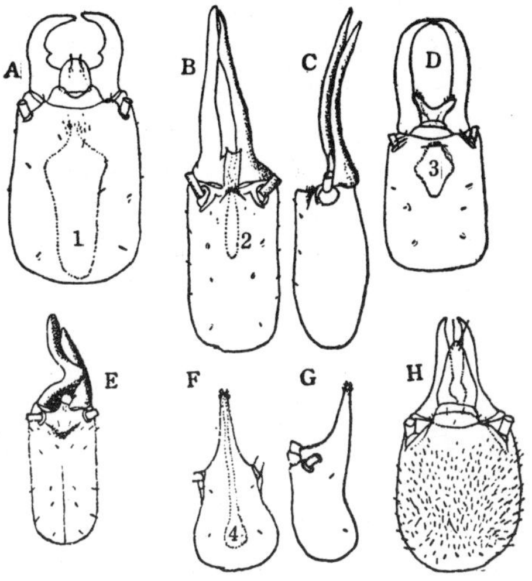

Fig. 382. 白蟻兵蟻の頭部 (Silvestri)
A. *Hamitermes* B. *Mirotermes* C. 同側面 D. *Cubitermes* E. *Pericapritermes* F. *Eutermes* G. 同側面 H. *Microtermes*
1. 2. 3. 4. 額腺

点においてのみ差異がある。小顋の外葉は鉤状で普通2節からなり，内葉は強く幾丁質化し末端歯状となり基部葉片状で内縁に沿い太毛を装う。小顋鬚は凡て5節からなる。下脣は大きく亜基節と喉板(Gula)との癒合板たる喉基節 (Gulamentum) を具え，基節は膜質で微かに分離し，前基節はよく発達し対である根原を多少明かに示し中舌と側舌とを具えている。下咽頭は常に大形で直翅目のものに甚だ類似し，背舌(Superlinguae) はないが微小な幾丁質片の1対がそれであると認められている。

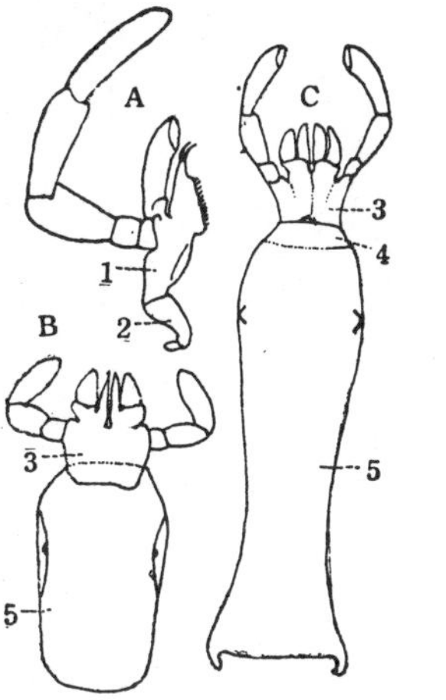

Fig. 383. *Archotermopsis* の部分図 (Imms)
A. 兵蟻の小顋 B. 大翅型の下脣 C. 兵蟻の下脣
1. 蝶鉸節 2. 軸節 3. 前基節 4. 基節 5. 喉基節

頸部には2対の大きな側頸節片 (Lateral cervical sclerites) があつて，その1対は他のものに直角に置かれている。ときに退化せる背腹の2節片が現われている事がある。

胸部。背板はよく発達している。前胸背板は最も顕著で属の特徴となり多くの変化があり，扁平で楯状か心臓状か側方に葉状となるかまたは甚だ屢々鞍状。中胸背板と後胸背板とは著しく同様な大さを有し多くの変化がない。胸部の腹面即ち腹板は膜質で各節の境界が不明瞭となつている。前胸腹板は非常に減退し一定の楯板が屢々なく，*Archotermopsis* では2個の小三角板からなりそれ等は中央線にて互に分かれている。中胸腹板は最大で種々な形状を呈し後方が小さな棒状の中胸小腹板 (Mesosternellum) と節合している。後胸腹板は甚だ幅広で部分的に中脚の基節にて隠れて見えない。後小腹板 (Metasternellum) は中胸の場合と同様に存在している。腹板各節の両側部は側腹板 (Laterosternites) を形成するように別々に幾丁質化し，前腹板(Episternum) に結合している。前胸の前腹板は強く幾丁質化した帯板で両側部にて前胸背板の下面と結合し，中胸と後胸との前腹板は大きく有翅型では翅の基部に達している。3対の脚は甚だ同様で基部にて後側板 (Epimera) がよく発達し，基節は甚だ大きく幅広，中後両脚には副基節 (Meron) が認められている。脛節は細長く最も原始的な属の内には端棘と側棘とが発達しているが，大部分の種類では側棘がない。跗節は模式的に4節なれど *Mastotermes* 属では5節，*Archotermopsis* や *Termopsis* や *Hodotermopsis* では不完全な5節からなり第2節が減退している。*Mastotermes* や *Archotermopsis* や *Calotermitidae* 科やの有翅型では爪の間に爪間盤が発達している。しかし他の科にはない。

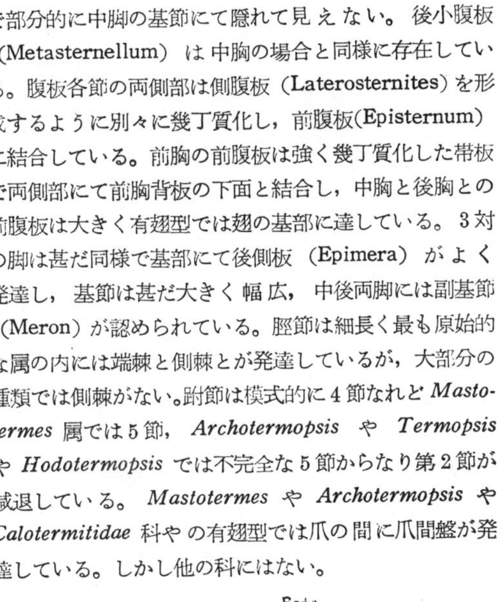

Fig. 384. 白　蟻　の　翅 (Imms)
A. *Archotermopsis* B. *Eutermes* 1. 基線

翅 (Fig. 384)。前後両翅は本質的に同様。前方部の翅脈はよく幾丁質化し他は弱体となつている。横脈がなく甚だ微かに幾丁質化した不規則網脈が主脈間に存在し，これ等網脈は甚だ不明瞭な線として現われ，他方附属脈の後方部のものは肘脈から発生している。翅脈は少数の種類 (*Mastotermes, Archotermopsis, Termopsis*) では原始的であるが，他のものにあつては減退し特に径脈と中脈とが退化している。*Mastotermes* の前翅には真の前縁脈がなく，亜前縁脈は2分岐し，第1乃至第5径脈 (R_{1-5}) が認められ，中脈と肘脈とはよく発達しているが臀脈はなく，臀脈の位置に肘脈の附属脈が発達している。後翅では亜前縁脈は分岐せず，第1径脈はなく中脈が第4＋5径脈の基部から生じ，3本の臀脈が発達している (Fig. 385)，この状態はゴキブリに類似し原始的なもので他のシロアリには現われていない。*Archotermopsis* と *Termopsis* とに最初の減退が現われ，即ち第2＋3径脈は前翅において分離せず後翅の臀部が退化している (Fig. 384)。*Leucotermes* と高等な白蟻とでは前縁が前方の翅脈の癒合によつて著しく厚くなり，径脈は1本で多分第4＋5径脈にて代表され，中脈は一般に1本かまたは分岐し，翅の他の部分が肘脈の附属脈にて満たされている。白蟻の翅の最も顕著な特徴は基線 (Basal suture) または肩線 (Humeral suture) の存在で，この個所にて翅が離脱する。この線と胸部との間の部分は永久に存在し普通鱗片 (Scale) と称えられている。ゴキブリの *Panesthia* 属では翅が多少不規則に基部近くにて離破され，*Zoraptera* ではより規則正しく切れる。然しこれ等は何れも白蟻の如き基線が発達していない。

Fig. 385. *Mastotermes darwiniensis* の雄 (Froggatt) 左翅の細脈をはぶく

腹部。10節からなり背板は完全に発達し，第1腹板は萎縮している。腹板は生殖型の雌雄にて著しく異なり，多くの種類の雄に在つては腹板は完全なれど高等のある種類では9節に分かれている。雌では第7腹板が大形となり亜生殖板を形成し続く腹板を覆うている。尾毛は各型において短く，*Archotermopsis* 属では6～8節，*Mastotermes* と *Termopsis* とでは5節，*Hodotermopsis* では3～6節，*Termitidae* 科では大部分1～2節の突起となつている。第9腹板の後方に屢々無節の尾突起 (Styles) がある。これは兵蟻と職蟻の雌雄と凡ての型の若虫とに現われ，生殖型では雄のみに存在しているが稀れに例外がある。*Mastotermes* と *Archotermopsis* と少数の他の原始的型の兵蟻と職蟻とに在つては雌雄の外形的差異が明瞭となつている。ゴキブリ型の減退せる産卵管が *Mastotermes* 属に発見されている。

内形態

消食系 (Fig. 386)。中庸長の捲旋せる管で，咽喉は細長く後方膨れて嗉嚢となり，嗉嚢は稀れに大形で屢々微かに太まり砂嚢に続き，砂嚢は幾丁質の微歯を装うが原始的のものでは簡単で環状。前腸は砂嚢を越えて大形の咽喉瓣 (Oesophageal valve) を形成しつつ胃の内に導かれている。胃は管状で屢々後腸を完全に取り捲き，胃と後腸との結合部にマルピギー氏管があり，その数は変化があつて *Kalotermitidae* では普通8本 *Termitidae* では2～8本となつている。*Archotermopsis* には胃の前端に5個の胃盲嚢が発達し，*Capritermes* にはマルピギー氏管の基部近くに1対の大きな漿果状の腺が認められている。後腸は廻腸 (Ileum) が1瓣片によつて結腸 (Colon) から区別され，結腸は本質食の種類に在つては原生動物の多数が生活していて膨大となつている。直腸は甚だ変化のある長さの細管で末端が卵形または球形の室となり肛門によつて外界に連なつている。

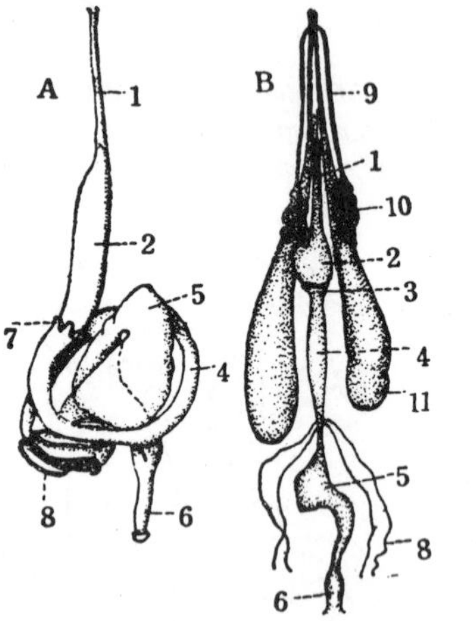

Fig. 386. 白蟻兵蟻の消食系
A. *Archotermopsis* (Imms)
B. *Termes ceylonicus* (Bugnion)
1. 咽喉 2. 嗉嚢 3. 砂嚢 4. 中腸 5. 後腸 6. 直腸 7. 胃盲嚢 8. マルピギー氏管 9. 唾液管 10. 唾液腺 11. 唾液貯蔵嚢

唾液腺はよく発達し総状で各腺が貯室を具え，腺よりの管と貯室よりの管とが合して共通唾液管となり下咽頭の基部に開口している。*Termes ceylonicus* の兵蟻における唾液腺は甚だ大形で，粘性の乳状液を分泌し，この液は多分防禦に役立つものである事が Bugnion によつて認められている。

循環系は甚だ僅かのみの調査があるのみで，心臓が8〜10室からなり，前方大動脈として延び脳の直後に開口している。

脂肪体は兵蟻または職蟻におけるよりは生殖型において非常に発達している。Feytaud によると女王と王とにあつては脂肪体が群飛後数年にして完全に消滅する事が知られている。移動細胞即ち白血球が多数に脂肪体内に入り旧い脂肪体の消耗につれ新しい脂肪体を漸次形成する。

神経系。生殖型と無生殖型との両者において脳と複眼との発達の程度の差異以外には重要な変化がない。腹神経連鎖には3個の胸部神経球と6個の腹部神経球とがあつて，交換神経系はよく発達し直翅目のものによく似ている。

額腺 (Frontal gland) (Fig. 387) は白蟻における甚だ特徴ある器官で，額の中央線上にある真皮細胞(Hypodermal cells) の1群が変化して発達したもので，多分凡ての型に存在しているであろうが兵蟻に最もよく発達しているようである。完全に発達した場合は袋状の腺で額孔 (Frontal pore) によつて外界に通じている。額孔は幾丁が淡色となつている頭の表面の浅い凹処に開口し，その凹処は顖門(Fontanelle)と称えられている。額腺は1本の中央の顖門神経 (Fontanelle nerve) によつて脳に連続している。*Leucotermes* 属ではこの腺がよく発達し，*L. lucifugus* の有翅型においては球状の袋となり幾丁質膜にて裏付けられその層の下に長形の皮膜細胞がある。兵蟻ではその外形が甚だ類似しているも腺は多少大きく，職蟻では減退し単に真皮細胞の1群によつて代表され額孔がない。また *Leucotermes flavipes* では額腺が有翅型において最大で，新

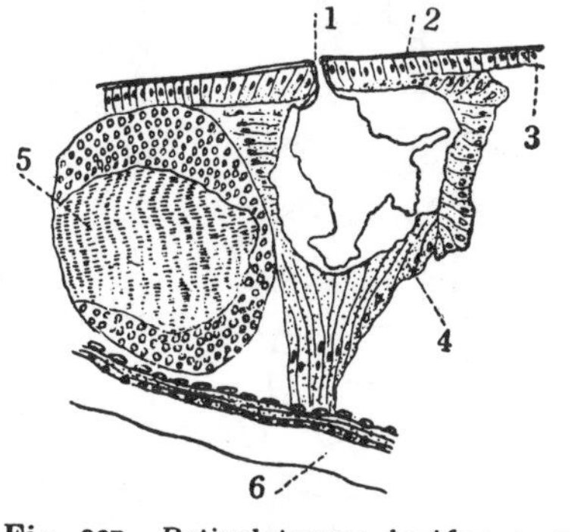

Fig. 387. *Reticulotermes lucifugus* の長翅型にある額腺の切断面 (Feytaud)
1. 額孔　2. 頭蓋の外皮　3. 真皮
4. 額腺　5. 脳　6. 咽喉

らしく生れた若虫には存在しているが発達が進むにつれ変化が起る事が知られている。更に *Coptotermes* と *Arrhinotermes* とは兵蟻において最大の発達を示し膨大な袋状となり後方腹端に達し大きな額孔を通じて乳状の液体を分泌する。尚また *Mirotermes* の兵蟻では突出せる額瘤 (Frontal tubercle) の先端に開口し，*Eutermes* の鼻型兵蟻では額瘤が細長い口吻状に延びその末端にて開口している。

額腺からの分泌液の性質と作用とは問題となつていて，ある場合には防禦の作用である他のものでは僅かに発達しているのみで無作用であるように見える。この腺は系統学的には中単眼から変形したものである事をその位置と構造とが側単眼と同様で顖門神経と側単眼神経とが同様である事によつて推定されている。

生殖器官。生殖型において完全機能的に発達し，兵蟻と職蟻とでは種々な程度に退化している。しかし *Archotermopsis* では兵蟻において充分発達し，また *Termopsis* 属の兵蟻は受精卵を生ずる事が認められている。生殖器官の退化の殆んど各程度が種々な属の兵蟻の内に見出され得て，その最も退化せるものが *Eutermes monoceros* に見出されこのものにはこの器官が全然発達していない。生殖型においては睾丸 (Fig. 388) は簡単で短い葉片の種々な数 (普通8〜10) からなり，第8腹環節内またはその近くに位置し，輸精管は1対の短い管で左右から後方に漸次近より終に合じて筋肉質の射精管となつている。この癒合点に貯精囊の1対があつてその各囊は小育管の1群から構成されている。精虫は将来の研究が必要であるが，*Calotermes flavicollis* のものは不可動的で普通尾部がなく，*Archotermopsis* では何等特別な事がなく尾部を具えてる。雌 (Fig. 388) では各卵巣が無栄養室型卵巣小管 (Panoistic ovarioles) の非常に変化ある数 (*Archotermopsis* では30〜45) からなり，各々の卵巣小管が別々に輸卵管に開口し，左右の輸卵管が第7腹板によつて形成されている床にある生殖袋に共通の孔によつて連続し，この袋の背壁は受精囊の開口と膠質腺の共通管とを受けている。膠質腺は長い捲旋せる細管の多数からなり，その機

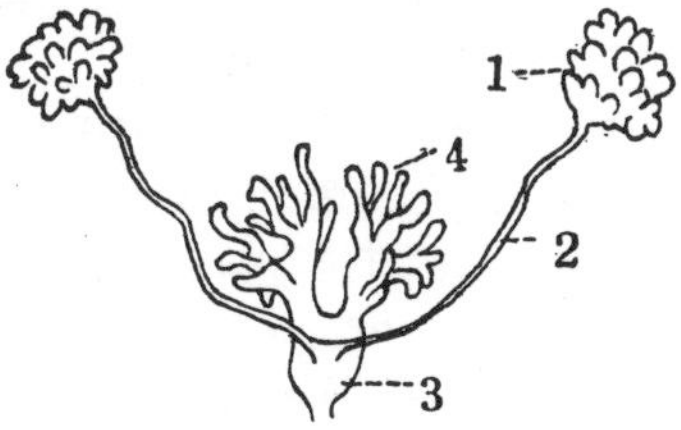

Fig. 388. *Archotermopsis* の有翅雄虫の生殖系 (Imms)
1. 睾丸　2. 輸精管　3. 射精管
4. 貯精囊

能は不明である。

階級型 (Castes)

(a) **生殖型** (Reproductives)

生殖性の雄と雌とは古い社会の維持と新たな社会の設立とに対して責任を有するものである。群または群居あるいは塚の建設者で且つ最も古い住者は普通王と女王とからなり，これ等両者は一度空中に現われたもので群中に生活している凡てのものの両親である。雄即ち王は非常に小形で空中に現われた儘の形状なれど，女王は著しく膨大となり殆んど原形を失い種類によつては90mm以上もの体長となり数えきれない程の卵を産下する。かくの如き女王は6～15年間も生存可能でその間に百万卵も産下する種類が認められていて，昆虫中最も多産なものである。

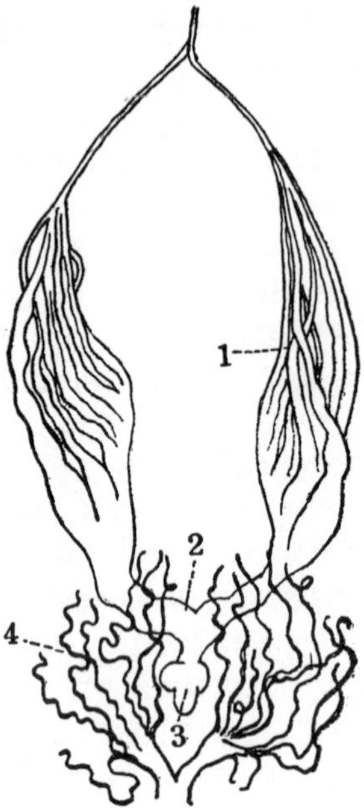

Fig. 389. *Archotermopsis* 有翅雌虫の生殖系 (Imms)
1. 卵巣 2. 輸卵管 3. 受精嚢 4. 膠質腺

1）**長翅形** (Macropterous forms) (Fig. 389)。一般に有翅成虫 (Winged imagines) と称えられ，また第1形成虫 (Adults of the first form) とも云われている。白蟻中の古代型で，これより有性と無性との型が生ずるのである。2対の大きな膜質の殆んど同形の翅を具え，このために等翅目なる名がつけられたものである。体はよく幾丁質化し屢々暗色で，複眼は充分発達し，屢々1対の単眼を具えている。この形のものは単時間空中生活を行い，新群の基礎をなすものと認められている。脳は大形，額腺がある場合はそれが比較的よく発達し，生殖器官は他の形のものより大形となつている。

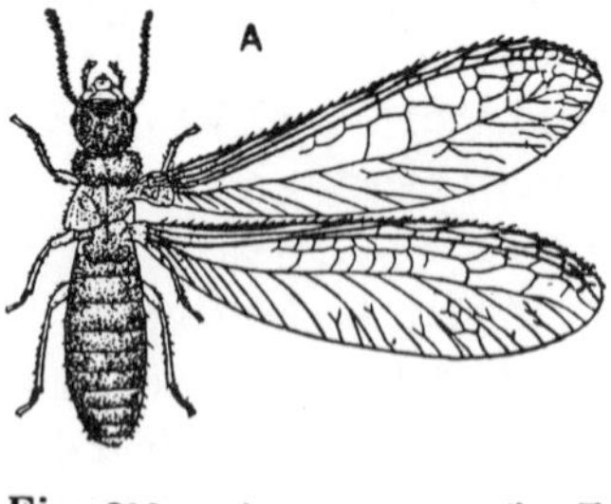

Fig. 390. コウシュンシロアリの長翅型 *Calotermes koshunensis*

2）**短翅形** (Brachypterous forms)。一名第2形成虫 (Adults of the second form)。このものは完全に地下棲で，体は前者より少く幾丁質化し藁色または灰白色。翅の成長は停止され多少若虫状態で鱗片状 (Fig. 390) なれど普通は明瞭な翅脈を具えている。複眼はより小形で僅かに着色。脳と額腺と生殖器官とは幾分小形となつている。この形の機能はまだ充分理解されていないで，頭数を維持するために個々の群において単に用いられるのかまたは新しい群を作る事に有用であるのか等の問題を研究する必要がある。

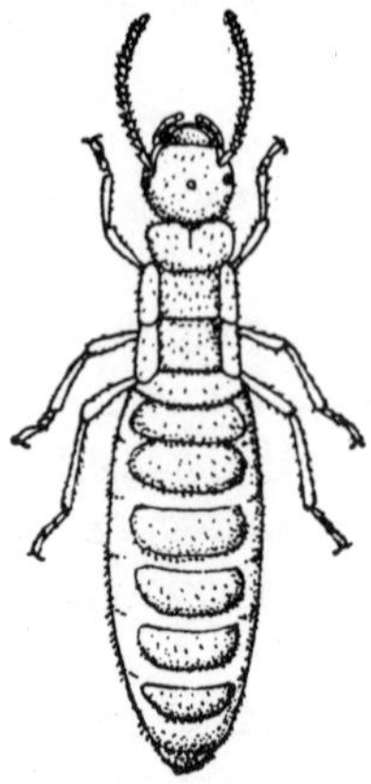

Fig. 391. *Reticulotermes virginicus* の短翅女王 (Banks and Snyder)

3）**無翅形** (Apterous forms)。一名第3形成虫 (Adults of the third form)。この形は比較的稀れなもので，高等な類即ち *Termitidae* 科には見出されていない。地中棲で殆んど完全に色彩を欠き，複眼は痕跡的で，翅は完全にない (Fig. 391)。外観は職蟻に似ているがある特別な構造によつて区別が出来る事になつている。

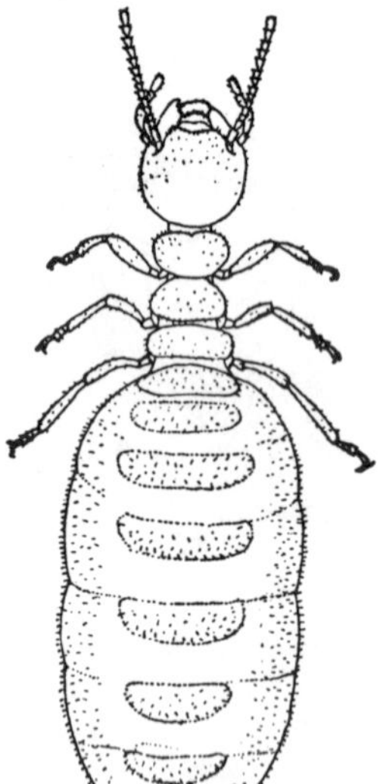

Fig. 392. *Reticulotermes flavipes* の無翅女王 (Banks and Snyder)

短翅形と無翅形とは一種の補助型で必要の場合またはある特別な条件の時に機能的に長翅形にかわるものである事がある学者によつて認められ，生殖巣が長翅形におけるよりは早く成熟し，ために外観的に若虫の状態を示すもので，未熟形であると考えられている。早熟性発達は外的の作用によつての群の意思からして生するものであると考えられ，淡色なる事と弱幾丁質化と視覚器官の退化とが地下棲即ち隠棲習性に関連する状態であると認められている。

生殖型は交尾が果たされた後に発達する生殖器官によ

つて動く刺戟に対する感応として開始される顕著な後変態的成長を現わすものである。原始的属の受精雌虫即ち女王はこの後変態的成長が甚だ僅かで，他方高等な *Termitidae* 科のものでは比較的著しい範囲の成長がある（Fig. 393)。これ等大形の女王は屢々5～9 cm またはより以上の体長を有す。女王はたとえ3生殖形の何れからも発達するものであつても長翅型から生じた場合に最大の大さのものとなる。かくの如き女王は翅基を具えている事によつて他と明瞭に区別する事が出来る。この大さの増加は腹部の増大のみによるもので頭部と胸部とは外見的に変化がない。この腹部の増大は卵巣と脂肪体との発達に主としてよるもので，後変態的成長は外節片の大さに関係なく各環節間膜の増大によるもので，背板と腹板とはもとの儘に小形で止まつている。

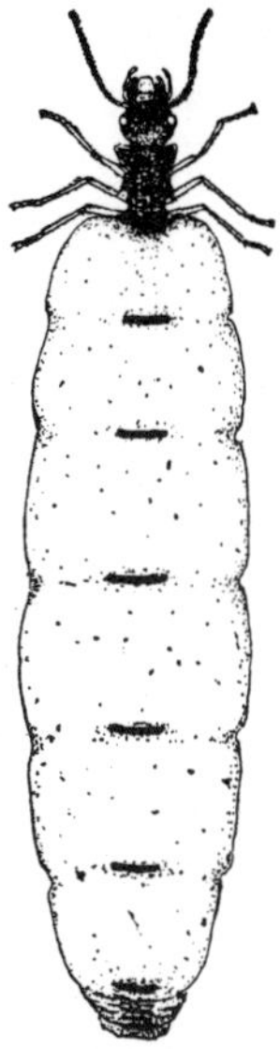

Fig. 393. タイワンシロアリの長翅型女王 ***Odontotermes formosanus*** Shiraki

後変態的成育期間に生ずる主な変化は，翅筋肉（これは胸部の大部分を満している）が退化し食球によつて部分的に破壊される事と，もとの脂肪体が完全に変化し新組織によつて置き換えられる事と，消食系にある変化が起る事等である。女王は木質または堅い物質を摂食しないで唾液または殖菌種では唾液と共に菌糸とによつて栄養を取るために大顋の筋肉が大さと力とにおいて減退し，胃が構造と機能とにおいて変化し，マルピギー氏管が長さを増し，後腸が著しく縮まる事になる。なお血液組織の容積が非常に増大し，神経系と背管とが腹部の膨大につれ長くなる。更に最も顕著な変化が生殖系に起り，腹部の大部分を占める事になり，女王は産卵機工に専念する事となる。生殖系の形態には変りがないが卵巣小管の数が増加し，例えば *Termes redemanni* に在つては1卵巣に2420の小管が含まれる事が認められている。

（**b**） **不妊性型** (Sterile or Aborted Forms)

職蟻と兵蟻とに分かたれ，凡て無翅で生殖器官が退化し無機能的となつている。

1）**職蟻**（**働蟻**）(Workers)。数において最も重要なもので，一般に淡色の僅かに幾丁質化している皮膚を有し，他型の成虫によりも若虫によく似ている。原始的の *Mastotermes* 属以外のものは外部形態に雌雄の差異が認められない。頭部は下向で生殖型のものより比較的幅広なれど兵蟻のように大形ではない。複眼は一般にないがある種類には現われ，*Hodotermes* 属ではよく発達し，この種類は日中地上にあつて活動的である。大顋は生殖型のものに類似しているが，力強く，木質や他の植物組織を較るのに適している。胸部は所謂成虫よりは兵蟻に類似している。各種の職蟻の特徴は甚だ僅かであるために，他型のものと同時に採集しないと種を同定する事が甚だ困難である。少くとも同じ巣から兵蟻を共に採集する必要がある。職蟻には稀れでなく2形即ち大型 (Major form) と小型 (Minor form) とが発見される。前者の頭部と大顋と且つ屢々体とが小型のものより明瞭に大形となつている。しかしある種類ではこれ等の中間形のものが多数に現われて，明瞭に両者を区別する事が出来ない場合が少くない。

この型のものは生殖には何等たづさわつていない。しかし稀れにかれ等の属する群の防禦に一部たづさわり，実際的には職蟻におわされている凡ての他の義務を司どつている。職蟻は卵と若虫とに対し注意を払い危険な場合にはそれ等を最も安全な個処に運ぶ。かれ等はまた女王をやしない。その食物のために屢々非常な距離からそれを運搬し，また殖菌種では菌類を特別な室に栽培する。木質食の種類では職蟻は巣に役立つ室と坑道とを造り，造塚種では蟻塔 (Termitarium) を造りその破壊の修繕をも行う。かれ等の鮫嚙性質が人類に必要な植物や木製物や他の物を破壊する。*Archotermopsis* 属には真の職蟻形がなく，その仕事は兵蟻と生殖型の若虫とによつて行われ，また *Termopsis* やその他の原始的な属にも職蟻が発達していない。

2）**兵蟻** (Soldiers)。白蟻群中最も特徴のあるものなれど *Anoplotermes* 属には発達していない。大形で強く幾丁質化し，大顋が他形のものより著しく大形となり屢々多くはグロテスク形となつている (Fig. 382)。兵蟻には明瞭な2形がある。即ち (a) 大顋型 (Mandibulate type)は大きな強力の大顋を有し，額吻(Frontal rostrum) がない。 (b) 大鼻型 (Nasute type) (Fig. 381 F. G.）は額吻が発達しているが，大顋は小形かまたは痕跡的となつている。兵蟻はこれ等2型の何れかで，屢々職蟻同様大型と小型とが同種中に見出されている。また3型の場合がある。即ち単一種中に大と中と小との兵蟻がある。更にまた大小両型間に多数の中間型のある種類も職蟻同様に発見されている。

兵蟻はまた職蟻の場合と同様に雌虫と雄虫とからなる，しかし *Mastotermes* や *Archotermopsis* や *Calo-*

termes のある種や等を除き，雌雄の外形態の特徴が微かで，個々の生殖巣の検査のみによつて区別する事が出来るものである。複眼は *Hodotermes* によく発達し，*Archotermosis* や *Calotermes* やその他の属では痕跡的で一般には完全にない。単眼は減退せる1対からなり，触角は生殖型のものより少数節で1節または数節からなる。

種々な種類の兵蟻において頭部と大顋との形状の多数の変化がある。それ等変化の比較的少数のもののみが特別な機能に特に適応している。兵蟻は主としてかれ等の属する群の防禦の仕事を司つているものと考えられている。この防禦の方法は大形の強い大顋によつて行われ，また他の場合は排攘液を分泌する事によつている。もしさまたげられた場合には大顋型のものは屢々大顋を外方に開きそこに現われる如何なるものをも捕える。蟻は白蟻の最も嫌忌する敵の1つで，かれ等より勇敢な白蟻はかれ等を捕えまたかれ等が白蟻の巣の中に侵入する事をたくらむ場合にはかれ等に対して排攘液を分泌する。ある最も特徴ある兵蟻はその群に対して明かに僅かに役立つもので，例えば *Capritermes* 属の兵蟻はきみようにねじれた大顋を有し捕獲には何等役立たないで，ただその攻勢的な外見を示しているのみである。

防禦の第2の方法は額孔から分泌される粘性液によつて行われる。この方法を行う種類は一般に小形かまたは痕跡的な大顋を具えているかあるいは大顋自体の一般機能に対しわるく適応した大顋を具えている。*Coptotermes* 属ではこの白色の液が体腔の殆んど全体を満している大きな腺によつて作られている。また *Rhinotermes taurus* にも同様な大腺がある。*Eutermes* と他の属との大鼻型では排攘分泌液が頭内のレトルト形の腺嚢から分泌され，透明な濃液が鼻吻を通ずる管によつて末端から出される。*Eutermes* 属の兵蟻は小形なるにかかわらず勇気があつて，巣が侵害されるとその破れた処から多数外に出て職蟻がそこを修繕しおえる迄見守つている。鼻吻の末端に分泌液の小滴が屢々見受けられ，それが如何なる敵に対しても有効なもののようである。

住 居

白蟻の住居の最も簡単なものは職蟻を欠き且つ最も原始的なものを含む木質食の種類に見出されている。例えば *Archotermopsis* や *Termopsis* は松柏科植物の湿気ある腐敗幹や丸太の中に生活し，それ等の住居は外部に何物もなく単に木質内に堀られた坑道の1組のみである他の属例えば *Mastotermes* や *Calotermes* や *Neotermes* や *Cryptotermes* 等の属の種類は乾燥木質内に食入し，屢々杭や他の物例えば家具等を住居とする。*Calotermes* 属中には茶樹等を害する種類も発見されている。*Rhinotermes* や *Reticulotermes* や *Coptotermes* 等の属は地中に生活し，土を通して間接的に木を害し，地面に接触している建物の如何なる木造物にも非常に有害である。かれ等はまた屢々かれ等の近辺において木質物に接近するために地上に現われる，この目的のために日光から隠れてまた外敵から隠れて且また同時に適当な湿度によつて取り囲まれるために土即ち糞物を持て覆う通路を造営し，それ等の管状連結によつて地中の室から通過する事が出来且つ建築物の上層に達しあるいは樹上に高く昇る事が出来る，タイワンシロアリ (*Odontotermes formosanus*) 等はかかる通路が屢々数十間の長さに及ぶ事が知られている。

他の場合に甚だ拡張した構造の住居即ち蟻塔 (Fig. 381)が造られ，特にアフリカや濠州の種類によつて造営される。これ等蟻塔は地下の巣を造るために堀られた土から構成され，多分それ等の土の堆積に便宜なためにかく行われたものであろう。その外壁と通路と玉台（女王の棲む室）とは土で堅い煉瓦様物体を形成するために固着せしめられている。その堅める液体は唾液かまたは唾液と腸排泄物と一所にしたものからなつている様である。内部の杭道即ち子孫が住居としている室は外壁等より軟かで消食管を通過した物質から造られている。蟻塔中最も顕著なあるものは北濠洲における *Eutermes triodiae* によつて造られた尖塔ようのもので，この種の住居は高さ8～12尺で側扁し東西に幅広く南北に狭まつている。この方向は乾燥の最大を保守するためと雨期におこなれる修繕個所が出来るだけ速かに乾き且つ堅くなる為めならんと推断されている。

地中に生活する白蟻の他の種類は地上に蟻塔を造る事がないかまたは小さな隆起を造るのみである。これ等の多くの白蟻は草や作物や他の植物の根を非常に害する。特別な属または種類では住居の様式が著しく一定しているが，他のものでは非常に変異がある。例えば *Odontotermes* 属のものは塚を造る型と地下住居を造るものとの両者があつて，これ等両型が同種のものにも発見されている。*Eutermes* 属のある種類は大形の蟻塔を造り，他の種類では屢々多少球形の樹上住家を造る。この樹上住家は細砕された木質物から造られ，内部は多数の不規則な小室からなり，外壁は比較的堅い層からなり，スズメバチの樹上の巣に似ていて，多くの場合地中の住居と覆われた通路によつて連結されている。

地下棲の白蟻の役割はミミズのそれの如く土中の空気の流通と湿気の交流とを一定にし且つかれ等の排泄物が肥料として働くもので，熱帯地方においては地中に白蟻の通路その他のない処が殆んどない程であると Drummond が述べている。

共同生活とその生態

高等白蟻の模式的群においてはかれ等の社会生活が女王と王とによつて支配されている。女王と王とは普通に巣の奥深い処にある所謂王台 (Royalcell) の中に限られて生活し，一夫一婦で，女王は大形で間歇的に王によつて受精される。多くの原始的な種類ではこれ等王型のある数が現われ，永久的室内に棲息する必要がなく，女王は大形となつて現われない。若しもととなつている女王が破壊されるとその社会が死にたえるものと以前には考えられていたが，この考えは短翅型と無翅型との生殖型が発見されたために放逐され，これ等の型の何れかの1つか又は両者かの何れかが元の王様の子孫の中に代表され得て必要な場合にその群の増員を経続する新らしい王に発達する。その上かれ等は多夫多妻で数頭の王が女王のある数に供つている。2) 3) の生殖型を代表する個体が同じ社会の中に共通に現われる事が明瞭となつた以来，これ等種々な型が機能的になり得るものであろうと云う事に進展した。長翅型は飛び出し住居を去る。しかし短翅型または無翅型の生殖型がかれ等自身の新しい組を見出すために社会を規則正しく去ると云う事の明確な判断がなく，且つ元の女王が存在しているときにかれ等が多く現われると云う事の明確な判断もない。Grassi and Sandias はかれ等を補充型 (Neoteinic forms) として考えた。即ち必要が生じた場合に生殖的活動に持ち来たらされるために保存されているものであると考えた。Fritz Müller (1873) はかれ等をある植物の閉鎖花にたとえている。これ等短翅型と無翅型とが補充型であると考える事に対する明確さは確立されていない事が既に指摘された事で，且かれ等が真の成虫である事も既に指摘されたものである。若しこの後事が正しければ元の王様が存在していてもかれ等自体の仕事において生殖からかれ等をさまたげる何物もない訳である。従つてかれ等両型は群を拡大する二重の機能，即ち元の女王がなお機能的である内に分離群を形作る事と女王の生存期間を経過したときにまたは他から女王が破壊された時に女王にかわる事とを行うものであると云う事に結論する事が合理的である。しかし何故に短翅型とそれより稀れな無翅型との生殖型が屢々発見されるような非常な数に存在せねばならぬかと云う事に就ては未だ明瞭な判断が下されていない。尤もそれは多分元の女王に比しかれ等の生殖率が少ない事のために常態の員数にその群を維持するのに非常な数が必要であるように考えられる。元の女王が死んだ時には長翅型が生産されない事が信じられていて，従つてその群は短翅型かまたは無翅型かによつて支配される事が信じられている。

長翅型の個体は元の女王が機能的に活潑である間中生産され，地理的位置と時候とによつて差異があるも年のある一定の時期にのみ有翅型が年々多数に出現する。これ等の個体はある不明な刺戟によつて両親の群から去る可くよぎなくされ，そうして臨界時間に達すると移住飛行即ち群飛を行う。群飛には外気の条件が最も重要な因子で，乾燥地域においては雨期の間かまたは驟雨の後で空気中の湿度が適当な時に群飛が行われる。飛翔に先立ち職蟻が若し必要であれば蟻塔の壁に孔を造る而して多数の職蟻が兵蟻を供い群飛の進行中出口の外部に群在している。群飛は種類により日中または夜間に行われ，後の場合には燈火に著しく誘致される。白蟻は弱飛性で，風の力がなければ遠方に達し得ない。規則的に同種類のものは各群が殆んど同時に群飛し，1群飛の中の雌雄は互にまたは他群のものと対となるものである。非常な数が同時に群飛するがそれ等の大部分のものは飛翔中かまたはその後に死滅し少数のもののみが生残るもので，鳥類やトカゲや小哺乳動物等の食餌となつている。生残者は地上に降りまたは落下し直ちに翅を折取る。しかして雌雄相求めるために分散し後交尾に移る。ある学者によると交尾は群飛前に行われると認められているが，恐らく群飛後が普通で，ある種類は群飛後約1週間迄の間に行われる事が認められている。雌雄は婚礼室 (Nuptial chamber) と称えられている小孔の住家を構成するのに専念し，その中に最初に産下される卵は少数で幼い両親によつて守なれる。早い子孫の多くのものは職蟻に発達する。新らしい若虫は両親によつて用意された食物から養われ，木質食の種類では若虫の発育の終り迄木質物食物を摂る事がない。群の増大が進行しより多数の卵が生産されるようになると子孫保護の義務は両親にかわつて職蟻が行う事になり，職蟻は更に住居を大くし且つ生成する社会群に対し一般に糧食を作る。最初の期間には生殖型のものは一般に生産されない。女王は漸次大さを増し，職蟻によつて常に注意を払われ且つ養われる。女王は木質物や他の物を摂らないで職蟻によつて用意された食物のみを受ける。従つて咀嚼の必要がなくなり大顋の筋肉が退化する。女王の大さが増すと共に卵の生産数が増加する。高等な白蟻の新たに出来た群における女王はその生活期間中に無数の卵子を産下し，*Termes badius* の女王は24時間に4000粒を産不する可能性があり，*Termes redemanni* の1女王は2卵巣中に48000粒の卵子が数えられている。熱帯地方における女王の最大生殖力のときには年に少くとも百万の卵子が産下されるものであろうと，しかして女王の寿命は先ず6～9年であろうと考えられている。

白蟻の食物は最初は木質及び他の植物組織からなる。これ等の昆虫はまたかれ等の同僚が肛門から出した物質を消費する。しかしてこの方法により木質食種の幼い若虫は最初にその社会の古い仲間の排泄物から生ずる原生動物によつて寄生される。死んだ白蟻の体や脱皮殻がまた食われる。若虫は最初は唾液のみを受け後にかれ等が自身にて植物質を食するに適すようになる迄は口からはき出されたものか肛門から排泄された物によつて養われる。巣外から糧食を集める習性は白蟻の種々な種類の中に起り，且また *Kalotermitidae* 中の *Hodotermes* 属にも見出されている。この属の種類の職蟻と兵蟻とはよく発達した機能を具え，日中地上にて糧食を集める特別な習性を具えている。かれ等は草や松葉やその他のものを集める目的に向つて巣からの突撃を行う。それ等の植物は短い長さに切断され孔の入口迄運ばれ，そこで直接に巣の中に取り入れられるかまたは塚を形造るために積み重ねられたままにするが，後のものはその含有物質のみが巣の中に移されるものである。*Termes latericus*（南アフリカ産）では巣の中に特別な室即ち貯穀倉庫があつて，その内に青草が種子の大量と共に集められている。濠洲産の *Eutermes triodiae* は蟻塔の地面から頂上迄の壁の中に位置している抗道中に乾燥草を貯える。セイロン島の *Eutermes monoceros* は職蟻の長い密集隊が両側に沿い兵蟻が守護しつつ日没頃から現われ若虫を養う地衣の小片を集める習性を有し，適当な樹木を見出すとかれ等は終夜そこに止まり地衣を集め翌朝巣に帰る事が観察されている。なおこの行列は1メートル毎に平均1000頭からなり，若し1分毎に1メートルの比で動き5時間進軍すると全行列が三十万頭の多数となる計算であると認められている。

高等白蟻の多くのものの住居は特に *Termes* 属やその類似属の種類に在つては普通菌園（Fungus gardens）と称えられているものを包含している。それは排泄物となつている植物質を以て職蟻によつて構成される珊瑚様の暗赤色の室群からなつている。この菌園は巣の近くにあつて屢々王台に接近しまたは王台に連続している。菌糸は菌園の各層に生じ王対と幼い若虫との栄養物となる小さな白色の球を生ずる。菌室はまた卵や幼い子孫に対しての苗床として役立ち多くの種類で幼い若虫がそこに放牧される事が認められている。これ等の菌は若しも白蟻群によつて放置される時には地中から各菌糸が群団をなして地上に発達し終に有傘菌として成長する。この類の蕈は何れも地下部の膨大部が比較的細くそれから急に細まつている1本の恰も根の如きものが深く地中に延びている，この部分が白蟻の菌園から延びた処である。これらは凡て美味の蕈である。

白蟻の住居中には白蟻以外に種々な昆虫や他の節足動物からなる甚だ多数の白蟻共棲動物がある。それ等は殆んど各社会に1種または種類が存在し，これ等客と白蟻即ち宿主との間の関係は蟻共棲者と蟻との関係に甚だ類似している。白蟻共棲動物はこれを分ちて3類となす事が出来る。即ち真の客たる客棲者（Symphiles）と利害関係のない単に黙認されている客たる片利共棲者（Synoeketes）と捕喰性かまたは汚物食性のものである。殺戮共棲者（Synechthrans）とである。白蟻共棲昆虫の大部分のものは鞘翅目に属し，オサムシ科のものは主として *Orthogonius* 属の幼虫によつて代表され，ハネカクシ科のものは *Corotoca* や *Spirachtha* や *Termitobia* や *Termitomimus* や *Doryloxenus* やその他の属で，アリヅカムシ科とコガネムシ科とゴミムシダマシ科とその他の科にあつては雑多なものが発見されている。双翅目中には *Termitoxenia* や *Termitomyia* や *Ptochomyia* 等の如き顕著なノミバエ科があり，更にチョウバエ科の *Termitomastus* やハナバエ科の種々な属の幼虫が存在している。総尾目にはまた多数の種類が認められ，粘管目も同様。鱗翅目には数種のコクガ科の幼虫が見出され，半翅目にはアブラムシ科の *Termitaphis* 属の発見がある。以上昆虫の他のものでは *Acarina* や *Diplopoda* や *Chilopoda* 等の種類がある。更に白蟻の塚はトカゲや蛇やサソリ等の隠れ個所となつたり，鳥類がかれ等の巣をその中に求めたりする事も認められている。

白蟻の1種以上のものが同じ住居中に生活，即ち社会的共棲のある種類が発見されている事は頗る顕著な例である。兵蟻を有せざる *Anoplotermes* 属は普通に他の属のものと共同に生活している。南米において5種の白蟻即ち異なる属に属するものが *Termes dirus* の1住居中に見出され，8種のものが *Termes chaquimayensis* と共棲している事が報告されている。*Eutermes* 属のあるものは特に高棲の性質を有する。白蟻と蟻とが屢々同じ木材や他の物の中に棲み互に連略ある杭道または互に交雑している墜洞中に生活している。これ等の2種類の間の関係は普通状態のもとにあつては親しいが，万一に巣がさまたげられると蟻は直ちに白蟻を攻撃し運び出してしまうのが普通である。

多 型 の 基 源

白蟻における各型の基源に関しては多くの論議を生じ，その間無性の兵蟻と職蟻との特性が種の胚細胞中に如何に獲得されたかの問題は遺伝学者にとつて甚だ困難なものとなつている。白蟻の型の基源に関する原理は外部的と内部的との2つに分つ事が出来る。

1．外因説 (Theory of extrinsic causes)。この説を主張する主な学者は Grassi and Sandias (1879)で，飼養の方法と栄養とが最も重要なものである事を信じた。かれ等によつて研究された白蟻は孵化当時の若虫が外部的に同様であるが体長 2mm またはそれ以上になつたときに大頭と小頭との2形に分かれた。その大頭形のものは兵蟻に発達し *Leucotermes* では職蟻ともなり，小頭形のものは有翅型に発達した。また *Colotermes* においては頭が大きさを増しそうして職蟻となつた。Grassi and Sandias は一方兵蟻と職蟻とに他方有翅型に夫々発達した事は発育の早期型の期間中かれ等を養つた唾液食物の比量によるものであると結論した。有翅型になる運命にある若虫は兵蟻や職蟻に最後に発達するであろう若虫よりも長い期間唾液にて養われるものであると。かれ等はまた兵蟻と職蟻とにそれ等の腸内の原生動物の早い出現とそれ等原生動物の大量が常に腸内に存在している事とが与えられる唾液の量の少ない事を伴うものであると主張した。更にまた原生動物は生殖巣の発達を防止する役割を演じている事を唱えている。なおまたかれ等は撰食方法によつて有翅型となる方向に進行している若虫を兵蟻に発達せしめ得る事を述べている。しかして他のものは補充型に転換せしめ得るかもしれず，且かくして早成の生殖的成熟をあえてなすものならんと。

他の学者中 Silvestri は食物が型生成に対し決定的因子であるが間接的に働くもので，胚原形質もまたそれに関係しているものであると主張した。Desneux は幼い若虫の変化はかれ等が受納する食物によるものであると信じている。Escherich は食物が型の分化に最も重要なものであるが，それは直接的感化となるものではなく，卵細胞内にある異なる型の潜在力を透引する刺戟となるものである事を，Weismann と共に確めた。Holmgren は滲出説 (Exudation theory) の基礎に立つて多型を説明する事を求め，孵化当時の若虫は外見上似ているが初めからあるものは他のものよりも僅かに多くの食物を受入し得るならん，しかしてむしろより多く分泌を生ずるならん。したがつてかかる若虫はより多く屢々職蟻によつて嘗められ且つ留意され終に生殖型に発達する。より少ない分泌を生じ且つ最初により少ない食物を受けた若虫は職蟻によつてより僅かな注意を受けそうして無性型に発達するものであると。Holmgren のこの説は支持者が少なく，分泌組織の存在は型成生に直接な影響がないと考えられている。

腸原生動物とその存在意義。 多くの白蟻の後腸内に多量の原生動物が存在し，若し1滴の腸内容物を検微鏡下に見ると殆んど全体が原生動物からなつている事がわかる。それ等の動物は主として鞭毛虫 (Flagellates) で特に *Hypermastigina* (*Trichonymphidea*) で殆んど白蟻に限られているものである。この動物は最初に Lespes (1856) によつて発見され，その後多数の属と種類とが発見されている。この動物と白蟻との関連は多くの論議を生じている。種々な学者は寄生虫として考えている。Grassi and Sandias はこの原生動物の多少は白蟻の生殖巣の発達の度に反比例していて，衰微した生殖巣を有する兵蟻と職蟻との後腸に多数で生殖型には稀れに意見されまたは完全に存在していないと。Brunelli によると *Calotermes flavicollis* と *Leucotermes lucifugus* との女王(原生動物に寄生されている)では卵母細胞(Oöcytes) の破壊があつて間接的去勢寄生 (Castration parasitaire) の1種であると，しかしこの結論は Feytaud によつて反抗されている。Bugnion の研究は Grassi and Saudias の見解を支持していないで，原生動物の存在は宿主内の寄生部分にある木質性食物と相還関係のある事を見出し，原生動物は幼い若虫と王と女王と (何れも職蟻または老若虫によつて用意される特別な食物によつて養われている) には発見されない。*Archotermopsis* の兵蟻と職蟻ようの型とは充分発達した生殖巣を有し豊富な原生動物相が常に後腸内に存在している。Feytaud は更に生殖成熟に近い *Leucotermes lucifugus* の有翅型において多数の原生動物を見出し且つまた *Archotermopsis* の有翅型にも屢々発見される事を指摘し，原生動物の存在と生殖器官の状態との間に何等の相還関係が見出されないと述べている。Buscalioni and Comes はこの原生動物は寄生性的なものよりはむしろ共棲性なものであると考え，この原生動物が木質物を破壊する事によつて，かれ等の宿主によつて吸収され易い栄養物が出来るのである。しかしある種類たとえば *Dinenympha* では腸壁に附着していて多分寄生性であろう。この共棲説 (Symbiotic theory) はまた Bugnion やImms 等によつて支持されているが，Grassi and Foa は *Calotermes* による試験の結果この説の反対な意見を有している。

2）内因説 (Theory of intrinsic causes)。Bugnion は白蟻の種々な型は胚子発育中に生じ後の食物に関係のない事を最初に研究した学者である。*Eutermes lacustris* の大鼻型兵蟻は卵から孵化したときに既に他の型から明瞭に区別する事が出来る。Thompson は *Leucotermes flavipes* その他の種類において孵化当初の若虫は外見上似ているが内形態的に2型に区別が出来，(a)

生殖型は大形の脳と生殖器官とを有し且つ一般により不透明な体を有し，(b) 無生殖型は小形の脳と生殖器官とを有し体が一般に透明である事を認めた。*L. flavipes* では生殖型の若虫は 1.3〜1.4mm の体長を有し後に長翅と短翅との2種に変化し，無翅生殖型に発達する若虫の個体発育が伴つていない。無生殖型の若虫はかれ等の個体発育の後の期間に兵蟻と職蟻とに分離するようになる。即ち体長が 3.75mm に達した時に分離する。

上述の記事の見解からして栄養の如何なるものも型の変異に関係がない事を明瞭に結論する事ができる。また生殖器官の異状形の存在が兵蟻の変化なき特徴でない事と型生成が腸内の原生動物の存在に何等関係のない事とが既に述べられている。また孵化当時の白蟻の殆んど凡ての若虫の外観的類似の上にあまり多くの力を置いた事が明瞭である。それで多型の生ずる現象に関する内的因子に就て考究する必要がある。内的因子によつて多型成生を説明する上に問題が生ずる。即ち胚細胞の組織と発達との何れが重要なものとなつているかが今の処明かにされていない分野である。白蟻の型の系統学的基源は突然変異説 (Mutation theory) の基礎によつて説明可能のように見える。即ち型は二次的なもので，しかして長翅型即ち本来の有翅成虫の個体発育においてある時期の遺伝的変化として生ずるものである。短翅有性型と無翅型との場合においては突然変異が単なる後進的なものであつた一そこに特徴のある消失が生じたものである。兵蟻と職蟻とにおいては受精の如き特質と翅の発育とが失われ，他方進行的突然変異が生ずるものである。即ち兵蟻では頭と大顋との大きさ及び額腺の大きさとが増し，大鼻型においては吻の発達が起る事によつて明瞭である。白蟻の種々な型はショウジョウバエに発見されたそれ等と比較され得る突然変異の1組における等級として解釈され得るかもしれない。Imms は種々な因子の存在または不存在は各型を決定するそれ等の因子が対等形質 (Allelomorphs) の多数の如く見る事が出来得るならんと想像した。有翅型の胚細胞における分離は卵と精虫のあるものが他のものから潜在差異であらねばならぬような方法に置かれていなければならない。しかしてそれ等の卵と精虫との癒合が個々の異なる型の成虫に対しての結果を持ち来し得ると。

現在においては生殖型の3型の系統的組織に関し適当な且つ明確な知識は甚だ僅かで，知られている範囲では有翅型の女王が凡ての他の型の親である事である。Snyder の野外調査と飼育実験との両者によると短翅型と無翅型との生殖型と兵蟻と職蟻とに加えてかれ等自身の有性型を生ずるが決して有翅型を生ずる事がない事を現わしているように見える。

非常に稀れな場合において通称無性型が生殖可能であり得るならん。*Archotermopsis* 属では兵蟻の生殖器官が形態学的の基礎において受精が失われていない。Heath はこの属に近似の *Termopsis* に3産卵兵蟻を発見しているが子孫に関する調査がない。また中間型が稀れに生じ，*Termopsis* と *Colotermes* とに痕跡的翅を有する兵蟻が発見されている。多分これ等は他の異常型と共に古代型の方に逆行せるものとして観察され得るならん。

変　態

孵化当時の若虫はたとえ外見上凡てが似て居ても生殖型と職〜兵型とは内形態的に変化のある事が既に説明した通りである。発育の後の期間においてはかれ等の個々の型に分離される。職蟻の場合には後胚子的成長期間は甚だ僅かな変化があるのみで，所謂不変態 (Ametabolous) である。兵蟻の大顋型と大鼻型との変態は顕著で，外形態と内形態とに変化が起り，特に頭部と大顋とに顕著である。長翅生殖型は一般に漸進変態 (Paurometabolous) 的成長を行い，短翅型にもまたこの変態が起り，無翅生殖型は無変態として認め得ないのに充分な特徴がない。

発達は甚だ緩慢で，特に生殖型に在つてはある成長期間に2年も要するものがある。Grassi and Sandias によると無性型では4回の脱皮を重ね，生殖型では5回の脱皮をなす事が発表され，更に多くの研究者によつて繰り返されているがどの程度一般にあてはまるかは不明である。最後の脱皮に先き立ち雌雄に尾突起 (Styli) が現われ，最後の脱皮後は生殖型の雌においてそれが消失するのが一般的である。

発育中に於て脱皮の際は静止状態を過す。この静止型は普通の脱皮に伴う不活潑な期間の延長であると考えられている。かくの如き静止状態は（1）外見的に変化していない若虫が兵蟻の若虫に変化する間と（2）最後の脱皮即ち成虫になる際の脱皮期間とにおいて最も顕著である。この静止状態はある属により著しく現われ，その顕著なものでは体が横に置かれ頭が胸部下面に曲げられ脚と他の部分とが不動となつている。最後の脱皮期間のこの状態と他の昆虫たとえば膜翅目の蛹との間の移り変りは甚だ微かで，その差異はただ程度の差異のみである。白蟻の静止型は他の昆虫の蛹の如き機能を明かに満し外部と内部との重要な変化がこの脱皮中に起るものである。この変化期間は数時間から数日の差異があつて，より短時間のものは静止型が僅かに存在するものに多い。したがつて白蟻の個体発育は漸進変態と完変態 (Holometabolous) との両型の間を連結する鎖のある拡りを占めているものである。

化　石

白蟻は一般に第三紀下層時代に生じたものと想像されている。しかし最初の化石は第三紀の後期に発見され，現今迄に発掘された白蟻の化石は次の如きものである。

Mastotermitidae 科の *Mastotermes* 属が上第三紀下層期と上漸新期と第三紀中新世期とに発見され， *Miotermes* 属が第三紀中新世紀に見出されている。

Kalotermitidae 科のものはバルト海の琥珀層と上漸新期と第三紀中新世期と上第三紀中新世期とコーパル沈澱層とから発見され， *Archotermopsis, Xestotermopsis, Parotermes, Hodotermes, Kalotermes* 等の属が見出されている。

Termitidae 科では *Leucotermes, Eutermes, Termes, Odontotermes, Microtermes, Microcerotermes* 等が代表的なもので，バルト海琥珀やコーパル沈澱やその他 *Kalotermitidae* の化石の発見された処に見出されていて，最も多数の種類が発表されている。

分　類

白蟻は本来熱帯棲の昆虫であるが，暖かい温帯地方にも産し，少くとも1600種以上の種類が発表され約100属に分かたれている。アフリカには500種，インド，マレイ地方には450種，新熱帯には350種，濠洲には100種，旧北洲と新北洲とにそれぞれ100種を産する事になつている。これ等のものが最初に1科 *Termitidae* として取り扱われ，後 *Mastotermitidae* と *Termitidae* との2科とされ，更に *Mastotermitidae* と *Calotermitidae* と *Termitidae* の3科や *Protermitidae* と *Mesotermitidae* と *Metatermitidae* の科，などに分類されてあつたが，現在は次表の如く5科に分つ事になつている。

雄と雌との成虫の索引

1．跗節は4節，前後両翅は等形で細く，後翅に臀部がなく，凡ての翅に基線がある……………………………2

跗節は5節，後翅はよく発達した臀部を具え，同臀部は静止には他の部の下に畳まれる。翅の基線は前翅のみにある……………………Fam. *Mastotermitidae*

2．翅の径脈は前縁部を形成する1本またはより多数の上支脈を生じ，頭楯は中線にて分離されていない。額孔はない………………………………………………………3

径脈は簡単で分岐せず，頭楯は中線にて分割され，額孔は普通存在している………………………………4

3．単眼は存在し，爪間盤は発達し，前胸背板は大きく頭部より幅広く，前翅の基片は後翅のものより大形で後者を覆うている。触角は13～23節，脛節は3本の末端棘を具えている……………Fam. *Kalotermitidae*

単眼はなく，爪間盤もなく，前胸背板は頭より狭く，前翅の基片は短く後翅の基片にかぶせる事がなく，触角は23～27節，脛節の末端棘は一般に3本より多数（3～5）…………………Fam. *Hodotermitidae*

4．翅は透明で無毛で縁毛を列していない。翅脈は翅の後方部において不明瞭となり多少細目状，前翅の基片は大形…………………………Fam. *Rhinotermitidae*

翅は多少不透明，後縁と外縁とに毛を生じているかまたは少くとも膜の縁部に近い処に毛を生じている，翅脈は翅の後方部において明瞭となり，前翅の基片は決して大形でない…………………Fam. *Termitidae*

兵蟻の索引

1．跗節は明瞭に5節からなる……………………………………………………………Fam. *Mastotermitidae*

跗節は4節なれど稀れに不明確に5節……………2

2．額孔はなく，複眼は存在し，大顋は屢々甚だ強力な歯を具えている……………………………………………3

額孔は存在し，複眼は完全にないかまたは微かに認められ得る……………………………………………………4

3．複眼は一般に甚だ明瞭で黒色かまたは稀れに色彩がなく，触角は23～31節，脚はむしろ長く且つ弱体で体を越えて延びている。尾毛は顕著で一般に3節またはより多数節からなる…………Fam. *Hodotermitidae*

複眼は白色かまたは稀れに着色し微小小眼面からなる斑点として存在し，触角は10～20節，尾毛は甚だ短く2節または稀れに3節………Fam. *Kalotermitidae*

4．前胸背板は平たく前方に分離葉片を欠き，頭部は鼻状型でなく，大顋は歯を具えていない……………………………………………………Fam. *Rhinotermitidae*

前胸背板は鞍形で前方に明瞭な葉片を有し，頭部は鼻状型かまたは有歯大顋を具えている……………………………………………………………Fam. *Termitidae*

84. ゲンシシロアリ（原始白蟻）科

Fam. Mastotermitidae Silvestri 1909 (Fig. 384)

Hemiclidoptera Enderlein は異名。雌雄同形で，雌は膨脹しない。翅は複雑な網目脈を有し，前翅のみに基片を有し，後翅は明瞭な臀部を有す。地中棲で樹木や乾木中に住し，小さな巣を構成し，一般に生木の根や幹を食しているが，屢々木造物を破壊する事がある。*Mastotermes* Froggatt 属にて代表され化石としては欧洲と北アメリカとに発見されているが，現存種は *Mastotermes darwiniensis* Froggatt 1種のみで熱帯濠洲産，屢々甚だしい害虫として認められている。

85. オオシロアリ（大白蟻）科

Fam. Hodotermitidae Sjöstedt 1925

Protermitidae（ゲンセイシロアリ科）と称するものの１部で，大形の種類が普通，エチオピア産の *Hodotermes* Hagen やインド，マレーや旧北洲産の *Anacanthotermes* や新北洲の *Termopsis* 等が代表的なもので，地表下にて草類を食するものである。奄美大島に発見されている *Hodotermopsis japonicus* Holmgren（オオシロアリ）(Fig. 394）の兵蟻は体長16～19mm で，赤褐色の楕円形の頭部を有し，触角と上唇と口器とは褐色，頭楯は白色なれど中央黄色を呈し，胸背板と腹部背板とは黄色，脚の腿節は黄色で脛節と跗節とは褐色を呈し爪と棘とは黒褐色，腹部は甚だ小さく帯黄色。触角は23～25節，大顋は太く短かく右のものは４歯を具え左のものは５歯を装い，跗節は５節からなる。

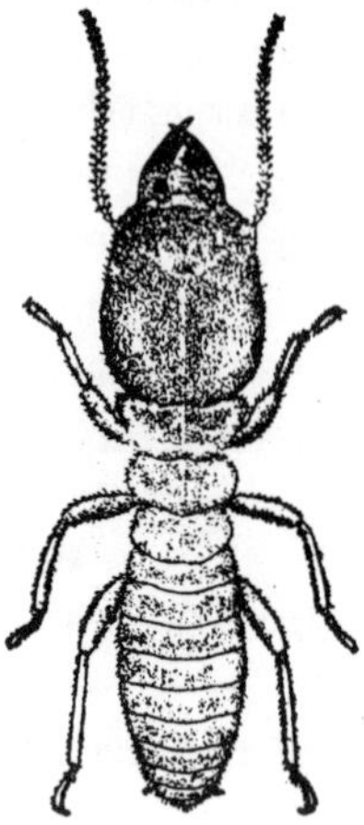

Fig. 394. オオシロアリの兵蟻（朴沢）

86. レイビシロアリ（麗美白蟻）科

Fam. Kalotermitidae Banks 1920

Protermitidae の１部で普通 *Calotermitidae* とつづられているが，*Calotermes* は元来1853年に Hagen によつて *Kalotermes* として発表されたものであつたが後1858年にかれは今日一般に使用されている *Calotermes* に変じたものである。故に命名規約に従い *Kalotermes* を使用する事が正しく，それで科の名も *Kalotermitidae* となす必要がある。

乾木や湿木中に生活する原始的な白蟻で，地下または地上にある乾燥せるまたは湿気ある更にまたぬれている木を食する性質を有し，土地の状態に関係を持つていない。小形乃至比較的大形な種類で，頭楯に中央線がなく，額孔を欠く。喉板は幅より長く，単眼は一般に存在している。職蟻がなく，若虫が群の義務をはたしている。この科は約20属240種が発表され，世界共通の *Kalotermes* Hagen, *Cryptotermes*, *Neotermes* やアメリカ産の *Zootermopsis* 等の属が代表的なものである。本邦にはサツマシロアリ（*Kalotermes satsumensis* Matsumura) (Fig. 395) １種のみが鹿児島宮崎両県下に発見されているのみである。この種はなお台湾にも産す。有翅生殖型は体長7～8mm で６月頃現われ，頭部は赤褐色，前胸背板は淡色，中・後両胸背板と腹部の背板とは黄褐色，触角と上唇と体の腹面とは淡黄褐色，頭楯は白色，翅は透明なれど基片と翅脈は濃色，雄の尾突起は明瞭。兵蟻は体長9～11.5mm，頭部は著しく長く黄赤色，前胸背板は黄褐色，中後両胸背板と腹部の背板とは黄褐色，体の腹面は淡色で脚は黄褐色。眼は小さく卵円形で側方に突出し，前胸背板は頭部と等幅で略腎臓形を呈し前縁広く湾入している。

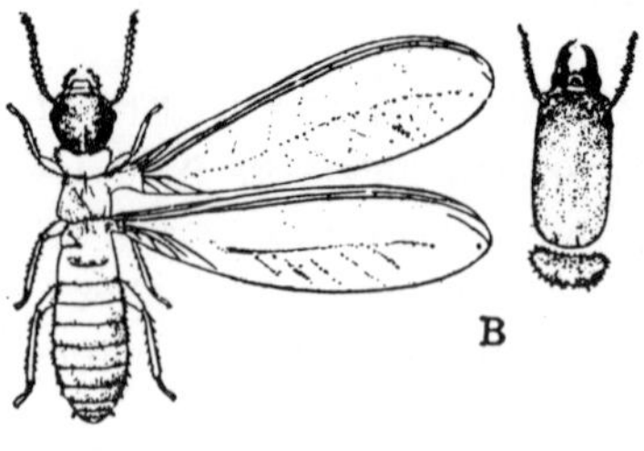

Fig. 395. サツマシロアリ（朴沢）
A．有翅生殖型　B．兵蟻の頭部と前胸背板

87. ミゾガシラシロアリ（溝頭白蟻）科

Fam. Rhinotermitidae Light 1921

大部分小形の地下棲種なれど中には湿木中に生活する種類もあり，額孔を有し，前翅の基片は甚だ大形，翅は網目脈を有し無毛，職蟻の前胸背板は平たい。世界中で最も加害の多い種類が包含されている。12属140種内外が発表され，新熱帯産の *Rhinotermes* Froggatt や広分布の *Coptotermes* と *Schedorhinotermes* や全北洲およびインド，マレー産の *Reticulitermes* 等が代表的な属で，本邦にはイエシロアリ（*Coptotermes formosanus* Shiraki）とヤマトシロアリ（*Leucotermes speratus* Kolbe）との２種が産し，何れも建築物の恐ろしい害虫てある。

イエシロアリ（Fig. 396）は静岡県より南西全土に分布し，更に琉球・台湾・八丈島等にも産する普通の種類。有翅生殖型は頭部は略円形で褐色，黄褐色の触角と上唇と後頭楯板と鬚とを具え，複眼は黒色で単眼は黄色，大顋は帯黄色だが内外縁は黒褐色を呈する。前胸背板は黄褐色で淡色のＹ状斑紋を有し，中・後両胸背板は前者より淡色。腹部の背板は黄褐色で腹板は黄色。脚の腿節は淡黄色，脛節と跗節とは黄色，翅は透明淡黄色で基片は褐色を呈する。翅の径分脈は前縁脈に接近し平行に走り，その後方に黄色縦帯を有する。中脈は肘脈に

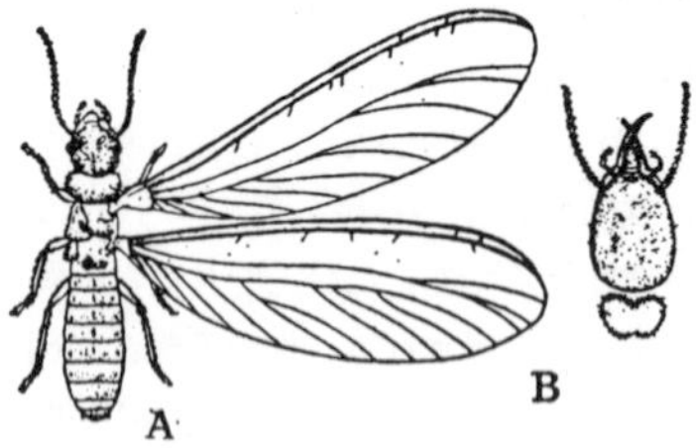

Fig. 396. イエシロアリ
A．有翅生殖型　B．兵蟻の頭部と前胸背板

近く走り，先端2〜3分し，肘脈は7〜10分脈を出している。体長6.5〜8.5mm。雄は尾突起を具えている。5乃至7月に群飛する。兵蟻は頭部黄色で卵形，額の中央に大きな分泌孔を開口している。体長4.5〜6.5mm。

ヤマトシロアリは本邦全土に産し，朝鮮，琉球，台湾等に広く分布し，普通土面に接触している木材を犯す種類だが建築物にも害をおよぼす事が少くない。しかし前者の如き大害はない。

88. シロアリ（白蟻）科

Fam. Termitidae Light 1921 (Westwood 1840)

熱帯産で地下棲の白蟻。多くの種類の兵蟻は頭が口吻状に延びそれから液体が分泌されて敵を防ぐのが普通である。しかしタイワンシロアリの如き例外も少くない。有翅生殖型の前翅の基片は小形，翅は部分的に網状となり縁と膜とに多少毛を装う。兵蟻の囱門は存在し，前胸背板は鞍状。消食系中に原生動物を見出す事がない。大凡100属1200種が知られている。広分布の *Microtermes* と *Armitermes* と *Microcerotermes* と *Nasutitermes* やエチオピヤおよびインド・マレー産の *Termes* Linné やエチオピア産の *Procubitermes* やインド・マレー産の *Capritermes* と *Odontotermes* や新熱帯及びエチオピヤ産の *Neocapritermes* 等の属が代表的なものである。本邦には未だ発見されていない。タイワンシロアリ (*Odontotermes formosanus* Shiraki) は石垣島・台湾・南支・シャム・ビルマ等に分布し，樹木の有名な害虫で，ときに甘蔗等を侵害する事が少くない。テングシロアリ (*Eutermes parvonasutus* Shiraki) (Fig. 397) は台湾のみに発見され，切株や倒木等の中に棲息している。ニトベシロアリ (*Capritermes nitobei* Shiraki) は石垣島と台湾とに産し，比較的少ない種類である。

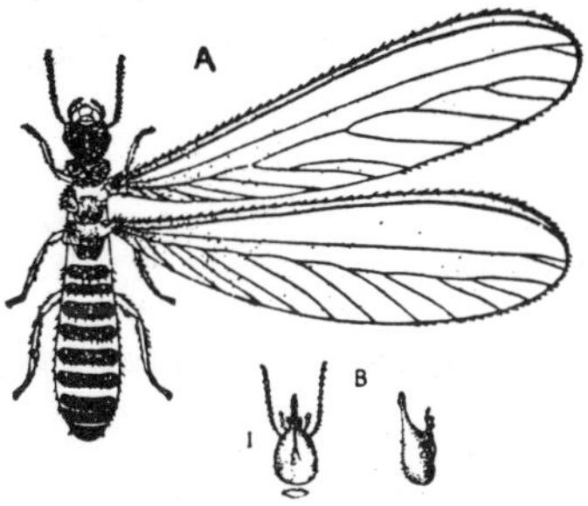

Fig. 397. テングシロアリ（朴沢）
A. 有翅生殖型　B. 兵蟻の頭部と前胸背板，右図は頭部側面

XVI 絶　翅　目

Order *Zoraptera* Silvestri 1913

Fig. 398, 399

この目は学者によつては嚙虫目の1亜目として取り扱つている。また *Panisoptera* Crampton 1919 の名を用いている場合もある。ドイツでは Bodenläuse と称えられ，アメリカでは Zorapterans と唱う。

微小で無翅または有翅で，咀嚼口を具え，触角は数珠状で9節からなり，跗節は2節，眼は無翅型にはなく，複眼と単眼とは有翅型に存在する。翅は長く且つ細く，基部から脱落可能，前翅は後翅より大きく数脈を具えている。尾毛は短かく無節。変態は簡単。

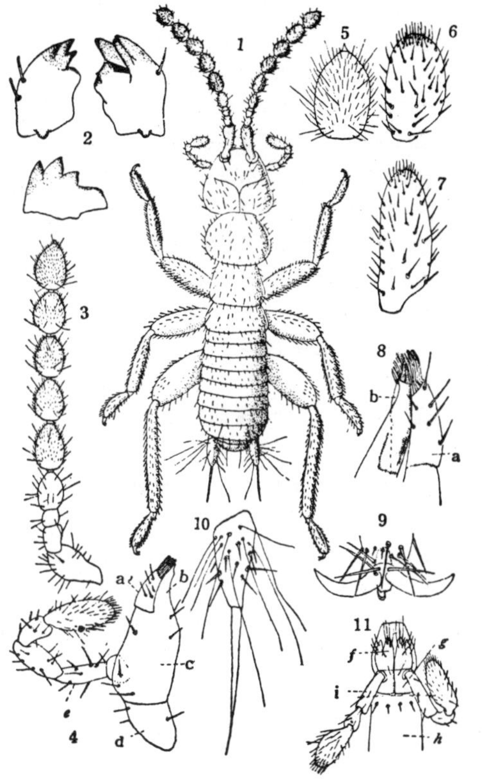

Fig. 398. *Zorotypus guinensis* Slivestri (Silvestri)
1. 背面　2. 大顋　3. 触角　4. 小顋　5. 触角末端節　6. 下脣鬚末端節　7. 小顋鬚末端節　8. 小顋末端部　9. 爪　10. 尾毛　11. 下脣
a. 外葉　b. 内葉　c. 蝶鉸節　d. 軸節　e. 小顋鬚　f. 脣舌　g. 前基節　h. 亜基節　i. 下脣鬚

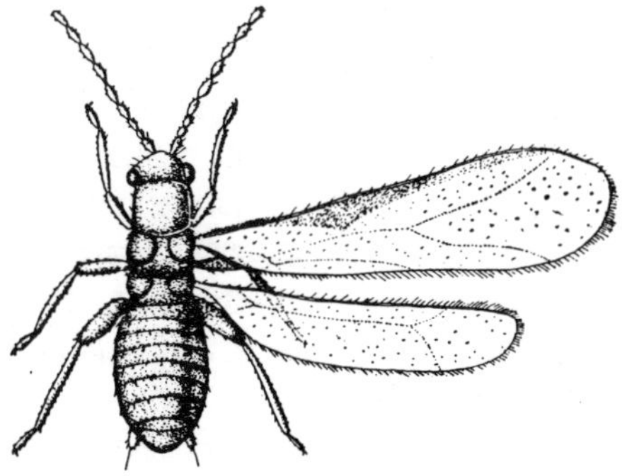

Fig. 399. *Zorotypus hubbardi* Caudell の有翅雌虫 (Caudell)

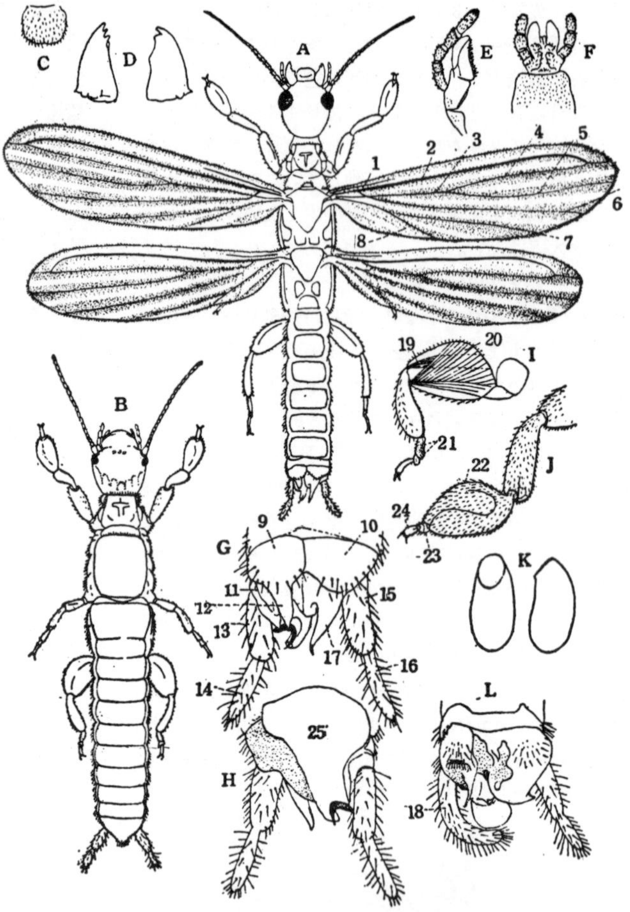

Fig. 400. 紡脚目の体制図 (Essig)

A. *Oligotoma saundersii* Westwood 雄　B. 同雌　C. 同上脣　D. 同大顋　E. 同小顋　F. 同下脣　G. 同尾端背面　H. 同腹面　I. *Metoligotoma ingens* Davis の後脚　J. *Oligotoma* sp. の前脚　K. *Anisembia* sp. の卵　L. *Anisembia rubia* Ross 雄の尾端背面

1. 亜前縁脈　2. 第1径脈　3. 径分脈　4. 第2+3径脈　5. 第4+5径脈　6. 中脈　7. 第1肘脈　8. 第2肘脈　9. 腹部第10左半背板　10. 同右半背板　11. 左尾毛基板　12. 腹部第10左半背板の突起　13. 左尾毛第1節　14. 左尾毛第2節　15. 右尾毛第1節　16. 同第2節　17. 腹部第10右半背板突起　18. 左尾毛　19. 挙筋　20. 圧低筋　21. 跗節胞　22. 第1跗節　23. 第2跗節　24. 第3跗節　25. 腹部第9腹板

体長約3mm，翅の開張7mm内外。淡白で白蟻を小さくしたような形状。しかも翅を脱落させる事や数珠状の触角を具えている事や樹皮下・死木中・地中等に群棲している事やまた屢々白蟻の巣中に棲息する事等によつて白蟻に類似している。頭部は充分大形で自由。無翅型では眼が全くないが，有翅型ではよく発達した複眼と3個の単眼とを具えている。大顋は太く，小顋鬚は5節，下脣は完全に前基節が分離し3節の下脣鬚を具えている。前胸は自由で殆んど円い。脚は3対共に等形なれど後脚腿節は短太。跗節の第1節は甚だ短い。翅は膜質で細長く，甚だ弱体の数脈を有するのみ。腹部は10節，尾毛は無節で基部太く，毛を生じている。気門は胸部に2対，腹部に8対ある。嗉嚢は幅広く，胃は卵形に近く，後腸は捲旋し，マルピギー氏管は約6本，神経球は胸部に3個で腹部に2個のみとなつている。

この目は甚だ小さな群で，*Zorotypidae* Silvestri (1913) 1科のみからなり，且つ *Zorotypus* Silvestri 1属約12種が発見されているのみである。最初に発見された種類は西アフリカの *Zorotypus guineensis* Silvestri で，その後北アメリカ，南アメリカ，ジャバ，スマトラ，セイロン，及びハワイ等から種々な種類が発見されている。本邦には未だ発見されていない。

XVII 紡　脚　目

Order *Embioptera* Shipley 1904

Fig. 400

英語では Embiids, Embiopterans, Web-spinners 等と称え，ドイツでは Embien, フランスでは Embiides とよんでいる。小さな細い昆虫で，咀嚼口を具え，変態は簡単かまたは半変態。頭部は大形，触角は線状，複眼は雌では小さく雄では屢々大形，単眼はない。胸部は殆んど腹部と等長。脚は短かく太く，跗節は3節からなり，前脚の第1跗節は大形となり腺と糸嚢 (Spinnerets) とを包含している。翅は前後とも等大で膜質，体の背面に平たく置かれ，雄では無い場合があつて雌では常に欠けている。

この目の名は種々変化せしめられていて，その主なものは *Embidina* Hagen 1861, *Embidopteres* Lamèere 1900, *Embiidina* Enderlein 1903, *Embiodea* Kusnezow 1903, *Embioidea*, *Embiaria* Handlirsch 1903, *Embioptera* Shipley 1904, *Adenopoda* Verhoff 1904, *Oligoneura* Börner 1904, *Embiae* Jacobson et Bianchi 1905, *Embidos* Navás 1905, *Embidaria* Handlirsch 1906 等である。優先的には *Embiidina* を使用する事がよい。しかし一般に使用されている *Embioptera* を本書に採用した。

この目の昆虫は軟かい薄い皮膚を有し，飛翔性が弱く，かよわいもので，陰気な色彩を呈し褐色または黄褐色，すすけた翅を具えている。一般に日光をきらい，岩石下や樹皮下やその他に棲息している。雌は雄よりも稀れに見出され，雄は屢々燈火に飛来する。雌雄の差異はこの目の特徴の1つで，雄は翅を有し雌は無翅，尤もある種類では雄に有翅と無翅との両型が現われる。

この目の生態で最も顕著な事はかれ等が絹糸からなるトンネルの中に生活している点である。若し何物かにさまたげられると，かれ等はそのトンネルの中を同じ敏捷さで前後に走る性質を有する。*Embia major* は群棲で20頭以上が1所に棲息している事がある。この種類は1個または2個の地下室と連続する重なり合つている絹糸トンネルの1組からなる巣を構成している。これは1避難所となつていて多分外敵が現われても絹糸にからまるために，容易にのがれる事が出来るものであろう。Grassi & Sandias はこの巣は湿気の著しい消失を防ぎ常に適当な湿度に保つためであると考えた。このトンネルを構造する際は前脚をたえず活動的に左右互に交互に交叉と反交叉とをくり返すものである。トンネルの構成は雌雄及び仔虫何れもが同様に行うものである。孵化当時の仔虫は両親から分離されると，かれ等自身で細いトンネルをつむぎその中に棲恵する。これら絹糸の生産方法は論議されている。前脚の第1と第2跗節の下面にうつろな棘毛のある数があつて，それ等の各々が細管によつて各1つの小腺室に連続し，その腺室は大形の第1跗節の下部に位置し，各室は皮膜細胞の1層で境され，その中に粘性液が満たされている (Fig. 401)。かくの如き腺室が第1跗節中に75～80も見出されている種類がある。跗

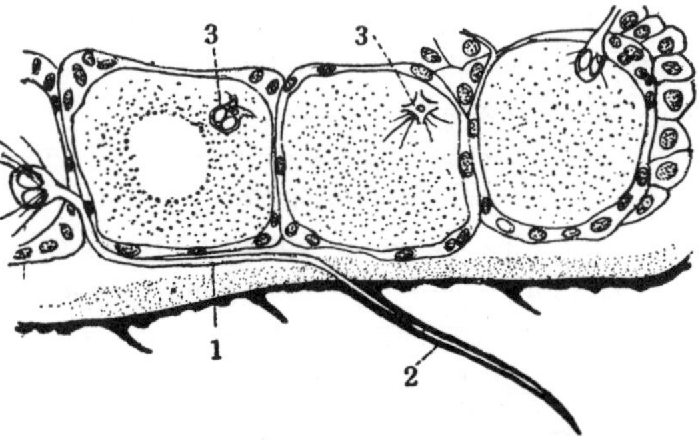

Fig. 401. *Embia texana* の第1跗節1部の切断面 (Melander)

1. 絹糸腺管　2. 紡績棘毛　3. 絹糸腺基部の壺

節の棘毛の各々から細糸が分泌される際に適当な数が同時に出されてトンネルが構成されるのであると普通に認められている。しかし Enderlein はこれに反対して，中舌がこれ等の腺室からの管を受ける紡績器として働くものであると認めている。食物は植物質で主に枯死または腐敗せるものであると考えられ，多分菌類が重要なものとなつているようである。しかし飼育中における観察では新鮮な野菜等が巣の中におり運ばれる事が認められている。*Embia* 属の雄はまた多分肉食性であると考えられている。

卵は長円筒形で1端に顕著な卵蓋 (Operculum) を具えている。巣たる絹糸トンネルに沿い小群に産下され，仔虫と共に雌から革翅目同様に保護される，しかし他所え持ち運ばれる事がない。

この目の昆虫は熱帯に普通だが，温帯の暖地にも産し，世界に広く分布している。本邦では九州に普通。

外形態

頭部。常にむしろ小形で体軸に沿い前方に突出し，頭蓋線はなく，単眼もない。複眼は雄では腎臓形，雌ではむしろ小形。触角は線状で，体より短かく，15～32節からなる。

口器は模式的直翅目型で，上脣と頭楯とはよく発達し，大顋は雌雄で異なり，雄のものは雌のものより細長く且つ小数の歯を具えている。小顋鬚は5節，外葉は膜質，内葉は幾丁質化して1対の末端歯を具え，軸節と蝶鉸節とはよく発達している。下脣では脣舌はむしろ肉質の側舌の1対からなり，その間に甚だ小さな尖つている中舌を具え，下脣鬚は3節。下咽頭は大きく，その背面は微小な櫛歯状鱗片で被われている。

前胸は頭部より狭く，前胸背板は1本の深い横溝で前部と後部とに区劃され，中後両胸部は亜等大で雄では長さより幅広く雌では長さより狭い。前脚は大，中脚は小，後脚は跳躍昆虫のものに似て腿節が太くなつている。跗節は常に3節からなり，前脚の第1節は各齢代及び雌雄共に脹れている。

翅は2対あつて，共に大さと形状とが殆んど同様で翅脈によつて僅かに異なり，等翅目のものに類似している。翅膜は曇り，主縦脈間に細い透明縦線を有して特徴の1つとなつている。最後の脱皮後新らしく開張された翅は無色。翅の表面は微毛と太毛 (Macrotrichia) とで翅脈間部が被われている。径脈は常によく発達し，翅の前方部を強力にするのに役立つている。他の脈は大部分弱体で，減退と退化とを表示している (Fig. 402)。*Embiidae* 科の *Donaconethis* Enderlein 属において最も一般的な状態であるが，この属でも減退が明瞭で径分脈が3分岐するのみで，中脈が2分しているのみ。*Oligotomidae* 科では非常に減退し第4+5径脈が単に距状に現われ，中脈は実際的に消失し，肘脈は無分岐，第4

＋5径脈の全長は翅膜の微かな厚化によつて認められるのみである。

腹部は10背板からなり，雌と仔虫の雌雄とでは第10背板が完全であるが，成虫の雄では不対称の2片に分離されている。これ等2片の内1片または両片が種々な形の角質突起として現われている。*Clothodidae* 科の *Clothoda* Enderlein（南米産）では雄の第10背板が完全で雌のように対称形となつている。尾毛は2節からなり，一般に雄の左のものが基部で変形し不対称形となつているが，*Clothoda* 属では不変化で *Oligotomidae* 科では甚だ僅かに不対称的となつている。各尾毛は基板（Basal plates）から生じ，これ等基板は雌と仔虫の雌雄とでは存在し，雄では特別な種類にはこれを欠いている。この基板は形態学的に第11節の痕跡物と考える事が出来るようである。第10腹板は存在し，*Oligotomidae* 科では第1腹板は雌では大部分消失している。仔虫の雌雄と成虫の雌とでは第10腹板は対称形の2片に分離されている。雄では第9腹板は第9と第10との両腹板の合体板として顕われ不対称形である。雌の生殖孔は第8腹板の後方部に位置し，この第8腹板は亜生殖板として動作する。雄では合成第9腹板が亜生殖板となつている。

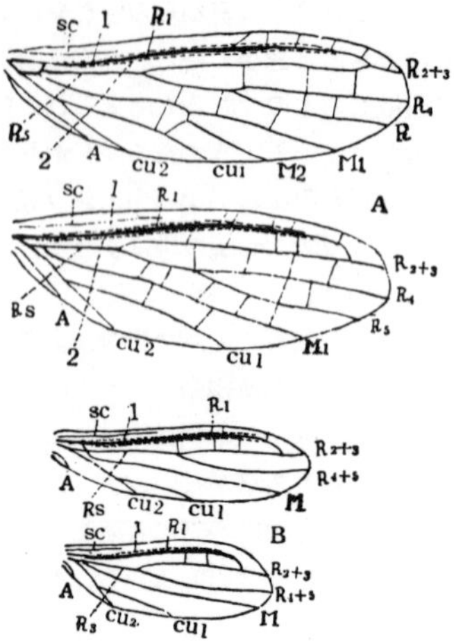

Fig. 402. 紡脚目の右翅（Imms）
A．*Embia major*
B．*Oligota latreille*
1．径脈前線　2．径脈後線

内形態

この目の内形態は断片的にのみ知られている。それ等を総括的に述べる事とする。消食系は口から肛門まで殆んど直線で，口は背方に向いている微歯で裏付けられている小口腔に続き，これより細い咽頭に連り，後前腸は大形の咽喉と嗉嚢となる。中腸は長い管状室で後方に多少狭まる。後腸は微かに彎曲せる小腸と甚だ短い結腸と脹れている直腸とからなり，直腸は6個のクッション形の直腸板を具えている。マルピギー氏管は数において様々で，成虫では約20～24本からなる。胸部内に1対の大きな唾液腺とその貯嚢とがあつて，それ等の管は口の床に開口する1共通管を形成するように前方で左右癒合している。神経系はむしろ小形の喉上神経球と喉下神経球と3胸部神経球と7腹部神経球とからなり，全長2本の連鎖神経で連結し，内臓神経系もよく発達している。気管系は中胸と後胸と最初の8腹節とにある気門によつて外気に通じ，気管は縦と横との支管で接合している。生殖系は総尾目のあるものを思い出すような原始的な環節的配列を示し，各卵巣は5個の卵巣小管からなり，各卵巣小管は輸卵管の進みに沿い間隔的にそれに開口している。大形の受精嚢の口を受ける短い膣がある。一様に左右に各5個の睾丸が輸精管の進みに沿いつぎつぎに位置し，輸精管は後方太まり貯精嚢を形成し，末端で射精管を構成し，そこに2対の附属腺がある。

後胚子的発育（Fig. 403）

雌には変態がなく，雄の場合には甚だ微かな変態がある。孵化当時の仔虫は雌雄共に雌の成虫と重要な特徴において異つていない，そうして雌では全後胚子的発育が簡単な成長で構造的な変化が供わない。雄では仔虫が翅芽の発生とこれに関連した胸部の変化とが起るまで孵化当時のものと異る事がなく，最後の脱皮で不対称的な腹部末端節が発達する。

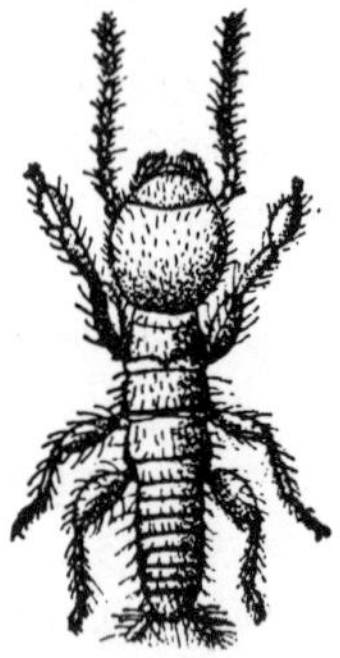

Fig. 403. *Embia major* の第1齢虫（Imms）

分　類

古生物学的記録は体が弱体であるために不完全である，最初のものは第3紀のバルチック琥珀層から見出され且つカンサスの下第2畳系とアフリカ及びアジアの後第3紀層とから見出されている。原存種は約135種で大体35属に分ける事が出来る。しかして次の如く分類されている。

1．第3紀層のものと現存種……………………………………………Suborder, ***Euembioptera*** Tillyard………2
第2畳系のもの…………Suborder. *Protembioptera* Tillyard……………………………Fam. *Protembiidae*

2．雄の尾端は腹面明瞭に不対称形となつている……3
雄の尾端は腹面明瞭に不対称形となつていない（*Clothoda* Enderlein，南米）……………………………………………………Fam. *Clothodidae* Enderlein

3．成虫雄の腹部第10背板の分割は不完全で，この節板の半背板（Hemitergites）は第9背板に達する膜質部によつて分けられていない…………………………………4
同上分割は完全で第9背板に達する膜質部によつて半背板が分離されている…………………………………7

4．翅は3分岐している径分脈を有する……………… 6
　翅は2分岐している径分脈を有する……………… 5

5．雄の左の尾毛は滑かで内側に刺毛を装う事がなく常に2節からなり，大顎は末端歯状となる（*Oligotoma* Westwood アフリカ，インド，東洋州，*Haploembia* Verhoff 地中海沿岸，黒海）…………………………………………………Fam. *Oligotomidae* Enderlein
　雄の左の尾毛は一般に内側に刺毛を装い，屢々1節，大顎は末端に歯を欠く（*Mesembia* Ross, 西インド諸島）………………Fam. *Anisembiidae* Ross 1部

6．翅の第 2+3 径脈は 2 分し，第 4+5 径脈は簡単（*Teratembia* Krauss, アルゼンチン）…………………………………………Fam. *Teratembiidae* Krauss
　翅の第 2+3 径脈は簡単，第 4+5 径脈は2分している（*Oligembia* Davis, 熱帯アメリカ，*Diradius* Friederichs）……………Fam. *Oligembiidae* Davis

7．中北米産，翅の第 4+5 径脈は簡単，または無翅（*Anisembia* Krauss 北米，アンティル；*Saussurembia* Davis 中米）…………Fam. *Anisembiidae* Ross
　前述と異なるもの…………………………………… 8

8．インドマレーまたは濠洲産で雄の左尾毛が1節からなる（*Notoligotoma* Davis 濠洲；*Metoligotoma* Davis 東濠洲；*Embonycha* Navás 印度支那；*Burmitembia* Cockercll ビルマ琥珀層；*Ptilocerembia* Friederichs スマトラ，ジャバ）…………………………………………………Fam. *Notoligotomidae* Davis
　インド，アフリカ，地中海沿岸及び新熱帯産，雄の左尾毛が2節からなり第2節が明瞭となつている（*Embia* Latreille 地中海沿岸から南阿，メソポタミアからインド産の *Parembia* Davis や *Metembia* Davis や *Pseudembia* Davis；アフリカ産の *Dictyploca* Krauss, *Leptembia* Krauss, *Dinembia* Davis, *Berlandembia* Davis, *Donaconethis* Enderlein, *Dihybocercus* Enderlein, *Odontembia* Davis, *Enveja* Navás, *Rhagadochir* Enderlein, *Macrembia* Davis, *Chirembia* Davis, *Parachirembia* Davis, *Navasiella* Davis；南阿産の *Calamoclostes* Enderlein や *Pararhagadochir* Davis）…………………………………………………Fam. *Embiidae* Burmeister

以上の諸科中本邦に産するものは，次の1科のみ

89. シロアリモドキ（擬白蟻）**科**
Fam. Oligotomidae Enderlein

コケシロアリモドキ *Oligotoma japonica* Okajima (Fig. 404) 1種のみが九州に産し，各種の樹木の幹の特に地衣類等の生ずる処に巣を営んで生活している。体長は雄が 6.5〜9mm，雌が 10mm 内外，雄の翅の開張は 11mm 内外。雌は常に無翅であるが雄は有翅であるのが普通，稀れに無翅のものもあるという。体は細長く暗褐色乃至黒褐色，頭部は稍扁平で円形に近い。触角は細長く線状で17節からなるのが普通。複眼は黒色で，雌では非常に小形。小顋鬚は5節，下唇鬚は3節。前胸は小さく，中・後各胸節は大形。脚は太く短かく，腿節は特に肥大し，跗節は3節で前脚の第1節は膨脹している。翅は薄弱で稍褐色を帯び透明，第4+5径脈は殆んど消失している。腹部は細長く，雄の左尾毛の第1節は先端内側に突出している。

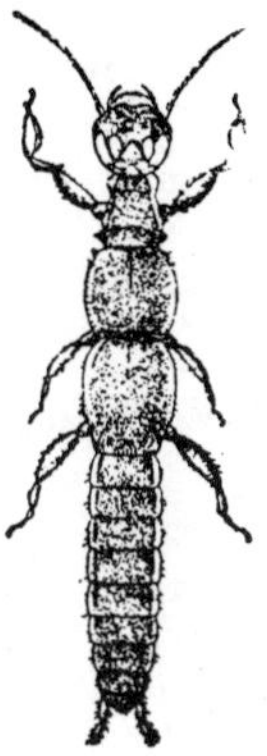

Fig. 404. コケシロアリモドキ雌（江崎）

台湾にはシロアリモドキ（*O. saundersii* Westwood）が普通である。

XVIII　嚙　虫　目
Order *Corrodentia* Comstock 1895
(Burmeister 1839) Fig. 405

この目の命名は様々で，1758年に Linné が *Neuroptera* の中に包含せしめてあつたものを 1839 年に Burmeister が *Termitina* と *Embidae* と *Coniopterygidae* と *Psocina* とを一所にして *Corrodentia* とした。その後 1895 年に Comstock が *Psocina* のみに *Corrodentia* を使つた。しかして1903年に Enderlein が *Copeognatha* とし，1904 年に Shipley が *Psocoptera* と命名した。本邦ではこの Shipley の *Psocoptera* が一般に使用されているが，本書には上述のものを採用した。この類の昆虫はドイツでは Flechtlinge, フランスでは Psocides, 英語では Psocids や Book lice や Bark lice や Dust lice 等と称えられているものを含む。

微小乃至小形で太い体を有し，多くの場合有翅であるが無翅の事もあつて，地上棲の昆虫。頭部は大きく自由，口器はまず咀嚼口に属し，触角は線状で短かいか長く，複眼は普通大きく左右著しく離れ，単眼は存在するときは3個，前胸は小さく頸状，翅は完全にないものや短翅型のものもあり，2対が発達しているが後翅は著しく小形，翅脈は簡単。脚は細く，腿節はときに脹れ，跗節は2〜3節。尾毛はない。

大体軟い体で，多くの場合かよわい膜質の翅を具え，有翅の種類の個々またはある世代はときどき翅が痕跡的となつている，また他の場合にはこの小翅型の状態が雌に現われ他の種類では雌雄共に常態として現われる。*Liposcelidae* では多くの種類が翅を完全に欠いている。

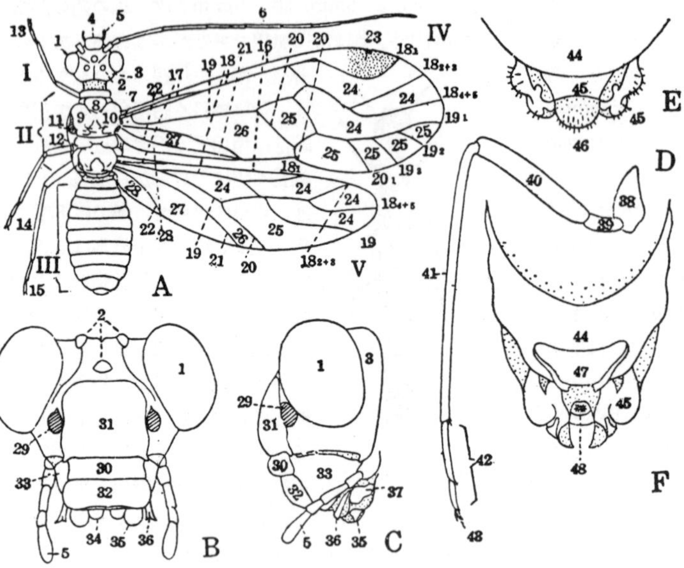

Fig, 405. 嚙 虫 目 の 体 制 模 式 図（安松）
A．*Psocus* 雌の背面図　Ⅰ．頭部　Ⅱ．胸部　Ⅲ．腹部　Ⅳ．前翅　Ⅴ．後翅　B．頭部前面　C．同側面　D．脚　E．雌の尾端背面　F．雄の尾端背面
1．複眼　2．単眼　3．後頭　4．頭楯　5．小題鬚　6．触角　7．前胸背板　8．中胸前楯板　9．中胸楯板　10．中胸背板対縦溝　11．中胸小楯板　12．後胸背板　13．前脚　14．中脚　15．後脚　16．前縁脈　17．亜前縁脈　18．径脈（第1～第5）　19．中脈（第1～第3）　20．肘脈（第1，第2）　21．第1臀脈　22．第2臀脈　23．縁紋　24．径室　25．中室　26．肘室　27．第1臀室　28．第2臀室　29．触角窩　30．前頭楯　31．後頭楯　32．上唇　33．大題　34．中舌　35．側舌　36．小題内葉　37．下唇鬚　38．基節　39．転節　40．腿節　41．脛節　42．跗節　43．爪　44．腹部第9背板　45．同第10背板　46．同第11節　47．同第11背板　48．肛門

即ち Booklice or dustlice として一般に知られているもののように翅がない。この類のものは本の製冊に用いられている糊を食し，また動物質や腐敗植物質の微粉を食する。穀粉や碾割や他の穀類製産物や乾燥標本類等によく集まりそれ等を食害する。また屋内にも発生して害虫となり，ときに敷布団等の藁やその他のつめ物等にも多数生活している事が少くない。大部分のものは屋外に発生し，樹幹上や樹皮下や垣や壁や鳥の巣やその他に見出され，また屢々蘚苔類の生じている所や植物中にも発見される。かれ等は動物質や植物質の微細片で生活し，特に菌類や蘚苔等にでも生活しある種類は全生涯種々な菌類中に棲息している。あるものは紙を食すると記述されているがある種は紙面に生ずるカビで飼われ，そのために紙が害されるものである。多くの種類は体毛中に附着している物を運ぶ事によつて菌の胞子を分撒させる。多数の種類は群棲で，種々な齢虫が一所になつて，ときどき樹幹上に各群が絹糸からなる1巣蓋から被われている。有翅型の種類は一般に飛ぶ事を嫌うかたむきがあるが，ときに非常な数で一所に飛翔し有翅蚜虫のような方法で空中に浮ぶ事がある。また *Pterodela pedicularia* Linné の如きは屋内でときに大群飛をなすと記述されている。

外形態

頭部は大形で可動的，頭蓋線は多少明瞭。複眼は非常に凸形で突出しているが，*Liposcelis* (*Troctes*) では痕跡的で小眼の小群からなり，単眼は有翅型には3個が発達しているが，無翅型には欠けている。上唇はよく発達し前頭楯（Anteclypeus）に附着し，後頭楯（Postclypeus＝前頭 Prefrons）は屢々顕著な節片として存在し脹れている。触角は線状で，屢々13節からなるが，その節数は種々で種によつては50節のものがある。口器（Fig. 406）は比較的よく発達し，大題は大形で強く左右共に幅広く有線の臼歯部（Molar area）と歯状の切断縁とを具えている。小題と下唇とは著しく変形し，小題には退化せる蝶鉸節から生ずる大きな肉質の2節の外葉を生じ比較的大形の担鬚節から4節の小題鬚を出している。最も特徴のあるものは内葉(Ribaga はこれを Styliform appendage と称えた)で，このものは左右各1本の堅い長い棒として現われ，その末端は微かに叉状となり，外葉から包まれている。このものは小題と関接付けられていないために模式的小題の如何なる部分とも同質異形の

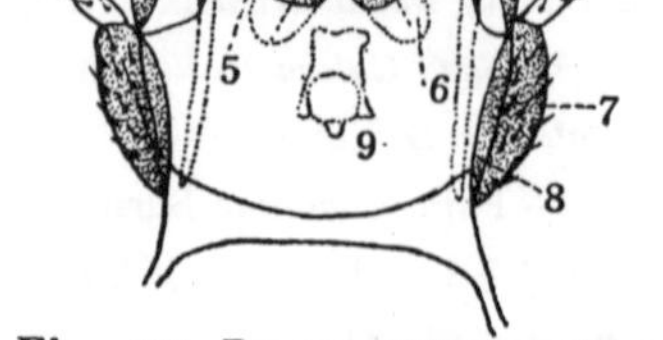

Fig. 406. *Psocus* 頭部の下面図（Imms）
1．下唇鬚　2．側舌　3．内葉　4．外葉　5．前基節　6．背舌　7．担鬚節　8．蝶鉸節　9．咽喉節片　10．左大題背面　11．右大題腹面

ものでなく独立構造物であるとある学者によつて考えられている。この器官の機能は恐らく樹皮の切片や他の植物組織をはぎ取るものであろう。下唇は基節が長く，前基節が2分し，唇舌が膜質の側舌の1対を具え，内片即ち中舌は紡績腺 (Spinning glands) の外部透導を形成する微小片の1対で代表されている。下唇鬚は単1節または稀れに2節の小片に減退している。下咽頭はよく発達し，腹面に1対の幾丁質板を具え，このものはいわゆる舌腺(Lingual glands)であるが腺構造を供つていない。背面には弱体の葉片即ち背舌 (Superlinguae) の1対を具えている。 咽頭の床に不思議な咽喉節片 (Oesophageal sclerite) がある。このものは *Mallophaga* におけるものと同様な構造を有する。

胸部。有翅型のものでは前胸が小形となり，頭と中胸との間に大部分隠されているのが特徴で，無翅型のものでは前胸が大形となり中胸と後胸とが1つに癒合している。翅は膜質で小数のしかし顕著な翅脈を具えている。前翅は著しく大形。翅は静止の際は屋根形に腹背上に置かれる。ある種類の翅は顕著に大理石様の模様を付け且つ体や脚と共に鱗翅目のものに似ている種々な形状の鱗片を装う事がある。前翅には縁紋があつて，主な脈の支脈が減退し，亜前縁脈は不分岐，径脈と中脈とは各々普通3分岐し，中脈と肘脈との幹部は癒合している。後翅は更に脈の減退を認め，中脈は規則的に1枝で代表されている。 *Psocus* 属や他の属では翅脈がある彎曲をなし，そのために翅がしつかりしている。且つ横脈の著しい消失を供つている。しかしある種類では横脈が発達している。

腹部は10節からなるが，腹板の第1節は認められない。尾毛はなく，雄の交尾器は僅かに発達し，顕著でない。

気門は胸部に3対，腹部の最初の6節に各1対宛ある。

内形態

消食系。咽喉は長く腹部にまで延び，これに続く胃はU字形に曲り甚だ短かい直線の後腸に連つている。マルピギー氏管は4本で多少ねじれている。2本の長い管状腺と1対の球状腺とがあつて，これ等からの管は下唇の中線に沿い開口するために頭内に狭まつて延びている。内短かい1対は紡績腺で，長い1対は細胞学的に異なつて唾液腺として認められている。前者は絹糸を出すもので群棲の際の巣を構成するのに役立つている。

神経系は非常に中心的で，脳と喉下神経球との他に僅かに3神経球があるのみで，その最初のものは前胸に位し次のものは中胸と後胸との癒合体で，最後のものは腹部に属するものであるが1部分胸部に前進している。神経連鎖は甚だ短かいが全長2本からなり，腹部のものは太く尾端の方に延びている。

生殖系は非常に簡単で，左右の卵巣は4個または5個の交互栄養室型の卵巣小管からなり，輸卵管は甚だ短かく，受精嚢は小さく球形で膣の背部に開口している。附属腺は *Clothilla* 属では1～4個の小袋からなり，各袋は1細管にて共通管に開口している。雄の生殖器官は簡単な卵形の睾丸の1対からなり，その各々が短かい輸精管に連結している。 *Trichopsocus* 属では輸精管が複雑な交尾嚢 (Copulatory sac) の中に開口し，この嚢は共通の筋肉で包まれている2室に分離され，これ等の1室は精虫を受け取り他の1室はある種の分泌作用を行うもので，これ等2室が1孔によつて交尾器の基部に連続している。*Clothilla* 属では長い貯精嚢の1対があつて，これ等は複雑な方法で捲施している。 附属腺は *Trichopsocus* 属では小さい。

後胚子的発育

この目の昆虫の後胚子的発育は詳細が不明である。しかし変化は明かに微かで，幼い若虫は両親によく類似している。ある種の卵は樹皮上や葉上に小群に産下され絹糸の網で保護されている。

分　類

この目の昆虫は微小で且つ弱体であるために化石として発見されたものが甚だ少数で，バルチック琥珀 (Oligocene)から約28種，シシリー島琥珀(Middle Miocene)から1種，Copal から約12種，及び *Paropsocus* Scudder の1種がコロラド州の White River (Oligocene) から発見されているのみである。現存種は大体875種で250属内外に分けられ，2亜目13科に分属せしめ得る。次に科の索引表を示す。

1．若虫と成虫とは共に2節からなる跗節を有し，下唇鬚は1節 (*Dimera*)……………………………………………
……………Suborder *Isotecnomera*…………………2

若虫は2節からなる跗節を有し成虫は3節の跗節を具え，下唇鬚は2節(*Myopsocidae* と *Mesopsocidae* とでは1節) (*Trimera*)………………………………………
……………Suborder *Heterotecnomera*……………10

2．胸部は明瞭に3部分からなり，中胸背板は1縫合線によつて後胸背板から分離している。普通有翅であるが，稀れに退化翅を有するかまたは無翅……………3

胸部は2部分からなり，中胸背板と後胸背板とが癒合して縫合線がない。翅は普通完全にないが，若しある場合には叉状脈を欠いている (Fig. 407)。 鬚の第2節に棍棒状感覚器官を具えていない…………………

………Fam. *Liposcelidae* (*Troctidae*)

3．有翅。前胸は中胸より著しく小形…4

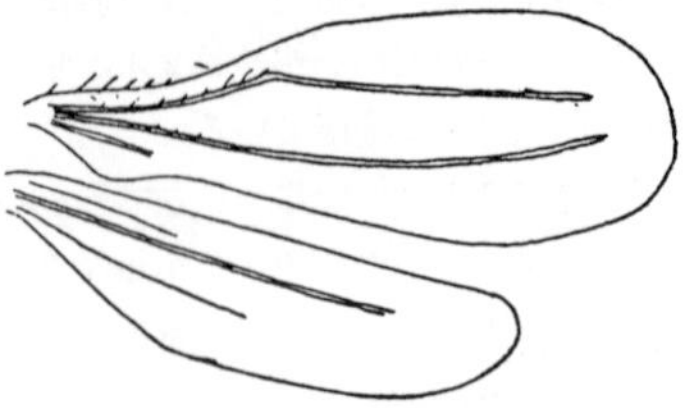

Fig. 407. *Embidotroctes* の翅 (Kolbe)

前翅はないかまたは甚だ小さく且つ翅脈を欠き，後翅は完全にない。前胸は中胸より大形 (*Lepidillidae* を含む)…………………………………………………………Fam. *Atropidae* (*Trogiidae*)

4．翅は充分形成され完全な翅脈を有する……………5

翅脈は不完全，前翅は卵形または円形で厚化し，翅脈は普通幅広，後翅は退化またはない。鱗片を欠く (全北洲産の *Psoquilla* Hagen, アメリカ産の *Psocinella* と *Vulturops*) (Fig. 408) ……………………………………………………Fam. *Psoquillidae* Kolbe 1884

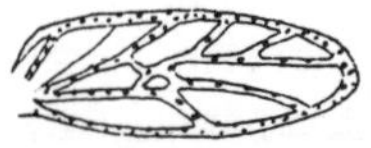

Fig. 408. *Vulturops* の前翅 (Corbett and Hargreaves)

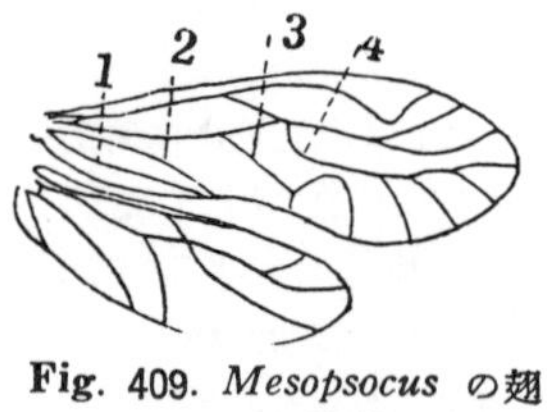

Fig. 409. *Mesopsocus* の翅 (Tillyard)

1. 第1臀脈　2. 第2肘脈
3. 第1肘脈　4. 中脈

5．前翅の第2肘脈と第1臀脈とが翅頂で互に出合つているかまたは接近している (Fig. 409)……………………………………………………………7

前翅の第2肘脈と第1臀脈とは翅頂の方に拡がつているかまたは少くとも接近していない。体と翅とは毛または鱗片で被われ，翅は多少尖り，触角は13節以上 (Fig. 410) ……………………………………………………6

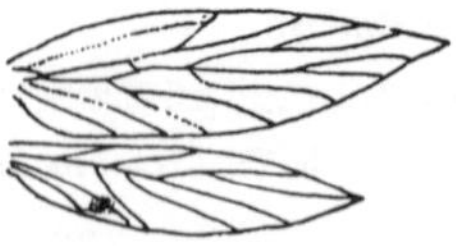

Fig. 410. *Oxypsocus* の翅 (Tillyard)

Fig. 411. *Perientomum* の翅 (Enderlein)

6．後翅は中脈と肘脈との間に基部に甚だ狭い1閉室を有し，翅の鱗片は対称形で両側に同様に彎曲し，触角は20～25節 (Fig. 411) (*Perientomum* Hagen インド産)…………Fam. *Perientomidae* Enderlein 1927

後翅は上述の如き閉室を欠き，翅の鱗片は普通不対称形，触角は26～47節 (Fig. 410) (*Lepidopsocus* Enderlein, *Echinopsocus*, *Echmepteryx*, *Oxypsocus*) (*Empheriidae* を含む)………………………………………………………Fam. *Lepidopsocidae* Enderlein 1911

7．触角は13節……………………………………………8

触角は22～25節，体と翅とは鱗片を欠き，中脈は2または3分岐し，前胸は背面から見られ得る (*Phyllipsocus* Enderlein, *Psylloneura*, *Deipnopsocus*, *Rhyopsocus*) …………………………………………………………Fam. *Phyllipsocidae* Enderlein 1911

8．体と翅とは鱗片を欠き，前翅には1本の臀脈を有するのみ……………………………………………………9

体と翅とは鱗片を装い，前翅には2本の臀脈を有する (エチオピアとインド産の *Amphientomum* Hagen, インド産の *Tineomorpha*, インドマレー産の *Stigmatopathus* や *Cymatopsocus*) ……………………………………Fam. *Amphientomidae* Enderlein 1903

9．前翅の肘脈の末端部は中脈の方に輪状に前方に曲つているが接触していない (Fig. 409) 小形種……………………………………………………Fam. *Mesopsocidae*

前翅の肘脈の輪状部は中脈に接しているかまたは短距離間中脈と癒合している大形種……………………………………………………………Fam. *Myopsocidae*

10. 前胸はよく発達し背面から見え，翅は雌では退化し雄では全形なれど翅脈は不完全 (インド産 *Archipsocus* Hagen) …Fam. *Archipsocidae* Enderlein 1927

前胸は甚だ小さく背面から見えない…………11

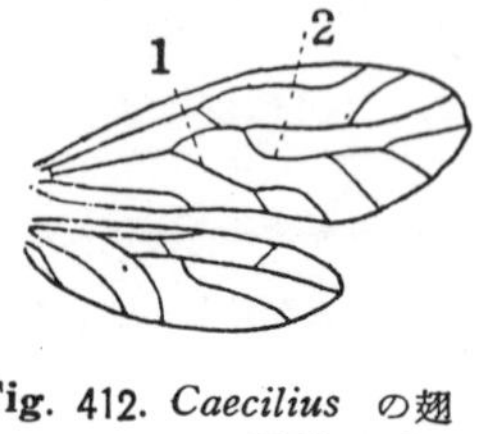

Fig. 412. *Caecilius* の翅 (Tillyard)

1. 第1肘脈　2. 中脈

11. 前翅の肘脈末端部は輪状に前方に彎曲していないかまたは若し彎曲していても中脈に出会つていない (Fig. 412) ………………Fam. *Caeciliidae*

前翅の肘脈末端部は輪状に前方に彎曲して中脈に接するかまたは短距離間癒合している…………………12

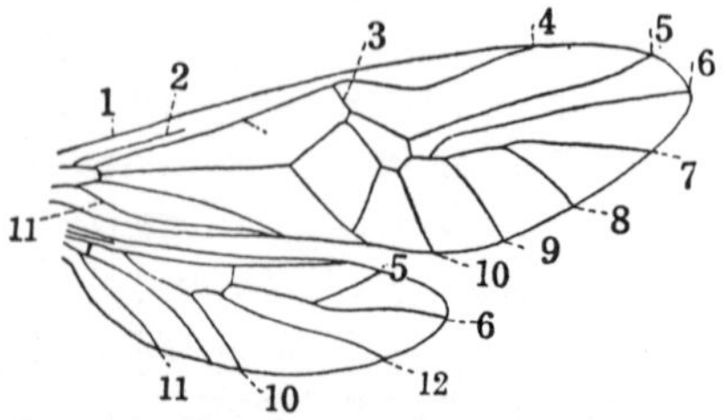

Fig. 413. *Thyrsophorus* の翅 (Enderlein)

1. 前縁脈　2. 亜前縁脈　3. 径分脈　4. 第1径脈　5. 第2+3径脈　6. 第4+5径脈　7. 第1中脈　8. 第2中脈　9. 第3中脈　10. 肘脈　11. 臀脈　12. 中脈

12. 径分脈の第2脈（R_{4+5}）は中脈と癒合するかまたは1横脈にて中脈と結合している（Fig. 413)。触角の第3と第4節とは長く続く節より太く且つ密に毛を装う。大形種（新熱帯産の *Thyrsophorus* Burmeister, *Dictyopsocus*, *Ischnopteryx*）…………………………………………Fam. *Thyrsophoridae* Enderlein 1903

径分脈の第2脈は中脈から自由，触角の第3と第4節とは続く他節と同様，中庸大またはむしろ大形種……………………………………………………Fam. *Psocidae*

以上の科中本邦には次の6科が発見されている。

a. 等節亜目

Suborder *Isotecnomera* Enderlein 1927

90. チャタテムシ（茶柱虫）科

Fam. Psocidae Samouelle 1819 (Leach 1815)

Fig. 405

この科は最も優勢で且つ世界に広く分布し，*Amphigerontia*, *Ceratipsocus*, *Eremopsocus*, *Hemipsocus*, *Lasiopsocus*, *Psocus* Latreille, *Stenopsocus*, *Taeniostigma* 等の属が先づ代表的なものである。本邦には *Kodamaius* や *Matsumuraiella* や *Psocus* や *Sigmatoneura* や *Stenopsocus* や *Graphopsocus* 等の属が発見され，体長2乃至6mmで，淡黄褐色乃至黒色。北海道から九州までに最も普通な種類はクロヒゲチャタテ（*Sigmatoneura singularis* Okamoto）で，頭は赤褐色，触角は甚だ長く前翅の約 $2^1/_2$ 長で黒色，胸部は光沢ある黒色，腹部は黒褐色，前翅は淡褐色で細長い赤褐色の縁紋を有し，第 2+3 径脈と第 4+5 径脈との基部黄白色を呈し，翅の後縁中央近くに1透明紋を有し，体長約6mm。最大の種類はオオチャタテ（*Psocus nubilus* Enderlein）（Fig. 414）で，この種も北海道から九州迄に分布し，体長6mm，翅長8mm，翅は淡褐色で褐色の斑紋を前翅に有する。更に広く分布しているハグルマチャタテ（*Matsumuraiella radiopicta* Enderlein）やスカシホソチャタテ（*Stenopsocus pygmaeus* Enderlein）等が産し，比較的狭い分布の種類としてはホソヒゲチャタテ（*Kodamaius brevicornis* Okamoto）やヨツモンホソチャタテ（*Graphopsocus cruciatus* Linné）等がある。

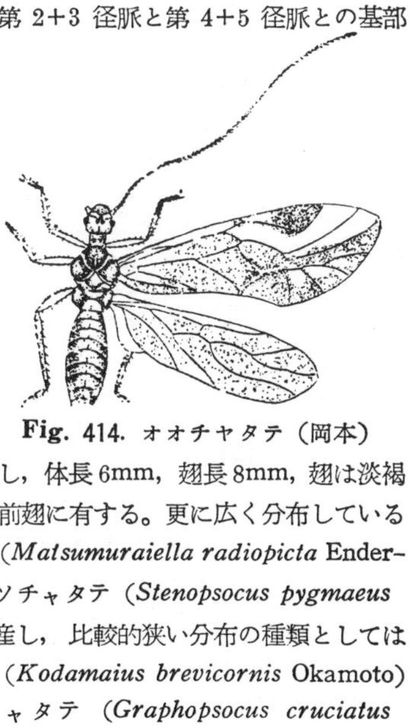

Fig. 414. オオチャタテ（岡本）

91. ケチャタテムシ（毛茶柱虫）科

Fam. Caeciliidae Kolbe 1844

有翅で，甚だ小さい前胸と2節からなる跗節とを具え，大きな群で，世界に広く分布している。*Amphipsocus*, *Caecilius* Curtis, *Callistoptera*, *Epipsocus*, *Pterodela*, *Calopsocus*, 等が先づ代表的な属である。本邦からはキモンケチャタテ（*Caecilius oyamai* Enderlein），フトケチャタテ（*Dasypsocus japonicus* Enderlein），ケチャタテ（*Epipsocus fasciicornis* Okamoto），ナガケチャタテ（*Hemicaecilius suzukii* Okamoto），クロミヤクケチャタテ（*Kolbea fusconervosa* Enderlein），マドチャタテ（*Peripsocus ignis* Okamoto），ヒメチャタテ（*Pterodela pedicularia* Linné）等が普通に産する。第1の種類（Fig. 415）は体長2mm内外，体は光沢ある黒色，前翅は暗褐色で4個の透明紋と黄色の縁紋とを有し，後翅は淡褐色で3個の透明紋を有す。美麗な種類で北海道と本州とに産し，樺太にも分布している。最後のヒメケチャタテは世界共通種で体長 1.5mm，体は黄色，翅は透明，室内にて捕獲する事がある。北海道と本州とから発見されている。

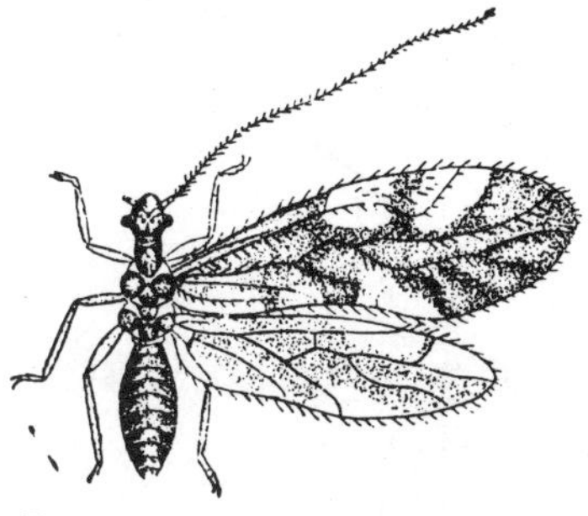

Fig. 415. キモンケチヤタテ（岡本）

b. 異節亜目 Suborder *Heterotecnomera* Enderlein 1927

本邦には次の4科が発見されている。

92. マルチャタテムシ（円茶柱虫）科

Fam. Mesopsocidae Enderlein 1903

有翅で，雌は屢々無翅，体と翅とに鱗片を欠き，前翅において臀脈は1本のみで，肘脈の末端部は輪状に前方に彎曲しているが中脈に接していない。*Actenotarsus*, *Elipsocus*, *Hemineura*, *Mesopsocus*, Hagen. *Philotarsus*, *Psilo-*

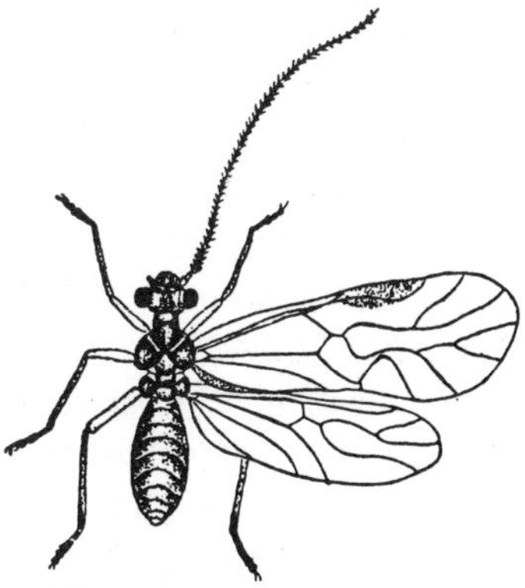

Fig. 416. マルチヤタテ（岡本）

psocus 等が代表的な属で，本邦からはマルチャタテ *Mesopsocus unipunctatus* Müller (Fig. 416) が発見さている。この種類は欧州に広く分布し，本邦では北海道れと本州とに発見されている。体長4mm内外。頭は黄色，胸部と腹部とは黒褐色，翅は透明，雌ではこれを欠く。

93. ホシチャタテムシ（星茶柱虫）科

Fam. Myopsocidae Enderlein 1903

前科に甚だ近似しているが前翅の肘脈の輪曲部が中脈に接触しているか中脈と短距離間癒合しているかの何れかで区別が出来る。*Lichenomima*, *Myopsocus* Hagen, *Pentacladus*, *Photodes*, *Propsocus*, *Tricladellus* 等の属が代表的なもので，本邦からはホシチャタテ (*Myopsocus muscosus* Enderlein) (Fig. 417) 1種のみが発見されているのみである。この種は本州に普通なもので，体長3mm内外。頭部は黄褐色で数多の褐色斑を有し，胸部は褐色で黄褐色の脚を具え，腹部は黄色で側縁と背中線とが黒色となつている。前翅は黄白色で無数の灰褐色点を密布し，各点が互に癒合し一見翅全面が灰褐色を呈する。雄ではその癒合特に著しく翅端と基部とが暗色を呈し外縁に沿い黄白色の1斑列を認むる。縁紋は黄褐色で褐点を撒布している。肘脈と中脈とは1点で接触し，その部分と縁紋の両側とは褐色，翅縁と翅脈とは黄色で褐色斑点を有す。後翅は淡褐色。触角は黒褐色で短毛を装い，第1乃至第5節の先端は黒褐色。

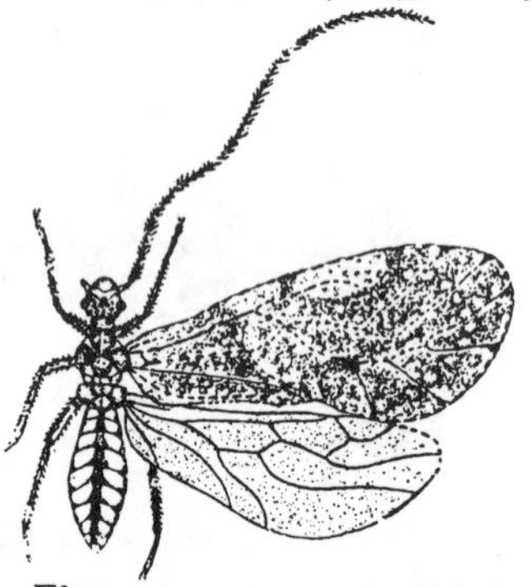

Fig. 417. ホシチャタテ（岡本）

94. コクチャタテムシ（穀茶柱虫）科

Fam. Liposcelidae Enderlein 1911

普通 *Troctidae* Enderlein (1903) と称えられ，世界共通の *Liposcelis* (*Troctes*) や広分布の *Tropusia* や旧北洲産の *Pachytroctes* や新熱帯産の *Embidopsocus* やエチオピア産の *Embidotroctes* 等が代表的な属で，無翅と有翅とがあり，前胸は2部分に分かたれ，中胸と後胸とが癒合し，小顋鬚の第3節に感覚器官を欠いている。

ホンシラミ (*Liposcelis divinatorius* Müller) (Fig. 418) 一名コクチャタテムシと称え，英語の Book louse or Cereal psocid で，また Death watch とも称え，昆虫中最小の種類の1つで1mmの体長を有し，無翅。この昆虫は世界に広く分布し且つ最も古くから知られているものの1つで人類と関係を持つているものである。古い木造の家屋等には屢々無数に発見され，植物質や動物質の崩壊物や古木や黴や穀物製造物等を食している。年中棲息且つ繁殖し，乾燥木や紙等に胸腹を打ちつけかすかな音を立てる事が認められている。この種類はこの目中雑食性と繁殖甚大とのために最もやつかいな且つ有害な昆虫で，殆んど如何なる家屋にも発生夜間活動性であるが何時でも見出される。屢々無数に発生し，書籍を害するために Book louse の名がつけられている。またあらゆる穀類の製造物中にも発生し食害する。

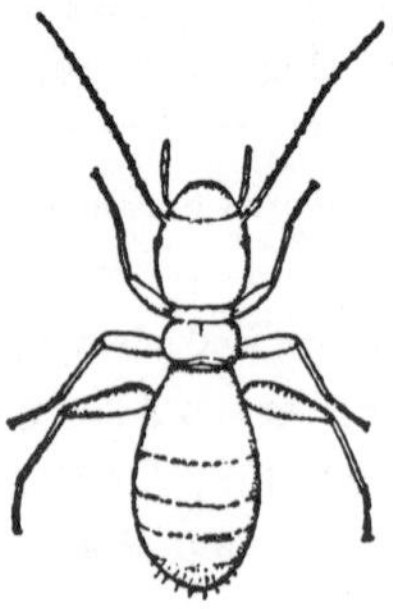

Fig. 418. ホンシラミ (Essig)

欧州では更に *Liposcelis corrodeus* Heymons や *Liposcelis virgulatus* Pearman 等が屋内の害虫として認められている。*Liposcelis formicarius* Hagen は蟻の巣の中に棲息している種類である。

95. コナチャタテムシ（粉茶柱虫）科

Fam. Atropidae Kolbe 1884

Enderlein の *Trogiidae* (1911) はこの科の異名。凡て翅が完全にないかまたは前翅のみが鱗片状として現われているのみ，跗節は3節，前胸は大形で3部分からなり，中胸と後胸とは分かれている。広分布で，害虫が含まれている。*Atropos* (*Trogium*) (広分布), *Hyperetes*, *Lepidilla*, *Lepinotus*, *Leprolepis* 等が代表的な属で，*Lepidillidae* Enderlein (1911) を包含している。コナチャタテ (*Atropos pulsatorium* Linné (Fig. 419) は世界共通種で，本邦にも一般的に発見され，微小で淡黄白色，1.5～2mmの長体を有す。普通家屋や図書館や博物館等に発生し，屋外では蜜蜂の古巣や蜂の巣の中等にも棲息している。

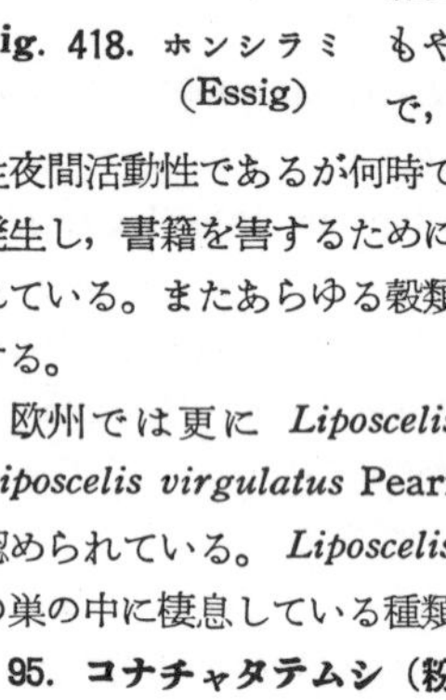

Fig. 419. コナチャタテ（岡本）

この種以外に博物館や図書館等の害虫として *Lipinotus inquilinus* Heyden や *L. reticulatus* Enderlein や *Pteroxanium squamosum* Enderlein 等が普通に知られていて，何れも前翅が鱗片状に発達している。

XIX 食　毛　目
Order *Mallophaga* Nitzsch 1818

この目の昆虫は初め1758年に Linné が昆虫の無翅のものや *Crustacea*, *Chilopoda*, *Diplopoda* 等のものと共に *Aptera* として彼の "Systema Naturae" に発表された，その後1802年に *Latreille* がこの *Aptera* を昆虫類のもののみに限つて使用し，*Ricinus* と *Pediculus* との2属に対して *Parasita* なる新目を創設した。1815年に Leach はこの *Parasita* を *Anoplura* なる語にあらため，その中に *Pediculides* と *Nirmides* との2科を包含せしめた。後1818年に Nitzsch はハジラミ類に対して *Mallophaga* なる名を使つた。Shipley は1904年に *Lipoptera* なる語を創設したが近代の学者はこれを採用しない。若し *Mallophaga* とつぎに述べる *Anoplura* との両目を Imms やその他の学者の如く単一目とする場合には当然 *Latreille* の *Parasita* をその目名となす事が正しいので，*Anoplura* を用ゆべきではない。この目の昆虫は Bird Lice や Biting Lice と称えられ，ドイツでは Federlinge や Haarlingeや Pelzfresser 等とよび，フランスでは Mallophages と唱え，羽蝨類が包含されるのである。

小さい無翅の外寄生性昆虫で，変化せる咀嚼口器を具えている。体は扁平で細いが幅広で強靱に幾丁質化し，頭は下口式で自由で幅広く多少三角形の外囲を有し，触角は短かく棘毛状または棍棒状で3～5節からなり，複眼は退化し，単眼はない。胸部は細く癒合し，脚は短かく，爪はないがある場合には1本または2本で簡単かまたは毛や羽毛を把握するのに適するように変形している。尾毛はない。

この目の昆虫は甚小または小形で（5～6mm）扁平，外寄生生活に完全に適応し，鳥類に寄生する昆虫だが少数の種類は哺乳動物に外寄生する。蝨と異なり決して血液を直接に吸収する事がなく，羽毛や毛や他の皮層物の微片に食を求めている。したがつてかれ等の食物は乾燥せる殆んどまたは完全に死んだ外皮物である。それ等の物は強い鋭い縁を具えている大顋によつて咬み取られたものである。しかし決して血液を飲む機会をわすれない。例えば鳥が鉄砲でうたれた場合等にはその流血を摂取するものである。

鳥が羽蝨から著しく寄生されると羽毛が侵害されて脱落し，その部分が屢々裸体になる。鳥に対する害は羽蝨の食性によるものでなく，かれ等が皮膚上を移動する際に爪を以て皮膚をかく動作の為めに刺戟を受ける事によるもので，若し鳥が多数の羽蝨から寄生されるとその刺戟が著しい為めに鳥が食物を充分に摂取する事が出来ず且つ休眠静止も不可となり，したがつて弱くなり，やせおとろい病気に対する抵抗性が少なくなる。

鳥が打ち殺されると羽蝨は2時間乃至3日で死亡し，稀れに1週間後にその鳥の乾燥皮膚上に見出される事もあるという。また大洋中の岩石上で無数の海鳥を追い払つたあとに羽蝨を見出す事が出来なかつた事も報ぜられている。それでこの昆虫の移動は寄主体が互に接触する場合のみに恐らく行われるものであろう。これ等の昆虫の全存在は鳥または哺乳動物の体の上に経過し，その温度は比較的変化がない。かれ等の生態は甚だ簡単である。卵は小さく細長く，個々に羽毛または毛に粘着せしめられ，若虫は甚だ速かに孵化する。若虫は大さ以外は両親によく類似し，斑紋もある程度同様で，食物は全然同じものである。数回の脱皮を行い，数週間内に成熟する。宿主と羽蝨の種類との関係は甚だ顕著なもので，羽蝨の種類から鳥の系統を追究する事も可能とされている程である。

この目中最も有害な種類はにわとりの *Menopon pallidum* である。アヒル類に寄生する種類としては *Philopterus dentatus* が最も普通，ハト類には常に *Lipeurus baculus* が寄生している。家畜類に寄生するものは *Trichodectes* 属のもので，犬には *T. canis*, 猫には *T. subrostratus* 馬には種々な種類が寄生し，牛には世界共通種である *T. bovis* が有名なものである。野生哺乳動物からは比較的少数の *Trichodectes* が知られているのみであるが，熊やヤマアラシや鹿や海狸等のような種々な動物からも知られている。

外形態

体は上下に著しく扁平となり，皮膚はよく幾丁質化し腹部では背板と側板と腹板とが明瞭な膜質部から区割されている。

頭部（Fig. 420）は大形で水平に位置し前胸背板に密に置かれている。触角は各亜目で著しく異なり，鈍角亜目（*Amblycera*）では一般に球桿状で深い溝内に隠され，細角亜目（*Ischnocera*）では糸状で外部に現われている。口器は咀嚼式で，大顋は大形で歯状となり，各亜目でその附着が異なり，鈍角亜目では頭の腹面と平行に置かれ，即ち関節頭（Condyle）が腹面に蝶番（Ginglymus）が背方に位置している。細角亜目では頭と多少直角に附着し，関節頭が後方で蝶番が前方に位置している。小顋は単葉片で一般昆虫のように変化する節片を欠き，下唇の側縁に附着しているために以前は小顋鬚が下唇鬚として認められていた。ある属では微小な叉状棒が認められ得るが，甚だ微弱である為めに見のがしやすい。このものはチャタテムシ類に特徴な内葉たる棘状棒

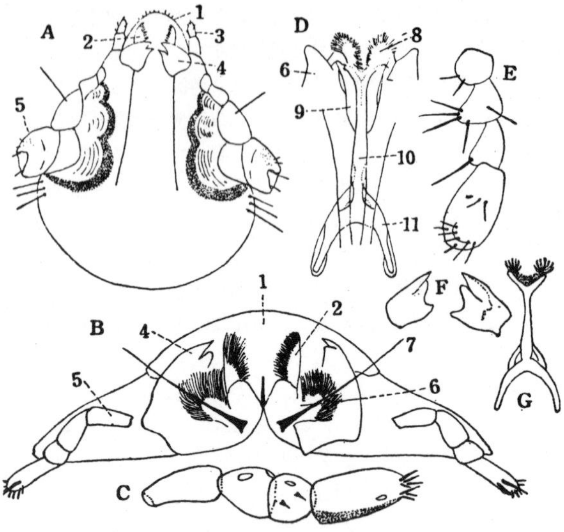

Fig. 420. 食　毛　目　の　頭　部
A. *Gliricola porcelli* の頭部腹面 (Essig)　B. *Menopon stramineum* の口部 (Essig)　C. 同触角 (Essig)　D. *Ancistrona porcellira* の口器 (Cummings)　E. 同触角 (Cummings)　F. *Ancistrona vagelli* の大顋 (Snodgrass)　G. 同下咽喉板 (Snodgrass)
1. 上脣　2. 下咽喉板　3. 鬚　4. 大顋　5. 触角　6. 小顋　7. 棘　8. 前下咽頭板　9. 側片　10. 咽喉節片　11. 下咽頭

(Styliform rod) と同質なものである。小顋鬚は4節からなる。しかし細角亜目にはこれを欠いている。下脣は基部が亜基節と基節とからなり，下脣鬚は小片に退化し，脣舌は完全かまたは側舌と多分同質である1対の肉質突起によつて代表されている。最も特徴ある口腔器官は咽喉節片 (Oesophageal sclerite) で，このものは咽喉の前方部の幾丁質壁の非常に発達したもので，楯状かまたは楕円形で1対の前側枝を具えている。下咽頭は複雑化し，多くの属では1対の卵形板を附随せしめ，この卵形板は棒状の柄部を具え，屢々舌腺 (Lingual gland) と名命された事がある。しかし何等腺構造を供つていない。チャタテムシ類にこれに類似のものが認められ，それは Enderlein が背舌と称えたものである。咽喉節片から不思議な気管様の構造が出て2枝に分かれ，その各枝は前に述べた卵形板の各々と結び付いている。

胸部は中胸背板と後胸背板とが，屢々結合しているが，鈍角亜目では1縫合線によつてこれ等両背板が区分されている。脚 (Fig. 424) はこの目全部を通じて甚だ同様な構造を有し，跗節は普通1対の爪を具えている。然し哺乳動物に寄生している *Trichodectes* と *Gyropus* との両属では1本の爪を具えているのみ。

腹部の環節は成虫では普通9節，然し後胚子成長期間には10節が認められる。生殖孔は雌雄とも体壁の凹みから形成されている1室内に開口している。交尾器は雌にはなく，雄では挿入器 (Aedeagus) が屢々複雑な構造の器官となり，その壁の幾丁質化物として交尾器が構成されている。

内形態

消食系 (Fig. 421) は殆んど直線の管かまたは僅かに捲施せる管で，常に比較的短かい。よく発達した嗉嚢と大形の中腸と短かい簡単な後腸とからなる。胃盲管 (Enteric coeca) は1対で大きく，嗉嚢の各側に胃の突出成物として延びている。マルピギー氏管は4本で，直腸板は6個で顕著。鈍角亜目では嗉嚢は咽喉の簡単な膨脹部として現われ，細角亜目では非常に発達し細い管状の管で胃 (Gut) に接続するか (*Trichodectes*) または多少紡錘状となつて消食管の1側に拡がつている。唾液腺はよく発達し2対からなるかまたは1対の腺と1対の貯嚢とからなる。何れの場合でも前腸に沿つて存在し，管の2対が1共通管となり咽頭の床に開口している。細角亜目では更に附属腺の1対が存在し，それ等の腺から出ている管は嗉嚢の管の口で咽喉内に各側に1本づつ開口しているかまたは嗉嚢に直接に開口している。

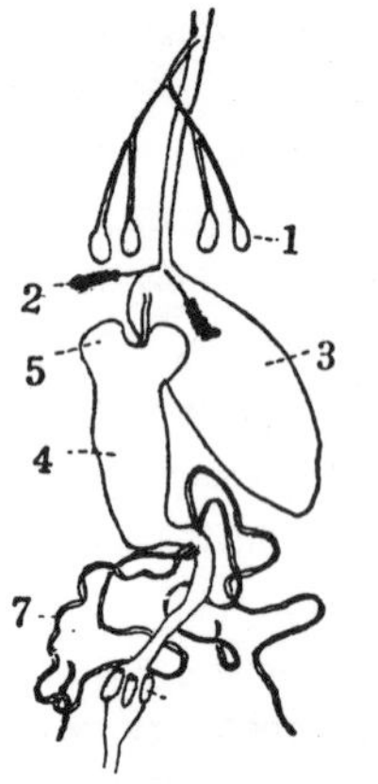

Fig. 421. *Eurymetopus taurus* の消食系 (Snodgrass)
1. 唾液腺　2. 附属腺　3. 嗉嚢　4. 中腸　5. 胃盲嚢　6. 直腸板　7. マルピギー氏管

神経系は著しく特徴があつて，*Eurymetopus taurus* では脳がU-字形に側方に拡がり，喉下神経球は特別に大形となり短かい太い連鎖によつて胸部の神経球と結合している。胸部神経球は3個で連鎖がない。腹部には神経球がなく，後胸

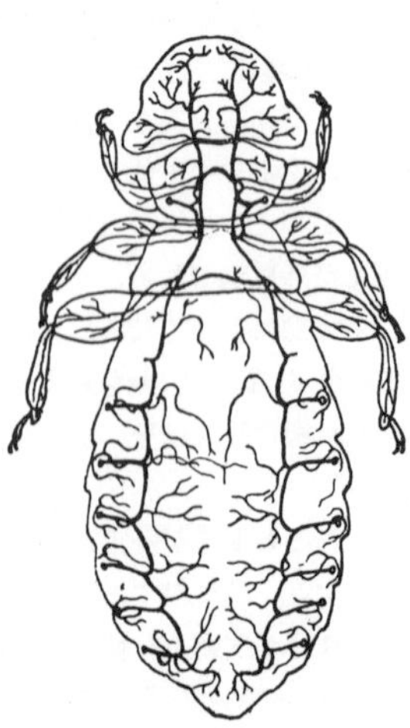

Fgi. 422. *Myrsidea cucularis* の気管系 (Harrison)

神経球から支配されている。

気管系 (Fig. 422) は2本の主幹に分かれ，7対の気門によつて外気に通じ，第1気門は前胸に存在し，他のものは腹部に位置し模式的には第3乃至第8節またはより稀に第2〜7節に発達している。尤も *Trimenopon* と *Gliricola* との属では腹部に5対のみで第3乃至第7節に存在している。

心臓は腹部の第7節と第8節とにまたは第8節のみに位置し，非常に短かい室で，2対または3対の瓣口を具え，前方に大動脈として延びている。大動脈は心臓に結び付いている個所で膨脹し Imms の動脈球 (Bulbus arteriosus) を形成している。

雌の生殖器官は1対の卵巣からなり，各卵巣は5個の無栄養室型 (Panoistic) の卵巣小管から普通構成されている。鈍角亜目では減退の傾向があつて卵巣小管が3個に限られている。総輸卵管は膣に通じ，膣は第7腹板の後に開口している。*Eurymetopus* では1個の球状の附属腺と1個の受精嚢とが膣に結合している。然しこれ等の両器官は *Menopon* 属では欠けている。雄の生殖器官 (Fig. 423) に関し，睾丸は3個（鈍角亜目）または2個（細角亜目）の卵形あるいは西洋梨形の小胞から構成され，各々の小胞は互に完全に分離している。これ等のものは夫々の輸精管によつて連結し，2本の後方の管が屢々貯精嚢に入つている。貯精嚢は密で，2葉片状で，屢々大形，而して1本の捩れた射精管と末端で連続している。

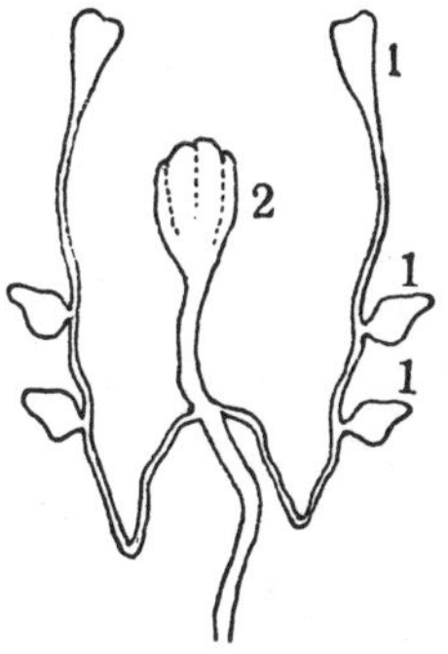

Fig. 423. *Physostomum diffusum* 雄の生殖系 (Snodgrass)
1．睾丸　2．貯精嚢

分　類

現今まで化石が発見されていない，従つてこの目の分類は現存種のみによつて行われて来た。世界から約2500種が発見され，一般に2亜目10科に分属せしめられている。

1．小顋鬚は4節，触角は一般に4節で明瞭に棍棒状または球桿状で頭の下面にある溝の中に隠されている (Fig. 420 A)，大顋は水平，中胸背板と後胸背板とは普通1横縫合線で区分されている…………………………………… Suborder *Amblycera*…………………… 2

小顋鬚はなく，触角は3〜5節で糸状を呈し溝の中に隠されていない (Fig. 420 B)。大顋は垂直に位置し，中胸背板と後胸背板とは癒合して分割縫合線を欠く…………………… Suborder *Ischnocera*…………… 7

2．凡ての跗節は2爪を具えている(Fig. 224, A・B・C)，一般に鳥類に寄生……………………………………………… 3

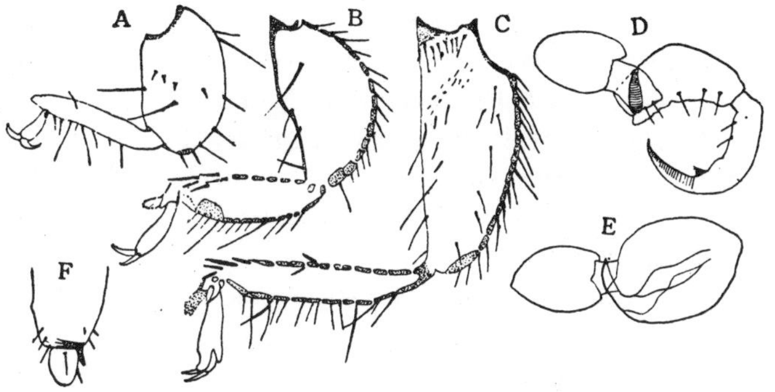

Fig. 424. 食毛目の脚 (Essig)
A．*Menopon stramineum* の前脚　B．同中脚　C．同後脚　D．*Gyropus ovalis* の脚　E．同たたんだ状態　F．*Gliricola porcelli* の無爪跗節

中後両脚の跗節は1爪を具えているかまたはこれを欠き，稀れに前跗節に2爪を具えている。ある跗節は毛の把握に適応している (Fig. 424 D. E.)，下唇鬚は1節……………………………………… Fam. *Gryropidae*

3．触角は球桿状で5節，脚は細長，体は剛毛を装う。細長の種類……………………………… Fam. *Boopiidae*

触角は棍棒状で4節………………………………………… 4

4．前胸背板と後胸背板とは大さと形状とが同様なれど反対になつている（中南米産の齧歯類に寄生する *Trimenopon* Harrison, *Philandesia*, *Cummingsia*) ………………………… Fam. *Trimenoponidae* Harrison 1911

前胸背板と後胸背板とは普通形，中胸背板と後胸背板とは癒合しているかまたは一縫合線で分割されている……………………………………………………………… 5

5．頭部は一様に後方に幅広となつて広三角形を呈し複眼の上方で著しく大形となつている………………………………………………………… Fam. *Menoponidae*

頭部は上述と異る…………………………………………… 6

6．頭部の側面は複眼前で著しく脹れ，腹部の気門は第3乃至第8節に有る………… Fam. *Laemobothriidae*

頭部の側面は直線かまたは凹み，腹部の気門は第2乃至第7節に有る……………………… Fam. *Ricinidae*

7．跗節は1爪を具え，触角は雄では3節で雌では一般に3節…………………………… Fam. *Trichodectidae*

跗節は1対の爪を具え，触角は5節………………… 8

8．鳥類に寄生……………………………………………… 9

哺乳動物に寄生，最後の触角環節は棍棒状または球桿状，前頭の側面に太い彎曲せる鈎を具えている（マダガスカールの鼠に寄生する *Trichophilopterus*）…………………………Fam. *Trichophilopteridae* Brues et ………………………………………………Melander 1932

9．中胸背板と後胸背板とは1縫合線で分割され，複眼は深く括れている（南大洋の Kerguelen 島でペンギン鳥に寄生する *Nesiotinus*)………………………………Fam. *Nesiotinidae* Brues et Melander 1932

中胸背板と後胸背板とは完全に癒合し明瞭な縫合線を欠き，頭部には彎曲鈎を欠く………………………………………………………………Fam. *Philopteridae*

a. 鈍角亜目

Suborder *Amblycera* Kellogg 1896

この亜目は上述の如く6科に分類され，中本邦には次下に述べる5科が発見されている。

96. ナガケモノハジラミ（長獣羽虱）科

Fam. Gyropidae Kellogg 1908

この科の昆虫は主に中南米産で齧歯類に寄生し，Biting Guinea Pig Lice と称えられる種類を含み，*Gyropus* Nitzsch, *Protogyropus*, *Monogyropus*, *Gliricola* などの属が代表的なものである。本邦にはモルモットに寄生するカビアハジラミ（*Gliricola porcelli* Linné) (Fig.425) が発見されているが恐らく実験動物として使用されるモルモットと共に海外から輸入されたものであろう。体長1.16(♂)〜1.22(♀)mm, 体幅 0.28(♂)〜0.36(♀)mm の細長い殆んど無色の微小種である。

Fig. 425. カビアハジラミ（内田）

97. ミナミケモノハジラミ（南獣羽虱）科

Fam. Boopiidae Mjöberg, 1910.

この科は小さな群で4属13種からなり，殆んど凡てが濠洲産でカンガルーに寄生し，*Boopia* Piaget, *Latumcephalum* Le Soüef, *Heterodoxus* Le Soüef et Bullen などが代表的な属で，本邦には世界共通種であるワラビーハジラミ（*Heterodoxus longitarsus* Piaget) (Fig. 426) が犬に寄生している。体長1.75(♂)−2.0(♀)mm 体幅 0.72(♂)〜0.8(♀)mm の多毛種で，頭の下面に小棘を生じている。

98. タンカクハジラミ（短角羽虱）科

Fam. Menoponidae Mjöberg 1910

この科は大群で，世界に広く分布し，鳥類に寄生し，

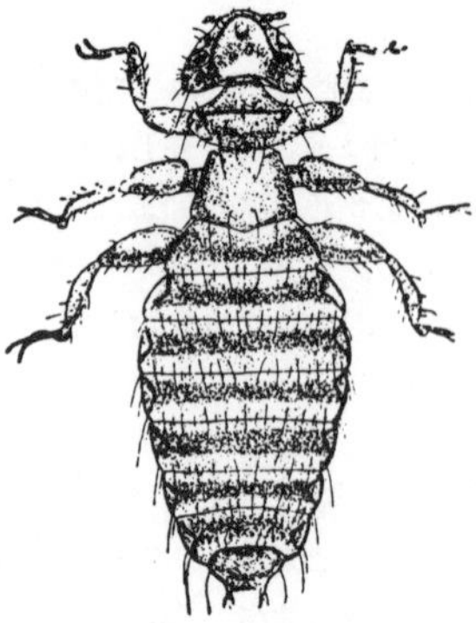

Fig. 426. ワラビーハジラシ雌（内田）

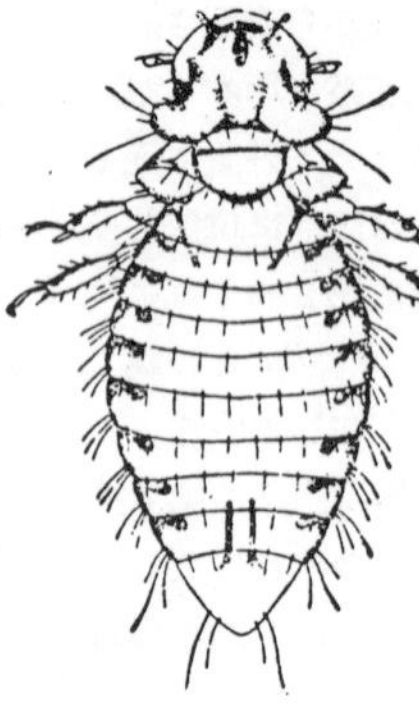

Fig. 427. ニワトリハジラミ雌（内田）

一般に Biting Bird lice と称えられている。*Menopon* Nitzsch, *Colpocephalum*, *Myrsidea*, *Trinoton*, *Ancistrona* などが先ず代表的な属で，本邦からは *Myrsidea*, *Menacanthus*, *Uchida*, *Eomenacanthus*, *Takamatsuia*, *Trinoton*, *Colpocephalum*, *Ferrisia*, *Cuculiphilus* などの属が発見され，吾人に最も関係の深い害虫はニワトリに寄生するニワトリハジラミ（*Uchida pallidum* Nitzsch) (Fig. 427) とニワトリオウハジラミ（*Eomenacanthus biseriatum* Piaget）とである。前者は体長1.8(♂)〜1.7(♀)mm, 体幅 0.68(♂)〜0.72(♀)mm で，体は淡黄色で頭部に赤褐色の斑紋がある。後者は体長2.9(♂)〜2.7(♀)mm, 体幅 0.9(♂)〜1.0(♀)mm, 体は黄色で全体に長毛を密生し，鶏のハジラミ中最も普通な種類である。両者共に養鶏者にとつて最も恐る可き害虫となつている。

99. オオハジラミ（大羽虱）科

Fam. Laemobothriidae Mjöberg 1910.

小さな科で，最も優勢な属は *Laemobothrion* Nitzsch で，水棲鳥類に寄生し，北米と欧洲と亜細亜との北温帯地並びに阿弗利加や南米などに分布している。本邦からはバンオオハジラミ（*Laemobothrion nigrum* Burmeister) (Fig. 428) がバンから発見されている。この種は体長8mm, 体幅1.9mm の大形種で，全部暗黒色で体側黒色を呈する。

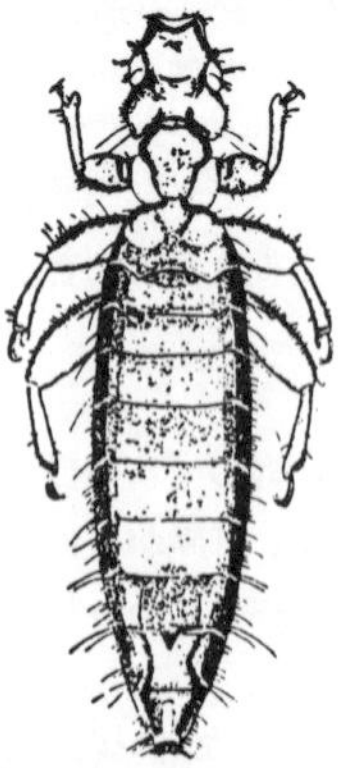

Fig. 428. バンオオハジラミ（内田）

100. タネハジラミ（種子羽虱）科

Fam. Ricinidae Enderlein 1927

この科は学者によつては *Leiotheidae* or *Liotheidae*

Burmeister と称えられているもので，陸棲と水棲との鳥類に寄生し，*Ricinus* De Geer（*Leiotheum*）や *Docophorus* Nitsch や *Trochiloecetes* Paine et Mann などの属が代表的なものである。本邦からはムギマキハジラミ（*Ricinus mugimaki* Uchida）（Fig. 429）やヒガラハジラミ（*Ricinus medius* Uchida）等が知られ，前者は体長3.3mm，体幅0.83mmで頭と胸部とは淡褐色に黒色斑を布し，腹部は黄色に黒褐色の縦側斑を有し，ムギマキとアカコッコとに寄生している。後者は体長2.2(♂)～2.9(♀)mm，体幅0.7(♂)～0.85(♀)mmで体は黒褐色，ヒガラとコガラとに寄生している。

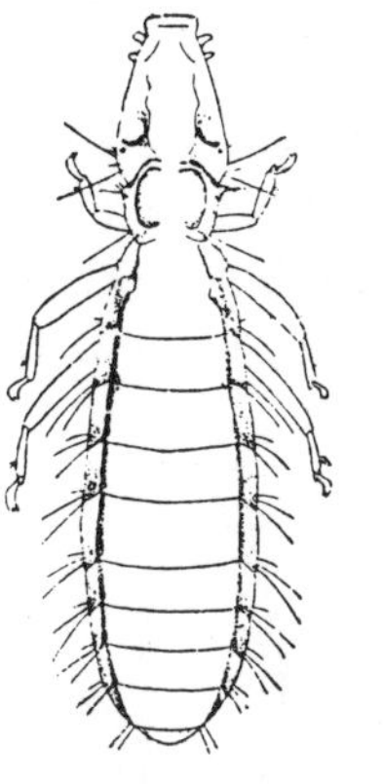

Fig. 429. ムギマキハジラミ雌（内田）

b. 細角亜目 Suborder *Ischnocera* Kelloge 1896

この亜目は4科からなるが，本邦にはつぎに記述する2科のみ発見されている。

101. ケモノハジラミ（獣羽虱）科 *Fam. Trichodectidae* Kellogg 1908

この科の昆虫は羽虱目中最も有害なものの1つで，多数の種類が家畜類に寄生し著しく家畜類をわずらわすので一般によく知られている。家畜類の輸入によつて世界に広く分布されている。野獣類からも多数の種類が発見されている。家畜に寄生する最も重用なものはつぎの如きものである。

ウシハジラミ Cattle red louse(*Bovicola bovis* Linné = *Trichodectes scalaris* Nitzsch), Biting horse louse (*T. equi* Linné = *T. parumpilosus* Piaget), Pilose biting horse louse (*Trichodectes pilosus* Gieb), ヒツジハジラミ Biting sheep louse (*Bovicola ovis* Linné = *T. sphaerocephalus* Olfers), イヌハジラミ Biting dog louse (*Trichodectes canis* De Geer = *T. latus* Nitzsch) (Fig. 430), Biting goat louse (*Bovicola caprae* Gurlt = *Trichodectes climax* Nitzsch), ネコハジラミ Biting cat louse (*Felicola subrostratus* Nitzsch) 等。

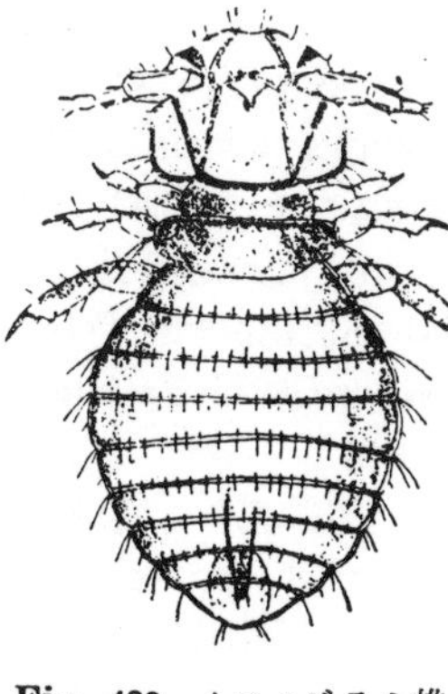

Fig. 430. イヌハジラミ雄（内田）

102. チョウカクハジラミ（長角羽虱）科 *Fam. Philopteridae* Burmeister 1838

この科は1名 *Nirmidae* Samouelle 1819 (*Nirmides* Leach 1818) と称えられ，Enderlein が1927年に *Lipeuridae* Mjöberg 1910, *Eurymetopidae* Mjöberg 1910 および *Gonionidae* Mjöberg 1910の3科に分つている。羽虱目中最大の科で，最も重要なものの1つである。主な属は *Degeeriella* Neumann (*Nirmus* Hermann1804), *Goniocotes* Njtzsch, *Goniodes* Nitzsch, *Lipeurus* Nitzsch および *Philopterus* Nitzsch 等で何れも広分布のものである。これ等のものは何れも本邦にも発見され，その他 *Strigiphilus*, *Anatoecus*, *Cuculoecus*, *Bitrabeculus*, *Lagopoecus*, *Columbicola*, *Perineus*, *Thompsonia*, *Anaticola*, *Ardeicola*, *Acidoproctus* 等の属が本邦に産する。宿主は陸棲と水棲との殆んど凡ての鳥類で，家禽類の害虫も多数にある。その最も世界的に普通の種類を以下に列記する。

ハトナガハジラミ, Pigeon louse, *Columbicola columbae* Linné (*Lipeurus buculus* Nitzsch)；アヒルナガハジラミ, Squalid duck louse, *Anaticola crassicorne* Scopoli (*Lipeurus squalidus* Nitzsch)；White swan louse, *Ornithobius cygni* Linné；European pigeon louse, *Goniocotes bidentatus* Scopoli；マルハジラミ Large chicken louse(*Goniocotes gigas* Taschenberg)；ヒメニワトリハジラミ Lesser chicken louse (*Goniocotes hologaster* Nitzsch)；カクアゴハジラミ Dissimilar chicken louse (*Goniodes dissimilis* Nitzsch)；Horned pigeon louse, *Goniodes damicornis* Nitzsch；Small pigeon louse, *Goniodes minor* Piaget；Peacock lice, *Goniodes parviceps* Piaget と *G. pavonis* Linné；ニワトリナガハジラミ Variable ckicken louse *Lipeurus caponis* Linné = *L. variabilis* Nitzsch；Turkey louse, *Lipeurus gallipavonis* Geoffroy 等。この科の模式属である *Philopterus* にはスズメハジラミ (*P. suzume* Uchida) (Fig. 431) やムクドリハジラミ(*P. mukudori* Uchida) やヒバリハジラミ (*P. hibari* Uchida) やアジサシハジラミ (*P. albe-*

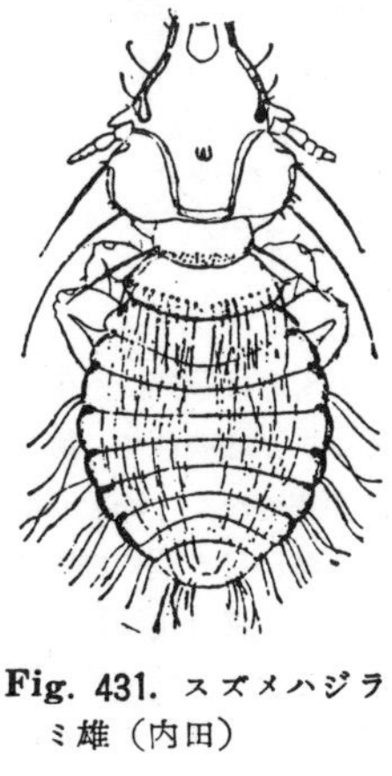

Fig. 431. スズメハジラミ雄（内田）

marlensis Kellogg et Kuwana) 等の種類が本邦から発見されている。

XX 虱　　目

Order *Anoplura* Leach 1815

この目は羽虱目と同一目の1亜目として分類された事もあり，また半翅目の1亜目として取り扱われた事もある。而して *Siphunculata* Latreille 1825, *Pediculina* Burmeister 1835, *Pediculida* Mayer 1876, *Polyptera* Banks 1892, *Pediculoidea* Crampton 1921等の異名もある。シラミ類で， True Lice や Sucking Lice と称えられ，ドイツでは Läuse, フランスでは Poux と唱んでいる。

微小乃至小形，扁平で長いかまたは蟹型の無翅昆虫，口器は刺込且吸収に適応し引込自由で肉質の無節の口吻を具え，皮膚は強靱で弾力性を有する。頭は小さく複眼は退化しているかまたはなく，単眼はない。胸部は狭く部分的に癒合し，脚は太く1節の跗節と毛を把持するのに適応している1爪を具えている。腹部は楕円形または円形， 9節からなり，尾毛を欠いている。哺乳動物の永続的外寄生虫で，変態は簡単。

この目の昆虫は非常に吸血性に富み，多数の種類を産し，内2種類は人類に，約12種が家畜に寄生し，他のものは猿や兎や鼠やアザラシやゾウやその他広範囲の哺乳動物から採集されている。Kellogg は虱類とそれ等の宿主の血液特徴との間に密接な生理的関係を有する事を1913年に発表している。

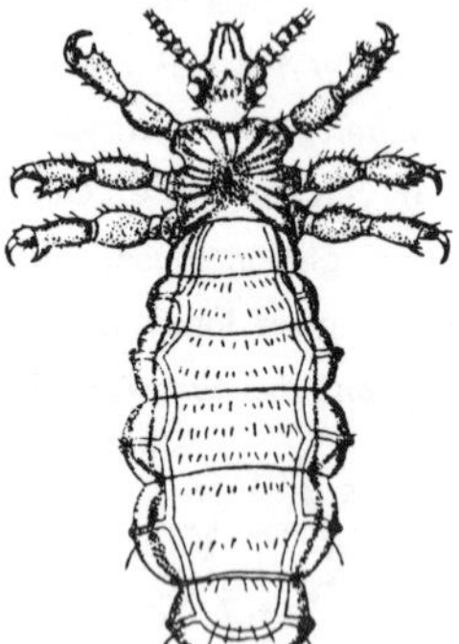

Fig. 432. ヒトジラミ(内田)

最もよく知られている種類はヒトジラミ (*Pediculus humanus* Linné) (Fig. 432) で，以前は少なくとも *P. humanus capitis* De Geer(アタマジラミ) と *P. humanus corporis* De Geer (コロモジラミ) の2種として知られていた。これ等の中アタマジラミは小形で暗色，触角は太く，腹部環節間の区分がより顕著で，このものは頭部に寄生し卵を頭毛に糊着せしめる。コロモジラミは淡色で，触角はより細く，腹部環節間の区分は顕著でなく，卵を衣服内または体毛に附着せしめ，下着の縫い目や褶の中等に特に多数に棲息している。これ等の2変種は実験状態にあつては自由に雑交繁殖し，数世態を経て成熟する。更にアタマジラミがコロモジラミに適する条件のもとに飼われるとその明確な特徴を消失して4～5世代の後には完全なコロモジラミに変化する。アタマジラミは原始的なもので，コロモジラミはその宿主によつて衣服の必要が生じた事に適応して発生したものである。

ヒトジラミは約300卵を普通1日に8～12個を産下し，各卵子 (Fig. 433) は毛または繊維に固着物質によつて附着せしめられる。幼い若虫は卵の1端にある卵蓋 (Operculum) をおし開いて孵出する。それは自然体温では約1週間で孵化し， 3回の脱皮を経て成虫となり，その間特別な変化がない。1世代は温度や摂食量その他によつて異なるが多分孵化から成虫の死亡迄平均7週間位である。この種類は人類の病気に関係深いものとして考えられている。チブスはその病原体がアタマジラミとコロモジラミとの両者によつて運搬され，人の皮膚上の微傷から特に糞や体をそこになする事によつて病を発生せしめるもので，主としてヒトシラミの糞によつてこの病気が分撒せしめられるのである。なお同様な方法で塹壕熱 (Trench fever) が伝播され，また再帰熱は人体の皮膚上でコロモジラミが圧殺せられた時に皮膚上の磨剝傷の如き微孔よりスピロヒーテが伝播するものである。更に他の病気とも関係を持つものの様であるが未だ充分な研究がない。

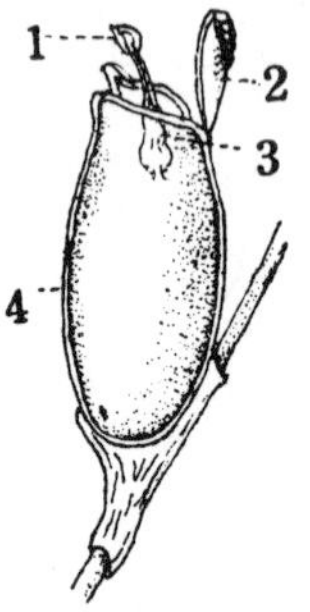

Fig. 433. コロモジラミ孵化直前 (荒川) 1. 吸気管脱殻　2. 卵蓋　3. 咽頭脱殻　4. 卵殻

人類に寄生する他の種類はケジラミ (*Phthirus pubis* Linné) のみで， この種は陰部と肛門近傍とのみに限られて棲息し，伝染病には関係がない。卵はその外形や体毛への附着方法がヒトジラミのものに類似し， 6～8日間で孵化し， 3回の脱皮を経て成虫となり，卵から成虫の産卵迄に22～27日間を要すると云う。

他の属では主に有蹄動物に寄生する *Haematopinus* Leach が最も優勢で，*Polyplax* Enderlein や *Echinophthirius* Giebel 等が特徴ある属である。

外形態

体は背腹に扁平で，腹部のみ明瞭に環節を現わしている。頭は多少円錐状を呈し尖り， *Haematomyzus* 属では管の様に前方に延び，何れの場合でもその先端に口器を具えている。頭部の中央部両側端から触角を出す。触角は短かく3～5節。*Pediculus* と *Phthirus* との両属では第1齢虫では3節だが後に5節となり，*Pedicinus* 属では一生3節。複眼は減退し屢々消失しているが，*Pediculus* 属では比較的よく発達し触角の後方に半円形の突起として存在している。頭蓋線は微かに認められ，その幹線は短がく，支線即ち前額線（Frontal suture）は長く眼の内方を過ぎ触角基部後方に達する。この線の間が前頭即ち額でその後方が頭頂である（Fig. 434）。触角基部直前で著しく括れ，そこに甚だ不明な額頭楯線(Fronto- cylpeal suture）があつて，これより前方が頭楯で稍明瞭に幾丁質化している。頭楯の両側は著しく幾丁質化し，そこが顴(Genae)である。中央前端には小円形の多少幾丁質化した上唇があつて，その前方に屢々突出する1個の円い膜質器を見出す，それを上咽頭（Epipharynx）と称え微歯を列している。この微歯は普通各側部に5本，中央背線の両側に各3個がある。これ等の微歯を定着歯（Fixing-teeth）と称え，虱が宿主皮膚上に定着するのに役立つているものである。この数は種類によつて異つている。頭部の膜面は多少幾丁質化し，口がその末端に開かれ，その後方部は幅広の薄板即ち上唇によつて閉ざされている。

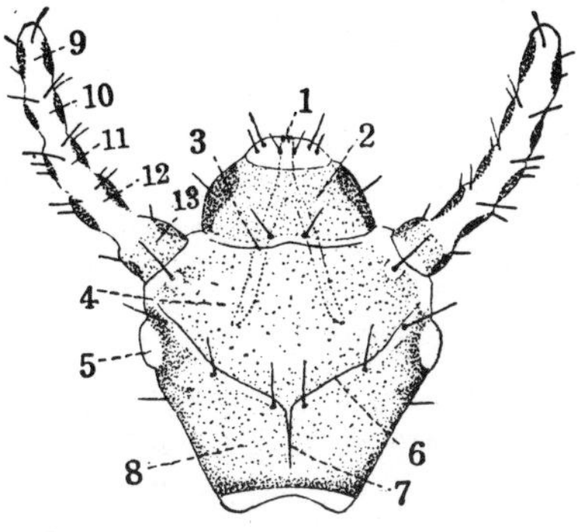

Fig. 434. アタマジラミ雌の頭部背図（Patton）
1．前口歯　2．頭楯　3．額頭楯線　4．額　5．複眼　6．頭蓋翼線（額線）　7．頭蓋幹線　8．頭頂　9．触角第5節　10．同第4節　11．同第3節　12．同第2節　13．同第1節

口器（Fig. 435)。甚だ微小で使用せざる時は頭の内部に引き込まれている。頭の横断面（Fig 446）を触角の基部前方で画く時は中央線に2個の相離れた管を見る。その上方の大きな壁の厚いものは前口（Prestomum）の1部で，下方のものは刺針鞘(Stylet-sheath or Stylet sac）または口吻鞘(Proboscis sheath）である。この前口の部分は一名口腔筒（Buccal Funnel）と称えられる。所謂口腔窩(Buccal cavity）で，その後方は咽頭に連り次いで頭部の後方にて咽喉に連絡し，前方には微歯即ち前口歯（Prestomal teeth)を排列せる甚だ短かい吻部(Rostrum）にて外部に開く，使用せざる時は口腔筒は吻部の腔内に存在するが，使用の際は前外方に突出せしめられ恰も外部に位置している様である。刺針鞘は6本の細小な幾丁質の刺針（Stylets）を蔵し，この口吻は頭部の先端迄延び，口腔筒と同一場所で開口し，後端は頭部と胸部との境で筋肉にて附着している。

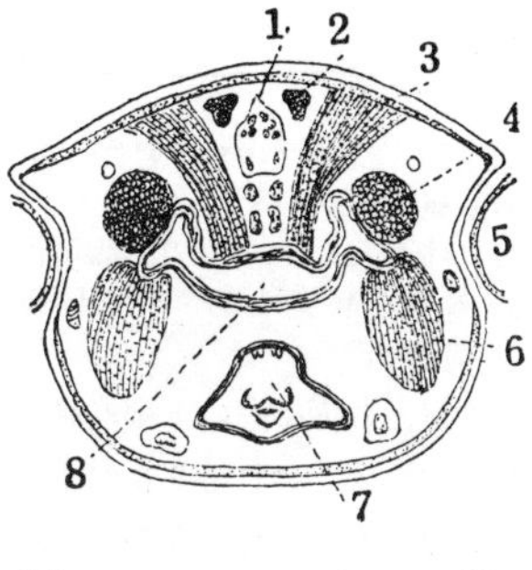

Fig. 436. コロモジラミ頭部の触角直前横断面（Patton）
1．脳の中央突起　2．背伸筋と中伸筋との束　3．拡張筋　4．側伸筋　5．触角　6．腹伸筋　7．刺針鞘　8．前口

刺針（Fig. 437，438）は元来6本であるが，3本となり，何れも刺針鞘内に存在し，細小で背面に稍彎曲する。これ等のものの内背面に位する1本は背刺針（Dorsal stylet）と称えられ前端明瞭に左右共2本からなり

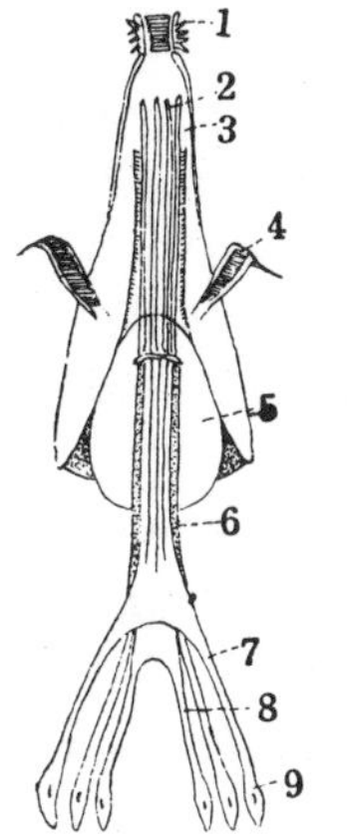

Fig. 437. コロモジラミの静止中における口器（荒川）
1．前口歯　2．刺針の先端部　3．口腔筒　4．幾丁質小稈　5．舌骨唧筒　6．刺針保護板　7．背刺針（小顋）　8．腹刺針（下唇）　9．刺針馬蹄型部

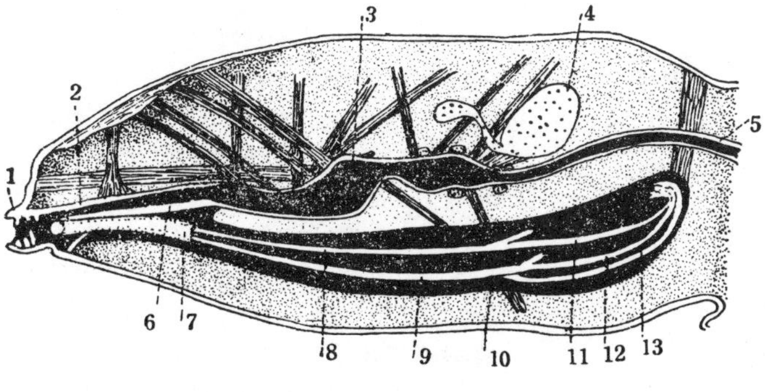

Fig. 435. *Pediculus* 頭部の模式的縦断面（Peacock）
1．頭部　2．口腔筒　3．咽頭　4．脳　5．咽喉　6．咽頭管　7．嚢管　8．背刺針　9．腹刺針　10．刺針鞘　11．背刺針の左枝　12．腹刺針の左背枝　13．腹刺針の左腹枝

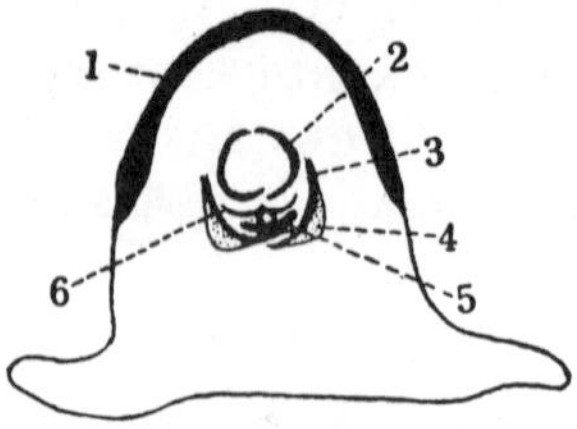

Fig. 438. *Pediculus* の口腔筒の横断面 (Peacock)
1. 口腔筒のアーチ 2. 咽頭管 3. 嚢管 4. 同1部 5. 腹刺針 6. 背刺針

著しく溝状となり且つ左右各々の内縁に微歯を列している。次に位する1本は腹刺針(Ventral stylet)で，2分されていないが背面中央に縦走する細線を認むる事ができ，且つ縦溝を存する。最下位にある1本は自然板(Natural plate) と称えられ，背面中央に1細縦線を有し背面全体が縦溝を形成している。これ等3本の刺針の基部は何れも長い2叉となり所謂馬蹄部となつて刺針鞘の背部に夫々筋肉によつて附着している。而してこれ等のものによつて血液が咽頭中に吸収されるので，学者によつては下咽頭・下唇及小腮の夫の々変形せるものであると見做しているものがある。然し未だ断定的な説ではない。

胸部。比較的小形で,後方に至るに従つて幅広となる。前胸と中胸と後胸とが完全な環節を現わしていない。背腹両面から圧せられて扁平，幾丁質は背面から両側に於ける環節接合部でよく発達すれども背板および腹板を明かに認むる事ができない。背面には棘毛が少なく，腹面には短かい剛棘毛を背面の約倍数を生じている。胸部中央には単胸板を有し，その形状は虱の種類によつて異なつている。内骨骼は一般の無翅昆虫類には多少ともこれを認むる事が出来るが，この目では全然認むる事ができない。気門は中胸の両側面境界に近く存在している。

脚 (Fig. 439) はよく発達し5節からなり，跗節は1節である。基節は著しく発達し，後脚のものが最よく発達し，前中両脚のものは殆んど同様で，広く且つ円形を呈し外側面に僅かに1本の太い棘毛を生じている。転節はまたよく発達し円錐形。腿節は短かい円筒形で長短2様の棘毛を装い，脛節は最も大きく且つ頑丈で9長棘毛を粗生し，内側末端に近く拇指状の突起を有す，この附属物に長短2種の剛棘毛を生じている。跗節は脛節より少しく短かく，1節で，末端に彎曲せる内側に鋸歯状を刻する強い1爪を具え，同側の凹面は粗で畝状となり，内側の稍中央には肉状塊の肇膜を存し，外側に爪と殆んど同長の棘毛を生じている。この爪と脛節突起とで物体即ち毛等を捕持する事ができるので，コロモジラミ等を捕離せんとする場合に容易ならざる事実は脚に上述の如き構造がある事によるものである。爪の基部跗節内側末端に1種の感覚器が認められるがその機能は未だ不明である。雄の前脚は他の2脚と雌の凡ての脚とに比較して肥大且つ頑丈であるばかりでなく，脛節の拇指状突起と剛棘毛とが著しく発達している。雌の後脚腿節の転節に接近する内側に稍深い距を有し交尾の際雄の前脚脛節の拇指状突起を支え持つものである。

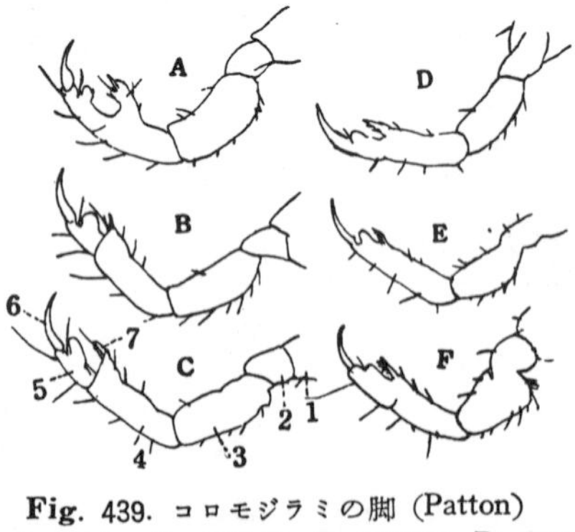

Fig. 439. コロモジラミの脚 (Patton)
A. 雄の前脚 B. 同中脚 C. 同後脚 D. 雌の前脚 E. 同中脚 F. 同後脚 1. 基節 2. 転節 3. 腿節 4. 脛節 5. 跗節 6. 爪 7. 脛節前肇膜

腹部。胸部同様扁平，細長い卵形で第4環節が最も幅広くなつている。もつとも中腸内に食物が充満した際や雌の卵巣が発達した場合には更に円味を増す。8環節が明瞭に認められ，背板と腹板とが一様の厚さの幾丁質板からなり，側板は四角形を呈し互に薄い幾丁質から結び付いているが強靱でしかも濃色を呈し周囲に長短数本の毛を配列している。側板は腹部の両側の境界に深い花綵を形成し各腹環節の間を個々に截目している。而して各側板に生じている長短2種の褐色剛毛の配列式とその数と側板自体の形状等は虱の種類を区別するのに肝要なものである。第8環節は雌雄でその形状が異なつているが，若虫時代では区別がなく単に後縁が円形を帯びているのみである。

雄の腹部は一般に雌に比較して細く色彩が濃厚となり，第8環節迄の背板の中央に1〜2本の稍太い濃色の短横帯を有し，第7節は末端円味を有し外縁に長棘毛を1列に配列している。雌は末端節末端が2個の三角形片に分かたれ，中央に截目を有する。この三角形片の腹面基部に尖つている1対の陰具片が存在している。

気門は第1乃至第6環節側板の各節接合線の前方に存在している。

雄の外生殖器 (Fig. 440) は腹部尾端の外皮を透しまたは交尾に際し外部に現われるものの内特に2対の鞭状物を見出す事ができる。即ち交尾鉤と基底板 (Basal plate) とである。陰茎は交尾鉤の下部に隠在するために普通外皮を透してこれを認める事ができない。交尾鉤の尖端は腹部末端節にて相互に接触し，屢々その先端は尾端から長三角形V型物として突出している。交尾鉤前方の基底板は濃褐色を呈し，外皮を透してこれを認める事ができる。然しその組織構造は一般に不明である。雄の生殖器はこれ等の他に球嚢（Globular sac）と偽陰茎（Statumen penis）と陰茎（Penis）と射精管とからなる。

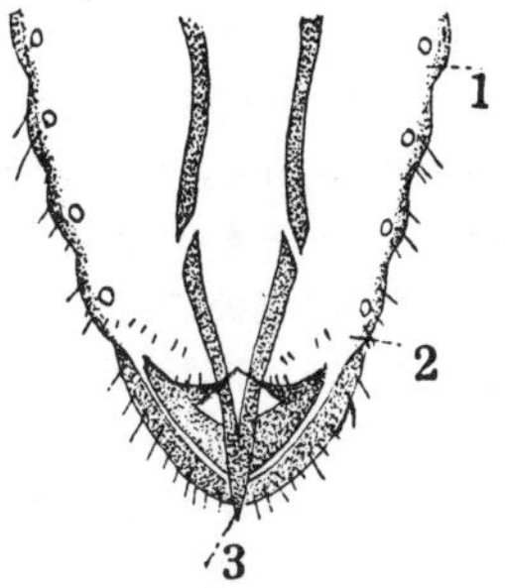

Fig. 440. コロモジラミ雄の静止状態における尾端外部に突出する交尾鉤（荒川）
1．第5背板　2．第8背板
3．交尾鉤

交尾鉤。一生殖器中最強の幾丁質物でV字形をなし，先端に至るに従い多少扁平となつている。成長の程度によつてその長さを異にし 0.5～0.65mm 長。1対で先端は尖り互に相接近しているが基部に進むに従つて次第に幅広く，筋肉で基底板に接する処で最も外方に拡まつている。この2交尾鉤の間を通つて陰茎が突出するのである。

基底板。一細長い帯状物で凹面を有し，長軸に沿い背面に向つて微かに彎曲している。全長 0.85～1.15mm でその終端は幾丁質によつて鈍い円を画いて連絡しているが殆んど無色である。筋肉を附着し，その辺縁に僅かな皺を生じ，基部は非常に濃色の幾丁質からなり外方に円味を有し，先端の対は蝶番となり交尾鉤と関接している。縦軸切片では末端が2個の薄層に裂け，後部交尾壁を形成する幾丁質と接結している。

球嚢。一これは交尾鉤の裂目の内縁起点から淡白色の2本の嚢帯（Vesica）によつて連絡している。大さは長さ0.4～0.7mm，幅 0.2mm で，外観白色饅頭型肉塊状を呈し，壁は厚味を有し外面に無数の短かい幾丁質結節を突出し且無数の皺を有し，これ等突起は外方生殖門に向つて位置している。

偽陰茎。一これは球嚢の壁が単に帯状に厚肥せるものの様に見え，長さ 0.5～0.65mm で彎曲し，赤褐色で帯状，途中 0.1mm の所から2本に分かれ，1本の枝は短かく且幅狭く内方に廻り，他の1本は長く後方で幅を増し1回捻れて終つている。基部は陰茎の基部と相接結し，両端に筋肉が附着している。

陰茎。一静止状態では球嚢の中に嵌入しているが，交尾の際にはその前方左側から突出する管状の黒褐色の幾丁質化している且つ先端が細まる毛簇状を呈するものである。長さ 0.27～0.33mm 幅 20μ，基部最も広く内面に細い顆粒と筋肉の附着している縦溝とがあり，末端は尖つて薄い無色の幾丁質化点となつている。陰茎の中央には縦軸に沿い射精管を見る事ができる。基部は偽陰茎と球嚢の左側幾丁質と相接している。

雌の外生殖器（Fig. 441）は尾端の3環節腹面中に含まれ，第7と第8との両節腹板の変形せるものの様である。膣と陰具片とからなる。

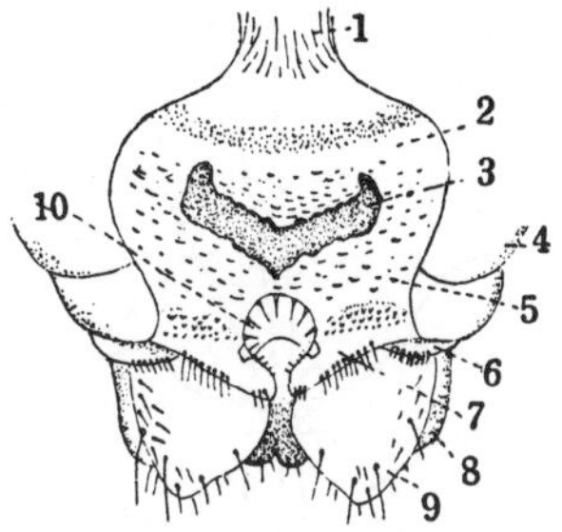

Fig. 441. コロモジラミ雌の外部生殖器（荒川）
1．子宮　2．交尾腔　3．陰具片前面幾丁質板　4．第7腹板
5．膣　6．陰具小片　7．陰具片
8．第9腹板　　9．三角葉片
10．膣垂扇

膣孔。一末端腹環節の大部分を占め，その背面に肛門を開いている。腹部末端環節は他の環節より多少顕著な隆丘をなし，体端から突出し，その前方には厚肥せる2個の側面仰角幾丁質からなる陰具片と称する器官がある。このものは普通色素付けられ扁平の鉤状を呈し，その先端は相密接して内方に向い彎曲せるU型をなす。内側の縁は被膜の彎曲せる壁を通じて前方に連結し，この壁は膣孔の扉の様な状態となつているために，それを膣垂扇（Vaginal palp）と称え，内壁縁の外側に短棘毛を列している。

陰具片。一種類によりその形状と位置とが異なつているばかりでなく，内外縁に生ずる棘毛の排列を異にしている。コロモジラミの場合は内壁片縁に生ずる棘毛は中央の3本が最も長く他は先端に進むに従つて次第に短かくなり，両端に18本を具え，外縁にある棘毛は規則正しく，中央から先端の方に9本の長毛と仰角に3本の棘毛とを生じている。陰具片の下部に小陰具片（Small gonopods）が接続し，外縁には7本中央に1本の棘毛を生じている。陰具片の機能は産卵に際し卵を正しく整列し真直に適当な位置を選定するのに用いられる他産卵中毛あるいは繊維を握持するのに用いられるものである。

内形態

消食系（Fig. 442）。虱の消食系は簡単で，体長より遙かに長く約2倍長。咽喉は真直で，頭内にある咽頭の後端に初まり脳の下を通過し，頭部に存在する大形の神経節迄背面に横たわり，唾液管と胸部との間に入り，中腸前端の2個の側面葉片間に連結している。内壁はむしろ厚肥し，皺を生ずる幾丁質からなり，常に多数の不規則な皺を有し，引伸すも容易に裂破することがない。

中腸。一太い円筒管で胸部から初まり腹腔の殆んど全部を占め，吸血直後は可なり膨大するもので血液消化中は絶えずその形状が変化するものである。この壁に附着する筋肉の蠕動収縮の結果かかる状態を示すもので，屢々中央部または端部にて収縮する。咽喉との連結点の両側に各１葉の突出部がある。これを中腸葉突起（Process of mid-gut）即ち胃盲嚢と称え，胸部内に位置する。

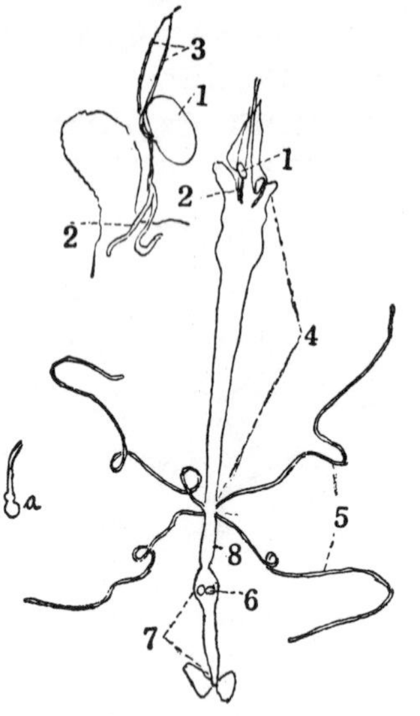

Fig. 442. コロモジラミの消食系 (Patton)
1．腎臓形唾液腺　2．管状唾液腺　3．唾液管　4．中腸　5．マルピギー氏管　a．同末端部（荒川）　6．直腸板　7．直腸　8．後腸

壁の組織は非常に弾力性に富む消化細胞を有し，環状と細長の縦走筋肉繊維とからなり，これ等の筋肉の緊縮により形が変化する。消化細胞は稍不規則な円筒形を呈するが何れも異形で，そのために中腸の内腔は不規則な外囲を示している。食物消化の大部分はこの中腸で行なわれ，胃壁とその両側とは非常に多数の腺質のものから覆われ，後部端に食物が後方に運ばれるのを防ぐ所の括約筋がある様である。

後腸。一普通の状態では回転しない，前端は４条のマルヒギー氏管の附着する部分から初まり，直ちに中腸の前方腹面に回転しそれより少し隔つた所で再び後方に回転し肛門に終つている。中腸より非常に細く，直径は全長を通じて一様であるが中央は幾分膨脹する傾向がある。後腸には完全な直腸乳房突起を認むる事ができない，然し幾丁質板の存在によつてその痕跡を認むる事ができる。

直腸板（Rectal plate）。即ち直腸乳房突起一６個で幾丁質からなる直腸乳房突起の掩施から形成され，各々は卵円形で腸の長軸に沿い長く相互に密接して排列され，腸の外表面から少しく隆起し，各自体の長軸の中央に膨脹している。直腸板の各々の基部から１本の気管から分岐した６条の細い支管を直腸板の表面に短距離間走らしめ更に数本の微細な分岐管を出して外表面に延慢せしめている。

マルピギー氏管一４条で中腸と後腸との接合部の両側に１対づつ存在し，腸に嵌りて連結しているが消化管から独立しているものである。その長さは体長の1/2に達し，腹腔内に輪状をなしてよこたわり屢々胸部端にまで延長している。管は全長一様な直径であるが，各末端直前にて著しく括れ球状を呈して終つている。壁は大きな扁平の細胞からなり，内腔の周囲を包囲し，相互に密接して完全な管を形成している。

唾液腺（Fig. 443)。一胸部に横たわり中腸の二葉突起部と咽喉との間を走る２対の腺からなり，その１つは管状で他は腎臓形を呈している。

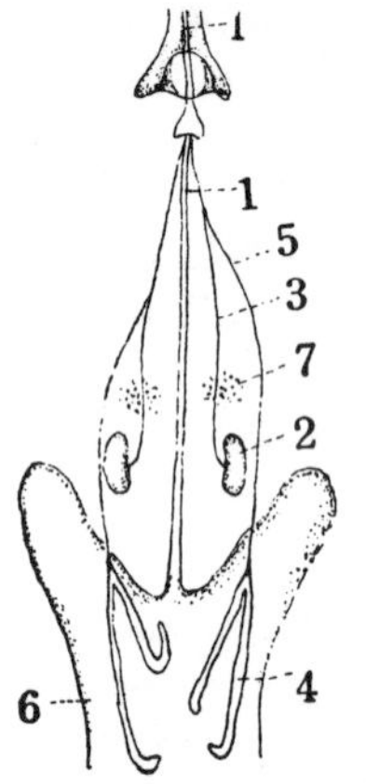

Fig. 443. コロモジラミの唾液腺（荒川）
1．咽喉　2．腎臓形唾液腺　3．同管　4．管状唾液腺　5．同管　6．中腸　7．特大細胞群

管状唾液腺（Tubular salivary gland）は中腸に接近せる境界下にあつて，横断切片では中腸に附着して存在し，非常に精緻な管状物で，中腸の境界下で各々同長の２本の分岐管となつている。その外方の支管は僅かに彎曲し，内方のものは著しく彎曲している。これ等分岐管はいづれもその分岐せる部分より太さを増し，その部分を特に管状唾液腺と名付ける。この管は食道と腎臓形腺との外方頸部の上方を通過して咽頭に出づるものである。

腎臓形唾液腺（Reniform salivary gland）は咽喉と中腸の二葉突起前端との間の外方側に横わつている。この管の末端は卵円形で，その中央は僅かに狭まり横軸の長さより縦軸が稍長く恰も腎臓形を呈するが故にこの名が附けられている。この腺の内側の稍凹んだ所に開口し腎臓の腎門に似ている。この処より細管が頸部の上方を走つて管状腺に達している。この管の内壁は割合に厚くなつている。

唾液腺の附近には脂肪体が多数存在し，白色不透明且つ不規則な枝葉を持つて縦に排列されている。これ等のものは唾液管に密着し，なお腎臓形唾液腺の附近には粗大な細胞群がある。

雄の生殖系（Fig. 444)。睾丸と輸精管と貯精嚢と附属腺と射精管と陰茎とからなり，最後の２器官以外には凡て対をなしている。睾丸は体の両側に１対づつ存在し，白色でやや透明な楕円形の小嚢である。それ等の各１対はその内縁近くの１端で密接し恰もクローバーの葉の観がある。この各々の後端接合部分から輸精管が出ている。輸精管は腹部の前端に向い真直に走る極端に繊弱な細い長管で，貯精囊の2倍の長さを有し，後者の後端近くの細まつている所が合している。同管は新鮮なときには乳白色で透明。貯精囊は1対でその各々が輸精管に通じ後端は細く前方に至るに従い僅かに太さを増し，射精管との接続部近で彎曲し最大幅となつている。この囊は相互に腹部の中央腹面で平行に横わり，睾丸に程遠からざる所迄に達している。僅かに緑色を呈し半透明で，腹部前環節内で睾丸を支え脂肪体に埋まつて容易に移動するものでない。附属腺は小形で，輸精管の通ずる所の近く即ち1対の貯精囊の後端近くの細まつている部分に附着し，その後部は尖り恰も貯精囊の下端部の如き観を呈している。しかし染色すると明瞭に識別する事が出来る。貯精囊の末端は互に癒合し1本となり繊弱な射精管となつて後陰茎に接続している。陰茎は褐色の幾丁質からなり，長さ0.24〜0.29mmで，全長の2/3の背面で著しく彎曲し半円形の突起をなし，先端は鋭く尖り，その端から腹面に4条の条皺を具え側面からこれを見るときは恰も鋸歯状を呈している。この条皺の下部に瘤状の膜質突起があつて恰も亀頭部の観があり，内面は薄い膜質となりその中央に射精溝を有する。この溝は陰茎部の射精管から起り先端の射精孔に開いている。陰茎の基部から約1mmの処で稍太い射精管に連絡している。尚陰茎の基部に附着する筋肉は射精管の末端を繞り陰茎の出入を助けるばかりでなく，交尾鉤を基底板の関接部から直立せしめまたは原状位置にこれを戻す運動作用をなすと同時に射精を調精する機能をも司どるものである。射精管は陰茎の中央を通り，ついで球状囊を横断し索縮筋と相平行して走つている非常に薄い無色の終始一貫せる広さを有する管で陰茎の末端から基底板の相接する頭端近くに達し，ここで多数の筋肉の附着によつてその影を没するに至るが，顕微鏡による時は管の太さを増している事を認める事が出来る。射精管の長さは陰茎の基部から基底板までは1〜1.1mmで太さは約5μに過ぎない。射精管の基部にある筋肉の収縮により陰茎が突出する。その際陰茎後端から交尾鉤の基部に連絡する筋肉もその機能を司どる。尚基底板の先端にある筋肉は射精管内部の精液を射出するのに必要である。

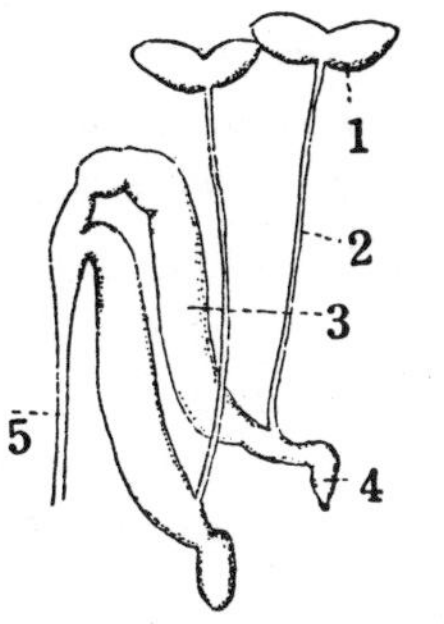

Fig. 444. コロモジラミ雌の生殖系（荒川）
1．睾丸　2．輸精管　3．貯精囊　4．附属腺　5．射精管

雌の生殖系（Fig. 445）。卵巣と輸卵管と附属腺とからなる。卵巣は1対からなり，各々が5個の卵巣小管からなり，腹腔内に充満している。各小管は3個の小囊に区分され，先端は線状を呈し各々相離つている。卵巣小管の第1囊は少くとも卵巣成熟せる場合には成熟に近い卵を含有しているために第2・第3の小囊より遙かに拡大し橢円形を呈している。他の2小囊は内部の卵の発達程度に依りその大さを異にし，常に小形であるが，第2囊は常に第1囊より長い。これ等小管の最底端から各々の短かい独立の管を出しそれ等が互に癒合し卵巣管を構成して後輸卵管に運絡している。附属腺は左右の卵巣管の1部を陰蔽するもので不規則な三射状の構造を呈しときに三枝と称える事がある。白色不透明で，外縁に多数の凹凸面を有し，中央で輸卵管に連続している。この腺は産卵の際に粘液を排出する機能を司つている。輸卵管は附属腺の間から初まり，直ちに左右合して1本となり生殖口に真直に向つている。管の壁には多数の筋肉が存在する。

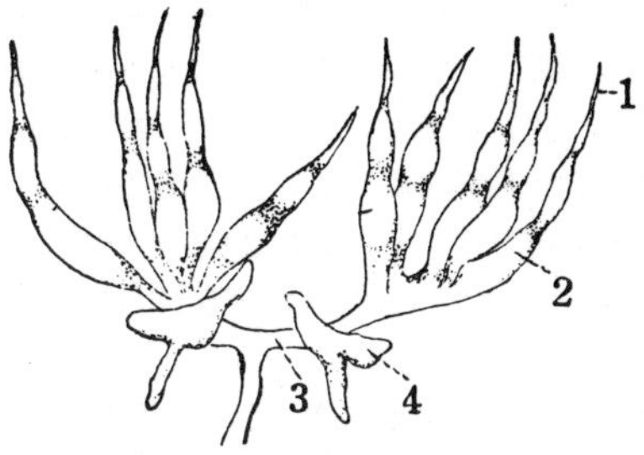

Fig. 445. コロモジラミ雌の生殖系（荒川）
1．端糸　2．卵巣小管　3．輸卵管　4．附属腺

循環系。コロモジラミの循環系は甚だ退化せるものでその分界を認める事が出来ない程簡単な背管からなり，横隔膜の存在もまた痕跡さえ認められない。動脈は前方頭部内に真直に向いその後方は閉塞されている如く狭まり心臓に接続している。心臓は第6腹節と第7腹節との中間の背面上に微かな短囊として現われ，その側面に2対の瓣口を有するのみである。しかし翼筋は多数認められる。

呼吸系。気門は7〜8対で胸部に1〜2腹部に6〜7対がある。コロモジラシでは7対の気門と1対の縦走気管からなる。気門は周囲の厚い幾丁質のために開口部が漏刻の如くなり，時に閉塞瓣を具えていない。気管は気門の内部から真直に甚だ短かい横管を有し，これから体の両側を縦に走る幹気管に連結している。主管は最後の気門から生ずる横管が左右互に連続しているものから初まり，順次頭部の方に進み左右別々に頭端に達し，その間左右のものは全然運絡がなく別々に多数の支管を生じ各器官に走つて細分している。

神経系。 頭神経球はよく発達し，胸部と腹部とのものは癒合している。コロモジラミの脳は咽喉筋肉の直後に横たわりU字形を呈し，殆んど頭と胸との間で側方に広がつている。脳の中央から微細で比較的長い神経連鎖によつて前方額神経球（Frontal ganglion）を具え，脳の下部少しく後方頸部に紡錘状の大きな喉下神経球を有す。このものは他の神経球より著しく太く且つ短かい。胸部と腹部との神経球は相集合して後胸部に3球連結して所謂胸腹神経球を構成し，腹部には神経球がない。

分 類

世界から約500種が発見され，大体30属に分類され，次のような科に分けられている。

1．体は扁平一定の列に毛または棘あるいは稀れに鱗片を装い，気門は中胸と第3～8腹環節との各々に1対を有し，触角は3節かまたは5節。陸棲哺乳動物に寄生……………………………………………………………2

体は太い，太い棘毛かまたは棘と鱗片を装い，気門は中胸と後胸並びに第2～8腹環節に各1対を有し，触角は4節または5節，複眼がない。水棲食肉獣類に寄生…………………………Fam. *Echinophthiriidae*

2．頭は前方円く管状に延びていない，脛節は少くとも1対の脚で1本の大歯または母指状突起を爪状の跗節に対して具えている……………………………………3

頭は前方に嘴状に頭の残部より長く突出している，脛節は上述の如き突起を具えていない…………………………………………………………Fam. *Haematomyzidae*

3．複眼は大きく凸形で殆んど常に明かに色素つけられている，口吻は短かい，脛節と跗節との間に1節片を欠き，側板は常によく発達している…………………4

複眼はないかまたは甚だ不明，口吻は甚だ長く，脚は跗節と脛節との間に1幾丁質節片を具えている，多種の哺乳動物に寄生するが人類には寄生しない……5

4．腹部の第3～第5環節が癒合しそこに3対の気門を具え，腹部の側面には側葉片(Lateral lobes)を具え，前脚は他の2脚より細い…………Fam. *Phthiridae*

腹部環節は凡て自由で気門は正常の位置に位し，側葉片がない。前脚は他脚と同様で微かに細いのみ……………………………………………Fam. *Pediculidae*

5．触角は5節…………………Fam. *Haematopinidae*

触角は3節（北米で1種のオカガメ *Geomys* に寄生する *Haematopinoides* Osborn とボルネオで猿に寄生する *Hamophthirius* Mjöberg とが代表）………………………Fam. *Haematopinoididae* Ewing 1929

103. ミヅジラミ（水虱）科，

Fam. Echinophthiriidae **Enderlein 1904**

小さな科で，何れの種類も多数の棘と毛とを装い，アザラシやアシカや南北両極産のセイウチ等を包含している *Phocidae* 科の動物に寄生している。*Antarctophthirius* Enderlein, *Echinophthirius* Giebel, *Lepidophthirius* Enderlein（1910年に Mjöberg がこの属は体に鱗片状の棘を装うために独立の科 *Lepidophthiriidae* を創設した）及び *Proechinophthirus* Ewig の4属に殆んど限られている。

104. ケジラミ（毛虱）科

Fam. Phthiridae **Ewing 1929**

この科は *Phthirus* Leach (1815)（ときに誤つて *Phthirius* や *Phtirius* とつづられている）1属からなる。ケジラミ（*Phthirus pubis* Linné）(Fig. 446) は世界共通で Crab louse と称えられ，人類のみに寄生し，主として陰部の毛またはその他の剛毛部即ち腋毛や顎鬚稀れに眉毛等に附着し，挙動不活潑で容易に移動しない。寄生部に猛烈な痒疹症を起すものである。

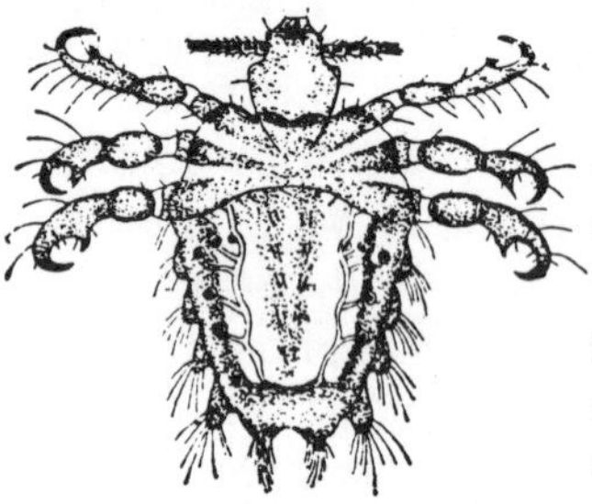

Fig. 446. ケジラミ雌（内田）

体長1.5～2.0mmで幅は1～1.2mm。一般に灰白色で背部に煤色の斑点を有する。頭部は小さく長方形に近く，口吻の先端はコロモジラミのように尖らないでやや彎曲に截断され，触角は孵化当時から第2齢虫までは3環節なれど成虫では5環節となり第1節最太で短かく方形，第2節最長，第3節は第2節と略等長等形，第4節最短，第5節の末端やや細まり截断されそこに8本の感覚棘毛を生じている。口器はコロモジラミと同様に吻状となり，極めて微細で使用せざる時は全部頭の内部に引きこまれている。触角の生ずる前方の頭部横断面では中央に2個の分離する管を見る。その上方のものは前口の1部で下方のものは刺針鞘である。前口の前方即ち口吻先端には前口歯を排列して外部に開いている。刺針の構造や機能は総てコロモジラミのものと殆んど異なる処がない。複眼は頭部の側面触角の基部後方に位し，平滑で濃い色素を有し前方に半円形に突出している。胸部は背腹共に環節の区分がなく，コロモジラミのように背部中央に濃色の幾丁板を具えていない。脚は脛節が最も太く蟹脚に似て内側に三角形の突起を有している。3脚共にコロモジラミの如く拇指状の附属器を具えていないが彎曲せる爪と脛節の突起とで物を保持するのに適応している。腹部は8節からなるも雌では最初の4節が癒合して恰も同1環節のように見える。第1節背弓中央に4本の剛短毛を1列に配列し，第2節背にも同様の毛列を有し且つ側面近くに気門を開き，第3節には8本の短剛毛の1列と気門とを有し，第4節には6本の1列短毛と気門とを有する他に長い肉状側葉片を具えている。第5節以下第7節までは各節やや明瞭で各々側葉片と気門とを具えている。第8節は雌雄によつてその形状を異にし，雌では背面に2枚の方形板相接触し，左右頂角縁には長短2種の10本の毛を生じ，板の中央を横断して1列に8本宛の短毛を八字形に排列して肛門を抱え，尚肛門の開孔部には2本の短毛がある。肛門の腹面には膣孔が開口している。雄では第1背節弓の中央に8本の短棘毛を1列に排列し，第2・3・4の3節は癒合して1環節の如く8本の毛を1列に排列する他各節側面近くに気門を開き第4節には側葉片を生じている。第5節以下の各節には夫々側葉片と列毛とを具え，その毛は雌のものより一般に繊弱である。尾端には6本の長毛を列し，第7節中央には濃厚な幾丁質からなる偽陰茎 (Pseudopenis) と交尾鉤と基底板とを透視する事が出来る。偽陰茎の先端は相互に相接触しV字型を呈するもその先端は尾端から外部に現われる事がなく後方に向つて次第に幅広く，交尾鉤にて筋肉に依り接する所に至つて最も外方に拡がつている。交尾鉤の後方は基底板に連絡し偽陰茎と交尾鉤との下部に陰茎が隠在している。

気門は腹部第2節から第7節までの側板上に6対と前胸中胸間に1対とがあつて，何れも人体に寄生中宿主の温浴や水浴の際に気門から容易に水の浸入を防ぐための装置を具えている。即ち気管が気門に続く部分は細く急に細まつて1廻転して幹気管に通じている。

この属には更にゴリラに寄生している *P. gorillae* Ewing がコンゴーから発見されている。

105. ヒトジラミ（人虱）科

Fam. Pediculidae Samouelle 1819

小さな科で僅かに1属3種のみからなつている。しかして特に重要なもので，人類や他の霊長類に長い間且つしつかりと寄生して生活を続けている種類からなつている。

ヒトジラミ，*Pediculus humanus* Linné (*capitis* De Geer, *corporis* De Geer, *vestimenti* Nitzsch) (Fig, 432) はこの目の平均大の種類で，雄は体長 2.00〜3.25mm, 雌は 2.5〜4.2mm で淡色なれど側部に暗色斑を有する。成虫とな つて後2日目または3日目から産卵が始まり，第1回の交尾後28〜36時で1回1粒1日3〜15粒を産下する。1粒の産卵に要する時間は平均15〜17秒。卵は常に腹面の後端約1/3を体毛や衣類に糊付せしめ，毛の場合には数個乃至十数個が1本に附着せしめられている事がある。孵化は大凡4〜17日間であるが6〜9日間に行われるのが普通のようである。若虫は3回の脱皮後に成虫となるが，その期間は大体18〜22日間で，もつとも温度その他の関係によつて異なる。この蝨は人類の皮膚に著しい痒を生ぜしめ且つ小胞を生ぜしめるが更に既述したような種類の病気に関係を有するものである。

他の2種は *Pediculus mjöberg* Ferris（新世界で猿に寄生する）と *Pediculus schäffi* Fahrenholf（アフリカ産のチンパンゼーに寄生する）とである。しかしこれ等も人蝨の変種として考えられ得るものである。

106. ケモノジラミ（獣虱）科

Fam. Haematopinidae Enderlein 1904

大きな科で，これに包含されている種類は有蹄動物の *Equidae* や *Bovidae* や *Cervidae* や *Camelidae* や *Suidae* 等に寄生している。しかして中には家畜の害虫として広く知られている種類も少くない。重要な属は *Hoplopleura* Enderlein (37種), *Polyplax* Enderlein (28種) *Linognathus* Enderlein(23種), *Enderleinellus* Fahrenholz(19種), *Neohaematopinus* Mjöberg (17種) および *Haematopinus* Leach (11種) 等である。最も重要な種類のあるものは次の如きものである。

1）ウマジラミ (*Haematopinus asini* Linné, Sucking horse louse) (Fig. 447) はウマ・ロバ・シマウマ等に寄生し，世界共通種で体長 2.5〜3.5mm。

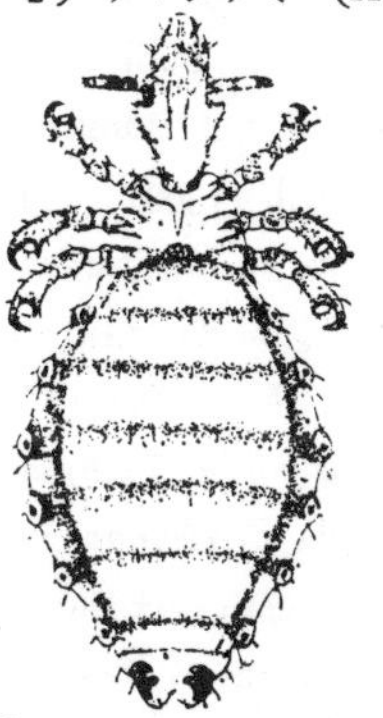

Fig. 447. ウマジラミ雌（内田）

2）ウシジラミ (*Haematopinus eurystermis* Nitzsch, Short-nosed ox louse) は牛に寄生し，世界共通種で，体長2.2〜3.0mm。

3）ブタジラミ (*Haematopinus suis* Linné, Hog louse) はブタに寄生し，世界共通種で，体長3〜6mm。

4）トゲネズミジラミ (*Polyplax spinulosa* Burmeister Spined rat louse) は鼠に寄生し，世界共通種で，体長0.9〜1.3mm。

5）イヌジラミ (*Linognathus setosus* Olfers, Sucking dog louse) は犬やシロイタチやキツネやウサギやその他に寄生し，殆んど世界共通種で，体長 1.5〜2.0mm。

6）ウシホソジラミ (*Linognathus vituli* Linné, Long-nosed ox louse) は牛に寄生し，世界共通種で，体長2.5〜2.7mm。

7）ヒツジジラミ（***Linognathus ovillus*** Neumann, Sucking sheep louse）は羊に寄生し，世界共通種で，体長2.0〜2.5mm。

8）ヤギジラミ（***Linognathus stenopsis*** Burmeister, Sucking goat louse）は山羊や羊に寄生し，世界共通種で，体長2mm。

Hoplopleura 属は齧歯類に限られ，ネズミ類やリスやその他に寄生し，***Neohaematopinus*** 属は一般にリス類に，***Haemodipsus*** 属はウサギ類に寄生し ***H. ventricosus*** Denny は家兎の害虫でしかも人類に ***tularaemia*** 病を伝播するので知られている。なお ***Solenopotes capillatus*** Enderlein は Capillate cattle louse として知られ欧州と北米とで牛に寄生し，***Enderleinellus nitzchi*** Fahrenholz はリスジラミと称え栗鼠とリスとに寄生する。

107. ゾウジラミ（象虱）科

Fam. *Haematomyzidae* Ewing 1929

ゾウに寄生する ***Haematomyzus*** が代表的な属で，本邦からは未だ発見されていない。

XXI 総　翅　目

Order *Thysanoptera* Haliday 1836

この目は1758年に Linné が ***Hemiptera*** の1属として ***Thrips*** Linné 1758を採用し，これより先 ***Physapus*** De Geer 1744が用いられ，1775年に Fabricius は ***Rhyngota*** の中に包含せしめ，1806年には Duméril が ***Physapus*** 属を ***Physapodes*** Duméril (1806) として ***Hemiptera*** 中に，1814年に Fallén が ***Thripsides*** としてやはり ***Hemiptera*** 中に置いた。Leach は1815年に ***Thripsida*** として ***Omoptera*** 目の1科とし後1817年に ***Physapida*** とした。1825年には Latreille が ***Physapi*** として取り扱い，1829年に Stephens が ***Homoptera*** 目の1科として ***Thripidae*** を用い，1829年には Burmeister が ***Thripoides*** 1835年に Newman が ***Thripsites*** とした。後1836年に初めてHaliday が目として ***Thysanoptera*** なる名を用いたが，1838年には Burmeister が ***Gymnognatha*** 目の1亜目として ***Physopoda*** を用い Newman の ***Thripsites*** と Halidy の ***Thysanoptera*** とを異名として採扱つた。更に ***Physapoda*** Walker (1852), ***Thripsina*** Newman (1855), ***Thysanoptera*** の1科 ***Thripididae*** Fitch(1855), ***Thripidae*** Packard 1869（***Hemiptera*** の1科），***Physapodes*** Scudder (1886), ***Physapoda*** Comstock(1888), ***Thysanoptera*** Hinds (1902) 等が採用されて来た。近年の学者は凡て ***Thysanoptera*** を正しいものとして用いている。英名と仏名とは Thrips で独名は Blasenfüsse 日本では普通アザミウマと称えている。なお胞脚目として取り扱つた場合もある。

小形乃至微小の細長い体を有し，地上棲，多少背面が扁平となつているかまたは円筒状。口器は刺込，擦りむき且つ吸収に適応し，触角は短かく6〜9節，複眼は顕著，単眼は3個有翅型に存在し，翅は無いものと痕跡的なものと完全に発達しているものとがあつて2対で細長く少数の脈を具え短長の毛または剛毛を縁に装い，脚は短かく1節または2節あるいは異節の跗節を有し1爪または2爪と1胞嚢とを具え，腹部は10節または11節で産卵管を具えときに管状に尾端が延びている。変態は不完全な蛹を供つている。

この目の昆虫は一様な形状で，小形なる事と彼等の形状と構造特に翅の周縁が特別に毛列を有している事によつて他の昆虫からよく区別する事が出来る。体長 0.6〜14mm で小形のもの程多数である。多くのものは黄色か黄褐色か黒色だか中には赤色を帯びるものもある。成長中の植物のあらゆる種類の花や簇葉上に見出され，他のものは屢々湿気のある腐敗植物特に木質部や茸等に見出される。ある種類は肉食性か少くとも稀れに肉食性で，蚜虫や小さなダニ等の体液を吸収する。甚だ稀に人体から吸血する種類もある。彼等の移動は種類によつて異なり，さまたげられた場合にはあるものは悠然たる態度で匍匐し，他のものは早く走りまたは跳ね，大部分のものは飛翔に適するが屢々これを行わない。多くのものは腹端を上方に曲げる習性を有し，有翅の場合にはこの動作は一般に飛翔の準備として行われるが，それは翅の縁毛を通して腹部の側剛毛を引く目的のためである。翅は静止の際に背面に沿い多少平行に横えられる。

多くの種類のものは植物の生組織を刺口器で刺し汁液を吸いとり栄養としている。従つてナシアザミウマ（***Taeniothrips inconsequens*** Uzel）やネギアザミウマ（***Thrips tabaci***）やクロトンアザミウマ（***Heliothrips haemorrhoidalis***）やその他のように害虫として認められている。ある種類は寄生植物に限りがあるが他のものは甚だ多数の宿主を有し多食性として知られている。植物に対する被害の結果は甚だ変化があつて，結実をさまたげまたは葉を枯死せしめたりする。しかし場合によつては花の受精のある役割を演ずるがその場合やはり害を供うものである。ある種類特に Corn Thrips (***Limothrips cerealium***) の如きはある移飛を行う事実が認められている。

単性生殖が目全体を通じて屢々行われ，クロトンアザミウマや ***Heliothrips inconsequens*** やその他では雄が知られていないかまたは甚だ稀れに出現し，他のものでは雄が普通に発生するにもかかわらず卵が単性生殖的に発達する場合が少くない。

外形態

一般的構造は昆虫の如何なる他の目のものよりも半翅目の同翅亜目に最も多く類似している。

頭部 (Fig. 448) 一般に方形に近く，小さいがよく突出する複眼を両側に具えている。複眼の小眼は比較的大且凸形で，むしろ円形，単眼は3個で普通頭頂に位置している。頭部を構成する各節片は著しく密に接続しているために，それ等の縫合線は殆んど認められない。触角 (Fig. 452, A～C) は6～9節からなり，左右の基部相接し頭の前方部から生じている。口器は刺込且吸収に適し，ある器官は針状に変形し短かい円錐体所謂口吻内に包備され，頭の腹面から後方に突出している。口吻は上面（自然状態では下面）が上唇と頭楯とからなり，その反対側が下唇から形成され，その内部に刺針が蔵せられ使用の場合に外方に突出する。

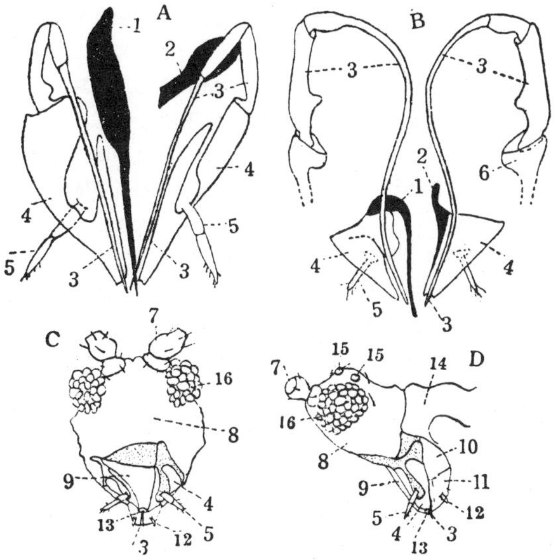

Fig. 448. 総翅目の頭部と口器 (Peterson)
A. *Heliothrips*（穿孔亜目）の大顎と小顎　B. *Cephalothrips*（有管亜目）の大顎と小顎
C. *Heliothrips* の頭部前面　D. 同側面
1. 左大顎　2. 右大顎　3. 小顎刺針　4. 小顎板　5. 小顎鬚　6. 頭の内突起　7. 触角　8. 額　9. 頭楯　10. 亜基節　11. 基節　12. 下脣鬚　13. 上脣　14. 胸部　15. 単眼　16. 複眼

穿孔亜目 (*Terebrantia*) の中には左右の大顎が全く異形で，左のものは著しく幾丁質化の1棘状物となり，右のものは著しく退化している。小顎は1対の担鬚節と小顎刺針 (Maxillar stylets) とからなり，前者は左右同形なものと然らざるものとがあり，後者は口吻の側壁から構成されている。小顎鬚は属によつて異なり2～8節からなる。刺針は担鬚節に関接付けられる1小基節を有し，その末端から甚だ細長い棘突起を出しているが，それはまた基部に1小節を具えている。下脣は口吻の樋状の床となり，基節と亜基節とに分かれ，基節の膜質先端部は多少2片に分かれ，そこから1～4節の短かい下脣鬚の1対が生じている。

有管亜目 (*Tubulifera*) のあるものは上述と異なり，対をなさない1本の刺針が担鬚節の側面に関接付けられ，1対の刺針は甚だ長く互に分離し後方頭蓋に環節付けられている。この場合対をなさざる刺針は小顎で他は大顎であると考えられた事があるが穿孔亜目のものと異形同物であると認められている。

アザミウマが食物を摂取する場合には口吻の先端が植物の表面にあてられ，刺針が組織内に刺込められ，その傷口に口吻先端が密接せしめられて汁液が咽頭筋肉の作用によつて咽喉に吸入されるものである。

胸部。前胸は自由で明瞭に区別され，幅広の背板を具えている。然し中後両胸は密に癒着している。

脚 (Fig. 452, D. E) は他の昆虫と同様な環節から構成されているが，跗節が特徴付けられている。跗節は1～2節からなり，1本または2本の爪を具え，その他に跗節末端に1個の顕著な突出する包囊を存する。この器官があるために *Physopoda*（胞脚目）の名が付けられたのである。静止の場合にはこの小胞は跗節内に引き込められて見る事ができないが，歩行の際には血液の圧力によつて外方に突出して現われる。この器官は若虫でも成虫でも共に存在し，如何なる表面上でも歩行する事ができる様な機能を有するものである。

翅 (Fig. 452, H～K) は膜質で甚だ細く且つ紐状で，少数の翅脈を有するかまたはこれを欠き，稀れに横脈を有する。長い毛を周縁に生じ，ある種類では翅脈に沿いあるいは周縁に棘毛を列する事がある。1側の前後両翅は後翅の基部近く前縁に生ずる種々な鈎形の棘によつて前翅基部後縁にある膜質皺と互に結合する。翅は種類によつてその発達の程度に著しい差があるばかりでなく，1種の成虫で充分発達せる翅を有するものと退化せるものを有するものやまた全くこれを欠くもの等が現われる。また他の種類では雌雄共に有翅の場合や1対の翅のみを有するものや全くこれを欠くもの等があり，更にまた雌雄あるいは何れかの性が短翅型であるいは雌雄ともに無翅のもの等がある。一般的には有翅型のものの中に短翅型の生ずる現象は特に秋期において顕著である。

腹部 (Fig. 452, F. G)。長く後方に細まり10節からなる。穿孔亜目では第8と第9節との腹面から顕著な鋸歯状の産卵管を突出せしめ，このものは陰具片の2対から構成されている。有管亜目では斯かる産卵管がなく，腹部末端節が管状に延びている。

内形態

消食系。放射筋肉を具えている幾丁質化せる吸収性の咽頭と延長せる中腸と4本のマルピギー氏管とで特徴付けられている。中腸は消食管中最大の部分を占め，管状の捲旋せる後方部が続いている大容積の前室からなる。後腸は肛門迄直線となつている。唾液腺は普通2対で，胸部と腹部とに位置し，これ等よりの管は口吻の末端で開口する共同管を形成する様に癒合している。ある種類では3対の唾液管がある事が記述されている。

神経系 (Fig. 449) 著しく集合的で，脳はよく発達し，喉下神経球と前胸神経球とが癒合し，中胸神経球と後胸神経球とは各々個々に存在し，中央神経連鎖は腹部後方に延長し，腹神経球は腹部第1節内に集合体として存在している。

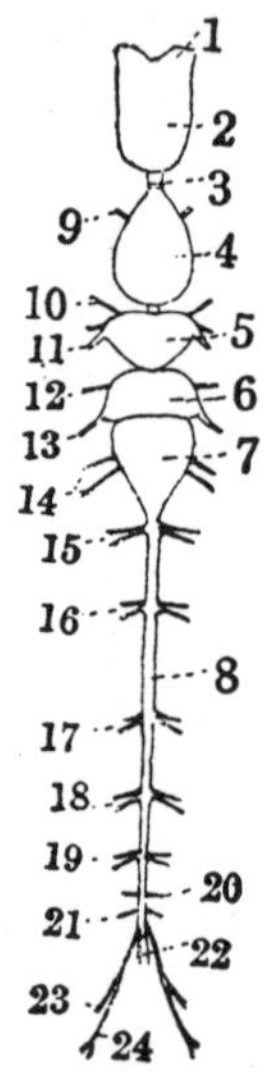

Fig. 449. *Tricho-thrips copiosa* の神経系 (Uzel)
1. 視神経　2. 脳　3. 咽喉輪　4. 喉下＋前胸神経球　5. 中胸神経球　6. 後胸神経球　7. 腹部集合神経球　8. 腹部中央神経　9. 前脚神経　10. 前翅神経　11. 中脚神経　12. 後翅神経　13. 後脚神経　14～24 第1乃至第11腹部支神経

循環系。第8腹節に存在する1個の甚だ短かい収縮性の心臓と，これより前方に延長する長い1大動脈管とからなる。

生殖系。雌のものは4本の短かい無栄養室卵巣小管からなる1対の卵巣を有し，受精囊は小形の附属腺とともに存在している。雄のものは紡錘状の睾丸の1対からなり，睾丸は寧ろ短かい輸精管によつて射精管に連り，射精管はその前端が多少膨れ，その点で比較的大形の附属腺の2対または1対からの導管を受け入れている。

気管系。よく発達し，普通3～4対の気門によつて外気に通じ，気門の1対は中胸の前角に近い処に存在し，他の2対は第1腹節と第8腹節とにある。第4対のものは有管亜目のものと穿孔亜目の多数のものに発達し後胸で後翅の附着点直後に存在している。 *Urothripidae* 科のものには特に11対の気門がある。

変　態 (Fig. 450)

穿孔亜目の卵は多少腎臓形であるが，有管亜目のものは普通長卵形である。穿孔亜目の雌虫はその歯列を有する産卵管を以つて植物組織に小孔を穿ちその中に1個宛産卵し，有管亜目のものは葉上や皮下やその他の個所に1個宛または多数の塊状に産卵する。卵から孵化した仔虫は成虫と外見上差異がなく，摂食も同様で，一般に第4令虫迄経過し，後成虫となる。その間第2回の脱皮後に翅芽が発達し，この時代のものを前蛹 (Prepupae) と称える事が屢々である。一般的にこの変化を行う場合には崩壊物の中や土の中等に入るが，ある種類では寄主植物の葉の下面等にあつて前蛹となる。この前蛹期間には普通著しく活潑となる。然し地中に入る様な種類では前蛹が不動性であるも一度地中の所謂蛹室から取り出すと活潑な移動性を現わすものである。この前蛹はつぎの令虫即ち所謂蛹と異なり，触角が自由で頭と前胸背の上に折り曲げられていない事によつて明瞭に区別する事ができ，且翅芽が短かく，複眼が小さく，単眼がないものである。この期間は甚だ短かく，続く脱皮が行なわれて所謂蛹となる。蛹は種類によつてその期間に著しい長短がある。而して若し何等防害されない時は不動的であるが，然らざる場合には静かに匍匐する性質を有する。これ等前蛹と蛹との時代は摂食する事がない。1年の発生回数は少ないものは1回多いものは9回で，種類によつては幼虫か蛹か成虫かの何れかの時代に越冬する事が認められているが，未だ卵時代に冬を経過する事は知られていない。

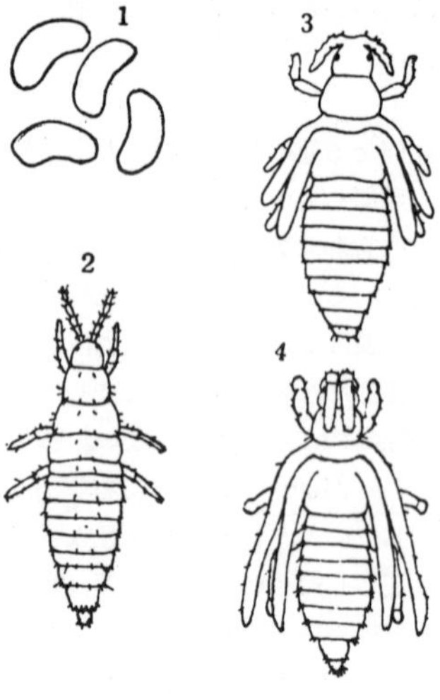

Fig. 450. *Taeniothrips inconsequens* (＝*pyri*) の変態 (Foster and Jones)
1. 卵　2. 老熟若虫　3. 前蛹　4. 蛹

なおこの目の中に虫癭を構成する種類がある，例えば *Smerinthothrips heptapleuricola* Takahashi は本邦で *Heptapleurum*の葉に細長い虫癭を多数に作り濠洲では *Kladothrips* や *Choleothrips* や *Haplo-*

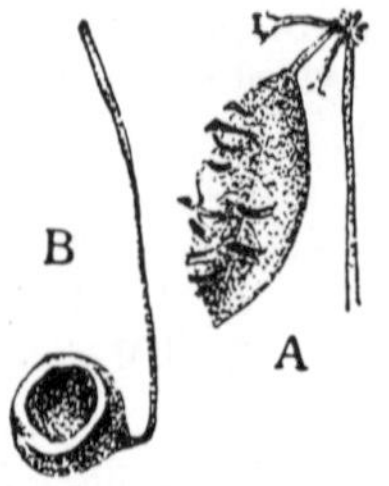

Fig. 451. 総翅目の虫癭
A. *Smerinthothrips heptapleuricola* の虫癭(高橋) B. 或る虫癭

thrips や *Eothrips* 等の属の種類が樹木の葉に虫癭を形成する事が知られている (Fig. 451)。

採集と貯蔵

既に述べた様にアザミウマ類は花や葉や実や樹皮や鮮苔類や他の種々な植物体に多数に見出されるのみでなく，塵芥中や腐敗植物中や土中等にも棲息している。また彼れ等は植物の1属または1科に限られているものや多くのものに棲息するものがある。従つて各種の宿主を知る必要があるためにあらゆる植物に就て注意深く打網や掬網を使用して採集する事が大切である。また塵芥中や土中に棲息する種類はわなを使用する事も可能である。

採集された材料は80%のアルコール液や他の液中に貯蔵するのが普通である。而して顕微鏡的研究に対してはKOH か NaOH の5%あるいは10%の液または乳酸中に浸し，後アルコールにて脱水し，丁香油かセダー油かキシロールかその他で処理し直ちにカナダバルサムかEuparal で固定せしめたものが使用される。もつとも採集せる新鮮な材料を直接 Berlese 液か Faure 液等に入れ1時間100°Fに熱し後適当な材料にて周囲を封ずるのが最もよい。幼虫や透明体の種類は Fuchsin や Fast-green や他の色素で染色する必要がある。

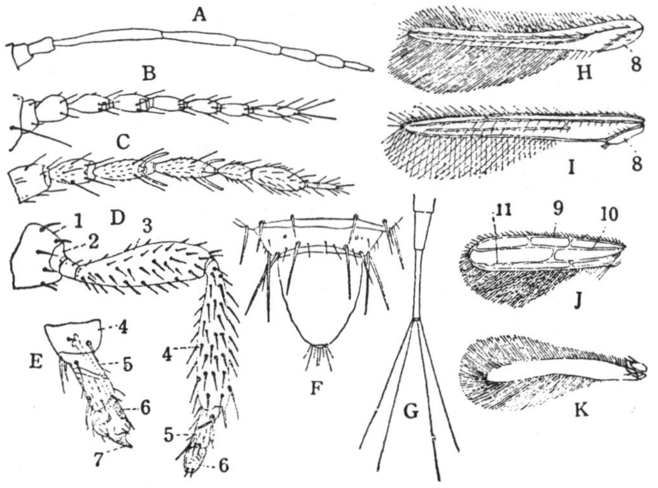

Fig. 452. 総翅目の部分図
A. *Franklinothrips* の触角 (Hood)　B. *Merothrips* の触角 (Hood)　C. *Taeniothrips* の触角 (Melis)　D. *Taeniothrips atratus* の後脚 (Melis)　E. *Taeniothrips inconsequens* の跗節 (Melis)　F. *Pygothrips* 雌の尾端 (Hood)　G. *Bradythrips* 雌の尾端 (Hood)　H. *Taeniothrips inconsequens* 前翅(Foster & Jones)　I. *Anaphothrips euceliae* の前翅 (Moulton)　J. *Orothrips kelloggii* の前翅 (Moulton)　K. *Liothrips oleae* の前翅 (Melis)
1. 節 2. 転節 3. 腿節 4. 脛節 5. 跗節 6. 跗節胞 7. 爪 8. 室 9. 環脈 10. 径脈 11. 肘脈

分　類 (Fig. 452)

アザミウマの化石は頁岩や琥珀やコパール等から発見され *Thripidae* 科のものは大部分第3紀層中に発見されている。属としては *Lithadothrips* Scudder, *Palaeothrips* Scudder, *Melanothrips* Haliday, および *Thrips* Linné である。*Phloeothripidae* 科のものも大体以上と同様で *Phlacothrips* Haliday が琥珀やコパールその他から採集されている。

現存種は両極地帯を除く植物の生成している凡ての処から発見され約2500種が発表され約350属に分けられ，次の如き科に分属せしめられている。

1．雌は鋸状の産卵管を有し，雌の腹部末端節は円錐状で雄のものは幅広く円い。翅は普通存在し，前翅は大形で一般によく発達した翅脈を有し常に少なくとも前縁脈と翅の基部から翅端に達する1縦脈とを有し，翅膜は顕微鏡的微毛を装う……………………………………………Suborder *Terebrantia*………………2

雌は特別な産卵管を欠き，雌雄の腹部末端節は管状となつている。翅はないかまたはあつて，前後両翅とも同様な構造，前翅は翅端に達しない1縦脈を有するのみ，翅膜は無毛………Suborder *Tubifera*………11

2．産卵管はよく発達する………………………………3

産卵管は減退し多分不機能的，前胸背板は背縦縫合線を有し，翅面は滑か，触角は数珠状で8節からなり末端棘状突起を欠き，前後両脚の腿節は太い。新北洲新熱帯産で普通 Large-legged Thrips と称えられている (*Merothrips* Hoods) ………Superfamily *Merothripoidea* Bagnall 1930…………Fam. *Merothripidae* Hoods 1914

3．産卵管は上方に彎曲している………………Superfamily *Aeolothripoidea* Hood 1915…………………………………4

産卵管は下方に彎曲している……………Superfamily *Thripoidea* Hood 1915………………………………………7

4．下唇鬚は小顋鬚より少数節からなり，触角の凡ての環節は自由可動的………………………………………………5

下唇鬚は小顋鬚と同じ節数または1節多い，触角の末端の3～5節が密接して不可動的……………………………6

5．小顋鬚は7節または8節，下唇鬚は3節乃至5節（新北洲産の *Orothrips*

と *Stomatothrips* や濠洲産の *Desmothrips*) ………
……………………Fam. *Orothripidae* Bagnall 1926

小顋鬚は3節，下唇鬚は2節(旧比洲産の *Melanothrips* や広分布の *Ankothrips* や濠洲産の *Cranothrips* 等が代表属で Black Thrips が含まれている)
………………Fam. *Melanothripidae* Bagnall 1926

6．触角は短かく各節規則正しく，第3と第4節とに長い感覚部を具え，翅は幅広で前翅は明瞭な横脈を有し，単眼は3個発達している…Fam. *Aeolothripidae*

触角は甚だ細長く，第3節は頭部と等長，第3と第4節とに感覚部を欠く。前翅は細く横脈を欠き，前単眼は痕跡的かまたはない(新北洲とエチオピア産の *Franklinothrips* やエチオピア洲の *Corynothripoides* が代表属) ………………………………………
……………Fam. *Franklinothripidae* Bagnall 1926

7．触角は9節でときに外観10節，末端棘突起を欠く…
………………………………………………………8

触角は6～8節でときに外観9節，それは第2節が1横線で区劃されているためである。普通1節または2節からなる末端棘突起を具え，第3節と第4節とは膨れてもまたは円錐状にもなつていない……………9

8．触角の第3節は円筒形で円錐状となつていない……
…………………………(*Hemithrips*) ………………
…………………Fam. *Hemithripidae* Bagnall 1930

触角の第3節と第4節とは大形で円錐状を呈し感覚円錐体 (Sense cone) を有していないが末端に感覚体 (Sense band) を具えている。前脚跗節の第2節は基部に爪状の1附属器を具えている(米国産の *Heterothrips*)…………Fam. *Heterothripidae* Bagnall 1912

9．触角の第6節はよく発達し一般に第5節と同大かまたは大きい……………………………………………10

触角の第6節と第7節とは甚だ小形で棒状で第5節より著しく小さい(旧北洲産の *Ceratothrips*)………
………………Fam. *Ceratothripidae* Bagnall 1912

10．雌の腹部末端節は円筒形で著しく幾丁質化し，第9と第10との両節は甚だ長く太い棘状の棘毛を装う(東洋産の *Panchaetothrips* や *Dinurothrips* や *Macrurothrips* 等が代表属)……………………………
……………Fam. *Panchaetothripidae* Bagnall 1912

雌の腹部末端節は円錐形で少しく幾丁質化し，稀れに前節より多く剛化し，第9と第10節とに棘状棘毛を欠く。触角第6節は普通最大………Fam. *Thripidae*

11．小顋鬚は2節，触角は7～8節で普通は8節，中脚の基節は他脚のものよりより遙かに離れている………
……Superfamily *Phloeothripoidea* Uzel 1895…12

小顋鬚は1節，触角は4～7節，後脚の基節は他脚のものよりより遙かに離れている(エチオピヤ産の *Urothrips*, エチオピヤと新熱帯産の *Staphanothrips*, 新熱帯産の *Bradythrips*, 旧北洲産の *Bebelothrips* 等)……Superfamily *Urothripoidea* Hood 1915……
………………………Fam. *Urothripidae* Bagnall 1909

12．腹部の第8節は正常で後縁に沿い栓状突起を欠く…
……………………………………………………………13

腹部の第8節は後縁に沿い長い栓状突起を具い，末端節は甚だ短太 (*Chirothripoides*) ……………………
………………Fam. *Chirothripoididae* Bagnall 1912

13．頭部は複眼の前方に突出していない，頭頂は鋭く円錐状とならず稀れに触角の基部を覆うている………14

頭部は複眼の前方に多少突出し，頭頂は円錐形を呈し普通は触角の基部にかぶさり先端に前単眼を具え，一般に複眼の前に1強棘毛を装う(濠洲産の *Idolothrips*, *Gigantothrips*, *Actinothrips*) ………………
…………………Fam. *Idolothripidae* Bagnall 1908

14．雄は腹部第6節の両側に太い管状の1突起を具えている (*Megathrips*, *Bacillothrips*, *Megalothrips*)
……………………Fam. *Megathripidae* Karny 1913

雄は腹部第6節の両側に側突起を欠く……………15

15．腹部末端節は非常に長く頭長の3倍または4倍の長さかまたは腹部の他節の和と略等長 (*Hystrichothrips*, *Holurothrips*) ………………………………
……………Fam. *Hystrichothripidae* Karny 1913

腹部末端節は他節の和より著しく短かい…………16

16．腹部末端節は管状でなく短かく側部は膨れて円く，前節は横帯状(濠洲産 *Pygothrips*)……………………
……………………… Fam. *Pygothripidae* Hood 1915

腹部末端節は管状で末端の方に細まり，前節は横帯状でない……………………………………………17

17．触角第3節の感覚器官は顕著な櫛状輪の形状を呈するかまたは大形の円錐体(東洋洲の *Ecacanthothrips* や *Ormothrips*) ………………………………………
…………… Fam. *Ecacanthothripidae* Bagnall 1912

触角第3節の感覚器官は他節のものと同様………18

18．触角の感覚器官は一般に長く且つ尖り，各々が附属円錐体かまたは細長い棘毛かを具え，感覚円錐体を有する環節は非常に膨れている。複眼は著しく大形で左右連続している (*Eupatithrips*, *Sedulothrips*) ……
………………Fam. *Eupatithripidae* Bagnall 1915

触角の感覚円錐体は異状に発達する事がなく，複眼は小さく稀れに左右連続している……………………
………………………………Fam. *Phloeothripidae*

本邦には以上の諸科中次の3科のみが現在までに知られている。

a. 穿孔亜目

Suborder *Terebrantia* Haliday 1836

縞薊馬上科

Superfam. *Aeolothripoidea* Hood 1915

108. シマアザミウマ（縞薊馬）科

Fam. Aeolothripidae Uzel 1895

体は扁平でなく，触角は9節からなり，前翅は幅広く末端円く，周縁を囲む所謂環脈（Ring vein）と横脈とを具え，産卵管は上方に彎曲している。

小さい科で *Coleoptratidae* とも称えられ，世界に広く分布し，*Aeothrips* Halidy や *Archaeolothrips* や *Rhipidothrips* 等が代表的な属である。成虫は多くは暗褐色や黒色で，屢々帯白色または煤色で斑となつている翅を具えている。

最もよく知られている種類はシマアザミウマ *Aeolothrips fasciatus* Linné (Striped or banded thrips) で本邦にも発見され，体長1.6mmの帯黄色乃至暗褐色種で，翅に帯紋を有する。種々な植物に棲息し，他のアザミウマや蚜虫類や微小昆虫並びにアカダニ等を捕食する。欧州，北米，北部アジア，アフリカ，ハワイ等から知られている。キムネシマアザミウマ (*Aeolothrips luteolus* Kurosawa) (Fig. 453) は本州産の稀種で頭部と前胸とは黄色を呈する。

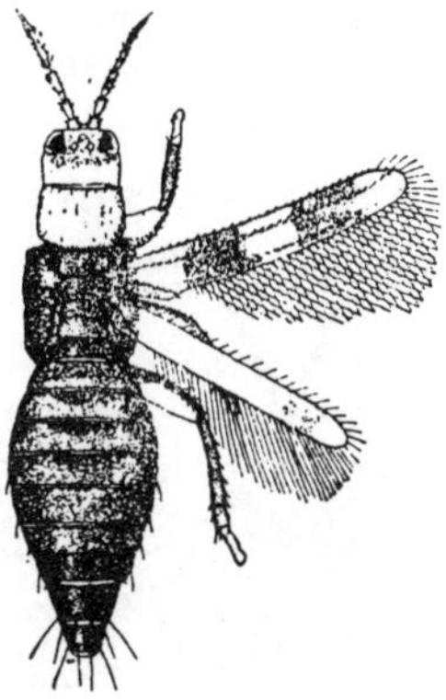

Fig. 453. キムネシマアザミウマ（黒沢）

薊馬上科

Superfamily *Thripoidea* Hood 1915

109. アザミウマ（薊馬）科

Fam. Thripidae Stephens 1829

この科は最も大きな且つ重要な科で，大体200種33属が知られ，内重要な属は *Thrips* Linné, *Heliothrips* Haliday, *Limothrips* Haliday, *Taeniothrips* Serville, *Frankliniella* Karny, *Stenothrips* Karny, *Scolothrips* Hinds, *Drepanothrips* Uzel, *Scirtothrips* Shull, *Hercothrips* Hood その他等である。

体は多少扁平となり，触角は6～8節で末端に1節または2節の棘突起を具え，第3節に感覚器官を具え尚普通は第4節にもそれを有し，第6節は太くなつている。翅はないか又は存在し一般に細く末端尖る。産卵管は普通よく発達し下方に彎曲し，腹部第9と第10節上の棘毛は特別に顕著となつていない。

この科の種類は屢々植物の多種上に非常に多数に棲息し，葉や実や芽や花等に寄食し収量を著しく減少せしめる事が少くない。次のようなものが重要である。

ネギアザミウマ (*Thrips tabaci* Lindeman) (Fig. 454)は Tobacco thrips または Onion thrips と称えられ，体長1.0～1.3mm，淡帯黄色または淡褐黄色，豆類やネギ類やタバコやタマナやその他多数の作物並びに野生植物に寄生し，屢々大害を与える。欧州，アジア，北米，ハワイ，濠洲等に広く分布している。各種作物に直接有害であるのみでなく種々な斑点病の伝播者として知られている。更にまた幼虫や成虫が人類を刺す事も普通の事実である。

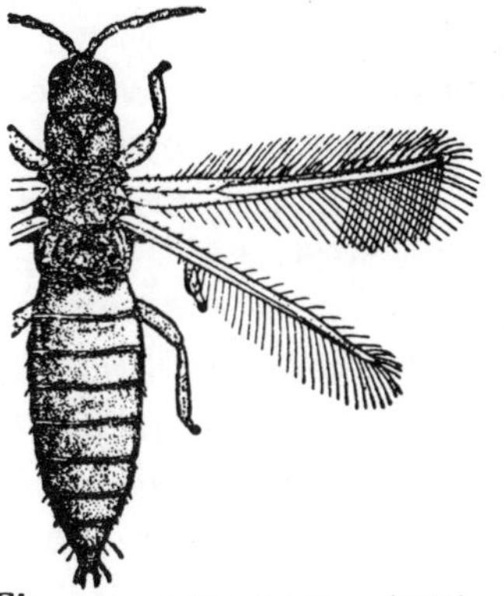

Fig. 454. ネギアザミウマ（高橋）

クロトンアザミウマ (*Heliothrips haemorrhoidalis* Bouché) (Fig. 455) Greenhouse thrips と称えられ，体長1.0～1.3mm，黒褐色，体は背面網目状を呈し，尚脚も部分的に同様な表皮を有している。世界に広く分布しているが暖地に限られているようで本邦では東京以南

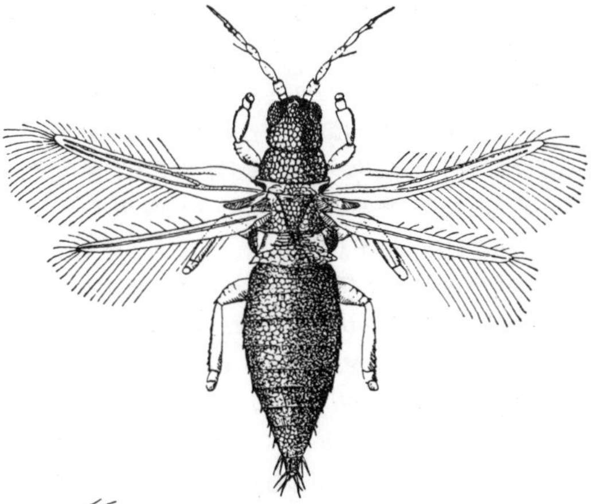

Fig. 455. クロトンアザミウマ (Russell)
下図は触角

に普通で，各種の植物の葉裏に生活している。雄が発見されていない。

ビワアザミウマ（*Taeniothrips canavaliae* Moulton）は本州と九州とに産しビワや柑橘等に寄食している。コスモスアザミウマ（*Microcephalothrips abdominalis* Crawford）は本邦に広く分布し，黄褐色で体長 1.25 mm 内外，種々な植物の花に寄生している。アメイロアザミウマ（*Frankliniella formosae* Moulton）は本邦から台湾までに広く分布し，種々な植物の花に寄生し，黄褐色で体長約1.75mm。ムホシアザミウマ（*Scolothrips sexmaculatus* Pergande）は微小で黄色，前翅に3個の暗色点を有し，体長 0.83mm，この種類は未だ本邦から発見されていないが欧州，北米，ハワイ，ヒィリッピン等に産し捕食性で有名，植物に寄生するアカダニの *Tetranychus* と *Bryobia* と *Paratetranychus* とを食し，有益虫として知られている。尚お *Anaphothrips*, *Pseudodendrothrips*, *Scirtothrips*, *Sericothrips*, *Chirothrips*, *Hercinothrips* 等の属が発見されている。

b. 有管亜目

Suborder *Tubulifera*[1] Haliday 1836

既述の如く2上科に分かたれているが本邦には次の1上科のみが知られている。

管薊馬上科

Superfamily *Phloeothripoidea* Karny 1907

次の4科が本邦に産する。

110. クダアザミウマ（管薊馬）科

Fam. Phloeothripidae Uzel 1895

この科は重要で且つ広く分布しているもので，数百種が発見されている。大部分のものは暗褐色か黒色で，屡々帯白色か煤色かまたは斑紋付けられている翅を具え，頭部は前方円く，触角の感覚円錐体が存在し，触角第3節が最大となり，腹部第9節は長さより幅広く，末端腹節は多少後方に細まり非常に長くない。重要な属は *Cryptothrips* Uzel, *Haplothrips* Serv., *Hoplandrothrips* Hood, *Hoplothrips* Serv., *Leptothrips* Uzel, *Liothrips* Uzel, *Phloeothrips* Haliday, *Rhynchothrips* Hood, *Trichothrips* Uzel, *Zygothrips* Uzel 等である。

本邦には次の如き害虫が知られている。

トガリクダアザミウマ（*Haplothrips aculeatus* Fabricius）（禾木科植物），シナアザミウマ（*Haplothrips chinensis* Priesner）（サツマイモ，豆類，ネギ，イチゴ，柑橘，バラ，桑，その他），ハナクダアザミウマ（*Haplothrips subtissimus* Haliday）（柑橘の花），マメクダアザミウマ（*Liothrips glycinicola* Okamoto）（豆類），ユリクダアザミウマ（*Liothrips vaneeckii* Priesner）（ユリ），クスクロクダアザミウマ（*Phloeothrips nigra* Sasaki）(楠），イネクダアザミウマ(*Haplothrips oryzae* Matsumura)（稲，麦類，粟）その他。なお *Podothrips*, *Mesothrips*, *Litotetothrips*, *Smerinthothrips*, *Hoplothrips* 等の属が発見され，最後の属は無翅で茸の中に生活するキノコクダアザミウマ(*H. fungosus* Moulton）の如き種類を包含し，*Smerinthothrips* 属にはフウトウカズラのクダアザミウマ（*S. kuwanai* Moulton）や（*S. heptapleuricola* Takahashi）等の如く虫癭を形成する種類がある。

111. クダアザミモドキ（偽管薊馬）科

Fam. Pygothripidae Hood 1915

この科は雌の腹部末端節が膨れていて側縁が円味を有し，前方の各節は著しく幅広となつている事によつて区別され，*Pygothrips* Hood が模式属で濠洲産である。

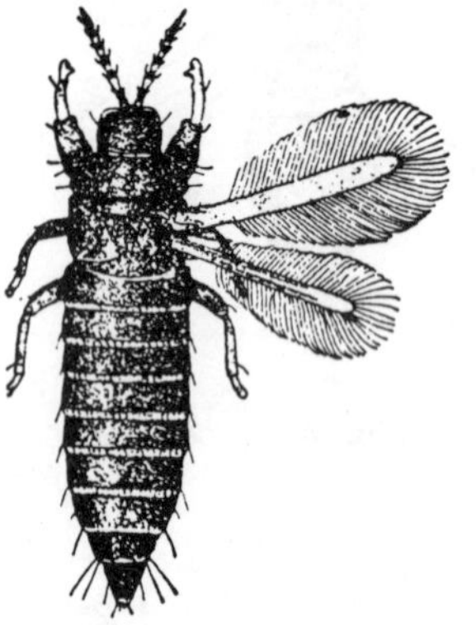

Fig. 456. ノグチクダアザミウマモドキ（黒沢）

然し本邦にもノグチクダアザミウマモドキ（*P. nogutii* Kurosawa）（Fig. 456）1種が発見されている。この種は体長 2.2mm，全体暗褐色で灰色の翅を有する。頭は幅広く，複眼は小さく頭長の1/3。触角は8節，第7と第8節とは癒合して披針状を呈する。前胸背板は梯形で頭部と等長。長さの2，5倍の幅を有する。前脚の腿節は膨大し，跗節に1大鋸歯を具えている。本州産で雌虫は未だ発見されていない。

112. オナガクダアザミウマ（長尾管薊馬）科

Fam. Hystrichothripidae Karny 1913

Hystrichothrips Karny や *Holurothrips* や *Leewenia* その他の属が代表的なもので，熱帯産，複部の末端節が著しく細長となり頭部の約3～4倍長且つ残りの腹部全体とほぼ等長。本邦からはシイオナガクダアザミウマ（*Leewenia pasanii* Mukaigawa）（Fig. 457）1種が発見されている。体長雄 2.6mm，雌 3.2mm，全体黒褐色。頭頂は腎臓形の黒色複眼の間で膨起しその先端

1）この名は前記の *Terebrantia* と共に膜翅目の類に用いられた事がある。

に前単眼がある。触角は8節。前胸はほぼ梯形。腹部は後方に進むに従い細まり，末端節は著しく細長で頭長の約3倍長。本州と九州とに産し，椎の葉に棲息している。

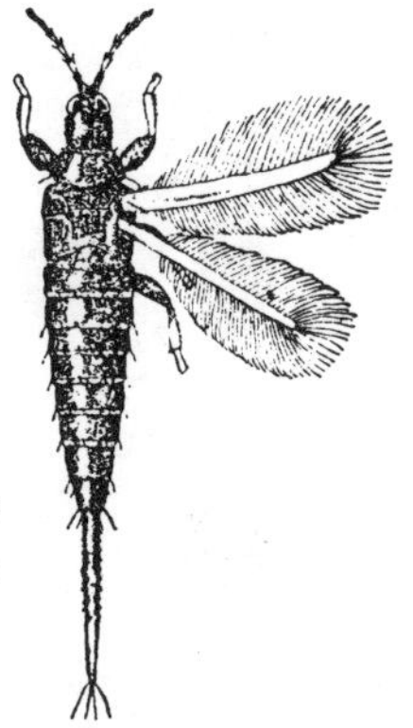

Fig. 457. シイオナガクダアザミウマ雌(黒沢)

113. トゲクダアザミウマ（棘管薊馬）科

Fam. Megathripidae Karny 1913

Megathrips Bagnall, *Bacillothrips*, *Megalothrips* 等が代表的な属で，主として東洋熱帯産。雄の腹部第6節の両側に太い管状の突起を具えている事が特徴となつている。本邦からは最初の1属のみが発見されている。オオトゲクダアザミウマ(*Megathrips honoris* Bagnall)(Fig. 458) 雄は体長5mm，全体黒色で淡褐色の翅を具え，頭部は細長く8節の触角を具えている。触角は頭長の約2倍長，第3～5節は棍棒状。腹部は細く，第6節の前縁角から後方に向つてややその太い角状突起を有し第8節の後縁角近くに1小突起を有し，末端節は頭長の約1.4倍，本州と九州とに産するが極めて稀れに発見される。この属には更にヨツコブトゲアザミウマ (*M. quadrituberculatus* Bagnall) が兵庫から発見されている。

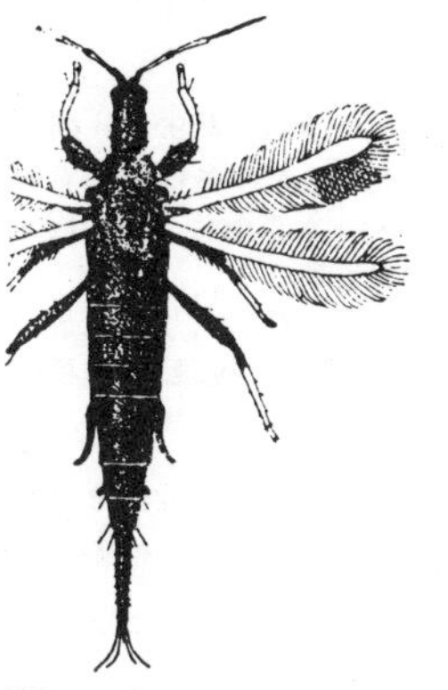

Fig. 458. オオトゲクダアザミウマ雌(黒沢)

114. トゲナシクダアザミウマ（無棘管薊馬）科

Fam. Ecacanthothripidae Bagnall 1912

Ecacanthothrips Bagnall や *Ormothrips* 等が代表的な属で，触角第3節上の感覚器は末端に感覚円錐体からなる輪環を形成している事が特徴となつている。本邦からは柑橘上に発見されたトゲナシクダアザミウマ (*Ecacanthothrips anarmatus* Kurosawa) 1種が知られているのみである。

XXII　半翅目

Order *Hemiptera* Linné 1758

この目名 *Hemiptera* なる語は最初1735年に Linné が創設したものであるがその際には *Gryllus* や *Lampyrus* や *Formica* の如き全く異なら類に属する属を包含せしめている。後1758年に彼れは現在一般に使用されている類に限定したがなお *Thysanoptera* 目を含めている。1763年に Geoffroy が完全に現在の分類に一致した類にこの *Hemiptera* なる語を使用した，然し現在多くの学者によつて Linné をその著者として取り扱つている。1810年に Latreille がこの目を2亜目 *Heteroptera* と *Homoptera* とに分かち，1821年には MacLeay がこれ等を *Hemiptera* と *Homoptera* との独立せる目とした。然しその後化石や解剖や生態等の詳細な研究の結果 Latreille の考えが正しいものとして一般に1目とされた。もつともその間 Comstock (1924) や Brues & Melander (1932) は *Hemiptera* と *Homoptera* となし，Schröder (1925) や Weber (1933) や Folsom & Wardle(1934) および Lutz (1935) は *Heteroptera* と *Homoptera* として取り扱つた。

ドイツでは一般に Wanzen と称え，英語の Land bugs, Water bugs, Cicadas, Treehoppers, Planthoppers, Leafhoppers, Spittlebugs, Lanternflies, Psyllids, Aphids, Whiteflies, Scale insects 等が包含される。

微小乃至大形，卵形または長形，屢々扁平，食草性と補食性，陸棲と水棲。頭部は自由で一般に前口式または稀れに下口式で刺込且つ吸収に適応せる口器を具え，触角は2節乃至10節で稀れに25節，複眼は大型，単眼は存在するかまたはない。下唇は変化して短かいか長く，彎曲するか直線で，1節または数節のいわゆる口吻となり，鬚は退化している。翅はないものもあつて2対（稀れに1対介殻虫の雄）で長いか短かく，前翅は異翅亜目では半翅鞘 (Hemelytra) と称え一般に基部が厚化し末端が膜質となつているが同翅亜目では普通全体膜質となる。脚は歩行，走行，跳躍，開掘，捕獲，游泳等に適応し，（もつともある介殻虫にはない），跗節は1～3節，爪は1本または1対，褥盤(Arolia)または爪間板(Empodia)はあるかまたはない。腹部は2～10節で第1節は非常に退化しまたは外見欠け，尾毛はなく，尾呼吸糸はある水棲種に存在し，尾糸は雄の介殻虫に存在している。

この目の昆虫程人類に直接または間接に関係の深い昆虫は恐らく他にあるまい。重要害虫の中にはワタのアカホシカメムシや甘蔗のチンチバツグや茶のツノメクラカメムシやウンカやヨコバイやコナジラミや蚜虫や介殻虫等がある。これ等の昆虫の植物に対する害は汁液が吸収されるのみでなく，口器刺込の孔から各種の病原体が組織内に侵入し且つ急激な繁殖がおこなわれる。なおある種類はそれ等病原体の保持者となり且つ伝播者となつている。

この目の害虫による植物に対する被害の原因たる重要

な1因子は同翅亜目の多くの種類に見らるる繁殖の非常な速度で，ある種の計算によると1雌虫が1年の終には5億頭にもなるのである。

異翅亜目中には動物質を食物とするものがある，特にサシガメムシ科と多くの隠角群とにあつて顕著である。トコジラミ科と *Polyctenidae* とサシガメムシ科のオウサシガメ (*Triatoma*) とは哺乳動物または鳥類の活潑な吸血者で，この性質は雌雄ともに優勢である。

半翅目の昆虫には同目や他目のものに類似する例が多い。蟻類似形のある種類は甚だ顕著でヘリカメムシ科の *Dulichius inflatus* Kirby (短翅型) は *Polyrachis spiniger* 蟻に非常に似てかつその蟻の仲間となり蟻が具えている棘にむしろ類似する前胸棘や他棘を具えている。また他のヘリカメムシ科の *Alydus calcaratus* Linné は屢々アカアリや他の蟻と仲間になつて見出されその若虫が非常によく似ている。更にまたサシガメムシ科の中にも多数類似のものが発見されている。

水棲のものには外界の差異によつてそれに関係ある形態変化が認められ，特に移動器官と呼吸器官とに変化が見出される。水表棲のイトアメンボ科のものでは僅かな適応が現われ触角が自由で隠れていないでかつ脚も著しく変化していない，而して水にぬれるのを防ぐためにビロウド様の微毛で被われ呼吸手段が僅かに込入つている。然るに隠角群になると触角は隠され，脚は游泳の目的に向つて著しく適応し，呼吸に関する変化は複雑となつている。

外形態

頭部 (Fig. 459)。形状と長軸の傾斜度とに甚だ変化がある。殆んど凡ての場合に各節片がしつかり癒合し，唯2個の主な背板即ち頭蓋 (Epicranium) と頭楯とが認められている。然しキジラミ科では顔が中単眼を具えている分離した狭い節片として明かになつている。頸吻群では額が頭蓋から明確に分割されていないがこの群の専門家によつて額を便利上認めている。多数の分類学者が使用する額と頭楯と上唇とはある数の科では順次頭楯と上唇と上咽頭に相当するものである。頰片 (Lora) は広義のウンカで頭楯と顴 (Genae) との間にある明瞭な彎曲せる節片で，頭楯の側部が発達したものである。上唇は形状に於てむしろ変化があつて常に上咽頭から明瞭に分離されていない。上咽頭は細く末端尖つている。単眼は常に存在し屢々2個 (異翅亜目と頸吻群) で，セミ科と腹吻群とには3個，ホシカメムシ科とトコジラミ科と *Typhlocyba* 属その他にはない。複眼の他に眼瘤 (Oculer tubercles) または副眼 (Supplementary eyes) がキジラミ科の *Livia* 属と多数の蚜虫とに複眼近くに

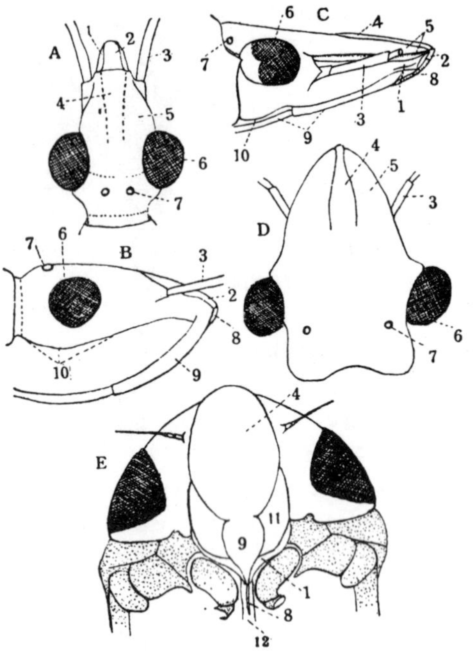

Fig. 459. 半 翅 目 の 頭 部 (Imms)
A. サシガメの頭部背面 **B.** 同側面 **C.** カメムシの頭部側面 **D.** 同背面 **E.** アワフキムシの頭部腹面
1. 小顋節片 2. 上唇 3. 触角 4. 頭楯 5. 額突起 6. 複眼 7. 単眼 8. 下咽頭 9. 下唇 (口吻) 10. 喉板 11. 頰片 12. 口吻

存在している。触角は少数節で，屢々4節または5節，最大節数のものは腹吻群に現われキジラミ類は10節で少数の介殻虫の雄には25節のものがある。

口器 (Fig. 460)。目全体を通じて摂食方法が同様であるために，口器は凡ての科に於て一様である。刺込と吸収に非常に適応し，大顋と小顋とが溝けられている下唇内に安置されている細長い棘毛状の刺針を構成している。それ等は頭の中にある程度沈み，一般の皮膚に連続して裏付けられているポケット中に基部が包まれている。刺針のこれ等2対はうつろな毛状の構造で筋肉によつてある限度の突出と引込みとが可能となつている。多くの同翅亜目で非常に長く，ある場合には体長より著しく長くなつている。斯くの如き種類では環状かまたは捲施して下唇の溝と連続していて後方に向つているポケット内に引込まれている。このポケットは介殻虫では薄膜で裏付けられ中央神経系と腹面体壁との間に位置している (Fig. 461)。

大顋からなる刺針は前 (即ち外) 対を形成し普通自由であるが，時に *Lygus* 属の様に小顋と密接に抱合し，

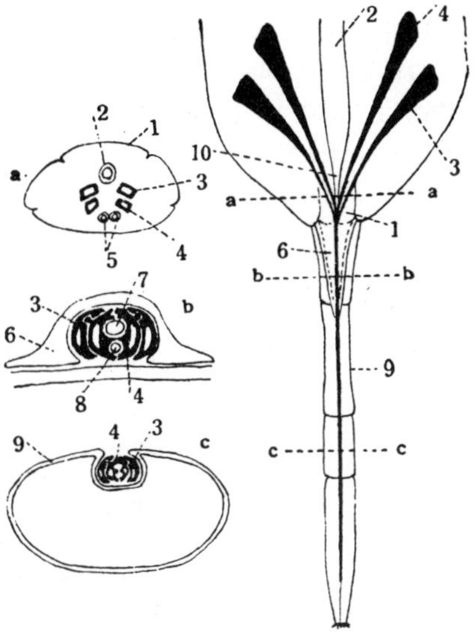

Fig. 460. 半翅目の口器模式図 (Imms)
1. 頭楯　2. 咽頭　3. 大顋　4. 小顋　5. 唾液管　6. 上唇　7. 咽頭管附随の吸引管　8. 唾液管附随の吐出管　9. 口吻　10. 咽頭管　a. b. c. 各横断面

末端は一般に鋸歯状となつている。後（即ち内）対の刺針の部分からなり，小顋の胚子的痕跡が早い時期では２節でその基節が小顋節片即ち小顋板になる様に形成され，末端節が小顋刺針となるものである。膨れている部分即ち小顋節片は多分不変化の軸節と蝶鉸節として認める事ができて頭嚢と癒合し，刺針部は小顋

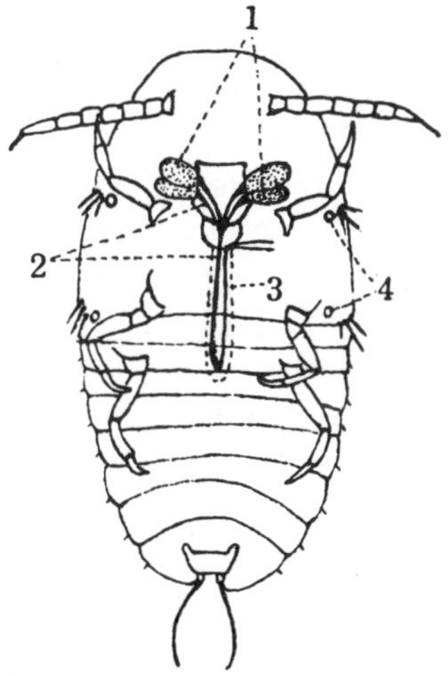

Fig. 461. *Coccus hesperidum* 若虫の腹面図 (Berlese)
1. レトルト状器官　2. 刺針　3. 刺針鞘　4. 気門

葉片 (Maxillary lobe) と同質異形のものと認める事ができる。小顋鬚はないが，痕跡器官として例外にあるイトアメンボ科に現われ，またあるグンバイムシ科では小突起として認められる。各小顋刺針は末端微細となり，内側に沿い溝付けられている。この溝は刺針の長さを通す縦隆起線によつて２本の相平行する管溝に分かたれている。その横断面はW字形で，刺針の対はそれ等の管溝の接近によつて２個の非常に微細な管を形作るものである。その背面の１つの管溝は吸管 (Suction canal) として働き咽頭管 (Pharyngeal duct) と連続し，腹面の１つは排管(Ejection canal)で唾液管からの唾液を受入する。頭内に於ける小顋刺針はそれ等の基部の方に拡がつているが外部即ち頭の下端の外方では相接近し単一構造の様に現われている。あるいはまた抱合配列がなく互に簡単に対持しているものもある。これ等刺針の２対の大形となつている内方の末端はレトルト状器官(Retort-shaped organs) として知られている腺組織の卵形部で，この器官の機能は問題となつている。多数の半翅目では刺針の基部が大顋槓杆と小顋槓杆 (Mandibular and Maxillary levers) とによつて頭嚢に附着している。これ等の槓杆は横の方に外方に延び刺針筋のあるものを附着せしめるのに役立つている幾丁質の棒である。刺針自体はそれ等を受入する背溝のある下唇によつて殆んど全体が形成されている所謂鞘即ち吻 (Rostrum) から包まれている。然し基部では下唇溝がなく，この部分で鞘が上唇から屋根付けられている。若し上唇が針をもつて高かめられるとその下に刺針を認める事ができる。末端の方で下唇溝の縁が互に近よりまたは癒合して１管を形成し，その腔室は甚小で刺針がその中に密に安置されている。半翅目の大部分のものは下唇が４節かまたは３節であるが，介殻虫科では常に短かく１節または２節である。下唇の尖端は感覚毛を装い，宿主植物の組織内に刺し込められる事がない。下唇鬚は殆んど常にこれを欠く。然しあるものには存在する事が述べられているも，その事実は全く確められていない。Heymons によると胚子にはあるが成虫で消失し，所謂鬚なるものは二次的器官であると。もつとも Leon は *Nepa* や *Ranatra* やあるタガメ科のものに存在する事を観察している。下咽頭は小顋の基部の間に位置し甚だ小形で解剖に困難であるが，一般によく幾丁質化していて，唾液管が中を通りて前方で排溝内に開口している。下咽頭の背壁は咽頭管の床のささえとなつている。

口吻は静止の間は末端が後方に向けられ体の下に隠され，食物を取る場合には下方に斜に延ばされる。大部分の半翅目では刺針は口吻より僅かに長いのみで，従つて植物組織内えの刺針の刺込をよくするために口吻が引込められ得るある機構が必要である。即ち蚜虫では口吻の基部の部分が体内に引込められ，*Lygus* 属や他の異翅亜目では刺針が口吻の曲折または輪曲によつて刺込み可能となる。介殻虫では口吻が甚だ短かく刺針が非常に長く，従つて刺針が植物組織内に刺し込められ後体内に

引込め且つ輪曲される機構を考えるのに困難である。此の事に関しては未だ充分な説明が与えられていない。然し刺針が口吻より少し長い場合は刺針の基部に附着する伸出筋の作用によつて刺針が組織内に刺し込まれ，その際上唇と有溝下唇とによつて導かれる事は容易に了解する事ができる。キジラミの如く刺針が非常に長い場合には斯くの如き機構は考えられない。多分血液の圧力で下唇の末端が膨脹し鑷子の１対の様な作用を司どつて刺針がしつかり把持されて刺込ができるのであろう。刺針の斯くして刺し込まれる部分は最初は甚だ短かく，後口吻の内的圧力が漸次漸少し口吻が縮まり植物面から離れる。その時に再び前同様な血液の圧力で刺針が吻にて把握され更に刺針が深く組織内に刺込まれ，この機構が繰り返されて適度の深さまで刺込まれるものであると考えられている。この刺針刺込みに先立ち口吻の末端毛を以て植物面を調査し，後大顋刺針にて最初の刺込が行なわれこれに密接して小顋刺針の刺込が続くものである。斯くして唾液が同腺の喞筒作用によつて排管外に出され，その液により組織内の澱粉質が糖化され吸収される。尤も唾液は更に刺針刺込の際に組織を破壊しその機能を容易ならしめるものである事も考えられている。液の吸収作用は最初刺針によつて刺された細胞が膨脹するその圧力によつて多分助けられて毛細管作用によるもので，これが咽頭の分岐筋肉（Divaricator muscles）によつて動く活潑な吸収作用に続くものである。この刺込個所は細胞間や細胞内で種類によつては一定している事もある様である。

胸部。 異翅亜目では前胸背板はその特徴が全体的に一様で常に大形で稀れに分離節片が認められ，背面から見ると胸部の大きな部分を形作つている。中胸背板は屢々５区分を現わし，これが同胸背の最多数の節片を現わすもので，それ等節片中最も顕著なものは小楯板である。カメムシ科のあるものではこの小楯板が後方に拡がつて翅を完全に覆い，恰も無翅昆虫如き観を呈しているものがある。後胸背板は一般に顕著でなく，翅によつて覆われているが，甚だ変化に富み，ヘリカメムシ科の *Anasa* 属の如きはよく発達している場合で，反対に小形となつているものでは小楯板下に隠置せしめられている。胸腹板は大部分夫々の側板と癒合している。

同翅亜目の場合は前者よりも更に変化が多く，セミのものがこの亜目の模式となる。前胸背板は常に小形で，屢々環状である，然しツノゼミ科のもののみは例外で奇怪な形状を呈し腹部後方に延長している。中胸背板は最大且最も特徴付けられている部分で，前楯板と楯板と小楯板と後小楯板の４部に区別ができる。なおこの他にハゴロモ類には肩板（Tegulae）がよく発達している。尤も退化翅を有するものでは微小となつているかまたはこれを欠いている。後胸背板は普通よく発達し，ヨコバイ科では中胸背板と殆んど等長となつている。

翅。 異翅亜目の場合は前後両翅が名の示す如く全く異なつている。前翅は半翅鞘（Hemelytra）と称えられ，基部は角質で他の昆虫の翅鞘に類似し，末端部のみが膜質となつている。後翅は常に膜質で静止の際には半翅鞘下に畳み込まれている。

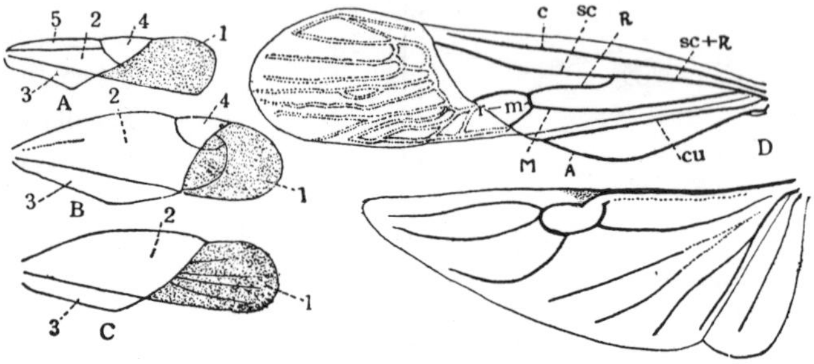

Fig. 462. 異 翅 亜 目 の 翅（Imms）
A．ハナカメムシの前翅模式図　B．メクラカメムシの前翅模式図
C．ナガカメムシの前翅模式図　D．ヘリカメムシ１種の翅
1．膜質部　2．革質部　3．爪状部　4．楔状部　5．縁状部

半翅鞘（Fig. 462）は構造上甚だしい変化に富み，その差異が分類学上重要な点となつている。硬化せる基部は２部分即ち小楯板に接する細い部分である爪状部（Clavus）と他の大形部たる革質部（Corium）とに区分する事ができる。更にハナカメムシ科や *Ceratocombidae* 科では革質部の前縁に細い区分が認められ，それを縁状部（Embolium）と称え，なおまたメクラカメムシ科に見られる革質部の末端に三角形をなす区分を楔状部（Cuneus）と称える。グンバイムシ科では革質部と膜質部との差異が不明瞭な場合がある。ある場合には膜質部が著しく減少しまたは完全にない。これ等と反対に全体が膜質部のみとなつている事クビナガカメムシ科（*Henicocephalidae*）の場合の様なものがある。翅脈は原始的のものから著しく変化し，最も一般的なものはカメムシ科に見出される。

同翅亜目では前翅は全体同質であるが，屢々後翅よりは多少堅い。無翅のものは規則正しくカイガラムシ科とアバラムシ科の有性昆虫と且またアブラムシ科の無性世代（Agamic generations）に生じる。なおまた雄でも時々これ等両科のものに無翅のものが生ずる。翅脈（Fg. 463, 464）は非常に差があるが，若虫時代に於け

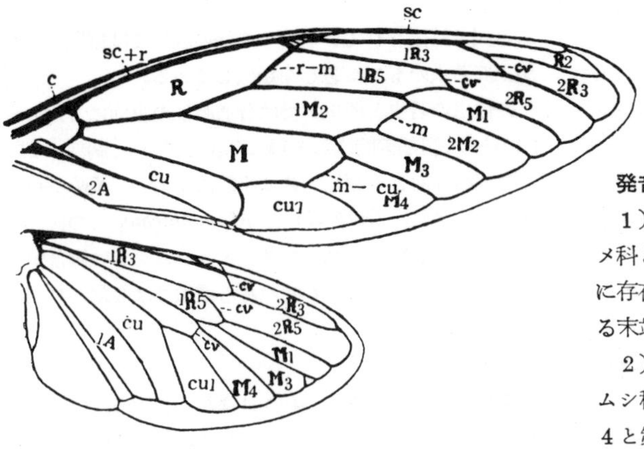

Fig. 463. セ　ミ　の　翅 (Comstock)

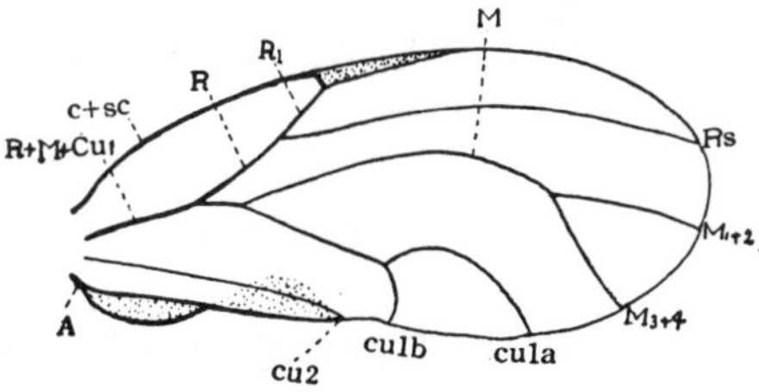

Fig. 464. *Psylla pyricola* の前翅 (Imms)

る研究の結果異形同質を決定する事が可能となつている。

翅の多型の現象は殆んど理解されていない。同種のものに2型または多型があり，更にそれが性に関係があつたりまたは無かつたりしている。無翅と長翅とが明瞭な型であるが時にそれ等の中間型と短翅型とがある。この現象は異翅亜目中のイトアメンボ科やハナカメムシ科やサシガメ科等に現われ，同翅亜目中のウンカ科やヨコバイ科に現われる。これ等翅の多型の原因については正確な証明がない。然し気候，季節，擬態，移動能力，生活様式その他種々な事に関連がある様である。

腹部。 最も変化の少ない状態では屡々11節が認められる。然し一般的規則としては抑制と減退とが種々な度合に現われている。例えば *Anasa* 属では雄は9節で雌が10節，*Notonecta* 属では第1節が非常に退化しているが第2～第11節が明瞭，*Nepa* と *Ranatra* 両属では第1背板と第1第2腹板とが萎縮し他の節は第11節迄認められ，キジラミでは11節を認める事ができるが第1節と第2節と第3節とが抑制されているかまたは甚だしく減退している。アブラムシ科では節数を決定するのに困難であるが，多数の研究者によつて9節が認められている。

異翅亜目では多く発達した産卵管が少数の科に存在し，特にタイコウチ科とマツモムシ科とでは3対の陰具片から構成されている。瓣状産卵管 (Valvular ovipositor) は頸吻群に現われているが，腹吻群では多くの部分が減退しているかまたは欠けている。

発音器。 異翅亜目には屡々つぎの5型が認められる。

1) 前胸腹溝 (Prosternal furrow) —多数のサシガメ科とヒゲブトカメムシ科とに見出され，前胸腹板に縦に存在し多数の横皺を有し，その面に口吻の粗面からなる末端部を摩擦する事によつて音が生ずる。

2) 腹面粗隆起部 (Strigose ventral areas) —カメムシ科のキンカメムシ類のあるものに見出され，腹部第4と第5腹板中央線の側に隆起線からなる部分があり，この部分を斯く称える。後脚脛節の内側に疣状凸部があつて，それ等の各凸起には更に末端近くに1歯を具えている。斯かる脛節が腿節の方に曲げられ後それを延ばす際に上記の腹部隆起線と脛櫛の凸起とが摩擦され，これが急速に繰り返されて音が生ずる。

3) 脚発音器官 (Pedal stridulatory organs)—この器官はミズムシ科に発見されたもので，前脚跗節に1歯列即ち跗櫛 (Tarsal comb) を具え腿節に微栓の数列がある。左脚の跗櫛が右脚の腿節の小隆起列部を斜横に摩擦する事によつて音が生ずるのである。雌ではこの機構が雄よりは発達が少ない。この昆虫の発音は学者によつては隆起縁を有する頭楯を横切つて跗櫛を引く事によつて生ずるものであると認めている。

4) 基節発音器官 (Coxal stridulatory organs)—ミヅカマキリに発見されたもので，各脚の基節の基部に近い面に縦走する隆起線列即ち鑢を有し，基節の入る凹所即ち基節窩 (Coxal cavity) の側板の前縁内面に同様な部分があつて，これ等両者の摩擦により音が生じ，しかもその側板は甚だ薄いために恐らく反響板の作用をなすものであろうと考えられている。

5) 背発音器官 (Dorsal stridulatory organs) —カメムシ科の*Tessaratoma* 属の雌雄に見出され，後胸に接する腹部背面の両側にある線条面または鑢面からなり，翅の上面基部近くに強歯の1列があつて，これを鑢面に摩擦して音を生ずる。同翅亜目ではセミ科のものが最も顕著で，複雑な構造を有し腹部基部の腹面両側に1個宛存在している (Fig. 110)。他の頸吻群のものは一般に無音であるが，種々なウンカ類には摩擦音を生ずる力がある事が認められている。

気門。 異翅亜目には普通10対あつて，第1対のものは前中両胸節間の膜上に存在し，第2対は中後両胸間に，第3対は後胸背と腹部第1背板との間の背面に存在し翅によつて隠され，第4とこれに続くものは続く腹節の側板鰓の下面に存在している。斯くの如き一般的な状態が水棲のものでは特別に変化している。即ち *Nepa* 属に在つては若虫は開口気門の10対を有し成虫ではこれ等の多くのもが閉ざされているかまたは不機能的となつている。Maulik によると最初の3対は閉ざされているが可機能的で，他の可機能的のものは呼吸筒 (Respiratory siphon) の基部に存在するのみであると。第4と第5と第9対とのものは萎縮し第6と第7と第8のものはある感覚器官に変化した篩様の構造物である事が Doges や Bannacke によつて研究されている。*Notonecta* 属では9対が認められている。

頸吻群では一般的に10対であるが腹吻群では種々の範囲に変化している。アブラムシ科では普通9対で，前胸と後胸と腹部の最初の7節とに存在し，キジラミ科では *Trioza* 属の若虫には2胸節と7腹節とにあつて，リンゴキジラミの成虫では2胸節と3腹節とにある。コナジラミ科では若虫は植物葉に密着し気門が腹面に存在し隠され，空気は皮膚の特別な皺から気門に運ばれている。胸部の2対の気門はその1対は前脚の間に他は後脚の間に存在し，更に第2対のものの後方に第1腹節上に1対存在し，第4対のものは管状管 (Vasiform orifice) に沿い位置している。痕跡的な気門は腹部の他の環節上にある属で見出されている。この科の成虫では気門の分布が上記若虫のものに著しく類似している。

介殻虫の若虫と雌虫とでは普通胸部の腹面に2対の気門があり，腹部気門はある類に存在している。胸部の2対と腹部の8対との原始的数は小態によつて *Xylococcus* 属に見出され，*Orthezia* と *Monophlebus* との両属では1対乃至少数で，ワタフキカイガラムシでは腹部気門は2対だが他の *Icerya* 属のある種類では3対が見出されている。

内形態

消食系 (Fig. 465)。真の口はなく食物の入口は小顎刺針末端にある吸溝の開口部である。この吸溝は咽頭管と連続し，咽頭管は上脣の内えの咽頭の細い連続部である。咽頭本体は吸収の主器官で，その背壁は強力な分岐筋肉を具えている。上咽頭の部分に多くの半翅目では味覚器官 (Gustatory organ) がある。このものの感覚細胞は幾丁質板を通過する咽頭管の内腔と接続し，この幾丁質板は上咽頭膜の特別に発達したものである。消化管は大部分2亜目に於て異つている。

異翅亜目では中腸が4部分に屢々分かれ，第1は前方の囊状部で第2は管状部第3は第1より小形の卵形室，第4は細管で多数の科では多数の胃盲囊 (Gastric coeca) を生じている。厳格に食肉性のあるものではこれ等4部分が多少不明瞭となり，第4の管状部が胃盲囊を有せざる科では存在していない。後腸は甚だ縮まりマルピギー氏管を受入する小さな胞状室と中腸の第1部分より著しく大形の直腸室とから構成されている。胃盲囊は形や数や配列等に於て多くの差異が認められ，*Blissus leucopterus* では楯状で10個，*Anasa tristis* では緻密になつているポケット状の内部に数百個があり，*Dysdercus* では雄に6個雌にない。これ等の盲囊はバクテリアを満し，そのバクテリアは発育中の胚子の腸内に存在するもので，それ等の機能は他のバクテリアの成生を防止する様に見え且つ中腸から他種のバクテリアを除く作用を司どるものの様である事が認められている。

多数の同翅亜目では咽喉が腹腔

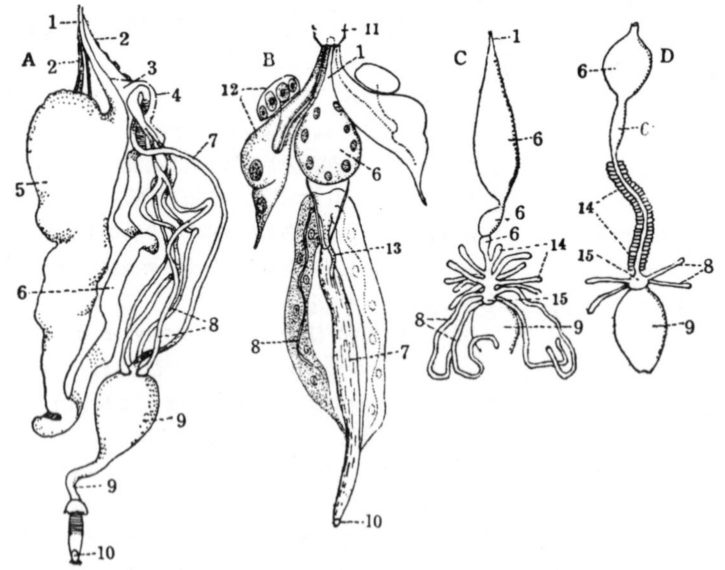

Fig. 465. 半翅目の消食系
A. ツノゼミ1種(Kershaw)　B. カイガラムシ1種(Berlese)　C. ナガカメムシ *Blissus* (Glasgow)　D. ナガカメムシ *Oedancala*(Glasgow)
1. 咽喉　2. 筋肉　3. 沪過室　4. 基底嚢　5. 嗉嚢　6. 中腸　7. 後腸　8. マルピギー氏管　9. 直腸　10. 肛門　11. 口吻　12. 唾液腺　13. 輸尿管　14. 胃盲囊　15. 小腸

の大部分を占めている甚だ大きな嗉嚢に続いている。中腸は長く管状で前方に曲り嗉嚢上に位置し，その結果後腸との結合部は咽喉に沿い前方に位する様になつている。斯かる位置の変化に伴ないマルピギー氏管の附着部も前方に位し中腸と後腸と一所になつて胸部内に横たわる管の複雑捲施を形作つている。ツノゼミ1種では基底膜と嗉嚢及び咽喉基部の外筋肉とがこれ等の部分の皮膜壁から分離して上述の複雑部を包んでいる。その結果基底膜にて外方区割された1室内に内臓の複雑部が横たわる様になつている。内臓の同様な配列がアワフキムシ科やカイガラムシ科や他の同翅亜目に見出されている。斯くの如く形成された室または凹所は Berlese によつて沪渦室 (Filter chamber) と命名され，同氏によると咽喉と嗉嚢との壁から滲透原理によつてこの室に液体が入りそれから中腸へ，中腸から同室に更に後腸へ入るので固形物のみが各腸管を順次通過するものであろうと考えた。

Diaspis 類の介殻虫では中腸が閉嚢で完全に後腸から離れついて，消化液は滲透によつて主血液腔に入り，無用物は非常に大きなマルピギー氏管によつて取り去られる事が Berlese によつて述べられている。この虫の中腸と後腸とは全然分離していないで固体の索で結合している事を Childs が明らかにした。

異翅亜目に於けるマルピギー氏管の一般的数は4本であるがあるものでは2本である。同翅亜目ではより変化があつて，ツノゼミ科では4本が基部で2本宛結合し，セミ科では4本，カイガラムシ科では一般に2本で甚だ太い。然し *Icerya* 属では3本で *Xylococcus* では4本となつている。アブラムシ科にはこれを欠いている。

唾液管 (Fig. 466)

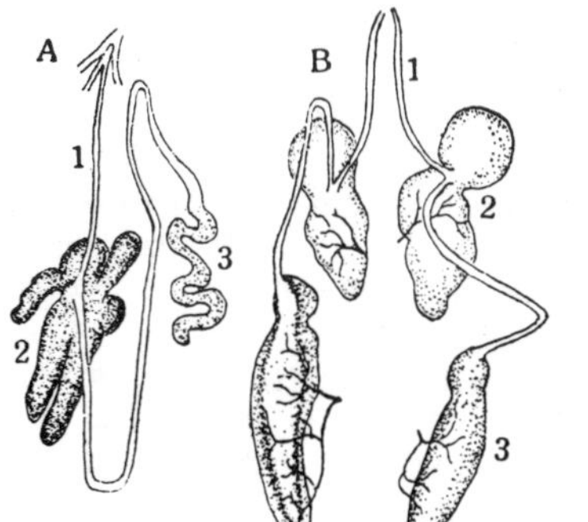

Fig. 466. 半翅目の唾液腺 (Bugnion)
A. ナガカメムシ *Lygaeus apuans*
B. マツモムシ *Notonecta maculata*
1. 唾液管　2. 主腺　3. 附属腺

異翅亜目では著しく一様な構造で，主腺は普通2葉または多葉片で胸部内に位置し，その附属腺は屢々糸状となつている。主唾液管は主腺の葉片結合点から生じ，同位置に附属腺の彎曲せる長管を受け入れている。対待する2主管は唾液喞筒に開口している共通管を形成するように互に近よつている。動物質を食するものでは附属腺が薄壁からなり且つ1貯蔵嚢を形成する様に変化している。ある種類 (*Naucoris* 属) では主腺が甚だ大形となり腹部に拡がつている。

同翅亜目の *Fulgora* 属では3対の腺があつてそれ等は異翅亜目の主腺の前葉と後葉と附属腺とに一致している。*Cicada* 属でも同様3対の唾液腺がある。アブラムシにあつては *Eriosoma* 属と *Lachnns* 属とでは前胸に位置して簡単で嚢状腺の2対からなり，ブドウフィロキセラと *Chermes lapponicus* とでは3対である。介殻虫に於ては *Lepidosaphes* 属と *Xylococcus* 属とでは2葉片からなり，*Icerya* 属では各腺が3個の多核細胞に退化している。

唾液喞筒 (Salivary pump or syringe) は半翅目では甚だ特徴のある構造で，前方下咽頭に附着している。太い筋肉を附し，強力喞筒として働き，唾液が排溝に押し出される。

臭　腺 (Odoriferous glands)

臭腺または嫌忌腺 (Repugnatorial glands) は異翅亜目の多数のものに特徴なすもので，後脚基節に近く腹面にある孔または割目の1対によつて外気に開口している。その開口部は蒸發面 (Evaporating surface) によつて取り囲まれ，この部分で分泌液が止められ蒸發せしめられ且つ他に分撒するのを防いでいる。この部分の表面は一般に粗造であるかまたは微粒を布している。

Lethocerus 属ではこの腺は捲施せる管の1対からなり，その臭は熟梨またはバナナのそれに類似している事が記述されている。非常に類似した腺がアメンボにも見出されている。この昆虫の若虫には後胸腺 (Meta-thoracic glands) がなくその個所に背腹部腺 (Dorsal abdominal glands) が存在し，小さな皮膚陥部の形状をもつている。

臘　腺 (Wax glands) (Fig. 467)

多数の同翅亜目に優勢で，普通単細胞からなり，1個宛かまたは群をなして現われている。東洋産の *Phromnia marginella* によく現われ，腹部背面にある幾丁質板のある組の下に位置し，各板は臘腺の開口となつている孔を散飾している。種々なアブラムシではこの所謂臘板 (Wax plates) が縦列に対称的に配列され，腺の生産物は普通粉状または密に毛房状の線の形となつて現われている。

神経系

著しく集合的で，腹部神経球は大部分胸部のものと癒合し，連鎖は1本または1対腹部に存在し，これから側方に支鎖を出している。各腹面神経球の集中度合は (1)

Lygaeus や ***Capsus*** や ***Notonecta*** や ***Aphrophora*** やその他では3神経球があつて，喉下神経球は第1胸神経球と分離し，腹部のものは凡て第2第3胸神経球と合体して1共通中心を形成している。(2) アブラムシ科では2神経球があつて，第1のものは喉下神経球で第2のものは胸部と腹部との凡てが1共通中心に癒合している。(3) 凡ての神経球が合して1中心よりなつている，の3類である。

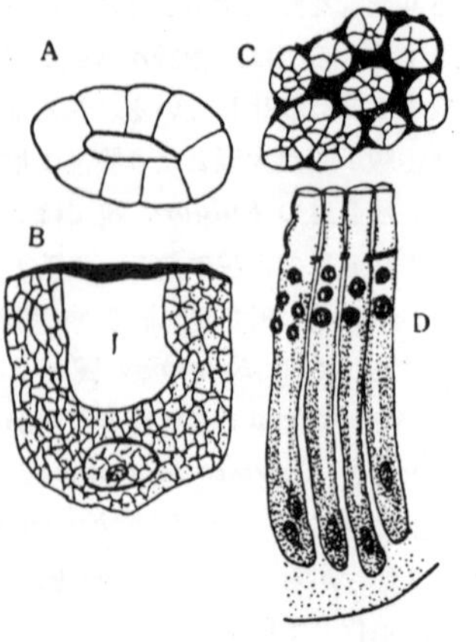

Fig. 467. 臟　腺　A. B. (Baker) C. D. (Bugnion and Popoff)
A. リンゴワタムシ（表面図）　B. 同縦断面　C. ***Phromnia marginella*** の臟板の1部表面図　D. 同縦断面　1. 臟室

循環系

背管は ***Lethocerus*** 属では5室の心臓からなり，介殻虫科では一定の背管がなく，蚜虫科では ***Trama*** 属に1室からなる背管が認められ，***Phylloxera*** 属や ***Eriosoma*** 属やの無翅胎生雌には認められない。

脈搏器官 (Pulsatile organs) —種々な水棲種に見出され，各脚に存在し，若虫時代に最もよく認め得られる。***Cryptocerata*** 属では前脚の第1跗節の基部と他脚の脛節基部とに存在し，***Ranatra*** 属では脚の腔室内に縦に横たわる脈搏膜 (Pulsatile membrane) からなり，このものが脚の末端に於ける血液の循環を確実にするのに役立つている。更に ***Philaenus*** 属の脛節と蚜虫とに見出されている。

生殖系 (Fig. 468)

卵巣は普通1～4個の包嚢からなる卵巣小管の種々な数にて構成され，卵巣小管は普通端栄養室型である。異翅亜目では卵巣小管は普通4～7本である。同翅亜目の頸吻群では3～9個，腹吻群では ***Psylla mali*** のものは甚だ短かく8個または9個だが ***P. alni*** では40～50個，介殻虫科では多数でその各々が幅広の輸卵管から出ている簡単な包嚢からできていて，***Icerya*** 属では輸卵管は前方で癒合し幅広の輪を形成している。蚜虫科では同種でも個体によつて卵巣小管の数に差異があり且つ生活環中の異なる型体でも異なつている。ブドウフィロキセラでは無翅単生型は状態により1または2乃至13個で各卵巣小管が2個の包嚢を包含している。有翅雌虫では一般に2個，有性型 (Sexuales) では対をなさないで単1の卵巣小管があるのみでこれと同様にリンゴワタムシにも現われている。受精嚢は半翅目に一般的に存在し，オウサシガメでは小形で対をなしているが，普通には1個で簡単で背面または腹面に位置し屢々複雑な構造となつている。附属腺は2個または3個で，管状または球状であるが，***Diaspis*** 類の介殻虫にはこれを欠いている。

トコジラミには腹部腹面に1個の小さな円い器官がある。これはベルレーゼ器官 (Organ of Berlese) と称えられている。普通右側に存在し，その外口は第4腹板上にある小さな縦の割目と密接な結合を有する。この器官は交尾中に放出される精虫を受納する交尾孔として作用する。精虫はその後血液腔を通りて受精嚢に達するものである。受精嚢は総輸卵管と連結していないで，精虫が卵に達するには左右各輸卵管の壁を通して受精嚢から移動する。過剰の精虫は雌が産卵中に彼れ等の栄養物として使用するものであろう。この方法を Berlese は過配偶 (Hypergamesis) と称えた。

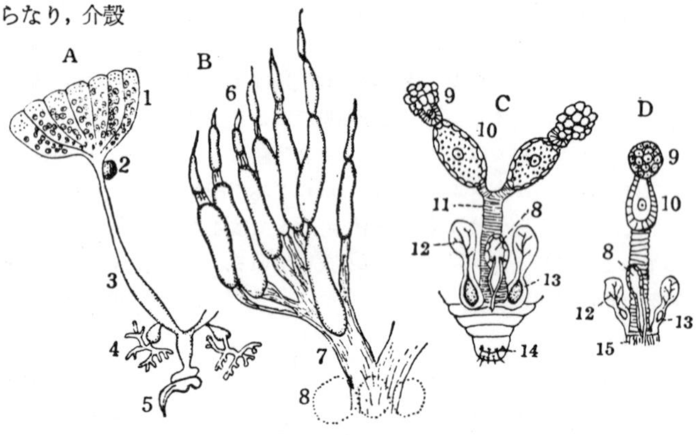

Fig. 468. 半翅目の生殖系　A. B. (Patton and Cragg) C. D. (Balbiani)
A. トコジラミ雄　B. 同雌　C. ブドウ ***Phylloxera*** 有翅無性生殖型　D. 同有性生殖型
1. 睾丸　2. 同附属片　3. 輸精管　4. 附属腺　5. 挿入器　6. 卵巣　7. 輸卵管　8. 受精嚢　9. 生殖室　10. 卵　11. 総輸卵管　12. 膠質腺　13. 同貯室　14. 生殖口　15. 膣

雄の生殖系は簡単に説明し尽す事ができない程様々である。然し ***Ranatra fusca*** では各々の睾丸は睾丸包膜 (Scrotum) によつて包まれている6個の小胞からなり，各側の輸精管は貯精嚢を形成する様に大形となつている。***Cicada orni*** では睾丸は細長い輸精管を有する卵形物で，対をなす糸状の附属腺が不対の貯精嚢と一所に輸精管の癒合点に位置している。介殻虫では雄の器官は甚だ簡単で睾丸が卵形嚢を呈し，貯精嚢を有するかまたはこれを欠いている。

擬脂肪体 (Pseudovitellus)

多数の同翅亜目では腹部に擬脂肪体として知られている細胞組織の1固塊がある。アブラムシ科ではこの組織の外観と分布とが個体の発達に於ける時代に関係している。このものは大きな円い顕著な細胞の小群体の形状を呈し，Witlaczil によつて排泄作用を司どるものと認められたが，他の研究者は栄養価値を有するものであると考えた。Sulc や Buchner に従えばこの器官は共棲性の微生物の大量を有し，それ等の微生物が菌球 (Mycetocytes) として知られている細胞内にやどつていて，その微生物は自個の防禦と彼れ等が受ける栄養物とによつて利益し，その間彼れ等は尿化物の如き廃物または過剰食物等の吸収者として宿主を利せしめている。Bucher は更にこの微生物のある数は卵に移住して1世代から他の世態え伝播するものであることを述べている。

変　態

異翅亜目の卵 (Fig. 469) は形状と卵殻の構造と色彩等に於て非常な変化がある。種々な型式は異なる科に対して不思議に不変で，更に研究が進められると恐らく分類価値を生ずるものであろう。多数のものは微妙な彫刻や棘あるいは糸状附属器から飾られている。カメムシ科やヘリカメムシ科やサシガメ科やヒゲブトカメムシ科やトコジラミ科やその他のものには顕著な卵蓋 (Operculum) があつて，それは屢々複雑な構造を有し，孵化の際に普通はがれる。カメムシ科やグンバイムシ科やサシガメ科等の卵の上端に卵蓋の週縁に位置して特別な形状の突起の1環がある。このものは元来 Leuckart によつて精虫の進入する処であると考えられ精帽 (Seminal cups) と称えられたものであるが，後の観察者によつて卵内えの空気の受入れを正確にする機構を有するものであると認められている。カメムシ科やヘリカメムシ科の孵化直前の若虫に丁字形歯即ち破砕器 (Egg-burster) が現われ，それによつて若虫が卵蓋をおしひらき卵殻から完全に出る前に1回の脱皮を行いその破砕器を脱落せしめる。そのからは普通卵殻に附着してのこる。

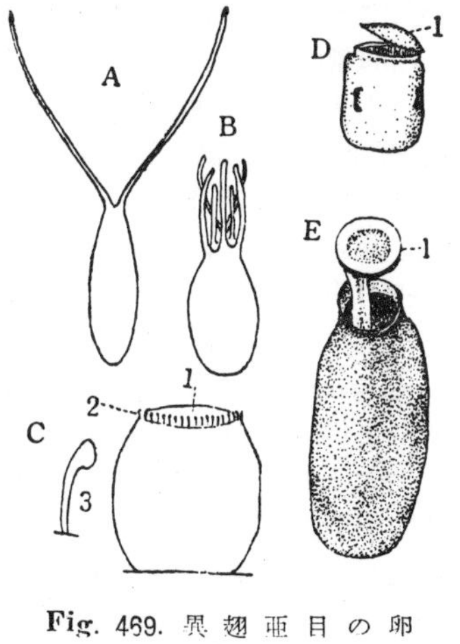

Fig. 469. 異翅亜目の卵　A. *Ranatra* (Schouteden)　B. *Nepa* (Schouteden)　C. カメムシ1種 (Heidemann)　D. カメムシ1種の若虫脱出後(Morrill)　E. トコジラミの若虫脱出後 (Imms)　1. 卵蓋　2. 卵殻突起　3. 同1本

半翅目の後胚子的発達は漸進なれど，色彩は屢々甚だ顕著に変化する。最も明瞭な変化は最後の若虫から成虫になる最後の脱皮に集中されている。発育中に於ける外形態の変化は触角と跗節との環節数で，跗節は屢々成虫となる迄は充分な数に達しない。頭部と胸部環節（特に前胸背板）との形状は虫齢の異なるにつれ明瞭な変化を現わす。翅の痕跡は第3令虫に於て小形に或るいは辛うじて認識可能となり第4令虫に於てそれが明瞭となる。

異翅亜目では令虫（成虫を含む）の一般数は6．然し *Dindymus sanguineus* では例外で9令を経過する。同翅亜目では令虫の数に非常な差異があつて，*Psylla* 属と *Empoasca* 属とでは6．蚜虫では5．尤も無翅の *Phylloxeninae* は例外で4．*Aleyrodes* では4令である。現今迄に知られた最大数は7 (*Cicada septendecim*) で最底は介殻虫科で規則的に雌では3令，雄では4令となつている。介殻虫科の雄の最後の令虫は蛹で，これと同様な事実がコナジラミ科の雌雄にも現われる。

分　類

半翅目の最古の化石は *Protohemiptera* Handlirsch 目で，小形の頭部と前胸背板の拡大と吸収口器と複雑な網目状翅脈とを有する。この類に属する属の *Eugereon* Dohrn（ドイツの下二畳紀）と *Mesotitan* Tillyard(ニューサウスウェールの中および上三畳紀）とは化石昆虫中最大の類で前者の翅の開張160mm に達している。カンサスの下二畳紀から同翅亜目の古代科たる *Archescytinidae* が発見され，翅脈が囓虫目のものに類似し，濠洲ベルモントの上二畳紀から同翅亜目の *Scytinopteridae* Handlirsch が見出されている。この後者と *Probolidae* 科とはロシアから見出された。異翅亜目はカメムシ科に関係ある *Dunstaniidae* 科とマツモムシ科に類似する *Triassocoridae* とがニユサウスウェールスの三畳紀から発見され，濠洲の三畳紀からは更にセミ科の祖先たる *Mesogereonidae* が見出されている。侏羅紀にはかなり多数の化石が存在している。

現存種は約48,000種が発見され約1,000属に分類され，つぎの如き亜目と群と科とに分属せしめられている。

1．口吻の基部は普通前脚の基節に接していない。喉部 (Gular region=Hypostomal bridge 下口橋) は一般によく発達し長く，前胸背板は大形。前翅は一般に基部厚化し末端膜質となり，後翅は膜質で，共に背面に扁平に末端重なりあつて置かれている。跗節は普通3節……………Suborder *Heteroptera*………………2

口吻の基部は普通前脚の基部に接し，喉部は上述の如くでなく短かいかまたは膜質。前胸背板は小形。翅は普通前後同質（*Cicadellidae* 科では稀れに前翅が厚化し且つ色彩付けられている）で背上に屋根形に畳まれている。跗節は1節かまたは3節…………………………………………Suborder *Homoptera*…………………58

2．触角は頭部と等長かまたはより長く，自由であるが稀れには（*Phymatidae*）前胸の側部下にある1溝中に位置している。若しも触角が頭部より微かに短かい場合には複眼と単眼とがない。跗節の爪は褥盤を有するかまたはない（*Geocorisae*）…………………………………………… Series *Gymnocerata*………………3

触角は頭部より短かく普通（*Ochteridae* を除く）複眼下の凹陥部に隠れて位置し，中胸腹板と後胸腹板とは混生し，後胸腹板腺の開口部を欠き，跗節の爪は褥盤がない。水棲または湿棲（*Hydrocorisae*）…………………… Series *Cryptocerata*……………………47

3．複眼と一般にまた単眼とが存在する（*Aepophilus* 属では複眼が小さい14対照）……………………………4

複眼と単眼とがなく，小楯板が形成されていない…………………………………………………………………57

4．爪は末端に存在し，跗節の末端節は完全な末端を具えている……………………………………………………5

爪は少なくとも前脚跗節のものは明らかに末端前に生じ，跗節の末端節は多少割れている。後脚の基節は左右離れ，前翅は一様の組織からなり爪状部と革質部と膜質部とが癒着している。体の下面は銀色のビロード様微毛にて被われている。水棲で表面生活者………………………Superfam. *Gerroidea*…………………46

5．頭部は胸部（小楯板を含む）より短かく，体は稀れに甚だ細い……………………………………………………6

体は線状，頭は水平に位置し全胸部と等長で末端の方に幅広となり，脚は細く，前翅は革質部と膜質部とが分離されていない，翅は屢々なく，触角は4節…………………Fam. *Hydrometridae*（*Limnobatidae*）

6．触角は4節，尤も時に中間輪または触角様顆粒を認める。頭部は楯状でなく背面から触角を認める事ができる。若し触角が5節の場合には基部2節が太くなつて背面から認められる（*Hebridae* 41対照）………7

触角は5主節からなる…………………………………40

7．前翅は外見上多少レース様でその小網目室は中央膜質となつているのが普通。体は網目状の彫刻を布し，跗節は2節。小形で多少扁平で普通5mmより短かい………………Superfam. *Tingidoidea*………………8

前翅と体とは網目状を呈する事がなく，単眼は普通存在している…………………………………………………9

9．頭部の中葉（Tylus＝middle lobe）は側葉（Juga＝lateral lobes）の末端迄前方に延びていないで前端2片となつている。単眼は存在し，前翅は膜質部が網目状となつていないが他は網目状に点刻付られ，前胸背板は小楯板を覆うていない。（*Piesma* Lep.）(Fig. 470)…………Fam. *Piesmidae* Walker

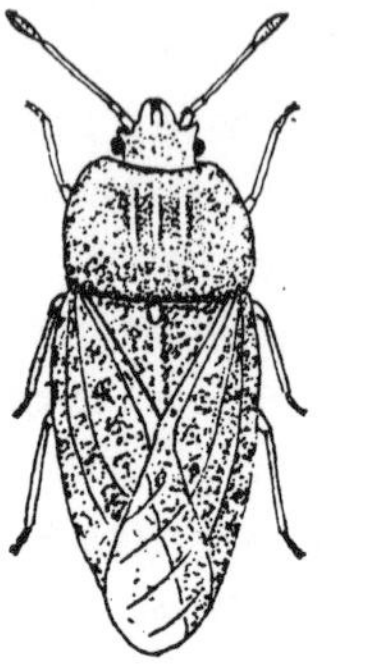

Fig. 470. *Piesma quadrata* Fieber (Jensen)

頭の側葉は顕著でなく，単眼はなく，前翅は全面網目状となり，前胸背板は小楯板を越えて延びる角突起を有し屢々頭部を多少覆う前帽を具えている………………………Fam. *Tingitidae*

9．爪は基部褥盤を欠く，若し甚だ稀れに（*Miridae*, *Reduvioidea*）これを有する場合には中胸腹板と後胸腹板とが混成しているかまたは前脚が捕獲脚となつている…………10

爪は常に褥盤を具え，口吻は一般に4節，中胸腹板と後胸腹板とは簡単……………………………………32

10．触角は鞭状で基部2節は甚だ短かく最後の2節は甚だ細く長く且つ有毛，第3節は基部にて太まつている。単眼は存在し，口吻は3節，跗節は3節，前翅の翅脈は室を構成している。小形または微小…………………… Superfam. *Dipsocoroidea* Reuter………11

触角の第3節は基部太くなく，第2節は屢々第3節より長いかそれと等長なれど稀れに短かい…………12

11．頭部は多少水平に拡がるかあるいは微かに下方に曲り，口吻は長く，複眼は小さく，前脚の基節窩は顕著でない(インド産の *Ceratocombus* Signoret, や *Dipsocoris* Haliday, や *Cerscentius*)…………………………………………… Fam. *Dipsocoridae* Reuter 1910 (*Ceratocombidae*, *Cryptostemmatidae*)

頭部は横形で顕著な前脚基節間に下方に曲り，前翅の前縁は破砕していない（*Schizoptera* Fieber, *Hypsolosoma*＝*Glyptocombus*）…………………………………………………Fam. *Schizopteridae* L.S.

12．中胸腹板と後胸腹板とは混成し1節片より多い，而して甚だ稀れに縫合線が欠けている。その場合には頭楯は三角形状となつている（*Cimicidae*）。完全な有翅型では楔状部が多少明瞭となつている。後脚基節は蝶番付けられている（少数の *Miridae* は例外）……………………Superfamily *Cimicoidea*………………13

中胸腹板と後胸腹板とは簡単で1節片からなり，後脚基節は1球とソケットとにて回転可能である（*Saldidae* を除く）………………………………………20

13. 口吻は3節，前翅は発達しているものでは縁状部を有し，翅が痕跡的な場合には単眼がない。（尤も *Microphysidae* のあるものは口吻が3節だが前翅の縁状部がない19対照）………………………………………14

口吻は4節…………………………………………………17

14. 後胸側板は腺を欠き，体は幅広の卵形でなく，胸部は扁平でない。欧洲の大西洋沿岸の石岩下に見出される（*Aepophilus* Signoret）……………………………………Fam. *Aepophilidae* Leth. Serv. 1896

後胸側板は腺を具えている………………………………15

15. 翅は痕跡的，頭楯は三角形で先端の方に幅広となり，単眼はない…………………………Fam. *Cimicidae*

翅は普通よく発達し，頭楯の側縁は平行かまたは亜平行，単眼は存在し，口吻は3節……………………16

16. 前翅の膜質部は多数の明瞭な翅脈を有し，触角は長く細く，口吻は長く，後胸の腺孔は小さく，脚は細長く3対等しく，複眼は大きく球状。中庸大の種類（インド，マレー産の *Velocipeda* Bergroth）……………………………Fam. *Velocipedidae* Leth. Serv. 1896

前翅の膜質部は少数の翅膜を有し，脚は長くない。小形種……………………………Fam. *Anthocoridae*

17. 雌雄共に単眼はなく，跗節は3節（少数の *Miridae* では2節）…………………………………………………18

単眼は存在し，前翅の膜質部は1個または2個の基室を有する……………………………………………………19

18. 口吻は基部が幅より微かに長く，複眼の中央後方に延びていない。前翅の膜質部は1個の大きな方形の室を有するのみ（*Hesperophylum*, *Termatophylum* Reuter）………………………………………………Fam. *Termatophylidae* Leth. Serv. 1896

口吻は基部が幅より明かに長く，普通頭部の後縁を越えて延びている。前翅の膜質部は基部近くに2個時に1個の小室を有し，稀れに不規則な自由翅脈を有する…………………………………………Fam. *Miridae*

19. 跗節は2節，口吻は普通4節で第3節は甚だ小さいかまたは3節（旧北洲産の *Microphysa* Westwood, インド，マレー産の *Cyrtosternum*, *Mallochiola*, *Pachytarsus*）……Fam. *Microphysidae* Dohrn 1859

跗節は3節（旧北洲やインド，マレー産の *Corticoris* *Diphleps*, *Isometopus* Fieber, *Myiomma*）(Fig. 471)………………………Fam. *Isometopidae* Fieber

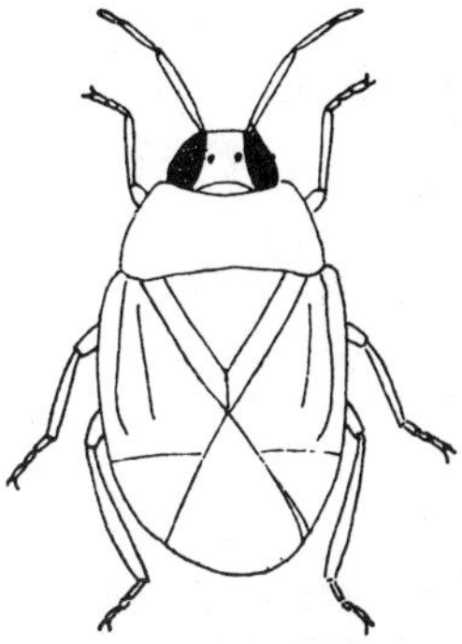

Fig. 471. *Isometopus* (Heidemann)

20. 前脚は捕獲脚でなく，前胸腹板は中発音溝を欠き，頭部は稀れに円筒形……………………………21

前脚は多少捕獲脚となり，前胸腹板は普通中央に横線付けられたまたは顆粒付けられている発音溝を前脚基節の前方に具え，前胸背板は1横溝を有し，頭部は円筒形，口吻は3節で刺込に適応し稀れに余分の甚だ短かい1基節を有し第1節は太く且つ普通彎曲している…………………………………Superfamily *Reduvioidea* Reuter………27

21. 単眼はなく，口吻は3節またはそれ以外に基部に甚だ微小の1基節を有す。体は平たく樹皮下に棲息する様に適応している……………………………………………Superfamily *Aradoidea* Reuter…………22

単眼は存在し，稀れにないがその場合には口吻は4節で且つ頭部が末端の方に幅広となつていない……24

22. 口吻は頭部の末端前から生じ頬の間の1溝中に置かれている……………………………………………………23

口吻は頭部の末端から生じ腹面の溝の内に横たわつていない（濠洲と新熱帯産の *Isodermus* Erichson や濠洲産の *Prosympiestus* Bergroth）………………………Fam. *Isodermidae* Leth. Serv. 1896

23. 頭部は複眼の下に幅広となつていない，複眼は顕著，口吻は頭より長く，転節は甚だ短かく腿節と癒合し，腹部の気門の各節基部近くに位置している…………………………………………………Fam. *Aradidae*

頭部の後部は幅広く複眼を包み屢々有棘，口吻は稀れに頭部より長く，転節は明瞭，腹部の気門は各節の基部から離れて位置している………Fam. *Dysodiidae*

24. 前翅の膜質部は翅脈がなく膜質の爪状部と癒合している…………………………………………………………25

前翅の膜質部は4個または5個の長い閉ざされている室を有し，爪状部は多少明瞭……Fam. *Saldidae*

25. 単眼は互に接近している。半水棲…………………26

単眼は広く離れている。扁平長楕円形で大形の突出頭を具えている（*Thaumastotherium* Kirkaldy, *Xylastodoris* Royal-palm bug）(Fig. 472)…………………………Fam. *Thaumastotheriidae* Handlirsch

(*Thaumastocoridae*)

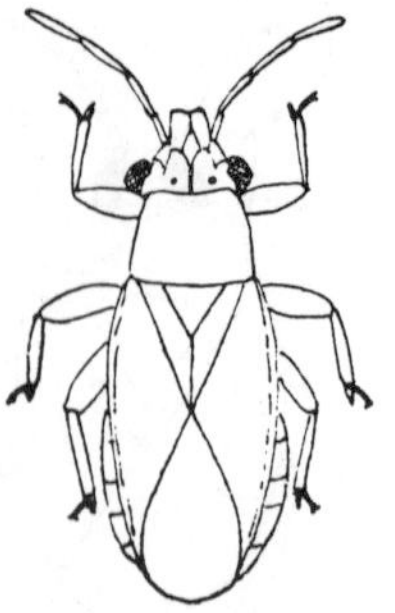

Fig. 472. *Thaumastotherium* (Kirkaldy)

26. 触角は細長く，体は狭く，跗節は3節で基節は微小，前翅の革質部は亜膜質で隆起翅脈を有する……………………………Fam. *Mesoveliidae*

触角の基部2節は他節より太く，体は太く体長2.5mm以上でなく，跗節は2節，頭部と胸部とは下面に溝を有し，体はビロード様微毛にて密に被われている………… Fam. *Hebridae* (40対照)

27. 前胸背板は3葉に分かたれ，頭部は基部と複眼後方とで括れその間が膨れ，前翅は全体膜質で縦脈と少数の横脈とを有し，前脚の脛節は膨れ跗節は1節，後脚の跗節は2節。微小種……… Fam. *Enicocephalidae*

前胸背板は簡単で屢々大きく幅広または狭く長い，頭部は複眼の後方基部にて括れていない……………28

28. 触角は膝状となり細く線状かまたは屢々先端の方に著しく細まつている………………………………………29

触角は短かく末端節が膨れているかまたは大形，前翅の膜質部は結合せる翅脈を有し屢々翅脈が叉状となりて結び付いている。跗節は2節，前脚は甚だ短かく捕獲脚となりその腿節は著しく太まつている…………………………………………………Fam. *Phymatidae*

29. 前胸腹板は交叉条を付している1発音溝を具え，口吻は3節………………………………………………30

前胸腹板は発音溝がなく，口吻は一般に4節なれど稀れに3節……………………………………………31

30. 前脚の基節は短く，体はむしろ太く線状でなく，単眼は普通存在し，前脚は捕獲脚なれど著しく変形していない………………………………Fam. *Reduviidae*

前脚の基節は非常に長く，体は著しく長く，中後両脚は細長く前脚は顕著に捕獲肢となり，単眼はない………………………………………………Fam. *Ploiariidae*

31. 脚は細く前脚は強い捕獲脚となり，跗節は3節，前翅の膜質部は多少明瞭に分岐せる翅脈を有するかまたは放射翅脈を出している2個または3個の長室を有する………………………………………Fam. *Nabidae*

脚は短かく，跗節は2節，前翅の膜質部は自由な4翅脈を有する（旧北州産の *Joppeicus* Put.）………………………………… Fam. *Joppeicidae* Reuter 1912

32. 前翅の膜質部は屢々癒合している多数の縦脈を有し，触角は頭部の側部上方から生じ，単眼は有る……………………Superfam. *Coreoidea*…………33

前翅の膜質部は普通少数の翅脈を有し，著しい多数の分岐脈を有する場合には単眼がない………………………………Superfam. *Lygaeoidea*………………35

33. 腹部の第4背節は中央括れ，後胸の腺開口部は普通なく，若し稀れに認められる場合には後脚の基節窩の後方に位置し2本の放射溝を出している…………………………………………………Fam. *Corizidae*

腹部の第4と第5背節との基縁は普通平行に彎曲し，後胸の腺開口部は殆んど常に明瞭………………34

34. 頭部は前胸背板より著しく狭く且つ短かく，頬は一般に触角の附着部後方に達し，後脚の基節窩の外縁は体軸に殆んど平行している…………Fam. *Coreidae*

頭部は前胸背板と殆んど等幅且等長で頬は触角の基部後方に辛うじて延び，後脚の基節窩の外縁は多少横線状………………………………Fam. *Alydidae*

35. 単眼はある………………………………………………36

単眼はない………………………………………………39

36. 翅は存在する時は細長く明瞭な翅脈を欠き，細い体で細長い触角と基部の細い腹部とを有する………………………………………… Fam. *Colobathristidae*

前翅の膜質部は翅脈を有する…………………………37

37. 触角は膝状でなく，頭部は複眼前で括れていない………………………………………………………38

触角は膝状で第1節は長く棍棒状を呈し末端節は紡錘状，頭部は複眼前にて括れ，小楯板は小さく，腿節は棍棒状…………………………………Fam. *Berytidae*

38. 前翅膜質部の翅脈は普通4本または5本で前端室(Anteapical cells) を形成していない…………………………………………………Fam. *Lygaeidae*

前翅膜質部の翅脈は4本で明瞭に革質部から生じ3個の前端室 (Preapical cells) を形成し然る後分岐している（濠洲産の *Hyocephalus* Bergroth）……………………Fam. *Hyocephalidae* Reuter 1912

39. 前翅の膜質部は2個の大きな基室を有しこれから7本または8本の分岐翅脈を生じている。中庸大…………………………………………………Fam. *Pyrrhocoridae*

前翅の膜質部は1個または2個の基室を形成する少数の翅脈を有する（18対照）……………………………………Fam. *Miridae* の1部

40. 前翅は無翅脈の膜質部と癒合している膜質の爪状部を有し，頭部と胸部とは下面に溝を有し，触角の2基節は他節より短かく，跗節は2節，小形の半水棲…………………………………………………Fam. *Hebridae*

前翅は膜質部より著しく剛い爪状部を有し，触角の

第1節は太く第2節は細い，頭部は多少拡がり側縁が複眼の前方で鋭くなり触角の基部上方で厚化し，単眼は存在し，小楯板は大形または甚大。陸棲……………………Superfam. *Scutelleroidea* (*Pentatomoidea*) …41

41. 小楯板は非常に大きくU形に凸形となり腹部の大部分を覆い，前翅の革質部の不透明部は末端の方に著しく狭まつている……………………………………………42

小楯板は殆んど常に後方に狭まり多少三角形を呈し，前翅の革質部の不透明部は亜三角形で末端の方に幅広となる……………………………………………45

42. 跗節は強棘を具えていない………………………43

跗節は明瞭な棘の2列またはより多数列を具えている。Negro-bugs (*Corimelaena*=*Thyreocoris*) ……………………………Fam. *Corimelaenidae* Uhler 1877 ………………………………………… (*Thyreocoridae*)

43. 前翅は腹部の約2倍長で中央で畳まれ静止の際には小楯板の下に押込まれ，跗節は2節………………………………………………………Fam. *Plataspididae*

前翅は通常の長さで畳まれない，跗節は殆んど常に3節……………………………………………………44

44. 前胸背板の側縁は肩角の前と前角とに強棘または葉片を具えていない，後翅は1本の角化せる棒状の脈(翅鈎 Hamus) を具えている ……Fam. *Scutelleridae*

前胸背板の側縁は肩角と前角との前方に顕著な歯または葉片を具え，複眼は突出し，後翅は翅鈎を有しない………………………………………Fam. *Podopidae*

45. 脛節は強く棘を具え前脚は開堀脚，前翅膜質部の翅脈は基部から放射状に出ている……Fam. *Cydnidae*

脛節は無棘または弱棘を有するのみ，前脚は開堀肢でない，前翅膜質部の翅脈は内基角の近くから出て革質部の縁と殆んど平行に走つている1本の脈から延びている……………………………………………………46

46. 頭部は側縁縁取られ触角の基部が覆われている……………………………………………Fam. *Pentatomidae*

頭部は側縁取られていないで触角の基部が自由となつている…………………………Fam. *Urostylidae*

47. 後脚の腿節は腹部末端を著しく越えて延び，中後両脚は互に接近して生じ前脚と著しく離れている。口吻は4節なれど第1節は短かい………Fam. *Gerridae*

後脚の腿節は腹部末端を著しく越えて延びていない。中脚は前後両脚の約中間に位置し，口吻は3節……………………………………………………Fam. *Veliidae*

48. 頭部は胸部と普通状態に関接しているかまたは多くとも1部分胸部と癒合している。跗節は1節より多数節………………………………………………………49

頭部は完全に胸部と癒合しその境界線は浅い凹所にて多少認められる。触角は1節または2節，複眼はむしろ背面に位置し，口吻は4節，明瞭な翅脈は前翅になく，前脚の跗節は1節で後脚のものは2節からなり凡ての跗節に2爪を有し，雄の外部生殖器は甚だしく不対称となつている(インド，マレイ産の *Helotrephes* とエチオピア産の *Idiocoris* や *Paskia*) ……………………………………………Fam. *Helotrephidae*

49. 前脚の跗節は常態……………………………………50

前脚の跗節は葉状の1爪を具えている箆状の1節からなり，体は上面平たく，頭部は前胸背上にかぶさり，口吻は甚だ短かく隠れていて1節または2節，中脚は長く後脚は游泳に適応し，後脚の跗節は不明瞭な棘毛状の爪を具えている……………Fam. *Corixidae*

50. 前翅は革質で爪状部と革質部と膜質部とが発達し，脚は屢々游泳または把攫に適応している……………51

前翅は透明で革質部と膜質部とが分離していないで多数の室を包む縦脈と横脈とを有する。濠洲と新熱帯とに分布する (南米産 *Peloridium* Breddin) ………………Fam. *Peloridiidae* Breddin 1897 (116対照)

51. 単眼は存在し，口吻は4節。水岸棲………………52

単眼はなく，口吻は普通3節。水棲………………53

52. 触角は現われて存在し，前脚は中脚と等長で走行に適応している。小さな活潑種………Fam. *Ochteridae*

触角は隠れて存在し，前脚は捕獲脚，短かく幅広で突出せる複眼を有する。Toad-bugs と称える (*Mononyx*, *Nerthra* Say, *Gelastocoris*=*Galgulus*)……………………………Fam. *Nerthridae* Kirkaldy 1906 (*Galgulidae*, *Gelastocoridae*, *Mononychidae*)

53. 前脚の基節は前胸腹板の前縁かまたはその近くから出で，前脚は把攫に適応し，後脚の跗節は明瞭な爪を具えている……………………………………………………55

前脚の基節は短かい前胸腹板の後縁から生じ，脚は游泳に適応し，後脚跗節に爪を欠き，前翅は著しく凸形で膜質部に翅脈がなく，体は背面凸形。Back-swimmers……………………………………………………54

54. 後脚の脛節と跗節とは縁毛を装い，腹部は下面中央に1縦隆起線を有し，口吻は4節，複眼は大形…………………………………………Fam. *Notonectidae*

後脚の脛節と跗節とは簡単で縁毛を欠き，腹部は下面に隆起線を有しない，口吻は3節，複眼は小形……………………………………………………Fam. *Pleidae*

55. 前翅の膜質部は網目状の翅脈を有し，口吻は甚だ小さな下唇鬚を具えている………………………………57

前翅の膜質部は翅脈を欠き，口吻は下唇鬚を欠き，

後脚の基節は蝶番付けられ脛節は細く小棘を装う…56

56. 翅はよく発達し，体の下面に微毛を装う……………………………………………………Fam. *Naucoridae*

翅は短かく退化し，体の下面は裸体……………………………………………………Fam. *Aphelocheiridae*

57. 後脚の基節は蝶番付けられ，後脚は游泳に適応しその脛節は扁平で縁毛を装い腿節は普通溝付けられている。腹部の末端は2本の短かい扁平の引込自由の附属器を具えている………………Fam. *Belostomatidae*

後脚の基節は球状で廻転可能，後脚は歩行に適応し扁平でない。腹部の末端附属器は細長く引込まれないで呼吸筒を形成している………………Fam. *Nepidae*

58. 幅広の楕円形で扁平で完全に無翅，頭楯は可動附属器を欠く。白蟻の巣に棲息する（*Termitaphis* Wasmann=*Termitocoris*, *Termitaradus*）(Fig. 473)…………………………Fam. *Termitaphididae* Handlirsch ……………………………………… (*Termitocoridae*)

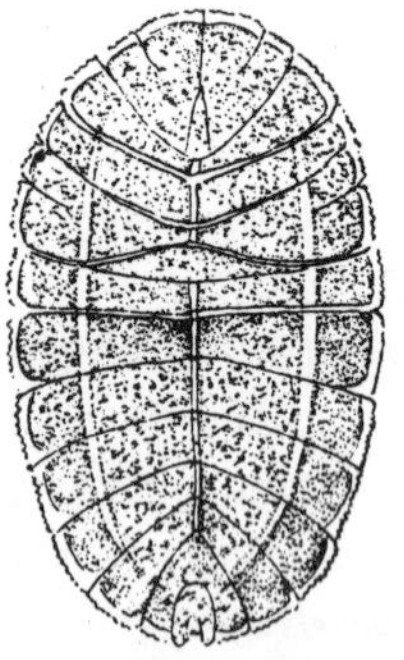

Fig. 473. *Termitaphis* の背面 (Silvestri)

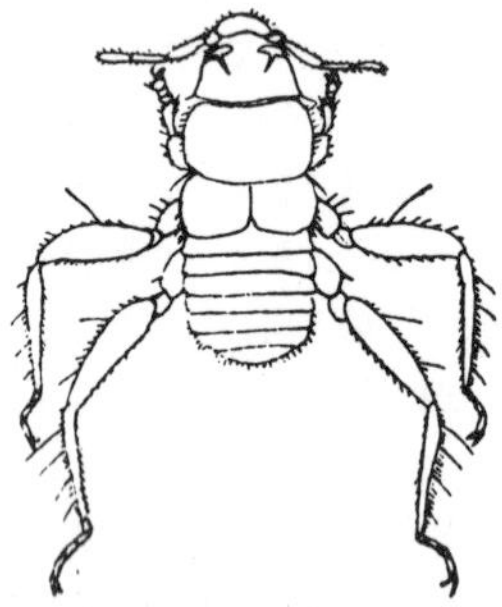

Fig. 474. *Polyctenes* (Westwood)

体は長楕円形，頭部は幅広の三角形，前翅は痕跡的，コウモリに寄生（*Eoctenes*, *Hesperoctenes*, *Polyctenes* Giglio-Tos）(Fig. 474) ……………………………………………Fam. *Polyctenidae* Westwood

59. 口吻は頭部の基部から生じ，跗節は少くとも中後両脚のものは3節，触角は甚だ短かく小形の末端棘毛を具えている。活潑な自由生活者………………………………… Series *Auchenorrhyncha* …………60

口吻は前脚基節の間から生じ，稀れに雄の介殻虫とある蚜虫とにはなく，跗節は2節または1節，触角は普通よく発達し糸状であるが時に退化しまたはなく明瞭な末端棘毛を欠く。屢々可動的かまたは雌虫では不活動… Series *Sternorrhyncha* (*Gularostria*)…104

口吻は前胸から生じ基部にて前胸側板から鞘付けられている……… Series *Coleorrhyncha* …………122

60. 単眼（稀れにない）は頭頂の複眼間に位置するかまたは頭部の前縁に位置するかあるいはまた額上に位置し，中脚基節は短かく左右密接し後脚基節は可動的，肩板はなく，前翅は多少平行せる2本の臀脈を有するかまたは第2臀脈がない……………………………61

単眼（稀れにない）は複眼の下かまたは近くに位置し普通頰の凹みに存在し，中脚基節は長く左右広く離れ後脚基節は不可動的で外部が後胸と癒合し，肩板は前翅の基部と前胸背板の側面との間に1鱗片として存在し，前翅は普通2本の臀脈を有しその脈は末端で結合しY脈を形成している………………………………………………Superfam. *Fulgoroidea*………………82

61. 単眼は3個で頭頂に一所に接近して存在し，触角は短かい基節を有し約5節からなる毛状の突起に終つている。前脚腿節は太く普通下縁に棘を装い後脚は跳躍に適していない。爪間盤はない。雄は殆んど常に腹部の基部両側に発音器官を具えている。比較的大形で全面膜質の翅を有し，若虫は地中棲…………………………………… Superfam. *Cicadoidea* ……………………62

単眼は2個で稀れにこれを欠き，爪間盤は大形，跳躍性………………………………………………………66

62. 発音器を有するもの……………………………………63

発音器を有せざるもの…………………………………65

63. 腹瓣を有するもの…………………Fam. *Cicadidae*

腹瓣を欠くもの………………………………………64

64. 副発音器（Accessory stridulating apparatus）を具えるもの（*Tettigades* A. S., *Chonosia*, *Semaiophora*, 新熱帯）………Fam. *Tettigadidae* Jac. 1807

副発音器を有せざるもの………Fam. *Tibicinidae*

65. 聴器を具え，翅によつて打撃音を出すもの（*Platypedia* Uhler, *Neoplatypedia*, 新北州）………………………………………………………Fam. *Platypediidae*

聴器を欠き，全く発音せざるもの（*Tettigarcta* White, 濠洲）……………………………………………………Fam. *Tettigarctidae* Distant 1905

66. 前胸背板は腹部の基部を越えて延びていない……67

前胸背板は頭巾状にまたは種々な形状の突起に後方に延び普通は隆起し，小楯板を多少隠し且つ腹部の上に延び，屢々前胸が奇形に大きくなり且つ装飾付けられている。頭部は垂直，頰は幅広くなく，単眼は複眼の間に位置し，触角は複眼の間で前方から生じている……………………………Superfam. *Membracioidea* ………………………………………………Fam. *Membracidae*

67. 後脚基節は短かく円錐形で側方に拡がつていない。脛節は円筒で滑かで後脚のものは普通1本または2本の太い棘と末端に微棘の1本を具え，単眼は頭頂に存在し稀れはなく，触角の鞭状部は大きな西洋梨形の基部と甚だ細い1棘毛とからなる。若虫は一般に種々な植物の茎幹上にあわの塊の中に生活している…………
…………Superfam. *Cercopoidea*……………………68

後脚基節は横形で胸腹板の側縁に達し，後脚脛節は縁付けられ関接する棘の重複列かまたは棘毛列を具え，頬は幅広………Superfam. *Jassoidea*…………71

68. 小楯板は比較的小さく且つ短かく（*Clastopteridae* のみは前胸背板より長い），後翅は径脈の対叉脈を常に有し（時に末端にて破れている）斯くして過剰（第1）端室を形成し，肘脈は末端叉状となるかまたは簡単，前翅は爪状部脈（Claval veins）を有する場合にはそれ等は互に離れている結合横脈を具えていない…
……………………………………………………………69

小楯板は前胸背板と等長かまたはより長く，簡単に長く末端の方に細まるかまたは非常に後方に隆まりて1本の著しく彎曲せる自由な末端棘を背方に突出せしめているかの何れかである。後翅は径脈の外叉脈を欠き従つて過剰端室を有しない。前翅は2本の爪状部脈を有する場合にはそれ等は中央かまたは前方で癒合するかあるいは1本の結合横脈を具えている……………
……………………………………Fam. *Machaerotidae*

69. 前胸背板の前縁は複眼間にて直線となつているかまたは微かに彎曲し，前胸背板は普通強大で頭部より著しく幅広くその前側縁は一般に後側縁と等長かまたはより長い，額は普通前方に多小膨らみ，頭部は触角の上方に厚い片状の縁を具えている（*Tomaspis* A. S.）
……………………………………Fam. *Tomaspididae*

前胸背板の前縁は複眼間で著しく彎曲しているかまたは亜角状となり，前胸背板は決して著しく大きくなく且稀れに頭より多く幅広く前縁は一般に後側縁より短かい。額は膨らんでいても一般に基部の方に膨らみ，触角上隆起縁（Supra-antennal ridges）は片状でもなく厚くもなつていない…………………………70

70. 前翅は末端斜断せる爪状部を有し，革質附属部即ち翅端部は幅広の亜等2部分に分けられ，これ等の部分が静止の際に太い幅広の体の末端を覆うように内方に畳まれる。後翅の径脈の叉状部は翅端から著しく前方で甚だ短かい第1端室を形成し，肘脈は末端分叉しない。前翅の革質部には3個の端室と2個またはより少数の亜端室とを有する。小楯板は前胸背板より長い（*Clastoptera* Germ.）（Fig. 475）…………

Fig. 475. *Clastoptera* の翅（Metcalf）

……………………Fam. *Clastopteridae* Dohrn 1859

前翅は末端細く尖つているかまたは亜尖状の爪状部を有し，革質部附属部は狭い連続せる膜質縁であるかまたはこれを欠き決して体の末端を覆う様に爪状部を越えて内方に曲つていない。前翅革質部の翅脈は種々なれど *Clastopteridae* の如き事はない………………
……………………………………………Fam. *Cercopidae*

71. 前胸背板は大形で膨れ1中縦隆起縁を有し殆んど頭部を覆い，尖る小楯板の基部を越えて円く後方に延びている（新熱帯産の *Aethialion* Latreille や印度産の *Darthula* Kirkaldy その他等）……………………
…………………… Fam. *Aethialionidae* Dohrn 1859
(Superfam. *Membracioidea*)

前胸背板は上述の如く頭部を覆う事がない，尤も時に側方に突出しているものがある……………………72

72. 額の上方部は著しく隆まり且つ突出し，その後方部は頭部の上面の大部分即ち冠部（Crown）を形成し，真の頭頂は冠部の基部に限られ，斯くして単眼は冠部の後方板上に位置し一般に複眼から離れ頭部の前面からは見えない……………………………………………73

額の上部は顔にまで全部限られ，時に狭い縁部として現われ，単眼は前面より見える……………………77

73. 額の側縫合線は冠部の鈍角となつている前縁を越えて明瞭に単眼の位置近くまで連続している。体は一般に長く円筒形，頭部は屢々角張り，顔は大きく著しく凸形，頬はむしろ細長い …………Fam. *Cicadellidae*

額の側縫合線は触角を越えまたは冠部の前縁部を越えて消失している……………………………………74

74. 触角は複眼から著しく離れていない然し複眼の上縁の水平線に近く位置していない。額の側縁は陥窩を越えて消失している………………………………………75

触角は複眼から著しく離れ上方に位置し，頭部は前方横に薄く葉片状となり屢々下面凹んでいる………76

75. 頭部は冠部と顔との間で鋭く角張り，顔は比較的狭い。額の側縫合線は触角陥窩内に入り且つ終り，顔は浅く凹むかまたは弱く凸形，頬は適度に膨れ，体は長卵形で一般に扁平（*Gypona* Germ. や *Xerophloea* 属）（Fig. 476）………
Fam. *Gyponidae*……
………… Baker 1923

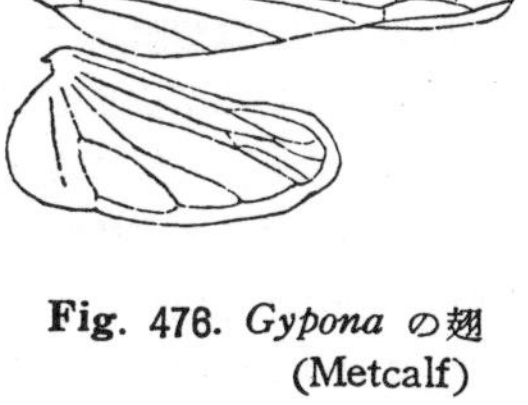

Fig. 476. *Gypona* の翅 (Metcalf)

頭部は著しく傾斜せる冠部と顔との間で円味を有し深く凹んでいる顔にかぶさつている。額の側縫合線は触

角の内方を過ぎ，顔は甚だ短かく長さより著しく幅広
……………………………………………Fam. *Gyponidae*

76. 額の下部は短かく幅広（*Thaumastoscopa*）………
………………Fam. *Thaumastoscopidae* Baker 1923

額の下部は長く且つ狭い。大形の帯褐色種…………
……………………………………………Fam. *Ledridae*

77. 頭頂は全体上面に位置し冠部の殆んど凡てかまたは凡てを占め，額との接合部は冠部の前縁部に存在し，単眼は頭部の前方縁部上またはその近くに位置し稀れに即ちある *Typhlocybidae* と *Ulopidae* とでは不明瞭………………………………………………………78

頭部は甚だ短かく時に甚だ幅広，頭頂は顔の方に多少円く彎曲し前面より幅広く見える。単眼は顔面で複眼の間かまたは上方に位置し，額の基部縫合線は若し存在する場合には顔の基部まで遙か前方に位置し，頭頂のその部分は上方から認める事が出来一般に甚だ短かく且つ幅広……………………Fam. *Bythoscopidae*

78. 額の基部縫合線は明瞭で完全，少くとも中央部は明瞭，頭頂の前縁に多少接近している。若し上方部が不明瞭な場合にはその位置が常に1皺または隆起線によつてしるされている。この後の場合では額線の他の部分が常に額の基部の方に向い単眼の方へは向つていない。頭頂の前方縁部は一般に鋭い縁かまたは隆起縁によつて現わされている…………………………………80

額の基部縫合線は消失し，その基部側縫合線が単眼の方に走り且つ単眼かその近くで終つている。頭頂は一般に明かに額と結合し，著しく特化せる類のみでは前縁部で鋭い縁かまたは横隆縁を具えている。単眼は頭の前縁部かまたは頭の上面に位置している………79

79. 前翅は明瞭な翅脈を有する場合には前端室の1組を有し，単眼は発達している……………Fam. *Jassidae*

前翅は翅脈が末端近くで分岐し端室を形成するが前端室がなく，単眼も痕跡的かまたはない………………
………………Fam. *Eupterygidae* (*Typhlocybidae*)

80. 頭頂の前方部は鋭く葉片状に拡がり明かに額の上部に張り出ている。触角は複眼の中央の方に位置し，単眼は認められる時は頭頂の拡大縁と額の基縁との間に横三角形（稀れに線状）の単眼部に存在し複眼から甚だしく離れている………………………………………81

頭頂の前方部は鋭く区切られ（頭部は複眼間で葉片状に拡大しているかもしれない）ているが決して額の上部を越え且つ出張つている事がない。一般に頭頂と額との間の両側に明瞭に区割されている亜三角形の単眼部を具え，単眼が冠部の上面上に近く位置し得ているかもしれないが，これ等の部分は普通単眼から占められ一般に頭頂の隆起側縁上かまたはその外部に存在している。触角は複眼の内縁近くに位置する………84

81. 前胸背板は複眼の間に前方に延び，頭頂は甚だ短かく横形で深く凹んでいる……………………………82

前胸背板は複眼の間に特に延びていない。頭頂は甚だ短かくなく且つ幅広い横形でなくその幅は長さの2倍以上でない。単眼は中線によりは複眼に近く位置しているかまたは不明瞭………………………………83

82. 覆翅即ち前翅は普通に翅脈を有し，顱は額より狭く，額は著しく凹み高く隆起している縁を有し，頭楯は僅かに突出し，単眼部は甚だ幅広く，後脚の脛節は末端半に甚だ少数の小棘と毛とを具え，彫刻は指輪様に深い点刻からなる（*Paropia* = *Megophthalmus*, *Mesoparopia*, マレー）(Fig. 477)……
……………………Fam. *Paropiidae* Baker 1923 (*Megophthalmidae*)

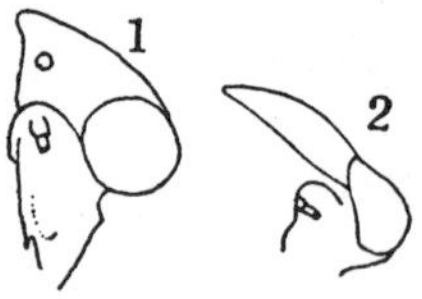

Fig. 477. *Paropia* の顔 (Baker)
1. 側面　2. 前面

覆翅は多数の過剰翅脈を有し，顱は額より幅広く，額は凸形，頭頂は長く突出し，単眼部は狭く下方が浅い皺にて限界され，後脚の脛節は微棘を装う太い歯を具え，この歯の数は少ないが全長に分布している。彫刻は粗い線状で皺付けられている(*Stenocotis* Stål)…
………………………Fam. *Stenocotidae* Baker 1915

83. 顱は幅より長く平かまたは凹み外方に刻み目を有し普通頭楯にまで頬片を境している。触角柄節を受入する凹溝(Scrobe)は甚だ浅く且つ強い触角上架(Supra-antennal ledge) を欠く (*Stenocotidae* の如く)，前胸背板は甚だ短かい前方に狭まる側縁を有し，単眼は明瞭（新北洲産の *Koebelea* Baker）(Fig. 478)……
………………………Fam. *Koebeleidae* Baker 1925

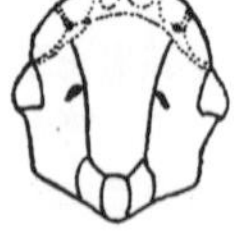

Fig. 478. *Koebelea* の顔面 (Baker)

顱は長さより幅広く著しく凸形で顔のレベルで頬片を過ぎていない。顱の末端縁は頬片の上方で額に出会うように内方に円く彎曲し顔面図では充分に現われて頬片の外縁から離れている。触角柄節の受入溝は甚だしく張出し且つ彎曲している触角上架の下に著しく深くなつている。頭部は前胸より幅広，前胸背板は甚だ長い側縁を有し普通後方に狭まつている。単眼は時に不明瞭，凡ての脛節は縁付けられ弱く棘を装う (*Ulopa* Fallen, *Mesargus*, *Moonia*) (Fig. 479) ………
……………………………Fam. *Ulopidae* Baker 1915

84. 額の上縁は頭頂縁を越えて少しく延び背面から少くとも側部が明かに見られ，頭頂の側方と前方と亜縁隆起線は明瞭で屢々甚だ強く出来ている……85

Fig. 479. *Ulopa* の顔面 (Baker)
1. 前面　2. 側面

顔の上縁は頭頂縁を越えて延びていないで背面から見えない。あるいは又複眼の直前方にて僅かのみ見える。単眼は頭の前側縁部に存在しまたは直上にあるいは下に位置し，頬片は甚だ小さく且つ狭く，覆翅は普通に前端室（Anteapical cells）を欠き而して翅脈は普通不明瞭，触角は顔面図に於いて複眼の上に位置し稀れに複眼の上線かまたは間に位置し後の場合には頭は長く突出している……Fam. *Nirvanidae*

85. 前胸背板は甚だ長く強く前方に延び後方は外方に彎曲し小楯板を大部分被い，頭部（複眼と共に）は前胸背板より幅広く，頭頂は甚だ強い厚い基部の横隆起縁を具え，触角上架は瘤状に厚化し額縁上に葉片状となり，頭楯は先端切断されているかまたは刻み目を有し且つ微かに突出するかあるいは然らず，顔の側部は触角柄節溝にて彎曲していない，単眼は縁部に位置し上方と下方とから見え，頬片は甚だ小さく且短かい（*Signoretia* Stål. *Preta*）(Fig. 480）……Fam. *Signoretiidae* Baker 1923

前胸背板は甚だ大形の小楯板上に後方に延びていないで後縁部は直線か凹線となり，頭部は前胸背より多少明確に狭く，頭頂は強く厚化せる基部隆起縁を欠き，触角上架は強く瘤状にもならずまた額縁上に葉片状ともなつていない，触角は複眼の内縁の中央に近い間に位置している……86

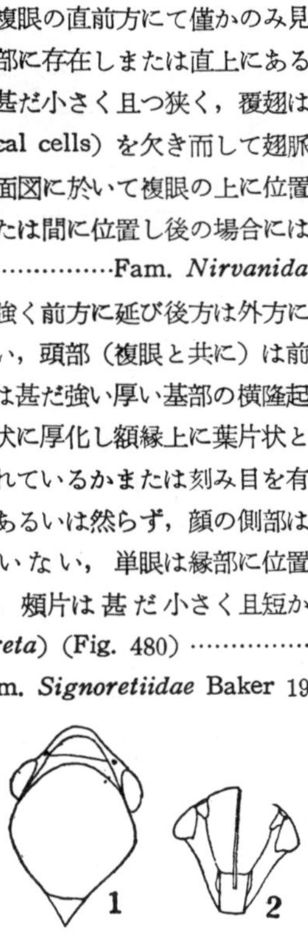

Fig. 480. *Signoretia* (Baker)
1. 頭部と前胸背板との背面図　2. 顔の前面図

86. 前胸背板は短かく幅広で前方広く円味を有するが頭は微かに狭いのみ，頭頂は甚だ幅広く長さの殆んど2倍の幅を有し，頭幅は頭部と前胸背板との和の長さより大，単眼は冠の前縁の少しく内方で頭頂の前側縁の外に位置し顔面図では見えない（Fig. 481）……Fan. *Euacanthidae*

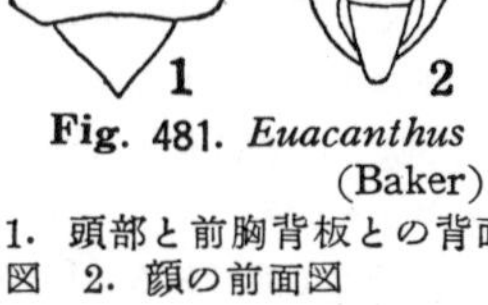

Fig. 481. *Euacanthus* (Baker)
1. 頭部と前胸背板との背面図　2. 顔の前面図

前胸背板は前方多少狭まつて円味を有し，頭部は明瞭に前胸背板より狭く，頭頂は長さの2倍の幅を有する事がなく，頭部の幅は頭部と前胸背板との和の長さより著しく小，単眼は側部にまたはそれに甚だ近く位置し背面図と顔面図と共に普通見える（Fig. 482）……Fam. *Pythamidae*

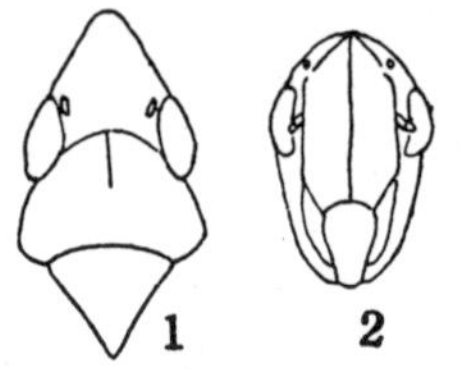

Fig. 482. *Pythamus* (Baker)
1. 頭部と前胸背板との背面図　2. 顔の前面図

87. 触角の鞭状部は有節後脚の脛節は可動距棘を欠き，側単眼は額に存在し，額は左右複眼に達し複眼を囲む小部分から分かれている側隆起縁を欠き，顔の側部(顳)は前面から見え頭楯と連続彎曲部を形成している（*Tettigometra* Latreille, *Egropa*, *Hilda*, *Euphyonartex*）……Fam. *Tettigometridae* Dohrn 1859

触角の鞭状部は無節，側単眼は顔の側隆起縁の外に位置し一般に複眼の下に存在し，顔の側部（顳）は前方より見えないかまた頭楯と角張つて存在する……88

88. 後脚の第2跗節は甚小でなくその先端は直線かまたは刻み目を有し微歯の1例を具え，前翅は前縁部がないかまたは横脈を欠く小形部を有するのみ……89

前脚の第2跗節は小形あるいは微小で末端が一般に円いかあるいは尖り棘を欠くかまたは両側に1棘を有するのみ，前縁部は存在するかまたはない……97

89. 爪状部脈（臀脈）は顆粒付けられていない，若ししかるときは下唇の末端節が短かく幅より長くない…90

1本または2本の爪状部脈は顆粒付けられ，下唇の末端節は幅より著しく長い。腹部は側扁し第7第8背板に臘分泌孔を具え，中単眼は普通存在する……Fam. *Meenoplidae*

90. 腹部の第6と第7と第8背板とに臘分泌孔を欠く……91

腹部の第6と第7と第8背板とに臘分泌孔を具え，産卵管は退化し不完全（*Kinnara*, *Eparmene*, *Prosotropis*, *Oeclidius*, *Atopocixius*）……Fam. *Kinnaridae* Baker 1923

91. 後翅の臀部は網目状で多数の横脈を有し，頭楯は側隆起線を有し，頭部は屢々非常に前方に延びている……Fam. *Fulgoridae*

後翅の臀部は網目状でない……92

92. 下唇の末端節は幅より明かに長い……93

下唇の末端節は幅と殆んど等長…Fam. *Derbidae*

93. 爪状部脈は爪状部末端に達している……94

爪状部脈は爪状部末端に達しないで翅の縫合線(Commissure)に末端前で達している……………95

94. 腹部の基部両側に3個の孔または凹を有する1個あるいは2個の短かい突起を具え，体は側扁し，翅膜がこれに被さつていない(マレー産の *Achilixia* や新熱帯産の *Bebaiotes* 等が代表)………………………………………………………………Fam, *Achilixiidae*

腹部の基部に側突起を欠き，体は普通扁平で翅膜から被われている………………………Fam. *Achilidae*

95. 後脚の脛節は末端に強い可動的の1距棘を具え，前翅は前縁部を欠き，産卵管はよく発達し，屢々短翅型…………………Fam. *Araeopidae* (*Delphacidae*)

後脚の脛節は末端に可動距棘を欠く………………96

96. 頭部は額にて前方に延びときに著しく延び，しからざる場合には額が2本または3本の隆起線を有する。あるいは肩板がなく且つ爪状部線(Claval suture)が不明，中単眼はない…………Fam. *Dictyopharidae*

頭部は額にて前方に延びていないかまたは中庸に延び，額は1中隆起線のみを有し側縁は隆起線となつている，肩板は存在し，中単眼は屢々存在………………………………………………………Fam. *Cixiidae*

97. 後脚の第2跗節は両側に1棘を具え，爪状部翅脈は殆んど常に爪状部の末端まで延びてその内に終つている………………………………………………………98

後脚の第2跗節は小形で棘を欠く……………… 102

98. 中胸背板は1溝または1線から区切られている後角を有し，前翅は前縁部を欠くかまたは甚だ小形で横脈を欠きあるいはこれを有する前縁部を存し，後脚の第1跗節は普通長く稀れに下面に褥板を附する…………………………………………Fam. *Tropiduchidae*

中胸背板は溝または線から区切られていない後角を有し，後脚の第1跗節は普通短かいかまたは甚だ短かい………………………………………………………99

99. 前翅は横脈を有する前縁部を具え，爪状部は顆粒付けられていない，頭楯は殆んど常に側隆起線を有する(*Nogodina* Stål) ……………………………………………………Fam. *Nogodinidae* Melcher 1898

前翅は横脈を有する前縁部を欠き，若し有する場合には爪状部は顆粒付けられているかまたは頭楯が側隆起線を有していない…………………………… 100

100. 前翅の爪状部は顆粒付けられていない，前縁の基部には著しく彎曲していない……………………… 101

前翅は横脈を有する前縁部を具え，爪状部が顆粒付けられ，あるいは前縁の基部が著しく彎曲している……………………………………………………Fam. *Flatidae*

101. 前翅は大形で体の両側に峻しく保たれ，頭部は胸部と約等幅，前胸背板は後縁微かに円く刻まれときに直線となり，中胸背板は大きく長く，後脚の脛節は棘を欠き，産卵管は不完全 (*Acanalonia* Spinolet＝*Amphiscepa*, *Chlorochara*) (Fig. 483) ……………………………Fam. *Acanaloniidae* Melichar 1902 (*Amphiscepidae*)

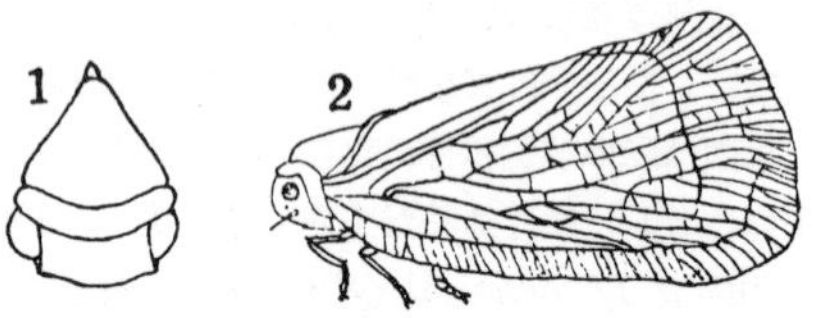

Fig. 483. *Acanalonia* (Swezey)
1. 頭部背面図(Metcalf)　2. 側面図

前翅は一般に小形でときに甚だ短かく或いは甚だ細く，皮質線。頭部は普通胸部と等幅かまたはより広く，前胸背板の後縁は直線でときに微かに凸線かまたは凹線，中胸背板は短かく前胸背板の2倍長より長くなく異なる彫刻を有する2部分に前胸背線に平行している1横隆起縁によつて分離され前方部は前胸背板から覆われている。後脚の脛節は有棘，前翅の爪状部線は存在するかまたは欠けていて前翅が厚化し凸形で翅脈が不明瞭………………………………Fam. *Issidae*

102. 前翅は末端縁にて幅広となり体側に峻しく位置し横脈を有する前縁部を具え，爪状部は長い。頭部は胸部と等幅かまたは殆んど等幅。後脚の転節は下向，第1跗節は少くとも中庸短……………Fam. *Ricaniidae*

前翅は末端縁にてそんなに幅広とならずして体側に峻しく保たれていないかまたは頭部が胸部より狭い，爪状部は短かい。後脚の転節は後向，第1跗節は少くとも中庸長……………………………………… 103

103. 額は長さよりも幅広で側部は角張る，頭楯は側隆起線を欠き，額は縦隆起線を欠くかまたは甚だ不明瞭な1線を有するのみ(*Eurybrachys* Guerin, *Messena*, *Platybrachys*, *Thessitus*) ……………………………………………Fam. *Eurybrachidae* Melicher 1903

額は稀れに長さと等幅で屢々角張る縁を欠き殆んど常に1本または3本の縦隆起線を有する………………………………………………Fam. *Lophopidae*

104. 跗節は2跗で第1節はときに退化し第2節に2爪を具え，翅は存在するときは4枚で少数の翅脈を有し静止の際には背上に屋根形に保たれ，体の各節接合線は明瞭，口器は普通雌雄共によく発達し普通長い下唇を具えている……………………………………… 105

跗節は1節 (ある *Monophlebidae* と雄のコチニー

ル虫とでは微小な基節と具えている）で１爪を有する。雌は太い体で常に無翅で屢々脚を欠き稀れに口器を欠く。雄は弱体で普通中胸翅のみ発達し，その翅は紗様で殆んど無翅脈で静止の際には背上に平に保たれている。雌の触角は無いかまたは11節からなるものがあり，雄の触角は10乃至25節。雌の体と雄の若虫の体とは介殻状か虫癭状か臘粉または臘總あるいは介殻から被われ各節の縫合線は屢々不明瞭……………………
……………Superfamily *Coccoidea*……………… 110

105. 不跳昆虫で細長い脚を具え，前後両翅ともに膜質かまたは帯白色不透明，触角は３～６節………… 106
　跳躍昆虫で太い腿節を具え，触角は長く５～10節で普通は10節からなり末端節に２本の微端棘毛を具え，前翅は幾分厚化し屢々多少革質，２爪の間に１褥盤（爪間盤）を具え同褥盤は２葉となつている…………
…………………………Fam. *Psyllidae* (*Chermidae*)

106. 翅はたとえときに着色しているが透明で，後翅は前翅より小形，跗節はときに著しく減退している基節を具え，爪間盤は甚だ減退しているかまたはなく，体は臘粉付けられていないがときに臘糸を装う。生活環は甚だ複雑化し，異なる外観の無性生殖と有性生殖との世代を包含している…Superfamily *Aphidoidea*…107
　翅は普通不透明で帯白色や煤色でまたは斑点や帯線で斑となり前後各翅が異形，跗節は２節長さを異にし爪間に褥盤様か棘状かの１突起（爪間盤）を具え，成虫の体は多少微少の白色臘粉を装い，若虫の体は介殻状で臘粉を装う事がないが屢々臘からなる縁板(Marginal plates) を具えている ……………………………
………………………………………Fam. *Aleyrodidae*

107. 前翅は縁紋が後方第１径脈によつて境された径分脈が分離している (Fig. 484)。有性雌は卵生で夏期の単性雌は幼生，新産の若虫は前前胸側板棘毛 (Anterior pronotal pleural bristles) を欠く………………………………………………… 108

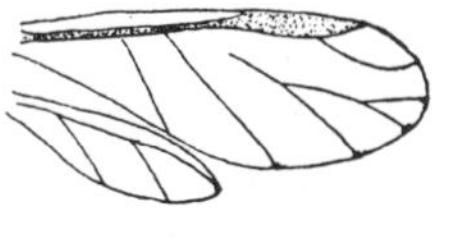

Fig. 484. 蚜虫 *Macrosiphum* の翅 (Patch)

　前翅は縁紋が第１径脈と径分脈との合体せる脈によつて後方境されている (Fig. 485)。有性と無性との両雌は卵生，跗節の第１節は２棘毛を具え，角状管 (Cornicles) はなく新生の若虫は３節の触角を有し前前胸側板棘毛を装う……………………………… 109

Fig. 485. 蚜虫の翅 (Patch)
1. *Phylloxera*　2. *Adelges*

108. 単性で卵生の雌虫と普通雄とは可機能的口吻を有し，卵生雌は２個またはより多数卵を産下するが稀れに１卵を生む，角状管は稀れにない……………………
………………………………………Fam. *Aphididae*
　単性雌は可機能的口吻を具え，有性型は著しく退化し口器を欠く，卵生雌は１卵を産むのみ，角状管は著しく減退するかまたはなく，臘腺は多数発達し，翅脈は普通少数，触角の感覚器は顕著……………………
……………………………………Fam. *Eriosomatidae*

109. 翅は静止の際に屋根形に保たれ，前翅の肘脈と第１臀脈から離れている。無翅無性雌の触角は３節で有性型のものは４節からなり有翅型のものは５節，有性並びに単性の雌は口吻を有し，無翅無性雌は臘毛房を分泌する ……………………………Fam. *Adelgidae*
　翅は静止の際には腹背上に平に保たれ，肘脈と第１臀脈とが癒合してＹ字形脈を形成し，触角は３節，単性雌は口吻を有し有性型はこれを欠き，無翅無性雌は臘毛房を分泌しないしかし *Phylloxera* でい臘粉を分泌する…………………………Fam. *Phylloxeridae*

110. 腹部気門はすべての世態に存在し，成虫の雄は普通複眼を具えている………………………………… 111
　腹部気門はすべての世態になく，成虫の雄は一定の複眼を欠く即ち半球形または他形に小眼面の集塊がない………………………………………………………… 112

111. 若虫とすべての雌の世態とは孔と６微棘毛とを装う扁平の明確に発達した肛門輪 (Anal ring)を具え，雄の成虫に簡単な９節の触角を具えその末節の先端にむしろ顕著な１微棘毛を装い，雄成虫の陰茎鞘 (Penis sheath) は著しく２瓣状を呈している…………………
………………………………………Fam. *Ortheziidae*
　いづれの世態も上述の如き肛門輪を欠き，雄の成虫は殆んど常に簡単な10節からなる触角を有し稀れに櫛歯状の触角を有するものや10節以上からなるものを有し，雄成虫の陰茎鞘は大部分完全であるか末端のみ割れていて多くとも短かい２葉片の末端を有しその場合には微かに発達した複眼を有する…………………………
……………Fam. *Monophlebidae* (*Margarodidae*)

112. 雌と若虫との腹部は腹合尾節 (Compound pygidium) に終り，肛門は簡単，体は薄い楯様介殻から覆われている………………………………………………… 113
　雌と若虫との腹部の後方の数節が癒合して一定の尾

節を形成して前方の節と区別される事がなく，尾孔は屢々有棘毛，体は薄い楯様の介殻から覆われる事がない……………………………………………………… 114

113. 介殻は最初の脱皮殻を取り捲いて形成され，介殻に覆われている虫体の尾節は前節と区別が出来るように後端数節が癒合して形成され，第1令虫の尾節は長い2尾棘毛を具えている。脚と6節からなる触角とは匍匐時代現われているが宿主に定着後は消失する。口吻は1節 ……………………………Fam. *Diaspididae*

介殻は初期の脱皮殻を包含しない。尾節は少なく癒合し，脚は雌の成虫でさえも存在し脛節と跗節との接合線は欠け，雌成虫の触角は3節，口吻は2節（新熱帯やセイロン島産の *Conchaspis* Cockerell，チリー産の *Fasisuga*，新熱帯産の *Scutare* など）（Fig. 486） ……………Fam. *Conchaspididae* Green 1896

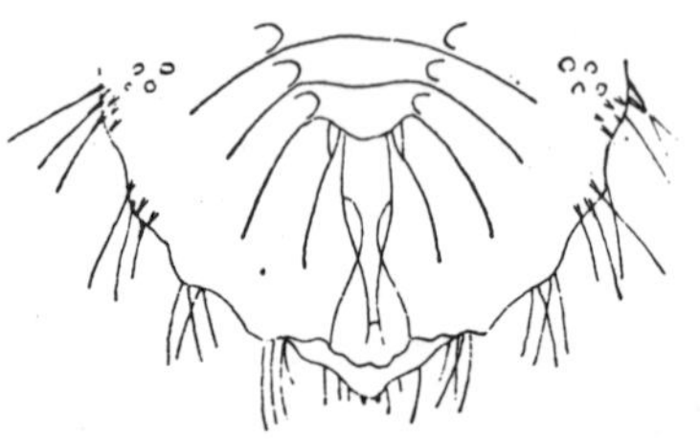

Fig. 486. *Conchaspis* 雌の尾節 (Green)

114. 雌虫は尾端に割れ目を有し，肛門は背板の1対から包まれ，若虫もまた尾割目を有しその両側は1個の顕著な有棘毛片または板にて境されている。口吻は1節，臘腺は甚だ稀れに8字形に類似して対をなし，雌成虫の体はときに甚だしく凸形で裸体かまたは臘様あるいは綿様分泌物から包まれている…………………………………………………Fam. *Coccidae* (*Lecaniidae*)

腹部の末端は中央で割れていない。若し外見的に割れて尾瓣を有する場合には顕微鏡的臘腺のあるものが8字形に類似して対となつている………………… 115

115. 腹部の末端は多少狭まり或いは管状の尾突起に延び，口吻は2節，虫癭中に棲息するかまたは臘に包まれている…………………………………………………… 116

腹部の末端は狭まらずあるいは尾突起に延びていない……………………………………………………… 117

116. 昆虫は樹脂の塊の中に包まれ，各室は接近する3孔を有する。雌の成虫は無脚で体は球状または亜円錐形を呈し1端に口器を具え他端に3個の管状突起を有し，その1突起は肛門を具え他の2突起は中胸気門を具えている……Fam. *Lacciferidae* (*Tachardiidae*)

虫癭形成者。普通 Eucalyptus 樹に寄生し，雄の成虫は有節でコマ状で少くとも1対の脚を具え，あるいは環節が消失し頭部と胸部とが球状で腹部が1顆瘤状となり脚と触角とがない。濠洲産で Peg-top Coccids と称えられている（*Apiomorpha* Rübsamen, *Ascelis*, *Cystococcus*, *Opisthoscelis*）……………………………Fam. *Apiomorphidae* Mc. Gillivray 1921 ……………………………………………(*Brachyscelidae*)

117. 臘腺は大部分8字形に対となつて分布し一般に列に配置され，口吻は1節，肛門輪は棘毛を装い，雌の成虫の脚は痕跡的かない……Fam. *Asterolecaniidae*

臘線は8字形に対として組に配列されていない…………………………………………………………… 118

118. 雌の成虫の触角は11節，雄の複眼は環に配列されている8単位からなり，肛門輪は明瞭で6本の顕著な肛門輪棘毛を装い，尾瓣も尾棘毛もない（濠洲産の *Phenacoleachia* Cockerell）………………………………………………Fam. *Phenacoleachiidae* Fernald 1903

雌の成虫の触角は多くとも9節で屢々減退しまたは欠け，雄の複眼は少数部からなり輪に配列されていない…………………………………………………… 119

119. 雌の成虫とすべての若虫とは肛門輪とこれに生ずる棘毛とを欠く……………………………………… 120

雌の成虫と中間の若虫とは発達した肛門輪を具え肛門輪棘毛を有するものとないものとがあり，第1令虫は尾輪棘毛を具えている……………………………… 121

120. 雌の成虫はすべての脚を具えこれ等の脚は亜等長，触角は普通7節，体は濃紅色。Cochineal insects…………………………Fam. *Dactylopiidae* (*Coccidae*)

雌の成虫はある脚またはすべての脚を欠きすべての脚が有る場合には後脚は他脚の2倍または3倍の長さを有し，触角があれば7節より少数節で屢々痕跡的またはない。南半球産。（新熱帯の *Apiococcus*，濠洲の *Cylindrococcus* Maskel と *Ourococcus*，エチオピアの *Halimococcus* など）…………………………………Fam. *Cylindrococcidae* Mc Gillivary ………………………………………… (*Idiococcidae*)

121. 肛門輪と明瞭な肛門輪棘毛とは雌の若虫と成虫とに存在し，尾瓣（Anal lobes）はある…………………………Fam. *Pseudococcidae* (*Dactylopiinae*)

雌の成虫は稀れに肛門輪を有し，雌の若虫は肛門輪棘毛とを有し，尾瓣は形成されない。雌の成虫はイチゴ状または虫癭状で樫類に寄生している…………………………………Fam. *Kermesidae* (*Hemicoccinae*)

122. 頭部は胸部に自由に関接付けられ，前翅は膜質で縦脈と横脈とを有し多数の室を形成している。陸棲。（新熱帯産の *Peloridium* Breddin，濠洲産の *Xeno-*

phyes と *Hemiodoecus*) ....Fam. *Peloridiidae* Breddin 1897

頭は多少完全に胸部に癒合し不可動的，前翅は甚だ厚く腹背全部を被い，小楯板は短かく幅広，水棲..Fam. *Pleidae*

上記の諸科中本邦から知られている科を順次述べる。

a. 異翅亜目

Suborder *Heteroptera* Latreille 1810

顕角群 Tribe *Gymnocerata* Fieber 1861

椿象上科 Superfamily *Scutelleroidea*

Brues and Melander 1932 (*Pentatomoidea*)

115. ツチカメムシ（土椿象）科

Fam. Cydnidae Billberg 1820 Fig. 487

1861年に Fieber が *Pentatomidae* 科から分離したもので，Cydnid bugs, Burrower Bugs 及び Ground Bugs と称えられ，ドイツでは Erdwanzen とよばれている。本邦からは *Geotomus* や *Chilocoris* や *Microporus* や *Adrisa* や *Macroscytus* や *Legnotus* や *Sehirus* などの属が見出され，土中や植物の根ぎわなどに棲息する種類が多い。しかし地上棲のものも少くない。黒色が普通だが褐色や黒藍色で光沢の強いものなどがあり，体長2～18mm。

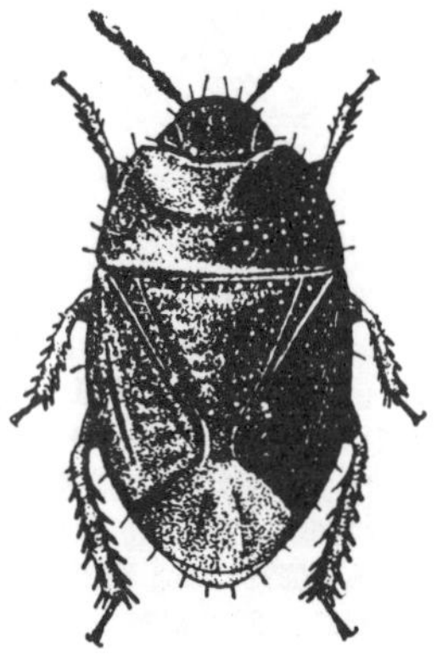

Fig. 487. ヒメツチカメムシ（江崎）
Geotomus pygmaeus Dallas

小形乃至中庸大，触角は5節，口吻は短かく4節，半翅鞘は腹部を完全に覆い革質部が亜三角形で不透明，前脚とさらに中脚とが開堀に適応し，脛節は砂地に棲息している種類では有棘，跗節は3節で後脚のものは減退している。普通暗色であるがある種類は金属色を呈し，ある種類は土中に棲息している。世界に広く分布している特に熱帯に多産で，*Cydnus* Fabricius, *Brachypelta* Amyot et Serville, *Geotomus* Mulsant et Rey, *Gnathoconus* Fieber, *Sehirus* Amyot et Serville, *Aethus* Dallas, *Pangaeus* Stål, *Amnestus* Dallas などが代表的な属である。

116. マルカメムシ（円椿象）科

Fam. Plataspididae Horvath 1911

(*Coptosomidae*, *Plataspidae*)

小形，体は短かく後端幅広，小楯板は非常に大形で後方は幅広となり凸形で腹部の大部分を覆い，その後端著しく幅広で円く基部に1彎曲線があつて恰も2節からなつている観を呈する。前翅は腹部の約2倍の長さで，中央にて畳まれ静止の際には小楯板の下に隠されている。脚の跗節は2節，触角は5節でむしろ短かい。本邦には *Coptosoma* 1属のみが知られ，普通荳科植物に寄食し，マルカメムシ (*Coptosoma punctissimum* Montandon) (Fig. 488) は大豆や小豆の葉を食し害虫として認められ，本州・四国・九州などに産し，背面暗黄褐色，5～5.5mm の体長を有する。この科の代表的な属は *Brachyplatys* Boisduval や *Plataspis* Westwood や *Coptosoma* Laport などである。

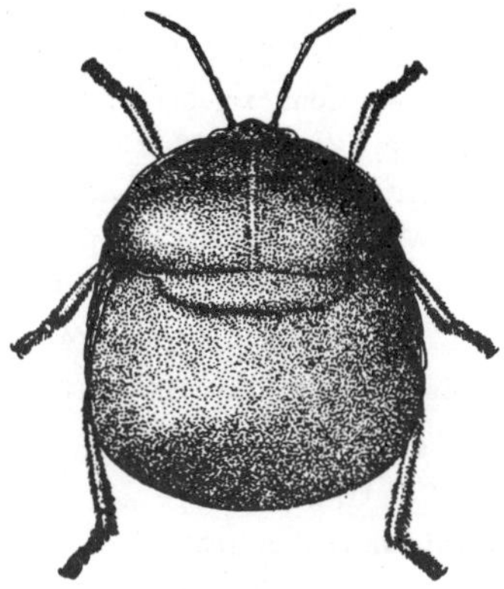

Fig. 488. マルカメムシ（江崎）

117. キンカメムシ（金椿象）科

Fam. Scutelleridae Leach 1815

(*Pachycoridae* Uhler 1863)

Scutellerid Bugs, Shield Bugs, Shield-backed Bugs などと称えられ，*Homaemus*, *Scutellera* Lam, *Chrysocoris*, *Poecilocoris* Dallas, *Eurygaster* Laport などの属が代表的なもので，本邦からは最後の2属と *Eucorysses* 属とが知られている。

小形乃至大形，楯状かまたは長形で凸形，小楯板は著しく大形で後端狭まり腹部と翅との大部分を被うている。色彩は様々で，光沢ある黒色や褐色や灰色や金属的な緑色や藍色や赤色や紫色や橙黄色やその他で，いづれも美麗な種類である。頭部はむしろ小形で普通幅より短

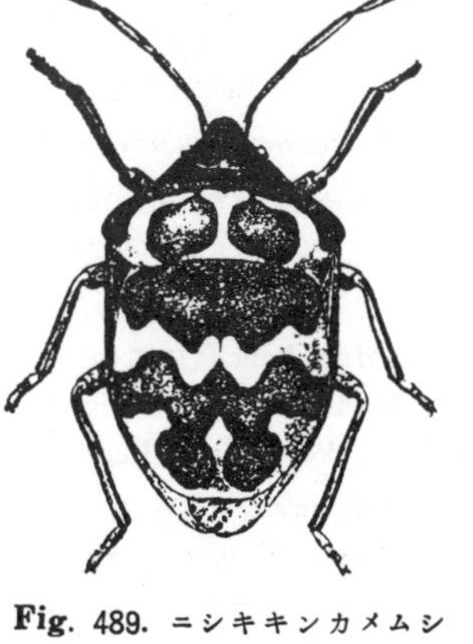

Fig. 489. ニシキキンカメムシ（江崎）

かく，触角は5節であまり長くなく，複眼はよく発達し頭部の側基角に存在し，単眼は存在し，口吻は長く4節，胸部は甚だ大形の小楯板を有し，翅は静止の際は小楯板の下に置かれ革質部の前縁のみ現われ，脚は普通，腹部は腹板の6個が見られ中発音部を有するものとしからざるものとあつて結合板 (Connexivum) は顕著かまたは不明瞭。一般的に植物に寄食し，雌虫は卵と若虫とを保護する性を有するものがある。チャイロカメムシ (*Eurygaster sinica* Walker) は稀れに稲を食害し，オオキンカメムシ (*Eucorysses grandis* Thunberg) は油桐を害する事がある。ニシキキンカメムシ (*Poecilocoris splendidulus* Esaki) (Fig. 489) は体長17mmで，九州産，本邦産椿象類中最美の種である。

118. アカスジカメムシ（赤条椿象）科

Fam. Podopidae Dallas 1851

(*Graphosomatidae*)

この科はキンカメムシ科に甚だ類似しているが，胸部の肩角と前角との前方に顕著な歯または葉片を具え，複眼は著しく突出し，後翅に翅鈎 (Hamus) を具えていない事によつて区別される。またカメムシ科にも似ているが小楯板の後端がU字形となつている事と前翅の革質部の不透明部が後方に狭まつている事によつて区別する事が出来る。*Arctocoris* や *Oncozygia* や *Podops* Lap. 等が代表的の属であるが，本邦からは *Graphosoma* Lap. や *Dybowskyia* や *Scotinophara* の3属が発見され，クロカメムシ (*Scotinophara lurida* Burmeister) は本州と九州とに産し，南方印度まで分布し，稲の有名な害虫である。アカスジカメムシ (*Graphosoma rubrolineatum* Westwood) (Fig. 490) は体長10～12mm，黒色に赤色の縦条を有し，全土，朝鮮，沖縄，支那等に分布する。

Fig. 490. アカスジカメムシ (江崎)

119. カメムシ（椿象）科

Fam. Pentatomidae Leach 1815

(*Cimicidae* Fallén 1814) (Fig. 491)

Shield Bugs, Stink Bngs, Pentatomid Bugs 等と称えられ，ドイツでは Schildwanzen とよんでいる。中庸大乃至大形で幅広い卵形か楯状で，陸棲。食草性と肉食性とがあつて，最も普通で且つ顕著な一般にクサガメと称えられている類である。頭は小さく三角形に近く顕著な中葉 (Median lobe) 即ち中裂片 (Tylus) とよく発達した側葉 (Lateral lobes) 即ち側板 (Juga) とを有し，前口式かまたは下口式で，複眼線が最も幅広。触角はよく発達し5節、稀れに4節。複眼は顕著で頭部の

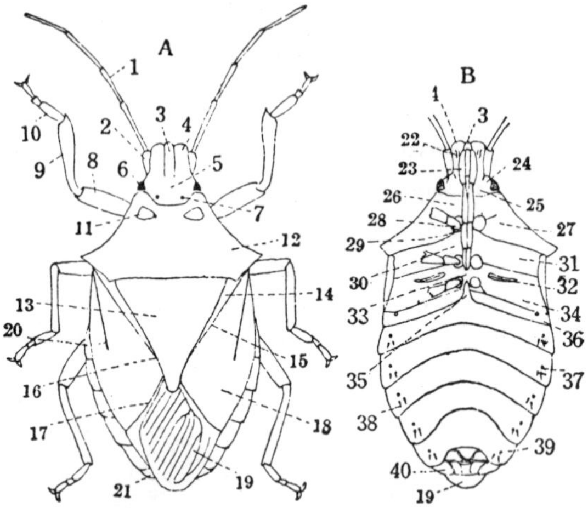

Fig. 491. カメムシの模式図 (Essig)

A. 背面　B. 腹面

1. 触角 2. 同第1節 3. 中葉 4. 側葉 5. 頭頂 6. 複眼 7. 単眼 8. 腿節 9. 脛節 10. 跗節 11. 厚化斑 12. 前胸背板 13. 小楯板 14. 爪状部 15. 要片 16. 要片末端 17. 膜線 18. 革質部 19. 膜質部 20. 腹部第2節 21. 生殖節 22. 頬片 23. 口吻基部 24. 触角膨部 25. 喉板 26. 前胸腹板 27. 前胸側板 28. 転節 29. 基節 30. 中胸腹板 31. 中胸側板 32. 嗅腺（後胸腺）33. 後胸腹板 34. 後胸側板 35. 基棘 36. 腹部第1腹板 37. 気門 38. 感覚毛 39. 腹部第6腹板 40. 外生殖器

基部近くの側部に存在し，単眼が2個で稀れに欠けている。口吻は短かいかまたは普通に長く細く直線で4節からなり，基節の間に置かれている。前胸背板は大きく殆んど三角形に近く，基部にて最も幅広く，屢々明瞭な彎曲せるあるいは棘状の側角を有し，前方背面に2個の厚化斑 (Calli) を具えている。後胸側板上に横形の嗅腺孔 (Odoriferous gland orifices) を有する。翅は普通によく発達し，屢々腹端を僅かに越えて延びている。半翅鞘は爪状部と革質部と膜質部とを有するが楔状部 (Cuneus) を欠き，膜質部は革質部後端に平行に走る1脈から多数の縦脈を出している。脚は正常で甚だ僅かな毛と棘とを装い，跗節は2～3節で，微棘を生ずるものとしからざるものとがあり，爪と褥盤とはよく発達している。小楯板は大形なれど決して腹部全体を被う事がなく，普通は末端狭まつている。ある若虫では腹部背面に4対の嗅腺を具え，これ等の腺は成虫にて消失し胸側腺に置き換えられている。雌の生殖器は或る数の板片からなり，雄の

ものは1生殖板と生殖鈎とからなる。

この科の昆虫は半翅目中最多の1つで約5000種からなり，全世界植物の生ずる処には凡て発見され，中でも新熱帯とインドマレーとエチオピア洲とに最多で，学者によつては5亜科以上に分けている。本邦からは *Erthesina*, *Laprius*, *Aenaria*, *Lagynotomus*, *Aelia*, *Eusarcoris*, *Sepontia*, *Carbula*, *Rubiconia*, *Holyomorpha*, *Palomena*, *Carpocoris*, *Dolycoris*, *Agonoscelis*, *Eurydema*, *Alcimocoris*, *Nezara*, *Plautia*, *Glaucias*, *Menida*, *Piezodorus*, *Placosternum*, *Pentatoma*, *Homalogonia*, *Lelia*, *Acanthosoma*, *Sastragala*, *Anaxandra*, *Elasmostethus*, *Elasmucha*, *Dichobothrium*, *Picromerus*, *Pinthaeus*, *Dinorhynchus*, *Cantheconidea*, *Andrallus*, *Arma*, *Zicrona*, *Parastrachia*, *Megymenum*, *Gonopsis* 等の属が知られている。

害虫としては南瓜や胡瓜等に寄食するノコギリカメムシ (*Megymenum gracilicorne* Dallas) は体長14～16mmの黒褐色種が本州以南に産し中国にも分布している。セアカツノカメムシ (*Acanthosoma denticauda* Jakovlev) は苹樹や桜等にヨツボシカメムシ (*Homalogonia obtusa* Walker) は各種の果樹に，ツノアオカメムシ (*Pentatoma japonica* Distant) (Fig. 492) は苹樹や杏等に，イチモンジカメムシ (*Piezodorus rubrofasciatus* Fabricius) は大豆に，ナカボシカメムシ (*Menida musiva* Jakovlev)は梨に，ツマジロカメムシ (*Menida violacea* Motschulsky) は桑樹に，アヤナミカメムシ (*Agonoscelis nubila* Fabricius) はビワにブチヒゲカメムシ (*Dolycoris baccarus* Linné) はサトウダイコンや豆類やネギやその他に，ムラサキカメムシ (*Carpocoris purpureipennis* de Geer) はネギ類や野菜類や豆類に，ヒメカメムシ (*Rubiconia intermedia* Wolff) は稲に，シラホシカメムシ (*Eusarcoris ventralis* Westwood) とマルシラホシカメムシ (*Eusarcoris guttiger* Thunberg) とオオトゲシラホシカメムシ (*Eusarcoris lewisi* Scott) とトゲシラホシカメムシ (*Eusarcoris parvus* Uhler) とは稲に，ウズラカメムシ (*Aelia fieberi* Scott) は稲や粟や麦等に，キマダラカメムシ (*Erthesina fullo* Thunberg) は梨に，シロヘリカメムシ (*Aenaria lewisi* Scott) は稲に夫々寄食する事が知られている。イネカメムシ (*Lagynotomus assimulans* Distant) は稲の害虫として普通に知られ本州以南に産し，体長13mm内外の黄白色で暗褐色の微点刻を密布している。アオクサカメムシ(*Nezara antennata* Scott) は野菜類や禾本科作物や豆類や果樹や種々な作物に寄生し，体長14～16mmの鮮緑色種で本邦各地に最も普通に発見される。ナガメ (*Eurydema rugosa* Motschulsky) は大根やアブラナの害虫で本邦全土に分布し体長8～9mmの藍黒色に橙色の帯紋を有し，ヒメナガメ (*Eurydema pulchra* Westwood) はまた前者と共に棲息して同様害虫であるが本邦中部以南にのみ産す。

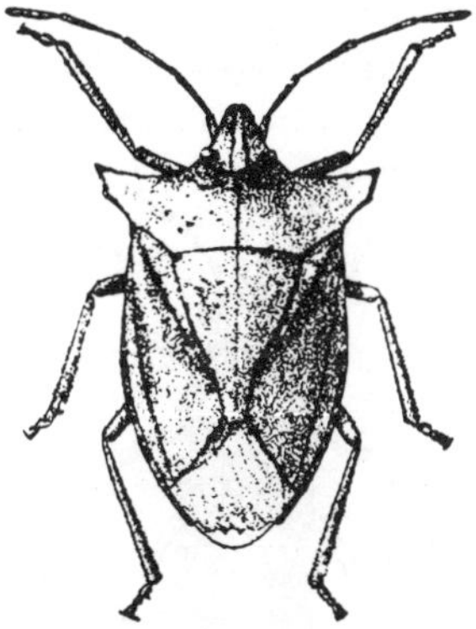

Fig. 492. ツノアオカメムシ（江崎）

尚この科にはシロヘリクチブトカメムシ (*Andrallus spinidens* Fabricius) やアオクチブトカメムシ (*Dinorhynchus dybowskyi* Jakovlev) やクチブトカメムシ (*Picromerus lewisi* Scott) 等の如く鱗翅目の幼虫を刺食するものやアシアカクチブトカメムシ (*Pinthaeus sanguinipes* Fabricius) やシモフリクチブトカメムシ (*Cantheconidea japonica* Esaki et Ishihara) 等の如く小昆虫を捕食するものがある。更にモンキツノカメムシ (*Sastragala scutellata* Scott) の如く雌がその産卵上に坐してこれを哺育する習性を有する種類等が発見されている。

120. クヌギカメムシ（櫟椿象）科

Fam. Urostylidae Dallas 1851

Urolabidae Kirkaldy, *Urolabididae* Kirkaldy 等は異名，細い小さな扁平のカメムシで，小楯板は正状，口吻は正状で短いかまたは長く，単眼はあるものと退化せるものとがあり，跗節は3節，腹部の第2気門は後胸腹板から覆われ，第3～7（雌8）気門は自由。*Urostylis* Westwood や *Urochela* Dallas が代表的な属で，アジアと濠洲とから発見され，60種以上が知られている。本邦にはこれ等両属が産し，数種が発見されている。サジクヌギカメムシ (*Urostylis striicornis* Scott) (Fig. 493) は体長12mm内外，体は一様に淡緑色で黒色の微点刻を布

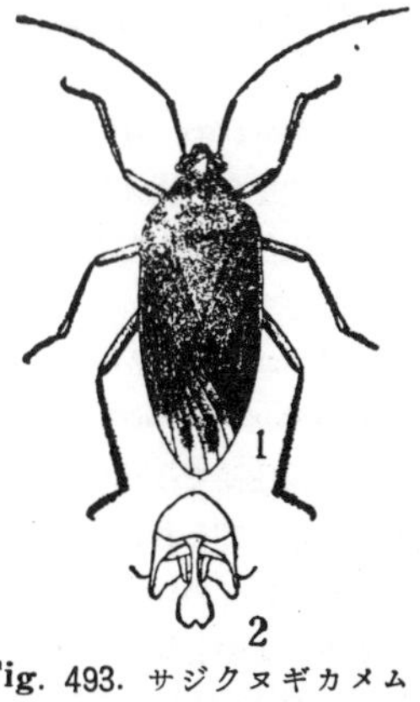

Fig. 493. サジクヌギカメムシ（江崎）

1. 雄　2. 雄の生殖節腹面

している。本州，四国，九州等に分布し，クヌギに普通。ナシカメムシ (*Urochela luteovaria* Distant) は体長10～13mm，やや紫色を帯びた淡褐色に黄白色の斑紋を有する。本州と九州とに産し，梨や桜等に群棲して加害する事が少くない。

縁椿象上科 Superfamily *Coreoidea*

121. ヘリカメムシ（縁椿象）科

Fam. Coreidae Leach 1815

Squash Bugs とか Leaf-footed Bugs 等と称えられているものを包含し，小形乃至大形で種々な形状を呈するが多少長形，色彩は温帯産のものは大部分鈍色で熱帯産のものは鮮明色を呈し，皮膚は充分堅く滑かかまたは有棘。頭部は前胸背板より著しく狭く且つ短かく，触角は普通太く屢々幅広となり4節で頭側の上方部から生じ，複眼はよく発達し，単眼もある。胸部は正常は腹部と等幅。半翅鞘は革質部と爪状部と膜質部とからなり，膜質部に多数の翅脈を有する（南米産の *Holhymenia* Lep. et Serv. は全体膜質)。脚は形状に変化が多く，ときに後脚の腿節か脛節或は両節が著しく大形となりまた葉片状となつている事がある。腹部は大形で背面凹んでいる。嗅腺と発音器とが存在する。卵は屢々寄主植物上に附着せしめられ，若虫は成虫よりも比較的太い触角を具えている。

この種のカメムシは大部分食草性で或る種類は作物に著しい害を与える。大体1000種内外が世界から知られ約150属に分けられ，熱帯に優勢である。最も重要な属は *Coreocoris* Hahn, *Chelinidea* Uhler, *Margus* Dallas, *Anasa* Amyot et Serville, *Alydus* Fabricius, *Leptoglossus* Guérin, *Jadera* Stål, *Acanthocoris* A. et S., *Narnia* Stål 等で，本邦からは *Molipteryx*, *Homoeocerus*, *Anacanthocoris*, *Hygia*, *Acanthocoris*, *Plinachtus*, *Cletus*, *Mesocerus*, *Coriomeris*, 等の諸属が発見されている。

ハラビロヘリカメムシ (*Homoeocerus dilatatus* Horvath) は荳科作物の普通な害虫で，本州以南に産し，体長 13～15mm で黄褐色に褐色の微点刻を密布している。尚これに類似した同様な害虫にホシハラビロヘリカメムシ (*H. unipunctatus* Thunberg) がある。アズキヘリカメムシ (*Anacanthocoris concoloratus* Uhler) は体長15mm内外の淡黄褐色種で褐色の微点刻を密布し，小豆や大豆の大害虫として知られ，本州以南に分布している。ホオズキカメムシ (*Acanthocoris sordidus* Thunberg) は茄子やトマトや甘藷やホオズキその他に寄食しときに害が多く，体長 11～12mm で黒褐色を呈し微棘毛を密生し，本邦以南に分布している。以上の外ホソヘリカメムシ (*Riptortus clavatus* Thunberg) は豆類に大害を及ぼす事があり，ヘリカメムシ (*Mesocerus marginatus orientalis* Kiritschenko) はゴボウに，ハリカメムシ (*Cletus rusticus* Stål) (Fig. 494) とホソハリカメムシ (*C. trigonus* Thunberg) とは稲や麦等に，オオクモヘリカメムシ (*Anacanthocoris striicornis* Scott) は稲その他に，何れも寄食する事が認められている。

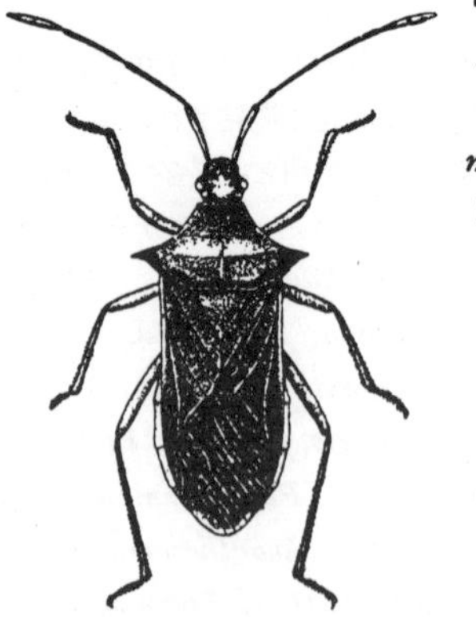

Fig. 494. ハリカメムシ（江崎）

122. クサカメムシ（嗅椿象）科

Fam. Corizidae Mayr 1866

Grass Bugs や Corizid Bugs と称えられ，普通ヘリカメムシ科の中に含められている。しかし腹部第4節の背面は中央括れ，後胸の嗅腺孔が一般になくもしある場合には後脚の基節窩の後方で各々が2個の拡がる溝を具えている事によつて区別する事が出来る。触角は頭側の背上に出で，単眼は存在し，半翅鞘の膜質部は多数の縦脈を具えている。

主な属は *Corizus* Fallén, *Harmostes* Burmeister, *Stictopleurus* Stål, *Rhopalus* Schilling 等で，本邦では *Rhopalus maculatus* Fieber（アカヒメヘリカメムシ）(Fig. 495) が全土に分布し人参やサトウダイコンの害虫として知られ，*Stictopleurus crassicornis* Linné（ブチヒゲヘリカメムシ）が全土の雑草間に普通で，*Corizus sapporensis* Matsumura（ブチヒメヘリカメムシ）が北海道に産するのみ。

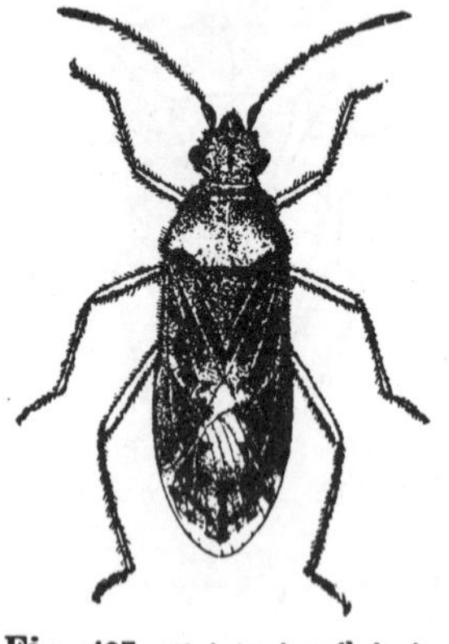

Fig. 495. アカヒノヘリカメムシ（江崎）

123. クモヘリカメムシ（蜘蛛縁椿象）科

Fam. Alydidae Reuter 1912 (*Coriscidae*)

この科は一般にヘリカメムシ科に包含されているが，頭は前胸と殆んど等幅等長で，頬は触角基部の後方に殆んど延びていないで，後脚の基節窩の外縁は多少横になつている事その他によつて区別する事が出来，腹部の第

4と第5との各背板基部中央にて凹んでいる。*Alydus* Fabricius, *Leptocorisa* Latreille, *Riptortus* Stål, *Megalotomus* Fieber 等が代表的属で，本邦からは稲の有名な害虫の1つであるクモヘリカメムシ（*Leptocorisa varicornis* Fabricius）(Fig. 496)と荳科植物の豆類に大害を与えるホソヘリカメムシ（*Riptortus clavatus* Thunberg）と雑草間に普通のヒメクモヘリカメムシ（*Paraplesius unicolor* Scott）とが発見されている。後者は本州と九州に産し，東洋熱帯地に広く分布し，体長16mm内外の黄緑色で細長く，触角は甚だ細長く最長の末端節を有し，前胸背板は長く，小楯板は細長く末端尖り，半翅鞘の膜質部は大形で淡褐色，脚は細長く淡褐色を呈する。キベリヘリカメムシ（*Megalotomus costalis* Stål）は北海道と本州とに産するが少ない。

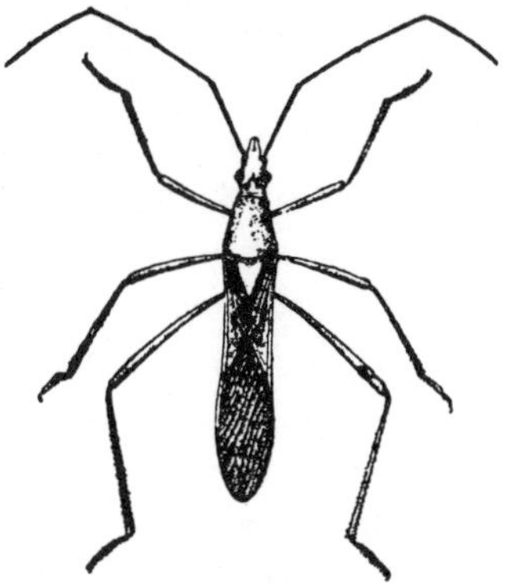

Fig. 496. クモヘリカメムシ（江崎）

長椿象上科 Superfamily *Lygaeoidea*

124. イトカメムシ（糸椿象）科

Fam. Berytidae Fieber 1861 (*Neididae*)

この科は非常に細長い脚と腿節の末端が棍棒状となつている事と触角の末端節が紡錘状を呈する事とによつてヘリカメムシ科から明瞭に区別する事が出来る。普通に Stilt Bugs と称られ，*Berytus* Fabricius, *Neides* Latreille, *Metacanthus* Costa, *Metatropis* Fieber 等の属が代表的なもので，本邦からはイトカメムシ（*Yemma exilis* Horvath）(Fig. 497)やヒメイトカメムシ（*Gampsocoris viridiventris* Matsumura）やオオイトカメムシ（*Metatropis rufescens* Herrich-Schäffer）等が知られている。イトカメムシは体長6mm内外の帯緑淡黄色，頭は長くほぼ中央に1横溝を有し約10mm長の触角を具え，半翅鞘は尾端に達しない，脚は淡黄色。本州と九州とに産し，樹木の葉裏に群棲する事が少くない。ヒメイトカメムシは体長4mm内外で淡黄褐色，前胸背板は太く前方に狭まり，後胸側部に鈎状棘を出し，半翅鞘は淡黄色で幅広の膜質を有す。全土に分布ときにゴマに寄生する。

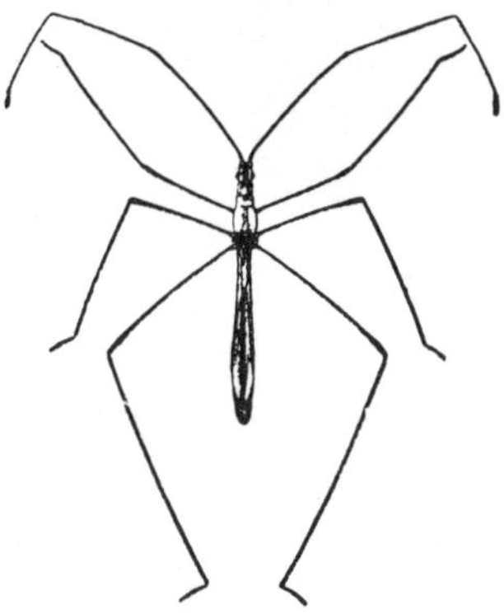

Fig. 497. イトカメムシ（江崎）

125. シユモクカメムシ（撞木椿象）科

Fam. Colobathristidae Horvath 1911 (Fig. 498)

この科は本邦には産しないが，台湾より発見され，熱帯産である。イトカメムシに近いが半翅鞘の膜質部に翅脈を欠き，頭は横形，腿節は棍捧状でなく，触角末端節は細い事等によつて容易に区別する事が出来る。*Colobathrister* Burmeister, *Peruda* Distant, *Phaenacantha* Horvath 等が代表的の属である。

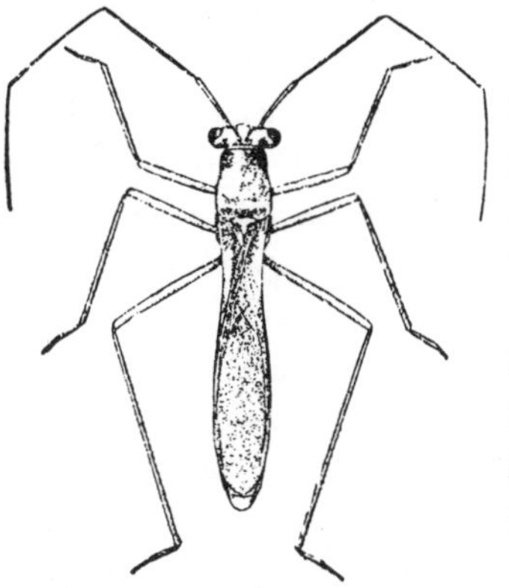

Fig. 498. シュモククカメムシ（江崎）
Phaenacantha marcida Horvath

126. ナガカメムシ（長椿象）科

Fam. Lygaeidae Schiller 1829 (Fig. 499)

Chinch Bugs や Lygaeid Bugs が属し，早い時代には *Coreidae* と一所に取り扱われていたが1829年に Schiller によつて *Lygaeides* として分類せしめられたもので，Kirkaldy が1899年に *Myodochidae* として更に1902年に *Geocoridae* なる命名を行つたものである。小形乃至中庸大で長楕円形の地上や植物上に棲息するカメムシである。触角は4節で顔の下方に出で，末端節は屢々太い。複眼は普通大きく突出し，単眼は一般に存在し，口吻は4節。脚は短かく，前脚はときに捕獲脚となり，跗節は3節。半翅鞘は長い爪状部を有し，膜質部は顕著で少数の不規則な縦脈を有

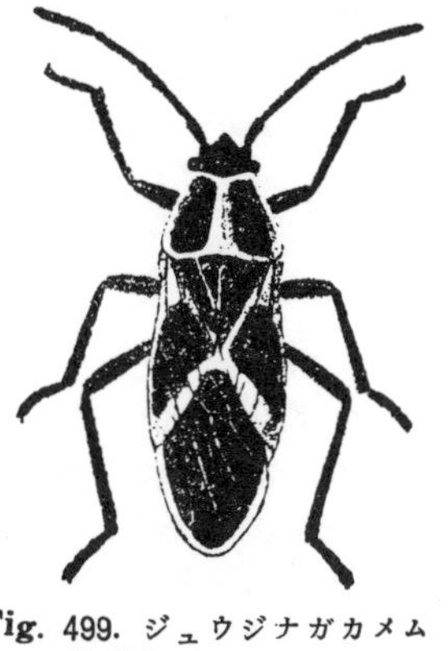

Fig. 499. ジュウジナガカメムシ（江崎）
Lygaeus cruciger Motschulsky

する。短翅型が屢々現われる。雄の第7腹環節は大形となつている。

大きな科で世界から約2000種が発表され，100属以上に分類され，学者によつては12亜科としている。殆んど全世界に分布し，大部分のものは食草性であるが，少数のものは肉食性である。*Blissus* Burmeister, *Nysius* Dallas, *Ischnodemus* Fieber, *Lygaeus* Fabricius, *Oncopeltus* Stål, *Cymus* Hahn, *Geocoris* Fallén, *Oxycarenus* Fieber 等が重要な属である。本邦からは *Lygaeus*, *Spilostethus*, *Graptostethus*, *Arocatus*, *Nysius*, *Chauliops*, *Cymus*, *Domiduca*, *Ninus*, *Malcus*, *Ischnodemus*, *Iphicrates*, *Blissus*, *Geocoris*, *Pachygrontha*, *Paromius*, *Pamera*, *Eucosmetus*, *Togo*, *Aphanus*, *Metochus*, *Dieuches*, *Lethaeus*, *Drymus*, *Gastrodes* 等の属が発見されている。

メダカナガカメムシ (*Chauliops fallax* Scott) は本州と九州とに産し，台湾・セイロン島に分布し，大豆や小豆やその他の豆類に大害を与える事がある。小形で3mm内外の長さを有し淡セピア色で，頭は両側に短捧状に突出しその先端に複眼を具え，触角は4節で第1節甚太となり末端節はやや錐状，前胸背板は少しく膨出し，小楯板は殆んど正三角形に近く黒色，半翅鞘は淡色で先端円い革質部を有し膜質部は無色となつている。

カンシヤコバネナガカメムシ(*Ischnodemus saccharivorus* Okajima) は九州南部に産し沖縄迄に分布し甘蔗に大害を与える。体長7〜9mmの黒色，触角は4節で第1節は短太で短白色となり他は暗褐色，前胸背板は剛毛を密生し，半翅鞘は短かく黄白色であるが革質部の尖端と脈の1部と膜質部上の1大紋とが黒褐色を呈し，脚は淡黄褐色。

以上の他，クサイチゴにシロヘリナガカメムシ(*Aphamis japonicus* Stål) が寄食し，稲にホソメダカナガカメムシ (*Ninus flavipes* Matsumura) やヒメナガカメムシ (*Nysius plebejus* Distant) やヒゲナガカメムシ (*Pachygrontha antennata* Uhler) やコバネヒヨウタンナガカメムシ (*Togo hemiptera* Scott) 等が見出されている。

127. ホシカメムシ（星椿象）科
Fam. Pyrrhocoridae Fieber 1816

Red Bugs, Fire Bugs, Cotton Stainers, Bordered Plant Bugs 等と称えられているものを包含し，ドイツでは一般に Feuerwanzen と称する。早い時代には *Coreidae* と *Lygaeidae* と共に一所にして取り扱われていた。中庸大乃至大形で円味を有し暗色または鮮明色の椿象類で体長5〜50mmの変化がある。頭はむしろ小形，触角はよく発達し太く4節，複眼は大きく単眼はなく，口吻は長く4節。前胸背板は大形，その後縁は屢々中胸より微かに幅広。翅は凡てよく発達し（あるいは短翅型）腹部の末端を越えて延び，半翅鞘は革質部と爪状部と膜質部とを有し，膜質部は（ときに著しく退化し）2個の大きな基室を具えてそれから4本の太い支脈と3本または4本の他の支脈を出している。脚は正常で円味を有し，跗節は3節で爪と褥盤とを具えている。

この科の昆虫はヘリカメムシ科やナガカメムシ科のものと同様な習性を有し，多くの種類は棉やその他の作物の害虫として知られている。世界に分布し，約450種が知られ約50属に分類せしめられ，最も重要な属は *Antilochus* Stål, *Dindymus* Stål, *Ectatops* Amyot et Serville, *Euryophthalmus* Laporte, *Dysdercus* Amyot et Serville, *Physopelta* Amyot et Serville, *Pyrrhocoris* Fallén 等で，本邦からは最後の3属が普通に知られている。

本邦には重要な害虫が幸にして棲息しないが，*Dysdercus* 属は世界的に有名なもので多少棉に限られた害虫で少くとも20種が棉の害虫として知られている。即ちアカホシカメムシ (*D. megalopygus* Breddin) は台湾，*D. cingutatus* Fabricius (Red cotton bug) は東洋に，*D. albidiventris* Stål と *D. suturellus* H. S. とはアメリカで Cotton stainers と称えられ，*D. ruficollis* Linné はブラジルとペルーに，*D. andrcae* Linné と *D. delauneyi* Lethierry と *D. howardi* Ballou とその他4種が西インド諸島に，*D. sidae* Montrouzier (Red cotton bug) は濠洲に，*D. nigrofasciatns* Stäl と他の7種とがアフリカに，それぞれ発生している。オオホシカメムシ (*Physopelta gutta* Burmeister) はときに柑橘に寄食し，本州・四国・九州に産し，体長18mm内外で暗朱色に黒色の円紋を有する。フタモンホシカメムシ (*Pyrrhocoris tibialis* Stål) (Fig. 500) は体長9mm内外，大体褐色，本州，四国，九州等に産する。

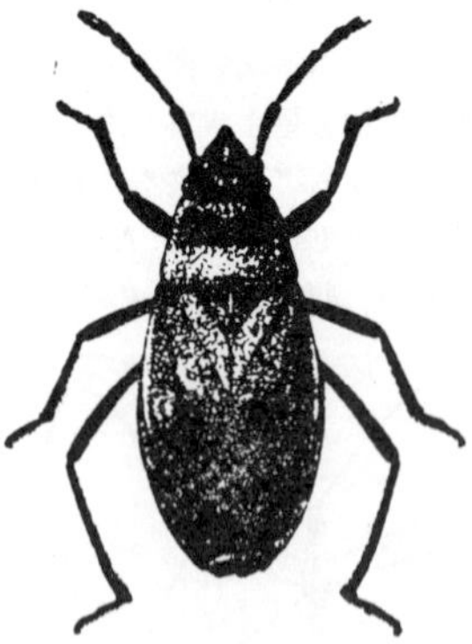

Fig. 500. フタモンホシカメムシ（江崎）

扁椿象上科 Superfamily *Aradoidea*

128. ヒラタカメムシ（扁椿象）科
Fam. Aradidae Lethierry et Severin 1896

この科の昆虫は幅広で扁平，頭部は触角間に前方に細長く突出し，触角は太く短かく，複眼は側方に突出しその後方で頭部が幅広となる事がない。半翅鞘は腹部より幅狭く，尾端に達せざるものが普通で革質部と膜質部とを有する。前脚は前胸腹板の中央から生し，跗節は凡て2節。

小形扁平で間げき中や樹皮下や枯木の割目や茸の中等に棲息するのに適応し，著しく背腹に圧縮されている。世界共通の *Aradus* と *Brachyrhynchus* やインド,マレーの *Eumenotes* や新熱帯とインド濠州に産する *Carventus* 等が代表的の属で，本邦からは *Aradus* Fabricius のみが発見され6種以上が知られている。最も広く北海道から九州迄に産するノコギリヒラタカメムシ（*Aradus orientalis* Bergroth）(Fig. 501) はカシワやクヌギ等の枯木に生ずる茸上に群棲し，マツヒラタカメムシ（*Aradus unicolor* Kiritschenko）は本州と九州に産し，体長5.5～8mm で黒褐色，松類に寄生している。

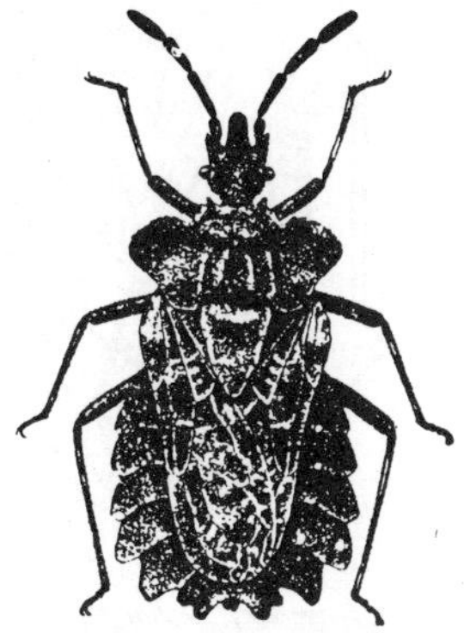

Fig. 501. ノコギリヒラタカメムシ（江崎）

129. オオヒラタカメムシ（大扁椿象）科

Fam. Dysodiidae Reuter 1912

この科は *Meziridae* とも称えられ，ヒラタカメムシ科に近似しているが頭の複眼後方幅広く複眼を包み屢々棘突起を生じ，口吻は稀れにのみ頭部より長く，転節は明瞭に発達し，腹部の気門は各節の基部から離れて存在している事等によつて区別する事が出来る。代表的な属は *Dysodius* Lep. Serv. と *Aneurus* と *Mezira* と *Neuroctenus* とで中の2属が本邦から発見されている。クロヒラタカメムシ（*Mezira membranacea* Fabricius）(Fig. 502) は本邦全土に産し，東洋に広く分布している。

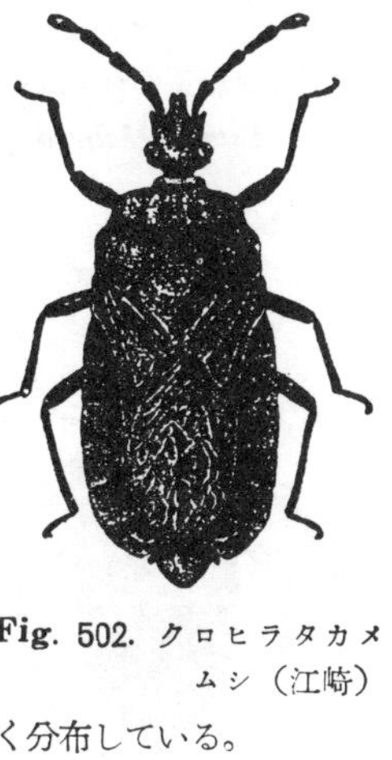

Fig. 502. クロヒラタカメムシ（江崎）

軍配虫上科 Superfamily *Tingidoidea*

130. グンバイムシ（軍配虫）科

Fam. *Tingidae* Laporte 1832 (Fig. 503)

Lace Bugs や Tingids と称えられ，ドイツでは Gitterwanzen フランスでは Tingidides とよんでいる。1840年に Westwood は *Tingidae* を用い 1860年に Fieber は *Tingididae* なる語を採用しているが，プライオリティーの原則からすると1832年 Laporte の採用した *Tingidites* を基素とした *Tingidae* を用うる事が適当なようである。学者によつては *Tingitidae* Stål 1873を採用している。

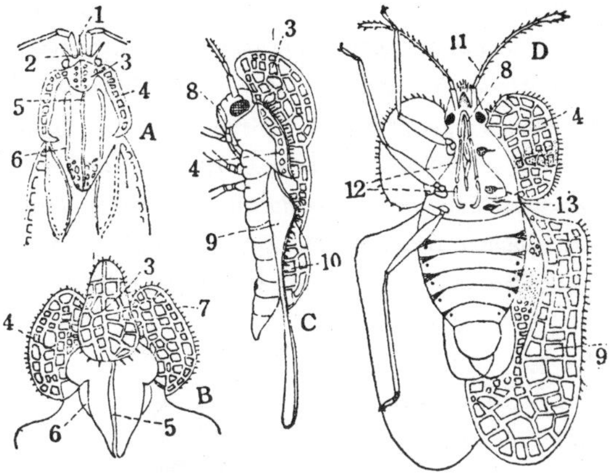

Fig. 503. グンバイムシ体制図 (Essig)
A．*Leptostyla oblonga* の頭部と胸部との背面図
B．*Corythucha ciliata* の胸部背面図　C．同側面図　D．同腹面図
1．棘　2．頭頂　3．帽部　4．亜背板　5．中隆起　6．側隆起　7．縁棘　8．頰片　9．半翅鞘　10．端膨部　11．触角　12．胸腹隆起線　13．後胸腺

微小乃至小形のこつけいな形状のカメムシで体長が4～5mm 以上に殆んど達していないで頭部と前胸背板と半翅鞘とが細目状となつている。体は小さく扁平で，若虫では屢々有棘となつている。頭部は前胸背板より著しく狭いかまたはそれと等幅，触角は短かく4節で第3節が最長となり末端節が屢々棍棒状か球桿状となり，複眼はよく発達し，単眼はなく，口吻は短かく4節。前胸背板はときに非常に変化して所謂帽部(Hood)として隆起し頭を隠し板状の側葉(即ち亜背板 Paranota)を形成して前胸背板の側縁を越えて拡がつている。翅は完全に発達するものとしからざるものとがあり，半翅鞘は透明かまたは着色し腹部と殆んど等幅かまたは著しく幅広となり隆起線と凹所とを有するかあるいは殆んど扁平となり翅脈によつて前縁部と亜前縁部と中室部と多数の小室とに区分されている。亜背板と半翅鞘とは縁微棘列を具えているものもある。脚は正常，前脚基節は前胸腹板の基部近くに位置し，跗節は2節からなり，褥盤はない。

グンバイムシ科の昆虫は凡て食草性であると考えられ，ある種類は栽培植物の有名な害虫となつている。卵は屢々宿主植物の組織内に産下され，若虫は暗色でしかも有棘で成虫と異種であるような形態を有する。普通植物の葉裏に生活し，そこに脱皮殼と微糞とを止めている為に同昆虫の存在を認識する事が出来る。ある種類は虫癭を形成し，また他の蘚苔類に屢々発見される。

世界から約700種が発見され約150属に分類せしめられ，北半球に最も多数でしかも旧北洲の方に多く分布し，***Acalypta*** Westwood, ***Corythucha*** Stål, ***Dictyonota*** Curtis, ***Galeatus*** Curtis, ***Gargaphia*** Stål, ***Leptostyla*** Stål, ***Monanthia*** Lethierry et Severin, ***Serenthia*** Spinola, ***Tingis*** Fabricius 等が代表的な属として知られている。 本邦からは ***Cantacader***, ***Campylostira***, ***Galeatus***, ***Stephanitis***, ***Cochlochila***, ***Uhlerites***, ***Tingis***, ***Copium***, ***Serenthia*** 等の属が発見され，ナシグンバイ(*Stephanitis nashi* Esaki et Takeya)は本州・四国・九州に広く分布し梨の有名な害虫で，キクグンバイ (*Galeatus spinifrons* Fallén)は本州と九州とで菊の害虫として知られ，ヒゲブトグンバイ(*Copium japonicum* Esaki) は本州と九州とに産し唇形科植物の花蕾に嚢状の虫癭を形成する種類である。アザミグンバイ (*Tingis ampliata* Herrich-Schäffer) (Fig. 504) は体長3.5mm内外，灰褐色，アザミに棲息し，欧州とアジアとの温帯に広く分布し，本邦では本州・四国・九州等に産する。

Fig. 504. アザミグンバイ (江崎)

131. チビヒラタカメムシ（矮扁椿象）科

Fam. Piesmidae Amyot et Serville 1843

Ash-gray Leaf Bngs と称えられている。 微小で扁平，前胸背と前翅とは網目状の彫刻を有し，前脚は前胸腹板の後縁上に附着し，単眼は長翅基に存在し，頭の側葉は末端自由となり，前胸背板は突出部なく，稜状部は明瞭に露出し，前翅の爪状部は明瞭で膜質部は長翅型にては革質部から明瞭に区別され4本の縦脈を有し，爪には小盤を具えている。食草性で，ときに大発生して農作物の害虫となる種類があり，卵は植物の葉の組織内に産入される。多くの種類は旧北区に産するが，北米や南アフリカ等にも産する。本邦からは次の1種が発見されているのみ。

チビヒラタカメムシ *Piesma capitata* Wolff(Fig.505) 体長2mm強。頭部は黒色，触角基部背面外側の突起は末端淡黄色，側葉は著しく前方に自由に突出し淡汚黄色，中葉は真黒色。触角は黄色，第1節は太く頭部より短かく，第2節は前節の約1/2 大第3節は著しく細長く，第4節は第3節より太いが基部と末端との両方に細まり約1/2長。前胸背はほぼ方形に近く，前縁僅かに彎入しその両側角は円く狭い水平部を有し，そこに1列の4凹陥部を有し，後縁後方に彎曲し，全表面に点刻を密布し，黄褐色で前半部に1対の黒色斑紋を有し，後側角部は暗色を呈する。小楯板は正三角形，粗面で黒色，中央微かに縦に隆まつている。半翅鞘は淡色で，不規則な暗色部を有し，基部は顕著に淡色を呈し，全面同質で網目状彫刻を有し，脈室部を欠き，翅脈は顕著に隆起し濃褐色を呈する。体の下面は黒褐色で，不規則な濃色部を有し，点刻を散布する。脚は短かく，一様に黄褐色で，黒色の爪を具えている。山口県萩市で1頭(短翅基) 採集されているのみ。

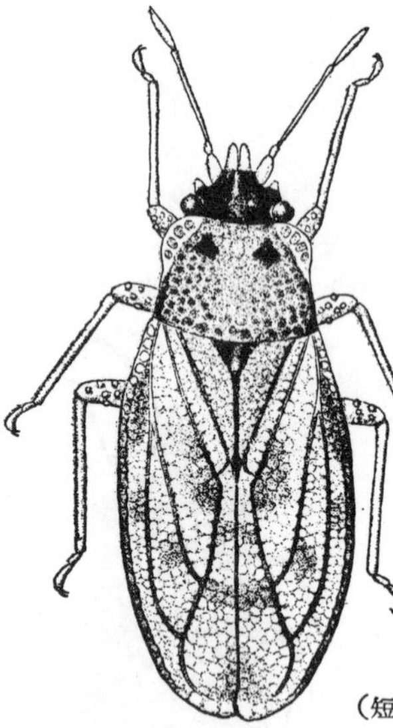

(短翅型)

Fig. 505. チビヒラタカメムシ

132. ケシミヅカメムシ（芥子水椿象）科

Fam. Hebridae Dohrn 1859

(*Naeogaeidae*)

この科は少数からなるもので，半水棲種で，腹部の腹面は銀白色の微毛から被われ，体は太いが2.5mm以上の体長のものがなく，触角は5節からなり基部2節が他節より太く，跗節は2節からなる。広分布の ***Merragata*** White, と ***Hebrus*** Curtis との両属が代表的なもので，沼に生ずる

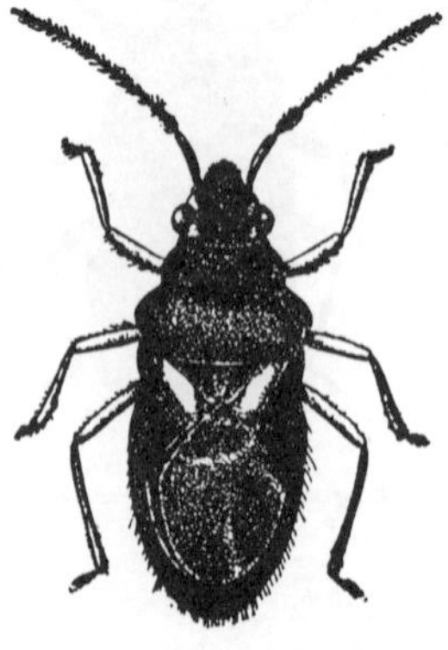

Fig. 506. ケシミズカイメムシ (江崎)

水草中に発見される。ケシミズカメムシ (*Hebrus nipponicus* Horvath) (Fig. 506) は本州と九州とに産し池沼の表面に見出される種類で，体長2mm 以下の暗褐色。

133. ミヅカメムシ科 (水椿象)

Fam. Mesoveliidae Handlirsch 1908 (Lethierry et Severin)

微小，触角は細長く，体は幅狭く，跗節は3節からなり，無翅と有翅とがあつて後の場合には半翅鞘の革質部が亜膜質で隆起脈を具えている。世界に広く発見されている *Mesovelia* Montandon et Reuter 属が代表的なもので，本邦からはミズカメムシ (*Mesovelia orientalis* Kirkaldy) (Fig. 507) ウミミズカメムシ (*Speovelia maritima* Esaki) とが見出され，前者は体長 3(♂)～3.5(♀)mm の鮮緑色種で，普通は無翅であるが，有翅のものもあつてその場合には単眼を有し前胸背板が後方に拡張し小楯板が現われ半翅鞘は概して短小で黒褐色の脈を有し灰白色を呈する。北海道と本州と九州とに産し水草の多い水面を疾走する性を有し台湾やマレイやインド等に分布している。ウミミズカメムシは本邦固有種で好海性洞窟昆虫で，体長4.5mm 内外で褐色，無翅のもののみが採集されている。

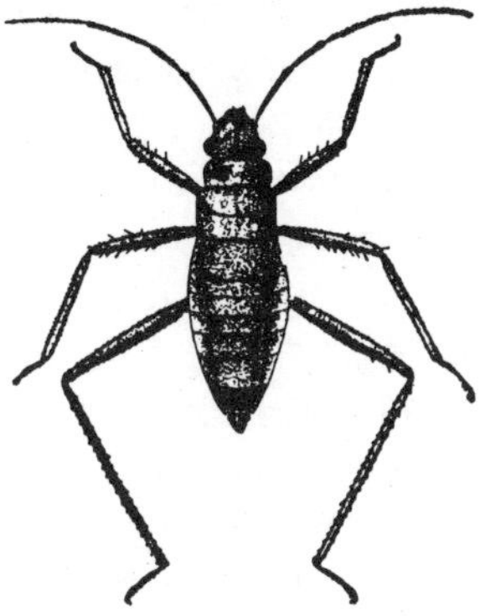

Fig. 507. ミズカメムシ (江崎)

水黽上科

Superfamily *Gerroidea*

134. イトアメンボ科 (糸水黽)

Fam. Hydrometridae Lethierry et Severin 1896 (Stephens) (*Limnobatidae*)

Marsh treaders と称えられ，水棲で体の腹面は銀白色の微毛にて密に被われ，半翅鞘は一様な構造で，触角は4節からなり，細長いカメムシである。凡ての種類が水棲又は半水棲で，主として死昆虫を食物とし水面に棲息し，ときに無翅，頭部は細長く水平に保たれ全胸と殆んど等長で前端の方に幅広となつている。*Hydrometra* Latreille (*Limnobates*) が代表的な属で世界共通。本邦からはイトアメンボ (*Hydrometra albolineata* Scott (Fig. 508) とヒメイトアメンボ (*Hydrometra procera* Horváth) とが知られ，共に有翅型と無翅型とがあり，前者は本州以南から台湾にも産し体長12～14mm，後者は北海道から九州までに産し，体長8～9mm である。

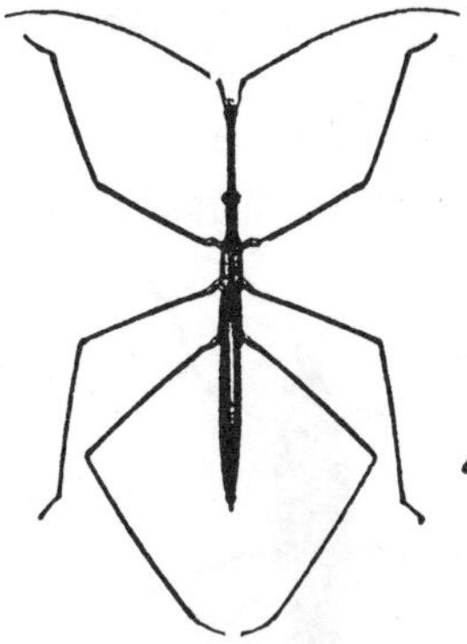

Fig. 508. イトアメンボ (江崎)

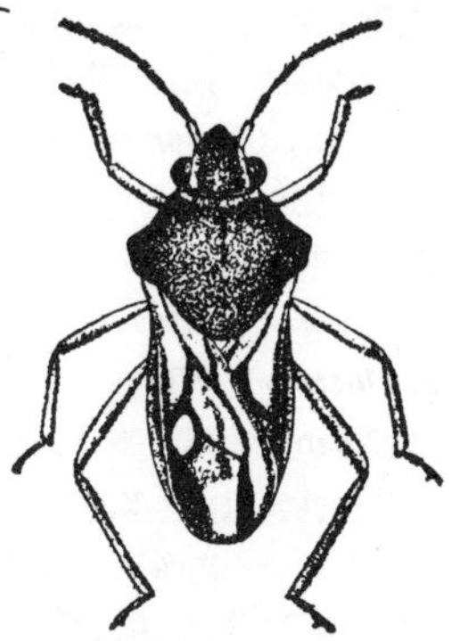

Fig. 509. ケシカタビロアメンボ (江崎)

135. カタビロアメンボ (肩広水黽) 科

Fam. Veliidae Dgl. Scott 1865 (Dohrn)

水表棲で Broad-shouldered Water-striders と称えられ，前胸背板の肩が幅広となり，後脚腿節が尾端を著しく越えて延びていない。中脚が前後脚間のほぼ中間に位し，口吻が3節からなる。*Microvelia* Westwood や *Rhagovelia* Mayr や *Velia* Latreille 等が代表的な属で，本邦からは前者のみが発見されている。ケシカタビロアメンボ (*Microvelia douglasi* Scott) (Fig. 509) は本州と九州とに産し，体長1.8～2mm，黒色乃至褐色で濃淡の変化が多い。半翅鞘は白色と淡褐色とが混合し暗褐色の脈を有する。無翅型は前胸背板が側方と後方とに突出しないで前後両縁が直線となつている。池沼や水溜等の静かな水面に顕しい数の個体が群棲することが少くない。

136. アメンボ (水黽) 科

Fam. Gerridae Dohrn 189 (Leach) (*Hydrometridae*, *Hydrobatidae*)

微小乃至大形で 1.5～30mm の体長を有し短太のものと長いものとがあつて，頭部はむしろ短かく触角間に適度に延び，複眼は大形で突出し，触角は4節で比較的短かく一般に第1節が最長且つ最太となり，口吻は4節で短かい第1節を有する。胸部は大形で背面に著しく円く，有翅型と無翅型とがあり，後脚の退節は腹部末端を著しく越えて後方に延び，中後中脚は共に接近して生じ前脚より遙かに後方に離つて位置している。*Gerris* Fabricius や *Halobates* や *Rheumatobates* や *Onychotrechus* や *Chimarrhometra* 等が代表的な属で，本邦からは前2属の外に *Halovelia* と *Asclepios* と *Metrocoris* と *Aquarius* と *Limnoporus* との5属が発見されている。ケシウミアメンボ (*Halovelia septentrionalis* Esaki) は体長1.5～2mmの黒色種でビロードようの軟毛を密生し，本州中部以南の太平洋岸の岩礁の多い海表に棲息し夫れ等岩礁上に挙昇する性を有する。シオアメンボ (*Asclepios shiranui* Esaki) は体長 3.5～4mmで灰黒色，瀬戸内海と九州西海岸の塩田地帯の海水上に発見される。シマアメンボ (*Metrocoris histrio* B. White) は体長6mm内外で淡黄色又は汚黄色に黒条紋を有し，全土に産し山間の渓流に普通，稀れに有翅型がある。アメンボ (*Aquarius paludum* Fabricius) は本邦全土の他東洋州と旧北洲とに普通で池沼や小流到る処に棲息している。ヒメアメンボ (*Gerris lacustris* Linné) (Fig. 510) は体長9mm内外。黒褐色。本邦全土の池沼に最も普通な種類で，樺太，朝鮮，シベリヤ，全欧洲，北アフリカ等に広く分布する。*Gerris* 属の卵は粘液から包まれて塊状に水中の植物に附着せられているが，生態に関しては未知である。

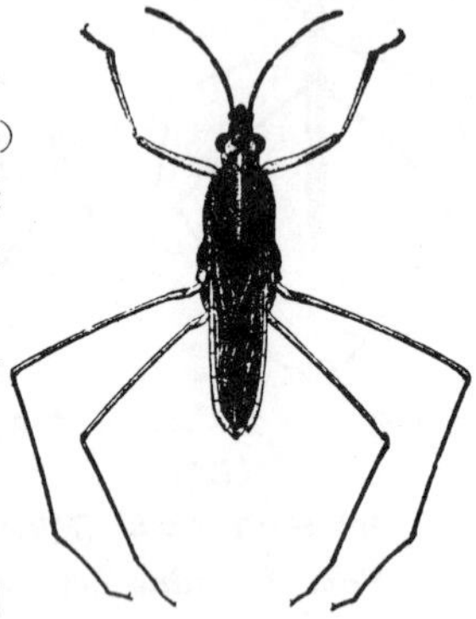

Fig. 510. ヒメアメンボ(江崎)

刺椿象上科

Superfamily *Reduvioidea*

137. クビナガカメムシ (首長椿象) 科

Fam. Enicocephalidae Stål 1860

Unique-headed Bugs や Gnat Bugs や Clear-winged Bugs 等と称えられ，屢々 *Henicocephalidae* と記され又 *Eenicocephalidae* とも記されている科である。小形乃至中庸大の捕食性カメムシである。頭部は2部に分かたれ，複眼の後で細まり後球状に膨れている。触角は4節，複眼は大形，単眼は明瞭で頭部の後部に位置し，口吻は原始的で太いか又は細く4節からなる。前胸は一般に3部分からなり，前胸腹板上に発音器官がない。脚は円味を有するか又は扁平，前脚は多少捕獲脚となり，脛節は末端の方に幅広となり，跗節は1節。中後両脚の跗節は3節。爪は長く棘状，褥盤はない。半翅鞘は全体膜質で少数の縦脈と横脈とを有し大形の室を形成している。

世界の多のく地方に産するが僅かに70種内外が発見され，何れも小形のダニや昆虫を食物としていて，湿地上の塵芥中や樹皮下や植物上や又少数のものは蟻の巣中に棲息している。ある種類は酸敗臭を有し，又数属のものはユスリカや蠅やカゲロウの如く群飛する性を具えている。

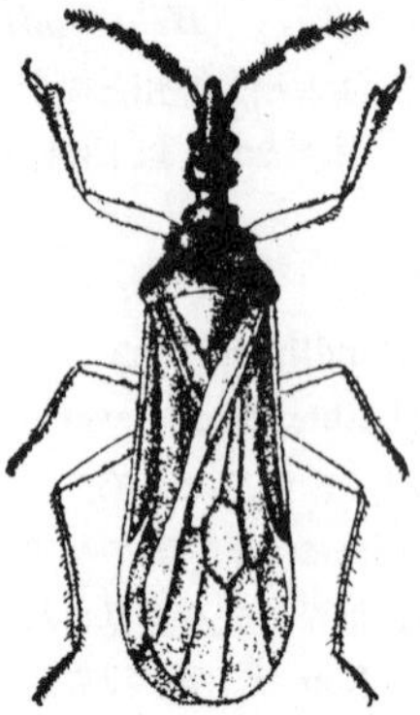

Fig. 511. クロクビナガカメムシ (江崎)

代表的な属は *Enicocephalus* Westwood や *Systelloderes* Blanchard や *Cocles* Bergroth や *Aerorchestes* Bergroth 等で，本邦からはクロクビナガカメムシ (*Enicocephalus japonicus* Esaki) (Fig. 511) とヒメクビナガカメムシ (*Enicocephalus lewisi* Distant) 等が本州と九州とから発見されている。

138. ヒゲブトカメムシ (鬚太椿象) 科

Fam. Phymatidae Laporte 1833

この科は本邦には産しないが樺太や台湾から発見されているもので，以前の関係上ここに述べる事とした。

Ambush Bugs と称えられ，1866年に Dohrn が *Macrocephalidae* と名命し1872年には Walker が *Spinipedes* と称えたものである。中庸大のむしろ太い奇妙な形状で彫刻付けられ且つ有棘の遜動の椿象で，捕食性で，植物の花や葉上に静止し他の昆虫を待ち，それを前脚で捕え吸血する性を有する。頭部は小形で胸内に置かれ，触角はむしろ短かく4節からなり，末端節は大形，頭部と前胸背板との側部にある溝に隠され得るようになつている。複眼はよく発達し頭側に位置し，単眼は存在し，口吻は短かく4節で第1節は痕跡的となつている。胸部は屢々太く，鋭い角端と棘とを具えている。翅は畳まれると屢々腹部より著しく狭い。半翅鞘はよく発達した革質部と爪状部と膜質部とを具え，革質部には脈を有し，膜質部には多数の脈と2～4室とを有している。前脚は短太で捕獲脚となり，腿節は太く，脛節と跗節とは食餌を把握し且つ保持するのに適応し稀れに釘抜状となり，跗節は2節で小形か又はない。中後両脚は正常で，跗節は2節からなる。雄の腹部は変形となり，第6節が大形で第7節から隠されている。

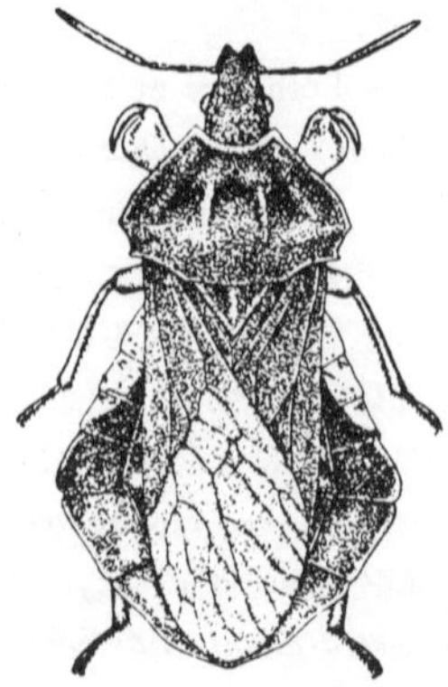

Fig. 512. ヒメヒゲブトカメムシ (江崎)

世界から150種が発見され，昆虫の多数種から吸血し，蜜蜂や他の有益並びに害虫を害する椿象で，主として熱帯米国とアジアに普通で，ある種類は旧北洲や新北洲に産する。*Phymata* Latreille と *Macrocephalns* Swederus とが代表的な属である。ヒメヒゲブトカメムシ（*Phymata crassipes* Fabricius）(Fig. 512）は南樺太や欧州とシベリアに分布し，モンキヒゲブトカメムシ（*Amblythreus gestroi* Handlirsch）は台湾に産す。

139. アシナガサシガメ（長脚刺椿象）科

Fam. Ploiariidae Dohrn 1863 (*Emesidae*)

Thread-legged Bugs と称えられ，次に述べるサシガメ科に普通包含されているが，前脚の基節が非常に発達し長形となり，前脚が特に捕獲脚となり，中後両脚が細長で，体も亦著しく長くなり，単眼を欠く事等によつて区別されている。頭は円筒形で長く，複眼は突出し，単眼はなく，触角は細長く末端太まり，口吻は3節で第1節は太く且つ彎曲し，前脚は捕獲脚となり非常に長い基節を有し，中後両脚は糸状，跗節は3節，前胸腹板は細長く横線付けられている1縦溝を有し口吻の末端にてこすられ発音する。広分布の *Barce* Stål と *Ploiaria* Latreille（=*Emesa*）と *Gardena* Dohrn と *Stenolaemus* Signoret や旧北洲及びインド・濠洲産の *Myiophanes* 等が代表的な属である。本邦からはマダラカモドキサシガメ（*Empicoris brachystigma* Horváth）とゴミアシナガサシガメ（*Myiophanes tipulina* Reuter）とアシナガサシガメ（*Ischnonyctes marcidus* Uhler）(Fig. 513）等が発見され，前者は 4.5mm 内外の淡灰色に黒色斑を有する種類で本洲と九州とに産し，後2者は 17mm 内外の体長で本州・四国・九州に分布し何れも家屋の軒等に発見され，ゴミアシナガサシガメは脚に縁毛を装いアシナガサシカメは腿節の先半に多数の鋭い棘を具えている。

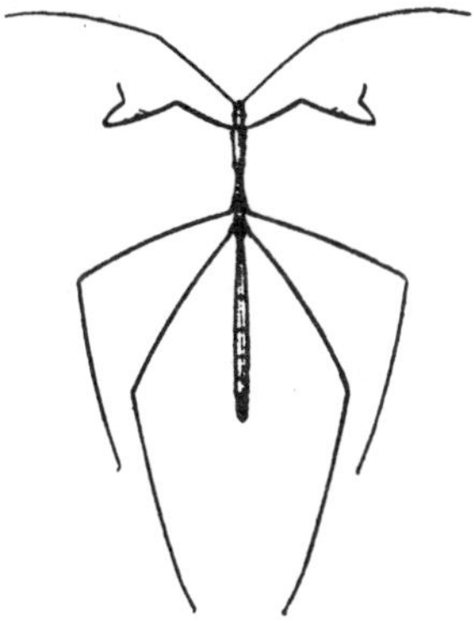

Fig. 513. アシナガサシガメ（江崎）

140. サシガメ（刺椿象）科

Fam. Reduviidae Latreille 1807

Assassin Bugs や Kissing Bugs や Reduviid Bugs 等と称えられ，ドイツでは一般に Raubwanzen とよぶ。小形乃至大形で太いか細く，幾分扁平で，滑か有毛か有棘，活潑か又は不活潑の捕食性椿象で，地上や花上や植物の種々な部分に棲息して食餌を待ちあるいは進んで捕獲し吸血する。頭部は細く幅より長く，前方尖り，屢々頸部を有して自由となつている。触角は糸状で，末端節は屢々甚だ微細，4〜5節からなる。複眼はよく発達し，頭部の中央又は基部に存し，単眼は2個で複眼の後方に位置しこれを欠くものもある。口吻は短く彎曲し3節からなるが稀れに基部に更に1節を有するものがあり，末端は尖り前脚基節の間の溝に置かれ，この溝は規則的に横線付けられ口吻がそれ等横線に直角に動き音を出すのである。前胸背板は顕著で，滑か隆起線付けられているか有棘か又は鋭く角張り，屢々1横線によつて前後に区分されている。翅はよく発達しているか短翅となるか又はなく，半翅鞘は革質部と爪状部とを有し楔状部を欠き膜質部はよく発達し2個又は3個の大きな基室あるいは小室を具えている。脚は普通で有毛か有棘，跗節は1節乃至3節で爪を具えているが褥盤はない。胸腹腺はない。腹部は屢々幅広く背面凹みその中に翅をおさめている事がある。

世界から約2500種が発見され約300属に分属せしめられ，形状や色彩や習性等様々で，彼らは一般に昆虫類から吸血し所謂益虫として知られているが，他方人類の直接的害虫たる *Triatoma* Laporte 属がある。この属には北米産の *T. sanguisuga* Lec. や *Trypanosoma* の伝播者たる *T. megista* Burmeister や *T. infestans* Klug や *T. rubrovaria* Blanchard や *T. uhleri* Nieva や，更にインドに於ける Kala azar の伝播者たる *T. rubrofasciata* De Geer 等が知られている。而して代表的な属は *Apiomerus* Laporte, *Arilus* Burmeister, *Melanolestes* Stål, *Rasahus* Amyot et Serville, *Reduvius* Linné, *Sinea* A. et S., *Triatoma* Laporte, *Zelus* Fabricius 等で，本邦からは *Pygolampis* や *Oncocephalus* や *Ptilocerus* や *Acanthaspis* や *Reduvius* や *Pirates* や *Pirates* や *Sirthenea* や *Haematoloecha* や *Labidocoris* や *Ectrychotes* や *Rhynocoris* や *Sphedanolestes* や *Velinus* や *Agriosphodrus* や *Velinoides* や *Cydnocoris* や *Endochus* や *Isyndus* や *Polididus* 等の属が発見されている。フサヒゲサシガメ（*Ptilocerus immitis* Uhler）は体長7mm内外の黄褐色種で本州と九州とに産し松の樹幹に群棲し蟻を捕食する。アカシマサシガメ（*Haematoloecha nigrorufa* Stål）は体長 12mm 内外の黒色に朱紅色斑を有する種類で本州から九州までに産し地上や塵芥中に棲息し，ヨコズナサシガメ（*Agriosphodrus dohrni* Signoret）は体長19〜23mmの光沢ある真黒色で腹部背面各節の後半が黄白色を呈し九州に発見されインドと支那とに分布している。ハネナシサシガメ（*Velinoides dilatatus*

Matsumura) は体長 18～19mm の黒色種で有翅型も知られ北海道と本州との山地に棲息し朝鮮西部支那及東シベリヤ等に分布しているが稀種，ヒゲナガサシガメ (*Endochus stålianus* Horváth) は体長 14mm 内外の黄色に暗褐斑を有する種類で本州から九州までに分布し濶葉樹上に棲息し，トゲサシガメ (*Polididus armatassimus* Stål) は体長 10mm 内外の淡褐色種で本州に発見され台湾・支那・インド・フィリッピン等に分布している。クビアカサシガメ (*Reduvius humeralis* Scott) (Fig. 514) は体長 15mm 内外，光沢のない黒色で暗赤色の前胸背板を有し，本州，四国，九州等に産する。

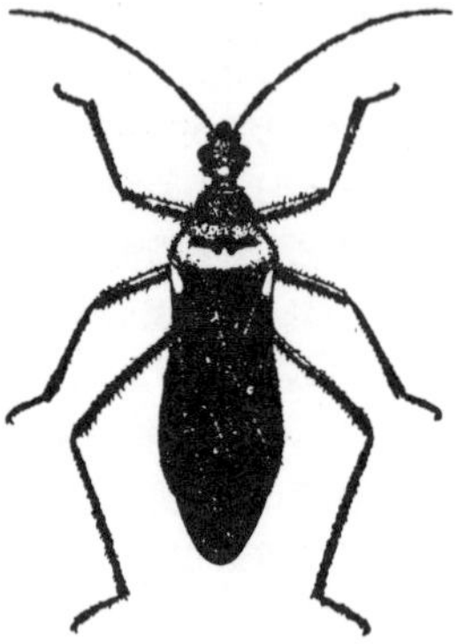

Fig. 514. クビアカサシシガメ (江崎)

141. マキバサシガメ (牧場刺椿象) 科

Fam. Nabidae Costa 1852

Damsel Bugs と称えられ，中庸大でむしろ細く，灰色や褐色や黒色や帯赤色等のものがあつて，鈍色か光沢を有し，微毛を装うか又は有毛な椿象である。頭部は長く，触角は細長く普通4節であるが5節のものもある。複眼はよく発達し，単眼は存在し正常か又は退化している。口吻は長く4節なれど，稀れに3節のものもある。前胸は普通長く且つ狭いがしからざるものもあり，前胸背板は前方に1括れを有し，前胸腹板は発音溝を具えていない。翅は普通か又は非常に退化し，ある種では2型となつている。半翅鞘は革質部と大形の爪状部と膜質部とを有し楔状部を欠くがある種類では縁状部を有し，膜質部には2個又は3個の長い大きな室を有し且つ少数の横脈て結ばれている放射縦脈を有する。脚は一般に細く，前脚は捕獲に適応し，跗節は3節，爪には褥盤を欠く。腹部は細いか幅広，雌は産卵管を具え，雄の第9節は大形となり交尾鈎を具えている。

この科の昆虫は大部分メクラカメムシ類や小形の昆虫を捕食するので益虫として一般に知られ，植物上に棲息するものが普通である。世界から約350種が発表され，*Arbela* Stål や *Nabis* Latreille や *Pagasa* Stål 等が代表的な属である。本邦からは *Prostemma*, *Arbela*, *Nabis*, *Gorpis* 等の属が発見され，アシブトサシガメ (*Prostemma hilgendorfii* Stein) は体長6～7mm，黒色に褐色紋を有し長剛毛を密生し，幅広の前胸及短太の脚を有する事によつて一見この科の昆虫と異なり，本州から九州にまで発見されアムールや支那に分布し，地上を歩行する性を有する。ホソマキバサシガメ (*Arbela nitidula* Stål) は体長7mm 内外の淡褐色種で本州と九州とに産しセイロン，インドから太平洋諸島に分布し，叢間に棲息している。コバネマキバサシガメ (*Nabis apicalis* Matsumura) (Fig. 515) は体長 6mm 内外の暗褐色乃至淡灰褐色種で本州と九州とに発見され，秋季山地の雑草間に稀れでない。

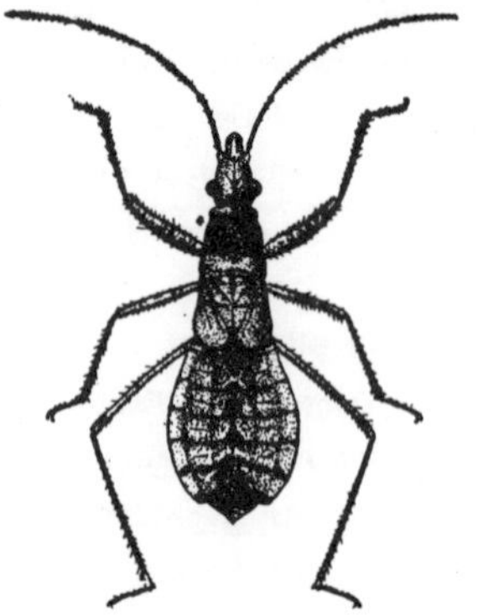

Fig. 515. コバネマキバサシガメ (江崎)

床虱上科

Superfamily *Cimicoidea*

142. トコジラミ (床虱) 科

Fam. Cimicidae Latreille 1804

Bedbugs や Flats や Swallow Bugs 等が包含され，ドイツの Bettwanzen やフランスの Cimicides や Punaises des lits 等もこの科のもので，人類や鳥類やコウモリ類の如き温血動物に一時的外寄生する昆虫で，大部分のものは小さく扁平卵形の汚赤褐色で，強靱な裸体か有毛の椿象類である。頭部は短かく幅広で前胸内に位置し，触角は4節，複眼はよく発達し，単眼はなく，頭楯は明瞭に区割され，口吻は短かく3節からなり腹面の溝の中に置かれている。前胸背板は前縁顕著にえぐられそこに頭が位置し，腹板に1縦溝を具えて口吻を安置している。真の翅はなく，半翅鞘は残片のみとして存在している。脚は短かく，跗節は3節からなる。腹部は完全な左右対称的でなく，後胸腹板腺は存在している。

この科は1804年に Latreille によつて *Cimicides* と命名された後，1852年に Costa が *Acanthiidae* と，1896年に *Clinocoridae* と更に1899年に *Cacodmidae* と命名している。而して学者によつては *Dipsocoridae* と *Anthocoridae* とを包含せしめている。世界から36種が発見され，主に *Cimex* Linné と *Oeciacus* Stål と *Cacodmus* Stål と *Haematosiphon* Champion との4属に分属せしめられている。大部分のものは旧大陸産のものが基源で，それ等が人類や家禽に寄生して各地方に運ばれたものと認められている。

人類に寄生する種類はトコジラミ (*Cimex lectularius* Linné)(Fig. 516) とネッタイトコジラミ (*Cimex rotundatus* Signoret）との2種で，前者は主に温帯と亜熱帯とに産し前胸背板の後縁が直線となり側縁部が幅広の葉片状を呈し，後者は主に熱帯のアフリカとアジアとに分布し前胸背板の後縁が円く側縁が甚だ狭くなつている。彼れ等は夜間活動性で日中は家屋又は家具等の割目の中や敷物の下や塵芥中等に隠れている。トコジラミの雌は50～200個の円筒形で帯黄白色の卵を産下し，同卵は1端に精孔を囲む隆起輪縁を具え表面に点刻を付し1mm内外の長さを有する。孵化当初の若虫は淡色で赤色の複眼を有し，腹部に暗色の1横帯を有する。5齢虫で成虫となり，体長4～5mmに達し，褐色乃至濃褐色を呈する。適当な温度や状件のもとでは約7週間で全生涯を経過するが，冬期間や寒国では6ケ月を要する。これ等の昆虫にはベルレーゼ器官とリバガ器管とが発見されている。

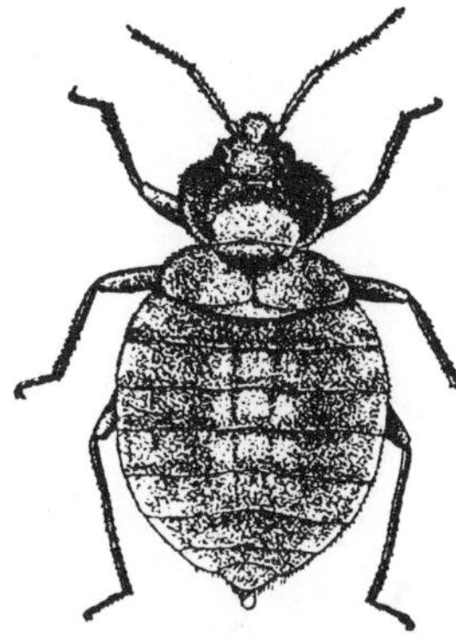

Fig. 516. トコジラミ（江崎）

Cimex columbarius Jenyns は欧州産で鳩に寄生し，*Cimex pilosellus* Horváth は北米産でコウモリに寄食している。*Oeciacus hirundinis* Jenyns(Swallow bug)は欧州産でツバメに，*O. vicarius* Horváth は北米産で同じくツバメに寄生し，共に絹様の微毛に被われ，ツバメの古巣の中に止まり翌年彼れ等の帰巣を待つている性を有する。*Haematosiphon inodorus* Dugés(Poultry bug）はメキシコとテキサスとニューメキシコ等に産しニワトリの恐る可き害虫で，時に家屋内に進入して人類にも害を与えるものである。

143. ハナカメムシ（花椿象）科

Fam. Anthocoridae Amyot et Serville 1843

Flower Bugs や Minute Pirate Bugs 等と称えられているものの総称で，亜寒帯から熱帯までに広く分布している。しかし旧北洲に最も多数に産し，約65属400種が発表されている。

微小乃至小形。頭部は触角の基部を越えて前方に延び，複眼は大形で前胸の方に近く位置し，単眼は存在するか又はなく，時に同種にて雄にあつても雌にないものがあり，触角は4節で第3節と4節との和は第1節と2節との和より短く，口吻は長く自由で3節又は4節からなる。半翅鞘は明瞭な楔状部と大形の縁状部とを具え，革質部は短いか不明瞭か又はない。脚は正常で，2乃至3節の跗節を具えている。

ハナカムシ類は自由生活者で，地上の塵芥中や植物上に棲息し，屢々花中や蚜虫によつて構成されている偽虫瘻中に多数に発見される。彼れ等の宿主は蚜虫やアカダニやアザミウマ類やヨコバイ類やウンカ類やキジラミ類や介殼虫類やコナジラミ類やその他小昆虫等で，益虫として認められている。代表的な属は *Anthocoris* Fallén と *Orius* Wolff (*Triphleps* Fieber)と *Lyctocoris* Hahn と *Xylocoris* Dufour 等で，本邦から前2者の他に *Ectemnus* と *Scoloposcelis* 等が発見されている。

ヒメハナカメムシ（*Orius sauteri* Poppius）は本州と九州に産し朝鮮からも発見され，体長2mm内外の黒色種で，半翅鞘は淡褐色半透明。ヒメヨコバイ類の棲息する場所に生活し，彼れ等を捕食する。従来桑の新梢を害する昆虫として知られていたが，それは誤りで桑の害虫たるチマダラヒメヨコバイを捕食する益虫である。

Lyctocoris campestris Fabricius(Field Anthocorid)は3.5mm内外の体長を有し世界共通種で，家屋内に発生し，人を刺咬する種類であるが，植物上や藁屋根中や穀倉内や製粉所や鳩巣中やツバメの巣中やアナバチの巣中や茸の中等にも棲息し，それ等の個所に生活している種々な昆虫やその他の小動物を捕食している。又 *Anthocoris kingi* Brumpt は人血を吸収する事が認められている。クロハナカメムシ（*Anthocoris japonicus* Poppius）(Fig. 517）は体長3.5mm，黒色，半翅鞘膜質部の基部に白色帯を有する。本州産。

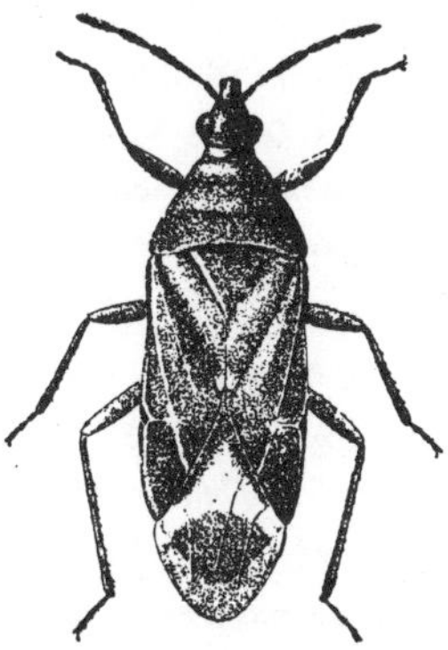

Fig. 517. クロハナカメムシ（江崎）

144. メクラカメムシ（盲椿象）科

Fam. Miridae Hahn 1831

Plant Bugs, Leaf Bugs, Capsids, Mirids 等と称えられ，ドイツでは Weichwanzen とよんでいる。1815年に Leach によつて *Coreidae* の内に包含せしめられたもので，1837年に Kirby が *Capsidae* と命名し，1851年に Fieber が *Phytocoreidae* と名付けたものである。

小形乃至中庸大，楕円形か長楕円形か細長かで，多少扁平となり，弱体なれど活潑なカメムシ類である。皮膚は軟かく，滑かで光沢を有し，微毛又は毛を装い，黒色か鈍色か又は鮮明色。頭部は小さく屢々鈍く前方に突出し，触角はよく発達し細く4節，複眼はよく発達し単眼はなく，口吻は長く4節で第1節は頭部と等長か又はより長い。前胸背板は前縁に襟部を存するものとしからざるものがある。半翅鞘は不透明か透明で爪状部と革質部と楔状部と膜質部と細い不変化の縁状部とからなり，膜質部は基部に2室又は小室を有し1本の縦臀脈を存し，楔状部はよく発達した三角形部からなる。長翅型と短翅型と無翅型とが同属中や同種中にも見出され，同種中雄は細長は一般に長翅型で雌は短翅型と無翅型とを現らす。脚跗節は普通3節なれど稀れに2節，爪は太いものと細いものとがあつて彎曲し，褥盤は棘毛状か又はない。雌の生殖節は不対称で鎌状の産卵管を有し，雄のものは種々変化が多く分類に役立つている。

この科の大部分の種類は食草性であるが，多数のものは明かに捕食性で且つ小数のものは植物と動物との両者に寄食している。食草性の種類の多くのものは害虫で，彼れ等の卵は生植物の組織中に産下され，成虫は越冬するものが多い。食草性の種類の中には *Lygus pratensis* Linné や *Creontiades pallidus* Rambur 等の如く栽培作物の恐る可き病菌の伝播者となつているものが少くない。なお *Helopeltis* 属の如く東洋熱帯地でキナ樹や茶樹の有名な虫となつているものがある。又食肉性のものには *Cyrtorhinus mundulus* Breddin や *Deraeocoris ruber* Linné の如く有害昆虫を捕食し益虫として認められているものもある。

この科は異翅亜目中最大なもので600属以上と5000種以上とが発表され，中5分の1以上が全北洲産で，最も重要な属は *Adelphocoris* Reuter, *Dicyphus* Fieber, *Deraeocoris* Kirschbaum, *Halticus* Hahn, *Lygus* Hahn, *Phytocoris* Fallén, *Atractotomus* Fieber, *Caocoris* Fieber, *Camptobrochis* Fieber, *Capsus* Fabricius, *Helopeltis* Signoret, *Horcias* Distant, *Irbisia* Reuter, *Miris* Fabricius, *Orthotylus* Fieber, *Poecilocapsus* Reuter, *Poeciloscytus* Fieber, *Psallus* Fieber 等で，本邦からは前6属の他に *Creontiades*, *Trichlophoroncus*, *Amphicapsus*, *Horistus*, *Trigonotylus*, *Engytatus*, *Stethoconus*, *Pilophorus*, *Cyrtorrhinus*, *Orthocephalus*, 等の属が発見されている。

ミドリメクラガメ (*Lygus apicalis* Fieber) (Fig. 518) は体長 5 mm 内外で黄緑色。本州と九州とに産し各種の農作物や果樹等の害虫で，欧州・シベリア・中米・太平洋諸島に広く分布している普通の種類である。アカヒゲホソミドリメクラガメ (*Trigonotylus ruficornis* Geoffroy) は体長 6 mm 内外の緑色種で本邦全土に産し，稲や麦類や甜菜等の害虫として知られ，欧洲・アジア・アフリカ・北米等に分布している。タバコメクラガメ (*Engytatus tenuis* Reuter) は体長 3.5mm 内外で細長く淡黄色で稍々緑色を帯び，小楯板末端と半翅鞘の革質部末端と楔状部末端とは黒褐色を呈する微小種で，本州と四国と九州とに産し，茄科作物や瓜類や胡麻等の花序と新梢に群棲し加害する。地中海沿岸地方から東洋熱帯と温帯とに広く分布している。

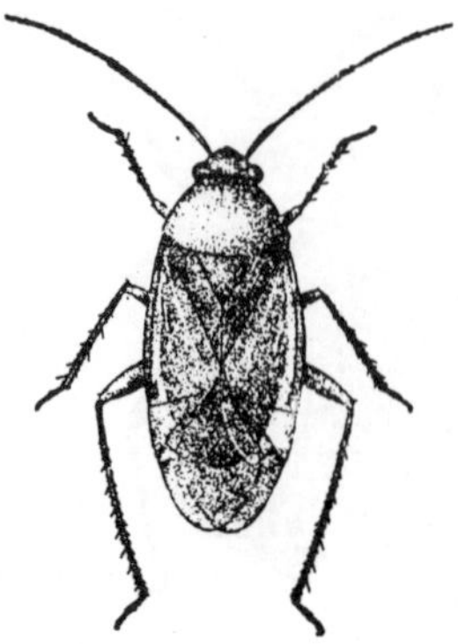

Fig. 518. ミドリメクラガメ（江崎）

オオクロトビメクラガメ (*Halticus micantulus* Horváth) は体長 2.5mm 内外の光沢ある黒色種で菩科・旋花科・瓜等の作物に群棲してそれ等を害し，本州から九州までに産する普通種である。クロトビメクラガメ (*Halticust ibialis* Reuter) は体長 2 mm 内外で卵形，光沢頗る強い黒色種で，本州や九州に産し豆類や瓜類や甘藷その他を害し，台湾や東洋及び太平洋熱帯地方に広く分布している。グンバイメクラガメ (*Stethoconus japonicus* Schumacher) は体長 4 mm 内外で白色に黒色と暗褐色との斑紋を有する種類で，本州と九州とに産しナシグンバイと混じて棲息し，幼虫成虫共にナシグンバイを捕食する益虫である。カタグロミドリメクラガメ (*Cyrtorrhinus lividipennis* Reuter) は体長 3 mm 内外の鮮黄緑色で頭部の大部と前胸背板の大斑紋とは黒褐色で半翅鞘の膜質部は灰色，本州・四国・九州に分布し水田に普通で，ウンカ類の卵を刺食する益虫であるが，燈火に飛来し屋内で人の皮膚を刺す事も少くない。

145. ヒメトビカメムシ（姬跳椿象）科
Fam. Dipsocoridae Dohrn(1859)
(*Ceratocombidae*, *Cryptostemmatidae*)

Jumping ground bugs と称えられ，甚だ小さな軟い椿象。頭は多少下降し，単眼を有し，口吻は3節。触角は4節からなり，第1と第2とは甚だ短かく，第3節と第4節とは細長く有毛で第3節は基部の方に太まつている。跗節は3節，小盤を欠く。胸腹板は分割されていないで，腺孔を有しない。半翅鞘は屢々多少変化があつて，革質部と膜質部とが明確に区分されていないで，大形の爪状部を有し，脈によつて中室が構成され，楔状部は一般に存在する。腹部は生毛部 (Trichobothria) を欠き，雌の第7腹板は特に大形となつていない。世界から約80種程

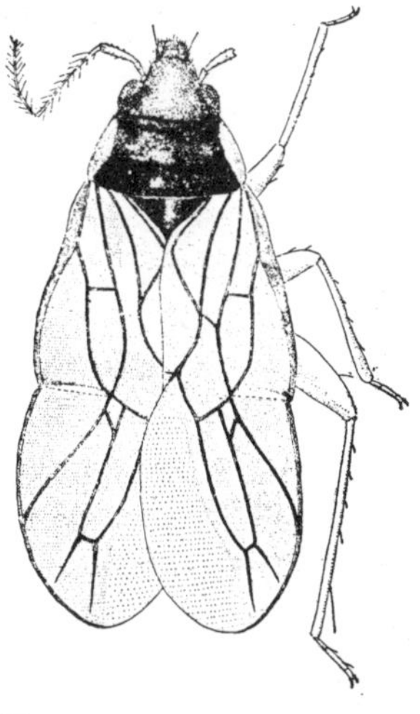

Fg. 519 ヒメトビカメムシ
(*Cryptostemma* sp.)

知られ，本邦からは4種発見されているが未だ種名が判然していない。ヒメトビカメムシは体長（翅端まで）約2mm内外。著しく軟弱。褐色で光沢を有し，淡黄褐色で光沢強い大形の半翅鞘を有する。頭部は前方に突出し，その前端尖つていない。背面は微点刻を密布し少数の長棘毛を生じ，多数の細毛を前方部に生じている。複眼は各小眼面が顆粒状を呈し，やや紅色を呈し，単眼は複眼から離れて存するが顕著でない。触角は淡汚黄色，第1節は短かく，第2節は第1節の約2倍長で最も太く，第3と第4との各節は甚だ細長く長毛にて被われている。前胸背は横形，前縁は明瞭に縁取られ，後縁は僅かに背方にそり，側縁は幅広く淡色を呈し，後半部は帯黒色。小楯板は大形で，末端尖つている。半翅鞘は褐色の翅脈を有し，その両側縁は濃色を呈し，中室の後方すなわち膜質部の大部分は淡色となつている。脚は淡黄色，各脛節には少数の剛毛を外縁に列し，特に後脚には末端前に1本の著しく長い剛毛を生じている。中・後各腿節は太く，特に後脚のものは基部直後にて著しく膨太している。各跗節の末端節背面に2黒点を有し，爪は淡色。6月下旬に東京都外にて採集されている。

146. ダルマカメムシ（達磨椿象）科
Fam. Isometopidae Fieber 1860

メクラカメムシ科に近似しているが，単眼を有し半翅鞘の膜質部の基部に1個又は2個の小室を有する事によつて区別する事が出来る。*Corticoris*, *Diphleps*, *Isometopus* Fieber, *Myiomma* 等の属が代表的なもので，本邦からはダルマカメムシ (*Isometopus japonicus* Hasegawa) (Fig. 520) が発見されている。この昆虫は体長3mm内外で，扁平やや卵形の黒褐色種，雄は雌よりやや細長く淡色。頭部は横形で後縁は黄色，複眼は大きく黒褐色，単眼は暗紅色。触角は極めて細く黄色で基部と末端とが暗色を帯び，第1節は極めて短かく，第2節最長，第3節は第2節の約2/3，第4節は短小でやや紡錘形。前胸背板は幅広く，側縁は弧状をなし後縁波状，黒褐色で粗剛。小楯板は大きく，基部の中央凹陥し，基

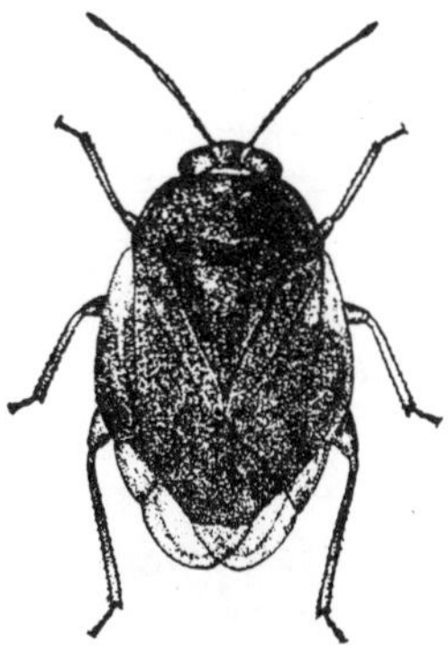

Fig. 520. ダルマカメムシ
（江崎）

部両端から内側へ斜隆起線を走らしている。半翅鞘はよく発達し，雄では幅狭く灰白色で半透明，雌では縁状部特に幅広く，大部分黒褐色で革質部と縁状部の基部とが灰白色を呈し，膜質部は黒味を帯び半透明。体下と脚とは黒褐色で後者には灰白色部を有する。北海道と本州とに産し，各種濶葉樹の幹上に生活し微小昆虫を捕食している。

147. ミヅギワカメムミ科（水際椿象）
Fam. Saldidae Amyot et Serville 1843

この科は学者によつては *Acanthidae* Leach (1815) の名を採用しているもので，Shore Bugs や Saldids と称えられ，ドイツでは Springwanzen とよんでいる。小さな弱体のカメムシで体長3〜7mm内外，楕円形，短翅型と長翅型とがあり，淡色または汚色で光沢を有するか微点刻を有するかまたは微毛を装い，軽快で疾走や飛翔や跳躍に適し沼沢中かまたは流水や池や湖等の岸ならびに塩田等に生活している。頭部は短かく幅広，触角は太いものと細いものとがあつて4節，複眼は大きく単眼は複眼間に存在し，口吻は長く3節。前胸背板の前端は頭部と等幅かまたは明かに狭い。半翅鞘は滑かで光沢を有し部分的に透明となり屢々微点刻を布し，革質部は1本または2本の翅脈を有し，爪状部は明瞭，膜質部は4または5個の長い閉室あるいは小室を具えている。脚は細く，後脚基節は長く且大形，腿節と脛節とは長く翅の助けによつて跳躍と疾走とに適応している。跗節は3節，爪は存在する。

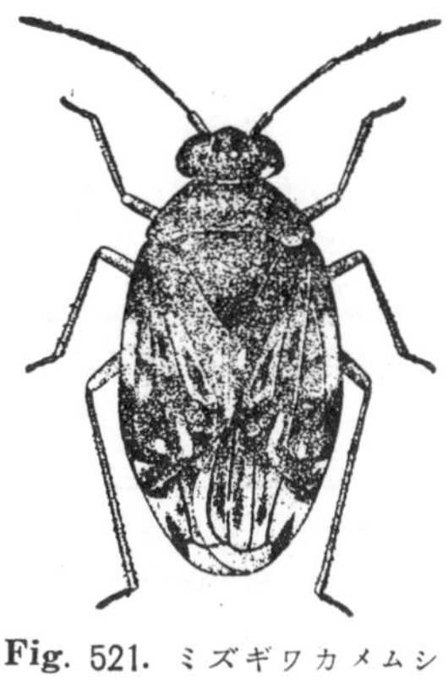

Fig. 521. ミズギワカメムシ
（江崎）

この科の昆虫は水棲と半水棲のダニ類や昆虫類等を捕食し，特にユスリカ類や蚊類や他の双翅目の昆虫を好む。比較的小さな科であるが世界中に広く分布している。然し北米に多産している。大体150種が発見され，主として *Chartoscirta* Stål, *Halosalda* Reuter, *Pentacora* Reuter, *Saldv* Fabricius, *Saldula* van

Duzee 等の属に属している。本邦からはミズギワカメムシ（*Saldula saltatoria* Linné）(Fig. 521) が発見されている。体長4mm内外，黒色に淡褐色の斑紋を有する。北海道・本州・九州に普通で，樺太・シベリア・欧州・北アフリカ・北米等に分布し，水辺の湿地に棲息し，速かに疾走しまた短距離を飛躍する性を有する。

隠角群 Tribe *Cryptocerata* Fieber 1851

（*Hydrocorisae*）

148. メミズムシ（眼水虫）科

Fam. Ochteridae Kirkaldy 1906（*Pelogonidae*）

小さな科で，頭部は横形，単眼は存在し，触角は顕われ，口吻は4節，前脚は中脚と等長で疾走に適応し，半翅鞘は皮革質で爪状部と革質部と膜質部とがよく発達している。*Ochterus* Latreille（=*Pelogonus*）が代表的な属で，本邦からはメミズムシ（*Ochterus marginatus* Latreille）(Fig. 521) が発見されている。この昆虫は体長 4.5～5mm，黒色で不判然な灰色の斑紋を散布するが時に全く消失するものもある。頭部は短かく，複眼は顕著でその内縁が深く刳られ，単眼の後縁を結ぶ横溝を有し，頭楯の前端と上唇とは黄色を呈する。前胸背板はやや半円形に近いが後縁の中央は彎入し，側縁は扁平となり黄色でその縁は暗褐色，後縁の彎入部はやや褐色を帯びている。半翅鞘は腹部背面全体を被い常に右翅を上に畳み，革質部の基部の前縁は黄色を呈する。体の下面は黒色なれど，中後両胸を除き微細な柔毛のためやや灰色を呈する。口吻は基部太く且つ頗る長く腹部に達している。触角は複眼の直下にあつて短細。脚は黄褐色なれど，基節と腿節の上面と腿節及脛節の関接の部分とは暗色，脛節は細く多数の棘毛を装う。本州と九州とに産し，春期水田の辺や湿潤の地等に多く，他の昆虫や他の小動物を食する。若虫は頭部の前縁に棘歯を具え土を背上に負う奇習がある。南欧から東洋熱帯に広く分布している。

Fig. 522. メミズムシ（江崎）

149. コバンムシ（小判虫）科

Fam. Naucoridae Fallén 1814

Water Creepers や Needle-bugs や Toe-biters 等と称えられ，ドイツの Ruderwanzen である。小形乃至中庸大でむしろ幅広の扁平な皮革質の水棲昆虫で，流水や静水等に棲息している。頭部は長さより幅広く前胸中に位置し，触角は短かく隠れて存在し4節，複眼は大形で頭の基角に存し，単眼はなく，口吻は短かいかまたは長く彎曲し普通3節。胸部は幅広。長翅型と短翅型とがあり，半翅鞘は明瞭な縁状部を有し且つ明瞭な脈を有せざる膜質部を有する。前脚は短かく捕獲脚となり1節からなる尖れる跗節を具え，中後両脚は游泳毛を装い，跗節は2節で爪は2個。腹部は尾端に呼吸附属器を欠き，呼吸に必要な空気は腹部背面の凹所と翅との間に貯えられている。雌は生殖附属器を欠き，雄の生殖節の形態は分類に役立つている。

この科の昆虫は体長約10～15mmで幅広く，真の水棲で自在に且つ優美に游泳する。色彩は汚色で，主として黄色と褐色とからなり，皮膚は強靱で滑。水岸に沿う植物または岩石間に生活し活潑な捕食性で，恐らく水棲昆虫の如何なるものや他の動物を刺螫するものであろう。成虫と若虫と共に越冬し，卵は網目様の表面を有しているものが知られている。*Naucoris* Geoffroy が代表的の属で，本邦からはコバンムシ（*Ilyocoris exclamationis* Scott）(Fig. 523) が発見され，体長11mm内外，暗褐色に鮮緑色の部分を有する。頭部は光沢強い汚黄色で黒褐色の複眼を有し，前胸背板は光沢強き暗黄色で鮮緑色の側縁部を有し，小楯板は暗褐色と汚黄色とを混える。半翅鞘は暗褐色で革質部の前縁は緑色。結合板は緑色なれど後縁部黒色，後縁角は尖り，側縁に長毛を装う。頭部と胸部との下面は主に黄色，腹部下面は褐色の事が多い。口吻は緑色で短かく且つ鋭い，脚は緑色。本州と九州との池沼に棲息し，小魚や小昆虫等を捕食する。東部支那にも分布している。

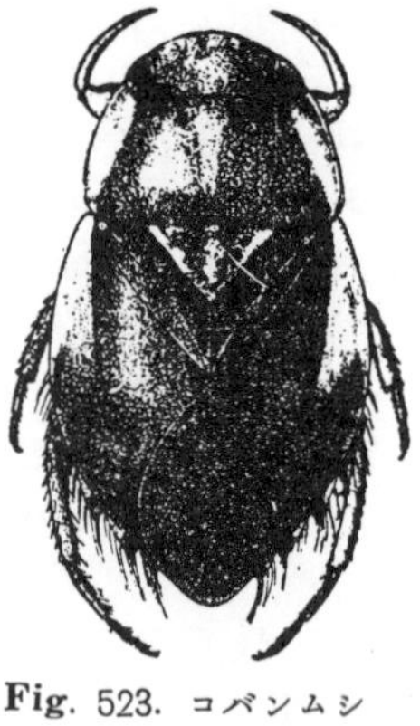

Fig. 523. コバンムシ（江崎）

150. ナベブタムシ（鍋蓋虫）科

Fam. Aphelochiridae Dgl. Sc. 1865

この科は普通コバンムシ科の中に包含され亜科として取り扱われているが，常に短翅形で前脚の跗節が2節からなり腹面に毛を装う事がない事によつて区別する事ができる。*Aphelochirus* Westwood が代表的な属で，本邦からはトゲナベブタムシ（*Aphelochirus nawae* Nawa）(Fig. 524) とナベブタムシ（*Aphelochirus vittatus* Matsumura）とが発見され，前者は体長10mm

で暗黄色に暗褐色の斑紋を有し，本州と九州との山間溪流に棲息し朝鮮にも産する。後者は体長 6mm 内外で黄褐色に黒褐色の斑紋を有し時に頭部以外が全部黒褐色の事があり，前胸背板の両側は多少角張るも前者の如く長く尖つていない。本州の山地の小流の砂中に棲息し時に群棲している。

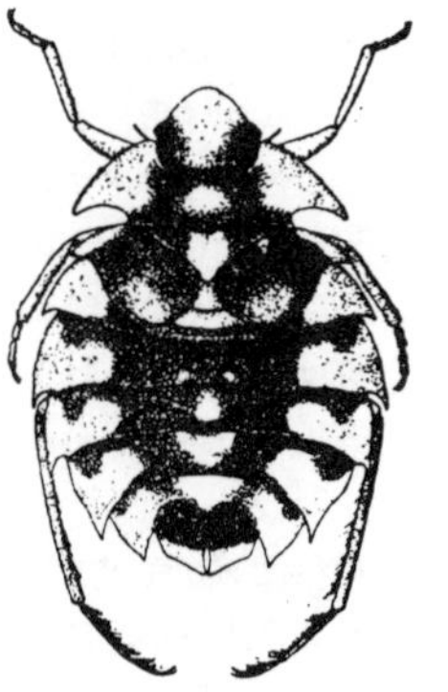

Fig. 524. トゲナベブタムシ（江崎）

151. タガメ（田亀）科
Fam. Belostomatidae Leach 1815

学者によつて *Belostomidae* Dohrn (1859) を採用している。Giant Water Bugs, Electric Light Bugs, Fish Killers, Toe Biters 等と称えられ，ドイツの Riesenwanzen である。大形扁平の水棲昆虫で，一般に帯褐色の皮革質表皮を具えていて，大形のものは体長 160 mm にも達し半翅目中最大で最強の種類を有する。頭部は幅広で多少複眼間が前方に突出し，触角は短かく不顕著で 4 節，複眼は大形で頭部の大部分を占め，単眼はなく，口吻は短かく幾分曲り 5 節からなる。前胸背板は幅広く多少三角形を呈するかまたは前方に狭まり，中胸腹板は中継隆起縁を有するものと然らざるものとがある。翅はよく発達し，半翅鞘は大形で明瞭な翅脈を有し基部厚く，膜質部は大形か小形で網目状を呈し基部が直線か波状かになつている。脚は扁平，前脚は短かく捕獲脚となり時に脛節の受入に対し溝付けられている腿節と 2 爪とを有し，中後両脚は游泳に適応し 2 節の跗節と 2 爪とを有する。小楯板は大形。腹部は尾端に 2 本の短い扁平の引込自由な呼吸附属器を具えている。

タガメ類は淡水に於けるまぎれもない悪魔で，昆虫や貝類や魚類やオタマジャクシや蛙やサンショウウオやその他の水棲動物を捕食する。彼らは強力な游泳者で且つ夜間は飛翔し燈火に飛来する性に富んでいる。

世界から約150種知られ，*Belostoma* Latreille, *Benacus* Stål, *Abedus* Stål, *Lethocerus* Mayr, *Diplonychus* Laporte 等が代表的な属で，本邦からはタガメ (*Kirkaldyia deyrollei* Vuillefroy) とコオイムシ (*Diplonychus japonicus* Vuillefroy) 及びオオコオイムシ (*D. major* Esaki) 等が発見されている。タガメ (Fig. 525) は体長 65mm 内外，灰色乃至暗褐色で，本州・四国・九州に産し，朝鮮・台湾・支那・アムール等に分布し，池沼に棲息し，養魚上の大害虫である。コオイムシは体長 18～20mm で暗褐色，頭は前方に突出し光沢ある大形の複眼を有し，前胸背板は横形，小楯板は殆んど正三角，半翅鞘は尾端に達し網目様の脈を有する革質部と小さい光沢ある膜質部とを有し，中後両脚の脛節以下には長縁毛を装う。本州・四国・九州に普通で池沼や水田等に多数に棲息し小魚その他小昆虫を捕食し春季には雄がその背上に多数の卵を担う奇習がある。

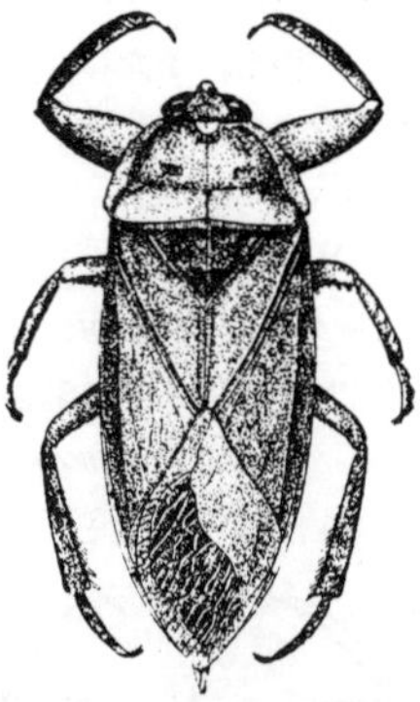

Fig. 525. タガメ（江崎）

152. タイコウチ（太鼓打）科
Fam. Nepidae Latreille 1802

1819 年に Samouelle が *Nepadae* と命名せるもので，Water scorpions と称えられ，甚だ細長い亜円筒形 (*Ranatra*) や幅広の長楕円形 (*Nepa*) やこれらの中間形 (*Laccotrephes*) 等種々な形状のものがあり，鈍灰色か帯褐色で，皮革質の普通滑な皮膚を有する。頭部は小さく前胸内に置かれ，触角は短かく 3 節で隠れ，複眼は大形，単眼はなく，口吻は短かく 3 節。前胸は長く頸状となり，翅はよく発達している。半翅鞘は皮革質，その膜質部は明瞭かまたは不鮮明の翅脈を有する。前脚は前胸の前方から生じ短かいかまたは長く捕獲脚となり，脛節は跗節を受入するために溝付けられ，跗節は 1 節で鎌状となつている。中後両脚は長くむしろ線状で游泳に殆んど適応していない。跗節は 2 節で 2 爪を具えている。後脚の基節は球状で廻転運動に適し所謂廻転脚 (Trochalopoda) である。腹部は 3 対の擬気門と 2 本の長いかまたは短かい所謂吸収管を具えている。

この科の昆虫は興味ある且つ奇妙な習性を有し，ある種類は前脚を急に後方に動かす事によつて音を出す。それは基節が基節窩をこする事によつて生ずるものである。游泳は困難で凡ての脚が使用され，前脚が上下に中脚が蹴る運動を行う。各脚が同時に働くが不規律な游泳で成就というよりはむしろ争つている様に見える。水中にてある物体上を匍匐する時に脚の正常な動作が現われるものである。成虫は体長 20～50mm で，肉食性，彼らは種々な水棲昆虫の卵をさがし求めるが，普通は水中に横たわり食餌を待ち伏せしている。彼らは空気の必要な場合には水表に来るのが普通であるが，時に地上に現われたり，または湿地内の石下等にある事もある。夜間に飛翔する。若し何かにさまたげられたりあるいは捕獲されたりするとある状態に死をよそおう事も稀れでない。

Nepa 属の卵は1端に7本の線を具え，*Ranatra* では2本を有し，水中の種々な物体に附着し，または水底にある腐敗木の割目や塵芥中等に産入され，附属糸が常に水中に出されている。

世界から約200種が発見され，*Nepa* Linné と *Ranatra* Fabricius とは実際上世界共通の属で，*Laccotrephes* Stål はアジアと濠洲とに産し，これ等3属とも本邦から発見されている。ヒメタイコウチ (*Nepa hoffmanni* Esaki) (Fig. 526) は体長22mm内外の暗褐色種で本州と朝鮮北部と北支那とに発見され，池沼に棲息する。タイコウチ (*Laccotrephes japonensis* Scott) は体長30mm内外で黒褐色，尾端に体長と殆んど等長の細長い2本の呼吸附属器を具え，本州・四国・九州等の水田や池沼等に普通で，台湾北部にも産する。ミズカマキリ (*Ranatra chinensis* Mayr) は体長43mm内外の細長い灰褐色乃至黄褐色種，本邦全土・朝鮮・台湾・支那・ビルマ等に広く分布し，池沼や小流に多く，稚魚等を捕食している。

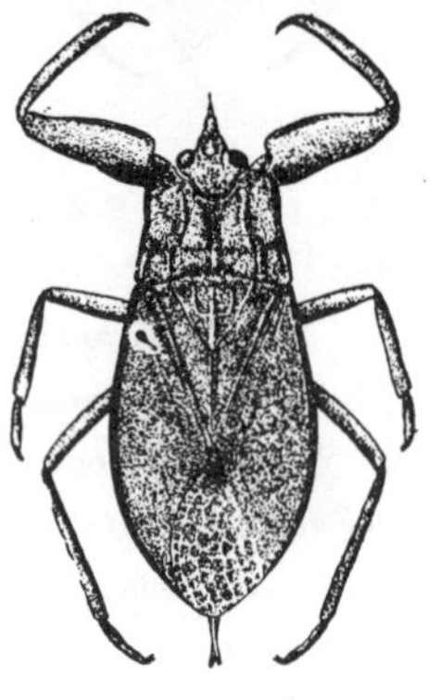

Fig. 526. ヒメタイコウチ (江崎)

153. マツモムシ（松藻虫）科

Fam. Notonectidae Leach 1815

Back Simmers や Boat Flies 等と称えられ，ドイツの Rückenschwimmer がこの類の昆虫である。大体中庸大の水棲昆虫で，長いカイ状の後脚をもつて背面を下にして游泳する。体は長く，背面円味強く，腹面は平たく一般にビロード様微毛にて被われ，体長3～15mm。頭部は胸部の内に安置され，触角は小さく4節からなり不顕著，複眼は甚だ大形で頭部の大部分を被い，単眼はなく，口吻は短かく4節で彎曲している。前胸はよく発達し，後方に幅広い。翅は普通よく発達し，半翅鞘は明確な革質部と爪状部とを有し且つ翅脈を存せざる短かい膜質部を有する。前脚は比較的短かく捕獲脚となり，中脚は幾分短かく物体に縋りつくのに用いられ，後脚は甚だ長くカイ状で游泳毛を装い爪を欠き静止の際には頭の方に延ばしている。跗節は2節，前中両脚の第1節は容易に見逃す程小形。爪は前中両脚には有る。小楯板はよく発達している。腹部は腹面中央に1縦隆起縁を具え，各側縁に凹所があり，その部分が毛にて被われ空気を保存し水中にて呼吸可能となつている。またある種類では長い産卵管を具えているものがある。

マツモムシ類は淡水の池や湖水や流水等の縁辺に甚だ普通で，腹面は暗色または汚色であるが背面は屢々鮮明色。捕食性で，オタマジャクシや魚や甲殻類や昆虫等の小形の動物を捕食する。時に人類も刺される事がある。夜間には水から跳ね出して自由に飛翔する性を有する。卵は水生植物上にまたはその組織内に産下され，成虫と若虫とで越年しまたは冬を通じて活動性のものもある。

この科は200種以上からなり，熱帯の南米や印度に最も多数に産するが，世界の多くの地方にも産している。最も代表的な属は *Notonecta* Linnè と *Anisops* Spinola とで，何れも本邦から発見され，前者は世界共通で後者はアジアと濠洲とから知られている。マツモムシ (*Notonecta triguttata* Motschulsky) (Fig. 527) は体長13mm内外で汚黄色に黒色斑紋を有し，本邦全土と朝鮮とに産し，主に池沼や小流等に棲息し，稚魚等を捕食している。コマツモムシ (*Anisopa genji* Hutchinson) は体長7.5mm内外の淡灰褐色。頭部は黄白色なれど黒色の複眼にて大部分占められ，前胸背板は光沢強く黄白色，小楯板は大形で暗褐色なれど側縁は黄白色，半翅鞘は透明，体の下面は黒色，本州・四国・九州と台湾とに産し，池沼に棲息している。

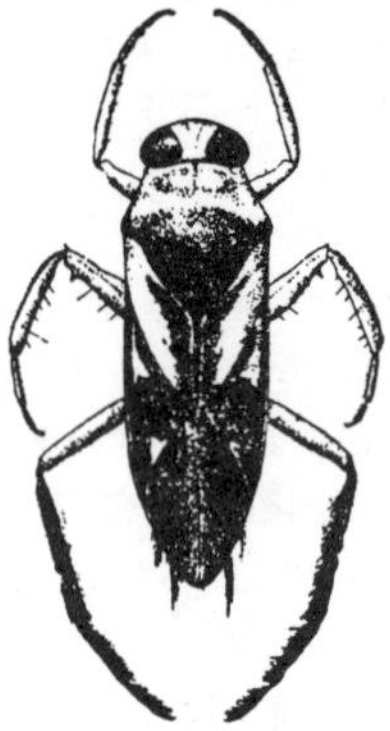

Fig. 527. マツモムシ (江崎)

154. マルミズムシ（円水虫）科

Fam. Pleidae Dgl. Sc. 1865

この科は以前にはマツムシ科の1亜科として認められていたが，後脚の脛節と跗節とが所謂游泳毛を装う事がなく，腹部下面には中縦隆起線を欠き，口吻が3節で，複眼が頭部に比し小形である事等から明瞭に区別され得る。*Plea* Leach が代表的な属で，旧北洲と東洋とに分布し，本邦からはマルミズムシ (*Paraplea japonica* Horváth) (Fig. 528) とヒメマルミズムシ (*Paraplea indistinguenda* Matsumura) とが発見され，前者は体長2mm

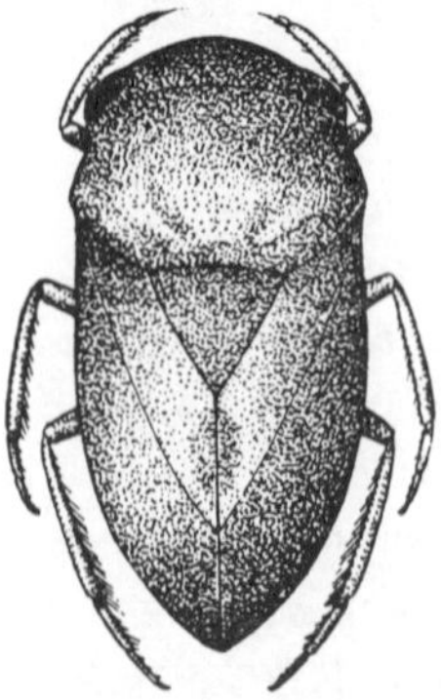

Fig. 528. マルミズムシ (江崎)

内外の暗黄色種，複眼は黒褐色，前胸背板は粗大な点刻を散布し，小楯板は黄色で点刻は微弱，半翅鞘は前胸背板同様の点刻を布し暗黄色，前中両脚の跗節は2節で後脚のものは3節，本州・四国・九州に産し，池沼に多く棲息し，背面を下にして游泳する事マツモムシと同様で，また歩行する性をも有する。

155. ミ ズ ム シ（水虫）科

***Fam. Corixidae* Dohrn 1859 (Leach)**

この科の昆虫は初め *Notonectidae* 科中に包含されていたが，1815年に Leach が始めて *Corixida* 科となし，1859年に Dohrn が最初に現在の *Corixidae* なる正しいつづりを用いたものである。Water Boatmen や Water Crickets 等と称えられ，ドイツの Wasserzikaden がこれである。小形乃至中庸大の水棲昆虫で，淡水と塩けのある水とに棲息し，温暖な夜に燈火に多数飛来し，一般に汚色で滑かな強靱な皮膚を有する。頭部は幾分三ケ月形を呈し，背面に凹味を有し後方前胸背板にかぶさり，腹面後方に彎曲しそのために口吻は前脚基節に囲まれている。触角は3～4節で頭部と前胸背板との間の凹所に隠され，複眼は三角形に近く，単眼はなく，頭楯は横線付けられ，口吻は短かく1～2節で隠れて存在する。前胸背板は屢々頭部の下に部分的に隠されている。半翅鞘は爪状部と有翅脈の革質部とを具え，屢々小楯板を完全に被うている。前脚は捕獲脚なり，短かく，跗節は1節で所謂拡跗節 (Pala) で脛節より長く，棘または剛棘毛の1列または2列を装い，且つ1本の葉状爪あるいは棘毛を具えているかまたは欠く，腿節は木釘様の小突起の1列を具え，それが跗節上の棘毛によつてこすられて音を生するものである。尤も Butler はこの拡跗節が線付けられている頭楯をこする事によつて発音するものであると認めている。中脚は長く主に歩行とすがりつくのに使用され，跗節は2節で2爪を具え脛節と大体等長。後脚は長く剛い游泳毛を装い撓として使用され，跗節は小さく2節で2爪を具えている。この長い後脚はまた体表をきよめるのに使用される。小楯板は甚だ小形。腹部は雌では左右不対称で1側部が減退している。雄の第6節背板上に黒色の扁平な櫛歯様器官即ち搔器 (Strigil) を具えている。この器官は半翅鞘の下面をこすり音を生ずるものである。同搔器と拡跗節とは雄の種類を決定するのに重要な役割を演じている。雄はまた把攫器と棘器とを包含する生殖嚢を蔵し，これらもまた分類上に使用され得るものである。

世界の熱帯と温帯との淡水や塩水中に甚だ普通に見出され，亜水棲生活によく適応した構造を持ち，体の背面と翅との間が長い間水中にて呼吸可能の空気を保存する様に構造されている。卵は短かい柄部を有し，水生植物や他の物体上にまた種類によつてはザリガニの体上等に附着せしめられ，多産。一般に1年に1世代で，成虫で越冬するが寒国では恐らく泥土中にもぐつて過すものであろう。成虫は燈火に著しく飛来する性を有する。彼れらの食物は動物質と植物質との両者を包含する水底の有機質軟泥の凡ての種類のもので，前脚の拡跗節を以てそれらを口に運ぶものである。また水生植物の細胞壁をさき内液を吸収する性をも有する。ミヅムシ類は他の水棲椿象類の如く尾端を以つて水表面を破る事がなく，常に前胸背板を以て水表を破る性質を有する。世界から約300種が発見され，

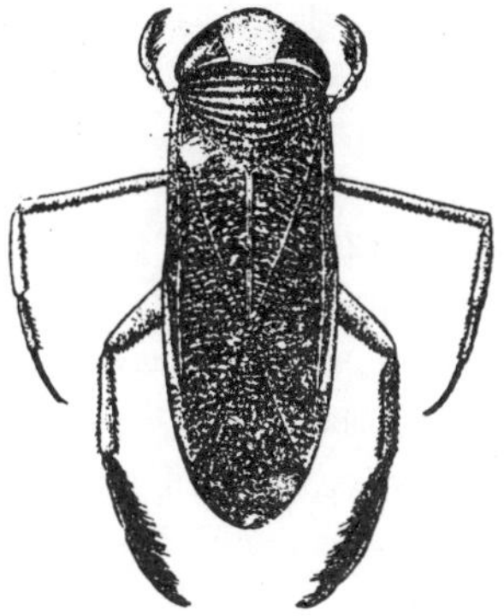

Fig. 529. ミズムシ（江崎）

Corixa Linné と *Micronecta* Kirkaldy とが代表的な属で，本邦からは後者の他に *Sigara* 属が産する。ミズムシ (*Sigara distanti* Kirkalky) (Fig. 529) は体長 11mm 内外で光沢が弱い暗黄色で黒条を有し，本邦全土に産し，朝鮮や満州等に分布し，池沼等に普通で本邦産最大のミズムシである。チビミズムシ (*Micronecta sedula* Horváth) は体長 2.5mm 内外，幅広く後端多少尖り，大体暗灰褐色，頭部は幅広で黄色を呈し，前胸背板は暗色で極めて短かく，小楯板は顕著で小三角形，半翅鞘は大きく暗色，体下と脚とは概して黄色，本邦全土の水田等に多産する。

b. 同翅亜目

Suborder *Homoptera* Leach 1815

頸吻群 Tribe *Auchenorrhyncha* Duméril 1806

泡吹虫上科 Superfamily *Cercopoidea* Baker

156. トゲアワフキ（棘泡吹）科

***Fam. Machaerotidae* Kirkaldy**

単眼は2個，小楯板は前胸背板と等長かまたはより長く簡単に後方に細まるかまたは後方著しく高まり強く彎曲し後方に突出している末端棘を具えている。前翅の2本の爪状部脈がある時は中央かあるいは前方で癒合しまたは1本の横脈によくて結び付き，後翅は径脈の外叉状脈が常になく従つて第1端室を欠いている。この昆虫は若虫が円筒状の巣を構成し，濠洲やインドマレーやエチオピア洲等の特産であるが，本邦からも発見されてい

る。普通つぎの如き3亜科に分類されている。

1. 小楯板は後方高まる事がなく且つ自由な末端棘を具えている事がなく，前胸背板の前縁は複眼間に突出し，頭部は普通鈍角に前方に出で，後翅の肘脈は叉状となつている (*Conmachaerota*, *Hindola*, *Enderleinia*, *Neuromachaerota*) ……………………………… Subfam. *Hindolinae* (*Enderleiniinae*)

小楯板は普通後方に著しく隆起し常に後方に延びる自由な末端棘を具え，前胸背板の前縁は微かに複眼間に出で，頭部は甚だ脹れ複眼の前方に突出し，後翅の肘脈は叉状となつていない……………………………… 2

2. 体はむしろ細く，小楯板本体は後方高く弧状となり強い1背溝を具え，前胸背板は葉状に拡がる側角を欠き前縁は複眼間に幾分角張つている (*Machaerota*)………………………………… Subfam. *Machaerotinae*

体は甚だ太く，小楯板本体は殆んど扁平で不明瞭な背溝を有し，前胸背板は高い薄い拡脹せる側角を有し，前縁は幅広く複眼間でおだやかに彎曲している (*Maxudeus*) ………………… Subfam. *Maxudeinae*

本邦産のタケウチトゲアワフキ (*Machaerota takeuchii* Kato) (Fig. 530) は *Machaerotinae* 亜科に属し，体長 (翅端迄) 8mm 内外，黒色，複眼は黒褐色で単眼は黄色，小楯板基部両側に黄色の長斑を有し，前翅は透明で黄色，後翅は無色。若虫はシナノキの枝に石灰質の巣を営む。本州と九州とに産する。

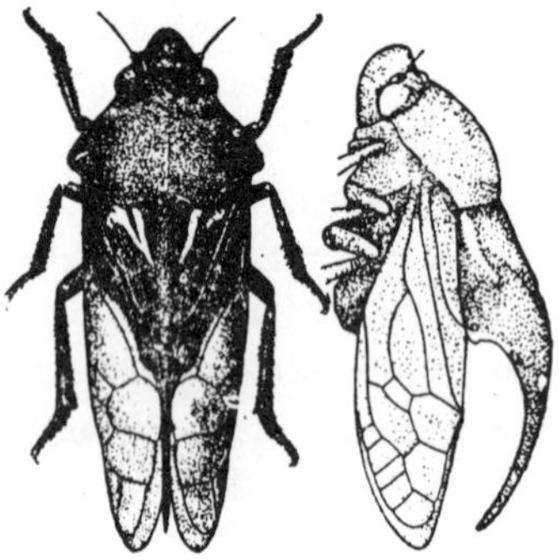

Fig. 530. タケウチトゲアワフキ (江崎)

第2種たるムネアカアワフキ (*Hindoloides rubrodorsum* Esaki) は *Hindolinae* 亜科に属し，雌 (Fig. 531) は体長 5mm，黒色で胸部は暗赤色，小楯板は楔状で暗赤色，前翅は黒色で点刻を布し半翅鞘の様に淡褐色の膜質部を有する。雄は体長 4mm で小楯板のみ赤色で他は黒色。本州・四国・九州等に産し，若虫はサクラに寄生し石灰質の巣を営む。

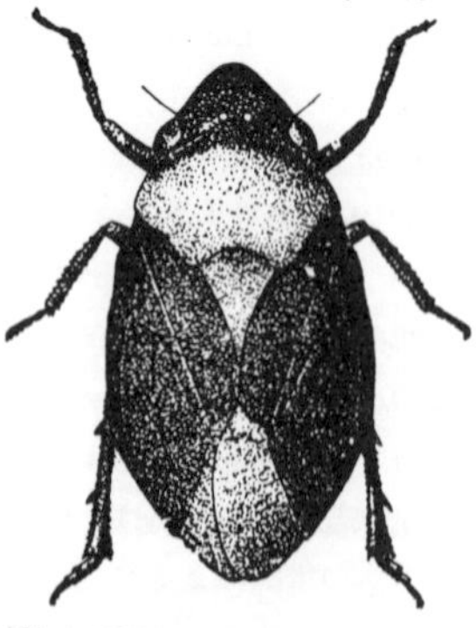

Fig. 531. ムネアカアワフキ (江崎)

157. コガシラアワフキ (小頭泡吹) 科

Fam. Tomaspididae Distant 1902

Tomaspis Amyot et Serville や *Eoscarta* Breddin その他等が代表的な属で，アワフキムシ科に似ているが，前胸背板は普通著しく大形となり頭部より甚だ幅広く，その前縁複眼間は常に直線かまたは微かに彎曲し，前側縁は普通後側縁と等長かあるいはより長く，額は普通多少末端の方に膨れ，頭部は触角上方に厚化せる片状縁を具えている事等によつて区別され得る。この科にはトリニダットにおける彼の有名な Sugarcane froghopper (*Tomaspis saccharina* Distant) があつて，この昆虫は甘蔗のバイラス病を生ぜしめる。本邦からはコガシラアワフキ (*Eoscarta assimilis* Uhler) (Fig. 532) が発見されている。体長 (翅端迄) 7～8.5mm，体は褐色で個体によつて濃淡の変化が多く時に甚だ暗色の事がある。微細な柔毛を密生する。頭部は黒褐色で黒色の複眼と黄色の単眼を有し，前胸背板と小楯板とは褐色，前翅は半透明褐色で末端部は帯赤褐色。体の下面と脚とは黒褐色なれど後胸部のみ淡黄褐色。本邦全土に最も普通で，柳や楊等に特に多数寄生している。

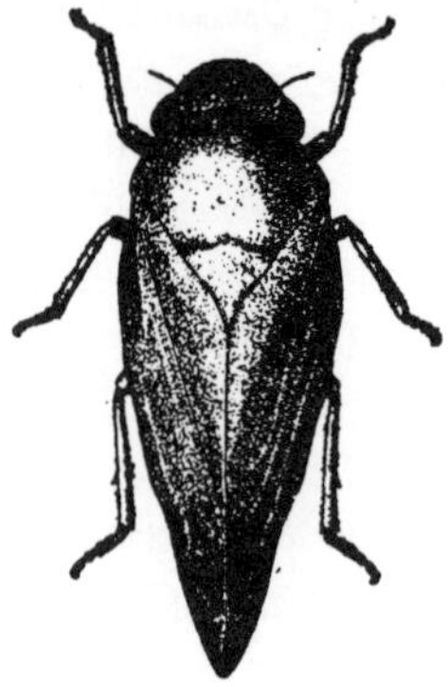

Fig. 532. コガシラアワフキ (江崎)

158. アワフキムシ (泡吹虫) 科

Fam. Cercopidae Leach 1815 (*Aphrophoridae*)

Froghoppers や Spittle-bugs や Cuckoo Spit Insects 等と称えられ，ドイツでは一般に Schildzirpen とよんでいる。単眼は2個またはなく，触角の鞭状部は太い基部と甚だ細い棘毛状の部分とからなり，後脚の基節は短かく円錐形で側方に拡がつていない，後脚脛節は円筒形で普通1本または2本の顕著な棘と末端の方に微棘群とを具えている。腹部の第7と第8節上に側腺を有する。凡て植物を食とし，成虫若虫ともに短かい太い蛙状で，ある属の若虫は肛門から排出する泡または唾様の物体中に棲息している。世界に凡て分布しているが，特に熱帯に多産で，世界共通の *Cercopis* Fabricius, *Ptyelus* Lethierry et Severin, *Aphrophora* German 等や広分布の *Monecphora* やインド・マレー産の *Phymatoste-*

tha, *Cosmoscarta* 等が代表的な属である。本邦からは *Lepyronia*, *Euclovia*, *Peuceptyelus*, *Aphrophora*, *Sinophora*, *Cercopis*, *Philagra* 等の属が発見され，*Aphrophora* 属のものが最も普通で且つ多産である。禾本科植物にはマルアワフキ (*Lepyronia coleoptrata* Linnè) とホシアワフキ (*Aphrophora stictica* Matsumura) とハマベアワフキ (*Aphrophora maritima* Matsumura) とが発見され前者は屢々稲にも寄生する。ブドウにはブドウアワフキ (*Aphrophora vitis* Matsumura) が寄生し，モンキアワフキ(*Aphrophora flavomaculata* Matsumura) はリンゴやビワやキイチゴや桑やその他に，シロオビアワフキ (*Aphrophora intermedia* Uhler) は桑・ブドウ・リンゴ・梨・ビワ・桃・桜・マルメロ・キイチゴ・クルミ・ヤナギ・ウド・楊・菊その他種々な植物に寄生し，マツアワフキ (*Aphrophora flavipes* Uhler) は松類や稀れに茶樹に，クロフアワフキ (*Sinophora maculosa* Melichar) やクロスジホソアワフキ (*Cercopis nigripectus* Matsumura) やトドマツアワフキ (*Cercopis abietis* Matsumura) (Fig. 533) 等はトドマツに普通の種類である。テングアワフキ (*Philagra albinotata* Uhler) は体長 (翅端迄) 10～12mm で多くは黒褐色で黄褐色の微毛を密生している。本州・四国・九州等の山地にかなり普通な種類である。

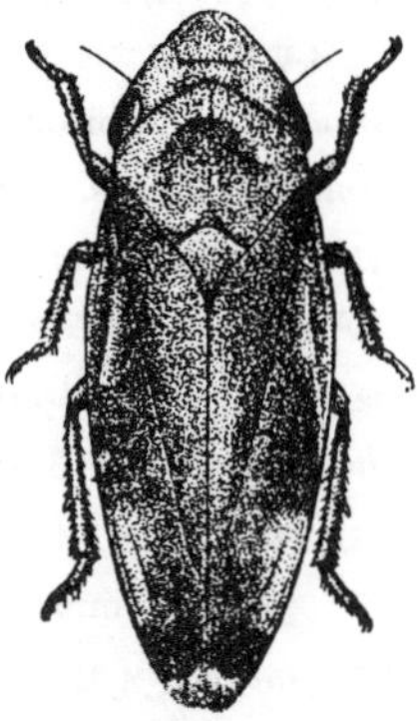

Fig. 533. トドマツアワフキ (江崎)

蟬上科 Superfamily *Cicadoidea* Ashmead 1904

159. セ　ミ (蟬) 科

Fam. Cicadidae Latreille 1802

Cicadas や Harvest Flies 等と称えられ，ドイツでは Singzikaden フランスでは Cigales とよんでいる。中庸大乃至大形で 16～80mm の体長を有する。単眼は3個で複眼間に三角形に位置し，口吻は長く明らかに頭部から生じ，触角は棘毛状で短かい基節から生じ5～6節，前脚の腿節は太く普通下面に棘を装い，跗節は3節，爪は褥盤を欠き，雄は腹部腹面の基部によく発達した鼓膜器官を具えているが例外もある。雄は不規則形の押入器を具え，雌は大きな産卵管を有する。

雌は雄発音によつて誘致され，雄は彼女が近くに飛来すると発音を停止し，後互に相接する。卵は細長く，1年生や多年生の植物の茎の内に，多くは堅い古枝や生枝等の組織の中に産下される。雌は産卵に際し樹皮を通して木質部や髄を切りその中に多少連続的に列に産卵する。卵は短時日または2～6週間内外で孵化し，若虫は地上に落下または匍匐し，後地下生活を始め，種々な植物の根を食する。この期間は多くの種類では2～5年で特別なものではアメリカ産の *Magicicada septendecim* Linné (Seventeen-year locust or periodical cicada) の如く13～17年の長期に亙るものもある。若虫 (Fig, 534) は淡色で妙奇な形状を呈し大きな有歯の開堀脚を具えている。充分成長すると，地中から出で便宜な権木や樹木上によぢ昇りそこにしつかり附着し，背中線にて皮膚が割れ，そこから成虫が羽出し，食をとり，唱い，交尾し，産卵して冬の到来以前に死亡する。

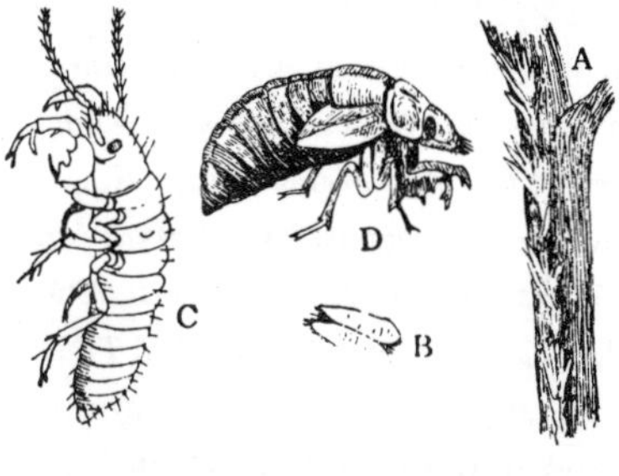

Fig. 534. セミ (*Magicicada septendecim* L.) の卵と若虫 (Riley)
A. 産卵個所　B. 卵　C. 第1齢虫　D. 成熟若虫

世界から約1500種程発見され，広く分布している。本邦からは *Platypleura* Amyot et Serville, *Graptopsaltria* Stål, *Tibicen* Latreille, *Cryptotympana* Stål, *Tanna* Distant, *Meimuna* Distant, *Oncotympana* Stål, *Terpnosia* Distant, *Euterpnosia* Matsumura 等の属が発見されている。クマゼミ (*Cryptotympana japonensis* Kato)やアブラゼミ(*Graptopsaltria nigrofuscata* Motschulsky) やミンミンゼミ (*Oncotympana maculaticollis* Motschulsky) やニイニイゼミ(*Platypleura kaempferi* Fabricius) 等は各種果樹類の害虫として認められている。ヒメハルゼミ (*Euterpnosia chibensis* Matsumura) (Fig. 535) は体長 27mm 内外，頭部と胸部とは帯褐緑色で，黒色斑を有し腹部は主に褐色。雄の腹瓣は幅狭く腹部の基部に達しない。本州・四国・九州等の山地に産し，7月中旬頃短期間現われ，天然記念物に指定されている。

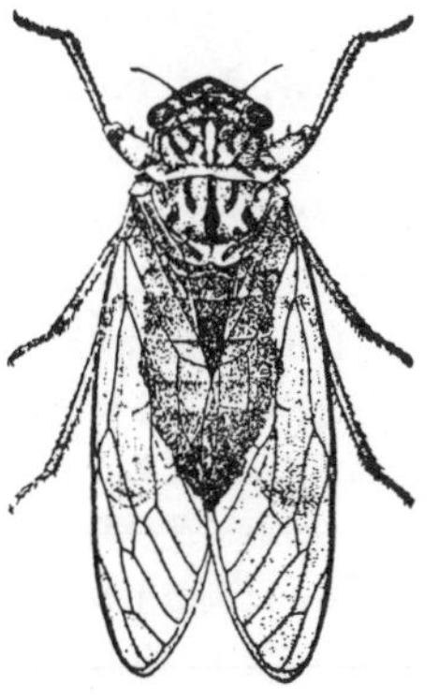

Fig. 535. ヒメハルセミ (江崎)

160. チッチゼミ（ちっち蟬）科

Fam. Tibicinidae Distant 1905

発音器と聴器とを具えているが腹瓣を欠き，鼓膜を露出している。*Huechysini* Distant, *Chlorocystini* Distant, *Tibicinini* Distant, *Melampsaltini* Distant その他の類に分けられていて，*Melampsalta* Amyot, *Pauropsalta* Goding et Froggatt, *Tettigomyia* Amyot et Serville, *Xosopsaltria* Kirkaldy, *Parnisa* Stål, *Quintilia* Stål, *Taphura* Stål, *Abrictna* Stål *Tibicina* Amyot, *Tympanistria* Stål, *Carineta* Amyot et Serville, *Huechys* Amyot et Serville, *Hyantia* Stål, *Quesada* Distant その他等の属が知られている。ハグロゼミ（*Huechys sanguinea* de Geer）は Chinese blistering cicada or Chu-ki と称えられ，この科のセミ中最も興味あるもので，南支那や台湾に産し，体長 17mm 内外で赤色と黒色とからなり，時に Red medicinal cicada とも称えられ，薬用に使用されている。本邦からは *Melampsalta* 属の種類のみが発見され，チッチゼミ（*M. radiator* Uhler）（Fig. 536）やエゾチッチゼミ（*M. yezoensis* Matsumura）等が産する。

Fig. 536. チッチゼミ （江崎）

角蟬上科 Superfamily. *Membracioidea* Barmeister 1835

161. ツノゼミ（角蟬）科

Fam. Membracidae Germar 1821

Treehoppers や Devilhoppers 等と称えられ，ドイツでは Buckelzirpen という。小形の奇妙な昆虫で，頭部は垂直に位置し，前胸背板は頭上に突出する様に拡大し後方小楯板上にまたは腹背上に延び棘や鈎や球瘤等を装い，触角は複眼の僅か前方下から生じ多数節からなる鞭状部を具え，単眼は2個で複眼間に存在し，翅は膜質，脛節は角張り，後脚の基節は横形。色彩は黄色や緑色や褐色や灰色やまたは光沢色。活動は主に歩行であるが，必要に応じ飛跳または跳躍する。彼等は時に葉の裏や枝の裏へ廻る性質を有し，屢々群棲あるいは列棲する。若虫は屢々成虫の様な奇妙な形状であるが異状の前胸背板を有する事がなく，背板は屢々円味を有し簡単な棘や羽毛状の棘を装う事がある。

ツノゼミ類は灌木や喬木やに主として棲息するが，雑草や禾本科植物やそれらに類似する多年生の植物上にも自由に棲息し，食を求め，且つそれらの組織中に幾分棍棒状の卵を鑿状の産卵管によつて産入する。産卵個所は樹木の皮や木質部，葉の中肋，多汁植物の茎等の中で，卵はそれ等の個所に3列乃至6列またはより多数列にあるいは不規則な群に産下される。

温帯地方では1世代が5令虫で約6週間を要し年に1乃至3世代なれど，熱帯では成育が早くより多数の世代が認められている。多数の種類は蜜滴を分泌するが，ある限られた種類のみが蚜虫の如く蟻を誘致する事が知られている。ツノゼミ類は植物のある種類または科に多少制限されて寄食し，多くのものは年のある季節に従つて宿主を交代する性を有する。暖地では年中連続的に生活しているが寒い地方では卵か若虫か成虫かで越年する。世界から約350属が知られ多数の種類が発見されているが，アメリカとアフリカとアジア等の熱帯に多産である。*Membracis* Fabircius, *Ceresa* Amyot et Serville, *Centrotus* Fabricius, *Enchenopa* Amyot et Serville, *Entylia* Germar, *Tricentrus* Stål, *Telamona*, *Gargara* Amyot et Serville 等が代表的な属で，本邦からは最後の属の他に *Orthobelus* と *Tsunozemia*, と *Machaerotypus* との3属が発見されている。モジツノゼミ（*Tsunozemia mojiensis* Matsumura）(Fig. 537) は体長（翅端迄）7mm 内外，黒褐色，甚だ微細な点刻と大部分白色の微毛を装う。本邦全土の山地に普通で，支那や台湾の産地にも産する。マルツノゼミ（*Gargara genistae* Fabricius）(Fig. 538) は体長（翅端迄）4mm 内外，光沢ある黒色で大きな点刻と黄色の毛を密生している。北海道・本州・九州の山地に普通で，琉球と小笠原とにも産し，欧州・シベリア・北米等に分布している。

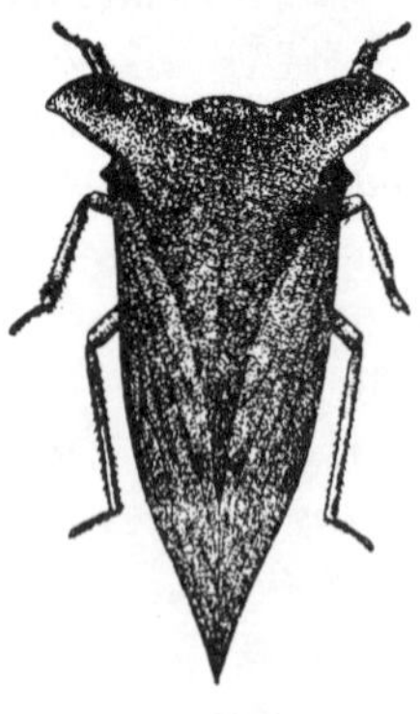

Fig. 537. モジツノゼミ （江崎）

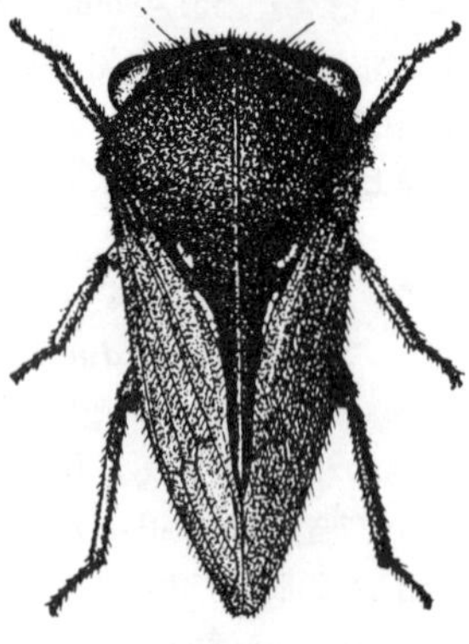

Fig. 538. マルツノゼミ （江崎）

横這上科 Superfamily *Jassoidea* Ashmead 1904

162. オオヨコバイ（大横這）科

Fam. Cicadellidae Latreille 1802

Leafhoppers や Sharpshooters 等と称えられているものを含み，*Proconiidae* や *Tettigoniellidae* や *Tettigoniidae* 等と命名されているものである。この科に属する種類は小さな細い昆虫で微細な毛状の触角を複眼間の前方に出し，単眼は普通２個，後脚の脛節は棘の２列を具えている。前翅は幾分厚化し頭部と前胸背板とに匹敵する様な光輝ある色彩を有する。活潑な跳躍性で，成虫はまた自由に飛翔する。成虫と若虫とは共に横に疾走する性を有し，凡て食草性で，植物の組織内に口吻を刺し込み汁液を吸収する。従つて植物の細菌病や菌病やバイラス病等の伝播者となり得る事が考えられ農業上重要なものの様である。一般に冬期間は卵で越年するが，多数の種類では成虫でまた少数のものでは若虫で越冬する事が知られている。卵は帯白色で長く微かに彎曲し，秋季または春季に植物の類にまたは堅い組織中に産下され，若虫は４または５回の脱皮後に成虫となり，その間18～50日内外で，年に１乃至６世代を経過する。*Cicadella* Latreille, *Draeculacephala* Ball, *Graphocephala* van Duzee, *Kolla* Distant, *Oncometopia* Stål (＝*Proconia*) 等が代表的な属で，本邦からは最初の１属の他に *Mileewa* と *Epiacanthus* との２属が発見されている。オオヨコバイ (*Cicadella viridis* Linné) (Fig. 539) は体長８(♂)～10(♀)mm 内外，緑色で腹面と脚とは黄白色乃至汚黄色，本邦全土に産し各種農作物や果樹の害虫となり，朝鮮，琉球，台湾，支那，シベリア，欧州等に広く分布している。クワキヨコバイ (*Epiacanthus guttiger* Uhler) は体長８～9mm 内外の淡黄緑色，腹面と脚とは鮮黄色，本邦全土に産し叢間に多いが桑樹にも寄生する。またフタテンオオヨコバイ (*Epiacanthus stramineus* Motschulsky) は柑橘やブドウ等に寄食している事があり，ツマグロオオヨコバイ (*Cicadella ferruginea* Fabricius) は多数の果樹類や農作物に普通に発見される種類である。

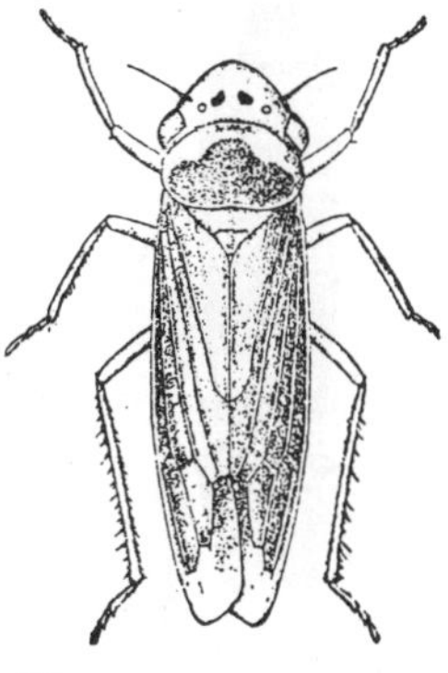

Fig. 539. オオヨコバイ（江崎）

163. ヒラタヨコバイ（扁横這）科

Fam. Gyponidae Fowler 1903

(*Penthimiidae* Kirschbach 1868)

オオヨコバイ科から額の側縫合線が触角基部陥窩を越えて消失している事によつて区別され，触角は複眼から著しく離れていないで近い処に生じているが，決して複眼のレベルの上方に位置する事がなく，頭部は強く傾斜している冠 (Crown) と顔との間で鈍く円味を有し著しく顔にかぶさり，顔は深く凹み甚だ短かく長さより甚だ幅広となつている。体は幅広で短かく扁平，前翅の末端部に網目脈を有する。*Gypona* Germar と *Penthimia* とが代表的な属で，本邦からはクロヒラタヨコバイ (*Penthimia nitida* Lethierry) (Fig. 540) が発見されている。体長５～6mm，光沢強い真黒色，顔は幅広く短かく黒色，前胸背板の後半に浅細な横皺を有し，小楯板もまた後半に同様な横皺を有し末端点灰白色，前翅は光沢ある黒色で末端部は灰白色または淡褐色を呈し，爪状部は幅広く先端は截断状となりその縁は淡褐色，体の腹面と脚とは黒色。本州・四国・九州に産し各種の灌木に稀れでなく，台湾・朝鮮・シベリア等に分布している。

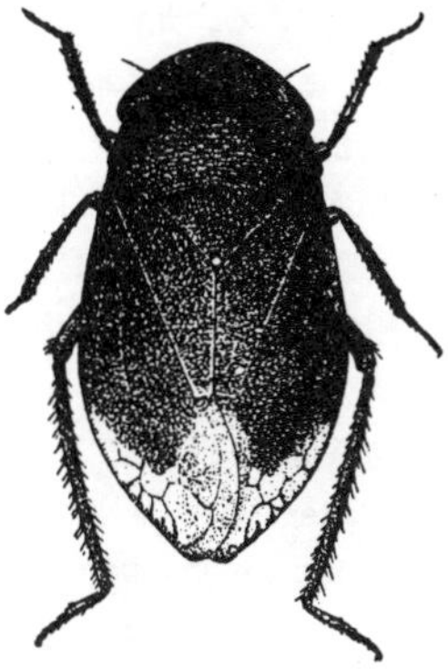

Fig. 540. クロヒラタヨコバイ（江崎）

164. ミミズク（木菟）科

Fam. Ledridae Kirschbach 1868

ヒラタヨコバイ科に似ているが，触角は複眼から遙かに離れ上方に位置し，頭部は前方横に薄く葉片状となり下面が屢々凹んでいる事によつて区別される。額の下部は長く且つ狭い。むしろ大形で主としてインド濠州産。主な属は *Ledra* Fabricius と *Ledropsis* White とで，本邦からは前者の他に *Tituria* Stål と *Petalocephala* Stål とが発見されている。ミミズク (*Ledra auditura* Walker) (Fig. 541) は体長 14 (♂)～18(♀)mm 内外，黒褐色乃至帯赤黒褐色，頭部は扁平，複眼は黒褐色，単眼は暗紅色，前胸背板は斜前方に傾き後半上に１対の耳状突起を具え，同突起は雄で上方に突出するすみでであるが雌では更に大形で上前方に向く，小楯板は暗褐色で中央部が凹陥し，前翅は半透明で

Fig. 541. ミミズク（江崎）

黄褐色を帯び，体の腹面と脚とは淡黄褐色。本州・四国・九州等に産し各種の濶葉樹上に生活し，朝鮮・台湾・南支那等に分布している。ヒラタミミズク（*Tituria angulata* Matsumura）は体長12～17mm，鮮黄緑色で，頭部は頗る扁平で前方に三角形状に突出し，前胸背板も扁平で頗る幅広く直角の側角を具えている。九州産で樹上に棲息し，台湾にも産する。コミミズク（*Petalocephala discolor* Uhler）は体長9(♂)～13(♀)mm で細く，暗褐色乃至黒褐色で粗剛の表面を有し，頭部は著しく長く前方に稍箆状に突出し，前胸背板は後方隆起し且つ幅広となる。本州・四国・九州の山地に普通で殻斗科植物に多い。

165. カンムリヨコバイ（冠横這）科

Fam. Euacanthidae Baker 1923

ヨコバイ科に似ているが，額の基縫合線が明瞭で完全に発達し少なくとも中央部において然りで頭頂の前縁に幾分接近し，若し上方亜消失の場合にはその位置に皺または隆起線があつて，その場合には額線の他の部分が常に額の基部の方に向い単眼の方に向つていない。また頭頂の前縁部は普通鋭い縁または隆起線によつてしるされている。これ等の特徴によつてヨコバイ科と区別される。頭頂の前縁部は鋭くなつているが，その縁が額の上部を越えてかぶさる事がなく，普通頭頂と顔との間の側部に亜三角形の単眼部が明瞭に区限られ，単眼はその部分に存在しているが冠部の上面近く位置し普通頭頂の隆起縁上かまたはその外方に存在している。触角は複眼の内線に近く出ている。額の上縁は頭頂の縁を越えて少しく延び背面から少なくとも側部が認められ，頭頂の側部と前部との亜縁隆起線は一般に明瞭で屢々甚だ強く出来ている。前胸背板は後方に小楯板上に延びず，短かく幅広で，前方に幅広く円味を有し，頭部は前胸背より微かに狭く，頭頂は甚だ幅広く長さの殆んど2倍長，頭幅は頭部と前胸背板との和の長さより大，単眼は冠部の前縁の少しく内方で頭頂の前側隆起線の外部に存在し顔面図では見えない。小さな科で *Euacanthus* Lep. et Serville と *Bundera* との2属が代表的なもので，本邦からはキスジカンムリヨコバイ(*Euacanthus interruptus* Linné)(Fig. 542) 1種のみが知られている。体長6～8mm，黄褐色に黒色斑を布している。本邦全土の山地に稀れでなく，欧州やシベリア等に広く分布している。

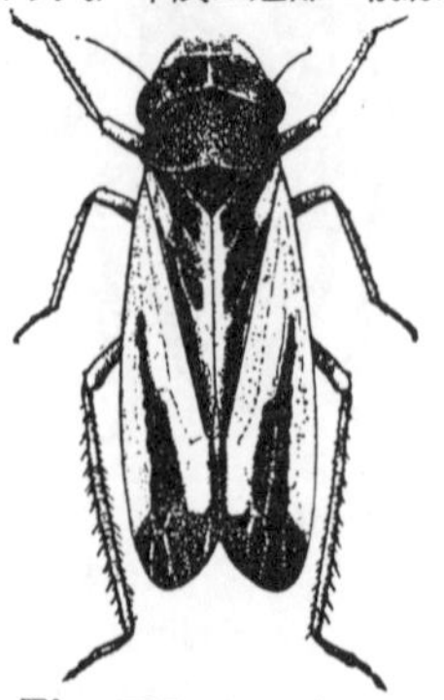

Fig. 542. キスジカンムリヨコバイ（江崎）

166. ヒメカンムリヨコバイ（姫冠横這）科

Fam. Pythamidae Baker 1915

学者によつては前科の中に包含せしめている。前胸背板幾分狭く円く前方に延び，頭部は前胸背板より明らかに狭く，頭頂は常に長さの2倍よりは甚だ狭く，頭幅は頭部と前胸背板との和の長さより常に甚だ狭く，単眼は側部にまたは側部に甚だ近く位置し普通背面からと顔面からとの両方から見える。これらの特徴によりカンムリヨコバイ科から区別される。やはり小さな科で，*Pythamus* Melcher と *Oniella* と *Onukia* Mestsumura との3属が代表的なもので，本邦からは後の2属が発見されている。オヌキヨコバイ(*Onukia onukii* Matsumura)(Fig. 543) は体長5.5～6mm，黒色，前翅は黒褐色で前縁の約3/4基部は淡黄色，北海道・本州・九州の山地に普通で，朝鮮にも産する。シロスジオオヨコバイ（*Oniella leucocephala* Matsumura）は体長5.5(♂)～7(♀)mm，形状は前種に似ている。雄は淡黄色に真黒色の大形の斑紋を有し，雌ではその斑紋が暗橙色を呈している。本邦全土の山地に産し，ハンノキやニレ等に群棲している事がある。

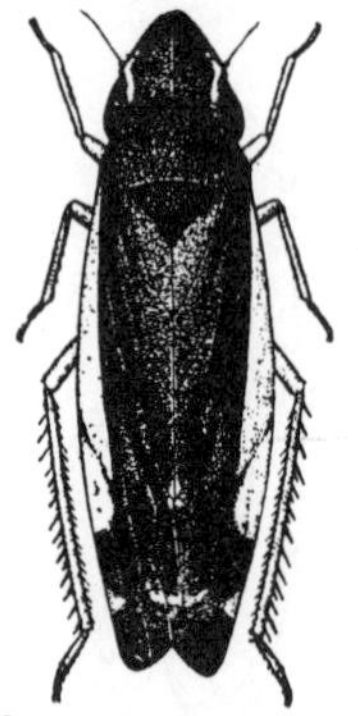

Fig. 543. オヌキヨコバイ（江崎）

167. ホソサジヨコバイ（細匙横這）科

Fam. Nirvanidae Baker 1923 Fig. 544

カンムリヨコバイ科とヒメカンムリヨコバイ科とに似ているが，顔の上縁が頭頂の縁を越えて延びる事がなく背面からは見えないかまたは複眼の直前に微かに見える事によつて区別する事が出来る。単眼は頭部の前側縁部かその直上かあるいはその下に位置し，頬は甚小さく且つ狭く，前翅は普通前端室と短い且つ不明瞭な翅脈とを有し，触角は顔面図では複眼の上方に位置し稀れに複眼の上線上かまたは複眼の間に位置する。それ等の場合には頭部が長く前方に延びている。この科はつぎの如く3亜科に分類する事が出来る。

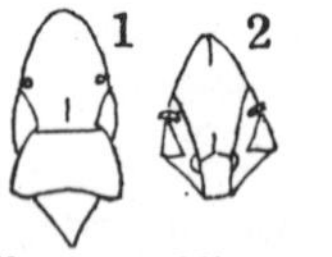

Fig. 544. *Nirvana* の部分(Baker) 1. 頭部と前胸との背面　2. 顔の前面

1．触角は複眼の上角に位置するか（顔面図にて）またはその上方に存在し，頭頂の側隆起線は多少明瞭，単眼は常に上方から見え側縁部の上方部に存するかまたは冠部の前側部に位置し，複眼は突出し，前胸背板の

後縁部は幾分明瞭に内方に彎曲している……………2

触角は複眼縁の中央に位置し（顔面図にて），頭頂の側隆起線がなく，単眼は冠部の前縁部の下に存し上方から見えない。頭部は上面から見ると長く箆状であるが背腹に薄くない，複眼は突出せずして頭頂内に深く置かれ，前胸背板は後方亜截断状，前翅は2個の亜端室を有する（*Stenometopius*）…………………… ……………… Subfam. *Stenometopiinae* Baker 1923

2．触角は深い横形の鋭く縁取られている凹陥部内に存し，顔は長さと等幅かまたはより幅広，複眼は小形，頭頂は短かく半楕円形（*Macroceratogonia*, *Balbillus*, *Stenotortor*）…………………………………… …………Subfam. *Macroceratogoniinae* Baker 1923

触角は正常型の浅い凹陥部の内に位置し，顔は一般に幅より甚だ長く，頭頂は長く，複眼は大形，前翅は亜端室を欠き革質部の翅脈は普通不明瞭…………… ………………………………………Subfam. *Nirvaninae*

本邦からはつぎの1亜科のみが発見されている。

ホソサジヨコバイ亜科

Subfam. *Nirvaninae* Baker 1923

Nirvana Kirkaldy, *Kana*, *Ophiuchus*, *Pseudonirvana*等が代表的な属で，本邦からはクロスジサジヨコバイ（*Nirvana orientalis* Matsumura）(Fig.545)が発見され，体長5～6mm，体は扁平で淡黄色，頭端から前翅の接合線端迄に黒条を有し，前翅の末端部に1黒色円斑を存する。この属の他の種類が九州に産する事が知られている。

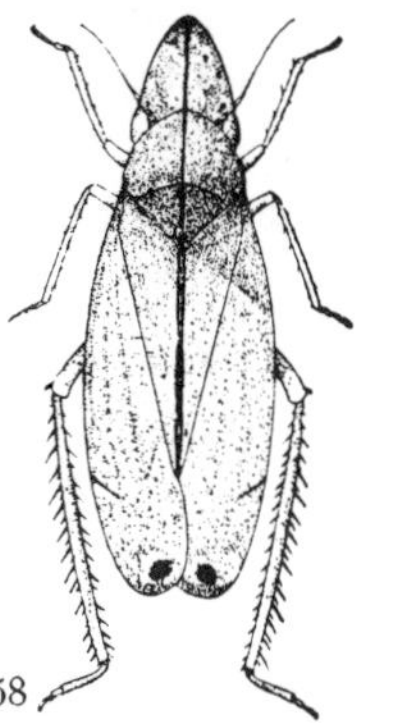

Fig. 545. クロスジサジヨコバイ（江崎）

168. ヨコバイ（横這）科 *Fam. Jassidae* Stål 1858

大きな科で非常に重要な種類を包含し，Leafhoppers と称えられ，ドイツでは Jassiden とよんでいる。小形で細く，単眼が頭頂の縁かまたは頭頂と顔との境界縁に位置している。脛節は角張らないで後脚のものは歯を具えている事がなくまたは棘列もない。前胸背板と小楯板とは簡単。*Koebelia* Baker, *Adelungia* Melichar, *Gnathodus* Fieber, *Cicadula* Zetterstedt, *Grypotes* Fieber, *Thamnotettix* Zetterstedt, *Athysanus* Burmeister, *Jassus* Fabricius, *Deltocephalus* Burmeister, *Phlepsius* Fieber, *Doratura* Sahlberg, *Platymetopius* Burmeister, *Mukaria* Distant, *Coelidia* Germar, *Dorydium* Burmeister, *Cephalelus* Percher, *Hecalus* Stål, *Parabolocratus* Fieber, *Euplex* Germar, *Acocephalus* Germar, *Strongylocephalus* Flor, *Selenocephalus* Germar, *Paramesus* Fieber その他多数の属が知られている。この科はつぎの3亜科に分類する事が出来る。

1．前翅はよく発達した翅脈を有し，頭部は種々な形状を呈するが非常に細長くなつていない………………2

前翅は皮革質で消滅的翅脈を有し，頭部は甚だ長く前方に漸次細まり，体は細く，脚の脛節は弱い棘を具えている（*Cephalelus* Perch, *Paradorydium*）…… …………………………Subfam. *Cephalelinae* Baker

2．単眼は頭頂の縁に近くまたは頭頂と顔との間にあつて複眼から離れている（*Acocephalus* Germar, *Nionia*, *Strongylocephalus*, *Xestocephalus*）……… ………………………Subfam. *Acocephalinae* Baker

単眼は頭頂と額との間の縁に位し，複眼に甚だ近く存在している（*Jassus* Fabricius, *Chlorotettix*, *Cicadula*, *Deltocephalus*, *Euscelis*, *Eutettix*, *Phlepsius*, *Platymetopius*, *Scaphoideus*, *Thamnotettix*） ……………Subfam. *Jassinae* Baker（*Coelididae*）

本邦からは最後のヨコバイ亜科（*Jassinae*）のみが発見され，*Tartessus*, *Drabescus*, *Jassus*, *Parabolopona*, *Parabolocratus*, *Phlepsius*, *Scaphoideus*, *Platymetopius*, *Deltocephalus*, *Eutettix*, *Euscelis*, *Thamnotettix*, *Cicadula*, *Aconura*, *Balclutha* 等の属が発見されている。ヨツテンヨコバイ（*Cicadula masatonis* Matsumura），フタテンヨコバイ（*C. fasciifrons* Stål）イネマダラヨコバイ（*Deltocephalus oryzae* Mastumura），シロセスジヨコバイ（*Scaphoideus albovittatus* Matsumura），シラホシスカシヨコバイ（*Scaphoideus festivus* Matsumura），ツマグロヨコバイ（*Nephotettix bipunctatus cincticeps* Uhler）イナヅマヨコバイ（*Deltocephalus dorsalis* Motschulsky）等は何れも稲に寄宿し，後2種は有名な害虫でその前者は稲の萎縮病の媒介者として著名である。またヒシモンヨコバイ（*Eutettix disciguttus* Walker）は桑その他各種の灌木に棲息し，桑の萎縮病を伝播する著名な種類である。さらにリンゴマダラヨコバイ（*Phlepsius ishidae* Matsumura）は苹樹その他のバラ科の果樹の害虫としてしられ，オグ

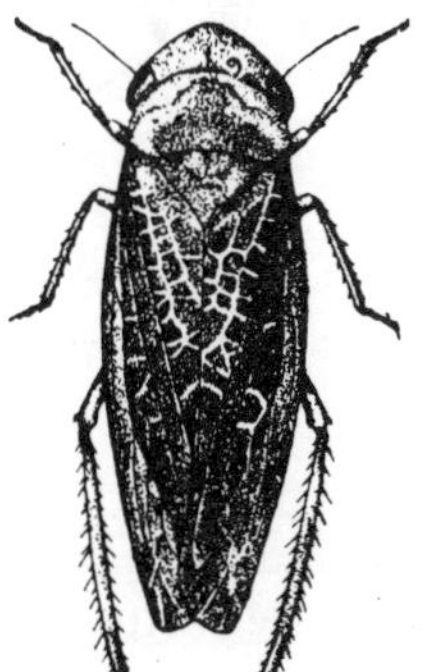

Fig. 546. アミメヨコバイ（江崎）

マブチミヤクヨコバイ (*Drabescus ogumae* Matsumura)は桑の害虫である。アミメヨコバイ (*Jassus praesul* Horváth) (Fig. 546) は体長9mm内外, 淡黄褐色, 前翅の模様は淡灰色, 北海道・本州・九州等の山地に産する。

169. ヒロズヨコバイ (広頭横這) 科

Fam. Bythoscopidae Dohrn 1859

頭部は甚だ短かく, 時に甚だ幅広く, 頭頂は多少顔の方に円味を有し顔面図では幅広く認められ, 顔は急傾斜している。単眼は顔面で複眼の間かまたは上方に位置している。額線がある時は顔の基部前方に遥かに離れて存し, 頭頂の背面から見える部分は普通に甚だ短かく且つ幅広となつている。胸部は正常で屢々著しく円味を有する。前翅の翅脈は基部にまで存し, 後脚の脛節は種々に発達した棘列を装い, 前中両脛節は角張つているものと然らざるものとがある。世界から多数知られ, ***Eurymela*** L. S., *Idiocerus* Lew., *Macropsis* Lew., *Bythoscopus* Germ., *Pediopsis* Burm., *Agallia* Curt. その他多数の属が発見されている。本邦からは *Oncopsis*, *Macropsis*, *Agallia* の3属が知られ, シダヒロズヨコバイ (*Agallia pterides* Matsumura) (Fig. 547) は体長4.5〜5mm, 黒色と淡色とからなるが雌は褐色と淡色からなる。北海道・本州・九州等の山地の半歯類に棲息している。ヤナギハトムネヨコバイ (*Macropsis virescens* Fabricius)は体長4.5〜5mm, 一様に淡緑色, 頭端は殆んど直角に突出し, 前翅は半透明殆んど白色, 体の腹面と脚とは鮮緑色乃至黄緑色。北海道・本州・九州に産しヤナギに寄棲し, 欧州・北アフリカ・シベリア・北米等に広く分布している。モンキヒロズヨコバイ (*Oncopsis mali* Matsumura) は体長6mm内外, 美しい栗褐色に顕著な黄色斑紋を有する。本州・九州に産し苹樹に多数発生して加害する事がある。

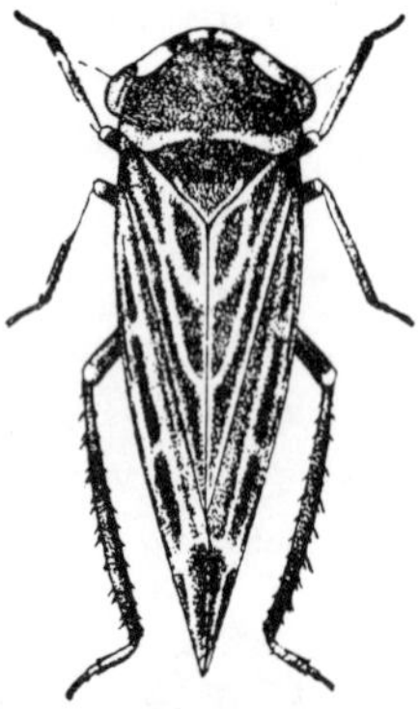

Fig. 547. シダヒロズヨコバイ (江崎)

170. ヒメヨコバイ (姫横這) 科

Fam. Eupterygidae(Kirkaldy)McAtee 1918

普通 *Typhlocybidae* Kirschbach と称えられ, 凡て微小, 頭部は円味を有し, 単眼は痕跡的か全くない。前翅の翅脈は屢基部にて消失し, 末端に分岐し端室を具えている。前胸背板と小楯板とは正常, 後脚の脛節は長く棘列を具えている。世界に広く分布しているが旧北州と新北州とに多数に発見されている。*Alebra* Fieber, *Erythria* Fieber, *Dikraneura* Hardy, *Chlorita* Fieber, *Empoasca* Walsh, *Eupteryx* Curtis, *Typhlocyba* Germar, *Zygina* Fieber その他等の属が発見され, 本邦からは *Erythria*, *Dikraneura*, *Chlorita*, *Empoasca*, *Erythroneura*, *Motschulskyia* 等の属が知られている。ミドリヒメヨコバイ (*Chlorita flavescens* Fabricius) (Fig. 548) は体長3mm内外の淡緑色種で, 本州・九州に産し果樹や蔬菜その他の作物の有名な害虫で, 欧州・シベリア・インド・マレー・セイロン・アフリカ・南北米等に広く分布している普通種である。フタテンヒメヨコバイ (*Erythroneura apicalis* Nawa) は体長3〜3.5mm, 淡黄白色に淡褐色の斑紋がある。ブドウの著名な害虫で大郡が発生する事がある。なおこの属には桑の害虫として知られているホシヒメヨコバイ (*Erythroneura multipunctata* Matsumura) やチマダラヒメヨコバイ (*E. mori* Matsumura) が産し共に本州・九州・等に分布している。更にヨツモンヒメヨコバイ (*E. limbata* Matsumura) は2.5mmで淡灰色, 稲の害虫として知られ本州・九州・朝鮮等に産する。セスジヒメヨコバイ (*Dikraneura akashiensis* Takahashi)は体長3mm内外, 淡黄色に顕著な長菱形の黒褐色紋を有し, 本州と九州とに産し, クサイチゴの害虫として知られている。オビヒメヨコバイ (*Erythria zonata* Matsumura) は体長4mm内外でやや扁平, 淡黄色, 前翅に黒色の1横帯と1点紋とを有し, 本州・四国・九州等に産し, 濶葉樹や果樹に寄食している。而して朝鮮や台湾にも分布している。

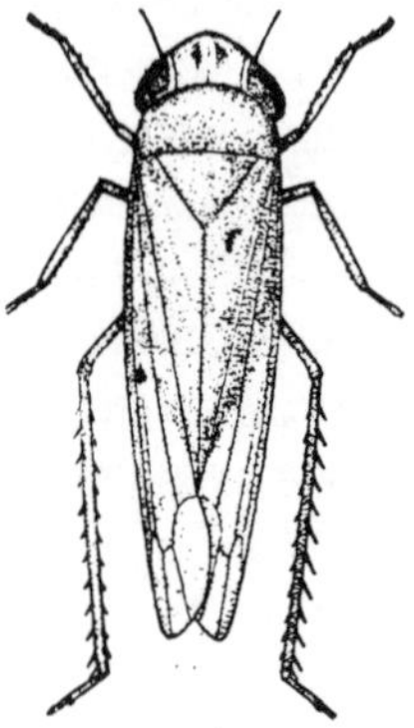

Fig. 548. ミドリヒメヨコバイ (江崎)

下紅羽衣上科

Superfamily *Fulgoroidea* Kirkaldy 1907

171. シタベニハゴロモ (下紅羽衣) 科

Fam. Fulgoridae Latreille 1807

Lanternflies と称えられ, ドイツでは Laternenträger とよんでいる。

小形乃至甚だ大形, 頭部は円いかまたは僅かか非常に突出し, 触角は3節で複眼の下から出で種々な形状で末端に1糸を具え, 普通は単眼が2個なれど稀れに3個またはなく複眼の下か近くの穴の中に存在し, 頭楯は側隆起線を具えている。翅は膜質で屋根形に畳まれているか垂直に位置するか水平に置かれ，畸形か短かいか体より長く，翅脈は多数に分岐し，爪状部がよく発達し，前縁部は多くの種類で幅広く翅脈を有し，後翅の臀室は網目状を呈する。後脚には棘を装う。大部分の種類は亜熱帯または熱帯に産し，南欧洲産の *Trypetimorpha fenestrata* Costa は僅かに体長 3〜3.5mm よりないが南米産の South American lanternfly of Peanut bug（*Laternaria phosphorea* Linnè）の如きは翅の開張 153mm にも達する。

屢々奇妙な形状の頭部を有し，美麗な色彩を有するものが多く，尾端より臘糸を出している。植物に寄食し，中には日中蝶の様に飛翔する種類も少なくない。*Pyrops* Spinola, *Fulgora* Linné, *Aphana* Guérin, *Euphria* Stål, *Polydictya* Guérin, *Lystra* Fabricius, *Phenax* Germar その他の属が代表的で，本邦からはシタベニハゴロモ（*Lycorma delicatula* White）(Fig. 549) 1種が東京と長崎から発見されている。体長 14〜15mm，翅の開張 40〜50mm 内外，体は淡褐色，前翅は淡灰緑色乃至淡灰褐色で黒色の円斑を散布し末端部は暗褐色，体の腹面と脚とは暗褐色。本種は支那全土に普通で花娘子または斑衣と称えられている。

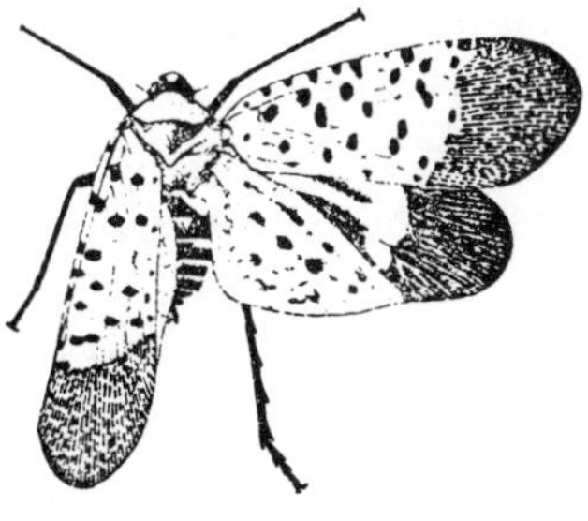

Fig. 549. シタベニハゴロモ（江崎）

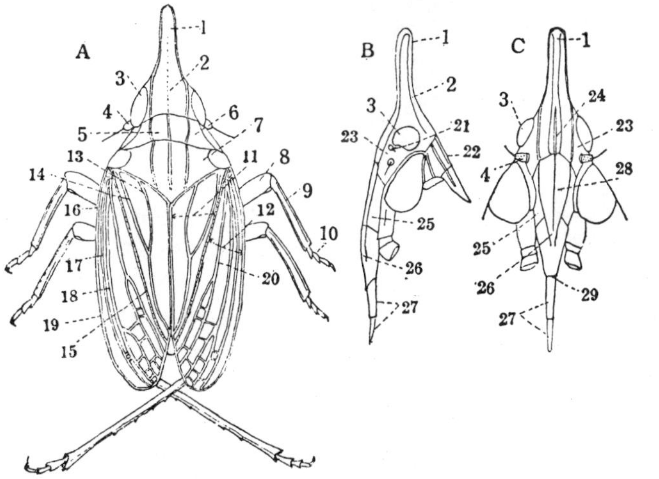

Fig. 550. テングスケバ科（*Scolops*）の体制図（Essig）
A．背面　B．頭部側面　C．同腹面
1．頭角　2．頭頂　3．複眼　4．触角　5．前胸背板中部　6．同側部　7．中胸背板　8．腿節　9．脛節　10．跗節　11．爪状部　12．革質部　13．第3臀脈　14．第2臀脈　15．第1臀脈，爪状部線　16．前縁脈　17．径脈　18．中脈　19．亜前縁脈　20．肘脈　21．単眼　22．前胸背板　23．頬　24．額　25．顴　26．上脣　27．口吻　28．頭楯　29．上咽頭

172. テングスケバ（天狗透羽）科

Fam. Dictyopharidae Spinola 1839 Fig. 550

小形乃至中庸大，細長い脚と長い翅とを具え，時に短翅型，大部分のものは細長く突出した頭部を具え，単眼は2個，翅脈は末端にて多数に分岐している。暖国や熱帯に多数産し，*Cladypha* Amyot et Serville, *Dichoptera* Spinola, *Centromeria* Stål, *Orthopagus* Uhler, *Nersia* Stål, *Lappida* Amyot et Serville, *Dictyophara* Germar, *Scolops* Schauman, *Almana* Stål, *Bursinia* Costa, *Orgerius* Stål その他多数の属が知られ，本邦からはクロテングスケバ（*Saigona ishidae* Matsumura）やツマグロスケバ（*Orthophagus lunulifer* Uhler）やテングスケバ（*Dictyophara patruelis* Stål）(Fig. 551) やナカノテングスケバ（*Dictyophara nakanonis* Matsumura）等が発見されている。テングスケバは体長 10〜12 mm，淡緑色，頭部は著しく前方に突出し顕著な稜を有し中央に2条の橙色線を有する。複眼は暗褐色，単眼は黄色，触角基節は黄緑色，顔は細長く2本の橙色縦条を有する。前胸背板と小楯板とは淡緑色と橙色との縦縞をなし，橙色条はいずれも4条で，緑色部の中央は細い隆起線をなす。前後両翅とも透明で淡褐色の縁紋を存する。脚は黄緑色または暗黄色で黒褐色条を有し，後脚の脛節には5個の小棘がある。本州・四国・九州に普通で稲や甘蔗を害する事がある。朝鮮・台湾にも分布している。

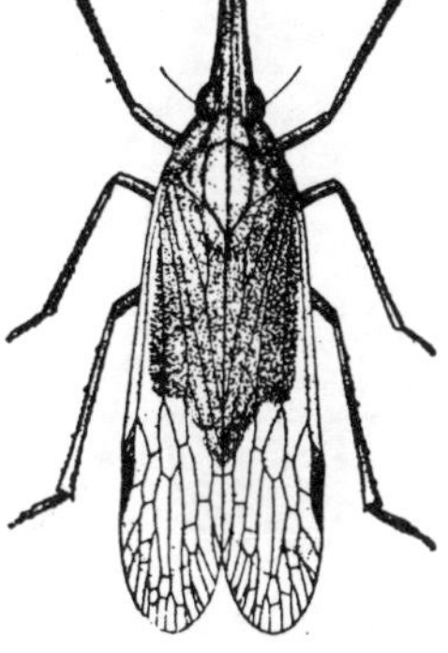

Fig. 551. テングスケバ（江崎）

173. ヒシウンカ（菱浮塵子）科

Fam. Cixiidae Spinola 1839

むしろ原始的なもので，小形，長く幾分扁平となり，頭部は微かに前方に延びているかまたは然らず，触角は複眼の下から出で無節の鞭状部を具え，単眼は2個または3個，口吻は短かく，下脣の末端節は幅より長く，頭楯の両側は隆起線となつていない。翅はむしろ幅広で屋根

形に畳まれ，肩板は存在し，前翅は末端の方で網目状とならず前縁部を欠き稀れに角質となり，前前縁部は甚だ小さいかまたはなく無脈，臀脈は2本で普通存在している。中脚の基節は長く左右著しく離れ，後脚のものは後胸腹板と癒合し，後脚の脛節は可動距棘を欠く。小楯板は幾分菱形，腹部の第6・7・8の背板に臘腺を開口していない。雌虫は屢々産卵管の両側に尾突起を具えている。

主として植物に寄食し，跳躍性を有し，温帯にも多数産するが熱帯に優勢である。*Oliarus* Stål, *Cixius* Latreille, *Mundopa* Distant, *Brixia* Stål, *Hyalesthes* Signoret その他多数の属が知られている。本邦からは *Betacixius* や *Oliarus* や *Andes* 等の属が発見され，ヒシウンカ (*Oliarus apicalis* Uhler) (Fig. 552) は体長（翅端迄） 6(♂)～8(♀)mm, 黒色なれど淡褐色のものもあり，前翅は淡黄色半透明なれど雄では翅端部が黒褐色を帯び，脚は淡黄褐色で黒褐色条を有する。本州と九州との平地に普通で，禾本科雑草に棲息し，時に稲に寄食する事があるという。

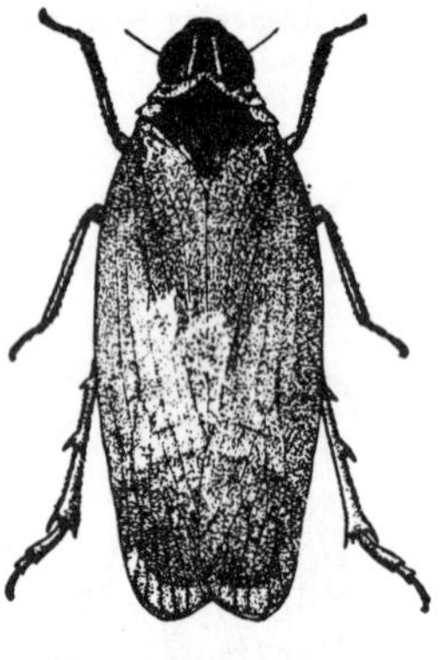

Fig. 552. ヒシウンカ（江崎）

174. シマウンカ（縞浮塵子）科

Fam. Meenoplidae Fieber 1872

普通ヒシウンカ科に包含せしめられているが，爪状部脈の1本または2本とも顆粒付けられ，下唇の末端節は幅より著しく長い事によつて区別され得る。腹部は側扁し，第6乃至第8節の背板に臘分泌孔を有し，単眼は一般に3個。*Meenoplus*, *Anigrus*, *Suva*, *Kermesia* 等の属が代表的なもので，本邦からはただ1種シマウンカ(*Nisia atrovenosa* Lethierry) (Fig. 553) が発見されている。体長（翅端迄）4mm 内外，淡褐色。頭部は淡黄褐色，頭頂から顔の全長に亙つて両側縁は平行した頗る顕著な稜をなしている。複眼は黒色，単眼は複眼の前下方にあつて突出し黄白色。触角は淡黄褐色。前胸背板は淡黄白色，小楯板は大形で褐色を呈し黄色に近い後側縁を有する。前翅は灰白色で殆んど不透明，爪状部中央を走る彎曲した1脈は両側に顕著な鋸歯状突起を出している。後翅は乳白色半透明で真珠様光沢を有する。体の腹面と脚とは一様に黄褐色。本州・四国・九州に産し各種の禾本科及び莎草科植物上に棲息し，琉球・朝鮮・台湾・東洋州・アフリカ・濠州等に広く分布している。

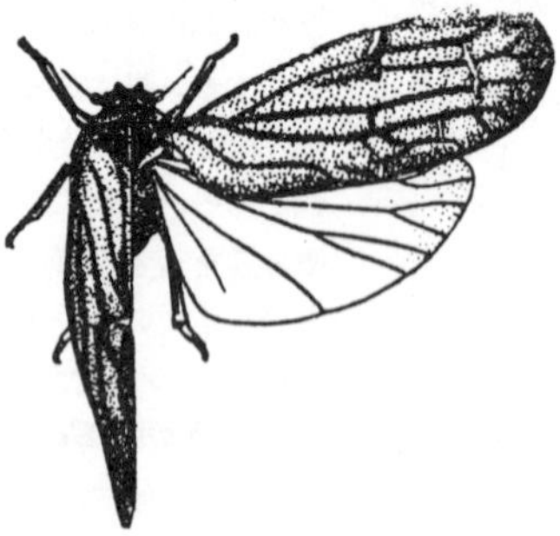

Fig. 553. シマウンカ（江崎）

175. コガシラウンカ（小頭浮塵子）科

Fam. Achilidae Stål 1866

体は一般に扁平で常に翅は左右かさねられて背上に畳まれる。頭部は比較的狭く比較的大形の複眼を具え，口吻の末端節は長い。後脚の跗節第1節は長く，第2節は甚小でなく末端裁断状か凹み微棘を列する。前翅の爪状部末端は尖り，爪状部翅脈はその尖部に入つている。腹部の第6乃至第8背板に臘分泌孔を有しない。世界に分布し， *Faventhia* Stål, *Achilus* Kirby, 等が代表的な属で， 本邦からは *Okatropis*, *Usana*, *Catonidia*, *Rhotala* 等の属が発見されている。シマコガラシウンカ (*Usana yanonis* Matsumura) (Fig. 554) は体長（翅端まで）5mm 内外，稍々灰褐色，頭部は黄褐色で2本の黒色縦条を有し，触角は汚黄色，前胸背板は淡黄褐色で2黒色縦条を有し，小楯板は前胸背板と同色で4本の黒色縦条を有する。前翅は一様に暗褐色で脈及びこれに沿う部分が黄白色。本州と九州に産し，台湾にも分布する。ウチワコガシラウンカ (*Catonidia sobrina* Uhler) は体長（翅端まで）10mm 内外，黄褐色で油脂様光沢を有し，前翅は大形で半透明黄褐色，前縁部大きく横脈を有する。体の腹面と脚とは黄褐色。本州・九州等の山地に産する。

Fig. 554. シマコガシラウンカ（江崎）

176. ハネナガウンカ（長翅浮塵子）科

Fam. Derbidae Amyot et Serville 1843

多くの種類は小形で軟弱な体を具え，頭部は胸部より普通著しく狭く，口吻の末端節は短かく幅とほぼ等長かまたは痕跡的となつている。前翅は普通甚だ細長いか稀れに幅広で，前縁部は横脈を欠き稀れに幅広，後翅は一般に甚だ小形なれど幅広の前翅を有するものでは大形となつている。臀部は常に網目脈を有しない。後脚跗節の基節は幾分長い。熱帯に特に多産で， *Phenice* Westwood, *Zoraida* Kirkaldy, *Kermesia* Melichar, *Rhotana* Walker, *Derbe* Fabricius 等が代表的な属で，本

邦からは *Epotiocerus*, *Kamendaka*, *Mysidioides*, *Zoraida*, *Nomuraida*, *Pamendanga*, *Diostrombus*, *Rhotana* 等の属が発見されている。アカハネナガウンカ (***Diostrombus politus*** Uhler) は体長 4mm 内外，翅端まで 9～10mm 内外，朱黄色で光沢を有し，前翅は透明で帯褐色なれど基部は帯黄色，後翅は基部黄色外半は暗褐色，腹部末端の第1生殖節は両側に細長い1突起を有し，雄では背面の中央にも1突起を有する。本州・九州に産し禾本科植物の害虫として知られ，台湾にも分布している。サトウマダラワンカ (***Kamendaka saccharivora*** Matsumura) は体長 2～3mm，翅端まで 4.5mm 内外，淡黄色乃至淡汚黄色，前胸背板は殆んど白色，小楯板は淡汚黄色，前翅はやや幅広く白色半透明で淡黄褐色の斑紋を有し，後翅は大形で乳白色，九州に産し台湾に分布し，甘蔗の害虫である。シリアカハネナガウンカ (***Zoraida horishana*** Matsumura) (Fig. 555) は体長 6mm 内外，前翅の前縁部は黒褐色，尾部は鮮紅色，本州・九州・台湾等に産する。***Rhotana*** 属の種類は前翅が著しく幅広で後翅が大形となつている。

Fig. 555. シリアカハネナガウンカ（江崎）

177. ウンカ（浮塵子）科

Fam. Araeopidae Muir 1915

一般に *Delphacidae* と称えられている科で，小形で屢々短翅型，後脚の脛節に可動的の大きな末端距棘を具えている事によつて他の科と完全に区別する事が出来る。而して次の2亜科に分つ事が出来る。

1. 後脚脛節の距棘が尖錐形，即ち基部が細まり末端にて幾分尖り，側端に歯を具えていない。横断面は円いか角張つている……………………Subfam. *Asiracinae*
2. 後脚脛節の距棘が剪枝刀形か亜剪枝刀形かまたは葉片状で後縁に歯を具えているかまたは然らず…………………………………………………Subfam. *Araeopinae*

本邦からは *Tropidocephala* Stål, ***Chloriona*** Fieber, ***Stenocranus*** Fieber, ***Euidella*** Puton, ***Kakuna*** Matsumura, ***Saccharosydne*** Kirkaldy, ***Terauchiana*** Matsumura, ***Zuleica*** Distant, ***Eurysa*** Fieber, ***Araeopus*** Spinola, ***Delphacodes***, Fieber, ***Sogata*** Distant, ***Dicranotropis*** Fieber, ***Phyllodinus*** van Duzee, ***Nilaparvata*** Distant, 等の属が発見され，重要な害虫が含まれている。トビイロウンカ (***Nilaparvata lugens*** Stål) は体長(翅端まで(4.5～5mm，短翅型では 3.3mm 内外，暗褐色，複眼は黒色で単眼は黒褐色，前翅は体と同色で半透明黒褐色斑を有し，脚は淡暗褐色，本邦全土に産し稲の有名な害虫で，台湾・支那・インド・ジャワ・ヒィリッピン・グァム・濠洲等に広く分布している。セジロウンカ (***Sogata furcifera*** Horváth) は体長(翅端まで) 4～4.5 mm，短翅型では 2.5mm 内外，淡黄色に黒色斑を有するが雌では大部分黄白色のものがある。小楯板は黄白色で側部が黒色，前翅は半透明で末端暗褐色を帯びる事が多い。体の腹面は黒褐色(♂)または淡暗褐色(♀)，脚は主に淡暗黄色，本邦全土に産し，稲の重要な害虫，殆んど世界の熱帯地方に広く分布している。ヒメトビウンカ (***Delphacodes striatella*** Fallén) は体長（翅端まで）3.5(♂)～4(♀)mm 内外，短翅型（翅端まで）では 2.3～2.5mm 内外，頭頂は淡黄色，顔は黒色で淡黄色の3縦隆起線を有し，複眼は黒色で単眼は暗紅色，前胸背板は淡黄色，小楯板は雄では黒色で後縁淡黄色，雌では淡黄色で両側に暗褐色斑を有し，前翅は半透明でやや灰色を帯び黒褐色または暗褐色の斑紋を有する。体の腹面は黒褐色(♂)または淡黄褐色(♀)。本邦全土に産し著名な稲の害虫で稲の縞葉枯病の媒介者である。琉球・台湾・比島・朝鮮・シベリア・欧州等に広く分布している。なおコブウンカ (***Tropidocephala brunnipennis*** Signoret) やセスジウンカ (***Delphacodes albovittata*** Matsumura) 等が稲に加害する事が知られている。ヒゲブトウンカ (***Araeopus crassicornis*** Panzer) (Fig. 556) は体長（翅端まで）7.5mm 内外，暗黄色，翅の斑紋は黒褐色，北海道・本州・九州・欧州その他に分布する。

Fig. 556. ヒゲブトウンカ雄（石原）部分図は同生殖節

178. グンバイウンカ（軍配浮塵子）科

Fam. Tropiduchidae Stål 1866

頭部は多少幅広，しかし前胸背板よりは狭く，頭楯の側部は明瞭に隆起線付けられていない。中胸背板は溝または細線にてくぎられている後角を有し，前翅は前縁部を有せざるかまたは小形のものを有し，横脈を有しないかまたは有する。後脚脛節は普通長く稀れに褥盤を具えている。 ***Tambinia*** Stål, ***Ossa*** Motschulsky, ***Epora***

Walker, *Tropiduchus* Stål 等の属が代表的なもので，本邦からは *Catullia*, *Ossoides*, *Ommatissus* 等の属が発見されている。タテスジウンカ（*Catullia vittata* Matsumura）（Fig. 557）は体長（翅端まで）8～9.5mm，淡緑色，複眼は黒色，単眼は淡褐色，前翅は先端部褐色を帯び線紋は暗褐色，体の腹面は一様に淡緑色で前胸部と中胸部との側面に各1個の黒点を有し，脚は黄緑色で跗節末端と爪とは黒色。本州・四国・九州等に産し禾本科植物上に稀れでない。

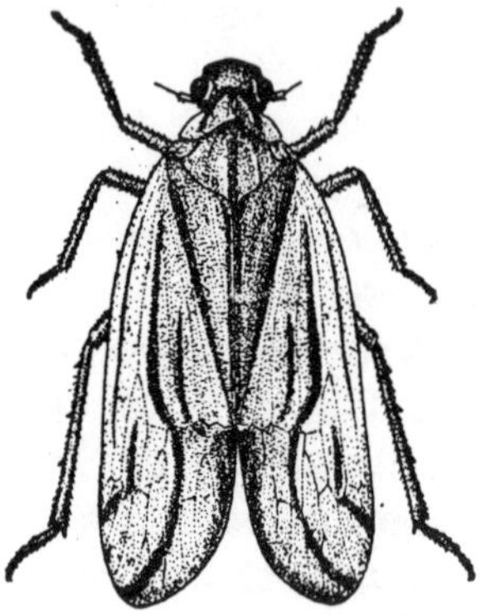

Fig. 557. タテスジウンカ（江崎）

ヒラタグンバイウンカ（*Ossoides lineatus* Bierman）は体長（翅端まで）9～10mm，扁平で灰黄緑色，頭部は複眼の前方に頗る長く舌状に突出し扁平。前翅は淡緑色半透明で先端部は無色，体の腹面と脚とは一様に灰黄色。本州・九州に産し稀れで，台湾・ジャワ・南支那等に分布している。

179. マルウンカ（円浮塵子）科

Fam. Issidae Spinola 1839

小形乃至中庸大，幾分甲虫様の外観を有する。頭部は一般に胸部と等幅かまたは幅広，口吻の末端節は幾分長い。前胸背板は後縁直線でときに微かに凹むかまたは凸。中胸背板は短かく前胸背板の長さの2倍より長くなく，前胸背板線と平行な1横隆起線を有し，それによつて前後の異なる彫刻を付けている2部分に分かたれ，前方は前胸背板から被われている。前翅は一般に小さく，ときに甚だ短かく，または甚だ狭く，皮革様，革質部と爪状部とは屢々癒合し，前縁部は屢々網目脈を有する。後脚の脛節は棘を装い，後脚の第1跗節は短かく太い。次の如き4亜科に分つ事が出来る。

1）*Caliscelinae* Melchar 1906。—前翅は屢々短かく，長翅型では皮革質で明瞭な翅脈を有し，前脚は大部分扁平に幅広となり，全体多少側扁している。*Caliscelis* Laporte, *Naso* Fitch, *Bruchomorpha* Newman, *Peltonotellus* Puton, *Ommatidiotus* Spinola, *Trypetimorpha* Costa その他の属がある。

2）*Issinae* Amyot et Serville 1843 クサビウンカ亜科—前翅は皮革質でなく堅く太い脈を有し，屢々細くなつている。多少扁平かまたは側扁，前翅の爪状部は明確になつている。甚だ多数の種類があつて，多くは旧北州産。*Mycterodus* Spinola, *Conosimus* M. R., *Hysteropterum* Amyot et Serville, *Dictyssa* Uhler, *Phylloscelis* Germar, *Issus* Fabricius, *Lollius* Stål, *Tylana* Stål, *Acrisius* Stål, *Trienopa* Signolet, *Enipeus* Stål, *Thionia* Stål その他の属が知られ，本邦からは *Issus* と *Sarima* とが発見されている。カタビロクサビウンカ（*Issus harimensis* Matsumura）（Fig. 558）は体長7～8mm，暗褐色，頭部は黄褐色，複眼は黒色，触角は暗褐色，前胸背板は平たく黄褐色，小楯板も黄褐色，前翅は黒褐色で黄褐色の網目様の翅脈を有し肩部に白色の短斜帯を有する。本州中部と九州との山地に産し稀種である。他にクサビウンカ（*Sarima amagisana* Melichar）が本州と九州との山地で殻斗科植物に棲息している。

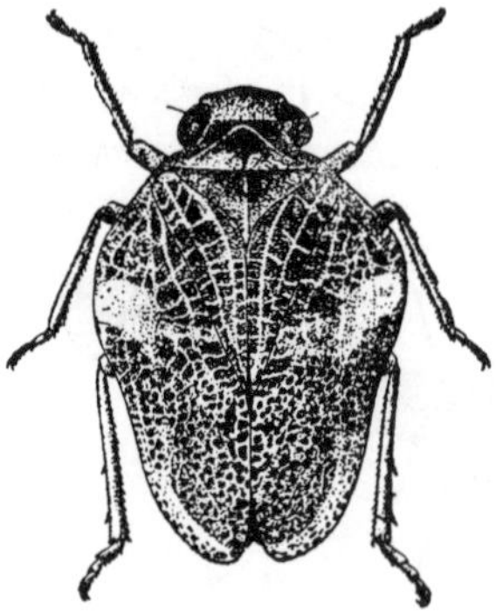

Fig. 558. カタビロクサビウンカ（江崎）

3）*Hemisphaeriinae* Melchar 1906 マルウンカ亜科—剛強で多くの種類は甚だしく円膨形で，前翅は殆んど翅脈がなく，爪状部もない。少数のもので，*Gergithus* Stål と *Hemisphaerius* Schauman その他が代表的な属で，本邦からは最初の属が発見されている。マルウンカ（*Gergithus variabilis* Butler）（Fig. 559）は体長5.5～6mm，殆んど半球形で背面に膨隆し，多くは淡褐色乃至暗褐色，頭部は暗褐色，頭頂の後縁は淡緑色，複眼は黒褐色，顔は黄褐色乃至暗褐色で頭楯は黒褐色で両者の境に淡黄緑帯を有する事がある。前胸背板は暗褐色で後縁淡緑色，小楯板も同色で淡緑色の側縁を有する。前翅は色彩に変化が多く一様に淡褐色半透明のものや，一様に黒色のものや，また基部に1個中央部に2個の緑白色紋を有するものやその他がある。本州・四国・九州等に産し，濶葉樹に棲息し，台湾にも発見されている。またキボシマルウンカ（*Gergithus iguchii* Matsumura）は一見テントウ

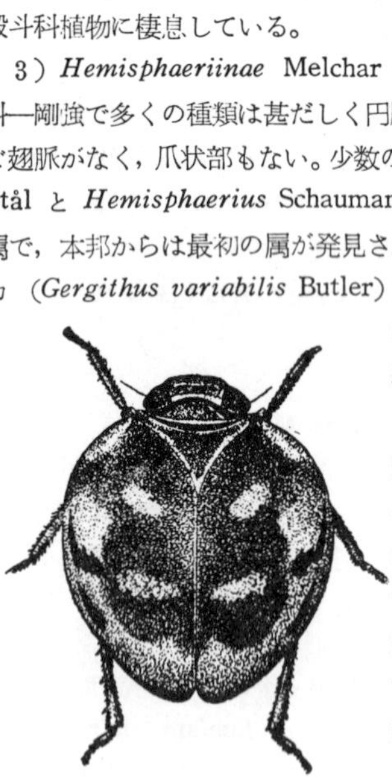

Fig. 559. マルウンカ（江崎）

ムシの観を呈し，橙黄色に黒褐色斑紋を有する。本州・九州等の山地で濶葉樹上に発見される。

4) *Acanaloniinae* Amyot et Serville —クサビウンカ亜科と同様な特徴を有するが中胸背板が多くの種類ではより大形となり，前翅は著しく幅広く明確な爪状部を具えアオバハゴロモ科類似である。アメリカ産で，*Amphiscepa* Say, *Acanalonia* Spinola, *Chlorochara* Stål 等の属が知られている。

180. ハゴロモ（羽衣）科

Fam. Ricaniidae Amyot et Serville 1843.

中庸大，多くのものは大形で多数の翅脈を有する前翅を具え，その前縁部は多数の横脈を有している。頭部は幅広く前胸背板より僅かに狭く，中胸背板は甚だ大形で背面に膨隆し，前翅の爪状部は明瞭に区割され，爪状部脈は爪状部の末端かまたは爪状部線に終つている。後脚跗節の第1節は短かい。多数が発表されているが，多くは熱帯産で，*Pochazia* Amyot et Serville, *Ricania* Germar, *Euricania* Melichar, *Privesa* Stål, *Armacia* Stål, *Bladina* Stål, *Nogodina* Stål, *Varcia* Stål その他等の属が代表的である。本邦からは最初の3属が発見され，ベッコウハゴロモ (*Ricania japonica* Melichar) (Fig. 560) は体長（翅端まで） 9～11 mm, 暗褐色，頭部は暗褐色乃至暗黄褐色，複眼は暗褐色，単眼は淡紅色，顔は黄褐色乃至暗黄褐色，小楯板は暗褐色，前翅は暗褐色乃至黄褐色で無色の2横帯を有し，後翅は透明で外縁部と中央部とは多少黄褐色。本州・四国・九州等に普通で荳科と禾本科との作物や桑等を害する事がある。またヒメベッコウハゴロモ (*Ricania taeniata* Stål) は体長（翅端まで）6mm 内外，暗褐色，前翅は黄褐色に暗褐色の3横帯と幅広の外縁帯とを有する。本州と九州とに産しときに稲に加害し，台湾・インド・マレー・ヒィリッピン等に広く分布している。

Fig. 560. ベッコウハゴロモ（江崎）

181. アオバハゴロモ（青翅羽衣）科

Fam. Flatidae Spinola 1839

一寸蛾に似た形状の昆虫からなり，屢々大きな三角形の翅を具え，同翅は体に接して屋根状に殆んど垂直に畳まれ，側扁状態を呈している。前翅の前縁部は横脈を有し，爪状部は顆粒を付けている。中胸背板は大形で，頭部は狭い。殆んど亜熱帯と熱帯との産で，*Flata* Guérin, *Cerynia* Stål, *Poekilloptera* Latreille, *Phantia* Fieber, *Carthaea* Stål, *Phyma* Melicher, *Phyllophanta* Amyot et Serville, *Cromna* Walkar, *Ormenis* Stål, *Nephesa* Amyot et Serville, *Colgar* Kirkaldy, *Cyarda* Walker, *Seliza* Stål, *Dascalia* Stål, *Flatoides* Guérin その他の属が知られ，本邦からは *Geisha*, *Mimophantia* の2属が発見されているのみ。アオバハゴロモ(*Geisha distinctissima* Walker) (Fig. 561) は体長（翅端まで） 9～11mm, 淡緑色，後翅は乳白色半透明，体の腹面と脚とは淡黄色で緑色を帯び，脚の脛節以下は褐色を帯びている。本州・四国・九州等に極めて普通で，各種の濶葉樹に多く，桑や茶や各種の果樹に加害する事がある。トビイロハゴロモ (*Mimophantia maritima* Matsumura) は体長（翅端まで） 5.5～6mm, 汚黄色乃至淡褐色，前翅は幅広く前縁膨出し後縁角は尖り，中央から後縁角端までに暗色条を現わしている。本州と九州との平地の禾本科雑草に棲息している。

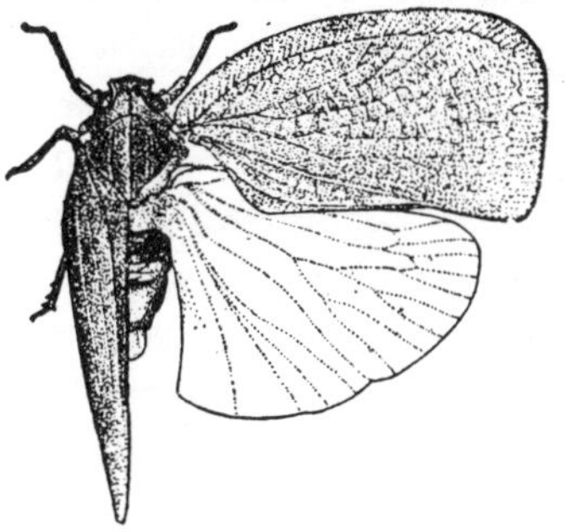

Fig. 561. アオバハゴロモ（江崎）

182. アシブトウンカ（太脚浮塵子）科

Fam. Lophopidae Melichar 1903

この科は本邦には産しないが，台湾から発見されていて既に吾人の間に知られている故に，ここに記述する事にした。ハゴロモ科に類似しているが，前翅は末端縁で幅広とならず且つけわしく畳まれないかまたは頭が胸部から明瞭に狭い事と後脚の転節が後方に向つている事と後脚跗節の第1節が少くとも中庸長となつている事等によつて区別される。またハネナガウンカ科からは前翅の前縁部が屢々横脈を有する事と口吻が短太なる事と前翅が正常形である事と前脚が屢々幅広となつている事等によつて区別される。*Elasmoscelis* Spinola, *Lacusa* Stål, *Zamila* Walker, *Lophops* Spinola その他の属が知られ，台湾からは最後の属が発見され

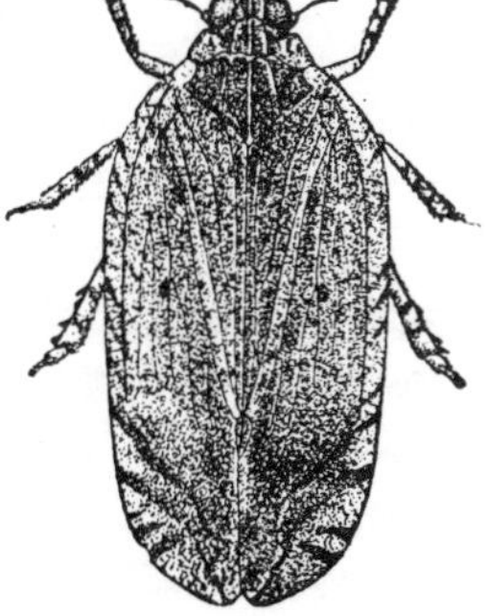

Fig. 562. マエジマアシブトウンカ（江崎）

ている。マエジマアシブトウンカ (*Lophops carinata* Kirby) (Fig. 562) は体長 (翅端まで) 9〜10mm，主に黄褐色。台湾・セイロン・ジャワ・ヒィリッピン等に分布している。

腹吻群 Tribe *Sternorryncha* Duméril 1806

木蝨上科 Superfam. *Chermoidea* Essig 1947

183. キジラミ (木蝨) 科

Fam. Chermidae Fallén 1814

この科名は1807年に Latreille によつて *Psyllidae* として発表されているために普通此の名が一般に用いられている。しかし *Psylla* Geoffroy (1762) は *Chermes* Linné (1758) の異名であるために1814年 Fallén によつて取り扱われた *Chermides* を正確な語尾を附して上述の如く科名として採用されるに至つたものである。この科の昆虫は半翅目中の凡てのものから容易に区別する事が出来，成虫は蟬を小さくした様な形状のもので，跳躍性に富んでいるので Jumping Plant Lice と称えられている。なお Psyllids や Lerp Insects 等とも称えられ，ドイツの Blattflöhe である。

頭部は強く傾斜し，頭頂は額から明瞭に区割され1中縦線を有し，いわゆる顔 (額と頰) は多くは2隆起部を形成し頭楯から区割され，頭楯は上唇から区割されている。単眼は普通3個で，その側方のものは上方部で複眼に接して存在し，中央のものは頭頂と額との境または額上に存する。触角は複眼の前方から生じ，基部2節は大形でこれに続く節は細くて多くの場合8節からなり，末端節端に2本の棘毛を具えている。口吻は3節からなり，脚の基節間に沿つて存在している。胸部は著しく区分され，側板と腹板とが区割され，中胸と後胸との背板は各々三部分からなり，中胸が最大となつている。後脚は跳躍に適応し，大形の基節を具え，これに普通1棘突起を具えている。腿節は幾分太く，跗節は2節からなる。翅は膜質で一様，後翅は非常に小形でより少数の翅脈を有し，前翅の翅脈は径脈が叉状となり，中脈と肘脈もまた叉状となり，臀部 (爪状部) は1翅脈を有するのみ。腹部は多くは幾分側扁し，背板と腹板とは殆んど等大でそれ等の間に小さな節片があつて8対の気門を具えた痕跡がある。雌では第7節が大形となり第8と第9節とがそれに附属器 (陰具片と尾突起) として附着し，第10節は長大となり上面に肛門を開いている。雄では第7節は正常形，第8節は小さく，第9節は大形となり上向の陰具片を具えそれ等の間から陰茎が出て，第10節は大形となつている。卵は長く普通短かい突起にて植物体に附着している。若虫は卵形または長形で，扁平となり，顕著な大形の翅芽板を具え，屢々体全縁に微縁毛を装う。裸体か有毛か臘質物と密滴物とで被われている。多くの種類が虫癭を形成する。世界から1000種程が知られ，次の如き亜科に分類されている。

1．頭部は深く割れその両側の截断状前端に触角が附着し，(Fig. 563 の1)。頰は稀れに円錐形突起に延び，前翅の中脈は2重に叉状とならず (Fig. 562 の2)，後脚の脛節は屢々基部に1距棘を具えている。インド・マレーと新熱帯。(*Carsidara*, *Epicarsa*, *Nesiope*, *Rhinopsylla*)………Subfam. *Carsidarinae* Crawford 1914

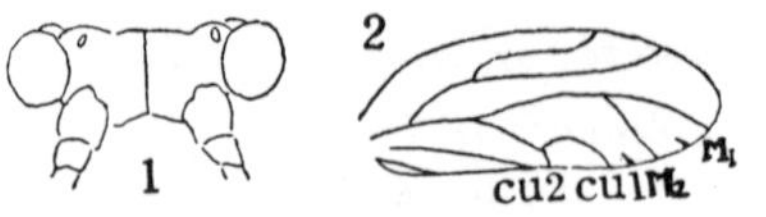

Fig. 563. キジラミ部式図 (Crawford)
1. *Freysiula* の頭部前面
2. *Carsidara* の前翅

頭部は上述と異なり，若し割れているように見えるときはそれは顴円錐突起によるものでそこに触角を附していない……………………………………………………2

2．額は顴にて被われていない (Fig. 564)，顴は円錐突起に延びていない (*Calophya* Löw を除く)，中単眼は額の上端に存する…………………………………3

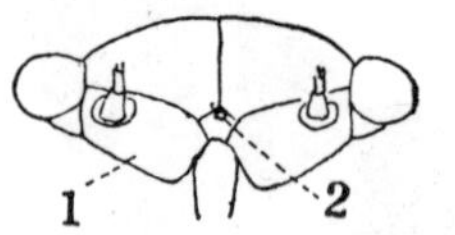

Fig. 564. キジラミ *Paurocephala* の頭部前面 (Crawford)
1. 顴　2. 中単眼

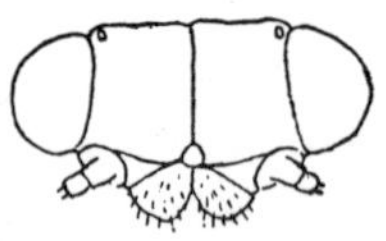

Fig. 565. キジラミ *Pachypsylla* の頭部 (Crawford)

額は顴にて被われ (Fig. 565)，顴は普通円錐突起に延び，中単眼は額と顴との境にある…………………4

3．頭頂は平たく水平に位置し，額はその下にあつて細く頭楯から前単眼まで延び，翅は屢々幾分厚化し点付けられている (*Aphalara*, *Aphalaroida*, *Livia*, *Rhinocola*) ……………Subfam. *Liviinae* Löw 1879

頭頂は水平でなくその表面は前方に下に曲つている。額は頭頂と顴と同面に1小節片を形成し，翅は普通膜質 (*Calophya*, *Leptynoptera*, *Heteropsylla*, *Paurocephala*, *Pauropsylla*) ……………………………………………Subfam. *Pauropsyllinae* Crawford 1914

4．前翅は2個以上の縁室を有し，径分脈は分岐するかまたは翅頂近くで1横脈によつて中脈と結び付いている (Fig. 566) (*Ceriacremum*) ……………………………………………Subfam. *Ceriacreminae* Enderlein 1910

前翅は2縁室を有するのみ，それ等は中脈と肘脈と

Fig. 566. キジラミ *Ceri-acremum* の前翅 (Crawford)

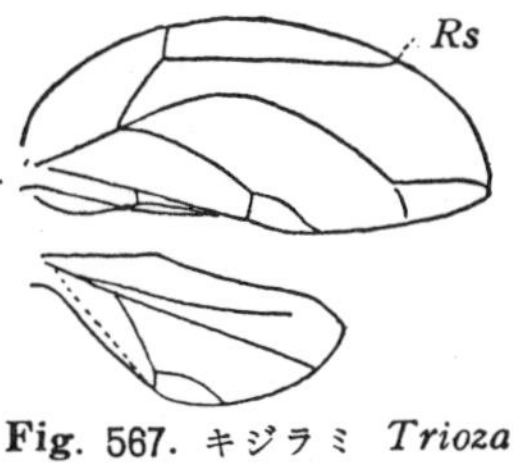

Fig. 567. キジラミ *Trioza* の翅 (Crawford)

の叉分から形成され (Fig. 567)，径分脈は分岐せず且つ横脈にて中脈と結び付いていない……………………………5

5．後脚跗節の第1節は末端に黒色の爪様の2棘を具え，径脈と中脈と肘脈とが基脈の同点から生じていない。中脈と肘脈とは同一幹脈から出ている。翅は稀れに末端角張つている (*Arytaira*, *Euphalarus*, *Epipsylla*, *Euphyllura*, *Pachypsylla*, *Chermes-Psylla*) (*Psyllinae*)………………………………………………

……Subfam. *Cherminae* Brues et Melander 1932

後脚跗節の第一節は簡単で末端に上述の如き棘を具えていない，径脈と中脈と肘脈とは普通共通点から出で，中脈と肘脈とが同一幹脈を有しない，翅は普通末端で角張つている (*Ceropsylla*, *Megatrioza*, *Paratrioza*, *Trioza*)………Subfam. *Triozinae* Löw 1879

本邦からは11属が発見され次の5亜科に分属せしめられ得る。

1. キジラミ亜科 Subfamily. *Cherminae* Brues et Melander 1932

ナシキジラミ (*Chermes pyrisuga* Foerster) は翅の開張7〜8mm，黄緑色乃至黄褐色で越年したものは赤褐色乃至暗褐色本邦全土の他欧州にも産し，梨の有名な害虫で若虫は嫩葉や新梢や花蕾等に群棲する。また同属のクロリンゴキジラミ (*C. malivorella* Matsumura) (Fig. 568) は翅の開張約5mm，大体暗褐色，前翅は赤褐色，後翅は透明，腹部は黒色で各節縁と腹側とは鮮紅色，本州産で長野県下で春季苹樹に大害を与える事がある。コクロキジラミ (*Metapsylla nigra* Kuwayama) は径分脈と中脈とが顕著に波状となつている事によつて本邦産の他の種類と明かに区別する事が出来，九州産である。更にヒシキジラミ (*Syntomoza magna* Kuwayama) の前翅は甚だ幅広で厚化し幾分変形を呈ししかも前縁の基部曲部近くに1割目を有する事によつて他種と区別する事が出来，やはり九州産である。

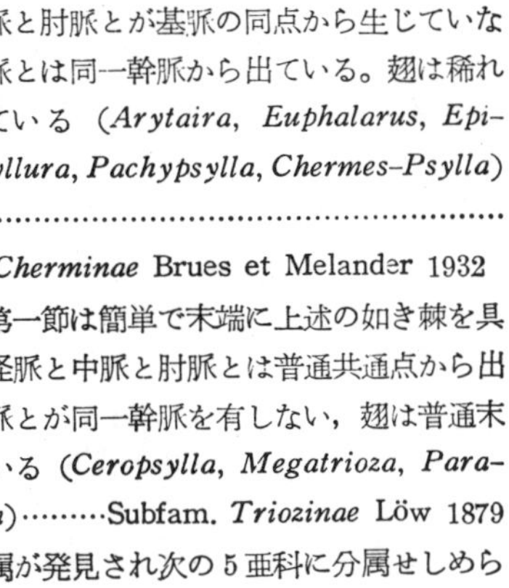

Fig. 568. クロリンゴキジラミ雄(桑山)

2. トガリキジラミ亜科 Subfamily. *Triozinae* Löw 1879

この亜科には3属が発見されている。ネグロキジラミ (*Trichochermes bicolor* Kuwayama) は翅の開張8mm内外，黒褐色で灰白色毛をやや密生し，前翅は1/3 基部が濃黒褐色で他は無色透明となり翅頂が尖つている。本州・九州及び台湾に産する。クストガリキジラミ (*Trioza camphorae* Sasaki) (Fig. 569) は橙黄色で翅の開張5〜6mm，本州・四国・九州等に産し，若虫はクスに寄生し葉に偽虫癭を形成する。台湾と中国とに広く分布している。ヒゲブトトガリキジラミ (*Stenopsylla nigricornis* Kuwayama) は緑黄色乃至黄色で背面に褐色斑を有し，翅の開張9mm内外，前翅はむしろ細長く翅頂尖り透明で黄色の脈を有し，径分脈は著しく長く多少波状となる。本州・九州・台湾等に分布している。

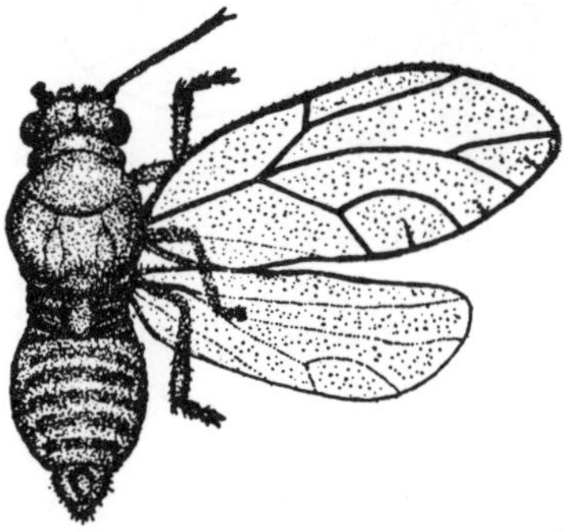

Fig. 569. クストガリキジラミ雄 (桑山)

3. タミヤクキジラミ亜科 Subfamily. *Ceriacreminae* Enderlein 1910

この亜科には1種クワキジラミ (*Anomoneura mori* Schwarz) (Fig. 570) が発見されている。黄緑乃至黄赤色で越年したものは黒褐色，翅の開張8〜9mm，本邦全土に産し，若虫は桑の葉裏に寄生し大害を与え，俗にクワノワタムシと称えられている。

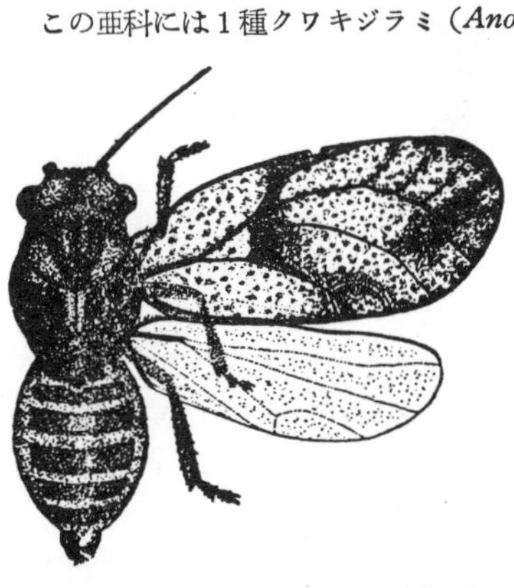

Fig. 570. クワキジラミ雄 (桑山)

4. カキジラミ亜科 Subfamily. *Pauropsyllinae*

Crawford 1914

2属が発見され，キイロヒメキジラミ (*Calophya viridis* Kuwayana) (Fig. 571) は緑黄色，前翅の開張4.5mm 内外，前翅は無色透明で白色に近い翅脈を有する。北海道に産する。ヒゲブトキジラミ (*Homotoma radiatum* Kuwayama) は黒褐色で胸背に褐色の太い1縦帯を有し，触角は甚だ長く太く毛を密生し，前翅は末端の方に著しく幅広となり後尖り無色透明で径脈に沿いまた屢々肘脈上に黒褐条紋を有し中脈を欠く事によつて他種と完全に区別する事が出来る。本州・九州及び台湾に産し，イヌビワに寄生している。

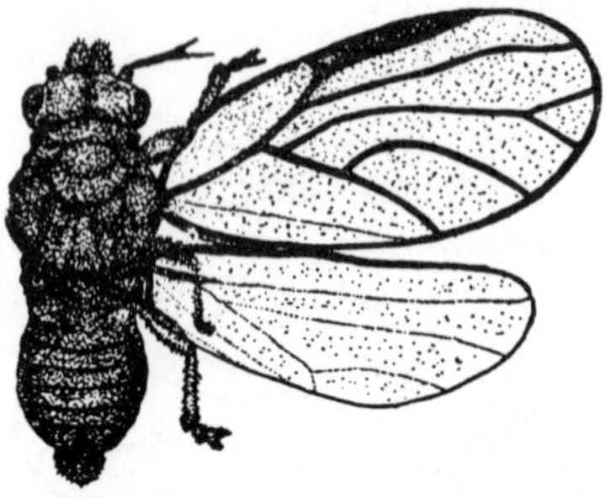

Fig. 571. キイロヒメキジラミ雄 (桑山)

5. ヒラズキジラミ亜科 Subfamily. *Liviinae* Löw 1879

2属が発見されている。ヨモギキジラミ (*Aphelara artemisiae* Foerster) (Fig. 572) は淡緑色で中胸背板の条紋は褐色，前翅は無数の褐色点を散布している。北海道の山地に産しヨモギに寄生し，欧州及び北米に分布している。ヒラズキジラミ (*Diraphia jesoensis* Kuwayama) は頭胸背面は黄褐色で赤色の点紋と条紋とがあり下面は暗褐色，腹部背面は黒褐色で下面は黄褐色，前翅は黄褐色透明で褐色点斑を一面に散布し，中脈の基部消失している。頭頂は扁平で前方に延び2片に割れている。翅の開張6mm内外，北海道・本州・九州等に産し，若虫はコウガイゼキショウに虫癭を形成する。

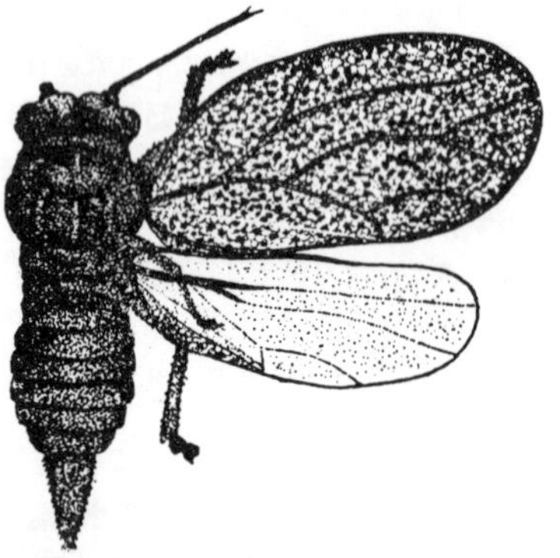

Fig. 572. ヨモギキジラミ雌(桑山)

粉蝨上科 Superfamily *Aleyrodoidea* Handlirsch 1903

184. コナジラミ（粉蝨）科
Fam. Aleyrodidae Westwood 1840

(*Aleurodidae Lethierry* 1874 (Fig. 573)

Whiteflies や Aleyrodids) と称えられ，ドイツでは Aleurodiden と唱えている。甚だ小さな弱体の昆虫で，体長1～3mm，成虫は体と翅とが帯白色の微臘粉から被われているが，構造はキジラミに近似している。複眼は幾分腎臓形，単眼は2個で各々が複眼の前方近くに位置している。頭頂は円く分割される事がなく，額と頰とから明確に区分されていない。口吻は3節で強。頭の下面後方から生じている。触角はよく発達し普通7節で，第2

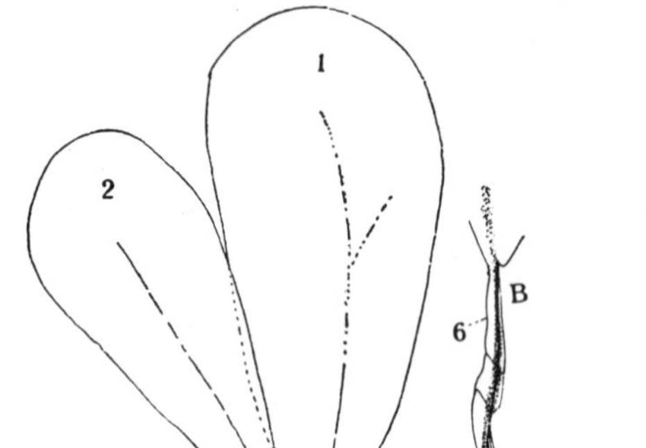

Fig. 573. 粉蝨の体制図 (Essig)
A. *Aleyrodes pruinosa* 雄の側面　B. 同口吻側面　C. 同尾端　D. 同雌尾端　E. 同跗節末端　F. 同触角　G. *Aleuroparadoxus iridescens* の若虫腹面(Quaintance and Baker)　H. 各種卵 (Quaintance and Baker) (a. *Aleurodicus holmesii* b. *Aleurochiton forbesii* c. *Aleurocanthus woglumi* d. *Dialeurodes citri*)
1. 前翅　2. 後翅　3. 単眼　4. 複眼　5. 触角　6. 口吻　7. 刺針　8. 把握器　9. 管状孔　10. 基節　11. 転節　12. 腿節　13. 脛節　14. 跗節　15. 爪　16. 亜爪　17. 感覚器　18. 脚

節は大形。前胸背板は短かく，中胸背板は大形で明瞭に区割され，後胸背板は短かい。脚の基節は細長，腿節と脛節とは細く，跗節は殆んど等長の2節からなり末端節に2爪を有し，その間に亜爪 (Paronychium) を具えている。2対の翅は体上に平にかまたは微かに屋根形に畳まれ，前翅は幅広で簡単なまたま叉状の1翅脈を有し，後翅は前翅より少しく小形で1本の翅脈を有する。腹部は基部の方に幾分細まり，背板は側板と腹板とより小形，雄の第9節は大形で長い陰具片と彎曲せる陰茎とを具え，背面に小さな第10節と肛門片とを具えている。雌の陰具片は大形の第7腹板から隠され，第9節は肛門節の下に長く延びている。

卵は小形で卵形，短かいかまたは長い柄によつて植物に附着せしめられ，表面は滑かなものや彫刻付けられたものがあり，色彩は黄色乃至黒色。卵は植物の軟い葉の裏面に輪状にまたは一面に産附され，屢々雌虫の臘分泌物にて被われている。孵化当初の若虫は可動的であるが，第1回の脱皮後は脚と触角とを消失し，軟い楕円形の扁平な軟体無被の介殻虫に似ている。その後葉裏に固着すると，種々な色彩となり，裸体かまたは白色の臘板

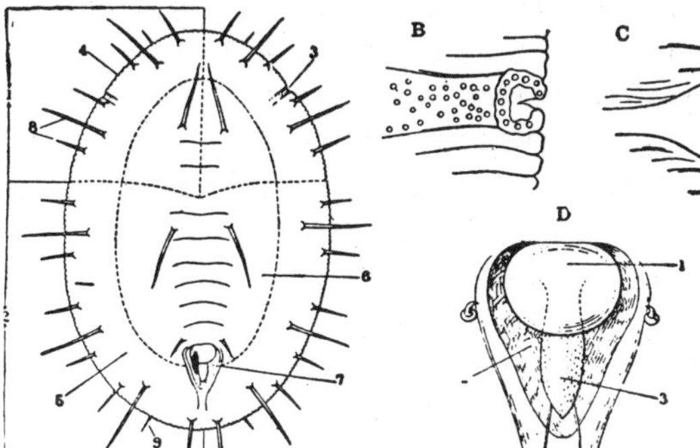

Fig. 574. 粉蝨蛹殻の体制図（江崎）
A．蛹殻—1. 胸部　2. 腿部　3. 胸部気管孁　4. 縁
5. 亜縁部　6. 背盤　7. 管状孔　8. 棘毛　9. 縁毛
B．胸部，気管孔環　C．胸部気管孔櫛　D．管状孔—
1. 瓣　2. 孔　3. 舌状突起

かまたは綿様の分質にて被われ，更にまた屢々周縁に顕著な白色の臘板かまたは臘糸からなる縁物を具えている事がある。しかし最も特徴となるものは尾管状孔（Anal vasiform orifice）で分類上非常に重要なものとなつている。最後の時代即ち蛹殻 (Pupal case) (Fig. 574) は一般に隆起し幾分環節付けられ，屢々成虫の発達した部分をあらわしている。成虫はこの蛹殻の背面にある一字形割目をとうして羽出するのである。年に2世代またはより多数世代を有し，冬は成虫以外の形態で越すのが普通である。コナジラミは他の同翅亜目の昆虫と同様な摂食習性を有し，若虫は蜜滴を分泌する性を有する。農業上有名な害虫となつている種類もある。

世界から大凡180種程記載され，次の如き亜科に分つ事が出来る。

1．亜爪即ち爪間盤がない，前翅は第1径脈と径分脈と中脈と肘脈と臀脈とを具えている（南米産の *Udamoselis*）(Fig. 575の1) ……………………………………………Subfam. *Udamoselinae* Cockerell 1902

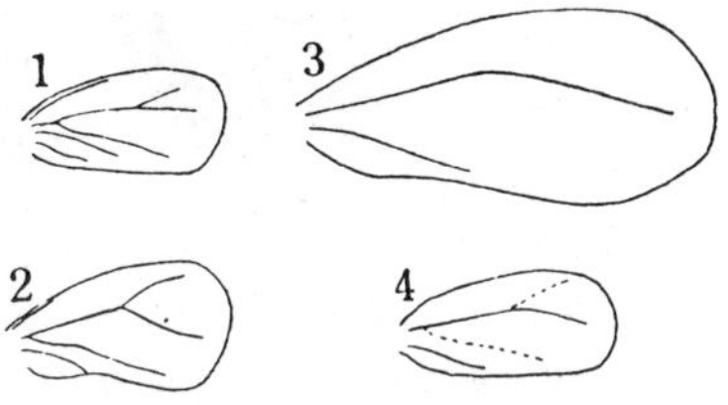

Fig. 575. 粉蝨の前翅 (Quaintance and Baker)
1. *Udamoscelis*　2. *Aleurodicus*
3. *Aleurocanthus*　4. *Aleyrodes*

亜爪は存在し，前翅は中脈か肘脈かの何れかと臀脈とを欠いている…………………………………………2

2．亜爪は棘状，前翅は肘脈を欠く (Fig. 575の2) (*Aleurodicus*, *Dialeurodicus*, *Leonardius*, *Paraleyrodes*) …Subfam. *Aleurodicinae* Cockerell 1902

亜爪は葉片状，前翅は中脈を欠く (Fig. 575の3, 4) (*Aleyrodes*, *Aleurochiton*, *Aleurocanthus*, *Neomaskiella*)…Subfam. *Aleyrodinae* Cockerell 1902

本邦からはコナジラミ亜科 (Subfam. *Aleyrodinae* に属する種類のみ発見され，*Dialeurodes*, *Rhachisphora*, *Pealius*, *Aleurocanthus*, *Acanthobemisia*, *Bemisia*, *Aleurotrachelus*, *Aleurotuberculatus*, *Aleurolobus*, 等の9属が産す。ブドウノコナジラミ (*Aleurolobus taonabae* Kuwana) は淡黄色で翅は白粉を装い橙色の横斑を有し体長1.2mm，若虫は楕円形で周縁に棘毛を列する。蛹殻は短楕円形で背面にやや隆起し金属性光沢ある黒色。管状孔はほぼ三角形，体長約1.28mmで周縁に分泌物を欠く。本邦原産で，年数回の発生をなし，冬はモクコクの葉上に越年し，春夏の頃葡萄の葉に移り大害を与える。マーラットコナジラミ (*Aleurolobus marlatti* Qnaintance) (Fig. 576) は橙黄色で褐色斑紋を有し半透明で褐色斑を有する翅を具え，体長1.27mm，蛹殻は光沢ある黒色で体長1.2mm，周辺には輪状に白色分泌物を装う。年3回の発生で，柑橘や桑やユズリハ等に寄生する。本邦以外ジャワ・フィリッピン・支那・インド等に分布している。ヤマモモノコナジラミ (*Bemisia myricae* Kuwana) は本州・四国・台湾等に産し，ヤマ

モモや柑橘等の葉面に寄生して越年し，5月頃から桑葉に寄生し大害を与える。ヒメコナジラミ（*Bemisia giffardi* Kotinsky）は本邦の他支那・インド・ハワイ等に分布し，時に柑橘に大害を与える。ミカンノトゲコナジラミ(*Aleurocanthus spiniferus* Qusintance)は柑橘の大害虫で，本邦以外支那・インド・ヒョリッピン・ハワイ等に広く分布している。柑橘の害虫として更にミカンコナジラミ（*Dialeurodes citri* Ashmead）やクスノトゲコナジラミ（*Aleurocanthus cinnamomi* Takahashi）等が知られている。

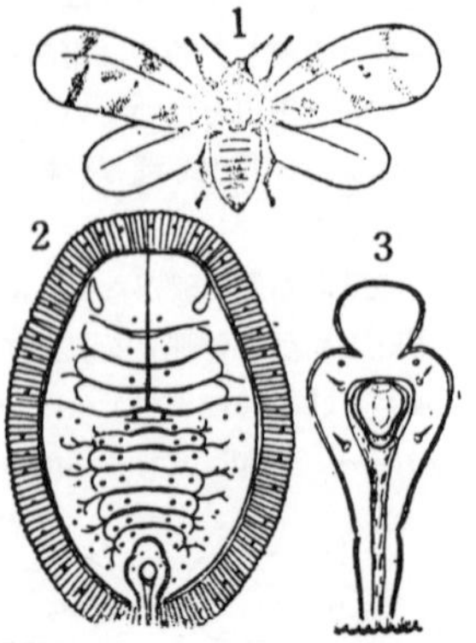

Fig. 576. マーラットコナジラミ（桑山）
1. 成虫　2. 蛹殼　3. 同管状孔

蚜虫上科 Superfamily *Aphidoidea*

Handlirsch 1903 Fig. 577

185. カサアブラムシ（毬蚜虫）科

Fam. Adelgidae Mordvilko 1935

この小さな科は最初1857年に Koch によつて *Chermidae* 且つ *Passerini* によつて1862年に *Chermesidae* と命名されたものであるが，*Chermes* は *Psylla* の先名でキジラミ科（*Chermidae*）に採用される事になつた為め後年の Mordvilko の命名が現在は一般的に使用されている。Adelgids と称えられ，ドイツの Tannenläuse がこれである。

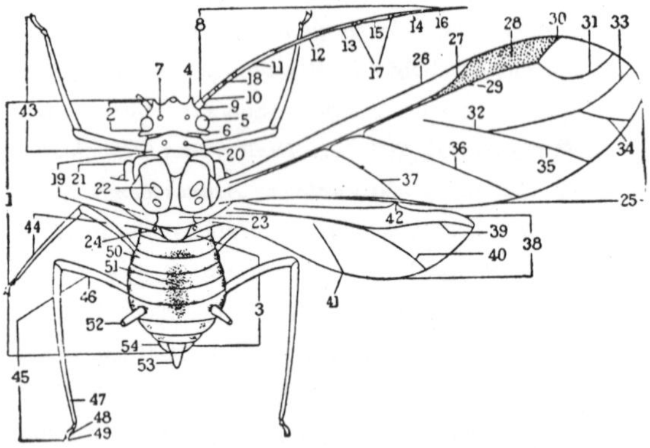
Fig. 577. 蚜虫の体制図（江崎）
1. 体　2. 頭部　3. 腹部　4. 額瘤　5. 複眼　6. 眼瘤　7. 単眼　8. 触角　9. 同第1節　10. 同第2節　11. 同第3節　12. 同第4節　13. 同第5節　14. 同第6節　15. 同基部　16. 鞭状部　17. 厚生感覚器　18. 後生感覚器　19. 前胸部　20. 前胸臘板　21. 中胸部　22. 中胸臘板　23. 後胸部　24. 後胸臘板　25. 前翅　26. 前縁脈　27. 亜前縁脈　28. 縁紋　29. 径脈　30. 第1径脈　31. 径方脈　32. 中脈　33. 第1中脈　34. 第2中脈　35. 第3中脈　36. 肘脈　37. 臀脈　38. 後翅　39. 径脈　40. 中脈　41. 肘脈　42. 翅鉤　43. 前脚　44. 中脚　45. 後脚　46. 腿節　47. 脛節　48. 跗節　49. 爪　50. 側縁斑　51. 腹背斑　52. 角状管　53. 尾片　54. 肛板

微小な無翅と有翅の蚜虫で，体は軟かく楕円形で環節は不明瞭，屢々白色の綿様の臘の糸や塊から全体被われている。頭部と胸部とは背面幾丁質化し，臘板（Wax plates）は頭部と前胸背板とは2横列に存し，中胸背板と後胸背板と各腹部背板とには1横列に存し，更にときには腹面に1縦列に存在し，且つまた屢々脚の基節上にもある。何れも冬期型により明瞭に現われている。頭部は両側に3個の偽単眼（Ocellanae）を有する。触角は冬期型では甚だ短かく退化し，夏期型では3節，感覚器は末端節の末端に群在し且つ側面に1個または2個が具つている。脚は型の異なるに従つて幾分変化があり，跗節は2節で基節は小さく末端節は1本または2本の爪を具えている。雌は産卵管を有する。気門は中胸と後胸とに各1対と腹部の第2乃至第5（*Pineus*）か第2乃至第6（*Adelges*）かに各1対宛とを具え，第1齢虫には欠けているならん。有翅型は複眼と3個の単眼とを有し，触角は5節で稀れに最後の3節が癒合し，感覚器は3個乃至5個，翅は少数の翅脈を有する。

この科の昆虫は松柏科植物の小枝や針葉やまたは虫癭中やに生棲し，複雑な生活史を有し，稀れには単一宿主上に，あるいは交互宿主に即ち最初の宿主はハリモミ属で中間宿主は松やカラマツやモミやツガその他に，寄生する。一般に最初の宿主上に虫癭を形成する。この類は次の如き多型を有する。

1．幹母（Fundatrix）—無翅，単性雌虫で第1宿主上に有性雌によつて産下されれた卵から夏期に孵化して成長せるもので，若虫の儘冬を越し春期に多数の卵を産下し，それ等の卵から虫癭型が生ずるのである。

2．虫癭型（Gallicolae）—有翅，単性雌虫で第1宿主上の幹母の卵から生じ，針葉の基部に固着し円錐形状の虫癭を生ずる。翅が第5齢にて生じ中間宿主に飛移（単一宿主にのみ生活する種類を除き）し，産卵し，その卵から娘型が生ずる。

3．娘型（Virginogenie or exsules）—無翅，単性雌虫で中間宿主上の虫癭型から生ずる。彼等は次のものからなる。

(1)．無翅幹母（Stem mothers or sistentes）（*Adelges*）

(2)．補充幹母（Neosistens）—越冬した最初の若虫で春に成熟し，早春に産卵し，その卵から産性虫で次の生活環を有するものが生ずる。

A．前進型（Progrediens or Progredients）—無翅で多数の臘腺を具え Sistens と交互に多くの世代を生ずる。

B．無翅幹母型（Sistens or sistentes）—無翅で少数の臘腺を具え静止期を有するもので次の2型がある。即ち越冬幹母型（Hiemosistens）と夏眠幹母型（Aestivosistens）とがある。

4．産生虫（Sexuparae）—有翅，単性雌虫で虫癭型に類似し，中間宿主上の無翅幹母の卵から生ずる。彼等第1宿主に帰り有性虫を生ずる。

5．有性虫（Sexuales）—微小，無翅で有性の雄虫と雌虫とで長い細い4節の触角を有する。この型は第1宿主上の産性虫の卵から生れ，交尾後雌虫が単1卵子を産下する。

この科の昆虫は主として北半球の温帯に産し数十種が知られているが，濠州やニュージランドに輸入されて重要な害虫となつているものもある。大体8属が知られ次の如き2亜科に分類する事が出来る。

1．腹部は5対の気門を有し，その第1対は明瞭でない。産れた当時の幹母は輪状の背臘板を具えている（*Pineus* Shimer, *Pineodes* Börner, *Dreyfusia* Börner 等）……………Subfam. *Pineinae* Annand 1928

2．腹部は6対の気門を有し，その第1対は明瞭でない。無性生殖の若虫は2類あつて，その1つは弱体の夏型で第1世代は普通有翅型，口吻は短かく，4回の脱皮を行い，越冬する事がない。他の1つは幾丁質化し無翅で冬型，長い口吻を有し，3回の脱皮を行い，夏眠を行い秋期に活動する。（*Adelges* Vallot, *Gillet-teella* Börner = *Gillettea* Börner, *Succhiphantes* Curtis = *Chermes* Linné 等）……………………………………………Subfam. *Adelginae* Annand 1928

本邦からはエゾマツカサアブラムシ（*Adelges japonicus* Monzen）（Fig. 578）が発見されている。体長は有翅型2.8mm，無翅型0.7mm内外，暗黄緑色乃至暗黄褐色，蠟板は著しく発達し体表に多くの白色臘質物を被うている。北海道・本州に産し，エゾマツの著名な害虫で，樺太にも分布している。

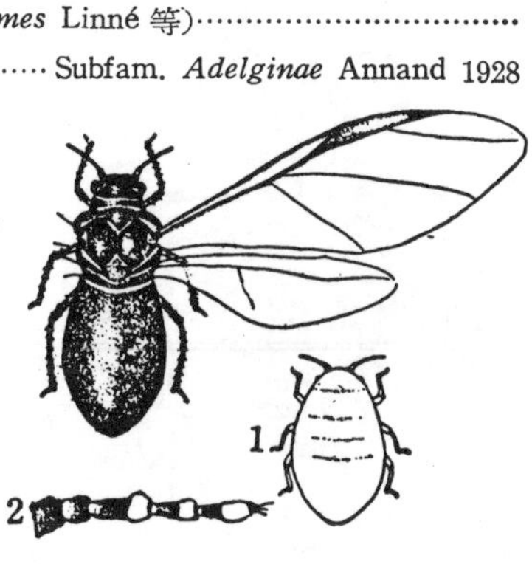

Fig. 578. エゾマツカサアブラムシ（森津）
1．無翅型　2．有翅型の触角

186. ネアブラムシ（根蚜虫）科

Fam. Phylloxeridae Koch 1857

Phylloxeras と称えられ，ドイツの Zwergläuse とフランスの Phylloxerides とがこれである。微小の蚜虫で，体は軟かく楕円形で裸体かまたは綿様の臘質物から被われ角状管（Cornicles）を欠く。黄色や橙色や赤色。触角は3節，翅脈は少数。生態は頗る複雑で，ある種類は生活環に多数の型を有する。生殖は単性で卵生。

この科の中で最も注意された種類でしかも最も重要な害虫はブドウネアブラムシ（*Dactylosphaera vitifolii* Shimer, grape phylloxera）（Fig. 579）で，この種類は1854年に Fitch によつて *Pemphigus vitifoliae* として発表され，その後永い間 *Phylloxera* 属に入れられていた。処が1930年に Börner が *Dactylosphaera* Shimer 1867 に属する事を明かにし更にこの属の異名として *Peritymbia* Westwood 1869, *Phizocera* Kirkaldy 1897, *Xerompelus* del Guercio 1900, *Börneria* Grassi et Foà 1908, *Foaiella* Börner 1909 等を列記した。また種名としては *Phylloxera vastatrix* Planchon が多く用いられている。この蚜虫は1868年にフランスの葡萄園にて発見されて以来注意深く研究された，然し欧州における多くの学者によつて生活史の微細な点においてはなお一致を見ない。

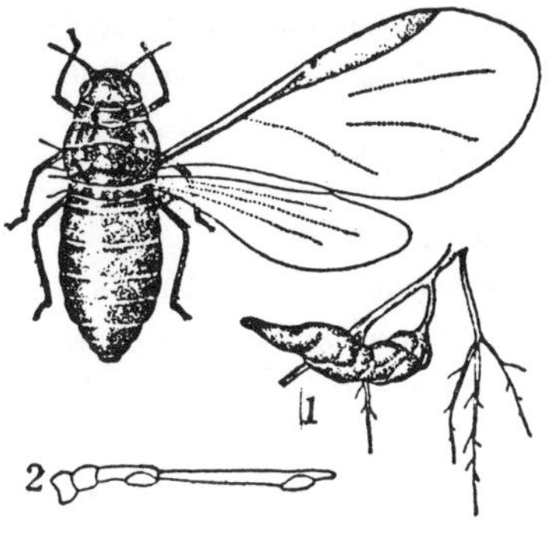

Fig. 579. ブドウネアブラムシ（森津）
1．根瘤　2．触角

体長0.3～1.2mm，黄色または緑褐色。無翅型は周年葡萄の根に寄生し，世界の各国において特に欧州ブドウに見出される唯一つの型である。次の如き各型が見出されている。

1．幹母（Fundatrices or gallicolae）—ブドウの幹や枝に産下された越冬卵から生じ，無翅で米国ブドウの叢葉に且また稀れに欧州ブドウに虫癭を生じ幹雌（Fundatrigeniae）になる多数の卵を産下する。米国ブドウを除き稀れに見出される。

2．幹雌（Fundatrigeniae）—無翅，単性生殖で虫癭型から生ずる。次の如き2型を有する。

(1)．虫癭型（Gellicolae）—早夏に叢葉に虫癭を形成する。ドイツでは短吻型とより多数の長吻型とがあつて後者は葉に寄生しない。

(2). 根瘤型(Radicolae)—根に寄生し晩夏に多数で，若虫で越冬し得て，小根上に小膨部即ち結節部を生ずる。彼等は産性虫を生ずる。

3．産性虫 (Sexuparae) 即ち移住型 (Migrants)—有翅，単性雌で幹雌から生じ，他のブドウに移住し枝に産卵し，有性型となる。卵は2型あつて，大形のものは有性雌となり，小形のものは雄となる。

4．有性虫 (Sexuales)—微小無翅の雄と雌とで枝に見出され，交尾後に各雌虫は幹または枝に1卵子を産下する。その卵は冬を越し翌春孵化して幹母となる。

有翅型は欧州ブドウ (*Vitis vinifera* Linné) のみに現われるがそれ等は明かに不産性で伝播はツルからツルへ匍匐して行われる。この害虫は欧州ブドウのみに有害でアメリカ種には殆んど無害である。

この科には世界から次の如き属が発表されている。*Phylloxerina* Börner（3種），*Guercioja* Mordvilko（3種），*Acanthochermes* Kollar（1種），*Aphanostigma* Börner（2種），*Dactylosphaera* Shimer（2種），*Phylloxera* B. de Fonscolombe (10種)，*Moritziella* Börner（7種），*Xerophylla* Walsh (25種)，*Parapergandea* Börner（1種），*Troitzkya* Börner（1種）等で，本邦からはブドウネアブラムシ1種が発見され，外国より輸入されたものである。

187．ワタアブラムシ（綿蚜虫）科

Fam. Eriosomatidae Baker 1920

(*Pemphigidae* Weber 1933)

Woolly and Gallmaking Aphids と称え，翅脈が簡単，角状管は完全にないか，退化し単なる環状となつているかまたは甚だ短かい，有性型のある変化では甚だ小形で無翅で口器が不機能的となつている。多くの種類では無翅型も有翅型も共に甚だ大形の蠟板を具えている。

多数の種類は虫瘻や偽虫瘻や捲葉や瘤やその他の畸形部を第1宿主上に形成するが第2宿主にはかかるものを生ぜしめない。宿主の交代は未だに完全に解決されていない多くの錯雑を包含するのが1つの特徴である。第1宿主は主として樹木と灌木で，第2宿主は草本類と多少厚肉一年生植物及び多年生植物とである。ある第1宿主と多くの第2宿主との根がまた寄生される。ある種類例えば*Eriosoma lanuginosum* Hartig(Pear root aphid)の如きは連続的に梨の根に寄生し，*Pemphigus populitransversus* Riley の如きは土地が連続的に作物が栽培され且つ任意植物が越冬虫をささえるのに役立つているような処では何年も連続してサトウダイコンやギシギシやチサ等の根に生活している。この科の蚜虫は次の2亜科に分けられている。

1．孵化当初の臀背板は4本の棘毛を装い，孵化当初の無性虫は更に他の背板上にも4棘毛を有し，有性型は春期に生ずる (*Forda*, *Aploneura*, *Melaphis*, *Pemphigella* 等) ……………………Snbfam. *Fordinae*

2．孵化当初の臀背板は4棘毛を装い他の背板には棘毛が6列になつている。有性型は中夏後に生ずる(*Eriosoma Asiphum*, *Pemphigus*, *Prociphilus*, *Schizoneura* 等) …………………Subfam. *Eriosomatinae*

本邦からは *Fordinae* に属する *Melaphis* 属と *Eriosomatinae* に属する *Eriosoma*, *Prociphilus*, *Astegopteryx*, *Thoracaphis*, *Oregma*, *Aleurodaphis* 等の属とが発見されている。ヌルデミミフシ (*Melaphis chinensis* Bell) (Fig. 580) は体長有翅型 1.5 mm, 無翅型 1.1mm 内外，淡黄褐色乃至暗緑色で，白色蠟質粉にて被われている。ヌルデに寄生し不正形の虫瘻を形成する。この虫瘻はタンニンの原料として著明で，本邦以外支那及び朝鮮から古くから知られている。リンゴワタムシ (*Eriosoma lanigera* Hausmann) は世界に広く分布しリンゴの害虫で有名。カンショワタアブラムシ (*Oregma lanigera* Zehntner) は東洋亜熱帯地方に広く分布し甘蔗の有名な害虫であるが，本邦では主としてススキに寄生している。タケツノアブラムシ (*Oregma japonica* Takahashi) (Fig. 581) は体長無翅型 1.6～1.8mm で体側に長方形の蠟質物を排出している。本邦のみの産でタケの葉に寄生する普通種で

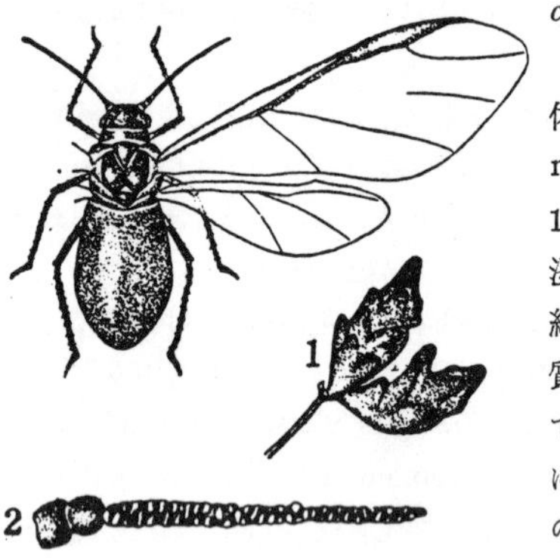

Fig. 580. ヌルデミミフシ（森津）
1. 虫瘻　2. 秋季有翅型触角

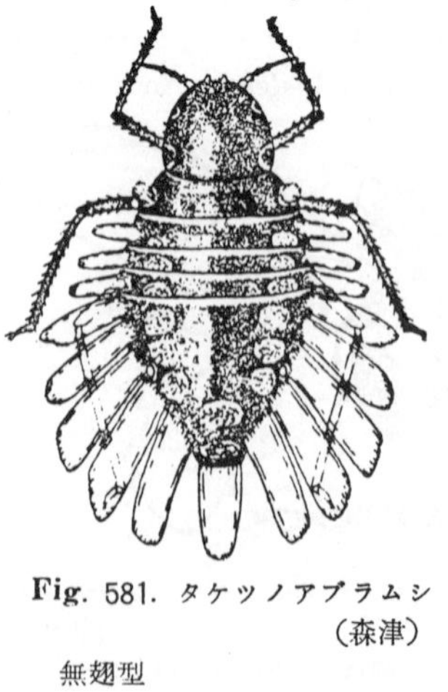

Fig. 581. タケツノアブラムシ（森津）
無翅型

ゴイシシジミの食餌として著明である。

188. アブラムシ（蚜虫）科

Fam. Aphididae Buckton 1881

屢々 *Aphidae* なる字が使用されているがギリシャ語からの英語は Aphid である故に *Aphididae* を使用する事が正しい。 Aphids, Aphides, Plant Lice, Green Flies 等と称えられ，ドイツでは Aphiden, フランスでは Les pucerons とよんでいるものである。大きな科で微小乃至小形，長く且つ太く，軟体，食草性。無翅または有翅，裸体か粉付けられまたは白色臘質物から多少被われているかである。活動性で稀れに定着性。単性または有性で，生植物の液によつて生活し，胃は小形，沪過室は簡単か原始的，マルピギー氏管はなく，蜜滴（蔗糖16.7%，転化糖24.5%，デキストリン39.4%，及び蛋白質3.0%からなると云う）を排出する。頭部は小形で前胸に密接し幅広の基部を有する。触角は様々であるが一般に剛毛状で３～６節からなり，末端節は屢々基部とより細い糸状部とを有し，感覚器官は横帯状で長いか円いかである。複眼は３個またはより多数の単眼群からなるかあるいは大きく半球形で小眼面からなつていて眼瘤 (Ocular tubrcle) を有するものとしからざるものとがある。単眼は３個で有翅型のみに存在するが，またある無翅雄虫にもある。口吻はよく発達し，体より短かいかまたは長く３～４節で，刺針は甚だ長い。胸部は有翅型ではよく発達し明瞭となり，無翅型では幾分腹部に癒着し，前胸背板は普通顕著で，有翅型では１対の側瘤を具え，気門は前胸と後胸とにある。翅は移住型とある有性型一般に雄とに存在し，普通体と等長かまたはより長く，薄く透明かまたは部分的に曇り，少数の翅脈を有し，後翅は著しく小形でより少数の翅脈を有し翅鈎(Hamuli) を具えている。普通背上に屋根形に畳まれるが，稀れに平たく置かれる。脚は短かいかまたは長くむしろ細く，屢々有毛，有性雌の脛節は屢々膨れ多数の感覚器様の部分を有し，跗節は普通２節でその基節は小さく稀れに１節またはない事があり，爪は１対で簡単で褥盤を欠く。腹部は不明瞭に環節付けられて多くとも８～９節，臘腺と背瘤及び側瘤と毛または棘毛等が一般に存在している。角状管即ち油または臘分泌器官は無いものとあるものとがあり，その形状や大さは種々あつて単なる輪状のものから長い円筒状か膨れたもので直線か彎曲した管状器官で体と等長のものまでがあり，滑か覆瓦状か部分的に網目状か有毛かで，張り出た孔を有するものとしからざるものとがある。気門は７対。尾片 (Cauda) と肛板 (Anal plate) と生殖板 (Genital plate) と稀れに尾前瘤 (Precaudal tubercle) とを具え，雄の生殖器官は１対の瓣片と陰茎と生殖板とからなる。

蚜虫の生態は複雑なもので，ある種類の型と単性及び有性生殖を行い，宿主の交代や気象条件により生活史の様式の差異等がある。次に各型を簡単に記述する。

１）幹母 (Fundatrices or stem mother)—無翅または有翅，胎生(Viviparous)（屢々卵胎生 Ovoviviparous と称え卵が体内で孵化する），単性生殖の雌虫で第１宿主上にて越年せる卵から生ずる。

２）幹雌 (Fundatrigeniae)—無翅または有翅，胎生，単性生殖の雌虫で幹母から数世代が生ずる。この型のものはある種類にはない。

３）移住型 (Migrantes or Migrants)—有翅，胎生，単性生殖雌で第１宿主上の無翅幹雌の第２または第３世代から生ずる。彼等は無翅と有翅との個体の生れたその宿主から同種の宿主へあるいは普通に無翅型のみを生ずる第２宿主への何れかに飛散する。

４）被譲型 (Alienicolae or seconds)—無翅，胚生，単性雌虫で第２宿主上に生れ多数の世代を生ずる。彼等は幹雌と同様多数に現われる。

５）産性虫 (Sexuparae or gynoparae)—無翅または有翅，胚生，単性生殖雌で被譲型から生じ，無翅または有翅の有性型を第２宿主かまたは第１宿主に移住後の何れかに生れる。

６）有性型 (Sexuales or sexes)—雄と雌とで産性虫の子孫で第２宿主上かまたは第１宿主上に生まれる。雌虫は普通無翅，雄虫は無翅または有翅あるいはまた両型が現われる。彼等は甚だ僅かに摂食するかまたは全く食物を取らず，速かに発達し交尾をとげる。雌虫は１卵乃至数卵または多数の卵を産下し，一般に芽の周辺かその年に生じた小枝上に産卵する。成虫は正常冬の前に死滅する。

上述の如き生活様式は交代宿主をもつ寒い温帯地域における正常な発達を行うものの代表的なものである。しかし *Myzus persicae* Sulzer（モモアカアブラムシ）や *Macrosiphum euphorbiae* Thomson (Potato aphid) や *Aphis gossypii* Glover（ワタアブラムシ）等の如く多食性の種類は特別な宿主を普通要求しないで飛跡または匍匐移住型のもので植物から植物に伝播する。更に *Hyalopterus arundinis* Fabricius（モモコフキアブラムシ）は交代宿主を要する種類でありながら無翅型が第１宿主の１植物から他植物へ移住し夏中新群を生ずる。なおまた交代宿主を要する種類や分布区域中のより寒い所で有性型を生じ且つ越年卵を産下する他の種類やはより暖かい地方に生活すると彼等の要求をかえる事がありうるならん。即ち米国加州においては *Aphis pomi* de

Geer（リンゴアブラムシ）や *Aphis malifoliae* Fitch（Rosy apple aphid）やの如き普通種が冬期間常緑樹上に群を支持する事によつて年中単性生殖を行う。*Brevicoryne brassicae* Linné（ダイコンアブラムシ）や *Macrosiphum rosae* Linné（バラヒゲナガアブラムシ）やその他多数の種類が亜熱帯と熱帯とでは完全に有性型即ち卵を生じない。モモコフキアブラムシや他の種類は北温帯地では複雑な生活様式を有しているが熱帯では単一宿主上で年中単性生殖を行い得るならん。

卵は甚だ小形で正楕円形であるかまたは *Myzocallis arundinariae* Essig の如く1端枯れている。しかして産下当時は淡黄色または緑色であるが後直ちに光沢ある黒色に変ずる。ある種類では例えば *Plocomaphis flocculosa* Weed の如く卵が臘糸から被われ，またモモコフキアブラムシの如く卵が透明な臘棒から被われているものがあるが，これ等は直ちに天候により消失し，卵が芽の近くや樹皮の割目の中等にさらされるようになる。卵は春季に芽が膨れまたは開く時分に孵化し，若虫が成長する葉上に食を求める。成熟は甚だ速かで2～3週間内外で，胚仔は彼等の最終脱皮前でさえも若虫の体内に発達し得るようである。

蚜虫の各型の説明は殆んど不可能で，中重要な特徴を次に述べる事とする。

I．雌 虫

1．無翅単性型—年の大部分を通じて最も普通なもので，体は幾分分割されていない。しかし頭部は明瞭で大形の複眼を有し，触角は一般に原生感覚器官のみを具え少数のものでは後生感覚器官を有する。普通一様な色彩で，緑色，黄色，帯赤色，褐色，オリブ色，黒色，斑色等で，屢々同種に赤色のものと緑色のものとが現われる。被粉や白色臘總を着するものや殆光沢あるもので，滑かのもの有毛のものまたは顆粒付けられたもの等がある。一般に活潑であるが，ある種類では介殼虫や粉蝨やのようで第1回の脱皮後固着するものがある。活潑なものはさまたげられると宿主から落下しある時間死を偽する。

2．有翅単性型—普通移住型で種の伝播に役立つている。普通無翅型より濃色で，特に頭部と胸部と脚とに黒色部を存し，腹部に濃色斑紋を有する。触角は多数の後生感覚器官を具えている。一般に活潑で跳躍し且つ温度が充分な場合には容易に飛翔する。

3．有性型—普通無翅型で大さは正常かまたは非常に小形。腹部は屢々長い末端の方に細まる管状に後方に延び，後脚脛節は正常に膨れ少数または多数の感覚器官様の部分を具え，触角は原生感覚器官を具えている。むしろ不活潑。屢々単性生殖雌虫より濃色，秋季に最も多数に現われる。

II．雄

無翅または有翅，然し何れの型でも著しく同様である。微小乃至甚小，屢々他の凡ての型よりも著しく濃色。活潑。触角の第3乃至第6節上に甚だ多数の感覚器官を具え，生殖板は顕著。陰茎は屢々下方に延びている。秋季に最も多数に現われる。

蚜虫は1年に13回も世代をくり返す種類が知られ，その個体数は多数の菌類や細菌や寄生虫や肉食動物等の外敵以外に種々の気候因子によつて減少せしめられているにもかかわらず非常に多数となり，農作物を著しく害する事やまたは完全にそれを破滅せしめる事が少なくない。またある数の種類，例えばモモアカアブラムシの如く，植物のおそるべき病気を伝播し，彼れ等自身の害よりもかえつて著しく植物を損する場合も多々ある。ある類では多数の種類の植物に寄食し，葉や茎や樹皮や果実や根や等に寄生し，根や枝やの異形を生ぜしめ，茎や族葉に変な形の虫癭を形成したり，葉に偽虫癭を構成したりする。また密滴のある量を排出し，植物上に甚だ微小点滴として止める。このものは甘いねばりけのある物質で植物は充分こまる様になる。即ちスス病菌を透致し，植物の葉や小枝等が全部この菌に被われる事が少なくない。またこの蜜滴は蟻や蜂や蠅や他の多数の昆虫をも透致する。蟻は蚜虫を保護する役目をなし，植物から植物へ蚜虫を運搬する事が希でない。蚜虫はまた小鳥の食餌となるばかりでなく，多数のテントウムシやショクガバエや寄生蜂等の食物となつている。

蚜虫の化石の最も古くから知られているものは *Canadaphis carpenteri* Essig（1937）でカナダの琥珀から知られ，翅脈が非常に発達し，触角は6節で末端糸を具え，複眼は瘤状，跗節は2節で1対の爪を具えている。世界から現存種が約2,000種が知られ150属以上に分属せしめられ，つぎの如く普通4亜科に分類されている。

1．孵化当時の若虫は跗節の基節に4棘毛具え，頭部は自由で前胸と癒合していないで成虫では頭頂で縁となり，下脣は5節，角状管は幅広く円錐状乃至孔状で稀れにこれを欠く。（*Lachnus*, *Cinara*, *Eulachnus*, *Trama* その他等）……………………………………………………Subfam. *Lachninae* Passerini 1863

孵化当時の若虫は跗節の基節に2棘毛を具え，下脣は4節，角状管は孔状乃至長円筒状で稀れにこれを欠き，成虫の頭部は頭頂にて縁となつていない………2

2．頭部は自由，孵化当時の若虫は小眼面からなる複眼を有し，卵生雌虫の後脚脛節は太くなつている（*Aphis*, *Toxoptera*, *Rhopalosiphum*, *Chaitophorus*, *Saltus*-

aphis, *Callipterus*, *Pterocomma*, *Anuraphis*, *Cryptosiphum*, *Brachycolus*, *Hyalopterus*, *Liosomaphis*, *Amphorophora*, *Macrosiphum*, *Myzus*, *Phorodon* その他等)……Subfam. *Aphidinae* Mordwilko 1896

頭は前胸と癒合し，複眼は頭部の中央の方に位置し孵化当時の複眼は3小眼面を有し，卵生雌虫の後脚脛節は太くない……………………………………………3

3．触角の下面に楕円形または円形の感覚器官を具え，前翅の径分脈は長い縁紋の基部から生じために第1径室は長い，有性型は小さく雌はある数の卵を産下する(Fig. 582)（*Mindarus*, *Anomalaphis*, *Thelaxes*）………………………………
…Subfam. *Thelaxinae*(*Mindarinae*)Enderlein 1920

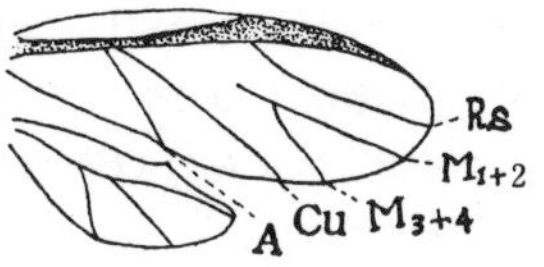

Fig. 582. アブラムシ (*Mindarus* の翅) (Patch)

触角は狭い横形の感覚器官を具え，前翅の径分脈は縁紋から生じ，翅脈はより多く減退し中脈は一般に簡単，. 角状管は一般にないかまたはより多く減退している。有性型は普通無翅で小形，一般に虫癭を形成し，臘腺が普通存在している（*Hormaphis*, *Cerataphis*, *Hamamelistes*）………………………………………
…………Subfam. *Hormaphidinae* Enderlein 1920

蚜虫は採集と同時に70%のアルコール液に浸たしガラス管内に入れ綿栓にて閉じ，更に大形のガラス瓶中の同じアルコールを入れた中に投じ密閉して貯蔵する。勿論時々アルコールの発散を注意する事が必要である。これ等の標本を研究するためにはスライド上に固定する必要がある。その場合一時的では標本を採集直後または生きているものを直接 Faure 液か Berlese 液かまたは Chloral hydrate-gum arabic mixteres 中に直接入れ，後120°F の温度に1時間内外置き然る後にカバーグラスを被い，その周囲を "Murryite" の如き物質にて封ずる事がよい。永久に保存するためには種々の方法があるが，つぎの2方法がよいとされている。即ち (1). 苛性加里法—新鮮な標本またはアルコール浸やホルマリン浸やまたは乾燥せるものを KOH または NaOH の10%液中に直接入れ，後煮沸すると透明体となる。それを10分間強度の醋酸中に浸漬しその儘の処に酸性フクシンか他の色素を加えて染色せしめ，然る後丁香油中に5分間浸したものを直ちにスライド上のカナダバルサム中に（普通5・6疋)移しカバーグラスを覆うのである。(2). 乳酸法—新鮮な標本またはアルコールその他の液中に保存してあつたものを乳酸50と95%アルコール35と蒸溜水15との混合液中に入れ密閉器に入れ 120°F にて新鮮標本の場合は24時間，他のものでは48時間保ち，後染色し，醋酸に移し後丁香油に入れバルサムで固定せしめるかまたは95%と無アルコールとに移し然る後丁香油に浸しバルサムまたは Euparal にて固定せしめるものである。これ等両者の場合に醋酸に入れる前に胚仔を取り去る必要がある。

本邦からはオオアブラムシ亜科（*Lachninae*）では *Pterochlorus* (*Tuberolachnus*), *Lachnus*, *Cinara*, *Enlachnus*, *Nippolachnus* 等の属が発見され，アブラムシ亜科(*Aphidinae*)では *Neophyllaphis*, *Shivaphis*, *Tuberculatus*, *Myzocallis*, *Drepanaphis*, *Chaitophorus*, *Greenidea*, *Eutrichosiphum*, *Cervaphis*, *Aphis*, *Toxoptera*, *Pergandeidia*, *Brachycolus*, *Brevicoryne*, *Hyalopterus*, *Rhopalosiphum*, *Anuraphis*, *Acaudus*, *Cavariella*, *Vesiculaphis*, *Cryptosiphum*, *Amphorophora*, *Aulacorthum*, *Megoura*, *Acyrthosiphon*, *Macrosiphoniella*, *Macrosiphum*, *Myzus*, *Capitophorus*, *Phorodon*, *Shinjia*, 等の属が発見されている。ヤナギオオアブラムシ(*Pterochlorus salignus* Gmelin)は世界各国に広く分布し，蚜虫中の最大種に属し体長 5mm に達するものがある。クリオオアブラムシ（*Lachnus tropicalis* v. d. Goot）(Fig. 583）は栗やクヌギ等の幹と枝とに棲息し，黒色の美麗な大形種で，本邦以外に朝鮮・支那・満洲・インド・ハワイ・濠洲等に分布している。松にはマツオオアブラムシ（*Cinara pinea* Mordwilko）やマツホソアブラムシ（*Eulachnus thunbergii* Wilson）等が棲息している。ナシミドリオオアブラムシ（*Nippolachnus piri* Matsumura）はナシやシャリンバイやモツコク等に寄生しているが冬季はビワやシャリンバイに卵にて越している。ミズキヒラタアブラムシ（*Anoecia corni* Fabricius）は旧比洲に広く分布し，本邦では夏季に稲やヒエ等に寄生し冬季はミヅキに寄生している。クリブチアブラムシ（*Myzocallis kuricola* Matsumura）は体長1.5～1.7mm の小形種で翅脈は暗黒色に縁取られ，栗の葉裏に寄生し，無翅型がなく屢々短翅型が現われる。本邦以外に支那にも発見されている。栗には更にオ

Fig. 583. クリオオアブラムシ（森津）
1. 有翅型角状管2. 同触角第3節

オケブカアブラムシ (*Greenidea kuwanai* Pergande) が普通に知られ，本邦以外に朝鮮，シベリア，台湾等に分布している。ワタアブラムシ (*Aphis gossypii* Glover) (Fig. 584) は多食性で世界的に有名な害虫で，冬季にはムクゲやムラサキシキブその他に寄生している。マメアブラムシ (*Aphis medicaginis* Koch) は黒色で光沢を有し無色の翅を有し，荳類の有名な害虫で世界に広く分布している。ミカンクロアブラムシ (*Aphis citricidus* Kirkaldy) は柑橘の新梢葉に寄生する害虫で亜熱帯に広く分布している。ダイコンアブラムシ (*Brevicoryne brassicae* Linné) は世界に広く分布し，ダイコンやカンランその他の著名な害虫で，大根にはニセダイコンアブラムシ (*Rhopalosiphum pseudobrassicae* Davis) と混棲している。キビクビレアブラムシ (*Rhopalosiphum prunifoliae* Fitch) は世界に広く分布し禾本科植物の害虫で，本邦では麦の害虫として知られ，なお類似種たるトウモロコシアブラムシ (*Aphis maidis* Fitch) が麦その他の害虫として知られている。ソラマメヒゲナガアブラムシ (*Megoura viciae japonica* Matsumura) はソラマメやハマエンドウに普通の種類で本邦以外に朝鮮と支那とに産する。エンドウヒゲナガアブラムシ (*Acyrthosiphon pisum* Harris) は世界に広く分布し，本邦ではエンドウやクローバーの害虫として知られている。キクヒメナガアブラムシ (*Macrosiphoniella sanborni* Gillette) は北米と欧洲とに広く分布し，本邦では菊の有名な害虫である。ゴボウの害虫としてゴボウヒゲナガアブラムシ (*Macrosiphum gobonis* Matsumura) とオオゴボウヒゲナガアブラムシ (*M. giganteum* Matsumura) とが普通に知られ，前者は本邦以外に朝鮮や支那等にも広く分布している。イバラヒゲナガアブラムシ (*Macrosiphum rosae ibarae* Matsumura) はバラの著名な害虫で本邦以外に満洲・支那・朝鮮・台湾・スマトラ・ジャワ等にも分布している。ムギヒゲナガアブラムシ (*Macrosiphum granarium* Kirby) は世界に広く分布し，禾本科とバラ科とに寄生し，ムギと稲との害虫である。モモアカアブラムシ (*Myzus persicae* Sulzer) は世界に広く分布し多食性の害虫として著名であるのみでなくバイラス病を媒介する著名な種類で，本邦では冬季桃や杏等にて越冬する。サクラコブアブラムシ (*Myzus momonis* Matsumura) は春季桜の新葉の縁辺に黄赤色の袋状の虫癭を形成する。なお同様の虫癭を形成するサクラフシアブラムシ (*M. sasakii* Matsumura) がある。ハツカイボアブラムシ (*Phorodon menthae* Buckton) は欧洲とアジアとに広く分布し，本邦ではハッカの害虫である。この属のものでホップの世界的著名な害虫であるホップイボアブラムシ (*Phorodon cannabis* Passerini) も本邦に産する。

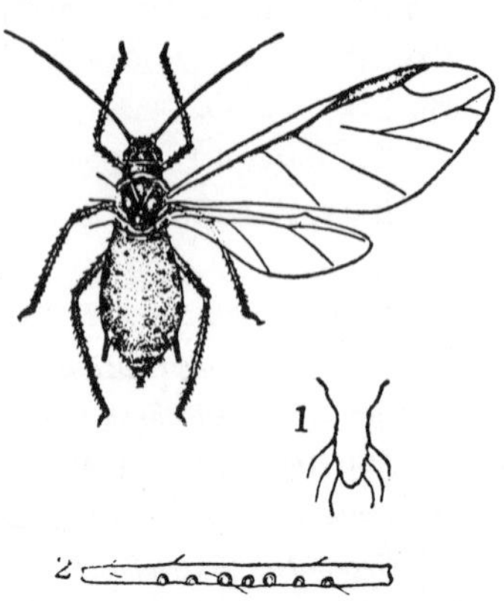

Fig. 584. ワタアブラムシ(森津) 1. 有翅型の尾片 2. 同触角第3節

介殻虫上科 Superfamily *Coccoidea* Handlirsch 1903

この上科は1814年に Fallén が *Coccides* の名のもとに包含せるもので，その後 1819 年に Stephens が *Coccidae* の名を用い，そのものが 1903 年に Handlirsch が上科 *Coccoidea* を創設する迄永い間一般に使用され，現在もそれを採用しているものが少なくない。普通 Scale Insects, Coccids, Mealybugs, Lac Insects その他等と称えられているものが凡て包含されるものである。世界からは約 2,500 種程が記載されているが，濠洲やニュージランド等が最も多種のもを産している。

この類の標本は植物の皮や小枝や葉や根や果実等に附着している儘を乾燥し，適当な小箱やパラフォン紙やガラス器やその他の中に保存するが，軟体のものや被蓋を有せざるものはアルコール浸漬標本とするのが普通である。然し研究や永久保存のためには種々な方法が構ぜられるも，つぎに簡単で容易な方法を略述する事にする。

1）宿主から体をまたは介殻の下から体を取り出し，

2）そのものをアルコールかキシロールかまたは他の溶剤中に入れ臘質物を溶解せしめ，

3）KOH 10%に移し，試験管にて小焔にて数分間にるかまたは小さなガラス容器に入れ100°Fに24乃至48時間保たす。

4）然る後体内の卵子や胚仔を体壁に孔をあけて取り去り完全に透明の皮膚となす。

5）そのものを氷酢酸に移し，附着物を去り且つKOHを圧出せしむる。尤も大形のものは同酸を少なくとも1回以上交換する事がよい。

6）これ等のものは如何なる染色材例えば酸性フクシン Magenta red や Fast green 等にて染色が出来る。普通は第5の時に酢酸中に色素を入れるのである。

7）余分の色素は新しい酢酸内で熱を数分間与える事によつて取り除かれ得る。

8）以上の標本は更に酢酸1とキシロール2との混液中にまたキシロール中にまたは丁香油中にあるいはセダー油中に5～10分間浸漬してきよめる。尤もキシロールや油類を用いると標本が甚だもろくなるし，キシロールの場合には赤色の鮮明度が減退する。

9）後直ちにカナダバルサムにて固定する。尤も他の固着液を使用する場合酢酸をアルコールにて取り除く必要がある。

介殼虫類の分類は種々に行なわれ得るが Brues and Melander による13科（既述せる）としてここに述ぶる事とした。

189．ワタフキカイガラムシ（綿吹介殼虫）科
Fam. Monophlebidae Signolet 1868
(*Margarodidae* Newstead 1901)

Giant Coccids, Marsupial Coccids, Ground Pearls, Cottony Cushion Scale 等が包含されている。この科はある研究者達によると3あるいはより多くの科に分類されている。雌は大形で円く，明瞭に環節付けられ，屢々臘分泌物から被われている。複眼はないかまたは偽眼の1対にて代表されている。脚はよく発達しているかまたは減退し更に消失し，有節と無節，前脚は非常に大形で開堀脚的となり，あるいは稀れな種類では1対の脚を具えているのみ，跗節は1節または2節。胸部と腹部との気門は凡ての世態に存在し，肛門は背面かまたは末端，尾管（Anal tube）は不明瞭かまたはよく発達している。雄は顕著なまたは然らざる複眼を有し，ある種では単眼の1対にて代表されている。触角は10節で簡単かまたは櫛歯状，平均棍は4本または6本の彎曲せる端棘毛を具えている。この科は比較的小数の種類からなるが，世界に広く分布し，つぎの5亜科に分類され得る。

1．成虫の雌は2節の跗節を有し（Fig. 585のA）稀れに脚が退化し1節の突起として代表され，板状孔(Disk-like pores)（Fig. 585のB）を具え，中間雌虫は無脚，雄の平均棍は末端に4本または6本の彎曲棘毛（Fig. 585のC）を具えている。広分布（*Matsucoccus* Cockerell, *Xylococcus* Löw，その他等）…………………………………………Subfam. *Xylococcinae* Mac Gillivray 1921

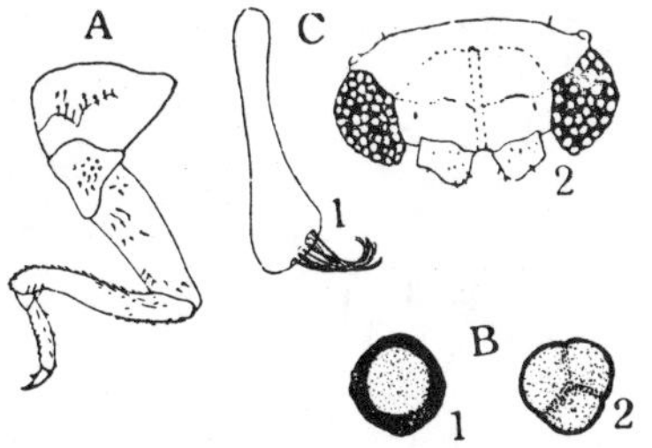

Fig. 585．介殼虫部分部図 (Morrison)
A．*Stigmacoccus* 雌成虫の前脚
B．同板状孔—1．単型　2．三葉型
C．*Matsucoccus* 雄—1．平均棍　2．頭部背面

成虫の雌は1節の跗節を具え，脚はもし退化していても有節，板状孔はない……………………………………2

2．成虫の雌は跗節の爪を取りまき且つそれより長い且つ大きな末端太い6本乃至12本の棘毛を具え（Fig. 586），触角は基部にて連続し，中間雌虫は無脚。雄は小眼面の1列からなるまたは単1小眼面の複眼を具えている。全北洲産，(*Steingelia* Nass, その他）………Subfam. ………*Steingeliinae* Newstead 1901

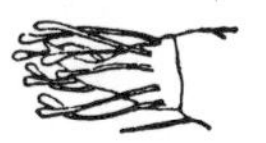

Fig. 586．カイガラムシ *Steingelia* 雌の跗節端(Morrison)

成虫の雌は普通爪上に2棘毛を具え，もし2本より多数の場合はその棘毛は短かく且つ尖つている。触角は屢々互に接近しているが基部にて連結していない。雄虫はよく発達した複眼を具えている………………3

3．成虫の雌は背面に肛門を具え，尾管は比較的よく発達し基部の方に簡単な1輪環を存する。中間雌虫では触角と脚とがよく発達し，尾管は輪環と明かに背上に開孔とを具えている。雄虫では脛節と跗節と前脚腿節とが叉状剛毛を装い，胸背の中央部に非幾丁質化部分を有し，腹部は肉質の縁總の1対またはより多対を具えている（*Drosicha* Walker, *Icerya* Signoret, *Leaveia* Signoret, *Monophlebus* Burmeister, *Palaeococcus* Cockerell, その他…）……………………… ………Subfam. *Monophlebinae* Mac Gillivray 1921

成虫の雌は尾管を具え，若しよく発達し且基方に輪環を有する場合には尾管は末端に位置し，若し尾孔が亜末端にある場合には尾管は微かに発達しているかまたは欠けている……………………………………4

4．成虫の雌は一般に1帯状に板状孔があるかまたは胸部気門の内方の1板上に存する。若しこれ等がない時は前脚が大形となり開堀に適応している。中間雌虫は無脚。雄の脚は叉状棘毛を欠き，胸背の中央部は幾丁質化している（*Callipappus* Guérin, *Kuwania* Cockerell, *Margarodes* Guilder）……………………… ……………Subfam. *Margarodinae* Newstead 1901

成虫の雌は一般に板状孔を有するかまたは孔板（Pore plate）を外方に有し決して胸部気門の内方にない。中間雌虫は一般に有節の退化せる触角と脚とを具えている。雄は脛節と跗節と前脚腿節とに叉状棘毛を有し，胸背の中央部は幾丁質化していない。主に新熱帯と濠洲との産(*Coelostomidia* Cockerell, *Cryptokermes* Hemp.，その他）………………………………… …………………………Subfam. *Coelostomidiinae*

本邦からはマツモグリカイガラムシ亜科（*Xylococcinae*）に属する *Matsucoccus* とワタフキカイガラムシ亜科（*Monophlebinae*）に属する *Drosicha* および *Icerya* とツチホリカイガラムシ亜科（*Margarodinae*）に属する *Kuwania* との４属のみが知られている。これ等のうち最も重用な種類はワタフキガイガラムシ（*Icerya purchasi* Maskell）（Fig. 587）で，北米から柑橘苗木と共に輸入された有名な害虫であるがベダリアテントウムシによつて天然駆除の効果が認められている。

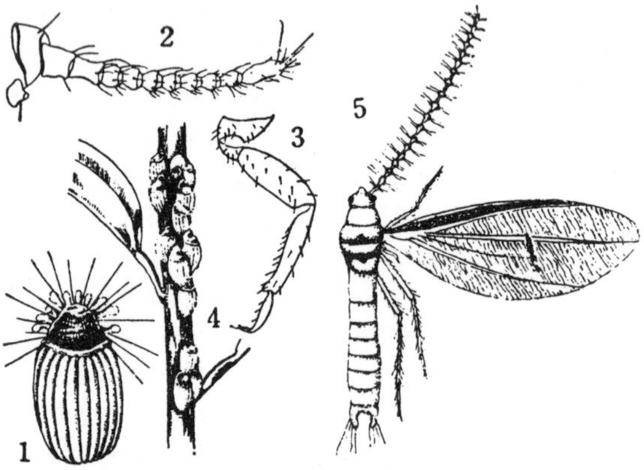

Fig. 587. ワタフキカイガラムシ（白岩）
1. 雌成虫 2. 同触角 3. 同脚 4. 寄生状態
5. 雄成虫（著者）

190. ハカマカイガラムシ（袴介殻虫）科
Fam. Ortheziidae Green 1896

この科は甚だ少数の種類からなり，大部分新北洲と新熱帯と旧北洲から発見され，エチオピア洲と東洋洲と濠洲とからは知られていない。雌虫は堅い白色の臘板から覆われ，屢々後端に大きな臘質の卵嚢または尾嚢（Marsupium）を付けている。体は長楕円形で背面隆まり，明らかに環節付けられている。眼は単眼の１対が瘤上に存し，触角は４～９節，口吻は２節，脚は正常，気門は胸部と腹部とに存在し，肛輪（Anal ring）は孔を有し６本の肛輪棘毛（Anal ring setae）を装う。雄は一般によく発達した複眼を有し，あるものは３個の単眼を具え，触角は棘状で９節，陰茎鞘は分割され，尾突起は小形。*Orthezia* Bosc. や *Ortheziola* Sulc その他の属が知られ，本邦からはヨモギハカマカイガラムシ（*Orthezia urticae* Linné）やヤブコウジハカマカイガラムシ（*Nipponorthezia ardisiae* Kuwana）（Fig. 588）等が知られ，前種は本邦全土，樺太，朝鮮，欧洲等に分布し，種々な植物に普通な種類である。後者は本州のみの産で，ヤブコウジの根辺に寄生している。

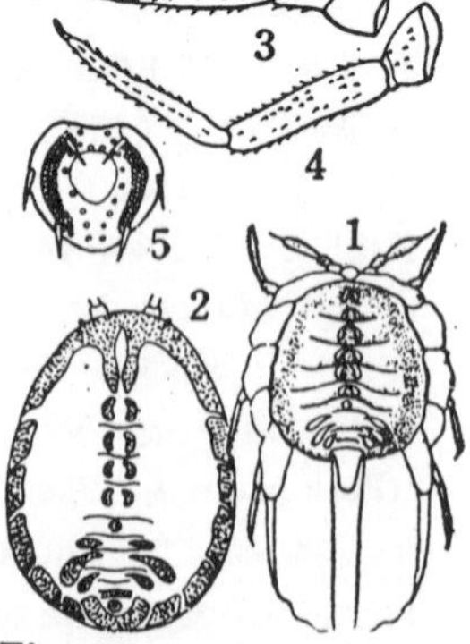

Fig. 588. ヤブコウジハカマカイガラムシ（白岩）
1. 雌成虫背面 2. 同 KOH 処理のもの 3. 同触角
4. 同脚 5. 同肛門部

191. ラックカイガラムシ（らっく介殻虫）科
Fam. Lacciferidae Chamberlin 1925

この科はまた *Tachardiidae* Green（1896）として知られ，Lac Insects と称えられ，ドイツでは Lackschildläuse という。著しく特化した介殻虫で，樹脂即ちラックからなる室に包まれ，その室は有孔で空気の流通を助けている。この類は熱帯や亜熱帯や暖かい温帯地に発見されているが，欧洲や日本や等には産しない。然しラックは世界に使用されている物質で，本邦でも普通に知られているため，ここに記述する事とした。雌虫。体は不規則な球形または殆んど球形に近く，３個の突起を有し，その内１個は肛門を具え他の２個は中胸気門を開孔している。脚はなく，腹部気門がなく，触角は微小で痕跡的となり３～４節，口吻は２節，尾端は延びで管状となり突出し肛門を開き，肛輪と肛輪棘毛とを具えている。雄。背面に１対と腹面に１対との単眼を有し，有翅または無翅，尾突起は腹部の長さの 1/2 長である。*Laccifer* Oken, *Tachardia* Signoret, *Tachardiella* Cockerell, *Tachardina* Cockerell 等が重要な属である。

最も有益で且世界的に有名な種類はラックカイガラムシ（*Laccifer lacca* Kerr, Indian lac insect）（Fig. 589）でマメ科，クワ科，バンレイシ科，カンラン科，シナノキ科，タカトウダイ科，クルミ科，アオイ科，ブ

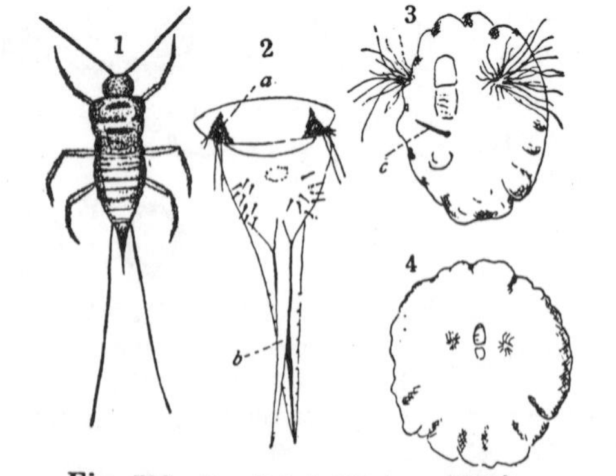

Fig. 589. ラックカイガラムシ（高橋）
1. 無翅雄成虫 2. 同陰茎鞘腹面 3. 雌成虫側背面（初期） 4. 同背面（中期） a. 臘孔群 b. 陰茎
c. 針状突起

ドウ科，ムクロジ科，ウルシ科，シクンシ科，フタバガキ科，クロウメモドキ科の14科33属74種以上の植物に寄生するが，インドではクスム，タイではアメリカネムを夫々主な養植樹としている。インド，セイロン，タイ，印度支那，ヒィリッピン，東印度諸島，台湾等に産する。雌虫は胎生で，有性と単性とがあり，雄虫は無翅または有翅とがある。雌の体は宿主植物の板上にあつてラックの分泌物から完全の被われ，その被物は多数に集合して1/4〜1/2インチの厚となつている。このラックは枝より取り去られ，熱湯にて溶かされ，精製されてセルラックとして販売される。インド，タイ等にて年に4百万封以上も生産され世界に輸出されている。このものは塗料その他種々な用途がある。また虫体からは赤色の染料が取られ，インドにては絹糸の染料に用いられている。

192. フサカイガラムシ（總介殼虫）科

Fam. Asterolecaniidae Berlese 1898

Ceravitreons Coccids や Pit Scales 等が包含され，小さな長楕円形で，環節が不明，一般に滑かな裸体で，縁總を有する透明かまたは強靱の臘質物で被われているか，あるいは臘塊から包まれている。触角は簡単か，減退しているか，4〜6節からなる。口吻は短かく1節，複眼はなく，脚は痕跡的かまたはなく，肛輪は肛輪棘毛を有するものと然らざるものとがあり，臀片（Anal lobes）は普通に存在している。

形状や習性等は種々で，*Amorphococcus* Green, *Mycetococcus* Ferris, *Pollinia* Targioni, *Asterolecanium* Tragioni, *Cerococcus* Comstock, *Lecaniodiaspis* Targioni 等が代表的な属で，本邦からは最後の3属が発見されている。フジツボカイガラムシ（*Cerococcus muratae* Kuwana）は本州，四国，九州等に分布し，ナシ・ブドウ・サンゴジュ・カナメモチ・キンロウバイその他の幹枝に普通発見される。タケフサカイガラムシ（*Asterolecanium bambusae* Boisduval）(Fig. 590）は雌の介殼は楕円形で背面やや隆起し，平滑で硝子様無色か淡緑色かまたは淡黄色を呈し透明，虫体と卵とを透視する事が出来，同縁に紅色の臘縁毛を装い，長さ2〜2.5mm，幅1〜1.6mm。竹類の幹や葉鞘に寄生し，本州南部から九州，沖縄，小笠原，台湾，南洋群島，セイロン，インド，ブラジル，西印度諸島等に広く分布している。

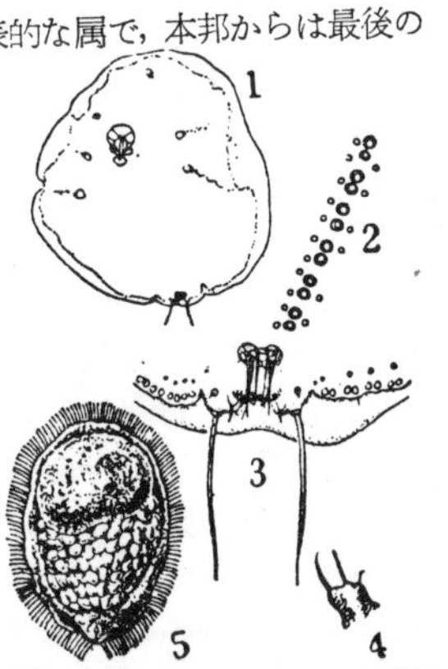

Fig. 590. タケフサカイガラムシ（白岩）
1. 雌成虫腹面　2. 同体縁にある分泌孔　3. 同尾端部　4. 同触角　5. 同背面

193. タマカイガラムシ（球介殼虫）科

Fam. Kermidae Ferris 1937

Kermes や Gall-like Coccids 等と称えられ，雌成虫は楕円形か，球形か，半球形で，表皮は軟いか皮革質かまたは堅く，平滑か，点刻を附するか，粉付けられているか，あるいは綿様臘質物にて被われ多少回旋状となつている。体節はかなり明瞭か，不明瞭かまたはなく，触角は痕跡的かまたはよく形成され6節，口吻は小さく2節，脚はないか，痕跡的かまたは正常に発達，胸気門は存在し，臀片は稀れに存在している。雄の成虫は偽単眼の5対を具え，2本の尾糸と1本の短かい尾棘突起を具えている。若虫は扁平，一般に肛輪と肛輪棘毛とを具えている。

この科は *Cryptococcus* Douglas, *Fonscolombia* Lichtenstein, *Gossyparia* Signoret, *Olliffiella* Cockekell, *Trabutina* Marchal, *Eriococcus* Targioni, *Kermes* Boitard その他等の属からなり，最後の2属は本邦から発見されている。サルスベリフクロカイガラムシ（*Eriococcus lagerstroemiae* Kuwana）は殼嚢が白色臘質綿架状で楕円形を呈し両端は少しく細まり，長さ約3mm，幅2mm内外。ザクロやサルスベリに寄生し，煤病を伴う害虫で，本邦の原産で本州・四国・九州等に普通，現在ではイギリスの南部に輸入されている。ナラタマカイガラムシ（*Kermes nakagawae* Kuwana）(Fig. 591）は雌成虫は長さ2.8〜5mm，幅4〜6mm，高さ2.6〜4mmでほぼ腎臓形，光沢ある黒褐色を呈し，普通5〜6条の不規則な黒色横斑を具え，灰白色の分泌物にて薄く被われている。北海道・本州・四国・九州等に分布し，ナラの枝に寄生している。

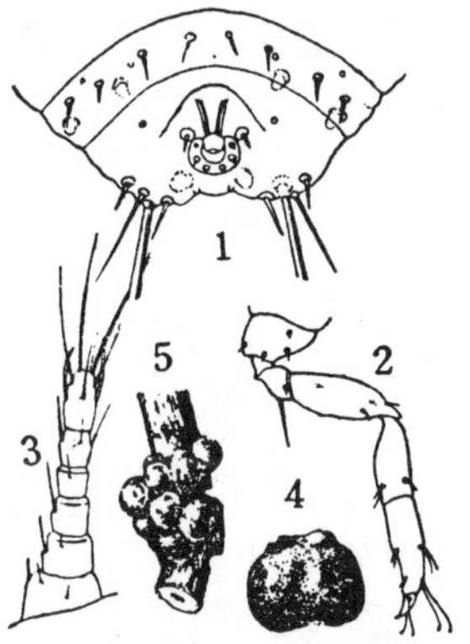

Fig. 591. ナラタマカイガラムシ（白岩）
1. 孵化当初若虫の尾部　2. 同後脚　3. 同触　4. 雌成虫　5. 寄生状態

194. コナカイガイムシ（粉介殼虫）科

Fam. Pseudococcidae Heymons 1915

Mealybugs と称えられ，多数の重要害虫を包含している。長楕円形，軟体，体節は明瞭，一般に粉状または綿状の臘分泌物から被われ，それ等分泌物は体の側縁では短かく後端では糸状に長くなつている。雌はよく発達した脚を具え，触角はないか減退かまたは9節からなり，1対の偽単眼を具え，腹瓣と肛輪と肛輪棘毛とを具えている。卵は屢々綿状臘質物の粗塊中かまたはフェルト様の卵嚢中に産下される。雄成虫は無翅または有翅で，2本の長い尾臘糸と偽単眼の1対乃至3対またはより多数を具えている。

コナカイガラムシ類は宿主植物の上方部や根部や等に寄生し，屢々栽培植物や観称用植物等に大害を与える。世界的に広く分布し，*Antonina* Signoret, *Cryptoripersia* Cockerell, *Phenacoccus* Cockerell, *Pseudococcus* Westwood, *Puto* Signoret, *Rhizoecus* Künckel, *Ripersia* Signoret, *Ripersiella* Cockerell, *Trionymus* Berg 等の重要な属が知られている。本邦からは *Pseudococcus*, *Phenacoccus*, *Geococcus*, *Rhizoecus*, *Antonina*, *Idiococcus*, *Eumyrmococcus* 等の属が発見され，何れも害虫として知られている。即ちナガオコナカイガラムシ（*Pseudococcus adonidum* Linné）は世界各地に産し，ラン・シダ・シュロ・ヤシ・ガズマル・樹橘等に寄生し，温室害虫として著名。ミカンコナカイガラムシ（*P. citri* Risso）は樹橘・クロトン・シュロ・ラン・ヤシ・クワその他の害虫で，本邦では主として温室に発生し，台湾・南洋諸島・熱帯各地に分布している。ミカンヒメコナカイガラムシ（*P. citriculus* Green）は本州・四国・九州に産し，シャム・セイロン・パレスタイン・アメリカ等に分布し，樹橘の害虫。クワコナカイガラムシ（*P. comstocki* Kuwana）(Fig. 592) は本州・四国・九州の他に朝鮮・北米・西印度諸島・印度等に分布し，ナシの大害虫であると共にクワ・リンゴ・ミザクラ・アンズ・モモ・イチジク・ウメ・カボチャその他の害虫である。フジコナカイガラムシ（*P. kraunhiae* Kuwana）は本州・九州等に分布し，カキ・ブドウ・ナシ・フジ・柑橘等に寄生し屢々煤病を併発して大害を与え，現在ではアメリカや支那にも産し害虫として知られている。セスジコナカイガラムシラムシ（*Pseudococcus piricola* Siraiwa）は北海道と本州とに産し，ナシ・スギ・サクラ・リンゴ・イチイ・ズミ等の樹皮に寄生し，アメリカに輸入されてイチイ科植物の害虫として知らるるに至つた。オオワタコナカイガラムシ（*Phenacoccus aceris* Signoret）は欧州の原産で，本邦全土に分布し，カキ・リンゴ・サクラ・カエデ・クワ・ヤナギ・エノキ・アカメガシその他等の害虫である。イネノネカイガラムシ（*Geococcus oryzae* Kuwana）は本州中部に産し，陸稲や他の禾本科植物の根部に寄生する種類であるが未だ大害の事実がない。ミカンネコナカイガラムシ（*Rhizoecus kondonis* Kuwana）は本州・四国・九州等に産し，柑橘の根部に寄生している。タケシロオカイガラムシ（*Antonina crawii* Cockerell）は本邦全土の他台湾北米に分布し，竹の葉鞘の基部に寄生し，煤病を併発する。タケフシカイガラムシ（*Idiococcus bambusae* Takahashi et Kanda）は竹の葉鞘下に寄生し，本州中部に発見されている。アリノタカラカイガラムシ（*Eumyrmococcus smithi* Silvestri）は九州・台湾・支那等に発見され，ミツバアリ（*Rhizomyrma sauteri* Forel）と地中に共棲し，甘蔗やチガヤの根部に寄生する事が知られている。

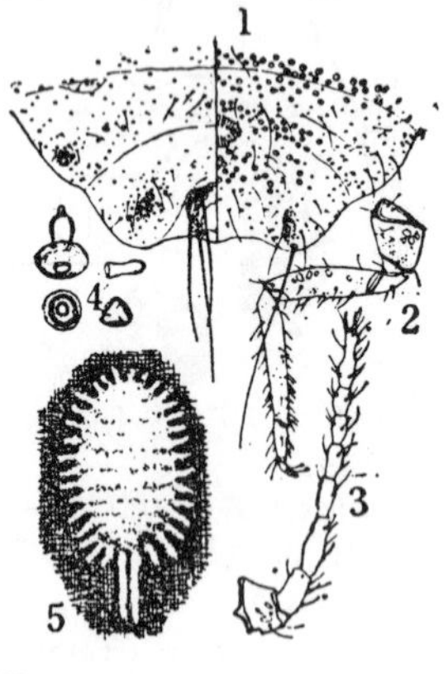

Fig. 592. クワコナカイガラムシ（白岩）
1. 雌成虫尾端 2. 同後脚
3. 同触角 4. 同分泌孔
5. 同背面

195. コチニールカイガラムシ（こちにーる介殻虫）科
Fam. Dactylopiidae Maskell 1887

Coccidae と命名している学者もあるが，それは誤りで，Cochineal Insects と普通に称えられ，ドイツにおいては Cochenillen とよんでいる。コナカイガラムシ科のものに外観的には類似し，且つ習性もよく似ている。体長2～3mmで，一般に赤色または紅色で，白色臘質物にて被われているかまたはかかる物質上に在つてその中に産卵する。雌成虫は幅広の長楕円形で，背面膨隆し腹面平たく，明瞭に環節付けられている。触角は小さく5～7節，眼は偽単眼の1対からなり，口吻は2節，脚は小形で体下に隠され，胸気門は存在している。雄の眼は3対の偽単眼からなり，2本の長い臘尾糸を具え，且つ微小の尾突起を装う。

この科は *Dactylopius* Costa と *Epicoccus* Cockerell との2属からなり，*Dactylopius coccus* Costa (Cochineal) は最も有名な種類で，*Opuntia cacti* に寄生し，メキシコ人によつて紅色の染料として長い事使用されてきたものであるが，アニリン色素の発見により現在では主として食物や飲料やコスメティク等に使用されている。この科の介殻虫は本邦には発見されていない。

196. カタカイガラムシ（硬介殻虫）科
Fam. Coccidae Stephens 1829

Soft Scales や Tortoise Scales 等と称えられているもので，*Lecaniidae* と命名する学者もある。大きな科で，様々な属からなり，著しく重要な多数の種類から構成されている。全世態を通じて多少活潑，然しあるものは最後の令にて寄主に固着する。成虫の雌は長楕円形で扁平かまたは殆んど半球形あるいは球状，表皮は革質かまたは堅く平滑のものや粗面のものや臘質物から微かに被れているものやあるいは裸体のもの等があり，体節は不明瞭。触角はないか小形かまたは7～8節，眼は1対の偽単眼からなり，口吻は短かく簡単，脚はないか退化しまたは存在し，尾裂（Anal cleft）と蓋板（三角板 Anal plates, Opercula）とが普通存在し，肛輪は6～10本の肛輪棘毛を装うものと然らざるものとがある。雄は無翅または有翅，偽単眼は種々の数で，尾突起は短かく鈍端。

多数の属の中，*Ceroplastes* Gray, *Coccus* Linné, *Ericerus* Westwood, *Eriopeltis* Signoret, *Eucalymnatus* Cockerell, *Lecanium* Burmeister, *Physokermes* Targioni, *Pulvinaria* Targioni, *Saissetia* Deplanches, *Toumeyella* Cockerell 等が代表的なものである。本邦からは *Coccus*, *Eucalyomnatus*, *Saissetia*, *Lecanium*, *Pulvinaria*, *Ericerus*, *Ceroplastes*, *Aclerda* 等の属が発見されている。タマカタカイガラムシ（*Lecanium kunoensis* Kuwana）は本邦全土に産し，クロウメモドキ・ボケ・ウメ・カイドウ・リンゴ・ナシ・サクラ・スモモ・カナメモチ・スグリその他に寄生し，朝鮮にも分布している。ミカンワタカタカイガラムシ（*Pulvinaria aurantii* Cockerell）は本州・四国・九州等に産し，柑橘・茶・梨・サカキその他等に寄生し，煤病を併発し，時に大害を与う。ヒモワタカタカイガラムシ（*Takahashia japonica* Cockerell）は本州・四国・九州等に産しクワ・カキ・マルメロ・エノキ・ヤナギその他に寄生し，朝鮮と支那にも分布している。イボタロウカタカイガラムシ（*Ericerus pela* Chavannes, Chinese wax scale or pe-la）は本州・四国・九州等に分布し，イボタ・ネズミモチ・トネリコ・ヒトツバタゴその他等に寄生し，支那ではこの介殻虫の飼育を行い雄若虫の分泌物を採集し，白臘として生産し，年に3,000トン内外を輸出している。ツノロウカイガラムシ（*Ceroplastes ceriferus* Anderson, Indian wax scale）やカメノコウロウカイガラムシ（*C. floridensis* Comstock）やルビーロウカイガラムシ（*C. rubens* Maskell）等は本州・四国・九州等に産し，柑橘や柿や梨や茶やその他多数の植物に寄生し著名な害虫で，世界に広く分布している。タケハダカカイガラムシ（*Aclerda tokionis* Cockerell）は本州・四国・九州等の産で，竹の葉鞘下に寄生し，北米にも分布している。本邦温室の害虫としてはナガカタカイガラムシ（*Coccus elongatus* Signoret）やヒラタカタカイガラムシ（*C. hesperidum* Linné, Soft brown scale）（Fig. 593）やカメノコウカタカイガラムシ（*Eucalyomnatus tessellatus* Signoret）やヤマタカカイガラムシ（*Saissetia hemisphaerica* Targioni）やクロカタカイガラムシ（*Saissetia nigra* Nietner, Nigra Scale）やオリーブカタカイガラムシ（*Saissetia oleae* Bernard, Black scale）等が普通に知られている種類である。

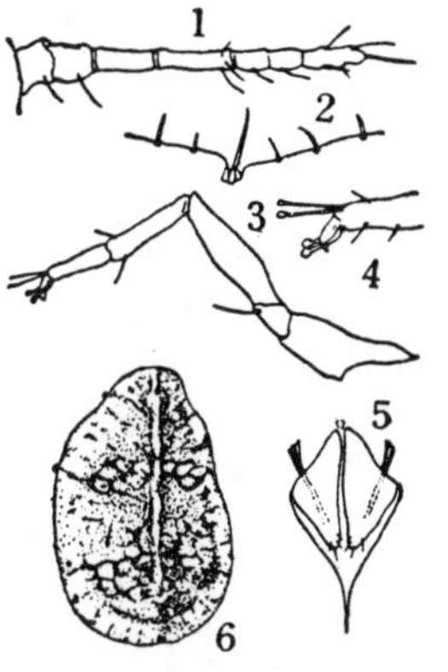

Fig. 593. ヒラタカタカイガラムシ（白岩）
1. 雌成虫の触角　2. 同気門棘毛と縁毛　3. 同脚　4. 同脚末端　5. 同三角板　6. 雌虫背面

197. マルカイガラムシ（円介殻虫）科
Fam. Diaspididae Maskell 1878

Armored Scales や Scale Insects と称えられ，最大な科で，恐らく今後の研究によつてある数の科に分割され得るであろう。甚小形で単一の介殻の下に隠されているかまたは上面が強靱で下面が甚だ薄い介殻の間に包まれている。同介殻は体の後端即ち尾節（臀板）の背面と腹面とにある特別な腺から分泌される臘質物から形成され，第1と第2との脱皮殻の後端または周囲に拡張せしめられ，種々な形状で，円いものや亜円状や長形や線状やまたはカキ介殻状で，表面は平たいものや膨隆状や円錐状を呈し，平滑のものや隆起線付けられ，薄くて弱体のものや堅くて強靱のもの等があつて，白色・灰色・黄色・褐色・暗赤色・黒色等の種々の色彩を呈している。雄虫の介殻はより小形で，一般はより長形となり，時に淡色を呈している。

雌の成虫は甚小で板状または長形，体節は不明瞭で腹部の第2～第8節は癒合し明瞭な1部分を構成し即ち臀板と称えられ，介殻の形成と生殖とに適応している。このものの種々構造は分類上重要なものとなつている（Fig. 594）。触角はないかまたは痕跡的，複眼と脚とはなく，口吻は短かく簡単，胸気門は2対，肛門は背面に位置している。雄は微小，無翅または有翅，触角はよ

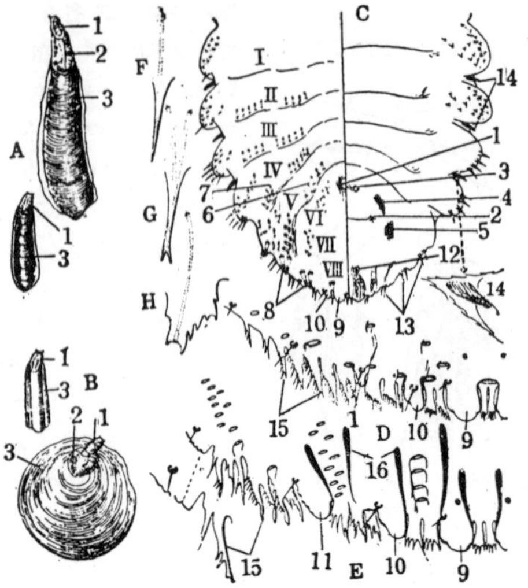

Fig. 594. 介 殻 虫 体 制 模 式 図 (江崎)
A. *Lepidosaphes ulmi* の介殻 B. *Aulacaspis rosae* の介殻, 大形, 雌 小形, 雄 1. 第1脱殻 (殻点) 2. 第2脱殻 (殻点) 3. 分泌物からなる部分 C. *Lepidosaphes* の腹部 D. *Aspidiotus* の尾節縁 E. *Chrysomphalus* の尾節縁 1. 肛門 2. 生殖門 3.4. 5. 生殖門囲孔 (3. 中央 4. 前 5. 後側) 6.7. 背分泌孔 (6. 亜中 7. 亜縁) 8. 背縁分泌孔 9. 中片 10. 第2片 11. 第3片 12. 腹硬皮板 13. 腺棘 14. 幾丁距棘 15. 縁板 16. 長幾丁厚化部 F.G.H. 腺棘 (*F. Chionaspis, Diaspis, Lepidosaphes* G. 2個の分泌孔を有し先端2分せるもの H. *Parlatoria* の尾節にある所謂總状腺棘)

く発達, 眼は3対の偽単眼からなり, 尾糸は2本, 尾突起は細長, 摂食しない。

生殖は有性または単性で, 胎生または卵生。卵は介殻の下に産下され, 母虫の死後は介殻にて冬期間保護されている。卵は殆んど顕微鏡的で, 白色, 黄色, 赤色, 紫色等様々な色彩を有する。孵化当時の若虫は肉眼にてやつと見る事が出来る程度で, 楕円形, 体節は明瞭で腹部は9節からなり2本の長い尾糸を具えている。触角は一般に6節, 眼は1対の偽単眼からなり, 脚は3対で跗節の末端に2対の冠球毛 (Digitules) を具え, 口吻は1節, 肛門は背面に存する。彼等は活潑な匍匐者で, 適当な摂食個所に到達するまで連続的に移動し, 万一然らざる場合には終に死亡する。彼等は2・3日間生存し且つ遠距離迄旅行する。然し風や鳥類や他の昆虫類でその他あらゆる物によつて分散せしめられ得る。また屢々母親の近辺に集合し, そこに固着し, 斯くして宿主植物上に密群として存在する。この類の介殻虫は甚だ僅かな蜜液を分泌するが, その粘着質物を宿主植物上に明かに認める事が出来ない。

ある種類は宿主植物体中に有害液を注入し, その結果組織の成長に不規律を来たらしめ, また脱色作用を起さしめ, 更に植物の1部分あるいは全体を枯死せしめる。彼等は元来多年生植物に寄食し, ある種類は単一宿主に, 他のものは単一属にまたは科に限られて寄生しているが, 甚だ多数のものは多食性で, 中には数百種以上の植物に寄生するものが少なくない。世界中植物の成生している如何なる地方にも分布している。つぎの如き亜科に分類する事が出来る。

1. 雌成虫の介殻または雌の第2令虫の介殻とは多少長形かあるいは時に円く, 1端に脱皮殻を付けている。若し介殻が殆んど円形な場合には脱皮殻が縁に近く存し, また中央にあつても円心的に上に置かれていない。雌の第1令虫の脱皮殻は触角の残物を突出附属物として止めている……………………………………… 2

雌虫と第2令虫との介殻は殆んど円く, 脱皮殻が中央に位し, 若し長形の場合は脱皮殻が円心的に上方に置かれ介殻の縁を越えて突出する事がなくまたは縁に附着している事がない。第1令虫の脱皮殻には触角の残物を止めていない (*Aspidiotus* Bouché, *Chrysomphalus* Ashmead, *Targionia* Signoret, *Aonidiella* Berlese et Leonardi その他) ………………………… ………………Subfam. *Aspidiotinae* Mac Gillivray

2. 雌の介殻は殆んど円く, 突起は中心かまたは偏心, 稀れに介殻の縁を越えて突出している。雄の介殻は長形で, 殆んど常に平行の側縁を有する (*Aulacaspis* Cockerell, *Diaspis* Costa, *Howardia* Berlese et Leonardi その他) ……………………………………… ……………… Subfam. *Diaspidinae* Mac Gillivray

雌の介殻は円くなり西洋梨形か線状で少なくとも幅の2倍長, 稀れにある虫癭成生種では介殻が虫癭の裏となつているのみ……………………………………… 3

3. 雄の介殻は長形で雌のものとは全く異なり, 3縦条付けられ白色か淡色……………………………………… 4

雄の介殻は本質的に雌のものに形状と構造とが似ている……………………………………………………… 5

4. 雌の介殻は小さい脱皮殻を具え, 決して介殻の大部分を構成していない (*Chionaspis* Signoret, *Hemichionaspis* Cockerell, *Phenacaspis* Cockerll, *Poliaspis* Maskell その他) ………………………………… ……………………… Subfam. *Chionaspidinae* Green

雌の介殻は長形で大部分蛹殻 (成虫を包んでいる若虫の脱皮殻) からなり, 介殻の部分が薄い (*Fiorinia* Targioni, *Adiscofiorinia, Trullifiorinia* その他)… …………………Subfam. *Fioriniinae* Mac Gillivray

5．尾節は普通小片の連続的1組と縁毛を装う幅広の突起（櫛歯）を具え，稀れに尖つている細い板を具え，臘腺の肛門前中群は屢々なく存在している時は稀れに8腺を具えている。介殻は白色か帯白色……………6

雌成虫または第2令虫の尾節は一般に尖つた細枝を具え，櫛歯は多くとも細い柄を有する。雌成虫の介殻は小さい第2脱皮殻を付け稀れに介殻の半分を被うものがある。肛前臘腺は一般に8個以上。介殻は暗色。一般に Oyster-shell scales と称える (*Lepidosaphes* Shimer＝*Mytilaspis* Signoret, *Pinnaspis* Cockerell その他) ……………………………………………………………………… Subfam. *Lepidosaphinae* Mac Gillivray

6．雌成虫の介殻は長形，屢々西洋梨形，時に側縁平行，主に大形の蛹殻即ち成虫を包む若虫の脱皮殻からなつている。雄の介殻は隆起線付けられていない。腹部の基部の方の環節は側突起を具えていない (*Leucaspis* Targioni, *Suturaspis* Cockerell その他)…… …………… Subfam. *Leucaspidinae* Mac Gillivrad

雌成虫の介殻は円く縁に小脱皮殻を有するか，亜方形で大形の脱皮殻を付けているか，または長形で脱皮殻を末端に付けている。蛹殻は普通第2脱皮殻からなる。腹部の基部の方の環節は側突起を具えている。(*Cryptoparlatoria* Lindner, *Gymnaspis* Newstead, *Parlatoria* Targioni, *Syngenaspis* Sulc その他) … ……………… Subfam. *Parlatoriinae* Mac Gillivray

本邦からは以上の各亜科のものが発見されている。即ち，

1. **ナガカイガラムシ亜科 Subfamily *Chionaspidinae*** Green 1896―タケナガカイガラムシ (*Chionaspis bambusae* Cockerell) (Fig. 595) は本邦全土に産し竹の葉束に寄生し，雌の介殻は卵円形に近く白色。その他 *Kuwanaspis* や *Phenacaspis* や *Poliaspis* 等の属が発見されている。

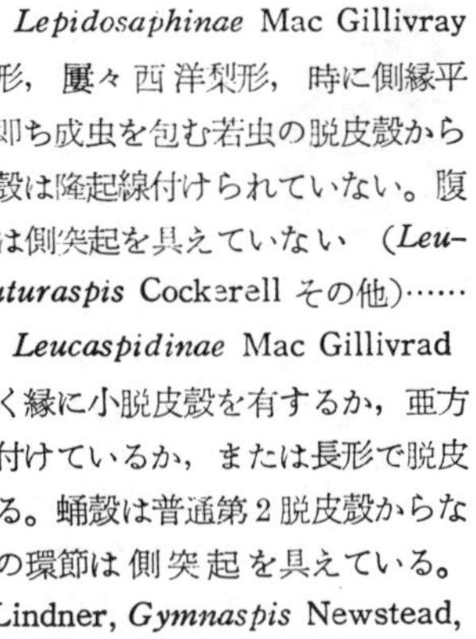

Fig. 595. タケナガカイガラムシ（白岩）
1．雌尾節　2．同触角　3．同前部気門　4．同腹面　5．寄生状態

2. **カキカイガラムシ亜科 Subfamily *Lepidosaphinae*** Mac Gillivray 1921―ミカンカキカイガラムシ (*Lepidosaphes beckii* Newman) (Fig. 596) は世界の柑橘地帯に広く分布し，柑橘の幹枝・葉および果実等に寄生する有名な介殻虫である。なお柑橘にはミカンナガカキカイガラムシ (*L. gloverii* Packard) やヒメナガカイガラムシ (*L. pallida* Green) 等が産し，この属には苹樹の有名な害虫であるリンゴカキカイガラムシ (*L. ulmi* Linné) や本邦原産の柿や栗等に寄生するクロカキカイガラムシ (*L. tuburolum* Ferris) その他多数が産する。ハランナガカイガラムシ (*Pinnaspis aspidistrae* Signoret) は本州・四国・九州・台湾・南洋諸島に産し時に柑橘にも寄生する。彼の有名な柑橘の害虫であるヤノネナガカイガラムシ (*Prontaspis yanonensis* Kuwana) やマサキの害虫たるマサキナガカイガラムシ (*Unaspis euonymi* Comstok) もこの亜科に属する。

Fig. 596. ミカンカキカイガラムシ（白岩）
1．雌尾節　2．同触角　3．同前気門　4．同一般図　5．介殻―小は雄大は雌

3. **シロカイガラムシ亜科 Subfamily *Diaspidinae*** Mac Gillivray 1921―アナナスシロカイガラムシ (*Diaspis bromeliae* Kerner) (Fig. 597) は鳳梨の有名な害虫で，本邦では温室の害虫である。なお本邦温室でランやサボテン等にランシロカイガラムシ *D. boisduvalii* Signoret) やサボテンシロカイガラムシ (*D. echinocacti* Bouché) 等が産し，バラシロカイガラムシ (*Aulacaspis rosae* Bouché) はバラの有名な害虫。クワシロカイガラムシ (*Pseudaulacaspis pentagona* Targioni) は桑の有名な介殻虫である。

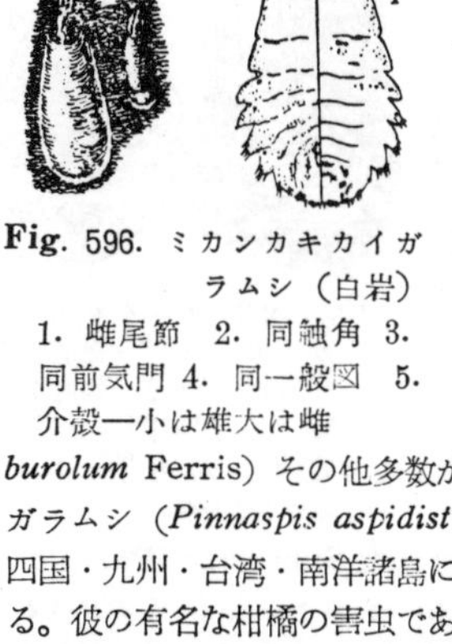

Fig. 597. アナナスシロカイガラムシ（白岩）
1．雌成虫尾節　2．同触角　3．同前気門　4．雌一般図　5．介殻―小は雄，大雌

4. **コノハカイガラムシ亜科 Subfam. *Fioriniinae*** Mac Gillivray 1921―シャクナゲコノハカイガラムシ (*Fiorinia horii* Kuwana) (Fig. 598) は本州・四国・九州・台湾等に産しシャクナゲ・サツキ・ツツジ等の葉束に寄生する。この属にはコノハカイガラムシ (*F.*

fioriniae Targioni) やビャクシンコノハカイガラムシ (*F. pinicola* Maskell) 等が発見されている。

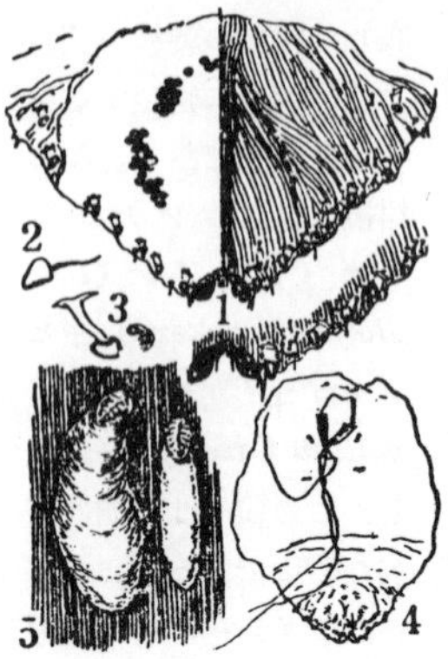

Fig. 598. シャクナゲコノハカイガラムシ（白岩）
1. 雌尾節 2. 同触角 3. 同前気門 4. 雌腹面 5. 介殻—小は雄大は雌

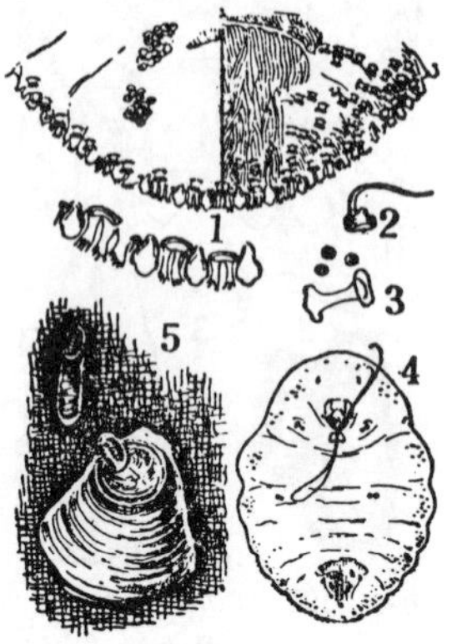

Fig. 599. チャクロボシカイガラムシ（白岩）
1. 雌尾節 2. 同触角 3. 同腹部気門 4. 雌腹面 5. 介殻—小は雄，大は雌

5. **クロボシカイガラムシ亜科 Subfamily *Parlatorinae*** Mac Gillivray 1921—チャクロボシカイガラムシ (*Parlatoria theae* Cockerell) (Fig. 599) は本州・四国・九州・朝鮮等に分布し，茶やバラや梨やカラタチその他に寄生し，同属中最も重要な害虫である。なお柑橘や梅やその他のものにマルクロボシカイガラムシ (*P. pergandei* Comstock) やナガクロボシカイガラムシ (*P. proteus* Curtis)等が寄生し，クロイロクロボシカイガラムシ (*P. ziziphus* Lucas) は和歌山県や九州南部において柑橘やナツメ等に寄生している。スギクロボシカイガラムシ (*Cryptoparlatoria leucaspis* Lindinger) は本州のみに発見され，スギその他に寄生している。

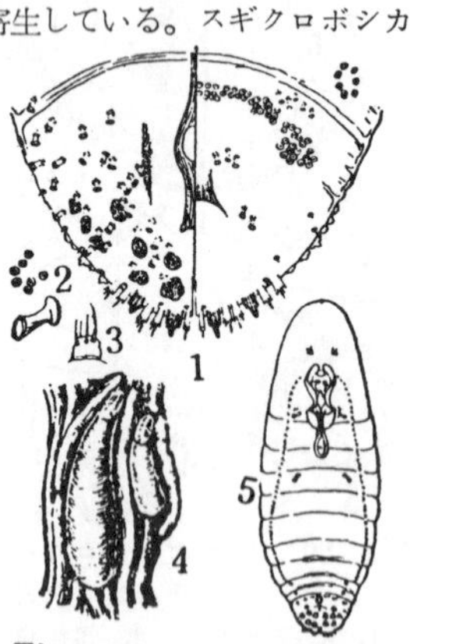

Fig. 600. ナシシロナガカイガラムシ（白岩）
1. 雌成虫尾節 2. 同前気門 3. 同触角 4. 寄生状態 5. 雌腹面

6. **シロナガカイガラムシ亜科 Subfamily *Leucaspidinae*** Mac Gillivray 1921—ナシシロナガカイガラムシ (*Leucaspis japonica* Cockerell) (Fig. 600) は本邦の原産で，全土・朝鮮・北米等に分布し，ナシ・リンゴ・カエデ・モクレン・ボタン・ニシキギ・ヤナギ・柑橘その他多数の植物に主として幹枝に寄生し，雌の介殻は1.6～1.8mmの長さを有し，背面著しく隆起し灰白色，時に暗褐色乃至黒色の地色を露出している。第2脱皮殻は甚だ大で介殻の殆んど全部を占めている。

7. **マルカイガラムシ亜科 Subfamily *Aspidiotinae*** Mac Gillivray 1921—ナシマルカイガラムシ (*Aspidiotus perniciosus* Comstock) (Fig. 601) は本州・四国・九州等に産し，世界に広く分布し，サンホゼーカイガラムシの名で知られ，有名な害虫で，梨，苹樹，桃，桜，李，その他に寄生する。この属には更にツバキマルカイガラムシ (*A. rapax* Comstock) やウスマルカイガラムシ (*A. lataniae* Signoret) やシュロマルカイガラムシ (*A. cyanophylli* Signoret) やシロマルカイガラムシ (*A. hederae* Vallot) やヤシマルカイガラムシ (*A. destructor* Signoret) やスギマルカイガラムシ (*A. cryptomeriae* Kuwana) その他が産する。タケシロマルカイガラムシ (*Odonaspis secreta* Cockerell) や柑橘の有名なアカマルカイガラムシ (*Aonidiella taxus* Mc Kenzie) やキマルカイガラムシ (*Aonid. citrina* Coquillett) やトビイロマルカイガラムシ (*Chrysomphalus ficus* Ashmead) やミカンマルカイガラムシ (*Pseudaonidia duplex* Cockerell) その他が発見されている。

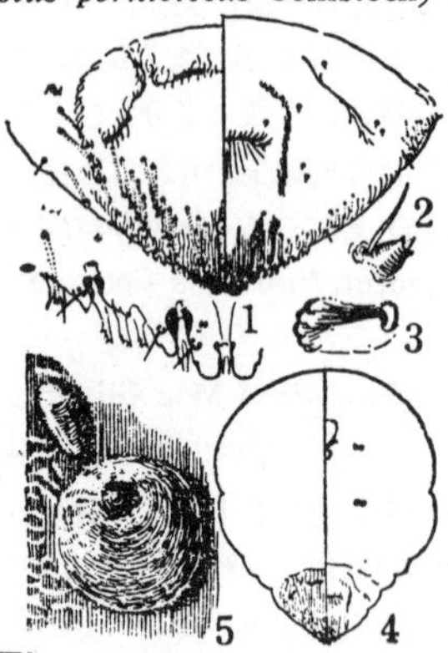

Fig. 601. ナシマルカイガラムシ（白岩）
1. 雌成虫尾節 2. 同触角 3. 同前気門 4. 雌一般図 5. 介殻—大は雌，小は雄

ii. 完変態類 Series *Holometabola*

この類は以下の10目からなり，幼虫期と蛹期とを経て成虫となるもので，あるものではこれ等両期は各目間の区別が成虫期の場合よりもむしろ明確な場合がある。完変態類の最も原始的な目は *Megaloptera, Raphidiodea, Neuroptera, Mecoptera* 等で，これ等の昆虫は翅が多数の縦脈と横脈とを有し，この特兆が原始的直翅類と古代の旧翅目の多数のものに類似している。

完変態類中 *Hymenoptera* が系統学的関係において上述の4目に近いもので，膜翅目中の一般的な即ち僅かに特化せる科は広翅目と長翅目とに非常に類似している。然し膜翅目では翅の横脈が本質的に広翅目におけるものと同様な横式を止めているが主な縦脈が著しく合体している。

他の完変態の諸目は2群に集める事が出来そうである。即ち (1) *Coleoptera* でその前翅即ち鞘翅は翅脈がなく且つ飛翔に役立つていない。(2) *Trichoptera, Lepidoptera, Diptera, Siphonaptera* の4目でそれ等の前翅が発達している場合には翅脈を有し且つ飛翔の機能を完全に有している。尤も翅脈は特別で主な縦脈が少しく減じている。

XXIII　広　翅　目

Order *Megaloptera* Latreille 1802

この目の名は Latreille が *Neuroptera* の1科のものとして *Chauliodes* や *Corydalus* や *Sialis* や *Raphidia* 等を包含せしめて使用したが，後 Handlirsch (1903) が独立した目のものとして採用し，更に制限した。即ち *Raphidiodea* を分離して，Tillyard (1918), Schröder (1925), Stitz (1928), Brues and Melander (1932), Weber (1933) その他等によつて使用される事になつた。Alderflies, Humpbacked flies, Orlflies, Dobsonflies, Fishflies, Sialids 等と称えられているものを包含し，ドイツでは Grossflügler とフランスでは Sialidés と称えている。

成虫は完変態で中庸大乃至大形，頭部は前口式で咀嚼口器を具え，触角は多数節。翅は大形で背上に屋根形かまたは殆んど水平に畳まれ，翅脈は普通翅縁部にて分岐していない。後翅は大きな臀部を具えている。尾毛はなく，雄の陰具片は存在している。

幼虫は水棲，シミ型か蠋虫型，食肉性，口器は短かく咬咀形，7—8対の簡単かまたは有節の側腹鰓を具えている。

外形態

小形から甚だ大形のものまであつて，翅の開張約150 mm に達するものがあり，長いものや細いものや太いもの等様々で，むしろ軟体のものと堅くよく幾丁質化したものがあり，滑かか或は有毛。一般に陰色。頭部はよく発達し，下口式，複眼は大形で多数の小眼面からなり，単眼は3個かまたは全然これを欠く。触角は糸状で多数節からなり，球珠状または櫛歯状となつている。口器は咀嚼式，大顋は強く *Corydalus* 属の雄では非常に大形となり，小顋鬚は5節，下脣鬚は3節。胸部は正常で，前胸背板は方形か長形で大きく且つ自由となつている。脚は3対とも正常で同様，5節の跗節を具えている。翅は2対で背上に屋根形か平たく畳まれ，前後両翅共大きさと構造とが同様で多数の翅脈を有し，支脈は一般に翅縁にて分岐せず，縁紋を有するものとしからざるものとがある。胸部の気門は2対。腹部は10節で8対の気門を具え，尾毛はなく，交尾器は外部に突出せず，雄の背附属器と下附属器とかのいづれか1つまたは両者が発達している。

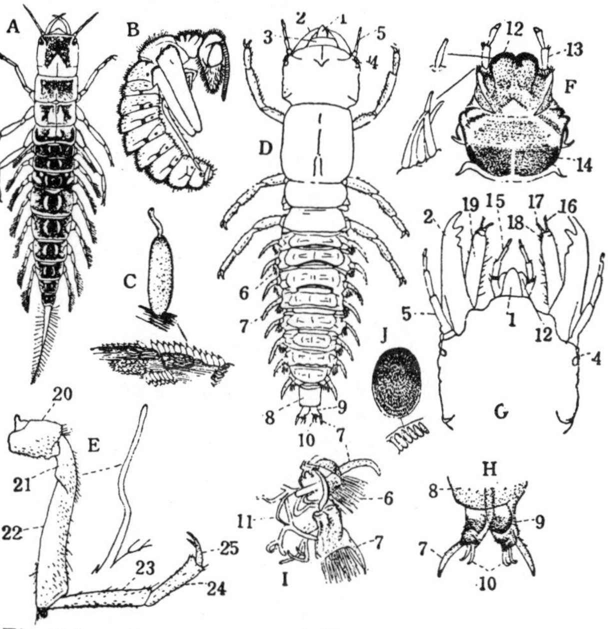

Fig. 602. 広翅目の幼虫，蛹，卵 (Essig)

A．センブリ1種 (*Sialis californicus*) の幼虫　B．同蛹　C．同卵　D．ヘビトンボ1種 (*Corydalus cornutus*) の幼虫　E．同脚　F．同下脣　G．同頭部背面　H．同尾端　I．同鰓糸　J．同卵　1．上脣　2．大顋　3．頭楯　4．眼　5．触角　6．鰓糸　7．尾状突起　8．第9背板　9．尾脚(第10背板附属器)　10．爪　11．気管　12．脣告　13.15．下脣鬚　14．亜基節　16．小顋鬚　17．外葉　18．内葉　19．蝶鉸節　20．基節　21．転節　22．腿節　23．脛節　24．跗節　25．爪

幼虫 (Fig. 602) は中庸大乃至大形でシミ形かまたは多少円筒形で太い。表皮は滑かで強靱で皮革質となり，部分的に幾丁質化して，鈍色。頭部は前口式で胸部より幅広かあるいは狭く，眼は簡単，触角は短かく棘毛状で4節，口器は咀嚼形で強く歩行虫科のものに類似している。胸部は頭部と殆んど等幅，脚はよく発達し1対の爪を具え，気門は2対かまたはこれを欠く。腹部は10節，7対または8対の簡単か有節の脚様の附属器を具え，それ等は鰓として作用するものであろうと考えられている。更に尾端に簡単な1本の糸突起を有するものとしからざるものとがあり，また鈎状の尾脚即ち Pygopods の1対を具えているものがある。あるものは海綿状の附属鰓を具えている。気門は8対。

内形態は脈翅目参照。

卵は葉や岩石や他の物体上に水よりあまり遠く離れていない処に産下され，規則的に塊状に産附される。*Sialis* 属では各卵塊が200—500卵子からなり，*Corydalis* 属では2000—3000が数えられている。卵子は円い端を有する円筒形で暗褐色，その自由端に異なる属で多少差異のある然し顕著な精孔器 (Micropylar apparatus)を具えている。幼虫は孵化後水に達し，*Sialis* 属のものは池や溝や渓流等の泥土底の中に見られ，*Corydalis* 属の幼虫は急流内の岩石上に潜んでいる。すべて活潑な捕食性で他の昆虫の幼虫や小さな虫やその他を求める。蛹化は土中または蘚苔中その他に行われ，ときに約7寸も下方部に見出される。蛹は裸蛹で成虫羽化のために地表に匍匐し出る。

この科はむしろ小さいものであるが，ある場所には成虫が非常に多数に発見され，稀れに他の水好性昆虫とともに大量に棲息する事がある。成虫と幼虫とが多くの淡水魚の食餌となつていて，成虫は漁師によつて人工餌の模型に使用され，幼虫は直接エサとして非常に使用されている。この類は甚だ古い時代の昆虫であるが，しかし化石として認められ難いもので，欧洲の三畳紀に最初に現われたものであろう。現在約500種が世界から知られ，次の2科に分類されている。

成 虫

1．翅の開張 20～40mm. 単眼を欠き，第4跗節は幅広となり顕著に2葉片状となつている……………………………………………………………… Fam. *Sialidae*

2．翅の開張 40～100mm. 単眼は3個，第4跗節は円筒状 ………………………………Fam. *Corydalidae*

幼 虫

1．7対の有節側腹鰓糸を有し，尾脚がなく，尾端糸を具えている ……………………………Fam. *Sialidae*

2．8対の無節または不完全節の側腹鰓糸を具え，1対の鈎状尾脚を有し，尾端糸を欠く………………………………………………………………Fam. *Corydalidae*

197. センブリ（千振）科

Fam. Sialidae Samouelle 1819

(*Sialida* Leach 1815)

Sialids, Alderflies, Orlflies, Humpbacked flies 等と称えられ，ドイツの Wasserflorfliegen やフランスの Sialidés がこの科の昆虫である。世界の温帯地のみに発見され，4属30種が知られ，*Protosialis* v. d. Weele, *Sialis* Latreille, *Austrosialis* Tillyard, *Stenosialis* Tillyard 等の属が発表され，いづれも小形で褐色または黒色，むしろ飛翔が弱い。しかしある種類は水表上を幾分不規律的に軽快に飛翔するものもある。本邦からは数種が発見され，いづれも *Sialis* 属のもので，センブリ (*Sialis sibirica* MacLachlan) は北海道に産し樺太とシベリアに分布し，ヤマトセンブリ (*S. japonica* v. d. Weele) (Fig. 603) は本州と九州に発見され，ネグロセンブリ (*S. mitsuhashii* Okamoto) は本州と四国に産する。

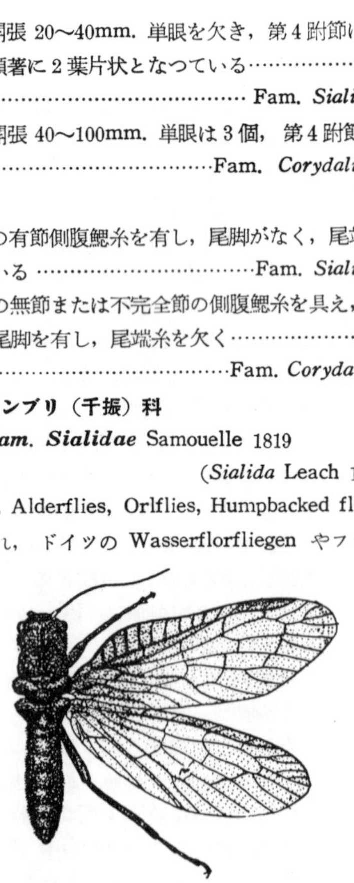

Fig. 603. ヤマトセンブリ（桑山）

198. ヘビトンボ（蛇蜻蛉）科

Fam. Corydalidae Burmeister 1839

(*Corydalida* Leach 1815)

Dobsonflies と称えられ，顕著な水棲昆虫で，あるものは大形。約16属80種が知られている。幼虫は Dobsons, Hellgrammites, Conniption bugs, Crawlers, Arnly 及び Toe—biters 等と称えられ，淡水魚のエサに最もよく使用され，特にマスやスズキをつるのに使用される(Fig. 604)。かれ等は溪流や急流中の岩石下に棲息し，トンボ

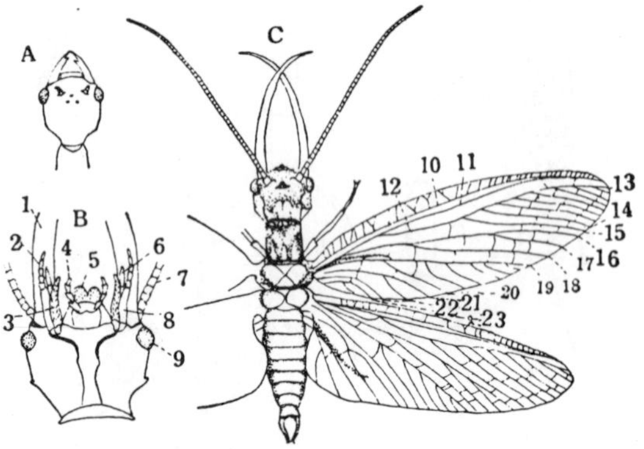

Fig. 604. *Corydalus cornutus* の成虫 (Essig)
A．雌の頭部背面　B．雄の頭部背面　C．雄の背面　1. 大顎　2. 小顎鬚　3. 上脣　4. 下脣鬚　5. 下脣　6. 外葉　7. 触角　8. 小顎　9. 複眼　10. 亜前線脈　11. 第1径脈　12. 径分脈　13. 第2径脈　14. 第3径脈　15. 第4＋5径脈　16. 第1中脈　17. 第2中脈　18. 第3＋4中脈　19. 第1肘脈　20. 第2肘脈　21. 第1臀脈　22. 第2臀脈　23. 第3臀脈

やトビケラやカゲロウやその他の水棲昆虫の若虫を捕食し，2～3年で幼虫期間を経過し，水岸の石や丸太や雑物下に室を構造して蛹化し，初夏に成虫が羽出する。*Chlorina* Banks, *Corydalus* Latreille, *Platyneuromus* v. d. Weele, *Chauliodes* Latreille, *Nigronia* Banks,

Neohermes Banks, *Protochauloides* v. d. Weele 等はアメリカから知られ, *Acanthacorydalis* v. d. Weeles, *Hermes* Gray, *Neohermes* v. d. Weele, *Neuromus* Rambur, *Ctenochauliodes* v. d. Weele, *Neochauliodes* v. d. Weele, *Parachauliodes* v. d. Weele 等がアジアに産し, *Archichauliodes* v. d. Weele はニュージーランドに, *Chloroniella* E. Petersen, *Platychauliodes* E. Petersen, *Taeniochauliodes* E. Petersen 等はアフリカから発見されている。本邦からはヘビトンボ (*Protohermes grandis* Thunberg) (Fig. 605) とクロスジヘ

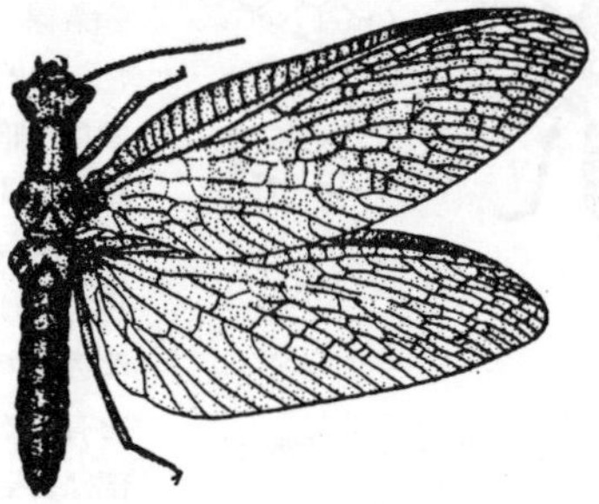

Fig. 605. ヘビトンボ（岡本）

ビトンボ (*Parachauliodes japonicus* MacLachlan) とが発見され, 前者は全土に産し, 幼虫は孫太郎虫と称し小児の疳の妙薬として販売され, 台湾や朝鮮にも分布している。

XXIV　駱駝虫目

Order *Raphidiodea* Burmeister 1835

この目は普通 *Megaloptera* の1科として取り扱われているが, 後翅は前翅より小形で畳まれる事がなく小形で且つ分離されていない臀室を有する事によつて明かに区別が出来る。且つまた *Neuroptera* からは前胸が甚だ長く円筒形で, 前脚が正常である事によつて, これまた明瞭に区別する事が出来る。この目の名は非常にいろいろな字句によつて取り扱われている。即ち *Raphidides* Leach (1815), *Raphidiina* Newman (1834), *Raphidiodea* Burmeister (1835), *Leptophya* Brauer (1885), *Raphidiodea* Handlirsch (1903), *Emmenognatha* Börner (1904) 等である。著者は Brues and Melauder (1910) の分類に従つて Burmeister のものをここに採用した。Raphidians や Snakeflies や Serpentflies等に称えられ, ドイツの Kamelhalsfliegen, フランスの Raphidides 等がこの目の昆虫である。

成虫は陸棲で, 小形乃至中庸大, 長い脆い昆虫で, 完変態。口器は咀嚼式, 触角は糸状で多数節, 前胸は頸状で細長く頭部より長いかまたは短い。複眼は突出し顕著, 単眼は3個またはない。脚は短かく, 翅は2対で等形で多数の翅脈を有する。雌は細長い産卵管を具えている。幼虫は大部分樹棲で, シミ型, 小数の長い体毛を装い, 大形のつやのある頭部と前胸とを具え, 触角は短かく, 尾毛を欠いている。

外形態

小形乃至中庸大, 細く幾分円筒状, 皮膚は薄く弾力性を有し, 軟いかまたは部分的に剛化し, 少数の長毛を生じ, 大部分のものは褐色か帯赤色か黒色で屢々鮮明色の線や帯紋を有する。頭部は細く一般に幅より著しく長く, 普通後方細まり頸部を構成し, 下口式。触角は糸状で35～70節からなり左右離れて生じ, 複眼は突出し左右著しく離れ, 単眼は3個存在するかまたは全くない。口器は咀嚼型, 頭楯は大きく幅広, 上唇は幅広で前縁凹み, 小顋鬚は4節, 下唇鬚は3節, 大顋は小形で3個または4個の歯を具えている。前胸は頭部より長いかまたは短く細く頸状, 中胸と後胸とは共に幅より短かい。脚は細く, 前脚は前胸の基部に附着し, 全脚の跗節は5節で第3節大形で平たく第4節が甚だ小となつている。翅は2対, 共に形状と翅脈式とが同様なれど, 後翅は多少小形, 縁紋は大形。腹部は10節, 雄の尾端は頭巾状の肛上板 (Epiproct) と1対の攫握器基 (Harpagones) とに終り, 雌は細長い産卵管を具えている。気門は胸部に2対, 腹部に8対発達している。

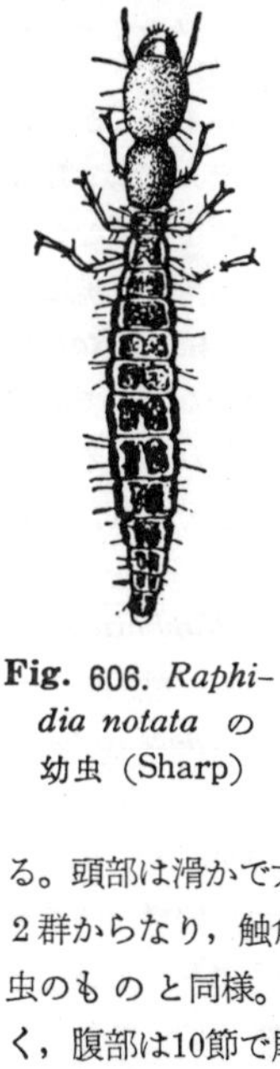

Fig. 606. *Raphidia notata* の幼虫 (Sharp)

幼虫 (Fig. 606) は中庸大で20～30mm の長さを有し, シミ型で長い。皮膚は薄く弾力性を有し暗灰色や褐色や帯黒色で淡色の帯紋を有する。頭部は滑かで大きく前口式, 眼は4～7個の単眼の2群からなり, 触角は棘毛状で3または4節, 口器は成虫のものと同様。前胸は大きく且つ長く滑, 脚は短かく, 腹部は10節で尾毛を欠く。気門は前胸に大形の1対と腹部に7対とが認められる。

内形態

甚だ僅かのみ知られ, 消食系は嗉囊の後端に長い食囊 (Food sac) を具え, 中腸は大形, 唾液腺は1対の管状体で体長の半に延び, マルピギー氏管はよく発達し6本で内4本は末端が結腸 (Colon) に附着している。

Raphidia は森林地帯に発生し, 繁茂せる草むらで花や樹幹やその他に見出される。卵は植物の皮の中に裂目内に産下され, 細い円筒状で1端に微附属物を具えてい

る。幼虫ははがれかかつた樹皮下（特に松柏科植物）に生活し，小さな軟体昆虫類を食している。蛹は内翅類（Endopterygota）で甚だ原始的で，その本質的構造が成虫に甚だよく似ている。蛹化当初はある種の室内に包まれているが，ある時間経過後はその室から出て成虫羽化まで止まるのに適当な個所を見出すまで歩き廻つている。

この目は最近に目として認められたもので，比較的少数のものからなり，5属60種内外が認められている。北半球のみに限られて分布し，しかし95%が北部に分布している。尤も *Agulla* 属が中部アメリカとチリーとに分布している。しかして濠洲やエチオピヤ洲には全く産しない。ラクダムシ類は昆虫中の古い類で，最も古いものとしてはトルコのジュラ紀から発見され，なおまた漸新期のバルチック琥珀層から見出され，この時代に既に現在の2科即ち *Raphidiidae* と *Inocelliidae* とが存在しておつたものであると考えられている。一般に次の如く分類されている。

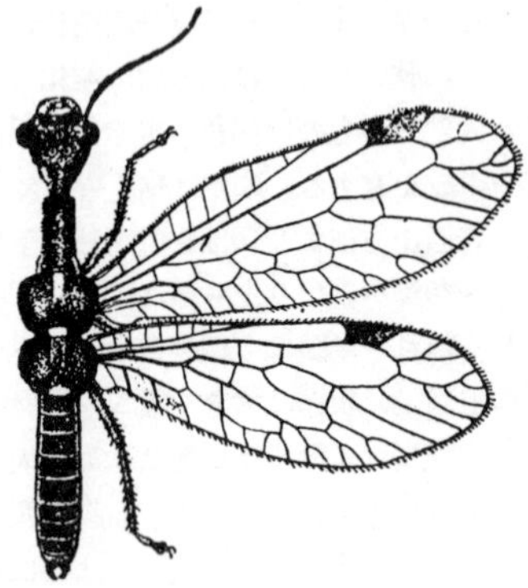

Fig. 607. キスジラクダムシ（桑山）

1．単眼が存在し，縁紋が支脈によつて2分され，触角の環節が基部にて小形となつている………………………………………………………… Fam. *Raphidiidae*
2．単眼がなく，縁紋が分けられていない。触角環節は円筒形 ……………………………… Fam. *Inocelliidae*

199. ラクダムシ（駱駝虫）科
Fam. Raphidiidae Stephens 1839

Long-necked Snakeflies と称えられ，優勢な科で長い間 *Raphidia* Linné (1758) 1属のみであつたが，その後 *Erma* Navás (1918) (Lestage 1928 によつて *Ermidae* 科に昇格せしめられている）と *Agullo* Navás (1913) とが発表されている。本邦からはキスジラクダムシ（*Raphidia harmandi* Navás）(Fig. 607) が知られ，体長9mm 内外，光沢ある黒色，前胸の側面と腹面とは黄褐色，中胸の前楯板と楯板とは黄色，後胸の楯板は黄色，脚は黄褐色，翅は透明で暗褐色の脈を有し，縁紋は内半黄褐色で外半淡黄褐色，腹部は両側と各節後縁とが黄褐色，雄の尾端に2個の黒色攫握器基があり，雌の産卵管は暗色，本州のみに発見されている。

200. メナシラクダムシ（無眼駱駝虫）科
Fam. Inocelliidae Navás 1916

Inoceillids と称えられ，*Inocellia* Schneider(1843) と *Fibla* Navás (1916) との2属からなり，前者は新北洲と旧北洲とに分布し，後者は欧洲のみに産する。本邦からはラクダムシ（*Inocellia crassicornis* Schummel）(Fig. 608) 1種が知られ，本州と四国と九州とに分布している。黒色，頭部の縦頸蓋線の両側は赤褐色，口器は暗褐色，頭角は暗褐色なれど基部1/3は黄褐色，中後両胸の楯板は黄色，脚は黄褐色，翅は透明で黒色の翅脈を有するが縦脈の基部は黄褐色，縁紋は暗褐色乃至黒褐色，腹部の両側と腹面各節の後縁とは細く黄色，産卵管は暗褐色。本種は本邦以外に朝鮮，樺太，シベリア，欧洲等に広く分布し，成虫は4～7月に亘つて出現する。

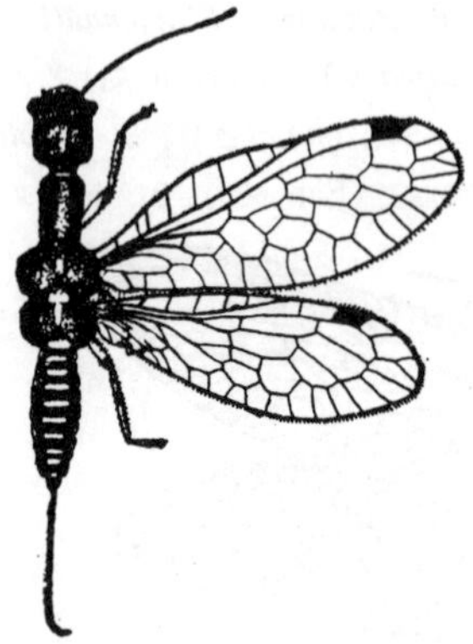

Fig. 608. ラクダムシ（桑山）

XXV 脈 翅 目
Order *Neuroptera* Linné 1758

本来の *Neuroptera* は前述の2目を包含しているものであるが，現在のものは1903に Handlirsch によつて区分されたものである。Nerve-winged Inscets や Lacewings 等と称えられ，ドイツの Echte Netzflügler やフランスの Les néuropterès 等が包含されている。

小形乃至中庸大または稀れに大形，大部分のものは陸棲で食肉性，完変態の昆虫。口器は咀嚼型，頭部は下口式で自由，複眼は大形で左右広く離れ，単眼は3個かまたはなく，触角は種々であるが一般は糸状，脚は細長で5節の跗節を具え，翅は2対で普通前後両翅が等形等大で網目脈を有しときに有毛で蛾様。尾毛はなく，産卵管は外部に出ていない。幼虫は陸棲なれど *Sisyridae* では水棲，シミ型かまたは稀れに蠕虫形，口器は刺込且つ吸収に適応しているが咀嚼式，触角は棘毛状，脚は短太，尾毛はない。

外形態

微小乃至大形，多くのものは細いが太いものもある。皮膚は薄く且つ屢々脆く，滑かまたは有毛で時に帯白色の臘粉にて被われ，陰色で煤色か褐色か緑色かまたはあるものは鮮明色。頭部は下口式で自由でむしろ小形，複眼は大きく幅広く左右離り，単眼はないが *Osmylidae* と *Dilaridae* とでは3個発達し，触角は様々で短いものや長いものがあつて棘毛状か糸状か数珠状か櫛歯状か棍棒状か球桿状で屢々多数節。口器は簡単で模式的咀嚼型，上唇は幅広で完全かまたは割れ，大顎は強く1端歯と屢々1内歯とを具え，小顎は内葉と外葉と5節の鬚とからなり，下咽頭はよく発達し簡単かまたは3葉片となり，下唇は突出し，唇舌は減退しているかまたはなく，下唇鬚は3節。胸部は強く環節が明瞭となつている。前胸は短いかまたは甚だ長い。脚は短かく一般に細く，距棘があるものとしからざるものとがあり，跗節は5節で一般に1対の爪を具えているが稀れには簡単。翅は2対で普通大きさと形状とが等しいが少数の類では異なり，静止の際には体上に屋根形に保たれ飛翔は不連続的かまたは連続的，翅脈は変化が多いが一般に多数の縦脈と横脈とを有し，表面滑かかまたは有毛，透明かまたは帯白色の微臘粉から被われ，あるものは大形で蛾状。腹部は一般に円筒形で細いが稀れに太く短かいか長く，10節からなり第1節は短かく末端節は甚だしく減退し，尾毛はない。雄の外生殖器は簡単な横形の末端腹板(Hypandrium, hypoproct）即ち亜生殖板（Subgenital plate）を有するかまたは第9腹板上に1対の陰具器基（Gonocoxite）を具え，雌のものは第9腹板から産卵管を包含する陰具片（Gonapophyses）の1対を具えている。

幼虫は微小乃至中庸大でシミ型か太いか板状。皮膚は薄く弾力性を有し，毛や棘や鱗片や太毛や微毛や星状器(*Psychopsis* 属やウスバカゲロウ群-*Myrmeleontoidea* やに見出され，皮膚の幾丁質突起の中央から生じている漏斗状器で横断面が星状となつているもの）や等を生じ，陰色で鈍色か緑色か帯紫色か黄色か斑色。頭部はよく発達し自由で前口式，強く充分幾丁質化し，ある数科のものは小形。眼は簡単で各側に5個か6個かまたは7個の単眼群からなるが，*Ithone* 属では発達していない。触角は簡単で棘毛状，少数節かまたは多数節からなる。上唇は普通減退し屢々頭楯の細い縁を構成し，頭楯は幅広の三角形板，大顎は変化が多く鋭いものや短いものや長いものや直線や彎曲し簡単かまたは有歯，腹面に溝を有し小顎と合して吸収管を構成し，小顎は左右両片からなり形状と大きさとが大顎に類似し大顎の溝に適応し，下唇は減退し縦に分離され得可く触角より短かい3〜7節の鬚を具えている。頸部は頭部と前胸とを結び後者から形成され，短かく膜質かまたは長く管状で屢々顕著となつている。前胸背板は3部分に区割され，中後両胸部は同様で正常。脚は一様，基部は大形で左右広く離れ，転節は小形，腿節は脛節と等しいかまたはより小形，脛節は最長，跗節は1節（*Ithone* 属ではすべての脚で脛節と跗節とが癒合し，ウスバカゲロウ科とツノトンボ科との後脚でも亦脛節と跗節とが癒合している），爪は一般に2本なれど *Sisyridae* 科では1本，爪間盤は多数の科のものに存在しラッパ状か瘤状か板状。腹部は10節で最後の2節は隠され，表面滑かかまたは顆粒付けられ，*Sisyridae* 科では鰓を具えている。気門は前胸の後方部に1対と腹部の第1〜8節に各1対とがある。

内形態

成虫。消食系は口がかなり大形の口腔を有しこれから咽頭に連り，咽頭は変化せる咽頭喞筒を具え，咽喉は輪環付けられ胸部を通じて幾分太まり腹部の前方部にて幅広となり大形の食嚢を構成し，前胃は漏斗状で内面棘と短棒突起とを装い第3腹節にて咽喉の下面から生じ1咽喉瓣（Oesophageal valve)を通りて中腸に通じ，中腸は腹部の殆んど末端まで延び，マルピギー氏管は8本で中腸（Mesenteron）から生じ，後腸は直腸まで細い管として延び，直腸は太まり肛門にて括れ，直腸腺（Rectal glands）は6個発達している。循環系は正常。呼吸系は胸部の2対と腹部の8対との気門から構成されている。神経系は喉上神経球が頭の背部に位置し，これから喉下神経球に連り，胸部神経球は3個，腹部のものは7個で一般に幼虫のものより1個減じている。生殖系一雄は睾丸が対をなすかまたは癒合し，各々が卵形でときによじれている。貯精嚢は大形で縦に分かたれ，各々からの管は射精管を構成するように癒合している。真の陰茎はコナカゲロウ科のみに見出されている。雌は左右の各卵巣が12個の交互栄養室型の卵巣小管からなり，約10個の卵管がある。対をなす粘液腺（Cement glands）が膣内に進入しているが普通は1個のみが発達している。唾液腺は1対が胸部に存在し1対の大顎腺が頭内にある。臭腺は *Chrysopa* 属の前胸内に発見され，香腺(Scent gland)は *Osmylus* 属の雄に発見され雌を誘引するものであると考えられ，臘腺は介殻虫類のものに類似しコナカゲロウ科の腹部上の真皮細胞の変化せるものである。

幼　虫

消食系の真の口部は発達せずして液体食物が大顎と小顎とからなる2本の溝を通じて咽頭喞筒によつて咽頭内に吸収される。咽喉は括れているかまたは1瓣を具え，嗉嚢は薄膜からなり大形で胸部の大部分を占め，中腸は大きな盲嚢で腹部の前半部に拡がる。マルピギー氏管は8本（最もコナカゲロウ科では6本）で中腸の末端から生じ前方と後方とに延び幼虫の後期に絹糸を分泌するものならん。後腸は食物の通路として閉ざされ，マルピギー氏管の末端を包みマルピギー氏管の包含物を絹糸貯嚢に入れるように適応している。絹糸貯嚢（Silk reservoir）は薄壁の嚢で繭の形成やその他に対し絹糸を吐糸する液体を供給するものである。直腸は狭く肛門に連り，尾乳房突起（Anal papilla）が繭をつむぐための器具とし突出せしめられる。唾液腺は大顋の基部に於ける管に開口し咽喉の側部に沿いて延びている。循環系は正常で前胸にて細くなり大動脈を形成している。呼吸系は1対の胸部気門と最初の8腹環節上の8対の気門から2本の縦主幹に連続し，*Sisyridae* 科では気管鰓を具えている。神経系は喉上神経球と喉下神経球とが頭内に存在し，胸部に3個と腹部に8個との神経球があつて，これ等が1対の連鎖によつて結び付いている。

成虫は大部分弱い且つ脆く，よく発達した翅を具えているが飛翔はあわれで且つ不規律である。しかしツノトンボ科や *Stilbopterygidae* 科のものは速力が早く且つ多少直線的に飛ぶ。大さは微小なものでは翅の開張 3～10mm，大形なものでは30～70mm，アリヂゴクではトンボのように細長い体を具えている。蛹は常に自由で絹糸からなる繭の中に包まれ，頭部と尾端とが下方に曲がり，凡ての附属器が明瞭となつている。成虫羽化に先達つて充分活潑となり，大顋を持つて繭を破るのが普通である。幼虫の食物は動物の汁液のみである。しかして普通は3齢であるが *Ithone* 属では5齢が認められている。蛹化頃になると絹糸または他の物質にて楕円形または球形の繭を造る。

分　類

最も古代のものとしては，濠洲の Belmont の上二畳紀から *Permithone belmontensis* Tillyard が発見され，このものから *Ithonidae* 科と多分ケカゲロウ科やこれに類似の科のものが生じたものと考えられている。*Prohemerobiidae* とキヌバカゲロウ科の代表種は濠洲の Ipswich の上三畳紀に発見され，前者はまた欧洲の黒侏羅と上侏羅紀とに多数見出され，これ等の紀には更に *Calligrammatidae* やクサカゲロウ科や *Nymphidae* 等が見出されている。

この目は約350属4000種が知られ，多数の科（約40）に分類されているが，一般には次の如く分類する。

1．翅の縦脈と普通横脈とが多数で径分脈が数本の支脈または叉状脈を有し，翅は帯白色粉にて被われていない……………………………………………………………2

翅の縦脈と横脈とは少数で径分脈が多くとも叉分しているのみ，翅は帯白色粉にて被われている。甚だ小さく細く淡色で稀れな種類，3～10mm の翅開張を有する（Superfamily *Coniopterygoidea*）………………………………………………… Fam. *Coniopterygidae*

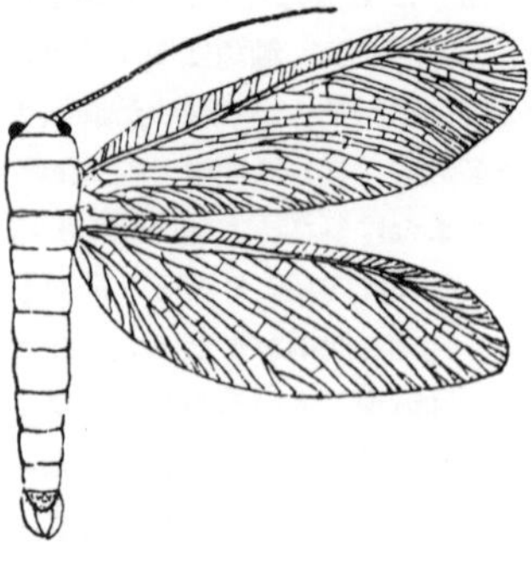

Fig. 609. *Ithone* (Tillyard)

2．大形で太くはでな蛾様の種類で翅の開張30～70mm。翅の前縁部は幅広くなく，亜前縁脈と径脈と径分脈とが明瞭な三重脈を形成せず。頭は小さく前胸に密着し，触角は長く糸状で雌雄共に末端の方に細まり40～50節からなる。雄の腹部は大形の攫握附属器にて終り，雌の産卵管は突出していない（Fig. 609）（Superfamily *Ithonoidea*）（*Ithone* Newman, *Varnia* 濠洲。*Oliárces* 加洲。*Rapisma* アジア）…………Fam. *Ithonidae* Tillyard 1919。

小形乃至大形しかし蛾様の事がない。はでなキヌバカゲロウ科は例外で甚だ幅広の前縁部と明瞭な三重脈とを有している。しからざれば全く異なる…………3

3．触角は決して末端の方に太まる事がなく珠数状か糸状かまたは稀れに櫛歯状，肘脈は翅の中央近くかまたはその前に終り，第1肘脈の後方に1本の直縦支脈を有しない……………………………………………………4

触角は少くとも太い円筒状で長さに変化があつて普通は末端の方に漸次太まりあるいは糸状で末端棍棒状となつている。少くとも翅の中央部は密に網目状となり，亜前縁脈と第1径脈とは末端癒合し，肘脈は翅の末端部にて終り且つ第1肘脈の後方に普通1本の長い直線の支脈を具えている……………………………………

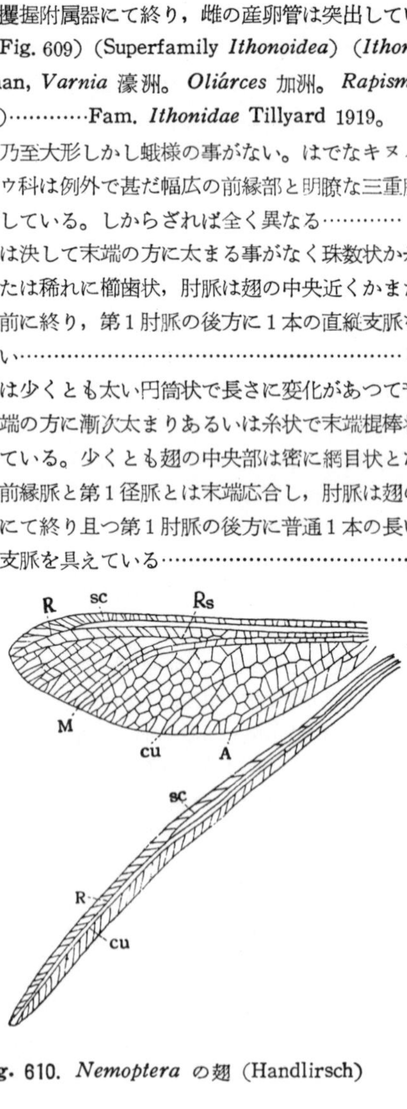

Fig. 610. *Nemoptera* の翅 (Handlirsch)

………Superfamily *Myrmeleontoidea* ……………16

4．後翅は前翅より長くなく，前後両翅は形状と翅脈式とが等しい…… Superfamily *Hemerobioidea* …… 5

後翅は甚だ長くリボン状で屡々幅広のスプン状の末端を有し，頭部は一般に吻状。(Fig. 610)……………………Superfamily *Nemopteroidea*………(濠洲産の *Chasmoptera*, 旧北洲やエチオピア洲や濠洲等に産する *Croce*, 旧北洲の *Nemoptera* Latreille や *Nina*, エチオピア洲の *Nemopistha* や *Nemopterella* 等が代表的な属)………Fam. *Nemopteridae* Hagen 1866

5．前脚は正常で捕獲脚となつていない……………… 6

前脚は強く食餌動物の捕獲に適応し基節は長く腿節は太く有棘で脛節は腿節に合うように彎曲している。前胸は一般に甚だ長く，触角は短かく，翅はむしろ狭い…………………………………Fam. *Mantispidae*

6．前翅は径分脈に2本またはより多数の支脈を有し，それ等は第1径脈と径分脈との癒合幹部から生じている……………………………………………………… 7

前翅の径分脈の凡ての支脈は単一の径分脈から生じている…………………………………………………… 9

7．触角は雌雄共に珠数状，産卵管は突出せず，横脈は少数，単眼はない……………………………………… 8

雄の触角は粗に櫛歯状となり，産卵管は突出し，頭頂は3個の突出せる単眼ようの顆粒を具え，横脈は多数，むしろ小形種 ………………… Fam. *Dilaridae*

8．前翅は径分脈の支脈を3本またはより多数に有し，第4径脈と第5径脈とは別々に生じている……………………………………………… Fam. *Hemerobiidae*

前翅は明かに2本の径分脈支脈を有し，その1つは第2+3径脈で他は第4+5径脈。広分布，(*Eurobius, Psectra, Spadobius, Sympherobius* Banks) ……………Fam. *Sympherobiidae* Brues et Melander 1932

9．むしろ大形で蛾様，幅広の翅を具え，前翅の前縁部は甚だ幅広く，亜前縁脈と第1径脈と径分脈とが接近して平行に走り幾丁質化せる三重の中軸を形成し且つ翅の末端1/4にて癒合している。触角は短かい。稀れで夜間活動性。……………………Fam. *Psychopsidae*

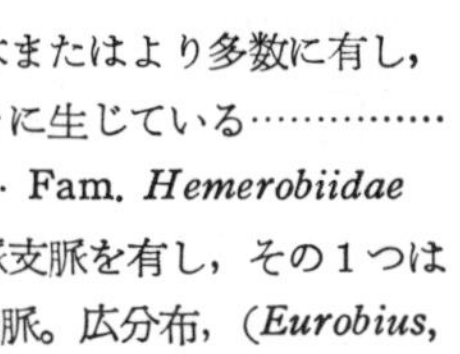

Fig. 611. *Polystoechotes* 前翅基部
1. 肩横脈 2. 亜前縁脈

蛾様でなく，翅は幅広く円味を有しないで正常の前縁部を有し且つ上述の如き三重脈を具えていない…10

10. 単眼は存在し，翅の中央部は多数の横脈を有し縁部は横脈を欠いているが多数の叉状支脈を存する。中庸大乃至大形で細い種類。広分布なれど北米には産しない……………………………………Fam. *Osmylidae*

単眼はない…………………………………………11

11. 肩横脈は1間脈を形成し (Fig. 611), 翅の中央部は横脈の簡単な1組を有し甚だ多数の叉状小脈を有する前縁部と縁部とから明瞭に区別され，亜前縁脈と第1径脈とは翅頂近くで癒合している。頭頂は凸形，触角は中庸長。むしろ大形で夜間活動性，翅の開張40～75mm。(*Polystoechotes* Burmeister 北米) ……………………Fam. *Polystoechotidae* Handlirsch 1906

翅の扁角部に間脈がなく，中央部は縁部から区別されていない。触角は頭胸より長い。小形種…………12

12. 頭頂は凸形。翅脈は比較的簡単，前翅の径分脈は一定の附属脈を有する事がなく，亜前縁脈と第1径脈とは翅頂近くで結合し，前縁横脈は叉状とならず，後翅の径中横脈は翅の軸に存している。小形で 6～8mm の体長を有し，幼虫は水棲……………Fam. *Sisyridae*

頭頂は平たく，前翅の単一径分脈は一定の附属脈を付し，後翅の径中横脈は斜かまたは横に位置している。大形種…………………………………………13

13. 前縁横脈は叉分していない。亜前縁脈と第1径脈とは末端にて自由，径分脈は第1径脈から自由となり，第1径室は幅広で多数の横脈を有し，翅は円味を有し薙刀状でない……………………………………14

前縁横脈は叉分し，第1径室は狭く殆んど横脈を欠き，前翅の後縁の末端部はときに広く割れ翅頂が多少鋭く薙刀状を呈している。翅と体とは有毛で特に翅の後縁は然り…………………………………………15

14. 翅は殆んど等幅，1横脈が亜前縁室の基部近くに存在し，縁紋前に前縁部に13本より少数の横脈を有する…………………………………… Fam. *Chrysopidae*

前翅は後翅より明かに幅広，亜前縁室の基部近くに横脈がなく，前縁室には縁紋前に40本以上の横脈を有する…………………………………Fam. *Apochrysidae*

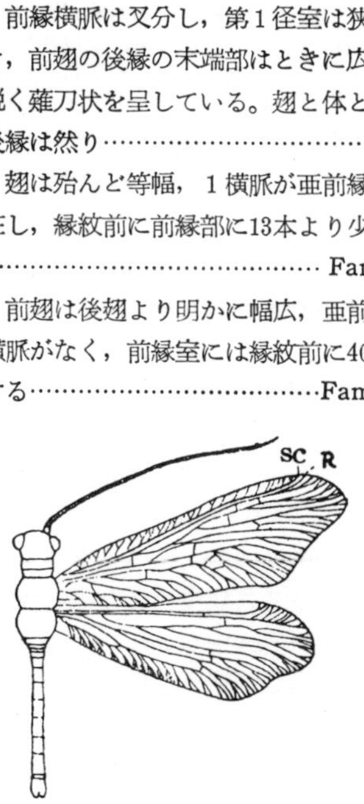

Fig. 612. *Trichoma* (Tillyard)

15. 前翅は翅頂前にて癒合している亜前縁脈と径脈とを有し，翅のある部分に屡々種子状の鱗片を装う…………… Fam. *Berothidae*

前翅は亜前縁脈と径脈とが末

端の方にて癒合していない。体と翅との毛は顕著に長い (Fig. 612) (濠洲産の *Stenobiella* と *Trichoma* Tillyard との両属が代表) ……………………………………Fam. *Trichomatidae* Tillyard

16. 翅は長さの約1/3の幅を有し，前縁部は幅広く，縁部の支脈は叉分し，亜前縁室は多数の横脈を有し，触角は長く円筒状 (濠洲産の *Myiodactylus* Brauer と *Osmylops* とが代表) ……………………………………Fam. *Myiodactylidae* Handlirsch 1908

翅は狭く，縁部は少くとも大部分網目状…………17

17. 触角は長く円筒状，亜前縁部は多数の横脈を有する。(濠洲産の *Austronymphes*, *Nymphes* Leach, *Nymphidion* 等が代表属) ……………………………………Fam. *Nymphidae* Brauer 1868

触角は多少明瞭に棍棒状，あるいは末端膨れているか扁平となつている。亜前縁室は横脈を欠く………18

18. 触角は頭胸とほぼ等長，翅は普通亜前縁脈と第1径脈との癒合点の直後に長い狭い1室を有する………19

触角は細長く末端著しく棍棒状となり，複眼は普通1溝によつて2部分に区割され，長い縁紋下室(Hypostigmatic cell) が存在しない ……………………………………Fam. *Ascaleaphidae*

19. 触角は弱く棍棒状となつているかまたは末端扁平となり縁紋下室は長く，体と翅とは微毛を装う……………………………………Fam. *Myrmeleontidae*

触角は強く棍棒状となり，縁紋下室は変化多く，腹部と翅とは光沢を有する。夕刻に活動性で，強飛性，外観的にトンボに似ている (濠洲産の *Stilbopteryx* Newman)……Fam. *Stilbopterygidae* Tillyard 1926

以上の諸科中本邦に産するものをつぎに述べる。

粉 蜻 蛉 上 科

Superfamily *Coniopterygoidea*

Burmeister 1839

201. コナカゲロウ（粉蜻蛉）科

Fam. Coniopterygidae Enderlein 1905

この科は他の脈翅目類から分離せしめて目となし得る程の特徴を具えている。Dustywings や Coniopterygids と称えられ，ドイツの Staubhaften, フランスの Coniopterygidés 等がこれである。成虫は微小で普通部分的にまたは全体が帯白色の臘粉から被われている。その臘は介殻虫のものと同様な真皮細胞から分泌され，しかも介殻虫の場合と同様な目的に役立つているものである。成虫は甚だもろいもので脈翅目中最小の種類で翅張が僅かに3～10mm である。触角は長く糸状で，16～43節の珠数玉状の環節からなり，複眼は大形，単眼はない。翅は前後同様かまたは後翅が小形となり，翅脈は比較的小数である。

成虫は充分活潑で主に樹上に生活し，特に松柏科植物上に棲息するが多数の種類が他の樹木や観木や小植物上にも見出される。卵は白色や黄色や橙色や紫赤色で，楕円形かまたは多少扁平となり円錐形の精孔突起を具えている。しかして表面は多角形の凹圧部の網目を有する。宿主に近い葉の種々な部分に附着せしめられ，拡大鏡か顕微鏡によらないと認められ難い程微小である。幼虫は前方に幅広く後方に細まり尖り，滑かで大形の胸部と小形の腹部とを具えている。頭部は小形で両側は5個の単眼を具え，触角は5節，上唇は口部を覆い，大顋と小顋とは短いかまたは充分長く直線で針状，下唇鬚は棍棒状で3節。脚は長く有毛末端に1対の僅かに彎曲せる爪と褥板状の爪間盤を具えている。彼れ等はコナジラミや蚜虫や介殻虫やその他の同翅亜目の昆虫等の如き生きている小昆虫を捕食する外，更にアカダニ類や他のダニ類をも捕食する。老熟すると薄い板状の二重繭を構成してその中に蛹化する。屢々これ等繭は透明で蛹を透視する事が出来る(Fig. 613)。

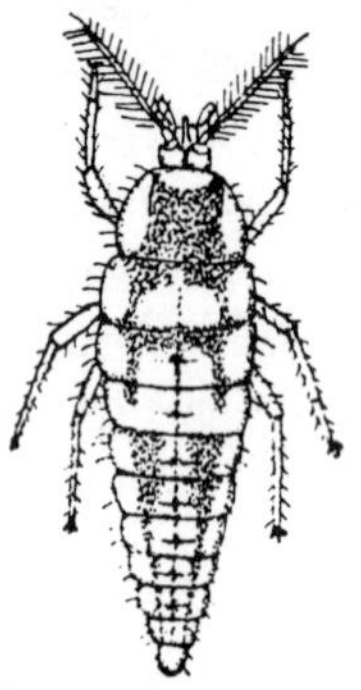

Fig. 613. コナカゲロ1種 (*Conwentzia psociformis*) の幼虫 (Withycombe)

小形である為めに普通よく知られていないが約12属50種が知られ，次の2亜科に分類する事が出来る。

1. 小顋の外葉は3節，腹部は反転性の腹面袋の4～6対を有し，前翅の中脈の幹脈は一般に棘毛を装う2個の厚化部を具えている……………………………………Subfam. *Aleuropteryginae*
2. 小顋の外葉は1節，腹部には腹面袋がなく，前翅の中脈幹部に上述の如き厚化部がない……………………………………Subfam. *Coniopteryginae*

1. タセツコナカゲロウ亜科

Subfamily *Aleuropteryginae* Enderlein 1905

この亜科は *Coniocompsa* Enderlein と *Aleuropteryx* Löw その他の属が代表的なもので，本邦からはマダラコナカゲロウ (*Coniocompsa japonica* Enderlein) が知られている (Fig. 614)。体長 1.8mm 内外，翅の開張 6～8mm。暗黄褐色。触角は黄褐色で16節，脚は淡黄褐色で腿節と脛節の基半と第5跗節とが褐色，翅は半透明で前翅の斑紋は黒褐色，体と翅とは灰白色粉にて被われ

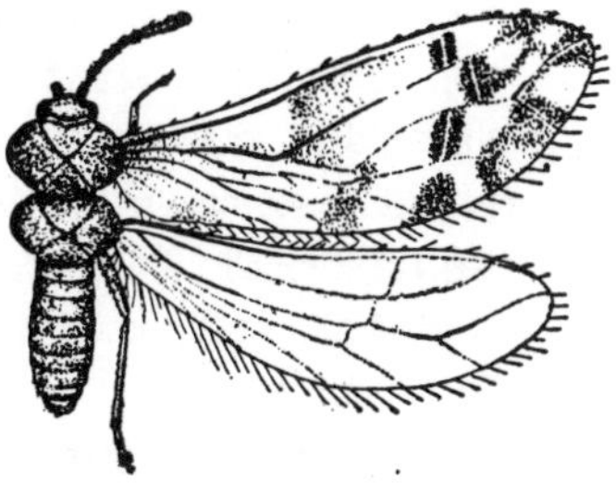

Fig. 614. マダラコナカゲロウ（桑山）

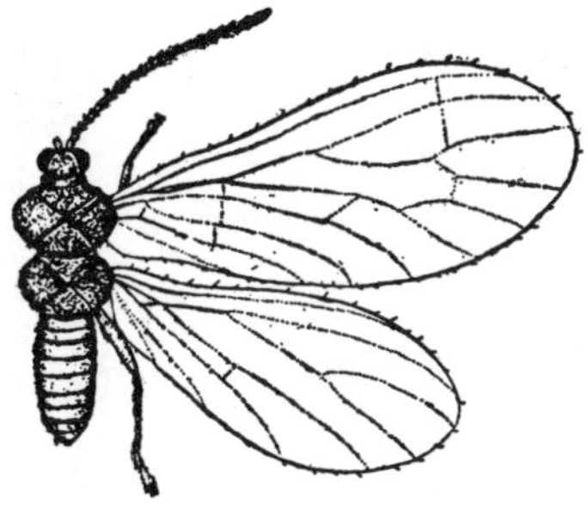

Fig. 615. キバラコナカゲロウ（桑山）

ている。本州と九州とに発見され，成虫は5月に多く現われる。

2．コナカゲロウ亜科

Subfamily *Coniopteyginae* Enderlein 1905

この亜科は *Conwentzia* Enderlein, *Coniopteryx* Curtis, *Semidalis* Enderlein その他の属が代表的で，本邦からはシロコナカゲロウ（*Semidalis albata* Enderlein）とキバラコナカゲロウ（*Coniopteryx pulverulenta* Enderlein）とが知られ，前者は体と翅とに白色粉を装い翅の開張5mm内外で本州と九州とに分布し比較的普通で4 5月と8月とに成虫が杉の生垣の間などによく見出される。後者（Fig. 615）は北海道，本州，九州等に分布し，森林中に棲息し，全体白粉にて被われ，腹部は美しい橙黄色を呈し，翅の開張3.5〜4mm内外。

姫 蜻 蛉 上 科

Superfamily *Hemerobioidea* Leach 1815

202. ミズカゲロウ（水蜻蛉）科

***Fam. Sisyridae* Handlirsch 1906**

Spongilla Flies と称えられ，小形で体長6〜8mm，一般に黒褐色または帯褐色，脚と体とに少数の長毛を装う。複眼は大形，単眼はなく，触角は前翅の約1/2長，大顋と小顋とは棘毛状，下唇鬚はなく，爪は1本，翅脈は簡単で少数の横脈を有するのみ。

Sisyra 属の卵は甚だ小さく長く多少 *Hemerobius* のものに類似し，淡水中に立つているかまたは淡水上に掛つている物体上に塊状となつて絹糸によつて被われて産下されている。幼虫（Fig. 616）は脈翅目の他の科の多くのものから異つていて，水棲で *Spongilla* や *Ephydatia* 等の属の淡水海綿を食している。更に彼れ等は蘚苔や藻等にも見出される。帯緑色や淡褐色で，体の顆粒から生じている毛の背面の2列と側面の2例とを具え且つ有節の腹部鰓の7対を具えている。口器は長い針状で末端微かに彎曲し海綿体を刺すのに適応している。老熟すると幼虫は水線上の岸を求め，土中や石及び推積物下に二重のゆるやかな楕円形の繭を構成しその中に蛹化する。

この科は6属20種が知られ，欧洲，アジア，アフリカ，濠洲，北米及び南米に分布し，最も優勢な属は全北洲の *Sisyra* Burmeister と新北洲の *Climacia* Mc Lachlan とで，本邦からはミズカゲロウ（*Sisyra nikkoana* Navás）とホシシロカゲロウ（*Neurorthus punctatus* Nakahara）とが知られている。前者（Fig. 617）は本州と九州とに産し，成虫は5〜8月に出現し，体長3.5mm内外，翅の開張9mm内外，頭部は黒褐色，胸部は黄褐色で黄色の小楯板を有し，脚は淡黄色で淡褐色の跗節を有し，腹部は黄褐色，翅は淡褐色で透明。ホシシロカゲロウは本州と九州とに産し，成虫は7，8月頃に見出され，体長6mm内外，翅の開張14mm内外，

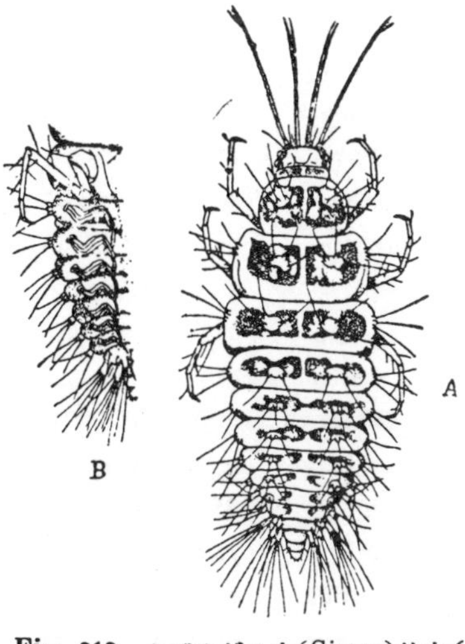

Fig. 616. ミズカゲロウ（*Sisyra*）幼虫（川村）A．背面 B．腹部鰓を現わせるもの

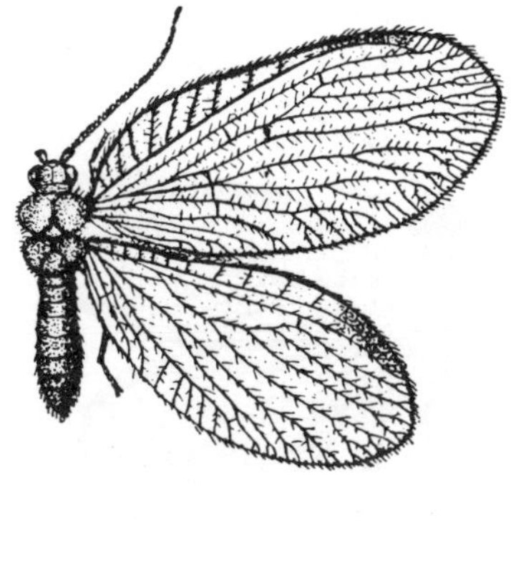

Fig. 617. ミズカゲロウ（桑山）

体は黄白色，頭頂と胸背とに暗色紋を有し，脚は淡黄色，翅は透明で僅かに黄色を帯び，縦脈と縁紋とは汚黄色で横脈部は暗褐色。

203. ヒロバカゲロウ（広翅蜻蛉）科

Fam. Osmylidae Brauer 1868

Osmylid Flies と称え，中庸大乃至大形で細く，斑紋を有する美麗な種類。前翅は後翅より幾分大形で，中央部に甚だ多数の横脈を有し，縁部には横脈がないが多数の叉分支脈を付す。頭部は長さより幅広く，触角は糸状で翅より短かく，単眼は額に3個，爪は多数（4個または5個あるいは10～12個）の歯を具えている。体と脚とは少数の長毛を装う。

Osmylus 属の成虫は清流水附近の繁茂しているやぶに見出され，卵は長楕円形で水辺に産下され，幼虫（Fig. 618）は水の中かまたは水の近くの石下あるいは蘚苔中その他のものの中に生活し，細長い刺針状で微かに上方に彎曲している大顋と小顋とを具えている。しかしてミズカゲロウの幼虫と異なり鰓がなく胸部と腹部との気門によつて呼吸している。雙翅目の幼虫を食としている。蛹は軟かい繭中に見出される。

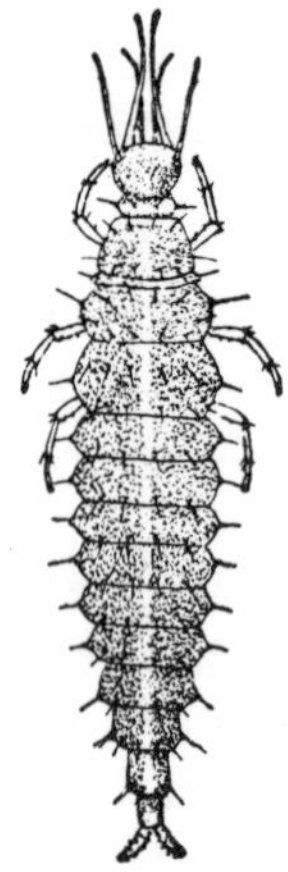

Fig. 618. ヒロバカゲロウ1種幼虫（*Osmylus chrysops*）(Withycombe)

広分布なれど北米には発見されず，欧洲，アジア，アフリカ，南米，濠洲等に分布し，20属50種内外が知られている。最も重要な属は *Osmylus* Latreille, *Spilosmylus* Kolbe, *Kolosmylus* Krüger, *Rhipidosmylus* Krüger, *Stenosmylus* MacLachlan その他である。本邦からはキマダラヒロバカゲロウ（*Heliosmylus flavicornis* MacLachlan), スカシヒロバカゲロウ（*Plethosmylus hyalinatus* MacLachlan), ウンモンヒロバカゲロウ（*Osmylus tessellatus* MacLachlan), ヒロバカゲロウ（*Eososmylus harmandinus* Navás）等が発見されている。ウンモンヒロバカゲロウ（Fig. 619）は北海道，本州，九州に分布し，成虫は5～9月に出現し，体長15mm内外，翅の開張50～55mm，大体黒色で前翅は淡褐色透明で市松模様を有し，後翅は透明で微かに灰色を帯び，共に光彩を有する。

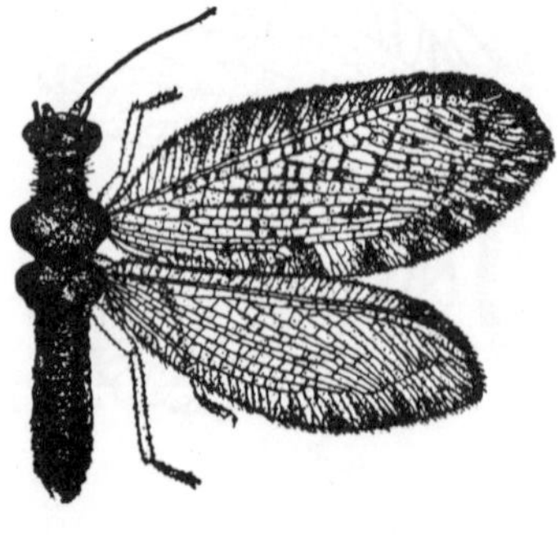

Fig. 619. ウンモンヒロバカゲロウ（溪山）

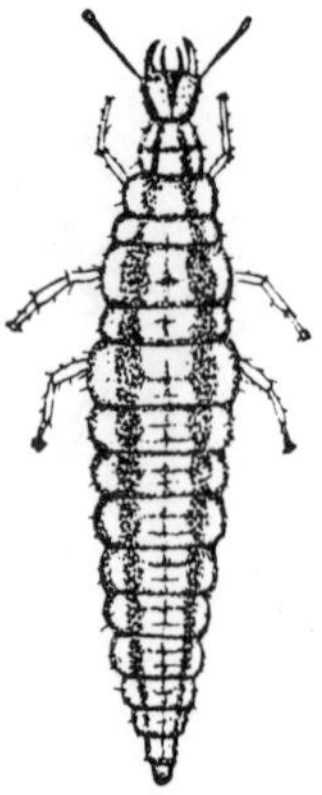

Fig. 620. ヒメカゲロウ1種（*Hemerobius stigma*）の幼虫（Withycombe）

204. ヒメカゲロウ（姫脈蜻）科

Fam. Hemerobiidae Westwood 1840

Hemerobiids, Brown Lacewings, Aphis Wolves 等と称えられ，ドイツの Blattlauslöwen, フランスの Hemerobiidés がこれである。小形で一般に帯褐色で屢々黄金色や他の虹彩色を有する。単眼はなく，触角は長く珠数状，翅は同様でときに翅頂にて不規則縁を有し，褐色で有毛で多数の小室を有し，前縁部は多数の分岐支脈にて横切られ縁紋を欠く。

成虫は外観脆弱で，遅鈍な匍匐性で，不規律な飛翔を行う。植物の殆んど凡てのものに見出され且つ屢々夜間燈火に飛来する。卵は長楕円形で 0.5～1.0mm の長さを有し，表面は滑かか点刻を附しまたは微顆粒を装い，精孔突起を具えている。個々に産下されるかまたは側部が附着して群として産下されている。幼虫（Fig. 620）はクサカゲロウ科のものに等しいが滑かで顆瘤を欠き微毛を装うている。大顋と小顋とは彎曲しているが短かい。爪は2本で，第1齢虫ではラッパ状の爪間盤を有し，このものは後齢になると褥盤状となつて小形となる。彼れ等は捕食性で，地上や植物上で食餌小動物に忍び寄つてそれを捕える。蚜虫や介殻虫やコナジラミや木蝨や他の同翅亜目の昆虫や小昆虫並びにアカダニ等を食物としていて，その習性や活動がクサカゲロウ科の幼虫に甚だよく似ている。老熟すると薄い屢々レースようの楕円形の繭を樹木の皮の割目の中やはがれかかつている処の下や地上の汚屑の中やまたは土中等に構成して，その中に蛹化する。

全世界に分布し，少くとも25属220種が発見され，北温帯地方に最も多数に産する。*Micromus* Rambur, *Megalomus* Rambur, *Hemerobius* Linné, *Drepanopteryx* Leach, その他の属が代表的なものである。本邦からは *Notiobiella*, *Hemerobius*, *Micromus*, *Eumicromus*, *Ninguta* (*Ninga*), *Drepanopteryx* 等の属が知られている。つぎに主な種類を列記する。

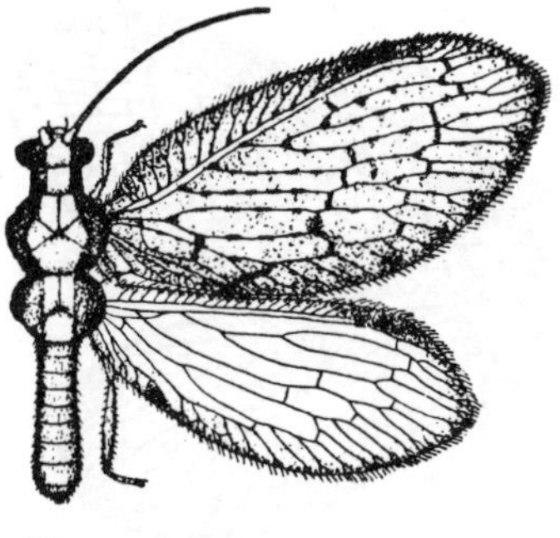

Fig. 621. ミヤマヒメカゲロウ（桑山）

ミドリヒメカゲロウ (*Notiobiella subolivacea* Nakahara), 本州と九州。ミヤマヒメカゲロウ(*Hemerobius humuli* Linné) (Fig. 621) 北海道と本州, 欧洲, シベリヤ, 北米等に広く分布している。ホソバヒメカゲロウ (*Micromus novitius* Navás), 北海道, 本州, 九州及び樺太に分布している。アシマダラヒメカゲロウ (*Eumicromus maculatipes* Nakahara), 北海道, 本州, 九州産。マルバネヒメカゲロウ (*Ninguta deltoides* Navás), 北海道, 本州, 九州等に産し, 樺太とシベリヤとに分布している。エグリヒメカゲロウ (*Drepanopteryx phalaenoides* Linné), 北海道, 九州に産し, 欧洲に普通。

205. クサカゲロウ（草蜻蛉）科

Fam. Chrysopidae Hagen 1866

Golden Eyes, Green Lacewings, Stink Flies 等と称えられ, ドイツでは Goldaugen, Florfliegen, フランスでは Chrysophes 等とよんでいる。小形乃至中庸大（翅の開張31〜65mm）で脆弱, 帯黄色や灰色または緑色で自然界に於ける最も美麗なものの１つで, ある種類では黒色や褐色や橙黄色や赤色や紫赤色や黄色等の斑紋を有し, 翅は全体透明かまたは灰色。頭部は小形, 触角は糸状で屢々体より長い。複眼は光彩や虹彩ある黄金色で大きく左右広く離れ, 単眼はない。口器は脈翅目の正常型で, 上唇は微かに凹むかしからず。翅は形状と構造とが同様, 後翅は前翅より幾分小さく, 一般に透明であるがあるものでは暈部を有し, 翅頂は円く, 前縁室の横脈は30本より少ない。

ある種の成虫は攻撃的臭気を出す腺を有し, Stink flies の名を生じている。飛翔は弱く不規律で一般に短距離なれど, ある種類では強く且つ速力が早いものも認められている。屢々燈火に飛来する性を有する。成虫は幼虫同様小昆虫やダニ等を食する。しかし彼れ等は食餌を求めるのに念心ではなく, 産卵個処の適当な場所を撰択するのに専念している。卵は植物やその他の物体上に個々に甚だ細長い柄にて産下されるかまたは各々の柄が束となつて群産せしめられ, ある種類の如きは柄束上端に放射状に卵子が位置するように産下されている。幼虫(Fig. 622) が卵から孵化する際に卵殻上に一時静止し然る後に柄を下つて活潑な捕食性を發揮する。第１令虫はその食餌追撃に向つて, 強靱で弾力性のある且つ時に有棘の皮膚を与えられ, 短い太い脚（それは強爪の１対と長いラッパ状の爪間盤とを具え）と長い鋭い鎌状の大顋及び小顋とが附与され, 更に貪慾の食慾と大胆な本能とを有する。彼れ等は主として生きている蚜虫を食し, ために Aphis lions の名が附けられている。１幼虫が300〜400の蚜虫を食する事が認められている。しかし更に浮塵子や木蝨や介殻虫やダニ類やクモの若虫や卵や蛾や蝶や甲虫や葉蜂等の小さい幼虫や等を捕食し, 実際に於いては殆んど如何なる微小動物でも鋏状の顋を以て殺す事が出来る。いきにえの体は刺され, 体液が速かに吸収されるのである。ある種類は幼虫の背面に板状の被物を塵芥やその他のもので構成して附着せしめている。老熟すると樹木のはがれがかつている皮の下やその他に楕円形あるいは球形の強靱な密につむかれた滑かなシンジユようでしかも屢々昆虫の卵と誤られるような繭を構成しその中に蛹化する。

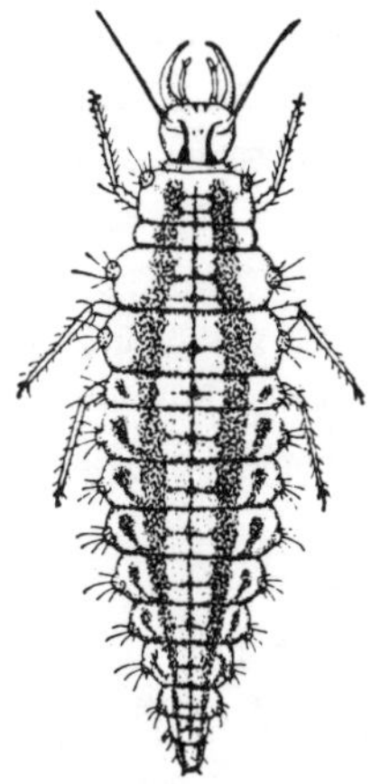

Fig. 622. クサカゲロウ１種の幼虫 (*Chrysops vulgaris*) (Withycombe)

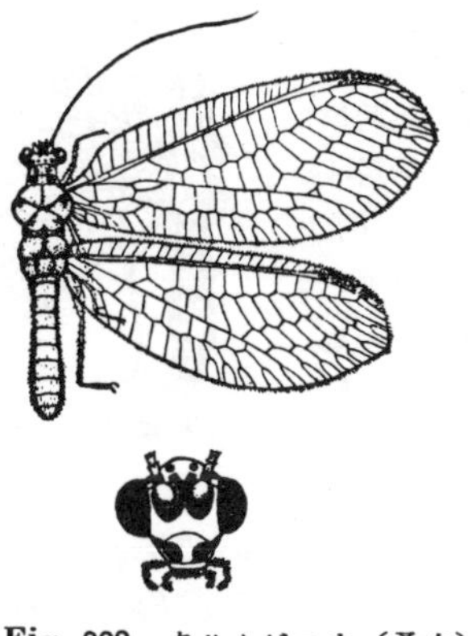

Fig. 623. クサカゲロウ（桑山）

クサカゲロウ科は大きな科で, 25属420種円外が主に世界の温帯地に産し且つ各大陸に分布している。尤もニユージーランドには発見されていない。*Chrysopa* Leach, *Nothochrysa* MacLachlan, *Leucochrysa* MacLachlan, *Allochrysa* Banks, *Meleoma* Fitch, *Eremochrysa* Banks その他が重要な属で, 本部からは *Nothochrysa*, *Nineta*, *Chrysotropia*, *Chrysopa*, 等の属が発見されている。セアカクサカゲロウ (*Nothochrysa japonica* MacLachlan) は本邦中部以南から台

湾迄分布し，体長11〜13mm，翅の開張35mm内外の美麗種である。ホシクサカゲロウ（*Nineta vittata* Wesmael）は北海道と九州とに発見され，樺太と欧州とに分布し，体長15〜20mm，翅の開張40〜50mm。クサカゲロウ（*Chrysopa intima* MacLachlan）(Fig. 623）は北海道と本州とに産し，樺太及びシベリアに分布し，山地に普通で，体長10mm内外，翅の開張26〜34mm。ムモンクサカゲロウ（*Chrysotropia japonica* Nakahara）は本州と北海道とに分布し，体長10mm内外，翅の開張25〜30mm。

206. ケカゲロウ（毛蜻蛉）科

Fam. Berothidae Handlirsch 1908

Beaded Lacewings と称えられ，小さく細形，触角は糸状，単眼を欠き，翅は種々な形状で有毛しかも屢々雌の主な翅脈上に特別な種子状の鱗片を装うている。*Spermophorella* 属の卵は長く，*Chrysopa* の卵のように細柄を有する。その幼虫は群棲でシミ型で短かい直線の大顎と小顎とを具えている。*Spermophorella disseminata* Tillyard の幼虫はニューサウスウェールスで砂岩洞穴中に生棲し，そこに生ずるコケの上に生活している鱗翅目の幼虫を捕食している事が知られている。

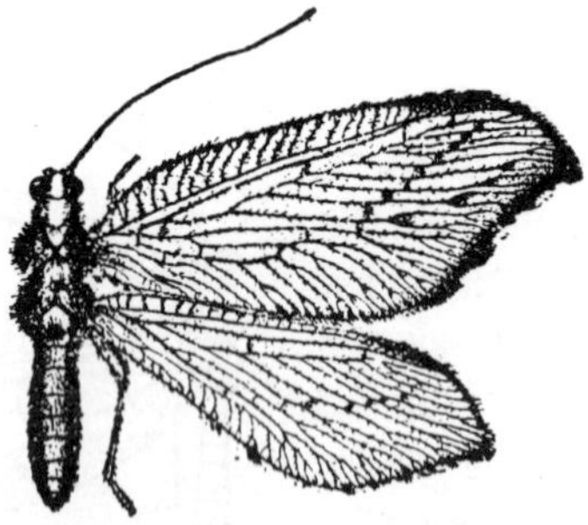

Fig. 624. ケカゲロウ（桑山）

小さな科で約10属30種がアジア，アフリカ，濠州，ニュージーランド及び北米に分産し，*Berotha* Walker はインド，マレーに，*Cycloberotha* Tillyard と *Spermophorella* Tillyard とは濠州に，*Lomamyia* Banks は北米に産する。本部からはケカゲロウ（*Acroberotha okamotonis* Nakahara）(Fig. 624）が発見されている。この種は本州と九州とに産し，体長10mm内外，翅の開張25mm内外。頭部は黄色，胸背は暗褐色で中央に暗黄色の1縦帯を有し，腹部は暗褐色，胸部と腹部とに多数の長毛を装い，翅は透明で周縁と翅脈上は多毛。成虫は8月に最も多い。

207. クシヒゲカゲロウ（櫛鬚蜻蛉）科

Fam. Dilaridae Handlirsch 1906

Pleasing Lacewings と称えられ，小形，翅の縦脈と横脈とは周縁にて多数の支脈に分かれ，単眼は3個で突出し顆瘤状，雄の触角は櫛歯状，雌は突出せる産卵管を具えている。

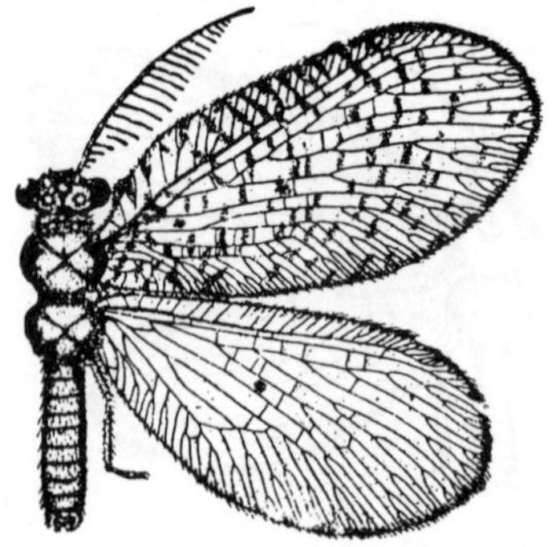

Fig. 625. クシヒゲカゲロウ（桑山）

小さな科て欧州，アジア，北米及びマレー，アフリカ等に産し，6属30種類が発見されている。主な属は *Dilar* Rambur, *Lider* Navás, *Nepal* Navás 等で，本邦からはクシヒゲカゲロウ（*Dilar japonicus* MacLachlan）が知られている。この種(Fig. 625）は本州と九州とに産し稀種で，体長7.5mm内外，翅の開張25mm内外，褐色乃至黄褐色で同色の毛を装い，翅の斑紋は淡褐色。なおこの種の変種としてヒメクシヒゲカゲロウ（var. *gracilis* Kuwayama）が産する。

208. アミメカゲロウ（網目蜻蛉）科

Fam. Apochrysidae Brues et Melander 1910

Fragile Lacewings と称えられ，甚だ小さな科で濠州，パプア，東インド諸島及びアジアに限られて産する。甚だ脆弱で，後翅は前翅より大形，触角は糸状，翅の前縁部は40以上の横脈を有する。*Apochrysa* Schneider が代表的な属で，東濠州からは *Oligochrysa gracilis* E. Petersen が発見され，本邦からはアミメカゲロウ（*Nacaura matsumurae* Okamoto）(Fig. 626）が見出されている。この種は本州と九州とに産し，体長12〜16mm，翅の開張45mm内外，黄白乃至黄緑色，翅は透明で淡黄緑色の脈を有し，前翅中央の小紋は黒褐色。8〜11月に森林にて採集されている。

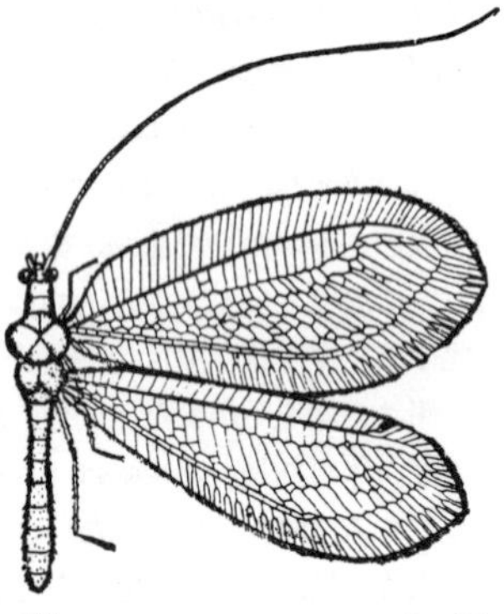

Fig. 626. アミメカゲロウ（桑山）

209. キヌバカゲロウ（絹翅蜻蛉）科

Fam. Psychopsidae Handlirsch 1908

Silk lacewinge と称えられ，大形で美麗な蛾様の屢々顕著な色彩を有する。頭部は扁平で前翅の基部にて被われ，触角は短かく棘毛状。翅は幅広く，幅広の前縁室を有し同室は3本の平行せる且つ翅端に達していない縦脈によって区割されている。成虫は夕刻から夜間にかけて活動する。*Psychopsis* 属の卵は楕円形で淡黄緑色，精孔突起を具え，側面にて物体上に1個またはより多数が産下される。幼虫は長く扁平で，帯白色微毛を装うために灰色を呈し，顎は大きく鎌状。樹皮下に棲息し他の昆虫を捕食している。老熟するとクサカゲロウ同様のシンジュようの大きな球形繭を構成してその中に蛹化する。世界から約8属20種が発見され，濠州とアジアと南阿に産し，化石は三畳紀に既に発見され，濠州やインドや支那やアフリカ等に発見されている。優勢な属は *Psychopsis* Newman で，台湾からタイワンキヌバカゲロウ（*Psychopsis formosa* Kuwayama）（Fig. 627）が知られ，8月に山間地帯にて採集されるが稀種である。

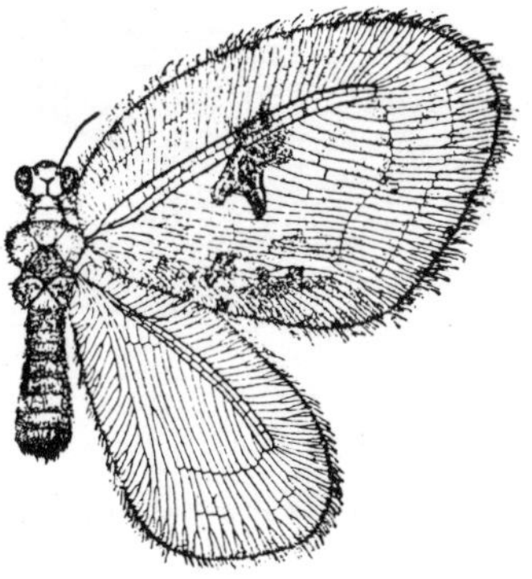

Fig. 627. タイワンキヌバカゲロウ（桑山）

210. カマキリモドキ（擬螳螂）科

Fam. Mantispidae Westwood 1840

False Mantids や Mantispids と称えられ，ドイツでは Fanghaften, フランスでは Mantispidés とよんでいる。中庸大，カマキリによく似ていて，その捕食性や前脚の使用方法やその他一般的の習性が全く等しい。頭部は長さより幅広く，複眼は大形で半球形，単眼はなく，触角は短かい棘毛状。前胸は非常に長く，前脚はその前方から生じている。2対の翅は同様でむしろ細く，翅脈は幾分クサカゲロウ科のものに類似している。

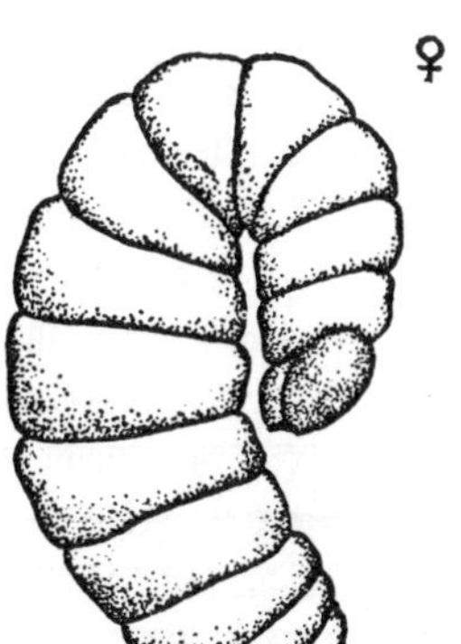

Fig. 628. カマキリモドキ幼虫（後期）（木下）

成虫は甚だ稀れで，決して多数に採集される事がなく，草木の種々な型に棲息し，食餌たる昆虫の到来を待つている。卵は白色かまたは帯赤色で，滑かで楕円形，1個の扁平な精孔突起を具え，卵の長さの約2倍の長さの柄にささえられ，塊状に産下され，色彩を除くとある苔の生産体に幾分似ている。幼虫は2型を有し，第1令虫はシミ型で方形に近い頭部を具え，触角は3～5節，大顎と小顎とは短かく直線，下唇鬚は3節または7節，脚は2爪と1爪間盤とを具えている。この幼い幼虫は活潑に食を求め廻るが，一度 *Lycosa* クモの卵嚢または *Polybia* 蜂の巣等の中に適当な食物を見出すとその中にあつて第2令と後令との間寄生して太く蠕虫型（Fig. 628）とをり白色の地虫に似る。しかし頭部は小さく脚は消失している。老熟すると繭を構成しその内で最後の幼虫脱皮殻の中に蛹化する。

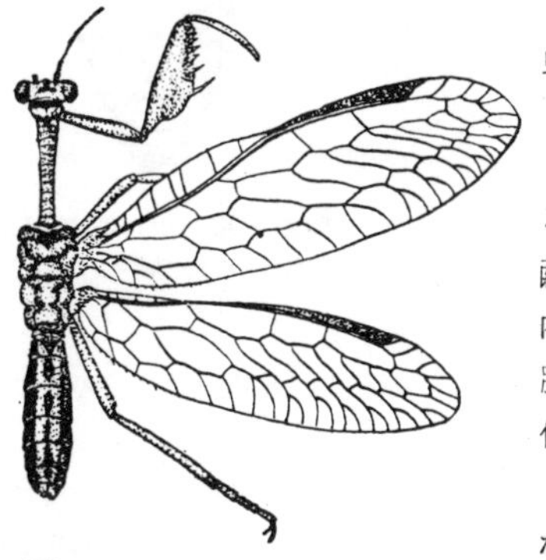

Fig. 629. ヒメカマキリモドキ（岡本）

約15属170種が世界に分産し，*Mantispa* Illiger, *Symphrasis* Hagen, *Drapaniscus* Blanchard, *Trichoscelia* Westwood その他が代表的な属である。本邦産としてはつぎの3種が代表的である。

ヒメカマキリモドキ（*Mantispa japonica* MacLachlan）（Fig. 629）は体8～14mm, 翅の開張20～28mm, 本州，四国，九州等に産し，朝鮮からも発見されている。カマキリモドキ（*Eumantispa harmandi* Navás）は体長14～23mm, 翅の開張35～48mm, 本州，四国，九州に最も普通の種類で，前種同様朝鮮にも産する。オオカマキリモドキ（*Climaciella magna* Miyake）は体長25mm 内外，前翅の開張55～60mm, 最大のもので九州のみに発見されている。

薄翅蜻蛉上科

Superfamily *Myrmeleontoidea* Banks 1901

211. ウスバカゲロウ（薄翅蜻蛉）科

Fam. Myrmeleontidae Burmeister 1829

Ant Lions, Ant Lion Flies, Myrmeleontids, Doodle Bugs 等と称えられ，ドイツの Ameisenjungfern とフランスの Fourmilions とがこれである。細長い翅と体とを有するので多少トンボ類に似て，一般に部分的に微毛を装い，触角は短かく棍棒状かまたは溝彫を有し，翅は前後共に等形等大で且つ同様な翅脈を有し屡々斑紋付けられ，末端の方に正常な長室を有し，明瞭な縁紋部を欠いている。

成虫は普通夕暮に飛翔するが，暗い曇天にはよく飛び立つ。幼虫（Fig. 630）は成虫よりも一般によく知られていて，Doodle bugs や Ant lions と称えられ，本邦のアリジゴクである。体は大きく脹れ有毛，頭部は小さく，大顎は大形で3歯を具え鎌状，脚は強く後脚の脛節と跗節とが癒合して寄形となつている。彼れ等は漏斗状の砂孔の底にうづまつて棲息し，その穴の中に食餌動物のすべり落ちるのを忍耐強く待つている。これ等の穴は幼虫の令によつて大きさに変化があり，しかして個々に分散している場合と数個または多数の群となつて存在している場合とがある。それ等の存在する個処は石や丸太や樹木や切株や他の物体によつて覆われている砂地または暗処が最も適当しているようである。ある種類では斯かる穴を構成することなく，単に砂や塵芥や落葉や石や汚物等の下に隠れて棲息している。またある種類では樹幹を土にて覆いその中に棲息している。食物は蟻で多数を捕食しているが，アリジゴクの多数は棲息している処でも蟻が少数となることがない。老熟すると砂中やまたは他の隠所に球状の繭を構成してその中に蛹化する。卵は殆んど球形で2個の精孔部を具え，砂中やその他の個所に産下される。

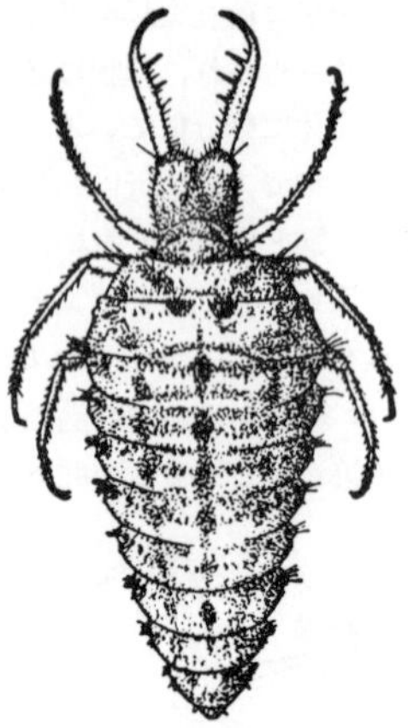

Fig. 630. ホシウスバカゲロウの幼虫（木下）（アリジゴク）

優勢な科で，世界より少くとも40属650種程発見され，主に熱帯と亜熱帯に多いが温帯にも少くない。欧州，アジア，アフリカ，濠州，ニュージーランド，南北両米等に広く分布している。*Palpares* Rambur, *Myrmeleon* Linné, *Glenurus* Hagen, *Formicaleo* Leach, *Acanthaclisis* Rambur, *Brachynemurus* Hagen, *Creagris* Hagen, *Macronemurus* Costa その他が代表的な属である。本邦産の代表的なものはつぎのような種類である。

モイワウスバカゲロウ（*Epacanthaclisis moiwasana* Okamoto）は黒褐色で体長35mm 内外，翅の開張75〜80mm で，北海道と本州とに産する。オオウスバカゲロウ（*Acanthaclisis japonica* MacLachlan）は黒色で体長45mm 内外，翅の開張115mm 内外，本邦全土の他に朝鮮にも産する。コウスバカゲロウ（*Myrmeleon formicarius* Linné）（Fig. 631）は黒色で，体長25〜35mm 翅の開張55〜80mm，本邦全土の他に旧北洲全体に分布して，最も普通な種類である。ウスバカゲロウ（*Hagenomyia micans* MacLachlan）は大体暗褐色，体長35mm 内外，翅の開張75〜80mm，やはり普通種で，本邦全土の他に朝鮮，沖縄，台湾等に分布している。カスリウスバカゲロウ（*Distoleon tetragramicus* Fabricius）は大体黒色，体長35〜37mm，翅の開張75〜90mm，北海道，本州，九州，朝鮮，中国，シベリヤ，欧洲等に分布している。ヒメウスバカゲロウ（*Creagris matsuokae* Okamoto）は頭部黄色，胸部暗褐，腹部黒色で，体長30 mm 内外，翅の開張約50mm 内外，本州と九州とに産し沖縄にも発見されている。ホシウスバカゲロウ（*Glenuroides japonicus* MacLachlan）は暗褐色，体長30〜35mm，翅の開張65〜80mm，本邦全土の他に朝鮮と台湾とに発見されている。マダラウスバカゲロウ（*Dendroleon pupillaris* Gerstaecker）は淡黄褐色，体長30mm 内外，翅の開張60mm 内外，本州と九州とに産する。

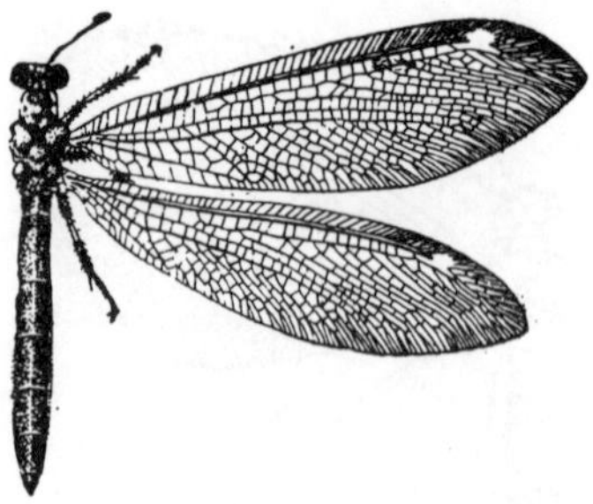

Fig. 631. コウスバカゲロウ（岡本）

212. ツノトンボ（角蜻蛉）科
Fam. Ascalaphidae Schneider 1845

Ascalaphus Flies や Owl Flies 等と称えられ，ドイツの Schmetterlingshaften やフランスの Ascalaphidés 等がこの科の俗称である。頭部は長い細毛にて被われ，体の他の部分はより短かい毛を装う。触角は糸状で末端棍棒状となり，前翅と殆んど等長かまたはより長い。複眼は大形で，各上部はあだかも1溝にて区分されているかの如く下方部を覆うている。翅は屢々部分的に着色され，後翅は前翅より短かいが幅広，無数の翅脈を有し，末端部は不規則な多数の小室を具え，縁紋は小形。むしろ大形でトンボ状を呈し，体長40〜50mm に達する。ある種類は早い飛行性を有するが，大部分の種類はおそく且つ不規律な飛翔をなす。静止の際には翅が微かにぶらさがりまた1部特徴ある姿勢に閉ざされる。彼れ等は日中または夜間に飛びながら食餌を捕える。雄は鋏子様の把握器の1対を尾端に具えている。ある類種は強い特徴ある臭気を持つている。卵は淡黄色か帯灰色か帯褐色で，表面滑かで長い円筒状かまたは殆んど球状に近く，甚だ小さな2個の精孔突起を具え，草や他の植物の茎に1列または2列に産下されている。

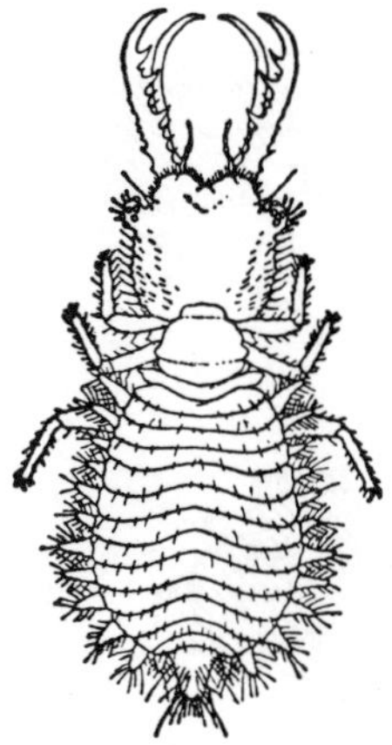

Fig. 632. ツノトンボ幼虫（木下）

幼虫（Fig. 632）は近似種即ちアリヂゴクと異なり，頭部は頸部を受けるために後部が深く入りこみ，背面と側部にそい顕著な顆瘤の数列を具え，且つラッパ状の棘毛（Dolichasters）と複雑な鱗片とがある。大顋は有歯で，著しく変曲し，甚だ鋭い。脚の脛節と跗節とは部分的かまたは全部癒合している。かれ等は植物上や石の下や汚物の下等に生活し，食餌を待伏せしている。老熟すると幼虫の棲息個所に絹糸繭を造営してその中に蛹化する。

大きな科で少くとも50属210種が発見され，大陸の凡てに分布している。*Ascalaphus* Fabricius, *Neuroptynx* MacLachlan, *Ululodes* Currie, *Colobopterus* Rambur, *Acomonotus* MacLachlan, *Suhpalacsa* Lefebure, *Ulula* Rambur, *Pseudoptynx* Weele, *Hybris* Lefebure 等が代表的な属である。本邦産としてはつぎの3種が代表的なものである。

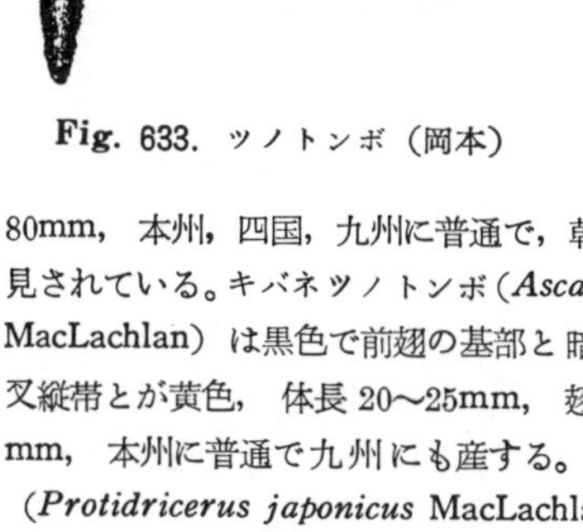

Fig. 633. ツノトンボ（岡本）

ツノトンボ（*Hybris subjacens* Walker）（Fig. 633）は翅の開張70～80mm，本州，四国，九州に普通で，朝鮮や台湾にも発見されている。キバネツノトンボ（*Ascalaphus ramburi* MacLachlan）は黒色で前翅の基部と暗褐色の後翅の分叉縦帯とが黄色，体長20～25mm，翅の開張50～60mm，本州に普通で九州にも産する。オオツノトンボ（*Protidricerus japonicus* MacLachlan）は体長22～25mm，翅の開張70～85mm，本州と九州とに産する。何れも成虫は他虫を捕食している。

XXVI　長　翅　目

Order *Mecoptera* Comstock 1895 Fig. 634

1886年に Packard が *Mecaptera* なる名を創設したものを Comstock によつて上記の如く変化せしめられ，その後今日まで多数の学者によつてそれが採用されている。しかし *Panorpatae* Latreille (1802)，*Panorpida* Leach (1815)，*Panorpacea* Burmeister (1829)，*Panorpina* Stephens (1829) 等の名が附けられてあつた。Scorpionflies と称え，ドイツの Schnabelfliegen，フランスの Monches-scorpions がこれである。

小形乃至中庸大，細く，咀嚼口を具えている捕食性の昆虫で，完全変態を行う。頭部は一般に非常に長く垂直に位置し，触角は長く糸状で多節，複眼は大きく左右広く離れ，単眼は3個かまたは無い。脚は細長いが強く，翅は2対で形状と大きさと翅脈とが等しく，静止の際には平たくか屋根形に保たれ，痕跡的なものやないものがある。雄の外部生殖器は球茎状かまたは不明瞭，尾毛は短かく1節または2節。幼虫は蠋虫型で青虫状，脚は3対，擬脚はないものや4～9対。

外形態

大きさは先ず中庸大乃至大形。形状は細長く，円筒形かまたは微かに側扁している。外骨骼は脆弱かまたは革質で強靱，一般に滑かで無毛。色彩は隠色かまたは鮮明，翅は屢々斑紋を有する。頭部は下口式で正常かまたは非常に延びて嘴状となり，複眼は大形で左右著しく離れ，単眼は普通3個で三角形に位置し，また無いものもある。触角は糸状で長く多節(16～20または40～50節)。口器は頭楯と下顴と下唇及び小顋の基部との各延長からなる嘴の末端に位置しむしろ小さいが強く，大顋は細長く1～3歯を具え，小顋は正常で有毛の内葉及び外葉と5節の鬚とからなり，下唇は亜基節が非常に長く基節が短かく唇舌はなく，下唇鬚は1～3節からなるかあるいは単に葉片になつている。胸部は自由で，前胸は甚少，中胸と後胸とは亜等形。脚は正常乃至甚だ細長，基節は長く，脛節は端距棘を具え，跗節は5節，爪は1対または1本で有歯かまたは櫛歯状かあるいは簡単。翅はないか痕跡的か完全に2対があつて，屋根形かまたは平たく保たれ，大きさと形状と翅脈とが等しく，細く，縁紋は一般に存在し，横脈を有し，縦脈には太毛を生じ，翅面に微毛を装う。腹部は殆んど円筒状で10節，背板と腹板と側膜とが明瞭。シリアゲムシ科の雄は第7と第8更に多くは第6節も背腹板が癒着して筒状となつている。雄の外部生殖器はシリアゲムシ科では第9節が著しく膨大し，把握器は2節からなりその基節は膨大し基部で左右癒着し端節は鋏子と称えられている。挿入器は1対の器官の癒合せるもので，形状様々で複雑となり背側に1対の突起がある。交尾鈎（Parameres）はときによく発達

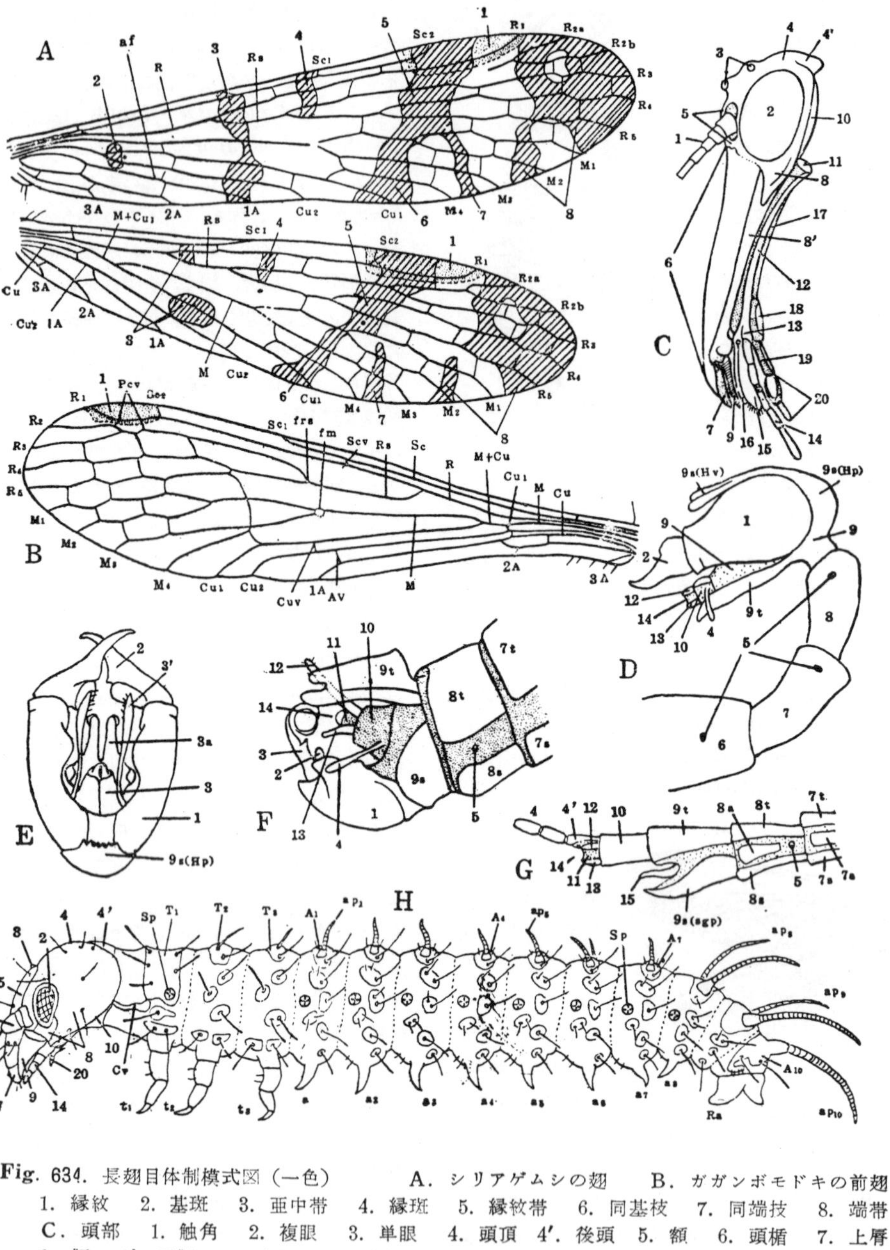

Fig. 634. 長翅目体制模式図（一色）　A. シリアゲムシの翅　B. ガガンボモドキの前翅　1. 縁紋　2. 基斑　3. 亜中帯　4. 縁斑　5. 縁紋帯　6. 同基枝　7. 同端技　8. 端帯　C. 頭部　1. 触角　2. 複眼　3. 単眼　4. 頭頂　4′. 後頭　5. 額　6. 頭楯　7. 上唇　8. 顴　8′. 亜顴　9. 大顎　10. 後顴　11〜16. 小顎—11. 軸節　12. 蝶鉸節　13. 担鬚節　14. 小顎鬚　15. 外葉　16. 内葉　17〜20. 下脣—17. 後基節　18. 前基節　19. 生鬚節　20. 下脣鬚　D. シリアゲムシ雄の腹部末端部　E. 同第9腹板腹面　F. ガガンボモドキ雄の腹部末端部　G. シリアゲムシ雌の腹部末端部　1. 把握器基節　2. 同端節　3. 挿入器　3a. 同背腕　3b. 交尾鉤（櫟器）4. 尾毛　4′. 生尾毛節　5. 気門　6〜11. 第6乃至11腹節—7s〜9s, 第7乃至9腹板—雄の9s (Hp), 下突起—雌の9s (sgp) 亜生殖板, 7t〜9t 第7乃至第9背板—雄の9t 前肛上板　12. 肛背突起　13. 肛腹突起　14. 肛門　15. 中突起　H. シリアゲムシ幼虫—数字で現わせるものはC図と同じ　A_1〜A_{10}. 腹部背楯　a_1〜a_8. 第1乃至第8腹節擬脚　ap_1〜ap_{10}. 多輪突起　Cv. 頸側節片　Ra. 収縮し得る尾脚　Sp. 気門　T_1〜T_3. 胸部背楯　t_1〜t_3. 胸脚

し雑多な形状となつている。第9節は背板と腹板とが基部に癒合し先端は分かれ，腹板は把握器基節の腹面に伸び叉状となり，これを下突起即ち下附属器と呼び，背板は第10背板を覆い前肛下板即ち下附属器と称する。ガガンボモドキ科の雄は第9節背板が独立の上附属器となり，腹板が把握器と接し，把握器基節は左右癒着し端節は痕跡的，挿入器はその基部以外糸状となり，末端節の背板と腹板とは後方に突出し夫々肛背突起（肛門管背片）と肛腹突起（腹片）と称える。シリアゲムシ科の雌は第7節から細くなり産卵官の役をも司る。尾毛は雄では簡単で雌では2節，しかしガガンボモドキ科では小突起となつている。気門は胸部に2対，腹部に6対か7対かまたは8対ある。

幼虫は蠋虫型で鱗翅目の幼虫に類似し屢々C形を呈し，皮膚は薄く且つ軟弱，白色または淡色。*Panorpa* の複眼は完全で20〜28個の小眼からなり，単眼は額の上端に1個存在する。触角は *Panorpa* では4節，小顋鬚は4節（*Panorpa*），下唇鬚は3節。脚は3対で何れも4節からなり，腹部は10節で，第1〜8節に円錐形の擬脚を第10節に尾脚を具えている。

内形態

消食系は比較的簡単，消食管は殆んど直線の管で後腸に回転部があり，咽喉は短かく細く2個所で太まり前胃ようの器管が内面棘毛を装い，唾液腺は1対で管状，マルピギー氏管は6本。循環系は正常。呼吸系は胸部の2対と腹部の8対との気門より起り，よく発達した気管系を具えている。神経系は正常の頭部神経の他に胸部に3個腹部に6個の神経球を有する。雄の生殖系は1対の睾丸を有し，各々が3小胞からなり，輸精管は多く回転し，各管は別々に開口し，1対の附属腺が中央の貯精嚢に開口している。雌の生殖系は10〜25個の交互栄養室型の卵巣小管からなる1対の卵巣を有し，各輸卵管は癒合して総輸卵管となり生殖腔に開口しそこに受精嚢からの管を受入し，第9腹板に開口している。

年1回の発生で，成虫は4〜8月に出現する。しかし *Panorpa* 属のものには2回発生のものもあつて9月に現われる。シリアゲムシは前蛹期間が甚だ長く，この時代で越冬するが，ガガンボモドキでは卵期間が長くそのまま越年する。幼虫の成長期間は1ケ月位で蛹期間は10〜20日間。シリアゲムシは卵期間が10内外で成虫は1カ月余の寿命を有する。シリアゲムシの成虫は林辺の下生の葉上に止まり，雄は尾端を背上に折り曲げ，翅は屋根形にあるいは腹部の両側に扁たく保つが何れの場合でも前後両翅を全く重ねている。食物を見出したときや雄が雌を見出したときや雌が産卵せんとするとき等何れの場合でも翅を繰返し動かす性を有する。飛力弱く危難に逢うと草間や落葉下に潜る。シリアゲモドキは飛力やや強く日没前頃活潑に活動する。食物は節足動物，軟体動物，蠕形動物の屍や植物体の軟い部分や茸等である。卵は地中浅く塊状に産下される。幼虫は地表直下に孔道を穿ち頭を地表に現わして静止し，虫類の屍や鳥糞等を食し，老熟すると土中に土室を造りその中で休眠し，後そのまま蛹化する。蛹は裸蛹で羽化前に地表に出る。ガガンボモドキ科のものは森林下生の枝に前脚で懸垂し，体を振動しつつあるいは飛び，飛翔中の小昆虫を中脚と後脚との先で捕獲する。夕刻によく飛び廻る。卵は地表に産下され，幼虫は地面上でシアゲムシ科同様の食物をとつている。一般的にはこの目の成虫と幼虫とは食肉性で食屍であると考えられているが，ある成虫は花蜜や花瓣や果実や苔等を食する事が記述されている。

この目の昆虫は最も特徴あるもので且つ最も同似の類である。濠洲産の原始的の2科即ち *Choristidae* と *Nannochoristidae* とを除いては特徴ある嘴状の頭を具えている事によつて一見して他の近似する脈翅的な昆虫から区別する事が出来，且つ翅が斑紋付けられ腹端が膨大している事によつても認められ得る。凡て陸棲であるが *Nannochoristidae* の幼虫は水棲であると考えられている。約20属310種が知られ，その3/4は亜熱帯と温帯とに産し，残りは熱帯に発見されている。大体東アジアから65種，アフリカから19，濠洲とニュージーランドから13，欧洲から30，インドマレーから20，中部米国から10，北米から30，南米から15種が発見されている。化石としては古いものに，カンサスの下二畳紀に *Choristidae* 科のものが発見され，これが完変態昆虫の最古のものである。*Paramecoptera* Tillyard 目は濠洲に普通で現存のものの *Meropidae* 科を包含しているもので，鱗翅目と毛翅目とに関係を有するものであると認められている。現存の *Bittacus* と *Panorpa* とは欧洲の第三紀コハク層から発見されている。現存種は次の如き科に分類する事が出来る。

1．単眼がある……………………………………………2
　単眼がない（*Merope* Newman 新北洲）……………
　…………………Fam. *Meropidae* Handlirsch 1906
2．翅はよく発達している………………………………3
　翅はないかまたは痕跡的（*Boreus* Latreille, 全北洲）…………………Fam. *Boreidae* Stephens 1829
3．頭部は球状（*Nannochorista* Tillyard, 濠洲と南米, *Choristella* Tillyard, ニュージーランド）………
　……………………Fam. *Nannochoristidae* 1908
　頭部は延びている………………………………………4
4．翅は甚だ多数の小さな不規則な室を有し且つ小さな明瞭な臀部を具えている(*Notiothauma* MacLachlan, チリー) ……………………………………………………
……Fam. *Notiothaumidae* Brues et Melader 1932
翅は大部分線状の室を有し且つ明瞭な臀部を欠く…………………………………………………………………… 5
5. 頭部は僅かに延長し，雄の鬚は非常に大形 (*Chorista* Kluger, *Taeniochorista* E. Petersen, 濠洲)………………………Fam. *Choristidae* Tillyard 1926
頭部は非常に延長し，雄の鬚は脹れていない…… 6
6. 跗節は2爪を具えている………Fam. *Panorpidae*
跗節は1爪を具えている………Fam. *Bittacidae*

以上7科の中本邦からは次の2科が発見されている。

213. ガガンボモドキ(擬大蚊)科
Fam. Bittacidae Enderlein 1910

この科は Handlirsch の *Bittacusidae* (1906) で，むしろ細長い有翅型で長い頭部を有する。触角は細く前翅の約1/2長，下唇と大顎とは細長い。跗節の第4と第5節とは内縁に細い歯を具え，第5節がナイフの刀の如く第4節を閉ざし，爪は1本。翅は細く幾分有柄状で，ないものもある。腹部は細長く，雄の外生殖器は球茎状でない。

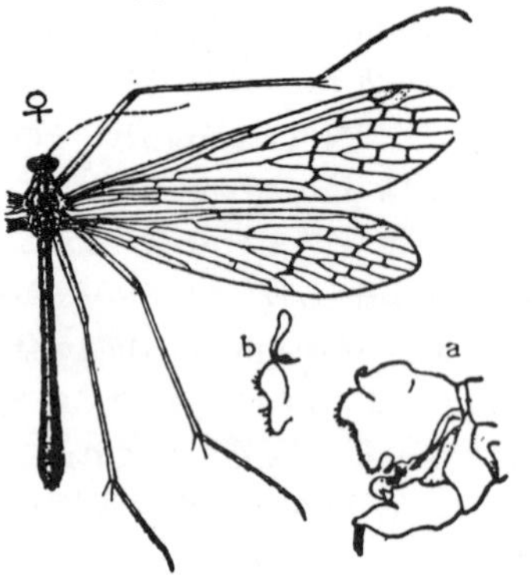

Fig. 635. クロヒゲガガンボモドキ雌(一色)
a. 雄尾端側面図
b. 前肛上板突起

成虫は草上に多く，ガガンボによく似ていて屢々共棲している。ある種類は前脚で懸垂し中後両脚を以て生きた小昆虫を捕えこれを食としている。世界から約70種が発見され，エチオピアと新北洲と新熱帯とに最も多く，旧北洲と東洋洲と濠洲とには比較的少い。世界共通の属は *Bittacus* Latreille で，濠洲特産は *Harpobittacus* で，新熱帯からは *Neobittacus* や *Kalobittacus* や *Pazius* 等が知られている。本邦からは *Bittacus* 属が発見され，クロヒゲガガンボモドキ (*Bittacus takaoensis* Miyake) (Fig. 635) が最も普通で，本州，四国，九州等の山地に産し，前翅の長さ 18～19mm，黒色種。

214. シリアゲムシ科(挙尾虫)
Fam. Panorpidae Samouelle 1819

True Scorpionflies で，細長い且つ屢々顕著な斑紋を有する翅を具え，雄は一般に球茎状の外部生殖節を有し，単眼は3個，1対の爪は簡単か又は櫛歯状。

成虫は種々な摂食習性を有し，食物は昆虫やダニや他の小動物で更に果実や花や他植物質である。既知の卵は楕円形で，土中に100以上の塊に産下される。幼虫は鱗翅目の幼虫に似て，頭部はよく発達し，3対の胸脚と一般に8対の腹脚を具えている。体は10腹節の各背面に棘状の突起を有し，後方に至るに従つて長くなつている。複眼はよく発達し，触角は4節，大顎は有歯，小顎鬚は4節，下唇鬚は3節，気門は9対で，前胸に1対他は第1～8腹環節に存存している。

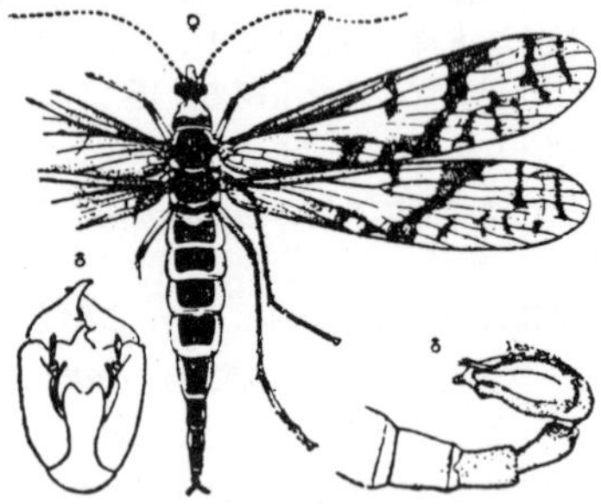

Fig. 636. ホソマダラシリアゲ (一色)

この科はかなり大きく5属140種が知られ，北半球とインド・マレー洲とに分布している。*Panorpa* Linné, *Neopanorpa* Weele, *Leptopanorpa* MacLachlan, *Panorpodes* MacLachlan 等が代表的な属で，本邦からは *Panorpa* と *Panorpodes* との2属が知られ，約20種が発見されている。スカシシリアゲモドモキ (*Panorpodes paradoxa* MacLachln) は嘴が短かく，雌雄にて特に翅の色彩が顕著に異なり，前翅の長14～18mm，本州，四国，九州の山地に普通。ホソマダラシリアゲ (*Panorpa multifasciaria* Miyake) (Fig. 636) は前翅の長さ13～15mm，黒色種，本州産。

XXVII 毛 翅 目
Order *Trichoptera* Kirby 1813

この目は最初 Linné (1758) によつて *Neuroptera* と共にまた Fabricius (1775) によつて *Synistata* と共は夫々分類されたもので，その後種々の名によつて発表されている。即ち *Phryganides* Latreille (1805), *Agnathes* Cuvier(1805), *Phryganites* Latreille(1810), *Placipennes* Latreille (1825), *Phryanina* Newman (1834), *Phryganidae* Kirby (1837), *Phryganeodea* Burmeister (1839), *Phryganaria* Haeckel (1896), *Irichopteros* Navás(1903), *Phryganoidea* Handlirsch (1903) 等の名が用いられた。Caddisflies, Cadises, Caddic flies, Caseflies, Water moths 等と称えられ，ドイツでは Frühlingsfliegen や Köcherfliegen，フラ

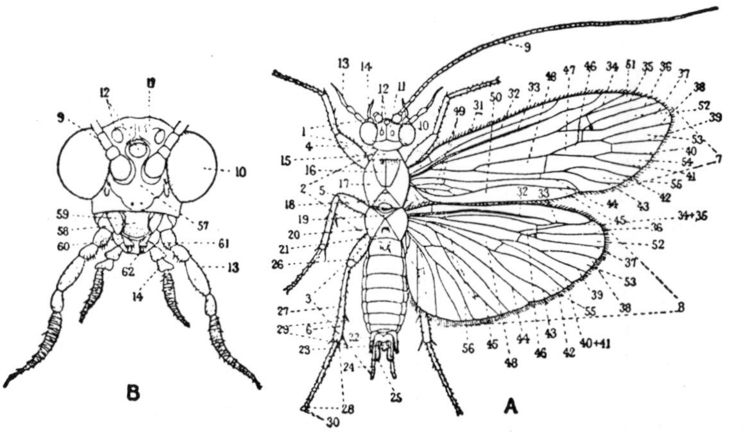

Fig. 637. 毛翅目の体制模式図（桑山）　A．全形　B．頭部前面　1．頭部　2．胸部　3．腹部　4．前脚　5．中脚　6．後脚　7．前翅　8．後翅　9．触角　10．複眼　11．頭頂　12．単眼　13．小顋鬚　14．下唇鬚　15．前胸背板　16．中胸前楯板　17．中胸楯板　18．中胸小楯板　19．後胸前楯板　20．後胸楯板　21．後胸後楯板　22．第9腹節　23．第10腹節　24．前尾附属器　25．生殖肢上片　26．腿節　27．脛節　28．跗節　29．距棘　30．爪　31．前縁脈　32．亜前縁脈　33．第1径脈　34．第2径脈　35．第3径脈　36．第4径脈　37．第5径脈　38．第1中脈　39．第2中脈　40．第3中脈　41．第4中脈　42．第1肘脈　43．第2肘脈　44．第1臀脈　45．第2臀脈　46．中央室　47．中室　48．鏡室　49．基室　50．後縁部　51．第1叉室（第2径室）　52．第2叉室（第4径室）　53．第3叉室（第1中室）　54．第4叉室（第3中室）　55．第5叉室（第1肘室）　56．第3臀脈　57．顔　58．上唇　59．大顋　60．下咽頭　61．小顋外葉　62．側舌

ンスでは Frigane 等とよんでいる。

小型乃至中庸大，日中や夜間活動し，弱い咀嚼口を有し，完変態。触角は長く糸状で多節。複眼はよく発達し，単眼は3個かまたはない。翅は2対で，毛及び鱗片を装い，多数の縦脈と少数の横脈とを具え，後翅は幅広で臀部を有し，両翅共に普通屋根形に畳まれる。脚はよく発達し歩行脚で，脛節は距棘を具え，跗節は5節。腹部は9～10節で1節又は2節の尾毛を具えている。幼虫は水棲，蠕虫型かシミ型で，前部は幾丁質化し且つ着色し，腹部末端に擬脚の1対または尾鉤（Caudal hooks）の1対を具えている。一般に巣室中に棲息し，その中で蛹化する。

外形態（Fig. 637）

種々な大きさで，脆弱な蛾様の昆虫。頭部は小さく且つ自由で，背面は平たいかまたは中高で，多くは数個の瘤状突起を有し，それから多数の毛を生じ，また頭全面から密毛が生じている事もある。複眼も大きく左右幅広く離れ，単眼は3個かまたはない。触角は長く糸状で多節，基部の数節は大形となつている。口器は僅かに発達し，上唇は短太かまたは稀れに非常に大形となり頭楯側片（Pilifers）は時に存在し，大顋はよく形成されているか痕跡的または殆んどなく，小顋鬚は5節で雄は5～4節または2節となり，末端節は時に多数節からなる。小顋外葉は小さいかなく内葉はなく，下咽頭はよく発達し，下唇鬚は3節。前胸背板は小さく，屢々2個の大きな瘤状突起を有しそれ等から毛を生じ，中胸背板は甚だ大形で多少とも毛を装い，後胸背板は中胸背板より短かく普通無毛。翅は2対で正常にあるがある種の雌では殆んど無翅に近く，ある種の雌雄の後翅は出来そこなつている。前翅は普通狭いが強靱，翅面と翅脈とに多数の毛を生じているのが普通であるが，甚だ少ないものもあり，更に鱗片を装うものもあり，翅垂片（Jugal lobe）や臀皺（Anal fold）は鉤にて前後翅が結ばれる。翅脈は原始的で多数の縦脈と少数の横脈とを有し，属や種によつて異なる事が屢々である且つ室には夫々特別な名が附けられている。脚は細長く疾走に適応し，基節はより長く，脛節は中距棘と端距棘とを具え，跗節は5節，爪は1対で爪間盤または1対の褥盤を具えている。脛節の距棘は属によつてまた各脚によつてその数を異にするもので，それ等を簡単に数字にて示すのが普通である。例えば1～3～4とあるは前脚に1端距棘，中脚に2端と1中距棘，後脚に2端と2中距棘とを具えている事を意味する。しかして前脚には稀れに距棘を欠くものがあるが他の脚には必ず存在する。腹部は10節，第5節は側方ポケットまた細突起に変化している事があり得，雌の第8節は亜生殖板を具え，雄の第9節は1～2節の尾毛または把握器と1対の側突起とを具え，第10節は非常に減退し1背突起と1対の前尾附属器（Preanal appendages）とを具えている。気門は胸部に2対と腹部に8対とがある。*Hydroptila* 属の雄には頭部の後方部に位置する香刷毛（Scent-brushes）と香鱗片（Scent-scales）とからなる精巧な器官がある。このものは多分血圧によつて反転され得る管かまたは膜に附着していて，使用されないときは頭内に引き込まれている器官である。

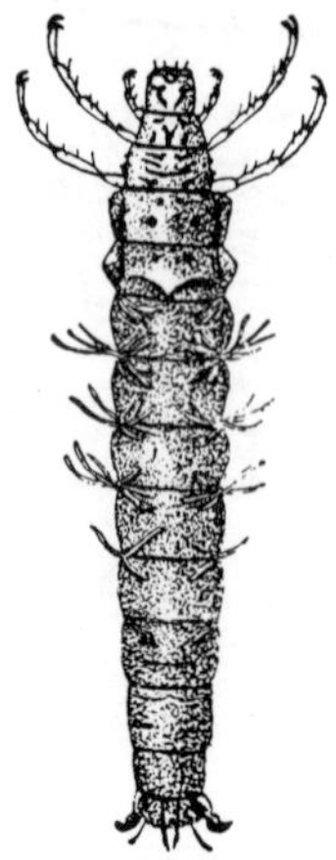

Fig. 638. 毛翅目 (*Anabolia*) の幼虫 (Imms)

幼虫 (Fig. 638)

蠕虫型かまたはシミ型，頭胸部は着色し且つ武装している。頭部はむしろ小形で，幾丁質化し，体軸と直線となつているかまたは下方に曲がり，複眼はなく，単眼は6個で小さな複眼のよううに密接した1群として存在し，触角は甚だ小さく棘毛状で4～5節からなり末端棘毛と2個の大きな感覚器とを具えているものとしからざるものとがある。口器は成虫より著しく強く，上唇は小さい幾丁質板で普通長さより幅広く5～6本の棘毛を装い，大顎は強く1～2個の切縁を有し多少歯状，小顋鬚は4～5節，下唇鬚は痕跡的で2節。前胸腹板は蠕虫型のある科では前胸腹角 (Prosternal horn) を具えている。脚は短太で縋りつき，匍匐且つ游泳に適応し毛と棘とを装い，基節は大且つ強，跗節は1節，爪は単節で長太で1歯または基棘を具えているかまたはしからず。腹部は裸体かまたは微かに有毛で，軟かい皮膚を有し，屢々幾丁質の背板を具え，第1節は中背突起と側突起を具え，末端節は1対の尾鈎または尾脚を具えそれ等によつて幼虫が巣室内にまたはある支持物に繋がれる。鰓は第1齢虫または2齢虫までとある種類では一生発達する事がなく，多くの場合には糸状の気管鰓が腹部の背面と側面と腹面とに列せられ各環節群として配列し，ある種類では尾端に血液鰓が具わつている。鰓のない種類は皮膚によつて呼吸が行われ，気門は凡の種類に存在しない。巣筒を構成する幼虫の大部分は腹部の両側に微弱な皮表の1縦皺を具え，その部分が微毛にて被われている。これが所謂側条 (Lateral lines) として知られているものである。

蠕虫型の幼虫は頭部が体軸と顕著な角度に位置し，円筒状の移動的巣筒を構成し，第1腹節に突起を具え，側条と気管鰓とを具えている。シミ型の幼虫は体が側扁し，頭部は体軸と一直線となり，移動巣筒は稀れに構成され，側条と第1腹節突起とがなく，気管鰓は稀れに存在する。

内形態

成虫の内形態は甚だ僅かに断片的にのみ知られている。消食管は比較的短かく，小さな胃と管状で微かに転廻せる腸と拡大せる直腸とからなり，マルピギー氏管は6本。絹糸腺は蛹化中に変化して唾液腺となる。神経系は頭球と3個の胸球と7個の腹球とからなる。睾丸は簡単な楕円形の嚢で，卵巣は多数の交互栄養室型の卵巣小管からなる。

幼虫の内形態はかなり充分研究されてある。消食管は口より肛門まで直線の管で，咽喉は筋肉質嗉嚢に続き後胃に連絡し，胃は最大部で後胸から第6腹環節まで延び，後腸は非常に短かく多少球状の2室に分かれ，マルピギー氏管は6本。唾液腺は2対で，1対は大顋節に他は小顋節に属している。絹糸腺は甚だ大形で，体の前方の大部分を占め，吐糸孔 (Spinneret) は下唇の前縁の中央に位置している。この腺のみが成虫にまでのこり唾液腺となるものである。更に Gilson 腺として知られている腺が胸部に多数の幼虫に存在している。この腺は ***Phryganea*** 属では胸部の各環節内に分岐せる管の1対からなり，その1対の管は結合して中腹線にある小管ようの突起によつて開口している (639)。***Limnophilus*** 属では前胸のみに1対の不分岐腺として存在している。この器管は排泄の附属器管であると考えられている。神経系は甚だ簡単で，頭球と3個の胸球と6～8個の腹球とからなる。呼吸は皮膚から行われるかまたは鰓によつて行われている。

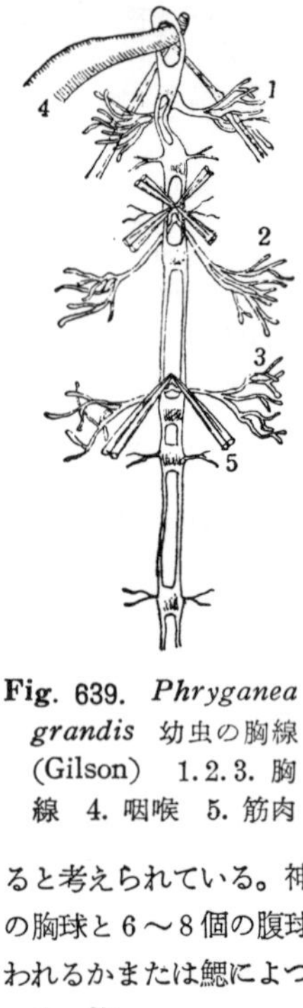

Fig. 639. ***Phryganea grandis*** 幼虫の胸線 (Gilson) 1.2.3. 胸線 4. 咽喉 5. 筋肉

生　態

毛翅目の早い期間は殆んど例外なしに水棲で，1，2種は塩水内で発育する。尤も ***Enoicyla*** 属の幼虫は陸棲で，森林中の樹木の基部に生ずる蘚苔内に生活している。卵は水中に水生植物上にまたは水面上に懸垂している樹木上にときに水から離れた処にも産下される。卵はぬれると直ちに膨脹する粘液体から被われて塊として産下される。幼虫は Caddis worms として知られ周知のもので，多数の種類は住家として巣筒又は覆物を構成する。それ等の構造は絹糸で種々なものを附着せしめ，普通筒状で両端開口し，前方の口は幅広く，そこから頭部と脚とが出され，後方の口は普通より小形で屢々有孔の絹糸板で閉ざされている。規則として幼虫は腹部にて波動運動を行い，それによつて水の流れが体に接触して生

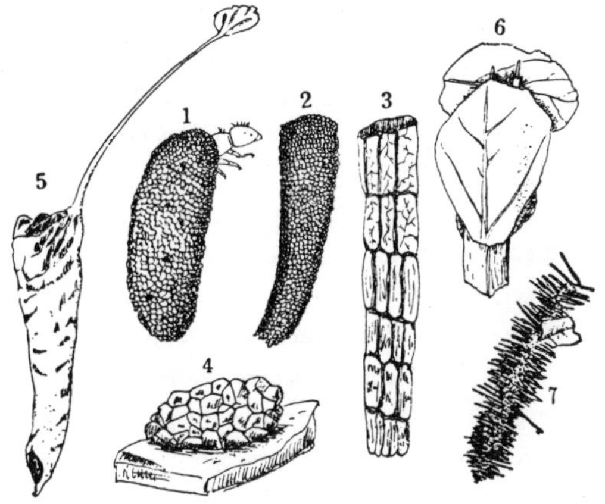

Fig. 640. 毛翅目幼虫の巣筒
1. *Hydroptila* (Klapalek)　2. *Odontocerum*
3. *Phryganea*　4. *Hydropsyche* 蛹の被蓋（以上 Imms）　5. キタガミトビケラ　6. エグリトビケラ　7. マルバネトビケラ（以上　津田）

じ巣筒の後口から流出するようになるものである。幼虫は尾端の1対の把握鈎を持つて巣筒にしつかりひつかかり匍匐の際に巣筒を引きずる事が出来るのである。この巣筒の構造は非常に種類が多く（Fig. 640），その形状と構成物体とがある場合に種や属や科等の特徴となつている。その構成物体は水中に見出され得る殆んど凡てのものが使用され，葉や葉の切片や茎の切片や藁切や小棒切やその他のもの等が屢々使用され，更に種子や砂粒や礫粉や小貝殻等も用いられている。ある幼虫例えばナガレトビケラ *Rhyacophila* 属のものの如く全然住家を造らないか，または絹糸を持つて避難所を作る幼虫もある。この後の場合では固定され全く移動する事が出来ない。これ等の隠遁所は屢々2，3の幼虫に共通で，しかも泥土や砂礫粉から被われている。大部分の幼虫は食草性で硅藻や藻やその他を食する。また多数のあるものは食肉性で小甲殻類やユスリカの幼虫やブユの幼虫やその他の小動物を食する。また他のものは秋期は食草性で春と夏とは食肉性のものもある。*Hydropsyche* や *Philopotamus* や *Plectronemia* その他の属の種類は食肉性で，彼れ等はその住家の口の周囲に水中に網または罠を作つて食餌を獲得する。斯くの如き網は葉または小枝の小片のようなある適当なわくにささえられている強い絹糸から構成されている。水はその網を通して自由に流れるが食物としてやくだつ生物は保持されるのである。

蛹の被物は明瞭な2型に分つ事が出来る。蛹化前に巣筒を有する幼虫は必要な時期にその住家を短縮せしめ，それを水中のある物体に固着せしめ，巣筒の両口が絹糸壁にて閉ざされ，それはときに微かな石または植物の小片等の追加によつて強力にされる。而して適当な設備が水の入口と出口とに対し常に構成されている。斯くの如き巣筒内に自由に蛹化し，繭を造る事がない。大部分の巣筒を構成しない幼虫（*Rhyacophila* 属その他）は特別な蛹の防禦物を構成する。即ち小石や砂や植物等からなる楕円形の洞窟ようの構造物を造る。而して斯かる場合には蛹化前にその内に帯褐色の繭を造る。

蛹は強力な大顋を具え，触角と翅と脚とは体から完全に自由となつていて，腹部は背面に鈎棘または棘を具えそれ等によつて住家に附着している。成虫の羽化が近づくと匍匐または游泳によつて水上に来る。匍匐性のものは脚に爪があつて，それによつて植物や他物体にすがりつくのに適している。游泳性のものは中脚がかいとなり縁毛を装い，それをもつて游泳する（**Fig.** 641）。ある種類では蛹が水上に匍い上るのに適当な物体を見出すまでは自由に游泳する。また急流に生活している種類は蛹が表面に達するや否や殆んど直ちに成虫が羽出する。成虫の羽出は凡ての場合に蛹の大顋を以て被護物を破るのである。而してそれ等大顋は成虫には持続されない。成虫は水底からまたは水表からまたは完全に水上の他物体上から羽出する。

Fig. 641. 毛翅目蛹の腹面図 (Imms)

分　　類

毛翅目の先祖はニューサウスウェールスの Belmont の上二畳紀から発見された *Paramecoptera* 目から分かれたものであることが考えられ，鱗翅目もこの古代群の1分岐から生じたものであると信じられている。最も古い毛翅目の化石は欧洲の黒侏羅から発見され，*Necrotauliidae* Handlirsch (1908) が創設され，他のものは漸新期の第三紀層のバルチック琥珀によく発見されている。現在種は世界から発見され少くとも3600種が発表され，何れも淡水魚の食餌となり且つまた水草の繁殖を防ぎ有益虫として認められている。大体次の如き科に分類される。

1．微小で有毛の蛾様，前翅は多数の棍棒状垂直毛を装い縁毛が前翅の最大幅より長い。触角は前翅より長くない……………………………Fam. *Hydroptilidae*

中庸大乃至大形，翅は幅広でその縁毛は翅の最大幅の如く長くなく，触角は前翅より長く稀れに短かい…………………………………………………………………2

2．小顋鬚は5節…………………………………………3

小顋鬚は5節より少ない……………………………18

3．小顋鬚の末端節は簡単で普通他節より長くない…9

小顋鬚の末端は捩れ且つ不完全節を有し普通他節より著しく長い……………………………………………4

4．単眼は存在する……………………………………5

単眼はない……………………………………………6

5．脛節の距棘は3：4：4，触角は細く前翅より長く，翅の径室は閉ざされ後翅では特に小形，前翅の末端叉室は第1乃至第5が存在し，後翅のものは第2と第3と第5とのみである…………Fam. *Stenopsychidae*

脛節の距棘は2：4：4または1：4：4，触角は細くなく，前翅の中央室は常に閉ざされ後翅のものは多くは閉ざされ，末端叉室は種々で後翅のものは多くは第1叉室を具えている………Fam. *Philopotamidae*

6．前脚の脛節は3本の距棘を具えている…………………………………………………Fam. *Polycentropidae*

前脚の脛節は2本の距棘を具えている……………7

7．両翅とも第1叉室を具えている……………………8

両翅とも第1叉室を欠く……Fam. *Psychomyidae*

8．前翅は前縁著しく前方に彎曲し1附属横脈を有する…………………………………Fam. *Arctopsychidae*

前翅は前縁の基部2/3が直線となり附属横脈を欠く（尤も *Diplectrona* 属では屢々有する）………………………………………………Fam. *Hydropsychidae*

9．単眼はある…………………………………………10

単眼はない……………………………………………13

10．前脚の脛節は2本又は3本の距棘を具え，中脚脛節は4本を具えている………………………………………11

前脚の脛節は1本の距棘を有するかまたはこれを欠き，中脚では2～3本のみ………………………………………………Fam. *Limnephilidae*（♀）

11．小顋鬚の第2節は第1節より著しく長い…………12

小顋鬚の第1と第2節とは短太で第3節は著しく長く且つ細い……………………Fam. *Rhyacophilidae*

12．前後両翅共に第1叉室を欠き，亜前縁脈と径脈との間の基部横脈はなく，両翅の第3叉室は有柄…………………………………………Fam. *Limnocentropidae*

両翅の第1叉室は存在し，亜前縁脈と径脈との間の基部横脈は存在し，両翅の第3叉室（存在する場合）は無柄………………………Fam. *Phryganeidae*

13．前翅の中央室は存在し，閉ざされている…………………………………………Fam. *Calamoceratidae*

前翅の中央室はない…………………………………14

14．前翅の径室は存在し閉ざされている……………16

両翅の径室はない……………………………………15

15．距棘は2：4：4……………Fam. *Molannidae*

距棘は2：2：4（*Beraea* Stephens）…………………………………Fam. *Beraeidae* Wallengren 1891

16．前翅の径分脈の両支脈は叉状で且つ第1と第2の叉室がある。触角は前翅より僅かに長いかまたは短かい翅…………………………………………………17

径分脈の上支脈のみが叉分し且つ第1叉室のみがある（*Triaenodes* と *Triaenodella* との両属のみに第2叉室が認められる）。触角は甚だ細く前翅の約2～2 1/2倍の長さを有し，鬚は有毛……Fam. *Leptoceridae*

17．前翅の第1径脈と第2径脈との間に1横脈を有し，触角は前翅より著しく長く内側が櫛歯状…………………………………………Fam. *Odontoceridae*

前翅の第1径脈と第2径脈との間に1横脈を欠く，触角は前翅より著しく長くない…………………………………………Fam. *Sericostomatidae*（♀）

18．小顋鬚は4節，単眼は存在する…………………………………………Fam. *Phryganeidae*（♂）

小顋鬚は2節または3節……………………………19

19．小顋鬚は常に糸状で円筒状の環節からなり直立毛もなく鱗片もなく顔は被ぶさつてもいない。単眼はある。前脚の脛節は多くとも1距棘を有するのみ…………………………………………Fam. *Limnephilidae*（♂）

小顋鬚は密毛を装いまたは鱗片を装い屢々顔を被うている。前脚脛節は2距棘（*Uenoa* 属は1本）を具え，単眼はない（*Uenoa* 属は有する）…………………………………………Fam. *Sericostomatidae*（♂）

幼虫の分類

1．尾脚は外観的に第10腹節を形成するように中央線にて癒合している……………………………………………7

尾脚は上述の如く癒合していない…………………2

2．腹部は胸部より著しく幅広…………………………………………Fam. *Hydroptilidae*

腹部は胸部より僅かに幅広…………………………3

3．第9腹節の背面は幾丁質板を有する…………………………………………Fam. *Rhyacophilidae*

第9腹節の背面は幾丁質板を有しない……………4

4．気管鰓がある……………Fam. *Hydropsychidae*

気管鰓がない……………………………………………5
5．上唇は膜質で白色………Fam. *Philopotamidae*
上唇は幾丁質化している…………………………………6
6．額は正常……………………Fam. *Psychomyiidae*
額は長く頭部の後縁迄延びている……………………
………………………………Fam. *Polycentropidae*
7．上唇の背面は20本またはより多数の太い棘毛の1列を装う………………………Fam. *Calamoceratidae*
上唇の背面は上述の如き棘毛を有しない…………8
8．上唇は幅より著しく長い……Fam. *Odontoceridae*
上唇は長さより幅広……　………………………9
9．後胸背板は3対の幾丁質板を具えている……………
……………………………………Fam. *Limnephilidae*
後胸背板は幾丁質板を有しない（多くの *Sericostomatidae* では存在する）………………………………10
10．中胸背板は軟いかまたは1対の微小幾丁質板を具えている…………………………Fam. *Phryganeidae*
中胸背板は全体幾丁質化している…………………11
11．後脚の腿節は外観的に2節に分かれている…………
……………………………………Fam. *Leptoceridae*
後脚の腿節は分かれていない………………………12
12．幼虫の巣筒は砂の微粒からなり，両側に各々1拡大部を具え且つ1背頭を有する……Fam. *Molannidae*
幼虫の巣筒は様々で，上述の如くでない……………
………………………………Fam. *Sericostomatidae*

以上の諸科は学者によつては2亜目に類別している。しかしてその類別方法が又学者によつて異つている。即ち次の如くである。

科	亜目	亜目
Hydroptilidae *Rhyacophilidae* *Philopotamidae* *Stenopsychidae* *Polycentropodidae* *Psychomyiidae* *Arctopsychidae* *Hydropsychidae*	Aegipalpia	Annulipalpia
Calamoceratidae *Odontoceridae* *Molannidae* *Leptoceridae*	Aegipalpia	Integripalpia
Phryganeidae *Limnephilidae* *Sericostomatidae* *Limnocentropidae*	Inaegipalpia	Integripalpia

F. A. Kolenati や R. MacLachlan や G. Ulmer 等によると同鬚亜目（*Aegipalpia*，小顋鬚が雌雄共に5節）及び異鬚亜目（*Inaegipalpia*，小顋鬚が雌は5節で雄は2～4節）となし，A. V. Martynov によると環鬚亜目（*Annulipalpia*，小顋鬚の第5節が更に分節し捩れ，幼虫はシミ型）及び完鬚亜目（*Integripalpia*，小顋鬚の第5節は分節せず且つ捩れていない。幼虫は蠋虫型）に分けている。これ等を表示すると前表の如くなる。

215. ヒメトビケラ（姫石蚕）科

Fam. Hydroptilidae Stephens 1836

Micro-caddisflies と称えられ，最も小形のトビケラで，ある小蛾に似て，長縁毛を有する翅は静止の際に背上に平たく畳まれる。下唇鬚は垂下している。成虫は水上に懸かつている植物上に集合し且つ燈火に多数集まる性を有する。幼虫は短い脚と拡脹せる腹部とを具え，呼吸鰓總を有しない。かれ等は種々な形状の巣を構成する。即ち豆形や漏斗状で，一般に皮革質で絹糸のみからなりまた更に外面に緑色の藻や砂や棒や他の物体を附着せしめている。これ等の巣筒は両端が開口し，蛹化に先だつて水岸に引きずられあるささえ物に結び付けられる。多くのものは流水中にある岩に附着し，幼虫はその内で転廻自由で，藻を食し，腹部が巣筒の開口より大形である為に流れの為に巣筒外に運ばれる事がない。*Hydroptila* Dalman, *Allotrichia* MacLachlan, *Oxyethira* Eaton, *Mortoniella* Ulmer, *Orthotrichia* Eaton 等が代表的な属である。本邦には産するが，成虫が未だ発表されていない（Fig. 642）。

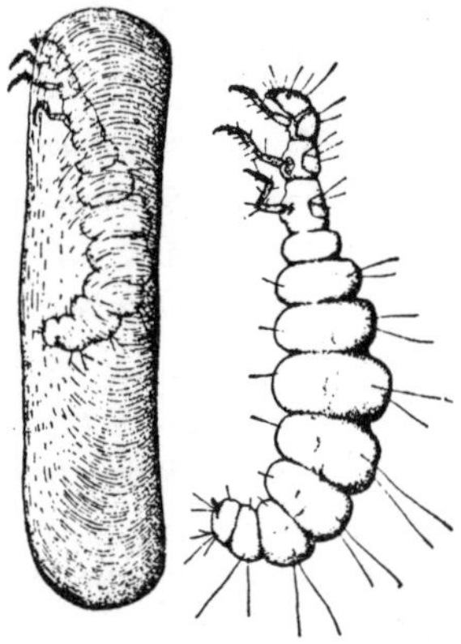

Fig. 642. オトヒメトビケラ *Orthotrichia* の幼虫（川村）左図は巣筒

216. ナガレトビケラ（流石蚕）科

Fam. Rhyacophilidae Stephens 1836

Primitive Caddisflies と称えられ，現存種中最も原始的なものである。幼虫（Eig. 643）はシミ型で気管鰓を具え，石の間を自由に匍匐するかまたは急流中に弛い絹糸からなる室で外表に小石を附し岩石に附着せしめられているものの中に棲息している。*Rhyacophila* Pictet, *Glossosoma* Curtis, *Agapetus* Curtis, *Hydrobiosis*

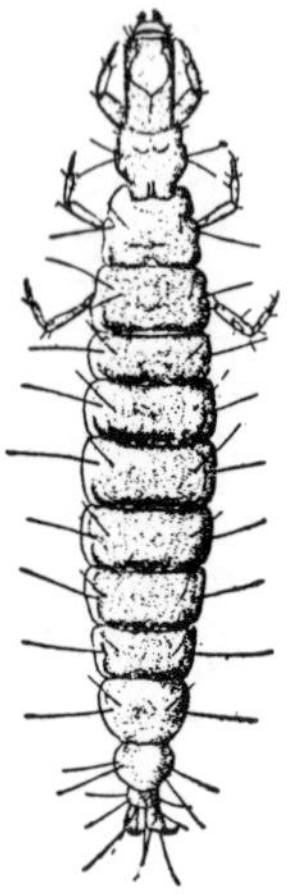

Fig. 643. ナガレトビケラ *Rhyacophila* の幼虫（川村）

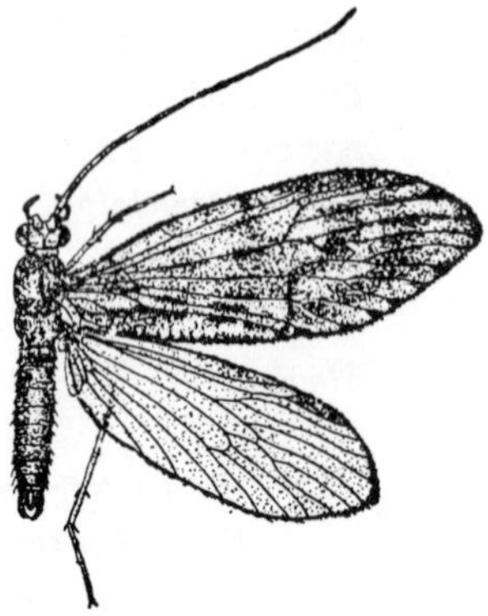

Fig. 644. オオナガレトビケラ雄（桑山）

MacLachlan, *Psilochorema* MacLachlan 等が代表的な属で，本邦からは***Rhyacophila***属のみが知られ7種以上が発見されている。オオナガレトビケラ（***Rhyacophila japonica*** Morton）（Fig. 643）は頭部汚黄色，胸背と腹部とは灰赤褐色，前翅は灰黄色で斑紋は淡黒褐色，翅の開張37〜53mm，本州産で支那にも発見されている。

217. ヒゲナガカワトビケラ（長角河石蚕）科

Fam. Stenopsychidae Martynov 1924

最も美麗なトビケラが包含されていて，後翅は臀部が著しく発達し為に前翅より著しく幅広となり，大顎は太く，小顎鬚の第2節が短かい。幼虫は多く急流に棲息し，短く彎曲し基部に1距棘を具えている爪を有する。*Stenopsyche* MacLachlan, *Parastenopsyche* Martynov, *Pseudostenopsyche* Döhler, *Stenopsychodes* Ulmer 等が代表的な属で，本邦からは最初の2属が発見されている。ヒゲナガカワトビケラ（*Stenopsyche griseipennis* MacLachlan）は頭部と胸部とが褐色，腹部は光沢ある灰褐色で各節後縁黄褐色，前翅は半透明で淡褐色乃至灰白色斑紋は褐色，後翅は透明灰白色，翅の開張33〜55mm，全土に普通で樺太，朝鮮，中国，満州，シベリア，インド等に分布している。チャバネヒゲナガカワトビケラ（*Parastenopsyche sauteri* Ulmer）（Fig. 645）は翅の開張35〜48mm，本州，四国，九州に分布する。

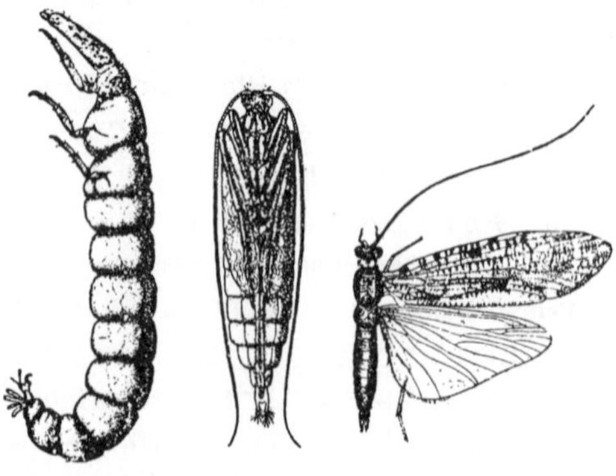

Fig. 645. チャバネヒゲナガカワトビケラ幼虫側面と蛹腹面（川村）成虫雄（桑山）

218. イワトビケラ（岩石蚕）科

Fam. Polycentropidae Ulmer 1906

広く分布し，触角の基部2節は著しく大形。幼虫（Fig. 646）はシミ型で気管鰓を欠き，普通尾端に血液鰓を具え，弛く構成された絹糸からなる非可動的の隠遁所内かまたは水底の泥中の絹糸からなる穴の中に棲息し，何れも停滞水や流水中にあるがむしろ後所を好む様で，大部分または完全に食肉性で *Cladocera*や *Ostracoda* や罠の内に捕えられた水棲小昆虫や水生植物や水底の汚物中におる小昆虫等を食する。食餌を捕獲する罠は種種な形状であるものはラッパ状また他のものは大きく扁平，またあるものはツバメの巣のような形状，更に他のものは漏斗状である。蛹は普通砂礫または砂からなる洞窟様の被護物から護られている。

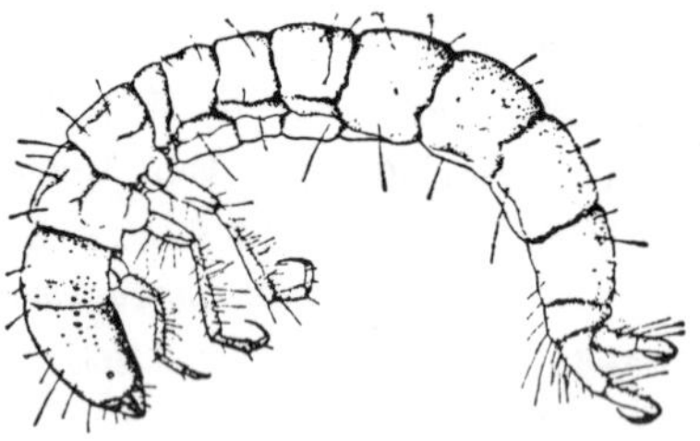

Fig. 646. イワトビケラ *Polycentropus* の幼虫（川村）

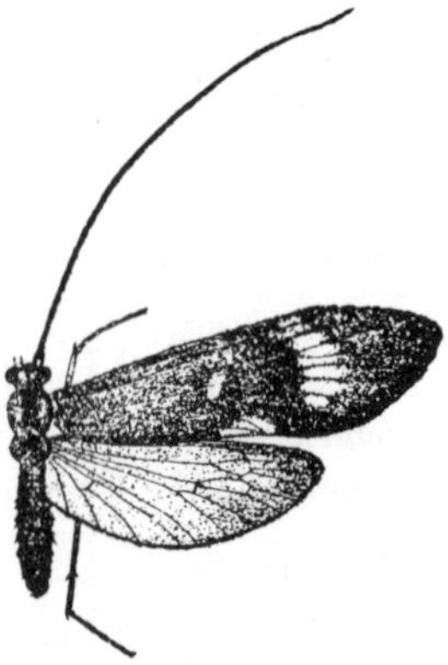

Fig. 647. シンテイトビケラ（津田）

Polycentropus Banks, *Plectrocnemis Stephens*, *Cyrnus* Stephens, *Neureclipsis* MacLachlan, *Polyplectropus* Ulmer, *Dipseudopsis* Walker 等が代表的な属で，本邦からは最後の属と *Ecnomus* MacLachlan 属とが知られている。尤も幼虫は *Polycentropus* や *Holocentropus* 等の属が発見されている。シンテイトビケラ (*Dipseudopsis stellata* MacLachlan) (Fig. 647) は黒褐色，前翅は褐色で斑紋は透明，翅の開張32mm内外，本州と支那とタイ等に産する。ヤマシロムネカクトビケラ (*Ecnomus yamashironis* Tsuda) は頭胸の背面褐色，腹背は濃紫褐色，前翅は濃褐色なれど黄色毛と濃褐色毛とによつて不規則な斑紋を現わしている。翅の開張 10.5mm 内外，本州産。

219. シロフツヤトビケラ（白斑艶石蚕）科

Fam. Arctopsychidae Martynov 1924

本邦からはシロフツヤトビケラ (*Arctopsyche maculata* Ulmer) (Fig. 648) 1種が北海道と本州とに産する。翅の開張28～33mm，頭部は黒褐色で頭頂に4個の黄褐色の瘤起を有し，前胸背板に同色の2瘤起を具えている。中後両胸背板は漆黒色で中胸の小楯板は暗褐色，腹部は黒色，前翅は暗褐色で光沢強く斑紋は灰黄色。北海道と本州とに分布する。

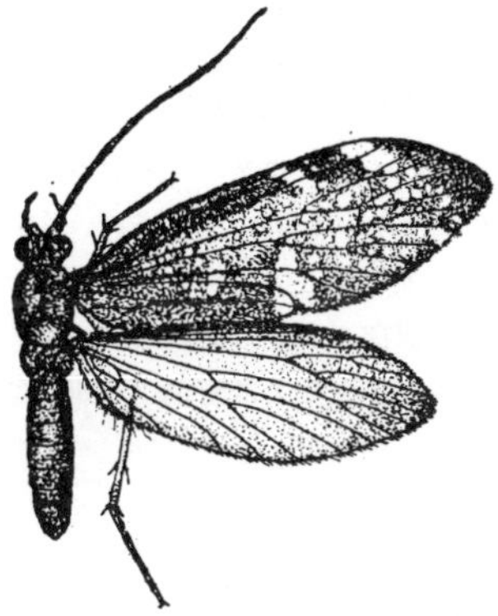

Fig. 648. シロフツヤトビケラ雄（桑山）

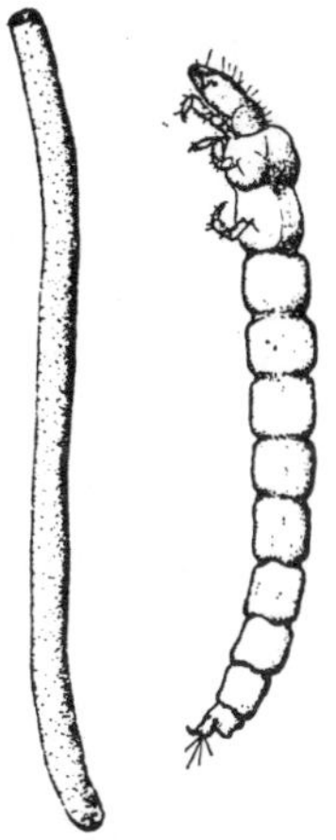

Fig. 649. クダトビケラ *Psychomyia* の幼虫（川村）左 巣室　右 側面

220. クダトビケラ（管石蚕）科

Fam. Psychomyiidae Curtis 1835

この科の成虫は本邦から未だ知られていない。しかし幼虫は *Psychomyia* Latreille 属 (Fig. 649) のものが発見され，甚だ細長い巣室を構成する。

221. シマトビケラ（縞石蚕）科

Fam. Hydropsychidae Curtis 1835

Seine-making Caddis-flise と称えられ，世界の多くの地方に産し，大きな科である。成虫は脛節の距棘が2～4～4で，後翅はよく発達した臀部を有し前翅より著しく幅広。幼虫はシミ型で多数の気管鰓束を具え，流水や湖や池等に棲息しているが，多数のものは流水中に生活している。かれ等は屢々群居し可動巣筒を構成しない。しかし普通石の割目等の中に小さな水棲動物や植物等を捕える為に弛い絹糸からなる罠を造つている。食肉性と食草性との両性のようである。

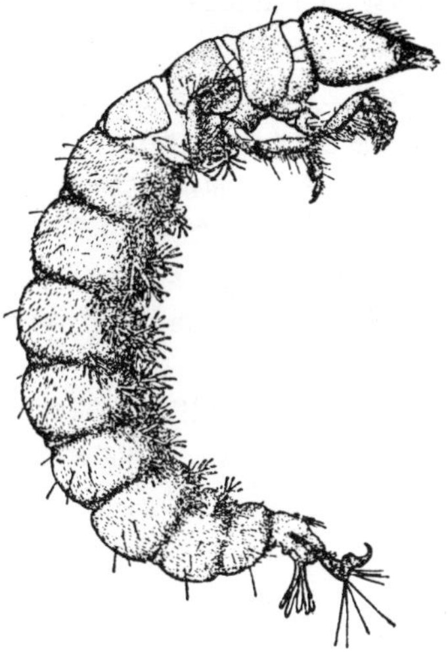

Fig. 650. シマトビケラ幼虫（川村）

Hydropsyche Pictet, *Macronema* Pictet, *Hydropsychodes* Ulmer, *Diplectrona* Westwood, *Smicridea* MacLachlan 等は代表的な属で，本邦からは最初の4属が発見されている。シマトビケラ (*Macronema radiatum* MacLachlan) (Fig. 650) は前翅に黒褐色の斜帯と縦帯とを有し，翅の開張27～33mm，本州産でシベリアと満州とにも発見されている。ギフシマトビケラ (*Hydropsyche gifuana* Ulmer) (Fig. 651) は黒褐色，前翅は灰黄色毛と褐色毛とを混生し，翅の開張23mm内外，本州の普通種。コガタシマトビケラ (*Hydropsychodes brevilineata* Iwata) は頭胸は濃褐色で腹部は褐色，前翅は灰黄色毛にて被われ褐色毛にて不規則な網状紋を形成し，翅の開張14mm内外，全土に分布している。キマダラシマトビケラ (*Diplectrona japonica* Banks) は黒色，前翅は黄色の微毛にて被われ黒褐色の顕著な数個の帯紋を有し，後翅も前翅同様なれど2帯紋を有するのみ，翅の開張 22mm 内外，

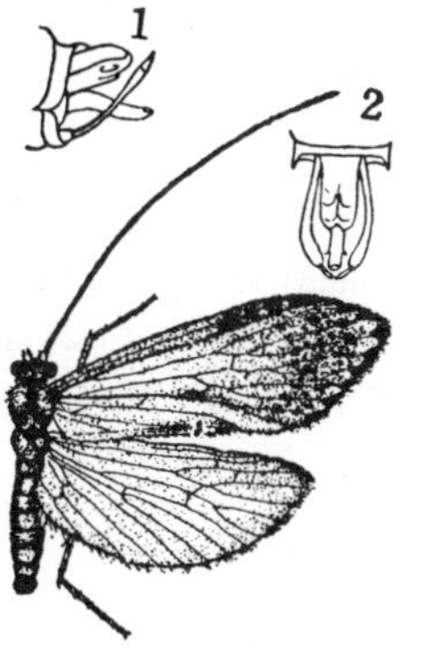

Fig. 651. ギフシマトビケラ（津田）　1. 雄交尾器側面　2. 同背面

本州と九州とに産する。

222. **アシエダトビケラ（葦枝石蚕）科**

Fam. Calamoceratidae MacLachlan 1877

小さな科で，前翅は閉ざされた中央室を有し，脛節の距棘は 2〜4〜4 か 2〜4〜3 か 2〜4〜2 である。幼虫は停滞水または急流中に砂や砂礫や塵芥等を附着せしめている円筒形や亜筒形の巣を構成してその中に棲息している。*Calamoceras* Burmeister, *Ganomema* MacLachlan, *Anisocentropus* MacLachhlan, *Rhabdoceras* Ulmer 等が代表的な属で，60種以上が発見され多くはアジアとアメリカとに産し，本邦からは最後の属と *Astocerus* 属とが知られている。アシエダトビケラ（*Rhabdoceras japonicum* Ulmer）(Fig. 652) は黒褐色，前翅は灰褐色毛にて被われ，翅の開張 30mm 内外，本州に産する。

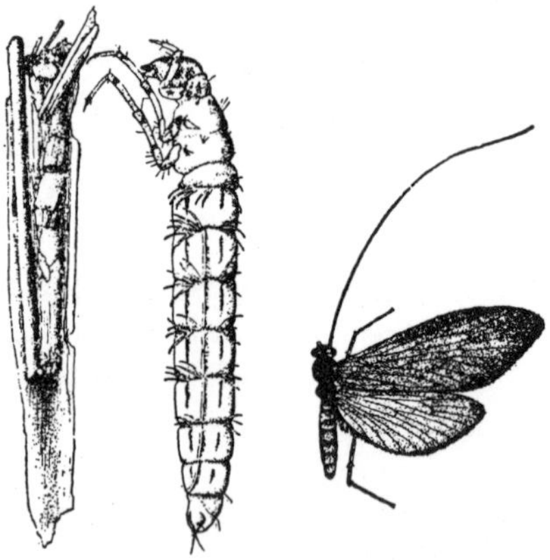

Fig. 652. アシエダトビケラ幼虫（川村）
成虫（津田）

クロアシエダトビケラ（*Asotocerus nigripennis* Kuwayama）は頭胸黒色で腹部は黒褐色，雄の両翅は黒色毛を密生し後翅は大形の臀部を有し，雌の前翅は幅広，翅の開張 45mm 内外，本州近畿地方に産し，朝鮮にも発見されている。

223. **フトヒゲトビケラ（齒角石蚕）科**

Fam. Odontoceridae Wallengren 1891

小さな科であるが，濠洲以外の各大陸に分布し，前翅は閉ざされた中央室を有する事がなく，しかし径分脈の支脈間に閉ざされた 1 室を前後両翅共に有する。脛節の距棘は 0〜0〜1 か 2〜4〜4 である。幼虫は蠕虫型で山間の河川に棲息し，砂からなる微かに彎曲する巣筒中に生活し，その巣の後端は中央に割れ目を有する帯黒色の膜で閉ざされている。その孔は蛹化前に石を以つて閉ざされる。*Odontocerum* Leach, *Psilotreta* Banks, *Marilia* F. Müller, *Nerophilus* Banks 等が代表的な属で，25種以上が発表されている。本邦からはヨツメトビケラ（*Perissoneura paradoxa* MaeLachlan）(Fig. 653) が発見され，黒色，翅は帯黒色で白色の顕著な斑紋を有し，翅の開張 32〜46mm，本州，四国，九州等に分布し蛾に似た美麗種である。

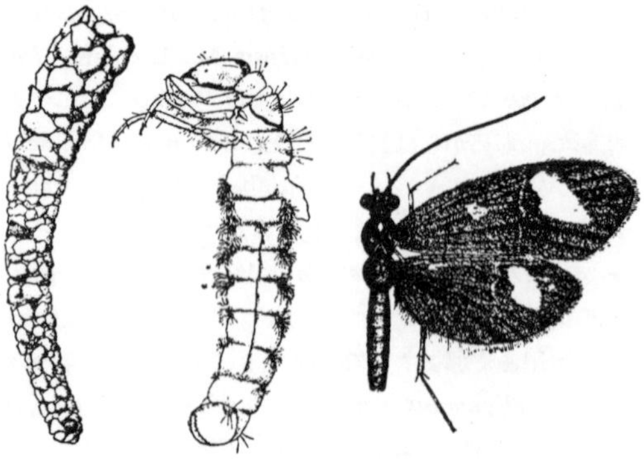

Fig. 653. ヨツメトビケラ幼虫（川村）
成虫（桑山）

224. **ホソバトビケラ（細翅石蚕）科**

Fam. Molannidae Wallengren 1891

小さな科で，翅の中央室と径分脈室とが常になく，脛節の距棘は 2〜2〜4 かまたは 2〜2〜4。幼虫は池や湖水や流水の砂質底土に棲息し楯状または円錐形の巣の中に生活し，前者の場合には中央は円筒室となりその両側が拡がつて全体として楯状を呈している。約30種が発見され，*Molanna* Curtis や *Beraea* Stephens やその他が代表的な属で，本邦からはカスリホソバトビケラ（*Molanna falcata* Ulmer）(Fig. 654) が発見され，大体黒褐色，前翅は灰褐色で黄色の微毛にて被われ不明瞭な灰色の斑紋を有し，後翅は灰色，脛節の距棘は 2〜4〜4，翅の開張22〜27mm，本州と九州とに普通で支那やシベリア等にも産する。

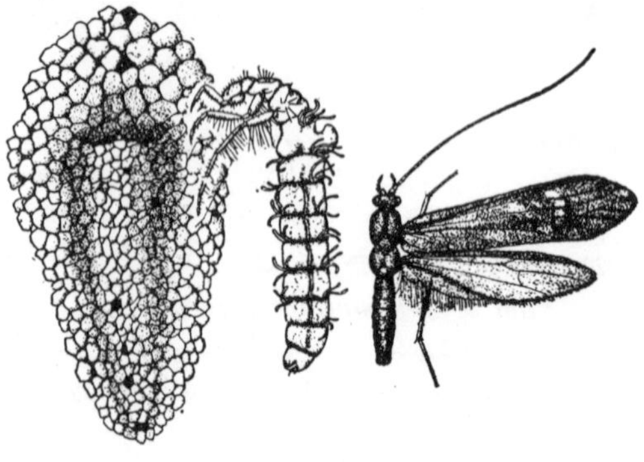

Fig. 654. カスリホソバトビケラ幼虫（川村）
成虫雄（桑山）

225. ヒゲナガトビケラ（長角石蚕）科
Fam. Leptoceridae Leach 1817

Long-horned Caddisflies と称えられ，広分布のかなり大きな科である。体は密毛にて被われ，触角は著しく発達してときに体長の数倍の長さを有する種類があり特に雄の場合にしかり。幼虫は蠋虫形に甚だ類似し直腸鰓を具え且つ他の科のものに見出されていない後頭線（Occipital sutures）の1対を有する。かれ等は停滞水と流水との両所に生活し，普通直線かまたは微かに彎曲している円筒形または末端の方に細まつている巣筒内に棲息し，これ等巣筒は表面が裸体かまたは微砂あるいは植物質塵芥を附着せしめ，またときに *Triaenodes* 属の如くそれ等附着物が螺線状に配列せしめられている。幼虫は彼等の脚を巣筒の外に出して水中を游泳する事が認められている。食物は凡て植物質である。少くとも180種以上が発見され，旧北州と新北州とに最多産である。*Leptocerus* Leach, *Triplectides* Kolenati, *Leptocella* Banks, *Oecetis* MacLachlan, *Setodes* Rambur, *Mystacides* Latreille, *Notanatolica* MecLachlan, *Triaenodes* MacLachlan 等が代表的な属で，本邦からは *Triplectides*, *Leptocerus*, *Mystacides*, *Triaenodes*, *Oecetis*, *Setodes* 等の属が発見されている。トゲモチヒゲナガトビケラ（*Leptocerus biwaensis* Tsuda）(Fig. 655) は黒褐色，触角は前翅の2倍以上の長さを有し，前翅は黄灰色，後翅は淡灰色，距棘は2：2：2，翅の開張 24mm 内外，本州産。オオヒゲナガトビケラ（*Triplectides magna* Walker）は黄褐色，距棘は 2：2：2，翅の開張27mm 内外，日本，支那，インド，濠洲，タスマニヤ，ニュージーランド等に広く分布する。アオヒゲナガトビケラ（*Mystacides azurea* Linné）は体翅共に黒色，距棘は0：2：2，翅の開張 16mm 内外，北海道，本州，四国に産し，欧州に分布している（Fig. 656)。ヤマモトセンカイトビケラ（*Triaenodes yamamotoi* Tsuda）は黄褐色，翅は淡灰色，距棘は1：2：2，翅の開張21mm 内外，本州産。ゴマダラヒゲナガトビケラ（*Oecetis nigropunctata* Ulmer）は頭胸が褐色で腹部が青緑色，前翅は淡灰黒色，後翅は透明暗色，距棘は 0～2～2，前翅の開張16～19mm，全土に分布し，朝鮮にも産する。ギンボシツツトビケラ（*Setodes argentata* Matsumura）は頭胸濃褐色で腹部は黄緑色乃至暗褐色，前翅は黄褐色で20～22個の銀白色線状紋を散在し，後翅は半透明暗灰色，距棘は 0：2：2，翅の開張 13～14mm，北海道，本州，九州等に産し，北海道では直播の稲苗を咬食し害虫として知られている。

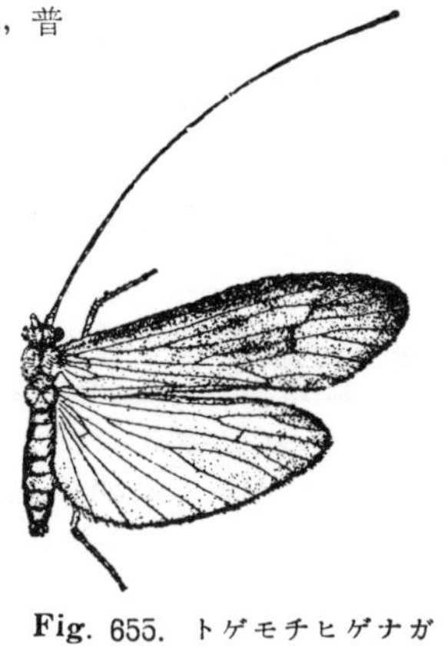
Fig. 655. トゲモチヒゲナガトビケラ（津田）

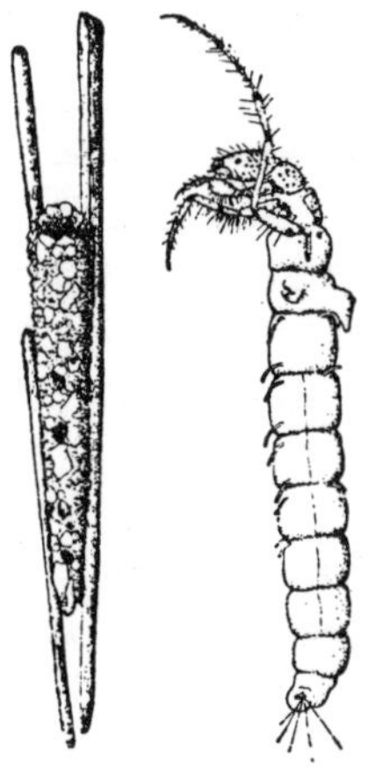
Fig. 656. アオヒゲナガトビケラ *Mystacides* の幼虫（川村）

226. キタガミトビケラ（北上石蚕）科
Fam. Limnocentropididae Tsuda 1942

Kitagamiidae Tsuda (1936) は異名。小形，単眼を有する。小顎鬚は雌雄共に5節，末端節は小節に分かれる事がなく且つ不撓性，第1節は非常に短かく他の4節はより長く第3節が最長で他は殆んど等長。触角は太く前翅より短く基節は他節よりやや太い。脛節の距棘は雌雄共に 2：4：4。前翅は長卵形，後翅は基部にて狭く幅は前翅と殆んど同様なれど長さは短い。翅脈は雌雄共に同様。両翅とも径室は閉ざされ，第2と第3と第5叉室とを有する。幼虫は蠋虫形で鋭い爪を有する細長い脚を有する。巣筒は細長い円錐形で微かに彎曲し植物の小切片からなり，前端外側より甚だ長い柄を出しその端を水中の石その他の物体に附着せしめている。蛹化の場合に

Fig. 657. キタガミトビケラ（津田）

は口を閉ざす。常に渓流中に棲息している。この科は *Limnocentropus* Ulmer 1 属からなり，本邦特産で，キタガミトビケラ（*Limnocentropus insolitus* Ulmer）(Fig. 657)の１種のみである。黒色，翅の開張31.5mm，頭部と前胸と中胸の前方部とは黒色毛と黄色毛とによって密に被われている。鬚と脚とは黒褐色，前脚は濃色の毛を，中後両脚は黄色の毛を装う。翅は褐色で黄色と濃褐色との毛を装い褐色の縁毛を有する。

227. トビケラ（石蚕）科

Fam. Phryganeidae Burmeister 1839

Macro-caddisflies と称え，最大の種類である。雌の

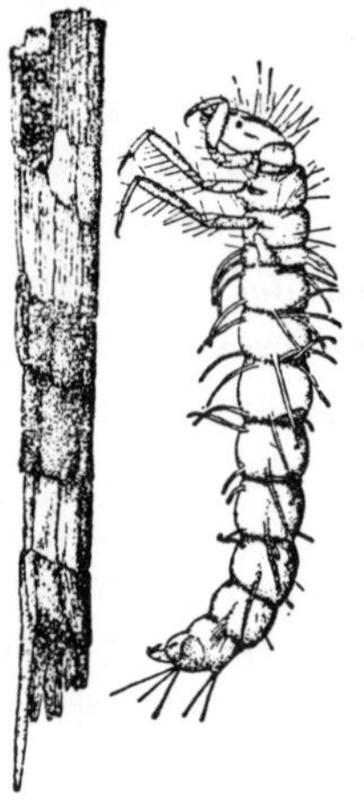

Fig. 658. トビケラ *Phryganea* 幼虫（川村）

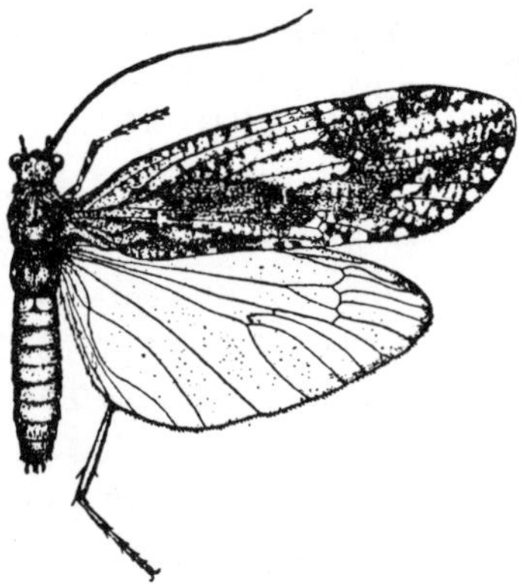

Fig. 659. ウンモントビケラ雌（桑山）

小顎鬚は５節で雄のものは３～４節，単眼を有し，距棘は２：４：４で稀れに１：２：２。幼虫 (Fig. 658) は蠋虫形で，停滞水または隠流水中に生活し，葉や小枝等の小切片を環状に列するかまたは螺線状に配列した円筒形の巣筒中に棲息する。約70種が発見され，大部分旧北洲と新北洲産で，***Phryganea*** Linné, ***Neuronia*** Leach, ***Agrypnia*** Curtis 等が代表的な属で，本邦からは最初の２属が発見されている。ウンモントビケラ（***Phryganea sordida*** MacLachlan）(Fig. 659) は頭部暗褐色，胸部黒褐色，腹部黄褐色乃至暗褐色，前翅は灰褐色で黒褐色の綾紋を有し，距棘は２：４：４，翅の開張40～45mm，北海道と本州とに産する。ムラサキトビケラ（***Neuronia regina*** MacLachlan）は頭部暗褐色，前胸褐色，中後両胸背は黒色，腹部は灰黒色，前翅は黄色で全面に黒褐色紋を散在し，後翅は黒紫色で翅端近くに幅広の黄色帯を有し，距棘は２：４：４，翅の開張50～80 mm，北海道，本州，九州に産し，樺太，台湾，支那，インド等に広く分布している。

228. エグリトビケラ（剞石蚕）科

Fam. Limnophilidae Kolenati 1859

(*Limnephilidae*)

約400種を包含する大きな科。雌の小顎鬚は５節で雄のものは３節。*Enoicyla* Rambur 属の雌は無翅で *Apatania* Kolenati の雄は未だ発見されていない。幼虫は蠋虫型で前胸腹突起を具えている。多数の種類は静水中で少数のものは急流中に生活しているが *Enoicyla* 属のものは地上の湿気ある苔類の中にのみ生活している。巣筒は管状で直線かまたは彎曲し，外表に小捧や微貝殻や砂礫等を附着せしめている。*Limnophilus* 属のある種類は第１齢虫は丸太小屋的巣を構成しその中に主軸として数本の小捧が横たえられているが，第２齢以後は全く新らしい巣筒た造り外表に樹皮をまは貝殻を装うている。幼虫は食草性で，ある種類はタガラシの害虫として認められている。*Anabolia* Stephens, *Limnophilus* Leach, *Stenophylax* Kolenati, *Halesus* Stephens, *Apatania* Kolenati, *Drusus* Stephens, *Chaetopteryx* Stephens 等が代表的な属で，本邦からは *Glyphotaelius*, *Nemotaulius*, *Limnophilus*, *Nothopsyche* 等の属が発見されている。エグリトビケラ（*Glyphotaelius admorsus* MacLachlan）(Fig. 660) は大体黄褐色，前翅は汚黄色で斜紋は透明後翅は無色，距棘は１：３：４，翅の開張55～70mm，北海道，本州，九州に産する普通種で，樺太やシベリア等に分布している。スジトビケラ（*Nemotaulius brevilinea* MacLachlan）は帯褐色，前翅は半透明淡黄褐色で不規則な黒褐色斑を有し外縁少しく凹み，後翅透明，距棘は１：３：４，翅の開張40～50mm，北海道と本州とに分布する。ウスバキトビケラ（*Limnophilus correptus* MacLachlan）(Fig. 661) は頭胸赤褐色で腹部は黄緑色，前翅は半透明淡黄色で外縁殆んど直線，後翅は無色透明，距棘は1：3：4，翅の開張32～38mm，

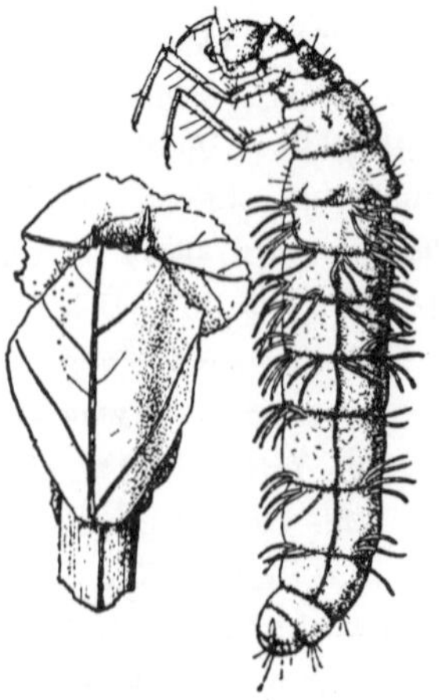

Fig. 660. エグリトビケラ幼虫（川村）

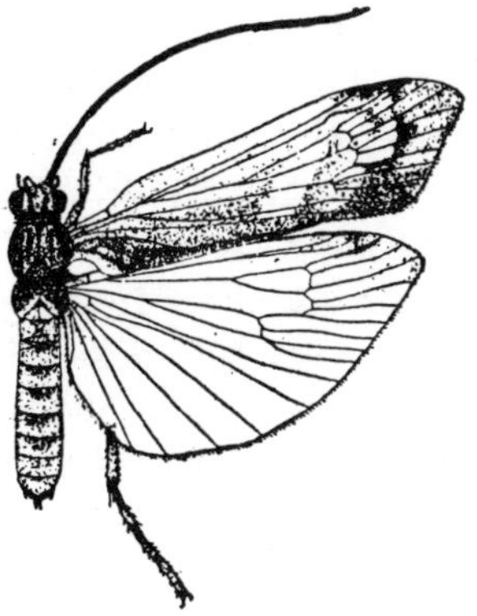

Fig. 661. ウスバキトビケラ雄（桑山）

北海道，本州，四国に産し，樺太，支那，シベリア等に分布する。アムールトビケラ（*Limnophilus amurensis* Ulmer）は黒褐色，前翅は半透明で暗褐色，後翅は無色透明，翅の開張30mm内外，北海道と本州とに産し，樺太やシベリアに分布し，前種と共に北海道ではときに稲苗を食害する。ホタルトビケラ（*Nothopsyche ruficollis* Ulmer）は頭胸黒色で腹部は黄褐色，前翅は一様に暗黄褐色，後翅はやや灰褐色，距棘は1：2：2，翅の開張30〜35mm。本州，四国，九州に普通。

229. ケトビケラ（毛石蚕）科

Fam. *Sericostomatidae* MacLachlan 1876

トビケラ中の大きな且つ広分布の科。触角は大形で有毛な且つ屢々頭より長い基節を有する。小顎鬚は雌雄にて全然異なり多くのものは著しく毛または鱗片を装い，雌は5節で雄は3節，単眼は多くはなく，距棘は1：2：2または1：3：4あるいは2：4：4。幼虫は蠋虫形，大部分の種類は流水中に生活するが，池や湖に生活するものもかなりある。しかし唯1種が塩水に生活する事が認められている。幼虫はある類即ち *Lipidostoma* や *Goera* 等では気管鰓を具えている。一般に砂や小石からなる円筒形の巣筒を構成し，あるものは砂を以てカタツムリ状の巣を造り，また他のものは砂礫を以て円筒状に造し両側にヒレ状に小さな扁平石を附着せしめ，更にまたある種では小捧を以つて方形で1方細まる煙突様の巣筒を構成する。180種以上が発見され，旧北洲と新北洲とは勿論，インド，ニュージーランド，南米，濠洲，アフリカ等から知られている。*Sericostoma* Latreille, *Silo* Curtis, *Goera* Leach, *Micrasema* MacLachlan, *Brachycentrus* Curtis, *Helicopsyche* Hagen, *Lepidostoma* Rambur, *Thremma* MacLachlin, *Crunoecia* MacLachlan 等が代表的な属で，本邦からはニンギョウトビケラ（*Goera japonica* Banks）やコカクツツトビケラ（*Dinarthrodes japonica* Tsuda）やクロツツトビケラ（*Uenoa tokunagai* Iwata）等が発見されている。第1の種類（Fig. 662）は黄褐色，翅は濃灰色，距棘は2：4：4，翅の開張17mm内外，幼虫は人形に巣筒を構成する所謂人形石はこれである。本州と九州とに頗る普通。第2の種類は灰色，触角第1節は甚だ長く前脚の脛節と等長で第2節は第1節と等長となり外側に黒色長毛を装う。距棘は2：4：4，翅の開張17mm内外，北海道，本州，九州に分布し，幼虫は葉片を以て断面四角形の巣筒を構成する。第3の種類は褐色，翅は灰色，距棘は1：3：4，巣筒は黒色，翅の開張11mm内外，本邦のみに発見されている。なお幼虫のみ知られている種類としてはカタツムリトビケラ（*Helicopsyche yamadai* Iwata）や *Uenoa tokunagai* Iwata（クロツツトビケラ）やオオカクツツトビケラ（*Neoseverinia crassicornis* Ulmer）等である。

XXVIII 鱗　翅　目

Order *Lepidoptera* Linné 1758

Moths and Butterflies と称え，ドイツの Schmetterlinge と Motten，フランスの Papillons などがこの目のものである。小形乃至大形，陸棲，体と翅と他の附属器等は鱗片と毛とで被われ，完変態。口器は吸収口で顕著に長い捲施された口吻，複眼は大形，単眼は2個またはなく，触角は種々で屢々棍棒状か鋸歯状または鈎状か球桿状あるいは雄では羽毛状。前脚は正常かまたは減退。翅は普通よく発達し，稀れに痕跡的または雌では全然ないものもあり，2対で前翅は屢々大形，翅脈は分岐せる縦脈と少数の横脈とを有し，翅膜は膜質で種々な鱗片と毛とで被われている。色彩は隠気色かまたは美麗色。幼虫は蠋虫型で陸棲，側気門式，滑か有毛か有棘，口器は咀嚼型。普通は3対の胸脚

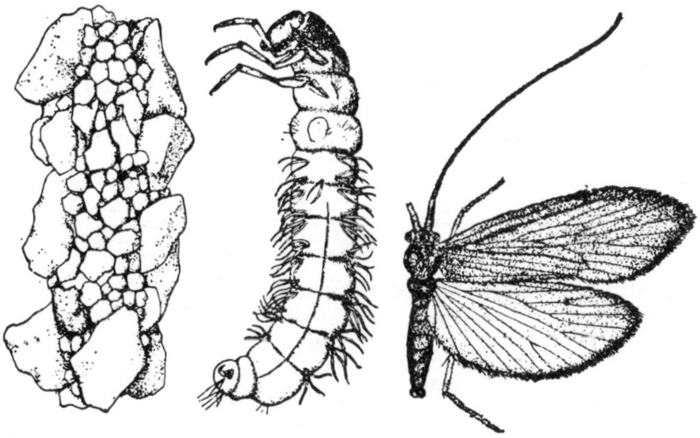

Fig. 662. ニンギョウトビケラ（津田）

と2～4対の腹脚とを具え，稀れに無脚，大部分のものは食草性。蛹は自由蛹か被蛹，あるものは懸垂しているかまたは絹帯にてささえられ，他のものは絹糸からなる繭中にあるいは土室中に存在し，少くとも後方の数節は可動的である。

全般的に成虫は基礎的構造が著しく不変で，主な群に分類するのに非常に困難を感ずる。他方適応的または表面的特徴が幼虫に於て殆んど限りなき程な変化を現わしている。彼れ等の習性は構造が類似しているために甚だ一様で，成虫は凡て花汁や熟果物や蜜滴やその他の液体を吸収して生活し（かなりのものでは口器が減退している），幼虫は咀嚼口器を具え，摂食に他の目のものと異つている。少数の例外はあるが大体顕花植物上に生活している。

経済的には幼虫時代が重要で，有害種の大部分は樹木や作物の葉と幼梢とを好み，少数のものは茎中に喰入しあるいは地下部を侵し，あるものは材木を害し，他のものは屋内で敷物や衣類やそれ等に類似様の製造物を害し，さらに少数の種類は穀類や穀粉やその他の貯蔵食品等を破壊する。またあるものは捕食性でラツク介殻虫の害敵となつていたり，さらに蜜蜂の巣を害するもの等がある。他方有益なものもある。即ち野蚕類やカイコ等は絹糸を生産し大きな利益を吾人に与えている。

外形態—成虫

大きさは小形乃至大形で，翅の開張5～150mm，翅の面積からするとある蛾は現存昆虫中最大のものである。形状は体が幾分長く円筒状に近く翅は平たく且つ細いが幅広で全体に扁平な感じを与えている。皮膚は軟く脆弱であるかまたは堅く皮革様で，体の凡てと普通翅とが毛と鱗片とから被われている。色彩は多数のもの特に蛾では薄汚色即ち隠色のものから光彩色で金属的虹彩の緑色や藍色や真鍮色や銅色や黄金色や銀色等の結合色に至る迄あつて，ある色は色素色で他のものは光線の屈折色干渉色で，これ等後者の色彩は多少永続的なものである。

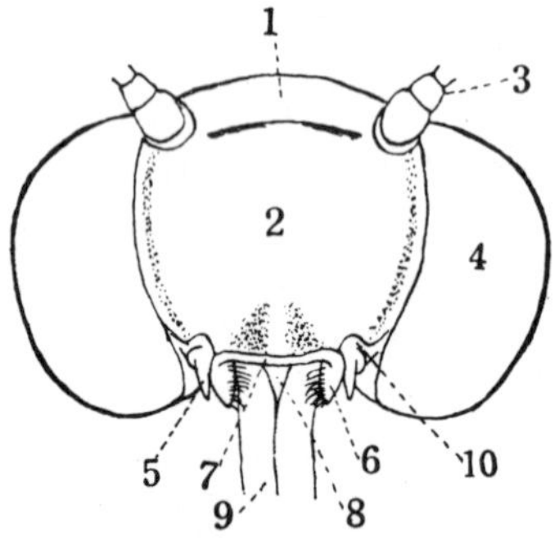

Fig. 663. 鱗翅目頭部の前面図 (Smith) 1. 頭蓋 2. 額頭楯 3. 触角 4. 複眼 5. 大顋 6. 頭楯側片 7. 上脣 8. 上咽頭 9. 小顋 10. 顴

頭部（Fig. 663）は比較的小さく下口式で，球状かまたは半球形，小さい頸部によつて自由となり，大部分大きな複眼から占められている。触角は複眼の間から生じ，鱗片にて被われ細長く，簡単か櫛歯状，棍棒状，末端鉤状か球状（蝶の場合），環節数は種々，ある蛾の雌では微かに羽毛状で多数の雄の蛾の場合は完全に羽毛状となつている。複眼は大きく，球状かまたは長形で，左右離れている。単眼は一般に2個存在し，複眼の後に接して位置し，屢々毛と鱗片とから隠され，また存在しない。口器は吸収型で顕著な捲施口吻を具えている。しかし *Micropterygidae* では咀嚼型。頭楯は小さいかまたは大形の中央前方板となり，上脣は小形で短いが細い三角板となり，顴は狭く，大顋は普通に完全に欠けているかまたは顕微鏡的痕跡物，口吻は小顋の変形外葉から構成され，その外葉は非常に細長く左右の各内面に小さな半円縦溝を有し，これ等の2溝が鈎と棘との手立によつて一所になり液体を吸収する管を構成し，あるものでは末端に微歯を具えそれを以つて植物の組織に穿孔する。静止の際には胸腹面に時計のゼンマイの如くに捲かれて位置する。時には甚だ長く1尺6寸にも達するものがあるが，ある蛾では痕跡的で不可機能的となつている。小顋鬚は屢々顕著で充分発達せるものでは5～6節，*Tineidae* やその類似科の如く畳まれ，あるいはないかまたは *Noctuidae* の如く2～3節，さらにまた *Sphingidae*, *Geometridae*, *Papilionidae* 等の如く1節のものもある。下脣は小板に退化，下脣鬚は退化しているものとよく発達したものとがあつて，蝶類の如きは一般に3節。下咽頭は存在している。

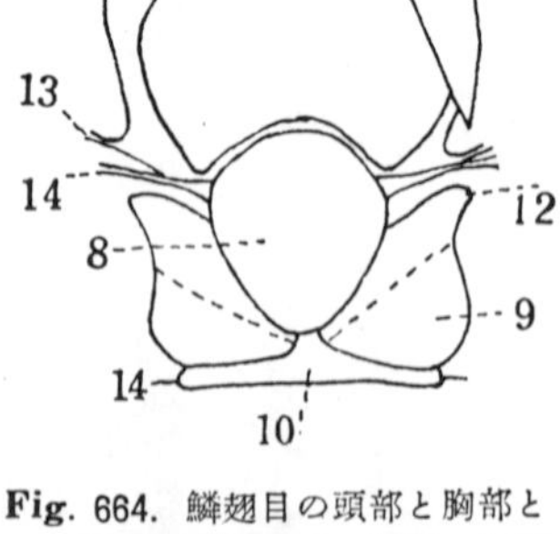

Fig. 664. 鱗翅目の頭部と胸部との背面図 (Imms) 1. 額 2. 頭頂 3. 複眼 4. 単眼 5. 頸板 6. 中胸楯板 7. 肩板 8. 中胸小楯板 9. 後胸楯板 10. 後胸小楯板 11. 12. 翅前突起 13. 翅後突起 14. 軸索

胸部（Fig. 664）はよく発達し，各節は癒合し，腹面は胸板（Pectus）と称えられている。前胸は底級のものでは正常なれど高級のものは狭い輪に退化し，背方に向つている背側節片即ち頸板 (Patagia) を具えある属ではこれが発達顕著である。中胸は最大で両側基部から鱗片にて被われて後方に向つている節片即ち肩板 (Tegulae) を具え，後胸は小形。翅は正常は2対でよく発達しているが稀れに痕跡的で不可機能的，前翅は普通後翅より大形，膜質で毛と重積鱗片とで被われ且つまた微毛を装う。しかしてある雄 (*Pieridae* と *Nymphalidae*)には発香鱗(Aandroconia) (Fig. 665) 即ち腺質鱗片がある。翅脈は強く，多数の縦脈と小数の横脈とを有し，前後各翅の翅脈は多くの科では異つているがあるものでは等しい。静止の際には垂直か水平か屋根形かに保たれる。鱗片 (Fig. 132) は種々な形状で，薄く扁平でうつろな袋で外面に微縦隆起線を附し基部に短かい柄部があつて，これが翅膜上の微孔に附着している。平滑なものや有線のものや屢々虹彩を有し且つ美麗なものがある。これ等の鱗片はプランクトン中にある量が見出される。それは蝶や蛾が方々へ分散せしめている事を意味する。前後両翅が飛翔に際し互に結合するために，翅垂 (Jugum＝Jugal lobe) が前翅の臀部に感覚棘毛のある数を保持している1突起として存在し，これが翅棘 (Frenulum) を縛るように後方に突出しいる。翅棘 (＝humeral lobe 肩片) は後翅の肩角に感覚棘毛を装う1片で翅垂を括るように前方に突出している。ある雄と少数の雌では後翅の亜前縁脈上に強い数個の幾丁質鈎があつて，それが前翅の基部にある堅い鱗片と毛の1群たるいわゆる抱鈎 (Retinaculum) を縛る。翅垂棘型 (Jugo-frenate) と称えられている種類は (*Micropterygidae*) 前翅の翅垂が後翅の翅棘を縛るもので，翅棘型 (Frenate) では前翅の棘毛 (1〜9本) が後翅の抱鈎を縛るものを称える。これ等両型は多数のものに存在している。抱鈎は *Prototheoridae*, *Hepialidae*, *Lasiocampidae*, *Saturniidae* 及び *Papilionidae* 等にはなく，これ等の場合は後翅の肩片(Humeral lobe) が前翅の下面前方に延び翅脈と鱗片との助けによつて飛翔の際に前後翅が結ばれるものである。 発香部 (Scent patches) は少数の *Nymphalidae* の後翅に存在している。脚は一般によく発達し，*Nymphalidae* では前脚が退化し，*Psychidae* の雌では全脚とも消失し，毛や鱗片や棘等を装う。基節は大形で大多数のものは固着している。転節は甚小。脛節は短かく，前脚では膜翅目に於ける触角清浄器の如く1凹を被う距棘からなる搔距 (Strigil) 即ち大距 (Epiphysis) を具え，後脛節と稀れにさらに中脛節とが雄の場合に発香器官を具え，距棘は一般に0：2：4稀れに0：2：2でさらに全然ないものもある。跗節は5節，シジミチョウ科のある雄では第1節が最長でしかも膨脹している。爪は1対で多くの科では簡単なれど，シロチョウ科では叉分している。気門は前胸と中胸との間に1対存在する。

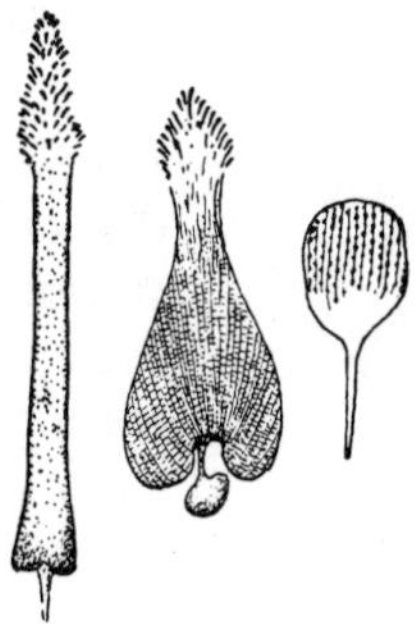

Fig. 665. 雄の蝶にある発香鱗 (Kellogg)

腹部は雄と *Micropterygidae* の雌とでは10節で，雌の第9と第10節とは癒合して複雑な生殖器を構成している。 雄の第9節は幾丁質化し覆板 (Tegumen) として知られ，雄の生殖器の他の部分は鉤器 (Uncus)，側片 (Gnathos)，匙状突起 (Scaphium)，陰茎膜鞘 (Manica)，陰茎(Penis)，陰茎糸突起 (Penisfilum)，側鉤器 (Harpes)，陰具基節 (Gonocoxites) 即ち瓣片 (Valves) または把握器 (Claspers)，及び腹中突起即ち胞嚢 (Saccus) 等で， これ等は分類学上非常に使用され，特に蛾に於いてしかりである。肛門は第10節に有る。発香刷毛はマダラテフ科の尾端に存在している。雌では第9と第10とが癒合し，第8〜第10節は屢々伸縮自在の産卵管を構成し，その産卵管は少数のものでは幾丁質化している。主な器官は肛門と生殖孔 (Gonopore) (原始的な類では排泄孔-Cloaca を供う) と高等な類では交尾孔とである。鼓膜は腹部第1節の側部で第1腹気門近くに存在する。気門は第1乃至第8節にある。

雌雄異形は普通で，時に顕著に現われ，雄は色彩がより美麗となり形は小さく屢々羽毛状の触角を具えている。

季節的異形は多数の蝶類の特徴で，(1) 後の世代のものは春期の第1世代のものから色彩に於て異り，(2) 変化は気温に原因し，(3) 変化は湿度に関係あつて多湿季節のものは隠色で暗色を呈し，(4) 変化は食物の差異による。

擬態はこの目の多数の種類に現われ，普通2型に分つ事が出来る。(1) ベーツ氏擬態 (Batesian mimicry) 即ち食用物としてまづい種類に擬しているもの，(2) ミュウラー氏擬態 (Müllerian mimicry) は2種またはより多数のまづい種類が互に両者の凡てのものによつて多少一様に楽しく暮していて以前には利益が互に保たれてあつた如くに擬せられているもの。これらの型の両者は目的の擬態として分けられるもので，他の型即ち区分に困難であるものもまた自然界に存在する。

幼　虫

大きさは微小 (3〜5 mm の体長) のものから130〜

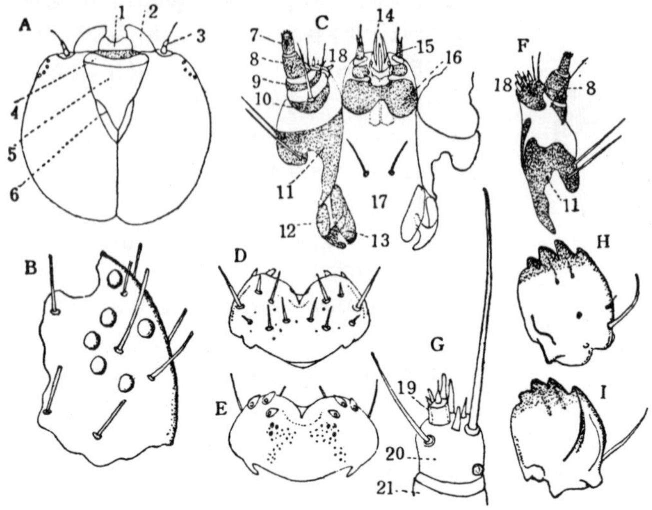

Fig. 666. 鱗翅目幼虫の頭部　A. 前面図 (Imms)　B. 頭蓋の眼の存在する部分　C. 小顋と下唇との腹面図　D. 上唇背面図　E. 上唇腹面図　F. 小顋背面図　G. 触角　H. 大顋背面図　I. 大顋腹面図 (以上カイコの1齢虫 Grandi)
1. 上唇　2. 大顋　3. 触角　4. 頭楯　5. 額　6. 額側節片　7. 小顋鬚第3節　8. 同第2節　9. 同第1節　10. 生鬚節　11. 蝶鉸節　12. 軸節　13. 亜基節片　14. 吐糸孔　15. 下唇鬚　16. 前基節　17. 基節　18. 小顋片　19. 触角第3節　20. 同第2節　21. 同第1節

150mm もの体長を有するものまでがあり，他により短かくより太く即ちかさばり且つ重いものもある。形状は普通長い円筒形で細いかまたは太く，あるものは甚だ短かく且つ楕円形，潜葉性のものは扁平で長く，ある他のものは非常に小枝に類似している。色彩は最も優勢なものは緑色かしからざれば隠色，多くのものは美麗に飾られ多数の斑紋と一様のデザインとを有する。あるものは色彩斑紋の1組の変化を持ち他のものは異つた色型を有する。表面と被物とは甚だ多数のものは裸体で滑かか有皺で不明瞭な微毛を生じ，他のものは有毛と有棘であるものは種々な配列に複雑な棘即ち有棘毛疣 (Verrucae) や有棘突起 (Scoli) を有し，毛や棘が屢々刺り且つイラクサよう，裸体かまたは有棘瘤瘤や突起がまた存在し，更に少数の種類には有毒腺を有する管状毛が見出されている。皮膚は薄く弾力性で，時に甚だ弱く，あるいは強靱で皮革的で部分的に幾丁質化し，頭部と3胸節と13体節とからなる。

頭部 (Fig. 666) は一般に下口式で顕著，堅く幾丁質化し，滑かかまたは角状突起を具え，球状か円錐状か半球形か2葉片状かで，自由で充分に可動的，頭蓋線に沿い額側節片 (Adfrontals) がある。眼は簡単で顕微鏡的，頭部の両側に2～6対がある。触角は微小で3節。口器は咀嚼型で咬み咀嚼し且つ開掘に適応し，頭楯は狭く，上唇は簡単かまたは切目を有し，大顋は強く普通有歯，小顋はよく発達し2節の鬚を具え，下唇は吐糸孔を末端近くの短かい棘または角状突起に具えている。

胸部は明瞭に3環節からなり，アゲハチョウ科の前胸背には叉状の可突出の嫌忌腺即ち臭角 (Osmeteria) を具え，前胸腹腺 (Prosternal gland) 即ち腹腺 (Ventral gland) がタテハチョウ科とあるヤガ科及びシャチホコガ科にある。脚は各節に1対宛存在し簡単な爪を具えている。気門は大きく前胸に1対あるのみ。

腹部は普通10節からなり円筒形。擬脚は数に於いて種々異なり，大部分のものに2～5対でときに最後の1対のみの事があり稀れに全然これを欠くものもある。擬脚の末端に種々な配列に微小の鋭い鈎即ち鈎爪 (Crochets) を具え，これによつて他物体にすがり付く事が出来るようになつている。尾端の1対は屢々尾脚 (Anal prolegs) または尾把握器 (Anal claspers) として知られている。スズメガ科では尾節の背面に1本の尾角 (Scar) を具えている。気門は体側に8対が列せられ，屢々顕著な鮮明色斑または他の斑紋にて飾られている。嫌忌腺がドクガ科の第6と第7との背節に存在し，またシジミチョウ科の第7背節にもある。体面上にある棘毛の配列や命名の研究が種類を同定するのに重要な役割を演じている。この点に関しては S. B. Fracker (Illinois Biol. Mon. II, no. 1, 195pp. 1915) の論文を参照されたい。

蛹

形状や皮膚の彫刻と色彩その他等が様々で，幼虫によつてつむがれた簡単かまたは緻密な絹糸繭内にあるいは絹糸にて裏付けられているかまたは充塡されている孔の中にあるいは土中の土室中に更に幼虫にて構成された管やその他 (末端絹糸にて他物体に附着せしめられ頭部を下方に垂下する) の中に防禦されている。更にまたシロチョウやアゲハ科等のものの如く垂直か傾斜か水平かに尾端と胸帯とで他物体に附着している。普通つぎの3型に分つ事が出来る。(1) 自由蛹 (Libera or free)—軟かい皮膚と可機能的大顋と自由で可動的な附属器を有するもので，コバネガ科や類以の原始的な科に見出される。

(2) 半自由蛹 (Semilibera or Incompleta)—皮革質かまたは堅い皮膚を有し，大顋がなく，附属器は部分的に自由なれど包まれ，成虫羽出の前に繭または孔を去る範囲に可動的で，コウモリガ科や多数の下等な科に見出される。(3) 被蛹 (Obtecta or Chrysalis)—皮革質または堅い皮膚を有し，大顋はなく，附属器は完全に体と共に包まれ体に固着せしめられ，腹部末端の数節以外は不可動的，屢々尾棘 (Cremaster) や尾鈎や尾突起や尾盤等によつて附着している。

卵

一般に強靱で堅い殼を有し，形状は球形や亜球状か扁平または板状か円錐形か半球形か円筒形か楕円形か紡錘状か樽状か角張つているかその他無数な形状がある。表面は滑かで光沢を有するかまたは種々に彫刻付けられ，隆起縁付けられ，線付けられ，点刻を付し，網目状，顆粒付けられ，また装飾を付している。ときに絹糸や固着質物や雌の体毛等にて被われ，または冬期間防禦され得るように固着質物の塊の中に産下されている。色彩は緑色や白色や黄色のものが優勢であるが，更に褐色や赤色や藍色や紫色や種々の結合色で，ときに光沢に富み且つ金属的で，より屢々隠色かまたは斑点付けられている。精孔は存在する。ある種では幼虫が孵化の際おし破る蓋片を具えている。以上のような卵が個々に散布されるか列に産下されるかまたは規則正しいかあるいは不規則な塊状に，また連鎖状に，あるいは固着質物の塊の中に，あるいは他の方法で産下されている。普通は宿主植物に附着せしめられているが，ある種類ではその近辺にやたらに産下されてある。

内形態　成虫

消食系—口吻の腔室は咽頭に連なり，咽頭 (*Danais*) は卵形に近い1室で強力な筋肉壁を具え，その壁の繊維の間から5本の放射状筋肉が出て，これ等の筋肉が頭壁に附着するように外方に過ぎている。これ等の筋肉が収縮すると咽頭室が大形となり1部分真空となり口吻を通じて液体が上昇し其処を満すのである。後咽頭壁が収縮し食液が咽喉内に押しやられ咽頭瓣の閉塞によつて口吻の下に反流する事が防止される。咽喉は甚だ狭い容積の長い管で，より原始的な種類 (*Homoneura*, *Cossidae*, *Psychidae*, 多数の *Tineina*, *Attacus*, *Phigalia*) ではよく発達している嗉囊中に末端の方に拡張されている。他の種類 (*Adela* と他の *Tineina*, *Zygaenidae*, ある *Saturniidae*, *Ematurga* その他) では嗉囊は広口管の形で咽喉と結合している側拡大部の形をとつている。鱗翅目の大多数のものでは嗉囊は1本の細かい細管にて前腸と結び付いている大形の食物貯蔵室を形作つている。胃は比較的小さい容積の直管で，後腸は細い捲旋せる廻腸と膨れている結腸と短かい筋肉質の直腸とから形成されている。唾液腺は各側に1本の長い捲旋せる糸状管の形を取り，幼虫期の絹糸腺は蛹期間にて退化し後明瞭を欠いている。マルピギー氏管は6本で1側に3本が1共通管によつて廻腸の初まる処に開口している。最もある *Tineina* では只1対，ミツバチスガでは同様に2本であるが不規則に分岐している。

神経系—神経球のある程度の集中が現われ，最も原始的な状態はコウモリガに見出され胸部に3個腹部に5個の神経球がある。コバネガ科やイガや *Cossus* や *Sesia* や *Zygaena* や *Phalera* や *Ematurga* 等では第4と第5腹部神経球が癒合して大形の1中心となつている。しかし大部分の鱗翅目では胸部に2個と腹部に4個との神経球からなり，中胸と後胸とのものが癒合し腹部のものは第2～第6環節に横わつている。最も多数の神経球は *Psyche unicolor* に見出され，胸部に3個腹部に6個が認められている。

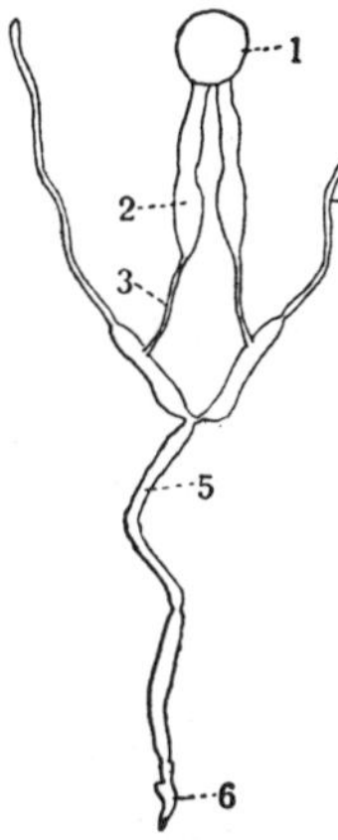

Fig. 667. ウチスズメ1種雄の生殖系 (Imms)
1. 睾丸　2. 貯精嚢
3. 輸精管　4. 附属腺
5. 射精管　6. 挿入器

循環系—甚だ僅かより知られていない。Newport によると大部分の鱗翅目では背管に8対の瓣口があると，また Burgess によると *Danais* 属では腹部環節に一致した括れが現われていると。Brocher によると *Protoparce* 属では大動脈が胸部にて鋭い輪曲を作り，その曲りの頂点にて脈搏器官 (Pulsatile organ) と結びついていること。この状態は多分一般的であろう。

雄の生殖器官 (Eig. 667)—模式的には各睾丸が4個の包囊からなり，それ等の結合に種々な度合がある。高等な類には左右の睾丸が密接に癒合して単1の中生殖巣 (Median gonad) を形成している。最も例外としては *Nematois* の場合で各睾丸が20個の包囊から構成されている。生殖巣はつぎの2型に分つ事が出来る。(1) 睾丸が対をなし，その各々が別々の陰囊 (Scrotum) 内に包まれているもの。コウモリガでは包囊が分離し生殖巣は常状を呈している。この状態は明かに鱗翅目に見出される最も原始的なものである。他の場合は包囊が一所に圧せられ1共通陰囊から囲まれている。この型のものはコバネガ科，あるヤママユガ科，カイコ，*Lycaena arion*, *Parnassius* その他少数のものに見出されている。(2) 各睾丸が癒合し1共通陰嚢内に包まれている。ある場合には生殖巣の対をなす性質がなお明瞭でその間他のものでは癒合が完全となつている。この型は優勢なもので普通包嚢が生殖巣の縦軸を取りまき螺旋状に捲いている。睾丸は体の背側に横たわり消食系に近く第5と第6環節の背板直下に位置している。輸精管は細い管で，基部の方に大形となり貯精嚢を構成し，各々が1本の長い糸状の附属腺を受入れている。この附属腺は壁が縦筋繊維を具えていて明瞭な腺でなく多分精虫を貯蔵する受理器として貯精嚢に附随して役立つものであろうと Rucks が認めている。貯精嚢は挿入器の基部にて射精球 (Bulbus ejaculatorius) 内に終る1共通射精管を形作るように癒合している。

雌の生殖器官 (Fig. 668)—各卵巣は模式的には4個の交互栄養室型の小卵管から構成されている。しかし例外が下等の類に見出されている。即ち *Psyche helix* では各卵巣が6小卵管からなり，*Adela* 属では10～12, *Sesia scoliaeformis* では14, *Nematois* 属では12～20の小卵管からそれぞれ構成されている。生殖系はつぎの

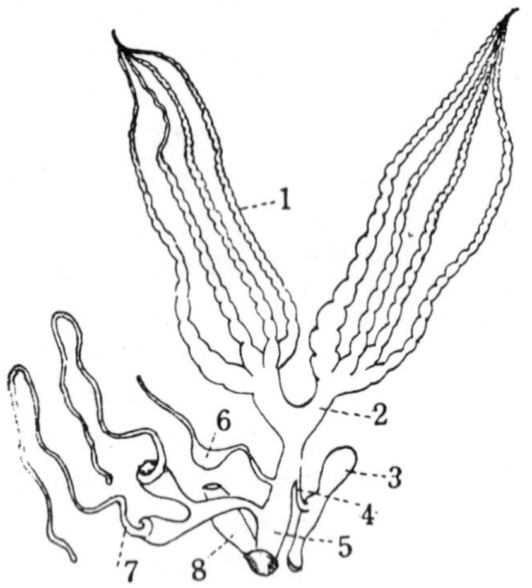

Fig. 668. ウチスズメ1種雌の生殖系 (Imms)
1. 卵巣　2. 輸卵管　3. 交尾嚢　4. 精管
5. 膣　6. 受精嚢　7. 膠質腺　8. 直腸

2型が優勢 (Fig. 669) である。(1) (コウモリガ科, *Micorpteryx*, *Adela*, *Nepticula*, *Incurvaria*, あるミノガ科その他)，単一生殖口が腹部第9腹板に開口し中前房 (Median vestibule) に連絡し，この前房は共通輸卵管の末端部で背面に受精嚢の管を受け腹面に交尾嚢の管を受け入れている。(2) より多く特化し且つ一般に優勢な型では2個の生殖口がある。即ちその1つは交尾嚢の口がある第8腹板に開口し，他の1つ即ち共通輸卵管の口は第9腹板上に位置している。交尾嚢の生殖系の他のものからの分離はミノガ科のあるものに僅かな変化の状態に現われている。これ等の例に於いて交尾嚢の管が共通輸卵管にこれ等両管の間の離りよりも少ない非常に短かい1管によつて連結している。他の鱗翅目では一定の管即ち精管(Ductus seminalis) が明瞭となつていて，高等の種類では非常に長く且つ甚だ細い管となつている。1対の分岐状または糸状の膠質腺が気胞様の管に開口し，それ等の管は受精開口直後で共通輸卵管と連続している。多数の種類では1附腺が受精嚢に関連して存在し，その全器管が一般的外観に於いて膠質腺に似ていて屢々膠質腺として取り扱われている。交尾嚢は外皮層の二次的陥入であるがその開口は他の昆虫目に於ける膣口と一致している。他方共通輸卵管の開口は背方に移動し第9腹板上に二次的位置を取つたのである。交尾嚢は交尾中に精虫を受納し，交尾嚢の壁内に筋肉がない事によつてその精虫が彼れ等自体の運動をもつて精管内に移動し，しかる後に輸卵管内に入りしかして受精嚢内に導かれている管に過ぎ卵が受精に対し輸卵管に入るまで受精嚢内に貯えられている。

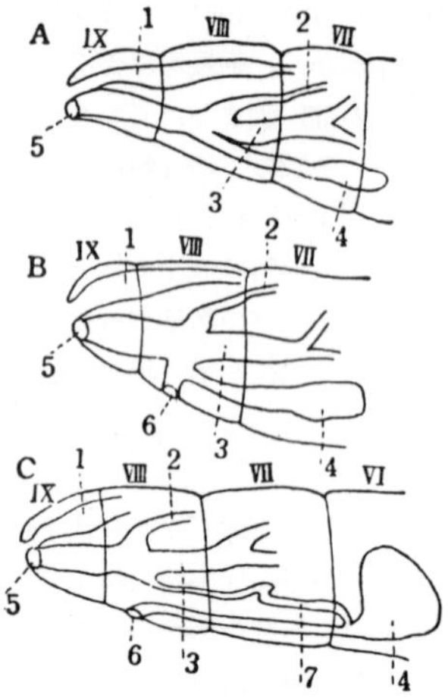

Fig. 669. 鱗翅目雌の生殖系模式図 (Petersen)
A. コバネガ科　B. ミノガ科　C. イラガ科
VI～IX. 腹部環節　1. 直腸
2. 受精嚢　3. 輸卵管
4. 交尾嚢　5. 輸卵管孔
6. 交尾孔　7. 精管

気管系—普通9対の気門によつて外部と連絡し，その2対は胸部で他は腹部にある。腹部第8環節上の1対は幼虫期間にはあるがその後消失する。

幼　虫

消食系 (Fig. 670)—口より肛門迄直線かまたは殆んど直線，咽喉は短かく且つ屢々後方中胸内にて太まり，胃は幅広の管で第6腹環節あるいは第7節の中央部に延び囲食膜にてうらつけられ，外部は顕著な筋肉帯を装い，環状繊維によつて横括を有し且つ縦走筋の6帯にて分離されている事 *Protoparce* 属の如きがある。腸盲管は稀

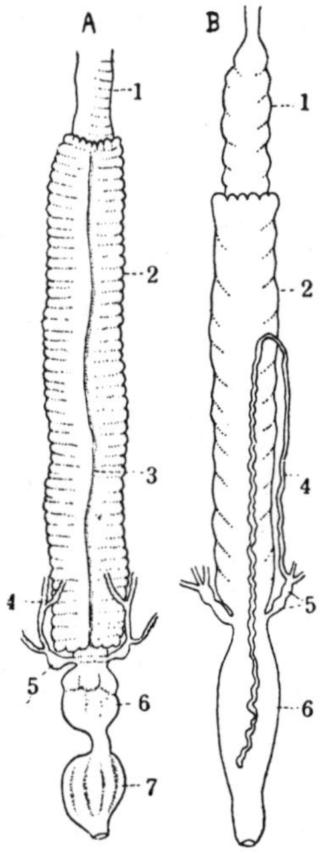

Fig. 670. 鱗翅目幼虫の消食系 (Bordas)
A. メンガタスズメガ1種　B. ヒトリガ1種
1. 前腸　2. 中腸　3. 背縦筋　4. マルピギー氏管
5. 排泄室　　6. 後腸
7. 直腸

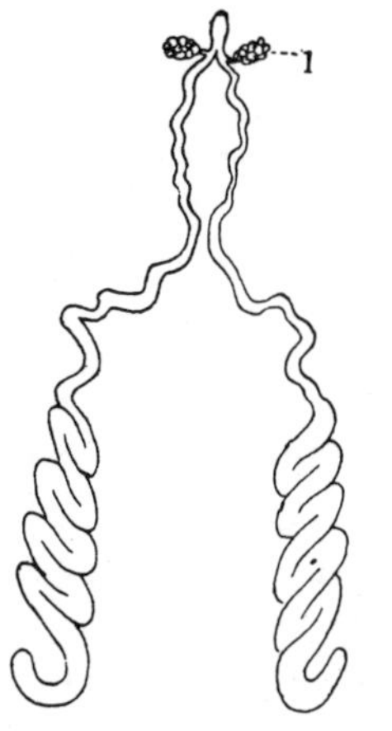

Fig. 671. ヤママユガ1種幼虫の絹糸腺 (Bordas)
1. 附属腺

れに存在するが，ある種類では小さな盲嚢 (Diverticulum) が胃の前端近くにある。後腸は常に著しく短かく且つ捲旋がなく，ある場合には括れによつて3個の多少球状部に分かれていて廻腸と結腸と直腸とを代表している。他のものでは結腸と直腸との2部分からなり，更にまた後腸は1個の太い室からのみなるものもある。甚だ少数の例外があるが6本のマルピギー氏管があつて両側の各3本が1共通管によつて後腸と結合している1個の小さな排泄室に開口している。この共通管が2分しその1本が更に叉分していて各側に3本があるようになつている。絹糸腺 (Fig. 671) は消食系中最も顕著な附属器官で，形態学的には他の昆虫の唾液腺と同質の下唇腺で，各腺は非常に変化ある長さの細長い円筒管で，消食管の1部は側部に1部は下に横わつている。ヤママユガ科やカイコガ科では最長で体長の数倍の長さを有し，前者の場合は複雑に畳まれ後者の場合は腸の後方部を包んでいる。前端部は癒合して1本となり吐糸孔として知られている円筒器官に開口している。この吐糸孔は高度に変化した中舌であろうと考えられている。昆虫の下唇腺は普通下咽頭に開口しているが，鱗翅目幼虫では下咽頭を越えて下唇の前縁に開口している。細胞学的には絹糸腺は中腔の周囲に非常に大きな腺細胞の1層からなり，各細胞は大きく特徴ある分岐細胞核を有し，外部は周囲膜 (Peritoneal membrane) から被われ，内部即ち腺室面は気管同様に螺線状に厚化した幾丁によつて裏付けられている。絹糸管も腺と同様な構造であるが皮膜細胞はより多く扁平で幾丁層は密に放射的に線付けられている。吐糸器は後部即ち糸圧部(Thread-press) と前部即ち吐糸管 (Directing tube) とからなつている。液体絹糸は3対の筋肉を具えている糸圧部を通過し，この部の圧力によつて吐糸管を通りて絹糸が出されるので，恰も熔鉄液が鉄板の2孔から押し出されるように2本として外部に出されるのである。絹糸腺に附随して附属腺の1対が多数の類に見出され，屢々 Filippi 腺と称えられているが，このものは1762年に既に Lyonnet 氏によつて発見されていたものである。この腺は屢々大容積で左右の絹糸管に別々に開口していて，種類によつては退化しまたは欠けている。これらの腺は粘液を分泌して2本の絹糸を粘着せしめ，同時に堅化せしめる作用を有するものである。大顋腺 (Fig. 672) は殆んど凡ての鱗翅目幼虫に存在し，胸部に位置し1本は前腸の何れかの側部に存在し，各大顋の内側にある孔によつて口腔に連絡している。規則的には管状で屢々非常に長いが，あるものでは短かく袋状となつている。細胞学的には絹糸腺に類似し，作用的には唾液腺と同じであるが，ある場合には防禦的な作用も認められている。

Fig. 672. メンガタスズメ1種幼虫の大顋腺 (Bordas)
1. 大顋
2. 大顋腺孔
3. 筋肉
4. 大顋腺

神経系―頭神経球以外に胸部に3個，腹部に7～8個の神経球がある。神経連鎖は中胸神経球と後胸神経球との間のものは1本のように現われている。第7と第8との腹神経球は密接している場合が多い。

背管―第8腹環節から第1節迄延びているかまたは後胸の初まりまで延び，それより大動脈が頭部迄達している。室は9個で8対の瓣口を有する。

生殖系―第5腹環節内に背管側部に密接して小さな楕円形体として存在し，第1齢虫に於て既に存在し後齢の進むに従つてある量の変化が生ずる。卵巣は睾丸より微かに大形でしかも細胞学的に卵巣小管が認められる。

生　態

蝶や蛾の習性と生活史とは各種類に於て著しい差異があつて，しかも未だ充分に研究されたものが甚だ少ないので，総括的にこれを述べる事は殆んど不可態である。蝶類は大部分日中活動的で蛾は夕暮及び夜間活動性であるが，これらは決して全般的なものでなく，特に蛾にあつては日中活動性のものも多数ある。この飛翔性は属や科の異なるに従いその飛翔範囲に変化が甚だ多い。多数の蛾はむしろある限度に飛翔が限られているが，蝶では数百哩から数千哩も飛翔するものがある。イチモンジセセリも季節的によく群飛する事が知られている。また種類によつては冬期雪上に屢々見出されるものがあり，また暖い時期にのみ認められるものや，特別の樹上にのみ群るものやその他様々な習性のものがある。更にまた成虫の状態で越冬するものや夏眠するもの等もある。

卵は春期や夏期や秋期等に産下され，しかも一般に幼虫の宿主植物上に附着せしめられている。1雌の産卵数は少数から1千にも達するものがある。孵化は必ずしも幼虫の出現と一致する事がなく，多数の場合に卵殻中に中夏または秋期から翌年の春迄止まり温暖の候に至つて初めて群をなして幼虫が卵殻から脱出するものがある。実際上の幼虫孵化は卵が産下されて後2～60日内外の間に行われ，最初に孵化した幼虫は屢々最初の食物を自身の卵殻に求める事がある。幼虫の成長は早く，一般に4～5回（稀れに9回迄のものがある）の脱皮が20～90日の間に完行される。全生涯即ち卵から成虫迄に要する日数は4ヶ月乃至4年迄で，1年間に1～6世代を重ねる。

幼虫は規則的には食草性で，生植物と死植物即ち種子，穀類，博物館の標本類，その他の製造物などとを食する。しかしときに *Heliothis armigera* Hübner の如く食肉性に変ずる場合等が認められている。また蝶や蛾のあるものは完全に食肉性で，シジミチョウ科で12種が，幼虫時代に蚜虫や浮塵仔やツノゼミ類や介殻虫類やまたは蟻の幼虫などを食する事が認められ，蛾としては夜蛾の *Eublemma cocciphaga* Meyrick（濠洲産）や *Erastria scitula* Rambur（欧洲産），メイガ科の *Laetilia coccidivora* Comstock（米国産）等は凡て無殻の介殻虫を食する事が確められている。更にまた少数の種類は蜜蜂の臘に寄食し，他のものは蟻の巣の中に生活し，*Bradypodicola hahneli* Spuler は米熱帯産のナマケモノ（*Bradypus*）の外寄生性である事が知られている。勿論多数の種類は植物の恐る可き害虫で，更に重要な農作物の害虫でもある。これと反対にカイコの如きは世界的に有名な有用虫である。

幼虫は普通の繭の他に防禦の工夫をする。即ち幼虫がその中に棲息する種々様々な包や鞘等を構成し，且つその内に蛹化する。繭はまた形状や構造に於て種々で，ある種類では個々の繭を多数に1個所に構成するもの等がある。また繭の外面に草や木質物や小枝や葉や毛や他のもの等の部分を附着せしめる。また鳥の卵のような形態のものを構成する種類もある。繭は1層からなるものや2重のものやまた開口のものや閉口のやあるいはある膜翅目の繭のような小さい白球の如き，更にまた絹の直立線を多数に附しているもの等がある。蛹は大顋かまたは特別な角を以つて繭を破つて出る。また成虫は絹を溶解するような分泌液によつて孔出するものや頭部に特別な棘または突起を具えそれによつて繭を破つて逃れ出づる。蝶は一般に且つ多数の蛾は全く繭を構成しない。

鱗翅目の化石時代の歴史は僅かで，最後の昆虫に属し，第三紀以前の明瞭な記録がない。しかし学者によつてはコバネガ科に類似のものが黒侏羅に存在しておつた事を信じているものがある。蝶の化石は北米の第三紀下層と漸新期に発見され，小形の蛾が欧洲の漸新期のバルチック琥珀に見出されている。

全世界から約105000種が発表され約190科1000属に分類され，広く分布し，熱帯には最多で且つ最も美麗な種類が産するが，多数の美麗な種類がまた温帯にも見出されている。これらの分類は甚だ複雑で，学者によつて異なり，現存の処完全な方法が未だ出来ていない。先づ大体次のように分類する事が可能のようである。

亜目の分類

1．前翅と後翅との翅脈は同様，両翅は前翅の翅垂または翅垂部にて結合しあるいは一所になる…………………………………………Suborder *Homoneura* (*Jugatae*)

2．前翅と後翅との翅脈は異なり，両翅は後翅の翅棘または肩部にて結合しあるいは一所になる………………………………………Suborder *Heteroneura* (*Frenatae*)

a. 同脈亜目

Suborder *Homoneura* Tillyard 1918 (*Jugatae* Comstock 1892)

上科と科との分類

1．微小または小形の蛾で翅の開張 12mm またはより小さい。前後両翅は前翅後縁基部の後方に突出した部分即ち翅垂部にて一所になり，小顋鬚は消失に近いかまたはない…… Superfamily *Micropterygoidea*… 2

小形乃至大形で翅の開張 15mm またはそれ以上，前後両翅は翅垂にて結び，脛節の距棘は存在し，口吻は短いか消失に近く，小顋鬚はよく発達している………………………Superfamily *Hepialoidea*………… 5

2．大顋は存在し機能的で有歯，小顋の内葉と外葉とが存在し外葉は長くない。中脚の脛節は距棘を欠く…………………………………Fam. *Micropterygidae*

大顋はないかまたは著しく減退し無歯，小顋の内葉はなく外葉は長い。中脚の脛節は1～2本の距棘を具えている…………………………………………………………… 3

3．翅垂部は大形，大顋は無機能的で単なる葉片として

現われ，小顋は長い5節からなる小顋鬚を有し，口吻は短かい……………………Fam. *Eriocraniidae*

翅垂部は著しく小形かまたは痕跡的………………………4

4．中脚の距棘は1本，翅は幅広で亜前縁脈が末端近くで分叉し(少くとも前翅にて)ている(*Neopseustis* Meyrick)……Fam. *Neopseustidae* Tillyard

中脚の距棘は2本，亜前縁脈は簡単，大顋はなく，小顋は痕跡的3節の小顋鬚を具え，口吻はよく発達している(*Mnesarchaea* Meyrick 濠洲)…………………………………………Fam. *Mnesarchaeidae* Tillyard 1919

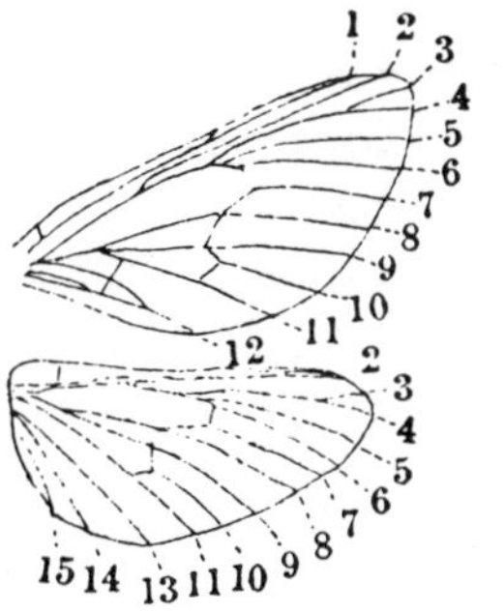

Fig. 673. コウモリガ *Phassus* の翅 (Hampson)

1. 亜前線脈	2. 第1径脈
3. 第2径脈	4. 第3径脈
5. 第4径脈	6. 第5径脈
7. 第1中脈	8. 第2中脈
9. 第3中脈	10. 第4中脈
11. 肘　脈	12. 臀　脈
13. 第2肘脈	14. 第1臀脈
15. 第2臀脈	

5．第1脛脈は翅の基部近から生じ，中央室は中脈の基部幹を有する支脈によつて1個の大きな挿入室を包含し即ち翅の中央部に3室が存在している (**Fig.** 673)…………………………………………………………6

第1脛脈は翅の中央近から生じ，中央室は分割されていないかまたは単一の中脈を包含している………7

6．後翅は2本の臀脈を有し，第3中央室は尖つている…………………………………………Fam. *Hepialidae*

後翅は1本の臀脈を有し，第3中央室は尖らない(南アフリカ産の *Prototheora* Meyrick)……………………………… Fam. *Prototheoridae* Meyrick 1917

7．脛節の距棘は発達している (濠洲産の *Anomoses* Turner)…………Fam. *Anomosetidae* Turner 1921

脛節の距棘はない (濠洲産の *Palaeoses* Turner)………………… Fam. *Palaeosetidae* Turner 1921

小翅蛾上科

Superfamily *Micropterygoidea* Dyar 1902

この上科は *Microjugatae* Comstock 1893 や *Jugofrenata* Tillyard 1918 等とも称えられ，既述の如く4科に分類され，その内本邦に産するものは次の2科のみである。

230. コバネガ (小翅蛾) 科

Fam. Micropterygidae Comstock 1893

この科は *Eriocephalidae* とも称えられ，Primitive Moths，ドイツの Urmotten で，小さな暗色の日中活動性の蛾で僅かに 8～12mm の翅の開張を有するのみ。頭部は小形，触角は翅より著しく短かく，口器は原始的型で短かいまたは殆んど消失に近い口吻と大きな大顋とを具え，大顋によつて彼れ等の食物たる花粉や菌類等をつぶすのである。下唇鬚はよく発達して3節からなる。後脚の脛節は4本の距棘を具えている。翅は暗色かまたは金属色で鱗片は横線と色素とを欠き，前後両翅共に12脈を有し，中脈は翅の中央かまたは中央以後にて叉分し，閉口中央室を欠き，翅垂部は存在し，静止の際に古代的毛翅目のように屋根形に畳まれる。雌では輸卵管と直腸とが共通管に癒合している。多くの種類では雌雄共に腹部第5環節の側部に腺の開口を具えている。雄の生殖器は外部に現われている。

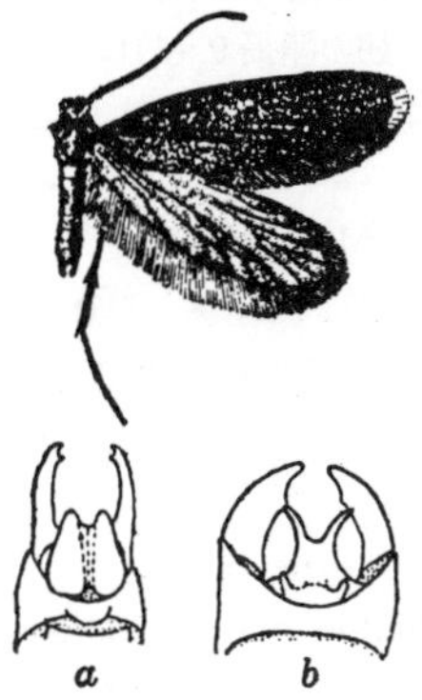

Fig. 674. ムモンコバネ (一色)
a. 腹端背面図
b. マツムラコバネの腹端背面図

幼虫は長いか円筒形で，多少イラガ科の幼虫と長翅目のあるものとに似て，体表に大きな楕円形の対をなす鱗片を装う。頭部は伸縮自在，触角は大きく3節，複眼は5個の小眼面からなり，擬脚は5対，脚は爪状で3対。かれ等は主に草に生活し，蛹化に先立つて強靱な楕円形の繭をある物体上に構成する。蛹は自由で機能的な大顋を具えている。

小さな科であるが，旧北洲と北米とニュージーランド等に分布し，約50種が知られ *Micropteryx* Hübner, *Epimartyria* Walshingham, *Sabatinca* Walker, *Acanthopteroctetes* Braun 等が代表的な属で，本邦からはムモンコバネ (*Paramartyria immaculatella* Issiki) (Fig, 674) とマツムラコバネ (*Neomicropteryx matsurana* Issiki) *Micropteryx aureatella* Scopoli その他等が発見され，前者は黒褐色，前翅は帯紫青銅色で黄金色鱗片を密布し，後翅は青銅光ある暗褐色，翅の開張9～10.5mm，本州，四国，九州等に産する。

231. スイコバネガ (吸小翅蛾) 科

Fam. Eriocraniidae Tillyard 1919

この科の成虫は口吻が短かく，大顋が減退し，下唇鬚はよく発達し，中脚の脛節に1本の距棘を具えている。幼虫は脚が著しく退化し，潜葉性，蛹は多少常に大きな大顋を具えている。欧洲と北米とインドその他から約30

Fig. 675. キンマダラスイコバネ(一色)

種が知られ，*Eriocrania* Zeller, *Mnemonica* Meyrick 等が代表的な属である。本邦からはキンマダラスイコバネ (*Eriocrania sparmannella* Bosc)(Fig. 675)と *E. semipurpurella* Stephens とが知られ，前者は前翅が光沢ある淡黄金色淡紫色の格子模様を有し，後翅は暗灰色，翅の開張 9〜11mm，北海道に産し，欧洲では樺の葉に幼虫が潜孔していると。

蝙 蝠 蛾 上 科

Superfamily *Hepialoidea* Mosher 1916

Macrojugatae Comstock (1893) とも称えられ，既述の如く4科に分類されるが，本邦からはつぎの1科のみが知られている。

232. コウモリガ (蝙蝠蛾) 科

Fam. Hepialidae Stephens 1829

Hepialid Moths や Ghost Moths や Swift Moths 等と称えられ，暗色乃至鮮明色，中庸大で太く有毛，日中活動性のものと夜間活動性の蛾である。頭部は小さく有毛，触角は短かく珠数状なれど雄では屢々櫛歯状，単眼はないかまたは痕跡的で毛の下に隠れている。口器は痕跡的で僅かに食を取るかまたは完全に取らなく，下唇鬚は小さく且つ有毛。胸部はよく発達し有毛。脚は弱く距棘を欠き，雄の後脚は毛の大きな総を装う。翅は長くむしろ狭く，後翅は前翅より著しく小形，臀脈は退化し，翅垂は細長く，翅棘はなく，翅脈は原始的で第2肘脈は前翅に部分的にのみ存在する。腹部は大形，雌の生殖器管は特化している。

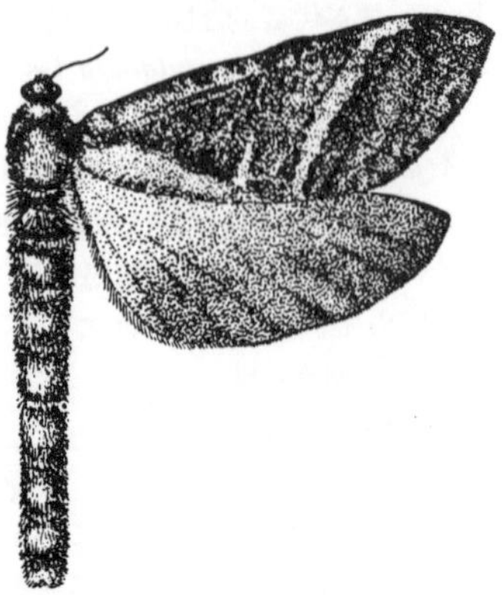

Fig. 676. コウモリガ (河田)

ある種の雌虫は飛翔中に宿主植物上に卵をまきちらす。幼虫は円筒形で屢々大形，多少皺付けられ，帯黄色か帯白色か暗色，小さな濃色の瘤より毛を生じ，頭部は長いか殆んど球状で両側に3個からなる2列の擬単眼を具え，脚は3対で擬脚は5対である。あらゆる植物に穿孔し，1年生または多年生の草や木等の根や幹や枝や茎等に寄食し，従つてある種類は非常に重要な害虫として認められている。蛹は円筒形で背面と腹面とに棘を装い，雄では腹部第3乃至第7，雌では第3乃至第6節がそれぞれ自由となり，腹部第1節の気門は不明。蛹化は幼虫の穿孔中に絹糸を以つて裏付けてその内に行われる。

蛾の原始的なものでコバネガ科に近似し，大体200種23属が知られ，大部分のものは南半球で殊に濠洲に顕著な種類が多い。最大のものは濠洲産の *Leto stacyi* Scott で翅の開張 175mm に達する。*Hepialus* Fabricius, *Charagia* Walker, *Dalaca* Walker, *Porina* Walker, *Phassus* Walker その他が代表的な属である。本邦からはコウモリガ (*Phassus excrescens* Butler) (Fig. 676), キマダラコウモリガ(*Phassus signifer* Walker), シロテンコウモリガ (*Palpifer sexnotatus ronin* Pfitzner) 等が発見されている。第1の種類は褐色，前翅は全面に不完全な細い黒色輪環を布し，後翅は一様に暗褐色，翅の開張81〜90mm。全土に産し幼虫はクサギやキリその他多数の植物の幹に穿孔する。なお満洲やアムール等にも産する。

b. 異 脈 亜 目

Suborder *Heteroneura* Tillyard 1918

1892年に Comstock が *Frenatae* としたもので，つぎの2群22上科に分類する事が出来る。

1. 触角は簡単かまたは種々に変形しているが末端にて膨れているものは稀れで，若し斯かる場合には翅棘が存在している。後翅は多くの場合翅棘を具え，亜前縁脈は基部にて比較的僅かに弓形となるかあるいは前縁との間に大きな部分があるかの何れかである。翅は静止の際に屋根形か水平に保たれ，体は比較的太い……
………………Division *Heterocera* ………………… 2

触角は末端にて膨れているかまたは末端の少しく前で太まり，櫛歯を有する事がなく，また突起もなく，さらに毛の顕著な配列もない。後翅は翅棘を欠き，亜前縁脈は基部にて前方に弓形となり，静止の際には少くとも前翅は立つている。単眼はない…………………
………………Division *Rhopalocera*…………………20

2. 中脈とその2本の支脈とは完全で中央室内に顕著に形成されている。第2肘脈は前後両翅に存在し，小室 (Areole) 即ち径脈の閉室は前翅に存在する。口吻はない。幼虫は木質部に穿孔している……………………
…………………………… Superfamily *Cossoidea*

中脈とその2本の支脈とは不完全，もし上述の如く完全な場合には前翅に小室がない……………………… 3

3．中脈は簡単な脈として基室（Basal cell）内に存在しているかまたは稀れに前後両翅あるいは1翅に於いて分岐している…………………………………………… 4

中脈とその支脈とは基室内にて著しく退化しているかまたは全くない………………………………………… 5

4．前翅は中央室内によく発達した第3＋4中脈を有し，第1＋2中脈は普通なく，後翅では第3＋4中脈のみ存在し径分脈から離れ第1肘脈に近く位置し，後翅の第2肘脈は痕跡的。小顋鬚は存在し，下唇鬚は短かく，口吻はあるかまたはなく，触角は棍棒状。幼虫は禾本科植物の茎または根に穿孔する。濠洲と南米と東洋とに産し，日中活動性の蛾……………………………………………………… Superfamily *Castnioidea*

前翅は中脈の幹部が中央室を通して延び後分岐し，前後両翅はよく発達した第2肘脈を有するが稀れにいづれかの翅になく，後翅では亜前縁脈＋径脈が中央室を越えて径分脈から遠ざかつている。口吻と鬚とは消失に近く，後脚脛節の距棘は著しく減退し，中脚のものは屢々欠けている。幼虫は自由生活か巣筒内かまたは本質穿孔性で，成虫は日中または夜間活動性（7対照）………………………Superfamily *Zygaenoidea*

5．翅は一般の表面上に微棘（Aculeae）即ち微小の針状棘毛を装う…………………………………………… 6

翅は微棘を有せざるかまたは小部分のみにこれを存す……………………………………………………………… 7

6．翅脈はかなり完全，触角は基節が非常に大形となつて眼帽（Eye-cap）を形成していない。産卵管は刺入に適応している。幼虫は巣筒を有するかまたは穿孔性，成虫は微小乃至小形であるものは非常に長い触角を具えている………………Superfamily *Incurvarioidea*

翅脈はより多く退化し，中央室は甚だ小さいかまたはなく，触角は大きな眼帽を有し，産卵管はなく，下唇鬚は短かく，小顋鬚は長く，口吻は痕跡的。幼虫は潜葉性で稀れに虫癭構成者である…………………………………………………… Superfamily *Nepticuloidea*

7．翅は大形で原始的翅脈を有し，後翅の亜前縁脈と径脈とは普通中央室に沿うて結合している（3対照）……………………………………Superfamily *Zygaenoidea*

翅は大形か小形でよく発達した翅脈を有し，軟かい鱗片を布し，長い縁毛を有するものとしからざるものとがあつて，小形種では屢々線状かまたは蹠状，後翅の亜前縁脈と径脈とは中央室を越えて稀れに癒合しているかまたは癒合しない且つ稀れに完全に癒合している。口吻は基部に鱗片を装う……………………………… 8

8．翅は軟かい鱗片を装い且つ小さな臀部を有する… 9

翅は堅い細い鱗片を装い且つ大きな臀部を有し，前翅は小室を具え，第2肘脈は一般に後翅に存在する。小顋鬚は減退し，下唇鬚は適度によく発達し突出し，口吻は普通存在する。脚は細長い。幼虫は大部分食草性または腐敗物食性，小形乃至中庸大………………………………………………Superfamily *Pyralidoidea*

9．前翅は稀れに第1臀脈を欠く，しからざれば翅が甚だ狭い……………………………………………………………10

前翅の第1臀脈は殆んど常に痕跡的かまたはない…………………………………………………………………………15

前翅は普通長く且つ狭く強い第1臀脈を有し，小室を欠き，第3と第4径脈とは殆んど常に一致している。後翅は常に短かく，亜前縁脈は全長中央室からよく分離している。口吻はよく発達し且つ屢々甚だ長い。体は紡錘状で太い。幼虫は屢々尾角（Anal horn）を具え，食草性で植物上に自由生活。成虫は日中，夕暮，夜間活動性で，強飛翔性……………………………………………………Superfamily *Sphingoidea*

10．後翅の亜前縁脈と径脈とは基部にて模式的に接近している……………………………………………………………11

後翅の亜前縁脈と径脈とは広く分離し，前翅の1本または2本の脈が欠けている。小顋鬚は痕跡的かまたはなく，下唇鬚は長くて上方に曲るかあるいは短かくて垂下している。幼虫は食草性で種々な習性を有し，成虫は多くのものが小形………………………………………………… Superfamily *Elachistoidea*

11．頭部は普通滑か…………………………………………12

頭部は普通粗面……………………………………………13

12．径脈の支脈は普通4本とも全脈が存在し前縁に達し，単眼は小さいかまたはなく，触角は基部に縁強棘毛即ち櫛（Pecten）を有するものとしからざるものとがあつて眼帽を欠いている。口吻は中庸長，小顋鬚は退化かまたはなく，下唇鬚は長く突出している。後脚脛節は普通粗毛を装い，後翅は一般に前翅より幅広。幼虫は小さいかまたは微小で食草性，屢々群棲，多数のものは葉や芽等をつづる………………………………………………Superfamily *Gelechioidea*

径脈の支脈はすべてが存在しない。第5径脈が若し存在するときは前縁に延びている。後脚の脛節は一般に滑か。幼虫は葉を食するものと木質穿孔のものとがあり，成虫は微小乃至小形…………………………………………………… Superfamily *Yponomeutoidea*

13．後翅の径脈と第1中脈とは分離し，鬚は屢々畳まれている………………………………………………………………14

後翅の径脈と第1中脈とは一般に接近しているか共同幹脈を有し，鬚は三角形かまたは突出し，小顋鬚は痕跡的かまたはなく，下唇鬚の第2節は幾分粗に鱗片を布し末端節は短かく鈍角。後翅は前翅と等幅かまたはより幅広。幼虫は屢々捲葉やつづられた葉の内や茎，根，花，果物，種子莢等の中に隠れている。成虫は小形乃至中庸大………Superfamily *Tortricoidea*

14. 翅は完全で普通縁毛を有し，脚は中庸長。口吻は存在するときは鱗片を装い，小顋鬚は畳まれ，下唇鬚は棘毛を装うかまたは第1節が大形。幼虫は食草性や食糞性で，成虫は小形で種々形………………………………………………………………Superfamily *Tineoidea*

翅は普通深く割れ，脚は細長く長い脛節距棘を具え，第2肘脈は前翅では常に末端の方に存在し後翅ではなく，第2中脈は前後両翅共に分離して存在する。幼虫は食草性で花や種子頭や芽等に穿孔する。成虫は小さく且つ弱体 …… Superfamily *Pterophoroidea*

15. 腹部は腹面基部に幾丁質の鼓膜または蓋片(Hood)を有す……………………………………………………16

腹部には鼓膜または蓋片を有しない………………18

16. 腹部の鼓膜または蓋片は小形，口吻は存在，小顋鬚はなく，前翅は小室を欠き，後翅は第2肘脈を欠き翅棘があるかまたはない。幼虫は食草性で屢々突起を装い，成虫は小形乃至大形で細く屢々鮮明光沢色，あるものは静止の際には前翅を捲き，他のものは後翅に尾突起を有し，日中活動性………………………………………………………………Superfamily *Uranioidea*

腹部の鼓膜または蓋片はよく発達し大形…………17

17. 後翅の亜前縁脈＋第1径脈は中央室を越えた処で径分脈に接近しているかまたは部分的に結合し，前翅は普通小室を有しある種では鈎状，口吻はあるかまたはなく，下唇鬚は細く且つ屢微小，単眼はよく発達するか痕跡的。幼虫の尾脚は退化するかまたはなく，成虫は中庸大で大部分のものは日中活動性……………………………………………Superfamily *Drepanoidea*

後翅の亜前縁脈＋第1径脈は中央室を越えた処で径分脈から離れ，第3肘脈は両翅共になく，口吻は稀れにのみ欠け，小顋鬚は痕跡的。幼虫は長く且つ細く腹脚の数が少なく，屢々棒状を呈する。食草性。成虫は種々な大きさで或るものは弱体，雌はある種類では痕跡的翅を具えている。多くのものは夕暮や夜間活動性…………………………… Superfamily *Geometroidea*

18. 後胸後側板に於ける節片上に鼓膜または蓋片が発達し，口吻は有るかまたはなく，単眼は存在し，小顋鬚は微小かまたはなく，第2肘脈は両翅等にない。幼虫は種々で食草性。成虫は中庸大乃至大形……………………………… ………………… Superfamily *Noctuoidea*

鼓膜又は蓋片はない……………………………………19

19. 後翅の亜前縁脈＋径脈は2本またはより多数の太い肩脈にて室と結び付き，翅棘はなく，第2肘脈は両翅共になく，口吻は痕跡的かなく，鬚は非常に退化し，触角は短かく顕著に双櫛歯状，脛節距棘は短かいかまたはない。幼虫は大きく高度に特化し，痕跡的二次的毛や有棘突起を具えている。成虫は大形，軟鱗片を装い有毛で，翅は屢々透明眼状紋 (Eyespots) を有し，多くのものは美麗色……Superfamily *Saturnioidea*

後翅の亜前縁脈＋径脈は1本の横脈または棒によって中央室と結び付き，第2肘脈は両翅共になく，翅棘は痕跡的かまたはなく，口吻は退化するかまたはなく，小顋鬚はない。幼虫は外見滑かかまたは疣を有し且つ屢々鱗片と混合した微毛を装い，あるものは毛束を具えている。成虫は中庸大乃至大形……………………………………………Superfamily *Bombycoidea*

20. 触角は基部にて左右広く離り，多くのものでは末端延びて彎曲している。前翅の径脈は5分岐し，それ等のすべてのものは別々に中央室から生じている。幼虫は一般に裸体で括れた頭部を具えている。成虫は不規律な短かい且つ屢々早い飛翔を行う……………………………………………… Superfamily *Hesperioidea*

触角は基部にて相接し，末端多少円く決して鈎状に曲つていない。前翅の第4径脈と第5とが共同幹脈を有する。幼虫と成虫とは非常に変化がある………………………………………… Superfamily *Papilionoidea*

蛾 類 Division *Heterocera*

木 蠹 蛾 上 科

Superfamily *Cossoidea* Tillyard 1926

この上科はつぎの如き科から構成されている。

1．後翅の亜前縁脈＋第1径脈と径分脈とが全長癒合している (*Engyophlebus* Karsch アフリカ産)…………………… Fam. *Engyophlebidae* Hampson 1920

後翅の亜前縁＋第1径脈と径分脈とはそれ等の基部から完全に分離しているかまたは中央室に沿い1部分癒合しているかまたは1繋脈にて結合している…… 2

2．前翅の第1臀脈と第2臀脈とは自由となつているかまたは第1臀脈が欠けている………………………… 3

前翅の第1臀脈と第2臀脈とは翅縁近くで1横脈にて結びついている(*Givira*)…………………………………………… Fam. *Hypoptidae* Hampson 1918

3．前翅の第1臀脈は存在する………………………… 4

前翅の第1臀脈はない。翅棘はある (*Argyrotypus*

Butler, ***Chrysotypus*** Butler, マダガスカール）………
………………Fam. ***Argyrotypidae*** Hampson 1898
(***Chrysotypidae***)

4．翅棘は発達している……………………………………5
　翅棘はない（*Ratarda* Moore インド・濠洲）……
…………………Fam. ***Ratardidae*** Hampson 1898

5．後翅の径分脈と第1中脈とは広く分離し，鬚は甚だ短い………………………………Fam. *Zeuzeridae*
　後翅の径分脈と第2中脈とは中央室末端後に柄脈を有するかまたは互に接近し，鬚は額の中央までに上向している………………………………………………6

6．中脈の柄部は完全で中央室を通過している…………
………………………………………Fam. *Cossidae*
　中脈の柄部は中央室内に不完全に存在するのみ（*Stygia* Latreille）………………………………………
…………………Fam. *Stygiaridae* Boisduval 1840

以上7科中本邦にはつぎの2科が発見されている。

234. ボクトウガ（木蠹蛾）科
Fam. Cossidae Walker 1855

Wood Moths, Goat Moths, Carpenter Moths, Cossids 等と称えられ，ドイツの Holzbohrer，フランスの Cossoidea 等である。中庸大乃至大形，翅の開張 35～180 mm，有毛且つ有鱗片，夜間活動性。隠色で，灰色または褐色の斑紋を有するが，後翅は鮮明色のものもある。雄は一般に雌より小さく，色彩も鮮明となつている。口吻と小顋鬚とはなく，下唇鬚は短かいが額の方に上向している。触角は滑か櫛歯状か羽毛状。脛節の距棘は種々。翅は原始的翅脈を有し，静止の際は背上に平に畳まれ，前翅には小室即ち径室を有し，翅棘は存在し，後翅の径分脈と第2中脈とは中央室端を越えて互に接近しているかまたは柄脈を有する。腹部は太いか細長く尾端尖り，有毛。卵は滑かで彫刻を有し，樹皮上にまたは旧い食孔中に個々にあるいは塊状に産下される。幼虫は一次的毛を有するのみ，多少扁平，頭部と前胸背楯とは著しく幾丁質化し，大顋は大きく強く，擬脚は5対で鉤爪は円く2組に配列されている。色彩は帯黄白色乃至紅色で，背面に暗色斑を有する。蛹は自由，腹部各節の背面に1または2個の鋸歯状あるいは有棘の隆起横帯を有し，食孔中に絹糸と食屑とで構成された繭の中に閉ざされて存在する。

Fig. 677. コガタボクトウガ（河田）

　この科は少数の種類からなり，世界の温帯地方の落葉森林中に限られて見出されている。欧洲の *Coccus cossus* Linné (Common goat moth) が代表的の種類で，本邦からはコガタボクトウ（*Holcocerus vicarius* Walker）(Fig. 677) 1種が知られている。この種は体長 20～35mm，翅の開張 35～65mm，灰褐色，幼虫はクヌギその他の樹幹に蠹入して食害し，2年に1回の発生のようである。北海道，本州に産し，朝鮮，満洲，支那，アムールその他に分布する。

235. ゴマフボクトウガ（胡麻斑木蠹蛾）科
Fam. Zeuzeridae Butler 1886

Leopard Moths と称えられ，一般にボクトウガ科に包含せしめられている。しかし後翅の径分脈と第1中脈とが広く分離し，下唇鬚が甚だ短かく決して額の方に上向していない事等によつて区別されている。幼虫は腹部第9節の第2棘毛は共通背板上に位置し，額側節片は頭頂に達していない。習性はボクトウガ科のものと同様。ある種類は樹木の有名な害虫となつている。本邦には旧北洲に共通の *Zeuzera* Latreille と *Phragmataecia* との両属が発見されている。ゴマフボクトウ（*Zeuzera leuconotum* Butler）(Fig. 678) は翅の開張 45～65mm，体長 22～30mm，白色に黒色斑を布し，腹部は灰黒色で各節後縁白色。本州，四国，九州等に分布し，幼虫は各種樹木の害虫。

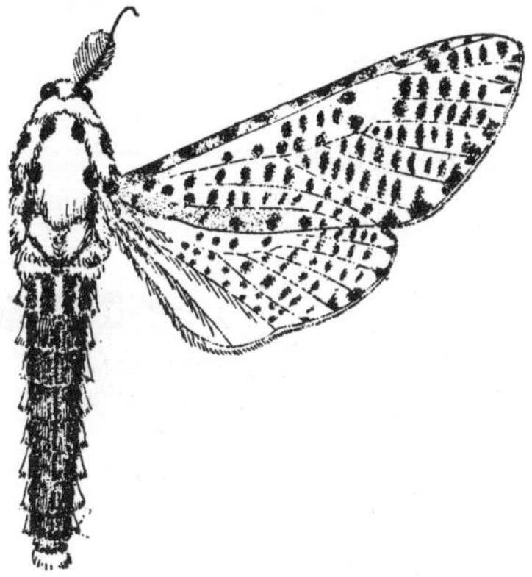

Fig. 678. ゴマフボクトウ雄（河田）

Superfam. *Castnioidea* Handlirsch 1925

この上科はつぎの3科からなる。本邦には産しない。

1．前翅の第2中脈は第1中脈によりは第3中脈に近く出ている………………………………………………2
　前翅の第2中脈は第1と第3中脈との中央から出ているかまたは第1中脈に近く出で，後翅の第1臀脈はない。アフリカ産（*Apoprogenes* Hampson, *Pem-*

phigogtola Strand)······································
··················Fam. *Apoprogenidae* Hampson 1918

2．前・後両翅共に第1臀脈があり，中央室は小さく且つ閉ざされ，口吻は発達している（*Castnia* Fabricius 新熱帯，*Synemon* Doubl. 濠洲）························
························Fam. *Castniidae* Hampson 1898

前・後両翅共に第1臀脈は減退し，中央室は開口，口吻は痕跡的（*Tascina* Westwood＝*Neocatnia* Hampson）·········Fam. *Tascinidae* Hampson 1918

曲　蛾　上　科

Superfamily *Incurvarioidea* Forbes 1923

つぎの如く3科に分つ事が出来る。

1．小顋鬚は不明瞭，触角は特に雄では体と等長乃至 $2\frac{1}{2}$ 倍長，雄の複眼は屢々非常に大形。幼虫は最初は潜葉性で後に巣筒を構成する。成虫は微小，暗色または鮮明色で屢々金属色，日中活動性························
···Fam. *Adelidae*

小顋鬚は顕著，触角は顕著に発達していない······2

2．小顋鬚の畳まれている部分は頭幅の約1/2長。幼虫は潜葉性。成虫は微小で顕著でない························
······································ Fam. *Incurvariidae*

小顋鬚の畳まれている部分は頭幅の約2/3長。幼虫は種子や茎等の穿孔性。成虫は小形で多くのものは淡色（アメリカ産で *Prodoxus* と *Tegeticula*＝*Pronuba* との属があつて，ユッカの害虫で yucca moths と称えられている）·········
···························Fam. *Prodoxidae* Smith 1891

Fig. 679. ウスバマガリガ（一色）

以上の内本邦に産するものはつぎの2科である。

236．マガリガ（曲蛾）科

Fam. Incurvariidae Spuler 1910

Lamproniidae Meyrick (1917) とも称えられ，小形の蛾で，翅は強く尖らず，小顋鬚は4節からなり，口吻は存在し，単眼はない。*Incurvaria*, *Eudarcia*, *Phylloporia*, *Lampronia*, *Paraclemensia* 等が代表的な属で，本邦からはウスバマガリガ(*Mnesipatris phaedrospora* Meyrick) が発見されている。この種は (Fig. 679) 翅の開張12mm 内外，頭部は帯灰青銅色，前翅は帯紫青銅色で金色鱗を撒布し，後翅は青銅様灰色。北海道に産する。

237．ヒゲナガガ（長角蛾）科

Fam. Adelidae Spuler 1910

小形の蛾で，口吻は強く捲かれ，小顋鬚は退化し，単眼は退化し，触角は著しく長い。*Nemotois* Hübner, *Adela* Latreille 等が代表的な属で，本邦からは *Nematopogon*, *Nemophora*, *Adela* の3属が発見され，何れも美麗な種である。ケブカヒゲナガ (*Adela nobilis* Christoph) (Fig. 680) はカシ類の花に見出され，前翅の基半部は暗黒色で金色光沢を有し末端部は青紫色で横帯は黄色，後翅は紫色の光沢を有する黒褐色，翅の開張18～20mm，本州，四国，九州に普通。ホソオビヒゲナガ (*Nemophora aurifera* Butler) は翅の開張18mm 内外，前翅は大凡暗色で黄金色の光沢を有し殆んど中央に黄色の細い1横帯を有し，後翅は黒褐色で紫色の光沢がある。全土に分布し最も普通種。アトボシウスキヒゲナガ (*Nematopogon dorsigutella* Erschoff) は小顋鬚が甚だ長いので他の種と明かに区別する事が出来，前翅は帯褐灰黄色で末端部には小白色点を顕著に撒布し，後翅は灰色半透明，翅の開張20mm 内外，北海道に産し，シベリアにも分布している。*Nematopogon* と *Nemophora* との両属は学者によつてはマガリガ科に小顋鬚の構造からして入れて居るが，触角の甚だ長い点にてこの科のものとして取り扱われる場合が多い。

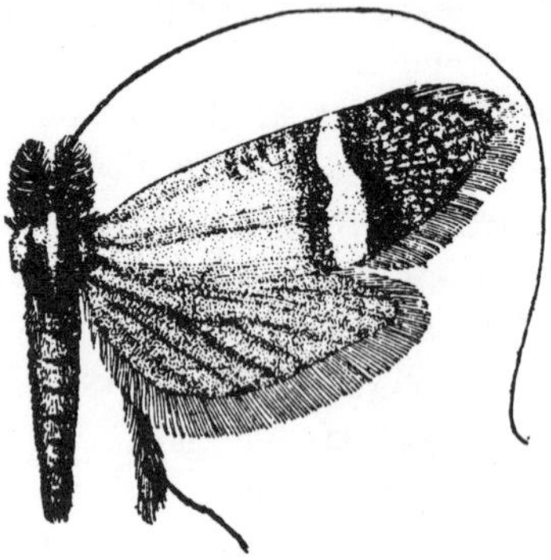

Fig. 680. ケブカヒゲナガ（一色）

潜　矮　蛾　上　科

Superfamily *Nepticuloidea* Forbes 1923

つぎの2科に分つ事が出来る。

1．前翅は分岐脈を有し，普通短かい梯形の微棘が全面に分布され，中央室はときになく，中脈は一般に深く沈んでいる。非常に小形で，翅の開張3mm の如きがある···································Fam. *Nepticulidae*

2．前翅は3本または4本の簡単な脈のみを有し，微棘は前に尖り翅の基部の小部分のみに限られて列生してる。後翅は線状。大部分東洋産でアメリカには少数。幼虫は脚がなく植物の皮の内に潜入している（*Opostega* Zeller)······Fam. *Opostegidae* Meyrick 1893

本邦からはつぎの１科が発見されている。

238. モグリチビガ（潜矮蛾）科

Fam. Nepticulidae Spuler 1910(Tutt 1899)

Stigmellidae とも称えられ，微小で体長3〜10mm，翅の開張3〜10mm，様々な色彩のものがあつて，鱗翅目中最小の種類を包含している即ち *Nepticula microthierella* Stainton がそれである。頭部は粗面で總付けられ，触角は翅より短かく基節は大形で眼帽を構成している。翅は幅広かまたは鎗状で尖り，表面は微棘を装い，翅脈は著しく減退しているが分岐し，中央室はなく，翅棘は退化しているかまたは１本の強いあるいは数本の弱い棘からなつている。幼虫は微小で2.5−10mm の体長を有し，多くのものは潜葉性なれどときに果物や皮の内に生活し，潜孔路は線状かまたは曲りくねつている。ある種は虫癭を形成する。蛹化は一般にごみ屑や土中に厚い繭を造つてその内で行われる。

Fig. 681. ツマギンムグリチビガ（一色）

比較的小さな科で，*Nepticula* Heyden, *Scoliaula* Meyrick, *Glaucolepis* Braun, *Ectoedemia* Busck, *Obrussa* Braun, *Trifurcula* Zeller 等が代表的な属で，本邦からはツマギンムグリチビガ(*Nepticula auromarginella* Richardson) (Fig. 681) が知られている。この種は翅の開張4〜5.5mm，前翅は青銅色，横紋は銀色，後翅は灰色。本州に産し，幼虫はキイチゴの葉に潜孔して生活し，欧洲にも産する。

広頭小蛾上科

Superfamily *Tineoidea* Dyar 1902

この上科は大体つぎの17科に分類する事が出来る。

1．小顎鬚は顕著で，使用せざるときは畳まれている‥2
　小顎鬚は直線で突出するかまたは痕跡的，若し畳まれている場合には殆んど認められない………………3

2．頭部は一般に完全に滑か，強く扁平な種類で，脚基節は平たく圧し付けられ，前翅は末端下方に曲り，後翅は細く槍状，翅脈はときに減退している (*Oenophila* Stephens, *Opogona* Zeller)……………………………
……Fam. *Oenophilidae* Spuler 1910(*Oinophilidae*)
　頭部は毛總を装い，少くとも頭頂は毛を生じ，ときに触角の後方複眼の上部に裸体部を有する。この場合には後翅が幅広くなつている。翅脈は完全で，径脈の４本または５本の支脈が前縁に達し，附属室が普通にある（９対照）……………………… Fam. *Tineidae*

3．触角の基節は大形となり下面凹み眼帽を形成している……………………………………………………4
　触角の基節は眼帽を形成する事がなくときに鱗片の總かまたは棘毛櫛を具えている………………………5

4．下唇鬚は微小で垂れているかまたはなく，前翅は模式的には閉ざされた１臀室を有するかまたは頭頂が粗になつている ……………………Fam. *Lyonetiidae*
　下唇鬚は中庸大で上方に曲り，臀室がなく，頭頂は滑か，触角基節の眼帽は小さく棘毛櫛を有しない。中央室は殆んど翅端に達しその後縁は直線，径脈と中脈と肘脈との支脈は甚だ短かい。後脚の脛節は強棘毛の１列を具えている（13対照）……………………………
………………………………Fam. *Phyllocnistidae*

5．頭頂と顔の上方部とは少くとも棘毛を密生するかまたは扁平毛にて被われている………………………6
　少とも顔は滑かでたとえ頭頂が粗冠を具えていても顔は短かい鱗片を装うのみ…………………………7

6．下唇鬚の第１節は短かく第２節は外側に棘毛を装い紡錘状の第３節に等しい……………………………8
　口器は全体痕跡的，南米産の虫癭形成種で甚だ不明瞭な翅脈を有する (*Ridiaschina* Brethes) …………
………………… Fam. *Ridiaschinidae* Brethes 1916

7．下唇鬚は鱗片かまたは短毛を装い，第３節は一般に長く且つ尖つているかあるいは粗装の類では甚だ短かい……………………………………………………10
　口器は全体発達せず，前後両翅は各々１本の簡単な臀脈を有し緣毛は短かい。幼虫は虫癭を形成する。南米産 (*Cecidoses* Curtis, *Eucecidoses* Brethes, *Oliera* Brethes)……Fam. *Cecidosidae* Brethes 1916

8．前翅は附属室から生じている自由な第３径脈を有する…………………………………………………9
　前翅は脈をゆがめて出来ている附属室内に１透明部を有し，径脈の第３と第４と第５とが順次幹脈を有する（広分布 *Setomorpha* Walshingham) ……………
……… Fam. *Setomorphidae* Walshingham 1891

9．頭頂は高く粗い棘毛を装う（２対照）………………
…………………………………………Fam. *Tineidae*
　頭頂は短かい扁平毛を装う (*Amydria* Dietz) ……
………………………Fam. *Amydriidae* Dietz 1905

10．下唇鬚は長く深く鱗片を装うが棘毛を欠き，第１節は短かくとも第２節と亜等長かあるいはより長く，雌

のものは模式的に突出し雄のものは上方に曲る。複眼はときに毛か鱗片を装う……………………………………11

下唇鬚の第1節は短かく，複眼は裸体……………12

11. 細長い脚を具え1見スカシバ科に似ている。被毛は箆状でも總状でもなく，触角は末端半の外側に縁毛を列し，下唇鬚の第3節は微小で裸体………………………………………………Fam. *Ashinagidae*

被毛は胸部では深く且つ箆状で前部と後部とには明確な總を装う。複眼は多少明瞭に毛を装う。ヤガ科のもののように太い。アメリカ産で多くは熱帯産(*Acrolophus* Poey)……………………………………………………Fam. *Acrolophidae* Dyar 1902

12. 後翅は比較的幅広くよく発達した臀部を具え，前翅はときに鎌状，後翅の中脈第1と第2とは幹脈を有する。小顋鬚は直線，触角は静止の際に前方に延している……………………………………Fam. *Plutellidae*

後翅は細い槍状で尖るか線状でその縁毛より決して多く幅広でない。ときに閉室を欠き，翅脈は屢々多く減退している……………………………………………13

13. 後翅は槍状でときに甚だ小さく，少くとも長さの1/6の幅を有し，径脈の幹脈は翅軸となり亜前縁脈が広く離れている（4対照）………………………………………………Fam. *Phyllocnistidae*

後翅の径脈の幹脈は基部にて亜前縁脈と共になつているかまたはない。あるいは翅は線状で翅脈が密集しているかまたは著しく減退し径幹脈が顕著に翅軸となつていない…………………………………………14

14. 附属室が非常に大形で前翅の基半部を占め，後翅は閉室がなく翅脈は減退している。後脚の脛節は甚だ多毛。触角は長く雄のものは密に縁毛を装い，頭頂は屢々大形の粗な半直立の毛總を装う………………………………………………Fam. *Tischeriidae*

附属室はより小形かまたはより多く屢々ない。しからざれば他の状態…………………………………………15

15. 前翅は斜に位置する中央室を有し，その末端は前縁よりは後縁に近く位置し，第2肘脈は甚だ短かく一般に縁の背方に延びている……………………………16

前翅の中央室は翅軸をなして中央に位置し，第2肘脈は普通長く中脈と平行に続くが稀れに消失している…………………………………………………17

16. 前脚の脛節は細く小さな末端の大距を具えているかまたはこれを欠き，後脚の脛節は中央に上距棘を具え，触角は静止の際に直線に突出せしめている………………………………………Fam. *Coleophoridae*

前脚の脛節は太く大距が中央に位置し，触角は静止の際に後方に曲げている（18対照）………………………………………………Fam. *Cosmopterygidae*

17. 下唇鬚の第3節は一般に鈍角で紡錐状を呈し第2節と多少角張り，それ等の節は彎曲していない。小顋鬚は直線で口吻を横つて畳まれないあるいは退化しまたはない。第2臀脈は基部にて叉分していない………………………………………………Fam. *Gracilariidae*

下唇鬚の第3節は長く末端の方に細まり尖り，第2節は上方に曲つている。小顋鬚は小さいが口吻の基部の上に彎曲している。第2臀脈は基部にて普通形成されている……………………………………………18

18. 下唇鬚は圧しつけられている鱗片を装い，第2節は上方に鱗片からなる1突出部を具えている。触角の基節は長く基部近くに1切断部を有し1斜歯によつて被われている。後脚の脛節は上面粗毛を装い，前翅の第5径脈は翅頂を越えて終つている（インド産 *Epimarptis* Meyrick）………………………………………Fam. *Epimarptidae* Meyrick 1914

下唇鬚は背總を欠き，触角の基節は歯を有せず，第5径脈は翅頂前に終つている（16対照）………………………………………………Fam. *Cosmopterygidae*

本邦からはつぎの6科が知られている。

239. ツツミノガ（筒衰蛾）科

Fam. Coleophoridae Stainton 1854

Eupistidae と ***Haploptiliidae*** とは異名。Case bearers と称えられ，微小乃至小形の蛾で翅の開張7～16mm，一般に淡色。頭部は滑かで体は鱗片にて平たく被われている。触角は長く，粗に鱗片を装い，静止の際には直線に突出せしめている。下唇鬚は中庸大で上向，小顋鬚はない。翅は細く，末端尖り後縁毛を有し特に後翅にてしかり，前翅は11本以上の翅脈を欠き，後翅の翅棘は長い。幼虫は小さく淡色で微毛を装い，胸脚を有し，擬脚はあるものとないものとがあつて，擬脚の鉤爪は1列。気門は円く微小。幼虫は最初潜葉性で後葉の組織を以つて巣筒を形成し，その巣筒は種々な形状と色彩とを呈し，幼虫によつて持ち運ばれる。幼虫の食物は葉や花や果物の内部を食し，ときに葉に大きな疱を造

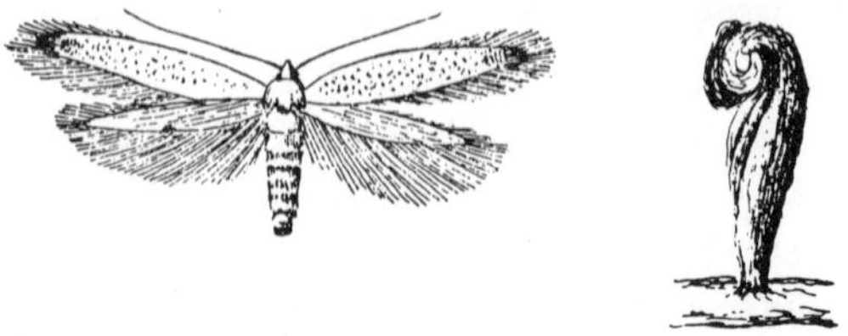

Fig. 682. ピストルツツガ（松村）
右図は幼虫の巣筒

る。越冬中の幼虫は宿主植物の樹皮に巣筒を附着せしめてその中に止まり，蛹化は巣筒の口を宿主植物にしつかり附着せしめてその中で行われる。世界から約1000種近くも発見され，その大部分は南欧と北米とに産し，樹木や灌木やの多数の種類を食し森林地帯に多い。*Coleophora* Hübner が代表的な属で，本邦からはカラマツツツガ (*Coleophora laricella* Hübner)やピストルツツガ (*Coleophora malivorella* Riley) (Fig. 682) やリンゴツツガ (*Coleophora nigricella* Stephens) 等が知られ，第1の種類はカラマツに，第2と第3はリンゴや梨や桜や杏や桃等の葉やその他を食し，北海道その他に産しいずれも翅の開張 15mm 内外である。なおナラピストルツツガ (*Coleophora currucipennella* Zeller) やゴマダラツツガ (*Coleophora tholoneura* Meyrick) 等が知られている。

240. ヒロズコガ（広頭小蛾）科

Fam. Tineidae Wocke 1891

Tineid Moths や Clothes Moths またはドイツの Echte Motten やフランスの Teignes 等がこの科の蛾で，小形，汚黄褐色や褐色や帯灰色，日中または夜間活動性。頭部は直立せる毛と鱗片とで装われ，触角は稀れに前翅と等長で各節の基部に棘毛輪を具え，複眼は屢々小形，裸体。口吻は一般に存在し，小顎鬚は長く5節で畳まれるかまたは直線，あるいは短かいかまたはない。下唇鬚は小形乃至中庸大，直線かまたは上方に曲り，微毛と鱗片とを装う。後脚の脛節は距棘を具え得る。翅は狭く，翅脈は自由。幼虫は大部分淡色，前胸の気門前棘毛は密生，擬脚の鈎爪は1列で楕円形に配列されているかまたは内側にてとぎれている。尾脚のものは短かい不完全な1帯となつている。蛹は2本の尾棘を具え得て，絹糸繭または幼虫の巣筒内にある。幼虫の食物は多くは乾燥せる動物質や植物質または菌類である。

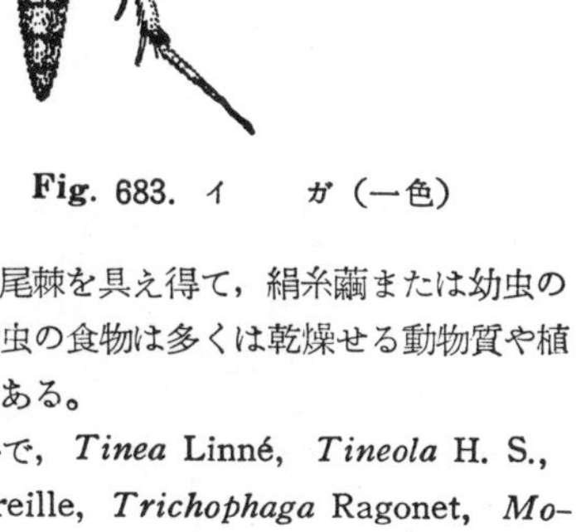

Fig. 683. イ　ガ（一色）

比較的小さな科で，*Tinea* Linné, *Tineola* H. S., *Euplocamus* Latreille, *Trichophaga* Ragonet, *Monopis, Scardia, Tenaga, Elatobia* 等が代表的な属である。本邦からは *Myrmecozela, Trichophaga, Monopis, Atabryia, Tinea, Hypophrictis, Euplocamus* 等が発見されている。イガ (*Tinea pellionella* Linné) (**Fig.** 683) は世界各地に産し，幼虫が細い巣筒中にあつて毛織物や毛皮その他を食害るす有名な害虫で，成虫は翅の開張 10～14mm で灰褐色，前翅の斑紋は暗褐色，後翅は淡灰色。クシヒゲオオヒロズコガ (*Euplocamus hierophanta* Meyrick) は翅の開張 24～34mm で櫛歯状の触角を具え，前翅は帯黄白色で汚黄色の横波状線を撒布し，後翅は淡灰色，北海道，本州，九州等に産し，インドやアッサムに分布している。マダラマルハヒロズコガ (*Hypophrictis capnomicta* Meyrick) は翅の開張18～27mm，前翅後翅共に末端円く，前者は灰褐色に不明確な暗褐色の小斑を撒布し，後翅は暗灰色，東京地方に普通。アトモンヒロズコガ (*Atabryia bucephala* Snellen) は翅の開張 15～22mm，前翅は帯灰黄白色で前縁の基部及び翅頂部と後縁の中央の大部分とが黒褐色，後翅は灰白色，幼虫は茸類を食す。全土に産し，シベリヤからインドまでに広く分布している。マエモンクロヒロズコガ (*Monopis monachella* Hübner) は全土に産し南洋，インド，アフリカ，欧洲等に広く分布し，幼虫は毛皮類を害しまた鳥の巣中にも生棲すると言う。成虫は翅の開張12～20mm，前翅は黒褐色で青紫色を帯び前縁に乳白色の大きな梯形紋を有し，後翅は灰褐色。ジュウタンガ (*Trichophaga tapetiella* Linné) は殆んど世界に分布し，Tapestry moth と称えられ，幼虫は毛皮や毛織物に糸を張つて通路を造り食害し，成虫は翅の開張 13～23mm，前翅は粘土様白色で基部 2/5は帯紫黒褐色，後翅は灰色で淡い青銅色の光沢を有する。クロクモヒロズコガ (*Myrmecozela aspersa* Butler) は翅の開張18～20mm，前翅黒褐色で後縁と外縁と斜帯等は白色，後翅は灰色，本州に産する。この属の *ochraceella* Tengström の幼虫は欧洲にて蟻の巣中に生活する事が知られている。なおコクガ (*Tinea granella* Linné) は世界に分布し，穀類の有名な害虫である。

241. ツマオレガ（褄折蛾）科

Fam. Lyonetiidae Stainton 1854

この科の学名は欧洲の Goat moth(スカシバガー種) の解剖に関する顕著な研究を行つたオランダの昆虫学者 P. Lyonet の名を採用せるもので，Ribbed-case beares と称えられ，微小な蛾で屢々光輝ある色彩を有する。頭部は粗い鱗片と毛とを冠し，顔は滑か，触角は基部に眼帽を形成し，単眼はなく，口吻は微かに発達しているかまたはなく，小顎鬚は発達しているかまたは普通痕跡的あるいはなく，下唇鬚は短かく鱗片を装う。後脚の脛節は背縁に長棘毛を有する。前翅は槍状で末端が屢々細く後方に曲り，後翅は線状で長い縁毛を装う。卵は扁平，幼虫は扁平かまたは殆んど円筒状で脚と5対の擬脚とを具え，擬脚の鈎爪は1列，口器は退化し，6個の単眼が2群となつて存在する。

この科の幼虫は大部分潜葉性であるが *Bucculatrix* は初めは潜葉性であるが後には葉の葉脈間を食する。蛹化は繭の中に行われ，*Bucculatrix* の繭は縦隆起線を有ししかも絹糸の直立線を具えている。蛾は普通森林ややぶや果樹園等に棲息している。*Lyonetia* Hübner, *Bedellia* Stainton, *Bucculatrix* Zeller, *Phyllobrostis* Staudinger, *Opogona* Zeller 等が重要な属で，本邦からは *Decadarchis*, *Opogona*, *Bucculatrix*, *Bedellia*, *Lyonetia*, *Leucoptera* 等の属が発見されている。

モモハムグリガ (*Lyonetia clerkella* Linné) (Fig. 684)は翅の開張8～9mm，前翅は白色で斑紋は黄褐色，後翅は灰色，幼虫は桃，苹樹，杏，桜その他の葉に長く曲れる潜条を造る。本州，四国，九州等に産し，欧州に分布する。ギンモンハムグリガ (*Lyonetia prunifoliella* Hübner は北海道，本州に産し，欧州にも分布し，幼虫はスモモとこれと同属の果樹の葉に潜孔している。ポプラモンシロムグリガ (*Leucoptera susinella* Herrich-Schäffer) は翅の開張8～9mm，前翅は光沢ある白色で末端に数個の斑紋を有し，後翅も白色，幼虫はポプラの葉に潜る。東京近辺に普通で，欧州にも産する。ヒルガオハムグリガ (*Bedellia somnulentella* Zeller) は翅の開張9～11mm，前後両翅とも殆んど灰黄色。幼虫はヒルガオの葉に潜る。本州の他に欧洲と米北に産する。ウスマダラモグリガ (*Bucculatrix exedra* Meyrick) は翅の開張6～8mm，前翅は帯黄白色で不明確な褐色斑紋を有し，後翅は淡灰白，本州産。モトキコガ (*Opogona thiadelpha* Meyrick) は翅の開張10～12mm，前翅は基半粘土様黄色他は帯紫灰色，後翅は灰色，本州，九州等に普通。クロスジツマオレガ (*Decadarchis atririvis* Meyrick) は翅の開張12～17mm，前翅は白色で部分的に帯褐色で中央に不規則な黒色の縦帯を有し，後翅は灰白，本州産で台湾にも発見されている。

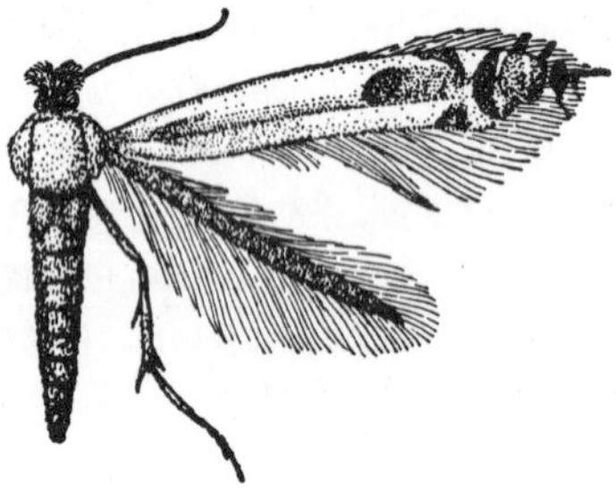

Fig. 684. モモハムグリガ (一色)

242. ツマオレガモドキ（擬褄折蛾）科

Fam. Tischeriidae Spuler 1910

ツマオレガ科に以ているが触角第1節が眼帽を形成していない事によつて明かに区別が出来，学者によつてはモグリチビガ科にまたはツマオレガ科に属せしめている。前翅は比較的完全で大形の径室と中脈の幹脈とを有し著しく尖がり，後翅の径脈と中脈と肘脈とは簡単かまたは叉分し離れている。小顋鬚は退化し，口吻は短かい。*Tischeria* Zeller が代表的な属で，広分布。*T. malifoliella*(Apple leaf-miner) の如き一般によく知られた害虫もある。本邦からはキイロモグリガ (*Tischeria complanella* Hübner) (Fig. 685) が知られ，翅の開張8～10mm，前翅は光沢ある粘土様黄色，後翅は光沢ある灰色。幼虫はカシワやナラ等の葉に潜り，葉内に円盤状の繭を造つて蛹化する。本州に産し，欧州に分布している。

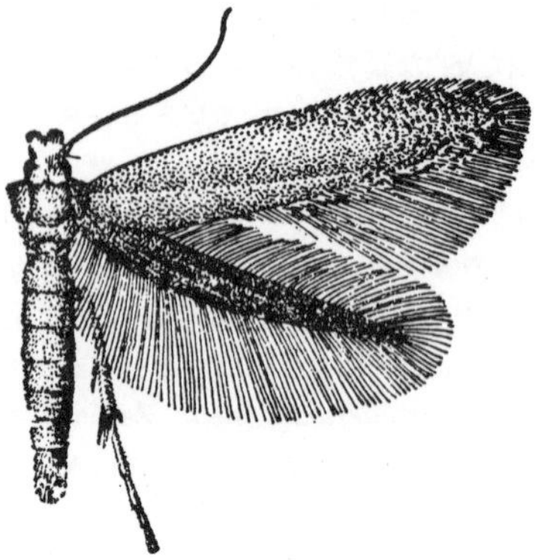

Fig. 685. キイロモグリガ (一色)

243. マエヒゲガ（前角蛾）科

Fam. Plutellidae Stainton 1854

ナガ科とも称えられ，Plutellid Moths がこの科のものである。小さな隠色で細い蛾。頭部は滑かまたは幾分粗，触角は前方に突出し櫛棘毛を装い且つ微かに粗に鱗片を装う。単眼は微小。小顋鬚は短かく糸状で直線，下唇鬚は中庸大で上向し長い尖れる末端節を具う。後脚の脛節は滑か。翅は狭く，前翅はときに大鎌状で後翅は長楕円形，中脈第1と第2とは幹脈から出ている。幼虫は小さく円筒形で屢々緑色，擬脚の鈎爪は1輪，細い巣を葉間に造りその内にあつて芽や葉を食し，老熟すると開口のレース様の繭を造り後その内に蛹化する。中には最初潜葉性で後葉の表面を

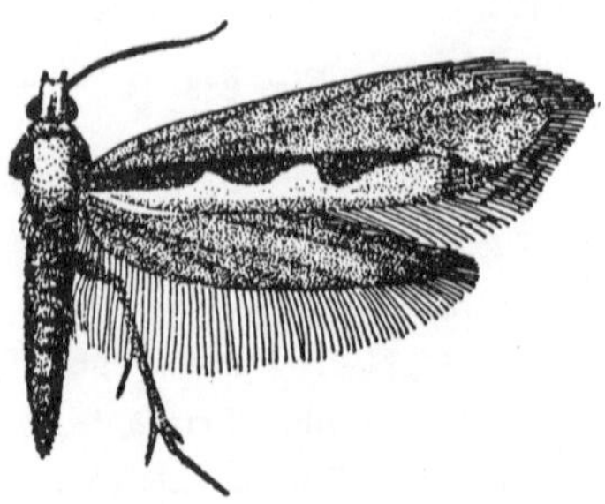

Fig. 686. コナガ (一色)

食する。*Plutella* Schrank, *Cerostoma* Latreille, *Eidophasia* Stainton 等が代表的な属で，本邦からはこれ等の他に *Niphonympha* と *Saridoscelis* との2属が発見されている。コナガ (*Plutella maculipennis* Curtis)(Fig. 686) は世界に広く分布し, Diamond back moth と称えられている十字科植物の有名な害虫で，翅の開張12〜15mm，前翅は灰褐色で白色の斑紋を有し，後翅は灰色。幼虫は緑色で黒色の頭部を具え，孵化直後は潜葉性なれど後に粗巣をはり葉の表面を食する。ギンバネコガ (*Niphonympha anas* Stringer) は翅の開張14mm 内外，前翅は幅広く光沢ある白色，後翅は灰色，本州に産する。シロツバメコガ (*Saridoscelis synodias* Meyrick) は翅の開張 16〜17mm，前翅は白色で暗褐色の細い3斜線を有し，後翅は灰色，本州産。キイロフサクチ (*Cerostoma flava* Issiki) は翅の開張 16mm 内外，前翅は乳黄色で前縁基半部に白色紋を有し，後翅は灰色，本州に普通。シロオビクロコガ (*Eidophasia albifasciata* Issiki) は翅の開張 14〜15mm，前翅は暗褐色で2本の太い白色横帯を有しその後方のものは前半部のみに存す。後翅は灰色，北海道に産する。

244. ホソガ（細蛾）科

Fam. Gracilariidae Rebel 1901

Eucestidae Durran (1918), *Lithocolletidae* Stainton (1854), *Phyllorycteridae* Durran (1918) 等と称えられ, Leaf Miners, Blotch Miners, Skin Miners 等の俗称を有する科。微小乃至小形，細く，灰色や褐色や黄褐色や銀色や黄金色や銅色やその他の金属色の蛾で，静止の際に屢々体の前方部を高めている。頭部は滑かか幾分粗。触角は前翅と等長かより長く，各節に鱗片からなる2輪を具え，基節の眼帽は稀れにない。単眼は一般にない。口吻はよく発達し，鬚は正常かまたは短かく，下唇鬚は上向し第3節は鈍角となるか紡錘状で第2節に直角に保たれ，小顋鬚は3節で直線に突出すかまたは退化すにるか更にまたない場合もある。翅は微棘毛を欠き，前翅は狭くときに末端長く尖り縁紋を欠き，後翅はより細い。

幼虫は幼い時代と老熟時代との2型がある。幼型は頭部が扁平で甚だ小さい数に於いて変化ある擬眼を有し，ときに各側に唯1個のみの種類もある。稀れに無脚，擬脚は痕跡的かまたは胸脚がある場合にはなく腹部第6節には常にない。擬脚の鈎爪は1列かまたは2列。老型は円筒形で正常の頭部を具え，体に微毛を装い，擬脚は腹部第3乃至第5と末端節とによく発達している。

幼い幼虫は一般に葉や皮や果物等に潜り，扁平の大顎を以つて植物細胞を刺し液を吸収する性を有する。後の時代には平常潜孔中に在つて緑色組織を食するかまたは葉を畳みあるいはつづり脈間を食するか更に所かまわずに食する。ある種類は茎や果物等に潜入し，また種子を食するものもある。蛹化は薄い繭の中に行われ，繭は潜孔中にまたは稀れに捲葉中にさらにまた潜孔の外部の如何なる処にも造られる。成虫羽化の際には蛹が繭から突き出るのが普通である。

この科の昆虫は世界に広く分布し，少くとも 700 種以上が知られている。最も原始的な属は *Gracilaria* Haworth で約120種も記載され，*Lithocolletis* Hübner 属も最も大きな且つ重要な属で 200 種以上も知られ，その他 *Marmara* Clemens, *Xanthospilapteryx* Spuler, *Coriscium* Zeller, *Ornix* Zeller その他が代表的な属である。本邦からは *Gracilaria, Parectopa, Acrocercops, Lithocolletis* 等の属が発見されている。マメノホソガ (*Gracilaria soyella* Deventer) は翅の開張9〜12mm，前翅は著しく細く灰褐色で前縁と後縁とに小黒色点を粗布し，後翅は針状で暗灰色。幼虫は始め大豆や小豆等の葉に潜り後先端部を巻く。本州中部に多く，マレー，インド，セイロン等に分布している。

Fig. 687. チャノホソガ（一色）

チャノホソガ (*Gracilaria theivora* Walsingham) (Fig. 687) は翅の開張10〜11mm，前翅は褐色で銅色の光沢を有し前縁中央部に黄色の大紋を存し，後翅は暗灰色。幼虫は茶の害虫で初め潜葉性なれど後には葉を捲く。本州から以南台湾迄に産し普通で，インドまでに分布している。ギンマダラホソガ (*Parectopa pavoniella* Zeller) は翅の開張 8〜9.5mm，前翅は黄色で銀色の斜線を前後両縁から3本を基方から外方に走らし，後翅は基部広いが末端の方に鋭く尖り灰褐色，本州に産し，欧州に分している。ナシホソガ (*Acrocercops astauropa* Meyrick) は翅の開張 9〜11mm，前翅は淡褐色で白色の幅広の2横帯を有し，後翅は灰色。幼虫は梨の枝皮下に潜入している。本州に産し，インド，アッサム等に分布している。クヌギカバホソガ (*Lithocolletis nipponicella* Issiki) は翅の開張 8mm 内外，前翅は末端尖るが縁毛のために広がつて見え帯褐黄色を呈し基部の３縦線と中央の横帯とは白色でこれより末端部に３対の白色短線を有する。後翅は灰白色。幼虫はクヌギやナラの葉に潜つて生活している。北海道，本州等に産する。

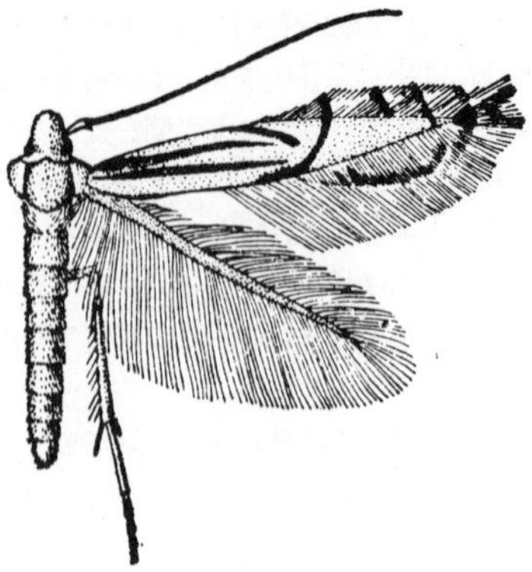

Fig. 688. ミカンムグリガ（一色）

244. モグリホソガ（潜細蛾）科

Fam. Phyllocnistidae Wocke 1877

学者によつてはホソガ科に包含せしめている。しかし径脈幹部が翅の軸となり亜前縁脈から広く離れている事によつて区別が出来る。またある種類はツマオレガ科に近似しているが下唇鬚が中庸大で上向，頭は滑か，触角の眼帽は小形で櫛棘毛を欠き，臀室がない事によつて区別が出来る。*Phyllocnistis* Zeller が模式属で，本邦からはミカンムグリガ（*Phyllocnistis citrella* Stainton）(Fig. 688) やヤナギギンモグリガ（*P. saligna* Zeller）等が発見されている。前者は翅の開張 4～5 mm，前翅は灰白色で線紋は黒褐色，後翅は灰白色。幼虫は柑橘類の新葉内に細長くうねり曲つた潜孔を造る。本州以南インドまでに広く分布している。

巣蛾上科 Superfamily *Yponomeutoidea* Mosher 1916

この上科は大体つぎの10科に分類する事が出来る。

1．翅は翅縁と翅脈とを除き大部分透明で鱗片を欠き，前翅は狭く少くとも幅の４倍の長さを有し，その内縁と後翅の前縁とは互に組み合う彎曲せる棘の１列を具え，後翅の亜前縁脈は中央室とつぎの脈とに接近し１皺の内に隠され外観上なく，翅棘はよく発達している。単眼はある。蜂のような形態を有し日中活動性…………………………………………Fam. *Aegeriidae*

翅は全面鱗片を装い，翅は棘列によつて組合う事がなく，後翅の亜前縁脈は明瞭となつている…………2

2．小顋鬚は顕著で，静止の際には畳まれている。前翅の第５径脈は外縁に達し，翅面には微棘毛を装い，頭部は後方に少数の直立毛を装う………………………………………………………… Fam. *Acrolepiidae*

小顋鬚は直線で突出しあるいは痕跡的……………3

3．下唇鬚は長く深く鱗片を装い，しかし棘毛を欠き，第１節は短かくとも第２節と亜等長かまたは長く，雌のものは直線で雄のものは上向，複眼はときに有毛または鱗片を装う…………………Fam. *Ashinagidae*

下唇鬚の第１節は小形，被眼は裸体………………4

4．後翅は比較的幅広でよく発達した臀部を有し末端円いが梯形，あるいは末端の下方にて多少深く凹み，屢々縁毛より幅広，翅脈は多少完全……………………5

後翅は細い槍状で尖りあるいは線状，決して縁毛より多く幅広でない。ときに閉室がなく翅脈が屢々多く減退している…………………………………………………8

5．後翅の肘脈と第１中脈とは互に接近しているか，結合しまたは幹脈を有する………………………………6

後翅の径脈と第１中脈とは基部にてよく離れ少くとも翅縁に於ける離りの半分は互に離れている………7

6．前翅は長い三角形で，前縁は第５径脈が終つている中央近くで微かに彎曲し，亜前縁脈と第１第２径脈とは短かく翅の中央前に終り，第１中脈はなく，第２第３中脈は共に前縁に終つている。小顋鬚は痕跡的（インド産の *Strepsimana*）………Fa. *Strepsimanidae*

前翅は比較的幅広で鈍角，前方の脈はより長く，第３中脈は少くとも翅頂を越えた後に終り第５径脈は長い幹部を有し外縁に終り，第１と第２との肘脈は互に広く離れている。小顋鬚は畳まれている………………………………………………………Fam. *Xylorictidae*

7．単眼は小さいかなく，後翅の第１第２中脈は互に離れている………………………Fam. *Yponomeutidae*

単眼は一般に大形で顕著，前翅の第５径脈は翅頂を起えて終る…………………Fam. *Glyphipterygidae*

8．前翅は閉室を欠く，後脚の脛節は著しく棘を具え，跗節は各節末端に微棘を具え，前後両翅共に線状で３本または４本の不分岐翅脈を有するのみ，中脚と後脚とは静止の際に使用されないのが普通（９対照）……………………………………………Fam. *Heliodinidae*

前翅は中室を有する………………………………9

9．後脚の跗節は数節の末端近くに棘毛の多少明瞭な群を具え，脛節は滑かに鱗片を装うかまたは剛棘毛を装い，中脚或は後脚は静止の際に高めているかまたは側方に保つて使用しない…………Fam. *Heliodinidae*

後脚の跗節は明確な棘毛群を具えていない………10

10．前翅の第１径脈は中央室の中央後に生じ第２径脈と約等長……………………………Fam. *Scythrididae*

前翅の第１径脈は中央室の中央前に生じ第２径脈より長い…………………………Fam. *Argyresthiidae*

上記の諸科中次のものが本邦に産する。

246. スガ（巣蛾）科

Fam. Yponomeutidae Stephens 1829

Attevidae Mosher (1916), ***Hypselophidae*** Durran (1918), ***Hypnomeutidae*** Cotes (1889), ***Orthotaelidae*** Wocke (1870) 等と称えられ，小形の蛾で翅の開張12〜30mm，屡々美麗な色彩を有する。頭部は滑かまたは前方に毛総を装い，単眼は甚だ小さいかまたはなく，口器はあわれに発達し，小顋鬚は痕跡的かなく，下唇鬚は種々で細く滑。後胸は甚だ大形で楯板が区割されていない。翅はむしろ幅広，前翅は縁紋を有し外縁は円く附属室は大形，後翅は短縁毛を装うかまたは槍状で縁毛を欠き，第3中脈はない。卵は幾分扁平，幼虫は裸体，前胸の気門前疣は3本，の棘毛を装い，体表には1次的微毛を生ずるのみ，擬脚の鈎爪は数完全輪をなしている。単独棲かまたは巣の内に群棲している。蛹は被蛹で，腹部の気門は管状に突出し，尾棘は4本の棘毛にて代表され，繭の中に包まれている。***Yponomeuta*** Latreille, ***Orthotalia*** Stainton, ***Atteva*** Walker, *Swammerdamia* Hübner, ***Urodes*** Herrich-Schäffer 等が代表的な属で，本邦からは ***Yponomeuta, Swammerdamia, Xyrosaris*** 等が発見されている。マユミオオシロスガ(***Yponomeuta minuellus*** Walker) (Fig. 689)は翅の開張23〜30mm，前翅は純白色で多数の黒色小円点紋を散布し，後翅は暗灰色，幼虫はマユミの枝葉間に巣を張る。本州に普通で支那にも産する。この属には更に数種が発見され，リンゴスガ(***Y. malynellus*** Zeller)は北海道と本州北部とに産し苹樹の害虫である。ウスグロコスガ (***Swammerdamia pyrella*** Villers) は翅の開張10.5〜12mm，前翅は暗灰色で黒灰色鱗片を密布し不規則且つ不明瞭な斑紋を散布し翅頂前に三角形の白色紋を有し，後翅は灰色。幼虫はリンゴ，サンザシ，サクラ等の葉上に糸を張る。北海道や東北地方に産し，欧州に分布してている。ホソバコスガ (***Xyrosaris melanopsamma*** Meyrick) は翅の開張13〜17mm，前翅は暗灰色乃至褐色で多数の黒斑を散布し，後翅は灰色。幼虫はツルウメモドキやマユミ等の葉上に巣を張る。本州中部に普通。

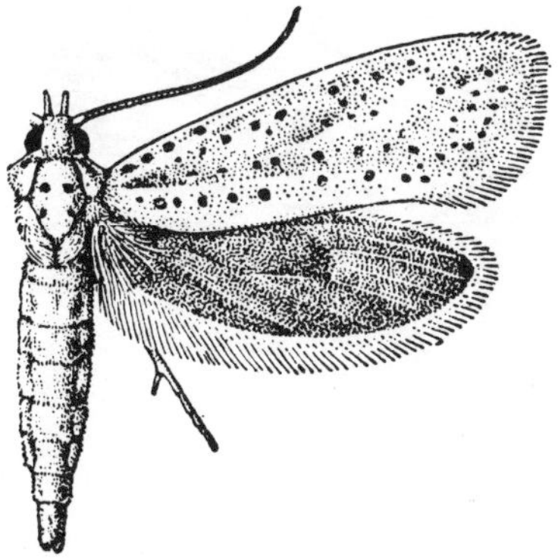

Fig. 689. マユミオオシロスガ（一色）

247. ヒメシンクイガ（姫心喰蛾）科

Fam. Argyresthiidae Stainton 1854

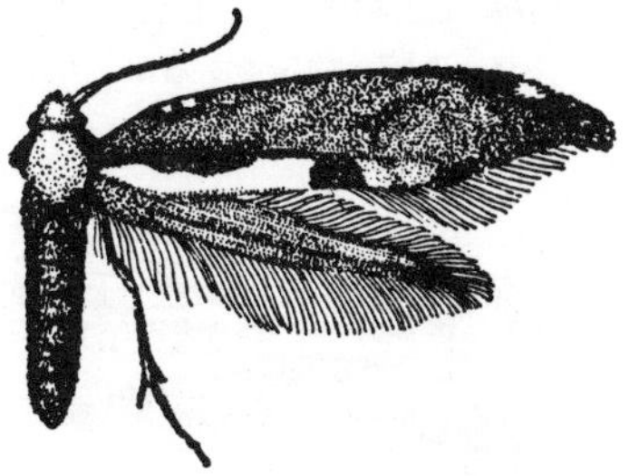

Fig. 690. リンゴヒメシンクイ（一色）

スガ科に包含せしめている学者が多いが，前後両翅共に細く末端尖つている事によつて容易に区別が出来，後翅の第1と第2との中脈が癒合しているかまたは長い幹部を有し，鬚は一般に小形で垂れている。***Argyresthia*** Hübner や ***Hofmannia*** Hein. や ***Zelleria*** Stainton 等が代表的な属で，本邦からは今の処第1の属のみが知られている。リンゴヒメシンクイ (***Argyresthia conjugella*** Zeller) (Fig. 690) は翅の開張11〜12mm，前翅は灰褐色で後縁に沿い黄白色部があり，後翅も灰褐色。幼虫は苹果内に食入し有名な害虫で，本邦以外北半球の各地に分布している。

248. キヌバコガ（絹翅小蛾）科

Fam. Scythrididae Rebel 1901

Butalidae Wocke (1877) や *Scythridae* Mosher (1916) 等と称えられ，ヒメシンクイガ科に近似し，前翅の第1径脈が中央室の中央を越えた処から出で第2径脈とほぼ等長である事によつて区別され，***Scythris*** Hübner (＝*Butalis* Tr.) が模式的な属で，本邦からはヨツンンキヌバコガ (***Scythris sinensis*** Felder) (Fig. 691) が発見され，同種は前翅の開張12〜13mm，頭部は滑かで紫色の弱い光沢を有し，下唇鬚は黒色で長くなく短かく細く尖つている末端節を具え，触角は太く雄のものは下縁鋸歯状，基節は特に膨太せず。後脚の脛節は長毛を粗生する。前翅は黒色で2個の斑紋は黄色，後翅は暗褐色。幼虫はアカザの葉上に糸を張つて生

Fig. 691. ヨツモンキバコガ（一色）

活している。本州に普通で，支那にも産する。

249. **マイコガ（舞小蛾）科**

Fam. Heliodinidae Wocke 1877

Schreckensteiniidae とも称えられ，俗称 Sun Moths である。微小で，甚だ不明瞭な色彩であるかまたは光沢ある斑紋を有し，静止の際に中脚または後脚を高めるか或ものは側方に延ばしている。幼虫は食草性かまたは食肉性で，あるものは両性である。植物に寄食するものは果物の皮膚または葉に潜り，あるいは虫癭や種子や果物の内部に生活し，食肉性のものはコナカイガラムシや無殻介殻虫等を食すると云う。蛹化は薄い絹糸繭中に行われる。

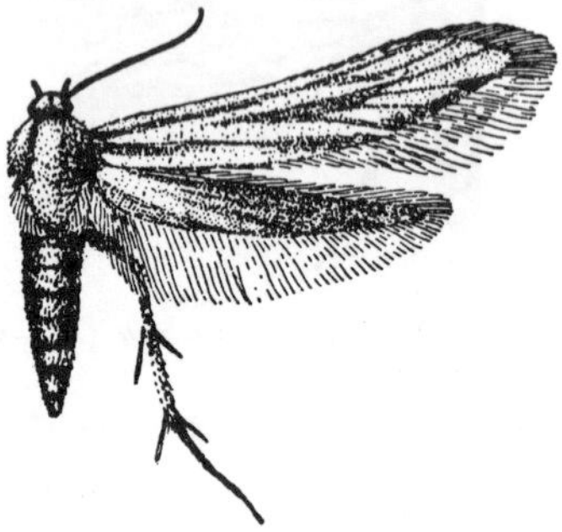

Fig. 692. タテジママイコガ(一色)

Angasma H.-S., *Calicotis* Meyrick, *Cycloplasis* Clemens, *Heliodines* Stainton, *Idioglossa* Walsingham, *Schreckensteinia* Hübner, *Scelorthus* Busck 等の属は食草性で，*Eculemeusia* Grote, *Oedematopoda* Zeller, *Stathmopoda* Stainton 等のものは食肉性で，その内ある種類は両性である事が知られている。本邦からは *Stathmopoda*, *Kakivoria*, *Oedematopoda*, *Poncalia*, *Schreckensteinia* 等の属が発見されている。タテジママイコガ（*Schreckensteinia festaliella* Hübner）（Fig. 692）は翅の開張10～12mm，前翅は鼠色で青銅色の光沢を有し縦条は濃暗褐色，後翅は前翅より幾分灰色を帯びている。幼虫はキイチゴの葉を食し，北海道と本州の山地に産し，欧洲，北米に分布している。ギンモンマイコガ（*Pancalia latreillella* Curtis）は翅の開張12～14mm，下唇鬚は甚だ長く上向，前翅は暗橙黄色で青味ある銀白色の6横紋を有し，後翅は青銅色の光沢ある暗褐色，北海道，本州等に産し，欧洲に分布している。クロヘリベニトゲアシガ（*Oedematopoda semirubra* Meyrick）は翅の開張11～13.5mm，触角は長く雄では各節に長い細毛を生じかつ鱗毛にて被われ太く，雌では基節と先端部とを除き甚だ長い鱗毛を後側に列生している。下唇鬚は甚だ長く上向。脛節の距棘の基部と跗節各節端とに棘毛を列生している。前翅は紫色の光沢ある暗褐色で中央の大部分は深紅赤色，後翅は暗褐色。幼虫は竹の綿虫を食する。本州産。カキノヘタムシガ（*Kakivoria flavofasciata* Nagano）は本州，四国，九州に分布し，柿の有名な害虫で，翅の開張13～17mm，前翅は暗褐色で翅頂近くに黄色の1斜紋を有し，後翅は暗褐色。後脚の脛節は長毛を密生している。キイロマイコガ（*Stathmopoda theoris* Meyrick）は翅の開張10mm内外，下唇鬚は細長く側面より頭上に曲つている。前翅は基部2/5が黄色で他は大体淡褐色，後翅は灰色。幼虫は雑食性で中には桃等の果梗を食害するものも少くない。本州，四国，九州等に分布し，台湾やインドにも分布している。

250. **ヒロバキバガ（広翅牙蛾）科**

Fam. Xylorictidae Meyrick 1890

Cryptophasidae Swains(1840)や *Uzuchidae* Durran (1918) 等は異名で，キバガ科に近似し学者によつては *Gelechioidae* に包含せしめている。しかし第1臀脈がある事によつて明かに区別が出来る。翅は比較的幅広く，前翅は尖らず，第5径脈は長い幹部を有し外縁に終り，第1と第2との肘脈は広く離れている。下唇鬚は直線でない。*Ptochoryctis*, *Cryptophasa*, *Xylorictes* 等が代表的な属で，主として旧世界に分布し，本邦からは *Odites*, *Ptochoryctis*, *Acria* 等の属が発見されている。フタクロボシキバガ（*Odites perissopis Meyrick*）(Fig. 693）は翅の開張20～22mm，前翅は灰黄色で斑紋は黒色，後翅は淡色。幼虫は杏や桜等の葉縁を折返してその中に生活し，老熟すると葉縁の1部を切り円錐筒を造つてその中に蛹化する。本州，四国，九州等に分布し，南満洲にも発見されている。ツガノヒロバキバガ（*Ptochoryctis tsugensis* Kearfott）は翅の開張17～21mm，前翅い幅広く白色で不明瞭な暗褐色斑を有し外縁に平行し暗褐色条と銀白色条とを布し，後翅は白色。幼虫はツガの葉を食する。本州に普通。ネズミエグリバキバガ（*Acria ceramitis* Meyrick）は翅の開張14～17mm，前翅は灰褐色で前縁の中央前後に鱗片列が突出し，後翅は灰褐色。幼虫は葉縁を折返してその中に生活する。本州と九州とに普通。

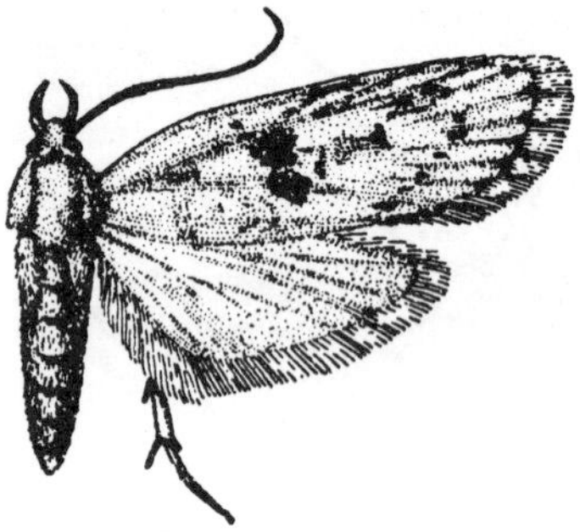

Fig. 693. フタクロボシキバガ(一色)

251. **ハマキモドキガ（擬葉捲蛾）科**

Fam. Glyphipterygidae Wocke 1871

Choreutidae Wocke (1871), *Simaethidae* Cotes (1889), *Hemerophilidae* Durran (1918) 等の異名が

あり，学者によつては広頭小蛾上科または葉捲蛾上科に包含せしめている。翅は大体幅広く，前翅の翅脈完全で第5径脈は翅頂を越えて終り，後翅の径脈と第1中脈とは基部にてよく離れている。単眼は一般に大形で顕著。普通次の2亜科に分類されている。

1．翅は比較的狭く，前翅の末端は幾分葉片状に延びている（*Glyphipteryx* Hübner）……………………………………………Subfam. *Glyphipteryginae* Rebel 1901

2．翅は幅広く三角形で，前翅の末端延びていない（*Choreutis* Hübner, *Simaethis* Leach）…………………………………… Subfam. *Choreutinae* Rebel 1901

この両亜科のものが本邦にも産し，後者には *Hilarographa*, *Anthophila*, *Brenthia*, *Choreutis* 等の属が知られ，前者には *Glyphipteryx* と *Lamprystica* と

Fig. 694. シロオビホソハマキモドキ（一色）

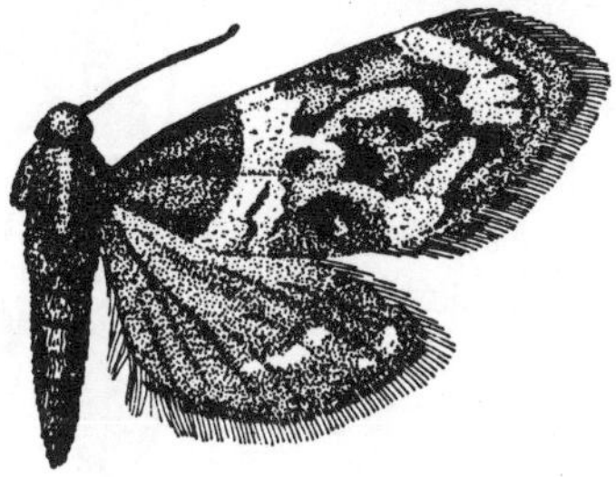

Fig. 695. クロモンハマキモドキ（一色）

の2属が発見されている。シロオビホソハマキモドキ（*Glyphipteryx basifasciata* Issiki）（Hig. 694）は翅の開張13～14mm，前翅は灰褐色で中央部黄色，横紋は大体白色，後角部は黒色で点斑は鉛紫色。後翅は暗褐色。北海道，本州，四国等に分布している。クロホソハマキモドキ（*Lamprystica igneola* Stringer）は外見マイコガ科のものに似ていて両翅共に細く幾分尖つている。翅の開張16～23mm，前翅は青銅色で中央室端に黄色の2斑があり，後翅は前翅とほぼ等幅で銅色の光沢ある暗褐色。幼虫はイタドリの葉を捲いて生活している。全土に分布し，支那にも産する。クロモンハマキモドキ（*Choreutis bjerkandrella* Thunberg）（Fig. 695）は翅の開張 8～10mm，前翅は大体褐色，横帯は灰白，後翅は暗褐色で斑紋は白色。幼虫はゴマの葉に糸を張つて生活している。全国に普通で，欧州，インド，南洋，濠洲等に分布している。オドリハマキモドキ（*Brenthia japonica* Issiki）は翅の開張 8～9mm，前翅は黒褐色で不規則の白色横帯数本を布し，後翅も黒褐色で2本の白色横帯を布す。本州西南部に普通。リンゴハマキモドキ（*Anthophila pariana* Clerck）は翅の開張 11～13 mm，前翅は褐色で中央の外方に淡灰色の幅広の横帯を有し4本の暗褐色波横条を有し，後翅は暗褐色。幼虫は革樹やサンザシの葉上に糸を張つて生活している。北海道と本州とに産し，シベリヤ，欧州，北米等に分布している。ナミモンハマキモドキ（*Hilarographa mikadonis* Stringer）は翅の開張 15～18mm，前翅は基部帯灰色，中央暗褐色，末端部黄褐色，複雑な線紋を有する。後翅は褐色。北海道と本州とに分布している。

252. マエヒゲモドキガ（擬前角蛾）科

Fam. Acrolepiidae Wocke 1871

学者によつては広頭小蛾上科に包含せしめ，マエヒゲガ科の中に入れて取り扱つている。しかし小顋鬚は顕著で静止の際に畳まれている事によつて明瞭に区別する事が出来る。翅脈はヒロズコガ科のものに類似し，後翅の第1＋2中脈は幹脈を有し且つ第3中脈と第1肘脈とが幹脈を有し，触角は櫛歯状になつていない。*Acrolepia* Curtis が代表的な属で，本邦からは今の処ネギコガ（*Acrolepia manganeutis* Meyrick）（Fig. 696）が発見されているのみ，前翅の開張11～12mm，頭毛やや粗，下唇鬚は上方に曲り，前翅は帯黄灰褐色で斑紋は白色，後翅は灰色。幼虫はネギの内面から食害し，老熟すると

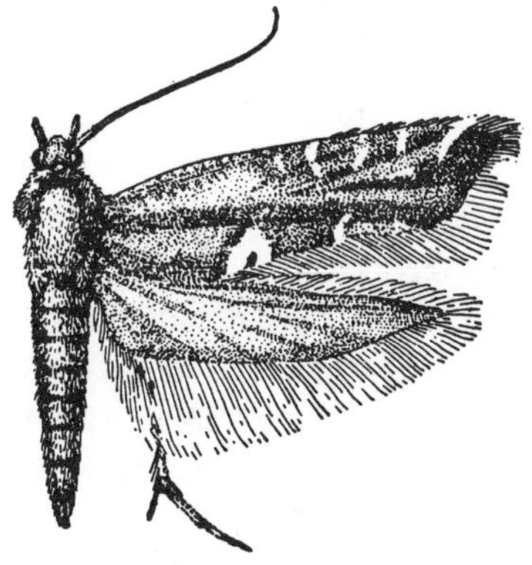

Fig. 696. ネギコガ（一色）

表面に籠様の繭を造つて中に蛹化する。本州，四国，九州等に産し，台湾よりインド迄に分布している。

253. アシナガガ（長脚蛾）科

Fam. Ashinagidae Matsumura

長い脚を有し，細いスカシバ科の如き蛾で，被毛は箆状でなく又は總状でもない，触角は末端半にて縁毛を列し，下唇鬚の第3節は微小で且つ裸体。台湾のみに産し

Ashinaga Matsumura が模式属である。

254. スカシバガ（透翅蛾）科

Fam. Aegeriidae Stephens 1829

1829年に Stephens が *Sesiidae* と *Aegeriidae* との2科を創設し，前者には *Sesia* と属と *Sphinx* 属の1部と *Macroglossa* 属とを包含せしめ，後者には *Aegeria* と *Synanthedon* との両属を属せしめた。これ等の属とそれに属する種類との研究により *Sesiidae* に属せしめたある透明翅を有する蛾は *Sphingidae* 科に包含せしめられるものでしかも *Aegeriidae* の名の方が先きに設けられた理由のもとに現在は殆んど凡ての学者によつて *Aegeriidae* なる名がこの科のものとして採用されている。Clear-Wings, Glassy-wings と称えられ，ドイツの Glasflügler がこれである。小形で細く，滑かに鱗片を装い，黒色または暗藍色で赤色や黄色紋を有し且つ屢々金属的虹彩を有する蛾である。翅は全部または1部分が鱗片にて被われ，屢々後翅や前翅やが透明となつている。この特徴が体の細い事と脚の長い事と色彩等と一所になつて蜂のあるものの様な外観を呈し，飛翔に於いてもまた蜂に類似する種類がある。触角は末端の方に太まり1棘毛または棘毛束にて終り，稀れに櫛歯状。口吻はよく発達し，細く裸体，小顋鬚は痕跡的で直線であるかまたはなく，下唇鬚は尖り上方に曲つている。脚はむしろ長く，距棘を具え，屢々毛の堅い棘を具えている。前翅は狭く，鱗片にて完全に被われているかまたは1部分透明となり附属室と中脈の基部とがなく，臀部は非常に減退し，臀脈も少ない。後翅は週縁以外は一般に透明，翅棘は簡単。腹部は滑かに密圧せる鱗片と毛とにて被われ，雌では6節，雄では7節で顕著な尾總を具えている。卵は扁平楕円形で網目刻を有する。幼虫は円筒形で白色または淡色，皺多く，不明瞭な微棘毛を装い，擬脚は5対で，前4対は鈎棘の2横列を具え，尾脚即ち最後の1対は1列を有するのみ。幼虫は本質の灌木や樹木等の根や幹や頂冠部や技等に穿孔して生活し，蛹は自由蛹で背棘の2列を具え，末端節には腹棘を生じ，成虫羽化の際には1部を繭から出す。

成虫は甚だ美麗な蛾で，弱飛性のものや強飛性のものがあり，屢々樹木の葉や枝や幹等の上に静止しているものやあるいはまた宿主植物の辺りを舞つているものを認める事が出来る。卵は樹幹や枝や冠等に散布せしめられ，幼虫は小枝の中や樹皮下等に生活し，かなりの種類が栽培植物の害虫として認められている。蛹化は食孔内やその入口やまたは外部に絹糸と食屑その他からなる繭の中に行われる。

600種以上が発見され，世界に大体一様に分布している。*Aegeria* Fabricius, *Bembecia* Hübner, *Chamaesphecia* Beutenmüller, *Conopia* Hübner, *Dipsosphecia* Spuler, *Melittia* Hübner, *Paranthrene* Hübner, *Parharmonia* Beutenmüller, *Podosesia* Moschler, *Sannina* Walker, *Sciapteron* Staudinger, *Sphecodoptera* Hampson, *Sphecia* Hübner, *Synanthedon* Hübner 等が重要な属で，本邦からは *Zenodoxus*, *Bembecia*, *Paranthrene*, *Melittia*, *Glossosphecia*, *Aegeria*, *Conopia* 等の属が発見されている。シラホシヒメスカシバ（*Zenodoxus editha* Butler）は翅の開張19～23mm，体は著しく細長く前翅と共に紫黒色，本州と九州とに産す。セスジスカシバ（*Bembecia contracta* Walker）は翅の開張約43mm，前翅は黄褐色半透明，北海道と本州に分布している。ブドウスカシバ（*Paranthrene regalis* Butler）は翅の開張29～34mm 体は黒色，前翅は赤褐色。幼虫はブドウの茎中に生活している。北海道，本州，九州等に分布し，支那にも産する。

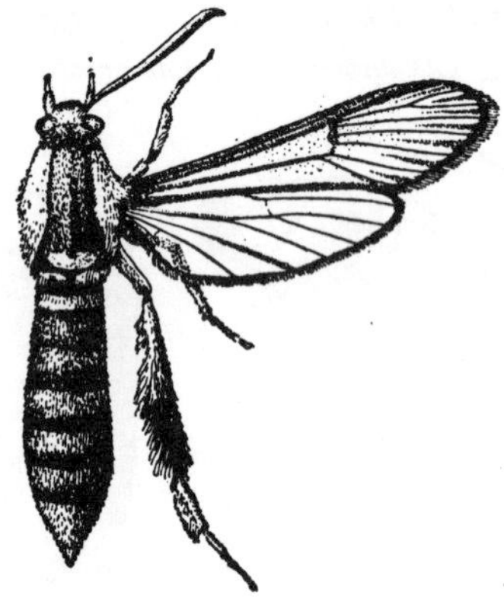

Fig. 697. コシアカスカシバ（河田）

モモブトスカシバ（*Melittia japonica* Hampson）は翅の開張24～29mm，体は黒色，翅は透明で週縁は黒色，後脚には黒色の毛塊を具えている。本州と九州とに産し，台湾にも分布する。ハチマガイスカシバ（*Glossosphecia contaminata* Butler）は翅の開張約40mm，翅は透明で黄褐色，北海道，本州，九州等に分布している。コシアカスカシバ（*Aegeria molybdoceps* Hampson）（Fig. 697）は翅の開張37～42mm，体は暗褐色で鉛様の光沢を有し，腹部第2と第3節に紫赤色帯を有し第1・4・5・6の各節に黄色帯を有する。本州産。コスカシバ（*Conopia hector* Butler）は翅の開張25～32mm，体は藍黒色，翅は透明で前翅の前縁と外縁と中室端の1横紋とは黒色。幼虫は樫や桃の皮下に棲息して食害する。北海道，本州，九州等に分布し，普通よく知られている害虫である。

牙蛾上科 Superfamily *Gelechioidea* Mosher 1916

この上科の蛾はつぎの10科に分類する事が出来る。

1．触角の基節は大形となり下面凹み眼帽を形成し，翅脈は完全で殆んど相平行し，後翅の亜前縁脈は末端1/4に終り中央室は翅の中央に達している(*Colosima*)（10対照）……………………Fam. *Blastobasidae*

触角の基節は眼帽を形成していない……………2

2．下唇鬚は長く深く鱗片を装うが棘毛はなく，第1節は短かくとも第2節と亜等長かまたはより長く，雌のものは直線で雄のものは上方に曲り，複眼は時に有毛かあるいは鱗片を装う。口吻はよく発達している…3

下唇鬚の第1節は小形，複眼は裸体……………4

3．後翅は梯形で末端尖り，外縁は強く彎曲し，径分脈と第1中脈と第2中脈とは殆んど相平行している。前翅の第4と第6との径脈は幹脈を有するかまたは同時に生じている。後脚の脛節は上面長毛にて薄く被われ，下面距棘間は粗毛にて密に被われている。インドマレー産(*Amphithera* Meyrick, *Agriothera*, *Teethera*)………Fam. *Amphitheridae* Meyrick 1914

後翅の翅脈は著しく減退し，この翅棘は簡単，単眼は後方に位置している。濠洲，マレー産（*Agonoxena* Meyrick, *Haemolytis*）(14対照)……………………………………………Fam. *Agonoxenidae* Meyrick 1914

4．後翅は比較的幅広でよく発達した臀部を有する…5

後翅は細い槍状で尖るかまたは線状で縁毛より多く幅広の事がない……………………………………8

5．両翅に第1臀脈がなく，後翅の外縁は一般に凹み末端は突出し，前翅の第5径脈は第4径脈と幹付けられ前縁に走つている（12対照）……Fam. *Gelechiidae*

第1臀脈は存在し，少くとも翅縁部にある………6

6．後翅の径脈と第1中脈と接近しまたは結合しあるいは幹脈を有し，前翅の第5径脈は自由で普通前縁に終り第1と第2との肘脈は普通結合しているかまたは幹脈を有する。(*Stenoma*, *Menesta*, *Setiostoma*)…………Fam. *Stenomidae* Meyrick 1906（*Stenomatidae* Walsingham 1907）

後翅の径脈と第1中脈とは基部にてより離れ少くとも翅縁に於ける離りの半分は離れている……………7

7．後翅の第2中脈は第3中脈より第1中脈に近く生じている（*Ethmia*）……Fam. *Ethmiidae* Busk 1909

後翅の第2中脈は第1中脈よりも第3中脈に近く生じ，鬚は長く頭頂に達するかまたは越えている（11対照）………………………………Fam. *Oecophoridae*

8．前翅は中室から前翅に達している自由かまたは幹脈を有する4本あるいはより少数の脈を出し，中央室から内縁に達する5本または6本の脈を出し，径脈の最後の支脈は翅頂を越えて終つている。後翅の径脈と中脈とは一般に翅縁にて幅広く離れ，前翅の第1径脈は中央室の中央前から出で第2径脈より長い。後翅の第1と第2との中脈は離れて存在する。後脚の脛節は棘毛を装い普通距棘の処で棘となつている（*Epermenia*=*Chauliodus*, *Acanthedra*, *Cataplectica*)……………………………Fam. *Epermeniidae* Mosher 1916

前翅は中室から前縁に終る5脈を出す。即ち内縁に終る脈は3本か4本のみで，径脈の最後の支脈は翅頂前に終つている……………………………………9

9．前翅の中央室は斜となりその末端は前縁までによりは後縁に近く位置し，第2肘脈は甚だ短かく一般に後縁に直接後方に終つている…………………………10

前翅の中央室は翅軸となり中央に位置し，第2肘脈は普通より長く中脈と平行し稀れに欠けている……11

10．前翅の中央室は末端尖らず，第1径脈は翅の中央から出で，第2径脈から肘脈までは中央室の末端から出で，前縁と第1径脈との間に長い縁紋厚化部を有する。後翅の亜前縁脈と径脈とは普通基部にて短距離間癒合し，触角の基節は櫛歯を具えている(1対照)……………………………………………Fam. *Blastobasidae*

前翅は縁紋部を欠き，第2径脈は中央室の末端前から生じ，後翅の径脈は亜前縁脈と癒合する事がなく時に痕跡的（14対照）(*Batrachedra*, *Blastodacna*, *Pyroderces*) ………………Fam. *Cosmopterygidae*

11．両翅共に第1臀脈は翅縁部にて存在し，第2臀脈は基部にて叉分し，触角の基節は棘毛の強い櫛歯を具えている（*Borkhausenia*, *Endrosis*)（7対照）………………………………………… *Fan Oecophoridae*

後翅と且つ一般に前翅とは第1臀脈を欠き，触角の基節は屢々櫛歯を欠く……………………………12

12．前翅は径脈と肘脈及中脈の幹脈との連続部の間で中央室の末端から脈を出していない（*Helice*, *Theisoa*)（5対照）…………………………Fam. *Gelechoiidae*

前翅の中央室の傾斜末端縁は径脈と肘脈幹脈との間から数本の脈を出している……………………………13

13．後翅は長楕円形か楕円槍状で，前縁は簡単で正しく彎曲している。ハワイ産(*Hyposmocoma*, *Diplosara*, *Aphthonetus*) …… Fam. *Hyposmocomidae* Durran 1918 (*Diplosaridae* Meyrick 1919)

後翅は槍状かまたは線状で，多くとも基部の方に微かに発達した前縁葉片を具え，この部分は堅い鱗片の棘にて高調され，この部の後は前縁が直線となつているかあるいは微かに凹み，翅頂は常に鋭い…………14

14．後翅の翅脈は減退し，径脈と中脈と肘脈とは簡単，横脈はなく，亜前縁脈は甚だ短かく，翅棘は簡単。下唇鬚は強く扁平となり前縁全体に粗鱗片を装う。濠洲マレイ産。(*Agonoxena*, *Haemolytis*)(3対照)……
……………………………………Fam. *Agonoxenidae*

後翅は(線状の場合を除き)肘脈と中脈との支脈を有し横脈も存し,翅棘は一般に複数からなり,鬚の第2節は滑かまたは下縁に總を装う……………………
……………………………………Fam. *Cosmopterygidae*

255. カザリバガ(飾翅蛾)科

Fam. Cosmopterygidae Wocke 1877

Lavernidae Mosher (1916) は異名。翅の開張9～14mm 内外の細い蛾で,下脣鬚は背縁に總を有する事がなく,第3節は長く末端の方に細まり尖り,第2節は上方に曲る。小顋鬚は小さいが口吻の基部上に曲る。触角の基部に歯を欠く。

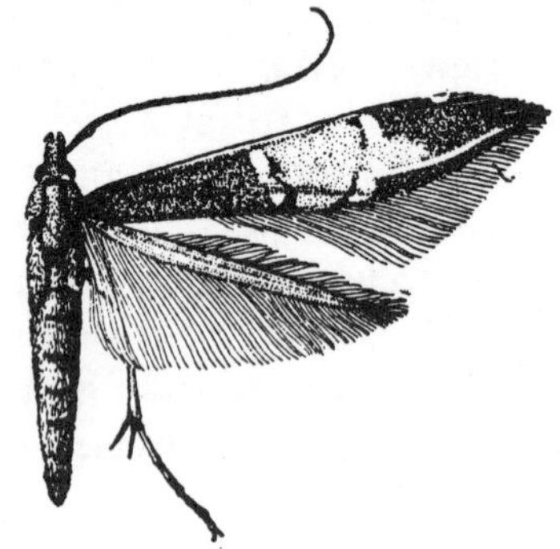

Fig. 698. ウスイロカザガリバ(一色)

翅は末端尖り,第5径脈は翅頂前に終り,第2臀脈は普通基部にある。かなり大きな科で,*Cosmopteryx* Hübner, *Batrachedra*, *Pyroderces*, *Laverna* その他が代表的な属で,本邦からは前3属の他に *Labdia* 属が発見されている。ウスイロカザリバ(*Cosmopteryx victor* Stringer)(Fig. 698)は翅の開張12～13mm,前翅は淡黄褐色,横帯は黄色でその内縁に黄金色の細帯があり,縦条は白色。幼虫は竹の葉に潜る。本州,四国,九州等に分布する。ベニモンカザリバ(*Labdia semicoccinea* Stainton)は翅の開張10～13mm,前翅は基半緑灰色で他は黄色,基半部に紅色の数縦条を有し後半部に前後両縁から銀色紋を走らす。後翅は灰色。本州,四国,九州等に普通で,台湾,ジャバ,インド等に分布している。ツマスジトガリホソガ(*Pyroderces falcatella* Stainton)は翅の開張9～12mm,褐色,前翅は淡栗色で帯白灰黄色の線と黒色の点および紋とを有し,後翅は暗灰色。幼虫はイボタカイガラムシを食する。本州,四国,九州等に普通で,インド,濠洲等に分布している。ギンスジクロカザリバ(*Stagmatophora niphosticta* Meyrick)は翅の開張9～10mm,青銅様褐色,前翅は暗褐色で白色の5紋の他に数個の斑紋を有し,後翅は灰色。本州に産する。

256. キバガ(牙蛾)科

Fam. Gelechiidae Stainton 1854

以前はバクガ科と一般に称えられていた。Gelechiid Moths と称えられ,*Dichomeridae* Hampson 1918 は異名である。微小乃至小形,隠色や鮮明色,日中や夕暮や夜間等に活動する。頭部は滑かかまたは毛立ち,口吻は中庸長で基部の方に鱗片を装い,触角は稀れに基節に櫛歯を具え,小顋鬚は痕跡的かまたはなく,下脣鬚は細長く末端尖り上方に曲る。後脚の脛節は粗毛を装う。翅は第1臀脈を欠くかあるいは稀れに末端のみ現われている。前翅は普通後翅より狭く,第5径脈は前縁に終り第4径脈と幹脈付けられ,後翅の縁は屢々凹み尖る翅頂を有する。幼虫は円筒形で裸体で淡色または帯紫色,単眼は両側に一様に配置され,擬脚はないかまたは存在し,尾脚の鈎爪は2群からなる。大部分が食草性で巣をつむぐものが多く,繭内に蛹化する。

この科は大きな科で約400属3700種が発表され,世界に広く分布し,*Anacampsis*, *Anarsia*, *Aristotelia*, *Duvita*, *Dichomeris*, *Glyphidocera*, *Helice*, *Recurvaria*, *Sitotroga*, *Pectinophora*, *Phthorimaea*, *Telphusa*, *Theisoa*, *Thiotricha*, *Gnorimoschema*, *Gelechia*, *Sopronia*, *Symmoca*, *Trichotaphe* 等が代表的な属である。本邦からは *Protobathra*, *Brachmia*, *Macroceras*, *Lecithocera*, *Carbatina*, *Gaesa*, *Dichomeris*, *Dactylethra*, *Chelaria*, *Anarsia*, *Compsolechia*, *Polyhymno*, *Thiotricha*, *Thyrsostoma*, *Phthorimaea*, *Pectinophora*, *Gelechia*, *Telphusa*, *Recurvaria*, *Stenolechia*, *Aristotelia*, *Sitotroga* 等の属が知られ,つぎの7種が害虫として認められている。イモキバガ(*Brachmia macroscopa* Meyrick)は一般にイモコガと称えられている種類で,翅の開張15～18mm,暗褐色,後翅は淡灰色。幼虫は甘藷その他の *Ipomoea* 属の植物の葉を捲きまたは綴つて食害する。全土に産し,台湾や印度に分布している。ミツモンキホソキバガ(*Macroceras oecophila* Staudinger)は翅の開張9～13mm,灰黄色,前翅には灰褐色の5紋を有し,後翅は淡灰色,両翅共に細い。幼虫は室内で壁紙や糊等を食するが如し。本州,四国,九州等に産し,台湾,マレー,インド,エジプト等に分布している。カバイロキバガ(*Carbatina picrocarpa* Meyrick)は翅の開張17mm内外,前翅は帯黄褐色で前後両縁は暗褐色を呈し外縁に黒褐色横帯を有する。後翅は暗褐色。幼虫は桃の葉を捲いて生活している。全土に産し,関東州にも発見されている。ナカモンフサキバガ(*Dichomeris oceanis* Meyrick)は翅の開張18～20mm,下脣鬚は著しく長く第2節に長毛塊を装う。前翅は汚黄色で黒斑を有し,後翅は暗褐色。幼虫は藤の葉を綴り合せて生活する。本州,四国，九州等に分布している。サクラキバガ（*Compsolechia anisogramma* Meyrick）は翅の開張15～17mm，前翅は暗褐色でオリーブ色を帯び後半部に白色の不明横条を有する。後翅は暗褐色。幼虫は樫や杏等の葉を食害する。全土に分布し，支那にも産する。ワタアカミムシ（*Pectinophora gossypiella* Saunders）は翅の開張15～20mm，前翅は黄褐色乃至暗褐色で数個の黒褐色斑を布し，後翅は黄灰色または暗灰色。幼虫は棉の蒴中の種子や蕾花の子房等を食害する有名な害虫で，殆んど世界に分布している。バクガ（*Sitotroga cerealella* Oliver）は翅の開張11～16mm，灰黄色，後翅は灰色。幼虫は貯蔵穀物の有名な害虫で，世界に分布している。なおこの科の基本たる *Gelechia* 属ではユウヤミキバガ（*G. agricolaris* Meyrick）（Fig. 699）が産す。翅の開張13～14mm，前翅は暗褐色で斑紋は黒褐色，後翅は灰色。本州に分布している。

Fig. 699. ユウヤミキバガ（一色）

257. ネマルハガ（基円翅蛾）科

Fam. Blastobasidae Dyar 1902

小さな鈍色の蛾で，前翅の基部後縁は著く円く曲がり，第2径脈は中央室の末端に生じ，第3中脈と肘脈とは中央室の下角から相接して出で，5本の径脈は前縁に達している。後翅の径脈と第1中脈とは基部にて広く離つている。雄は一般に特徴が強い。主に熱帯産。*Blastobasis* Zeller, *Auximobasis*, *Calosima*, *Dryoperia*, *Holcocera*, *Pigritia*, *Valentinia* 等の属が代表的で，本邦からはウスオビネマルハガ（*Blastobasis decolor* Meyrick）（Fig. 700）1種が発見されている。翅の開張11～14mm，暗灰色，頭部は滑か，下唇鬚は長く上方に曲り頭頂に達し，末端節は雄では太く第2節より僅かに細く鈍く尖る。触角の基節は鱗片によつて甚だ扁平となり，下面に細毛群を装う。後脚の脛節は長毛にて包まれている。前翅は圧色で褐色鱗片を散布し，後翅は帯褐色，両翅と腹部とは雌雄によつて色彩を異にしている。九州に普通で台湾にも産する。

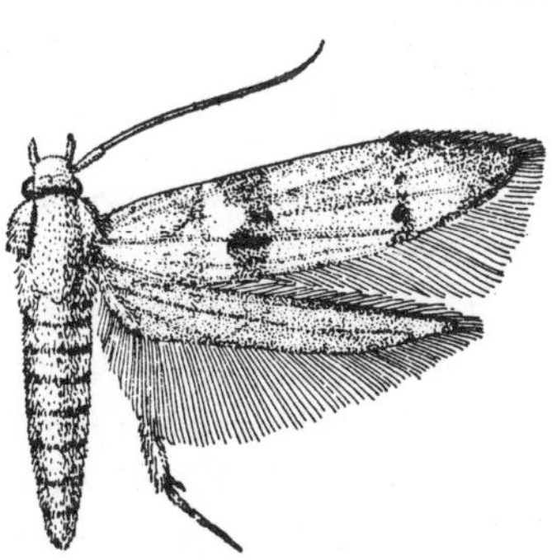

Fig. 700. ウスオビネマルハガ(一色)

258. マルハキバガ（円翅牙蛾）科

Fam. Oecophoridae Dyar 1902

Depressaridae Spuler(1910) は異名，世界中に広く分布されているが特に濠洲に優勢で其処には1000種が知られている。翅は比較的幅広で一般に円い翅頂を有し，前翅の第1臀脈はよく発達し，後翅の第1中脈は中央室から出ている。小顋鬚は発達している。幼虫は植物の葉に寄食するが，種実を食するものもある。*Oecophora* Latreille, *Depressaria* Haworth, *Pleurota* Hübner, *Borkhausenia* Hübner, *Endrosis* Hübner その他等が以表的な属で，本邦からは *Cryptolechia*, *Periacma*, *Entorna*, *Depressaria*, *Xenomicta*, *Casmara*, *Anchonoma*, *Schiffermülleria*, *Promalactis* 等の属が発見されている。クロスジヒラタキバガ（*Depressaria conterminella* Zeller）（Fig. 701）は翅の開張16～19mm，前翅は帯赤灰褐色で灰白斑を有し，後翅は淡灰褐色，北海道，本州，九州等に産し，東シベリヤと欧州とに分布している。モンシロマルハキバガ（*Cryptolechia costimaculella* Christoph）は翅の開張18～20mm，頭部と胸部とは黒褐色，前翅は灰黄白色で基部と前縁後半部とに黒褐色の大紋を有し，後翅は灰色。北海道より九州までに分布し，台湾，アムール，インド等にも広く産する。カノコマルハキバガ（*Schiffermülleria zelleri* Christoph）は翅の開張18～21mm，触角は細毛を装い，頭部と胸部とは暗褐色で銅色の光沢を有し，前翅は基半以上が赤黄色で前後両縁は暗褐色，中央室に黒褐色にて縁取られた白色横紋を有し，外方部は黒褐色で1白色紋を有する。後翅は黒褐色，本州と四国に産し，アムール地方に分布している。シロスジベニキバガ（*Promalactis enopisema* Butler）は翅の開張14mm内外，前翅は赤味ある橙黄色

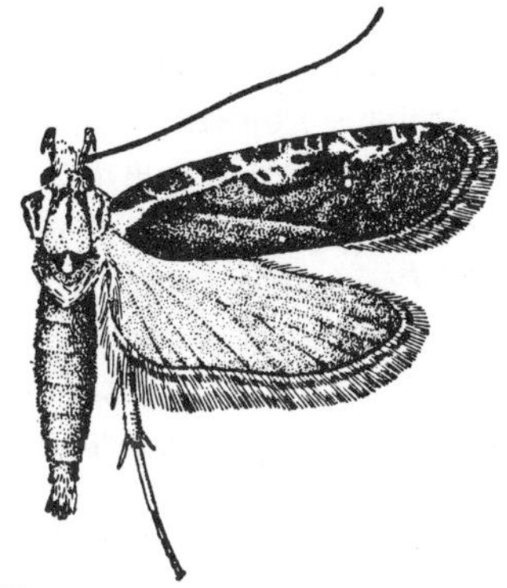

Fig. 701. クロスジヒラタキバガ（一色）

で黒褐色に細く縁取られた白色の3斜横線を有し，後翅は灰褐色。全土に産する。

艶小蛾上科 Superfamily *Elachistoidea*

Förster 1856

Cycnodioidea Forbes 1923 は異名，普通次の4科に分類されうる。

1．触角基節は眼帽を形成している (*Cemiostoma* Zeller)…………Fam. *Cemiostomidae* Spuler 1910

触角基節は眼帽を形成していない…………………… 2

2．前翅は閉ざされた中央室を有しない。槍状で7本の翅脈が縁に達している (*Coptodisca*-Shield-bearers) (4対照) …………………………Fam. *Heliozelidae*

前翅は中央室を有する……………………………… 3

3．後翅は中央室を欠き，肘脈の幹部は屢々簡単，鬚は垂下している………………………………………… 4

後翅は中央室を有し，普通槍状，肘脈の幹部は少くとも2支脈を出している。前翅の第1径脈は中央室の中央前に生じている。鬚は一般に額の中央を越えて上方に曲り，屢々著しく末端の方に左右拡がつている *Elachista*, *Cycnodia*, *Aphelosetia*, *Chrysopileia*, *Perittia*) …………(*Aphelosetiidae*, *Cycnodiidae*, *Chrysopeleiidae*)…………………………………………………………Fam. *Elachistidae* Spuler 1910

4．後翅は径分脈から翅の中央近くで前縁に1斜支脈を出し，且つときに他の支脈が末端近くに出ている (*Tinagma*, *Douglasia*)……………………………………………………………Fam. *Douglasiidae* Spuler 1910

後翅は径分脈から翅の中央近くで前縁に支脈を出さない。しかしときに末端近くに1支脈を有する…………………………………………………Fam. *Heliozelidae*

以上の4科中次の1科が本邦に産する。

259. ツヤコガ（艶小蛾）科

Fam. Heliozelidae

Wocke 1877

この科は学者によつては広頭小蛾上科に包含せしめている。前翅は径室を欠き，小顋鬚は退化し，口吻はよく発達し，後翅の径脈と中脈とは離れていない。小さな科で，*Heliozela* H. S., *Antispila* Hübner 等が代表的な属である。本邦からはムラサキツヤコガ (*Tyriozela porphyrogona* Meyrick) (Fig. 702) 1種が知られ，翅の開張8〜9mm，前翅は光沢ある銅紫色，後翅は淡い帯紫灰色。北海道と本州とに普通。

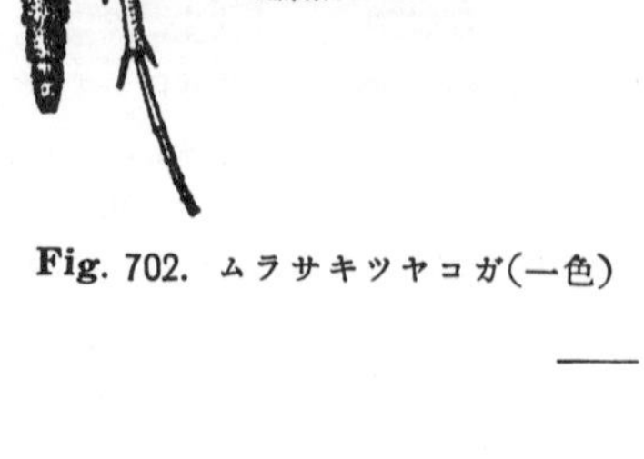

Fig. 702. ムラサキツヤコガ(一色)

葉捲蛾上科 Superfamily *Tortricoidea*

McDunnough 1939

この上科は一般に次の如く8科に分類されている。

1．後翅は第1中脈とまたときに第2中脈とを欠いている…………………………………………………………… 2

後翅は第1中脈を径分脈と共同で有し，若し後翅の第1中脈がない場合は後翅の外縁が多少凹んでいる……………………………………………………………… 3

2．後翅は閉ざされた室を有し，第1と第2との両中脈を欠き，径分脈のみが延び，外縁は凹まない。前翅は著しく總付けられ，径脈の支脈は凡て自由で第5径脈は翅頂を越えて終り，第2肘脈は中央室の末端近くから出で，第1臀脈はない………Fam. *Carposinidae*

後翅は梯楕円形で，中央室は開口，第1中脈ときにまた第2中脈とがない。前翅の第5径脈はない (*Metachanda* Meyrick, *Ancylometis*, *Chanystis*) ………………Fam. *Metachandidae* Meyrick 1910

3．後翅の第3臀脈は末端叉分し，翅脈は完全で附属室を有し，凡ての脈は分離する。幼虫は最初同翅亜目に寄生し，後客蟻性となる。濠洲産 (*Cyclotorna*) …………………………………………Fam. *Cyclotornidae*

後翅の臀脈は末端叉分していない…………………… 4

4．後翅の径脈は末端で短かく叉分している。下唇鬚の第2節は太くむしろ圧生する鱗片を装い末端節は甚だ短かく糸状で尖らない。前脚の跗節は脛節より甚だ長い。エチオピア産 (*Anomologa*) …………………………………………………… Fam. *Anomologidae*

後翅の径脈は末端で叉分していない……………… 5

5．前翅の第2肘脈は中央室の最後の1/4前から出ている。下唇鬚は嘴状で，第3節は短かく尖らず，第2節は鱗片を密生しているかまたは粗生し一般に直線か傾斜し (*Laspeyresia* 属では短かく且つ殆んど滑か，この属の後翅の肘脈基部に普通強縁毛を装う) ……… 6

前翅の第2肘脈は中央室のより外方から出ている。下唇鬚は嘴状で，第2節は上面粗鱗片を装い内面は滑か，第3節は直線で不明確。前翅の第1臀脈はなく，凡ての脈は中央室から独立に出で稀れに第4と第5との径脈が幹脈を有する。後翅の径脈と第1中脈とは接近しているか幹脈を有し第2中脈が広く離つている…………………………………………Fam. *Phaloniidae*

6．後翅の上面肘脈の基部に長毛からなる縁毛を有する（もし稀れに *Laspeyresia* 属のある種類にない場合は前翅の第1と第2との中脈が末端で接近している）。前翅の第4と第5との径脈が分離し，即ち第2中脈と第3中脈と第1肘脈とが外縁の方に著しく狭まつている……………………………………Fam. *Olethreutidae*

後翅の上面肘脈の基部に長縁毛を有しない（もしある場合には前翅の第4と第5との径脈が幹脈を有するかまたは結合している）。前翅の第2中脈と第3中脈と第1肘脈とは拡がるかまたは平行…7

7．前翅の第3と第4との径脈は幹脈を有するかまたは一致し，後翅の第2と第3との中脈は平行で，径分脈と第1中脈とは幹脈を有する（*Chlidanota* Meyrick セイロン，*Trymaltis* 濠洲）……Fam. *Chlidanotidae* Meyrick 1906

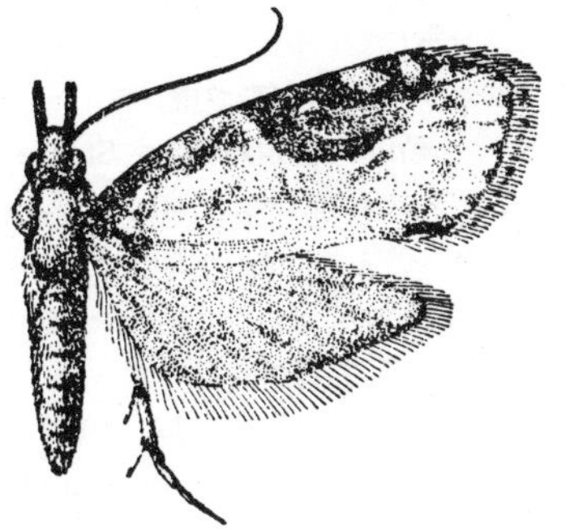

Fig. 703. モモシンクイガ（一色）

前翅の第3と第4との径脈は分離しまたは稀れに幹脈を有し，もし幹脈を有する場合には後翅の第2と第3との中脈が中室から接近して出ている。第1臀脈の末端は一般に発達している …… Fam. *Tortricidae*

260. シンクイガ（心喰蛾）科

Fam. Carposinidae Walsingham 1907

この科は学者によつて広頭小蛾上科に包含せしめている。多数の種類は濠州と布哇とに産し，*Carposina* や *Bondia* その他が代表的な属で，本邦からは *Commatarcha*, *Heterogymna*, *Carposina*, *Meridarchis* 等の属が発見されている。モモシンクイガ（*Carposina niponensis* Walsingham）(Fig. 703) は翅の開張 14～19mm，前翅は灰白色で斑紋は褐色，後翅は灰色。幼虫は桃や革樹の果実内に生活し，北海道と本州とに産し普通。*C. sasakii* Matsumura は異名。シロモンクロシンクイ（*Commatarcha palaeosema* Meyrick）は本州と九州とに産し，クロボシシロオオシンクイ（*Heterogymna ochrogramma* Meyrick）も同様本州と九州とに分布し，ウスジロシンクイ（*Meridarchis excisa* Walsingham）は北海道に産する。

261. ヒメハマキガ（姫葉捲蛾）科

Fam. Olethreutidae Walsingham 1900

Eucosmidae Durran (1918) や *Epiblemidae* Meyrick 1895 や *Grapholithidae* Cotes (1889) 等は異名で，Leaf Rollers と称えられている。大部分の種類は小形，微鱗片にて被われ，淡暗色や隠色の蛾で，普通黄褐色や褐色や灰色で斑紋付けられまたは帯紋を有し稀れに金属色部を有する。下唇鬚はよく発達し，第2節は粗鱗片を圧生し，第3節は短かく鈍端，直線で嘴状。前翅の第2肘脈は中央室の 1/4 末端部前から出で，後翅は一般に肘脈基部に櫛毛を有し径脈が末端で叉分していない。

成虫は外観と習性とで種々変化があるが，大部分のものは夕暮と夜間とに活動する。卵は球状である程度差異があるが甚だ微小で，一般に宿主植物の果物や族葉上に個々に産下される。幼虫は小さく，活潑で，微毛や毛やあるものではそれ等の基部に疣や淡色部または着色部を具え，色彩は白，黄，紅等でまた種々な緑陰を有する。彼れ等は主として族葉や果物やナッツ等を食する。叢葉上に生活するものは屢々葉を捲き且つ密塊に綴る。果物を食するものは種実や果肉を食害し，ナッツを侵すものは外皮や仁等を食害する。従つて栽培植物の害虫として認められている種類が少くない。

この科と近似の科との分類学は変動が多く，今後の充分な研究が必要である。現在の処この科に分属せしめられている多数の属は以前はハマキガ科に包含せしめられていた。しかし未だにそれ等の一般的一致説がない。この科は大きな科で数千種を包含し，世界に広く分布している。*Ancylis*, *Evetria*, *Carpocapsa*(=*Cydia*), *Rhyacionia* (=*Retinia*), *Anarmonia* (=*Epinotia*), *Laspeyresia*, *Spilonota* (=*Tmetocera*), *Olethreutes*, *Melissopus*, *Polychrosis*, *Gypsonoma*, *Eucosma*, *Argyroploce*, *Hemimene*, *Pammene* 等が代表的な属で，本邦からは *Pammene*, *Carpocapsa*, *Laspeyresia*, *Grapholitha*, *Enarmonia*, *Lathronympha*, *Spilonota*, *Epiblema*, *Notocelia*, *Epinotia*, *Lobesia*, *Acroclita*, *Rhopobota*, *Ancylis*, *Anchylopera*, *Bactra*, *Olethreutes*, *Argyroploce*, *Endothenia*, *Hystrichoscelus*, *Loxoterma*, *Eudemis*, *Phaecadophora*, *Cryptophlebia*, *Peronea* 等の属が発見されている。これらの内害虫の主なものを次ぎに列記する。クリオオシンクイ（*Cydia splendana* Hübner）は翅の開張15～21mm，翅は著しく幅広く，前翅は灰白色で暗褐色の小横斑を散布し，後翅は暗褐色。幼虫は栗の実の内に寄生し，本州に普通で，欧州にも産する，ナシノヒメシンクイ（*Grapholita molesta* Busck）は翅の開張 11～13mm，前翅は暗褐色で灰白色の甚だ不明な波横線の数個を有し，後

翅は暗褐色なれど外縁部は灰黄色，幼虫は桃の新梢や桃と梨との果肉内に寄生する有名な害虫で，全土に分布し，朝鮮・支那・北米に産する。マメノシンクイ (*Grapholita glycinivorella* Matsumura) は翅の開張 13～14mm，前翅は暗褐色で前縁の外方と外縁部とは灰黄色，全面に灰黄色鱗片を散布し複雑な斑紋を形成し，後翅は暗褐色。幼虫は大豆の莢中に寄生し大害を与える。全土に分布している。なほ小豆や大豆やササゲ等の害虫にアズキサヤムシ (*Lathronympha phaseoli* Matsumura) が北海道と本州とに分布している。リンゴシロハマキ (*Spilonota ocellana* Fabricius) は翅の開張13～19mm，前翅は中央部白色で鉛灰色の横波線が数本存在し，基部は黒褐色と暗灰色との縞となり，外方部は黒色と鉛色とで複雑になつている。後翅は灰褐色。幼虫はクンゴその他の果樹やハンノキ等の新葉を綴る有名な害虫で，北海道と本州に普通，シベリヤ，欧州，北米等に分布している。クロモンシロハマキ (*Epiblema leucantha* Meyrick) は翅の開張 13～19mm，前翅は白色で 1/3 基部は大体黒褐色となり外方部は黒褐色と灰色と褐色等との雑交色を呈する。後翅は灰色。幼虫はニンジンの心喰虫で，本州，四国，九州等に分布している。バラシロハマキ (*Notocelia rosaecolana* Doubleday) は翅の開張16～19mm，幼虫はバラの葉を食し，全土に分布し，樺太，支那，シベリヤ，欧州等に産する。クロネハイイロハマキ (*Rhopobota naevana* Hübner) は翅の開張12～15mm，前翅は灰色で複雑な斑紋を有し外縁の翅頂下に狭く深い凹みを有し，後翅は一様に灰色。幼虫はリンゴその他の果樹や種々の植物の新葉を綴つて食害する。全土に産し，朝鮮，シベリヤ，欧州，北米その他に分布している。セモンカギバハマキ (*Anchylopera mandarinana* Walsingham) は翅の開張 12～14mm，前翅は翅頂部が明瞭に鉤状を呈し，全体白色で基部後縁と中央前縁とに褐色の大紋を有し，後翅は帯褐灰色。幼虫は梨の葉を食害し，本州，北海道に産し，支那，東シベリヤその他に分布している。シロモンハマキ (*Argyroploce schreberiana* Linné) は翅の開張 20～23mm，前翅は黒褐色で不規則な灰色線を有し前縁の中央外に白色の1大紋を有する。後翅は灰褐色。幼虫は梅やその他の果樹の葉を捲いて食害し，北海道，本州，四国等に分布し，樺太や欧州にも普通。以上の他に多数の害虫が発見されている。この科の基本属たる *Olethreutes*には モンギンスジハマキ (*Ol. arcuella* Clerck) (Fig. 704) が発見されている。翅の開張16～19mm，前翅は濃橙黄色で各細横線は青鉛色，中央後半の大紋は黒色，後翅は灰褐色。幼虫は地上の落葉その他植物質物中に生活する事が知られている。北海道と本州とに普通，朝鮮からシベリヤ，欧州等に分布している。

Fig. 704. モンギンスジハマキ (一色)

262. ハマキガ (葉捲蛾) 科
Fam. Tortricidae Stephens 1829

Tortricids や Leaf Rollers や Bell Moths 等と称えられているもので，小さな鱗片を密装しいる活潑な夜間活動性の蛾，隠色で黄褐色や褐色や灰色，屢々帯紋や斑紋や大理石模様等を付けている。稀れに翅の開張 30 mm 以上のものがある。静止の際には翅がツリガネ様に畳まれるものが多いので Bell Moths の名がつけられている。触角は普通前翅より長くなく，小腮鬚は3節または痕跡的。翅面は滑かで，前翅の第1径脈は稀れに他の脈の如く強くその長さの数倍翅基から離れている。後翅には第1中脈がある。卵は多数の形状で，屢々1塊に産下されまたは防水物質から被われているものもあつて，後の場合には夏かまたは秋に産下され幼虫がその被殻の下で越冬し翌春出現する。幼虫の多くのものは緑色の種々な度合の色彩で小さな淡色の突起から生じている毛を粗生している。ある種類のものは捲葉から後方にのがれ出て絹糸によつて垂下する性を有する。蛹化は捲葉中やまたは塵芥中あるいは宿主植物上の割目や樹皮下やその他の処に繭を造りその中で行われる。

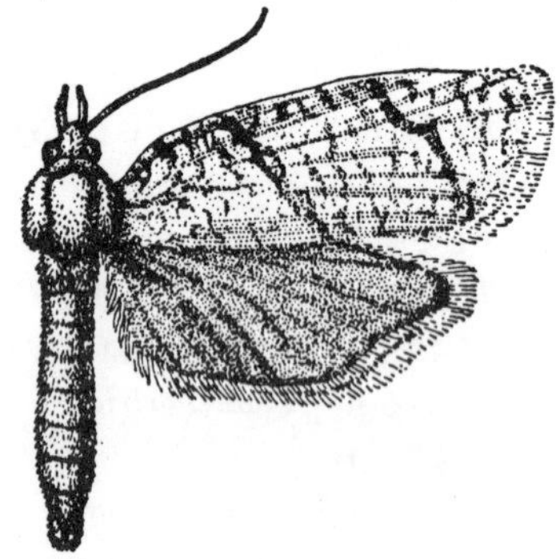

Fig. 705. ウスアミメハマキ (一色)

この科はかなり大きな類で植物の如何なる種類の生成している地方に広く分布し，特に温帯地方に最も多数に発見され，世界より1000内外が発表されている。*Acalla* Hübner, *Amorbia* Clemens, *Cacoecia* Hübner, *Chrosis* Hübner, *Eulia* Hübner, *Harmologa* Meyrick,

Sparganothis Hübner, *Tortrix* Linné, *Archips* Hübner 等が最も重要な属で，本邦からは *Peronea*, *Pternozya*, *Spatalistis*, *Argyrotoxa*, *Sparganothis*, *Ablabia*, *Pandemis*, *Tortrix*, *Ariola*, *Ptycholoma*, *Cacoecia*, *Homona*, *Epagoge*, *Adoxophyes*, *Capua*, *Cerace* 等の属が発見されている。ウスアミメキハマキ（*Tortrix sinapina* Butler）(Fig. 705) は翅の開張19～23mm，黄色，前翅の細斑は黄褐色，後翅は帯褐灰色。本州に産し，東シベリヤに分布している。次ぎに害虫の主なものを列記する。バラモンエグリハマキ（*Peronea baracola* Metsnmura）は北海道産でバラやイチゴ等を害し，モモキマダラハマキ（*Peronea crocopepla* Meyrick）は本州に産し桃に，テングハマキ（*Sparganothis pilleriana* Schiffermüller）は北海道と本州とに産しブドウやその他の果樹や花卉やその他に，トビハマキ（*Pandemis heparana* Schiffermüller）は北海道と本州とに産し且つ朝鮮から欧州に分布し，桜，苹樹，梨その他多数の植物に，サクラトビハマキ（*P. rebeana* Hübner）は北海道，本州，九州等に産し，前種同様な各植物に寄食し，欧州やアジアに広く分布している。オオギンスジハマキ（*Ptycholoma circumclusana* Christoph）は北海道と本州とに産し柿や梨や苹樹その他に，アミメキハマキ（*Cacoecia imitator* Walsingham）は北海道と本州とに産し苹樹に，リンゴオオハマキ（*Cacoecia sorbiana* Hübner）は北海道と本州とに産しなほ欧州その他に分布し苹樹や桜やその他に，カクモンハマキ（*Cacoecia xylosteana* Linné）は北海道，本州，朝鮮，支那，欧州等に分布し苹樹，梨，桜その他に，アトキハマキ（*Cacoecia breviplicana* Walsingham）は全土に産し朝鮮と支那に分布し各種の果樹や茶樹その他に，クワイトヒキハマキ（*Cacoecia crataegana* Hübner）は北海道と本州とに産し欧州や支那に分布し本邦では桑やその他果樹類に，ホソアトキハマキ（*Cacoecia criticana* Kennel）は北海道と本州とに産しなおシベリヤやヒマラヤにも産するもので本邦では苹樹や梨や桜の外に棉にも，アトボシハマキ（*Cacoecia longicellana* Walsingham）は北海道と本州と九州とに普通でクヌギやナラその他各種の果樹に，チャノハマキ（*Homona coffearia* Nietner）は本州，四国，九州から南方インドに至る迄広く分布し茶の他に凡ての濶葉樹に，トビモンハマキ（*Epagoge grotiana* Fabricius）は全土に分布し更に朝鮮と西欧州とに産しイチゴやバラやその他に，リンゴヒメハマキ（*Adoxophyes fasciata* Walsingham）は北海道と本州とに産しなおインドにも発見され苹樹や柑橘やその他に，コカクモンハマキ（*Adoxophyes privatana* Walker）は本州，四国，九州に産しなお南方一円からインド迄に分布し茶や柑橘や桑やその他に，ビロウドハマキ（*Cerace guttana* Felder）は本州に産しなおアッサムにも産し本邦では柿やザクロや茶やその他に，夫々寄食している。

Fig. 706. エダオビホソハマキ（一色）

262. ホソハマキガ（細葉捲蛾）科

Fam. Phaloniidae Meyrick 1895

Conchylidae Smith (1891) と *Commophilidae* Durran (1918) とは異名。下唇鬚は鱗片または毛を装い小形の第1節を有し，複眼は裸体，後翅は比較的幅広でよく発達した臀部を具え第1中脈を有し臀脈は末端叉分していない且つ径脈も末端叉分していない。前翅の第1臀脈はない。比較的小さな科で主に北半球に産し，*Commophila*, *Hysterosia*, *Phalonia* Hübner (=*Conchylis*), *Pharmacis*, *Chlidonia*, *Phtheochroa*, *Euxanthis* 等が代表的な属で，本邦からは *Phalonia*, *Clysia*, *Euxanthis*, *Idiographis* 等が発見されている。エダオビホソハマキ（*Phalonia badiana* Hübner）(Fig. 706) は翅の開張16～18mm，頭部は白色または灰白色，胸部は灰黄色，前翅は帯灰黄色で斑紋は大体褐色，後翅は灰褐色。幼虫はゴボウやアザミ等の蕾や実の内を食害し，本州，東シベリヤ，欧州等に分布している。ブドウホソハマキ（*Clysia ambiguella* Hübner）は翅の開張12～16mm，前翅は黄白色で光沢を有し褐黄色の紋と線とを有し，後翅は灰色。幼虫はブドウの蕾や花床や幼果等を食害し，全土に産し，欧州その他に分布している。ツマオビホソハマキ（*Euxanthis apicana* Walsingham）は翅の開張20～23mm，後翅は著しく幅広で暗灰色，前翅は白味ある汚黄色で前縁基半は暗褐色，外方部は暗褐色，北海道と本州とに普通。ウンモンチャイロハマキ（*Idiographis inopiana* Haworth）は翅の開張20～30mm，黄褐色または暗褐色，前翅には不明瞭な斑紋があり，後翅は黄灰色，北海道，本州，四国等に産し，シベリヤ，欧州，北米等に分布している。

鳥羽蛾上科 Superfamily *Pterophoroidae*

Tillyard 1926

この上科は一般に次の4科に分類されている。

1．翅は深く裂けているかまたは羽毛状の分割に分かれ，脚は長い……………………………………………………2

　翅は完全かまたは前翅のみが幾分裂け，後翅の表面に肘脈に沿い大きな互に拡がつている鱗片の2組を装い，脛節と距棘とが長い（*Agdistis* Hübner 旧北州とエチオピア州）………………………………………………………………Fam. *Agdistidae* Walsingham 1891

2．翅は2本または4本に裂けている……………………3

　翅は6本に裂けている………Fam. *Orneodidae*

3．前翅は2本乃至4本に裂け，後翅は3本に裂けている………………………………Fam. *Pterophoridae*

　両翅共に2本に裂けている（*Oxychirota* Meyrick 濠州，*Cenoloba* インドマレー，濠州）………………………………Fam. *Oxychirotidae* Meyrick 1895

以上の内2科が本邦から発見されている。

264. ニジユウシトリバガ（多翼蛾）科

Fam. *Orneodidae* Meyrick 1895

この科の蛾は Many plume moths と称えられ，ドイツでは Federmotten や Geistchen 等とよんでいる。小さな蛾で前後両翅共に6本に裂け，その各々が羽毛状に縁毛を装うている。単眼を有し，口吻は長く，鬚はよく発達し，触角は一様の多節からなり櫛歯状となる事がない。翅棘を具えている。全北洲産の *Orneodes hexadactyla* の幼虫は食草性で新梢や花柄や芽等の内に穿孔し，多毛で円筒形，むしろ太く，擬脚の鈎爪は一列で完全輪を形成している。蛹はトリバガ科のものと甚だ異なり，ヒロズコガ科やメイガ科等のものに似ている。繭は地表上に形成され，粗絹糸や微土粒から構成されている。約70種が知られ，*Orneodes* Latreille が代表の属で，本邦から数種が発見されている。ヤマトニジユウシトリバ（*Orneodes japonica* Matsumura）（Fig. 707）は翅の開張14mm 内外，頭部と胸部とは黄褐色，腹部は暗褐色で各節の後縁が淡黄白色，翅は黄褐色で暗褐色の斑紋を有する。幼虫はスイカズラに寄食する。北海道，本州，九州等に分布している。

Fig. 707. ヤマトニジュウトリバ（堀）

265. トリバガ（鳥羽蛾）科

Fam. *Pterophoridae* Zeller 1841

Alucitidae Hampson（1918）は異名。Plume Moths と称えられ，小形で多数のものは淡灰色か帯褐色の細い蛾で，前翅は2本に後翅は3本に夫々裂け，静止の際には屢々充分開張して置かれている。口吻はよく発達し，小顋鬚はない。幼虫は種々で，比較的滑かかまたは有棘，花や葉の上に生活するがときに茎や種子内に生活し，キク科植物を最も好む。腹脚は長く一列の鈎爪を具えている。蛹は有棘で，上唇の側突起を具え，地上に存在するがときに薄繭中にある。成虫は日中や夕暮や夜間活動性である。世界から約600種が発見され，*Oxyptilus* Zeller，*Platyptilia* Hübner，*Pterophorus* Geoffroy，*Stenoptilia* Hübner，*Alucita* Linné 等が代表的な属である。本邦からは *Nippoptilia*，*Xenopterophora*，*Oidaematophorus*，*Pselnophorus*，*Platyptilia*，*Deuterocopus*，*Sphenarches* 等が発見されている。ブドウトリバ（*Nippoptilia vitis* Sasaki）（Fig. 708）は翅の開張17～18mm内外，金属光沢ある黒褐色，前翅外縁近くの横線は白色。幼虫はブドウの蕾や実を食害し，本州，四国，九州等に普通で台湾にも産する。ヒルガオトリバ（*Oidaematophorus monodactylus* Linné）は翅の開張22～23mm，灰褐色，後翅は暗灰色。成虫で越年し，幼虫は甘藷の花や葉を食害し，本州と九州とに産し，欧州，アフリカ，中央アジア，北米等に広く分布している。フキトリバ（*Pselnophorus vilis* Butler）は翅の開張18～20mm内外，体は白色で少しく灰黄色乃至灰褐色を帯び，前翅は白色で前後両縁と横脈の内側と各片の中央とは黄褐色を帯び，数個の黒色斑を有する。後翅は灰褐色で各片末端は黒色でその内側部は白色。幼虫はフキの葉を食する。北海道，本州，九州等に産し，アムール地方に分布している。なおシラホシトリバ（*Deuterocopus albipunctatus* Fletcher）は翅の開張12mm 内外で体翅共に橙黄色，前翅と腹部とに黄白色斑を有する。幼虫はブドウの花蕾や果物を食害し，本州，九州等に産し，朝鮮と支那とに分布している。

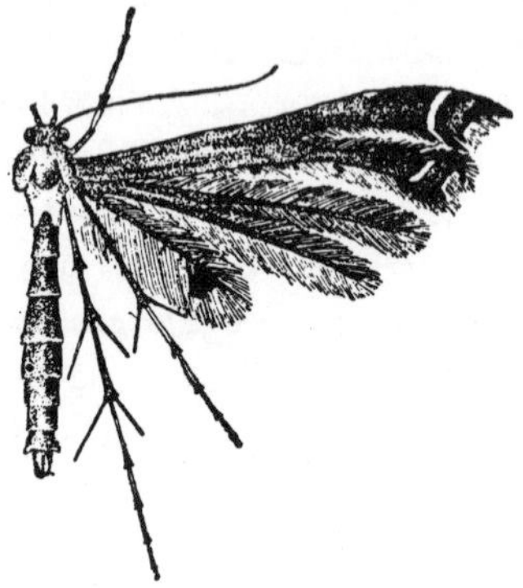

Fig. 708. ブドウトリバ（堀）

各　　論

螟蛾上科 Superfamily *Pyralidoidea*

Mosher 1916

以下の15科に分類する事が出来る。尤も最初の２科以外は屢々 *Pyralididae* の亜科として取り扱われている事が多い。

1．後翅の肘脈は痕跡的かまたはない……………………2
　後翅の肘脈は存在している………………………………3

2．前翅は第２中脈がある場合には第１と第３との夫々の中脈から等距離の位置から出で，１臀脈を有し，凡ての脈は分離している。後翅は２臀脈を有する。小顋鬚は一般にある。濠洲とインドとに産する（*Tineodes* Guérin）……………Fam. *Tineodidae* Rebel 1899
　前翅は常に第２中脈を有し第３中脈に近く出で，凡ての脈は個々に生じている。小顋鬚は微小かまたはない………………………………………Fam. *Thyrididae*

3．前翅は第１臀脈を有し，後翅の肘脈には剛毛からなる縁毛すなわち櫛歯毛を欠くか又はそれが甚だ弱体となつている。口吻は弱体かあるいはない…………………い………………………………Fam. *Schoenobiidae*
　前翅は第１臀脈を欠く…………………………………4

4．前翅の第３臀脈は前方に曲り第２臀脈と合し翅の基部に長い小室を形成している………………………………5
　前翅の第３臀脈は自由かまたは翅の中央で第２臀脈の方に彎曲して広い環を形成し，屢々痕跡的………9

5．口吻と単眼とはなく，雄の下唇鬚の第３節は一般に痕跡的……………………………………………………6
　口吻と単眼とは存在し，下唇鬚は正常……………7

6．額は円錐状の總を有し，一般の被毛は深く且つ混合している………………………………Fam. *Galleriidae*
　額と胸背とは滑かに鱗片にて被われている。幼虫は介殻虫を食する（*Macrotheca*）……………………………………………………………Fam. *Macrothecidae*

7．小顋鬚はむしろよく発達している…………………8
　小顋鬚はなく，後翅の亜前縁脈と径脈とは普通癒合している（*Chrysauge* Hübner, *Nachaba* Walker, *Gephyra* Walker, *Salobrena* Walker, *Caphys* Walker）…………Fam. *Chrysaugidae* Led. 1863

8．後翅の亜前縁脈は自由………Fam. *Pyralididae*
　後翅の亜前縁脈は径脈と結合してる……………………………………………………Fam. *Endotrichidae*

9．後翅の第１中脈は中央室を閉ざしている脈から出で亜前縁脈から広く離れ，中央室を閉ざす脈は弱体であるが明瞭，径脈は多少弱体とないている。下唇鬚は嘴状，小顋鬚は三角形…………Fam. *Ancylolomidae*
　後翅の第１中脈は径脈に接近している……………10

10．前翅の第５径脈は第３＋４径脈と幹脈を有し，径脈の柄部から末端に走る叉状脈の下に１本の自由脈を有するのみ……………………………………………………11
　前翅の第５径脈自由，叉状脈の下に径脈の柄から２本の自由脈を出している。後翅の亜前縁脈と径脈とは殆んど常に癒合している…………………………………16

11．前翅の第３と第４との径脈は完全に癒合し，後翅の肘脈上には強い縁毛を具えている……………………12
　前翅の第３と第４との径脈は幹脈を有し末端の方で分離している…………………………………………14

12．後翅の中央室は弱体であるが殆んど完全な脈によつて閉ざされ，雌の翅棘は１棘からなる………………13
　後翅の中央室は広く開口，雌の翅棘は数本（14，16対照（*Raphiptera*）………………Fam. *Crambidae*

13．口吻は強く基部の方で鬚と分離している…………………………………………………Fam. *Phycitidae*
　口吻は弱いか痕跡的で鬚から分離していない且つ口吻が捲かれるときには陰される（*Peoria*, *Ponjadia*, *Anerastia*, *Hypsotropa*）…………Fam. *Anerastiidae* Cotes 1889（*Hypsotropinae* Hampson 1918）

14．後翅は肘脈の基部に密縁毛を装い，下唇鬚は嘴状，小顋鬚は三形（12,16対照）………Fam. *Crambidae*
　後翅は肘脈の基部の縁毛が甚だ薄いかまたはなく，小顋鬚は羽毛状かまたは小形で隠されている………15

15．前翅は隆起する鱗片總を具えている…………………………………………………Fam. *Epipaschiidae*
　前翅は滑かで隆起鱗片總を具えていない（８対照）……………………………………………Fam. *Pyralididae*

16．後翅の肘脈上の縁毛は密，下唇鬚は嘴状，小顋鬚は三角形（12，14対照）………………Fam. *Crambidae*
　後翅の肘脈上の縁毛は薄いかなく，下唇鬚は稀れに嘴状，小顋鬚は普通中庸大かまたは小さく三角形でない…………………………………………………………17

17．後翅の上面は粗で莨状の毛を欠く…………………18
　後翅の内縁近くはある粗毛を装い，その部分は肘脈の下の莨状の毛または鱗片の１群中に通ずる肘脈上の弱い縁毛を形成している（*Glaphyria*, *Dicymolomia*, *Lipocosma*）……………………Fam. *Glaphyriidae*

18．前翅の第２径脈は第３第４両径脈と共に幹脈を有する………………………………Fam. *Nymphulidae*
　前翅の第２径脈は自由…………………………………19

19．下唇鬚は嘴状，小顋鬚は大形で三角形。前翅は一般に微かに粗に鱗片を装い，第１中脈は基部にて第５径脈から離れ第２中脈からの如く第３＋４径脈基部からも離れている……………………Fam. *Scopariidae*

下唇鬚は屢々上方に曲り，小顋鬚は甚だ稀れに大形で三角形（*Loxostegopsis*）となりその場合には第3＋4径脈と第1中脈とは密接している……………………………………………………… Fam. *Pyraustidae*

以上の諸科中本邦からは次の12科が発見されている。

266. ツヅリガ（綴蛾）科

Fam. Galleriidae Wallengren 1871

Waxmoths, Beemoths, Waxworms 等と称えられている種類を包含し，小形乃至中庸大，不鮮明な黄褐色あるいは帯灰色，太い，夜間活動性の蛾。雄の触角は簡単，単眼はなく，口吻は痕跡的かまたはなく，小顋鬚は雌では小形で雄では消失，下唇鬚は雌では長く雄では短かく隠されている。前翅は第3径脈乃至第5径脈が幹脈を有し，後翅はよく発達した肘脈櫛毛を有し，翅棘は雌では数本からなり雄では1棘。幼虫は淡色で比較的裸体，前胸気門前棘毛は存在し，擬脚の鈎爪は1列または2列で楕円形に配列している。幼虫は蜂の巣の内に在つて共棲しいるものや乾燥植物質や稀れに動物質物に寄食している。蛹はよく区分されている附属器を有し幾分有棘で，厚い強靱の繭の内に包まれている。

比較的小さな科で，世界に広く分布し，*Galleria* Fabricius, *Aphomia* Hübner, *Corcyra* Ragonet, *Melissoblaptes* Zeller 等が代表的な属で，本邦からは *Aphomia*, *Galleria*, *Lamoria* の3属が知られている。ハチミツガ（*Galleria mellonella* Linné）（Fig. 709）は翅の開張 20～40mm，灰色または淡褐色，幼虫は蜜蜂の臘を食害する。世界に分布している。ツヅリガ（*Aphomia gularis* Zeller）は翅の開張 24～31mm，雄の前翅は帯緑灰色で中央室は淡黄色を呈しその末端に黒色点を有し，雌の前翅は褐色で中央室端に黒色紋を有する。幼虫は米を綴つて食害する。全土に産し支那やインド等に分布する。

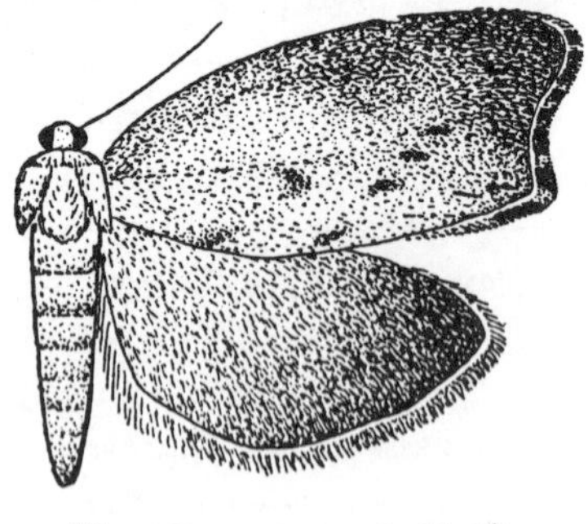

Fig. 709. ハチミツガ（丸毛）

267. ツトガ（苞蛾）科

Fam. Crambidae Duponcel 1844

Grass Moths, Snout Moths, Grass Webworms 等がこの科に属するもので，小さな細い鱗片を密装し，普通銀白色や淡褐色や帯灰色，触角は簡単かまたは櫛歯状，単眼は普通存在し屢々顕著，口吻は存在し種々な長さのものがあり，小顋鬚は長三角形，下唇鬚は長く直線で左右合して鼻状突起を形成している。脛節は距棘を具え，翅は滑かに鱗片を装う。この類は草原地に多く，又甘蔗園や麦畑や稲畑や他の穀類の畑にも多い。蛾は夕暮または夜間活動であるが，日中でも妨げられると不規則な短飛を行う性を有する。卵は宿主植物上に産附されまたは草原地に落下せしめられる。幼虫は円筒形，帯白色や帯黄色や帯紅色や暗赤褐色で，有毛疣を具えている。あるものは植物の茎や冠の中に穿入し，あるものは根の基部に，またあるものは土中の孔の中や植物の頂上等に巣を綴つて生活している。

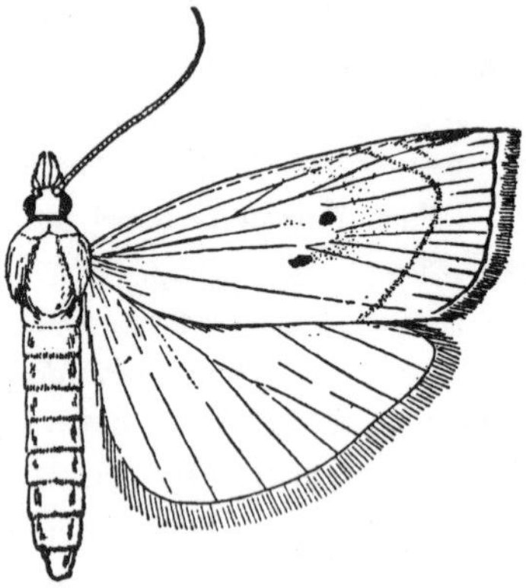

Fig. 710. サツマツトガ（丸毛）

かなり大きな科で，世界に分布し，*Chilo* Zinchen, *Crambus* Fabricius, *Diatraea* Guilding 等が最も重要な属で，本邦からは前2属の他に *Argyria* や *Miyakea* や *Nagahama* 等の属が発見されている。イツトガ（*Crambus shichito* Marumo）は翅の開張 23mm 内外，頭部と胸部とは淡褐色，腹部は白色，前翅は淡褐色で後半縁部は赤褐色で外縁に黒色点列を有する。後翅は白色。幼虫は七島藺の茎中に食入している。九州産。サツマツトガ（*Crambus obliterans* Walker）（Fig. 710）翅の開張18mm 内外，大体白色で，前翅は多少褐色鱗片を混し中央に黒色の2点を有する。幼虫は稲を害する。全土に産し，朝鮮，支那，ボルネオ等に分布している。*Crambus* 属には多数の種類が発見されている。ニカメイガ（*Chilo supressalis* Walker）は翅の開張 23～27mm，前翅は黄褐色または暗灰褐色，腹部と後翅とは白色，前翅の外縁に黒色点を列している。幼虫は稲の有名な害虫，年1回乃至3回の発生をなし，地方によつて生態的に差が多い。以前は *Chilo simplex* Butler の学名が一般に採用されていたものである。全土に産し，東洋に広く分布している。

268. ホソツトガ（細苞蛾）科

Fam. Ancylolomiidae Cotes 1889

学者によつてはツトガ科中に包含せしめている。しかし後翅の第1中脈は中央室を閉ざしている脈から出で，径脈に密接していない事によつて区別する事が出来る。主として旧大陸産で，*Ancylolomia* Hübner や *Prionapteryx* Stephens や等が代表的な属で，小さな科である。ツトガ (*Ancylolomia chrysographella* Kollar) (Fig. 711) は本邦産の代表的な種類で，翅の開張 25～38mm，頭部と胸部とは黄褐色で腹部は淡黄灰色，前翅の各翅脈上に黒色点列を有し，各脈間に鉛色の縦条を有し，外縁部の横線は大体帯褐色，後翅は白色。幼虫は稲の葉を捲いて食害する。本州と四国と九州とに産し，朝鮮，台湾，支那，インド等に分布している。

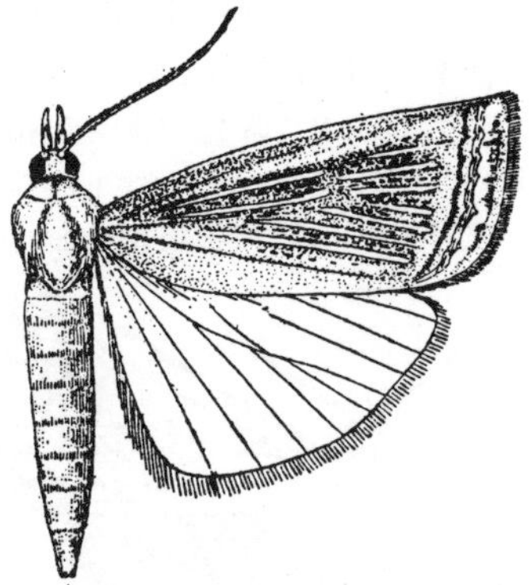

Fig. 711. ツトガ（丸毛）

269. オオメイガ（大螟蛾）科

Fam. *Schoenobiidae* Duponchel 1844

Siginae Hampson 1918 は異名，前翅に第1臀脈を具えている事によつて明瞭に他のメイガ類と区別する事が出来る。口吻は退化しているかまたはなく，後翅の肘脈基部上に櫛毛を殆んど欠くかまたは全然これを欠いている。*Acentropus* Curtis や *Ramila* Moore や *Schoenobius* Duponchel や *Patissa* Moore や *Scirpophaga* Treitschke や *Cirrhochrista* Led. 等が代表的な属で，本邦からは最後の4属以外に *Leechia* と *Acropentias* との2属が発見されている。イツテンオオメイガ (*Schoenobius incertellus* Walker) (Fig. 712) は翅の開張27mm内外，灰褐色，前翅の点斑は黒色，斜帯は暗色，後翅は白色。幼虫は稲の茎中に食入し，有名な害虫で，本州南部，四国，九州等に産し，東洋熱帯地に広く分布している。なお同属にヒトスジオオメイガ (*Sch. lineatus* Butler) があつて，本州と九州とで稲茎に喰入する事が知られている。モンキオオメイガ (*Cirrhochrista brizoalis* Walker) は翅の開張 18～22mm，白色，前翅前縁は黄色でこれより3個の短かい同色の横帯紋を有し，外縁に褐色帯線を有する。後翅は外縁に褐色帯線を有する。幼虫はクワその他を加害する。本州と九州とに産し，台湾，支那，インド，濠洲等に分布している。ムモンシロオオメイガ (*Scirpophaga praelata* Scopoli) は翅の開張30～50mmで，純白色。幼虫はイの害虫で北海道や本州に産し，朝鮮，欧洲に分布している。更らに同属のシロオオメイガ (*S. excerpalis* Walker) は本州と九州とに産し，七島藺の害虫，ツマキオオメイガ (*S. nivella* Fabricius) は九州に産し甘蔗の害虫として知られている。

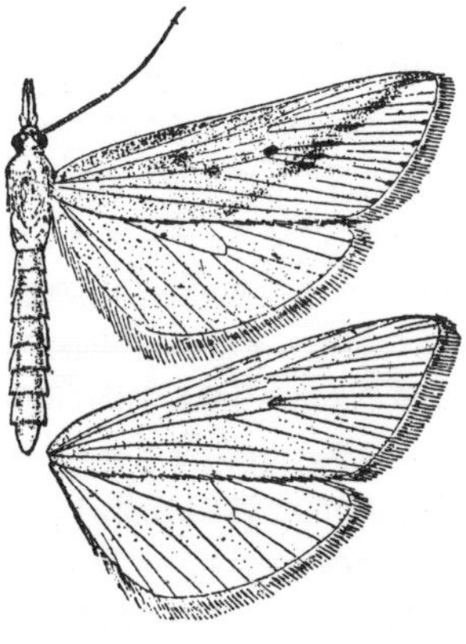

Fig. 712. イッテンオオメイガ雄（丸毛）下図は雌の翅

270. マダラメイガ（斑螟蛾）科

Fam. *Phycitidae* Ragonet 1893

Phycidae とも称えられている。Phicitid Moths や Cereal and Dried Fruit Moths 等が包含せしめられ，微小乃至小形の蛾で，熱帯地に甚だ多数に産するが，亜熱帯や暖国にも普通である。汚色のものが多いが金属的な銅色紋を有するものもある。触角は長く簡単，口吻は強く，小顎鬚は痕跡的かまたはよく発達し，下脣鬚はよく発達して直線かまたは上向。前翅は径分脈を欠き，後翅は肘脈基部によく発達した剛毛櫛を有する。幼虫は円筒形で淡色，少数の棘毛と毛とを装う。彼れ等は茎や果物や種子や乾燥果物や穀類や穀類製造物等を食害する。しかし経済的に重要な種類は比較少数である。最も重要な属は *Acrobasis* Zeller, *Ephestia* Guenée, *Etiella* Zeller, *Nephopteryx* Hübner, *Plodia* Guenée, *Physeta* Curtis その他等で，本邦からは *Ephestia*, *Nephopteryx*, *Ilithyia*, *Eurhodope*, *Dioryctria*, *Etiella* 等が発見されている。ツツマダラメイガ (*Eurhodop tokiella* Ragonot) は翅の開張19mm内外，頭部と胸部とは灰色，腹部は褐色，前翅は褐色で灰白色の2横線と前縁に同色の1大紋を有し，後翅は淡褐色。幼虫はナシ，モモ，サクラ，リンゴ等の新葉を綴つて巣筒を造りその内に

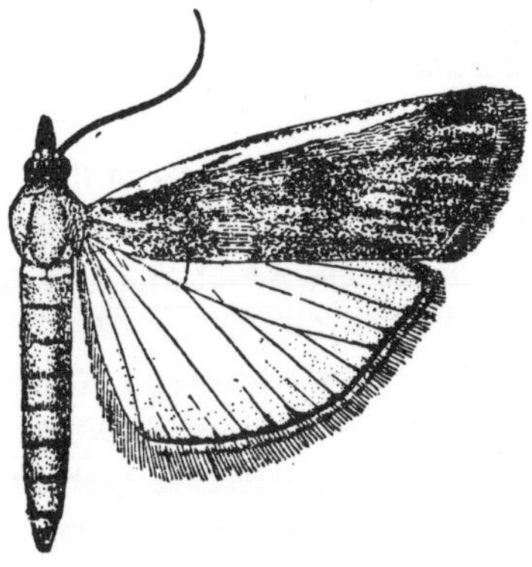

Fig. 713. シロイチモジマダラメイガ（丸毛）

あつて食害する北海道と本州とに産する。ナシマダラメイガ (*Eurhodope pirivorella* Matsumura) は翅の開張23mm 内外，頭部と胸部とは紫褐色，腹部は灰褐色，前翅は紫褐色で2本の彎曲せる灰白色横線を有し，後翅は淡褐色。幼虫は梨の果実中に喰入加害する。全土に産し，朝鮮にも発見されている。シロイチモジマダラメイガ (*Etiella zinckenella* Tseitschke) (Fig. 713) は翅の開張 23mm 内外，帯紫黄灰褐色，前翅は紫灰色で黄褐色と赤褐色との鱗片を混じ，前縁に白色縦条を有し，後翅は白色。大豆の害虫で，世界に広く分布している。

271. フトメイガ（太螟蛾）科

Fam. Epipaschiidae Butler 1889

Pococerinae Hampson 1918 は異名。シマメイガ科のものに似ているが前翅に隆起せる鱗片總を有する事によつて直ちに区別することが出来，またマダラメイガ科のものから前翅の第3径脈と第4径脈とが幹脈を有することによつて区別され，ミズメイガ科のものからは後翅の肘脈上の縁毛が殆んどなく且つ小顎鬚が羽毛状となつている事によつて区別され得る。一般に太い体を有し，翅は比較的幅広で夜蛾科のもののような感を呈し，開張16〜40mm内外，前翅には大体横帯を有し，下唇鬚は比較的に短かい。*Pococera* Zeller, *Lepidogma* Meyrick, *Macalla* Walker (＝*Epipaschia* Cl.), *Locastra* Walker, *Stericta* Led., *Orthaga* Walker 等が代表的な属で，本邦からは *Anartula*, *Lepidogma*, *Macalla*, *Locastra*, *Stericta*, *Orthaga* 等の属が知られている。ツマグロフトメイガ (*Anartula melanophia* Staudinger) は翅の開張 18mm 内外，白色，前翅は2本の黒色波横線を有し外縁部は広く黒色，後翅は暗褐色。幼虫はクヌギやナラ等に寄食している。本州に産し，シベリヤ，セイロン，インド等に分布する。クロフトメイガ (*Macalla nigrescens* Warren) (Fig. 714) は翅の開張 20〜26mm，頭部は灰白色，胸部は帯緑黄色，腹部は暗褐色，前翅は暗褐色の外縁を除き緑黄色で斑紋と横帯とは黒褐色，後翅は暗褐色。北海道，本州，九州等に分布している。ナカアオツトメイガ (*Macalla elegans* Bulter) は翅の開張 24〜36mm，暗褐色，腹部の中央白色，前翅は暗黄緑色で，黒色波状の2横線を有する。後翅は白色。幼虫は大豆その他の害虫として認められている。本州と九州とに産し，シベリヤに分布している。ナカトビフトメイガ (*Orthaga achatina* Butler) は翅の開張 25〜28mm，頭部は灰褐色，胸部と腹部とは帯緑黄褐色，前翅は雄では暗褐色で中央の後縁に近い半分は赤褐色を混じ，雌では基部と前縁の中央部並びに亜外縁部に白色を混じ全面処々に暗緑色を混じ，濃色の内外両横線を有する。後翅は暗褐色。クリの害虫として知られ，本州と九州とに産する。

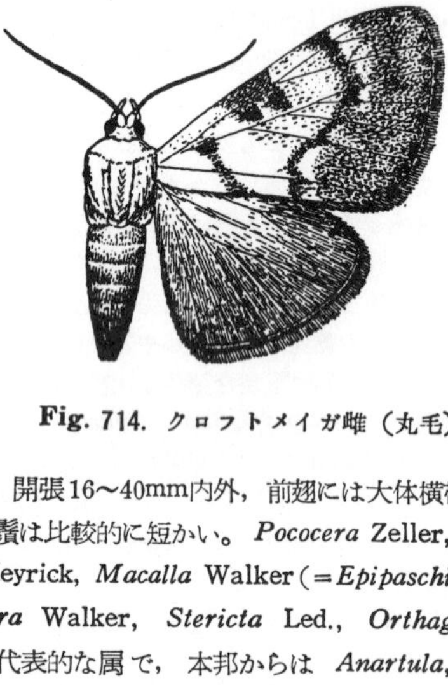

Fig. 714. クロフトメイガ雌（丸毛）

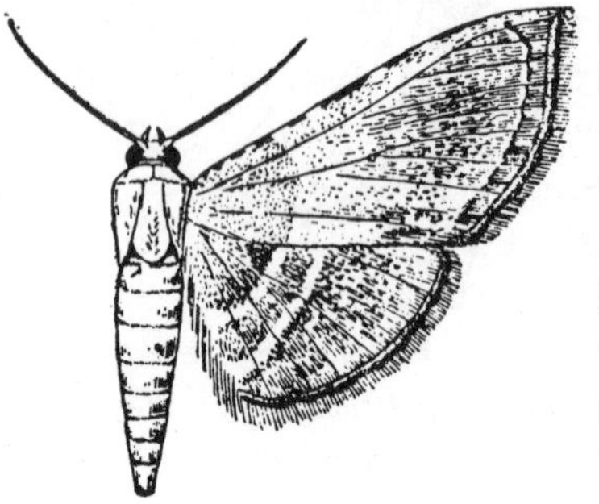

Fig. 715. ヘリグロトガリメイガ雄（丸毛）

272. トガリメイガ（尖螟蛾）科

Fam. Endotrichidae Swinhow 1900

この科は一般にシマメイガ科に包含せしめられている。しかし後翅の亜前縁脈が自由となつている事によつて区別され得る。殆んど凡ての種類に於て前翅の翅頂が尖り小顎鬚は存在している。比較的小さな科で，*Endotricha* Zeller や *Trichophysetis* Meyrick 等が代表的な属で，本邦からは更に *Scenedra*, *Cataprosopus*, *Cotachena* 等の属が発見されている。ヘリグロトガリメイガ (*Endotricha consocia* Butler) (Fig. 715) は翅の開張 18mm 内外，帯褐紅色，翅の横線は白色なれど，前翅の亜外縁線と外縁線とは黒色。本州に産し，支那にも発見されている。フタオビトガリメイガ (*Trichophysetis cretacea* Butler) は翅の開張 16mm 内外，体は太く白色，翅は幅広く白色で多少淡赤褐色を帯び前後両翅共に2重の2横帯を有する。本州に産し，シベリヤや濠洲に分布している。マエグロトガリメイガ (*Cataprosopus monstrosus* Butler) は翅の開張 25〜35mm，下唇鬚は長く突出し，頭，胸，腹部は灰褐色，前翅は赤褐色に多少紫色を帯び外縁S字状に彎曲し鋭い翅頂を有し2本の互に後縁の方に狭まる細い黒色横線を有し，後翅は赤褐色で黒色の亜外縁線を有する。全土に産し，朝鮮と支那とに分布している。

273. シマメイガ（縞螟蛾）科

Fam. Pyralididae Leach 1815

小形で，鱗片が密圧している蛾で汚色のものが多い。

Fig. 716. カシノシマメイガ（丸毛）

触角はよく発達し，末端の方に細まり，単眼と口吻とは存在し，小顋鬚と下唇鬚とはよく発達し，小顋鬚はときに羽毛状。前翅の第1径脈は中央室と等長かまたはより長く，後翅は長い翅棘を有し亜前縁脈は自由で肘脈上に櫛毛を具えていない。幼虫は裸体で小板または小顆粒から微棘毛を生じ，胸脚は存在し，前胸気門前顆疣は2微棘毛を生じている。蛹は被蛹で薄繭中に存在している。幼虫は食草性で，多くの種類は乾燥植物質物や穀物その他を食する。多数の属が包含されているが，*Aglossa* Latreille, *Pyralis* Linné (=*Asopia*), *Herculia* Walker, *Cledeobia* Stephens, *Stemmatophora* Guenée, *Triphassa* Hübner, *Sacada* Walker, *Bostra* Walker, *Constantia* Ragonot, *Tegulifera* Saalman 等が代表的な属である。本邦からは *Hypsopygia*, *Pyralis*, *Aglossa*, *Stemmatophora*, *Fujimacia*, *Herculia*, *Trebania*, *Sybrida*, *Bostra*, *Hirayamaia* 等が知られている。コメノクロムシガ（*Aglossa dimidiata* Haworth）は翅の開張26mm内外，黄褐色，前翅は鋸歯状の3横線を有し，後翅は灰褐色。幼虫は穀物の有名な害虫で老熟すると黒色を呈する。全土に産し，朝鮮，支那，インド等に分布している。カシノシマメイガ（*Pyralis farinalis* Linné）(Fig. 716) は翅の開張21～24mm，頭部は淡褐色，胸部は帯紫暗褐色，腹部は茶褐色，前翅は基部と外縁部とが赤褐色で中央部は黄褐色，横線は白色，後翅は暗褐色で横線は白色。幼虫は穀類の製品を食害し，世界各地に分布している。フタスジシマメイガ（*Herculia glaucinalis* Linné）は翅の開張20～25mm，頭部，胸部及び腹部は赤褐色または灰褐色，前翅は灰褐色で2本の淡黄色横線を有し，後翅は灰褐色で2本の白色横線を有する。幼虫は貯穀類や干菓子類を食し，全土に産し，朝鮮，支那，欧洲等に分布している。オオクシヒゲシマメイガ（*Sybrida fasciata* Butler）は翅の開張28mm内外，赤褐色で腹部のみ灰褐色，前翅に2本の灰白色横線を有し，後翅は暗褐色で基部に褐色線がある。幼虫はナラやカシの葉を食し，北海道と本州とに産し，樺太，朝鮮，シベリヤに分布している。ツマグロシマメイガ（*Bostra indicator* Walker）は翅の開張27～23mm，赤褐色，前翅は2本の淡黄灰色横線を有し，後翅は大部分褐色。幼虫は梓その他の葉を食し，本州，四国，九州等に産し，朝鮮とインドとに発見されている。キガシラシマメイガ（*Trebania flavifrontalis* Leech）は翅の開張30～35mm，頭部は黄色，下唇鬚は細長く棒状で前方に突出し，腹部は白色，前翅は暗灰褐色で翅脈の部分が灰色，後翅は灰褐色，他の種類と異なり横線を欠いている。本州，九州等に産し，台湾と支那とに分布している。

274. ミヅメイガ（水螟蛾）科
Fam. Nymphulidae Swinhow 1900

Hydrocampidae Meyrick (1890) は異名。シマメイガ科に包含せしめられている場合が多いが，前翅の第5径脈が自由となつている事にて明かに区別が出来，またノメイガ科に近似しているが前翅の第2径脈が第3径脈と第4径脈と共に幹脈を有する事によつて区別が出来る。多くのものは美麗な色彩を有し，体も翅も比較的細長い。幼虫は半水棲性で，ときに水生植物の茎を切り取りそのものを巣として生活しているもの等がある。多数の属が発見され，*Nymphula* Schrank (=*Hydrocampus* Latreille), *Cataclysta* Hübner, *Musotima* Meyrick, *Ambia* Walker, *Oligostigma* Guenée, *Aulacodes* Guenée, *Parthenodes* Guenée, *Bradina* Led., *Stenia* Guenée, *Piletocera* Led., *Cenoloba* Walsingham 等が代表的な属で，本邦からは *Nymphula*, *Cataclysta*, *Bradina*, *Diathrausta*, *Piletocera*, *Daulia*, *Camptomastix*, *Clupeosoma*, *Perinephela*, *Mabra*, *Susumia* 等の属が発見されている。ネジロミズメイガ（*Nymphula fengwhanalis* Pryer）(Fig. 717) は翅の開張19mm内外，大体黄白色，翅は黄色で模様は白色。幼虫は稲の茎を切り取り巣として半水棲，北海道と本州とに産し，朝鮮，支那等に分布している。なおこれと同様な生活をなすものにイネコミズメイガ（*Nymphula vittalis* Bremer）が本州，四国，九州等に，イネミズメイガ（*N. fluctuosalis* Zeller）が九州に，マダラミズメイガ（*N. interruptaris* Pryer）が全土に，ムナカタミズメイガ（*N. ussuriensis* Rebel）

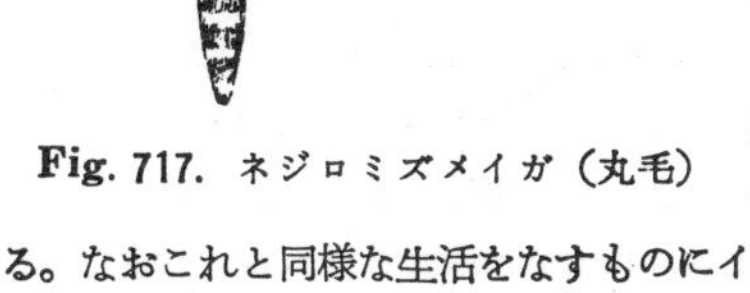

Fig. 717. ネジロミズメイガ（丸毛）

が北海道と本州とに夫々産し何れも稲の害虫として知られている。タテハマキ (*Susumia exigua* Butler) は翅の開張 15mm 内外，黄褐色，翅には黒色の細線を前翅に3本後翅に2本を具えている。幼虫は稲の葉を縦に捲いて食害する。全土に分布し，朝鮮にも産する。

275. **ヤマメイガ**（山螟蛾）科

Fam. Scopariidae Guenée 1854

この科はノメイガ科に包含せしめられている事が多い。しかし下唇鬚は嘴状，小顋鬚は大形で三角状で，前翅は一般に微かに粗鱗片を装い第1中脈が基部にて第5径脈からよく離れている。小さな科で，*Scoparia* Haworth と *Xeroscopa* Meyrick とが代表的な属で，本邦からはヤマメイガ (*Scoparia microdontalis* Hampson) (Fig. 718) が知られている。この種は翅の開張 20mm 内外，頭部と胸部とは黒褐色に白色鱗片を混じ，腹部は褐色，前翅は白色なれど黒褐色鱗片を密布し，横線は白色，後翅は白色で多少褐色を帯びている。本州に産し，支那とインドとに分布している。

Fig. 718. ヤマメイガ（丸毛）

276. ***ノメイガ***（野螟蛾）科

Fam. Pyraustidae Meyrick 1896

Agroterinae Hampson 1918 は異名。Leaftiers や Webworms や等がこの科のものである。シマメイガ科のものに類似しているが。小顋鬚は小さく細く稀れに鱗片で太くなり，下唇鬚は上方に曲り，前翅の第3＋4径脈と第1中脈とは稀れに分離している。なおヤマメイガ科のものからは小顋鬚が小さく下唇鬚が上方に曲つている事によつて区別が出来る。かなり大きな科で，160属以上が発見されている。しかしその大部分は少数種からなつている。*Pyrausta* Schrank (*Botys*), *Homophysa* Guenée, *Eutephria* Led., *Agrothera* Schrank, *Desmia* Westwood, *Pagyda* Walker, *Marasmia* Led., *Synagmia* Guenée, *Trithyris* Led., *Bocchoris* Moore, *Pilocrocis* Led., *Spilomela* Guenée, *Conchylodes* Guenée, *Phryganodes* Guenée, *Dichocrocis* Led., *Nacoleia* Walker, *Sylepta* Hübner, *Lygropia* Led., *Glyphodes* Guenée, *Evergestis* Hübner, *Crocidophora* Led., *Polygrammodes* Guenée, *Pachyzancla* Meyrick, *Phlyctaenodes* Guenée, *Cybolomia* Led., *Titanio* Hübner, *Metasia* Guenée, *Pionea* Guenée, *Noctuelia* Guenée 等が代表的な属である。本邦からは *Pycnarmon*, *Hymenia*, *Eurrhyparodes*, *Agrotera*, *Pagyda*, *Cnaphalocrocis*, *Marasmia*, *Syngamia*, *Bocchoris*, *Nosophora*, *Tyspanodes*, *Phostria*, *Dichocrocis*, *Lamprosema*, *Goniorhynchus*, *Botyodes*, *Sylepta*, *Pygospila*, *Margaronia*, *Polythlipta*, *Oebia*, *Omphisa*, *Evergestis*, *Crocidophora*, *Maruca*, *Nomophila*, *Loxostege*, *Diasemia*, *Calamochrous*, *Hemiscopus*, *Udea*, *Paratalanta*, *Parudea*, *Pyrausta* 等の属が発見されている。

アワノメイガ (*Pyrausta nubilalis* Hübner) (Fig. 719) は翅の開張 25〜36mm，淡帯褐黄色，幼虫は粟や玉蜀黍やその他多数の栽培植物の茎中に食入し大害を与える有名な害虫で，全土に産し，旧北洲に広く分布し北米にも産する。この属には農作物の害虫として，ハツカに寄食するハツカノメイガ (*Pyrausta aurata* Scopoli) が北海道に，クロフタノメイガ (*P. moderatalis* Christoph) がフキを害し北海道，本州，九州等に，シソの害虫たるベニフキノメイガ (*P. phoenicealis* Hübner) が本州と九州とに，ウドやニンジンに寄食するウドノメイガ (*P. vicinalis* South) が本州と九州とにそれぞれ産する。シロオビノメイガ (*Hymenia recurvalis* Fabricius) は翅の開張 19mm 内外，大体褐色，翅は黒褐色で中央に白色の横帯を有し更に前翅の前縁横帯の外方に白色の横紋を有する。幼虫はサトウダイコン，トウモロコシその他の葉を食する。全土に産し，殆んど全世界に分布している。ホソヨスジノメイガ (*Pagyda amphisalis* Walker) は翅の開張18〜24mm，黄色，前翅に橙黄色の細い4横紋を後翅に3本をそれぞれ有する。幼虫はニワトコに寄食している。本州，四国，九州等に産し，朝鮮，台湾，支那，インド等に分布している。コブノメイガ (*Cnaphalocrocis medinalis* Guenée) は翅の開張17mm内外，黄褐色，翅の外

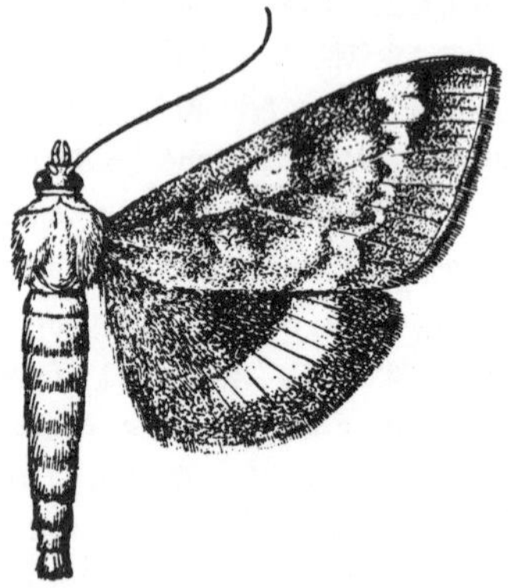

Fig. 719. アワノメイガ雄（丸毛）

縁は暗褐色，2本の細い濃褐色の横線を有するが後翅の内横線は短かい。幼虫は稲の葉を縦に捲いて食害する。本州，四国，九州等に産し台湾，朝鮮，支那，インド，濠洲等に分布している。ゴマダラノメイガ（*Dichocrocis punctiferalis* Guenée）は翅の開張25mm内外，黄色，翅に黒色の斑紋を多数に有する。幼虫は桃果を食害しその他各種の果樹の害虫として認められ，本州と九州とに産し，朝鮮，台湾，支那，インド，ジャバ，濠州等に広く分布している。ホソミスジノメイガ（*D. chlorophanta* Butler）は柿や桜の害虫で，北海道，本州，九州に産し，朝鮮，台湾，支那等に分布している。更に同属のカクモンノメイガ（*D. surusalis* Walker）は綿に寄生し，本州に産し，東洋熱帯地に広く分布している。マエウスキノメイガ（*Lamprosema indicata* Fabricius）は大豆その他豆類の害虫で全土に産し，世界に広く分布し，同属のクロミスジノメイガ（*L. misera* Butler）はフダンソウの害虫で本州と九州とに産し朝鮮や支那に分布している。オオキノメイガ（*Botyodes principalis* Leech）は翅の開張40mm内外，黄色，前翅は外縁部が不規則に茶褐色その他の内方に不明の細横線を有し，後翅は2本の不明波状細横線を有する。幼虫はドロノキの害虫として知られている。本州，四国，九州等に産し，台湾，支那，インド等に分布している。ワタノメイガ（*Sylepta derogata* Fabricius）は翅の開張30mm内外，白色で多小黄色を帯び，両翅共に黒褐色の不規則な細横線を有する。幼虫はワタやオクラやカラムシその他の葉を綴り食害する。全土に産し，米国と欧州とを除きその他には殆んど分布している。ビワノメイガ（*Sylepta balteata* Fabricius）は翅の開張28mm内外，黄色，翅には暗褐色の細斑を有する。幼虫はビワや栗やその他の葉を捲いて食害する。本州と九州とに産し，朝鮮，台湾，支那，インドその他に分布している。同属には更にブドウや桑の害虫であるモンキクロノメイガ（*S. luctuosalis* Guenée）や大豆その他の豆類の害虫であるウコンノメイガ（*S. ruralis* Scopoli）や等が全土に産し，東洋その他にも分布している。ワタクロヘリノメイガ（*Margaronia indica* Saunder）は翅の開張24mm内外，頭部と胸部と腹部末端2節とは黒褐色，両翅は白色透明で外縁幅広く黒褐色を呈し更に前翅の前縁も同様黒褐色。幼虫はウリ類やワタやフダンソウやアオイその他の葉を綴つて食害する。全土に産し，東洋，濠洲，エチオピア洲等に広く分布する。この属には更にオリーブやライラックの害虫たるマエアカスカシノメイガ（*M. nigropunctalis* Bremer）が全土に，クワの害虫たるスカシノメイガ（*M. pryeri* Butler）とクワノメイガ（*M. pyloalis* Walker）とが全土に，それぞれ産する。ハイマダラノメイガ（*Oebia undalis* Fabricius）は翅の開張16mm内外，灰褐色または帯黄灰褐色，前翅は灰白色の波状横線を有し，後翅は灰白色。幼虫は十字科蔬菜類の大害虫で，殆んど全世界に分布している。ヘリグロキノメイガ（*Evergestis extimalis* Scopoli）は翅の開張23mm内外，淡黄褐色，前翅の外縁部は広く濃色でその中央部は褐色を呈し横線部に赤褐色点を散布する。後翅は外縁多少褐色を呈する。幼虫は十字科植物の害虫，北海道に産し，樺太，朝鮮，支那，欧洲等に分布している。セスジノメイガ（*Crocidophora evonoralis* Walker）は翅の開張27mm内外，橙黄色，前翅の前縁と外縁近くとは紫褐色で波状の細い同色の横線を有し，後翅は細い中横線と外縁近くとは紫褐色。幼虫は竹の葉を食する。全土に産し，台湾，支那，ビルマ等に分布している。マメノメイガ（*Maruca testulalis* Geyer）は翅の開張26mm内外，大体灰褐色，前翅は黄褐色で中央室端に白色透明の帯紋を有し更に中央室内に同様の小紋を有し，後翅は白色透明で外縁部は褐色。幼虫は豆類の害虫として有名，全土に産し，東洋熱帯地や濠洲等に分布している。クロミヤクキノメイガ（*Loxostege verticalis* Linné）は翅の開張28mm内外，白黄色，翅脈は黒色，幼虫はサトウダイコンの葉を食害する。北海道に産し，朝鮮，支那，欧洲，インド等に分布している。キムジノメイガ（*Udea inornata* Butler）は翅の開張32mm内外，黄色，後翅は淡褐色。幼虫は竹の葉を食する。全土に産し，朝鮮に分布している。ナノメイガ（*Udea forcicalis* Linné）は翅の開張20〜24mm，淡灰褐色，前翅は黄色で赤褐色の細斜横線を有し，後翅は白色でやや黄褐色を帯び外横線は暗褐色。幼虫は十字科蔬菜類の葉を食害する。全土に産し，欧洲，インド等に分布している。

277. マドガ（窓蛾）科

Fam. Thyrididae Herrich-Schäffer 1847

Siculidae Led. 1863は異名。小形，翅は屢々白色または帯黄色の透明紋を有する。単眼は退化し，口吻は鬚と共によく発達し，触角は稀れに櫛歯状。径脈と中脈と肘脈とのそれぞれの支脈は凡て離れて中央室から出で，第2中脈は第1中脈よりも第3中脈に近く生じ，前翅の第1臀脈は不明瞭で第2臀脈の基部は簡単か叉状となつている。後翅の亜前縁脈は自由か結合し，第1臀脈は多くは不明瞭で第3臀脈はよく発達し，翅棘は存在している。腹部に皷膜器官を欠き，後脚の脛節は2対の距棘を具えている。幼虫は5対の擬脚を腹部に有し，蛹は棘を欠く。

世界から約600種が発表され，大部分のものは熱帯産で，アフリカには多数に産し，新北洲と旧北洲とには少数のみ，*Thyris* Lasp.，*Dysodia* Clem.，*Striglina* Guen.，*Rhodoneura* Guen.，*Risama* Walk. 等が代表的な属で，本邦からは *Herdonia*，*Rhodoneura*，*Striglina*，*Camptochilus*，*Thyris* 等が発見されている。マドガ（*Thyris usitata* Buter）(Fig. 720) は翅の開張15～20mm，黒色，両翅共に白色半透明の大紋を有する。幼虫は *Clematis* 属の植物に寄食し，本州，四国，九州等に分布している。マダラマドガ（*Rhodoneura exusta* Butler）は翅の開張 17～26mm，黄褐色，翅は暗褐色の網目状斑を有する。幼虫は栗や樫等の葉を捲いて食害する。本州，四国，九州等に産し，台湾，支那，インド等に分布している。アカジママドガ（*Striglina scitaria* Walker）は翅の開張 18～25mm，褐橙色，翅は細かい網目状斑を有し更に暗褐色の細い斜線を有する。幼虫は栗の葉を捲いて食害する。全土に産し，沖繩，台湾，支那，インド，その他の東洋や濠洲等に広く分布している。なお同属のチヤマドガ（*St. glarela* Felder）は本州に産し茶に寄食する事が知られている。

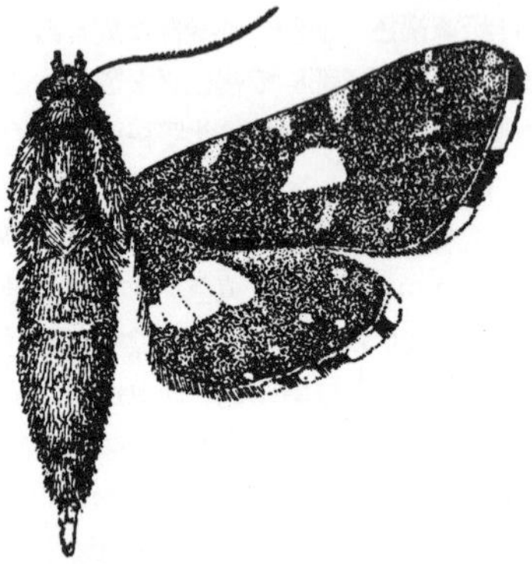

Fig. 720. マドガ（河田）

斑蛾上科 Superfamily *Zygaenoidea* Gravenhorst 1843

この上科には Tillyard の Superfam. *Psychoidea* (1925) を包含せしめいている。つぎの如く分科する事が出来る。

1．後翅は3本の臀脈を有する（若し3本より少ない場合は細い翅を有する小さな蛾で，後翅は減退せる脈相を有し後縁毛が翅の幅と等長かまたはより長く，脛節の距棘が脛節の幅の2倍以上），前翅の第1臀脈は普通完全で2本の臀脈が翅縁に達している……………2

後翅は2本の臀脈を有し稀れに1本，翅は決して細くなく，後翅は幅の半分の長さより長くない。しかし尾状部を有するものはしからず，縁毛は長くない，前翅は完全な1臀脈を有し径室がある場合にはそれが中央室と完全に連絡していない……………………………14

2．後翅は紐状で長い末端尾部を有する (Fig 721)（アフリカ産 *Himantopterus* Westwood，*Semioptila* Butler)…………Fam. *Himantopteridae* Hampson

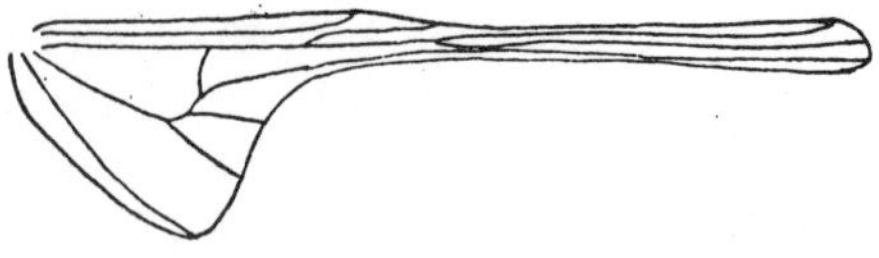

Fig. 721. *Himantopterus*の後翅（Westwood）

後翅は正常………………………………………………3

3．後翅の亜前縁脈＋第1径脈と径分脈とは中央室の末端近くで癒合しているかまたは中央室の中央を越えて癒合するかあるいはまた全体合致している…………4

後翅の亜前縁脈＋第1径脈と径分脈とは基部から分離しているかまたは中央室に沿い短距離間のみ癒合し，その癒合部は中央室の基部かあるいは中央前にあり，あるときは1突起によつて結合している………5

4．口吻はよく発達し，翅は薄く鱗片を装い半透明，後翅の径脈基部は中央室内に1突出線として存在しているかまたは完全に欠けている（14対照）（アメリカ産 *Pyromorpha* H. S.）…………………………………………………………Fam. *Pyromorphidae* Kirby 1892

口吻は不発達，後翅の亜前縁脈＋第1径脈と径分脈とは部分的に分離し，アメリカ産のものは径脈が基部にて自由，翅は軟鱗片にて被われ北方産のものではちぢれ毛を混じている。Flannel moths.（*Norape* Walker，*Megalopyge* Hübner）…………………………………………Fam. *Megalopygidae* Berg 1882（*Lagoidae* ……………………………………………… Packard 1892）

5．前翅は径室を有する……………………………………6

前翅は径室を欠く…………………………………………9

6．脛節の距棘は短かいかまたはない……………………7

後脚の脛節は2対の距棘を具えている。径脈は4分岐している。雌は無翅（*Talaeporia* Hübner，*Solenobia* Zeller，*Luffia* Tutt.）…………Fam *Talaeporiidae* Wocke 1871

7．前翅の径脈のある支脈は有柄，径室は中央室を越えて終り，体は重いかあるいは翅が幅広………………8

前翅の径脈の支脈には有柄のものがなく，径室は中央室を越えて延びている事がなく，触角は雌雄共に両櫛歯状。小形の蛾………………Fam. *Epipyropidae*

8．翅は短かく多少槍状，体は重く後翅を越して延び，強い中脈幹脈は前後両翅の中央室内に殆んど常に存在している（*Metarbela* Holl.，*Teragra* Walker，*Salagena* Walker)…(*Arbelidae* Hampson 1892，*Hollandidae* Karsch 1896，*Teragridae* Hampson 1918)…………Fam. *Metarbelidae* Aurivier 1897

翅は幅広，前翅は三角形で幅の約 $1^1/_2$ 長で多少鋭い翅頂を有し，後翅は殆んど直線の外縁を有する。腹部は後翅を越えて延びていない。主として南米産 (*Dalcera* H. S., *Acraga* Walker)……………………Fam. *Dalceridae* Dyar 1898 (*Acragidae* Hampson 1918)

9．翅棘はないかまたは痕跡的，後翅の肩角は多少拡がり前翅の第2中脈は第1中脈と第3中脈との中央に位置しているかあるいは第1中脈に近く存する。径脈の5支脈は甚だ長く翅の末端縁の1/3以上の長さを有し，第3径脈と第4径脈とのみが有柄となり他の径支脈は自由。翅は大形（エチオピア産 *Chrysopoloma* Aurivier, *Ectropa* Wallen)……………………………Fam. *Chrysopolomidae* Auriv. 1895

翅棘は存在する……………………………………10

10．後翅は甚だ小さく亜前縁脈と径脈とが基部を越えて分離し，後脚の脛節は強い中距棘と端距棘とを具え，触角は末端の方に太まつている。頭の毛隆起部 (Chaetosema) はない。アフリカ産 (*Charidea* Dalmer, *Toosa* Walker)……………Fam. *Charideidae* Hampson 1918

後翅の亜前縁脈と径脈とは1横脈にて結合しているかまたは中央室の中央前にて癒合している…………11

11．前翅の第1臀脈と第2臀脈とは1横脈にて結合しているかまたは末端前にて癒合している（14対照）……………………………………………Fam. *Psychidae*

前翅の第1臀脈と第2臀脈とは結合していない，または末端の方にて癒合していない，あるいはまた第1臀脈が欠けている……………………………………12

12．口吻はよく発達し，頭部の毛隆起部は存在し，触角は太まるかまたは雄にて櫛歯状となる (*Chalcosiidae* を包含する)…………………………Fam. *Zygaenidae*

口吻と鬚とは著しく減退している…………………13

13．前翅の第3と第4と第5との径脈は有柄かまたは癒合している……………………………Fam. *Eucleidae*

前翅の径脈は3本の簡単な支脈を有し，それぞれ中央室から出ている（南欧産 *Heterogynis* Rambur, *Somabrachys* Kirby)…………Fam. *Heterogynidae* Kirby 1892, (*Epicnopterygidae* Hampson 1918)

14．前翅は2本の明瞭な自由臀脈を有する (*Harrisina*) (4対照)………………………Fam. *Pyromorphidae*

前翅の臀脈は幾分癒合しまたは1横脈によつて結合し末端の方で単一脈として現われる (*Eurycyttarus*, *Thyridopteryx*)（11対照）…………Fam. *Psychidae*

以下本邦産の各科に就いて記述する。

278. マダラガ（斑蛾）科

Fam. Zygaenidae Hampson 1892

Pyromorphidae Comstock 1895 は異名。この科の中に Butler の *Chalcosiidae* (1877) を包含せしめた。小形乃至中庸大，頭部の毛隆起部は発達し，口吻はよく発達し，触角は末端の方に太まるかまたは雄では櫛歯状，後脚脛節の中距棘は殆んどまたは完全になく，翅は狭いかまたは幅広で後翅は甚だ稀れに尾状部を有し，第1臀脈はよく現われ，後翅の亜前縁脈と径脈とは平行に走り横脈によつて結合し稀れに基部にて癒合している。幼虫は植物の葉を簡単に捲くかまたは自由となつて食する毛虫である。旧北区とインド濠洲区とに主として産し，多数の種類が知られ，*Zygaena* Fabricius, *Procris* Fabricius, *Chalcosia* Hübner, *Erasmia* Hope, *Campylodes* Westwood, *Histia* Hübner, *Cyclosia* Hübner, *Aglaope* Walker, *Phauda* Walker, *Pseudopsyche* Oberthür, *Pryeria* Moore, *Dianeura* Butler 等が代表的な属で，本邦からは *Zygaena*, *Clelea*, *Illiberis*, *Artona*, *Elcysma*, *Erasmia*, *Chalcosia*, *Pidorus*, *Eterusia*, *Procris*, *Pryeria* 等の属が発見されている。ベニモンマダラ (*Zygaena niphona* Butler) (Fig. 722) は翅の開張 30～33mm，黒色で青色の光沢を有し，前翅の斑紋は赤色。本州と九州とに分布し，台湾，朝鮮，満洲，アムール等に分布している。リンゴハマキクロバ (*Illiberis pruni* Dyar) は翅の開張 27～31 mm，黒色で多少褐色を帯び，翅は半透明。幼虫は乳白色で黒斑を有し，リンゴやナシその他の葉を捲いて食害し，北海道と本州とに産し，朝鮮，支那等に分布している。この属には更にブドウスカシクロバ (*I. tenuis* Butler) がブドウの害虫として全土に産し，ウメスカシクロバ (*I. nigra* Leech) がウメの害虫として本州に知られている。タケノホソクロバ (*Artona funeralis* Butler) は翅の開張約 21mm 内外，黒色で少しく青藍色を帯び，翅は黒褐色で後翅の基部は半透明，幼虫は竹の葉を食害し，全土に産し，朝鮮と支那とに分布している。なお竹の害虫はキスジホソマダラ (*A. gracilis* Walker) が全土に産し，朝鮮に分布している。ウスバツバメガ (*Elcysma westwoodi* Vollenhoven) は翅の開張約 60mm 内外，

Fig. 722. ベニモンマダラ（河田）

暗褐色，翅は殆んど白色，後翅の外縁は突出して尾状を呈する。幼虫はサクラ，スモモ，ウメ，アンズその他の葉を食害し，本州，四国，九州等に産し，支那と朝鮮とに分布している。ホタルガ（*Pidorus glaucopis atratus* Butler）は翅の開張47～56mm，黒色，前翅の前縁から後角に達する白色の太い横帯を有する。幼虫はヒサカキの葉を食する。全土に産し，沖繩，台湾，朝鮮，満州，支那等に分布している。シロシタホタルガ（*Chalcosia remota* Walker）は翅の開張51～53mm，黒色，前翅には前縁の殆んど中央から後角前に延びる白色横帯を有し，後翅の基部は白色。幼虫はサワフタギの葉を食し，全土に産し，朝鮮と支那とに分布する。ルリハダホソクロバ（*Procris pruni esmeralda* Butler）は翅の開張24～26mm，黒色で大体緑色の金属光沢を有し，後翅は半透明。幼虫はナシ，リンゴ，その他の植物の葉を食害し，本州に産し，朝鮮に分布している。ミノウスバ（*Pryeria sinica* Moore）は翅の開張31～33mm，体は黒色で多毛，翅は透明で基部黄色。幼虫はマサキその他の葉を食害する。北海道，本州，九州等に産し，朝鮮と支那とに分布している。

279. セミヤドリガ（蟬寄生蛾）科

Fam. Epipyropidae Dyar 1902

小さな蛾で体は多く鱗片にて被われ多毛ではない。単眼は退化し，口吻と鬚とは痕跡的。触角は比較的短かく，雄のものは両櫛歯状。前翅は後翅に比し大形で幾分尖り，外縁は傾斜し，臀部は短かく，第1臀脈を有し第2臀脈は基部叉状とならず，中脈幹脈は存在し，多くのものは径室を具えている。後翅は自由亜前縁脈と2～3本の臀脈とを有し，第1臀脈は存在し，翅棘を具えている。後脚脛節の中距棘は小または

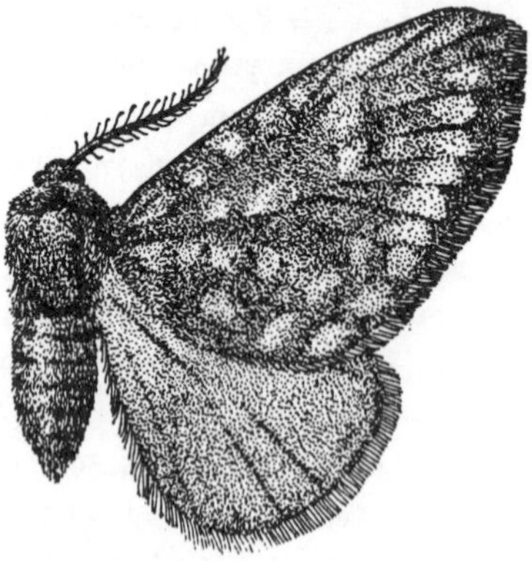

Fig.723. セミヤドリガ（河田）

ない。幼虫は半翅目の種々な同翅亜目類の腹部に寄生する。世界より僅かに十数種が発見され，大部分はインド濠洲区に産し，新熱帯に数種が発見されている。*Epipyrops* Westwood, *Palaeopsyche* Perkins, *Agamopsyche* Perkins, *Heteropsyche* Perkins, *Epipomponia* Dyar 等の属が知られ，本邦からはセミヤドリガ（*Epipomponia nawai* Dyar）(Fig. 723) が発見されている。この種は翅の開張16～18mm，黒褐色，前翅は雲母様の光沢を有し中央室末端に黒色の1紋を有し，後翅は暗褐色。幼虫は楕円形で紫紅色を呈し，セミ類の腹部表面に附着してその体液を吸収している。本州，四国，九州等に産し，台湾に分布している。

280. イラガ（刺蛾）科

Fam. Eucleidae Comstock 1895

この科は *Cochlidiidae* Hübner (1822) や *Limacodidae* Walker (1855) や *Heterogeneidae* Meyrick (1895) 等と称えられ，Slug Moths, Cup Moths 等がこの科のものである。中庸大，体は短かく太く有毛で黄色や黄褐色や帯褐汚黄色等で青色や帯赤色や暗色の斑紋を有する。口吻と小顎鬚とはなく，下唇鬚は短かいが稀れには長い。脛節の距棘は一般に短いが少数の場合に長い。翅はむしろ短かくて幅広で鱗片と毛とを装い，前翅は2本の臀脈を有しその第2のものは基部にて叉状となり，後翅は3本の臀脈を有し何れも中央

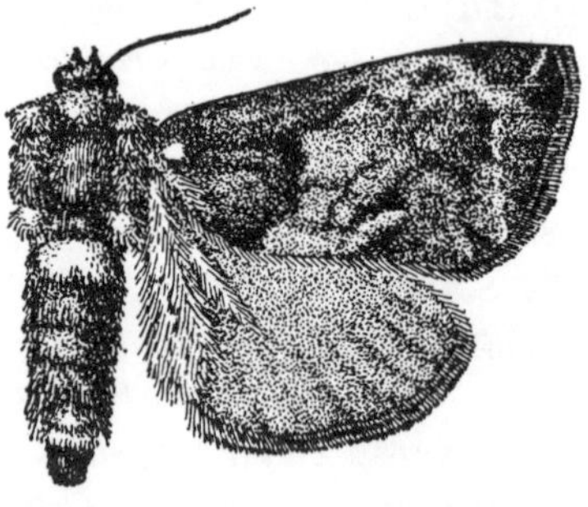

Fig. 724. ムラサキイラガ（河田）

室の基部に結び付いている。幼虫は短かく肉質でナメクジ状，頭部は小さく引き込み自由，脚は小さいかまたは痕跡的，擬脚はなく，外皮は厚くまたは顆粒や刺毛時に毒毛を具え，隠色。蛹は楕円形または球形の堅い滑かな繭の中に存在し，その繭は蓋帽様の蓋によつて開孔しそれより成虫が羽出する。成虫は夜間活動性で，幼虫は食草性。

大体850種類が世界から発見され，大部分のものは熱帯地方に産するが，温度の高い亜熱帯や温帯にもかなり多数に見出されている。*Euclea* Hübner, *Miresa* Walker, *Natada* Walker, *Parasa* Moore, *Sibine* Herrick-Schaeffer, *Thosea* Walker, *Limacodes* Latreille (=*Cochlidion* Hübner), *Heterogenea* Knoch 等が代表的な属で，本邦からは *Heterogenea*, *Phrixolepia*, *Microleon*, *Ceratonema*, *Natada*, *Narosoideus*, *Parasa*, *Narosa*, *Cnidocampa* 等の属が発見されている。ムラサキイラガ（*Heterogenea dentatus* Oberthür）(Fig. 724) は翅の開張26～30mm，紫褐色，前翅の基

部の1斑と外横線とは白色で内横線と中横線とは黒色，後翅は暗褐色。幼虫は黄緑色で楕円形，サクラ，ウメ，ナシ，茶，栗，クヌギその他の葉を縁から食する。北海道と本州とに産し，朝鮮，支那，ウスリー等に分布している。アカイラガ (*Phrixolepia serisea* Butler) は翅の開張20～29mm，赤褐色で光沢を有し，前翅は中央にく字形の灰黄色線を有する。幼虫は茶，柿，梅，梨，桃その他多くの果樹や森林植物の葉に寄食している。北海道，本州，九州等に産し，満洲，アムール，ウスリー等に分布している。テングイラガ(*Microleon longipalpis* Butler) は翅の開張 19～20mm 内外，下唇鬚が長く上方に曲つて特徴となつている。黄褐色で光沢を有し，前翅の中央から外縁にかけ暗褐色紋を有し，後翅は淡暗褐色。幼虫は柿，桜，ザクロ，その他多数の植物の葉を食する。北海道，本州，九州等に産し，台湾と朝鮮とに分布している。ナシイラガ (*Narosoideus flavidorsalis* Staudinger) は翅の開張35～37mm，体は黄色，前翅は帯黄褐色で前半暗褐色。幼虫は梨，柿，モミヂ，その他の葉を食し，全土に産し，朝鮮，支那，アムール等に分布している。クロシタアオイラガ(*Parasa sinica* Moore) は翅の開張23～28mm，緑色，前翅の基部と外縁とは暗褐色，後翅は暗褐色。幼虫は黄緑色に赤色の背線を有し，体節に顕著な突起を列している。リンゴ，ナシ，サクラ，クリ，その他各種の植物の葉を食する。北海道，本州，九州等に産し，朝鮮，満洲，支那，アムール等に分布している。この属にはさらに柿や梨やその他に寄食しているアオイラガ (*P. consocia* Walker) やスモモやグミその他の葉を食するキシタアオイラガ (*P. hilarata* Staudinger) 等が知られている。ヒメシロイラガ (*Narosa edoensis* Kawada) は翅の開張17～18mm，白色，前翅は内横線と外横線と外縁部とを除き全面淡黄色に汚されている。幼虫は楕円形で菓子のドロップス状，桜と梅との葉に寄食し，本州に産する。イラガ (*Cnidocampa flavescens* Walker) は翅の開張33mm 内外，黄色，前翅の外半は帯褐色で翅頂から2本の互に漸次拡がる細い褐色線を有する。幼虫は柿やビワやイバラ科の果樹の葉を食害する。全土に産し，台湾，朝鮮，支那，アムール，ウスリー，北米等に分布している。クロイラガ (*Scopelodes venosa* Walker) が柿その他の葉を食し，本州に発見され，支那，スマトラ，インド，セイロン等に分布している。

281. ミノガ (避債蛾) 科

Fam. Psychidae Boisduval 1829

Bagmoths, Casemoths, Bagworm Moths, Bagworms, Basketworms 等と称えられ，小形乃至中庸大の鬱色で有毛の蛾。雄は正常に有翅で速飛翻性なれど，雌は屢々高度に特化し幼虫型で無翅かまたは非常に退化した翅を具え，有脚かまたは無脚で，巣筒内に隠れて棲息している。触角は中庸長乃至甚短かく屢々雄では幅広の櫛歯状，複眼は小形で屢々隠れて見えなく，単眼はない。口器は痕跡的，口吻はなく，鬚はないかまたは有毛瘤に退化している。脚は短かく有毛か無毛，後脚脛節の中距棘はなく端距棘は短かいかまたはない。翅は有鱗片かまたは殆んど無鱗片で透明，雄の後翅は中央室から離れて亜前縁脈を有する。腹部は雌では屢々末端棘毛束を具えている。卵は薄く鱗片状で体毛と混じて産下される。幼虫は大形で毛と棘毛とを粗生し，胸脚は強く，腹脚は鈎爪に退化し，植物の葉や小枝やまた土や塵芥等を幾分規則的に組合せた絹糸からなる種々の形態の巣筒内に棲息している。巣筒は雄のものは雌のものより小さく，雌の場合は4～5寸の長さを有する種類等が知られている。幼虫は巣筒の開口基端から頭部と胸部とを出して移動しつつ，花や簇葉や樹皮等を食して生活する。老熟すると巣筒を植物に絹糸にてくくり付け，その内で蛹化する。雄の蛾は巣筒の下端から羽出するが，雌はその内に止まつて雄の飛来を待ち交尾後その内に産卵する。この科の種類に全然雄が発見されないものがあつて，多分単性生殖が行われているものであろうと考えられているものがある。

世界から約350種類が知られ，広く分布し，*Amieta* Helyaerts, *Furukuttarus* Hampson, *Psyche* Schrank, *Fumea* Stephens, *Oiketicus* Guilding, *Oreopsyche* Spuler, *Rebelia* Helyaerts, *Phalacopteryx* Hübner, *Acanthopsyche* Helyaerts, *Epichnopteryx* Hübner, *Scioptera* Rambur, *Thyridopteryx* Stephens 等が代表的な属で，本邦から *Fumea*, *Canephora*, *Furukuttarus*, *Cryptothelea* その他等が発見されている。ヒメミノガ(*Fumea niphonica* Hori)は翅の開張11～13mm，暗褐色。雌は体長5～6mm，脚は細い，黄褐色，尾端に黄灰色の軟毛群を有し，細長い尾部を具えている。幼虫の巣筒は葉や樹皮細片等を綴つて作られている。本州と九州とに産する。ミノガ (*Canephora asiatica* Staudinger) は翅の開張24mm内外，暗褐色，幼虫の巣筒は前種同様，松や杉やその他種々の森林植物以外に多くの果樹類等にも寄食し，全土に産し，中部アジヤに広く分布している。ネグロミノガ (*Furukuttarus nigroplaga* Wileman) は翅の開張22～23mm，暗褐色，前翅の末端半以上と後翅の約1/2末部とは透明。雌は体長 12mm 内外，蛆状で黄色。幼虫の巣筒は植物の茎やその断片を縦に並列して作られる。シソやセンニンソウ等を食する。本州と九州とに産し，支那やインド等に分布している。オオミノガ (*Cryptothelea formosicola* Strand) は翅の開張33～42mm，暗褐色，前翅には2個の透明部を有する。雌は体長約30mm，脚も翅もない。幼虫は植物の小枝や葉を不規則に綴つて作られた巣筒中に棲息し，森林植物や栽培果樹その他多種の植物を食害する。本州，四国，九州等に産し，沖縄，台湾に分布している。ミノムシ工作品はこの種の巣筒から作られたものである。チャミノガ(*Cryptothelea minuscula* Butler) (Fig. 725) は翅の開張23～26mm，暗褐色。幼虫は茶，桑，各種果樹，その他多数の植物を食害する。本州，四国，九州等に産し，支那に分布している。以上の他に各種果樹の害虫としてキンバネミノガ (*Plateumeta aurea* Butler) やシロミノガ (*Chalioides kondonis* Matsumura) 等が知られている。

Fig. 725. チャミノガ雄 (河田)
下図は雌

夜蛾上科 Superfamily *Noctuoidea*

Mosher 1916

この上科はつぎの17科に分類する事が出来る。

1．後翅は3本の臀脈を有し（若し3本より少ない場合は小形種で狭い翅を具え，後翅の脈相は減退し後縁毛は幅広，脛節の距棘は脛節の幅の2倍以上の長さを有する），前翅は普通完全な第1臀脈を有し一般に2本の臀脈が翅縁に達している……………………………2

後翅は2本の臀脈を有し，稀れに1本，前翅は普通1本の完全な臀脈を有し径室を有する場合にはそれが中央室と完全に連続していない……………………………3

2．前翅の第2中脈は第1中脈と第3中脈との正中から出で，第3中脈と第1肘脈とは中央室を著しく越えた処まで結合し，第2乃至第5径脈は合体し，第1臀脈はない。後翅の亜前縁脈は基部から径分脈と離れ，第1臀脈は基半部が消失している（5対照）（加洲産 *Phryganidia*）……………………………Fam. *Dioptidae* Prout 1916

前翅の第2中脈は第1中脈よりも第3中脈に近く位置し肘脈が4本からなるように見え，径脈の5支脈が凡て中央室から出ている。後翅の亜前縁脈と径脈とは1短横脈にて結び付くかまたは中央室の中央前の癒合にて結び付いている（新北洲産 *Hyblaea*）……………………………Fam. *Hyblaeidae* Guenée 1852

3．前翅の第2中脈は中央室末端の中央から出ているかまたは中央の前から出で肘脈が3支からなる………4

前翅の第2中脈は中央室の中央後に出で肘脈が4支からなるように見える……………………………6

4．後翅の亜前縁脈と径分脈とは基部から翅の中央を越えた処まで癒合し基部で脹れしかる後急に拡つている。むしろ小さく甚だ細く，翅は微鱗片を装い，前翅は狭く，後翅は幅広。前翅の肘脈は第2と第3との中脈が欠けているために3分岐状となつている(18対照)……………………………Fam. *Lithosiidae*

後翅の亜前縁脈は直線かまたは基部にてゆるく彎曲し径分脈から分離し結合脈を有しない。口吻は屢々弱体か又は不発達。頭部の毛隆起部は弱いかまたはない……………………………5

5．前後両翅の第3中脈と第1肘脈とは普通中央室を越えて長い間幹付けられ，中脈幹脈は中央室を通じて認め得られ，前翅の第2～5径脈または第3～5径脈は幹脈を有する。口吻は存在し，鼓膜部は小形で亜背部にあるかまたはない。後脚脛節は中距棘と端距棘とを具えている。細く，蝶類似の蛾。新熱帯産 (*Myonia, Oricia, Tithraustes, Phryganidia*)（2対照）……………………………Fam. *Dioptidae*

上述と異なるもの。後翅の亜前縁脈は径分脈に接近して位置し，径分脈と第1中脈とは中央室を越えて幹付けられている。前翅の第1中脈は径分脈と幹付けられ，第2～5径脈は普通幹付けられ，屢々1小径室を有する。口吻は存在し，屢々弱くときにない。鼓膜部は存在する……………………………Fam. *Notodontidae*

6．翅棘は存在し，後翅の長さの1/5より長い………7

翅棘は痕跡的かまたはない……………………………20

7．後翅の亜前縁脈と径分脈とは基部近くから分離しているかまたは中央室を越えて癒合し，基部近くで結合しているときは癒合が中央室の中央まで達していない……………………………8

後翅の亜前縁脈と径分脈とは中央室の中央近くかまたは越えた処まで癒合し，ときに小さな基室を有する（*Amatidae* では亜前縁脈がないかの如く完全に癒合している）……………………………15

8．触角は基部から末端迄漸次細まつている…………9

触角は末端前にて太まり普通彎曲せる鈎に終つている……………………………19

9．後翅の亜前縁脈は中央室に沿い径分脈から自由となつているかまたは中央室の末端近くで僅かに接触し，ときに中央室を越えてある距離間癒合している……10
後翅の亜前縁脈は中央室の中央前にて短距離間径分脈と癒合している……………………………………………12

10．口吻は存在し，下唇鬚は頭頂上に彎曲し裸体の第3節を具え，単眼は存在し，複眼は裸体，胸部と腹部とは滑かに鱗片を装う ……………… Fam. *Hypsidae*
口吻はない。胸部と腹部とは有毛…………………11

11．前翅は1個の径室を有し，翅頂は円い(13対照)……
………………………………………………Fam. *Lymantriidae*
前翅は2個の径室を有しその基部のものは甚だ長く，翅頂は尖り，雌の後翅には翅棘を欠く（20対照）濠洲産（*Anthela*, *Chelepteryx*, *Munichryia*）……
…………………… Fam. *Anthelidae* Turner 1915

12．鼓膜帽（Tympanal hoods）は大形で腹部の幅の約1/3離れている2個の円い浮上飾からなる。黒色の蛾で翅に淡色斑を布し屢々金属色を有する。西南米産（*Pericopis* Hübner）…………………………………………
…………………Fam. *Pericopidae* Comstock 1895
鼓膜帽は上述の如く大形でなく腹部の側方に位置し，前翅の径室は一般にある……………………………13

13．単眼は存在し，後翅の第2中脈はときに弱体かまたは稀れになく，第1中脈は独立しているかまはた径分脈と甚だ短かい柄脈を有し，亜前縁脈と径脈とからなる基室は甚小で中央室の長さの1/6より短かい……14
単眼はない。後翅の第2中脈は他脈の如く強く，第1中脈は径分脈と有柄，基室は中央室の長さの1/6より長い（11対照）…………………Fam. *Lymantriidae*

14．後翅の第2中脈は不完全かまたはない………………
……………………………………… Fam. *Noctuidae*
後翅の第2中脈はよく発達している…………………
……………………………………… Fam. *Plusiidae*

15．後翅は小さく亜前縁脈は外観的に欠けている。鼓膜帽は甚だ大形で腹部は屢々その後方で括れている……
……………………………………… Fam. *Amatidae*
後翅の亜前縁脈はよく発達している。鼓膜帽は特に大形でない………………………………………………16

16．後翅の亜前縁脈と径脈とは基部近から中央室の中央までかまたは中央近くまで癒合し基部に小室を止めている………………………………… Fam. *Nycteolidae*
後翅の亜前縁脈と径脈とは基部から中央室の中央近くかまたは中央を越えた処まで癒合し基室が認められない…………………………………………………17

17．単眼は存在している…………………Fam. *Arctiidae*
単眼はない……………………………………………18

18．前翅は滑かに鱗片を装い，稀れに第2中脈かまたは第3中脈を欠いている（4対照）……………………
……………………………………Fam. *Lithosiidae*
前翅は鱗片の隆起總を具えている……………………
……………………………………… Fam. *Nolidae*

19．後翅の亜前縁脈は径脈から完全に自由となつている。インド・マレー区に産する。(*Cocytia* Boisduval)
………Fam. *Cocytiidae* Rebel 1899 (*Eucocytiadae* Hampson 1918)
後翅の亜前縁脈と径脈とは基部にて短距離間結合し，ときに甚だ小さな基室を形成している……………
……………………………………… Fam. *Agaristidae*

20．前翅は2個の径室を有し，1本の中脈幹脈が中央室を通して認められ，前翅の外縁は翅頂直下でえぐれている，濠洲産。(11対照)……………Fam. *Anthelidae*
前翅は径室がなく，第2乃至第5径脈と第1中脈とは順次幹脈を有し，中脈の叉分せる幹脈が中央室内に認められ，外縁は凹んでいない。旧北洲産（*Endromis* Oberthür)……Fam. *Endromididae* Meyrick 1895

以上諸科の内次の11科が本邦から発見されている。

282．カノコガ（鹿子蛾）科
Fam. Amatidae Janse 1917

Syntomidae Börner（1920）は異名。*Euchromiidae* Grote(1895)を包含した。小形乃至中庸大の多彩な蛾で屢々透明斑を有する翅を具えている。単眼は退化し口吻と鬚とは存在し，触角は簡単かまたは雄では両櫛歯状。

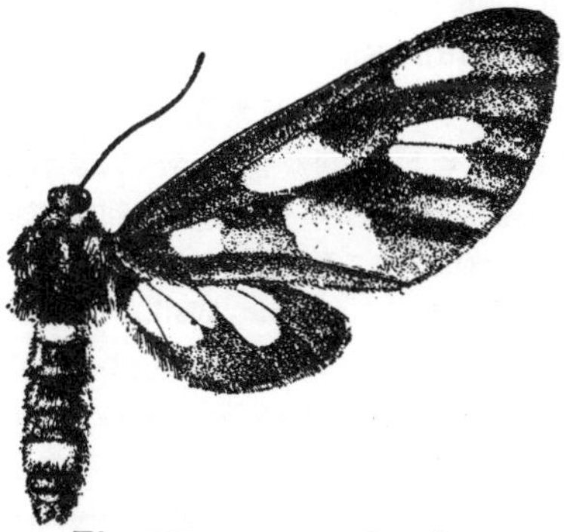

Fig. 726. カノコガ（河田）

後翅は殆んど常に前翅より非常に小形，翅棘を具え，第1臀脈と第3臀脈とは多くは欠けている。亜前縁脈は完全に径脈と癒合し，肘脈と中脈とは3～4本の支脈を有する。前翅の第1臀脈は部分的に存在する事が多くまた中脈の幹脈も同様，径脈の4支脈が有柄。後脚の脛節の中距棘と端距棘とはよく発達し，腹部の鼓膜帽は亜背部にある。幼虫は正常数の腹脚を有し，蛹は堅く無棘で繭の中に存在する。

世界から約2000種以上が知られ，その大部分は新熱帯産である。*Ceryx* Wallen, *Trichaeta* Swinhow, *Amata* Fabricius (=*Syntomis* Ochs.), *Eressa* Walker, *Dysauxes* Hübner (=*Naclia*), *Metarctia* Walker, *Balacra* Walker, *Pseudosphex* Hübner, *Isanthrene* Hübner, *Cosmosoma* Hübner, *Saurita* Herrich-Schäffer, *Eurota* Walker, *Euchromia* Hübner, *Napata* Walker, *Cyanopepla* Clemer, *Eucereum* Hübner, *Ctenucha* Kirby 等が代表的な属で，本邦からは *Amata* 1属が発見されているのみ。カノコガ (*Amata fortunei* De L'Orza) (Fig. 726) は翅の開張 32～38 mm, 黒色，翅の斑紋は透明。幼虫は紫黒色で毛を装い，梨やリンゴの葉を食する。全土に産し，朝鮮に分布している。キハダカノコガ (*Amata germana* Felder) は翅の開張 30～40mm, 前種に似るが後翅の透明紋が少ない事と腹部が橙黄色である事によつて区別が出来る。幼虫は茶や柑橘等の葉を食する。本州，四国，九州に産し，台湾，朝鮮，北支那，アムール等に分布する。

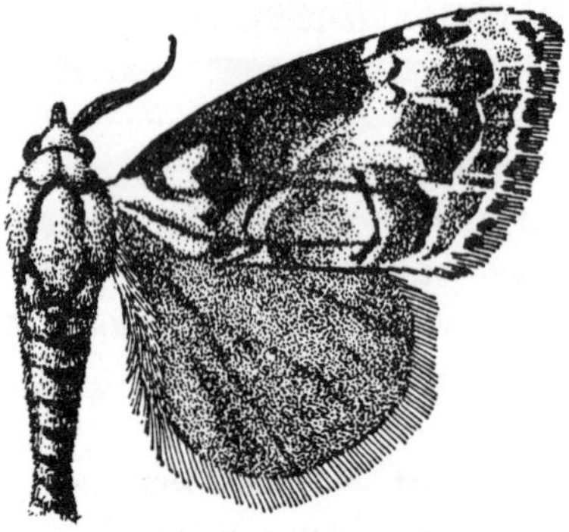

Fig. 727. リンゴコブガ雄 (河田)

283. コブガ (瘤蛾) 科
Fam. Nolidae Speyer 1862

Chlamyphoridae Grote 1895 は異名。甚だ小さな弱体の蛾で，翅脈相はヒトリガ科のものと全く同様で，後翅の亜前縁脈は径脈と結び付き，前翅には隆起鱗片総を具えている。幼虫は腹部第7節に腹脚を欠き，各節に毛束を装う。*Nola* Leech, *Celama* Well., *Roeselia* Hübner 等が代表的な属で，本邦からは最後の2属が発見されている。リンゴコブガ (*Roeselia mandschuriana* Oberthür) (Fig. 727) は翅の開張 8～10mm, 頭部と胸部とは純白色，腹部は淡褐色，前翅は灰白色で模様は黒色，後翅は淡黒褐色。幼虫はリンゴやサクラやクヌギ等の葉を食する。北海道と本州とに産し，朝鮮，樺太，ウスリー，アムール等に分布している。ヒメコブガ (*Celama confusalis* Herrich-Schäffer) は翅の開張 20～26mm, 灰白色，前翅は黒褐色の細い波状の内外両横線と淡色の亜外縁線とを有する。本州に産し，満洲，支那，アムール，欧洲等に分布している。

284. ホソバガ (細翅蛾) 科
Fam. Lithosiidae Stephens 1829

コブガ科に非常に近似の類であるが前翅に隆起鱗片束を有する事がなく，稀れに第2中脈かまたは第3中脈かが欠けている。第1臀脈と中脈の幹脈とが多少明瞭となつている。幼虫の多くのものは蘚苔類に寄食している為にコケガ科と称えられる事もある。*Lithosia* Fabricius, *Nudaria* Stephens, *Comacla* Walker, *Endrosa* Hübner (=*Setina* Schrank), *Oeonistis* Hübner, *Pelosia* Hübner, *Eilema* Hübner, *Agylla* Welker, *Damias* Boisduval, *Chionaema* Herrich-Schäffer, *Asura* Walker, *Miltochrista* Hübner 等が代表的な属で，本邦からは *Stigmatophora*, *Eugoa*, *Miltochrista*, *Nudina*, *Asura*, *Melanaema*, *Parasiccia*, *Chionaema*, *Paraona*, *Lithosia*, *Agylla*, *Ilema*, *Pelosia* 等の属が発見されている。

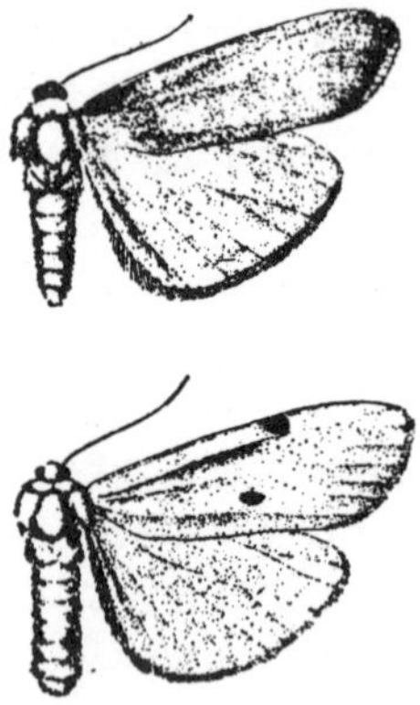

Fig. 728. ヨツボシホソバ (河田)
上図雄，下図雌

ヨツボシホソバ (*Lithosia quadra* Linné) (Fig. 728) は翅の開張 39～46 mm, 雄の前翅は灰褐色で外縁近くは少しく黒色を帯び後翅は淡橙黄色，雌の翅は橙黄色で前翅の2個の斑紋は黒色。幼虫は灰色で長毛を装い，側面暗色，背上に紅色の瘤起を有する。蘚類を食する。北海道，本州，九州等に産し，樺太，朝鮮，満州，シベリヤ，アムール，欧州等に分布している。キベリネズミホソバ (*Agylla gigantea* Oberthür) は翅の開張 38～40mm, 灰黒色で光沢を有し，前翅の前縁黄色。全土に産し，朝鮮，アムール等に分布する。シロホソバ (*Ilema degenerella* Walker) は翅の開張24～26mm, 純白色。幼虫は短毛を装い黒色で，背面橙黄色を呈し，各環節間に黒帯を有し，蘚類を食する。本州と九州とに産し，朝鮮，支那等に分布する。ホシホソバ (*Pelosia muscerda* Hufnagel) は翅の開張 20～26mm, 淡暗褐色，前翅の中央部に2個と外横線部に4個との黒色小斑を有する。北海道と本州とに産し，台湾，支那，欧州等に分布している。アカスジシロコケガ (*Chionaema hamata* Walker) は翅の開張 32～38mm, 純白色，前翅は亜基線と内横線と外横線と外縁部とは紅色で中央室末端に2個 (♂) または1個 (♀) の黒色点を有する。幼虫は短毛を装い，黒色で背面灰色を呈し褐色の瘤起列を具えている。蘚類を食する。全土に産し，朝鮮，台湾，支那，インド等に分布している。ヒメホシキコケガ（*Asura dharma* Moore）は翅の開張20～27mm，黄色，前翅は14個内外の黒色小斑を有する。幼虫は柑橘の葉を食する。九州に産し，沖縄，台湾，支那，インド等に分布する。ハガタキコケガ（*Miltochrista calamina* Butler）は翅の開張17～25mm，黄色，前翅は黒色の鋸歯状の内横線と外横線と亜外縁線上の点列とを有する。幼虫は茶褐色で軟毛密生しビロード様，蘚苔類を食する。クロテンハイロコケガ（*Eugoa grisea* Butler）は翅の開張28～30mm，灰色，前翅は黒色の内横線（2斑から代表されている）と外横線と細い亜外縁線とを有する。幼虫は長い軟毛を装い灰黄色，蘚苔類を食する。本州産で朝鮮にも分布する。ゴマダラキコケガ（*Stigmatophora flava* Bremer et Grey）は翅の開張23～32mm，橙黄色，前翅の内横線は3個外横線は6個，亜外縁線は5個の黒色点にて夫々代表されている。後翅は淡色。幼虫は長毛を装い，暗灰色で背面の左右に青色の瘤起列を具えている。全土に産し，台湾，朝鮮，アムール，アルタイ，マレー，インド等に分布する。

285. ヒトリガ（燈蛾）科

Fam. Arctiidae Kirby 1892

Tiger moths と称えられ，ドイツの Bärenspinner である。中庸大乃至大形で太い体を具え，有毛の蛾で，一般に白色，灰色，褐色，緑色，黄色，橙黄色，または赤色で，煤色か黒色かの斑紋や線条を有する。口吻は甚だ小形かまたはよく発達し，下唇鬚は短く直線かまたは長く上方に曲り，触角は縁毛を装うかまたは櫛歯状，複眼は滑かで稀れに有毛，単眼は存在する。脛節の距棘はよく発達し，中脚と後脚との脛節はときに有棘。翅はよく発達し，前翅は滑かに鱗片を装い径室があるものとないものとがあり，後翅は2本の臀脈を有し翅棘を具え，雄の抱鉤は一般に長い。卵は淡色で球状かまたは多少扁平で彫刻を布し，宿主植物上に大塊として産下される。幼虫は大形で顆粒を装い密毛塊にて被われ，その毛は屢々赤褐色や黒色，腹脚は鈎爪の不完全な2環を具えている。毛虫はさまたげられると丸まる性質を有し，Woolly bears または Hedgehog caterpillars と称えられていて，あるものは老熟状態で越冬する。蛹化の場合には体毛を共にした絹糸繭を作る。成虫は夜間活動性で，燈火によく飛来する。しかし日中でも植物上に静止しているものをよく見出す事が出来る。

世界に広く分布し，*Arctia* Schrank, *Apantesis* Walker, *Amastus* Walker, *Automolis* Hübner, *Coscinia* Hübner, *Diacrisia* Hübner (=*Spilosoma* Stephens), *Ecpantheria* Hübner, *Eubaphe* Hübner, *Elysius* Walker, *Estigmene* Hübner, *Euprepia* Herrich-Schäffer, *Halisidota* Hübner, *Hyphantria* Herris, *Hyphoraia* Hübner, *Isia* Walker, *Melese* Walker, *Ocnogyna* Lederer, *Parasemia* Hübner, *Phragmatobia* Stephens, *Opharus* Walker, *Pericallia* Hübner. *Pleretes* Lederer, *Hypocrita* Hübner(=*Euchelia* B.), *Neritos* Walker, *Utetheisa* Hübner(=*Deiopeia* Stephens) 等が代表的の属で，本邦からは *Phragmatobia*, *Diacrisia*, *Amsacta*, *Creatonotus*, *Hyphantria*, *Perasemia*, *Arctia*, *Utetheisa* 等の属が知られている。ヒトリガ（*Arctia caja phaeosoma* Butler）(Fig. 729) は翅の開張75～80mm，暗褐色，腹部の背面は赤色で背上と側面とに暗褐色の紋を1列に有し，前翅は暗褐色の不定形大紋と黄白色の条紋とがあり，後翅は赤色で4個の黒色紋を有する。幼虫は黒色で長毛を寄生し側面の毛は赤褐色。桑，麻，苧麻，大豆，ゴボウ，スグリ，その他の植物を食害する。北海道と本州とに産し，樺太，満洲，支那，アムール等に分布している。

Fig. 729. ヒトリガ（河田）

ベニゴマダラ（*Utethesia pulchella tenuella* Seitz）は翅の開張32～35mm，白色，前翅は多数の黒色斑を有し，後翅は外縁部不規則に黒色，幼虫は甘蔗オオバコその他の葉を食する。本州に産し，台湾，欧州，南洋，濠洲，アフリカ等に分布する。ヒメキシタヒトリ（*Parasemia plantaginis macromera* Butler）は翅の開張38～42mm，黒色，前翅は白色の不規則条紋を有し，後翅は白色（♂）または黄色（♀）で外縁広く不規則に黒色。幼虫はオオバコやその他の植物を食する。ジョウザンヒトリ（*Pericallia matronula sachalinensis* Draudt）は翅の開張95mm内外，赤色，前翅は暗褐色で前縁に3個と後角近くに1個との黄色紋を有し，後翅は橙黄色で大小5個の黒色紋を有する。幼虫はヤナギその他の植物を食する。アメリカシロヒトリ（*Hyphantria cunea* Drury）は Fall webworm と称えられ，翅の開張29～34mm，白色，前翅には黒色の斑点を数個または多数に存する。幼虫はスズカケノキその他各種の植物に巣を張つて群棲し食害する。アメリカ産なるが近年関東地方に発見された。クロスジヒトリ (*Creatonotus gangis* Linné) は翅の開張35〜40mm, 灰色で紅色を帯び, 腹部背面は赤色で黒色の斑紋を列し, 前翅は中央に黒色の太い1縦帯を有し, 後翅は少しく黒色を帯びる。幼虫は茶, 大豆, 甘蔗, コーヒー等の葉を食する。九州に産し, 沖縄, 台湾, 支那, ジャワ, フィリッピン, インド, 濠洲, クインスランド等に分布している。マエアカヒトリ (*Amsacta lactinea* Cramer) は翅の開張46〜58mm, 白色, 腹部背面は橙黄色, 前翅の前縁は赤色, 後翅は数個の黒色斑を有する。幼虫はヒトリガ同様の各種植物を食害する。本州, 四国, 九州等に産し, 東洋熱帯地及び濠洲等に分布する。クワゴマダラヒトリ (*Diacrisia imparilis* Butler) は翅の開張30mm(♂)〜56mm(♀), 雄は暗褐色で翅と腹背とに黒色点を列し, 雌は白色で黒色点を列する。幼虫は長毛を装い, 淡黒色で淡黄色の斑点と背線とを有し, 金属性光沢ある青色の瘤起を有する。桑の害虫でクワノスムシと称えられ種々な植物を害する。全土に産する。この属には各種の植物の害虫としてフタスジヒトリ (*D. bifasciata* Butler), カクモンヒトリ (*D. inaequalis* Butler), アカヒトリ (*D. flammeola* Moore), クロバネヒトリ (*D. infernalis* Butler), キハラゴマダラヒトリ (*D. lubricipeda* Linné), ウススジモンヒトリ (*D. obliqua* Walker), フトスジモンヒトリ (*D. obliquizonata* Miyake), アカハラゴマダラヒトリ (*D. punctaria* Stoll), スジモンヒトリ (*D. seriatopunctata* Motschulsky), オビヒトリ (*D. subcarnea* Walker), モンヘリアカヒトリ (*D. sannio mortua* Staudinger) 等がある。アマヒトリ (*Phragmatobia fuliginosa* Linné) は翅の開張36〜38mm, 頭部と胸部と前翅とは暗紫翅色, 腹部と後翅とは紅色。幼虫はアマやサトウダイコンその他を食害する。北海道と本州とに産し, 朝鮮, 樺太, 満洲, アムール, 欧洲, 北部アフリカ等に分布している。

286. ヒトリモドキ (擬燈蛾) 科

Fam. Hypsidae Waterhouse 1882

Aganaidae Saalman 1884, *Callimorphidae* Hampson 1918, *Asotidae* auct. 等は異名。口吻は存在し, 下唇鬚は頭頂上に彎曲し裸体の第3節を具え, 単眼は存在し, 複眼は裸体。後翅の亜前縁脈は径脈と中央室の前で短横脈にて結合しまたは互に微距離間結合している。胸部と腹部とは滑かに鱗片から被われている。成虫は日中活動性で, 様々な色彩の蛾である。幼虫は長毛から被われ, 微かな繭を作つて蛹化する。この科は小さなもので, *Hypsa* (=*Asota* Hübner), *Aganais* B., *Callimorpha*, Latreille, *Peridromia* Walker, *Nyctemera* Hübner 等が代表的な属で, 本邦からはツマキモンシロモドキ (*Nyctemera lacticinia* Cramer) (Fig. 730) が発見されている。前翅の開張42〜47mm, 頭部と胸部とは淡黄色で数個の黒色点を有し, 腹部は白色で末端黄色, 前翅は黒色で白色紋を有し, 後翅は白色で外縁部黒色。九州屋久島に産し, 台湾, 支那, フィリッピン, ジャワ, ビルマ, インド, セイロン島等の熱帯地が主産地である。

Fig. 730. ツマキモンシロモドキ (河田)

287. トラガ (虎蛾) 科

Fam. Agaristidae Herrch-Schäffer 1850

Phalaenoididae Hampson 1918 は異名。ヤガ科に非常によく類似し, 様々な色彩の日中活動性の蛾である。触角は櫛歯状となる事がなく, 末端の方に幾分太まり, ときに末端鉤状を呈する。口吻と鬚とは存在し, 翅棘は存在し, 後翅の第2中脈は第1と第3との中脈より弱体となつている。幼虫は長毛を装い, 側面に毛塊列を有する。成虫のある種例えば *Aegocera tripartita* Kirby は前翅の膜の1部が脹らみ且つ線列を具え, 飛翔中にこの部を非常に大形となつている中脚脛節距棘にさする事によつて発音する事が知られている。

世界より約600種が発見され, その約半数はエチオピア区に, 約100種がインド濠洲区に他が旧北区と新北区と新熱帯区とに分布している。代表的な属は *Agarista* Leach, *Alypia* Hübner, *Aegocera* Latreille, *Eusemia* Dalmer, *Phalaenoides* Lew., *Xanthospilopteryx* Wallgren 等で, 本邦からは *Mimeusemia*, *Asteropetes*, *Chelonomorpha* 等の属が発見されている。トラガ (*Chelonomorpha japona* Motschulsky) (Fig. 731) は翅の開張54〜56mm, 黒色, 腹部各節の後縁は橙黄色, 前翅の斑紋は黄白色, 後翅の大紋は橙黄色。幼虫はトネリコの葉を食する。全土に産し, 朝鮮と支那とに分布する。ヒメトラガ (*Asteropetes noctuina* Butler) は翅の開張43mm, 体は灰色, 腹部背面は黄橙色, 前翅は暗褐色で紫色を帯び外縁部は紫灰色でその両縁が細く赤褐色, 後翅は橙黄色で外縁近くの太い横帯と中央の1紋とが黒色。幼虫はブドウの葉を食する。北海道と本州とに分布する。コトラガ (*Mimeusemia persimilis* Butler) は翅の開張51～54mm，黒色，前翅は内横線部に1個，中横線部と外横線部とに各2個の黄白色大紋を有し，後翅は中央部橙色なれど前後両縁から黒色が深く入り込んでいる。幼虫はトネリコの葉を食し，全土に産し，朝鮮，支那，アムール等に分布する。なおブドウやツタの害虫としてトビイロトラガ (*Zalissa subflava* Moore) が本州と九州とに産する。

Fig. 731. トラガ（河田）

288. キンウワバ（金上翅蛾）科
Fam. Plusiidae Guenée 1842

Deltoid Moths や Underwings 等と称えられ，幼虫は一般に Semiloopers とよばれている。ヤガ科に形状と色彩と習性とが似ているが，成虫の複眼が縁毛を装うかまたは有毛である事と後翅の第2中脈がよく発達している事とによつて区別されている。幼虫の多くは腹脚が後方の3対のみより発達していない。

かなり大きな科で，広く分布し，*Plusia* Ochsenheimer(=*Autographa* Hübner), *Scoliopteryx* Germar, *Euclidia* Ochsenheimer, *Grammodes* Guenée, *Catephia* Schrank, *Apopestes* Hübner, *Toxocampa* Guenée, *Westermannia* Hübner, *Eutlia* Hübner, *Risoba* Moore, *Stictoptera* Guenée, *Gyrtona* Walker, *Cosmophila* Boisduvar, *Churia* Moore, *Carea* Walker, *Sypna* Guenée, *Hypocala* Guenée, *Nictipao* Hübner, *Polydesma* Boiduvar, *Homoptera* Boisduvar, *Catephia* Ochsenheimer, *Ophiusa* Ochsenheimer, *Hypaetra* Guenée, *Acantholipes* Lederer, *Remigia* Guenée, *Thermesia* Hübner, *Phyllodes* Boisduvar, *Ophideres* Boisduvar, *Calpe* Treitschke, *Mecodina* Guenée, *Zethes* Rambur, *Laspeyria* Germar (*Aventia*), *Epizeuxis* Hübner, *Zanclognatha* Lederer, *Herminia* Latreille, *Hypena* Treitschke, *Hypenodes* Guenée 等が代表的な属で，次の如く4亜科に分類される事がある。

1．後翅の第2中脈と第3中脈とは互に平行して存在し，鬚が普通著しく長大となり，脚と跗節とが普通頗る細長となつている (*Hypena*, *Herminia*, *Bomolocha* その他)………Subfam. *Hypeninae* Börner 1920

後翅の第2中脈と第3中脈とは基部にて接近し末端の方に拡がり，鬚は正常……………………………………2

2．複眼は無毛………………………………………………3

複眼は有毛 (*Moma*, *Colocasia* その他)…………………………………Subfam. *Mominae* Warren 1909

3．複眼は縁毛を欠く (*Catocala*, *Grammodes*, *Erastria*, *Eustrotia*, *Eublemma* その他)……………………………………Subfam. *Catocalinae* Hampson 1918

複眼は縁毛を装う (*Plusia*, *Scoliopteryx* その他)……………………Subfam. *Plusiinae* Hampson 1893

また更に細分される事もある。しかし何れもそれ等の限界があまり明確でない。本書には総括して説明する事にする。本邦からは *Mesoplecta*, *Aventiola*, *Hypena*, *Bomolocha*, *Rhynchina*, *Dichromia*, *Latirostrum*, *Capnistis*, *Hydrillodes*, *Bertula*, *Bleptina*, *Badiza*, *Adrapsoides*, *Zanclognatha*, *Nodaria*, *Cidariplura*, *Edessena*, *Pseudaglossa*, *Ectogonia*, *Dierna*, *Lophograpta*, *Lophomilia*, *Pangrapta*, *Megazethes*, *Araeognatha*, *Pyralidesthes*, *Colobochyla*, *Aethia*, *Scedopla*, *Deva*, *Oraesia*, *Calpe*, *Blasticorhinus*, *Lacera*, *Anophia*, *Chrysorithrum*, *Ophiusa*, *Dinumma*, *Diomea*, *Capnodes*, *Erygia*, *Belciana*, *Sypna*, *Adris*, *Scoliopteryx*, *Rusicada*, *Cosmophila*, *Moma*, *Diphthera*, *Calocasia*, *Trisuloides*, *Abrostola*, *Plusia*, *Plusidia*, *Chrysoptera*, *Syngrapha*, *Mocis*, *Gonospileia*, *Parallelia*, *Achaea*, *Ercheia*, *Lagoptera*, *Dermaleipa*, *Speiredonia*, *Enmonodia*, *Metopta*, *Nyctipao*, *Cocytodes*, *Eccrita*, *Ephesia*, *Catocala*, *Mormonia* 等の属が発見されている。

イネキンウワバ(*Plusia festata* Craeser) (Fig. 732) は翅の開張39mm内外，褐黄色，前翅の各横線は暗褐色で中央に銀色の2大紋を有する。幼虫は稲やカラムシやアマやその他の

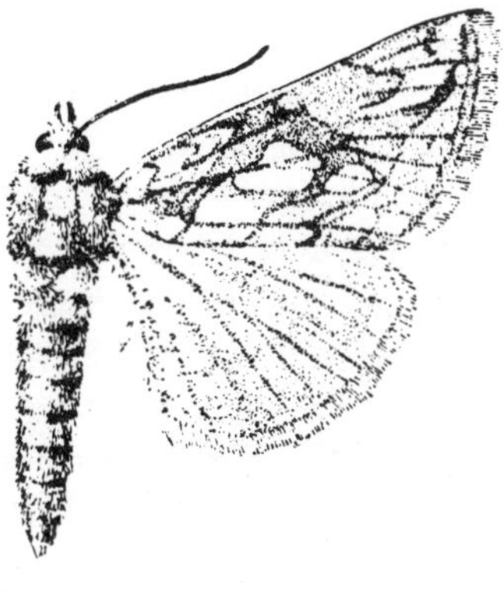

Fig. 732. イネキンウワバ雄（河田）

葉を食害し，北海道と本州とに産し，朝鮮，満洲，アムール，ウスリー等に分布する。この属には更にシネラリアを食するミツモンウワバ（*P. agnata* Staudinger）が北海道と本州とに，エゾ菊やダリヤを食するエゾギクキンウワバ(*P. albostriata* Bremer et Grey)が北海道と本州とに，シソの害虫たるヒサゴキンウワバ（*P. chrysitis* Linné）が北海道と本州とに，ハッカや菊に寄食するオオキンウワバ（*P. chryson* Fsper）が同じく北海道と本州とに，ハッカ，ゴボウ，ニンジン，キクその他の害虫たるキクキンウワバ（*P. intermixa* Warren）が北海道と本州とに，イチジクやハッカやサトウダイコンや葱類やその他に寄食するイチジクキンウワバ（*P. eriosoma* Doubleday）が本州と九州とに，タマナ，豆類，瓜類等の害虫たるガンマキンウワバ（*P. gamma* Linné)が本州に，十字科植物を食するマガリキンウワバ（*P. leonina* Oberthür）が北海道と本州とに，雑食性のオオガンマキンウワバ（*P. macrogamma* Eversmann）が北海道に，ハッカを食するコヒサゴキンウワバ（*P. nadeja* Oberthür）が北海道に，タマナやジャガイモ等を食するタマナキンウワバ（*P. ni* Hübner）が九州に，瓜類の害虫たるウリキンウワバ(*P. peponis* Fabricius)が本州と九州とに，それぞれ発見されている。更に北海道にサントニン草を食害するムラサキキンウワバ（*P. pulchrina* Haworth）とセアカキンウワバ（*P. pyropia* Butler）とが知られている。キシタアツバ（*Dichromia claripennis* Butler）は翅の開張26～32mm，下唇鬚は長く頭胸の和と殆んど等長で前方に突出し，体は暗褐色，腹部と後翅とは黄色，前翅は茶褐色で外横線外は灰色。幼虫はヤブマオの葉を食する。本州，四国，九州等に産し，朝鮮と支那とに分布している。キスジウスグロアツバ（*Hydrillodes morosa* Butler）は翅の開張20～28mm，暗褐色，前翅の内横線と外横線との間は黄褐色乃至灰褐色，後翅は殆ん白色。幼虫はナスやシソやバラやサクラその他多数の植物の葉を食し，本州に産し，台湾にも分布している。ツマオビアツバ（*Zanclognatha griselda* Butler）は翅の開張31～36mm，暗灰褐色，前翅は濃暗褐色の3横線を有し外方の1本は稍々太く翅頂から後角に達し他の2本は細く屈曲している。後翅は2本の濃暗褐褐色の横線を有し中央のものは細く外方のものは太く殆んど直線，幼虫はツガの葉を食し，北海道，本州，九州に産し，朝鮮に分布している。この属には更にクサイチゴの害虫たるクロスジアツバ(*Z. nemoralis* Fabricius)とキイチゴの害虫たるトビスジアツバ（*Z.tassicrinalis* Knoch）とが北海道と本州とに産し共に欧洲に分布している。リンゴツマキリアツバ（*Pangrapta obscurata* Butler）は翅の開張26～29mm，暗紫褐色，前翅は黒紫褐色の亜基線と内横線と外横帯とを有し，後翅は黒褐色の3横線を有する。幼虫は緑色でリンゴ，ナシ，サクラ等の葉を食し，北海道，本州，九州等に産し，朝鮮に分布している。キンスジアツバ（*Colobochyla salicalis* Schiffermüller）は翅の開張20～23mm，幼虫はヤナギやドロノキ等の葉を食する。北海道，本州，九州等に産し，欧洲に分布している。マダラエグリバ（*Deva casta* Butler）は翅の開張24～31mm，大体黄褐色，前翅に暗褐色の線模様を有し後縁波状を呈する。幼虫はアオツヅラの葉を食し，本州に産し，朝鮮，支那，アムール等に分布する。ヒメエグリバ（*Oraesia emarginata* Fabricius）は翅の開張38～40mm，紫褐色，前翅は濃色の細線からなる複雑な模様を有し後縁深く刳られている。幼虫はナシ，桃，リンゴ，ブドウ，柑橘等の葉を食する。本州，四国，九州等に産し，台湾，朝鮮，支那，インド等に分布する。この属にはなお各種の果樹の葉を食するアカエグリバ（*O. excavata* Butler）やオオエグリバ（*O.lata* Butler）等が知られ前者は本州，四国，九州等に産し朝鮮と支那とに分布し，後者は北海道と本州とに産し朝鮮に分布している。ウスエグリバ（*Calpe capucina* Fsper）は翅の開張47～50mm，褐色，前翅は後縁著しく刳られ翅頂尖り，4本の横線は暗褐色でさらに翅頂から後縁中央に達する赤褐色の1線を有する。後翅は暗褐色の外横線を有する。幼虫は各種の果樹の他にトマト等の葉を食する。コウンモンクチバ（*Blasticorhinus ussuriensis* Bremen）は翅の開張38～42mm，暗灰褐色，前翅は波状の細い濃色の6横線を有し，後翅は3本の細横線を有する。幼虫はフジやアカシヤモドキ等の葉を食し，北海道，本州，九州等に産し，朝鮮，満州，支那，アムール，ウスリー等に分布する。ナカジロシタバ（*Anophia leucomelas* Linné）は翅の開張31～38mm，黒褐色，前翅は黒色や褐色や淡色等の不規則線にて模様付けられ，後翅の基半分と外縁とが白色。幼虫はサツマイモの大害虫で，本州，四国，九州等に産し，沖縄，台湾，支那，欧洲，ペルシヤ，アルメニヤ等に分布する。ウスヅマガラス（*Dinumma deponeus* Walker）は翅の開張35～42mm，暗紫褐色，前翅は基部と中央広くとが黒褐色，後翅は暗褐色。幼虫は緑色でサクラの葉を食する。北海道，本州，九州等に産し，朝鮮，支那，インド等に分布する。ムラサキアツバ（*Diomea cremata* Butler）は翅の開張27～30mm，紫褐色，翅は濃淡の不規則な横線を多数に有する。幼虫は蕈を食し，北海道，本州，九州等に産し，朝鮮，支那，アムール，インド等に分布する。シラフクチバ（*Sypna picta* Butler）

は翅の開張45〜53mm，暗褐色，前翅は内横線と中横線との間が白色で亜外縁線が黒褐色，後翅は数本の暗色横線を有する。アケビコノハ（*Adris tyrannus* Guenée）は翅の開張 98〜108mm，体は灰褐色，腹部と後翅とは黄褐色，前翅は光沢ある濃褐色で内横線と外横線とは細く暗褐色，後翅は渦状の太い黒色帯を有する。幼虫はアケビやムベ等の葉を食し，成虫は各種の熟果より果液を吸収する。全土に産し，台湾，支那，インド等に分布する。ハガタキリバ（*Scoliopteryx libatrix* Linné）は翅の開張40〜43mm，鈍暗褐色，前翅は基部から中央迄の中央部が黄色，内横線と外横線とは灰白色で外横線の外縁に沿い灰白色の細線を有する。後翅は中央に不明瞭な暗色横帯を有する。幼虫はヤナギやドロノキの葉を食し，北海道と本州とに産し，満洲，アムール，欧洲，北米等に分布する。オオアカキリバ（*Rusicada fulvida* Guenée）は翅の開張 41〜48mm，朱褐色，後翅は暗褐色，前翅は赤褐色で暗褐色の細い波状横線を4本有する。幼虫はヒビスクスの類を食害する。本州と九州とに産し，沖縄，台湾，支那，インド，濠洲等に分布している。ワタアカキリバ（*Cosmophila xanthyndima* Boisduval）は翅の開張 29〜33mm，頭部と胸部と前翅とは黄色，腹部と後翅とは淡暗褐色，前翅は暗赤褐色の細い波状の横線を数本基方のものは外方に外方のものは内方にそれぞれ傾斜して有する。幼虫はワタの大害虫，本州に産し，満洲，支那，アムール等に分布する。なおこの属のアカキリバ（*C. mesogona* Walker）とコアカキリバ（*C. erosa* Hübner）とが棉の害虫として産し，黄麻の害虫としてヒメアカキリバ(*C. sabulifera* Guenée)が本州に産する。キバラケンモン（*Moma champa* Moore)は翅の開張40〜53mm，白色，胸背と腹背と後翅とは黄色を帯び，胸背と前翅とは黒色の複雑な線模様を有し，腹背には黒色の1斑列を有する。幼虫はヒサカキの葉を食し，北海道，本州，九州等に産し，朝鮮，満洲，支那，ウスリー，インド等に分布する。ゴマケンモン（*Diphthera alpium* Osbeck）は翅の開張 44〜48mm，白色，前翅は多数の黒色斑紋を布し，後翅は多少淡暗色を帯ぶ。幼虫はブナやカシワその他の葉を食し，北海道と本州とに産し，朝鮮，支那，ウスリー，アムール，欧州等に分布する。ホソオビアシブト（*Parallelia arctotaenia* Guenée）は翅の開張約 45mm内外，黒褐色，前翅は中央に白色の1直線横帯と同色の短横線を前翅 1/3 外部に有し，後翅は中央に白色の1横帯を有する。幼虫はトウゴマの害虫であるが柑橘の葉も食する。本州と九州とに産し，沖縄，台湾，朝鮮，支那，インドその他に分布する。この属にはザクロの葉を食するナミアシブト（*P. curvata* Leech）とアシブト（*P. stuposa* Fabricius）とが北海道と本州とに産する。シラホシアシブト（*Achaea melicerata* Drury）は翅の開張51〜67mm，褐色，前翅は濃褐色の細い波状の亜基線と内横線と外横線とを有し亜外縁線は淡色，後翅は黒色で中央に白色の幅広い中横線を有し外縁に3個の白色紋を有する。幼虫はトウゴマの害虫，九州に産し，小笠原，沖縄，台湾，南洋，フィリッピン，ビルマ，インド，濠州等に分布する。ムクゲコノハ（*Dermaleipa juno* Dalman）は翅の開張 79〜83 mm，灰褐色，前翅は暗褐色の細い亜基線と内横線と外横線と亜外縁線とを有し前2本は外方に後2本は内方に傾斜し，環状紋とその中の小点とは暗褐色。後翅は黒色で中央に藍白色のS字形中帯を有し外縁部は広く赤色を呈する。成虫は各種の熟果を口吻にて刺し果液を吸収する。全土に産し，朝鮮，満州，アムール，ウスリー，ジャワ，ボルネオ，インド等に分布する。トモエガ（*Speiredonia japonica* Guenée）は翅の開張55〜60mm，灰暗褐色，前後翅共に中央部は広く暗褐色を帯び各横線は暗褐色で前翅では多少波状を呈し，前翅の中央内横線の内側は顕著な巴形の大紋を有する。幼虫はネムノキの葉を食し，全土に産し，朝鮮と支那とに分布する。なおネムノキの害虫としてハグルマトモエ（*S. helicina* Hübner）が全土に産し，ナミトモエ（*S. retorta* Linné）が本州，四国，九州等に産し，アカイロトモエ（*S. martha* Butler）が本州と九州とに産する。前2者は支那と印度とに後者は支那にそれぞれ分布している。カキバ（*Enmonodia vespertilio* Fabricius）は翅の開張 68〜72mm，暗褐色で多少ザクロ色を帯ぶ。前翅の前縁部は広く灰色を帯び暗色の内横線と中横線とを有し，中央室末端部に数個の暗色紋を有しさらに前縁に数個の暗色小斑を有しなお翅頂から後縁中央を横切り後翅の内縁に達する直線の暗色線を有する。幼虫はネムノキやフジ等の葉を食し，本州と九州とに産し，台湾，支那，ジャワ，ボルネオ，インド等に分布する。シロスジトモエ（*Metopta rectifasciata* Ménétriès）は翅の開張59〜68mm，暗褐色，前翅は中央に巴紋を有し黄白色の外横線を有し黄白色の細い波状の亜外縁線を有する。後翅は黄白色の外横線と細い著しく波状の亜外縁線とを有する。幼虫はネムノキの葉を食害し，全土に産し，朝鮮，台湾，支那等に分布する。フクラスズメ（*Cocytodes coerulea* Guenée）は翅の開張 65〜71mm，体は暗茶褐色，前翅は黒褐色で前縁の中央部と翅頂部とは暗茶褐色を帯び黒色の亜基線と内横線と外横線とを有し，環状紋は黒色点，腎状紋は暗褐色で黒色の断続細線からなる。後翅は黒色で青色の3横帯を有する。幼虫はカラムシ，大麻，黄麻その他を食害する。全土に産し，台湾，満州，支那，アムール，ウスリー，インド等に分布する。エゾシロシタバ（*Ephesia dissimilis* Bremer）は翅の開張46～50mm，灰黒色で少しく黄褐色を帯び，腹部と後翅とは黒褐色，前翅は基部1/3は黒色で中央灰白色を呈し波状の黒色外横線と灰白色の亜外縁線とを有し，後翅はやや暗色の内横線を有し白色の翅頂部を有する。幼虫はカシ類の葉を食し，北海道と本州とに産し，満州，支那，アムール等に分布する。この属には各種の果樹やフジその害虫たるコガタノキシタバ（*E. praegnax* Walker）が北海道，本州，九州等に産し，朝鮮，満州，支那，アムール，ウスリー等に分布する。サクラの害虫たるシロシタバ（*E. nivea* Butler）は北海道と本州とに産し，支那，インド等に分布する。またクヌギに寄食するコシロシタバ（*E. actaea* Felder）が本州，四国，九州等に産し，支那に分布する。さらにワモンキシタバ（*E. xarippe* Butler）は幼虫が梅や杏やアンズその他の葉を食し，北海道と本州とに産し，満州とアムールとに分布する。キシタバ（*Catocala patala* Felder）は翅の開張67～74mm，暗灰褐色で多少ザクロ色を帯びる。前翅は波状の黒色の亜基線と外横線とを有し亜外縁線はやや灰色。後翅は橙黄色でU字形の黒色大紋と外縁の太い黒帯とを有する。幼虫はフジを食害し，全土に産し，支那とヒマラヤとに分布する。この属にはリンゴに幼虫が発見されるハイモンキシタバ（*C. agitatrix* Graeser）とベニシタバ（*C. electa* Borkhausen）とが産し，前者は本州，九州，アムール，ウスリー等に分布し，後者は全土，朝鮮，アムール，欧州等に分布している。またムラサキシタバ（*C. fraxini latefasciata* Warnecke）は幼虫がドロノキやニレやカシ等の葉を食し，北海道と本州とに産し，満州，アムール，シベリヤ等に分布する。さらにヤナギやドロノキその他に幼虫が発見されるエゾベニシタバ（*C. nupta* Linné）は北海道と本州とに産し，満洲，支那，アムール，欧洲等に分布する。なおまたサクラに幼虫が寄食しているオオシロシタバ（*C. lara* Bremer）は北海道と本州とに産し，朝鮮，アムール，シベリヤ等に分布する。オニベニシタバ（*Mormonia dula* Bremer）は翅の開張約70mm，黒褐色で少しく灰白色鱗片を混じている。前翅は中央部広く黄褐色，亜基線と内横線と外横線とは黒色，亜外縁線は灰白色。後翅は真紅色で黒色の波状中横帯を有し外縁部が広く黒色。幼虫はアンズやヤナギやその他の葉を食する。北海道，本州，九州等に産し，朝鮮，満洲，アムール，ウスリー等に分布する。

289. ヤガ（夜蛾）科

Fam. Noctuidae Stephens 1829

Caradrinidae は異名。Millers や Noctuids と称えられ，ドイツの Eulen やフランスの Noctuidés はこの科のものである。中庸大乃至大形，大部分のものは陰気色かまたは質素な色彩であるが少数のものは花々しい色彩を有する。体は短太で鱗片と毛とに被われ，夕暮や夜間活動性でときに日中活動性のものもある。頭部は小さく，複眼は大形で滑かかまたは有毛，単眼は2個でときにこれを欠き，口吻はよく発達するが稀れになく，小腮は多数のものでは長く且つ太く，小腮鬚はなく，下唇鬚は種々で普通は長く突出し，直線か上向。触角は長く普通簡単で有毛か鋸歯状かまたはときに雄のものが櫛歯状となつている。胸部は大形，背面の鱗片は屢々総状となつている。脚はよく形成され，脛節は距棘を具え且つ有棘または無棘。翅は強く密着せる鱗片が錯雑せる且つ美麗な模様となつている。翅棘は存在する。前翅は脛脈室を有し，亜前縁脈は基部にて自由で径脈と短距離癒合し，第2中脈は退化するかまたはない。後翅は普通前翅より淡色なれど所謂 Underwing moths のある種では鮮明色，一般に黄色や橙黄色やガンピ色や紅色や赤色等のかげを有し，普通前翅より幅広，第1前縁脈はなく，亜前縁脈と径脈とは1点迄に互に狭まつている。腹部は普通末端の方に細まり，有毛で屢々末端毛策を具えている。

卵は普通球状かまたは幾分平たく，背面に卵蓋を具え，屢々放射隆起線を有する。淡色か鈍色かまたは青色。ばらばらにまたは塊状に宿主植物上か或は幼虫の棲息個所等に産下される。幼虫は普通夜盗虫や根切虫（Army-worms や Cutworms）等と称えられ，一般に円筒形で裸体，しかし少数のものは有毛（*Acronicta* 属），鈍色か隠色で，様々に斑紋や線条等があつて，あるものは頗る顕著な外観を呈する。頭部は大形，前胸気門前瘤は2棘毛を有し，中胸の第7瘤は1棘毛を生ず。胸脚はよく発達し，擬脚は普通5対で第6腹節に1対がある。擬脚の鉤爪は2列からなる。習性は種々であるが，1群としては食草性で多くの種類は農作物の大害虫である。彼等は大部分夜間に摂食する。しかし無数の場合には屢々行軍し日中でも食害する。斯くの如き状態は世界共通種たるアワヨトウ（*Cirphis unipuncta* Haworth）（Army-worm）に見出され穀類作物と禾本科植物との非常な害虫で且つ雑食性である。タマナヤガ（*Agrotis ypsilon* Rottemburg）（Greasy cutworm）は広分布で一般的食草性，オオタバコガモドキ（*Chloridea obsoleta* Fabricius）はトウモロコシの世界的大害虫でワタやトマト等の大害虫でもある。*Bryophila* Treitschke（キノコヨトウ）属は地衣や藻や菌等を食す。さらに多数の属のものが種々の植物種子を，また他のものは植物の茎を食害し，大部分のものは葉を食する性を有する。

多数の種類の生活史は充分簡単であるが，あるものでは頗る複雑化している。卵は一般に終夏や秋に産下されその儘越冬するものと直ちに孵化して幼虫となり後越冬するものとがある。しかし多くの場合卵は春か初夏や盛夏に産下される。一般に寒国では年1回の発生であるが，暖国では2回またはより多数の世代が生ずる。成虫は小さなものは翅の開張僅かに 15mm 内外，大きなものでは160mm 迄のものが発見され，一般は 40～50mm 内外である。

大きな科で，約500属 2万種が発表され，*Noctua* Linné, *Heliothis* Ochsenheimer, *Euxoa* Hübner, *Agrotis* Hübner, *Polia* Ochsenheimer, *Cucullia* Schrank, *Acronycta* Ochsenheimer, *Nonagria* Ochsenheimer, *Hadena* Schrank, *Caradrina* Ochsenheimer, *Cirphis* Walker, *Bryophila* Treitschke, *Parascotia* Ochsenheimer, *Bublemma* Hübner, *Euplexia* Stephens, *Trachea* Hübner, *Amphipyra* Ochsenheimer 等がまず代表的な属である。次の如く4亜科に分類する事が出来る。

1．複眼は有毛 (*Melanchra*, *Aletia*, *Cirphis* その他) ………………… Subfam. *Melanchrinae* Meyrick 1895
　複眼は無毛……………………………………………… 2
2．複眼は縁毛を欠く……………………………………… 3
　複眼は長い縁毛にて縁が被われている (*Polia*, *Conistra*, *Orthosia*, *Cucullia* その他) ……………………………………Subfam. *Poliinae* Meyrick 1895
3．中後両脚の脛節は有棘 (*Noctua*, *Heliothis*, *Euxoa*, *Agrotis*, *Triphaena* その他)………………………………………………Subfam. *Noctuinae* Druce 1889
　脛節は無棘 (*Caradrina*, *Acronycta*, *Luperina*, *Nonagria*, *Monodes*, *Hadena* その他) ………………………………… Subfam. *Caradrininae* Druce 1889

さらに細分する学者も多い。しかし何れの場合もその基素となつている形態があまりに微細な点を取り扱つている為に甚だ混乱する恐れが多い。本書には全体を1科として記述する事にした。

本邦からは *Blenina*, *Gadirtha*, *Eligma*, *Lamprothripa*, *Sarrothripus*, *Stictoptera*, *Anuga*, *Eutelia*, *Trache*, *Erastria*, *Naranga*, *Eustrotia*, *Hyperstrotia*, *Lithacodia*, *Amyna*, *Ozarba*, *Phyllophila*, *Stenoloba*, *Corgatha*, *Oruza*, *Perynea*, *Eublemma*, *Seudyra*, *Chasmina*, *Chasminodes*, *Sesamia*, *Phragmatiphila*, *Euagria*, *Claymnia*, *Elydna*, *Pyrrhia*, *Hydroecia*, *Apamea*, *Gortyna*, *Hadjina*, *Balsa*, *Dysmilichia*, *Prometopus*, *Antha*, *Laphygma*, *Spodoptera*, *Prodenia*, *Acronycta*, *Craniophora*, *Daseochaeta*, *Canna*, *Polyphaenis*, *Aucha*, *Bryophila*, *Chytonix*, *Fagitana*, *Callogonia*, *Eriopus*, *Chutapla*, *Sidemia*, *Agroperina*, *Oligia*, *Perigea*, *Euplexia*, *Trachea*, *Parastichtis*, *Dipterygia*, *Mania*, *Orthogonia*, *Amphipyra*, *Perinaenia*, *Conistra*, *Xantholeuca*, *Epiglaea*, *Eupsilia*, *Blepharidia*, *Valeria*, *Eumichtis*, *Agriopis*, *Meganephria*, *Xylina*, *Graptolitha*, *Lithophane*, *Euscotia*, *Cucullia*, *Meliana*, *Borolia*, *Cirphis*, *Aplecta*, *Panolis*, *Brithys*, *Euchorista*, *Clavipalpula*, *Monima*, *Perigrapha*, *Xylomania*, *Stretchia*, *Eriopyga*, *Chabuata*, *Polia*, *Barathra*, *Blepharita*, *Triphaena*, *Naenia*, *Eurois*, *Mythimna*, *Hypoxestia*, *Lycophotia*, *Episilia*, *Agrotis*, *Hermonassa*, *Feltia*, *Euxoa*, *Actinotia*, *Chloridea* 等の属が発見されている。

キノカワガ (*Blenina senex* Butler) は翅の開張35～45mm，雄は灰色，雌は暗褐灰色で何れも暗緑色を帯び腹部と後翅とは暗褐色。前翅は中央と外縁部とが暗褐色を帯び，黒色波状の亜基線と内横線と外横線とを有し，亜外縁線は灰白色。後翅は中央の1横帯と広い外縁部とが暗色。幼虫は柿の葉を食し，本州と九州とに産し，朝鮮，支那等に分布する。ナンキンキリバモドキ (*Gadirtha inexacta* Walker) は翅の開張 44～49mm，暗灰色で褐色を帯びている。幼虫は *Sapium* 属の植物の葉を食し，樹皮上に堅い扁平の繭を作つてその中に蛹化し，蛹の尾端にて繭の両面をこすり発音する。本州と九州とに産し，支那，台湾，ジャワ，インド，ニューギニヤ，クインスランド等に分布する。クロスジキノカワガ (*Sarrothripus revayana* Scopoli) は翅の開張 23～26 mm，灰色で暗褐色を帯びる。前翅は黒色波状の2線からなる亜基線と内横線と外横線とを有し，後翅は淡暗褐色。幼虫はヤナギやドロノキに見出され，本州産でアムール，欧州，北米等に分布する。フサモクメ (*Eutelia gayeri* Felder) は翅の開張 32～39mm，体は黒褐色，後翅は褐色で中央少しく白色，翅頂は灰白色，灰白色と暗褐色との不規則な細横線を多数に有する。後翅は基半白色，広い外縁部は黒色で2本の白色細横線を有する。幼虫はヌルデやウルシ等の葉を食害し，北海道，本州，九州等に産し，朝鮮，支那，印度支那，インド等に分布する。キマダラコヤガ (*Erastria trabealis* Scopoli) は翅の開張 21～26mm，黒色，腹部と後翅とは暗褐色，前翅は黄色で中央と後縁とに太い黒色縦帯を有し前縁に

5個の黒色斑紋を布しさらに外縁前に不規則な黒色の2横帯を有する。幼虫はサツマイモの葉を食害し，北海道，本州，九州等に産し，欧洲に分布してる。フタオビコヤガ(*Naranga aenescens* Moore)は翅の開張18～25mm内外，暗黄色。腹部と後翅とは暗褐色。前翅は暗紫褐色の太い2斜帯を有する。雌は腹部と後翅とが黄色強く，前翅の帯紋は断続的で淡色。幼虫は淡緑色でシャクトリムシ状，稲の大害虫でイネアオムシと称えられ，全土に産し，台湾，朝鮮，支那等に分布する。ウスシロフコヤガ(*Lithacodia stygia* Butler)は翅の開張20～25mm，暗褐色。前翅は波状白色の外横線と亜外縁線と腎状環とを有する。幼虫はシマメイレイと称えられ稲の害虫で本州と九州とに産し，朝鮮，支那等に分布する。なおこの属には稲の葉を食するシロマダラコヤガ(*L. distinguenda* Staudinger)とシロフコヤガ(*L. fasciana* Linné)とが産し，*Perilla* 属の植物の葉を食するビロウドコヤガ(*L.atrata* Butler)が北海道に産する。シロスジシマコヤガ(*Corgatha dictaria* Walker)は翅の開張18mm内外，灰褐色。両翅共に灰黄色の翅脈を有し，前翅は灰白色の内横線と外横線とを後翅は外横線を有し内横線の外側と外横線の内側とは暗色。幼虫はシャクトリムシ状の歩行をなし灰黒色で背上に白斑を列し桜の樹幹に生えている地衣類を食する。本州産で支那に分布する。ウスベニコヤガ(*Perynea subrosea* Butler)は翅の開張22～24mm，淡紅色で暗褐色鱗片を散布する。前翅は暗褐色で縁取られている黄色の内外両横線を有し且つ鋸歯状淡色の亜外縁線を有する。後翅もほぼ同様なれど横線は殆んど直線。幼虫は十字科植物を食する。全土に産する。イネヨトウ(*Sesamia inferens* Walker)は翅の開張27～30mm，帯褐灰色で光沢を有する。前翅の中央は縦に暗褐色を帯びる。幼虫は稲，甘蔗，トウモロコシ，麦類，マコモその他の茎を食害する有名な害虫で，大螟虫と呼ばれ，本州，四国，九州等に産し，台湾，支那，フィリッピン，マレー，ビルマ，インドその他東洋に広く分布する。ニレキリガ(*Calymnia affinis magna* Staudinger)は翅の開張31～40mm，茶褐色で腹部と後翅とは暗褐色乃至黒褐色。前翅は3本の濃色で細く縁取られた波状の外方に傾斜する淡色横線と殆んど直線の同様な内方に傾斜する亜外縁線とを有し，後翅は基部淡色。幼虫はニレやカシワの葉を食し，北海道，本州，九州等に産する。同属のシラオビキリガ(*C. camptostigma* Ménétries)の幼虫はクヌギの他にエンドウ，ダイコン，タマナ等の葉を食し，本州産で，樺太，支那，満洲，アムール，ウスリー等に分布する。またイタヤキリガ(*C. exigua* Butler)の幼虫はイタヤやヤナギの葉を食し，北海道と本州とに産し，支那，アムール，ウスリー等に分布する。さらにナシキリガ(*C.pyralina* View)は幼虫がナシ，リンゴ，イタヤ，ブナ，カシワ等の葉を食し，北海道と本州とに産し，ウスリーと欧洲とに分布する。キタバコガ(*Pyrrhia umbra* Hufnagel)は翅の開張約36mm，黄色。前翅は細い褐色の亜基線と内中外の各横線と亜外縁線とを有し，後翅は外縁近くが暗褐色を呈する。幼虫はタバコ，豆類，トマト，ナタネ，トウモロコシその他の葉を食する。北海道と本州とに産し，朝鮮，満洲，支那，アムール，欧洲，インド等に分布する。ゴボウトガリヨトウ(*Hydroecia fortis* Butler)は翅の開張48～50mm，黄色で腹背と後翅とは灰色。前翅は褐色の2線からなる亜基線と内外両横線を有し，亜基線と内横線との間及び外横線から外縁迄が暗灰褐色。幼虫はゴボウ，ハッカ，コンニャク，ニンジンその他の害虫で，北海道と本州とに産し，樺太，満洲，アムール，ウスリー等に分布する。なお同属にはフキの葉を食するフキヨトウ(*H. amurensis* Staudinger)が北海道と本州とに産し，アムール，ウスリー等に分布する。さらにスカンポやトクサ等を食するウゲヨトウ(*H. micacea* Esper)が北海道と本州とに産し，シベリヤ，欧州，北米等に分布する。ショウブオオヨトウ(*Gortyna leucostigma* Hübner)は翅の開張36～46mm，赤紫褐色で腹部と後翅とは暗褐色。前翅は細い濃色の斜線を数本宛基部1/3と外部1/3とにそれぞれ有し，中央1/3は大体黒色。幼虫はショウブやときに稲等の葉を食し，北海道と本州とに産し，樺太，朝鮮，支那，アムール，ウスリー，欧洲，インド等に分布する。シロイチモジヨトウ(*Laphygma exigua* Hübner)は翅の開張25～29mm，灰褐色。前翅は暗褐色の2細線からなる波状の内外両横線を有し，中横線も暗褐色，亜外縁線は淡色で不明瞭。後翅は白色。幼虫はネギやサトイモやその他の作物を食害し，テンサイヨトウと呼ばれ，本州産で，満洲，支那，欧洲，ビルマ，セイロン，エジプト，オーストラリヤ，ハワイ等に分布する。シロナヤガ(*Spodoptera mauritia* Boisduval)は翅の開張35mm内外，暗褐色。前翅は灰白色の亜外縁線を有し他の横線は不明瞭，後翅は光沢ある白色。幼虫は甘蔗，稲，マコモ，棉，白菜等を食害し，九州産で，台湾，支那，インド，ニューギニヤ，濠洲，アフリカ等に分布する。ハスモンヨトウ(*Prodenia litura* Fabricius)は翅の開張36～41mm，褐色で白色の後翅を有し，前翅は灰白色または白色の不規則な細線を有し且つ前縁中央前から下外方に向つて顕著な灰白色帯を有する。幼虫はネギ，サトイモ，その他十字科植物，荳科植物，瓜類等各種の作物の大害虫で，本州と九州とに産し，東洋亜熱帯等に分布する。リンゴケンモン (*Acronycta incretata* Hampson) は翅の開張43〜50mm，暗灰色で腹部と後翅とは暗褐色。前翅は基部から顕著な黒色剣状紋を出し，黒色波状の細外横線を有する。幼虫はリンゴ，ナシ，サクラ，その他多数の植物を害し，北海道と本州とに産し，樺太，朝鮮，支那等に分布する。この属にはさらにハンノキを害するハンノケンモン(*A. alni* Linné) が北海道と本州とに産し，アサの害虫たるアサケンモン (*A. consanguis* Butler) が本州に産し，ニレの葉を食するシロシタケンモン (*A. hercules* Felder) が北海道，本州，九州等に産し，シラカンバやドロノキやヤナギ等を害するシロケンモン (*A. leporina leporella* Staudinger) が北海道と本州とに産し，ウメやモモの葉を食するキハダケンモン (*A. leucocuspis* Butler) が北海道と本州とに産し，クワやスモモやリンゴやサクラその他の害虫たるオオケンモン (*A.* ***major*** Bremer) は全土に産し，ドロノキやヤナギやビワやその他各種の植物の害虫であるドロケンモン (*A. psi* Linné) が北海道と本州とに産し，グミの葉を食するハラジロケンモン (*A. pulverosa* Hampson) が本州と九州とに産し，ナシやサクラや豆類その他の害虫たるナシケンモン (*A. rumicis* Linné) が北海道と本州とに産し，サクラやナシやリンゴその他の果樹の害虫たるサクラケンモン (*A. strigosa* Fabricius) は北海道，本州，九州等に産する。以上アサケンモン以外の種類は他外国に分布している。イボタケンモン (*Craniophora ligustri* Schiffermüller) は翅の開張38〜40mm，体は白色で黒褐色の鱗片を混ずる。腹部と後翅とは淡暗褐色。前翅は暗褐色で中央室の外方灰白色，亜基線と内横線とは各々黒色の2細波線からなる。幼虫はイボタやサトトネリコ等の葉を食し，北海道と本州とに産し，朝鮮，満洲，アムール，欧洲等に分布する。ムラサキツマキリヨトウ (*Eriopus juventina* Cramer) は翅の開張32〜35mm，橙褐色で腹部と翅とは暗褐色。前翅は細い黒線で縁取られる黄白色の亜基線と内外両横線とを有し，内横線は円く外方に彎曲し外横線は幾分く字形となる。幼虫はシノブを食害し，北海道，本州，九州等に産し，台湾，朝鮮，支那，欧洲，アッサム等に分布する。スジキリヨトウ (*Sidemia depravata* Butler) は翅の開張26〜36mm，暗褐色。前翅は白色の脈を有し，黒褐色波状で断続する亜基線と内外両横線とを有する。幼虫はアワその他を食害し，本州と九州とに産し，朝鮮と支那とに分布する。ハジマクチバ (*Oligia vulgaris* Butler) は翅の開張32〜46mm，灰褐色。前翅は暗茶褐色の波状横線と2大紋（基部と前縁後半とに）を有し，後翅は暗褐色。幼虫は筍を食害し，北海道，本州，九州等に産し，沖繩に分布している。アカガネヨトウ (*Euplexia lucipara* Linné) は翅の開張30〜36mm，紫褐色。前翅は黒色の亜基線と内外両横線とを有し，亜外縁線は黄褐色，中央暗褐色。後翅は淡暗褐色で外縁部濃色。幼虫はサトウダイコンや大豆やクローバー等を食害し，北海道と本州とに産し，朝鮮，支那，アムール，シベリヤ，欧洲，インド，北米等に分布する。シロスジアオヨトウ (*Trachea atriplicis* Linné) は翅の開張46〜50mm，暗褐色。前翅は黒色波状の亜基線と内外両横線とを有し，この両横線間は緑褐色を帯び，亜外縁線は黄緑色。後翅は淡色。幼虫はソバやタデやギシギシ等の葉を食し，北海道と本州とに産し，朝鮮，満洲，シベリヤ，欧洲等に分布する。この属にはさらに麦類を食害するコシラクモヨトウ (*T. fraudulenta* Staudinger) が本州に産し，アムール，シベリヤ等に分布する。アカモクメヨトウ(*Parastichtis funerea* Heinemann) は翅の開張41〜44mm，頭胸と前翅とは紫褐色，腹部と後翅とは暗褐色。前翅は濃色の2線からなる亜基線と内外両線とを有し，亜外縁線は少しく淡色で波状を呈しこれより外方は少しく暗褐色。幼虫はときに柑橘の葉を食し，北海道と本州とに産し，支那，ウスリー，シベリヤ，欧洲等に分布する。なおこの属には麦類の害虫たるホシミミヨトウ(*P. secalis* Linné) が北海道と本州とに産し欧洲に分布し，シロミミアカヨトウ (*P. basilinea basistriga* Staudinger) が北海道と本州とに産し樺太，支那，シベリヤ，欧洲等に分布する。シマガラス (*Amphipyra pyramidea* Linné) は翅の開張57〜68mm，灰黒色。前翅は両縁黒色線からなる灰色の著しく小波状の亜基線と内外両横線とを有し，亜外縁線も灰色。後翅は褐赤色で前縁広く暗褐色。幼虫はシンキリアオムシと称えられ，ナシ，サクラ，リンゴその他各種の植物を食害し，全土に産し，朝鮮，満洲，支那，アムール，ウスリー，インド等に分布する。同属中にはさらにオオウスヅマガラス (*A. erebina* Butler) はモモ，リンゴ，ブドウその他の植物を食し，北海道と本州とに産し，朝鮮，支那，ウスリー等に分布する。カラスヨトウ (*A. corvina* Motschulsky) はバラやアサ等を食害し，北海道，本州，九州等に産し，朝鮮，支那，インド等に分布する。モクメガラス (*Perinaenia lignosa* Butler) は翅の開張52〜58mm，暗褐色で黄褐色を混ぜている。前翅は暗褐色の彎曲せる内外両横線と3個の白色斑とを有し，後翅は黄褐色で外縁広く暗褐色。幼虫は黄緑色でエノキの葉を食し，本州に産し，支那に分布する。ノコメキリガ (*Cosmia divergens* Butler) は翅の開張38〜43mm，褐色で腹部と後翅とが暗褐色。前翅は赤褐色直線の亜基線と内横線と外横線とを有し，前2者は下外方に後者は下内方に傾斜し，環状紋と腎状紋とは赤褐色線からなる。幼虫はモモやスモモその他の花や葉を食し，北海道と本州とに産し，ウスリーに分布する。同属にはさらに幼虫がヤナギに発見されるモンキリガ(*C. fulvago* Linné) とオビキリガ (*C. flavago* Schiffermüller) とが北海道と本州とに産し，欧洲その他に分布する。イチゴキリガ (***Conistra fragariae*** Esper) は翅の開張57～59mm，灰色で腹部は暗褐色で後翅は黒褐色。前翅は濃色の少しく彎曲する内外両横線を有し，亜外縁線は殆んど直線で褐色。幼虫はイチゴその他の害虫で，北海道と本州とに産し，アムール，ウスリー，欧洲等に分布する。この属にはさらにカシワの害虫たるカシワオビキリガ (*Conistra ardescens* Butler) が本州に産する。ミスジキリガ (***Xantholeuca sericea*** Butler) は翅の開張37～39mm，頭胸部と前翅とは赤褐色，腹部と後翅とは白色。前翅は不明瞭な横線を有する。幼虫はカシワの葉を食し，本州に産し，ウスリー，シベリヤ等に分布する。アオバハガタヨトウ (***Valeria viridimacula*** Graeser) は翅の開張40～46mm，頭胸部と前翅とは黄緑色，腹部と後翅とは暗褐色。前翅の各横線は黒色で大体鋸歯状。幼虫はブドウを食害し，北海道，本州，九州等に産し，ウスリー，シベリヤ等に分布する。キバラモクメ (***Xylina formosa*** Butler) は翅の開張52～58mm，大体茶褐色。前翅は灰色を帯び暗色の小波状横線を有し，亜外縁線は黄色。後翅は暗褐色。幼虫は茶褐色でナシ，モモ，サクラ，イチゴ，キク，ゴボウ，タバコ，麦類その他各種の植物を食する。北海道，本州，九州等に分布する。この属にはさらにアヤモクメ(*X. fumosa* Butler) が全土に産し，幼虫はユリ，シソ，豆類，サトウダイコン，アマ，アサ，ジャガイモ，クワその他多数の植物を食害する。カシワキボシキリガ (***Graptolitha pruinosa*** Butler) は翅の開張31～37mm，灰色で腹部と後翅とは暗灰色。前翅は黒色の短かい剣状紋を有し，各横線は暗色からなるが不明瞭。後翅は外縁部特に暗色。幼虫はクヌギその他の葉を食し，本州産。なお同属のハンノキリガ (*G. ustulata* Butler) は本州に産し，幼虫がハンノキの葉を食する。ナカグロホソキリガ (***Lithophane socia*** Rottemburg) は翅の開張41～46mm，帯紫灰色。前翅は不明瞭な褐色の著しく波状を呈する各横線を有し，後翅は暗褐色で濃色の外横線を有する。幼虫はスモモ，ニレ，カシワ等の葉を食し，北海道と本州とに産し，アムール，ウスリー，シベリヤ，欧洲等に分布する。キクセダカモクメ (***Cucullia asteris*** Schiffermüller) は翅の開張50～53mm，暗灰色。前翅は前縁部が褐色を帯び後縁部が黒褐色を呈し各脈は濃色。後翅は白色で外縁部暗褐色。幼虫は菊の害虫で，北海道と本州とに産し，支那，ウスリー，シベリヤ，欧洲等に分布する。さらにこの属にはサントニン草を食するセダカモクメ (*Cucullia terforata* Bremer) が北海道と本州とに産し，朝鮮，支那，ウスリー，シベリヤ等に分布する。アワヨトウ (***Cirphis unipuncta*** Haworth) は翅の開張39～43mm，淡褐色で少し暗灰色を帯びる。前翅は淡褐色の環状紋と腎状紋とを有し，翅頂から後縁に斜走する1暗影を有する。後翅は白色で外縁の方に著しく暗褐色となる。幼虫はイネ，麦類，アワその他の作物の大害虫で，全土に産し，支那，シベリヤ，欧洲，インド，濠洲，アフリカ，アメリカ等に広く分布する。マツキリガ (***Panolis flammea japonica*** Draudt) は翅の開張34～37mm，淡赤色。前翅は赤色で白色の細目状の横線を有し，後翅は暗褐色。幼虫は松類の大害虫。本州に産し，欧洲に分布する。ハマオモトヨトウ (***Brithys pancratii*** Cyrilli) は翅の開張37～45mm，黒褐色で暗褐色の腹部を有する。前翅は内横線から外方は前縁部を除き順次淡色となり，亜外縁線の内方から外縁までは黄白色，内外両横線は黒色で波状，亜外縁線は茶褐色で小波状。後翅は白色。幼虫はハマオモトに潜葉して食害し，本州と九州とに産し，南欧，アフリカ等に分布する。アカキリガ (***Monima carnipennis*** Butler) は翅の開張40～49mm，帯淡赤褐灰色。前翅は黒色の顕著な1短縦線と基部斑とを有し，横線は頗る不明瞭。幼虫は各種の果樹やクヌギやナラ等の葉を食し，北海道と本州とに分布する。この属にはさらにカシワその他の害虫たるカシワキリガ (*M. gothica askoldensis* Staudinger) が北海道と本州とに産し，アムールに分布し，シラカバやカシワやその他に寄食するカバキリガ (*M. incerta* Hufnagel) が北海道と本州とに産しアムール，シベリヤ，欧洲，北米等に分布し，スモモやリンゴやヤナギやドロノキその他の葉を食するスモモキリガ(*M. munda* Schiffermüller) は北海道，本州，九州等に産し，アムール，ウスリー，欧洲等に分布し，桜の葉を食害するクロミミキリガ (*M. lizetta* Butler) は本州と九州とに分布し，ときにリンゴの葉を食するチャイロキリガ (*M. odiosa* Butler) は北海道，本州，九州等に産し，沖縄に分布し，ヨモギやアンズやヤナギ等の葉に寄食するヨモギキリガ (*M. gracilis* Fabricius) は北海道と本州とに産し，シベリヤと欧洲とに分布する。ムラサキヨトウ (***Polia contigua*** Schiffermüller) は翅の開張43～48mm，紫黒色を混ぜた紫灰色で腹部と後翅とは暗褐色。前翅は淡色波状の各横線を有し，環状紋と腎状紋とは大形で細い淡黒色の輪廓を有し，亜外縁線は白色でその外方部は凡て紫褐色。幼虫はサトウダイコン，白菜，ホウレンソウその他の植物を食する。北海道と本州とに産し，シベリヤ，アムール，ウスリー，欧洲等に分布する。この属にはさらに豆類を食害するマメチヤイロヨウトウ（**Polia consanguis** Guenée）が本州と九州とに産し，沖縄，支那，スマトラ，セイロン，インド，アフリカ，オーストリヤ等に分布し，サトウダイコンや大豆その他を食するシラホシヨトウ（*P. persicariae* Linné）が北海道と本州とに産しシベリヤと欧洲とに分布し，クワ，サクラ，サトウダイコン，豆類，エンドウ，ゴボウ，ソバ，シソ，キクその他多数の作物を食害するシロシタヨトウ（*P. illoba* Butler）が全土に産し，朝鮮，満洲，支那，アムール，シベリヤ等に分布し，大小豆やサトウダイコンの害虫たるマメヨトウ（*P. pisi* Linné）が北海道に産し欧洲に分布し，エニシダやコケモモ等を食するオオケンモンヨトウ（*P. gevistae* Borkhausen）が北海道に産しシベリヤと欧州とに分布し，キイチゴやシラカバやその他の葉を食るすナカシロヨトウ（*P. thalossina* Rottemburg）が北海道に産しシベリヤと欧州とに分布する。ヨトウガ（*Barathra brassicae* Linné）（Fig. 733）は翅の開張45～50mm，暗褐色，前翅の線は黒色。幼虫はエンドウ，豆類，十字科作物，ハッカ，タマネギ，瓜類，ナスビ，ゴボウ，イチゴ，クワ，アワその他多数の作物を害する有名な種類で，全土に産し，朝鮮，満洲，支那，アムール，ウスリー，欧洲，インド等に分布する。ハイイロキシタヤガ（*Triphaena semiherbida* Walker）は翅の開張48～52mm，暗褐色で灰緑色の鱗片を散布する。前翅は灰緑色で暗褐色に縁取られている亜基線と内横線とを有し淡色の亜外縁線を有し，環状紋と腎状紋もまた灰緑色。後翅は橙黄色で中央に黒色大紋を有し，外縁広く黒色。幼虫は桑の害虫で北海道と本州とに産し，支那，インド等に分布する。クロギシギシヨトウ（*Naenia contaminata* Walker）は翅の開張39～47mm，暗灰褐色で腹背と後翅とは黒褐色。前翅は黒色細線の縁を有する淡色の亜基・内・外の各横線と各紋とを有する。幼虫はサトウダイコン，大豆，エンドウ，ハッカ，キク，クワその他を食害し，北海道と本州とに産し，朝鮮，支那，アムール，ウスリー等に分布する。アオバヤガ（*Eurois prasina* Schiffermüller）は翅の開張45～55mm，灰白色で少し黄緑色を帯びる。前翅は黒色に縁取られた白色の波状各横線を有し，各紋は黒色断続線からかこまれている。後翅は暗褐色で基方に淡色となる。幼虫はイチゴその他の植物を食し，本州産で，欧州，シベリヤ，北米等に分布する。ホソアオバヤガ（*Lycophotia praecox flavomaculata* Graeser）は翅の開張43mm内外，灰色で暗褐色を混ぜ，腹背と後翅とは暗褐色。前翅は緑灰色で黒線にて縁取られる波状の各横線と各紋とを除き一面に淡灰色鱗片を散布する。幼虫はサトウダイコン，大小豆，タマナ，クローバ，ナシ，モモ，ヤナギその他の葉を食害し，北海道と本州とに産し，朝鮮，満洲，アムール，シベリヤ等に分布する。なお同属のオオホソアオバヤガ（*L. praecurrens* Staudinger）はまたサトウダイコン，豆類，タバコその他の害虫で北海道と本州とに産し，アムール，ウスリー等に分布する。タマナヤガ（*Agrotis ypsilon* Rottemburg）は翅の開張44～56mm，褐色で白色の後翅を有する。前翅は中央部濃色となり，各横線は暗褐色に縁取られ，各紋は黒色線からなる。幼虫は豆類，サトウダイコン，ナタネ，トウモロコシ，ジャガイモ，ナスビ，瓜類，ネギ，アサ，アマ，麦類，ソバその他多数の作物の大害虫。全土に産し，朝鮮，支那，台湾，マレー，インド，濠洲，欧洲，北米等に分布する。この属にはさらに十字科作物やネギやサトウダイコンその他の害虫たるカブラオオヤガ（*A. tokionis* Butler）が北海道，本州，九州等に産し，満洲，アムール，チベット等に分布し，前同様各種の作物の害虫たるシロモンヤガ（A. c-*nigrum*）北海道と本州とに産し，朝鮮，支那，アムール，欧洲，インド，北米等に分布し，ハコベやヤナギその他の植物を食するハコベヤガ（*A. triangulum* Hufnagel）が本州に産し欧洲に分布し，ヤナギやモミ等の葉を食するキミミヤガ（*A. baja* Fabricius）が北海道と本州とに産しアムール，シベリヤ，欧洲，チベット，北米等に分布し，エンドウ，サトウダイコン，アサ，ソバ等を食害するマエジロヤガ（*A. plecta* Linné）が北海道と本州とに産し，朝鮮，満洲，アムール，欧洲，セイロン，インド，北米等に分布し，エンドウやサトウダイコンやオオバコ等を食するオオバコヤガ（*A. dahlii* Hübner）が北海道，本州，九州等に産し，朝鮮，支那，シベリヤ，アムール，ウスリー，欧洲，インド，チベット，ビルマ等に分布し，アカザやオオバコやハコベやと

Fig. 733. ヨトウガ（河田）

きに十字科物作等を食するモクメヤガ（*A. putris* Linné）が北海道と本州とに産し，樺太，朝鮮，満洲，アムール，ウスリー，欧洲，インド等に分布し，ヤナギ等に寄食するオオノコメヤガ（*A. augur* Fabricius）が本州に産し欧洲に分布し，ヤナギやコケモモ等を食するシロテンアカヤガ（*A. brunnea* Schiffermüller）が北海道と本州とに産し樺太，支那，シベリヤ，欧洲，インド等に分布し，タンポポやヤナギやその他を食するタンポヤガ（*A. ditrapezium* Schiffermüller）が北海道と本州とに産し，朝鮮，満洲，ウスリー，アムール，シベリヤ，欧洲，インド等に分布し，麦類や豆類や十字科植物や松類等を食害するイッシキハイロヤガ（*A. isshikii* Matsumura）が北海道に分布し，十字科植物やハコベその他を食するアカマエヤガ（*A. ravida* Schiffermüller）が本州に産し，朝鮮と支那とに分布し，麦類や禾本科雑草に寄食するマキヤガ（*A. trici* Linné）が北海道に産し欧洲に分布し，豆類やサトウダイコンやアマやトウモロコシその他を食害するカラフトウスグロヤガ（*A. karafutonis* Matsumura）が北海道に産し樺太に分布している。センモンヤガ（*Feltia informis* Leech）は翅の開張 40mm 内外，紫褐色。前翅は濃色波状の各横線を有し，各紋は濃色で黒色の細い輪廓を有する。後翅は淡暗褐色で後半少しく白色を帯びる。幼虫はサトウダイコンや豆類やタマナや麦類等を有し，北海道と本州とに産しアムールに分布する。カブラヤガ（*Euxoa segetis* Schiffermüller）は翅の開張 37～45mm，灰褐色。前翅は褐色点を散布し2本からなる波状の各横線を有し，各紋は暗褐色輪廓を有する。後翅は白色で前縁と外縁とは暗褐色。幼虫は十字科植物や瓜類や豆類やサトウダイコンやナスやタバコやネギやその他多数の作物を根元から切食する大害虫で，全土に産し，Turnip moth とか Tobacco cutworm 等と称えられ，朝鮮，満洲，支那，欧洲，アフリカ，北米等に分布する。同属にはまたムギ類の害虫たるムギヤガ（*E. oberthüri* Leech）が北海道と本州とに産し支那に分布する。タバコガ（*Chloridea assulta* Guenée）は翅の開張 27～34mm，灰黄色。前翅の各線は波状て細く黒褐色または褐色，外横線と亜外縁線との間は暗褐色。後翅は外縁幅広く黒色。幼虫はタバコやトマトやホオズキその他の害虫，本州と九州とに産し，朝鮮，台湾，支那等に分布する。この属にはさらにワタ，トマト，トウモロコシ，豆類その他の害虫たるオオタバコガモドキ（*C. obsoleta* Fadricius）が本州に産し，朝鮮，台湾，支那，欧洲，ジャワ，インド，濠洲，北米等に分布し，アマやアサやその他の作物を食害するツメクサガ（*C. dipsacea* Linné）が北海道，本州，九州等に産し，朝鮮，満洲，支那，アムール，ウスリー，欧洲等に分布する。

290. リンガ（実蛾）科

Fam. Nycteolidae Handlirsch 1925

(*Hylophilidae* Brues et Melander)

この科はヒトリガ科の中やヤガ科の中等に包含せしめられている事が多い。しかし亜前縁脈と径脈とが基部近くから中央室の中央または中央近く迄癒合し基部に1小室を止めている事によて区別され得る。幼虫は殆んど裸体で，植物の葉を互に綴つてその中に棲息するものが多い。主に熱帯産で，比較的小さな科で，*Acontia* Ochsenheimer, *Sarrothripus* Curtis, *Earias* Hübner, *Hylophila* Hübner, *Chloeophora* Wallenburg, *Nycteola* Hübner 等が代表的な属である。本邦からは *Acontia*, *Macrochthonia*, *Gelastocera*, *Clethrophora*, *Hylophila*, *Earias*, *Kerala*, *Ariolica*, *Gabala*, *Sinna* 等の属が発見されている。

フタトガリ（*Acontia transversa* Guenée）は翅の開張37～39mm，黄色で腹部と後翅とは少しく淡橙色を帯びる。前翅は褐色の>形の内外両横線と亜外縁線とを有する。幼虫は棉の葉を綴つて食害する。本州，四国，九州等に産し，沖縄，台湾，朝鮮，支那，フィリップン，ジャワ，マラッカ，ビルマ，インド，濠洲等に分布する。ミドリキリバ（*Clethrophora distincta* Leech）は翅の開張 40mm 内外，深緑色で腹部は褐色。前翅は前縁が褐色で外縁近くに濃緑色の1横帯を有する。後翅は赤橙色。幼虫はヒビスクスの葉を食し，本州に産し，台湾と朝鮮とに分布する。アオスジアオリンガ（*Hylophila prasinana* Linné）は翅の開張37mm 内外。緑色。前翅は前後両縁と縁毛とが淡紅色，内外両横線と亜外縁線とは白色で互に平行し下内方に直線に傾斜している。後翅は淡黄緑色。幼虫は栗やクヌギやブナやハンノキやハシバミその他の葉を食し，北海道と本州とに産し，朝鮮，満洲，支那，アムール，シベリヤ，欧洲等に分布する。この属には更にクヌギの葉を食するシロスジアオリンガ（*H. sylpha* Butler）が本州に

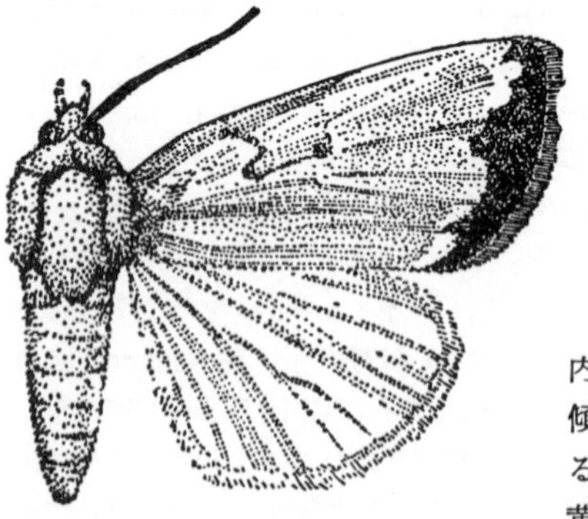

Fig. 734. ワタリンガ（河田）

産しアムール欧洲とに分布し，カシワに寄食するアカスジアオリンガ（*H. kraeffti* Graeser）が北海道と本州とに産し支那とシベリヤとに分布する。ワタリンガ（*Earias cupreoviridis* Walker）(Fig. 734) は翅の開張21〜23mm，頭胸部と前翅とは緑色で腹部と後翅とは白色。前翅は前縁基部赤色で外縁部は暗紫褐色。幼虫は棉の蕾，花，蒴等の有名な害虫で紫実虫と呼ばれ，本州，四国，九州等に産し，台湾，朝鮮，支那，ジャワ，アフリカ等に分布する。なおこの属にはヤナギの害虫たるアカマエアオリンガ（*E. pudicana* Staudinger）が本州と九州とに産し朝鮮，支那，満洲等に分布し，ツツジの新芽の害虫たるベニモンアオリンガ（*E. roseifera* Butler）が本州に産し支那とシベリヤとに分布する。

291. シヤチホコガ（天社蛾）科

Fam. Notodontidae Stephens 1829

Ceruridae Hampson 1918 は異名。Prominents や Puss Moths 等と呼ばれ，中庸大乃至大形で陰気な灰色または褐色，夜間活動性の蛾で体翅共に鱗片と毛とで被われている。口吻は明瞭か痕跡的かあるいはこれを欠き，触角は一般に簡単だが雄では櫛歯状，小顋鬚はない。後脚腿節は長毛を装い，跗節は脛節より長くない。翅は完全に鱗片から被われ，あるものは前翅の後縁に背方に突出する總を有する。肘脈は3分岐し前翅に小室が屢々存在し，後翅の7脈と8脈とは中央室の中央近くで結び付き第1肘脈はなく亜前縁脈と径脈とは分離している。腹部は充分有毛で尾毛束を有するものとしからざるものとがある。卵は円く淡色で，宿主植物上に個々または大小何れかの塊として産下される。幼虫は円筒状，裸体か有疣で有毛，下唇の凹みは深く且つ尖り，4対の腹脚は一般に存在し，尾脚は痕跡的か変形するかあるいはこれを欠き，胸脚は稀れに著しく長く静止の際に前方に保たれる。体は背瘤や顆疣や触糸や棘を具え，屢々鮮明色で条紋を有する。群棲性。あるものは腹脚のみで植物を保持し，体の前後両部を空中に隆かめて静止する。蛹は裸体で土中の室内かまたは塵芥中に粗繭の中に存在する。

世界から約2000種が発見され，その半分以上が新熱帯区に産し，東洋区とエチオペア区とに多数で，旧新両北区と濠洲区とに少ない。*Notodonta* Ochsenheimer, *Cerura* Schrank, *Hoplitis* Hübner, *Stauropus* Germar, *Drymonia* Hübner, *Lephopteryx* Stephens, *Phalera* Hübner, *Pygaera* Ochsenheimer, *Nystalea* Guénée, *Crinodes* Herrich-Schaeffer, *Dasylophia* Packard, *Dicentria* Herrich-Schäffer, *Heterocampa* Doubled, *Malocampa* Schausmann, *Chadisra* Walker, *Rifargia* Walker, *Hemiceras* Guénée その他が代表的な属で，本邦からは *Epizaranga*, *Gonoclostera*, *Micromelalopha*, *Gluphisia*, *Pterostoma*, *Ramesa*, *Ptilophora*, *Ochrostigma*, *Drymonia*, *Quadricalcarifera*, *Melalopha*, *Himeropteryx*, *Gangaridopsis*, *Euhampsonia*, *Lophodonta*, *Wilemanus*, *Leucodonta*, *Pheosia*, *Hupodonta*, *Notodonta*, *Hyperaeschra*, *Shaka*, *Nerice*, *Fentonia*, *Macrurocampa*, *Dicranura*, *Epinotodonta*, *Allodonta*, *Lophontosia*, *Lophopteryx*, *Microphalera*, *Lophocosma*, *Urodonta*, *Shachia*, *Cerura*, *Stauropus*, *Cnethodonta*, *Spatalia*, *Tarsolepis*, *Phalera* 等の属が発見されている。

ウチキシャチホコ（*Notodonta dewbowskii* Oberthür）(Fig. 735) 翅の開張 42〜52mm，頭胸部は暗赤褐色，腹部は灰褐色，前翅は暗褐色で後縁の基部と中央の後半部とは帯黄色，内外両横線は大体赤褐色。後翅は淡灰褐色。幼虫はシラカンバの葉を食し，北海道と本州とに産しシベリヤに分布する。なお同属のトビマダラシャチホコ（*N. tritophus* Esper）は北海道に産し樺太，満洲，欧洲等に分布し幼虫がシラカンバやドロノキに寄食する。クワゴモドキ（*Gonoclostera timonides* Bremer）は翅の開張 30mm 内外，赤褐色で腹部と後翅とは灰褐色。前翅は中央に暗褐色の三角大紋を有し，内横線は濃色，外横線は淡色の縁を有し，亜外縁線は濃色。後翅は時に紫灰色，淡色の外横線を有する。幼虫はヤナギの葉を食し北海道と本州とに産し，支那，シベリヤ等に分布する。ヒナシャチホコ（*Micromelalopha troglodyta* Graeser）は翅の開張 12〜14mm，褐色や黄褐色や橙褐色や暗褐色等種々。前翅は紅灰色の亜基線と内外両横線とを有し，外横線は著しく波状を呈し，亜外縁線は暗褐色。後翅は暗褐色。幼虫はヤマナラシやドロノキ等の葉を食し，本州に産しシベリヤに分布する。コフタオビシャチホコ（*Gluphisia japonica* Wileman）は翅の開張 35mm 内外，黒褐色でやや淡色の腹部を有する。前翅は暗褐色，細い黒色波状の亜基線と内外両横線とを有し，亜外縁線は濃色で著しく波状を呈し灰白色の内縁を有する。後翅は淡褐色で外

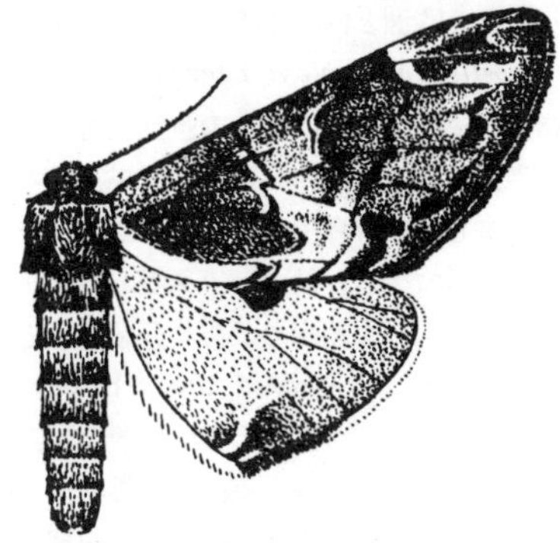

Fig. 735. ウチキシヤチホコ雄（丸毛）

縁幅広く暗褐色。幼虫はドロノキの葉を食し，北海道と本州とに分布する。オオエグリシャチホコ (*Pterostoma sinicum* Moore) は翅の開張 49～63mm，淡赤褐色で灰褐色の腹部を有する。下脣鬚は甚だ長く突出する。前翅は灰白色または灰褐色，内外両横線は鋸歯状で黄褐色で外横線は2線からなる。後翅は暗褐色。幼虫はエンジュの葉を食し，全土に産し支那とシベリヤとに分布する。クシヒゲシャチホコ (*Ptilophora plumigera* Esper) は翅の開張 31mm 内外，赤褐色で腹部は帯黄色。雄の触角は甚だ幅広く両櫛歯状。前翅は前縁黄褐色を帯び，内外両横線は淡黄褐色で共に外方に彎曲する。後翅は白色で中央に多少濃色の1横帯を有する。幼虫はカエデ，梨，スモモ，その他の植物に寄食し，北海道と本州とに産し，シベリヤと欧洲とに分布する。オオトビモンシャチホコ (*Ochrostigma manleyi* Leech) は翅の開張 40～49mm，帯紫暗褐色で帯黄灰褐色の腹部を有する。前翅は灰白色で帯紫暗褐色の鱗片を密布し，黒褐色の波状の内外両横線を有し，亜外縁線は不明瞭。後翅は淡褐色で暗褐色の外横線を有する。幼虫はクヌギ，カシ，アベマキその他の葉を食し，本州産で朝鮮に分布している。トビモンシャチホコ (*Drymonia chaon* Hübner) は翅の開張 35mm 内外，暗褐色で帯黄灰褐色の腹部を有する。前翅は白色の不明内横線と鋸歯状の外横線と中央前縁の1大紋とを有し，なお亜外縁線も白色。後翅は暗褐色で淡色の1中横帯を有する。幼虫はシイやアカガシやクヌギその他の葉を食し，本州産でシベリヤと欧州とに分布する。ブナシャチホコ (*Quadricalcarifera perdix* Moore) は翅の開張40～47mm，灰白色で黒褐色や褐色の鱗片を混ずる。前翅は黒褐色の細い亜基線と内外両横線とを有し前2者間は黒褐色，中央線は外横線に接しその後方をはさんで黒褐色紋を有する事があり，亜外縁線は新月形斑の連結からなる。後翅は灰白色。幼虫はブナその他の葉を食し，本州産で支那とインドとに分布する。ツマアカシャチホコ (*Melalopha anachoreta* Fabricius) は翅の開張33～39mm，灰褐色。前翅は灰白色の4横線を有し，中室端より外方は赤褐色で外横線の外方前半部は帯橙黄赤褐色。後翅は暗灰褐色。幼虫はヤナギその他の葉を食し，全土に産し，支那，シベリヤ，欧洲，インド等に分布する。キエグリシャチホコ (*Himeropteryx miraculosa* Staudinger) は翅の開張 47mm 内外，赤褐色で灰黄色の腹部を有する。前翅は黄色で紫褐色鱗片を散布し，基部近く後縁に紫褐色の三角紋を有し，紫褐色の内外両横線間の後半は紫褐色。後翅は淡灰黄色。幼虫はヤナギの葉を食し，北海道，本州，九州等に産し，シベリヤに分布する。セダカシャチホコ (*Euhampsonia cristata* Butler) は翅の開張 78～85mm，灰黄色で黄色の腹部を有する。前翅は基半部は橙色を帯び，橙色の細い内外両横線を有する。後翅の内縁は橙黄色。幼虫はナラの葉を食し，北海道と本州とに産し，支那とシベリヤとに分布する。モンクロギンシャチホコ (*Wilemanus bidentatus* Wileman) は翅の開張 35mm 内外，頭部は褐色，胸部は白色，腹部は灰褐色。前翅は銀灰白色で褐色を混し，基部から離れ中央迄にわたる前半に黒色の大紋を有しさらに前縁翅頂近くに黒褐色紋を有し，内外両横線と亜外縁線とは白色で何れも暗褐色で縁取られている。後翅は暗褐色。幼虫はナシの葉を食害し，本州と九州とに産し，朝鮮に分布している。モンキシロシャチホコ (*Leucodonta bicoloria* Schiffermüller) は翅の開張 35mm 内外，白色。前翅は少数の黒点列からなる亜基線と内外両横線とを有し，内横線外縁は緑黄色を呈する。幼虫はシラカンバに寄食し本州産で，シベリヤと欧洲とに分布する。シロジマシャチホコ (*Pheosia tremula* Clerck) は翅の開張 43mm 内外，頭胸部は褐色に灰白色を混ぜ，腹部は灰褐色。前翅は前半白色を帯び後半黄褐色を帯び，翅頂近くに不規則な暗褐色大紋を有しその外縁に沿い太い白色斜帯を有する。後翅は白色で黒褐色の後角部を有する。幼虫はドロノキの葉を食し，本州の山地に分布する。カバイロモクメ (*Hupodonta pulcherrima* Moore) は翅の開張 55～62mm，赤褐色で灰褐色の腹部を有する。前翅は暗黄褐色で前縁と外縁とは紫灰色，亜基線と外横線とは赤褐色で鋸歯状，内横線は黒褐色鋸歯状で中央室以下は不明瞭，亜外縁線は白色波状でその外方に赤褐色と黒色との2細線がある。後翅は暗褐色で外半に淡色の2細線を有する。幼虫はサクラの葉を食し，北海道と本州とに産しインドに分布する。クヌギシャチホコ (*Hyperaeschra biloba* Oberthür) は翅の開張 40mm 内外，赤褐色で腹部は灰褐色。前翅は灰褐色で基半部が赤褐色を呈し，内横線は淡色波状で中央室以下は黒褐色線にて縁取られ，外横線は黒褐色で外縁淡色，亜外縁線は淡色で不明瞭。後翅は灰褐色で中央は淡色横帯を有する。幼虫はクヌギの葉を食し，北海道と本州山地とに産し，シベリヤに分布する。クビワシャチホコ (*Shaka atrovittata* Bremer) は翅の開張47mm 内外，淡黄褐色で灰褐色の腹部を有する。前翅は帯緑淡黄褐色で黒褐色鱗片を散布し，基部から中央室の下方を通ずる黒色の縦条を有し，鋸歯状黒褐色の4横線を有するがその内方の3本は中央室以下にて不明。後翅は暗褐色で，中央に淡色横帯を有する。幼虫はモミジの葉を食し，北海道と本州とに産しシベリヤに分布する。ホソバシャチホコ (*Fentonia ocypete* Bremer)

は翅の開張 48mm 内外，大体紫褐色。前翅は中央室の下方と末端附近とが赤褐色を呈し，内横線は灰褐色で波状，外横線は灰白色で内縁黒線となり前半は円く外方に彎曲し後半は波状，外横線の内方に平行に１黒色線を有し，亜外縁線は淡色。後翅は淡褐色。幼虫はクヌギの葉を食し，本州と九州とに産し，支那，シベリヤ，インド等に分布する。モクメガ (*Dicranura vinula felina* Butler) は翅の開張 57～70mm，灰白色。前翅の基半部に黒色点斑からなる数横線を有し，外半部に各翅脈間に木目様の黒色の２線を有する。後翅は白色で中央室端に黒色横斑を有する。幼虫はヤナギやドロノキの葉を食し，全土に産し朝鮮とシベリヤとに分布する。この属にはさらにヤナギとドロノキの葉に寄食するオオモクメガ (*D. ernimea menciana* Moore) が本州に産し朝鮮と支那とに分布し，またナカグロモクメ (*D. lanigera* Butler) が本州と四国とに産し朝鮮とシベリヤとに分布する。エグリシャチホコ(*Lophopteryx capucina giraffina* Hübner) は翅の開張 44mm 内外，赤褐色または帯紫赤褐色で腹部は褐色または灰褐色。前翅は後縁中央にてえぐられ外縁波状，内外両横線は鋸歯状で濃色。後翅は淡褐色で臀角に黒色紋を有する。幼虫はシラカンバやシナノキやボタイジュ等の葉を食し，北海道，本州，四国等に産し，朝鮮とシベリヤとに分布する。同属にさらにモミジの害虫たるクロエグリシャチホコ (*L. saturata* Walker) が北海道と本州とに産しインドに分布する。クロスジシャチホコ(*Lophocosma atriplaga* Staudinger) は翅の開張 48～57mm，大体褐色。前翅は灰白色鱗片を散布し，前縁の基半部は白色鱗片を密布し基部近くに黒褐色短縦線を有し中央に同色の短横線を有する。内外両横線は細く鋸歯状で黒褐色。後翅は褐色で中央に不明な淡横線を有する。幼虫はハシバミやブナの葉を食し，北海道と本州とに産し，朝鮮，シベリヤ等に分布する。ギンシャチホコ (*Cerura milhauseri umbrosa* Staudinger) は翅の開張 53mm 内外，帯褐色。前翅は銀灰色で各横帯は黒褐色なれど中央部はなく，外横線と亜外縁線との間は淡黄褐色。後翅は白色で基部淡褐色，黒褐色の外横線を有する。幼虫は栗やクヌギやシラカンバその他の葉を食し，北海道と本州とに産し，支那，シベリヤ，欧洲等に分布する。シャチホコガ (*Stauropus fagi persimilis* Butler) は翅の開張 53～63mm，帯紫暗褐色。前翅は基部に白色鱗を混ぜ，黄色の細い鋸歯状の内外両横線を有し，この両線間は黒味を帯び，亜外縁線は内側白色の黒色点列からなる。後翅は前縁部広く黒褐色で淡色の中横線を有する。幼虫はナシやサクラやリンゴやその他種々な植物の葉を食する害虫で，北海道と本州とに分布する。なお同属のヒメシャチホコ (*S. basalis niphonica* Grünberg) の幼虫はイチゴの害虫で全土に分布する。ギンモンシャチホコ (*Spatalia dives* Oberthür) は翅の開張 40mm 内外，赤褐色。前翅は基部の後半部に４個の銀白色紋を有し，内横線は鋸歯状黄色で銀紋の外側のみに現われ，不明瞭な黒褐色の亜外縁線を有する。後翅は淡色。幼虫はカシ類の葉を食し，北海道と本州とに産し，シベリヤに分布する。モンクロシャチホコ (*Phalera flavescens Bremer et Grey*) は翅の開張45～58mm，黄白色で腹部は黄褐色を帯びる。前翅は黄褐色の波状横線を列し，内横線の中央室下に鉛色の円紋を有し，外横線は中心赤褐色を呈する黒色の新月形紋の１列からなり外方に鉛色の紋を列し，亜外縁線は帯白色の２線からなりその間は黒色。後翅は暗色の広横帯を外方に有する。幼虫はサクラ，リンゴ，ナシ，スモモ，ビワその他の植物の葉を食害し，全土に産し，朝鮮，支那，シベリヤ等に分布する。この属にはさらにナシやカシワ等の葉を食するツマキシャチホコ (*P. assimilis* Bremer et Grey) が全土に産し朝鮮と支那とシベリヤとに分布し，ムクノキに寄食するムクツマキシャチホコ (*P. fuscescens* Butler) が本州と四国と九州とに産し，クヌギやアベマキ等の害虫たるコツマキシャチホコ (*P. minor* Nagano)が本州に産する。

292. ドクガ（毒蛾）科

Fam. Lymantriidae Hampson 1892

Liparididae Walker (1855), *Liparidae* Hampson (1918), *Ocneridae* 等は異名。Tussock Moths と称えられ，中庸大で太く，有毛且つ有鱗片の蛾で，大部分のものは夜間活動性なれど，あるものは日中または夕暮活動性である。雄は常に有翅であるがある属 (*Hemerocampa*, *Acyphas*, *Orgyia*) の雌では痕跡的の翅を有するのみで飛翔が出来ない。触角は大部分のものでは櫛歯状または羽毛状で特に雄ではよく発達している。口吻は痕跡的かまたはなく，鬚は微かい。単眼はない。脚は密毛を装い，翅はよく発達するかまたは退化し多くの属では翅棘を具えている。雌の腹部は尾毛束を具え（それを以て卵を被う）且つ鮮明色の２個の背腺を具えている。気門は背方に蓋帽を有する。卵は屢々塊状に産下され且つ固着剤と体毛とで被われ，時に蛹殼上に産下され，ある温帯産のものでは卵にて越冬する。毛虫は大形で円筒状，長毛を装い，あるものでは毛束を装い，毛は屢々刺戟性である。ある種類は群棲性で密巣中に生活し特に幼虫にて越冬する種類例えば *Euproctis* 属のものでは顕著である。老熟すると強靱でフェルト様のしかも体毛を混入せしめた繭を作りその中に蛹化する。

この科は比較的小さな群であるが，甚だ重要な害虫を多数に包含し，温帯地方では各種果樹類や観賞用植物を著しく害する種類が多く，公園や果樹園等にて完全に加害する事が少なくない且つ毛刺による人体の被害も時に甚だしい。世界から約1,200種程が発見され，インド，濠洲区やエチオピヤ区に甚だ多く，他には比較的少ない。*Lymantria* Hübner(*Liparis* Ochsenheimer, *Porthetria* Hübner, *Psilura* Stephens), *Orgyia* Ochsenheimer (*Notolophus* Germer), *Dasychira* Stephens, *Euproctis* Hübner (*Nygmia* Kirby), *Porthesia* Stephens, *Stilpnotia* Westwood, *Hemerocampa* Dyar, *Acyphas* Walker, *Iropoca* Turner, *Ocneria* Hübner, *Laria* Hübner, *Laelia* Stephens, *Hypogymna* Hübner 等が代表的な属で，本邦からは *Euproctis*, *Porthesia*, *Topomesoides*, *Maimaia*, *Lymantria*, *Numenes*, *Ivela*, *Stilpnotia*, *Arctornis*, *Laelia*, *Cifuna*, *Orgyia*, *Dasychira* 等の属が発見されている。

マイマイガ (*Lymantria dispar* Linné) (Fig. 736) は翅の開張41(♂)〜93(♀)mm，雄は暗褐色で雌は帯褐白色。Gypsy moth と呼ばれ，世界各地に分布し，各種の果樹類は勿論，各種の森林植物等をも食害する有名な害虫である。この属には更にモミの大害虫たるハラアカマイマイ (*L. fumida* Butler) が本州と四国と九州とに分布し，クヌギやナラ類の大害虫たるカシワマイマイ (*L. mathura aurora* Butler)

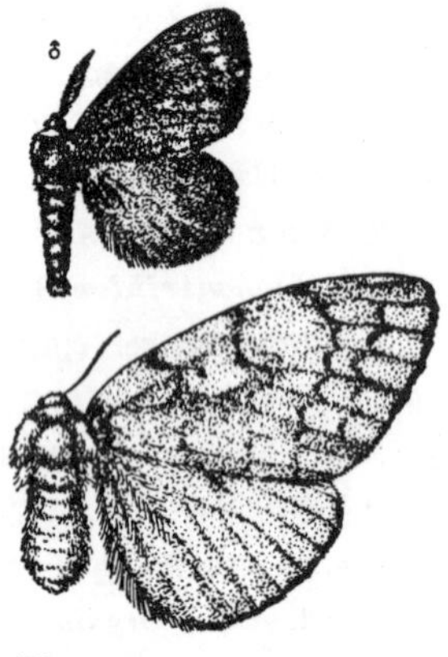

Fig. 736. マイマイガ (河田)
上図は雄，下図は雌

が本州と四国と九州とに分布し，松柏科植物の大害虫たるノンネマイマイ (*L. monacha* Linné) が北海道と本州とに産し，樺太，朝鮮，アムール，ウスリー，シベリヤ，アルメニヤ，欧洲等に分布し，サカキの害虫たるノブナガマイマイ (*L. nobunagai* Nagano) が本州に分布する。ドクガ (*Euproctis flava* Bremer) は翅の開張30〜45mm，黄色。前翅は中央に紫褐色の広い横帯を有しその両側縁は少しく淡色となり，翅頂近くに暗褐色の2点を有する。幼虫は各種の果樹類や栗やクヌギその他多数の植物を害し，本州，四国，九州等に産し，朝鮮，満洲，支那，アムール，ウスリー，シベリヤ等に分布する。成虫と幼虫との体毛が人皮に接触すると著しい痒みを与え，衛生害虫としてもよく知られている。この属には更にブナやバラ等の葉を食するクロモンドクガ (*E. nyphonis* Butler) が本州に産し朝鮮と支那とアムールとウスリーとに分布し，茶やツバキやザクロその他の害虫で且つ人類の害虫たるチャドクガ (*E. pseudoconspersa* Strand)が本州から台湾迄に分布し，アカメガシワの葉を食するフタホシドクガ(*E. staudingeri* Leech)が本州に分布し，モモやスモモやバラや柑橘やその他の植物に寄食するゴマフドクガ (*E. pulverea* Leech) が本州と四国と九州とに産し沖繩と台湾と朝鮮とに分布し，茶や柑橘の葉を食するホシキドクガ (*E. flavinata* Walker)が本州に産し台湾に分布する。キドクガ(*Porthesia piperita* Oberthür)は翅の開張24〜36mm, 黄色，前翅は基部から中央部に亘つて不　定形の紫褐色部を有し，その外縁に沿い数個の斑点を有する。幼虫はアカメガシワその他の葉を食し，北海道と本州とに産し，支那，アムール等に分布する。なおこの属にはサクラやその他の害虫たるモンシロドクガ (*P. similis* Fuessly) が全土に産し朝鮮と支那とアムールとウスリーとアルメニヤと欧洲とに分布し，クワの害虫たるクワノキンケムシ(*P. xanthocampa* Dyar) が本州と九州とに産し朝鮮と支那とに分布する。ニワトコドクガ (*Topomesoides jonasi* Butler)は翅の開張30〜37mm, 淡黄色で腹部と後翅とが白色，前翅は中央前縁近くに暗褐色の円紋を有し翅頂の前半褐色。幼虫はニワトコやバラの葉を食し，本州と九州とに産し朝鮮に分布する。ウチジロマイマイ (*Maimaia furva* Leech) は翅の開張23〜34mm，暗褐色, 前翅は黒褐色の少数斑点を散布する。幼虫はイブキやヒノキ等の害虫で，本州と四国とに産し支那に分布する。シロオビドクガ (*Numenes disparilis albofascia* Leech) は翅の開張53(♂)〜82(♀)mm，雄は黒褐色，前翅2/3の処に1本の白色横帯を有する。雌は頭胸部と前翅とが黒褐色で腹部と後翅とが黄色，前翅には基部1本と他に後角前にて互に合し後角に達する3本の黄白色横帯を有し，後翅には外縁近く黒色の2紋を有する。幼虫はブナの葉を食し，本州に分布する。キアシドクガ (*Ivela auripes* Butler) は翅の開張38〜58mm，白色。幼虫は疎らに長毛を装い黒色で黄斑を有し，ミヅキやエゴノキその他の葉を食し，北海道と本州とに産し朝鮮と支那とに分布する。ヤナギドクガ (*Stilpnotia candida* Staudinger) は翅の開張45(♂)〜64(♀)mm，白色。幼虫はヤナギやドロノキの葉を食害し，北海道と本州とに産し，朝鮮，支那，アムール，シベリヤ等に分布する。この属に更に茶やその他の葉を食するスカシドクガ (*S. cygna* Moore) が本州と四国と九州とに産し台湾からインドに分布する。ヒメシロドクガ(*Arctornis alba* Bremer)は翅の開張32〜47mm,白色。幼虫は台湾では茶の害虫,北海道と本州とに産し,台湾,朝鮮,支那,アムール,ウスリー等に分布する。なおこの属にニレやドロノキやヤナギその他の害虫たるエルモンドクガ(*A. L-nigrum* Müller)が北海道と本州とに産し,朝鮮,支那,アムール,ウスリー,アルメニヤ,欧洲等に分布する。スゲドクガ(*Laelia coenosa* Hübner)は翅の開張37(♂)〜50(♀)mm,淡褐色なれど時に殆んど白色を呈する事がある。前翅は外方各室に黒色の1点を有する。幼虫は黄白色で多毛,禾本科雑草や時に稲等の葉を食し,北海道と本州に産し,朝鮮,満洲,支那,アムール,ウスリー,欧洲等に分布する。マメドクガ(*Cifuna locuples* Walker)は翅の開張35(♂)〜47(♀)mm,茶褐色。前翅は濃色の内外両横線を有し,内横線の外方中央迄濃色で外横線の外方亜外縁線迄濃色となる。後翅は淡色。幼虫は黒色で黒色と灰白色との毛を装い背上に暗褐色の叢毛を具え,大小豆その他各種植物の葉を食害し,全土に産し,台湾,朝鮮,支那,アムール,インド等に分布する。なおこの属にはブドウの害虫としてブドウドクガ(*C. eurydice* Butler)が知られ,北海道,本州,九州等に産し,朝鮮,アムール,ウスリー等に分布する。ヒメシロモンドクガ(*Orgyia thyellina* Butler)は翅の開張27(♂)〜42(♀)mm,雄は暗褐色,前翅は茶褐色で中央前半が少しく暗青灰色を帯び,亜基線と内中外の3横線とは暗茶褐色で亜外縁線は淡色。後翅は暗褐色。雌は白色で少しく褐色を帯び雄とほぼ同様な斑紋を有し,晩秋世代のものは翅が退化する。幼虫は黒色で赤色縦線を有し,背上に黄白色叢毛を具え,サクラ,ウメ,ナシその他多種の植物の害虫として知られ,北海道と本州とに産し,朝鮮と台湾とに分布する。この属には他にリンゴやナシやサクラやウメやスグリその他の害虫としてアカモンドクガ(*O. gonostigma approximans* Butler)が北海道と本州とに産し,樺太,朝鮮,支那,満洲,シベリヤ,欧洲等に分布する。スギドクガ(*Dasychira pseudabietis* Butler)は翅の開張43(♂)〜61(♀)mm。雄は暗褐色で灰白色鱗片を混ぜる。前翅は灰白色の亜基線と内横線とを有し,外横線は暗褐色,亜外縁線は灰白色。何れも波状。雌は著しく灰白色。幼虫は緑色でスギやヒノキ等の害虫。北海道と本州とに産し,アムールに分布する。この属には更にリンゴやクヌギやモミその他の葉を食するリンゴドクガ(*D. pudibunda* Linné)が北海道,本州,四国等に分布し,樺太,台湾,朝鮮,満洲,支那,アムール,欧洲等に分布し,イタヤの害虫たるシロフドクガ(*D. albodentata* Bremer)が北海道に産し,クヌギやナラ等の害虫たるシタキドクガ(*D. aurifera* Scriba)が本州に分布し,クリやクヌギ等の害虫たるアカヒゲドクガ(*D. lunulata* Butler)が北海道と本州とに産し,樺太,満洲,アスコールド,アムール,ウスリー等に分布する。

鉤翅蛾上科 Superfamily *Drepanoidea*

Forbes 1923

この上科にはつぎの5科を包含する事ができる。

1．前翅の第2中脈は中央室末端縁の中央から生じあるいはその前方から出る。即ち肘脈が外観的に3分岐する……2

　前翅の第2中脈は中央室末端縁の中央後方から生じ,即ち肘脈が4分岐する……4

2．翅棘はよく発達し後翅の長さの1/5以上の長さ…3

　翅棘は痕跡的かまたはこれを欠く。後翅の亜前翅脈は径分脈と決して癒合する事がなく時に弱体の1繋脈によつて結び付いている(6,7対照)·Fam. *Drepanidae*

3．前翅の中央室は大形で翅の中央を著しく越えた処に達し,後翅の肘脈は外観3分岐,南欧産(*Axia* Hübner, *Epicimela* Korb)……Fam. *Axiidae* Rebel 1919

　前翅の中央室は大形でなく時に翅の中央を微かに越えるのみ,後翅の肘脈は外観4分岐,雄の翅棘は末端太まる(6対照)……Fam. *Cymatophoridae*

4．翅棘は存在し翅の長さの1/5以上……5

　翅棘は痕跡的かまたはない……7

5．鼓膜部が発達し,頭毛隆起部は退化するかまたはなく,後翅の亜前縁脈の凹みは中央室を越えた処に生じ且つ時に径分脈との癒合が生ずる……6

　鼓膜部がなく,頭毛隆起部は存在し,後翅の亜前縁脈の凹みは中央室の中央に対して位置し,肩脈は存在する(8対照)……Fam. *Callidulidae*

6．単眼はよく発達し,雄の翅棘は末端太まる(3対照)……Fam. *Cymatatophoridae*

　単眼は痕跡的,前翅は普通翅頂にて鉤状を呈する(2,7対照)……Fam. *Drepanidae*

7．前翅の第5径脈は自由,第4径脈は第3径脈から出で翅頂を越えた処に終り,外縁は波状でない。後翅の亜前縁脈は中央室前に径分脈の方に凹んでいる……8

　前翅の第2乃至第5径脈は有柄,第4径脈は第3径脈に甚だ接近し前縁に終る。後翅の亜前縁脈は中央室を越えて後に径分脈の方に凹むかまたはそれと癒合している(2,6対照)……Fam. *Drepanidae*

8．前翅の第2径脈は自由で第3と第4径脈とが有柄。後翅の後縁は長毛の2重縁毛も具えている。インドとアフリカとに産する(*Pterothysanus* Walker, *Hi-*

brildes Druce)……………………………………………
……………Fam. *Pterothysanidae* Hampson 1892

前翅の第2～4径脈は幹付けられ，後翅は長縁毛を欠く。インド，マレー産（5対照）…………………………………………………………… Fam. *Callidulidae*

以上の内つぎの3科が本邦に産する。

293. トガリバ（尖翅蛾）科

Fam. Cymatophoridae Herrch-Schäffer 1847

Thyatiridae Smith(1893) と *Polyplocidae* Meyrick (1855) とは異名。中庸大で，ヤガ科のものに類似し，屢々種々な斑紋を有する蛾。単眼は存在し，鬚は小さく，口吻は強く，触角は簡単で末端太まらず，尤も時に微かに太くなつているものもある。径室は多くは閉ざされ，第2と第3径脈とが有柄で然る後に第4，第5径脈と第1中脈とが有柄となつている。後翅の亜前縁脈は基部の凹みを有しない。距棘は2対。幼虫は円筒形で裸体，腹脚は2列の鉤爪を有し，蛹は棘を欠き葉間の微かな繭中に存在する。

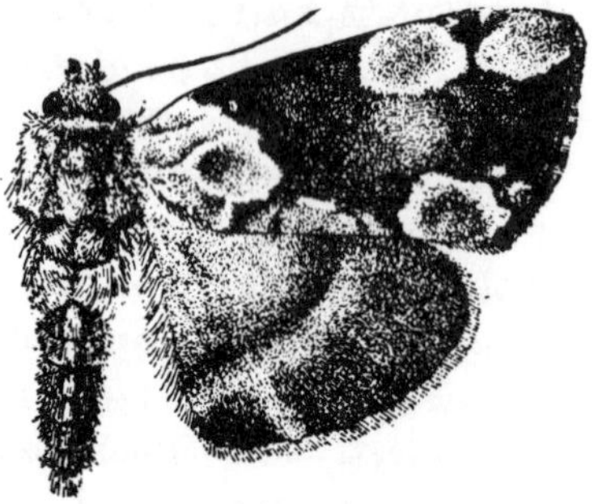

Fig. 737. モントガリバ（河田）

世界から約120種が発見され，アメリカには少数でエチオピア区には発見されない。*Cymatophora* Treitschke, *Thyatira* Hübner, *Polyploca* Hübner, *Habrosyne* Hübner 等が代表的な属で，本邦からは *Habrosyne, Thyatira, Euthyatira, Macrothyatira, Saronaga, Lithocharis, Mimopsestis, Bombycia, Polyploca* 等の属が知られている。

アヤトガリバ（*Habrosyne derasa* Linné）は翅の開張42～43mm，褐色で暗褐色の翅を有する。前翅はザクロ色を帯び翅頂尖り，内外両横線間は広く三角形に茶褐色を帯び，基部に白色斜線を有し，内横線は白色，外横線は3～4本の茶褐色の強い波状の細線からなり，亜外縁線は白色で直線。幼虫はイチゴの葉を食し，全土に産し，朝鮮と欧洲とに分布する。モントガリバ（*Thyatira batis* Linné）(Fig. 737）は翅の開張37～43mm，暗褐色。前翅は基部と前縁末端（2個）と後縁中央と後角とに帯紅白色の大紋を有し，後翅は暗色の外横帯を有する。幼虫はイチゴやスグリ等の葉を食し，全土に産し，樺太，満洲，支那，アムール，ウスリー，欧洲等に分布する。マユミトガリバ（*Polyploca arctipennis* Butler）は翅の開張35～40mm，灰色。前翅の内外両横帯は甚だ幅広で各4本の灰黒色線からなり，亜外縁線は灰白色。後翅は白色で微かに褐色を帯びる。幼虫はクヌギやナラやマユミ等の葉を食し，北海道と本州とに分布する。ホソトガリバ（*Bombycia intensa* Butler）は翅の開張48～50mm，灰暗褐色で腹部と後翅とが褐色。前翅の横線は凡て波状で，亜基線は黒色，内外両横帯は甚だ幅広で黒褐色を帯び各3本の黒色線を列し，これ等両帯の中間は広く灰白色，亜外縁線は内側に灰白色を伴う黒色点列からなる。後翅は中央と外縁部とが暗色を帯びる。幼虫はイチゴの葉を食し，北海道，本州，九州等に分布する。なおこの属にはシラカンバの葉を食するヒトテントガリバ（*B. fluctuosa* Hübner）が北海道と本州とに産し，欧洲に分布しモミやハンノキ等の葉を食するフタテントガリバ（*B. duplaris* Linné）が本州に産しシベリヤと欧洲とに分布する。

294. カギバガ（鉤翅蛾）科

Fam. Drepanidae Comstock 1893

Drepanulidae Walker (1855) は異名。体は比較的細く中庸大の蛾で，屢々大形の鉤状翅頂を有する前翅を具え，翅は一般に僅かに鱗片を装う。単眼は痕跡的，鬚は多くは小形，口吻は長く，触角は簡単かまたは櫛歯状。前翅の第2中脈が第3中脈に近く位置し，第2～第4径脈は有柄，径室は多少明瞭となつている。後翅は翅棘を具えまたはなく，亜前縁脈は屢々基部凹環を有する。距棘はある。卵は円く微点刻を布し，幼虫は多少細く第13節に把握器を欠き，尾端は細長い1突起に延び，この突起は静止の際に高められる。腹部のある環節は屢々背隆を有する。蛹は繭の中に在つて一般に地上で葉間に存在する。

世界から約250種程発見され，多くはインド・マレー区に産し，アメリカには甚だ少数で，旧北区とエチオピヤ区とにはかなり産する。*Drepana* Schrank, *Cilix* Leech, *Euchera* Hübner, *Edapteryx* Packard, *Oreta* Walker 等が代表的な属で，本邦からは *Hypsomadius, Oreta, Deroca, Konjikia, Albara, Callidrepana, Drepana, Falcaria, Leucodrepanilla, Auzata, Macrauzata, Macrocilix, Euchera* 等の属が発見されている。

アカウラカギバ（*Hypsomadius insignis* Butler）は翅の開張37～46mm，灰暗褐色，翅には疎に暗色点が散布する。前後両翅の内横線と後翅の外横線とは赤褐色で細く，前翅の外横線は赤褐色で翅頂近くから後縁の中央前に殆んど直線に走る。幼虫はユズリハの葉を食し，本州，四国，九州等に産し，台湾に分布する，クロスジカキバ（*Oreta calida* Butler）は翅の開張 38～42mm，暗赤褐色で翅は黒点を散布する。前後両翅に暗褐色の内横線を有し，外横線は黒色で前翅のものは翅頂近くで鋭角に内方に曲る。幼虫はガマズミやサンゴジュ等の葉を食し，北海道と本州とに分布する。なおこの属にはガマズミの葉を食するアシベニカキバ（*O. pulchripes* Butler）が北海道と本州とに産し，沖縄，台湾，満洲，支那，アムール，ウスリー等に分布する。ウコンカギバ（*Konjikia crocea* Leech）は翅の開張 39～46mm，橙黄色で褐色を帯びる。両翅共に内横線は数個の褐色点からなり外横線は暗褐色で前翅のものは波状となり後翅では鋸歯状，亜外縁線は黒色小点列からなり前翅の第３と第４点は大形。幼虫はクヌギの葉を食し，本州と九州とに産し，台湾と支那とに分布する。ヤマトカギバ（*Albara japonica* Moore）は翅の開張 30～37mm，暗灰色。前後両翅共に橙黄色の殆んど１直線に近い内外両横線を有し，各線の中間縁は暗茶褐色となる。幼虫はクヌギやコナラ等の葉を食し，本州と九州とに産しインドに分布する。なお同様な植物を害するマエキカギバ（*A. scabiosa* Butler）が本州と九州とに産し，朝鮮，満洲，支那，アムール等に分布する。ウスオビカギバ（*Drepana harpagula* Esper）（Fig. 738）は翅の開張38～46mm，褐色。前翅の内外両横線は暗褐色，亜外縁線は少しく灰色を帯び，外縁部は暗青色。幼虫はモミやシナノキ等の葉を食し，北海道と本州とに産し，樺太，アムール，欧洲等に分布する。オビカキバ（*Falcaria curvatula* Borkhausen）は翅の開張 35～42mm，褐色。両翅には暗褐色鋸歯状の５横線を有する。幼虫はハンノキその他の葉を食し，北海道と本州とに産し，朝鮮，満洲，支那，アムール，ウスリー，欧洲等に分布する。ヒトツメカギバ（*Auzata superba* Butler）は翅の開張30～48mm，白色。前翅は不明斑紋からなる２横線を有しその間に黄褐色の楕円形大紋を有し，後翅は内横線と亜外縁線とが暗色斑列からなり，外横線は２本の暗色線からなる。幼虫は緑色で赤色の頭部を有し，ミヅキ類の葉を食し，北海道，本州，九州等に産し，朝鮮と支那とに分布する。スカシカギバ（*Macrauzata fenestraria* Moore）は翅の開張54～58mm，淡褐色。両翅共に中央に半透明の広い部分があり，その周辺を細い暗褐色線で縁取り更にその外周に２本の暗褐色線があり，亜外縁線は波状で白色。幼虫は黒褐色で純白色部を有し一見鳥糞に似ている。ウマメガシやクヌギその他の葉を食し，本州，四国，九州等に産し，インドに分布する。

Fig. 738. ウスオビカギバ（河田）

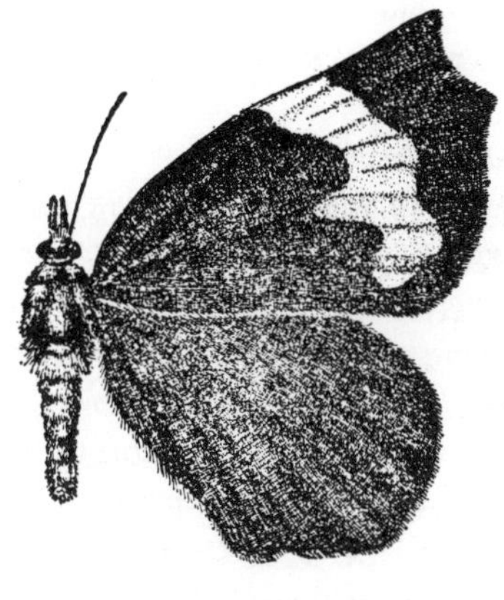

Fig. 739. イカリモンガ（河田）

295. イカリモンガ（錨紋蛾）科
Fam. Callidulidae Moore 1877

弱体の中庸大の蛾で，外観が蝶に似て，日中活動性。前翅の第２乃至第４径脈は有柄，第５径脈は中央室から自由。後翅は２臀脈を有し，中央室は開口。

インドマレー区が主産地で，約50種類が発見されている。本邦からはイカリモンガ（*Pterodecta felderi* Bremer）（Fig. 739）が知られ，翅の開張31～34mm，暗褐色，前翅の斑紋は朱色で，中央室に灰色の２小斑を有し，中央室端に白色の１点を有する。後翅は少しく赤色を帯び，中央室端に灰色の１紋を有する。全土に産し，台湾，朝鮮，満洲，支那，アムール等に分布する。幼虫は緑色で，羊歯類を食する。

燕蛾上科 Superfamily *Uranioidea*
Forbes 1923

この上科はつぎの３科に分類する事が出来る。

1．翅刺はよく発達し後翅の長さの 1/5 より長い………………………………………………… Fam. *Epiplemidae*

　翅刺は痕跡的かまたはない……………………………… 2

2．翅刺は痕跡的，後翅の亜前縁脈は基部近くから径脈から鋭く拡がり，前翅の第４と第５との径脈は有柄で第３径脈から広く分離している。中庸大で太く，有毛の蛾で，翅の後縁は屢々割れまたは凹んでいる。主として新熱帯産で，北米に少数産する（*Mimallo* Hübner，*Cicinnus* Bl.＝*Perophora* Harr.，*Lacosoma*

Grote) ……… Fam. *Mimallonidae* Burmeister 1878 (*Protopsychidae* Grote 1895, *Lacosomidae* Comstock 1895, *Perophoridae* Hampson 1898)。

翅刺はなく，後翅の前縁部基部が著しく広く，一般に尖る後角または尾を有する………………………………………………………………………… Fam. *Uraniidae*

以上の3科の中つぎの2科が本邦に産する。

296. ツバメガ（燕蛾）科

Fam. Uraniidae Westwood 1840

Microniidae Butler 1879 は異名。中庸大乃至大形，屢々華麗な色彩の蝶にまた他のものはシャクガ科のものに似た蛾である。複眼は裸体，触角は簡単，口吻は長く，鬚は細い。後翅の亜前縁脈は基部においてのみ径脈と結合し，翅刺はない。幼虫は種々な構造のものがあるが腹脚は全部発達し，***Nyctalemon*** 属のものは長い白色の綿状糸を密に装う。蛹はゆるやかな繭中に存在する。

熱帯のアジアとアメリカとに多産。*Urania* Fabricius, *Alcidis* Hübner, *Nyctalemon* Dalmer 等が代表的な属で，本邦からは *Decetia*, *Acropteris Schistomitra*, *Psychostrophia* 等の属が発見されている。ギンツバメ (*Acropteris iphiata* Guénée) (Fig. 740) は翅の開張約 30mm 内外，白色，翅の模様は暗灰色。北海道，本州，九州等に産し，満洲，支那，アムール，ウスリー，ビルマ，インド等に分布する。キンモンガ (*Psychostrophia melanargia* Butler) は翅の開張 36～40mm，黒色，前翅は黄色の数紋を有し，その1つは基部から中央室中央迄に三角形となり，第2はその外方に太い横紋となり，その他は更に外方に存する。後翅は基部と外縁部とが黒色で，しかも同外縁部に数個の黄色紋を列する。本州，四国，九州等に分布する。

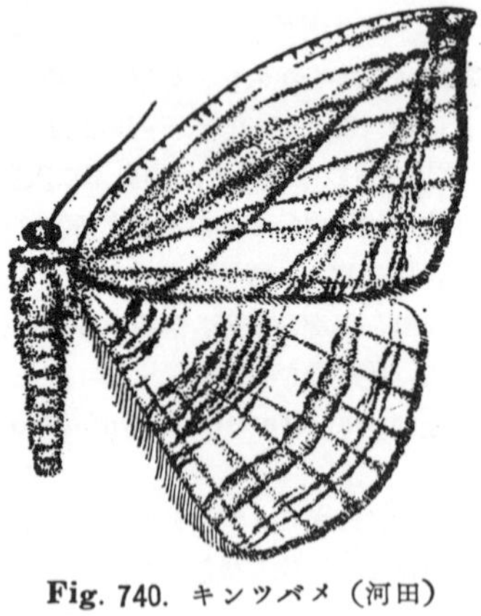

Fig. 740. キンツバメ（河田）

297. フタオガ（二尾蛾）科

Fam. Epiplemidae Hampson 1892

この科はツバメガ科やシャクガ科等に屢々包含せしめられている。小形乃至中庸大，細い体を有し，種々の色彩を有する蛾で，触角は簡単かまたは櫛歯状，後翅は翅刺を有し，亜前縁脈は基部においてのみ径脈を結合し，複眼は裸体。幼虫は疎に毛を装い，8対の脚を具えている。

Fig. 741. クロホシフタオ（河田）

かなり多数の種類が発見され，多くは暖国産。*Epiplema* Herrich-Schäffer, *Nedusia* Herrich-Schäffer, *Meleaba* Walker, *Urapteroides* Moore 等が代表的な属で，本邦からは第1の属のみが発見されている。クロホシフタオ (*Epiplema moza* Butler) (Fig. 741) は翅の開張 23～28mm，雄の触角は櫛歯状，灰褐色，前後両翅の各横線は暗褐色。北海道，本州，九州等に産し，インドに分布する。

雀蛾上科 Superfamily *Sphingoidea*

Dyar 1902

この上科はつぎのスズメガ科のみからなる。

298. スズメガ（雀蛾）科

Fam. Sphingidae Leach 1819)

Smerinthidae Burmeister 1878 は異名。Sphinx Moths, Howkmoths, Hummingbird Moths, Sphingids 等と称えられ，ドイツでは Schwärmer と，フランスでは Sphingidés と夫々呼んでいる。大部分のものは大形，美麗，体は太く，日中や夕暮や夜間活動性で，活潑で強飛の蛾。体は有毛で，顕著な色彩模様に密着鱗片にて被われている。頭部は比較的大形，複眼は顕著で裸体，触角は普通末端の方に太まり且つ尖端が鉤状となり雄のものは縁毛を付するかまたは櫛歯状，口吻は屢々著しく長く 250mm 以上にも達するものがあるがその反対に退化しあるいは殆んどないものもあり，鬚は存在する。翅は大形で細く且つ屢々尖り傾斜し且つ稀れに各脈間がえぐれている外縁を有し，前翅は後翅より著しく大形で且つ屢々隠色であるがその場合に光輝ある後翅を有し，厚く鱗片を装つているかまたは部分的あるいは全面裸体で透明，翅刺はよく発達し，ある前縁脈と径脈とは中央室の中央かまたは直前かで1横脈によつて結びつき然る後中央室の末端迄平行に走つている。腹部は太く且つ尾端尖りあるいは紡錘状，あるものでは尾端に拡張可能の毛総を具えている。

幼虫（イモムシ）即ち Hornworms は大形で太く，

円筒形，表面滑か顆粒付けられあるいは疣を列し稀れに細毛を装い，前方の5節は伸縮自由，各環節は6～8の擬節を有し，擬脚は5対，第8節上の所謂尾角（Posterior horn）は第1令虫では一般に存在し全令を通じてあるかまたは減退し痕跡かあるいは疣として止まるものもあり，体表に縦と側斜との線を有し且つ気門の周辺に顕著な紋を有するもの等がある。幼虫は全部食草性で一般に単棲性なれど，時に非常な多数が一所に棲息して植物に大害を与える事もある。老熟すると地上の塵屑等の中に薄い繭を作つたりまたは地中に土室を造営したりしてその中で蛹化する。蛹は普通滑かで光沢を有し，赤褐色，円筒形で後端尖り，口吻が体と共に包まれるかまたは分離して水差の握の様になつている。温帯地方の種類ではよくこの蛹の状態で越冬する。

成虫は普通よく知られている顕著な蛾で，最も速力の早い飛行をする昆虫の部類で，長い間継続して飛翔する性を有し且つあるものは広分布，例えばエビガラスズメや Pink-spotted hawkmoth (*Herse cingulata* Fabricius) や Deaths' head moth (*Acherontia atropos* Linné) や White-lined sphinx (*Deilephila lineata* Fabricius) や Oleander hawkmoth (*Daphnis nerii* Linné) 等は長距離の移住を行う。而してそれ等のあるものは数百哩も海を越えて飛行する事が認められている。飛翔は多く夕暮からであるが，*Cephonodes* Hübner や *Haemorrhagia* Grote et Robinson 等の属は日中活動性で，*Acherontia* Laspeyres 属の如きは全く夜間活動性である。成虫は種々な植物の花から蜜を吸収し，多数の有用植物の交雑に適していると考えられている。彼等の大さは小は翅の開張32mm，大は215mm に達する。熱帯地方は年2回の発生が普通だが温帯では1回である。

世界から約170属900種が発見され，つぎの4亜科に分類する事が出来る。

1．下唇鬚の第1節の内側に感覚毛塊を有する………2
　下唇鬚の第1節の内側に感覚毛塊を欠く…………3
2．頭部と複眼とは多くは大形，下唇鬚の中節は太い。後翅の第1中脈は中央室から離れている……………………………………………… Subfam. *Macroglossinae*
　前者と殆んど変りがないが，多くのものは腹部が漸次後方に細まり，背面に線条紋を有し，尾毛束を有する事がなく，翅には普通明瞭な線条紋を有する………………………………………… Subfam. *Deilephilinae*
3．頭部と複眼とは大形，下唇鬚の中節は明瞭に太まり，後翅の第1中脈は中央室から出る…………………………………………………… Subfam. *Sphinginae*
　頭部と複眼とは比較的小形，下唇鬚の中節は太くなく，後翅の第1中脈は径脈から出る…………………………………………………… Subfam. *Smerinthinae*

1. セスジスズメガ亜科

Subfamily *Deilephilinae* Handlirsch 1925

この亜科のものは大体大形で，頭胸腹部と前翅とは線条の模様を付け，腹部は滑かに鱗片を装い尾端細く尖り，前翅の翅頂は鋭く幾分鈎形を呈するものが多い。世界より約160種が知られ，*Deilephila* Laspeyer (=*Celerio* Oken)，*Xylophanes* Hübner, *Pergesa* Walker, *Hippotion* Hübner, *Theretra* Hübner 等が代表的な属で，本邦からは *Theretra*, *Pergesa*, *Rhagastis* 等の属が発見されている。コスズメ (*Theretra japonica* De L'Orza) (Fig. 742) は翅の開張68～72mm，体は緑褐色，前翅は黄褐色，斜線は暗色，後翅は黒褐色で後角附近は灰橙色。幼虫はブドウ，ツタ，ヤブカラシその他の葉を食し，全土に産し，台湾，支那，アムール等に分布する。

Fig. 742. コスズメ（河田）

この属には更にヤマノイモに寄食するキイロスズメ (*T. nessus* Drury) が本州，四国，九州等に産し，沖縄，台湾，支那，東洋区に分布する。またサトイモ，サツマイモ，ジャガイモ，ヤブカラシその他の植物の葉を食害するセスジスズメ (*T. oldenlandiae* Fabricius) が全土に産し，台湾，支那，マレー，セイロン，ニューギニヤ等に分布する。またサトイモその他の害虫であるイッポンセスジスズメ (*T. silhetensis* Walker) が九州に産し，沖縄，台湾，支那，ジャワ，ボルネオ，セイロン等に分布する。ヒメスズメ (*Pergesa askoldensis* Oberthür) は翅の開張51～54mm，橙褐色，腹部には線条を欠く，前翅は外縁幾分鋸歯を呈し，帯褐紅白色で基部と前縁とは灰白色を帯び，亜基線と外横線とは暗褐色，内横線は濃褐色で後半なく，亜外縁線は暗褐色で翅頂から出で多少鋸歯状を呈する。後翅は基部と外縁部とが帯黒色。幼虫はブドウの葉を食し，北海道と本州とに産し，満洲とアムールとに分布する。なほこの属にはホウセンカ，ミゾハギ，カワラマツバ，マツコイグサ，ツキミソウその他の葉を食するベニスズメ (*P.*

elpenor lewisi Butler が全土に産し，樺太，台湾，支那等に分布する。ビロウドスズメ（*Rhagastis mongoliana* Butler）は翅の開張約 60mm 内外，褐色で暗緑色を帯び，前翅は所により茶褐色を帯び外縁部灰褐色。線条紋は殆んど脈上の黒点からなる。後翅は黒色，後角近くに褐橙色の1斜帯を有する。幼虫はツタやヤブカラシの葉を食し，本州，四国，九州等に産し，支那とアムールとに分布する。

2. ホウジャクガ亜科

Subfamily *Macroglossinae* Grote 1865

この亜科のものは大体腹部に毛が多く特に *Macroglossum* 属のものでは尾端に毛総を具えている。且つまた線条紋を欠く。前翅はときに *Cephonodes* 属の如く殆んど前面に鱗片を欠き，他のものでは翅頂からの線条を欠いている。世界か 360 種あまりが発見され，*Macroglossum* Scopoli, *Ascomeryx* Boisduval, *Cephonodes* Hübner, *Haemorrhagia* Grote, *Isognathus* Felder, *Erinnyis* Hübner, *Pachylia* Walker, *Madoryx* Boisduval, *Hemeroplanes* Hübner, *Aleuron* Boisduval, *Epistor* Boisduval, *Perigonia* Herrich-Schäffer, *Aellopus* Hübner, *Pholus* Hübner, *Chaerocampa* Dupont, *Panacra* Walker, *Nephele* Hübner, *Temnora* Walker, *Proserpinus* Hübner 等が代表的な属で，本邦からは最初の4属の他に *Gurelca*, *Ampelophaga*, *Phyllosphingia* 等の属が知られている。

ホウジャクガ（*Macroglossum stellatarum* Linné）(Fig. 743) は翅の開張 48～50mm，暗灰褐色。前翅は内横線から内方少しく暗色を呈し，内外両横線は黒色。後翅は褐橙色，基部と外縁とは暗褐色。幼虫はカワラマツバ，ヘクソカヅラ，アカネ等の葉を食し，全土に産し，樺太，朝鮮，満洲，欧洲等に分布する。この属には更にアカネやアケビやヘクソカヅラ等の葉を食するヒメクロホウジャク（*M. bombylans* Boisduval）が全土に産し，インドに分布し，ヘクソカブラの葉に寄食するホシホウジャク（*M. pyrrhosticta* Butler）が北海道と本州とに産し台湾，朝鮮，沖縄，支那，ロンボック，セイロン等に分布し，ユヅリハの葉を食するクロホウジャク（*M. saga* Butler）が全土に産し台湾，支那，マレー，インド等に分布する。ヒメホウジャク（*Gurelca masuriensis sangaica* Butler）は翅の開張 40～45mm，茶褐色。前翅は甚だしく彎曲する後縁を有し外縁は波状，基部 1/3 に 3 本外方 1/3 に 4 本のそれぞれ波状の暗色横線を有し，これ等両部の中間と外縁部とに暗褐色紋を有する。後翅は橙黄色で外縁広く暗褐色。幼虫はヘクソカヅラの葉を食し，全土に産し，台湾，朝鮮，支那等に分布する。クロクモスズメ（*Acosmeryx castanea* Rothschild et Jordan）は翅の開張 83～90mm，紫褐色。前翅は濃色の多数の波状横線を有し，前縁の中央から外角に向う濃色の1斜帯を有しその外方は三角に淡色となつている。後翅は外縁の内方赤褐色を帯びる。幼虫はブドウやヤブガラシ等の葉を食し，北海道と本州とに産し，台湾，支那，等に分布する。この属のハネナガブドウスズメガ（*A. naga* Moore）はブドウの害虫で，全土に産し，沖縄，支那，マレー，インド等に分布する。クルマスズメ（*Ampelophaga rubiginosa* Bremer et Grey）は翅の開張 68mm 内外，茶褐色で体の背面に淡紅色の1中縦線を有する。前翅は翅頂突出し，亜基線，内・中・外の各横線は暗色で中横線幅広となる。後翅は黒褐色，外縁と後角部とは少しく茶褐色を帯びる。幼虫はブドウやビャクレンやリンゴやヤナギその他の害虫で，全土に産し，朝鮮，満洲，支那，アムール，インド等に分布する。オオスカシバ (*Cephonodes hylas* Linné) は翅の開張 67mm 内外，黄緑色で黄色の腹部を有しその第4節は黒色，翅は透明。幼虫はクチナシの葉を食し，本州，四国，九州等に産し，沖縄，台湾，支那，インド等に分布する。スキバホウジャク (*Haemorrhagia radians* Walker) は翅の開張 44mm 内外，黄褐色。翅は透明，前翅は前縁と外縁広くとが黒色で外縁帯の内縁は鋸歯状となり，後翅は外縁黒色で後縁黄色。幼虫はアカネやスイカヅラ等の葉を食し，本州，四国，九州等に産し，沖縄，朝鮮，満洲，支那，アムール等に分布する。なお全土に産し朝鮮，支那，アムール等に分布するクロスキバホウジャク（*H. fuciformis affinis* Bremer）はオミナメシの葉を食する。エゾスズメ（*Phyllosphingia dissimilis* Bremer）は翅の開張 98mm 内外，灰紫褐色で体の背面に黒色の1中縦条がある。前翅はやや暗色の内外両横線を有し，前縁中央に大形の黒色紋を有し，外縁部は暗色で紫灰色を帯びる。後翅は波状の3横帯を有し，外縁部は紫灰色を帯びる。幼虫はクルミの葉を食し，北海道，本州，九州等に産し，台湾，アムール，シベリヤ等に分布する。

Fig. 743. ホウジャクガ（河田）

3. ウチスズメガ亜科

Subfamily *Smerinthinae* Hampson 1918

翅頂は殆んど常に鋭く且つ後角も突出している。約180種内外が知られ，*Smerinthus* Latreille, *Oxyambulyx* Rothschild et Jordan, *Mimas* Hübner, *Amorpha* Hübner, *Marumba* Moore, *Clanis* Hübner, *Protambulyx* Rothschild et Jordan, *Amplypterus* Hübner, *Polyptychus* Hübner 等が代表的な属で，本邦からは最初の6属の他に *Langia*, *Callambulyx*, *Parum* 等の3属が発見されている。

ウチスズメ (*Smerinthus planus* Walker) (Fig. 744) は翅の開張 80mm 内外，灰褐色。前翅の内外両横線間と外縁の大紋とは褐色，横線は凡て濃色。後翅の眼状紋は中央淡黒色で周囲は青白色，その外輪は黒色。幼虫はサクラ，リンゴ，ウメ，ヤナギ，ドロノキその他の害虫で，全土に産し，朝鮮，満洲，シベリヤ等に分布する。この属のヒメウチスズメ (*S. caecus* Ménétriés) は幼虫がヤナギに寄食し，北海道に産し，樺太，朝鮮，関東洲，満洲，北支，アスコールド，バイカル等に分布する。ノコギリスズメ (*Amorpha amurensis* Staudinger) は翅の開張 92～98mm，暗灰色。翅は外縁鋸歯状，前翅の翅脈は灰黄色，翅全体に殆んど斑紋がない。幼虫はヤナギやドロノキの葉を食し，北海道，本州等に産し，樺太，満洲，アムール，ロシア等に分布する。ギンボシスズメ (*Parum colligata* Walker) は翅の開張 72mm 内外，褐緑色。前翅は灰色の亜基線と内横線とを有し，外横線は暗紫色，亜基線と外横線との間は茶褐色を帯びる。後翅は黒色で淡色の外横線を有する。幼虫はコウゾの葉を食し，北海道，本州，九州等に産し，台湾，支那等に分布する。ウンモンスズメ (*Callambulyx tatarinovi* Bremer et Grey) は翅の開張 75mm 内外，灰緑色で腹部背上に紫褐色の中縦条を有する。前翅は鈍緑色の内外両横線を有し，内横線の外側は広く緑色，翅頂に鈍緑色の三角形紋を有する。後翅は中央広く紅色，後角に近く鈍緑色の紋を有する。幼虫はケヤキの害虫，北海道，本州，九州等に産し，朝鮮，満洲，アムール，シベリヤ等に分布する。ヒサゴスズメ (*Mimas tiliae christophi* Staudinger) は翅の開張 56～60mm，茶褐色，腹部は暗褐色で各節後縁細く帯褐白色。前翅は各横線が濃色なれど不明瞭，中央に濃色のY字形大紋を有し，外横線から外縁までは濃色でその中に淡色の亜外縁線と翅頂紋とを有する。後翅は基部の方に漸次淡色となる。幼虫はニレ，シナノキ，ハンノキその他の葉を食し，北海道と本州とに産し，朝鮮，満洲等に分布する。オオシモフリスズメ (*Langia zenzeroides nawai* Rothschild et Jordan) は翅の開張 145～157mm，藍灰色，腹部は末端以外が褐灰色。前翅は基部から翅頂に亘り中央部白色を帯び，全面に黒紫色と淡黄色との細点を散布し，黒紫色の3斜横線を有し，亜外線は白色。後翅は褐灰色で後角近くに白色と黒紫色との数条斑を有する。幼虫はウメ，アンズ，スモモその他の葉を食し，本州と九州とに産し，台湾に分布する。モモスズメ (*Marumba gaschkewitschi echephron* Boisduval) は翅の開張 90mm 内外，帯紫暗褐色，体の背面に黒色1縦条を有する。前翅は各3本からなる濃色波状の内外両横線を有し，後角前に黒色の1斑を有し，亜外縁線の外方は黒色を帯びる。後翅は基部から中央にかけて広く紅色，後角近くに黒色の2紋を有する。幼虫はモモ，サクラ，リンゴ，ナシ，ビワ，スモモ，マルメロ等の葉を食し，全土に分布している。この属には更に栗やクヌギや樫類等の害虫としてクチバスズメ (*M. sperchius* Ménétriès) が全土に産し，台湾，沖縄，満洲，支那，アムール等に分布し，シナノキの葉を害するヒメクチバスズメ (*M. jankowskii* Oberthürr) が北海道と本州とに産し，満洲，アスコールド，アムール，シベリヤ等に分布する。トビイロスズメ (*Clanis bilineata* Walker) は翅の開張 100～115mm，緑黄褐色で頭胸部に暗紫色の細い背線を有する。前翅は前縁中央に淡色の大きな半円紋を有し，その他の中央部と外縁部とは濃色を帯び，濃色なれど不明瞭な波状の6横線を有する。後翅は暗褐色で赭色を帯び，基部と後角部との一帯は黄褐色。幼虫はダイズやニセアカシヤ等の葉を食し，本州，九州等に産し，朝鮮，台湾，支那，インド等に分布する。フトオビホソバスズメ (*Oxyambulyx japonica* Rothschild) は翅の開張 100mm内外，灰色，胸背の両側は太く緑褐色，腹部第6，第7節の両側に緑褐色紋を有する。前翅は甚だ太い緑褐色の内横帯と2個の細い波状線からなる外横線とを有し，亜外縁線は黒色で翅頂から発しその内側は広く緑褐色，基部と横脈上とに各黒色点を有する。後翅は灰橙色で後縁広く淡黒色，淡黒色の波状線を有する。本州，九州等に産し，朝鮮に分布する。

Fig. 744. ウチスズメ (河田)

4. スズメガ亜科

Subfamily *Sphinginae* Grote 1865

多数の大形種を含み，前翅は比較的細く外縁と後縁とが刳られる事がない。約150種内外の程度が発見され，*Sphinx* Linné, *Kentrochrysalis* Staudinger, *Acherontia* Laspeyer, *Herse* Oken, *Cocytius* Hübner, *Propoparce* Burmeister, *Dolba* Walker 等が代表的な属で，最初の4属の他に *Meganoton, Psilogramma, Dolbina* 等の属が本邦から知られている。

クロスズメ (*Sphinx caligineus* Butler) (Fig. 745) は翅の開張60～80mm，暗灰色で茶褐色を帯びる。前翅の後縁は少し茶褐色を帯び，内外両横帯は不明瞭で少しく暗色。後翅は暗褐色。幼虫はエゾマツやアカトドその他の葉を食し，全土に産し，樺太と満洲とに分布する。この属には更に松類の害虫たるマツクロスズメ (*S. pinastri morio* Rothschild et Jordan) が北海道と本州とに産し，ハシドイ，トネリコ，ネズミモチ，オオバイボタ等の葉を食するコエビガラスズメ (*S. ligustri constricta* Butler) が北海道，本州等に産し，千島，満洲，支那，アムール等に分布する。サザナミスズメ (*Dolbina tancrei* Staudinger) は翅の開張50～70mm，暗黄灰色，前翅は黒色の各3本の波状線からなる内外両横帯を有し，亜外縁線は白色波状なれど明瞭でない。後翅は暗褐色。幼虫はトネリコ，イボタ，ネズミモチ等の葉を食し，北海道，本州等に産し，朝鮮，アムール等に分布する。シモフリスズメ (*Psilogramma increta* Walker) は翅の開張105～130mm，暗灰色，胸腹両背上に黒色縦条を有する。前翅は暗色の波状横線を数本有し，中央に黒色縦条を有し，亜外縁線は黒色の点列からなる。後翅は殆んど黒色で後角のみ少しく灰色。幼虫はキリ，イボタ，クサギ，ゴマその他の葉を食し，全土に分布する。エゾシモフリスズメ (*Meganoton scribae* Austant) は翅の開張110mm内外，暗灰色，腹部は黄褐色鱗片を散布する。前翅は後縁基部に黒褐色毛を生じ，各横線は波状で濃色なれど前半部のみ明瞭，中央に黒褐色の縦斑を有する。後翅は暗褐色。幼虫はホオノキやドロノキの葉を食し，北海道，本州等に産し，台湾に分布する。メンガタスズメ (*Acherontia styx crathis* Rothschild et Jordan) は翅の開張110mm，胸部は帯青灰黒色で黒色と黄色との線で人面様の斑紋を現わし後部に碧色線を有し，腹部は黄色で藍色の背線と各節黒色横帯とを有する。前翅は黒色で微細の白色点を散布し，各数個の黒色波状線からなる内外両横帯を有する。後翅は黄色で2本の黒色斜帯を有する。幼虫はゴマ，ナス，ジャガイモ，エンドウその他の害虫．本州，四国，九州等に産し，支那，マレー等に分布する。なおこの属のクロメンガタスズメ (*A. lachesis* Fabricius) はアサ，タバコ，フジマメ，キササゲ等の葉を食し，九州に産し，台湾，支那，インド，セイロン，マラッカ等に分布する。エビガラスズメ (*Herse convolvuli* Linné) は翅の開張100～120mm，暗灰色，胸部は少しく褐色を帯び黒色縦条を有し，腹背は灰色で各節に白色，赤色，黒色等の3横帯を有する。前翅は所により少しく茶褐色を帯び，各2本の黒色鋸歯状線からなる内・中・外の横帯を有し，翅頂には多少屈曲する黒色斜線を有する。後翅は暗色の4横帯を有する。幼虫はサツマイモ，アサガオその他の害虫で，全土に産し，台湾に分布する。

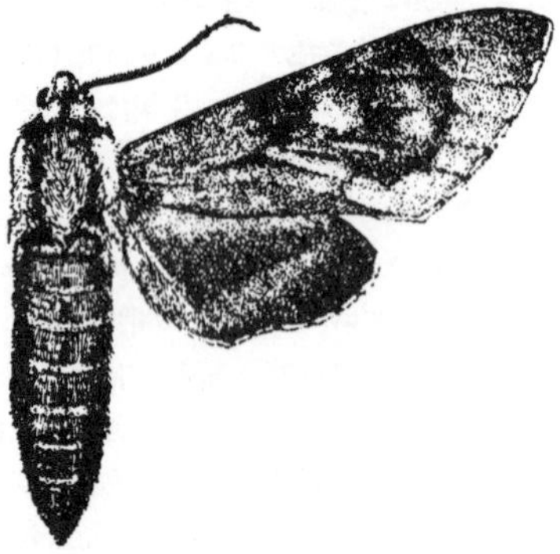

Fig. 745. クロスズメ（河田）

尺蠖蛾上科 Subfamily *Geometroidea* Forbes 1923

この上科はつぎの9科に分類する事が出来る。

1．後翅の亜前縁脈は基部にて強く角張るかまたは稀れに膨らみて彎曲し，その曲部には普通1本の肩横脈を有し，しかる後中央室に沿いある距離間径分脈に甚だ接近しているかまたは癒合している。鬚と口吻とはよく発達し，頭毛隆起部はある……………………………2

後翅の亜前縁脈は直線かまたは基部にてゆるやかに彎曲し，径分脈から分離し繋脈を有しない。口吻は屢々弱体かまたは発達せず，頭毛隆起部は弱いかまたはない…………………………………………………………8

2．触角は末端の方に太まり，複眼は有毛で縁毛を装う（マダガスカール産 *Sematura* Guénée=*Mania, Apoprogenes* Hampson, *Pemphigostola* Strand)…………………………Fam. *Sematuridae* Hampson 1918

触角は細いか羽毛状，若し末端の方が太まつている場合には複眼が裸体（広義の *Geometridae*)………3

3．複眼小さく楕円形………………Fam. *Brephidae*

複眼は円く一般に大形…………………………………4

4．後翅の第2中脈は減退するかまたはなく，肘脈は外観的に3分岐……………………Fam. *Geometridae*

後翅の第2中脈はよく発達し，肘脈は外観4分岐…

……………………………………………………………5

5．後翅の第2中脈は且つまたは屢々前後両翅の第2中脈は第1中脈に甚だ近く生じている…………………………………………………………………Fam. *Hemitheidae*

後翅の第2中脈は第2中脈と第3中脈との殆んど中間に生じる………………………………………………6

6．後翅の亜前縁脈と径分脈とは中央室の中央かまたは越えた処で癒合するかまたは中央室を越えた処で1繫脈にて結び付くかあるいは中央室の末端の方にある距離間癒合している………………Fam. *Larentiidae*

後翅の亜前縁脈と径脈とは自由，または中央室の中央前にて1繫脈にて結び付くかあるいは短距離間癒合している…………………………………………………7

7．後翅の亜前縁脈は径分脈から自由，しかし中央室の第2 1/4に沿い径分脈に接近している，または1繫脈にて結び付いている…………Fam. *Oenochromatidae*

後翅の亜前縁脈は短距離間径分脈と癒合している………………………………………………Fam. *Acidaliidae*

8．前翅の第3径脈と第4径脈とは有柄…………………………………………………………Fam. *Lonomiidae*

前翅の第3径脈と第4径脈と第5径脈とは有柄……………………………………………………Fam. *Epicopeiidae*

以上の諸中本邦にはつぎの7科が産する。

299. カバシャクガ（樺尺蠖蛾）科

Fam. Brephidae Hübner 1826

Monocteniidae Comstock 1895, *Monocteniadae* Meyrick 1890 等は異名。中庸大，甚だ美麗な蛾。複眼は有毛，口吻と鬚とは発達する。翅刺は存在し，後翅の第1中脈は径脈に，第2中脈は肘脈にそれぞれ結び付き，第2中脈は中央に位置し，亜前縁脈は基部近くで径脈と癒合している。幼虫は腹脚の最初の3対が痕跡的で第4と第5対のものはよく発達している。旧北区と新北区とに約10種類知られ，*Brephos* Zink., *Leucobrephos* Grote 等が代表的な属で，本邦からはカバシャク（*Brephos parthenias hilara* Sawamoto）(Fig. 746）が発見されている。本種は翅の開張33～37mm，前翅は暗褐色で斑紋は白色，横脈上に黒色の楕円形紋を有し，後翅は橙赤色で内縁部は暗褐色。本州に産し，樺太に分布する。

Fig. 746. カバシャク雄（井上）

300. ホシシャクガ（星尺蠖蛾）科

Fam. Oenochromatidae Guénée 1857

むしろ小形。後翅の第2中脈はよく発達し第1中脈と第3中脈との中間に生じ，亜前縁脈は基部にて径脈と1繫脈によつて結び付いている。約500種類発見され，東洋区と濠洲区と新熱帯区とに多数，エチオピア区にもかなり産し，旧北区と新北区とには少ない。*Alsophila* Hübner, *Dichromodes* Guénée, *Denochroma* Guénée, *Eumelea Dunc.*, *Orthostixis* Hübner, *Celerena* Walker, *Ametris* Hübner, *Hadyle* Guénée 等が代表的な属で，本邦からは最初の属の他に *Naxa* の1属が発見されている。

シロオビフユシャク（*Alsophila japonensis* Warren）は翅の開張30～38mm，前翅は帯褐鼠色で濃色の翅脈を有し，灰白色の内外両横線は多少波状を呈し前者の外側と後者の内側とは共に暗褐色。後翅は淡色で白色の外横線を有する。幼虫は梨の葉を食し，北海道と本州とに分布する。この属には更にサクラ，リンゴ，ナシ，ウメ，スモモその他の新芽を食害するウスバフユジャク（*A. punctigera* Prout）が北海道，本州，九州等に分布し，クヌギ，ニレ等を食するクロテンフユシャク（*A. tenuis* Butler）は北海道，本州，九州等に分布し，カキやモミヂやその他の新芽を害するホソウスバフユシャク（*A. membranaria* Christoph）は北海道，本州等に産し朝鮮，ウスリー等に分布する。ホシシャク（*Naxa seriaria* Motschulsky）(Fig. 747）は翅の開張41～49mm，白色，翅は透明に近く斑紋は黒色。幼虫はモチノキ，ネズミモチ，オオバイボタ，ミズキ等の芽や葉を食する。全土に産し，朝鮮，満洲，支那，アムール，ウスリー等に分布する。

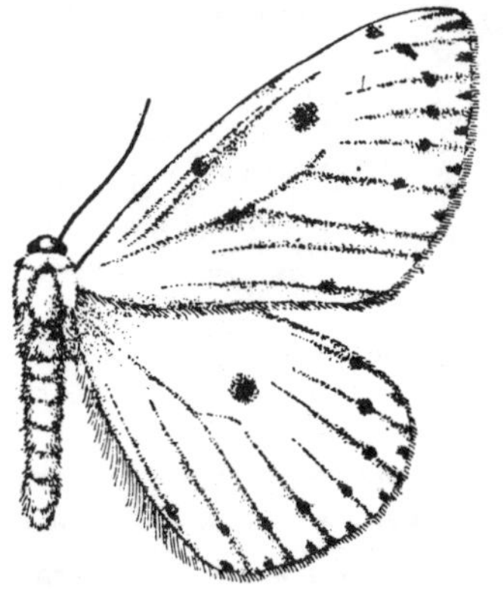

Fig. 747. ホシシャク（井上）

301. アオシャク（青尺蠖蛾）科

Fam. Hemitheidae Braund 1845

Euschemidae Walker 1862, *Geometridae* Moore 1887, *Euschematidae* Kirby 1880, *Chlorometridae* Störm 1891, *Chlorochromidae* Kirby 1897, *Chlorochromatidae* Kusn. 1904 等は異名。大部分のものは青色系の色彩で，小形乃至中庸大，一般に前翅に2本後翅に1本の明瞭な横線を有し美麗。後翅の第2中脈は第3中脈よりも第1中脈に著しく近く位置し，亜前縁脈は基部近くで径脈に接触している。世界から1500種以上が知られ，その多くのものがインド，マレー，濠州，エチオピア，新熱帯等の各区産で，新旧両北区には少ない。*Hemithea* Dup., *Terpna* H. S., *Agathia* Guénée, *Gelasma* Warren, *Chlorissa*, *Euchloris*, *Dysphania* Hübner, *Anisozyga* Prout, *Racheospila* Guénée, *Oospila* Warren, *Prasinocyma* Warren その他等が代表的な属で，本邦からは最初の4属の他に *Pingasa*, *Dindica*, *Aracima*, *Tanaorhinus*, *Mixochlora*, *Hipparchus*, *Neohipparchus*, *Thalassodes*, *Culpinia*, *Comibaena*, *Ochrognesia*, *Hemistola*, *Iodis*, *Cosmostola* 等の属が発見されている。

キバラヒメアオシャク (*Hemithea aestivaria* Hübner) (Fig. 748) は翅の開張28mm内外，緑色，顔面赤褐色，翅の横線は白色で縁毛は赤褐色と白色と斑となつている。幼虫はサクラ，スモモ，ウメ，バラ，キイチゴ，モモ，ヤナギ，柑橘その他の害虫。全土に産し，朝鮮，シベリヤ，欧洲等に分布する。この属には更にリンゴに寄食するリンゴアオシャク (*H. mali* Matsumura) モモやリンゴに寄食するモモアオシャク (*H. sasakii* Matsumura) 等が本州に産する。オオアヤシャク (*Terpna superans* Butler) は翅の開張46(♂)〜67(♀)mm，黄灰色でザクロ色を帯び，顔は黒色。翅は一面に暗色短線を散布し，前翅は黒色波状の亜基線と内横線とを有し後者の内側は細く白色，外横線は前後両翅共に黒色鋸歯状で外側が細く白色となつている。幼虫はトチノキ，ムクロジ，ベニコブシ等の新葉を食する。全土に産し，朝鮮に分布する。チズモンアオシャク (*Agathia carissima* Butler) は翅の開張30〜35mm，鮮緑色。前翅は前縁灰褐色，中横帯は褐色で傾斜し，外横帯は褐色で不規則に波状その外方外縁までは紫褐色で翅頂下に緑色の大紋を有する。後翅は褐色の曲折せる外横帯を有しそれより外縁までは紫褐色で2個の緑色大紋を有しその間で外縁少しく突出している。幼虫はカモノハシに寄食し，北海道，本州等に産し，シベリヤ，満洲等に分布する。カギバアオシャク (*Tanaorhinus reciprocata confuciaria* Walker) は翅の開張 53(♂)〜74(♀)mm，深緑色。前翅は灰白色の小波状内横線と鋸歯状外横線とを有し，後者の外部に平行する灰白色紋を列し，亜外縁線は断続白色斑からなる。後翅は前翅同様の外横線と亜外縁線とを有する。幼虫はクヌギ，ナラ，カシワ，シイ等の葉，芽等を食す。本州，四国，九州等に分布する。オオシロオビアオシャク (*Hipparchus papilionaria subrigua* Prout) は翅の開張40〜56mm，濃緑色。前翅は白色の内外両横線を有し，前者は波状でときに不明，後者は各翅脈間にて内方に彎曲し，亜外縁線は白色点線からなる。後翅は前翅同様の外横線と亜外縁線とからなる。幼虫はナシ，ナラカンバ，ハンノキ，ハシバミ，ブナ等の葉を食し，北海道と本州とに分布する。なおこの属にはクヌギ，ナラ，コナラ等の葉を食するクロスジアオシャク (*Hipparchus valida* Felder) が本州に産し朝鮮，アムール等に分布し，ナラ，コナラ，カシワ，クヌギの葉を食するシロオビアオシャク (*H. sponsaria* Bremer) が北海道，本州等に産しシベリヤに分布し，クヌギ，ナラ等の葉を食するシロスジアオシャク (*H. albovenaria* Bremer) が北海道，本州等に産し朝鮮，アムール，ウスリー等に分布する。キマエアオシャク (*Neohipparchus vallata* Butler) は翅の開張23〜30mm，青緑色。前翅は前縁灰黄色，白色の内外両横線を有し，前者の外側と後者の内側とは細く褐色，亜外縁線は漠然と白色。後翅は前翅同様の外横線と亜外縁線とを有する。幼虫はクヌギ，ナラ，コナラその他の葉を食し，全土に産し，朝鮮，台湾，インド等に分布する。クスアオシャク (*Thalassodes quadraria* Guénée) は翅の開張 29〜33mm，淡緑色。翅は一面に白色短横線を散布し，白色の細い内外両横線を有する。幼虫はクスの新葉を食し，本州，四国，九州等に産し，沖縄，台湾，東洋熱帯区等に分布する。ハラアカアオシャク (*Chlorissa amphitritaria* Oberthür) は翅の開張25〜33mm，青緑色，腹部第2，第3両背節は赤色。翅は半透明，前翅には白色の内外両横線を，後翅には外横線を，それぞれ有し，内横線は外側と内横線は内側とが赤褐色または濃緑色。幼虫はヤナ

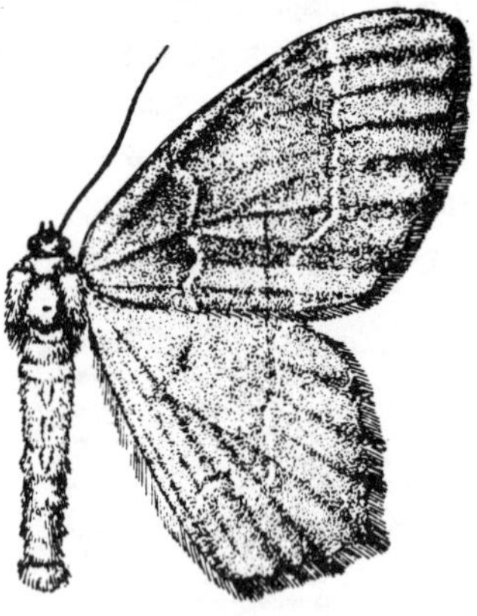

Fig. 748. キバラヒメアオシャク雄 (井上)

ギやシラカンバ等の葉を食し，北海道と本州とに産し，朝鮮，ウスリー，アスコルド等に分布する。アカシアアオシャク（*Culpinia diffusa* Walker）は翅の開張17～28mm，緑色で顔は赤色。両翅は灰白色の細い殆んど一直線の内横線と波状の外横線とを有し，外縁は白色。幼虫は菊，クチナシ，ショウブ，ヨモギ，リンゴ，サクラ，キイチゴ，ウルシ，ヤナギ，モミジ，ニセアカシヤ，シロツメクサその他多数の植物に寄食する。全土に産し，朝鮮，満洲，支那，アムール，台湾等に分布する。ヨツメアオシャク（*Euchloris albocostaria* Bremer）は翅の開張22～34mm，緑色。前翅は前縁細く白色で白色波状の内外両横線を有する。両翅は横脈上に褐色輪廓と中線とを有する白色の円紋を有する。外縁は僅かに鋸歯状となり褐色。幼虫は菊，ヨモギ等の葉を食し，全土に産し，朝鮮，満洲，シベリヤ等に分布する。シロフアオシャク（*Ochrognesia difficta* Walker）は翅の開張28～35mm，濃緑色。前翅は白色の内外両横線と亜外縁線とを有し，内横線は外方に彎曲し，外横線は鋸歯状で外側が部分的に淡黄褐色を呈し，亜外縁線は点列からなる。後翅は外半黄白色で褐色斑を混じ，白色輪廓の緑色紋を数個有する。幼虫はヤナギ，ドロノキ，モミ等の葉を食し，全土に産し，朝鮮，支那，シベリヤ等に分布する。コシロスジアオシャク（*Hemistola veneta* Butler）は翅の開張23(♂)～32(♀)mm，緑色で顔は赤褐色，腹部後半は灰白色。前翅は前縁細く灰白色。細い白色の不規則な内外両横線を有し，後翅は細い白色の外横線を殆んど中央に有する。幼虫はボタンヅル，テッセン，茶等の葉を食し，本州，四国，九州等に産し，朝鮮，支那等に分布する。ナミガタウスキアオシャク（*Iodis lactearia* Linné）は翅の開張23mm内外，淡緑色。前翅は白色の殆んど直線の内横線と波状の外横線とを有し，後翅は白色波状の内外両横線を有する。幼虫はキイチゴ，ドロノキ，ハシバミ，モミ等の葉を有し，本州に産し欧洲に分布する。

302. ヒメシャクガ（姫尺蠖蛾）科
Fam. Acidaliidae Guénée 1844

Sterrhidae Meyrick 1895 は異名。小形で帯黄色乃至帯褐色のものが多い。後翅の第2中脈は中央室末競縁の中央から出で，亜前縁脈は径脈と1点にて結び付いている。旧北区に多数産し，*Acidalia* Treischke, *Problepsis* Ld, *Phodostrophia* Hb., *Timandra* Dup. 等が代表的な属で，本邦からは *Dithecodes*, *Pylargosceles*, *Calothysanis*, *Problepsis*, *Somatina*, *Scopula*, *Sterrha* 等の属が発見されている。

フタナミトビヒメシャク（*Pylargosceles steganioides* Butler）は翅の開張18～26mm，灰褐色。前翅は前縁橙褐色，内横線は鋸歯状か波状，中横線は褐色線を伴い殆んど一直線，外横線は波状。後翅は内横線を欠き，他は前翅と殆んど同様。幼虫はナス，ハギ，ハナカイドウ，ベゴニヤ，イチゴ，バラその他の葉を食し，北海道，本州，九州等に産し，朝鮮に分布する。ウラモンオオシロヒメシャク（*Somatina indicataria morata* Prout）は翅の開張23～62mm，白色，腹部は灰黒色で各節後縁白色。両翅は暗灰色の内・中・外の3横線を有し，外横線から外方は暗灰色斑をなしその中に白色の亜外縁線を有する。幼虫はスイカズラの葉を食し，全土に産する。フチベニヒメシャク（*Sterrha jakima* Butler）（Fig. 749）は翅の開張17～19mm，淡黄褐色。前翅は前縁赤色，前後両翅の外縁部と横線とはピンク色。本州，四国，九州等に産し，朝鮮，支那，アムール等に分布する。サザナミヒメシャク（*Scopula nupta* Butler）は翅の開張20mm内外，淡黄白色，顔は黒褐色。前翅は褐色の4本の鋸歯状横線を有し，後翅は3本の同様な横線を有する。幼虫は菊，ナスビ，スミレ，ブドウ，サクラ，バラ，キイチゴ，ナンキンマメその他多数の植物の葉を食する。北海道，本州，四国，九州等に分布する。この属には更に菊の害虫たるシロヒメシャク（*S. nivearia* Leech）が本州に分布する。菊，スミレ，ナスビ，大豆，イチゴ，バラ，サクラその他多数の植物の葉を食するキナミシロヒメシャク（*S. superior* Butler）が本州，九州に産し朝鮮，支那等に分布する。

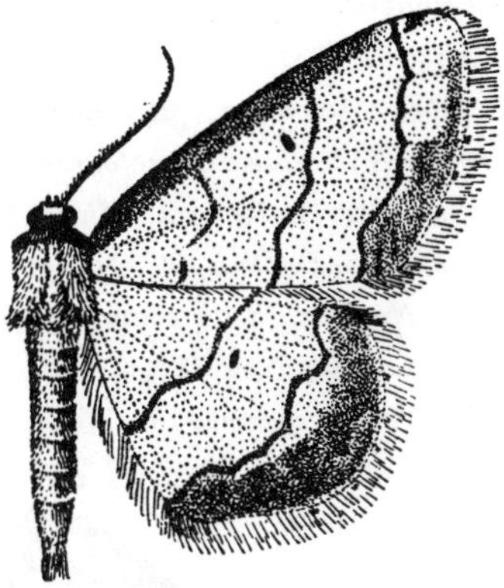

Fig. 749. フチベニヒメシャク雄（井上）

304. ナミシャクガ（波尺蠖蛾）科
Fam. Larentiidae Butler 1874

Hydriomenidae Meyrick 1895 は異名。小形乃至中庸大，大部分のものは多数の波状線からなる横線を有する前翅を有する。後翅の第2中脈は横脈の中央から生じ，亜前縁脈は径脈とある距離癒合するかまたは繋脈にて結合している。旧北区に甚だ多数に発見され，*Anaitis* Dup., *Lygris* Hübner, *Eupithecia* Curtis, *Lythria* Hübner, *Ortholitha* Hübner, *Lithostege* Hübner,

Lobophora Curtis, *Cheimatobia* Stephens, *Eucosmia* Stephens, *Larentia* Treischke, *Tephroclystia* Hübner, *Phibalapteryx* Stephens 等がまず代表的な属で，本邦からは最初の3属の他に *Horisme*, *Chloroclystis*, *Melanthia*, *Eulype*, *Laciniodes*, *Asthena*, *Hydrelia*, *Eschatarchia*, *Venusia*, *Oporinia*, *Operophtera*, *Thera*, *Dysstroma*, *Xenortholitha*, *Sibatania*, *Lobogonodes*, *Eustroma*, *Diactinia*, *Ecliptopera*, *Plemyria*, *Gandaritis*, *Callygris*, *Calleulype*, *Callabraxas*, *Telenomeuta*, *Photoscotosia*, *Calocalpe*, *Idiotephria*, *Epirrhoë*, *Mesoleuca*, *Electrophaës*, *Enphyia*, *Hydriomena*, *Nycterosea*, *Camptogramma*, *Xanthorhoë*, *Hastina*, *Sauris*, *Brabira*, *Microloba*, *Leptostegna*, *Heterophleps*, *Baptria*, *Trichobaptria*, *Stamnodes*, *Carige*, *Naxidia*, *Otoplecta*, *Trichopterigia*, *Trichopteryx* 等多数の属が発見されている。ツマアカナミシャク (*Anaitis perelegans* Warren) (Fig. 750) は翅の開張 34～37mm，灰色で少し暗青色を帯び，腹部と後翅とが淡暗褐色。前翅は暗褐色の11本の小波状の横線を有し，翅頂から暗赤褐色の短斜線を有する。後翅は中央の暗色の1横帯を有し，外縁線は暗褐色。幼虫はハナオモトの葉を食し，本州に分布する。シロホソオビクロナミシャク (*Baptria tibiale aterrima* Butler) は翅の開張 25～31mm，黒色。前翅は白色の1斜帯を前縁のほぼ中央から後角前に有し，後翅は稀れに淡白色短横線を有する。幼虫はショウマの葉を食し，本州に分布する。ハシバミナミシャク (*Hydriomena furcata nexifasciata* Butler) は翅の開張 30～35mm，帯褐色。前翅は鈍緑色，暗褐色の不規則波状の5横線を有し，外縁に更に暗褐色斑の1列を有する。後翅は帯褐灰白色で，淡暗色の2横帯を後半部に有する。幼虫はハシバミの葉を食し，北海道と本州とに分布する。ハコベナミシャク (*Euphyia luctuosaria* Oberthür) は翅の開張 24～28mm，黒褐色。前翅は鋸歯状の亜基線と2～3本の黒色波状線からなる内外両横帯を有し，外横線の外側は広く乳白色帯となり，亜外縁線は白色鋸歯状，外縁部は翅頂下とほぼ中央とに白紋を有する。後翅は淡色で殆んど中央に白色横帯を有し，亜外縁線は白色鋸歯状。幼虫はハコベの葉を食し，本州に産し，朝鮮，シベリヤ等に分布する。キンオビナミシャク (*Electrophaës corylata granitalis* Butler) は翅の開張 26～36mm，褐黄色。前翅は白色小波状の4横線を有し，各々の両側は細い暗褐色線となり，内外両横線は肘脈上で接触し，基部から亜基線までと内外両横線間とは広く且つ暗褐色，外縁部も暗褐色で，外縁線は白色点からなる。後翅は殆んど白色，後半に3本の不明瞭な暗色横線を有する。幼虫はシラカンバ，カシワ，ブナ，シナノキその他の葉を食し，北海道，本州，九州等に分布する。イチゴナミシャク (*Mespleuca albicillata casta* Butler) は翅の開張 29～36mm，橙黄色，翅は乳白色。前翅は基部約1/3が黒褐色で青色の細横線を有し多少黄色を混ぜ，亜外縁部に黒色横帯を有しその外方に波状の白色帯を有し，外縁部は黒色。後翅は外縁広く黒色，横脈上には前翅と共に黒色点を有する。幼虫はクサイチゴの葉を食し，北海道，本州等に分布する。ナミガタシロナミシャク (*Callygris compositata* Guénée) は翅の開張37～44mm，黄色で白色の翅を有する。前翅は3本の黒線からなる亜基線と中外両横線とを有し，内横線と亜外縁線とは各2本からなり，亜外縁線の外方に前縁か殆んど中央まで2本の黒線を有する。後翅は基部近くに2黒斑があり，外縁附近には数個の黒斑を有する。幼虫はツタを食し，本州，四国，九州等に産し，朝鮮，支那等に分布する。ウストビモンナミシャク (*Lygris ledereri inurbata* Prout) は翅の開張 32～42mm，褐色。前翅は淡褐色，亜基線は淡色，内横線は白色で著しく外方に彎曲し，その外方に甚大な濃色部があつてその周囲（前縁を除き）が白色線からなり，翅頂部には濃褐色の大紋を有しその周囲が細い白色線からなる。後翅は2本の白色波状横線を有する。幼虫はブドウの葉を食し，北海道，本州，九州等に分布する。この属には更にヤナギの葉を食するキマダラナミシャク (*L. testata* Linné) が北海道と本州とに産し，シベリヤ，欧洲に分布する。またドロキナミシャク (*L. populata* Linné) が北海道に産し，ドロノキ，ヤナギその他の葉を食し，樺太，シベリヤ，欧洲等に分布する。トビモンシロナミシャク (*Plemyria rubiginata* Schiffermüller) は翅の開張22～28mm，白色。前翅は基部と横脈附近までとに淡褐色紋を装い，外縁部には淡黒色の不規則帯を有する。後翅は一様に白色で，横脈上に暗色点を有する。幼虫はウメ，バラ，ヤナギ，ハンノキ等の葉を食し，北海道，本州，四国等に産し，満洲，欧洲等に分布する。ハ

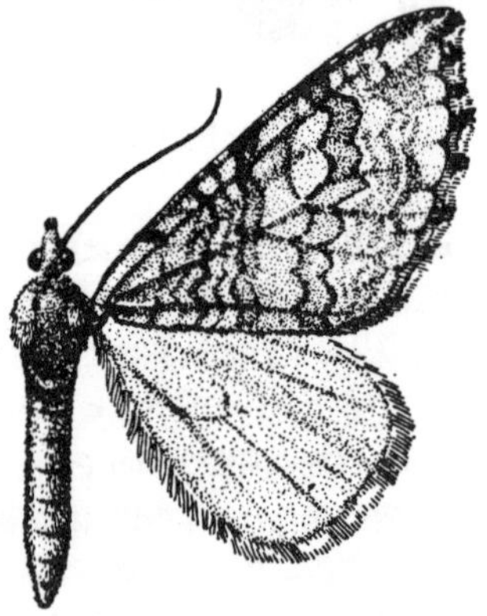

Fig. 750. ツマアカナミシャク雄（井上）

ガタナミシャク (*Eustroma melancholica* Butler) は翅の開張38〜45mm，黒褐色で腹背は赤褐色。前翅は白色の横線を有し，亜基線は外方に不規則に彎曲し，内横線は中央室内で外方に角張り，中横線は中央室下端で著しく外方に角張り外横線と結付き後半外横線と半円形の大輪環を構成し，外横線は多少鋸歯状，亜外縁線は鋸歯状，内中両横線間と外横線の外側とは黄色鱗片を散布する。後翅は淡黒褐色で，波状と鋸歯状との2横線を外方部に有する。幼虫はツタの類の葉を食し，全土に分布する。なおこの属にはツリフネソウの葉を食するアミメナミシャク (*E. reticulata* Schiffermüller) が北海道と本州とに産し，樺太とシベリヤとに分布する。サカハチクロナミシャク (*Eulype hecate* Butler) は翅の開張27〜34mm，黒色。両翅共に白色の1横帯を中央に有し，前翅のものは中央にて外方に直角に曲りその前半は著しく太い。幼虫はシラカンバの葉を食し，北海道と本州とに分布する。ソトカバナミシャク (*Eupithecia carearia* Leech) は翅の開張 17〜23mm，体は暗褐色で翅は淡褐色。前翅は前縁中央に不規則三角形の暗色の暗色紋を有する。幼虫は柑橘の葉を食し，本州に分布する。クロスジアオナミシャク (*Chloroclystis coronata lucinda* Butler) は翅の開張11〜17mm，緑色。前翅は黒色，波状で殆んど平行せる横線を有し，亜外縁線のみが緑色。後翅は暗灰色。幼虫はセンニンソウやサンザシやその他の植物の花や蕾を食し，本州，九州等に分布する。この属には更にツツジの花を食するソトジロオビナミシャク (*C. excisa* Butler) が全土に産しウスリーに分布し，リンゴやナシ等の花を食害するリンゴアオナミシャク (*C.rectangulata* Linné) が北海道と本州とに産し，樺太，満洲，支那，欧洲等に分布する。以上の他にリンゴの害虫たるリンゴナミシャク (*Coenotephria consanguinea* Butler) が北海道，本州等に産し樺太，シベリヤ等に分布し，カラマツソウの葉を食するヤハズナミシャク (*C. sagittatus* Fabricius) が北海道，本州等に産し樺太，シベリヤ，欧洲等に分布する。更にニレの葉を食するキモンハイイロナミシャク (*Discoloxia blomeri* Curtis) が北海道，本州等に産しアムール，ウラル，欧州等に分布し，キヌタソウ，ヤエムグラ等を食するアトグロナミシャク (*Lampropteryx suffumata* Schiffermüller) が北海道，本州等に産し，樺太，アムール，ウスリー，欧洲，インド等に分布し，エゾマツ，アカトド等の葉を食するキオビハガタナミシャク (*Thera variata* Schiffermüller) が北海道と本州とに産し樺太，支那，シベリヤ，欧洲等に分布する。

304. エダシャクガ（枝尺蠖蛾）科

Fam. Geometridae Stephens 1829

Boarmiidae Guénée 1844, *Selidosemidae* Meyrick 1895, *Hyberniadae* Harris 1841 等は異名。小形乃至中庸大，細く弱体で，夕暮または夜間活動性の蛾で，種類によつては燈火に飛来する。単眼と小顋鬚とはなく，口吻は存在するが稀れにはない。脚は細く，脛節は屢々長く，裸体かまたは僅かに有毛。翅は前翅には小室を欠き，抱鉤と翅刺とはよく発達しているか，退化するかまたはなく，後翅は第2中脈がないかまたは著しく減退し亜前縁脈は短距離間径脈と癒合している。腹部は基部にて下方に開く頭巾様鼓膜器を有する。色彩は一般に雌雄にて異なるのが普通。卵は種々なれど多くのものは幾分扁平。幼虫は英語で Looper や Measuring worms や等と称えられ，中央部の腹脚がなく，後方に2対または3対の擬脚を有し尾脚は特によく発達している。体表は普通滑かなれど，稀れに毛を装い，屢々粗面で且つ顆粒を散布している。屢々静止の際に擬脚にて小枝に止まり，枯枝状に斜直線となつている。蛹化は宿主上かまたは地上の塵芥中に薄繭を作りその中に行われるか，あるいは地中に室を作りその中で行われる。幼虫は主として生植物を食するが，少数のものは乾燥植物類を食する。

世界より約2000種内外が発表され，各地方に産し，*Geometra* Linné, *Abraxas* Leach, *Bapta* Stephens, *Deilinia* Hübner, *Ennomos* Treischke, *Selenia* Hübner, *Crocallis* Treischke, *Angerona* Dup., *Urapteryx* Leach, *Epione* Dup., *Semiothisa* Hübner, *Hibernia* Latreille, *Anisopteryx* Staudinger, *Biston* Leach, *Amphidasis* Treischke, *Boarmia* Treischke, *Gnophos* Treischke, *Dasydia* Guénée, *Fidonia* Treischke, *Bupalus* Leach, *Phasiana* Dup., *Eubolia* Dup., *Aspilates* Treischke その他等が代表的な属で，本邦からは *Abraxas*, *Lomaspilis*, *Ligdia*, *Lomographa*, *Myrteta*, *Taeniophila*, *Ninodes*, *Bapta*, *Parabapta*, *Rhynchobapta*, *Pogonitis*, *Cabera*, *Synegia*, *Petelia*, *Apopetelia*, *Chiasmia*, *Hypephyra*, *Luxiaria*, *Monocerotesa*, *Cystidia*, *Culcula*, *Percnia*, *Pogonopygia*, *Dilophodes*, *Metabraxas*, *Arichanna*, *Jankowskia*, *Phthonosema*, *Cleora*, *Alcis*, *Boarmia*, *Calicha*, *Carecomotis*, *Ophthalmodes*, *Ascotis*, *Cusiala*, *Ectropis*, *Racotis*, *Aethalura*, *Elphos*, *Xandrames*, *Duliophyle*, *Hirasa*, *Krananda*, *Trigonoptila*, *Erannis*, *Phigalia*, *Zamacra*, *Megabiston*, *Biston*, *Buzura*, *Medasina*, *Erebomorpha*, *Wilemania*, *Colotois*, *Pachyligia*, *Prosopolopha*, *Plano-*

ciampa, *Psyra*, *Aspitates*, *Angerona*, *Hemerophila*, *Ennomos*, *Geometra*, *Garaeus*, *Nothomiza*, *Acrodontis*, *Gonodontis*, *Xyloscia*, *Auaxa*, *Endropiodes*, *Zethenia*, *Scinomia*, *Proteostrenia*, *Anagoga*, *Ephoria*, *Selenia*, *Plagodis*, *Corymica*, *Heterolocha*, *Parepione*, *Cepphis*, *Lithina*, *Spilopera*, *Paraclipsis*, *Thinopteryx*, *Ourapteryx*, *Euctenurapteryx*, *Tristrophis* 等の諸属が発見されている。

コガタイチモジエダシャク (*Geometra parvadistans* Warren) (Fig. 751) は翅の開張 33～41 mm, 淡褐色, 翅は中央部と外縁部とが橙色を帯び, 中横線は暗褐色または赤褐色, 点線からなる外横線は黒色。幼虫はシロウツギの葉を食し, 北海道, 本州等に産し, 樺太, シベリヤ, 中央アジヤ, 欧洲等に分布する。スグリシロエダシャク (*Abraxas grossulariata conspurcata* Butler) は翅の開張30～38mm, 白色で橙黄色の腹部を有する。前翅の基部は黒色, 内横帯は小数の黒色斑からなりその内側は橙黄色, 外横帯と亜外縁帯とはは黒色斑からなり両者の間は橙黄色, 外縁は黒色斑からなる。後翅は大体前翅と同様。幼虫はスグリその他の葉を食し, 北海道, 本州等に分布する。更にユウマダラエダシャク (*A. miranda* Butler) が全土に産し, マサキ, ヤナギ, ドロノキ, ツルマサキ, ツルウメモドキ等の害虫として知られ, なほツルウメモドキにヒトスジマダラエダシャク (*A. suspecta latifasciata* Warren) の幼虫が寄食し本州に分布する。シロオビヒメエダシャク (*Lomaspilis marginata opis* Butler) は翅の開張 23mm, 黒色, 前翅は白色不規則形の太い 2 横帯を有し 1/3 後方にて互に結び付き, 後翅は基部白色で外方部に太い白色波状横帯を有する。幼虫はヤナギ, ドロノキ, ハシバミ等の葉を食し, 北海道, 本州等に分布する。フタホシシロエダシャク (*Bapta bimaculata subnotata* Warren) は翅の開張 22～29mm, 白色。前翅は淡暗褐色鋸歯状の細い内外両横線を有し, それ等両線の前縁部は顕著な斑紋となつている。後翅は外横線のみを有する。幼虫はサクラ, サンザシ等の葉を食し, 北海道, 本州, 九州等に産し, 朝鮮, アムール, ウスリー, 千島等に分布する。この属には更にバラや大小豆等の葉を食するバラシロエダシャク (*B. temerata* Schiffermüller) が北海道, 本州, 九州等に産し, ウスリー, 欧洲等に分布する。ウスアオエダシャク (*Parabapta carissa* Butler) は翅の開張 24～32mm, 黄白色。前翅は暗灰色の細い殆んど直線の内外両横線を有し, 後翅は外横線のみを有する。幼虫はクヌギの葉を食し, 北海道, 本州, 九州等に産し, 朝鮮とシベリヤ等に分布する。ミスジコナフエダシャク (*Cabera exanthemata* Scopoli) は翅の開張26～34mm, 白色で少し黄色を帯びる。翅は一面に暗灰色微点を散布し, 前翅は黄色の殆んど平行し外方に僅かに彎曲する内・中・外の 3 横線を有し, 後翅には同様な中・外両横線を有する。幼虫はヤナギの葉を食し, 北海道と本州とに産し, 樺太, 中央アジヤ, 欧洲等に分布する。ヒメアミメエダシャク (*Chiasmia clathrata albifenestra* Inoue) は翅の開張 25mm 内外, 黒色で白色の翅を有する。前後両翅共に黒褐色の横線が粗網目状に結合している。幼虫はゲンゲやウマゴヤシ等に寄食し, 本州に分布する。ウメエダシャク (*Cystidia couaggaria eurymede* Motschulsky) は翅の開張 40～49mm, 黒色, 腹部は橙黄色で黒色斑を有する。前翅は白色の 3 大紋と外縁部に 2, 3 の小紋とを有し, 後翅は白色の 4 大紋と後角近くに 2 小斑とを有する。幼虫はウメ, モモ, サクラ, アンズ, ナシ, リンゴその他多数の植物の害虫で, 全土に分布し, 成虫は日中飛翔する。この属には更に各種の果樹の害虫たるトンボエダシャク (*C. stratonice* Cramer) が全土に産し, 朝鮮, 満洲, アムール等に分布する。オオゴマダラエダシャク (*Percnia giraffata* Guénée) は翅の開張 61～75mm, 黄色, 腹背に黒色 2 斑列を有する。翅は多数の黒色円紋を散布している。幼虫は柿その他各種果樹の葉を食害し, 本州, 四国, 九州等に産し, 朝鮮, 支那, 台湾, ボルネオ, インド等に分布する。キシタエダシャク (*Arichanna melanaria fraterna* Butler) は翅の開張 36～53mm, 橙黄色, 腹部各背節に 1 黒色斑を有する。前翅は白色, 亜基線と中横線と亜外縁線とは各 1 列, 内外両横線は各 2 列の黒色紋からなる。後翅は黄色, 横脈上に 1 黒色紋を有し, その外方に 3 列の黒色斑列がある。幼虫はアセビの葉を食し, 北海道, 本州, 九州等に分布する。この属には更にアセビの害虫としてヒョウモンエダシャク (*A. gaschkevitchii* Motschulsky) が本州, 四国, 九州等に分布する。チャノウンモンエダシャク (*Jankowskia athleta* Oberthür) は翅の開張32(♂)～51(♀)mm, 黒褐色, 腹部第 1 節に白色帯を有する。前翅は外縁部帯赤褐色, 内外両横線は黒色で多少波状を

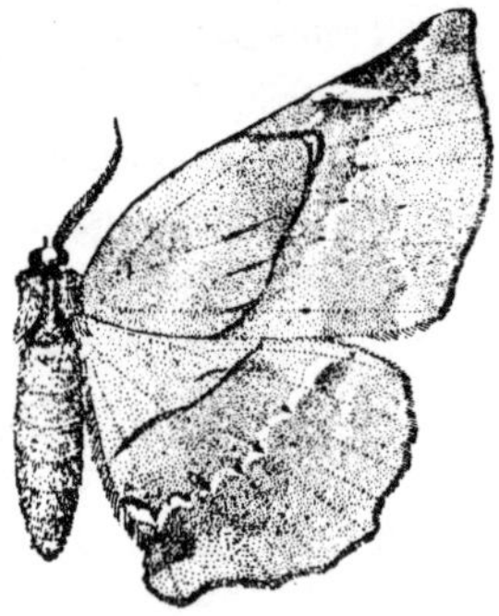

Fig. 751. コガタイチモジエダシャク雌 (井上)

呈し細い。後翅は基部やや淡色，外縁部は帯赤褐色，中横線は太く殆んど直線，外横線は鋸歯状。幼虫は茶や各種果樹の害虫として知られ，本州，九州等に産し，朝鮮，支那，シベリヤ等に分布する。リンゴツノエダシャク (*Phthonosema tendinosaria* Bremer) は翅の開張46(♀)〜73(♀)mm，紫灰色。前翅は黒色の波状内横線と鋸歯状外横線とを有し，基部から内横線までと外横線から外縁までとは暗紫褐色を帯び，前縁中央に暗色の1斑を有する。後翅は黒色の横脈紋と鋸歯状外横線とを有する。幼虫はリンゴ，スモモ，マルメロ，クワ等の害虫で，北海道，本州，九州等に産し，朝鮮，ウスリー等に分布する。ナミガタエダシャク (*Cleora charon* Butler) は翅の開張32〜45mm，灰暗褐色。前翅は中央部広く帯灰色。内・中・外の3横線は黒色で著しく不規則鋸歯状，外縁部は少し暗色を帯び白色鋸歯状の亜外縁線を有する。後翅は前翅にほぼ等しいが内横線を欠く。幼虫は茶，マサキ等の葉を食し，全土に産し，朝鮮に分布する。この属には更にヤナギ，シラカンバ等の害虫たるルリモンエダシャク (*C. cinctaria insolita* Butler) が北海道，本州等に産しウスリーに分布し，マツ類の害虫としてマツエダシャク(*C. secundaria* Esper)が北海道と欧洲とにそれぞれ分布する。ナカウスエダシャク (*Alcis angulifera* Butler) は翅の開張26〜35mm，帯灰黒褐色。翅は中央やや淡色，前翅は黒色波状の内外両横線を有し，内横線の内側に1帯を伴い，中央線は前半部に生じ，亜外縁線は灰白色鋸歯状，外横線から外方部は一般に黒褐色。後翅は横脈上紋と外横線とが黒色で明瞭となり，個体によつて灰白色の亜外縁線を現わす。幼虫はアカトドの葉を食し，北海道，本州，九州等に産し，朝鮮，ウスリー，支那等に分布する。同属には更に松の害虫たるウスバキエダシャク (*A. lomozemia* Prout) が本州に分布し，マツオオエダシャク (*A. ribeata* Clerck) が北海道，本州等に産し，朝鮮，樺太，ロシヤ，欧洲等に分布する。ハミスジエダシャク (*Boarmia roboraria arguta* Butler) は翅は開張43〜60mm，灰色。翅は黒褐色短横線を密布し，前翅の各横線は著しく不規則。後翅は1直線の内横線と鋸歯状の外横線とが明瞭となつている。幼虫はリンゴ，キイチゴ，ヤナギ，カシワ，シラカンバ等の葉を食し，全土に分布する。なおこの属にはクヌギ，コナラ等の害虫たるウワバミスジエダシャク *B.punctinalis conferenda* Butler) が本州，四国，九州等に産し，樺太，朝鮮，支那，ウスリー等に分布する。フトスジエダシャク (*Carecomotis repulsaria* Walker) は翅の開張34〜39mm，灰褐色。翅は暗色鱗片を散布し，前翅には黒褐色鋸歯状の内外両横線を有し，前者の内側と後者の外側とは赤褐色線を伴い，亜外縁線は灰白色で小波状。後翅は前翅とほぼ同様。幼虫はセンダンの葉を食し，本州，四国，九州等に産し，台湾，支那に分布する。コヨツメエダシャク (*Ophthalmodes irrorataria* Bremer et Grey) は翅の開張40〜45mm，緑色，灰色で背面に黒色点列を有する腹部を有する。前翅は黒色の大波状内横線と鋸歯状の外横線と前後両縁にて明瞭な中横線と灰白色鋸歯状の亜外縁線とを有する。後翅は基部から外横線まで黒褐色鱗片を散布し，前翅同様の外横線と亜外縁線とを有する。幼虫は茶，柑橘，クワ，アサ，ワタ等の葉を食し，北海道，本州，四国等に産し，朝鮮，支那，台湾等に分布する。ヨモギエダシャク (*Ascotis selenaria cretacea* Butler) は翅の開張40〜55mm，灰色。翅は密に暗褐色点を散布し，前翅は黒色鋸歯状の内外両横線を有し，内横線の内側と外横線の外側とに各平行の不明瞭な褐色帯を伴い，中横線は褐色または暗褐色なるも多くの場合不明，外縁部は帯褐暗色で白色波状の亜外縁線を有する。後翅は内横線を欠く。幼虫は茶，ニンジン，ソバ，ヨモギ，エニシダその他の葉を食し，本州，四国，九州等に分布する。オオトビスジエダシャク (*Ectropis excellens* Butler) は翅の開張34〜42mm，灰白色で暗灰色鱗片を散布する。前翅は黒褐色の横線を有し，内横線は波状，中横線は前後両縁部のみ明瞭，外横線は鋸歯状，内横線の内側と外横線の外側とは各褐色帯を伴い，亜外縁線は内側の黒褐色斑にて存在を認められる。後翅は前翅同様なれど内横線を欠く。幼虫はヤマモモ，ヒサカキその他の葉を食し，北海道，本州，九州等に産し，朝鮮，支那，ウスリー等に分布する。この属には更にドロノキ，ヤナギ，シラカンバ，ニレ等の葉を食するドロトビスジエダシャク (*E. crepuscularia* Hübner) が北海道，本州等に産し，朝鮮，アムール，欧洲，アフリカ，インド等に分布する。なおシナノキ，ブナ，シラカンバ，カシワ等の葉を食するシナトビスジエダシャク (*E.consonaria* Hübner) が北海道と本州とに産し，樺太，満洲，アムール，ウスリー，欧洲等に分布する。ハンノトビスジエダシャク (*Aethalura ignobilis* Butler) は翅の開張22〜26mm，灰色で少し青味を帯び白色と暗褐色との鱗片を散布する。前翅は黒褐色の横線を有し，内・中両横線は微かに波状，外横線は波状，亜外縁線は灰白色鋸歯状。後翅は内横線を欠き中横線は殆んど一直線。幼虫はハンノキその他の葉を食し，北海道，本州，九州等に分布する。ツマジロエダシャク (*Trigonoptila latimarginaria* Leech) は翅の開張35〜45mm，淡褐色。翅は一面に暗褐色細点を散布し，前翅は白色の内外両横線を有し各々外側に暗褐色線を伴い，内横線は中央室で著しく外方に角張り，中横線は暗褐色で甚だ細く不明瞭。後翅は前翅と殆んど同様なれど内横線を欠く。幼虫はクスの葉を食し，本州，四国，九州等に産し，朝鮮，支那等に分布する。シロフフユエダシャク（*Erannis leucophaearia dira* Butler）は翅の開張22〜31mm，体は暗黒色，翅は白色で少し褐色を帯び暗色微点を散布する。前翅は黒色の内外両横線を有し，基部から内横線までと外横線までは褐色，中横線は暗褐色，亜外縁線は白色，各線共に波状。後翅は一ように白色なれど2本の暗色横線を有する。幼虫はナラ，クヌギ，コナラ等の葉を食し，北海道，本州等に分布する。シモフリトゲエダシャク（*Phigalia sinuosaria* Leech）は翅の張開39〜44mm，灰色で暗褐色の鱗片を密布する。前翅は暗褐色の横線を有し，内・中両横線は波状，外横線は鋸歯状，亜外縁線は灰白色で内側が暗褐色を呈する。後翅は白色で中・外両横線のみ後半に現われている。幼虫はナシ，リンゴ，サクラ，モモ等の葉を食し，北海道と本州とに分布する。クワトゲエダシャク（*Zamacra excavata* Dyar）は翅の開弱33〜45mm，紫褐色で白色鱗片を混ぜる。前翅は暗紫褐色の斜横帯を有し，比較的細く，内横帯は強く外方に屈曲し，外横帯の外側は白色帯を伴い，亜外縁線は灰白色で内側は広く暗色を呈する。後翅は内横帯を欠く。幼虫は桑の害虫で，北海道，本州等に産し，朝鮮に分布する。なおこの属にリンゴ，ナシ，サクラ等の葉を食するオカモトトゲエダシャク（*Z. juglansiaria* Graeser）が北海道，本州，九州等に産し，ウスリーに分布する。チャエダシャク（*Megabiston plumosaria* Leech）は翅の開張42〜51mm，灰白色で暗褐色の鱗毛を混じ，腹部は淡暗褐色。前翅は黒色の内・外両横線を有し，基部から波状の内横線までと鋸歯状の外横線から外縁までとが帯縁色，中横線は暗褐色だが大部分消失する。後翅の横線は大体前翅同様だが内横線を欠く。幼虫は茶やツツジ等の葉を食し，本州と四国とに分布する。トビモンオオエダシャク（*Biston robustum* Butler）は翅の開張54〜82mm，灰色で著しく暗褐色鱗片を混ずる。前翅は黒色の内・中・外の3横線と亜外縁線とを有し，後者は断続線で他は大体大鋸歯状。幼虫はナシ，リンゴ，ツバキ，ミズキその他の葉を食し，北海道，本州，九州等に産し，朝鮮に分布する。なお同属にニレ，クヌギ，シラカンバ，ヤナギその他の葉を食するオオシモフリエダシャヤ（*B. betularia* Linné）が北海道，本州等に産し，樺太，朝鮮，シベリヤ，欧洲等に分布する。更にニレの葉を食するエゾシモフリエダシャク（*B. comitata jesoensis* Matsumura）が北海道に分布する。ウスイロオオエダシャク（*Buzura recursaria superans* Butler）は翅の開張51(♂)〜75(♀)mm，暗灰色。雄の触角は1側のみ羽毛状。翅は暗色の不明細横線を散布する。前翅は黒色鋸歯状の内外両横線を有し，基部から内横線までと外横横の外側前後両縁部とが褐色。後翅は暗色の不明瞭な中横線と黒色の鋸歯状外横線とを有する。亜外縁線は両翅共に白色。幼虫はリンゴの葉を食し，北海道，本州，九州等に分布する。ニトベエダシャク（*Wilemania nitobei* Nitobə）は翅の開張33〜40mm，頭胸部は暗紫色，腹部は淡褐色。翅は甚だ淡い褐色，前翅は基部から外方に傾斜する濃暗紫色の内横線まで暗紫色，外横線は濃暗紫色で内方に弓状に彎曲し，それから外縁まで暗紫色。後翅は内横線を欠き，中央室末端に前翅と共に黒点を有する。幼虫はサクラ，アカシデ，ブナ，クヌギ，リンゴその他の葉を食し，本州，九州等に産し，ウスリー，支那等に分布する。カバエダシャク（*Colotois pennaria ussuriensis* O. Bang-Haas）は翅の開張46mm 内外，淡褐色。前翅は橙褐色の内・外両横線を有し，前者の内側と後者の外側とは淡色。後翅は内横線を欠き，中央室端に前翅と共に橙褐色の1小点を有する。幼虫はリンゴ，クヌギ，ヤナギその他の葉を食し，北海道，本州，九州等に産し，アムール，ウスリー等に分布する。アトジロエダシャク（*Pachyligia dolosa* Butler）は翅の開張41〜48mm，暗褐色。前翅は黒色鋸歯状の亜基線と内・外両横線とを有し，内横線の内側と外横線の外側とは細い白色線を伴い，亜外縁線は淡色で，その内側が少し暗色を呈し，外方は少し茶褐色となる。後翅は甚だ淡い暗褐色で暗色の細点を散布し，横脈上に褐色の一点を有する。幼虫はサクラ，クヌギ，カシワ等の葉を食し，北海道，本州，九州等に産し，朝鮮に分布する。ハスオビエダシャク（*Prosopolopha simplex* Butler）は翅の開張42〜52mm，淡黄褐色，前翅は暗褐色点を散布し，翅頂から後縁の中央直後に達する暗褐色の1斜線を有し，横脈上に暗褐色紋を現わし，個体によつては微かに内横線を現わしている。後翅は白色，外横線が各脈上の微かな点からなる。幼虫はサクラ，クヌギ，ミズキその他の葉を食し，本州，四国，九州等に産し，シベリヤに分布する。ホソバトガリエダシャク（*Planociampa modesta* Butler）は翅の開張40〜46mm，前翅は暗灰色乃至黒褐色，濃色鋸歯状の内・外両横線を有し，亜外縁線は灰白色で翅頂から初まる。後翅は暗灰白色，外方多少濃色となる。幼虫はクヌギ，トネリコ等の葉を食し，本州，九州等に分布する。ギンスジエダシャク（*Aspitates formosaria niponaria* Felder）は翅の開張33〜46mm，褐黄色。前翅は前縁部灰色を帯び，前面黄金色に輝き，翅頂の後方から後縁中央に達する褐色斜線を有し，その内側に灰白色線を伴い，外縁部灰色。後翅はほぼ前翅同様なれど斜線の内方著しく淡色となる。幼虫はサトザクラの葉を食し，北海道，本州，九州等に分布する。スモモエダシャク (*Angerona prunaria turbata* Prout) は翅の開張 40〜55mm，橙赤色，雌は淡黄色。両翅共に一面に暗褐色短横線を散布する。幼虫はスモモ，ウメ，キイチゴ，ヤナギ，ドロノキその他の葉を食し，北海道と本州とに分布する。この属には更に桑の葉を食するツマトビキエダシャク (*Angerona aexaria* Walker) がある。この種は翅の開張 35〜60mm，灰黄色。翅は鋸歯状の外縁を有し，前翅は帯褐色の内・中両横線を有し，外横線は褐色点からなり，これ等3線は不明瞭，外縁部は暗褐色。後翅は不明瞭な中・外両横線を有する。全土に産し，朝鮮，支那等に分布する。クワエダシャク (*Hemerophila atrilineata* Butler) は翅の開張 35〜55mm，翅は褐色で暗色の細横線斑を散布し，前翅は前縁灰褐色で中央部は広く暗褐色を帯び，内・外両横線は黒色で著しく傾斜し前方約 1/3 の処にて内方に屈曲している。後翅は殆んど屈曲しない外横線のみを有する。幼虫は桑の有名な害虫で，全土に産し，朝鮮，沖縄，台湾，支那，インド等に分布する。この属には更にミカンフトオビエダシャク (*H. conjunctaria* Leech) が本州に分布し柑橘の葉を食する。キリバエダシャク (*Ennomos autumnaria nephotropa* Prout) は翅の開張 44〜52mm，橙褐色。翅は外縁に近ずくに従い濃色，全面に疎らに暗色点を散布し，外縁は著しく凹凸している。前翅は暗色の殆んど屈曲しない内・外両横線を有する。幼虫はハンノキ，ハシバミ，シラカンバ等の葉を食し，北海道，本州等に分布する。なおこの属にはリンゴ，シラカンバ，ヤナギその他の葉を食する。ノコメエダシャク (*E. alniaria* Linné) が北海道と本州とに産し，欧洲に分布する。ナシモンエダシャク (*Garaeus mirandus* Butler) は翅の開張 30〜37mm，黒色。前翅は前縁淡褐色，白色の3紋を有し，第1のものは基から短縦帯となり，第2のものは中央室から長三角形の横帯紋となり，第3のものは翅頂から後縁中央直後に至る斜帯となつている。後翅は白色の太い2横帯を有する。幼虫はナシ，ニレ，ドロノキ，ヤナギ等の葉を食し，北海道，本州，九州に産し，樺太，千島，ウスリー等に分布する。マエキトビエダシャク (*Nothomiza formosa* Butler) は翅の開張 22〜32mm，橙色，前翅の基部と外縁部と後縁部とは灰紫色。前翅は前縁が黄色でその後縁は2度後方に太く突出し且つ翅頂に1黄色紋を有する。後翅は前縁広く灰白色。幼虫はイヌツゲの葉を食し，本州，九州等に分布する。エグリヅマエダシャク (*Gonodontis arida* Butler) は翅の開張 39〜54mm，灰褐色，雌では赤色を帯びる事が多い。前翅は一面に暗色点を散布し，横脈上に暗色環を有し，殆んど1直線の外側淡黄色に縁取られた暗色の1直線の外横斜線を有する。後翅は淡褐色，横脈紋は大きく，外横線は淡色。幼虫は茶，菊その他の葉を食し，本州，四国，九州等に分布する。この属には更にブナその他の葉を食するウスグロノコバエダシャク (*G. bidentata* Clerk) が北海道と本州とに産し，樺太，シベリヤ，欧洲等に分布する。ツマキリエダシャク (*Endropiodes indictinaria* Bremer) は翅の開張 24〜39mm，淡褐色。翅は褐色の細点を散布し，前翅は褐色の内・外両横線を有し，内横線の内側と外横線の外側とは淡色線を伴い，前者は殆んど直線で内側部が少しく褐色を呈し，後者は直線なれど前方部にて鋭角に屈曲し内部が褐色を帯びる。後翅は直線の外横線のみを有する。幼虫はモミジの葉を食し，北海道，本州，九州等に産し，樺太，アムール，ウスリー，朝鮮，満洲，支那等に分布する。ミスジツマキリエダシャク (*Zethenia rufescentaria* Motschulsky) は翅の開張 36〜41mm，前翅は淡灰褐色乃至暗灰褐色。暗褐色の内・中・外の3横線を有し，何れも多少彎曲し，外横線は各脈上の点からなる事が多い。亜外縁線は淡褐色で多少S字形に彎曲する。後翅は前翅より淡色，かすかに3横線を現わす。幼虫は杉の害虫として知られ，全土に産し，台湾，朝鮮，支那，アムール，ウスリー等に分布する。なおこの属には松や杉等の葉を食するモンシロツマキリエダシャク (*Z. albonotaria nesiotis* Wehrli) が全土に分布する。コナフキエダシャク (*Anagoga pulveraria japonica* Butler) は翅の開張 27〜40mm，淡黄褐色，翅は赤褐色短横線を密布する。前翅は濃色の内・外両横線を有し，前者は外方にゆるく彎曲し，後者はS字形に彎曲し，これら両線間は春型では全部濃色となる。後翅は外横線のみを有する。幼虫はシラカンバ，クヌギ，ヤナギ等の葉を食し，全土に分布する。ムラサキエダシャク (*Selenia tetralunaria* Hufnagel) は翅の開張 30〜40mm，紫褐色。前翅は前縁部少し淡紅色を帯び，濃紫褐色の内・外両横線を有し，中央線は濃色，横脈上は白色，外横線の外方は少し淡色で翅頂部は濃紫褐色。後翅は前翅とほぼ同様なれど内横線は殆んど消失している。幼虫はリンゴ，ナシ，サクラ，カシ，クヌギその他の葉を食し，北海道，本州，九州等に産し，樺太，朝鮮，支那，シベリヤ，欧洲等に分布する。ナカキエダシャク (*Plagodis dolabraria* Linné) は翅の開張 28〜31mm，灰白色で少し褐色を帯びる。前翅は一面に褐色の細線を散布し，外横線のみが後縁の附近だけに暗褐色に現われ，その外側は少し紫色を帯びる。後翅は外縁部のみに褐色細線を散布し，後角附近は少し紫色を帯びる。幼虫はヤナギ，アカガシ，シラカンバその他の葉を食し，北海道，本州，九州等に産し，樺太，シベリヤ，欧洲等に分布する。アトボシエダシャク (*Cepphis advenaria* Hübner) は翅の開張 22〜28mm，灰黄色。翅は一面に暗色の細点を散布し，前翅は暗色の細い内・外両横線を有し，内横線の内側と外横線の外側と亜外縁線部とは白色を呈する。後翅は暗色の細い外横線と中央室端の黒点とを有する。幼虫はバラ，ヤナギ等の葉を食し，全土に産し，朝鮮，樺太，千島，満洲，シベリヤ，中央アジヤ等に分布する。ジダエダシャク (*Lithina chlorosata* Scopoli) は翅の開張 29〜33mm，淡褐色。前翅は褐色斜直線の内・外両横線を有し，外横線の外側は白色，亜外縁線は白色，横脈上に褐色点を有する。後翅は白色で褐色点を散布し，普通後半のみに現われる外横線を有する。幼虫はシダ類の葉を食し，北海道，本州，九州等に産し，樺太，支那，シベリヤ，中央アジヤ，欧洲等に分布する。ウスキツバメエダシャク (*Ourapteryx nivea* Butler) は翅の開張 38〜58mm，白色。翅は外縁部多少黄色を帯び暗色の短横線を散布し，前翅は淡黒褐色の内・外両横線と横脈紋とを有し，後翅は尾状突起を有し，その近くに黒色で縁取られた2個の赤色紋を有し，外横線のみがある。幼虫はドロノキ，ヤナギ，シイノキ，エニシダ，ハシドイ，スイカズラ，ニワトコ等の葉を食し，北海道，本州，九州等に分布する。シロツバメエダシヤク (*Euctenurapteryx maculicaudaria* Motschulsky) は翅の開張 42〜53mm，白色。前種に似ているが雄の触角が櫛歯状，翅の細点少なく，横線は淡く，後翅の尾突起が甚だ短い。幼虫はイヌガヤ，カシ，ブナ，サンゴジュ，エニシダ，アカトド等の葉を食し，全土に産し，千島，樺太，支那，アムール等に分布する。

305. アゲハモドキ

(擬鳳蝶蛾) 科

Fam. Epicopeidae

Janet 1909

大形，美しい蛾で，アゲハチョウの如き外観を呈し，後翅は尾突起を有する。第2乃至第4径脈は有柄で，第5径脈は中央室から出ている。後翅の亜前縁脈は基部に於てのみ径脈と結合し，翅棘は多く痕跡的。複眼は裸体。約6種がインドマレー区から発見され，*Epicopeia* Westwood が模式属で，本邦からはアケハモドキ (*Epicopeia hainesi* Holland) (Fig. 752) 1種が発見されている。翅の開張56〜65mm，雄の触角は櫛歯状。灰黒色，脚の基部及び腿節と腹部腹面の各環節の後端とは赤色。翅は外縁部黒色を帯び，黒色の翅脈を有し，後翅の外縁近くの斑紋は赤色。全土に産し，西蔵に分布する。

Fig. 752. アゲハモドキ (河田)

家蚕蛾上科

Superfamily *Bombycoidea* Dyar 1902

この上科は次の6科に分類する事が出来る。

1．後翅は3本の臀脈を有し，前翅は普通完全な第1臀脈を有し，即ち2本の臀脈が翅縁に達している。翅棘はないか痕跡的，後翅の肩角は多少拡がり，前翅の第2中脈は第1と第3との中央かまたは第1に近く生じ，径脈の第2〜第5は1共通柄脈を有する。後翅は肘脈が径脈と1繋脈にて結合する (6対照) ……………………………………………… Fam. *Bombycidae*

後翅は2本の臀脈を有し，稀れに1本，前翅は1本の完全な臀脈を有する……………………………… 2

2．前翅の第2中脈は中央室末端縁の中央または中央前から生ずる。即ち肘脈が外観的に3分岐…………… 3

前翅の第2中脈は中央室末端縁の中央後から生ずる。即ち肘脈が外観的に4分岐……………………………………………………………… Fam. *Lasiocampidae*

3．翅棘はよく発達し後翅の長さの1/5より長い。口吻はなく，腹部鼓膜器もない。前翅の径脈第2第3と第4第5とが共に有柄 (5対照) … Fam. *Eupterotidae*

翅刺は痕跡的かまたはない。後翅の亜前縁脈は径分脈と決して癒合することがない。しかしときに弱い繋脈にて結び付いている……………………………… 4

4．前翅の第1中脈は第5径脈と有柄で後翅は2本の完全な臀脈を有する。若し第1中脈と第5径脈とが短かく有柄な場合には第2臀脈が第2肘脈から広く拡がり且つ第1臀脈が痕跡的となつている。翅棘は痕跡的………………………………………………………… 5

前翅の第1中脈は中央室末端またはその以前に生じているか，或は第1中脈は第5径脈から自由となつている。もし第1中脈と径脈とが中央室を越えてから有柄の場合には後翅は1本の完全な臀脈を有するのみ………………………………………………………… 7

5．後翅の亜前縁脈と径分脈とが共に接近している。しかし繋脈にて結合していない。前翅の径脈第2，第3と第4第5とが1共通柄脈を有する (3対照) ……… ……………………………………… Fam. *Eupterotidae*

後翅の亜前縁脈と径脈とは1類脈にて結合し，前翅の径脈は順次分岐する……………………………………6

6．前翅の径脈第2～第5と第1中脈とが有柄（*Lemonia* Hübner)…Fam. *Lemoniidae* Hampson 1901

前翅の第1中脈は径脈に短かい柄脈にて結びついているかまたは自由（1対照)……Fam. *Bombycidae*

7．前翅の径脈支脈は2群に有柄，即ち第1，第2，第3が1組で第4，第5が他組となつて各有柄でそれ等が更に有柄となつている。而して第1中脈は中央室の上角から生じている。後翅の亜前縁脈は径分脈に接近しているが自由。口吻は存在する……………………………………………………………Fam. *Brahmaeidae*

前翅の径脈は3本または4本の支脈を有するのみで，それ等の2本または3本が1本の柄脈を有する。後翅の亜前縁脈は径分脈から多少離れている。口吻は隆起線を有する葉片を有し，触角は雌雄共に下面に双櫛歯状（*Asthenida*, *Oxytenis*)……Fam. *Oxytenidae*

以上の諸科の内次の4科が本邦に産する。

306. カレハガ（枯葉蛾）科

Fam. Lasiocampidae Waterhouse 1882

Lachneidae Tutt (1902) は異名。Tent Caterpillars, Eggars, Lappet Moths, Lackey Moths 等が包含され，ドイツでは一般に Glucken と称えられている。中庸大乃至大形，有毛且つ有鱗片で太い体を有し，夜間と日中との両活動性のものがあつて，カイコに近以で，ある種類は絹糸が実用化されている。触角は雌雄共に双櫛歯状，複眼は有毛，単眼は著しく退化するかまたはなく，口吻は甚だしく減退し，小顋鬚は痕跡的かまたはなく，下唇鬚はよく発達し嘴状で直線となつている。脚は多毛，脛節の距棘は短かく中脚のものがない。翅は正常かあるいは甚だ大形，翅棘がない。前翅の第4径脈は自由で長いかまたは第2径脈と第3径脈との柄脈から生じ，第5径脈と中脈とは有柄，第2中脈は中央室の下角から出で，第2肘脈はなく，小室即ち径室はない。後翅の第2臀脈は外角に延びている。卵は滑かで，卵形か球形。屢々枝に帯輪状に産付され，固着物質の厚い層から包まれ，普通夏期と秋期とに産下され翌春孵化する。尤も幼虫が卵殻内で越年するのが一般的である。幼虫は大形で円筒形，体微棘毛は長毛にて隠されている。種々の色彩を有し，ときに光輝あるものもある。擬脚は6対で鉤爪は2列式か多組式。幼虫は普通濶葉樹の蔟葉や幼果を食し，種類によつては著しい巣を張る。なお針葉樹にも大害を与える種類がある。蛹は滑かで，尾鉤棘を欠き，陰所や塵芥等の中に絹糸の繭の中に存在する。

この科は比較的大きな群で142属1355種が世界から発見され，なかでもアジア，アフリカ，南米等の熱帯地に多数産する。*Lasiocampa* Schrank, *Cosmotriche* Hübner, *Epicnaptera* Rambur, *Eriogaster* Germar, *Malacosoma* Hübner, *Trichiura* Stephens, *Poecilocampa* Stephens, *Macrothylacia* Rambur, *Diplura* Rambur, *Gastropacha* Ochsenheimer, • *Odonestis* Germar, *Euglyphis* Hübner 等が代表的な属で，本邦からは *Selenephera*, *Kunugia*, *Dendrolimus*, *Odonestis*, *Gastropacha*, *Takanea*, *Epicnaptera*, *Cosmotriche*, *Eriogaster*, *Malacosoma*, *Kononia* 等の属が発見されている。

タカムクカレハ（*Selenephera lunigera takamukuana* Matsumura）は翅の開張40mm内外，暗褐色。前翅は光沢ある灰白色で基部暗褐色，黒色の内・外両横線を有し，何れも著しく波状を呈し，両者の間は黒褐色，亜外縁線は鋸歯状で黒色，外縁は広く暗褐色を帯び，中央室端に銀白色の新月形紋を有する。後翅は暗褐色。幼虫は松やアカトド等の害虫で，本州に分布する。ヤマダカレハ（*Kunugia yamadai* Nagano）は翅の開張73(♂)～110(♀)mm，大体褐色，前翅の基部は濃色で1白色点を有し，中央室端にも白色の小点を有し，赤褐色の殆んど平行彎曲の内・外両横線を有し，亜外縁線は暗赤褐色の点列からなり内側は白色。後翅は帯赤灰褐色。雌は多少異なる色彩を有する。幼虫はクヌギ，アベマキ，コナラ，クリ，カシ等の葉を食し，本州に分布する。クヌギカレハ（*Dendrolimus undans excellens* Butler）は翅の開張65(♂)～110(♀)mm，暗黄褐色。前翅は黄褐色で暗褐色の鱗片を密布し，暗褐色の内・中・外の3横線を有し，外横線は2条からなる。亜外縁線は暗褐色の点列からなる。後翅は暗褐色。幼虫はクヌギ，アベマキ，リンゴ，ヤナギその他の葉を食し，本州に産し，台湾，朝鮮，シベリヤ，インド等に分布する。この属は更にツガ，モミ，マツ等の葉を食するツガカレハ（*D. superans* Butler）が本州に分布し，マツの大害虫たるマツカレハ（*D. spectabilis* Butler）は全土に産し朝鮮，支那，シベリヤ等に分布し，エゾマツやアカトドの葉を食するエゾマツカレハ（*D. jezoensis* Matsumura）が北海道と本州とに分布し，アカトド，エゾマツ，トウヒ，モミ等の葉を食するカラフトマツカレハ（*D. albolineatus* Matsumura）が北海道に産し樺太，朝鮮等に分布する。リンゴカレハ（*Odonestis pruni* Linné）は翅の開張45(♂)～73(♀)mm，赤褐色または橙褐色で腹部は淡赤褐色。前翅は橙褐色で前縁以外は赤色を混ずるものが多く，濃紅褐色の内・外両横線を有し，何れも殆んど直線で後縁の方に互に少し近より，亜外縁線は紅褐色で多少鋸歯状，中央室端に銀白色紋を有する。後翅は赤褐色を帯びる。幼虫はリンゴ，ナシ，クヌギ，サクラその他の葉を食害し，全土に産し，シベリヤ，欧洲等に分布する。カレハガ (*Gastropacha quercifolia* Linné) (Fig. 753) は翅の開張75～80mm，赤褐色。前翅は暗褐色鋸歯状の4本の横線を有するが，最内方のものは不明瞭。後翅は前縁橙褐色，ときに暗色の1波状横線を有する。幼虫はクリ，リンゴ，スモモ，ナシ，アンズ，モモ，サクラ，ウメ，ヤナギその他の害虫で，全土に産し，朝鮮，支那，シベリヤ，欧洲等に分布する。なお同属にヤナギ，ドロ等の葉を食するホシカレハ(*G. populifolia* Esper) が全土に産し，朝鮮，支那，シベリヤ，欧洲等に分布する。ミヤケカレハ (*Takanea miyakei* Wileman) は翅の開張35～43mm，暗褐色または赤褐色。前翅は内横線が黒色で外方に彎曲し内側灰白色を帯び，外横線は暗褐色大波状で外側が淡灰色，亜外縁線は淡灰色。後翅は前翅とほぼ同色なれど横線を欠く。幼虫はアカトドの葉を食し，本州の山地に分布する。ヒメカレハ (*Epicnaptera ilicifolia japonica* Leech) は翅の開張45～55mm，赤褐色。前翅は紅色を帯び，灰白色の中・外両横帯を有し，共に多少鋸歯状で前縁に達する事がなく，外縁は灰白色。後翅は帯紅赤褐色，不明瞭な中・外両横帯を有する。幼虫はリンゴ，ナシ，サクラ，クワ，ドロノキ，エニシダ，カシワ，モミ等の葉を食し，北海道，本州等に分布する。ヨシカレハ (*Cosmotriche potatoria* Linné) は翅の開張45(♂)～80(♀)mm，灰黄色や暗褐色や黄褐色等種々である。前翅は暗褐色で幾分波状を呈する内横線を現わす事があり，外横線は翅頂から斜に後縁の中央に殆んど直線に走り赭褐色を呈し外方暗色となる事があり，亜外縁線は赭褐色または暗褐色の点列からなる。後翅は前翅より淡色で，顕著でない赭褐色の中央帯を有し，その外方は暗褐色。幼虫はヨシやササ等の葉を食し，北海道，本州等に産し，満洲，シベリヤ，欧洲等に分布する。なおこの属にはタケやススキその他禾本科植物の葉を食するタケカレハ (*C. albomaculata* Bremer) が本州，四国，九州等に産し，朝鮮，シベリヤ等に分布する。更にタケその他を食するヒメタケカレハ (*C. divisa* Moore) が本州に産し，朝鮮，アムール，支那，台湾，インド等に分布する。オビカレハ (*Malacosoma neustria testacea* Motschulsky) は翅の開張35～45mm，雄は黄褐色，雌は淡赭褐色。雄の前翅は中央に2本の赭褐色横線を有し，その間は濃色，後翅は1本の横線を有するのみ。雌の前翅は中央に赭褐色の広帯を有し，後翅は内半赤赭褐色でその外方淡色となる。幼虫はテンマクケムシと称えられ，ウメ，モモ，サクラ，アンズ，リンゴ，スモモ，マルメロ，クワ，ヤナギ，ドロノキその他の有名な害虫で，全土に産し，朝鮮，支那，シベリヤ等に分布する。なお以上の他にハイマツの葉に寄食しているハイマツカレハ (*Kononia pinivora* Matsumura) が北海道に分布している。

Fig. 753. カレハガ雄（丸毛）

307. オビガ（帯蛾）科

Fam. Eupterotidae Hampson 1892

Thaumetopoeidae Rebel 1901 は異名。小形乃至中形。前翅の径脈の支脈は第1中脈と有柄で，多くの場合第1径脈が痕跡的となつている。北方産のものでは屢々透明紋を有する。後翅は翅刺を有し，亜前縁脈は自由で屢々中央で径脈に近より，第1中脈は径脈の分岐脈として存し，臀脈は2本。口吻は短かいかまたは消失する。幼虫は長毛を生する疣を具え，屢々巣の中に群棲する。旧北区と東洋区とエチオピヤ区等に発見され，約250種が発表されている。*Thaumetopoea* Hübner, *Apatelodes* Packard, *Eupterote* 等が代表的な属で，本邦からは *Apha* 1属が知られている。オビガ (*Apha tychoona* Butler) (Fig. 754) は翅の開張20(♂)～23(♀)mm，褐色。前翅は濃褐色の数本の波状線からなる内・中両横線を有し，外横線は灰黄色で両側が暗褐色線で縁取られ翅頂から後縁に殆んど直線に斜走し，亜外縁線は暗褐色で著しく鋸歯状となる。後翅は不明の中央線を有し，外横線と亜外縁線とはほぼ前翅同様。幼虫はアケビ，スイカズラ，ウツギその他の葉を食し，全土に産し，支那に分布する。

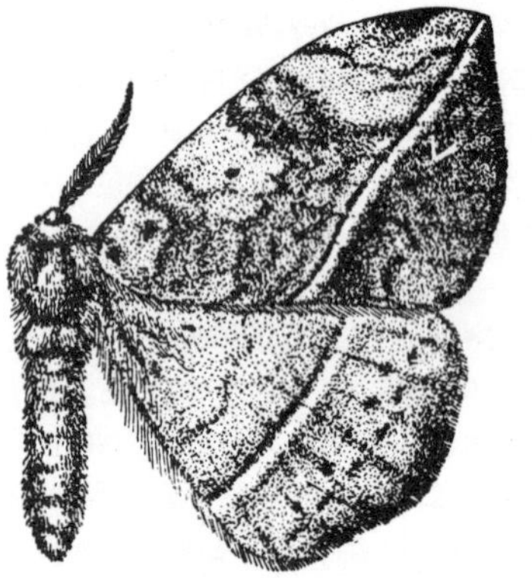

Fig. 754. オビガ（河田）

308. イボタガ（水蠟蛾）科
Fam. Brahmaeidae Hampson 1892

むしろ大形。口吻は発達し，下唇鬚は大形で上向，触角は雌雄共に双櫛歯状。前翅の径脈支脈は2群に分かれ共に有柄，第1中脈は中央室の上角から生じ，第2中脈は第3中脈よりも第1中脈に近く存する。幼虫は裸体，第2と第3との両節は側棘を具えている。約15種が知られ，アジアとアフリカとに主で，あるものは旧北区に産する。*Brahmaea* Walker が模式属である。本邦からは次の1種が発見されている。イボタガ（*Brahmaea japonica* Butler）（Fig. 755）は翅の開張 86～111mm，黒褐色。前翅は褐灰色，波状線は黒褐色と白色。後翅は基部広く黒褐色で外半の波状線もまた黒褐色。幼虫はイボタ，ネズミモチ，トネリコその他の葉を食し，全土に産し，支那に分布する。

Fig. 755. イボタガ（河田）

309. カイコガ（家蚕蛾）科
Fam. Bombycidae Leach 1819

Silkworms と呼ばれ，ドイツでは Seidenspinner と称えている。中庸大，多くの場合眼に止まらない蛾である。下唇鬚は2節からなり小さいかまたはなく，口吻は消失し。触角は雌雄共に双櫛歯状で鱗片を装わない。前翅の第2乃至第5径脈は共同柄脈を有し，第2中脈は第1と第3との中央かまたは第1に近く位置する。後翅は翅刺が退化し，亜前縁脈は末端の方に拡き繫脈にて径脈と結合し，臀脈は2本，更に第1臀脈は前後両翅共に1部認められる。幼虫は裸体，尾端前背面に尾角を具えている。約70種が知られ内60種が東洋産で，他が旧北区とエチオピヤ区とに産する。本邦から *Bombyx*, *Theophila*, *Andraca*, *Oberthueria* 等の属が発見されている。クワゴ（*Theophila mandarina* Moore）（Fig. 756）は翅の開張 32～45mm，暗褐色。前翅はやや濃色の内外両横線を有し，これ等横線はときに2条からなり，亜外縁線は細くS字形に彎曲しその外側が細く淡色となり，翅頂下の内方に彎曲する部分が暗褐色となる。後翅は前翅より濃色で，少し淡色を呈する細い外方に彎曲する外横線を有する。幼虫はクワの葉を食し，全土に産し，台湾，朝鮮，支那等に分布する。カイコガ（*Bambyx mori* Linné）は Chinese Silkworm と称えられ，幼虫は所謂カイコで，世界的に有名な有用虫である。日本，支那，フランス，イタリー等で飼われ，世界需用の絹糸を製造している。

Fig. 756. クワゴ（河田）

野蚕蛾上科

Superfamily *Saturnioidea* Dyar 1902

この上科は次の3科に分類する事が出来る。

1．翅刺は痕跡的……………………………………………2

翅刺は完全にない。後翅は2本の臀脈を有し，前翅の第1中脈は中央室の末端を越えて後に径脈から分かれている。雄の触角は基部半分以上が幅広く櫛歯状となる。小顋鬚と下唇鬚とは小形。幼虫は棘と毛とを装い，多くのものが落葉樹の葉を食し，成虫は中庸大または大形。北米産で Royal Moths と呼んでいる（*Eacles*, *Citheronia*, *Syssphinx*, *Anisota*, *Adelocephala*）………………Fam. *Citheroniidae* (*Ceratocampidae*, *Syssphingidae*)

2．後翅の亜前縁脈は1繫脈にて径脈と結び付いている（新熱帯産。*Cercophana*, *Janiodes*）…………………………………………………………Fam. *Cercophanidae*

後翅の亜前縁脈は繫脈にて径分脈に結び付いていない…………………………………………Fam. *Saturniidae*

以上の内次の唯1科のみが本邦から発見されている。

310. ヤママユガ（野蚕蛾）科
Fam. Saturniidae Walker 1855

Attacidae Hampson(1918), *Agliadae* Grote(1898), *Ludiinae* Jordan(1922) 等は異名。Giant Silkworms, Wild Silkworms, Day Flying Moths 等と称えられ，ドイツでは Nachtpfauenaugen と呼んでいる。大形乃至甚大，太く，有毛で，顕著な色彩を有し，鱗翅目中且つまた昆虫綱中最大のものの1つである。触角は短かく基部のみが鱗片を装い，雌雄共に双櫛歯状。口吻は退化し，小顋鬚はなく，下唇鬚は短かいかまたはない。翅は甚だ大形で幅広く，基部が長軟毛にて密に被われ，翅刺がない然し後翅の肩角が拡がつている。前翅の第1中脈

は径脈と有柄でなく，後翅は1本の臀脈を有するのみでときに尾突起を有する。

成虫は大部分夜間活動性で，雄は雌より小形。卵は球形か扁平で，宿主植物上に個々または群に産附される。幼虫は大形で，有棘突起を具え且つある種類では刺毛を装う。色彩は屢々緑色で光輝ある宝石の如き金属的斑紋を有する。老熟すると植物の葉や幹や枝等に附着せしめて，大きな絹糸繭を造り，その中に蛹化し，蛹の状態で屢々越冬する。成虫は幼虫の用意した繭の出口あるいは成虫によつて分泌される液体にて軟化せしめられた1端から羽出する。

この科の昆虫は野棲性と半屋内性との種類があつて，それ等からの絹糸が吾人に利用されている。少くとも30種類は東アジア一帯で利用可能の絹糸の製産者として認められ，一般に多湿の温帯と熱帯との森林地帯に限られて産する。それは大形の幼虫が多量の食物を食するが為である。幼虫は濶葉樹に主として食を求め，年に1世代またはより多数世代，即ち5，6世代を有する。最も重要なものとしては *Actias* Leach, *Antheraea* Hübner, *Attacus* Linné, *Philosamia* Grote, *Samia* Hübner, *Saturnia* Schrank 等の属で，なお *Saturnia* Schrank, *Aglia* Ochsenheimer, *Antomeris* Hübner, *Ludia* Wallen 等が代表的な属である。本邦からは *Aglia*, *Actias*, *Dictyoploca*, *Caligula*, *Antheraea*, *Rhodinia*, *Samia* 等の属が知られている。世界から約800種が発見され，新熱帯とエチオピヤ区とに最も多く，インド濠洲区により少く，新旧両北区に最も少ない。

エゾヨツメ (*Aglia tau japonica* Leech) は翅の開張70(♂)〜98(♀)mm，茶褐色。前翅は濃色の内・外両横線を有し，内横線は内側に外横線は外側に各灰白色線を伴い，中央室端に中心に白色線を有する黒色の円紋を有する。後翅は前翅同様だが中央室端の円紋は著しく大形，外横線は外縁に平行している。幼虫はクリ，カシ，ハンノキ，モミ等の葉を食し，黄緑色で突起を装うが長毛を欠く。北海道，本州等に分布する。オオミズアオ (*Actias artemis* Bremer) は翅の開張100〜110mm，白色で青白色の翅を有する。前翅は前縁暗紫色，中央室端には黄色乃至淡黄色の楕円形紋を有し，同紋は黒色の輪廓と透明の細い中心とを有し，ときに暗色の内・外両横線を有する。後翅は尾突起を有し，色彩は前翅と同様。幼虫は青白色で毛を欠き，リンゴ，ナシ，サクラ，ハンノキその他の葉を食し，北海道と本州とに産し，朝鮮，シベリヤ等に分布する。この属には更にモミジ，クスその他の葉を食するオナガミズアオ (*A. selene* Hübner) が本州，四国，九州等に産し，沖縄，台湾，支那，マレー，インド等に分布する。クスサン (*Dictyoploca japonica* Butler) は翅の開張100〜120mm，灰褐色乃至黄褐色。前翅は赤褐色の内横線と暗褐色の外横線とを有し，これ等両線は後縁の方に相接近し，その中間部はやや淡色，亜外縁線は2本からなり赤褐色で著しく波状，中央室端に赤褐色または暗褐色の輪廓を有し中心に透明の紋を有する。後翅は外横線迄淡色で紫褐色の内・外両横線を有し，中央室端紋は大形。幼虫はシラガタロウと呼び，クス，クリ，クルミ，カシ，リンゴ，ナシ，スモモ，ウメ，サクラ，カキ，クワその他多数の植物の葉を食し，糸腺からテグス類似品が製造される。全土に産し，台湾，支那，アムール，ウスリ等に分布する。ヒメヤママユ(*Caligula boisduvali jonasi* Butler) は翅の開張88〜95mm，体は褐色乃至紫褐色。前翅は前縁部が灰白色，基部から内横線迄は褐色乃至紫褐色，内・外両横線は紫褐色乃至暗褐色で後半著しく相接近し，両者間は灰白色乃至淡紅色，亜外縁線は白色波状，中央室端の紋は楕円形で濃紫褐色で黒色の中心を有し輪廓も黒色。後翅は線・紋共に前翅のものに類似している。幼虫は淡緑色で白色毛を装い，サクラ，ナシ，リンゴ，ウメ，クワ，イタヤ，クルミその他多数の植物の葉を食する。北海道，本州，九州等に分布する。ヤママユガ (*Antheraea yamamai* Guérin) (Fig. 757) は翅の開張115〜140mm，黄色乃至暗紫褐色。翅は赤褐色乃至暗褐色の内・外両横線を有し，後者の外側に灰白色線を伴い，中横線は暗色，中央室端紋は中心透明。幼虫はクヌギ，クリ，リンゴ，カシ，アカガシ，コナラその他の植物の葉を食し，全土に分布する。この属のサクサン (*A. pernyi* Guérin) の幼虫は前種同様な植物に寄食し，繭は有名な絹糸として使用される。全土に産し，支那に分布する。ウスタビガ (*Rhodinia fugax* Butler) は翅の開張91〜117mm，雄では黄褐色乃至橙褐色，雌は黄色。翅は暗灰褐色波状の内・外両横線を有し，中央室端の紋は殆んど円形で透明，前翅には暗色波状の亜外縁線を有する。幼虫はイタヤ，サクラ，ニレ，ドロノキ，カシ，クリ，クヌギ，シイその他の葉

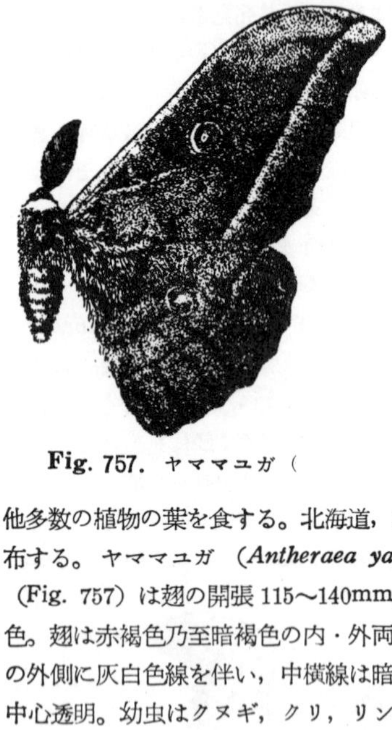

Fig. 757. ヤママユガ (

を食し，本州，四国，九州等に分布する。この属には更にキハダの葉を食するクロウスタビガ（*R. jankowskii* Oberthür）が北海道と本州とに産し，シベリヤに分布する。シンジュサン（*Samia cynthia pryeri* Butler）は翅の開張127～130mm，褐色。翅は白色の内・外両横線を有し，前者の外側と後者の内側とが暗色に縁取られ，中央室端の紋は大形で新月形を呈し半透明で前縁暗色に縁取られている。前翅の翅頂部は広く突出し淡黄色を帯びている。幼虫は白青色で有棘疣を列し，ニガキ，キハダその他の葉を食し，全土に分布する。この亜種にヒマサンがある。この野蚕は半屋内棲でインドにて最も普通に飼養されその繭からとれた絹糸はエリー絹糸として販売されている。この科には世界の最大種がある。それはヨナクニサン（*Samia atlas* Linné）で雌の翅の開張270mmにも達する沖縄，台湾，東洋熱帯地方に広く分布している。

蝶　類　Division *Rhopalocera* Duméril 1806

蝶類は一般に次の2上科に分かたれている。

1．触角は基部にて広く離れて位置し，大部分のものは末端鉤状に曲つている。前翅の径脈は5分岐し，凡ての支脈は中央室から別々に生じている。幼虫は普通裸体で，括れた頭部を有する。成虫は短距離の不規則な飛翔を行い且つ速力が早い……………………………………………………………… Superfamily *Hesperioidea*

2．触角は基部にて接触して生じ，末端太く円く決して鉤状となつていない。前翅の第4径脈と第5径脈とが有柄。幼虫と成虫とは著しく種々である……………………………………………… Superfamily *Papilionoidea*

弄蝶上科

Superfamily *Hesperioidea* Wallengren 1853

この上科は次の如く3科に分類する事が出来る。

1．後翅の中央室は中脈の基部叉脈によつて分けられ，第2中脈はよく発達し，雄は翅棘を具えている。濠洲に1種が産するのみ(*Euschemon rafflesia* W. S. M) ……………Fam. *Euschemonidae* Hampson (1918)

後翅は上述の如き中脈の基部を欠き，第2中脈は退化するかまたはない2…………………………………… 2

2．頭部は後胸より狭く，触角の末端は太く尖りもせずまた鉤状ともなつていない。翅の開張40mmまたはより以上（*Megathymus* Scopoli 米国産）…………………………Fam. *Megathymidae* Comstock (1895)

頭部は大形，触角の末端は尖り且つ屈曲している。翅の開張40mm以下……………Fam. *Hesperiidae*

311．セセリチョウ（弄蝶）科

Fam. Hesperiidae Leach 1815

Skippers と称えられ，ドイツの Dickköpfe とフランスの Hespériidés とがそれである。小形乃至中庸大，短太，多くは陰気色の蝶で，静止の際に翅を半開している。体翅は屢々充分な毛と鱗片とを装い，色彩は黒色，灰色，褐色，橙色等の組合せで，あるものは金属的である。頭部は大形，触角は棍棒状で且つ尖端が鉤状となり尖り，複眼は部分的に毛を生じ，下唇鬚は3節で直線かまたは上向。前翅の翅脈は全部分離し，翅棘はないのが正常。前脚は雌雄共によく発達し，脛節は一般に距棘を具えて前脚脛節は更に褥盤を具え，爪は短太，爪間盤は存在，中脚脛節は1距棘を，後脚では2距棘を夫々具えている。性的且つ季節的二型が現われ，雄の前翅は上面かまたは前縁に発香鱗を装うものの様である。卵は亜球形，滑かかまたは彫刻を付け，宿主植物上に個々に産下される。幼虫は裸体，扁平または亜円筒形，頭部は大きく屢々前方に幅広くなり，対をなる突起を具え，体は前方細まり頸状を呈し，擬脚は5対。かれ等は植物上にさらされて居るかまたは捲葉中に棲息し，多くは夜間活動性で，各種の植物類を食するが，主として穀作物や禾本科雑草やヤシ類や他の単葉植物並びに双葉植物特に荳科植物に寄食する。蛹は卵円筒形で滑かで鈍色，尾鉤棘にて附着し，且つ普通は絹糸と葉あるいは塵芥とからなる薄繭中に存在する。成虫は速かで且つ不規則な飛翔を行い，春・夏・秋を通じて草地に最も普通の蝶である。しかし種類によつては森林地帯にも見出され，更に移住飛行をなすものもある。

この科の蝶は世界から約3000種類が知られ，次の如き亜科に分類されている。

1．触角の棍棒部が大きく，円筒状か円筒錐状で，普通膨大部にて返折している。大部分中南米産（*Pyrrhopyge* Hübner）………………Subfam. *Pyrrhopyginae* Watson 1893 (*Thamyrididae* Burmeister)

触角の棍棒部は完全に返折していない……………2

2．触角の棍棒部は中央近くで曲り，長い鉤状先にて終り屢々膨大部と等長。下唇鬚は太く，第2節が顔面に対して隆まり，第3節が細長く裸体で直線。雄は翅の前縁皺を有しない。前翅の中央室は翅長の2/3の長さを有し，第2中脈が第3中脈よりも第1中脈に幾分近よつている（*Ismene* Swains インド・マレー区産。*Harosa* Moore インド・濠洲区産）……………………………………… Subfam. *Ismeninae* Mobille 1904

触角の棍棒部は長い鉤状の末端部を有しない。翅の中央室は翅長の2/3より短かい。若ししからざる場合は下唇鬚が顔に対し上向していない…………………3

3．前翅の中央室は翅長の2/3，若し短かいときは第2

中脈が第3中脈よりも第1中脈に近く位置している…
…………………………………… Subfam. *Erynninae*

前翅の中央室は翅長の2/3より明かに短かく，第2中脈は第3中脈よりも第1中脈に近く存在し，一般に帯褐色の斜帯を有する…………Subfam. *Hesperiinae*

以上の亜科中本邦には次の2亜科が発見されている。

1）ミヤマセセリチヨウ亜科

Subfamily *Erynninae* Swinhow 1912

Achlyodidae Burmeister 1878, *Eudamidae* Burmeister 1878, *Pyrgidae* Burmeister 1878 *Telegonidae* Burmeister 1878, *Thymelidae* Burmeister 1878 等は異名。*Telegonus* Hübner, *Endamus* Swinhow, *Erynnis* Schrank (=*Thanaos* Boisduval), *Tagiades* Hübner, *Celoenorrhinus* Hübner 等が代表的な属で，本邦からは *Pyrgus*, *Erynnis*, *Daimio*, *Choaspes*, *Bibasis*, *Leptalina* 等の属が知られている。

チャマダラセセリ (*Pyrgus maculatus* Bremer et Grey) は翅の開張32mm，内外，黒褐色。前翅は大小約13個の白色斑を不規則に散在せしめ，後翅は中央近くに3，4個の黄白色斑を並列せしめている。幼虫はスグリ，イチゴ，シモツケ等の葉を食し，北海道，本州，四国等に産し，朝鮮，満洲，支那等に分布する。この属には更にイチゴ，シモツケ等の葉を食するミヤマチヤマダラセセリ (*P. zona* Mabille) が本州，四国，九州等に産し，朝鮮に分布する。ミヤマセセリ (*Erynnis montanus* Bremer) (Fig. 758) は翅の開張40mm内外，茶褐色。前翅は外縁に沿う灰白色の点斑列とその内方に3条の灰白色波状帯とを有し，後翅は中央室端に黄色の1横紋と外方部に約14個の黄色紋とを有する。幼虫はクヌギ，コナラその他の葉を食し，全土に産し，朝鮮，満洲，北支等に分布する。同属のキモンセセリ (*E. florida* Butler) は本州，四国，九州等に分布し，ミヤコグサ，ツルナシカラスノエンドウ等に寄食する。ダイミョウセセリ (*Daimio tethys* Ménétriès) は翅の開張35mm内外，帯褐黒色。前翅は中央に大小5個の白色紋を，これより外方前半部に5個の白色小斑を有する。幼虫はヤマノイモ，トコロ，ツクネイモ，ナガイモ等の葉を食する。アオバセセリ (*Choaspes benjamini japonica* Murray) は翅の開張45〜55mm，青緑色を帯びた黒色。後翅の後角は少し突出し美麗な橙黄赤色の長縁毛を装う。幼虫はアワブキの葉を食し，本州，四国，九州等に産し，沖縄，台湾，支那，インド等に分布する。キバネセセリ (*Bibasis aquilina chrysaeglia* Butler) は翅の開張42mm内外，褐色。翅は黄褐色の鱗毛を装い，黄灰色の縁毛を生ずる。幼虫はセンノキの葉を食し，本州，四国，九州等に産し，朝鮮に分布する。ギンイチモンジセセリ (*Leptalina unicolor* Bremer et Grey) は翅の開張32mm内外，狭い翅を有し，光沢ある黒褐色。翅の裏面は前翅では褐色で前・外面縁が暗黄色，後翅では暗黄色で中央に銀白色の1縦帯を有する。幼虫は竹類の葉を食し，全土に産し，朝鮮に分布する。以上の他にコモンセセリ (*Celoenorrhinus asmara* Butler) が九州に産し，幼虫はクサギの葉を食する。

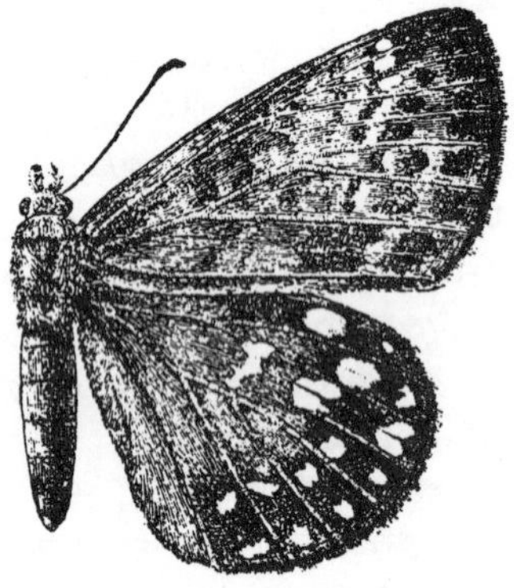

Fig. 758. ミヤマセセリ雄（内田）

2）セセリチョウ亜科

Subfamily *Hesperiinae* Tutt 1896

Cyclopididae Tutt 1906, *Pamphilidae* Burmeister 1878 等が異名で，*Hesperia* Fabricius, *Pamphila* Fabricius, *Dalla* Mobille, *Parnara* Moore, *Halpe* Moore, *Thracides* Hübner, *Caenides* Holl., *Augiades* Hübner 等が代表的な属で，世界の各区に産し，本邦からは *Carterocephalus*, *Aeromachus*, *Isoteinon*, *Thymelicus*, *Ochlodes*, *Hesperia*, *Potanthus*, *Halpe*, *Polytremis*, *Parnara*, *Notocrypta* 等の属が発見されている。タカネキマダラセセリ (*Carterocephalus palaemon satakei* Matsumura) は翅の開張27mm内外，黒褐色。前翅は橙黄色方形の7紋を有し外縁に沿い同色の点列を有する。後翅は中央に橙黄色の3紋を有し，外縁の点列があまり明瞭でない。幼虫はカツラ，イヌムギ等の葉を食し，本州に産し，樺太，千島等に分布する。ホシチヤバネセセリ (*Aeromachus inachus* Ménétriès) は翅の開張26mm内外，黒褐色。前翅は中央室端に1小白色斑を有し，これより外方に7，8個の白色斑を1横列に有する。幼虫は竹類の葉を食し，本州，四国，九州等に産し，朝鮮，満洲，台湾，支那，アムール等に分布する。ホソバセセリ (*Isoteinon lamprospilus* Felder et Felder) は翅の開張37mm内外，黒褐色。前翅は中央に4個と翅頂近くに1横列の少3個との白色半透明紋を有する。幼虫はススキ，竹等の葉を食し，本州，四国，九州等に産し，沖縄，台湾等に分布する。コキマダラセセリ (*Ochlodes venata herculea* Butler) は翅の開張35mm内外，暗橙黄色。前翅は中央に帯黄白色の約

5個の互に接する不規則方形紋を有し，更に翅頂の方に3個の同様な小斑を有する。後翅は中央直後に4，5個の同様な紋を有する。幼虫はハマムギ，シラゲカヤ，タケ等の葉を食し，北海道，本州等に産し，樺太，朝鮮，アジア，欧洲，北アフリカ等に分布する。同属には更にササやカヤ等の葉を食するヒメキマダラセセリ (*O. ochracea rikuchina* Butler) が全土に産し，朝鮮，満洲，アムール等に分布する。スジグロチャバネセセリ (*Thymelicus leoninus* Butler) は翅の開張30mm内外，帯赤黄色。翅脈は黒色，翅縁は黒褐色，雄は前翅の中央室下方に斜走する黒色線状の発香腺を有し，雌は全体暗色。幼虫は竹類の葉を食し，全土に産し，朝鮮，支那，アムール等に分布する。

Fig. 759. アカセセリ雄（内田）

アカセセリ (*Hesperia florinda* Butler) (Fig. 759) は翅の開張30mm内外，雄の翅は橙黄褐色で黒色の翅脈と灰黄色の縁毛とを有し，翅縁は黒褐色。前翅の中央室下の縦紋は黒色の発香腺。後翅は中央の大部分以外は黒褐色。雌は黒色で翅は鳶褐色，前翅には勿論発香腺を欠く。北海道と本州とに分布する。キマダラセセリ (*Potanthus confucius flava* Murray) は翅の開張30 mm 内外，黒褐色。前翅は前縁橙黄色，中央室の長三角形紋と前縁頂近くの1紋とその下方後縁に達する1斜帯とは橙黄色。後翅は中央の1横帯とこれと翅底との間にある2斑とが橙黄色。幼虫はササ，タケ，甘蔗その他の葉を食し，本州，四国，九州などに産し，朝鮮と沖縄とに分布する。コチャバネセセリ (*Halpe varia* Murray) は翅の開張30～36mm，黒褐色。前翅はほぼU字形に7個の白色小紋を中央近くに有し，下方の2個が大形で内方に2個と外方に3個となつている。幼虫はタケの葉を食し，全土に産し，樺太，朝鮮，沖縄，台湾等に分布する。オオチャバネセセリ (*Polytremis pellucida* Murray) は翅の開張 40mm 内外，黒褐色，翅基部は少し緑色を帯びる。前翅は中央近くに8個の半透明白色の紋をU字形に列し，内方に2個，下方に3個，外方に3個となり，他に後縁近い中央に1個がある。後翅は中央室の外方に5個の白色紋を横に不規則に列している。幼虫はイネ，タケ，ススキ等の葉を食し，全土に産し，樺太，朝鮮，台湾，支那，アムール，ウスリー等に分布する。

チャバネセセリ (*Pelopidas mathias oberthüri* Evans) は翅の開張30～42mm，褐色で黄緑色の鱗粉と毛とを装う。雄の前翅は中央室の外方に8個の白色小点斑をほぼ横楕円形に列し更に中央室下方に斜走する灰白色の1細線を有し，そこに発香鱗を伴つている。雌の場合は白色斑が大形で，その下方に更に1斑を有し，発香鱗を欠く。後翅は後角部が幾分円く突出している。幼虫は甘蔗，稲，竹，ススキ，カヤ等の葉を食害し，本州，四国，九州等に産し，朝鮮，沖縄，台湾，中南アジア，アフリカ等に分布する。この属には更にタケの葉を食するミヤマチャバネセセリ (*P. jansonis* Butler) が本州，四国，九州等に産し，朝鮮に分布する。イチモンジセセリ (*Parnara guttata* Bremer et Grey) は翅の開張 35 mm 内外，黒褐色。前翅は大小8個の半透明白色の斑紋を半輪状に列し，最下にある紋が最大となつている。後翅は中央部に4個の白色紋を1列に存し，外縁の中央やや湾入する。幼虫はハマグリムシと呼ばれ，稲，マコモ，甘蔗，タケその他の有名な害虫。成虫は百日草，アスター等の花に群集し，ときに移住飛行をなす。全土に産し，朝鮮，沖縄，台湾，支那，シベリヤ，アムール，マレー，インド等に分布し，Rice skipper と称えられている。クロセセリ (*Notocrypta curvifascia* Felder et Felder) は翅の開張 40～45mm，黒色。前翅は濃黒褐色で，中央に幅広の白色横帯を有し，この外方翅頂との間に6個の白色小点を有する。幼虫はハナミョウガ，クマタケラン，ミョウガ等の害虫で，四国，九州等に産し，沖縄，台湾，南支，マレー，インド等に分布する。

鳳蝶上科

Superfamily *Papilionoidea* Dyar 1902

1926年に Tillyard がこの上科から Superfamily *Nymphaloidea* を分離したが，一般に採用されていない。次の如き12科に分類する事が出来る。

1．前脚は正常，若し微かに大きさと構造とが退化していても爪が有歯または2叉となつている……………2
　前脚は（少くとも雄では）他の脚と多少顕著に異なり，一般に歩行に使用されないで，爪があつても決して有歯でなくまた割れてもいない……………………4
2．爪は大きく有歯でもなく2叉ともなつていない。前脚脛節は褥盤を有する。前翅は肘脈が外観的に4分岐し，臀脈が2本または3本。後翅は臀部が減退し，1本の臀脈を有する……………………………………3
　爪は叉分し，前脚脛節は褥盤を具えていない。前翅は肘脈が外観的に3分岐し，臀脈が1本。後翅は2本の臀脈を有する………………………Fam. *Pieridae*
3．前翅の径脈は5分岐し，臀横脈がある。後翅は普通

波状縁を有し，且つ尾状突起を有する…………………………………………………………Fam. *Papilionidae*

前翅の径脈は4分岐し，中央室の基部と臀脈との間に横脈を有しない………………Fam. *Parnassidae*

4．前脚は雌雄共に著しく小形となり爪を欠き，胸部に対して畳まれ歩行に使用されない。跗節は雄では1節で雌では一般に5節。前翅の径脈は5分岐する………………………(*Nymphaloidea* Tillyard) ……………5

雌の前脚は可機能的で爪を具え，雄のものは多少退化しときに1爪を具えている。前翅の径脈は3または4分岐……………………………………………………11

5．後翅の中央室はよく発達した脈で閉ざされる……6

後翅の中央室は開口または痕跡的脈で閉ざされる……………………………………………………………10

6．雌の前脚は有皺頭で終つている。前翅は亜前縁脈が最極基部で分叉し，第3臀脈がある。触角は上面に鱗片を欠く ……………………………Fam. *Danaidae*

雌の前脚は跗節を有す（多少短縮していても）る。前翅は第3臀脈を欠く……………………………………7

7．前翅は長楕円形で幅の2倍長。主として熱帯産…8

前翅は幅の2倍より著しく短かい……………………9

8．触角は（少くとも上面）鱗片にて包まれ，雌の前脚跗節は4節，翅は不透明。中庸大の鮮明色の蝶で，殆んど凡てが新熱帯産。(*Eueides* Hübner, *Apostraphia*, *Colaenis*, *Dione*, *Migonitis*, *Cethosia*)……………………………………Fam. *Eueididae* Hampson 1918 (*Palaeotropidae*, *Heliconiidae*)

触角は裸体，翅は屢々大部が鱗粉を欠き透明となつている (*Dircenna*, *Ithomia* Hübner) ………………………………………Fam. *Ithomiidae* (Reuter 1896)

9．前翅は翅脈のあるものが基部で非常に膨大している………………………………………………Fam. *Satyridae*

前翅の脈は基部で膨れていない。大形で甚だ幅広の翅を具え，熱帯産。翅の上面は濃色で下面は眼状紋と錯雑せる線条とを有する。新熱帯産 (*Caligo* Hübner, *Brassolis* Fabricius, *Opsiphanes* Westwood)…………Fam. *Brassolidae* Westwood 1851 (*Caligonidae*)

10．後翅は臀部に沿い大きな架台様の圧所を有し，静止の際に腹部がその処に置かれる。大形種で一般に光輝ある金属的藍色の蝶 (*Morpho* Fabricius 新熱帯，*Amathusia* Fabr.，*Amathuxidea*，インド・濠洲区産)……Fam. *Morphoidae* Kollen 1850 (*Argidae*)

後翅は上述の如き構造を欠く……………………………………………………………Fam. *Nymphalidae*

11．下唇鬚は甚だ長く直線で，体長の1/4乃至1/2の長さを有し，密毛にて被われている…………………………………………………………Fam. *Libytheidae*

下唇鬚は普通……………………………………………12

12．後翅の前縁は肩角迄太まり，亜前縁脈は基部に突脈ち肩横脈を有する (*Mesosemia*, *Riodina* Westwood, *Eurybia*, *Caria*, *Baeotis*, *Lymnas*, *Calephelis*, *Dodona*, *Zemeros*, *Abisara*, *Euselasia*, *Hades*, *Helicopis*, *Nemeobius*, *Dicallaneura* 等が代表的な属)……Fam. *Riodinidae* Grote 1895 (*Erycinidae*, *Lemoniidae*, *Rhiodinidae*, *Nemeobiidae*, *Plebejidae*) シジミタテハ科（台湾に1種発見されている）。

後翅の前縁は基部で太まらず且肩横脈を欠き，前翅の第1中脈は殆んど常に中央室の前角から出ている…………………………………………Fam. *Lycaenidae*

以上他にメキシコ産の Fam. *Baroniidae* Bryk 1913 とインド産の Fam. *Teinopalpidae* Grote 1899 とがあるが何れも1属のみからなる小科である。本邦からは次の8科が知られている。

312. アゲハチョウ（鳳蝶）科 *Fam. Papilionidae* Leach 1819

Equitidae Hampson 1918 は異名。Swallowtails, Birdwinged Butterflies 等と称えられ，ドイツの Edelfalter, フランスの Papilionidés 等がこの科のものである。美麗な光輝色の蝶で，全生物中最も美しい色彩のものの1つである。大部分のものは虹彩ある黒色または暗藍色または青色で，鮮明な黄色，赤色，藍色等の斑紋を有する。触角は顕著に球桿状を呈し，脚は全部発達する。翅は甚だ大形，後翅は第1臀脈を欠き，第3中脈の部分が延びて種々な形状の尾突起として存在するものとしからざるものとがあり，ときに1本でなく2本または3本の尾部を有するものもある。雌雄の色彩的二型が普通に生じ，また季節的色彩の二型も普通で，更に種類によつては早春型・晩春型・夏型等の差異がある。多型 (Polymorphism) がまた甚だ普通で且つまた屢々雌雄両性 (Gynandromorphism) が現われる（勿論鱗翅目全体の性質である)。卵は普通球状で滑か，宿主植物上1個所に少数または多数に個々に産下される。幼虫は大形肉質で滑か，肉質の背面と側面との触毛様の突起を有するものとしからざるものとあり，胸部は屢々大形となり2個の大きな眼状紋を有しあるものは屢々背上に臭角即ちY字形の反転臭器を具えている。ある種類では屢々多型的で色彩的に3型またはより以上の型を顕わす。蛹は裸体で幾分粗面かまたは彫刻を有し，前端切断されているかまたは2叉状となり，後胸背に中突起を有するものとしからざるものとがあり，腹部は第4乃至第7節に堅

い疣の1対を有するものが多い。頭部を上方に向け尾鉤棘と1帯糸とで樹枝その他に附着している。温帯産のものは蛹で越冬する。

成虫は森林地帯に多く，特に熱帯に多産で，昆虫採集家によつて著しく称賛されている。ある国では天然記念物として法律によつて採集を禁止している種類もある。例えば英国ではキアゲハを，台湾ではフトオアゲハをそれぞれ保護している。世界から約850種が発見され，*Papilio* Linné (Swallowtails) と *Troides* Hübner (Birdwinged butterflies) とが重要な代表的属である。本邦からは *Luehdorfia*, *Menelaides*, *Graphium*, *Papilio* 等の属が知られている。

ギフチョウ (*Luehdorfia japonica* Leech) は翅の開張 50〜55mm, 翅は黒色と黄色とでダンダラの縞をなし，前翅は6本の黒色横帯の他に前縁からの短かい2帯とを有し，後翅は2本の黒色帯と外縁に3個の新月形橙黄色紋と内縁角に赤色斑とを有する。幼虫はウスバサイシン，マルバカンアオイ，フタバアオイ等の葉を食し，本州と四国とに分布する。同属には更にサンシン，マルバカンアオイ等の葉を食するヒメギフチョウ(*L. puziloi inexpecta* Sheljuzhko) が北海道，本州等に産し，朝鮮に分布する。ジャコウアゲハ (*Menelaides alcinous* Klug) は翅の開張 90〜110mm, 雄は黒色，前翅はやや濃く少し紫色。雌は暗灰色，後翅は外縁濃色で5個の淡橙黄赤色の弦月紋を有する。幼虫はウマノスズクサ，アオツヅラ，ガガイモ等の葉を食し，本州，四国，九州等に産し，朝鮮，沖縄，台湾等に分布する。アオスジアゲハ (*Graphium sarpedon nipponus* Fruhstorfer) は翅の開張70〜90mm, 黒色，翅は斜にやや長く，中央に青色方形紋の1列を有し，後翅には更に外縁近くに弦月の紋列を有する。幼虫はクス，イヌグス，ニクケイ等の葉を食し，本州，四国，九州等に産する。なおこの属にオガタマノキの葉を食するミカドアゲハ (*G. doson albidus titipu Nakahara*) が本州，四国，九州等に分布する。アゲハ (*Papilio xuthus* Linné) (Fig. 760) は翅の開張 80〜120mm, 体は帯緑黄色，翅は淡緑黄色乃至暗黄色で黒色の条線と斑紋とを有し，外縁部と翅脈部とが黒色で，外縁部に青色斑を列し，後翅の内角部に橙黄色斑を有する。幼虫は柑橘類，サンショウ，キハダその他の葉を食し，全土に産し，樺太，朝鮮，満洲，支那，沖縄，台湾等に分布する。この属には更に柑橘類の害虫たるクロアゲハ (*P. protenor demetrius* Cramer) やシロオビアゲハ (*P. polytes* Linné) やナガサキアゲハ (*P. memnon thunbergii* von Siebold) やモンキアゲハ (*P. helenus nicconicolens* Butler) やカラスアゲハ (*P. bianor dehaanii* Felder et Felder)等が本邦に産する。またキハダやサンショウ等の葉を食するミヤマカラスアゲハ (*P. maackii satakei* Matsumura) やサンショウその他の葉を食するオナガアゲハ(*P. macilentus* Janson) やニンジン，ウイキョウ，ボウフウ等の葉を食するキアゲハ (*P. machaon hippocrates* Felder et Felder) 等が本邦各地に産する。

Fig. 760. アゲハ雄 (内田)

313. ウスバシロチョウ (薄翅白蝶) 科

Fam. Parnassidae Swainson 1840

Parnassians や Apollos と呼ばれ，ドイツの Apollofalter がこの科の蝶で，一般にアゲハチョウ科に属せしめられている。しかし翅脈を異にしている。翅は半透明で，後翅に尾突起がない。雌は尾端に革質の交尾器を具えている。幼虫は有毛，多少平たく，小形の頭部を有し，斑紋を有する。蛹は短円筒形で地上または塵芥中にある。山地産で，中央アジアに多数に産し，*Parnassius* Latreille) が模式属である。本州産のウスバシロチョウ (*Pranassius glacialis* Butler) (Fig. 761) は翅の開張60mm, 体は黒色，翅は白色。前翅は外半やや半透明，斑紋は淡黒色。後翅は内縁部広く黒色。幼虫はエンゴサクその他の *Corydalis* 属の植物の葉を食し，北海道，本州，四国等に産し，朝鮮に分布する。更に同種の植物に寄食するヒメウスバシロチョウ (*P. stubbendorfi hoeni* Schweitzer) が北海道に産する。

Fig. 761. ウスバシロチョウ (内田)

314. シロチョウ (白蝶) 科

Fam. Pieridae Duponcel 1844

この科は屢々 *Papilionidae* の1亜科にして取り扱われ，また学者によつては *Asciidae* (*Asciadae* Hampson 1918) の異名としている。Whites, Yellows, Orange

Tips, Brimstones, Sulphurs 等がこの科の蝶で，ドイツの Weisslinge と Gelblinge，フランスの Piéridés 等がこの類のものである。中庸大，多くのものは白色で橙色や黄色の種々な陰を有し，更に暗色や鮮明色の斑紋を附する，日中活動性の蝶である。複眼は裸体で白色輪を欠き，触角は僅かな鱗粉を装うかまたはこれを欠き，顕著に球桿状を呈し，下唇鬚は頭部より短いかまたは長い。脚は完全に発達し，爪は叉状または有歯。翅は薄く鱗片にて被われ，一般に末端縁が濃色となり，ときに中央点を有する。前翅は5本または6本の細脈を有する亜前脈を有し，上径脈がない。後翅は1本または2本の臀脈を有する。色彩の二型や多型が普通で，更に季節的二型もまた生ずる。卵は裸体で，紡錐状かまたは幾分ピラミッド形で，垂直隆起線を列し且つ横線を有する。宿主植物上に個々にまたは列にあるいは塊状に産下されている。幼虫はむしろ細く，裸体か顆粒を布するかあるいは有毛で，触糸や疣や特別な臭器やを有する事がなく，各環節は二次的節を有し，擬脚の鉤爪は2列または3列からなる。多くのものは帯青色か帯黄色か曇色で，屢々暗色の小顆粒または線を有し，ときに群棲している。蛹は長く角張り，一般に頭部に1本の延長部または棘を具え，陰淡色か帯黄色か帯緑色，頭部を上に位置せしめて水平か垂直かに尾鉤棘と帯線とで自由に附着している。一般に年2回の発生だが，熱帯地では6回も発生するものがある。成虫は活潑で，特に春と秋とに多数に存在し，普通この世態で越冬し，多くのものは屢々雪や氷で被でわれて生存している。

大きな科で1000種内外が世界から発見され，多数が亜熱帯や熱帯に産し，特に新熱帯とインドとエチオピヤ区とに見出されているが，温帯地と少数のものは寒帯地にも存する。彼れ等のあるものは移住を行う事が各地で認められている。*Pieris* Schrank, *Aporia* Hübner, *Gonepteryx* Leach, *Colias* Fabricius, *Catopsilia* Hübner, *Euchloë* Hübner, *Huphina* Butler, *Appias* Hübner, *Mylothris* Hübner, *Teracolus* Swainton, *Delias* Hübner, *Terias*, *Styx* Staudinger, *Leptosia* Hübner 等が先ず代表的な属で，本邦からは最初の5属の他に *Leptidea*, *Eurema*, *Anthocaris*, *Hebomoia*, *Pontia* 等の属が知られている。

ヒメシロチョウ (*Leptidea amurensis* Ménétriès) は翅の開張40mm内外，白色，極めて萃奢な蝶で，体は細く黒色で白色鱗片にて被われている。前翅は比較的細長く，翅頂に黒色の大紋を有する。幼虫はカラスノエンドウ，ミヤコグサ等の葉を食し，北海道，本州，九州等に産し，樺太，朝鮮等に分布する。キチョウ (*Eurema hecabe mandarina* de I'Orza) は翅の開張45mm内外，黄色。前翅は外縁広く，後翅は外縁狭く黒色を呈する。幼虫はメドハキ，ハキ等の葉を食し，本州，四国，九州等に産し，朝鮮，沖縄，台湾，東洋熱帯等に広く分布する。この属には更にクサネムやカワラケツメイ等の植物に寄食するツマグロキチョウ (*E. laeta bethesba* Janson) が本州，四国，九州等に産し，朝鮮，台湾，支那，インド等に分布する。スジボソヤマキチョウ (*Gonepteryx mahaguru niphonica* Verity) は翅の開張65mm内外，黄色。前翅は翅頂が鉤状に尖り，中央室端に橙赤色の1点を有する。後翅は少しく淡色で，外縁の中央部少し突出し，中央室端には前翅同様1点斑を有する。幼虫はクロウメモドキの葉を食し，本州，四国，九州等に産し，朝鮮，満洲，支那等に分布する。同属のヤマキチョウ(*G. rhamni maxima* Butler) は前種同様の植物に寄食し，本州，四国，九州等に産し，朝鮮，支那，欧洲等に分布する。モンキチョウ (*Colias hyale poliographus* Motschulsky) は翅の開張50mm内外，黄色。前翅は外縁広く黒色で，その中に数個の黄色紋を有し，中央室端に黒色の1小紋を有する。後翅は外縁黒色，中央室端に橙黄色の1円紋を有する。幼虫はウマゴヤシ，カラスノエンドウ，ミヤコグサ，大小豆等の葉を食し，全土に産し，樺太，沖縄，台湾等に分布する。更にミヤマモンキチョウ (*C. palaeno aias* Fruhstorfer) はスノキ，クロマメノキ等の葉に寄食し，本州に分布する。ウラナミシロチョウ (*Catopsilia pyranthe* Linné) は翅の開張55〜65mm，白色で青味を帯びる。前翅は三角形に近いが前縁円味多く，翅端の外縁部は黒色，中央室端に黒色の1小点を有する。幼虫はハブソウ，エビスグサ等の葉を食し，九州のみに産し，沖縄，台湾，支那，フィリッピン，マレー，インド等に分布する。ツマキチョウ (*Anthocaris scolymus* Butler) は翅の開張48mm内外，白色，体は黒色で翅は白色。前翅は翅端尖つて突出し，中央室端と翅端とに黒色紋を有し，雄の前翅突出部は橙黄色で雌同様黒色紋を有する。幼虫はタネツケバナ，コンロンソウ等の葉を食し，全土に産し，朝鮮に分布する。ツマベニチョウ (*Hebomoia glaucippe liukiuensis* Fruhstorfer) は翅の開張90〜110mm，前翅は翅頂部角張る。雄の前翅は少し淡黄色を帯びた蒼白色，前縁細く黒褐色，1/2翅端部には黒褐色に囲まれた三角形の橙赤色大紋を有し，その部の翅脈は黒色でその間に各1個計4個の黒色斑を有する。後翅は前翅と同色，外縁近く6個の黒色斑を有し，雌ではその内方に更に同色斑を列している。幼虫は白花菜科の植物に寄食し，九州に産し，沖縄に分布する。モンシロチョウ (*Pieris rapae* crucivora Boisduval)（Fig. 762）は翅の開張45〜65mm，白色，翅の斑紋は黒色。幼虫は俗にアオムシと呼ばれ，緑色で橙黄色の側線を有し，十字科作物の大害虫である。全土に産し，樺太，朝鮮，沖縄，支那，シベリヤ，欧洲等に分布する。この属には更に十字科植物の葉を食するエゾスジグロシロチョウ（*P. napi nesis* Fruhstorfer）が北海道，本州等に産し，樺太，朝鮮，支那，シベリヤ，欧洲等に分布する。なお同様十字科植物に寄食するスジグロシロチョウ（*P. meleta* Ménétriès）が全土に産し，朝鮮，支那，アムール，シベリヤ等に分布する。これ等の他に同属のタイワンモンシロチョウ（*P. canidia juba* Fruhstorfer）が対島に産し，朝鮮，台湾に分布し，十字科植物の害虫である。エゾシロチョウ（*Aporia crataegi adherbal* Fruhstorfer）は翅の開張66〜75mm，白色，翅は翅脈と外縁と翅底とが黒色。幼虫はリンゴ，サクラ，ナシ，サンザシ等の害虫で，北海道に分布する。なお同属のミヤマシロチョウ（*A. hippia japonica* Matsumura）は本邦に分布し，幼虫はヒロハヘビノボラズの葉を食する。

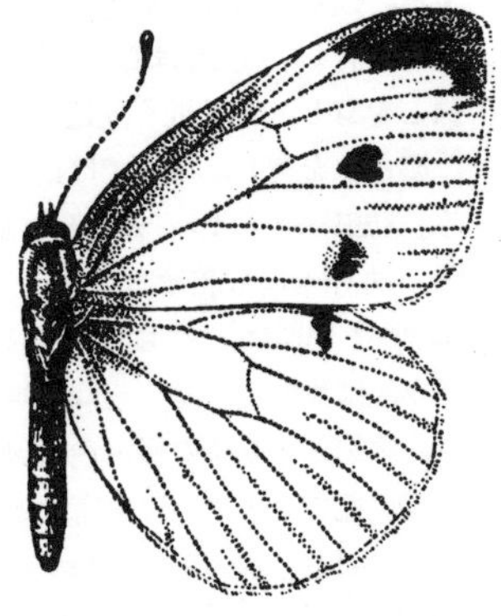

Fig. 762. モンシロチョウ雄（内田）

315. シジミチョウ（小灰蝶）科
Fam. Lycaenidae Leach 1815

Ruralidae Tutt 1906 や *Cupidinidae* Hampson 1918 等は異名。Papillon Blues, Blues, Coppers, Hairstreaks, Gossamer-winged Butterflies 等がこの科の蝶で，ドイツの Bläulinge, Feuerfalter, フランスの Azurés 等が同様のものである。微小乃至小形，翅の上面は普通金属的藍色や青色や銅色や真銅色で，鮮明または鈍色を混し，下面は鈍色。複眼は滑かかまたは有毛で，白色鱗粉からなる細い週縁を有する。触角の棍棒部は直線，各環節は白色鱗粉にて輪環附けられている。雄の前脚は短かく，跗節は退化し1節，爪は1本または2本ともない。雌の跗節は正常で，2爪を具えている。翅は正常かまたは後翅が尾部を有し，臀片がない。亜前縁脈は基部に肩横脈を欠き，第1中脈は一般に中央室の前角またはそれに近く生じている。雌雄二色彩型が普通で，雄のものが一般に光輝に富んでいる。卵は表面網状の横線を有するかまたはその他の彫刻を有し，円く扁平で，宿主植物上に個々に産下されている。幼虫は特別な形状で，短かく扁平，ナメクジを縮めた様な形を呈し，滑かかまたは疣付きである。頭部は伸縮自由，脚は短かく隠され，ある分泌液を出し蟻の食餌となり，少数のものは正確に透蟻性である。また他のものは介殼虫を捕食する。大部分のものは食草性で，特に荳科植物を好むものが多い。蛹は短円形で滑か，稀れにセムシ状のものがあり，尾鉤棘によつて付着し1帯糸を普通具えている。しかし少数の蛹は地中に存在する。成虫は強飛翔者で，多数のものは甚だ不幸な状態のもとに越冬する。

世界から3000種内外が知られ，インド，エチオピヤ，新熱帯等に多産であるが，凡ての地区に分布し，*Lycaena* Fabricius, *Thecla* Fabricius, *Zephyrus* Dalmer, *Thestor* Hübner, *Chrysophanus* Hübner, *Cyaniris* Dalmer, *Arhopala* Boisduval その他が先づ代表的な属で，本邦からは *Curetis*, *Arhopala*, *Artopoetes*, *Coreana*, *Japonica*, *Araragi*, *Antigius*, *Wagimo*, *Thecla*, *Iratsume*, *Favonius*, *Neozephyrus*, *Rapala*, *Strymon*, *Ahlbergia*, *Spindasis*, *Lycaena*, *Taraka*, *Niphanda*, *Lampides*, *Nacaduba*, *Zizeeria*, *Zizina*, *Scolitantides*, *Sinia*, *Glaucopsyche*, *Maculinea*, *Celastrina*, *Everes*, *Tongeia*, *Plebejus*, *Lycaedes*, *Vaciniina*, *Aricia* 等多数の属が発見されている。以下本邦産の種類中幼虫の宿主の明かなものを簡単に記する。

ウラギンシジミ（*Curetis acuta paracuta* de Nicéville）は翅の開張 45mm 内外。雄は黒褐色，前翅は基部から中央に亘り後翅は中央から外縁に亘り美しい赤輝色。雌の前翅は雄の赤色に相当する部分が水青色，後翅は外縁のみが水青色を呈する。前翅は三角形に近く，雌では翅端著しく尖る。翅の裏面は一様に銀白色。幼虫はフジを食し，本州，四国，九州等に産し，朝鮮，台湾等に分布する。ムラサキシジミ（*Arhopala japonica* Murray）は翅の開張 35mm 内外，前翅は金属的紫色で前縁と外縁とが広く黒褐色，後翅も同色で週縁が黒褐色。幼虫はカシ類の葉を食し，本州，四国，九州等に産し，沖縄，台湾，朝鮮等に分布する。この属には更にカシ等に寄食するルーミスシジミ（*A. ganesa loomisi* Pryer）が本州，四国，九州等に分布し，マテバシイやシリブカガシ等の葉を食するムラサキツバメ（*A. bazalus turbata* Butler）が本州，四国，九州等に産し，朝鮮，台湾等に分布する。ウラゴマダラシジミ（*Artopoetes pryeri* Murray）は翅の開張 45mm 内外，一見シロチョウ科のものに似て比較的狭い翅を有する。翅は周縁広く黒色で中央部は紫色，裏面は白色で外縁に沿い2個の黒色の斑点列を有し中央室端に淡い1黒色帯を有する。幼虫はイボタノキの葉を食し，全土に産し，朝鮮，アムール等に分布する。アカシジミ（*Japonica lutea* Hewitson）は翅の開張42mm内外，橙黄赤色。前翅は外縁黒色，後翅は外縁細く黒色に縁取られ甚だ細い黒色の尾突起を有し，その基部と内縁角とに小さな黒色円斑を有する。幼虫はナラ，クヌギ，カシワ等の葉を食し，全土に産し，満洲，シベリヤ等に分布する。この属には更に同様な宿主を有するウラナミアカシジミ（*J.saepestriata* Hewitson）が北海道，本州，四国等に産し，朝鮮，シベリヤ等に分布する。オナガシジミ（*Araragi enthea* Janson）は翅の開張30～35mm，黒褐色。前翅は中央室端から外下方に2個の淡色斑を有し，後翅は細長い末端白色毛を装う尾突起を有する。翅の裏面は灰白色で黒色斑を散布する。幼虫はクルミの葉を食し，北海道，本州等に分布する。ミズイロオナガシジミ（*Antigius attilia* Bremer）は翅の開張38mm内外，暗灰黒色。後翅は外縁に4個またはより少数の白色小斑を有し且つ甚だ細い白色線を外縁に有し細い尾突起がある。翅の裏面は帯青白色，黒褐色の1斜帯とその外方に同色の2斑列を有し，外縁に沿い暗色の細帯を有する。幼虫はカシ類の葉を食し，全土に分布する。ムモンアカシジミ（*Thecla jonasi* Janson）は翅の開張40mm内外，橙黄赤色。雌は前翅端が黒褐色を呈し，後翅は尖端白色の暗褐色突起を有する。翅の裏面は赤味乏しく，中央室端に褐色の1帯を有する。幼虫はカシワ，コナラ等の葉を食し，北海道，本州等に産し，満洲，シベリヤ等に分布する。オオミドリシジミ（*Favonius orientalis* Murray）は翅の開張40mm内外，金属様緑色，翅縁は細く黒色，雌は暗褐色で前翅の中央室から外側に向い帯褐灰色の斜紋を有する。裏面は雌雄共に灰白色，前翅には3条の褐色帯を有し，後翅にはW字形帯と他に2条の暗褐色線を有する。後翅の尾突起は細短。幼虫はコナラ，カシワその他の葉を食し，全土に産し，朝鮮に分布する。更にアカガシ，カシワ，ナラ，コナラ等の葉に寄食するウラジロミドリシジミ（*F. saphirinus* Staudinger）が北海道，本州等に産し，朝鮮，満洲等に分布する。なおクヌギ，ナラその他の葉を食するエゾミドリシジミ（*F. jezoensis* Matsumura）が全土に分布し，ミズナラに寄食するジョウザンミドリシジミ（*F. ultramarinus* Fixsen）が北海道，本州等に分布する。ウラクロシジミ（*Iratsume orsedice* Butler）は翅の開張35mm。雄の翅は真珠様の光沢を有する灰白色，外縁と前縁とが細く黒褐色を呈し，後翅の内縁角部は暗褐色で末端白色の尾突起を具えている。雌の翅は褐色でやや紫色の光沢を有し，後翅外縁に細い白色線を有する。翅の裏面は灰褐色，前翅は中央よりやや外方に白色帯を有し，後翅は暗色のV字形紋と中央室端の2横線とを有し，外縁近く前翅では各室に白色に縁取られた濃色紋を有し，後翅では白色弦月形紋の2列を有する。幼虫はクヌギ，ナラその他の葉を食し，本州，四国，九州等に分布する。ウラミスジシジミ（*Wagimo signata* Butler）は翅の開張32mm内外。翅は黒色で基半部は紫藍色，尾突起は末端白色。翅の裏面は橙黄褐色，両翅とも5条の銀白色横線を有し，後翅の内縁角部は橙黄色で2小黒色斑を有する。幼虫はカシ類の葉を食し，北海道，本州等に分布する。ウラキンシジミ（*Coreana ibara* Butler）は翅の開張32～38mm，黒褐色，尾突起は痕跡的。翅の裏面は雄では暗黄色で外縁部に黒褐色の2斑列を有し，雌では黄金色。幼虫はイボタ，トネリコ，ハシドイ等の葉を食し，全土に分布する。ミドリシジミ（*Neozephyrus taxila* Bremer）は翅の開張37mm内外。雄の翅は金属的緑色で，外縁と雌では更に内縁とが広く黒色。雌の翅は普通暗褐色。翅の裏面はやや赤味を帯びた淡褐色，外縁部濃色，前翅には1本の白色横帯を有し，後翅には白色のW字形紋とその外方に3本の横帯を有し内縁角部は橙赤色で黒色の2斑を有する。幼虫はリンゴやハンノキ等の葉を食し，全土に産し，樺太，朝鮮等に分布する。なおこの属にはサクラに寄食するメスアカミドリシジミ（*N. smaragdinus* Bremer）が全土に分布し，アカガシの葉を食するアイノミドリシジミ（*N. auroeinus* Oberthür）が全土に分布する。トラフシジミ（*Rapala arata* Bremer）は翅の開張38mm内外，翅は暗藍青色で光線により紫色を帯び，後翅内縁角が突出し赤色で尾状突起は黒色なれど尖端白色。翅の裏面は灰白色（春型）または淡褐色（夏型），基部淡墨色，その外方部には淡墨色の3横帯を有し，後翅内縁角から外縁に亘り橙赤色で4個の黒色斑を有する。幼虫はフジやハギ類の葉を食し，全土に産し，朝鮮，支那，シベリヤ等に分布する。カラスシジミ（*Strymon w-album fentoni* Butler）は翅の開張25～30mm，翅は一様に暗褐色で尾突起は黒色で細小。裏面はやや淡色で光沢を有し，前翅には1本の細い白色帯を有し，後翅にはW字形白色紋を有し内角部は橙黄赤色で黒色斑列を有する。幼虫はリンゴ，ニレ，ハンノキ，ブナその他の葉を食し，北海道，本州に産し，樺太，朝鮮に分布する。なおこの属にはクロウメモドキを食するミヤマカラスシジミ（*S. merus* Janson）が本州，四国，九州等に産し，朝鮮に分布する。更にまたリンゴの葉を食するエゾリンゴシジミ（*S. pruni jezoensis* Matsumura）が北海道に分布する。コツバメ（*Ahlbergia ferrea* Butler）

は翅の開張25mm内外，翅は光沢ある青藍色で前・外面縁は広く暗褐色を呈し，後翅の内縁角は匙形に突出し濃栗色，裏面は大体褐色，前翅では中央よりやや外方に濃色の屈曲する波状帯を有し，後翅では中央に淡褐色の幅広い波状帯を有する。幼虫はリンゴやガマズミ等の葉を食し，全土に産し，朝鮮，沖縄等に分布する。ベニシジミ（*Lycaena phlaeas daimio* Seitz）（Fig. 763）は翅の開張32mm 内外。前翅は赤色または朱紅色(春型)，外縁は黒褐色，斑紋は黒色。後翅は黒褐色で外縁の横帯は朱紅色。前翅の裏面は表面とほぼ同様で淡色，後翅は灰褐色で小黒色点を散在し紅色の外縁を有する。幼虫はスカンポ，ギシギシ等の葉を食し，全土に分布する。ゴイシシジミ(*Taraka hamada* Druce)は翅の開張 25mm 内外，翅は一様に黒褐色，裏面は白色で多数の黒色斑を散布する。後翅の尾突起はない。幼虫は蚜虫を捕食し，全土に産し，台湾に分布する。ウラナミシジミ（*Lampides boeticus* Linné）は翅の開張 33mm。雄の翅は菫紫色で後縁細く黒褐色，後翅の尾突起は長く極めて細くその基部に黒色円斑を有する。雌の前翅は広く青藍色鱗を撒布しその周縁は広く黒褐色，後翅は大体暗褐色で中央に不判明な白色帯を有し外縁は黒褐色で尾突起基部に2黒色斑を有し外縁に並行して2条の不明瞭な白色帯を有する。裏面は灰白色で褐色の波状帯が密在し，後翅外縁近くに白色の1帯を有し，内縁外部は橙黄色を呈し，その中に2黒色斑が有る。幼虫はフジマメの莢を食害し，本州，四国，九州等に産し，朝鮮，沖縄，台湾，小笠原，欧洲等に分布する。ヤマトシジミ（*Zizeeria maha argia* Ménétriès)は翅の開張 27mm。雄の翅は菫青色，前翅の外縁と後翅の前縁とは暗黒色に縁取られ，後翅の外縁には暗黒色の小斑点を並列し尾突起を欠く。雌の翅は黒褐色，後翅外縁には黒色不明瞭な小斑列を有する。裏面は雌雄共に帯褐灰色，多数の黒色点斑を外半部にほぼ3列に存し，中央室端に1横斑を有する。幼虫はカタバミの葉を食し，全土に産し，朝鮮，沖縄，台湾等に分布する。シルヴィアシジミ（*Zizina otis alope* Fenton）は翅の開張20～27mm，前種に似ているが雄の翅は一般に濃色，翅の裏面の斑紋の配列を異にしている。幼虫はミヤコグサの葉を食し，本州，四国，九州等に分布する。ジョウザンシジミ（*Scolitantides orion jezoensis* Matsumura）は翅の開張 30mm 内外。翅は光輝ある青色を帯びた灰褐色，外縁に沿い黒色紋を列し，各紋は青白色に縁取られ，この列の内側に太い黒色帯を有し，前翅の中央室端に黒色の太い横紋を有しその外側と下方に黒色の紋列を有する。翅の裏面は灰白色，黒色の顕著な紋列を有する。幼虫はベンケイソウ，キリンソウ等の葉を食し，北海道に産し，朝鮮に分布する。オオルリシジミ（*Sinia divina barine* Leech）は翅の開張32～38mm。翅は光沢ある青藍色，前翅の外縁は黒色で中央室端の1細紋とその外方の約6個の小点とは黒色，後翅は外縁細く黒色でその内方に黒色点列を有し更に内方に数個の黒点を列する。裏面は青灰白色で多数の斑点が数列となつている。幼虫はクララの葉を食し，本州と九州とに産し，朝鮮に分布する。ゴマシジミ（*Maculinea euphemus kazamoto* Druce）は翅の開張 40mm 内外，形態色彩共に極て変化が多い。雄の翅は帯灰青色で翅縁広く黒褐色に縁取られ，中央室端に黒褐色横斑を有し，各室に同色の楕円紋を有し，裏面は淡灰褐色で外半に2列の黒色円斑を有し後翅基部に更に2斑を有する。雌の翅は黒褐色で明瞭な斑紋を欠き，裏面は褐色濃く外半に2列の黒褐色斑を有する。幼虫はワレモコウの葉を食し，北海道，本州，九州等に産し，樺太，朝鮮に分布する。ルリシジミ（*Celastrina argiolus ladonides* de l'Orza）は翅の開張 27～33mm。雄の翅は淡い瑠璃色，前翅の前縁と外縁とが黒褐色。雌のものは前縁の外半から外縁に亘り広く黒褐色。翅の裏面は雌雄共に蒼白色で外方に3条の褐色点列を有し，後翅は更に基部の方に数個を有する。幼虫はフジ，クララ等の花蕾を食する他にリンゴやナシ等にも寄食し，全土に産し，旧北区の北部一帯に分布する。ツバメシジミ（*Everes argiades seitzi* Wnukowsky）は翅の開張25mm 内外。雄の翅は瑠璃色，前翅外縁は黒色に縁取られ中央室端に微小黒色線を有し，後翅外縁は黒色小斑を列し微かな尾突起を具えている。雌の翅は暗褐色，後翅の内縁角近くに2～4個の橙黄色斑を有する。裏面は灰白色，前翅の外方に小黒色斑からなる3帯を有し，後翅では外縁に沿い3，4個の橙黄色斑を並列する。幼虫はツメクサを食するがエンドウにも寄食し，全土に産し，樺太，朝鮮等に分布する。クロツバメシジミ（*Tongeia fischeri* Eversmann）は翅の開張22～25mm，黒褐色。後翅は外縁に沿い小黒色紋を列しその内側に藍色の弦月紋を列し，尾突起は短かい。裏面は暗灰色，斑紋は黒色で白色線を有し，前翅では外方に3列，後翅でもこれと同様で更に基部近くに

Fig. 763. ベニシジミ雌（内田）

4斑を有する。幼虫はツメレンゲの葉を食し，本州，四国，九州等に産し，樺太，朝鮮，満洲，シベリヤ等に分布する。ヒメシジミ（***Plebejus argus micrargus*** Butler）は翅の開張29mm 内外。雄の翅は紫青色，前翅外縁と後翅前・外両縁とは広く黒色，縁毛は長く白色。雌の翅は暗褐色，後翅外縁近くに橙色斑を現わす事がある。裏面は雄では灰白色，3列の黒色斑と中央室端の1横斑とを有し，後翅には更に内方に数個の斑紋を有する。雌では褐色を帯び各黒色斑が白色線にて包まれている。幼虫はウマゴヤシ，ゲンゲ，ハハキギ等の葉を食し，本州と九州とに分布する。ミヤマシジミ（***Lycaeides argyrognomon praeterinsularis*** Verity）は翅の開張30mm内外，前種に似ているが雄の翅は一般に紫色を帯び光沢強く外縁の黒帯甚だ細く，表面は少し褐色を帯び，雌の後翅外縁の橙色斑顕著。幼虫はコマツナギの葉を食し，本州に分布する。カラフトルリシジミ（***Vaciniina optilete daisetsuzana*** Matsumura）は翅の開張25mm，雄の翅は暗青色で光線により緑色を呈し，外縁細く黒色に縁取られ，裏面は灰色でほぼヒメシジミ同様に黒斑を有する。雌の翅は暗褐色，後翅後角部に近くかすかに橙色斑を現わす。幼虫はヘビイチゴの葉を食し，北海道に分布する。

316. テングチョウ（天狗蝶）科

Fam. Libytheidae Duponcel 1844

Fig. 764. テングチョウ雄（内田）

下唇鬚は甚だ長く，頭の前方に突出し，密毛に被われている事によつて容易に他の蝶類と区別する事が出来る。殆んど凡ての地区から各1種が発見され，***Libythea*** Fabricius が模式属で，本邦からは次の1種が発見されている。テングチョウ（***Libythea celtis celtoides*** Fruhstorfer）（Fig. 764）は翅の開張48mm。翅は黒褐色，斑紋は赤褐色なれど前翅翅端部の上位の2個が白色を呈する。幼虫はエノキの葉を食し，全土に分布する。

317. マダラチョウ（斑蝶）科

Fam. Danaidae Hampson 1918

Limnadidae Dyar, ***Acraeidae*** Westwood, ***Euploeidae*** Moore, ***Maniolidae*** Reuter 等は異名。Milkweed Butlerflies, Wanderers 等と称えられている蝶がこの科のものである。大形，鮮明色で屢々帯褐橙黄色に黒色の模様をつけている。触角は背面に明瞭な鱗粉を欠き，末端棍棒部が小さいかまたは痕跡的。雌の前脚跗節は縁付けられている節に終り，前翅の亜前縁脈は基部にて叉分している。雌雄二型がある。その場合雄は屢々小形で色彩を異にし，後翅の一定の個所に臭腺を有し，且つ突出可能で臭気を発散する尾毛束を具えている。また季節的二型も現われ色彩を異にしている。幼虫は一般に滑かで，肉質突起を前胸に1対腹部に1～3対を有する。蛹は短かい円筒形で，裸体且滑か，屢々銀色または金色の斑紋を有し，尾鉤棘で頭を下にして垂下している。

Fig. 765. アザギマダラ雄（内田）

世界から約900種が発表され，新熱帯区と東洋区とに多産，***Danaus*** Latreille, ***Heliconius*** Linné, ***Eueides*** Hübner, ***Hestia*** Hübner, ***Amauris*** Hübner, ***Euploea*** Fabricius, ***Acraea*** Fabricius, ***Mechanitis*** Fabricius, ***Ithomia*** Hübner 等が代表的な属で，本邦からは最初の1属のみが発見されている。アサギマダラ（***Danaus tytia niphonica*** Moore）（Fig. 765）は翅の開張100mm内外，翅は淡い水色を呈し半透明，前翅の外半は黒色で淡い水色の大小数紋を有し，黒色の翅脈と前縁とを有し，後翅は翅脈と周縁とが広く栗色。幼虫はカモメヅルの葉を食し，全土に分布する。この他にトウワタに寄食するスジグロカバマダラ（***D. genutia*** Linné）とカバマダラ（***D. chrysippus*** Linné）とが産し，前種は本州，四国，九州に産し台湾，支那，フィリッピン，インド，濠洲その他に分布し，後種は本州と九州とで稀に採集され沖繩，台湾，フィリップン，マレー，インド，アフリカ等に分布する。

318. タテハチョウ（蛺蝶）科

Fam. Nymphalidae Swainson 1827

Brush-footed Butterflies, Nymphalids, Fritillaries, Anglewings, Sovereigns, Emperors, Tortoiseshells, Peacocks, Leaf Butterflies 等と称えられている蝶がこの科に包含され，ドイツの Fleckenfalter やフランスの Nymphalides がこれである。中庸大乃至大形，多くの

ものは鮮明色だが屢々鈍色のものや警戒色のもの等がある。触角は球桿状，鬚は大形で棍棒状。翅は大形，亜前縁室が稀れに存在し，中央室は開口または1小脈にて閉ざされている。前脚は著しく減退し，雄では刷毛状で1節の跗節を具え，雌の跗節は櫛歯状で4～5節からなり爪を欠き，脛節は短かく且つ有毛。雌雄二型や季節的二型は普通である。卵は宿主植物上に個々にまたは小群に産下され，幼虫は裸体かまたは一般に有棘で顕著な模様を有し，蛹は裸体で角張り頭部を下にして尾鉤棘にて垂下し鈍色かまたは銀色あるいは金色の斑紋を有する。

世界から4000種程が知られ，*Nymphalis* Latreille, *Apatura* Ochsenheimer, *Limenitis* Fabricius, *Neptis* Fabricius, *Vanessa* Fabricius, *Polygonia* Hübner, *Pyrameis* Hübner, *Arachnia* Hübner, *Melitaea* Fabricius, *Argynnis* Fabricius, *Dione* Hübner, *Cethosia* Fabricius, *Brenthis* Hübner, *Junonia* Hübner, *Precis* Hübner, *Kallima* Westwood, *Cymothoë* Hübner, *Euphaedra* Hübner, *Euthalia* Hübner, *Hypolimnas* Hübner 等の属が先づ代表的なもので，本邦からは *Melitaea*, *Boloria*, *Brenthis*, *Argynnis*, *Precis*, *Vanessa*, *Aglais*, *Nymphalis*, *Kaniska*, *Polygonia*, *Araschnia*, *Hypolimnas*, *Cyrestis*, *Neptis*, *Limenitis*, *Dichorragia*, *Apatura*, *Sasakia*, *Hestina* 等の属が発見されている。

クジャクチョウ (*Nymphalis io geisha* Stichel) (Fig. 766) は翅の開張55mm内外。翅は美麗な栗赤色，前翅外縁は暗色，斑紋は黒色でその間は黄色，翅端の紋は孔雀の尾斑様。後翅は暗色で中央室の下方が栗赤色，前縁近くの大紋は孔雀の尾斑様。前翅の裏面は黒褐色で深黒色の細かい波状線を密在し，後翅も同様であるが濃色。幼虫はイラクサ，ホップ等を食し，北海道，本州，四国等に産し，樺太，朝鮮等に分布する。この属にはエノキ，ヤナギ，ニレその他の葉を食するヒオドシチョウ (*N. xanthomelas japonica* Stichel) が全土に分布し，ドロノキ，ヤナギ，ニレ，シラカンバ等の葉を食するキベリタテハ (*N. antiopa asopos* Fruhstorfer) は北海道，本州等に分布する。ヒョウモンモドキ (*Melitaea phoeba scotosia* Butler) は翅の開張50～60mm。翅は帯褐橙黄色で暗褐色の翅脈を有し，外縁は黒褐色に縁取られその内側に同色の波状斑列を有する。前翅は中央室内に8字形紋と末端にO字形紋とを有し，その外方に黒褐色の2斑列を有し，更に基部近く数斑を有する。後翅は中央に黒褐色の2斑列を有し，内方に多数の斑紋を有する。裏面は前翅では大半表面と同様なれど淡く，翅端が黄色を呈し，後翅は灰黄色，基部と外縁近くとに赤黄色の横帯を有し，その両側は褐色の弦月斑列で縁取られている。幼虫は菊科植物の葉を食し，本州，朝鮮に分布する。なお同属にはオオバコ，ママコナ等の葉を食するコヒョウモンモドキ (*M. ambigua niphona* Butler) が本州，朝鮮等に分布する。ホソバヒョウモン (*Boloria thore jezoensis* Matsumura) は翅の開張45mm。翅は橙黄褐色で黒褐色の斑紋を不規則に撒布し，外縁の3列のみが正しく配列され小紋からなる。前翅の裏面は表面とほぼ同様，前翅の翅端部が赤褐色，後翅は赤褐色で中央よりやや内方に淡黄色の斑を有する。幼虫はスミレの葉を食し，北海道に分布する。コヒョウモン (*Brenthis ino tigroides* Fruhstorfer) は翅の開張36～42mm。翅は橙褐色でホソバヒョウモンとほぼ同様な黒色斑を有するが翅が幅広い事によつて容易に区別する事が出事る。前翅の裏面は淡色，後翅は褐色で外縁に沿い紫紅色の1帯を有し，その内側に5個の中心緑色の褐色円紋を有し，更に内側に淡紫紅色の1帯を有し前端太く且つ銀白色を呈する。幼虫はワレモコウ，シモツケ，イラクサ等を食し，本州に分布する。同属のヒョウモンチョウ (*B. daphne rabdia* Butler) は幼虫がスミレ，イバラ科の植物を食し，北海道，本州等に産し，樺太に分布する。ギンボシヒョウモン (*Argynnis aglaia fortuna* Janson) は翅の開張63mm内外。翅は橙黄褐色で外縁に細い2黒色帯を有し，各脈末端黒色となり，その内側に黒色の半月斑列を有し，更に内方に黒色の2円紋列を有する。前翅の中央室内に3黒色横斑を存し且つ中央室端とその外方に斑紋を有し，後翅の中央室端に不規則な黒色横斑を有する。裏面は前翅では微かに赤味を帯びた橙黄色で翅端少しく緑色を帯び，この部分に数個の銀白色斑を有し，その他は表面にほぼ同じ。後翅は暗緑色で各室末端に楕円形の銀白色斑を有し，更に中央部に大小7個基部に5，6個の銀白色斑を有する。幼虫はスミレ類を食し，北海道，本州，四国等に産し，樺太，朝鮮等に分布する。この属には更にスミレ類に寄食するウラギンヒョウモン (*A. cydippe pallescens* Butler) が全土に産し樺太に分布し，オオウラギンヒョウモン (*A. nerippe* Felder et Felder) が同様全土に産

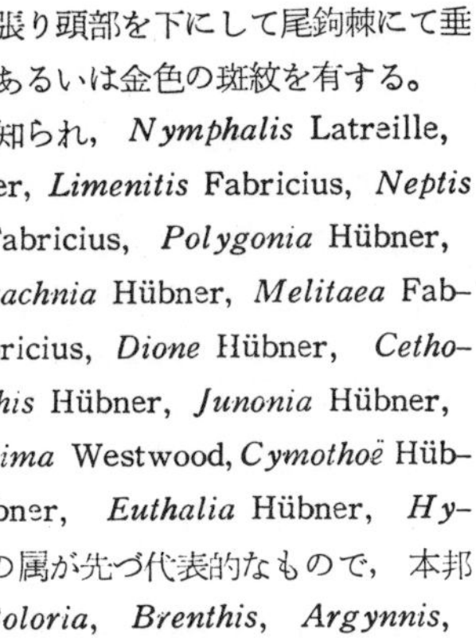

Fig. 766. クジャクチョウ雄（内田）

し樺太に，ウラギンヒョウモン（*A. laodice japonica* Ménétriès）が全土に産し樺太，朝鮮等に，オオウラギンスジヒョウモン（*A. ruslana* Motschulsky）が全土に産し樺太，朝鮮等に，メスグロヒョウモン（*A. sagana liane* Fruhstorfer）が全土に産し朝鮮に，クモガタヒョウモン（*A. anadyomene parasoides* Fruhstorfer）が全土に産し朝鮮に，ツマグロヒョウモン（*A. hyperbius* Linné）が本州，四国，九州等に産し沖縄，台湾等に，夫々分布する。またスミレ類やイチゴ類に寄食するミドリヒョウモン（*A.paphia paphioides* Butler）が全土に産し，樺太，朝鮮，台湾等に分布する。タテハモドキ（*Precis almana* Linné）は翅の開張 50mm 内外。翅は橙黄色で外縁に２条の暗褐色波状線を有する。前翅は前縁暗褐色でこれから同色の４横線を有し，後角の遙か内方に大形の内部やや藍色を呈する黒色の眼状紋を有する。後翅は前角近くに中央栗色の黒色の甚大な眼状紋を有する。翅の裏面は淡灰黄色，表面類似の斑紋を有し，前後両翅を貫く灰白色の中央横線を有する。幼虫はオギノツメ，リュウキュウアイ，オオバコその他の葉を食し，四国，九州等に産し，沖縄，台湾，支那，フィリッピン，マレー，インド，濠洲その他に分布する。この属には更にリュウキュウアイ，キンギョソウその他の植物に寄食しているアオタテハモドキ（*P. orithya* Linné）が本州，四国，九州等に産し，支那，フィリッピン，マレー，インド等に分布する。アカタテハ（*Vanessa indica* Herbst）は翅の開張 67mm 内外。前翅は黒色，外半部に数個の白色小斑を有し中央に不規則な幅広の雲形斜帯を有し，後翅は暗褐色で外縁広く橙赤色を呈し，その中に四個の黒点を列する。前翅の裏面は表面と大差なく中央室端に青藍色の横斑を有し，後翅の裏面は濃褐色て複雑な雲状横線を呈し外縁淡色で４，５個の不規則な眼状斑を存する。幼虫はカラムシ，イラクサ，ジンマ，アサ，ゴボウその他に寄食し，全土に産し，朝鮮，沖縄，台湾等に分布する。この属にはなおゴボウ，大豆，ヒマワリ，イチゴその他の植物を食するヒメアカタテハ（*V. cardui* Linné）が全土に産し，樺太，朝鮮，沖縄，台湾等に分布する。ヒメヒオドシ（*Aglais urticae connexa* Butler）は翅の開張50mm 内外。翅は黄褐赤色，前翅は外縁暗褐色でその内側は黒色，翅端に近く白色の１斑を有し，中央室内と中央室端との斜下と翅頂とに各太い黒色横斑を有し，更に同色の２小紋を有する。後翅は基部広く黒色，外縁は暗褐色で７，８個の青藍色の小半月斑を並列している。翅の表面は暗黒褐色，前翅の中央と中央室端とに広い暗黄色斑を有し，後翅の中央から基方が濃褐色，外縁は前後両翅共に２個の暗青色波状帯を有する。幼虫はカラムシ，アサその他を食し，北海道と本州とに産し，樺太，朝鮮等に分布する。ルリタテハ（*Kaniska canace no-japonicum* von Siebold）は翅の開張 63mm 内外。翅は帯藍黒色で外縁に多数の突起を有し，前翅外縁の中央は著しく内方に彎曲している。外縁近くに瑠璃色の幅広な１横帯を両翅共に存し，前翅のものは前方部にて叉分している。翅の表面は黒褐色，一面に灰青色と褐色との波状細線を密在せしめている。幼虫はサルトリイバラ，ホトトギス，タイワンホトトギスその他の植物に寄食し，全土に産し，朝鮮に分布する。シータテハ（*Polygonia c-album hamigera* Butler）は翅の開張 55mm 内外。翅は赤味を帯びた黄褐色，外縁は鋸歯状に凹凸し，前翅では中央湾入し，後翅では中央尾状に突出する。外縁暗翅色に幅広く縁取られる。前翅は７，８個の黒色紋を後翅では３個の夫々黒色紋を有する。翅の裏面は一般に黄褐色で，不規則な細波状線を密布し複雑な色彩の綾横様を呈し，後翅の中央に顕著な白色のＣ字形紋を有する。幼虫はスグリ，イラクサ，カラムシ，イチゴ，アサ，コウマその他の植物を食し，全土に産し，樺太，朝鮮，台湾等に分布する。この属には更にニレ，ヤナギ，カンバその他に寄食するエルタテハ（*Polygonia l-album samurai* Fruhstorfer）が北海道，本州等に分布し，ジンマ，カナムグラその他の葉を食するキタテハ（*P. c-aureum* Linné）が全土に産し朝鮮，台湾，支那等に分布する。サカハチチョウ（*Araschnia burejana* Bremer）は翅の開張 48mm 内外，季節的型が現著，春型は *burejana* Bremer と称え，翅は黒褐色で黄赤色の不規則斑紋を散在し，中央に淡色の斜帯を有し少し黄色を帯び，前翅基部にＹ字形の黄褐色紋を有し，裏面は濃黄褐色を呈し不規則な細黄色線を多数に存し外縁に黄褐色の２細線を有し，後翅では更にその内側に１線があり，前・後両翅共に中央を貫く太い黄色の斜帯を有する。夏型 *fallax* Janson は黒色で両翅の中央に太い淡黄色の斜帯を有し，中央室に細い４横帯を有し外縁は橙色の１帯を有し，後翅では更にその内側に１帯を有する。幼虫はイラクサ，アサ，クローバ等の葉を食し，全土に産し，朝鮮，満洲，支那等に分布する。この属のアカマダラ（*A. levana* Linné）は北海道，本州に産し樺太，朝鮮，満洲，欧洲その他旧北区北部に分布し，イラクサ，アサ等に寄食する。メスアカムラサキ（*Hypolimnas misippus* Linné）は翅の開張60～80mm，雌雄色彩を著しく異にし，雌はマダラチョウ科のカバマダラによく似ている。雄の翅は黒褐色，前翅では翅端に小紋中央室外に大紋，後翅では中央に大きな円紋を夫々有し，これ等の紋は白色で周囲は光線によつて美麗な紫色を呈している。裏面は前翅では黄褐色で基部中央が栗色を呈し，表面同様の白紋を装い，更に外縁に2条の弦月状小斑列とその内方に小点列と中央室前縁に4斑を有する。後翅では黄褐色，中央に大きな白色帯がある。雌の翅は橙黄色で黒褐色の翅脈を有し，外縁と前翅前縁及び前角部とは広く黒褐色，前翅中央室外方に幅広の白色斜帯を有し翅端に1小白斑を有し，両翅の外縁の黒帯内に白色の小点列を存する。幼虫はスベリヒユを食し，本州，四国，九州等に産し，沖繩，台湾，支那，マレー，フィリッピン，インド等に分布する。イシガケチョウ（*Cyrestis thyodamas mabella* Fruhstorfer）は翅の開張50〜60mm，清楚な蝶で白色の翅を具え，前翅の前縁角と外縁とは褐色，翅脈と前後両翅を貫く数条の波状横線は濃褐色，前翅前縁の基部と後縁角と後翅後角部とは黄褐色に模様付けられている。裏面は表面と殆んど同様であるが淡色。前翅はほぼ三角形で微かに波状の外縁を有し，後翅は後縁後方部に細小尾突起を有しその後方後角部は太く突出している。幼虫はオオイタビ，イチジク，イヌビワ等の葉を食し，本州，四国，九州等に分布する。ミスジチョウ（*Neptis philyra excellens* Butler）は翅の開張65mm内外。翅は黒色で白色帯を有する。前翅は中央室内に全長に亙る1帯とその外方に大小7個の紋横列を有し，外縁部に不明点列を有する。後翅は2横帯を有し，外方のものは規則正しい紋列からなる。翅の裏面は濃赤褐色，表面と殆んど同様の横帯を有する。幼虫はカエデ類の葉を食し，全土に産し，朝鮮に分布する。この属には更にウメ，スモモ，アンズ等の葉を食するオオミスジ（*N. alwina kaempferi* de l'Orza）が北海道，本州，四国等に産し朝鮮に分布し，エゾハギ，クサソテツ等の葉に寄食するフタスジチョウ（*N. coenobita insularum* Fruhstorfer）が北海道，本州等に産し朝鮮に分布し，フジ，その他荳科植物に寄食するコミスジ（*N. aceris intermedia* W. B. Pryer）が全土に産し朝鮮に分布し，ユキヤナギの葉を食するホシミスジ（*N. pryeri* Butler）が本州，四国，九州等に分布する。イチモンジチョウ（*Limenitis camilla japonica* Ménétriès）は翅の開張65mm内外，翅は黒褐色で白色斑の連続からなる顕著な1帯が前·後両翅を貫いて存在し，外縁には不明瞭な細い波状線を有し，その内側に2列の黒色斑列を有する。前翅翅端近くに白色の2小斑を有し，後翅後角に橙色の眼状紋を有する。翅の裏面は帯褐黄色，前翅は中央から後縁に亙り暗色で翅端と外縁中央と中央室とに各2個の白色斑を有し，後翅は外縁近くに黒色斑列を有し中央を走る斜帯と内縁とは少しく青味を帯びる。幼虫はヒョウタンボク，スイカヅラ等を食し，全土に産し，朝鮮に分布する。なおこの属にはスイカヅラを食するアサマイチモンジ（*L. glorifica* Fruhstorfer）が本州と九州とに分布し，ヤナギ，ドロノキ等に寄食するオオイチモンジ（*L. populi jezoensis* Matsumura）が北海道，本州等に産し朝鮮に分布する。スミナガシ（*Dichorragia nesimachus nesiotes* Fruhstorfer）は翅の開張65mm内外。翅は黒色で黄青色の光沢を帯び白色の細い斑紋を有する。前翅は中央室の外方に4縦線を列し，その外方に＜形の線紋を2列に有し，外縁に小斑列を有し，内半部に数個の点紋を有する。後翅は外縁に沿い2列の横点列を有し，その内方に黒色点列を有し，更に内方に数個の点列を有する。翅の裏面は黒色で紫色を帯び，白色斑の配列は表面と大体等しい。幼虫はアワブキを食し，本州，四国，九州等に産し，朝鮮，沖繩等に分布する。コムラサキ（*Apatura ilia substituta* Butler）は翅の開張70mm内外。翅は黒褐色で紫色の光輝を有し，外縁に黄褐色斑を列し，その内方に6個の大小黄褐色紋を有し，中央室内に4個の黒色斑を有する。後翅は中央に黄褐色の斜帯を有し，後角内方に黒褐色の1斑を有する。裏面は黄褐色で，斑紋は大体表面と似ている。幼虫はヤナギ，ドロノキ等の葉を食し，全土に分布している。オオムラサキ（*Sasakia charonda* Hewitson）は翅の開張90mm内外。翅は黒褐色で雄にあつては基部から中央部に亙り美しい紫色を呈し，前翅は中央に白色の3紋をその外方に5紋を殆んど平行に横斜列し，その外方前縁近くに数個の白色小斑を有し，外縁近くに同色の斑列を有する。後翅は中央に大形の白色紋を有し，外方に2横列に白色斑を有する。幼虫はエノキ，ニレ等の葉を食し，全土に分布している。ゴマダラチョウ（*Hestina japonica* Felder et Felder）は翅の開張70mm内外，翅は黒色で微かに緑色の光沢を帯び，前翅は外縁に沿い白色の小点斑を列し，前翅は11，12個の白色紋を有し，後翅は外縁に2列の白色斑列を有し，中央部に白色大紋の1横列を有し，中央室と内縁部とは白色。裏面は淡色で表面同様の斑紋を有する。幼虫はナラ，クヌギ等の葉を食し，全土に産し，朝鮮に分布する。

319. ジャノメチョウ（蛇目蝶）科
Fam. Satyridae Swainson 1840

Agapetidae Grote 1895 は異名。Satyrs, Meadow Browns, Heaths, Graylings, Marbled Whites 等と称えられる蝶がこの科に属し，ドイツの Augenfalter やフランスの Satyridés 等がこれである。小形乃至中庸大，一般にきたない色彩で灰色と褐色とでぼかされているが，ある熱帯産のものや濠洲産のものには鮮明色の

ものがある。而して大小の眼状紋を個々に有するものや列状に有するものが普通，軟かい毛状の鱗片から被われている。触角は僅かに棍棒状となり，鬚は甚だしく扁平。翅は有毛，稀れに透明紋を有し，前翅のある脈の基部が甚だしく膨れている。ある種類では雌雄二型が現われる。幼虫は紡錘状で，緑色や黄色や褐色やその他隠色のものがあり，頭部は正常か2葉片状かまたは有角。胸部は括れ頭状，体節は二次的の輪環を有し有頭毛と1対の尾突起とを装い，少数の種類では繭を作る。蛹は裸体で，頭部を下にして尾鉤棘にて垂下する。しかしある少数のものは土中に存在する。幼虫は多くは禾本科雑草上や穀作物上に生活し，平地や底地や山地に棲息する。成虫は弱飛性かまたは強飛性で，陰所を好むものが一般的で，種類によつては1万尺以上の高山やまた寒帯等にも発生し，また夕暮活動性のものもある。全世界に産し，1500種以上が知られ，*Satyrus* Fabricius, *Pararge* Hübner, *Lethe* Hübner, *Mycalesis* Hübner, *Epinephele* Hübner, *Coenonympha* Hübner, *Euptychia* Hübner, *Melanagria* Meigen, *Maniola* Schrank, *Oeneis* Hübner 等が先ず代表的な属で，本邦からは *Ypthima*, *Erebia*, *Oeneis*, *Minois*, *Pararge*, *Lethe*, *Aranda*, *Neope*, *Mycalesis*, *Coenonympha*, *Melanitis* 等の属が発見されている。

ヒメウラナミジャノメ (*Ypthima argus* Butler) は翅の開張 39mm 内外。翅は暗褐色，前翅は翅端近くに大きな黒色の眼状紋を有し，その周囲は黄色で中心に藍色の2点を有する。後翅は外縁に平行し5個の眼状紋を有し，内下方より第2と第3とが最太である。裏面は灰白色で暗褐色の波状線を密布し，表面同様な眼状紋を有するが，後翅のものは大きさが殆んど等しく最下のものの中心に白色の2点を有する。幼虫はササやタケの葉を食し，全土に分布する。なお同属にはタケの葉を食するウラナミジャノメ (*Y. motschulskyi* Bremer et Grey) が本州，四国，九州等に産し，朝鮮，台湾等に分布する。ベニヒカゲ (*Erebia niphonica* Janson) は翅の開張 47mm 内外。翅は黒褐色，前翅は中央より外方に幅広の不規則な黄褐色の1横帯を有し，その中に3個の青白色を中心とする黒色眼状紋を有する。後翅は外縁に平行する不規則な淡橙黄色横帯を有し，その中に3個の青白色を中心とする暗色紋を有する。裏面は少しく淡色，前翅は表面とほぼ同様，後翅は基部と外縁近くとに淡灰色の横帯を有し，その外方のものの中に3～4個の青白色点を有する。幼虫はタケの葉を食し，本州の高山地帯に分布する。ジャノメチョウ (*Minois dryas bipunctatus* Motschulsky) (Fig. 767) は翅の開張 40(♂)～70(♀)mm 内外。翅は黒褐色，外縁に不判然な濃黒褐色帯を有する。前翅は互に著しく離れた中心青白色の黒色紋を有し，後翅は後角近くに同様な1小紋を有する。裏面は淡色，前翅にある黒紋の周囲は暗黄色，後翅は外縁近くに太い褐色帯を有し，その内側に屈曲する灰白色の1帯がある。幼虫はタケの葉を食し，全土に産し，朝鮮に分布する。ウラジャノメ (*Pararge achine achinoides* Butler) は翅の開張 55mm 内外。翅は暗褐色，外縁に平行に5個の周囲暗黄色の黒色円紋を有する。裏面は外縁に沿い2条の灰白色線を有し，前翅に5個，後翅に6個の中心白色の黒色紋を有する。幼虫は稲その他禾本科植物を食害し，本州産で，北海道には別変種を産する。ヒカゲチョウ (*Lethe sicelis* Hewitson) は翅の開張 50～60mm 内外。翅は暗褐色，前翅は中央直後に淡色の1斜帯を有し翅端近くに不明瞭な1～2個の暗色小紋を有し，後翅は外方に5個の黒色眼状紋を有する。裏面は淡褐色，外縁に黒褐色の2細帯を有し，前翅の外半は淡色，後翅の中央に濃褐色の2帯がありその他は淡色，眼状紋は表面と同様。幼虫は竹稀れに稲を食し，本州，四国，九州等に産し，朝鮮に分布する。この属には更に竹に寄食するクロヒカゲ (*L. diana* Butler) とヒメキマダラヒカゲ (*L. callipteris* Butler) とが全土に産し，前者は朝鮮に分布する。キマダラモドキ (*Aranda epimenides* Ménétriès) は翅の開張 55mm 内外。翅は暗褐色で外縁濃色，前翅は外方に5個の不判然な淡黄褐色斑を有し，前方より第2のものの中心は暗褐色，中央室内は3条と翅の中央に1条との不明瞭な暗褐色帯を有し，後翅は外縁に暗褐色帯を有し，その内側は淡帯褐黄色で4個の濃褐色円紋を列する。裏面は淡黄褐色，前翅の前縁と外縁とは黒褐色，中央室内と翅の中央と外縁とにある暗褐色帯は明瞭。後翅は基部に多数の不規則に屈曲する暗褐色線を有し，中央部は淡色でその外側に6個の黒色眼状紋を有し，各紋の周囲は暗褐色と黄色との2重環を有し中心白色。幼虫は竹の葉を食し，全土に産し，朝鮮，支那等に分布する。この属のオオヒカゲ (*A. schrenckii* Ménétriès) は北海道，本州等に産し，朝鮮，満洲，シベリヤ等に分布し，幼虫は竹の葉を食する。キマダラヒカゲ (*Neope goschkevitschii* Ménétriès)

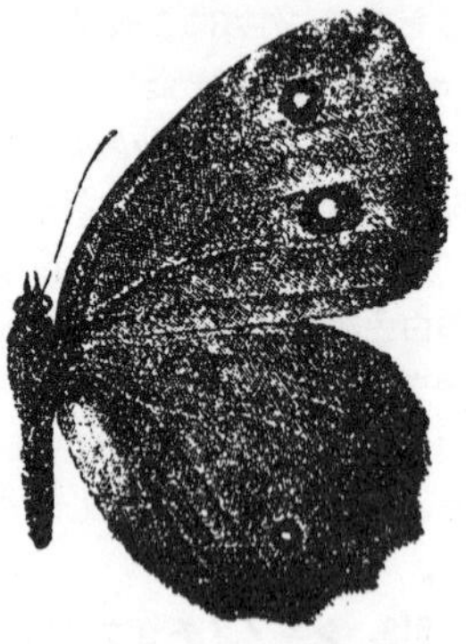

Fig. 767. ジャノメチョウ 雄（内田）

は翅の開張 60mm 内外，翅は暗褐色で基部から中央室附近まで暗黄色の軟毛を密生し，各室の外方に黄色の長楕円形紋を有しその中に黒褐色紋を有する。裏面は前翅では黄色で中央室内に3本，中央室端とその下方とに各1条の屈曲する黒褐色帯を有し，更に外方に3個の眼状紋を有する。後翅は基部から中央部に亙つて褐色の雲状紋を有し，その外方に7～8個の眼状紋を有する。幼虫は竹の葉を食し，全土に産し，朝鮮に分布する。ヒメジャノメ(*Mycalesis gotama* Moore)は翅の開張 53mm 内外。翅は暗褐色，前翅は外方に互に著しく離れて中心白色で周囲が黄色の黒色眼状紋を有し前方のものは著しく小形で時にこれを欠く。後翅は無紋。裏面は淡灰褐色，両翅を通ずる灰白色の中央帯を有し，外縁に沿い3条の暗色帯を有しその内側の1帯は鋸歯状，前翅に2～3個，後翅に6個の眼状紋を有する。幼虫はタケ，ササ等の葉を食し，本州，四国，九州等に産し，朝鮮，沖縄，台湾等に分布する。なおこの属には竹，稲その他の禾本科植物を食するコジャノメ (*M.francisca perdiccas* Hewitson) が本州，四国，九州等に産し，朝鮮と台湾とに分布する。ヒメヒカゲ (*Coenonympha oedippus annulifer* Butler) は翅の開張 35mm 内外。暗赤褐色，前翅は無紋，後翅は外縁近くに周囲黄色で中心白色の黒色円紋2個を有する。裏面は黄褐色，外縁に銀白色の細帯を有し，前翅は5個の黒色眼状紋を列し，後翅にも5黒色眼状紋を有し，これ等の紋は周囲黄色。幼虫は竹，アシ等の葉を食し，本州に産し，朝鮮に分布する。なおこの属のシロオビヒメヒカゲ (*C.hero neoperseis* Fruhstorfer) は北海道に分布し，幼虫はハネガヤに寄食し，北海道に分布する。コノマチョウ (*Melanitis leda determinata* Butler)は翅の開張70mm 内外。前翅は翅端の下方にて太く突起し，後翅は外縁中央下で細く突出している。翅は暗褐色，前翅の翅端近くに中に白色の2点を有する黒色紋を有し，後翅の後角附近に同様な黒色紋を1～3個有する。裏面は灰色で一面に微細な褐色線斑を密布し，前翅に1～2個，後翅に5～6個の黄色環にて縁取られ中心白色点を有する黒色の蛇目紋を有する。幼虫は稲，麦，甘蔗，竹等の害虫で，本州，四国，九州等に産し，朝鮮，沖縄，台湾等に分布する。

以上記述せる各科で比較的によく知られている幼虫の種類（主としてアメリカ産）を基礎としてそれ等の属する科の索引表が Brues and Melander によつて作られている。これによつて次下に記述する事とする。

1．胸脚は発達し，明瞭に幾丁質化した節から構成されている。腹脚は普通存在するかまたは鉤爪によつて認められ得る……………………………………………2

胸脚はないかまたは幾丁質化せる節がなく肉質膨脹部に退化している。腹脚は屢々痕跡的かまたはない………………………………………………………………7

2．体は毛または剛毛あるいは棘を小瘤または小板上に有する………………………………………………………3

体は毛を欠き対に配列されている大きな楕円状鱗片を装う。ナメクジ状で多角形の横断面を有する………………………Fam. *Micropterygidae*（コバネガ科）

3．擬脚は痕跡的かまたはなく，鉤爪を装えていない………………………………………………………………4

擬脚は存在し，あるいは少くとも鉤爪の存在によつて認められる。勿論鉤爪は退化する事もあるが決して完全にない事がない……………………………………14

4．額は頭頂まで上方に広がらない。尤も頭頂が甚だ狭い切れ口を形成している場合はこの限りでない………………………………………………………………5

額は頭頂まで上方に広がつている。小形で不固着の巣筒内に生棲し，その巣から体の前方部を外部に出し植物の葉や果物その他の組織を食する。俗に Casebeares と称えられている…………………………………………Fam. *Coleophoridae*（ツツミノガ科）

5．頭部は自由で胸部の前に現われ，体節は深い切れ目によつて区分され，一次的毛のみが存在する………6

頭部は胸部の内に隠され，胸部は下面に切れ目を有しそこから口部が出て食物をとる。体は殆んど常に棘または二次的の毛を装い，一次的毛は消失する。体は不判然な切れ目を有し一般に小凹を具えている。Slug-caterpillars と称えられている (Fig. 768)……………………………Fam. *Eucleidae*（イラガ科）

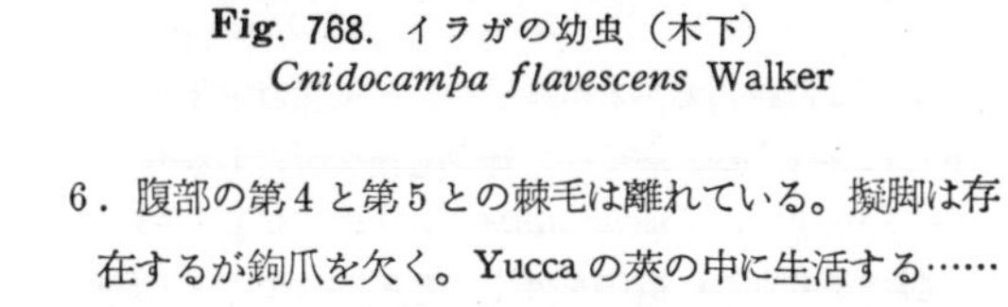

Fig. 768. イラガの幼虫（木下）
Cnidocampa flavescens Walker

6．腹部の第4と第5との棘毛は離れている。擬脚は存在するが鉤爪を欠く。Yucca の莢の中に生活する……………………………Fam. *Prodoxidae* (*Tegeticula*)

腹部の第4と第5との棘毛は接近している (Fig. 769)，擬脚はない……………………………………………Fam. *Gelechiidae*（少数の）（キバガ科）

7. 体は紡錐状で中央部最太，頭部は小さく額が頭頂までの約2/3に達し，上方接近し頭蓋によつて頭頂から分れている。Yucca の莢の内に生活する…………………Fam. *Prodoxidae*

体は円筒形かまたは扁平，若し紡錐状の場合は額が頭頂まで上方に延びている……………8

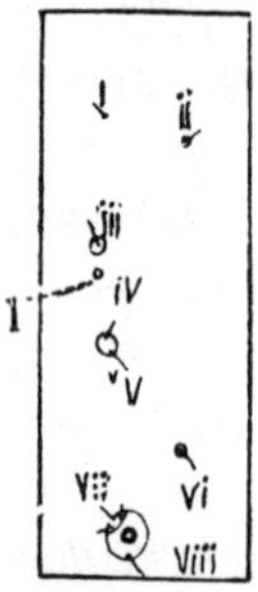

Fig. 769. *Dichomerus* 幼虫の第6腹節の毛式 (Forbes) i〜viii. 第1〜第8棘毛 1 気門

8. 頭部は両側に各2個の単眼を具えているか又は1個の大形の単眼を有するかあるいはない…………………………………………9

頭部は両側に各6個の小さい単眼を具えている……………13

9. 頭部は両側に各2個の単眼を具え，額は頭頂に達していない。潜葉性で疱様の潜孔を形成する…………………………………… Fam. *Heliozelidae*（ツヤコガ科）

頭部は両側に各1個の単眼を具えているかまたはこれを欠く………………………………………………………10

10. 額は三角形，単眼は前方に位置する。大形の疱を形成し，そこから地上に落下し地中に繭を形成する………………………Fam. *Eriocraniidae*（スイコバネガ科）

額は方形，単眼は側方に位置する…………………………11

11. 額は後方に狭まり前方に広がる。体は円筒状，若し擬脚がある場合は痕跡的で且つ第2乃至第7腹節に生じている………………………………………………………12

額は後方に広まり，体は普通扁平，擬脚がある場合は腹部の第3乃至第5節にある（13対照）…………………………………………Fam. *Gracilariidae*（ホソガ科）

12. 体は甚だしく長くなく太さの約5倍長，擬脚は普通存在する。潜葉性か樹下に潜孔するかまたは果物に潜孔し，あるはいまた枝か葉柄部に虫癭を形成する…………………………Fam. *Nepticulidae*（モグリチビガ科）

体は非常に細長く太さの約10倍長，擬脚はない。草本類または他の植物の茎の表面近くに潜孔する……………………………………………… Fam. *Opostegidae*

13. 擬脚は痕跡的であるが鉤爪を具え腹部の第3乃至第6節に存在する。潜葉性で普通疱孔を形成する…………………… Fam. *Tischeriidae*（ツマオレガモドキ科）

腹部第6節には擬脚を欠く。潜葉性，少くとも幼い時代には潜葉性で，老幼虫で時に葉上に隠巣を形成する……………………Fam. *Gracilariidae*（ホソガ科）

14. 体には二次的即ち束棘毛を欠き，第VI疣は単一棘毛を，第7疣には多くとも3棘毛を夫々生じ，しからざれば第7疣に4棘毛を生ずる場合には擬脚が多列鉤爪を具えている……………………………………………………15

体は束棘毛即ち二次的棘毛を有し，第6腹節上の第6疣上に少くとも2棘毛を生じあるいは更に擬脚上に補棘毛を生じている……………………………………………52

15. 腹部第6節は擬脚を有し，たとえ擬脚がそれより前方節になくとも第6節にはある……………………………16

腹部第6節は擬脚を欠く（13対照）…………………………………………… Fam. *Gracilaiidae*（ホソガ科）

16. 擬脚の鉤爪は1円形または楕円形に（不完全であっても）配列されているかまたは1横帯状に配列されている…………………………………………………………17

鉤爪は単一帯を構成し，時に少数の痕跡的鉤爪を更に具えている………………………………………………46

17. 前胸の気門前疣（Prespiraculer wart）は2棘毛を生ずる……………………………………………………………18

前胸の気門前疣は3棘毛を生ずる…………………………19

18. 擬脚の鉤爪は1列式，即ち鉤爪の末端が1線上に位置している。体は円筒形で粗且顆粒付けられ，中胸の第7疣は単1棘毛を具えている…………………………………………Fam. *Orneodidae*（ニジュウシトリバガ科）

擬脚の鉤爪は2列式または3列式，または1列式の場合は体が太く中胸の第7疣上に2棘毛を具えている…Fam. *Pyralididae*（ある亜科）（広義のメイガ科）

19. 擬脚の鉤爪は2横帯を構成し，稀れに1横帯に退化している…………………………………………………………20

擬脚の鉤爪は1円または楕円に配列され，時に広くとぎれている…………………………………………………26

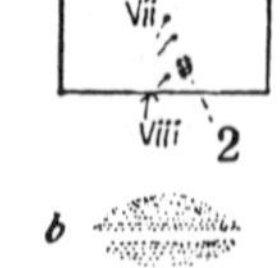

Fig. 770. *Adela* 幼虫の腹節（Forbes） a. 第3節の毛式 1. 気門 2. 擬脚 b. 腹脚の鉤爪の配列

20. 擬脚の鉤爪は単1横列かまたは多組からなる2横列………21

擬脚の鉤爪は1列式の2組からなる…………………………22

21. 擬脚は甚だ小さな鉤爪の1組からなる1帯で代表され，外観的にはない。潜葉性かまたは巣筒性……Fam. *Incurvariidae*（マガリガ科）

擬脚は多数の短鉤爪の多組からなる2横帯を有する。葉切片から構成されている扁豆状の巣筒中に生活する（Fig. 770）………Fam. *Adelidae*（ヒゲナガ科）

22. 腹部の第4と第5との棘毛は離れて存する。幼い幼虫は潜葉性で，その潜孔は曲りくねつている。後には外部に棲息する…
………………Fam. *Lyonetiidae*
(*Bucculatrix*)（ツマオレガ科）
腹部の第4と第5との棘毛は近寄つて存する（Fig. 771)…23

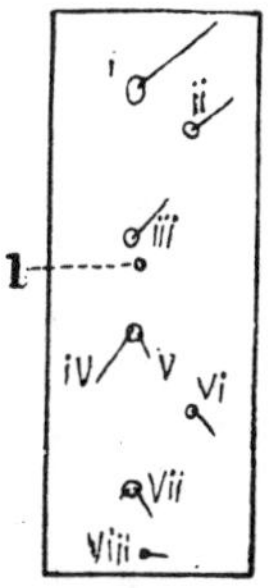

Fig. 771. *Dicymolomia* 幼虫の第3腹節の棘毛式（Forbes）
1. 気門

23. 尾脚の鉤爪は2群に配列され，習性は種々………………………
…Fam. *Gelechiidae*（キバガ科）
尾脚の鉤爪は単1組………24
24. 額は長く少くとも頭頂までの2/3 上方に延びる……………25
額は短かく頭頂までの約 1/3 上方に延びる……………………
…………Fam. *Cossidae* (*Cossula*)（ボクトウガ科）
25. 気門は楕円形で普通の太さを有し，第8腹節のものは他のものより高い位置に存する。体は白色で斑紋を欠き，木質部中に穿孔するかまたはより稀れに草本の茎内に穿入する…………………………………………………
……………………Fam. *Aegeriidve*（スカシバガ科）
気門は甚だ小さく円形で，最後のものは他のものと約同一線上に存する。可搬巣筒中に普通棲息し植物の外面を食し，時に穿孔するが決して茎内に潜入しない
……………… Fam. *Coleophoridae*（ツツミノガ科）
26. 腹部の第4と第5との棘毛は互に離れて存在し，または甚だ稀れに微小種にあつてはこれを欠く………27
腹部の第4と第5との棘毛は互に近接し屢々共通の疣上に生じている。擬脚の主鉤爪列の基部に微鉤爪を欠く…………………………………………………………32
27. 擬脚の鉤爪は完全な楕円環に1列に配列する……28
擬脚の鉤爪は不完全な楕円環に配列し，または大形の鉤爪列の基部に微鉤爪列を有する………………30
28. 前胸の気門前棘毛は相互の距離が気門からの距離と約同等，腹部の第1棘毛は第2棘毛より高い位置に存する………………Fam. *Lyonetiidae*（ツマオレガ科）
前胸の気門前棘毛は相互の距離が気門からの距離の約2倍長（Fig. 772)……………………………………29
29. 腹部の第1棘毛は第2棘毛より低い位置に存在する（Fig. 773)。一般に巣筒中に棲息し，その巣筒は三角弁にて終り，より稀れに扁豆状，屢々動物質物や茸類やその他を食する……Fam. *Tineidae*（ヒロズコガ科）
腹部の第1棘毛は第2棘毛より低位でない。習性は様々………………Fam. *Heliodinidae*（マイコガ科）
30. 中胸と後胸との第1a 棘毛と第1b 棘毛とは互に近接し（Fig.774)，腹部の第4棘毛は気門の水平線下にある……………………………………………………31
中胸と後胸との第1a 棘毛は第1b 棘毛の前方にあつてよく離つている。木質植物に穿孔し，普通根に穿孔する……………Fam. *Hepialidae*（コウモリガ科）

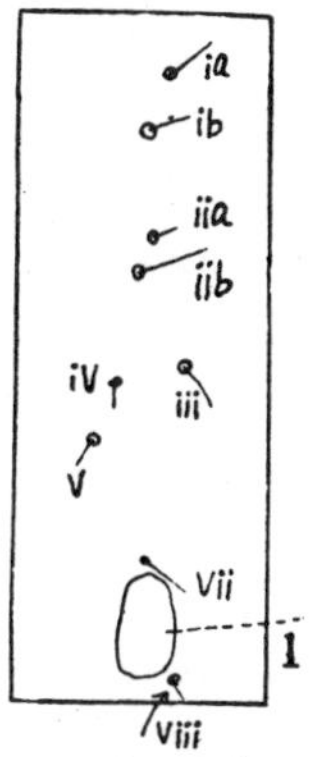

Fig. 774. *Acrolphus* 幼虫の中胸毛式（Fracker）
1. 胸脚

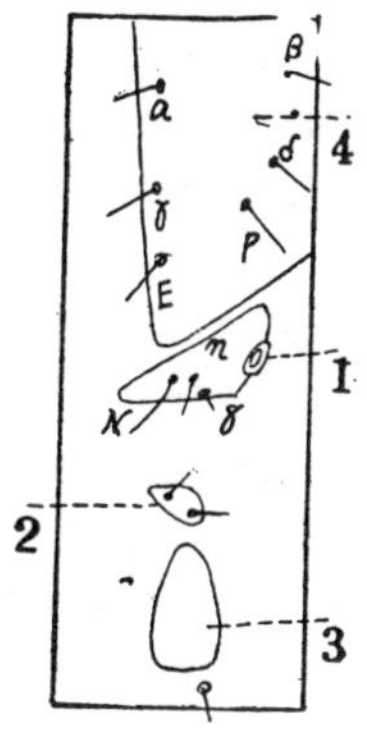

Fig. 775. *Acrolophus* 幼虫の前胸毛式（Frackes）
1. 気門　2. 亜腹毛
3. 胸脚　4. 楯板

31. 前胸の β 棘毛は α 棘毛より高位に存す（Fig. 775)
……………………………………Fam. *Acrolophidae*
前胸の β 棘毛は α 棘毛より低位に存す ……………
………Fam. *Yponomeutidae*（スガ科），*Plutellidae*（マエヒゲガ科），*Argyresthesiidae*（ヒメシクイガ科），*Acrolepiidae*（マエヒゲモドキガ科）等。
32. 最後の気門は甚だ高い位置で，前方の腹節の第1棘毛よりも背中線に近く存在する。種々な植物の果物内部を食する（Fig. 776)…………………………………
……………………Fam. *Carposinidae*（シンクイガ科）
最後の気門は普通の位置で下方に存在する………33

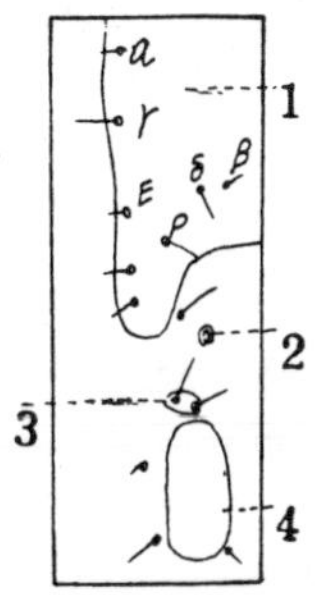

Fig. 772. *Sthenopis* 幼虫の前胸毛式（Fracker）
1. 前胸背楯　2. 気門
3. 亜腹毛　4. 脚

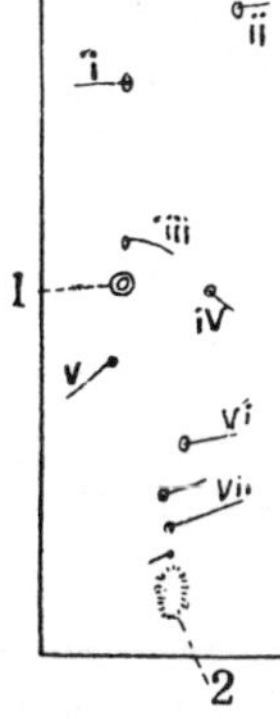

Fig. 773. *Scardia* 幼虫の第3腹節毛式（Forbes）
1. 気門　2. 擬脚

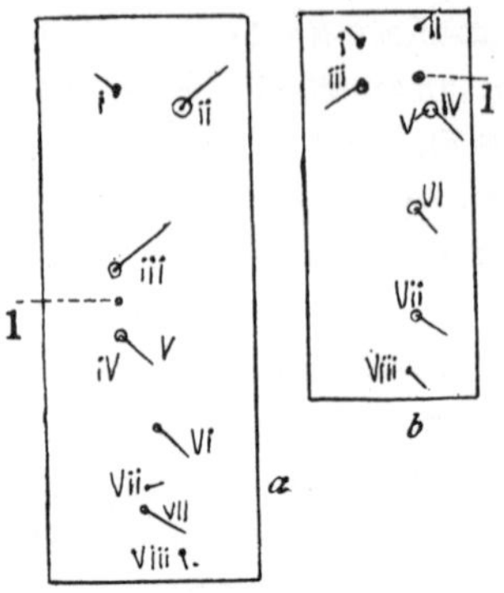

Fig. 776. *Carposina* 幼虫の毛式 (Forbes)
a. 第1腹節 b. 第8腹節 1. 気門

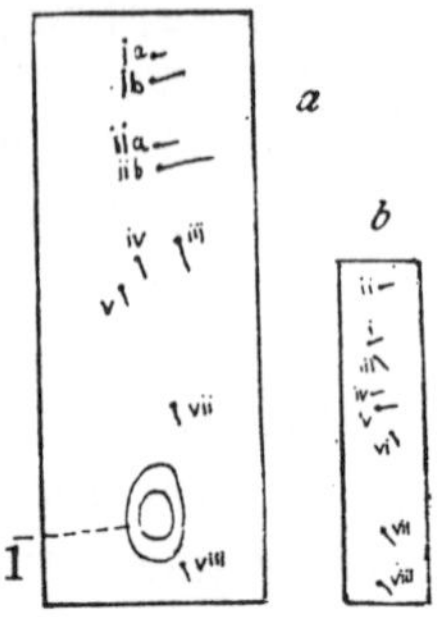

Fig. 777. *Phalonia* 幼虫の毛式 (Forbes)
a. 中腹 b. 第9腹節 1. 胸脚

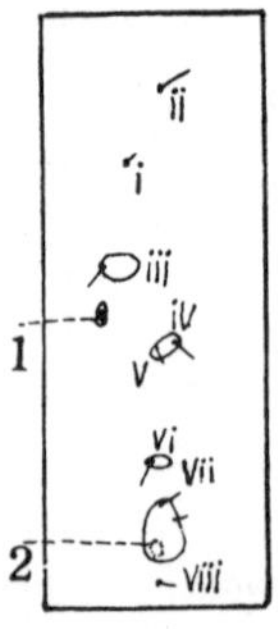

Fig. 778. *Thyridopteryx* 幼虫の第4腹節毛式(Forbes)
1. 気門 2. 擬脚

33. 中胸は脚の基部上方第7疣上に2棘毛を有する……………………………………34
　中胸は第7疣上に1棘毛を生じ (Fig. 777), 第9腹節上の第2棘毛は第1棘毛より高位に位置する (Fig. 777)………36
34. 前胸気門は幅より高い即ち長軸が垂直, 第9腹節の第1棘毛は第2棘毛より高位に存する。植物の組織中に穿孔するかあるいはまた捲葉性………………Fam. *Thyrididae* (マドガ科)
　前胸気門の長軸は水平。可搬巣筒中に棲息し, 摂食の際にはその前端から体の前端を突出せしめる……35
35. 胸脚は末端2節が太く, 腹節上の第1棘毛は第2棘毛より下位に存す (Fig. 778, 779)……………………………………………………… Fam. *Psychidae* (ミノガ科)

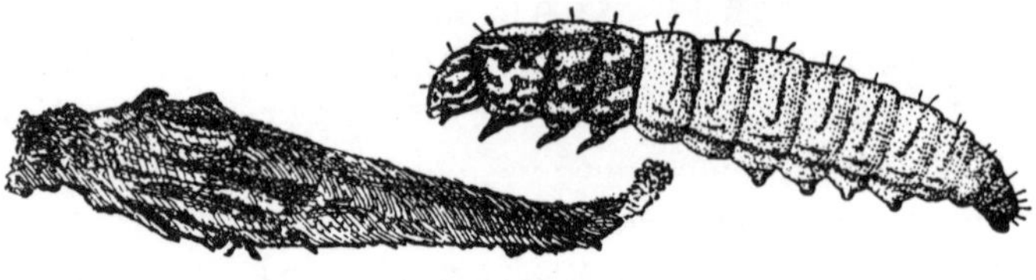

Fig. 779. ミノガ (*Canephora asiatica* Staudinger) 幼虫 (木下)
左図, 巣筒

　胸脚は末端2節が甚だ細く, 腹節上の第1棘毛は第2棘毛より上位に存す (Fig. 780)………… Fam. *Talaeporiidae*

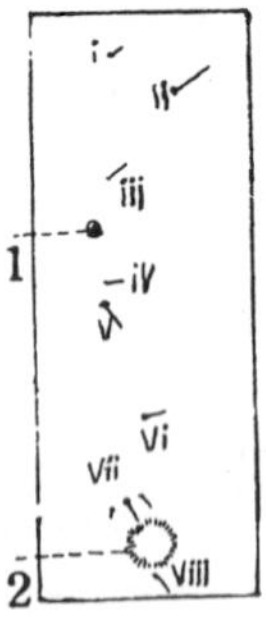

Fig. 780. *Phalonia* 幼虫の第3腹節毛式 (Forbes)
1. 気門 2. 擬脚

36. 第9腹節の第2棘毛は前方の節のものよりも背面を横ぎる左右のものの距離が近くなり, 屡々同一板上に存在する…37
　第9腹節の第2棘毛は前方の如何なる節のものよりも背上にて左右遠く離れて存在し, 甚だ稀れにのみ同一板上に生ずる…………38
37. 腹節上の第4と第5との棘毛は大体同一水平線上に位置し (Fig. 780), 擬脚の鉤爪は一列式。草本植物中に穿孔するかまたは種子中に摂食する……………Fim. *Phaloniidae* (ホソハマキガ科)
　腹節上の第4と第5との棘毛は同一水平線上になく, それ等を結ぶ線は斜かまたは垂直。擬脚の鉤爪は普通多列式 (*Olethreutidae* や他の類似科を含む) (Fig. 781) ……………… Fam. *Tortrididae* (ハマキガ科)
38. 後胸脚の基節はその幅の2倍より狭く左右が離れている………39
　後胸脚の基節はその幅の2倍の距りを以て左右位置し, 擬脚は小形。小形種で種々な習性のものがあり, あるものは潜葉性, 他のものは穿茎性, または捲葉性, 更に種子中に摂食するものもある………………………………………………………… Fam. *Cosmopterygidae* (カザリバガ科)
39. 腹部の第1と第2との棘毛は広く離れる…………40
　腹部の第1と第2との棘毛は近よつている (29対照) ……………………………Fam. *Heliodinidae* (1部)

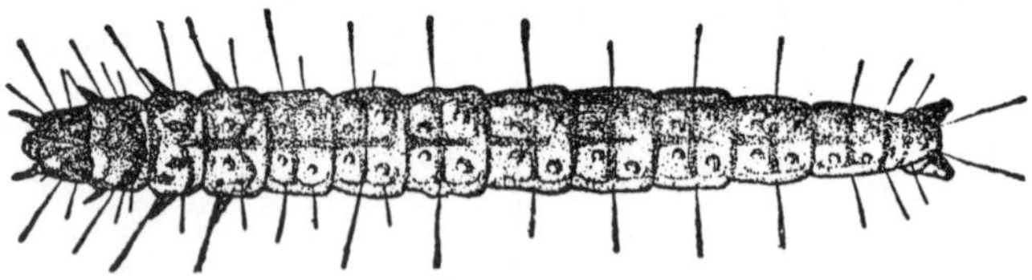

Fig. 781. チャノハマキ幼虫 (木下) *Homona coffearia* Nietner

40. 額は短かく頭頂までの半分以上に延びていないで, 一般にそれ以上である……………………………………41
　額は長く頭頂までの殆んど2/3上方に延び, 上端狭く尖り, 小形種で擬脚の鉤爪は一列式かまたは二列式……………………………………………………………………43
41. 植物組織中に生活し, 普通は木質中に存在する。第9腹節上の第4と第5との棘毛は別々の疣上に生じ, 体は白色……………………………………………………42
　食葉性, 第9腹節上の第4と第5との棘毛は同一疣

上に存在し，体は鮮明色…………Fam. *Stenomidae*

42. 第9腹節の第2棘毛は左右共通の背板上に存在し，額節片は短かく頭頂に達していない（Fig. 782）……
……………Fam. *Zenzeridae*（ゴマフボクトウガ科）

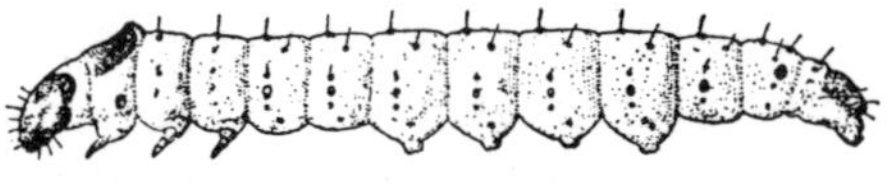

Fig. 782. ゴマフボクトウ幼虫（木下）

第9腹節の第2棘毛は背中線の両側に別々の疣上に生じ，副額板は微かに割れている頭頂に達している（Fig. 783）…………Fam. *Cossidae*（ボクトウガ科）

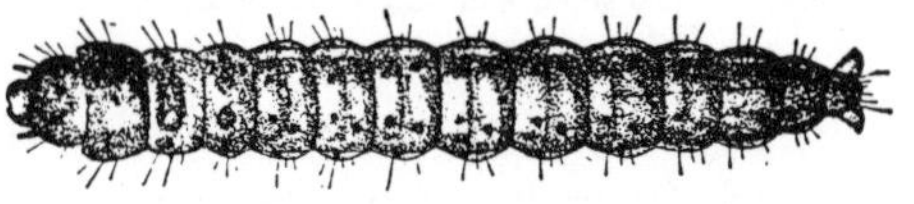

Fig. 783. ボクトウガ幼虫（木下）

43. 擬脚の鉤爪は二列式で，各爪の末端は2平行線を構成している……………………………………………………44
擬脚の鉤爪は一列式で，各爪の末端は1連続線を構成している……………………………………………………45

44. 単眼は不規則に配列され，内3個が1群に近接している（Fig. 784)。一般に絹糸巣を作るかまたは捲葉性…………
…………Fam. *Oecophoridae*（マルバキバガ科）
単眼は頭の両側に1群となつて一様に位置し，習性は種々…………Fam. *Gelechiidae*（キバガ科）

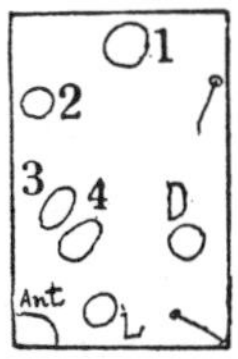

Fig. 784. *Depressaria* 幼虫の単眼配列（Forbes）
3, 4, Lが1群となり他は離れている

45. 第8腹節の第3棘毛は一般に気門の上後方に位置している。習性は様々で，屢々掃除性，または堅果の内部に摂食し，あるいはまた介殻虫を捕食する…Fam. *Blastobasidae*（ネマルハガ科）
第8腹節の第3棘毛は普通気門の直上かまたは微かに前に存在する。捲葉性又は一般に叢葉を食する……
…………Fam. *Glyphipterygidae*（ハマキモドキ科）

46. 前胸の気門前疣は3棘毛を具えている……………47
前胸の気門前疣は2棘毛を具えている……………48

47. 腹部の第4と第5との棘毛は離れている。若し近よつている場合には前胸の左右の β 棘毛は左右の α 棘毛よりは甚だしく互に近よつている（Fig. 785)。擬脚は細長い（31対照）…Fam. *Yponomeutidae*（スガ科）
腹部の第4と第5との棘毛は互に近よつている。前胸の β 棘毛は α 棘毛と約同様に左右互に離れ，擬脚は一般に短かい…Fam. *Ethmiidae*

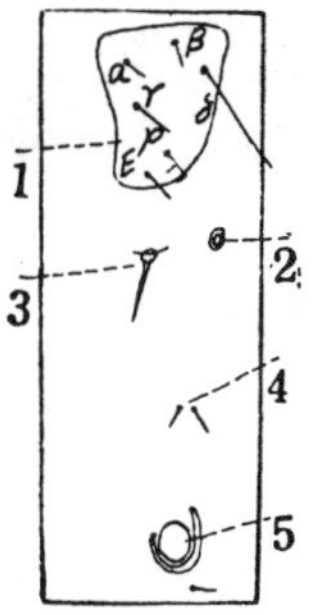

Fig. 785. *Argyresthesia* 幼虫の前胸毛式（Forbes）
1. 前胸楯板
2. 気門　3. 気門前毛　4. 亜腹毛
5. 胸脚

48. 中胸と後胸との第7疣は2棘毛を具えている…………49
中胸と後胸との第7疣は1棘毛を具えている…………51

49. 体の棘毛は微小，顆瘤は不判然な輪環中にある。頭部は著しく幅広，擬脚は減退する。ゆるやかな捲葉中に巣を形成する（Fig. 786)…………
…… Fam. *Cymatophoridae*（トガリバ科）
体の棘毛は太く殆んど常に微棘状で顕著な顆瘤上に生ずる…………………………50

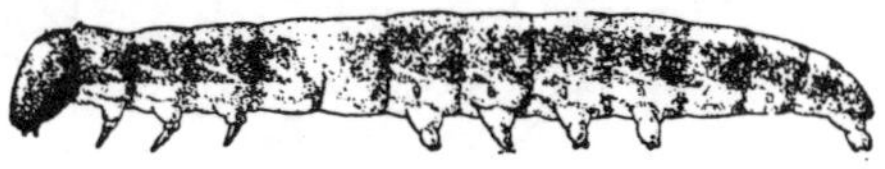

Fig. 786. マユミトガリバ幼虫（木下）
Polyploca arctipennis Butler

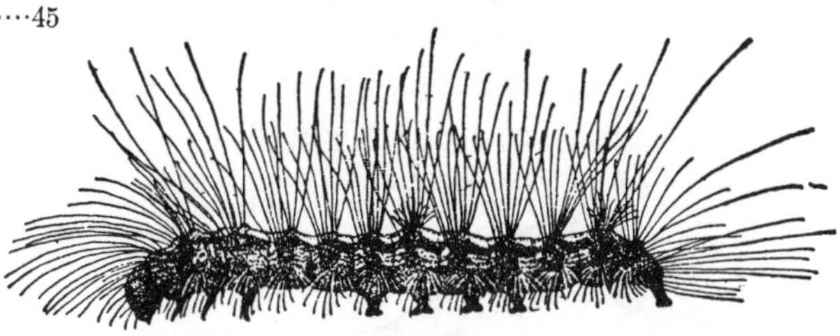

Fig. 787. ヨツボシホソバ幼虫（木下）
Lithosia quadra Linné

50. 腹部の第3疣は2棘毛を具えている。一般に地衣に寄食する（Fig. 787)…Fam. *Lithosiidae*（ホソバガ科）
腹部の第3疣は1棘毛を具えている（69対照）……
……Fam. *Arctiidae*（*Utetheisa* ベニコマダラ）（ヒトリガ科）

51. 体は一般に大形の相異なる疣を具え，第8腹節は1個の顕著な背隆を有し，黒色の帯紋または斑点付けられている。叢葉上に寄食する……………………………
……………………… Fam. *Agaristidae*（トラガ科）
体は上述と異なる。普通鈍色で黒色の顕著な帯紋を欠く。普通植物の葉を外部から食するが，時に果物の内部に食入する（Fig. 788）……………………………
…………………………… Fam. *Noctuidae*（ヤガ科）

52. 腹脚は4対より少ないかまたは第1対が著しく減退

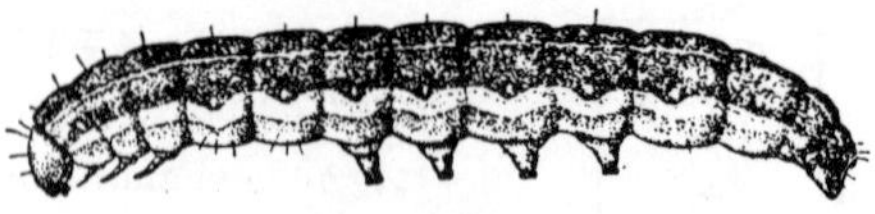

Fig. 788. ヨトウガ幼虫（木下）
Barathra brassicae Linné

して存する……………………………………………………53

腹脚は4対で鉤爪を具え，時に鉤爪のない1対を更に具えている……………………………………………………54

53. 体毛は總状を呈し，擬脚の鉤棘は一列式，腹脚は3対。叢葉上に寄食する（Fig. 789）……………………………………………… Fam. *Nolidae*（コブガ科）

Fig. 789. リンゴコブガ幼虫（木下）
Roeselia mandschuriana Oberthür

体は少数の附属毛を装うかまたは時に二次的細毛を有し，腹脚は一般に一対のみが第6腹節に発達し，尾脚の1対が第8腹節に存在する（Fig. 790）…………………………… Fam. *Geometridae*（エダシャクガ科）

Fig. 790. トンボエダシャク幼虫（木下）
Cystidia stratonice Cramer

54. 腹脚は4対で尾脚は時に減退するかまたはない…55

腹脚の4対が第3乃至第6腹節上にあつて，更に鉤爪を欠くものが第2と第7との各腹節上に存在する。体には軟い密毛の束に混じて棘毛を生じている……………………………………………Fam. *Megalopygidae*

55. 尾脚は完全になく，二次的毛が下方に生じ少数の大きな疣以外では上方にこれを欠く（Fig. 791）………

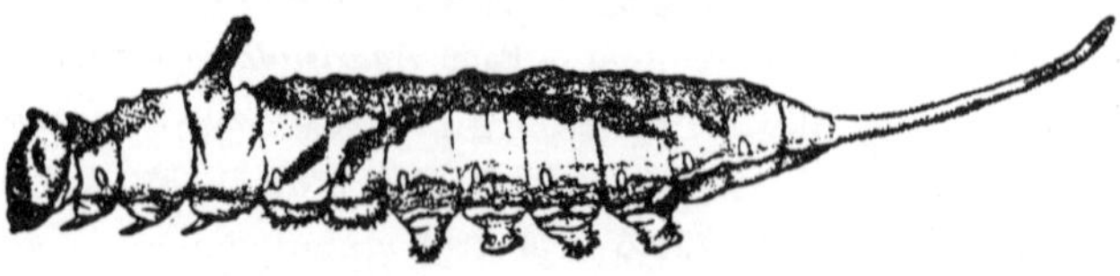

Fig. 791. クロスジカキバ幼虫（木下）
Oreta calida Butler

………………………… Fam. *Drepanidae*（カギバ科）

尾脚は大形の隆起の1対として存在するかまたは尾状突起が少くとも正常に発達している………………56

56. 擬脚の鉤爪は凡て等長で一列式，爪の末端は1連続線を構成している……………………………………57

擬脚の鉤爪は二列式かまたは三列式で，爪の末端は平行せる2線または3線を構成している……………71

57. 有棘毛疣は痕跡的かまたはなく，あるいは二次的毛によつて不明瞭となつている…………………………58

少くとも第6疣は有毛で且つ明瞭，二次的毛は粗生するかまたは擬脚の上方に欠けている………………65

58. 肛板（Anal plate）は叉状，頭部は粗に乳頭突起を有し，第3単眼は甚だ大（Fig. 792）……………… ………… Fam. *Satyridae*（ジャノメチョウ科）

肛板は簡単，頭はより滑か，第3単眼は稀れに大形…………………………………………………59

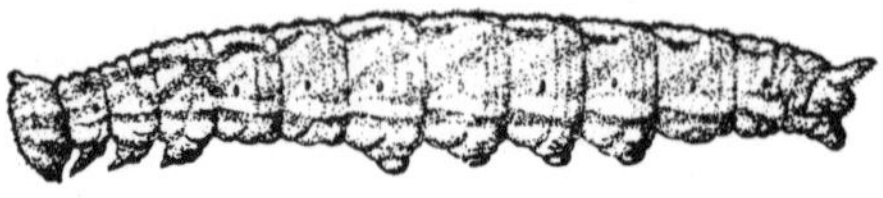

Fig. 792. キマダラヒカゲ幼虫（木下）
Neope goschkevitschii Ménétriès

59. 体はアオムシ状，食草性で他の昆虫に寄食しない…………………………………………………………60

体は半球状，擬節は一列式の鉤爪の完全環を有する。同翅亜目の外部寄生性…………………………… ………………Fam. *Epipyropidae*（セミヤドリガ科）

60. 気門は小さく円形，腹脚は細く多少柄部を有し匍行面が拡がつている。普通捲葉性，稀れに茎中に穿入する……………… Fam. *Pterophoridae*（トリバガ科）

気門は楕円形で大，腹脚は短かい…………………61

61. 体は二次的密棘毛を装う……………………………62

二次的棘毛は甚だ粗かまたは擬脚の上方部になく，単一棘毛のみかまたは少数の附属棘毛を生ずる……63

62. 上唇の凹みは深く平行縁を有し，尾脚は腹脚と同様によく発達する（51対照）……………………………… ……………………………Fam. *Noctuidae*（少数の）

上唇の凹みは尖り拡縁を有し，尾脚は減退して可機能的でない。体は屢々棘を装い，又長い肉質瘤あるいは背瘤を具え，屢々鮮明色（Fig 793）…………………………………………………… ……Fam. *Notodontidae*（シャチホコガ科）

63. 第4疣は第7腹節上では他節のものより甚だ下位に存し，尾脚は多少減退しているが変形している……………………………………64

Fig. 793. シャヤチホコガ幼虫（木下）
Stauropus fagi persimilis Butler

第4疣は第6，第7，第8腹節上のものが約同一水平線上に存する（65対照）(Fig. 794) ……………………………………………Fam. *Lymantriidae*（ドクガ科）

64. 皮膚は鮫革様……………………Fam. *Dioptidae*

皮膚は滑か（62対照）……………………………………………Fam. *Notodontidae*（シャチホコガ科）

65. 第6と第7との腹節は背面中央に反転腺を具え，体毛は普通鮮明色の顕著な毛束となる。叢葉を外部から食する（Fig. 795）Fam. *Lymantriidae*（ドクガ科）

上述の如き反転腺を有せず…………………………66

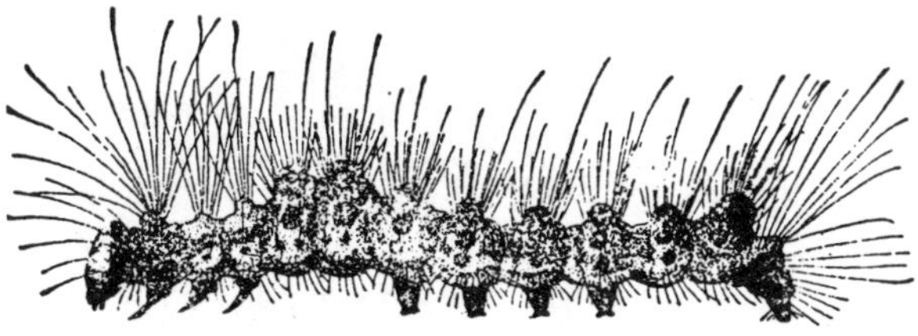

Fig. 794. ドクガ幼虫（木下）
Euproctic flava Bremer

Fig. 795. マイマイガ幼虫（木下）
Lymantria dispar Linné

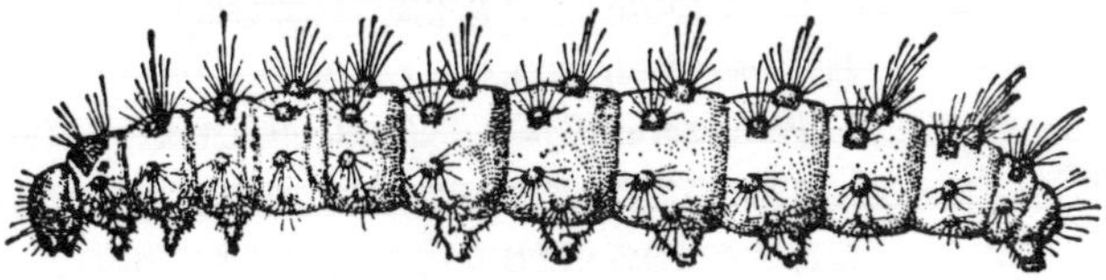

Fig. 796. カノコガ幼虫（木下）
Amata fortunei De l'Orza

66. 気門は小さく円形……………………………………67

気門は正常大で楕円形……………………………………68

67. 腹脚は短かく強鉤爪の一直線帯を有する……………………………………………Fam. *Pyromorphidae*

腹脚は細く幾分柄部を有し，時に鉤爪の1環を具える拡大匍行面を具えている（60対照）……………………………………Fam. *Pterophoridae*（トリバガ科）

68. 中胸は気門水平線上方に2～3個の有棘毛疣を有する……………………………………………………………69

中胸は気門水平線上方に1個の有棘毛疣を有する。外部食性で普通禾本科雑草や低い植物，更にあるものは地衣を食する（Fig. 796）……………………………………Fam. *Amatidae*(*Euchromiidae*)（カノコガ科）

69. 第4疣即ち第4棘毛は第7腹節で第6と第8とのものより著しく下方に位置するか，あるいはこれを欠く……………………………………………………………70

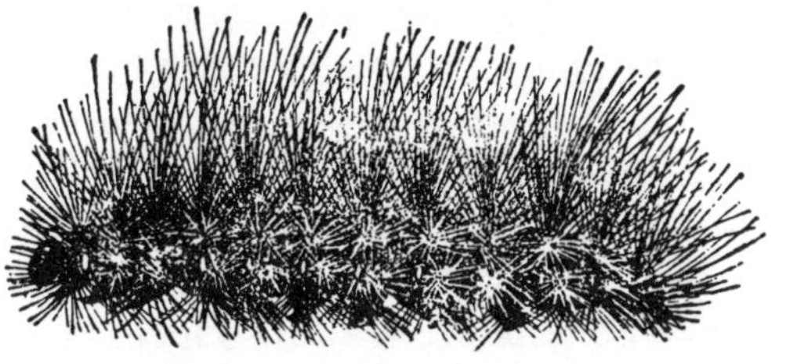

Fig. 797. ヒトリガ幼虫（木下）
Arctia caja phaeosoma Butler

第7腹節の第4疣即ち第4棘毛は前後腹節のものと同水平線上に存在し，体は毛の密群に被われ，屢々長い鮮明色の毛束にて被れている。植物の非常に多くの類を食する（Fig. 797）……………………………………Fam. *Arctiidae*（ヒトリガ科）

70. 擬脚の鉤爪は一様の長さか，または列の各末端の方に順次大さを増している（51対照）…………Fam. *Noctuidae*（少数の）

擬脚の鉤爪は列の各末端の方に順次大さを減じている。葉を外面から食し，屢々鮮明色…………………Fam. *Pericopidae*

71. 体は目立つ附属毛あるいは二次的毛を具えず，擬脚上には8本以上の毛を生じていない……………………………………………72

体は多数の二次的棘毛を装い，少くとも擬脚上にそれを有し，尾脚はよく発達している……………………………………………77

72. 擬脚は1環を形成する鉤爪を具えてい

る……………………………………………………73

擬脚は内側に鉤爪の1帯を具え，時に更に外側に著しく弱い1帯を有する…………………75

73. 腹部の亜背棘毛は簡単………………………74

腹部の亜背棘毛は瘤にて代表され，体は小瘤から生ずる毛束を具えている。屢々葉に巣を作る………Fam. *Scythrididae*（キヌバコガ科）

74. 頭部の表面は粗面，体は擬脚を具えている環節が最も幅広。幼い時は葉を一所に綴つて巣を作り，後絹糸と葉小片とで可搬巣筒を作る……………………………………………………Fam. *Lacosomatidae*

頭部の表面は滑か，体は第1腹節が最も幅広。可搬巣筒を作る………Fam. *Xyloryctidae*（ヒロバキバガ科）（あるもの）

75. 前胸の気門前疣は2棘毛を有し，腹部の第4と第5との棘毛は普通互に離れている………………………76

前胸の気門前疣は3棘毛を有し，腹部の第4と第5との棘毛は互に近より，尾脚はよく発達し鉤爪を具えている。粗巣を作る……………… Fam. *Ethmiidae*

76. 気門は亜等大（49対照）………………………………………………… Fam. *Cymatophoridae*（トガリバ科）

最初と最後との気門は他のものの2倍大。幼い時は共同の巣の中に棲息し，後多少さらされて摂食する……………………………Fam. *Epiplemidae*（フタオガ科）

77. 棘毛は長さに於て著しく不同で，あるものは他の10倍長，不判然な疣を少くとも幼い時に有し，時に鱗片状の毛を具えている……………………………………78

棘毛は亜等大，または時に棘毛と顕著な疣と棘とを生ずる………………………………………………………79

78. 上唇は長さの2/3の凹みを有するか，またはより浅い凹みで後1溝として上唇基部まで達している。体毛は著しく圧倒され，屢々細い毛束を背面に有する（Fig. 798）……………………………………………………
…Fam. *Eupterotidae*（オビガ科），*Apatelonidae*

上唇は浅い凹みを有し溝として基部に達しない。背面に細い毛束を有しない。甚だしい毛を装い二次的な

Fig. 798. オビガ幼虫（木下）
Apha tychoona Butler

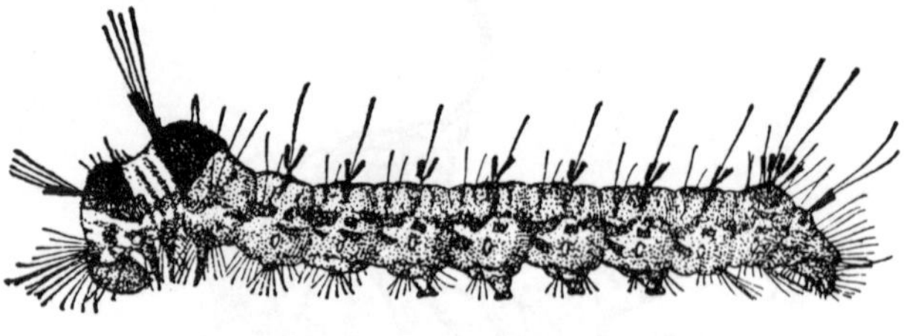

Fig. 799. マツカレハ幼虫（木下）
Dendrolimus spectabilis Butler

密毛にて被われている。樹本の叢葉上に寄食し，時に共同巣を構成する（Fig. 799）…………………………………………………Fam. *Lasiocampidae*（カレハガ科）

79. 第8腹節は背面中央に角か突起か板か顆疣かを有する………………………………………………………80

第8腹節は背中線上に上述の如きものを有しない85

80. 体は多数の分岐棘または大形の疣を具えている…81

体は上述と異なり，多くとも胸上に小棘の2対を有するのみ…………………………………………………84

81. 頭部は一様に円く，擬脚の鉤爪は2列式…………82

頭部は角張るか背面に棘を有し，あるいは腹部は数個の背中棘を具え，擬脚の鉤爪は一般に3列式(Fig. 800)…………Fam. *Nymphalidae*（タテハチョウ科）

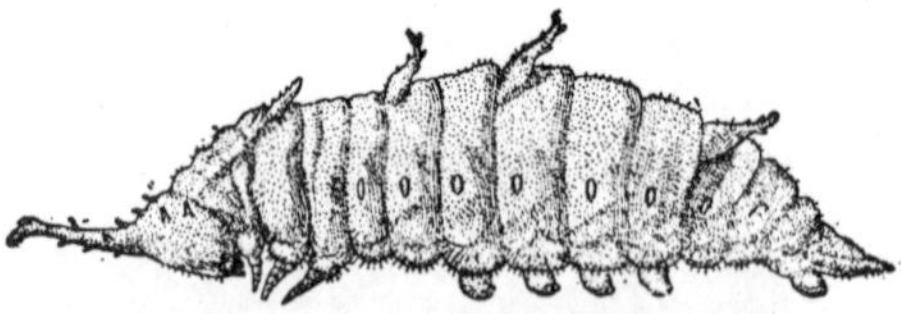

Fig. 800. オオムラサキ幼虫（木下）
Sasakia charonda Hewitson

82. 第9腹節は1本の背中棘を有し，体の棘は著しく不等一で短顆または短微棘を具えている。大形の鮮明色種……………………………………Fam. *Citheroniidae*

第9腹節は背中棘を欠き，体の棘は亜等大で長い密微棘を具えている………………………………………83

83. 第9腹節の第2疣は背面にて左右合して1疣となつている。体はやぶようの分岐棘を装い，鮮明色でない
…Fam. *Saturniidae*（ヤママユガ科），*Hemileucinae*

第9腹節の第2疣は背中線の両側に離れて存する。甚だ大形の鮮明色のもの（Fig. 801）…………………
… Fam. *Saturniidae*, *Saturniinae*（ヤママユガ科）

84. 腹部の各節は6個または8個の小節に分かれ，擬脚は正常で左右広く離れていない。体は多小円筒形で，一般に斜線または斜帯を有する（Fig. 802）…………
…………………………Fam. *Sphingidae*（スズメガ科）

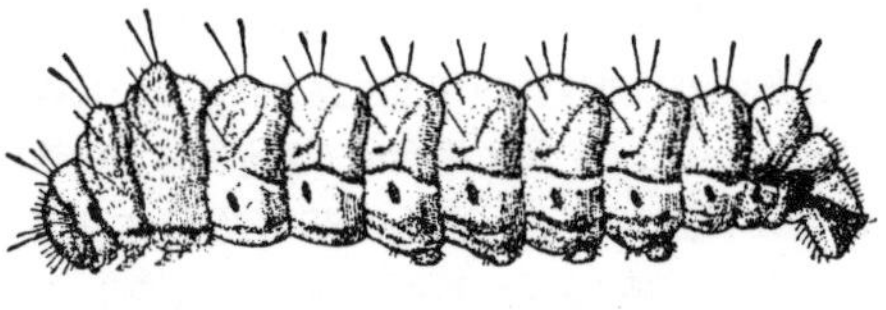

Fig. 801 ヤママユガ幼虫（木下）
Antheraea yamamai Guérin

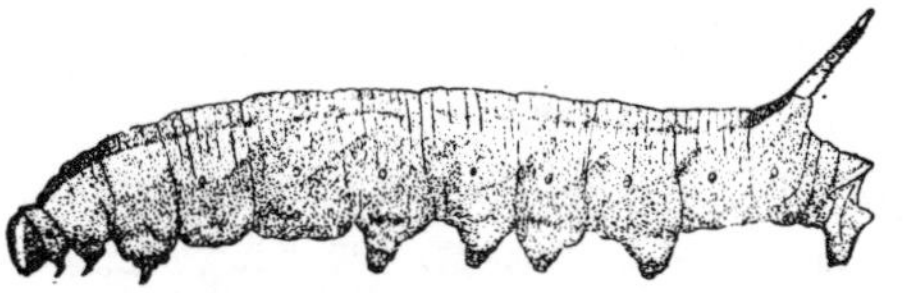

Fig. 802. ホシホウジャク幼虫（木下）
Macroglossum pyrrhosticta Butler

腹部の各節は2個または3個の不判然な小節を有し，擬脚は著しく離れている。体は斜紋を有しない（Fig. 803）………Fam. *Bombycidae*（カイコガ科）

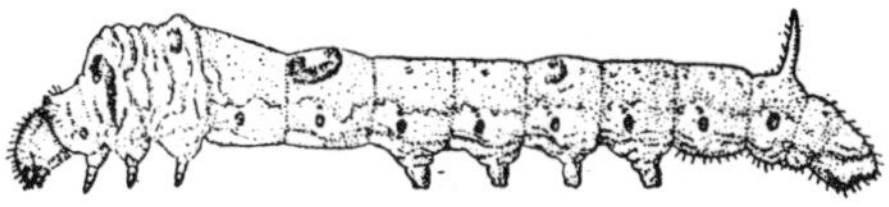

Fig. 803. カイコガ幼虫（木下）
Bombyx mori Linné

85. 頭部は円く正常形……………………………………86
頭部は著しく背上に隆起し，外周三角形様…………………………………………Fam. *Sphingidae*（*Lapara*）

86. 第9腹節は背中棘毛を有しない……………………87
第9腹節は小形の背中棘を具えている（80対照）……………………………Fam. *Citheroniidae*（*Anisota*）

87. 擬脚の鉤爪は楕円環を構成し，多くとも狭くとぎれているのみ……………………………………………88
擬脚の鉤爪は1帯に配列され，時にとぎれている。また稀れに広く分離した2帯となつている…………89

88. 頭部は前胸より著しく大形で，前胸は所謂頸部を構成している。体は中央部最も幅広く，両端の方に細まる。葉を畳みまたは数葉を綴つてその中に巣を作るのが普通（Fig. 804）…………………………………………Fam. *Hesperiidae*（セセリチョウ科）
頭部は前胸より小さく，部分的に胸中に引き込まれ，体は円筒形。Yucca の茎中に穿入する…………………………………………Fam. *Megathymidae*

Fig. 804. ダイミョウセセリ幼虫（木下）
Daimio tethys Ménétriès

89. 擬脚の鉤爪帯は減退するか，または中央で切断されそこの近くに狭い篦状の肉質小片を具え，頭部は小形………………………………………………………90
擬脚の鉤爪帯の中央近くに肉質小片を有しない…91

90. 頭部は体幅の約1/2の幅で，体は顕著な量の二次的毛を装う…………………………Fam. *Riodinidae*
頭部はより小形で稀れに体幅の1/3より大，二次的毛は僅かに顕著，体は短かく幅広で多少ナメクジ状，脚と擬脚とは甚だ短かい（Fig. 805）……………………………………Fam. *Lycaenidae*（シジミチョウ科）

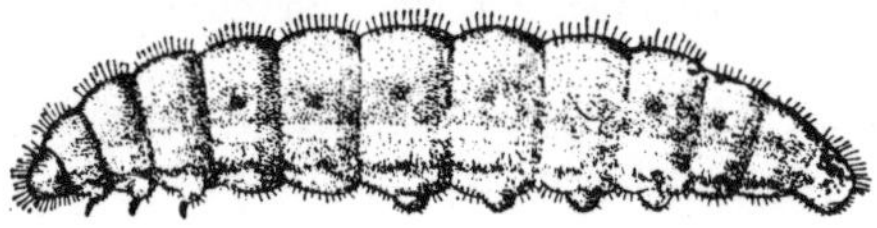

Fig. 805. ヤマトシジミ幼虫（木下）
Zizeeria maha argia Ménétriès

91. 前胸は背面に反転叉状の臭腺を有し，同腺が体内に引き込まれるとそこに1溝が存在する。体は有毛でも有棘でもなく，時に肉糸を装う……………………92
前胸は臭腺を欠く……………………………………93

92. 棘毛は微小で疣上や瘤突起上に生じていない。尤も幼い時はしからず（Fig. 806）……………………………………Fam. *Papilionidae*（アゲハチョウ科）

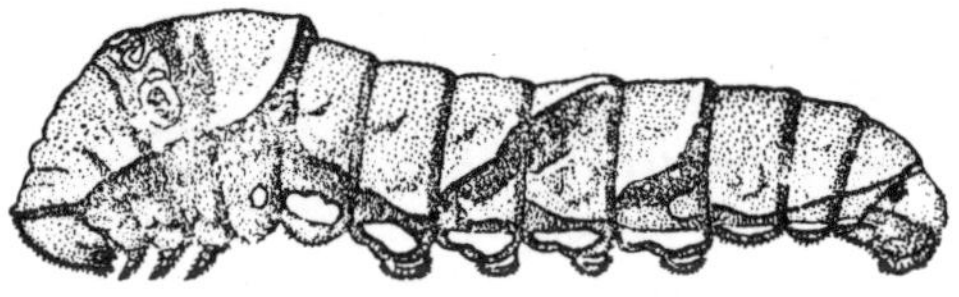

Fig. 806. アゲハ幼虫（木下）
Papilio xuthus Linné

棘毛はよく発達，ある瘤突起は存在する……………………………Fam. *Parnassiidae*（ウスバシロチョウ科）

93. 頭部と体とは完全に棘や高い疣や肉糸等を欠いている…………………………………………………………94
棘か高い疣かまたは肉糸かがよく発達し，若し減退している時は大きな棘かまたは疣が頭上に存在する………………………………………………………………97

94. 肛板は円く完全……………………………………95
肛板は末端叉状となり明瞭な2突起を有する…………………………Fam. *Satyridae*（チャノメチョウ科）

95. 擬脚は彎曲帯を構成する鉤爪の1列を有するのみ………………………………………………………………96
擬脚はよく発達した鉤爪帯の外側に更に退化鉤爪を

具えている。頭部は小形，棘毛は決して顕著な疣突起上に生じない……………………………………………
………………… Fam. *Libytheidae*（テングチョウ科）

96. 頭部は前胸より目立つて大形…………………………
…………………Fam. *Nymphalidae*（タテハチョウ科）

頭部は前胸より小形，棘毛は一般に顕著な瘤突起上に生ずる（Fig. 807）……………………………………
…………Fam. *Pieridae*（*Asciidae*）（シロチョウ科）

Fig. 807. モンシロチョウ幼虫（木下）
Pieris rapae crucivora Boisduval

97. 中胸と時に他の数節とが肉糸を具え，二次的棘毛は短かく擬脚に限られている…………………………………
………………… Fam. *Danaidae*（マダラチョウ科）

体は肉糸を欠く………………………………………98

98. 体の棘は細く少くとも幅の12倍の長さを有し，腹部上のものは中胸の幅と等長，各腹節は3本の側棘を有するが背中線上にはない………… Fam. *Eueididae*

体の棘は若し存在する時は上述の如く細くなく，腹部上のものは中胸の幅より短かい。背中棘は一般に発達する………………………
……………Fam. *Nymphalidae*
（タテハチョウ科）

XXIX 鞘 翅 目
Order *Coleoptera* Linné 1758
（Fig. 808, 809）

Eleuterata Fabricius（1795）や *Elyptroptera* Clairvier（1798）等は異名。Beetles や Weevils 等がこの目のもので，ドイツでは Käfer，フランスでは Coléoptères と夫々称えている。微小乃至大形で革質または角質の皮膚を有し，完全変態を行う昆虫。頭部は自由，正常かまたは鼻状に前方あるいは下方に延び，口器は強く咀嚼型，複眼は顕著，単眼は普通ない。触角は種々な形態で一般には11節からなり，大顎は強く大形のものが多く，鬚は突出し2乃至5節。前胸は明確，一般に自由。翅は2対だが，時に両翅または後翅が欠ける。前翅は翅鞘と称えられ，体と同様な組織からなり，飛翔の際以外は体の背上に畳まれ左右一直線に合し，時に短小となり，更に癒合する事もある。後翅は膜質で，少数の翅脈を具え，静止の際には完全に翅鞘下に折り畳まれる。脚は多くの目的に適応し，跗節は1～5節，普通は5節。腹部は一般に10節，腹板は凡てが見られない。尾毛はなく，生殖器は隠れ，末端の数節は屢々引き込まれ且つ雌では産卵管を形成している。幼虫はシミ型か蠕虫型，蛹は裸蛹。

鞘翅目は現在昆虫綱中最大の目で，昆虫の全種類の約40%を占め少くとも250,000種が発表されている。彼等は棲息個所と気候との如何なるところにも生活する事が出来て，動物界中地球上に最も広範的に棲息しているもので，世界のすみずみまで彼等を見出す事が出来る。従つて非常な数と種々異なる習性とを有し，構造上に変化が甚だ多い。しかし全体を通して同一性を有し他の昆虫から明瞭に何人も容易に区別する事が出来る。大部分のものは地上に生活するが，多数の科のものは更に淡水中に棲息し，更にあるものは海浜に生活している。なお多数のものは交通により広く分布された。

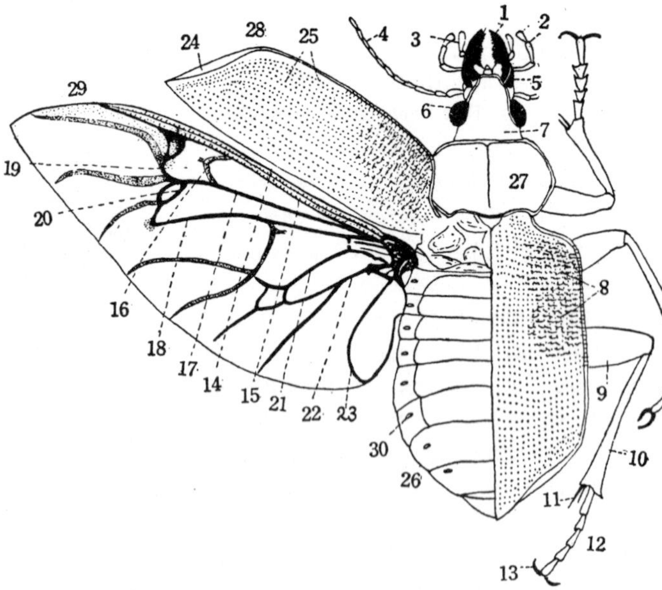

Fig. 808. 鞘翅目歩行虫（*Calosoma semilaeve*）背面図（Essig）
1. 大顎 2. 小顎鬚 3. 下脣鬚 4. 触角 5. 上脣 6. 複眼 7. 頭蓋 8. 鱗片状彫刻 9. 腿節 10. 脛節 11. 同距棘 12. 跗節 13. 爪 14. 前縁脈 15. 径脈 16. 径分脈 17. 中脈 18. 肘脈 19. 径中横脈 20. 中肘横脈 21. 第2臀脈 22. 第3臀脈 23. 第4臀脈 24. 翅鞘縁 25. 点刻 26. 腹部 27. 前胸背板 28. 翅鞘 29. 後翅 30. 気門

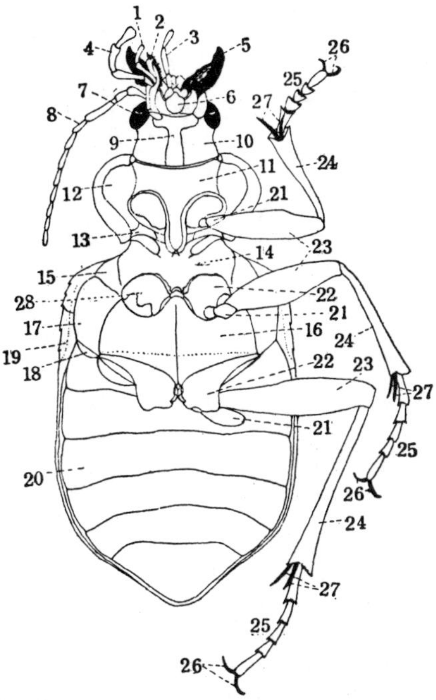

Fig. 809. *Calosoma semilaeve* 腹面図 (Essig)
1. 外葉　2. 内葉　3. 下唇鬚　4. 小顋鬚　5. 大顋　6. 亜基節　7. 複眼　8. 触角　9. 喉板　10. 顴　11. 前胸腹板　12. 前胸前腹板　13. 前胸後側板　14. 中胸腹板　15. 中胸前腹板　16. 後胸腹板　17. 後胸前腹板　18. 後胸後側板　19. 翅鞘　20. 腹部腹板　21. 転節　22. 基節　23. 腿節　24. 脛節　25. 跗節　26. 爪　27. 脛節距棘　28. 基節窩

この目の昆虫は植物や動物等の凡ての種類上に生活可能で，捕食性，食肉性，食腐性，内寄生性，食草性等あらゆる性質のものが存在し，枯死植物や生植物等のあらゆる部分に，また地表上に，地中に，更に水中に生活し，植物質や動物質等の生産物で彼等におかされないものは全くない。多数の種類中には他の昆虫の巣の中や群の中等に共棲するものも少くない。

吾人は害虫たる甲虫類から苦しめられているが，他方愉快の原因となつているものもある。いわゆるスカラブ甲虫はエジプトやその他早期時代の人類によつて永い間崇拝されてあつた。テントウムシ類は早い時代から欧洲の諸国で保護されておつた。博物学に志す人々は他の昆虫よりも甲虫類に多く引きつけられ，従つて昆虫学の歴史は同時に翅鞘目の歴史とも考えられ得る。また採集保存に甚だ容易で，何人もこれをよくすることが出来る。

幼虫は成虫同様形態や習性等が様々で，成虫と同様な条件のもとに生活している。一般にオサムシ型（Caraboid）で活潑で自由且さらされて生活し，コガネムシ型（Scarabaeoid）は肉質で彎曲しよく発達した脚を具え蟄居性で暗所に生活し，カミキリムシ型（Cerambycoid）は肉質亜円筒状で直線となり無脚または殆んど無脚，ゾウビムシ型（Curculionoid）は肉質亜円筒状で彎曲し無脚，これ等最後の2型は植物の組織中に普通生活している，ある種類例えばツチハンメョウやその他では孵化当時の幼虫は活潑型で後永住主を見出すと蠕虫型となる。多数の幼虫は土中や木質中の穿孔中やまたは隠れた個所に室を構成してその中に蛹化する。しかしある葉を食するゾウビムシのある種類では大顋を以て肛門から取り出した粘性で且早乾性の液体を以てレース様の繭を造りその中に蛹化する。普通は甚だ短かい一生で年に1～4世代を有するが，中には1～5年，更に25～30年で一世代となるもの等が認められている。冬眠や夏眠等は凡ての生態に起る事が知られている。

甲虫の化石は *Protocoleoptera* Tillyard (1924) の目に総括される最古のものはニューサウスウェールスの上二畳紀から発見されている。而して上三畳紀では濠洲から多数が発見され，黒侏羅からは欧洲から多数に，上侏羅は欧洲から多数に，第三紀は北米から多数に，第三紀下層では現存属の多数が，バルチック琥珀層からは殆んど500種，第三紀中新世ではコロラドから約1000種が，夫々発見されている。

外形態

大きさは微小（0.25mm 長）から大形（150mm 長）まであつて，昆虫中最小から最大までのものを包含している。形状はまた様々で長卵形や細いものや円筒状や扁平形やまたは雌虫のあるものは幼虫状等のものがある。外骨骼は普通堅いかまたは革質で強靱，滑かで光沢を有するものや鈍色で毛や鱗片やあるいは棘等から被れ，また彫刻を有し条付けられているものや点刻を布するものがあり，更に幾丁質の角突や疣やその他の突起を具えているものもある。色彩は温帯や寒国に産する種は一般に黒色か褐色か帯黄色や帯赤色，尤も少数のものは金属色で鮮明色のものもある。鮮明色の種類は日中活動性のものに多い。即ちハンメョウやタマムシやハムシやカッコウムシやハナカミ

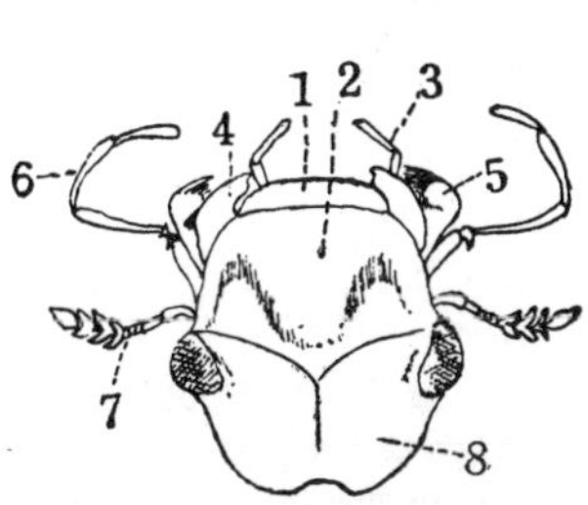

Fig. 810. ガムシ1種の頭部背面図 (Newport)
1. 上脣　2. 額頭楯　3. 下脣鬚　4. 大顋　5. 小顋　6. 小顋鬚　7. 触角　8. 頭頂

キリやその他の如くである。熱帯産のものは光輝色で，多くのものは金属色で他はホウロク質色である。自然界中最美のものに属し，部分的に世界各国で宝石の如くに使用されている。頭部は前口式と下口式とがあつて，自由，稀れに基部括れ頭部を構成している。非常に幾丁質化し，規則としては頭蓋線が不完全かまたは痕跡的となつている。しかしガムシ科 (Fig. 810) ではY字形線として顕われるが普通は頭頂から額頭楯を境する1線で代表されている。ゾウムシ類 (Fig. 811) の大部分と他の少数の属とでは額と頭頂とが口吻を形成するように前方に延び，その末端に口器を具え，触角もまた前方に位置しその両側に1溝即ち触角の柄節を受入れる陥窩 (Scrobe) を有する。複眼は甚だ変化が多く，完全に欠けている事もあつて，無眼甲虫は洞窟棲のものとある地中棲のものとに見出され，更にまた ***Platypsyllus*** や ***Leptinus*** 等の属にもない。複眼は時に雄で甚だしく大形となり左右連続するものやまたは上下が殆んど連続し，雌では屢々甚だ小形となつている。複眼はまた稀れに部分的かまたは殆んど完全に1隆起線によつて分離され，更にまた左右各々が上下に完全に分離されているものもある。単眼は甚だ稀れに存在し，ハネカクシ科のあるものとシデムシ科の ***Pteroloma*** 属とに1対現われている。頭楯は前頭楯 (*Ante-clypeus*) と後頭楯 (*Post-clypeus*) とに分かれ，後者は額と癒合してその分離線がなく，前者は屢々内方に畳まれ上方から見えない。ゾウムシ類では減退せる額頭楯 (*Fronto-clypeus*) が屢々前顔と命名されている。上唇は甚だ変化が多いが殆んど凡ての科に存在する。しかしゾウムシ類の大部分の如く頭楯の下に隠されているかまたは欠けているものもある。頭部の下面 (Fig. 812) は中央喉板 (Gula) から構成され，その両側に喉線 (Gular sutures) によつて顴 (Genae) が区劃されている。尤もあるものでは喉板がなく左右の顴が中央に1本の喉線によつて区分されているものもある。触角は甚だ変化が多いが普通11節，しかし ***Articerus*** 属の如く1節のものや，ヒゲブトオサムシ科の多くのもののように2節のものや，また反対に稀れな例として27節あるいはより多数のもの等があつて，これ等両極端の中間に種々の節数のものが見出されている。自由にまたは前胸腹板の溝の中に置かれ，棘状，糸状，珠数状，棍棒状，球桿状，鋸歯状，鰓状，膝状その他の形状で，大体雄では非常に発達している。

大顎はクワガタムシ科の雄の多くのものでは極端に発達し屢々叉角状を呈するものがあり，また体長より長い

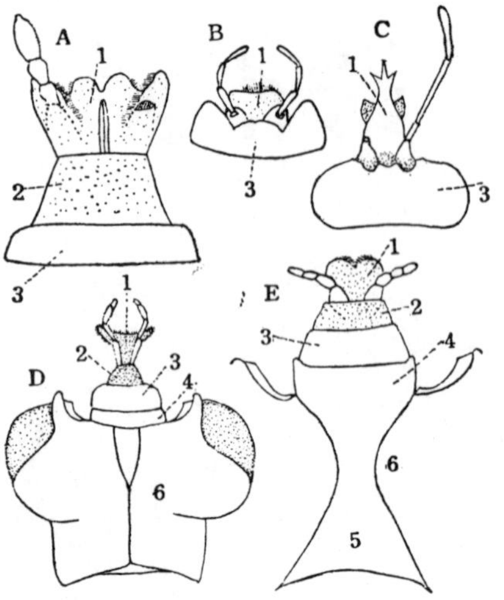

Fig. 812. 鞘翅目頭部部分図 (Imms)
A. *Ocypus oleus* の下唇
B. *Dytiscus marginalis* の下唇
C. *Leistus spinibarbis* の下唇
D. *Necrophorus interruptus* の頭部腹面図
E. *Silpha quadripunctata* の頭部中央腹面図
1. 唇舌　2. 前基節　3. 基節　4. 亜基節
5. 喉板　6. 顴

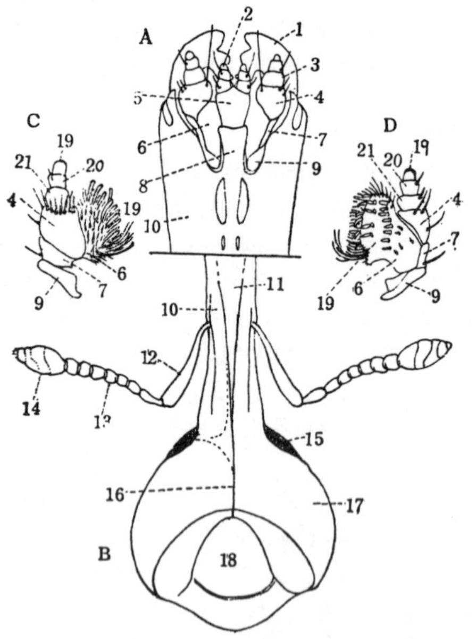

Fig. 811. ギボシゾウムシ1種の頭部 (Hopkins)
A. 頭端腹面図　B. 頭端を除く腹面図　C. 小顋の外側面図　D. 小顋の内側面図　1. 大顋　2. 下唇鬚　3. 小顋鬚　4. 担鬚節　5. 基節　6. 亜外葉　7. 蝶鉸節　8. 亜基節　9. 軸節　10. 前顴　11. 前喉板　12. 触角の柄節　13. 同鞭節　14. 同棍棒部　15. 複眼　16. 喉線　17. 顴　18. 後頭窩　19. 内葉

ものもある。動作は一般に水平であるがゾウビムシのあるものでは関節頭 (Condyles) が背部にあるために垂直に動作する。小顋は規則的に完全に発達し，飽食亜目では外葉は普通2節で鬚状，内葉は屢々大形で関接する1突起を具え，ハンメョウ科ではよく現われ爪状を呈している。減退による特化が屢々で，ケシキスイ科やゾウムシ類中には小顋が単一片磨片 (Mala) として存在するかまたはこれも欠けているものがゾウムシ類にある。小顋鬚は一般に4節で稀れに3節，時に5節のものもあり，アリヅカムシ科やガムシ科では甚だ発達している。下唇は基節がよく発達し大形，亜基節はガムシ等では同じ形状に明瞭となつている。しかし一般には喉板と癒合するかまたは独立節片として現われない。唇舌 (Ligula) は非常に変化が多く，あるものでは1片でであるが他のものでは5片即ち5突起として現われている。下唇鬚は普通3節，あるいは多数または2節，更にあるハネカクシでは無節で棘毛状となつている。

胸部 (Fig. 813)

前胸は胸部環節中最大のもので普通自由可動的。前胸背板は単一節片からなり全部が背面から見える。側板は屢々小節片に分かれないで全背との間に縫合線を欠き完全に背板と癒合している。側板腹板線 (Pleurosternal sutures) は明瞭であるが，ゾウムシ類では腹板も他と完全に癒合して前胸は1輪環節となつている。前脚の基節窩 (Coxal cavities) は閉口の場合は前胸腹板と後側板 (Epimera) との接合によつて後方閉ざれているかまたは後側板のみの会合にて閉ざされ，開口の場合はその部分が膜にて梁つけられているのみである。中胸と後胸とは一所になり，前者は著しく減退し後者はその反対に大形となつている。尤も後翅が欠けているかまたは不動作的の種類ではしからず。これ等両環節の背板は前楯板と小楯板とに別かれ，小楯板は中央に位置し楯板を左右に分割している。後後背板 (Metapostnotun) は一般に明瞭であるが，Snodgrass によると中胸のこれに相当する節片は欠けていると云う。中胸の小楯板以外の中後両背板は翅鞘から被われている。

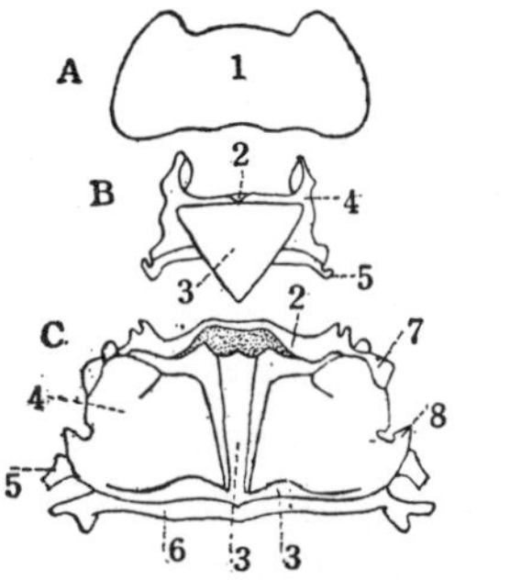

Fig. 813. ガムシ胸部背面解剖図 (Snodgrass)
A. 前胸　B. 中胸　C. 後胸　1. 前胸背板　2. 前楯板　3. 小楯板　4. 楯板　5. 軸索　6. 後背板　7. 前翅突起　8. 後翅突起

脚は一般に歩行または走行に適応し，あるものは開掘の目的に変化し，また他のものでは後脚が扁平となり游泳に使用され，更にまた中後両脚が游泳に適応し，あるいはまた後脚の腿節が太くなつて跳躍に適しているもの等がある。甲虫の脚は一般的な節数からなり，基節の形状と位置とが分類上非常に重要な形態となつている。跗節は節数に於いて著しく変化があつて，それが科や上科の重要な特徴となつている。1節乃至5節で一般は5節からなるが前中両脚のものが5節で後脚のものでは4節の事もある。第1節と第4節とは屢々微小で時に欠けている。各節は円いか褥盤状で滑かなものや有毛のもの等がある。爪は1本又は2本で，簡単なものや櫛歯状や割れているもの等がある。脛節は多くの用途に対して変化し，あるものは円いか扁平で有歯，一般に距棘を具え，水棲のものでは游泳のために毛を装う。転節は1個または2個で，その基部のものは小転節 (Trochantin) と称えられある種の前中両基節に附着している。

前翅即ち翅鞘は高度に変化せる中胸翅で後翅と同時に生じ，幼虫生活の大部分の期間正確に同様な方法で発達する。多数のオサムシ科やゾウムシやヒョウホンムシ科等では後翅がなく翅鞘が屢々固結して不可動的となつている。飛翔可能の甲虫では翅鞘が体にある角度に開かれ後翅の運動の自由を許すが飛行に直接に役立つていない。翅鞘の側部即ち前縁部は内下方に屈折して前側片 (Epipleuron) を形成し胸側板を隠している。翅鞘 (Fig. 814) の硬い構造は表皮の外層の厚化によるもので，上下層が柱によつて結び付き，内腔は真皮層にて限られ血液と神経と気管とを包含し，屢々腺細胞の多数群を供い，時に脂肪体の小粒を有する。Comstock によると翅鞘と後翅との気管系は互によく類似しているとされているが，未だ明瞭を欠いている。翅鞘は長くて腹部を完全に覆うものと短かいものとがあつて，表面滑らか，顆粒付けられているか，条付けられているか，点刻を布するか，鱗片にて被われるか，有毛かで，静止の際には

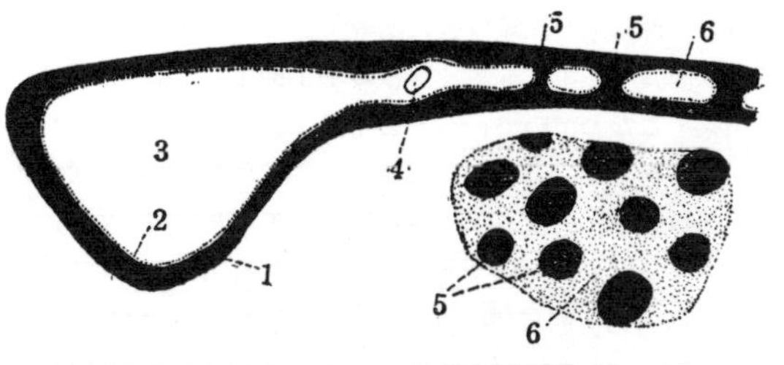

Fig. 814. ゲンゴロウ1種の翅鞘の外縁横断面図 (Imms)　下図は翅鞘の1部表面の模式図
1. 表皮　2. 真皮　3. 側血液溝　4. 気管
5. 幾丁質梁　6. 小隙

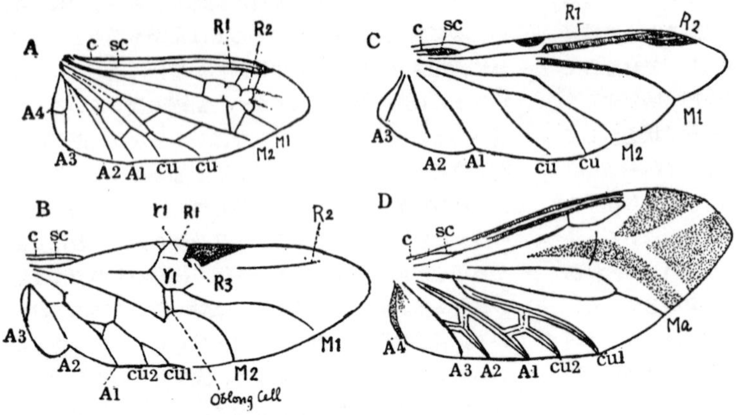

Fig. 815. 鞘翅目の後翅

A．飽食亜目 *Omma stanleyi* (Kolbe)

B．同亜目 *Tachypus flavipes* (Kempers)

C．多食亜目ハネカクシ群 *Necrophorus vespillodes* (Kempers)

D．同亜目ジョウカイ群 *Lygistopterus sanguineus* (Kempers)

背上に左右が1直にて接合しまたは後方のみ分離している。後翅は退化するものやないもの等があるが，一般は大形で膜質で少数の翅脈を具え，普通縦と横に畳まれる。翅脈 (Fig. 815) は一般に3型が認められる。即ち 1）飽食亜目式 (Adephagid)—凡ての主脈は多少完全に発達し，他の甲虫にあるよりは多数の横脈によつて結び付けられている。第1中脈は1本または2本の横脈にて第2中脈と結び付き，2横脈がある場合には長室 (Oblong cell) が形成され，この点がこの式の真の特徴となつている。2）ハネカクシ式 (Staphylinid type)—横脈の凡てが消失し，第1中脈の基部が消失し翅の末端部にのみ存在する。 3）ジョウカイ式 (Cantharid type)—第1中脈と第2中脈とが末端の方に結合し1環を形成しその部分から1脈が翅縁に達している。ある場合には中脈環が単なる鉤に減退しているかまたは全くない。斯かる場合にはハネカクシ式と区別する事が困難である。

腹　部

腹部の環節数の決定は甚だ困難である。規則的に第1背板は膜質で，第1～第3腹板の中1節またはより多数が出来そこなつていて，少くとも第1腹板が欠け，背板数と腹板数とが一致していない。しかし勿論例外はある。大体10節からなるが，解体せずに5腹板が認められ，ハネカクシ科では7～8節が認められる。多くの場合雌の後方の数節が伸縮自在となつていて管状で産卵管として働いている。雄の生殖器とそれに関連を持つ部分が，分類上の特徴となり得るが体内に陰されている。

発音器官

甲虫の多数の科に発音器官が発見されている。成虫のみでなく幼虫にも見出されている。ケシキスイ科やテントウムシダマシ科等では頭部の後背部上に鑢状の部分があつて，それが前胸背板の前縁によつてこすられて発音する。また他の場合はゴミムシダマシ科のあるものやキクイムシ科やその他に見出され，頭部の下面に鑢状の部分があつてそれが前胸腹板上の突起縁によつて摩擦されて音を生ずる。幼虫の場合は小顋上の歯列が大顋の下面上のある顆粒に対してこるすように配列され，小顋が前後に働く時に発音する。カミキリムシ科の多くのものは発音器官を具え，ある場合には前胸が中胸背板上の線条付けられている面の上に重なつてそれをこする事により音が生じ，他のものでは後脚の腿節が翅鞘の縁に対して摩擦する事によつて発音する。最も顕著なものはクワガタムシ科やクロツヤムシ科やセンチコガネ属やその他の幼虫に見出され，中脚基節上の隆起縁または顆粒の1組からなり，その間後脚が種々な形に於て擦軋器官に変化している。ゾウビムシ科のあるものは翅鞘の末端下面に鑢状器を有し，摩擦が腹部背面上にある微顆粒の1組によつて行われる。ある場合には鑢が雌の腹部にあつて，それが雄の翅鞘上の鑢と摩擦して発音する。即ち雌雄にて1組の発音器官を具えている場合がある。

内形態

消食系 (Fig. 816)—口器はよく発達し，捕食性の場合には大顋の基部で液体を受入し得るようになつている場合もある。口は咽頭あるいは咽喉の幅広い初まりに開口し，咽頭は下咽頭に味覚器官を具え，咽喉は種々な長さの簡単な管でその後端は拡張されて嗉嚢となる。嗉嚢は一般に存在するが，花粉を食するものにはなく，オサムシ類やその他では大容積のものとなつている。咽喉または嗉嚢は前胃即ち砂嚢に続き，砂嚢は小室で角質隆起縁または皺にて裏付けられているかまたは棘あるいは微歯を具え，多くの食肉性や穿孔性の甲虫に存在し，特にハンメョウ科やオサムシ科やゲンゴロウ科やキクイムシ科等に顕著に現われている。中腸は形状に於て甚だ変化があり且つ屢々複雑な構造となつている。最も特徴となつているものは絨毛様の腸盲管 (Enteric coeca) の多数の存在で，このものは屢々胃の異なる部分にて性質に於て

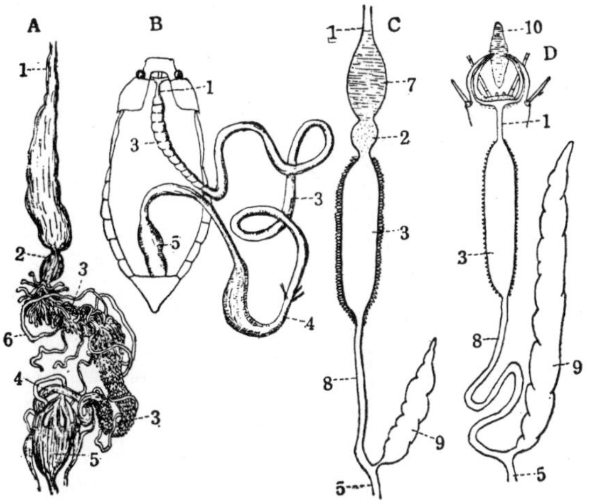

Fig. 816. 鞘翅目の消食系
A. オサムシ1種 (Newport)　B. コガネムシ1種 (Bounoure)　C. ゲンゴロウ1種 (Portier)　C. 同幼虫 (Portier)　1. 咽喉　2. 砂嚢　3. 中腸　4. 小腸　5. 直腸　6. マルピギー氏管　7. 嗉嚢　8. 後腸　9. 盲嚢　10' 食餌

差異がある。オサムシ科とゲンゴロウ科とでは胃の部分が簡単に微かに曲る管となり密生する多数の盲管を具えているが胃の後方部にはない。ツチハンメョウ属では中腸は大きく袋状となり腹部の大部分を占め，コガネムシ類では甚だ長く捲旋し，ダイコクコガネのある種ではゼンマイ状に捲かれている。キクイムシ科では中腸が3部分に分かれ，袋状の前方部と細い管状の中央部と小盲管から完全にまたは部分的に包まれている幅広の後方部とからなる。後腸は常に多少捲施し，ハンメョウ科とオサムシ科とでは比較的短いがゲンゴロウ属と多くの他の属では長い。ゲンゴロウ科では1個の顕著な盲管を具えてこの科の特徴となつている。*Ilybius* 属では比較的小嚢であるが *Dytiscus* 属では非常な大容積なものとなり管状の1末端附属器を具えている。シデムシ (*Silpha* 属) には更に後盲管 (Posterior coecum) の1個が存在する。直腸は特に変化している場合は屢々大室となり，直腸板は規則的には存在しないがクロツヤムシ科とシデムシ科とには発達している。

マルピギー氏管は模式的には4本または6本で主な上科の科の分類に非常に重要なものとなつている。ホタル科では4本で，左右各2本の末端が結合している。ネクイハムシ (*Donacia* 属) とトビハムシ (*Haltica* 属) とカミキリ属 (*Cerambyx* 属) とカミキリモドキ (*Oedemera* 属) その他では他の多くの昆虫に於けるが如く末端自由となつているかわりに各末端が結腸あるいは直腸の壁に結び付き，即ち各マルピギー氏管の両端が腸出終つている。しかし後腸に対しての開口部は未だ見にされていない。

消食管に附随して種々な腺がある。唾液管は多くの種類ではないが，オサムシ科の *Anophthalmus* 属に3対見出され，ゴミムシダマシ科の *Blaps* 属やアカハネムシ科の *Pyrochroa* 属等にも発見されている。尾節腺 (Pygidial glands) は防禦作用のもので，多数の甲虫に存在し，対をなし侵蝕性且つ刺戟性の液を分泌する腺で，ときに斯かる液を数寸も放射し，肛門近くに開口している。オサムシ科の中には左右の各腺が腺細胞からなる球形の葡萄状腺を構成し，その各粒はその側の共通管内に別々に開口している。尾節腺から分泌される液にはオサムシ (*Carabus* 属) のものの如くビュティリック酸を包含しているものがあり，また吾人の指を24時間もまひさせるもの等があり，更にまた蒸発性の強いものがあつてその爆発音が聴きとられ得る種のものもあり，あるいは染色力を有するものもある。ハネカクシ科の *Staphylinus* や *Ocypus* や *Stenus* その他等の属とコメツキムシ (*Lacon* 属) とゴミムシダマシ (*Blaps* 属) 等には反転肛門腺が発達している。

循環系—背管は少数の研究があるのみで，心臓は種々の数の室に分かたれ，胸部を通して頭内へ大動脈として延び，末端が分岐している。コガネムシ (*Melolontha* 属) には8対の弁口を有する9室の心臓が見出され，クワガタムシ (*Lucanus* 属) には7室の心臓と同数の翼筋とを有するものがある。

呼吸系—気管系は陸棲と水棲との両者に於てよく発達し，その最高度の変異がコガネムシ類中の活潑な飛翔を行うもの特に *Geotrupes* と *Melolontha* との両属に見出されている。その幹系は非常に分岐し，多くの種類では気嚢の緻密な組織がある。それ等気嚢は大形ではなく，数の多い事が特徴となつている。*Melolontha* 属では体全体に発達し，頭部のすきままで滲透し，*Lucanus* 属の雄では大形の頭部と大顋，特に大顋が気嚢によつて満たされている。気門は規則的には10対で，第1対は前中両胸環節間に在つて他のものは後胸と腹部とに配列されている。コガネムシ類とあるゾウムシ類と他の甲虫とにあつては腹部の8対がないかあるいは痕跡的となつている。キクイムシ科では腹部の可機能的な気門は5～7対である。

神経系—喉上神経球と喉下神経球とが分離しているかまたは癒合し，規則的に胸部に3，腹部に7～8個の神経球がある。神経連鎖は規則的には2重で，この性質は大部分の甲虫の胸部に現われている。腹部の神経球は最も一般的なものはジョウカイ科に見出され *Dictyopterus* 属では8個，*Telephorus* 属と *Lampyris* 属とでは7個である。減退はハンメョウ (*Cicindela* 属) とゴミムシダマシ (*Tenebrio* 属) では6個，シデムシ (*Silpha* 属) とハナノミ (*Mosdella* 属) とハネカクシ (*Creophilus* 属) とでは5個，ネクイハムシ (*Donacia* 属) とツチハンメョウ (*Meloe* 属) とでは4個，カメノコハムシ (*Cassida* 属) では3個，ハムシ (*Chrysomela* 属) とナナホシテントウムシとでは2個となつている。コガネムシ類の *Geotrupes* 属や *Aphodius* 属やその他では腹部神経球に癒合して，共通中心を形成し，あるものでは中胸神経球と後胸神経球とがその間の連鎖が消失し互に近接しているかまたは癒合している。この形態はコガネムシ類 (*Melolontha*, *Passalus*, *Lachnosterna*, *Phyllopertha*, *Cetonia*) の特徴で，その中心に腹部の神経球も癒合している。最大の特化は *Sericea brunnea* と *Rhizotrogus solstitialis* とに見出され，前者では胸部と腹部との凡てが癒合して1個となり，後者では喉下神経球もそれに合体している。

生殖系 (Fig. 817, 818)—雄の生殖器は睾丸と輸精管と1対または数対の附属腺と射精管とからなり，貯精嚢は屢々輸精管の拡大部として存在する。睾丸の特徴によつて普通2型に分類されている。第1型は睾丸が簡単で管状を呈し多少捲施し，左右の各々が1膜によつて包まれている。この型は飽食亜目の特質となつている。第2型は睾丸が分離するある数の小包嚢からなり，各小包嚢は丸い嚢で各々が個々の小管によつて輸精管に連結している。この型のものはハムシ類やゾウムシ類やコガネムシ類等に見出されている。あるいはまた包嚢は小さな円形か楕円形かの嚢の集合からなり直接に輸精管に開口している。この類は他の多食亜目に見出される。附属腺は位置と数と起原とに関し多数の差異があるが，これまた2類に分かつ事が出来る。その一つは射精管の外細胸層の陥入として生ずるもので，他は輸精管の外成長物で内細胞層から形成されたものである。

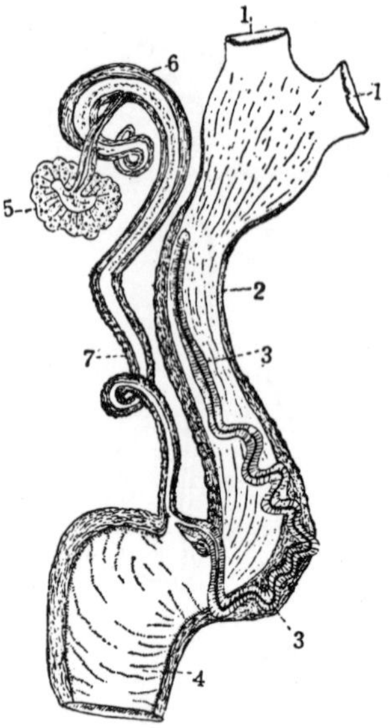

Fig. 818. オサムシ1種雌の生殖系後端部 (Stein)
1. 輸卵管 2. 総輸卵管 3. 授胎溝 4. 腟 5. 附属腺 6. 受精嚢 7. 受精管

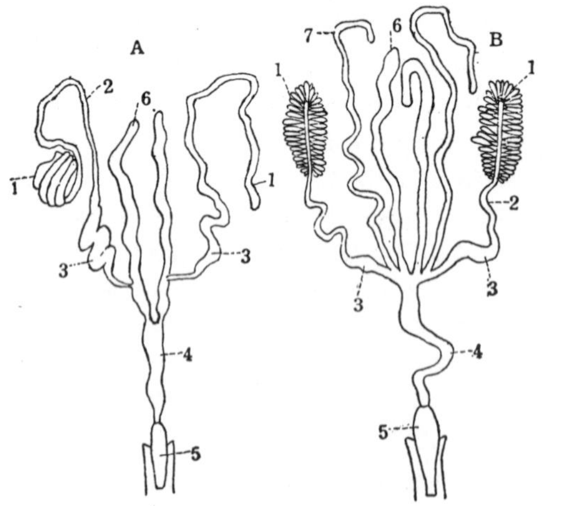

Fig. 817. 鞘翅目雄の生殖系 (Bordas)
A. 飽食類 B. 多食類 1. 睾丸 2. 輸精管 3. 貯精嚢 4. 射精管 5. 挿入器 6. 附属腺 (外胚葉からなる) 7. 附属腺 (内胚葉からなる)

雌の生殖器はまた2型に分つ事が出来，その一つは卵巣小管が端栄養室型で，飽食亜目の特質となり，他の一つは卵巣小管が交互栄養室型で，多食亜目の全体に見出されている。卵巣小管は数に於て非常に変化が多く，各卵巣に2個，3個，4個，12個，20個またはより多数のものが見出されている。ゲンゴロウ (*Dytiscus* 属) では各輸卵管に附随して膠質腺 (Colleterial gland) の1個を有する。受精嚢は一般に存在し，細い非常に長い管によつて膣または交尾嚢に開口している。この受精嚢に種々な性質のある附属腺が結びついているのが一般に認められる。多数の甲虫に精虫の第二通路即ち受胎溝 (Fecundation canal) が受精嚢またはその管から導かれて2本の輸卵管の癒合点近くに於て膣に開口している。この通路は受精嚢から卵へ精虫の直接通過をゆるすものであると一般に信じられている。交尾嚢は膣の壁の拡張として存在している。交尾中に精虫がこの嚢の中に受けとられ，後受精嚢内に達するものであると信じられている。

卵

普通卵形であるが，稀れに半翅目や鱗翅目等に見出されるような形状または構造の顕著な変異を現わしている。ハネカクシ科の *Ocypus* 属では異常に大形で数に於ては少なく，ツチハンメョウ科のものは小形で1雌よ

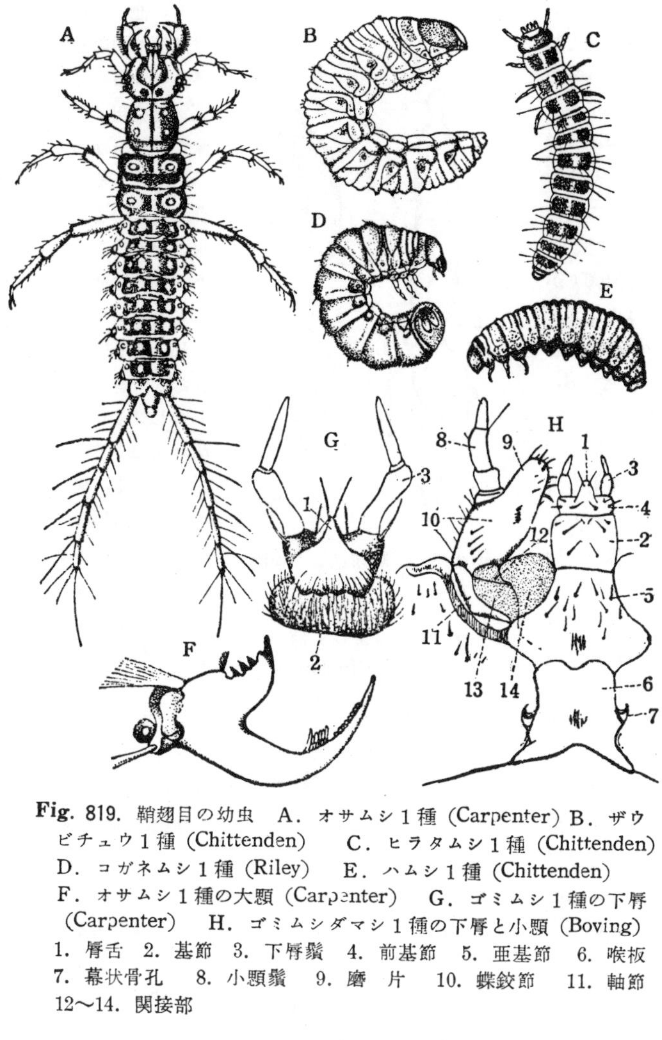

Fig. 819. 鞘翅目の幼虫　A. オサムシ1種 (Carpenter) B. ザウビチュウ1種 (Chittenden)　C. ヒラタムシ1種 (Chittenden)　D. コガネムシ1種 (Riley)　E. ハムシ1種 (Chittenden)　F. オサムシ1種の大顋 (Carpenter)　G. ゴミムシ1種の下脣 (Carpenter)　H. ゴミムシダマシ1種の下脣と小顋 (Boving)　1. 脣舌　2. 基節　3. 下脣鬚　4. 前基節　5. 亜基節　6. 喉板　7. 幕状骨孔　8. 小顋鬚　9. 磨片　10. 蝶鉸節　11. 軸節　12〜14. 関接部

く数千卵を産下する。多くのテントウムシ科のものは植物の葉上に塊状に産卵し，ガムシ科は繭の中に卵を包み，カメノコハムシ類には高度に特化した卵莢内に保護されている。またゾウムシ科では屢々宿主植物内に口吻を以つて深い孔を穿ちその中に産卵し，キクイムシ科では雌が木材や植物樹幹内に生活しそこに産卵する。

幼　虫 (Fig. 819)

微小乃至大形，一般に成虫より太いか長い。形状は非常に変化に富むが，普通2型に大別する事が出来る。第1型はナガトビムシ形 (Campodeiform) で，長く扁平でよく発達した脚と触角と他の附属突起を有し，活潑で且つ一般に自由棲息者である。第2型は蠕虫形 (Eruciform) で太く円く長いかまたは短太，屢々三日月形で，脚はよく発達するものや全くないものがあり，一般に隠れて棲息し不活潑。皮膚はナガトビムシ形のものは普通強靱で装甲様なれど，蠕虫形のものは薄弱。滑か光滑を有するか，粗いか，皺付けられているか，毛を装うか，あるいは棘を具えている。色彩は鈍色，稀れにナガトビムシ形では鮮明色で金属的，蠕虫形では透明から帯白色かまたは淡黄色。頭部はよく発達し咀嚼口を具え，本質的には成虫のものと同じ口器を有する。腹脚はないが，一般的に胸脚を具え，尾毛は発達しているものと欠けているものとがある。気門は普通9対で所謂双気門式，第1対は規則的に前中両胸環節の間に存在し，他のものは腹部の最初の8環節上に1対宛ある。多くの場合同じ科の幼虫は互に著しい類似性を有し，その事実はオサムシ科とタマムシ科とゾウムシ科とによく現われている。しかしハムシ科の場合は他の昆虫の如何なる科にも見出されない程変異が多い。また最も顕著なもののあるものは水棲の科であるコガシラミヅムシ科やミズスマシ科やゲンゴロウ科等に見出され，水中生活に特別に適応して変化している。陸棲幼虫中カツオブシムシ科の幼虫は総状の毛塊から密に被われ，他の甲虫から外見的に全く異つている。

原始的即ちナガトビムシ型の幼虫は飽食亜目と多数のハネカクシ科とハンメョウ科と第1齢虫のオオハナノミ科等の特徴となつている。他のハネカクシ科中には且つ *Diversicornia* と *Heteromera* との大部のものの中には幼虫がナガトビムシ型と蠕虫型との中間型となつている。ハムシ類とゾウムシ類とコガネムシ類等の中には蠕虫型の幼虫が優位を占めている。極端な無脚形はゾウムシ類の大部分の特徴で，更にカミキリムシ科とタマムシ科のあるものや食糞幼虫やコメツキムシ科のあるもの等の中にも見出され，なおまたツチハンメョウ科とマメゾウ科との個体発育中のある世態にも無脚型が見出されている。以上よりして甲虫の幼虫を順序に配列する事は容易である。即ち最初は活潑なナガトビムシ型で，よく発達した触角と口器とを具え，跗節と爪とを有する完全な脚と可動的有節の尾毛とを具えているもので，これ等の特徴を有するものはオサムシ科に現われている。最後即ち他極端にはゾウムシ科の軟体の無脚の蛆で，このものは痕跡的な触角と減退せる口器とを具え，尾毛はない。生活様式がこれ等の変化を持ち来す最初の要因で，一度活潑な捕食性が消失すると早晩構造上の変化が起り，充分な栄養物中に内部生活を行う事が退化の終極となつている。過変態が少数の甲虫に現われている。それはツチハンメョウ科によい例が見出されている。即ち第1齢虫はナガトドムシ型で，後の発達は変化せるナガトビムシ型と蠕虫型と無脚とが個々の種類の世態中に現われる。この過変態は更にオオハナノミ科と *Micromalthidae* と *Lebia scapularis* と寄生性のハネカクシの *Aleochara bilineata* や *A. algarum* 等に優勢である。

単眼は数に於て変化多く，オサムシ科とガムシ科等では各側に6個，ハンメョウ科では4個，またあるものでは単一，さらにまた単なる色素点斑として認められるもの等がある。而して内部生活の種類では完全に欠けている。触角は長跳虫型ではよく発達しナガハナノミ科のものは甚だ長く，減退の各状態があつてゾウムシ科の場合の如き1節の乳房突起として存在する。大顋は捕食性のものでは大形で突出し，ゲンゴロウ科では吸収の目的に対して特に変化している。木や他の植物組織内に内的に生活しているものは短く且つ太い大顋を具えている。ナガハナノミ科の幼虫には背舌が比較的よく発達し，同様な性質の痕跡的構造がコガネムシ科に見出され，また痕跡はゲンゴロウ科のものにも発見されている。小顋は常によく発達し，小顋鬚は種々でミズスマシ(*Gyrinus* 属)とメダカハネカクシ (*Stenus* 属) とでは長く，蠕虫型のものでは屢々2節の乳房突起に減退している。大部分の幼虫では小顋は単葉で (*Mala*) 屢々2節からなるが，外葉と内葉とに分離しているものもある。例えばコメツキムシ (*Agriotes* 属) やマルトゲムシ科やあるハネカクシ科のものやコガネムシ類等に現われている。下唇は側舌がなく，鬚は普通2節なれどゾウビムシ科では1節顆粒突起となつている。中舌は屢々存在するが甚だ変化があつて，多くの属では分離して現われていない。唇舌はシデムシ (*Silpha* 属) では円い葉片の1対で代表されてる。脚は発達程度が種々で，飽食亜目中のものではうたがいなく原始的で，明瞭な跗節と対をなす爪とを具えている。この形態は多食亜目にはなく，跗節が分離しないで1本の爪となつている。尤も非常に稀れなツチハンメョウ科の第1齢虫のみに跗節があつて2本の爪を具えている。腹部は10節，オサムシ科とハネカクシ科との中には尾節が屢々管状となり擬脚として動作する。多数の長跳虫型の幼虫は尾毛がよく発達した有節附属器として存在し，他の場合には尾毛は無節で固着している。多数の幼虫に見出される堅い尾突起は形態学的に未だ明瞭となつていないが，多分ある場合には変化したものである事が将来証明される事があろう。気門は他の構造に比較して僅かな変化が認められ，第1対は前中両胸環節間に普通存在する。しかしジョウカイ (*Cantharis* 属) では中胸に移動している。後胸気門はベニボタル科のものには認められているが，他の科にはないかまたは痕跡的となつている。最も顕著な変化は水棲幼虫に生じ，ミズスマシ (*Gyrinus* 属) とコガシラミズムシ (*Peltodytes* 属) とでは無気門式で，呼吸が体壁の線状突起によつて行われ，ガムシ科のある幼虫は後気門式である。

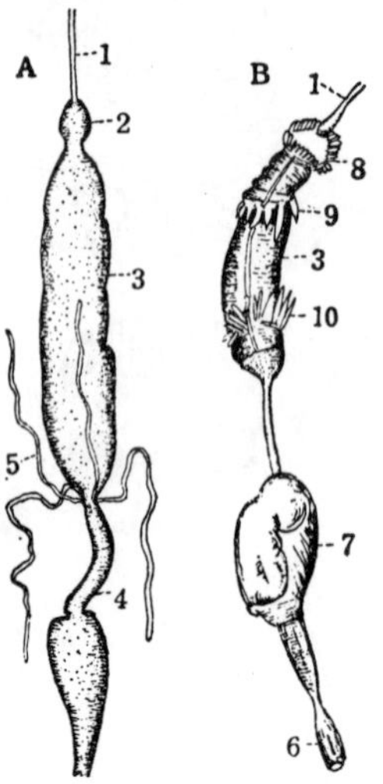

Fig. 820. 鞘翅目幼虫の消食系
A．ホタル1種 (Imms)
B．カブトムシ1種 (Mingazzini)
1. 咽喉　2. 嗉嚢
3. 中腸　4. 後腸
5. マルピギー氏管
6. 直腸　7. 後腸袋
8. 9. 10. 腸育嚢

幼虫の内形態は片々的で甚だ分数的に知られている。消食管 (Fig. 820) は口から肛門迄直線である。しかしゲンゴロウ科とキクイムシ科とでは後腸の長さが増す事によつて多少捲施している。嗉嚢はときにコクゾウ (*Calandra* 属) の如くよく発達したものがあるが，ジョウカイ (*Cantharis* 属) やトビハムシ (*Haltica* 属) やキクイムシ (*Dendroctonus* 属) や等では咽喉の小さな膨脹によつて代表されている。砂嚢は *Dendroctonus* 属に存在し，ゲンゴロウ科とガムシ科とには嗉嚢も砂嚢も共に欠けている。中腸は甚だ変化に富むが常に腸の大部分を構成し，屢々明確な数部分に変化している。ジョウカイでは中腸は簡単な大嚢となつているが，他の多数の幼虫では捲旋した管状である。変化は容積の大小と組織的構造と腸盲管の存在あるいは欠除等によつて各部分が明かとなつている。コガネムシ類では腸盲管が甚だ大形となり3環状帯となり，コクゾウでは多数の乳房突起として代表されている。ときに後腸に関連して拡大部があつて，ゲンゴロウではそれが体腔の大部分を占め，コガネムシ類ではこの拡大部がある。マルピギー氏管は規則的には数と構造とが成虫のものと同様である。神経系は一般に胸部に3神経球と腹部に7または8球があり，ナナホシテントウでは腹部神経球が前方に集中されて連鎖が甚だしく短縮され，コガネムシ科のあるものでは腹部神経球の凡てが胸部に集中されている。心臓はジョウカイ（*Cantharis*）に就ての調査では，非常に狭い容積のもので，各室に分かれていないが9対の翼筋を具えている事が認められている。

蛹

裸蛹，淡色で薄い軟い外皮によつて包まれている。ハネカクシ科のあるものは被蛹で各附属器を体下に畳み且つ硬い被嚢を形成している幼虫の脱皮殻によつて包まれている。テントウムシ科では蛹が同時に硬い皮膚を有し，屢々顕著な色彩を有する。多数のものは地中に土室を作りその中に蛹化し，他方食植物の中に蛹化するものも少くない。繭は屢々構成されている。しかしその物質と原起とは甚だ不明瞭である。ゾウムシ科のあるものでは繭がマルピギー氏管の生産物から作られ，コガネムシの種々なものでは後部腸内の含有物から作られ，カミキリムシ科の多数のものは炭酸石灰の大部分からなる蛹室を作る。またテントウムシ科の露出蛹は屢々最終の幼虫皮膚の残物によつて保護されている。

分　類

鞘翅目は普通飽食亜目と多食亜目との2亜目に分類されているが，本書では E. Gorton に従つて次の3亜目に分かつ事とした。

1．頭部は嘴状に延びる事がなく，喉線（Gular sutures）は2本で少くとも前方と後方とで2本となり，前胸腹板線（Prosternal sutures）が明瞭となつている……………………………………………………2

頭部は一般に嘴状に延び，喉線は癒合して1本となるかまたはこれを欠き，前胸腹板線はない。食草性……………………………… Suborder *Rhynchophora*

2．小顋の外葉は鬚状，腹部第1腹板（外観的の）は後脚基節窩によつて分かたれ，後翅は中央近くに1本または2本の横脈を有し，前胸の側板線（Pleural sutures）は存在し，触角は糸状または殆んど糸状，跗節は5節。幼虫は長跳虫型，跗節は1本または2本の爪を具えている。大部分のものは捕食性かまたは食肉性…………………………………… Suborder *Adephaga*

小顋の外葉は鬚状でなく，腹部第1腹板は一般に後脚の基節窩によつて分けられていない。後翅は横脈を有せず，前胸の側板線はなく，触角と跗節とは変化に富む。幼虫は種々で，跗節と爪とが癒合している。動物や植物を食する…………… Suborder *Polyphaga*

a．飽食亜目　Suborder *Adephaga* Emery 1885

この亜目は次の如く3上科に分類する事が出来る。

1．腹部腹板は6節またはより多数節からなり，触角は糸状…………………………………………………………2

腹部腹節は4節，触角は末端非常に太まり棍棒状かまたは葉片状。容蟻性……Superfamily *Paussoidea*

2．複眼は完全で分離されていない。触角は細長い。捕食性……………………… Superfamily *Caraboidea*

複眼は分離されあだかも2対からなるが如くで，触角は甚だ短かく太く且つ不規則………………………………………………………… Superfamily *Gyrinoidea*

歩行虫上科 Subfamily *Caraboidea* Leng 1920 この上科は次の8科に分類する事が出来る。

1．下脣の基部と亜基節とが縫合線にて分離されていない………………………………………………………2

下脣の基節と亜基節とが明瞭な縫合線によつて区割されている……………………………………………3

2．頭部は複眼と小顋隙との間に下面に触角溝を具えている。陸棲性（*Pseudomorpha* Kirby アメリカ産，*Silphomorpha* Westwood 濠洲産，*Adelotopus* Hope 濠洲と東印度諸島，*Hydroporomorpha* Horn アフリカ）……………Fam. *Pseudomorphidae* Horn 1881

頭部は下面に触角溝を有せず。水棲性。（*Amphizoa* Le Conte　北米とチベット産）………………………………………Fam. *Amphizoidae* Le Conte 1862

3．後胸腹板は明瞭な縫合線によつて長横形の基節前板（Antecoxal sclerite）を脚基節直前に有する………4

後胸腹板は基節前板を欠き，一般に後方三角形に延びている………………………… Fam. *Dytiscidae*

4．後胸の基節前板は左右両側に延びている…………5

後胸の基節前板は両側に達しないで後方切断されている。水棲で，脛節と跗節とが游泳毛を装う（*Hygrobia* Latreille 旧北洲，濠洲）………………………………………Fam. *Hygrobiidae* Beddin 1881

5．触角は11節，後脚基節は可動的で簡単。陸棲……6

触角は10節，後脚基節は固著し腹部の基部を殆んど被うような大形板に拡大している。小さな水棲甲虫………………………………………Fam. *Haliplidae*

6．触角は大顋の基部上方額から生じ，頭部は胸部より幅広く垂直に位置し大形の大顋を具えている…………………………………………… Fam. *Cicindelidae*

触角は大顋の基部と複眼との間で頭側から生じ，頭部は一般に水平に保たれ普通胸部より狭い…………7

7．小楯板は現われている …………Fam. *Carabidae*

小楯板は現われず，前胸腹板は中胸腹板を被うている。円い凸形で河岸棲……………………………………
……………………………………Fam. *Omophronidae*

320. ハンメチョウ（斑蝥）科
Fam. Cicindelidae Leach 1815

Tiger Beetles と称えられ，ドイツでは Sandkäfer と呼ばれている。中庸大で長く，多少扁平となるか殆んど円筒形で，地上生活の甲虫，早い動作の持ち主で，長い有歯の彎曲せる大顋と長い脚を有する事によつて特徴付けられている。皮膚は革様かまたは硬く，一般に滑か点刻を有するかあるいは下面に幾分毛を生じ，陰気色かまたは大部分のものは鮮明な金属的の青色，藍色，赤色，黄色等で，種々な色の条紋を有する。頭部は前口式で，大きく，自由。触角は大顋の基部上方に生じ，簡単で糸状，11節からなる。複眼は大形で著しく突起する。口器はよく発達し，頭楯は触角の基部を越えて側方に延び，大顋は大形で顕著，小顋の外葉は2節で内葉は可動節または鉤に終つている。前胸は自由，一般に頭部より幅広でなく，明瞭な後側板と前腹板とを具えている。翅は普通よく発達し，非常な速力の飛翔に適応している。しかし北米産の *Omus* 属やその他にはない。翅鞘は屢々美麗な色彩を有し，普通体を完全に被つているかまたは腹部末端の延長部を現わし，*Omus* 属では左右の接合線にて癒合している。脚は細長く，脛節は距棘を具え，跗節は5節。爪は1対。腹部は屢々産卵管として末端延長し，雌では6腹板が雄で7腹板が認められる。

幼虫（Fig. 821）は所謂オサムシ型で，円筒形，淡色かまたは曇色，明瞭な環節からなり，大形の円板状の頭部を有し，単眼を有し且つ強口器を具えている。腹部第5節は背上に有鉤棘の疣を具えている。幼虫は地中の垂直または傾斜する円筒孔内に棲息し，その中で上下に早い運動を行つている。頭部の円板状部を孔の入口に接近せしめ，そこに生物の接近を待ちつつ静止している。彼等は成虫の生活個所たる所や水岸の砂岸や湿草地や部分

Fig. 821. コニワハンメヨウ幼虫（湯浅）
Cicindela hybrida japonensis Chauloir

的の木陰等に棲息する。尤も熱帯産のあるものは樹木の小枝や小樹木の幹等に孔を造り，そこを通過する小動物を捕食する。また少数のものは客白蟻性である。一生には2～3年を要するもののようで，蛹化は孔の中に行われる。

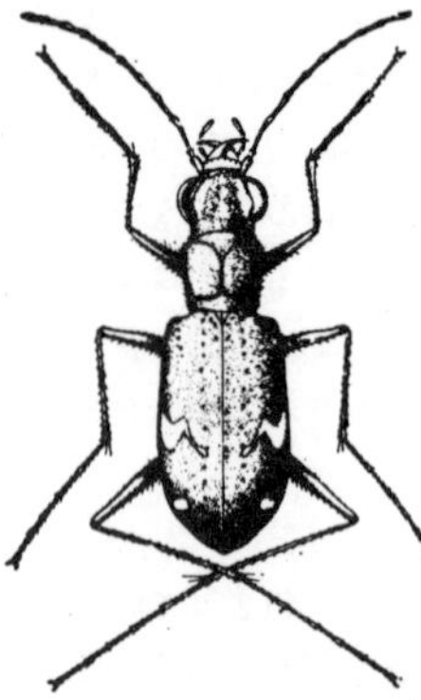

Fig. 822. ニワハンメヨウ
（横山）

成虫は暖かい晴天の日に最も活潑であるが，無翅形のものやある種は夜間活動性である。主として砂地に多いが，ある数属のものは草木上に棲息している。卵は孔の中に産下される。

世界から約2000種が発表され，*Cicindela* Linné, *Omus* Eschscholtz, *Manticora* Fabricius, *Prothyma* Hope, *Collyris* Fabricius, *Tricondyla* Latreille, *Pogonostoma* Kluger, *Amblycheila* Say 等の属が代表的で，本邦からは *Cicindela* 1属のみが発見されている。ニワハンメヨウ（*Cicindela japana* Motschulsky）（Fig. 822）は緑色乃至褐色，体長17mm内外。頭部は青銅色，上唇は黄白色で黒褐色に縁取られ，大顋は褐色で黄白色の基部を有し，鬚は緑褐色。翅鞘の斑紋は黄白色。腹部は金緑色。脚は青銅色。全土に分布し，朝鮮にも産する。

321. オサムシ（歩行虫）科
Fam. Carabidae Leach 1815

Predacious Ground Beetles や Carabid Beetles 等と称えられ，ドイツでは Laufkäfer フランスでは Carabiques と夫々呼んでいる。微小乃至大形，硬く且つ強く装甲され，長く扁平，一般に滑か点刻付けられているか粗かあるいは線条を附し，速走性で地上棲息甲虫。色彩は陰色か黒色か褐色か帯黄色か帯赤色か光輝ある金属的の藍色や青色や真銅色や黄金色で虹彩を有する。凡てが事実上毛も鱗片も生じていない。頭部は自由で前口式で突出し，胸部より狭く，時に著しく前方に延びている。触角は長く棘状か糸状で11節，一般に基部の数節は有毛。複眼は突出しているが，洞窟棲のものには欠けている。口器はよく発達し，頭楯は触角の基部を越えて延びない。大顋は大形で強く有歯，小顋も大形で外葉が普通2節からなり内葉が可動鉤棘を欠く。小顋鬚は5節で顕著，下唇基部は小さく深く凹んでいる。下唇鬚は大形で3節となり，鬚の末端節は雄では著しく大形となつている。前胸背板は顕著，他部より著しく狭いかまたは等幅で，種々な形状のものがある。後胸腹板は明かに横形で，斜縫合線を有する。脚は長く且つ細く，馳走型，基節は形状と位置とに於て様々で，前中両脚の基節窩は後方開くかまたは閉ざされている。脛節の距棘は微小か

小形か長く，末端にあるかまたは殆んど末端に生じている。跗節は5節，各節は長いか褥盤状で，雄の前脚のものは非常に長くなつているものが多く，爪は簡単なものと櫛歯状のものとがある。翅鞘は完全かまたは切断され，滑かなものや点刻付けられたものや粗面のものや線条を布するものや彫刻付けられたもの等がある。翅は存在しよく発達しているか退化しているかまたは欠けている。腹部は腹板が6個認められる。幼虫（Fig. 819 A, F）は模式的なオサムシ型で，長く，明瞭に環節からなり，背面全部または部分的に装甲。頭部は大形で強く，各側に6単眼を有し，触角は4節，脚は短かく1節または2節の跗節を具え，腹部の第9節は1対の尾毛と1本の尾管とを具えている。

この科の甲虫は大部分地表生活者であるが，著しい類が樹上生活者で且つ食餌を求めるために樹木上に挙舞する性を有する。実際的には凡てが食肉性で模式的には捕食性で且つ夜間活動性である。しかし日中活動性のものも多く，且つまた多数のものは燈火に透致される。彼等は殆んどありとあらゆる個所に見出されるが，しかし特に流れに沿いまたは水辺の森林中や，地上にある石や塵芥や他の物質等の下や小動物の近傍等に見出される。彼等は暴食者で虫類やカタツムリや鱗翅類の幼虫や蛆やその他彼等の前に現われる凡ての生物を食し，且つまた地中に穿孔し，馳走し挙昇してあらゆる生物を食とする。斯くして一般に益虫として認められているが，ある種類は小果物や種子や植物の心葉や花粉や蕊葉等を食し有害となつている場合もあるが，それ等は年のある季節のみに普通限られている。多数の種類の成虫は肛部に排攘腺を具え，それから瓦斯体や液体を分泌し，ある種類等では瓦斯の発射が見られ且つその音が聞きとられ得るが如きものもある。

卵は一般に地中に産下され，幼虫は土中に隠れて生活し，また草の中や塵芥中や石下や樹皮下やその他食物を見出し得る被陰の暗所に棲息し，夜間自由に移行する。蛹化は普通地中の室内に行われる。発育は充分緩慢であるが，年に1世代か2世代をかさね，越冬は如何なる生態でも行われるが，普通は幼虫と成虫とで越年する。

大きな科で世界から約21000種類が発表され，両極地方から赤道下に至る凡てのところに産する。しかし温帯地方に最も優勢で，熱帯地区には大形で美麗な種類を産する。最も小さなものは1mmの体長で最大なものは50mmの体長を有する。*Acupalpus* Latreille, *Calosoma* Weber, *Clivinia* Latreille, *Dyschirius* Bonelli, *Lebia* Latreille, *Tachys* Stephens, *Anisodactylus* Dejean, *Brachinus* Weber, *Chlaenius* Bonelli, *Amara* Bonelli, *Bembidion* Latreille, *Cymindis* Latreille, *Harpalus* Latreille, *Nebria* Latreille, *Omophron* Latreille, *Trechus* Clairville, *Calathus* Bonelli, *Carabus* Linné, *Cychrus* Fabricius, *Platynus* Bonelli, *Scaphinotus* Latreille, *Zabrus* Clairville 等が代表的な属で，本邦からは *Planetes*, *Galerita*, *Drypta*, *Brachinus*, *Pheropsophus*, *Ophionea*, *Cymindis*, *Parena*, *Calleida*, *Apristus*, *Dromius*, *Coptodera*, *Lebidia*, *Lebia*, *Lachnolebia*, *Panagaeus*, *Dischissus*, *Chlaenius*, *Oodes*, *Diplocheila*, *Badister*, *Acupalpus*, *Anoplogenius*, *Oxycentrus*, *Harpalus*, *Anisodactylus*, *Agonum*, *Dolichus*, *Crepidactyla*, *Colpodes*, *Euplynes*, *Pterostichus*, *Poecilus*, *Lesticus*, *Trigonotoma*, *Curtonotus*, *Bradytus*, *Amara*, *Perigona*, *Diplons*, *Trechus*, *Tachys*, *Bembidion*, *Asaphidion*, *Broscosoma*, *Craspedonotus*, *Dyschirius*, *Clivina*, *Scarites*, *Nebria*, *Leistus*, *Notiophilus*, *Cychrus*, *Carabus*, *Calosoma* 等の属が発見されている。

オオオサムシ（*Carabus dehaanii* Chaudoir）（Fig. 823）は体長33mm内外，全体黒色で，前胸背板と翅鞘とは個体によつて青色乃至紫色の光輝がある。本州・四国・九州等に産し，朝鮮に分布する。*Carabus* 属は十数種発見され，オサムシ科中最大のものが包まれカタツムリ類をよく食する事が知られている。マルガタゴミムシ（*Amara chalcites* Dejean）は体長8.5mm内外，黒色で銅色の強い光沢を有し，個体によつては青色乃至緑色の光輝を有する。楕円形，頭部は短かく，脚は赤褐色，翅鞘は滑かで多数の条溝を有する。全土に産し，支那に分布する。成虫はハコベ，ウシハコベ，アブナラ，ナズナ等の実を食する性を有する。この属のものは斯かる性質を有する事が世界的に認められている。ゴミムシ（*Anisodactylus signatus* Panzer）は体長12〜14mm，長楕円形，普通黒色だが，翅鞘が褐色のものや青銅様の金属光沢を有するもがある。翅鞘は滑かで多数の縦条を有する。全土に産し，朝鮮・支那・シベリヤ・欧州等に分布し，成虫はときに麦類の種子を食害する。この属も前属同様の性を有するものである。オオゴモクムシ（*Harpalus capito* Morawitz）は体長20mm

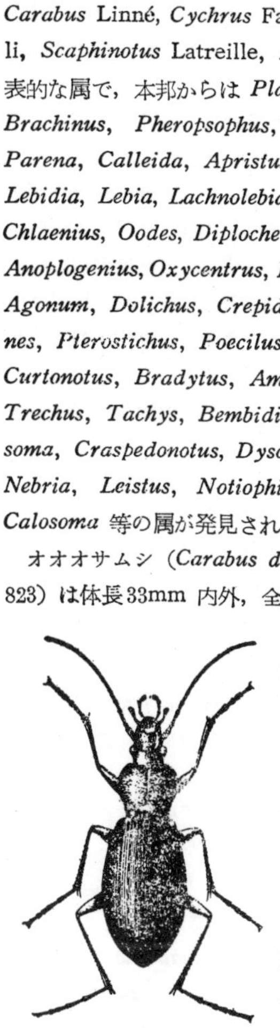

Fig. 823. オオオサムシ（土生）

内外，黒色で黄褐色の鬚と触角と脚とを有する。細長く，頭部は大きくほぼ前胸背板と等幅，前胸背板は矩形に近く，翅鞘は長く平行の側縁を有し条線付けられている。全土に産し，朝鮮・台湾・支那・シベリヤ等に分布し，田畑等の塵芥下に棲息し，麦類の種子を食する。この属の種類も前2属同様な性を有し，コゴモクムシ（*H.tridens* Morawitz）が北海道・本州・九州等に産し，支那に分布し，麦類の種子を害する事が認められている。ナガヒョウタンゴミムシ（*Scarites terricola pacificus* Bates）は体長19mm内外，光沢ある黒色で赤褐色の鬚と触角と跗節とを有する。頭部は大形，前胸背板は頭及び体より幅広く後端著しく括びれ，翅鞘は後端多少尖り，表面に浅い縦条を存する。本州・四国・九州等に産し，朝鮮・台湾・満洲・支那等に分布する。陸稲を食害する事が知られている。*Pterostichus* 属はときに食草性である事が知られ，本邦からはヒメホソナガゴミムシ（*P.rotundangulus* Morawitz）やオオナガゴミムシ（*P. fortis* Morawitz）やコガシラナガゴミムシ（*P. microcephalus* Motschulsky）等が発見されているが未だ作物の被害は認められていない。*Clivina* 属の種類も亦ときに食草性である事が一般に知られているが，本邦産のオオヒメヒョウタンゴミムシ（*Clivina castanea* Westwood）は斯かる性質を有するかは本邦では知られていない。*Lebia* 属と *Calosoma* 属とは小昆虫類を捕食すのので有名で，彼等は草本上や樹上高く生餌をさがし廻る性質を有する。フタホシヒメゴミムシ（*Lebia bifenestrata* Morawitz）やアトグロジュウジゴミムシ（*L. idae* Bates）やジュウジゴミムシ（*L. retrofasciata* Motschulsky）等が普通に発見され，エゾカタビロオサムシ（*Calosoma maderae chinensis* Kirby）やクロカタビロオサムシ（*C. maximoviczi* Morawitz）等は最も暴食性である。

322. カワラゴミムシ（河原芥虫）科
Fam.Omophronidae Bates 1881

一般にはオサムシ科に包含せしめられているが，小楯板が顕われず，前胸腹板は中胸腹板を覆いおる事によつて明瞭に区別され，円形に近く，河岸の砂地に棲息している小形種。約50種が知られ，新旧両北区・東洋区・エチオピヤ区・パプア等に産する。*Omophron* Latreille が代表的な属で，本邦からはカワラゴミムシ（*Omophron limbatus aequalis* Morawitz）（Fig. 824）が発見れている。体長7mm内外，黄褐色，額の前方と頭楯の後方と上脣と前胸背板の前縁角附近とは白色を帯び，大顎と体の下面とは赤褐色，頭部の後半部は緑色で金属光沢に富み，前胸背板中央と翅鞘の斑紋とは暗緑色。翅鞘の15条の縦溝は明瞭に点刻を有する。全土に産し，朝鮮・台湾・支那・シベリヤ等に分布し，河原の砂地に棲息し，燈火にも飛来する事が稀れでない。

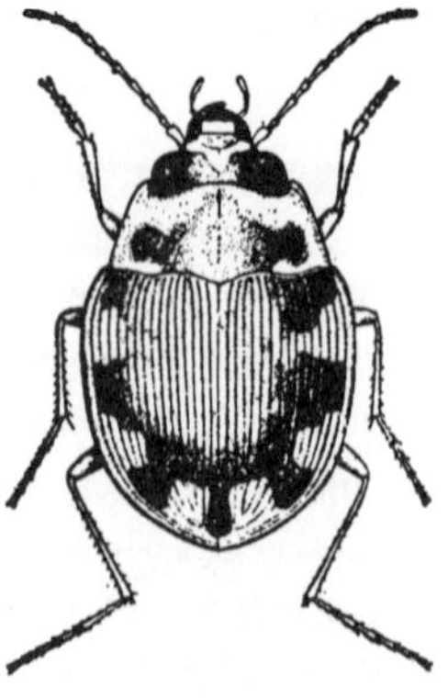

Fig. 824. カワラゴミムシ（土生）

323. コガシラミズムシ（小頭水虫）科
Fam. Haliplidae Kirby 1837

甚だ分布の広い小形で凸形の水棲甲虫，一般に光沢を有し，斑点付けられている帯褐黄色種で，深い点刻を付し，水中に自由にしかし弱い游泳者である。ある種は夜間に水岸に現われる。幼虫（Fig. 825）は環節的に配列されている肉質突起を具え，同突起は *Peltodytes* 属では糸状で *Haliplus* 属では短かい。斯くの如き幼虫は他の甲虫には見出されていない。前属では気門がなく糸状突起が気管鰓として働くが，*Haliplus* 属では腹部に8対の気門を具えている。世界から約100種程発表され，*Haliplus* Latreille と *Peltodytes* Reg.(*Cnemidotus*) とが代表的な属で，本邦からはこれ等両属が発見されている。クビボソコガシラミズムシ（*Haliplus japonicus* Sharp）（Fig. 826）は体長3mm内外，光沢ある黄褐色で，頭部，翅鞘の斑紋と点刻，前胸背板の後縁とその両側直前の凹陥，体下等は暗褐色乃至黒褐色。全土に産

Fig. 825. コガシラミズムシ1種の幼虫（Brauer）

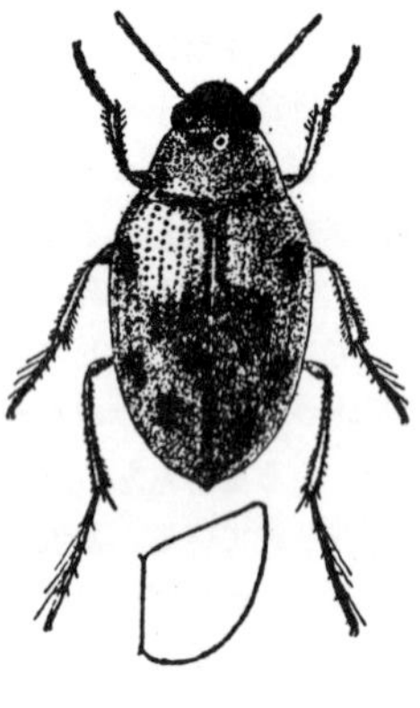

Fig. 826. クビボソコガシラミズムシ（中根）附図 後脚基節板

し，支那に分布する。池沼や田の小溝等に多数に発見される。この属には更に数種が産する。コガシラミズムシ (*Peltodytes intermedius* Sharp) は体長 3.5mm 内外，光沢ある暗色乃至黄褐色。前種より太く，小形の頭部を有し，翅鞘の点刻と小斑紋とは黒色，後脚基節の後縁に１歯を具えている事によつて前種から明瞭に区別する事が出来る。普通種でやはり池沼や田の小溝等に多産。

324. ゲンゴロウ（龍蝨）科
Fam. Dytiscidae Leach 1815

Predacious Diving Beetles, Water Beetles, True Water Beetles, Dytiscids 等と称えられ，ドイツの Schwimmkäfer がこの科の昆虫である。小形乃至大形 (2.0～44mm)，楕円で扁平，堅く光沢を有し，滑かで点刻を布するかまたは縦溝を有する。色彩は陰色で，黒色や暗緑色や褐色や青銅色や灰色等で，屢々鈍黄色に縁取られている。ある少数の種類はかなり鮮明な色彩を有するが，熱帯産と温帯産とでは差がある。頭部は幅広く前胸に固着し，複眼はよく発達し多数のものでは円い。触角は短かく滑体で糸状を呈し11節。口器は模式的な食肉型，大顋は新月形で鋭く体液の吸収に適応する様にうつろになつており，小顋の外葉は２節。前胸は一般に中胸より狭い。翅はよく発達し飛翔に適し，翅鞘は腹部を覆つている。脚は水棲に適応し，前中両脚の基節は小さく後脚のものは非常に大形となり左右連続して固著し，腿節は短かく，脛節は短かく扁平となり長毛を装い顕著な端距棘を具え，跗節は５節で長毛を装い最初の３節は雄では拡大され雌を捕持する吸盤を具えている。腹部は８腹板が見え，末端節は管状を呈し，最後の２対の気門は大形となつている。幼虫 (Fig. 827) は長跳虫型で活潑，単眼の２対を具え，大顋は長い鎌形，脚は長毛を装うものとしからざるものとがあり，腹部は８節で最後の２節は長毛を装いこれによつて頭部を下にして体を水表に保持する。

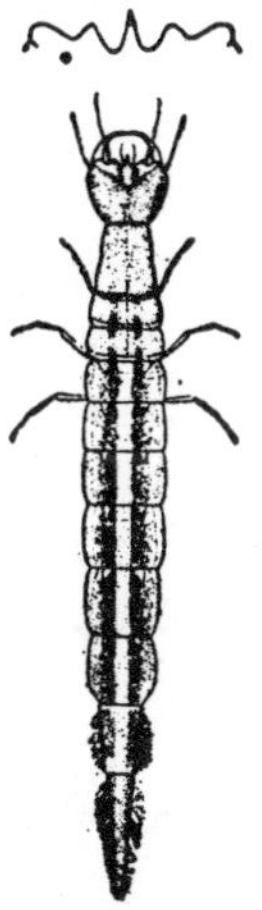

Fig. 827. ゲンゴロウの幼虫（黒佐） *Cybister japonicus* Sharp
附図　頭楯前線

一般に流水や停滞水等に生活する。しかし１，２種は温泉中に生活し，またある種は塩水または多少塩質の水に棲息する。更に *Siettitia* 属は複眼を欠きフランスの地下泉たる深い水中に発見されている。成虫幼虫共に完全な捕食性で，水棲の昆虫は勿論，介類やオタマジャクシや小魚その他を食する。成虫は甚だ活潑で，水表下に斜に頭部を下にして懸り，尾端を水面上に出して静止し，後脚を高め且つ前方にひろげ何時にても直ちに水中に去る姿勢を取つている。また彼等は水底の泥の中や塵芥下に隠れていたり，あるいはまた水生植物上に止まつたりしている。夜間は新らしい棲息水を求めるために陸上に群飛し，屢々強力な燈火に集来する。更に長い間陸上にも生活して得て，乾燥した池沼や川底等の石下に多数に発見される。卵は水中の種々な物体上に塊状または個々に産下され，または水生植物の組織内にも産下される。幼虫は自由生活者で，あらゆる小動物を捕食する。それで Water tigers 等と称えられている。老熟すると水を去り土中に室を造り，その中に蛹化する。即ち蛹は完全に陸棲である。

世界に分布し，約 90 属 2050 種が発表されている。しかし多数のものは全北区に産し，*Canthydrus* Sharp, *Laccophilus* Leach, *Hyphydrus* Illiger, *Bedissus* Sharp, *Hydroporus* Clairville, *Deronectes* Sharp, *Copelatus* Erichson, *Agabus* Leach, *Hydraticus* Leach, *Dytiscus* Linné, *Cybister* Curtis 等が代表的な属で，本邦からは *Noterus*, *Canthydrus*, *Laccophilus*, *Hyphydrus*, *Bidessus*, *Graptodytes*, *Deronectus*, *Copelatus*, *Platambus*, *Agabus*, *Ilybius*, *Rhantus*, *Eretes*, *Hydaticus*, *Graphoderes*, *Acilius*, *Dytiscus*, *Cybister* 等の属が発見されている。この科は普通次の如き亜科に分類され得る。

1．後胸の前腹板は中脚の基節窩に達していない……2
　後胸の前腹板は中脚の基節窩に達している………4
2．後脚基節の前方最大幅部は体の中央近くに位置し，後胸腹板は中央後にて多少尖り而して１横線を有しない……………………………………Subfam. *Noterinae*
　後脚基節の前方最大幅部は体の中軸線までよりは前側板に近く位置している………………………………3
3．前胸腹板突起は後胸腹板に達しない (*Vatellus* Aubé)…………… Subfam. *Vatellinae* Fowler 1912
　前胸腹板突起は後胸腹板に達する……………………………………………………… Subfam. *Laccophilinae*
4．前胸腹板は前脚基節間にたゆみ同突起が同腹板自体面と全く異つた面に位置し，同突起は中央に沿い厚化していない。前脚の跗節は屢々４節……………………5
　前胸腹板突起は同腹板自体と同面上に位置し，前脚の跗節は５節…………………………………………6
5．前胸腹板突起は同腹板自体の面から著しくたゆみ，前脚の跗節は一般に４節…Subfam. *Hydroporinae*

前胸板突起は僅かにたゆみ，前脚跗節は5節，小楯板は見えない (*Methles* Sharp, *Celina* Aubé)……………………………Subfam. *Methlinae* Reg. 1895

6. 後脚脛節の下距棘 (Inferior spur) は他のものより幅広でない。しかし微かに広い……………………7

後脚脛節の下距棘は他のものより著しく幅広………………………………………Subfam. *Cybistrinae*

7. 後脚跗節の環節の後縁は扁平で圧付けられている縁毛を装つていない……………………………………8

後脚跗節の各環節の後縁は外方に扁平で圧し付けられている縁毛を装う…………Subfam. *Hydaticinae*

8. 腹部最後の2気門は前方のものより幅広でない。しかし微かに広い。複眼の輪郭は額の自由縁によつて凹められている…………………Subfam. *Colymbetinae*

腹部最後の2気門は大形，複眼の輪郭は円い………………………………………Subfam. *Dytiscinae*

1. コツブゲンゴロウ (小粒龍蝨) 亜科

Subfamily *Noterinae* Leconte 1862

Noterus Cl., *Hydrocoptus* Motsch., *Suphis* Aubé, *Canthydrus* Sharp 等が知られ，本邦からはコツブゲンゴロウ (*Noterus japonicus* Sharp) とムツボシツヤコツブゲンゴロウ (*Canthydrus politus* Sharp) 等が発見され，前種 (Fig. 828) は体長 4mm 内外で黄褐色乃至濃褐色，滑かで光沢に富み，頭部と前胸背板は赤褐色，翅鞘は褐色，体下と脚とは赤褐色。全土に産し，沖縄・台湾・朝鮮・満洲・支那等に分布する。後種は本州・四国・九州等に産し，最小種に属し，全体殆んど黄褐色のものから翅鞘に大形の斑紋を有するもの等がある。この属は世界共通の属 (濠洲区を除く) のもので約80種も発見されている。

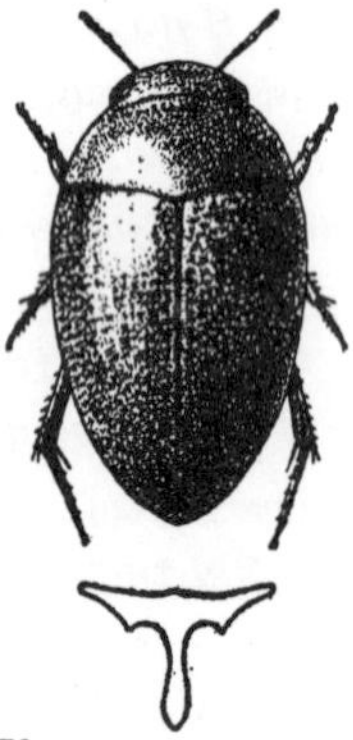

Fig. 828. コツブゲンゴロウ雌 (中根)
附図 前胸膜板

2. ツブゲンゴロウ (粒龍蝨) 亜科

Subfamily *Laccophilinae* Lec. et Horn 1883

この科は世界各区に分布し，*Laccophilus* Leach が模式属で，本邦からは数種が発見されている。ツブゲンゴロウ (*L. difficilis* Sharp) (Fig. 829) は体長 4～5 mm，滑かで微細な縮刻を有し，黄褐色，翅鞘は暗黄褐色乃至汚褐色の不鮮明な斑紋を布し淡色の外縁を有する。体下と脚は黄色。全土に産し，沖縄・朝鮮・支那等に分布し，池沼等に普通。

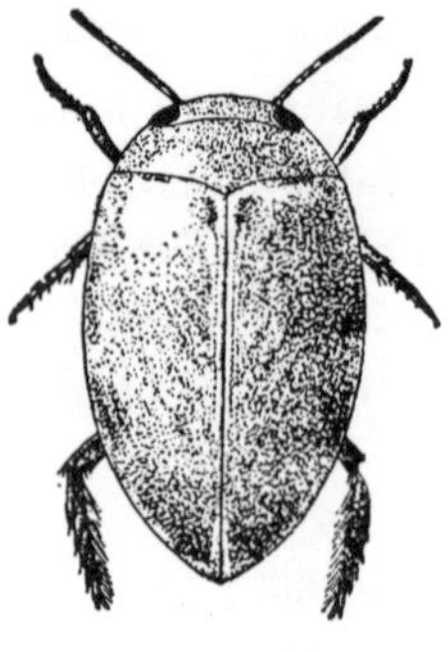

Fig. 829. ツブゲンゴロウ (中根)

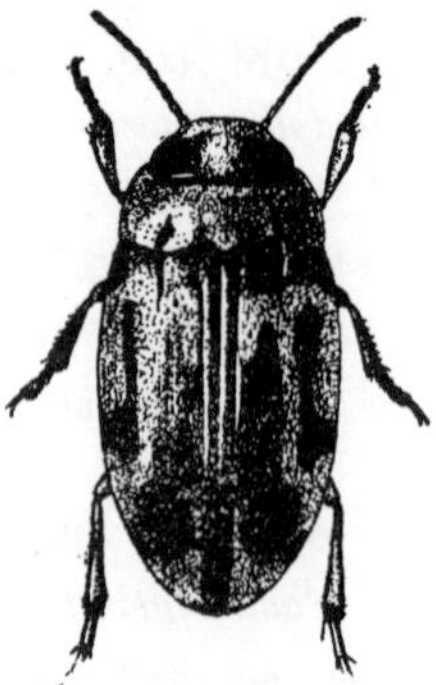

Fig. 830. チビゲンゴロウ (中根)

3. チビゲンゴロウ (矮龍蝨) 亜科

Subfamily *Hydroporinae* Erichson 1838

世界各区から発見され，*Hydroporus* Cl., *Hydrovatus* Motsch., *Hyphydrus* Illiger, *Bidessus* Sharp その他が代表的な属で，本邦からは最後の2属の他に *Graptodytes* や *Deronectes* 等の属が発見されている。チビゲンゴロウ (*Bidessus japonicus* Sharp) (Fig. 830) は体長 2 mm 内外，最小種，体は淡黄褐色，頭部の大半または後側部，前胸背板の前後両縁，翅鞘の斑紋等は暗褐色乃至黒褐色，体下は大半暗褐色で淡黄褐色。全土に産し，台湾，朝鮮等に分布し，池沼や水溜等に普通。この属には更に数種が発見されている。

4. マメゲンゴロウ (豆龍蝨) 亜科

Subfamily *Colymbetinae* Erichson 1837

この科の甲虫は世界 (南米を除く) から発見され，*Colymbetes* Clark, *Copelatus* Erichson, *Agabus* Leach, *Rhantus* Lacordaire その他が代表的な属で，本邦からは最後の3属以外に *Platambus* や Ilybius 等の属が発見されている。マメゲンゴロウ (*Agabus japonicus* Sharp) (Fig. 831) は体長 6.5～7.5 mm，黒色に光沢を有し，翅鞘は暗褐色で基部と外縁とはやや淡色。体下は黒色で赤褐色の脚を具えている。全土に産し，樺太・朝鮮・支那・沖縄・台湾等に分布する。この属には更に6種内外が本邦に産する。

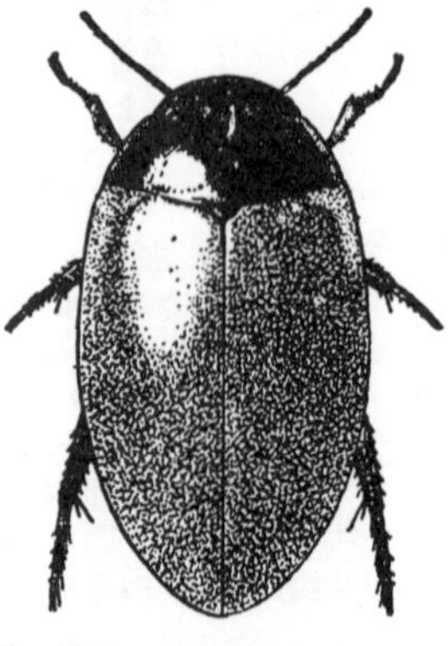

Fig. 831. マメゲンゴロウ (中根)

5. **シマゲンゴロウ（縞龍蝨）亜科**

Subfamily *Hydaticinae* Brandford 1884

中庸大のゲンゴロウで，世界に分布し，*Hydaticus* Leach が模式属で100種以上も発見され，本邦から更に *Eretes* や *Graphoderes* や *Acilius* 等の属が知られている。シマゲンゴロウ（*Hydaticus bowringi* Clark）（Fig. 832）は体長14mm 内外，光沢ある黒色で微細な点刻を密布し小点刻を混じている。頭楯，額，前胸背板の前後両縁中央に沿う斑紋を除く大部分，翅鞘の2縦条，小楯板に近い1円紋等は黄色，体下は大体赤褐色。全土に産し，朝鮮・支那・台湾等に分布し，池沼に普通。この属には更に5種程が発見されている。ハイイロゲンゴロウ（*Eretes sticticus* Linné）は体長10〜14mm の灰黄褐色，翅鞘に黒色の波状横帯を有する。本州・四国・九州等に産し・沖縄・台湾・朝鮮・満洲・支那・インド・欧洲・アメリカ・濠洲・アフリカ等に広く分布し，池沼に普通である。インドにては蛹化のために池沼の近辺に地中に群棲し，且つ羽化当初のものも同個所に多数に発見され，それ等を採集して食用に供する事が知られている。

Fig. 832. シマゲンゴロウ雄（横山）

6. **ゲンゴロウモドキ（擬龍蝨）亜科**

Subfamily *Dytiscinae* Brandford 1884

全北区のみに分布し，*Dytiscus* Linné が模式属である。ゲンゴロウモドキ（*Dytiscus dauricus* Gebler）（Fig. 833）は体長26〜34mm，黒色でやや緑色を帯び，雄は光沢があるが雌は鈍色。頭楯，額のV状紋，上唇，触角，鬚，前胸背板の周囲，翅鞘の外縁等は黄色乃至黄赤褐色。翅鞘は雄では3条の小点刻縦列を有し，雌では10条の深い縦溝を有する。体下は黄色で黄色の脚を有する。北海道と本州北部とに産し，樺太・千島・シベリヤ等に分布する。この属には更に2種類が発見されている。

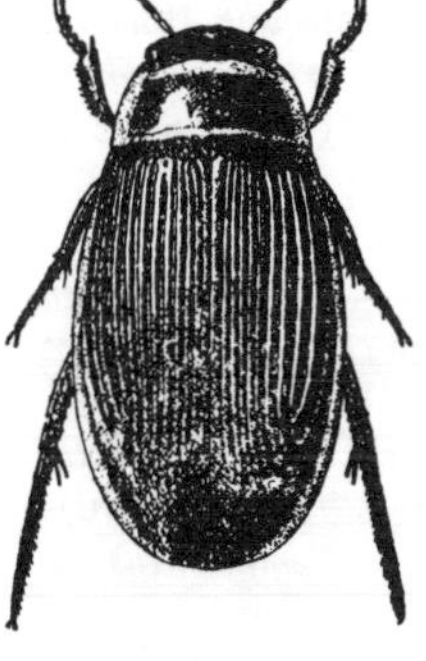

Fig. 833. ゲンゴロウモドキ雌（中根）

7. **ゲンゴロウ（龍蝨）亜科**

Subfamily *Cybistrinae* Brandford 1884

世界各区（南米を除く）に分布し，*Cybister* Curtis が模式属である。ゲンゴロウ（*Cybister japonicus* Sharp）（Fig. 834）は体長35〜40mm，最大種，黒色で幾分緑色を帯び，雌は光沢が鈍い。額の両側，頭楯，前胸背板の外縁，翅鞘の側縁，体下，脚等は黄褐色乃至赤褐色。全土に産し，沖繩・台湾・朝鮮・満洲・支那・シベリヤ・アムール等に分布し，池沼に普通。この属には更に数種が発見されている。コガタノゲンゴロウ（*Cybister tripunctatus* Olivier）や *C. sugillatus* Erichson 等は支那にて食用や薬用に使用されている。

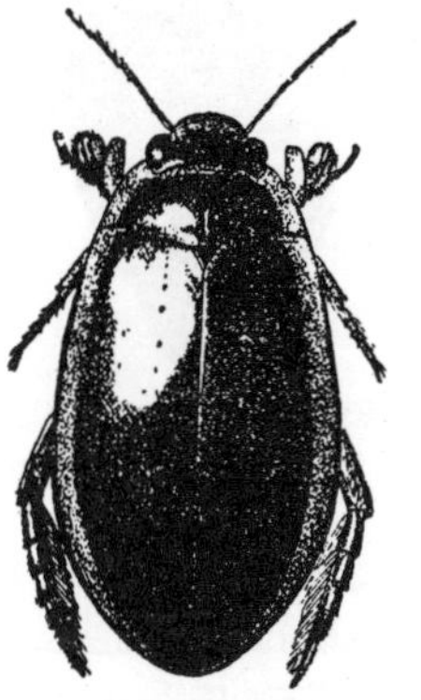

Fig. 834. ゲンゴロウ雄（横山）

鼓豆虫上科 Suqfamily *Gyrinoidea* Leng 1920

この上科はつぎの1科からなる。

325. **ミズスマシ（鼓豆虫）科**

***Fam. Gyrinidae* Leach 1815**

Whirlgig Beetles, Surface Swimmers 等と称えられ，ドイツでは Kreiselkäfer，フランスでは Tourniquets と呼ばれている。小形乃至中庸大，長卵形，滑かで光沢を有する活潑な水棲甲虫，一般に黒色で淡水面を急速度に旋回する。体は水表にいわゆる乗る事が出来る処の側隆起縁を具えている。頭部は小さく幾分三角形，触角は短かく太く11節，複眼は上下に別かれ，その上方部は水表上に下方部は水表下に位置するものである。脚は変形し，前脚は長く強く食餌を把持するのに適し，雄の前脚跗節は幅広く吸盤を具えている。中脚と後脚とは短かく橈状，後脚基節は固定している。翅は大部分のものに発達している。腹部は7腹板が認められる。幼虫（Fig. 835）は水棲，細長く扁平，頭部は小さく，脚はよく発達し，腹部各節に羽毛状の側気管鰓の1対を具え，更に第9

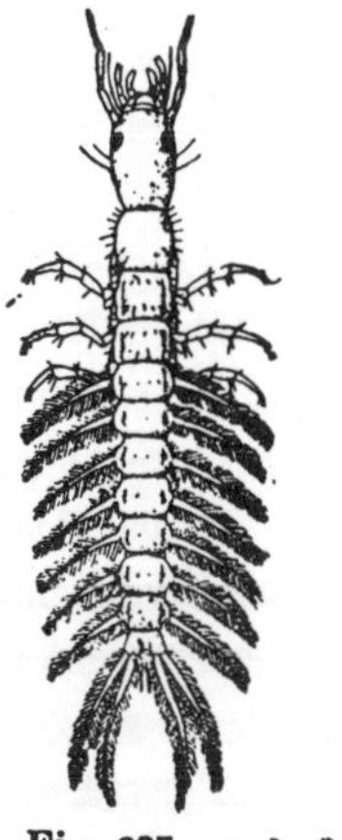

Fig. 835. コミズスマシ幼虫（川村）*Gyrinus curtus* Motschulsky

節に端鰓を具えている。

この甲虫は池や湖水や緩流等の水表に旋回運動をしていて，一般によくしられている類である。かれ等は捕食性で且つ空気を呼吸する昆虫であるが，静止や自体を守る際に水底に突入する性を有する。しかし直ちに水面に現われる。普通ある数の群をなしている，尤も時に大群の場合も少くなく，静かな且つ浅い水を好む。成虫はある臭気を分泌する。夜間飛翔し，あるものは燈火に飛来する。卵は水中の物体上に産下され，幼虫は水棲小動物を捕食し，鰓にて呼吸する。老熟すると水中の岩石や棒柱や植物やその他の物体上に薄紙様の繭を造りて，その中に蛹化する。

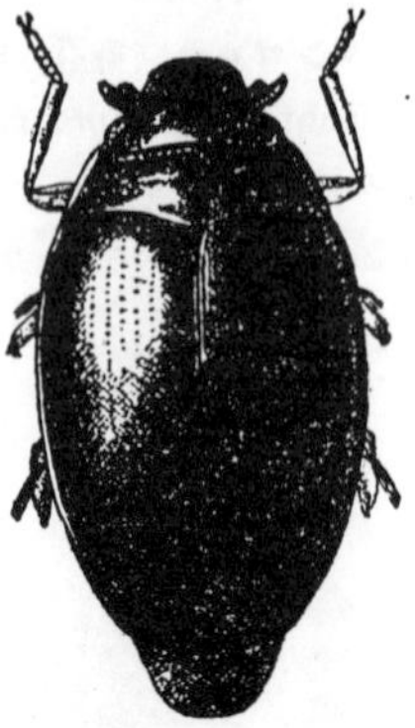

Fig. 836. ミズスマシ（横山）

世界から約430種が発見され，*Dineutus* MacLeay, *Gyrinus* Geoffroy, *Orectochilus* Lacordaire, *Gyretes* Brullé, *Orectogyrus* Regimbart, *Enhydrus* Cast., *Macrogyrus* Regimbart, *Aulogyrus* Regimbrat 等が代表的な属で，本邦からは前3属が発見されている。ミズスマシ（*Gyrinus japonicus* Sharp）(Fig. 836) は体長6～7,5mm，背面黒色で鋼鉄様の光沢を帯び，外縁部と頭楯とは金属光沢を有し，前胸と翅鞘との外側片は金属光沢を帯び暗赤褐色，全土に産する。この属には更に小形の2種が発見されている。*Dineutus* 属の1種，*Orectochilus* 属の4種を産する。

角太歩行虫上科 Superfamily *Paussoidea* Tillyar 1926

この上科は本邦には未だ発見されていないが，台湾に発見され，和名がつけられているので，簡単に記述する事にした。つぎの1科のみからなる。

326. ヒゲブトオサムシ（角太歩行虫）科
Fam. Paussidae Westwood 1833

客蟻棲の小形の甲虫で，大部分のものは扁平。触角の鞭状部は稀れに有節なれど多くのものは各節癒合して幅広となり，最も変化せるものでは触角が2節のみとなつている。下口式で，小顎の外葉は多少退化し無節，鬚は3～5節。前胸背板は多少変形。脚の基節は左右相接し，腿節と脛節とは幅広となり，跗節は5節。腹部は最初の3節（第2，3，4）は癒合している。翅鞘は多くのものは末端切断されている。幼虫は太く，脚は短かく2～3節で簡単な爪を具え，眼を欠き，前口式。主に旧世界の熱帯地に産し，約300種が発見され，アフリカに最も多数で，インドマレーがこれにつぎ，濠洲にも50種程産し，南米には甚だ少なく，旧北洲としては地中海沿岸地帯に約10種程発見されている。台湾で最も普通な種類はイツホシヒゲブトオサムシ（*Pseudorhopalus quinquepunctatus* Shiraki）(Fig. 837) で，夜間燈火に飛来する。

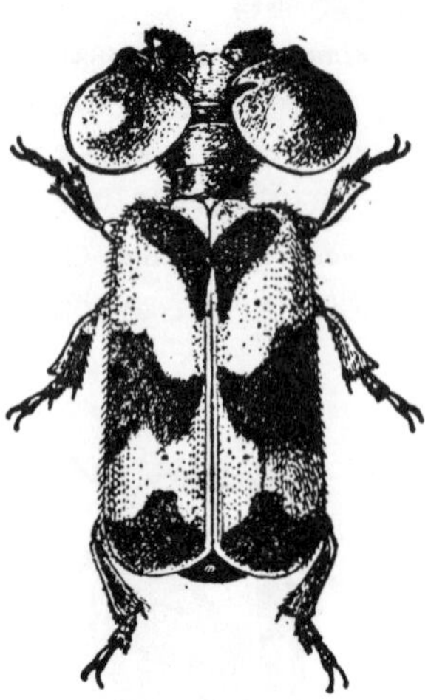

Fig. 837. イツホシヒゲブトオサムシ（横山）

b. 多食亜目 Suborder *Polyphaga* Emery 1885

この亜目は従来 *Rhynchophora* を包含せしめ6上科に分類されていたが，*Rhynchophora* を亜目として除さ，つぎの如く15上科に分類する事が出来る。

1．腹部の最初の腹板は後脚の基節窩によつて分けられ

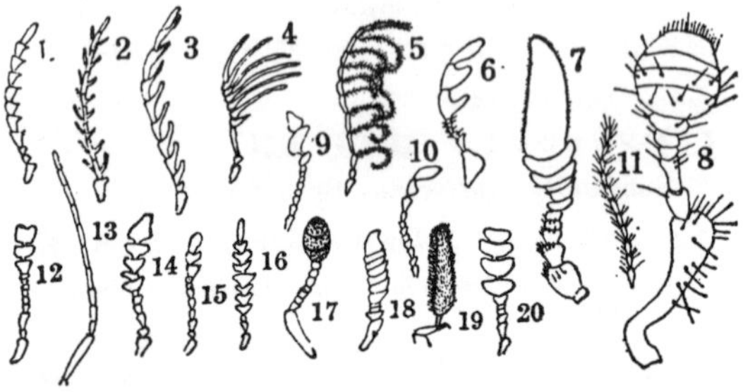

Fig. 838. 鞘翅目の触角 (Le Conte and Horn)
1. *Ludius*(コメツキムシ) 2. *Prionocyphon*(マルハナノミ) 3. *Corymbites*（コメツキムシ） 4. *Acneus*（マルハナノミ） 5. *Dendroides*（アカハネムシ） 6. *Dorcatoma*（シバンムシ） 7. *Anthrenus*（カツオブシムシ）(Felt) 8. *Dendroctonus*（キクイムシ）(Felt) 9. *Bryaxia*（アリズカムシ） 10. *Aulicus*（カッコウムシ） 11. *Dasycerus*（ヒメマキムシ） 12. *Corynetes* (*Corynetidae*) 13. *Brontes*(ヒラタムシ)(Brues) 14. *Liodes*（エンマムシ） 15. *Temnochilus*（コクヌスト） 16. *Catoptrichus*（シデムシ） 17. *Epierus*（エンマムシ） 18. *Heterocerus* (*Heteroceridae*) 19. *Adranes* (*Clavigeridae*) 20. *Anogdus*（シデムシ）

ている……………………Superfamily *Rhysodoidea*

腹部の最初の腹板は後脚の基節窩の後方に全幅が延びている……………………………………………2

2．触角は棍棒状かまたはしからず，若し棍棒状の場合にはその部分が鰓状でない。跗節は屢々5節より少数節，触角は甚だ稀れにある水棲ガムシ科のもので幾分鰓状となつている（Fig. 833）…………………………3

触角は末端の3～7節が櫛歯状あるいは鰓状の棍棒部を形成するように一方に大きくなり，その棍棒部は屢々開かれたり閉ざされたりする（Fig. 839)。脚

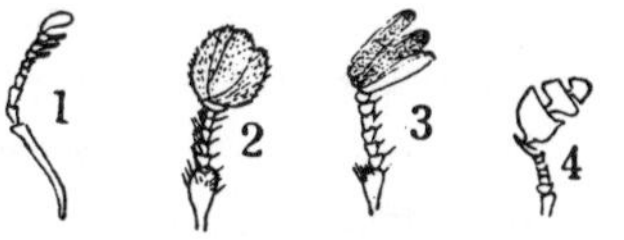

Fig. 839. 鞘翅目の触角（Le Conte and Horn）　1. *Lucanus*（クワガタムシ）　2. *Bolboceras*（センチコガネ）　3. *Phyllophaga*（コフキコガネ）　4. *Phymaphora*（*Mycetaeidae*）

は屢々開掘に適応し，跗節は殆んど常に5節，前脚の跗節は甚だ例外的に退化しまたはない。幼虫は太く，彎曲し，よく発達した脚を具えている…………………………………………………Superfamily *Scaraboidea*

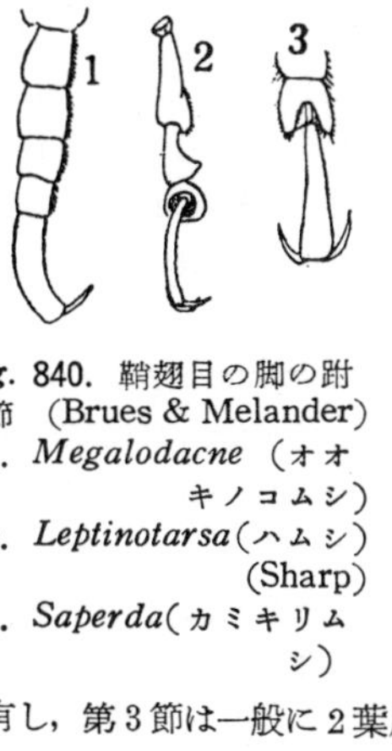

Fig. 840. 鞘翅目の脚の跗節（Brues & Melander）
1. *Megalodacne*（オオキノコムシ）
2. *Leptinotarsa*（ハムシ）（Sharp）
3. *Saperda*（カミキリムシ）

3．跗節の第4と第5節とが存在するときは互に癒合しないでその関接は他節間のものと同様（Fig. 840の1)。若し癒合する場合（オオキノコムシ科の如く）は触角が球桿状…………………………4

跗節の第4節は微小で第5節に癒着し，跗節は普通下面に密毛を装い，最初の3節は幅広く褥を有し，第3節は一般に2葉片状（Fig. 840の2.3)。触角は糸状，稀れに鋸歯状かまたは末端の方に太まる（37対照）………………Superfamily *Cerambycoidea*

4．後脚の跗節は少くとも他の跗節の如き数の環節からなる……………………………………………5

後脚の跗節は4節で，前中両脚の跗節は5節，稀れに末端前節が微小で後脚では3節他の脚では4節に見え，甚だ例外として前脚の跗節が5節で他脚のものが4節の事がある…………………………………68

5．小顎鬚は細長く殆んど常に短かい触角と等長かまたはより長い。触角は6～10節で，末端の方の環節が明瞭に有毛なときに不対称的な棍棒部を形成している。翅鞘は基片（alula）を有する………………………………………………Superfamily *Hydrophiloidea*

小顎鬚は触角より甚だ短かい………………………6

6．翅鞘は短かく腹部の大部分を現わし，腹部背板は革質，翅は一般に発達し静止の際に翅鞘下に畳まれ，中脈の自由部は退化するかまたはなく長い閉ざされた軸室（Axial cell）を形成するように肘脈と結びついていない（9,16,22,33,40,42,44,48,50,55,64,67,76対照）……………………Superfamily *Staphylinoidea*

翅鞘は腹部の大部分を覆い短形でなく腹部全体を覆うかまたは末端の1～3節を現わし，稀れに甚だ短いがその場合には翅が翅鞘下に畳まれないかまたは翅がない。腹部の背板は膜質かまたは半膜質，ときに末端数節が革質……………………………………………7

7．跗節は少くとも1対の脚で5節，殆んど常に凡ての脚で5節………………………………………………8

跗節は凡ての脚で5節より少数節…………………54

8．腹部の腹板は5個またはより少数…………………9

腹部の腹板は少くとも6個…………………………39

9．腹部の腹板は5個……………………………………10

腹部の腹板は3個が認められ，最初のものは甚だ長い(6,16,22,33,40,42,44,47,48,50,55,64,67,76対照)…………………………Superfamily *Staphylinoidea*

10．前脚の基節は球状か横形で一般に基節窩から少し突出し，転節は決して基節と腿節との中間にない……11

前脚の基節は多少円錐形で突出している…………24

11．前脚の基節は横形で多少円筒状……………………12

前脚の基節は球形……………………………………17

12．後脚の基節は腿節を受け入れる溝を具えている…13

後脚の基節は扁平で上述の如き溝を欠く…………16

13．非常に凸形の甲虫で，脚は多少体下に引き込まれ得て，脛節は幅広く外端近くに跗節を受け入れる溝を普通に存し，脛節の距棘は明瞭（14,15,26,27対照)……………………………………Superfamily *Dascilloidea*

微かに凸形の楕円形の甲虫で，脚は細く体下に引き込まれない。脛節の距棘は多少退化する……………14

14．前脚の基節は明瞭に分割されている側片即ち小転節（*Trochantin*）を具えている…………………………15

前脚の基節は小転節を欠く（13,15,26,27対照)……………………………………Superfamily *Dascilloidea*

15．腹部の最初の3背板は結合し，跗節の末端節は長く甚大の爪を具えている（18,41,60,62,63対照）………………………………………Superfamily *Dryopoidea*

腹部の凡ての背板は自由，跗節の末端節は長くなく大形でない爪を具えている（13,14,26,27対照)………………………………………Superfamily *Dascilloidea*

16．触角は膝状で，甚だ強く棍棒状かまたは球桿状（6,

9,22,33,40,42,44,47,48,50,55,64,67,76対照)………
………………………………Superfamily *Staphylinoidea*

触角は直線で膝状とならない (21,23,26,30,34,36,57,58,59,61,62,65,66,67,72,75,81,82対照)…………
……………………………… Superfamily *Cucujoidea*

17. 腹部の最初の2～3腹板は癒合するかまたは不可動的に結合している……………………………………18

腹部の凡ての腹板は自由……………………………19

18. 腹部の最初の2腹板は結合し, それ等の縫合線は甚だ弱く, 触角は鋸歯状で甚だ稀れに雄では櫛歯状, 跗節は下面に膜質の葉片を具え末端は長くなく中庸大または小形の爪を具えている (19,28,42,45対照)………
……………………………… Superfamily *Elateroidea*

腹部の最初の3腹板は結合し, 触角は細く外方に太まり, 跗節の末端節は非常に長く甚大な爪を具えている (15,41,60,62,63対照) ………………………………
……………………………… Superfamily *Dryopoidea*

19. 前胸腹板は中突起として後方に延び中胸腹板内に受け入れられている (18,28,42.45対照)………………
……………………………… Superfamily *Elateroidea*

前胸腹板は上述の如く後方に延びない。若し中突起があつても中胸腹板内に受入されない………………20

20. 後脚の基節は左右接している………………………21

後脚の基節は左右接しない, 然し非常に扁平な種類では甚だ近よつているものがある……………………22

21. 触角は糸状 ……………… Superfamily *Cupesoidea*

触角は棍棒状(16.23.26.30,34,36,57,58,59,61,62.65,66,67,72,75,81,82対照) ……………………………
……………………………… Superfamily *Cucujoidea*

22. 翅鞘は短かく腹部の2末端節を現わしている (6,9,16,33,40,42,44,47,48,50,55,64,67,76対照)…………
……………………… Superfamily *Staphylinoidea*

翅鞘は完全で尾部を覆うている……………………23

23. 触角は2節のみ明瞭で, 末端節は非常に長く太く且つ扁平 (61,69,72,74,75,79,82対照) …………………
……………………… Superfamily *Tenebrionoidea*

触角は正常で10～11節, 糸状かまたは棍棒状 (16.21,26,30,34,36,57,58,59,61,62,65,66,67,72,75,81,82対照)……………………… Superfamily *Cucujoidea*

24. 後脚の基節は腿節を受入する溝のある板に幅広となつている………………25

後脚の基節は斯くの如く幅広くなく溝もない…
……………………………29

25. 前脚の基節窩は後方閉ざされている (Fig. 841の1)……………………26

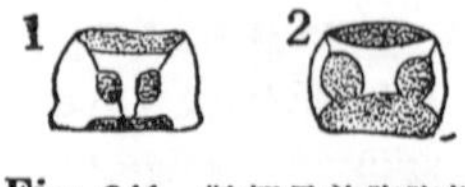

Fig. 841. 鞘翅目前胸腹板の基節窩 (Wickham)
1. 分離し且つ後方閉口のもの 2. 分離し且つ後方開口のもの

前脚の基節窩は後方に開いている (Fig. 841の2) …
…………………………………………………………27

26. 跗節の第2と第3節とは下面葉片状となり, 後脚の基節板は弱体 (13,14,15,27対照)……………………
……………………………… Superfamily *Dascilloidea*

跗節は簡単で葉片状とならない (16,21,23,30,34,36,57,58,59,61,62,65,66,67,72,75,81,82対照) ……
……………………………… Superfamily *Cucujoidea*

27. 触角の末端3節は著しく大きく強棍棒状(13,14,15,26対照) …………………… Superfamily *Dascilloidea*

触角は球桿状でない…………………………………28

28. 跗節は爪間に1本の長い有毛の褥盤 (Onychium) を具え, 脛節の距棘は存在し, 頭部は直線に突出する (18,19,42,45対照)…………Superfamily *Elateroidea*

褥盤はないかまたは甚だ小形, 脛節は距棘を欠き, 頭部は甚だしく曲つている (30,35対照)………………
……………………………… Superfamily *Ptinoidea*

29. 跗節の第1節は甚だ短かく且つ第2節から不明確に分かれている………………………………………30

跗節の第1節は明瞭, 若し稀れに甚だ短かいときは腹部の第1腹板が長くなく且つ頭部が曲つていない…
…………………………………………………………31

30. 跗節は凡て幅広で外側に歯を具え, 触角は幾分膝状となり3節からなる棍棒部を有し, 頭部は前胸背板と殆んど等幅, 頭楯は側方円く, 翅鞘は腹部末端を覆うていない (16,21,23,26,34,36,57,58,59,61, 62, 65, 66,67,72,75,81,82対照)……………………………
……………………………… Superfamily *Cucujoidea*

跗節は幅広くないかまたは歯がない (28,35対照)…
……………………………… Superfamily *Ptinoidea*

31. 後脚の基節は扁平か卵形かで突出していない……32

後脚の基節は内方に突出し多少円錐形……………36

32. 跗節の第4節は非常に短かく上面から見えない(35,38,46,49,51,52,53,71対照) ……………………………
……………………………… Superfamily *Cantharoidea*

跗節の第4節は異状に短かい………………………33

33. 腹部の第5節は円錐状に延び前3節の和と等長, 翅鞘は腹部を完全に覆うていない(6,9,16,22,40,42,44,47,48,50,64,67,76対照)……………………………
………………………………Superfamily *Staphylinoidea*

腹部の第5節は長くなく円錐形に延びていない…34

34. 触角は11節で, 末端3節が殆んど完全に癒合した棍棒部を形成している (16,21,23,26,30,36,57,58,59,61,62,65,66,67,72,75,81,82対照) ……………………
……………………………… Superfamily *Cucujoidea*

触角は11節より少数節か，棍棒部は上述のように癒合していない……………………………………………35

35．転節は腿節の内縁に附着している（32,38,46,49,51,52,53,71対照）…………Superfamily *Cantharoidea*

転節は腿節と基部との間に即ち腿節の基部にある（28,30対照）…………………Superfamily *Ptinoidea*

36．触角の末端3節は甚だ急に球桿状となり，翅鞘は末端切断されている（16,21,23,26,30,34,57,58,59,61,62,65,66,67,72,75,81,82対照）………………………………………………………… Superfamily *Cucujoidea*

触角は簡単で棍棒状とならない……………………37

37．前胸背板は甚大な卵形で翅鞘より長く，後脚の基節は甚大で腹部の第1腹板を殆んど分け，触角は甚だ短かく，後脚は非常に太い（3対照）…………………………………………… Superfamily *Cerambycoidea*

上述と異なるもの………………………………………38

38．前脚の基節は明瞭な側片即ち小転節を具えている（32,35,46,49,51,52,53,71対照）…………………………………………… Superfamily *Cantharoidea*

前脚の基節は小転節を欠く（50,53対照）……………………………………………Superfamily *Lymexyloidea*

39．前脚の基節は扁平か円いかまたは球状で小さく且つ突出していない…………………………………………40

前脚の基節は円錐形で突出し普通大形……………43

40．前脚の基節は扁平（6,9,16,22,33,42,44,47,48,50,55,64,67,76対照）……Superfamily *Staphylinoidea*

前脚の基節は円いか球状………………………………41

41．跗節の末端節は非常に長くなつていない。爪は大形でない…………………………………………………………42

跗節の末端節は非常に長く甚大な爪を具えている（15,18,60,62,63対照）…Superfamily *Dryopoidea*

42．前胸腹板は中胸腹板の凹の内に達する1突起として後方に延び，前胸は中胸にゆるやかに附着している（18,19,28,45対照）………Superfamily *Elateroidea*

前胸腹板は上述の如く後方に延びない（6,9,16,22,33,40,44,47,48,50,55,64,67,76対照）………………………………………………Superfamily *Staphylinoidea*

43．腹部の腹板は6個……………………………………44

腹部の腹板は7～8個…………………………………51

44．腹部の第5節は円錐形で前3節の和と等長，第6節は微小（6,9,16,22,33,40,42,47,48,50,55,64,67,76対照）…………………… Superfamily *Staphylinoidea*

腹部の第5節は円錐形でもなくまた長くもない…45

45．後脚の基節は腿節を受け入れる溝を有し，跗節は爪間に突出する毛を装う（18,19,28,42対照）………………………………………… Superfamily *Elateroidea*

後脚の基節は簡単で溝を具えていない……………46

46．後脚の基節は扁平で突出しないで静止の際に腿節から覆われ，後脚の跗節第1節は甚だ短かく不明瞭（32,35,38,49,51,52,53,71対照）……………………………………………………… Superfamily *Cantharoidea*

後脚の基節は突出し，少くとも内方に突出している……………………………………………………………47

47．後脚の基節は左右広く離れる（6,9,16,22,33,40,42,44,48,50,55,64,67,76対照）……………………………………………………Superfamily *Staphylinoidea*

後脚の基節は左右近よるかまたは連続する………48

48．脛節の距棘は大形（6,9,16,22,33,40,42,44,47,50,55,64,67,76対照）……Superfamily *Staphylinoidea*

脛節の距棘は小形かまたは不明……………………49

49．前脚の基節は明瞭な小転節を有する（32,35,38,46,51,52,53,71対照）………Superfamily *Cantharoidea*

前脚の基節は小転節を欠く…………………………50

50．後胸腹板の後側板は明瞭，小顋鬚は簡単，体は多少楕円形（6,9,16,22,33,40,42,44,47,48,55,64,67,76対照）…………………… Superfamily *Staphylinoidea*

後胸腹板の後側板は見えない。体は長い（38,53対照）…………………… Superfamily *Lymexyloidea*

51．中脚の基節は左右離れ，前側板（Epipleurae）はなく，翅鞘は普通網目状の彫刻を有する（32,35,38,46,49,52,53,71対照）….. Superfamily *Cantharoidea*

中脚の基節は左右相接し，前側板は存在し，翅鞘は網目状でない…………………………………………52

52．触角は複眼の前方で額の側部から生じている……53

触角は額の上部から生ずるかまたはその前片上の基部から生じている（32,35,38,46,49,51,53,71対照）………………………… Superfamily *Cantharoidea*

53．小顋鬚と下唇鬚とが著しく長いか，小顋鬚が扇状，翅鞘は短かい（38,50対照）………………………………………………………… Superfamily *Lymexyloidea*

小顋鬚と下唇鬚とは正状，翅鞘は普通完全（32,35,38,46,49,51,52,71対照）…………………………………………………………… Superfamily *Cantharoidea*

54．跗節は凡ての脚で4節（あるコキノコムシ科の雄では前脚の跗節が3節）……………………………………55

跗節は3節かまたはより少数節……………………63

55．翅は長縁毛を装う（6,9,16,22,33,40,42,44,47,48,50,64,67,76対照）……Superfamily *Staphylinoidea*

翅は縁毛を欠く…………………………………………56

56．腹部の腹板は凡て自由で可動的……………………57

腹部の腹板は1～4個が癒着して不可動的………62

57. 跗節の第1節は著しく幅広く甚小な第2・第3節と長い第4節の基部とにかぶさつている（16,21,23,26,30,34,36,58,59,61,62,65,66,67,72,75,81,82対照）……………………………………Superfamily *Cucujoidea*

跗節の第1節は上述の如く拡がつていない………58

58. 前脚の基節は横形（16,21,23,26,30,34,36,59,61,62,65,66,67,72,75,81,82対照）……………………………………………………………Superfamily *Cucujoidea*

前脚の基節は横形でない……………………………………59

59. 前脚の基節は球形（16,21,23,26,30,34,36,57,59,61,62,65,66,67,72,75,81,82対照）………………………………………………………Superfamily *Cucujoidea*

前脚の基節は楕円形……………………………………60

60. 前脚の基部は左右殆んど相接し，前胸腹板は多少膜質で基節間に見えない。触角は9節（15,18,41,62,63対照）……………………………Superfamily *Dryopoidea*

前脚の基節は角質の前胸腹板によつて左右離れる61

61. 頭部は突出する前胸によつて多少隠され，跗節の末端節は一般に甚だ長く，体は円筒状(23,69,72,74,75,79,82対照）……………Superfamily *Tenebrionoidea*

頭部は自由で前胸によつて覆われていない。体は楕円形で扁平（16,21,23,26,30,34,36,57,58,59,62,65,66,67,72,75,81,82対照）…Superfamily *Cucujoidea*

62. 触角は太く2～3節からなる棍棒部を有し，脛節は簡単で広くもなく棘もない（16,21,23,26,30,34,36,57,58,59,61,65,66,67,72,75,81,82対照）……………………………………………Superfamily *Cucujoidea*

触角は大きな鋸歯状の7節からなる棍棒部を有し，前中両脚の脛節は幅広で棘列を有す（15,18,41,60,63対照）…………………………Superfamily *Dryopoidea*

63. 跗節は3節……………………………………………64

跗節は3節より少数節（15,18,41,60,62対照）……………………………………………Superfamily *Dryopoidea*

64. 翅は長縁毛を装う(6,9,16,22,33,40,42,44,47,48,50,55,67,76対照）…… Superfamily *Staphylinoidea*

翅は縁毛を欠くかまたは多くとも短縁毛を有する………………………………………………………………65

65. 跗節の第2節は幅広く，第3節は2節からなり真の第3節は末端節の基部と癒合しそのために末端節が第3節のように見える（16,21,23,26,30,34,36,57,58,59,61,62,66,67,72,75,81,82対照）……………………………………………Superfamily *Cucujoidea*

跗節の第2節は幅広でない……………………………66

66. 翅鞘は完全……………………………………………67

翅鞘は末端切断され腹部の末端節が現われている（16,21,23,26,30,34,36,57,58,59,61,62,65,67,72,75,81,82対照）………………… Superfamily *Cucujoidea*

67. 体は幅広の楕円形で凸形，前胸背板は後方に多く拡がり，腹部の最初の3背板は多少癒合する（6,9,16,22,33,40,42,44,47,48,50,55,76対照）……………………………………………Superfamily *Staphylinoidea*

体はより多く長く，前胸は細く後方に拡がらない（16,21,23,26,30,34,36,57,58,59,61,62,65,66,72,75,81,82対照）……………… Superfamily *Cucujoidea*

68. 前脚の基節窩は後方閉ざされている………………69

前脚の基節窩は後方開いている……………………76

69. 爪は簡単……………………………………………70

爪は櫛歯状（23,61,72,74,75,79,82対照）…………………………………… Superfamily *Tenebrionoidea*

70. 腹部の腹板は凡て自由可動的（若し中胸腹板が隆起線を有する場合は *Staphylinoidea*）…………………71

腹部の2～4腹板は密接に結合するか多少癒合するかまたは不可動的……………………………………73

71. 触角は11節（32,35,38,46,49,51,52,53対照）…………………………………… Superfamily *Cantharoidea*

触角は10節……………………………………………72

72. 翅鞘は完全（23,61,69,74,75,79,82対照）…………………………………… Superfamily *Tenebrionoidea*

翅鞘は末端切断された尾節を現わす（16,21,23,26,30,34,36,57,58,59,61,62,65,66,67,75,81,82対照）……………………………………… Superfamily *Cucujoidea*

73. 腹部の腹板は5個……………………………………74

腹部の腹板は6個で最初の2節は不可動的に結合する（77,78,80対照）………Superfamily *Mordelloidea*

74. 跗節の末端前節は下面に海綿様毛を装い，前脚の基節は突出する（23,61,69,72,75,79,82対照）…………………………………… Superfamily *Tenebrionoidea*

75. 触角は糸状かまたは漸次末端の方に太まり，各節が一般に多少球数状を呈し，頭部の側下に隠されていない（23,61,69,72,74,79,82対照）…………………………………… Superfamily *Tenebrionoidea*

触角は強く棍棒状を呈し頭部の側下に多少完全に隠され，末端の2節は大形，第1節は甚だ長く，基部にて膝を呈する。中脚の跗節はときに4節（16,21,23,26,30,34,36,57,58,59,61,62,65,66,67,72,81,82対照）……………………………Superfamily *Cucujoidea*

76. 触角は膝状，翅鞘は末端切断され腹部の末端2節が現われている（6,9,16,22,33,40,42,44,47,48,50,55,64,67対照）…………… Superfamily *Staphylinoidea*

触角は膝状でない……………………………………77

77. 頭部は複眼の後方で強くあるいは急に細くならないかまたは括れていない。爪は簡単かまたは割れている……………………………………………………………78

頭部は腹眼の後方で強く且つ急に括れ，若し漸次後方に細まる場合は爪が櫛歯状（73,78,80対照）………………………………… Superfamily *Mordelloidea*

78. 中脚の基節は顕著に突出しない…………………………79

中脚の基節は著しく突出し左右連続し，前胸背板は側縁部がなく，跗節の末端前節は幅広く且つ下面に密毛を装う（73,77,80対照）……………………………………………… Superfamily *Mordelloidea*

79. 触角は前胸の下面にある溝の内に受け入れられ，頭部は1部前胸内に隠れ，脚は引き込まれる(23,61,69,72,74,75,82対照)…Superfamily *Tenebrionoidea*

触角は自由で溝の内に受入れられない……………80

80. 前胸背板は鋭い側縁部を有する…………………………81

前胸背板は側縁部を欠き後方に細まり，背板に凹処がない（73,77,78対照)…Superfamily *Mordelloidea*

81. 中胸の後側板は基節に達しない。基節窩は完全に腹板から囲まれている（16,21,23,26,30,34,36,57,58,59,61,62,65,66,67,72,82対照）……………………………………………………… Superfamily *Cucujoidea*

中胸の後側板は基節に達する…………………………82

82. 後胸の後腹板は長く，後胸の後側板は見える(23,61,69,72,74,75,79対照)…Superfamily *Tenebrionoidea*

後胸腹板は方形，後胸の後側板は覆われている(16,21,23,26,30,34,36,57,58,59,61,62,65,66,67,72,75,81対照)………………………… Superfamily *Cucujoidea*

牙　虫　上　科

Superfamily *Hydrophiloidea* Leng 1920

この上科はつぎの1科からなる。

327. ガムシ（牙虫）科

Fam. Hydrophilidae Samouelle 1819 Fig.842

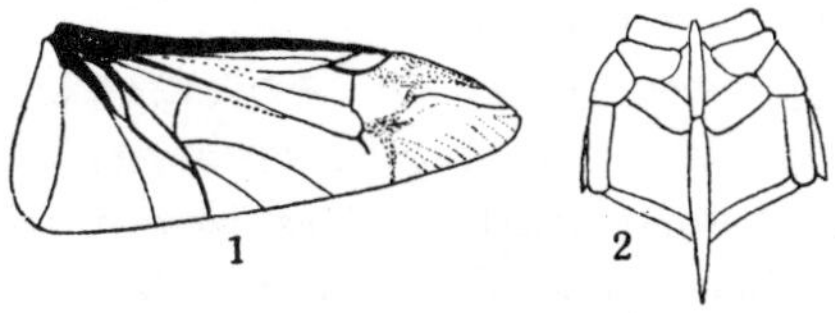

Fig. 842. ***Hydrophilus*** の部分図
1. 後翅 (Brues & Melander)
2. 中胸腹板 (Berlese)

Water Scavenger Beetles と称えられ，ドイツの Kolben や Wasserkäfer 等がこの科の昆虫である。微小乃至大形，楕円形や長形や，著しく凸形や幾分扁平形，甚だしく幾丁質化し，表面滑かで強くみがかれているかまたは線条を附し，点刻を有するか等で，水棲や半水棲や陸棲の甲虫である。色彩は一般に黒色や鈍緑色や帯褐色や帯黄色，ときに瀬戸物様の色彩を有する。頭部は短かく，普通長さより幅広く，前胸背板に沈んでいる。複眼は大形。触角は甚だ短かく，複眼の前方に生じ，屢々頭部の下面に隠され，6～9節で基節は最長でときに彎曲し，属によつては大形の有毛な3～4節からなる棍棒部を有する。大顎は強く且つ有歯，小顎鬚は屢々触角より長い。前胸背板は大形で普通体の他の部分と等幅，下面はある水棲の属では左右基節の間に強い中縦隆起線を有する。脚は長く，水棲の中後両脚は長い游泳毛を装い，脛節は長い端距棘を具え，跗節は5節で，第1節は微小，雄の前脚跗節は雌にすがるように適応している。翅鞘は腹部を完全に覆い，滑かか点刻付けられているかまたは線条を付する。翅はよく発達し，飛翔に適応している。水中での呼吸には翅鞘と腹部との間にある有毛空気溝中に運ばれる空気によつて行われるが，ある学者によると更に触角を以つて空気をとらえる事が認められている。幼虫(Fig. 843)は様々で，長く且つ細く，明瞭に環節付けられ，頭部は小さく，脚は大きく，腹部の1～8節の側縁にある呼吸鰓様の器官を有し，気門は末端節上に集合し，その節には1対の尾毛を具えている。最も尾毛や鰓様突起を欠くものもある。

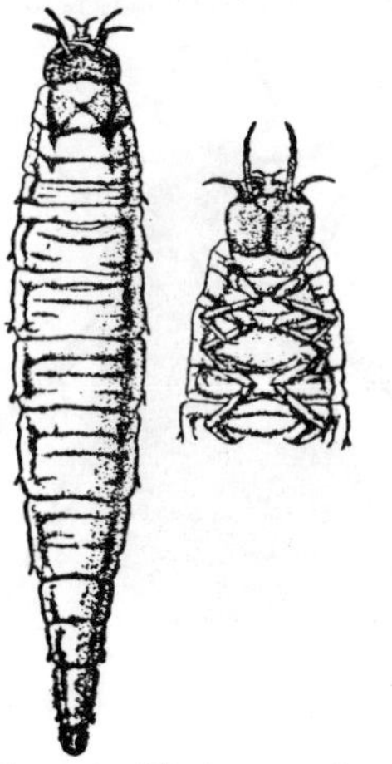

Fig. 843. ***Hydrous*** の幼虫（川村）
附図は前方腹面

成虫と幼虫とは大部分植物質の掃除者であるが，少数のものは水棲動物を捕食する。陸棲種は大部分小形で水に沿つた処や湿地や樹皮下や植物塵芥中と下や等に，海浜棲のものは海草下に，他のものは茸の中や糞の中やその他の腐敗物中等に発見される。少くともこれ等の中のあるものは他の昆虫類を捕食するものであると考えられている。成虫は淡水の如何なるものの中で活潑で，屢々夜間燈火に飛来する。多数の種類はある季節中乾燥する池や流れ等の底にある石や塵芥等の下に越冬する。成虫の大きさは最小1.6mm，最大50mm のものが知られている。卵は顕著な構造の繭様の塊状に一般に草や浮游物に附着せしめられているが，ある属のものでは雌虫の体下に附着せしめられている。水棲幼虫は水中にて呼吸し，水表に出づる事がない。

大きな科で約1700種が発見され，その大部分のものは熱帯産であるが，温帯にもかなり多数に産する。*Hydrous* Dahl, *Berosus* Leach, *Enochrus* Thomson, *Helochares* Mulsant, *Hydraena* Kugelann, *Hydrobius* Linné, *Hydrochus* Leach, *Hydrophilus* DeGeer, *Paracymus* Thomson, *Coelostoma* Brullé, *Phaenotum* Sharp, *Cylomatum* Sharp, *Cercyon* Leach, *Cryptopleurum* Mulsant, *Megasternum* Mulsant, *Sphaeridium* Fabricius 等が代表的な属で，本邦からは *Hydrochus*, *Coelostoma*, *Cercyon*, *Megasternum*, *Cryptopleuron*, *Hydrocyclus*, *Laccobius*, *Enochrus*, *Sternolophus*, *Hydrophilus*, *Hydrous*, *Amphiops*, *Berosus*, *Regimbartia* 等の属約15種が発見されている。コガムシ (*Hydrophilus affinis* Sharp) (Fig. 844) は体長15～18mm，光沢ある黒色，触角（棍棒部を除く）と鬚とは黄褐色，腹部各腹板両側の斑点と脚とは赤褐色をそれぞれ呈する。本州，四国，九州等に産し，朝鮮から東亜一帯に分布する。本邦で最小の種類はセマルケシガムシ (*Cryptopleurum subtile* Sharp) で体長 2 mm 内外，赤褐色で背面は膨隆し疎に軟毛を装う卵形種で全土に産し，糞の中や腐敗物中に棲息している。最大のものはガムシ (*Hydrous acuminatus* Motschulsky) で体長 32～35mm，光沢ある漆黒色で触角と鬚とが黄褐色を呈し，全土に産し池沼に普通，東亜一帯に分布する。一般のガムシ類と全く形状を異するものにヤマトホソガムシ (*Hydrochus japonicus* Sharp) が本州，四国，九州等に産する。この種は体長 2.5～3mm で金属的緑色または藍色の細いガムシで，翅鞘は光沢ある暗褐色，触角と鬚とは暗黄褐色，脚は黄褐色。複眼は著しく側方に突出し，前胸背板は不規則な矩形で後方に狭ばまり 5～6 個の凹陥部を有し，翅鞘は10条の粗大な刻点縦列を有する。農作物の害虫として世界から 1 種が知られている。即ち Turnip mud beetle (*Helophorus rufipes* Bosc) が，イギリスに於いてカブラの根や葉を食害する事が認められている。

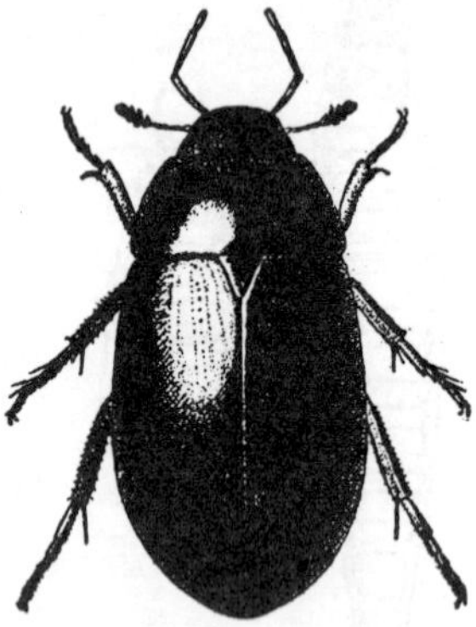

Fig. 844. コガムシ（湯浅）

隠 翅 虫 上 科

Superfamily *Staphylinoidea* Ganglbauer 1895

この上科はつぎの如く20の科に分類する事が出来る。

1．翅鞘は短かく腹部背面の大部分を現わし，翅は普通発達し静止の際に翅鞘の下に畳まれ，腹部背板は凡て強く幾丁質化している……………………………… 2

　翅鞘は普通長く腹部の大部分を覆う。若し短かいときは翅がないかまたは静止の際に翅鞘下に畳まれる事がなく，腹部の背板は一部膜質……………………… 5

2．腹部は曲げやすく，腹板は 7 個または 8 個が認められる。跗節は 3～5 節，触角は普通11節。体は一般に細い………………………………………………… 3

　腹部は曲げがたく，5 個の腹板が認められる。跗節は 3 節，触角は屢々11節より少ない。体は前胸背板より著しく太い……………………………………………… 4

3．触角は10～11節で末端急に棍棒状となる事がなく且つ溝の内に受け入れられない。跗節は普通 3 節より多数節 ……………………………… Family *Staphylinidae*

　触角は 9 節で末端急に球桿状となり前胸下面の溝の内に受入され，跗節は 3 節，体はむしろ短かく，翅鞘は数本の鋭い縦隆起線を具えている…………………… ……………………………………… Family *Micropeplidae*

4．腹部は 5 個の腹板を有し，触角は 5～11節（普通11節）で末端節が決して切断状となつていない………… ………………………………………… Family *Pselaphidae*

　腹部は 3 個の腹板を有し，触角は 2～6 節，小顋鬚は 1 節 (*Fustiger* 米, *Adranes* 新北区, *Claviger* 旧北区, *Articerus* 濠洲) ……………………………… ……………………Family *Clavigeridae* Leconte 1862

5．後脚の跗節は 5 節……………………………………… 6

　後脚の跗節は 3～4 節…………………………………17

6．腹部の腹板は 5 個またはより少数…………………… 7

　腹部の腹板は少くとも 6 個……………………………11

7．腹部の腹板は 3 個で第 1 節は甚だ長い。触角は 3 節のみ。蟻の巣の中に生活する小形種 (*Gnostus* Westwood ブラジルやフロリダ産) ……………………… ………………………Family *Gnostidae* Sharp 1899

　腹部の腹板は 5 個……………………………………… 8

8．前脚の基節は球形かまたは横形で一般に基節窩から少し突出し，転節は決して基節と腿節との中間に入つていない………………………………………………… 9

　前脚の基節は多少円錐形で突出し，後脚の基節は扁平か卵形で突出しない。腹部の第 5 節は円錐形に延び前 3 節の和と等長，翅鞘は腹部を完全に覆うていない (13対照)……………………… Family *Scaphidiidae*

9．前脚の基節は横形で多少円筒状，後脚の基節は扁平で溝がない。触角は膝状で，強い棍棒状または球桿状

（10対照）…………………………Family *Histeridae*

前脚の基節は球形……………………………………10

10. 前胸背板は頭部より甚だ幅広く前縁凹み，頭楯は突出しない。跗節は短かい（9対照）……………………………………………………Family *Histeridae*

前胸背板は頭部と等幅で前縁直線，頭楯は両側に突起を有し，跗節は甚だ細長い……………………………………………………………Family *Niponiidae*

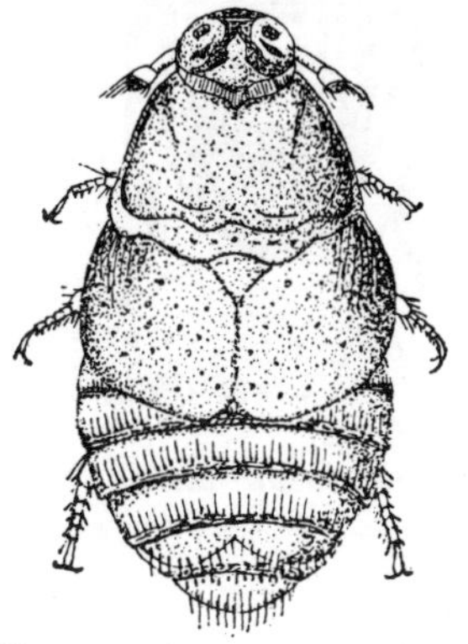

Fig. 845. *Platypsyllus castoris* Rits. (Brauer)

11. 前脚の基節は扁平か円味を有するかまたは球形で小さく，突出していない……………12

前脚の基節は円錐形で突出し一般に大形…………13

12. 前脚の基節は扁平，翅鞘は前胸より長くなく腹部の5背板を現わし，複眼はなく，翅はなく，扁平な小形種で，海狸の外部寄生虫（全北区産 *Platypsyllus* Ritsema) (Fig. 845)……………………………… Family *Platypsyllidae* Ritsema 1869

前脚の基節は円味を有するか球形で上述と異なる。複眼は甚だ小さくときにない。微小種で齧歯類の巣の中に生活する（*Leptinus* Müller 全北区，*Leptinillus* Horn 新北区）…………………………………………………………Family *Leptinidae* Le Conte 1866

13. 腹部は6腹板を有し，腹部第5節は円錐形で前3節の和と等長，第6節は微小（8対照）………………………………………………Family *Scaphidiidae*

腹部の第5節は円錐形でないかまたは非常に長くない……………………………………………………14

14. 後脚の基節は左右広く離たる………………………15

後脚の基節は左右近よるかまたは連続する………16

15. 複眼はない（23対照）………… Family *Silphidae*

複眼は存在し，粗に顆粒付けられ，小さい多少卵形の褐色種 …………………… Famly *Scydmaenidae*

16. 脛節の距棘は大きく，触角は漸次末端の方に太まるかまたは棍棒状，後脚の跗節は細い…………………23

脛節の距棘は小さいかまたは不明瞭，前脚の基節は小転節を欠き，後胸腹板の後側板は明瞭，小顎鬚は簡単，体は多小卵形（新北区産 *Brathinus* Le Conte）……………… Family *Brathinidae* Le Conte 1862

17. 跗節は凡て4節，翅は長縁毛を装い，甚だ小さく著しく膨隆する甲虫……………………………………18

跗節は3節……………………………………………20

18. 後脚の基節は左右相接し，少くとも腿節の1部を覆う葉片を具えている…………… Family *Clambidae*

後脚の基節は左右離れ横形で葉片状でない………19

19. 跗節の第3節は小さく2葉片状の第2節間に隠れている……………………………Family *Orthoperidae*

跗節の最初の3節は亜等長で各々が2葉片状となつている……………………Family *Phaenocephalidae*

20. 翅は長縁毛を装う…………………………………21

翅は縁毛を欠くかあるいは多くとも短縁毛を装うのみ。体は幅広の楕円形で膨隆し，前胸は後方甚だ幅広く，腹部の最初の3腹板は多少結合する。甚小形（*Aphaenocephallus* Wollaston アジヤ，*Discoloma* Erichsen＝*Notiophygus* 新熱帯とアフリカ）(*Aphaenocephalidae* Ganglbauer 1903，*Pseudocorylophidae* Matthews. 1887，*Notiophygidae* Grouv. 1918)……………………Family *Discolomidae* Horn 1878

21. 腹部は3腹板を有するのみ，甚だ小さな著しく膨隆せる甲虫（*Sphaerius* Waltl 欧洲と北中米）………………………Family *Sphaeritidae* Thomson 1859

腹部は6個あるいは7個の腹板を有する…………22

22. 触角は細く9～11節で長い輪毛を装い，甚だ小さい光沢ある甲虫………………………Family *Ptiliidae*

触角は短かく8節で末端の方に太まり，甚だ小さな卵形の水棲甲虫（*Hydroscapha* Le Conte 地中海沿岸，北米）……Family *Hydroscaphidae* Le Conte 1874

23. 前脚の基節窩は後方開き，跗節は凡て5節（15対照）……………………Family *Silphidae*

前脚の基節窩は後方閉ざされ，跗節は3～5節，多くは小形種 ……………………… Family *Leiodidae*

328. シデムシ（埋葬虫）科
Fam. Silphidae Leach 1815

Carrion Beetles, Burying Beetles, Sexton Beetles 等の名称があつて，ドイツでは Aaskäfer，フランスでは Boucliers や Silphides 等と呼ばれている。微小乃至大形，しかし大部分のものは中庸大，幅広か長くて両側平行するかで，軟いものや堅いもの等がある。色彩は黒色や褐色や灰色等で，黄色か橙色か赤色か等の斑紋を有する。滑かか有毛か有鱗片か点刻を布するか粗面か顆粒を布するか等のものがある。頭部は一般に前口式で，小形あるいは大形，自由で基部括れているかまたは前胸背板内に沈むかあるいはまたは前胸背板から覆われている。触角は短かく，11節，形状は種々だが普通棍棒状か

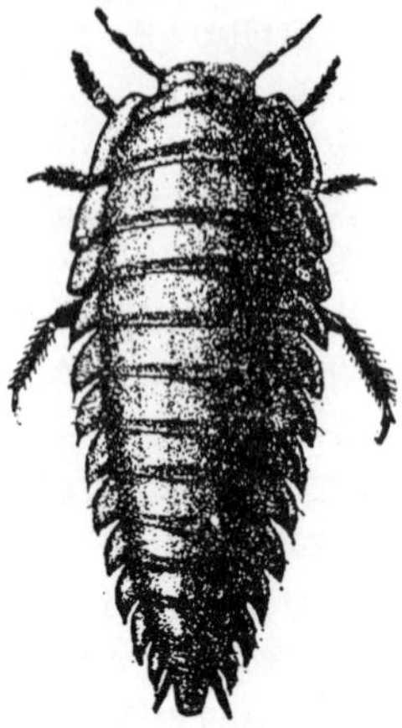

Fig. 846. オオヒラタシデムシ幼虫（湯淺）

または球桿状で，その太い部分は末端の3～4節からなる。複眼は大形またはなく，単眼は *Pteroloma* Gyllenhal 属に1対存在する。口器は大きく，大顋は特によく発達し，鬚は顕著。前胸は普通中胸と等幅で，長さは幅とほぼ等しく，形状は変化が多いが屢々基部が括れている。翅は多くの種類でよく発達し，翅鞘は腹部を覆うかまたは切断され尾節を現わし，屢々顕著な彫刻を有し且つ稀れに顆粒を有する。脚は短太，前脚の基節は円錐形で左右連続し，後脚のものは横形でやはり左右接続する。脛節は開堀に適応して距棘を具え，跗節は正常は5：5：5なれど稀れに4：4：4のものや異節のものがあり，雄では前・中両脚の跗節が広くなつている。腹部は5～6個の腹板を有する。幼虫（Fig. 846）は種々な形状なれど大体オサムシ型，長卵形や細くトビムシ型のもの等があり，また有棘のものもあり，10節からなつて各背板は続く背板にかぶさつている。単眼は頭部の各側に6個宛存在し，触角は3節，脚はよく発達し，尾端から原尾突起（Urogomphi）の1対を生じ，末端節は擬脚状を呈している。

排泄物や茸や腐敗植物質中に大部分のものが見出されるが，小数のものは蟻の巣の中や，洞穴中等にも棲息するものがある。*Necrophorus* 属のものはいわゆる Burying Beetles で死小動物を地中に埋葬する性を有し，また屢々大形の動物死体に多数群棲する。また Roving carrion-beetles と称えられる *Silpha* 属のものはその幼虫が腐敗動物質物を食し，更にある種はカタツムリや鱗翅目の幼虫や等を捕食する。また稀れに或る種は根形植物を食害する。

世界から約1600種程発見され，*Silpha* Linné, *Pteroloma* Gyll., *Phosphuga* Leach, *Xylodrepa* Thomson, *Blitophaga* Reitt., *Necrophorus* Fabricius, *Agyrtes* Froel., *Necrophilus* Latr., *Catops* Payk., *Choleva* Latr., *Catopomorphus* Schaum., *Potomaphagus* Illiger, *Colon* Herbst, *Anthroherpon* Reitt, *Leptoderus* Schmidt, *Pholeuon* Hampe, *Bathyscia* Schiödte 等が代表的な属で，本邦からは *Apteroloma*, *Pelatines*, *Silpha*, *Necrodes*, *Nicrophorus*, *Ptomascopus*, *Catops*, *Catopodes* 等の属が知られている。オオヒラタシデムシ（*Silpha japonica* Motschulsky）(Fig. 847) は体長23mm内外，黒色でやや藍色をおびる扁平種，全土に産し，台湾に分布する。普通種で鳥獣の屍体等腐敗した動物質に来集する性に富む。同属中には樹上にあつて鱗翅目の幼虫を捕食するヨツボシヒラタシデムシ（*Silpha sexcarinata* Motschulsky）が北海道と本州とに産し，山中の倒木下等に普通に見られるクロヒラタシデムシ（*Silpha atrata* Linné）が北海道に普通で本州にも産し，樺太・シベリヤ・欧洲・中央アジヤ等に分布する。ヨツボシモンシデムシ（*Nicrophorus quadripunctatus* Kraatz）は体長14～18mm，黒色，翅鞘は切断され左右各2本の橙黄色不規則の横帯を有する。北海道と本州とに産し，腐敗植物質に来集し，支那に分布する。ムナグロツヤシデムシ（*Apteroloma discicolle* Lewis）は本州産の最小種で体長4mm内外，黄褐色乃至赤褐色でやや扁平，本州の山地で石下等に採集される。オサシデムシ（*Pelatines striatipennis* Lewis）は体長5.5～6mm，赤褐色乃至濃褐色，本州産で朽木や花上にて採集されている。

Fig. 847. オオヒラタシデムシ雄（横山）

329. タマキノコムシ（毬蕈虫）科

Fam. Leiodidae Reitter 1906

Liodesidae, *Liodidae* 等は異名。この科は学者によりシデムシの1亜科として取り扱われている。微小，膨隆し，幅広で屢々殆んど半球形の甲虫。翅鞘は腹部を完全に覆い，触角は棍棒状で長くなく，脚はあまり長くなく種々の数の跗節環節を有する。幼虫はゴキブリ状でなく，殆んどトビムシ型，普通キノコに生活している。*Liodes* Latreille, *Hydnodius* Schmidt, *Cyrtusa* Erichsen,

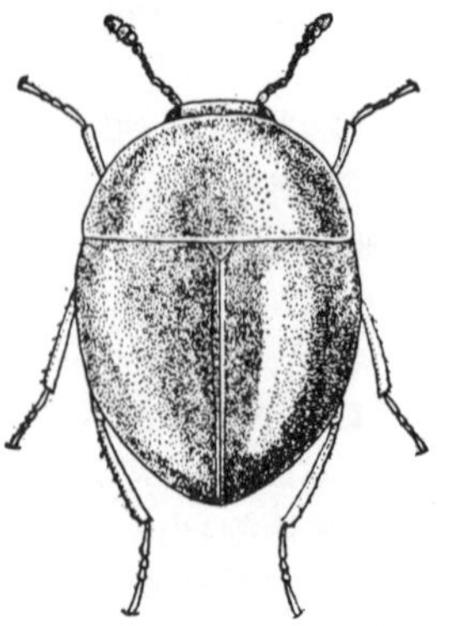

Fig. 848. チャイロヒメタマキノコムシ（安立）

Anisotoma Illiger 等が代表的な属で，本邦からは *Pseudoliodes* と *Eucyrta* 等の2属が発見されている。チャイロヒメタマキノコムシ (*Pseudoliodes strigosula* Portevin) (Fig. 848) は体長2mm内外，背面円く膨れ光沢ある黄褐色，全土に普通で，キノコ類に来集する。

330. タマキノコモドキ（擬毬蕈虫）科

Fam. *Clambidae* Thomson 1859

微小，半球形に近い甲虫。頭部は大きく半円形に近く前胸背板より狭い。口部は頭楯から覆われ，触角は複眼間前方から生じ8～10節で短かい棍棒部を有し，小顎鬚は4節。前胸は短かく横形，その腹板は甚だ短かい。脚の基節は左右接し，前・中両脚のものは殆んど棒状で斜に位置し，後脚のものは大板となり，その下に腿節が置かれ，跗節は4節。腹部腹板は5～7個が自由。幼虫はよく発達した脚と触角とを具え，爪は簡単，尾毛を欠く。腐敗植物質に生活する。約30種類発見され，主として旧北区と新北区産であるが，インド，濠洲，南米等から各1種が知られている。*Calyptomerus* Redtenbacher, *Clambus* Fischer 等が代表的な属で，本邦からはツヤチビタマキノコモドキ (*Loricaster glaber* Portevin) (Figg. 849) が発見され，体長僅かに0.8mm内外，半球形で赤褐色半透明，頭部と胸部前半とはやや暗色，触角と脚とは淡黄褐色，点刻もなく毛もなく光沢がある。本州に産し，腐敗落葉中等に棲息している。

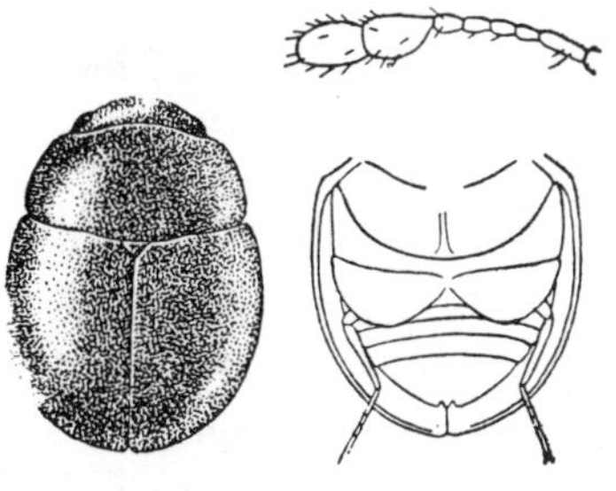

Fig. 849. ツヤチビタマキノコモドキ（安立）右上図 触角　右下図 腹面

331. コケムシ（苔虫）科

Fam. *Scydmaenidae* Leach 1815

大部分微小，頭部は自由，前胸背板は翅鞘との境が著しく括れ全体円味が強い。触角は多少長く，殆んど常に棍棒状，11節，複眼の前方かまたは間から生じている。小顋は内外両葉片を有し，小顋鬚は4節だが屢々末端節が退化している。翅鞘は複部を覆うが，ときに短かく尾節を現わす。前脚の基節窩は後方開き，前・中両脚の基節は突出し栓状，後脚のものは三角形または円錐形で幅広とならず，跗節は5節。腹部は可動的な6～7腹板を有する。幼虫 (Fig. 850) は扁平で各節の側縁が側方に拡がり，尾毛を欠き，跗節は爪状。大部分のものは樹皮下やその他に生ずるコケの内に生活し，あるものは蟻の巣の中等に棲息している。

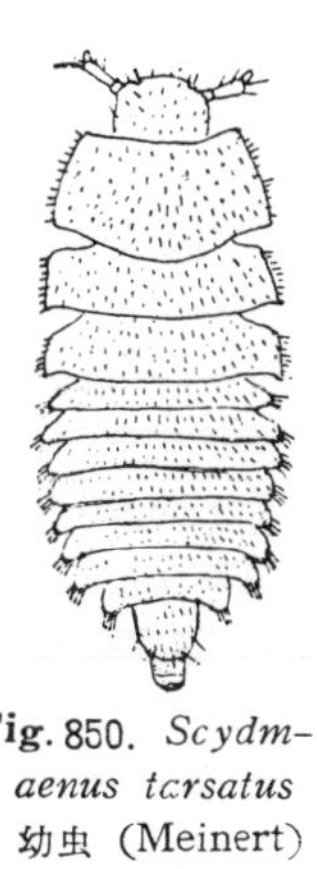

Fig. 850. *Scydmaenus tarsatus* 幼虫 (Meinert)

約50属1200種程が知られ，*Leptomastax* Pir., *Clidicus* Lap., *Scydmaenus* Latr., *Neuraphes* Thoms., *Euconnus* Thoms., *Stenichnus* Thoms., *Cephennium* Müll., *Euthia* Steph., *Chevrolatia* Jacqu., *Leptoscydmus* Casey 等が代表的な属で，本邦からは *Euconnus* と *Scydmaenus* 等の属が発見されている。ムクゲコケムシ (*Scydmaenus vestitus* Sharp) (Fig. 851) は体長2.5mm内外，光沢ある暗赤褐色で黄色の微毛を密生する。本州と九州とに産し，台湾に分布する。ホソヒゲムクゲコケムシ (*Euconnus impar* Sharp) は体長1.5mm内外で赤褐色，全土に産する。本邦産のこの属のものは *Scydmaenus* 属のものより小形である。

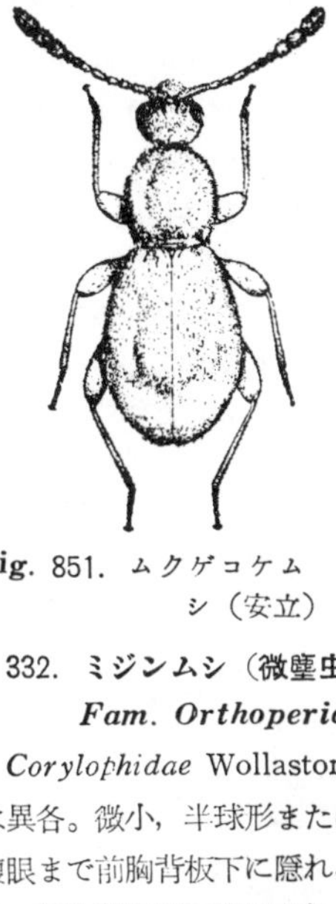

Fig. 851. ムクゲコケムシ（安立）

332. ミジンムシ（微塵虫）科

Fam. *Orthoperidae* Thomson 1863

Corylophidae Wollaston 1854 と *Clypeasteridae* とは異各。微小，半球形または卵形。頭部は全体あるいは複眼まで前胸背板下に隠れ，触角は複眼間の前方から生じ，前胸背板下に安置され，8～11節で末端3節が棍棒部を形成する。小顋は1葉片のみを具え，鬚は4節。翅鞘は屢々腹端を現わし，翅は甚だ減退せる翅脈を有する。中・後両脚の基節は広く左右離り，跗節は4節で第3節は屢々微小。腹部は6個の自由腹板を有する。幼虫は鱗毛を装い，尾毛を欠き，脚はよく発達する。腐蝕樹皮下や腐敗植物質中に棲息している。約30属300種が発見され，*Ortho-*

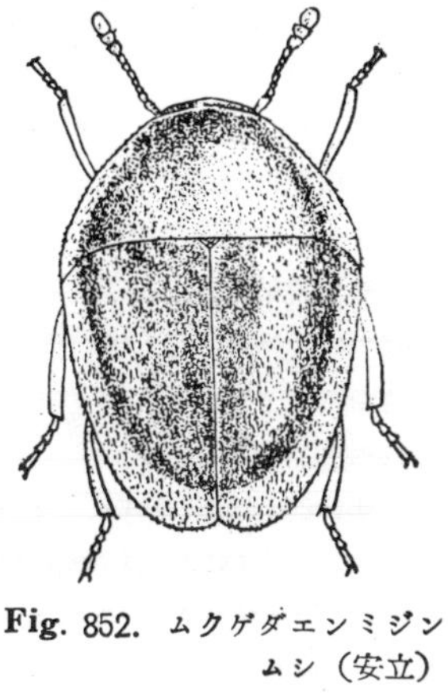

Fig. 852. ムクゲダエンミジンムシ（安立）

ferus Steph., *Rhyobius* Le Conte., *Corylophus* Stephens, *Corylophodes* Matthews, *Sericoderus* Stephens, *Sacium* Le Conte, *Arthrolips* Wallaston, *Aenigmaticum* Matthews, *Conodes* Matthews, *Ectinocephalus* Matthews 等が代表的な属で，本邦からはムクゲダエンミジンムシ (*Sericoderus lateralis* Gyllenhal) (Fig. 852) が知られ，体長0.8〜1mm，前方著しく膨隆する。暗黄褐色乃至赤褐色で微毛を密に装う。脚は黄色。全土に産し，世界に分布し，落葉下に棲息し，夜間燈火に飛来する。

333. アタマチビムシ（頭矮虫）科
Fam. *Phaenocephalidae* Matthews 1899

微小，頭部は大形で傾斜し，触角は11節で末端棍棒部を有し，小顋は2葉片を具え，跗節は4節で最初の3節は等長且つ2葉片となる。*Phaenocephalis* Wollaston 属の1種が本邦から発見されているのみ。

334. ムクゲキノコムシ（尨毛蕈虫）科
Fam. *Ptiliidae* Marseul 1889

Trichopteridae Marseul 1863, *Trichopterygidae* Le Conte 1883 等は異名。甲虫中最小の昆虫（0.25〜2mm 長）触角は9〜11節で，複眼の前方額の側縁下に生じ，末端棍棒部を有する。小顋は内・外両葉片を具え，小顋鬚は幾分長く4節で第3節は太い。翅鞘は腹部末端に達するかまたは達しない。翅は細長く長縁毛を装う。前脚の基節は短かく円錐形かまたは横形，後脚のものは多少板状，跗節は3節で甚だ短かい基節を有する。腹部は6〜7個の自由腹板を具えている。幼虫は細く，眼を欠き，触角と大顋とはよく発達し，脚は幾分長く爪状の跗節を有し，尾毛は1節。腐敗植物質中に生活し，菌類を食する。世界に広く分布し，約300種が発見され，約35属に分類されている。*Ptilium* Erichsen, *Ptenidium* Erichsen, *Ptiliolum* Flach, *Ptinella* Motschulsky, *Acrotrichis* Motschulsky (=*Trichopteryx* Kirby), *Limulodes* Matthews

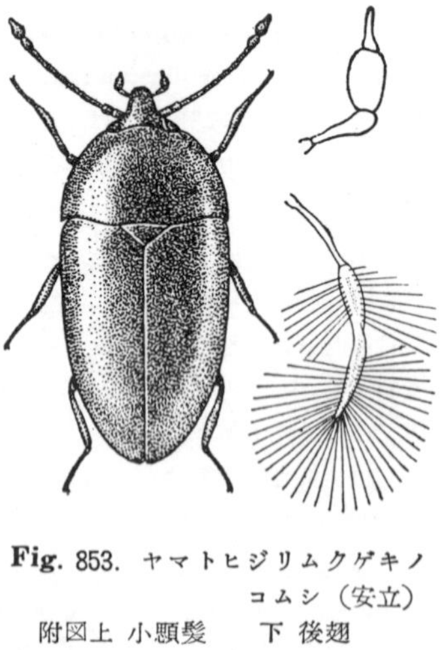

Fig. 853. ヤマトヒジリムクゲキノコムシ（安立）
附図上 小顋鬚　下 後翅

等が代表的な属で，本邦からは *Mikado* と *Acrotrichis* との2属が発見されている。ヤマトヒジリムクゲキノコムシ (*Mikado japonicus* Matthews) (Fig. 853) は体長 0.5〜0.6mm，黄褐色半透明で光沢を有し，翅鞘は強剛な黄色毛を粗布する。本州と九州とに産し，台湾に分布し，キノコに棲息する。ムツゲゴマムクゲキノコムシ (*Acrotrichis grandicollis* Mannerheim) は体長 0.8〜1mm，楕円形で尾端を現わす。光沢ある黒色で黄褐色の脚を有する。頭部は大きく円い前縁を有し，前胸背板も大形で両側に各1本の剛毛を生じ，翅鞘は比較的短かく末端切断され外側に2対の剛毛を生ずる。北海道・本州・九州等に産し，旧北区に普通で，腐敗植物質中に生活する。

335. デオキノコムシ（出尾蕈虫）科
Fam. *Scaphidiidae* Me Leay 1825

Scaphididae Stephens 1830, *Scaphidiadae* Kirby 1837 等は異名。小形，小船形で上下両面とも膨隆し，無毛。触角は直線で11節，多少明瞭に末端太まり，小顋は内・外両葉片を具え，鬚は4節で尖れる末端節を有する。前胸背板は前方円錐状に細まり，後方翅鞘に密着している。翅鞘は後方切断され，腹部末端を現わし，翅は短縁毛を装う。前脚の基節は栓状で左右近より，中・後両脚のものは左右広く離たる。脚は細長く，5節の跗節を具えている。腹部は5〜7個の自由腹板を有し，後方円錐状に延びている。幼虫は細い脚と短かい尾毛とを具え，大顋と眼とはよく発達している。甚だ活潑な甲虫でキノコに棲息する。世界に殆んど一様に分布されているが，寒帯には産しない。250種以上が発見され20属以上に分類されている。*Scaphidium* Olivier, *Scaphosoma* Leach, *Baeocera* Erichsen, *Toxidium* Le Conte 等が代表的な属で，本邦からは *Ascaphium*, *Episcaphium*, *Scaphidium*, *Cyparium*, *Scaphosoma*, *Pseudobironium* 等の属が知られている。ヤマトデオキノコムシ (*Scaphidium japonum* Reitter) (Fig. 854) は体長5〜7mm，光沢強い黒色で翅鞘に各2個の赤色乃至橙黄色の斑紋がある。本州・四国・九州等に産し，多孔菌に棲息する。ツマキケシデオキノコムシ (*Scaphosoma hae-*

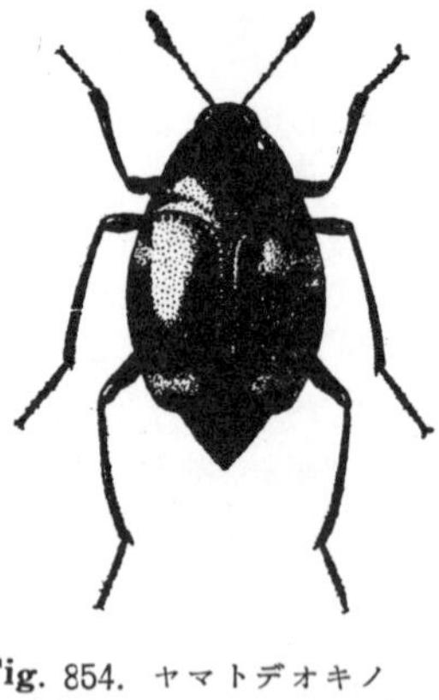

Fig. 854. ヤマトデオキノコムシ雄（中根）

morrhoidale Reitter）は体長1.5～2mm で最小種，しかも形状が他種と異なり，翅鞘後端幅広く切断され腹部側方に出で，且つ触角が糸状で棍棒状でない。光沢ある黒褐色乃至暗褐色。本州と九州とに産し，多孔菌に棲息し普通。

336. ハネカクシ（隠翅虫）科
Fam. Staphylinidae Leach 1815

Rove Beetles と称えられ，ドイツでは Raubkäfer や Kurzflügler 等と呼ばれている。微小乃至中庸大，長く両側平行し，一般に幾分扁平かまたは殆んど円筒状の活潑な甲虫で，甚だ短かく且つ末端切断されている翅鞘を有し，腹部の大部分を現わしている事によつて容易に他の甲虫から区別が出来，しかも腹部は曲げやすく屢々背上に曲げる性質を有する。皮膚は軟かなものや革質のものや堅いもの等があつて，滑かで光沢を有するかあるいはまた部分的にまたは全面微毛を装うものや密毛を装うもの等がある。頭部は大きく，屢々他の部分と等幅，自由で前口式，複眼は小形または大形あるいは稀れにこれを欠き，単眼は1個または2個が存在する事がある。触角は10節または11節で稀れに9節，糸状か棍棒状，頭部の側部に生じている。口器は顕著，大顋は甚だ大きく且つ強く静止の際に重ねられる。脚は短かく強く，速かな移動に適応し，跗節は様々で，一般に5：5：5節であるが，4：5：5の場合や3：5：5の場合等がある。翅鞘は短かく決して腹部末端に達する事がなく，一般に腹部の1/2より短かく，海浜棲や他のものに欠けている。翅はないか退化するか，または発達して飛翔に適している。腹部は末端切断状か尖り，曲げ易く，背方に曲げ翅を畳む動作を助け，且つまた恐らく保護の目的に対して斯く動作するもののようである。自由腹板は6個または7個，気門は現われているものや隠されているものがあり，尾毛状突起はある。幼虫は外見上成虫と著しく異ならない。しかし翅鞘と翅とは勿論なく，屢々成虫と同様な色彩で且つ同様に歩き廻つている。

ハネカクシは昆虫中の最大群の1つで2万種以上が発見され，世界を通じて分布し，形状と習性とが非常に変化が多く，肉食性や腐質食性や捕食性や食草性等の外に同類を食するもの等がある。成虫は排泄物の中や腐植有機質物や糞や塵芥その他等の中に見出され，さらに蟻と共に棲息している種類が300種以上も発見されている。以下の如く多数の亜科に分類する事が出来る。

1．凡ての跗節は5節からなる……………………………2

　1対またはより多くの対の脚の跗節が5節より少数節となつている……………………………………………18

2．触角は頭楯と癒合せる額上に生じ，後脚基節は小形で左右離れ，頭部は自由で大形の突出せる複眼を具え，大顋は鉗子状に前方に突出しない（*Stenus* Latr., *Dianous* Sam.）……Subfamily *Steninae* Sharp 1886

　触角は他に生ずる………………………………………3

3．頭部は大形の前胸背板の前縁をかろうじて越え，腹部は小さく末端尖り，前脚基節は大きく球状で腿節を覆う。客蟻性（*Cephaloplectus* Sharp, *Xenocephalus* Wasm.）……………………Subfamily *Cephaloplectinae* Sharp 1883

　頭部は自由……………………………………………4

4．触角は複眼の前方額上に生じ，後脚基節は大形で左右接近する（*Aleochara* Grav., *Dinarda* Mannh., *Oxypoda* Mannh., *Ocalea* Er., *Phloeopora* Er., *Gymnus* Grav.）……………………Subfamily *Aleocharinae* Sharp 1883

　触角は額の前縁かまたは額の側縁下かに生ずる…5

5．触角は第3節以降甚だ細く毛状……………………6

　触角は糸状かまたは棍棒状…………………………7

6．後脚基節は高まる円錐状の内葉片を具え，触角は輪毛を装う（*Trichophya* Mannh.）……………… Subfamily *Trichophyinae* Fowler 1888

　後脚基節は胸腹板面に横わる内葉片を具え，触角は輪毛を欠く（*Habrocera*）……………… Subfamily *Habrocerinae* Fowler 1888

7．頭頂は殆んど例外なしに明瞭な2単眼を具え，触角は側縁下に生ずる（*Anthobium* Steph., *Phyllodrepa* Thoms., *Omalium* Grav., *Phloeonomus* Heer, *Lathrimaeum* Er., *Olophrum* Er., *Lesteva* Latr., *Geodromicus* Redt., *Anthophagus* Grav.）……………… Subfamily *Omaliinae* Sharp 1887

　頭頂は単眼を欠くかまたは1単眼を有するのみ…8

8．複眼は甚だ大形で突出し，触角は短かく強棍棒部を有し額の前縁側部に生じ，大顋は鉗子状に突出する（*Megalops* Er.）……………………Subfamily *Megalopinae* Sharp 1886

　複眼は正常……………………………………………9

9．触角は額の前縁に生ずる…………………………10

　触角は額の側縁下に生ずる…………………………11

10．触角は基部互に相接近し，前胸腹板は脚基節の前方によく発達している（*Metoponcus* Kraatz, *Leptacinus* Er., *Xantholinus* Serv., *Eulissus* Mannh., *Othius* Steph., *Platyprosopus* Mannh.）……………Subfamily *Xantholininae* Fowler 1888

　触角は基部互に離れ，前胸腹板は脚基節の前方に発達していない（*Tanygnathus* Er., *Heterothops* Steph.,

Velleius Mannh., *Quedius* Steph., *Neobisnius* Ganglb., *Philonthus* Curt., *Cafius* Steph., *Hesperus* Fauv., *Belonuchus* Nordm., *Staphylinus* L., *Emus* Curt., *Creophilus* Mannh., *Xanthopygus* Kr., *Platyprosopus* Mannh.）(31対照)…………………Subfamily *Staphylininae* Le Conte et Horn 1883

11. 下唇鬚の末端節は甚だ大きく横半月形，額は複眼の前方にて切断状となり，中脚基節は左右広く離る (*Oxyporus* Fabr.)……………………………………………………… Subfamily *Oxyporinae* Sharp 1887

下唇鬚の末端節は非常に微かに太まる……………12

12. 前胸腹板は脚基節から覆われている自由な気門を具え，前脚基節は円錐形で腿節より辛うじて短かい (*Coptoporus* Kraatz, *Tachinus* Grav., *Tachyporus* Grav., *Conosoma* Kraatz., *Bolitobius* Mannh., *Mycetoporus* Mannh.)……………………………………………………… Subfamily *Tachyporinae* Sharp 1883

前胸気門は前胸背板の縁で覆われて見えない……13

13. 腹部下面の基部は中縦隆起縁を有しない…………14

腹部下面の基部は中縦隆起縁を有する……………15

14, 腹部第2腹板は痕跡的，後脚の転節は腿節の長さの1/3長 (*Pseudopsis* Newm.)……………………………………………………… Subfamily *Pseudopsinae* Reitter 1909

腹部第2腹板は大部分よく発達し，後脚の転節は腿節の長さの1/5長 (*Coprophilus* Latr., *Trogophloeus* Mannh., *Oxytelus* Grav., *Bledius* Mannh., *Holotrochus* Er., *Osorius* Latr.)………………………………………………Subfamily *Oxytelinae* Handlirsh 1925

15. 前脚基節は横栓状，後脚の転節は大形 (*Phloeobium* Boisd., *Proteinus* Latr., *Megarthrus* Steph.)…………………………Subfamily *Proteininae* Fowler 1888

前脚基節は円錐状または円味を有し幾分突出する………………………………………………………………16

16. 前脚基節は小さく円錐形または球形で僅かに突出し，後脚の転節は腿節の長さの1/5長 (24, 30対照)……………………………… Subfamily *Piestinae* Fowler 1888

前脚基節は大形で幅広い栓状に突出する…………17

17. 後脚基節は円錐状の内葉片を具え左右接し，頭部は多く頸部を有する (*Paederus* F., *Astenus* Steph., *Stilicus* Latr., *Medon* Steph., *Scopaeus* Er., *Lathrobium* Grav., *Cryptobium* Mannh., *Pinophilus* Grav., *Procirrus* Latr., *Palaminus* Er., *Oedichirus* Er.)……………………………………………………Subfamily *Paederinae* Ganglbauer 1895

後脚基節は横形で円錐状の内葉片を有し，頭部は明確な頸部を有しない (*Phloeocharis* Mannh., *Olisthaerus* Heer)…………………………………………………… Subfamily *Phloeocharinae* Fowler 1888

18. 凡ての跗節は2節のみ……………………………19

跗節は2節より多数節……………………………21

19. 中胸は前方に把手状に延び，脚の基節は小さく円錐状，眼を欠く (*Leptotyphlus* Fauv.)……………………………… Subfamily *Leptotyphlinae* Ganglbauer 1895

中胸は前方に把手状に延びない…………………20

20. 腹部は基部下面に中縦隆起縁を有する (*Dimerus* Fiori)……Subfamily *Dimerinae* Handlirsch 1925

腹部は基部下面に中縦隆起縁を有しない (*Thinobius* Kies.)……………………………………………… Subfamily *Oxytelinae* Handlirsch 1925

21. 跗節は3節……………………………………22

跗節は3節以上の節からなる……………………26

22. 触角は複眼の前縁近く額上に生じ，後脚基節は大形で左右連続する (*Dinopsis* Matth.) (28, 32対照)…………………………Subfamily *Aleocharinae* Sharp 1883

触角は額の側縁下に生ずる………………………23

23. 下唇鬚の末端節は横半月形，腹部下面基部に中縦隆起縁を有しない (11対照)……………………………………………………Subfamily *Oxyporinae* Sharp

下唇鬚の末端節は正常……………………………24

24. 腹部の基部下面に中縦隆起縁を有する (16, 30対照)……………………………Subfamily *Piestinae* Fowler

腹部の基部下面に中縦隆起縁を有しない…………25

25. 翅鞘は長く腹部末端の3節を現わすのみで縦隆起線を有し，後脚基節は円錐状 (*Neophonus* Fauv.)……………… Subfamily *Neophoninae* Handlirsch 1925

翅鞘は短かく，後脚基節は円錐状の内葉片を具えている(14対照)……Subfamily *Oxytelinae* Handlirsch

26. 凡ての跗節は4節………………………………27

跗節は少くとも1対が5節からなる………………31

27. 触角は短かく殆んど全体が頭部の下面に隠され，前脚の基節は球状で後脚のものは横形，脚は短かく圧縮されている (*Trilobitideus* Raffr. et Fauv.)……………… Subfamily *Trilobitideinae* Eichelbach 1909

触角は正常………………………………………28

28. 触角は複眼の前方額の上に生ずる (*Oligota* Mannh., *Hygronoma* Er., *Diglossa* Hal.) (23, 32対照)……………………Subfamily *Aleocharinae* Sharp

触角は額の側縁下に生ずる………………………29

29. 前胸の気門は自由，前脚基節は大形で殆んど腿節と等長(*Hypocyptus* Mannh., *Typhlocyptus* Saulcy.,

Microcyptus Eichelb) ……………………………………
……………… Subfamily *Tachyporinae* Sharp 1883

前胸の気門は前胸背板の縁から覆われ，腹部下面の基部に中縦隆起縁を有する……………………………30

30．触角は頭部の前縁に生じ短かく，複眼は後方に広く位置するかまたはない（*Nordenskjöldia* Sahlb., *Octavius* Fauv., *Edaphus* Le Conte, *Euaesthetus* Grav.)…Subfamily *Euaesthetinae* Ganglbauer 1895

触角は頭の前縁下側方に生ずる（16, 24対照）………
………………………… Subfamily *Piestinae* Fowler

31．跗節の環節は5：4：4，触角は頭の前縁で左右互に接している（10対照）…………………………………
………Subfamily *Staphylininae* Le Conte et Horn

跗節の環節は4：5：5または4：4：5………32

32．触角は複眼の前方額上に生ずる（*Atemeles* Steph., *Lomechusa* Grav., *Myrmedonia* Er., *Callicerus* Grav., *Notothecta* Thoms., *Atheta* Thoms., *Tachyusa* Er., *Myrmecopora* Saulcy, *Falagria* Mannh., *Pronomaea* Er., *Mataris* Eauv., *Myllaena* Er.)（22, 28対照）…………………………………………
……………………… Subfamily *Aleocharinae* Sharp

触角は額の側縁下に生ずる（14, 25対照）……………
…………………… Subfamily *Oxytelinae* Handlirsch

本邦からは ***Nodynus***, ***Siagonium***, ***Piestoneus***, ***Eleusis***, ***Priochirus***, ***Lispinus***, ***Megarthrus***, ***Omalium***, ***Olophrum***, ***Philydrodes***, ***Deleaster***, ***Trogophloeus***, ***Oxytelus***, ***Bledius***, ***Osorius***, ***Oxyporus***, ***Stenus***, ***Pinophilus***, ***Procirrus***, ***Oedichirus***, ***Paederus***, ***Nazeris***, ***Astenus***, ***Stilicus***, ***Medon***, ***Domene***, ***Lathrobium***, ***Cryptobium***, ***Metoponcus***, ***Xantholinus***, ***Othius***, ***Philonthus***, ***Cafius***, ***Hesperus***, ***Amichrotus***, ***Phucobius***, ***Staphylinus***, ***Ontholestes***, ***Eucibdelus***, ***Creophilus***, ***Liusus***, ***Agelosus***, ***Algon***, ***Velleius***, ***Quedius***, ***Bolitobius***, ***Conosoma***, ***Tachyporus***, ***Tachinus***, ***Falagria***, ***Zyras***, ***Atemeles***, ***Homoeusa***, ***Aleochara*** 等の属が発見され，約420種が知られている。

セミゾヨツメハネカクシ（***Omalium japonicum*** **Sharp**）（Fig. 855）**はヨツメハネカクシ亜科**（***Omaliinae***）**に属し，体長2.5mm内外，やや扁平，光沢ある黒褐色で黄褐色の翅鞘と脚とを具えている。本州と九州とに産し，動物の屍体に来集する。クロズマグソセスジハネカクシ**（***Oxytelus opacifrons*** **Sharp**）（Fig. 856）**はセスジハネカクシ亜科**（***Oxytelinae***）**に属し，体長5mm弱，黄褐色で黒色の頭部を具え，前胸背板の後縁とこれに続く外縁の後方2/3とは細く黒色に縁取られ，翅鞘の**

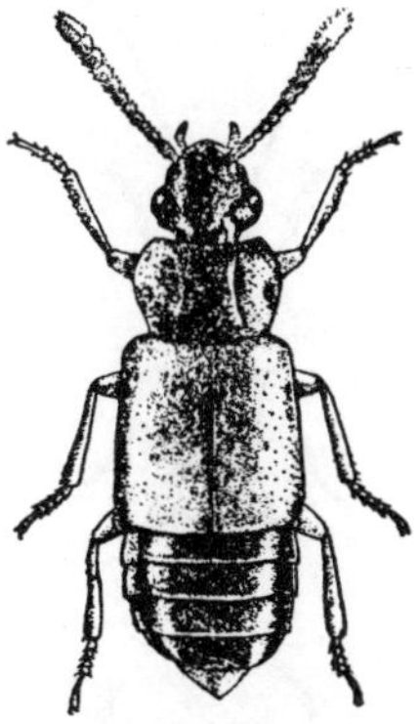

Fig. 855. セミゾヨメツハネカクシ（安立）

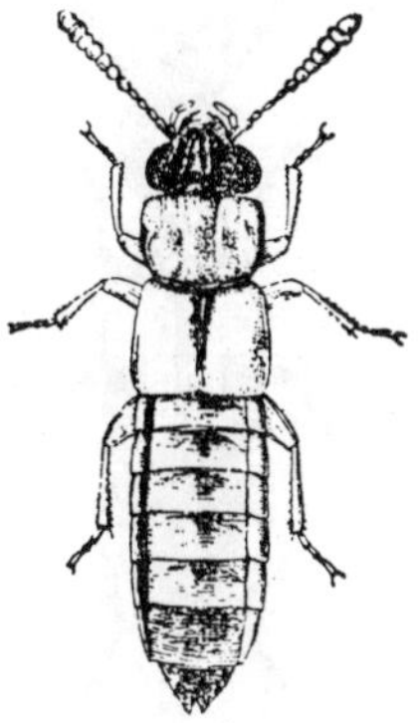

Fig. 856. クロズマグソセスジハネカクシ（横山）

会合線部はやや暗色，本州と九州とに産し，馬糞に多く来集する。この亜科には更に *Bledius* と *Osorius* との2属が産する。オオヒラタハネカクシ（*Piestoneus lewisi* Sharp）（Fig. 857）はヒラタハネカクシ亜科（*Piestinae*）に属し，体長4.5～9mm，扁平で光沢ある黒色，翅鞘の斑紋と大顋と触角と脚とは赤色。跗節は凡て5節，末端節が他の4節の和より長い。全土に産し，本邦の特産種で，樹皮下に棲息する。この亜科には ***Siagonium***, ***Eleusis***, ***Priochirus***, ***Lispinus*** 等の属があつて，何れも扁平で樹皮下に棲息するが，最後の属はやや円筒形で腐敗植物質中に棲息する。ハバビロハネカクシ（***Megarthrus japonicus*** Sharp）（Fig. 858）はハバビロハネカクシ亜科（***Proteininae***）に属し，体長3mm，扁平，黒色でやや褐色の前胸背板と翅鞘とを有し，

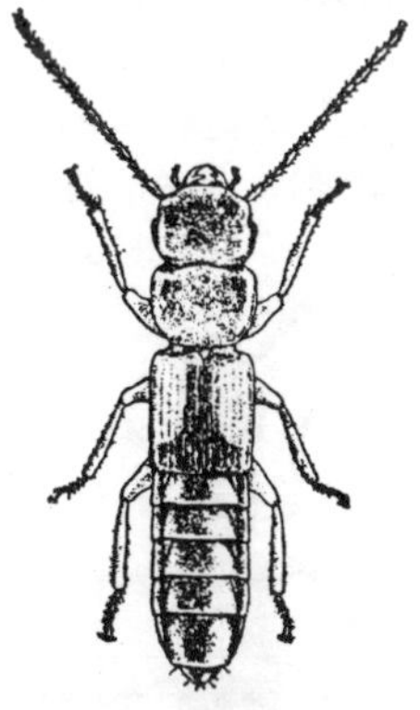

Fig. 857. オオヒラタハネカクシ（安立）

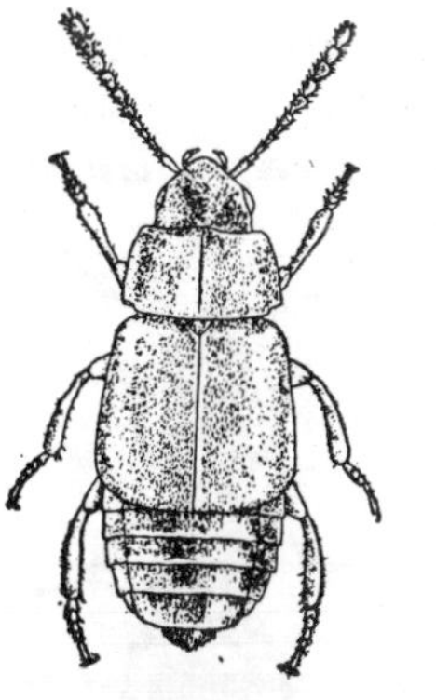

Fig. 858. ハバヒロハネカクシ（安立）

赤褐色の脚を具え，全面に粗点刻を密布し微毛を装う。本州産で腐植質物中に棲息する。オオキバハネカクシ（*Oxyporus japonicus* Sharp）（Fig. 859）はオオキバ

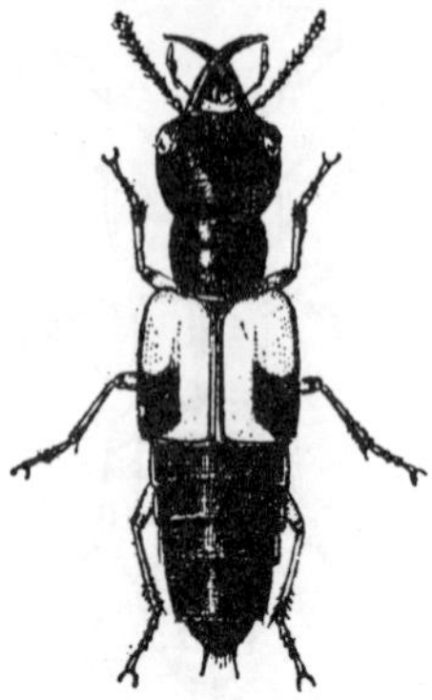

Fig. 859. オオキバハネカクシ（横山）

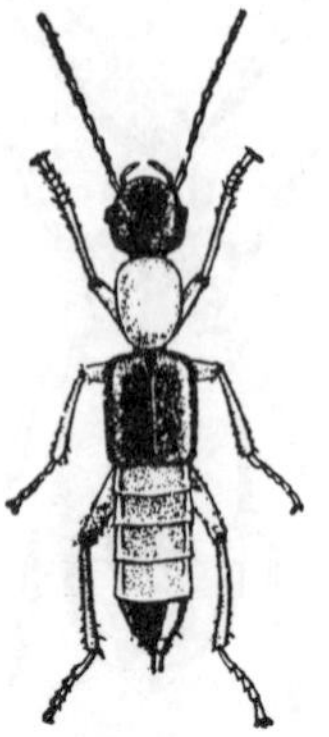

Fig. 860. アオバアリガタハネカクシ（安立）

ハネカクシ亜科 (*Oxyporinae*) に属し，体長 11mm 内外，光沢ある黒色で殆んど点刻がなく，翅鞘は黄褐色で斑紋と会合線と末端縁とが黒色，脚は黄褐色。北海道，本州，四国等に産し，キノコに来集する。アオバアリガタハネカクシ (*Paederus fuscipes* Curtis) (Fig. 860) はアリガタハネカクシ亜科 (*Paederinae*) に属し，体長 6.5〜7mm，頭部は黒色，前胸背板と腹部とは黄褐色で後者の末端 2 節は黒褐色，翅鞘は藍色乃至暗緑色，中胸と後胸とは黒褐色，全体光沢に富む。全土に産し，水田の畦等水辺に多く棲息し，アメリカ以外殆んど全世界に分布し，同虫の体液は人皮を害する事が知られている。なおアシグロアリガタハネカクシ (*Paederus tamulus* Erichson) やその他は前同様医昆虫として認められている。この亜科には更に *Pinophilus*, *Nazeris*, *Astenus*, *Stilicus*, *Medon*, *Domene*, *Lathrobium*, *Cryptobium* 等の属が発見されている。ダイミョウハネカクシ (*Staphylinus daimio* Sharp) (Fig.861) は体長 20mm，ハネカクシ亜科 (*Staphylininae*) に属し，黒色，翅鞘は

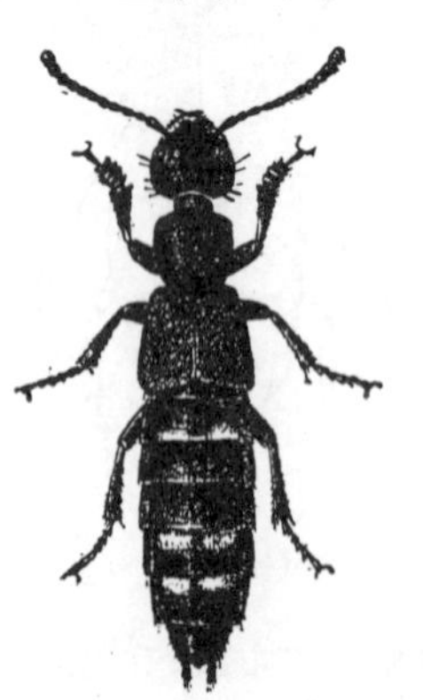

Fig. 861. ダイミョウハネカクシ雄（横山）

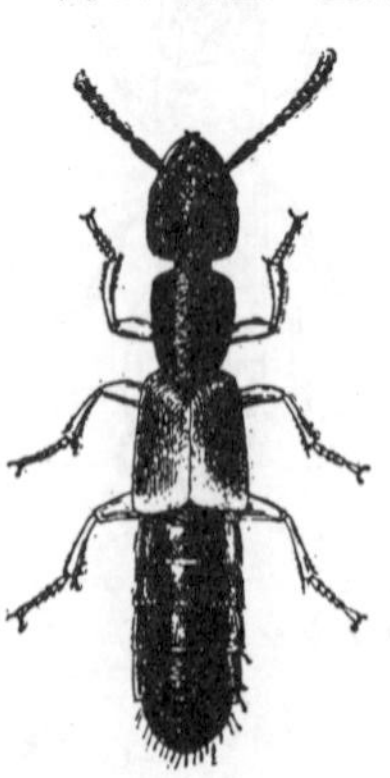

Fig. 862. キバネナガハネカクシ（横山）

暗赤色，腹部は金色毛斑を有し，触角に黒褐色で基部赤褐色を呈し末端黄褐色，脚は赤褐色で黒色の基節を有する。北海道産。この亜科には *Philonthus*, *Cafius*, *Hesperus*, *Amichrotus*, *Phucobius*, *Ontholestes*, *Eucibdelus*, *Creophilus*, *Liusus*, *Agelosus*, *Algon*, *Velleius*, *Quedius* 等の属が発見されている。キバネナガハネカクシ (*Xantholinus suffusus* Sharp) (Fig. 862) はナガハネカクシ亜科 (*Xantholininae*) に属し，体長 8.5〜11mm，黒色で微かに真鍮様の光沢を有し，翅鞘は黄褐色乃至暗黄褐色で会合線部と末端部とは淡色，触角と脚とは赤褐色。北海道・本州・九州等に産し，塵芥下に棲息する。この亜科には更に *Metoponcus*, *Othius* 等の属が知られている。クロズシリホソハネカクシ (*Tachyporus celatus* Sharp) (Fig. 863) はシリホソハネカクシ亜科 (*Tachyporinae*) に属し，体長 2.5mm 内外，全体光沢に富み，頭部は黒色，前胸背板

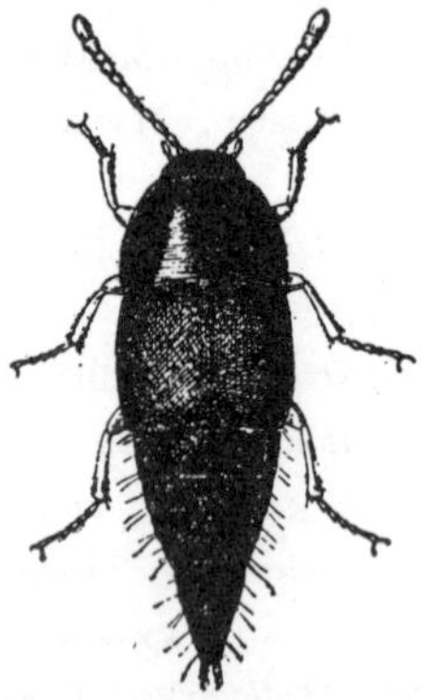

Fig. 863. クロズシリホソハネカクシ（横山）

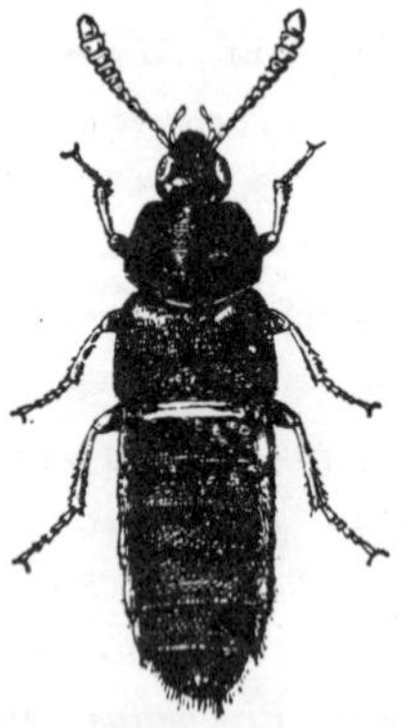

Fig. 864. ヒゲブトハネカクシ雄（横山）

と翅鞘とは黄褐色で後者の側縁は暗色，腹部は黒褐色，触角は赤褐色で基部淡色，脚は黄褐色。本州に産し，東部アジヤに分布する。この亜科には更に *Bolitobius*, *Conosoma*, *Tachinus* 等の属が産する。ヒゲブトハネカクシ (*Aleochara lata* Gravenhorst) (Fig. 864) はヒゲブトハネカクシ亜科 (*Aleocharinae*) に属し，体長 5〜9mm，黒色で背面に黒色の微毛を装い，脚は黒褐色で淡色の跗節を具える。本州と九州とに産し，東シベリヤ・コーカサス・小アジヤ・欧洲・北米等に分布し，塵芥や落葉等の下に棲息する。この亜科にはさらに *Falagria*, *Zyras*, *Atemeles*, *Homoeusa* 等の属が見出されている。ホソフタホシメダカハネカクシ (*Stenus alienus* Sharp)(Fig. 865) はメダカハネカクシ亜科 (*Steninae*) に属し，体長 4mm 内外，黒色でやや真鍮様の光沢を有し，全面に粗大な点刻を密布し，翅鞘の斑紋は黄色。全

土に産し，田圃等に普通。この亜科にはこの属以外に発見されていない。

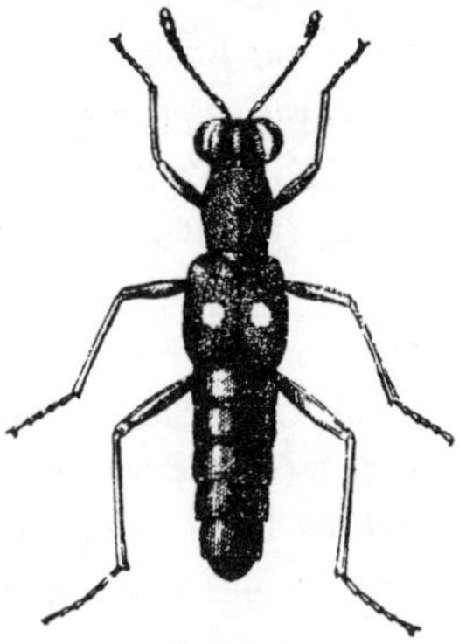

Fig. 865. ホソフタホシメダカハネカクシ雌（横山）

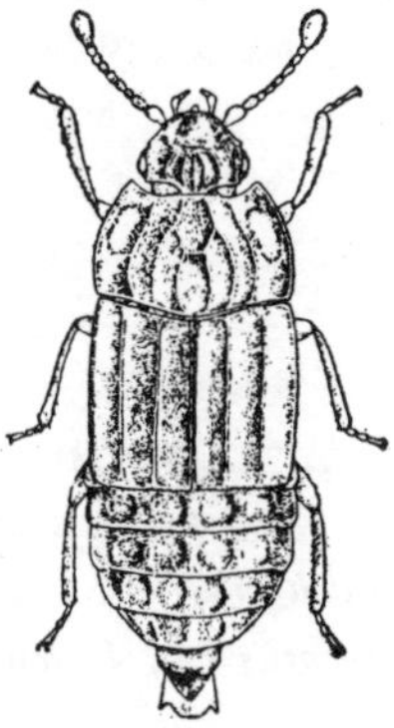

Fig. 866. セスジチビハネカクシ（安立）

337. ハネカクシモドキ（擬隠翅虫）科
Fam. Micropeplidae Thomson 1859

この科はハネカクシ科の１亜科として取り扱われる事が多い。しかし触角が９節で末端急に球桿状となり，前胸の下面にある凹所に安置され，翅鞘が数本の縦隆起線を有する事等によつて区別される。頭部と前胸とは下面に深い触角溝を具え，触角は自由な頭部の縁の下に生じ，翅鞘は腹部の最初の３背板を覆い，脚の基節は小形で辛うじて突出し，跗節は３節。*Micropeplus* Latreille 属が代表で，少数種が旧北区と新北区と東洋区とから発見されている。本邦にはセスジチビハネカクシ（*Micropeplus fulvus japonicus* Sharp）（Fig. 866）１種を産する。体長約 3mm 内外，黄褐色乃至黒褐色で黄褐色の触角と脚とを具え，頭頂は５縦条を有し，前胸背板は外縁やや反りその内方に長楕円形の半透明部を有し中央部に４縦隆起線を有し，翅鞘は各４縦隆起線を有し，腹部は殆んど各節に４個宛の凹陥部を有する。本州産で落葉や腐植質物等の下に棲息し，原種は欧洲産である。

338. アリズカムシ（蟻塚虫）科
Fam. Pselaphidae Thomson 1861

微小で不活潑，頭部は殆んど常に後方括れ，複眼は円く屢々これを欠き，触角は複眼の前方で額の側縁下に生じ５～12節で大部分のものは棍棒状。小顋は内・外両葉片が発達し，小顋鬚は普通４節だがときにより少数節，下唇は明確な外葉片を有し，１～２節の鬚を具えている。前胸背板は様々な形状だが前方常に狭まり，後胸腹板は甚大。前脚の基節は栓状で左右相接し，中脚のものは円味を有し左右近より，後脚のものは横形で左右幾分近より側縁に達し，跗節は常に３節。腹部の環節は不可動的で，背板は５個，腹板は９～８個，稀れに背腹ともに２個。ある種は客蟻性で，多くのものは樹皮下や蘚苔中やその他に生活している。暖国に多産で，約 3000 種が世界から発見され，*Faronus* Aubé, *Pyxidicerus* Motsch., *Jubus* Schauf., *Trimium* Aubé, *Euplectus* Leach, *Trichonyx* Chaud., *Amaurops* Fairm., *Arthmius* Le Conte, *Batrisus* Aubé, *Metopias* Gory, *Eupines* King, *Bryaxis* Klug, *Brachygluta* Thoms., *Reichenbachia* Leach, *Rybaxis* Saulcy, *Tychus* Leach, *Cyathiger* King 等が代表的な属で，本邦からは *Lasinus*, *Tmesiphorus*, *Centrotoma*, *Pselaphus*, *Cyathiger*, *Reichenbachia*, *Batristilbus*, *Batrisocenus*, *Batrisodes* 等の属が発見されている。ヤマトアリズカムシ（*Pselaphus japonicus* Raffray）（Fig. 867）は体長 1.6mm 内外，褐色で黄色の微毛を疎布する。小顋鬚は黄褐色，本州産。フジヤマダルマアリズカムシ（*Cyathiger fujiyamai* Kubota）は体長1.4mm 内外，褐赤色で黄色微毛を疎布し，触角は７節で末端節が極めて大きく横卵形，腹部は２節のみ，湿潤な葉落下や朽木等に棲息し，本州産。

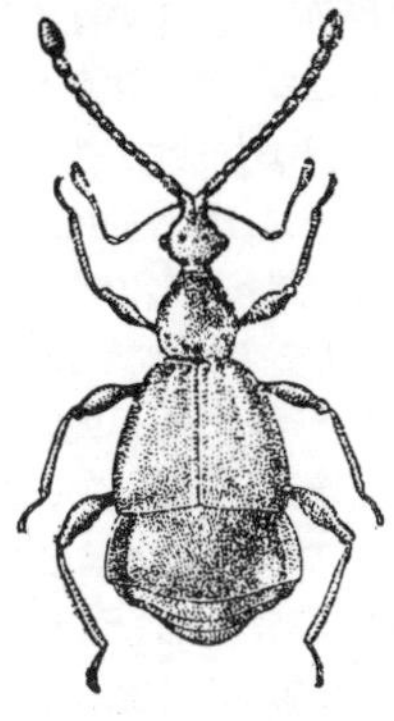

Fig. 867. ヤマトアリズカムシ（安立）

339. ヒゲブトアリズカムシ（太角蟻塚虫）科
Fam. Clavigeridae Le Conte 1862

普通アリズカムシ科の１亜科として取り扱われるが，触角が２～６節で，第１節が小形，末端節が切断され稀れに鈍角に尖る。小顋鬚は１節。腹部は背面３節で腹面６節。転節は長く末端に腿節が嵌込まれている。*Articerus* Dalm., *Claviger* Preyssl. 等が代表的な属で，この科のものは真の客蟻性で，腹部の基部に１孔を具え，それが黄金色の毛總から取り囲まれ，蟻の好む物質を分散している。本邦からはコヤマトヒゲブトアリズカムシ（*Diartiger fossulatus* Sharp）（Fig. 868）が知られている。体長2mm 内外，赤褐色で腹背以外は黄色の短毛を装い，翅鞘端

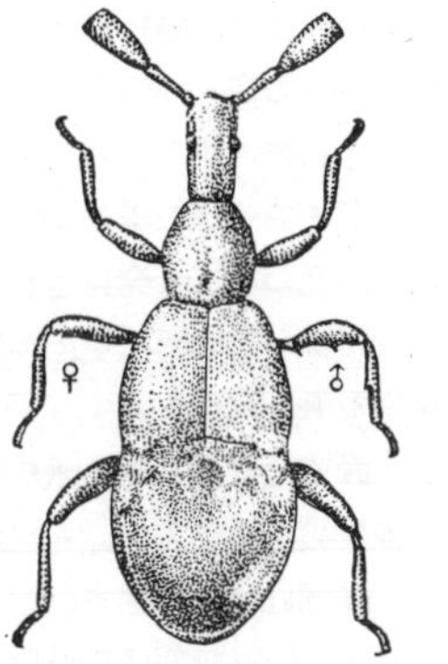

Fig. 868. コヤマトヒゲブトアリズカムシ（安立）

と腹部背面基部側方とに黄色の剛毛を密生する。腹部背板は3節，第1節は甚大で両側は明瞭に腹取られ基部著しく圧下され，第2と第3との両節は甚だ小形。跗節の第1節は外部から見えない。第2節は小形，第3節末端の爪は1本。本州，四国，九州等に産し，トビイロケアリやアメイロアリ等と共棲している。

340. **エンマムシ（閻魔虫）科**

Fam. Histeridae Samonelle 1819

Hister Beetles や Steel Beetles 等と称えられ，ドイツの Stutzkäfer がこの科の甲虫である。微小乃至中庸大，堅く，楕円形または方形で扁平かあるいは幾分円筒状。皮膚は滑かでつやがあるか点刻付けられているかまたは縦条を列し，多くのものは黒色，あるものは黄色か橙黄色かまたは赤色斑紋を有し，他のものは褐色か帯赤色か金属色かで虹彩を有する。頭部は小形で引込自由で前胸背板中に沈み，ときに1部が前胸背板の前角から囲まれている。複眼は突出し，大顎は屢々大形で前方に延び，触角は膝状，柄節は長く彎曲しときに葉状で，7個の小節と3節からなる棍棒部または球桿部とが続いている。前胸背板は大きく体の他部と殆んど等長，堅い。脚は短太で体下に引込まれ，脛節は開掘に適応し，跗節は5節だがあるものは後脚のものが4節，基節は左右広く離れれている。翅鞘は末端切断形で腹部の末端2節を現わし，翅は大部分のものではよく発達し，連飛翔に適している。幼虫は円筒状で軟く，皺付けられ，上唇と眼とがなく，大顎は大形，脚は短かく屢々葉状の脛節を具え，体は環節付けられ顆粒を布するものや短棘を生ずるもの等があり，尾毛は少くともある属に存在し2節。

エンマムシ類は糞や動物の屍体等に棲息し，最近まで腐肉食性であると信じられて居つたが，彼れ等は捕食性で，主として腐肉食性の昆虫類を捕食する。多くの種類は砂質の個所に棲息し，あるものは海岸地帯にも発見され，海潮によつて持ち来たらされた乾燥せるものや半乾物等の中によく棲息している。またある種類は枯木の樹皮下や他の穿孔性甲虫によつて造られた孔等の中にあつて，それ等に棲息する昆虫や他の動物を捕食する。更にまた蟻や白蟻等の巣の中に生活するものや，齧歯類や陸亀等の孔の中にも発見されている。

世界から約3000種以上が発見され，次の如き亜科に分類する事が出来る。

1．頭部は引込不可で水平に位置し下から見え，口部は前胸腹板の前方を超えて突出する……………………2

頭部は引込自由で，引き込まれた場合には下面から見えない，口部は前胸腹板から覆われている………3

2．大顎は突出し，頭楯は口吻状に延びない。体は幾分扁平（*Hololepta*, Payk.）………………………………Subfamily *Hololeptinae* Fowler 1912

大顎は引き込まれ長い口吻状の頭楯から覆われている。体は長く円筒状（*Trypanaeus* Eschsch.）………………………Subfamily *Trypanaeinae* Fowler 1912

3．前胸腹板は多少明瞭な1縫合線によつて区割されている短長何れかのいわゆる喉板（throat-plate）を具えている……………………………………………4

前胸腹板は喉板を有しない…………………………5

4．触角の棍棒部は円いか楕円かで微毛を装い，縫合線から分割されている4節からなる（*Platysoma* Leach, *Pachycraerus* Mars., *Phelister* Mars., *Hister* L., *Epicrus* Er., *Paromalus* Er.）…………………………………Subfamily *Histerinae* Fowler 1912

触角の棍棒部は縫合線を欠き，滑かで円筒状で末端切断状（*Hetaerius*）…………………………………Subfamily *Hetaeriinae* Fowler 1912

5．触角は額の側縁下に生ずる（*Saprinus* Er.）………………………Subfamily *Saprininae* Fowler 1912

触角は額の上面に生ずる（*Abraeus* Leach, *Plegaderus* Fr., *Onthophilus* Leach, *Acritus* Le Conte）…………………Subfamily *Abraeinae* Fowler 1912

本邦からは次の4亜科が発見されている。

ヒラタエンマムシ亜科(*Hololeptinae*)には *Hololepta* 1属が知られ，3種が発見されてい。オオヒラタエンマムシ（*Hololepta amurensis* Reitter）(Fig. 869）は体長11mm内外，甚だ扁平，光沢に富む黒色で暗褐色の脛節と跗節とを具えている。北海道・本州・九州等に産し，樹皮下や材木等に棲息するが樹液にも来集する。クロツブエンマムシ（*Abraeus bonzicus* Marseul）(Fig. 870）はツブエンマムシ亜科（*Abraeinae*）に属し，体長2.2mm内外，膨隆し，黒色で鈍い光沢を有し，全面に粗大な点刻を密布し灰色毛を若干装う。触角と脚とは赤褐色。本州と九州とに産し，腐敗動物や排泄物等に来集する。同亜科には更に *Onthophilus* 属が発見され約4種が知られている。ドウガネエンマムシ（*Saprinus semistriatus* Scriba）(Fig. 871）

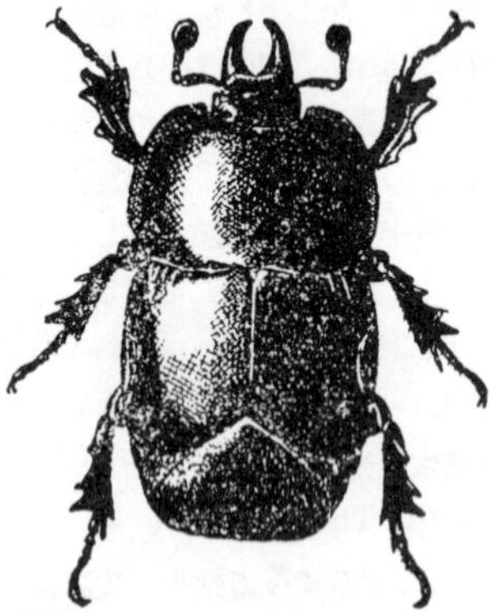

Fig. 869. オオヒラタエンマムシ（横山）

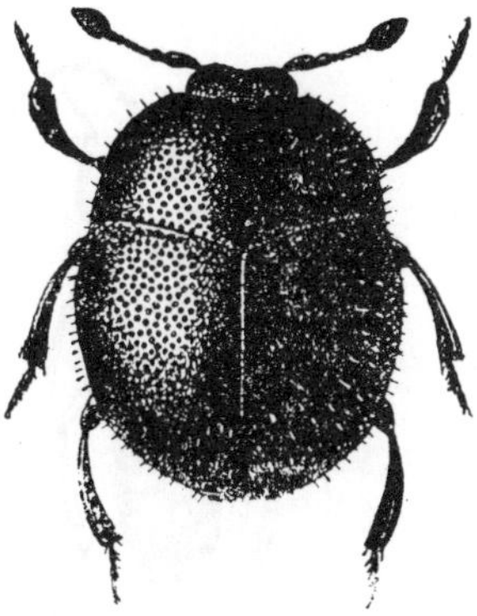

Fig. 870. クロツブエンマムシ（中根）

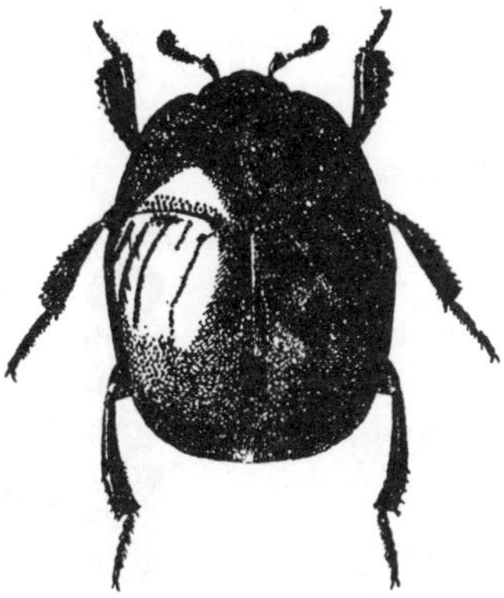

Fig. 871. トウガネエンマムシ（中根）

はノドナシエンマムシ亜科（*Saprininae*）に属し，体長４～７mm，黒銅色で光沢に富み，暗褐色乃至黒褐色の触角と脚とを具えている。本州と九州とに産し，台湾・インド・北亜細亜・欧州．北アフリカ等に分布し，腐敗動物質や獣糞等に来集する普通種。ヤマトエンマムシ（*Hister japonicus* Marseul）（Fig. 872）はエンマムシ亜科（*Histerinae*）に属し体長9.5～13mm，光沢ある黒色で平滑，触角は褐色で脚は暗褐色，本州・九州等に産し，支那に分布し，獣糞や腐敗動物質に普通。この属には更に５種程発見され，同亜科にはなお *Notodoma Platysoma*, *Carcinops*, *Gnathoncus*, *Pachylopus*, *Hypocaccus* 等の属が産する。

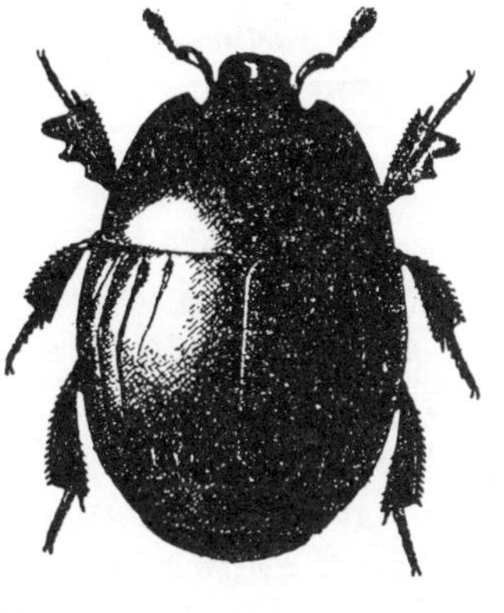

Fig. 872. ヤマトエンマムシ（中根）

Fig. 873. ホソエンマムシ（横山）

341. ホソエンマムシ（細閻魔虫）科

Fam. Niponiidae

Fowler 1912

この科はエンマムシ科の１亜科として取り扱われていたが，前胸背板の前縁が凹まないで，頭部が前方に延び胸部と等幅，頭楯が角状の２突起を具え，全体円筒状で，明かに区別が出来る。*Niponius* Lewis １属からなり，アジヤに少数の種類が発見されている。ホソエンマムシ（*Niponius impressicollis* Lewis）（Fig. 873）は体長５～5.5mm，円筒形で黒色，触角と跗節とは赤褐色。北海道・本州・九州等に産し，台湾・ウスリー等に分布し，樹皮下に棲息しキクイムシ類を捕食する。この種の他に３種が知られている。

菊虎上科
Superfamily *Cantharoidea*

Reitter 1906

このジョウカイ上科にはつぎの如き科が包含されている。

1．後脚の跗節は少くとも他の跗節の如き節数からなり，跗節は少くとも１対の脚では５節で殆んど常に凡ての脚にて５節……………………………………2
　後脚の跗節は４節で前・中両脚のものは５節，稀れに末端前節が微小となり，そのために外見上後脚のものが３節で他のものが４節の事があり，また非常に例外として前脚の跗節が５節で他のものが４節の事もある……………………………………………………12
2．腹部は５個の腹板を有し，前脚の基節は幾分円錐状となり突出している………………………………3
　腹部は少くとも６個の腹板を有し，前脚の基節は円錐形で突出し一般に大形………………………………5
3．後脚の基節は扁平かまたは卵形で突出しない……4
　後脚の基節は内方に突出し幾分円錐状となり，前脚の基節は明瞭な小転節を具えている（８対照）………………………………………………Family *Dasytidae*
4．跗節の第４節は非常に短かく背面から見えない。むしろ鮮明色の小形種（７対照）…Family *Corynetidae*
　跗節の第４節は異状的に短かくなく，基節は腿節の内縁に附着している（７対照）………Family *Cleridae*
5．腹部は６個の腹板を有する…………………………6
　腹部は７または８個の腹板を有する………………9
6．後脚の基節は扁平で突出する事がなく静止の際には腿節から覆うわれ，後脚の跗節の第１節は一般に甚だ短かく不明瞭……………………………………………7
　後脚の基節は突出し，少くとも内方に突出する…8
7．跗節の第４節は正常の大きさで，前胸背板は前側板と連続している（４対照）…………Family *Cleridae*
　跗節の第４節は微小で不明瞭，前胸背板は側板と側板線によつて分割されている（４対照）……………………………………………… Family *Corynetidae*

8．体は張開する小胞を具えている……………………………………………………………… Family *Malachiidae*

体は張開する小胞を具えない（3対照）………………………………………………………… Family *Dasytidae*

9．中脚の基節は左右離り，翅鞘は前側片（Epipleura）を欠き一般に綱目状彫刻を有す。発光器官がなく，一般に扁平で後方に幅広となり，屢々顕著な色彩紋を有する ……………………………………… Family *Lycidae*

中脚の基節は左右相接し，翅鞘の前側片は明瞭となり網目状彫刻を欠き稀れに非常に小形………………10

10．触角は額の側部複眼前に生ずる… Family *Drilidae*

触角は額上かまたはその前片の基部に生じ，発光器官を屢々具えている………………………………………11

11．頭部は幾分完全に前胸背板から覆うわれ，後胸の前腹板（Episterna）は内側が彎曲していない（Fam. *Rhagophthalmidae* Olivier 1910 を包む）…………………………………………………… Family *Lampyridae*

頭部は前胸背板から覆うわれない，後胸の前腹板は内側が彎曲し，雄の触角はときに扇状（Fam. *Phengodidae* Leng 1920 を包む）……Fam. *Cantharidae*

12．前胸は円筒状，軟体の小形種，細長の触角と突出する複眼とを具え，翅鞘は腹部を完全に覆う事がない（*Petria* Semenov トランスカスピア）…………………………………… Family *Petriidae* Semenov 1893

前胸は円筒状でない…………………………………………13

13．前胸背板は方形で頭部より幅広でない。むしろ細い甲虫 ………………………………… Family *Othniidae*

前胸背板は側方に著しく拡がり頭部より著しく幅広（*Nilio* Latr. 新熱帯区）…………………………………… Family *Nilionidae* Gemm. et Har. 1870

以上11科中つぎの9科が本邦から知られている。

342. ジョウカイ（菊虎）科
Fam. Cantharidae Heyden, Reitter et Weise 1883

Telephoridae Leach 1817 が採用される事もある。Leather-winged Beetles, Soldier Beetles 等と称えられ，ドイツでは Weichkäfer や Schusterkäfer 等と呼ばれている。中庸大，細く且つ長く，幾分円筒状で軟い皮膚と革質の翅鞘とを具え，表面滑かかビロード様か点刻を布するかまたは彫刻を布する。頭部は前口式で自由，細い頸部を具えている。触角は長く，糸状か鋸歯状で，左右離れて生じ，11節からなる。大顎は簡単か有歯。前胸は自由で，一般に中胸より狭い。脚は細長，前脚の小転節はよく発達し，跗節は5節。翅鞘は腹部を覆うかまたは短かい。腹部は7個または8個の腹板が見える。幼虫（Fig. 874）は長く，明瞭に環節からなり，ビ

Fig. 874. セボシジョウカイ幼虫（木下）
Athemus vitellinus Kiesenwetter

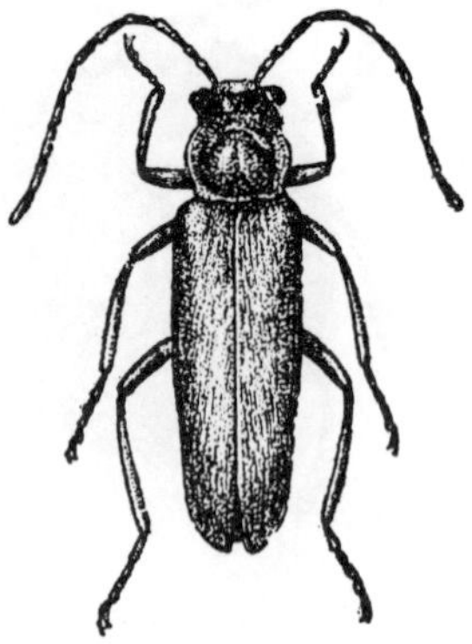

Fig. 875. マルムネジョウカイ（河野）

ロート様で，頭部は幾丁質化し扁平，触角は短かく，単眼は各側に1個，尾節は下面に痕跡的な尾脚を具えている。成虫・幼虫共に捕食性のようであるが，ある種の成虫はまた花粉や花蜜を食する。幼虫は地上や樹皮下に棲息し，成虫は多くは活潑な飛翔性であるが，湿地に棲息するものは甚だ不活潑である。

世界から約1300種が知られ，*Cantharis* Linné, *Chauliognathus* Hentz, *Dasytes* Paykull, *Podabrus* Westwood, *Polemius* Le Conte, *Rhagonycha* Esch-sch., *Silis* Latreille 等の属が代表的で，本邦からは *Themus*, *Athemus*, *Podabrus*, *Cantharis*, *Rhagonycha*, *Silis* 等の属が発見されている。マルムネジョウカイ（*Cantharis cinsiana* Kiesenwetter）（Fig. 875）は体長10～14mm，色彩に変化が多い。背面は普通黄褐色だが稀れに前胸背板の周縁を除き全体黒色のものがある。頭部の後半・触角・前胸背板の大紋・小楯板等は黒色，翅鞘の後半は大部分暗色を帯びる。腹面は黒色，前胸腹板・後胸側板・腹部各腹板の後縁等は黄褐色，脚は黄褐色，全体黄色の短毛にて密に装われている。本州と九州とに産する。この属には更に4種類発見されている。この科で最も顕著なものはクシヒゲジョウカイ（*Silis pectinata* Lewis）で体長5mm内外，黒色で，触角基部・口部・脛節・前胸背板等は赤褐色，翅鞘は灰色の微毛をやや密生し光沢がない。頭部は幅広，触角は第3～第10の各節の内側に長枝を有し櫛歯状，前胸背板は長さの約2倍の幅を有し円い側縁を有し，翅鞘はほぼ平行で小点刻を密布する。本州と九州とに産し，比較的珍らしい種類である。上記の他に8種類知られている。

343. ベニボタル（紅螢）科
Fam. Lycidae Lacordaire 1857

Net-winged Beetles と称えられ，小形乃至中庸大，非常に美麗で軟体，翅鞘は網目状の彫刻を有し，触角は鋸歯状か櫛歯状のものが大部で複眼間かまたは額の前縁に生じ，中脚の基節は左右離つている。一般に扁平で，発光器官がない。世界から500種内外が発見され，*Lycus* Fabricius, *Lygistopterus* Mulsant, *Dictyopterus* Mulsant, *Calopteron* Guerin, *Eros* Newman, *Homalisus* Geoffroy 等が代表的な属で，本邦からは *Macrolycus*, *Mesolycus*, *Lycostomus*, *Dictyopterus*, *Aplatopterus*, *Platycis*, *Lyponia*, *Pristolycus*, *Chuzenjianus* 等の属が発見されている。ベニボタル（*Lycostomus modestus* Kiesenwetter）(Fig. 876) は体長 9～14mm，黒褐色乃至黒色，翅鞘は暗赤色で紅色の微毛を密生し，前胸背板は黄褐色の微毛を，体下と脚とは暗色の微毛を装う。本州・四国・九州等に産し，支那に分布している。テングベニボタル（*Platycis nasuta* Kiesenwetter）は体長6～7mm，暗褐色乃至黒褐色，前胸背板の縦隆起線と翅鞘とは黄褐色。頭部は小さいが露出し複眼間が前方に短角状に突出し，触角は細長く殆んど糸状，前胸背板はほぼ四角形で隆起線によつて6室に区割され，小楯板は長方形，翅鞘は各4縦隆起線を有する。北海道と本州とに産し，台湾山地に分布する。カクムネベニボタル（*Lyponia quadricollis* Kiesenwetter）は体長 8～12 mm，黒色，翅鞘は紅赤色で同色の微毛を装い，前胸背板は黄褐色の微毛を装う。頭部は小さく僅かに現われ，複眼間に顕著な1対の瘤状突起を有する。触角は雄では顕著な櫛歯状で雌では鋸歯状，前胸背板はほぼ矩形，翅鞘は各9条の縦隆起線を有する。本州・四国・九州等に産する。以上の他に6種程の種類が発見されている。

Fig. 876. ベニボタル（湯浅）

344. ホタル（螢）科
Fam. Lampyridae Leach 1817

Fireflies, Glowworms 等と称えられ，ドイツでは Leuchtkäfer と呼んでいる。小形乃至中庸大，扁平軟体で，長形，夜間活動性。皮膚は一般に平滑かまたは微かに微毛を装い，黒色・褐色・黄色・赤色等。多数の種類は発光器官を具えている。雌の成虫は種々の属に在つては雄と全然異なり，幼虫の如き形態を有する。頭部は小さく，自由かまたは前胸背板の下に完全にあるいは一部分覆うわれる。触角は額上に生じ，11節で雄では屢々櫛歯状か扇状。複眼は雄では大体大形。胸部は大きく，前胸背板はあるものでは頭部を覆う。脚は正常，前脚の基節は亜円錐状，中脚のものは左右連続し，後脚のものは横形，跗節は凡てが5節か稀れに前脚のものが4節となる。翅鞘は革質で，長いかまたは減退し，常に末端の方に左右のものが相接していない。翅はよく発達するが幼虫型の雌ではない。腹部の腹板は6～7個が認められ，第1節は不可動的。発光器官は第6と第7腹板とに存在し且つ更に他節にもある。光は様々で，雌のみに生ずるものや，雌雄に生ずるもの等がある。また光の色彩は帯黄青色乃至青色や橙黄色や赤色等がある。卵内の胚仔や幼虫や蛹等もある種類では発光する。幼虫（Fig. 877）は扁平で長く，明瞭に環節からなり，頭部は小さく鎌状の大腮を具え，脚はよく発達し，胸背板と腹背板とは剛化し，発光器官は腹部第8腹板上に1対として存在するのが普通のようである。幼虫も成虫も共に捕食性で，ミミズやカタツムリや甲殻類や昆虫等を食し，湿地や暖国の多雨な処に多数に棲息する。然し種類によつてはしからざる個所にも棲息する。温帯や亜熱帯地方ではヤチや森林中や河川に沿つている所や等に多数に発見されるが，また山の傾斜草原地等にも多数に見出される。

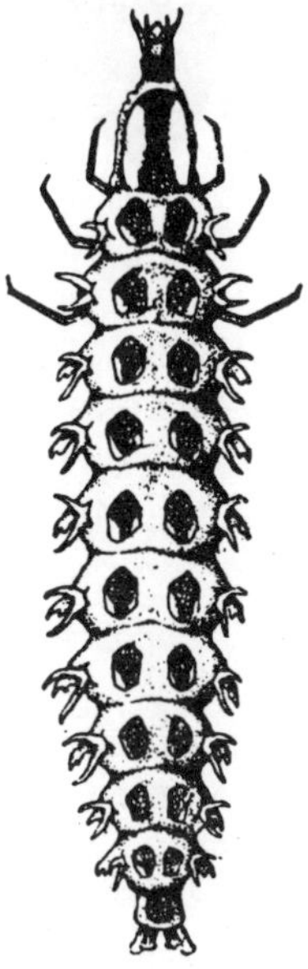

Fig. 877. ヘイケボタル幼虫（湯浅）

ホタル類は熱帯や亜熱帯等に多種で，温帯にも多数発見され，世界から約2000種類が知られ，*Lamprocera* Cast., *Calyptocephalus* Gray, *Psilocladus* Blanchard, *Aethra* Castelnau, *Vesta* Castelnau, *Lucidota* Castelnau, *Lucernuta* Castelnau, *Dadophora* Olivier, *Aspisoma* Castelnau, *Photinus* Lacordaire, *Lampyris* Geoffroy, *Diaphanes* Motschulsky, *Phosphaenus* Castelnau, *Megalophthalmus* Gray, *Amydetes* Hoffman, *Luciola* Castelnau, *Photuris* Le Conte 等の属が代表的で，本邦からは *Psilocladus*, *Lucidina*, *Pyrocoelia*, *Hotaria*, *Luciola* 等の属が発見されている。ゲンジボタル（*Luciola cruciata* Motschulsky）

(Fig. 878) は体長 12～18mm で本邦最大なホタルでヘイケボタル (*L. lateralis* Motschulsky) と共に昔時から有名な観光昆虫として知られ，黒色で同色の微毛を装い，前胸背板は桃色で普通暗褐色の十字紋を有し，腹部末端の2節（雌では最端の1節が赤色）は黄白色。本州・四国・九州等に産し，幼虫は清流中に棲息し，カワニナ等を食する。ムネクリイロボタル (*Psilocladus ruficollis* Kiesenwetter) は体長 6～8 mm，背面やや光沢を有し黒色乃至黒褐色，前胸背板は橙赤色，小楯板・脚・腹部末端2節等は褐色，触角は黒色微毛を装い第3～第10の各節に等大の2分枝を内方に出す（雌では突起状）。本州・四国・九州等に産する。以上の他に5種類程産する。

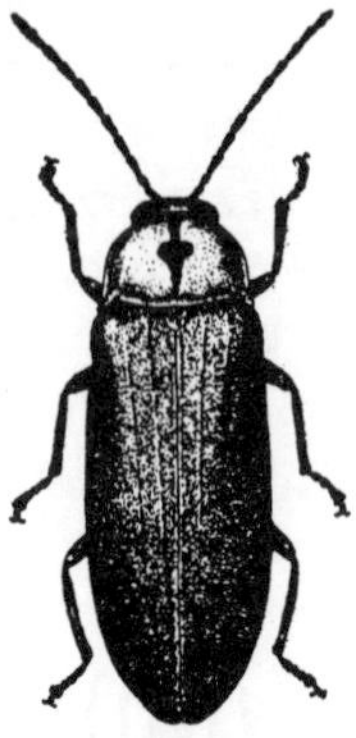

Fig. 878. ゲンジボタル（湯浅）

345. ホタルモドキ（擬螢）科

Fam. Drilidae Lacordaire 1857

雄。小形で有翅，触角は鋸歯状かまたは櫛歯状で複眼の前方額の側部に生じ，中脚の基節は左・右連続する。雌。完全に無翅で雄より大きく，幼虫に類似する。幼虫はカタツムリを食する。約90種程が世界から知られ，20属以上に分類され，旧北区と東洋区とに主に産するが，濠洲やアフリカや南北両米等からも発見され，*Drilus* Olivier, *Selalia* Cast. その他が代表的な属である。本邦からはホソホタルモドキ (*Drillonius striatulus* Kisenwetter) (Fig. 879) が発見され，体長3.5～5mm，幾分扁平，黒褐色，前胸背板と脚の1部とは淡色，額の1部と口器とは淡色乃至黄褐色，小顎鬚と下唇鬚とは褐色で淡色の基部を有し，体下は黒色で微毛を装う。本州・四国・九州等に産する。この属には更に *D. osawai* Nakane が発見されている。

Fig. 879. ホソホタルモドキ雄（中根）

346. ジョウカイモドキ（擬菊虎）科

Fam. Dasytidae Laporte 1840

ホタルモドキ科から腹部腹板が6個である事によつて区別され，頭楯は額から明瞭に区割かれ，微小乃至小形，前脚の基節は明瞭な小転節を具え，前脚の跗節はときに4節。殆んど旧北区産で，約1000種程発見され，*Danacaea* Lap., *Phloeophilus* Steph., *Dasytes* F., *Haplocnemus* Steph., *Zygia* F., *Melyris* F., *Prionocerus* Perty., *Rhadalus* Le Conte 等が代表的な属で，本邦からは *Laius* と *Dasytes* との2属が発見されている。アオグロケシジョウカイモドキ (*Dasytes japonicus* Kiesenwetter) (Fig. 880) は体長4～5 mm，光沢ある藍黒色で褐色短毛を装う。触角は弱い鋸歯状で雄は体より少しく短かく雌では前胸背板後縁に達するのみ，前胸背板と翅鞘とに黒色の直立毛を疎生している。本州と九州とに産し，花に見出される。この属には更に九州産のニセアオグロケシジョウカイモドキ (*D. lewisi* Delkeskampf) がある。キオビジョウカイモドキ (*Laius niponicus* Lewis) は体長 2.5～3.7mm，黒色乃至黒藍色で光沢があり灰色微毛を装い，翅鞘は中央に橙黄色の幅広の1横帯を有し，触角第3節は著しく大きく心臓形（雌では単に太まる）となつている。北海道や本州等に産し河原や石下や砂丘等に発見される。なおこの他に1種が見出されている。

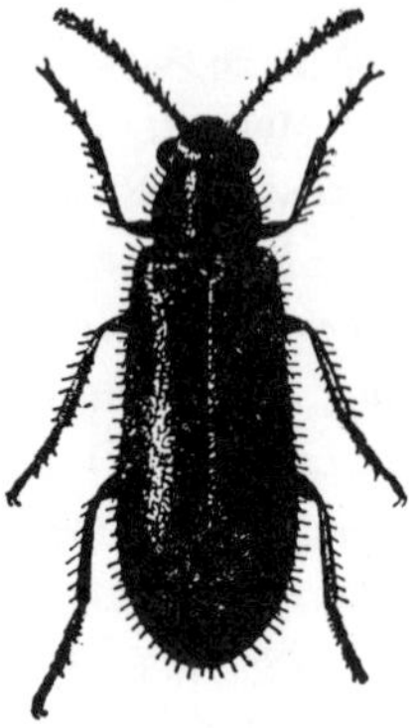

Fig. 880. アオグロケシジョウカイモドキ雌（中根）

347. ニセジョウカイ（偽菊虎）科

Fam. Malachiidae Lacordaire 1857

この科はジョウカイモドキ科に包含される事があるが，しかし体節間に血圧によつて張開される小胞を具えている事によつて明瞭に区別されている。幼虫 (Fig. 881)は細く，触角と脚とが発達している。*Malachius* Fabricius, *Ebaeus* Erichson, *Malthodes* Kiesenwetter 等が代表的な属で，旧北区に多産である。本邦からは前2属が発見されている。ツマキアオジョウカイモドキ (*Malachius prolongatus* Motschulsky) (Fig. 882) は体長 6mm 内外，鈍い暗緑色乃至藍緑色，頭楯・口器・触角の基部7～8節の下面・

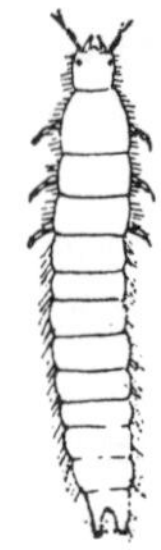

Fig. 881. *Malachius aeneus* L. 幼虫 (Sharp)

前胸背板の外縁・前中脚の各腿節下面・翅鞘の末端等は黄色乃至黄褐色，全体灰色の微軟毛を装う。北海道・本州・九州等に産し，花や葉等に多い。この属には更にコアオジョウカイモドキ(*M. eximius* Lewis) が本州と九州とに産する。ルリヒメジョウカイモドキ(*Ebaeus chlorizans* Kiesenwetter) は体長 2.5 mm 内外，光沢ある黒色で微毛を装う。翅鞘は藍色で微点列と暗色微毛とを密布し，雄は各端に上方に彎曲する黒褐色の附属物とその外側に黄色の内方に彎曲する扁平の長附属物を具えている。腹部は褐色，脚は黄褐色で腿節末端以外の大半は黒褐色，本州と四国とに産し，樹木の葉上に見出される。近似種たるキムネヒメジョウカイモドキ (*E. picticollis* Kiesenwetter) が本州と九州とに産する。

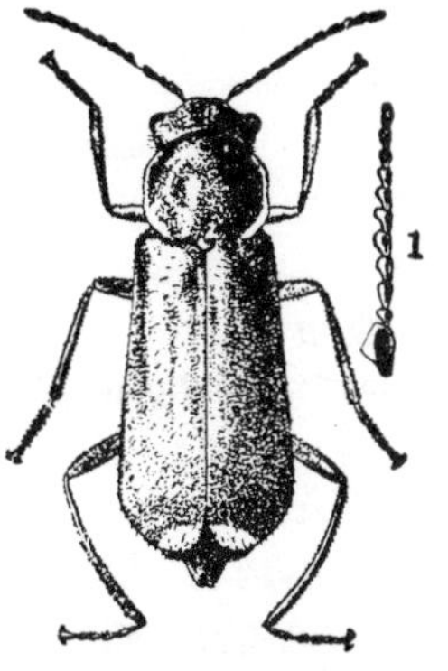

Fig. 882. ツマキアオジョウカイモドキ雌（湯浅）
1. 雄の触角

348. カッコウムシ（郭公虫）科
Fam. Cleridae Kirby 1837

Checkered Beetles, Clerid Beetles 等と称えられ，ドイツでは Buntkäfer と呼んでいる。小形乃至中庸大，普通長く，細いか円筒状，むしろ軟体。皮膚は平滑かまたは有毛や有鱗片，鈍色または鮮明色で赤色や黄色斑紋を有し屢々金属的藍色。頭部は少くとも亜下口式で1部が前胸内に沈み，屢々前胸と等幅。複眼は顕著。触角は簡単のものや鋸歯状や櫛歯状や扇状や棍棒状で，11節からなり末端3節は大形。小顎鬚は太く幅広の末端節を具え，下唇鬚は屢々最大。前胸は普通中胸や後胸より狭く，屢々前方に拡まる。翅鞘は革質で，一般に腹部を覆うが，ときに尾端を現わす。翅はよく発達するものとないものとがある。脚は模式的で，前脚の基節は大きく円錐状で左右連続し，後脚のものは小さく沈み横形，跗節は一般に5節だが，稀れに全脚のものが4節の事がある。腹部腹板は5〜6個が認められる。幼虫はオサムシ型で円筒状または普通幾分扁平，明瞭に環節付けられ，毛を装い，屢々黄色や褐色や紫色や赤色，前胸と腹部末端節との背板は角質で後者は2本の角状突起を具えている。幼虫は一般に地中の蜂の巣や，蝗虫の卵莢や地上の蜂の巣や蜜蜂の巣や，穿孔甲虫・キクイムシ等の孔洞等の中に棲息して，それ等の卵と幼虫とを捕食する。成虫はまた捕虫性で，有害キクイムシを天然的に駆除する。しかしある少数の属のものは花に集来する性を有する。

この類は比較的小さな科で，約2500種からなり，特に熱帯によく発達している。*Cymatodera* Gray, *Thanasimus* Latreille, *Enoclerus* Gahan, *Ommadius* Castelnau, *Trichodes* Herbst, *Aulicus* Spinola, *Hydnocera* Newman, *Lemidsa* Spinola, *Cylidrus* Latreille, *Cladiscus* Chev., *Tillus* Olivier, *Pallenis* Castelnau, *Stenocylidrus* Spinola, *Callimerus* Gorham, *Opilo* Latreille, *Clerus* Fabricius, *Stigmatium* Gray, *Phaeocyclotomus* Kuw., *Phyllobaenus* Spinola, *Epiphloeus* Spinola 等が代表的な属で，本邦からは *Cladiscus*, *Tillus*, *Thanasimus*, *Stigmatium*, *Neoclerus*, *Teneroides*, *Tarsostenus* 等の属が発見されている。アリモドキカッコウムシ (*Thanasimus lewisi* Jacobson)(Fig. 883) は体長 7〜9 mm，黒色で黒褐色の粗毛を装う。前胸背板後縁・翅鞘の基部凡そ1/3・触角各節の基部・両鬚・小楯板・腹部・跗節等は赤褐色。翅鞘の2横帯は白色毛からなる。本州産で，森林木や木材等の害虫を捕食する益虫である。同属には更にムネアカアリモドキカッコウムシ (*T. substriatus* Gebler) が北海道に産する。ホソカッコウムシ (*Cladiscus obeliscus* Lewis) は体長 6〜7.5mm，体は他のカッコウムシと異なり細長く円筒形で前胸背板は著しく長く後方1/3が括れている。黒色で胸部と口器と触角基部2節と前・中両脚の基節とは赤色。全体灰黒色の粗毛を装う。本州・四国・九州等に産し樹上生活者で，台湾・インド・アンダマン・フィリッピン・ニューギニア等に分布する。キムネツツカッコウムシ (*Teneroides maculicollis* Lewis) は体長 5〜8.5mm，長円筒形で方形の前胸背板と櫛歯状触角とを有し，短かい脚を具えている。赤黄褐色，翅鞘は美麗な藍紫色で灰色と黒色との微毛を装う。本州・九州等に産し，台湾に分布する。この属には更に2種類発見されている。世界共通種たる且つ森林や木材の害虫を捕食する益虫たるシロオビカッコウムシ (*Tarsostenus univittatus* Rossi) が産する。以上の他に4〜5種が本邦から知られている。

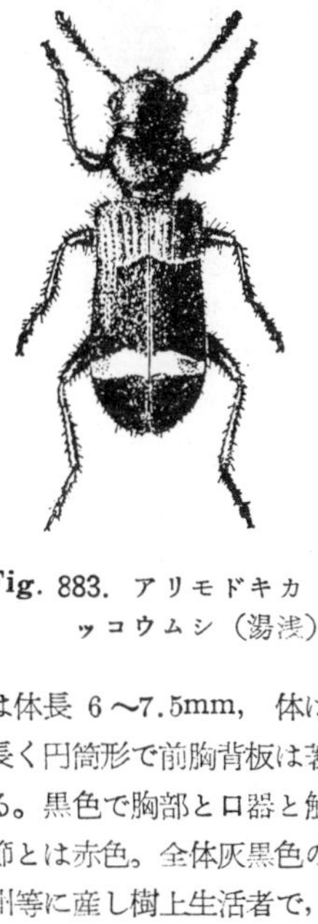

Fig. 883. アリモドキカッコウムシ（湯浅）

349. ホシカムシ（干鰯虫）科
Fam. Corynetidae Thomson 1859

学者によつてはカッコウムシ科に包含せしめているが，跗節の第4節が異状に微小となり背面から見えない事と前胸背板が多少明瞭な側隆起縁を有することによつて区別する事が出来る。*Tenerus* Castelnau, *Pelonium* Spinola, *Epoplium* Latreille, *Corynetes* Herbst, *Necrobia* Olivier, *Opetiopalpus* Spinola 等が代表的な属で，本邦からは *Necrobia* 1属のみが知られている。アカクビホシカムシ (*Necrobia ruficollis* Fabricius) (Fig. 884) は体長4～6 mm，赤褐色，触角と腹部とは黒色，頭部と翅鞘（基部を除き）とは藍色乃至青藍色で金属光沢を有し，全体褐色微毛を装う。前胸背板は側縁と後縁とが明瞭に縁取られている。世界共通種で，幼虫は乾燥した骨や干魚や動物質の乾物等を喰害する害虫。この属には更にルリホシカムシ (*N. violacea* Linné) とアカアシホシカムシ (*N. rufipes* De Geer) 等の世界共通な害虫が産する。

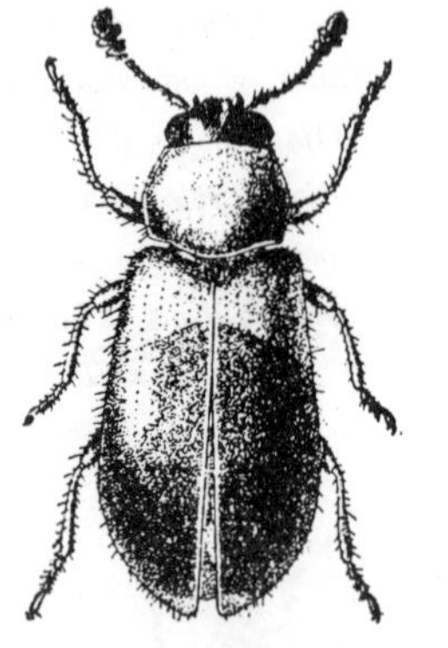

Fig. 884. アカクビホシカムシ（湯浅）

350. クチキムシダマシ（擬朽木虫）科

Fam. Othniidae Le Conte 1861

小形で形状はタマムシ類に似ている。頭部は幅広で後方頸状に狭まらない。触角は11節で額の側下に生じ，末端の3節は球桿部を構成しているが各節がゆるやかに結び付いている。前胸背板は翅鞘の基部とほぼ等幅で，翅鞘に密着していない，側部は明瞭に縁付けられている。前脚の基節窩は後方閉ざされ，前脚基節は小さく円錐状，跗節は5：5：4節。腹部の末端は翅鞘から覆われていない。腹板は5個。脚は弱い。約25種が知られ，北米・中米・東アジヤ・インド・マレー等に分布し，*Othnius* Le Conte と *Abala* Castelnau とが代表的な属で，本邦からはオオクチキムシダマシ (*Othnius kraatzii* Reitter) (Fig. 885) が知られ，同種は体長3.5～6.6mm，黒色で背面が金銅色の光沢を帯びている。触角（球桿部は除く）・口器・脚（腿節の基部大半は暗色）等は赤褐色，翅鞘の斑紋は黄褐色。背面は褐色の倒毛を装い，前胸背板の所々と翅鞘の淡色紋部とは灰白色毛を生じている。尾節は小点刻を密布し，微毛を装う。全土に産し，東シベリヤに分布し，枯木や薪等に発見され，動作活潑である。

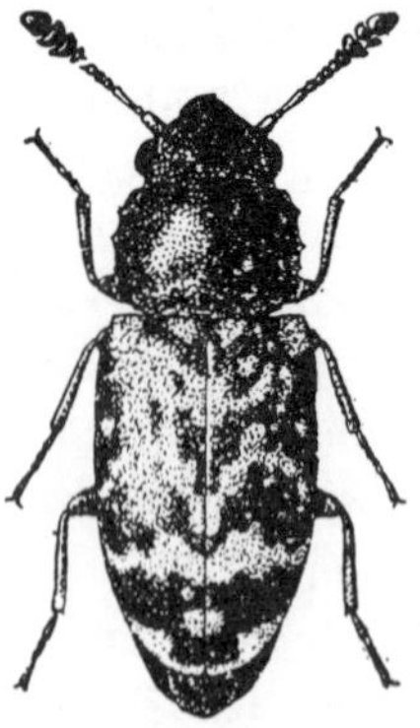

Fig. 885. オオクチキムシダマシ（中根）

筒蠹虫上科

Superfamily *Lymexyloidea* Leng 1920

ツツシンクイ上科は *Clavicornia* に包含さしめられて取扱われる事が多い。しかし Leng に従い独立せしめた。つぎの4科に分類する事が出来る。

1．腹部の腹板は5個，細長い甲虫（3対照）…………………………………………………Family *Lymexylidae*
　腹部の腹板は少くとも6個…………………………2
2．腹部の腹板は6個………………………………………3
　腹部の腹板は7または8個…………………………4
3．翅鞘は短かく腹端の数節を現わし，小顎鬚は雌雄共に簡単。甚だ小形種 (*Micromalthus* Le Conte 全北区)……………Family *Micromalthidae* Barber 1913
　翅鞘は完全，小顎鬚は雄では扇状（1対照）………………………………………………Family *Lymexylidae*
4．小顎鬚は扇状，翅鞘は甚だ短かく，翅は放射状の翅脈を有し，複眼は額上で左右殆んど合している (*Atractocerus* Pal. 広分布)……………………………………………………Family *Atractoceridae* Castelnau 1840
　小顎鬚と下唇鬚とは非常に長く，末端節が殆んど触角と等長。細い扁平種で，翅鞘は腹部の半ばに達する（雌）(*Telegeusis* Horn 北米)……………………………………………Family *Telegeusidae* Leng 1920

以上の諸科の内本邦にはつぎの1科のみが知られている。

351. ツツシンクイ（筒蠹虫）科

Fam. Lymexylidae Le Conte 1862

Lymexylonidae Leach 1817 が採用される事もある。細長く円筒形で軟体。頭部は自由で傾斜，複眼はときに大形，触角は比較的短かく鋸歯状，小顎鬚は雄では羽毛状。前胸背板は小さく，側縁が幾分縁取られている。前・中両脚の基節は大形で，突出し且つ円錐状。小楯板は中縦隆起線を有する。翅鞘に甚だ短く，翅は放射状の翅脈を有し如何なる場合でも横に畳まれる事がない。脚は細く，跗節は細く5節からなりその基節は短かくない。腹板は5～8個，中庸大で簡単な彫刻と色彩とを有する。幼虫は穿木性，前胸は大形となり，尾節は突起を具えている。世界から約50種が発見され，*Lymexylon* Fabricius, *Hylecoetus* Latreille, *Melittomma* Murr. 等が代表的の属で，本邦からは最初の2属が発見されて

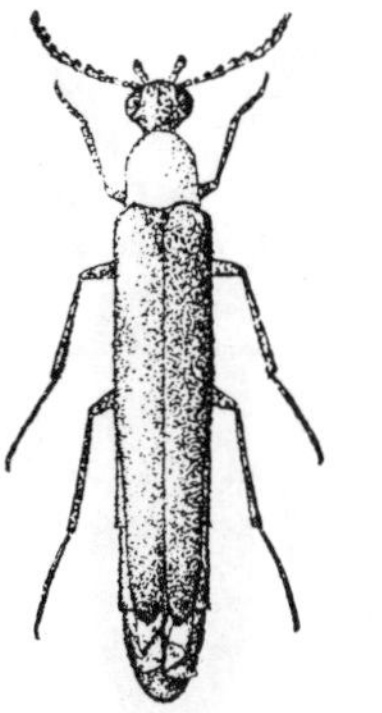

Fig. 886. ムネアカホソツツシンクイ（黒沢）

いる。ムネアカホソツツシンクイ (*Lymexylon ruficolle* Kurosawa) (Fig. 886) は体長10～14mm，黒色，前胸背板は赤色（後縁は黒色），翅鞘は肩部の内方に不明瞭な赤褐色紋を有する。腹眼は微毛を密生し，触角は殆んど珠数状，小顋鬚は太く膨大なる2末端節を有し，翅鞘は隆起線を欠き腹端の1～2節を現わす。本州の山地に産し，幼虫はクリやナラ等の堅材に穿孔する。ツマグロツツシンクイ (*Hylecoetus cossis* Lewis) は体長10～17mm，やや円筒形，赤褐色乃至黄褐色で黄褐色の微軟毛をやや密生し，頭部・翅鞘端・中後各胸腹板は暗色乃至黒色。額の中央に単眼の痕跡を有し，触角は短かく鈍鋸歯状，前胸背板は幾分梯形，翅鞘は3または4個の縦隆起線を有する。北海道・本州・九州等に産し，幼虫はブナ・シラカンバ・ハンノキ等の材部に侵入する。この属には更に *matsushitai* Kono が北海道と本州と樺太とに産する。

長扁虫上科

Superfamily *Cupesoidea* Leng 1920

ナガヒラタムシ上科は次の1科からなり，鞘食亜目中に包含せしめられる事が多いが，Leng に従い多食亜目の1上科として取り扱う事とした。

352. ナガヒラタムシ（長扁虫）科

Fam. Cupedidae Alluand 1900

Cupesidae Gemm. et Har. や *Cupidae* Brues et Melander 1932 等が採用される事が少くない。中庸大，多くのものは微鱗片を装う。頭部は強顆粒を布し，短かい頸部を具え，下唇基節は小形，小顋は内・外両葉片と4節からなる鬚とを具えている。触角は長く且つ多少太く，屢々幾分鋸歯状となり，額の前方部に生じている。前胸背板は種々の形状を呈し，側縁は多少明瞭に縁取られ，翅鞘から強く区切られている。翅鞘は腹端に達し，強い

Fig. 887. ナガヒラタムシ（横山）

彫刻を有する。脚は幾分短かく，5節からなる跗節を有する。翅は多数の横脈を有し，原始的である。腹部は5腹板を具えている。幼虫は細長く，短かい脚を有し，1本の爪を具え，尾毛を欠き，木質部内に棲息する。東アジヤ・フィリッピン・濠洲・アフリカ・マダガスカル・南アフリカ・北米・ブラジル・チリー等に分布し，20種類程発見され，*Cupes* Fabricius と *Oma* Newman 等が代表的な属となつている。本邦には *Cupes* 属のみが知られ，ナガヒラタムシ (*Cupes clathratus* Solsky) (Fig. 887) は体長9～17mm，暗褐色，顆粒状の小突起を密布し鱗毛を装う。翅鞘は各9条の縦隆起線を有し，それ等の間に格子状の横隆起線を有する。腹部腹板は各2条の横隆起を有するが，尾節は1条のみである。幼虫は朽木中に棲息する。北海道・本州等に産し，シベリヤに分布する。同属には更にヒメナガヒラタムシ (*C. japonicus* Tamanuki) が知られている。

叩頭虫上科

Superfamily *Elateroidea* Leng 1920

(*Sternoxia*)

コメツキムシ上科はつぎの8科に分類する事が出来る。

1．腹部の腹板は5個……………………………………2
　腹部の腹板は少くとも6個…………………………7

2．前脚の基節は多少円錐状を呈し突出し，後脚の基節は板状で腿節の受入れに対する溝を有し，前脚の基節窩は後方開き，触角は球桿状でなく，跗節は爪間に1個の有毛の長い褥盤 (Onychium) を具え，脛節の距棘は小形，頭部は前方に突出し，触角は一般に雄では扇状，屢々11より多節（7対照）……………………………………………………………Family *Rhipiceridae*
　前脚の基節は球形，転節は決して基節と腿節との間にはまつていない………………………………………3

3．腹部の腹板の最初の2節は合着し間の縫合線が甚だ弱くなり，触角は鋸歯状で甚だ稀れに雄では櫛歯状，跗節は下面に膜質の葉片を具え末端節が長くなく，爪は中庸大または小形，活潑な堅い甲虫…………………………………………………………Family *Buprestidae*
　腹部の腹板は凡てが自由かまたは少くとも明瞭な縫合線によつて各等長に区割されている………………4

4．前胸背板は中胸にゆるやかに結び付き自由可動的で，その後角は一般に後方に歯状に延び，前胸腹板の棘状突起は中胸腹板の凹所にゆるやかに受入され，前脚の基節窩は完全に前胸腹板内に位置する…………5
　前胸背板は中胸に固着し不可動的，前脚の基節窩は中胸の腹板によつて後方閉ざされている………………………………………………………Family *Throscidae*

5．後脚の基節は葉片状，転節は短かい………………… 6

後脚の基節は葉片状でなく，中・後両脚の転節は甚だ長く，上唇は短かく横形で頭楯と合着し，触角は鋸歯状（雌）または櫛歯状（雄）(*Cerophytum* Latreille 全北区)……… Family *Cerophytidae* Latreille 1834

6．上唇は自由，触角は複眼に近い額縁下に生じ，腹部腹板の末端2節は膜質の明瞭な縫合線によつて結び付き，前胸の腹板は前方葉状となる (*Dichronychidae* を包含)…………………………… Family *Elateridae*

上唇は隠れ，腹部の末端2腹板間に膜質皺がなく，前胸の腹板は前方葉片状とならない。触角は額上複眼間に生じ額の上面にある横溝内に受け入れられる…… ………………… Family *Melasidae* (*Eucnemidae*)

7．前脚の基節は円味を有するかまたは球状，跗節の末端節は著しく長くなく，爪は大きくなく，前胸の腹板は1突起として後方に延び中胸の腹板にある凹所に受け入れられ，前胸背板は中胸とゆるやかに結び付いている……………………………………………………… 8

前脚の基節は円錐形で突出し一般に大形，腹部の腹板は6個で第5節は長くなく，後脚の基節は腿節を受入する溝を有し，跗節は爪間に突出する有毛の褥盤を具えている（2対照）………… Family *Rhipiceridae*

8．上唇は頭楯と癒合し，触角は基部にて左右離れ，脛節の距棘はよく発達する (*Cebrio* Olivier 旧北区, *Scaptolenus* Le Conte アメリカ, *Cebriorhipis* インド・マレー)……… Family *Cebrionidae* Leach 1817

上唇は自由，脛節の距棘は弱体 (*Plastocerus* Le Conte アメリカ, *Euthysanius*, *Aplastus* 新北区, *Phyllocerus* 旧北区) (*Phylloceridae* Reitter 1905 を包含)…………Family *Plastoceridae* Candèz 1891

以上のうち本邦からはつぎの5科が発見されている。

353. クシヒゲムシ（櫛角虫）科
Fam. Rhipiceridae Letreille 1834

Rhipidoceridae Gemm. et Har. 1869 や *Rhipiceratidae* Brues et Melander 1932 等は異名。幾分大きな細長形，触角は複眼の前方額に生じ，雄では櫛歯状でときに鰓状。頭部は自由で，屢々幾分前方に突出する大顋を具えている。胸部は比較的小さく，側縁は多くの場合明瞭に縁取られ，前胸腹板は後方に突起棘を欠く。脚は中庸長で強く，前・中両脚の基節は円錐円筒状，跗節は5節。翅鞘は比較的大きく，腹部を完全に覆う。腹板は5～6個，幼虫は長く円筒形で後端切断状，頭部は強く，脚は短かい。草食性。

世界から約100種以上が発見され，熱帯地に多産で，アメリカと濠洲とにかなり多く，*Rhiticera* Latreille, *Sandalus* Knoch, *Zenoa* Say, *Callirhipis* Latreille, *Arrhaphipterus* Kraatz 等が代表的な属で，本邦からはムネアカクシヒゲムシ (*Horatocera niponica* Lewis) (Fig. 888) が知られている。体長12～17mm，やや光沢ある黒色，雄は前胸背板赤褐色，小楯板と翅鞘の基部とはやや赤味を帯ぶ。普通全体黒色，雄はときに更に頭部と翅鞘と体下と跗節とが赤褐色を呈する事がある。本州と四国とに産し，一名クビアカクシヒゲムシと称える。

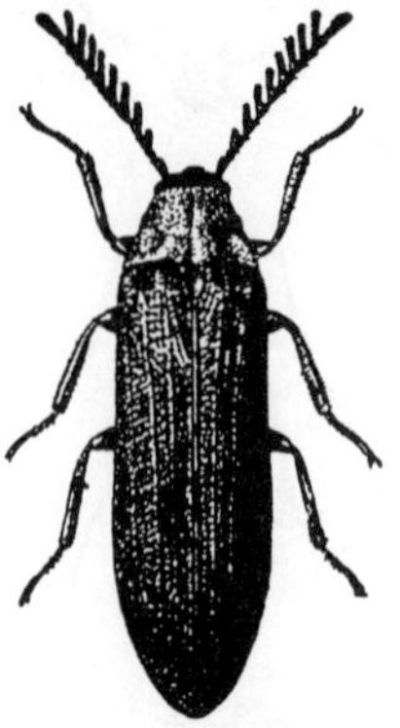

Fig. 888. ムネアカクシヒゲムシ雌（中根）

354. コメツキムシ（叩頭虫）科
Fam. Elateridae Leach 1815

Click Beetles, Skipjacks, Snapping Beetles 等の名が与えられ，ドイツでは Schnellkäfer フランスでは Taupins 等と称えている。微小乃至中庸大，堅く長い幾分扁平な甲虫，皮膚は温帯産のものは多く陰色で黒色や灰色や褐色，熱帯産のものは鮮明な金属色のものがあり，平滑か点刻を布するか線条を有するか粗面か有毛かまたは鱗片を布する。頭部は小さく1部前胸背板から覆われ，触角は簡単か鋸歯状かあるいは櫛歯状で11節からなり複眼の近くに生じ，複眼は円く突出し，大顋は叉状。前胸背板は大きく自由，一般に後角が突出し尖り，複板は後縁中央に1突起を具え中胸腹板の凹所に受入されている。脚は短かく屢々体下に多少引込まれ，前脚の基節窩は前胸腹板から構成され，後脚の基節は腿節下に拡がる1板を具え，跗節は5節，爪は簡単か歯状か櫛歯状。翅鞘は多くの種類で腹背を覆い，翅は普通よく発達して速飛翔に適応している。腹部は5個の腹板が認められ，末端節は可動的。幼虫 (Fig. 889) はハリガネムシ (Wireworms) と呼ばれ，普通細長く円筒形であるがあるものは幾分扁平，体は強靱，平滑で光沢を有し，黄色または帯赤褐色，第9腹環節は微歯列の縁を有する幾丁質の背板を有し且つ幾丁質化せる1本または1対あるいは複雑な突起または鉤棘を具え，更に1尾脚を具え，頭部は幾丁質化し単

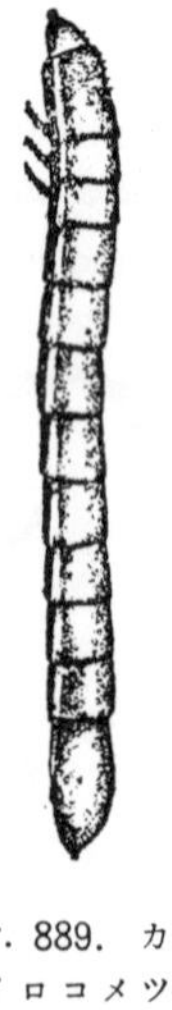

Fig. 889. カバイロコメツキムシ幼虫（木下）*Agriotes sericeus* Candèze

眼を有し3節の触角を具えている。

成虫は最少2mm，最大65mmの長さを有し，地上や枯木や凡ての植物上に見出され，あるものは花に集まり，また早春に果樹や灌木等の芽を食害するもの等が少くない。多くの種類の幼虫は朽木中や塵芥下等に棲息するが，ある多数の種類では地中にあつて地表の上や下の種子や植物を食害する。例外としてはアフリカ産の *Tetralobus flabellicornis* Linné）の幼虫が白蟻の巣の中に棲息する事が認められている。幼虫は屢々多数に棲息し各種の作物特に穀類や野菜等の重要な害虫として世界に知られている。しかしある種類は食肉性である。卵は朽木の上や塵芥中や地上または地中等に産下され，幼虫は2年乃至5年も経て初めて成虫となる。

世界から8000種程発見され，凡ての区に見出され，*Agriotes* Eschscholtz, *Alaus* Eschscholtz, *Athous* Eschscholtz, *Cardiophorus* Eschscholtz, *Corymbites* Latreille, *Elater* Linné, *Ludius* Berthold, *Melanotus* Eschscholtz, *Adelocera* Latreille, *Lacon* Castelnau, *Tetrigus* Candèze, *Megapenthes* Kiesenwetter, *Melanoxanthus* Eschscholtz, *Hypnoides* Stephens *Paracardiophorus* Schw., *Limonius* Eschscholtz, *Agonischius* Candèze, *Adrastus* Eschscholtz, *Denticollis* Pill. M., *Conoderus* Eschscholtz, *Hemicrepidius* Germar, *Horistonotus* Candèze, *Pheletes* Kiesenwetter 等が代表的な属で，本邦からは以上（最後の4属を除く）の他に *Pectocera*, *Aeoloderma*, *Scoliocerus*, *Quasimus*, *Platynchus*, *Spheniscosomus*, *Neotrichophorus*, *Sericus*, *Silesis* 等の属が発見されている。

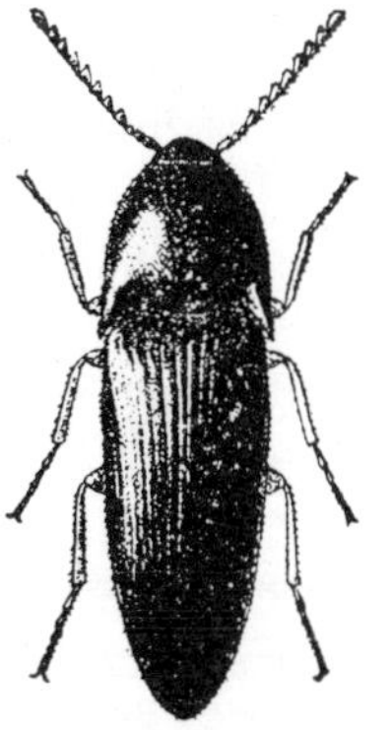

Fig. 891. アカハラクロコメツキ（中根）

アカハラクロコメツキ（*Elater hypogastricus* Candèze）（Fig. 890）は体長14mm内外，光沢ある黒色で暗色毛を装い，腹部と脚とは赤褐色で淡色毛を装い，触角は暗赤褐色で暗色毛を装う。全土に産する。サビキコリ（*Lacon binodulus* Motschulsky）は全土に産し，幼虫は麦類やジャガイモの害虫で，成虫はリンゴや橘柑等の花を害する。ホソサビキコリ（*L. fuliginosus* Candèze）は本州・四国・九州等に産し，幼虫が麦類を害する。麦類の害虫として更に北道道産のトビイロムナボソコメツキ（*Agriotes fuscicollis* Miwa）や本州産のオオカバイロコメツキ（*A. persimilis* Lewis）や北海道と本州とに産するカバイロコメツキ（*A. sericeus* Candèze）や本州・四国産のツヤハダコメツキ（*Athous sinuatus* Lewis）や本州・四国・九州等に産するムギハナコメツキ（*A. virens* Candèze）や全土に産するシモフリコメツキ（*Corymbites pruinosus* Motschulsky）や全土に産するクシコメツキ（*Melanotus legatus* Candèze）・コガタコメツキ（*M. erythropygus* Candèze）・クロクシコメツキ（*M. senilis* Candèze）や本州・四国・九州等に産するマルクビクシコメツキ（M. *caudex* Lewis）（この種はジャガイモや甘藷や各種蔬菜類の有名な害虫）や全土産のコハナコメツキ（*Paracardiophorus pullatus* Candèze）・オオハナコメツキ（*Platynchus pauper* Candèze）・クチブトコメツキ（*Silesis musculus* Candèze）や本州産のオオクシコメツキ（*Spheniscosomus restrictus* Candèze）等の多数が知られている。各種蔬菜の害虫としてはトビイロムナボソコメツキやオオカバイロコメツキやカバイロコメツキ（成虫が各種果樹の花を害する）等が知られ，成虫が果樹の花を害するものとしては全土産のクロハナコメツキ（*Cardiophorus vulgaris* Motschulsky）やドウガネヒラタコメツキ（*Corymbites gratus* Lewis）や本州・九州産のヒメシモフリコメツキ（*C. orientalis* Candéze）や本州・四国・九州等に産するトビイロクシコメツキ（*Melanotus annosus* Candèze）等が認められている。本邦産コメツキムシ中最も美しい種はヒゲコメツキ（*Pectocera fortunei* Candèze）で，体長24〜30mm，赤褐色で灰白色乃至灰黄色の微軟毛を密生し，翅鞘では斑紋状毛叢を形成している。触角は雌では弱い鋸歯状であるが，雄では甚だ長い櫛歯状を呈する。全土に産し，沖縄・台湾・支那等に分布する。

355. コメツキダマシ（偽叩頭虫）科
Fam. Melasidae Leach 1817

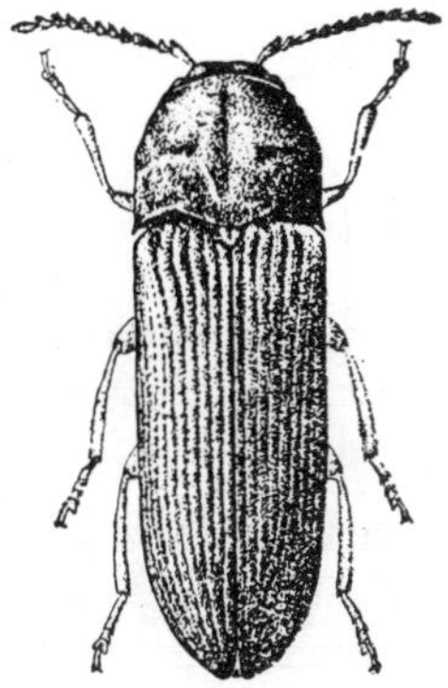

Fig. 891. オニコメツキダマシ雌（黒沢）

Eucnemidae Latreille 1884, Westwood 1839 は異名。コメツキムシ科に近似，しかし腹部の第4腹板と第5との間に膜質部がなく，頭楯は前方に拡がり上脣が覆われ，後脚の基節は明瞭な腿節被板を具え且つ短かい転節を有する。幼虫は細くハリガネムシに類似するかまたはタマムシの幼虫に似て，脚は退化し，大部分のものは木質を食す

る。世界に分布するが寒国には比較的少数，約1500種が知られ，*Melasis* Olivier, *Eucnemis* Ahr., *Dromaeolus* Kiesenwetter, *Microrrhagus* Eschscholtz, *Nematodes* Latreille, *Xylobius* Latreille 等が代表的な属で，本邦からは *Isorhipis*, *Hylochares*, *Hylis*, *Dirhagus*, *Farsus*, *Fornax*, *Galloisius* 等の属が発見されている。

オニコメツキダマシ (*Hylochares harmandi* Fleutiaux) (Fig. 891) は体長 5～10mm，光沢ある真黒色，脚とときに触角とが赤褐色を帯びる。頭部は粗大な点刻を有し，翅鞘は各9条の点刻列を有する深い縦溝を有し間室は細かい顆粒状縮刻を装う。腹端は強く犬歯状に突出する。北海道・本州・九州等に産し，ブナ等の朽木に見出される。クシヒゲミゾコメツキダマシ (*Dirhagus ramosus* Fleutiaux) は体長 3.5～6mm，黒色でときに帯褐色，灰色の微毛を装い光沢を有し，脚は赤褐色。触角は雌では鋸歯状なれど雄では長い櫛歯状，翅鞘は粗大な点刻を布し，会合部に若干の不明瞭な縦溝または縦隆起線を有する。北海道と本州とに産し，枯朽木に見出れ，台湾にも発見されている。

356. ヒゲブトコメツキ（太角叩頭虫）科
Fam. Throscidae Laporte 1840

Trixagidae Gemm. et Har. 1869 は異名。前胸は上下に不可動的，前脚の基節窩は前・中両胸腹板からなり，前胸腹板は前方に広まり口部を覆い，触角は屢々棍棒状かまたは鋸歯状，後脚の基節は腿節を覆う板を有する。微小形の甲虫。世界から約200種が知られ，アメリカに多産 (*Drapetes*, *Throscus*, 共通。*Cactopus* 新北区。*Paradrapetes*, *Aulonothroscus* 広分布)。本邦からはヒゲブトコメツキ (*Throscus longurus* Weise) (Fig. 892) が知られ，体長2～3.5mm，黒褐色で全面黄灰色の微軟毛を装い，触角と脛節と跗節とのみ褐色。頭部は前方に突出し，触角は末端3節が膨大，前胸背板は微細な点刻を比較的疎布し，外縁と腹板との間に深い触角溝を有する。翅鞘は点刻列を有するあまり顕著でない多数の縦溝を有する。本州に産し，雑草間や朽木等に発見されなお燈火に飛来し，成虫にて樹皮下に越冬する。この種以外に *T. micado* Reitter と *T. schenklingi* Reitter 等が発見され，これ等両種は複眼が縦溝によつて2分されている。

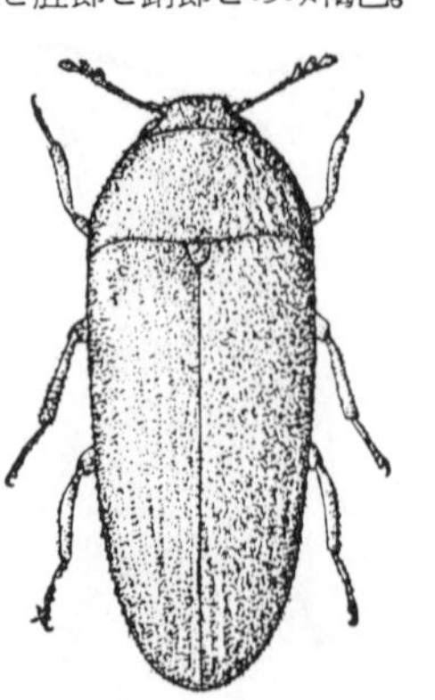

Fig. 892. ヒゲブトコメツキ雌（湯浅）

357. タマムシ（吉丁虫）科
Fam. Buprestidae Keach 1815

Buprestid Beetles, Metallic Wood Borers, Flatheaded Borers 等がこの科の昆虫で，ドイツでは一般に Rachtkäfer と称えている。小形乃至大形，堅く，扁平で短かいかまたは長形，また円筒形，金属的色彩，特に銅色や真鍮色や緑色等，また更に他の鮮明金属色で青色や赤色や紫色等の虹彩を有するものもあり，なおまた瀬戸物様の色彩を有するもの等があつて，非常に美麗な甲虫である。表面平滑のものや点刻を布するものや粗面のものや線条を有するものや粉付けられたものやまたある少数のものでは有毛あるいは有鱗片等である。体はがつしりして，頭部が複眼まで前胸背板内に沈んでいる。触角は額の上に生じ，短かく，鋸歯状で11節からなり，複眼は大形。前胸は大きく不可動的，前胸背板は平たく，前胸腹板は中胸腹板に延びあるものでは後胸腹板にまで延びている。翅鞘は一般に腹部を覆い，翅は普通よく発達し大形で速飛翔に適応している。前脚の基節は球状，後脚の基節は幅広く腿節の1部を覆い，跗節は5節で最初の4節は褥盤状。腹部は5腹板を具え，最初の2節は癒合し，尾節は覆われているかまたは現われている。

タマムシ類は大部分森林地帯に限定されて，蕃殖のために木質植物を必要とするものである。成虫は太陽光線を好み，日中の最も輝かしい且つ最も暖かい時間に最も活潑である。あるものは樹木のさらされてある幹や枝上で日向ぼつこするが，他のものは族葉を訪れ，また多数のものは花に見出される。雌は樹皮の割目の上や中に産卵し，枯死中の植物や近くに枯死した植物あるいは更にある種類は健全な樹木並びに針葉樹の毬果等を害する。ある種類は山火事や煙に誘致され異状に活潑となり，きこり等のやつかいものになる。それは頭や手や他の露出部を咀む事のためである。

タマムシの美麗な色彩は不変的で，そのために翅鞘や他の部分が装飾や芸術品に使用され，小形のものは宝石商によつて宝石として取り扱われる。斯くの如くに使用されるものとしてはインド・支那等に産する青色種 *Sternocera chrysicioides* Castelnau et Gory や濠洲産の青色と橙黄色の *Calodema regalis* Laporte et Gory 赤色と黒色の *C. plebeja* Jordan や日本産のタマムシ *Chrysochroa fulgidissima* Schönherr や支那産の緑色と赤色の *C. chinensis* Castelnau et Gory と黄色の斑紋がある *C. edwardsii* Hope 等は採集家の著しい収入となるものである。

Fig. 893. タマムシ（湯浅）

幼虫 (Fig. 893) は眼がなく，脚もなく，明瞭な環節からなり，長く屢々細長く，甚だ小さな頭部と非常に大きな且つ一般に扁平な胸部とを具え，腹部は後方に細まり，円筒形よりは著しく扁平となり，9節からなり，軟かで平滑，一般に白色または帯黄色。口器は強く，乾燥せるまたは湿気ある木質部の凡ての種類のものの内に穿孔する。最も多種は樹幹や枝や根の中に，少くとも1種は毬果を侵し，少数のものは潜葉性で，更に他のものは虫癭を形成する。

この科は大きな群で8000種以上からなり，熱帯の亜熱帯に最も多数に産する。しかし森林のある処は寒国でも見出されている。大体つぎの如き12亜科に分類する事が出来る。

1．中脚の基節窩は完全に中胸腹板から構成されている（あるアフリカ産の *Julodis* と *Amblyst'rna* との両属の種類を除き）……………………………………… 2

中脚の基節窩は側方が中胸腹板から後方部が後胸腹板からそれぞれ形成されている……………………… 5

2．触角感覚孔 (Antennal pores) は鋸歯状環節の両面に分散している……………………………………… 3

触角感覚孔は鋸歯状環節の1圧凹部内かまたは1凹孔内に集中している……………………………………… 4

3．後脚の基節はその内側に微かに拡がり，その後縁は横形で微かに彎曲している。小楯板は見えない。触角感覚孔は絹糸様の微毛によつて隠されている (*Julodis* Eschscholtz, *Sternocera* Eschscholtz その他)……… ……………… Subfamily *Juloninae* Le Conte 1862

後脚の基節はその内側に明瞭に拡がり，その後縁は傾斜し，触角感覚孔は露出している (*Thrincopyge* Le Conte)………… Subfamily *Thrincopyginae* (Le Conte 1862) Fowler 1912

4．後胸の側片は狭い (*Polycesta* Solier, *Acmeodera* Eschscholtz, *Ptosima* Solier その他)……………… Subfamily *Polycestinae* (Stein 1868) Fowler 1912

後胸の側片は甚だ幅広。腹部背板は膜質 (*Schizopus* Le Conte その他)…… Subfamily *Schizopinae* (Le Conte et Horn 1883) Fowler 1912

5．中胸腹板の側枝は長い (*Belionota* 属を除き)…… 6

中胸腹板の側枝は甚だ短かく且つ側部後方に位置しているかまたは不明瞭…………………………………10

6．触角感覚孔は鋸歯状環節の両面に分散している… 7

触角感覚孔は鋸歯状環節上にある1圧凹部または凹孔中に集在する……………………………………… 8

7．小楯板はないかまたは隠されている (*Chrysochroa* Solier, *Steraspis* Solier. その他)…………………… ……Subfamily *Chrysochroinae* (Kerremans 1903) Fowler 1912

小楯板は見える (*Chalcophora* Solier, *Halecia* Castelnau, *Iridotaenia* Deyr., *Chrysodema* Castelnau, *Paracupta* Deyr., *Cyphogastra* Deyr., *Psiloptera* Solier, *Capnodis* Eschscholtz その他) ……Subfamily *Chalcophorinae* (Kerremans 1903) Fowler 1912

8．額は触角の付け根で狭まつていない。複眼は左右甚だ近よりときに頭頂にて離れている………………… 9

額は触角の付け根で狭まり，複眼は著しく傾斜し背面で左右接近している (*Chrysobothris* Eschscholtz, *Colobogaster* Solier, *Actenodes* Lacordaire, *Belionota* Eschscholtz その他)…………………… ………… Subfamily *Chrysobothrinae* (Stein 1868) Fowler 1912

9．小楯板は幅広で後方に狭まり，下唇基節は大きく三角形 (*Sphenoptera* Solier その他)…………………… Subfamily *Sphenopterinae* (Stein 1868) Fowler 1912

小楯板は多くとも中庸大で決して前方に幅広とならずまた後方に狭まつてもいない。下唇基節は著しく横形 (*Buprestis* Linné, *Lampra* Lacordaire, *Melanophila* Eschscholtz, *Anthaxia* Eschscholtz, *Dicerca* Eschscholtz, *Melobasis* Dastelnau その他) … Subfamily *Buprestinae* Le Conte et Horn 1833

10．額は触角の付け根で狭まり，触角溝は甚だ大きく複眼から非常に離れた処に位置し，後脚基節はその内側で拡がらずその後縁は水平で微かに波曲している…11

額は触角の付け根で狭まらない。触角溝は中庸大で複眼の近くに位置し，後脚基節はその内側で拡がりその後縁が傾斜している (*Stigmodera* Eschscholtz, *Conognatha* Eschscholtz, *Pithiscus* Solier, *Dactylozodes* Chevr. その他)………………………………… ……Subfamily *Stigmoderinae* (Kerremans 1893) Fowler 1912

11．前胸背板の基節は多少波曲する (*Agrilus* Stephens, *Aphanisticus* Latreille, *Coraebus* Castelnau, *Brachys* Solier, *Cisseis* Castelnau, *Discoderes* Chevr., *Leiopleura* Deyr., *Lius* Deyr., *Melibaeus* Deyr., *Pachyschelus* Solier, *Sambus* Deyr. その他)……

Subfamily *Agrilinae* (Le Conte 1863) Fowler 1912

前胸背板の基部は直線 (*Mastogenius* Solier その他) ……………………………………………………

Subfamily *Mastogeninae* Le Conte et Horn 1882

以上諸亜科中本邦にはつぎの5亜科が産する。

1．ナガタマムシ亜科 (*Agrilinae*)—微小乃至小形，一般に細長いが *Habroloma* や *Trachys* 等の属は著しく幅広である。ミカンナガタマムシ (*Agrilus auriventris* Saunders) (Fig. 894)は体長6～10mm，青銅色，顔面は金緑色乃至緑青色，翅鞘は暗色を帯び金灰白色短毛からなる斑紋を有し，体下は金銅色乃至黒銅色，脚と触角とは青銅色乃至藍銅色。九州に産し，沖縄・台湾・南支・マレー等に分布し，柑橘類の生枝幹に穿孔加害する。この属には更にリンゴやマルメロ等の害虫たるリンゴナガタマムシ (*A. mali* Murayama) が本州に産し，アカガシの害虫たるクロナガタマムシ (*A. cyaneoniger* Saunders) が北海道・本州・九州等に産し，ケヤキの害虫としてはケヤキナガタマムシ(*A. spinipennis* Lewis)やシロテンナガタマムシ (*A. sospes* Lewis) やヒシモンナガタマムシ (*A. discalis* Saunders) 等が知られ，クワ・ニレ等の枝幹を害するクワナガタマムシ (*A. sapporoensis* Obenberger) が全土に産し，フジの枝幹を害するシラゲナガタマムシ (*A. pilosovittatus* Saunders) が本州・四国・九州等に産し，殻斗科植物の害虫たるホソアシナガタマムシ (*A. lewisiellus* Kerremans) は北海道・本州・九州等に分布し，エノキの枝幹を害するシラホシナガタマムシ (*A. alazon* Lewis) は本州・四国・九州等に産する。これ等の他に数種の *Agrilus* 属が発見されている。クリの有名な害虫たるクリタマムシ (*Toxoscelus auriceps* Saunders) は本州・四国・九州等に産し，キイチゴ属の植物を害するシロオビナガボソタマムシ (*Coraebus quadriundulatus* Motschulsky) が全土に産する。幼虫が潜葉性である種類としてはナラ・クヌギ・カシ等の害虫たるハイイロヒラタチビタマムシ (*Habroloma griseonigra* Saunders) が本州・四国・九州等に産し，同属のヒラタチビタマムシ (*H. elegantula* Saunders) はナワシロイチゴに寄棲し本州・四国・九州等に産し，*Trachys* 属では殻斗植物の潜葉虫たるダンダラチビタマムシ (*T. variolaris* Saunders) が本州・四国・九州等に産し，ケヤキやエノキやムクノキ等に寄棲するナミガタチビタマムシ(*T. griseofasciata* Saunders)が全土に分布し，ウメやスモモ等の葉を害するウメチビタマムシ(*T. inconspicua* Saunders)は本州・四国・九州等に産し，全土に産するヤナギチビタマムシ (*T. minuta* Linné) は柳類の害虫，クズの害虫たるクズチビタマムシ (*T. auricollis* Saunders) は本州・四国・九州等に産する。以上の他にススキ類に穿入するホソツツタマムシ (*Paracylindromorphus japanensis* Saunders) が本州・四国・九州等に産し，羊歯類の葉上に成虫が見出されるキンイロエグリタマムシ (*Endelus collaris* Saunders) が本州と九州とに発見されている。

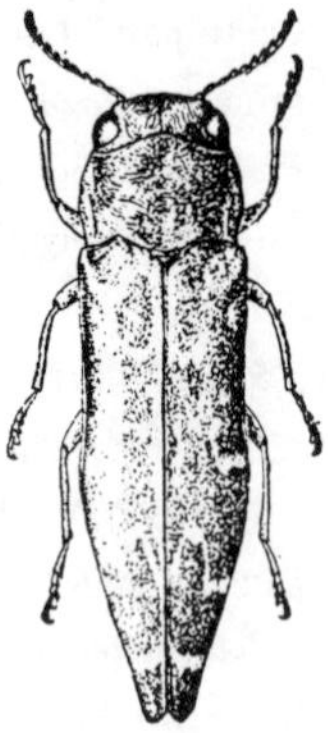

Fig. 894. ミカンナガタマムシ(黒沢)

2．メタマムシ亜科 (*Chrysobothrinae*)—唯1種のみ知られている。ムツボシタマムシ (*Chrysobothris sussedanea* Saunders) (Fig. 895) は体長8～11.5mm，青銅色で紫銅色の翅鞘を具えている。頭部は密に点刻を布し，顔面は銅緑色。複眼は著しく傾斜し頭頂にて甚だしく近より，触角は銅緑色で第1節と第3節とが著しく長い。前胸背板は紫色を帯び外縁と後角とは銅赤色横方形に近く著しく波曲する後縁を有し，小楯板は三角形。翅鞘は各3個の金色凹陥紋を有し，肩部外方と末端会合部とは銅緑色を呈し，外縁の後方3/5は不規則に鋸歯状を呈し，末端円く，表面は粗大な点刻を密布し4本の縦隆起線を有するが会合線に沿う1条のみが顕著。体下と脚とは銅緑色，前者の側方は黄赤色，脛節の下面と跗節とは美しい紫藍色。幼虫はかなり雑食性で，カシ・ビワ・ナシその他等の樹皮下を蝕害する。1名カシノムツボシタマムシと称える。

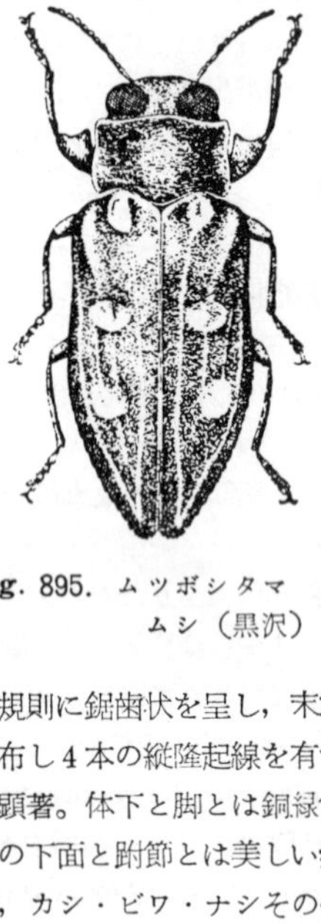

Fig. 895. ムツボシタマムシ (黒沢)

3．タマムシ亜科 (*Buprestinae*)—小形乃至中庸大で比較的幅広。多くのものは幼虫が松柏科の植物に穿入する。クロタマムシ (*Buprestis haemorrhoidalis japanensis* Saundres) (Fig. 896) は体長14～23mm，光沢ある銅黒色でときに緑色を帯び，体下は唐金色を帯び，腹端の両側に赤色紋を有し，ときに顔面にも同色紋を有する事がある。全土に産し，幼虫は衰弱または枯死したアカマツやクロマツ等の材部に穿孔する。ヒメヒラタタマムシ (*Anthaxia proteus* Saunders) は体長3.5～5.3mm，オリーブ様緑色乃至暗銅色，常に絹糸様の光沢を有する。頭部と前胸背板とは網目状彫刻を有し，翅鞘は微細な顆粒状に点刻され条線を欠き末端円い。幼虫はマツを害するものとして知られ，全土に産し，朝鮮・支那・ヒマラヤ等に分布する。ヒメアカナガヒラタタマムシ(*Melanophila acuminata obscurata* Lewis) は体長 10〜12mm，一様に鈍い黒色で橙褐色の爪を具えている。頭部と前胸背板とは網目状の彫刻を有し後者は側縁多少角張り，翅鞘は密に網目状乃至小顆粒状に凹凸を有し末端鋭く尖る。北海道・本州・九州等に産し，幼虫はアカマツを害する。松柏科植物の害虫として更にアオタマムシ (*Eurythyrea tenuistriata* Lewis) が本州・四国・九州等に産し，エゾアオタマムシ(*E. eoa* Semenow)が北海道に産する。キンヘリタマムシ (*Lampra nobilissima bellula* Lewis)は体長 8〜13mm，金緑色乃至銅緑色で前胸背板と翅鞘との外側は顕著な金赤色に縁取られている。幼虫はニレの害虫で，北海道と九州とに産する。同属には更に本州産として *L. kamikochiana* Obenberger と *L. chinganensis* Obenberger と *L. vivata* Lewis (マスダクロホシタマムシ) と *L. virgata* Motschulsky (クロホシタマムシ) 等が産し，最後の2種はスギやヒノキの害虫で前者は更に四国・九州に後者は北海道に分布する。トゲフタオタマムシ (*Dicerca tibialis* Lewis) は体長 12〜14.5 mm，背面は銅色乃至暗青銅色，体下と脚とは明るい赤銅色，但し跗節のみ紫藍色。翅鞘は通常断続する4条の縦隆起線を有し末端に2歯を有する。本州と九州とに産する。

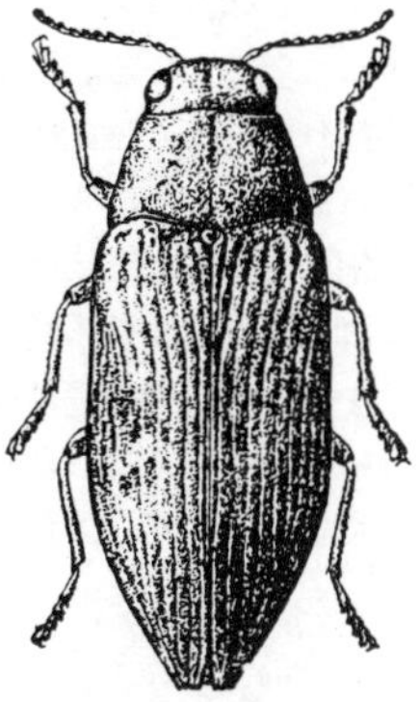

Fig. 896. クロタマムシ (黒沢)

Fig. 897. ウバタマムシ (黒沢)

4. ウバタマムシ亜科 (***Chalcophorinae***)—中庸大乃至大形，翅鞘の外縁後方は微鋸歯状を呈し表面に4条の縦隆起線を具えている。ウバタマムシ (*Chalcophora japonica* Gory) (Fig. 897) は体長29〜40mm，赤銅色乃至金銅色でときに緑色を帯び，前胸背板と翅鞘の縦隆起線は銅黒色，全面に薄く黄灰色粉を装う。幼虫は枯死したアカマツやクロマツ等に穿孔し，本州・四国・九州等に産し，朝鮮と支那とに分布する。同属には更にサツマウバタマムシ (*C. satsumae* Lewis) が四国と九州とに産する。アオマダラタマムシ (*Chalcophorella amabilis* Snellen van Vollenhoven) は体長 19〜29mm，背面は金緑色乃至金銅色で隆起部は黒藍色を帯び，体下と脚とは明るい金緑色。幼虫は衰弱せるサクラやツゲ等の材部を喰害する。本州・四国・九州等に産する。なお同属には幼虫が衰弱せるエノキの材部を食するクロマダラタマムシ (*C. querceti* Saunders) が本州・四国・九州等に産する。以上の他にアヤムネスジタマムシ (*Chrysodema lewisii* Saunders) が本州・四国・九州等の黒潮に沿つた地方に産する。

5. ツヤタマムシ亜科 (***Chrysochroinae***)—1種タマムシ (*Chrysochroa fulgidissima* Schönherr) (Fig. 898) は体長 30〜40mm，美しい金緑色，前胸背板と翅鞘とにある顕著な2縦帯は銅紫色。下面と脚とは大部分背面と同色なれど胸部と腹部との中央部が金赤色。頭部は小さいが比較的大形の複眼を有する。幼虫はサクラやエノキやカシやカキ等の材部を食害し，本州・四国・九州等に産し，朝鮮・沖縄・台湾その他に分布する。

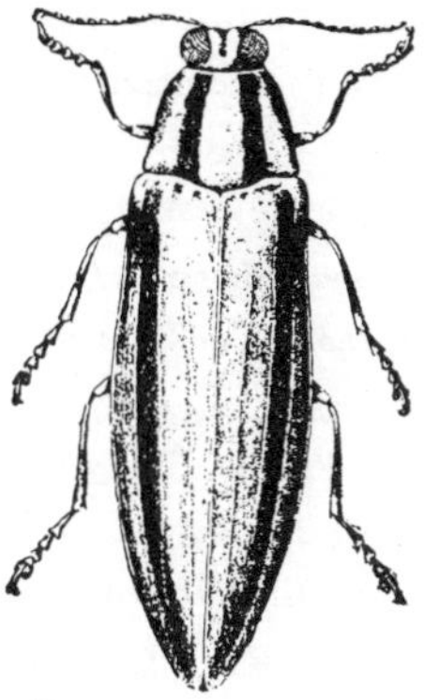

Fig. 898. タマムシ (黒沢)

長泥虫上科

Superfamily *Dryopoidea* Leng 1920

(*Macrodactyli*)

ナガドロムシ上科はつぎの9科に分類する事が出来る。

1. 跗節は少くとも1対の脚では5節，殆んど常に凡ての脚で5節からなる……………………………………2
　跗節は5節より少数節……………………………………7
2. 腹部は5個の腹板からなる……………………………3
　腹部の腹板は少くとも6個，前脚基節は円味を有するかまたは球状，跗節の末端節は甚だ長く著しく大形の爪を具え，腹部の最初の3腹板は固着している。小形の水棲甲虫 (*Psephenus* アメリカ。*Psephenops*, *Tychepsephenus* 新熱帯。*Metaeopsephenus* 全北区) ……………Family *Psephenidae* (Lacordaire 1854) Le Conte 1862

3．前脚の基節は横形で幾分円筒状，後脚の基節は腿節を受け入れる溝を具えている……………………………4
前脚の基節は球形………………Family *Helmidae*
4．非常に背面に膨隆する甲虫，脚は体下に引き込まれ得て，脛節は幅広く且つ普通跗節を受け入れる溝を外端に具え，脛節の距棘は明瞭…………………………5
微かに膨隆し卵形，脚は引込まれ得ないで，脛節の距棘は多少退化する………………Family *Dryopidae*
5．頭部は前方に突出し，下唇基節は大きく長く亜楕円形，跗節は葉片状でない……Family *Nosodendridae*
頭部は引込まれ，下唇基節は小さく方形…………6
6．頭楯は額から区割されない。後脚の基節は左右殆んど相接触する………………………Family *Byrrhidae*
頭楯は細い縫合線によつて額から区割され，後脚の基節は左右多少広く離れている（*Limnichus* Latreille, *Pelochares* M. et R.）……………………Family *Limnichidae* (Lacordaire 1854) Thomson 1860
7．跗節は凡て4節……………………………………8
跗節は1節，触角は4節，後胸背板は非常に長くならない。微少で幅広（*Cyathocerus* Sharp 中米）……
……………………Family *Cyathoceridae* Sharp 1882
8．腹部の腹板はすべて自由で可動的……………………
……………………………………Family *Georyssidae*
腹部の腹板はある節が固着して不可動的……………
………………………………Family *Heteroceridae*
以上の諸科中本邦にはつぎの5科が発見されている。

358. ナガドロムシ（長泥虫）科

Fam. Dryopidae Erichson 1847

Parnidae Leach 1817 は異名。小さな毛を装う半水棲や水棲，成虫は体の上表に空気を保ち，游泳と言うよりはむしろ匍匐すると言う方が適しているような移動を行う。雌雄共に腹部腹板は5個，後脚の基節は腿節を覆うように板状となり，前脚の基節は横形で小転節を具えている。触角の第2節は屢々幅広となり，前胸腹板は前方に延びるものとしからざるものとがある。*Dryops* Olivier の幼虫は石の下に棲息している。世界から相当多数の種類が発見され，*Dryops* Olivier や *Helichus* Erichson や *Pelonomus* Erichson や *Potamophilus* Germar や *Lara* Le Conte 等が代表的な属で，本邦からは未だ発見されていないが恐らく前2属のもの内何れかが見出され得るものと考えられる。現今ナガドロムシ科の昆虫として知られている種類は何れも他の科に分属されるものである。

359. ドロムシ（泥虫）科

Fam. Heteroceridae M. Leay 1825

小形。頭部は大形で複眼まで前胸背板にて覆われ，水平に位置している。前胸背板は幅広く，翅鞘との境が強く括れている。触角は額の前角下で複眼の前に生じ，10～11節だがときに8節のものがあり，末端棍棒状。大顎は歯状で前方に突出している。前胸腹板は前方に延び，前脚の基節窩は後方開き，前脚基節は横形で大形の小転節を具え，中脚基節は栓状，後脚基節は横形で腿節を覆う板状部を有する。前脚の脛節は幅広で外側に棘列を具えている。跗節は4節からなり，弱い爪を具えている。

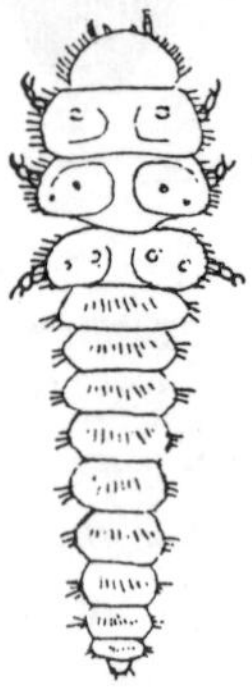

Fig. 899. *Heterocerus* の幼虫（Brauer）

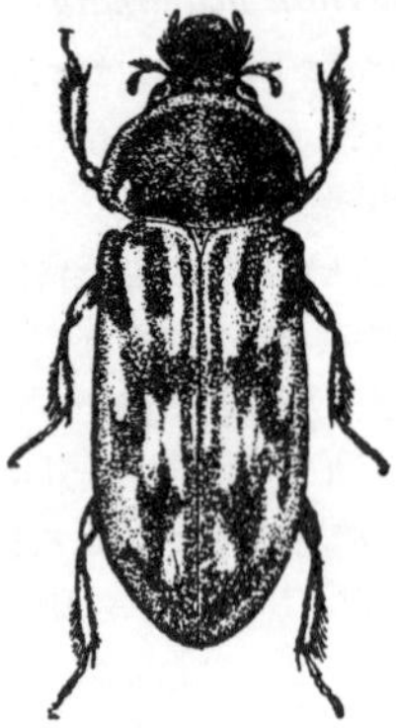

Fig. 900. ナガドロムシ（湯浅）

腹部は5個の腹板を有する。幼虫（Fig. 899）は短かい脚を具え，円筒状で大形の胸部を具え，触角は痕跡的，尾毛はない。河岸の泥土地帯や湿気の多い砂地帯等に生活しているが，食物は不明。世界から約150種類が発見され，*Heterocerus* Fabricius の他に *Litorimus* や *Micillus* 等の属が知られ，殆んど世界の各区に分布している。本邦からはナガドロムシ（*Heterocerus fenestratus* Thunberg）が発見されている（Fig. 900）。体長3～4,5mm，黒色，前胸背板の前角と外縁とは赤黄色，翅鞘の斑紋は黄色，脚の腿節は黄色または末端のみ黒色，脛節も黄色で黒色の外縁を有するかあるいは全体黒色，跗節は赤褐色乃至黄色。本州に産し，旧北区に広く分布する。成虫は燈火に集来する性を有する。

360. ヒラタドロムシ（扁泥虫）科

Fam. Psephenidae Le Conte 1862

ドロムシ科に近似であるが，前胸背板は翅鞘との間で細くなつていない事と，腹部腹板が6（♀）または7（♂）個で，前脚の基節が甚だ大形の小転節を具えている事等によつて明瞭に区別される。幼虫（Fig. 901）は扁平で背板が著しく拡がり楕円形となり，その下に全体が覆われ，腹部の両側に6対の鰓を突出せしめ，脚と触角とはよく発達している。急流や滝等の中にある岩石に附着し

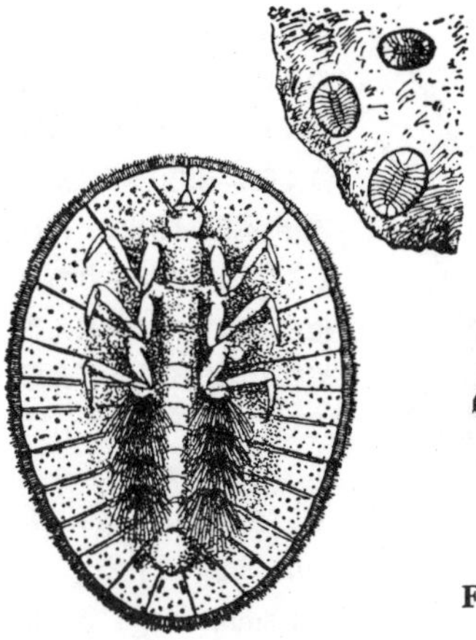

Fig. 901. *Psephenus* の幼虫（川村）

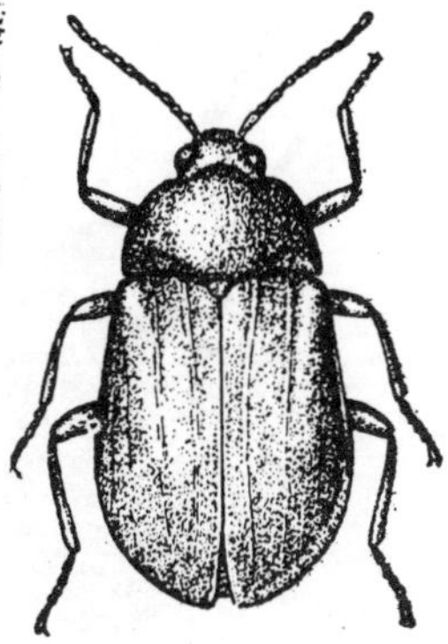

Fig. 902. ヒラタドロムシ（河野）

ている。北米と東アジヤに分布し，*Psephenus* Haldeman が代表的な属で，本邦からはヒラタドロムシ（*Mataeopsephenus japonicus* Matsumura）（Fig. 902）が発見されている。体長 8mm 内外，暗褐色乃至黒褐色，翅鞘と腹部とは暗褐色，触角と脚とは黄褐色。前胸背板は黄褐色の短毛をやや密生し，翅鞘は数本の不明瞭な縦隆起線を有し前胸背板同様に毛を装う。本州と四国とに産する。

361. アシナガドロムシ（長脚泥虫）科
Fam. Helmidae Kolbe 1908

Elmidae Shuck 1839 や *Helminthinae* Ganglbauer 等は異名。小形，ナガドロムシ科の甲虫に似ているが，前脚基節は球形で小転節を欠き，後脚基節は板状に拡がつていない事等によつて区別される。*Helmis* 属の幼虫（Fig. 903）は扁平，胸部最も幅広く尾端の方に狭まり，各節側縁に長毛を装い，尾端は細く突出し 3 本の気管鰓を突出せしめている。水棲。*Helmis* Latreille, *Stenelmis* Duf., *Latelmis* Reitter, *Ancyronyx* Erichson その他が代表的な属で，本邦からはキスジナガドロムシ（*Stenelmis flavovittatus* Kono）（Fig. 904）が発見されている。同虫は体長 3.5mm 内外，暗褐色乃至黒色で背面は灰黄色の微毛を疎生し，触角基部と跗節とは赤褐色，翅鞘の縦条紋は黄色。本州と四国とに産する。

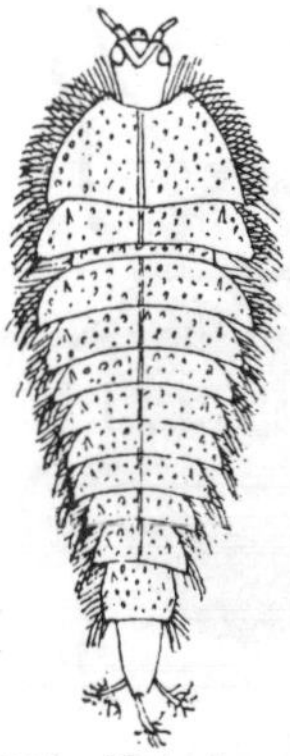

Fig. 903. *Helmis* の幼虫（Brauer）

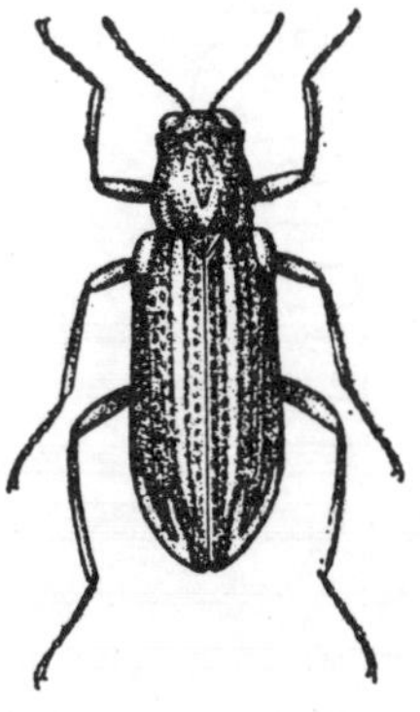

Fig. 904. キスジナガドロムシ（河野）

362. マルドロムシ（円泥虫）科
Fam. Georyssidae Castelnau 1840

甚だ小さな堅い甲虫で，円味強く，頭部は後方に傾斜し前胸背板から完全に覆われ，触角は複眼の前に生じ，短かく 9 節で，第 4 節長く，末端の 3 節が棍棒状を呈し，前胸背板の下面にある溝に安置される。前胸腹板は甚だ退化し，前脚基節は転節と癒合し大きな板状となり，中・後両脚の基節は沈み左右離れている。脚は長く，4 節からなる跗節を具えている。腹部腹板は 5 個。旧北区・濠洲・マダガスカル・北米等から約30種が知られ，*Georyssus* Latreille が模式属である。シワムネマルドロムシ（*Georyssus laesicollis* Germar）（Fig. 905）は体長 1.5 mm，光沢のない黒色，腹部腹板と脚とは暗褐色を帯びる。本州に産し，中央アジヤ・コーカサス・欧洲等に分布する。水辺の砂礫地に棲息するが，砂粒に酷似して発見は困難である。同属には更にマルドロムシ（*G. canalifer* Sharp）が北海道に発見されている。

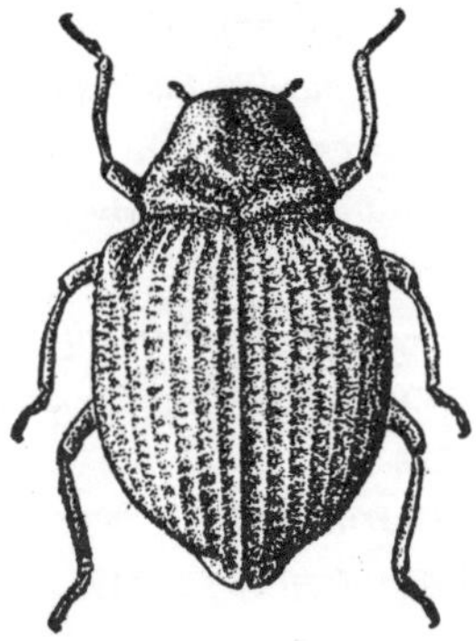

Fig. 905. シワムネマルドロムシ（黒沢）

長花蚤上科

Superfamily *Dascilloidea Reitter* 1906

(*Fossipedes*)

ナガハナノミ上科はつぎの 9 科に分類する事が出来る。

1．前脚の基節は横形で多少円筒状で一般に基節窩から僅かに突出し，転節は決して間にはまつていない。後脚の基節は腿節を受入する溝を有する……………… 2

前脚の基節は幾分円錐形で明瞭に突出し，後脚の基節は腿節を受入する溝を有する板に拡がつている… 7

2．非常に膨隆し，脚は体下に引き込まれ得て，脛節は幅広となり普通跗節を受入する溝を外端に有し，脛節

の距棘は明瞭………………………………………………3
微かに膨隆し卵形，脚は細く体下に引き込まれない。脛節の距棘は幾分退化する…………………………5
3．触角は頭部の側部に生ずる…………………………4
触角は額上に生じ，頭部は沈み，跗節の第3節は葉片状，胸部は縁取られている。卵形種（*Chelonarius* Fabricius，インド・マレー・熱帯アメリカ）…………………………… Family *Chelonariidae* Le Conte 1862
4．頭部は突出し，下唇基節は長く亜楕円形，跗節は葉片状でない……………………Family *Nosodendridae*
頭部は沈み，下唇基節は小さく方形……………………………………………Family *Byrrhidae* Jacquar 1857
5．前脚の基節は分離する小転節を具え，跗節の末端節は長くなく，爪は大形でない……Family *Dascillidae*
前脚の基節は小転節を有しない……………………6
6．後脚の基節は多くとも内方に適度に拡がるのみ………………………………………………Family *Helodidae*
後脚の基節は甚だ大形………Family *Eucinetidae*
7．前脚の基節窩は後方閉ざされている…………………………………………………………Family *Byturidae*
前脚の基節窩は後方開いている……………………………………………………………Family *Dermestidae*

以上の諸科中本邦にはつぎの6科が発見されている。

363. ナガハナノミ（長花科）科

Fam. *Dascillidae* *Guérin* 1823

微小乃至中庸大。触角は複眼の前方に生じ，11節，一方に鋸歯状かまたは櫛歯状，大顋は短かい。前・中両脚の基節は横形で，前者は大形の小転節を具え，後者は板状に拡がり，跗節は5節で下面に屢々膜質の葉片を具えている。幼虫は短かく太く且つ幅広で，大形の頭部と前方に突出する大顋とを具え，触角は短かく4節。陸棲甲虫。

世界から250種以上が知られ，特に暖国に多産。*Dascillus* Latreille, *Macropogon* Motschulsky, *Anchytarsus* Guérin, *Cneoglossa* Guérin, *Atopida* White, *Genecerus* Walker, *Brachypsectra* Le Conte et Horn, *Artematopus* Perty, *Eubria* Germar, *Eubrianax* Kiesenwetter, *Ectopria* Le Conte, *Platydascillus* Everts, *Dascillocyphon* Everts 等が代表的な属で，本邦からは *Paralichas*, *Epilichas*, *Drupeus*, *Grammeubria*, *Eubrianax* 等の属が発見されている。チビヒゲナガハナノミ（*Grammeubria opaca* Kiesenwetter）（Fig. 906）は体長 2.5mm 内外で本邦産中最小種，膨隆形，黒色で，背面光沢鈍く微細な不明点列を有し暗灰色微毛を装う。触角の基部2節と口器の一部と前胸腹板の前方部と時に翅鞘の前側片と脚とは黄褐色乃至褐色，翅鞘の会合線部も時に褐色を帯びる。本州・四国・九州などに産し，水辺で採集される。他の属のものは何れも櫛歯状の触角を具え，長楕円形で，中庸大であるが，クシヒゲナガハナノミ（*Eubrianax granicollis* Lewis）は体長3.5〜5.5mm，黒色，やや扁平短楕円形，光沢を有し，触角は太い櫛歯状，前胸背板は前方に狭まり，幼虫は水棲でヒラタドロムシ科のものに類似し，本州・四国・九州などに産する。同属には更にヒラタヒゲナガハナノミ（*E. ramicornis* Kiesenwetter）が本州・九州などに産する。*Epilichas* 属には4種，*Paralichas* 属には2種，*Drupeus* 属には一種などそれぞれ発見されている。

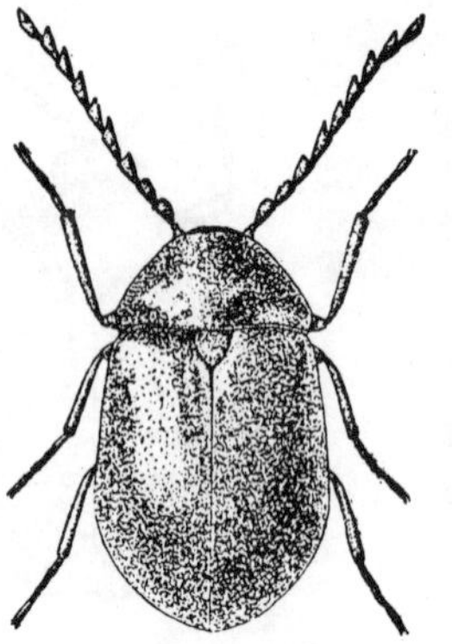

Fig. 906. チビヒゲナガハナノミ（中根）

364. マルハナノミ（円花蚤）科

Fam. *Helodidae* Le Conte 1862

Scirtesidae Leach 1817, *Cyphonidae* Stephens 1830, *Elodiidae* Shuck. 等は異名。多くの点でナガハナノミ科のものに類似している。軟体で多くのものは微小乃至中庸大，規則的に糸状の触角を具え，前脚の基節は小転節を有しない。幼虫（Fig. 907）はワラヂムシ様で，長い鞭状の触角と尾毛とを具えている。多数のものは水棲甲虫の如くである。世界の各区から発見され，約550種程が知られている。*Helodes* Latreille, *Cyphon*

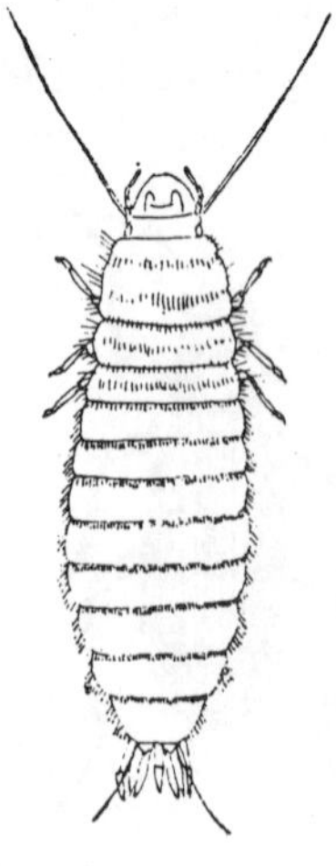

Fig. 907. *Helodes* の幼虫（Brauer）

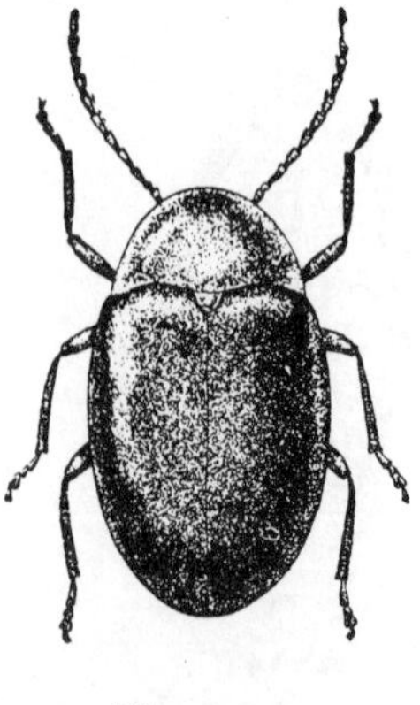

Fig. 908. キムネマルハナノミ（湯浅）

Payk., *Prionocyphon* Redtenbacher, *Microcera* Thomson, *Scirtes* Illiger, *Haploglossa* Guérin, *Cladotoma* Westwood, *Ptilodactyla* Illiger 等が代表的な属で，本邦からは最初の3属が発見されている。キムネマルハナノミ（*Helodes flavicollis* Kiesenwetter）（Fig. 908）は体長3.5〜4mm，黒色で前胸背板・触角基部・鬚・小楯板・脚等は黄赤色，背面は微点刻を密布し灰褐色の微軟毛を装う。北海道・本州・九州等に産し，シベリヤ・中南部欧州等に分布し，成虫は各種の花に見出される。この属には更に数種発見されている。ムツボシマルハナノミ（*Prionocyphon sexmaculatus* Lewis）は体長4.5〜6.5mm，黄褐色，複眼・翅鞘の各3紋などは黒色乃至黒褐色，背面は黄色の微軟毛を装う。雄の触角は双櫛歯状なれど雌のものは単純。本州に産する。この属には更に2種程知られている。トビイロマルハナノミ（*Scirtes japonicus* Kiesenwetter）は体長3〜4mm，暗褐色乃至黄褐色，背面微点刻を密布し灰黄色の微毛を装う。楕円形に近く簡単な触角を具えている。本州・四国などに産し，大麻の害虫として知られている。*Cyphon* 属は2種程発見されている。

365. マルハナノミダマシ（偽円花蚤）科
Fam. Eucinetidae Kiesenwetter 1863

マルハナノミ科から甚だ大形の後脚基節と強く傾斜する頭部とによつて区別されている。広分布の *Eucinetus* と新北区産の *Euscaphurus* とが代表的な属で，僅かに30種内外が知られているのみ。本邦からはツマアカマルハナノミダマシ（*Eucinetus rufus* Portevin）（Fig. 909）その他が知られている。同種は体長2.5〜3mm，かなり膨隆し，黒色で黄褐色の微毛を密生し光沢を有する。頭楯・上脣・触角・鬚・脚等は赤褐色。前胸背板は微点刻を布し，翅鞘は細横刻条を全面に具え且つ約9条の不完全な浅い縦溝を具え赤褐色の末端部を有する。本州産で，朽木などに見出されている。

Fig. 909. ツマアカマルハナノミダマシ（中根）

366. カツオブシムシ（鰹節虫）科
Fam. Dermestidae Gyllenhal 1808

Skin Beetles, Hide Beetles, Tallow Beetles, Dermestids 等と称えられている甲虫類で，ドイツの Speckkäfer・Pelzkäfer やフランスの Dermestidés 等がこの科のものである。小形乃至中庸大，卵形・半球形または長形で円筒状，皮膚は一般に鈍色で屢々斑になり，平滑かまたは鱗片や毛を装う。頭部は小さく一部分下口式。触角は短かく，棍棒状で屢々球桿状，11節からなり前胸下面の溝の内に安置され，球桿部は1〜3節から構成されている。複眼はよく発達し，単眼は1個で顔上にあるが *Dermestes* 属のみにはこれがない。翅は一般によく発達し，飛翔に適応している。脚は短かく，体下に密接して畳まれ，前脚の基節は長く斜に位置し左右接続し，後脚のものは腿節を受け入れ，脛節は時に距棘を具え，跗節は5節で簡単な爪を具えている。幼虫（Fig. 910）はオサムシ型，長短の毛を密生し，それ等の毛は輪状かまたは總状に配列され，触角は短かく，単眼は各側に6個が有る。

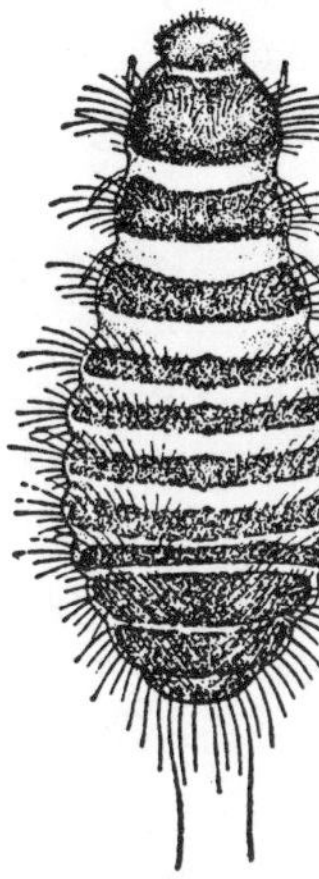

Fig. 910. ヒメマルカツオブシムシ幼虫（湯浅）

幼虫と成虫とは共に死動物や植物質物等を食し，皮革・角・毛・羊毛・獣脂・乾肉・チーズ・昆虫標本・穀類・生産物等の害虫として有名で，屋内に著しく播殖する。然し屋外にも多数に生じ，多くの種類は花殊に繖形科やその他のものによく集来し，凡ての種類が害虫と言うわけではない。

この科の昆虫は広く世界に分布し，少くとも550種内外が知られ，約34属に分類されている。*Dermestes* Linné, *Attagenus* Latreille, *Megatoma* Herbst, *Trogoderma* Latreille, *Anthrenus* Fabricius 等は最も多数の種類を包含する属である。つぎの如き亜科に分つ事が出来る。

1. 頭部は単眼を欠き，口器は覆われていない（*Dermestes* Linné）……………………………………………Subfamily *Dermestinae* Dalla Torre 1911
   頭部は単眼を具えている……………………………2
2. 口器は覆われていない。前脚の基節は強く突出する（*Attagenus* Latreille）……………………………………Subfamily *Attageninae* Sharp 1902
   口器は前胸腹板によつてあるいは前脚の基節と転節とによつて覆われている…………………………………3
3. 前胸腹板は水平，後脚の基節は体の側縁に達しな

い。体は有毛かまたは有鱗片……………………………4

前胸腹板は垂直，後脚基節は体の側縁に達し，体の背面は裸体で平滑（*Orphilus* Erichson）………………
……………Subfamily *Orphilinae* Dalla Torre 1911

4．長形，後脚の基節は左右連続，体の背面は倒毛を装う（*Megatoma* Herbst, *Globicornis* Latreille, *Trogoderma* Latreille, *Cryptorhopalum* Guérin）
……… Subfamily *Megatominae* Dalla Torre 1911

短形で円いかまたは短卵形，後脚の基節は左右接しない……………………………………………………… 5

5．体の背面は鱗片を装い，頭部は下面に深い触角溝を有する（*Anthrenus* Fabricius）………………………
………… Subfamily *Anthreninae* Dalla Torre 1911

体の背面は直立剛毛を装い，頭部は下面に触角溝を有しない（*Trinodes* Latreille）………………………
……………………Subfamily *Trinodinae* Sharp 1902

1．**カツオブシムシ亜科**（***Dermestinae***）—ハラジロカツオブシムシ（*Dermestes vulpinus* Fabricius）(Fig. 911）は体長 9～10mm，黒褐色，腹面は白色毛を装う。世界に広く分布する普通種で，乾魚・毛皮・蚕繭等を食害する。この属には更に 4 種類程知られ同様な害虫である。

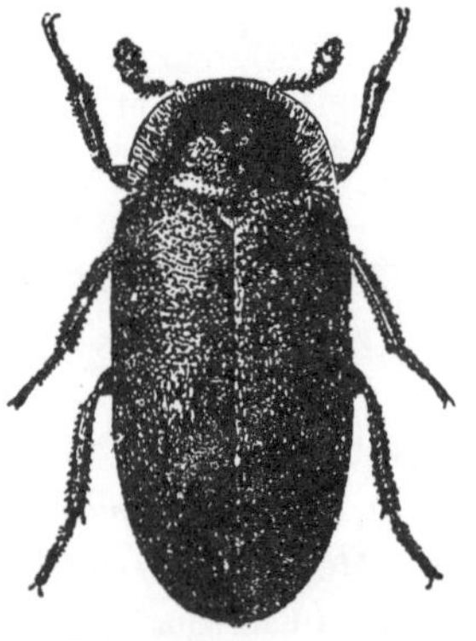

Fig. 911. ハラジロカツオブシムシ（横山）

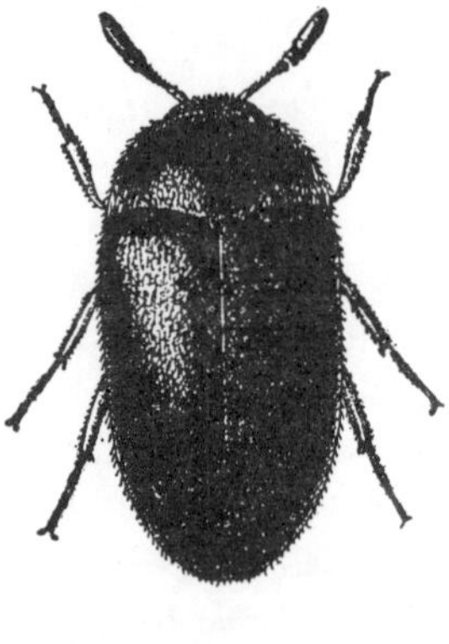

Fig. 912. ヒメカツオブシムシ（横山）

2．**ヒメカツオブシムシ亜科**（***Attageninae***）—ヒメカツオブシムシ（*Attagenus japonicus* Reitter）(Fig. 912）は体長 3.5～4.5mm，黒色乃至黒褐色，頭部は黄色毛を装い赤褐色の 1 単眼を具え，触角・上唇・鬚等は黄褐色，前胸背板は微点刻を密布し中央に暗色毛を，周縁部に黄色毛をそれぞれ密生し，翅鞘は微点刻を密布し，暗色毛を装う。腹面は黄色の短毛を密生し赤褐色の脚を具えている。成虫は花に集来し，幼虫は毛皮・毛織物・生絹糸・蚕繭等を害する。本邦・朝鮮・台湾等に分布する。

3．**マダラカツオブシムシ亜科**（***Megatominae***）—アカマダラカツオブシムシ（***Trogoderma varium*** Matsumura et Yokoyama）(Fig. 913）は体長 3～4mm，黒色乃至黒褐色でかなり光沢がある。触角・口部・翅鞘の 3 横帯と会合部と末端部等は赤褐色，前胸背板は白色乃至黄色の毛を装い，翅鞘の黒色部は黒色毛，赤褐色部は白色乃至黄白色毛を夫々装う。腹面は灰色毛を装い，腹部各腹板の後縁は黄褐色，脚は褐色。本州・九州等に産し，蚕繭を食害する。カマキリタマゴカツオブシムシ（*Thaumaglossa ovivorus* Matsumura et Yokoyama）は体長 3～4mm，卵形，黒色乃至黒褐色，触角は褐色で末端節が雄では長三角形に著しく膨大し雌では球桿状，翅鞘はやや青銅様の光沢を有し黒色毛を装い灰白色毛からなる不明瞭な 2 横帯を有する。腹面は黄色毛を装う。本邦・台湾等に分布し，幼虫はカマキリの卵に寄食する。同属には更にクロヒゲブトカツオブシムシ（*T. hilleri* Reitter）が本州・九州等に産する。

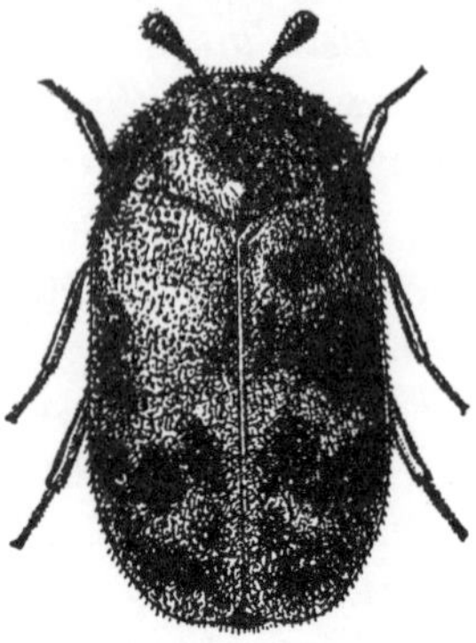

Fig. 913. アカマダラカツオブシムシ（横山）

4．**ケカツオブシムシ亜科**（***Trinodinae***）—只 1 種チビケカツオブシムシ（*Trinodes rufescens* Reitter）(Fig. 914）は発見されている。体長 2mm 内外，光沢ある黒褐色乃至褐色，全体微点刻を布し，ほぼ直立する褐色の長毛を装う。触角は黄褐色，体下は常は赤褐色で褐色毛を密生し，脚は黄褐色。本州に産し，屋内に棲息し蜘蛛類や昆虫類等の屍体または脱皮殻を食している。

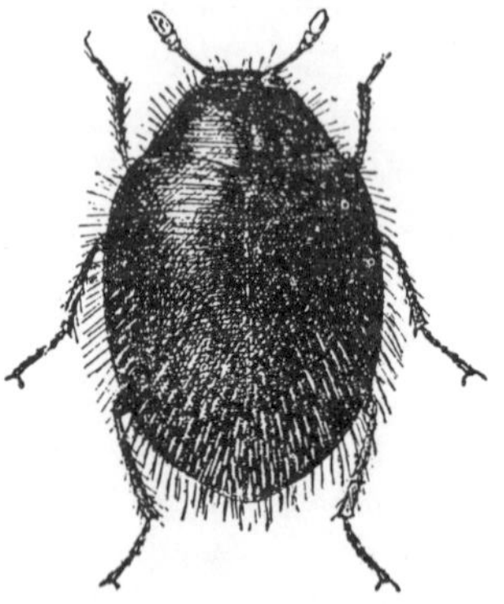

Fig. 914. チビケカツオブシムシ（横山）

5．**マルカツオブシムシ亜科**（***Anthreninae***）—*Anthrenus* 1 属が産し，*Nathrenus* や *Florilinus* や *Helocerus* 等の亜属のものが発見され，これ等 3 亜属の種類

は何れも動物の標本類を初め毛織物や蚕繭等の害虫で，特にヒメマルカツオブシムシ(*Nathrenus verbasci* Linné）は有名な大害虫である。シラオビマルカツオブシムシ（*Anthrenus pimpinellae* Fabricius）(Fig. 915）は体長 3mm 内外，褐色と黒色との鱗毛から被われ，翅鞘の太い横帯は白色の鱗毛からなり，前胸背板と翅鞘端部とにも白色の鱗毛を点在せしめている。腹面は白色の鱗毛から被われ，腹部腹板の2〜5節の各両側と第5節の中央とに黒色の鱗毛からなる斑紋がある。脚は黄褐色で黒色の腿節を有する。本州に産し，朝鮮・欧州等に分布する。成虫と幼虫とは鳥類の巣の中で越冬する事が認められている。なお *Florilinus museorum* Linné（シモフリマルカツオブシムシ）は成虫が繖形科植物の花に集まり，幼虫は動物質標本類の害虫で，全土に産する。

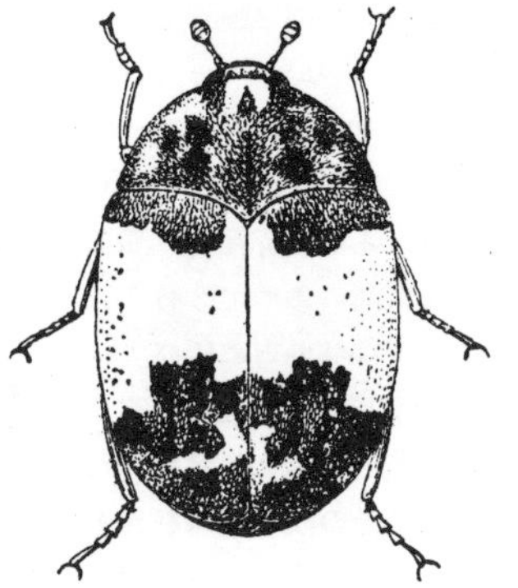

Fig. 915. シラオビマルカツオブシムシ（横山）

367. キスイムシモドキ（擬木吸虫）科

Fam. Byturidae Thomson 1859

小さな長形，前胸背板は幅広で膨隆し，頭部は下向し幅広く前胸に附着し，大顋は突出しない。触角は11節で棍棒状，額の側縁下で複眼の前方に生ずる。翅鞘は腹部全体を覆う。前脚の基節窩は後方閉ざされ，脚の基節は狭く離り，前脚の基節は自由小転節を具え横形で突出しない。後脚の基節も横形で突起を有しない。跗節は5節で第4節が小形，第2と第3との両節は末端褥盤様に延び，爪は基部に歯を具えている。腹部の腹板は5個。幼虫は単眼と短かい触角と短かい脚と第9腹節に2個の鈎様突起とを有する。欧州・東アジア・北米・アルゼンチン等に発見され，*Byturus* Latreille 属が代表で，約20種が知られているのみ。本邦からは4種種知られ，キスイムシモドキ（*Byturus affinis* Reitter）(Fig. 916）は体長 4.5mm 内外，黄褐色，点刻を密布し，黄色毛を密生する。本州産で，花に集来する。この科の甲虫は凡て花に集来する性を有する。

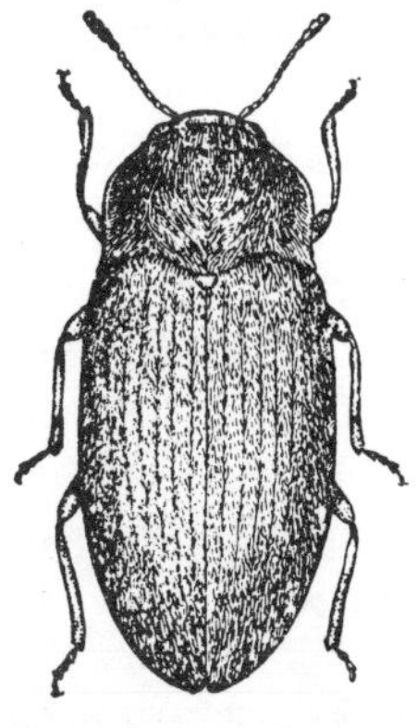

Fig. 916. キスイムシモドキ（湯浅）

368. マルトゲムシ（円棘虫）科

Fam. Byrrhidae Erichson 1846

Pill Beetles と称えられ，微小または小形で光沢ある黒色。半球形あるいは卵形，頭部は殆んど垂直に位置し短かい横形の大顋を具えている。蘚苔中や木材・樹皮・岩石・塵芥等の下や地中等に棲息している。幼虫（Fig. 917）は殆んどジムシ状に彎曲し，円筒状で，頭部は垂直に位し，腹部末端節は大形で切断状，気門は正常。食草性。世界に分布し，300種以上が知られ，全北州産の *Byrrhus* Linné, *Cytilus* Erichson や広分布の *Simplocaria* Stephens, *Pedilophorus* Steff., *Syncalypta* Stephens 等が代表的な属である。本邦からはドウガネチビマルトゲムシ（*Lamprobyrrhulus nitidus* Schaller）(Fig. 918）1種が知られている。体長2.5〜3.5 mm，背面強く膨隆し，光沢を有し，金銅色でときに緑色の光沢を伴う。腹面は黒褐色。触角・脚等は暗赤褐色。前胸背板は点刻を密布し，褐色の倒横毛を装い，翅鞘は縦線を欠き強い点刻を疎布し，褐色倒毛を装う。本州に産し，欧州に分布し，草間に見出される。

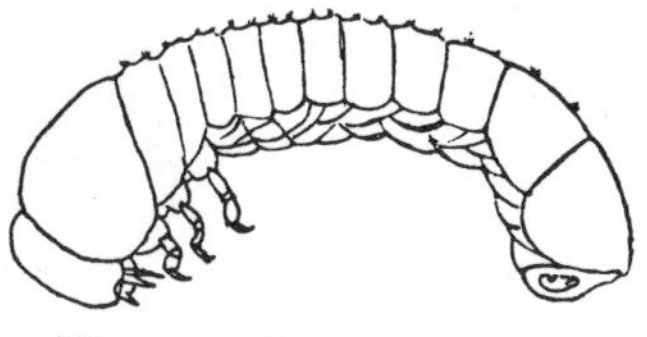

Fig. 917. *Byrrhus* の幼虫 (Ganglbauer)

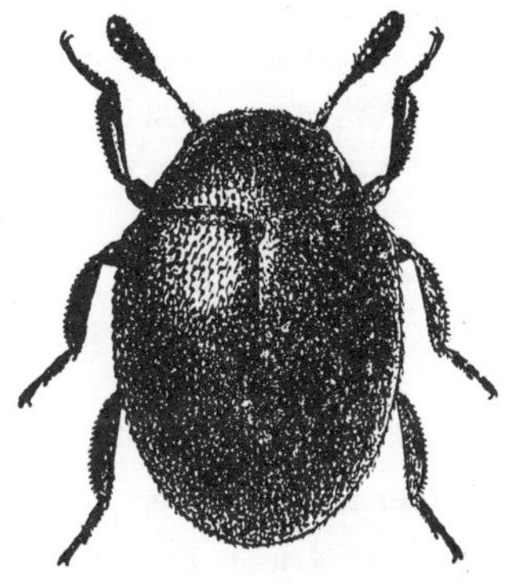

Fig. 918. トウガネチビマルトゲムシ（中根）

369. ヒメトゲムシ（姫棘虫）科

Fam. Nosodendridae Le Conte 1862

小形，頭部は突出し僅かに傾斜し，大顋は大形で下面から口部の大部分を覆うている。幼虫（Fig. 919）は幅広で扁平，腹部各節の側縁は片状に突出し，第8節は後方に延びて尖り側片を欠く。気門は腹部第1節では背面に位し，末端節では末端に存在し，頭部は幅広く傾斜しない。樹液附近で他動物を捕食するもののようである。広分布で約30種内外が発見され，*Nosodendron* Latreille

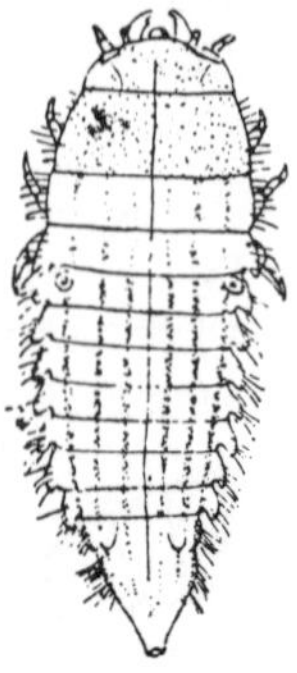

Fig. 919. *Nosodendron fasciculare* 幼虫 (Ganglbauer)

Fig. 920. ケモンヒメトゲムシ（中根）

が代表的な属である。本邦からはケモンヒメトゲムシ (*Nosodendron asiaticum* Lewis) (Fig. 920) 他1種が知られている。同虫は体長4〜4.5mm，背面膨隆し，多少光沢を有する黒色，触角と口器とは赤褐色，脚は暗赤褐色。頭部と前胸背板とは密に粗い点刻を有し，翅鞘は長めの粗い点刻を密布し各5縦列の褐色の剛毛叢を疎に配置する。北海道・本州・九州等に産し，夏季樹液に集来する事が知られている。他の1種クロヒメトゲムシ (*N. coenosum* Wollaston) は体長5〜6mm，光沢ある黒色で灰色の微毛を装い毛叢を欠く。本州・九州等に産し，一名アカツノマルトゲムシと称えられている。

背 条 虫 上 科

Superfamily *Rhysodoidea* Leng 1920

セスジムシ上科はつぎの1科のみからなる最少の上科である。

370. セスジムシ（背条虫）科

Fam. Rhysodidae Erichson 1845

中庸大で細い堅い甲虫。頸部は頭部によつて前胸に連らなる。触角は顔の側縁下に生じ，11節からなり太い珠数状。下唇基節は甚大で他の口部を覆い，小顋は2個の長い葉片と4節からなる鬚とを具えている。胸部は大きく，前胸背板は強く前後に括れ円い側縁を有し，前胸腹板は基節の前方甚だ大形，後胸腹部は甚だ長く平たく縫合線を欠く。脚の基節は左右広く離り，脚は短かく5節からなる跗節を具えている。腹部の腹板は6節，最初の3節は固着する。翅鞘は強い肩部を有し，粗雑な縦彫刻を有し，腹部を完全に覆う。翅は幾分退化するかまたはない。幼虫は鱗翅類の幼虫状で，小さな頭部と前口式の大顋とを具え，触角は5節，眼はなく，脚は6節からなり1爪を具え，尾毛はない。

幼虫と成虫とは朽木内かまたは樹皮下に生活している。南北両極を除く世界の各区から知られ，約120種が発見され，熱帯に最も多数に産する。*Rhysodes* Dalmer, *Clinidium* Kirby 等が代表的な属で，本邦からはこれ等2属が発見されている。トビイロセスジムシ (*Rhysodes comes* Lewis) (Fig. 921) は体長7.5mm内外，光沢ある濃赤褐色。頭頂は深い2縦溝によつて3分され，その中央部は前方に延びている。触角の末端節は円錐状で鋭く尖り，前胸背板は3縦溝を有し，翅鞘は7条の浅い縦溝を具え円い肩部を有する。北海道・本州等に産し，樹皮下や朽木内に発見される。この属の亜属たる *Omoglymmius* には4種類程が知られ，*Clinidium* 属のものはチャイロセスジムシ (*C. veneficum* Lewis) が発見され，何れも樹皮下その他に棲息している。

Fig. 921. トビイロセスジムシ雄（横山）

扁 虫 上 科

Superfamily *Cucujoidea* Sharp 1912

(*Clavicornia*)

ヒラタムシ上科はつぎの23科に分類する事が出来る。

1．後脚の跗節は少くとも他脚のものの如き多数節……2
　後脚の跗節は4節，前中両脚の跗節は5節，稀れに末端前節が非常に短く外見上後脚の跗節が3節他のものが4節となり，甚だ例外として前脚の跗節が5節で他のものが4節となつている……………………………33
2．跗節は少くとも1対の脚では5節，殊んど常に凡ての跗節が5節からなる……………………………………3
　跗節は凡て5節より少数節……………………………20
3．前脚の基節は球形か横形で，普通基節窩から僅かに突出している。転節は基節と腿節との間に決してはまつていない……………………………………………………4
　前脚の基節は多少円錐状で突出する………………17
4．前脚の基節は横形で多少円筒状……………………5
　前脚の基節は球形……………………………………8
5．跗節は幾分幅広で第1節は短縮せず，第4節は甚だ小形。翅鞘は普通尾端にまで延びていない…………6
　跗節は細く第1節は甚だ短かく，翅鞘は完全で決して末端切断状でなく，腹部全体を覆う…………………………………………………… Family *Temnochilidae*
6．小顋はよく発達した内・外両葉片を具えている…7
　小顋は単一葉片を有するのみ (23, 32対照)…………

…………………………………… Family *Nitidulidae*

7．触角は棍棒状で11節からなり，棍棒部は3節，上唇は自由（*Brachypterus* Kugel., *Brachypterolus* Grouv., *Cateretes* Herbst）……………………………
……………Family *Brachypteridae* Lacordaire 1854

触角は棍棒状で10節，棍棒部は2節からなる。上唇は頭楯と癒合する（34対照）…Family *Rhizophagidae*

8．後脚の基節は左右相接し，翅鞘は簡単。甚だ小形かまたは微小で膨隆する楕円形あるいは円形……………
…………………………………… Family *Phalacridae*

後脚の基節は左右接しない……………………… 9

9．翅鞘は各々大形の臘様の斑紋1対を具え，触角は短かく4節からなる棍棒部を具えている。むしろ大形で，前胸背板は後方に広まる…… Family *Helotidae*

翅鞘は上述の如き装飾を有しない。前胸背板は顕著に後方に拡がつていない……………………………10

10．中脚の基節窩は外方開口，即ち中・後両胸の腹板が合する事によつて閉ざされていない。体は長く，普通非常に扁平となる……………………………………11

中脚の基節窩は外方胸部腹板にて閉ざされている…
…………………………………………………………14

11．小顋は角質板から覆われ，前脚の基節窩は後方開く（*Passandra* Dalm., *Hectarthrum* Newman）（Family *Scalidiidae* を含む）………………………
…………… Family *Passandridae* Lacordaire 1854

小顋は現われている…………………………………12

12．跗節は3節からなり，簡単で葉片状でない………13

跗節は葉片状の3節からなり，前脚の基節窩は後方閉ざされ，翅鞘はときに短かい（アメリカ産の *Hemipeplus*，濠州産の *Diagrynodes*）（13.35対照）………
…………………………………………………ある *Cucujidae*

13．前脚の基節窩は後方開く（Fam. *Laemophloeidae* を含む）（12.35対照）………………Family *Cucujidae*

前脚の基節窩は後方閉ざされている…………………
……………………………………… Family *Silvanidae*

14．前胸腹板は後方に延びない。第4跗節は短かく，第3跗節は葉片状。小さな楕円形で粗点刻を布する……
…………………………………… Family *Biphyllidae*

前胸腹板は後方に延長し中胸腹板と合している…15

15．前脚の基節窩は後方開く。小形または微小種（35対照）…………………………Family *Cryptophagidae*

前脚の基節窩は後方閉ざされている………………16

16．触角は急に太まる棍棒部を有する。中庸大，一般に黒色で橙黄色の斑紋を有する（26対照）………………
……………………………………… Family *Erotylidae*

触角は短かく漸次末端の方に棍棒状となる。甚だ小形種（トルコ産 *Catopochrotus* Reitter）……………
…………………… Family *Catopochrotidae* Horn, Reitter et Weise 1891

17．後脚の基節は腿節を受入する溝を有する板に拡がり，前脚の基節窩は後方閉ざされ，跗節は簡単で葉片状でなく，単眼は屢々存在する。小形で粗点刻を有する ……………………………… Family *Derodontidae*

後脚の基節は上述の如く幅広となつていない……18

18．跗節の第1節は甚だ短かく，不明確に第2節から分割され，凡ての脛節は幅広く外側に歯を具え，触角は幾分膝状で3節からなる棍棒部を有し，頭部は殆んど前胸と等幅，頭楯は側縁が円く，翅鞘は腹部を覆うていない。大形種 ………………… Family *Synteliidae*

19．後脚の基節は扁平か卵形で突出していない。触角は11節で末端3節が殆んど癒合する棍棒部となり，前胸の側部または体下に黄金色の毛総を装う。甚だ小形で，蟻の巣中に棲息する（*Thorictus* Germar, *Thorictodes* Reitter 旧北区，エチオピア区）……………
……………………Family *Thorictidae* Wollaston 1854

後脚の基節は内方に突出し多少円錐状，触角は球桿状即ち末端の3節が急に膨大している。翅鞘は末端切断状。むしろ幅広で，微かに金属的色彩を有する（両北区産 *Sphaerites* Duftschm.）………………………
……………………… Family *Sphaeritidae* Shuck 1839

20．跗節は凡て4節（ある *Mycetophagidae* の雄では前脚の跗節が3節）…………………………………21

跗節は3節またはより少数節………………………28

21．腹部の腹板は凡て自由で可動的……………………22

腹部の腹板は2～4節が固着し不可動的…………27

22．跗節の第1節は非常に幅広となり，甚だ小形の第2・第3両節と長形の第4節の基部とにかぶさつている。長い微小種で，縁つけられている翅鞘を具えている。（中南米産 *Monoedus* Horn＝*Adimerus* Sharp）……Family *Monoedidae* Leng 1920 (*Adimeridae*)

跗節の第1節は上述の如く幅広となつていない…23

23．前脚の基節は横形。微小なキノコ甲虫（広分布 *Cybocephalus* Erichson）(6, 32対照)…………………
……………………………………… Family *Nitidulidae*

前脚の基節は横形でない……………………………24

24．前脚の基節は球状…………………………………25

前脚の基節は卵形（若し円錐状の場合はジョウカイ上科の *Corynetidae*）で左右が角質の前胸腹板によつて分離され，頭部は自由で前胸背板から覆われていない。扁平楕円形で微毛を装う………………………

……………………………… Family *Mycetophagidae*

25. 跗節は細く，第3節が明瞭だが第2節より短かい。甚だ小形種。若し頰が突起を有する場合は *Silvanidae*（13対照），若し体が非常に扁平なときは *Cucujidae*（13対照）（*Mycetaea* Stephens 全北区・アフリカ。*Liesthes* Redtenbacher 旧北区）……………………………………………Family *Mycetaeidae* Reitter 1879

跗節は多少幅広で下面海綿様に微毛を密生し，触角は強い棍棒部を有する。幾分長形で堅く，普通中庸大または大形……………………………………………26

26. 前脚の基節窩は閉ざされ，後胸後側板は明瞭な縫合線によつて区割され，体は長楕円形（16対照）………………………………………… Family *Erotylidae*

前脚の基節窩は開口，後胸後側板は分離していない。細長い種類………………… Family *Languriidae*

27. 触角は額の明確な前縁の下に生じ，前脚の基節は中胸腹板から離れている（31対照）…Family *Colydiidae*

触角は額の上に生じ，前脚の基節は中胸腹板によつて後方包まれている（*Murmidius* Leach, *Mychocerus* Erichson, *Bothrideres* Erichson, *Ogmoderes* Ganglbauer 全北区）（*Bothrideridae* Lacordaire を包含）…………Family *Murmidiidae* Thomson 1868

28. 跗節は3節，第2節は幅広，真の第3節は微小で第4節の基部に癒合し，その為めに全体が3節から構成されているように現われている……………………29

跗節は3節，第2節は幅広でない…………………30

29. 爪は普通基部にて幅広となつているか歯を具え，腹部の第1腹板は彎曲する基節線を有し，中胸後側板は三角形。小さな円い凸形で，普通鮮明色の斑紋を有する（*Cerasommatidiidae* を含む）……………………………………………………Family *Coccinellidae*

爪は簡単，腹部の第1腹板は基節線を有しない。中胸後側板は方形。小さい長楕円形または卵形，屢々顕著な色彩の模様を有し，一般にキノコに棲息する……………………………………… Family *Endomychidae*

30. 翅鞘は完全，前胸は狭く後方に拡がらない………31

翅鞘は末端切断状で腹端を現わしている…………32

31. 腹部腹板は凡て自由。翅は短縁毛を装う……………………………………………… Family *Lathridiidae*

腹部腹板の基部3節は固結している（27対照）……………………………………………… Family *Colydiidae*

32. 前脚の基節は亜横形，小顋は単一葉片を有するのみ（6と23対照）…………………… Family *Nitidulidae*

前脚の基節は小さく円く，小顋は内外2葉片を具えている。小さな扁平種…………Family *Monotomidae*

33. 前脚の基節窩は後方閉ざされている。爪は簡単…34

前脚の基節窩は後方開口，触角は膝状でなく自由。頭部は複眼の後方で強くまたは急に細くならないかあるいは括れていない。爪は簡単か割れ，中脚の基節は顕著に突出しない。前胸背板は鋭い側縁を有する…35

34. 腹部腹板は凡て自由で可動的。（若し中胸腹板が中縦隆起縁を有する場合はハネカクシ上科 *Silphidae* 参照）。触角は10節，翅鞘は末端切断状で尾節を現わす。小形扁平な甲虫（7対照）……………………………………………………… 雄の Family *Rhizophagidae*

腹部腹板は2～4節が密に結合するかまたは幾分癒合するかあるいは不可動的，跗節の末端前節は下面海綿様に微毛を装わない。前脚の基節は短かく窩から突出しない。触角は強く棍棒状で幾分完全に頭部の側下に隠され，2節からなる大形の棍棒部を具え，第1節が甚だ長く，基部にて膝状となる。中脚の跗節はときに4節。甚だ小さい扁平楕円形で，蟻の巣の中に生活する（*Cossyphodes*, *Cossyphodites* エチオピア区。*Cossyphodinus* 印度）…………………………………………………Family *Cossyphodidae* Schauman 1859

35. 中胸後側板は基節に達せず，基節窩は完全に腹板から囲まれている（少数属の雄）（15対照）………………………………………………Family *Cryptophagidae*

中胸後側板は基節に達し，後胸腹板は方形，後胸後側板は覆われている（ある数属の雄）（12，13対照）………………………………………………… Family *Cucujidae*

371. エンマムシモドキ（擬閻魔虫）科
***Fam. Synteliidae* Sharp 1891**

幾分大形で長い扁平な堅い甲虫。頭部は大きく幅広，大顋は強く前方に向き，触角は短かく強い棍棒状で長い基節を有する。前胸背は大きく，縁取られ，後方に拡がらないで強く細まる。翅鞘は腹端に達しない。脚は強く，脛節は棘を具え，跗節は5節，前脚の基節窩は後方閉ざされ，前脚基節は横形で円錐状円筒形を呈し左右近より，後脚の基節は横形で左右接続する。腹部腹板は自由な5節からなり，各々が角質となつている。翅は *Histeridae* に類似するが，中脈鉤を有しているので *Telephoridae* 型に属する。*Syntelia* Westwood 属が代表で，恐らく捕食性で，メキシコと日本とインド等から少数の種類が発見されているのみ。エンマム

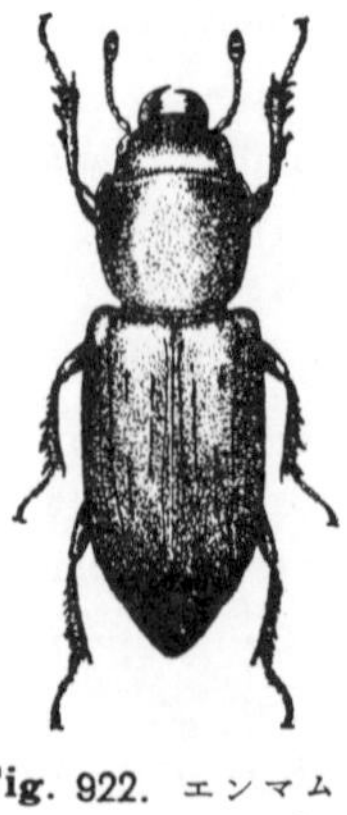

Fig. 922. エンマムシモドキ（湯浅）

シモドキ (*Syntelia histeroides* Lewis) (Fig. 922) は体長12〜15mm，光沢ある漆黒色。翅鞘は6本と断続する縦溝を有する。北海道・本州・九州等に産し，成虫は樹液によく来集し，一名ナガエンマムシと呼ばれている。

372. コクヌスト（穀盗）科

Fam. Temnochilidae Levielle 1889

Trogositidae Westwood 1839 や *Ostomidae* Ganglbauer 1899 等は異名。Gnawing Beetles と称えられ，小形乃至中庸大，長いものや細いもので円筒状あるいは扁平，または半球形のものもある。皮膚は普通滑かで光沢を有するか点刻を布するか粗面かまたは縦線を有し，隠色か鮮明色。頭部は前口式，小さく長く自由となつているかあるいはまた前胸内に1部引き込まれている。触角は小さく，細く，棍棒状，（末端の数節が一般に側方に幅広となる）11節からなる。複眼は小，大顎は屢々大形で強い。前胸背板は長くて狭いか幅広，且つ扁平。脚は短かく，後脚の基節は左右連続し，跗節は5節で甚だ小さい第1節と長い第5節とを有する。幼虫 (Fig. 923) はオサムシ型かまたは幾分円筒状で，強い口器とよく発達した脚と1対の尾鉤棘とを具えている。彼等は充分活潑で，屢々脈翅目の幼虫と見誤まれる事がある。大部分捕食性で，樹皮下やごみ屑やキノコや穀類や穀類製造物その他等に棲息している。主として温帯や亜熱帯や熱帯等に分布し，約650種程が知られ，*Temnochila* Erichson, *Tenebrioides* Pill. *et* Mitt. (=*Trogosita*), *Nemosoma* Latr., *Ostoma* Laich (=*Peltis*), *Ancyrona* Reitter, *Leperina* Erichson, *Thymalus* Latr. 等が代表的な属である。本邦からは *Temnochila*, *Tenebrioides*, *Lepidopteryx*, *Ancyrona*, *Grynocharis*, *Ostoma*, *Thymalus* 等の属が発見されている。オオコクヌスト (*Temnochila japonica* Reitter) (Fig. 924) は体長10.5〜16.5mm，扁平で漆黒色，触角・脚・腹部等は黒褐色，翅鞘は各10条の点刻縦溝を有する。北海道・本州・四国等に産し，朝鮮に分布し，森林地帯に生活し，幼虫はトドマツ・エゾマツ等の樹皮下に棲息し他虫を捕食する。オオヒラタコクヌスト (*Ostoma giganteum* Reitter)(Fig. 925) は体長13〜19mm，黒色，前胸背板と上唇との各前縁に金色毛を装う。北海道・本州等に産し，樺太・東部シベリヤ

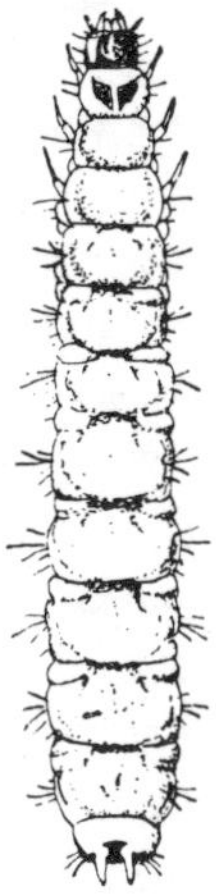

Fig. 923. コクヌスト幼虫 (Fletcher)

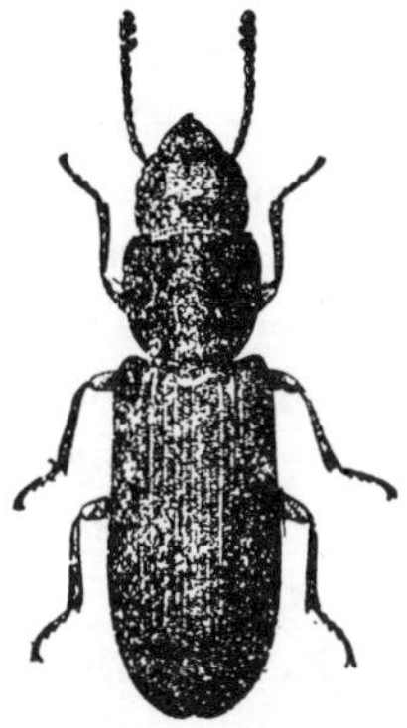

Fig. 924. オオコクヌスト（湯浅）

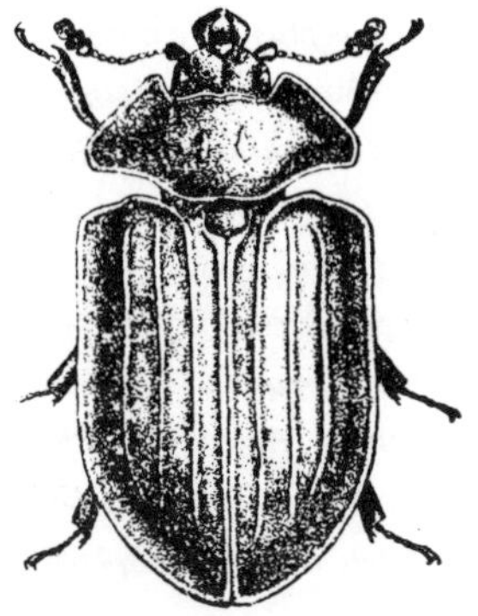

Fig. 925. オオヒラタコクヌスト（河野）

等に分布し，成虫はトドマツやエゾマツ等の枯木の樹皮下に普通発見される。*Ancyrona*, *Grynocharis*, *Thymalus* 等の属の種類は何れも幅広で，小顋の内葉片がよく発達し末端鉤状となり，翅鞘は幅広の側板 (Epipleura) を具え，*Ostoma* 属と共に1群をなしている。コクヌスト (*Tenebrioides mauritanicus* Linné)(Cadelle) は世界的によく知られ，米穀の害虫として有名であるが，なお捕食性をも有する。この属は *Temnochila*, *Lepidopteryx* 等の属と共に1群を形成し，小顋の内葉片が痕跡的で，翅鞘の側板は細い。

373. ケシキスイ（出尾虫）科

Fam. Nitidulidae Leach 1815

Nitidulid Beetles と称えられ，微小乃至小形，むしろ幅広で扁平，屢々翅鞘が短かくて腹部の末端2節を現わし，光沢を有し平滑か，有毛か微毛に被われ，あるいは点刻付けられ，陰色で黒色か褐色，あるものは斑紋を有しまたあるものは鮮明色で金属的。頭部は比較的大形，複眼は大きく，触角は短かく棍棒状で11節からなる。前胸背板は一般に長さより幅広。翅鞘は腹部より長いかまたは短かい。脚は短かく，基節は円筒状で左右離れ，脛節はときに幅広となり，跗節は5節で第4節が最小，尤も4節または3節のものもある。腹部の腹板は5個。幼虫はオサムシ型で前口式，末端に屢々1対の幾丁質化せる突起を具えている。成虫・幼虫共に大部分の種類は腐敗物を食する性質を供い，生果物や醱物や穀物や乾果や穿孔性甲虫の孔道や蟻の巣等の中，または枯木の樹皮下等に棲息する。尤もある種類は花粉や生植物の組織に寄食している。世界から約2500種程が発見され，殆んど全世界に分布している。*Nitidula* Fabricius, *Omosita* Erichson, *Epuraea* Erichson, *Camptodes* Erichson, *Cychramus* Kug., *Pocadius* Erichson, *Cyllodes* Erichson, *Pallodes* Erichson, *Calopterus* Erichson, *Brachypeplus* Erichson, *Carpophilus* Stephens, *Pria* Stephens, *Meligethes* Stephens, *Cateretes* Herbst, *Brachypterus* Kugel., *Brachypterolus* Grouv., *Cybocephalus* Erichson, *Cryptarcha* Shuck, *Pytiophagus* Shuck, *Glischochilus* Reitter 等が先ず代表的な属である。本邦からは *Meligethes*, *Carpophilus*, *Omosita*, *Epuraea*, *Ipidia*, *Parametopia*, *Soronia*, *Atarphia*, *Physoronia*, *Amphicrossus*, *Cychramus*, *Pocadius*, *Cyllodes*, *Oxycnemus*, *Cryptarcha*, *Librodor* 等の属が発見され，約70種程が知られている。

ヒメヒラタケシキスイ (*Epuraea terminalis* Mannerheim) (Fig. 926) は体2.5～3.5mm，かなり扁平，黄褐色で淡黄色の微毛を装いやや光沢を有する。本州・九州等に産し，シベリヤと欧州とに分布する。クリヤケシキスイ (*Carpophilus hemipterus* Linné) は体長2～4mm，黒色または黒褐色で，各翅鞘には肩部に1個と末端内方に大形の一個との黄褐色紋がある。後方に幅広となり，翅鞘は切断状で腹端を現わしている。全土に産し，屋内厨房に多数に棲息し害虫として知られ，欧州・北米等に広く分布する。ヨツボシケシキスイ (*Librodor japonicus* Motschulsky) は最大種で体長12mm内外，長楕円形で，2叉状の大きな大顋を前方に突出する。前胸背板は横形で殆んど長方形に近く，翅鞘は後方に狭まり尾端を現わしている。光沢ある黒色，翅鞘には各2個の犬牙状の赤色横紋を有する。本州・四国・九州等に産し，台湾・支那等に分布し，樹液に集来する。

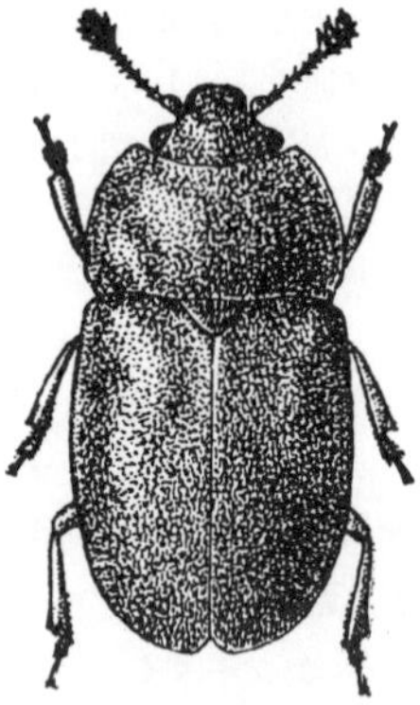

Fig. 926. ヒメヒラタケシキスイ（中根）

374. デオヒラタムシ（出尾扁虫）科

Fam. Monotomidae Le Conte 1862

微小。小顋は自由で頬の角質板から覆われていない。触角は短かい球桿部を具えている。前脚の基節窩は後方閉ざされ，跗節の第1節は小形。腹部腹板の第1節と第5節とは強く長く，背板の末端節は翅鞘の後方に延びている。世界から多数発見され，*Monotoma* Herbst が代表的な属であるが，本邦からは更に *Mimemodes* 属が知られている。トビイロデオヒラタムシ (*Monotoma picipes* Herbst) (Fig. 927) は体長2.5mm，暗赤褐色，触角と脚とは赤褐色，体の腹面は黒色。頭部は極めて密に微点刻を布し，複眼の後方鋭く側方に突出する。触角の球桿部は末端前節からなりその末端に微小の第11節が附着している。前胸背板の前縁角は強く鈍歯状に突出し，側縁は微鋸歯状を呈し微毛を装い，後縁角は斜に切断され，表面は極めて密に微点刻を布する。翅鞘は末端多少円く切断され，表面に不明瞭な数条の縦点刻列を有する。地上に棲息し，夜間燈火に飛来する。全土に産し，新旧両北区に分布する。この科の他の1種はオバケオオズデオヒラタムシ (*Mimemodes monstrosus* Reitter) で，体長3mm内外，鈍い光沢ある赤褐色で翅鞘のみ小楯板の周辺を除いて黄褐色を帯び，全体幾分扁平。頭部は著しく大形で，後方著しく幅広で前胸背板の側方に突出し，前胸背板はほぼ方形で後方僅かに狭まる。翅鞘は両側ほぼ平行，末端は円く裁断状，表面に各8～9条の点刻縦列を有する。本州と九州とに産し，朽木に生ずるキノコに集来する。

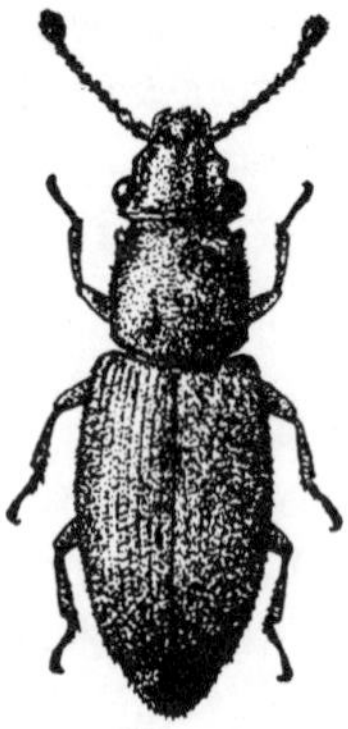

Fig. 927. トビイロデオヒラタムシ（黒沢）

375. ネスイムシ（根吸虫）科

Fam. Rhizophagidae Crotch 1873

小形，やや円筒状，大体陰色。上唇は頭楯と癒合し，小顋は内外両葉片を具え，触角は第10節のみからなる小球桿部を有し，第11節は小さくその末端に附着している。翅鞘は腹端に達しない。跗節は雌では凡て5節なれど，雄では後脚のものが4節となつている。この科の昆虫は大体キクイムシ類の孔道中に棲息し，*Rhizophagus* Herbst が模式属である。本邦からは4・5種が発見されている。ヤマトネスイムシ (*Rhizophagus japoicus* Reitter) (Fig. 928) 沢は体長3～5mm，大体黒色，光を有する。頭部は濃赤色，複眼は黒色。前胸背板は黒色で，前・後両縁は赤味を帯び，小楯板は黒色。翅鞘は赤褐色で，中央に幅広の黒色横帯を有し，末端部は一般に暗色，体の腹面は赤褐色乃至暗赤色。触角と脚とは赤褐色，北海道・本州等に産し，樺太に分布し，成虫

Fig. 928. ヤマトネスイムシ（河野）

は針葉樹を害するキクイムシ類の孔道内に見出される。

376. ヒラタムシ（扁虫）科

Fam. Cucujidae Ganglbauer 1899

微小乃至中庸大，扁平，細長。頭部は自由で大体前方に突出する大顋を具え，触角は顔の側縁下に生じ11節で多くは糸状なれどときに微かに棍棒状。小顋は自由で常に内・外両葉片を具え，4節の鬚を有する。下唇鬚は3節。前胸背板は後方狭まり自由。前脚の基節窩は後方開き，跗節は5節なれど雄の後脚のものは4節，第1節は大部分小形。腹部腹板は5個で，第1腹板はせいぜい第2と第3節との和と等長。幼虫は扁平で細長く，頭部は大形，腹部末端節に1対の棘状突起を具えている。(Fig. 929)。***Cucujus*** Fabricius, ***Pediacus*** Shuck, ***Uleiota*** Latreille, ***Dendrophagus*** Schönherr, ***Laemophloeus*** Lapporte, ***Lathropus*** Erichson, ***Hypocoprus*** Motschulsky 等が代表的な属で，本邦からは最初の5属の他に ***Prostomis*** 属が発見され，約10種程知られている。

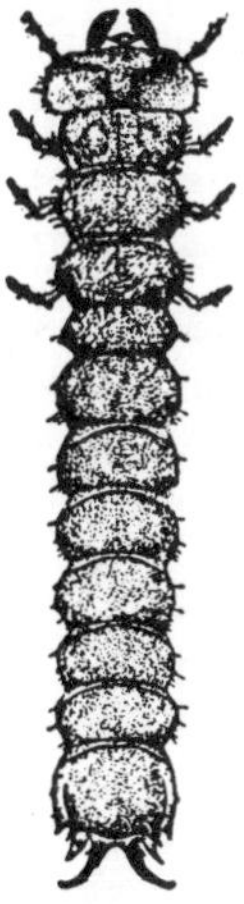

Fig. 929. ルリヒラタムシ幼虫（湯浅）

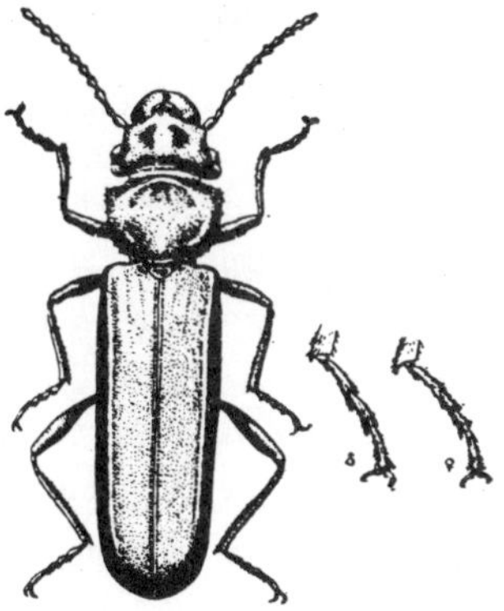

Fig. 930. ルリヒラタムシ（湯浅）　附図　後脚跗節

ルリヒラタムシ (*Cucujus mniszechii* Grouvelle) (Fig. 930) は最大種で体長20～25mm，著しく扁平，純黒色で青藍色の翅鞘を有する。翅鞘は会合線部が広く隆起し，肩部から側縁に沿い隆起線を走らす。全土に産し，枯木の樹皮下や薪等に発見される。アカチビヒラタムシ (*Laemophloeus ferrugineus* Stephens) は体長 2mm 内外で最小種，光沢ある赤褐色，翅鞘のみ黄褐色。扁平で微細な点刻を装う。頭部は前胸背板より微かに広く，額の両側に各1条の凹陥部を有する。触角は細く短かく，末端の3節はやや太まる。前胸背板はほぼ梯形で後方に狭まり，側縁に平行する1縦溝を有し，後角は殆んど直角。翅鞘は末端切断され，表面に4条の浅い縦溝を有する。全世界に分布し，屋内にあつて穀類生産物の害虫として知られている。ヒゲナガヒメヒラタムシ (*Dendrophagus longicornis* Reitter) は体長6.5mm内外，光沢ある暗褐色，頭部・前胸背板・中・後両胸腹板等は帯黒色，触角と脚とは褐色。全体細長く扁平，頭部は前胸背板より僅かに幅広く額に2本の縦溝を有し後頭に1横溝を有する。触角は例外で12節，体より長く糸状で甚だ長い第2節を有する。前胸背板は波曲せる側縁を有し後方に狭まり，表面に2個の太い縦陥凹部を有する。翅鞘は両側殆んど平行で肩部がはり，腹部を完全に覆い，表面に各6条の縦溝を有する。脚は短かい。北海道・本州等に産し，朽木の樹皮下に棲息する。

377. ホソヒラタムシ（細扁虫）科

Fam. Silvanidae Murray 1878

(Lacordaire 1854)

微小乃至小形，多少扁平で，多くは褐色。頭部は自由で多くは複眼の前方に突出し，小顋と下唇とは自由。触角は幾分棍棒状で，普通末端の3節が太まる。前胸背板は長く後方に狭まり，側縁が縁取られている。前脚の基節窩は後方閉ざされ，前・中両脚の基節は小さく球状で後脚のものは横形，跗節は5節で稀れに雄の後脚のものが4節，第1節は非常に短縮する事がなく，第4節が小形，せいぜい第3節下面が葉片状となる。前胸腹板は基節の前方に強く発達し，後胸腹板は大形。腹部は5腹板を有し，翅鞘は複部を完全に覆う。*Silvanus* Latreille, *Airaphilus* Redtenbacher, *Nausibius* Redtenbacher, *Cathartus* Reiche 等が代表的な属で，世界に広く分布する。

フタトゲホソヒラタムシ (*Silvanus bidentatus* Fabricius) (Fig. 931) は体長 3.3mm 内外。光沢のない走褐色で，背面に黄褐色の微毛を装う。頭部は複眼の後方に歯状突起を有し，前胸前板は前縁角が鋭く棘状に突出し，側縁は微鋸歯状となり，表面中央に2個の太い浅い縦陥凹部を有する。翅鞘は各7～8条の縦溝を有する。全土に産し，新旧両北区に広く分布し，枯木や伐木等に見出される。ノコギリヒラタムシ (*Oryzaephilus surinamensis* Linné) は体長2.5～3.5mm，褐色乃至黄褐色で背面に黄褐色の微毛を装う。前種同様な形状であるが，前胸背板は顕著な鋸歯状の側縁を有し，翅鞘は各4条の判然しない縦隆起線を有する。全土に産し，世界に分布し，貯蔵穀類の有名な害虫で，コナ

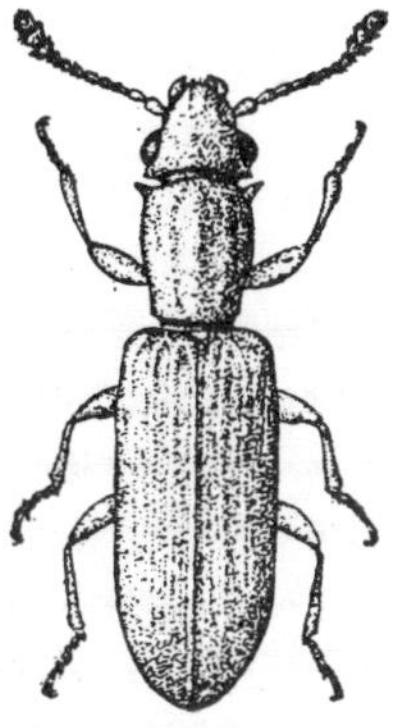

Fig. 931. フタトゲホソヒラタムシ（黒沢）

ヒラタムシやノコギリコクヌスト等の別名がある。これら両種の他に前種に甚だ近い種類が2種類発見されている。

378. オオキスイ（大木吸虫）科
Fam. Helotidae Chapuis 1876

中庸大，むしろ扁平長楕円形。頭部は比較的小さく自由。複眼は比較的大形，触角は短かく3～4節からなる球桿部を具え，前胸背板は後方に幅広となり角張る後縁角を有する。跗節は凡て5節で大形の末端節と強い爪とを具えている。翅鞘は各2個の白色または黄色の臘質斑紋を有する。本邦・インドマレー・東アフリカ等に分布し，*Helota* M. L. が代表的な属で，約80種以上が発見されている。ヨツボシオオキスイ（*Helota gemmata* Gorham）(Fig. 932)は体長14mm内外，金属的光沢を有する黒色で腹部と脚とが赤褐色，然し腿節の外側と跗節とは黒褐色。頭部は背面中央に2個の不明瞭な縦隆起を有し，触角の球桿部は3節からなり扁平。前胸背板は鈍い微鋸歯状の側縁を有し，表面に4条の縦隆起線を有し，中央の2本は後半にて相合し1本となり，側方のものはほぼ中央で切断されている。翅鞘は粗大な点刻列を有し，中央と末端近くとに各1個の琥珀様に見える黄色の臘質斑紋を有する。全土に産し，特に北海道に普通。なお支那やシベリヤ等に分布し，樹液に集来する。

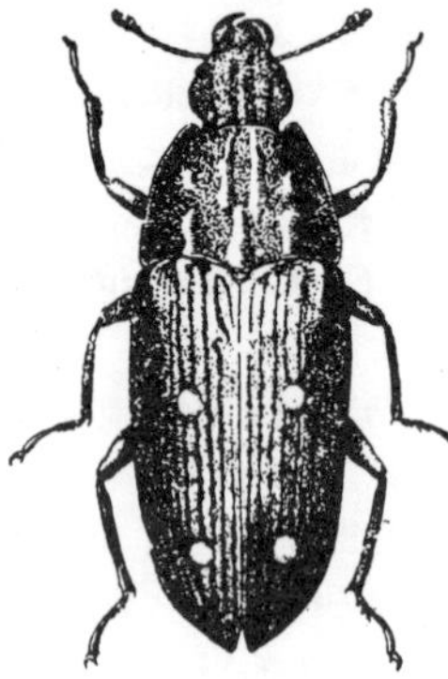

Fig. 932. ヨツボシオオキスイ（湯浅）

379. オオキノコムシ（大蕈虫）科
Fam. Erotylidae Leach 1815

Pleasing Fungus Beetles と称えられ，小形乃至中庸大，長形かまたは殆んど球形に近く，平滑かあるいは有毛，一般に鈍色であるが金属的藍色または緑色のものがある。頭部は小形，触角は複眼の前方または間に生じ，11節で，3～4節からなる大きな球桿部を具えている。前・中両脚の基節は球状，跗節は5節からなり，基部の3節は幅広で褥盤状を呈し微毛を装い，第4節は甚小。腹部は5個の腹板を有する。幼虫は種々あつて，扁平で尾突起を有するものと然らざるものとがある。地中や植物の茎中やキノコ等に棲息している。世界から約2600種程発見され，熱帯に多産であるが温帯にも普通である。*Erotylus* Fabricius, *Aegithus* Fabr., *Brachysphaenus* Lacordaire, *Encaustes* Lac., *Megischyrus* Crotch, *Ischyrus* Lac., *Mycotretus* Lac., *Tritoma* F., *Triplax* Herbst, *Dacne* Latreille, *Episcapha* Lac., *Megalodacne* Crotch, *Xenoscelis* Wollaston 等が代表的な属で，本邦からは *Megalodacne*, *Episcapha*, *Microsternus*, *Dacne*, *Tritoma*, *Neotriplax*, *Eutriplax*, *Dactylotritoma*, *Amblyopus*, *Renania*, *Satelia*, *Aulacochilus*, *Encaustes* 等の属が発見されている。オオキノコムシ(*Encaustes praenobilis* Lewis) (Fig. 933)は体長16～36mm，光沢ある黒色，前胸板は不規則な赤褐色の大紋を有し，翅鞘は各肩部と末端近くに各1個宛の赤褐色紋を有する。北海道と本州とに産する。クロチビオオキノコムシ (*Tritoma niponensis* Lewis) は卵形で強く膨隆し，強い光沢を有する黒色，触角(球桿部を除く)と両鬚とは暗褐色乃至黒褐色。前胸背板は長さの約2倍の幅を有し前方に狭まり，前縁は少しく凹入し後縁は中央後方に少しく出で，4隅に各1小孔を有し，側縁は僅かに外方に彎曲し内側に沿い細溝を有する。翅鞘は各8条の小点刻縦列を有する。全土に産し，東シベリヤに分布する。本邦に約20種程発見されている。

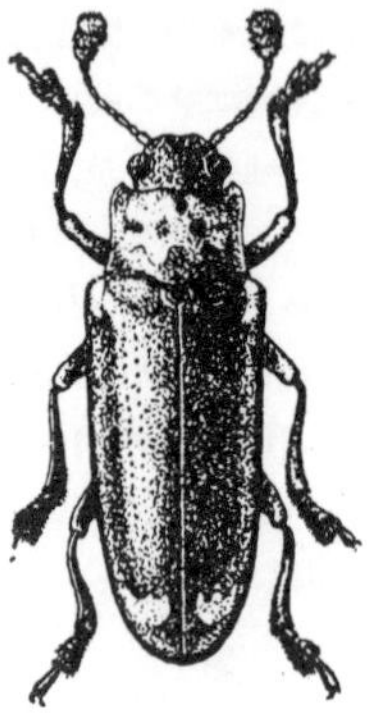

Fig. 933. オオキノコムシ（中条）

380. マキムシモドキ（擬薪虫）科
Fam. Derodontidae Le Conte 1862

小形，頭部は額上に単眼を有し，横形で複眼まで沈み，触角は短かく棍棒状。前胸背板は後端狭まり，跗節は5節で細くやや小さい第4節を具えている。腹部は可動的な5腹板を具えている。欧州・北米・本邦等に産し，*Derodontus* Le Conte, *Laricobius* Erichson, *Peltastica* Erichson 等が代表的な属で，本邦からはマキムシモドキ (*Peltastica reitteri* Lewis) (Fig. 934) が知られている。同種は体長4.2mm内外，淡黄褐色，頭部の後半と前胸背板中央部とは黒色，触角の球桿部と小楯板とは暗褐色，翅鞘の小隆起と翅鞘の基

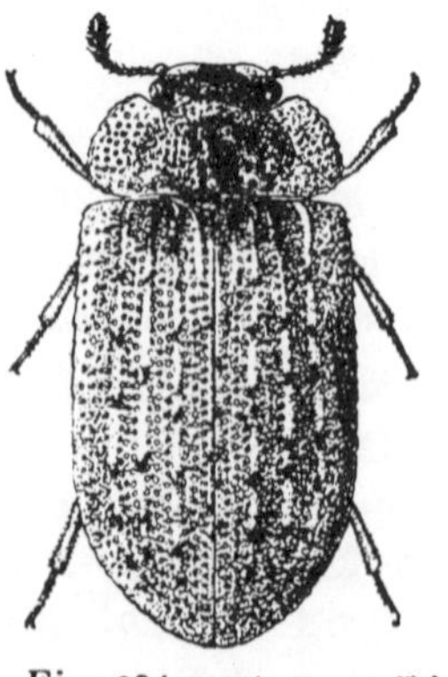

Fig. 934. マキムシモドキ（中根）

部内方の縦隆起線とは褐色乃至黒褐色，頭部の前半と前胸背板の前縁と脚とは黄赤褐色。頭部は強粗の点刻を密布し，両眼前縁を結ぶ横溝は中央で後方に波曲する。前胸背板の側部は平圧され幅広く拡がり粗大な点刻を布し，小楯板は小さく円形。翅鞘は粗大な点刻を配列し，その二つおきの4間室は隆起し，その中央の2条の基部は隆起線となり翅鞘の基部内方と共に黒褐色，後方部は多数個の濃色の小隆起を具え，各小隆起には白色の縦条を存する。体の腹面は黒褐色。北海道と本州とに産し，森林地帯の樹液に集来しまた薪等にも発見されると言う。

381. キスイムシ（木吸虫）科
Fam. Cryptophagidae Thomson 1863

Silken Fungus Beetles と称えられ，微小乃至小形，長形で毛を装い，キノコや腐敗有機質物等に棲息し，更に蟻や蜂等の巣の中にも発見され，また花や植物上にも見出される。触角は額の側縁下で複眼の前方に生じ，11節からなり，2～3節からなる棍棒部を具えている。前脚の基節窩は後方開くかまたは不完全に閉ざされ，凡ての基節は左右離り，前脚のものは球状で微かに突出し，跗節は5節かまたは雄の後脚のものが4節。世界に広く分布するが主に全北区に産し，*Cryptophagus* Erichson, *Paramecosoma* Curtis, *Micrambe* Thomson, *Antherophagus* Latreille, *Telmatophilus* Heer 等が代表的な属で，本邦からは最初の1属の他に *Antherophagus* と *Atomaria* 属とが知られている。ウスキキスイムシ (*Cryptophagus dentatus* Herbst) (Fig. 935) は体長 2～3 mm，僅かに膨隆し，黄赤褐色，淡黄色の短毛を装う。頭部は強く点刻を密布し，触角の棍棒部は3節からなる。前胸背板の前縁角は斜に切断され，側縁の中央直前に1鈍歯を有しこれより後方は微鈍鋸歯状，後縁は縁取られ，小楯板は横形。翅鞘の点刻は頭部や胸部のものより小さい。本邦と欧州とに分布し，朽木や樹皮等に棲息し，燈火によく飛来する。

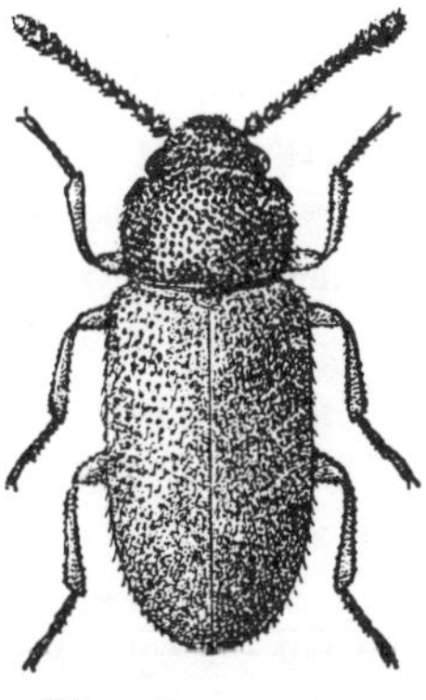

Fig. 935. ウスキキスイムシ（中根）

ハナバチヤドリキスイムシ (*Antherophagus nigricornis* Fabricius) は体長4.5～6 mm，黄褐色乃至赤褐色で少しく光沢を有し，横臥した黄色の微毛を装う。形状は前種に似ているが，触角は太く漸次末端の方に太まり，頭部は半円形，前胸背板は横位の矩形，跗節は雄の後脚のものは4節。北海道・本州等に産し，シベリヤ・欧州等に分布し，花に発見されるがマルハナバチの巣中に棲息すると言う。この科は大体20数種が発見され殆んど *Cryptophagus* 属のものである。

382，ムクゲキスイムシ（尨毛木吸虫）科
Fam. Biphyllidae Sharp 1900

一般に *Diphyllidae* Le Conte 1862 が採用されまたオオキノコムシ科に包含せしめられている。微小種で顕著に細毛を装い，跗節が凡て5節からなるかまたは前胸腹板が後方に延びていない事によつて *Erotylidae* から区別する事が出来，触角の球桿部は2～3節からなり，跗節の第4節は小形であるが自由で第3節は下面幾分葉片状となり，脚基節は左右僅かに離れている。広分布で，*Biphyllus* Stephens, *Cryptophilus* Reitter, *Diplocoelus* Guérin 等が代表的な属で，本邦からは最初の2属が発見されている。

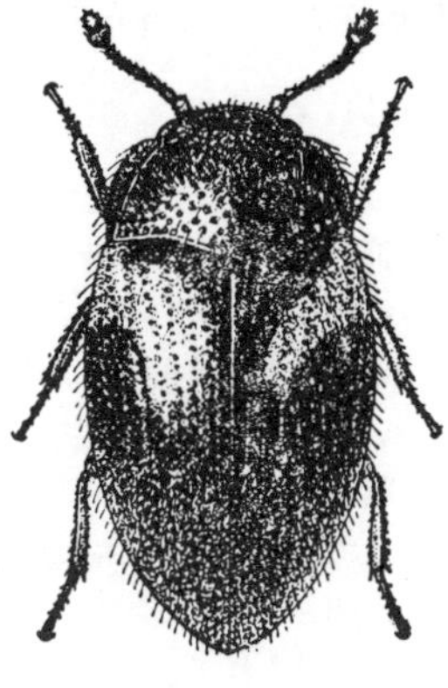

Fig. 936. ハスモンムクゲキスイムシ（中根）

ハスモンムクゲキスイムシ (*Biphyllus rufopictus* Wolleston) (Fig. 936) は体長2mm内外，黒色乃至黒褐色で黄褐色の毛をやや密に装い，翅鞘は末端の方に赤褐色を帯び大形の斜紋は赤褐色。触角と脚とは黄褐色，その球桿部は2節からなる。翅鞘は強く明瞭な点刻縦列を有する。体下は微小点刻と微毛とを密に装う。本州・九州等に産し，枯木のキノコ等に発見される。同属には更に3種が知られ，*Cryptophilus* 属にはヒラナガムクゲキスイムシ (*C. obliteratus* Reitter) の他に3種程発見されている。

383. ヒメハナムシ（姫花虫）科
Fam. Phalacridae (Erichson 1845)
Thomson 1859

微小，多くは卵形で膨隆し，暗色。頭部は複眼まで前胸内に沈み，触角は額の側縁下で複眼の前方に生じ3節からなる球桿部を有する。前胸腹板は自由な突起を具え，前脚の基節窩は後方開き，前・中両脚の基節は球形で左右離り，後脚の基節は横形で扁たく左右殆んど合し，跗節は5節からなり第3節は心臓形かまたは葉片状，第4節は小形，爪は歯を具えている。翅鞘は全腹部を覆い，腹部腹板は5個。幼虫は短かい強い脚を具え，末端節に2本の尖突起を有する。多くのものは花に棲息し，全

世界から300種以上が発見され，*Phalacrus* Payk., *Olibrus* Erichons 等が代表的な属で，本邦からは最後の1属が知られている。トビイロヒメハナムシ（*Olibrus affinis* Sturm）(Fig. 937）は体長2mm内外，背面は黒褐色で膨隆し，光沢著しく，微かに金銅光沢をおびる。腹面は黄褐色乃至黄赤褐色で黄褐色の脚を具えている。頭部は微点刻を装い，複眼は大形，触角は黄褐色で末端の3節が拡大し末端節最大。前胸背板は前縁角が角張り，後縁は中央の両側で僅かに湾入し鋭角の後角を存し，背面は微点刻を疎布する。小楯板は幅広い三角形。翅鞘は弱い微点刻列を具え，それに沿い微かな細縦線を有し，末端は多少淡色。後胸腹板は前縁の中央が中脚の基節を越えて前方に突出し中胸腹板を覆う。本邦以外シベリヤと欧州とに分布し，菊科植物に見出される。この他十数種が発見されている。

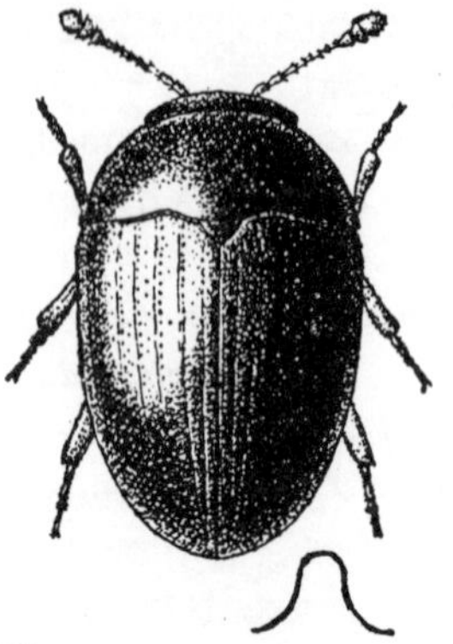

Fig. 937. トビイロヒメハナムシ（中根）
附図　後胸腹板の前縁中央

384. ヒメマキムシ（姫薪虫）科
Fam. Lathridiidae Thomson 1859

小形で自由の頭部と翅鞘から区切られている前胸背板とを有する。触角は額縁の下で複眼の前に生じ，8～11節で1～3節からなる棍棒部を具えている。前脚の基節は球状かまたは円錐状でやや突出し，後脚のものは横形で左右離たり，跗節は常に3節のみ，腹部は5～6個の腹板を具え，癒合板がない。幼虫は軟い皮膚を有し，脚は短かく，長毛を装う。

キノコや落葉下等に棲息し，また蟻の巣中にも見出され，世界から600種程が発見され，地中海沿岸地帯に最も多く産し，インド・濠州・ニュージランド等にも分布する。つぎの如き4亜科に分類する事が出来る。

1．触虫の末端3～4節が別々に大形となり紡錘状を呈し，長い曲毛を輪生している（*Dasycerus* Brongn. 両北区）…Subfamily *Dacycerinae* Ganglbauer 1899
　触角は末端部に長毛を装わない……………………2
2．前脚の基節窩は後方閉ざされている………………3
　前脚の基節窩は後方開く（*Holoparamecus* Curtis, *Merophysia* Luc.）……………………………………………………Subfamily *Holoparamecinae* Ganglbauer 1899
3．前脚の基節は左右離れ，頭部は複眼の前方に長く，翅鞘は屢々縦隆起線を有する……………………………………………………………………Subfamily *Lathridiinae*
　前脚の基節は左右連続し，頭部は複眼の前方短かく，翅鞘は決して隆起線を有しない………………………………………………………………Subfamily *Corticariinae*

以上の4亜科中つぎの2亜科が本邦に産する。

1．ヒメマキムシ亜科（***Latridiinae*** Fowler 1912）—頭部は中線が溝付けられているかまたは前方に著しく延び，前脚の基節は左右明瞭に離つている。*Lathridius* Herbst, *Enicmus* Thomson, *Cartodere* Thomson 等が代表的な属で，本邦からは最初の2属が知られている。ヒメマキムシ（*Lathridius chinensis* Reitter）(Fig. 938）は体長2mm内外，光沢ある黒褐色で赤褐色の触角と脚とを有し，ときに全体赤褐色のものがある。頭は微点刻を密布し，頭頂に1縦溝を有する。触角は11節で末端3節が棍棒部を構成し末端節最大，尤も第1節は太く卵円状。複眼は大形。前胸背板は頭部と同様に点刻を布し，中央に2縦隆起線を有し，側縁は縁取られ，後縁に沿い1横溝を有する。翅鞘は強大な縦点刻列を具え，間室は隆起する。北海道・本州等に産し，支那に分布する。この他にヒラムネヒメマキムシ（*Enicmus transversus* Olivier）が本州・九州等に産する。

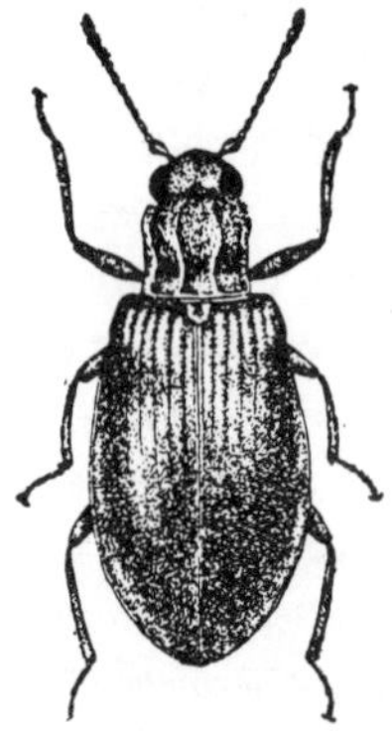

Fig. 938. ヒメマキムシ（湯浅）

2．ケシマキムシ亜科（***Corticariinae*** Fowler 1912）—頭部は複眼前方短かく縦溝を有しない。前脚の基節は左右接続する。*Corticaria* Marshal, *Melanophthalma* Motschulsky 等が代表的な属で，本邦からは最初の1属3種が知られている。ウスキケシマキムシ（*Corticaria japonica* Reitter）(Fig. 939）は体長1.5～2mm，光沢ある黄赤褐色で淡色の微毛を装う。頭部は点刻を密布し複眼の後方で括れ，触角の末端3節は少しく拡大し最大の末端節を有する。前胸背板は明瞭な点刻を布し，側縁は微鋸歯状，翅鞘は明瞭な点刻縦列を有し，間室には淡色の倒

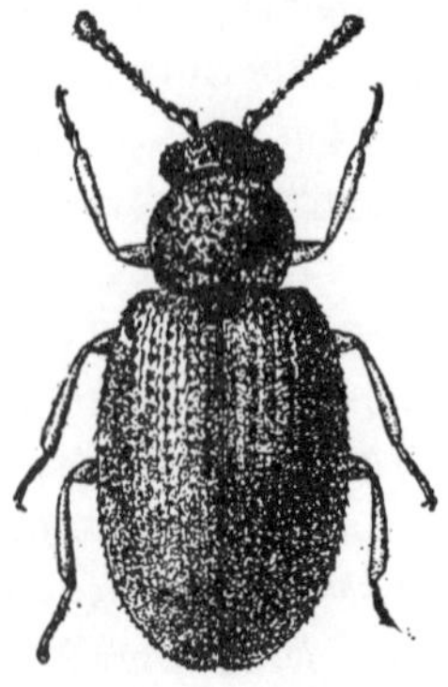

Fig. 939. ウスキケシマキムシ（中根）

毛を生ずる微点刻列を存する。本州・九州等に産し，支那・濠洲等に分布する。

385. コキノコムシ（小蕈虫）科

Fam. Mycetophagidae Seidler 1887

(*Tritomidae*)

微小乃至小形，楕円形で膨隆し，多くは黄褐色乃至黒色。触角は複眼の前方で額の側縁下に生じ，11節からなり棍棒状。小顋の内葉片は小形。脚の基節は左右狭く離り，前脚のものは卵形で傾斜し適度に突出し，前脚の基節窩は後方開く，跗節は4節，雄の前脚のものは3節。腹部腹板は5個で，第1節は前に三角形に延びて後脚の基節間に出ている。幼虫は細長く，有毛で，短かい脚を具え，尾端に2個の短かい突起を有し，触角は明瞭，頭部は前口式。キノコを食する甲虫で，主に両北区に分布し，150種内外が知られ，*Mycetophagus* Hellw., *Esarcus* Reiche 等が代表的な属で，本邦からは最初の1属の他に *Pseudotriphyllus*, *Typhaea* 等の属が発見されている。ヒゲブトコキノコムシ (*Mycetophagu antennatus* Reitter) (Fig. 940) は体長 4～5 mm, やや光沢ある黒褐色で黄褐色の微毛を密生する。頭部は粗い点刻を密布し，頭楯は触角間で深い横溝によつて界されている。触角は両鬚と共に黄褐色，末端6節は漸次太まる。尤も末端はやや細長く砲弾状。前胸背板は粗い点刻を密に具え，後縁両側に各1個の円い凹みがある。翅鞘は各約10条の強い点刻縦列を有し，3横紋は黄赤褐色。体腹面と脚とは暗褐色。北海道・本州・九州等に分布し，東シベリヤに分布し，カワラタケ等に多い。同属には更に数種が知られ，*Pseudotriphyllus* 属のものは後脚の跗節が4節からなり2種程発見され，何れもキノコ類を食としている。*Typhaea* 属のものは2種発見され，何れもかびた秣や納屋や穀倉や厩舎等に棲息する事が知られているが，海浜の筵下からも採集されている。

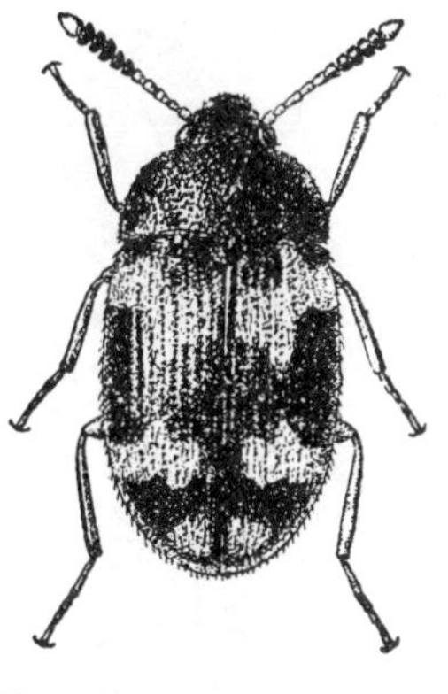

Fig. 940. ヒゲブトコキノコムシ（中根）

386. ホソカタムシ（細堅虫）科

Fam. Colydiidae Le Conte 1862

微小乃至中庸大，細長乃至長楕円形で堅い甲虫。複眼はときにない。触角は球桿状で11節，稀れに8～10節，複眼前方額の側縁下に生じ，触角溝がある場合は前胸下面に位置している。前胸腹板は頸突起を有しない。頭部は自由で，やや大形，ときに前胸内に沈んでいる。前脚の基節は小さく球状で微かに突出し，後脚の基節は横形，跗節は4節なれど例外として3節のものがある。腹部は5個の腹板を有し，最初の2～4節が多くは固着している。幼虫は多くは軟体で有毛，前口式で短かい触角と脚とを具え，尾端に2個の短かい突起を具えている。キノコや樹皮下や落葉下やあるいは土中深くに棲息する。世界に広く分布し，約700種程発見され，*Colydium* Fabricius, *Aulonium* Erichson, *Aglenus* Erichson, *Ditoma* Herbst, *Synchita* Hellw., *Cicones* Curtis, *Endophloeus* Erichson, *Orthocerus* Latreille, *Corticus* Latr., *Apistus* Motschulsky, *Coxelus* Latr., *Diodesma* Latr., *Langelandia* Aubé, *Pycnomerus* Erichson, *Dechomus* Jacqu., *Myrmecoxenus* Chevr., *Nematidium* Er., *Gempylodes* Pascoe, *Acropis* Burmeister 等が代表的な属で，本邦からは *Microprius*, *Endophloeus*, *Colobicus*, *Trachypholis*, *Penthelispa*, *Dastarcus* 等の属が知られ約10種程発見されている。ノコギリホソカタムシ (*Endophloeus serratus* Sharp) (Fig. 941) は体長3.5～5mm，濃赤褐色，やや扁平で背面は粗で黄色の鱗毛を疎生し，分泌物様の被覆物がある。頭部は比較的小さく，基部は前胸背板にて覆われている。触角の球桿部は末端2節からなる。前胸背板の側部は広く平圧されその縁は鋸歯状，前部・中央直前・中央後等に各1対の隆起がある。翅鞘は多数の瘤起を有し，側縁は1鱗毛を生ずる小歯を列している。体下は黄色短毛を装う。本州・九州等に産し，キノコや樹皮下等に棲息する。最も小形の種類はツヤケシヒメホソカタムシ (*Microprius opacus* Sharp) で体長 2～3 mm，細い赤褐色乃至褐色で背面に数条の顕著な縦隆線を具えている。本邦の他にセイロン島に分布し，樹皮下に棲息している。最も大形のものはサビマダラオオホソカタムシ (*Dastarcus longulus* Sharp) で体長 6～11mm，黒色で灰褐色と黒褐色との鱗片を装い，頭部は著しく沈み，翅鞘に各4条の密な直立鱗片縦列を具え，各列の両側に深い縦溝か大点刻列かを有する。本州・九州等に産し，薪等に集来する。この科の模式属たる *Colydium* は細長の種類である。

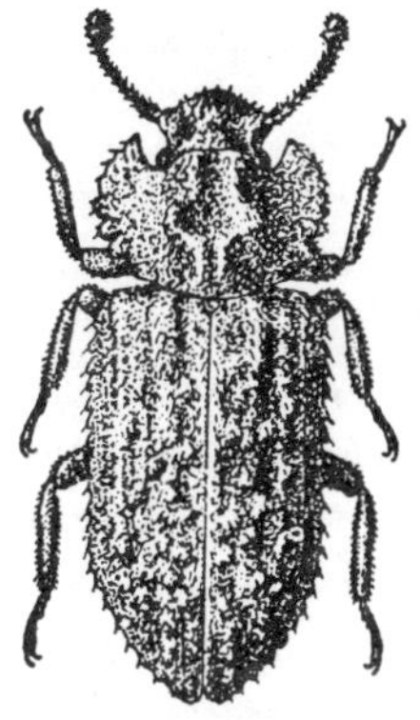

Fig. 941. ノコギリホソカタムシ（中根）

387. テントウムシダマシ（偽瓢虫）科

Fam. Endomychidae Leach 1815

Fungus Beetles と称えられ，微小乃至中庸大で体長1～25mm，平滑かまたはいくらか棘を装い，顕著な赤色と黒色，幾分ハムシ類とテントウムシ類とに類似し，熱帯産のものは特に鮮明色。頭部は小形。触角は長く，複眼間に生じ，3節からなる扁平の球桿を具えている。口器は小形。前・中両脚の基節は球状，跗節は4節で微小の第3節を具えている。腹部は5または6個の腹板を有し，第1節は最長。幼虫（Fig. 942）は彎曲し，眼を欠き，短かく，平滑か有毛であるものは突起を生じ，触角はよく発達している。キノコ・糞・枯木・酒かす・酢・乾果・その他等を食する。世界共通で約950種程が知られ，*Endomychus* Panzer, *Aphorista* Gorham, *Mycetina* Mulsant, *Epipocus* Germar, *Rhymbus* Gerstaecker, *Phaeomychus* Gorham, *Stenotarsus* Perty, *Stenotarsoides* Csiki, *Anidrytus* Gerster, *Epopterus* Chevr., *Dapsa* Latreille, *Lycoperdina* Latr., *Mycetina* Mulsant, *Amphix* Castelnau, *Amphisternus* Germar, *Eumorphus* Weber, *Haploscelis* Blanchard 等が代表的な属で，本邦からは *Panamomus*, *Bolbomorphus*, *Endomychus*, *Saula*, *Ancylopus*, *Phaeomychus*, *Mycetina* 等の属が発見されている。ルリテントウムシダマシ（*Endomychus gorhami* Lewis）（Fig. 943）は体長4～5mm，光沢ある黒色，翅鞘は青色乃至紫青色で稀れに緑青色，体下の腹部は末端の2～3節は暗赤色か松脂色，脚はときに松脂褐色か松脂黒色。頭部は小点刻を布し，前方は短毛を後方は微毛を装う。前胸背板は僅かに膨隆し小点刻を疎布し，前縁角部は強く後縁角部は軽く押圧され，後縁に沿い1対の縦溝とその間の1横溝は明瞭。翅鞘は強く膨隆し，小点刻を密布し，肩部の内側は斜弧状に強く押圧されている。全土に産する。この科は約10種程知られ，何れも大体同様な形状を呈し，多少とも光沢を有する。

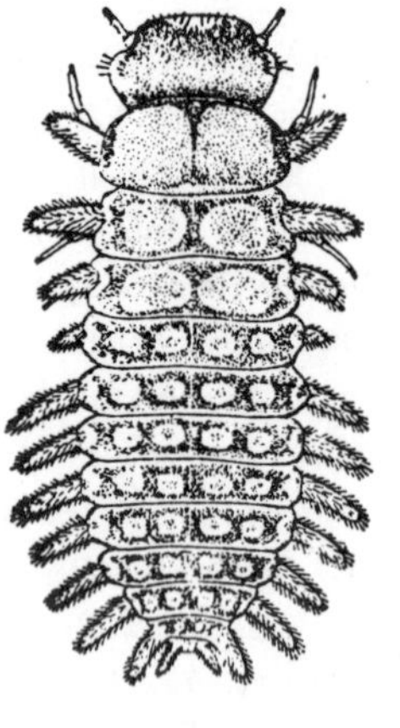

Fig. 942. ヨツボシテントウムシダマシ幼虫（湯浅）*Ancylopus melanocephalus* Olivier

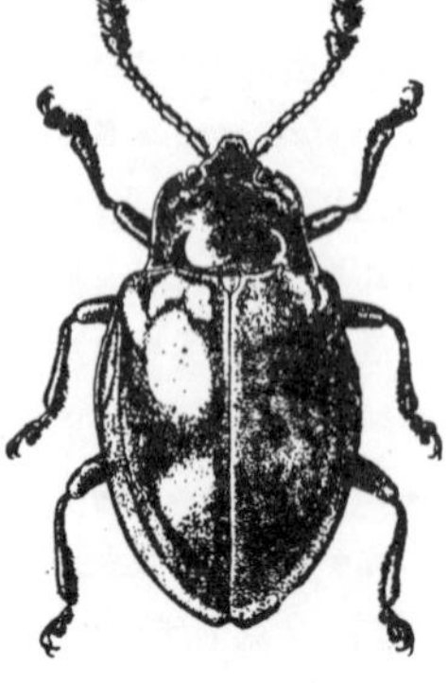

Fig. 943. ルリテントウムシダマシ（中条）

388. テントウムシ（瓢虫）科

Fam. Coccinellidae Latreille 1807

Ladybirds, Ladybird Beetles 等と称えられ，ドイツの Marienkäferchen や Sonnenkälbchen 等がこの科の甲虫である。微小乃至小形。楕円または円い凸形あるいは半球形，平滑で光沢を有するかまたは微毛を装う。色彩は陰色，黒色，褐色，灰色，鮮明色，あるいは金属的，屢々斑紋を有し，同種でも種々変化があつたり，雌雄で異なつたりしている。頭部は小さく1部分が前胸背板内に沈みあるいはその下に隠され，大形の複眼を具え，触角は大部分11節からなり短かく棍棒状。大顋は簡単，捕食性の種類では基部に歯を具え，且つ末端が叉状となり，食草性のものは基部に歯がなく末端に数歯を具えている。前胸背板は顕著，しかし一般に腹部より狭い。翅は普通よく発達し飛翔に適し，翅鞘は体を覆う。脚は短かく太く，跗節は4節で第1と第2節とは幅広となり下面に微毛を装い，第3節は甚だ小形，爪は1対で一般に有歯。腹部は5または6個の腹板を具えている。幼虫（Fig. 944）はオサムシ型，陰色またはときに鮮明色，表面粗か有棘か皺付けられているか毛を装うかまたはある種類では綿状臘質物にて被われ，触角は微小で5節，単眼は各側に3～4個，大顋は彎曲している。

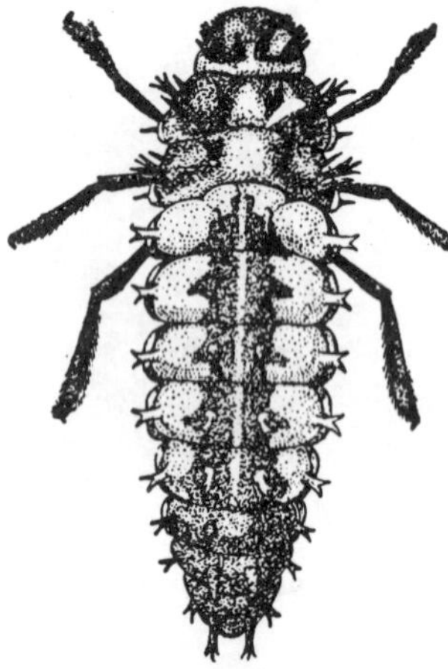

Fig. 944. テントウムシ幼虫（湯浅）*Harmonia axyridis* Pallas

テントウムシは凡ての昆虫中最もよく知られ且つ最も愛されるものの1つで，普通の赤色種と赤色や黒色の斑紋を有する種類の多くのものとは永い間幸福の前兆として尊敬され且つ観察されておつた。成虫は活潑な匍匐者で且つ飛翔者で，屢々春や夏や秋を通じて甚だ多数に現われる。多数の種類は植物の滲出物や花蜜等にある程度寄食し，特に小さな軟体昆虫特に蚜虫介殻虫等を食する。

したがつて益虫として考えられている。幼虫も成虫も共にじやまされると黄色の液体を出す。同液体は防禦となつていると考えられている。世界から約247属3000種が知られ，最小のものは体長 1mm 内外で最大種は 13.5mmもある。つぎに重要な属を列記する。

食草性—*Halyzia* Mulsant (全北区), *Psyllobora* Chevrolat (南北米), *Thea* Mulsant (旧北区・エチオピア区・インドマレー区), *Vibidia* Mulsant (旧北区), *Epilachna* Redtenbacher (世界共通) 等で，最後の属は約 466 種が発見されあるものは農業上重要な害虫となつている。

捕食性—*Hyperaspis* Redtenbacher (全北区，新熱帯・東洋・エチオピア), *Brachyacantha* Chevrolat (南北米), *Stethorus* Weise (全北区・エチオピア・マレー), *Scymnus* Kugelann (全北区・新熱帯・インドマレー・エチオピア), *Cryptolaemus* Mulsant (濠洲), *Rodolia* Mulsant (インドマレー・濠洲・マダガスカル), *Rhizobius* Stephens (旧北区・マレー・濠洲・マダガスカル), *Ceratomegilla* Crotch (南北米), *Hippodamia* Mulsant (全北区), *Coccinella* Leach (世界共通), *Adalia* Mulsant (広分布), *Cycloneda* Crotch (南北米), *Exochomus* Redtenbacher (全北区・新熱帯・エチオピア) 等。

この科はまたつぎの如き 3 亜科に分類する事が出来る。

1．跗節の第 2 節は末端節の基部を越えない。第 3 節は自由 (*Lithophilus* Fröl.) ……………………………………
…………Subfamily *Lithophilinae* Ganglbauer 1899
　跗節の第 2 節は末端節の基部を越え，したがつて第 3 節は第 2 節の背面からかこまれている……………2

2．触角は複眼の前よりもより中間に生じ，大顋は基部に歯を具えていない (*Epilachna* Redtenbacher, *Lasia* Mulsant, *Cynegetis* Redtenbacher)…………
…………Subfamily *Epilachninae* Ganglbauer 1899
　触角は複眼の間よりは前の方に生じ，大顋は基部に歯を具えている (*Coccinella* Leach, *Synonycha* Chevrolat, *Chilocorus* Leach, *Hyperaspis* Redtenbacher, *Scymnus* Kugelann, *Coelopterus* Mulsant, *Coccidula* Illiger) ……………………………………
…………Subfamily *Coccinellinae* Ganglbauer 1899

以上の 3 亜科中最後の 2 亜科が本邦から知られている。

1．ムシテントウムシ亜科 (*Epilachninae*)—オオニジュウヤホシテントウ (*Epilachna vigintioctomaculata* Motschulsky (Fig. 940) は体長 7mm 内外，赤褐色，背面の斑紋は黒色，灰褐色の軟毛を密生する。全土に産し，朝鮮・濠洲・支那・シベリヤ等とに分布し，成虫・幼虫共にナス科の植物を食害する有名な害虫である。同種に類似のニジュヤホシテントウムシ (*E. sparsa orientalis* Dieke) (Fig. 946) は本州・四国・九州等に産し，沖繩と支那とに分布し，前同様ナス科植物の害虫で，背面の黒斑が小形である事によつて大体区別する事が出来る。トホシテントウ (*Afissa admirabilis* Crotch) は体長 8mm 内外，黄褐色で背面に 7 個の大体円形 (前胸背板の 1 個は横形) の黒色斑紋を有する。本州・四国・九州等に産し，支那に分布し，成虫・幼虫共にカラスウリの葉を食する。

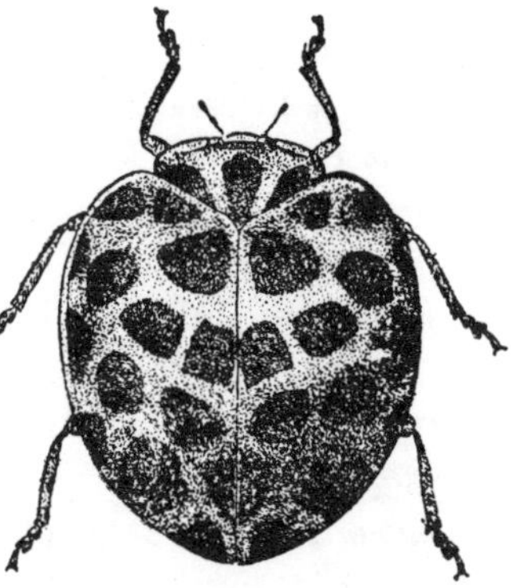

Fig. 945. オオニジュウヤホシテントウ (湯浅)

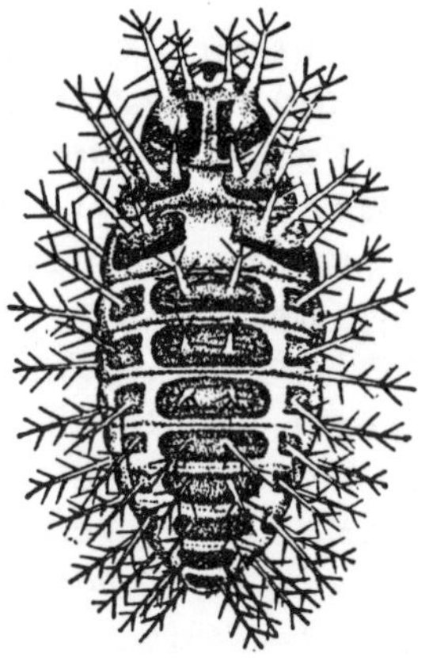

Fig. 946. ニジュウヤホシテントウ幼虫 (湯浅)

2．テントウムシ亜科 (*Coccinellinae*)—ナナホシテントウ (*Coccinella septempunctata bnuckii* Mulsant) (Fig. 947) は体長 8mm 内外，体は黒色，翅鞘は橙黄色で黒色の斑紋を有する。頭頂の複眼内縁の 2 斑と複眼前縁湾入部の 2 小斑と頭楯の前縁とは淡黄色，更に翅鞘基部の小楯板両側の小斑と中胸側板とは淡黄色。全土に産し，沖繩・朝鮮・支那・インド，等に分布する。成虫・幼虫共に種

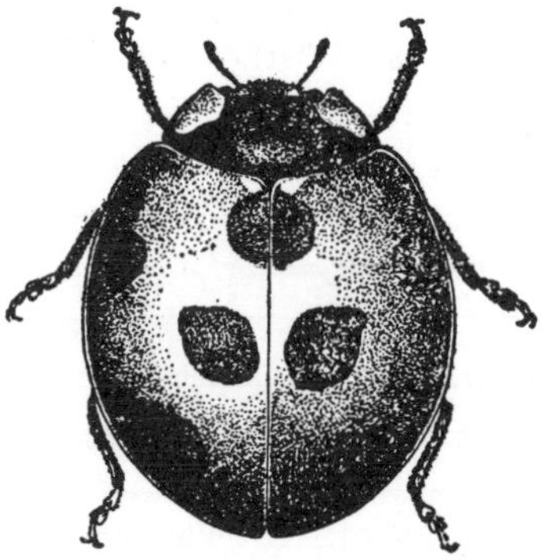

Fig. . 947. ナナホシテントウ (湯浅)

々の蚜虫を捕食する有益虫である。イセリヤカイガラムシの天敵としてハワイより輸入した濠洲原産のベダリヤテントウ (*Rodolia cardinalis* Mulsant) もこの亜科に属する。キイロテントウ (*Thea cincta* Fabricius) は体長 4.5mm 内外，淡黄褐色，頭部と前胸背板とは黄白色，翅鞘は黄色，複眼と前胸背板上の2楕円紋とは黒色。やや卵形に近い。本州・四国・九州等に産し，沖縄・台湾・朝鮮・支那・インド・フィリッピン・スンダ群島等に分布する。成虫・幼虫共に諸種の白渋病菌を食するが，台湾やインドでは成虫が稲の花を食害する。シロホシテントウ (*Vividia duodecimguttata* Poda) もまた白渋病菌を食し，北海道・本州等に分布し，朝鮮・シベリヤ・欧州・コーカサス・アジア等に分布する。蚜虫類を捕食する種類としてはオオテントウ (*Synonycha grandis* Thunberg) やコクロヒメテントウ (*Scymnus hilaris* Motschulsky) (Fig. 948) テントウムシ (*Harmonia axyridis* Pallas) やヒメカメノコテントウ (*Propylaea japonica* Thunberg) その他等が産し，内殼虫類を捕食するものとしてはヒメアカボシテントウ (*Chilocorus kuwanae* Silvestri) やアカボシテントウ (*C. rubidus* Hope) やムツボシテントウ (*Sticholotis punctata* Crotch) やハラグロオオテントウ (*Callicaria superba* Mulsant) 等が知られ，クルミハムシの幼虫を捕食するカメノコテントウ (*Aiolocaria mirabilis* Motschulsky) は体長 11～13mm，半球状で光沢ある黒色で，前胸背板の側部に各1個の大きな橙黄色紋を有し，翅鞘に亀甲様の橙赤色紋を有する。全土に産し，支那とシベリヤ等に分布する。食菌性のものは *Calvia* 属の2種が更に発見されている。以上の他に *Hippodamia* や *Anatis* 等の属が発見されている。

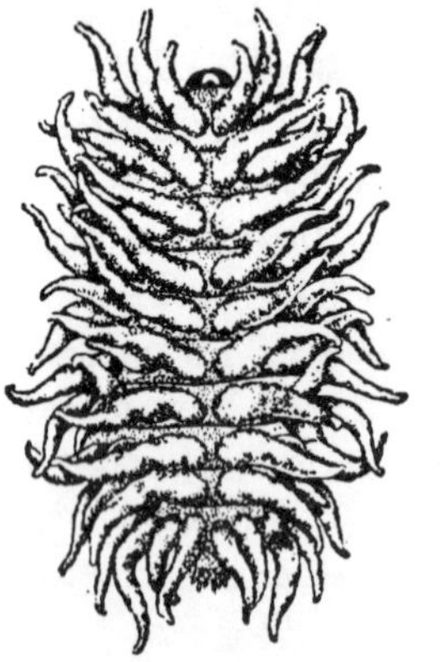

Fig. 948. コクロヒメテントウ幼虫（湯浅）

花 蚤 上 科

Superfamily *Mordelloidea* Leng 1920

ハナノミ上科は大体つぎの13科に分類する事が出来る。

1．前脚の基節窩は後方閉ざされ，爪は簡単，腹部の腹板は6個で最初の2節は不可動的に結合する。黒色の小形種 (*Eurystethus* Seidler=*Aegialites*, 新北区・ベルシャ) (*Aegialitidae* Le Conte 1862) ………………………………… Family *Eurystethidae* Seidler 1916

前脚の基節窩は後方開き，触角は膝状でない…… 2

2．頭部は複眼の後方で強くか急に細まらない，または括れていない。爪は簡単かあるいは割れている…… 3

頭部は複眼の後方で強く且つ急に括れ，もしより漸次に細まつている場合は爪が櫛歯状……………… 5

3．中脚の基節は顕著に突出していない。触角は自由で溝内に受け入れられない…………………………… 4

中脚の基節は著しく突出し左右接続し，前胸背板は側部が縁付けられていない。跗節の末端前節は幅広く下面に密毛の刷を具えている。細い軟体甲虫………………………………………… Family *Oedemeridae*

4．前胸背板は鋭い側縁を有し，中胸後側板は脚の基節に達し，後胸腹板は長くその後側板は現われ，前胸背板は後方に幅広となり表面基部に押圧部を有する……………………………………… Family *Serropalpidae*

前胸背板は側隆起縁を欠き，後方狭まり，表面に押圧部がない…………………………… Family *Pythidae*

5．頭部は後方に延び漸次狭まり，前胸背板は側部が縁取られないで基部にて翅鞘と等幅，爪は櫛歯状で基部に大きな附属突起を有する。中庸大……………………………………………… Family *Cephaloidae*

頭部は後方急に狭まる……………………………… 6

6．前胸背板は鋭い側縁を有する……………………… 7

前胸背板の側部は円く鋭く縁付けられていない… 9

7．触角は糸状……………………………………………… 8

触角は櫛歯状（雄）または亜鋸歯状(雌)，爪は鋸歯状かまたは有歯，翅鞘は腹部を覆う（9対照）……………………………………… Family *Rhipiphoridae*

8．後脚の基節は中庸大または大形で扁平，前脚の基節は小転節を欠き，頭部は胸部に対し垂直に位置し，爪は簡単か割れているかまたは櫛歯状。体は普通後方に円錐状となり，腹部は屢々後方に延びて末端尖る。小形で微毛に被われた甲虫……… Family *Mordellidae*

後脚の基節は横形，前脚の基節は小転節を具え，爪は簡単，体は漸次後方に狭まる (*Scraptia* Latreille 世界共通，*Trotommidea* Reitter 旧北区) ………………………………… Family *Scraptiidae* Fowler 1891

9．前胸背板の基部は翅鞘より狭い……………………10

前胸背板の基部は翅鞘と等幅，翅鞘は一般に短かく後方に狭まり，触角は櫛歯状（雄）または屢々鋸歯状（雌），体は幅広く後方に著しく狭まる。雌はときに非常に退化するかまたは幼虫状（7対照）……………………………………… Family *Rhipiphoridae*

10. 後脚の基節は横形で突出しない。爪は一般に簡単………………………………………………………………………11
　後脚の基節は大形で突出する…………………………13
11. 複眼の縁のある部が凹み，後脚の基節は左右相接続するかまたは殆んど相接する…………………………12
　複眼は楕円形で完全でむしろ粗に顆粒状，後脚の基節は普通左右がよく離れている……………………………………………………………………Family *Anthicidae*
12. 頭部は複眼の遥か後方で括れ，複眼は微顆粒状……………………………………………… Family *Pedilidae*
　頭部は複眼の直後で括れ，複眼は粗顆粒状，跗節の末端前節が非常に微小となつているため跗節は外見上 4：4：3 節，腹部腹板の最初の 2 節は不可動的に結合している……………………………Family *Xylophidae*
13. 爪は簡単，頭部は水平に位置し，触角は鋸歯状で雄は屢々櫛歯状，体は扁平，中庸大……………………………………………………………Family *Pyrochroidae*
　爪は歯状かまたは割れ，頭部は傾き垂直の額を具え，翅鞘はときに短かく，体は膨れ一般に多少円筒形。中庸大または大形 ……………Family *Meloidae*
以上の諸科中本邦にはつぎの11科が産する。

389. クビナガムシ（長頸虫）科

Fam. Cephaloidae Le Conte 1862

むしろ中庸大，細長。頭部は傾斜し複眼の後方に漸次狭まり後急に括れている。触角は11節で甚だ微かに末端の方に太まり，前胸背板の基部は翅鞘と等幅で側隆起縁を有しない。脚の基節窩は後方開き，腹部腹板は 6 個。脚は細長く，前・中両脚の基節は円錐状で左右接し，跗節は細く下面に毛を装い，爪は櫛歯状。東部旧北区と新北区とに産し，約20種程知られ，*Cephaloon* Newman，*Sponidium* Gastelnau，*Ephamillus* Semenov 等が代表的な属で，本邦からはクビナガムシ (*Cephaloon pallens* Motschulsky) (Fig. 949) が発見されている。同種は体長10〜13mm，色彩に変化が多く，大部分黄白色乃至黒色。本邦に普通採集されるものは var. *sakurae* Lewis で，濃色型と淡色型との中間型で，頭部の大部分・前胸背板の 1 紋・小楯板・翅鞘の側縁と会合線・体下面の大部分・後腿節等が黒色を呈するものが多く，全体に光沢ある黄色の微毛を密生している。本州・四国・九州等に産し，樺太・朝鮮・アムール・満洲等に分布し，花に集まる。一名クビボソカミキリダマシ，コガシラカミキリモドキ等と称えられている。

Fig. 949. クビナガムシ（河野）

390. カミキリモドキ（擬天牛）科

Fam. Oedemeridae Stephens 1829

中庸大，細長，軟体，陰色または鮮明色で金属的。頭部は傾斜し，後方やや狭まり幅広の頭部にて胸部に附着する。触角は長く，糸状かまたは鋸歯状。前胸背板は基部が翅鞘より狭い。前脚の基節窩は後方広く開き左右相接し，前脚の基節は大形で円錐状を呈し左右相接し，後脚の基節は横形。腹部の腹板は 5〜6 節。跗節の末端前節は 2 葉片に幅広。爪は簡単。幼虫は屢々ある環節に擬脚を具え，枯木内に棲息する。成虫は普通花に来集し，多くのものは夕刻と夜間とに活動的である。約 800 種程が知られ，世界の各区に発見されている。しかし旧北区に最も多数が産する。*Oedemera* Olivier，*Oncomera* Stephens，*Asclera* Ssephens，*Oxacis* Le Conte，*Sessinia* Pascoe，*Nacerda* Stephens，*Xanthochroa* Schmacher，*Calopus* Fabricius，*Sparedrus* Latreille 等が代表的な属で，本邦からは *Nacerda*，*Ezonacerda*，*Xanthochroa*，*Patiala*，*Ditylus*，*Chrysanthia*，*Asclea*，*Eobia*，*Oncomera*，*Oedemera* 等の属が発見され約 20 種内外がしられている。

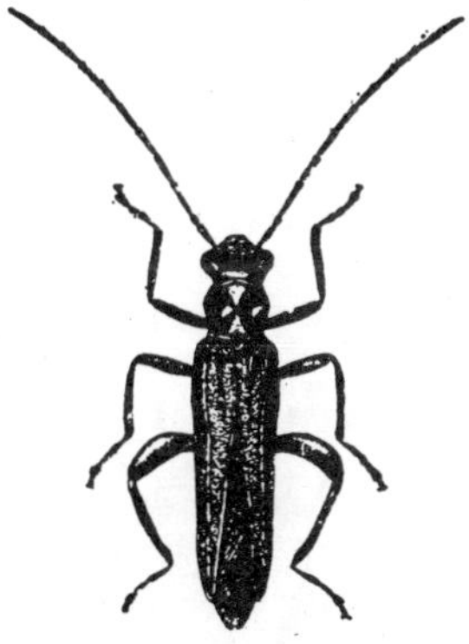

Fig. . 950. モモブトカミキリモドキ（湯浅）

モモブトカミキリモドキ (*Oedemera lucidicollis* Motschulsky) (Fig. 950) は体長 5.5〜8 mm，濃藍色で灰色の微毛も装う。触角は暗褐色乃至暗色，前胸背板の中央に赤褐色の 1 縦線を有する事が多い。翅鞘は各 3 条の縦隆起線を有し，雌の後脚腿節は太くない。全土に産し，千島に分布し，一名モモブトカミキリダマシと称えられる。ミヤマカミキリモドキ (*Ditylus laevis* Sahlberg) は本邦産中最大の種類で体長 16〜18mm，黒藍色で暗色の微毛を密生している。翅鞘はやや強い青藍色を帯び，稀れに多少緑色または銅色を帯びる事がある。全体太く，触角は微かに鋸歯状，翅鞘は各 4 本の縦隆起線を具えている。北海道と本州とに産し，亜寒帯地区に分布し，幼虫はトドマツの枯木中に棲息する。ツマグロカミ

キリモドキ (*Nacerda melanura* Linné) は体長9〜12mm，大部分黄色，複眼と翅鞘端とは黒色，前胸背板の両側は暗色を帯び，雄は頭部の1部と前胸背板全面とが黒色を呈する事がある。体の下面は黒色，頭部と胸部の1部とは黄色，雌では尾端も黄色。脚は黄色で黒色の腿節を具えている。触角は体の約1/2長，11(♀)〜12(♂)節。前胸背板はやや心臓形を呈し，翅鞘は各4条の縦隆起線を有し両側ほぼ平行。世界共通種で，幼虫は針葉樹の木材内に棲息し，米国加洲では海岸の波止場に使用されている湿気多く且つ陰所にある材木を加害している事が認められている。

391. ハナノミ（花蚤）科
Fam. Mordellidae (Leach1815) Stephens 1829

Tumbling Flower Beetles と称えられ，小形乃至中庸大，絹糸の微毛を密生し，体は側扁し弧状で背面に著しく凸形となり，尾端は翅鞘の後方に延び尖つている。頭部は前胸背板に密接し，背面より僅か前方に現われ，殆んど垂直に位置している。触角は11節だがときに10節，複眼の前に生じ，細く簡単でときには末端の方に微かに太まる。複眼は屢々強く縁付けられ，鬚の末端節は斧状。前胸背板は多くは翅鞘の基部と等幅，側部は明瞭に縁取られている。前脚の基節は大きく円錐状，その窩は後方開き，後脚基節は屢々強く幅広となる。翅鞘は後方に狭まり円い末端を有し，尖れる尾端部を常に現わしている。脚は細長く，脛節の距棘はよく発達している。幼虫 (Fig. 951) は普通円筒状で，脚を具え，多くは菌類を寄生せしめている枯木中に棲息する。

世界から約800種以上が知られ，各区に分布している。しかし旧北区と濠洲区と北米と中米とに最も多く，熱帯のアフリカ・アジア・アメリカ等には少ない。

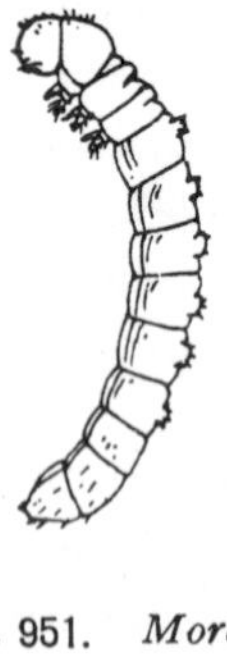

Fig. 951. *Mordellistena floridensis* の幼虫 (Riley)

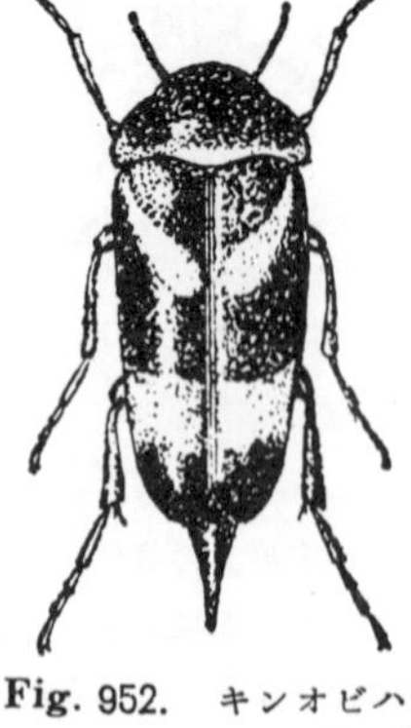

Fig. 952. キンオビハナノミ（河野）

Tomoxia Costa, *Mordella* Linné, *Mordellistena* Costa, *Anaspis* Geoffroy, *Anthobates* Le Conte 等が代表的な属で，本邦からは最初の4属の他に *Yakuhananomia, Hoshihananomia* 等の2属が知られている。キンオビハナノミ (*Mordella flavimana* Marseul) (Fig. 952) は体長7mm内外，黒色で口部・触角の基半部・前中両脚・後脚脛節の端棘等は黄褐色乃至赤褐色。複眼は微毛を密装し，頭部は黄灰色毛を装い，頭頂の毛は黒色，前胸背板の毛は黒色で周縁のものは金色，小楯板の毛は金色，翅鞘の毛は黒色で斑紋は光沢ある金色，尾節の基部は灰白色毛を装い後半は黒色毛を有する。体の腹面と脚との毛は光線の工合によつて黄金色。北海道・本州・四国等に産する。アサハナノミ (*Mordellistena cannabisi* Matsumura) は体長3mm内外，黒色で灰白色の微毛を装う。北海道に産し，幼虫は大麻の茎中に棲息し害虫として知られ，成虫は繖形科植物の花に来集する。

392. オオハナノミ（大花蚤）科
Fam. Rhipiphoridae Thomson 1859

ハナノミ科に類似するが前胸背板の側縁は取られていない事と触角が殆んど凡てが鋸歯状乃至櫛歯状またときと棍棒状である事と頭部が自由である事等によつて区別され，雌虫はときに甚だ退化して幼虫状。蜂の巣中に棲息するものが大部分で，中にはゴキブリの体内に寄生するものや木材に穿孔するものもある。世界各区に産し，約300種程が知られ，*Pelecotomoides* Castelnau, *Pelecotoma* Fischer, *Evaniocera* Guérin, *Macrosiagona* Hentz, *Metoecus* Gerster, *Rhipiphorus* Bosc., *Rhipidius* Thunberg 等が代表的な属で，本邦からは *Pelecotomoides, Macrosiagon, Metoecus* 等の属が発見されている。クロオオハナノミ (*Metoecus satanus* Schilder) (Fig. 953) は体長8.5〜13mm，雄は全体黒色で雌は腹部が黄赤色，幼虫はクロスズメバチの巣房に寄生し，北海道・本州等に産し，樺太・東チベット等に分布する。*Vespa* 属の蜂の巣房には更にヒトスジオオハナノミ (*M. paradoxus* Linné) やミスジオオハナノミ (*M. vespae* Kono) 等が発見され，フトフタオビドロバチやキボシトックリバチ等の巣房内にムモンオオハナノミ (*Macrosiagon nasutum* Thunberg) が本州・四国等に産する。キクイオオハナノミ (*Pelecotomoides japonica* Pic) は3.5〜4mm，黒色で暗褐色の翅鞘を具え，全体灰白色の微毛を装い絹様光沢を有する。

Fig. 953. クロオオハナノミ（湯浅）

北海道・本州等に産し，台湾に分布し，幼虫はシナノキ・エンジュその他の柱等に横孔を穿ち，相当の害をなすと言う。

393. ツチハンミョウ（地膽）科
Fam. Meloidae Thomson 1859

Cantharidae Leach 1815, *Lyttidae* Wellmann 1910 等は異名。Blister Beetles, Oil Beetles, Meloids 等と称えられ，ドイツの Blasenkäfer, Pflasterkäfer, Ölkäfer, Maiwurmer 等やフランスの Meloides 等はこの科の甲虫である。中庸大，長くやや円筒状かまたは太く，軟体。平滑，粗，彫刻を有するもの，点刻を布するもの，微毛を装うもの，有毛のもの等があつて，色彩は多くは陰色で黒色・灰色・帯褐色・黄褐色等かまたは鮮明色で金属的虹彩を有する。ある種類では美麗な彫刻を有し光沢ある色彩を有し，奇怪な形状を呈する。頭部は下口式で大形，自由で基部括れている。複眼は大きく離れ，口器はよく発達している。触角は11節，糸状か数珠状かまたは雄ではある節が著しく大形となつている。前胸は殆んど常に翅鞘の基部より狭く頭部より著しく幅広でなく，側部は多く縁付けられていない。翅鞘は体より長いか短かく，会合線は密接しないかまたは左右が一部かさなりあつて末端の方へ広く離れている。翅はよく発達し模式的翅脈を有するか，退化またはない。脚は細長く，跗節は5節，前・中両脚の基節は大形で左右接続し，後脚の基節は横形で左右殆んど相接する。腹部腹板は6個。

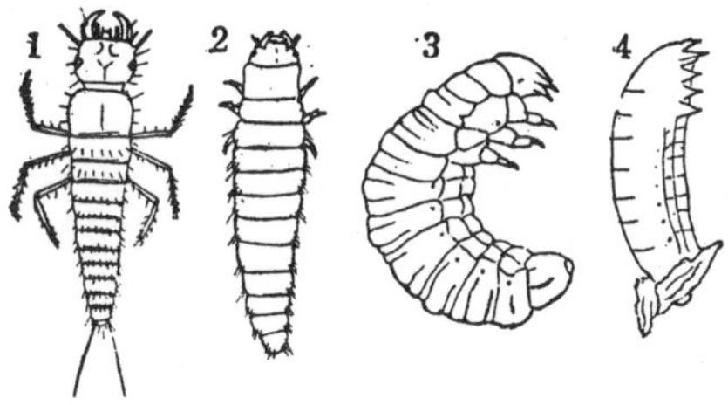

Fig. 954. *Epicauta* の幼虫 (Riley)
1. 三爪虫　2. オサムシ型　3. コガネムシ型
4. 擬蛹（囲幼虫＝Larva coarctata)

この科の昆虫はいわゆる過変態を行い (Fig. 954)，卵は微小で土中に塊状に多数が産卵され，孵化した第1齢虫はいわゆる三爪幼虫 (Triungulin) で，微小のトビムシ型で，よく発達した脚と触角と尾毛とを具え，甚だ活潑で，土中に造巣する昆虫の卵塊または子孫室を直接求め，またある成虫体に附着して彼等の巣に達し，そこで貯蔵蜜や宿主幼虫の食物や宿主幼虫の外寄生虫や卵塊や等を食する。そうして短時間にして脱皮し第2齢虫即ちオサムシ型となり，あるものはこの型にて充分成長し，他のものは第3型即ちコガネムシ型となり更にキクイムシ型に変ずる。しかして蛹の前に前蛹となり終に蛹化する。成虫は何れも生植物を食し屢々農作物その他の大害虫となる。幼虫は種類により蝗虫類の卵や蜂の幼虫やその他を食する。この科の成虫は殆んど凡てがカンタリヂンなる強烈な物質を有する。この物は種々薬用に使用されている。

世界から約2300種程発見され，多数の属のものは半乾燥の不毛地帯に棲息する。*Cysteodemus* Le Conte, *Henous* Hald., *Meloe* Linné, *Lydus* Latreille, *Cerocoma* Geoffrcy, *Coryna* Billb., *Mylabris* Fabricius, *Decapotoma* Voigts, *Epicauta* Redtenbacher, *Lytta* Fabricius, *Spastica* Lacordaire, *Tetraonyx* Latreille, *Hornia* Riley, *Ctenopus* Fischer, *Apalus* Fabricius, *Stenodera* Eschsch., *Euzonitis* Semenow, *Zonitis* Fabr., *Nemognatha* Illiger, *Horia* Fabr., *Cissites* Latreille 等が代表的な属で，本邦からは *Epicauta*, *Meloe*, *Zonitis*, *Horia* の4属が発見されている。ヒメツチハンミョウ (*Meloe auriculatus* Marseul) (Fig. 955) は体長14〜15mm，光沢ある黒藍色乃至黄紫色。頭部と前胸背板とは甚だ弱い疎な点刻を布し，額の中央に微かな縦溝がある。雌の触角は中央部弱く太い。翅鞘は弱い縮刻を有する。本州に産する。成虫はハクサイ・ウマゴヤシ・ヘクソカブラその他の葉を食する。この属には更に成虫がソラマメ・ウマゴヤシ・ゲンゲ・ダンデリオン・シロツメクサその他を食するマルクビツチハンミョウ (*M. corvinus* Marseul) が全土に産し，樺太・朝鮮・満洲等に分布する。本種は本邦に最も普通で，幼虫はヒゲナガバチに寄生する。マメハンミョウ (*Epicauts gorhami* Marseul) は体長14〜17mm，黒色で大部分赤色の頭部を有し，翅鞘は周縁と会合縁と各中央の1縦線とが灰黄色。本州・九州等に分布し，成虫は大豆・小豆・ナス・ジャガイモ・ニンジン・ソラマメ・ナンキンマメ等の葉を食し，ときに大害を与える。クロマメハンミョウ (*E. taishoensis* Lewis) は本州・九州等に産し，成虫は豆類の葉を食害する。九州産のミドリツチハンミョウ (*Lytta chinensis* Motschulsky) は成虫がカ

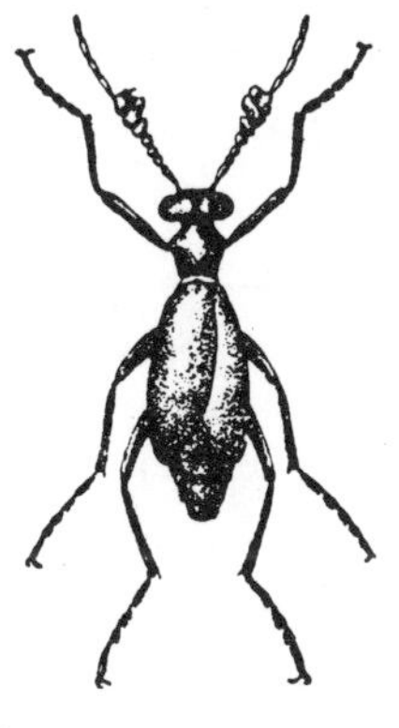

Fig. 955. ヒメツチハンミョウ雄（湯浅）

シ・ニセアカシヤ・フジその他の葉を食する。

394. キカワムシ（樹皮虫）科

Fam. *Pythidae* Le Conte 1862

Salpingidae Leach 1819, *Pythonidae* Thomson 1859 等は異名。小形乃至中庸大，種々な色彩を呈する。頭部は後方括れないで，前方時に口吻状に延びている。触角は中庸長，多くのものは簡単な構造で，11節からなり，小さい傾斜せる額皺下に生ずる。前胸背板は後方狭まり，屢々翅鞘の基部より狭い。脚の基節窩は後方開き，前脚基節は円錐状，中脚基節は球状，後脚基節は横形，跗節と爪とは多くの場合簡単で，前者は稀れに葉片状となり後者は有歯のものがある。木材上や石下や花上に見出される。幼虫は種々な形状で，触角と脚とはよく発達し，尾端に2～3個の突起を具えている。木質内に棲息する。

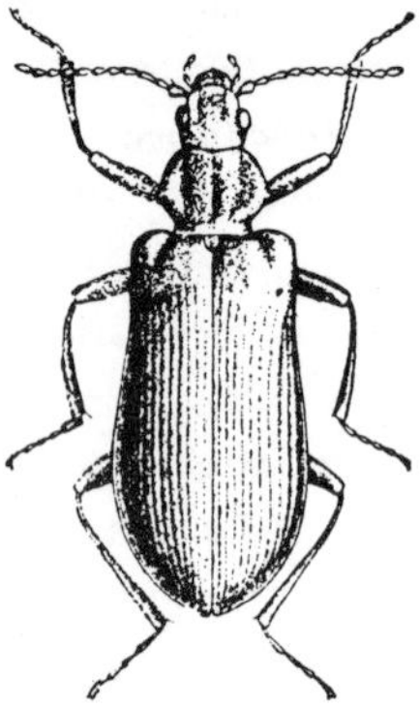

Fig. 956. オオキカワムシ（河野）

世界から約180種程知られ，新旧両北区と濠洲区との温暖地帯や寒い地帯に多数に産し，アメリカ・アフリカ・濠洲・等の熱帯地にも産し，マレー地区にも少くない，*Pytho* Fabricius, *Lissodema* Curtis, *Rhinosimus* Latreille, *Sphaeriesthes* Stephens＝*Salpingus*, *Mycterus* Olivier 等が代表的な属で，本邦からは最初の1属のみが発見されている。オオキカワムシ（*Pytho nivalis* Lewis）（Fig. 956）は体長14～19mm，光沢ある黒色で多少暗赤褐色を帯びる翅鞘を具え，触角・口部・跗節等は赤褐色。前胸背板は3条の縦溝を有し，側縁は強く円味を有しその中央やや瘤状を呈し普通小突起を具えている。翅鞘は各10条の縦溝を基部以外に有する。北海道と本州とに産し，幼虫はトドマツやエゾマツ類の樹皮下に生活している。なお北海道にはトドマツの樹皮下に幼虫が棲息するエゾマツオオキカワムシ(*P. jezoensis* Kono) が発見されている。

395. アカハネムシ（赤翅虫）科

Fam. *Pyrochroidae* (Latreille 1807)

Leach 1817

中庸大，扁平，多くのものは暗色または赤色。頭部は自由で，前方に延び，突出する複眼の後方括れている。触角は11節で複眼の前方に生じ，多数のものは鋸歯状または櫛歯状。前胸背板は後方が翅鞘の基部より明瞭に狭く，脚の基節窩は後方広く開口している。前・中両脚の基節は大きく円錐状で左右相接続し，後脚のものは横

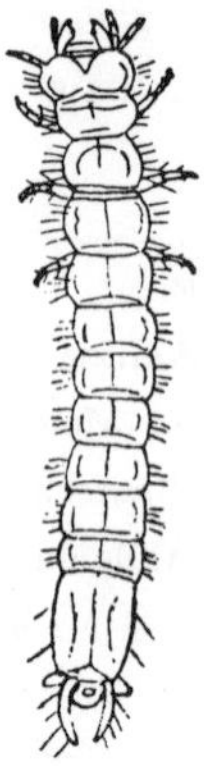

Fig. 957. *Pyrochroa coccinea* 幼虫 (Schiödte)

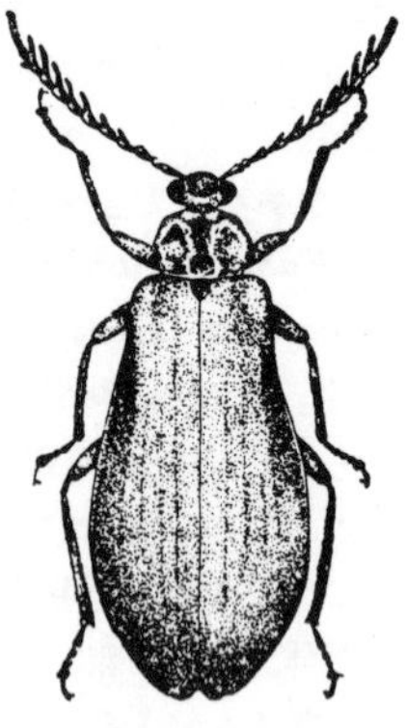

Fig. 958. アカハネムシ雌（湯浅）

形。翅鞘は腹部より幅広く，腹部腹板は5～6節。脚は長く，末端前跗節は2葉片状に幅広となり，爪は簡単。樹皮下や花上に見出される。幼虫（Fig. 957）は平たく大きな前口式の頭部とよく発達した触角及び脚とを具え，尾端に2突起を具えている。樹皮は下に生活する。

約100種程発見され，新旧両北区に普通だが，インド，マレー・濠洲・新熱帯等にも少数が発見されている。*Pyrochroa* Geoffroy, *Dendroides*, *Schizotus*, *Pseudopyrochroa* 等が代表的な属で，本邦からは *Dendroides* と *Pseudopyrochroa* との2属が知られている。アカハネムシ（*Pseudopyrochroa rufula* Motschulsky）（Fig. 958）は体長12.5～17mm，体は黒色，翅鞘は赤色，体毛は暗色。前胸背板の毛は灰褐色で翅鞘のものは赤色。前胸背板は中央に1縦凹陥を有し，その両側にも各1個の凹陥がある。翅鞘は多数の微かな縦溝を有する。全土に産し，花上にて採集が出来る。この属には更に数種が知られている。ツチイロビロウドムシ（*Dendroides lesnei* Blair）は体長13～17mm，細長く，体は栗色で，頭部と前胸背板とは黒褐色，複眼は黒色，口部・触角・各脛節・各跗節等は黄褐色，全体に灰褐色の軟毛を疎生する。頭部は複眼の後方著しく縊れ短い頸状部を形成する。触角は細く櫛歯状，雌は各枝が短かい。前胸背板は前方急に細まり，翅鞘は細長く全面に点刻を布し微かな縦溝を有する。本州の北アルプス産で珍種とされている。

396. クビホソムシ（細頸虫）科

Fam. *Pedilidae* Schaum 1862

小形で優美，頭部は自由で頸状部を有し，触角は11節で額の側部に生じ簡単な糸状または数珠状で末端の方にいくらか太まつている。複眼は屢々縁付けられている。前胸背板は後方翅鞘の基部より狭く，円味を有するもの

とむしろひらたいものとがあつて，何れも側部は縁付けられていない。前脚の基節窩は後方開き，前脚基節は円錐状で左右近より，後脚の基節も左右近より，跗節は5：5：4節で末端前節は明瞭に葉片状に拡がつている。腹部腹板は5個。世界から約250種程が発見され，各区に分布するが熱い地方に多い。*Pedilus* Fischer, *Eurygenius* Laf., *Macratria* Newman, *Steropes* Stew. 等が代表的な属で，本邦からは *Macratria*, *Stereopalpus*, *Eurygenius*, *Ischalia* 等の属が知られている。キアシクビホソムシ (*Macratria japonica* Harold) (Fig. 959) は体長4mm，体は暗褐色乃至黒色，口部・触角・脚等は黄褐色，触角の末々数節と後脚腿節の末端とは暗色を帯び，全体に黄色毛がやや密生している。小顋鬚の末端は大きく斧状を呈している。前胸背板は小点刻を密布し，光沢がない。翅鞘に浅い縦溝を列している。北海道・本州等に産し，燈火に飛来する性を有し，一名キアシホソクビムシとも言う。クビホソムシ (*Stereopalpus gigas* Marseul) は体長7～10mm，全体黒色であるが脛節と跗節とは稀れに赤褐色のものがある。背面は黄褐色の短毛を密生し，腹面と脚とは灰黄色毛を装う。頭部はほぼ三角形を呈し，複眼の直後は後側方に拡がり後急に裁断状となる。前胸背板はむしろ横形。後脚の脛節にはほぼ等長の2端距棘を具えている。本州産。

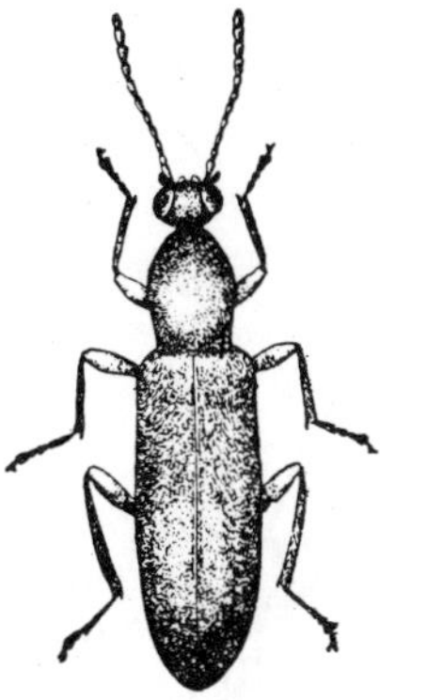

Fig. 959. キアシクビホソムシ（湯浅）

397. ニセクビホソムシ（偽頸細虫）科
Fam. Xylophilidae Shuck 1840

Hylophilidae, *Euglenidae*, *Aderidae* 等は異名。クビホソムシ科のものに類似するが，跗節が外見上4：4：3節で，末端前節即ち真の第4または第3節が微小で幅広なその前節から覆われて見えない事によつて区別する事が出来る。頭部は自由でなく，触角はときに1部櫛歯状。約400種程が知られ，世界の各区に分布し，*Hylohilus* Berth., *Syzetoninus* Blackb. 等が代表的な属で，本邦からは最初の1属が発見されている。クシヒゲニセクビホソムシ (*Hylophilus flavellicornis* Pic) (Fig. 960) は体長2mm，体は赤褐色。頭部・前胸背板の大部等は暗色，複眼は黒色，全体に黄色の微毛を装う。前胸背板は後方に1横凹陥部を有し，翅鞘は粗い点刻を布し，基部近くに各1個の低い瘤状部がある。北海道・本州等に産し，トドマツの樹皮下に棲息している。

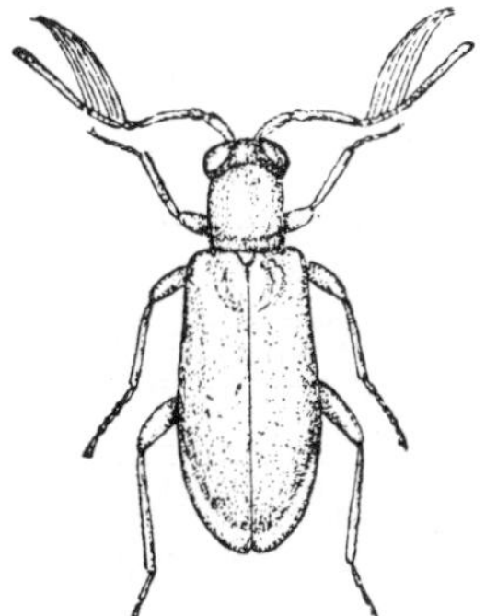

Fig. 960. クシヒゲニセクビホソムシ（河野）

398. イッカクチュウ（一角虫）科
Fam. Anthicidae (Lacordaire 1859) Gerster 1863

Notoxidae は異名。微小乃至小形，黒色乃至褐色で淡色の斑紋を有するもの等があり，頭部・胸部・腹部等が各明瞭に区割され，糸状の触角を有する。クビホソムシ科に類似するが，後脚の基節は左右幾分離れ，複眼は楕円形，前胸背板は屡々角状突起を具えている事等によつて区別されている。約1800種程が世界各区から発見され，暖国に最も多数に産し，新旧両北区に最も多い。*Anthicus* Payk., *Notoxus* Geoffroy, *Mecynotarsus* Laf., *Formicomus* Laf., *Tomoderus* Laf., *Endomia* Cast. 等が代表的な属で，本邦からは *Mecynotarsus*, *Notoxus*, *Anthicus*, *Formicomus*, *Anthicomorphus* 等の属が発見されている。アカモンイッカク (*Anthicus marseuli* Pic) (Fig. 961) は体長4mm内外，体は赤褐色，翅鞘は黒色で各2箇宛の赤色大紋を有し，頭部と前胸背板とは暗色乃至黒色のものがあり，触角は大部分赤色で末端の2節は黄褐色。北海道・本州等に分布する。チビイッカク (*Mecynotarsus niponicus* Lewis) は本邦産最小種で体長2mm内外，体は赤褐色，翅鞘は黒色，触角と脚とは黄色乃至黄赤色，全体に灰色の微毛を生じている。頭部は前胸背板の突起下に隠れ，触角は細長。前胸背板は殆んど球状で後縁部が縊れ，背面中央に前方に向つて突出する強大な1角状突起を具え，同突起は前方に細まり，両側縁は上面に歯状突起を並列し，背面には縁に平行する2条の隆起線があつて夫々前方にて会している。翅鞘は長卵形，点刻を密布し，微毛を装う。脚は細長く，後脚の跗節は脛節より長い。本州に産する。*Notoxus* 属の種類も前胸背面に突起を有するが細く頭部の側部を現わしている。他の属は

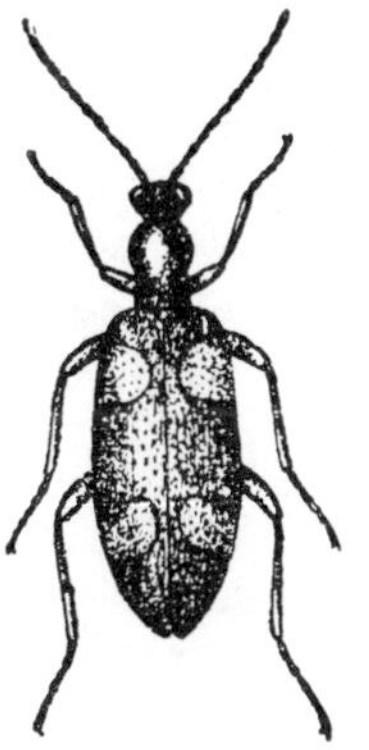

Fig. 961. アカモンイッカク（河野）

むしろ *Anthicus* 属に似て，*Formicomus* 属は一見蟻状。

399. ナガクチキムシ（長朽木虫）科

Fam. Serropalpidae Latreille 1829

Melandryidae Stephens 1829 は異名。小形乃至中庸大，種々の形状のものが包含され，色彩も様々である。頭部は多くのものでは傾斜し，複眼の後方で縊れていない。触角は11～10節，多数のものは糸状なれど，ときに末端の方に少しく太まり，小さい傾斜せる額皺の下に生じている。前胸背板は明瞭に後方に幅広となり，側部は縁付けられている。前脚基節は幾分突出し左右が離れているかまたは相接続し，後脚の基節窩は後方開く。脚は細長く，簡単な爪を具えている。腹部は5個の腹板を有する。幼虫（Fig. 962）は円筒形でやや扁平，頭蓋線は明瞭，触角は短かく，眼は両側に各5個の単眼を有し，頭楯と上唇とは区割され，脚は短かく，尾端に突起を欠く。蕈に棲息している。

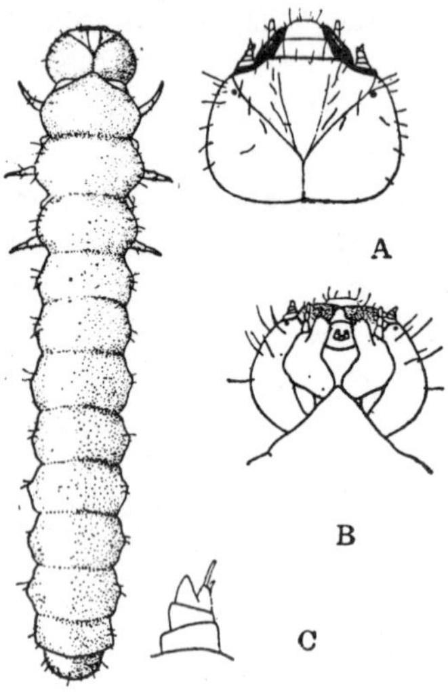

Fig. 962. カバイロニセハナノミ幼虫（福田）　A．頭部背面　B．同腹面　C．触角

キノコ上や枯木中や樹皮下や稀れに花上等に見出される。約500種程が知られ，大部分の種類は両北区の寒国と中庸暖国とに産し，勿論熱帯にも産するが少ない。*Tetratoma* Fabricius, *Orchesia* Latreille, *Hallomenus* Panzer, *Eustrophus* Illiger, *Melandrya* Fabricius, *Phryganophilus* Sahlberg, *Discaea* Fabricius, *Serropalpus* Heller, *Abdera* Stephens, *Synchroa* Newman, *Mallodrya* Horn, *Hypulus* Payk., *Zilora* Mulsant, *Penthe* Newman, *Conopalpus* Gyll., *Osthya* Illiger, *Stenotrachelus* Latreille 等が代表的な属で，本邦からは *Penthe*, *Synchroa*, *Eustrophinus*, *Holostrophus*, *Orchesia*, *Dircaeomorpha*, *Phloeotrya*, *Serropalpus*, *Mikadonius*, *Hypulus*, *Melandrya*, *Ivania*, *Bonzicus*, *Osphya*, *Scotodes* 等の属が知られている。キイロホソナガクチキムシ（*Serropalpus nitonicus* Lewis）（Fig. 963）は体長6.5～20mm，ほぼ円筒形，褐色で黄褐色の毛を密生する。前胸背板は膨隆し，後縁前中央で弧状に圧下され，その両側に小凹陥部を有する。翅鞘は点刻列からなる縦条を具えている。北海道・本州等に産し，倒木に来集する。アオバナガクチキムシ（*Melandrya gloriosa* Lewis）は体長1.5～15mm，褐色，頭部・前胸背板の大部分・小楯板等は黒色，翅鞘は緑紫色か青藍色乃至金緑色で光沢を有し，小顎鬚・触角の末端半・前胸背板の両側・翅鞘端・脚・腹部腹板等は赤褐色。背面は黒褐色乃至褐色の微毛を下面は黄褐色の微毛を夫々生じている。やや長楕円形で前方に狭まり，触角はかすかに鋸歯状で細く，前胸背板は前方に狭まり，翅鞘は縦隆起線を有する。本州・九州等に産し，薪材や倒木等に集まる。アヤモンヒメナガクチキムシ（*Holostrophus orientalis* Lewis）は体長6～7mm，倒長卵形，黒褐色乃至帯赤褐色で全面に黄色の微毛を装う。頭部は赤色，通常前胸背板前縁の凸出部の下に隠されている。触角は基部から漸次末端の方に太まり尖った先端を有する。前胸背板は暗色，後縁は波状，後縁角は突出して翅鞘の肩部を覆う。翅鞘は後方に狭まり，基部近くの犬歯状横紋と中央近くで会合線に近い小円斑とその後方て側方2/3にある横紋とは赤色で末端部は帯黄赤色。触角と脚とは大略赤褐色。本州・九州等に産し，マツタケやコウタケ等の蕈類と湿つた朽木等に集まる。なお蕈類に棲息する種類としてはこの属の他の3種と *Orchesia* 属の3種と *Penthe* 属の1種と *Eustrophinus* 属の1種等が知られている。以上の他の種類は大体朽木や倒木や薪材等に見され約15種以上が発見されている。例外としてアオオビナガクチキムシ（*Osphya orientalis* Lewis）は花上に集まる習性を有する。この種は細長く，体長6～7.5mm，黒色で光沢なく，全面に灰色微毛を密生し，翅鞘に灰色毛からなる2本の横帯を有し，極めて色彩に変化が多く全体黒色のものもある。触角は細長く体長の1/2以上に達し糸状で，黄褐色。脚は細長く黄褐色で，跗節は脛節より短かい。前胸背板は前方に円く細まり，強く弧状の側縁を有し，中央後方で最も幅広い。翅鞘は両側ほぼ平行し，末端にて狭まる。本州産。

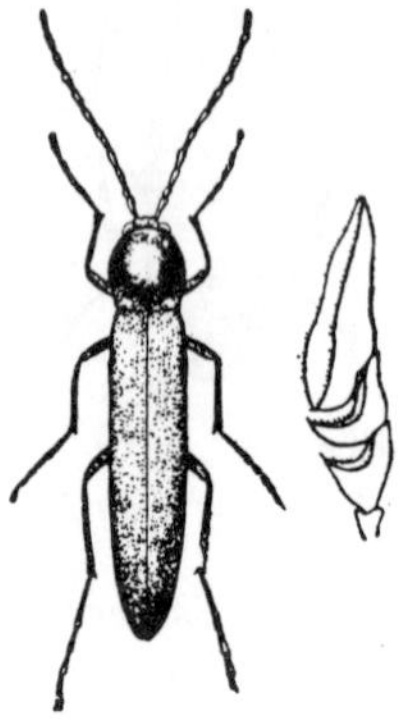

Fig. 963. キイロホソナガクチキムシ（湯浅）附図　小顎鬚

擬歩行虫上科

Superfamily *Tonebrionoidea* Seminov 1902

ゴミムシダマシ上科はつぎの如く10科に分類する事が出来る。

1．後脚の跗節は少くとも他脚のものの如く多節……2
　後脚の跗節は4節で，前・中両脚のものは5節…3
2．跗節は少くとも1対では5節で，殆んど常に凡てが5節，前脚の基節は球状，後脚の基節は左右相接していない。腹部の腹板は凡て自由で少くとも各節が一様に分割され，前胸腹板は中胸腹板内に受入される後突起を有しない。翅鞘は完全で尾節を覆い，触角は外見上2節からなり非常に長い扁平の末端節を具えている。微小で多少球形，蟻の巣中に生活する（*Ectrephes* Pascoe, *Anapestus* King 濠洲産）……………………………………………Family *Ectrephidae* Sharp 1912
　跗節は凡て4節，腹部腹板は凡て自由で可動的，跗節の第1節は簡単，前脚の基節は卵形で左右が角質の前胸腹板によつて離され，頭部は突出する前胸背板によつて多少隠されている………………Family *Ciidae*
3．殆んど球形，前脚の基節窩は後方が完全に開いている（*Aspidiphorus* Latraille）……………………………………Family *Aspidiphoridae* Kiesenwett 1877
　長形……………………………………………………4
4．前脚の基節窩は後方閉ざされている………………5
　前脚の基節窩は後方開いている……………………8
5．爪は簡単……………………………………………6
　爪は櫛歯状，前胸背板は後方幅広となる。一般に長形で膨隆し，むしろ軟体で屢々絹糸様の微毛にて被われ，小形乃至中庸大………………Family *Alleculidae*
6．腹部の腹板は凡て自由で可動的，触角は10節，翅鞘は完全，小さな凸形種（*Sphindus* Chevr. 全北区産）……………………Family *Sphindidae* Fowler 1912
　腹部の腹板は5節で，最初の2～4節が密接するかほぼ癒合するかまたは不可動的………………………7
7．跗節の末端前節は下面が海綿様に密微毛を装い，前脚の基節は突出する。細長で一般に有毛の軟体種，ときに金属的色彩を有する…………Family *Lagriidae*
　跗節の末端前節は下面が密微毛を有しない。前脚の基節は短かく窩から突出していない。触角は糸状かまたは漸次棍棒状となり各節がほぼ珠数状，頭部の側下に隠れていない。形状は様々で，楕円形や長形や有柄状等があつて，一般に堅く，黒色または暗色，小形乃至大形……………………………………………………9
8．触角は前胸腹面の溝に受け入れられ，頭部は1部分前胸背板下に隠され，脚は体下に引き込まれ得る。小さな楕円形扁平種（*Monomma* Kirby 広分布）………………………Famliy *Monommatidae* Le Conte 1862
　触角は自由で前胸腹面の溝内に受入されない。前胸背板は鋭い側縁を有し，中胸後側板は基節に達し，後胸腹板は長く同後側板は現われていない。前胸背板は前後に狭まり，その側縁は円いか有歯，背面基部に押圧部がなく，爪は簡単，大顋は甚だ大形で前方に突出する。甚だ大きな長形種（*Trictenotoma* Gray. インド・東印度諸島，*Autocrates* Thomson 南アジア）……………Family *Trictenotomidae* Thomson 1860
9．触角の第1節は複眼前方の被蓋状部の下に隠れて見えない。頭部は明かに幅より長く後方狭まり，触角は短かく棍棒状，複眼は側部に位置し，前胸背板は前方著しく縊れ後方もまた明瞭に狭まり，翅鞘は明瞭な縦溝も隆起線もない。脚は短かい……Family *Boridae*
　触角の第1節は現われている……………………………………………………Family *Tenebrionidae*

以上の諸科中つぎの5科が本邦に発見されている。

400. クチキムシ（朽木虫）科

Fam. Alleculidae H. R. W. 1883

Cistelidae Kirby 1837 は異名。中庸大，多少軟かい長卵形の甲虫，大部分のものは暗色なれどときに鮮明色のものもある。頭部は自由で，後方明瞭に頸状に縊れていない。口器は前方に突出し，複眼はよく発達し，触角はやや長く多くのものは糸状で簡単であるがときに鋸歯状。前胸背板は後方幅広となり，翅鞘より著しく狭くなく，側部は縁付けられている。前脚の基節窩は後方閉ざされ，前脚基節は球状乃至円錐状。脚は細長く，跗節は屢々葉片状の末端前節を具え，爪は微櫛歯状。腹部の腹板は5（－6）節。花に来集する。幼虫は枯木中に棲息する。

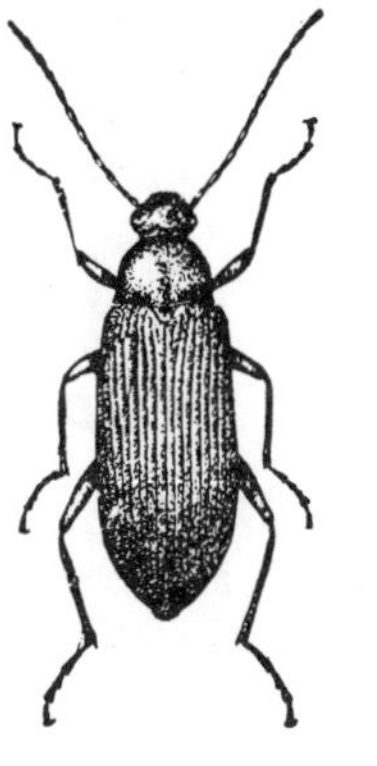

Fig. 964. クチキムシ（湯浅）

約1400種程が知られ，世界各区に殆んど均等に分布しているが，濠洲と中米と地中海沿岸地帯に多い。*Allecula* Fabricius, *Cteniopus* Sol., *Lobopoda* Sol., *Hymenorus* Muls., *Gonodera* Muls. (=*Cistela*), *Isomira* Muls., *Mycetochara* Berth., *Heliotaurus* Muls., *Omophlus* Sol. 等が代表的な属で，本邦からは最初の2属の他に *Pseudocistela*, *Hymenalia* 等の属が発見されている。

クチキムシ（*Allecula melanaria* Mäklin）(Fig. 964) は体長10～11mm，体は暗赤褐色，背面は普通暗色を帯

びて黒褐色を呈するものが多く，やや光沢を有する。体表は褐色毛を疎生し，口部・触角・脚等は概ね赤褐色。翅鞘は各10条の縦溝を有する。全土に産し，栃木に来集する。ナミクチキ・アカアシクチキムシ等の別名がある。クロホシクチキムシ (*Pseudocistela haagi* Harold) は体長 9mm 内外，黒色，前胸背板は赤色で中央に1黒色紋を有し，腹部の両側は赤色。全体灰色毛を装う。触角は鋸歯状。翅鞘は各10条の点刻ある縦溝を有する。本州に産する。この科の昆虫は本邦には比較的少数より発見されていない。

401. ゴミムシダマシ（偽歩行虫）科

Fam. Tenebrionidae Leach (1815) 1817

Darkling Ground Beetles, Tenebrionid Beetles, Pincate Beetles 等と称えられ，ドイツの Schwarzkäfer である。小形乃至大形，種々の形状のものがあつて，短かく太いものや長いものや，幾分扁平または円筒状で，堅い甲虫。表面は平滑，粗，有点刻，有彫刻，有顆粒，有線状，または有毛等。多くのものは黒色，汚色，または帯赤褐色，しかしあるものは淡色の斑紋を有し，熱帯産のものには金属色のもの等がある。頭部は比較的小形か細く，前胸に密接する。口器はよく発達し，大形の大顎を具えている。触角は頭側の下部に生じ，簡単か棍棒状か珠数状かで，短かく，11からなる。複眼は突出する。雄のあるものでは頭部から角状の突起を出している。前胸背板は種々な大さと形状のものがあり，中胸より狭いものや広いもの等がある。脚は太く，屢々長く，滑かか棘を具えたり有歯のもの等があり，跗節は5：5：4節で雄では幅広となり得る。爪は簡単。翅鞘は一般に腹部を覆い，多くの種類では中央後に癒合している。翅は比較的少数の種類では発達し飛翔に適応しているが，普通はないかまたは痕跡的。腹部は屢々大形，腹板は5個，ある雄では毛束を具えている。幼虫 (Fig. 965) は円筒状で幾丁質化しまたは革質，白色・黄色・帯褐色等で，明瞭に環節付けられ，脚を具え，尾端に2鉤棘と1個の短かい伸縮自在の器官とを具えている。普通 "False wireworms" と称えられ，ハリガネムシに類似している。蛹は短かい尾毛を具えるならん。

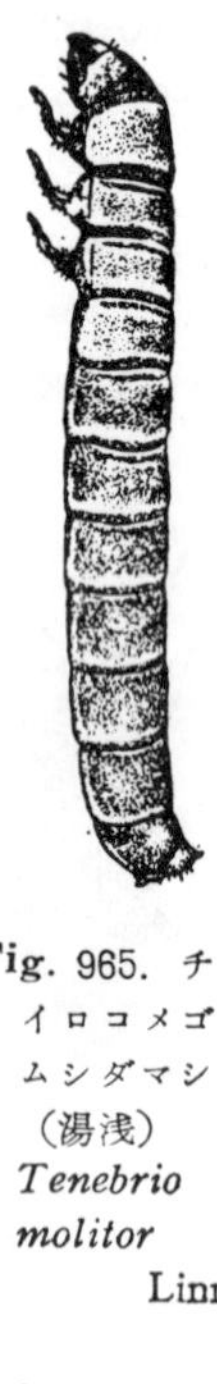

Fig. 965. チャイロコメゴミムシダマシ（湯浅）*Tenebrio molitor* Linné

この科の甲虫は夜間活動性（あるものは日中活動性）で擬死を行い，おそい不器用な歩きつきで，強い攻撃的臭気を出し，ある大形の種類には腹部にて垂直に立つ習性を有するもの等がある。大部分は植物質のものを食し，多くは枯死と腐敗との植物質や糞や種子や穀類やその製品や茸や他の生植物等に寄食する。あるものは客蟻性である。屢々乾燥せる荒敗地帯に優勢で大面積に群棲する事があつて，斯かる場合に農作物を著しく害する事があり得る。

世界から約1300属13000種程が知られ，*Helopidae*・*Opatridae*・*Pimeliidae*・*Blapidae*・*Diaperidae*・*Tenebrionidae* 等に分類される事がある。*Tenebrio* L., *Strongylium* Kirby, *Helops* F., *Blaps* F., *Asida* Latr., *Bolitophagus* Illiger, *Diaperis* Geoffr., *Eleodes* Esch., *Epitragus* Latr., *Nyctobates* Guérin, *Platydema* Castelnau, *Zopherus* Castelnau, *Tentyria* Latr., *Tribolium* M. L., *Meracantha* Kirby, *Cnemodinus* Cock, *Erodius* F., *Eurymetopon* Esch., *Thinobatis* Esch., *Auchmobius* Le Conte, *Trimytis* Le Conte, *Trientoma* Sol., *Evaniosomus* Guérin, *Lachnogya* Mén., *Klewaria* Reitter, *Zophosis* Latr., *Tentyria* Latr., *Triorophus* Le Conte, *Edrotes* Le Conte, *Epiphysa* Bl., *Adesmia* Fisch., *Craniotus* Le Conte, *Leptodes* Sol., *Usechus* Motsch., *Adelostoma* Dup., *Araeoschizus* Le Conte, *Stenosis* Herbst, *Platamodes* Mén., *Dacoderus* Le Conte, *Typhlusechus* Linell, *Batulius* Le Conte, *Cryptochile* Latr., *Calognathus* Guérin, *Anepsius* Le Conte, *Vacronus* Castelnau, *Nyctoporis* Esch., *Cryptoglossa* Sol., *Elenophorus* Latr., *Asida* Latr., *Nyctelia* Latr., *Praocis* Esch., *Branchus* Le Conte, *Coniontis* Esch., *Coelus* Esch., *Moluris* Latr., *Sepidium* F., *Akis* Herbst, *Flasomycterus* Pic., *Apolites* Jacqu., *Scaurus* F., *Scotobius* Germ., *Platyope* Fisch, *Pimelia* F., *Remipedella* Sem., *Platyscelis* Latr., *Physogaster* Guér., *Pedinus* Latr., *Opatrum* F., *Trachyscelis* Latr., *Phaleria* Latr., *Crypticus* Latr., *Rhipidandrus* Le Conte, *Uloda* Er., *Diaperis* Geoffr., *Leiochrinus* Westw., *Phrenapates* Kirby, *Uloma* Castelnau, *Helaeus* Latr., *Cossyphus* Ol., *Goniadera* Perty., *Apocrypha* Esch., *Adelium* Kirby, *Talanus* Mäkl., *Helopinus* Sol., *Rhysotaussus* Wasm. 等が代表的な属で，本邦からは *Phellopsis*, *Gonocephalum*, *Obenbergeria*, *Bolitophagus*, *Diaperis*, *Leiochrinus*, *Basanus*, *Uloma*, *Anthracias*, *Setenis*, *Encyalesthes*, *Hypophloeus*, *Triblium*, *Tenebrio*,

Lyprops, *Artactes*, *Misolampidius*, *Stenophanes*, *Tarpela*, *Plesiophthalmus*, *Strongylium* 等の属が知られている。チャイロコメゴミムシダマシ (*Tenebrio molitor* Linné) (Fig. 966) は体長 15mm 内外，暗褐色で鈍い光沢がある。腹面と脚とは褐色。世界共通種で Meal-worm や Mehlkäfer 等と称えられ，穀粉や穀類やその他植物性食料品の有名な害虫である。同属には更に穀粉の害虫としてコメノゴミムシダマシ (*T. obscurus* Fabricius) が本州・九州等に産し，朽木をも食する。またコクヌストモドキ (*Tribolium ferrugineum* Fabricius) が穀粉の害虫としてよく知られ，本州と九州とに産し，世界各国に分布し，Red flour Beetle と称えられている。砂地に多い種類としてはスナゴミムシダマシ (*Gonocephalum pubens* Marseul) やホネゴミムシダマシ (*Obenbergeria riederi* Falderman) その他が知られ，茸類に見出されるものとしてはオニゴミムシダマシ (*Bolitophagus felix* Lewis) やクワガタゴミムシダマシ (*Bolitoxenus dentifrons* Lewis) やモンキゴミムシダマシ (*Diaperis lewisi* Bates) 等で，その他は多くは朽木等に棲息している。コブスジゴミムシダマシ (*Bolitoxenus bellicosus* Lewis) は体長 4.5～5mm で黒褐色乃至黒色。楕円形，背面に多数の不規則な顆粒突起を有し，前胸背板前方部から1対の長い角状の突起を出している。北海道・本州等に産し，蕈上に見出される。テントウゴミムシダマシ (*Leiochrinus satsumae* Lewis) は体長 4 mm 内外のテントウムシに似て半球状，黄赤色で光沢を有し，前胸背板の後半と翅鞘の外縁に近い部分とは黒褐色を呈する。朽枝のある木の葉上に見出され，本州・四国・九州等に産する。ツノゴミムシダマシ (*Anthracias duellicus* Lewis) は体長 12～15mm，細長くやや円筒形，雄は頭部の後縁近くから1対の細長い角状突起を出している。黒色，全土に産する。アトコブゴミムシダマシ (*Phellopsis subera* Lewis) は体長 18～21mm，体は角張り，前胸背板は横六角，翅鞘端に3対の突起を有し，黒色で背面に黄褐色の鱗毛を密に装う。本州・九州等に産する。

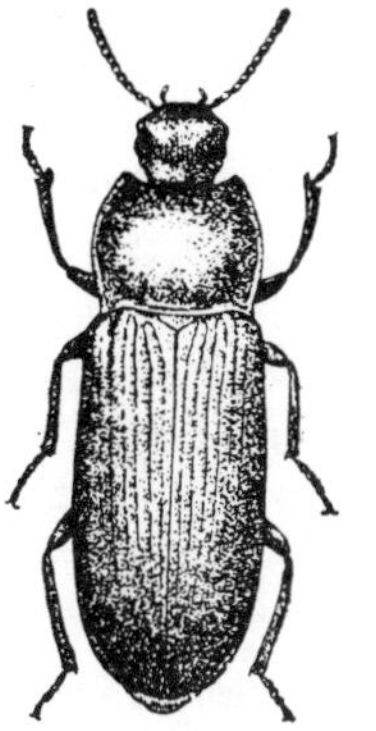

Fig. 966. チャイロコメゴミムシダマシ（湯浅）

402. ツヤキカワムシ（艶樹皮虫）科

Fam. Boridae Seidler 1898

普通ゴミムシダマシ科に包含されているが，前胸背板が前後に縊れ，触角は短かく末端の方に太まり，第1節は複眼前方の被蓋状部下に隠れ，脚は短く，跗節は脛節と殆んど等長，翅鞘は殆んど縦溝を欠く。*Boros* Herbst が代表的な属で，本邦からは *Boros schneideri* Panzer（ツヤキカワムシ）が発見されている (Fig. 967)。本種は体長 12mm 内外。体は暗赤色乃至黒褐色で光沢がある。複眼は黒色。前胸背板は後縁が二重に縁取られているが中央部では判然しない。表面中央に幅広く弱い縦凹部がありその側方に各1個の円い凹がある。点刻は頭部と同様密でない。小楯板は小さく，長さより幅広で，点刻がない。翅鞘は後方に若干の判然しない浅い縦溝を走らせ，点刻は前胸背板のものよりも弱く疎らで後方はやや列状に配列している。北海道に産し，樺太・欧州等に分布し，幼虫は朽木の樹皮下に棲息している。

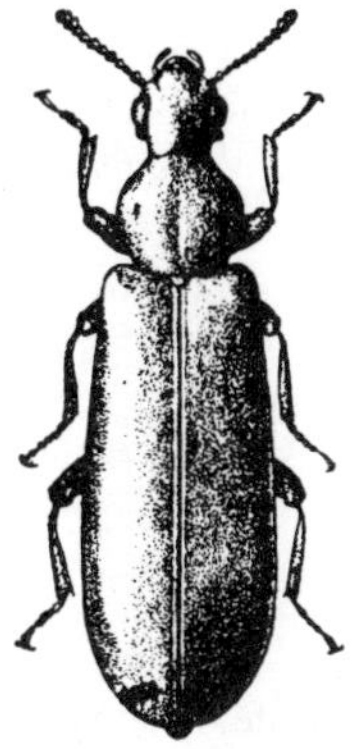

Fig. 967. ツヤキカワムシ（河野）

403. ハムシダマシ（偽葉虫）科

Fam. Lagriidae Westwood 1839

中庸大，多少細長く，多くは軟い皮膚を有し且つ多毛，黒色や褐色や金属的緑色その他の色彩のもの等がある。頭部は自由で，後方に狭まり，複眼は多くは縁取られている。触角は細長く小さな額皺下に生じ，糸状かまたは幾分棍棒状で短かく，11節からなる。前胸背板は多少円筒状で翅鞘の基部より狭く，後脚の基節窩は後方閉ざされている。前脚基節は円錐状で突出し，中脚基節は小転節を具え，後脚基節は横形。翅鞘は大きく腹部を完全に覆い，第5腹板は常に第6腹板を完全に覆うていない。脚は弱く，簡単な爪を具え，跗節の末端前節は簡単かまたは幅広で下面に毛總を具ている。植物上や樹皮下や花上に見出される。幼虫は落葉下等に生活しているようである。世界各区に分布し，約700種程が知られ，アジア・アフリカ・アメリカ等の熱い地方により多数産する。*Lagria* Fabricius, *Arthromacra* Kirby, *Nemostira* Fairmaire, *Statira* Serville 等が代表的な属で，本邦かは最初の3属が発見されている。ハムシダマシ (*Lagria nigricollis* Hope) (Fig. 968) は体長 7～8 mm，黒色で暗色の毛を密生し，腹面は褐色を帯びている。翅鞘は赤褐色乃至黄褐色で同色の毛を密生している。雄と雌とは形を異にし，雄は雌よりもはるかに細い。頭部は点刻を疎布し，複眼は雄では極めて大きく頭部の大部分を占めている。触角は末端節が甚だ長く，雌では前3節の和と

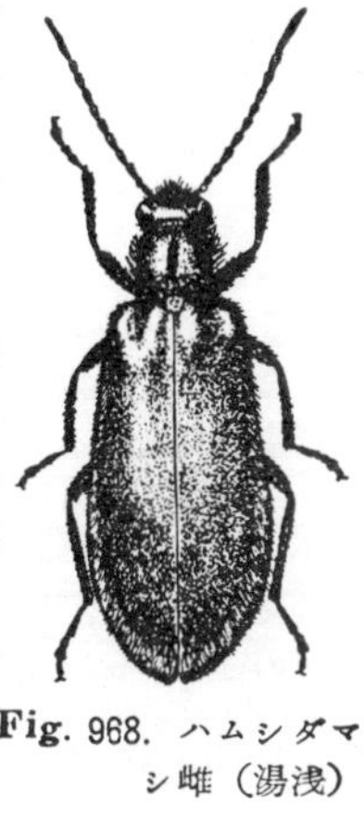

Fig. 968. ハムシダマシ雌（湯浅）

ほぼ等長なれど雄では前10節全部と殆んど等長でかつ太い。前胸背板は雌では強い点刻と幅広の1縦溝とを具えているが，雄では点刻が弱く縦溝が判然しない。翅鞘は粗大の点刻をやや密に布する。全土に産し，樺太・朝鮮・支那・シベリヤ等に分布し，花上に普通。アオハムシダマシ（*Arthromacra viridissima* Lewis）は体長 9～12mm，光沢ある美麗な金緑色，ときに帯青色や帯銅色のものもある。本州・四国・九州等に産し，花上に多い。以上の他に数種が知られているが何れも長毛を装うていない。

404. ツツキノコムシ（筒蕈虫）科
Fam. Ciidae **Seidler 1887**

Cisidae Leach 1819, *Cioidae* Rosenh. 1856 等は異名。微小のづんぐりした甲虫，帯褐色乃至黒色。頭部は著しく傾斜し，複眼の後方は全部前胸背板下に隠れている。触角は短かく複眼の前方頭部の側縁下に生じ，ゆるやかに結合する棍棒部を有する。前・中両脚の基節は小さく，卵形で，深く窩中に存在し，跗節は4節で末端節は前3節の和よりも長い。腹部は自由可動的の5腹板を有する。幼虫は細長く，よく発達した脚と触角とを具え，尾端はある種の瓣片を附するかまたは短かい2突起を具えている。食茸性で，世界から約450種知られ，各区に分布しているが，旧北区・アメリカ・ハワイ・ニュージランド等に多く産する。*Cis* Latreille, *Hendecatomus* Mulsant, *Enneathron* Mell., *Orophius* Redt. 等が代表的な属で，本邦からは最初の1属の他に *Octotemnus* の1属が知られている。フタオビツツキノコムシ(*Cis bifasciatus* Reitter) (Fig. 969)は体長1.5～1.8mm 黄褐色乃至赤褐色，上唇・下唇・小顋・触角・前胸背板・小楯板等は常に他の部分より淡色，翅鞘は淡黄色で2本の横帯が黒色か黒褐色か暗赤褐色。

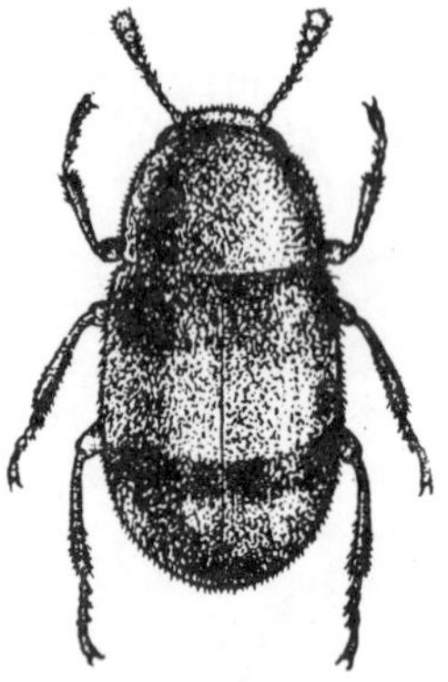

Fig. 969. フタオビツツキノコムシ（中條）

頭部は粗大な点刻と淡黄色の剛毛とを装い，上唇は纖毛を装う。触角は10節。前胸背板の側縁部は僅かに反張し，全面密に粗大な点刻と黄白色の剛毛を装う。翅鞘はほぼ縦列する黄白色の棍棒状剛毛と粗大な点刻とを装い，それ等の間室は粗造で黄白色の短かい鱗片状の剛毛と小点刻とをやや錯雑的に装う。体下と脚とは淡黄色乃至淡褐色の纖毛を装う。雄は腹板の第1節の中央に灰白色毛の密生する1小孔を有する。本州に産する固有種。ツヤツツキノコムシ（*Octotemnus laminifrons* Motschulsky）は体長 1.7～2.2mm，円筒形で強い光沢を有する松脂黒色，触角（末端の球桿部を除き）・両鬚・脚等は赤褐色。触角は8節。頭部は雄では額の上端に1対の三角形突起を具え，前方に突出する大形の大顋を具えている。翅鞘は密に弱い小点刻を装い末端部のみに淡灰黄色の纖毛を疎生している。北海道・本州・九州等に産し，台湾に分布する。

標本虫上科
Superfamily *Ptinoidea* Leunis 1860

ヒョウホンムシ上科はつぎの4科からなる。

1．後脚の基節は腿節を受入する溝がある板に拡がつている。脛節は距棘を欠き，跗節の爪間に褥盤（Onychium）が発達していないかまたは甚だ微小。小さく一般に卵形または円筒状で，頭部は著しく傾斜している……………………………………… Family *Anobiidae*

後脚の基節は上述の如く幅広となつていない…… 2

2．跗節の第1節は甚だ短かく且つ第2節から不判然に分割されている。脛節は幅広とならずまた歯状でもない………………………………………………………… 3

跗節の第1節は明瞭，稀れに甚だ短かいがその場合には腹部の第1腹板が長くなく且頭部が傾斜していない。跗節の第4節は異状に短かくなく，転節は腿節の基部に附着し，第5腹環節は長くなく且つ円錐状に延びていない……………………………… Family *Ptinidae*

3．腹部の第1腹板は長く常に第2節より著しく長く，触角は明瞭な2節からなる球桿部を有する。頭部は突出し，前胸背板から覆われていない。小さな長い甲虫……………………………………… Family *Lyctidae*

腹部の第1腹板は長くなく，触角の球桿部は3節または4節からなる。頭部は一般に傾斜し前胸背板から覆われ，翅鞘末端の傾斜部は屢々有歯か有棘。長い多少円筒状………………………… Family *Bostrychidae*

以上の4科とも本邦に産する。

405. ヒラタキクイムシ（扁蠧虫）科
Fam. Lyctidae **Le Conte 1862**

Powder Post Beetles と称えられ，甚だ小さく，細く長く且つ扁平，暗色で黒色や褐色や帯赤色や帯黄色等，平滑のものや微毛を装うもの等がある。頭部は前方に突出し幾分傾斜しているが，前胸背板から覆われていない。複眼は大形。触角は短かく，11節からなり，2節からなる球桿部を具えている。胸部はよく発達し，脚は細く，前脚の基節は左右相接し，跗節は5節で第1節は甚だ短かく幾分第2節と癒合し，脛節は距棘を具えている。翅鞘と翅とは正常。腹部は5腹板を有し，第1腹板は長い。幼虫はコガネムシ型で，脚は短かく3節からなる。枯木中に生活し，特に家具類に使用されている堅木や木製装飾品や工具の柄やその他等を食害する。約60種程が知られ，交通によつて広く分布されている。重要な属は *Lyctus* Fabricius（世界共通），*Minthea* Pascoe（全北区），*Luctoxylon* Reitter（日本・北米），*Trogo-*

xylon Le Conte（新北区・新熱常）等である。ヒラタキクイムシ（*Lyctus brunneus* Stephens）(Fig. 970) は体長2.2～7.0mm，体は黄褐色・褐色・赤褐色等で全体金色乃至黄褐色の極く微細な毛を装う。頭部は小点刻を密布し，顔面は凸形，頭楯と額とは深い横溝によつて区割されている。触角の第10節は末端の方に強く拡大しほぼ三角形，第11節は卵形。前胸背板の側縁は多数の微小な歯列を有し，表面は密に小点刻を有し中央に浅い幅広の1縦凹陥部を有する。翅鞘は各6条の小点刻縦列と4条の平滑縦隆起線とを有する。本州・四国・九州等に産し，世界の温帯熱帯等に広く分布し，各種の建築材や家具材や加工材等の有名な害虫で，なおタバコをも食害する事がしられている。一名タケシンクイ・タケシンクイムシ等と言う。同属には更にナラやカシワ等の加工材や家具等の害虫として，ナラヒタタキクイムシ（*Lyctus linearis* Goeze）が北海道に産する。この種は欧州その他に分布し殻斗科植物・ヤナギ・シオジ・ポプラ等の枯木や乾材等を加害すると言う。

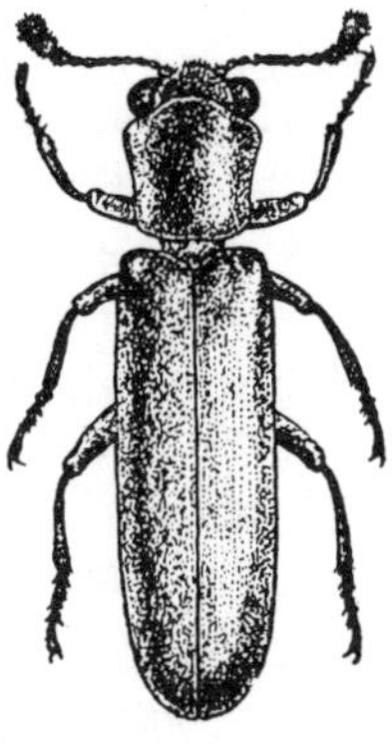

Fig. 970. ヒラタキクイムシ（中條）

406. ナガシンクイムシ（長蠹虫）科
Fam. Bostrychidae Leach 1815

Apatidae Schaum 1862 は異名。Bostrichids や Branch and Limb Borers 等と称えられ，小形乃至大形。一般に長く円筒状，平滑や粗剛や彫刻を有するものや有毛等があつて，汚暗帯赤褐色か帯黒色である。頭部は下口式で背面から見えない。触角は短かく，複眼の前に生じ，11～10節で3節からなる球桿部を具えている。前胸背板は帽子状で，平滑か粗面か顆粒付けられている。脚は短かく，前脚基節は大形で左右相接し，脛節の距棘は存在し，跗節は5節で第1節は甚だ微小且つ殆んど見えなく，第2節と第5節とは長い。翅鞘は平滑か彫刻を布し，後縁部は傾斜し且つ有歯の事がある。腹部は5腹板を有し，第1腹板は非常に長い。幼虫はコガネムシ型で彎曲し，頭部は小形，胸部は非常に発達し，眼を欠き，触角は4節で長い第1節を具え，脚はよく発達する。幼虫は多くは枯木を食し，家具や建築材の害虫。ある種の成虫は生枝を食害し，並びに産卵の為めに枯木に穿孔する。また葡萄酒樽やアルコール分のあるビンのコルク栓等にも透致される。

小さな科で約400種程が知られ，世界に広く分布している。*Amphicerus* Le Conte, *Bostrichus* Geoffroy, *Dinapate* Horn, *Dinoderus* Stephens, *Polycaon* Laporte, *Psoa* Herbst, *Rhizopertha* Stephens, *Scobicia* Lesne, *Stephanopachys* Waterhouse 等が重用な属で，本邦からは *Rhizopertha*, *Dinoderus*, *Sinoxylon*, *Heterobostrychus* 等の属が知られている。コナナガシンクイムシ（*Rhizopertha dominica* Fabricius）(Fig. 971) は体長2.5～3.0mm，背面押圧されている。濃赤褐色乃至暗赤褐色。腹面は一般に淡色。頭部は平滑なれど頭楯と上唇とが疎に微点刻を装う。額は横凹にて頭頂と，頭楯は横条にて，額と夫々明瞭に区割されている。触角は10節，球桿部の3節は何れも強く内方に拡大されている。前胸背板は前半部に同心状に並ぶ数列の微歯突起の凸弧状列を具え，後半部には多数の微顆粒状突起を装う。翅鞘は各数条の小点刻の縦列を具え，側縁部の後方には黄褐色の微毛を装う。本州・四国・九州等に産し，寒帯と1部温帯とを除く地域に広く分布し，穀類の有名な害虫である。一名オオムギナガシンクイとも言う。竹材や竹製品の著名な害虫であるチビタケナガシンクイムシ（*Dinoderus minutus* Fabricius）は本州・九州等に産し，熱帯地方に広く分布している。カキノキや桑やカシワ等に穿入するカキノフタトゲナガシンクイムシ（*Sinoxylon japonicum* Lesne）は本州・四国・九州等に産し，体長5～6 mm，黒色，触角の球桿部は3節とも各内方に葉片状に延び，翅鞘の末端傾斜部の周縁に3対の鈍い突起と中央に1対の大きな棘状突起とを具えている。フタツノシンクイ・フタツノナガシンクイ・アトトゲナガシンクイ・フタオナガシンクイ等の名がある。この科の昆虫中最もきようみある種類として加州産の Lead cable borer 即ち Short-circuit beetle（*Scobicia declivis* Le Conte）が知られている。この甲虫は体長 5mm 内外で暗褐色や黒色，幼虫は枯木中に生活するが成虫はときに空中にある鉛の電話線に孔を穿ちある年数間著しい害があつたと言う。この害虫はまた酒樽やコル線等をも食害し，同様な害が濠洲産の *Xylion cylindricum* Mac Leay によつても行われると言う。

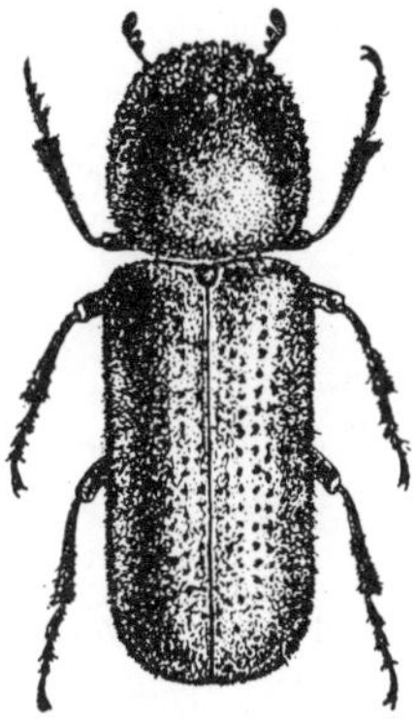

Fig. 971. コナナガシンクイムシ（中條）

407. シバンムシ（死番虫）科
Fam. Anobiidae Shuckard 1840

Death Watches と称えられ，ドイツの Pochkäfer, フランスの Anobiides 等がこの科の昆虫である。微小乃至小形，短かく円筒状。頭部は下口式で前胸背板下に隠れ，触角は複眼の前縁に生じ，鋸歯状や櫛歯状やまたは棍棒状で末端の3節が大形となり且つ自由。前胸腹板は短かい。脚は短かく，前・中両脚の基節は小さく前者は円錐状で後方開き，後脚の基節は横形で腿節を受入する溝を具え，跗節は5節。腹部の腹板は5節で，各節は同様。幼虫（Fig. 972）はコガネムシ型で，甚だ小さく，枯木中に生活する。この科の昆虫は種々な習性を有するが，一般には主に乾燥せる動物質や植物質のものを食するので昔からよく知られ且つ交通によって世界に分布されている。その最もよい例としてはタバコシバンムシやジンサンシバンムシ等は3500年以前のエジプト時代から発生し，現在世界各国に分布している。

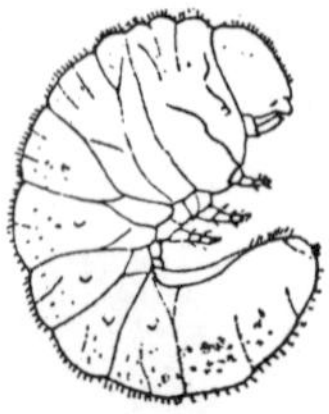

Fig. 972. ジンサンシバンムシ幼虫（Sharb）

1150種類が知られ，*Anobium* Fabr., *Catorama* Guérin, *Cryophilus* Latr., *Ernobius* Thomson, *Hedobia* Latr., *Lasioderma* Stephens, *Stegobium* Motschulsky 等が重用な属で，更に *Hedobia* Latr., *Eucrada* Le Conte, *Priobium* Motschulsky, *Xestobium* Motsch., *Oligomerus* Redtenbacher, *Trichodesma* Le Conte, *Hadrobregmus* Thomson, *Ptilinus* Geoffroy, *Cerocosmus* Gemm., *Xyletinus* Latr., *Xylelobius* Sharp, *Petalium* Le Conte, *Calymmaderus* Sol., *Theca* M. R., *Microsternus* Sharp, *Catorama* Guér., *Mesocoelopus* Jacqu., *Dorcatoma* Herbst, *Caenocara* Thomson 等が代表的な属である。本邦からは *Ernobius*, *Trichodesma*, *Nicobium*, *Ptilinus*, *Ptilineurus*, *Lasioderma*, *Stegobium* 等の属が発見されている。クシヒゲシバンムシ（*Ptilineurus marmoratus* Reitter）（Fig. 973）は体長2.2〜3.6mm，黒褐色，背面は黒色毛と灰白色乃至灰黄色の毛とを斑紋状に密生し，腹面は灰白色毛を装う。雌の触角は鋸歯状。前胸背板は強く膨隆し，中央部に黒色毛を他に灰白色毛を装う。小楯板は灰黄色毛を装う。翅鞘は各判然しない5条の縦隆起線を有し，大部分黒色毛を装うが灰黄色毛にて斑紋を現わしている。全土に産し，インドネシヤに分布し，枯木の樹皮下を食害するが，本邦では畳表の害虫として知られている。穀粉やビスケットその他を食害するジンサンシバンムシ（*Stegobium paniceum* Linné）が全土に産し，シガーや巻煙草の害虫であるタバコシバンムシ（*Lasioderma serricorne* Fabricius）は本州・四国・九州等に産する。

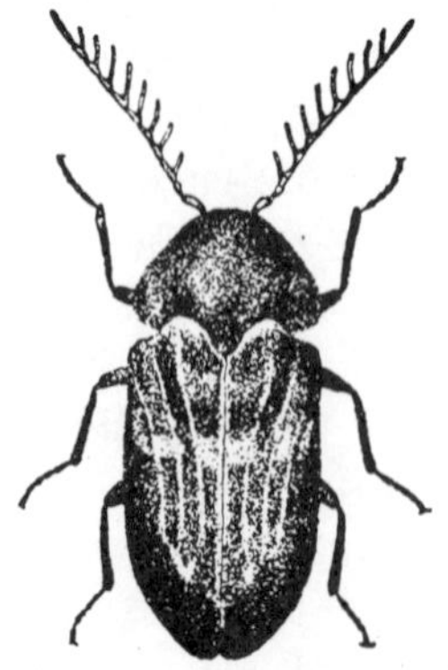

Fig. 973. クシヒゲシバンムシ雄（湯浅）

408. ヒョウホンムシ（標本虫）科 *Fam. Ptinidae* Leach 1815

Ptinid Beetles や Spider Beetles 等と称えられているものがこの科の昆虫で，微小，卵形または円筒状で汚色。頭部は小さいが背面から見え，頭部と前胸背板とは体の他部より著しく狭い。触角は長く糸状かまたは珠数状，額上に生じ，普通11節なれど稀れに2節または6節のものがある。前胸腹板は短かい。転節は腿節の基部に存在し，前・中両脚の基節は左右相接し，後脚の基節は横形。腹部は5個の腹板を具えている。幼虫はコガネムシ型で，脚は短かく5節からなる。ある種類の幼虫は蛹化に先立って繭を形成する。凡てのものはいわゆる掃除夫で，乾燥せる動物質や植物質を食する。しかしあるものは蟻の巣中に棲息している。

Fig. 974. ナガヒョウホンムシ（湯浅）

世界に広く分布し，約550種程が発見され，重要な属としては *Gibbium* Scopoli, *Mezium* Curtis, *Niptus* Bioeldieu, *Ptinus* Linné, *Sphaericus* Wollaston 等があり，本邦からは *Ptinus*, *Niptus*, *Gibbium* 等の属が知られている。ナガヒョウホンムシ（*Ptinus japonicus* Reitter）（Fig. 974）は体長2〜4.5mm，雄では図の如く細長いが雌では翅鞘の両側が円味を有し全体やや瓢簞状を呈する。黄褐色乃至赤褐色。頭部は淡灰黄色毛を装い，複眼間に1対の暗色剛毛塊がある。触角は淡黄褐色の微毛を有し，第2節は極めて短かい。前胸背板は雄では頭部より狭いが雌では等幅，中央部に1対の長形の黄褐色の毛塊があつてその間には1縦溝がある。翅鞘は深い点刻のある縦溝を有し，間室には褐色の長毛が疎生し，基部と末端近くとに灰色の短毛からなる各1個の白色帯状紋を有する。小楯板は灰白色の微毛を密生している。全土に産し，昆虫の乾燥標本や乾燥した動物質の害虫として知られ，従来ヒョウホンムシ（*Ptinus fur* Linné）と誤認されていたものである。この科には更に動植物の乾燥標本類の害虫たるセマルヒョウホンムシ（*Gibbium psyllioides* Czempinski）（Storehouse beetle）や動物質の乾物の害虫たるカバイロヒョウホンムシ（*Niptus hilleri* Reitter）等が発見されている。

金亀子上科

Superfamily *Scarabaeoidea* Bedel 1911

コガネムシ上科はつぎの22科に分類する事が出来る。

1．触角の鰓葉部の各葉片は互に閉ざす事が出来ないで一般に扁平でない。然し幾分固着した球桿部を形成している（Fig. 834の1）。腹部の腹板は5個のみ……2

触角の鰓葉部の各葉片は可動的で扁平で固体の如き球桿部を形成するように閉じる事が出来る。腹部の腹板は6個または稀れに5個……………………………4

2．下唇基節は完全，唇舌は後方か末端に位置し，触角は静止の際にねじれない………………………………3

下唇基節は深く切れ込み，唇舌は大形で角質で下唇基節の割れ目の部分を満たし，上唇は自由，触角は直線で静止の際にねじれる。大きな長い，幾分扁平，光沢ある甲虫で，深い縦溝を有する翅鞘を具えている………………………………………………Family *Passalidae*

3．唇舌と小顋とは下唇基節から覆われ，触角は普通膝状………………………………………Family *Lucanidae*

唇舌と小顋とは下唇基節から覆われていない，触角は直線（*Sinodendron* Hellweg 全北区）……………………………Family *Sinodendridae* Burmeister 1847

4．後胸腹板の側片は脚の基節に達し，腹部腹板は普通6節………………………………………………………5

後胸腹板の側片は基節に達しない。腹部腹板は5節。強く彫刻を装い，翅鞘は一般に顆粒の明瞭な縦列を有し，尾節は翅鞘から覆われている。小形または中庸大，稀れに大形…………………Family *Trogidae*

5．腹部の気門は1線上に位置し，各気門は背板と腹板との間の膜に存在し，凡てが翅鞘から覆われている。下唇基節と唇舌とは1縫合線によつて区劃されている………………………………………………………6

腹部の気門は少くとも後方のあるものが腹板上に位置し，即ち間膜の下方に存在し，最後方のものは普通翅鞘から覆われない。下唇基節と唇舌とは普通癒合する………………………………………………………16

6．後脚の脛節は1本の端距棘を具え，小楯板は一般に見えない，中脚は基節によつて左右広く離り，頭楯は大顋と口部とを覆うように拡がり，尾節は1部分現われ，触角は8～9節…………Family *Scarabaeidae*

後脚の脛節は2本の端距棘を具え，小楯板はよく発達し，中脚はより多く近より，頭楯は種々な大さで口部を覆いまたは現わしている………………………7

7．腹部腹板は6節………………………………………8

腹部腹板は5節かまたは節間の縫合線が消失している………………………………………………………15

8．触角は11節………………………………………………9

触角は10節またはより少数節……………………10

9．触角の鰓葉部は3葉片からなり，大顋と上唇とは突出している。中庸大で，一般に強い縦溝を有する翅鞘を具えている……………………Family *Geotrupidae*

触角の鰓葉部は多数（5～7）の葉片からなる。中庸大，黒色で有毛（*Pleocoma* Le Conte, *Acoma* Castelnau 新地区）……………………………………………………………Family *Plecomidae* Le Conte 1862

10．触角は10節，体は多少有毛……………………11

触角は9節…………………………………………14

11．触角の鰓葉部は裸体で光沢を有し，毛を疎生している。後胸後側板は大形。著しく有毛種（*Amphicoma* Latreille 全北区，*Glaphyrus* Latreille, *Toxocerus* Fairmair 旧北区）……………………………………………Family *Glaphyridae* Leach 1817

触角の鰓葉部は少くとも末端の2節は微毛を装い鈍色かまたは不透明色…………………………………12

12．後胸後側板は覆われ，腹部腹板は自由，触角の鰓葉部は簡単で葉片状…………………………………13

後胸後側板は現われ，腹部腹板は固結し，触角の鰓葉部は球桿状で各節がコップ形で互に入り込んでいる（*Hybosorus* Linné 全北区・エチオピア区，*Liparochrus* Erichson 濠洲，*Phaeochrous* Castelnau 広分布）……Family *Hybosoridae* Redtenbacher 1858

13．複眼は前方で分離する（*Hybalus* Br. 旧北区，*Orphnus* M. L. エチオピア区）……………………………………………Family *Orphnidae* Erichson 1847

複眼は完全…………………Family *Ochodaeidae*

14．大顋は頭楯下に隠れている……Family *Aphodiidae*

大顋は頭楯から覆われていない……………………………………………………Family *Aegialiidae*

15．腹部は伸縮自在，体全体は脚と共に1球状に縮められる。小さな光沢ある幾分金属色種（*Acanthocerus* M. L., *Cloeotus* Germar アメリカ，*Philharmostes* アフリカ，*Pterorthochaetes* インド，濠洲）……………………………Family *Acanthoceridae* Lacordaire 1856

体は引き込まれ得ない（16対照）…………………………………………………Family *Melolonthidae*

16．腹部の気門は後方に微かに拡ろく2列からなり，各列は殆んど1直線，爪は少くとも後脚の爪は普通に等大で1歯を具え一般に不可動的，稀れに1本のみの事がある。前顔（Epistoma）即ち頭楯は横形で1縫合線により顔から区分されている（15対照）……………………………………………Family *Melolonthidae*

腹部の気門は後方に著しく拡らく2列からなり，各列は2線を形成している……………………………17

17. 前脚は非常に長く，特に雄では長い。前胸背板の側部は歯状，爪は等長，触角鰓葉部の末端葉片は末端前の葉片を包んでいる（*Euchirus* Burmeister インドマレー，*Cheirotonus* Hope，*Propomacrus* Newman アジア）………Family *Euchiridae* Burmeister 1842

上述と異なるもの……………………………………18

18. 爪は少くとも後脚のものは等長……………………19

爪は不等長，自由可動的，短い方のものは叉状となつていない。尾節は現われ，普通大形。屢々光輝色で，一般に雌雄が著しく異形となつていない…………………………………………………Family *Rutelidae*

19. 雄の後脚は非常に膨大せる腿節を具え，触角は9節。雌は翅鞘も翅もない（*Pachypus* Latreille，旧北区）………Family *Pachypodidae* Lacordaire 1856

腿節は普通，雌は翅鞘を有する……………………20

20. 大顎は上面から見え多少幅広で刀物状，前脚の基節は横形。大形または甚だ大形で，雌雄著しく異形，雄は屢々頭部と前胸背とに大きな角状突起を具えている……………………………………Family *Dynastidae*

大顎は上面から見えなく幅広でもなくまた延びてもいない。前脚の基節は普通強く円錐状………………21

21. 頭楯は複眼の前側部でえぐられ，為めに触角の基部が上方から見える。触角は10節…………………………22

頭楯は側縁がえぐられていない。触角は9節（*Phaenomeris* Hope, *Oxychirus* Qued, アフリカ）………………………………Family *Phaenomeridae* Ohaus 1913

22. 後胸後側板は前胸背板の後角と翅鞘の肩部との間から見え，翅鞘の側縁は基部近くで内方に曲つている。中庸大または屢々大形で，時々光輝色………………………………………………………Family *Cetonidae*

後胸後側板は上面から見えず，翅鞘は側縁波状とならず，前胸背板は後方が翅鞘の基部より著しく狭い………………………………………………Family *Trichiidae*

以上の諸科中以下の13科が本邦から発見されている。

409. コガネムシ（金亀子）科
Fam. Scarabaeidae Latreille 1802

Copridae Leach 1817は異名。Scarabs, June Beetles, May Beetles, Dung Beetles, Cockchafers その他等がこの科の昆虫で，ドイツの Maikäfer, Blatthornkäfer, Mistkäfer, Rosskäfer, Dungkäfer 等や仏の Les scarabées 等が同様この科の甲虫である。甚だ小さいものから膨大なものまであつて，日中活動性と夜間活動性との両者があり，陸棲甲虫である。多数のものは長卵形で，やや円筒状のものや扁平のものや球状のもの等がある。皮膚は軟靱なものや堅いものがあつて平滑，光沢を有し，金属的，エナメル的，また鱗片を装い，屢々顕著に有毛特に腹面にてしかり。色彩は種々で，鈍汚色から光輝ある宝石色様のものまでがある。頭部は前口式かまたは一部下口式，小形または大形，自由か一部前胸背板から覆われ，屢々側板や角状の構造を有する。複眼は大形。触角は種々あるが，普通は膝状で球桿形，末端の球桿部の各節はゆるやかに結合して鋸歯状となるか，または鰓の葉片の如く互に密接した長いまたは球状の球桿部を構成している。この後の場合を特に鰓葉状（Lamellate）と称える。雄の場合には屢々非常に大形となり，同種の雌では甚だ小形となつている。口器は弱く発達するものと強く発達するものとがあつて，大顎は水平か垂直に位置し，ある類では雄では非常に突出している。前胸背板は大形で顕著で，屢々体の他部と等大かまたはより大形となり，簡単のものと角状突起を有するものとがある。脚は強く，前脚は普通開堀脚となり，脛節は幅広となり一般に距棘を具え，前脚脛節は強く歯状跗節は5節で，長いかまたは時に短いものやあるいは前脚にないものがある。爪は通常1対で大きく強い。翅鞘は普通腹部を覆うかまたは截断状で尾節を現わし，翅はよく発達するか退化するか稀れにない。腹部は太く，6個の腹板が見られる。幼虫は模式的コガネムシ型，肉質で彎曲し，有皺で多少毛を生じ，頭部は大きく硬化し強い大顎とよく発達した触角とを具え，脚は長く，腹部の後端部は大形となる。蛹は自由型で，普通幼虫の棲息個所にあつて周囲の物質からなる室内に存在する。

この科の甲虫は大部分のものが哺乳動物の糞に生活し，成虫は糞を不規則かまたは規則正しい球形にまるめ，後それを地表下数寸に種々な大きさの室を造りその中に貯える。それらの糞球は成虫の食物となるのみでなく，一定の異つた形状の糞球が他の室に蔵せられ，その各球の中に雌成虫が1卵子を産下し，孵化する幼虫がその1球によつて完全に発達するのである。成虫は夜間活動性で，屢々雨天の際に飛び出し燈火に来集する。しかし糞球の形成とそれを地中にほうむる仕事は凡て日中に行うものである。

世界から約14500種程が発見され，*Scarabaeus* L., *Eucranium* Br., *Gymnopleurus* Ill., *Sisyphus* Latr., *Canthon* Hoff., *Catharsius* Hope, *Phanaeus* M. L., *Pinotus* Er., *Ontherus* Er., *Canthidium* Er., *Scatonomus* Er., *Choeridium* Serv., *Onthophagus* Latr. 等が代表的な属で，本邦からは *Copris*, *Onthophagus*,

Caccobius, *Liatongus* 等の属が知られている。ダイコクコガネ (*Copris ochus* Motschulsky)(Fig. 975) は体長21〜30mm, 黒色でやや光沢がある。頭部は扁平で扇面状, 大部分が頭楯からなり, 頬は外側が直角をなす。雄は中央に強大な末端後方に彎曲する角状突起を具え, 雌は同部に横隆起縁を具えその両端に小突起を有する。前胸背板は雄では中央に三角稜状の2大突起とその両側に各1個の歯状突起とを具え, これ等両者の間には各深い大きな凹陥部を有し, なお後縁角に近く半円形の小隆起を有する。雌では中央前方に横隆起を有するのみ。翅鞘は弱い細縦溝を有し, 光沢は鈍く, 間室は微点刻と細皺を具えている。腹面は胸部腹板に褐色毛を装い, 粗に点刻を有し, 腹部は短かい。脚は褐色毛を装う。全土に産し, 朝鮮・中国等に分布し, 獣糞に来集する。この属には更に数種が産する。*Onthophagus* 属は6種以上が知られ, 他の2属は各1種類が発見されている。

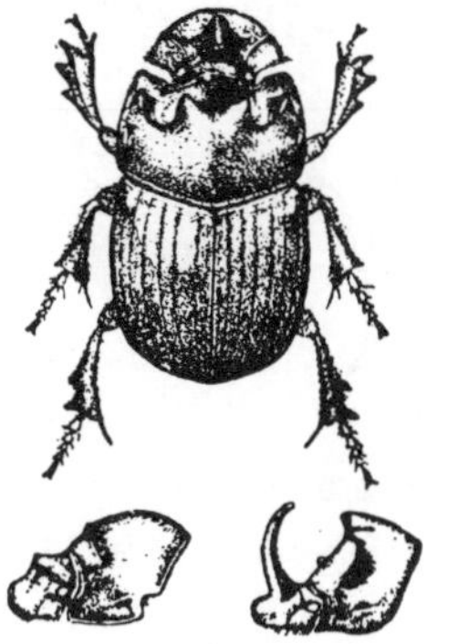

Fig. 975. ダイコクコガネ雄（新島）
附属右. 雄の頭胸側面
同　右. 雌の頭胸側面

410. マグソコガネムシ（馬糞金亀子）科
Fam. Aphodiidae Leach 1815

Small Dung Beetles と称えられ, 小形。平滑で条線を有し且つ屢々有毛, 細い即ち円筒状で, 黒色または褐色。頭部は普通下口式, 顆粒突起を有するものとしからざるものとがあり, 稀れに角を具えている。触角は9節, 大顋は頭楯下に見え, 前胸背板は横隆起を有するものとしからざるものとがあり, 後胸後側板は覆われ, 後脚脛節の端距棘は尖るか幅広か截断状。獣糞中に著しく繁殖し, 牛の牧場から温いまたは雨天の午後や夕刻や夜間におびただしく群飛する事が屢々で, 多数のものが燈火に飛来する。世界から約1500種程発見され, 全区に分布し, *Aphodius* Illiger (約725種) や *Heptaulacus* Mulsant, *Euparia* Serville, *Ataenius* Harris, *Psammobius* Heer, *Rhyssemus* Mulsant, *Rhyparus* Westwood, *Corythoderus* Kluger 等が代表的な属で, 本邦からは *Aphodius* と *Psammobius* との2属が発見されている。マグソコガネ (*Aphodius rectus* Motschulsky) (Fig. 976) は体長5〜6 mm, 光沢ある黒色。頭部は額の前線に3瘤起を具え, その前方は粗く点刻され後方は微点刻を有し, 頭楯は軽く湾入し両側が円く, 頬は鈍く円い。前胸背板は極めて細かく点刻つけられ粗大点刻を混え, 側方に白色毛を生ずる。小楯板は長三角形で粗に点刻を布する。翅鞘は判然した点刻縦溝を有する。体下は胸部の側方と後体部とが長毛を装う。脛節の端距棘は不等。本邦の他に樺太・千島・東シベリヤ・モーコ・支那等に分布する。この属には更に8種程が発見され, *Psammobius* 属にはセマルケシマグソコガネ (*P. convexus* Waterhouse) の他に数種が知られている。

Fig. 976. マグソコガネ（新島）

411. ニセマグソコガネムシ（偽馬糞金亀子）科
Fam. Aegialiidae Reitter 1892

小形, 前科に似ているが大顋は頭楯によつて覆われていない事によつて区別されている。なお後脚脛節の端距棘は末端の方に幅広となつている。旧北区と新北区とに分布し, 僅かに30種内外が発見され, *Aegialia* Latreille と *Eremazus* Mulsant とが代表的な属で, 本邦から最初の1属が知られている。ニセマグソコガネ (*Aegialia nitida* Waterhouse) (Fig. 977) は体長4um内外, 光沢ある黒褐色で, 頭部・前胸背板の側縁・翅鞘の会合部等は赤味を帯び, 脚は赤褐色。頭部はほぼ半円形で後方平滑, 頭楯は顆粒付けられ有皺で, 前縁軽く湾入し, 頬は殆んど突出しない。複眼は上面から見えない。触角は黄褐色。前胸背板は平滑で微点刻を疎布し, 小楯板は三角形で平坦。翅鞘は点刻を有する明瞭な縦溝を有する。体の腹面は黄色の長毛を装い, 側縁部では外方に向つて列生している。後脚脛節の端距棘は短かくやや匙状, 爪は微小。北海道・本州・九州等に分布し, 海浜に棲息するもののようである。

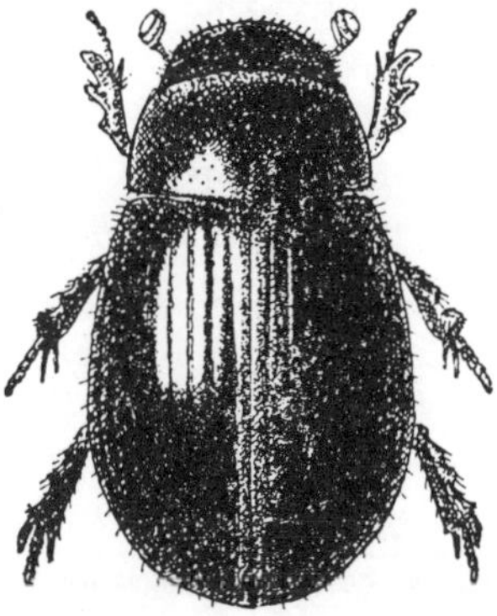

Fig. 977. ニセマグソコガネ（中根）

412. ニセセンチコガネムシ（偽雪隠金亀子）科
Fam. Ochodaeidae Arrow 1904

センチコガネムシ科やマグソコガネムシ科のものに似ているが触角が10節である事によつて区別が出来る。体は多少有毛，触角の球桿部は簡単で毛を装い，後胸後側板は覆われ，腹部腹板は自由。濠洲以外の全区に分布し，約75種程発見され，*Ochodaeus* Serville が代表的な属で，本邦からも知られている。アカマダラセンチコガネ(*Ochodaeus maculatus* Waterhouse) (Fig. 978) は体長 10mm 内外，鈍い光沢を有する黒色で長毛を装う。頭部は扁く顆粒を密生し灰色毛を装い，背面後方部には光沢を有し平滑な凹陥部を有し，頭楯は雌では2顆粒を有し雄では側部が上反する。複眼は大形で突出する。触角は褐色，球桿部は卵形で光沢ある黒色，微点刻を有し毛を装い，末端淡色。前胸背板は黒色で幅広の黄褐色側部を有し，密に顆粒を具え，淡色の長毛を装う。小楯板は長形で点刻を有する。翅鞘は平圧され，黄赤褐色で，肩紋・中央横帯・末端部等は黒色，点刻を有する縦溝を有し，間室は密に微顆粒を装う。体の腹面は黒色で光沢を有し，点刻を密布する。脚は黒色，中後両脚の腿節は黄褐色。後脚の跗節は長く第1節が脛節の 2/3 長。本州・九州等に産し，動物の屍体や腐肉等に見出される。

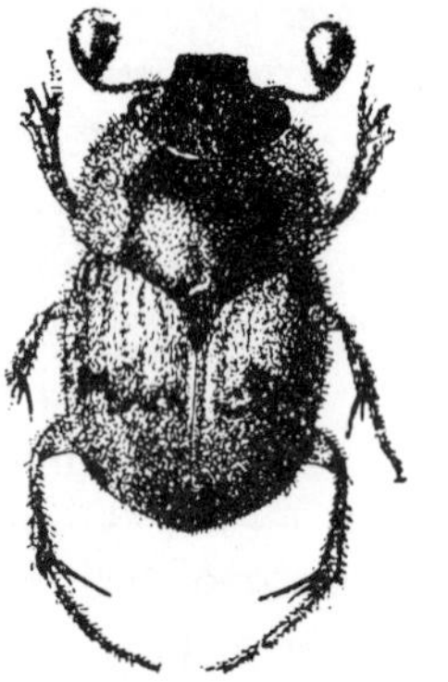

Fig. 978. アカマダラセンチコガネ（中根）

413. センチコガネムシ（雪隠金亀子）科
Fam. Geotrupidae Mac Leay 1819

中庸大。触角は11節からなり，鰓葉部は3葉片からなり，大顋と上唇とは突出する。翅鞘は一般に強く縦溝を具えている。世界の各区に分布し，550種内外が発見され，*Geotrupes* Latreille, *Taurocarastes* Phil., *Bolboceras* Kirby, *Typhoeus* Leach, *Lethrus* Scopoli 等が代表的な属で，本邦からは第1の属の他に *Bolbocerosoma* 属が知られている。センチコガネ (*Geotrupes laevistriatus* Motschulsky) (Fig. 979) は体長 14～20mm，普通は黒色に紫色の光沢を有するが，藍色や青銅色や帯緑紫銅色等のものがある。頭楯は前縁が強く弧状に突出し，中央に縦隆起があり，額との境は開いたV字形をなす。大顋は鎌状で突出する。前胸背板は滑かで，中央後半に細縦溝を有し，側縁に沿い少数の粗点刻を有し，側部中央に1小凹陥部がある。小楯板は心臓形で，中央に1縦溝を有する。翅鞘は規則正しい小点刻を有する縦溝と平滑の間室を有する。体の腹面と脚とは普通青藍色を帯び，時に緑藍色や紫色を呈し，褐色毛を多生する。雄は後脚の腿節後縁に1棘突起を具えている。本邦以外に樺太・千島・満洲・支那・東シベリヤ等に分布し，獣糞に集まる性を有する。同属には更にオオセンチコガネ (*G. auratus* Motschulsky) が産し，*Bolbocerosoma* 属にはムネアカセンチコガネ (*B. nigroplagiatum* Waterhouse) が本州・九州等に産し，朝鮮や台湾に分布し，燈火に飛来する事が多い。

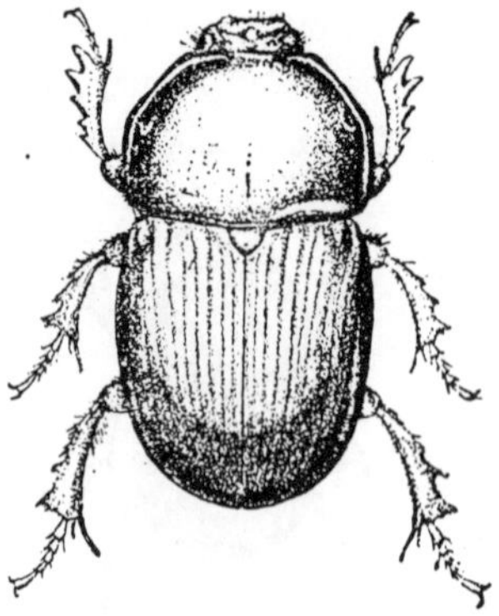

Fig. 979. センチコガネ（新島）

414. コブスジコガネムシ（瘤条金亀子）科
Fam. Trogidae Mac Leay 1819.

中庸大，長卵形，粗面できたならしい外観を呈し，いくらか毛を装い，帯褐色の甲虫。触角は9節または10節で，大形の鰓葉部を具え，その最初の節は茶托形で続く数節を包んでいる。大顋は大形で垂直。食糞性で，屢々土中の屍体に集まる。約180種程が知られ，両北区の温い地域に分布するが，インド・アフリカ・濠洲・南米等にも産する。*Trox* Fabricius(世界共通), *Cryptogenius* Westwood (南米), *Glaresis* Erichson (全北区) 等が代表的な属で，本邦からは最初の1属のみが発見されている。マルコブスジコガネ(*Trox setifer* Waterhouse) (Fig. 980) は体長 8.5mm，体は膨隆し黒色。頭楯は半円形，頭部の中央部は膨隆し大点刻を具え，褐色の短棘毛を装う。触角は濃褐色，鰓葉部は黒褐色で淡黄色の微毛を装う。前胸背板は強く点刻され，前縁に沿い細溝を有し，側縁は短棘毛を生じ，後縁はやや長い棘毛を列し，背面前方中央に環状の隆起を有し，その後方から後

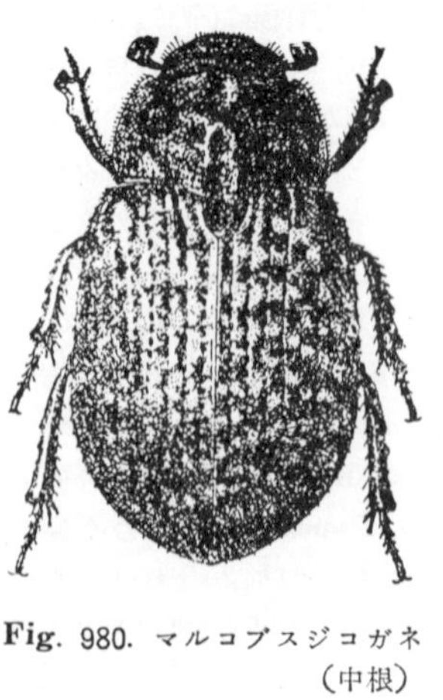

Fig. 980. マルコブスジコガネ（中根）

縁に達する2縦隆起線を有し，その側方に各2条の短い隆起を有し，側部中央に環状の隆起を有する。翅鞘は隆起がなく，縦溝を有し，淡色の短棘毛群を散在している。脚は黒色，前脚脛節は3外歯と第4歯の痕跡とを具え，中後両脚の外側は6～7個の短棘毛を有し，各脛節の内側は棘毛を列し，後脚脛節の端距棘は長く第2跗節を越えている。北海道・本州・九州等に産し，動物の屍骨に来集する。この他4種程同属のものが産する。

415. コフキコガネムシ（粉吹金亀子）科 *Fam. Melolonthidae* Leach 1817

Cockchafers, May Beetles, June Beetles 等がこの科の甲虫で，小形乃至大形，細いか太く，幾分円筒状。皮膚は平滑や条溝を有するものや粗面で，部分的に有毛，色彩は種々で，黒色や褐色や黒褐色や緑色や藍色やまたは金属色。熱帯・亜熱産のものは美麗な模様を有するものや光沢あるもの等がある。雄の頭部は時に角状突起を有し，雄の触角鰓葉部は屢々長い。口器は強く，上唇と大顋とは頭楯の下に隠れ，下唇基節は大きく方形。前胸背板は腹部より狭いか等幅。脚は屢々甚だ細長いかまたは強く，後脚腿節は細いか太く，脛節は1～2本の距棘を具えているものとしからざるものとがあり，爪は有歯か簡単で一般に1対だが稀れに中後脚のものでは1本の事がある。雌の翅鞘は稀れに尾節を覆う。腹部は5個の腹板を有し，気門は腹板の上方部に列をなして存在し，最後のものは翅鞘の後方に現われている。幼虫は模式的なコガネムシ型で，大部分のものは地中に棲息し植物の根を食さる。

コガネムシ上科中最大の科の1つで，5000種以上が知られ，あるものは害虫としてよく知られている。*Systellopus* Sharp, *Chasmatopterus* Latr., *Phyllotocus* Fisch., *Serica* Mac Leay, *Maladera* Muls., *Autoserica* Brenske, *Trochalus* Castelnau, *Homaloplia* Steph., *Triodonta* Muls., *Ablabera* Erichson, *Diphucephala* Serv., *Maechidius* M. L., *Liparetrus* Guér., *Haplonycha* Bl., *Heteronyx* Guér., *Sericoides* Guér., *Apogonia* Kirby, *Diplotaxis* Kirby, *Schizonycha* Bl., *Lepidiota* Hope, *Leucopholis* Bl. *Lachnosterna* Hope, *Holotrichia* Hope, *Rhizotrogus* Berth., *Amphimallon* Berth., *Anoxia* Cast., *Polyphylla* Harr., *Melolontha* Fabr., *Sparrmannia* Cast., *Tanyproctus* Fard., *Pachydema* Cast., *Elaphocera* Gen., *Macrophylla* Hope, *Dichelonycha* Kirby, *Liogenys* Guér., *Philochlaenia* Bl., *Isonychus* Mann., *Macrodactylus* Latr., *Dicrania* Serv., *Plectris* Serv., *Ceraspis* Serv., *Pachycnema* Serv., *Dichelus* Serv., *Monochelus* Serv., *Heterochelus* Burm., *Hoplia* Illiger 等が代表的な属で，本邦からは *Serica*, *Sericania*, *Gastroserica*, *Holotrichia*, *Heptophylla*, *Melolontha*, *Granida*, *Polyphylla*, *Ectinohoplia*, *Hoplia* 等の属が発見されている。コフキコガネ（*Melolontha japonica* Burmeister）（Fig. 981）は体長25～31mm，黒[illegible]，翅鞘は濃褐色で藍色の短毛を密生する。頭部は微点刻を密布し，頭楯は雄では方形で表面凹み前縁上反し，雌では梯形で前縁湾入する。触角の鰓葉部は雄では7節からなり他部より長く彎曲し，雌では6節で雄の1/2。前胸背板は微点刻と微毛とを密布し，小楯板は半円形で微点刻と微毛とを密布する。翅鞘は細毛にて覆われ，会合線の他に各4条の縦隆起線を有する。尾節はほぼ長三角形でやや扁たく濃褐色，微点刻と微毛とを装う。前脚の脛節は外側に2歯と第3歯の痕跡とを有し，爪は基部に1微棘を有する。後胸腹板の突起は小さい。幼虫は森林の苗床に在つて苗の根部を食害する。本州・四国・九州等に産し，一名カキコガネ・オオスギムシ等と称える。この属には更にオオコフキコガネ（*M. frater* Arrow）が本州・四国・九州等に産し，前同様苗床の害虫として知られている。またサツマコフキコガネ（*M. satsumensis* Niijima et Kinosita）は九州に産し，成生がシイやヤマモモ等の葉を食する。ビロウドコガネ（*Serica japonica* Motschulsky）やヒメビロウドコガネ（*S. orientalis* Motschulsky）は全土に産し，カバイロビロウドコガネ（*S. similis* Lewis）は本州・九州等に産し，ヒメチャイロコガネ（*S. grisea* Motschulsky）は本州・四国・九州等に産し，何れも各種の農作物や森林植物等の葉を成虫が食害する。ナエドコチャイロコガネ（*Sericania mimica* Lewis）は北海道・本州等に産し，苗床の害虫として知られている。クロコガネ（*Holotrichia kiotoensis* Brenske）は本州・四国・九州等に産し各種園芸作物の害虫で，更にチョウセンクロコガネ（*H. diomphalia* Bates）が五島や対島に産し同様な害虫として知られている。更に同属のオオクロコガネ（*H. morosa* Waterhouse）が本州・四国・九州等に産し，成虫は各種の果樹の葉を食害し，幼虫は各種樹木の根を食する。ナガチャコガネ（*Heptophylla picea* Motschulsky）は

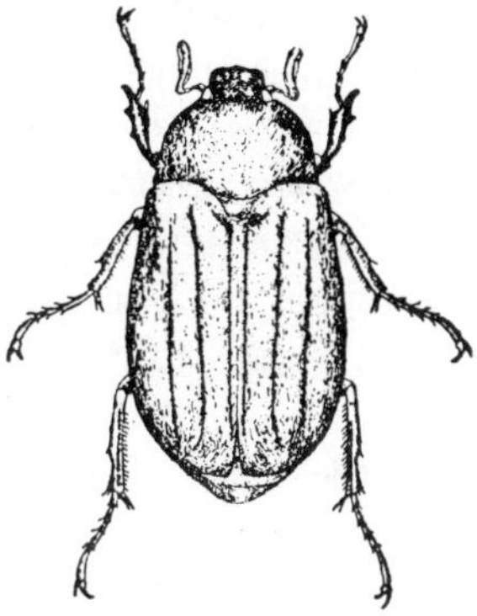

Fig. 981. コフキコガネ（村山）

全土に産し，成虫は各種の植物の葉を食し，幼虫は樹苗や禾本科植物等を食害する。シロスジコガネ（*Granida albolineata* Motschulsky）は全土に産し，松やニセアカシヤやグミ等の害虫として知られ，アシナガコガネ（*Hoplia communis* Waterhouse）は本州・四国・九州等に産し柑橘の花の害虫として知られ，同様柑橘やバラやその他の花の害虫としてヒメハナムグリ（*Ectinohoplia obducta* Motschulsky）が全土に産する。この科の内で本邦最大のものはヒゲコガネ（*Polyphylla laticollis* Lewis）で体長31〜37mm，触角の鰓葉部が特に長大で末端鉤状に彎曲し，翅鞘に短白色毛を密生する鱗雲状斑を有するので明かに他種と区別する事が出来，本州・四国・九州等に産し，沖縄・北部アジア等に分布する。

416. キンコガネムシ（金金亀子）科
Fam. Rutelidae Mac Leay 1819

Rutelian Beetles と称えられ，中庸大，コフキコガネムシ科に近似するが，上唇が幾丁質化している事によつて区別が出来る。後脚の脛節は2本の端距棘を具え，爪は一般に特に後脚のものは不等，各爪は自由で短い爪は簡単。翅鞘は膜質の縁を有するものとしからざるものとがある。3個の気門は背腹間の膜上に位置し，他の3個は腹板上にあつて見える。大部分のものは光輝ある金属色で，藍色や緑色や褐色や黄色やまたは金色で帯赤色。森林や平地で甚だ有害な類で，林木や果樹や観賞用植物等のある地方に広く分布する。最も熱帯に多数に産する。世界から約3500種程が発表され，*Areoda* Mac Leay, *Heterosternus* Ohaus, *Plusiotis* Burmeister, *Pelidnota* Mac Leay, *Parastasia* Westwood, *Rutela* Latr., *Fruhstorferia* Kolbe, *Antichira* Eschsch., *Macraspis* Mac Leay, *Anomala* Sameule, *Phyllopertha* Stephens, *Strigoderma* Burm., *Mimela* Kirby, *Popillia* Serville, *Anisoplia* Serv., *Anoplognathus* Leach, *Platycoelia* Burm., *Barchysternus* Guér., *Adoretus* Lap., *Pseudadoretus* Semenow, *Leucothyreus* Mac Leay, *Geniates* Kirby 等が代表的な属で，本邦からは *Adoretus*, *Popillia*, *Mimela*, *Anomala*, *Phyllopertha* 等の属が発見されている。ドウガネブイブイ（*Anomala cuprea* Hope）(Fig. 982) は体長20〜24mm，銅金色で濃緑色や銅色や紺色等がある。触角は暗褐色で鰓葉部は3節からなり雄では前5節の和と等長。前胸背板は光沢がなく横点刻を密布し，小楯板は光沢強く小数の点刻を散在する。翅鞘は側縁中央張出し中央より後縁に達する膜質縁を有し，不規則に微点刻を密布し皺状，縦隆起線は痕跡的。尾節は三角形，横点刻を密布し皺状，腹面は黒銅色で紫色の光沢を有し，胸腹板は白色微毛を装う。前脚の脛節は外側に雄では1個；雌では2個のそれぞれ歯を具えている。全土に産し，朝鮮に分布し，成虫は各種の果樹や桑や野菜類や樹木類や時に麦類等の葉を食害する。この属には更にアオドウガネ（*A. albopilosa* Hope）やサクラコガネ（*A. daimiana* Harold）やヒメコガネ（*A. rufocuprea* Motschulsky）やヒメサクラコガネ（*A. geniculata* Motschulsky）やその他等が果樹その他の害虫として知られ，また他の種類は樹木の害虫として認められている。チヤイロコガネ（*Adoretus tenuimaculatus* Waterhouse）は体長8.5〜10.5mm，長楕円形で濃褐色，黄褐色の鱗毛を密生し為に茶色に見える。本州・四国・九州等に産し，朝鮮・満洲・支那・布哇等に分布し，各種の果樹類や農作物の害虫として知られている。マメコガネ（*Popillia japonica* Newman）は体長9〜12mm，卵形に近く，光沢を有する緑黒色で，翅鞘は大部分黄褐色。全土に産し，豆類やブドウやその他の葉を食し，幼虫は苗木の根の害虫として認められている。米国に輸入して大害虫となり，Japanese Beetle として有名である。*Mimela* 属にも数種害虫として認められているものがあり，*Phyllopertha* 属にも多数の害虫が産し中でもセマダラコガネ（*Phyllopertha orientalis* Waterhouse）が最も普通で全土に産し，果樹の他桑や麦類や甘蔗やその他の葉を食害する。

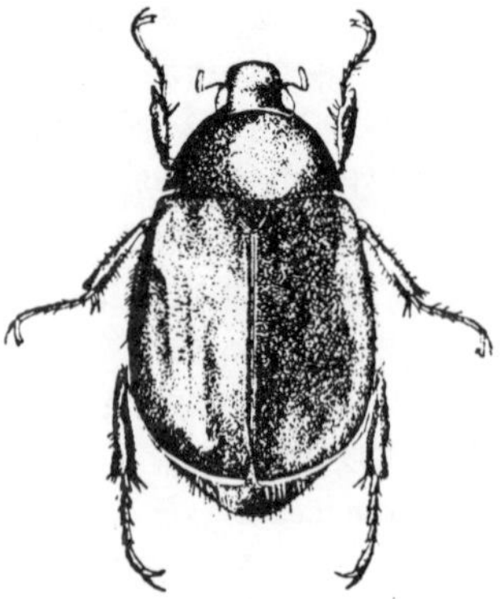

Fig. 982. ドウガネブイブイ（村山）

517. カブトムシ（兜虫）科
Fam. Dynastidae Mac Leay 1819

中庸大乃至最大種，長く幾分円筒状，平滑で光沢があるかまたは鈍色。粗面かまたは彫刻を有し，金属的か光輝を有する。頭部と前胸背板とは雌雄の何れかまたは両者共に頂飾や顆突起等を具え，上唇は膜質で頭部に癒合し，大顎は背面から見え，葉状に曲り時に切れ目を有する。前胸腹板は1片として前方に突出し，前脚の基節は横形，後脚の脛節は2本の端距棘を具え，跗節は短いかまたは長い。

この科の昆虫は南北両米に最も発達しているが，しかしアフリカと濠州等にも多産し，欧州とアジアとには少ない。*Dynastes* Kirby, *Hexodon* Olivier, *Cyclocephala* Latreille, *Ligyrus* Burmeister, *Pentodon* Hope, *Phyllognathus* Esch., *Oryctes* Illiger, *Strategus* Hope, *Xylotrupes* Hope, *Chalcosoma* Hope, *Megasoma* Kirby, *Phileurus* Latreille 等が代表的な属で，本邦からはカブトムシ（*Xylotrupes dichotomus* Linné)(Fig. 983) が発見されている。同種は体長38〜53mm（角状突起を除く），黒褐色で光沢を有する。雌

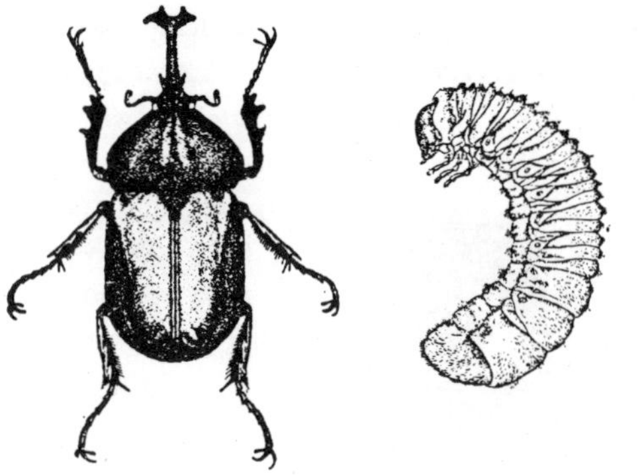

Fig. 983. カブトムシ（村山）幼虫（湯浅）

は角状突起を欠き，額上に3個の短棘状突起を横列する。頭楯は両側に瘤状突起を見え，複眼は大。触角の鰓葉部は雌雄共に短かい。前胸背板は周縁縁取られ，雄は微顆粒を密布し中央前に小角状突起を生じ，その末端は2叉し前方に曲る。雌では粗点刻を密布し，中央に縦凹線を有し，前縁近くに稜形の凹陥部がある。小楯板は半円形，雄では平滑，雌では粗点刻と淡褐色の微毛とを密布し，中央に滑かな1縦条がある。翅鞘は周縁縁取られ，肩部と後端前とに隆起を有し，雄では光沢強く，雌では微点刻と淡褐色毛とを密布する。尾節は比較的小さく三角形。体の腹面は漆黒色，胸部腹板は短毛と微点刻とを密布し，前胸腹板の基部から片状突起を出し，その末端は雄では平で雌では分叉する。濶葉樹の老木の幹に廻廊状に大孔を穿ちて棲息する。本州・四国・九州等に産し，朝鮮・支那・インド等に分布する。一名サイカチと称えられている。時に幼虫は甘蔗の根部を食害する。熱帯米国産の *Dynastes hercules* Linné は全体長100mm内外もあつて前胸背の角状突起のみが40mmの長さを有する。

418. ハナモグリ（花潜）科

Fam. Cetoniidae Mac Leay 1819

Flower Beetles や Sap Chafers 等と称えられ，中庸大乃至大形，大部分の種類は鮮明色で，熱帯や亜熱帯産のもので，比較的に幅広く背面扁たく，小楯板は大形。気門は腹板の背方の部分に位置し尾節にはなく，口器は微弱な発達で大歯は弱く，上唇は膜質で隠され，小顋は有毛。前脚の基節は垂直に位置している。成虫は多くの種類が日中活動的で，普通花や果物や生植物の他の部分を食する。幼虫は地中棲で腐敗植物質や植物の根部等を食している。或る類のものは蟻や白蟻等の巣中に棲息している。

この科の甲虫は約2500種程発表され，*Cetonia* Fabr., *Goliathus* Lamarck, *Ceratorrhina* Westwood, *Rhomborrhina* Hope, *Heterorrhina* Westwood, *Gymnetis* Mac Leay, *Clinteria* Burmeister, *Lomaptera* Gory, *Macronota* Hoffman, *Schizorrhina* Kirby, *Glycyphana* Burm., *Euphoria* Burm., *Oxythyrea* Muls., *Tropinota* Muls., *Valgus* Serv., *Dasyvalgus* Kolbe 等が代表的な属で，本邦からは *Rhomborrhina*, *Anthracophora*, *Cetonia*, *Liocola*, *Oxycetonia* 等の属が発見されている。ハナモグリ(*Cetonia pilifera* Motschulsky)（Fig. 984）は体長16mm内外，背面は緑色で光沢なく白色斑を有し灰白色の微毛を装い，腹面は黒紫色で光沢強い，全土に産し，成虫は柑橘やバラやその他の花に寄食している。アカマダラコガネ(*Anthracophora rusticola* Burmeister)は体長14〜20mm，楕円形で扁平，肩幅が特に広い。背面赤褐色で大小の黒色斑紋を散在し，腹面は漆黒色。本州・四国・九州等に産し，北部アジアに分布し，成虫はナラやカシワ等の樹液を吸吸し害をする。

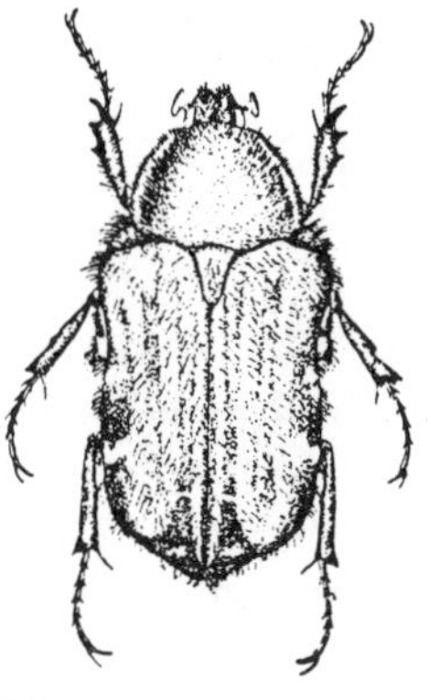

Fig. 984. ハナモグリ（村山）

カナブン(*Rhomborrhina japonica* Hope)やアオカナブン（*R. unicolor* Motschulsky）やクロカナブン（*R. polita* Waterhouse）やシラホシハナムグリ（*Liocola brevitarsis* Lewis）やミドリハナムグリ（*L. speculifera* Swartz）やコアオハナムグリ（*Oxycetonia jucunda* Faldermann）やアオハナムグリ（*Cetonia roelofsi* Harold）その他凡て果樹その他の花に集来する性を有する。アフリカ産の *Goliathus atlas* Nickerel や *G. goliathus* Drury 等は雄が体長125mm体幅50mmを有し，獣糞の球（小苹果大）を造るので有名なコガネムシである。

419. トラハナモグリ（虎花潜）科

Fam. Trichiidae Leach 1817

ハナモグリ科に近似するが，後胸後側板が背面から見

えない事と翅鞘の側縁が波曲していない事と前胸背板の後縁が翅鞘の基部より著しく狭くなつている事等によつて容易に識別することが出来る。世界の各区に分布し，*Trichius* Fabr., *Cryptodontus* Burmeister, *Inca* Serville, *Osmoderma* Serville, *Gnorimus* Serville, *Valgus* Serv., *Dasyvalgus* Kolbe 等が代表的な属で，約400種程が発見されている。本邦からは *Gnorimus*, *Trichius*, *Paratrichius*, *Dasyvalgus* 等の属が知られている。コトラハナムグリ(*Trichius fasciatus* Linné) (Fig. 985) は体長12〜14mm，光沢ある黒色，翅鞘は黄色で3個の黒色紋を有する。頭部は微点刻を密布し淡黄褐色の長毛を密生し，頭楯はほぼ方形で小点刻をやや疎生し，複眼は突出する。触角は甚だ短かく暗褐色を帯びる。前胸背板は光沢を欠き微点刻と淡黄褐色の長毛とを密装し，小楯板は前同様な点刻と毛とを装う。翅鞘は光沢なく黄褐色の短毛を装い，黒斑を有し，

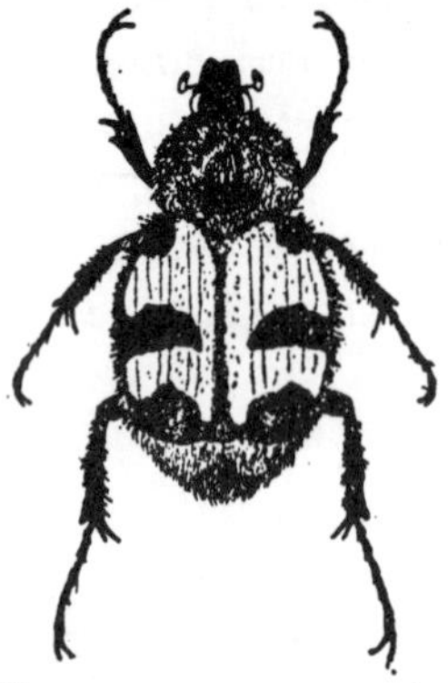

Fig. 985. コトラハナモグリ (新島)

末端に瘤起部を有し，縦線は判然しない。尾節は淡黄褐色毛を密生し，その前節には特に長い毛を装う。体の腹面と脚とは強い光沢ある黒色で，淡黄褐色の長毛を装う。北海道・本州等に産し，欧州に分布し，栗の花に来集する。ヒラタハナムグリ (*Dasyvalgus angusticollis* Waterhouse) は最小種で体長5.5mm内外，黒色，肩幅著しく広く3mm内外，翅鞘は平滑で光沢を有し尾端2節を現わし，黒色鱗毛からなる斑点を2対有し末端に灰色鱗毛斑を有する。本州・四国・九州等に産し，成虫は柑橘や梨等の花に来集する。

420. クロツヤムシ（黒艶虫）科
Fam. Passalidae Mac Leay 1819

多くは大形，長く扁たく膨れている。光沢は強く，黒色。触角は漆状でなく，末端の3節は櫛歯状で触角が捲かれると各歯が密着せせめられる。上唇は頭楯から区割され可動的，大顋は雌雄等しくかなり発達している。翅鞘は腹部を完全に覆い，強い縦溝を列する。脚は強く且つ短かく，前脚の基節は殆んど球状，跗節は5節で正状。幼虫 (Fig. 986) は枯木や朽木等に生活し，細い地虫状で，3対の脚はよく発達しているが，後脚は1節の手のような形に変化し中脚の基節の縦溝付けられている個所をさすり発音し，その音によつて雌の成虫が食物を

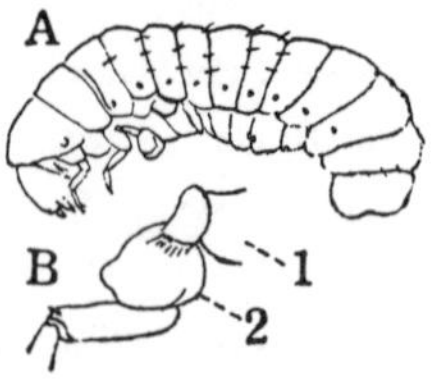

Fig. 986. *Passalus* の幼虫 (Arrow)
A. 側面図　B. 脚の1部　1. 中脚の基節　2. 後脚の基節

与えるのであると観察されている。約500種が発見され，大部分のものはインド・マレー区と新熱帯区とに産し，或る類が濠州とアフリカとに分布し，北米からも知られている。*Passalus* Fabricius, *Mastochilus* Kaup, *Aulacocyclus* Kaup 等が代表的な属で，本邦からはオニツノクロツヤムシ (*Cylindrocaulus patalis* Lewis) (Fig. 987) が発見されている。同種は体長17〜20mm，背面は強く膨隆し，黒色で光沢強く，触角・上唇・跗節等は赤味を帯び，鬚は赤褐色。頭部は微細な点刻を疎布し，両側は上反し，複眼の内側に先端に向つて拡がる側扁の角状突起を見え，前縁は深い横溝によつて縁取られ両端鋭く尖る。複眼は眼葉によつて後方迄2分され，上唇は著しく幅広の梯形で強い点刻と赤褐色の縁毛とを有する。前胸背板は微細な点刻を疎布し，周縁は深い条溝にて縁取られ，前部中央は突出し2突起を具え，1正中縦溝を有する。翅鞘は点刻を列する縦溝を具えている。四国・九州等に産し，河川地帯の朽木中に棲息する。

Fig. 987. オニツノクロツヤムシ (中根)

421. クワガタムシ（鍬形虫）科
Fam. Lucanidae Leach 1815

Stag Beetles, Lucanids 等と称えられ，ドイツの Kammhornkäfer や Hirschkäfer や Schröter 等がこの科の甲虫である。大きな長楕円形かまたは幅太で，一般に黒色または褐色，滑な光沢ある堅い皮膚を有する。雄の大顋は多くは非常に大形となり突出する。頭部は大形で強く，触角は膝状で11節で末端の3節が大きく扇状となり，複眼は大，上唇は不明瞭，唇舌と小顋とは下唇基節下に隠れている。幼虫 (Fig. 988) は多くは湿つた枯木や枯木中に生活し，森林地帯に多少限られている。成虫は時に夜間飛翔する。

約900種々が発見され，世界に分布するが，熱帯に多く温帯に漸次少数となり，世界共通種がない。*Lucanus* Scopoli, *Dorcus* Mac Leay, *Platycerus* Geoffroy, *Aegus* Mac Leay, *Cyclommatus* Parry, *Eurytrachelus*

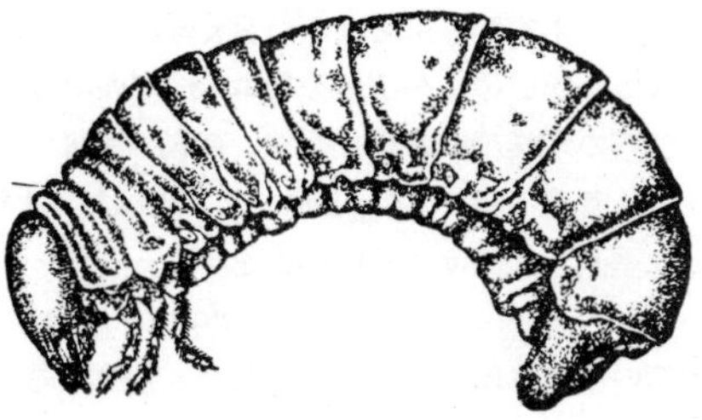

Fig. 988. ノコギリクワガタ幼虫（湯浅）

Thomson, *Nigridius* Mac Leay, *Odontolabis* Hope, *Chiasognathus* Stephens, *Sclerognathus* Hope, *Lissotes* Westwood, *Diphyllostoma* Fall, *Nigidius* Mac Leay, *Figulus* Mac Leay, *Syndesus* Mac Leay, *Hexaphyllum* Gray, *Ceruchus* Mac Leay, *Nicagus* Leconte, *Aesalus* Fabricius, *Ceratognathus* Westwood, *Sphenognathus* Buquart, *Lamprima* Latreille, *Colophon* Gray 等が代表的な属で，本邦からは *Aesalus*, *Figulus*, *Platycerus*, *Aegus*, *Dorcus*, *Eurytrachellelus*, *Macrodorcus*, *Prismognathus*, *Psalidoremus*, *Lucanus* 等の属が発見されている。ミヤマクワガタ (***Lucanus maculifemoratus*** Motschulsky) (Fig. 989) は体長（大顎を除く）30～45mm。雄。黒褐色乃至黒色で黄色微毛を装い少しく光沢がある。脚は黒褐色，腿節の外側に長楕円形の黄褐色紋を有し，脛節と跗節とはやや淡色。雌は黒色で光沢があり，大顎は短かく，頭部は小さく相癒合する粗い点刻を密装し，前胸背板は翅鞘より狭い。全土に産し，千島・朝鮮・満州・北支・アムール等に分布し，種々な樹液に来集する。最大のものはオオクワガタ (*Dorcus hopei* Saunders) で体長35～60mm，全土に産し，朝鮮・支那等に分布し，最も光沢の強い種類である。最小のものはマダラクワガタ (*Aesalus asiaticus* Lewis) で体長4.5～6mm，体は楕円形，紫黒色乃至黒褐色で光沢がなく，粗く点刻付けられ，褐色または黒褐色の鱗片を装い，頭部は小形で下向し非常に小さな大顎を具え，雌雄の差がない。本州・九州等に産し，台湾に分布し，倒木または枯木の樹皮下に発見される。ルリクワガタ (***Platycerus delicatulus*** Lewis) は体長10～13mm，雄の背面は藍黒色で光沢を有し，腹面は黒色。体はやや長く，前胸背板は横楕円形で前後に狭く中央側方に円く他の種類と全く異なる形状を呈する。大顎は短かく静止の際には末端歯状部が互に相接合する。本州・九州等に産する。以上の他に7種程が知られている。

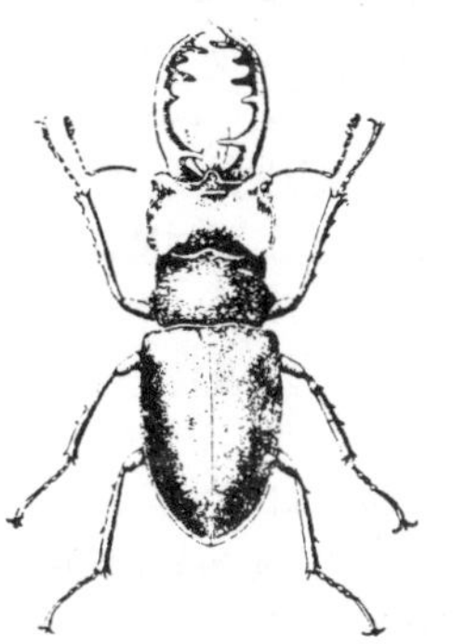

Fig. 989. ミヤマクワガタ雄（湯浅）

天　牛　上　科

Superfamily *Cerambycoidea* Leng 1920

(*Phytophaga*)

カミキリムシ上科は次の20科に分類する事が出来る。

1．下唇基節は柄部を有し，触角は11節で鋸歯状または稀れに櫛歯状。頭部は幅広の鼻口に延び，触角と体とは一般に微毛を装い，翅鞘は短かく尾節を現わしている……………………Family *Lariidae* (*Bruchidae*)

下唇基節は有柄でなく，頭部は幅広の嘴に延びていない。触角は稀れに明瞭に鋸歯状，たまに11節より多節で，普通糸状かまたは適度に末端の方に太まる…2

2．触角は普通長いかまたは非常に発達し，時に額突起上に生じている。額は屢々垂直，大きく方形。前胸背板は稀れに縁取られ，脛節の距棘はよく発達している。一般にむしろ大形で，長いか長楕円形で，両側が平行し，背面微毛を装う………………………………3

触角は中庸長かまたは短かく，額突起上から出ていない。額は小さく，傾斜し，時に著しく内曲している。前胸背板は屢々縁取られ，脛節の距棘は普通ない。小形または中庸大，体は一般に背面膨隆し，屢々甚だ光輝ある色彩かまたは金属色，むしろ卵形に近い……………………………………………………………5

3．前胸背板は側部鋭く縁取られ普通歯または棘を具え，上唇は頭楯と癒合し，前脚の基節は強く横形，小顋の内葉は甚だ小さいかない。大形または甚だ大形で，著しく扁平，普通褐色または黒色………………………………………………………………Family *Prionidae*

前胸背板は甚だ稀れに側部が縁取られ，上唇は自由，前脚の基節は円く稀れに強く横形，小顋の内葉は多少よく発達し，触角は決して微毛を装わない……………………………………………………………4

4．前脚の脛節は内面に斜溝を有し，前脚の基節は決して横形でなく，鬚の末端節は普通尖つている…………………………………………………Family *Lamiidae*

前脚の脛節は溝を有しない。鬚の末端節は先端が決して尖つていない。触角は有毛…………………………………………………………Family *Cerambycidae*

5．口部は前方に位置し，額は正常，頭部は水平かまたは垂直……………………………………………………6

口部は下方に位置し，額の前方部は突出し為めに口部が頭部の下面に極限されて小さく隠されているかま

たは殆んど隠されている……………………………18

6．触角は基部にて左右幅広く離たり，翅鞘は堅い…7

触角は普通基部にて左右接近し，翅鞘は多少軟い……………………………………………………………17

7．腹部の中間腹板は中央で狭まらない，尾節は翅鞘の後方に現われていない……………………………… 8

腹部の中間腹板は中央で狭まり，尾節は一般に現われ傾斜している………………………………………12

8．前胸背板は側部が円く明瞭な側縁を有しない。頭部は延び複眼は突出し，前胸腹板は甚だ狭い………… 9

前胸背板は明瞭な側縁を有し，若し縁付けられていない場合には触角が一般に短かく末端の数節が横形で幾分鋸歯状となつている。頭部は延びない，複眼は突出しない，前胸腹板は幅広。若し触角が強く球桿状の場合はヒラタムシ上科のオオキノコムシ科参照……15

9．触角は額全体によつて左右離れていない…………10

触角は額全体によつて左右離れている……………11

10. 前胸腹板は甚だ狭く判然しない，体の腹面は銀色の微毛を密装し，腹部の第1腹板は他の腹板の和と等長。長く，多少金属色で，半水棲……………………………………………………………Family *Donaciidae*

前胸腹板は明瞭，体の腹面は毛で密に被われていない，腹部の第1腹板は短かい。あまり長形でなく，水棲でない（*Megascelis* Latreille 新熱帯）……………………………………Family *Megascelidae* Chap. 1874

11. 後脚の腿節は非常に太く，後脚の脛節は彎曲している。中庸大で光輝ある金属色（*Sagra* Fabricius, *Aulacoscelis* Chevr., *Mecynodera* Hope, *Megamerus* Mac Leay, *Carpophagus* Mac Leay）…………………… Family *Sagridae*(Latreille 1825)Kirby1837

後脚の腿節は僅かに太い。より小形でより少く光輝ある甲虫で，稀れに金属色……Family *Crioceridae*

12. 触角は短かく，各節が鋸歯状……………………13

触角は長く一般に糸状で決して鋸歯状でなく，時に短かく末端の数節が太くなつている。小さい円筒状，頭部は扁たく垂直に位置し上面から見えない……………………………………… Family *Cryptocephalidae*

13. 前胸は触角の受入に対する溝を有しない，翅鞘は顆粒つけられていない……………………………………14

前胸は触角の受入に対し側腹面に溝を有し，翅鞘は顆粒を布し，体は亜方形または時に長く，頭部は扁たく前胸背板内に深く入り込み背面から見えない（*Chlamys*, *Exema*, 広分布）……………………………………Family *Chlamydidae* Jacoby 1881

14. 小顎鬚の末端節は尖り，後脚の腿節は1～2歯を具え，跗節の末端節と爪とは甚だ長く，体は長く，頭部は隠れていない………………Family *Megalopodidae*

小顎鬚の末端節は多少切断状，後脚の腿節は歯を欠き，爪は普通，長い幾分円筒状で，頭部は傾斜するかまたは垂直，翅鞘は一般に尾節を覆う……………………………………………………………Family *Clytridae*

15. 跗節の第3節は深く2葉片となり，前脚の基節は一般に円い……………………………………………16

跗節の第3節は完全で2葉片とならず，前脚の基節は横形，体は楕円形で膨隆し，触角は末端の方に適当に太まる………………………Family *Chrysomelidae*

16. 前胸背板は基部にて翅鞘と等幅，脚は側扁し，腿節は溝付けられ，その溝に脛節が置かれる。後胸腹板と腹部腹板とは腿節の受入に対する溝を具えている。短かく甚だ凸形の甲虫で，屢々光輝ある金属色…………………………………………Family *Lamprosomidae*

前胸背板は一般に翅鞘より狭く，脚は側扁でない，腹部は腿節受入の溝を有しない。多少長い凸形(*Fidia*, *Colaspis*, アメリカ, *Chrysochus*, *Adoxus*, 全北区, *Chrysolampra* アジア, *Nodostoma* インドマレー, *Colasposoma* アフリカ, インドマレー, *Tricliona* インドマレー, *Corynodes* アフリカ, インドマレー, *Paria* アメリカ, アジア, *Nodonota* アメリカ, 濠洲）…………Family *Eumolpidae* Waterhouse 1882

17. 後脚の腿節は細長く歩行に適応し，脛節は普通亜円筒形，跗節は細長い……………Family *Galerucidae*

後脚の腿節は非常に太く跳躍に適応し，脛節は屢々外面溝付けられ，跗節は短かい…………………………………………………………Family *Alticidae*

18. 頭部は自由で前胸背板下に引込まれない，体は普通有棘で，前方に細まり後方に幅広となり截断状を呈する……………………………………Family *Hispidae*

頭部は前胸背板下に隠され，翅鞘と共に側縁広く縁取られている。体は楕円形または円形…………………………………………………………Family *Cassididae*

以上の諸科の内つぎの16科が本邦から知られている。

422. ノコギリカミキリムシ（鋸天牛）科

Fam. Prionidae Leach 1819

中庸大乃至大形，前胸背は鋭い側縁を有し，ここに普通歯か棘を具え，上唇は頭楯と癒合し，触角は屢々鋸歯状かまたは櫛歯状，時に短かく，また時に11節より多数節，前脚の基節は大きく横形，跗節の第4節は時によく発達している。一般に扁平で，普通褐色または黒色。約800種程知られ約120属に分けられている *Parandra*, *Erichsonia*, *Prionus*, *Macrotoma*, *Mallodon*, *Ortho-*

soma, *Derancistrus*, *Pyrodes*, *Hypocephalus* 等が代表的な属で，本邦からは *Eurypoda* や *Megopis* や *Prionus* や *Psephactus* 等の属が発見されている。ノコギリカミキリ（*Prionus insularis* Motschulsky）(Fig. 990）は体長23～47mm，光沢ある黒褐色，中後両胸腹板は黄金色の毛を密布し，同色の短毛が前胸の両側縁に生じている。体は扁平，雄は小形。頭部は背面の中央に1縦溝を有し，額は凹陥し，颧部は角状に前方に突出する。触角は12節で鋸歯状，雌のものは細い。前胸背板は小点刻を疎布し，両側に3個の棘状突起を具えている。翅鞘は点刻と縮刻とを装い各2本の縦隆起線を有し，末端に小棘を具えている。全土に産し，朝鮮・満洲・支那・シベリヤ等に分布し，幼虫は針濶葉樹の枯材に穿孔する。ウスバカミキリ（*Megopis sinica* White）は体長30～52mm，暗褐色で全面に黄土色の微毛を装い，体下は暗赤褐色で多少光沢を有する。体は細長く，前胸背板は幅広となり後角尖り，触角は線状に近く基部5節の下面に微歯を列生する。翅鞘は微顆粒を装い，各後方で合する2本の縦肋を有する。幼虫はキリや種々な濶葉樹の生木を加害するほか，モミやトドマツやマツ類等の枯幹に生活する。全土に産し，小笠原諸島・奄美大島・沖繩・台湾・朝鮮・満洲・支那等に分布する。

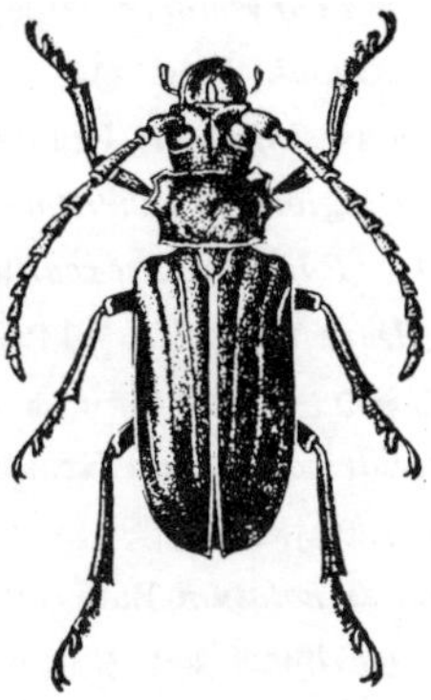

Fig. 990. ノコギリカミキリ雄（水戸野）

423. カミキリムシ（天牛）科

Fam. Cerambycidae Leach 1815

中庸大乃至大形，前胸背板は側縁明瞭に縁取られていない。前脚の基節は強く側方に延びない。小顎鬚の末端節は尖らず多くは幅広くなる。世界から約7500種程発見され1000以上の属に分けられている。*Cerambyx*, *Spondylis*, *Distenia*, *Encyclops*, *Rhagium*, *Stenocorus*, *Pachyta*, *Leptura*, *Strangalia*, *Necydalis*, *Thranius*, *Molorchus*, *Xystrocera*, *Pyrestes*, *Rosalia*, *Phymatodes*, *Xylotrechus*, *Clytus*, *Anaglyptus*, *Cleomenes*, *Purpuricenus*, *Callichroma*, *Acmaeops*, *Eburia*, *Elaphidion*, *Cyllene* 等が先づ代表的な属で，本邦からは最初の20属の他に *Sachalinobia*, *Xenophyrama*, *Toxotus*, *Lemula*, *Gaurotes*, *Pidonia*, *Omphalodera*, *Judolia*, *Strangalomorpha*, *Nivellia*, *Eustrangalis*, *Oedecnema*, *Neosalbimia*, *Criocephalus*, *Hakata*, *Stenhomalus*, *Stenygrinum*, *Ceresium*, *Stenodryas*, *Leptoxenus*, *Allotraeus*, *Pseudallotraeus*, *Mallambyx*, *Pseudaeolesthes*, *Margites*, *Corennys*, *Chloridolum*, *Leontium*, *Chelidonium*, *Semanotus*, *Epiclytus*, *Cyrtoclytus*, *Brachyclytus*, *Plagionotus*, *Chlorophorus*, *Rhaphuma*, *Demonax*, *Paraclytus*, *Aglaophis*, *Dere* 等の属が発見されている。

本邦で生木に幼虫が穿孔する種類は約12種程知られている。即ち，クロホソコバネカミキリ（*Necydalis harmandi* Pic）は体長13～18mm，黒色で，翅鞘は極めて短かく頭部と前胸背板との和にほぼ等しく，各腿節の後半は膨太し，触角は体長の半ばを越んるのみ，本州・四国・九州等に産し，幼虫はヤシヤブシやダケカンバ等の生木に寄生する。アオスジカミキリ（*Xystrocera globosa* Olivier）は体長13～32mm，濃褐色，前胸背板は青緑色に輝き斑紋は赤褐色，翅鞘は黄褐色で縦帯は青緑色。幼虫はネムその他の樹幹に穿孔加害し，本州・四国・九州等に産し，旧北区・東洋区・濠州・エチオピア区等に分布する。ミヤマカミキリ（*Mallambyx raddei* Blessig）(Fig. 991）は体長40～53mm，漆黒色乃至黒褐色，幼虫はクリその他殻斗科植物の樹幹に穿孔大害を与え，本州・四国・九州等に産し，朝鮮・満州・支那・アムール等に分布する。クスベニカミキリ（*Pyrestes haematicus* Pascoe）は体長14～19mm，暗褐色乃至黒色，翅鞘は光沢ある紅色，前胸背板は長く紅色なれど屢々黒化し，触角は末端6節が太く多少鋸歯状となり暗紅色で他は細く黒色，腿節は短紡錘状で暗紅色。幼虫はクス・ニッケイ・ヤブニッケイ・タブノキ等の樹幹や枝梢に穿孔する。本州・四国・九州等に産し，朝鮮・北支等に分布する。オオアオカミキリ（*Chloridolum thaliodes* Bates）は体長23～32mm，金属的光沢を有する暗緑色，前胸背板は藍色，触角と脚とは黒藍色，体下は黒緑色で黄灰色の短毛を装い銀色の光沢を有する。触角は体より長く，前胸背板は側部に1歯を具え，翅鞘は後方に狭まり，脚は長い。幼虫はニレ・ハルニレ・ヤナギ・ドロノキ等の樹幹に生活し，全土に産し，朝鮮・満洲等に分布する。カクムネアオカミキリ（*Chelidonium quadricolle* Bates）は体長22～27mm，藍緑色で金属的光沢を有し，下面は銀灰色の短毛を装い，触角と脚とは紫黒色。

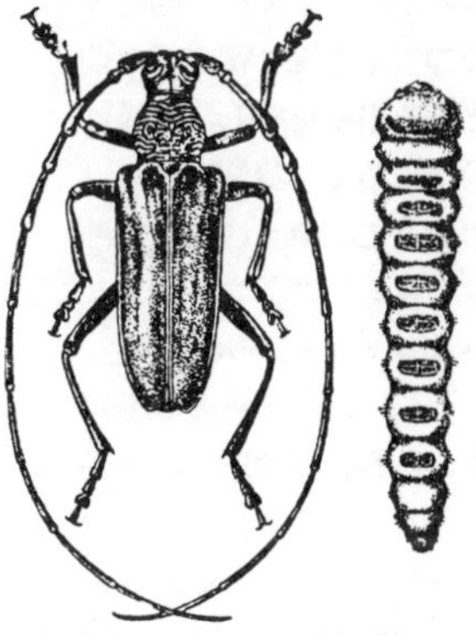

Fig. 991. ミヤマカマキリ雄（小島）幼虫（木下）

触角はほぼ体長に等しく，前胸背板は横形で両側に歯状突起を具え，翅鞘は後方に狭まり各2縦線を有し，脚は長く多少太まる腿節を具えている。幼虫はサカキ・カエデ類・クリ・その他の樹幹に穿孔する。北海道・本州・四国等に産し，朝鮮に分布する。ルリボシカミキリ (*Rosalia batesi* Harold) は体長20～32mm，青色の微毛を密装し，前胸背板の前縁と中央に各1個・翅鞘に各3個の黒色紋を有する。触角は著しく長く第3～7節の末端に棘を具え，前胸背板は円く，翅鞘は殆んど平行の側縁を有し，脚は中庸長。幼虫はコブシ・カエデ類・ブナノキ・クルミ・ヤナギ等の樹幹に穿孔する。全土に産し，朝鮮・満洲・北支等に分布する。スギカミキリ (*Semanotus japonicus* Lacordaire)は体長12～24mm，光沢ある黒色で黄褐色の毛を装う。翅鞘は各2個の黄色紋を有し，触角と脚とは赤褐色乃至栗褐色。扁平で適度に長く，体長とほぼ等長の触角を有し，太い腿節の脚を具えている。幼虫はスギやヒノキ等の樹幹下に穿孔して大害を与え，本州・四国・九州等に分布する。トラカミキリ (*Xylotrechus chinensis* Chevrolat) は体長15～28 mm，褐色で，頭部・前胸背板の前部・小楯板・翅鞘・後胸の側部・腹部腹板の大部分等に黄色毛を密布し，前胸背板の後方に2黒色帯と1赤褐色帯とを有し，翅鞘に黒色の各3斜帯を有する。触角は短かく，腿節は太い。幼虫はクワの根株に穿孔し大害を与え，全土に産し，沖繩・朝鮮・濠洲・中北支等に分布する。ブドウトラカミキリ (*X. pyrrhoderus* Bates) は体長8～15mm，黒色，前胸背板と小楯板とは紅赤色，翅鞘は帯黄灰色の2横帯を有する。触角は著しく短かく，前胸背板は円く，翅鞘は後方に狭まり末端の外縁角が尖り，脚は細長い。幼虫はブドウの害虫，本州・四国・九州等に産し，朝鮮に分布する。キスジトラカミキリ (*Cyrtoclytus caproides* Bates) は細長く，体長11～17mm，黒色で黄色の毛を多生し，触角・翅鞘の基部・脚等は褐色，額の2条・前胸背板の四隅・小楯板・中胸前側板・腹部の基部3節の各後縁等は鮮黄色，翅鞘は各2個の鮮黄色帯を有し且末端が黄色となり基部褐色部の中央は黒色。幼虫はカキの材部に穿孔する。全土に産し，朝鮮・満洲等に分布する。ヨツスジトラカミキリ (*Chlorophorus quinquifasciatus* Castelnau et Gory) は体長16～17mm，黒色で黄色の微毛を密装し，前胸背板の中央に黒色の1横斑を有し，翅鞘の基部に半環状の黒色紋を有しその前後に2黒色帯があつてこれを包み，後半部に1本の濃褐色帯を具えている。細く，前胸背板は長く，翅鞘は後方に狭まり，脚は長い。幼虫はサクラの樹幹に穿孔し，本州・四国・九州等に産し，沖繩・朝鮮等に分布する。枯木に穿孔するものとしてはホソカミキリ (*Distenia gracilis* Blessig)，ハイイロカミキリ (*Rhagium inquisitor rugipenne* Reitter)，アラメハナカミキリ(*Sachalinobia koltzei* Heydon)，キマダラヤマカミキリ (*Pseudaeolesthes chrysothrix* Bates)，アカネカミキリ(*Phymatodes maaki* Kraatz)，アカネトラカミキリ (*Brachyclytus singularis* Kraatz) クリストフトラカミキリ (*Plagionotus christophi* Kraatz)，シロトラカミキリ (*Paraclytus excultus* Bates)，ホタルカミキリ (*Dere thoracica* White) 等が知られ，材木に寄生するものとしてはムラクボクロカミキリ (*Criocephalus quadricostulatum* Kraatz) がトドマツ・エゾマツ・モミ等の材に穿孔し，ヨツボシカミキリ (*Stenygrinum quadrinotatum* Bates) がカシ類の材木に穿孔する。成虫が花に集来する種類としてはアラメハナカミキリ (*Sachalinobia koltzei* Heydon)，ムナコブハナカミキリ (*Xenophyrama purpureum* Bates)，モモグロハナカミキリ (*Toxotus minutus reini* Heyden)，フタコブルリハナカミキリ (*Stenocorus caeruleipennis* Bates)，キバネニセハムシハナカミキリ (*Lemula decipiens* Bates)，カラカネハナカミキリ (*Gaurotes doris* Bates)，キベリカタビロハナカミキリ (*Pachyta erebia* Bates)，ナガバヒメハナカミキリ (*Pidonia signifera* Bates)，フタオビノミハナカミキリ (*Omphalodera puziloi* Solsky)，マルガタハナカミキリ (*Judolia cometes* Bates)，オオハナカミキリ *Leptura granulata* Bates)，ニンフハナカミキリ (*Strangalomorpha nymphula* Bates)，ムナミゾハナカミキリ (*Nivellia maculata* Matsushita et Tamanuki)，モモブトハナカミキリ (*Oedecnema dubia* Fabricius)，トラフホソバネカミキリ (*Thranius variegatus* Bates)，カッコウメダカカミキリ (*Stenhomalus cleroides* Bates)，ヨツボシカミキリ (*Stenygrinum quadrinotatum* Bates)，アメイロカミキリ (*Stenodryas clavigera* Bates)，ヒメミヤマカミキリ (*Margites fulvidus* Pascoe)，キヌツヤカミキリ (*Corennys sericata* Bates)，ホソアオカミキリ (*Leontium viride* Thomson)，ヨコヤマトラカミキリ (*Epiclytus yokoyamai* Kano)，エグリトラカミキリ (*Chlorophorus japonicus* Chevrolat)，トゲヒゲトラカミキリ (*Demonax transilis* Bates)，トガリバアカネトラカミキリ (*Anaglyptus niponensis* Bates)，シロヘリトラカミキリ (*Aglaophis colobocheoides* Bates)，タキグチモモブトホソカミキリ (*Cleomenes takiguchii* Ohbayashi) その他等が知られている。

424. ヒゲナガカミキリムシ（長角天牛）科

Fam. *Lamiidae* Shuckard 1840 (Fig. 992)

中庸大乃至大形，前胸背板は側部が明瞭に縁付けられていない。前脚の基節は非常に円く深く窩中に入り込み，小顎鬚の末端節は尖つている。世界から7200種内外が知られ約1000属以上に分類されている。*Monochamus*, *Batocera*, *Mesosa*, *Rhodopis*, *Niphona*, *Apomecyna*, *Pogonochaerus*, *Exocentrus*, *Agapanthia*, *Saperda*, *Glenea*, *Oberea*, *Phytoecia*, *Oncideres*, *Tetraopes*, *Tragocephala*, *Platyomopsis* 等が代表的な属で，本邦からは最初の13属の他に *Echthistatus*, *Psacothea*, *Dihammus*, *Mecynippus*, *Melanauster*, *Eupromus*, *Uraecha*, *Apriona*, *Apalimna*, *Olenecamptus*, *Pterolophia*, *Microlera*, *Atimura*, *Xylariopsis*, *Rhopaloscelis*, *Sydonia*, *Aulaconotus*, *Pothyne*, *Smermus*, *Tengius*, *Eryssamena*, *Miccolamia*, *Eutetrapha*, *Menesia*, *Cagosima*, *Thyestilla*, *Praolia*, *Paraglenea*, *Epiglenea*, *Stenostola*, *Chreonoma* 等の属が発見されている。約60種以上のものが知られ，その中で最小な種類はヒシカミキリ (*Microlera ptinoides* Bates) で体長僅かに 3～5mm，体は後方に太い。触角は体より長く，太い完全な線状で末端の方に細まらない。各節に長毛を散生している。頭部は幅広く前胸背板と等幅，前胸背板は後方に狭まる。脚は短かく太い。

Fig. 992. アベタヒゲナガカミキリ（小島）
Apalimna liturata Bates

鈍光沢を有する黒色で，腹部以外は顕著な点刻を装う。前胸背板の前縁と翅鞘の基部とは赤味を帯び，後者の約 1/3 基部に倒八字形の白色紋と中央後方に同色の太い 1 横帯とを有する。北海道・本州等に産し，幼虫はクワやカラタチ等の枯枝や材部に生活している。最大のものはシロスジカミキリ (*Batocera lineolata* Chevrolat) で体長 40～54mm，黒地に灰色乃至灰褐色の微毛を装い絹様光沢を有し，前胸背板はやや地色を現わし，翅鞘も処処地肌を裸出するものが多い。側面には複眼の後縁から尾節に達する太い 1 白色縦帯を有し，前胸背板の中央の 2 縦斑と小楯板と翅鞘に散在する不規則な大斑とは白色。前胸背板の側縁は鋭い棘突起となり，翅鞘は後方に狭まり，触角は体より長い。本州・四国・九州等に産し，朝鮮・支那等に分布し，幼虫はクリやその他多数の濶葉樹の幹材に穿孔する。フサヒゲルリカミキリ (*Agapanthia pilicornis* Fabricius) は体長 15～17mm，殆んど平行する側縁を有する細長形，青藍色に輝き背面に黒色毛が多く，触角は体より長く，第 3～5 各節は大半は淡赤色で以上の各節基部は灰白色，基部 4 節の各末端に黒色の長毛群を具えている。脚は短かい。北海道・本州等に産し，朝鮮・満洲・蒙古・シベリヤ等に分布し，成虫はユウスゲの葉を嗜好し食害する事によつて特徴となつている。

Fig. 993. クワカミキリ幼虫（木下）
Apriona germari japonica Thomson

この科の幼虫 (Fig. 993) は大部分のものが生木や枯木に穿孔し生活するが，草本類の茎に棲息するものもある。即ちアサカミキリ (*Thyestilla gebleri* Faldermann) は体長 9～16 mm，黒色で暗褐色の毛を装う。頭頂の両側・複眼の周囲・額・小楯板・体腹面・脚等には灰白色毛を密生し，後頭の背側・前胸背板の正中線と側部・翅鞘の側縁と会合部等には短毛が密生しそれぞれ灰白色の条線を形成する。触角は体長とほぼ等長で，各節の基部に白色輪を有する。脚は短太，本州・四国・九州等に産し朝鮮・満洲・シベリヤ・支那等に分布し，幼虫は大麻や苧麻等の茎中に生活し加害する。ラミイカミキリ (*Paraglenea fortunei* Saunders) は体長 12～16mm，黒色，額・頬・前胸背板・小楯板・鞘の斑紋（中央の太い 1 横帯と末端斑と約 1/4 基部中央の小斑）・体腹面の大半等は淡緑色の鱗毛にて覆われ，前胸背板に 2 個の黒色円紋がある。触角は細長く，脚は短かいが脛節は細長。本州・九州等に産し，支那に分布し，苧麻やムクゲ等の根株に主として穿孔し加害する。キクスイカミキリ (*Phytoecia rufiventris* Gautier) は体長 7～10.5mm，黒色で同色の毛を疎生し，前胸背板は中央前方 2/3 に大きな橙赤色の縦紋を有し，小楯板は灰白色毛を密布し，翅鞘は鉛灰色の微毛にて被われている。触角は体長とほぼ等しく，翅鞘は平行せる側縁を有し末端狭まり截断状，脚は短かい。全土に産し，朝鮮・満洲・シベリヤ・支那等に分布し，幼虫は菊科植物の茎に穿孔し園芸上有害である。生木に幼虫が穿孔する種類の内主なものを記すると，キボシヒゲナガカミキリ (*Psacothea hilaris* Pascoe) は体長 19～27mm，黒色で黄灰色毛を装い，頭頂・後頭の亜背部から翅鞘基部に亘る縦線・複眼の前方・複眼の下部から中胸側板にかけての縦条等は淡黄色を呈し，翅鞘には大小種々の淡黄色斑紋を有する。触角は甚だ細長，前胸背板には側棘突起を具え，脚は短かい。全土に産し，沖縄・台湾・朝鮮・支那・海南島・トンキン等に分布し，幼虫はクワ・イチジク等の害虫である。ゴマダラカミキリ（*Melanauster chinensis macularius* Thomson）は体長 24～35mm，光沢ある漆黒色で，翅鞘に白色の不規則斑紋を散在せしめている。触角は著しく長く各節基部に藍白色の微毛を密生し，脚は太く中庸長。全土に産し，台湾・朝鮮・満洲・支那等に分布し幼虫はクワ・柑橘・イチジク・ヤナギその他の樹幹や根部に穿孔して大害を与える。クワカミキリ（*Apriona germari japonica* Thomson）は体長 32～44mm，黒地に黒灰色の微毛を密生し，やや青味ある黄灰色を呈する。触角は長く，黒色で第 3 節以下の各基半部は青灰色。脚は中庸長。本州・四国・九州等に産し，幼虫はクワの有名な害虫であるが，イチジク・柑橘・ビワ・リンゴその他多数の濶葉樹の幹枝に穿孔する。

425. ネクイハムシ（喰根金花虫）科

Fam. *Donaciidae* Redtenbacher 1858

むしろ細長で，一般に金属的色。頭部は普通前胸より狭く，口器は前方に位置し，触角の基部は全額にて左右分けられていない。前胸腹板は甚だ狭く不明瞭。体の下面は銀色の微毛にて密に被われ，腹部第 1 腹板は他の和と殆んど等長。半水棲。世界から約 140 種程が知られ，特に旧北区に多産。*Haemonia* Latreille, *Donacia* Fabricius, *Plateumaria* Thomson 等が代表的な属で，本邦からは最初の 2 属が発見されている。イネネクイハムシ（*Donacia provosti* Fairmaire）(Fig. 994) は体長 5～6.5mm，頭部・前胸背板・触角等は金属光沢がある。緑褐色，鞘翅は褐色で狭くあるいは広く金緑褐色の光沢を有する。触角各節の基部は黄褐色。複眼間に 1 縦条を有し，頭頂に 2 個または 1 個の赤褐色紋を有する。前胸背板は微細な縮刻を布し，鋭い前縁角を具えている。翅鞘は強大な点刻ある縦溝を列し，末端ほぼ截断状。腿節は黒緑色の部分があり，後脚のものの下面には 1 棘歯がある。本州・九州等に産し，朝鮮・台湾・トンキン・東シベリア等に分布し，幼虫は稲の根を食害する有名な害虫である。キイロネクイハムシ（*Haemonia japana* Jacoby）は体長 4.5mm，体の背面は黄褐色で腹面は黒色。頭部・触角・前胸背板の前縁と 3 縦条等は黒色。触角は体の半ばに達し末端の方に微かに太い，前胸背板はほぼ四角形，翅鞘は 2 本づつからなる 5 個の黒色点刻列を有し末端に黄褐色の顕著な棘突起を具えている。脚は中庸長。本州に産し，幼虫・成虫共に水中に生活している。

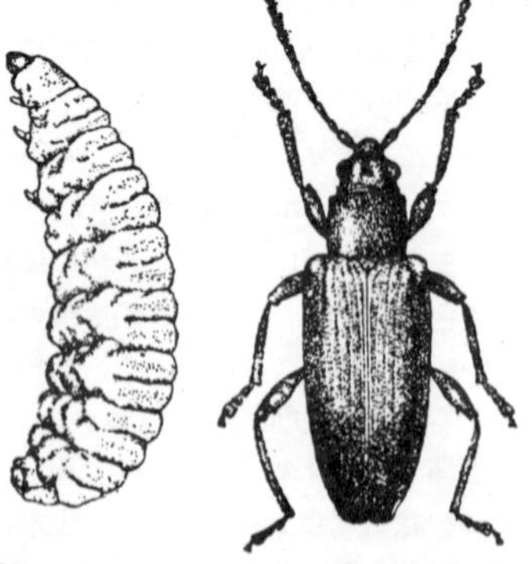

Fig. 994. イネネクイハムシ（湯浅）

426. クビナガハムシ（長頸金花虫）科

Fam. *Crioceridae* Leach 1819

Orsodacnidae Thomason 1859 を包含せしめた。

前科に近似しているが，触角の左右基部は額全体によつて分離されている事によつて区別される。小形で，後脚の腿節は特に太まつていない。稀れに金属色。1100種程知られ，25属内外に分類されている。*Crioceris* Geoffroy, *Lema* Fabricius, *Orsodacne* Latreille 等が代表的な属で，本邦からは之れ等の他に *Syneta, Pedrillia* 等の属が発見されている。アカクビナガハムシ（*Crioceris subpolita* Motschulsky）(Fig. 995) は体長 9～10mm，光沢ある黄褐色，頭部・触角・脚等は黒色，小楯板は暗褐色で灰黄色の軟微毛にて被われ，翅鞘は黒褐色の点刻縦列を有する。全土に産し，幼虫は成虫と共にサルトリイバラの葉を食する。セボシナガハムシ（*Orsodacne kurosawai* Chujo）は体長 7mm 内外，細長くほぼ平行の両側縁を有する。背面光沢を有し，色彩は変化に富むが頭部の大部分・前胸背板・翅鞘の斑紋等は黒色，触角は細く褐色乃至黒褐色，脚も概ね褐色乃至黒褐色。前胸背板は長く後方急に狭まり，翅鞘は前胸背板より著しく幅広，黄褐色，個体によつて殆んど黒色。本州産。*Lema* 属のものは普通害虫として知られ，中でもイネドロオイムシ（*Lema oryzae* Kuwayama）は北海道・本州・福岡等に産し，幼虫は稲の葉の脈間を成虫と共に食

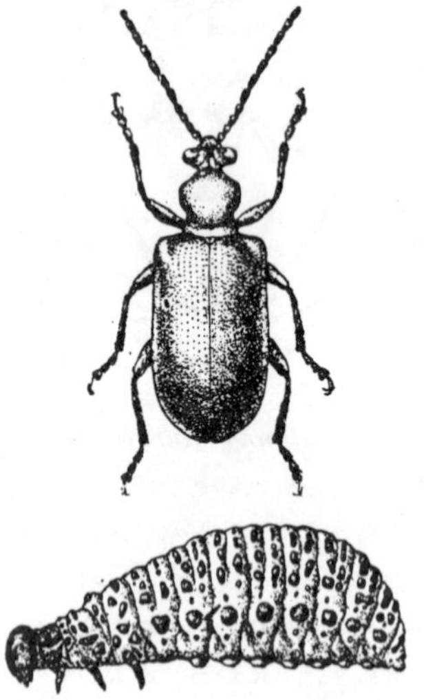

Fig. 995. アカクビナガハムシ（湯浅）

害し時に大害をなす有名な害虫で，台湾・朝鮮・満洲・北支等に分布し，成虫は夏秋冬を休眠の状態で過ごす。

427. カタビロハムシ（広肩金花虫）科

Fam. Megalopodidae Lacordaire 1845

頭部は前胸背板下に隠れていないで前方に突出し，触角は基部にて左右広く離り，多くは鋸歯状，翅鞘は堅く顆粒を布する事がなく腹部全体を覆い，腹部の腹板は中央で狭まる事がなく，前胸は触角受入の溝を欠き，小顎鬚の末端節は尖り，後脚の腿節は特に太く１～２歯を具え，跗節の末端節と爪とは長い。主として新熱帯産で，*Megalopus* Fabr., *Mastostethus* Lacordaire, *Temnaspis* Lacordaire 等が代表的な属で，最後の１属はインドマレー産で本邦からも発見されている。カタビロハムシ(*Temnaspis japonica* Baly)（Fig. 996）は体長7.5～8.5mm，黄褐色，前胸背板と後脚の腿節基部とは褐色，頭部・触角・胸部腹面等は黒褐色乃至黒色，各部に黄褐色乃至黒褐色の絹糸様の微毛が生じている。頭部は微小の点刻を布し，頭頂に長楕円形の深くて大きな凹みがある。前胸背板は点刻を疎布し，中央に微小の縦凹陷部がある。翅鞘は大点刻を密布する。後脚の腿節末端に２本の鋭い棘を具えている。本州と九州とに産する。

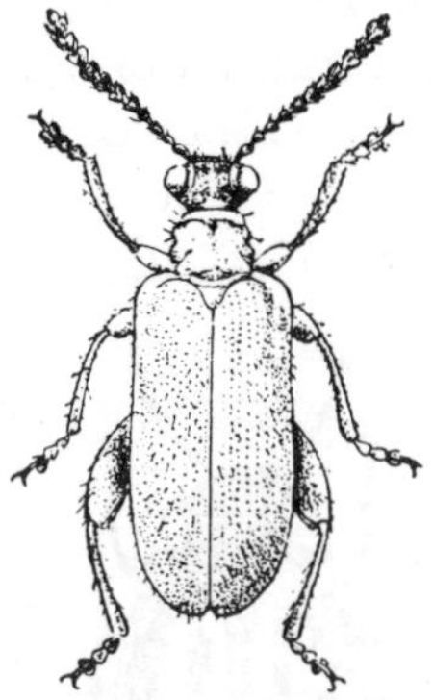

Fig. 996. カタビロハムシ（湯浅）

428. サルハムシ（猿金花虫）科

Fam. Clytridae Blanchard 1846

前科に類似しているが，小顎鬚の末端節が多少截断状で，後腿節は歯突起を欠き，爪は正常で長くない事等によつて区別される。長い幾分円筒状で，頭部は傾斜するかまたは垂直に位置し，一般に暖国に普通で，約1000種以上が知られ，欧洲・アジア・アフリカ・アメリカ等に分布している。*Clytra* Linné, *Cyaniris* Redtenbacher, *Labidostomis* Redtenbacher, *Antipa* De Geer, *Megalostomis* Lacordaire, *Babia* Lacordaire, *Ischiopachys* Lacordaire 等が代表的な属で，本邦からは最初の２属が発見されている。ヨツボシサルハムシ(*Clytra laeviuscula* Ratzeburg)（Fig. 997）は体長8～10mm，黒色で黄色の翅鞘を具え，後者は黒色の４斑紋を有する。体の腹面と脚とはやや長い灰白色の軟毛を密生する。本州・四国・九州等に産し，ハンノキやヤナギ等の葉を食し，朝鮮・北支・シベリヤ・欧洲等に分布する。ムネアカサルハムシ（*Cyaniris cyanea* Fabricius）は体長4～5mm，長方形に近く背面膨隆し，黄褐色の口器と触角と前胸背板と脚とを除き他は凡て光沢ある青藍色。頭部は背面から僅かに見え，額はやや扁たく，触角の末端７節は拡大し濃色。前胸背板は横矩形に近く円い側縁を有し，周縁縁取られている。小楯板は黒色で三角形。翅鞘は両側ほぼ平行し，強大な点刻をやや密布するが，顕著な肩部には之れを欠く。本州に産し，シベリヤや欧洲に分布する。シラカンバ・ヤナギ・その他等の葉を食する。尚おキボシルリハムシ（*C. aurita* Linné）は本州と北海道とに産し，朝鮮・シベリヤ・欧洲等に分布し，前同様の植物に寄食している。

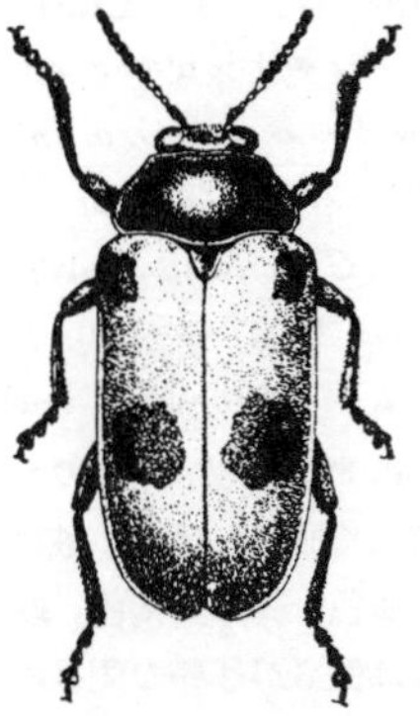

Fig. 997. ヨツボシサルハムシ（湯浅）

429. ヒゲナガサルハムシ（長角猿金花虫）科

Fam. Cryptocephalidae Kirby 1837

サルハムシ科やカタビロハムシ科等に類似するが，触角は一般に細長く，時に短かく末端の数節が太まる事があつても決して鋸歯となる事がない事によつて区別が出来る。小さく，円筒状で，頭部は扁平となり垂直に位置し背面からはよく見えない。世界に分布するが，暖国に多産，2300種以上が発見され，*Cryptocephalus* Geoffroy, *Pachytrachys* Redtenbacher, *Dioryctus* Erichson, *Stylosomus* Suffr., *Achaenops* Suffr., *Monachus* Suffr. 等が代表的な属で，本邦からは最初の３属が発見されている。ヤツボシサルハムシ（*Cryptocephalus japanus* Baly）（Fig. 998）は体長8～9mm，体は黒色，前胸背板と翅鞘とは淡黄土色で斑紋は黒色。本州・九州等に産し，朝鮮・支那・東シベリヤ等に分布し，アカガシ・クヌギ・ドロノキ・ヤナギ等の葉に寄食している。この属のムツボシサルハムシ（*C. sexpunctatus* Linné）は北海道・本州等に産し，樺太・朝鮮・シベリヤ・欧州等に分布し，種々の果樹やバラやクリやクヌギやその他の葉の害虫として知られ．またバラル

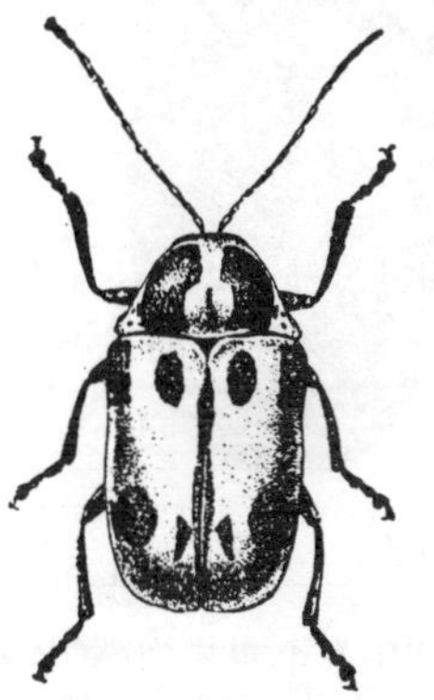

Fig. 998. ヤツボシサルハムシ（湯浅）

ドサルハムシ（*C. approximatus* Baly）は全土に産し，東シベリヤ・満洲等に分布し，バラやリンゴやナシやその他の葉を食害し，更にタテジマサルハムシ(*C. bilineatus* Linné）やキアシバラサルハムシ（*C. fortunatus* Baly）やカシワサルハムシ（*C, scitulus* Baly）やキボシサルハムシ（*C. perelegans* Baly）等が害虫として知られている。キアシタマハムシ（*Dioryctus lewisi* Baly）は最小の種類で体長僅かに 3mm 内外，他のものと異なり体は短卵形で背面に著しく脹隆し短かい触角を有し，光沢ある漆黒色，触角は黄色，脚は黄褐色。頭部は背面から見えない。前胸背板は側縁が翅鞘の側縁に連結し後縁が中央三角形に後方突出し，翅鞘は後方に狭まり，側縁の中央前に著しく突出した部分があり，各10本の明瞭な点刻縦列があり，脚は短かい。本州・九州等に産する。

430. ヒゲブトハムシ（太角金花虫）科

Fam. Lamprosomidae Thomas 1856

小形，頭部は前方に延びない，複眼は突出しない。触角は短かく棍棒状，前胸背は基部で翅鞘と等幅，脚は側扁し，前脚の基節は一般に円く，腿節は脛節が置かれる溝を具え，跗節の第3節は深く2葉片となり，後胸腹板と腹部とに腿節の受入に対する溝がある。甚だ膨隆する甲虫で屢々金属的光輝を有する。約170種程知られ，新熱帯に多産，しかしアフリカや北米やアジア等に少数種が発見されている。*Lamprosoma* Kirby が模式属で本邦からはこの属以外に *Boloschesis* 属が発見されている。ドウガネツヤハムシ（*Lamprosoma cupreatum* Baly）(Fig. 999) は体長3mm内外，背面著しく膨隆し腹面は扁い。背面は青銅色で金属的光沢を有し，腹面と触角とは黒色。北海道・本州・九州等に産し，沖縄・朝鮮等に分布し，タラノキやハリギリ等の葉を食する。ムシクソハムシ（*Boloschesis spilota* Baly）は体長3mm内外，円筒形で短く，黒色乃至黒褐色，翅鞘に不規則な隆条で連なる不規則な突起を有し，毛虫類の糞を思わせるような形状を呈する。成虫と幼虫と共にツツジの葉を食する。本州に産しこの属に更に3種程知られている。

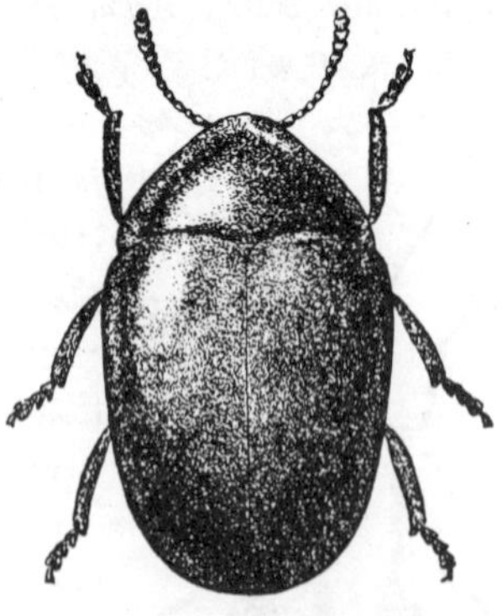

Fig. 999. ドウガネツヤハムシ（湯浅）

431. ハムシ（金花虫）科

Fam. Chrysomelidae Weise 1916

ヒゲブトハムシ科に近似するが，跗節の第3節が完全で2葉片とならない事と前脚の基節が横形である事によつて区別されている。体は楕円形で背面に膨隆し，触角は末端の方に幾分太まつている。色彩は種々で金属的光沢を有するものから鱗粉にて被われているもの迄がある。2600種内外が知られ，世界に分布している。*Chrysomela* Linné, *Phaedon* Latreille, *Phytodecta* Kirby, *Doryphora* Illiger, *Leptinotarsa* Stal, *Polyspila* Hope, *Prasocuris* Latreille, *Melasoma* Stephens, *Paropsis* Olivier, *Phyllodecta* Kirby, *Timarcha* Latreille, *Entomoscelis* Chevrolat 等がまづ代表的な属で，本邦からは最初の3属の他に *Pagria, Basilepta, Lypesthes, Trichochrysea, Colasposoma, Acrothinium, Chrysolina, Gastrolina* 等の属が発見されている。ヤナギハムシ（*Chrysomela vigintipunctata* Scopoli）(Fig. 1000) は体長8mm内外。体は緑藍色で前胸背板の両側と翅鞘とは黄色を呈し，後者の斑紋は黒色乃至緑藍色。頭部は点刻をやや密布し，触角は第1と第2節とは緑黄色で第3～6節は褐色を呈し，以下は黒色。前胸背板は両側にやや不明瞭な縦溝を有し，この部分の点刻は強大であるが他は細小。翅鞘は強大な点刻を有し，外縁にやや高い縦隆起線を有し，各々に普通10個の縦紋を有する。脚は黄褐色，腿節の末端または大部分が緑藍色。成虫幼虫共にヤナギ類の葉を食害し，全土に産し，朝鮮・支那・シベリヤ・欧州等に分布する。北海道・本州・九州等に産し，樺太・満洲・シベリヤ・欧州等に分布するルリハムシ（*Chrysomela aenea* Linné）は幼虫がハンノキ，シデ等の葉を食害する。ドロノキ・ヤナギ等の害虫であるドロノキハムシ（*C. populi* Linné）は全土に産し，朝鮮・支那・シベリヤ・インド・欧州等に広く分布する。ヒメキバネサルハムシ(*Pagria signata* Motschulsky）は体長2.5mmで，本州・九州等に産し，インド・スマトラ・ビルマ・セイロン・支那等に分布し，大豆その他豆類を食害する。アオバネサルハムシ（*Basilepta fulvipes* Motschulsky）は体長3～4mm，色彩に変化が多いが腹面は黒色で背面は金緑色で脚が黄褐色のものが基本色である。触角は比較的細長く糸状。北海道・本州・九

Fig. 1000. ヤナギハムシ（湯浅）

州等に産し，満洲・シベリヤ・支那・朝鮮等に分布し，ヨモギ・キク・イチゴ・ナシ・リンゴ・カキ・サクラ・ゴボウその他多数の植物の葉を食害する。同属には更にイチゴルリサルハムシ（*B. atripes* Motschulsky）が北海道に産し，イチゴの害虫として知られ，チヤイロサルハムシ（*B. pallidula* Baly）が北海道・本州・九州等に産し，樺太に分布し，ハンノキの害虫として知られている。リンゴコフキハムシ（*Lypesthes ater* Motschulsky）は体長7mm内外，比較的長形で，黒色だが白色粉にて被われている。触角は細長く糸状で基部3節が黄褐色，上唇は黄褐色。頭部はよく現われ，前胸背板はほぼ円筒形で側縁は縁取られていない。翅鞘は強く点刻を有し，脚は中庸長で各腿節に1歯を具えている。北海道・本州・四国等に産し，中国に分布し，林檎の葉を食害する。トビサルハムシ（*Trichochrysea japana* Motschulsky）は体長7mm内外，赤褐色で赤銅色の光沢を有し，灰白色の軟毛を密布する。翅鞘は中央後方に白色毛からなる横帯紋を有する。本州・九州等に産し，朝鮮・北支・台湾等に分布し，栗の葉を食害する。イモサルハムシ（*Colasposoma dauricum* Mannerheim）は体長6mm内外，光沢ある黒銅色か青藍色か金緑色等で，短楕円形。頭部は前胸背板下に隠れ，触角は糸状。本州・九州等に産し，朝鮮・北支・東シベリヤ等に分布し，サツマイモの害虫である。アカガネサルハムシ（*Acrothinium gaschkevitchii* Motschulsky）は体長7〜8mm，光沢ある金緑色で，翅鞘は周囲以外が赤銅色を呈し，触角と脚とは黒色，全体に灰白色の軟毛を疎生している。頭部は殆んど隠れ，触角は微かに棍棒状。北海道・本州・九州等に産し，北支と台湾とに分布し，ブドウの害虫で幼虫は根を成虫は葉を食害する。ハッカハムシ（*Chrysolina exanthematica* Wiedemann）は体長11〜13mm，黒紫色または黒銅色，頭部の前方と脚と腹面とは光沢ある紫藍色，長卵形に近いが前方截断状，前胸背板は横形で前後両角が尖り，翅鞘は各5条の平滑な円紋縦列を有する。全土に産し，シベリヤ・満洲・支那・朝鮮・インド等に分布し，成虫幼虫共にハッカやクチビルバナ科の植物を食害する。同属のヨモギハムシ（*C. aurichalcea* Mannerheim）は全土に産し，アルタイ・シベリヤ・モーコ・満洲・支那・朝鮮・沖縄・台湾・トンキン・ビルマ等に分布し，ヨモギ類を食する普通種である。ダイコンサルハムシ（*Phaedon brassicae* Baly）は体長4mm内外，卵形で背面著しく膨隆し腹面扁平，光沢ある黒藍色だが，腹面と触角と脚とは黒色，触角は多少棍棒状，前胸背板は側縁が翅鞘の両側とほぼ連結し，後者は規則正しい点刻縦列を有する。本州・九州等に産し，沖縄・台湾・支那・トンキン等に分布し，十字科植物蔬菜類の害虫として有名。クルミハムシ（*Gastrolina thoracica* Baly）は体長7〜8mmほぼ長方形で扁平，青藍色乃至紫藍色で前胸背板の両側部は黄褐色。本州に産し，アムール・北支等に分布し，クルミの葉を食害する。フジハムシ（*Phytodecta rubripennis* Baly）は体長4.5〜6mm，長楕円形，光沢ある黒色で翅鞘は橙褐色となり触角の基部5節は黄褐色。脚は比較的短かく，脛節末端に1棘歯を具え，翅鞘に各11条の規則正しい点刻縦列を有する。本州・九州等に産し，北支に分布し，成虫幼虫共にフジの葉を食する。この属にはヤナギやドロノキやその他の葉を食害するトホシハムシ（*Phytodecta rufipes* De Geer）が北海道と本州とに産する。

432. ハムシモドキ（擬金花虫）科

Fam. Galerucidae **Stephens 1831**

ハムシ科に類似するが，触角は一般に基部にて左右接近し広く離れていない事と翅鞘が幾分軟い事等によつて区別する事が出来る。触角は普通糸状なれど稀れに鋸歯状，脚の腿節は細長く，脛節は普通亜円筒状，跗節は細長い。世界に分布し，約1600種程が発表され，*Galeruca* Geoffroy, *Aulacophora* Chevrolat, *Galerucella* Crotch., *Monolepta*, *Diabrotica* Chev., *Luperus* Geoff., 等が代表的な属で，本邦からは最初の4属の他に *Ceratia*, *Agelasa*, *Pyrrhalta*, *Eleautiauxia*, *Luperodes*, *Morphosphaera*, *Agelastica*, *Paraulaca*, *Galerucida*, *Sangariola*, *Pseudodera*, *Argopistes* 等の属が知られている。アザミオオハムシ（*Galeruca extensa* Motschulsky）（Fig. 1001）は体長9〜11mm，黒色で頭部と前胸背板と翅鞘とは黄褐色。前胸背板は不定の3縦溝部があり，両側は上反している。翅鞘は各々4本の縦隆起線を有する。北海道・本州・九州等に産し，フキやアザミ等を食害する。この属のネギハムシ（*G. bang-haasi* Weise）は本州・九州等に産する。

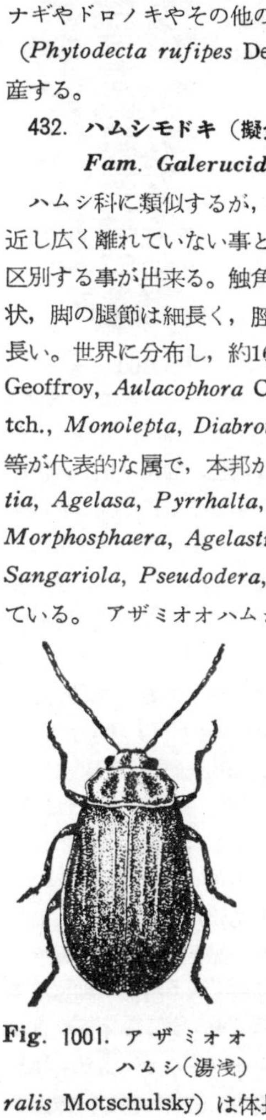

Fig. 1001. アザミオオハムシ（湯浅）

ウリハムシ（*Aulacophora femoralis* Motschulsky）は体長7〜8mm，橙黄色で光沢を有し，複眼・上唇・後胸腹板・腹部・中後両脚等は黒色。触角は糸状で褐色。前胸背板は横形で中央に深い1横溝を有し，翅鞘は側縁の中央前にて少しく内彎曲している。本州・四国・九州等に産し，沖縄・朝鮮等に分布し，ウリ類の大害虫でウリバエと称えられている。クロウリハムシ (*Ceratia nigripennis* Motschulsky) は体長6〜7mm，形状は前種に似ているが，頭部・前胸背板・腹部等は黄色で翅鞘・小楯板・上唇等は黒色を呈し触角は黒褐色。本州・四国・九州等に産し，支那・アムール等に分布し，ウリ類やカラスウリ等の葉を食する。ニレハムシ (*Galerucella maculicollis* Motschulsky) (Fig. 1002) は体長6mm内外，長楕円形，大体黄褐色乃至褐色。本州・九州等に産し，支那に分布し，ニレ・ケヤキ等の害虫。同属にイチゴやタデ等の害虫たるイチゴハムシ (*G. distincta* Baly) が北海道・本州・九州等に産し，朝鮮・支那等に分布する。更にアカボシハムシ (*G. semifluva* Jacoby) は本州に産し，リンゴ・ナシ・サクラその他の葉を食害し，イタヤハムシ(*G. fuscipennis* Jacoby) はイタヤ・モミジ等の害虫として知られ，北海道・本州に産する。サンゴジュハムシ(*Pyrrhalta annulicornis* Baly) は体長6.5mm内外，体は長方形でやや扁く，背面は褐色，腹面は淡色，触角は細く黒色，背面には短かい絹糸様絨毛が密生しやや真珠様の光沢を有する。頭部は大形で複眼の後方が広く現われ頭頂に1黒色縦紋を有し，前胸背板は著しく横形で3本の黒色縦紋を有する。成虫幼虫共にサンゴジュやガマズミ等の葉を食する。この属のウスチャハムシ (*P. tibialis* Baly) は北海道・本州等に産し，エノキやキク等の葉を食害する、クワハムシ (*Fleautiauxia armata* Baly) は体長5〜7mmで細長，光沢ある黒色，頭頂と翅鞘とは青藍色または緑藍色，顔面は黄褐色，触角と脚とは黒褐色。クワの害虫として知られ，全土に産し，満洲に分布する。ウリハムシモドキ (*Luperodes menetriesi* Faldermann) は体長5〜6mm，長方形に近く，頭部と前胸背板とは黄色，翅鞘も黄色だが一部または全部が黒色のものがあり，複眼・触角・小楯板・体の腹面・脚等は黒色。豆類・サトウダイコン・ハッカ・ジャガイモ・ウリ類・ゴボウ・キク・ニンジン・サツマイモ・クワ・リンゴその他多数の植物の葉を食害し，全土に産し，樺太やシベリヤ等に分布する。同属には更にクワの害虫たるキイロクワハムシ (*L. pallidulus* Baly) が本州・九州・等に産し，沖縄・台湾等に分布する。イチモンジハムシ (*Morphosphaera japonica* Hornstedt) は体長8〜9mm，卵形に近く，頭部は黒色で殆んど隠れ，前胸背板は横形で淡黄色に黒色の5小斑を有し，小楯板は黒褐色，翅鞘は藍色。触角・中後両胸腹板・脚等は黒色，腹部腹板は黄色。イチジュクやイタビカズラ等の葉を食し，本州・九州等に産し，支那やアムール等に分布する。ハンノキハムシ (*Agelastica coerulea* Baly) は体長8〜9mm，長卵形，光沢ある紫藍色または緑藍色，触角・小楯板・脛節・跗節等は黒色。幼虫成虫共にハンノキやリンゴやサクラやその他の葉を食害し，全土に産し，朝鮮・アムール等に分布する。アトボシハムシ(*Paraulaca angulicollis* Motschulsky) は体長5.5mm内外。長卵形，頭部と前胸背板とは黄色，翅鞘は灰黄色，中後両胸腹板と脚とは黒色，腹部と触角とは黒褐色，翅鞘には3個の黒色円紋を有する。荳科植物や爪類やハッカその他の葉を食害する。尙同属には爪類の葉を食害するヨツボシウリハムシ (*P. quadriplagiata* Baly) が本州に発見され，台湾にも分布する。イタドリハムシ (*Galerucida bifasciata* Motschulsky) は体長8〜10mm，楕円形，光沢ある黒色で，翅鞘に各3本の不規則な黄色の横帯を有する。触角は鋸歯状。成虫はイタドリの葉を食し，北海道・本州・九州等に産し，朝鮮・支那等に分布する。ホタルハムシ (*Monolepta dichroa* Harold) は体長4mm内外，やや長方形に近く，黒色で黄色の前胸背板を有する。大豆・大根・ナタネ・アイ・ナスビ・ホップ・ウリ類その他多数の植物の葉を食害する。尙お同属のフタスジヒメハムシ (*Monolepta suturalis nigrobilineata* Motschulsky) は豆類やサトウキビその他の害虫として知られ，全土に産し，台湾に分布する。カタクリハムシ (*Sangariola punctatostriata* Motschulsky) は体長6mm内外，長形，黒褐色，前胸背板と翅鞘とは朱紅色。カタクリやサルトリイバラ等ユリ科の植物を食害する。

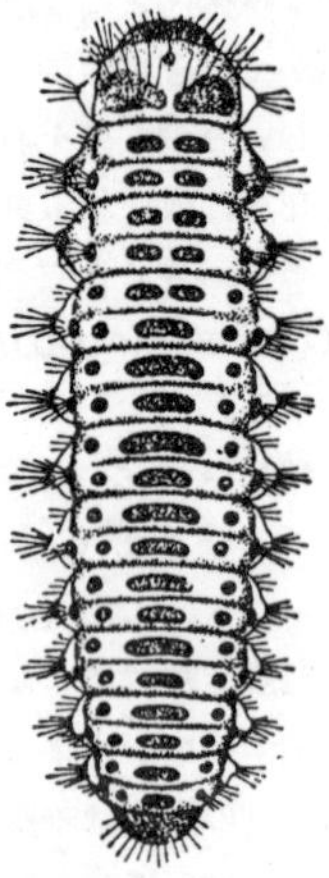

Fig. 1002. ニレハムシ幼虫(湯浅)

433. ノミハムシ（蚤金花虫）科

Fam. Halticidae Kirby 1837

ハムシモドキ科に似ているが後脚の腿節が著しく膨太し跳躍に適応し，脛節は屢々外面に溝を有する事によって区別されている。普通は小形で長楕円形で円味が強い。世界各区に分布し，3000種以上が発表され，*Phyllotreta* Fondras., *Psylliodes* Latreille, *Haltica* Geoffory, *Crepidodera* Chevrolat, *Podagrica* Fondr., *Lactica* Erichson, *Longitarsus* Latreille, *Aphthona* Chevrolat, *Oedionychis* Latreille 等がまづ代表的な属で，本邦からは最初の4属の他に *Pseudodera*, *Argopistes* 等の属が発見されている。キスジノミハムシ (*Phyllotreta striolata* Fabricius) (Fig. 1003) は体長

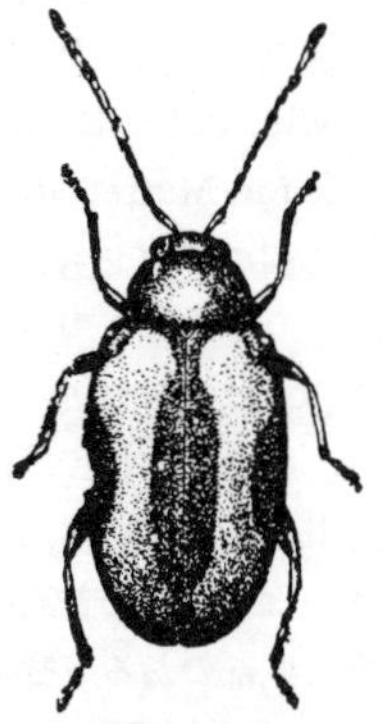

Fig, 1003, キスジノミハムシ（湯浅）

2mm内外，光沢ある黒色で翅鞘の斑紋は黄色，触角の基部2～3節・脛節の基部・跗節等は黄褐色。十字科植物の蔬菜類の大害虫で，成虫は葉を幼虫は根をそれぞれ食害し，全土に産し，満洲・朝鮮・支那・沖繩・台湾・インドシナ・シャム・シッキム・スマトラ・欧洲・南アフリカ・北米等に分布する。フタホシオオノミハムシ(*Pseudodera xanthospila* Baly）は体長5～8mm，赤褐色・触角・脛節・跗節等は黒色，翅鞘には各後側部に1個の黄白色長紋を有する。成虫はサルトリイバラの害虫として知られ，本州・九州等に産し，台湾と支那とに分布する。テントウハムシ（*Argopistes coccinelloides* Baly）は体長4～4.5mm，円く背面膨隆し一見テントウシシに類似し，黒色，触角は暗黄褐色，翅鞘は各中央に赤褐色の大紋を有する。幼虫はヒイラギやモクセイやイボタ等の葉肉内に潜入する。本州・九州等に産し，沖繩に分布する。ナスノミハムシ（*Psylliodes angusticollis* Baly）は2.5～3mm，長卵形，黒緑色，触角は暗褐色，脛節は黄褐色，翅鞘には各10余条の点刻縦列を有する。ナス・ジャガイモ・サトウダイコン・その他十字科蔬菜類の害虫として知られ，北海道・本州等に産する。この属には更にアサやホップの害虫たるアサノミハムシ（*P. japonica* Jacoby）が北海道に産し，十字科蔬菜の害虫たるダイコンノミハムシ(*P. punctifrons* Baly)が北海道・本州・九州等に産する。スジカミナリハムシ（*Haltica latericostata* Jaboby）は4～4.5mm藍黒色，頭部・触角・脚・体の腹面等は黒色。ヤナギ・ドロノキ・ハンノキ・その他の葉を食害し，北海道・本州・九州等に産する。なお同属のコカミナリハムシ（*H. viridicyanea* Baly）は同様の植物を害し，北海道・本州・九州等に産し，満洲・沖繩等に分布する。ムギナガノミハムシ（*Crepidodera japonica* Baly）は3mm内外，長楕円形，光沢ある緑黒色，触角は黒色で基部の3～4節が黄褐色を呈する。麦類の害虫として知られ，北海道・本州等に産する。なおアイやサトウダイコンの害虫たるアイノミハムシ（*C. chloris* Fondras）が北海道・本州に産する。

434. **トゲハムシ（棘金花虫）科**

Fam. Hispidae Stephens 1829

小形で多少扁く，頭部は自由で前胸背板下に引き込まれていない。体は普通棘突起を具え，前方狭く，後方幅広で截断状。幼虫は潜葉性で扁平且つ堅い。熱帯に普通であるが，暖国にも産し，1800種以上が発表され，*Hispa* Linné, *Cephalolia* Blatchley, *Cephalodonta* Baly, *Chalepus* Thunberg, *Octhispa* Chapuis, *Callispa* Baly, *Gonophora* Baly, *Dactylispa* Weise 等が代表的な属で，本邦からは最後の1属の他に *Rhadinosa Monochirus* の2属が発見されている。カタビロトゲトゲ（*Dactylispa subquadrata* Baly）(Fig. 1004）は体長5mm内外，頭部・胸部・翅鞘等は黒色，腹部は褐色，触角と脚とは黄褐色。幼虫はクヌギ類の葉肉内に潜入して生活し時に大害を与える。同属のキベリトゲトゲ（*D. angulosa* Solsky）は体長4～4.5mm，長方形で前胸背板は前方に著しく狭まっている。黒色で前胸背板と翅鞘とには褐色の部分が混じり，触角・翅鞘の側縁・腹部腹板の側縁等は黄褐色，脚は淡黄褐色。幼虫は雑木林の下草たるキク科植物の葉に潜入して生活し，北海道・本州等に産し，アムール・支那・朝鮮等に分布する。クロトゲトゲ（*Monochirus moerens* Baly）は4mm内外，黒色，前胸背板は前縁に1対の二叉針状突起を具え，側縁中央に二叉後角に単一の夫々針状突起を有する。翅鞘は後縁円く，表面と側縁とに棘突起を多数に具えている。幼虫はカヤの潜葉虫で，本州・九州等に産し，支那に分布している。

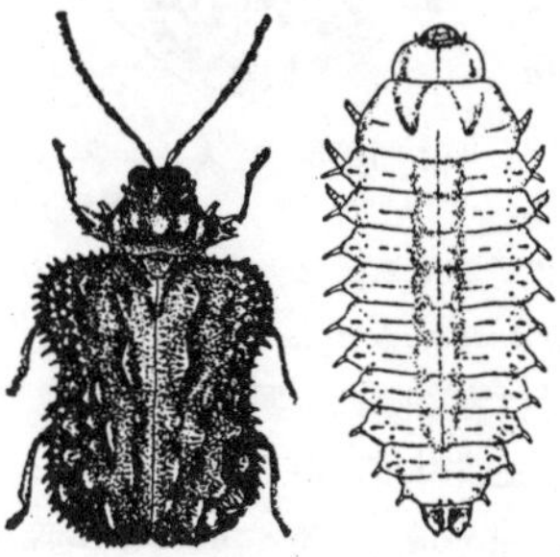

Fig. 1004. カタビロトゲトゲ（湯浅）

435. **カメノコハムシ（亀子金花虫）科**

Fam. Cassididae Westwood 1839

小形乃至中庸大，円形乃至楕円形で，背面適度に隆まり，腹面は扁平。頭部は完全に前胸背板下に隠され，比較的短かく且つ多少棍棒状の触角を有する。前胸背板は著しく前側縁に拡がり薄く片状となり，周縁角ばらない。翅鞘は後方に狭まり左右合して円く，側縁は広く片状となる。脚は体下に引込められる。色彩は美麗で透明色や金色等のものがある。世界に分布するが熱帯に多産，*Aspidomorpha* Hope, *Cassida* Linné, *Metriona* Weise, *Hoplionota* Hope, *Oxynodera* Hope, *Mesomphalia* Hope, *Pseudomesomphalia* Spaeth, *Poecilaspis* Hope, *Chelymorpha* Boheman, *Chirida* Chapuis, *Coptocycla* Boheman 等が代表的な属で，本邦からは最初の3属の他に *Deloyala*, *Thlaspida* 等の2属が知られている。カメノコハムシ(*Cassida nebulosa* Linné)(Fig. 1005) は体長7mm内外，背面は灰白色乃至黄褐色で腹面は大体黒色。翅鞘は強い点刻からなる9本の縦条があり更に不定の黒色紋が縦に列んでいる。サトウダイコン・フダンソウ・その他の害虫として知られ，北海道・本州・九州等に普通，欧州・北アジア等に分布する。なお同属のヒメカメノコハムシ (*C. piperata* Hope) は前種同様の植物を食害し，北海道・本州・九州等に産し朝鮮に分布する。スキバジンガサハムシ (*Aspidomorpha transparipennis* Motschulsky) は体長6〜7mm，黄褐色で翅鞘には金属光沢を有し，翅鞘の扁平縁の四隅には褐色帯状紋がある。サトウダイコンの害虫として知られ，北海道・本州・九州等に産する。イチモンジカメノコハムシ (*Thlaspida japonica* Spaeth) は体長8〜9mm，長めの円形，背面は陣笠状に膨隆し腹面は扁たい。前胸背板と翅鞘の片状部とは概ね茶褐色，頭部・触角の基部5〜6節・脚・腹部腹板の側部を除き黒色。翅鞘側片部以外には各10条の強大な点刻列を有し，側片後方に褐色の太い1横帯を有する。成虫幼虫共にムラサキシキブやヤブムラサキ等の葉を食し，本州·四国·九州等に産し，支那に分布する。セモンジガサハムシ (*Metriona thais* Boheman) (Fig. 1006) は体長4.5〜6mm，殆んど円形，背面陣笠状に隆起し，腹面は扁い。黄褐色，前胸背板の後縁部と翅鞘の膨隆部とは概ね漆黒色，翅鞘側片部の後方は黒色の1横帯を有する。サクラ・ナシ・リンゴ・その他の害虫で，本州・四国・九州等に産し，台湾と支那とに分布する。

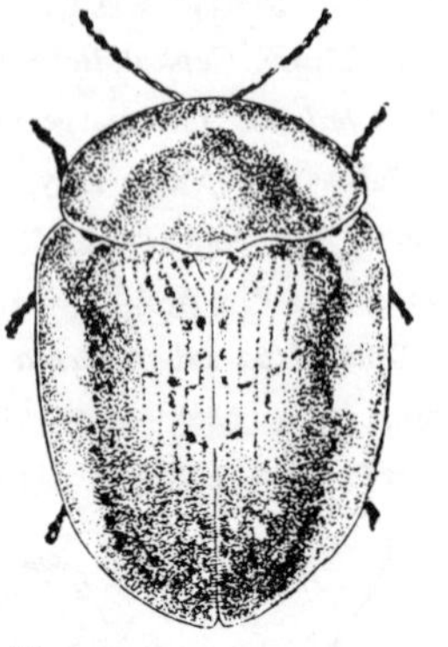

Fig. 1005. カメノコハムシ（湯浅）

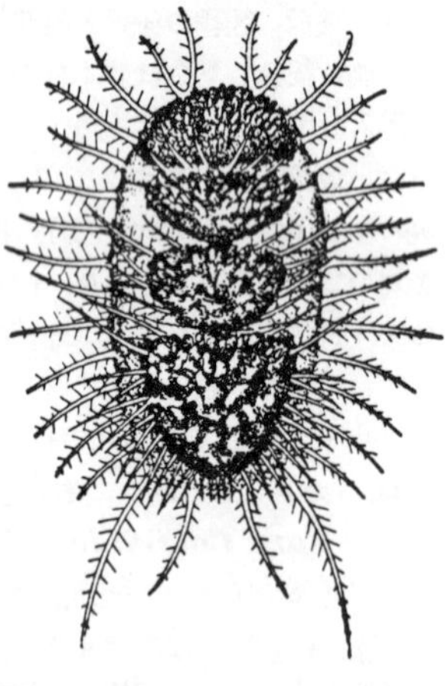

Fig. 1006. セモンジンガキハムシ幼虫（湯浅）

436. マメゾウムシ（豆象虫）科

Fam. Lariidae Bedel 1891

Bruchidae Leach 1819 と ***Mylabridae*** H. R. W. 1888 とは異名。 Seed Weevils, Bean Weevils, Legume Weevils, Pulse Beetles 等と称えられ，ドイツの Samenkäfer, Muffelkäfer やフランスの les bruches 等はこの科の甲虫である。小さな卵形の太い甲虫で短かい翅鞘を具え尾端を現わしている。体は堅く鱗片から被われ，色彩は褐色や灰色や黒色や之れ等と白色との混色である。頭部は下口式，自由で小形，幾方延び，大形の腹眼を具えている。触角は腹眼の前方から生じ，鋸歯状かあるいは櫛歯状で普通棍棒状。口部はよく発達した大顋と鬚と柄部のある下唇基節とを具えている。前胸背板は顕著で，幾分三角形に近く，普通長さより幅広。脚は短かく，後脚の腿節は太く時に縁歯を具え，跗節は5節で第1節は長く第4節は微小，爪は基鉤を具えている。翅鞘は平滑か又は線条を付し，毛や鱗片から被われ，後端切断されて腹部より短かい。翅は一般に存在する。腹部は太く，腹板は5節。幼虫は過変態で，第1令虫は多少オサムシ型でよく発達した脚と有歯の胸板とを具え滑かな堅い種子中に穿入するに適応している。宿主内に潜入後1回の脱皮を経て，多くの場合蠐虫型となり，一部又は完全に無脚となり，眼を失い，白色又は帯黄色となる。

大部分の種類は荳科植物の種子に寄食するが，甚だ少数のものはヤシ類の種子内で生活する。成虫は稀れに花を訪れ且つ越年するが，熱帯や暖い個所では年中活動している。卵は豆莢や種子等の外面に或は成虫の穿道中に産下され，黒色の種子上等では甚だ明瞭に認め得られる。

世界から900種以上が発表され，内約50種程が経済的に有害な種類で，あるものは各種の宿主を有するが，多くのものは一定の宿主に限られている。 *Rhaebus* Fischer, *Pachymerus* Thunberg, *Laria* Scopoli (*Bruchus* Linné), *Spermophagus* Schönher 等が代表的な属で，本邦からは最後の2属の他に *Callosobruchus*, *Bruchidius*, *Kytorhinus* 等の属が知られている。エンドウゾウムシ (*Laria pisorum* Linné) (Fig. 1007) は体長4〜5mm，黒色，口器・触角の基部4節・前脚の脛節と跗節・中脚の跗節等は黄褐色乃至赤褐色。頭部には黄色乃至褐色を帯びる灰色毛を密生

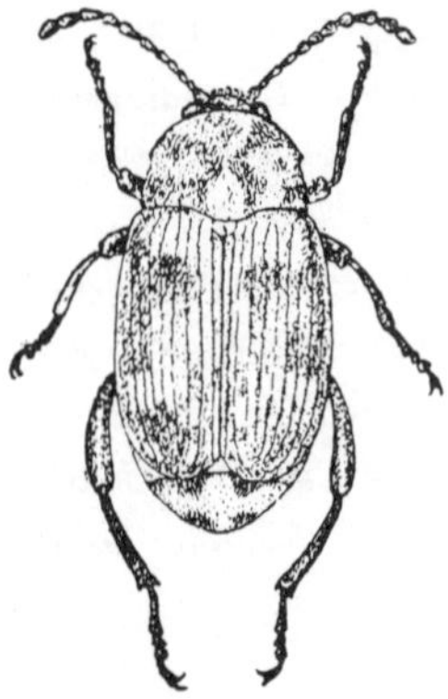

Fig. 1007. エンドウゾウムシ（中根）

し，前胸背板は褐色の微毛を密布し処々に灰白色微毛を有し，側縁に1歯を具え，基部中央と小楯板とは白色微毛を密布する。翅鞘は各10本の縦溝を有し，褐色微毛を装い部分的に黒褐色毛を混じ，処々に白色毛叢紋を有する。尾節は黒褐色乃至赤

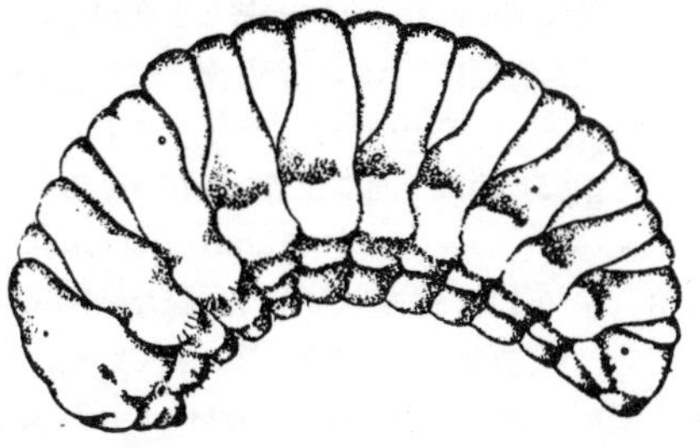

Fig. 1008. ソラマメゾウムシ幼虫（湯浅）

褐色の微毛にて被われ，白色微毛群の斑紋を有する。全土に産し，世界に広く分布し，エンドウの大害虫である。同属のソラマメゾウムシ（*L. rufimanus* Boheman）(Fig. 1008）は本州・四国・九州等に産しソラマメの大害虫で，欧州・西南アジア・アフリカ・カナリー島・アメリカ・キューバ・朝鮮等に分布する。アズキゾウムシ（*Callosobruchus chinensis* Linné）は体長2～3mm，卵形に近く，短櫛歯状の触角を具えている。背面は大部分赤褐色であるが，額と翅鞘の基部・中央部・末端部とが黒褐色乃至黒色。翅鞘の中央前後に各1本の白色乃至灰白色の毛からなる横帯を有する。アズキその他の豆類の大害虫で，全土に産し，旧北区・東洋区・キューバ等に分布する。シャープマメゾウムシ(*Kytorhinus sharpiamus* Bridwell）は体長3～3.3mm，卵形で長い櫛歯状の触角を有し，黒色で灰色乃至黄灰色の微毛をほぼ一様に密装している。本州産。サイカチマメゾウムシ（*Bruchidius dorsalis* Fahraeus）は体長4.5～6.5mmの最大種，長卵形，淡褐色毛と白色毛とを斑紋状に密生する。サイカチの種子に寄生し，本州・九州等に産し，台湾・支那・インド等に分布する。イクビマメゾウムシ（*Spermophagus japonicus* Schilsky）は体長3～3.3mm，楕円形に近く幅広で，頭部は大部分前胸背板下に隠れている。やや光沢のある黒色乃至黒褐色，背面と尾節とは汚灰白色毛を密装し，前胸背板と翅鞘とに白色毛からなる斑紋を有する。本州・四国・九州等に産する。

c. 有　吻　亜　目

Suborder *Rhynchophora* Billberg 1820

つぎの2上科に分類する事が出来る。

1．口吻は普通甚だ長く直線に前方に突出し，触角は膝状でない……………………Superfamily *Brentoidea*

2．口吻は普通甚だ長くない，若し非常に長い場合には触角が膝状となつている…………………………………………………Superfamily *Curculionoidea*

三錐象虫上科

Superfamily *Brentoidea* Pierce 1916

この上科はつぎの1科のみからなる。

437. ミツギリゾウムシ（三錐象虫）科

Fam. Brentidae Gerstaecker 1863

中庸大，細長，屢々雌雄異形。頭部は非常に長いか又は少し長い直線に前方に突出する嘴状部を具え，その末端に屢々強い歯状の大顎を付け，後方は規則的に縊れ屢々頸状に長くなつている。複眼は小さく円く，上唇は痕跡的，前胸は延び，側部は縁付けられていない，後部は殆んど常に翅鞘の基部より狭い。腹部部の末端は覆われている。脚は屢々甚だしく特化し，腿節は多くは膨大し，第3跗節は葉片状に幅広となり第4節は甚だしく退化し，爪は簡単。触角は膝状でなく，9～11節，屢々各節が幅広となり，稀れに棍棒状。喉線は左右癒合し，鬚は短かく多少可動的。腹部腹板は5節。大部分本質部を食するが稀れに捕食性。幼虫は短かい脚を具えている。

横式的熱帯産の昆虫で約1.000種程が知られ，大部分のものはインドマレー区と新熱帯とに産し，ある数がアフリカと濠洲等に分布し，旧北区と新北区とには少数発見されている。*Cyphagogus* Kolbe, *Brentus* Fabricius, *Stereodermus* Lacordaire, *Trachelizus* Schönherr, *Miolispa* Pascoe, *Arrhenodes* Schönher, *Ulocerus* Dalm. 等が代表的な属で，本邦からは最初の1属の他に*Baryrrhynchus* 属其他が発見されている。ミツギリゾウムシ（*Baryrrhynchus poweri* Roelofs）(Fig. 1009）は体長（口吻を除く）13～19mm，光沢のある赤褐色，雌雄異形で，雄の口吻は太く短かく前方多少拡がり，先端に強大な大顎を具え，雌のものは桿状で微少の大顎を具えている。頭部の触角間には1縦溝を有する。前胸背板は平滑。翅鞘は各9条の強い点刻を有する縦溝を有し，6対の橙黄色の斑紋を有する。腿節は下面に各1個のやや鋭い棘歯を具えている。朽木の樹皮下に棲息し，本州・四国・九州等に産し，台湾・トンキン等に分布する。なお同種に類似するムツモンミツギリゾウムシ（*Pseudorynchodes insignis* Lewis）は北海道と本州とに産する。ホソミツギリゾウムシ（*Cyphagogus signipes* Lewis）は体長

Fig. 1009. ミツギリゾウムシ（湯浅）

9mm内外で著しく細長く円筒状に近く，黒色。口吻は扁平で微かに前方に拡りその中央側部から短かい珠数状で多少棍棒状の触角を出している。前胸は光沢を有し，円筒形で前方著しく縊れ，浅い1中縦溝を有し，後縁部は縊れている。翅鞘は点刻列を有する深い縦溝を有する。脚は赤褐色で光沢を有し，各腿節は彎曲し末端膨大し，脛節は短かく末端拡大している。本州・九州等に産し，台湾に分布し，薪等に発見される。

象 鼻 虫 上 科

Superfamily *Curculionoidea* Hopkins 1911

ゾウムシ上科はつぎの12科に分類する事が出来る。

1．跗節は外見上3節からなり，第2節が葉片状となつている (**Fig.** 1010)……………………………………………………2

Fig. 1010. *Aglycyderes* の後脚跗節 (*Tillyard*)

跗節は外見上4節からなり，第3節が葉片状となつている………………3

2．頭部は雌雄共に明瞭な嘴を具えていないで前胸背板の前方部より幅広，前胸は亜方形で側部は直線となり，側板は明らかに背板から分離している (*Aglycyderes* Wollaston, カナリー群島，ニュージランド，ニューカレドニア) Family *Aglycyderidae* Wollaston 1864

雌の嘴はよく発達し，雄では稀れに幅より著しく長い。頭部は前胸背板の前部より狭い。前胸は卵形で，側部は外方に膨れ，側板は背板から不明瞭に分かれている (*Proterhinus* Sharp. ハワイ)…………………………………………Family *Proterhinidae* Sharp 1899

3．口吻即ち嘴は非常に短かく且つ幅広で辛うじて発達し，脛節は外側に1歯列を具えているか又は前脚のものが末端にて彎曲する太い突起を有するかで，触角は短かく幅広の球桿部を有する。小さな卵形又は円筒形……………………………………………………………………4

嘴は種々な長さで，普通は長さより幅広，脛節は簡単で外側に歯もなく又末端に突起もなく，触角は球桿状か又は然らず……………………………………………8

4．前脚跗節の第1節は第2・3・4節の和より短かく，複眼は卵形か凹むか分離し，頭部は前胸より狭い……………………………………………………………6

前脚跗節の第1節は甚だ長く第2・3・4節の和より長く，頭部は前胸より幅広く，複眼は円い………5

5．前脚跗節の第3節は葉片状でなく，前脚脛節は顕著な末端突起を具え且つ下面皺付けられている…………………………………………Family *Platypodidae*

前脚跗節の第3節は深く2葉片となり，前脚脛節は細長い (*Chapuisia* Dug. 新熱帯)…………………………Family *Chapuisiidae* Blanf. 1895

6．前脚脛節は外端角に顕著な突起を有しない…………………………………………………………Fam. *Ipidae*

前脚脛節は外端角に顕著な1突起を有する………7

7．前脚脛節は下面に顕著な皺を生じていない…………………………………………………… Family *Scolytidae*

前脚脛節は下面に顕著な皺を有する…………………………………………Family *Scolytoplatypodidae*

8．触角は10節，膝状でなく明瞭な球桿部を欠くが時に末端の方に太まり，第1節は長くなく，末端節は甚だ長い (*Cylas* 広分布，*Myrmacicelus* 濠洲)…………………………………………………Family *Cyladidae*

触角は直線か又は膝状で常に明瞭な球桿部を具え，第1節は長い……………………………………………9

9．鬚は軟く，上唇は存在する……………………10

鬚は堅く，上唇は欠けている…………………………………………………Family *Curculionidae*

10．嘴は長くよく発達し，前胸は側隆起縁も横隆起線もなく，翅鞘は完全に尾節を覆い，前脚基節は円錐状 (*Rhinomacer* Fabricius 全北区，*Nemonyx* Redtenbacher 旧北区)………Family *Rhinomaceridae* Le Cont et Horn 1876 (*Nemonychidae* Bed., *Dyodirhynchidae* Pierce)

嘴は甚だ短かく，前胸背板は梯形で側隆起縁と一般に横隆起線とを有し，尾節は現われ，前脚基節は球状…………………………………………Family *Anthribidae*

以上の諸科中本邦には次の6科が産する。

438. ヒゲナガゾウムシ（長角象虫）科

Fam. Anthribidae (Billb. 1820) Shuckard 1840

Platyrrhinidae Bedel, ***Platystomidae*** Pierce 等は異名。小形乃至中庸大，口吻は短かく幅広で屢々不明瞭，触角は膝状でなく長さが甚だ変化に富み，上唇は明瞭で方形且つ毛縁を装う。前胸背板は多くは後方に幅広となり，側部は縁付けられている。鬚は正状で可動的。翅鞘は腹部より短かく，腹部の末端前節は中央深く凹陥している。脚は簡単，脛節は無棘，第4跗節は甚だ小形で葉片状の第3節内に包まれている。腹部腹板は5節。雌は屢々著しく異形，鱗粉からなる斑紋を有する。幼虫は短脚を有するか又はこれを欠く。多くの種類は本質部に棲息するが，側外として介殻虫を食するものがあり，時に花上に見出されるものもある。1000種内外が知られ，大部分のものは熱帯特にインドマレー区と南米とに産し，新旧両北区にも分布する。*Anthribus* Geoffroy, *Tropideres* Schönher, *Urodon* Schönher, *Litocerus* Schönher, *Stenocerus* Schönher, *Platyrhinus* Clairv.,

Cratoparis Schönherr, *Araeocerus* Schönherr, *Choragus* Kirby, *Notioxenus* Wollaston, *Xenorchestes* Wollaston 等が代表的な属で，本邦からは最初の2属の他に *Apolecta*, *Brachytarsus*, *Caccorhinus*, *Ozotomerus*, *Basitropis*, *Zygaenodes* 等の属が知られている。シロヒゲナガゾウムシ（*Anthribus daimio* Sharp）（Fig. 1011）は体長10〜12mm，地色は黒色。頭部は全面白色毛にて被われ，触角は黒色で雄は体長とほぼ等長。前胸背板は前半が大部分白色毛にて後半が灰褐色毛乃至淡褐色毛を装い，翅鞘は灰褐色乃至淡褐色の軟毛にて被われ，横紋と末端部とは白色毛を装う。脚は灰褐色毛を装い，脛節の環状紋は黒褐色。北海道と本州とに産し，薪等に発見される。ウシズラヒゲナガゾウムシ（*Zygaenodes leucopis* Jordan）は体長8〜9mm，頭部は非常に大形で，雄では正三角形に近く後角は斜後側に著しく突出しその突端下面に小複眼を具え，後縁は他の何れの部分よりも幅広。雌の頭部は長幅ほぼ等しく後角突出せずその処に複眼を具えている。触角は複眼の前方側部より生じ細長く末端幾分太まり，雌のものは短かい。前胸背板は幾分横菱形を呈し，後方1/3の処に横隆起線を有し，大形なれど頭部より短かい。翅鞘は後方円い方形で短かい。脚は細い。体背面の毛は大体灰色乃至黄褐色で，白色や黒色のものを混じている。幼虫はエゴの果実を食し，釣餌として用いられている。本州・九州等に産し，朝鮮・支那・トンキン等に分布する。カオジロヒゲナガゾウムシ（*Tropideres laxus* Sharp）は体長7〜9mm，長楕円形なれど前胸より頭端に両側殆んど直線に狭まつている。黒色で同色の毛を密装し，複眼から前方嘴端迄は白色乃至淡緑色の毛を密生し，前胸背板の両側にある小斑と小楯板とは淡肉色の毛を密生し，翅鞘基部のM字形紋と中央後の横帯とは白色又は淡肉色毛からなる。北海道・本州・九州等に分布し，キノコに来集する。クロオビヒゲナガゾウムシ（*Apolecta lewisi* Sharp）は体長8〜9mm，黒色，細長，頭部は灰黄色毛を疎生し，嘴は短かく，触角は極めて細長く雄では体長の4〜4.5倍長雌ではでは1〜1.5倍長。翅鞘は灰黄色毛を密生し中央後に黒色毛からなる幅広の1横帯を有する。本州・四国・九州等に産し，薪等に来集する。嘴の極めて短いものとしてはウスモンツツヒゲナガゾウムシ（*Ozotomerus japonicus* Sharp）がある。この種は体細長く円筒形で体長6〜10mm，灰白色乃至灰褐色の毛で被われ，鞘翅に暗色の幅広い1横帯を有する。本州・四国・九州等に産し，シベリヤに分布し，台木や薪等に発見される。タマカイガラヒゲナガゾウムシ（*Brachytarsus kuwanai* Yuasa）（Fig. 1012）は体長4〜5.5mm，黒色，翅鞘・腹部腹板・尾節等は淡紅赤色。嘴は頗る短かく背面から見えない。翅鞘は強い点刻列を有し，黒色毛斑を散布する。本州・九州等に産し，幼虫はタマカイガラムシの卵を食し益虫である。更にイボタロヒゲナガゾウムシ（*B. niveovariegatus* Roelofs）はイボタカイガラムシに寄生する。

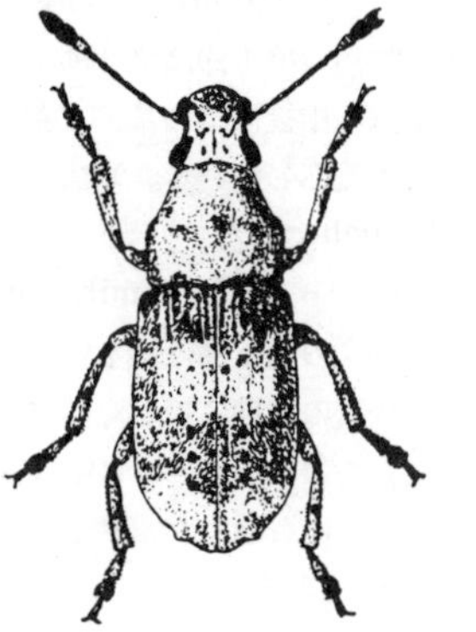

Fig. 1011. シロヒゲナガゾウムシ雌（中根）

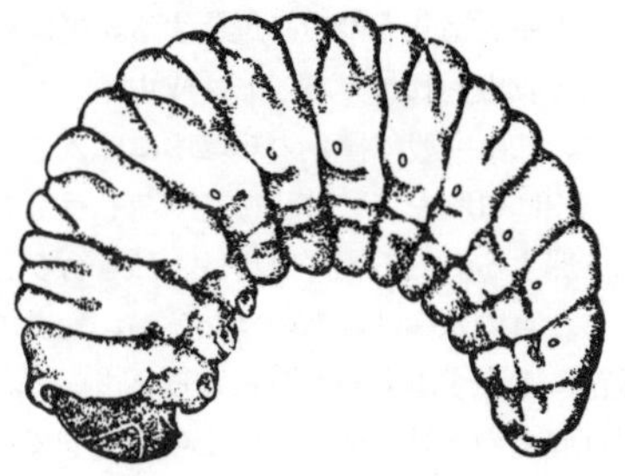

Fig. 1012. タマカイガラヒゲナガゾウムシ幼虫（湯浅）

439. ゾウムシ（象鼻虫）科
Fam. Curculionidae Leach 1817

Weevils, Snout Beetles 等と称えられ，ドイツでは Rüssler や Rüsselkäfer 等とよんでいる。微小乃至大形，頭部は前方に延び種々な長と幅と形状とのいわゆる鼻突起を具え，大部方のものが堅く鈍色又は鮮明色の金属色，光沢を有するものや平滑のものや粗面のものや彫刻を有するものや点刻を有するものや線条を有するもの等があり，且つ鱗片又は毛を装い，卵形や長形で円筒状や太いものや細長のもの等がある。頭部は前口式で球状，僅かにまたは非常に延びて鼻状突起の末端に口器を具えている。複眼は突出する。触角は直線か，膝状か，珠数状か棍棒状，10〜12節末端の膨大部は3節からなる。鼻突起は短かく幅広であるか長くて下方に彎曲し，触角を受入する溝があり得る。口器は小さいが強く，上唇はなく，大顋は扁平で鋏状，歯を有し，鬚は短かく普通隠れている。前胸は種々で狭いか中胸と等幅。脚は短いかまたは甚だ長く，前中両脚の基節は円く，後脚のものは楕円形，前脚の基節窩は後方閉ざされ，脛節は時に武装され，跗節は5節で簡単かまたは葉片状となり，第4節が屢々甚だ小形，爪は普通1対で自由かまたは固着する。翅鞘は一般に腹部を完全に覆うが，尾節を現わし得る。翅はよく発達するものから無いものまでがある。腹部腹板は5節で，最初の2節は結合している。

幼虫は所謂象鼻虫型，即ち太く彎曲しよく発達した頭部を有するが脚がない。体は比較的滑かかまたは有皺。異形としては移動用の突起を具えている。隠所や地中等に棲息するものは淡色で，太陽にさらされているものは汚褐色や屢々緑色。成虫幼虫共に食草性で，植物の殆んど凡ての部分即ち根や葉や果実等の中や外部にあつて食する。幼虫には潜葉性や潜根性等のものが少くない。幼虫は老熟すると宿主の繊維と肛門より出す絹糸とで繭を作りまたは土中に土室を造りその中に蛹化する。蛹は裸蛹。卵・幼虫・蛹・成虫何れかで越冬し，成虫はまた夏眠するものもある。卵は一般に植物の組織中に産入される。雌は植物組織内に口吻を以て管状の孔や割れ目等を作り，その中に産卵する。ある属には単性生殖を行うものが知られている。真の水棲性のものはないが，幼虫で水棲植物等の根部に寄生するものが多数知られている。成虫は夜間活動性のものと日中活動性のものがあつて，一般に動作はのろい，しかし成るものは著しく迅速に飛び立つ事を行う。

この科は昆虫類中最大な科の一つで，40000 近くの種類が発表され，次の如く多数の亜科に分類されている。

1．前胸背板は明瞭な鋭いかまたは隆起する側縁を有し，触角は直線で膝状でない……………………………2
　前胸背板は明瞭な側縁線を欠き，稀れに弱い縁線を有する……………………………………………………3
2．翅鞘は短かく腹部末端の3節を現わしている。短太の甲虫（*Pterocolus* Schönherr アメリカ）……………
……Subfamily *Pterocolinae* Le Conte et Horn 1883
　翅鞘は完全に腹部を覆うている（*Oxycorynus* Chevrolat 新熱帯）……………………………………………
…………Subfamily *Oxycoryninae* Handlirsch 1925
3．触角は直線で溝に安置されない。球桿部は屢々分離環節からなる……………………………………………4
　触角は膝状で多少完全に弓曲し，口吻は触角柄節を受入する溝を具え，触角の球桿部の環節は密接している……………………………………………………………10
4．触角の球桿部は完全に分離する環節からなる……5
　触角の球桿部は卵形で各節が密接している………6
5．大顎は扁平で内縁と外縁とに歯を具え，脛節は短かい端距棘を具え，爪は自由で2分するかまたは鋭く歯状となつている……………Subfamily *Rhynchitinae*
　大顎は太く釘抜状，脛節の距棘は2本の強鈎を形成し，爪は基部にて癒着している…………………………
……………………………………Subfamily *Attelabinae*
6．転節は長くその末端に腿節を附着せしめ基節から腿節が分離し，翅鞘は完全に腹部を覆い尾節を隠し，口吻は前方に突出し普通長い。小形種……………………
…………………………………………Subfamily *Apioninae*
　転節は三角形で，腿節は基節と接続している……7
7．翅鞘の末端は尾節を現わしている…………………8
　翅鞘の末端は腹部を完全に覆うている（*Brachycerus* Olivier，アフリカ，地中海沿岸，*Microcerus* Schönherr，*Brotheus* Stephens エチオピヤ）………
………Subfamily *Brachycerinae* Aurivillius，1885
8．触角の第1節は第2節より長くなく，口吻は短かく幅広，中後両脚の基節は左右離り，後脚は甚だ長く捕持に適応している。幅広の短かい種類（*Tachygonus* Schönherr アメリカ）………………………………………
………………Subfamily *Tachygoninae* Leng 1920
　触角の第1節は第2節より長い……………………9
9．後脚の腿節は短かく甚だ幅広く，外縁は微歯列を具え且つ強く彎曲し，口吻は長く彎曲し，触角の球桿部の各節は普通より密接していない。小形(*Allocorynus* Sharp アメカリ）…………………………………………
……………… Subfamily *Allocoryninae* Sharp 1890
　後脚の腿節は普通の長さで棍棒状，口吻は短く幅広。大形（*Ithycerus* Schönherr 北米）（*Belidae* Leng）……………………………………………………………
……Subfamily *Ithycerinae* Le Conte et Horn 1883
10．雄の腹部は末端に外見上余分の1節を具え，尾節と肛節（anal segment）とが1縫合線によつて分離せしめられている。触角の球桿部は一般に輪環付けられ光沢なく，跗節の第3節は普通深く2葉片となり下面に1剛毛を具えている（稀れに亜水棲性のある種類では細い剛毛を有する跗節を有する）……………………11
　腹部雌雄同形，尾節は雄の肛節が小くとも部分的に自由で伸縮可能となるように1縫合線によつて分離されていない。触角の球桿部は普通その基節と共に大形となるかまたは光沢を有し，あるいは共に不明瞭な縫合線を有しないかまたは有する………………………15
11．大顎は脱落性の尖頭即ち突起を具え，その突起が落ちると卵形の傷痕を止める。口吻は決して細長くなく，静止の際に胸部腹板に受入されない………………
…………………………………Subfamily *Otiorhynchinae*
　大顎は傷痕または脱落性の尖頭を有しない。口吻は長いか，または若し細い場合には静止の際に胸部腹板に受入される……………………………………………12
12．前胸腹板は脚の基節の前方に1三角形板を形成していない，口吻を受入する溝を有するかまたは簡単…13
　前胸腹板は基節の前方に1三角形板を形成し，口吻は静止の際に前胸腹板に受入され，跗節は一般に細く

且つ棘毛を装う (*Thecesternus* Say 全北州, *Byrcops* Schönherr 旧北州) (*Brysopidae* Schauman 1859)
……………Subfamily *Thecesterninae* Sharp 1890

13. 転節は長く腿節の基部を基節から完全に分離せしめている…………Subfamily *Nanophyinae* Bovie 1909
　転節は短かく三角形, 腿節の基部は基節と連続している……………………………………………………………14

14. 口吻は短太で静止際には前脚の左右の間に受入される。跳躍性で短太の後脚腿節を具えている (*Orchestes* Illiger, *Rhamphus* Clairv.) ……………………………
…………… Subfamily *Orchestinae* Handlirsch 1925
　口吻は一般に長く細く且つ前方に突出し, 稀れに隠れ, 後脚の腿節は跳躍に適応するように太くなつていない………………………… Subfamily *Curculioninae*

15. 尾節は翅鞘から完全に覆われ, 下脣基節は短かい方形の喉板の柄部に附着する (*Anchonus* Schönherr, *Dryophthorus* Schönherr, *Cossonus* Clairv., *Mesites* Schönherr, *Rhyncolus* Germar) ………………
……Subfamily *Cossoninae* Le Conte et Horn 1883
　尾節は露出し, 下脣基節の柄部は長く且つ狭く, 口腔は長い………………………Subfamily *Calandrinae*

以上の諸亜科中つぎの9亜科が本邦から知られている。

1. クチブトゾウムシ亜科 Subfamily *Otiorhynchinae* Sharp 1891——*Brachyrhinidae* や *Psalidiidae* 等は異名。小形乃至大形, 触角は膝状で棍棒状, 喉線は左右癒合し, 上脣は痕跡的, 口吻は普通細くない。大顎は外縁に脱落性の突起を具え, 同突起が脱落したあとに傷跡を有する。口腔は殆んど完全に下脣基節によつて覆われている。前胸背板は明瞭な側縁を有しない。転節は三角形で, 腿節の基部は基節と続いている。第3跗節は葉片状に拡がつている。世界各区に分布し, *Phyllobius* Germar, *Scythropus* Schönherr, *Episomus* Lacordaire, *Brachystylus* Schönherr, *Omias* Germar, *Aphrastus* Say, *Trachyphloeus* Germar, *Otiorhynchus* Germar, *Celeuthetes* Schönherr, *Peritelus* Germar, *Calyptillus* Horn, *Cneorrhinus* Schönherr, *Barynotus* Germar, *Epicaerus* Schönherr, *Thylacites* Germar, *Sciaphilus* Schönherr, *Harmorus* Horn, *Polydrusus* Germar, *Cyphus* Germar, *Naupactus* Schönherr, *Psalidium* Illiger, *Pandeleteius* Schönherr, *Tanymecus* Germar, *Premecops* Schönherr, *Dirotognathus* Horn, *Tropiphorus* Schönherr, *Ophryastes* Schönherr, *Eremnus* Schönherr 等が代表的な属で, 本邦からは最初の3属の他に *Chlorophanus*, *Amystax*, *Scepticus*, *Dermatoxenus*, *Catapionus*, *Pseudocneorrhinus*, *Eugnathus*, *Myllocerus* 等の属が発見されている。

　リンゴヒゲナガゾウムシ (*Phyllobius longicornis* Roelofs) (Fig. 1013) は体長 (口吻を除く) 7～8mm, 地色は黄褐色乃至黒色で全体に光沢ある黄緑色の鱗毛を装い, 触角と脚とは普通黄褐色。リンゴその他の濶葉樹の葉を食害する。尚同属にはリンゴの害虫たるリンゴコフキゾウムシ (*Phyllobius armatus* Roelofs) や森林の大害虫であるヒラスネヒゲボソゾウムシ (*Phyllobius intrusus* Kono) その他が産する。カシワクチブトゾウムシ (*Myllocerus griseus* Roelofs) は体長 (口吻を除く) 5mm 内外, 長形, 地色は赤褐色乃至暗赤褐色で全体灰色の鱗片を密装し, 背面に灰色と褐色との斑紋が現われ, 翅鞘には短剛毛を列生している。カシワやナラ等の葉を食害し, 全土に産する普通種。之れと同様な植物の害虫たるオオクチブトゾウムシ (*M. variabilis* Roelofs) が本州・九州等に産し, 朝鮮に分布する。また同属にイタヤの葉を食害するイタヤクチブトゾウムシ (*M. aceri* Kono) が北海道に産する。コフキゾウムシ (*Eugnathus distinctus* Roelofs) は長形で太く, 体長 (口吻を除く) 4～6mm, 地色は黒色, 全体黄緑色乃至緑色の鱗毛を密装し, 時に多少帯赤色の鱗毛を混生し, 翅鞘は各中央前方に横形淡色紋を有する。クズの葉を食害し, 本州・四国・九州等に産する。マツトビゾウムシ (*Scythropus scutellaris* Roelofs) は多少長橢円形に近く, 体長 (口吻を除く) 7mm 内外, 地色は黒色, 背面褐色の鱗毛を装い, 前胸背板の両側と翅鞘の小斑紋及び末端部とは灰白色。体の腹面と脚とは真珠様の光沢を有する灰白色の鱗毛にて被われている。口吻は短かく幅広, 前胸背板は横形で翅鞘より著しく狭い。翅鞘は各10条の点刻縦列を有し多数の小斑を有する。本州・四国・九州等に産し, 松類の新梢を枯死せしめる大害虫である。スグリゾウムシ (*Pseudocneorrhinus bifasciatus* Roelofs) は球状に近く, 体長 (口吻を除く) 6mm 内外, 地色は黒色で灰白色の鱗片から被われ, 前胸背板の3縦条と翅鞘の太い2横帯とは暗褐色。口吻は長幅殆んど等しく前端三角形に凹み, 触角は短かく, 前胸背板は横形, 翅鞘は球状で各10条の点刻縦列を具えている。フサスグリの葉を食

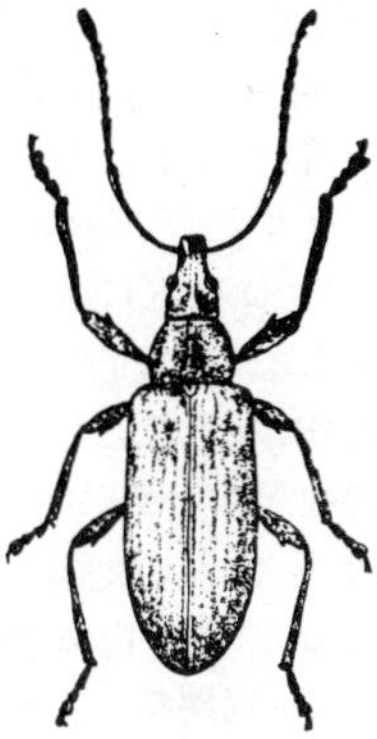

Fig. 1013. リンゴヒゲナガゾウムシ (河野)

害し，北海道・本州・四国等に産する。ヒメシロコブゾウムシ（*Dermatoxenus nodus* Motschulsky）は体長（口吻を除く）11〜14mm，地色は黒色で全体灰白色乃至暗褐色の鱗片を密装し，複眼と触角の球桿部とが黒色。口吻は強大で幅より著しく長く，前胸背板は両側少しく円味を有し前方に狭まる。翅鞘は著しく幅広く，各数個の瘤状突起を具え10条の点刻縦列を有する。ニンジンやウド等の葉を食害し，本州と九州とに産し，支那・アッサム等に分布する。シロコブゾウムシ（*Episomus turritus* Gyllenhal）はヒョウタン状で体長（口吻を除く）15〜17mm，地色は黒色で全面に真珠様の光沢がある灰白色鱗片を密装し，背面は大部分暗褐色を呈する。口吻は短大で幅より少しく長く，前胸背板は円味強く長さより僅かに幅広，翅鞘は数個の小疣状突起を並列する。フジやクズやその他の葉を食害し，本州・四国・九州等に産し，台湾・朝鮮等に分布する。同属のクワシロゾウムシ（*E. mundus* Sharp）は本州・九州等に産し桑の害虫として知られている。サビヒョウタンゾウムシ（*Scepticus griceus* Roelofs）は長いヒョウタン形で体長（口吻を除く）8mm内外，地色は黒色で全体汚褐色粉から被われ且つ同色の細い鱗毛を疎生している。頭部は短く，口吻は幅より短かい。前胸背板は長さより幅広く側部は円く，前後両縁は殆んど等幅。翅鞘は側方に適度に円く，肩部は前胸背板の最大幅より狭く，各10条の点刻縦列を有する。爪類の若葉を食害するのみでなく，豆類・エンドウ・十字科植物・ナス・ナンキンマメ・麦類・その他の植物の葉を食害し，本州・四国・九州等に産する。尚同属のクワヒョウタンゾウムシ(*S. insularis* Roelofs）はクワの他にイチゴ・ゴボウ・ナスその他前種同様の植物の害虫として知られ，北海道・本州・九州等に産し，朝鮮・樺太等に分布する。オビモンヒョウタンゾウムシ（*Amystax fasciatus* Roelofs）は細長い瓢形で，体長（口吻を除く）7mm内外，地色は赤褐色乃至暗褐色で灰色乃至暗褐色の鱗片を密装し，前胸背板は幅より長く直線の前後両縁を有し側方に灰白色の1縦条を有し，翅鞘は長楕円形に近く基部は前胸背板と等幅で後方に灰白色の1横紋を有する。口吻は幅より長く中央部狭まる。ナシの害虫として知られ，本州・四国等に産する。オオアオゾウムシ(*Chlorophanus grandis* Roelofs）は長楕円形に近く後端尖り，体長（口吻を除く）12〜14mm，地色は黒色だが黄緑色の鱗毛にて被われ，前胸背板の両側と翅鞘の側方とに各1本の黄色鱗毛からなる縦条を有する。口吻は短太，前胸背板は前方に狭まり，翅鞘は前者より著しく幅広で後端著しく後方に突出して尖り各10条の規則正しい点刻縦列を有する。リンゴ・ヤナギ・バラ・ハギ等の葉を食し，北海道・本州・九州等に産し，樺太・朝鮮等に分布する。以上の他にハナウドゾウムシ（*Catapionus viridimetallicus* Motschulsky）が北海道・本州等に産しハナウドに寄食し，シラクモノコフキゾウムシ（*C. modestus* Roelofs）が本州に産し桑の葉を食害している。

2. ゾウムシ亜科 Subfamily *Curculioninae* Handlirsch 1925——小形乃至大形，触角は膝状で棍棒状，喉線は左右癒合し，口吻は細く円筒状，大顋は尖頭を有しその脱落のあとに傷痕を有し，上唇は痕跡的，口腔は上唇基節から覆われていないかまたは1部覆われ，鬚は短かい。前胸は側縁線を有しない。転節は三角形で，腿節の基部は基節に接し，第3跗節は葉片状に拡がり，後脚は跳躍に適せず多くのものは普通形。世界各区に分布し，*Lixus* Fabricius, *Larinus* Germar, *Lepyrus* Schönherr, *Hylobius* Germar, *Pissodes* Germar, *Anthonomus* Germar, *Cryptorrhynchus* Illiger, *Baris* Germar, *Curculio* Linné, *Ceutorrhynchus* Germar, *Cionus* Clairv., *Sitona* Germar, *Alophus* Schönherr, *Hypera* Germar, *Emphyastes* Mannerheim, *Hiporrhinus* Schönherr, *Camarotus* Schönherr, *Menemachus* Schönherr, *Erirhinus* Schönherr, *Tanyrrhynchus* Schönherr, *Tychius* Germar, *Otidocephalus* Chevrolat, *Hoplorrhinus* Chevrolat, *Magdalis* Germar, *Balaninus* Germar, *Coryssomerus* Schönherr, *Auchmeresthes* Kraatz, *Anoplus* Schönherr, *Lignyodes* Schönherr, *Mecinus* Germar, *Cleonus* Schönherr, *Ceratopus* Schönherr, *Sternechus* Schönherr, *Laemosaccus* Schönherr, *Orobitis* Germar, *Ambates* Schönherr, *Peridinetus* Schönherr, *Pantoteles* Schönherr, *Opatus* Pascoe, *Zygops* Schönherr, *Trypetes* Schönherr, *Thorneuma* Wollaston, *Byrsops* Schönherr 等が代表的な属で，本邦からは最初の11属の他に *Niphades*, *Carcilia*, *Demimaea*, *Ixalma*, *Echinocnemus*, *Eremotes*, *Xenomimetes*, *Gasterocercus*, *Syrotelus*, *Cryptorrhynchidius*, *Coelosternus*, *Listroderes*, *Mechistocerus*, *Ectatorrhinus* 等の属が知られている。

クリシギゾウムシ（*Curculio dentipes* Roelofs）(Fig. 1014）は体長（口吻を除く）7〜9mm，地色は赤褐色で灰黄色の鱗毛を密装し，翅鞘は灰黄色鱗毛と褐色鱗毛とからなる波状の不規則な斑紋を現わしている。腿節は棍棒状で下面に1歯状突起を具えている。幼虫はクリの実を食害し，北海道・本州に産し，朝鮮・シベリヤ等に分布する。この属のグミシギゾウムシ（*C. albo-*

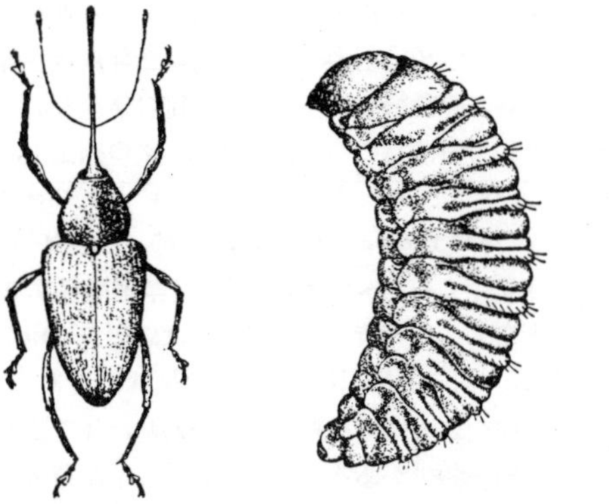

Fig. 1014. クリシギゾウムシ（湯浅）

scutellatus Roelofs）は本州に産しグミの害虫として知られ，ツバキシギゾウムシ（*C. camelliae* Roelofs）は本州・四国・九州等に産しツバキの他にクリやカシワ等の害虫として認められ，ウスイロシギゾウムシ(*C. shigizo* Kono）はドングリを食害し四国に産し，その他エゴシギゾウムシ（*C. styracis* Roelofs）はエゴノキに，ヤナギチビシギゾウムシ（*C. salicivorus* Paykull）はヤナギに，ナラシギゾウムシ（*C. robustus* Roelofs）はナラに，コナラジギゾウムシ（*C. quercivorus* Kono）はコナラやクリ等に，それぞれ寄生している。カツオゾウムシ類（*Lixus*）は細長く両端細まりカツオブシ状を呈し，数種が発見され，何れもアザミ類に寄食するが，ホシカツオゾウムシ（*Lixus maculatus* Roelofs）はアイにも寄食し全土に産し朝鮮に分布し，カムチャホソゾウムシ（*L. auriculatus* Sahlberg）は本州・沖縄・台湾・インド等に分布しサトウキビやワタやクワ等に寄食している。シラクモゴボウゾウムシ（*Larinus formosus* Petri）は長楕円形で体長（口吻を除く）9.5～11mm，全体に灰白色の軟毛を装い，翅鞘ではその密度に濃淡があつて雲状の白色斑紋を現わしている。本州・四国等に産し，ゴボウの害虫として知られている。同属には更にゴボウに寄食するオオゴボウゾウムシ（*L. griseopilosus* Roelofs）が北海道・本州・樺太等に分布し，ゴボウゾウムシ（*L. latissimus* Roelofs）が本州に産し，ヒメゴボウゾウムシ（*L. ovalis* Roelofs）が本州と朝鮮とに分布する。フタキボシゾウムシ（*Lepyrus japonicus* Roelofs）は長楕円形で両端特に細まり，体長（口吻を除く）10mm 内外，地色は黒色，背面と胸部腹面とは黄色鱗毛を装い，頭部・口吻・翅端・腹部腹面・脚等に白色鱗毛を疎生し，前胸背板の両側に各1縦条・各翅鞘中央部のへ字形紋・各腹節側方の1紋・後脚腿節の1紋等は黄色鱗毛の密群からなる。ヤナギやイチゴ等を害し，北海道・本州等に分布する。フレイアナアキゾウムシ（*Hylobius freyi* Zumpt）は長楕円形に近く後端前で少しく縊れ且肩部が脹つている。体長（口吻を除く）15～16mm，光沢ある黒色で触角と跗節とは暗褐色，背面は黄色鱗毛を，腹面と脚とは白色鱗毛をそれぞれ疎生し，翅鞘は黄色鱗毛の小斑からなる2横帯を装う。前胸背板は粗大の点刻を皺状に装い側方に顆粒突起を有する。翅鞘は粗大な点刻からなる縦列を有する。リンゴ・サクラ・ニレ・ヤナギ等の害虫で，北海道・本州等に産する。同属には松の大害虫たるマツアナアキゾウムシ（*H. abietis haroldi* Faust）が本州・四国・九州等に産し，朝鮮・シベリヤ等に分布する。またミヤマアナアキゾウムシ（*H. montanus* Kono）とチビマツアナアキゾウムシ（*H. pinastri karafutonis* Kono）とは北海道と樺太とに産しトドマツやエゾマツ類を害する。クスその他の害虫としてアナアキオオゾウムシ（*H. perforatus* Roelofs）が全土・沖縄・台湾・支那等に産し，トゲアナアキゾウムシ（*H. desbrochersi* Zumpt）が本州・四国等に産する。以上の他に数種のアナアキゾウムシ類の害虫が知られている。クロコブゾウムシ(*Niphades variegatus* Roelofs）は長楕円形なれど肩部が脹つている。体長（口吻を除く）9mm 内外，体は黒色で赤褐色の触角と跗節とを有し，全体に灰白色の鱗毛を疎生する。頭部は大部分前胸背板下に隠れ，口吻は下向。前胸背板は粗大の疣状顆粒を装い，中央に短かい1縦隆起線を有する。翅鞘は顆粒列を具え各10条の点刻縦列を有する。腿節は下面に鈍い1歯を具えている。幼虫は針葉樹伐木の樹皮下を食害し，北海道・本州・九州等に産し，樺太・千島・朝鮮・シベリヤ等に分布する。マツキボシゾウムシ（*Pissodes nitidus* Roelofs）は長楕円形で前後に細まり，体長（口吻を除く）7mm 内外，赤褐色，複眼は黒色，口吻の先端・触角末端半・跗節等は黒褐色乃至黒色。前胸背板・小楯板・腹面・脚等に白色鱗毛を，翅鞘に黄色鱗毛と白色鱗毛斑とを有する。口吻は細く彎曲する。前胸背板は前方に著しく狭まり後方は翅鞘とほぼ等幅，中央に1縦隆起線を具え1対の白色鱗片からなる斑紋を有する。翅鞘は前方に黄色鱗毛からなる1横帯を有し，後方に黄色斑を中央に白色鱗毛の1横帯を有する。マツの大害虫として知られ全土に産する。この他にトドマツの衰弱木に寄生するトドマツキボシ（*P. cembrae* Motschulsky）が北海道・本州等に産し樺太・シベリヤ等に分布する。イチゴハナゾウムシ（*Anthonomus bisignifer* Schenkling）は楕円形で細長い少しく彎曲する口吻を有し，体長（口吻を除く）2.5～3.5mm，黒色，翅鞘は赤褐色で基部に黒色の倒三

角形の大紋を有し各中央後部に暗褐色乃至黒色の裸体の横三角形紋を有し，触角柄節と脚とは赤褐色，但し腿節の大部分は暗色乃至黒色を帯びる。体色に変化が多く全体淡色のものや黒化のもの等があり，やや光沢を有し灰白色毛を装う。イチゴ・バラ等の害虫として知られ，全土に産する。同属のナシハナゾウムシ（*A. pomorum* Linné）が本州に産し，ナシ・リンゴ・マルメロ等の害虫として知られている。クワサラゾウムシ（*Demimaea mori* Kono）は太く前胸基部にて著しく縊れ，やや太い短かい口吻を具えている。体長（口吻を除く）2.5mm 内外，黒色で赤色の触角と跗節とを具え，頭部・口吻・脚・腹面等は白色毛を装い，前胸背板は黒色毛を生じ，小楯板は白色毛を密生し，翅鞘は黒色毛を疎生し，基部・後方・会合線上には白色鱗毛を有する。クワの害虫で北海道と本州とに産する。サビノコギリゾウムシ（*Ixalma hilleri* Roelfs）は体が太いが，前胸と頭部とは著しく細く，体長（口吻を除く）3mm 内外。黄褐色で同色の短毛を疎生している。本州・四国等に産する。この属のものは他に数種あるが後脚の腿節が太い棍棒状で末端下面に外縁が微歯列からなる大歯を具えている事によつて他属と区別が出来る。イネゾウムシ（*Echinocnemus squameus* Billberg）は細長，体長（口吻を除く）5mm 内外，暗褐色乃至黒色で全体灰色乃至灰褐色の鱗片を密布する。イネの有名な害虫で，全土に産し，台湾・ジャバ等に分布する。トドコブキクイゾウ（*Xenomimetes todomatsuanus* Kono）は著しく細長く円筒状に近く体長（口吻を除く）3～4.5mm，暗赤色乃至黒色で，触角と跗節とは赤褐色。翅鞘の後方と体の腹面とは黄色毛を疎生し，脚は黄色毛を装い，前脚の脛節は内側の中央前方に黄色剛毛を密生している。口吻と触角とは短かく，前胸背板は殆んど方形に近く円い後角を有し，翅鞘は前胸背板とほぼ等幅で点刻縦列を有し第8間室の末端部は膨起している。トドマツの害虫として知られ，北海道に産し，樺太・千島等に分布する。タマヌキオニゾウムシ（*Gasterocercus tamanukii* Kono）は長楕円形で体長（口吻を除く）5～10mm，地色は黒色で，口吻と触角とは暗赤色。全体灰色乃至灰褐色の鱗毛を密装し，前胸背板基部の方形紋・小楯板・翅鞘の中央後方の1横帯と小楯板の周囲前脚脛節の末端等は黒色鱗毛を密布する。口吻は下向で幅の約3倍長で扁平。翅鞘の第2間室の基部は瘤状に隆まつている。北海道に産し，エンジュの害虫として知られている。タマヌキクチカクシゾウムシ（*Coelosternus tamanukii* Kono は体長（口吻を除く）5.5～6.5mm，肩部が最大幅でこれより後方に漸次狭まり，前胸背板は基部が肩部より著しく狭く前方に漸次狭まり額端に達する。地色は暗赤褐色乃至黒褐色，口吻・触角・跗節等は赤褐色。全体灰褐色の鱗毛から被われ，黒色鱗毛からなる不規則の斑紋を有する。口吻は下向で彎曲している。エゾマツの害虫で，北海道に産し樺太に分布している。ヤナギシリジロゾウムシ（*Cryptorrhynchns lapathi* Linné）は長楕円形で体長（口吻を除く）8～10mm，黒色乃至黒褐色，暗色の鱗毛を密布し，前胸背板と翅鞘とには黒褐色の短小毛塊を散在し，前胸背板の両側・翅鞘の後端約1/3・翅鞘上の不定形の小紋等は白色鱗毛から被われ，体の腹面と脚と等にも白色鱗毛がある。口吻は細長く前胸背板とほぼ等長で前胸腹板の溝に安置されている。柳類の害虫として知られ，北海道・本州等に産し，樺太・朝鮮・シベリヤ欧州・北米等に分布する。マダラアシゾウムシ（*Ectatorrhinus adamsi* Pascoe）は短太，体長(口吻を除く）15mm 内外，黒色で全面に黄褐色・灰黄色・灰白色等の鱗毛を斑紋状に密生している。口吻は細長く体下に安置され，前胸背板は粗大の点列を密布し中央より前方に著しく狭まり，翅鞘は粗大の点列からなる10縦列を有し，第2間室に3個・第4間室に3個・第6間室に1個・肩部に1個等の瘤状隆起を具えている。脚は黄褐色と灰白色との輪紋を有する。ウルシの新芽を食害し，本州と九州とに産する。ハッカヒメゾウムシ（*Baris menthae* Kono）は楕円形で体長（口吻を除く）3mm 内外，黒色，触角の鞭節と跗節とは赤褐色，体下と脚とに灰色毛疎生する。口吻は前胸背板より短かく下向で彎曲している。前胸背板は短かく両側が円味を有し点列を密布し，翅鞘は前胸背板より広く規則正しい縦溝を列している。ハッカの害虫で幼虫が茎内部を食害する。北海道・本州に産する。尚ハッカの害虫で北海道に産するオオハッカヒメゾウムシ（*B. pilosa* Roelofs）が知られている。エゾヒメゾウムシ（*B. ezoana* Kono）は北海道に産しミブヨモギの害虫として知られ，クワヒメゾウムシ（*B. deplanata* Roelofs）は全土に産し朝鮮・台湾等に分布しクワに寄食し，クロヒメゾウムシ（*B. melancholia* Roelofs）は本州に産しブドウの害虫として知られている。ヤサイゾウムシ（*Listroderes costirostris* Schönherr）が本州・四国等に発見され，各種の蔬菜類を食害しつつある。

3. ノミゾウムシ亜科 Subfamily *Orchestinae* Handlirsch 1925――小さな円味の強い象鼻虫で，口吻は下向，触角は直線または膝状，転節は短三角形，第3跗節は葉片状，喉線は左右癒合し，上唇は痕跡的，前胸背板は側縁線を欠き，脚は短かく太く跳躍に適応し，跗節は短かい。*Orchestes* Illiger，*Rhamphus* Clairv.，

Rhynchaenus Bedel 等が代表的な属で，本邦からは最後の１属が知られている。

ハンノキノミゾウムシ (*Rhynchaenus excellens* Roelfs) (Fig. 1015) は体長（口吻を除く）3.5〜4.5mm，地色は黒色，触角・脚・翅鞘端等は赤褐色。背面は灰褐色鱗毛を密装し，翅鞘に白色鱗毛からなる小斑を散布する。腹面と脚とは白色鱗毛を装い，後脚の腿節は鱗毛の分布に濃淡があつて縞状に地色を現わしている。頭部は小さく，複眼は大きく左右相接する。口吻は体の腹面に向いている。前胸背板の側方には長毛を疎生している。翅鞘は各10条の点刻列を有するが普通鱗片下に隠れて見えない。後脚の腿節は著しく膨大している。北海道・本州・九州等に産し，朝鮮に分布し，ハンノキ・ナラ・クヌギ等の葉を食害する。この属には更に20余種が発見され，ヤドリノミゾウムシ (*R. hustackei* Klima) はケヤキの虫癭に寄生する。

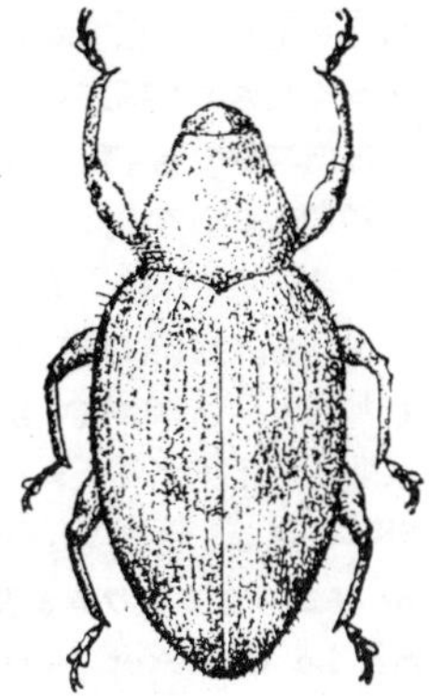

Fig. 1015. ハンノキノミゾウムシ（河野）

4. **オビゾウムシ亜科 Subfamily *Cryptoderminae*** Bovie 1908——中庸大，口吻は長く彎曲し，触角は膝状でなく棍棒状，喉線は左右結合し，複眼は大形で背面離れ腹面は左右相接する。前胸背板は側縁線を有しない。転節は三角形で短かく，跗節の第３節は葉片状。大顋は尖頭附属器がなく且つ同傷痕もない。口腔は強く覆われている。腹部第１腹板は前方幅広となる。20種類知られ，インドマレー区や東アジア等に分布し，*Cryptoderma* Rits が模式属で，本邦からはオオシロオビゾウムシ (*C. fortunei* Waterhouse) (Fig. 1016)が発見されている。体長(口吻を除く) 13mm 内外，地色は黒色で全体灰褐色粉から被われている。前胸背板両側の１縦条とこれに連なる翅鞘の肩部から会合線の中央に向つて走る１斜条とは白色。四国・九州等に産し，支那に分布している。

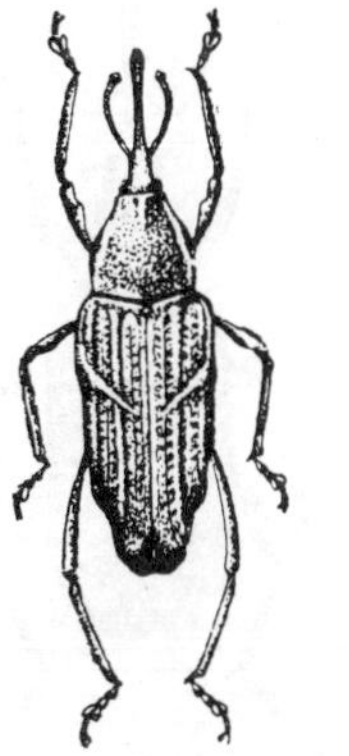

Fig. 1016. オオシロオビゾウムシ（河野）

5. **コクゾウムシ亜科 Subfamily *Calandrinae*** Kirby 1837——*Calendrinae* Leng, *Rhyncophoridae* Schönherr 等は異名。小形乃至中庸大。触角は膝状で柄節は口吻の溝に受入され，球桿部各節は密接し，下唇基部の柄部は細長く，口腔は長く，尾節は覆われていないで雄のものは特に１縫合線によつて２分していない。*Calandra* Clairville, *Sphenophorus* Schönherr, *Protocerius* Schönherr, *Rhynchophorus* Herbst, *Sipalus* Lacordaire 等が代表的な属で，本邦からは最後の１属の他に *Sitophilus*, *Otidognathus*, *Aplotes* 等の属が知られている。コクゾウ(*Sitophilus oryzae* Linné)(Fig. 1017) は体長（口吻を除く）2.3〜3.5mm，光沢ある赤褐色乃至黒褐色，翅鞘の２対の紋は黄色，世界各区に分布し，米穀の大害虫である。同属には更にグラナリヤコクゾウ (*S. granaria* Linné) が産し前同様米穀の害虫で，体は一様に黄褐色乃至暗褐色である。オオゾウムシ (*Sipalus hypocrita* Boheman) は象鼻虫類中本邦最大の種類で体長（口吻を除く）12〜15mm，長楕円形に近く，極めて堅牢。地色は黒色で灰褐色鱗毛を密装し，翅鞘上に絨毛様の小黒紋を散布している。頭部は小さく半球状，口吻は長く基部やや太くそこの下面に触角溝を具えている。前胸背板は幅より長く側方に円く前方に著しく狭まる。表面には粗大の疣状隆起が多く中央に平滑の１縦条を有する。小楯板は極めて小形。翅鞘は前胸背板より少しく幅広く，各10条の点刻列を有し，間室は交互に少しく隆まり各１列の小顆粒を具えている。脛節は末端に１本の鋭い鉤棘を具えている。全土に産し，カシ・クリ・ナシ・コナラ・ニレ・ヤナギその他の濶葉樹の害虫として知られている。

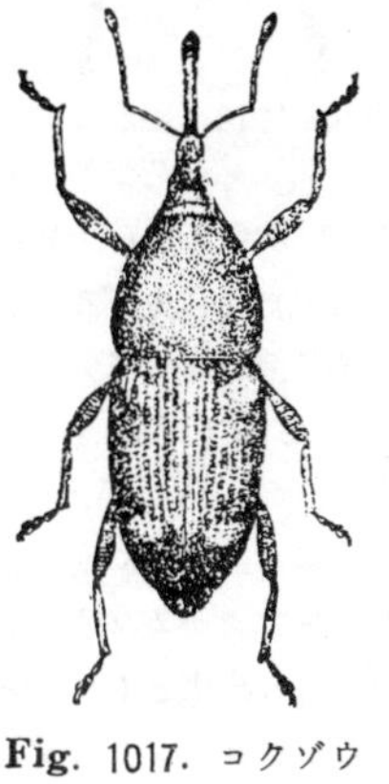

Fig. 1017. コクゾウ（湯浅）

6. **チビゾウムシ亜科 Subfamily *Nanophyinae*** Bovie 1909——小形，上唇は痕跡的，鬚は短かく，触角は膝状，喉線は左右癒合し，転節は長く腿節と基節とは離れ，跗節の第３節は葉片状，前胸背板は側縁線を有しない。*Nanophyes* Schönherr, *Alcides* Schönherr 等が代表的な属で，本邦からもこれ等両属が発見されている。モンチビゾウムシ (*Nanophyes pallipes* Roelofs) (Fig. 1018) は体長 1.65mm，背面著しく膨隆している。黄褐色で頭部と触角の球桿部とは黒色，前胸背板の２大紋と翅鞘基部のＶ字形紋と後胸腹とは暗褐色。体は白色の微鱗毛を装う。口吻は少しく彎曲し，触角の鞭節は５節からなる。翅鞘の第２・４・６等の間室の基部に白色の鱗毛がある。本州・四国・九州等に産する。同属には更にウスイロチビゾウムシ（*N. usuironis* Kono）が産する。オジロアシナガゾウムシ(*Alcides trifidus* Pascoe)は体長（口吻を除く)7.5～10 mm，楕円形に近く，黒色，前胸背板の両側・翅鞘の後半（末端を除く)・中胸側板・後胸腹板等は白色鱗毛を密生する。頭部は小さく複眼間に深い1短縦陥部があり，口吻は長いがやや太く下向して彎曲する。前胸背板は前方に狭まり円い側部を有し，黒色部には粗大な顆粒を密布し，後縁は深く2彎状を呈する。翅鞘は肩部が瘤状に側方に張り，黒色部には粗大の点刻からなる縦列を具えている。腿節は内側に1歯状突起を具えている。バラ・クズ・柑橘等の葉を食害し，本州・四国・九州等に産し，台湾と支那とに分布する。同属のカシアシナガゾウムシ（*A. piceus* Roelofs）はカシや栗等の害虫として知られ，本州・四国・九州等に産し，ホオジロアシナガゾウムシ（*A. erro* Pascoe）はフジやハギ等に寄食し全土に産し台湾・支那等に分布する。

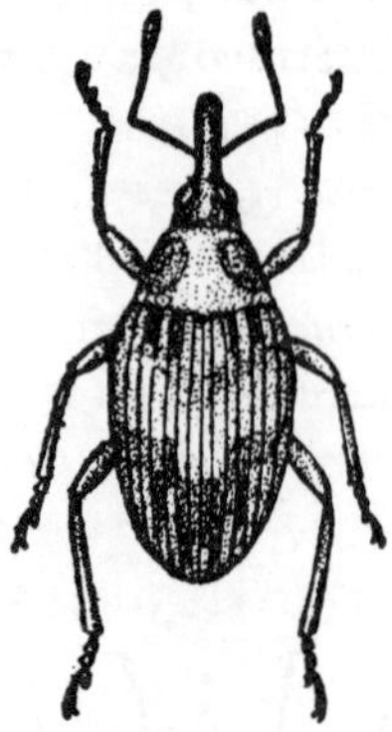

Fig. 1018. モンチビゾウムシ（河野）

7. ホソクチゾウムシ亜科 Subfamily *Apioninae* Le Conte et Horn 1883——殆んど凡てが小形，口吻は前方に突出し多くのものは長い，上唇は痕跡的，喉線は左右癒合し，鬚は短かく，触角は直線で球桿状，前胸背板は膨れ側縁線を欠き，転節は長く腿節と基節とを離している。世界に広く分布しかなり多数が発見され，*Apion* Herbst や *Cybebus* Schönherr 等が代表的な属で，本邦からは最初の1属と他に *Auletobius* 属が発見されている。マメホソクチゾウムシ（*Apion collare* Schilsky）(Fig. 1019）は体長（口吻を除く）2mm 内外，光沢ある黒色。頭部は狭く複眼の後方に弱い縊れがあり，額は複眼間に2条の縦溝を有し，口吻は頭部と前胸背板との和よりもはるかに長く彎曲し前方に細まる。前胸背板は前縁の後方に縊れを有し，かなり密に点刻を装い，中央に細い1縦溝を有す。翅鞘は背面に著しく膨隆し，各9条の縦溝を有する。豆類の害虫として知られ，全土に産し，前インドに分布する。クロケシツブチョッキリ（*Auletobius uniformis* Roelofs）は細長く体長（口吻を除く）2.2～3 mm，黒色で多少鉛色の光沢があり，全体灰色の短毛を生し，小楯板には白色毛を密生している。頭部は短かく長さより幅広く複眼の後方縊れ，口吻は前胸背板とほぼ等長で弱く彎曲し基部背面に1縦隆起線を有し，触角は口吻の中央から出ている。前胸背板は幅より長く，側方雄では強く雌では弱く円味を有し，点刻を密布している。翅鞘は幅の約1倍半の長さを有し，後方微かに拡がり，点刻は強く且つ甚だ密で多少列状に配列されている。イチゴ・クリ・クヌギ等の葉を害し，本州・九州等に産し，台湾に分布する。

Fig. 1019. マメホソクチゾウムシ（河野）

8. チヨッキリゾウムシ亜科 Subfamily *Rhynchitinae* Le Conte et Horn 1883——小形乃至中庸大，多彩または金属色。触角は膝状でなく棍棒状で末端の数節は明瞭に分離している。喉線は左右癒合し，上唇は痕跡的，大顎は扁平で有歯，鬚は可動的，口吻は彎曲する。転節は三角形，中脚の基節は斜に位置し，脛節は短かい端距棘を具え，第3跗節は葉片状，爪は自由で2分するかまたは鋭い歯を具え，前胸背板は側縁線を有しない。*Rhynchites* Herbst, *Eugnamptus* Schönherr 等が代表的な属で，本邦からは最初の1属の他に *Aderorhinus*, *Byctiscus*, *Aspidobyctiscus*, *Chokkirius*, *Paradeporaus*, *Deporaus*, *Euops*, *Henicolabus*, *Phialodes* 等の属が発見されている。ウメチヨッキリ(*Rhynchites cupreus* Linné）(Fig. 1020）は体長（口吻を除く）3.5～4.5mm，体色に変化が多く，赤紫色や銅青色のが多く光沢を有し，口吻の末端・複眼・触角等は黒色。背面は黒色毛，腹面は灰白色毛を装う。前胸背板は中央に弱い1縦隆起線を有し，強い点刻を密布する。翅鞘は粗大な点刻からなる規則正しい縦条を具えている。ウメの果実を切断する害虫で，北海道・本州等に産し，千島・樺太・シベリヤ・欧洲等に分布する。同属にはモモ・ナシ・リンゴ・ビワ等の害虫たるモモチヨッキリ（*R. heros* Roelofs）が北海道・本州等に産し，エンジュの害虫たるエンジュチヨッキリ（*R. amabilis* Roelofs）は本州に産し，イタヤ・リンゴ・ブドウ・シラカンバその他の害虫たるイタヤハマキゾウムシ（*R. betuleti motschulskyi* Lewis)

Fig. 1020. ウメチヨッキリ（河野）

が北海道・本州等に産し，リンゴの害虫たるチビチョッキリ（*R. duminatus* Linné）は本州・欧洲等に分布し，グミの害虫たるグミチョッキリ（*R. placidus* Sharp）は北海道・本州等に産し，キイチゴの害虫たるアオケナガチヨッキリ（*R. pilosus* Roelofs）は本州に産し，バラの害虫たるクチナガチヨッキリ（*R. plumbeus* Roelofs）は本州・四国等に産し，ヤナギの害虫たるヤナギチヨッキリ（*R. interruptus* Voss）は本州に産し，ナラ類の害虫たるハイイロチヨッキリ（*R. ursulus* Roelofs）は本州に産する。チヤイロチヨッキリ（*Aderorhinus crioceroides* Roelofs）は体長（口吻を除く）7mm，黄褐色で淡黄色の直立毛を生じている。頭部は細く円筒状で幅より著しく長く，複眼は黒色で突出し，口吻はやや扁平で基部近くで曲り背面に2縦溝を有し，触角は細長く末端部僅かに膨大する。前胸背板は幅より長く，側方少しく円く，前方に著しく狭まつている。翅鞘は各10条の点刻縦列を具えている。栗の害虫として知られ，北海道・本州・九州等に産し，支那に分布する。イタヤハマキチヨッキリ（*Byctiscus venustus* Pascoe）は体長（口吻を除く）7～10mm，背面は美麗な赤紫色で多少緑色の光沢があり，小楯板・体腹面・脚・触角等は濃藍色で複眼は黒色。体は比較的太く，口吻は太く末端拡がり頭部より長く彎曲し，触角は短かい。前胸背板は幅より僅かに短かく，両側は強く円味を有し，前方に狭まり，中央に1縦溝を有し，雄は側面に1棘状突起を具えている。翅鞘はやや方形に近く後縁円く肩部も円く，強い点刻縦条を列生する。イタヤ・モミジ・ブドウ・リンゴ等の葉の揺籃をつくり，北海道・本州等に産し，シベリヤに分布する。同属は凡て葉の揺籃を作る性質を有し，リンゴ・ナシ・ドロ等の害虫たるサメハダハマキチヨッキリ（*B. rugosus* Gebler）が北海道に産し，シナノキ・エゾヤマナラシ・タケカンバその他の害虫たるドロハマキチョッキリ（*B. regalis* Roelofs）は北海道・本州等に産し樺太に分布し，殼斗科植物の害虫たるファウストハマキチョッキリ（*B. fausti* Sharp）は本州に産し，モミジ・イタヤ等の害虫たるヒメハマキチョッキリ（*B. hime* Kono）は北海道に産し，モミジの害虫たるモミジハマキチョツキリ（*B. puberulus motschulskyi* Faust）は本州に産する。ブドウハマキチョッキリ（*Aspidobyctiscus lacunipennis* Jekel）は体長（口吻を除く）5～6 mm，光沢ある銅褐色で光線の工合によつて多少紫色を帯びる。頭部は前方に狭まり，口吻は太く長く，触角は短かく末端3節が膨太している。前胸背板は幅より短かく，両側円く，前方に狭まり，皺状の陰刻を不規則に密布し中央に1縦溝がある。雄では両側の前方に鋭い棘状突起を具えている。翅鞘は肩部最も幅広で後方に少しく狭まり，各9条の深い点刻縦列を有する。ブドウ属の芽葉を食害し，雌はその若葉の揺籃をつくる。本州・九州等に産し，台湾・朝鮮・支那・シベリヤ等に分布する。シリブトチョッキリ（*Chokkirius rosti* Schilsky）は体長（口吻を除く）3～5mm，倒卵形に近く，黒紫色もしくは緑青色を帯びた黒色，脚と翅鞘とは金属的光沢を帯び，体に黒色毛を雌の口吻基部に褐色の毛塊を夫々装う。頭部は後方首状に縊れ，口吻は前胸背板よりも少しく長く少しく彎曲している。前胸背板は長幅等しく，側方は円い。翅鞘は後方幅広く，規則正しい点刻縦列を有する。雌はイタヤ・モミジその他の葉柄や新梢等を切断して揺籃をつくる。北海道・本州・四国等に産する。ヤドカリチョッキリ（*Paradeporaus parasiticus* Kono）は体長（口吻を除く）3～4mm，黒色，翅鞘と脚とは青色を帯び，全体に灰白色乃至暗灰色の軟毛を疎生している。頭部は後方首状に縊れ，雄の口吻は短かく頭部とほぼ等長，中央両側の触角基部直下に側方に突出する舌状の附属器を具え，雌の口吻は細長く前方箆状に拡がる。前胸背板は幅より短かく側方に著しく円く，小楯板はほぼ方形。翅鞘は強い点刻列を有し，雌のものは雄よりも後方強く拡がつている。イタヤハマキチョッキリの揺籃に寄生する種類で，北海道に普通。コナライクビチョッキリ（*Deporaus unicolor* Roelofs）は体長（口吻を除く）3～4 mm，黒色で黄褐色の大顎を具えている。頭部は後方弱く縊れ首状となり，口吻は彎曲し前端箆状となり，触角は短かく小球桿部を有する。前胸背板は幅より少しく長く，前方に狭まり円い側部を有する。翅鞘は後方少しく幅広く，強い点刻縦条を列する。コナラの葉に揺籃をつくり，北海道・本州・四国等に産し，シベリヤに分布する。カシルリオトシブミ（*Euops splendida* Voss）は体長3.5mm内外，金属的光沢がある金緑色で銅色を交え，翅鞘は藍色或は菫色または金緑色，前胸背板に銅色の斑紋を現わす。全体菫色のものや体黒色で赤色の触角を有するもの等がある。頭部は複眼の後方横に凹み，複眼は大きく左右殆んど相接し，口吻は短かく前方に幅広となり，触角は口吻の基部から生じ棍棒状。前胸背板は両側強く円味を帯び，後縁二重に縁取られ，中央と側方とに弱い瘤状の隆起がある。翅鞘は後方に少しく狭まり，各9条の点刻縦列を有する。カシ類の葉に揺籃をつくり，本州・四国・九州等に産し，朝鮮・シベリヤ等に分布する。同属のナラルリオトシブミ（*E. phaedonia* Sharp）はナラの葉に揺籃を造り北海道・本州等に産し，ルリオトシブミ（*E. punctatostriata* Motschulsky）はイタドリの葉に揺籃をつくり北海道・本州・四国等に産し，エゾルリオトシブミ(*E. aceri* Kono)はイタヤ・モミジ・コナラ等の葉に揺籃をつくり北海道に産し，ハギルリオトシブミ(*E. lespedezae* Sharp) はハギの葉に揺籃をつくり本州に産し朝鮮に分布し，アイルリオトシブミ(*E. indigena* Voss)はアイの葉に揺籃をつくり本州に産する。ルイスアシナガオトシブミ (*Heniolabus lewisi* Sharp) は体長 (口吻を除く) 4.5～6.5mm，光沢ある漆黒色，頭部後半・前胸背板・小楯板・翅鞘・前脚腿節の大部分等は赤色。稀れに頭部後半に1黒色紋を有し，前脚腿節の外縁に1黒色縦線を有するものがある。頭部は細長く，口吻は頭部より短かく前方に拡がり，触角は短かく口吻の基部より生ずる。前胸背板は幅よりはるかに短かく，両側は円く前方に狭まり，前縁は一重に後縁は二重に夫々縁取られている。翅鞘は後方僅かに幅広，各9条の規則正しい点刻縦列を有する。クワやケヤキ等の葉に揺籃をつくり，本州に産する。アシナガオトシブミ (*Phialodes rufipennis* Roelofs) は体長 (口吻を除く) 9mm内外，光沢ある漆黒色で血赤色の翅鞘を具えている。頭部は前方に狭まり，口吻は長く末端下方に曲り，触角は口吻の末端から出て中庸長。前胸背板は幅より短かく，平滑，両側は雄では前方に著しく狭まり雌では円味を有する。翅鞘は幅広く，基部が小楯板の両側で前方に突出し，やや不規則な点刻縦列を具えている。クヌギ・ナラ等の葉に揺籃をつくり，本州・四国・九州等に産する。

9. **オトシブミゾウムシ亜科 Subfamily *Attelabinae*** Sharp 1889——チョッキリゾウムシ亜科に近似しているが，大顋が太く釘抜状で脛節の距棘が2個の強い鉤を形成し爪が基部にて結合している事によつて区別する事が出事る。小形乃至中庸大，頭部は複眼の後方長く著しく縊れ明瞭な首を構成し，口吻は短かく太く，触角は膝状でなく一般に末端部明瞭に太まる。前胸背板は殆んど三角形に近く後方に著しく幅広となつている。*Attelabus* Linné, *Apoderus* Lacordaire 等が代表的な属で，本邦からは後者の他に *Paroplapoderus*, *Phymatapoderus*, *Cycnotrachelus*, *Paratrachelophorus* 等の属が発見されている。オトシブミ (*Apoderus jekeli* Roelofs) (Fig. 1021) は体長 (口吻を除く) 7～10mm，光沢ある黒色，前胸背板の後縁と翅鞘とは血赤色。頭部は形状に変異が多いが，雄では長い倒円錐状，雌ではやや卵形。前胸背板は雄では円錐形，雌では幅より短かく両側が円味を有し前端が脛状に狭まつている。翅鞘は疎大の点刻を有する縦条列を有する。クヌギ・ナラ・クリ・ハンノキ・ニレ・シラカバ等の葉に揺籃をつくる。全土に産し，樺太・千島・朝鮮・シベリヤ等に分布する。この属にはバラ・キイチゴ・イチゴ・スモモ・サクラ・クリ・クヌギその他の葉に揺籃をつくるヒメクロオトシブミ (*A. nitens* Roelofs) が全土に産し，イタドリ・ツルドクダミ等の葉に揺籃をつくるセアカヒメオトシブミ (*A. geminus* Sharp) が北海道・本州等に産し，エゴノキ等の葉に揺籃をつくるウスモンオトシブミ (*A. balteatus* Roelofs) が北海道・本州・九州等に産する。ゴマダラオトシブミ (*Paraplapoderus pardalis* Snellen von Vollenhoven) は体長(口吻を除く)6.5～8mm，黄褐色，頭部複眼間の1紋・前胸背板の4～6紋・小楯板の1紋・翅鞘の13～21紋・尾節上の2紋・腹部腹板と側板・頭部下面の1紋・腿節背面の1紋等は黒色で，これ等諸紋は個体によつて増減があり，また全体が黒色を呈する事もある。頭部は複眼の後方半円形となり甚だ細い首部を具え，触角は短かく小球桿部を有し，前胸背板は幅より短かく前方に円く狭まり，翅鞘は肩部が脹り (雌は1棘突起を具えている) それより後方に漸次微かに拡がり，各4条の縦隆起線を有する。クヌギ・クリ・ナラ・ブナ等の葉に揺籃をつくり，本州・九州等に産する。オオコブオトシブミ (*Phymatapoderus flavimanus* Motschulsky) は体長 (口吻を除く) 6mm内外，光沢ある漆黒色，触角・脚 (後脚腿節の末端は黒色)・頭部下面の1紋・複眼直後の1紋等は黄赤色。頭部は幅よりも長く両側が円味を有し後方に狭まり，前胸背板は長幅殆んど等しく円錐形を呈し両側やや円味を有し，翅鞘は肩部に小突起を有し中央直後に各大形の瘤状突起を有する。ニレ・イラクサ等の葉に揺籃をつくり，北海道に産し，樺太・シベリヤ・満洲等に分布する。ハギツルクビオトシブミ (*Cycnotrachelus roelofsi* Harold) は体長 (口吻を除く) 5～8mm，光沢ある漆黒色。頭部は細長く雄では長い頸部を有するが雌では短い頸部を具え，口吻は幅の約2倍長，触角は中庸長，前胸背板は雄では幅より長く円錐形なれど雌では幅より僅かに短かく円味ある側部を有する。翅鞘は各9条の点刻列を有し，後胸後側板は後半に灰色の短毛を密生している。エゴノキの葉に揺籃をつくり，本州・四国・九州等に産する。ヒゲナガオトシブミ (*Paratrachelophorus longicornis* Roelofs) は体長 (口吻を除く) 8～12mm内外，光沢

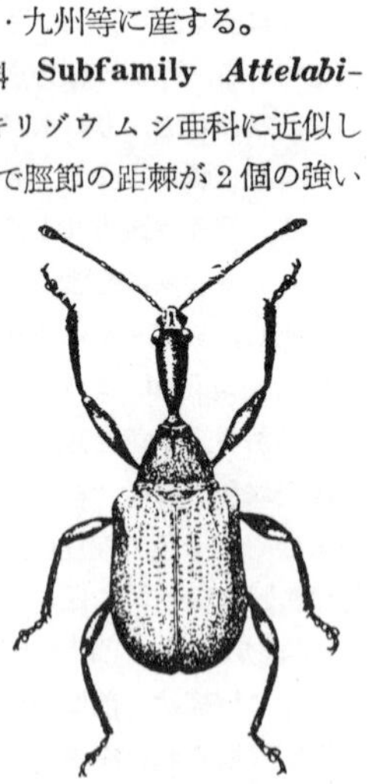

Fig. 1021. オトシブミ雄 (湯浅)

ある赤褐色乃至黄褐色，複眼間の1紋・頭部下面・前胸の両側・各腿節の末端等は黒褐色乃至黒色。頭部は雄では著しく細長い脛部を有するが雌では後端縊れているのみ，口吻は前方に少しく拡がり，触角は雄では著しく細長く殆んど線状だが雌では短かく尋常。前胸背板は円錐形で雄では長く雌では両側がやや円味を有する。翅鞘は各9条の点刻縦列を具えている。コブシの葉に揺籃をつくり，全土に産する。

440. ナガキクイムシ（長蠹虫）科

Fam. Platypodidae Shuckard 1840

微小乃至小形，円筒状。頭部は前胸と等幅かより幅広，上唇は明瞭。前胸背板は幅より長く長方形に近く両側は縁取られ，跗節の第1節は他節の和と等長かまたは殆んど等長。この科の昆虫の食物たる菌類を養う枯木や衰弱木等の中に棲息している。300種内外のものが発見され，*Platypus* Herbst, *Crossotarsus* Chapuis, *Chapuisia* Dug. 等が代表的な属で，本邦からは最初の2属の他に *Diapus* 属が知られている。ヨシブエナガキクイムシ（*Platypus calamus* Blandford）（Fig. 1022）は体長3.5～3.7mm，光沢強く赤褐色で後端黒褐色を呈する。雄。額はやや凹み細綱状の彫刻を有し上部には点刻を疎布する。前胸背板は正中線に沿い矢筈形に小点刻を列し，他部には微細点刻を不規則に疎布し，前後両縁近くに横皺がある。翅鞘は会合線に隣る1条の点刻縦列とその他の点刻縦列は基部のみに明瞭，後端斜にそがれ，その斜面部は卵形で光沢強く周辺は強く上反し，上方の中央は前方に伸びて会合線と鋭角を作り，外角は後下方に突出し，縁に低い鋸歯を列ね，後縁の中央1/3の深さまで剖られている。雌。額は深く凹み，前胸背板の正中線の両側に心臓形に小点刻列を有し，翅鞘は黄色で斜面部は紫色で縁は上反せず円く後縁の剖込は浅くほぼ三角形。ナラ・カシ・シイ・エゴノキ・サクラ・ブナ・ヒメユズ・シキミその他の幹枝に細い孔を穿ち棲息する。本州・四国・九州等に産する。同属のシナノナガキクイムシ（*Platypus severini* Blandford）は全土に産し，台湾に分布し，ブナ・トチ・シナ・ハンノキ・シオジ・イタヤ・ヤブツバキ・クロシデ等の

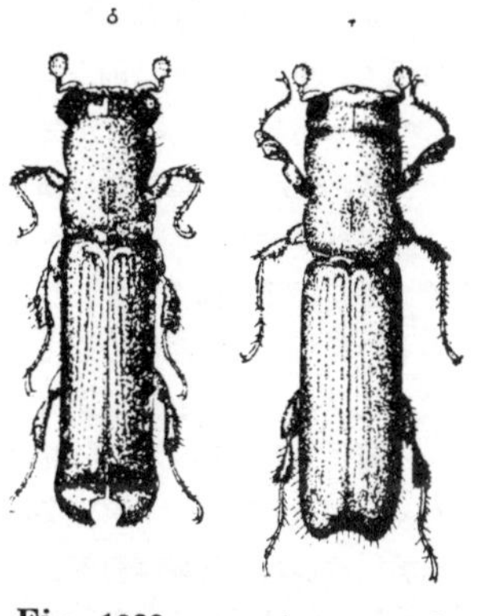

Fig. 1022. ヨシブエナガキクイムシ（村山）

幹に中心に向つて深い孔を穿ち棲息する。カシノコナガキクイムシ（*Crossotarsus simplex* Murayama）は体長3.5～4.4mm，細長円筒形，光沢ある暗褐色，翅鞘の前半は黄褐色。雄。額は扁平で縦皺と大点刻とを有し，中央に深い1縦凹を有しその前後は隆起線となる。頭頂は中央と両側とに広い隆起帯を有する。前胸背板はほぼ方形で側縁が中央剖られ前縁角は直角で後縁角は円味を有し，表面に細点刻を散布し中央に深い縦凹線を有する。翅鞘は後方に僅かに拡がり，末端斜面部で狭まり，点刻縦列は第1条が完全で他は基部のみに明瞭で斜面部に近ずくと太く且つ深い溝となり，後端両側は突出しその間は浅く剖られている。雌。額は凹み，頭頂側方の隆帯を欠く。翅鞘は後方円く，斜面部は末端截断状。カシ類・カナグキノキ・ナナメノキ・サクラ等の枝や幹等に細い孔を穿ち心材に達し後2叉となり，年輪に沿つて伸び所々で上下に支孔をつくる。本州・四国・九州等に産する。この属のチヤダモノナガキクイムシ（*Crossotarsus niponicus* Blandford）はブナ・カシ・タブ・イタヤ・エゴノキ・ヤチダモ・シナ等の倒伐木・枯衰木等の幹に深く穿孔する。全土に産し，台湾に分布する。トゲナガキクイムシ（*Diapus aculeatus* Blandford）は体長2.8～3.0mm，細長円筒形，強い光沢を有する黒褐色，前胸背板の基部・翅鞘の基部・腹面等は淡褐黄色。雄。額は浅く凹み細皺を密布し点刻を疎布し中央に1短縦隆起を有し，後頭に5縦隆起帯がある。前胸背板は側部中央前にて強く剖られ，表面光沢強く点刻を欠き，前縁に沿う点刻と後縁黄色部前の点刻密列とを有し何れも黄色毛を交えている。正中縦線は甚だ細く後縁に達している。翅鞘の点刻縦列は第1と第2と側方のものとが完全で第3と第4とは基部のみ明瞭，その他は不規則，末端は截断状で斜に凹み，上縁は第1列間室は小棘，第3・第5は長棘，第7は短棘を夫々出し，外側のものは連合して刃状となり，外角は細く伸長して後方に向う。下縁は1対の短棘を具えている。雌。額は方形で扁平となり長横隆起線を有し，その後が強く凹み，長楕円形の点刻を疎布する。前胸背板は正中縦線が明かに凹み，翅鞘末端は小さく截断され，短棘がなくその位置に小瘤点を有する。シイ・クリ・カシ類等の幹に寄生する。本州・四国・九州等に産し，インドに分布する。以上の他にシオジナガキクイムシ（*Crossotarsus contaminatus* Blandford）が九州に産し，マルオナガシンクイムシ（*C. emancipatus* Murayama）が九州に産し，カシナガキクイムシ（*C. quercivorus* Murayama）が本州・九州等に産し，ルイスナガキクイムシ（*Platypus lewisi* Blandford）が本州・九州等に産し朝鮮・台湾等に分布

し，チュウガタナガキクイムシ（*P. modestus* Blandford）が本州・九州等に産し台湾に分布し，夫々各種の樹木に寄生している。

441. トゲキクイムシ（棘小蠹虫）科
Fam. Scolytidae Leng 1920

微小乃至小形，短円筒状，大体光沢を有し，点刻を布する。頭部は下向式で，前胸背板の前方に少しく現われ，触角は短かく，複眼の前方に生じ，第1節は大形，末端の3節は球桿状，口部は小形で隠れている。前胸は大形，基部が翅鞘基部と等幅で前方に狭まる。翅鞘は腹部より長く，点刻縦列を有し，末端は正状。脚は短かく，前脚基節は左右連続し，前脚脛節は末端外角が著しく突出し下面は粗面となつていない。跗節は5節，第1節は他節の和より短かく，第3節は葉片状。腹部腹板は5節。幼虫は小さく，象鼻虫型で，頭部はよく発達し，無脚。帯白色で，樹木の枝幹内に生活する。世界に分布し，*Scolytus* Geoffroy, *Bothrosternus* Eichhoff, *Loganius* Chapuis, *Hexacolus* Eichhoff, *Hylocurus* Eichhoff, *Camptocerus* Latreille, *Ctenophorus* Chapuis, *Phloeoborus* Erichson, *Phloetrupes* Erichson, *Dactylipalpus* Chapuis 等が代表的な属で，本邦からは最初の1属のみが知られている。ウメノキクイムシ（*Scolytus aratus* Blandford）(Fig. 1023) は体長2.5〜3.0mm，光沢ある黒色で帯褐色の翅鞘を有する。頭部は雌雄共に穹隆状，額は微点を密布し，後頭は明瞭な点刻を密布する。前胸背板は卵形の強い点刻の縦列を具え，末端に細毛を装う。ウメ・リンゴ・サクラ・ニレ等の枝に短かい単縦孔をつくり，これから多数の枝孔を造り，棲息し，頗る有害な種類である。北海道・本州等に産する。同属に更にモモ・サクラ・アンズ・スモモ・ウメ・マルメロ・ニレ・ケヤキ・シラカバその他の木を害するニホンキクイムシ（*S. japonicus* Chapuis）が北海道・本州・九州等に産し朝鮮・満洲等に分布する。またニレに寄生する種類としてミツハリキクイムシ（*S. trispinosus* Strohmayer）が北海道・本州・満洲・シベリヤ等に分布し，ニレカワキクイムシ（*S. frontalis* Blandford）が北海道・本州・九州等に産し，ニレクロキクイムシ（*S. curviventralis* Niijima）が北海道・本州・満洲等に分布し，ニレキクイムシ（*S. chikisanii* Niijima）が北海道に産する。尚またハルニレに寄生するニレコキクイムシ（*S. aequipunctatus* Niijima）が北海道に産し，シラカバに寄生するダフリアキクイムシ（*S. dahuricus* Chapuis）が北海道・樺太等に分布し，シラカバノオオキクイムシ（*S. esuriens* Blandford）が北海道に産する。シデ類に寄生するサワシバキクイムシ（*S. claviger* Blandford）は北海道・本州・九州等に産し，朝鮮・シベリヤ等に分布する。

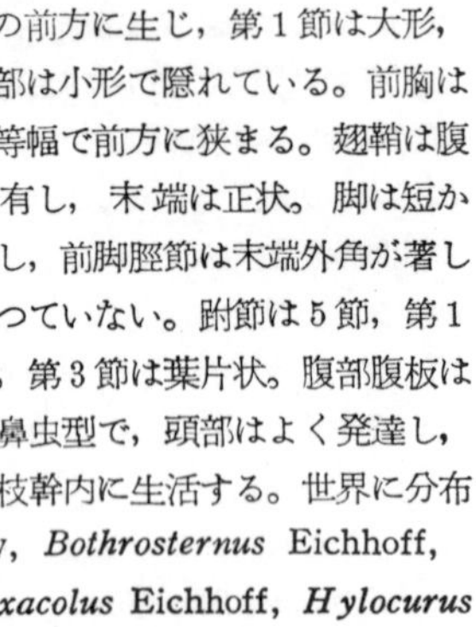

Fig. 1023. ウメノキクイムシ（新島）

442. キクイムシ（小蠹虫）科
Fam. Ipidae Swaine 1909

この科は一般に前述のトゲアシキクイムシ科と次に記するアラアシキクイムシ科とを合して考えられている場合が多いが，前者からは前脚脛節の末端外角が著しく尖鋭歯状に突起していない事によりまた後者からは前脚脛節の下面が著しく粗面となつていない事により夫々区別されている。微小乃至小形，円筒状，樹皮や木質部に穿孔する堅い昆虫で，平滑で光沢があるかまたは鈍色，表面粗造か点刻付けられているか線条を布するか有歯棘か有毛，多くのものは黒色か褐色。頭部は下口式か稀れに前口式で，小さく微かに前方に突出する所謂鼻部を有するものとしからざるものとがある。触角は複眼の前側部から生じ，短かく，環節数は種々なれど，屢々11〜12節，第1節は大形，末端の3〜4節が顕著に大形となり密着する球桿部を構成している。複眼は大形，種々な形状のものがある。口器は小形で，隠れている。前胸は大形で，翅鞘の基部より狭いかまたは等幅，一般に幅より長く，屢々前方に狭まる。翅鞘は腹部より長いかまたは短かく，粗造か有点刻か有線条，末端正状か截断状かまたは溝付けられ有歯或は有棘。翅はよく発達し，飛翔に適応する。脚は短かく，前脚の基節は左右連続し，脛節は一般に幅広で有歯，跗節は5節，第1節は一般に微小，第3節は完全かまたは2葉片状。腹部は短かく，腹板は5〜6節。幼虫は微小，象鼻虫型で彎曲し，頭部はよく発達し，無脚。帯白色，平滑かまたは微かに毛を生じている。

成虫幼虫共に枯死乃至生育中の樹木内に棲息し，根部から梢端迄のあらゆる部分を侵す。種類によつては特別な部分即ち根部とか幹とか枝とか毬果とかに限られ，更にまたこれ等の部分の特別な個処に限られて生活するものがある。ある種類はまた不健全な樹木か枯死直後のものかまたは古木等にのみ生活するが，他のものは生木の組織のみに寄生する。心木皮部や樹皮と木質部との間の生育部や樹皮等に寄生する。

キクイムシ科の昆虫は1雄1雌かまたは1雄多雌で，ときに雌雄共同で母孔を造るが，ときには受精雌虫のみによつて母孔がつくられる事がある。卵は微小で白色，母孔に沿うて散布され，孵化した幼虫が母孔から横にまたは平行に枝孔がつくられる。これらの孔洞は種類によつて異つている。

この科の種類はかなり多数で1200以上が発表され，*Ips* De Geer, *Thamnurgus* Eichhoff, *Dryocoetes* Eichhoff, *Cryphalus* Erichson, *Conophthorus* Hopkins, *Pityophthorus* Eichhoff, *Xyleborus* Eichhoff, *Hylesinus* Fabricius, *Xyloterus* Erichson, *Phloeosinus* Chapuis, *Phloeotribus* Latreille, *Hylurgops* Latreille, *Hylastes* Erichson, *Gnathotrichus* Eichhoff, *Micracis* Le Conte, *Dendroctonus* Erichson 等が代表的な属で，本邦からは *Hylurgops*, *Hylesinus*, *Myelophilus*, *Phloeosinus*, *Cryphalus*, *Polygraphus*, *Xyloterus*, *Pityophthorus*, *Ips*, *Pityogenes*, *Dryocoetes*, *Xyleborus*, *Eidophelus*, *Hylastes*, *Hyorrhynchus*, *Acanthotomicus*, *Cladoborus*, *Dendroctonus*, *Hylastinus*, *Sphaerotrypes* 等の属が発見されている。

ヤツバキクイムシ (*Ips typographus* Linné) (Fig. 1024) は体長3～5.2mm，黒色または黒褐色で光沢があり，黄色毛を装う。頭部は下唇の直上に著しい瘤起があり，点刻を密布し黄色の長毛を装う。触角は黄褐色で黄色の球桿部を有する。前胸背板は前部から側方に長毛を装い，前半に多数の瘤起を有し後半に微点刻を疎布する。翅鞘は数条の強い点刻縦列を有し，末端と側面近くに微点刻と毛とを有し，末端斜面部は急傾斜で光沢強く小点刻を不規則に散布し各側に4歯がありその第3歯は最大で末端膨大。母孔は樹皮下に単縦孔となり幼虫孔は短かい。エゾマツ・アカエゾマツ・トドマツ・その他の幹枝に寄生し大害をなす。北海道に産し，樺太に分布する。マツノスジキクイムシ (*Hylurgops interstitialis* Chapuis) は体長4.3～4.9mm，長楕円形，やや光沢ある黒褐色または赤褐色。頭部は少しく現われ，全面に大点刻を密布し黄色毛を装い，口吻は伸び基部凹み先方に縦隆線を有し，額は扁平，後頭は中高。前胸背板は幅より長く，前方に著しく狭まり，中央の後方が最も幅広。後縁が波状を呈し中央突出し，表面は浅い大点刻を密布し，後半に正中縦隆起線を有する。小楯板は小さく，楕円形，微点刻を布する。翅鞘は前胸背板とほぼ等幅で約2倍の長さを有し，点刻縦列を有し，末端の傾斜面近くに瘤起点を列し微鱗片から被われている。アカマツ・チョウセンマツ等の幹下部の皮下に多数の不規則な孔をつくり，頗る有害。本州・四国・九州等に産し，朝鮮・満洲・台湾等に分布する。マツノキクイムシ (*Myelophilus piniperda* Linné) は体長4～5mm，長卵形，黒褐色または黒色で光沢強く全面に灰色毛を装う。額から口吻に亘り強い中縦隆線を有しその両側に深い粗大点刻を疎布し，後頭は浅い小点刻を密布する。触角は黄褐色，球桿部は4節からなり中間節は6節。前胸背板は長さより幅広く，前方に著しく狭まり，微点刻を疎布し，正中線上に平滑な縦帯を有する。翅鞘は前胸背板より少しく幅広くほぼ2倍長，数条の細点刻縦列を有し，間室部には微点刻と皺状隆起があり，後方に1横列の顆粒状突起を有しこれに剛毛を生じている。母孔は単縦孔で幼虫孔は長い。アカマツ・クロマツ・チョウセンマツ・マンシュウクロマツ等の幹皮下を害し，また新梢髄部を侵す。全土に産し，朝鮮・満洲・北支・東部・シベリヤ・欧洲・北米・台湾等に分布する。クワノコキクイムシ (*Cryphalus exignus* Blandford) は体長1.3mm内外，楕円形に近く，光沢のない黒褐色で，稀れに黄褐色，全面に灰色鱗毛を装う。頭部は隠れ，光沢を有し，口部の上は凹み，ここと両側とに点刻と灰色毛とがあり，額は光沢ある1横隆起線によつて頭頂と境されている。触角は黄褐色，球桿部は褐色で4節からなる。前胸背板は長さより幅広く前方に漸次狭まり，後部を除き多数の瓦片状顆瘤を装い，それ等の間隙と顆粒のない側縁と基部に近く粗点刻を散布し，全面に灰色の毛と鱗毛とを密生する。脚は黄褐色，跗節は淡色。小楯板は甚だ小さく，三角形。翅鞘は前胸背板と等幅，点刻縦列は明瞭，間室は狭く1列の剛毛を直立し微点刻と鱗毛とを密生する。恐るべきクワの害虫で，枝の皮下に不規則な穿孔をつくつて枯す。全土に産し，朝鮮に分布する。トドマツキクイムシ (*Polygraphus proximus* Blandford) は体長2.6～3.2mm，長卵形，黒褐色乃至黒色で灰色の鱗毛にて被われている。頭部は少しく現われ，やや光沢ある黒色，点刻を密布し灰色毛と鱗毛とが多く，雄には額の中央に2個の小瘤起を有し雌にはこれがない。複眼は雄では上下に2分し，触角は黄褐色で環節を現わさない球桿部を有し中間節は6節。前胸背板は幅より長く，前方に著しく狭まり，灰色

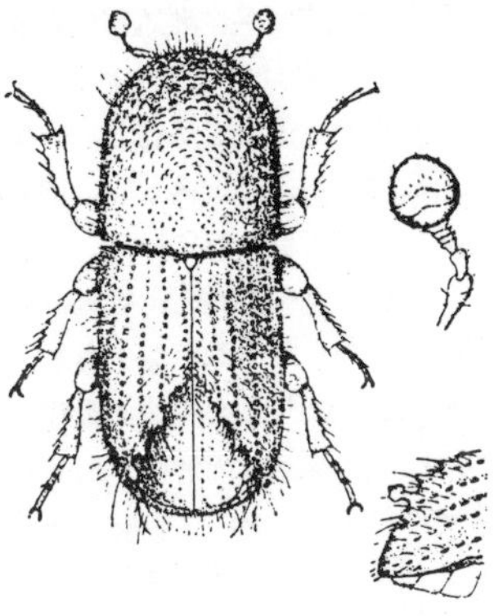

Fig. 1024. ヤツバキクイムシ雄 (新島)

の鱗毛と短毛とが多生し，点刻は密，正中縦隆起線は明瞭。翅鞘は前胸背板の基部と等幅，長さはその $1^1/_4$ 倍，黒色で末端の方に向つて帯赤色，不明瞭な細点刻縦列を有する。トドマツ類の大害虫で，やや衰弱した幹の皮下に複横孔または不規則な放射状孔をつくり枯死に導く。北海道・本州・九州等に産し，樺太・朝鮮等に分布する。トウヒノヒメキクイムシ（*Pitrophthorus jucundus* Blandford）は体長1.6〜1.8mm，長楕円形，光沢強い黄褐色乃至黒褐色。頭部は隠れ，黒色で微細な網状皺を有し，額は雄では円く凹みその周辺に細長毛を生じ，強い点刻を疎布し，前端に近く短かい正中縦隆起線を有する。複眼は大，楕円形なれど前方僅かに凹む。触角は黄褐色，球桿部は倒卵形で3節が認められ，中間節は5節。前胸背板は幅より長く，基部殆んど直線で細く縁取られ円い後角を有し，側縁の後方は直線，前方は円く前縁に弱い凸凹があり，表面前半に瓦片状瘤起を同心円状に配し，後方は大点刻を疎布し，正中縦隆起線は広く長い。翅鞘は幅の約2倍長，滑沢，点刻列は溝とならず強い円点を整列し，間室は処々に強い皺がある。後端は殆んど垂直に傾き会合線が高く後端にて突出する。アカマツ・クロマツ・エゾマツ・チョウセンハリモミ等の健全な細枝や新梢等の皮下を食害する。本州・四国・九州等に産し，朝鮮・満洲等に分布する。ホシガタキクイムシ（*Ptyogenus chalcographus* Linné）は体長1.5〜2.4mm，長楕円形，光沢ある黒褐色または黄褐色で，翅鞘の後部は赤褐色，額部は黒色。雄の額は中央に1小顆粒を有し，その周囲に皺状の点刻と長毛とを密布する。雌の上唇の上に大きな半円形の深い孔があり，前縁に長毛を生ずる。触角は黄褐色，球桿部はほぼ円形で4節が認められる。前胸背は幅より長く，基部の前が最も幅広く，中央より前方に狭まり円い前縁を有し，中央両側方が横に凹み，前半光沢なく瓦片状の顆粒を同心円状に配列し，後半は光沢強く正中縦隆起線と側方部とを除き強い点刻を疎布する。小楯板は円く小形。翅鞘は前胸背板とほぼ等幅で，幅の1.5倍長，両側は直線状で後端は円く，点刻縦列は弱く中央部で消失し，間室は無点刻で横皺を有し，後方部は平滑で次第に傾斜部となり会合線に近く広く凹みその両縁に各3棘を具え，各棘の先端は上内向，雌では瘤状突起となる。母孔は星状であるが多くは横に出て長く，幼虫孔は短い。エゾマツ・ハイマツ・チョウセンマツ・マンシュウクロマツ・シベリヤアカマツ・カラマツ類の幹の上部と枝との皮下を食害する。北海道に産し，樺太・朝鮮・満洲・シベリヤ・欧洲等に分布する。トウヒノネノキクイムシ（*Dryocoetes autographus* Ratzeburg）は体長3.5〜4mm，長楕円形，光沢ある暗褐色で長毛を装う。額は中高で顆粒を布し，前方浅く凹む。複眼は長く黒色で，前縁強く剖られている。触角は黄褐色，中間節は5節，球桿部はほぼ円形。前胸背板は短卵形で中央最幅，後縁直線で前縁円く，一様に鱗片の皺にて被われ，正中縦線は不明。小楯板は小さく円い。翅鞘は基部が前胸背板より広く，幅の1.5倍長，両側平行，後縁ゆるく円く，表面は深く円い点刻からなる縦条列を有し，各間室に1列の微点刻を有し，後半部に灰色の長毛を生じ，後端斜面部はゆるく下方に彎曲し会合線の両側が浅く縦に凹む。エゾマツ・アカエゾマツ・チョウセンマツ等の根部の皮下に多数寄生する。北海道・本州等に産し，台湾・朝鮮・満洲・シベリヤ・欧洲・北米等に分布する。ルイスザイノキクイムシ(*Xyleborus lewisi* Blandford)は体長1.8〜4.3mm，黄褐色乃至赤褐色，雌雄形態を異にする。雌に大小2形がある。長楕円形で後方少しく拡がり，長毛を装う。頭部は粗点刻と皺とを疎布し，中央に1縦線を有する。前胸背板は長幅殆んど等しく，前縁円く頭部を隠し，全面小瓦片状皺で被われている。翅鞘は前胸背板と等幅，幅の1.5倍よりやや長く，点刻縦列は粗，各間室には不規則に2列からなる微点刻を有し，後端斜面部は円味を有し各間室に細長毛を生ずる微顆粒を布する。雄は短楕円形，翅鞘末端強く円形に傾斜し各間室に小顆粒がない。カシ・サクラ・シイ・ハンノキ・クワ・タラ・エゴ・シデ・ケガキ・ゴシユ・モッコク・クスその他等30種に余る濶葉樹を枯し頗る有害，穿孔の直径大きく，好んで枝に寄生して幼虫の食物たる菌を養う性を有する。本州・四国・九州等に産し，台湾・朝鮮等に分布する。以上諸種の他寄主の判明せる種類は次表の如くである。

和　名	学　名	宿　主	分　布
マツノカバイロキクイムシ	*Hylurgops glabratus* Zetterstedt	マツ・エゾマツ・トウヒ	本州・九州・朝鮮・台湾・満洲・樺太・シベリヤ・欧洲
マツノコスジキクイムシ	*Hylurgops niponicus* Murayama	マツ類	本　州
ハルニレノキクイムシ	*Hylesinus scutulatus* Blandford	ハルニレ・クリ	本州・九州
シロオビキクイムシ	*Hylesinus cingulatus* Blandford	ヤチダモ・トネリコ	北海道
ヤチダモコキクイムシ	*Hylesinus costatus* Blandford	ヤチダモ	北海道
ヤチダモキクイムシ	*Hylesinus laticollis* Blandfrod	ヤチダモ・サトトネリコ	北海道

和　　名	学　　名	宿　　主	分　　布
ヤチダモオオキクイムシ	*Hylesinus nobilis* Blandford	ヤチダモ・トネリコ	北海道
マツノコキクイムシ	*Myelophilus minor* Hartig	アカマツ・クロマツ・アカトド・エゾマツ・カラマツ	全土・台湾・朝鮮・満洲・支那・シベリヤ・欧洲
ヒバノキクイムシ	*Phloeosinus perlatus* Chapuis	ヒバ・ヒノキ・ビァクシン・スギ・イチイガシ	北海道・本州・九州・朝鮮
ヒノキノキクイムシ	*Phloecsinus rudis* Blandford	ヒノキ・ヒバ	本州・四国
ルイスオオキクイムシ	*Hyorrhynchus lewisi* Blandford	イタヤ・ニレ・ハンノキ・ブナ	北海道
シラカシノキクイムシ	*Acanthotomicus spinosus* Blandford	シラカシ	本州・九州
アラキサイダキクイムシ	*Cladoborus arakii* Sawada	エゾマツ	北海道
ヒノキコキクイムシ	*Cryphalus chamaecypariae* Niijima	ヒノキ	本　州
スギコキクイムシ	*Cryphalus cyrptomeriae* Niijima	ス　ギ	本州・九州
ウコギノコキクイムシ	*Cryphalus acanthopanaxi* Niijima	ウコギ	北海道
アマクサコキクイムシ	*Cryphalus amakusanus* Marayama	ヒメユズリハ	九　州
バショウノコキクイムシ	*Cryphalus basjoo* Niijima	バショウ	九　州
ネッカコキクイムシ	*Cryphalus jeholensis* Murayama	アカマツ・クロマツ	北海道・四国・熱河
イチジクノコキクイムシ	*Cryphalus ehlersi* Eichhoff	イチジク	本　州
キイロコキクイムシ	*Cryphalus fulvus* Niijima	アカマツ・クロマツ・チョウセンマツ・マンシュウクロマツ	本州・四国・九州・朝鮮・満洲・北支
カラマツコキクイムシ	*Cryphalus laricis* Niijima	カラマツ・トドマツ・クロマツ・アカマツ	北海道・本州
リンゴノコキクイムシ	*Cryphalus malus* Niijima	リンゴ・サクラ・スモモ	北海道
クワノコキクイムシ	*Cryphalus morivorella* Niijima	ク　ワ	四　国
クルミノコキクイムシ	*Cryphalus jugransi* Niijima	クルミ	本　州
ハンノナガコキクイムシ	*Cryphalus longus* Eggers	ハンノキ	北海道
アカマツノコキクイムシ	*Cryphalus oblongus* Niijima	アカマツ	本　州
トドマツノコキクイムシ	*Cryphalus piceae* Hatzeburg	トドマツ・モミ・エゾマツ・アカエゾマツ・アカマツ	北海道・本州・四国・樺太・千島・朝鮮・満洲・欧洲
ツタウルシノキクイムシ	*Cryphalus rhusii* Niijima	ツタウルシ	北海道
サッポロコキクイムシ	*Cryphalus sapporensis* Niijima	シナノキ	北海道・本州
タケノコキクイムシ	*Cryphalus satonis* Matsumura	タ　ケ	本　州
トウヒホソキクイムシ	*Crypturgus pusillus* Gyllenhal	トウヒ・エゾマツ	北海道・本州・朝鮮・台湾・欧洲・北米
エゾマツホソキクイムシ	*Crypturgus tuberosus* Niijima	エゾマツ・クロマツ	北海道・樺太
アカエゾキクイムシ	*Polygraphus gracilis* Niijima	エゾマツ・アカトド・アカエゾマツ	北海道・樺太
エゾキクイムシ	*Polygraphus jesoensis* Niijima	エゾマツ・アカエゾマツ	北海道・樺太
モミノキクイムシ	*Polygraphus oblongus* Blandford	モミ・アオモリトドマツ	本州・四国・九州
サクラキクイムシ	*Polygraphus ssiori* Niijima	サクラ・シオリザクラ	北海道・本州
メアカンキクイムシ	*Polygraphus meakanensis* Niijima	ハイマツ	北海道・
シラベノキイロキクイムシ	*Polygraphus miser* Blandford	シラビソ	本州・朝鮮
ナシノクロキクイムシ	*Polygraphus nigriclytris* Niijima	ナ　シ	北海道
トウヒノコキクイムシ	*Polygraphus subopacus* Thomson	エゾマツ・トウヒ・チョウセンマツ	北海道・朝鮮・欧洲
カナクギノキキクイムシ	*Xyloterus pubipennis* Blandford	カナクギノキ・ヤブニッケイ・タブ・シイ・コバンノキ	全土・朝鮮・台湾
イタヤノキクイムシ	*Xyloterus aceris* Niijima	イタヤ	北海道
カシワノキクイムシ	*Xyloterus quercus niponicus* Blandford	カシワ・ニレ・ナラ	北海道・本州・朝鮮
トウヒノヒメキクイムシ	*Pityophthorus jucundus* Blandford	アカマツ・クロマツ・エゾマツ・チョウセンハリモミ	本州・四国・九州・朝鮮・満洲
オンタケキクイムシ	*Pityogenus foveolatus* Eggers	ハイマツ	北海道・本州
ホシガタキクイムシ	*Pityogenus chalcographus* Linné	エゾマツ・カラマツ・トオヒ・ハイマツ・モミ・シベリヤアカマツ・マンシュウクロマツ	北海道・本州・朝鮮・樺太・満洲・シベリヤ・欧洲

和名	学名	宿主	分布
マツノムツバキクイムシ	*Ips acuminatus* Gyllenhal	カラマツ・チョウセンカラマツ・アカマツ・チョウセンマツ・マンシュウマツ・エゾマツ・トドマツ・ウトシラベ	北海道・本州・四国・朝鮮・満洲・蒙古・北支・シベリヤ
マツノツノキクイムシ	*Ips angulatus* Eichhoff	アカマツ・クロマツ	本州・四国・九州・台湾
キョクシキクイムシ	*Ips curvidens* Germar	アカトド	北海道・本州
マツオウキクイムシ	*Ips cembrae* Heer	マツ・カラマツ・アカトド	北海道・本州・台湾・朝鮮・満洲・蒙古・シベリヤ・欧洲
カラマツキクイムシ	*Ips laricis* Fabricius	エゾマツ・カラマツ	北海道・本州・朝鮮・樺太・満洲・シベリヤ・欧州
マツカワノキクイムシ	*Ips proximus* Eichhoff	エゾマツ・マツ	全土・朝鮮・欧洲
カラマツオウキクイムシ	*Ips shinanoensis* Yano	カラマツ	本州
シナノキクイムシ	*Kissophagus tiliae* Niijima	シナノキ	北海道
エゾマツオウキクイムシ	*Dendroctonus micans* Kugelann	エゾマツ	北海道・樺太・シベリヤ・欧洲
ツゲノキクイムシ	*Dryocoetes pilosus* Blandford	ツゲ	本州・九州
ベニイタヤノキクイムシ	*Dryocoetes picipennis* Eggers	ベニイタヤ	北海道
アトマルキクイムシ	*Dryocoetes rugicollis* Eggers	エゾマツ	北海道・樺太
ハンノカバイロキクイムシ	*Hylastinus alni* Niijima	ハンノキ	北海道・シベリヤ
マツスジキクイムシ	*Hylastes interstitialis* Chapuis	マツ	本州・九州・台湾・満洲
マツノネキクイムシ	*Hylastes intermedius* Chapuis	アカマツ	本州
エゾマツキクイムシ	*Hylastes plumbens* Blandford	エゾマツ	本州・九州・朝鮮・台湾・欧洲
クヌギノキクイムシ	*Eidophelus imitans* Eichhoff	クヌギ	九州・朝鮮
シデノマルキクイムシ	*Sphaerotrypes carpini* Eggers	シデ類	北海道
ケブカマルキクイムシ	*Sphaerotrypes pila* Blandford	クヌギ・アカガシ・ツバキ	本州・九州・朝鮮・台湾
ハンノキコキクイムシ	*Xyleborus alni* Niijima	ハンノキ	北海道
クスコキクイムシ	*Xyleborus amputatus* Blandford	クス・ヤマビワ・トキワガキ	九州・台湾
リンゴマルキクイムシ	*Xyleborus apicalis* Blandford	リンゴ・ブドウ・ニレ・クリ・シイ・ハンノキ	北海道・本州・九州・朝鮮
アカマツザイノキクイムシ	*Xyleborus aquilus* Blandford	アカマツ・モミ・スギ・ヨグソミネバリ・アカメガシワ・サカキ・エノキ	本州・四国・九州・朝鮮
サクラノホソキクイムシ	*Xyleborus attennatus* Blandford	サクラ	本州・朝鮮
クワノキクイムシ	*Xyleborus atratus* Eichhoff	クワ・ハルニレ・オキナワマツ・ハンノキ・ヤマハンノキ	北海道・本州・九州・朝鮮・台湾・インド・マレイ・南洋諸島
ユズリハノキクイムシ	*Xyleborus badius* Eichhoff	アカガシ・タブノキ・エゴノキ・カシノハモチ・ユズリハ・アワブキ・サカキ・シオジ	本州・九州・朝鮮・マダカスカル・マウリティウス
カシノフタイロキクイムシ	*Xyleborus bicolor* Blandford	シイ・センダン・イチイガシ・シラガシ	九州
ハネミジカキクイムシ	*Xyleborus brevis* Eichhoff	カナクギノキ	本州・九州・朝鮮・台湾
ナガオキクイムシ	*Xyleborus calamoides* Murayama	イチイガシ	九州
カシマルキクイムシ	*Xyleborus concisus* Blandford	カシ・シイ・ブナ・カラスノサンショウ	九州
シイホソキクイムシ	*Xyleborus defensus* Blandford	シイ・リンゴ	北海道・本州・九州・欧洲・北米
サカクレノキクイムシ	*Xyleborus ebriosus* Niijima	モミ・スギ・ナラ・カシ・ブナ・シデ・クス・サカキ・ヒサカキ・ユズリハ・ネム・エゴ	全土・台湾・朝鮮
シイキクイムシ	*Xyleborus exesus* Blandford	シイ	本州・九州
ハンノキキクイムシ	*Xyleborus germanus* Blandford	カラマツ・トドマツ・ヒノキ・ヒバ・ハンノキ・ブナ・チヤ・クリ・クス・ハゼ・タブ・クワ・カシ	全土・朝鮮・満洲
マテバシイキクイムシ	*Xyleborus glabratus* Eichhoff	マテバシイ	本州・九州・台湾
クスキクイムシ	*Xyleborus interjectus* Blandford	クス・タブノキ・イチジク類	九州・台湾・支那・ビルマ・インド

和　　名	学　　名	宿　　主	分　　布
ヤマトキクイムシ	*Xyleborus japonicus* Eggers	アカマツ	本　州
クロスジキクイムシ	*Xyleborus lineatus* Olivier	ブナ・アカトド	北海道・本州・樺太
カドヤマキクイムシ	*Xyleborus kadoyamaensis* Murayama	シイ・タブノキ	九　州
クマモトキクイムシ	*Xyleborus kumamotoensis* Murayama	クス・タブノキ	九　州
ミヤザキキクイムシ	*Xyleborus miyazakiensis* Murayama	アカガシ	九　州
ズミノキクイムシ	*Xyleborus montanus* Niijima	ズ　ミ	本　州
フジノキクイムシ	*Xyleborus kraunhiae* Niijima	フ　ジ	本　州
クスノオウキクイムシ	*Xyleborus mutilatus* Blandford	クス・アカシデ・エゴ・カナクギノキ	全土・朝鮮・台湾
ヒサカキノキクイムシ	*Xyleborus octiesdentatus* Murayama	ヒサカキ・サカキ・シキミ	四国・九州・朝鮮
オノハラキクイムシ	*Xyleborus onoharaensis* Murayama	アカガシ・カシワ	九　州
オウスミキクイムシ	*Xyleborus osumiensis* Murayama	ナナメノキ	九　州
ウラジロカシキクイムシ	*Xyleborus pelliculosus* Eichhoff	アカガシ・シイ	本州・九州
センダツキクイムシ	*Xyleborus praevius* Blandford	モミジ・サクラ・ユズリハ	本州・九州・朝鮮
カシマルキクイムシ	*Xyleborus quercicola* Eggers	アカガシ	本　州
アカクビキクイムシ	*Xyleborus rubricollis* Eichhoff	オノオレ・アカガシ・クワ・センダン・タブ	本州・四国・九州
サクセスキクイムシ	*Xyleborus saxeseni* Ratzeburg	ドロノキ・ボダイジュ・サクラ・マツ・チョウセンマツ・モミ・トウヒ・シラベ・ヒノキ・カバ・ハンノキ・ブナ・カシ・カエデ・ヒバ・カツラ	全土・朝鮮・欧洲
ハンノキホソキクイムシ	*Xyleborus schaufussi* Blandford	ヤマハンノキ	北海道・本州
サイホクキクイムシ	*Xyleborus septentrionalis* Niijima	アカエゾマツ・アカマツ	北海道・本州
ハンノスジキクイムシ	*Xyleborus seriatus* Blandford	ヤマハンノキ・シイ	北海道・本州
アカガシキクイムシ	*Xyleborus sobrinus* Eichhoff	アカガシ・シイ・ウラジロガシ・ユズリハ	本州・九州
トドマツオオキクイムシ	*Xyleborus validus* Eichhoff	アカマツ・トドマツ・ブナ・ヒバ	北海道・本州・九州・朝鮮・沖縄

443. アラアシキクイムシ（粗脚小蠹虫）科
Fam. Scolytoplatypodidae Blandford 1895

キクイムシ科の甲虫と同様であるが前脚の脛節の下面がやすりの面の如く粗造となつている事によつて明瞭に区別する事が出来る（Fig. 1025）。*Scolytoplatypus* Schaufuss が模式属で，本邦からは 4 種が発見されている。ミカドキクイムシ（*Scolytoplatypus mikado* Blandford）（Fig. 1026）は体長 3.5～5.0mm，光沢ある黒色または黒褐色で黄色毛を装う。雌雄形態を異にする。頭部は細網状皺を有し光沢なく，中央に弱い縦隆起線があり，額は雄では強く凹み，雌では中高で頭楯の中央に縦隆起線がありその両側凹み前縁に黄色の毛列を有する。触角は長大で赤褐色，雄の球桿部は細長く黄色毛を密布し，雌では楕円形で末端鈍く尖る。前胸背板は全面に大小の浅い点刻を密布し，中央に滑かな縦線を有する。この縦線は雌では短かく中央前の小円孔にて終る。雄の体下前脚基節間に 2 個の鉤状突起を具えている。翅鞘は点刻深く縦溝をなし，間室は隆起する。雄ではその第 2・4・6・8 が水平に後方に突出して尖り第 3 は低く，雌では凡てが突出していない。母孔は材中深く水平に入り 2 叉し，その上下に幼虫孔が並んで梯子状となつている。スギ・タケ・カシ・ナラ・ニレ・カエデ・ニガキ・シデ・クス・キハダ・サカキ・シオジ・ズズキ・ズミ・ミズキその他等約20種の木竹を害し，本州・四国・九州・朝鮮・台湾・インド・マレー等に分布する。ダイ

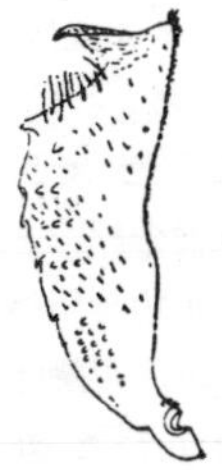

Fig. 1025. *Scolytoplatypus* の前脚脛節 (Hopkins)

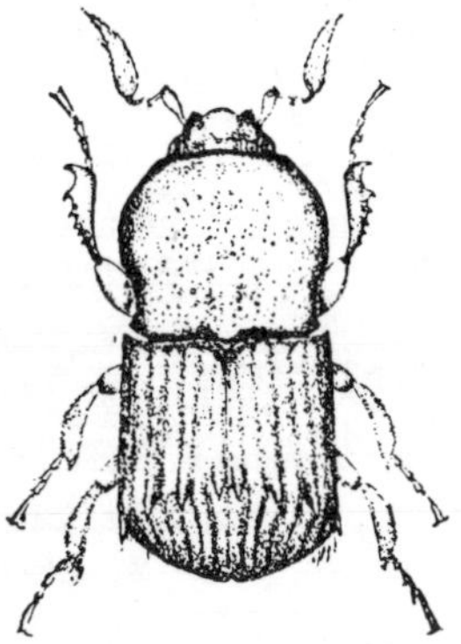

Fig. 1026. ミカドキクイムシ雄（新島）

ミョウキクイムシ (*S. daimio* Blandford) は北海道・本州等に産し，カシワ・イタヤ・ヤチダモ・タブノキ等に寄生する。ショウグンキクイムシ(*S. shogun* Blandford) は北海道・本州・九州等に産し，台湾に分布し，イタヤ・コブシ・シデザクラ等に寄生する。タイコンキクイムシ (*S. tycon* Blandford) は全土に産し，朝鮮・台湾等に分布し，カラマツ類・キハダ・ブナ・カエデ等の大害虫として知られている。

XXX 撚 翅 目

Order *Strepsiptera* Kirby 1813

Rhipidioptera Lamarck 1816, *Rhipiptera* Latreille 1817, *Strepsata* Billberg 1820, *Rhipidoptera* Burmeister, 1829, *Stylopites* Newman 1834, *Stylopida* Haeckel 1896 等は異名。この目は鞘翅目に近似するもので，屢々同目中に包含せしめられた事があつた。しかし現今では殆んど凡ての学者が独立した1目として認めている。Strepsipterans, Stylops, Twisted-winged Insects 等と称えられ，ドイツでは Strepsipteren や Fächerflügler 等とよばれ，フランスの Sterepsiptéres がこの目の昆虫である (Fig. 1027)。

微小乃至小形，自由生活と内部寄生生活との2型で，完全変態と過変態とで，退化せる咀嚼口を有する。雄は鞘翅目に類似し，有翅で活潑，複眼は顕著で突出し，単眼はなく，触角は体より短かく扇子状，後胸は非常に大形，前翅は棍棒状または棲状の平均棍に退化し，後翅は大形で扇状となり少数の縦脈を有し縦に畳まれ，跗節は2～5節。雌は幼虫型，頭部と胸部とが癒合し，口器は退化し，複眼と触角と鬚と脚と体節と生殖器とがない (*Mengeidae* では存在するが退化している)，翅はない。幼虫は2型で，第1幼虫 (即ち三爪型) は活潑で自由生活をなし，跳虫型で有棘，有節，眼と触角と口器とは痕跡的，脚はよく発達する。第2幼虫 (即ち後期) は蠕虫形，有節，明瞭な頭部や附属器や棘等はなく，口器と脚とは認められる。

外形態

雄虫。1.5～4.0mm の体長を有し短太の甲虫状で褐色乃至黒色の様々な色彩を呈し，皮膚は幾丁質化し有色素で有節で滑か粗いか有毛。頭部はよく発達し，下口式で，一般に長さより幅広。触角はよく発達し4～7節で様々な形状を呈し，ある環節は扇子状となり外観有枝状，感覚孔を具えている。複眼は大きく，20～50の単眼の集合でラズベリー状，単眼はない。口器は退化し，上唇は退化するかまたはなく，大顋は退化し棘毛状で簡単で鎌状，小顋はなく小顋鬚は2節，下唇は原始形に退化しあるものではなく，下唇鬚はない。前胸と中胸とは小さく，後胸は著しく大形となり非常に発達した後小楯板を具えている。脚は前中両基節が長く，転節はなく，跗節は2～4節，爪は2本またはない。前翅は痕跡的で，棍棒状または棲状で，偽平均棍 (Pseudohalteres) と称えられている。後翅は扇状で退化せる縦脈を具えている。気門は中胸に1対と後胸に1対とを有する。腹部は10節，基部は後小楯板の下に隠され，気門は6～8対がある。雄の挿入器は直線かまたは鉤状で第9と第10との両環節から構成されている孔の中に位置している。

雌。自由生活型のものは体長2mm内外，内部寄生型のものは 20～30の体長を有し，長形で中央最も太く，円筒形または幾分扁平となつている。帯白色や帯黄色や帯褐色で頭胸部は濃色を呈する。皮膚は薄く弾力性を有しぼんやりした節からなる。頭部は一般に明瞭で，小形，前口式，胸部と癒合し，幾丁質化し具つ有色素。触角はないかまたは *Mengeidae* では退化せるものがあ

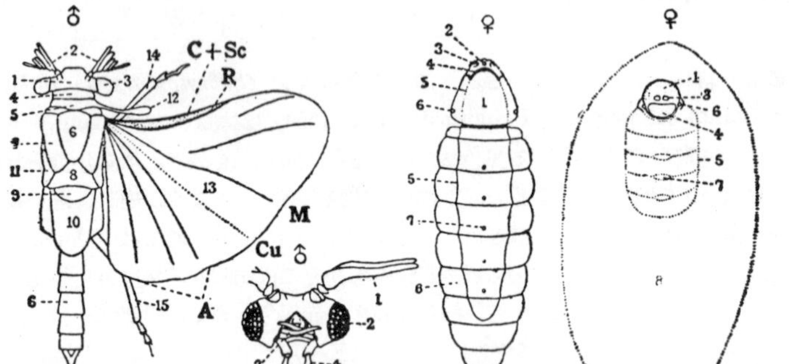

Fig. 1027. 撚 翅 目 体 制 模 式 図 (江崎)

A. クシヒゲネジレバネ雄

1. 頭部 2. 触角 3. 複眼 4. 前胸背板 5. 中胸背板 6.～10. 後胸背板 6. 前楯板 7. 楯板 8. 小楯板 9. 腰帯 10. 後小楯板 11. 側小楯板 12. 前翅 (偽平均棍) 13. 後翅 14. 前脚 15. 後脚 16. 腹節

B. ハチネジレバネ科1種の雄頭腹面図

1. 触角 2. 複眼 3. 大顋 4. 小顋

C. ハチネジレバネ科に近縁種の雌腹面図

1. 頭胸部 2. 口 3. 大顋 4. 育房の開口 5. 育房 6. 気門 7. 生殖口 8. 腹部

D. エダヒゲネジレバネ雌の腹面図

る。複眼はないが *Mengeidae* では退化せるものを有し，単眼もまたないが *Mengeidae* には退化せるものを具えている。口器は凡てないが，大顋のみが退化して存在し，*Mengeidae* では凡て退化せるものを具えている。胸部は頭部と癒合して頭胸部を構成するが，*Mengeidae* では有節。脚はない。しかし *Mengeidae* には退化して存在する。翅は全然ない。気門は後胸に1対存在し，ある種類では中胸にもある。腹部はよく発達し無節で袋状，気門は自由型のものでは7対，寄生型のものではなく，体と蛹殼との間の腹面の腔室は育房 (Brood chamber) と称えられ，蛹殼の頭部と胸部との間に受精と仔虫の脱出とに対する切れ目即ち幼虫脱出口 (Brood passage) があり，生殖器はない。

幼虫。第1幼虫は体長 0.1〜0.3mm，跳虫型で，第2幼虫の成熟したものは蠕虫型，淡色か黄色かまたは褐色の種々な陰影を有する。等1幼虫は幾丁質化し且つ色素つけられ有節で棘毛を装い，第2幼虫は平滑で軟い。頭部はよく発達し，胸部内に位置し，一般に長さより幅広く，幾丁質化し且つ色素つけられている。触角は第1幼虫ではよく形成されたものを欠き，第2幼虫では存在するかまたはなくある場合には末端棘毛を具え感覚孔を有するならん。複眼はなく，単眼は3〜5個。口器は退化し，上脣は退化し，大顋は小さく水平に位置し第1幼虫にはなく，小顋は存在し1〜4節の鬚を具え，下脣は存在し基節と亜基節とがある。胸部は明瞭で有節。脚は第1幼虫では3対存在し，跗節は種々で，棘毛状で円いかまたは長い褥盤を有す。第2幼虫は脚を欠く。翅はなく，跗部の気門は不明。腹部は10節，微毛と棘毛とを装い，第1幼虫は尾端に1対の長い棘毛を具えている。第2幼虫は有節で毛を欠く。腹部気門は認められない。

内形態

この目の昆虫の内部形態は甚だ不完全に知られている。

神経系—脳はよく発達し，胸部には1個の神経球と5対の神経が存在し，腹部第3節に1個の神経球と2対の神経が認められている。

循環系—雌虫では簡単で心臓は管状となり，9対の瓣口と1本の大動脈とを具えている。

呼吸系—*Mengeidae* 即ち自由生活の雌は1本の縦幹気管を有し，中胸と後胸と7腹環節とに各1対の気門を具えている。寄生生活の雌では1対の縦幹気管に連続する後胸の1対の気門を有し，この気管は各々腹部第1節で1対または2対の気管に分離している。これ等頭胸気管と腹部気管とは夫々完全な環状となり得るかまたはなり得ない様である。

消化系—種々な形態に変化している。幼虫では消食管が中腸で終つているが，雄の成虫と自由生活の雌とでは完全に発達している。寄生性の雌では管単で無機能的な管となつている。成虫では食物が吸収によつて取られ，排泄がなく，マルピギー氏管が欠けている。

生殖系—単性生殖が行われているが，雌雄生殖で，増胚生殖も可能の様である。雄は1対の卵形の睾丸を有し，精虫が貯精嚢と短かい射精管とを通じて挿入器に達する。自由生活型の雌では生殖口を有するが，内寄生型のものでは卵巣が非常に多数の卵を生産し胚子が腹部内に自由となり，孵化した幼虫は腹部腹板の陥入によつて漏斗状の輸卵管が構成され，その外口は3〜5個で，それ等から体外に出ずる。

生活史

雄は甚だ活潑な飛翔を行い数時間で生宿主に寄生している雌に達し，その頭部と胸部との間の部分に交尾する。受精した卵から孵化した第1次幼虫は宿主内にある雌の体外に脱出し，宿主が訪れる地上や花やその他の部分に達する。後適当な宿主の幼虫または若虫を発見し，しかる後直ちに完全な生活を始めるのである。この時期に彼等第1次幼虫は歩き廻つて宿主たる浮塵仔や椿象や蝗虫等若虫の体腔内に侵入するが，または元の宿主内に止まり蜂の巣や幼虫に運ばれ宿主幼虫の体内に侵入するかである。第1次幼虫のあるものが適当な宿主を発見する事に成功するのに無数のものが不成功に終らねばならない。第1次幼虫が一度宿主の体内に入ると直ちに第1回の脱皮が行われ無脚の蠕虫型に変ずる。幼虫の発育中に *Stylops* 属では7齢を経過する事が知られているが，凡て宿主体内での発育である為充分な調査がない。栄養は凡て吸収によるもので，彼等は宿主体内の組織に侵入する事がなく常に体腔内に生活している。老熟すると頭胸部を宿主の体外に環節間膜を通して脱出し脱皮殼内に蛹化する。

雄の蛹は裸蛹で最後の幼虫の皮膚内に存在し，成熟すると蛹殼の円い外部にさらされている部分から，晴天の朝に，出で雌を求める為に飛翔し，2・3日でそれを見出す為に非常な努力をなすものの様である。

成熟雌虫は蛹殼内に止まり，彼等は扁平な頭胸部を宿主の腹部環節間から彼等の幼虫が孵化する迄現わし，第1次幼虫が脱出した後に宿主と共に死滅する。

撚翅虫によつて寄生された宿主は種々な結果を現わし，頭部の大きさが小さくなり，雌雄の生殖器管や雌の棘針等が減退し，腹部が大形となり，装毛が増し，点刻が小形となり，二次的雌雄の性質特に色彩の変化を来す等の事が認められている。雌虫の寄生の為に宿主の生命が短縮される事がない。しかし雄虫の寄生はある激烈さを宿主に与えるもののようである。現今迄に認識された宿主は直翅目（3属），半翅目同翅亜目（45属），異翅亜目（3属），膜翅目（41属）等である。

この目の昆虫は化石として殆んど発見されていないが *Mengea tertiaria* Menge がコハク層中に見出されている。世界に広く分布しているが，ある科のものは甚だ小区域のみに発見されている。約300種類が知られ，本邦からは数種が見出されている。つぎの4上科11科に分類する事が出来る（Fig. 1028），

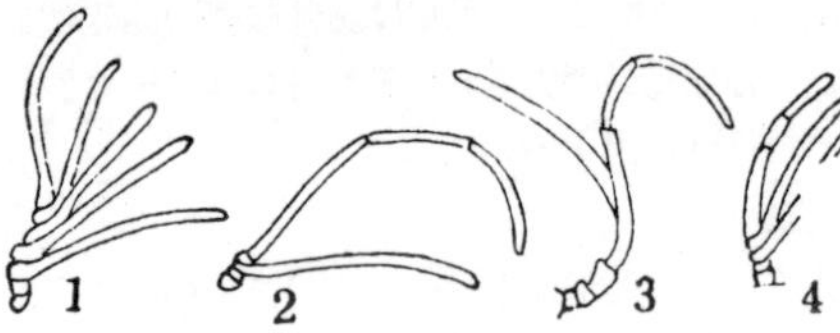

Fig. 1028. 撚翅虫雄の触角（Pierce）
1. *Anthericomma* 2. *Caenocholax*
3. *Parastylops* 4. *Triozocera*

1．雄の跗節は5節で2爪を具え，前中両胸部は短かく横形……Superfamily *Mengeoidea* Pierce 1911…2
　雄の跗節は4節かまたはより小数節で爪を欠く…3
2．触角は7節で第3と第4とは側方に延び，後胸の前楯板は横形で肩部に達し後胸の他の背板の前方全体に横たわり，小楯板は前方広く円味を有し前楯板より長い（*Triozocera* Pierce，新北区，新熱帯区，*Mengea* Grot 化石）………Family *Mengeidae* Pierce 1908
　触角は6節で第3～5節が側方に延び第6節が長くなつている。後胸の前楯板は横方形で肩部に達しないで扁平となり短かい頸状部を形成し，楯板の側片は後胸に達し，小楯板は甚だ長く前方細く且つ円い（*Mengenilla* Hofeneder 旧北区，*Austrostylops* 濠洲区，*Tetrozocera* 旧北区）……………………………………………………Family *Mengenillidae* Hofeneder 1910
3．雌虫の胸部気門は多少明瞭で一般に突出し，雄の跗節は4節（現今迄発見されたものは），直翅目・膜翅目・半翅目に寄生する……………………………………4
　雌の胸部気門は一般に識別が出来ないで決して突出していない。雄の跗節は2～3節。半翅目の同翅亜目に寄生する…………………………………………………9
4．雌虫は育房内に生殖管の3縦列を有する。雄は不明。直翅目に寄生する……………………Superfamily *Stichotrematoidea* Hofeneder 1910 ……………………………(*Stichotrema* Hofen. 濠洲区) …………………………………… Family *Stichotrematidae* Hofeneder 1910
　雌虫は育房内に4～5個の生殖管の1縦列を有する。雄の跗節は5節。前中両胸部は短かく，横形。膜翅目と半翅目とに寄生する…Superfamily *Xenoidea* Semenov 1902……………………………………………5
5．雌の頭胸部は長く2対の気門を有し，5個の生殖管を有する。雄虫は不明。半翅目に寄生する（*Challipharixenos* Pierce, *Chrysochorixenos* Pierce, インドマレー区）……………………………………………………………Family *Callipharixenidae* Pierce 1918
　雌の頭胸部は幅広で1対の気門を有し，膜翅目に寄生する……………………………………………………6
6．小楯板は前方広く円い………………………………7
　小楯板は幾分広く截断状で前方柄状………………8
7．小楯板は前楯板より短かく，触角は7節で第3節が側方に延び第4節が短かく第5～7節が長い。雌は不明。蟻に寄生する（*Myrmecolax* Westwood インド，*Caenocolax* Pierce 新熱帯）……………………………………………… Family *Myrmecolacidae* Pierce 1908
　小楯板は前楯板より長く，触角は6節が側方に延びている。雌の頭胸部は末端幅広く截断状かまたは円く，頭部は後胸の気門部の殆んど半分の幅をなし，生殖管は5個（*Stylops* Kirby, *Nesostylops* Pierce, 全北区。*Katastylops* Pierce 新北区。*Parastylops* Pierce インド）……Family *Stylopidae* Pierce 1908
8．前楯板は中胸の基部と等幅，触角は5節で第3節が側方に延長し第4節が短かく第5節が長い。頭胸部の頭部が後胸気門部の幅の1/2より広くない。蟻に寄生する（*Hylechrus* Saunders 旧北区）…………………………………Family *Hylechthridae* Semenov 1902
　前楯板は中胸の基部と等幅でない。触角は4節で第3節が側方に延長し第4節が長くなつている。雌の頭胸部は種々な形状を呈し，生殖管は4～5個，蜂に寄生する……………………………………Family *Xenidae*
9．雄虫の跗節は3節。雌虫の頭部は前方葉片状となり，生殖管は2個のみ……………………Superfamily *Halictophagoidea* Pierce 1908……………………10
　雄虫の跗節は2節。雌虫の頭部は腹面に顆粒を有し，生殖管は3個……… Superfamily *Elenchoidea* Pierce 1908…………………………Family *Elenchidae*
10．雄虫の触角は4節で，第3節と第4節との側方延長部は不等長（*Diozocera* Pierce 旧北区）……………………………………… Family *Diozoceratidae* Pierce 1911
　雄虫の触角は7節で，第3～6の各節が側方に延長し，第7節が長い…………Family *Halictophagidae*

以上の諸科中本邦から発見されているものはつぎの3科。

444. エダヒゲネジレバネ（枝角撚翅）科

***Fam. Elenchidae*(Perkins 1905)Pierce 1908**

この科は枝角撚翅上科（Superfam. *Elenchoidea*）を構成し，*Elenchus* 新熱帯区・エチオピア区・濠洲区，*Dinelenchus* 濠洲区，*Liburnelenchus Elenchoides Pentagrammaphila* 新北区等がが代表的な属で，本邦からはエダヒゲネジレバネ（*Elenchinus japonicus* Esaki et Hashimoto）が知られている。この種(Fig. 1029）の雄は体長1.3mm，体は主に黒褐色だが腹部やその他等の幾丁質の発達しない部分は白色。頭部はやや前方に屈り後縁が深く湾入している。複眼は甚だ大きく約20個の小眼からなる。触角は5節で，第1～第3節が殆んど等長で甚だ短かく，第3節のみ側方に細長い枝を出し，第4節は第3節の枝の約1/2長，第5節は最長且太く第3節の枝とほぼ等長。大顋は細長く爪状，小顋は2節で第1節が短太第2節が細長となる。前胸は短かく横帯状，中胸も同様，後胸は頗る大形。前楯板は幅広くやや三角形を呈し後方に尖り，楯板は短かく側片が前楯板の後方に相会しややV字形，側小楯板(Parascutellum）は斜，小楯板は短かく，腰帯(Postlumbium）はやや三日月形で白色，後小楯板は長く後方に伸出する。前翅は細長く棍棒状，後翅は頗る幅広く極めて薄い膜質で無色透明，しかし前縁部は暗色を呈しそこに前縁脈と亜前縁脈と径脈とを有し，中脈は翅縁に達しない，径脈と中脈との間に1脈を有し，臀脈は1本。脚は淡黄色で正常，2節の跗節を具えている。腹部は10節。雌は体長 2mm 内外，頭胸部は腹面より見るときやや半円形で著しく膨出し，大顋の痕跡は明瞭な楕円形をなし左右接近し，育房の開口は大きくやや半円形，その両側端が頭胸部と接する部分に気門を有する。腹部は嚢状で大きく輪廓は明瞭でないが真の腹部では5節を認識する事が出来，生殖器の開口は紡錘形で第2—4節に各1個宛即ち3個を有する。本種は各種のウンカ科に寄生し，常に腹部の環節間に雄はその頭部を雌はその頭胸部を現わす。本州・九州等に発見されている。

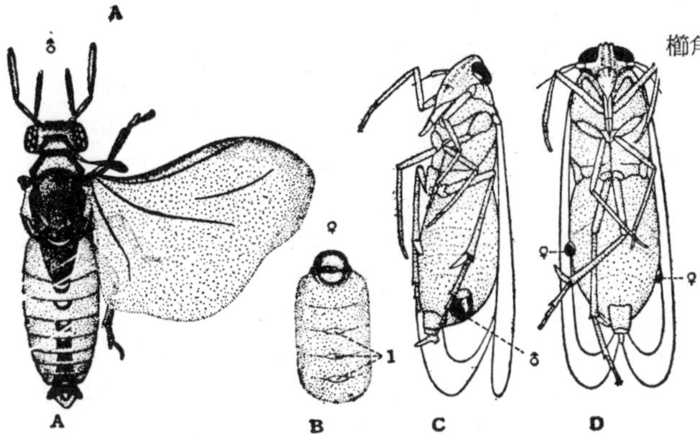

Fig. 1029. エダヒゲネジレバネ（江崎）
A. 雄　B. 雌の頭胸部と育房（1. 生殖系開口）　C.D. 本種の寄生を受けたセジロウンカ（♂雄蛹の頭部　♀雌の頭胸部）

445. クシヒゲネジレバネ（櫛角撚翅）科

Fam. Halictophagidae (Perkins 1905) Pierce 1908

櫛角撚翅上科の1科で *Anthericomma*・*Agalliaphagus* 新北区，*Pentozocera* 新熱帯，*Halictophagus, Delphacixenos* 旧北区，*Tettigoxenos* エチオピア・旧北区，*Muirixenos* インドマレー区，*Pentacladocera* 濠洲区，等が代表的な属で，本邦からはクシヒゲネジレバネ（*Tettigoxenos orientalis* Esaki et Hashimoto)(Fig. 1030）が発見されている。雄。体長1.7mm，体は一様に暗褐色で，胸部の側面と腹部の側面と腰帯とは淡色。頭部は短かく後縁湾入し，複眼は甚大で約20個の小眼からなり側方に著しく突出する。触角は7節，基部2節は短かく長幅ほぼ等しく，第3節以下は側方に突出し，その突出部は第3節にて最も長く，第4節では前者のものは更に短かく，第5・第6節のものは更に短く第6節のものは第7節のものより長い。大顋は爪状で尖り，小顋は2節で第1節が末端の方に細まり第2節より短かい。前胸は短かく横帯状，中胸も同様，後胸はよく発達し，前楯板は長く後方に細まり且つ突出し，楯板は前楯板の両側にあつてやや長方形を呈し，小楯板は横形で後側方に伸長し，腰帯は殆んど白色で横長楕円形，後小楯板は甚だ長く舌状で

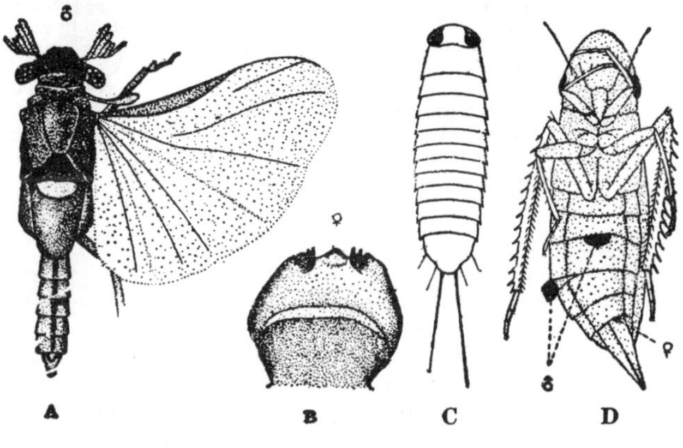

Fig. 1030. クチヒゲネジレバネ（江崎）
A. 雄　B. 雌の頭胸部　C. 第1期幼虫　D. 本種の寄生を受けたサジョコハイ（♂雄の蛹の頭部　♀雌の頭胸部）

後方に伸び後楯板と小楯板との和と殆んど等長。前翅は棍棒状。後翅は頗る大きく極めて薄い膜質で無色，前縁の基部2/3は前縁脈と亜前縁脈と径脈との密着により褐色を呈し，中脈は単純で殆んど翅縁に達し，径脈との間に2脈を有し，臀脈は3本。脚は淡黄色で正常，跗節は3節。腹部は細長く10節が認められる。雌。頭胸部はやや円形で腹面から見ると前縁に近く横形の口を有しその前方が乳頭状に突出し，口の両側に末端に2歯を有する大顋を具え，育房の開口は幅広いが短かい。本種はツマグロヨコバイやサジヨコバイ等に寄生し，腹部腹面の環節間に現われている。九州に発見されている。

446. ハチネジレバネ（蜂撚翅）科

Fam. Xenidae Pierce 1908

蜂撚翅上科の1科で *Xenos* 旧北区・米区，*Pseudoxenos*・*Eupathocera* 全北区，*Vespaexenos* インドマレー区，*Halictophilus* インド区，*Belonogastechthrus* エチオピア区，*Homilops* 米区等が代表的な属で，本邦からは *Pseudoxenos* と *Vespaexenos* との2属が発見されている。スズバチネジレバネ(*Pseudoxenos iwatai* Esaki) (Fig. 1031) の雄は体長3mm，体は一様に黒褐色，頭部は極めて短かく後縁湾入し，複眼は頗る大きく側方に球状に突出し大形の小眼からなる。触角は4節，基部2節は極めて短かく，第3節は著しく長く側方に鰓状に伸び，第4節は第3節の伸長部と等長で平行に保たれている。大顋と小顋とは淡黄色，前者は細長く爪状で後者は2節からなる。前胸は短かく横帯状，中胸も同様なれど更に短かく，後胸は頗る大形，前楯板はやや菱形，楯板は大きくやや四角形で左右のものが前楯板の後端で出合い，側小楯板は幅狭く，小楯板は殆んど正三角形，腰帯は極めて短かく暗色，後小楯板は頗る長大で前楯板と小楯板との和とほぼ等長で舌状。前翅はやや杓子状を呈し末端扁平，後翅は頗る幅広く極めて薄い膜質，無色透明なれど，前縁部は暗色を呈し前縁脈と亜前縁脈と径脈とを包含し，中脈は長く基部褐色を呈し，径脈との間に2脈を有し，肘脈は存在するが極めて不明瞭，臀脈は3本。脚は淡黄色で太く正常，中脚が最も太い。腿節は扁平，跗節は4節。腹部は10節で短かく一様に黒褐色。雌は不明。スズバチやフタオビドロバチ等に寄生する。スズメバチネジレバネ (*Vespaexenos crabronis* Pierce) はキイロスズメバチ等に寄生し，九州に発見されている。

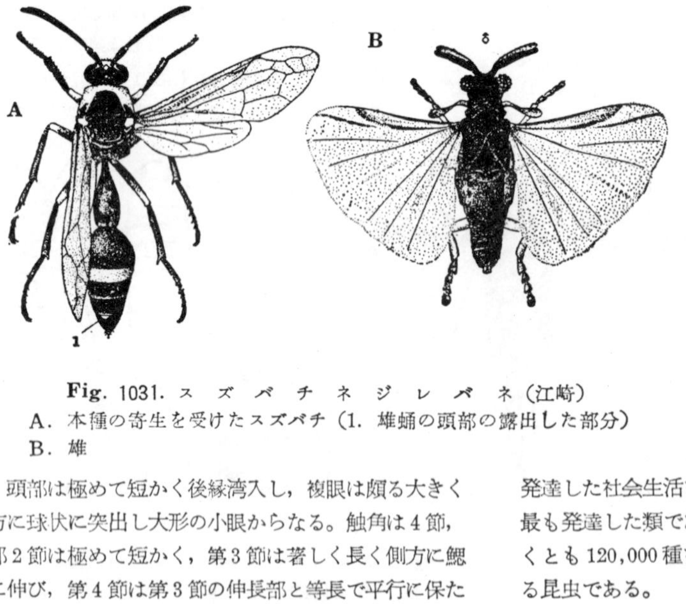

Fig. 1031. スズバチネジレバネ（江崎）
A. 本種の寄生を受けたスズバチ（1. 雄蛹の頭部の露出した部分）
B. 雄

XXXI 膜 翅 目

Order *Hymenoptera* Linné 1758

ドイツでは Hautflügler，フランスでは Hyménoptères と称えられ，英語の Ants・Bees・Wasps・Gall-flies・Sawflies・Horntails・Ichneumons・Braconids 等がこの目に属する昆虫である。微小乃至中庸大，完全変態。口器は特別な構造で咬み，嚼み，舐め且つ吸う作用をなし，単眼は一般に存在し，触角は普通雄では12節雌では13節，跗節は普通5節。無翅または有翅で，2対の翅は膜質でこわばり裸体で比較的細く，前翅は後翅より著しく大形，翅脈は減退するかまたは稀れになく，縁紋は常に存在する。腹部は殆んど常に有柄，一般に6〜7節が認められ，基節は胸部と癒合している。雌虫は顕著な産卵管を有し，このものは鋸かまたは錐か或は針等に変形している。幼虫は有頭または無頭，頭部はよく発達するものとしからざるものとがある。無脚のものと有脚のものとがあつて，胸脚や腹脚がある。蛹は自由即ち裸蛹で，絹糸または羊皮紙様物質からなる繭の内に存在するものが多い。食草性か寄生性。多数の群は非常に発達した社会生活をいとなみ，その点から見ると昆虫中最も発達した類である。現今迄に知られている種類は少くとも120,000種を越え，今後無数のものが発見され得る昆虫である。

外形態

大きさは種々で，最も小形のものは体長僅かに0.21mm，太いものではクマバチ類があり，また細長いものでは寄生性のヒメバチ類には115mm（産卵管を含み）内外の長さを有するものがあり，更にコマバチ類には170mm（産卵管が150mm）の長さのもの等がある。色彩は非常に変化が多く，陰気なものから金属的光沢を有するものや虹彩を有するもの等があり，しかも他の目の昆虫の擬態形となつているもの等もある。皮膚は羊皮様や革質様やまたは屢々強く幾丁質化し，平滑のものや有小孔のものや有皺のもの等があつて，更に有毛のものや微毛を装うもの等がある。形状もまた様々であるが，普通は幾分円筒状で太いものから非常に細いものがあり，多数のものは腹部の基部が縊れているかまたは有柄で，第1節が後胸と癒合し所謂前伸腹節（Propodeum）即ち前背板（Epinotum）となつている。外装はないものがあり，また軟毛或は長毛に被われ，また棘や棘毛を装い，ある類の蜂の毛は羽毛状となつている。

頭部は突出し，非常に自由で小さい頸部を具え，一般に横形で長さより幅広，ときに球状，または稀れに蟻では幅より長い。頭蓋（Cranial capsule）は甚だ完全に固着しているが，頭楯と上唇とは普通明瞭となり，上咽頭はよく発達し高等のものでは3葉片となり，中片が突出し且つ尖つている。

触角は種々で，一般に雄虫では雌虫のものより長く且つ多く変化し普通13節，雌では12節。糸状，珠数状，棍棒状，櫛歯状，扇状，有輪環，有施毛（Vercillate），または膝状で，普通基節（Scape）と柄節（Pedicel）と鞭節（Flagellum）とからなり，環節数は3〜4のものや12〜13のものや14〜70のもの等がある。

複眼は一般に甚だよく発達し大形，左右広く離つている。しかし屢々頭部の大部分を覆い合眼的となり，ある蟻では1小眼のみに減退しまたは消失している。単眼は普通頭頂に三角状に3個存在しているが，ハナダカバチ類やある蟻の職蟻では退化または欠けている。

口器（Fig. 1032）は所謂咀嚼口式であるが，咬み・嚼み・掘り・切り・掻き・吸い・舐め等に適応し，非常に高度に転化している。即ち食草性の模式的な咬型（強い有歯の大顋・よく形成されている小顋・6節の小顋鬚・基節と亜基節と3葉片に割れている唇舌・4節からなる鬚等を具えている下唇とを有する）から種々の変型を経て吸収且舐型（大顋と中舌とそれに附随する種々のものとを具え所謂口吻即ち花蜜を集める為の所謂舌を形成している）迄がある。これ等の部分は静止の際には頭の下面に普通畳まれている。

大顋—常に存在し，切断・咬・嚼・掻・等に対してよく発達し，幅広で簡単かまたは有歯。

小顋—変化があるが充分突出し，軸節はよく発達した幾丁質棒となり下唇に結び付き，蝶鉸節は狭く生鬚節と癒合し，内葉は明瞭のものとしからざるものとがあり，外葉は1節または2節片からなる。小顋鬚は1節・2節・4節または6節で，長唇舌を有する種類では短かく退化している。

下唇—よく発達し非常に変化があり，屢々弱体となる。基節は多数の形状があるが屢々幅広で楯状で堅くなり，亜基節は小形かまたはよく発達し，革帯（Lorum）は存在し軸節を結び付けている厚い帯である。唇舌は3葉片となる。即ちまたは吸収口器の非常に長い部分である。

中舌—(ある学者は下咽頭と考えている)，短かく幅広で簡単かまたは2分し，或は蜜蜂類では非常に長くて溝付けられ口吻即ち舌の最も顕著な部分を構成し，ある属では体長より長くなり得て血圧によつて延ばされ且つ静止の際は体下に保たれる。唇瓣は蜜蜂類では小さなスプーン状で中舌の末端の板状部である。側舌ないか痕跡的か小片かまたは弱体。

下唇鬚—2〜4節で短かいかまたは非常に細長。生鬚節は弱体ならん。長舌の

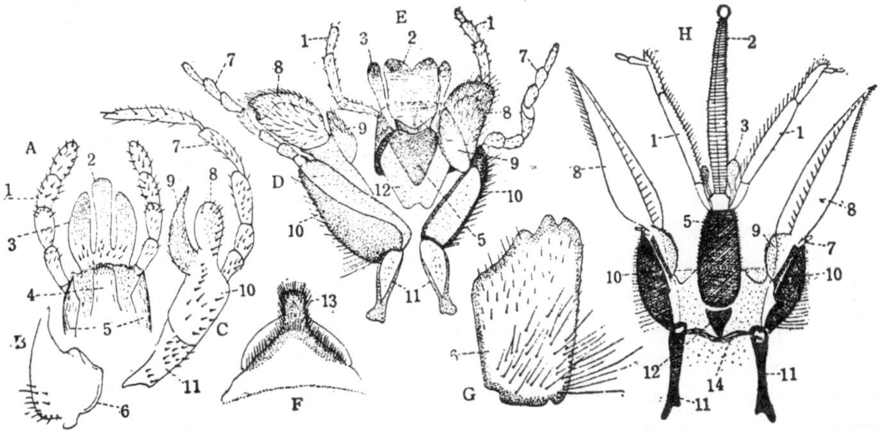

Fig. 1032. 膜　翅　目　の　口　器 (Imms)
A. B. C. ハバチ1種　D. E. F. G. スズメバチ1種の働蜂（D. 小顋を引き延したもの）
H. ミツバチ働蜂
1. 下唇鬚　2. 中舌　3. 側舌　4. 下咽頭　5. 基節　6. 大顋　7. 小顋鬚　8. 外葉　9. 内葉
10. 蝶鉸節　11. 軸節　12. 亜基節　13. 上唇　14. 革帯

蜜蜂類では外葉と下唇鬚と中舌とが舌即ち口吻内に凡て非常に長くなつていて，小顋と上唇とが頭の下に引き込まれ且つ畳まれる様に蝶番着つけられている。

胸部 (Fig. 1033) は顕著で形状が非常に変化多い。一般に著しく自由なれど後胸に腹部基節が癒合している。普通腹部と等幅，屢々背面に著しく膨隆し，明瞭な縫合線によつて一定の節片に分離している。

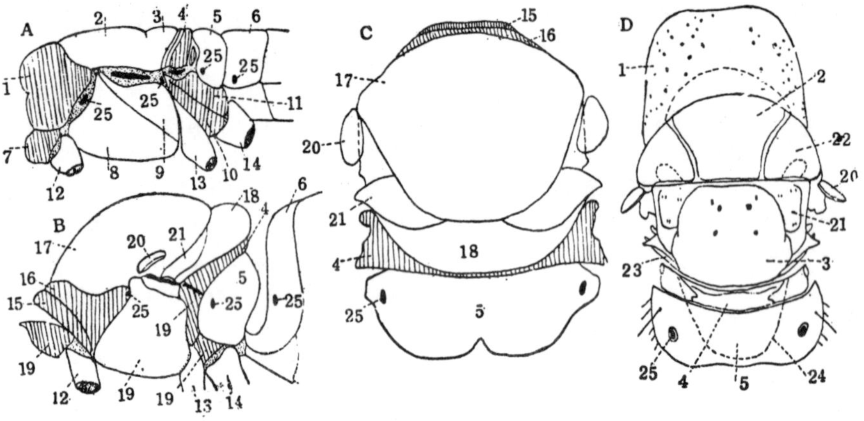

Fig. 1033. 膜 翅 目 の 胸 部 (Imms)

A．キバチの側面図 B．ミツバチの側面図 C．同背面図 D．コバチの背面図 (Grandi)
1．前胸背板 2．楯板 3．小楯板 4．後胸背板 5．腹部第1背板 6．同第2背板 7．前胸前腹板 8．前腹板 9．後側板 10．後胸前腹板 11．後胸後側板 12．前脚基節 13．中脚基節 14．後脚基節 15．前胸楯板 16．前胸小楯板 17．中胸楯板 18．中胸小楯板 19．後胸側板 20．肩板 21．三角片 22．側片 23．後小楯板 24．中胸分割甲 25．気門

前胸—普通小形でときに殆んど痕跡的となり，ときに細く頸状となり背板が中胸の前方に附着している。

中胸—普通甚だ大形で背面に著しく膨隆し，側板が前下胸片 (Prepectus or epicnemium) に癒合し，中胸背板は前方の小前楯板 (Scutoprescutum) と後方の小楯板とに分かれ，側小楯板 (Parapsides) と肩板 (Tegulae) と三角片即ち側基小楯板 (Axillae) 等はある種類で側節片として存在する。

後胸—幾分小形で細腰亜目では前伸腹節即ち第1腹節と癒合し，胸部と腹部との癒合部は着翅節 (Alitrunk) と称えられ，分割甲 (Phragmata) 即ち内背板 (Endotergites) と屢々称えられている。

翅 (Fig. 1034，1035) は2対が発達している。しかし退化せるものや全然ないものもある。比較的狭く，前翅は後翅より著しく大形。膜質が硬く，裸体かまたは微棘毛を生し，後翅前縁の中央後方に微鉤棘列即ち鉤列 (Hamuli) を具え，前翅後縁の中央近くの皺にひつかかつて前後両翅が1枚として動く，この鉤棘は僅かに2または3本のものがあり或は全く欠けている類もある。多くの種類では前翅の前縁に縁紋 (Pterostigma or Stigma) を具えている。翅脈は高度に特化し，大部分減少し且つ癒合し，少数の縦脈と横脈とを具え，前翅の亜前縁脈部に単1脈を有し，後翅にはこれを欠き，種類によつては前後両翅に翅脈を欠くものもある。翅脈の名命法は旧式即ち Jurinian System と Comstock-Needham System と新式即ち European System との3方法がある。また各室の名命も従つて翅脈と同様3形式がある。これ等の比較研究は Tillyard, R. J の Insects of Australia and New Zedland (1926, p. 258) に記述されている。学者によつてこれ等の中何れかを採用しているが，大体欧州では第3 (Fig. 1028) のものが用ひられている。

脚。普通細く且つよく形成され，3対共に同様で種類によつて長さと構造とが異なり，疾走・跳躍・開堀・捕獲・保持・造巣・運粉等種々に変化している。転節は簡単かまたはある寄生性のものでは2節。腿節は大形で強く，ある跳躍性の小蜂類や他の群では著しく太くなつている。距棘 (Spur or Calcar) はある種類の前脚脛節の末端に突出すもので，その跗節基部の有歯凹所と共に，触角を清める為の櫛即ち搔距 (Strigilis) として働く。大部分の花蜜や花粉を採集する蜜蜂群では後脚の脛節が幅広となり特別な毛を具え，花粉槽 (Corbicula) として働き，第1跗節は扁平となり且つ内側に短い硬い棘毛を散生し刷毛器 (Scopa) を形成し，花粉槽に体から花粉を働かす作用を司つている。大形の特別な距棘がまた後脚の脛節に生じている。跗節は正常は5節からなるが，稀れにある寄生性のものには2節または3節のものがある。後脚跗節の第1節は非常に大形となり且つ幅広となるものもある。爪は簡単かまたは有歯，爪間盤は簡単で1本。

気門—前胸と中胸との間の膜上に1対がある。

腹部。大きさと形状とは種々あつて，短かく幾分三角形を呈するものや卵形のものがあり，また円筒状で正常のものや寄生性のものに於けるが如く非常に細長いもの

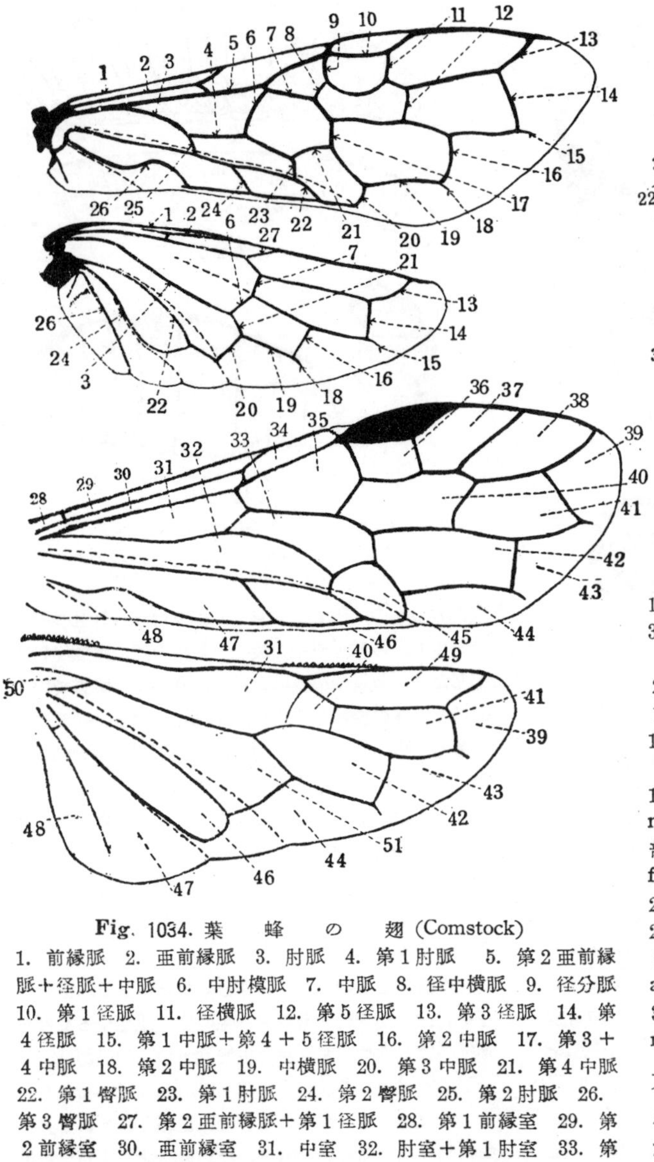

Fig. 1034. 葉　蜂　の　翅 (Comstock)

1. 前縁脈　2. 亜前縁脈　3. 肘脈　4. 第1肘脈　5. 第2亜前縁脈＋径脈＋中脈　6. 中肘横脈　7. 中脈　8. 径中横脈　9. 径分脈　10. 第1径脈　11. 径横脈　12. 第5径脈　13. 第3径脈　14. 第4径脈　15. 第1中脈＋第4＋5径脈　16. 第2中脈　17. 第3＋4中脈　18. 第2中脈　19. 中横脈　20. 第3中脈　21. 第4中脈　22. 第1臀脈　23. 第1肘脈　24. 第2臀脈　25. 第2肘脈　26. 第3臀脈　27. 第2亜前縁脈＋第1径脈　28. 第1前縁室　29. 第2前縁室　30. 亜前縁室　31. 中室　32. 肘室＋第1肘室　33. 第4中室　34. 第1亜前縁室　35. 径室　36. 第1径第1室　37. 第1径第2室　38. 第2径室　39. 第3径室　40. 第5径室　41. 第4径室　42. 第2中第1室　43. 第1中室　44. 第2中第2室　45. 第3中室　46. 第1臀室　47. 第2臀室　48. 第3臀室　49. 第1径室 ＋第2径室　50. 肘室　51. 第1肘室

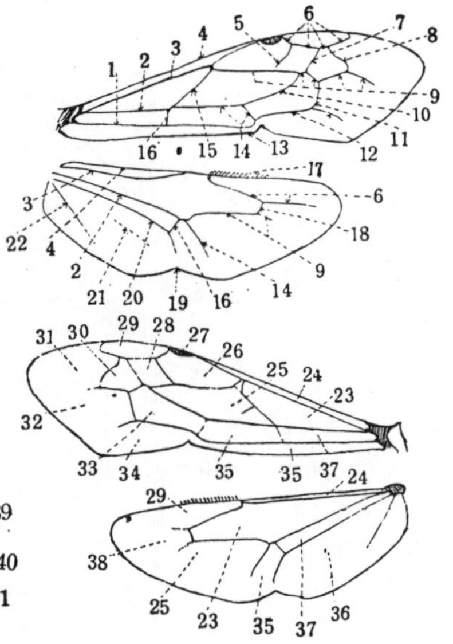

Fig. 1035. 細腰蜂の翅 (Rohwer)

1. 亜中脈 (Submedian) 又は臀脈　2. 中脈　3. 亜前縁脈　4. 前縁脈　5. 第1横肘脈 (lst transverse cubital)　6. 径脈　7. 第2横肘脈　8. 第3横肘脈　9. 肘脈　10. 第1逆走脈 (lst recurrent)　11. 第2逆走脈　12. 亜中央脈 (Subdiscoidal)　13. 抱棘部 (Frenal fold)　14. 中央脈 (Discoidal)　15. 基脈 (basal)　16. 横中脈(Transverse median)　17. 翅棘　18. 横肘脈　19. 湾入部 (Sinus)　20. 臀脈　21. 臀皺 (Anal fold)　22. 軸脈 (Axillary)　23. 中室　24. 前縁室　25. 第1中央室　26. 第1肘室　27. 縁紋　28. 第2肘室　29. 径室　30. 第3肘室　31. 第4肘室　32. 第2端室 (End apical)　33. 第3中央室　34. 第1端室　35. 第2中央室　36. 臀室　37. 亜中室(Submedian)　38. 肘室

等がある。正常は10節だが，4～9節または細腰亜目では普通雌虫は6節で雄は8節。第1節即ち前伸腹節は後胸と癒合し，簡単かまたは分割されている。第2節は広腰亜目では幅広く正状だが，細腰亜目では縊れて梗節 (Pedicel, pedicellus) または腹柄 (Petiole) となり，蟻やジガバチ群に特によく発達している。この腹柄の後方の太くなつている腹部は特に Gaster と称えられ，高等群ではその背面が3～6節からなつている。

産卵管 (Fig. 1036)―膜翅目の産卵管は昆虫中唯一のもので著しく特化した附属器である。即ち穿孔や刺貫や鋸挽の為のもので，更に産卵と刺鋭とに用い，他昆虫を殺したりまた生たまま他昆虫を保存する為めや麻痺させる為に用いられる附属器で，ときにまた外敵の防禦や攻撃にも用いられるものである。卵の産下の為の産卵管は他の特別な目的に対して顕著な発達をなし，腹部の基部または末端或はそれ等の中間から生し，3対の部分から構成されている。即ち陰具片 (Gonapophyses) たる刺針(Stylets)

と刺針鞘 (Stylet-sheath) と鬚状突起 (Palp-like processes) とからなる。毒針 (Sting) は産卵管の変形物で穿孔器 (terebra) と毒嚢及び基板を具えている刺針鞘とが一所になつて1腔室を形成している。産卵管の凡ての形態のものはある種類では非常に長くなつている。特別な腺が生組織中に産卵するものや毒針を有するもの等に発達している，刺針はまた植物組織中に産を押入する為に鋸や槍や等に変形するものが多い。

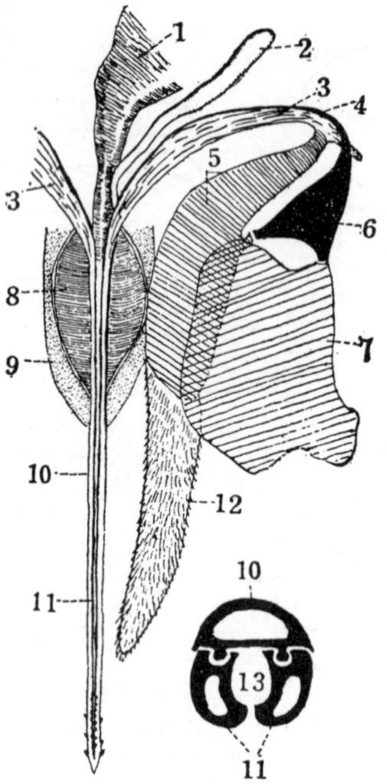

Fig. 1036. 蜜蜂刺針の模式図 (Imms)
1. 毒嚢 2. アルカリー腺 3. 分岐腕 4. 刺針腕 5. 内板 6. 三角板 7. 方形板（内板） 8. 刺針球茎 9. 膜片 10. 刺針鞘 11. 刺針 12. 鬚状附属器 13. 毒管

雄。一交尾器は一部隠れ，把攫器 (Claspers) 即ち第9腹環節の陰具器基 (Gonocoxites) と陰茎 (Penis) 及び交尾鉤 (Paramere) からなる挿入器 (Aedeagus) とから構成されている。微小で単節かまたは有節の尾毛があり得る。挿入器は簡単で中央に位置し側即ち末端突起を具え，陰茎基部 (Phallobase) は2節からなり挿入器を囲む突起を具えている。交尾鉤は陰茎基部の可動片の側腹片と側背片とで，前者は中片 (Volsellae)，後者は板片 (Squamae) と夫々称えられている。内鋏子 (Sagittae) は有針類に於ける挿入器の側基突起を斯く称える。剣器 (Spathae) は有針類に於ける挿入器の背片で内鋏子の基部を被うている。

卵

正常は長卵形で，屢々1端に種々な長さと形との1小管を具え，表面平滑で一般に彫刻を欠く。宿主上かまたはその内に個々に或は大群に配列して産下される。

幼虫 (Fig. 1037)

広腰亜目では大きさ形状及び一般構造が鱗翅目の幼虫状を呈し，尚宿主植物上に絹糸の巣を造るものもある。

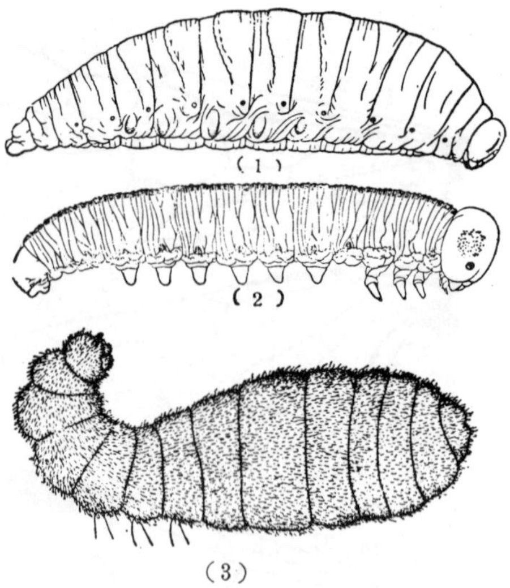

Fig. 1037. 膜翅目幼虫（木下）
1. キイロスズメバチ 2. ナシアシブトハバチ
3. ヨツボシオオアリ

大部分のものは円筒状で著しく輪環付けられ且つ屢々顆粒を生し，微棘毛や毛を装う。静止の際には螺旋状に捲縮したり，擬脚で宿主に附着したり，或は胸脚で宿主を保持して体の後部を空中にかかげたりする。頭部は大形で著しく幾丁質化し，平滑で，強い咀嚼口器を具え，触角は1～5節，鬚は発達し，単眼は1対乃至3対でこれを欠くものもある。胸脚は3対で，4～5節からなり，屢々6～10対の1節からなる擬脚を具え，これ等擬脚は第2～9節または10節迄に，或は第7と第8節とになく，更にまた第10節にないもの等である。腹部は腹面に反転腺を有するならん。木質部に穿孔する類は無脚で，尾毛を有するものとしからざるものとがある。宿主植物上に自由生活を行うものや，果物中に棲息するものや捲葉性や穿葉性や穿茎性や造虫癭性等の種類がある。

細腰亜目のものは特別な環境に対し高度に特化し，あるものは厳格で且つ精密な管理に従わされている。これ等の特化は主に部分の減退で，幼虫が薄い皮膚から包まれている不分化物の様に見え，無脚で，屢々無頭で，一般に如何なる種類の外部器官をも欠いている。

蛹

裸蛹，屢々薄い羊皮様繭中に包まれ，また地上や地中に造られる種々な構造の室の中に存在する。

内形態

消食系 (Fig. 1038)—口腔は種々で屢々大形となり，咽頭に続いている。下口室 (Infrabuccal cavity or chamber) は蟻に存在し，球状に近い嚢で，短細管で口腔に開口している。このものは蟻が舌でかすりとり且つ

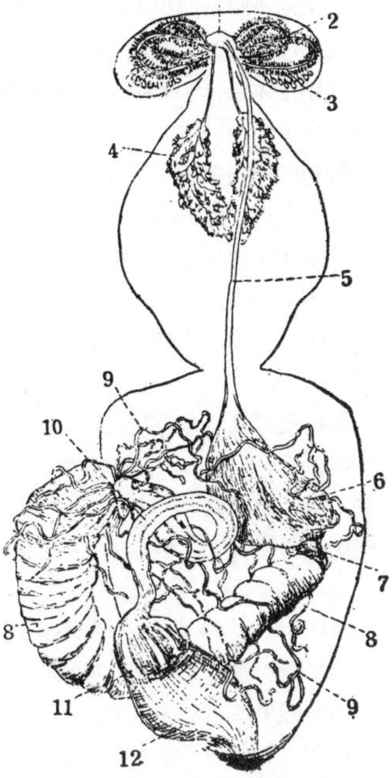

Fig. 1038. 蜜蜂働蜂の消食系 (Snodgrass)

1. 咽頭　2. 咽頭側腺　3. 頭部唾液腺　4. 胸部唾液腺　5. 咽喉　6. 蜜胃　7. 前胃　8. 胃　9. マルピギー氏管　10. 小腸　11. 直腸板　12. 直腸

なめた固形物の微分子と粘性食物とを受入するのに用い，この室内の汁液は凡て咽頭内に吸い上げられ残る固形物は小丸球としてはき出される。唾液腺はよく発達し，蜜蜂では頭内に1対と胸部内に1対とがあつて，これ等からの4唾液管が下咽頭上に開口している。ある蜂には更に大顎腺がある。咽喉は細い管状で長いものや短かいものがあり，尚蜜蜂では後方部が蜜胃 (Honey stomach) として拡大されている。嗉嚢は蜜蟻 (Honey ants)では蜜の貯蔵室として著しく拡大し腹部膨大部 (Gaster) 中に充満している。前胃 (Proventriculus) は嗉嚢と胃との間の狭い通路で，蜜蜂では胃に花蜜を押しやる為に瓣を具え且く喞筒作用を具えている。胃 (Stomach or ventriculus) はあるものでは消失または小形となり，***Vespa*** 属と ***Apis*** 属とては甚だ大形でU字形を呈している。囲食膜 (Peritrophic membrane) は一般に存在しない。それは恐らく液体食物をとる為であろう。小腸 (Ileum) は短かく且つ簡単かまたは長く彎曲している。マルピギー氏管は数に於て非常に変化があり，蟻では6〜20本，葉蜂では20〜26本，葉切蜂では20〜30本，多くの姫蜂では50〜60本，蜜蜂群では100本またはそれ以上，多数のジガバチやスズメバチ類では100〜125本等で，それ等が個々にまたは2〜4群となつて小腸に開口している。直腸板を具えている大きな室で，同突起は蟻では3個，ある姫蜂では4個，ミツバチと他の多数の種類では6個がある。

循環系―心臓と大動脈とはよく発達しているものならん，蜜蜂では腹部第3乃至第6環節に4室，蟻では第4乃至第8環節に5室の夫々心臓を具えている。

神経系―脳は高度に分化した有柄葉片即ち茸状体 (Mushroom body) と前大脳 (Procerebrum) とで特徴付けられ，***Vespa*** 属で最高度に発達し，茸状体の冠部即ち傘部 (Calyx) が畳まれている。腹神経鎖 (Ventral chain or cord) は適度に特化し，2〜3胸部神経球と1〜9腹部神経球とを具え，ある場合には腹部神経球のある数が癒合している，特に雄に於てしかりである。

生殖系 (Fig. 1039)―卵巣は交互栄養室型で，卵巣小管の数は変化があつて，各卵巣に1〜125本で，全くないものもある。輸卵管は1対で，左右合して膣を構成し，膣は後方交尾嚢を形成する為めに大形となつている。受精嚢と1対の膠質腺 (Colleterial glands) とが一般に存在し，前者は蜜蜂の女王に特によく発達している。睾丸は多数のものでは一般に左右癒合している。しかし広腰亜目のものとクマバチ類と蜜蜂とでは分離し，各々が二重膜を有し1〜250または300個の精小管 (Seminiferous tubuli) を包含し得るならん。輸精管は円筒状または球状の貯精嚢を形成する為に太まつている。2本の射精管と附属腺の嚢状管の1対とが存在し，前者は蜜蜂では著しく減退し，その場合に附属腺が共通射精管に注がれている。膜翅目の精虫は雌虫生成のみに現われ即ち交尾の結果として雌虫が生し，雄虫は無受精卵から生ずるものである。

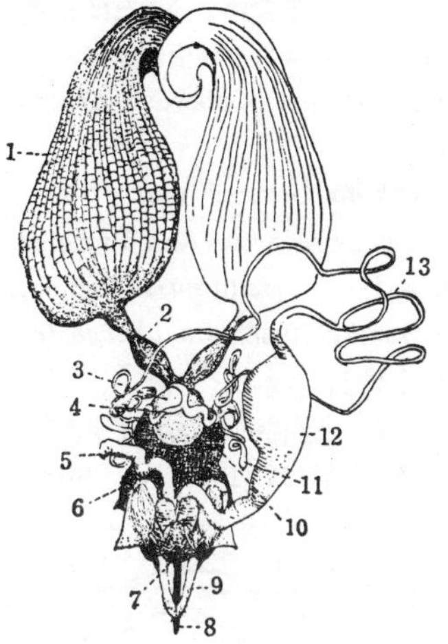

Fig. 1039. 蜜蜂女王の生殖系 (Snodgrass)

1. 卵巣　2. 輸卵管　3. 受精嚢　4. 受精嚢腺　5. アルカリ腺　6. 交尾嚢　7. 第9腹板　8. 産卵管　9. 刺鞘　10. 膣　11. 酸腺　12. 毒嚢　13. 酸腺管

化　石

最古のものは，上ジュラ紀に発見された鋸蜂の ***Pseudosirex*** 属はバーバリアと英国のプルベックとに多数に，姫蜂の ***Ephialtites*** 属は上ジュラ紀に夫々発見され，タマバチの類がカナダの琥珀層に見出され，更にそこから姫蜂上科と細腰蜂上科と太脚小蜂上科等の代表種が発見されている。有針類は最初第3紀下層から知られ，殆んど凡ての科のものが下漸新期に見出され，蟻の各型が第3紀層から記載されている。

分　類

膜翅目は現在世界各区から少くとも 69000 種以上が発表され，それ等は以下に述ぶる様に2亜目，21上科，151科に分類する事が出来る。

亜目の索引表

1．腹部の基部が幅広く胸部に結び付いている。転節は常に2節，後翅は3基室を有する。幼虫は胸脚と普通腹脚とを具え，食草性…………Suborder *Symphyta*

2．腹部の基部が縊れている。転節は1節または2節，後翅は基室が2個またはより少数。幼虫は無脚，寄生性か食草性か雑食性。……………Suborder *Apocrita*

a. 広 腰 亜 目

Suborder *Symphyta* Gerster 1867

Phytophaga Latreille 1807, *Securifera* Latreille, 1825, *Serrifera* Kirby 1882, *Sessiliventria* Cameron 1883, *Tenthredaria* Haeckel 1896, *Chalastogastra* Konow 1897 等は何れも異名。

多くは中庸大または大形，前伸腹節即ち第1腹環節と第2腹環節との間が明瞭に縊れていない（Fig. 1040)。口器は僅かに特化し，小顎の2葉片は明瞭で離れ，小顎鬚は6節。下脣は短かい外葉を有し，内葉は左右癒合し，下脣鬚は4節。触角は種々の形態のものがあつて，各節が一様でない。前胸は側方肩板に達し，多くは正常。転節は2節からなり，跗節は多くのものは褥盤を具え，前脚跗節の第1節は屢々清掃器即ち搔擦器の前兆を現わしているが後脚では簡単となつている。翅は完全な翅脈を有し，前翅には殆んど常に多数の径室と閉ざされている臀室とを有する。腹部は幾分幅広で，背腹に平たく，全環節を現わし，産卵管は多くは鋸歯状となり，尾毛は存在する。

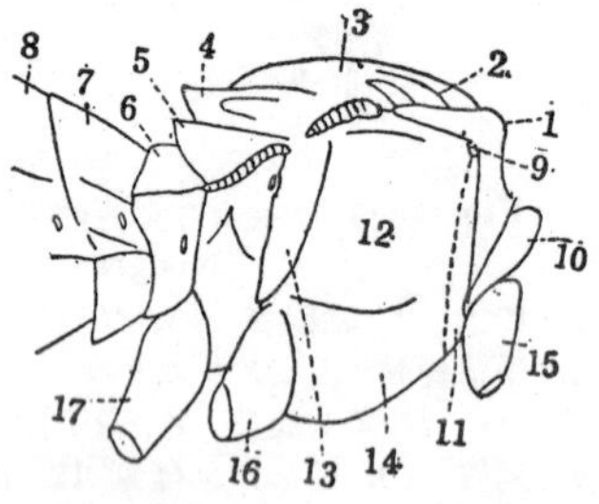

Fig. 1040. アシブトハバチ1種の胸部側面模式図 (Handlirsch)
1. 前胸背板　2. 側片　3. 中胸背板　4. 小楯板　5. 後胸背板　6. 腹部第1背板　7. 同第2背板　8. 同第3背板　9. 前胸気門　10. 前胸腹板　11. 中胸前側片　12. 前腹板　13. 後側板　14. 中胸腹板　15. 前脚基節　16. 中脚基節　17. 後脚基節

幼虫は殆んど常に明瞭な胸脚を具え，強い咀嚼口と短かい触角と簡単な単眼とを有する。自由生活のものは明瞭な尾毛と7～8対の腹脚とを具えている。普通次の3上科に分類されている。

1．触角は複眼と頭楯と額隆起縁との下方から生じ，前伸腹節は不分離，産卵管は糸状で体内に捲縮されている（寄生木蜂 Parasitic Wood Wasps）……………………………………………Superfamily *Orussoidea*

触角は複眼の下で頭楯の基部の上から出で，前伸腹節は中央近くて分離し，産卵管は決して捲旋する事がなく鋸状か槍状となり植物組織中に産卵するに適応している………………………………………………………2

2．前脚脛節は1本の端距棘を具えている（木蜂, Horntails）…………………………Superfamily *Siricoidea*

前脚脛節は2本の端距棘を具えている（葉蜂, Sawflies)…………………Superfamily *Tenthredinoidea*

葉 蜂 上 科

Superfamily *Tenthredinoidea* Mac Gillivray 1906

Sawflies と称えられ，Aristotle に従うと蛹化の際に土中に巣を構成する蜂の種類を称するもので，つぎの9科に分類する事が出来る。

1．前翅は3個の径室を有する，即ち2個の径横脈を有する（Fig. 1041)。触角は多数節だが，基部の3節は強く発達し，第3節が甚だ長くなつている………Family *Xyelidae*

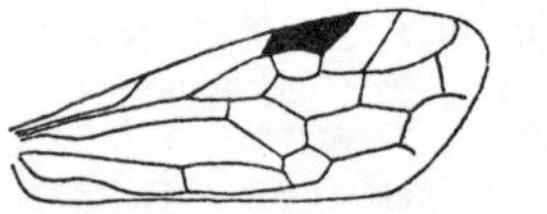

Fig. 1041. *Xyela* の前翅 (Mac Gillivray)

前翅は1個または2個の径室を有するのみ。触角の第3節は稀れのにみ長くなつている…………………………………………………2

2．前翅は明瞭な亜前縁脈を有する。即ち学者によつては前縁室が1縦脈（亜前縁脈）によつて分割されていると記述する。触角は細長く末端の方に甚だ細くなり，多数節からなる。径室は1横脈を有する……………………………………………Family *Pemphiliidae*

前翅は亜前縁脈を有しない。即ち前縁室は1縦脈によつて分割されていない。前脚脛節は2本の端距棘を具えている………………………………………………3

3．前胸背板の後縁は直線かまたは殆んど直線，中胸背板は甚だ短く決して肩板の前縁の著しく後方迄延びていない（*Megalodontes* Latreille 旧北区）……………………Family *Megalodontidae* Mac Gillvray 1906

前胸背板の後縁は強く彎曲し，中胸背板は前科のものより長く肩板の前縁後方に延びている……………4

4．触角は棍棒状，腹部は多少膨れているかまたは球状に近い……………………………………………………5

触角は糸状か鋸歯状で，棍棒状を呈しない………6

5．前翅の前縁室は1横脈によつて分割され，腹部の側

面は角張り，各背板が背面と腹面とに分けられ，雌の腹部は強く球状を呈する…………Family *Cimbicidae*

前翅の前縁室は上述の如く分割されていない．腹部側面は円く，角張つてもまた隆起線を有する事もなく，非常に膨れていない（*Perga* Leach 濠洲，*Syzygonia* Klugel 南米）……………………………………………………………Family *Pergidae* Rohwer 1911

6．触角は3節のみからなり，第3節は甚だ長くときに雄では割れている……………………Faimly *Argidae*

触角は4節またはより多数節……………………7

7．第1中室は上方有柄，即ち肘脈が基脈(Basalvein)から生じ，触角は4節で第3節は甚だ長い……………………………………………Fam. *Blasticotomidae*

第1中室は殆んど決して上方有柄でなく，肘脈は基脈を越えた後から出で，触角は少くとも6節………8

8．径室は簡単で横脈を有しない……………………9

径室は1横脈によつて分割され（Fig. 1042），触角は普通糸状，稀れにある節が歯または突起を有し，少なくとも7節で一般は9節……………………………Family *Tenthredinidae*

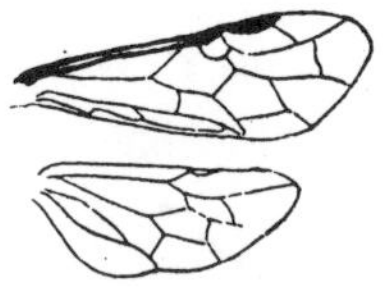

Fig. 1042. *Dolerus* の翅 (Brues & Melander)

9．触角は糸状で9節…Family *Tenthredinidae* の1部

触角は異つた構造で，普通多数節からなり屢々鋸歯状または櫛歯状，稀れに6節……Family *Diprionidae*

447．ナギナタハバチ（長刀葉蜂）科

Fam. Xyelidae Haliday 1840

Pinicolidae André 1879, *Macroxyelinae* Ashmead 1900 等は異名。小さな科で，触角の第3節が非常に長い事と翅脈は一般的である事と雌虫が屢々甚だ長い産卵管る有する事等によつて特徴付けられている。幼虫は腹部の10環節に各1対の擬脚を具え，森林樹木の葉を食害し，針葉樹にも寄食する。*Xyela* Dalman 全北区，*Pleroneura* Konow 全北区，*Macroxyela* Kirby 新北区等が代表的な属で，本邦からは前2属の他に *Megaxyela* Ashmead 属が発見され約5種類が知られている。

ナギナタハバチ *Xyela japonica* Rohwer (Fig. 1043) 雌。体長（産卵管を除く）3mm 内外，全体黒色で褐色の肩板を有する。頭部と中胸背板とに微細な点刻を密布し光沢が鈍い。触角は黄褐色，第4節以下第11節または第12節迄ある。翅は透明で翅脈と縁紋とは淡黄色。脚は全部赤褐色。本州と九州とに産し，幼虫の食物は未だ不明。

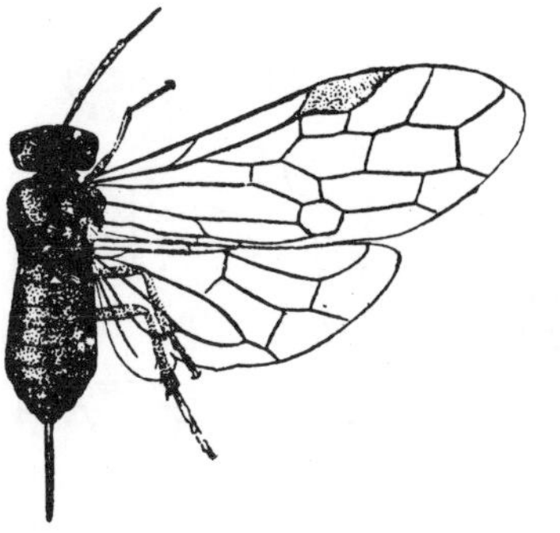

Fig. 1043. ナギナタハバチ雌（竹内）

この属には更に2種が発見されているが食草は知られていない。この科で食草の明かな種類はオオナギナタハバチ（*Megaxyela gigantea* Mocsáry）で本州に産し，朝鮮・支那・シベリヤに分布し，幼虫はクルミの葉を食する。

448．ヒラタハバチ（扁葉蜂）科

Fma. Pamphiliidae Viereck 1916

Lydidae André 1879 は異名。Webspinning sawflies または Leafrolling sawflies と称えられ，多い種類で，原始的翅と短かい産卵管とを有し，触角は多数節で各節が等形となつている。幼虫は擬脚を欠き，屢々群棲性。少数のものが害虫として知られている。*Pamphilius* Latreille（=*Lyda* Fabricius），*Neurotoma* Konow，*Cephalcia* Panzer 等が代表的な属で，本邦からは更に *Acantholyda* A. Costa 属が発見され，何れも全北区産である。本邦には40種以上が産する。

ヒラタハバチ（*Pamphilius volatilis* Smith）(Fig. 1044）は体長 10 mm 内外。雌。黒色。大顋の基部・頭楯・顔面の3紋・頬部・頭頂両側の彎曲紋・単眼後区両側の小斑・前胸背板後縁の両側・肩板・中胸前楯板の三角紋・中胸の小楯板と前側板の大紋・後胸小楯板と前側板・腹部背板（基部2節を除く）の両側と後縁・腹部腹面の大部分等は緑黄色。触角は23節内外からなり，基部2節は黒色，鞭節は暗褐色で下面やや淡色。脚は緑黄色で暗褐色を帯びる跗節を具え，前脚脛節には亜端棘を欠き，爪は末端2分する。雄は顔面・触角の柄節・胸部の腹側面の大部分等は黄色。北海道・本州・九州等に産し，幼虫は桜の葉を食する。なおこの属のツヤヒラタハバチ（*P. lucidus* Rohwer）は本州・四国・九州等に産し，幼虫がクサイチゴの葉を綴つて単独の巣を作り食

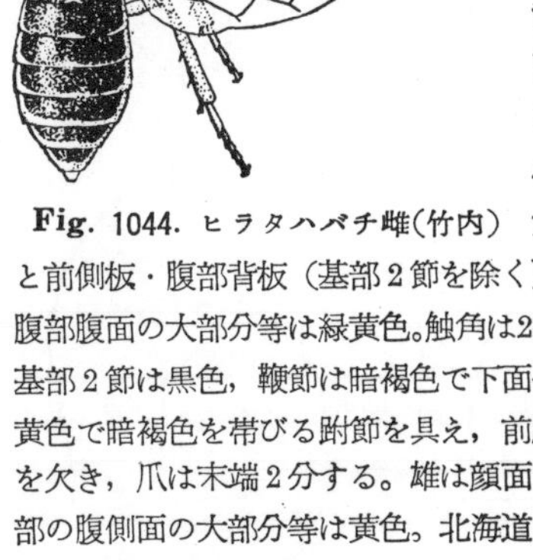

Fig. 1044. ヒラタハバチ雌（竹内）

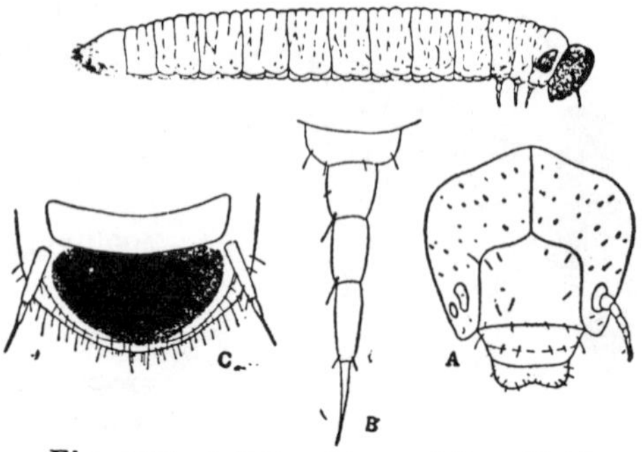

Fig. 1045. サクラヒラタハバチ幼虫（奥谷）
A．頭部前面　B．胸脚　C．尾端腹面

害する。サクラヒラタハバチ（*Neurotoma iridescens* André）（Fig. 1045）は北海道・本州等に産し，シベリヤに分布し，幼虫は桜を害し葉に天幕状の巣を作り群棲する。モミヒラタハバチ(*Cephalcia stigma* Takeuchi)は本州産で幼虫はモミ類の葉を食し，同属の *C. koebelei* Rohwer は本州産でカラマツに幼虫が寄食し，*C. stigma* Takeuchi は本州産でマツ・モミ等の葉を幼虫が食害する。ニホンアカズヒラタハバチ（*Acantholyda mpponica* Yano et Sato）は本州産で幼虫が松類の葉を食し，同属には更に松類の害虫として，*A. sasaki* Yano や *A. nemoralis* Thomson 等が発見され，更に *A. laricis* Giraud は本州・シベリヤ・欧州等に分布し幼虫がカラマツの害虫として知られている。

449. コンボウハバチ（棍棒葉蜂）科

Fam. Cimbicidae (Leach 1837) Kirby 1837

Cimbicids や Cimbicid Sawflies 等と称えられ，ドイツでは Keulhornblattwespen とよんでいる。大形で太く，鈍色や鮮明色や金属色等で，触角は棍棒状を呈し常に8節より少数節と，後脚跗節は葉状毛を装い，褥盤は大形，前翅の径室は1横脈にて2分されている。雌の腹部は球状に近く，背板は分離され，気門の上方に防禦嗅腺を具え，産卵管は短かく腹部末端を僅かに越えている。幼虫（Fig. 1046）は鱗翅目幼虫に類似し，大形で円筒状，静止の際には螺線状に捲旋し，裸体で蠟粉を装い，胸脚は大形，擬脚は8対。落葉樹の多数の種類に寄食し，土中の土室中に帯褐色の2重の羊皮様繭の中にて越冬し，後蛹化し，翌年の春または早夏に成虫が羽化する。世界の温帯圏に広く分布し，*Abia*, Leach, *Cimbex* Olivier, *Trichiosoma* Leach, *Amasis* Leach 等が代表的な属で，本邦からは最初の3属の他に *Pseudoclavellaria* Schultz, *Leptocimbex* Semenov, *Agenocimbex* Rohwer, *Praia* André, *Orientabia* Malaise, *Zaraea* Leach 等の6属が発見され，約29種が採集されている。

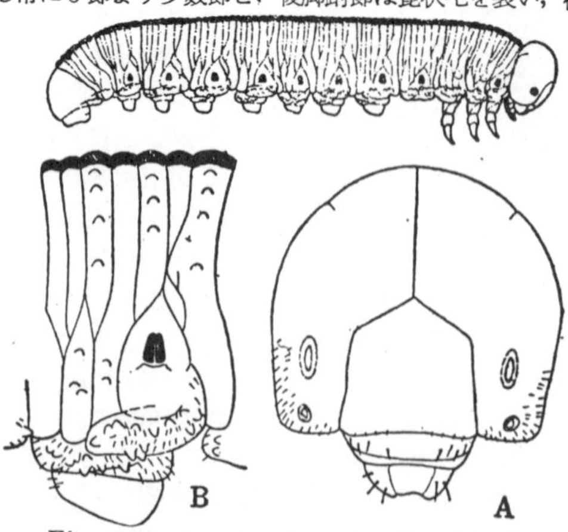

Fig. 1046. ナシアシブトハバチ幼虫（奥谷）
A．頭部前非　　B．腹節側非

ナシアシブトハバチ（*Cimbex carinulata* Konow）(Fig. 1047）は大体 22mm 内外，黄褐色，腹部背面の基部4節は赤褐色，頭楯の両側・大顋の末端・触角上方の単眼を含む方形紋・中胸背板の大部分・中胸側板の後縁と腹板・腹部の第1と第2背板との基半部・腹部背面第3節以下の各節中央の三角紋等は黒色。触角は暗褐色，基部2節と第3節基部とは黄褐色。脚は黒褐色，脛節と跗節とは黄褐色。翅は透明で前翅の前半は暗色，翅脈と縁紋とは黄褐色。頭部と胸部とは暗灰色の長毛を装い，中胸背板は不規則点刻を密布し，頭楯と中胸小楯板とは点刻を欠く。触角は6節からなり，末端の棍棒部は不明瞭な3横線を有する。爪は末端2分し，その内側のものは甚小。雄の脚は著しく太まる。本州・九州等に産し，朝鮮に分布し，幼虫はナシ・ボケ・サクラ等を食害する。

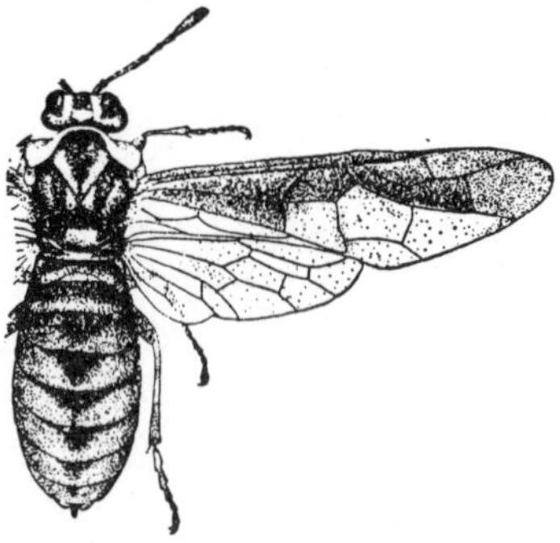

Fig. 1047. ナシアシブトハバチ雌（竹内）

この科の種類で食草の知られているものをつぎに列記する。

Pseudoclavellavia amerinae Linné 本州・朝鮮・欧洲・小アジア。ヤナギ・ドロノキ

Leptocimbex yorofui Marlatt　本州・九州。カエデ

Cimbex taukushi Marlatt 本州・四国・九州。ハンノキ

Cimbex femorata Linné 北海道・本州。カンバ

Cimbex japonica Kirby 北海道・本州。ドロノキ・ヤナギ

Agenocimbex jucunda Mocsáry 本州・四国・九州。エノキ

Orientabia japonica Cameron 全土。ハコネウツギ

Abia iridescens Marlatt 本州・四国・九州。ハコウツギ

Zaraea metallica Mocsáry 北海道・本州・四国。スイカズラ

Zaraea akebii Takeuchi 本州・四国・九州。アケビ

450. ミフシハバチ（三節葉蜂）科
Fam. *Argidae* Rohwer 1911

Hylotomidae André 1879は異名。触角は3節からなり，第3節が雄では分割または叉状となる。前翅の径室は分割されていない。かなり多数の種類が発見され，全世界の各区に分布し，南米に最も多数が産する。*Arge* Schrank (=*Hylotoma* Latreille), *Schizoceros* Lep. *Labidarge* Konow 等が代表的な属で，本邦からは最初の1属の他に *Athermantus* Kirby, *Cibdela* Konow, *Sterictiphora* Billberg, *Aproceros* Malaise 等の4属が発見されている。

ニホンチュウレンジバチ(*Arge nipponensis* Rohwer) (Fig. 1048) は体長7mm内外，頭部と胸部とは青藍色で光沢強く，後胸は殆んど青色で光沢を欠く。腹部は黄褐色で第1背節は多少暗色を帯び，産卵管各片の内縁は暗褐色。触角は黒色。脚は黒色で後脚は腿節と脛節の末端とを除き大部分黄褐色，前脚の脛節前面も僅かに黄褐色を帯びる。翅は黒褐色の縁紋から内方が暗色強く外方は弱くその境界判然する。頭部と胸部とに暗色毛を装う。本州・四国・九州等に産し，樺太・朝鮮・支那等に分布し，幼虫はバラの害虫として知られている。サクラクワガタハバチ (*Sterictiphora pruni* Takeuchi) は本州に産し，黒色。雄の触角第3節が2叉となつている。幼虫は桜に寄食する。バラの害虫として *Arge nigrinodosa* Motschulsky が全土に，*Arge pagana* Panzer が全土（旧北洲）に，*Sterictiphora nipponica* Takeuchi が本州・四国等に，夫々産する。またイチゴ類に寄食する種類としては *Arge coerulescens* Geoffroy（北海道・北州・樺太・朝鮮・シベリヤ・コーカサス・欧洲）や *Arge rejecta* Kirby（本州・四国・九州）等が知られている。*Arge coeruleipennis* Retzius は本州・朝鮮・シベリヤ・欧洲等に分布しヤナギ類に寄食し，ルリチュウレンジ (*Arge similis* Vollenhoven) (Fig. 1049) は全土・台湾・支那等に分布しツツジに寄食し，*Arge captiva* Smith は北海道・本州・四国・朝鮮・支那等に分布しニレの類に寄食し，*Arge mali* Takahashi は北海道・本州・朝鮮・シベリヤ等に分布しリンゴの葉を食害し，*Arge jonasi* Kirby は北海道・本州・四国・樺太・モンゴリア・支那等に分布しウシコロシに寄食し，*Aproceros leucopoda* Takeuchi は北海道に産しタモに寄食している。

Fig. 1048. ニホンチュレンジンバチ雌（竹内）

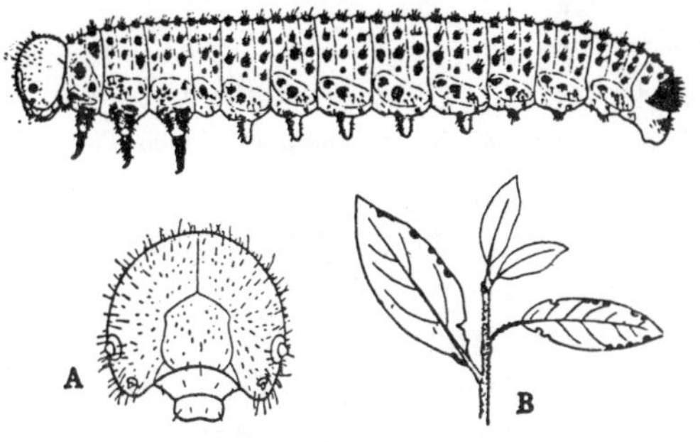

Fig. 1049. ルリチチュウレンジ幼虫（奥谷）
A. 頭部前面　　B. 黒点は幼虫

351. ヨフシハバチ（四節葉蜂）科
Fam. Blasticotomidae Rohwer 1911

この科は少数の属からなる甚だ小さな科で，触角が4節からなり，末端節が微小でときにこれを欠き，第3節は甚だ長い。前翅の肘脈は基脈から出で，即ち第1中室が有柄となつている。旧北洲の特産である。*Blasticotoma* Klug が模式属で，本邦には更に *Runaria* Malaise 属が産する。

キアシミフシハバチ (*Runaria flavipes* Takeuchi) (Fig. 1050) の雌は体長8mm内外。全体黒色で肩板が黄色となり，ときに前胸背板の後縁も黄色を呈する事がある。大顋と産卵管の末端とは褐色。触角は黒色，3節（この属の特徴）からなりこの科特有の微末端節を欠く。翅は透明で暗褐色の縁紋から外方は不規則に暗色を帯びるが前翅末端は透明。脚は黄褐色で基節のみ黒褐色。頭部と前胸背板と中胸側板とは粗大な点刻が多く皺刻状をなす部分があり，中胸背板は殆んど平滑。腹部

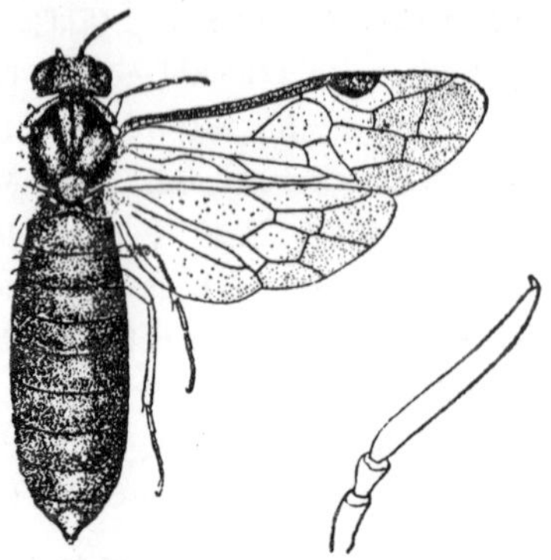

Fig. 1050. キアシミフシハバチ雌(竹内)
附図は *Blasticotoma* 属の触角

背面の各節縁は平滑。爪は単1（この科の基本属たる *Blasticotoma* のものは2分する)。本州産。この属は本邦特産で更に1種が発見されている。

Blasticotoma 属のものは3種発見され，中1種 *Blasticotoma nipponica* Takeuchi は本州産で，キアシミフシハバチに類似するが，触角が4節で，産卵管の背腹両片共に微鋸歯状となり，爪が2叉となつている。

452. ハバチ（葉蜂）科

Fam. Tenthredinidae Leach 1819

Sawflies と称えられ，ドイツの Blattwespen，フランスの Tenthrèdes または Mouches à sie 等がこの蜂である。小形乃至中庸大で太い。頭部は幅広く，種々の構造を有し，それ等の構造は種類の判別に用いられている。複眼は大，単眼は3個で頭頂に三角形に位置している。触角は鞭状で，3～6節または8～11節。脚はよく発達し，前後両脚の脛節は普通1本の距棘を具え，附節は規則正しく5節，爪は有歯。翅はむしろ大形で，より多く原始的な完全な翅脈を具え，径室は分割されないものと分割されているものとある。腹部は明瞭に8節で，普通幅広く多少扁平となり，基部広く胸部に附着している。産卵管は2対の扁平片からなり，外方のものは導鋸 (Saw guids) または鋸鞘 (Saw sheath) として知られ，内方のものは鋸 (Saws) と称えられている。

卵はむしろ扁平で，一般に植物の組織中に押入されるが，稀れに植物の表面に展着せしめられる。幼虫は鱗翅目のものに類似し，円筒状，裸体で皺付けられ，有棘または有毛。胸脚は多くの場合よく発達し，少数のものでは痕跡的。腹脚即ち擬脚は6～8対で，鉤爪輪を欠き，腹部第2乃至第7節と第10節，第2乃至第8節と第10節，または第2乃至第6節と第10節とに発達する。虫癭性では全脚が減退するかまたは痕跡的である。眼は両側に各1個の擬眼として現われている。成熟幼虫の体長は10～40mm 内外。多くの種類では絹糸にて拡大な巣を宿主植物上に構造する性を有する。凡てのものは食草性で外部から葉を食し，また葉肉内に潜孔し，或は更に虫癭を作りその内で老熟するもの等がある。

虫癭形成の方法は未だ正確には明かにされていないが一般には幼虫がある液体を分泌し，その液によつて植物細胞がある刺戟を受け異常発育をなすものであろうと，考えられている。*Pontania* 属の場合はある液体が卵と共に植物組織中に注入され，卵から幼虫が孵化する以前に植物細胞の拡大が起つて虫癭が生ずるものであると認められている。尚欧洲産の *P. viminalis* Linné の虫癭は柳の葉の下面に生じ，その葉が秋と冬に地上に落下し，同虫癭がその後も大きさの増大と発達が続く，それは多分内部に棲息している幼虫がある刺戟を与えるものであろらと考えられている。

幼虫は充分成熟すると地上に落下し，地表にある塵芥中やまた土中に入つて羊皮様の薄い繭を造営し，その中に蛹化する。

この科は甚だ大きな群で，約200属3000種からなり，世界に分布し，特に森林地帯に多数発見されている。それ等の種類はかなり多くの亜科に分類されているが，その方法は学者によつて著しく異なつている。つぎに本邦に発見されている亜科の索引表を挙げる事とする。

1．前翅の肘脈基部は縁紋の方に明瞭に彎曲し，後翅は常に2中室を有する……………………………………… 2
　前翅の肘脈基部は縁紋の方に曲つていない……… 3
2．前翅の第2間肘脈 (intercubital) 即ち第2横肘脈 (transversal) または Comstock の径分脈が存在し，第1第2両逆走脈 (recurrent veins) 即ち Comstock の M_{3+4} と M_2 とは夫々異なる肘室即ち Comstock の径分脈室と第4径室とに達している…………………………………………………… Subfamily *Selandriinae*
　前翅の第2間肘脈はなく，従つて両間脈は第2と第3肘室との癒合室に達している…………………………………………………………… Subfamily *Dolerinae*
3．前翅の基脈即ち Comstock の中肘横脈は一般に強く彎曲し，縁紋の方え第1逆走脈から拡がつている……………………………………………………………… 4
　前翅の基脈は彎曲していないかまた微かに彎曲し，第1逆走脈と亜平行となつている…………………… 5
4．前翅の径室は1横脈即ち Comstock の径横脈を有し，即ち両逆走脈が異なる肘室に即ち Comstock の第4径室と第3径室とに夫々達している……………………… Subfamily *Heterarthrinae* (*Phyllotominae*)
　前翅の径室は1横脈を欠き，即ち両逆走脈は第2肘室即ち Comstock の第3径室に達している…………………………………………………… Subfamily *Nematinae*
5．前翅の基脈は第1間肘脈の長さよりも肘脈の基部に

迄より近い点で亜前縁脈に結びついている…………6

前翅の基脈は肘脈基部からの距離が第1間肘脈の長さと等長かまたはより長い点で亜前縁脈に結び付いている……………………………………………………7

6．前翅の臀脈は一部分亜中脈(Submedius)即ち Comstock の臀脈と癒合するかまたは消失している………………………………………Subfamly *Blennocampinae*

前翅の臀脈は亜中脈の幹部から完全に離れている…………………………………………Subfamily *Allantinae*

7．前翅の亜前縁脈即ち Comstock の r+m は間前縁脈の基部即ち Comstock の Sc_2（多分）の末端で曲つていない，第1間肘脈はない…………………………………………… Subfamily *Allantinae* (*Athlophorus*)

前翅の亜前縁脈は基部で明瞭に曲り，第1間肘脈はある………………………Subfamily *Tenthredininae*

1. **ウラボシハバチ亜科 Subfamily *Selandriinae*** Viereck 1916 (Fig. 1051)——この亜科は本邦から15属内外が発見されている。それ等の内食草の明かにされているものを列記するとつぎの如くである。

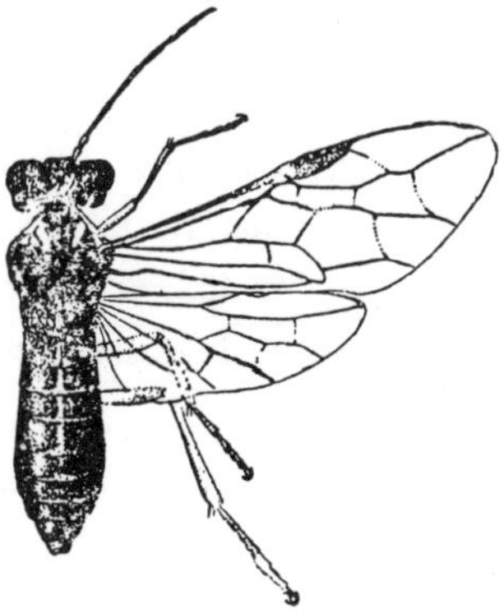

Fig. 1051. ケーベルハバチ（竹内）
Stromboceros koebelei Rohwer

Thrinax osmundae Takeuchi 宿主—ゼンマイ

Strongylogaster onocleae Takeuchi 宿主—イヌガンソク

Strongylogaster lineata Christ 宿主—ワラビ

Strongylogaster blechni Takeuchi 宿主—シシガシラ

Pseudotaxonus secundus Takeuchi 宿主—ゼンマイ

Hemitaxonus minomensis Takeuchi 宿主—イヌワラビ

Hemitaxonus japonicus Rohwer 宿主—イヌガンソク

Neostomboceros sinanensis Takeuchi 宿主—シケシダ

Aneugmenus kiotonis Takeuchi 宿主—ワラビ

Aneugmenus maculatus Takeuchi 宿主—ワラビ

この亜科の模式属よる *Selandria* Leach は本州から1種 *Selandria konoi* Takeuchi が発見されているのみで，この種は甚だ稀れで雄は未ば発見されていない。樺太にも分布している。

2. **ムギハバチ亜科 Subfamily *Dolerinae*** Dalla Torre 1894——この亜科は *Dolerus* Jurine が模式属で，更に *Loderus* 属その他が本邦に知られている。ムギハバチ (*Dolerus hordei* Rohwer) (Fig. 1052) 雌は体長 9mm 内外，体は黒色で多少金属的光沢を有し，前胸背板・肩板・中胸楯板等は銹鉄赤色。触角は黒色で，腹部より少しく短かく，第3節は第4節より僅かに長い。翅は透明で外方僅かに暗色を帯び，黒褐色の縁紋と翅脈とを有する。脚は体と同色なれど，脛節と跗節とは多少暗褐色を帯びる。産卵鞘は上縁末端微かに上向し，下縁はやや強く彎曲して末端鈍く尖る。雄は全体黒色。幼虫は麦類の葉を食害し，本州に産し，朝鮮に分布する。この種以外に食草の判明せるものはつぎの5種類である。

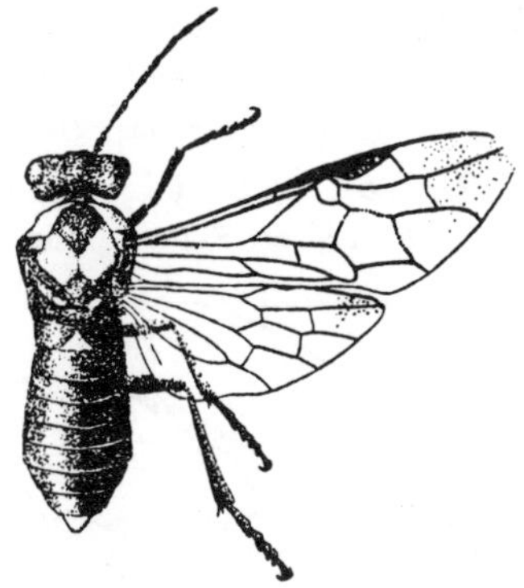

Fig. 1052. ムギハバチ雌（竹内）

Loderus obscurus Marlatt 宿主—スギナ

Loderus insulicola Rohwer 宿主—スギナ

オスグロハバチ
Dolerus japonicus Kirby 宿主—スギナ

ハルカワハバチ
Dolerus harukawai Waterston 宿主—シチトウイ

ヨコハマハバチ
Dolerus yokohamensis Rohwer 宿主—スズメノカタビラ

3. **クダモノハバチ亜科 Subfamily *Heterarthrinae*** ——この亜科の模式属は *Heterarthrus* Stephens (*Phyllotoma* Fallén) でインドに発見され，本邦からは *Caliroa* O. Costa や *Metallus* Forbes その他の属が知られている。前者の幼虫はイバラ科主に *Prunus* 属の葉を外部より食害し，後者の幼虫は同科の *Rubus* 属の潜葉虫として知られ Subfamily *Scolioneurinae* に別けられ得る。つぎに食草の判明せる本邦産の種類を列記する。

モモハバチ
Caliroa matsumotonis Harukawa 宿主—モモ・スモモ・ナシ・サクラ

ウチイケオオトウハバチ
Caliroa limacina Retzius 宿主—サクラ・ナシ・モモ・スモモ・リンゴ・マルメロ・バラ・カキ

オオイシハバチ
Caliroa oishii Takeuchi 宿主—コナラ・クヌギ・アベマキ

キイチゴハムグリハバチ
Metallus albipes Cameron 宿主—キイチゴ

4. ヒゲナガハバチ亜科 Subfamily *Nematinae* Dalla Torre 1894——この亜科は学者によつては更に *Cladiinae* Rohwer 1911 と *Hoplocampinae* Konow 1893 と *Nematinae* との3亜科に分類している。模式的属は *Nematus* Jurine で *Cladiinae* のものは *Cladius* Illiger, *Hoplocampinae* のものは *Hoplocampa* Hartig である。また学者によつては *Phyllotominae* の中に *Hoplocampinae* を包含せしめているものもある。キアシヒゲナガハバチ (*Nematus crassus* Fallén) (Fig. 1053) 雌は体長10 mm 内外で全体黒色，大顎の末端と上唇とは暗褐色。触角は黒色，長く鞭状，第3節は第4節より僅かに短かい。翅は僅かに暗黄色を帯び，前縁脈，亜前縁脈と臀脈の基部とは黄褐色で，他の翅脈と縁紋とは暗褐色。脚は黄褐色で，基節・後脚脛節(基部を除く)の大部分・後脚跗節等は黒色，爪は末端2分している。雄は雌と大差がなく，只小形。幼虫はヤナギ類の葉を食し，北海道・本州等に産し，朝鮮・シベリヤ・欧洲等に分布する。

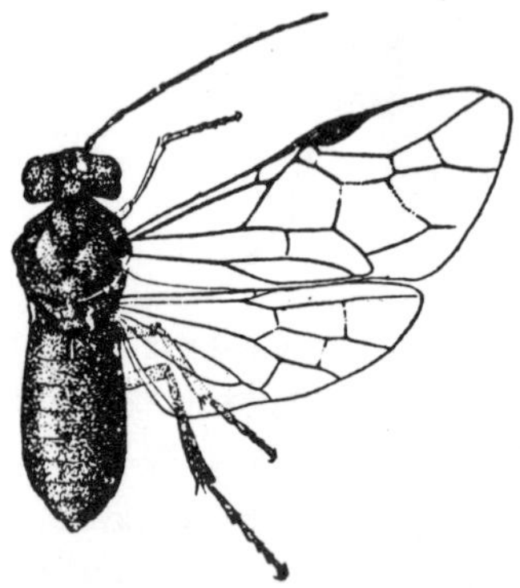

Fig. 1053. キアシヒゲナガハバチ雌 (竹内)

クシヒゲハバチ (*Cladius pectinicornis* Geoffroy) (Fig. 1054) 雄は体長 6mm 内外，全体黒色で大顎の末端と肩板とが褐色を呈する。触角はよく発達し第3～5節は末端に長枝を出し，第3節の基部と第6節の末端とに歯状突起を具えている。翅は基部暗色を帯び，前縁脈と縁紋基部とは僅かに黄褐色を呈し，他の脈と縁紋の大部分とは暗褐色。脚は黒色で，腿節末端以下は黄白色。雌は触角が鞭状で無枝。幼虫はバラ類の葉を食害し，全土に産し，旧北区と北米とに分布する。ナシミバチ (*Hoplocampa pyricola* Rohwer) 雌は体長 4mm 内外，全体黒色で大顋基部と上唇とは褐色。触角は黒褐色で鞭節の外面と末端とは黄褐色乃至暗褐色，糸状で腹部より短かい。翅は僅かに暗色を帯び，縁紋は黄褐色で翅脈は大部分暗褐色。脚は黒色で腿節末端以下は黄白色。産卵鞘は上縁殆んど平直で，下縁は末端の方に斜上し末端鈍く尖る。雄は触角鞭節が全部黄褐色を呈する。幼虫はナシの幼果を食害し，重要な果樹害虫の一つである。本州・九州等に産する。

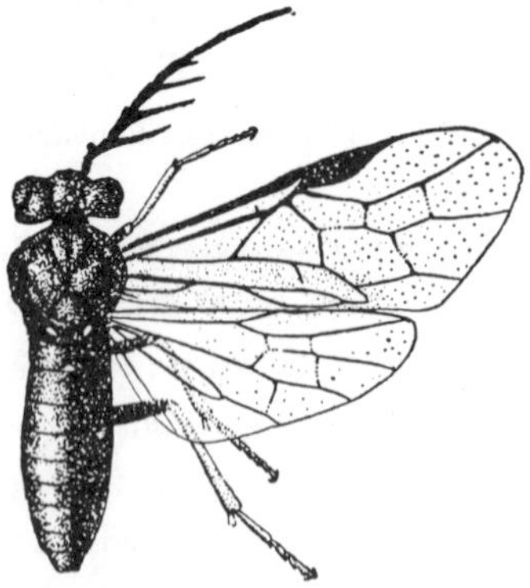

Fig. 1054. クシヒゲハバチ雌 (竹内)

これ等の他に食草の判明せるものはつぎの通りである。

Priophorus tener Zaddach 宿主—ナワシロイチゴ

ボケハバチ
Priophorus cydoniae Takeuchi 宿主—ボケ

ドロハバチ
Trichiocampus populi Okamoto 宿主—ドロノキ

Trichiocampus pruni Takeuchi 宿主—*Prunus*

Trichiocampus cannabis Takeuchi 宿主—アサ

Hemichroa paramushirensis Takeuchi 宿主—？ミヤマハンノキ

ヒラアシハバチ
Croesus japonica Takeuchi 宿主—ハンノキ類

Nematinus japonicus Marlatt 宿主—ハンノキ類

Nematinus alni Rohwer 宿主—ハンノキ類

アリドウシハバチ
Pteronidea damnacanti Takeuchi 宿主—ジュズネノキ

カラマツハバチ
Lygaeonematus politivaginatus Takeuchi 宿主—カラマツ

ヤナギアカモンハバチ
Pristiphora salicivora Takeuchi 宿主—ヤナギ類

Pristiphora amelanchieris Takeuchi 宿主—ザイフリボク

Pristiphora thalictri Kriechbaumer 宿主—カラマツソウ

カラマツハラアカハバチ
Pristiphora erichsoni Hartig 宿主—カラマツ

5. シモツケハバチ亜科 Subfamily *Blennocampinae* Konow 1890——この亜科の模式属は *Blennocampa* Hartig で，本邦からは発見されていない。ヒゲナガクロハバチ (*Phymatocera aterrima* Klug) (Fig. 1055) 雌は体長 9mm 内外，全体黒色で前脚脛節の前面のみ僅かに暗褐色。翅は著しく暗色を帯び外方僅かに淡色で，黒褐色の縁紋と翅脈とを有する。触角は糸状で暗色毛で被われ，第3節は第4節より少し短かい。爪は末端2分する。幼虫はアマドコロを食し，北海道・本州・九州等

Fig. 1055. ヒゲナガクロハバチ雌（竹内）

に産し，朝鮮と欧洲とに分布する。この亜科には更に宿主の判明せるものが5種類知られている。つぎの如し。

Eutomostethus juncivorus（イハバチ） Rohwer　宿主—イ・シチトウイ・イ類

Megatomostethus crassicornis Rohwer　宿主—？ボタンヅル

Stethomostus fuliginosus Schrank　宿主—キツネノボタン類

Waldheimia japonica（キイロハバチ） Mocsáry 宿主—センニンソウ

Periclista albida Klug　宿主—カシ類

6. ヒゲブトハバチ亜科 Subfamily *Allantinae* Rohwer 1911——学者によつては *Emphytinae* Viereck 1916を採用している。*Allantus* Jurine が模式属で，かなり多数の種類と属とが濠洲以外に広く分布している。

ハグロハバチ（*Allantus luctifer* Smith）(Fig. 1056) 雌は体長 9mm 内外，黒色で光沢強く，腹部は多少藍色を帯び，第2背板の両側・第4と5との背板の後縁両側・第4と5との腹板の後縁等は白色，個体により第3と第6節との後縁両側にも白色斑を有する。触角は比較的短太，第3節は第4節より長い。翅は強く暗色を帯び半透明，翅脈と縁紋とは黒褐色で後者の基部は灰白色，脚は黒色なれど，中後両脚の基節の外面基半は白色，前脚の脛節と跗節との前面は灰白色。雄は腹部の白色斑が判然しない。幼虫 (Fig. 1057) はスイバ・ギシギジ等に寄主し，全土に産し，樺太・台湾・支那・シベリヤ等に分布する。この亜科に属する種類中宿主の判明せるものはつぎの通りである。

Fig. 1056. ハグロハバチ雌（竹内）

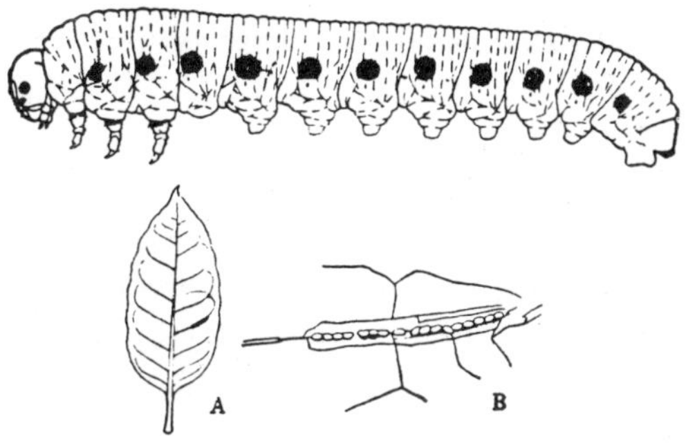

A. 産卵箇所　　B. 卵列

Fig. 1057. ハグロハバチ幼虫（奥谷）

Asiemphytus dautziae（ウツギハバチ） Takeuchi 宿主—ウツギ

Allantus nigrocaeruleus（タデハバチ） Smith 宿主—タデ

Apethymus kuri（クリハバチ） Takeuchi 宿主—クリ

Emphytus albicinctus（シロオビクロハバチ） Matsumura 宿主—イチゴ

E. albicinctus meridionalis（イチゴコシボソハバチ） Takeuchi　宿主—イチゴ・バラ

Emphytus nakabusensis（サクラセグロハバチ） Takeuchi 宿主—サクラ

Protemphytus geranii Takeuchi　宿主—ゲンノショウコ

Ametastegia polygoni（イタドリクロハバチ） Takeuchi 宿主—イタドリ

Takeuchiella pentagona Malaise　宿主—ツルマメ

Nesotaxonus flavescens（チャイロハバチ） Marlatt(Fig. 1058) 宿主—ヘクソカヅラ

Hemibeleses nigriceps Takeuchi 宿主—アカネ

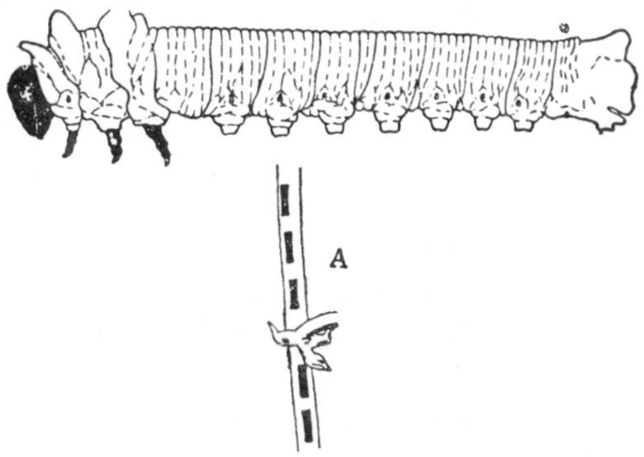

Fig. 1058. チャイロハバチ幼虫（奥谷）
A. 産卵箇処

ミツクリハバチ
Eriocampa mitsukurii Rohwer 宿主―ハンノキ

シロアシマルハバチ
Eriocampa albipes Matsumura 宿主―ハンノキ

ニホンカブラバチ
Athalia japonica Klug 宿主―各種十字科蔬菜類その他

カブラバチ
Athalia rosae japonensis Rohwer 宿主―カブラ・大根

クロムネカブラバチ
Athalia lugens infumata Marlatt 宿主―各種十字科植物

Athalia veronicae Takeuchi 宿主―クワガタ類

7. ハバチ亜科 Subfamily *Tenthredinidae* Dalla Torre 1894――*Tenthredo* Linné が模式属で，新旧両北区の他にインドマレー区に分布し，多数の種類が発見されている。マエグロコシホソハバチ (*Tenthredo analis* André) 雌 (Fig. 1059) は体長10mm内外，黒色，光線の工合で頭部と腹部とは多少紫藍色を帯びる。大顎（末端は赤褐色）・上唇・頭楯・前胸背板の後縁両側・肩板・中胸小楯板（後面を除く）・腹部第1中央・第3背板・第8背板の中央・第9背板等は黄色。

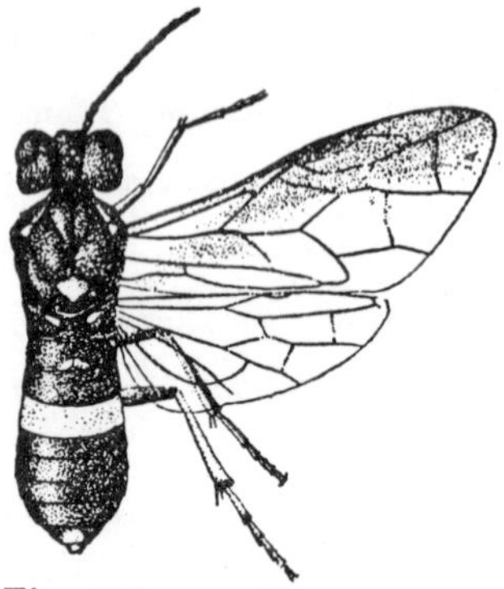

Fig. 1059. マエグロコシホソハバチ雌（竹内）

触角は黒色で基部2節は黄褐色，翅は黄色を帯び，前翅基部後縁から翅頂に至る明瞭な暗色帯を有し，翅脈は大部分黒褐色，前縁脈と縁紋とは黄褐色。脚は黒色，前中両脚の脛節と跗節の前面は黄色，後脚の脛節と跗節の大部分とは赤褐色乃至暗褐色。触角の第3節は第4・5両節の和より僅かに短かい。北海道・本州・四国等に産し，東亜の北部に広く分布する。この亜科に属する種類で宿主の判然せるすのはつぎの10種類のみである。

Tenthredella ferruginea Schrank 宿主―バイケイソウ

コシアキハバチ
Tenthredella gifui Marlatt 宿主―ヒメコブシ

セグロアオハバチ
Tenthredella mesomelas Linné 宿主―フキ

トガリハチガタハバチ
Tenthredina flavida Marlatt 宿主―ヤマホトトギス

Perineura okutanii Takeuchi 宿主―ミナヅキ

Macrophyopsis albicincta Takeuchi 宿主―ウラシマソウ

クロハバチ
Macrophya coxalis Motschulsky 宿主―トネリコ

オオクロハバチ
Macrophya carbonaria Smith (Fig. 1060) 宿主―ニワトコ

Macrophya crassuliformis Forsius 宿主―イボタ

オオコシアカハバチ
Siobla ferox Smith 宿主―ギシギシ・イタドリ

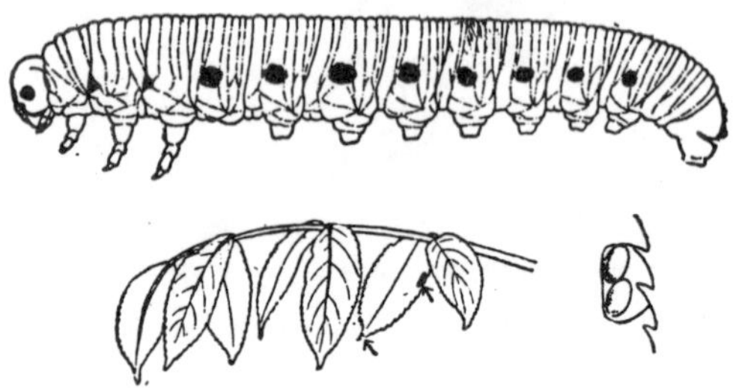

Fig. 1060. オオクロハバチ幼虫（奥谷）
附図左　産卵箇処
右　葉肉内の卵

453. マツハバチ（松葉蜂）科
Fam. Diprionidae Enslin 1912

Perreyiidae Ashmead 1898, *Pterygophoridae* Ashmead 1898, *Loboceratidae* Rohwer 1911, *Lophyridae* André 1879 等は異名。体は短かく幅広。触角は短かいが甚だ多環節からなり，屢々鋸歯状または櫛歯状，稀れに6節の事があり，決して鞭状でない。前翅の径室は分割されていない。全世界に分布し，かなり多数の種類が発見されている。本邦からはこの科の模式属たる *Diprion* Schrank を初め，*Monoctenus* Dahlbom, *Neodiprion* Rohwer, *Nesodiprion* Rohwer, *Gilpinia* Benson 等の属が発見されている。マツノクロホシハバチ (*Diprion nipponica* Rohwer) (Fig. 1061) は体長 8mm 内外，頭部と腹部とは黄色で胸背は黄褐色。上唇に頭楯とは黄褐色なれど，ときに頭頂の一部が暗黄褐色の事がある。中胸背の3紋・後胸小楯板・中胸腹板・腹部第3背板の後縁より第7背板の前縁中央に

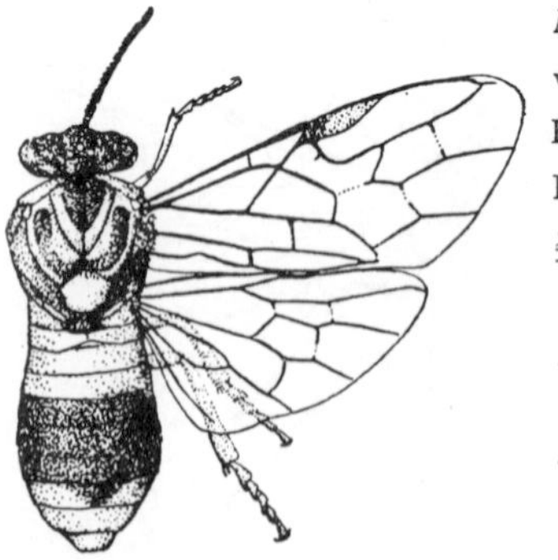

Fig. 1061. マツノクロホシハバチ雌（竹内）

拡がる部分・産卵管等は黒色，腹部の末端腹板は暗褐色。触角は黒色，基部2節は黄褐色。翅は黄色を帯び，前縁脈・亜前縁脈・縁紋（基部は暗褐色）等は黄褐色，他の翅脈の大部分は暗褐色。脚は暗褐色，前脚の腿節末端・前中両脚の脛節と跗節等は黄褐色。触角は20節からなり鋸歯状。雄は全体黒色，脚は大部分黄褐色，触角は両羽毛状。幼虫（Fig. 1062）マツとカラマツとの葉を

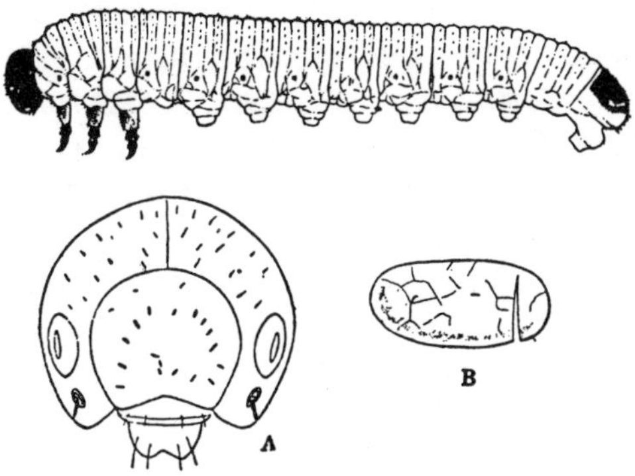

Fig. 1062. マツノクロホシハバチ幼虫（奥谷）
A. 頭部前面図　　B. 繭

食害し，本邦と九州とに産する。この他この科の種類で宿主の判明せるものは次の6種類である。

Monoctenus nipponica Takeuchi 宿主—ネズ

マツノキハバチ
Neodiprion sertifer Geoffroy 宿主—松属

マツノミドリハバチ
Nesodiprion japonica Marlatt 宿主—松・カラマツ

トウヒハバチ
Gilpinia tohi Takeuchi 宿主—トウヒ

ハコネマツハバチ
Gilpinia hakonensis Matsumura 宿主—マツ

Gilpinia abieticola Dalle Torre 宿主—モミ

樹　蜂　上　科

Superfamily *Siricoidea* Rohwer 1911

この上科はつぎの如く3科に分類する事が出来る。

1．前胸背板の後縁は深く内方に彎曲し，腹部は多少円筒状……………………………………………………2

前胸背板の後縁は微かに彎曲するかまたは直線，腹部は幾分側扁している………………Family *Cephidae*

2．中胸背板の側小楯板溝（Parapsidal furrows）は在存し，前翅は前縁室に1横脈即ち第1亜前縁脈を有し，腹部は角状後突起を欠き，小顋鬚は4節…………………………………………Family *Xiphydriidae*

中胸背板の側小楯板溝はなく，前翅前縁室に横脈を欠き，腹部末端に角状突起を有し，小顋鬚は1節……………………………………Family *Siricidae*

454. クキバチ（茎蜂）科

Fam. Cephidae Haliday 1840

Stem Sawflies と称え，独乙では Helmwespen と云う。細長い虚弱な蜂で，大きくても 18mm 内外の体長で，屢々黒色に黄色の帯紋や他の斑紋を有する。頭部は大形で，顕著な複眼を具え，触角は線状で多数節からなる。前胸背板は長く，後縁は直線かまたは微かに彎曲する。脚は細長く，脛節の距棘はよく発達している。腹部は幾分側扁し，後方にいくらか太まり，産卵管は短かく引き込み可能。卵は卵形かまたは尖り，生植物の組織中に産入され，主に禾本科植物の草類に産下されるが，更に灌木や喬木の組織中にも産下される。幼虫は淡色で，C字形に彎曲し，皺多く，無脚かまたは退化せる胸脚を具え，脚は痕跡的，腹部末端にいわゆる尾棘（Anal spine）を具えている。蛹は裸蛹，幼虫時の穿孔中に薄い繭の中に存在する。

Cephus Latreille はこの科の模式属で全北区に広く分布し，本邦からは同属以外に *Hartigia* Schiödte（全北区），*Neosyrista* Benson（日本・支那），*Janus* Stephens（全北区）等の属が発見されている。クロバクキバチ（*Cephus nigripennis* Takeuchi）（Fig. 1063）は体長 9 mm 内外，全体黒色で光沢を有し，大顋（末端は黒褐色）・肩板下方の小片即ち亜肩板（Parapterum）腹部第1背板の裸出部・産卵管の末端・前脚の腿節末端と同脛節等は黄色，前脚の跗節は暗褐色。触角は黒色で18節からなり，等3節は第4節とほぼ等長。翅は著しく暗色を帯び外方やや淡色，翅脈と縁紋とは暗褐色。幼虫はカモジグサの茎中に棲息し，本邦に産し，朝鮮・東シベリヤ等に分布する。この種以外に宿主の判明せるものはつぎの5種である。

Fig. 1063. クロバクキバチ雌（竹内）

バラクキバチ
Neosyrista similis Mocsáry 宿主—バラ

モンクキバチ
Janus japonicus Sato（Fig. 1064）宿主—アワブキ

アカガシクキバチ
Janus kashivorus Yano et Sato 宿主—アカガシ

キアシムギバチ
Hartigia viator Smith 宿主—コムギ・ライムギ

ホシムギバチダマシ
Hartigia agilis Smith 宿主—コムギ

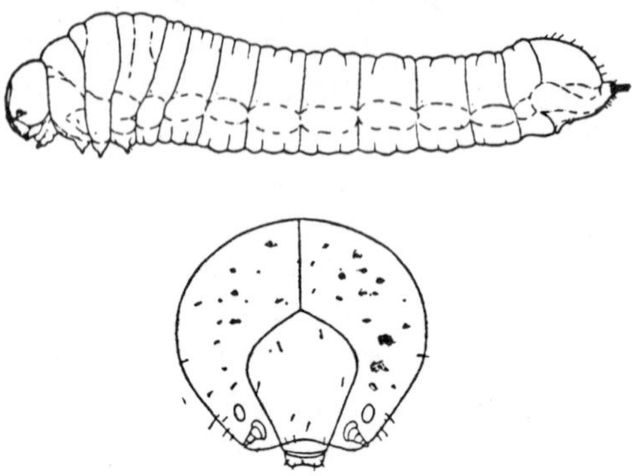

Fig. 1064. モンクキバチ幼虫（奥谷）
下図　頭部前面図

455. クビナガバチ（長頸樹蜂）科
Fam. Xiphydriidae (Leach 1819) Stephens 1829

この科は小さな群で，体は細長く後方に幾分太まり後尾端の方に漸次細まる円筒状，触角は複眼の上方から出で，前胸は前方に円錐状を呈し前胸背板が長い頸部となり，前翅の径室は分割されている。広分布で，濠洲やニュージーランド等にも産する。本邦からは模式属たる *Xiphydria* Latreille（エチオピア区以外に分布）の他に *Euxiphydria* Semenov et Gussakovskij（東アジア）・*Platyxiphydria* Takeuchi（日本）等が発見されている。アカアシクビナガキバチ（*Xiphydria camelus* Linné）(Fig. 1065) は体長15～25mm，体は黒色，頭楯の大部分・複眼内縁の下方から頰部の後縁を通じて後頭に達する弓形長線紋・頭頂の2縦線とときにその両側にある小斑・前胸背板の両側後縁とその前にある小点・腹部の第3～8背板の両側紋等は黄白色。触角は黒色，16～20節からなる。翅は微かに黄褐色を帯び，翅脈と縁紋とは大部分黒褐色，前縁脈は多少淡色。脚は黒色で脛節と跗節とは赤褐色，ときに腿節も赤褐色。幼虫はハンノキ類の材中に棲息し，北海道・本州・四国等に産し，樺太・シベリヤ・欧州等に分布する。この種以外にハンクビナガバチ（*Xiphydria alnivora* Matsumura）が北海道に産しハンノキやカエデ類の害虫として知られ，本州産のオガサワラクビナガバチ（*Xiphydria ogasawarai* Matsumura）はモミジの害虫として認められ，更に北海道産で朝鮮や東シベリア等に分布するエゾクビナガバチ（*Xiphydria alaeanarctica* Semenov）はハンノキやニレ等の害虫である。

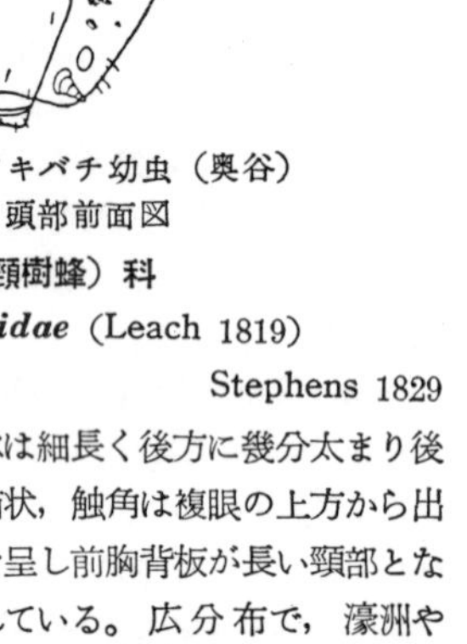

Fig. 1065. アカアシクビナガキバチ（竹内）

456. キバチ（樹蜂）科
Fam. Siricidae Kirby 1837

Woodwasps, Horntails 等と称えられ，ドイツでは Holzwespen，フランスでは Sirèces 等とよばれている。大形，陰色または鮮明色で金属的光沢を有する蜂。体は長く各節密着している円筒状で，尾端に太い1棘を具え，雌の産卵管は長く捧状。頭部は大きく幅広だが甚だ細い頸部を有し，触角は線状で多数節からなり体長の約1/2長。翅は細長く，多数の脈と室とを有し，屢々部分的に曇色。腹部は長く円筒状，尾棘を具え，産卵管は短かいが長く，鈍端で，2対からなり，1鞘から包まれている。卵は樹皮の下かまたは割目の中に，あるいは木質部の中に産入される。雌虫が産卵管を樹木等に刺込んだ場合には容易にぬき出さない為めに，たやすく赤手にて捕獲する事が出来る。幼虫は淡色で円筒状，S字形に曲り，深く環節付けられ，且つ各節に多数の擬環節を現わし深い横溝を有する。頭部は太形，胸脚は存在するが著しく減退し，尾端に1棘突起を具えている。幼虫は加害されたまた枯死直後の針葉樹や濶葉樹の木質部に穿孔する性を有し，老熟するとその孔の中に薄い羊皮様繭を造りその中に蛹化する。森林地帯に限られて棲息する。

この科の蜂は全北区に分布するが，ニュージーランドにも北米から輸入されて1種が発見されている。本邦からは模式属たる *Sirex* Linné（全北区）の他に *Urocerus* Geoffroy（全北区・東洋区），*Xoanon* Semenov（東アジア），*Tremex* Jurine（全北区・東洋区・エチオピア区・ニューギニア），*Xeris* A. Costa（全北区・東洋区）等の属が発見されている。ニトベキバチ（*Sirex nitobei* Matsumura）(Fig. 1066）は体長（産卵鞘を除く）25mm内外，雌。全体黒色で強い青藍色の光沢を有し，腹部背面の中央数節は紫色を帯びる。触角は全部黒色で20節内外から成る。翅は内半透明で外半灰褐色を帯び，翅脈と縁紋とは大部分暗褐色。雄は腹部

Fig. 1066. ニトベキバチ（竹内）
附属　顔面図

の大部分黄褐色，翅は黄色を帯び翅脈と縁紋とが黄褐色，前脚の大部分・中脚の脛節と跗節とは褐色，後脚の脛節と第1跗節とは著しく扁平となる。幼虫はマツ類の材中に穿孔する。本州・九州等に産し，朝鮮に分布する。宿主の判明せるものは更につぎの種類がある。

マツオオキバチ
Xoanon matsumurae Rohwer 宿主—マツ・アカトド・エゾマツ・モミ

キマダラヒラアシキバチ
Tremex fuscicornis Fabricius 宿主—ケヤキ・ニレ・ハンノキ

ヒラアシキバチ
Tremex longicollis Konow 宿主—エノキ

クロヒラアシキバチ
Tremex apicalis Matsumura 宿主—サクラ・カエデ

ヒゲジロキバチ
Urocerus antennatus Marlatt 宿主—マツ・エゾマツ・アカトド

モミオオキバチ
Urocerus gigas Linné 宿主—モミ・アカトド・カラマツ・エゾマウ

ニホンキバチ
Urocerus japonicus Smith 宿主—マツ・モミ・スギ

オナガキバチ
Xeris spectrum Linné 宿主—モミ類

寄生樹蜂上科

Superfamily *Orussoidea* Rohwer 1911

この上科は次の1科からなる。

457. ヤドリキバチ（寄生樹蜂）科

Fam. Orussidae Haliday 1840

この科は *Oryssidae* とつづられる事が多いが，模式属は最初1796年に Latreille によつて *Orussus* と発表されたものが1798年に Fabricius が *Oryssus* となせるもので，従つて *Orussidae* を使用する事とした。Parasitic Woodwasps と称えられている。

小さく，円筒状で，鈍色，8～14mm の体長を有し，ときに腹部が帯赤色のものがある。頭部は頭頂が顆粒状に膨らみ，触角は雌では10節だが雄では11節，複眼の下方から生じている。翅は減退せる翅脈を具え，前翅では唯1個の閉肘室を有するのみ。前脚の脛節は雌では太く且つ1本の太い距棘を具えている。腹部は腹面の第8節に所謂腹溝（Ventral cannel）を有し，其の内に産卵管が捲施して存在し，第9と第10節とは癒合して小さな三角板となつている。現在迄に判明せる卵は卵本体の長さの2倍長の1管を1端に具え，宿主の棲息する植物の樹皮の割目または孔道等の中に産入されている。幼虫は淡色，円筒状で無脚，触角は1節，眼はなく，大顎は強く，上唇と下唇と小顋とは痕跡的。幼虫は穿孔性のカミキリムシやタマムシ等の幼虫体上に寄生する。蛹は長い産卵管を背上に保持している。

この科は甚だ少数の属と種類とからなり，然かも各個体の数も甚だ少い。世界から約5属30種程が発見され，*Orussus* Latreille（全北区・エチオピア区）が模式属で，濠洲・ニュージーランド・南米等には *Ophrynops* Konow 属が知られている。本邦からは最初の属の2種類が知られているのみである。ヤドリキバチ（*Orussus japonicus* Tozawa）(Fig. 1067)雄は体長10～16mm，体は黒色，複眼内側の条紋・腹部第1背板両側の点斑・腹部末端の三角紋等は黄白色。触角は黒色で11節だが雌は10節。翅は透明で末端1/3が灰褐色を呈し，前縁脈・縁紋・径脈の基部・中脈の基半等は黒褐色，其他の翅脈は淡褐色。脚は黒色で，腿節の末端と脛節基部の上面とは黄白色。本邦産。他の1種はトサヤドリキバチ（*O. tosensis* Tozawa et Sugihara）で本邦と四国とに産し，顔面に梯形の隆起線を有する事によつて容易に区別する事が出来る。

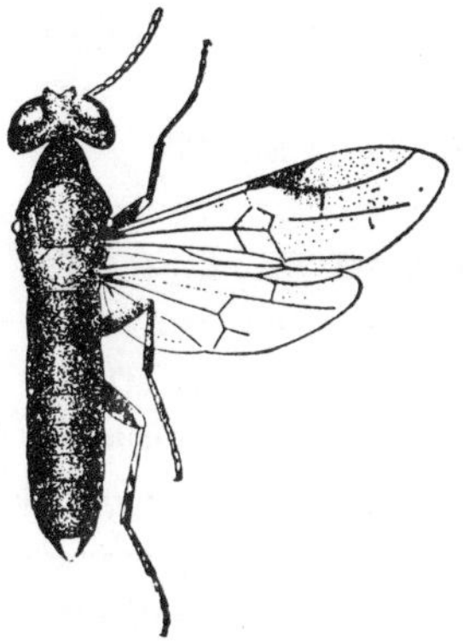

Fig. 1067. ヤドリキバチ雄（竹内）

b. 細　腰　亜　目

Suborder *Apocrita* Handlirsch 1906

この亜目は *Clistogastra* Konow 1905 や *Petiolata* Bingham 1897 等と称えられる事があつて，第1腹環節即ち前伸腹節が後胸と癒合し，第2節が縊れているかまたは細長い柄部となつている事によつて特徴付けられている。幼虫は無脚。一般につぎの如く10上科に分類されている。然し Comstock は Superfamily *Evanioidea* を加え，*Formicoidea* と *Apoidea* と *Chrysidoidea* とを除いている。

1．第1（形態学的には第2）腹環節は明瞭な片板または疣節あるいは柄節を形成し，完全に残節から異つている（蟻）………………Superfamily *Formicoidea*

腹部の基部環節は上述の如く強く縊れまたは柄状となつていない……………………………………………… 2

2．中胸は前側片（Prepectus）（前腹板 Episternum の前縁にある小片）を有し，翅脈は著しく減退し，微小種で体長平均2～3mm，金属的色彩を有する……
……………………………Superfamily *Chalcidoidea*

中胸は前側片を欠く……………………………………… 3

3．肩板は存在し，翅は普通よく発達し稀れに痕跡的かまたはない…………………………………………………… 4

肩板はなく，無翅型が存在し有翅型の個体を有す

る………………………………………………………8

4．前胸背板は側部が肩板と1線上に延びるかまたは肩板に達している……………………………………………5

前胸背板は側部が肩板から離れている……………12

5．体は蚤状即ち側扁し，触角は膝状でなく，転節は普通分割されない，翅は簡単な翅脈を見えている（8対照）………………………………Superfamily *Cynipoidea*

体は蚤状でない……………………………………6

6．翅脈はよく発達し，基脈・中脈・亜前縁脈・其他等を有する………………………………………………7

翅脈は減退し，亜前縁脈と径脈の部分とが存在するのみ（11対照）……………Superfamily *Serphoidea*

7．転節は2部分に分割されている（10・14対照）……………………………Superfamily *Ichneumonoidea*

転節は分割されていない…………………………14

8．体は蚤状即ち側扁している（5対照）………………………………………………Superfamily *Cynipoidea*

体は蚤状でない……………………………………9

9．体は密毛を装う（14対照）Superfamily *Vespoidea*

体は特に多毛でない………………………………10

10. 腹部第1節（真の第2）は微かにまたは強く曲る…（7・14対照）………Superfamily *Ichneumonoidea*

腹部第1節は直線…………………………………11

11. 前脚の腿節は正状かまたは末端の方に棍棒状となり，後翅は臀片（Anal lobe）を欠く（6対照）……………………………………Superfamily *Serphoidea*

前脚の腿節は著しく太まるかまたは末端の方に棍棒状となり，後翅は明瞭な臀片を有する…………………………………………Superfamily *Bethyloidea*

12. 中胸背板と小楯板との毛は分岐または羽毛状，後脚の脛節と第1跗節とは普通大形となる…………………………………………Superfamily *Apoidea*

中胸背板と小楯板との毛は分岐していない，然しときにねじれている……………………………………13

13. 腹部は背面に3節を認める………………………………………………Superfamily *Chrysidoidea*

腹部は背面に3節以上がある…………………………………………………Superfamily *Sphecoidea*

14. 大顋の内側は内方に曲り，左右末端が会うかまたは重なり合っている。刺針はよく発達する（9対照）…………………………………………Superfamily *Vespoidea*

大顋の内側は外方に曲り，左右末端は出会う事がない。腹部は中縦皺を有する（7・14対照）…………………………………………Superfamily *Ichneumonoidea*

姫蜂上科

Superfamily *Ichneumonoidea* Konow 1897

この上科は甚だ大きな群で，寄生性で，特に鞘翅目，鱗翅目，膜翅目，雙翅目等の幼虫に寄生する。大部分のものは細い体を有し，転節は分割され，雌は長く突出する産卵管を腹下端の前方に具えている。甚だ稀れに然らざるものがある。この上科は先づ一般に次の如く23科に分類されている。

1．腹部の末端腹節は縦に分割され，産卵管は尾端前ある距離の処から生じ（Fig.. 1068）それと等長の細い産卵管鞘の対を具えている。転節は明瞭な2節からなる。然し翅の縁紋を欠くあるものでは然らず，前翅は1個の前縁室を有するかまたはこれを欠く…………2

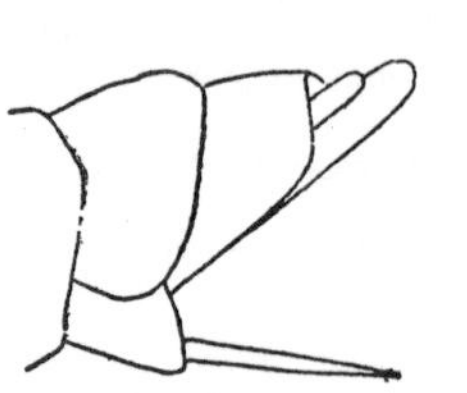

Fig. 1068. *Ichneumon* 雌の腹部末端側面図 (Brues & Melander)

腹部の末端腹節は縦に分割されない。産卵管は腹部末端から生じ刺針として産卵管鞘を欠き，転節は1節からなり，前翅は1個の前縁室を有する………………………………………28

2．前翅は縁紋を有する……………………………3

前翅は縁紋を欠く，前胸は著しく長く細い頸部を形成し，脚は凡て甚だ長く且つ細い，腹部は非常に細長く甚だ長い産卵管を具えている。南米・濠洲産（*Leptofoenus* Smith）………………………………………Family *Leptofoenidae* Handlirch 1925

3．有翅………………………………………………4

無翅または非常に小さい翅を有する………………26

4．前翅の前縁脈と亜前縁脈（Sc＋R）とは分離し狭い前縁室を包合し，腹部腹板は幾丁質化する…………5

前翅の前縁脈と亜前縁脈とは接触し，為めた前縁室がない……………………………………………11

5．中胸背板は1本の鋭い中溝即ち線溝を有し，前斜溝（Notaulices）がない。腹部は長卵形。体は多少円筒状，産卵管は顕著で普通非常に長い（*Megalyra* Westwood 濠洲。*Dinapsis* Smith 南アフリカ）（*Dinapsidae* を含む）……………………………………Family *Megalyridae* Schlett. 1889

中胸背板は中溝を欠き，前斜溝を有する…………6

6．腹部は後脚基節の遥か上方胸部の上面から生じ，普通乳頭状突起から出ている。触角は13〜14節………7

腹部は胸部の末端下方から正状に出で後脚基節に充分近い処に生じている……………………………9

7．前翅は2本の逆走脈（recurrent veins）を有し，

2個の多少完全に閉ざされている肘室があつて，その第2室はときに間肘脈の部分的消失によつて部分的に開口している (Fig. 1069 の 1)……………………………Family *Aulacidae*

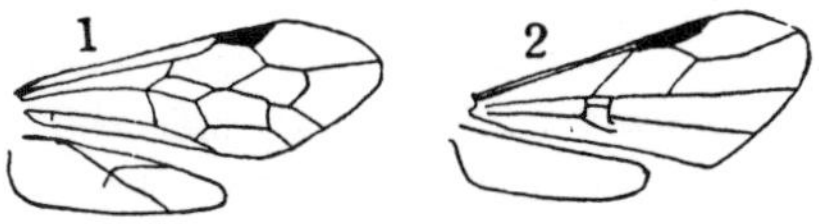

Fig. 1069. 膜翅目の翅 (Brues and Melander)
1. *Aulacus*　2. *Gasteruption*

前翅は1本の逆走脈を有するかまたはこれを欠き，閉ざされている肘室は1個またはない……………………8

8. 前胸は長く細い頸部を形成し，腹部は長く漸次後方に棍棒状となり，前翅の径室は長く尖つている (Fig. 1069の2)…………………Family *Gasteruptionidae*

前胸は短かく，腹部本体は短かく円く細い円筒状の柄部から出で，径室は短かく且つ幅広かまたはこれを欠く……………………………………Family *Evaniidae*

9. 前翅の閉ざされている肘室は2個または3個，触角は18節またはより多数節，頭部は大きく方形 (28参照)………………………………Family *Trigonalidae*

前翅の閉ざされている肘室は1個またはこれを欠く……………………………………………………10

10. 触角は鞭状で30節またはより多数節。腹部は細長く，長い産卵管を具え，後脚の腿節は末端にて膨れ且つ有歯，頭部は上方顆粒付けられている………………………………………………Family *Stephanidae*

触角は14節，腹部は細長く，産卵管は甚だ短かく，後脚腿節は無歯，頭部は上面に顆粒を欠く。若し腹部本体が側扁し円いか (♀) または卵形 (♂) で細い円筒状の柄に附着する場合は (28参照 *Roproniidae* 参照) (*Monomachus* Kl., *Tetraconus* Szepl.) ………………………Family *Monomachidae* Schulz 1911

11. 大顋は広く離り，閉ざされても左右合する事がなく，末端凹み歯が外方に曲つている…………………12

大顋は普通，末端は左右相対し閉ざされると会合する……………………………………………………13

12. 前翅の第2中室は閉ざされ，腹部の第2と第3節とは可動的に結合する (*Lysiognatha* Ashmead 北米)……………Family *Lysiognathidae* Ashmead 1895

前翅の第2中室は開口，腹部の第2と第3節とは癒合するが境は明瞭 (*Dacnus* Halidy, *Phaenocarpa* Förster, *Aphaereta* Förster, *Alysia* Latreille, 世界共通) …………Family *Alysiidae* Marshall 1888

13. 腹部腹板は軟かで膜質，中縦皺を有する…………14

腹部腹板は堅く強く幾丁質化し，小楯板は1棘状突起を具えている…………………Family *Agriotypidae*

14. 前翅は2本の逆走脈を有し，第1肘室と第1中室とは分割されていない。腹部の凡ての環節は自由，しかし甚だ稀れにしからず…………………15

前翅は1本の逆走脈を有するかまたはこれを欠く (Fig. 1070)……………………………………16

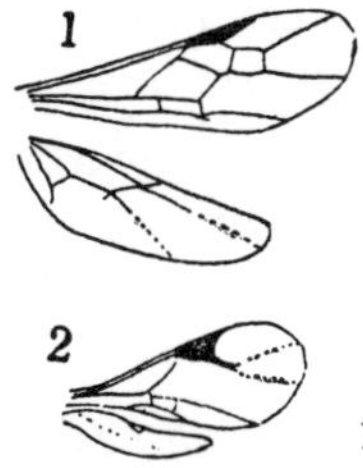

Fig. 1070. コマユバチ科の翅 (Brues and Melander)
1. *Rhogas*,
2. *Lysiphlebus*

15. 腹部第1節は長く柄状で第2節と癒合し，雌は屢々翅を欠く (*Myersia* Viereck, *Thaumatotypidea* Viereck, *Thaumatotypus* Förster) …………………………………Family *Myersiidae* Viereck 1912

腹部各節は自由 (25, 27参照) ……………………………………………………Family *Ichneumonidae*

16. 腹部は非常に長く頭胸の和の3倍長，各節自由で，第1節は著しく長く柄状，前伸腹節の末端は後脚基節を越えて延びている (*Ophionellus* Westwood, *Hymenopharsalis* Viereck 米国) (23参照)………………………Family *Ophionellidae* Handlirsch 1925

腹部は短かく，前伸腹節は上述の如く延びていない。翅脈はときに非常に減退している……………………17

17. 腹部第1節は前伸腹節末端の上に幾分拡がつているかまたは細く延び，腹部は常に自由環節が4節以上…………………………………………………………18

腹部第1節は完全に脚の基節の上に前伸腹節に沿い密着している……………………………………………19

18. 触角は20節より多数節，腹部は扁平で幅広の第1節を有し，第2と第3との間は不可動的，第1肘室と第1中室とは癒合し，第2中室は閉口，雌は長い産卵管を具えている (*Capitonius* Br. 米国) ……………………………………Family *Capitoniidae* Snodgras 1910

触角は13節，腹部は側扁し，雌は短かい産卵管を有する (*Pachylomma* Förster 欧州・北米)……………………………Fam. *Pachylommatidae* Handlirsh 1925

19. 腹部は多くとも自由環節が4節 (21, 24, 26参照)……………………………………………Fam. *Braconidae*

腹部は4～5自由環節より多い，しかし甚だ稀れに3節のみ………………………………………………20

20. 翅は完全………………………………………………21

翅は非常に退化するかまたはない…………………24

21. 腹部の第2と第3節とは不可動的に結合し縫合線は多く明瞭，翅脈は殆んど常に多少完全，触角は10～90

節，雌は幾分長い産卵管を有する（19・24・26参照）
………………………………………Family *Braconidae*

腹部の第２と第３節とは可動的に結合し，その間に間膜を有する。翅脈は屢々著しく減退する…………22

22. 甚だ小形（体長３mm迄），腹部は扁平で５節，触角は13節，翅脈の末端部は消失し，産卵管は腹面に位置する（*Neorhacodes* Hedicke 中欧）………………
……………Family *Neorhacodidae* Handlirsch 1925

大形で上述と異なる………………………………23

23. 腹部は甚だ細長く，側扁し且つ曲り，触角は30節以上，産卵管は甚だ短かい。甚だ大形（16参照）………
……………………………………………*Ophionellidae*

腹部は甚だ短かく，側扁せず且つ曲つていない，触角は多くとも12～27節。甚だ小形（25・27参照）……
…………………………………………Family *Aphidiidae*

24. 腹部の第２と第３節との境は不明かまたは微かに認められ，不可動的（19，21，26参照）…………………
………………………………………Family *Braconidae*

腹部の第２と第３節とは可動的……………………25

25. 甚だ小さな軟かい蜂で，腹部の第２と第３節との間は軟かい間膜を有し，腹部は胸部の下に曲つている（23・27参照）……………………Family *Aphidiidae*

多くは大形で，正状の腹部を具えている（15，27参照）……………………………Family *Ichneumonidae*

26. 第２と第３との腹部背板は不可動的に結合し，触角は24節より多数節（19，21，24参照）…………………
………………………………………Family *Braconidae*

第２と第３との腹部背板は可動的，甚だ稀れに不明瞭に分離されている……………………………………27

27. 腹部の柄部はむしろ急に幅広となり末端近くで下方に曲り，気門は中央後方に位置する（15，25参照）…
………………………………Family *Ichneumonidae*

腹部の柄部は甚だ短たいかまたは柄部が現われない。甚だ小さな黒色種（25参照）……………………
…………………………………………Family *Aphidiidae*

28. 後翅は明瞭な翅脈がなく且つ閉室がなく，前翅は翅脈が完全，触角は14節，腹部は側扁（*Ropronia* Viereck 北米）………Family *Roproniidae* Viereck 1916

後翅は明瞭な１翅脈を有し且つ少くとも１閉室を有し，前翅は２個の大きな閉室を有する。触角は少くとも16節で一般はより多数節。中康大……………………
………………………………Family *Trigonalidae*

458. ヤセバチ（痩蜂）科

Fam. Evaniidae (Leach 1812) Westwood 1840

Ensign Flies と称えられている。短かいづんぐりした陰色の蜂で，体長４～17mm，腹部を軍艦旗の様に空中にたかめている為めに Ensign Flies と称ばれている。触角は13～14節。翅は原始的な翅脈を有し，即ち多数の室と太い翅脈とを具え，前翅は明瞭な前縁室を有し，中室は１個であるかまたはこれを欠き，径室は短かく幅広かまたはこれを欠く。腹部は細長い柄部を有し，同柄部は後脚基節の上方の中背板の上部に附着し，腹部膨大部は小形。幼虫は寄生性で，ゴキブリやカマキリ等の卵やキバチの幼虫等に寄生している。

約200種が世界から発見され，特に濠洲区に多数に産する。*Evania* Fabricius, *Brachygaster* Leach, *Hyptia* Illiger, *Hyptiogaster* Kieffer, *Semaeodogaster* Bradley 等が代表的な属である。本邦からはゴキブリヤセバチ（*Evania appendigaster* Linné）(Fig. 1071)

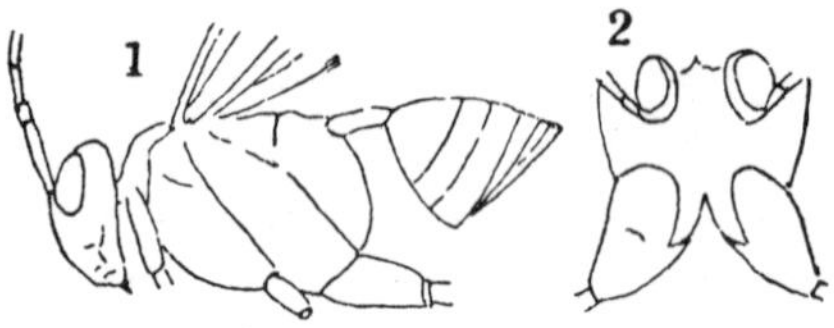

Fig. 1071. ゴキブリヤセバチ (Handlirsch)
1. 側面図　　2. 後胸腹板

が知られ，体長7.5mm内外，全体黒色，翅は透明で黒色の翅脈を有する。頭部は円滑，胸背には多少点到を有し，中胸楯板の側葉に１縦溝を有し，胸側と前伸腹節とにはやや大きな点到を散布する。腹部の柄部は比較的短かいが細く，腹部本体は短かく著しく側扁し，平滑，産卵管は少しく突出する。世界に広く分布し，ゴキブリの卵に寄生する。

459. コンボウヤセバチ（棍棒痩蜂）科

Fam. Gasteruptionidae (Ashmead 1900) Handlirsch 1925

細長い，中庸大の蜂。前胸は頸状に長く，触角は13～14節，腹部の第１節は細長く前伸腹節の背面から生じ，雌は長い産卵管を具え，後翅は基部の方に漸次細まり，片状部を欠き，前翅は１逆走脈を有し，第１肘室は大形，第１中室は小さく，第２中室は開口。後脚の脛節は太い。後胸腹板は基節間に延びていない。幼虫は蜂の幼虫に寄生する。

世界から300種以上が知られ，殆んど各区に一様に分布し，*Gasteruption* Latreille(=*Foenus* Fabricius)は模式属である。本邦産のコンボウヤセバチ（*Gasteruption japonicum* Cameron）(Fig. 1072) は体長14mm内外，全体黒色で，第１・第２腹節の後縁は赤褐色を帯びる。顔面は両側に銀色の短毛を装う。触角は比較的短かく，黒色，翅は透明で黒色の翅脈を有する。脚は大部分黒色，前中両脚の腿節基部・膝部・脛節末端・跗節等は赤褐色を帯び，後脚の脛節は肥大しその基部に近い環状紋・第1跗節の大部分等は白色。体は平滑，産卵管は体とほぼ等長で黄色を帯び鞘は黒褐色。北海道・本州等に分布する。

Fig. 1072. コンボウヤセバチ雌(石井)

460. セダカヤセバチ（高背痩蜂）科

Fam. Aulacidae Schuckard 1841

腹部第1節は前伸腹節の下端の上方高き処から生じている。前翅は閉ざされた2～5個の肘室と2個の閉ざされた中室とを有し，外縁は幅広となり，第1肘室と第1中室とは分離している。後翅は臀片を欠く。後胸腹板は叉状に延びていない。腹部は棍棒状で第1節は強く細まらず，第2と第3節とは可動的に結合している。鬚は4節，触角は細長く13(♂)～14(♀)節。産卵管は多少長い。幼虫はカミキリムシの幼虫に寄生する。

世界から150種内外が知られ，濠洲と米国とに多産で，アフリカには少ない。*Aulacinus* Westwood, *Aulacus* Jurine, *Pristaulacus* Kieffer 等が代表的な属である。本邦産のホシセダカヤセバチ(*Pristaulacus intermedius* Uchida) (Fig. 1073) は体長19mm内外，雌は全体黒色，各脚の脛節と跗節とは黒褐色を帯び，翅は透明で縁紋の直下に黒褐色紋を有する。頭部は上面方形で平滑で光沢を有し，灰白色毛を疎生する。胸背は皺多く，中胸背には横隆起条が多く，前伸腹節は粗網状刻を有する。腹部の基部は細長く柄状，全体平滑で光沢を有し，産卵管は長く，胸腹の和と等長。後脚は長く，基節は長く，横隆起条を有する。九州産。

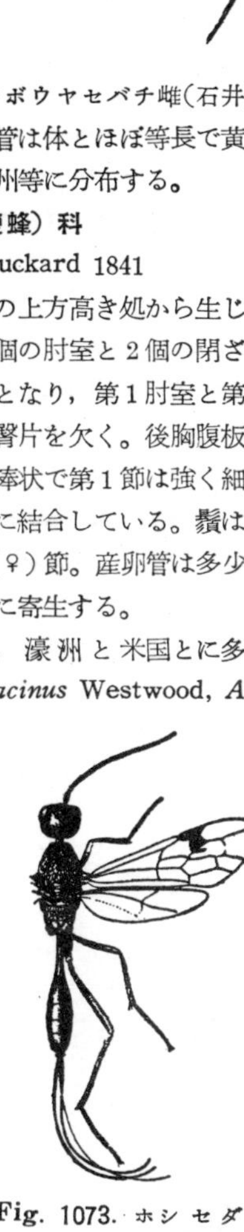

Fig. 1073. ホシセダカヤセバチ雌（石井）

461. ヒメバチ（姫蜂）科

Fam. Ichneumonidae Leach 1817

Ichneumonids, Ichneumon Flies 等と称えられ，ドイツの Schlupfwespen，フランスの Ichneumonidés 等がこの科の俗称である。微小乃至大形の細い寄生性の蜂で，長い多数節の糸状の触角と3個の単眼とを有し，口器はよく発達し，脚は細長く2節からなる転節を具え，脛節は顕著な距棘を具え，爪は強く，1爪間盤を有する。翅は普通大形なれど，稀れにないかまたは雌雄ともに短翅型となり，翅脈は明瞭，前翅の前縁室は多くの場合前縁脈と亜前縁脈との合体により消失し，中室(Median cell)は基脈(m-cu)によつて中央室(Discoidal cell)から分割されている。中央室の末端に多角形の小室即ち鏡胞(Areolet)がある。前伸腹節は大形で後脚基節の後方に延び，屢々彫刻つけられている。腹部は細長く，円筒状または側扁し，前伸腹節の下部に附着し，頭胸の和の2～3倍長，産卵管は種々の長さのものがあつて，ときに体長の6倍以上の種類がある。

卵は宿主の体の外面や内部に産下され，ときに1本の柄を具えている。幼虫は，特に内寄生性のものは複雑な変態を行う。第1齢は屢々長い呼吸管即ち尾突起を具え，このものは後に吸収される。気門呼吸器は第3齢期に現われる。充分発達せるものは13節からなる。外寄生性のものは宿主の外壁に附着し，内寄生性のものは宿主の体腔内に棲息する。宿主の幼虫や蛹等の内部に生活し，成虫は宿主の蛹から普通羽出する。主な宿主は鱗翅目と膜翅目と鞘翅目と雙翅目等の幼虫や蛹等である。而して農林業上重要な天敵として，自然界に於て顕著な役割を演じている。

宿主たる各昆虫類の棲息する処に分布する。大きな科の1つで，約1万種が知られ，次の如き亜科に分類する事が出来る。

1．腹部の本体（柄部を除く）は3個の自由環節からなる（*Rothneyia* Cameron 印度）…………………………
…………Subfamily *Rothneyiinae* Handlirsch 1925
　腹部本体の環節は正常……………………………… 2

2．腹部第1節は明瞭に曲り，その前方部は細く柄部を構成し，気門は中央から後方に位置し稀れに中央に存在する。腹部は殆んど常に扁平……………………… 3
　腹部第1節は曲つていないかまたは不明瞭に曲り，多くは柄部を完全に構成していない。気門は中央前か中央に位置し，稀れに中央後に存在する…………… 4

3．腹部第1節の気門は後端から充分離れた前方に位置し，中胸の側板と腹板との間に縦溝を欠き，産卵管は短かくかろうじて後方に突出している……………………
……………………………Subfamily *Ichneumoninae*
　腹部第1節の気門は後端から僅かに離れて存在し，中胸の側板と腹板との間に明瞭な溝が線を有し，産卵管は尾端後方に延び屢々かなり長い……………………

…………………………………… Subfamily *Cryptinae*

4．腹部は殆んど常に強く側扁し，産卵管は多くは甚だ短かく，背板は凹凸なく且つ粗点刻を欠く……………………………………………Subfamily *Ophioninae*

腹部は棍棒状かまたは明瞭に扁平となり決しく強く側扁していない……………………………………………5

5．腹部は扁平で多くは全く柄部を有しない，粗点刻を布するかまたは背面に顆粒と凹点とを有し，産卵管は突出し屢々非常に長い……… Subfamily *Pimplinae*

腹部は多くは細く棍棒状で稀れに幾分側扁し，粗点刻を欠き，産卵管は短かく多くは隠れている……………………………………………… Subfamily *Tryphoninae*

1．ヒメバチ亜科 Subfamily *Ichneumoninae* Schmiedeknecht 1907——世界から 2500 種以上が知られ，各区に産するが，ニュージーランドには少ない。*Hoplismenus* Gravenhorst, *Ichneumon* L., *Amblyteles* Wesmael, *Eurylabus* Wesm., *Platylabus* Wesm., *Gyrodonta* Cameron, *Heresiarches* Wesm., *Listrodromus* Wesm., *Dicoelotus* Wesm., *Diadromus* Wesm., *Phaeogenes* Wesm., *Ischnus* Grav., *Joppa* Fabr., *Trogus* Grav., *Alomya* Panzer 等が代表的な属で，本邦からは *Hadrojoppa Aglaojoppa*, *Trogus*, *Dinotomus*, *Cobunus*, *Ichneumon*, *Coelichneumon*, *Ctenichneumon*, *Melanichneumon*, *Togea*, *Amblyteles*, *Pristiceros*, *Platylabus* 等の属が発見されている。マダラヒメバチ (*Ichneumon generosus* Smith) (Fig. 1074) は体長 14mm 内外，頭部・胸部・腹部第1〜5節等は黒色，腹部第2節は黄赤色で第3節の後縁幅広の拡帯と小楯板とは黄色，肩板は黒褐色。触角は黄褐色で，柄節と末端 1/3 以上とは黒褐色。翅は淡褐黄色に曇り，縁紋は黄褐色，翅脈は淡褐色。脚は大体黄赤色，基節は黒色で上部に白黄色紋を有し，転節は黒色，後脚の腿節と脛節の末端とは褐色を帯びる。全体に点刻を密布し，前伸腹節は皺多く，第1腹節の後部には縦皺がある。幼虫はアゲハの幼虫に寄生し，成虫は蛹から羽出する。全土に産する。この種以外に宿主の判明せるものは，カワムラヒメバチ (*Hadrojoppa japonica* Kriechbaumer) が全土に産しクチバスズメの幼虫に寄生し，クロヒメバチ (*Hadrojoppa cognatoria* Smith) がエビガラスズメの幼虫に寄生し全土に分布し，全土と樺太に産するアゲハヒメバチ (*Dinotomus mactator* Tosquinet) はアゲハの幼虫に，北海道と本州とに産するウスイロヒメバチ (*Cobunus pallidiolus* Matsumura) はキアシドクガの幼虫に，北海道・本州・四国等に産するマツスズメヤドリバチ (*Ctenichneumon haereticus* Wesmael) はマツスズメに，九州と朝鮮とに分布するカブラヤガヤドリバチ (*Amblyteles vadatorium* Wesmael) はカブラヤガの幼虫に，北海道と本州とに産するムラサキヘリトリヒメバチ (*Pristiceros apicalis* Uchida) はコツノケムシの幼虫にそれぞれ寄生する。

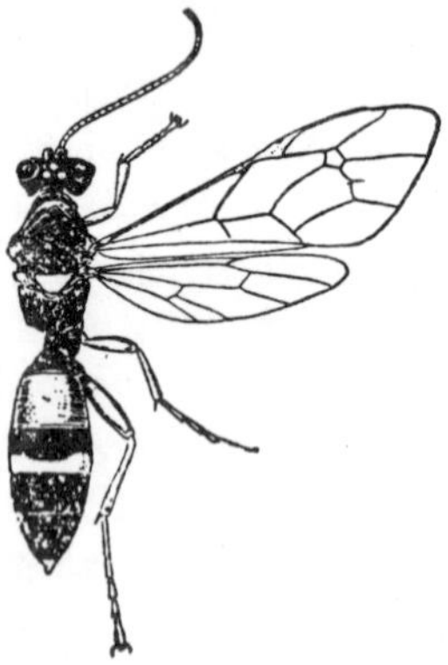

Fig. 1074. マダラヒメバチ（石井）

2．ハラボソヒメバチ亜科 Subfamily *Cryptinae* Cameron 1885——世界から約3200種以上が知られ，特に旧北区に多産。*Cryptus* Fab., *Osprynchotus* Spin., *Goniocryptus* Th., *Spilocryptus* Th., *Mesostenus* Grav., *Polycyrtus* Spin., *Microcryptus* Th., *Phygadeuon* Grav., *Hemiteles* Grav., *Pezomachus* Grav., *Artactodes* Grav., *Exolytus* Holmgren, *Stilpnus* Grav., *Hemigaster* Br., *Macrogaster* Br., *Joppocryptus* Vier. 等が代表的な属で，本邦からは *Acroricnus*, *Plectocryptus*, *Cryptus*, *Leptocryptus*, *Mesostenus*, *Hedylus*, *Spilocryptus*, *Exolytus* 等の属が発見されている。ハラボソヒメバチ (*Cryptus tenuiabdominalis* Uchida) (Fig. 1075) 雌は体長 14mm 内外，全体黒色で複眼の内側の小紋と腹部第6節の後縁と同第7節とは白色。触角は黒色，鞭節の第3節先半から第7節の基部に亘り白色紋を有する。翅はやや曇り，黒色の翅脈を有し，鏡胞は5角形でその両側の翅脈は平行していない。脚は黒色，前脚の脛節と跗節とは赤褐色を帯び，後脚の跗節の第3と第4節とは黄白色。全体ほぼ平滑で，前伸腹節は細い皺が多く且つ横隆起線を有し側面に1突起を具えている。産卵管は約5mm 内外で黒色，全土に産する。この亜科で宿主の判明せるものは本州・四国・九州等に産し朝鮮・北支等に分布するキアシオナガヒメバチ (*Acroricnus ambulator* Smith) がクロバチやスズバチ等の幼虫に，全土に産す

Fig. 1075. ハラボソヒメバチ雌（石井）

るホシクロオナガヒメバチ (*Cryptus suzukii* Matsumura) がミノムシ1種に，それぞれ寄生する。

3．オナガヒメバチ亜科 Subfamily *Pimplinae* Cameron 1889——世界から1700種以上が知られ，特に暖国に多産。*Pimpla* Fab., *Rhyssa* Grav,, *Ephialtes* Schr., *Xanthopimpla* Saussure, *Polyspincta* Grav., *Glypta* Grav., *Echthrus* Grav., *Xylonomus* Grav., *Xorides* Latr., *Odontomerus* Grav., *Lampronota* Hal., *Phytodietus* Grav., *Meniscus* Schiödte, *Lissonota* Grav., *Labena* Cress., *Coleocentrus* Grav., *Acoenitus* Latr. 等が代表的な属で，本邦からは *Thalessa*, *Epirhyssa*, *Rhyssa*, *Ephialtes*, *Theronia*, *Pimpla*, *Nesopimpla*, *Exeristesoides*, *Exeristes*, *Apechthis*, *Xanthopimpla*, *Epiurus*, *Meniscus*, *Glypta*, *Coleocentrus*, *Xylonomus*, *Jezarotes*, *Phaenolobus* 等の属が発見されている。ヒメキアシフシオナガヒメバチ (*Pimpla aterrima* Gravenhorst) (Fig. 1076) 雌は体長 10mm 内外，体は黒色。触角は黒色，翅は透明で黒褐色の脈を有し，縁紋の基部は黄褐色を帯びる。前中両脚の腿節と脛節・後脚の腿節（末端を除く）等は黄赤色を帯び，脚の他部は黒色。頭部は平滑，中胸背は細い点刻を散布し，前伸腹節・腹部第1～5節（各後縁を除く）等は細い点刻を密布する。幼虫はスゲドクガの幼虫やテンマクケムシ等に寄生し，北海道・本州・四国等に産し，欧洲に分布する。モンオナガバチ (*Thalessa superbiens* Morley) は東京附近に普通で樹蜂の幼虫に寄生し，ジョウザンオナガバチ (*Rhyssa persuasoria* Linné) は北海道・樺太・千島・欧州・印度・北米等に分布しカラフトキバチの幼虫に寄生し，フシオナガバチ (*Ephialtes manifestator* Linné) は北海道・樺太・欧州・シベリヤ・北米等に分布しカミキリムシ類の幼虫に寄生し，コブフシヒメバチ (*Ephialtes tuberculatus* Fourcroy) は北海道・樺太等に産しヤナギシリジロゾウムシ・ヨツボシヒゲナガカミキリ等の幼虫に，マダラチヤイロヒメバチ (*Theronia zebroides* Krieger) は本州・台湾に産しタイワンマツカレハ・ミカンドクガ等の幼虫に，チヤイロヒメバチ(*Theronia atalantae* Poda) は全土に産し樺太・千島・朝鮮等に分布しマツケムシ・エゾシロチョウ・チヤミノガ・イチモンジセセリ・テンマクケムシ等に，クロフシオナガヒメバチ (*Pimpla pluto* Ashmead) は全土と朝鮮とに産しクワゴ・テンマクケムシ・アゲハ幼虫等に，シロモンフシオナガヒメバチ (*Pimpla alboannulata* Uchida) は北海道・本州・九州等に産し朝鮮に分布しモモシンクイガの幼虫に，キアシオナガヒメバチ (*Pimpla instigator* Fabricius) は北海道・樺太・シベリヤ・欧州・北アフリカ・印度等に分布しエゾシロチョウ・ノンネマイマイ・カバモンドクガ・リンゴドクガ等の幼虫やブランコケムシ・ツノケムシ・テンマケムシ等に，チビキアシフシオナガヒメバチ (*Pimpla spuria nipponica* Uchida) は北海道・本州・四国・樺太・沖縄・台湾等に分布しエゾシロチョウ・コヤガ1種等の幼虫に，アオムシヒラタヒメバチ (*Nesopimpla narangae* Ashmead) は全土に産し沖縄・台湾・朝鮮等に分布しフタオビコヤガやドロオイムシ等の幼虫に，マツケムシフシオナガヒメバチ (*Exeristesoides spectabilis* Matsumura) は北海道・四国・朝鮮等に産しマツケムシにキオビフシダカヒメバチ (*Exeristes albicincta* Morley) は本州・四国・九州・台湾・印度に分布しチヤミノガやオオミノガ等の幼虫に，コキアシヒラタヒメバチ (*Apechthis sapporensis* Ashmead) は全土と朝鮮とに産しモンシロドクガやエゾシロチョウ等の幼虫に，マメヒラタヒメバチ(*Epiurus annulitarsis* Ashmead) は北海道・本州・樺太等に分布しミノムシに，コンボウオナガバチ (*Coleocentrus excitator* Poda) は北海道・本州・樺太・千島・朝鮮・欧州・シベリヤ等に分布しセンノカミキリやナガグロカミキリ等の幼虫に，ツマグロオナガバチ (*Phaenolobus apicalis* Matsumura) は北海道・本州等に産しカミキリムシ (*Monochammus*) の幼虫に，それぞれ寄生する。

Fig. 1076. ヒメキアシフシオナガヒメバチ雌（石井）

4．アメバチ亜科 Subfamily *Ophioninae* Cameron 1886——世界から約3000種程知られ，広く分布するが新旧両北区に最も多い。*Anilastus* Förster, *Limneria* Holmgren, *Omorgus* Först., *Casinaria* Holmgr., *Angitia* Holmgr., *Campoplex* Grav., *Charops* Holmgr. *Cryptophion* Viereck, *Exetastes* Grav., *Pristomerus* Curtis, *Porizon* Grav., *Adelognathus* Holmgr., *Plectiscus* Grav., *Proclitus* Först., *Cremastus* Grav., *Mesochorus* Grav., *Nesomesochorus* Ashmead, *Megaceria* Szepligeti., *Paniscus* Schr., *Anomalon* Jur., *Xiphosoma* Cressen, *Notrachys* Marsh., *Ophion*

F., *Hellwigia* Grav. 等が代表的な属で，本邦からは *Thyreodon*, *Acanthostoma*, *Henicospilus*, *Nipponophion*, *Dicamptus*, *Ophion*, *Paniscus*, *Parabatus*, *Opheltes*, *Exetastes*, *Agrypon*, *Zacharops*, *Anomalon*, *Exochilum*, *Cremastus*, *Campolex*, *Rhythmonotus* 等の属が知られている。

オオアメバチ (*Ophion pungens* Smith) (Fig.1077) 雌は体長 17mm，全体黄赤色で腹部はやや淡赤褐色を帯び顔面は黄色を帯びる。触角は黄赤色，翅は透明，縁紋は黄褐色，翅脈は濃褐色。脚は黄赤色。体は平滑，前伸腹節には1横隆起線を有する。北海道・本州・九州等に産する。ムラサキウスアメバチ (*Thyreodon purpurascens* Smith) は全土に産し朝鮮・支那・シベリヤ等に分布しクルマスズメの幼虫に，コンボウアメバチ (*Acanthostoma insidiator* Smith) は全土に産し朝鮮に分布しクスサン・サクサン・ヤママユ等の幼虫に，サキグロホシアメバチ (*Henicospilus ramidulus* Linné) は北海道・本州・樺太・千島・朝鮮・欧州等に分布しベニシタバの幼虫に，マダラオオアメバチ (*Nipponophion variegatus* Uchida) は北海道・本州・千島等に分布しオオミズアオの幼虫に，アカアメバチ (*Paniscus testaceus* Gravenhorst) は北海道・本州・四国・樺太・朝鮮等に分布しマツケムシに，ベッコウアメバチ (*Opheltes glaucopterus* Linné) は北海道・本州・九州・樺太・千島・朝鮮・欧洲に分布しナシオオハバチの幼虫に，マエキウスアメバチ (*Agrypon flavifrontatum* Smith) は北海道・本州等に分布しヒラタアブ1種の幼虫に，ホウネンタワラバチ (*Zacharops narangae* Cushman) は本州・九州・台湾等に分布しフタオビコヤガの幼虫に，マツケムシヤドリバチ (*Exochilum circumflexum* Linné) は北海道・本州・四国・欧洲等に分布しマツケムシに，キバラアメバチ (*Cremastus biguttulus* Munakata) は北海道・本州・四国・朝鮮・支那等に分布しニカメイチュウに，マツケムシヤドリアメバチ (*Rhythmonotus takagii* Matsumura) は本州・朝鮮等に分布しマツケムシに，それぞれ寄生する。

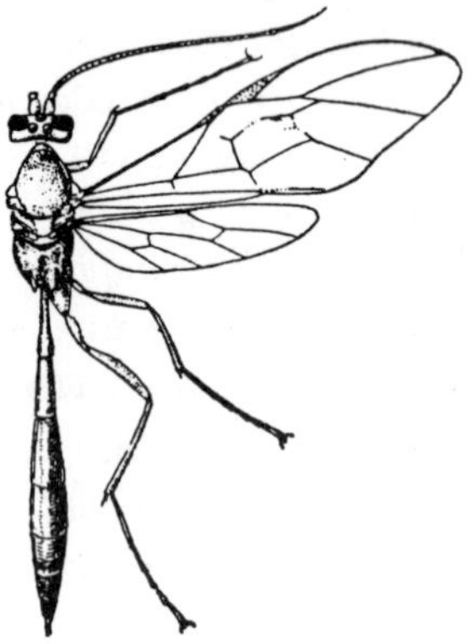

Fig. 1077. オオアメバチ雌 (石井)

5. コシブトヒメバチ亜科 Subfamily *Tryphoninae* Schmiedeknecht 1907——世界から2000種以上が知られ，新旧両北区に分布しているが，他区にも少数宛発見されている。*Metopius* Panzer, *Sphinctus* Gravenhorst, *Tylocomnus* Holmgren, *Exochus* Grav., *Trichistus* Förster, *Chorinaeus* Holmgr., *Stenomacrus* Först., *Orthocentrus* Grav., *Homotropus* Först., *Bassus* Fabricius, *Mesoleius* Holmgr., *Tryphon* Fallen, *Spudaea* Först., *Polyblastus* Hartig, *Erromenus* Holmgr., *Diaborus* Först., *Exenterus* Hart., *Mesoleptus* Grav., *Perilissus* Holmgr., *Euryproctus* Holmgr., *Hadrodactylus* Först. 等が代表的な属で，本邦からは *Bassus*, *Homocidus*, *Tricamptus*, *Hadrodactylus*, *Metopius* 等の属が発見されている。

キオビコシブトヒメバチ (*Metopius rufus* Cameron) (Fig. 1078) 雌は体長 11mm，内外，大体黒褐色，顔面板・複眼の内側紋・肩板下方の1紋・小楯板の先半部・後胸背の1紋・腹部第1節・腹部第2～4節の太い横帯・腹部第5～7節の後縁の細い横帯等は黄色。触角は赤褐色。翅はほぼ透明で翅頂に大きな褐色紋を有し，縁紋は黄色，翅脈は赤褐色。前脚・中脚の腿節末端・脛節・跗節等は黄色，其他の部分は赤黄色。胸背と腹背とは顕著な網状彫刻を有し，産卵管は突出していない。全土に産し，朝鮮・台湾・南支那・印度等に分布し，ハスモンヨトウに寄生する。チョウセンコシブトヒメバチ (*Metopius coreanus* Uchida) は九州・朝鮮等に分布しヨトウムシに寄生し，アオイロハバチヤドリバチ (*Hadrodactylus tyhae* Fourcroy) は全土に産し朝鮮と欧洲とに分帯しスギナの葉蜂に寄生するものの如くである。キモンハバチヤドリバチ (*Tricamptus rufipes* Uchida) は本州産でハンノキハバチの幼虫に，シロスジヒラタアブヤドリバチ (*Homocidus tarsatorius* Panzer) は北海道・本州・朝鮮・欧洲・印度等に分布しショクガバエ類の幼虫に，それぞれ寄生する。尚ほショクガバエ類の幼虫に寄生するものとしては，ヒトスジヒラタアブヤドリバチ (*Bassus tricinctus* Gravenhorst) が九州に産し，アカハラヒラタアブヤドリバチ (*Bassus laetatorius* Fabricius) が全世界に分布している。

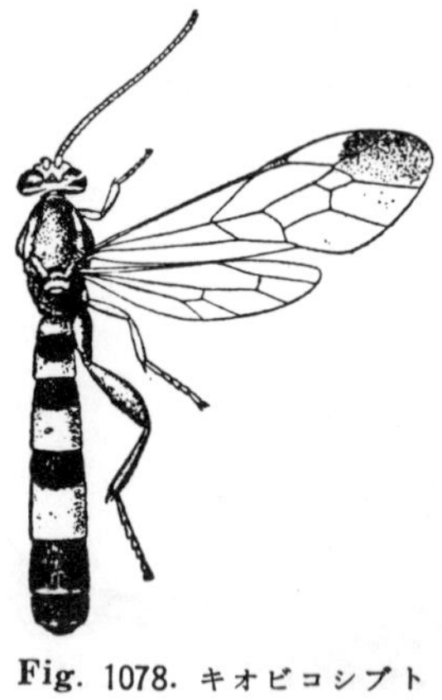

Fig. 1078. キオビコシブトヒメバチ (石井)

462. コマユバチ（小繭蜂）科

Fam. Braconidae Kirby 1837

Braconids や Braconid Flies 等と称えられ，微小乃至中庸大，様々な形状と色彩との種類があり，稀れに雌は体長の数倍の長さの産卵管を具えている。複眼は裸体，単眼は3個。触角は多くは多数の等様の環節からなる。後脚の腿節は簡単かまたは膨大し，ときに歯を具えている。翅は狭く屢々模様付けられ，2～3個の亜縁室と2個の肘室と1個の中央室とを具え，翅脈はときに減退する。腹部は無柄または亜有柄或は有柄で，後脚基節の下方かまたは上方から出て，円筒状または卵形，第1～8節または第3～8節が認められる。幼虫はヒメバチ科のものに形態や生態が一般的に類似し，成虫はときに植物の花に集まる性を有する。世界から4500種程知られ，特に暖国と熱帯とに多産。以下の如き多数の亜科に分類され得る。

1．産卵管は体長の数倍の長さを有する…………………………………………… Subfamily *Euurobraconinae*

産卵管は長くとも体長の2倍に達しない…………2

2．頭楯は下方半円形に凹み大顋によつて幾分円形の開孔部を形成している……………………………………3

頭楯は下方えぐられないかまたは幅広く浅く凹み，上述の如く孔を形成していない…………………… ‥9

3．腹部は無柄，ときに基部にて著しく細まる。然し第1節が明瞭な柄部を形成する事がない………………4

腹部は有柄，第1節は非常に長く少くともその後縁の幅の3倍の長さを有し，屢々甚だ細長く他の部が急に太まつている。触角は一般に甚だ細い（*Spathius* 広分布。*Stephaniscus*, *Ogmophasmus* エチオピア。*Psenobolus* 新熱帯，*Cantharoctonus* 新北区）（*Stephaniscinae* Enderlein 1905）…………………… ……………………Subfamily *Spathiinae* Marshal 1885

4．頭部は後方後頭と顳と頬と共に円味を有し，縁線がない（*Exothecus* 広分布。*Spinaria* エチオピア，印度，マレー。*Mesobracon* エチオピア）…………………………………Subfamily *Exothecinae* Förster 1862

頭部は後方に明瞭な1隆起縁線を有し，同線はときに上方部または下方部にて幾分不明となつていても側部では常に明瞭となつている… ……………………5

5．前翅は3個の亜縁室を有し，何れも完全に形成されている。甚だ稀れに無翅……………………………6

前翅は2個の亜縁室を有し，その第1のものはときに不完全に形成されている。　折々無翅…………8

6．頭部は立方状で大きく複眼の後方膨れ，稀れに微かに横形…………………………Subfamily *Doryctinae*

頭部は明瞭に横形で一般に長さより著しく幅広となり，複眼の後方幅広くもなくまた膨れてもいない…7

7．亜中央脈（Subdiscoidal vein）は第2中央室の上角に生じ，同室の上縁と1連続線を形成している（*Hormius*, *Hormiopterus*. 広分布。*Chremylus* 旧北区）…………Subfamily *Hormiinae* Förster 1862

亜中央脈は第2中央室の外縁から生じ，その基点で第2中央室は角張ばり，亜中央脈は第2中央室の上縁のレベルの下に横わつている…………………………………………………Subfamily *Rhogadinae* Förster 1862

8．頭部は上面から見ると大形で立方状，腹部の各背節は常に甚だ明瞭に分割されている。雌は常に有翅，雄の後翅は屢々前縁に縁紋様の厚化部を具えている（*Hecabolus*, *Ecphylus* 全北区。*Heterospilus* 広分布）…………Subfamily *Hecabolinae* Förster 1862

頭部は上方から見ると甚だしく横形で長さより著しく幅広。腹部背面の各縫合線は基部を除き不明瞭。雌は普通無翅，雄の後翅は擬縁紋を有しない（*Pambolus* 広分布）……Subfamily *Pambolinae* Marshal 1885

9．腹部の背節は明瞭な縫合線によつて分割され，第3節以後のものは自由可動的，若し稀れに凡ての背板が癒合している場合は腹部が強く棍棒状を呈する……10

腹部の背節は癒合して堅い1背板即ち楯甲（Carapace）を形成し，各背板間の縫合線が完全にないかまたは細い溝線にて認め得られるかである…………23

10．腹部は無柄または亜無柄，若し第1節が稀れに長い場合はその側縁が直線となつている。翅脈は減退しない……………………………………………………11

腹部は有柄，翅脈は屢々小形種にて著しく減退する……………………………………………………………24

11．縁室（Marginal cell）は甚だ狭いかまたは径脈が弱体あるいはその末端部が欠けて不完全に形成されているかで，第2亜縁室は一般に小形または不完全に形成されている……………………………………………12

縁室は決して著しく狭くなく，第2亜縁室は大形で充分に形成されている…………………………………16

12．縁室は甚だ細く，径脈はその末端が殆んど常に明瞭となつている……………………………………………13

縁室は狭くなく末端多少不完全に形成されている…………………………………………………………………14

13．鬚は甚だ短かく，跗節は細長く微小または甚だ不明瞭な爪を具えている。微小種で蟻に寄生する（*Neoneurus*, *Elasmosoma*, 全北区）……………………………………Subfamily *Neoneurinae* Bengtsson 1918

鬚は長くよく発達し，跗節は例外的に長くなく大形の屢々有歯または櫛歯状の爪を具えている……………

……………………………………Subfamily *Braconinae*

14. 第2亜縁室は微小かまたは不完全に形成され，縁室は極基部以外はない……………………………………………15

第2亜縁室はたとえ多少末端の方に弱く発達していても大形，縁室の末端部は弱く区切られているが，しかし1本の強く曲り且つ甚だ弱く幾丁質化している翅脈によつて明瞭に区切られている (*Cardiochilus* 広分布。*Toxoneuron* 米。*Laminitarsus* マレー) ………………………Subfamily *Cardiochilinae* Ashmead 1900

15. 径脈は殆んど等長の2部分からなる (*Neorhacodes* 旧北区) …Subfamily *Neorhacodinae* Hedicke 1923

径脈は1本の基区分からなる………………………………………………………………Subfamily *Microgastrinae*

16. 前翅は3個の亜縁室を有する…………………………17

前翅は2個の亜縁室を有するのみ……………………21

17. 脚は細長く，後脚脛節の距棘は屢々甚だ長い。体は一般に長い腹部を有し細く，頭部は強く横形…………………………………………… Subfamily *Macrocentrinae*

脚は細長くなく，腿節は太い。腹部は一般に短太，稀れに長い。脛節の距棘は長くない。頭部は大きく太く，腹部は長い…………………………………………18

18. 腹部は前伸腹節の下方部で後脚基節間に附着する。一般に小形または微小形…………………………………19

腹部は明瞭に後脚基節の上方に附着し，腹部は屢々長く，頭部は大きく立方形で屢々深く凹んでいる頭頂を有する。むしろ大形または中庸大。(*Helcon*, *Gymnoscelus*, *Aspicolpus*, 広分布。 *Eumacrocentrus* 新北区。*Austrohelcon*, *Schauinslandia* 濠洲区) ………………………Subfamily *Helconinae* Förster 1862

19. 縁室は甚だ短かく，その上縁は縁紋より長くない (*Ichneutes* 全北区。*Proterops* 広分布。*Ichneutidea*, *Proteropodes*, 新北区) ………………………………………………Subfamily *Ichneutinae* Förster 1862

縁室は長く，縁紋より甚だ長い………………………20

20. 頭部は上方縁取られていない。前翅の臀室は横脈の痕跡がない。頭楯は屢々下縁浅く凹み大顋が閉されたときに楕円形の開孔を止める。第2亜縁室は上方が下方より屢々甚だ短かい……………Subfamıly *Opiinae*

頭部は上方縁取られている。前翅の臀室は屢々1本の不明瞭な横脈を有し，第2亜縁室は稀れに上方短かくなつている。頭楯は下縁凹まずして大顋が閉ざされたときに密接する (*Diospilus* 広分布。*Dyscoletes* 全北区。 *Eudiospilus*, *Neodiospilus* エチオピア) ……………………………Subfamily *Diospilinae* Förster 1862

21. 第2中央室は末端の下で完全に閉ざされていない。而してその外縁の後方部に普通の翅脈がない (*Brachistes*=*Calyptus*, *Eubadizon*, 広分布) ………………………………………Subfamily *Brachistinae* (*Calyptinae*)

第2中央室は1翅脈によつて末端下方が完全に閉ざされている……………………………………………………22

22. 前翅の径脈の最後の分区は直線，縁室は長く殆んど翅頂に延びている (*Blacus* 広分布。*Pygostolus* 全北区) ………………Subfamily *Blacinae* Förster 1862

径脈の最後の分区は彎曲し，縁室は甚だ短かく翅頂に殆んど延びていない (*Leiophron*, *Centistes*, 全北区。*Centistina* エチオピア) ………………………………………………………………Subfamily *Leiophroninae*

23. 前翅は3個の肘室を有する………………………………………………………………Subfamily *Cheloninae*

前翅は2個の閉ざされた肘室を有する (*Triaspis*=*Sigalphus* 世界共通) (*Sigalphinae* Förster 1862) …………… Subfamily *Triaspidinae* Viereck 1918

24. 前翅は3個の亜縁室を有し，その第2は常に完全に閉ざされ，それ等の翅脈は減退していない…………25

前翅は2個の亜縁室を有するのみ，翅脈は常に多く減退し，径室は一般に短かい (*Euphorus*, *Eustalocerus*, *Cosmophorus*, 全北区。*Perilitus*, *Dinocampus*, 広分布)………………………………………………………Subfamily *Euphorinae* Viereck 1918

25. 第2亜縁室は高さと殆んど等長，触角は細長く糸状，腹部の背板は縫合線にて分割されている (*Meteorus* 世界共通) ………………………………………………Subfamily *Meteorinae* Viereck 1918

第2亜縁室は高さより著しく長く，触角は18節からなり，末端の方は数珠状，腹部第2背節は続く全腹部を被うている (*Helorimorpha* 広分布) ……………………………… Subfamily *Helorimorphinae* Schmiedeknecht 1907

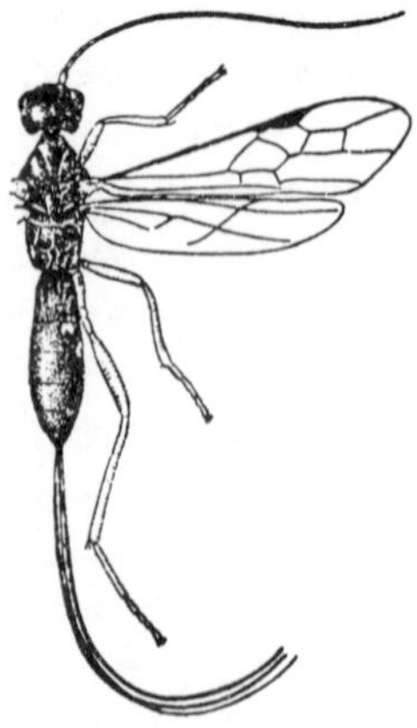

Fig. 1079. クロオナガコマユバチ(雌)(石井)

以上の諸亜科中次の6亜科が本邦から知られている。

1. オナガコマユバチ亜科 Subfamily *Doryctinae* Förster 1862——かなり多数からなる亜科で，広く分布するが新旧両北区に多く， *Doryctes*, *Dendrosoter*, *Odontobracon* 等が先ず代表的な属で，本邦からはクロオナガコマユバチ (*Doryctes imperator* Haliday)(Fig. 1079) が知られている。雌は体長7 mm内外，大部分黒色，鬚と脚とは赤褐色，触角は褐色で基部2節が赤褐色。翅は殆んど透明で褐色の翅脈を有する。頭部は亜方形，顔面は網状の彫刻を有し前顔面には横皺があり，頭頂と顳とは滑かで光沢を有する。胸背は細い皺状の彫刻を有し，楯板の側溝は明瞭，前伸腹節の区割はやや判然する。腹部第1背節は幅より少しく長く，全面に縦隆起線を有しその中央部にあるものは多少斜走する。第2背節の基部にも縦隆起線を有し，その他の背節は平滑，産卵管は体長より長い。北海道・本州等に産し，欧州に分布する。

2. **コマユバチ亜科 Subfamily *Braconinae*** Viereck 1918——*Bracon*=*Cremnops*, *Disophrys*, *Agathis*, *Microdus*, *Orgilus*, 世界共通。 *Braunsia* エチオピア・インド・マレー。 *Earinus* 広分布。以上が先ず以表的な属である。ズイムシヤドリバチ (*Bracon onukii* Watanabe) (Fig. 1080) 雌は大体黄赤色，頭頂・後胸背・前伸腹節・第1～4各腹背節の四角形紋・産卵管等は黒色，触角は黒褐色，翅は透明で黄褐の縁紋と褐色の翅脈とを有し，脚は帯黄赤色。頭部と胸部とは平滑，腹部背面は細い網状彫刻を有し第1と第2腹節中央部に皺が多く，産卵管は腹部の長さの1/2程ある。雄は胸背が殆んど黒色，体長3 mm内外。本州と台湾とに産し，幼虫は二化螟虫に寄生する。タテスジコマユバチ (*Microdus diversus* Muesebeck)は本州に産しナシヒメシンクイムシに寄生する。なおマツムラベッコウコマユバチ(*Braunsia matsumurai* Watanabe) は全土に産する。

Fig. 1080. ズイムシヤドリバチ雌（石井）

3. **オオモンコマユバチ亜科 *Microgasterinae*** Förster 1862——*Microgaster* Latreille, *Apanteles* Förster, *Microplitis* Förster, *Mesocoelus* Schulz, *Mirax* Haliday 等が代表的な属で，本邦からは最初の3属が発見されている。アオモリコマユバチ (*Microgaster russata* Haliday) (Fig. 1081) は体長5 mm内外，頭部と胸部とは光沢ある黒色，腹部は第1～3節は黄赤色で基部黒色。翅は透明で，黄褐色の翅脈と黄色の縁紋基部とを有し，縁紋は幅広，鏡胞はほぼ三角形。脚は赤黄色で各跗節の末端は褐色を帯び，後脚脛節の末端は黒色。頭部と胸部とは点刻を密布し且つ微毛が多く，前伸腹節には網状紋がある。腹部は第1～3節に縦皺様網状紋を有し，其他は平滑。産卵管は黒色で腹長の1/2より少し短い。二化螟虫に寄生する。アオムシコマユバチ (*Apanteles glomeratus* Linné) は全土に産し欧州に分布し，幼虫はモンシロチョウの幼虫に寄生する。ブランコヤドリバチ(*Apanteles liparidis* Bouché) は本州・九州等に産し，幼虫はブランコケムシに寄生し，スズメヤドリコマユバチ (*Microplitis theretrae* Watanabe) は本州産でキイロスズメとコスズメとの幼虫に寄生する。

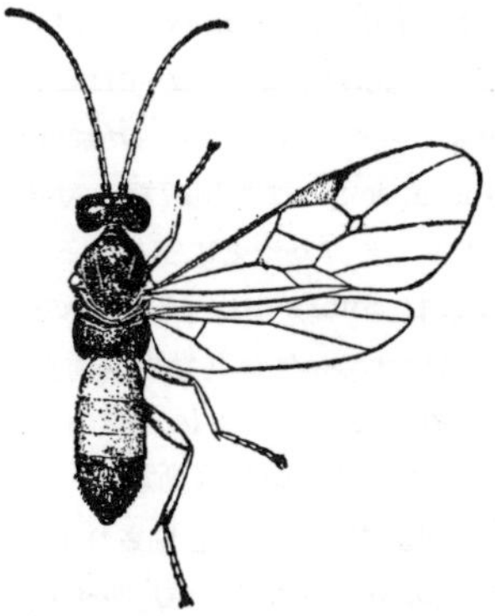

Fig. 1081. アオモリコマユバチ（石井）

4. **コウラコマユバチ亜科 Subfamily *Cheloninae*** Förster 1862——世界に分布し， *Chelonus*, *Phanerotoma*, *Chelonella*, *Ascogaster*(世界共通), *Sphaeropyx* (旧北区), *Minanga*・*Pachychelonus* (エチオピア) 等が代表的な属で，本邦からは最初の2属の他に *Chelonogastra* 属が知られている。ワタノメイガコウラコマユバチ (*Chelonus tabonus* Sonan) (Fig. 1082) 雌は黒色，腹部基部近くの1対の三角紋は淡黄色。触角は黒褐色で柄節末端と梗節とは赤褐色。翅は透明で，翅脈は濃褐色。脚は赤褐色を帯び，前脚の脛節と全跗節とは淡黄色，後脚脛節の基部近くに淡黄色環状紋を有し，各跗節の末節は褐色。頭部は網状の彫刻を有し，前顔面は相当に凹みその両側が縁付けられている。触角は23節。胸背は顕著な網状の彫刻を有し，腹部は硬化して1板となり，背面に網状の彫刻がある。雄は腹部に淡黄色紋を欠き，触角は27節からなる。本州・北支・台湾等に産し，幼虫はワタノメイガの幼虫に寄生

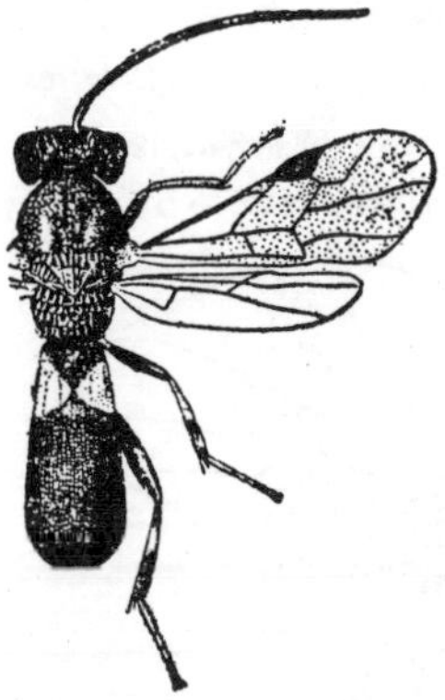

Fig. 1082. ワタノメイガコウラコマユバチ雌（石井）

する。ムナカタコマユバチ(*Chelonus munakatae* Matsumura)は全土・朝鮮・支那等に分布し，幼虫は二化螟虫に寄生する。シンクイコウラコマユバチ（*Phanerotoma grapholithae* Muesebeck）は本州産で，幼虫はナシヒメシンクイムシとクリミガ幼虫とに寄生する。

5. **ヒゲナガコマユバチ亜科 Subfamily *Macrocentrinae*** Förster 1862——*Macrocentrus*（世界共通），*Zele*（旧北区），*Aulacocentrum*, *Austrozele*（濠洲），*Amicrocentrum*（エチオピア），*Neozele*（新熱帯）等が代表的な属で，最初の2属が本邦から発見されている。ヒゲナガヤドリバチ（*Macrocentrus gifuensis* Ashmead) (Fig. 1083) は体長4.5mm内外，雌は大体淡黄赤色，頭部は黒色。腹部は3節からなり，大体赤褐色で，第2節の後縁と第3節の前縁とは淡黄赤色。触角は体より長く，褐色。脚は細長く，淡黄赤色。翅は透明，翅脈は殆んど褐色。頭部と胸部とは平滑，前伸腹節は有皺，腹部は縦皺を有する。雄は雌とほぼ同一。本州産で，幼虫はハマキ類の幼虫に寄生する。この属には更にナシヒメシンクイムシに寄生するヒゲナガシンクイヤドリバチ（*M. thoracius* Nees）が本州に産し，朝鮮・欧洲等に分布する。またクワノメイガの幼虫の寄生するキマダラヒゲナガコマユバチ（*M. philippinensis* Ashmead）が本州・四国・台湾・支那・比島等に分布する。アメイロコンボウコマユバチ（*Zele testaceator* Curtis）は北海道・本州・欧洲等に分布し，ヤガ類の幼虫に寄生する事が欧洲で知られている。

Fig. 1083. ヒゲナガヤドリバチ雌（石井）

6. **フチナシシガシラコマユバチ亜科 Subfamily *Opiinae*** Förster 1862——世界に広く分布し，*Opius*（世界共通），*Biosteres*・*Diachasma*・*Eurytenes*(広分布)，*Rhinophus*（エチオピア）等が大体代表的な属で，本邦からはオウトウミバエコマユバチ（*Opius aino* Watanabe）(Fig. 1084) が知られ雌は体長4mm内外，全体黄赤色，触角は赤褐色，翅は透明で褐色の翅脈を有し，産卵管は褐色。頭部は平滑なれど，顔面には点刻を散布し，灰白色毛を装う。触角は長く，44節内外からなる。胸背は平滑で，楯板の側溝は明瞭，前伸腹節は網状の彫刻を布する。腹背は平滑，第1背節には6条の縦隆起線を有し，産卵管は腹部より少しく長い。雄は雌より少し小さい。北海道・本州等に分布し，オウトウミバエの幼虫に寄生する。この属の *O. fletcheri* はインドからハワイに輸入されウリミバエの駆除に成効している。台湾にも輸入されすでに土着している。

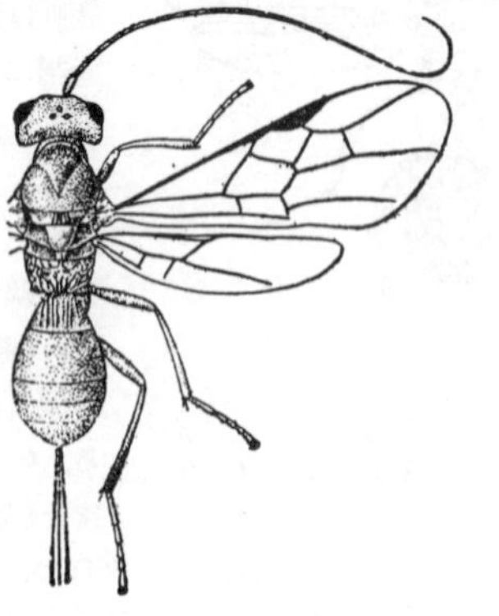

Fig. 1084. オウトウミバエコマユバチ雌（石井）

7. **カモドキバチ亜科 Subfamily *Rhogadinae*** Förster 1862——世界各区に発見されているが，新旧両北区に多産。*Rhogas*（世界共通），*Rhyssalus*・*Chinocentrus*, *Gyroneuron*（エチオピア・印度マレー）等が代表的な属で，本邦からは最初の1属が知られている。カモドキバチ（*Rhogas japonicus* Ashmead）(Fig. 1085) 雌は体長6mm内外，大体灰黄赤色，後胸背・前伸腹節・腹背等は帯褐色。腹部第1背節の後端から第2背節に亘り中央部に黄赤色の斑紋がある。触角は黄赤色，脚は淡黄赤色，翅は透明で黄褐色の翅脈を有する。頭部と中胸背とは微網状彫刻を有し，前伸腹節と腹背とには縦皺が多く，前伸腹節と腹部第1～3背節とに1対の縦隆起線を有する。雄は雌に似ている。本州に産し，クワエダシャクの幼虫に寄生する。同属には更にオオトビモンシャチホコの幼虫に寄生するカモドキバチモドキ（*R. drymoniae* Watanabe）が北海道に産し，宿主の皮膚内に結繭する事が知られている。

Fig. 1085. カモドキバチ雌（石井）

8. **ウマノオバチ亜科 Subfamily *Euurobraconinae*** (Ashmead 1900)——この亜科は東洋特種のもので，最初本邦から発見され，*Euurobracon* Ashmead 1属からなり，朝鮮・支那・台湾等に分布する。ウマノオバチ（*Euurobracon yokohamae* Dalla Torre）(Fig. 1086) 雌は体長20mm内外で約150mmの産卵管を有し，黄赤褐色。触角は黒色で糸状，多数節からなる。翅は赤黄色を帯び，縁紋の末端部の1紋と基部の下方に横列する大きな2紋及び1小紋・後翅の中央部の1紋等は黒褐色，前翅と後翅との外縁は広く褐色帯をなしている。脚は大部分黄赤色で，後脚は赤褐色を帯びている。腹部はほぼ円滑で，基部2節には側縁に平行する縦条を有する。雄は大体雌に似ているが，全体黄赤色を帯び，後翅の中央に斑紋がない。本州・四国・九州等に分布し，幼虫は天牛の幼虫に寄生する事が知られている。

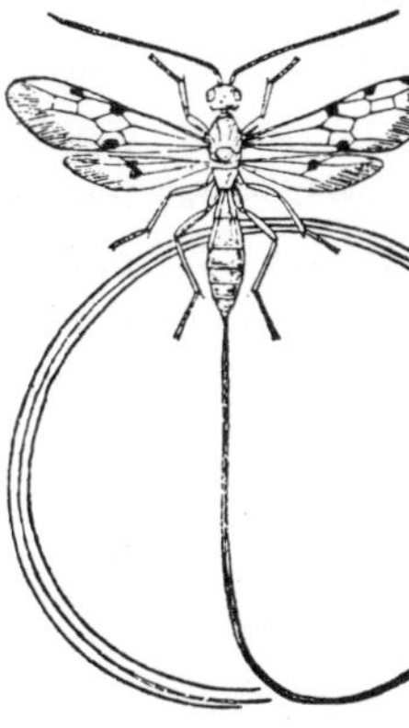

Fig. 1086

463. カギバラバチ（鉤腹蜂）科

Fam. Trigonalidae Cresson 1867

小形乃至中庸大，幾分扁平で円味を有し，多少多彩。頭部は大体幅広く横形，触角は膝状とならずして類似形の多数環節からなる。跗節は裸体の褥盤を具えている。前翅は縁紋を有し，閉肘室は2～3個，閉中央室は2個。腹部第1節は前伸腹節の末端下方部に附着し，産卵管は短かく隠れている。幼虫は昆虫類に寄生するが，稀れに他の節足動物にも宿生する。*Trigonalys*(旧北区)，*Lycogaster*(米国・東インド)，*Tapinogalos*(北米・南アフリカ)，*Seminota*(新熱帯)，*Bareogonalos*(北米（等が代表的な属で，本邦からは *Orthogonalos* や *Poecilogonalos* 等の属が知られている。マダラカギバラバチ（*Poecilogonalos maga* Taranishi）(Fig. 1087) は体長7～9 mm。頭部・胸部・腹部等は黒色，大顎には赤褐色斑がある。腹部第1背節の後縁に近い2斑・第2背節後縁に近い1対の横紋等は黄色。脚の基節と腿節とは黒色，前脚と中脚との転節は褐色，後脚の転節は黒色，各脚の脛節と跗節とは淡褐色。頭部には点刻を有し，腹部は光沢を有する。全体灰白色の微毛を装う。触角は23節。北海道と本州とに産する。ナガハゴロモカギバラバチ（*Orthogonalos elongata* Teranichi）は体長10mm内外，黒色で腹背に3対の白色斑を有する。北海道産。

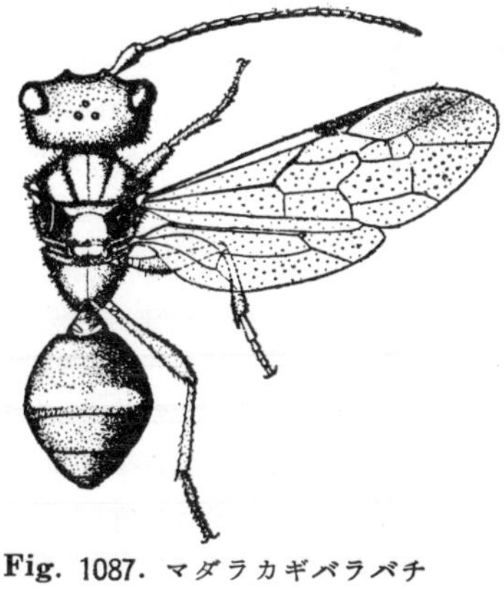

Fig. 1087. マダラカギバラバチ（矢野）

464. ミズバチ（水蜂）科

Fam. Agriotypidae Haliday 1838

小形暗色。頭部は横形で胸部より幅広，触角は口部より遥かに上方から生じ多数の類似環節からなる。中胸は前側片を欠き，小楯板は槍状後突起を具えている。腹部は明瞭な柄部を有し，第1節は前伸腹節の後端下方部に附着し細長く，第2と第3節とは殆んど完全に癒合し幾分扁平となつているが腹板が沈んでいない。産卵管は自由で短かい。前翅の第1肘室と第1中央室とは癒合し，第2肘室は形成されない，径室は短かく，第2中央室は閉ざされている。*Agriotypus* Curtis 1属が知られ，旧北区産である。雌虫は水中に棲息する毛翅目の幼虫体に1個宛産卵し，幼虫は内部寄生性である。ミズバチ（*Agriotypus gracilis* Waterston）(Fig. 1088) 雌。体長7 mm，大体黒褐色で頭部は特に濃色。体と脚とは全面黄褐色の微毛を装う。小楯板の突起は著大で後方に向う。腹部は背腹共に堅く幾丁質化し，第1節は円柱状。翅は甚だ微かな横斑を有し透明，前翅の縁紋は黒色。触角は23または24節。雄は大体雌と同様なれど，触角が31または32節からなる。本邦産で，山間の湖や緩流地帯に発見される。

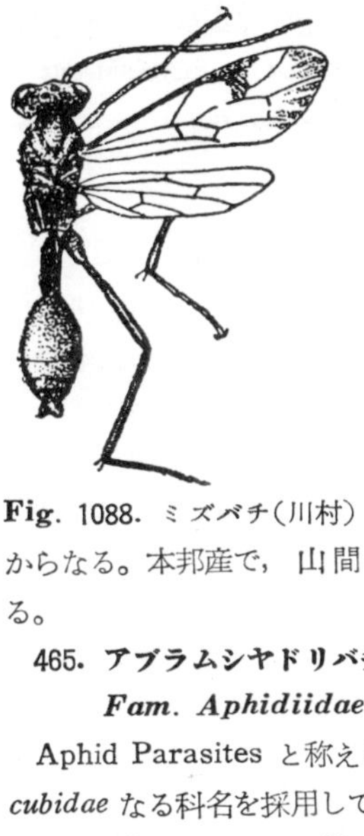

Fig. 1088. ミズバチ（川村）

465. アブラムシヤドリバチ（蚜虫寄生蜂）科

Fam. Aphidiidae Haliday 1838

Aphid Parasites と称えられ，学者によつては *Incubidae* なる科名を採用している。微小種で弱体。触角は11～15節または17～22節で，多くは上方に彎曲せしめている。翅は細く減退せる翅脈を有し，前翅縁紋は大形，中央室は肘室と合体するかまたは3肘室を有し，2本の肘脈を有するかまたはない。腹部は前伸腹節の末端下方部に附着し，多くは明瞭な柄部を具え，第1～3各節は自由可動的で，腹部を胸部下面に容易に曲げ得る。産卵管は短かい。蚜虫類の寄生蜂で，約200種程が知られ，現在新旧両北区のみに発見されている。***Aphidius*** Nees, ***Praon*** Haliday, ***Ephedrus*** Haliday ***Trioxys*** Haliday 等が代表的な属である。オオアリマキヤドリバチ（*Aclitusnawaii* Ashmead）(Fig. 1089) 雌，体長

5 mm 内外，大体黒色，顔面・複眼の内側・小楯板・腹部の基部・第1腹節の末端・第2腹節の両側紋・産卵管鞘等は黄赤色，触角は黒色，翅は透明で褐色の翅脈を有し，脚は黄赤色で中後両脚の腿節・脛節・跗節等は褐色。頭部と胸部とは平滑で光沢を有し，楯板の側溝は点刻を有し小楯板に達しないで左右合している。前伸腹節は皺が多く，中央に縦隆起線を有し，後縁は著しく内湾する。腹部は末端尖り，産卵管は可なり突出し，柄部は可なり長く縦皺を有し，第2腹節は甚大。雄はやや小さく，腹部は棍棒状，黒色。本州産で，幼虫は *Lachnus* 蚜虫1種に寄生する。アブラムシコマユバチ (*Lysiphlebus japonicus* Ashmead) は本州産でミカンアブラムシ其の他種々の蚜虫に寄生する。

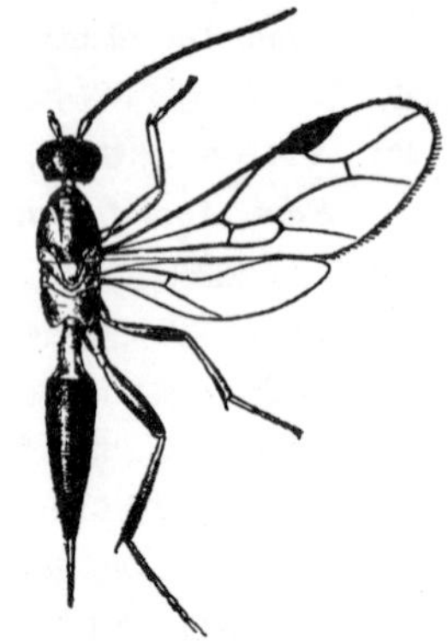

Fig. 1089. オオアリマキヤドリバチ雌（石井）

466. クビコマユバチ（頸小繭蜂）科

Fam. Vipionidae Viereck 1918

Vipionids と称えられ，微小乃至小形，稀れに大形。触角は14～22節，頭楯は完全かまたはえぐられ，中胸は分割されない。後脚の脛節は長いか短かい距棘を具え，翅は2個の小さい且つ不完全な第2亜縁室を有し，第3亜縁室は殆んど翅頂に達している。雌虫は宿主の体内に多数の卵を産下し，宿主の死体が寄生蜂の幼虫によつて造られた白色または黄色繭で完全に包まれ，それ等の繭から成虫が羽化する。宿主は主として鱗翅目や膜翅目や鞘翅目や雙翅目等の幼虫である。コマユバチ科から分離された小さな科で，*Vipio* Latreille, *Microbracon* Ashmead, *Habrobracon* Ashmead, *Iphiaulax* Förster, *Glyptomorpha* Holmgren, *Aphrastobracon*, Ashmead, *Chelonogastra*, *Platybracon*, *Gastrotheca* 等が代表的な属で，本邦からは *Microbracon*, *Iphiaulax* 等の属が知られている。バクガコマユバチ (*Microbracon hebetor* Say) (Fig. 1090) 雌，体長2.2mm内外，大部分黄赤色，触角・単眼部・後頭部・中胸の3縦紋・前伸腹節・胸側板・胸腹板・腹背等は黒色，然し色彩の変異が著しい。産卵管は黒褐色。翅は少しく曇り，褐色の翅脈を有し，脚は黄赤色。頭楯は平滑で灰白色毛を多生する。触角は15～22節。胸背は平滑で，楯板の側溝は浅く，前伸腹節と腹部背面とには細かい鱗状彫刻があり，産卵管は腹長のほぼ1/2長。雄は雌より小形。世界各地に産し，コナマダラメイガやバクガ等の幼虫に寄生する。ハネグロアカコマユバチ (*Iphiaulax impostor* Scopoli) はクワカミキリの幼虫に寄生し，本州と九州とに産し，欧洲に分布する。

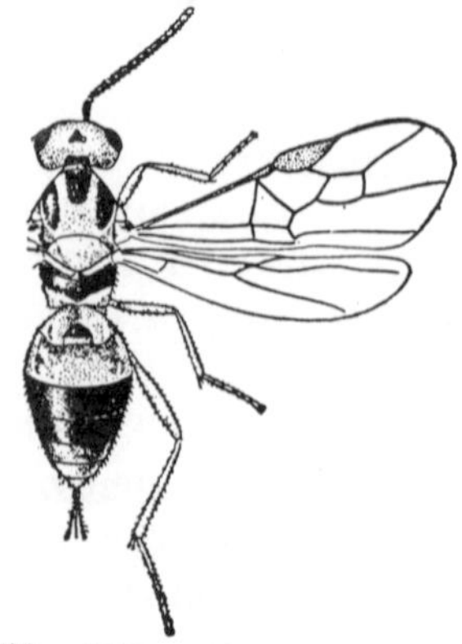

Fig. 1090. バクガコマユバチ雌（石井）

467. ツノホソバチ（角細蜂）科

Fam. Stephanidae(Leach 1865)Haliday 1840

この科の蜂は本邦から未だ発見されていないが，台湾に産し，今日迄普通に知られていた故にここに記述する事とした。Stephanid Wasps と称えられ，甚だ珍奇な形態の蜂で，細長く，雌は雄より著しく大形で体より長い産卵管を具えている。頭部は球状で背面顆粒付けられ，触角は糸状で30～70節からなり，頭楯近くに生じている。中胸は不分割。翅は細く，翅脈は幾分減退し，前縁室は明瞭に存在し，後翅は閉室を有するものと然らざるものとがある。後脚の腿節は太く下面に歯を有し，雌の後脚跗節は3～5節。腹部は細長く幾分後方に太まり，後脚基節に接近して長い柄部にて附着している。幼虫は樹木其の他の穿孔性昆虫の幼虫に寄生するものならん。約150種程が知られ，*Stephanus* Jurine, *Hemistephanus* Enderlein, *Foenatopus* Smith, *Diastephanus* Enderlein 等が代表的な属である。アシブトツノバチ (*Foenotopus formosanus* Enderlein) (Fig. 1091) 雌，体長20mm内外，黒色で光沢を有し，顔面腹眼の内側にある小紋は黄白色，顴・大顋・触角等は赤褐色。翅は透明で赤褐色の翅脈を有する。前脚・中脚・後脚跗節等は赤褐色，後脚の他部は黒色。胸背は顕著な網状彫刻を有し，腹部は平滑，産卵管は体より長く黒褐色で先端近くに白色斑を有する。台湾に普通。

Fig. 1091. アシブトツノバチ雌（石井）

没食子蜂上科

Superfamily *Cynipoidea* Ashmead 1899

Gallwasps, Gallflies, Fig Wasps 等がこの類の蜂

で，ドイツでは Gallwespen，フランスでは Cynipides 等と称えられている。微小乃至小形，多くのものは1～4mm，尤も *Ibaliidae* では7～16mmもあり，太いかまたは細く，普通光沢を有し，幾分微毛を装う。色彩は黒色，暗栗色，帯藍色，黄色，褐色等がある。触角は簡単，前胸背板は肩板に達し，転節は不分割，前翅には縁紋を欠き多くとも5個以上の閉室がなく，後翅は臀片を有せず。産卵管が引込み可能で捲旋している。大部分のものはカシワの類に虫癭を構成するが，他の昆虫に寄生するものもある。次の如く10科に分類する事が出来る。

1．腹部の第1節は前伸腹節の下端に附着し，多くは甚だ短かく，稀れに長い柄部を形成している。若し上方に附着している場合には後脚腿節の下面に棘を有する…………………………………………………… 2

腹部の第1節は前伸腹節の後端上方に附着し，長い柄部を構成している(*Liopteron* Perty 熱帯，米国)…
………………… Family *Liopteridae* Ashmead 1895

2．前翅は短太の縁紋を有し，翅脈は甚だしく減退している。アフリカ産 (*Pycnostigmus* Cameron, *Tylosema* Kieffer)………………………………………
……………… Family *Pycnostigmidae* Kieffer 1905

前翅は縁紋を欠くかまたは甚だ細長い縁紋を有し，翅脈は著しく減退していない……………………… 3

3．後脚腿節は下面に1強棘を具えている (*Oberthürella* Saussure アフリカ)…………………………
……………… Family *Oberthürellidae* Kieffer 1903

後脚節は棘を有せず…………………………………… 4

4．後脚の第2跗節は外側に尖筆状の1附属器を具え，腹部は甚だ強く小刀状に側扁し，翅脈はよく発達し，径室は長い。大形種。(*Ibalia* Latreille, 新旧両北区)
…………………… Family *Ibaliidae* Thomson 1862

後脚の第2跗節は上述の如き附属器を欠き，且つ其他も上述と異なる……………………………………… 5

5．小楯板は中央にコップ状に凹むかまたは稀れに扁平となつている突起を有し，腹部の第2背板は第3より長い。触角は11～16節。新旧両北区と印度濠洲区に産し，雙翅目の寄生蜂(*Eucoila* Wastwood, *Cothonaspis* Hartig, *Kleidotoma* Wastwood) ……………
…………………… Family *Eucoilidae* Thomson 1862

小楯板は上述の如き突起がなく，簡単に膨れ，凹所または棘其他を具えている………………………… 6

6．腹部第1節はやや長い細い柄部を構成し，第2背板は第3背板より明瞭に長い。触角は13～14節。全区に発見されている。ヒメカゲロウ類に寄生する (*Anacharis* Dalmer, *Aegilips* Walker)……………………
……………… Family *Anacharidae* Thomson 1862

腹部第1節は甚だ短かく，従つて腹部は明瞭に有柄でない…………………………………………………… 7

7．体は滑かで光沢を有し，彫刻を欠く，第2肘室はない。微小で多くとも2mm長。新旧両北区並びに濠洲区に産し，多分寄生されている蚜虫に寄生する (*Charipis* Haliday, *Alloxysta* Förster) ………………
…………………… Family *Charipidae* Kieffer 1910

体は明瞭な彫刻を有し，稀れに平滑，第2肘室を有する…………………………………………………… 8

8．腹部第2背板は細い舌状に後方に延びているが第3背板より短かい。欧洲・アジア・米国等に産する (*Aspicera* Dahlberg, *Callaspidia* Dahlberg) ……
…………………… Family *Aspiceridae* Kieffer 1910

腹部第2背板は舌状に延びないかまたは例外として延びている場合があつてもそれは第3節より著しく長い………………………………………………………… 9

9．腹部第2節は腹部全体の1/2長より短かく第3節より明かに短かい。前翅の径室は短かく，肘室は多くは完全でない。触角は13～14節。新旧両北区に産し，印度と南米に数種が発見され，雙翅目の幼虫に寄生する (*Figites* Latreille, *Amblynotus* Hartig, *Sarothrus* Hartig) ………… Family *Figitidae* Thomson 1862

腹部第2節は少くとも腹部全体の1/2長または稀れにより短かい。しかし第3節より常に長い。前翅の径室は多くは延び，第2肘室は多くはよく発達している。触角は12～18節……………… Family *Cynipidae*

以上の諸科中次の1科のみが本邦に知られている。

468. タマバチ（没食子蜂）科
Fam. Cynipidae (Haliday 1840) Westwood 1840

Gallwasps, Gallflies, Cynipids 等と称えられ，微小乃至小形 (1～6mm)，黒色，褐色，または淡色。滑かで光沢を有するかまたは部分的に有毛。頭部は小さく，ときに胸部が円くなつている為めに下向し，触角は鞭状で11～16節。前胸背板は中胸背板と癒合し，側方は肩板に達している。脚は細く，転節は小さく不分割，後脚の爪は簡単かまたは2歯を有する。翅はないか痕跡的かまたは充分発達する。雄は有翅であり得て雌は無翅又は痕跡的翅を有する。翅脈は少数で，前翅は小さな鏡胞と共に5個の閉室を有するのみ。小楯板と前伸腹節とは稀れに深い彫刻を有する。腹部は球状かまたは側扁し，短かい柄部を有するものと然らざるものとがあり，背板はよく幾丁質化し腹板を隠していない。第2背板は大形かまたは後方の背板上に延び，産卵管は腹部下面の中央近くから生じ捲旋している。

成虫は外観スズメ蜂状または蟻状で，両性生殖または無性生殖即ち単性生殖で，多くのものは秋期に無性生殖態を生ずる。成虫は秋または春に現われ，その際に卵が休眠または発育中の芽や葉や茎やまたは根に産入され，その結果宿主の種々な部分に虫癭が構成される。虫癭は卵から幼虫が孵化するや直ちに発育する。虫癭の特質は植物によるよりはむしろ昆虫の種類によつて現われ，各種類は虫癭の1種または多数の種類を生ぜしめる。タマバチの虫癭は凡ての86%が *Quercus* に，7%が *Rosa* に，残りの7%が菊科植物に生ずる事が Kinsey によつて発表されている。幼虫は微小の淡色の無脚のもので，頭部は小さく痕跡的な触角と顎とを具え，大顎は有歯，体は12節で9対の気門を具えている。

900種以上が知られ，大部分のものは新旧両北区産で，少数のものが印度マレー・濠洲・新熱帯・南アフリカ等に産する。*Cynips* Linné, *Neuroterus* Hartig, *Diplolepis* Linné, *Andricus* Hartig, *Synergus* Hartig, *Aylax* Hartig, *Rhodites* Hartig 等が先ず代表的な属である。本邦からはクヌギタマバチ (***Trichagalma serrata*** Ashmead) とクリタマバチ (***Dryocosmus kuriphilus*** Yasumatsu) (Fig. 1092) とが普通に知られている。後者の雌は体長約2mm，帯褐黒色，頭楯・大顎（末端を除く）・触角の基部3節・肩板・脚等は帯褐色。触角の第4～14節は帯褐黒色，第5節は帯褐黒色。頭部は横形で胸部と殆んど等幅，頬はよく発達し複眼の後方に拡がり，頭楯は長さより僅かに幅広で前縁微かに円い。触角は14節。頭部は弱い光沢を有し，顔の下方は口部から放射状に線条を布し（頭楯を除く），頭頂の単眼と複眼との間及び後頭の上部は点刻を有する。前胸背板の側部は微毛を装い，楯板は滑かで光沢を有し，小楯板は後胸背板上方に延び不規則に粗面，中胸側板は殆んど裸体，前伸腹部は3本の隆起線を有する。爪は簡単。翅は透明で褐色の翅脈を有する。腹部は頭胸部より微かに長く，滑かで著しい光沢を有する。本州・四国等に産し，栗の有名な害虫であるが品種によつて無害。クヌギタマバチ (*Trichagalma serrata* Ashmead) はクヌギの若枝に虫癭を造る普通種で，本州・四国・九州等に産する。

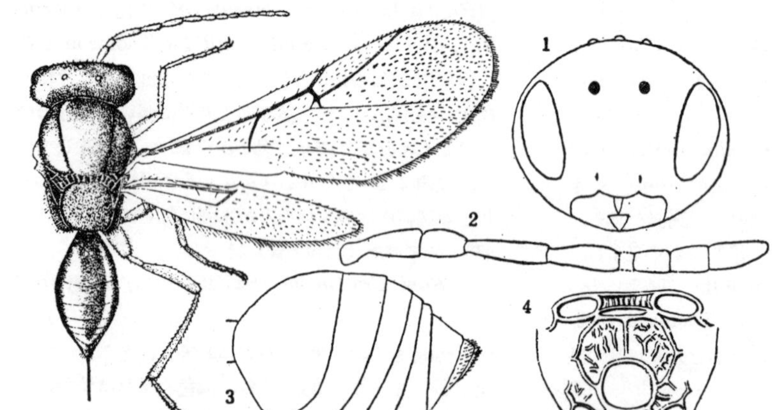

Fig. 1092. クリタマバチ雌（安松）
1．頭部前面　2．触角　3．腹部側面　4．前伸腹節後面図

小 蜂 上 科

Superfamily *Chalcidoidea* Ashmead 1897

Chalcid Flies と称えられ，ドイツの Chalcidier である。非常に大きな群で，0.2～5.0mm の体長が普通だが，稀れに16mm に達するものがある。頭部は横形，複眼は大形，単眼は3個で1線上かまたは三角形状に頭頂に配置されている。触角は多くは膝状で6～13節，柄節は長く，梗節と鞭節との間に1個または数個の環状節を有し，あるものでは鞭節が棍棒状を呈している。前胸背板は小形または大形で側部は肩板に達していない．小楯板はよく発達する。脚の転節は小さく一般に2部分に分かれ，跗節は3～5節，後脚の腿節は正状かまたは太まる。翅は普通存在し，稀れになく，前翅はときに静止の際に畳まれ，翅脈は非常に減退し亜縁脈(Submarginal) と縁脈 (Marginal) と縁紋脈 (Stigmal) と後縁紋脈 (Postigmal) とからなるか最後の2脈はないかもしれない。腹部は無柄または有柄，産卵管は腹部尾端前から生じている。大部分の種類は種々の昆虫の種々な生態に寄生するが，小数のものは植物虫癭や種子等に生活する。つぎの如き科に分頁され得る。

1．有翅……………………………2
　無翅または非常に小さな翅を有する……………………………26
2．後翅は線状でなく，また長い柄部を有していない。産卵管は腹部末端より遙か前方から生じ，触角は膝状で普通長い梗節と鞭節との間に1～3個の微小環状節を有し甚だ稀れにそれを欠く……………………………3
　後翅は非常に狭く線状で，基部に長い柄部を有する。産卵管は腹部の末端直前から生じ，触角は梗節が非常に長くなく普通膨れ且つ側扁し環状節を欠き，末端に1節からなる紡錘状かまたは卵形の棍棒部有し，非常に稀れにその棍棒部が2節からなる……………………………………………………Family *Mymaridae*

3．跗節は5節，稀れに4節かまたはある無翅のものではより少数節，側基小楯板の前縁は幾分直線で側縁は肩板の前に延びていない（Fig. 1093)。前脚脛節の距棘は強く且つ曲る……………………4

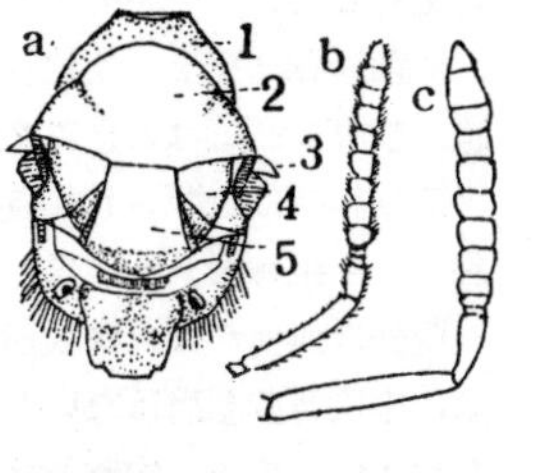

Fig. 1093. *Pteromalus* の部分図
(Brues and Melander)
a．胸部背面　　b．雌触角
c．雄触角
1．前胸背板　2．中胸背板
3．肩板　4．側基小楯板（三角片）　5．小楯板

跗節は3節または4節，ある属の雌では5節または異節となる。側基小楯板は側縁が前方に強く斜に肩板の方によく延び，前脚脛節の距棘は一般は弱体…………20

4．雌の頭部は長く背面に1縦溝を有し，前脚と後脚とは甚だ太く，中脚は甚だ細長い。雄は殆んど常に無翅で短太の3～9節からなる触角を具えている（Fig. 1094）……………………………Family *Agaontidae*

上述と異なるもの………………5

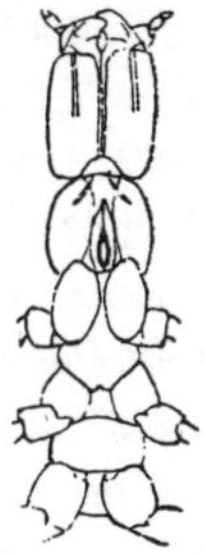

Fig. 1094. *Sycophaga* の頭部と胸部との腹面図（Grandi）

5．中胸側板は稀れに大形で斜の腿節受溝（Femoral furrow）または凹圧部を有し，中胸脛節の距棘は普通で大きくない………………………8

中胸側板は大形で完全，雌では腿節受溝を欠き且雄でも普通にこれを欠く。中脚脛節の距棘は一般に甚大で且つ太く屢々内側に微棘列を具えている…………6

6．触角は6節より多数節……………………………7

触角は6節，前翅の縁脈は亜前縁脈と殆んど等長（*Signiphora* Ashmead 米・濠洲）…………………………………………Family *Signiphoridae* Viereck 1916

7．触角は普通13節，頭頂の後頭縁は円い（*Eupelmus* Dalmer, *Phlebopenes* Perty, 広分布。*Tanaostigma* Howard 米）……Family *Eupelmidae* Walker 1846

触角は一般に11節，頭頂の後頭縁は一般に角張り，中胸背前斜溝は消失………………Family *Encyrtidae*

8．後脚の脛節は末端に2距棘を具えている…………10

後脚の脛節は末端に1距棘を具え，産卵管は稀れに長く，大顋は末端に3個または4個の歯を有する…9

9．触角は普通12節，後頭縁線は完全に顕われ，腹部は明瞭な柄部を有する（*Spalangia* Latreille 新旧両北区）……………Family *Spalangiidae* Walker 1871

触角は13節で棍棒状部までに2個の環状節と3個の鞭状節とを有し，後頭縁線は不明……………………………………………………Family *Pteromalidae*

10．大顋は鎌状で一般に内面に1個または2個の歯を具え，胸部は著しく背上に隆起し，小楯板は一般に大形で後方に突出し，腹部は側扁し普通細長い柄部と甚大な第2節とを有する…………Family *Eucharididae*

大顋は強太で一般に3個または4個の末端歯を具え，胸部は背面に隆起しないかまたは甚だ微かに隆まり，側基小楯板は中胸背板から分離している………11

11．後脚の基節は甚大で長く前脚のものの5～6倍大…………………………………………………………………12

後脚の基節は決して甚大でなく前脚のものより明瞭に大きくない…………………………………………16

12．後脚の基節は横断面が多少三角形で上面鋭く縁付けられ，後脚の腿節は一般に簡単で稀れに膨れ且つ下面に1歯を具え，若し下面が歯状のときは産卵管が長い……………………………………………………13

後脚の基節は円筒状で長い…………………………14

13．中胸背前斜溝は存在し，産卵管は突出し普通甚だ長く，腹部は明瞭な点刻を有しない……………………………………………………Family *Callimomidae*

中胸背前斜溝はないかまたは不明瞭，産卵管は隠れ，雌の腹部は円錘状で長く一般に深い点刻を列状に存する。欧洲と北米とに産する（*Ormyrus* Westwood）……………Family *Ormyridae* Walker 1871

14．後脚の腿節は非常に膨れ下面有歯かまたは歯状，後脚の脛節は彎曲し末端斜，前胸は長くも細くもない……………………………………………………………15

後脚の腿節は膨れないで簡単，凡ての脚は甚だ細長，腹部は著しく細長く，前胸は細長い頸部を構成し，産卵管は甚だ長い。南米と濠洲とに産する（*Pelecinella* Westwood）………………………………………………Family *Pelecinellidae* Dalla Torre 1898

15．前翅は静止の際に縦に畳まれ，産卵管は長く腹部背面に上前方に曲る……………Family *Leucospididae*

前翅は畳まれない。産卵管は甚だ稀れにのみ長く，その場合背上に曲つていない，腹部末端はときに細い棒状突起として延びている……Family *Chalcididae*

16．前胸背板は幅広く方形で中胸背板より狭くないかまたは微かに狭く，中胸背板と一般に甚だ疎な彫刻を有する……………………………………………………17

前胸背板は狭く一般に前方に著しく狭まるかまた

横線状で，稀れに中胸背板と等幅，中胸背板は一般に微細な彫刻を布する……………………………………18

17. 腹部は円いか楕円形で幾分側扁し第2背板は決して甚大でない，尾節は普通雌では突出している……………………………………………Family *Eurytomidae*

腹部は小さく亜三角形で第2背板あるいは癒合第2背板と第3背板とが腹部背面の大部分を覆い，胸部は甚だ大形……………………………Family *Perilampidae*

18. 中胸前側板は大きく且つ三角形でなく，腿節は何れも顕著に膨れていない……………………………………19

中胸前側枝は大きく且つ三角形，前脚または後脚何れかの腿節が多少膨れときに鋸歯状となる。金属色 (*Chalcodectus* 米。*Epistenia* 世界共通。*Cleonymus*, *Cheiropachys* 欧洲・北米。*Ptinobius* 北米)…………………………Family *Cleonymidae* Ashmead 1897

19. 腹部は殆んど無柄，前胸背板は中央が辛うじて見え，前翅の亜縁脈は幾分角曲し縁紋瘤は屢々大形，中胸背前斜溝は明瞭，触角の棍棒部は5節。旧北区・濠洲区・米国等に産する。(*Gastrancistrus* Westwood, *Tridymus* Ratzeberg, *Semiotellus* Westwood, *Metastenus* Walker)……………………………………………Family *Tridymidae* Cressen 1887

腹部は有柄，前胸背板は明瞭，触角の棍棒部は少数節…………………………………Family *Miscogastridae*

20. 後脚の基節は正常で大形でなく，中胸側板は1溝または1凹圧部を有する……………………………………21

後脚の基節は甚だ大形で幅広 (Fig. 1095の1) で腿節は側扁し，前翅の縁脈は甚だ長い…………Family *Elasmidae*

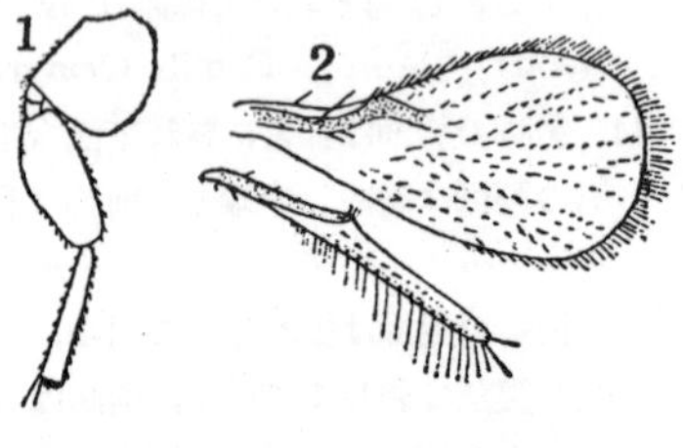

Fig. 1095. 膜翅目部分図
1. *Elasmus* 脚の基部 (Silvestri)
2. *Trichogramma* の翅 (Girault)

21. 跗節は4節，少数の属の雌では5節または異節，翅面の微毛は列生しない，翅は一般に狭い……………………………22

跗節は3節，翅は幅広で表面の微毛は帯状または線状に配列され，縁脈と縁紋脈とは癒合して1本の曲折せる強脈となつている (Fig. 1095の2)……………………………………………Family *Trichogrammatidae*

22. 触角は4～5節，前脚の脛節の距棘は弱く短かく且つ直線，跗節は一般に4節なれど稀れに3節………23

触角は4～9節，前脚の脛節の距棘は大形で曲り，跗節は4～5節，中胸背前斜溝は明瞭，中脚の脛節の距棘は中庸長。前翅の縁紋脈は甚だ短かく殆んど欠けその厚化部は無柄かまたは亜無柄，中胸側板は腿節受溝を有しない……………………………Family *Aphelinidae*

23. 亜前縁脈は完全で多数の微棘毛を生じ，後縁脈は明瞭，後脚の脛節はときに2距棘を具えている………24

亜前縁脈は切断され，後縁脈はときになく，後脚の脛節は1距棘を具え，雄の触角は簡単…………………25

24. 腹部は無柄かまたは横形の平滑な明瞭な柄部を有し，中胸背前斜溝はないかまたは甚だ微かな凹圧部となつているのみ，中胸背板は不完全な側小楯板溝 (Parapsidal furrows) を有するかまたはこれを欠き，多くとも前方部にて微かに認め得らるるのみ……………………………………………Family *Eulophidae*

腹部は一般に明瞭な柄部を有し，中胸背前斜溝は明瞭，中胸背板は明瞭な不完全な側小楯板溝を有する。触角は顔の中央下から生じ雄では簡単……………………………………………………Family *Elachertidae*

25. 前翅の亜縁脈は甚だ短かく飾られているかまたは2本の棘毛を具え，縁脈は甚だ長く，後縁脈は種々で屢々甚だ短かいかまたは不明瞭となり，後胸側板は甚小，小楯板は中央近くに2棘毛を具えている (*Tetracampe* Förster, *Omphale* Haliday, *Entedon* Dalman, *Pediobius* Walker)……………………………………………Family *Entedontidae* Viereck 1916

前翅の亜縁脈は縁脈より普通長く1～5本の棘毛を生じ，後縁脈は普通なく，縁紋脈は明瞭で決して亜無柄でなく一般に長い。後胸側板は三角形で小さくなく，中胸側板は明瞭な腿節受溝を有し，小楯板は中央後方に4棘毛を具え屢々2本の縦凹線を有し，腹部は無柄……………………………Family *Tetrastichidae*

26. 頭部は前方に深い三角形の1凹圧部を有する……27

頭部は正常で上述の如き凹所を欠く………………28

27. 腹部は短かく正常形で，末端の方に尖りもせずまたは太まつてもいない (無翅♂)……………………………………………少数の Family *Callimomidae*

腹部は幅広く胸部に附着し，末端の方に尖るかまたは幅広となる (無翅♂)…少数の Family *Agaontidae*

28. 前胸背板は中胸背板と小楯板との和と等長，腹部は4節が認められるのみ (*Alienus* 南アフリカ)………………………………………Family *Alienidae*

上述と異なるもの……………………………………29

29. 跗節は5節…………………………………………30

跗節は4節……………小数の Family *Eulophidae*

30. 中胸側板は大きく完全で腿節受溝を欠く…………

……………………………少数の Family *Encyrtidae*

中胸側板は斜の腿節受溝または凹圧部を有する…31

31. 後脚の基節は大きく横断面が多少三角形を呈し上面に隆起縁を有する……少数の Family *Callimomidae*

後脚の基節は小さく上面に隆起縁を有しない……32

32. 腿節は正常の大さで，前脚または後脚のものが著しく太まつていない，中胸側板は小形…………………33

腿節は前脚または後脚にて著しく太まり，中胸側板は大きく三角形………少数の Family *Cleonymidae*

33. 後脚の脛節は末端に1距棘を有する…………………………………………少数の Family *Pteromalidae*

後脚の脛節は末端に2距棘を有する………………34

34. 前胸背板は幅広で方形……………………………………………………少数の Family *Eurytomidae*

前胸背板は狭く一般に前方に細まるかあるいは横線状……………………少数の Family *Miscogastridae*

469. ホソバネヤドリコバチ（細翅寄生小蜂）科

Fam. Mymaridae Haliday 1840

最小の蜂で，昆虫中最小の種類（0.21mm 体長）を包合する。多くは黒色または帯黄色で金属色を帯びない。触角は多くは13節で，環状節を欠き，雄は糸状，雌は末端に明瞭な棍棒部を有する。前胸は多くは大形で円味を有し，前方に円錐状に延びている。翅は甚だ細く長い縁毛を装い，普通有柄，翅脈は全く退化している。脚は細長く，跗節は4～5節。腹部は前伸腹節の下端に附着し，ときに短かい柄部を有する。凡てが昆虫の卵に寄生する。世界から約300種内外が知られ，主に旧北区と新北区とに分布し約200種程発見されている。*Ooctonus* Haliday, *Gonatocerus* Nees, *Alaptus* Westwood, *Mymar* Curtis, *Polynema* Haliday, *Anaphes* Haliday *Anagrus* Haliday, *Anaphoidea* Girault, *Camptoptera* Förster, *Leimacis* Förster, *Paranagrus* Perkins 等が代表的な属である。蜻蛉目には *Polynema*，嚙虫目には *Alaptus* と *Polynema*，直翅目には *Polynema*，同翅亜目には *Alaptus*, *Anagrus*, *Anaphes*, *Camptoptera*, *Gonatocerus*, *Leimacis*, *Paranagrus*, *Polynema* 等，異翅亜目には *Polynema*, *Rhynchophora* には *Alaptus*, *Anaphes*, *Anaphoides*, *Gonatocerus* 等がそれぞれ寄生する。本邦からは *Alaptus* sp. がチャタテムシの卵かから発見されているが，種名は不明。尚ほ *Polynema* sp. が半翅目異翅亜目の卵から知られている。更にドロムシムクゲタマゴバチ（*Anaphes nipponicus* Knwayama）(Fig. 1096) が稲の大害虫の1つであるドロハムシの卵に寄生し相当な有益虫で，体長 0.5～0.6 mm，全体光沢ある黒色。全土に産し，台湾・朝鮮・満洲等に分布している。

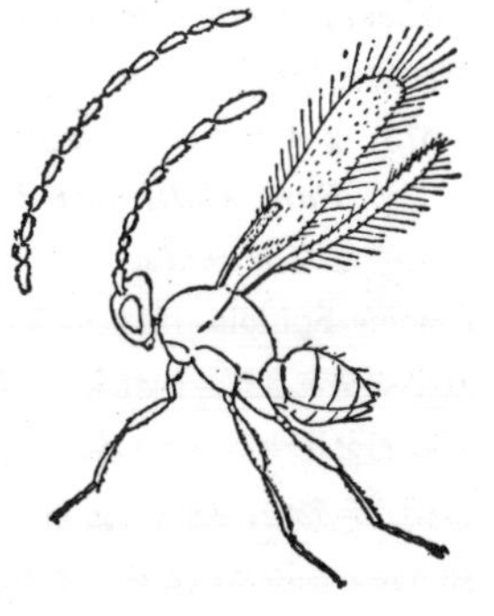

Fig. 1096. ドロムシムクゲタマゴバチ雌（桑山）
a. 雄の触角

470. アシブトコバチ（太脚小蜂）科

Fam. Chalcididae (Leach 1830) Westwood 1840

Chalcid Flies や Chalcids 等と称えられ，ドイツでは Zehrwespen とよんでいる。体長 2～7 mm，多くは黒色または褐色で白色や黄色や帯赤色等の斑紋を有し，金属色でない。頭部は小形，触角は簡単で短かく，複眼は大形，単眼は頭頂に線状に位置する。胸部は非常に大形となり，せむし状の外観を有する。脚は小きく，後脚の腿節は甚だしく太まり下面歯状かまたは鋸歯状となり，後脚の脛節は内方に曲つている。翅は幅広で縦に畳まれない。翅脈は亜前縁脈と後縁脈の1部と径脈の退化部とのみに退化する。腹部は短かい柄部を有し，尾端は先づ尖り，産卵管は尾端直前に生し，直線で，稀れに長い。成虫は匍匐し，跳ね，且つ飛翔する。大部分のものは鞘翅目と鱗翅目との幼虫に一次と二次寄生をなし，且つ双翅目の幼虫に一次寄生をなす。しかし三次または四次寄生をなす種類もある。最も重要な属は *Chalcis* Fabricius, *Phasgonophora* Westwood, *Smicra* Spinola, *Spilochalcis* Thomson, *Haltichella* Spinola, *Dirhinus* Dalman, *Brachymeria* Westwood, *Trigonura* Sichel 等で，本邦からは *Stomatoceras*, *Arretocera*, *Brachymeria* 等の属が発見されている。

キアシブトコバチ(*Brachymeria obscurata* Walker) (Fig. 1097) は体長 6 mm 内外。雌黒色で頭部と胸部とに臍状彫刻を布し，触角窩以下の部分は滑か，腹部は平滑で光沢を有し，第2節の側面と第3節以下には多少点刻を有し且つ白色微毛を装う。触角は黒色，肩板は黄色，前脚の腿節末端と脛節の下部黒色斑とを除く他の全部と跗節とは黄色，中胸の腿節末端と脛節と跗節とは黄色，後脚の腿節末端と脛節

Fig. 1097. キアシブトコバチ雌（石井）

（下部及び基部を除く）と跗節とは黄色。翅は殆んど透明で褐色の脈を有する。小楯板は末端に1小突起を有し，後脚の基節の末端に2小突起を有する。雄はやや小形。モンシロテョウ・ブランコケムシその他多数の鱗翅目の蛹に寄生し，全土・台湾・比島・印度支那等に広く分布する。同属のアカアシブトコバチ（*B. fonscolombei* Dufour）は本邦・欧洲等に分布し，ニクバエの蛹に寄生し，ハエヤドリアシブトコバチ（*B. paraplesia* Crawford）は本州産でニクバエ科の蛹に寄し，フィスケアシブトコバチ（*B. fiskei* Crawford）は本州に産しヤドリバエ類の蛹に寄生する。

471. マルハラコバチ（円腹小蜂）科

Fam. Perilampidae Cameron 1884

微小で，短かく円味強く，金属色で円い点刻を布する。前胸背板は幅広く，普通背面より見え，頸状に延びない。前脚の脛節は彎曲せる強い距棘を具え，中脚の脛節は正常の距棘を有し，後脚は正常で腿節は特に膨大せず，その基節は巨大となつていない。跗節は5節。大顎は鎌状でない。中胸は強く発達し，側溝を有し，小楯板は普通砲丸状。腹部は普通短太で三角形に近く，稀れに柄部を有し，産卵管は短かい。鱗翅目や脈翅目や雙翅目等に寄生し，一次的や二次的寄生をなすものと二次的寄生性のみのものとが知られ，また虫癭を形成する食草性のものもあり幼虫は過変態をなす。*Perilampus* Latreille や *Asparagobius* Mayr 等が代表的な属で，本邦からはルリマルハラコバチ（*Perilampus japonicus* Ashmead）（Fig. 1098）が発見されている。この種の雌は大体黒色で藍色の光沢がある。触角の柄節と梗節とは黒色，鞭節は濃褐色を帯びる。翅は透明で極細い灰白色毛を散布し，翅脈は黄褐色。前中両脚の脛節先端と跗節・後脚の跗節等は淡黄色で，その他は黒色。頭部は平滑で光沢を有し，前胸背板・楯板・小楯板等には臍状彫刻を布し，側小楯板の一部と側基小楯板とは平滑，前伸腹節は平滑で2条の横隆起線を具え，腹部は平滑で第1と第2背板は大形。雄は雌に似ているが小形で，頭部と小楯板とは青色の光沢を有する。北海道・本州等に産し，寄生蠅の幼虫に寄生する。

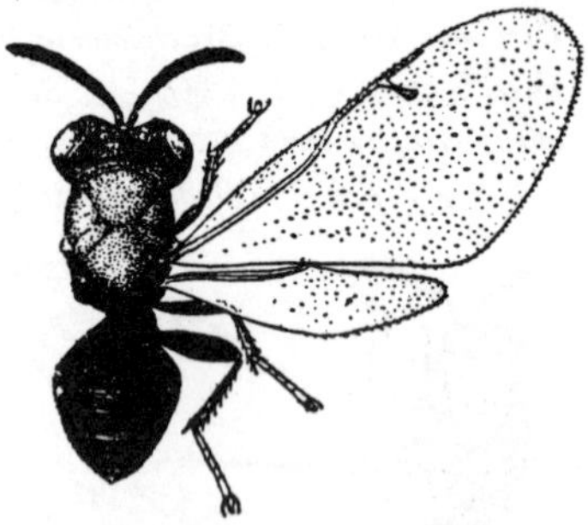

Fig. 1098. ルリマルハラコバチ雌（石井）

472. アリヤドリコバチ（蟻寄生小蜂）科

Fam. Eucharidae Walker 1846

小形，著しく特化せる類で，中胸が非常に背上に隆起し，大顎が鎌状となり，多くは明瞭な腹柄部を有し，腹部は側扁し第2節が著しく大形となつている。前胸背板は甚だ短かく，後脚の腿節は太まらず，前脚の脛節は大きな曲つている距棘を具え，産卵管は短かく，小楯板は殆んど常に2叉状の突起を具えている。熱帯に多産で南米に多いが，暖国に亘り全区に分布する。しかし種類は多くない。蟻類の寄生蜂である。*Eucharis* Latreille, *Stilbula* Spinola, *Orasema* Cameron, *Kapala* Cameron 等が代表的な属で，本邦からは最初の2属が発見されている。エザキアリヤドリコバチ（*Eucharis esakii* Ishii）（Fig. 1099）雄。黒色で緑色の金属的光沢を有する。触角は糸状で，黒色。翅は淡く曇り，縁脈の下方にてやや濃色，翅脈は褐色。脚は基節と腿節とが黒色で，他は帯黄色，各腿節の末端は黄色。顔面は微点刻を散布し，両側に横条があり，頭頂と後頭部とにも横条を有する。触角に12節からなり，柄節と梗節とは短かい。楯板は平滑で判然せる側溝を有し，小楯板は点刻を散布し中央にやや広い縦溝を有し，前伸腹節は有皺で中央に縦溝を有する。腹部は平滑，雌は雄とほぼ同様だが，触角は11節からなり雄より短かい。体長5（♀）〜6.5（♂）mm。本州・九州等に産し，朝鮮に分布する。アリヤドリコバチ（*Stilbula cynipiformis* Rossi）は北海道・本州北部・朝鮮等に分布し，ヤマアリの幼虫に寄生する。

Fig. 1099. エザキアリヤドリコハチ雌（石井）

473. オナガコバチ（長尾小翅）科

Fam. Callimomidae Viereck 1916

一般に *Torymidae* が採用されている。しかし *Callimome* Spinola 1811 が *Torymus* Dahlbom 1820 より早く発表され，何れもこの科に正確に属するが故に上記の名を用ゆる事とした。種々の形状の種類があるが，金属的色彩で，細長い産卵管を有し，多くは正常の脚と幾分長い前胸背板とを有する。前脚の脛節は強く曲つている距棘を具え，後脚の基節は著しく大形で隆起縁を有し，後脚の脛節は1〜2距棘を具えている。胸部は強く背上に隆まらず，中胸腹板と中脚とは正常。多数のものは虫癭構成者たる膜翅目や雙翅目等の幼虫に寄生するが，中にはイチヂクコバチと共棲するものやカマキリ類の卵に寄生するもの等がある。新旧両北区・熱帯区等に分布し，*Callimome* Spinola, *Torymus* Dahlbom, *Syntomaspis* Förster, *Holaspis* Mayr, *Monodontomerus* Westwood, *Podagrion* Spinola, *Megastigmus* Dalman, *Idarnes* Walker 等が代表的な属で，本邦からは *Torymus*, *Monodontomerus*, *Megastigmus*, *Goniogaster*, *Podagrion* 等の属が発見されている。エゾアオコバチ（*Torymus sapporensis* Ashmead）(Fig. 1100) 雌。体長3 mm，全体黄金色の光沢がある。頭部の触角窩の下部と腹部の背面中央部とは藍色の反射光を有し，腹部の側面と腹面とは青色の光沢を有し，小楯板は藍青色で紫色の光沢を有する。触角の柄部は褐色で下部黄色，梗節と鞭節とは黒褐色。脚は中後両脚の基節を除く他は黄褐色で，それ等の基節は青色光沢を有し，全跗節の末端節は帯褐色。翅は透明で，淡黄色の翅脈を有する。頭部と胸部とは鱗状の彫刻を有し，後脚基節の基部2/3は微網状彫刻を有し，腹部背面は平滑で側面は弱い鱗状彫刻を有し，産卵管は濃褐色。北海道・本州等に産する。トゲアシコバチ（*Monodontomerus dentipes* Boheman）は本州・朝鮮・欧州等に分布し，マツケムシの蛹から羽化する。バラノミオナガコバチ（*Megastigmus aculeatus* Swederus）は本邦及び欧州に産し，ノイバラの種子に寄生する。イヌビワオナガコバチ（*Goniogaster inubiae* Ishii）は九州産でイヌビワコバチに寄生する。カマキリタゴコバチ（*Podagrion chinensis* Ashmead）は本邦及び支那に分布し，カマキリの卵に寄生し，成虫の後脚が著しく膨大し下縁鋸歯状となつている。

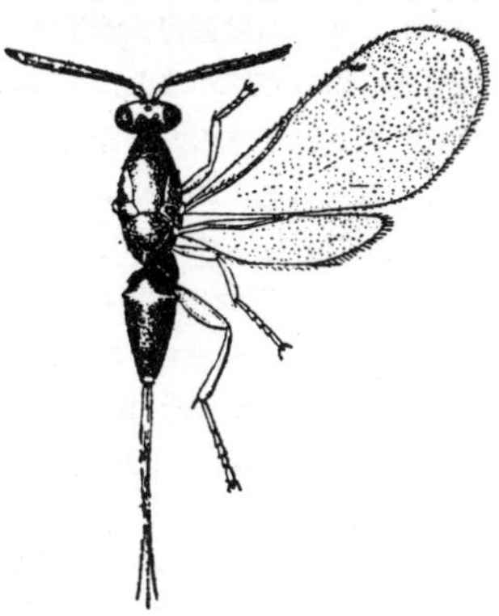

Fig. 1100. エゾアオコバチ雌（石井）

474. イチヂクコバチ（無花果小蜂）科

Fam. Agaontidae Walker 1846

普通に使用されている *Agaonidae* はギリシヤ語からすると誤りである事が1925年に Tillyard によつて説明されている。Fig Wasps と称えられ，イチヂク類の果物中に棲息し，普通幼虫は種子の内に生活し，微小乃至小形で体長2～3 mm。雌虫。黒色で有翅，頭部は中央下または触角の週囲に溝を有し，触角は9～13節で長い柄節を有し，複眼と単眼とは発達し，跗節は普通5節。雄。奇妙な外観を有し淡色で無翅，非常に微小で眼を欠き，触角は3～9節，中脚は微小である種類では欠け，前脚の脛節は大きな彎曲せる距棘を具え，跗節は3～5節。雌虫は不熟果物を求めつつ木から木えと移動するが，雄は羽化した果物中に止まりその儘死滅する。あるものでは雌が果物から羽出する前に雄によつて受精せしめられる。その際雄は果物の外皮に大顋を以て孔を造り，そのところから伸縮自在の長い腹部を出して交尾する事が認められている。暖国に広く分布し，*Blastophaga* Gravier, *Sycophaga* Westwood 等が代表的な属で，本邦からは最初の1属が発見されている。ある不食用イチヂクのあるものがこの属の寄生によつて，可食用果物となつている。イヌビワコバチ（*Blastophaga nipponica* Grandi）(Fig. 1101) 雌。体長2 mm 内外，全体黒褐色で濃褐色の触角を有し，翅は殆んど透明で淡褐色の縦縞を有し，褐色の微毛を散布し，褐色の翅脈を有する。脚の基節と腿節とは黄褐色で，転節と脛節と跗節とは黄色。触角は11節，柄節は短太，第3節は最小で末端に外方に突出する距状物があり，第4節は細小，第5節から第11節までは等大で褐色の微毛を装いこれ等の各節は幅の約3倍長。大顋は2歯を具えその基方部は鋸歯状となる。体は平滑，顔面は広い1縦溝を有し，前後両脚はかなり太く，中脚は細い。雄は体長1.5mm 内外，無翅で全体淡黄色，触角は短小，腹部は長く，前後両脚は特に腿節が著しく膨大し，中脚は著しく細弱。本州南 と九州とに産し，イヌビワの子房に寄生する。イタビコバチ（*Blastophaga callida* Grandi）は九州産でイタビカヅラの子房に寄生する。

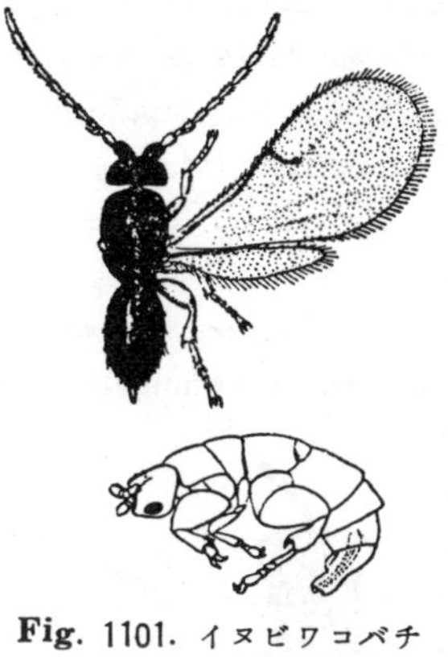

Fig. 1101. イヌビワコバチ（石井）

下図 雄　　上図 雌

475. カタビロコバチ（広肩小蜂）科

Fam. Eurytomidae Walker 1833

Eurytomid Wasps, Straw Worms, Joint Worms 等と称えられているものがこの科の昆虫で，微小乃至小形で体長1.5～6.0mm，多数のものは黒色で金属色，稀れに黄色。雄の触角の鞭状部各節は疣を有し上面に毛を装い4～5節 (Fig. 1102)，全体10～13節。胸部は大で点刻を布し，前胸背板は大きく方形。前脚の脛節は大距棘を具え，後脚のものは2距棘を有する。前翅は縁脈と縁紋脈とを有する。腹部は平滑，産卵管は尾端より遙か前方に生し，1部鞘付けられている。あるものは寄生性で他のものは食草性。

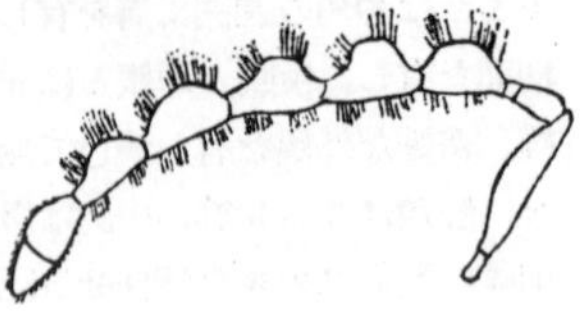

Fig. 1102. ***Eurytoma*** 1種雄の触角 (Handlirsch)

この科は比較的大きな群で，全世界に広く分布するが，全北区に最も多数発見されている。寄生性のものとしては ***Microrileya*** Ashmead (カンタンの卵に), ***Euchrysia*** Westwood (タマムシの幼虫に), ***Decatoma*** Spinola・***Eudecatoma*** Ashmead・***Eurytoma*** Illiger (タマバチ類の虫癭中に), ***Eurytoma*** (蛾の卵に), ***Axiina*** Walker (ヒメハナバチ類の巣に), ***Rileya*** Ashmead (タマバチ類の虫癭中に), 等の属が知られている。食草性としては ***Eurytoma*** Illiger (ラン科植物の茎や球根または根を), ***Harmolita*** Motschulsky と ***Isosoma*** Walker (禾本科植物の茎を), ***Bruchophagus*** Ashmead と ***Decatomidea*** Spinola (アルファルファやクローバー等の種子を), ***Evoxystoma*** Ashmead (ブドウの種子を) 等が知られている。

カタビロコマユバチヤドリ (***Eurytoma appendigaster*** Swederus) (Fig. 1103) 雌。体長3mm内外，体は黒色，腹部は光沢を有する。触角は黒褐色で柄節の基部が黄赤色を呈し，翅は透明で淡黄褐色の翅脈を有し，脚は基節と腿節とが黒褐色であるが腿節と脛節と跗節とは黄赤色，後脚の脛節は基部と末端を除き黒褐色。頭部と胸部とは顕著な網状彫刻を有し灰白色微毛を疎生し，顔面には多くの縦隆起線を有する。触角は11節で，1環状節を有し，多少棍棒状となつている。前胸背板は四角形で顕著，楯板の側溝は極めて浅く，前伸腹節は中央やや凹み全面に粗網状彫刻を有し，腹部はやや側扁し，第1～4節は長い。本州と欧洲とに分布し，アオムシコムユバチ・ブンコヤドリバチ等の幼虫に寄生する。マダケコバチ (***Harmolita phyllostachitis*** Gahan) は本州・九州等に産し，北米に分布し，マダケの小茎に寄生する。またモウソウタマコバチ (***Aiolomorphus rhopaloides*** Walker) は本州・四国・九州等に産しモウソウタケやマダケの小茎に寄生し膨大部を形成する。この種は香港にも産する。

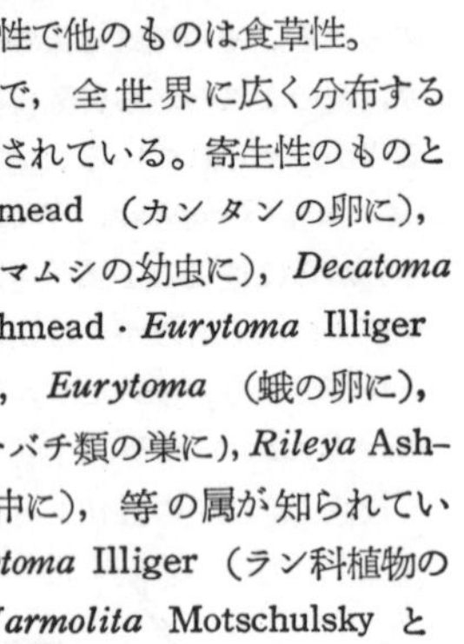

Fig. 1103. カタビロコマユバチヤドリ雌 (石井)

476. コガネコバチ (黄金小翅) 科
Fam. Pteromalidae Walker 1833

Jewel Wasps や Pteromalids 等と称えられ，徴小種では体長僅かに1～2mm，活潑で，走・跳躍・飛翔等を行ひ，多くは金属的青色・藍色・黄金色・銅色またはその虹彩を有する。複眼は大形，触角は膝状，大顋は3個または4個の歯を具えている。胸部は大形で背上に隆彎し，小楯板は甚だ大形であり得て，中胸側板は溝を有する。脚は正状かまたは前脚の腿節が太まつている。前脚の脛節は1本の太い距棘を具え，中後両脚の脛節は各1距棘を具え，跗節は5節からなる。翅は小さいかまたは大い縁紋を有する。産卵管は一般に短かい。

甚だ大きな且つ世界共通の科で，実際上全昆虫に寄生または過寄生する蜂で，有害虫の自然防止に大に役立つている。***Pteromalus*** Swederus, ***Eutelus*** Walker, ***Etroxys*** Westwood, ***Metopon*** Walker, ***Habrocytus*** Thomson, ***Rhaphitelus*** Walker, ***Amblymerus*** Walker, ***Eunotus*** Walker, ***Muscidea*** Motschulsky, ***Roptrocerus*** Ratzeberg, ***Merisus*** Walker, ***Isoplata*** Förster, ***Dipara*** Walker, ***Asaphes*** Walker, ***Pachyneuron*** Walker, ***Sphegigaster*** Spinola, ***Caratomus*** Dalman 等が先づ代表的な属で，本邦からは宿主の判明せる種類として次の如きものが発見されている。アオムシコバチ (***Pteromalus puparum*** Linné) (Fig. 1104) 雌。体長3mm内外。大体黒色で藍色の光沢を有し，腹部の基部は青色の光沢を有し，肩板は帯褐色。触角は褐色で，黄褐色の柄節を有する。翅は透明で，帯淡褐色の翅脈を具えている。脚の腿節末端・脛節・跗節等は淡黄褐色で，他は黒褐色，跗節の末端は淡褐色を帯びる。触角は柄節が棒状となり，梗節に続き2個の環状節を有し，鞭節は6節からなり末端の方に漸次少しく短く，棍棒状部は3節からなり前2節の和と等長。前翅の前縁脈は縁紋脈とほぼ等長，後縁脈は縁紋脈より長い。頭部と胸部とは臍状彫刻を有し，腹部は平滑。雄はやや小さく全体青色の光沢を

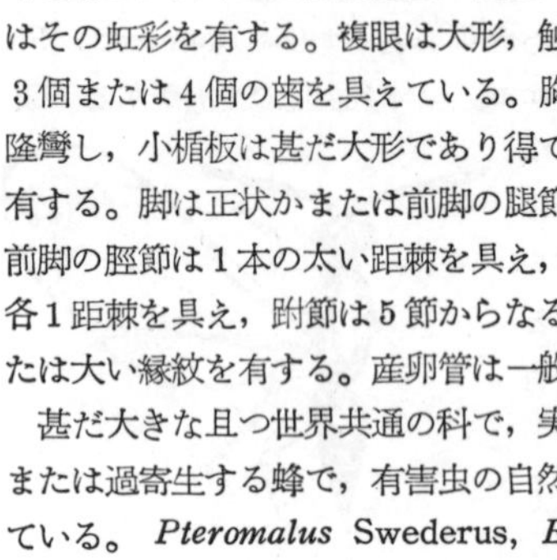

Fig. 1104. アオムシコバチ雌(石井)

する。本邦と欧洲とに分布し，モンシロチョウやアゲハ等の蛹に寄生する。コマユバチヤドリコバチ（*Hypopteromalus apantelophagus* Crawford）は本州産でブランコヤドリバチに寄生し，コクゾウホソバチ（*Chaetospila elegans* Westwood）は本邦・欧洲等に分布しコクゾウの幼虫に，コクゾウコバチ（*Lariophagus distingendus* Förster）はやはり本邦と欧洲とに分布しコクゾウの幼虫に，またゾウムシコガネバチ（*Neocatolaccus mamezophagus* Ishii et Nagasawa）は本州産でアズキゾウムシやコクゾウ等の幼虫に，それぞれ寄生する。コジマコバチ（*Eutelus kojimae* Ishii）は本州産でマツケムシの幼虫に寄生し，ドロムシミドリコバチ（*Trichomalopsis shirakii* Crawford）は北海道・本州・台湾等に分布しイネドロオイムシに寄生する。アオムシコマユバチ（*Trichomalus apanteloctenus* Crawford）は本州産でフタオビコヤガに寄生するコマユバチの幼虫に寄生し，バクガコバチ（*Habrocytus cerealellae* Ashmead）は本邦と米国とに分布しバクガの幼虫に寄生する。キョウソヤドリコバチ（*Mormoniella vitripennis* Walker）は殆んど世界各地に産し蠅蛆に寄生する。サナギヤドリコバチ（*Dibrachys boucheanus* Ratzeburg）は本州と欧洲とに分布しナシヒメシンクイの蛹やブランコヤドリバチの繭等より羽化する。カイガラムグリコバチ（*Enargopelte ovivora* Ishii）は九州産でエノキに寄生するカタカイガラ一種の卵に寄食し，モンコガネコバチ（*Homoporus japonicus* Ashmead）は本州と九州に産しモウソウタマコバチの幼虫に寄生する。宿主の不明なものの中にハコネコシボソコバチ（*Trigonogastra hokonensis* Ashmead）が本州から知られている。

477. トビコバチ（跳小蜂）科
Fam. Encyrtidae Walker 1837

Encyrtid parasites と称えられ，微小種で体長 1～2 mm 内外，体は平滑かまたは点刻を有し，暗金属色で，寄生性。頭部は幅広く半球形のものが多く，触角は短かく 8～12節であるが一般は11節で稀れに 6 節，複眼は大形，単眼は三角形に位置する。小楯板と中胸側板とは大形。前脚の脛節は大形の距棘を具え，中脚は屢々太まり跳躍に適しその脛節は長く内縁に微棘を列し末端に太い 1 距棘を具え，跗節は 5 節。翅は一般によく発達し稀れに退化し，翅脈は減退し，前翅は縁脈と縁紋脈と後縁脈とを有するのみ。産卵管は尾端より遙か前方から生ずる。

この科は甚だ大きく且つ世界に広く分布し，外寄生や内寄生等で，一次的や過寄生を行い，宿主たる卵や幼虫や蛹等に寄宿する。*Hunterellus* Howard（ダニ），*Isodromus* Howard（クサカゲロウ），*Aphidencyrtus* Ashmead（蚜虫），*Fulgoridicida* Perkins（ハゴロモ），*Acerophagus* Smith・*Aenasioides* Girault・*Anagyrus* Haliday・*Anusia* Förster・*Aphycus* Mayr・*Blastothrix* Mayr・*Chalcaspis* Howard・*Cheiloneurus* Westwood・*Chrysoplatycerus* Ashmead・*Cirrhencyrtus* Timberlake・*Comys* Förster・*Encyrtus* Latreille・*Eucomys* Förster・*Eusemion* Dahlbom・*Formicencyrtus* Girauet・*Leptomastidea* Mercet.・*Leptomastix* Förster・*Metaphycus* Mercet・*Microterys* Thomson・*Pseudaphycus* Clausen・*Pseudoleptomastix* Girault・*Pseudococcobius* Timberlake・*Quaylea* Timberlake・*Rhopus* Förster・*Stemmatosteres* Timberlake・*Zarhopalus* Ashmead（カイガラムシ類），*Ooencyrtus* Ashmead（カメムシ卵），*Anisotylus* Timberlake・*Homalotylus* Mayr（テントウムシ類），*Bothriothorax* Ratzeburg・*Meromyzobia* Ashmead・*Tachinaephagus* Ashmead（雙翅目），*Ageniaspis* Dahlbom・*Copidosoma* Ratzeburg・*Encyrtus* Latr.・*Litomastix* Thomson・*Ooencyrtus* Ashmead・*Psilophrys* Mayr（鱗翅目），*Achrysopophagus* Girault・*Copidosoma* Ratzeburg・*Eusemion* Dahlbom・*Quaylea* Timberlake（膜翅目）等が先ず代表的な属である。本邦からは次のような種類が宿主の判明せるものである。

チンバレーキコバチ（*Aphycus timberlakei* Ishii）（Fig. 1105），雌。体長 1 mm 内外。大体黄褐色。触角は柄節が黒色で上縁白色，梗節は黒色で末端白色，鞭節の第 1 第 2 と第 3 の基部及び下部・棍棒部等は黒色で，他は白色。腹部は黒褐色で，基部1/3は白色。前翅は透明で，縁紋脈の下方に大きな褐色紋を有する。脚は淡黄色，跗節は黄色で末端褐色。触角の柄節は下方に拡がり，梗節は第 1 第 2 鞭節の和と等長，棍棒部は鞭節の第 4・第 5・第 6 の和と等長。頭部・胸部・腹部等には細い鱗状彫刻を布し，小楯板には網状彫刻を有する。雄は大体黒褐色で顔面黄褐色，翅は透明で淡褐色紋を有し，触角は褐色。九州産

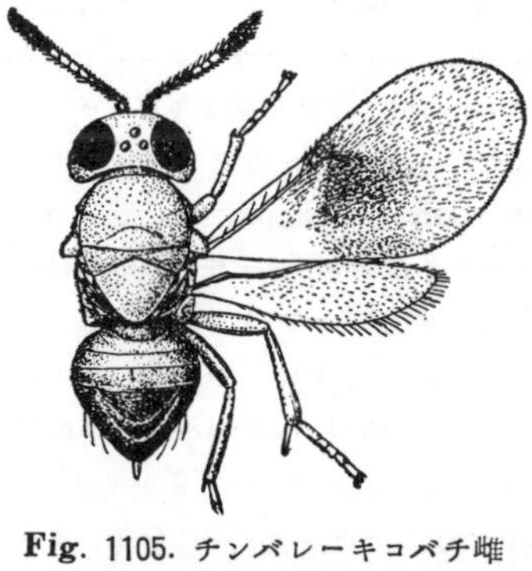

Fig. 1105. チンバレーキコバチ雌
（石井）

で，マユミに寄生する *Lecanium* sp. に寄生する。シロオビタマゴバチ (*Anastatus albitarsis* Ashmead) は本州・九州等に分布しシラガタロウの卵に，ブランコルリタマバチ (*A. disparis* Ruschke) は本州産で欧州・北米等に分布ブランコケムシの卵に，フタスジタマゴバチ (*A. bifasciatus* Fonscolombe) は本州・朝鮮・欧州等に分布しマツケムシの卵にそれぞれ寄生する。タケノフクロカイガラヤドリバチ (*Anagyrus antoniae* Timberlake) は本州・九州・支那・布哇等に分布しタケノフクロカイガラムシに，ルリコナカイガラヤドリバチ (*Clausenia purpurea* Ishii) は本州・九州等に分布しコナカイガラムシに，キイロコナカイガラヤドリバチ (*Leptomastix citri* Ishii) は九州産で同じくコナカイガラムシに，ニジモンコバチモドキ (*Cerapterocerus mirabilis* Westwood) は本州・欧州等に分布しカイガラムシ1種に，ニジモンコバチ (*C. japonicus* Ashmead) は本州・九州等に分布しルビーロウムシに，チヤノマルカイガラヤドリバチ (*Anabrolepis japonica* Ishii) は九州産でメダケに寄生するマルカイガラムシに，ワモンカイガラコバチ (*Anicetus annulatus* Timberlake) は九州産でヒラタカタカイガラムシやルビーロウムシ等に，フタスジコバチ (*Comperiella bifasciata* Howard) は本邦南部・支那・ジヤワ等に分布しアカマルカイガラムシやトビイロマルカイガラムシ等に，ヒトスジコバチ (*C. nnifasciata* Ishii) は九州・ジヤワ等に分布しミカンノマルカイガラムシに，ヒョウモンカイガラヤドリバチ (*Pareusemion studiosum* Ishii) は九州産でヒラタカタカイガラムシに，ルビーフサヤドリコバチ (*Cheiloneurus ceroplastis* Ishii) は九州産でルビーロウムシやツノロウムシ等に，ミカンコナカイガラヤドリバチ (*C. nagasakiensis* Ishii) は九州産でミカンノコナカイガラムシに，タマカイガラヤドリバチ (*Blastothrix kermivora* Ishii) は本州産でナワタマカイガラムシやヒメタマカイガラムシ等に，ルビーキヤドリコバチ (*Microterys speciosus* Ishii) は本州・九州等に分布しルビーロウムシに，カメノコウロウヤドリバチ (*M. clauseni* H. Compere) は本州・九州等に分布しカメノコウロウムシに，イボタカイガラコバチ (*M. ericeri* Ishii) は本州・九州等に分布しイボタカイガラムシの雄に，それぞれ寄生する。クワナコバチ (*Ooencyrtus kuvanae* Howard) は本州産と北米に分布しブランコケムシの卵に寄生し，キンウワバトビコバチ (*Litomastix maculata* Ishii) は本州産でキンウワバ類の幼虫に寄生する。アシガルコバチ (*Homalotylus flaminius* Dalman) は本邦・欧州等に分布しヒメアカテントウムシの幼虫に寄生し，キイロテントウコバチ (*Isodromus axillaris* Timberlake) は九州・支那等に分布しクサカゲロウの幼虫に寄生する。

478. ヒメコバチ（姫小蜂）科
Fam. Eulophidae Walker 1846

Eulophid Parasites や Plumed Wasps 等と称えられ，微小で体長1～3 mm，一般に金属色かまたは虹彩色。後脚の基節は正状，跗節は4節，前脚脛節の距棘は細く直線，後脚腿節は太くなく，中脚は正状。触角は少数節からなり毛を装い，長くない。腹部は柄部を有する。旧北区に多数産し，米国と濠洲等に分布し，*Eulophus* Geoffroy や *Hemiptarsenus* Westwood 等が代表的な属で，潜葉虫特に鱗翅目の幼虫に寄生する。本邦からは *Pleurotropis* 属が知られている。ハモグリヤドリヒメコバチ (*Pleurotropis mitsukurii* Ashmead)(Fig. 1106) 雌。体長 1.4 mm内外，体は黒色で青緑色の光沢を有する。触角は黒褐色，9節からなり，1個の環状節を有し，棍棒部の第3節即ち末端節は棘状。頭部は鱗状の彫刻を有し，胸部は顕著な網状彫刻を有し，前伸腹節は殆んど平滑で基部から1対の縦隆起条を有する。翅は透明で褐色の翅脈を有する。脚は基節が黒褐色で他は白色。腹部は卵形で短かい柄部を有し，背面に細い鱗状彫刻を有し，産卵管は後方に少し突出する。北海道・本州等に分布し，エンドウハムグリバエ其他に寄生する。

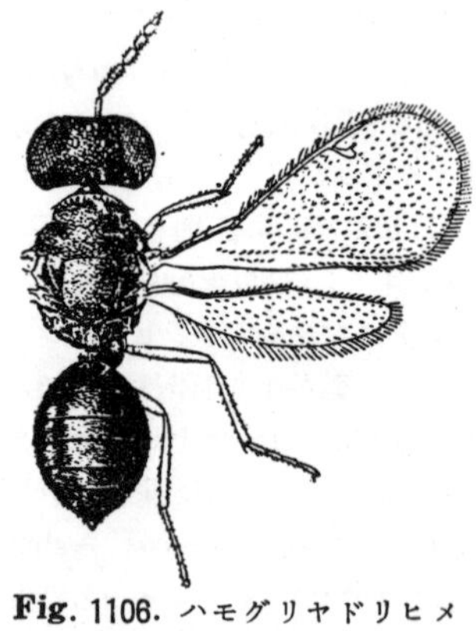

Fig. 1106. ハモグリヤドリヒメコバチ雌（石井）

479. トゲヒメコバチ（棘姫小蜂）科
Fam. Tetrastichidae (Förster 1856) Walker 1871

Tetrastichid Parasites と称え，微小種で体長0.8～2.0mm，一次，二次，三次等の寄生性で，一般に平滑だが頭部と胸部とはときに彫刻を有し，黒色かまたは金属的藍色，青銅色，銅色，あるいは緑色で，黄色や褐色や赤色等の斑紋を有する。触角は一般に雌では9節雄では10節，環状節は1個または2個あるいはこれを欠き，雌の棍棒部は3～4節。翅は卵形で縁毛を欠き，亜縁脈は1～5本の棘毛を装い，縁紋脈はあるものと然らざるものとがあり，後縁紋脈は一般にない。小楯板は中央後方に1列に4棘毛を具え，且つ2個または4個の縦溝を有する。腹部は無柄で，末端尖る。

この科の蜂は世界共通で，全部が寄生性で，他の昆虫類の卵や幼虫やまたは成虫等に寄食し得て，ある種の雌は単性生殖を行う。*Tetrastichus* Haliday, *Ootetrastichus* Perkins, *Hyperteles* Förster, *Syntomosphyrum* Förster, *Thripoctenus* Crawford, *Ceratoneura* Ashmead 等が先ず代表的な属で，本邦からは *Thripoctenus*, *Tetrastichus*, *Atoposomoidea* 等の属が発見されている。ゴキブリコバチ (*Tetrastichus hagenowi* Ratzeburg) (Fig. 1107) 雌。体長1.5mm内外，大体黒色で青藍色の光沢を有する。触角は褐色で柄節と梗節とは黄色，脚は殆んど黄色で前脚の基節は褐色，翅は透明で微毛を生じ淡褐色の翅脈を有する。触角の繋節は3節からなりその第1節は第2と第3との和より短く，棍棒部は3節からなる。頭部と胸背とは鱗状彫刻を有し，前伸腹節は平滑で中央に1隆起線を有し，小楯板には2個の縦溝を楯板上には1個の縦溝をそれぞれ有する。腹部は弱い鱗状彫刻を有する。雄は雌に類似する。ゴキブリの卵に寄生し，本邦と欧州等に分布する。アオムシコマユヒメバチ (*T. rapo* Walker) は本州・欧州・濠洲等に分布しモンシロチョウの幼虫の寄生蜂たるアオムシコマユバチの幼虫に寄生する。オジマコバチ(*Atoposomoidea ogimae* Howard) は本州·九州等に分布しブランコヤドリバチの幼虫に寄生する。アザミウマヒメコバチ (*Thripoctenus brui* Vuillet) は本州・比島・フランス等に分布しネギノアザミウマに寄生する。

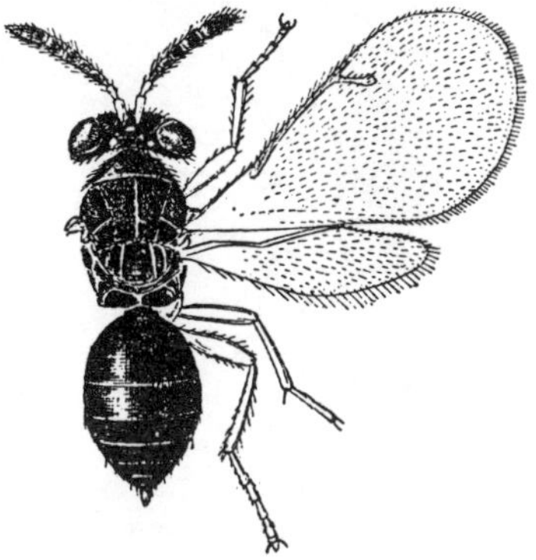

Fig. 1107. ゴキブリコバチ雌(石井)

480. カイガラヤドリコバチ (介殻寄生小蜂) 科
Fam. Aphelinidae (Thunberg 1876) Viereck 1916 (Fig. 1108)

Fun Flies, Aphelinids, Scale Parasites 等と称えられ，微小で体長0.5～1.5mm内外，多数のものは黄色か黒色か褐色で黄色斑を有し，短大。触角は8節，腹節は4～5節。この科の蜂は世界に広く分布し，蚜虫や介殻虫や粉蝨等の体に主に寄生し，自然界に於てこれ等害虫の防除に顕著な役割を演じている。成虫は蚜虫や介殻虫の蜜滴や産卵管の刺込みによつて生ずる液体を食する性を有する。

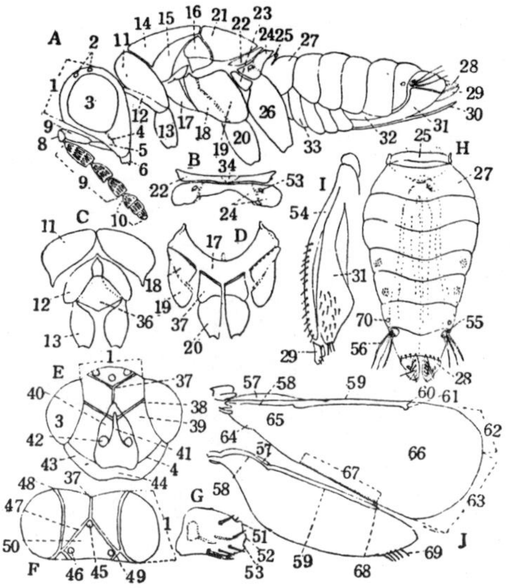

Fig. 1108. *Coccophagus malthusi* の解剖図 (Compere)

A. 側面　B. 後胸背板背面　C. 前胸前面　D. 後胸後面　E. 頭部前面　F. 頭部背面　G. 大顋　H. 腹部背面　I. 産卵管　J. 翅

1. 額頭頂　2. 単眼　3. 複眼　4. 顴線　5. 頬　6. 大顋　7. 触角柄節　8. 同梗節　9. 同鞭節　10. 同棍棒部　11. 前胸背板　12. 前胸側板　13. 前脚基節　14. 中胸楯板　15. 中胸側板　16. 側基小楯板　17. 中胸前側片　18. 中胸前腹板　19. 中胸後側板　20. 中脚基節　21. 小楯板　22. 後胸背板　23. 後胸側板　24. 前伸腹節　25. 腹柄　26. 後脚基節　27. 腹部第1背板　28. 同第8背板　29. 産卵管鞘　30. 産卵管　31. 産卵管外片　32. 腹部第6腹板　33. 同第2腹板　34. 後胸背中片　35. 気門　36. 前胸腹板　37. 中額線　38. 顔線　39. 顔　40. 陥窩　41. 顔突起　42. 触角孔　43. 頬　44. 頭楯　45. 前単眼　46. 側単眼　47. 単眼線　48. 眼縁線　49. 眼縁後頭線　50. 単眼部　51. 大顋内歯　52. 大顋中歯　53. 大顋端棘　54. 産卵管内片　55. 尾毛板　56. 剛曲毛　57. 前縁室　58. 亜縁脈　59. 縁脈　60. 後縁脈　61. 縁紋脈　62. 前端弧　63. 後端弧　64. 基無毛条　65. 斜無毛条　66. 円盤部　67. 抱鉤　68. 微鉤　69. 縁毛　70. 腹部第6背板気門

Ablerus Howard, *Aneristus* Howard, *Aphelinus* Dalman, *Aspidiotiphagus* Howard, *Coccophagus* Westwood, *Encarsia* Förster, *Eretmocerus* Haldeman, *Marietta* Motschulsky, *Mesidia* Förster, *Perissopterus* Howard, *Prospaltella* Howard, *Pteroptérix* Westwood, *Physcus* Howard 等が代表的な属で，蚜虫に寄生するものは *Aphelinus*, *Encarsia*, *Mesidia*, 介殻虫に寄生するものは ***Ablerus***, ***Aneristus***, ***Aphel*** *nus*, *Aspidiotiphagus*, *Coccophagus*, *Euanthellus*, *Marietta*, *Perissopterus*, *Prospaltella*, *Physcus*, 粉蝨に寄生するものは *Encarsia*, *Eretmocerus*, *Prospaltella* 等である。

キイロクワカイガラヤドリバチ(*Aphelinus diaspidis* Howard) (Fig. 1109) 雌。体長0.8mm内外，全体黄色で脚は淡黄色，複眼は黒褐色，触角は淡黄色。触角は6節からなり，柄節はやや長く梗節は幅より少し長く，繋節の第1と第2節とは短小で第3節は前2節の和より少しく長く且つ太く，棍棒部は1節からなり大。翅は透明で微毛を散布し，縁脈末端下部から斜下内方に走る無毛部即ち斜無毛条を有し，縁脈は甚だ長く，縁紋脈と後縁脈とは甚だ短かく，翅脈は淡黄色。腹部の第1〜5節の各基部両側に淡褐色の横帯を有し，産卵管はかなり突出する。本邦と北米とに分布し，クワノカイガラムシに寄生する。リンゴワタアブムシヤドリバチ (*A. mali* Haldeman) は北米より本州北部に輸入しリンゴワタアブラムシの駆除に成功した。ミカンマルカイガラコバチ (*Aspidiotiphagus pseudoaonidiae* Ishii) は九州産でミカンノマルカイガラムシに寄生し，ルビークロヤドリコバチ (*Coccophagus hawaiiensis* Timberlake) は本州・九州・布哇等に分布しルビーロウムシやヒラタカタイガラムシやミカンノワタカイガラムシ等に寄生し，なおカイガラクロコバチ (*C. yoshidae* Nakayama) は本州・九州等に分布しヒラタカタカイガラウシやミカンノワタカイガラムシ等に寄生し，ベルレーゼコバチ (*Prospaltella berlesei* Howard) は本州産で北米や欧洲等に分布しクワカイガラムシに寄生する。コナジラミヒメコバチ (*Eretmocerus aleurolobi* Ishii) は九州産でマーラットコナジラミに寄生し，シルベストリコバチ (*Prospaltella smithi* Silvestri) は九州・南支那等に分布しミカントゲコナジラミに寄生する。

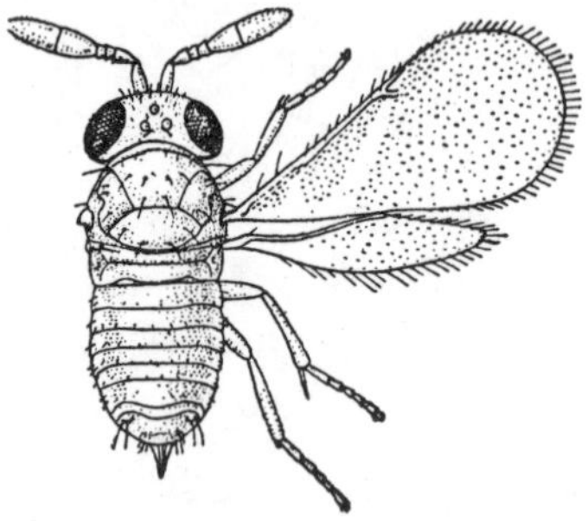

Fig. 1109. キイロクワカイガラヤドリバチ雌（石井）

481. コシボソコバチ（細腰小蜂）科
Fam. *Elachertidae* Viereck 1916

微小で体長2〜4mm，ヒメコバチに類似するが，腹部は一般に明瞭な柄部を有し，中胸背前斜溝は明瞭で且つ完全な側溝を有し，触角は顔の中央下から生じ普通細く，柄節は細長く，雄は簡単。鱗翅目の幼虫に寄生する。新旧両北区に普通で，インドや濠洲からも知られている。*Elachertus* Spinola, *Cirrospilus* Westwood, *Olinx* Förster, *Euplectrus* Westwood, *Ophelinus* Haliday 等が代表的な属で，本邦からは *Euplectrus*, *Astichus*, *Sympiesomorpha*, *Ophelinoideus* 等の属が発見されている。ウスマユコバチ(*Euplectrus kuwanae* Crawford) (Fig. 1110) 雌，体長2mm内外，頭部と胸部とは黒色，頭楯は白色。触角の柄節と梗節とは淡黄色で他は淡褐色，梗節は第1繋節より明かに短かく，繋節は4節からなり細い毛を装い，棍棒部は少さく3節からなる。腹部は黒褐色で基部に淡色の大紋を有し，腹面は黄褐色。翅は透明で微毛を散布し，縁紋脈かかなり長く，後縁脈は前者よりやや長く，翅脈は淡黄色。脚は黄色を帯び，末端淡褐色，後脚脛節の距棘は甚だ長い。頭部と胸部とは殆んど平滑，楯板には網状彫刻を有し，小楯板には弱い鱗状彫刻を有し，側基小楯板・胸側小楯板・腹部等は平滑，産卵管は突出しない。雄は小さい。ズイムシヒメコバチ (*Sympiesomorpha chilonis* Ishii) は本州産でニカメイチュウに寄生する。他の種類は宿主が判明していない。

Fig. 1110. ウスマユコバチ雌(石井)

482. ホソナガコバチ（細長小蜂）科
Fam. *Elasmidae* Walker 1871

微小。触角は簡単かまたは枝突起を有し，後脚の基節は著しく大形となり殆んど円板状，腿節も太く，跗節は長く4節からなる。前脚脛節の距棘は小さく直線，中脚は正状。腹部は幾分扁平。産卵管は僅かに突出する。径脈基部は完全。鱗翅目や雙翅目や膜翅目等に寄生する小群で，新旧両北区に分布し，インドや濠洲からも発見されている。*Elasmus* Westwood が代表的の属である。ハチノスヤドリコバチ(*Elasmus japonicus* Ashmead) (Fig. 1111) 雌。体長2.5mm，頭部と胸部とは黄色，単眼部・後頭部・前胸背板の中央点・楯板後方の1点・側基小楯板上の1点・小楯板上の1紋・後胸背板・前伸腹節等は黒色。触角の柄節は帯黄色で鞭節は褐色。腹部は赤褐色で，基部の3紋と末端部とは黒色。翅は透明で微毛を散布し，翅脈は褐色。脚は黄色で黒色の剛毛を疎生し，腿節と脛節との上縁は帯褐色，後脚脛節の外面には黒色毛にて囲まれている9個の区劃を有する。雄は大体黒褐色で，触角は長い枝を具えている。本州と九州とに分布しアシナガバチの幼虫に寄生する。

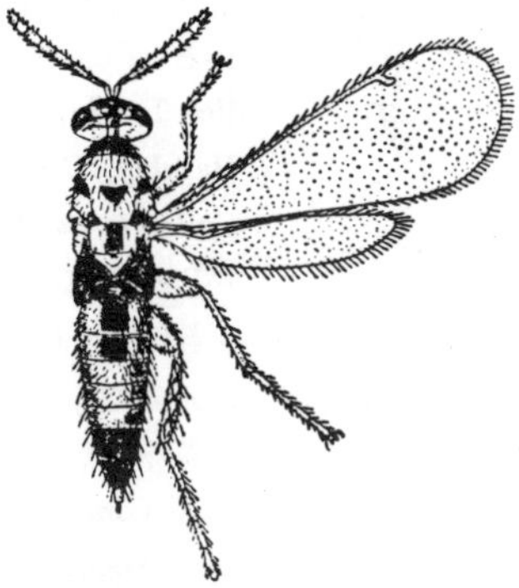

Fig. 1111. ハチノスヤドリコバチ雌（石井）

483. **タマゴヤドリコバチ（卵寄生小蜂）科**

Fam. Trichogrammatidae (Förster 1856) Walker 1871

Trichogrammatid Egg Parasites と称えられ，微小で体長0.3～1.0mm，黒色や曇色や淡褐色や黄色等。触角は3節や5節や8節で1環状節を具え，跗節は3節。翅は幅広で縁毛を装い，表面の微毛は線状か帯状に配列し，後翅後縁の縁毛は最長，前翅の縁脈と縁紋脈とは癒合する。産卵管は短かく，尾端腹面から生じている。世界に広く分布し，約200種類が知られ，*Abbella* Girault, *Hydrophylax* Matheson et Crosby, *Lathromeris* Förster, *Oligosita* Walker, *Prestwichia* Lubbock, *Trichogramma* Westwood 等が重要な属で，本邦からは最後の1属の他に *Neolathromera*, *Japania*, *Oligosita* 等の属が発見されている。ズイムシアカタマゴバチ (*Trichogramma japonicum* Ashmead) (Fig. 1111) 雌，体長0.5mm，大体黄褐色で腹部は褐色，触角は淡黄褐色，翅は透明で基部より縁紋脈の下部までやや曇り帯淡褐色の翅脈を有する。脚は大体淡黄褐色で後脚の腿節と各跗節の末端節は帯淡褐色。触角は6節からなり1環状節を有し，柄節はやや幅広く，梗節は幅の2倍長，繋節は小さな2節からなり，棍棒部はほぼ長卵形で2節。翅は縁紋脈の先端から弧状に列する微毛の1列を有し且つ多数の微毛縦列を有する。腹部末端はやや尖り，産卵管は可なり突出する。雄は触角が異つている。本邦・台湾・フィリッピン・支那・ジャワ・インド等に分布し，ニカメイチュウとサンカメイチュウ等の卵に寄生する。ズイムシキイロタマゴバチ (*T. chilonis* Ishii) は本州・フッリッピン等に分布しニカメイチュウの卵に，キイロタマゴバチ (*T. dendrolimi* Matsumura) は本州・九州・朝鮮等に分布しマツケムシやチャノハマキやナシノヒメシンクイ等の卵に，ヨトウタマゴバチ(*T. evaniscens* Westwood) は本州・欧洲等に分布しヨトウムシの卵に，夫々寄生する。セミタマゴバチ (*Neolathromera kishidai* Ishii) は本州産でアブラゼミの卵に寄生する。トビイロウンカタマゴバチ (*Japania andoi* Ishii) は本州と九州とに産しトビイロウンカやツマグロヨコバイ等の卵に，シブヤタマゴバチ (*Oligosita shibuyae* Ishii) は本州産でフジンシの卵に，夫々寄生する。

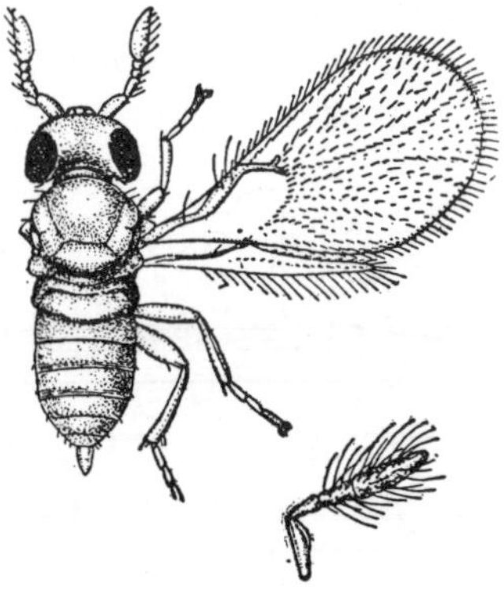

Eig. 1112. ズイムシアカタマゴバチ雌（石井）

附図　雄の触角

484. **ハモグリヤドリコバチ（潜葉寄生小蜂）科**

Fam. Miscogasteridae Howard 1886

微小，頭は横形で幅広，触角の棍棒部は短かく少数節，前胸背板は明瞭，腹部は明瞭な細い柄部を有し，前翅は亜縁脈と縁脈と後縁脈とを有する。旧北区・アメリカ・濠洲等に知られ，*Lamprotatus* Westwood, *Miscogaster* Walker, *Ormocerus* Walker, *Halticoptera* Spinola 等が代表的な属である。ハモグリヤドリコバチ (*Halticoptera patellana* Dalla Torre) (Fig. 1113) 雌，体長1.6mm内外，体は黒色で青緑色の光沢を有し，触角は黄色なれど柄節の基部は少しく褐色を帯び，翅は透明で黄褐色の翅脈を有し，脚は基節が黒色で他は黄色なれど跗節の末端節は褐色。頭部と胸部とは網状彫刻を有し，前伸腹節は殆んど平滑で中央に縦隆起線を有し，楯板の側溝は明瞭。腹部は殆んど平滑，産卵管は少し突出する。触角は13節で，環状節が2節，棍棒部は3節からなる。雄は雌と大差がない。北海道・本州等に産し，欧洲に分布し，ハモグリバエの幼虫に寄生する。

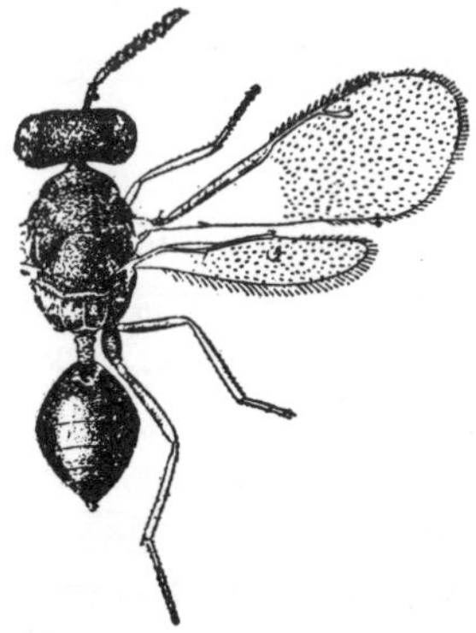

Fig. 1113. ハモグリヤドリコバチ雌（石井）

485. シリアゲコバチ（挙尾小蜂）科
Fam. *Leucospidae* Walker 1834

むしろ大形で強い蜂，多くは黒色に黄色紋を有し，粗雑な彫刻を有する。前胸背板は強く発達し，前翅は静止の際に縦に畳まれ原始的翅脈が認められ，後脚の腿節は著しく太まり下縁鋸歯状となり，産卵管は甚だ長く腹部背上に且つ前方に曲がり多くは胸部に末端が達している。単棲の蜂の巣の中に寄生する。暖帯と熱帯に広く分布し，かなり多数の種類が発見され，*Leucospis* Fabricius, *Polistomorpha* Westwood 等が代表的な属で，本邦からはシリアゲコバチ（*Leucospis japonica* Walker）が知られている。この種は（**Fig.** 1114）体長11mm内外，雌。全体黒色で，前胸背板後縁の1横帯・小楯板後縁の1横帯・腹部第1背板両側の3角形紋・第4背板後縁の広い1横帯・後脚基節の上縁・後脚腿節外面の基部にある三日月形紋と末端の小紋等は黄色。なお前後両脚の腿節の末端等も黄色，全跗節は赤色を帯びている。翅は黒褐色で黒色の翅脈を有し，触角は黒色。頭部・胸部・腹部・後脚の基節等は点刻を密布し，腹部第1背板の中央に1縦溝を有する。雄も雌とほぼ同一。本州・九州等に分布し，恐らくドロバチ類の幼虫に寄生する種類であろう。

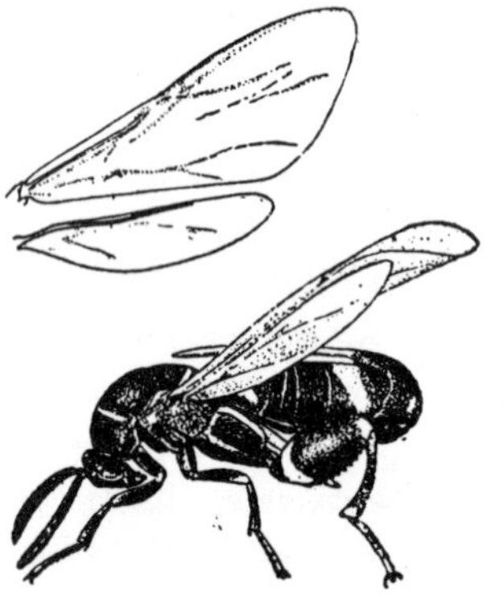

Fig. 1114. シリアゲコバチ雌 附属 翅 （石井）

細尾黒蜂上科
Superfamily *Serphoidea* Viereck 1916

微小乃至小形，暗色または金属色で，一次寄生または二次寄生の蜂，触角は直線または膝状，翅脈は非常に減退しているが少数の室を有し，腹部は尖り明瞭かまたは不明瞭な側縁を有し，産卵管は管状で腹部尾端から生じている。次の如き科に分類する事が出来る。

1．触角は頭楯の遙か上方で額架（Frontal shelf）または強突起上から生じている。微小または小形で，決して大形でない……………………………………………… 2

　触角は頭楯の直上かまたは顔の中央から生じ，額架または強突起上から生じていない…………………… 3

2．翅脈は甚だ不完全，径室が認められる場合は甚だ小，肘脈（$R_4+R_5+M_1$）は完全にない。触角は11から14節で雌では一般に強く棍棒状となつている（**Fig.** 1115）（*Diapria* Latreille, *Trichopria* Ashmead, *Galesus* Haliday, *Paramesius* Westwood, *Spilomicrus* Westwood）……………

Fig. 1115. *Loxotropa* の触角 （Brues & Melander）

…Family *Diapriidae* Ashmead 1900

　翅脈はより完全，径室は大形だが常に完全に閉ざされていない。肘脈は末端以外がよく発達する。雄の触角は10節で雌のものは13節（*Embolemus* Westwood, *Myrmecomorphus* Westwood, *Ampulicimorpha* Ashmead）……Family *Embolemidae* Handlirsch 1925

3．触角は14節かまたはより多数節…………………… 4

　触角は13節かより少数節…………………………… 6

4．後脚跗節の第1節は第2節より著しく短く，腹部の第1節は頭胸の和と等長，腹部は雌では甚だ長く糸状で等節からなり雄では棍棒状。大形種（**Fig.** 1116）（*Pelecinus* Latreille アメリカ）………………Family *Pelecinidae* Haliday 1840

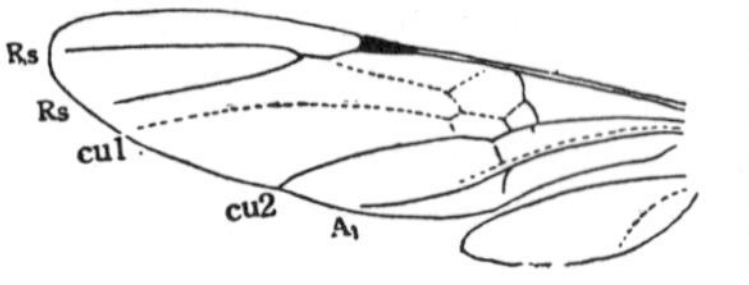

Fig. 1116. *Pelecinus* 1種の翅 （Handlirsch）

　後脚跗節の第1節は第2節より長く，腹部は甚だ短い…………………………………………………………… 5

5．頭部は長く，触角は22～40節で頭部の前縁から生じ，雌は無翅。小形種で広分布（*Sclerogibba* R. et St., *Mystrocnemis* Kieffer, *Cryptobehylus* Marshall）……Family *Sclerogibbidae* Handlirsch 1925

　頭部は短く長さより幅広く，触角は14～15節で頭部の中央からでて頭楯の遙か上方から生ずる（*Helorus* Latreille 新旧両北区，インド）……………………… ……………………Family *Heloridae* Ashmead 1900

6．大顋は甚だ短く3個の歯を具え，左右著しく離れ閉ざされても末端会合する事がなく開いた場合には末端が側方に向いている。腹部は雌では2節，雄では4節，産卵管は甚だ

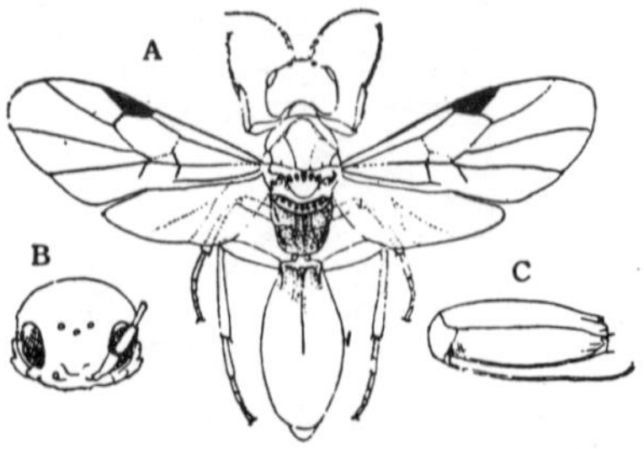

Fig. 1117. *Vanhornia eucnemidarum* Crawford （Crawford）
A．背面　B．頭部前面　C．腹部側面

長く体下の前方に延びている (Fig. 1117)(*Vanhornia* Crawford 北米) ………………………………………………Family *Vanhorniidae* Crawford 1909

大顋は正常で閉ざされた時には左右の末端が相対している………………………………………………………7

7. 触角は顔の中央から生じ雌雄共に13節，前翅は幅広の縁紋と一般に甚だ小さい閉ざされている径室とを有し，腹部は短かい円筒状の柄部を有し第2節は他より甚だ長い…………………………Family *Serphidae*

触角は頭楯の縁に接近して口部近くから生ずる…8

8. 腹部は側部が鋭く縁取られている…………………9

腹部は側部が縁取られていない……………………10

9. 触角は10節，稀れにより少数節だが決してより多数節でない。前翅は縁脈または縁紋脈を欠き，一般は亜前縁脈もない (*Platygaster* Latreille, *Polygnotus* Förster 世界共通。*Synopeas* Förster, *Amblyaspis* Förster 欧洲) ………………………………………………Family *Platygastridae* Ashmead 1893

触角は12節かまたは11節，若し稀れに7節か8節の場合は棍棒部が環節を有しない。また若し10節の場合には縁紋脈がある。前翅の縁脈と縁紋脈とは一般にある……………………………………Family *Scelionidae*

10. 翅は存在するときは径脈が存在するが完全でなく径室は開口し，後縁脈はない………………………………………………………………………Family *Ceraphronidae*

翅は甚だ長い尖れる径室を有し，後縁脈を有する (*Dicrogenium* Stadelman アフリカ) ………………………………Family *Dicrogeniidae* Handlirsch 1925

以上諸科中次の3科が本邦に産する。

486. シリボソクロバチ（細尾黒蜂）科

Fam. Serphidae Kieffer 1909

Pointed-tailed Wasps と称えられ，一般に *Proctotrupidae* Latreille 1802 (=*Proctotrypidae*) とかかれているが，この科に属する属の *Serphus* は Schrank によつて1780年即ち *Proctotrupes* Latreille より16年前に発表されている故に上述の科名をここに採用した。微小乃至小形で，体長2.5～10.0mm，多くは黒色または帯褐色や帯黄色，あるいはまた帯赤色で，あるものは金属色。触角は顔の中央から生じ，13節で1個の環状節を具えている。中胸背板は平滑かまたは粗面で，中縦隆起を有するものとしからざるものとがある。前翅は縁紋と普通甚だ小さな閉ざされている1径室とを有する。腹部は短かい柄部を具え，第2節は他節より甚だ長く，後方尖つているかまたは曲つている。産卵管は後方の数節の変形で，直線で，伸縮自在である。

小さな科で，他の昆虫や小形の雙脚類に寄る蜂からなり，世界に広く分布している。*Serphus* Schrank, *Proctotrupes* Latreille, *Disogmus* Förster, *Codrus* Panzer 等が代表的な属で，本邦からはテントウヤドリクロバチ (*Proctotrupes scymni* Ashmead) (Fig. 1118) が知られている。この種は雌は体長3mm内外，全体黒色。頭部と中胸背板とは平滑で，前伸腹節は不規則な彫刻を有する。触角は基部5節が黄褐色，他は褐色。翅は透明で微毛を疎生し，帯褐色の翅脈を有する。脚は黄色で，基節が褐色を呈している。雄は触角が殆んど黒褐色。本州産で，テントウムシ1種の幼虫に寄生する。

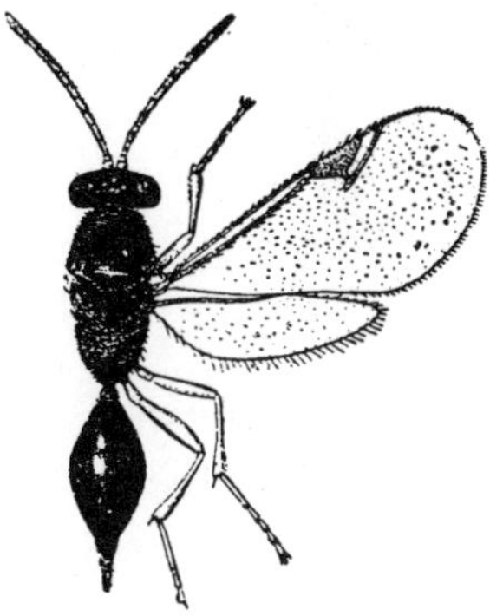

Fig. 1118. テントウヤドリクロバチ雌（石井）

487. ヒゲナガクロバチ（長角黒蜂）科

Fam. Ceraphronidae Haliday 1840

Calliceratidae Kieffer 1916は異名。多くは小形で，短かい腹柄を有するかまたは殆んど無柄の腹部を有し，腹部は側縁付けられていない。触角は9～11節で膝状，大部分の種類では口縁に接して生ずる。大顋は歯状。前翅は縁紋を欠くかまたは大形の縁紋を有し，径室はある場合には三角形で開口する事がない。後翅は翅脈を欠き且つ閉室を有しない。跗節は正常で，前脚の径節は1～2距棘を具えている。小楯板は2本の彎曲せる縦線によつて3部分となつている。屢々無翅。主として蚜虫や介殻虫や雙翅目に寄生しているが，更に他の昆虫にも寄生し，新旧両北区に多く，インド濠洲区やエチオピア区や新熱帯区等にも産する。*Ceraphron* Jurine (=*Calliceras* Nees), *Aphanogmus* Thomson, *Megaspilus* Westwood, *Conostigmus* Dahlberg, *Lygocerus* Förster 等が代表的な属で，本邦からは *Ceraphron*, *Lygocerus*, *Prodendrocerus* 等の属が発見されている。コマユバチヤドリクロバチ (*Ceraphron hamiyae* Ishii) (Fig. 1119) 雌は体長1.2mm，全体黒色，腹部は光沢を有し末端部は赤褐色を帯びる。触角は黄褐色で，黒褐色の棍棒部を有する。脚は大部分褐色，各脛節は黄褐色で先端部が淡色となり，跗節は淡黄色。頭部と胸背とは細い鱗状彫刻を有し，灰白色の微毛を散生する。顔面は幅広。楯板は1中縦溝を有し，小楯板は後縁に溝を有

し，前伸腹節は両側に小突起を有する。腹部第2節は著しく長い。触角は10節。翅は少しく曇り淡褐色の翅脈を有する。本州産で，ブランコヨコマユバチに寄生する。ケーベルクロバチ（*Lygocerus koebelei* Ashmead）は本州と九州とに産し，多分蚜虫の第2次寄生蜂ならん。クシヒゲクロバチ（*Prodendrocerus ratzburgi* Ashmead）は雄の触角が5本の細長い櫛歯を有し，本州と九州とに発見されている。

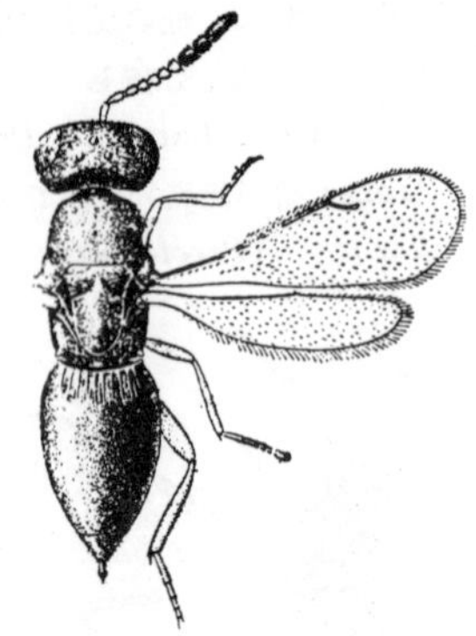

Fig. 1119. コマユバチヤドリクロバチ雌（石井）

488. クロタマゴバチ（黒卵蜂）科

Fam. Scelionidae Haliday 1840

Scelionids や Egg Parasites 等と称えられ，微小乃至小形で体長0.45〜5.00mm，多くは暗色で光沢ある裸体の蜂，触角は膝状で一般は雄では簡単で雌では棍棒状，普通12節で稀れに7〜8節，後の場合には棍棒部が癒合している。小楯板は存在するが無いものもあり，後小楯板は有棘または無棘。脛節は一般に1本の距棘を有するが，前脚のものは分割されている。翅は存在するが稀れになく，縁紋を欠き，縁脈または縁紋脈は明瞭で短かいかまたは長い。腹部は長いかまたは楕円形で側部は鋭く縁取られているかまたは隆起縁を有し，第1節に角状突起を有するものと然らざるものとがある。

かなり大きな科で，多数の有害昆虫の卵に寄生し，農業上重要な昆虫類となつている。最も顕著な習性を持つものとして *Rielia manticida* Kieffer が知られている。此の雌はカマキリ（*Mantis religiosa* Linné）の雌にとりつくと翅を落脱せしめ，カマキリが産卵するとその卵莢中に産卵する。幼虫孵化後カマキリの卵内に寄生して発育する。この科の幼虫中クモ類の卵に寄生するものは *Acoloides* Howard, *Acolus* Förster, *Baeus* Haliday 等の属の種類で，蝗虫やキリギリスやコオロギ等の類の卵には *Barycomus* Förster, *Cacellus* Ashmead, *Scelio* Latreille, *Sparaison* Latreille 等，カマキリ類の卵には *Rielia* Kieffer，カメムシ類の卵には *Aradophagus* Ashmead, *Eumicrosoma* Gahan, *Hadronotus* Förster, *Telenomus* Haliday, *Trissolcus* Ashmead，甲虫類の卵には *Proscantha* Nees，鱗翅類の卵には *Phanurus* Thomson, *Prophanurus* Kieffer, *Telenomus* Haliday，蠊の卵には *Idris* Förster 等が寄生する事が一般に知られている。本邦からは未だ少数より知られていないが，将来は多数に発見され得る可能性が非常に多い。ズイムシクロタマゴバチ（*Phanurus beneficiens* Zehntner）（Fig. 1120）雌。体長0.6mm内外，全体黒褐色，翅は透明で微毛を疎生し淡褐色の翅脈を有し，脚は大体濃褐色で転節・膝部・跗節等は淡黄色を呈し後者の末端は褐色。触角は黒褐色，口部に近く生じ，11節棍棒状。頭部・胸部・腹部等はほぼ平滑，腹部第1背板には約9本の縦溝がある。雄は触角が12節で鞭節は数珠状を呈し梗節と共に淡褐色，柄節は黄色，脚は淡黄色で跗節末端節のみ褐色。ニカメイガの卵に寄生し，本州・四国・九州等に産し，フィリッピン・ハワイ等に分布する。

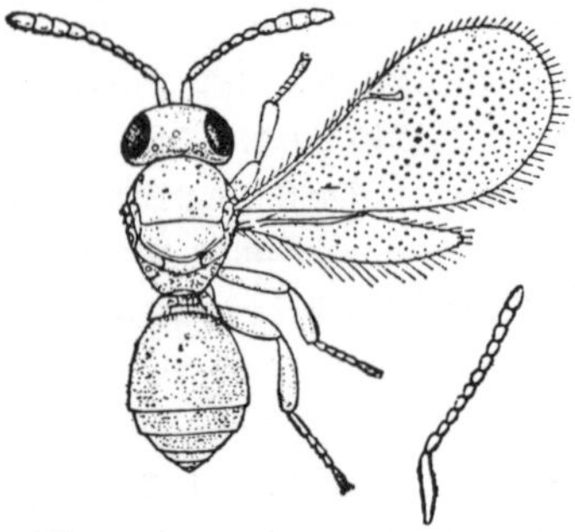

Fig. 1120. ズイムシクロタマゴバチ雌（石井） 附図 雄の触角

蟻 形 蜂 上 科

Superfamily *Bethyloidea* (Förster 1856)

Handlirsch 1925

微小乃至小形，暗色や黒色や金属的青銅色，普通1〜3mm，稀れに10mm以上の体長を有するものがある。後翅はあわれなまたは明瞭な臀片を有し，前胸背板は多くの種類では翅の基部迄後方に延び，前翅の中央室はないかまたは第1室が有柄となり，後翅には全然翅脈がない。寄生性。次の如く3科に分類されている。

1．頭部は横形か球状か亜方形，触角は雌雄共に10節，雌の前脚跗節は普通鋏状，雌は屢々無翅で胸部結節を有する。…………………………… Family *Dryinidae*

頭部は長いかまたは長楕円形，触角は12〜13節，前脚の跗節は正常，雌は無翅または有翅……………… 2

2．腹部は7または8個の背板が認められ，後翅は明瞭な臀片を具えている……………… Family *Bethylidae*

腹部背板は雌では4個，雄では5個が認とられ，後翅は不明瞭な臀片を具えている。即ち微小の切れ目を有する。ノコギリバチ類の幼虫に寄生し，全北区産で，むしろ青蜂上科に包含せしめた方がよい様である。（*Cleptes* Latreille, *Amisega* Cameron 等）…………………………… Family *Cleptidae* Dahlberg 1854

以上の内2科が本邦から発見されている。

489. カマバチ（鎌蜂）科

Fam. Dryinidae Haliday 1833

Dryinids や Dryinid Wasps と称えられ，微小乃至

小形，蟻状で，有翅と無翅，体長2.4〜5.0mm。頭部は大きく幅広で横形。触角は口部近くに生じ10節。胸部は細長。前脚は長く，雌の跗節は鋏状で生餌を捕獲し且捕持に適応している。しかし *Anteon* Jurine と *Aphelopus* Dalman と *Heterolepsis* Nees 等ではしからず。中後両脚は小さい。翅は発達せるものとないものとがあり，翅脈と室とは減退し，前翅の縁紋は卵形かまたは狭く，基室は有るものと無いものとがある。腹部は屢々小さく球状かまたは卵形で短かいかまたは明瞭な柄部を有する。雌は屢々無翅で細長い胸部と時に2結節を有する腹柄とを具えている。幼虫は宿主の腹部内に寄生し，環節間に突出する甚だ大きな暗色か帯黄色の塊を形成する。老熟すると宿主外に出て宿主の食草上かまたは土中にて蛹化する。ある種類は単性生殖を行う事が知られている。成虫は生活中の浮塵仔やアワフキムシ類やツノゼミ類やその他の同翅亜目の昆虫を捕食する性質を有する。

世界から約400種類が知られ，大部分のものは全北区に産するが，熱帯区にも発見されている。*Anteon* Jurine, *Aphelopus* Dalman, *Chelogynus* Haliday, *Dicondylus* Haliday, *Dryinus* Latreille, *Gonatopus* Ljungh, *Heterolepis* Nees, *Laberins* Kieffer, *Paradryinus* Perkins, *Pseudogonatopus* Perkins 等が代表的な属で，本邦からはトビイロカマバチ（*Haplogonatopus japonicus* Esaki et Hashimoto）（Fig. 1121）が発見されている。雌。体長3.5〜3.8mm，無翅。体は黄褐色で，前胸の後縁・前伸腹節・腹部の後部・前脚腿節の膨大部・中後両脚の脛節基部と先端に近い部分・跗節の末端節等は濃色。頭部は黒色，触角は黒色で基部の3節と末端節とは黄色。雄は有翅で，体は短かく胸部と腹部との間のみ僅かに縊れ，胸部は幅広となる。体は黒色で，口部淡黄褐色，脚は黄褐色で基部暗褐色。翅は透明で退化せる翅脈を有する。体長約2.5mm。九州産で，幼虫はセジロウンカに寄生する。

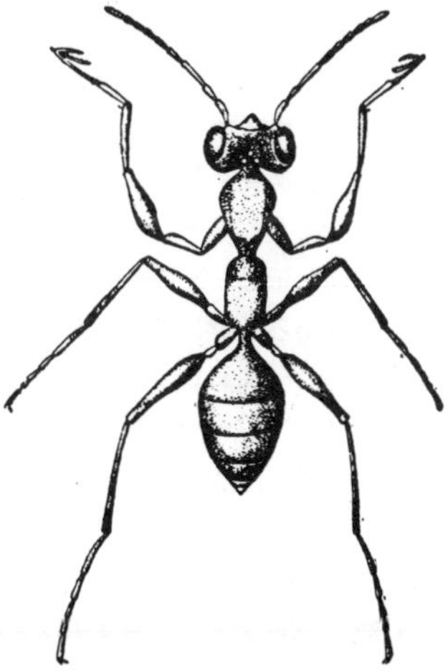

Fig. 1121. トビイロカマバチ雌（矢野）

490. アリガタバチ（蟻形蜂）科

Fam. Bethylidae Haliday 1840

Bethylid Wasps と称えられ，小形乃至中庸大，一般に金属的青銅色で，雌雄異形，即ち何れかの性のものが無翅となつているものがある。また両性共に無翅の種類も見出されている。頭部は長いものや横形のものや球状のもの等があり，触角は12〜13節かまたは14〜15節で口部近くの額架状の突起から生じ，複眼は裸体または有毛で屢々非常に小形となり且つ左右の内縁が平行し，大顋は強大。脚は屢々強い。翅は減退せる翅脈と縁紋とを有し，前翅は種々の開口せる室を有し且つ一般に閉ざされた前縁室と基室と縁室とを有し，径脈は有るものと無いものとがある。後翅は基室を有し，臀片を欠く。稀れに両翅共にない。腹部は有柄で7個か8個の背板が認められる。ある種類では単性生殖が行われると考えられている。幼虫は普通甲虫類や鱗翅目の痳痺せる或は死せる幼虫の内部或は外部寄生性である。

この科の蜂は広く分布しているが，特に熱帯や亜熱帯に最もよく発達し，*Bethylus* Latreille, *Epyris* Westwood, *Goniozus* Förster, *Isobrachium* Förster, *Mesitius* Spinola, *Pristocera* Klug, *Sclerodermus* Latreille 等が代表的な属で，本邦からは最後の1属が知られている。クロアリガタバチ（*Sclerodermus nipponicus* Yuasa）（Fig. 1122）雌。体長2.5mm内外。頭部から腹部第2背板迄と脚とは赤褐色，口器は淡赤褐色，触角と跗節とは黄褐色，腹部は黒色乃至黒褐色で各環節の後縁は狭く黄褐色，複眼は漆黒色。頭部はほぼ方形で幅より少し長く，単眼を欠き，触角は頭部より少し長く糸状で13節からなる。無翅。腹部末端から産卵管が少し突出している。体は全面平滑だが，繊細な網状紋を有する。雄は体長2mm内外で有翅，全体黒色で触角と口器とは黄褐色，脚は黒褐色で跗節が黄褐色を呈する。本州産でクシヒゲシバンムシの幼

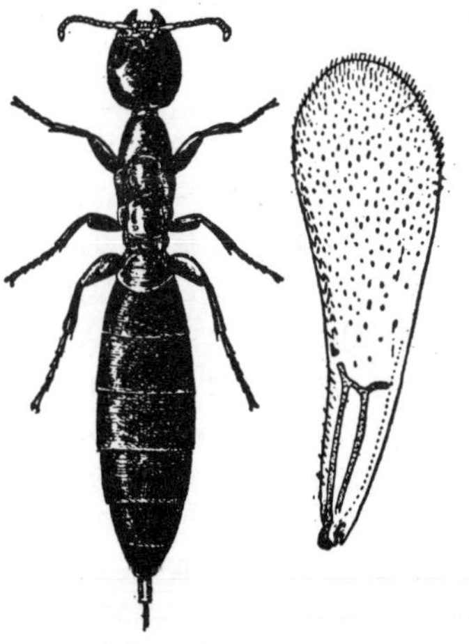

Fig. 1122. クロアリガタバチ雌（石井）
附図　雄の前翅

虫に寄生する。

蟻　上　科

Superfamily *Formicoidea* Ashmead 1899

次の1科からなる。

491. アリ科（蟻科）

Fam. Formicidae (Latreille 1802) Stephens 1829

Heterogyna Cresson 1887は異名，Ants と称えられ，ドイツの Ameise，フランスの Fourmi 等である。微小乃至中庸大で体長 0.5〜25.0mm，社会棲の多型昆虫で，雌雄両性の他に働蟻と兵蟻とがあつて，それ等の中の中間に多数の変型が存在する。体は滑かで，有毛，微毛を装い，有棘，線条を布し，網目様模様を有し，彫刻を有しまたは顆粒を布し，関接は明瞭である。色彩は多くは陰色で，黒色や種々色で黄色や褐色や赤色等の混色。皮膚は薄くて強靱かまたは厚くて堅く且つもろいもの等である。頭部は変化が多いが，普通は大きく幅広で，ある種の兵蟻では体の部分よりむしろ大形，自由で常に可動的となつている。触角は雌と働蟻とでは膝状なれど雄では簡単，4〜13節，柄部は一般に1節からなり甚だ長く，末端の2節または3節が著しく大形となり得る。複眼は小さいか痕跡的かまたは稀れになく，単眼即ち点眼（Stemmata）は頭頂に3個あるかまたは働蟻にはない。口器は一般によく発達し時に非常に強大となつている。上唇は痕跡的，大顎は非常に変化に富み，幅広で大形か長くて顕著で，それ等が直線のものや彎曲せるものがあり，また簡単か有歯で，左右のものが1線に合するかまたは交叉する。小顎は正常で，小顎鬚は1節乃至6節，内葉は簡単。下唇は基節と亜基節と中舌と2個の小さい側舌とからなり，下唇鬚は1〜4節。胸部はよく区割され，第1腹部環節と癒合して長くなり，前胸はある原始型では甚だ小形，中胸と後胸と前伸腹節（前背板 epinotum）とに各1対の気門を具えている。脚はよく形成され，転節は1節，脛節距棘はよく発達し，前脚のものは大形で櫛歯状となり触角の掃除器（Strigilis）として使用され，跗節は5節からなり1対の強爪を具えている。翅は有性型の多くのものでは2対が発達しているが，無性型では常にない。翅脈は簡単で，1個または2個の肘室と1個の中央室とが存在し，成熟雌虫は翅を嚙み取りまたはこすり取り不規則な基根部を止めている。腹部は明瞭に縊れ即ち有柄で，柄部は簡単で腹柄と称えられているかまたは2節からなりその第2節は後腹柄（Postpetiole）と称えられている。これ等柄部の各節は1個または2個の背結節を有するかまたはある数の垂直か或は傾斜せる鱗状片を具えている。これに続く他の腹部即ち膨大部は7または8節からなり，雄では更に1節が多く存在する。腹部には8対の気門が前伸腹節のものを加えて存在する。摩擦発音器が存在し，後腹柄下の鑢器と第1腹節上の摩擦面とからなり，相当数の属に見出されているが他のものには欠けている。

卵は一般に甚だ小さく 0.5mm 内外で白色か淡黄色，円筒状楕円形かまたは正常の卵形で，平滑で薄い繊弱な膜にて包まれている。幼虫は無脚無眼の蠕虫形で，たとえ屢々小形であるがよく発達した頭部を有し，軟く，胸部が3節で一般に腹部は10節からなる。形状は円筒状かまたはより屢々前方に細まり後方に漸次太まつている。表面は滑か，有毛か有棘が有顆粒かまたは先端の太い或は捲旋せる毛を装う。幼虫は巣の中に特種な働蟻即ち保母によつて護られ且つ湿度と温度とが適当になる様にかれ等によつて移動せしめられる。食物は職蟻の口部からはき出される液体や昆虫や他の小動物の咀嚼物やある蟻によつて養生された菌糸等である。蛹は自由蛹で裸体かまたは幼虫によつて構成された羊皮様の楕円形の繭の中に包まれている。繭は一般に巣が開けられるとはつきり認められ，屢々蟻の卵と誤られ，欧洲や北米では小鳥の餌として売買されている。

多型（Polymorphism）――蟻の如く多型の現われる動物は他になく，形態的の差異を認むる事の出来るものが29型より少くなく発見されている。それ等の型は正常的のものと病的のものとに別つ事が出来，次の図表のゴシックで現わしたものが正常型である。正常型は更に模式型（typical）即ち一次型と非模式型（atypical）即ち二次型とに分つ事が出来，模式型は雄と雌と職蟻とで，他のものは非模式型である。図表中模式型を二等辺三角形の各頂点に置き，この三角形の縦中央線の右側に発育者を，左側に欠陥発育者を配置した。矢印は二次型の類縁者の方向を示し，三角形の側部のものは附属者であつて，各頂点から放射しているものは超発育と欠陥発育をなせる新発者を現わしている。

1）雄（Aner）――3模式型中最も固定せるもので，感覚器官と翅と生殖器とが高度に発達しているが，大顎は不完全，頭部は同種の雌と職蟻とより比較的小さく且つ円く触角はより長くより細い。

2）雌（Gyne）――即ち女王は大形でよく発達した生殖器官を有する事によつて特徴つけられ，一般に同種の雄や職蟻より体が長く，触角と脚とは屢々雄より短かく且つ太く，大顎はよく発達し，腹部は大形

3）職蟻（Ergate）――翅の無い事と減退せる胸部と小さい腹部とによつて特徴付けられ，複眼は小さく単眼はないか又は微小となり，触角と大顎と脚とはよく発達し，受精嚢は普通なく，卵巣小管は非常に少数となつて

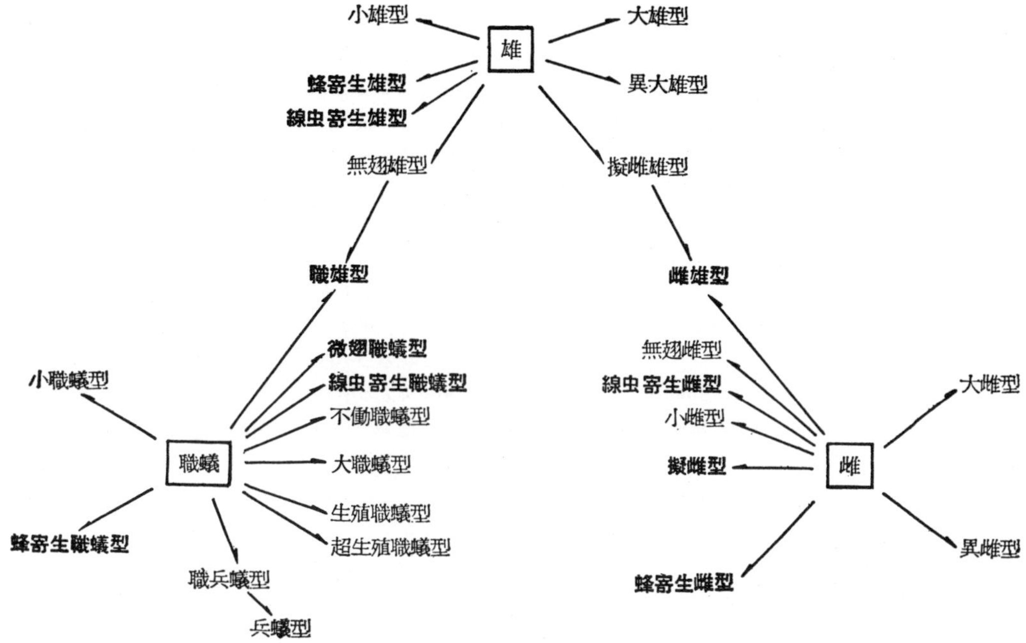

いる。多くの種類では種々な大きさのものが，あるが他の類では２型でその中間型がない。

4）以上の３型の各が異常に大形となつている場合には夫々大雄型（Macraner），大雌型（Marogyne），大職蟻型（Macrergate）と称える。

5）３模式型の小さいものは夫々小雄型(Micraner)，小雌型（Microgyne），小職蟻型（Micrergate）と称える。

6）ある熱帯産の蟻ではときに幼虫または前蛹時期にアリヤドリコバチ科の *Orasema* 属の種類によつて寄生され，成虫とならない。しかし翅が存在するときは発育が抑制され，多くの部分が不完全となつている。斯くの如き状態のものはその属する型に従い，病形雄型（Phthisaner），病形職蟻型（Phthisergate），病形雌型（Phthisogyne）等と称える。

7）同様に線虫の *Mermis* 属のものに寄生され，その結果雄または雌では翅の短かいものが生じ，職蟻では体が大きくなり胸部と単眼とに雌の特徴を現わす傾向が生ずる。この寄生虫を有するものは夫々，メルミス病形雄型（Mermithaner），メルミス病形雌型(Mermithogyne)，メルミス病形雄型（Mermithergate）等と称える。

8）雄と雌とはときに職蟻に似て翅を欠く，雄の場合では触角が職蟻と同数節になる。ある種類では雌雄２型で正常のものが変化せる無翅型と同時に出現する。これ等無翅型の個体は夫々職蟻形雄型（Ergataner）と職蟻形雌型（Ergatogyne）と称える。

9）雄の異常に大形のものが亜科 ***Dorylinae*** に現われる。それをドリルス形雄型（Dorylaner）と称える。このものは大きく且つ不思議な大顋と長円筒状の腹部と単一生殖器とで特徴付けられている。

10）雌形雄型（Gynecaner）は雄よりもむしろ雌に似ている雄で触角は雌と同節数からなる。この型は寄生性の職蟻のない属である ***Anergates*** や ***Epoecus*** 等に現われる。

11）雌雄両型（Gynandromorph）は雄と雌との特徴が側方的にかまたは多少寄木細工的に結合しているものを称える。雄職両型（Ergatandromorpha）はこれと同様であるが雌の特徴のかわりに職蟻の特徴と雄のものとが結合しているものを云う。

12）ビーター雌型（β-female）は触角と脚とが非常に発達し体が有毛となつている。もし正常の雌がこの型のものと一所に生活している場合にはそれをアルファー雌型（α-female）と称える。

13）無翅の職蟻様の個体で，職蟻の大きさと腹部とが雌の胸部特徴を結合したものを擬雌型（Pseudogyne）と称える。

14）亜雌蟻型（Gynaecoid）は産卵性の職蟻で，形態的よりもむしろ生態的型である。若し凡ての職蟻が多量に食物を摂取すると産卵可能となり得る事は多分あり得るであろう。若し１群が女王を失つた場合には１頭またはより多数の職蟻が産卵代行者的の女王となり得るならん。現在種々な種類でこの事実が確認されている。

雌職蟻型（Dichthadiigyne）は亜科 *Dorylinae* に特別なもので生殖職蟻型の更に発達したものであろう。それは複眼か単眼か翅かがなく腹部と卵巣とが非常に大容積となつている。

15）兵蟻（Dinergate）は大形の頭部と大顎とで特徴付けられ，大顎は戦闘や巣の守護や種子その他の固い食物をくだく事やその他の特別な機能に対して屢々適応している。

16）職兵蟻型（Desmergate）は普通の職蟻と兵蟻との中間型である。

17）膨職蟻型（Plerergate or replete）は腹部が液体食物にて満たされ球状となり体の移動不可能となる特別な習性を有する職蟻を称える。

18）有翅職蟻（Pterergate）は痕跡的な翅を具え胸部に変化のない職蟻または兵蟻を称える。

交尾と巣

ある種類の有翅の雌と雄とは同時に群飛し，いわゆる結婚飛跳（Nuptial flight）中かまたはその終りに交尾する。交尾後雄は死亡し，各雌は彼れ等の翅を咀りまたはこすつて不規則に脱落せしめ，しかる後土中や造巣に適する個所を見出し又は夫れ等の内に小さな孔または室を形成する。而してその処で体内の卵が成熟し，それを産下し，幼虫が孵化し，幼虫が飼われ成熟に達する迄単独に棲息する。その際幼虫の食物は親の口から用意され，それ等最初に養育された職蟻が巣から外部への道を作りて食物を求めるまでに母親は殆んど体内の栄養物を消費し尽される。最初に出現した職蟻等が活動を始めると女王は更に産卵を続け，終生それにたづさわり，職蟻が若虫の保護を行い且つ親を養い，しかして群が増大する。ある種の受精女王は職蟻の助けなしには1群を見出すことが不可能で，古い巣に帰らざるを得ない為めに，その処に女王のある数が追加される。しかしある種の交尾せる女王は職蟻を従えて古い巣の近くやそれに接して新して巣を構成する。

蟻巣に関する重要な事柄はつぎの如く総括する事が出来るであろう。

1）女王は一度受精すると熱帯や亜熱帯では殆んど連続的に生殖し，最北端と最南端とで寒い季節の間のみ生殖が止まり，少くとも15年間も生きている事が知られている。

2）職蟻は巣を大きくし且つささえ，食物を集め，女王と若虫とを養い，巣を防禦する。

3）群は多年に亙り増大され得て，1群を構成する個体数は数千乃至50万にも達する。

4）巣は多数の形態があり且つその位置も種々である。多数の種類では土中の孔道と室とからなる。孔道等を造る際の土や葉や他の植物汚物等は巣の入口の週囲または近くに積まれいわゆる蟻塔が形成される。アカアリでは高さ2～5尺，直径3～8尺に達する。これ等の蟻塔は地下の孔道を保護するのみでなく，その中に彼れ等自身が棲息する。蟻塔を構成する種類のあるものは若し彼れ等が防害されると蟻酸の多量を分泌し，それから生ずる気体がそこで人類や他の動物に不愉快を感ぜしめるものである。巣はまた植物の茎中や種子中や葉柄中や棘中や生植物のつづられた葉の中やうつろな枝の中や死の虫癭中や丸太の中や切株中等に構成される。また紙様の物質から造られ樹木や岩石やその他に附着せしめられたり掛垂せしめられたりしている。ある種類では他の種類の巣に内接せしめ造巣する。斯くの如き棲息を初期共棲（Plesiobiosis）と称える。

食　物

蟻は大部分給養者で，動物と植物との食物を固形体または液体として消費する。彼れ等の摂食習性はつぎの如く簡単に総括する事が出来る。

1）食肉性——特に *Ponerinae* と *Dorylinae* との両亜科の種類が食肉性であるが，他の亜科のものもまた動物質物を摂食する。彼れ等は昆虫類や蜘蛛類やその他の無脊髄動物に寄食し，稀れには更に圧服されたまたは殺害された小さい哺乳動物やときに大動物に求食する。

2）食草性——上述の食肉性2亜科以外のものは凡て食草性で，植物の種子や種子の包被部や菌類や果物類や他の植物生産物に寄食する。

3）雑食性——*Dolichoderinae* や *Formicinae* や *Myrmicinae* 等の高等な亜科のものは多くは草食者であるが，生死両動物質に求食する事が可能である。彼れ等は又花蜜や植物腺から分泌される甘液や蜂蜜や蚜虫の蜜滴やその他植物の小傷から排泌する液体等を食物とする。

4）食物交換（Trophallactic）性——職蟻は若虫を養い且つ若虫体にある特別な腺から出される液体をなめ食物の交換を行う。

共棲者

蟻の巣や進軍中の蟻等が広範囲の昆虫類を引きつけている。即ち一時的か間歇的かまたは永久的に蟻に共棲する昆虫類が甚だ多数にある。これ等いわゆる容蟻性の昆虫は蟻の福利に関してよいものもあり悪いものもあり且つ利害関係のないものもある。これ等共棲者は一般につぎのような部類に分属せしられているが，それ等は正確且完全なものではない。

1）相利共棲者（Symbionts）——蟻と相互に有利的な生活を営んでいる昆虫で，ハゴロモ類，ツノゼミ類，キジラミ類，アブラムシ類，カイガラムシ類やその他の同翅亜目の昆虫，更にシジミテフ科のある幼虫等がこの部類に属する。これ等の昆虫は蟻から保護され，而して蟻から熱心に求れられる蜜滴や他の分泌物を生産する事によつて蟻に利益を与えるのである。斯くの如き昆虫は彼れ等の能力が完全に蟻の巣の外部に於て現われ且つ蟻群内に於て彼れ等の生活史の1部分が経過せしめられるので真の客即ち寄棲者（Symphiles）と全然区別されるものである。

2）客蟻者（Myrmecophiles, Guests, or Messmates）——蟻巣中の多少の永住者で，昆虫の多数の目のもの特に鞘翅目の昆虫が包含され，現在1000～1200種程が知られている。便利上つぎのように分類する事が出来る。

(1) 殺戮共棲者（Synechthrans）——歓迎されない客で，彼れ等は敏捷で隠匿的で且つ迷彩的で永住に適応している。多くのものは掃除者で且つ捕食性で，共棲する特別な蟻に擬態的である。蟻社会の排泄物の多くを消費し，職蟻の口から食物を盗み，且つ衰弱せるまたは正常の職蟻を殺し，それ等を食する。ハネカクシムシ科の甲虫類がこの類の多数の代表者で，蟻はそれ等に対し絶体的に敵対行動をとる。

(2) 片利共棲者（Synoëketes）——蟻の不確認的または黙認的共棲者で，蟻は彼れ等を相手にしない。多数のものは蟻にとつて無害な掃除者か厄介者か嘗掻者で，つぎの如く分類されている。

a．中性者（Neutrals）——掃除者で擬態的でないもの，ダニ・トビムシ類・ハネカクシ類・トビケラ類・ハムシ類・コガネムシ類・ノミバエ類・ショクガバエ類・小蛾のある種類等のものがこの類に属するものを有する。

b．擬態者（Mimetics）——種々の昆虫が宿主なる蟻に非常に類似している。それ等の大部分のものは亜科たる *Dorylinae* の蟻の中に見出され，ハネカクシムシ科とエンマムシ科とハナムグリ科等の甲虫にて代表されている。

c．盗食共棲者（Myrmecocleptics）——シミ類の *Atelura* 属のもので，蟻が口から他の蟻の口へ与へる食物を盗食する種類を斯く称える。

d．嘗掻共棲者（Strigilators）——蟻の体分泌物に対し蟻の体表を嘗めたり手入したりする昆虫を斯く称える。数百種が発見され，コオロギ類・ゴキブリ類・ハネカクシムシ類・その他の小昆虫類等に見出されている。最も顕著なものはアリヅカコオロギ類である。

(3) 客棲者（Symphiles, true guests, or myrmecoxenes）——蟻によつて歓迎されるもので，且つ蟻によつて飼養されたり蟻から熱心に求められる彼れ等の分泌物に対して手入されているものである。大部分のものは鞘翅目で，主としてハネカクシ類・ヒゲブトオサムシ類・*Clavigeridae* 等で，更に少数のミツギリゾウムシ類・シデムシ類・ゴミムシダマシ類等の中にも見出されている。これ等の鞘翅目のあるものは赤色あるいは黄色の毛束を具え美味な液体がそこから得られるのである。これ等の客の幼虫を養育するために蟻は彼れ等自身の卵や若虫を供給する事をも行う。

(4) 社会的寄棲者（Social parasites）——他の蟻例えば職蟻を有しない *Anergates* 属の如く他の種類例えば *Tetramorium* 属の蟻の社会中に寄棲して，その宿主たる蟻の職蟻が寄棲者たる蟻の若虫を養育する。斯くの如きものを社会的寄棲者と称える。

(5) 寄生者（Parasites）——蟻は寄生の著しい量に曝され，それ等のあるものはさけられ得るならん，しかし外観的にりこうなこの蟻はこの自然界の最も恐ろしい局面に対して明かに不知である。

a．外部寄生者（Ectoparasites）——*Antennophorus* Haller, *Cillibano* Heyden, *Uropoda* Latreille, *Urodiscella* Berlese 等のダニ類や *Thorictidae* やノミバエ類やコバチ類等が知られている。

b．内部寄生者（Endoparasites）——線虫の *Mermis* Dujar din は幼虫と成虫とに寄生し，ノミバエの *Plastophora curriei* Malloch は頭部に，メバエ類は体に，ネジレバネの *Myrmecolax* Westwood は体に，多数のコマユバチ類やコバチ類やシリボソクロバチ類等は腹部に夫々寄生する事が知られている。

(6) 奴隷作成者（Slave-making ants）——蟻のある種類のものは他の蟻に対するよく組織された侵入者であるように見える。それは侵入者の巣にうまれた蛹を自分の巣に運び，それから出化した成虫は職蟻即ち奴隷となる。ある場合にはその奴隷が本質的の職蟻でない事があるが，他方彼等奴隷は造巣にたづさわり且つ奴隷作成者の若虫を飼養する。ある種類では異種の成熟女王を捕えて奴隷的にとり扱う場合も認められている。

分　類

世界から4000以上の種類が知られ，つぎの如き6亜科しめられている。

1．排泄孔（Cloacal arifice or Cloaca）は割目状…2

排泄孔は円く，尾端に位置し，縁毛にて囲まれている。刺針は不機能的，腹柄は1節からなり，腹部第2節と第3節との間が縊れていない。雄の生殖器は引き込まれ得ない……………………Subfamily *Formicinae*

2．刺針は痕跡的（*Aneuretus* Emery は例外），腹柄は1節からなり，腹部第2節と第3節との間に縊れがない………………………Subfamily *Dolichoderidae*

刺針はよく発達し時に甚だ小さいが突出せしめられ得る。腹柄は2節からなるか，または腹部第1節が1結節を構成し第2と第3節との間が強く（甚だ稀れに弱く）縊れている………………………………………3

3．腹柄は2節即ち腹柄と後腹柄とからなり，額隆起線は一般に左右分離し，雄の交尾器は殆んど常に突出している…………………………………………………4

腹柄は1節からなりより稀れに2節からなる。しかし後の場合には額隆起線は左右互に甚だしく接近して触角の基部を被うていないか（*Dorylinae*）あるいは大顋が線状で有歯（*Myrmecia*）……………………5

4．触角は職蟻と雌と雄とで12節，頭楯は額隆起線間に後方に延びないでその後縁が円い。前翅は殆んど常に2個の閉ざされている肘室を有し，中後両脚の脛節距棘の1本は櫛歯状，単眼は職蟻では殆んど常に存在する（*Pseudomyrma*，新熱帯。*Pachysima*，*Viticicola* アフリカ）…………………………………………………………Subfamily *Pseudomyrminae* Ashmead 1905

頭楯は殆んど常に額隆起線間に延び，若ししからざる時は中後両脚の脛節距棘が簡単かまたはないかあるいはまた触角が職蟻と雌とで11節で雄では12節で前翅が1個の閉ざされた肘室を有するかである……………………………………………Subfamily *Myrmicinae*

5．額隆起線は左右甚だ接近し，殆んど垂直で，触角基部を覆うていない。腹柄は1節または2節からなり，雄の交尾器は殆んど常に完全に引込まれている。Legionary and Driver ants（*Dorylus* Fabricius, *Aenictus* Shuck.，旧熱帯区。*Eciton* Latreille 新熱帯区）……Subfamily *Dorylinae* Dalla Torre 1893

額隆起線は左右分離するかまたは接近し，後の場合には前方幅広となり傾斜または水平葉片を形成し触角の基部を一部覆うている。腹柄は殆んど常に1節，雄の交尾器は不完全に引込まれている…………………………………………………………Subfamily *Ponerinae*

以上6亜科中つぎの4亜科が本邦に産する。

1．ハリアリ亜科

Subtamily *Ponerinae* Smith 1851

Keleps, Bulldog Ants, Jumping Ants, Ponerine Ants 等と称えられているものがこの亜科の蟻で，体長2.5mmのものから25mmの如き大形のものまであつて，最も原始的なものと考えられ，約同大の雄・雌・職蟻の3型によつて代表されている。頭部は額隆起線が左右接近しているか又は分離し，後の場合には触角基根が部分的に覆われている。大顋はときに非常に大形となり尖り且つ彎曲している。前翅は閉ざされた径室と中室とを有する。腹部は1節の柄部を有し第2節と第3節との間が縊れ，刺針はよく発達し，雄の交尾器は1部引込まれている。成虫は食肉性で，咀嚼物を以て幼虫を養う。蛹は繭の中に存在する。巣は地下に造営され，小形で僅かに20～30個体から構成されている。

この亜科は小さな群で，広く分布するが，熱帯と濠洲とに特に多く，後所には30属約140種内外が知られている。*Amblyopone* Erichsen, *Stigmatomma* Roger, *Myrmecia* Fabricius, *Paraponera* Smith, *Platythyrea* Roger, *Typhlomyrmex* Mayr, *Rhytidoponera* Mayr, *Ectatomma* Smith, *Thaumatomyrmex* Mayr, *Proceratium* Roger, *Centromyrmex* Mayr, *Harpegnathos* Jerdin, *Diacamma* Mayr, *Pachycondyla* Smith, *Euponera* Forel, *Ponera* Latreille, *Plectroctena* Smith, *Onychomyrmex* Emery, *Leptogenys* Roger, *Anochetus* Mayr, *Odontomachus* Latreille, *Sphinctomyrmex* Mayr, *Cerapachys* Smith, *Acantostichus* Mayr, *Cylindromyrmex* Mayr 等が代表的な属で，本邦からは *Amblyopone*, *Sysphincta*, *Euponera*, *Ponera* 等の属が発見されている。テラニシハリアリ（*Ponera scabra* Wheeler）（Fiig.1123）職蟻。体長3.5mm内外，黒色で，脚と腹端とは黄褐色，大顋・頭楯・額隆起線・触角・頸部・前中

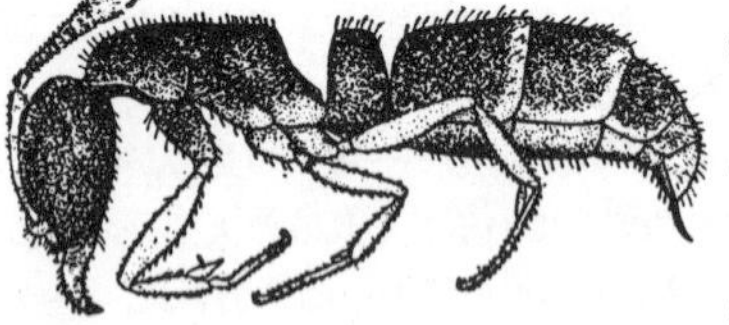

Fig. 1123. テラニシハリアリ職蟻（安松）

胸背縫合線・胸腹板・腹柄・後腹柄の後縁・腹部各節の後縁等は赤色。体の毛と微毛とは淡黄色で短く，直立または斜立し，触角柄節と脚とのものは更に密で細く表面に密接する。頭部の微毛は密で短かく，腹部のものは密で長く表面に密接する。大顋は平滑で光沢に富み微点刻を疎布する。頭部と胸部とは光沢なく粗面で密に点刻付けられている。腹柄の背面と側面・後腹柄等は浅い点刻を疎布し，腹部第3背板は点刻が更に浅く光沢を有し，他の腹に分属せ

節は平滑で光沢があり微点刻を疎布する。頭部は長さの約6倍の幅を有し，前後が等幅で，後縁直線。複眼は小形，大顎は先端尖り内縁に若干の不明瞭な歯を有する。本州・四国等に産する。

2. フシアリ亜科

Subfamily *Myrmicinae* Dalla Torre 1893

Agricultural Ants, Harvester Ants, Leaf Cutters, Parasol Ants, Fungus Growers, Myrmicine Ants 等と称えられているものがこの亜科の蟻である。複眼は普通存在し稀れに痕跡的のものやないもの等がある。触角は雄では12節，雌と職蟻とでは11節。口器は正常，頭楯は額隆起線の間に延びているものとしからざるものとがあり，大顎は簡単かまたは有歯で小形かまたは幅広。中後両脚の脛節距棘はないかまたは簡単。翅は生殖形では一般に存在するが稀れになく，前翅は1個の閉ざされた肘室を有する。腹部は明瞭に2節からなる柄部を有し，短かい胴部を具え，尾毛は多くの属の雄に存在し，雄の交尾器は1部隠れているかまたは突出し，刺針はある。摩擦発音器は多くの属に存在する。蛹は裸出している。

この亜科は蟻中の大群の一つで，全世界に広く分布し，有害な種類が多い。大部分植物質を食物とし，種子を集め貯蔵して食用に供するものや，植物の葉を切り取り巣に運びその上に菌類を養い食用としているものや，樹木の軟い皮を食するものや，更に蚜虫・介殻虫・シジミテウの幼虫等の蜜滴を食するものや，あるいは少数のものでは食肉性のもの等がある。多数の種類は屋内害虫である。*Anergates* Forel, *Atta* Fabricius, *Cremastogaster* Lund, *Leptothorax* Mayr, *Messor* Forel, *Myrmecina* Curtis, *Myrmica* Latreille, *Monomorium* Mayr, *Pheidole* Westwood, *Pogonomyrmex* Mayr, *Solenopsis* Westwood, *Tetramorium* Mayr 等は重要な属で，しかも世界共通種である。以上の他に *Metapone* Forel, *Sima* Roger, *Pseudomyrma* Lund, *Aphaenogaster* Mayr, *Melinotarsus* Emery, *Stereomyrmex* Emery, *Myrmicaria* Saunders, *Cardiocondyla* Emery, *Lophomyrmex* Emery, *Pheidologeton* Mayr, *Pseudomyrma* Smith, *Meranoplus* Smith, *Ocymyrmex* Emery, *Ochetomyrmex* Mayr, *Cataulacus* Smith, *Cryptocerus* Fabricius, *Daceton* Perty, *Strumigenys* Smith, *Proatta* Forel, *Cyphomyrmex* Mayr, *Aeromyrmex* Mayr 等が代表的な属である。本邦からは *Myrmica*, *Aphaenogaster*, *Messor*, *Pheidole*, *Crematogaster*, *Vollenhovia*, *Monomorium*, *Myrmecina*, *Pristomyrmex*, *Tetramorium*, *Kyidris*, *Strumigenys* 等の属が知られている。

クロキクシケアリ (***Myrmica kurokii*** Forel) (Fig. 1124) 職蟻，体長5.2mm内外，黒褐色乃至淡黒褐色で，大顎・触角・脚等は淡褐色，全面に淡黄褐色の長毛を疎生する。頭部と胸部と腹柄とは顕著な皺状彫刻を有し，額と頭楯と大顎との皺は縦走している。触角の鞭状部は先端の方に漸次微かに太まり大体4節の棍棒部を有し，柄節の基部は緩かに曲る。後胸は後上方に長く突出する鋭い2棘を具え腹柄は比較的短かく背面円い。全土の山地に産し，樺太・支那・台湾等の山地に分布する。クロナガアリ (*Messor aciculatum* Smith) は本州・四国・九州・朝鮮等に分布し，乾燥した草原の地中深く穿孔営巣し，9月から11月頃に亙り地上に出て主に禾本科植物の種子を集め巣中に貯蔵してこれを食し，翌年9月までは雌雄の群飛以外地上に出る事がない。イエヒメアリ (*Monomorium pharaonis* Linné) は熱帯地方に広く分布し家屋や船舶等に侵入して食料品を食し，東京・大阪その他に産し，同属には更にヒメアリ (*M. nipponense* Wheeler) やキイロヒメアリ (*M. triviale* Wheeler) やクロヒメアリ (*M. floricola* Jerdon)等が知られている。シワアリ (*Tetramorium caespitum* Linné) は欧洲・アジア・北米等に分布し，乾燥した裸地または草地の地中に長く穿孔して巣を営み，昆虫の屍体を土塊にておおいこれを食する。一巣中に多数の女王が発見される。

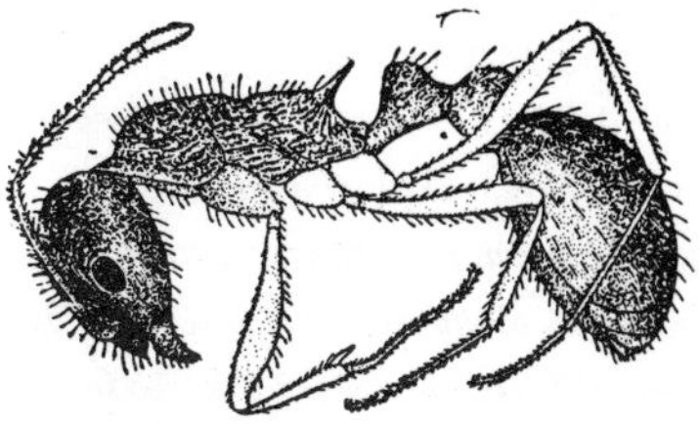

Fig. 1124. クロキクシケアリ職蟻（安松）

3. クサアリ亜科

Subfamily *Dolichoderinae* Dalla Torre 1893

Tapinoma Ants と称えられ，多くの種類は臭気を有し，体は平滑で微毛を装うかまたは有毛。触角は12節で，雄の柄節は梗節よりも短かい。複眼は円いかまたは長楕円形でむしろ小さく，単眼はないかまたは3個存在する。前伸腹節は深い1凹所を有するものとしからざるものとがあつて，2本の顕著な棘を具えている。腹部は甚だ小さな1節からなる腹柄を有し，それに傾斜せる1鱗片を有するものとしからざるものとがあり，第2節と第3節との間に縊れがなく，胴部は屢々背上に曲げられ，排泄孔は大きく割目状となり，刺針は小さいかまたは痕跡的なれど *Aneuretus* Emery ではよく発達している。

世界に広く分布し，一般に蜜滴を生ずる昆虫例えば蚜虫や木蝨や粉蝨や介殻虫や他の同翅亜目のものや更にシジミチョウの幼虫等と共棲する。彼れ等は大部分土中に営巣するが，あるものは紙様の物質にて巣を樹木や岩石や他物体に附着せしめる。蛹は無被。

Aneuretes Emery, *Azteca* Forel, *Dolichoderus* Lund, *Dorymyrmex* Mayr, *Iridomyrmex* Mayr, *Leptomyrmex* Mayr, *Liometopum* Mayr, *Tapinoma* Förster, *Technomyrmex* Mayr 等が代表的な属で，本邦からは *Iridomyrmex*, *Technomyrmex*, *Dolichoderus* 等の属が知られている。シベリアカタアリ (*Dolichoderus quadripunctatus sibiricus* Emery) (Fig. 1125) 職蟻，体長 3mm 内外，体は黒色。頭部は常に黒色であるが他の部分は色彩に変化が多く，赤褐色や赤黒褐色等を呈する事がある。触角・大顎・脚等は赤褐色乃至淡赤褐色，毛は極めて少なく腹部末端部と腹面部とに若干の淡色長毛を有するのみ，大顎と触角と脚等に淡色の微毛がある。胴部の第１と第２背板上に各１対の淡色円紋を有する。頭部と胸部とは大きな点刻を密布し，腹柄はよく発達し多少前方に傾斜し，中胸と後胸との境界は顕著に縊れている。腹部は全く点刻がなく平滑で光沢に富み，卵形乃至楕円形で，頭部より遙かに幅広。全土に産し，朝鮮・満洲・ウスリー等に分布する。

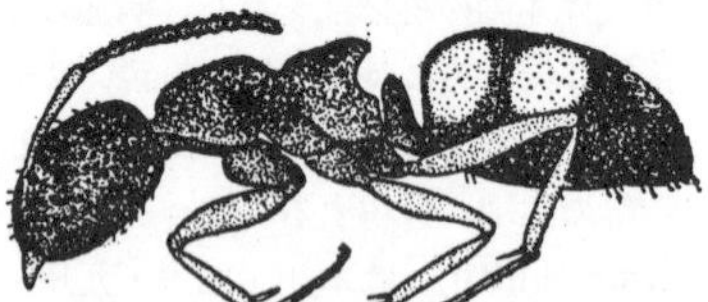

Fig. 1125. シベリアカタアリ職蟻 (安松)

4. ア　リ　亜　科

Subfamily *Formicinae* Ashmead 1091

Camponotinae Forel は異名，Typical Ants と称えられ，体長 2〜20mm，触角は９節またはより多数節，大顎は幅広で有歯かまたは細くて尖り，小顎鬚は３〜６節。腹部は１節からなる腹柄を有し，第２と第３節との間に縊れがなく，全環節が背面から認められ，排泄孔は円く末端に位置し縁毛にて囲まれ，刺針は痕跡的で不機能的，臭腺がなく，雄の交尾器は引込まれない。蛹は一般に繭内に存在するが，あるものはしからず。職蟻は顕著に多型的でない。

この亜科のものは広分布で多くの属は世界共通であるが，熱帯と亜熱帯とに最も多数に産する。*Gesomyrmex* Mayr, *Prenolepis* Mayr, *Lasius* Fabricius, *Polyergus* Latreille, *Oecophylla* Smith, *Camponotus* Mayr, *Polyrhachis* Shuckard, *Melophorus* Lubeck, *Plagiolepis* Mayr, *Myrmelachista* Roger, *Myrmoteras* Forel, *Dimorphomyrmex* André, *Santschiella* Forel, *Acanthomyops* Mayr, *Formica* Linné, *Myrmecocystus* Wesmael 等が代表的な属で，本邦からは *Camponotus*, *Polyrhachis*, *Paratrechina*, *Lasius*, *Formica*, *Polyergus* 等の属が知られている。アカヤマアリ (*Formica sanguinea fusciceps* Emery) (Fig. 1126) 職蟻，体長 6〜9mm，頭部・胸部・腹柄・胴部の基部等は暗赤色，腹部の残部は黒褐色，後頭は多少帯褐色。頭部と胸部とには灰色の微毛を生じ，腹部では毛が多少長く且つ密生する。腹柄は鱗片状となり，幅広く縁は鋭く上縁の中央は多少彎入するかまたは平直。雌は職蟻とほぼ等長で，体は暗赤色，腹部は黒色を呈する。クロヤマアリの巣に一時的寄生する。北海道・本州等に産し，樺太に分布する。サムライアリ (*Polyergus samurai* Yano) は全土に産し，クロヤマアリ (*Formica fusca japonica* Motschulsky) を奴隷として生活し，７・８月の頃奴隷狩を行うとき以外は巣の外に出ない。羽蟻は７月上旬頃に飛出する。ムネアカオオアリ (*Camponotus herculeanus obscuripes* Mayr) は全土に産し，立木や建築物中に深く穿孔する害虫である。クロクサアリ (*Lasius fuliginosus* Latreille) は樺太から九州までに産し，欧亜の中部以北に分布し，著しい臭気を有する蟻で，樹幹の空洞・根株の下方・家屋の床下・土蔵内等に侵入し木屑を集めてボール紙様となし小室の集合した巣を造つてその中に棲息し，ときに数尺の高さの塊状の巣となる事がある。性不活潑で，群居し，蚜虫等の蜜滴を食している。

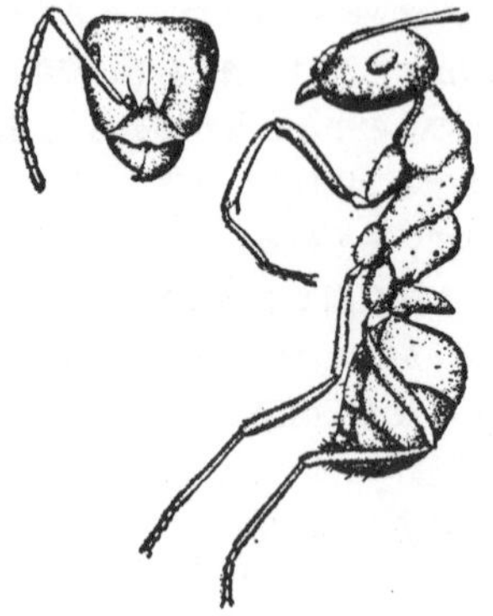

Fig. 1126. アカヤマアリ職蟻 (矢野)

青　蜂　上　科

Superfamily *Chrysidoidea* Rohwer 1916

この上科の蜂は金属的色彩を有し，強く幾丁質化せる体を有し，寄生性である。つぎの２科からなる。

1．腹部背板は２〜４節，腹板は平かまたは凹む，前胸は幅広で頸状に前方狭まつていない…………………………………………………………Family *Chrysididae*

2．腹部背板は雌では４節，雄では５節，腹板は凸形で凹んでいない。前胸は長く前方に狭まつている。幼虫は葉蜂に寄生する (*Cleptes* Latreille, *Amisega* Cameron, *Adelphe* Mocsáry)…………………

……………………Family *Cleptidae* Dahlbom 1854

492. セイボウ（青蜂）科

Fam. Chrysididae Dahlbom 1854

Gold Wasps, Ruby Wasps, Cuckoo Wasps 等と称えられている昆虫はこの科のもので，ドイツでは Goldwespen，フランスでは Chrysides とよんでいる。小形乃至中庸大で体長2～18mm，細いものや太いものがあつて，光輝ある金属的の青色・赤色・藍色・紫色・その他で，平滑かまたは粗く点刻あるいは彫刻を有する。あるものは妨害されると腹部を胸部の胸下に曲けて球状となる。頭部は胸部と等幅，複眼は左右に広く離れ，単眼は頭頂に三角形に位置し，触角は短かく棘状。胸部は大形，小楯板は腹部の基部上に後方に延びる事が普通のようである。脚は細く，爪は2叉となり且つ2～6歯を具えている。翅脈は減退し，後翅は小さい臀片を有する。腹部は無柄，背板は2～5節で普通3節，腹面は凹み，前伸腹節は鋭い側隆起縁かまたは棘を具え，末端背板の後縁は完全かまたはえぐられあるいはまた歯を具え，産卵管は管状で伸縮自在。成虫は暑い日中のみに飛翔し，単棲性の蜂の巣に産卵する。尤もあるものは鱗翅目に寄生する事が知られている。幼虫は無脚で，主に宿主の成熟に近い幼虫に寄生する。大体幼虫で越冬し，春に宿主の巣の内に繭の中に蛹化し，比較的短時日で成虫が羽化する。

この科は小群だが世界に広く分布し，約1500種以上が発見されている。*Chrysis* Linné, *Allocoelia* Mocsary, *Parnopes* Fabricius, *Enchroeus* Latreille, *Spintharis* Dahlbom, *Holopyga* Dahlbom, *Hedychrum* Latreille, *Ellampus* Spinola, *Notozus* Förster, *Omalus* Dahlbom 等が代表的な属で，本邦からは *Chrysis* と *Stilbum* との2属が知られている。ヨツバコセイボウ（*Chrysis ignita* Linné）(Fig. 1127) 雌，体長6～10mm，黒色で頭部・胸部・脚等は紫紺色と青藍色とを混ぜた斑紋を有する。腹部は第1節の前縁と外縁とが緑色，中央と第2節以下とは赤色または赤黄色で，金属的光沢を有する。全体点刻が多いが光沢は顕著。尾端に4歯を具えている。翅は黒褐色を帯び，黒色の翅脈を有する。全体灰色の微毛にて被われている。樺太・北海道・本州・朝鮮等に分布し，ハキリバチ科やトックリバチ科その他等の蜂に寄生すると云う。イラガイツツバセイボウ（*Chrysis shanhaiensis* Smith）は九州・台湾・支那・印度等に分布し，イラガの幼虫に寄生する。セイボウ（*Stilbum cyanurum amethystinum* Fabricius）は本州・四国・九州・朝鮮・台湾等に分布し，トックリバチ類の巣中に寄棲している。

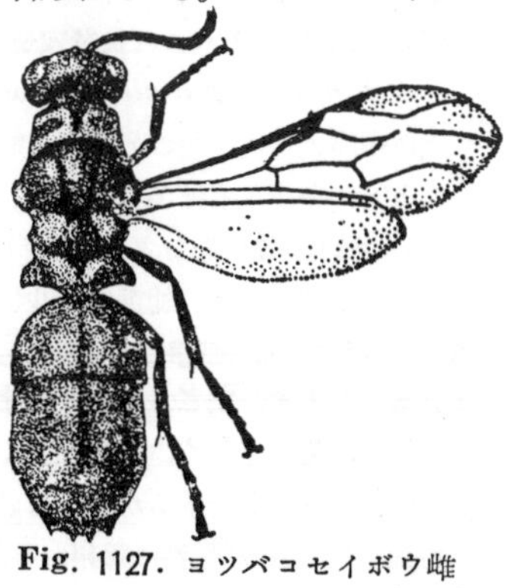

Fig. 1127. ヨツバコセイボウ雌（矢野）

細腰蜂上科

Superfumily *Sphecoidea* Ashmead 1899

この上科の蜂は個々にまたは群に造巣し，食糧としてクモ類・バッタ類・同翅亜目類・ハエ類・蝶蛾の幼虫・蜂類・その他の昆虫等を貯蔵する。従つて有益虫として考えられ得る。つぎの如き18科に分類する事が出来る。

1．中脚の脛節はよく発達した2本の端距棘を有する……………………………………………………………… 2

中脚の脛節はよく発達した1本の端距棘を具え，ときに2本または無い。若し2本の距棘がよく発達している場合には後脚の腿節が末端にて幅広となるか（*Alyson*, *Didineis*）または大顎が外方凹んでいる（*Dinetus*）……………………………………………… 9

2．中胸腹板は後方突出し2叉となり，中胸背側溝は明瞭，前胸背板は普通長く前方に円錐状に延び，一般に中溝を有し，その両側後片が屢々肩板に接近している……………………………………… Family *Ampulicidae*

中胸腹板は上述の如く延びない，中胸背側溝は不明瞭かまたはない………………………………………… 3

3．腹部は明瞭で一般に長い円筒状の柄部を有し，その基部は少くとも腹板のみからなる……………………………………………………………… Family *Sphecidae*

腹部は無柄または亜無柄，決して長い円筒状の柄部を有しない………………………………………………… 4

4．上脣は自由でよく発達し，長さより幅広く，三角形または半円形で，頭楯を越えて延びている。中胸腹板溝（Sternauli）は完全でない………Family *Stizidae*

上脣は短かく小形で頭楯を越えて延びていないが辛うじて延びている………………………………………… 5

5．前翅の第2肘室が有柄で，前伸腹節の後側角が鋭くもなく棘状ともなつていない（*Exeirus* Shuckard 濠洲）………Family *Exeiridae* Dalla Torre 1897

前翅の第2肘室は無柄，前伸腹節の後側角は鋭いかまたは有棘…………………………………………… 6

6．前翅の径室は末端幅広く截断状で且つ1個の小さな微かに区割された室として延びている。触角は頭楯近くで頭楯線に接近して生じ，雄の複眼は一般に甚だ大きく背面にて左右連続する（*Astata* Latreille=*Dimorpha* Jurine，共通。*Diploplectron* Fox 北米）………………………… Family *Astatidae* Thomson 1870

前翅の径室は附属室がなく末端尖る……………… 7

7．触角は頭楯線に接近し頭楯の上縁に甚だ近く生じ，腹部の第1節は一般に細長く末端に結節を有し明瞭な縊によつて第2節から分離し，前翅の第2肘室は逆走脈を受けていない……………… Family *Mellinidae*

触角は頭楯縁から上方で額から生じ，腹部の第1節は幅広く太く，前翅の第2肘室は少くとも1本の逆走脈を有し普通は2本を有する………………………… 8

8．中胸の胸板溝は完全で普通深く，前翅の第2肘室は明瞭な上縁を有し三角形でなく，前伸腹節は円く，胸部は平滑で粗点刻を有しない……Family *Gorytidae*

中胸の胸板溝はないかまたは前方のみに認められ，前翅の第2肘室は三角形かまたは有柄，腹節の上側後角は鋭いかまたは太棘として突出し，胸部は粗点刻を布する…………………………Family *Nyssonidae*

9．複眼は深くえぐられ，前翅の肘室は1個，腹部は有柄で漸次末端の方に太まる。前翅はときに2個または3個の肘室を有し，第2室は有柄……………………………………………………Family *Trypoxylidae*

複眼は深くえぐられていない，若しえぐられている場合には3個の肘室の内第2室が有柄となつていない……………………………………………………10

10．前翅は完全に閉ざされている 2～3 個の肘室を有し，それ等を囲む翅脈は強く判然としている………11

前翅は1個以上の閉ざされている肘室を有しない…………………………………………………………17

11．上脣は大形で自由で頭楯を越えて三角形に延びていて幅より著しく長い，前翅の径室は簡単で末端に附属室を有しない，単眼は多少不明瞭……………………………………………… Family *Bembicidae*

上脣は小形で普通頭楯によつて全部隠され，前翅の径室はときに1横脈にて区切られ，単眼は少くとも前単眼が完全に形成されている…………………………12

12．腹部は第1節と第2節との間で上下が強く縊れている……………………………………………………13

腹部は第1節と第2節との間で上面が強く縊れていない…………………………………………………14

13．中胸側板は1垂直溝を有し，それによつて前側片（Prepectus）が残部から区割され，後脚の腿節は普通末端が簡単（*Philanthus* Fabricius, *Trachypus* Kirby, *Aphilanthops* Patton, *Eremiasphecium* Kohl）………Family *Philanthidae* Ashmead 1899

中胸側板は上述の如き溝を有しないで前側片が確定されない，後脚の腿節は末端下部に1突起を有する……………………………………………Family *Cerceridae*

14．後脚の腿節は末端下部が突出し扁平片となり脛節基部を覆い，腹部は無柄…………Family *Alyssonidae*

後脚の脛節は末端が簡単で突起を有しない………15

15．前翅の縁室は附属室を欠き，大顋は外側に凹所がない。前翅の亜縁室は1個または2個あるいは3個，複眼は内縁凹んでいない（19参照）……………………………………………Family *Pemphredonidae*

前翅の縁室は附属室を有し，あるいは若し附属室がない場合は大顋の外縁が凹んでいる…………………16

16．前翅は第2肘室を有し，同室は上方に柄脈を有しない，側単眼は普通完全でない……Family *Larridae*

前翅の第2肘室は有柄，単眼は3個完全に形成されている（*Miscophus* Jurine 広分布, *Plenoculus* Fox 北米）…………Family *Miscophidae* Rohwer 1916

17．後小楯板は後方に突出する2個の鱗片状突起を具え，前伸腹節は上方に1本の棘または叉状突起を有し，前翅の肘室と中央室とは明瞭に分離していない……………………………………………Family *Oxybelidae*

後小楯板と前伸腹節とは簡単で鱗片も棘もない…18

18．後翅は明瞭な室を有する……………………………19

後翅は閉ざされた室を有しない……………………………………………………………Family *Nitelidae*

19．前翅の径室は附属室を有し，黒色で普通黄色紋を有する……………………………Family *Crabronidae*

前翅の径室は簡単で附属室を欠く（*Ammoplanus* Giraud 全北区）（15参照）……………………………………………………………少数の *Pemphredonidae*

以上の内つぎの15科が本邦にも発見されている。

493．セナガアナバチ（長背穴蜂）科

Fam. Ampulicidae Shuckard 1840

大体中庸大で青藍色の光沢ある蜂。複眼はえぐられないで下方に多少左右拡がつている。単眼は正常，上脣は小さく，大顋は截断面を欠き，小顋と鬚とは正常。中脚の脛節は2距棘を有し，腿節は多少棍棒状で末端に片状附属器を有しない。前翅はよく発達した縁紋を有し，径室は附属室を欠き，閉ざされた3肘室と2中央室とを有する。胸部は著しく長く，前胸は長く前方に細まり，腹部は普通細い柄部を有するがしからざるものもある。各区に発見されているが，特に熱帯に多産，*Ampulex* Jurine, *Dolichurus* Latreille, *Rhinopsis* Westwood 等が代表的な属で，本邦からは最初の1属が発見されている。セナガアナバチ（*Ampulex amoena* Stål）（Fig. 1128）

雄，体長15～18mm，体は黒色で強い青藍色の光沢を有し，後脚腿節の大部分は暗赤色，触角は黒色で多少紫色の光沢を有し灰色の微毛を密生する。頭部・胸部・腹部腹面等に灰色毛を装い，胸部は点刻多く，前伸腹節は数個の縦隆起線とその間に多数の横隆起線とを有し，腹部は平滑。翅は透明で多少灰褐色を帯び，黒褐色の翅脈を有する。雌は雄と同様な色彩を有するが，腹部は長く披針形で先端が尖り，末端に至るに従い多少黒褐色を呈する。本州・四国・九州・琉球・台湾・支那等に分布し，ゴキブリの幼虫を食餌として巣に運ぶ。

Fig. 1128. セナガアナバチ（矢野）

494. ハナダカバチモドキ（擬高鼻蜂）科

Fam. Stizidae Ashmead 1899

中庸大乃至大形，多くは黒色で黄色の斑紋を有する強い蜂。腹眼は腎臓形でなく，左右の内縁は平行かまたは下方に狭まり，単眼は正常，上唇は大きいが幅より長くなく常に頭楯にかぶさつている，大顋は截断面がなく，小顋と小顋鬚とは正常。胸部の肩瘤部は肩板に接していない。中脚の脛節は2距棘を具えている。前翅の縁紋は小形，径脈は附属室を有せず，肘室は3個で第2室はときに有柄，中央室は2個。全区に発見され，*Stizus* Latreille, *Sphecius* Dahlbom, *Handlirschia* Kohl, *Exeirus* Shuckard 等が代表的な属で，本邦からは最初の1属が知られている。キアシハナダカバチモドキ（*Stizus pulcherrimus* Smith）（Fig. 1129）雌，体長23mm内外，体は黒色で，頭楯の大部分・上唇・複眼の内縁と外縁・前胸の後縁・肩板・その内側に接する点斑・小楯板の大部分・後胸背板の1横線・腹部第1～4各節両側の基部にある横紋・第5節基部の中央にある横斑等は黄色，脚の腿節・脛節・跗節等は赤褐色。翅は黄褐色を帯び，外縁は多少暗色，黒褐色の翅脈を有する。体は淡褐色の細毛を装い，脚は黄褐色の微毛を密生し絹様の光沢を有する。本州・九州・朝鮮・満洲・支那その他に分布し，バッタ類やササキリ類を幼虫の食餌として地中の巣に貯蔵する。

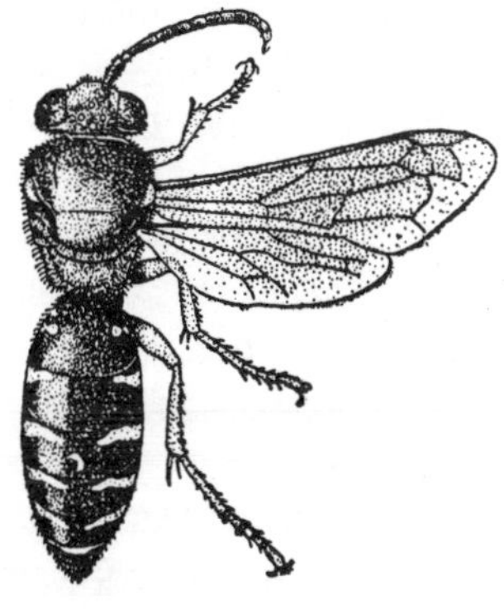

Fig. 1129. キアシハナダカバチモドキ雌（矢野）

495. ドロバチモドキ（擬泥蜂）科

Fam. Nyssonidae Dahlbom 1845

多くは中庸大。複眼の内縁は強く凹まず平行かまたは下方あるいは稀れに上方に狭まり，単眼は正常，上唇は小形で強く延びない。小顋は正常，大顋は截断面を有しない。胸部の肩瘤は多くは肩板に達している。腹部無柄，しかし屢々第1節が前方に細まつている。中脚の脛節は2距棘を具え，前翅の縁紋はよく発達し，径室は附属室を有せず，肘室は3個で第2室は屢々柄脈を有し，中央室は2個。世界に分布し，*Nysson* Latreille が模式属で本邦にも産する。尚本邦には *Nipponomysson* 属が産するが翅脈が全然異なり肘室は2個で第2室は柄脈を有しない。且つ前伸腹節後角が尖らない。オオドロバチモドキ（*Nysson malaisei* Gussakovskij）（Fig. 1130）雄，体長10mm内外，体は黒色で，前胸背板の後縁中央部・腹部の第1～3各背板の後縁両側の横斑等は黄色，跗節は黄褐色。翅は透明で少しく暗黄色を帯び，黒色の翅脈を有する。頭部と胸部とは比較的長い汚黄白色の毛を密装し，顔面の下方と頭楯とはその接面に銀白色毛を密装する。頭部と胸部とは点刻を密布し，腹部の第1背板は大きな点刻を疎布し第2節以下は小点刻を散布する。北海道・本州・九州等に産し，ウスリーに分布する。

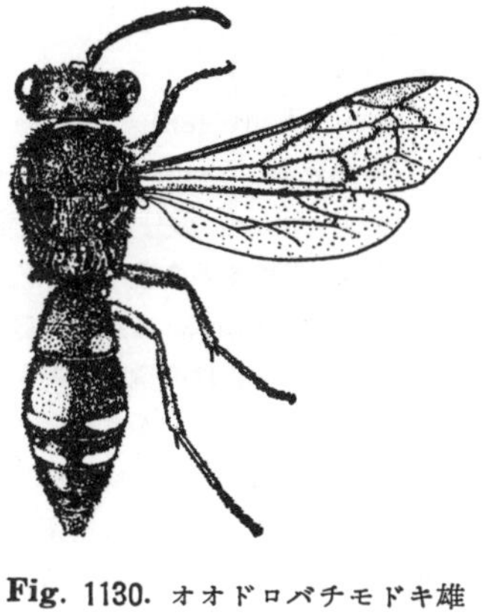

Fig. 1130. オオドロバチモドキ雄（安松）

496. ヌカトガリアナバチ（尖額穴蜂）科

Fam. Nitelidae Dalla Torre 1897

つぎのトガリアナバチ科に普通包含せしめられているが，前翅の肘室は1個のみで後翅には閉室がない事によつて区別する事が出来る。一般に小形，旧北区のみに発見され，*Nitela* Latreille が模式属で，本邦からも知られている。ヌカトガリアナバチ（*Nitela spinolae* Latreille）（Fig. 1131）雄，体長3mm内外，体は光沢ある黒色，腹部は点刻なく特に光沢が強い。胸背は光線によつては銅色様の金属的光沢を有し，大顋は帯黒赤褐色。翅は透明で僅かに灰色を帯び，黄褐色の翅脈と淡黒褐色

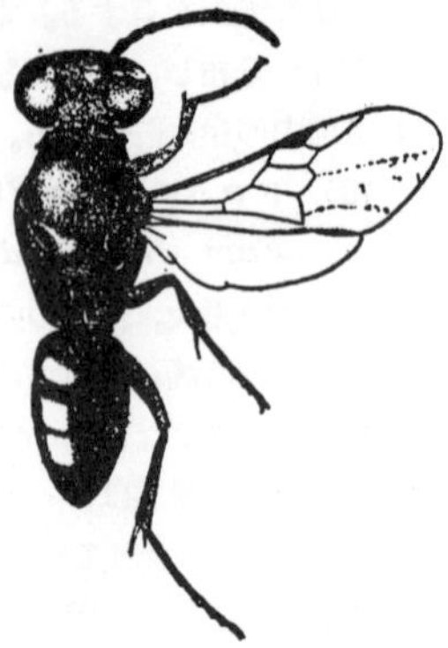

Fig. 1131. ヌカトガリアナバチ（安松）

の縁紋とを有する。全体に灰白色微毛を密生するが腹部には少く，顔面下方と頭楯とは特に灰白色乃至銀白色微毛にて輝く。頭部と胸部とは粗面で中胸背板の後縁部に若干の縦皺を有し，前伸腹節には多数の縦皺とそれ等を横ぎる弱横皺とを有する。中胸側板の中央部に円形の大きな凹陥部がある。複眼の内縁は下方に左右著しく拡がり，単眼は鋭三角に配列する。顔面の下半中央部から頭楯の正中線にかけて1縦隆起線を有し，触角は顔面の最下端部に生ずる。本州・九州等に産し，欧洲から本邦までに分布し，成虫は幼虫の食糧としてキジラミやアブラムシ類を狩る。

497. トガリアナバチ（尖穴蜂）科

Fam. Larridae Stephens 1829

Sandloving Wasps, Burrowing Wasps 等と称えられ，小形乃至中庸大で体長3〜23mm，幾分太く，蜜蜂に類似し，黒色かまたは黒色に黄色や黄金色や帯赤色等の斑紋を有し，微毛を装う。頭部は幅広，複眼の内縁は左右平行かまたは下方に拡がり，単眼は完全に発達するかあるいは不完全で扁平。前胸背板は正常かまたは3葉片状，後胸腹板は大きな深くえぐられている突起を具えている。中脚の脛節は1距棘を有する。前翅は肘室を有し，第2肘室は柄脈を欠き，縁室は附属部を有する。腹部は有柄。巣は普通砂中に数室が1組となつて造られているが，あるものでは不定巣を造る。またある特種のものではジガバチの粘土巣を破りその中に貯蔵されてあるクモに産卵して後その巣を閉ぢる。大部分の種類は幼虫の食糧としてコオロギやバッタやカマキリや椿象の若虫等の類を狩る。成虫は屢々花に見出される。*Larra* Latreille, *Lyroda* Say, *Tachytes* Panzer, *Tachysphex* Kohl, *Dinetus* Jurine, *Palarus* Latreille, *Sericophorus* Smith, *Helioryctes* Smith, *Sphodrotes* Kohl 等が代表的な属で，本邦からは *Lyroda*, *Tachysphex*, *Tachytes*, *Larra*, *Motes* 等の属が知られている。アカオビトガリアナバチ（*Larra amplipennis* Smith）(Fig. 1132) 雌，体長16〜18mm，頭部と胸部とは黒色で，触角・大顋・口部・脚の末端等は多少黒褐色，腹部第1〜3節は赤褐色乃至暗赤色，第3節の後端以下は漸次黒褐色となり末端黒色。翅は黒褐色で外縁多少淡く，紫紺色の光沢を有し，黒色の翅脈を有する。頭部と胸部とは微点刻を密布し，腹部は殆んど平滑で光沢を有する。全体灰色微毛にて被われているが，腹背には稀れで，脚の脛節と跗節とは剛毛を装う。本州と九州とに産する。ミツメトガリアナバチ（*Lyroda japonica* Iwata）は本州・九州・朝鮮等に分布し，成虫はヒシバッタの類を捕える。ヌカダカアナバチ（*Tachysphex japonicus* Iwata）は本州に産し，バッタ・イナゴ・コオロギ等の類を狩る。またクロヒメトガリアナバチ（*Motes docilis* Smith）は本州と台湾とに産し，小形の直翅目類を幼虫の食餌とする。

Fig. 1132. アカオビトガリアナバチ（安松）

498. ハナダカバチ（高鼻蜂）科

Fam. Bembicidae(Latreille 1702)Stephens 1829

Sand Wasps, Bembicid Wasps 等と称えられ，大形で体長12〜20mm，平滑かまたは微毛を装い，黒色あるいは灰色で帯緑色や黄色や橙黄色や赤色等の斑紋と腹部帯紋とを有する。頭部は大きく横形，複眼は大形で裸体か有毛で，内縁はえぐられないで左右平行かまたは下方に狭まり，単眼は正常か弱体かまたは痕跡的，触角は頭楯近くに生じ，上唇は大形で一般に幅より著しく長く尖り且つ吻状，大顋は簡単か有歯，小顋鬚は3節か4節か6節，下唇鬚は1節か2節かまたは4節。前胸背板は大きく横形，前側片と中胸背板前斜溝とはなく，中胸前側板は背板（Dorsal plate）を欠く。前脚は開堀脚となり内側に長縁毛を装い砂を動かすに適応し，中脚の脛節は1本または2本の距棘あるいは太距棘を具えている。翅は大形，翅脈は明瞭，縁紋は著しく減退し，径室即ち縁室は正常かまたは末端に附属部を有し，閉ざされている肘室は2個または3個。腹部は明かな柄部を欠き，基部幅広で尾端の方に細まり尖り，第1節と第2節とは等幅。

この科の蜂は太陽直射の砂地に巣を造営し，終日砂中に孔を堀り且つ幼虫を養い，度々巣の入口を閉す，それは他の蜂の多数のもののように巣の室内に完全に幼虫の食餌を貯えないからである。多くの種類は半社会的生活をいとなむもので，個々の巣を近所のものの巣に接近して構造するが，ある種類は充分社会的である。巣孔の深さは種々で1尺乃至2尺で，各々は1個の大きな室からなり，その中に5頭または6頭の幼虫が飼われる。幼虫は毎日主として咀嚼された雙翅目で養われる，しかしある種は同翅亜目の昆虫で飼われる事が知られている。充分成長すると，幼虫は厚い楕円形の繭を造り，その中で越年し蛹化し，成虫は翌春から早夏に亙り羽化する。幼虫は多くの他の昆虫類と同様，寄生蠅や寄生蜂によつて寄生されている。

大体世界の各区に分布し，*Bembix* Fabricius, *Microbembex* Patton, *Bembidula* Burmeister, *Steniolia* Say, *Monedula* Latreille 等が代表的な属で，最初の1属以外は米国産である。本邦からはハナタカバチ (*Bembix niponica* Smith) (Fig. 1133) が知られている。雌，体長20～23mm，体は黒色で，頭楯・上唇・大顋の基部・顔面の中央とその両側・触角柄節の下面・複眼の外縁・前胸背板の後縁・中胸背板の両側縦線・小楯板の両側と後縁・後胸背板の後縁・前伸腹節の2横線・胸側部にある数個の斑紋・腹部各背節の中央にある波状横帯・脚の大部分等は黄色。尾端と脚端とは多少褐色を帯び，上唇の基部には褐色斑がある。翅は淡黄褐色を帯び，黒褐色の翅脈を有する。体全体は微点刻と淡褐色の疎微毛とを装う。雄は殆んど雌に等しく，上唇大形で前方に突出する。全土に産し，朝鮮に分布し，雙翅目の成虫を捕えて幼虫の食餌とする。

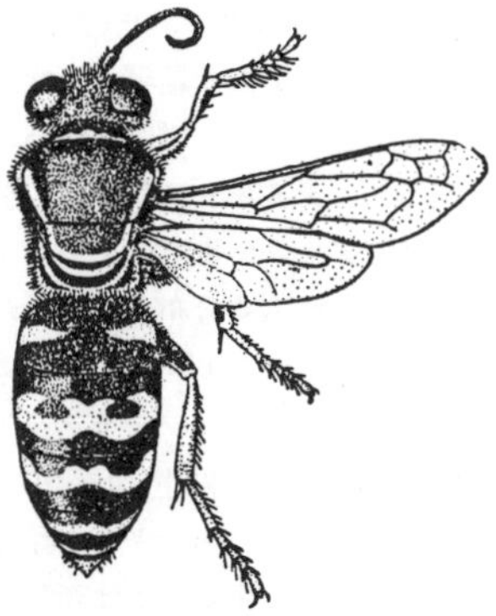

Fig. 1133. ハナダカバチ(矢野)

499. コシボソアナバチ（細腰穴蜂）科

Fam. Pemphredonidae Dahlbom 1835

Pemphredon Wasps, Aphid Wasps 等と称えられ，大部分小形で体長5～12mm，黒色かまたは黒色に赤色の斑紋を有し，光沢があるかまたはない。頭部は亜方形かまたは一般に横形，複眼は大形または小形で左右の内縁亜平行，触角は頭楯近く顔面の下部に生ずる。前側片は前胸瘤と肩板との間に存在し後方明瞭な1隆起縁にて境され，後胸前側板は背板と腹板とを有する。中脚の基節は左右離れ，後脚の腿節は突出部がない。腹部は円筒形かまたは3縦溝を有する柄部を有し，その長さは種々であるが一般は短かい。この科の蜂は髄部のある植物の茎中や乾燥禾本科植物の茎中や樹木または土の孔等に巣を造り，室中に蚜虫類や木蝨類やその他の小さい同翅亜目の昆虫を幼虫の食糧として貯蔵する。これ等の食餌は一般に殺されるが，少数の場合には若干日または週間中生命を保持し得るものである。

主に全北区に分布し，*Pemphredon* Latreille, *Psen* Latreille, *Psenulus* Kohl, *Stigmus* Panzer, *Passaloecus* Shuckard 等が代表的な属で，本邦からはこれ等の凡ての属が発見されている。ヒメコシボソアナバチ (*Pemphredon diervillae* Iwata) (Fig. 1134) 雌，体長7.5mm内外，体は光沢に富む黒色，特に腹部は点刻微小で且つ極めて粗で輝く。翅は透明で少しく灰色を帯び，褐色の翅脈と縁紋とを有する。頭部と胸部との点刻は粗大，中胸背板の点刻は特に大きく不規則な形をなし，腹柄部の背面の点刻は密。全体灰白色毛を装う。頭楯は極めて短く，前縁僅かに彎入する。中胸背板は前胸背板の後上方に膨出し，前伸腹節は粗に網目状彫刻を有しその背面基部両側に若干の縦皺を有し中央部では多少網目状を呈する。これ等の部分の後方は彫刻がなく光沢が強い。雄は少しく小形で，頭頂部に強い網目状の彫刻を有し，腹柄はより長い。本州と九州とに産し，アブラムシ類を幼虫の食餌として巣中に貯蔵する。チビアナバチ (*Psen ater* Fabricius) は全土に産し，アワフキムシ類を狩る。その他の種類は凡てアブラムシを狩る。

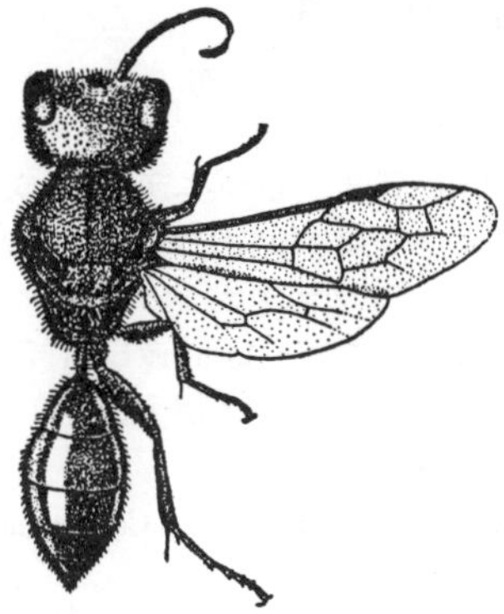

Fig. 1134. ヒメコシボソアナバチ（安松）

500. ジガバチモドキ（擬細腰蜂）科

Fam. Trypoxylidae Thomson 1870

中庸大，黒色，部分的に他色多くは黄赤色を呈し，細長または太い。複眼は強く腎臓形，単眼は正常，大顋は截断面を欠き，小顋は正常。中脚の脛節は1距棘を有し，前翅は2～3個の肘室と2個の中央室とを有し，径室は附属部を有しない。腹部第1節は多くは甚だ小さく柄状。世界の各区に産し，*Trypoxylon* Latreille, *Pison* Jurine, *Pisonopsis* Fox 等が代表的な属で，本邦から前2属が発見されている。ジガバチモドキ(*Trypoxylon obsonator* Smith) (Fig. 1135) 雌，体長13mm内外，体は光沢ある黒色で，腹部第1節の末端から第4節の基部までが赤色，触角の下面・脚腿節の基部・前中両脚跗節の大部分等は褐色，肩板は淡褐色。翅は透明で外縁部多少灰色を帯び，黒褐色の翅脈と縁紋とを有する。頭楯・頭頂の1部・その両側の複眼に接してその内縁中央に突入する部分等は銀白色微毛を密生し，頭部の下面・胸部等は白色長毛を疎毛し，脚と腹部とは白色の微毛を密装する。前伸腹節の背面部を囲む境界線は不明瞭，前伸腹節は殆んど彫刻がなく，中央の縦溝は前後に深く貫通する。本州・四国・九州等に産する。成虫は竹筒等の中に営巣し，クモ類を幼虫の食糧に貯蔵する。同じくクモ類を狩るツヤクロジガバチ（*Pison tunctifrons* Shuckard）は本州・九州に産し東洋南方に広く分布し，体は太く，短太の腹部を有する。

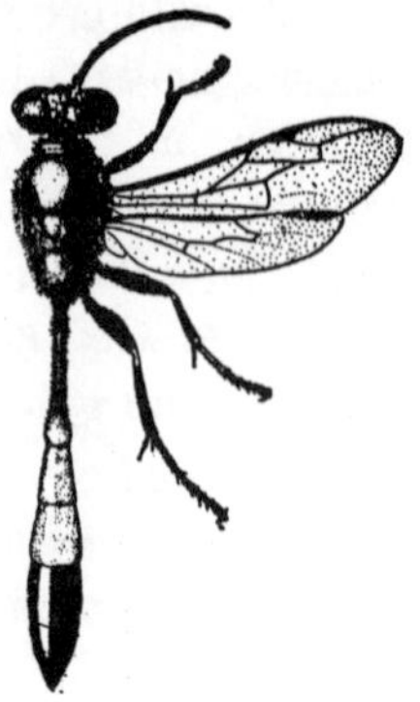

Fig. 1135. ジガバチモドキ（安松）

501. ジガバチ（細腰蜂）科

Fam. Sphecidae (Leach 1815) Comstock 1895

Sphecids, Thread-waisted Wasps, Mud Daubers, Digger Wasps 等と称えられている蜂はこの科のもので，細長く棒状の腹柄を有し，一般に黒色または屢々金属的藍色や紫色で，更に黄色や橙黄色や赤色等の斑紋を有し，裸体か有毛。頭部は大形で横状，複眼は大きく左右の内縁が平行かまたは亜平行，触角は顔面の中央近くに生じ，頭楯は細長。胸部は細く，前胸は三角形かまたは横形，前側片は後方溝または隆起縁にて境されている。脚は細長，前脚は開堀に適応し，中脚脛節は2距棘を具え，中脚基節は基横線を有しない。翅は細く，3個の肘室を有する。腹部は細長く，前伸腹節は長く基部に明瞭な気門を具え，柄部は胴部より短かいものと長いものとがあつて第1節と第2節と第3節の基部とを包含する。胴部は円筒状かまたは扁平で，第1腹板と第2腹板との間に深い縊れがない。

この科は世界共通の大きな群で，岩石や樹木や建築物等の上に沼土にて個々にまたは組に巣室を造りクモ類を幼虫の食糧に貯えるか，あるいは土中に孔を造りその中に鱗翅目の幼虫や直翅目の昆虫類を貯える。凡ての場合に巣室は糧食を入れ産卵した後に閉塞する。幼虫は薄い帯赤褐色の羊皮様の繭の中に蛹化する。

Sphex Linné, *Ammophila* Kirby, *Sceliphron* Klug, *Chlorion* Latreille, *Chalybion* Dahlbom 等が代表的な属で，本邦からは最初の3属が知られている。クロアナバチ（*Sphex umbrosus* Christ）（Fig. 1136）雌，体長25〜30mm，体は全部黒色で灰白色の短毛を装う。触角鞭節の末端は截断状，大顋は強大，顔面と後頭に銀色の短毛を密生する。前胸背板の後縁側部は肩板に接する事がなく，その2点と中央の2横線に銀色の短毛を装い，前伸腹節は灰白色の短毛を密生する。翅は透明で灰白色を帯び，前翅の外縁が暗灰色を呈する。腹部は紡錘形で幾分扁平，腹柄は細く短かい。腹部と脚とは光沢を有する。雄は小さい。全土に産し，地中に穿孔造巣し，キリギリス科の昆虫を捕えて幼虫の食料とする。アジア大陸の東南部・アフリカ・ニューギニア・濠洲北西部等に広く分布する。この種に類似する腹柄の長いコクロアナバチ（*S. nigellus* Smith）はブドウ等の花によく来る。アルマンモモアカアナバチ（*S. harmandi* Pérez）は本州・四国・九州等に産し，樹木の天牛脱出孔や竹筒等の中にササキリの類を多数に貯蔵して幼虫の食料となし，各室の壁には新鮮なコケ類を使用する。ジガバチ（*Ammophila infesta* Smith）は全土に普通で，7・8月頃土中に穿孔造巣し，シャクトリムシ等を捕え貯蔵して幼虫の食料とする。同属のミカドジガバチ（*A. aemulans* Kohl）は本州・九州・朝鮮・ウスリー等に分布し，樹上の孔等に造巣する。ルリジガバチ（*Sceliphron inflexum* Sickmann）は本州・四国・九州等に産し，屋内に侵入して木や竹等の穴の中に造巣する。朝鮮・支那・南アジア等に分布する。

Fig. 1136. クロアナバチ（矢野）

502. ギングチバチ（銀口蜂）科

Fam. Crabronidae (Leach 1815) Dahlbom 1815

Crabronid Wasps や Square-headed Wasps 等と称えられ，微小乃至中庸大で体長0.64〜17.00mm，多くは黒色で黄色や橙黄色や帯赤色等の斑紋を有し，平滑かまたは屢々部分的に彫刻付けられて且つ有毛。頭部は方形または亜方形で大きく，ときに体より幅広，複眼の内縁は左右下方に狭まり，頭楯は横形で一般にもつれ毛を密生し，大顋は鋭く簡単か2歯または3歯状となつている。胸部は屢々胴部とほぼ同大，中胸後側板は顕著な隆起縁を有するかまたはしからず，中胸前側板は点刻または強彫刻を布する。翅は透明かまたは曇り，前翅は1

肘室と附属部のある径室とを有し，後翅は閉室を有する。腹部は無柄か亜無柄か有柄，前伸腹節は棘または鱗状片を有しない。

この科の昆虫は普通な蜂で，特に全北区に多数に産し，世界共通種がない。造巣習性は種々で，植物の茎中や木材中やまたは稀れに砂岸等に穿孔営巣し，成虫は幼虫の食餌としてクモやダニや蚜虫や椿象の若虫や鱗翅目の幼虫やその他小さな昆虫類を捕え貯蔵する。蛹は薄い絹様の羊皮的な繭の中に存在する。*Crabro* Fabricius, *Anacrabro* Packard 等が代表的な属で，前者は世界共通で，後者は新北区産である。本邦からは *Crabro* の他にこの亜属たる *Euplilis* Risso(＝*Rhopalum* Kirby)が発見されている。ギングチバチ (*Crabro continuus* Fabricius)(Fig. 1137) 雌，体長9～14mm，体は黒色，腹部の腹面と脚の末端とは多少黒褐色，小顋の大部分・触角の柄節・前胸背板後縁左右の横紋・その側下方の小點・小楯板両側にある小点・後胸背板中央の横斑・腹部第2背板と第4背板との両側にある楕円紋・第5背板中央にある横斑・脚の脛節と跗節の大部分等は黄色，肩板は褐色。翅は多少灰褐色を帯び褐色の翅脈を有する。全体灰白色短毛を疎布し，尾端には黄褐色毛を装い，頭楯と顔面とは銀色の短毛を密布する。全体点刻を密布し，前伸腹節は点刻以外に僅かな縦隆起を有し，中央に縦溝を有し，その中央多少広くなつている。北海道・本州・九州等に産し，シベリヤと欧洲とに分布する。クロホソギングチバチ(*Euplilis latronum* Kohl)は明瞭な細長い腹柄を有し，北海道・本州等に産する。

Fig. 1137. ギングチバチ（矢野）

503. キスジジガバチ（黄条細腰蜂）科
Fam. Mellinidae Leporte 1845

小形，黒色で黄色の斑紋を有する。上唇は小形，触角は頭楯の上縁に甚だ近く生じ，腹部の第1節は細長く末端結節となり第2節との間は明瞭に縊れ，前翅の径室は末端尖り附属部を有しない。*Mellinus* Fabricius が模式属で全北区に分布する。ベレーキスジジガバチ (*Mellinus obscurus tristis* Pérez) (Fig. 1138) 雌，体長13mm内外，体は黒色，触角柄節の背縦線を除く大部分・頭楯の前後両縁を除く大部分・顔面の複眼内縁線・大顋の大部分・前胸背板の1対の横斑・小楯板の小点・腹部第3背節の1対の横紋・各脚の腿節下先端部と脛節の内縦線等は黄色，附節は黄褐色，肩板の前半黄白色で他は褐色。翅は透明で淡褐色に曇り，褐色乃至黒褐色の翅脈と縁紋とを有する。全体に灰白色微毛を密生し，頭楯の前縁・大顋・腹部腹面等の毛は長い。頭部と胸部とは点刻を密布し，腹部の点刻は小さく且つ浅く極めて疎。前伸腹節の基部背面の溝によつて囲まれた部分には点刻がないが，中央基部の附近と両側基部とには不規則な斜皺を有する。顔面は幅広く左右複眼の内縁は下半部で殆んど平行，上方部は頭頂の方に狭まる。頭楯は短かく前縁中央に3歯がある。腹部第6背節は平坦で微細な縦条を有し，両側は末端の方に狭まり，末端やや幅広く曲線を描いて切截されている。雄は頭楯が全く黒色，触角濃褐色で下面黄褐色，大顋は赤黒褐色，複眼の内縁は左右下方に微かに狭まつている。全土の山地に産し，成虫はハエ類を狩る。

Fig. 1138. ベレーキスジジガバチ（安松）

504. キスジジガバチモドキ（擬黄条細腰蜂）科
Fam. Gorytidae Dalla Torre 1897

キスジジガバチ科に類似するが，触角が頭楯の上縁から遙か上方顔面から生じ，腹部の第一節が太く，前翅の第2肘室が1本普通は2本の逆走翅脈を有する等によつて区別する事が出来る。大体中庸大，黒色で黄色の斑紋を有し，胸部は平滑で粗い点刻を欠き，中胸側板溝は完全で普通深く，前伸腹節は円い。殆んど世界各区に分布し，*Gorytes* Latreille が模式属で，多数の亜属が発表されている。

キスジジガバチ (*Gorytes tricinctus* Pérez) (Fig. 1139) 雌，体長14mm内外，体は黒色，頭楯・大顋の外基部の点斑・顔面

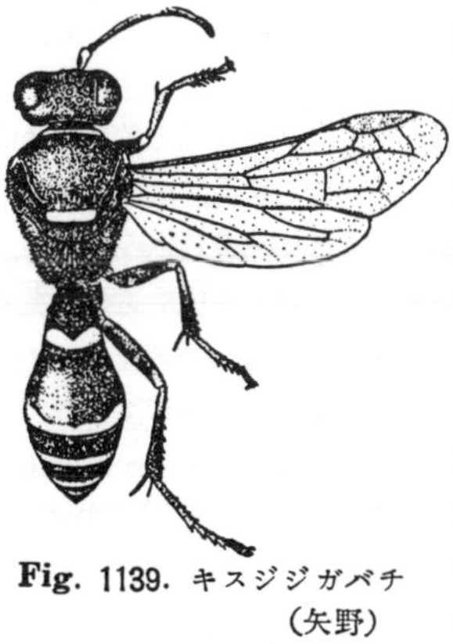

Fig. 1139. キスジジガバチ（矢野）

の複眼縁・触角の柄節と鞭節下面・前胸背板の後縁・肩板の下方にある2点斑・小楯板の1横帯・腹部第1〜5各背板の後縁に沿う波状帯等は黄色，触角の上面は褐色，脚は黄赤色で基節と腿節との上面に黒色斑を有し，基節の末端・転節・腿節等の下面に黄色斑がある。翅は黄褐色を帯び，外縁灰色，翅脈は黒褐色，縁紋は褐色。中胸には微点刻を有し，前伸腹節には縦隆起線を有する。体は褐色の微毛を装う。北海道・本州・九州等に分布し，成虫はアワフキムシ類を狩り幼虫の食餌とする。

505. ツチスガリ（土棲蜂）科

Fam. Cerceridae Thomson 1870

中庸大，多くは黒色と黄色とからなる。中胸側板は垂直溝を欠き前側片が分離されていない。中脚の脛節は1距棘を具え，複眼は腎臓形でなく左右の内縁は幾分下方に拡がり，単眼は正常。大顋は截断面を欠き，小顋は正常。前翅は3個の肘室と2個の中央室とを有し，径室は附属部を有しない。腹部の各節間は互に強く縊れている。世界の各区に分布し，*Cerceris* Latreille, *Eucerceris* Cresson 等が代表的な属で，本邦からは最初の1属が知られている。マルモンツチスガリ（*Cerceris japonica* Ashmead）(Fig. 1140) 雌，体長13〜15mm，体は黒色で，頭楯・これに接する顔面の大部分・大顋（末端を除く）・触角柄節の大部分・前胸背板両側の点紋・肩板の点斑・後胸背板の1横線・腹部の第2背板前縁の1紋・第3背板の側紋・第5背板後縁の横紋・腹部第3腹板・脚の各節にある斑紋等は黄色。翅は灰色を帯び，黒褐色の翅脈と褐色の縁紋とを有する。体は点刻を密布し，前伸腹節の背面三角形部は平滑で光沢を有し，中央に1縦溝を有する。雄は雌に比し黄色斑紋が小さく，後胸背板と腹部第2背板の横斑が2分し，第5背板には斑紋を欠き，第6背板に斑紋を有する。本州・九州等に産し，幼虫の食餌はヒメハナバチ類やコハナバチ類で，土中に造巣する。キスジツチスガリ（*C. quinquecincta* Ashmead）は本州産で，成虫はヒョウタンゾウムシを狩る。ツチスガリ（*C. harmandi* Pérez）は北海道・本州・九州等に分布し，コハナバチ類を狩る。

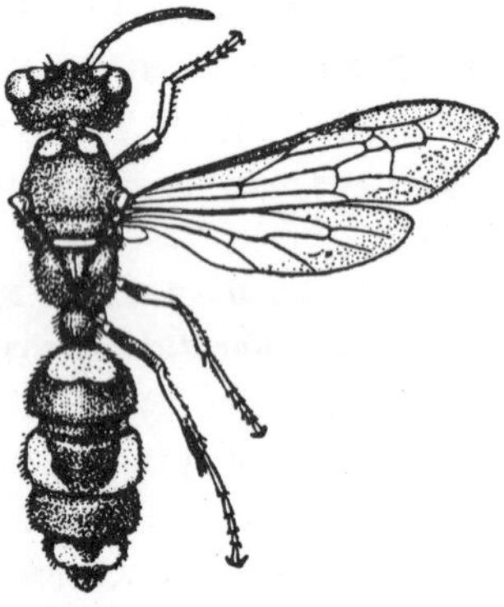

Fig. 1140. マルモンツチスガリ（矢野）

506. ツヤドロバチモドキ（擬艶泥蜂）科

Fam. Alyssonidae Ashmead 1899

大体小形。複眼はえぐられていないで左右の内縁は幾分平行しているかまたは下方に狭まり，単眼は正常，上脣は小形，大顋は多くは截断されない。小顋は正常。中脚の脛節は1本の明瞭な距棘を具えときに小さな2距棘を具えている。前翅は縁紋がよく発達し，径室は附属部を欠くがときにこれを有し，肘室は3個で中央室は2個。後脚の腿節は末端に1本の葉片状突起を具えている。腹部の第1節は柄状となつていないかまたは明瞭に柄状を呈する。

小数からなる科で，*Alysson* Jurine(＝*Alyson* Jurine) や *Bothynostethus* Kohl や *Scapheutes* Handlirsch 等が代表的な属で，本邦からは最初の1属が発見されている。ツヤドロバチモドキ（*Alysson cameroni* Yasumatsu et Masuda）(Fig. 1141) 雌，体長9mm内外，体は黒色，顔面下半の両側・頭楯・大顋の大部分・触角の大部分・小楯板の1対の斑紋・腹部第2背板両側の円紋等は黄色，脚の基節末端・転節・前中両脚の脛節と跗節等は褐色乃至黄褐色。翅は透明で多少褐色を帯び，黒褐色の斑紋を有し，翅脈と縁紋とは黄褐色。腹部は平滑で光沢強く，頭部は微点刻を密布し，胸背は更に密な点刻を有し，前胸背板の後縁に小凹陥点刻を有し，中胸背板前方に不明瞭な縦皺を有し，小楯板前縁は深く凹み横溝となりその中に縦隆起を有し，前伸腹節背面の隆起線で囲まれている三角形部には若干の斜走皺とこれを横に連結する数皺がありその外側部と後面部とには横皺がある。左右複眼の内縁はほぼ平行，頭楯は前縁中央部に3歯を有する。前胸背板は特に長く，腹部第6背板の三角状部は先端円く表面に多数の細縦刻を密布する。雄は触角下面や脚やその他等が更に淡色，顔面正中線下半も黄色，小形。北海道・本州等に産し，成虫は地中に造巣し，ヨコバイ類を捕り幼虫の食餌とする。

Fig. 1141. ツヤドロバチモドキ（安松）

507. トゲムネアナバチ（棘胸穴蜂）科

Fam. Oxybelidae Ashmead 1899

小形，円味強く，黒色で黄色紋を有する。複眼は腎臓形でなく，単眼は正常，大顋は截断面を欠き，上脣は短い。肩瘤は肩板に達しない，前伸腹節は1棘状突起を具え，第1腹環節は柄状でないかまたは柄状。中脚脛節は1距棘を有する。前翅の縁紋は小さく，径室は附属部を有し，肘室と中央室とは各1個なれど互の境界は完全でない。

濠洲区以外には分布し，*Oxybelus* Latreille や *Belomicrus* Costa などが代表的な属で，最初の1属は本邦にも産する。ヤマトトゲムネアナバチ（*Oxybelus strandi* Yasumatsu）（Fig. 1142）雌，体長5(♂)～7(♀)mm 内外。雌。体は黒色，大顋の先端部・触角の末端2～3節等は僅かに赤褐色を帯び，後楯板上の1対の突出葉片は黄白色，前伸腹節基部からの突起の周縁は淡色，肩板の外縁は褐色。翅は透明で少しく曇り，褐色の翅脈を有する。前脚の脛節上の1線は淡褐色，第1跗節は暗褐色，第2～5跗節・中後両脚の第4と5との両跗節及び脛節の距棘・脛節の棘等は褐色。腹部の第1～4背板は夫々1対の黄色横斑を有する。体の微毛は前頭部・頭楯・後頭部等では銀白色，頭頂部では黒色，脚と腹部とでは銀黄色，腹部末端節では暗褐色。点刻は密で，頭部と胸部とのものは大，腹部のものは小。小楯板の両側縁は顕著な稜縁をなし，後楯板には両側部に舌状に突出する葉片を有し，前伸腹節基部には背後方に突出する両側平行の長突起を有し，その面は凹み先端僅かに凹む。雄。第7腹背節の後縁は僅かに彎入し両側端角は尖る。前胸両側後縁の突出角・前中両脚の腿節下面・前脚の脛節の前面・中脚脛節の大部分・後脚脛節の基半部等は黄色。腹部第1～3背板に夫々1対の小黄色斑を有する。本州・九州等に産し，ハエ類を捕り幼虫の食餌とする。

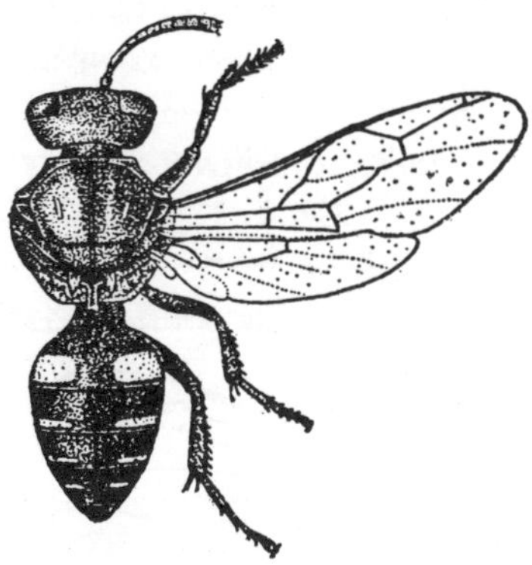

Fig. 1142. ヤマトトゲムネアナバチ（安松）

胡　蜂　上　科

Superfamily *Vespoidea* Ashmead 1899

Wasps, Hornets, Yellowjackets, Velvet Ants, Mud Daubers, Mason Wasps 等が包含される。中庸大乃至大形の蜂で，土地の上や下等に造巣し，大部分のものは昆虫やクモ等の類を狩る。雌雄共に有翅かまたは雄が有翅で雌が無翅，触角は雄では13節雌では12節，前胸背板は肩板まで後方に延び，転節は1節，胴部は6背板が認められる。この科の昆虫は捕食性や内寄生性や外寄生性や他と同棲性やあるいはまた花粉と花蜜を採集する。職蜂は有翅で雌はよく発達し且つ機能的な刺針を具えている。群の確立順序はベッコウバチ科では狩餌—造巣—産卵で，トックリバチ科と社会棲のものでは造巣—産卵—狩餌である。つぎの如く24科に分類されている。

1．腹部の第2節は明瞭に背面と腹面とで第3節から分離している。雄の尾節は上向の刺針を有し，雌は無翅（*Apterogyna* Latreille. アフリカ，インド）………………………………Family *Apterogynidae* André 1899

　腹部の第2節は第3節から背面と腹面とで分離していない……………………………………………… 2

2．有翅………………………………………………… 3

　無翅または翅が著しく小形となつている…………26

3．前翅の第1中央室は亜中室（Submedian cell）より短かく一般に甚だ小形，前翅は甚だ稀れに畳まれている。単棲性で決して群棲でない……………………14

　前翅の第1中央室は甚だ長く，規則的に亜中室より著しく長く，前翅は殆んど常に静止の際に縦に畳まれる。屢々社会性で群棲する……………………………… 4

4．後翅の横中脈（Transverse median vein）は直線かまたは彎曲し角張つていない，前翅は2または3個の肘室を有し，縁室は常に末端截断状，触角は普通強く棍棒状…………………………………………………… 5

　後翅の横中脈は角張り，触角は末端の方に顕著に棍棒状となつていない…………………………………… 7

5．後翅の臀片は長く亜中脈の1/2より長い（*Euparagia* Cresson 北米）…………Family *Euparagiidae*

　後翅の臀片は小さく円いかまたは楕円形で，亜中脈の1/2より著しく短い……………………………… 6

6．後翅の中央脈（Discoidal vein）は不明瞭かまたは完全にない（*Masaris* Latreille 旧北区，*Pseudomasaris* Ashmead 北米，*Paragia* Shuck，*Ceramius* Latreille アフリカ）…………………………………………………Family *Masaridae* Leach 1817

　後翅の中央脈は存在し充分発達している（*Gayella* Spinola 新熱帯 *Paramasaris* Cameron，北米）……………………………………………Family *Gayellidae*

7．前翅の第2と第3との肘室は各々逆走脈を有する（*Raphiglossa* Spinola 旧北区，アフリカ）…………………………Family *Raphiglossidae* Ashmead 1902

　前翅の第2肘室は2個の逆走脈を有する………… 8

8．大顋は短かく且つ幅広で末端斜に截断され且つ有歯で，左右互に頭楯下に重ねられるかあるいはまた甚だ僅かに交叉する…………………………………………… 9

大顋は長く小刃状で，左右互に交叉するかまたは嘴状に前方に延び，内縁は幾分歯状かまたは凹凸している……………………………………………………10

9．爪は2叉となるかまたは有歯，中脚脛節は1本または2本の距棘を具え，頭楯は末端幅広く截断されている。単棲性（*Zethus* Fabricius 共通，*Labus* Cameron アフリカ・インドマレー）………………………………………………Family *Zethidae* Saussure 1875

爪は簡単，中脚脛節は2距棘を具え甚だ稀れに1本。真の社会性で群棲し，雌は屢々雌蜂と職蜂との2型からなる……………………………………………10

10．頭楯は末端幅広く截断され多少凹み，腹部第1背板は前方垂直に截断され，後翅は臀片を欠き基部1/3が強く狭まつている……………………Family *Vespidae*

頭楯は末端尖り，稀れに円いかまたは直線で，その場合に腹部の第1背板が前方垂直に截断されていない。後翅は一般に臀片を有する………………………11

11．腹部の第2節は幅広のつりがね状で，その背板と腹板とが完全にまたは大部分癒合し，第1節は第2節より著しく狭い。腹部の伸張筋は前伸腹節の狭く且著しく側扁せる凹陥部から生じている（*Ropalidia*=*Icaria* アフリカ・インド濠洲区）（*Rhopalidiinae*）………………………………………Family *Ropalidiidae*

腹部の第2節は正常で，その背板と腹板とは自由に関接する…………………………………………………12

12．腹部の伸張筋は前伸腹節の狭く且つ著しく側扁せる凹陥部から生じ，腹部第1節は決して柄状に細まる事がなく，触角は常に雌では12節雄では13節……………………………………………Family *Polistidae*

腹部の伸張筋は前伸腹節の幅広い楕円形の凹みから生じ，腹部の第1節は屢々柄状となり，触角は雌では11〜12節雄では12〜13節…………Family *Polybiidae*

13．中脚の脛節は1距棘を具え，甚だ稀れに2本またはない。頭楯は末端幅広く円いか截断状かあるいは凹み，甚だ稀れに尖る………………Family *Eumenidae*

中脚の脛節は2距棘を具え，頭楯は末端円く突出するかまたは鋭く尖つている（*Stenogaster*=*Ischnogaster* インド濠洲区）………Family *Stenogastridae*

14．触角の鞭節は裸体かまたは甚だ短い微毛を装い，顕著な毛から被われていない………………………………15

触角の鞭節は顕著な毛を装い，その毛は触角環節の幅と等長かまたはより著しく長い（*Plumarius* Phillipi=*Konowiella* André，チリー・アルゼンチン。*Myrmecopterina*=*Archihymen* 南アフリカ）………………（*Konowiellidae*, *Archihymeidae*）……………………………Family *Plumariidae* Bischoff 1920

15．中胸側板は1斜縫合線によつて上下の両部に分かたれ，脚は長く，後脚腿節は異常に長く，中脚脛節は2距棘を具えている（28参照）……………………………………………………………Family *Psammocharidae*

中胸側板は上述の如く分かたれない，脚は短かく，後脚腿節は普通腹端まで延びていない………………16

16．中胸腹板と後胸腹板とは1扁平板を構成し多少波状をなす横縫合線によつて区分され，中後両脚の基節の基部の上に横わる。翅は膜質で閉室の外方は細かく縦に皺付けられている。雄の尾節は3棘を具えている………………………………………………Family *Scoliidae*

中胸腹板と後胸腹板とは上述の如くなつていない，ときに1対の薄い後方に向う片を具え，それ等が中脚基節の基節を覆うている…………………………………17

17．触角鞭節の環節は細長く，各節が末端に2本の細棘を具えている。跗節の各節は幅広となり且つ深く2葉片となる（♀）。後翅は顕著な臀片と深い1腋割部（Axillary incision）を有する（Fig. 1143）（*Rhopalosoma* Cresson アメリカ，*Paniscomima* Enderlein アフリカ。*Hymenochimaera* インド）…………………………………………Family *Rhopalosomidae* Ashmead 1896

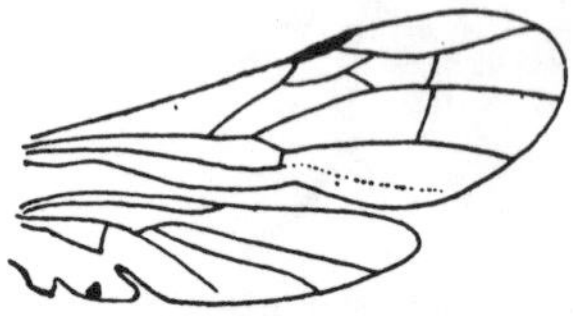

Fig. 1143. *Paniscomima* の翅 (Enderlein)

触角鞭節の環節は各節に棘を欠き，跗節は簡単…18

18．中胸腹板は2葉片を具え，それ等は中脚基節の基部を覆うかまたは基節の間に突出し且つ一般に基節が正中線から分けられているその中線に延びている……19

中胸腹板は簡単で後方に附属片を有しないかまたは微小の歯状突起の1対に退化せる葉片を具えている………………………………………………………22

19．単眼は小形……………………………………20

単眼は甚だ大形。夜間活動性（雄）（*Brachycistis* Fox, *Chyphotes* Blake アメリカ）（23, 30, 31, 32 参照）…………………………………Family *Mutillidae*

20．雄は尾端に1本の上向1強棘を具えている。若し腹部が8腹板を有し尾節が深くえぐられていない場合には *Thynnidae* 科の *Dimorphothynnus* と *Rhagigaster* とを参照。雌は腹部第1腹板と第2腹板との間に深い縊を有する……………Family *Thiphiidae*

雄は尾端に1強棘を有しない（*Dimorphothynnus* と *Rhagigaster* とを除く），しからざれば若干棘を

具えるかまたはない。雌 (*Anthobosca*) は腹部の第1腹板と第2腹板との間に深い縊を有しない………21

21．雄の尾節は種々で棘を有するものとしからざるものとがあり，雄の触角は一般に額突起下に生じ，そのソケットが背方に向くかわりに前方かまたは側方に面している。雄の翅脈は完全で翅頂の外に延び，第3閉肘室を有し，その第1室は一般に少くとも第1間肘室 (Intercubitus) から1短脈によつて部分的に分けられている。雌は無翅 (*Thynnus* Fabricius, *Dimorphothynnus*, *Rhagigaster* Guérin, *Diamma* Westwood 濠洲, *Glyptometopa* Ashmead 北米, *Elaphroptera*, *Encyrtothynnus* 南米) (30参照) …………………………………Family *Thynnidae* Erichson 1842

雄の尾節は無棘，雄の触角は額突起下から生じていないでそのソケットは背方に面している。雌は有翅 (*Anthobosca* Guérin 濠洲・アフリカ・アラビヤ・南米) …………Family *Anthoboscidae* Turner 1912

22．後翅は顕著な臀片を具えている……………………24

後翅は臀片がない，多くとも後基角に不明瞭な凹みがあるのみ………………………………………………23

23．後翅の肘脈は横中脈を越えた処から生じ，腹部の第2節は上下両側の強い縊れによつて第1節から分離している。雌は有翅 (*Sierolomorpha* Ashmead 新北区，ハワイ) …………………………………………………Family *Sierolomorphidae* Ashmead

後翅の肘脈は横中脈を越えた処から生じない，体は殆んど常に顕著に毛を装う。雌は無翅 (19参照) ……………………………………………Family *Mutillidae*

24．腹部の若干環節は強い縊れから分離されている(雄) ……………………………………………………………25

腹部は上述の如き縊れがない，尤も第1節と第2節との間はしからず。雄の尾節は無棘。雌は有翅，刺針は基部にて管器に包まれている。体は裸体で黄色または白色の斑紋を有する (*Sapyga* Latreille, 広分布, *Eusapyga* Cresson アメリカ) ………………………………………………Family *Sapygidae* Leach 1819

25．雄の尾節は1本の強い上向棘を具え，雌は無翅で胸部が3部分に縊れている (29参照) ………………………………………………Family *Methocidae*

雄の尾節は無棘，雌は無翅で胸部は1横縫合線にて2部分に区割されている (32参照) ………………………………………………Family *Myrmosidae*

26．胸部は明瞭に縫合線または鋭い縊れによつて3部分に区割されているか，あるいは1個の縊れによつて2部分に区分されている。小楯板は殆んど常に存在する……………………………………………………27

胸部は背面が1節片からなるか，あるいは1縫合線によつて2部分に区割され，小楯板はない…………31

27．翅は非常に小形であるが存在し，肩板は正常に発達し，胸部は正常で縫合線によつて区分されている…28

翅はなく，肩板は微小瘤として認られ，胸部は一般に正常形で屢々縊れによつて区分されている………29

28．触角は13節 (23参照) ………………………………………Family *Mutillidae* の少数の雄

触角は12節 (15参照) ………………………………………Family *Psammocharidae* の少数の雌

29．中胸腹板は簡単で，中脚基節の基部を覆うかまたは間に突出する葉片を有しない (25参照) ………………………………………………Family *Methocidae* の雌

中胸腹板は中脚基節の基部を覆うかまたは間に突出する2葉片を具えている………………………………30

30．腹部は腹板からなる明瞭な円筒形の柄部を有し，第1背板は柄部の後端を包んでいる (19, 23, 31参照) (*Chyphotes* の雌) ………Family *Mutillidae* の1部

腹部は柄部を欠き，腿節は側扁する (21参照) ……………………………………Family *Thynnidae* の雌

31．前胸背板は1縫合線によつて胸部の他の部分から分割されている………………………………………32

前胸背板は胸部の他の部分と癒合し，全胸背部は縫合線を欠く (23参照) ………Family *Mutillidae* の雌

32．単眼は存在する (25参照) ………………………………………Family *Myrmosidae* の雌

単眼はない (19, 23, 30, 31参照) (*Brachycistis* の雌) ………………………Family *Mutillidae* の1部

以上諸科中つぎの10科が本邦に発見されている。

508．アリバチ (蟻蜂) 科

Fam. Mutillidae (Latreille 1802) Stephens 1829

Mutillids や Velvet Ants や Solitatry Ants 等と称えられているものはこの科の蜂で，ドイツの Bienenameisen や Spinnenameisen 等である。小形乃至大形で体長3～30mm，鮮明色の蜂で，雄は一般に有翅なれど雌は完全に無翅。体は雌雄共に暗色で一般に白色か黄色か黄金色か橙黄色か鮮赤色の短かいかまたは長い密毛から被われ，屢々黒色毛を混生し，稀れに裸体。触角は雌では12節で捲施し，雄では13節で直線。複眼は小さく，円形かまたは楕円形で，滑かかまたは各小眼面が明瞭となり，雄の単眼はかなり大形。大顋は簡単か，あるいは有歯，胸部の各環節は密に癒合し，前胸背板の側角は翅の基部に延びている。脚は太く，雌のものは開堀脚となり，中後両脚の脛節は2距棘を具えている。翅は一

般に雄では発達し，稀れになく，翅脈は著しく減退し，前翅には1～3個の閉ざされている肘室を有し，翅脈は外縁に延びていない，縁紋は存在する。後翅は閉室または臀片を欠き，肘室は横中脈を越えて生じていない。腹部は短かい簡単な柄部を有するものとしからざるものとがあり，第1節と第2節との間及び第2節と第3節との間等に深い縊れを有するものとしからざるものとがあり，雄の尾端に1本またはより多数の棘を具え，雌には明瞭な交尾器官を有するものとしからざるものとがある。雌雄2型は雌が無翅であるのみでなく，色彩と大きさとの差を有し，雌は一般に雄より大形。雌は摩擦音を発する。

この科の蜂は暑い荒蕪地区に多く，多くの種類は日中の最も暑い時間中活潑であるが，他のものは夕暮に少数のものは夜間に活動的である。雌虫は地上を走り廻つているのを吾々はよく見る事が出来る。尤も特種のものは樹幹上に発見される。雄のあるものは花に見出される。殆んど凡ての種類は地中棲の蜂類の巣に寄宿し，幼虫は宿主の幼虫を直接捕食し，決して彼れ等の食物を取る事がない。彼れ等の宿主は非常に多種であるが一般に知られているものは *Chalybion* Dahlbom 属の蜂と *Bombus* Latreille や *Nomia* Latreille 等の属の蜜蜂類の種類である。尤もあるものは蟻の巣に宿棲して幼虫や蛹を捕食し，またアフリカのある種は *Glossina* Wiedeman 属の蠅の蛹に寄食している事が知られている。

世界から3000種以上が発表され，多くは熱帯と亜熱帯とでアフリカやアジアや濠洲や南北アメリカ等に産する。*Mutilla* Linné, *Dasymutilla* Ashmead, *Photopsis* Blake, *Sphaerophthalma* Blake, *Ephuta* Say, *Ephutomorpha* André, *Myrmilla* Wesmann, *Pseudophotopsis* André 等が代表的な属で，本邦からは *Mutilla*, *Squamulotilla*, *Timulla* 等の属が発見されている。ミカドアリバチ (*Mutilla europaea mikado* Cameron) (Fig. 1144) 雌。体長 14mm 内外。頭部は黒色であるが個体によつて頭頂が多少小豆色を帯びときに大部分に及ぶものがある。触角・顔面・小顋・口器の大部分等は褐色かまたは黒褐色を帯び，胸部は小豆色で前縁・両側・腹面等は黒色，腹部は黒色，脚は黒色で脛節以下漸次淡色を呈するが跗節は黒褐色。全体長毛を密装し，頭部と腹部との毛は黒色，胸部のものは褐色，脚のものは褐色乃至灰褐色，腹部の第1節の後縁・第2第3両節の後縁両側・第6節・腹面等のものは帯褐白色，腹部背面のものは密で斑紋として現われる。全面は微細な点刻に被われ，頭部の点刻は粗大。全面光沢を有し，腹部は殊に光沢が強い。本州・九州・朝鮮・支那等に分布し，山地の森林中に見られ，トラマルハナバチに寄生する。

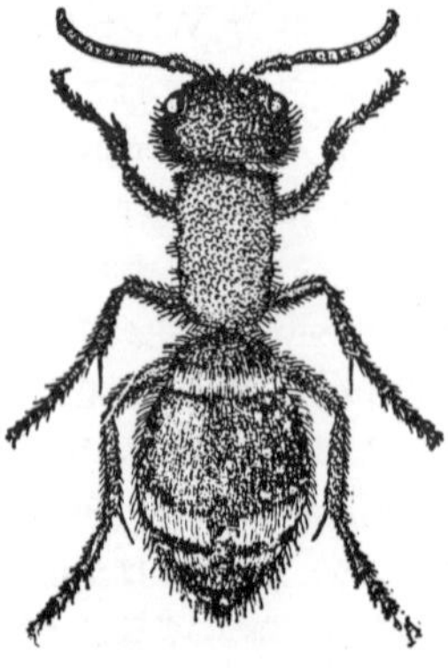

Fig. 1144. ミカドアリバチ 雌（矢野）

509. **ツチバチ（土蜂）科**

Fam. Scolidae (Leach 1815) Westwood 1840

Scoliid Wasps や Hairy Flower Wasps 等がこの科の蜂で，小形乃至大形，多数のものは毛を密生し，黒色で，白色・黄色・橙黄色・赤色等の斑紋や帯紋を有し，或るものは虹彩を有する。頭部は幾分球形で一般に胸部より狭く，触角は短かく曲つているか又は捲旋し，複眼は大形で完全か又はえぐられている。小楯板は大きく明瞭に区分されている。脚は短かく且つ強く，脛節は一般に扁平で長い棘毛を有し，中脚脛節は1本または2本・後脚脛節は2本の距棘を具え，爪は簡単かまたは割れている。翅は普通雌雄共に発達し，翅脈相は幾分減退し，翅脈は外縁に達しない。径室は2個または3個，後翅は臀片を有する。腹部は長く，屢々帯紋を有し，各節の後縁は毛を装い，第1と第2との腹板間は深く縊れ，雄の尾節は有棘かまたは無棘。成虫は狩猟家で，屢々コガネムシの幼虫の棲息する場所に見出され，雌はそれ等幼虫に対し地中に開堀する。雌は刺毒によつてジムシを痲痺し，その廻りに蜂が室を作り，ジムシの体面に産卵し，しかる後にその室を閉ざす。蜂の幼虫は外部寄生性である。ゴガネムの幼虫以外の甲虫の幼虫も寄生されるが，それはツチバチの幼虫の最後の齢虫の場合のみに限られている。老熟すると地中に繭を造りその中に蛹化する。

世界各区に産し，1000種以上が発表され，熱帯に特に多産，*Scolia* Fabricius, *Campsomeris* Lepeletier, *Liacos* Guérin 等が代表的な属で，最初の2属は本邦にも普通である。オオモンハラナガツチバチ (*Scolia japonica*

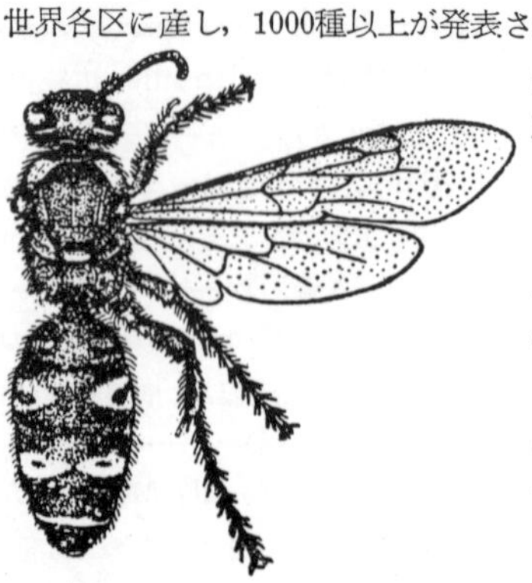

Fig. 1145. オオモンハラナガツチバチ（矢野）

Smith) (Fig. 1145) 雌，体長20～30mm，黒色で多少紺色の光沢がある。後頭の横斑・前胸後縁左右の点斑・後胸背板の1横斑・腹部第1背板の1対の小斑・同第2背板の1対の環状斑・同第3背板の左右相接する1対の横斑・同第4背板の1横線紋等は黄色，ときに第5背板にも中央に同色の1斑がある。翅は黒褐色を帯び，黒褐色の翅脈を有する。体は灰白色細毛を密生し，腹部末端に近い毛は黒褐色。雄は雌に比し細長く，体長20～25mm，黒色で紺色の光沢を有し，黄色の斑紋は大体雌に似ている。本州・九州等に産し，支那にも発見されている。ヒメハラナガツチバチ (*Campsomeris annulata* Fabricius) は本州・四国・九州・支那等に分布し，マメコガネの天敵として北米に輸入されている。

510. コツチバチ（小土蜂）科

Fam. Tiphiidae (Leach 1815) Thunberg 1870

White Grub Parasites, Tiphiid Wasps 等が此の科の蜂で，小さく細長く，体長7～13mm，多くは黒色で平滑かまたは彫刻を有し，暗色または淡色の毛を装う。頭部は円味を有し胸部と等幅で細い頸部を具え，複眼は円く，単眼は甚小，触角は短かく雄では直線で雌では捲施している。胸部は体の他部より毛が少ない。脚は比較的短かく，中脚脛節は1本または2本の距棘を具え，後脚脛節は2本の長い彎曲せる棘を具えている。翅は細く，透明かまたは曇り，前翅は2個または3個の径室を有し，縁紋は短かいが明瞭，第1横肘脈は存在するかまたは不完全。腹部は長く幾分細く短かい柄部を有し，雌では第1節と第2節との間が深く縊れ，第1節は第2節より著しく細い，雄は尾端に棘を有するものとしからざるものとがある。ある種類の成虫は屢々花に見出される。この科の蜂はツチバチ科のものに習性がよく似ている。

この科の蜂は世界に広く分布し，熱帯や亜熱帯や温帯の暖国に最も多数に産する。而してコガネムシ類の幼虫に寄生し，重要な天敵として知られている。*Tiphia* Fabricius, *Elis* Fabricis, *Myzine* Latreille, *Paratiphia* Saussure et Sichel 等が代表的な属で，本邦からは最初の1属が知られている。クロコガネコツチバチ (*Tiphia phyllophaga* Allen et Jaynes) (Fig. 1146) 雌雄，体長9～14mm，全体黒色，頭部に明瞭な点刻を布するが頭頂部に点刻を欠き，前胸背板は微小点刻を有し，その後縁のものはやや帯状を呈し左右両側には他より著しく大きい数点刻を混じ，前縁は縁取られている。前胸側面の縦溝は顕著，後胸背板に明瞭なる隆起線を有しその両側はやや平行している。腹部の第1背板はやや小さい点刻を散布し，後縁の点刻は密で帯状をなし，末端の背板基部は粗大の点刻を密布し，末端は平滑でその中央前方に彎入する。本州・朝鮮・支那等に分布し，幼虫はクロコガネ類の幼虫に寄生し，成虫は蚜虫等の排出する甘液や花蜜等をなめて生活する。この種に近似のマメコガネコツチバチ (*T. popilliavora* Rohwer) は本州・朝鮮・支那等に分布し，マメコガネの幼虫に寄生し，北米に輸入されて利用せられつつある。

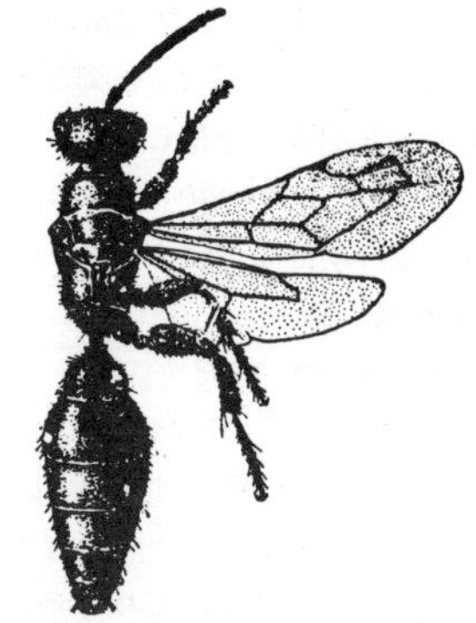

Fig. 1146. クロコガネコツチバチ雄（矢野）

511. ツヤアリバチ（艶蟻蜂）科

Fam. Methocidae Rohwer 1916

コツチバチ科に包含される事が多い。小形で腹部の環節数が少なく，雄は有翅なれど雌は無翅。複眼は簡単。中脚の基節は大形で左右相接し，中脚脛節は雄では2距棘を具え雌では1距棘を有するのみ，後脚脛節は雌雄共に明瞭な1距棘を具えている。胸部は雌では細長く，2または3個の縊れによつて3～4部分に区割されている。前翅の径室は大形で閉ざされ，肘室は2個が閉ざされ，その第1室は屢々1分割線の前兆を有し，中央室は2個，翅脈は外縁に達している (Fig. 1147)。後翅は臀片を有する。

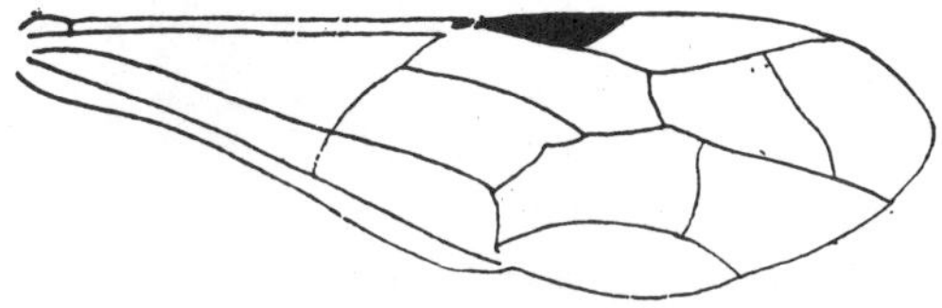

Fig. 1147. *Methoca ichneumonides* 雄の前翅 (Schmiedeknecht)

濠洲以外の各区から発見され，北米に最も多く，約80種程が知られている。*Methoca* Latreille, *Brachycystis* Fox, *Chyphotes* Blake 等が代表的な属で，本邦からは最初の1属が知られている。ツヤアリバチ (*Methoca japonica* Yasumatsu) (Fig. 1148) 雌，黒色で光沢がある。大顎・触角（末端の6節を除く）・胸部・脚等は赤褐色，腹部第1背板は1部微か

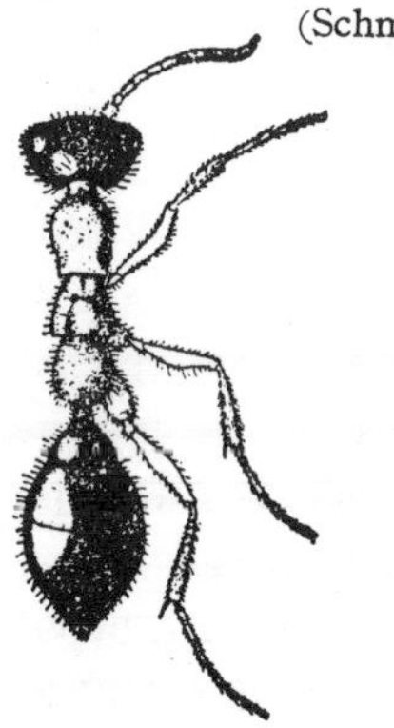

Fig. 1148. ツヤアリバチ雌（安松）

に黄褐色を呈する事があり，尾端は黄褐色。体は極めて疎で弱い点刻を有し，極めて短かい毛を疎生し，各脚の基節は比較的密毛を装う。本州・九州等に分布し，尚お本州には更にホシツヤアリバチ（*M. yasumatsui* Iwata）が産し，両種共にハンミョウ類の幼虫に寄生する。

512. アリバチモドキ（擬蟻蜂）科

Fam. Myrmosidae André 1903

この科もまた普通コツチバチ科に包含せしめられている。小形，雄は有翅で雌は無翅。複眼は縁付けられていない。胸部は雌では1縫合線を前胸と中胸との間に有するのみ。中脚の基節は左右近かより，中後両脚の脛節は2距棘を具えている。前翅は3肘室と2中央室とを有し，径室は正常，翅脈は外縁に達している。後翅は臀片を有する。

旧北区と新北区と東洋区とに産し，約15種程が発表され，*Myrmosa* Latreille が模式属である。本邦からはつぎの1種が発見されている。アリバチモドキ（*Myrmosa melanocephala nigrofasciata* Yasumatsu）(Fig. 1149) 雌，体長9〜13mm，赤褐色。頭部・触角の基部6節・中胸背板の幅広の1横帯・腹部第1背板の大部分と以下の背板・第2腹板の末端半等は黒色，前胸・後胸・脚・腹部第1背板の基部と第1腹板と第2腹板の基半等は赤褐色。胸部は粗大な点刻を有し，頭部と特に腹部とは微細な点刻を密布する。全体淡色の毛と微毛とを密装する。複眼は卵形，単眼は小。後脚基節の上面に長い鋭い突起を具えている。雄は全体黒色で光沢を有し，灰色毛を密生する。翅は透明で少し曇り，紫色の光沢を有し，外縁部は濃色，縁紋は黒色，翅脈は黒褐色，第2肘室は三角形に近い。体の点刻は大で且つ密，左右複眼の内縁は上方に拡がり，中胸背板は2対の縦溝を有し，腹部の第1と第2との各背板の後縁に縦条が有る。本州・九州等に分布する。

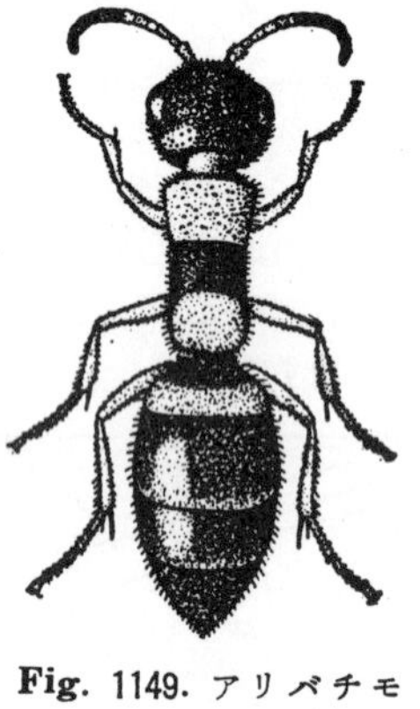

Fig. 1149. アリバチモドキ雌（安松）

513. トックリバチ（徳利蜂）科

Fam. Eumenidae (Leach 1815) Westwood 1840

Potter Wasps, Mud-pot Wasps, Mason Wasps, Mud Daubers 等と称えられているものはこの科の蜂で，中庸大乃至大形で体長9〜20mm，暗色で白色や黄色や橙黄色や赤色等の斑紋を有する。触角は12(♀)〜13(♂)節，大顋は有歯，舌は大顋を越えて延びているかまたは胸腹板に対して畳まれ，小顋鬚は3〜6節。中脚脛節は1距棘を具え，爪は有歯。翅は静止の際に縦に畳まれ，屢々黒褐色ですみれ色の虹彩を有し，前翅は1径室と3肘室とを有する。腹部は長いかあるいは短かい柄部を具え，あるものでは胴部より長く後方に太く，多くのものでは甚だ短かく外見無柄様。単棲で雌雄共同で働き，花にも見出される。地中や植物の茎中や鍵孔の中や漆喰の割目の中や木材の孔の中や蜂類の捨巣中や小形の水差の中や壺の中やその他に，更に樹木の枝等に附着せしめて巣を造る。巣は大体トンネル状で，その中に幼虫の食餌として鱗翅目の幼虫を1〜12疋内外を貯蔵するが，ある場合には葉蜂や葉虫の幼虫を貯蔵する。*Eumenes* 属のものは巣室の頂上に糸にて卵を垂下せしめる。

世界に広く分布し，特に温帯に多い。*Eumenes* Latreille, *Odynerus* Latreille, *Monobia* Saussure, *Alastor* Lepeletier, *Gayella* Spinola, *Pterochilus* Klug, *Rhynchium* Spinola, *Synagris* Latreille, *Zethus* Fabricius, *Raphiglossa* Spinola, *Symmorphus* Wesmael, *Ancistocerus* Wesmael 等が代表的な属で，本邦からは *Discoelius*, *Eumenes*, *Rhynchium*, *Odynerus*, *Symmorphus*, *Ancistocerus* 等の属が発見されている。トックリバチ（*Eumenes micado* Cameron）(Fig. 1150) 雌，体長16〜19mm，体は黒色で，脚の腿節端と脛節基部等に褐色部がある。頭楯上方の八字形紋・稀れにその中間の1点・触角間の縦線・前胸背板の両側の広い斑紋・中胸背板前部両側の点斑・肩板の周縁・小楯板上の相接する1対の方形紋・後胸背板の横線・前伸腹節両側の大紋・中胸側板の円紋・腹柄・腹部第2背板の後縁の帯斑・前中両脚の腿節端の小斑等は黄色。体には点刻多く，頭部・胸部・腹柄等では粗大で，腹部の他節では微細。雄の斑紋は雌に似ているが，頭楯は全部黄色，触角柄節・脚の基節と腿節と脛節・腹部腹面の第3節以下の各後縁等に黄斑を有し，胸部の黄斑は多少小形となりときに消失する。本州・四国・九州等に普通で，泥土を以て徳利形の巣を造る。他の属のものは何れも甚だ微小の柄部を有し，一見無柄状で，凡てが泥土にて巣を造営する。

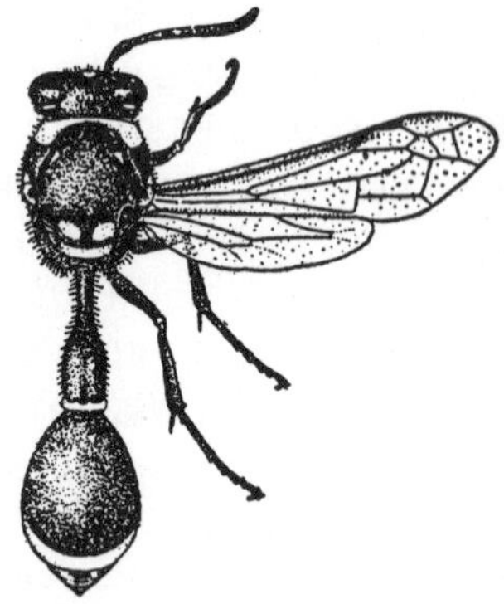

Fig. 1150. トックリバチ雌（矢野）

514. ホソアシナガバチ（細長脚蜂）科

Fam. *Polybiidae* Bequaert 1932

アシナガバチ科に近似であるが，腹部の伸張筋が前伸腹節の幅広い楕円形の凹みの内部から生じ，腹部第1節は屢々柄状で，触角は雌では11〜12節雄では12〜13節からなる。主に北米・新熱帯・アフリカ等に分布し東洋に少数が産する。*Polybia* Lepeletier, *Mischocyttarus* Saussure, *Brachygastra* Perty, *Belonogaster* Saussure, *Polybioides* 等が代表的な属で，本邦からは *Parapolybia* 1属が発見されている。ホソアシナガバチ (*Parapolybia varia* Fabricius) (Fig. 1151) 雌，体長20mm内外。体は暗黄色。触角は黄褐色で，柄節・梗節の上面等は黒色。頭頂・顔面中央は暗褐色，前胸背板の1横線と両側の八字形線・中胸背板の前後両縁と正中線・中胸側板の縫合線・前伸腹節の3縦線と前縁等は黒褐色，中胸背板の3縦条・小楯板と中胸側板との1紋等は暗褐色。中胸側板は縫合線によつて明かに3節片に分かれ，前伸腹節は横皺が多い。翅は黄褐色，脚脛節の上面と跗節とは暗褐色。腹部の第1節は細長く背面中央部高く膨れ，第2節以下は紡錘状，背面と腹板との後縁は暗褐色で，各背板に1対の黄色紋を有する。本州・九州等に産し，アジア東南部に広く分布し，樹葉下にアシナガバチの巣に似たものを造巣する。

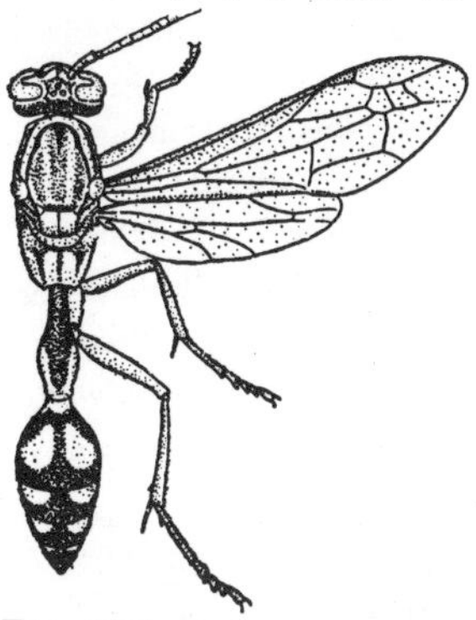

Fig. 1151. ホソアシナガバチ（矢野）

515. アシナガバチ（長脚蜂）科

Fam. *Polistidae*(Lepeletier 1836)Gerstaecker 1863

Polistes Wasps と称えられ，大形で細く，長い脚を有する社会的性でスズメバチ科のものに類似するが，体が細く腹部に短かい柄部を有する事によつて区別される。体長9〜25mm。腹部の第1節は棒状でないが柄節となり，伸張筋は前伸腹節の狭く側扁せる凹割部から生じている。成虫は小さなまたは甚だ大形の紙質の巣を造る。その巣は単一で樹木の枝や岩石や地中の穴やうつろの樹幹や樹皮下やその他種々建築物等に懸垂せしめられる。成虫は狩猟者で且つ糧食収集者で，昆虫類特に鱗翅目幼虫や生果物の汁液や蜜滴や軟かい植物の芽等を食する。而して幼虫に対して毎日鱗翅目の幼虫を捕え，それを咀嚼して与える。

この科の蜂の大部分は *Polistes* Latreille を以て代表する事が出来，世界共通属である。キアシナガバチ (*Polistes yokohamae* Radoszkowski) (Fig. 1152) 雌，体長20〜25mm，体は黒色，触角は赤褐色で末端を除く上面は黒色，大顋・頭楯・頰・後頭・触角基部間を除く顔面・頭頂の2紋等は黄褐色。頭楯の両側縁はほぼ平行する。胸部は点刻を布し，前胸背板の後縁・中胸背板中央の2縦線・肩板・中胸側板の2紋・後胸側板の1小斑・小楯板・後胸背板・前伸腹節の2縦線と側面の1紋等は黄褐色。中胸側板は4節片に区劃され，前伸腹節は横皺が多い。翅は赤褐色。脚は黄褐色，基節・転節・腿節・中後両脚の脛節上半と第1跗節の外面等は黒色。腹部は各節の後縁と第1背板の2紋等は黄褐色。本州・四国・九州・朝鮮等に産する。セグロアシナガバチ (*P. japonica fadwigae* Dalla Torre) は本州・四国・九州等に最も普通種で，家ののき下等に巣を造る。

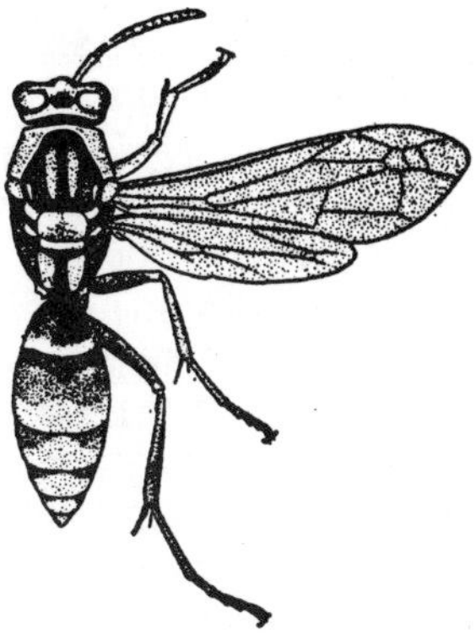

Fig. 1152. キアシナガバチ（矢野）

516. スズメバチ（胡蜂）科

Fam. *Vespidae* (Leach 1815) Stephens 1829

Paper Wasps, Yellowjackets, Hornets 等と称えられている蜂で，中庸大乃至大形，体長9〜17mm，多くは細く，平滑か微毛を装うかまたは有毛，黄色と赤色とからなり黒色または褐色の斑紋や帯紋を有する。頭部は横形で胸部と等幅，頭楯はよく発達し，眼顎部 (**Ocular malar space**) は短かいかまたは長く，大顋は強く有歯。触角はかなり長く且つ細く，微かに曲つている。胸部は腹部と殆んど等幅，後胸前腹板は背前板を欠く。脚は強く，中脚脛節は2距棘を有し，爪は簡単。翅は長く且つ狭く，静止の際に縦に畳まれ，後翅は臀片を欠き，翅脈は外縁に達しない。前翅は3肘室を有する。腹部は無柄で幾分円錐形を呈し，一般に横帯紋を有し，刺針はよく発達し機能的，雄の交尾器の形態によつてこの科の蜂が3群に分類するのに役立つている。

社会棲で，一般に女王と働蜂と雄との3型からなる。雄は無受精卵から生れ，女王はより多く飼われ働蜂より大形，働蜂は雄のみに孵化する卵を生産するが受精能力がない。巣は紙様物質にて包まれ，甚だ大形で，樹木やその他の物体に懸垂するか，あるいは地中に堀られた大きな穴の中に造られる。女王は春期に造巣にかり，それには木質繊維を咀嚼して紙を造るのである。小数の室が完成するとその各々に1個宛の受精卵を産下する。間もなく無脚の幼虫が孵化し，毎日親蜂から昆虫質物と甘物質とを以て養われ，幼虫が成熟するとその室が蓋され，その中で蛹化する。働蜂は雌雄が現われ交尾が行われる迄生産される。若い女王は越年し，翌春新らしい社会群を作る。成虫は種々の昆虫類や肉類や果物類や蜜滴や他の甘物を食物としていて，その為めに果物の罐詰製造者や干果製造者にとつて著しい害を与え，且つ生果物の甚だしい害虫となつている。しかしそれ等の被害は家蠅やサンバエやその他の蠅類や鱗翅目の幼虫やその他類似の害虫を多量に捕獲するので1部分おぎなわれている。

眼顋部（複眼下縁と大顋基部との間の部分）が甚だ狭いかまたはなく，地上で植物に懸垂する巣を造る *Dolichovespula* Rohwer と，眼顋部がよく発達し，大形種で，地上でうつろな樹幹や切り株や穴や陰所等の中に造巣する *Vespa* Linné と，眼顋部が甚だ幅広く，地下に巣を造る *Vespula* Thomson との3属が代表的なもので，本邦からは最後の2属が発見されている。モンスズメバチ (*Vespa crabroniformis* Smith) (Fig. 1153) 雌，体長25mm，体は黒褐色で黄褐色と赤褐色との斑紋を有する。頭部は黄褐色で，頭頂に黒褐色の菱状部を有し，頭楯の上縁と側縁とに接する部分は黒色，大顋の咀嚼縁は黒褐色，触角は赤褐色で柄節の前面黄褐色。前胸背板の大部分・肩板・腹部の第1背板の中央の1横帯等は濃赤褐色，腹部の背板と腹板との後縁には黄褐色の帯紋を有し，その第1節のものは細く第2節以下のものは太く3個所で前縁彎入する。脚は腿節の末端と脛節と跗節とが濃赤褐色。翅は黄褐色を帯び，前縁濃色，翅脈は褐色。体は褐色乃至黄褐色の微毛と毛とで被われ，胸部では比較的密。脚は微毛によつて絹様の光沢を有する。働蜂は小形で体長 20mm にすぎないものがある。全土・樺太・朝鮮・支那等に分布する。スズメバチ (*V. mandarinia* Smith) は本州・四国・九州等に産し，朝と支那等に分布し，樹木の空洞その他に大形の巣を造鮮る。クロスズメバチ (*Vespula lewisi* Saussure) は本州・四国・九州・朝鮮・満州等に分布し，地中に穴を穿ち数巣盤からなる大形の巣を造る。この幼虫は人類の食用に供せられ，罐詰として販売されている。

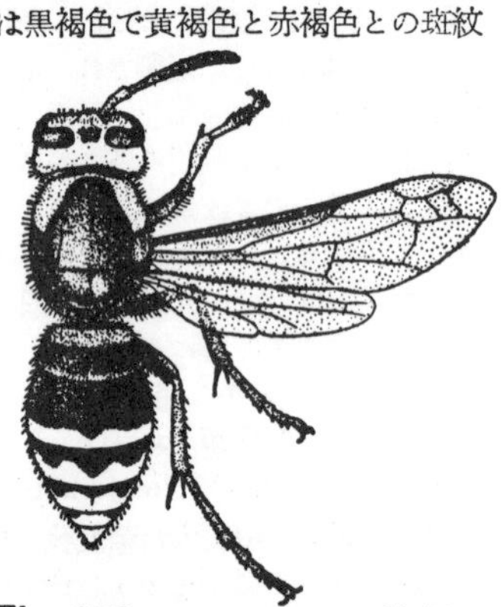

Fig. 1153. モンスズメバチ（矢野）

517. ベッコウバチ（鼈甲蜂）科

Fam. Pompilidae Leach 1819

Psammocharidae Rohwer 1910 は *Pompilus* Fabricius 1796 が *Psammochares* Latreille 1796 より優先的である故に異名となす。Ground Nesting Wasps, Spider Wasps, Spider Hunters 等がこの科の蜂で，小形乃至大形，体長5～40mm，甚だ活潑で，黒色や暗藍色や赤褐色や金属的虹彩を有する鮮明色等で淡色の斑紋を有し，あるものは暗色または虹彩ある帯赤色の翅を具えている。体は平滑で光沢を有するものや有毛のもの等があり，舌は比較的短かく大顋の先端を僅かに越えて延びているのみ。触角は雄では一般に直線で雌では捲施している。前胸腹板は翅の基部迄後方に延びている。翅は長く且つ細く，後脚脛節は2距棘を具え，爪は簡単か1歯を有するかまたは2歯を具えている。翅はよく発達し，透明か曇るかまたは帯赤色で，翅脈は外縁に達しない，前翅は普通1径室と2～3個の肘室を有する。腹部は比較的短かく，亜有柄でその柄部は不明瞭，雌は強力な刺針を具えている。雄は小形で直線の13節からなる触角と7個の腹部背板が認められ，雌は一般に捲施せる (*Ceropales* Latreille 属を除く) 12節の触角と6個の腹部背板が認められる。多くの種類の成虫は花に集まる。

Pompilus Fabricius (=*Psammochares* Latreille), *Planiceps* Latreille, *Pepsis* Fabricius, *Pseudagenia* Kohl, *Priocnemis* Schiödte, *Notocyphus* Smith, *Ceropales* Latreille 等が代表的な属で，本邦からは *Cyphononyx*, *Cryptocheilus*, *Priocnemis*, *Calicurgus*, *Deuteragenia*, *Pseudagenia*, *Anoplius*, *Pompilus*, *Parabatozonus*, *Batozonellus*, *Episyron*, *Aporus*, *Homonotus*, *Xanthampulex* 等の属が発見されている。アカゴシベッコウ (*Pompilus reflexus* Smith) (Fig. 1154) 雌，体長 9mm 内外，体は黒色，脚の転節以下は多少黒褐色，腹部第1節（基部を除く）の大部分・第2節の全体・第3節の基部等は赤褐色。翅は透明で灰褐色を帯び，外縁は多少濃色で帯状を呈し，翅脈は黒色。全体は灰白色の微毛を装い，頭楯・顔面・脚等は同毛を密生し絹様の光沢を有する。腹部の末端は灰黒色の長毛を疎生し，脚は黒色の剛毛を装う。頭楯は幅広く，前縁僅かに彎曲して円味を有し口器と共に黒褐色を帯びる。北海道・本州・九州等に産し，台湾・印度等に分布する。イワタツツベッコウ (*Homonotus iwatai* Yasumatsu) は本邦産中まず最小の種で，本州に分布し，コマチグモの巣に侵入して産卵する。ベッコウバチ (*Cyphononyx dorsalis* Lepeletier) は先づ本邦産中の最大種で，本州・九州等に産し，沖繩・台湾・支那・その他の南方に分布する。

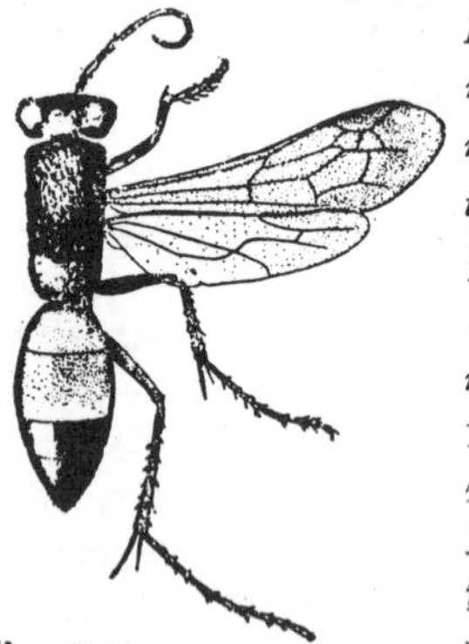

Fig. 1154. アカゴシベッコウ（矢野）

蜜 蜂 上 科

Superfamily *Apoidea* Ashmead 1899

Bees と称えられ，ドイツの Bienen，フランスの Abeilles 等である。小形乃至大形，平滑かまたは有毛で，暗色のものや鮮明色のものがあり更に金属的色彩のもの等があつて，単棲か社会棲で，大部分蜜を貯蔵し，あるいは蜜または花蜜に花粉を混ぜて貯え，更にまた花粉のみを貯えて，幼虫の食物とする。凡てが有翅で，ある社会棲の種類には働蜂と女王と雄蜂との3型がある。雌雄2型は普通で，雄は一般に女王より小さく，屢々合眼的なれど，花粉採集家でなく且つ刺針を欠いている。触角は一般に雌では12節で雄では13節。働蜂の口器は非常に変化し，花粉を集める為めに長くなり，唇舌と中舌とが短かいかまたは長い吸収器を形成し普通舌または口吻と称えられている。頭部と胸部との毛は羽毛状となるものが多く，前胸背板は肩板迄後方に延びていない。脚の転節は1節からなり，女王と働蜂との後脚は多くの種類では花粉を集め且つ運搬に対して特化している。幼虫はC字形に彎曲し，無脚で，皺付けられ，頭部は屢々小さいがよく発達している。彼れ等の食物は蜜または花蜜か花粉かあるいは蜜と花粉との混合物で，それ等は普通必要な場合に使用され得るように貯蔵されるか，あるいはまた規則的に共通源から供給される。

この上科の蜂は農業上最も重用で且つ有益な昆虫で，多くの作物の受精に役立つのみでなく，ミツバチの如き吾人の食糧たる蜜の供給者である。以下の如き科に分類する事が出来る。

1．舌は短かく2葉片を具え，前翅の第2逆走脈は亜中央脈（Subdiscoidal vein）と結合前に外方に向いている……………………………………………………2
　舌は長く尖り，前翅の第2逆走脈は亜中央脈と結合前に曲つていないかまたは外方に向いていない……3
2．前翅は2個の肘室を有し，体毛は短かく疎で，色彩は黒色で黄色の斑紋を有する……Family *Hylaeidae*
　前翅は3個の肘室を有し，体毛は長く密，色彩は黒色で黄色斑紋を欠く………………Family *Colletidae*
3．顔は明瞭な亜触角板（Subantennal plates）を有し，雌とある雄とは有毛の顔孔（Facial foveae）を有する………………………………………………………4
　顔は亜触角板を欠き，雄と雌とは顔孔を欠く………………………………………………………………6
4．前翅の径脈は末端截断状かまたは亜截断状で末端が前縁から離れている……………Family *Panurgidae*
　前翅の径脈は末端尖り前縁に接している……………
5．後翅の臀片は刻目を有し，中後両脚の第1跗節は脛節よりか短く，体毛は顕著でない…………………………………………………………Family *Andrenidae*
　後翅の臀片は著しく狭く刻目を欠き，中後両脚の第1跗節は脛節と等長，体毛は顕著……………………………………………………………Family *Melittidae*
6．雌と多数の雄とは腹部末端の背板上に平たい多少隆起する亜三角形部を有し，雌は一般に尾剛總毛（Anal fimbria)を装う…………………………………………7
　雌と雄とは腹部末端の背板上に亜三角形部を欠き，雌は尾剛總毛を欠く……………………………………12
7．頭楯は辛うじて突出し，大顋は稀れに歪角に切断され，上唇は基部以外が隠れ基部に隆起突起を有し，大顋の後角は複眼の後縁後方に位置する……………8
　頭楯は突出するかまたは大顋が歪角に切断され且つ上唇が現われ，上唇は大形で基部突起を欠き，大顋の後角は複眼の後縁前方に位置する…………………10
8．上唇は頭楯より小形で，大顋から自由となつていない……………………………………………………………9
　上唇は頭楯より大形で，大顋から自由となつている（*Dufourea* Lepeletier）……………………………………………Family *Dufoureidae* Viereck 1916
9．後脚の第1跗節の幅は脛節の幅と等大，前翅の基脈は直線かまたは微かに弧状となる（*Macropis* Kirby, *Ctenoplectra* Smith）……………………………………………Family *Macropididae* Viereck 1916
　後脚の第1跗節は脛節より狭く，前翅の基脈は強く弧状となる………………………Family *Halictidae*
10．雌の後脚脛節は花粉刷器を欠き，寄生性…………11
　雌の後脚脛節は花粉刷器を具え，花粉採集者…………………………………………………Family *Anthophoridae*
11．前翅の模様は高度に特化し，外縁に沿い微細な乳頭状突起からなる幅広の帯紋を有し，毛は大部分前縁に沿うて生じ，後翅の nervellus は長く傾斜し屢々波状または彎曲している。小顋は2～6節。黄色の皮膚からなる斑紋を有しない……………Family *Melectidae*
　前翅の模様は一様に分布され，後翅の nervellus は短かく殆んど直角に曲つている。小顋は6節，黄色や屢々赤色の斑紋を有する………Family *Nomadidae*
12．前翅は2個の肘室を有する…………………………13
　前翅は3個の肘室を有する…………………………14
13．雌の腹部は腹面に密な花粉刷器を有し，若しそれがないときは跗節褥盤がない…Family *Megachilidae*
　雌の腹部は腹面に花粉刷器を有しない，跗節は爪間に褥盤を有する……………………Family *Stelididae*
14．雌の腹部第6背板の末端に1棘を有する。単棲…15
　雌の腹部第6背板の末端に棘を欠く。社会棲……16
15．前翅の第1肘室は第2室より長く，第3室と等長…………………………………………Family *Ceratinidae*
　前翅の第1肘室は第2室より短かい…………………………………………………Family *Xylocopidae*
16．後脚脛節は距棘を具えている…Family *Bombidae*
　後脚脛節は距棘を欠く……………………………17
17．翅脈はよく発達し，径室は甚だ長く，肘室は3個，雌はよく発達した刺針を具えている…………………………………………………………Family *Apidae*
　翅脈は著しく減退し，雌の刺針は退化している（*Melipona* Illiger）……………………………………Family *Meliponidae* Lepeletier 1841

以上の諸科中つぎの15科が本邦に産する。

518. ミツバチモドキ（擬蜜蜂）科

Fam. Colletidae Bingham 1897

Colletid Bees や Plumed Bees 等と称えられ，小形乃至中庸大，有毛で，多くは黒色時に金属色，単棲，幾分蜜蜂に似ている。舌は短かく幅広で末端僅かに2分し，触角は簡単で短かく12～13節，単眼は頭頂上に殆んど直線に位置する。脚は短かく有毛，花粉籃を具え，後脚脛節の大距棘は第1跗節と等長か半分の長さを有し，中脚の跗節は幅広。前翅は1個の径室と3個の肘室とを有する。腹部は幅広く後方に狭まり，第6節が突出している。

この科の蜜蜂類は砂地または粘土質地あるいは稀れに漆食の割目等の中に巣を造り，ときに大群からなる。それ等の孔道は8寸乃至1尺内外で，薄くニカワ質様の早く干燥する液体で塗られ，5～8室に分割され，1個宛上え上えと連続せしめられ，各室に花粉と蜜との混合物が幼虫の食糧として貯えられる。成虫は多種類の花をおとづれ，花の受精に著しい役割を演じている。多くの地方に産するが，濠洲区に最も多く，世界から数百種が発見され，*Colletes* Latreille（全北区），*Paracolletes* Smith（濠洲区），*Megacilissa* Smith（アメリカ）等が代表的な属で，本邦からは最初の1属が知られているのみ。

ミツバチモドキ（*Colletes collaris* Dours）（Fig. 1155）雌，12mm 内外。体は黒色。大顎は赤黒色，肩板は褐色，翅は透明で多少黄褐色に曇り，翅脈は大部分黒褐色で縁紋は橙黄色。頭部と胸部とは黄白色毛を密装し，小楯板から前方の胸背部は更に黒褐色毛を混生している。腹部の第1背板と各腹板とは黄白色毛を装い，第2～6背板は褐色の微毛を装い，第4～6背板は更に黒褐色の長毛を粗生し，第1～5背板の後縁と第2背板の基部とには灰白色の臥毛よりなる横帯がある。頭楯は不規則な縦皺を密布し，頭頂部の点刻は密で微小胸背のものは大で中胸背板上では密となり小楯板上ではやや粗，肩板上のものは微小，前伸腹節基部の三角状部のものは粗大な網目状彫刻となり，腹部背板のものは小さく且つ密で後方の環節に至るに従つて微小となる。雄は黄白色毛が更に長く密となり，黒褐色毛を欠き，腹側は灰白色毛にて被われ，腹部の第1～5節の横帯は完全，第6腹板の後縁に沿う両側には斜凹部がある。雌より小形。本州・九州等に産し，旧北区に広く分布する。

Fig. 1155. ミツバチモドキ（安松）

519. ツヤヒメハナバチ（艶姫花蜂）科

Fam. Hylaeidae Viereck 1916

Prosopidae Kirby 1837 と *Prosopididae* Dalla Torrb 1895 とは異名。尤も後の科名は最も普通に採用され且つ Royal Entomological Society of London から International Commission of Zoological Nomenclature に対して *Hylaeus* Fabricius の属名を排棄する事を申請したものである。しかし *Hylaeus* は1793年の発表で *Prosopis* Fabricius は1804に発表されたものである故に，ここには上記の科名を採用した。

Yellow-faced Bees や Obtuse-tongued Bees 等と称えられているものはこの科の蜂で，微小乃至小形，平滑かまたは僅かに微毛を生じ，多くは黒色で顔面特に雄では白色あるいは黄色紋を有する。口器はごく僅かに特化し，舌は短かく幅広だがある属の雄ではしからず。脚は花粉採集機工を欠き，翅は2個の肘室を有する。雄の腹部は第7と第8腹板とが特別な発達をなし，種類の分類に役立つている。

蜜蜂類中の小さな科で，少数の属からなり，世界各区に分布し，有髄茎内や地中やあるいは建築物の壁の割目等の中に巣を造る。巣中の室は早く干燥する透明の液体を以て塗られ，幼虫の食物たる花粉と蜜との混合液を保存するのに適応している。成虫は特種の臭気を発散する。植物の受精を助けている。*Hylaeus* Fabricius（*Prosopis* Fabricius）や *Hylaeoides* Smith 等が代表的な属で，最初の1属は本邦からも発見されている。

ナガヅツヤヒメハナバチ（*Hylaeus perforatus* Smith）（Fig. 1156）雌，体長7mm 内外。体は黒色。顔面下方の複眼と頭楯とに挟まれた三角状部・頭楯前縁に近い1斑・前胸背板後縁の中央で広く切断されている横斑・前胸背板側面の後方に突出する部分・前脚脛節の基部・後脚脛節の基部約1/3等は黄色乃至淡橙黄色。翅は透明で僅かに褐色を帯び，黒褐色の翅脈と縁紋とを有する。体は灰白色の短微毛を装う。頭部と胸部との点刻は密，腹部には点刻なく光沢強く，後楯板は細密に網目状に彫刻され，前伸腹節基部の三角状部は疎に網目状の彫刻を有する。頭楯と頭楯上部中央部面とは細密の短線状彫刻と粗大且つ顕著な点刻とを有する。本

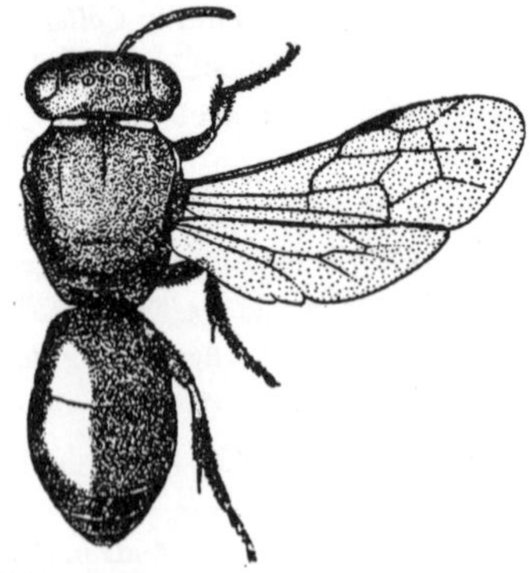

Fig. 1156. ナガヅツヤヒメハナバチ（安松）

州と九州とに産する。

520．コハナバチ（小花蜂）科

Fam. Halictidae (Ashmead 1899) Robertson 1904

Sweat Bees や Flower Bees 等と称えられ，小形乃至中庸大で体長5〜16mm，平滑で氈毛に被われ線条付けられているかあるいはまた点刻付けられ，一般に黒色で黄色あるいは赤色の斑紋を有し，ときに金属的藍色や紫色や青色や真鍮色や銅色の光輝を有する。単眼は頭頂上に弧状に配列され，夕暮や夜間等に活動的な種類では大形。舌は鋭く短かく直線。雌は花粉採集に対しよく発達した機構を具えている。前翅は末端尖る径室と3個の肘室とを有する。腹部は大形，雄では雌より細く且つ長い。この科の蜜蜂は単棲性であるが，社会棲に近より特に *Halictus* Latreille 属に於てしかりで，他の属は普通の孔を造り個々の雌が互に接して造巣する。屢々彼れ等は地中に大きな連続巣を構成し，各室に花蜜と花粉とを幼虫の為めに貯蔵する。

Halictus Latreille, *Augochlora* Smith, *Nomioides* Schenckling, *Sphecodes* Latreille, *Nomia* Latreille, *Melitta* Kirby 等が代表的な属で，本邦からは *Halictus Sphecodes*, *Nomia* の3属が知られている。アカガネコハナバチ (*Halictus aerarius* Smith) (Fig. 1157) 雌，体 8mm 内外。体は銅色で光沢強く，前胸背板の側面・後縁突出部は黄色。上唇・大顋の大部分・触角鞭節の大部分（背面は濃色）・肩板・各脚の腿節末端とそれ以下の各節（脛節では両端を除く大部分は濃色）等は黄褐色。翅は透明で僅かに黄褐色を帯び，外縁部は多少淡黒褐色，翅脈と縁紋とは黄褐色。体は灰白色毛にて被われ，腹部の第1〜4各背板の後縁は灰白色臥毛からなる横帯を有し，第2・3各背板の基部にも同様の毛を密生する。体の点刻は密且小，頭楯と頭楯上方両触角の基部迄の部分とは点刻が少なく光沢が強く前伸腹節の基部背面には細い網目状彫刻を有するが側面と後面とへの移行部には彫刻が無い。雄。上唇・頭楯の前半部・各脚の腿節末端部以下等は黄色，腹部は第5背板の後縁まで灰白色の臥毛からなる横帯があり，第2・第3背板基部の縊れは雌よりも顕著，触角鞭節は長い。体長 6mm 内外。全土に産し，朝鮮・満州・ウスリー・シベリヤ・支那・台彎等に分布する。

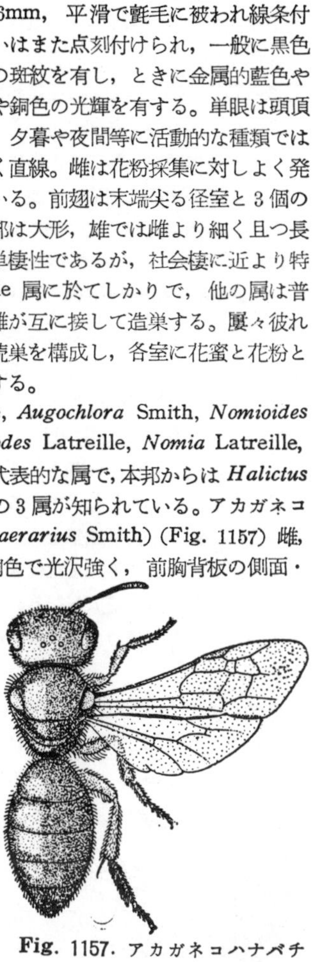

Fig. 1157. アカガネコハナバチ（安松）

521．ヒメハナバチ（姫花蜂）科

Fam. Andrenidae (Latreille 1802) Samouelle 1819

Andrenid Bees, Short-tongued Burrowing Bees, Mining Bees 等と称えられている種類はこの科の蜜蜂で，小形乃至中庸大で体長5〜18mm，多くは金属的黒色で黄色または赤色の斑紋を有し，あるものは帯赤色あるいは帯褐色，幾分ミツバチに似ている。中舌は下唇基節より短く，頭部と胸部とは密毛を装う。後脚は中央部の跗節が大形となりて花粉採集器を具え，脛節は2距棘を具えている。前翅は2〜3個の肘室を有する。単棲か群棲かで，個々の雌は自身の孔と室とを地中に構成し，室の中に花蜜と花粉とを貯蔵する。屢々甚だ大きな群からなり，数千の巣が一所になつている事がある。雌雄共に晩夏から翌春迄巣中に止まり，春に羽出する。蛹もまた冬期間生存する。雌雄は色彩の差と雄が屢々黄色の顔を有する事によつて区別される。ネヂレバネ科の昆虫の寄生の為めに Stylopization の現象が屢々生じ，正常の色彩の反対が現われる。

世界共通のかなり大きな科で，全北区に最も多産で濠洲区に少ない。*Andrena* Fabricius や *Ancyla* Lepeletier や *Psamythia* Gerster 等が代表的な属で，本邦からは最初の1属が発見されている。ミツクリフシダカヒメハナバチ (*Andrena japonica* Smith)(Fig.1158) 雌，体長 13mm 内外。体は黒色，翅は透明で淡黄褐色を帯び外縁は淡黒色を呈し，翅脈と縁紋とは黒褐色。頭頂・中胸背板と小楯板との毛は黒褐色で，他の部分の毛は灰白色乃至淡黄褐色，腹部の第4〜6背板のものは黒褐色のものが多い。全体密に点刻を布し，光沢強く，前伸腹節基方の三角状部には不規則形の強皺を有し，他の部分には顆粒状の彫刻を有する。中単眼の周囲と側単眼の後縁部は深い溝をなす。雄は体長 12mm 内外。全土に産する。

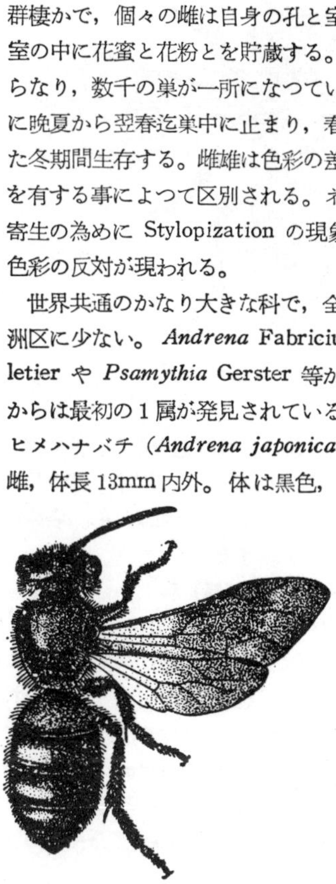

Fig. 1158. ミツクリフシダカヒメハナバチ（安松）

522．ヒメハナバチモドキ（擬姫花蜂）科

Fam. Panurgidae Schenck 1859

ヒメハナバチ科に近似。前翅の肘室は2個，後脚は雌では屢々甚だ強大な花粉採集器を具え，雄では正常。腹部は正常で雌の第5節には横条斑を有しない。舌は正常，体は多毛。*Panurginus* Nylander, *Panurgus* Latreille, *Halictoides* Nylander, *Perdita* Smith 等が代表的な属で，旧北区と新北区とに殆んど凡ての種類が

産し，本邦からは最初の1属のみが知られている。ヒメハナバチモドキ（*Panurginus crawfordi* Cockerell）（Fig. 1159）雌，体長8.5mm内外。体は黒色で腹部は特に光沢がある。翅は透明で淡黄褐色を帯び翅脈と縁紋とは黄褐色乃至褐色，各脚の第2～5跗節と脛節の距棘とは黄褐色。体は黄灰白色毛を装うが腹背では少ない。頭部と胸部との点刻は小さく多少密，頭楯と頭楯上板とでは極めて粗，後楯板と前伸腹節とは鮫肌状，腹部には殆んど点刻がない。複眼の内縁は左右のものが下方に幾分狭まり，顔面は広大，頭楯は左右に曲線を描き前縁中央は著しく彎入しそこから上唇が現われ，上唇はほぼ三角形状に突出し中央基部は多少凹み先端は突起をなす。前伸腹節の基方傾斜面部と後方垂直面部とはほぼ等長。雄は体長6mm内外，頭楯黄色，前脚脛節の内面は黄色，各跗節は黄褐色。本州と九州とに産する。

Fig. 1159. ヒメハナバチモドキ（安松）

523. ケアシハナバチ（毛脚花蜂）科

Fam. Melittidae Schenck 1859

ヒメハナバチモドキ科に近似であるが，前翅の径室末端が前縁に沿うている事と後翅の臀片が小形で刻目を有しない事と体が顕著で且つ脚が多毛である事等によつて区別され得る。*Melitta* Kirby や *Dasypoda* Latreille 等が代表的な属で，本邦からは後の属が発見されている。シロスジケアシハナバチ（*Dasypoda japonica* Cockerell）（Fig. 1160）雌，体長13mm内外，体は黒色で，跗節は黄褐色，脛節の距棘は淡黄褐色，肩板は褐色，翅は透明で淡黄褐色を帯び翅脈は主として褐色，縁紋もまた褐色。頭頂部・腹部の第1節と第2～4各節（基半部を除く）等は長毛で密に被われ，それ等長毛は背面のものが黄白色で腹面のものが白色味が強い。顔面上部と胸背の左右肩板間には黒褐色毛を混生する。腹部各節の後縁に幅広の黄白色毛からなる横帯を有し，第5背板と第3～5各腹板との毛帯は多少灰褐色乃至汚灰黄黒色。第3～5各背板の基半部には比較的短い黒色毛を生じている。各脚の黄白色毛も長く且密で，後脚の脛節と第1跗節との毛は特に長くその内側のものは黄銀色，脛節外側基部に近い部分の毛は多少灰色を帯びる。頭楯は短かく幅広で前縁僅かに広く彎入する。中後両脚の第1跗節は脛節より長く，後脚第1跗節は著しく扁平。本州・九州・朝鮮等の山地に分布する。

Fig. 1160. シロスジケアシハナバチ（安松）

524. キマダラハナバチ（黄斑花蜂）科

Fam. Nomadidae (Fallén 1813) Kirby 1837

中庸大で稀れに大形，微毛または毛を装い，鮮明黄色または屢々赤色の斑紋を有し，他の蜜蜂類の巣中に棲息する。前翅の肘室は殆んど常に3個，径室は前縁にて尖つている。上唇は長く且つ自由，小顋は長い内葉を具え，下唇は長い管状で分割されず末端にサジ状の舌を有し且つ多少長い側舌を具えている。腹部は雌の第6背板は多くは明瞭な中央区劃部を有し，雄の第7背板は自由で中央区劃部を有するかまたは末端縁付けられている。第1跗節は多少強く幅広となり，後脚脛節は2距棘を具えている。世界共通の *Nomada* Fabricius が模式属である。

キマダラハナバチ（*Nomada japonica* Smith）(Fig. 1161) 雌，体長11～13mm，体は黒色で黄色または赤色の斑紋を有する。上唇・大顋の大部分・顔面下部等は黄色，顔面の上部は赤褐色なれど複眼縁は黄色，触角・前胸背板の後縁・肩板・小楯板・後楯板の中央・中胸腹板の両側等は赤褐色，小楯板には不判明な黄色斑がある。脚は転節以下が赤褐色で，基部上方に黒褐色斑がある。腹部は黒褐色で各背節の中央に黄色の横帯を有し，その第1節のものは赤褐色を帯び，第1と第2との各節のものは中央にて切断されているかまたは僅かに接続している。翅は暗褐色を帯び，翅頂近くに淡色斑があり，翅脈は黒褐色。雄，体長8～10mm，顔面黒色で，黄色斑は頭楯の前縁から両側は複眼に接して短かく屈曲する。腹部第1背板の横帯は黄色。全土に分布

Fig. 1161. キマダラハナバチ（矢野）

し，他のハナバチ類に寄生する。

525. ヤドリミツバチ（寄生蜜蜂）科

Fam. Melectidae Schmiedeknecht 1882

キマダラハナバチ科に普通包含されている。しかし体は一般に太く，体の斑紋が臥毛からなり，小顎鬚が普通少節からなる事等によつて一見区別する事が出来る。他の蜜蜂類の巣に寄宿する。世界各区に産し，*Melecta* Latreille, *Crocisa* Latreille, *Epeolus* Latreille, *Melissa* Smith 等が代表的な属で，本邦からは *Crocisa*, *Epeolus*, *Thyreus* 等の属が発見されている。

シロスジヤドリミツバチ（*Epeolus ventralis* Meade-Waldo）(Fig. 1162) 雌，体長10mm内外，体は黒色で，大顎の末端半・触角の柄節・脚等は濃赤褐色を帯び，触角第3節下面の1紋は赤褐色。翅は透明で淡黒褐色を帯び，外縁部は多少濃色を呈し，翅脈と縁紋とは黒褐色。体は小点刻を密布し，殆んど光沢がない。顔面・頭楯・後頬・前胸背板の後縁・中胸側板の上半部・中胸背板の両側縁と後縁と正中線前方の短線とその両側の長縦線・小楯板の後縁・後楯板・前伸腹節基部の両側・腹部第1背板の1対のコ字形紋・第2～4各背板後縁の1対の横斑・第5背板両側・腹部の3～4各腹板後縁両側の1小横斑・各脚基節の1部・前脚腿節の下面・各脛節外側面等は白色の臥毛が密生している。本州・九州・支那・南満州等に分布する。

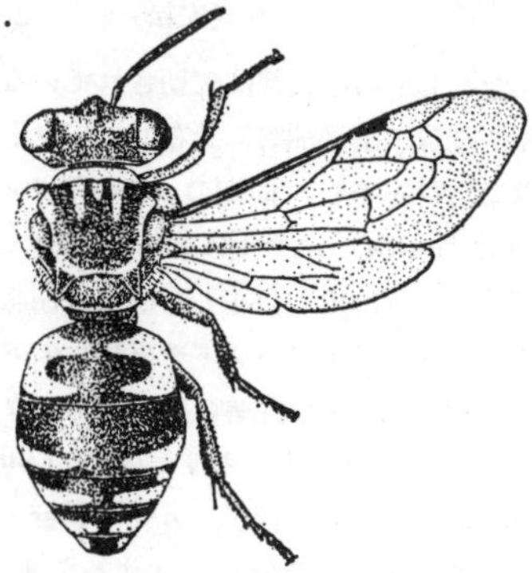

Fig. 1162. シロスジヤドリミツバチ（安松）

526. アオスヂハナバチ（青条花蜂）科

Fam. Anthophoridae Kirby 1837

Podaliriidae, *Emphoridae*, *Euceridae* 等は異名。Anthophorid Bees, Potter Flower Bees, Digger Bees, Hairy Flower Bees, Hairy-footed Bees 等と称えられている類で，太く，ミツバチとクマバチとの中間の大きさを有し，単棲。種々な色彩のものがあるが，屢々帯黄色や灰色や褐色や黒色等で，ときに金属的黄金色や藍色や緑色や銅色等のものがあつて，密毛を装う。頭部は横形で胸部より狭く，単眼は明瞭，触角は短かく，頭楯は凸形で著しく突出し，舌は非常に長く，小顎鬚は6節。下唇鬚は4節。脚は短かく，掃除器はよく発達し，脛節と基部跗節とは密に長毛または短毛を装い，ある種の雄の中脚跗節は各方向に突出する長毛を有し，雌の後脚は幅広の第1跗節を具え且つ屢々橙黄色毛からなる小花粉籃を具え，脛節は2距棘を具えている。翅は透明かまたは曇り，前翅は一般に3個の肘室と附属部のある幅広の径室とを有する。腹部は幅広で，全体有毛かまたは有毛横帯を有する。

この科の蜜蜂類は一般に砂質または粘土質の土堤の中に巣を造り，屢々大群からなる。巣室はときに粘土糊で塗られ蜜と花粉との混合液を幼虫の食料の為めに保持する。ある種類はまた腐敗木の中に造巣する。成虫はムラサキ科・クチビルバナ科・ノウゼンカヅラ科・クマツヅラ科・ナス科・キク科等の花に集まるが，多くの種類はある他の植物に限られている。*Anthophora* Latrielle (=*Podalirius* Latreille), *Eucera* Scopoli, *Tetralonia* Spinola, *Emphor* Patton. *Macrocera* Latreille, *Meliturga* Latreille. *Oxaea* Kluger, *Diphaglossa* Spinola, *Centris* Fabricius, *Tetrapedia* Kluger 等が代表的な属で，本邦からは *Eucera*, *Tetralonia*, *Anthophora* 等の属が知られている。

シロスジハナバチ（*Anthophora florea* Smith)(Fig. 1163) 雌，体長13～17mm，体は黒色で，頭楯の前縁横線と中央縦線とそれに接続する顔面中央の三角斑・上唇の基部を除く大部分・大顎の外縁等は黄白色。頭部と胸部とには軟毛を密生し，背面の毛は黄褐色であるが側面と腹面とに至るに従つて帯褐白色となる。脚は脛節の外面と前脚腿節等に帯褐白色毛を密生し，その他には黒色毛を生じている。腹部は第1～4の各背板の後縁と第5背板の外側とに帯褐白色の短毛を密生し条斑をなし，第5背板の中央部には褐色毛を生ずる。雄はほぼ雌に類似するが，頭楯の両側にある黒色小斑を除いた全部とそれに接する顔面・上唇・触角柄節の外側等は黄白色。本州・九州等に分布する。シロスジヒゲナガバチ（*Eucera difficilis* Pérez）は前翅の肘室が2個で雄の触角が甚だ長いので他の種類と異なつている。本州産で，同属には更に腹部に帯紋を殆んど有しない種類がある。

Fig. 1163. シロスジハナバチ（矢野）

527. ハキリバチ（葉切蜂）科

Fam. Megachilidae (Latreille 1802)

Kirby 1837

Leafcutting Bees や Megachilid Bees 等と称えられ，ドイツの Bauchsammler や Blattschneiderbienen 等である。多くの種類は単棲，中庸大乃至大形，有毛で幾分ミツバチに類似するが，一般に強大で暗色，普通黒色かまたは金属的暗藍色や紫色やまたは緑色で，白色や黄色や褐色やまたは帯赤色の毛を装う。頭部は大形で屢々胸部と等幅，触角は膝状で短かく，単眼は三角形に配置され，口器はよく発達し，上唇は甚大，舌は細長く，大顋は太く長く鋭いかまたは末端の方に幅広となり，屢々有歯。小楯板は大形。脚は長く有毛，ある雄の基節は有歯，花粉採集器を欠く。前翅は2個の肘室を有する。腹部は無柄，雌は腹面に鮮明色の花粉刷器を有するがある属にはこれを欠く，雄の尾端節は刻み目を有し且つ時に歯状となる。

この科の昆虫の習性は広範囲に亙るが，*Megachile* 属のものは巣を腐敗木に孔を造りその中や樹木の孔の中やうつろな茎中や漆食の中や土中等に造る。しかして室はバラや他の植物の葉から切り取つた楕円形の小片と環状片とて裏付けるが，楕円片は室の側部に環状片は室の区劃に用いられている。室は末端に順次1個宛連続せしめられ，大体10～12個が1組となつて構成される。各室には花蜜と花粉とからなる糊状物質が貯蔵され，それに1卵が産下される。花粉は腹部腹面の花粉刷を以て運搬される。葉の切り取りは著しく短時間に大顋によつて行われる。ある種類はアザミの種子の冠毛や種子綿や他の植物繊維等を以つて室の裏付をする。室は粘土によつて造られるものや植物の脂質物を以つて造るもの等がある。

最小のものは体長僅かに 3.5mm 内外で，最大のものは 27mm 内外である。*Megachile* Latreille, *Osmia* Panzer, *Ashmeadiella* Cockerell, *Anthidium* Fabricius, *Dianthidium* Cockerell 等は重用な植物受精者で，*Dioxys* Lepeletier, *Lithurgus* Latreille 等は *Anthophora* Latreille や *Megachile* や *Chalicodema* Lepeletier その他等の巣中に棲息する。本邦からは *Lithurgus*, *Anthidium*, *Euaspis*, *Osmia*, *Megachile* 等の属が発見されている。

バラハキリバチ (*Megachile nipponica* Cockerell) (Fig. 1164) 雌，体長13mm 内外。体は黒色で，肩板は褐色。翅は透明で僅かに灰色を帯び，外縁部はやや濃色。翅脈は褐色。頭部と胸部とは淡灰黄色の軟毛を密生し，同毛は腹面に至るに従つて灰白色となる。腹部第1背板の大部分と第1～5背板の各縁とは淡黄灰色の軟毛を装い，第3～5背板のその他の部分は黒色毛を装う。腹部腹面の花粉刷毛は黄白色であるが，最後の2節上では黒色。脚は淡黄褐色の短毛を密生し，後脚跗節内面の毛は褐色。雄，体長12mm 内外。脚は黒褐色，腹部の第2～4の各背板基部は灰白色乃至黄白色の臥毛が密生し，第6背板は中央部に高い1横隆起線を有しその中央部は欠切されている。本州・四国・九州・朝鮮・南満洲等に分布し・バラその他の葉を切つて営巣材料とする。同属のオオハキリバチ (*M. sculpturalis* Smith) は全土に産し，沖縄・台湾・朝鮮・南満洲・支那等に広く分布し，成虫は樹脂を集めて営巣する。マイマイツツハナバチ (*Osmia orientalis* Benoist) は本州・四国・九州等に産し，カタツムリの空殻中に営巣する。ハラアカハキリヤドリ (*Euaspis basalis* Ritsema) は本州・四国・九州・朝鮮・南満洲・台湾・支那・ジャワ等に分布し，オオハキリバチ (*Megachile sculpturalis* Smith) の巣に寄生する。キホリハナバチ (*Lithurgus collaris* Smith) は北海道・本州・南満州・沖縄・台湾等に分布し，樹幹等に穿孔して営巣する。

Fig. 1164. バラハキリバチ（安松）

528. トガリハナバチ（尖花蜂）科

Fam. Stelididae (Schenck 1859)

Schmiedeknecht 1882

普通ハキリバチ科に包含せしめられているが，腹部腹面に花粉採集刷毛を欠く事によつて明かに区別する事が出来る。ドイツでは Kuckucksbienen と称えられ小形乃至大形，頭部は大形で幅広，単眼は三角形に位置する。前翅は2個の肘室を有し，径室末端は前縁から離れている。体は一般に粗彫刻を有し，腹部の末端背板は雌では大形で屢々1中縦隆縁を有し雄では一般に後縁凹むかまたは歯を具えている。世界に分布

Fig. 1165. トガリハナバチ（矢野）

し，*Stelis* Latreille や *Coelioxys* Latreille 等が代表的な属で，本邦からは後の属が発見されている。トガリハナバチ (*Coelioxys fenestratus* Smith) (Fig. 1165) 雌，体長22～24mm，体は黒色。翅は末端 2/3 が紫紺色の光沢を有する黒色で，翅脈は黒色。頭頂から頭楯に至る全面は黄褐色の短毛を密装し，頭部の残部・胸部・脚・腹部の基部等は黄褐色の短毛を疎に装い，腹部各節の後縁は灰白色の短毛が生じている。頭部と胸部とは粗大な点刻を有し，腹部は光沢強く点刻は各節前方のものが小さく後方に至るに従つて多少大きくなり，尾端は鋭く尖つて突出している。雄は体長14～18mm，尾端に3対の歯状突起を具え，腹部の第4～5各腹板の後縁は中央深く凹入しその周囲に黄褐色毛を密生する。本州と九州とに産し，オオハキリバチの巣に寄生する。

529. クマバチ（熊蜂）科
Fam. Xylocopidae (Lepeletier 1840) Shuckard 1859

Carpenter Bees, Wood Bees, Xylocopids 等がこの科の蜜蜂で，中庸大乃至大形，一般に密毛を装い，強太，黒色または金属的暗藍色あるいは緑色で，あるものは帯白色または黄色の軟毛を装い，稀れに黄色のものや雌が暗色で雄が帯黄色のもの等がある。頭部は横形，触角は膝状で比較的短かく，大顋は2～3歯を具え，上唇は短かいか長くて大きな自由突出部を具え，複眼は雄では雌のものより大きく且つ左右近より，単眼は三角形に位置し，夜間活動性のものでは大きく，舌は長い。脚は太く且つ甚だしく有毛，前・中両脚の脛節は1距棘を後脚のものは2距棘を具え密毛を装い，後脚の第1跗節は幅広で甚だしく有毛，花粉採集器はない，翅は細長く，屢々曇り且つ虹光を有し，前翅は長い径室と3個の肘室とを有する。腹部は大きく無柄。

幾分マルハナバチ類に似ているが，毛が少なく，より扁平で，体長 13～35mm で蜜蜂類中最大のものである。彼等は乾木中や稀れにうつろな茎中に巣を営み，種類によつては特別の樹種を撰ぶ性質を有する。孔は屢々大形で1尺またはより長く，室は上へ上へと造り，各室に蜜と花粉とを貯え1卵を産下する。垣木や構造木等に穿孔し，時に大害を与える。*Xylocopa* 属では雄は触角が13節，後脚脛節の距棘が1本，腹部背板が7個，大顋末端の歯が2個であるが，雌は触角が12節，後脚脛節の距棘が2本，腹部背板が6個，大顋末端の歯が2本で更に上縁に2本。成虫は室の中で越冬するものがあり，日中や夜間等に活動性で多くの花を訪れる。

少数の属からなり約350種類が発表され，大部分の種類は熱帯産である。*Xylocopa* Latreille, *Mesotrichia* Wsetwood 等が代表的な属で，前者は殆んど世界共通だが後者はアフリカに限られている。クマバチ (*Xylocopa appendiculata circumvolans* Smith) (Eig. 1166) 雄，体長20～24mm。体は黒色で，脚端は黒褐色。頭楯はその上方の三角斑・大顋基部の小三角点・触角柄節の前面等は淡黄色，触角鞭節の前面は多小黄色を帯びる。翅は帯黒色で紫紺色の光沢を有し，翅脈は黒色。頭部・胸部の下面・腹部・脚等は黒色乃至黒褐色の長毛を密生し，頭頂と腹背との毛は比較的短かく，腹背は平滑で光沢ある皮膚が見え，胸背と中胸側とは黄色の長毛を密生し，中胸の中央部の毛は黒褐色を帯び円形斑を呈する事がある。雌は頭部の黄色斑が全然なく，顔面の両複眼間は幅広く，大顋は強大。本州・四国・九州等に分布し，木材や枯枝等に長い穴を穿つて巣を造る。

Fig. 1166. クマバチ（矢野）

530. ヒメハナバチ（姫花蜂）科
Fam. Ceratinidae (Latreille 1902) Ashmead 1899

Ceratinid Bees や Small Carpenter Bees 等と称えられ，小形で体長 3～12mm，普通毛を疎生し，暗色であるかまたは藍色か紫色か緑色等の金属色を有する。触角は短かく幾分棍棒状，舌は長く，大顋は強く3歯を具えている。脚は短かく強く，花粉採集器を欠く。翅は透明かまたは幾分曇り，縁紋はよく発達し，径室は末端円く，肘室は2～3個。腹部は基部微かに狭まり，第6節が現われている。単棲で，ヨシやアシやその他の植物のうつろな茎の中または枝の中等に巣を造り，髄部を取り除いて室の1組を造り，各室に花蜜と花粉とを貯え，各室のしきりは木髄や植物繊維を以て作る。卵は各室に1個宛産下され，幼虫の発育成熟は室の底部に於て行われ，成虫は上端の区劃を食い破り若成虫の出てくるのを待つて，それと共に外部に飛び去る。温帯では年2回の発生で，第2世代の成虫は巣室内で越冬し翌春羽出する。何れも植物花の受精に役立つている。世界に広く分布するが，むしろ小さな科で，*Ceratina* Latreille (= *Clavicera* Latreille) や *Allodape* Latreille や *Exoneura* Smith 等が代表的な属である。本邦からは最初の1属が発見されている。

キオビヒメハナバチ (*Ceratina flavipes* Smith) (Fig. 1167) 雌，体長 9mm，体は黒色で光沢強く，頭楯の前縁から中央に亙る斑紋・その両側の小点と上方の三角点・その外側にある小点・単眼前の小点・前胸背板両側の点斑・肩板・中胸背板の1対の縦条・小楯板の三角紋・腹部の第1と第2との背板の両側斑・第3～5の各背板の後縁にある横斑・前脚脛節の外側の縦条等は黄色，黄色斑は個体によつて大小があり且つ時に消失する。脚端は黒褐色。翅は透明で僅かに黄色を帯び，翅脈は黒色。全体灰白色の短毛を疎生し，脚の毛は黄褐色を帯び多少密。雄は頭楯・その両側と上方・上唇・大顋の基部・脚の脛節と跗節等は黄色，胸部と腹部との黄色斑は雌と同様。北海道・本州・九州等に分布する。

Fig. 1167. キオビヒメハナバチ（矢野）

531. マルハナバチ（円花蜂）科
Fam. Bombidae (Lepeletier 1836) Kirby 1837

この科名は *Bremidae* となすのが正当である。それは *Bremus* Panzer 1801 が *Bombus* Latreille より1年前に発表されている故である。しかし International Commission of Zoological Nomenclature が *Bombus* が永い間一般に採用されて来た事によつて *Bremus* を除く事にしたのである。Humblebees や Bumblebees や Carder Bees 等と称えられているものを包含し，ドイツの Hummeln やフランスの Bourbons がこの科の蜜蜂である。蜜蜂類中ミツバチに次いで最も興味多き蜂で，彼等の勤勉は稀有で，よく熟練された職工の熱心と効率とを以て作業をなしとげる。中庸大乃至大形で体長 9～30mm，強太で，蜜毛を装い，黒色や白色や黄色や橙黄色や赤色等の毛で雑色。頭部は胸部より狭く，複眼はむしろ長く，単眼は頭頂上に殆んど1直線に配置され，触角は膝状で雄では雌より長く，舌は長く有毛，大顋は大形で末端が円いかまたは割れている。脚は雄では細く雌では太い。雌の後脚脛節は幅広で扁平平滑となり2距棘を具え，外面は長縁毛を密装し，第1跗節は長楕円形で末端に太い1歯を具え縁と内面とに短剛毛を列し花粉籃を形成している。翅は長く，3個の肘室を有し，その第2室は彎曲し且つ基部の方に尖つている。社会棲で，3型からなる大群として生活し，女王は甚だ大形，職蜂は種々の大きさで屢々充分小形となり，雄は前両型の中間形である。

受精した大形の女王は樹木の空洞内や塵芥中や地中等で越冬し，翌春現われ，鼠類の古巣の中に適当な個所を求めあるいは自身穴を造り，花粉や花蜜を集め且つそれ等を貯蔵し新社会群に対して作業し始める。充分な食物が畜積されると，その糊状物上に産卵し，幼虫が孵化しその糊を食してそだち，女王は幼虫の為めに室を備えない。最初の幼虫が発育しつつある間に女王たる母親は巣に食物を貯える且つ産卵を続ける。甚だ小さな職蜂が直ちに現われ初め，巣に対しての新生活が生ずる。その職蜂は巣穴を大きくし，食物を集め，子孫の室を造り，かくして女王は産卵以外の凡ての義務から開放される。巣は速かに次から次へと構成され，大形となり，直径8寸乃至1尺内外となりワラやまた乾燥植物の小切等で裏付けられ1個またはより多数の入口を具えている。室は大部分子孫の為めのもので，各室は1疋または数疋の幼虫を有するが，あるものは花粉が貯えられ他のものは蜜が貯蔵される。そこには普通大形と小形との職蜂がある が，越年女王と等大のものはない。雌雄は対に現われて交尾し，雄と職蜂とは冬が近づくにつれ漸次に死し，受精女王が樹皮の下や古い穴やまたは樹木の空洞等に越冬個所を求める。

この科の蜜蜂 *Bombus* は甚だ長い舌を具えている為めにクローバーやアルファルファやその他普通の蜜蜂類が達し得ない他の花等を受精せしめ得て，かくの如き作物の種子生産に著しい役割をはたしている。他の属 *Psithyrus* Lepeletier は False bumblebees と称えられ，マルハナバチの巣に寄生し，屢々女王を殺し，宿主の卵の代りに産卵し，マルハナバチの職蜂が室に食物を運び，それによつて寄生者の幼虫が成育する。全北区に広く分布し且つ熱帯の高山地帯にも産する。本邦からは *Bombus* と *Psithyrus* との両属が知られている。

Fig. 1168. マルハナバチ（矢野）

マルハナバチ (*Bombus speciosus* Smith) (Fig. 1168) 雌，体長 15～20mm，体は黒色，脚は黒褐色を帯び末端

の方に褐色，翅は透明で帯褐色を呈し黒褐色の翅脈を有する。体は長軟毛を密生し，中胸前部の横帯と腹部第2背板との毛は淡黄色で，腹部の第4～6の各背板の毛は黄褐色，その他の毛は殆んど黒色。口部の附近・脚の脛節端・前・中各脚の跗節の第1節中央から末端・後脚跗節全部等に淡褐色の短毛を生じている。雌，体長18～23 mm，脚の跗節第2節以下は褐色。翅は透明で僅かに灰色を帯び外縁灰色で翅脈は黒褐色。顔面全部は黄色と灰褐色との毛を混生し，口部は褐色の長毛を装う。後頭・胸部・腹部等は長軟毛を密生し，頭部・中央部を除いた胸背部全体・腹部第1第2両背板等の毛は黄色，胸部の中央を横走する部分と腹部第3背板との毛は黒色，腹部第4～6の各背板の毛は赤褐色。体の腹面の毛は淡黄色を帯び，脚の基部から腿節の中央までの毛は黄色でそれ以外のものは灰褐色乃至赤褐色。全土に産し，朝鮮・南満州・北支那等に分布する。ニッポンマルハナバチヤドリ（*Psithyrus norvegicus japonicus* Yasumatsu）は本州の山地に産し，マルハナバチの巣に寄生する。

532. ミツバチ（蜜蜂）科

Fam. Apidae (Latreille 1802, Leach 1815) Somouelle 1819

Honeybees と称えられ，ドイツの Honigbienen である。この科は世界によく知られている且つ4000年以前から人類に役立つているミチバチを包含している。体長8～21 mm，多くのものは黒色かまたは褐色の蔭影を有し，密毛を装う。頭部は胸部と等幅，複眼は楕円形で有毛，単眼は頭頂に三角形に配置され，頭頂は長く，舌は長く，小顎鬚は1節，下唇鬚は4節。翅は長く且つ狭く，前翅は狭い径室と3個の肘室とを有する。脚は太く，前・中両脚の各脛節は1本の末端棘を具え，後脚脛節は平滑で扁平且つ長縁毛を装い，同毛は花粉籃の側部を構成し，後脚の第1跗節は幅広で長縁毛を装い内面に短剛毛の数列を生じている。腹部は亜楕円形で，一般に体の他部より毛が少く，第6節は現われよく発達した彎曲せる微歯を装う刺針を具えている。

この科の密蜂は臘室からなる巣を形成し，その巣は空洞の樹木や洞穴や壁または岩石の穴等の中に懸垂されたり中に構成されたりする。巣の各室の大さは各型の幼虫や蛹に適応する様に造られ且つ食物たる蜜と花粉との貯蔵に適する大さである。幼虫は日々飼われ，老熟すると絹糸質物でそれ等の室が閉ざされる。

成虫は女王と雄蜂と職蜂との3型があつて，職蜂は各社会群の大部分を占め数千疋からなり，棲息個所の支度や造巣や食物の採集と支度や幼虫の養育や群の防禦等の仕事にたずさわり，営巣の種々な用途の為めに腹部腺から臘質物を分泌し且つ樹脂を採集する。社会群は既成巣の中に年々連続して棲息し且つ新社会群が群飛によつて形成される。群飛は1女王が職蜂に供われて親の巣から去り他の個所に新群を作る。

Fig. 1169. ミツバチ（矢野）

この科の蜜蜂は *Apis* Linné 属に属し，採蜜用として飼養されているものは *A. mellifera* Linné で，これには種々な品種がある。その中主なものは italian, caucasian, carniolan, german 等である。本邦の野生種は *Apis indica japonica* Radoszkowski (Fig. 1169) とと *A. indica nigrocincta* Smith と *A. indica peroni* Latreille との3種が発見されている。第1種は腹部が全部黒褐色，第2種は腹部各節が黄褐色帯を有し，第3種は腹部の基部2～3節が黄褐色で末端黒褐色を呈する。

幼虫の分類

膜翅目の幼虫の研究は現在甚だ不完全で，しかも各科に属する種類の中少数のものが欧州と北米とで研究されているのみである為め，総括的に索引表として示す事は全く不可能である。しかしある程度のものは Brues and Melander のものによつて明かにする事が出来る様である。以下にそれを記述する事とした。

1．体は蠋虫形 (Fig. 1062, 1064) で普通色彩斑紋を有し，胸脚は一般によく発達するが時に著しく退化し，頭部は他の部分より著しく幾丁質化，腹脚は屢々発達しているがある類では完全に欠けている。もつとも体の外観は常に蠋虫状である。触角と鬚とは殆んど常に存在し1節以上の環節からなり，大顎は強く殆んど常に1個以上の歯を具え，単眼は屢々存在する。消食系は体を通して存在するがある場合には多分然らず。幼虫は一般に自由生活者で，植物上に在つて食を求めるか，植物組織中に穿孔するか，または時に虫癭を形成し，ヤドリキバチ科のもののみが寄生性である………………………………… Suborder *Symphyta* ……………… 2

体は無脚で色彩斑紋を欠き，囲幼虫型 (Coarctate type)。頭部は強く幾丁質化せず，口器と触角とは退化し，鬚は軟く乳房突起状，触角は軟く無節，大顎は弱体で1末端歯より多数の歯を決して具えていない，単眼はない。消食系は中腸と後腸とが各閉ざされて連続していない。*Terebrantia* のある群とある寄生蜜蜂類では過変態が行われ，その第１齢虫はトビムシ型で大形の大顎を具えている。幼虫は自由生活者でない，もつとも過変態形のあるものの第１齢虫はしからず，寄生性か擬寄生性かまたは親の貯蔵せる食物によつて生活するか更に又社会棲のものでは職虫によつて飼われ，ときに虫癭を形成する……Suborder *Apocrita*……………………………………………………………30

2．尾毛は明瞭な有節附属器として存在する…………3
　尾毛はないかまたは無節の痕跡物として存在する……………………………………………………………4

3．尾毛は多数節からなり棘状，幼虫は植物の葉を外部から食する。
　a．単眼は触角の方に下で且つ側方にある(Fig. 1045)……………………………………Family *Pamphiliidae*
　b．単眼は触角の下で且近くにある……………………………………………… Family *Megalodontidae*
　尾毛は２節，幼虫はシダ類の葉柄内に潜入する………………………………… Family *Blasticotomidae*

4．腹脚は存在し，よく発達し明瞭に有節，もつとも少数の潜葉性のものを除く……………………………… 5
　腹脚はない。決して潜葉性でなく，植物を外部より食するか，茎または樹木中に穿孔するか，他の昆虫の内寄生性である……………………………………26

5．腹脚は10対で各腹節に１対宛存在し，触角は６節または７節………………………………Family *Xyelidae*
　腹節は６～８対，もつとも潜葉性や虫癭形成性のものでは減退するかあるいは全然ない。触角は５節またはより少数節…………………………………………… 6

6．胸脚は正常形で５節からなり，若し少数節の時は常に２爪を具えている。腹脚は一般によく発達する…7
　胸脚は肉質で不明瞭に４節からなり爪を欠き，腹脚は痕跡的，幼虫は潜葉性………………………………………………… ある *Heterarthrinae*, *Tenthredinidae*

7．腹脚は腹部の第２～８の各節と10節とに存在し，触角は長く普通５節からなる………………………… 8
　腹脚は腹部第８節にないか又は第７と第８との両節にない。若し第８節にある場合は触角が１節か２節からなる……………………………………………………18

8．胸脚は５節…………………………………………… 9
　胸脚は４節……………………………………………17

9．腹部第３節の背面は横溝によつて６部分に分割されている……………………………………………………10
　腹部第３節の背面は６部分より多いか少なく分割されている……………………………………………………13

10．触角は内錐形で５節からなる……………………11
　触角は円錐状でなく３節からなり，第３節は垂直となり小抗状 (Fig. 1062)……………………………………………………… 多くの Family *Diprionidae*

11．上唇は両側が対称的，胸脚の脛節は腿節より短かく，爪は短かく強く曲つている……………………12
　上唇は明かに不対称的，脛節は腿節より長く，爪は細長く微かに彎曲する……………………………………………… *Heterarthrinae*, Family *Tenthredinidae*

12．体はむしろ太く全長等幅で明瞭な小顆粒を有し，第10腹環節は一般に上面に種々の小顆粒突起を有する………ある *Blennocampinae*, Family *Tenthredinidae*
　体はむしろ細長く後方に細まり明瞭な小顆粒または突起を有しない…………………………………………………………ある *Emphytinae*, Family *Tenthredinidae*

13．腹部の第３節は背面７区に分劃され，体には明瞭な有枝棘または顆粒がない……………………………14
　腹部の第３節は背面５区，稀れに３または４区に分劃され，体には明瞭な有枝棘または顆粒を有する………………ある *Emphytinae*, Family *Tenthredinidae*

14．触角は短かく１節，上唇は１対の縦線によつて３区に分劃されている (Fig. 1046) …Family *Cimbicidae*
　触角は５節，上唇は１対の縦溝を有しない………15

15．腹脚は剛毛を装い，頭楯は両側に各３剛毛を有し，上唇は中央に１縦凹圧部を有しない…………………………………… ある *Selandriinae* と *Emphytinae*, Family *Tenthredinidae*
　腹脚は剛毛を欠き，頭楯は両側に各３剛毛を生じ，上唇は中凹圧部を有するかしからず…………………16

16．胸脚の脛節は腿節より明かに短い……………………… ある *Selandriinae*, Family *Tenthredinidae*
　脛節は一般に腿節と亜等長かまたはより長い……………… *Tenthredininae*, Family *Tenthredinidae*

17．前胸と中胸と末端腹節とは背面後方に狭まつていない…… ある *Emphytinae*, Family *Tenthredinidae*
　体はかくの如くでなく，屢々後方に狭つている(Fig. 1057, 1058)……………………………………………… ある *Heterarthrinae*, Family *Tenthredinidae*

18．胸脚は５節……………………………………………19
　胸脚は６節か，または第１脚は4節で他は3節 (Fig. 1049)……………………………………Family *Argidae*

19．尾脚は存在し，屢々左右癒合して１中突起となつている……………………………………………………20
　尾脚はない……………………………………………25

20. 尾脚は1対として存在し，触角は3～5節………21
尾脚は左右癒合し，触角は1節……………………………………*Scolioneurinae*, Family *Tenthredinidae*

21. 触角は5節，末端腹節は背面に数突起を有する…………ある *Holplocampinae*, Family *Tenthredinidae*
触角は4節，稀れに3節，末端腹節は突起を欠く……………………………………………………………………22

22. 腹部の最初の7節は腹面に各1返転腺を具え，体は屢々多数の顕著な剛毛を装う…………………………23
腹部腹面に返転腺を欠き，体は決して顕著な剛毛を装う事がない…………………………………………………24

23. 体は多数の顕著な顆粒を装い，各顆粒は長さの異なる数本の剛毛を生じ，それ等の毛は検微的短枝を有する。幼虫は植物の葉を外部から食する…………………………………………*Cladiinae*, Family *Tenthredinidae*
体は普通有毛顆粒を欠き，顆粒は1本以上の剛毛を生じていない。幼虫は屢々捲葉性かまたは虫癭形成性である…………*Nematinae*, Family *Tenthredinidae*

24. 触角は4節，第3腹節は5区に分割されている…………ある *Hoplocampinae*, Family *Tenthredinidae*
触角に1節，第3腹節は3区に分割されている (*Acordulecera*) ………………… ある Family *Diprionidae*

25. 触角は3節，第3腹節は4区に分割され，体は扁平でない。幼虫は外部から食するかまたは果物や葉柄等の内に穿孔する……………………………………………………………… *Hoplocampinae*, Family *Tenthredinidae*
触角は1節または2節，第3腹節は2区に分割され，体は扁平。幼虫は潜葉性………………………………………………*Fenusinae*, Family *Tenthredinidae*

26. 胸脚は大きくよく発達し明瞭に環節付けられている。群棲で葉を食する………………Family *Pergidae*
胸脚は痕跡的で不明瞭に環節付けられているかまたは完全になく，腹部は一般に末端に1棘状突起を具えている……………………………………………………27

27. 単眼は存在し，触角は4節かまたは5節，尾毛は微小の1節からなる附属器として存在し，胸気門を有し，胸脚は甚だ小さく不明瞭に環節付けられている (Fig. 1064) ………………………… Family *Cephidae*
単眼はなく，触角は3節かまたはより少数節，尾毛は全然ない………………………………………………28

28. 触角は3節。幼虫は木に穿孔する……………………………………………………Family *Xiphydriidae*
触角は1節のみ…………………………………………29

29. 後胸気門は大形で機能的，腹部は尾端に1棘を具えている。木に穿孔する …………Family *Siricidae*
後胸気門は痕跡的で不機能的，腹部は末端に棘を欠く。樹木に穿孔する幼虫に寄生する…………………………………………………………… Family *Orissidae*

30. 他の昆虫の卵か幼虫か若虫か蛹か等に内寄生性…31
自由生活性で，他の昆虫やクモ類やその他，または植物質物等を外部から食し，時に虫癭中や特別に構成された室または巣の中で食を求める…………………32

31. 卵寄生性…………種々の *Chalcidoidea*, ある *Serphoidea* 特に Fam. *Scelionidae*
昆虫の若虫か幼虫かまたは蛹あるいは稀れに成虫等に寄生する…………………*Ichneumonoidea*, 多くの *Chalcidoidea* 及び *Serphoidea*, その他 *Ibaliidae*, ある *Figitidae*

32. 植物組織内に形成された虫癭中に生活する………………………Family *Cynipidae* とそれに寄生するある Family *Figitidae*, 少数の *Chalcidoidea*（ある *Eurytomidae* と少数の Family *Perilampidae*)
虫癭中に生活しないもの……………………………33

33. 昆虫類の幼虫あるいは成虫かまたはクモ類等の体に外部寄生性で，宿主の皮膚を切開した孔から体液を吸収し，時に内部に入る………………………………34
昆虫類やクモ類の体に附着して外部より食を求めないもの………………………………………………………35

34. 食物たる昆虫とそれを食するものとが室か穿孔か穴洞等の中に生活するもの，その際食物たる昆虫が正常に棲息する処で，それ等の昆虫が他のものによつて寄生されたりして移動しない個所に棲息するもの………
多数の下等 *Vespoidea*(Families *Scoliidae*, *Tiphiidae* その他), *Dryinidae*（浮塵仔に寄生), *Rhopalosomatidae*, *Pelecinidae*, *Bethylidae*
食物たる昆虫またはクモ類とそれを食するものとが穴洞や穿孔やまたは母蜂によつて刺された食物を置く様に特別に構成された室の中に生活するもの。巣室は個々で若し数室が1所に附着している場合は各室が食料で満たされた後に閉ざされてその後親の注意を受けないもの……単棲の蜂……*Sphecoidea* と大部分の非社会棲 Family *Vespidae*

35. 単棲性で，蜜と花粉とを貯蔵されている特別に構成された室内に生活するもの。それ等の室は一般に単独であるが，若し小群となつている場合には各室が食料が満たされた後に閉ざされ1幼虫のみが生活している…*Apoidea*, 少数の Family *Vespidae*（*Masaridinae*)
社会棲性で，多数の社会公共巣室内に生活し，同種の成虫の蟻や蜂や蜜蜂等によつて附添われている…36

36. 紙質から造られている六角形の室内に生活し，附添

蜂によつて咀嚼された昆虫食を以つて飼われているもの……………………………社会棲 Family *Vespidae*

紙質からなる六角形の室内に生活していないもの……………………………………………………………………37

37. 巣は臘質物によつて構成され，屢々土または他の物質を混じている。かくの如き巣に生活するもの………………………社会棲……………………………………………38

巣は土中や樹枝中やまたは他の種々な個所に造られ，時に紙質物質または絹糸を包含したものから造られているが，決して六角形室を形成していない。かかる室内に生活するもので，体は普通ある簡単かまたは鈎状かあるいは他に変化した剛毛を装う……………………………………………………………Family *Formicidae*

38. 巣室は横断面が六角形………………Family *Apidae*

巣室は横断面が円い……………Family *Bombidae*

XXXII 雙　翅　目

Fam. Order *Diptera* Linné 1758

Flies, Gnats, Midges, Mosquitoes, Punkies 等と称えられている昆虫がこの目に属し，ドイツの Zweiflügler やフランスの Diptères である。微小乃至中庸大，日中活動性や夕暮または夜間活動性で，陸棲のものや水棲のものがあり，吸収性で舐食または刺食に適応せる口器を有し，時に退化せる口器を具え，完全変態。頭部は下口式で細い頸部によつて胸部に附着し，触角は種々な形態で簡単かまたは触角棘毛を具え，複眼は大形で離眼的のものと合眼的のものがあり稀れに1眼が分離割されているものがあり，単眼は普通存在し3個。前翅はよく発達し飛翔に適応し比較的少数の翅脈を具え，後翅は平均棍として存在し稀れにない。稀れに短翅型のものや無翅型のものやまたは痕跡的翅を具えているもの等がある。脚は短いかまたは甚だ長く，跗節は5節で，1対の爪と褥板と1個の爪間盤とを一般に具えている。幼虫は普通円筒形かまたは紡錘形で有節，頭部は多くはないが有るものもあつて，口器は不明瞭，眼は一般になく，無脚。

雙翅目は多くの部分に於いて同形態の昆虫で，一対の翅と体形と多少顕著な形態を有する附属器，特に触角と口器と脚等によつて他の昆虫から区別する事が出来，それ等の附属器の摂食や飛翔やに用いらるる動作によつて特徴を有する。成虫は人類を最も苦しめる実にやつかいな昆虫で，吾人の病気や死亡の原因となる各種の病原体の運搬者である。しかし他方幼虫は腐肉を減少せしめ且つ農作物の虫を駆除する。また少数の種類は食物として使用される事がある。

雙翅目は最も速力の早い且つ軽快な飛翔者で，飛翔に於ては如何なる他の昆虫のうらをかく事が出来る。ある種類は1時間に50哩も旅行する事が出来る。あるものは空中に於て全く無音に飛翔を行うが，他のものは明瞭に音を立て，その音は科によつて幾分特徴を有する。寄生性の蠅特に捕獲性のものは著しい早い飛翔を行うが，その反対に屋内に生活するイエバエの如く無性なものやオドリバエやユスリカやその他のいわゆる交尾飛翔の如く悠然たるまたは愛すべき飛翔を行うものがある。更にまたショクガバエやアタマバエやサシバエ等の如く宿主の周辺やその他の空中に浮飛するものもある。ある属のものでは翅も平均棍も共に全然ないものもある。また水面上を疾走するものや，更に水底を游泳するに適応せる翅や脚を具えているものや，あるいはまた他の昆虫体上に便乗するような特別な形態のもの等がある。

幼虫と成虫との摂食習性は同種間に於ても屢々著しい差異がある。しかし一般に捕食性と暫時または永久寄生性と吸血性と食草性と共棲性等に類別する事が出来る。

生殖は正常は有性的で産卵によるが，単性や稀れに幼生生殖等のものもある。ある特種の雌虫は幼虫や老熟幼虫やまたは成虫等を生産する。産卵方法は多くの不思議なものがある。しかし正常は卵が個々にあるいは塊状に幼虫の食物上やその近辺にまたは幼虫の棲息個所等に産下される。ある例では水の下や土中や植物組織内や生宿主内や他の個所等に産卵される。雌雄2型は多くの種類に現われ，雄は小形で光輝色で装飾を有し且つ附属器が大きさや形状に於て著しく変化している。

雙翅目中には多くの科に蜜蜂類や蜂類やその他の昆虫にいわゆる擬態的なものが少くない。大きさは 1.5mm の体長のものから 50mm にも達するものが発見され，翅の開張に至つては 100mm のもの等が知られている。世界から約73000種類が発表されている。最初の真の化石は欧州の三畳紀たる上黒侏羅に発見され，イギリスの *Architipulidae* Tillyard 1933 と *Rhyphidae* Macquart 1838 で，濠洲からは *Bibionidae* のものが発見されている。第三紀層からは *Syrphidae* や *Culicidae* や *Tachinidae* やその他の科のものが見出され，漸新期に於て多数で，最も新らしい科のものとしては *Oestridae* や *Hippoboscidae* や等の種類が見出されている。

外形態（成虫）Fig. 1170〜1172

体長 0.5〜50mm，翅の開張 1〜100mm。比較的短かく細いかまたは幅広で，幾分扁平となるかあるいは円筒状で少数のものは殆んど球形。皮膚は薄く，羊皮様で弾力性を有するものや柔弱等のものがあり，更に強靱で皮革様のものがある。多くのものは剛毛や棘や毛等を疎装し，あるものは体と翅とに鱗片を装う。色彩は様々で，暗色や鮮明色や金属色で，翅は屢々色を有し，斑紋を有

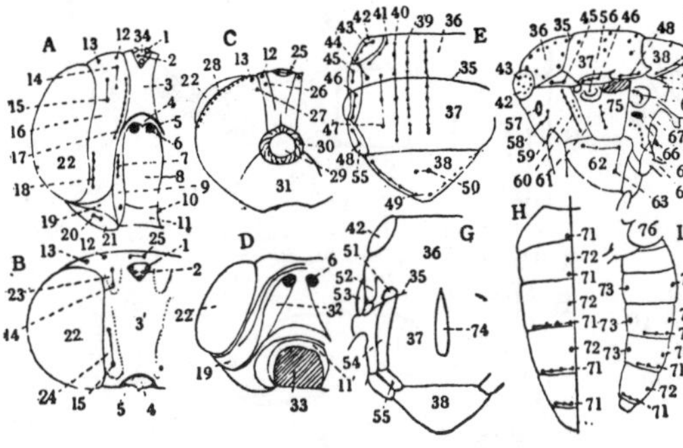

Fig. 1170．双翅目の頭部・胸部・腹部の模式図
A．頭部前面　B．同背面　C．同後面　D．同前下面　E．胸部背面　F．同側面　G．同背面　H．腹部背面　I．同側面　1．単眼　2．単眼棘毛　3．額　4．半月瘤　5．額線（額嚢線）　6．触角根　7．顔棘毛　8．顔（頭楯）　9．側顔　10．髭棘毛　11．前口部　11′．囲口部　12．内頭頂棘毛　13．外頭頂棘毛　14．上額眼縁棘毛（外向額眼縁棘毛）　15．下額眼縁棘毛（前向）　16．亜額帯　17．額棘毛　18．眼側棘毛　19．顬溝　20．顬棘毛　21．顬　22．複眼　23．頭頂瘤（板）　24．額瘤（板）　25．後頭頂棘毛（単眼後棘毛）　26．頭頂後棘毛　27．後頭棘毛　28．後眼縁棘毛　29．後頭孔　30．後頭輪　31．喉基節　32．触角溝　33．口孔　34．単眼瘤（三角板）　35．横線　36．前楯板　37．楯板　38．小楯板　39．中棘毛　40．背棘毛　41．肩後棘毛　42．肩瘤　43．肩棘毛　44．横線前棘毛　45．背側棘毛　46．翅背棘毛　47．翅間棘毛　48．翅後棘毛　49．小楯板（縁）棘毛　50．小楯板背（中）棘毛　51．横線前瘤　52．背側瘤　53．中胸側板　54．側横線後瘤　55．翅後瘤　56．根翅部　57．前気門　58．前胸側棘毛　59．中胸側板　60．中胸側棘毛　61．翅側板　62．腹胸側板　63．腹胸側棘毛　64．後脚　65．下側棘毛　66．後気門　67．下側板　68．平均棍　69．後胸側棘毛　70．中胸分割甲　71．縁棘毛　72．中棘毛　73．側棘毛　74．中横線後瘤　75．翅側棘毛　76．下胸瓣　77．後胸背板

する。

頭部は下口式かまたは殆んど下口式で，小さな頭部を具えている。複眼は大形で屢々頭部の大部分を占め，ある雄では合眼的，屢々透明な赤色のものがあり，稀れに分劃されている。単眼は3個で，額上に小さな三角形に配置され，多数の科ではこれを欠く。触角は非常に変化があつて簡単なものや複雑なものがあり，一般に簡単型では2個の基節とそれに6～39節が続き複雑なものでは3乃至より多数節からなつている。後の場合に末端節が大形となり，1節かまたは多節からなり無節または有節の触角棘毛を具えている。各節に輪毛または他の装飾が装われる事が少くない。口器は刺込や吸収や舐食等に適応しているかまたは退化し不機能的で特に雄ではしかりで，いわゆる口吻を形成している。上脣は細く時々刺込用に変化し，大顋は小数の科では刺器としてまた稀れに咀嚼器として存在し，下咽喉は針状か槍状で引込可能の刺器として発達し，小顋はよく発達し高度に特化しているかまたは欠け，下脣は種々で，太く末端2葉片即ち脣弁に終り舐め擢き且つ液体を吸収するのに使用されるかまたは細く刺絡針状となつている。口吻は上脣と下咽喉と下脣とから構成され，堅いか柔軟で，舐め鑢擢して吸収する性能を有するものと刺込して吸収するものとがある。額嚢（Ptilinum）は触角基部の上方額部の皮膚の内皺で額半月瘤（Lunula）から外部に出され得る胞嚢状器官で，蛹殻を破るに使用され且つドロバチ等の巣から羽出したりまたは土中から羽出したりする際に使用されるものである。

胸部は3節が密に癒合し，中胸は最大となり前翅即ち機能的翅を具え，後胸は普通1対の平均棍を具え，小楯板は一般に顕著となつている。翅はよく発達しているものと減退しているものと欠けているものがあつて，横脈より多数の縦脈を有し，覆片（Alula）は翅の内縁即ち後縁の基部近くに続く自由片で，胸瓣（Squamae）は翅と胸部とをつなぐ葉片で1片または上下2葉体からなる。Calyptratae（有瓣類）ではこの胸瓣が大形となり屢々 Calypteres または Calyptrons 等と称えられている。平均棍は後翅の痕跡的なもので，細い末端球桿状となつていて，飛翔の際に役立つている，甚だ少数の種類にはこれを欠いている。脚は長さと大きさとに於て甚だしい差異があり，一般に有毛。基節は短いかまたは甚だ長く，脛節は1～3本の距棘を具え，跗節は5節からなり1対の爪と褥盤及び1爪間盤とを具えている。屢々静止の際に2対の脚が使用され，前脚か中脚か後脚かの何れかがたかめられている。気門は2対。

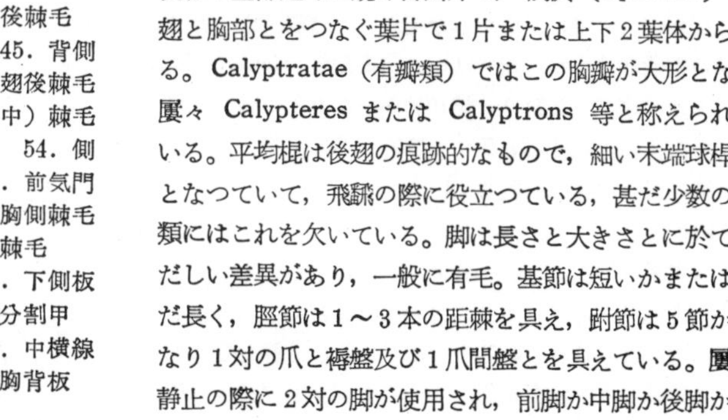

Fig. 1171．*Syrphus* の翅　A．基部下面図　B．左翅
1．覆片　2．上胸瓣　3．下胸瓣　4．平均棍　5．擬脈
6．臀擬脈（爪状部線）

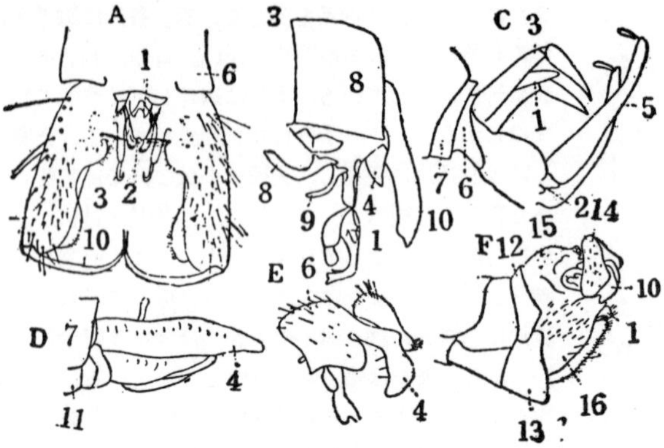

Fig. 1172 **a.** 双翅目雄の交尾節
A．*Aëdes* 腹面　B．*Sarcophaga* 側面　C．*Psychoda* 側面　D．*Asilus* 側面　E．*Anthomyia* 側面　F．*Tipula* 側面
1．陰茎　2．肛門　3．把握小器　4．陰具片　5．尾毛　6．基環節（第8背板）　7．第7背板　8．前鉤器　9．後鉤器　10．鋏子　11．第7腹板　12．背基板　13．腹基板　14．背外附属器　15．背端片　16．腹端片

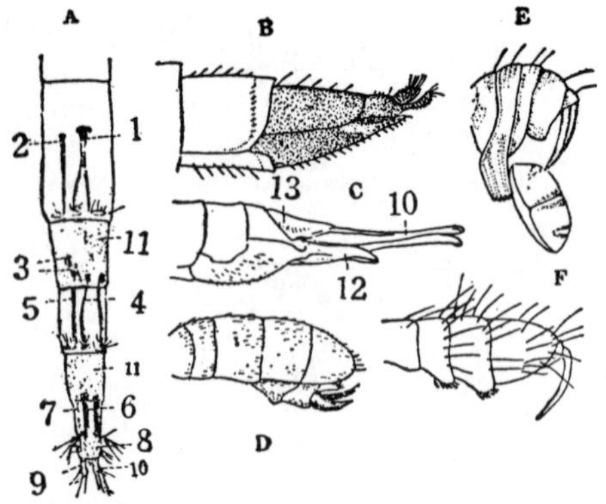

Fig. 1172 **b.** 双翅目雌の産卵管
A．*Musca*（伸長せるもの）　B．*Asilus* 側面　C．*Tipula* 側面　D．*Allophora* 側面　E．*Neocelatoria* 側面（ハムシの翅鞘に刺している状態）　F．*Compsila* 側面　1．第6背板　2．第6腹板　3．受精嚢　4．第7背板　5．第7腹板　6．第8背板　7．第8腹板　8．第9腹環節　9．第10腹板　10．尾毛　11．環節間膜　12．尾突起　13．基節

腹部は明瞭に環節からなり，その節数は種々で，外見的に4節か5節かまたは11節からなり，第1節と第2節とは減退し屢々認め難く，第7～10節が産卵管を構成している。気門は8対。雌の生殖器は内部的で，産卵管は存在し得で末端の4節からなるかまたは瓣片からなる。雄の生殖器はカガンボではいわゆる尾節(Hypopygium)が上方に彎曲する第9と第10節からなりその背方に押入器を有する。把攫器と側片とは第9節に，押入器は第9と第10節との間に位置している。

内形態

消食系（Fig. 1173）—普通は少し捲施したものやより多く捲施したものがあり，且つまた非常に複雑となり中胸内で非常に延びているもの等がある。口腔と咽頭とまたは咽頭のみが口吻を通して食物を引き上げ咽喉に通ずる機能を有する。咽喉は一般に咽喉喞筒（Pharyngeal pump）となつている。咽喉即ち食道は頭部を通過し後2本に分かれ，その1本は前胃（Proventriculus）に続き，他の1本はより細長く食物貯嚢（Food reservoir）即ち嗉嚢（Crop）に通じている。前胃は小さな筋肉質の管状か嚢状かまたは板状の器官で，換砕表面が内面になく，普通1瓣片を具えている。嗉嚢は普通存在しているが稀れにある科のものになく，咽喉枝の膨大部として現われ，簡単か2葉状かまたは3室からなり，薄壁を有し，外面が筋肉組織の網目によつて強化され，咽喉内に注いでいる。中腸は紡錘状か西洋梨形かで，管状で且つ捲施し，前方部は胃（Ventriculus or chyle stomach）となり，後方部は細い基腸(Proximal intestine）となつている。マルピギー氏管は普通は4本だが，2対や4対や6対等のものがある。後腸は管状で僅かに捲施し，前方で小腸と廻腸とに分かれ，後方部が直腸となつて2個または4個あるいはまた6個の乳房突起即ち直腸板を具えている。

循環系—雙翅目全体としてはよく知られていない。発達した類では心臓が4室からなり，各室が後方に1対の瓣口を具え，前方は1本の細い管となつて延びている。血液循環はある種類では翅を

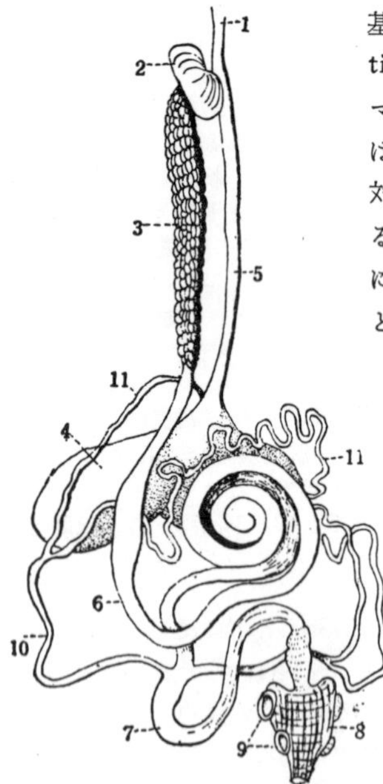

Fig. 1173. クロバエの消食系 (Lowne)
1．咽喉　2．前胃　3．胃　4．貯嚢　5．貯嚢管　6．基腸　7．後腸　8．直腸　9．直腸板　10．マルピギー氏幹管　11．マルピギー氏管　12．肛門

通じても行われている。

気管系一よく発達し且つ著しく機能的で，特別な気囊が頭部と胸部と腹部とに存在し，特に後者のものが大形となつている。気門は一般に胸部に2対，腹部に7または8対がある。

神経系一種々で，頭部の神経球は各密接に癒合し，胸部と腹部との神経球は次の如き数の組み合せからなつている。即ち 1：0，1：1，1：2，2：0，2：4，2：6，3：5，3〜7。

生殖系一よく発達し，昆虫中最も生産力を有する類に属し，幼虫生産の方法は甚だ多種である。雌の卵巣は交互栄養室型で，卵巣小管の数に於て差異があつて1個または2個，あるいは5〜100個が各側に存在し，またはある数のものが1膜から包まれている。受精囊は存在し，顕著で色素付けられ，球状で幾丁質にて裏付けられている囊で，1〜3個がある。附属腺は対をなすかまたは1個で，小形か大形，管状，膣の上方に注ぎ，卵を粘着せしめるあるいは幼虫を養う分泌液をととのえる。雄の睾丸は卵形か西洋梨形で普通着色し，輸精管は短く1本の共通する射精管に続き，多くの種類では射精囊（Ejaculatory sac）と1対の附属腺とを具えている。

幼虫の外部形態

微小乃至大形で 2〜50mm の体長を有し，種々の形状を呈し，細長いものから短楕円形のものまでがある。皮膚もまた様々で，薄いものや強靱のものがあつて，一般に裸体だが剛毛や棘や毛や顆粒等を生じ，透明・白色・帯黄色・褐色・黒色・その他の色彩のものがある。頭部は非常に退化しているが下等の種類では稀れによく発達し，複眼があるものとないものがあり，単眼は常になく，触角は一般に不明瞭で自由生活種では1〜6節からなるが他の場合では単なる突起となつている。口器は変化が多く普通は減退し，上唇は存在し，大顋は垂直かまたは水平に位置し，下唇は下等な類ではよく発達している。頭咽頭骨骼（Cephalopharyngeal skeleton）即ち口器は大顋節片と中節片との3部分からなり，前者は普通口鉤（Mouth hooks）と称えられ食草性のものでは有歯で食肉性のものでは鋭く簡単で寄生性のものでは減退し何れの場合でも垂直板となつている。

胸部は大部分のものでは変化がない。脚はなく，擬脚は自由生活種にあつては1〜8対。

気門一種々の形態のものがある。(1) 側気門式（Peripneustic type）のものは大部分の腹部環節に機能的な気門を具え，胸部の気門は閉ざされている。(2) 多気門式（Polypneustic type）のものは少くとも3対の気門が機能的となつている。(3) 前気門式（Propneustic type）のものは胸部の気門のみが機能的となつている。(4) 後気門式（Metapneustic type）のものは腹部の最後の1対の気門のみが機能的となつている。(5) 無気門式（Apneustic type）のものは気門がなく，酸素が皮膚を通してかまたは気管鰓によつて取られている。

腹部一長く明瞭にまたは不明瞭に環節付けられ，または全然無環節で，一般に気門または鰓が存在する。

蛹一自由かまたは幼虫の最後の2皮膚から包まれ蛹殼を形成している。蛹殼は卵形か俵状で，全く不可動的。蛹の被贋物が形成されるものとまた少数のものでは繭が造られる。気門は直縫亜目では前胸と7対の腹部気門とが普通に存在するが水棲のものでは前気門式となつている。環縫亜目の蛹殼の場合は幼虫時の残物が認められ，蛹の気門として種々な突起が普通存在する。

習 性

雙翅目の幼虫の習性は様々で他の昆虫にはかくの如き類がない。あるものは食草性でまた茸類のみに寄食するものがあり，また腐敗物を食し，また掃除者として生活するもの，更に内寄生性のものや外寄生性のものがあり，あるいは捕食性のもの等がある。勿論陸棲と水棲とがある。

人類との関係に於ては農業上の害虫があり，またいわゆる害虫の天敵としての役割をはたしているものがある。また人体や家畜を害するもの，更に病原体の宿主となつているもの等もある。直接人体に対する害は一般に蛆病（Myiasis）と称えられ，それは偶然的なもので，正常な生活様式によるものでない。一般に皮膚蛆病（Cutaneous myiasis）と頭蓋孔腔蛆病（Myiasis of cranial cavities）即ち眼孔や鼻孔や耳孔等の蛆病と消食系蛆病（Myiasis of digestive canal）とがある。

分 類

この目の分類は甚だ複雑で且つまた学者によつて著しい差異がある。しかし先づ次の如き2群に分類する事が出来る。

1．触角は2個の基節とこれに続くある数の環節からなり，後者は普通糸状の鞭節からなる（ときに複合体となりあやまつて第3節と称えられる事がある）。この鞭節は互に癒合し単一環節となり末端または背縁に触角棘毛を具えている状態までの変化があり，その極端な場合でも屢々元来の環節の痕跡が認められる事がある。高等の短角類ではこの鞭節の節数が8個であるがより多数のものもある。額は額線（Frontal suture）と半月瘤とを欠き，小顋鬚と下唇鬚とは明瞭に多節からなる。腹部は7節またはより多数節からなる。翅の径脈は4支脈から1支脈までのものがある…………

………………………………Group *Orthorhapha*

2．触角は基部の2節と第3節とからなり，第3節は末端かまたは上縁に触角棘毛を具え，第3節と触角棘毛との両者は多数節の鞭節の癒合体である。しかし多くの場合触角棘毛のみが節の癒合を現わしている。触角の退化はシラミバエ科に於て極限に達している。鬚は常に1節からなる。腹部は多くは7節より少なく，雌は多くは多数節からなり細い産卵管を出している。額は規則的に半月瘤を具えその上縁に額線を有し，大顋はなく，小顋は退化している。翅の径脈は2支脈までに減退している…………………Group *Cyclorhapha*

A．直　縫　群

Group *Orthorhapha* Brauer 1863

幼虫は有頭型(Eucaphala)または無頭型(Acephala)，蛹は木乃伊状で，成虫羽化の際に背面の中縦線が割れる。ある類では幼虫が蛹化の際に皮膚をぬぎ去る事をしないが，その場合でも成虫の羽化は背中線から行われる。この亜目はつぎの4亜目に分つ事が出来る。

1．第2肘室即ち臀室は閉ざされてもまた翅縁の方に著しく狭まつてもいない。鬚は常に多節からなり，触角は原始的な多数節のものから多節のものまであつて，中庸は6節即ち2基節と4鞭節とからなり，鞭節は多くは各々等形である…………Suborder *Nematocera*

第2肘室は第2肘脈と臀脈との結合によつて閉ざされているかまたは翅縁にて僅かに開口している。鬚は1節かまたは2節で，稀れに3節，末端節が大形となつている。第2+3径脈は簡単で稀れになく，第4+5径脈は多くは叉分している。触角は2基節と8節まで(稀れにそれ以上)の鞭節とからなり，鞭節は種々の方法で互に癒合し，末端節が端棒または端棘を構成している……………………………………………2

2．第2肘室は長く且つ大形で，翅縁に第2肘脈と臀脈とが達しているかまたは翅縁近くで互に合して1本となつて翅縁に達し，第4+5径脈は常に2分岐している。触角は原如的のものから強く変化しているものまでがある…………………………Suborder *Brachycera*

第2肘室は短かく且つ小形で，第2肘脈と臀脈との結合が多くは翅の基部の方にあつて，爪状部線(Sutura Clavi)が同室内に第2肘脈に接して現われている。第4+5径脈は分岐していないが，稀れに短かく叉状となつている……………………………………………3

3．触角は原始的型で，12節からなり，第3～第6節は共に棍棒状となる。中央室はない………………………………………………Suborder *Prosechomorpha*

触角は高等型で，鞭節の第1節が1板状となり末端または背縁に棘毛を具えている。家蠅類の多くの特徴を具えている。単眼は3個。翅の覆片はなく，額は一様に幾丁質化し，額帯がない。翅の中央室は多くは存在する…………………………Suborder *Gephroneura*

a．長　角　亜　目

Suborder *Nematocera* (Latreille 1825)

Brauer 1880

この亜目はつぎの如く4類に分類され得る。

1．腋脈(Axillaris)即ち第3臀脈はないか非常に短いかあるいは甚だ弱く存在し，中脈支脈間に閉ざされた中央室はない(*Anisopodidae* を除く)。幼虫は有頭型だが *Itonididae* のものは無頭……………………2

腋脈は明瞭な強い翅脈として存在し長く且つ翅の後縁に達している。殆んど常に中央室は存在する(*Dolichopeza* を除く)。単眼はないもつとも *Trichocera* ではある。中胸背板は中央の後方に明瞭か不明瞭のV字形横線即ち側片溝(Parapsidal fullows)を具え，翅の亜前縁脈は長く且つ常に前縁脈に達し，また屡々横脈として現われている。幼虫は無頭型…………………………………………Series *Polyneura*

2．視複は触角基部後方で梁状に彎曲し，そこで更に狭い橋状に細まつているかまたはしからず，後の場合には複眼が強く腎臓型に彎曲している。単眼は3個存在するかまたは全然ない。翅の前縁に終る翅脈と前縁脈とは甚だ太く，他の翅脈は甚だ弱く屡々無色で線状…………………………………Series *Zygophthalmia*

複眼は完全に左右離りまたは雄に於てのみ簡単に相接している。翅の前縁に終る翅脈は著しく着色し，他の翅脈は弱い無色線となつていない…………………3

3．単眼は存在し，3個稀れに2個…………………………………………Series *Protophthalmia*

単眼はない……………………Series *Oligoneura*

原　蚊　類

Series *Protophthalmia* Enderlein 1936

この類はつぎの如く15科に分類されている。

1．触角は5節からなる……Family *Nymphomyiidae*

触角はより多数節からなる………………………2

2．翅は蛹時代に畳まれていた折目たる第二次的な脈相を具え，脚は細長。好湿性……………………………3

翅は顕著な第二次的翅脈を有しない………………4

3．翅は大形で微毛を密装し，真の翅脈は殆んどないが二次的の扇子状に発達した翅脈を具え，触角は非常に長く6節からなり，単眼と口器とはない…………………………………Family *Deuterophlebiidae*

第二次的翅脈はクモの巣のように弱い網目状に形成

され第一次的翅脈に追加されている。中胸背板はV字形横線を有し，単眼と口器とは存在し，複眼は一般に小眼面のない1横帯によつて上下に分劃され，後脚基節は幅広く胸部に附着している………………………………………………………… Family *Blepharoceratidae*

4．前縁脈は翅縁を廻つて続いている。しかし屢々後縁にて弱体となつている。径脈は3～5分岐しその第2脈は翅頂前に終り，基室は普通翅の中央を越えて延びていないで第2基室は常に第1室より短い。単眼はよく発達し，触角は8～18節で各節明瞭に分離している。稀れな種類で旧北区と西部新北区に産する…………Family *Hesperinidae* Brues et Melander 1932

前縁脈は翅頂を越えて消失している………………5

5．翅の中央室は基室の終りに続いて翅の中央に存在し，中脈は4分岐し，8本の翅脈が翅縁に達している。単眼は存在し，複眼は離眼的，触角は12～16節。跗節の褥盤はないが爪間盤が褥盤状となつている…………………………………………………Family *Anisopodidae*

翅は普通に柄部を有する中脈の支脈間に形成されている中央室を欠く……………………………………6

6．翅の第2基室は一般に第1基室より長く翅の中央に延び（*Plecia* では第1基室より短かく第3脈が叉状となる），前方の脈は強い。褥盤は存在し，触角は普通胸部より短くむしろ太く各節間の縊れがない。雄は合眼的で，複眼は大きく上下の2部に分かれ，鬚は4節からなる…………………………… Family *Bibionidae*

翅の第2基室は第1基室から不完全に分離し（即ち中脈の基部が弱いかまたは不発達）または末端開口しあるいは甚だ短く，決して第1室より長くない。跗節の褥盤はないかまたは甚だ微小…………………… 7

7．翅の径分脈は3支脈を有す。即ち第2脈が叉分し第2+3径脈が径中横脈にてまたはその前にて第5径脈から生じている。触角は15節で，各節は幅より長い。雄は離眼的。脚の基節は長くない（*Pachyneura* Zetterstedt 北欧，*Axymia* McAtee 新北区）…………………………Family *Pachyneuridae* Handlirsch 1908

翅の径分脈は2支脈を有する……………………… 8

8．翅の第2基室は末端広く開口し，中脈の後支脈は完全な場合には肘脈の基部近くから生じ，臀脈は不完全で翅縁に達していない……………………………… 9

翅の第2基室は閉ざされ，外観上の横脈（即ち第4中脈の曲折せる基部）はときに翅の基部に近く移動している。または中脈と肘脈とが横脈が普通に現われる個所で癒合し，あるいはまた中脈の基分区がなく中脈が第1肘脈から生じている。臀脈は少くとも皺となつて翅縁に達している………………………………10

9．翅の径分脈の前支脈即ち第2+3径脈は第1径脈にまで険阻に延び小さな方形または梯形の第1径室を閉ざす特別な横脈の如くに現われている。単眼は普通複眼から離れ，翅面の検微鏡的微毛は不規則に分散しているかまたは翅が有毛。欧州・北米・濠洲等に多数に産する（*Sciophila* Meigen, *Mycomyia* Rondani, *Polylepta* Winnertz, *Tetragoneura* Winnertz, *Monoclona* Mik, *Polylepta* Winnertz, *Leptomorphus* Curtis=*Diomonus* Walker, *Dziedzickia* Johannsen, *Neoempheria* Osten Sacken)………………………………………Family *Sciophilidae* Winnertz

翅の径分脈は分岐せず，第1径室は翅縁まで開口し，亜前縁脈は一般に痕跡的，翅面の検微鏡的微毛は組に配列している。脚の基節は長く腿節の半分の長さが充分にある。径中横脈は径分脈の第2区分から普通明瞭に角張つていて，肘脈は普通に形成され長い柄部を有し稀れに簡単。複眼は卵形かまたは腎臓形だが，触角基部上方にて橋状突起を有しない。鬚は4または5節。前胸は棘毛を装う…………………………………………………………………Family *Mycetophilidae*

10．翅の第2基室は微小で外観的な中肘横脈が基部の方に存在している為たに第1基室より甚だ短かい。径脈は3支を有しその中央のものは短かく普通第1径脈の末端近くに終り，亜前縁脈は完全，中脈の基分区と中分区とは連続的である…………………………………………………Family *Bolitophilidae* Malloch 1917

翅の第2基室は第1基室と殆んどまたは充分等長，時に癒合している……………………………………11

11．翅の径脈は3分岐している。若し2基室が共同に延びその横脈は横になつている場合は亜前縁脈が翅の1/4基部を越えた処で前縁脈に結合する ……………12

翅の径脈は2分岐し，亜前縁脈は短かく漸次消失し，2基室は共同に延び且つ多少癒合し，その2横脈は翅軸に垂直に1線となつている。中胸背板は棘毛列を有する。全北区産（*Diadocidia* Ruthe)…………………………………Family *Diadocidiidae* Kertesz 1902

12．翅の径中横脈は短かいが存在し，径脈の中支脈即ち第3径脈は第3脈即ち第5径脈の中央前から出で，普通第5径脈より著しく長い…………………………13

径中横脈は径分脈と中脈とが短距離間そこは一般に横脈の存在する処が結合する事によつて消滅し，第3径脈は第5径脈の1/2より著しく短い………………14

13．翅の亜前縁脈は短かく漸次消失し末端自由となつている。前胸背板は棘毛を生ずる。欧州とアメリカとに

産する (*Ditomyia* Meigen, *Symmerus* Walker)…
…………………… Family *Ditomyiidae* Keilin 1919

亜前縁脈は比較的長く，少くとも翅長の1/4長で一般に前縁脈に終つている。前胸背板は棘毛を欠く (*Mycetobia* Meigen 全北区)………………………
…………………… Family *Mycetobiidae* Kertész 1902

14. 触角は短かく一般に各節が密に組合され屢々扁平となる。脚の脛節の棘毛は普通小さいが存在し，後脚脛節の末端距棘は不等長。翅の肘脈の叉脈は初めから一様に拡がつている。欧州・北米・北アフリカ・濠洲等に産する (*Ceroplatus* Bosc., *Asindulum* Latreille, *Platyura* Meigen, *Apemon* Johannsen, *Cerotelion* Rondani)…… Family *Ceroplatidae* Winnertz 1863

触角は普通甚だ細長く体長と殆んど等長かまたはより長い。脚の脛節は棘毛を欠き，後脚脛節は不等長の端距棘を具えている。翅の外観的肘脈の叉脈（第4中脈と第1肘脈）は短距離間平行でしかる後拡がる……
……………………Family *Macroceridae* Malloch 1917

以上の諸科中つぎの10科が現在本邦から知られている。

533. ハネカ（跳蚊）科
Fam. Nymphomyiidae Tokunaga 1932

この科の所属は明瞭でないが直縫群に属し，触角の構造が短角群と同様であるが，腹部末端の構造や翅等によると長角亜目に属せしむる事が出来，更に複眼や単眼等の点からして *Protophthalmia* 類に属せしむる事が出来る。

頭部は小さく円錐状で，前方鼻状に突出し，後方幅広く胸部に附着し，口部を欠き，複眼に下面にて左右連続し，単眼は大きく1対で複眼の後方に離れて両側に存在する。触角は5節で頭部より短かく，第3節が最大で前2節の和より長く多少棍棒状，末端の2節は微小で第4節は球状となり末端節は棘状。胸部は細長く円筒形，前胸背板は小さく中央にて完全に左右に分かれ側部を有する。中胸背板は著しく長く，前楯板＋楯板と小楯板と後小楯板とからなり，前者は間に縫合線を欠き，後小楯板は甚だ長く全中胸背板の1/2長。後胸背板は著しく減退している。胸部の各腹板はよく発達する。気門はない。腹部は雌雄共に9節からなり，細長く円筒状，各節は等形だが末端2節は異なる。腹部気門もない。脚は著しく細いが短かく，基節と転節とは甚だ長く，脛節は距棘を欠き，跗節は5節，爪と爪間盤とはあるが褥盤がない。前脚は胸側に関接し，他の2対は腹面に附着している。各脚互に甚だしく離れて存する。翅は甚だ細長い三角形を呈し，微毛を装い，周縁に甚だ長い縁毛を生じ，覆片も胸瓣もない。翅脈は著しく退化し，第1径脈は殆んど直線で前縁基部1/4端に終り，径分脈は分叉しないで第1径脈末端を少しく越えた処で前縁に終り基部は殆んど消失している。中脈と肘脈とは不明。平均棍は翅の基点より遙か後方に位し，細長く顕著。

幼虫は未だ発見されない。蛹 (Fig. 1174) は細長い円

Fig. 1174. *Nymphomyia albe* の蛹（徳永）

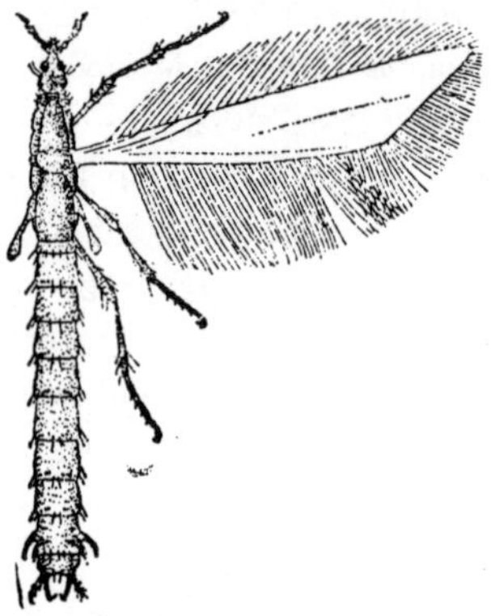

Fig. 1175. カスミハネカ（徳永）

筒状で，頭部は前方に突出し，周面に少数の剛毛を生じ，前端2分し棘状に硬化し，明瞭な頸部を有する。胸部は長く，呼吸管を有しない。腹部は各節背面に微棘の横列を有し，末端節は先端に1対の短太棘突起を具え，雌ではその下面に1対の瘤状突起を有し，雄では末端前節下面に同様な突起を具えている。気門はない。水棲である。

この科は本邦のみに発見されていて，カスミハネカ (*Nymphomyia alba* Tokunaga) (Fig. 1175) 1種のみからなる。体長2.3mm内外，体は乳白色で，頭部と胸部と脚とは多少黄褐色を帯び，翅もまた乳白色。近畿地方の産で，早春と晩春とに大発生し，河川上を大群で浮動飛翔する。

534. カバエ（蚊蠅）科
Fam. Anisopodidae Knab 1912

Rhyphidae Macquart 1838 と *Phrynidae* とは異名。中庸大。細く，比較的細長い脚を具えている。触角は胸部の長さに近い長さで16～15節，複眼は屢々雄では合眼的だが一般は離眼的，単眼は3個，口吻は多少突出し，鬚は長く4節。翅は屢々斑紋付けられ，径分脈は叉分し，中脈は3支脈を有し，中央室は閉ざされ翅の殆んど中央に位置し，肘脈は叉分しその後支脈は第1臀脈に近よつていない。臀脈は第1と第2と明瞭に発達している。脚は正常の基節を具え，脛節に距棘を有しない。

成虫は時に小群飛を湿地帯の森林の辺りにて行い，且つ樹幹に多数に集まつている。幼虫は細く蛇状で，各節間に隆起部を具え，有頭で双気門式 (Amphipneustic—

第1胸節と腹部末端の1～2節のみに気門を有するもの）で，汚水や糞尿中や塵土中等に棲息している。蛹は自由。世界から約60種内外が知られ，*Anisopus* Meigen (＝*Rhyphus*＝*Phryne*), *Lobogaster* Philippi, *Olbigaster* Osten Sacken 等が代表的な属で，旧北洲・新北洲・新熱帯・インド・ジャバ・ニューギニア・濠洲・ニュージランド・アフリカ等に分布している。本邦からは *Anisopus* と *Haruka* との2属が発見されている。

スズキカバエ (*Anisopus suzukii* Matsumura) (Fig. 1176)，体長約5mm，体は概して暗褐色，胸背と翅とには明瞭な斑紋を有する。胸部楯板は褐色で4黒色条紋を有し，小楯板は中央に1小黒色斑紋を有する。脚は褐色，膝部と脛節末端とは黒色，後脚は更に腿節の中央に1黒色輪紋を有する。翅は淡暗色で，斑紋は黒色，前縁末端近くに1透明紋を有する。腹部は黒褐色で，各背板の後縁は灰色横帯を有する。本州・四国・九州等に広く分布する。ハマダラハルカ (*Haruka elegans* Okada) は体長11～13mm，体光沢ある黒色で，翅は黒褐色に多数の透明斑を有し，触角15節で短い。本州・四国・九州等に普通。

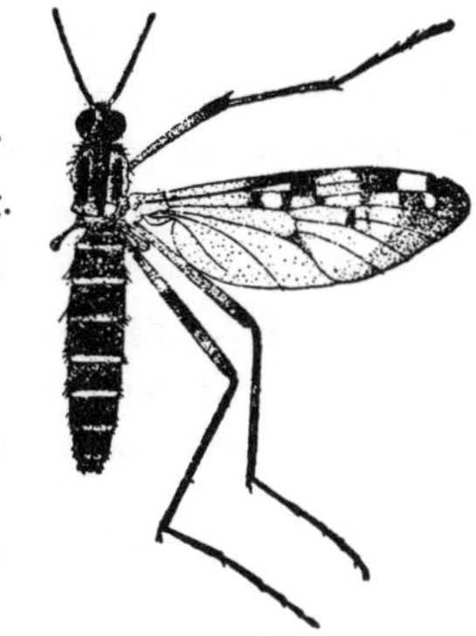

Fig. 1176. スズキカバエ（徳永）

535. アミカモドキ（擬網蚊）科

Fam. Deuterophlebiidae Edwards 1922

非常に特化せる小さな昆虫で，体は短かく，触角(♂)は甚だ長いが6節で，その末端節が甚だ長くなつている。胸部は背方に高く隆起し，頭部は小さく，単眼を欠き，複眼は大形で左右著しく離れ1横線によつて区分され，口器は退化する。翅は幅広の三角形を呈し，真の翅脈は前縁部のみに現われ，二次的の翅脈が扇子状に生じている。脚の基節は小さく，爪は1本，爪間盤を有する。幼虫は激流中に棲息し，有頭型で頭部は自由，気管鰓も気門もない。*Deuterophlebia* Edwards 1属のみが知られ，インドカシミール地方とシベリヤと北米と本邦京都近辺とで発見されているのみである。

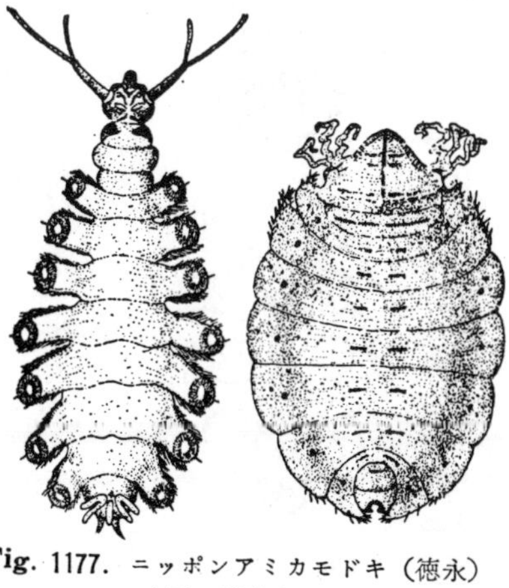

Fig. 1177. ニッポンアミカモドキ（徳永）
左図　雄幼虫　　右図　蛹

ニッポンアミカモドキ (*Deuterophlebia nipponica* Kitakami) (Fig. 1178)，体長1.8～3.2mm，体は淡暗褐色，胸部の楯板と小楯板とは暗褐色，雄の触角は頗る長く体長の3倍以上の長さを有するが雌のものは短小，何れも6節。翅は淡暗色。脚は淡黄褐色で黄色毛を密装し，雄は1爪と大形の爪間盤とを具え，雌は2爪と小爪間盤とを有する。腹部は黄褐色乃至黒褐色で，背面に不規則な斑紋を有する。幼虫 (Fig. 1177) は長さ4mm内外，多角形の頭部と3胸節と扁平円柱状で7対の長い側突起を有する腹部とからなり，全体頗る奇形を呈する。背面は黒褐色で腹面は淡褐色，触角は甚だ長く且つ分岐し，腹部側突起は稍々下面に向つて舟形を呈し末端に鉤状剛毛の環列を具え吸着に適する。蛹は体長3mm内外，頭の基部両側から5分岐の突起を生じている。本州産。

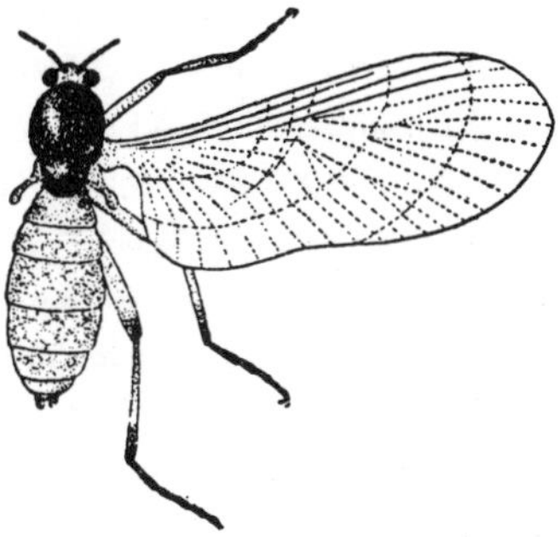

Fig. 1178. ニッポンアミカモドキ
雌（永徳）

536. アミカ（網蚊）科

Fam. Blepharoceridae Loew 1869

Asthenidae Rondani 1856, *Liponeuridae* Williston 1896 等は異名。Net-winged midges と称えられ，小形で長く，殆んど裸体で，細長い脚を具え，むしろ幅広の繊弱な翅を具えている。複眼は時に雄または雌雄共に合眼的で，普通1細横線によつて上方の大小眼面からなる部と下方の著しく小さな小眼面からなる部分とに区分され，単眼は3個。触角は細く，9～15節からなり，微毛を装う。口器は幾分長く，雌では細い扁平の長い鋸歯状の大顋を具えている。鬚はよく発達し，5節からなる。中胸背板は明瞭だが中央広く切断されている横線を有する。翅は大形で裸体，臀角は顕著に突出し，微細な蛛蜘の巣の如き間脈を有し，本来の翅脈は多少減退し，

径分脈は長いかまたは短い叉脈を有し，中脈と肘脈とは原始的に叉分し，中央室は小形。脚は弱体で，小さな基節を具え，距棘は有するものと然らざるものとがある。

成虫は採集家によつてあまり採集されていないが，屢々急流近辺に多数に見出され，また常緑樹上や岩上等にも見出され，捕虫性であると考えられている。幼虫は急流中の岩石や底部に腹面にある吸盤を以て附着し，生活し，流水中に蛹化する。幼虫と蛹とは成虫よりも各種の分類が甚だ容易である。世界から60種以上が発表され，殆んど各区に産する。つぎの5亜科に分類する事が出来る。

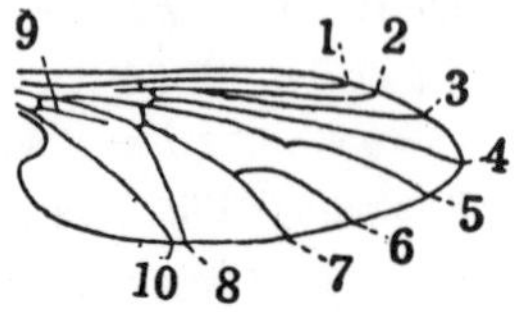

Fig. 1179. *Edwardsina* の前翅 (Alexander)
1.第1径脈　2.第2径脈
3.第3径脈　4.第4+5径脈
5.第1中脈　6.第2中脈
7.第3中脈　8.第1肘脈
9.第2肘脈　10.臀脈

1．翅の第3中脈は肘脈の上支脈 (M_4) の中央から生じ (Fig. 1179)，中肘横脈は存在し径中横脈と径分脈及び第 4+5 径脈の基部の短い曲折せる部分とが殆んど同1横線上に位置し，径分脈の基部の曲折点から内方に長い自由脈を出している。径脈は4分岐。前脚の転節は基節の約1/2長 (*Edwardsina* 新北区)……………………………………Subfamily *Edwardsininae*

翅の第3中脈は自由となつているかまたはなく，若し存在する場合は他の脈と全然結び付いていない。若し中肘横脈がある場合には径脈の支脈の曲折部と同横線上になく，径分脈の基部に自由支脈を欠く。前脚の転節と基節と殆んど等長……………………………2

2．翅の第4脈は2分岐し，その下支脈 (M_3) は上支脈 (M_{1+2}) と結び付いていない。第2脈と第3脈とは亜等長で一般に中央室から別々に生じ，8本の翅脈が翅縁に達している…………Subfamily *Blepharocerinae*

第4脈 (M_{1+2}) は簡単，第2径脈は短いかまたはない……………………………………………………3

3．下唇鬚は小さく一般に楕円形で有毛，下唇の基部より著しく短い。若し幾分長い時は鬚が堅く且つ下唇全体が退化している。第3脈は叉分する。即ち第2脈 (R_{2+3}) が短く第3脈 (R_{4+5}) の末端近くから生じている。7脈が翅縁に達している……………………………4

下唇鬚は甚だ長く細く裸体で一般に外方に捲旋し，下唇の基部もまた長く，小顋鬚は1節，第1径脈上に微棘毛を欠き，径分脈は末端近くで分叉するか簡単かまたはなく，5本または6本の翅脈が翅縁に達する (*Anistomyia* 広分布，*Hammatorrhina* インド，*Neocurupira*・*Peritheates* 濠洲)………………………………………………………Subfamily *Apistomyinae*

4．後脚の脛節は距棘を具え，雌雄の爪は等しく，雌の大顋は強い (*Paltostoma*, *Curupira*, *Kelloggina*, *Limonicola*, 新熱帯) …Subfamily *Paltostominae*

後脚の脛節は距棘を有しない。雄は合眼的で爪を欠き，雌は離眼的で有歯の爪を具え口器は退化する (*Hapalothrix* 欧洲)…Subfamily *Hapalothrichinae*

以上の諸亜科中本邦に発見されているものは *Blepharocerinae* (*Blepharoceratinae*) Williston 1亜科のみである。*Blepharocera* Macquart, *Liponeura* Loew, *Bibiocephala* Osten-Sacken, *Philorus* Kellogg 等が代表的な属で，本邦からは最後の2属の他に *Parablepharocera* Alexander が発見されている。ヤマトアミカ (*Bibiocephala japonica* Alexander) (Fig. 1180)，体長6.5～9mm，体は概して黒色，頭部は灰色を帯び褐色の口部を具え，触角は黒褐色で14節からなり微毛を装い，複眼は黒色。前胸背板は灰色を帯び，前楯板は中央部やや褐色を帯び，小楯板と腹部とは黒褐色でやや灰色を帯び，体の腹面は淡色。翅は透明で微かに褐色を帯び，美しい虹様の強い光沢を有する。第2径脈は分離し径分脈より少し短かく第 3+4+5 径脈とほぼ等長，第3径脈と第 4+5 径脈とは先端で拡つている。平均棍は暗黄色で末端やや濃色。脚は腿節までが褐色（もつとも末端黒褐色），脛節以下は暗褐色。北海道・四国・九州等に産する。幼虫 (Fig. 1181) は体長 10 mm に達し，背面黄褐色または黒褐色，第1節は殆んど円形でU字形の褐色紋を有する。触

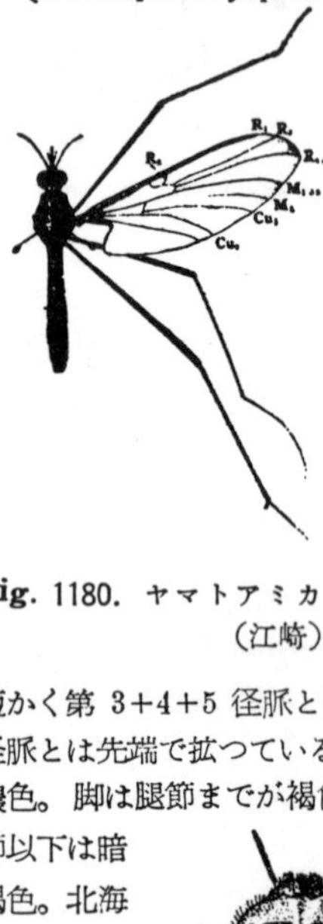

Fig. 1180. ヤマトアミカ（江崎）

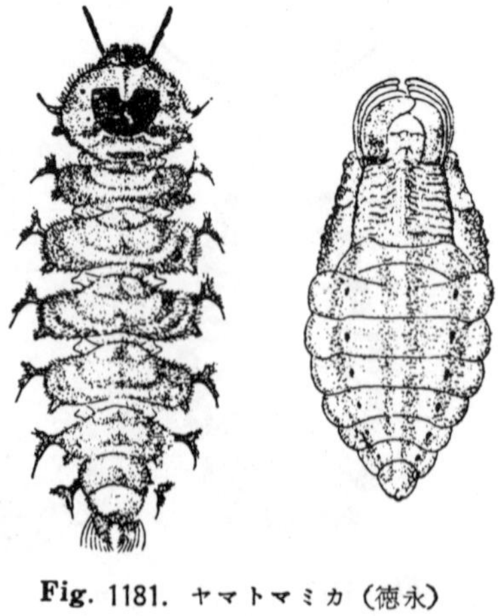

Fig. 1181. ヤマトマミカ（徳永）
左．幼虫　　右．蛹

角は長く3節。各節は側突起を有し，同突起は左右1本で硬く長靴状，末端節の尾突起は著しく幾丁質化し，末端尖り内方に彎曲し外縁に棘毛を列する。蛹は体長7.5mm内外，背面黄褐色乃至黒色，前端側からの突起即ち蛹角 (Pupal horn) は大きく末端内背方に向つている。

537. ケバエ（毛蠅）科

Fam. Bibionidae Kirby 1837

March Flies や Harlequin Flies 等と称えられ，ドイツの Haarmücken である。小形乃至中庸大，多くは黒色で，暗灰色または赤褐色のものもあつて，有毛。頭部は比較的大で自由，複眼は大きく上下に区分され，雄では合眼的で有毛，触角は短かく8～16節で珠数状，鬚は4節。翅は大形で，顕著な縁紋を有する。脚は屢々太い腿節を具えている。幼虫 (Fig. 1182) は雙翅目中最も原始的な類に属し，頭部は大形でよく発達した口器を具え，完全に無脚で，側気門式。幼虫は腐敗植物質や獣糞や禾本科類・野蔬等の根等を食して生活する。

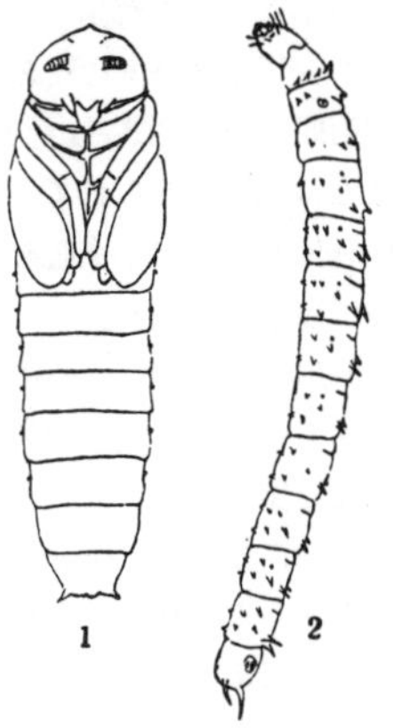

Fig. 1182. *Bibio* (Malloch)
1. 蛹の腹面図
2. 幼虫の側面図

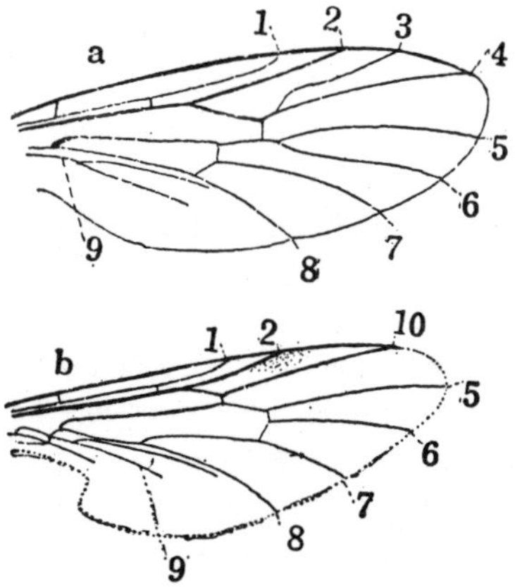

Fig. 1183. 双翅目の前翅 (Enderlein)
a. *Penthetria holosericea* Meigen
b. *Bibio marci* Linné
1. 亜前縁脈 2. 第1径脈 3. 第2+3径脈
4. 第4+5径脈 5. 第1中脈 6. 第2中脈
7. 第1肘脈 8. 第2肘脈 9. 臀脈
10. 第2—5径脈

成虫は早春屢々大群の発生を見る。約400種程が世界から知られ，つぎの2亜科に分類される事が少くない。

1. 翅の第3脈（径分脈）が叉分する(Fig. 1183の a)………………………………………… Subfamily *Pleciinae*
2. 翅の第3脈（径分脈）が簡単(Fig. 1183の b)………………………………………………Subfamily *Bibioninae*

1. タミヤクケバエ亜科 Subfamily *Pleciinae*— *Plecia* Wiedemann や *Penthetria* Meigen 等が代表的な属で，本邦からは後者が発見されている。ヒメセアカケバエ (*Penthetria japonica* Wiedemann) (Fig. 1184) は体長9～10mm，体は大部分黒色。頭部は全部黒色，雄では大きく複眼にて殆んど占められ単眼部のみ瘤起する。雌では胸部より狭く小さな複眼を具え，頭頂は粗剛で黒色，正中線は隆起しその後端特に顕著となり単眼を包含している。触角は短太で11節，小顋鬚は4節。前胸背板は短かく黒色，中胸背板は大きく背方に膨出し且つ中央部が前方に伸脹し鈍い光沢を有し，前半黒色，後半は雌雄共に暗赤色。腹部は細長く黒色，表面粗剛で微剛毛を装う。翅は黒色半透明で前縁部特に暗色。平均棍は黒色。脚は強い光沢ある黒色で剛毛を密生し，雄では後脚が脛節の末端と第1跗節とが顕著に扁平となり，後脚腿節は雌雄共に末端の方に太まる。北海道・本州・九州等に普通。

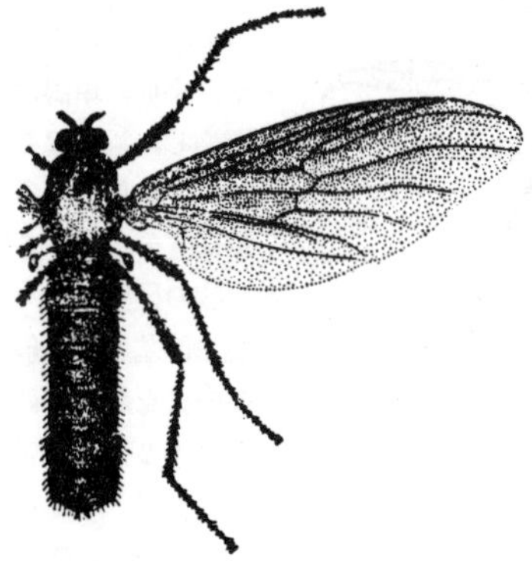

Fig. 1184. ヒメセアカケバエ雌(江崎)

2. ケバエ亜科 Suberfamily *Bibioninae*—*Bibio* Geoffroy や *Dilophus* Meigen や *Bibiodes* Coquillett 等が代表的な属で，本邦からは最初の1属が知られている。メスアカケバエ (*Bibio japonica* Motschulsky) (Fig. 1185) 体長10～12mm，光沢ある黒色（雄）または黄赤色（雌），頭部は黒色，雌では甚だ小さく長く且つ扁平で，左右著しく離れた小さい複眼を有し，雄では胸部より微かに狭く円く背面に著しく膨隆し，殆んど全面を覆う有毛の複眼を具えている。触角は暗黒色で10節からなり各節殆んど等大，雌では頭長より少しく短かく，雄では著しく短かい。胸背は卵形，雌では前胸背板がよく発達し黒色，雄では前胸が細い横線状となる。小楯板は小さく，雌では黒褐色。腹部は細く，雌の第1背板に

Fig. 1185. メスアカケバエ雌

は1対の黒褐色紋を有する。翅は褐色で前縁黒褐色。脚は黒色，前脚の腿節は太く脛節は短かく末端幅広となり2棘を具え，雄の後脚の脛節は長太で腿節は長くその基部が甚だ細くなつている。北海道に普通。

538. ヒゲナガケバエ（長角毛蠅）科

Fam. Hesperinidae Brues et Melander 1932

普通ケバエ科に包含せしめられているが前縁脈が翅の後縁の方に微かに連結して発達している事によつて区別する事が出来る。小形，単眼はよく発達し，触角は長く8〜10節からなり各節明瞭に区分されている。翅の径脈は3〜5分岐し，基室は一般に翅の中央を越えて延びないで第2基室が常に第1基室より短い。甚だ稀れなもので，*Hesperinus* Walker, *Cramptonomyia* Alexander 等が代表的な属で，本邦からは最初の1属が発見されている。クロヒゲナガケバエ(*Hesperinus nigratus* Okada) (Fig. 1186) 体長5mm内外，全体光沢のない黒色，触角と前脚腿節の基半部とはやや褐色を帯び翅は全体煤色。触角は細く胸部より遥かに長く，11節，第1節は球形，第2節は長形で第3と第4との和より長い。脚は短絨毛を装う。平均棍は黒褐色。翅は中央室がなく，径分脈は2分岐しその前方の支脈 (R_{2+3}) は第1径脈の末端近くにて前縁に終り，後方の支脈 (R_{4+5}) は著しく彎曲して翅頂に終り，径中横脈は径分脈の殆んど中央から出で，縁紋を欠く。腹部は細長く，各節は幅より長く，暗色。北海道に産するのみ。

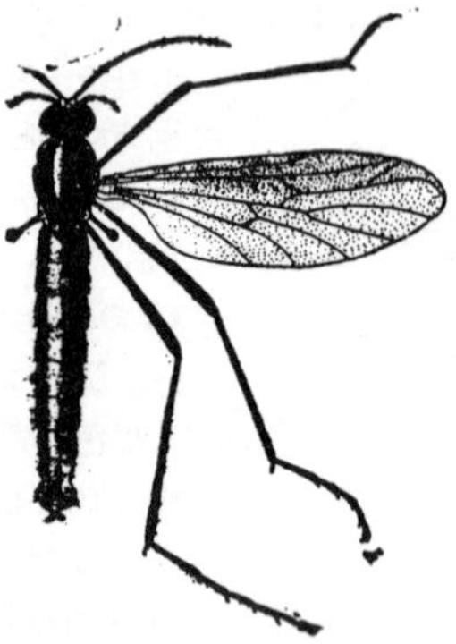

Fig. 1186. クロヒゲナガケバエ（徳永）

539. キノコバエ（蕈蠅）科

Fam. Mycetophilidae 1838 Macquart

Fungivoridae Enderlein 1915 は異名。Fungus Gnats や Mushroom Flies や Mycetophilids 等と称えられ，ドイツの Pilzmücken がこの科のものの総称である。微小乃至小形，細い繊弱な幾分蚊のような外観の状態の活潑な蠅で，黒色や褐色や赤色等のものがある。体は円筒形か側扁かまたは扁平。頭部は小さく時に口吻を突出せしめ，触角は長く糸状で12〜17節だが多くは16節で基部の2節が大形となり，単眼は2または3個であるいはこれを欠く。胸部は背方に膨隆している。翅は大形かあるいは痕跡的で，数本の翅脈は短いかまたは退化し，第2基室は開口，微毛を生じている。脚は細く且つ長く，基節は長く，脛節は距棘と棘毛とを具え，爪は有歯のものや櫛歯状のものがある。腹部は6〜7節，雄の交尾器は外部に現われ，産卵管は尖つている。幼虫は有頭で側気門式，頭部と12体節からなり，透明で骨白色または斑紋付けられている。蛹は自由で，多くの種類では各節の側面に小突起を具え，それによつて俵状の繭の中に定着している。

成虫は湿気の多い処に，特に腐敗樹木の周囲や蘚苔を生ずる岩石また湿気の多い腐蝕質物等の上で，暗い処に普通見出される。幼虫は湿気ある土や木材や茸やその他等の中に生活し，多分菌類を食しているものであろう。老熟すると脱皮してその脱皮殻の外部に蛹化するが，繭を造つてその中に蛹化するものも少くない。世界から2000種程が発表され，広く分布し，各種の発生個体数は著しく多いのが普通である。つぎの3亜科に分類する事が出来る。

1．第1径脈と径分脈とが翅の基部から分離し，第2+3径脈の基部が不明瞭に存在する (*Lygistorrhina* 濠洲産)……………………… Subfamily *Lygistorrhininae*

径分脈は第1径脈から翅の基部より充分離つた処で分かれているか，または径分脈の基部がなく，第2+3径脈は存在していない…………………………………… 2

2．触角は頭部の中央上方から生じ，前胸背板は棘毛を欠き，後頭は平たく，眼縁棘毛 (Orbital bristles) は列生し，翅の中脈は末端のみが個立して存在する (*Manota* Williston)…………Subfamily *Manotinae*

触角は頭部の中央から生じ，前胸背板は棘毛を装い，後頭は膨隆し，眼縁棘毛は列生でなく，中脈の基部は発達し多くとも前支脈が切断されているのみ…………
……………………………… Subfamily *Mycetophilinae*

本邦からは最後の1亜科が知られているのみ。

キノコバエ亜科 Subfamily *Mycetophilinae* Winnertz 1863

世界に分布し，*Mycetophila* Meigen, *Acnemia* Winnertz, *Allodia* Winn., *Boletina* Staeg., *Cordyla* Meigen, *Docosia* Winnertz, *Dynatosoma* Winn.,

Exechia Winn., *Leia* Meigen, ***Phronia*** Winn., ***Rhymosia*** Winn., ***Trichonta*** Winn., ***Zygomyia*** Winn. 等が代表的な属で，本邦からは *Dynatosoma* の1属が発見されているのみ。オオフトキノコバエ（***Dynatosoma major sapporoensis*** Okada）(Fig. 1187) 体長 6.5〜7 mm，体は黒褐色。頭部は黒色，触角は胸部とほぼ等長で褐色を呈するが，基部の2節は黒色。胸部はやや光沢を有し，楯板には黄褐色の短毛を装い，小楯板には約10本の長毛を具えている。脚は黄色だが，跗節が暗褐色，中・後両脚の腿節と脛節との各末端が黒色となつている。翅は透明で先端部が淡褐色を呈し，斑紋は暗褐色，亜前縁脈は甚だ短かく径脈上に終り，第1径脈と径分脈とは横脈で連結されない。径中横脈は径分脈の基部と中脈の分岐点とを連結している。腹部は暗褐色で各背節の後縁は細く灰黄色を呈し，全体に黄色の短毛を装う。北海道産。

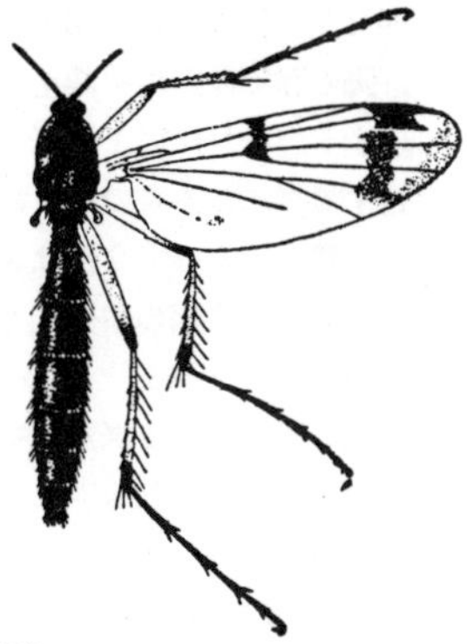

Fig. 1187. オオフトキノコバエ（徳永）

540. ニセキノコバエ（偽蕈蠅）科
Fam. Sciophilidae Rondani 1856

一般にキノコバエ科の1亜科として取り扱われている。しかし径分脈の前支脈即ち第2+3径脈が基部近くにて横脈状に第1径脈に達し，その為めに小さな方形または梯形の第1径室が形成されている事と翅面の微毛が不規則に配列している事によつて容易に区別する事が出来る。亜前縁脈は普通第1径脈に終り，単眼は複眼縁から普通離れている。多数の属が欧州とアメリカと濠洲等から知られ，*Sciophila* Meigen, *Leptomorphus* Curtis (＝*Diomonus*), *Dziedzickia* Johannsen, *Monoclona* Mik, *Mycomyia* Rondani, *Neoempheria* Osten Sacken, *Polylepta* Winnertz 等が先ず代表的な属で，本邦からは *Leptomorphus* 1属が知られている。ツマグロキノコバエ（*Leptomorphus panorpiformis* Matsumura）(Fig. 1188) 体長 11mm 内外，体は強い光沢がある真黒色。頭部は剛毛が多く，単眼は暗黄色で3個が殆んど一直線上に横列し，複眼は大形で真黒色。触角は長く，黒色だが末端の約6節が黄色を呈し且つ扁平となる。小顎鬚と口吻とは黒色。胸部は剛毛が多く，背面に著しく膨出している。腹部は細長いが末端の方に太まり，剛毛を多生する。翅は透明で前縁部が黄色を帯び，翅端の約1/4とほぼ中央の1円紋と後縁中央に接する1三角形紋とが淡黄色を呈し，臀脈は翅縁に達していない。平均棍は黒色。脚は黒色だが，転節と腿節基部とが黄白色となつている。本州と九州との山地に産する。

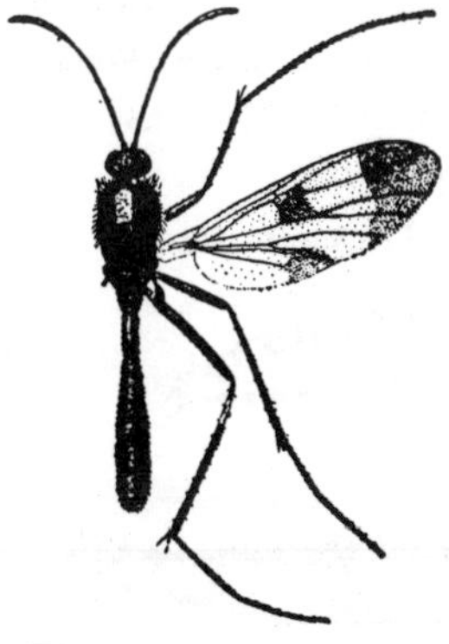

Fig. 1188. ツマグロキノコバエ（江崎）

541. ホソキノコバエ（細蕈蠅）科
Fam. Bolitophilidae Malloch 1917

この科はキノコバエ科の1亜科として取扱われる事が多い。しかし前翅の第2基室が完全に閉ざされ，第1肘脈が第4中脈から出ない事によつて明瞭に区別する事が出来る。中肘横脈は径中横脈から著しく離れ翅の基部近くに位置し，従つて第2基室が小形となり，いわゆる爪状部線が明瞭に存在している。主として欧州産で，*Bolitophila* Meigen (Fig. 1189) が模式属で，*Messala* Curtis や *Cliopisa* Enderlein 等の属が知られている。本邦からはナミホソキノコバエ（*Bolitophila disjuncta* Loew）(Fig. 1190) が発見されている。幼虫は食用蕈類を喰害し，主として菌傘部に寄生する。充分成長すると体長約8 mm，頭部は暗褐色，その他は白色。触角は4節で前方に突出し，口部は腹面に位置し，気門は第1胸節のものが顕著で，7対が腹節第1〜7節にあり，腹面は各節に疣状の擬脚が認められる。蛹は白色乃至淡褐色。北海道・本州に産し，欧州と北米に分布する。

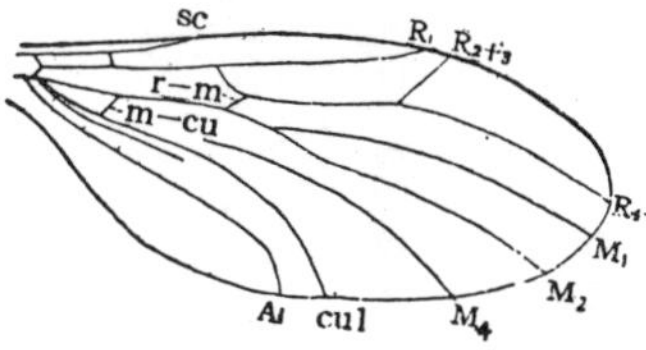

Fig.1189. *Bolitophila* の前翅

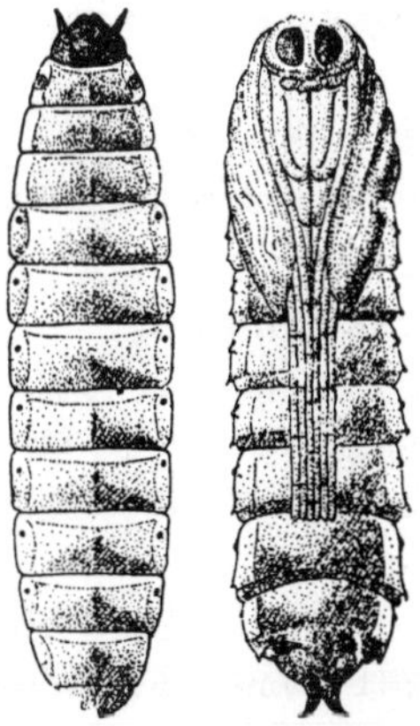

Fig. 1190. ナミホソキノコバエ（徳永） *Bolitophila disjuncta* Loew
左 幼虫背面　右 蛹腹面

542. ヒゲタケカ（角蕈蚊）科

Fam. Macroceridae Malloch 1917

キノコバエ科の1亜科として取り扱われている場合が多いが，翅の第2基室が閉ざされている事と非常に長い触角を有する事によつて容易に区別する事が出来る。翅の径脈は3分岐し，径中横脈は径分脈と中脈とがその位置にて結合している為めになく，第3径脈は第5径脈の1/2より著しく短く，第4中脈と第1肘脈とが短距離間平行に走りしかる後互に開いている。世界に広く分布するが，小数の属からなり，*Macrocera* Meigen が模式属である。

カゲロウヒゲタケカ（*Macrocera ephemeraeformis* Alexander）(Fig. 1191) 体長8～9.5mm，体は暗褐色。頭部は暗褐色で黒色の剛毛を粗生し，複眼は褐色，単眼は淡色。触角は16節からなり体長の3倍に達し，基部の数節は基部約1/3が黒褐色，残りの部分は淡黄色であるが末節に至るに従つて細くなり不明瞭となる。胸部は暗褐色，中胸背の側部にはやや淡色の部分がある。腹部は鮮黄色，黒褐色の剛毛を粗生し，背面各節の後縁と末端背部とは黒褐色。翅は透明で頗る強い虹様の光輝を有し，前縁部は黄色を帯び特に第1径室に黄色が顕著，斑紋は凡て黒褐色。平均棍と脚とは黄褐色，脚の脛節以下は暗色。この属中最大のもので，本州の山地に産し，ボルネオや台湾等にも分布する。

Fig. 1191. カゲロウヒゲタケカ（江崎）

多　　脈　　類

Series *Polyneura* (Brauer 1880) Schiner 1863

この類はいわゆるガガンボ類からなり，普通つぎの4科に分類されている。

1．単眼は存在し2～3個。翅の最後の臀脈は短かく臀角に急に曲つている。触角の環節は基部以外は不明瞭となつている。雄の把握器は1対からなる……………………………………………… Family *Trichoceridae*

単眼はない。最後の臀脈は後方に曲らず，雄の把握器は2対からなる……………………………………………… 2

2．小顎鬚の末端節はなわ状で前の3節の和より著しく長く，翅の亜前縁脈はその末端の急曲によつて第1径脈に終り殆んど常に前縁脈に終る事がない。触角は一般に12節か13節だが稀れにより多数節，鼻突起は一般に顕著………………………………… Family *Tipulidae*

小顎鬚の末端節は前2節の和より短かいかまたはより多く長くない。亜前縁脈は前縁脈に終り且つ普通末端が叉分しその下支脈は第2亜前縁脈として第1径脈と結び付いている。触角は6～16節で稀れにより多数節だが一般には14～16節……………………………… 3

3．脚の脛節は距棘を具え，翅の径脈の2支脈は翅縁に達する。それは第1径脈と第2+3径脈とが外見上癒合する事によるもので，稀れに第2径脈と第3径脈とが分離し，その場合には3径脈が翅縁に達している。径分脈は長く翅の中央近くに生じている………………………………………………… Family *Cylindrotomidae*

翅の径脈の4支脈が翅縁に達し，若し3本が達する時は第1径脈が前縁脈に達し径分脈が普通に翅の中央後に生じている……………………Family *Limoniidae*

543. ガガンボダマシ（僞大蚊）科

Fam. Trichoceridae Alexander 1920

Petauristidae と *Trichoceratidae* とは異名。Winter Crane Flies と称えられ，ドイツでは Wintermücken とよぶ。一名フユガガンボ科。小形乃至中庸大の細い体を有し，触角は細長く鞭状，単眼は普通3個。翅の中肘横脈は遙か外方に位置し，臀脈は完全な2本が有つてその第2のものは甚だ短く臀角に下方に彎曲する。もつとも *Diazosma* 属ではより長く多く延び急曲していない。雄の尾節は1対の把握器即ち端棒状突起（Dististyle）を具え，同器は円筒状かまたは基部内側に種々に発達した葉片を具えている。産卵管は尾毛を具え同尾毛は下面が下方に彎曲している為め全体が上方に曲つている。

成虫は秋と春とに最も多く発生するが，冬の暖かい日にも時に多数に現われる。普通は空中に群飛するが，穴蔵や坑道やその他類似の個処にも発見される。幼虫（Fig. 1192）は腐敗植物質中に棲息する。世界から少数の属が発見され，60種内外が知られている。*Trichocera* Meigen, *Paracladura* Brunetti, *Diazosma* Wallengren, *Alfredia* Bezzi 等が代表的な属で，本邦からは最初の2属が普通に発見される。

ニッポンガガンボダマシ（*Trichocera jaconica* Ma-

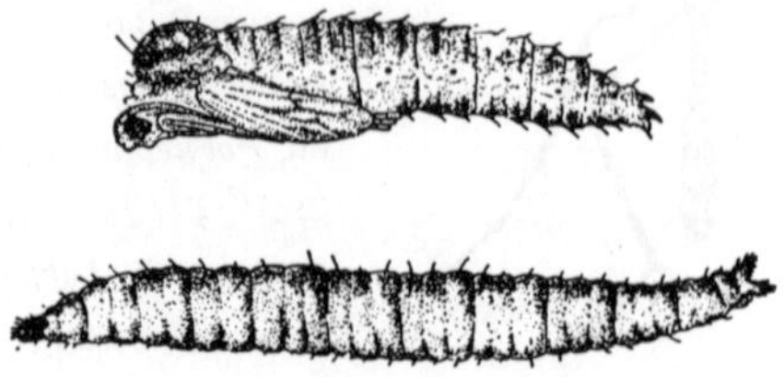

Fig. 1192. *Trichocera*（徳永）
下　幼虫　　　上　蛹

tsumura) (Fig. 1193)

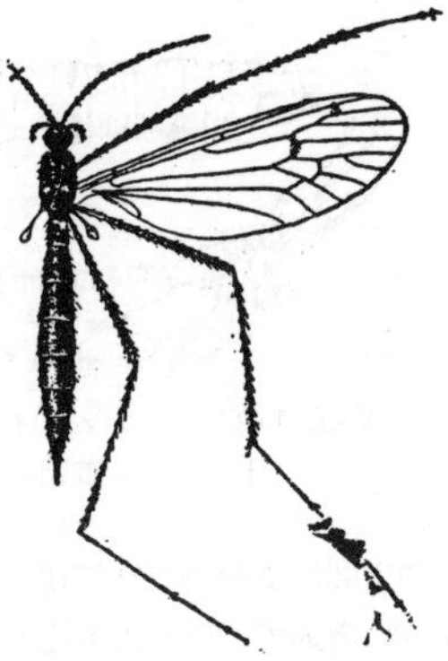

Fig. 1193. ニッポンガガンボダマシ(徳永)

体長4～6mm,体は黒褐色を帯びた灰色。触角は前脚の腿節とほぼ等長かまたは短かく,黒色で白色微毛を装う。胸部は灰黒褐色で,楯板に1対の黒色条紋を有する場合もある。翅は比較的幅広く,淡暗色の斑紋が第1径脈の末端部と径中横脈上とにあるが時に極めて不明瞭となる。脚は褐色または時に暗褐色で,基節と転節とが黒褐色。腹部は黒褐色で,灰白色毛を疎生する。北海道・本州等に分布し,晩秋より早春に互り出現し,樹木や建築物の附近に集り上下に群飛する。イマニシガガンボダマシ(*T. imanishii* Tokunaga)雌は無脈の微小翅を具え,冬期積雪上を歩行する。本邦中部の山岳地帯から発見され,雄は未発見。

544. シリブトガガンボ(尾太大蚊)科
Fam. Cylindrotomidae Kertesz 1902

(Fig. 1194)

時にヒメガガンボ科の1亜科として取り扱われている。しかし翅の第1径脈が第 3+4 径脈に終り,その為めに2本即ち第 3+4 径脈と第5径脈とが翅縁に達している。もつとも稀れに第1径脈末端から第 1+2 径脈が発達し前縁に終り為めに3本の径脈が翅縁に達する場合

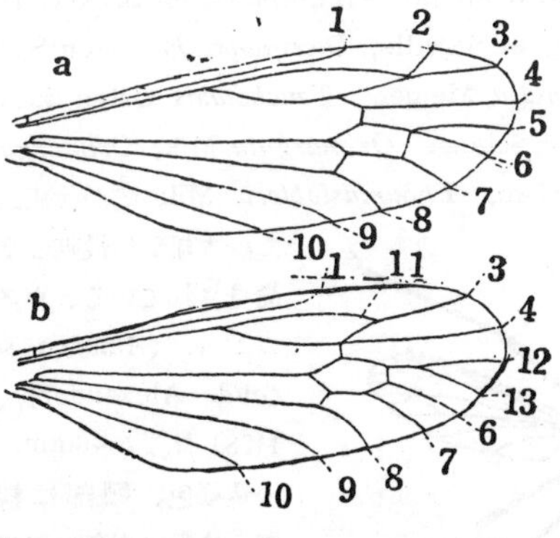

Fig. 1194. シリブトガガンボ類の翅 (Enderlein)
a. *Phalacrocera replicata* Schiner
b. *Cylindrotoma distinctissima* Meigen
1. 亜前縁脈 2. 第1+2径脈 3. 第3+4径脈
4. 第5径脈 5. 第1+2中脈 6. 第3中脈
7. 第1肘脈 8. 第2肘脈 9. 第1臀脈
10. 第2臀脈(腋脈) 11. 第1径脈
12. 第1中脈 13. 第2中脈

がある。径分脈は長く翅の中央近くから分かれている。比較的少数の属からなり主に全北区産である。幼虫は一般に蘚苔中に棲息している。*Cylindrotoma* Macquart, *Liogma* Osten Sacken, *Triogma* Schiner, *Phalacrocera* Schiner 等が代表的の属で,本邦からは最初の3属が発見されている。シリブトガガンボ (*Cylindrotoma japonica* Alexander) (Fig. 1195) 体長 11～14 mm,体は淡褐色乃至暗褐色。頭部は黒色で,顔と複眼の周縁部とは淡褐色,複眼は黒色,口部と小顋鬚とは淡褐色,触角は16節で暗褐色であるが基部2節が淡色を呈する。胸部は淡褐色で,前楯板に3条楯板に2個の頗る顕著な黒色紋がある。腹部は暗褐色,尾端に至るに従い太まつている。翅は透明で光沢強く,少しく灰色を帯び,前縁部は微かに黄色を呈し,縁紋は長楕円形を呈し顕著で暗褐色。平均棍は淡黄褐色,末端やや暗色。脚は淡黄褐色で,腿節の末端は黒色,脛節の中央以下が次第に暗色となつている。北海道・本州・九州等に産し,樺太に分布する。ヒゲシリブトガガンボ (*Liogma serraticornis* Alexander) は体長 14～15mm, 黒色,雄の触角は鋸歯状,本州産。

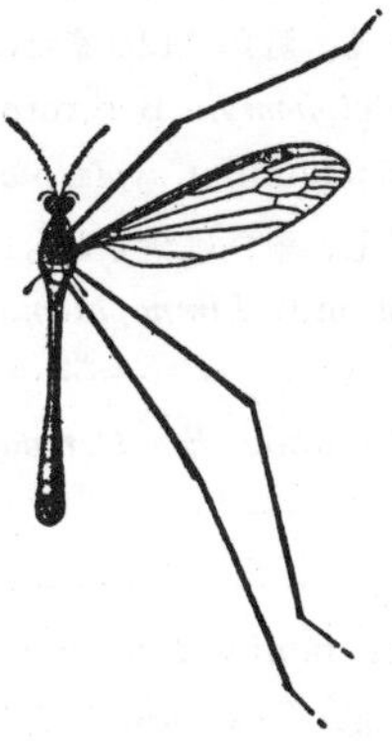

Fig. 1195. シリブトガガンボ雄(江崎)

545. ヒメガガンボ(姫大蚊)科
Fam. Limnobiidae Kertesz 1902

ドイツの Stelzmücken がこの科の昆虫で,小形乃至大形。単眼はなく,触角は 6～16 節,小顋鬚は4節で末端節が前2節の和より短かいかまたはより多く長くない。翅の亜前縁脈は前縁脈に終り普通末端が2分岐しその下支脈は第2亜前縁脈で第1径脈に終り,4本の径脈が翅縁に達しているが,時に3本の事がある。その場合には第1径脈は前縁に終つている。径分脈は普通翅の中央後に分かれている。幼虫は湿気多き腐敗植物中に生活している。

大きな科でつぎの8亜科に分類する事が出来る。

1. 脛節は末端に距棘を具えている……………………2
　脛節は末端に距棘を欠く…………………………6
2. 触角は 6～10 節……………………………………3
　触角は10節以上……………………………………4
3. 翅の第3中脈の末端分区が第1肘脈と癒合し基部分区がない。中央室が区劃されていない………………
……………………………………Subfamily *Hexatominae*

第 3 中脈は正常，中央室が閉ざされている（*Penthoptera* Schiner, *Coreozelia* Enderlein）……………………………………… Subfamily *Penthopterinae*

4．第 2 亜前縁脈は径分脈の分岐点を越えた処に位置する。若し基部前にある場合は翅が有毛（*Ula*）………5

第 2 亜前縁脈は径分脈の分岐点以前に位置し，翅は滑か……………………………Subfamily *Pediciinae*

5．脚の距棘は後脚脛節のみにある。もつとも稀れに中脚更に稀れに前脚にある事がある。触角は12節または16節（*Crypteria* Bergroth, *Adelphomyia* Bergroth）……………………………… Subfamily *Crypterinae*

脚の距棘は全脛節に強く発達し，触角は少くとも16節…………………………Subfamily *Limnophilinae*

6．4 本の径脈が翅縁に達している………………………………………………………Subfamily *Eriopterinae*

3 本の径脈が翅縁に達している…………………7

7．触角は14節，爪は下縁有歯…………………………………………………………… Subfamily *Limoniinae*

触角は一般に16節，稀れに12節（*Toxorhina*）または15節（*Elephantomyia*），爪は普通下縁無歯…………………………………………… Subfamily *Antochinae*

以上の諸亜科中本邦産はつぎの 6 亜科である。

1．マダラヒメガガンボ亜科 Subfamily *Limoniinae* Engel 1915（*Limnobiinae*）—多数の種類が発見され，*Limonia* Meigen（=*Limnobia* Meigen），*Libnotes* Westwood, *Dicranomyia* Stephens, *Rhipidia* Meigen, *Geranomyia* Haliday, *Discobola* Osten Sacken 等が代表的た属で，本邦から最初の 4 属の他に *Idioglochina* 属が知られている。ウスモンヒメガガンボ（*Limonia neonebulosa* Alexander）（Fig. 1196）体長 6mm 内外，体は大概淡褐色。頭部は黒褐色，複眼は黒色，口部と小顎鬚と触角とは灰黒色で，後者は14節。胸部と腹部とは暗褐色。前楯板には淡色の 2 縦条がある外不規則な濃淡部がある。翅は透明なれど著しく灰色を帯び，径分脈の基点と各横脈に沿つて顕著であるが，輪廓の判然しない灰黒色の斑紋を有する。平均棍は淡黒褐色。脚は淡黒褐色で腿節以下が濃色となるが，前脚は他に比し淡色で，各腿節の末端とそれより内方の部分とは灰白色を帯びてこ

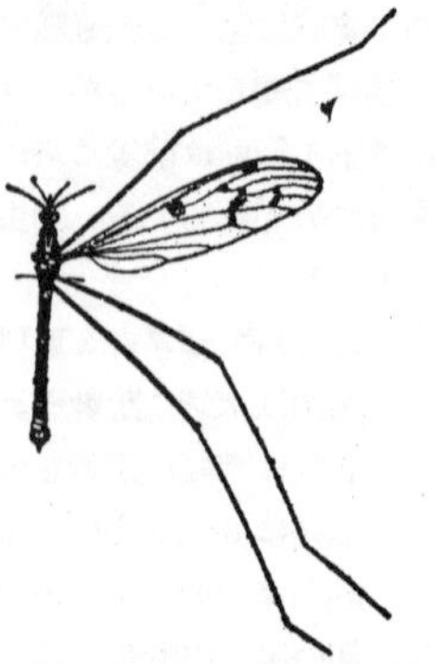

Fig. 1196. ウスモンヒメガガンボ（江崎）

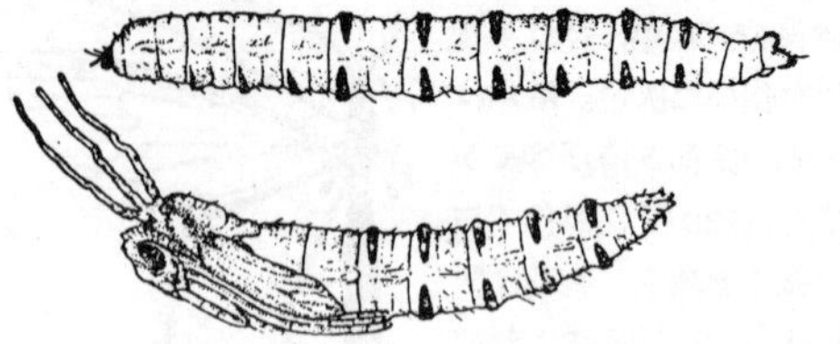

Fig. 1197. ミツマタイソガガンボ（徳永）
上 幼虫側面図　　下 蛹側面図

の両者間にやや顕著な黒褐色の輪環がある。北海道・本州等に普通で，樺太にも産し，翅長は 6mm 内外だが変化が多く 5mm 以下より 8mm 以上に亙る。ウスナミガタガガンボ（*Libnotes nohirai* Alexander）は体長9～13mm，黄褐色，翅は殆んど無色透明，前縁と翅脈の大部分とか黄色で，外縁に達する翅脈は波状に平行に走つている。本州・九州等に産し，幼虫は桑の害虫として知られている。クロイソガガンボ（*Idioglochina tokunagai* Alexander）の幼虫は海棲で藻を食している。更に海棲種には *Dicranomyia* 属のものが知られ，ミツマタイソガガンボ（*D. trifilamentosa* Alexander）の幼虫（Fig. 1197）は成熟すると体長9～10mm に達し，半透明の黄褐色乃至緑褐色，頭部は殆んど胸部に引込まれ，尾端に 2 対の突起を具えている。蛹は体長5～9mm，淡黄白色で半透明，胸部の呼吸角は 1 対で，左右が 3 分岐している。尾端には腹面に 1 対の角状突起を具えている。

2．ウスバヒメガガンボ亜科 Subfamily *Antochinae* v. d. Wulp 1877—*Antocha* Osten Sacken, *Helius* St. Farg. et Serville, *Dicranoptycha* Osten Sacken, *Rhamphidia* Meigen, *Teucholabis* Osten Sacken, *Elliptera* Schiner, *Orimargula* Mik, *Orimarga* Osten Sacken, *Thaumastoptera* Mik 等が代表的な属で，本邦から最初の 2 属が発見されている。ウスバガガンボ（*Antocha serricauda* Alexander）（Fig. 1198）体長5～6mm，体は淡黄褐色。頭部は淡褐色で，複眼は黒色，口吻と小顎鬚とは淡黄褐色，触角は短かく且つ甚だ細く淡黄褐色。胸部と腹部とは一様に淡黄褐色乃至淡褐色で，腹部背面に不判然な黒褐色縦条を有する。翅は幅広で大

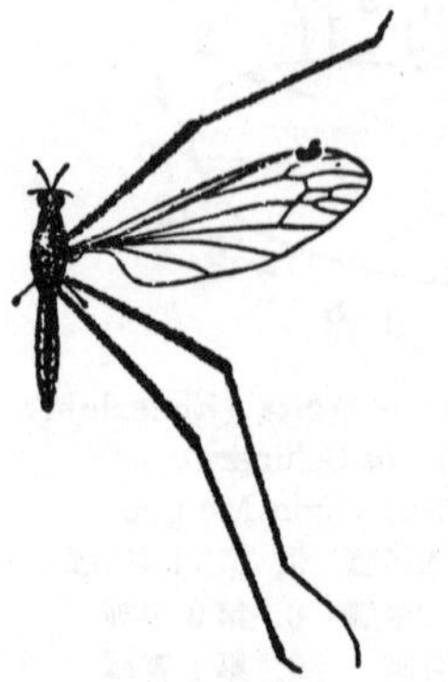

Fig. 1198. ウスバガガンボ（江崎）

形，薄く，透明でやや白色を帯び，翅脈は淡黄色。平均棍は淡黄色乃至淡黄褐色。脚は比較的太く，長い剛毛を密装し，一様に淡黄褐色。北海道・本州等の山地に産し，好んで燈火に来集する。クチバシガガンボ（*Helius tenuirostris* Alexander）は北海道・本州・九州等に産し，長く突出する口吻を具えている。

3. オビモンヒメガガンボ亜科 Subfamily *Pediciinae* v. d. Wulp 1877—大形のヒメガガンボで，一般に翅に帯状の斑紋を有する美麗種である。*Pedicia* Latreille, *Tricyphona* Zetterstedt, *Dicranota* Zett., *Ula* Halidy 等が代表的な属で，本邦には前2属の他に *Nipponomyia* 属が産する。ダイメョウガガンボ（*Pedicia daimio* Matsumura）(Fig. 1199) 体長24(♂)～34mm(♀)内外。体は褐色。頭部は灰黒色で，黒褐色の複眼間に顕著な隆起がある。触角は15節，基部2節は黒褐色，その他は暗褐色。前胸背板は主に黒褐色，前楯板は暗褐色で両側と中央の2縦条とは灰白色。腹部は基方と腹面とは主に赫褐色，第2節以下の背面は黒褐色で末端の方に暗色となる。翅は透明で灰色を帯び，顕著な黒褐色帯紋を有する。平均棍は淡褐色。脚は黄褐色だが腿節端は黒褐色で，脛節以下は次第に暗色となる。北海道産で本邦産中最大且つ美麗なヒメガガンボである。他の属の種類も翅に斜帯を有するが，ウスキシマヘリガガンボ（*Nipponomyia kuwanai* Alexander）は斜帯がなく前縁部に淡褐色の横帯が並列している。本州産。

Fig. 1199. ダイミョウガガンボ（江崎）

4. カスリヒメガガンボ亜科 Subfamily *Limnophilinae* v. d. Wulp 1877—*Limnophila* Macquart, *Epiphragma* Osten Sacken, *Idioptera* Macquart, *Eutonia* v. d. Wulp, *Dactylolabis* Osten Sacken 等が代表的な属で，本邦には前2属の他に *Amalopina* と *Pseudolimnophila* との2属が知られている。カスリヒメガガンボ（*Limnophila japonica* Alexander）(Fig. 1200) 体長10～15mm，体は灰褐色。頭部は灰褐色で，黒色の複眼と触角とを具え，後者は太く短かく16節からなる。胸背は灰褐色で，前楯板と楯板との上に不鮮明な暗褐色の縦条を有する事がある。腹部は一様に暗灰褐色。翅は淡褐色で半透明，翅脈は暗褐色，全面に暗色の微紋を散布し，前縁に沿い顕著な暗褐色の点紋を列し，径分脈の基点と第2径脈・第3径脈分岐点とに大形の斑紋を有し，更に第2臀脈末端に点斑を有する。もつともこの点斑はない事がある。平均棍は淡褐色で，末端濃色となる。脚は黄褐色で，基節が灰褐色，腿節と脛節との各末端は暗褐色，跗節は濃色となる。本州・九州等の平地に普通で，北海道と樺太等にも産する。

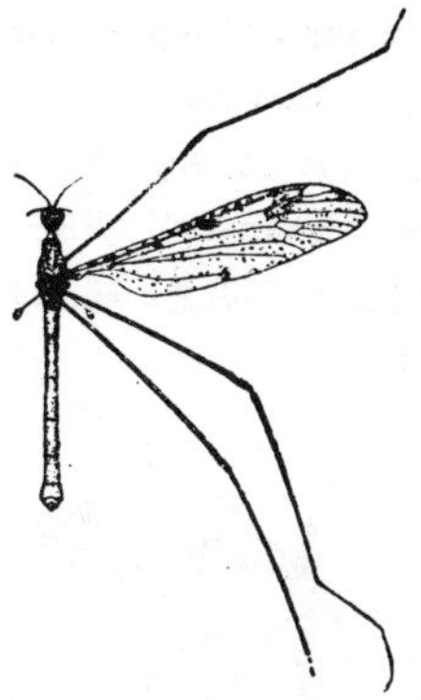

Fig. 1200. カスリヒメガガンボ（江崎）

5. クロヒメガガンボ亜科 Subfamily *Hexatominae* Alexander 1920—*Anisomerinae* と *Eriocerini* とは異名。*Eriocera* Macquart, *Elephantomyia* Osten Sacken, *Hexatoma* Latreille, *Cladolipes* Loew, *Peronecera* Curtis 等が代表的な属で，最初の2属が本邦から知られている。モンシロクロバガガンボ（*Eriocera hilpa* Walker）(Fig. 1201) 体長13～15mm，体は一様に黒色でやや褐色を帯び，黒褐色の柔毛を密生する。頭部は黒色で，複眼も黒色，小顋鬚と触角とは黒褐色。後者は短かく，雄では7節からなり第2節最短で第3節最長，雌では11節。胸部は黒褐色，背面の中央部は柔毛を欠き，前楯板の中央は正中央線の両側がやや淡色の縦条をなす。腹部は一様に黒褐色で，各節の後縁はやや濃色。翅は黒褐色で中央よりやや外方に黄色を帯びた白色帯紋を有する。平均棍は暗褐色。脚は一様に黒褐色で，細かい柔毛を密生する。本州・四国・九州等に産し，南支に分布する。ヒゲナガガガンボ（*Eriocera moriokana* Matsumura）は体長15mm内外，黒色で，雄の触角が40mmもある。本州に産する。クチナガガガンボ（*Elephantomyia hokkaidensis* Alexander）は体長6～11mm，鮮黄褐色，口吻は甚だ長く体長を超えている。北海道産で，菊科植物の花に集まり，また夜間は燈火に飛来する。

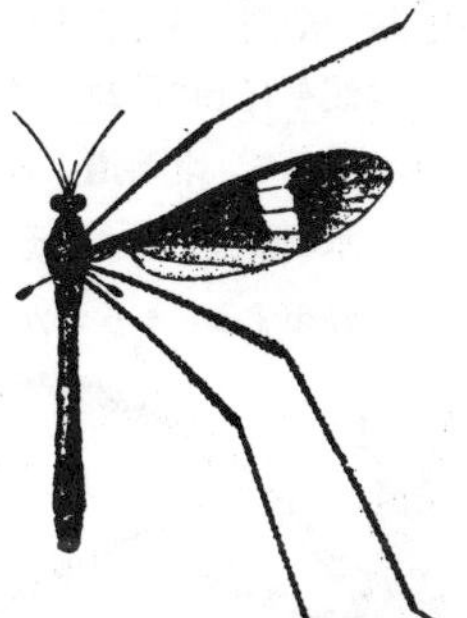

Fig. 1201. モンシロクロバガガンボ（江崎）

6. ホシヒメガガンボ亜科 Subfamily *Eriopterinae* Kertesz 1920—多数が発見され，*Erioptera* Meigen, *Helobia* St. Farg., *Ormosia* Rondani, *Gomomyia* Meigen, *Chionea* Dalmer, *Molophilus* Curtis,

Trimicra Osten Sacken, *Gnophomyia* Osten Sacken 等が代表的な属で，最初の5属の他に *Conosia* と *Gymnastes* との2属等が本邦から発見されている。ホシヒメガガンボ (*Erioptera asiatica* Alexander) (Fig. 1202) 体長 5mm 内外，体は暗褐色乃至灰褐色。頭部は暗褐色で，複眼は黒色，小顎鬚は黒褐色。触角は頗る細く，灰白色。胸部は一様に灰褐色。腹部は暗色で黒褐色に近いが，各節の後縁が灰白色を呈する。翅は透明で美しい光沢を有し，顕著な淡褐色の点紋を配列する。これ等斑紋は主に翅の前縁と各翅脈端と各横脈上に存在する。平均棍は淡黄白色。脚は一様に淡黄白色で，各腿節端が僅かに暗色を呈し少しく太まり，跗節もまたやや暗色。北海道・本州等に産し，樺太に分布する。セダカガガンボ (*Conosia irrorata* Wiedemann) は体長 10〜16mm，体は頗る細長く一様に暗褐色，翅は比較的短かく前縁に沿い顕著な大小の暗褐色紋を配列し各翅脈上に微細な暗色斑を列する。静止の際は翅を背上に重ね，尾方を上に挙げ脚を揃え奇態な形状を呈する。北海道・本州・九州・朝鮮・台灣等に普通で，水田附近に多く，燈火に飛来する。東洋・濠洲等に広く分布する。ミスジガガンボ(*Gymnastes flavitibia* Alexander) は体長 4〜6 mm，体は藍黒色，翅は透明で美しい虹様の強い光線を有し顕著な黒褐色の幅広の3横帯を有し，脚の腿節は黄色で末端著しく膨大し大体黒色。本州・九州等に産し，群棲する事が多い。ハネビロヒメガガンボ (*Ormosia takeuchii* Alexander) は体長3.5〜4mm，体は黒褐色，翅は一面に柔毛を密生し，縁紋は大きく暗色，本州・九州等に産する。ニッポンユキガガンボ (*Chionea nipponica* Alexander) (Fig. 1203) 体長 5.5〜6mm，体は褐色で雌雄共に翅を欠き，黄褐色，冬期に出現し積雪上を歩行し，一見蜘蛛類に似ている。北海道と本州との山地に産する。

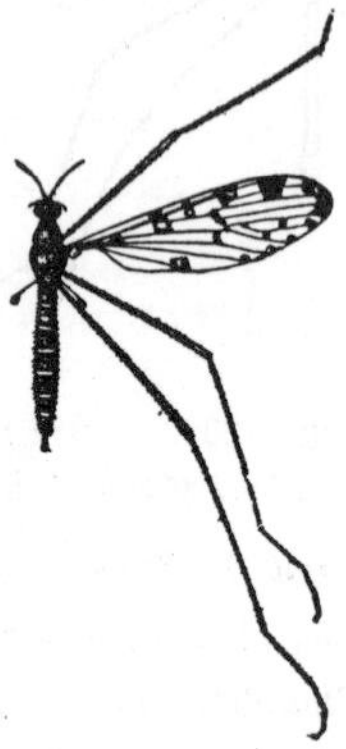

Fig. 1202. ホシヒメガガンボ（江崎）

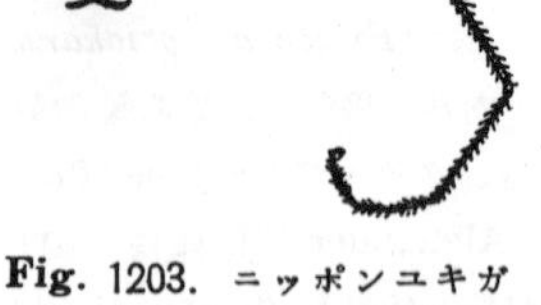

Fig. 1203. ニッポンユキガガンボ（徳永）

546. ガガンボ（大蚊）科
Fam. Tipulidae Leach 1819

Crane Flies や Daddy Long Legs 等と称えられ，ドイツでは Schnaken と称する。小形乃至大形，体は細長く，脚もまた長く，一般に黒色か褐色か橙黄色か灰色で，屡々斑紋を有するまたは曇色の翅を具えている。頭部は顕著で，多くの種類では前方に延びて口吻状を呈している。単眼はない。触角は雌では簡単で，雄では鋸歯状か櫛歯状で時に甚だ長い。5〜39 節。口器は屡々顕著，鬚は4〜5節からなる。中胸背板は明瞭なまたは不判然のV字形横溝を具えている。翅は存在し，時に退化しまたは全然ない。強く，前縁脈は翅縁を廻り，中央室は存在し閉口または開口。平均棍は顕著。脚は非常に長く，破損し易く，脛節に距棘を有するものとしからざるものとがある。腹部末端は雄では大形の交尾節を具え，側板と棘状突起と挿入器とがある。雌では肉質または幾丁質化せる産卵管を具えている。幼虫は普通 Leather Jackets と称えられ，肉質で円筒状，11〜12 節からなり，強靱で皮革様の皮膚を有し，屡々粗面で着色するものや透明なものがある。頭部は深く入り込んでいるかまたは突出し，触角はよく発達し，下脣は大形で有歯，下咽頭は大形で幾丁質化し，擬脚は有するものと無いものとがあり，気門は胸部と腹部とにあつて雙気門式かまたは尾節のみにあつて後気門式かで，水棲性のものでは縁毛を装い，突出可能の血液鰓が存在し，水棲性のものには血液線状鰓がある。陸棲や半水棲や水棲等の種類がある。

雌虫は土中に産卵するかまたは幼虫の生活する如何なる処にも産卵する。幼虫は食草性で且つ枯死腐敗木中に穿孔し，または禾木科植物の根や成長点を食し，あるいは土中または水中にある敗腐植物に，更に茸類や蘚苔類やその他類似植物に寄食し，なおまた生植物の潜葉虫となるものもある。陸棲種は湿気多き所を好み，多くの種類は雨期に出現する。

世界に広く分布し，殊に温帯に最も多く産し，多数が発見されている。普通つぎの3亜科に分類される。

1．翅の第2径脈がなく，第2臀脈は第1臀脈の 1/3 より長くなく，脚は特別に細長い……………………………………Subfamily *Dolichopezinae*

　翅の第2径脈は存在し，第2臀脈は第1臀脈の 1/2 長，脚は比較的短かく且つ強い……………………2

2．触角は輪毛を装い，雄の鞭節は櫛歯状でない………………………………………Subfamily *Tipulinae*

　触角は輪毛を欠き，雄の鞭節は櫛歯状………………………………………Subfamily *Ctenophorinae*

以上の3亜科が本邦から凡て知られている。

1．**ユウレイガガンボ亜科 Subfamily *Dolichopezinae*** Kertész 1902—*Dolichopeza* Curtis, *Megistocera* Wiedemann, *Brachypremna* Osten Sacken, *Tanypremna* Osten Sacken, *Oropeza* Needham 等が代表的な属で，最後の1属と *Nesopeza* 属とが本邦から発見されている。オオユウレイガガンボ（*Oropeza candidipes* Alexander）(Fig. 1204) 体長 11〜14mm, 体は淡褐色で不判然な暗褐色斑がある。頭部は灰褐色，複眼は黒色，小顋鬚は基部が淡褐色で先端が黒褐色。触角は12節で，基部3節が淡褐色を呈し以下が次第に暗色となる。胸部と腹部とは暗褐色だが，腹部の下面は黄色を帯びる。翅は大きく，透明で一様に淡黄褐色を帯び，縁紋は明劃で暗褐色，翅脈は淡褐色なれど径分脈は殆んど無色。平均棍は長く，淡褐色で末端黒褐色。脚は淡褐色であるが，脛節の中央以下は白色。本州・九州等の山地の密林中に棲息する。アヤヘリガガンボ（*Nesopeza geniculata* Alenander）は体長 8mm 内外，体は一様に淡褐色，翅は透明で前縁に沿い暗褐色の鮮明斑紋を列ね頗る美麗な種類で，北海道・本州・九州等の山地森林地帯に産し，燈火に飛来する。台湾にも分布する。

Fig. 1204. オオユウレイガガンボ（江崎）

2．**クシヒゲガガンボ亜科 Subfamily *Ctenophorinae*** Kertész 1902—この亜科は翅の閉中央室を有し脚が比較的強いのでユウレイガガンボ亜科と区別する事が出来，雄の触角の鞭節が櫛歯状となつているのでガガンボ亜科から区別する事が出来る。*Ctenophora* Meigen, *Dictenidia* Brullé, *Tanyptera* Latreille, *Pselliophora* Osten Sacken 等が代表的な属で，本邦からは最後の3属と *Cnemoncosis* 属とが発見されている。ベッコウガガンボ(*Dictenidia fasciata* Coquillett) (Fig. 1205) 体長 13〜17mm, 体は黒色で光沢が強い。頭部は黒色で剛毛を密生し，複眼も黒色。触角は13節，雄では顕著な櫛歯状で，第1と第2との両節は黒色となり以下の数節は黄褐色だが櫛状の枝部と末端方の節とは黒褐色，第1節には枝が1個，第4〜第12の各節には2枝を具えその後方のものは前方のものより少しく長く且つ外方に向いている。雌の触角は極めて短かく，基部2節は黒色，第3節以下の数節は黄褐色，他は黒褐色，第7節以下は分節が不明瞭である。前楯板は暗橙色の縦条を有する。腹部は雄では第2〜4節，雌では第3と第4節とが夫々橙色を呈する。翅は大部分淡黒色で半透明，基部と縁紋とは黒色，翅端近くに幅広の淡黄色透明の横帯を有する。翅脈は黒色，径室・中央室・肘室・第1臀室・第2臀室等の各中央には時に淡色の部分を有する。脚は短毛を密生し，基節は黒色，転節と腿節とは橙黄色，後者の末端太く黒色，脛節も橙黄色で前・中両脚のものは両端黒色となり後脚のものは中央部も黒色，跗節は黒色。北海道・本州・九州等に普通。幼虫は果樹類の苗木の根を食するという。この亜科の属は大体雄の触角にある枝の本数にて区別され，*Pselliophora* と *Cnemonocosis* とは第4節以下に各長短2対の櫛枝を，*Tanyptera* は第4節以下に各1対の長枝と1個の中央枝とを有する。

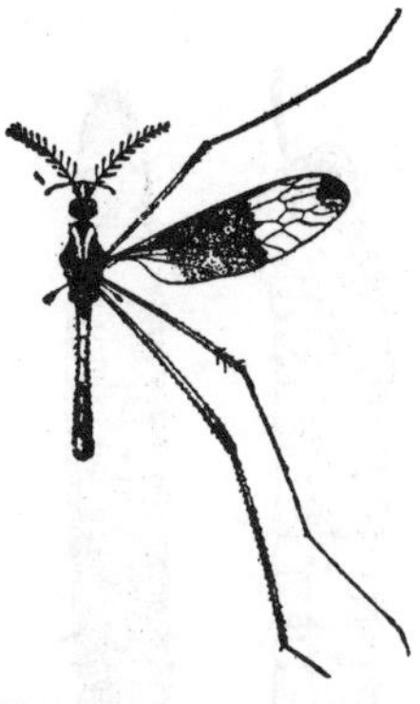

Fig. 1205. ベッコウガガンボ（江崎）

3．**ガガンボ亜科 Subfamily *Tipulinae*** Kertész 1902—*Tipula* Linné, *Nephrotoma* Meigen, *Longurio* Loew, *Pachyrhina* Macquart 等が代表的な属で，本邦からは最初の3属の他に *Ctenacroscelis* 属が発見されている。マダラガガンボ（*Tipula coquilletti* Enderlein)(Fig. 1206) 体長 28〜40mm, 体は概して暗褐色であるが，腹部の基方は黄褐色を呈しその側部のみ黒褐色，頭部は淡褐色で複眼の後方暗色。複眼間に隆起があつてその中央に1縦溝を有する。複眼は黒色，口吻は突出し，小顋鬚は黒色。触角は淡褐色で13節。前胸背は淡褐色，前楯板は中央に暗褐色の縦条を有しその両側に各1本の黒色縦帯を有する。楯板の両側には各2個の黒色紋を有し，小楯板は中央暗褐色。翅は透明灰色を帯び，翅脈は黒褐色で特に肘脈の 2/3 基部に沿い顕著な縦条をなし，前縁は暗褐色でこれに沿い顕著な2暗色紋を有し，これら2紋間と前後とは殆んど無色。脚は淡褐色であるが，脛節以下は次第に濃色となる。北海道・本州・九州等に産し，樺太や台湾にも分布し，本

Fig. 1206. マダラガガンボ（江崎）

邦産中最大種で最も広く分布している。キリウジガガンボ（*Tipula aino* Alexander）は体長14～18mm，体は主として淡褐色，翅は淡色を帯び透明で前縁に淡褐色の縦条を有し顕著な淡褐色縁紋を有する。幼虫（Fig. 1207）は円筒形で成長すると20mm内外に達し，全体暗灰色，頭部は小さく，尾端は截断状でその周縁に肉質突起を有し中央に2個の気門を具えている。水稲の苗の根を食害し，また地方によつては麦類の根を食害する。本州・四国・九州等に分布する有名な害虫である。アオホソガガンボ（*Nephrotoma minuticornis* Alexander）は体長15～20mm内外，北海道に普通で，甘胡や麦類の重要害虫である。なおカラフトアオホソガガンボ（*N.aculeata atricauda* Alexander）は北海道・本州等に産し，エンドウ・大根・チサ・その他麦類等の害虫として知られている。*Tipula* 属のものには更にヒメキリウジガガンボ（*T.latemarginata* Alexander）が北海道・本州等に産し稲や麦類や桑等の害虫として知られ，オオキリウジガガンボ（*T. longicauda* Matsumura）が本州に産し幼虫が稲・麦類・タバコ・桑等の根を害し，ウスイロガガンボ（*T. subcunctans* Alexander）が本州に産しエンドウやソバやトウモロコシ等の害虫として知られている。

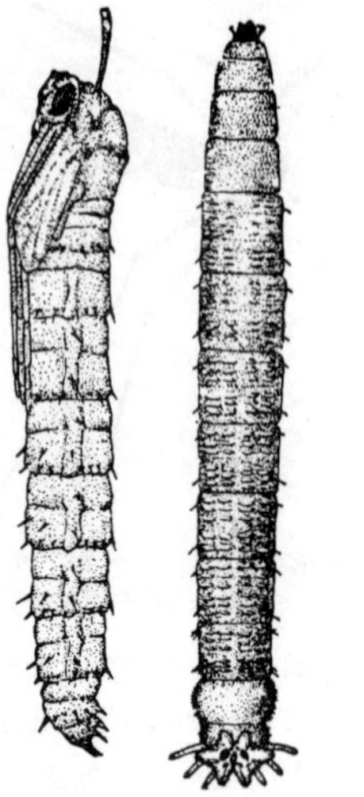

Fig. 1207. キリウジガガンボ（徳永）
右　幼虫背面図
左　蛹側面図

少　脈　類

Series *Oligoneura* Schiner 1863

この類はつぎの9科に分類する事が出来る。

1．中胸背板は多少明瞭なV字形横線を有し，後前胸背板（Post-pronotum）がよく発達している。雌は円錐形で普通突出する幾丁質化せる産卵管を有し，雄の交尾器は普通大形。雄は離眼的で，複眼は円く触角基点にて凹んでいない。脚は非常に長く，転節で容易にちぎれる。前縁脈は翅縁を取りまき，9翅脈以上が翅縁に達し，亜前縁脈は長く翅の中央を越えて終つている……………………………………………………………2

中胸背板はV字形横線を有しない。翅脈は9本より少ないものが翅縁に達し，中央室がない……………3

2．翅の径脈は5分岐し，凡てが翅縁に達し，亜前縁脈は末端にて叉分し第2亜前縁脈が第1径脈に終る1横脈の如くに現われ，第1基室は翅の中央で閉ざされ，第2基室は明かにより短かく，臀脈は1本のみ………………………………………Family *Tanyderidae*

翅の径脈の支脈は4本が翅縁に達し，基室は第1と第2とが共に翅の中央を越えた処に達し殆んど同位置まで延び，第1基室の末端に短かい第2径脈によつて第1径脈の末端近くで閉ざされている1室を有し，第4と第5との両径脈は長い柄脈を有し，1本の明瞭な臀脈が翅縁に達し，径中横脈を横ぎる1皺を具えている。単眼はなく，中胸背板の横線は深くなく，爪間盤は微小で褥板は存在する……Family *Ptychopteridae*

3．前縁脈は翅縁を廻つている。しかし屢々後縁で甚だ弱体となつている。少くとも9翅脈が翅縁に達し，翅脈と翅の後縁とが有毛または有鱗毛，体と脚ともまた有毛か有鱗毛，単眼はない……………………………4

前縁脈は翅頂を越えて消失し，中央室がない。単眼はないか多くとも痕跡的，脚の基節は長くない……7

4．翅脈と翅の後縁とは甚だしく毛または鱗毛を装い，体と脚ともまた毛あるいは鱗毛を装う。単眼はない………………………………………………………………5

翅脈は扁平鱗毛を生じない。体と脚ともまた鱗毛を欠き，亜前縁脈は翅の中央か中央を越えて前縁に終り，径脈の4支脈が殆んど平行し，第3+4径脈は著しく弧状となり第5径脈は翅頂を越えて終り，基室は第1と第2と共に翅の中央を越えた処に達し，単眼はなく，触角の鞭節は各節不判然……Family *Dixidae*

5．翅は短かく幅広で楕円形かまたは末端尖り，静止の際に体側に屋根形に保たれ，横脈を有しないが時に基部近くにこれを有し，亜前縁脈は甚だ短かく弱く末端自由に終り，径脈は普通5分岐する。脚の脛節は端距棘を欠く。触角の第2節は大形でない。小形の有毛種………………………………………Family *Psychodidae*

翅は長く且つ細く，静止の際に体側に屋根形に保たれない。翅縁と翅脈とは鱗毛を装い，亜前縁脈は翅の中央後で前縁に終り，径脈は4分岐している。雄の触角は普通長羽毛状，第2節は大形。細い種類………6

6．口吻は短かく刺込みに適応していない。翅は有毛で翅縁のみに鱗毛を生じ，中胸背板は隆起縁を欠き，腹胸側板は横線にて分けられ，後胸腹板の側節片は著しく減退し三角形でない………………………………………………………Family（*Corethridae*）*Chaoboridae*

口吻は頭部より長く，雌のものは刺込に適応し，翅は常に充分に鱗毛を生じ，中胸腹板は隆起縁を有し，腹胸側板は横線にて分けられていない (*Uranotaeniini* を除く)。後胸腹板の側節片は中・後両脚基節の基部間に三角形板を形成している ……… Family *Culicidae*

7. 翅の肘脈は普通翅の中央附近で叉分し，径脈の支脈は他脈よりも著しく太くない。雄の触角は屢々甚だ長い羽毛状となり，雌のものは数珠状。複眼は離眼的で，時に雄では合眼的。腹部第1節に縁毛のある葉片がない…………………………………………………………… 8

肘脈は基部にて叉分し有柄でなく，第2基室は開口，前方の数脈は太く他は弱体。触角は頭部とほぼ等長で10節，鞭節の各節は互に密接している。雄は常に合眼的。腹部の第1背板は縁毛を装う顕著な瓣片突板を有する。雄の第1跗節は普通幅広… Family *Simuliidae*

8. 翅の中脈の前支脈は叉分しない。口器は幾丁質化しないで刺込に適応していない。前脚は長く，普通静止の際に上方に高め且つ振動させている。後背板 (Postnotum) は一般に中縦溝または中縦隆起縁を有する ……………………………………Family *Chironomidae*

翅の中脈は叉分し，口器は幾丁質化し刺込に適応し，後背板は普通円く縦溝を欠き，前脚は長くない… …………………………………… Family *Ceratopogonidae*

547. ニセヒメガガンボ (偽姫大蚊) 科

Fam. Tanyderidae Alexander 1920

Primitive Crane Flies と称えられ，中庸大で一般に美麗な横帯紋を有する翅を具えている。口器は屢々突出し，触角は15～25節で簡単な円筒状の鞭節を具え，複眼は各小眼間に垂直の微剛毛を有し，単眼はない。側頸節片 (Latero-cervical sclerites) は存在し，時に著しく長形となつている。翅は翅縁に達する5径脈を有し，外方の径脈部か中脈部に1本または2本の横脈を有する属が多いが，それ以上の場合がなく一般に1横脈のみ。雄の尾節は1対の簡単な把握器を有し，稀れに2分岐している。挿入器は3分岐する。幼虫は河の縁の砂地に棲息し，水棲かまたは殆んど水棲である。世界から25種内外が知られ，主に濠州に多い。*Protanyderus* Handlirsch, *Tanyderus* Phil., *Protoplasa* Osten Sacken 等が代表的な属で，本邦からは最初の1属が発見されているのみである。エサキニセヒメガガンボ (*Protanyderus esakii* Alexander) (Fig. 1208) 体長 7mm 内外，体は一様に淡褐色。触角は短かく16節。腹部は淡褐色の柔毛を疎生し，各節の後縁やや淡色。翅は透明で斑紋が淡褐色，翅の臀角は殆んど直角をなす。平均棍は淡褐色脚は淡黄色だが，腿節端・脛節端・跗節等は暗色を呈する。本州・九州等に産し，燈火に飛来する。

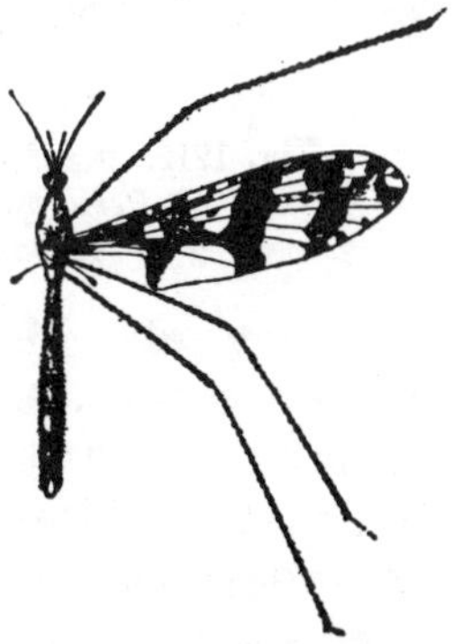

Fig. . 1208. エサキニセヒメガガンボ (江崎)

548. コシボソガガンボ (細腰大蚊) 科

Fam. Ptychopteridae Brauer 1880

Liriopidae Grünberg 1910 は異名。False Crane Flies と称えられ，中庸大で細く，細長い脚と屢々斑紋を有する翅とを具えている。頭部は正常で複眼と長い16～20節からなる触角とを具え，触角の鞭節は円筒状，口器は刺込不可能，鬚はよく発達し，前楯板と楯板との間の縫合線は後方消失する。翅は遙か末端の方に第2径脈を有し，同支脈は第1径脈の末端分区と亜等長，3本の径支脈が翅縁に達し，中脈は2本または3本の支脈を有し，臀脈は1本。幼虫 (Fig. 1209) は有頭型で後気門式で，一本の細長い呼吸尾管を具え，腹部のある環節に擬脚を具えている。蛹は1本の甚だ長い呼吸管を前胸に具えている。幼虫は湿気ある処かまたは水中に生棲し，コケや植物腐植質等を食する。世界から30種程知られ，普通次の如く2亜科に分類されている。

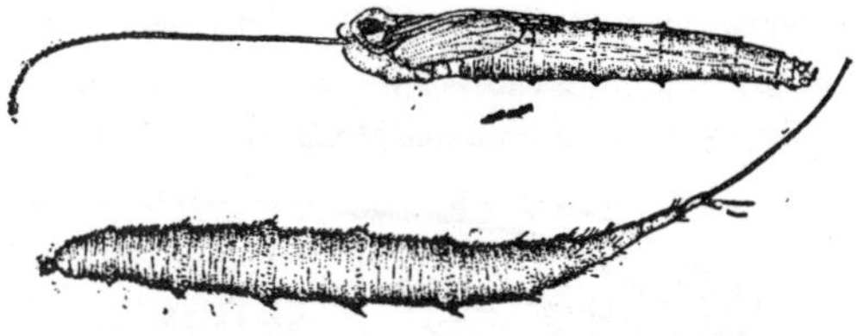

Fig. 1209. オビコシボソガガンボ (徳永)
上 蛹側面 下 幼虫側面

1. 触角は16節，翅の第4脈は第1中脈と第2中脈とに叉分し，脚は帯紋を有しない…………………………… ……………………………………Subfamily *Ptychopterinae*

2. 触角は20節，第4脈は単1で第 1+2 中脈として存在し，脚は黒色と白色とで帯紋付けられている……… ……………………………… Subfamily *Bittacomorphinae*

1. コシボソガガンボ亜科 Subfamily *Ptychopterinae* Alexander 1920—*Ptychoptera* Meigen (=*Liriope*) 1属のみからなり，世界に広く分布し，本邦にも産する。オビコシボリガガンボ (*Ptychoptera japonica* Alexander) (Fig. 1210) 体長 8 (♂)～13 (♀) mm 内外，体は一様に光沢ある黒色で，胸部は多少青味ある光沢を有する事がある。口部は淡黄褐色。触角は黒色で13節からなり，第2節と第3節の基半部とは黄褐色，雄では体長より長く，雌ではその半ばに達しないで黄褐色部が不明瞭。腹部は黒色だが，第4節（時に第5節も）の基半部が暗黄色を呈する。翅は透明でやや灰色を帯び，前縁部は黄色，基部の横脈に接して褐色紋を有する事があり，径分脈の基点にある顕著な帯紋と翅端近くにあるかすかな帯紋とは黒褐色。平均棍は基部が黄色で，他が灰色。脚は暗黄色で，腿節と脛節との末端は黒色，脛節以下は次第に暗色を呈する。本州・九州等に産する。

Fig. 1210. オビコシボソガガンボ（江崎）

2．シマアシコシボソガガンボ亜科 Subfamily *Bittacomorphinae* Alexander 1920 —*Bittacomorpha* Westwood と *Bittacomorphella* Alexander との2属からなり，後者が本邦から発見されている。エサキヒメコシボソガガンボ（*Bittacomorphella esakii* Tokunaga)（Fig. 1211）は体長10～13mm，体は黒褐色で銀白色と雪白色との斑紋を有し，極めて繊細美麗な昆虫である。触角は糸状で細長く，20節からなる。胸部は銀白色または黄白色，楯板の後半は光沢ある黒色。翅は細く，斑紋がない。平均棍は黒褐色。脚は長く，大部分黒色で雪白色の明瞭な部分を有し，中・後両脚の基節と転節とは黄色，腿節の基部は褐色を帯び，脛節の基部と第1跗節の両端とに雪白色部を有し，第2・第3両跗節は全部雪白色，第4と第5跗節とは極めて小さく黄褐色。腹部は黒褐色で，明瞭な斑紋がない。本州の山地に産し，成虫は脚を放射状に拡げ，緩かな飛翔をする。

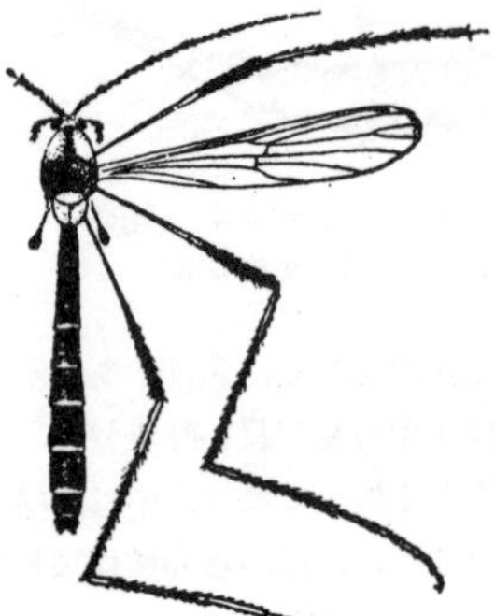

Fig. 1211. エサキヒメコシボソガガンボ（徳永）

549. チョウバエ（蝶蝿）科

Fam. Psychodidae Bigot 1854

Moth Flies や Moth Midges や Sand Flies 等と称えられているものがこの科の昆虫で，ドイツでは一般に Schmetterlingsmücken と称えている。微小で有毛且つ鱗毛を装う小さなハエで，普通褐色，屢々翅が斑紋付けられている。頭部は小形，単眼はない。触角は一般に頭部と胸部との和と等長，毛を疎生し且つ輪毛を装い，12～16節からなる。口器は短かい口吻を形成し，時に多少長く剛毛状となつている，鬚は有毛で，4節。胸部は横線を欠き，背面に著しく膨隆しない，小楯板は円い。腹部はむしろ円筒形で，6～8節からなり，雄の交尾器は顕著，産卵管は一般に突出している。翅は大形で楕円形で屢々末端尖り，静止の際に腹側背に屋根形に保たれ基部が直角より多く曲げられ，翅脈と翅縁とは毛を密生し，表面は屢々毛または鱗毛を装う。翅脈は強く，一般に密毛から隠され，横脈は翅の基部1/3以内に限られて存在し，縦脈の2本または3本が叉分している。脚はむしろ短かく，一般に毛を密装し，あるものは長い。幼虫は円筒形でよく発達した頭部と眼斑とを具え，12節からなり，無脚あるものは背面に厚化板を有し且つ毛を装い，双気門式か後気門式，後部気門は種類によつては4個の長い肉質突起から囲まれ，気管鰓はある水棲性のものに発達し，水棲性の種類はまた胸部に吸盤を具えているものがある。

成虫は湿気多い個所に生棲し，敷藁や丸太や灌木林や樹幹等に匍匐している。幼虫（Fig. 1212）は大部分汚物食性で，陸棲と水棲とがあつて腐敗植物質や腐敗木や茸や獣糞その他に寄食し，ある種類は排水管中に生活し且つ室内に羽出し，水棲のものは静水中または水瀑中等に生棲している。世界から約300種が知られ，つぎの如く4亜科に分類する事が出来る。

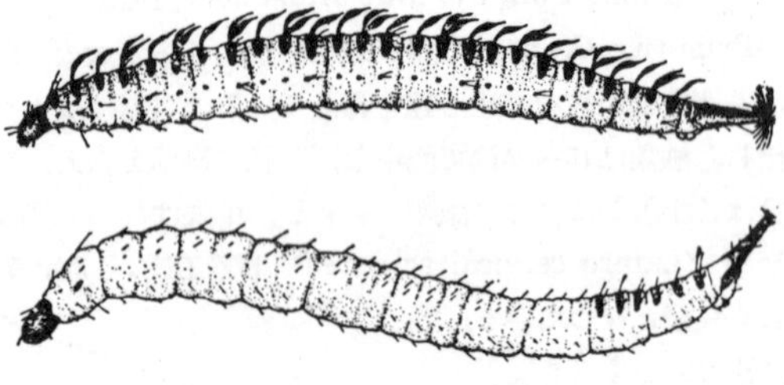

Fig. 1212. チョウバエ科幼虫（徳永）
1. *Pericoma* sp. 側面図
2. *Psychoda* sp. 側面図

1．翅の径分脈は4分岐している…………………………2
　翅の径分脈は3分岐し，亜前縁脈は短かく且つ末端垂直に前縁に曲つている（*Trichomyia* Haliday, *Sycorax* Haliday, *Termitodipteron* Holmgren)…………………Subfamily *Trichomyiinae* Handlirsch 1925
2．翅の第1肘脈の末端分区は長く一般に第4中脈と平行に延び，第4中室は第3中室と翅縁にて約等幅，亜

前縁脈は減退している……Subfamily *Trichomyiinae*

第1肘脈の末端分区は短かく後縁の方に曲り，第4中室は翅縁にて少くとも肘室と等幅，亜前縁脈は長く，第2亜前縁脈と普通に第1亜前縁脈とが存在する……………………………………………………………3

3．径分脈は櫛歯状に4分岐し，雌の口器は長く血液吸収に適応している…………Subfamily *Phlebotominae*

径分脈は二重複的に4分岐し，口器は吸血に適応してしない（*Nemopalpus* Macquart, *Bruchomyia* Alexander）（*Nemopalpinae* Edwards 1921）……………… Subfamily *Bruchomyiinae* Alexander 1920

以上の諸亜科中本邦にはつぎの2亜科のみが知られている。

1. **チョウバイ亜科 Subfamily *Psychodinae*** Kertész 1902—多数の種類が発見され，*Psychoda* Latreille, *Pericoma* Walker, *Telmatoscopus* Eaton, *Termitadelphus* Holmgren, *Ulomyia* Walker 等が代表的な属で，本邦には最初の1属が知られている。ホシチョウバエ（*Psychoda alternata* Say）（Fig. 1213）体長1.5～2mm，体は灰褐色で灰色の長剛毛を密生する。頭部は小さく前方に屈折し灰色の長毛多く，複眼は小さく横に長く黒色。触角は数珠状で細長く，15節からなり，各節に長毛が多生する。口吻は短かく，小顋鬚と共に灰色。胸背は頗る大きく，灰褐色で極めて長い灰色の剛毛を多生する。腹部は黒褐色，剛毛は胸部におけるものより遥かに短く且つ細い。翅は大きくやや紡錘形を呈し，末端尖り，灰白色で半透明，翅脈上の剛毛は灰色で列生し，翅の外半では黒色に近い剛毛を混じ，翅縁に6～7個（時により少数）の黒褐色紋を有する。平均棍と脚とは淡灰褐色。全土に最も普通で，家屋内の窓辺や厨房等の湿潤な個所に群棲する事が多く，幼虫は下水中に生活する。北米や欧州等に広く分布する。

Fig. 1213. ホシチョウバエ（江崎）

2. **サシチョウバエ亜科 Subfamily *Phlebotominae*** Tonnoir 1922—チョウバエ亜科のものの如く多毛でなく，口吻は長く雌虫のものは皮膚に刺し込み血液を吸収するに適している。翅は静止の際に体より離されて保たれ，径分脈は長く，第2径脈は翅の基部の方へよりも翅端の方に近い処から生じ，第4径脈もまた同様翅端に近い処から分かれている。頭部は多少長く触角は16節からなり長く梗節は大きく鞭節は大部分数珠状，小顋鬚は著しく長く下方に彎曲し，口吻は頭部より長く，複眼は大きく顕著。胸部は比較的短かく，背面に膨隆し，頭部との間に明瞭な頸部がある。前胸背板は甚だ不明で肩瘤と多少連続し，肩瘤は甚だ小さく，中胸背板の横線は肩瘤の後端から生じ中央に進むに従つて著しく後方に彎曲し左右著しく離れている。胸部各側板は下方に長く延び，腹板も大形だが後胸腹板は中・後両脚の基節が相接している為め小形である。小楯板は後方に突出している。腹部は細長く円筒形，9節からなり，各背板の後縁に直立または彎曲する剛毛を列する。雌の尾端には太い尾毛を具え，第9腹板は末端急に細まり突出している。雄の交尾節は複雑な構造を有し，上把握器（Superior claspers）と下把握器（Inferior claspers）と亜中葉片（Submedian lamellae）と中間附属器（Intermediate appendages）と挿入器との各1対からなつている。*Phlebotomus* Rondani 1属からなる。しかし *Phlebotomus* Rondani, *Larroussius* Nitzulescu, *Adlerius* Nitzulescu, *Sintonius* Nitzulescu, *Brumptius* Nitzulescu 等の亜属に分類されている。

Fig. 1214. *Phlebotomus chinensis* の卵（Patton）

卵（Fig. 1214）は円筒状で両端円く，表面に細長い網目様の彫刻を有する。幼虫（Fig. 1215）は鱗翅目のものによく似て，頭部は大形で咀嚼口を有し眼を欠く。胸部は3節で，腹部は9節からなり，腹部の最初の7節にはいわゆる腹脚を具え，第9節は背面末端に2対の尾棘毛を生じ，各節には末端太まる数本の棘毛を具えている。幼虫は尺護虫の如く静かに動作し，他のものにさまたげられた場合には偽死状態を呈し，集団の色彩に同化する傾向がある。食物は有機質で，昆虫やその他の小動物の排泄物や死体の如きものをとる。乾燥や寒気等に強く，この事は恐らく地表下1尺またはそれ以下に棲息し保護されている為めの様である。第4齢虫にて越年する。この齢にて充分食物をとると移動して適当な個所に至り，後脱皮して蛹化する。蛹（Fig. 1216）は常に幼虫

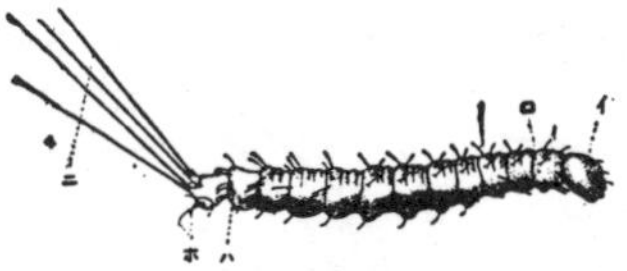

Fig. 1215. *Phlebotomus chinensis* の幼虫（Patton）
イ．頭部　ロ．前胸気門　ハ．後気門　ニ．尾棘毛　ホ．肛棘毛

体の皮膚を尾端に附着せしめている。成虫はかなり長距離の飛翔を行うものの様で，且つ地表より50尺の高所に飛び立つ事も知られている。

人類への病気との関係は第1にパパタシ熱病一名フレボトームス熱病または三日熱等と称せられ病原体（まだ不明）の伝播をなし，第2に熱帯巨大脾病の病原体たる *Leishmania donovani* Ross または *L. infantum* Nicollé 等の伝播者で，第3に東洋腫病の原虫たる *Leishmania tropica* Wright の伝播者で，第4には Oroya 熱病と Verruga peruviana との伝染性瘤状発疹症の病原体たる *Bartonella bacilliformis* Strong et Coll なる細菌の伝播者である事が認められている。

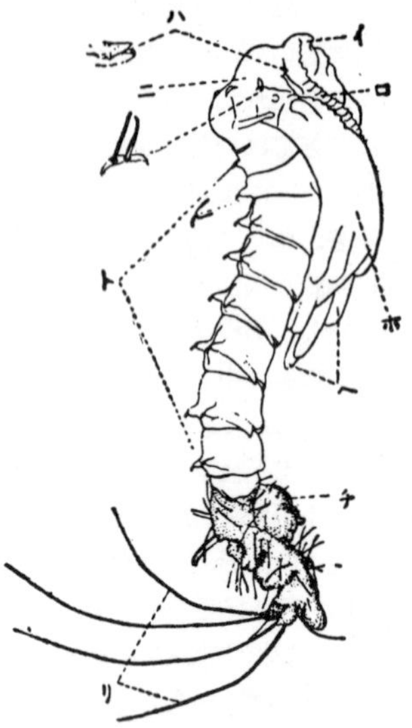

Fig. 1216. *Phlebotomus chinensis* の蛹 (Potton)
イ．頭部　ロ．触角　ハ．呼吸孔　ニ．胸部　ホ．翅　ヘ．脚　ト．腹部　チ．幼虫の頭部　リ．同尾棘毛

本邦からはニッポンサシチョウバエ (*Phlebotomus squamirostris* Newstead) (Fig. 1217, 1218) 1種が発見されている。体長 2〜2.3mm，体は黄褐色乃至暗褐色，体毛は伏臥している。頭部は胸部の前端下方に位置し，口吻は前向で長く鱗片にて密に被われ，この鱗片は末端截断状でない。小顋鬚はむしろ太く，第3節は末端の方に太まり，末端節は前節の約 $1\,^1/_3$ の長さを有し，各節の比は 1(2.4)：3：5 となつている。触角は比較的長い節からなり，短い膝状の微棘を1側に生じ，第3節は口吻の末端を僅かに越え 1/4 末端部に膝状微棘を有し，他の節は基部に近く同様の微棘を生じている。胸部は背面に膨隆し，脱落し易い軟毛を密生する。翅は細く末端多少尖り，ぼんやりした彩光を有し，前縁毛は他の毛より微かに暗色を呈し，第2脈の前分脈即ち第2径脈はその基点と第5径脈の基点との間の距離に殆んど等長。腹部の毛は他のものと同様淡黄褐色，上把握器は2対の太い莖状の棘を具え，その第1対は中央を越えた処にある突起から生じ，第2対のものは末端の隆起部から生じている。下把握器は比較的短かく上把握器の基節と等長かまたは僅かに長くなつている。松山・山口県・東京等に発見され，北支にも産し，人類から吸血するかは未だ不明。

Fig. 1217. ニッポンサシチョウバエ（徳永）

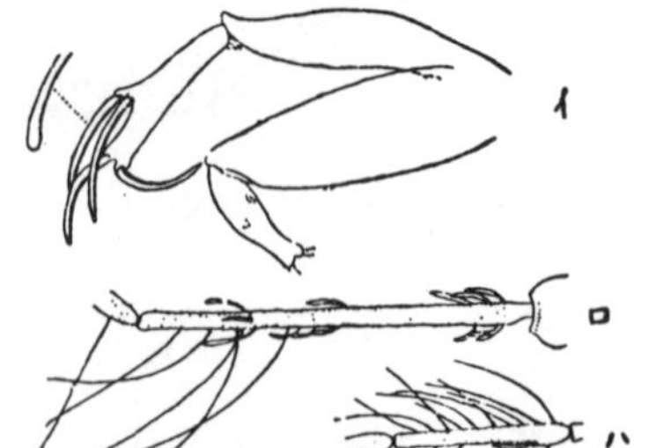

Fig. 1218. ニッポンサシチョウバエ部分図 (Newstead)　イ．把握器　ロ．ハ．触角　ニ．翅　ホ．口部

550. ホソカ（細蚊）科
Fam. Dixidae Brumeister 1880

むしろ微小，細長で，殆んど裸体，流水近くに発見される。口吻は幾分突出し，小顋鬚は4節。触角は細長く，基節は膨れ，鞭節の各節は毛状で関接が不明瞭。単眼はなく，複眼は円い。胸部は強く背面に膨隆し，横線を欠き，中胸背板は弧状となり，小楯板は横形。腹部は細長く7節または8節からなり，雄では尾端の方に太まり，雌では尖つている。脚は細長く，基節は幾分長く，脛節は端距棘を欠く。翅はむしろ大形，臀脈は存在し後縁中央前に終り，基室は2個完全。幼虫 (Fig. 1219) は細長く，有

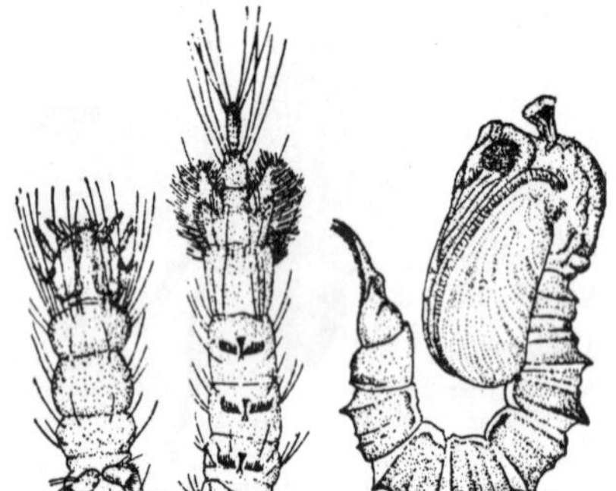

Fig. 1219. *Dixa* の幼虫と蛹（徳永）
左 幼虫背面　　右 蛹側面

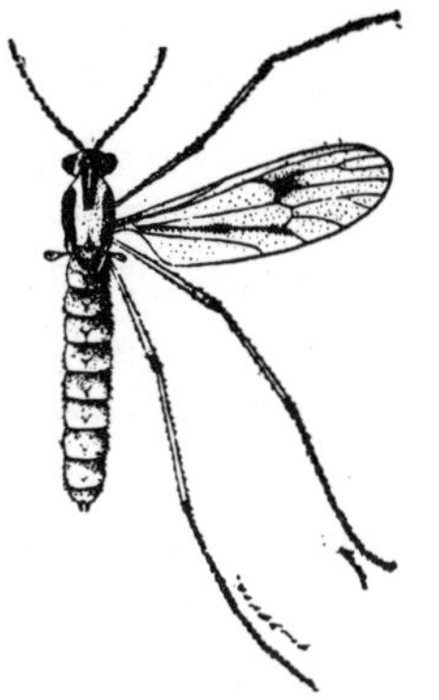

Fig. 1220. ニッポンホソカ（徳永）

頭型で蚊の幼虫に類似し，扁平で常にU字形を呈し，小顋は毛總を具え，胸部は正常で分離し，腹部の第1と第2との各節は背面に擬脚を具え，多くの腹節下面に膨出部を有し，末端節には突起と棘毛とを有する。後気門式で，且つ後端に血液鰓を具えている。蛹は胸部の環節に気門突起を有する。水棲。40種内外が知られ，主に欧州と北米に産するが，インド・ニュージーランド・チリ等にも発見されている。*Dixa* Meigen, *Neodixa* Tonnoir 等が代表的な属で，本邦には最初の1属が発見されている。ニッポンホソカ（*Dixa nipponica* Ishihara）(Fig. 1220) 体長2.7mm内外。体は大部分暗褐色，胸背は淡褐色で顕著な黒褐色3条紋を有す。翅は殆んど無色透明で，第2+3径脈と第4+5径脈との基点周辺に暗褐色斑を有する。頭部は比較的大きく，黒褐色，頭楯板は淡褐色，口器は淡褐色だが小顋鬚はやや暗色を帯びる。触角は大部分黒褐色，第1第2各節の基部は淡色，全体に短剛毛を疎生する。複眼は半球状で，紫黒色。中胸背板は淡褐色で灰色の光沢を帯び，中央の黒褐色縦紋は前縁から中央にて終り正中線上の淡色線にて左右に不判然に分たれ，左右1対の条紋は中胸楯板の前方1/3から始まり側縁に沿い小楯板直前に終る。小楯板は淡褐色，後小楯板は黒褐色。平均棍は淡褐色，脚は大部分淡褐色，腿節と脛節との末端は暗色。腹部は淡褐黒色。四国の松山に産する。

551. カ（蚊）科

Fam. Culicidae Stephens 1829

Mosquitoes や Stechmuecken（ドイツ）や Les moustiques（フランス）等と称えられ，小さな繊弱な細い蚊で，体と附属器とが毛と鱗毛とで被われている。褐色・黄褐色・灰色・黒色等で，屢々白色や淡色の斑紋を有し，または金属的色彩で光輝を有するもの等がある。頭部は小さく亜球形で細い頸部を有し，口吻即ち下唇は長く，口器の他の部分は刺針となり，小顋鬚は剛化している。複眼は腎臓形，単眼はない。触角は長く且つ細く，糸状，有毛で輪毛を有し，雄では羽毛状，14～15節からなり，第1節は輪環状，第2節は球状で末端コップ状に凹んでいる。胸部は堅固で背面に膨隆し，小楯板は円いかまたは3葉状，側板上に毛が群生している。脚は細長く破壊し易く，基節は短かく，跗節は長く，爪は簡単かまたは有歯。翅は長く且つ細く，後縁が毛と鱗毛とを列し，6本の縦脈が翅縁に達し，翅脈は鱗毛を2列に有し，基室は2個，無斑または有斑。平均棍は明瞭。腹部は細く10節で，末端の2～3節が交尾器に変形し，雄の尾端3節は反転し，交尾節は葉片と板片と把握小器（Claspettes）と交尾鉤（Parameres）と側片（Side-Pieces）とからなり，種の分類に重要な構造である。幼虫即ちボーフラ（Fig. 1221, 1222）は自由生活者でしかも活潑で，体は長く大形の頭部と非常に大きな3環節癒合の胸部と細い9節からなる腹部とからなる。頭部は自由で，細い頸部と多数の毛總を具えている。触角は短かく1節で，中央部に触角毛總を生じている。眼は2対で，前方に大形の複眼と，その後方に小さい附属眼即ち幼虫眼とを具えている。口器は複雑で，上唇と顕著な有歯大顎と大形扁平の小顎と短かい小顋鬚と下唇板と1対

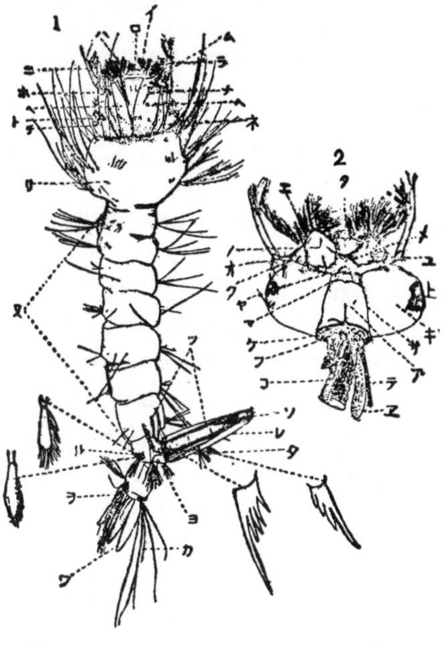

Fig. 1221. アカイエカの第4齢虫 (Patton)
1. 背面図　2. 頭部腹面図　イ. 頭楯上唇線　ロ. 上唇　ハ. 上唇基節　ニ. 触角毛總　ホ. 前幕状骨　ヘ. 額　ト. 複眼　チ. 幼虫眼　リ. 胸部　ヌ. 腹部　ル. 側櫛　ヲ. 腹鰭　ワ. 尾鰓　カ. 縮糸毛　ヨ. 第8腹節　タ. 櫛歯　レ. 呼吸管　ソ. 瓣　ツ. 気管　ネ. 頭蓋側線　ナ. 額中棘毛　ラ. 触角　ム. 額前棘毛　ウ. 上唇上咽頭　エ. 食刷毛　ノ. 小顋　オ. 小顋鬚　ク. 額窩　ヤ. 下唇基節　マ. 咽喉窩　ケ. 後頭孔　フ. 後頭　コ. 食道　エ. 大動脈　テ. 気管　ア. 下唇亜基節　サ. 咽喉腺　キ. 後顴　ユ. 大顋　メ. 口

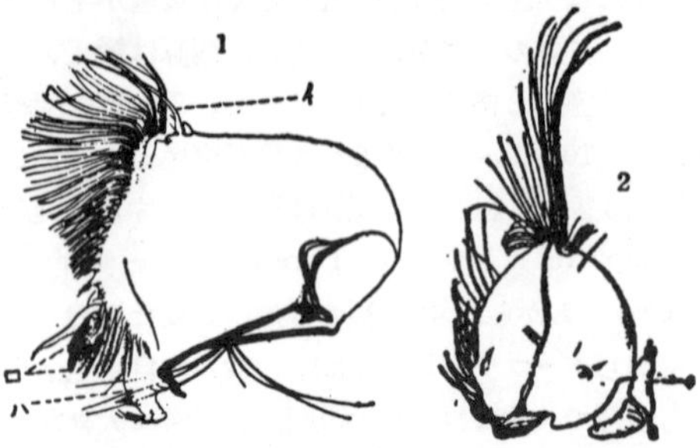

Fig. 1222. アカイエカの第4齢虫の口器の1部 (Patton)　1. 右大顋の腹面図　2. 右小顋の腹面　イ. ある甲殼類の大顋鬚と同質異形体であると考えられ得る剛毛　ロ. 歯　ハ. ゴキブリの大顋磨縁と同質異形と考えられ得る肉質突起

の食刷毛（Mouth brushes）とからなる。胸部は最大で，数対の毛束を生じている。腹部は第1乃至第7の各節側部に毛束を有し，第8節は円筒状の幾丁質化せる呼吸管（Respiratory siphon）を具え，同管は基部近くに微櫛歯棘（Comb spines）を有し，更に大毛束と扁平棘からなるいわゆる櫛歯（Pecten）の2列とを有し，末端の口は5瓣片によつて閉ざされ得る様になり，同片は水表にて開き空気層を保持する。この呼吸管はハマダラカにはない。第9節は幾丁質背板となり，肛門を囲む4本の大きな尾鰓（Anal gills）即ち気管鰓を具え，且つ顕著な背刷毛（Dorsal brush）即ち縋棘毛（Clinging bristles or Clinging hairs or Balancing bristles）と小さな腹刷毛（Ventral brush）すなわち腹鰭（Ventral fin）とを具えている。蛹（Fig. 1223）は活潑で，大形の

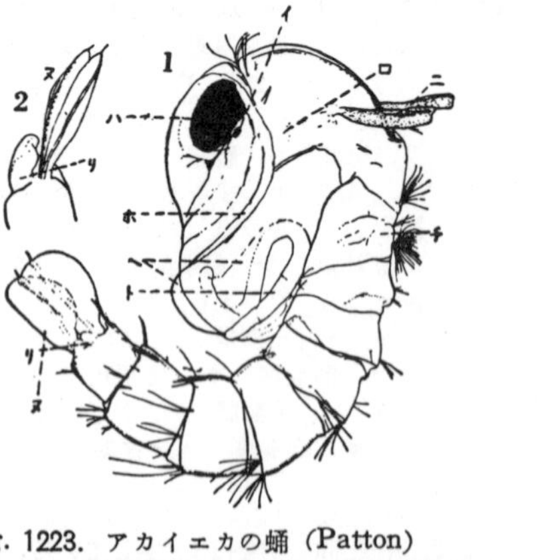

Fig. 1223. アカイエカの蛹（Patton）
1. 雌の蛹側面図　2. 雄の蛹尾端側面図
イ. 蛹眼　ロ. 中胸気門　ハ. 複眼　ニ. 呼吸喇叭　ホ. 触角　ヘ. 翅　ト. 脚　チ. 腹部第1背板　リ. 同第9節　ヌ. 橈足

頭胸部によつて特徴づけられ，頭胸部は1対の顕著な呼吸喇叭（Respiratory trumpets）すなわち呼吸角を具え，腹部は9節からなり小さくあたかも尾状を呈し，末端に大形の幾丁質化せる橈足（Anal paddles or fins）を具えている。卵（Fig. 1224）は甚だ微小で，一般に長く，円筒状か紡錘状，表面平滑かまたは網目状かあるいは有棘で，あるものは浮器（Floats）を具えている。*Culex* や *Theobaldia* や *Taeniorhynchus* や *Uranotaenia* 等の属のものでは油煙が水面に浮いているのにやや似ている様な卵塊として産下され，*Anopheles* 属のものは水表に個々にまたはゆるい塊状に，*Aëdes* や

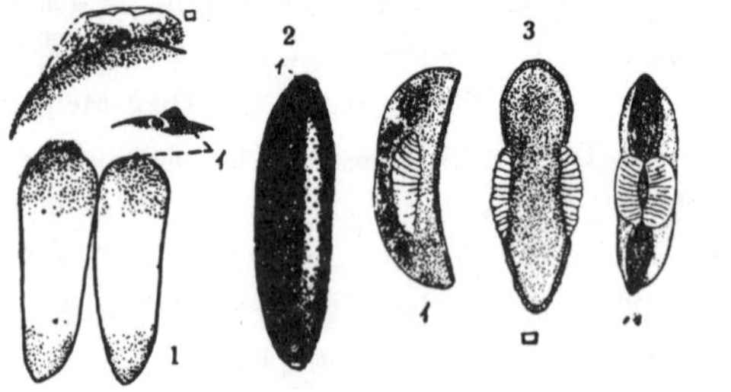

Fig. 1224. 蚊の卵（Patton）
1. アカイエカ（イ. 精孔突起―蓋蛹　ロ. 精孔器）　2. ネッタイシマカ（イ. 前端）
3. ハマダラカ（1. *Anopheles culicifacies* 卵の側面　2. *A. fuliginosus* 卵の背面
3. （*A. stephensi* 卵の背面）

Psorophora 等の属の種類では夏期地上に，夫々産下される。

幼虫は水棲で，永久的のものと一時的のものとに淡水または塩水とに棲息する。その水も種々な種類のものがあつて，流水やたまり水等で，藻やプランクトン等のある処で，太陽にさらされている処や日陰

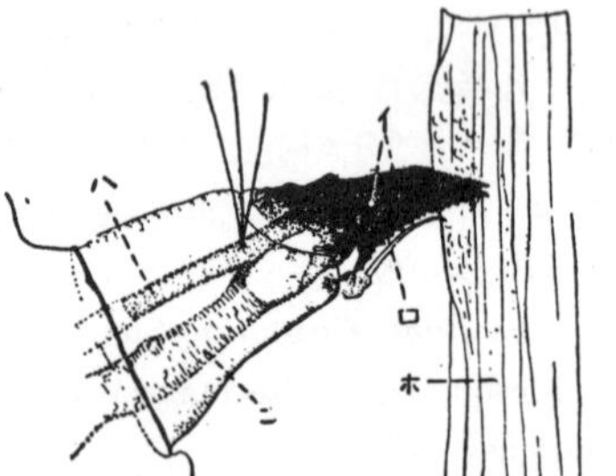

Fig. 1225. *Mansonioides africanus* Theobald の幼虫の呼吸管（Patton）
イ. 背瓣と側瓣　ロ. 腹瓣
ハ. ニ. 気管　ホ. 植物（*Pistia stratiotes*）の茎部

の個所や，また水量の多少すなわち河川や割目等にある水や孔水ややち水や湖水や池や，泉水や水溜や潮池や樹穴・かん・雨桶・養魚池・その他一時的な人工個所等に棲息する。カ亜科の幼虫は頭部を垂直に下にして水表に直角またはある角度に体を保つて尾端を水表に置いて静

止するが，ハマダラ亜科のものは水表に水平に静止する。而して水表や水中の微小な藻類やプランクトン等を食物に取る。*Taeniorhynchus* や *Ficalbia* 等の属のものは水草中に呼吸管を刺し込み，同植物から空気を呼吸する (Fig. 1225)。

世界から少くとも90属が知られ，多類の亜属に分類され，1200種以上の種類が発見されている。これ等は普通次ぎの如く5亜科に分類されている。

1．雌の小顋鬚は口吻の1/3長より長く，腹部は時に鱗毛を欠き，小楯板は弦月状で縁に棘毛を一様に生じている。幼虫は呼吸管を欠き，水表に水平に静止する。卵は側浮器を具えている……Subfamily *Anophelinae*

雌の小顋鬚は口吻の1/3より短かく，腹部は常に鱗毛を装う。幼虫はよく発達した呼吸管を具え，卵は側浮器を欠く……………………………………………… 2

2．小楯板は一様に円く，頭楯は長さより著しく幅広く，胸瓣は縁毛を有しない。鮮明色鱗毛を装い，日中飛翔性で吸血しない………Subfamily *Megarhininae*

小楯板は3葉片状で，縁棘毛は葉片のみに生ずる……………………………………………………………… 3

3．後脚基節の基部は後胸腹板の側節片の上縁と同一線上に位置し，同側節片は中・後両脚基節の基部間に1小三角板として存在する。日中飛翔性…………………………………………………Subfamily *Sabethinae*

後脚基節の基部は後胸腹板側節片の上縁より明瞭に下方に位置し，体の鱗毛は一般に疎生で稀れに金属色……………………………………………………………… 4

4．翅の臀脈は肘脈の叉分点を充分越えた処に延び，翅は柔毛を装い，上胸瓣は普通縁毛を有する……………………………………………… Subfamily *Culicinae*

臀脈は肘脈の叉分点と同位置かまたはその前に終り，翅は柔毛を欠き，胸瓣は縁毛を有しない…………………………………………… Subfamily *Uranotaeniinae*

1. ナミカ亜科 Subfamily *Culicinae* Theobald 1905—*Culex* Linné, *Aēdes* Meigen, *Theobaldia* Neveu-Lemaire, *Mansonia* Blanchard, *Armigeres* Theobald, *Orthopodomyia* Theobald, *Psorophora* Desvoidy 等が代表的な属で，本邦には最初の6属が発見されている。この亜科のものは成虫が物体面とほぼ平行に静止し，小顋鬚は短かく口吻の数分の一に過ぎない。翅は斑紋を有する事が稀れで，脚は比較的短い。人類に最も関係の深いものは *Culex* と *Aēdes* との2属で，共に10種以上が本邦から発見されている。アカイエカ (*Culex pipiens pallens* Coquillett) (Fig. 1226) 体長5.5mm 内外，体は赤褐色，頭頂は中央に淡褐色の狭曲鱗毛を，眼縁に白色の同形鱗毛を，側方に白色の扁平鱗毛を，夫々装う。口吻は暗褐色で中央部の下面が黄白色を呈し，小顋鬚は暗褐色で雌では口吻の約1/5長で末端に白色鱗毛を混生し，雄では口吻より末端節の長さだけ長く長節の末端半と前端節の腹面と末端節の基部腹面とに白色鱗毛を装う。胸背は赤褐色で同色の狭曲鱗毛を密生するが，前縁と後部との鱗毛はやや淡色を呈する。腹部背面は黒褐色で，第2～第7の各背板には基部に黄色鱗毛からなる幅広の横帯を有し側部に白色鱗毛からなる三角形斑を有し，第8背板は淡色の鱗毛にて被われている。翅脈の鱗毛は線状，第2径室の柄部の長さは同室長の1/4。脚は黒褐色，腿節の下面は白色，腿節と脛節とは各末端に白色斑を有する。卵は両端共に円く，表面平滑，後方に徐々に細まりやや反つている。暗褐色，長さ0.75mm，幅0.26mm 内外。一面に塊状に産下され，1卵塊は普通150～300個内外からなる。幼虫 (Fig. 1221)，中形，頭部・呼吸管・鞍板すなわち尾端節背板等は褐色で，その他の体部は乳白黄色乃至淡褐色，呼吸管は比較的長く，その比は約4.0，尾鰓すなわち尾葉は長い。頭部は長さよりやや幅広く，頭楯毛 (Clypeal hairs) は何れも単状で短かく，額毛 (Frontal hairs) は何れもよく発達し長大で，内額毛 (Inner frontal hairs) は5～6本，中額毛 (Inter frontal hairs) は4～5本，外額毛 (Outer frontal hairs) は7～9本に夫々分岐し何れも芒棘を有する。頭蓋側線毛 (Sutural hairs) は内・外 (Inner · Outer) 共にやや長く2～5本に分岐している。触角は強大で，触角毛總 (Antennal tuft or antennal hairs) は基部から約7/10の高さの内側に生じ10数本以上に分岐している。腹部各節の側毛 (Lateral hairs) は2～3本に分岐し，第8節両側にある側櫛 (Lateral comb) (側鱗 Lateral scale) は何れも30～40個の鱗片からなりそれ等が梯形に3～4列に配列し，各鱗は末端丸く羽毛状に縁毛を生じている。呼吸管の櫛歯 (Pecten) 一名呼吸管棘は1側に12～15個あつて尖端鋭く前縁に多くの深い切れ込を有する。呼吸管毛 (Siphon hairs) は側面下部に存在し，4乃至5対があつて，末端から第2位のものは背方に位置し，何れも2～4本に分岐する。鞍板 (Saddle) は第9節の殆んど全面を覆い，尾鰓すなわち尾葉は細長く鞍板の約1.5倍長。この幼虫は水のやや腐敗したドブや水槽や水カメ等に好

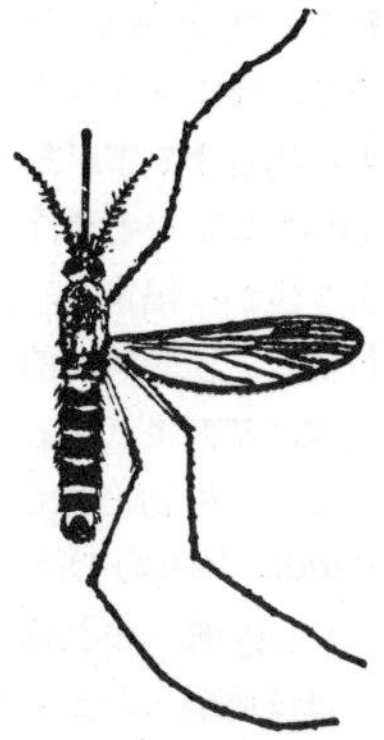

Fig. 1226. アカイエカ（山田）

んで発生し，水草や藻のある水には殆んど見出されない。しかして単独に発生する事が多いが，時にトウゴウヤブカまたはコガタアカイエカ等と共に棲息する事がある。蛹（Fig. 1223）は中形で，橈足（Paddle）一名游泳片は幅の約2倍長で内側片は外側片より僅かに幅狭く，その最大幅は中央部よりやや後方に位置し，後側角は前側角よりも強く膨出する。内側片の内縁は基部よりゆるく膨出する。橈足後縁はゆるく彎曲するが，中肋先端で鋭く膨出する場合が多く，橈足毛（Paddle hairs）は主副両毛（Principle and accessory）とも微細，中肋は個体により弱く内方に彎曲するものとほぼ直線となるものとがある。

本種は全土に産し最も普通の家蚊で，夜間吸血性で住血糸状虫の中間宿主として甚だ適当である。この属中更に住血糸状虫の中間宿主に適当である種類として次の5種がある。即ちミツボシイエカ（*Culex sinensis* Theobald. 本州・四国・九州），セジロイエカ（*C. whitmorei* Giles. 本州・九州），コガタアカイエカ（*C. tritaeniorhynchus* Giles. 本州・四国・九州），スジアシイエカ（*C. vagans* Wiedemann. 北海道・本州），ネッタイイエカ（*C. fatigans* Wiedemann. 九州）等。Culex 属以外の吸血性の種類としてはアシマダラヌマカ（*Mansonia* uniformis Theobald）は暗褐色に白色斑のある中形種で，本州・四国・九州等に産し，昼夜共に吸血し且つ住血糸状虫の中間宿主として適している。オオクロヤブカ（*Armigeres obturbans* Walker）は黒色の大形種で，本州・四国・九州等に産し，昼間吸血性で，幼虫は肥溜の如き汚水に発生する。ヒトスジシマカ（*Aëdes albopictus* Skuse）は黒色に銀白色斑紋を有する小形種，昼間吸血性でデング熱の媒介者として著名，本州・四国・九州等に普通，幼虫は水溜水に発生する。 ネッタイシマカ（*A. aegypti* Linné）も類似種で九州に産し，前同様の性質を有する。同属には更に昼間吸血性種として，シロカタヤブカ（*A. niveus* Ludlow）が本州・四国・九州等に，ワタセヤブカ（*A. watasei* Yamada）が九州に，ハトリヤブカ（*A. hatorii* Yamada）が本州に，ヤマトヤブカ（*A. japonicus* Theobald）が本州・四国・九州等に，チョウセンヤブカ（*A. koreicus* Edwards）が北海道に，セスジヤブカ（*A. dorsalis* Meigen）が北海道・本州等に，カラフトヤブカ（*A. sticticus* Meigen）が北海道に，オオムラヤブカ（*A. alboscutellatus* Theobald）が九州に，キンイロヤブカ（*A. vexans nipponii* Theobald）が北海道・本州等に，クロコガタヤブカ（*A. nobukonis* Yamada）が九州に，エゾヤブカ（*A. esoensis* Yamada）は北海道・本州等に，夫々産し，なお住血糸状虫の中間宿主として甚だ適当であるトウゴウヤブカ（*A. togoi* Theobald）が全土に産し，昼間吸血性であるが夜間屋内に侵入吸血する事があり，幼虫は用水槽等に発生する。

2. ナガハシカ亜科 Subfamily *Sabethinae* Edwards 1922—この亜科は一般にナミカ亜科中に包含されている。*Sabethes* R. Desvoidy, *Goeldia* Theobald, *Jablotia* Blanchard, *Limatus* Theobald, *Tripteroides* Giles, *Wyeomyia* Theobald 等が代表的で，本邦には次の1種が発見されている。キンパラナガハシカ（*Tripteroides bambusa* Yamada）（Fig. 1227）体長4.7mm 内外，黒色で腹部腹面が黄金色を呈する中形種。頭頂は扁平鱗毛を装い，中央部の前方2/3にあるものは美しいるり色，後方1/3にあるものは黒色，側方にあるものは銀白色。口吻は甚だ長く黒色，小顋鬚は雌雄共に短かく雌では口吻の1/7雄では1/6で何れも黒色。胸背の前縁部は暗黄褐色で，他の部分は光輝ある黒褐色，全面に黒色の狭曲鱗毛を疎生する。腹部背面は黒色で，第2〜7の各背板側部に真珠光を有する白色の大斑を有

Fig. 1227. キンパラナガハシカ（山田）

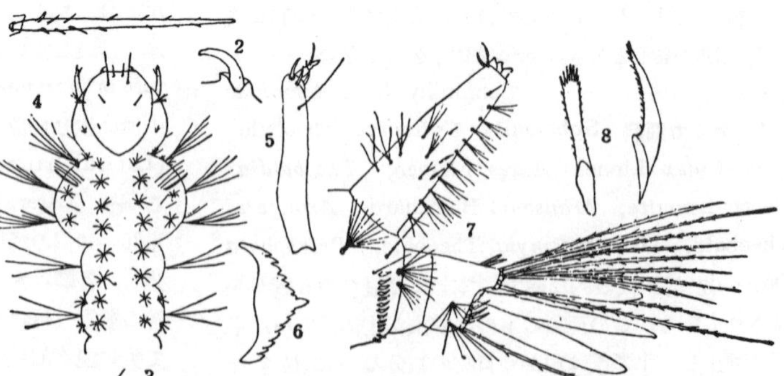

Fig. 1228. キンパラナガハシカの幼虫部分図（佐々，浅沼）
1〜6. 第1齢虫 7.8. 第2齢虫 1. 中胸両側の特殊剛毛 2. 額板毛 3. 後胸鉤状突起 4. 頭胸と腹部1部との背面図 5. 触角 6. 下唇基節 7. 尾端側面図 8. 側櫛（櫛状鱗）

し，腹面は黄金色を呈する。脚の腿節は各後半部前側に2個の白色斑を有し，前・中各腿節の基半部の側面に白色線を有し，脛節と跗節とは黒色。昼間吸血性で住血糸状虫の中間宿主として適当である。卵は比較的小さく長さ 0.5mm，幅 0.2mm 内外で，紡錘形を呈し，表面は比較的大形の網目状の構造を有し，暗灰色。幼虫（Fig. 1228）はやや大形で乳白色不透明，頭部と尾部とは褐色を呈し，背面に生ずる多数の放射状剛毛が生じている。頭部はほぼ円形，触角は小さく平滑で末端に近く1単毛を有しいわゆる触角総を代表している。胸部と腹部との各背節に本属特有の太い放射状剛毛を生じ，後胸の側縁には1対の太く且つ鋭い棘を具えている。第8節の側櫛は各細長くやや彎曲し短い縁毛を有する鱗片の約30個の一列からなる。呼吸管は紡錘形に近く長さと幅との比は3・2，腹面に十数個の何れも数本に分岐した呼吸管毛を生じ，櫛歯は3・4個の簡単な棘からなり中央部と末端部とに存在する。尾鰓は長く鞍板の約3倍長，鞍板は長さの約 $1^1/_2$ の幅を有し後縁に数本の棘を生じている。腹鰭は刷毛状でなく1対の長剛毛からなる。蛹は大形，橈足はやや黄色味を有し，第8腹節は小さく橈足より短い。橈足は円錐形に近く末端に徐々に細まり，中肋は内側に位置しかるく内方に反り，縁毛はない。全土に産し，昼間吸血性で住血糸状虫の中間宿主として適当である。幼虫は竹筒等の溜水に発生する。

3. チビカ亜科 Subfamily *Uranotaeniinae* Arribalazaga—この亜科も一般にナミカ亜科に包含されている。*Uranotaenia* Arribalazaga が代表的な属である。フタクロホシチビカ（*Uranotaenia bimaculata* Leicester）（Fig. 1229）体長 3mm 内外，体は黒褐色で，本邦産蚊科中最小形種。頭頂は主として扁平鱗毛を装い，中央部のものは黒褐色で眼縁と側方のものとはやや灰色を呈する。口吻は黒褐色で末端膨大し，小顋鬚は短かく雄では口吻の 1/6 雌では 1/8 で何れも黒褐色。胸背はチョコレート褐色で，各翅根の上部前方に明瞭な1黒色斑を有し，その前方は不規則に淡色を呈する。胸背の鱗毛は披針形で，前縁にあるものは白色，中央の3縦線をなすものと前部側方にあるものとは暗赤褐色。腹部は全体黒褐色。翅の鱗片は幅広く，翅脈上のものは短箆形を呈し，後縁のものは広披針形。脚は全部黒褐色だが，腿節の腹面は淡

Fig. 1229. フタクロホシチビカ（山田）

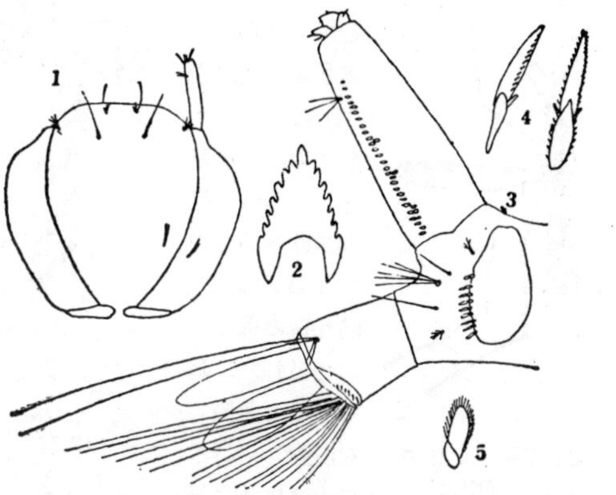

Fig. 1230. フタクロホシチビカの幼虫部分図（佐々，浅沼）
1．頭部背面　2．下唇基節　3．尾端側面
4．側櫛（鱗）　5．櫛歯の1棘

色。雌はヒキガエルから吸血する。幼虫（Fig. 1230）は小形，胸部と腹部とは乳白色。頭部は丸味を帯び，額毛は鈍円錐形，その外側に1対の単純な外額毛があり，やや内後方に樹状の後額毛を有し，頭楯毛は外角に樹状の1対とその後内方に単純な1対とがあつて，それ等はおそらく外頭楯毛と中頭楯毛とに夫々相当し内頭楯毛を欠くものの様である。内外頭蓋線毛はやや長く末端が2～3本に分岐する。触角は短小で，基部から約2/3の処に3～4本に分岐する触角總を生じ，表面に棘を欠く。下唇基節は15～17個の歯を有し，比較的長い。腹部第8節の側面に1対の着色せる厚化板を有し，その後縁に9～10個の一列鱗片からなる側櫛を具え，各鱗片は紡錘形で末端やや鋭く縁毛を装い，根部と先半部との境にやや大きな棘が存在する。呼吸管は短太，長さは基幅のおよそ2.6倍長，基部から約3/4の処に1対の3～4分岐せる呼吸管毛を生じ，櫛歯は基部から末端近く迄に列生し約26～36棘からなり，各棘は楕円形で周縁に微毛を列生する。鞍板は第9節全面を覆い，後縁近くに4～6本に分岐する鞍板毛を生じ，尾鰓は大体鞍板と等長。竹筒や空缶等の溜水に発生する。蛹は小形，橈足の各側片の後端部が内側片のそれを超えて後方に突出し，各片の縁が別々な構造の短小鋸歯または縁毛状鋸歯を夫々具え，中肋はやや直線に近く且つ太くその先端部にて橈足が微かに凹んでいる。橈足毛は簡単で内側片の縁毛状鋸歯とほぼ等長。本州と九州とに発見されている。

4. オオカ亜科 Subfamily *Megarhininae* Theobald 1905—ナミカ亜科に普通包含され，*Megarhinus* R. Desvoidy が代表的な属である。トワダオオカ（*Megarhinus towadensis* Matsumura）（Fig. 1231）体長

Fig. 1231. トワダオオカ（山田）

13mm，体は黒色で，緑色と青藍色との光輝を有し，本邦最大の蚊で，日中活動性の不吸血性。頭頂は緑色と青色との光輝ある暗褐色の扁平鱗にて被われ，眼縁には白色鱗毛を混生している。口吻は黒色，長く前半部は特に細く下方に彎曲している。雄の小顎鬚は口吻よりやや短かく，黒色で，長節に2個の白色斑を有する。胸背の中央は青色と緑色との光輝ある2種の小形暗褐色鱗毛にて被われ，周囲は黄金緑色と淡青色との大形の扁平鱗毛を装う。腹部背面は黒褐色鱗を装い，その光輝は前方では緑青色であるが後方に至るに従い青藍色と紫褐色とになる。側方は淡黄金色の大斑を有する。後方は長い剛毛よりなる房総を装い，その第6節側方にあるものは淡黄色で後角と第7節の側方にあるものは紫褐色，第8節の側方のものは橙黄色を呈する。脚は紫黒色，腿節膝部に白色小斑を有し，前脚跗節の第1節末端と第2節・中脚跗節の第1節基部と末端部と残りの4節・後脚跗節の第2節基部の大部分等は白色。幼虫その他は未だ知られていない。北海道・本州等に産する。

5. ハマダラカ亜科 Subfamily *Anophelinae* Theobald 1905—雌の小顎鬚は長く口吻とほど等長，小楯板の後縁は平滑で一様に剛毛を密生し，腹部の側板と腹板とは殆んど鱗毛を装わない。脚は比較的細長く，翅は普通斑紋を有する。静止の際に腹部を普通物体にある角度を保つている。幼虫（Fig. 1232, 1233）は呼吸管を欠き簡単な呼吸器を具え，頭部と胸部とはよく発達した羽状毛を有し，腹部には普通掌状棘毛を有する。蛹（Fig. 1234）は特に顕著な特徴が少なく，各腹節にある棘毛の配列や第8腹節後縁突起即ち第9節の形状等に主な差を認める事が出来る。しかし最も簡単に他の蚊と区別する事の可能性は呼吸喇叭が倒円錐形または靴形を呈し先端の開口部が甚だ広い事によるのが普通であ

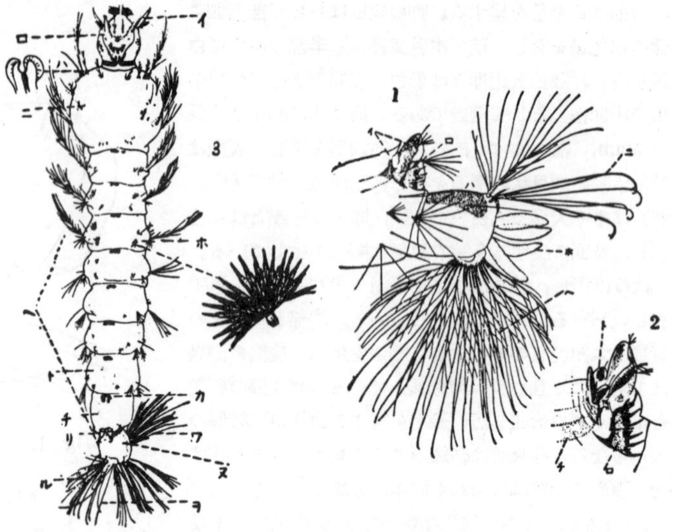

Fig. 1232. *Anopheles maculipennis* の第4齢虫（Patton）
1．腹部末端側面図　2．呼吸器管（イ．呼吸器　ロ．櫛歯　ハ．第10背板　ニ．縋棘毛　ホ．尾鰓　ヘ．腹鰭　ト．気門　チ．気管）
3．背面図（イ．触角　ロ．頭部　ハ．胸部縋器　ニ．胸部　ホ．掌状棘毛　ヘ．腹部　ト．第7腹節　チ．第8腹節　リ．呼吸器　ヌ．第10腹節　ル．尾鰓　ヲ．縋棘毛）

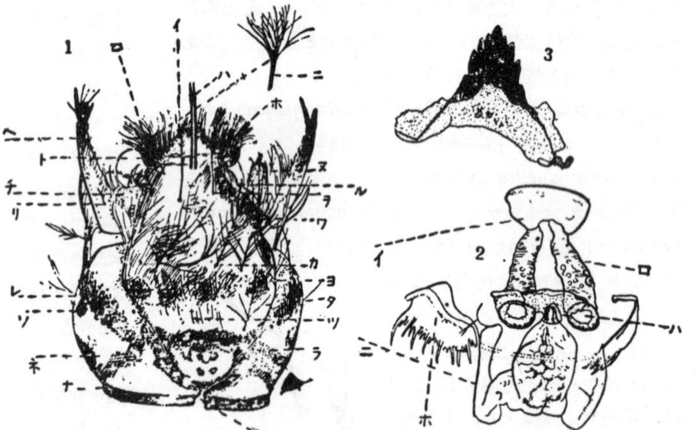

Fig. 1233. *Anopheles maculipennis* の第4齢虫部分図（Patton）
1．頭部背面（イ．上唇　ロ．食刷毛　ハ．頭楯内棘毛　ニ．頭楯外棘毛　ホ．頭楯　ヘ．触角　ト．上唇基節　チ．小顎　リ．触角棘毛　ヌ．小顎鬚　ル．額窩　ヲ．額前棘毛　ワ．前幕状骨　カ．額中棘毛　ヨ．腹鰭　タ．額後棘毛　レ．複眼　ソ．幼虫眼　ツ．額　ネ．頭頂　ナ．後頭　ラ．頭蓋翼線　ム．同幹線）　2．呼吸器管背面図（イ．背板　ロ．気管　ハ．気門　ニ．呼吸器　ホ．櫛歯）　3．下唇基節

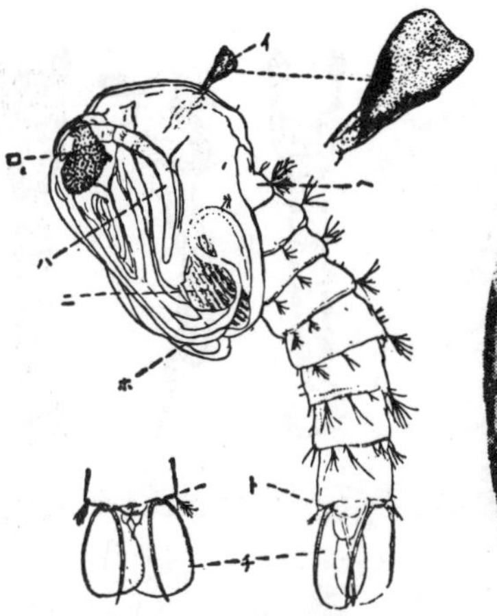

Fig. 1234. *Anopheles maculipennis* 蛹側面図 (Patton)　イ．呼吸喇叭　ロ．複眼　ハ．触角　ニ．翅　ホ．脚　ヘ．腹部第1背板　ト．腹部第9節

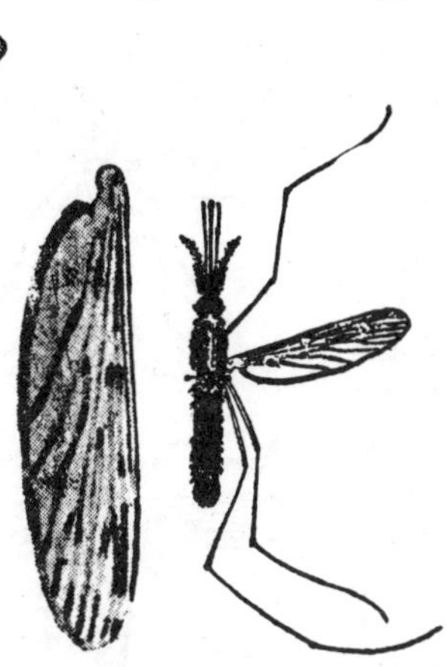

Fig. 1235. シナハマダラカ (山田)

る。卵は側浮器を有する。本邦から5種類が発見されているが，何れもその種名に就ては異論がある。しかしてマラリヤ病との関係も未だ明確にされていないようである。シナハマダラカ (***Anopheles hyrcanus sinensis*** Wiedemann) (Fig. 1235) 体長 5.8mm 内外，小顎鬚は4個の狭い白色帯を有し，前縁脈に白色の2斑を臀脈に黒色の2斑を夫々有する中形種。頭頂は直立叉状鱗毛を装う。口吻は黒褐色。雌の小顎鬚は口吻とほぼ同長，黒褐色鱗毛と黄白色鱗毛とを装い，後者は末端に狭い帯紋と3個の各関接部に同様な帯紋とを構成している。胸背の前側方は栗褐色で，他は暗灰色。腹部は黒褐色で黄金色毛を装い，第7腹板に黒色の舌状の鱗毛斑を有する。翅は黒褐色と黄白色との鱗毛からなる斑紋を有する。脚は暗褐色で，腿節と脛節との各末端・前中両脚跗節の基部3節の各末端・後脚跗節の基部4節の各末端等に白色鱗毛斑を有する。幼虫 (Fig. 1236)，頭楯内棘毛は長く頭部前縁に互に極めて接近して位置し，頭楯外棘毛は前者より短かく33～60に分岐し房状を呈し，頭楯後棘毛 (額前棘毛) は甚だ短かく2～4分岐し，額後棘毛 (頭頂毛) は内外共に5～10本以上に分岐する。前胸の内肩棘毛 (Inner submedian prothoracic hair) は外肩棘毛 (Outer sub. proth. h.) よりやや短かく単条かまたは2～3本あるいは稀れにより多数に分岐し，中肩棘毛 (Central s. p. h.) の基根部は小さく10～14本に分岐する。前胸の3本の長い下側棘毛は単条で基部の短棘毛は太く2～3分岐し，中胸下側棘毛は2本共単条で基部の剛毛は共に単条となり1本は短かく他は極めて微小，後胸基部の1棘毛は短かく単条で時に2～3分岐する。後胸掌状棘毛の発達は良好で12本内外からなる。腹部掌状棘毛の中第1～第2各節のものは発達不良で，第3～7節のものは発達良好である。蛹 (Fig. 1237)，腹部第7節 *α* の棘毛は比較的太く短いが先端は細まり，つぎの *β* 棘毛は3～4分岐し，*γ* 棘毛は単条かあるいは2～3分岐する。橈足毛は2・3・または6分岐し，副橈足毛は2または3分岐する。本種は水田や池沼や緩流等に発生し，幼虫の色彩は様々で，緑色や茶褐色や黒色等で，背面に緑色や黄色等の斑紋のある個体が多い。他の種類はヤマトハマダラカ (*Anopheles lindsayi japonicus* Yamada)，エセシナハマダラカ (*A. sineroides* Yamada)，チョウセンハマダラカ (*A. koreicus* Yamada et Watanabe)，ムサシノハマダラカ (*A. edwardsi* Yamada) 等である。

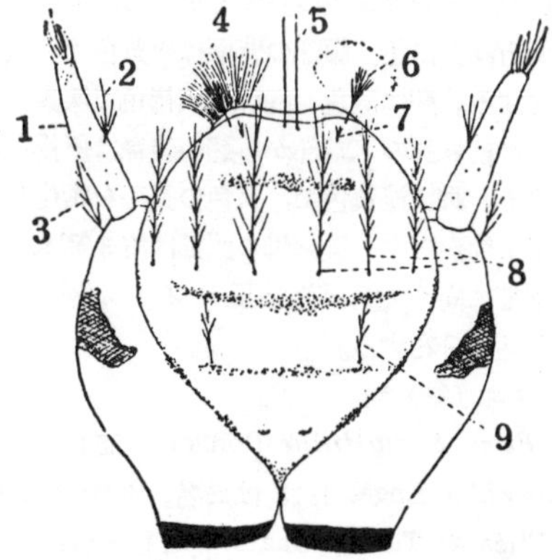

Fig. 1236. シナハマダラカ幼虫の頭部背面図 (野村)
1．触角　2．触角毛　3．亜触角毛　4．口部刷毛状毛　5．頭楯内棘毛　6．頭楯外棘毛　7．頭楯後棘毛　8．額棘毛　9．頭頂棘毛

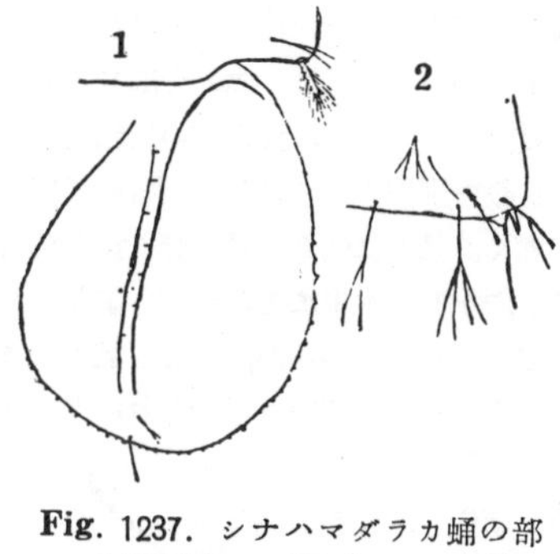

Fig. 1237. シナハマダラカ蛹の部分図 (佐々，浅沼)　1．橈足　2．腹部第7背板棘毛式

552. ケヨソイカ(毛装蚊)科
Fam. Chaoboridae Edwards 1920

(Fig. 1238)

Phantom Gnats と称えられ，小形，有毛の細い蚊。体長3～6mm，淡帯黄色か褐色か黒色，微毛や毛や鱗毛を装う。頭部は小形で雌では一部胸部の下に隠れている。複眼は大形，単眼はない。触角は14～15節，各節に輪毛を装う。しかし末端の方にはこれを欠く。口吻は短かいかまたは長い。胸部は円いかまたは背方に膨隆し，腹部より幅広。脚は細長く有毛，脛節は距棘を具えているものとそれを欠くものとがあり，跗節は5節で第1節は第2節より短かいかまたは長く，爪は簡単。翅はむしろ細長く，毛と鱗毛とを装い，平均棍はよく発達し淡色。腹部は細く9節からなり，雄の交尾節は顕著。卵は長楕円形か幾分紡錘状，暗色，水表に個々にまたは大小群に浮いている。幼虫即ち Phantoms は細長く亜円筒状で前方最大で後方尖り，顕著な頭部と12体節からなり，透明，皮膚は平滑で少数の小毛房を生し，尾部に大きな尾刷毛 (Anal brush) を具え，4本の長い肉質の血液鰓と口部の周囲に多数の棘毛を生じている。触角は下方に延び，簡単で末端に3～5本の棘毛を具え，それが食物をおさえ且つまた移行の助けをする。下唇は約20本の太毛を装い，大顎は4本の分離せる歯からなり，小顎は肉質。口は大きく，大容積の反転性咽頭嚢を具え，同嚢は食物の撰択に且つ余分な物質の排出に対する餌嚢として働く。幼虫は胸部と更に腹部第7節とに着色せる気嚢の1対を有し水中にての浮沈を調整している。彼れ等は水中で滑かに且つ速かに移動し且つ大きな生食餌を追い廻わる。呼吸は皮膚から行われ，遊離酸素のない水の深さに生活している。蛹は幾分蚊のものに類似し，大形の頭胸部と脹れ物ようの呼吸管と幅広の尾橈足とを具えている。

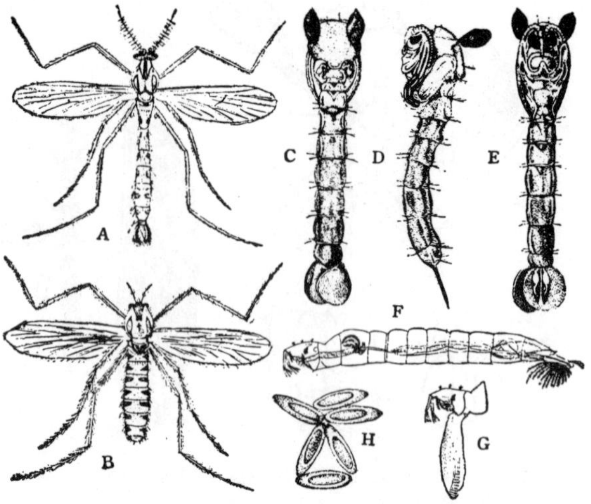

Fig. 1238. *Chaoborus astictopus* Dyar et Shannon (Herms)　A. 雄　B. 雌　C. 蛹背面　D. 同側面　E. 同腹面　F. 幼虫 (Phantom larva) 側面　G. 同口部から咽頭嚢を膨出せしめたる状態　H. 卵

この幼虫は夜間活動性で動物植物何れのプランクトンでも食物とし，且つより大形の動物をも食する。日中は水底に止まつている。蚊のボウフラやその他水棲のユスリカ等の幼虫を食し，有益虫として考えられている。成虫は刺咬する事がない。しかし屢々大群の発生の為めに吾々のわずらわしいものとなる事が少くない。

Fig. 1239. アカケヨソイカ(山田)

世界から僅かに100種たらずが発表されているのみで，*Chaoborus* Lichtenstein (=*Corethra* Meigen), *Eucorethra* Underwood, *Corethrella* Coquillett, *Cryophila* Edwards, *Mochlonyx* Loew, *Promochlonyx* Edwards 等の属が普通なもので，本邦からは未だ1種が知られているのみである。アカケヨソイカ (*Chaoborus crystallinus* de Geer) (Fig. 1239) 体長5.6mm内外，全体毛を装い，胸部が赤褐色。頭頂は狭く，中央に2縦列の暗黄色長毛を生じ，その他の部分には黒色の短毛がある。口吻は短かく，全体黒色毛にて被われている。小顋鬚は5節で鉤状に彎曲し，黒色毛にて被われている。胸背は顕著な2対の幅広な赤褐色の裸出縦帯を有し，その他の部分は黄色の長毛を疎生し，地色は灰褐色で前部側方は黄白色。腹部の背面は灰黄色で，黄色の長毛を密生する。翅は灰色，翅脈は灰褐色で灰黄色の短毛を密生し，前縁脈の末端部から翅の後縁に灰褐色の鱗毛を列生する。脚は淡黄色で，黄色の長毛を密生し，前脚跗節は第1節から中・後両脚の跗節は第3節末端部から夫々末端節に向つて暗褐色を呈する。本州・四国に産し，旧北区に分布する。

553. ブユ(蚋)科
Fam. Simuliidae Rondani 1856

Melusinidae Engel 1915 は異名。Buffalo Gnats や Black Flies や Turkey Gnats 等と称えられ，ドイツの Kriebelmücken である。微小，体は短太で膨隆する胸背を有し，一般に暗色で黒色や橙黄色や帯黄色や灰色や黄褐色等。頭部はむしろ半球形，顔は短かく，複眼は大きく円く雄では合眼的で水平に上下に区分され，触角は短かく11節，口吻は短かく角質の唇辧を具え，小顋鬚

は内方に彎曲し４節で基節は短かく続く２節は等長で末端節は前節より多少長い。胸部は弧状を呈し横線を欠き，小楯板は小形。腹部はむしろ円筒形で雄では末端の方に細まり，７～８節からなり，交尾器は隠れている。翅は幅広く大形で裸体，明瞭な覆片を具え，前方の翅脈は顕著だが他のものは弱い。脚は短かく強く，腿節は幅広で扁平，脛節は距棘を具え，跗節の第１節は長く末端節は甚小。

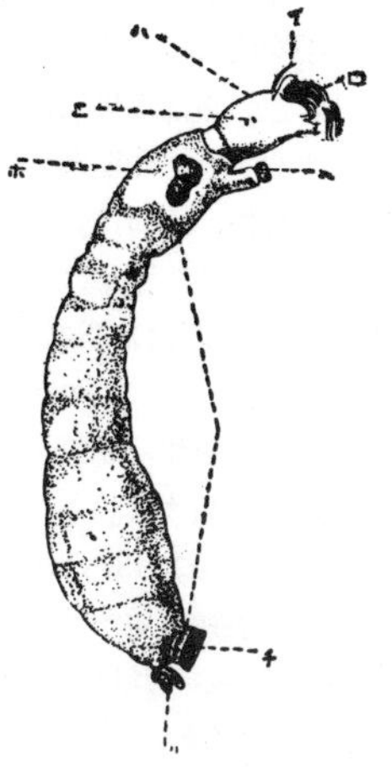

Fig. 1240. *Wilhelmia equina* Linné の最終齢虫側面図 (Patton)
イ．触角　ロ．食刷毛
ハ．頭部　ニ．眼
ホ．胸部　ヘ．胸擬脚
ト．腹部　チ．吸着器
リ．血液鰓

幼虫 (Fig. 1240) は円筒形で中央部少し細まり尾端の方が最太となつている。体長 8～15mm 内外，帯黄色乃至暗黒色。頭部は幾丁質化し多少扁平で大形，短かい幅広の頸部にて胸部に連り，中央各側に互に近接する２個の黒色不規則形の眼を具えている。触角は短かいものや長いものがあつて，その節数も種類によつて異る。頭部の前背面によく発達した１対の食刷毛 (Feeding brush) を具え，基部は棒状で関節付けられ，その先端に30～60あるいは更に多数の前下方に彎曲する剛毛をつけている。このものは口孔を被い口中に流入する食物のフルイとなつている。大顋は食刷毛の下に位置し短かく末端に数本の歯を具えそれより内側に多数の小歯を列し，末端外側に多数の長毛を生じ更に基部内面にも多数の長毛を生じ，中央内面には短かい直毛が多数にある。小顋は大顋の下で口の中央に位置し，下唇は著しく幾丁質化し前縁に歯列を具え内面側に剛毛列を有する。胸部は３節が癒合し，前胸腹面に１本の斜前方に突出する大形の亜擬脚 (Parapseudopod) を具え，同脚は１対の前脚の合体せるものと考えられ，円錐形に近く末端に黒色の短かい鉤棘列を具備し，この器官によつて幼虫は物体上を匍匐または挙昇り，その動作は一見シャクトリムシ状を呈する。老熟すると胸部の両側に暗黒色部が生じ，この部分は蛹化後の呼吸器となる部分である。腹部尾端の腹面にはよく発達せる短円筒形の吸盤即ち尾突起 (Anal process) を具え，その先端に短鉤棘列がある。この吸着器によつて幼虫体が水底の植物や岩石等の面に自身にて紡げる絹糸に附着しているのである。尾節の背面には細い切れ目様の孔があつて，それから３本の直腸血液鰓 (Rectal gills) を突出せしめる。この鰓の形態は種類によつて著しい差異がある。

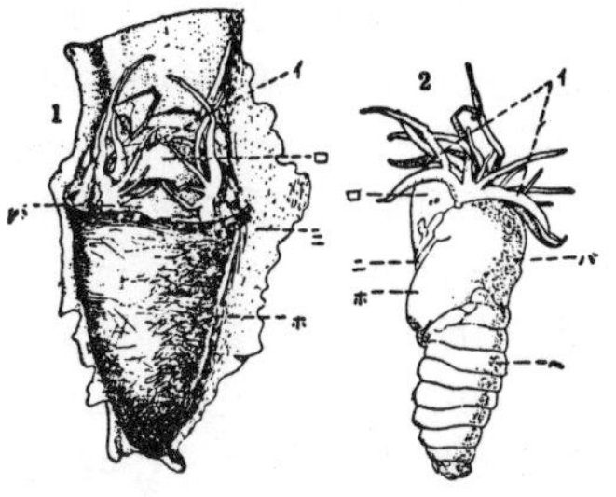

Fig. 1241. *Wilhelmia equina* Linné の蛹 (Patton)
1．繭内にある蛹背面図
（イ．呼吸管　ロ．頭部　ハ．胸部　ニ．水草の葉　ホ．繭）
2．蛹側面図（イ．呼吸管　ロ．頭部　ハ．胸部　ニ．脚　ホ．翅　ヘ．腹部）

蛹 (Fig. 1241) は裸蛹だが附属器は体の下面に殆んど密着して置かれている。頭部は大形で前方に突出し，中胸背は著しく背方に膨隆し側部に翅が幅広く連り，前胸背前縁の両側から各１個の呼吸器が突出し，同器官は基部から直ちに多数に分岐し，その枝は短太のものや細長のものやまた枝の数も種々異なる。腹部は明瞭に環節付けられ，各節にある数の微鉤棘を列生し，それによつて繭に附着している。繭は甚だ粗で，普通倒円錐形であるが多少扁平のものもある。常に植物の茎や小枝や葉面等に膠着せしめられ，幅広の上端は開口し，その部分から蛹の前端が現われている。

成虫は一般に山間地帯の空地に多く，特に温帯地方にては甚だ多数に群飛する事が少くない。温血動物から吸血し，人類も甚だしく彼れ等によつて襲撃される事がある。雌虫は普通流れ川の岸に生ずる草や木の葉または小枝上に産卵し，多数の卵の重みで水中に沈められる場合や，雌が急流の水辺に来り棒や葉や岩石等に止まりそれから水面下に尾端節を延ばし産卵するものや，更に雌虫が翅面下に空気の小胞を附着せしめてある距離間水中に侵入して物体面上に産卵するもの等がある。何れの場合でも生殖器の附属腺から１種の粘液を出しそのものの表面に無数の卵を附着せしめるのである。幼虫は流水中にのみ生活している。蚋の螫咬は各種の病原体の伝播を供う事が認められ，Onchocerciasis 病の伝播者で，時にその病原体なる *Onchocerca* フィラリヤ虫が蚋によつて眼に移殖せしめられ結膜炎や角膜炎や虹彩炎等の原因となり屢々盲目におちいらしめる事がある。また蚋の螫咬が各種の家畜の死亡の１原因となつている。その他ペラグラ病やライシュマン氏虫病や炭疽病や家禽コレラ等の伝播者であるという。

世界から約300種類が発表され，つぎの如き６亜科に分属せしめられている。

1．翅の径分脈は叉分し各支脈が近接して走つている。後脚の第2跗節は背面に割れ目即ち足溝(Pedisulcus)を有し第1節の末端は截断状……………………………………………………………… Subfamily *Prosimuliinae*
径分脈は叉分しない……………………………………… 2
2．後脚の第1跗節は末端截断状，前脚の第1跗節は幅広とならない……………………………………………………… 3
後脚の第1跗節は末端下面が円く突出している。即ち端片 (Calcipala) がある ………………………… 4
3．後脚の第2跗節は背面に足溝がない(*Hellichia* Enderlein, *Astega* Enderlein, 旧北区)………………………………………… Subfamily *Hellichiinae* Enderlein
後脚の第2跗節は基部の方に深い足溝を有する(*Ectemnia* Enderlein 新北区, *Pternaspatha* Enderlein 新熱帯)Subfamily *Ectemniinae* Eederlein
4．後脚の第2跗節は足溝を欠き，前脚の第1跗節は正常 (*Stegopterna* Enderlein 旧北区, *Mallochella* Enderlein 全北区, *Gigantodax* Enderlein 新熱帯)……………… Subfamily *Stegopterninae* Enderlein
後脚の第2跗節は足溝を有する…………………… 5
5．前脚の第1跗節は正常……………………………………………………………… Subfamily *Nevermanniinae*
前脚の第1跗節は雌雄共に扁平で幅広……………………………………………… Subfamily *Simuliinae*

以上の諸亜科中本邦からつぎの3亜科の種類が発見されている。

1. オオブユ亜科 Subfamily *Prosimuliinae* Enderlein—*Prosimulium* Roubaud, *Helodon* Enderlein (全北区), *Parasimulium* Malloch (新北区), *Taeniopterna* Enderlein (旧北区) 等が代表的な属で，本邦には最初の1属のみが発見されている。キアシオオブユ (*Prosimulium yezoense* Shiraki) (Fig. 1242) 体長4.5mm，雌，複眼間は灰白色で淡黄色微毛を疎生し，小顋鬚各節の長比は10：15：11：20，小顋の鋸歯は30。胸背は黒色で淡黄色毛を装い斑紋を欠く。中胸側膜は無毛。翅はかすかにくもり基部帯黄色，

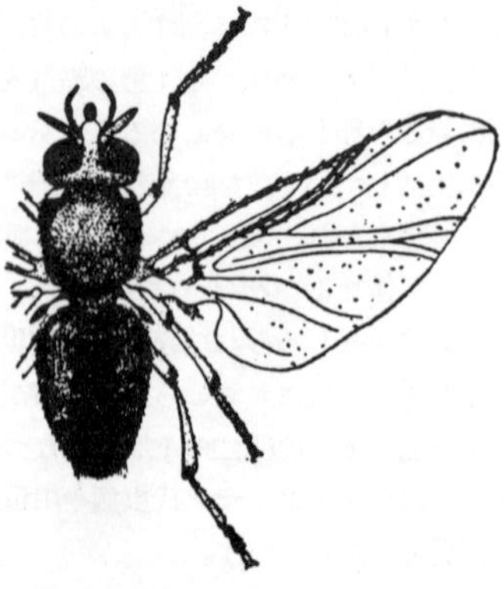

Fig. 1242. キアシオオブユ雌 (高橋)

前縁脈は褐色，径分脈は亜前縁脈末端直後にて分岐する。平均棍は帯黄色。脚は帯黄色，跗節は黒色で基節は幾分暗色。腹部は黒褐色，生殖器板は長楕円形の舌形で末端やや尖り，生殖叉分枝は矩形で後端やや膨らむ。雄は全体黒色，胸背は全面光輝ある黄色毛を装い，脚は黒褐色，前脚第1跗節は円筒形，後脚第1跗節はやや扁平で幅広く脛節とほぼ等幅。把握器基節は大形で外方に彎曲せる円筒形で太さの約2倍長，その端節は基節の1/2大で円錐形を呈し末端に3剛針を具えている。北海道と本州とに分布する。

幼虫 (Fig. 1243) は体長7mm内外に達し，黒褐色乃至黒色。触角の第1・2節は太く透明で第3節は細く濃褐色，各節の長比は 9：7：1。大顋の大歯は幾丁質化して大形，小歯は中央のものが最短で下部のものが最長，

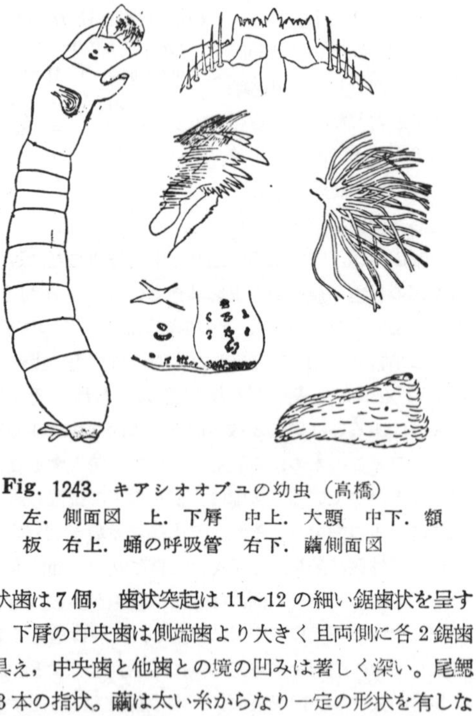

Fig. 1243. キアシオオブユの幼虫 (高橋)
左．側面図 上．下唇 中上．大顋 中下．額板 右上．蛹の呼吸管 右下．繭側面図

棘状歯は7個，歯状突起は11～12の細い鋸歯状を呈する。下唇の中央歯は側端歯より大きく且両側に各2鋸歯を具え，中央歯と他歯との境の凹みは著しく深い。尾鰓は3本の指状。繭は太い糸からなり一定の形状を有しないで粗雑な俵状。蛹の呼吸管は左右各32本に分岐するが稀れに24本の個体もある。主に急流の奔騰部に生息し，岩石上に着生する。オオブユ (*Pr. hirtipes* Fries) は北海道・本州・樺太・満洲・欧州・北米等に分布し，人畜の有名な害虫である。

2. ホソスネブユ亜科 Subfamily *Nevermanniinae* Enderlein — *Nevermannia* Enderlein, *Eusimulium* Roubaud 全北区, *Wilhelmia* Enderlein, *Friesia* Enderlein 広分布, *Cnetha* Enderlein, *Schoenbaueria* Enderlein 旧北区等が代表的な属で，最初の3属が本邦

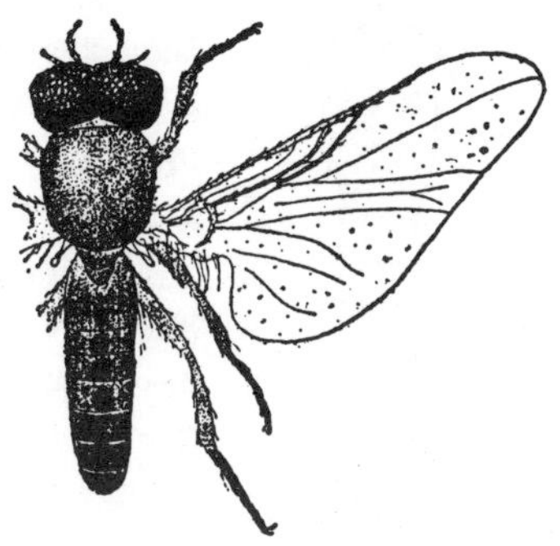

Fig. 1244. コウノホソスネブユ雄（高橋）

から知られている。コウノホソスネブユ（*Nevermannia konoi* Takahashi）（Fig. 1244）体長3mm，雄，顔面は黒色，光線の方向により銀灰色を呈す。小顎鬚は黒色，各節の長比は3：8：8：19。胸背はビロード様の黒色で全面に淡黄色の毛を装い斑紋がなく，中胸側膜は無毛。翅の径脈は全体に微軟毛と棘毛とを生じ，径分脈は分岐しない。脚は全体黒褐色，前脚の第1跗節は円筒形で黒色，後脚の第1跗節は扁平だが脛節より細くほぼ相平行する側縁を有する。把握器の基節は太くほぼ楕円形で幅の約 $1^1/_3$ 長，同端節は基節とほぼ等長細く孤形に彎曲した円筒形で末端の方に細まり1端針を具えている。北海道にて雄のみ発見されている。ウシブユ（*Wilhelmia salspiense* Edwards）（Fig. 1245）は本州・四国・九州・欧州等に普通で，主に平野に産し，人畜の害虫で有名。

Fig. 1245. ウシブユの幼虫（高橋）
上. 下唇　中. 大顋　右上. 蛹呼吸管
右中. 額板　右下. 繭側面図

3. ブユ亜科 Subfamily *Simuliinae* Enderlein—*Simulium* Latreille, *Odagmia* Enderlein（広分布），*Boophthora* Enderlein（全北区），*Byssodon* Enderlein（新北区），*Edwardsellum* Enderlein（エチオピア）等が代表的な属で，本邦からは最初の2属の他に *Gunus* 属が知られている。アシマダラブユ（*Simulium japonicum* Matsumura）（Fig. 1246）体長 3.5～5mm，雌，頭部複眼間は灰黒色で光線により光沢がある。触角は基部2節が淡褐色乃至赤褐色で，他は黒褐色乃至黒色。小顋鬚各節の長比は 4：8：10：23，小顋の鋸歯は28個。胸背は灰黒色で黄色毛を装い，見方により3縦線が認められ，前縁1/4は灰色，中胸側膜は無毛。脚の各腿節の1/4基部と前・後両脚の脛節の3/4基部と中脚第1跗節の基半部及び第2跗節の基部と後脚第1跗節の2/3基部等は淡黄色乃至淡褐色。腹部は黒色で第1背板は方向により灰色を呈する。生殖板はやや舌状で全面に短毛を装い，生殖叉分岐端は小塊状で後方に突出する。雄，胸背はビロード様の黒色で全面に光輝ある黄色毛を密生し，見方により前縁両角部に長楕円形の銀灰色斑があり，側縁と後縁とにも同様な銀灰色の帯紋が認められる。後脚第1跗節は著し

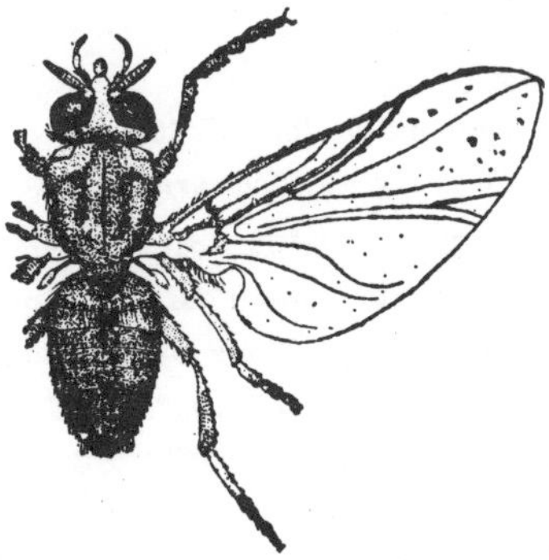

Fig. 1246. アシマダラブユ雌（高橋）

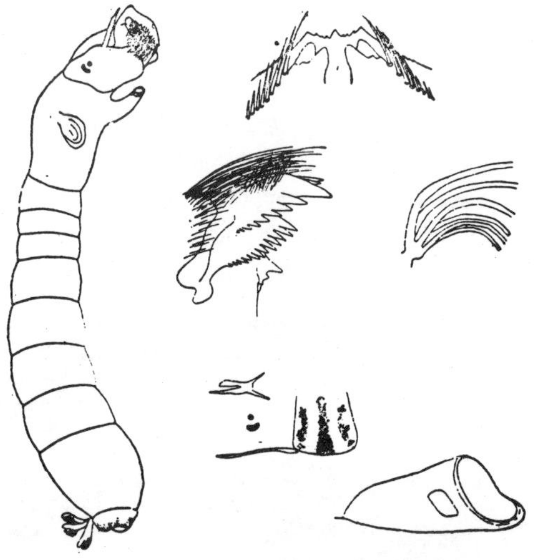

Fig. 1247. アシマダラブユ幼虫（高橋）
附図上. 下唇　左上. 大顋　左下. 額板
右上. 蛹呼吸管　右下. 繭

く扁平で脛節より幅広く末端の方に太まる卵形を呈する。腹部の第6～7の各節両側に銀灰色斑を有し，把握器の基節は円筒形で長幅ほぼ等大，その端節は細長い円筒形で基部太く末端に1針を具え基節の約2.5倍長。全土に産し，幼虫(Fig. 1247)は急流に棲息する。ヒメアシマダラブユ(*S. venustum* Say)は全土・樺太・満洲・シベリヤ・欧州・アメリカ等に分布し，幼虫は平野の小川に生活し，成虫は人畜の有名な害虫である。なおニッポンヤマブユ(*Gunus japonicus* Shiraki)は全土に産し，山に近い畠地に普通。ツメトゲブユ(*Odagmia ornata* Meigen)は欧州の有名な害虫だが本邦では本州北部に産し，その被害は少ない。

554. **ユスリカ(揺蚊)科**

Fam. Chironomidae Rondani 1841

Midges と称えられ，ドイツの Schwarmmücken である。微小乃至小形，繊弱で，長脚を具え，一般に体長が 5mm 以上でないが稀れに 10mm に達するものもある。頭部は小さく屢々胸部から一部が覆われ，触角は細く有毛で球状の基節を具え，5～14節からなり，雄では羽毛状。複眼は楕円形または腎臓形で平滑かまたは有毛，単眼はないが痕跡的。口器は短かい口吻を構成するが刺咬に適せず，小顋鬚は3～4節。胸部は大形で，後胸背縦溝(Metanotal longitudinal groove)を有する。脚は細長く，前脚は静止の際に屢々たかめられている，脛節は距棘を具え，跗節は長く，爪間盤と褥盤とはないかまたはある。翅はないか退化するかまたは正常で細く，裸体か有毛，前縁部に顕著な縦脈を有し，他の部分には不明瞭な縦脈を有する。しかし径中横脈は顕著。腹部は細長く，雄の交尾節は外部に現われ，産卵管は短かい。卵は一端多少尖り他端円く背面に緩かに隆まり下面は平，普通は無色の粘着質物からなる帯状物の中央に長い塊状に産下されるが塵芥中く腐敗有機質物中に個々に産下されるものもある。幼虫(Fig. 1248)は細長い円筒形で頭部と12体節とからなり，擬脚のないものとあるものとがあつて，胸部に1対または胸部と尾節とに各1対

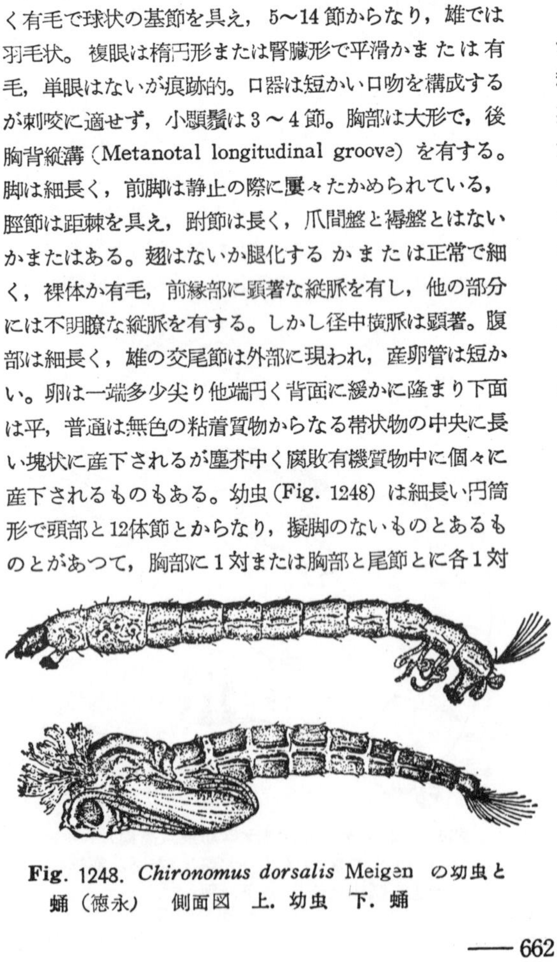

Fig. 1248. *Chironomus dorsalis* Meigen の幼虫と蛹(徳永) 側面図 上. 幼虫 下. 蛹

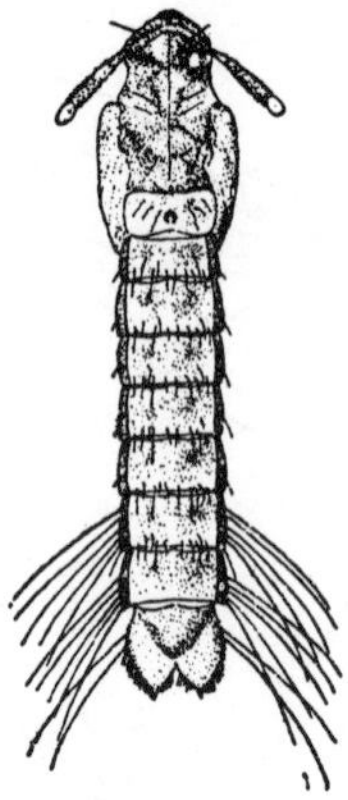

Fig. 1249. *Anatopynia varia* Fabricius の蛹背面図(徳永)

宛を具え，無気門式で，第11腹環節に2対の長い血液鰓を有するものと肛門の周囲に2対の乳頭突起としていわゆる肛門鰓があるものとがある。大体表面棲息種は帯緑色で，他のものは帯白色，あるものはいわゆる Blood worms と称えられ赤血球を有し赤色を呈する。陸地棲か水棲かである。蛹(Fig. 1249)は多くのものは暗褐色で細長い円筒状で後方に扁平となる。前気門式で中胸前側に1対の単糸状・樹枝状・角状・葉状・棍棒状等の呼吸器が突出し，腹部は9節で背腹両板共に彫刻や突起や棘毛等を装い，第9節は側方と後方とに拡がる1対の大きな橈足となつている，時にないものもある。

陸棲種は腐敗植物質や糞や茸や蘚苔等の中や表面に生活し，更に樹皮下や土中等に棲息するものもある。水棲種は静水や流水等に棲息し，屢々池や湖や水槽その他に非常に多数に棲息している。自由生活者で，あるものは水表に生活し，他のものは岩石や他物体上に附着している葉や塵芥や小石等からなる巣を造り，更にまた他のものは簡単な巣を泥土中に造りその口を外にしてその中に存在する。ある数の種類は塩水湖や海水等にも生活する。蛹は活潑なものとしからざるものとがあつて，後者は幼虫の皮膚内に存在する。

世界から2000種程が発表され，つぎの如き6亜科に分類されている。

1. 翅の第1中脈と肘脈との間に中肘横脈が存在し，従つて第2基室が閉ざされている……………………… 2
   中肘横脈がなく，従つて第2基室がない………… 3
2. 第 2+3 径脈は存在し且つ叉分する(即ち第1径脈と末端の方で短横脈によつて結び付く)かまたは全然ない。後の場合には雌の触角が12節……………………………………………… Subfamily *Tanypodinae*
   第 2+3 径脈は存在し簡単で第1径脈と結び付いていない……………………… Subfamily *Diamesinae*
3. 前脚の第1跗節は脛節より短かく，前脚脛節は1距棘を具え，雄の把握器端節は内方に畳まれている… 4
   前脚の第1跗節は脛節より殆んど常に長く，前脚脛節は稀れに距棘を具え，雄の把握器端節は後方に向いている……………………… Subfamily *Chironominae*
4. 前胸背側片(Pronotal lobes)は左右広く離れ，上

前腹板線 (Anepisternal suture) は殆んど消失し, 雄の触角は羽毛状でない……Subfamily *Clunioninae*

前胸背側片は左右広く分離しない。上前腹板線はよく発達し (即ち翅の根部から殆んど前脚基節にまでに1斜溝を有する), 雄の触角は普通羽毛状…………5

5. 第 4+5 径脈は第1径脈と翅の基部近くにて前縁脈と癒合して厚化部を形成し, 同部から前縁に沿い1擬脈が走り翅頂近くに達している……………………………………………………Subfamily *Corynoneurinae*

第 4+5 径脈は第1径脈と翅の基部近くにて前縁脈と癒合せず且つ擬脈を有しない……………………………………………………Subfamily *Orthocladiinae*

1. ウミユスリカ亜科 Subfamily *Clunioninae* Kieffer 1906—海岸棲類で, *Clunio* Haliday, *Telmatogeton* Schiner 等が代表的な属で, これ等両属が本邦にも発見されている。ヒメウミユスリカ (*Clunio pacificus* Edwards) (Fig. 1250) 体 2mm 内外, 雄, 黒褐色。頭部は比較的小さく, 複眼は大形で黒色。触角は細く11節からなり淡褐色を帯び半透明, 基部2節は短太, 第3節は細長く, 第4～10の各節は短かく環状, 第11節は最長で棍棒状。小顋鬚は1節。口器は退化する。胸背は細長く暗褐色, 胸側板も暗褐色。腹部は細長く黒褐色, 尾節は頗る大きく, 腹部の約 1/2 長。翅は幅広く透明で微かに黄色を帯び, 第 4+5 径脈は翅端に達し, 第2肘脈は後方に著しく彎曲する。平均棍は殆んど無色透明。脚は比較的短小, 乳白色透明なれど基節は帯褐色。雌, 完全に無翅で蛆状, 黄白色。頭部は小さく, 複眼は小さく黒色, 触角は6節で短小, 第3節最長。脚は短小で淡褐色, 末端跗節は長い。腹部は円筒状で体長の大半を占める。太平洋岸の岩礁の多い個所の波打際に群棲し, 4月下旬から9月上旬に亙つて出現し, 雄は岩礁や海表面に群居し, 雌は終生海水中にあり, 交尾したものは雄が海表を滑走しつつ飛んで水中に運ぶ。幼虫は海水中に生活する。ヤマトイソユスリカ (*Telmatogeton japonicus* Tokunaga) (Fig. 1251) は体長2.4～4.3mm, 黒色種で, 幼虫は干満潮線間の岩礁上に生育する海藻の基部に生活する。

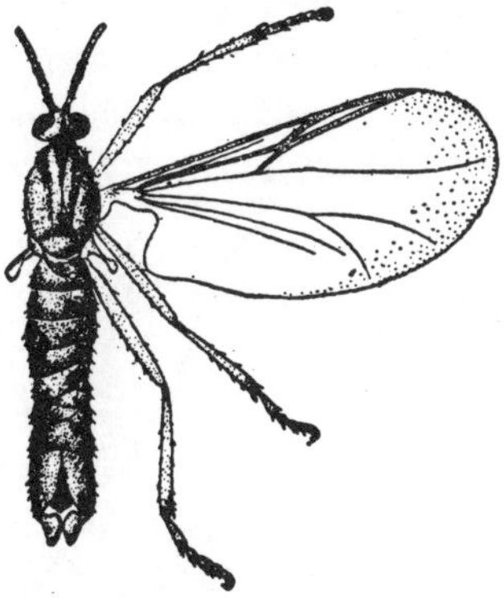

Fig. 1250. ヒメウミユスリカ雄 (徳永)

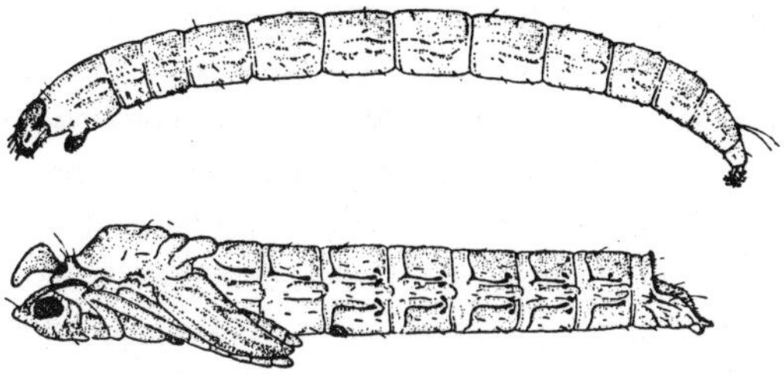

Fig. 1251. ヤマトイソユスリカ (徳永)
上. 幼虫側面　下. 蛹側面

以上の他に *Clunio* 属に2種, *Telmatogeton* 属に1種がある。

2. ヤマユスリカ亜科 Subfamily *Diamesinae* Kieffer—*Diamesa* Meigen, *Heptagyia* Philippi, *Prodiamesa* Kieffer, *Syndiamesa* Kieffer 等が代表的な属で, 本邦にはこれ等4属か知られているのみ。ニッポンヤマユスリカ (*Diamesa japonica* Tokunaga) (Fig. 1252) 体長 4mm 内外, 体は黒色, 複眼は腎臓形。翅は乳白色, 径中横脈は顕著で屈曲し, 径脈と中脈と肘脈とは横脈にて連結されている。雄の触角は短小で9節, 羽状毛を欠き, 末端節は円筒状で前鞭節の全体より長い。雌の触角は8節, 末端節は前3節の和とほぼ等長。胸部は脚と共に黒色。後脚脛節の端距棘は著しく扁平, 中・後両脚の第1～3各跗節は端棘を具えている。翅は周縁部が褐色を帯び, 前縁脈は第4+5径脈の末端を越えて延び, 中肘横脈は径中横脈下端より出る。腹部は黒色, 把握器は太く, 雌の尾葉は三角形。本州中部の山岳地帯に分布し, 往々春期積雪上に多数発見され, 幼虫 (Fig. 1253) は清流に棲息する。この他に *Dia-*

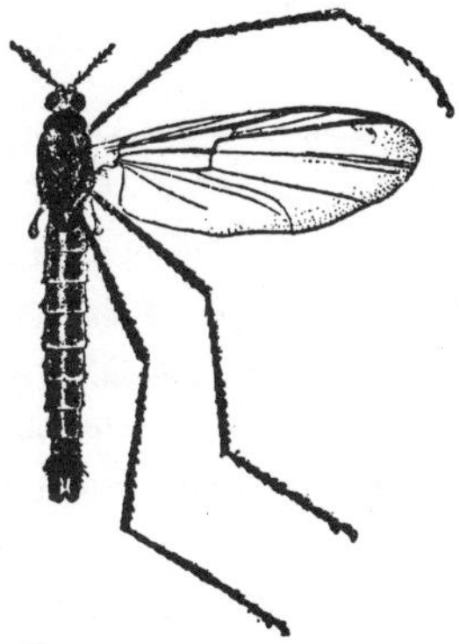

Fig. 1252. ニッポンヤマユスリカ雄 (徳永)

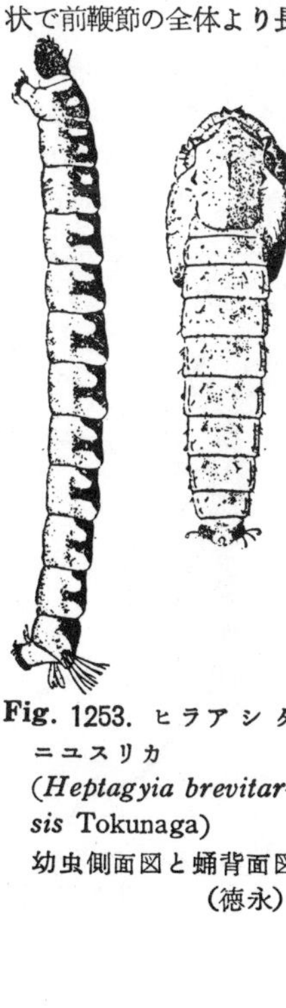

Fig. 1253. ヒラアシタニユスリカ (*Heptagyia brevitarsis* Tokunaga)
幼虫側面図と蛹背面図 (徳永)

mesa 属に6種, *Heptagyia* 属に2種, *Syndiamesa* 属に5種, *Prodiamesa* 属に2種等が知られている。

3. モンユスリカ亜科 Subfamily *Tanypodinae* Enderlein—*Tanypus* Meigen, *Anatopynia* Johannsen, *Pentaneura* Philippi, *Procladius* Skuse 等が代表的な属で, これ等4属と *Clinotanypus* Kieffer 属とが本邦に産する。カスリモンユスリカ (*Tanypus punctipennis* Fabricius) (Fig. 1254) 体長1.8～4.8mm, 体は褐色乃至黄色。胸部楯板は黒色の4縦帯と1卵形紋とを有し, 小楯板は小さなT字形黒斑を有し, 後小楯板は黒色。腿節と脛節とは褐色で, 前者の亜末端部に淡色の輪紋を有し, 跗節は黄色で各節の末端黒色。翅は多数の暗色斑紋を有し, 第2径脈と第3径脈とは末端近くにて連結し, 肘脈の分岐点と中肘横脈の附着点との間は短かい。腹部は淡黄褐色で, 各背板の基部に暗色横帯を有する。本州より台湾に亙り広く分布し, 成虫は夏期燈火に飛来する事が多い。この他に *Pentaneura* 属は12種, *Anatopynia* 属は6種, *Procladius* 属は4種, *Clinotanypus* 属は2種等が本邦から知られている。

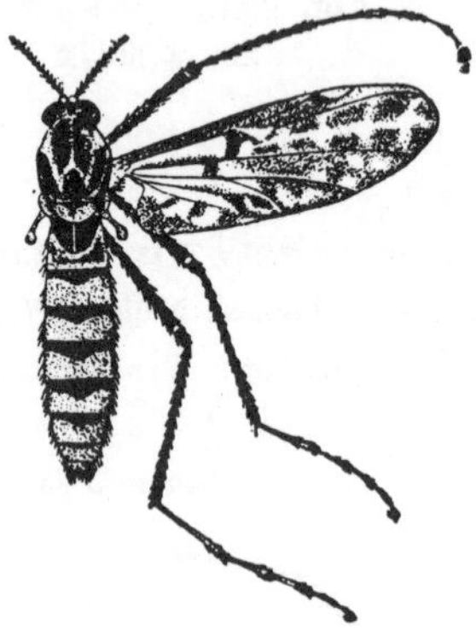

Fig. 1254. カスリモンユスリカ（徳永）

4. エリユスリカ亜科 Subfamily *Orthocladiinae* Kieffer—*Orthocladius* v. d. Wulp, *Cricotopus* v. d. Wulp, *Metriocnemis* v. d. Wulp, *Camptocladius* v. d. Wulp 等が代表的な属で, 最初の2属は本邦にも産する。アカムシユスリカ (*Orthocladius akamusi* Tokunaga) (Fig. 1255) 体長8～9.5mm, 体は黒色で灰褐色または暗灰色粉を装い, 雄の前脚跗節には長毛を装う。頭部は全体黒色。触角は暗褐色, 雄のものは暗色の羽状毛を装い, 14節で末端節は基部2節の和の2.7～3倍長, 雌のものは7節からなり, 末端節は直前節の2倍よりやや長い。胸部は褐色粉からなる条紋を有し, 褐色毛を生じている。脚は暗褐色, 爪間盤は小さく, 褥盤はない。翅は灰色, 胸瓣は褐色, 前縁脈は第4+5径脈端を越えて伸び, 第4+5径脈は直線。雄の把握器は3葉に分かれ, 基節は基部内側に2葉片を具えている。本州産。幼虫は流水性の池沼に棲息し, 泥土中に潜入して生活し特殊の巣を作らない, 釣餌として有名で赤虫として販売される。*Cricotopus* 属の幼虫は湿地の土中に棲息していて, 成虫は何れも微小で体長1.5～2.5 mm 内外である。

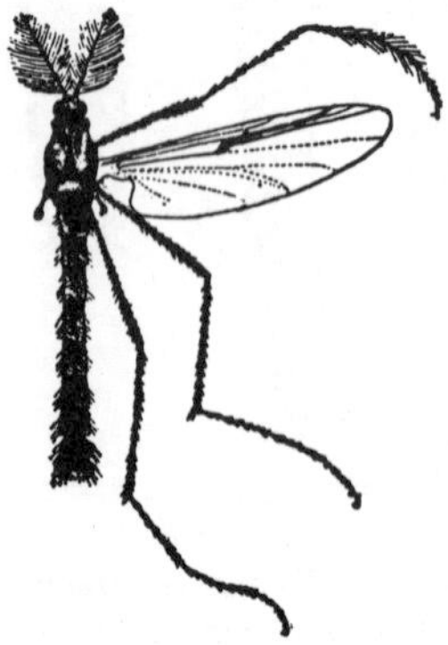

Fig. 1255. アカムシユスリカ雄（徳永）

5. コナユスリカ亜科 Subfamily *Corynoneurinae* Kieffer—*Corynoneura* Winnertz, *Thienemanniella* Kieffer 等が代表的な属で, 何れも本邦にも産する。ヨシムラコナユスリカ (*Corynoneura yoshimurai* Tokunaga) (Fig. 1256) 体長1～1.2mm, 雄, 頭部と胸部とは概ね黒色, 腹部は基部数節が黄色で後部は帯黒色乃至帯褐色。触角は11節, 第1節は黒色で他は淡褐色, 末端節は先端微かに太まり毛冠を装い基部1/3に羽状毛を具え前4節の和と等長。胸部は黒色で側膜質部は淡褐色。翅は長く, 前縁の厚化部は淡褐色。脚の基節は黒色, 腿節は黒褐色, 他は概ね淡褐色。腹部の第1乃至第4各節は後縁やや褐色を呈し, 第7背板の後縁部は淡色, 把握器基節は内側に低い突起部を有し端節は細く彎曲し尖る。雌, 体は黄色で, 頭頂は黒褐色, 額は褐色で8剛毛を装う。触角は概ね淡褐色で第1と第6との各節は黒色を帯ぶ。胸部は大部分黄色, 小楯板と後小楯板とは黒褐色乃至黒色. 胸部腹面は褐色, 背面の条紋は黒色で甚だ顕著。翅は卵形で, 黒褐色の厚化部を有する。脚の基節は黒褐色乃至褐色, 腿節の中央部は黒褐色, 他は淡褐

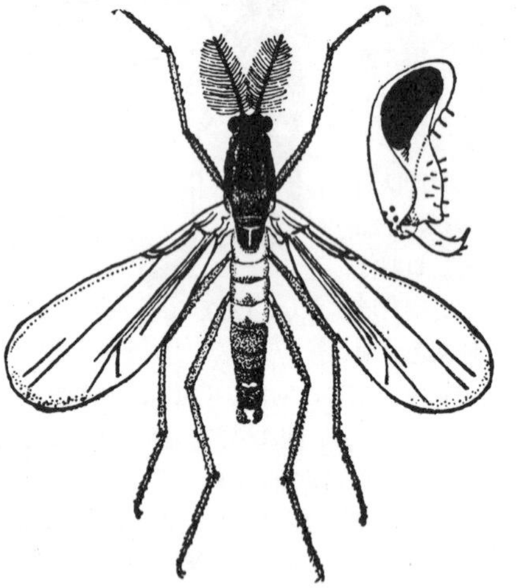

Fig. 1256. ヨシムラコナユスリカ雄（徳永）
附図. 雄の把握器

色。腹部背板は概ね褐色，第1背板は黄色，他の背板前縁部は黄色を呈する。本州中部に普通。この属には更に6種類知られ，他の1属 *Thienemanniella* には4種が発見されている。

6. **ユスリカ亜科 Subfamily *Chironominae*** Kieffer—*Tendipedinae* は異名。*Chironomus* Meigen (*Tendipes* Meigen), *Tanytarsus* v. d. Wulp, *Pseudochironomus* Malloch, *Polypedilum* Kieffer, 等の代表的な属で，本邦には *Pontomyia*, *Rheotanytarsus*, *Chironomus*, *Stenochironomus*, *Polypedilum* 等の属が発見されている。セスジユスリカ (*Chironomus dorsalis* Meigen) (Fig. 1257) 体長 6mm 内外，体は大体灰褐色。頭部は小さく黄褐色で黒色の複眼を具え，触角は雄では12節，第1節は大きく円盤状を呈し赤褐色，第2～11の各節は頗る短かい環状で淡褐色，末端節は全長の約2/3長，第2節以外には極めて長い羽毛状の毛を密生する。雌の触角は6節で淡黄色，各節末端に数個の剛毛を生ずるのみで第1節は雄のもののように大きくない。小顎鬚は4節，口吻と共に淡黄色。胸背は淡褐色で3条の暗褐色縦紋を有し，小楯板は淡色，後小楯板は暗色。腹部は暗黄褐色で細長く，細毛を密生し，第2節以下各節の中央に暗褐色の1横帯がある。翅は透明帯黄色，翅脈は淡褐色。平均棍は短かく淡黄色。脚は細長く淡褐色，脛節と跗節の各節端とは濃色。本州と九州とに極めて普通で群棲し，幼虫 (Fig. 1248) は赤ボウフラと称えられ，溝や小流等に群棲している。欧州・北米等に広く分布する。セトオヨギユスリカ (*Pontomyia pacifica* Tokunaga) は体長 2mm 内外，体は淡緑白色。雌雄著しく形態を異にする。雌は蛆状で，翅と脚と触角と口器等は殆んど全く退化消失し，海水上に浮漂する。雄は他の種と大に異なり，翅は櫂状で中脚は頗る短小，小顎鬚は2節からなり前方に突出し，触角は14節からなり糸状で甚だ長く羽状毛を欠く。翅は基部の長角形の部分とこれに可動的に連絡する菱形の部分からなり，翅脈を欠く。本邦紀州沿岸に産し，雄成虫は日沈後出現し，海面を頗る敏活に滑走し，空中を飛翔しない。この亜科には更に多数の種類が発見されている。

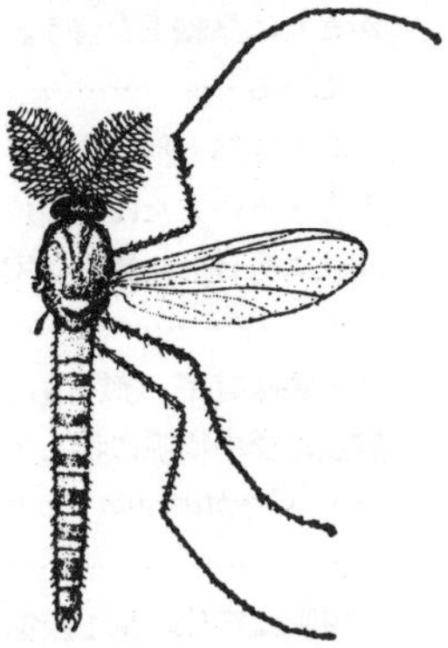

Fig. 1257. セスジユスリカ雄（江崎）

555. ヌカカ（糠蚊）科

Fam. Ceratopogonidae Malloch 1917

Heleidae は異名。Biting Midges や Punkies や No-see-ums や Sand Flies 等と称えられ，ドイツの Gnitzen である。微小で体長 0.6～5.0mm，一般に黄褐色。頭部は小さく，円いかまたは半球形。触角は細長く有毛で13～15節，最後の3～5節は長いしかし末端節は検微鏡的。単眼はないか殆んど消失している。口器は刺咬に適する。胸部は後胸背板溝 (Metanotal groove) を欠く。翅はむしろ狭く，裸体か有毛，数翅脈を有し，静止の際には腹部背上に置かれ，覆片は細い。脚の腿節は時に膨大し且つ下面に棘を具え，羽毛状爪間盤と簡単な褥盤とを有するものとしからざるものとがある。雄の交尾器は外部に現われ，産卵管は小形。

幼虫 (Fig. 1258) は細長い円筒形で，頭部以外に12節からなり，種々な形態をなす。頭部はよく発達し，口器は咀嚼に適し，上唇・下唇・下咽頭・大顎・小顎等が認められる。胸部は3節からなり，腹部より幾分強剛となつている事が普通で，前胸に擬脚を有するものがある。腹部末端節は1対の尾脚を具えているものがあり，また鉤状物を具え，あるいは棘毛を有し，更にまた血液鰓を有するもの等がある。陸棲種では体面に棘や棘毛等を装うが，水棲のものは殆んどそれ等を生ずる事がなくまた擬脚を有しないのが普通である。

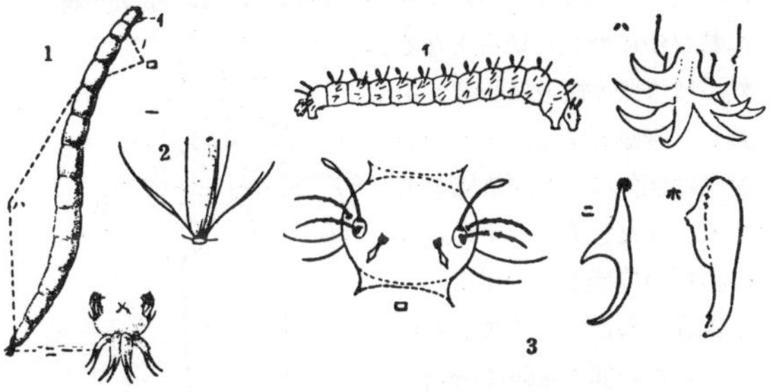

Fig. 1258. ヌカカの幼虫　1. *Culicoides kiefferi* 老熟 (Patton)（イ. 頭部　ロ. 胸部　ハ. 腹部　ニ. 尾端）　2. 水棲 *Culicoides* 1種の尾端＝尾鰓を有せざるもの (Patton)　3. 陸棲 *Ceratopogon* 1種 (Johannsen)（イ. 老熟側面　ロ. 1体節背面図　ハ. 胸擬脚末端　ニ. 尾脚の爪　ホ. 大顋）

蛹 (Fig. 1259) は蝶の蛹を微小にしたような形態で，多くは帯褐色。中胸背より1対の長い呼吸管を突出せしめ，同管の末端には多数の瘤状微突起を具え，これ等に気管支末端が達している。同呼吸管の形態は特に種類によつて異なる。体表には棘や剛毛や時に扁平棘等を生じ，それ等は頭部と胸部とにて特に大形となり且つ腹部側面のものが大形となつている。水棲種では普通これ等

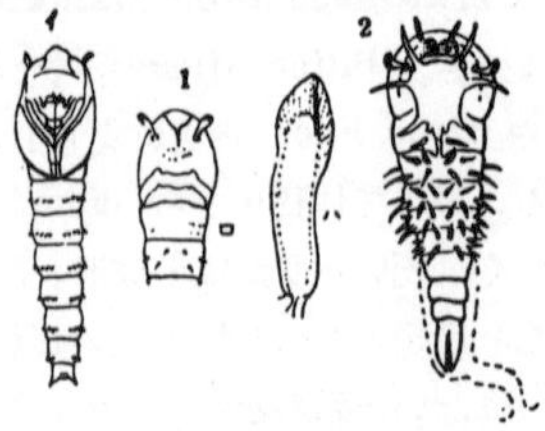

Fig. 1259. ヌカカの蛹 1. *Bezzia setulosa* (イ. 腹面 ロ. 前方部背面 ハ. 呼吸管) (Johannsen) 2. *Ceratopogon* 1種の背面 (Johannsen) 3. *Culicoides kiefferi* 背面 (イ. 呼吸管) (Patton)

皮膚突起を欠いている。尾端は長く棒状を呈するものや二叉状となるもの等がある。

成虫は日中活動性のものや夜間活動性のもの等があるが，時に早朝や夕方のみに飛翔するものもある。しかして温血動物より吸血するものとしからざるものとがあつて，後者に属するものの中には昆虫類に寄生するもの，しかも蝶蛾等の翅脈やカマキリやナナフシ等の体表に寄生するものがあり，また植物上に静止し如何なるものを食物とするか不明のものも甚だ多い。卵は流川の岸に沿うて生ずる青い植物上に塊状に産下され，また水溜の縁に生ずる植物上や腐敗植物上や樹孔中にあるいは堆肥中に，普通一列に産下される事が知られている。卵は一般に数日中に孵化し幼虫となる。

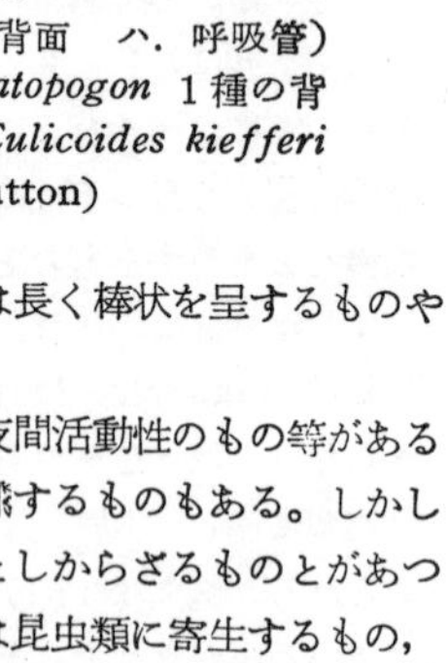

Fig. 1260. *Kempia* の末端跗節(Enderlein) 1. 爪間盤 2. 爪

幼虫は堆肥や腐敗植物質等を食し，後蛹化する。ヌカカの刺咬は個体により頗る顕著である。また家禽類もその為めに特種の皮膚病を生ずる。

世界からかなり多数が知られ，つぎの如き亜科に分類されている。

1．爪間盤は長く発達し約爪と等長で羽状毛を生じ (Fig. 1260)，小顋鬚は4節，触角第15節 (末端節) は末端に1本の細い棘を具え，脚の腿節と第5跗節とは武装していない。爪は左右等長で簡単，翅の中脈は叉分する (*Forcipomyia* Megerle, *Lasiohelea* Kieffer, *Atrichopogon* Kieffer, *Prohelea* Kieffer) ……………………………………… Subfamily *Forcipomyiinae*

爪間盤はないかまたは甚だ短かく有毛で長くても爪の 1/2 長…………………………………………………… 2

2．翅の中脈は分叉せず，径脈は1本に凡てが癒合し翅の中央を越えて延び，従つて第1径室がない(*Brachypogon* Kieffer) ………Subfamily *Brachypogoninae*

中脈は第1中脈と第2中脈とに分叉する………… 3

3．翅の径中横脈はなく，雌の触角は13～14節で第1節は甚だ短かい環状となつている (*Leptoconops* Skuse, *Schizoconops* Kieffer) …Subfamily *Leptoconopinae*

径中横脈は存在し，触角は14節で甚だ稀れに13節または例外として15節………………………………………… 4

4．翅の第1径脈と他の癒合径脈との間に横脈がなく，即ち第2径脈がなく，第1径室と第2径室とが癒合して第 1+2 径室となつている。翅は点斑を有するのみかまたは微細毛を装う。中脈の分岐点は径中横脈に沿つている ………………………… Subfamily *Bezziinae*

第1径脈と他の癒合径脈との間に横脈即ち第2径脈を有するかまたはその位置にて1点あるいは或る距離間互に癒合し，第1径室と第2径室とが分離している …………………………………………………………………… 5

5．複眼は有毛 (最もある種では毛がない)，中脈の分岐点は径中横脈に接していない (*Ceratopogon* Meigen, *Cryptoscena* Enderlein, *Isohelea* Kieffer) … ………………………………Subfamily *Ceratopogoninae*

複眼は裸体，第1跗節は第2節より長い………… 6

6．翅は微細毛と太毛とを装い，第1径室と第2径室とを有し前者は後者より長いかまたは等長…………………………………………………Subfamily *Culicoidinae*

翅は微細毛のみを装うかまたは全くそれを欠く。しかし太毛を装う場合には第1径室が第2径室より明かに短かい ……………………… Subfamily *Palpomyiinae*

以上の諸亜科中本邦には今の処つぎの3亜科が知られているのみ。

1. ダニカ亜科 Subfamily *Bezziinae*—*Bezzia* Kieffer, *Probezzia* Kieffer 等が代表的な属で，本邦からトンボダニカ (*Pterobosca tokunagai* Oka et Asahina) (Fig. 1261) が知られている。この種は雄が未だ発見されていない。雌，体長 1.4～1.6mm，体は褐色乃至暗褐色で多少灰色の光沢を有する。複眼は無毛，頭頂部で僅かに左右相接する。小顋鬚は感

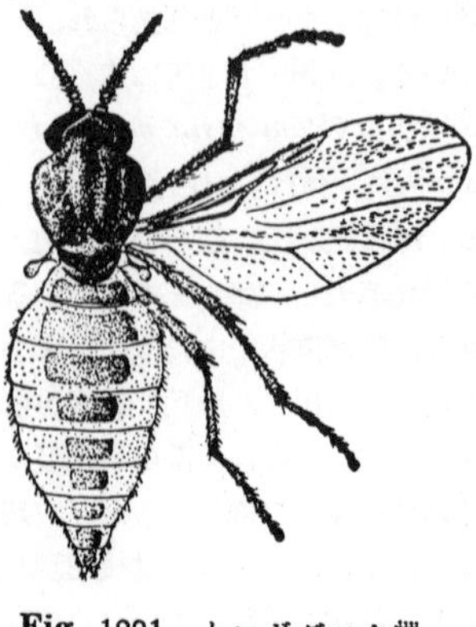

Fig. 1261. トンボダニカ♀ (徳永)

覚孔を欠く。触角は暗褐色，末端6節は各長形。中胸背板は黒褐色で灰褐色の光沢を有し斑紋がなく，小楯板は褐色，後小楯板は暗褐色，側板と腹板とは褐色，膜質部は黄白色乃至淡褐色。脚は褐色，腿節と脛節との各末端は黒褐色，爪を欠き，よく発達した大形の褥盤を具えている。翅は透明，膜面の微細毛は比較的小なく，径室は1個で甚だ狭い。平均棍は白色。腹部は淡褐色乃至黄褐色で，褐色の背板を具えている。本州中部の山地の沼沢附近に産し，アオイトトンボやタカネトンボやミヤマアカネ等の翅に寄生している。

2. カザリヌカカ亜科 *Subfamily Palpomyiine*—*Palpomyia* Megerle, *Stilobezzia* Kieffer, *Johannsenomyia* Malloch, *Serromyia* Meigfn 等が代表的な属で，本邦にはカザリマスガタヌカカ (*Stilobezzia notata* de Meijere) (Fig. 1262) が発見されている。体長1.5～2.8mm，体は黄白色で複雑な斑紋を有し，雌雄色彩を多少異にする。雄の触角は黄色で中央部が褐色を呈し糸状で長く，雌のものは全体黄色。胸部は黄白色，雄は楯板の左右と前縁とが暗色，雌は中央に1黄色縦紋を有しその周囲は褐色を呈し側縦条が暗黒色を呈す。後小楯板は暗色紋を有する。雄の腹部第4～6の各背板に2対の褐色斑を有し，雌では図のような暗褐色斑を有する。雄の脚は白色，中・後両脚の腿節と脛節との末端は暗褐色，第3跗節は扁平で第4跗節は心臓形。雌の脚は黄色，中・後両脚の腿節と脛節とに明瞭な暗褐色輪紋を有し，第5跗節は下面に1対の棘状突起を具え先端に深く分叉する単一爪を具えている。翅は径中横脈上に暗色の大紋と第5径室に連る小形の2暗色斑を有し，第1径室は方形。本邦暖地から南洋諸島に亘り広く分布する。

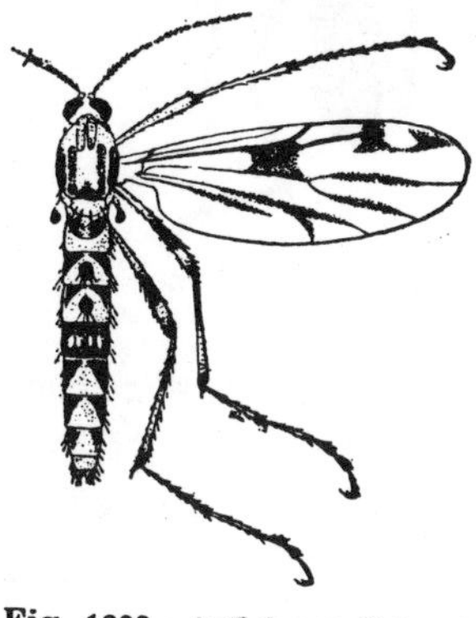

Fig. 1262. カザリマスガタヌカカ (徳永)

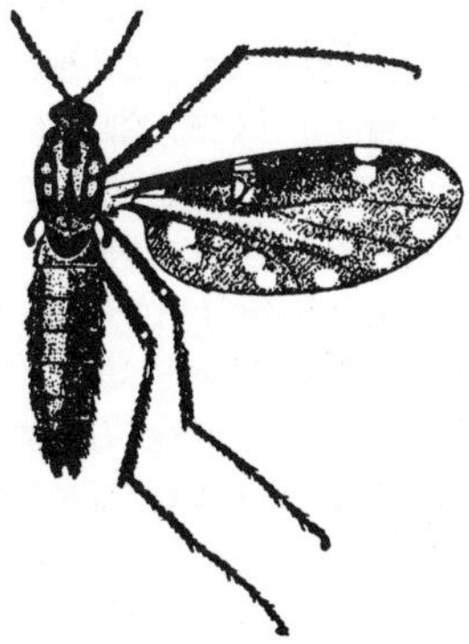

Fig. 1263 シロフヌカカ雌 (徳永)

3. マダラヌカカ亜科 Subfamily *Culicoidinae*—*Culicoides* Latreille が代表的な属で多数の種類がある。シロフヌカカ (*Culicoides sugimotonis* Shiraki) (Fig. 1263)，体長1.3～1.8mm，体は黄褐色。頭部は褐色。触角は大部分黄褐色，第10～14節の和は前8節の和の約1.5倍長。胸部楯板は褐色の3縦紋を有し，その中央のものは中央にて括れ，側紋には小さな黄色の2円形紋を有する。小楯板は黄褐色で中央に褐色の1縦紋を有し，後小楯板は褐色を帯びる。腹部は黄褐色だが吸血充分なものは赤褐色。脚は淡褐色で，膝部は黒色を呈しその前後に明瞭な白色輪紋を有し，脛節末端は暗色。翅は暗黒色で全面に微毛を密生し多数の白色小斑を有し，第2径室は黒色。本州・四国・九州・朝鮮・台湾等に広く分布し，家禽や家畜等から吸血するが，時に人体にも寄生し，主として夜間活動性である。なお同属のイソヌカカ (*C. circumscriptus* Kieffer) は暖地の海岸地方に広く分布し，人体を刺咬吸血する。

嶺　蚊　類

Series *Zygophthalmia* Enderlein 1912

Jochmücken と称えられ，つぎの6科に分類する事が出来る。

1．複眼後方の左右相接する部分に細い橋板状部を欠き，複眼は強く腎臓状に彎曲し，第1径脈以外の径脈は叉分しない。触角は多くは甚だ短かく12～13節で稀れに雌では8節，小顋鬚は1節……………………………2

複眼後部の左右結合部は甚だ強く小橋板状に狭ばまつている…………………3

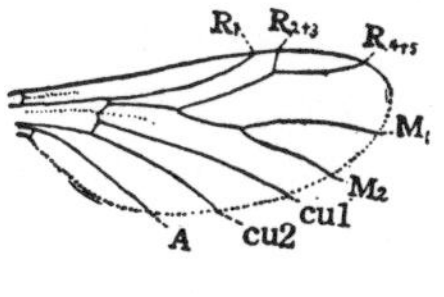

Fig. 1264. *Corynoscelis eximia* Bohem の翅 (Enderlein)

2．翅の臀脈はなく，径脈と中脈とは短かい横脈によつて結びついている…………

…… Family *Scatopsidae*

臀脈は明瞭に発達し，径脈と中脈とはある距離間癒合している (*Corynoscelis* Bohemann, *Synneuron* Lundströmer, *Ectaetia* Enderlein) (Fig. 1264)………………………………

……………………Family *Corynoscelidae* Enderlein

3．中脈は存在する，単眼は3個………………………4

中脈と臀脈とはない，単眼はない，径径脈 (rr) は叉分せず，小顋鬚は2～5節で第1節は第2節より甚だ短かい………… 5

4．中脈は叉分し，臀脈は有るが明瞭でないものもある…Family *Sciaridae*

中脈は叉分せず，臀脈

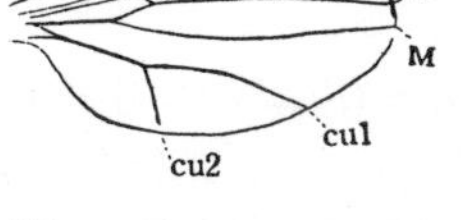

Fig. 1265. *Campylomyza* の翅 (Enderlein)

は完全にない (Fig. 1265)……………………………………Family *Campylomyzidae*

5．翅面は容易に脱落する毛でもなく，鱗毛でもなく，小さな点斑様に微細毛群のみを装い，複眼は原始型で眼橋を欠く。雌の尾毛は2〜3節で普通3節 (*Heteropeza* Winnertz, *Oligarces* Meinert, *Miastor* Meinert, *Leptosyna* Kieffer)……………………………………Family *Heteropezidae* Enderlein

翅面は倒伏の彎曲毛または細い鱗毛にて被われているがこれ等のものは容易に脱落する。複眼は橋板を有するが左右のその接触部には小眼はない。雌の尾毛は1節だがあるものでは2節……Family *Cecidomyiidae*

以上の諸科中つぎの4科が本邦に発見されている。

556. ニセケバエ（偶毛蠅）科
Fam. Scatopsidae Melloch 1917

Minute Black Scavengers と称えられ，ドイツでは Dungmücken という。微小で，黒色または帯褐色，附属器や胸部は屢々部分的に帯黄色。頭部は幾分円いか亜方形か長卵形，触角は7〜12節で一般に頭部より少しく長く，単眼は3個，口吻は短太。胸部はゆるやかに膨隆し，稀れに扁平。脚は短かく，太い腿節を有する。翅は前縁脈と亜前縁脈と径脈とが太く，後2者の間に横脈を有し他は細く中脈は叉分するかまたは単一，腹部は亜円筒状で6節または7節からなり，雄の交尾節は大形。幼虫は多くは有頭型で腐敗植物質や動物質や糞等の中に生活し，蛹は棒状の胸部呼吸管を具えている。成虫は秋期人家の窓等によく発見され，体長 0.75〜3mm 以外。つぎの如く2亜科に分類する事が出来る。

1．前脚の脛節は太い棘状の1突起を末端に具え，触角は7〜12節，複眼は額上の橋板が左右分離し，顔はむしろ幅広。径脈は末端の方にて太く前縁脈もまた径脈末端の方にて太まり，臀脈は翅の基部に存在し，爪状部線はない，第1中脈は基部長く欠けている (*Aspistes* Meigen, *Arthria* Kirby) (Fig. 1266)……………………………………Subfamily *Aspistinae* Enderlein

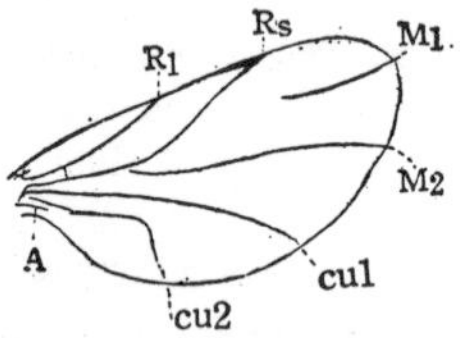

Fig. 1266. *Arthria analis* Kirby の翅 (Enderlein)

2．前脚の脛節は末端棘を欠き，触角は9〜12節，複眼は左右接続する。中脈は叉分し，時に第1中脈の基部が消失し，爪状部線が第2肘脈の後方に接して有るものとないものとがある………Subfamily *Scatopsinae*

本邦にはつぎの1亜科のみが現在では知られている。

ニセケバエ亜科 Subfamily *Scatopsinae* Enderlein —*Scatopse* Geoffroy, *Aldrovandiella* Enderlein, *Anapausis* Enderlein, *Reichertella* Enderlein, *Swammerdamella* Enderlein, *Rhegmoclema* Enderlein 等が代表的な属で，本邦には最初の1属のみが現在知られている。ナガサキニセケバエ (*Scatopse fuscipes* Meigen) (Fig. 1267) 体長 2.5mm 内外，体は光沢ある黒色で無色透明の翅を具えている。口吻は扁平で甚だ短かく，小顋鬚は微小で1節，触角は太く黒色で10節からなる。中胸背板は大きく扁平短楕円形，小楯板は比較的大きく後方に突出する。腹部は幅広く扁平長楕円形。脚は全体黒色だが稀れに後脚脛節に黄白色部を有し，腿節は扁平，中・後両脚の脛節末端は多少太まる。翅の主脈は褐色を帯びている。幼虫は雑食性で，堆肥や塵芥やその他の腐敗物中に生活し，時に茸類をも食する。成虫は晩秋から春期に亘り出現するが，早春に最も多く，往々人家内の台所や便所等の窓硝子上に発見され，殆んど飛翔することがなく常に匍匐する。

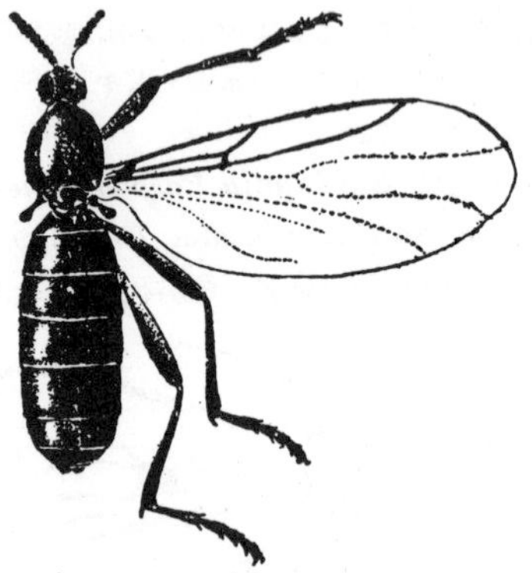
Fig. 1267. ナガサキニセケバエ（徳永）

557. クロバネキノコバエ（黒翅蕈蠅）科
Fam. Sciaridae Bigot 1852

Lycoriidae Engel 1915 は異名。Dark Winged Fungus Gnats と称えられ，ドイツでは Trauermücken とよんでいる。小形乃至微小，黒色や帯黒色のものが多いが帯褐色や黄褐色のものもあつて，腹部が円筒形で後方に細まり，雌では特に漸次尾端に狭まつている。単眼は3個。触角は12〜14節，小顋鬚は2〜4節。複眼は触角の上方で左右が細くなつていわゆる眼橋を形成している。胸部は強くか弱く背面に膨隆する。凡ての脛節は端棘を具え，爪は多くは簡単，跗節末端に1対の褥盤を具え，基節は比較的短かい。幼虫は腐敗植物中に生活するが，また健全な植物の根部やその他に潜孔して加害するものがあり，あるいはまた茸培養の害虫として認められているものもある。

この科の昆虫は本邦に産するが未だ種名の明瞭とされているものがない。最もヒイラギミタマバエ (*Lestremia osmanthus* Monzen) が本州に産する事が発表されてい

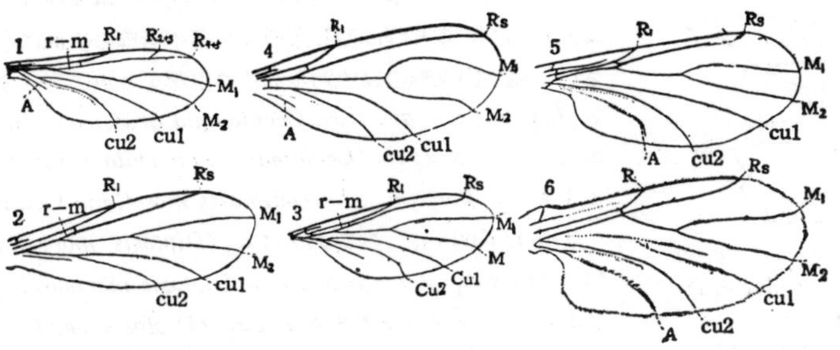

Fig. 1268. *Sciaridae* の翅 (Enderlein)
1. *Cratyna*　2. *Fungivorides albanensis*　3. *Trichosia*
4. *Zygoneura sciarina*　5. *Lestremia leucophaea*
6. *Anareta canditata*

るがこの属名が甚だうたがわしい。一般につぎの5亜科に分類されている。

1．径分脈は叉分している (*Cratyna* Winnertz) (Fig. 1268の1)……………………… *Cratyninae* Enderlein
　径分脈は叉分していない…………………………… 2
2．肘脈の叉分柄部は長く，中脈の基分区(径中横脈即ち径横脈と中脈叉分柄部の根部との間) より明かに長い (*Megalosphys* Winnertz, *Scythropochroa* Enderlein, *Phorodonta* Coquillett, *Fungivorides* Lengersdorf) (Fig. 1268の2)………………………………………………………… *Megalosphyinae* Enderlein
　肘脈の叉分柄部は中脈の基分区より明瞭に長くなく，等長かまたは多くは短かい……………………… 3
3．径中横脈は径分脈の屈折基部即ち径横脈の2倍より長く，中脈叉分柄部は径室の中央かまたは基方から生じ，肘脈叉分脈は長い柄部を有する (*Sciara* Meigen, *Trichosia* Winnertz, *Epidapus* Haliday) (Fig. 1268の3)……………………………………………Subfamily *Sciarinae* Enderlein (*Lycoriinae*)
　径中横脈は径分脈の屈折基部の2倍より短かいかまたはないかあるいは径分脈と肘脈とがある距離間癒合し，中脈叉分脈の柄部は径室の中央より末端の方から生じまたは径室端を越えて生ずる…………………… 4
4．肘脈の叉分脈は甚だ短かい柄部を有する (*Zygoneura* Meigen) (Fig. 1268の4)…………………………………………… Subfamily *Zygoneurinae* Enderlein
　肘脈の2叉分脈は翅の基部まで互に離れ柄部が完全にない (*Lestremia* Macquart, *Anarete* Haliday, *Catarete* Edwards) (Fig. 1268の5.6)……………………………… Subfamily *Lestremiinae* Enderlein

558. タマバエ (癭蠅) 科

Fam. Cecidomyiidae Macquart 1838

Gall Midges, Gall Gnats 等と称えられ，ドイツでは Gallmücken という。微小乃至小形，軟弱で細く，幾分有毛で，細長い脚と幅広の翅とを具えている蠅である。頭部は小さく，複眼は円いか腎臓形で時に合眼的，単眼は普通ないが稀れに存在し，口吻は短かく胸部より短かい•かまたは稀れに長く，小顋鬚は1～4節。触角は細長く，珠数状で10～36節，各節は末端尖るかまたは柄部を有し小球部と顕著な環毛輪を有し，雄では環状で捲施する糸即ち環糸 (Circumfili) を具えている。翅は幅広で，毛か鱗毛かを装い，透明無色かまたは斑紋を有し，3～5縦脈と少数の支脈と不明瞭な横脈とを有し，あるいは横脈は全然なく，基室は1個。平均棍は一般によく発達し，有毛。脚は細長く，基節はむしろ短かく，脛節は距棘を欠き，褥盤と爪間盤とは存在し，爪は簡単かまたは有歯。腹部は8節，雄の尾節は普通外部に現われ，産卵管は伸縮自在かまたは突出し，短かいか長く，末端部は幾丁質化せるものとしからざるものとがある。幼虫は白色か黄色や橙黄色か赤色かで，紡錘状かまたは後端截断状で，13節がなり，頭部は甚だ退化し，胸部は腹面に幾丁質化せる一般に尖つている胸骨 (Sternal thoracic spatula) を有し，同板は有歯かまたは2葉片となつている。蛹は1層または2層からなる繭の中にあるかまたは蛹殻中に存在する。

幼虫の生活様式は様々で，大体つぎの如く分類する事が出来る。(1) 捕食性—蚜虫やダニや介殻虫やキクイムシ等を食する。(2) 腐物食性—腐敗食物や樹皮や枯木や糞や茸等に寄食する。(3) 植物食性—生植物を食するもので，(a) 植物の茎や花や果物や他の部分に自由に生活するもの．(b) 捲葉性のもの．(c) 他の昆虫の形成せる虫癭中に共棲するもの．(d) 花の中にまたは葉や茎や根部等の外部に虫癭を形成するるもの等がある。

世界から2500種以上が発見され，欧州と北米とに最も多く，濠洲にも多数に産する。つぎの2亜科に分類する事が出来る。

1．翅の径分脈の基部が明瞭に横脈として屈折している。雌の産卵節の尾毛は2～3節で2下葉片を具えている。幼虫の尾端前節は4個の背突起を有する (*Holoneurus* Kieffer, *Coccopsis* de Meijere, *Porricondyla* Rondani, *Camptomyia* Kieffer, *Bryocrypta* Kieffer (Fig. 1269)…………………………………………………Subfamily *Porricondylinae* Enderlein

2．翅の径分脈の基部屈折部は著しく退化し，屢々辛うじて認め得らるのみかまたは全然欠け，径分脈は径中横脈と中脈基部と癒合し1縦線となつている。雌の産卵管尾毛は多くは1節で決して3節の事がない。幼虫の尾端前節は2個の背突起を有する……………………………Subfamily *Cecidomyiinae*

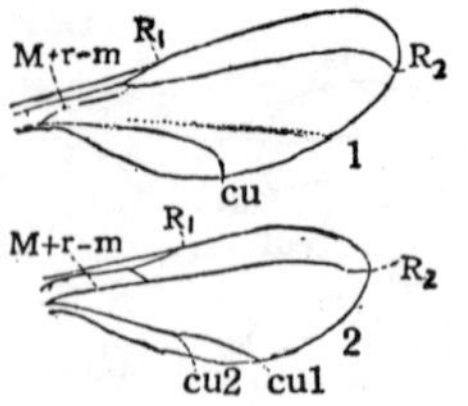

Fig. 1269. タマバエ科の翅 (Enderlein)
1. *Holoneurus*
2. *Bryocrypta dubia*

以上の2亜科中本邦にはつぎの1亜科のみが知られている。

タマバエ亜科 Subfamily *Cecidomyiinae* Enderlein—*Monodiplosis* Rübsaamen, *Hormomyia* Loew, *Dichrona* Rübsaamen, *Cecidomyia* Meigen, *Clinodiplosis* Kieffer, *Contarinia* Rondani, *Asphondylia* Loew, *Phegomyia* Kieffer, *Cystiphora* Kieffer, *Oligotrophus* Latreille, *Poomyia* Kieffer, *Dasyneura* Rondani, *Ledomyia* Kieffer, *Brachyneura* Rondani, *Lasioptera* Meigen 等が代表的な属で，本邦からは *Asphondylia*, *Cecidomyia*, *Clinodiplosis*, *Contarinia*, *Hasegawaia*, *Lowodiplosis*, *Profeltiella*, *Rhabdohaga*, *Rhopalomyia*, *Sitodiplosis*, *Trishormomyia*, *Thecodiplosis Diarthronomyia*, *Diplosis* 等多数の属が知られている。

クワシントメタマバエ (*Diplosis mori* Yokoyama) (Fig. 1270) 体長1.5～2mm，体は淡黄褐色，しかし生時は淡赤色を呈する事が多い。複眼は顕著で黒色。触角は淡黄色で柔毛を輪生し，雄では26節からなり雌より著しく長く，雌では14節。胸背は淡褐色に近く，特に両側部は濃色，小楯板は淡色。腹部は細長く，淡赤色なれど，死後は褪色する。翅は頗る幅広く，無色透明で顕微鏡的微毛を装い，翅脈は淡黄色，3本の縦脈即ち第1径脈と径径脈即ち径分脈と不明瞭な肘脈とを有する。平均棍は淡黄色。脚は極めて細長く，淡黄色，前·中両脚の腿節は大部分淡黒色を呈する。本州·四国. 九州等に産し，桑の芽に寄生し恐る可き害虫である。キクタマバエ (*Diarthronomyia hypogaea* Loew) は欧州·北米·本邦等に産し菊の葉や茎や蕾等の表面に小さい細長い円錐形の緑色乃至赤色の虫癭を多数に形成する。なおダイコンタマバエ (*Cecidomyia brassicae* Linné), ブドウタマバエ (*Cecidomyia oenophila* Haim.), ムギキイロタマバエ (*Thecodiplosis mosellana* Gehin =*tritici* Kirby), クワタマバエ (*Diplosis moricola* Matsumura), クワクロタマバエ(*Diplosis morivorella* Naito), ミカンハマダラタマバエ (*Diplosis okadai* Miyoshi), クワハマダラタマバエ (*Diplosis quadrifasciata* Niwa), ダイズクキタマバエ (*Profeltiella soya* Monzen), ヤナギシントメタマバエ (*Rhabdophaga rosaria* Loew) 等が知られているが中には頗る疑問な種類がある。

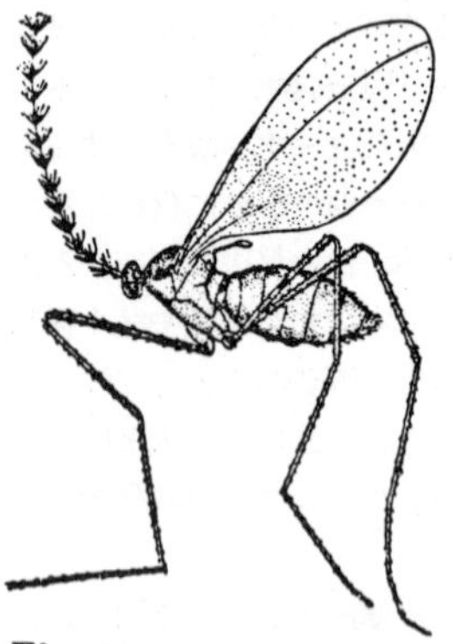

Fig. 1270. クワシントメタマバエ (江崎)

559. **キバエ (樹蠅) 科**

Fam. Campylomyzidae Enderlein

ドイツで Holzmücken と称えられている。タマバエ科に普通包含されている。小顋鬚は2～4節。単眼は3個。翅は多くは長毛を密生しているが容易に脱落する。径分脈は叉分しない。また中脈も同様単一，肘脈の叉分脈は幾分長い柄部を有する。跗節の第1節は短かくなく，第2節より長い。幼虫は多くは蘚苔を生ずるまたは腐敗せる木の中に生活するが，更に樹皮内かその下にまたは腐敗葉間や茸の中や湿気多い苔類中等に棲息している。尾毛は2～3節で稀れに1節，肛門は真のタマバエ科のもののように腹部末端節の腹面に縦に開口していない。つぎの如く3亜科に分類する事が出来る。

1．翅の肘脈は簡単で叉分しない (*Diallactus* Kieffer, *Asynapta* Loew, *Winnertzia* Rondani) (Fig. 1271 の1.2)……………Stbfamily *Diallactinae* Enderlein

肘脈は2支脈を有し，各支脈は基部から離れているかまたは柄部を有する………………………………2

2．肘脈の第1支脈は基部にて切断されていて第2支脈

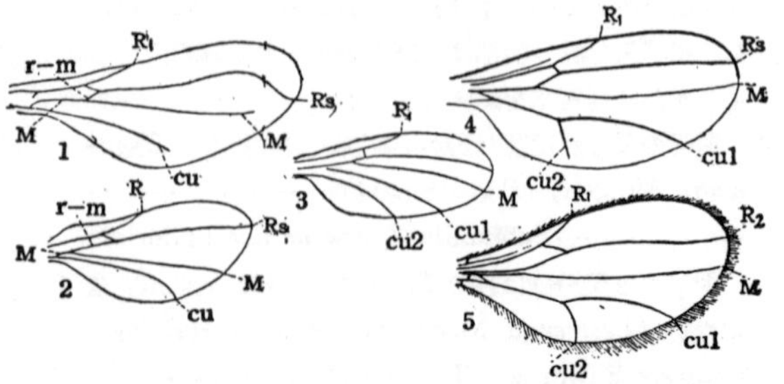

Fig. 1271. キバエ科の翅 (Enderlein)
1. *Diallactes croceus*
2. *Winnertzia*
3. *Strobiella intermedia*
4. *Campylomyza*
5. *Aprionus spiniger*

と合体する事がない。しかしその基点は翅の基部 1/6 を越える事がない（*Strobliella* Kieffer）（Fig. 1271 の3）…………… Subfamily *Strobliellinae* Enderlein

肘脈の両支脈は翅の基部から長い距離間癒合して1柄脈と叉脈となつている……………………………………Subfamily *Campylomyzinae*（Fig. 1271の4.5）

以上の3亜科中最後の1亜科が本邦から発見されている。この亜は *Campylomyza* Meigen, *Prionellus* Kieffer, *Urosema* Kieffer, *Aprionus* Kieffer 等が先ず大代表的な属で，クワタマバエ（*Urosema mori* Sasaki）が本州から発見されている。

b. 短　角　亜　目
Suborder *Brachycera* Brauer 1880

ドイツでは Hornfliegen と称えている。甚だ様々な構造で，屢々強体，頭部は自由で屢々大形，触角は殆んど常に異形の環節からなり稀れに長く，小顎鬚は2節以上でない。翅の第2肘脈と第1臀脈とは多くはそれ等末端前で互に近よるかまたは完全に癒合し，径分脈は普通2～3支脈を，中脈は2～3支脈を，肘脈は2支脈を，夫々有し，中脈は規則的に存在し，覆片は屢々よく発達している。蛹は普通は自由蛹であるが，稀れに幼虫の最後の皮膚内に止まり成虫羽化に際しT字形の割目から現われる。幼虫は完全な頭部を欠き且つ咀嚼顎を具えていないで，いわゆる口鉤を具え，側気門式か後気門式かまたは双気門式である。一般につぎの如く2類に分類されている。

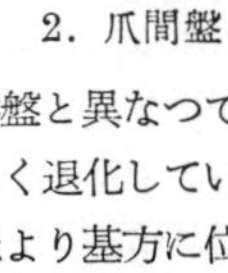

Fig. 1272. *Homoeodactyla* の爪（Enderlein）
1．褥　盤
2．爪間盤

1．脚の跗節末端の褥盤と爪間盤とは同様かまたは殆んど同様な構造（Fig. 1272）を有し，翅の第2+3径脈の基点は径中横脈より基方かまたは後方かに位置する。幼虫は通例後端に後気門を具えている……………… Series *Homoeodactyla*

2．脚の跗節末端の爪間盤は1対の褥盤と異なつているかまたは完全になく，褥盤は甚だしく退化している。第 2+3 径脈の基点は常に径中横脈より基方に位置している。幼虫の後気門は通常尾端前に位置している…………………………………………Series *Heterodactyla*

同　盤　類
Series *Homoeodactyla* Brauer 1883

脚の跗節端に3個の同形の褥盤を具え，甚だ稀れに中央の1個即ち爪間盤が減退している。幼虫は尾端に後気門を具え，蛹は自由蛹だが稀れに幼虫の皮膚内に在る。つぎの如く9科に分類することが出来る。

1．触角は多数節からなり，第3節以下は密着して複雑となり3～8節からなる。これ等第3節以下は普通第3節と称いている。しかしてその各環節が明瞭な事がありまた不明瞭な事もある（Fig. 1273）…………… 2

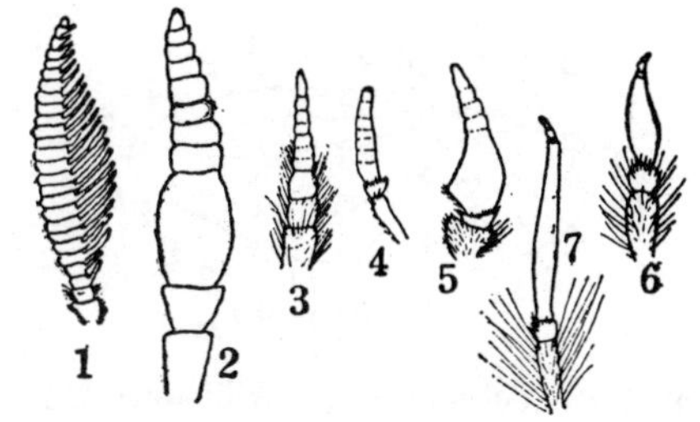

Fig. 1273. 双翅目短角亜目の触角
1．*Rhachicerus* (Vollenhoven)
2．*Subulonia* (Enderlein)
3．*Coenomyia* (Verrall)
4．*Xylophagus* (Verrall)
5．*Tabanus* (Verrall)
6．*Thereva* (Verrall)
7．*Bombylius* (Verrall)

触角は3節からなり，第3節は普通簡潔で輪環を欠き，一般に長い1棘毛または棒状突起を具え，稀れに基部2節が癒合している………………………………… 8

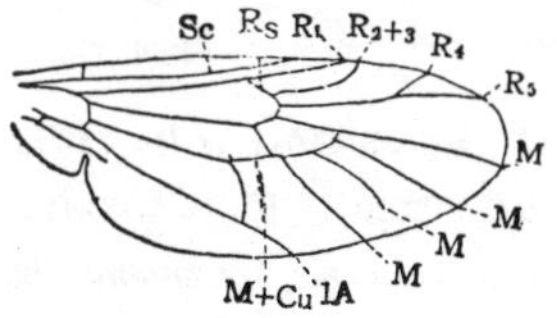

Fig. 1274. ミズアブ（*Archistratiomys*）の翅（Enderlein）

2．翅脈の叉脈前幹（Prefurca）即ち径分脈の第1分区は短かい，即ち径分脈が中央室の基部を形成する中脈の第1叉脈の反対側から出ている（Fig. 1274)。脚の脛節距棘はなく多くとも中脚脛節に微かな1距棘を有するのみ，口吻は短かい…… 3

叉脈前幹はより長い，即ち径分脈は中央室の基部より明瞭に基方に生じ（Fig. 1275），脛節は少くとも中脚では明瞭な距棘を具え，前縁脈は包囲脈として翅の後縁に続いている……………………………………… 5

3．翅の第2脈即ち第 2+3 径脈は径中横脈の処かまたはその後に生じ，中央室は小さく普通五角形で普通よりは前縁により近く位置し，亜縁室は甚だ小さく且つ狭く全体が翅頂前に位置し，前方の数脈は普通前縁近くに集合し，他の翅脈は弱体，4個または5個の後室が存在し凡てが開口，前縁脈は翅頂前に終り，翅の後縁には包囲脈がない。小楯板は屢々縁棘を具えている ………………………………Family *Stratiomyidae*

第2脈は径中横脈前に生じ，翅脈は翅の前縁の方に集合していない。大部分新熱帯産…………………… 4

4．第3脈即ち第 4+5 径脈は翅頂前に終り，後室は凡

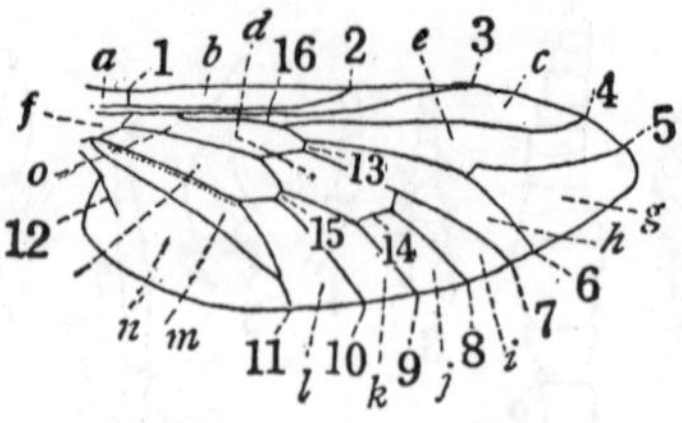

Fig. 1275. *Tabanus* の翅 (Williston) 括弧内は Comstock による
1．肩横脈 2．副脈（亜前縁脈） 3．第1脈（第1径脈） 4．第2脈(第2+3径脈) 5．第3脈（第4径脈） 6．第3脈（第5径脈） 7．第4脈（第1中脈） 8．第4脈（第2中脈） 9．第5脈（第3中脈） 10．第5脈（第1肘脈） 11．（第2臀脈＋第2肘脈） 12．腋脈（第3臀脈） 13．前横脈（径中横脈） 14．（中横脈） 15．後横脈（中肘横脈） 16．（径分脈） a.（第1前縁室） b.（第2前縁室） c. 縁室（第1径室） d. 中央室（第1中室第2） e. 第1亜縁室（第3径室） f.（中室第1） g. 第2亜縁室(第4径室) h. 第1後室（第5径室） i. 第2後室（第1中室） j. 第3後室（第2中室第2） k. 第4後室（第3中室） l. 第5後室（第1肘室） m. 臀室（第2肘室） n.（第2臀室） o. 第1基室（径室） p. 第2基室（第2中室）

て開口。触角第3節は一般に3節からなり，腹部は細く7節からなる。体長30mm以下（*Chiromyza*, *Clavimyia*, *Mesomyza*, *Nonacris*, *Xenomorpha*, 新熱帯。*Archimyza*, 濠洲）…………………………………………………………Family *Chiromyzidae* Brauer 1880

第3脈は叉分し，その叉脈即ち第4径脈と第5径脈とは末端の方に広く開き翅頂を包み，第4後室（第3中室）は閉口。腹部は幅広で円味を有する。大形種で稀れな種類（*Panthophthalmus*, *Acanthomera*, *Rhaphiorrhynchus*, 新熱帯）……………(*Acanthomeridae* Macquart 1838)…………………………………………………Family *Pantophthalmidae* Kertesz 1908

5．胸瓣は顕著，しかし平均棍を隠していない，縁毛を生じている。頭部は幅広く半球状，触角のいわゆる第3節は4～8節からなる。翅の第4径脈と第5径脈とは幅広く末端の方に拡がり翅頂を包んでいる…………………Family *Tabanidae*

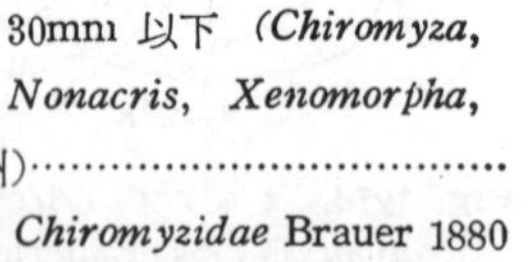

Fig. 1276. *Xylomyia* の翅 (Breus and Melander)

胸瓣は小形かまたは痕跡的。頭部は半球状でなく，後頭部が膨隆している。腹部は長く，翅の第2亜縁室即ち第4径室は幅広でない……………………………………6

6．翅の第4後室即ち第3中室は殆んどあるいは充分に閉ざされ (Fig. 1276)。離眼的，触角のいわゆる第3節は8節からなる ……………………Family *Solvidae*

第3中室は開口 (Fig. 1277) ……………………………7

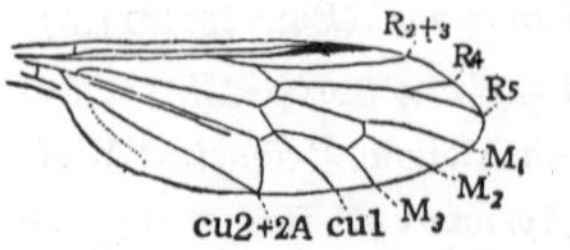

Fig. 1277. *Xylophagus* の翅 (Brues and Melander)

7．顔は扁平かまたは突出し，眼縁部と頬とが顔から縫合線にて区分されていない。翅の後縁は臀角前にて薄くなつている。雄は離眼的。細い蠅でヒメバチに類似している…………………………………………………………Family *Xylophagidae*

顔眼縁部と頬とは中央部から分離されている。翅の後縁に前縁脈が廻つている。雄は合離的。小楯板は普通有棘。多くは太い蠅…………Family *Coenomyiidae*

8．頭部は扁平な胸部と等幅，胸瓣は痕跡的，翅の後方の脈は後縁と平行し，時に第二次的網目脈を有し，第1基室は甚だ長くその前縁は翅を斜に横切つて延びいわゆる斜脈 (Diagonal vein) となつている …………………………………………………Family *Nemestrinidae*

頭部は下方に位置し，非常に背面に膨隆している胸部に比して甚だ小さく，腹部は円く屢々膨脹している。胸瓣は膨らみ平均棍を隠し，前縁脈は翅頂で終り，後方の翅脈は翅の後縁に平行でなく且つ附属室を形成しない。複眼は雌雄共に合眼的…………………………………………………………………Family *Acroceratidae*

560. キアブ（木虻）科
Fam. Xylophagidae (Stephens 1829)
Verrall 1909

ドイツで Holzfliegen と称えられている。この科は広義の *Xylophagidae* または *Coenomyiidae* の1亜科として取扱われる事が屢々である。触角のいわゆる第3節は簡単な8節からなり，第3中室は開口し，第1肘脈は第3中脈と1横脈によつて結び付いている。前脚脛節は距棘を具えている。幼虫は円筒形で，13節からなり，前端細まり，各節に短剛毛を疎生し，尾節は1対の尾突起を具えている。蛹は細長く，自由蛹，各節後縁近くに短剛毛列を装い，

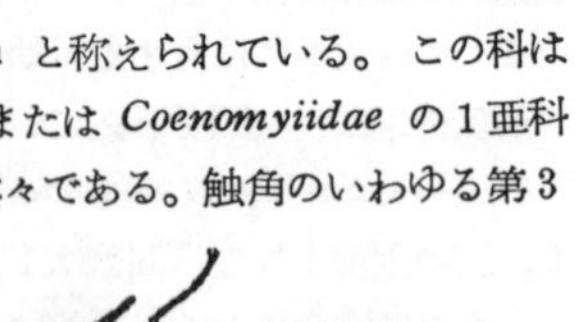

Fig. 1278. ホシキアブ

後端節は多少扁平となり1対の突起を具えている。世界から僅かに20種内外が知られ，アメリカ・欧州・濠洲・アジア等に分布し，*Xylophagus* Meigen (＝*Erinna*), *Archimyia* Enderlein 等が代表的な属である。本邦からはホシキアブ (*Xylophagus maculatus* Matsumura) (Fig. 1278) 1種が知られている。体長 13mm 内外，体は黒色。頭部は光沢を帯び，額の周囲に灰色粉を装う。触角は黒色，第1節は他節の和の 1/2 以上の長さがあり，第2節はやや球形，いわゆる第3節は8節からなり末端に至るに従い細まるが尖つていない。口吻は褐色，小顋鬚は暗褐色。中胸背板は灰色粉を密装し，中央と両側とに光沢ある黒色の縦線を有し，小楯板の後縁と下面とは灰黄色。翅はやや透明で少しく灰黄色を帯び，縁紋とその直下の1紋とは暗色，縁紋の内側に黄白色の1斑を有し，翅脈は暗褐色，中央室の基部とこれに続づく下方部は白色を呈する。平均棍は淡黄褐色。腹部は光沢ある黒色で同色の毛を装い，産卵管は灰黄色。脚は暗褐色，転節・腿節と脛節との各両端・跗節等は黄色または黄白色なれど跗節の末端2節は暗褐色，毛は短かく黄褐色，爪は黒色，爪間盤は灰白色。本州産。

561. ミズアブ（水虻）科

Fam. Stratiomyidae Latreille 1802

Stratiomyiidae は異名である。それは *Stratiomyia* は *Stratiomys* Geoffroy 1764 の誤りである為めである。Soldier Flies と称えられ，ドイツの Waffenfliegen である。微小乃至小形，裸体かまたは微かに有毛，鈍色かまたは金属色で屢々白色や黄色や赤色や青色等の斑紋を有し，幾分扁平な蠅である。頭部は短かく普通前胸より幅広，屢々額上に突出している。複眼は大形で離眼的だがある雄では合眼的，裸体かまたは有毛，単眼は存在する。触角は非常に変化が多く，剛毛状か球状で膝状のものや触角棘毛を具えているものがあり，いわゆる第3節は輪節からなるものや叉分せるものがあり，触角棘毛は太いものや毛状のものがあつて1～3節からなり裸体・有毛・羽毛状等で末端かまたは亜末端から出ている。口吻は短かく，小顋鬚は痕跡的かまたは2節。胸部は普通腹部より幅狭く，前胸背板は長いものがあり，小楯板は大形で棘や歯等を有するものとしからざるものとがある。腹部は扁平で幅広か細く，5～7節からなり，基部縊れ，屢々鮮明色の帯紋や斑紋等を有する。翅は大形で幅狭く，透明かまたは部分的に曇り，翅脈は前縁部にて太く，前縁脈は翅頂を越えて延びていない。中央室は小形，後室は4個または5個，亜縁室は1個または2個，覆片は微小。全く無翅の種類もある。脚は甚だ僅かな毛を生し，脛節は距棘を欠き，後脚腿節は普通太く，褥盤と爪間盤とは厚片状。

幼虫は変化多く，長く円筒形かまたは扁平形，皮膚は普通強靱で，堅く且つ板状の12節に区切られ，頭部は小さく，触角は明瞭，脚はなく，後気門式かまたは双気門式だがあるものでは1～3個の胸部気門と1～7個の腹部気門とを具え，水棲または陸棲，腐物食性か捕食性である。水棲性の幼虫は藻類や腐敗植物やまたは水棲小動物等を食物としている。しかしてある種類では尾端節が呼吸管として細長となり，その末端に長毛を環状に装い，それを水面に開いて体をささえている。ある種類は温泉中に棲息する。陸棲種は腐物食性で，泥土や植物汚物や糞や腐敗木や腐敗果物等の中に棲息し，あるものはそれ等に寄食している他の昆虫の幼虫を食する事が考えられている。卵は湿泥土や水や残物や糞や土等の中に産下される。この科の昆虫は農業上またはその他人類と殆んど関係がない。しかし *Hermetia illucens* Linné（スカシミズアブ）は遇然的に腸の蛆病を生ぜしめた事がある。この種は近時北米から輸入され東京に発見された。体長20mm 内外の黒色種で腹部基部が透明となつている事によつて容易に他から区別され得る。

世界から約1200種類が知られ，広く分布し，つぎの如く15亜科に分類する事が出来る。

1. 腹部は7節が認め得られ，中脚脛節は時に距棘を具え，触角のいわゆる第3節は普通8節からなり末端棘突起を欠く（学者によつては *Xylophagidae* に包含せしめている……………………………………………2
　腹部は5～6節が認め得られ，脛節は距棘を欠き，触角のいわゆる第3節は6節より多くない…………4
2. 小楯板は4本またはより多数の棘を具えている…3
　小楯板は無棘，稀れに後縁に微歯を列する………………………………………Subfamily *Metoponiinae*
3. 翅の中脈は3支脈を有し，小顋鬚は屢々減退する…………………………………………Subfamily *Beridinae*
　中脈は4支脈を有し，小顋鬚は3節（*Actina* Meigen 広分布。*Apospasma*, *Huttonella*, *Neoexaireta* 大部分濠洲）…Subfamily *Actininae* Enderlein 1913
4. 中脈は3支脈に分かれ，即ち中央室外縁から2本他の1本は中央室の下縁を形成している………………5
　中脈は4支脈に分かれ，即ち中央室外縁から3本を出している…………………………………………7
5. 翅の肘脈の前支脈即ち第 3+4 中脈は外見上の横脈によつて中央室に結びついている。即ち中央室は2脈を出しているのみ。触角の末端節は棘毛状で他部と等長（*Prosopochrysa* ジャバ）……………………………………Subfamily *Prosopochrysinae* Enderlein 1914
　第3+4中脈は中央室の後縁のある距離間を形成し，従つて中央室が3脈を出している……………………6
6. 触角の末端節または亜端節即ち第10節は棘毛状でそ

の先端に1毛を生じ，第3乃至第9節は普通短かく卵形か球形のいわゆる第3節を形成している…………………………………………Subfamily *Pachygastrinae*

触角の第10節は棘毛状でなく普通扁平で長く縁毛を装い，時に10節凡てが等形で長角亜目の観を有する（*Lophoteles*, *Artemita*, *Psegmomma*, 新熱帯。*Isomerocera*, *Ptilocera*, *Tinda*, エチオピア・インドマレー）…Subfamily *Lophotelinae* Enderlein 1914

7．翅の4本の中脈が凡て中央室から出ている………8

第4中脈は1横脈によつて中央室と結び付いている…………………………………………………………………11

8．触角の末端節即ち第10節はリボン状，第6～第8節は前方に溝付けられている。小楯板は棘を欠く（*Hermetia*, *Acrodesmia*, *Amphilecta*, 主に新熱帯。*Eudmeta* マレー）……………………………………………………………Subfamily *Hermetiinae* Enderlein 1914

触角の末端部は棒物で変形とならずリボン状でなく，第6～8節に溝を有しない…………………………9

9．小楯板は後縁に棘を有する…………………………10

小楯板は無棘（*Chrysochlora*, *Abavus*, *Anacanthella*, *Porpocera*, *Ruba*）……………………………………………Subfamily *Chrysochlorinae* Kertesz 1908

10. 小楯板は4～12棘を具えている（*Antissa*, *Parantissa*, 新熱帯。*Tetracanthina* ジャバ）……………………………………Subfamily *Antissinae* Kertesz 1908

小楯板は2棘を具えている……………………………………………Subfamily *Clitellariinae* Kertesz 1908

11. 触角は長い触角棘毛を末端か背面に具えている…12

触角は明瞭な触角棘毛を欠く………………………13

12. 小楯板は2棘を具えているかその痕跡を有する……………Subfamily *Rhaphiocerinae* Enderlein 1914

小楯板は棘を欠く，後胸背板は著しく膨隆し且つ上向毛を生じている……………Subfamily *Geosarginae*

13. 触角は長い幅広で扁平のリボン状節にて終り，小楯板は2棘を具えている（*Analcocerus* 新熱帯）……………… Subfamily *Analcocerinae* Enderlein 1914

触角は普通短かく決してリボン状でない節で終つている……………………………………………………………14

14. 小楯板は2棘を具えている…………………………………………………………Subfamily *Stratiomyinae*

小楯板は無棘（*Lasiopa* 広分布，*Chordonota* 新熱帯，*Udamacantha*）………………………………………………………Subfamily *Lasiopinae* Enderlein 1914

以上の内つぎの7亜科が本邦から発見されている。

1. トゲナシミヅアブ亜科

Subfamily *Metoponiinae* Enderlein 1922

この亜科はキアブ科やまたは *Beridinae* 亜科に包含せしめられている事が屢々で，後者からは小楯板に棘を欠く事によつて容易に区別され，前者からは閉ざされている第3中室がない事によつて区別される。*Metoponia* Macquart（濠洲）や *Allognosta* Osten Sacken（全北区）や *Berismyia* Giglio-Tos（アメリカ）等が代表的な属で，本邦からトゲナシミズアブ（*Allognosta sapporensis* Matsumura）（Fig. 1279）が発見されている。体長5mm以外，体は黒色。頭部複眼間は頭幅の1/3で光沢を有し黄色微毛を装い，雄では複眼にて覆われている。単眼瘤は小さく黒色。触角は黒色，基部2節は小さく，いわゆる第3節は前2節の和の約2倍長で基部が徳利状に太まり末端部が数個の環状の縊れを有し，各節に黒色微毛を疎生する。雌の触角は基部と末端部とを除き黄褐色。額と顔面とは白色微毛を密生する。口吻と小顎鬚とは黒色。胸背は光沢を有し，黄色の柔毛を生じ，両側部には黒色毛を混生し，小楯板は無棘。腹部は幅広く扁平，黒色乃至黒褐色，雌の第2と第3節との各中央部は背板と腹板と共に淡色を呈する。雄は白色毛を，雌は黄色毛を，装い，両側部に黒色毛を生ずる。翅は半透明で基部多少黄色を帯び，縁紋と翅脈とは淡褐色。平均棍は黄色。脚は暗褐色で黄褐色毛を生じ，腿節の末端・脛節の基部・後脚第1跗節等は暗黄色。北海道と本州とに産する。

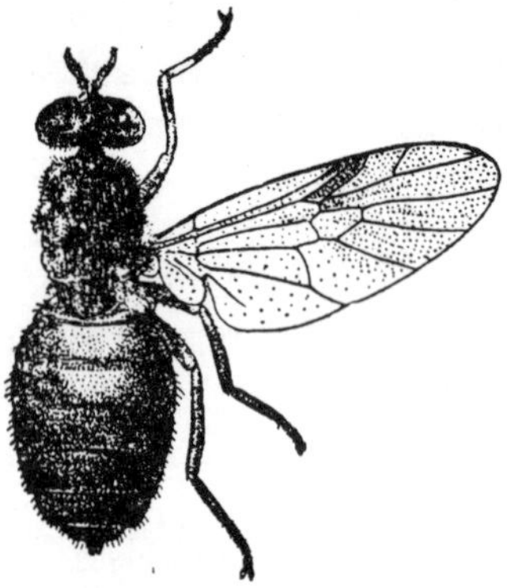

Fig. 1279. トゲナシミズアブ（青木）

2. トゲルリミズアブ亜科

Subfamily *Beridinae* Williston 1896

この亜科は学者によつてキアブ科の1亜科として取扱われている。しかし一般にミズアブ科に包含せしめられている。*Beris* Latreille, *Hoplacantha* Rondani,（広分布），*Heteracanthia* Macquart（アメリカ），*Eumecacis*（濠洲）等が代表的な属で，前2属が本邦から発見されている。エゾルリミズアブ（*Beris jezoensis* Matsumura）（Fig. 1280），体長6mm内外，体は暗褐色。額は雄では頭幅の1/5雌では1/3の幅を有し，雄では触

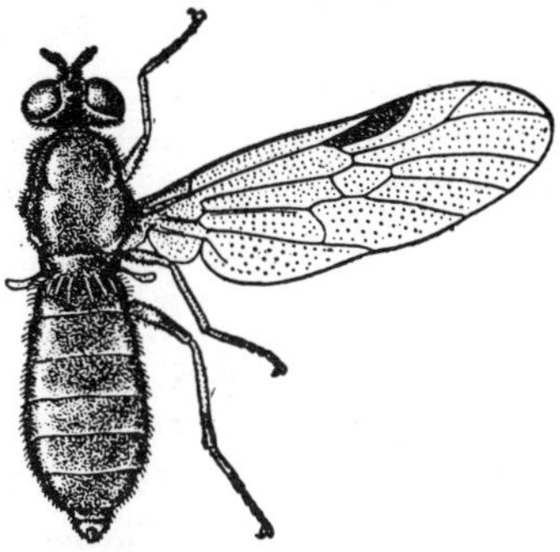

Fig. 1280. エゾルリミズアブ
（青木）

角基部で著しく細まる。顔面は黒色毛を生じ，雌では黒色で白色微毛を生じている。口吻は短かく，淡黄色。触角の第1節は長く第2節の約2倍半長で黒褐色を呈し黒色毛を生じ，第2節末端と第3節基部とは黄褐色いわゆる第3節は第1節より長く末端急に細まり数節からなる。胸背は光沢を有し，小楯板は細長く後縁に淡褐色の4棘毛を生ずる。腹部は細長くほぼ平行の側縁を有し，雌では扁平で栗色を呈し側縁に白色の長毛を装う。翅は透明で，淡褐色の翅脈と暗褐色の顕著な縁紋とを有する。平均棍は黄白色。脚は細く淡黄色で第2跗節以下と後脚腿節と後脚脛節の末端とは黒褐色。北海道・本州等に産する。*Hoplacantha* 属の2種即ち *nigripes* Enderlein と *solox* Enderlein とが北海道札幌産として知られ，この属の唯二の旧北区産である。しかして小顋鬚が3節からなる事によつて *Beris* 属から明瞭に区別する事が出来る。

3. ルリミズアブ亜科

Subfamily *Geosarginae* Enderlein 1914

Sarginae Schiner 1862 は異名。大部分のものは金属色で体が細い。翅の肘脈は横脈によつて中脈と結び付き，触角のいわゆる第3節は短かく環線を有し末端か亜末端かに棘毛を生じている。*Geosargus* Bezzi（=*Sargus* Fabricius), *Microchrysa* Loew, *Ptecticus* Loew, *Chrysochroma* Williston,（広分布），*Gongrozus*（マレー）等が代表的な属で，本邦には最初の3属が発見されている。ルリミズアブ（*Geosargus niphonensis* Bigot）（Fig. 1281）体長11〜15mm, 体は青黒色で，腹部は銅黒色で金属性光沢に富む。額は雌では頭幅の1/4強，雄では約1/5，雌雄共に側溝を有しその中間部は雌雄共に同大同形，眼

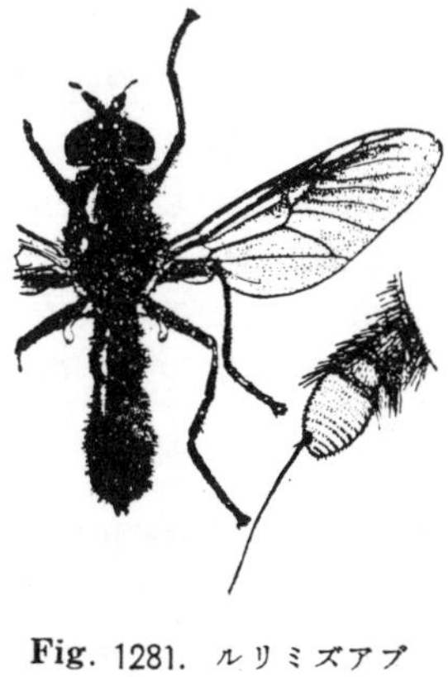

Fig. 1281. ルリミズアブ

縁部は点刻多く雌では幅広，前方部に1対の黄白色小斑を有する。顔面顕著。触角は黒色。基部2節は比較的大形で第1節は円筒形を呈し第2節より長く，第3節は前2節の和より微かに短かく末端に明瞭な半円形小環節を有しその上縁基部から棘毛を生じている。複眼は裸体。胸部は大形で長楕円形。腹部は細長く，雌では後方特に太まり帯青色。翅は外半曇り，縁紋部黒褐色，中央室は小さく三角形に近く，第2+3径脈は第1径脈に平行している。脚は黒色，脛節以下は黄褐色なれど前脚では濃色となつている。全土に普通。コウカアブ（*Ptecticus tenebrifer* Walker）は体長13〜30mm，本州・四国・九州・朝鮮・支那・台湾等に広く分布し，便所にてよく発見される。ハラキンミズアブ（*Microchrysa flaviventris* Wiedemanm）は微小種で体長4〜5mm，九州・沖縄・台湾・東洋熱帯等に分布する。松村博士の *Chrysochroma apicalis* は恐らく *Microchrysa* 属のものであろう。

4. シマミズアブ亜科

Subfamily *Rhaphiocerinae* Enderlein 1914

普通ルリミズアブ亜科中に包含されているが，小楯板が2棘を具えている事によつて区別される。*Rhaphiocera* Macquart, *Hoplistes*, *Lysozum* 等が代表的な属で主に新熱帯区に産するものであるが，*Rhaphicerina* Lindner が本邦に産する。ハキナガミズアブ（*Rhaphicerina hakiensis* Matsumura）（Fig. 1282）体長6〜7mm，体は黒色。頭部は光沢ある黒色で，黄色の眼縁部を有し，

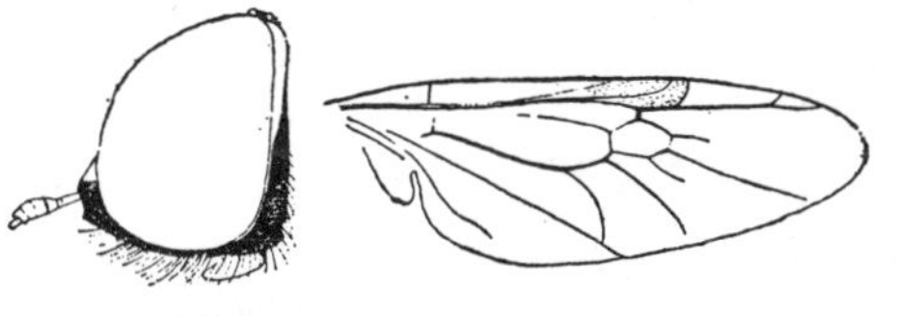

Fig. 1282. ハキナガミズアブ
左．雄の頭部側面　右．翅

額は雄では甚だ狭く雌では幅広，顔部と触角とは黒色で，触角基部の上方部に汚白色の1小斑を有し，口吻は橙黄色で帯灰色毛を装い，頬部は帯白色の長毛を装う。触角の第3節は前2節の和と殆んど等長。胸部は長い方形に近く後方に少しく幅広となり，金属的黒色で光沢を有し，2本の細い互に広く離つている黄色の縦線を有し，肩部と翅基下までの側縁と翅基から小楯板の基部までの1線と小楯板の幅広の縁部等は黄色。小楯板の中央部は広く黒色で，後縁末端に2小歯を具えている。側板は帯白色の長毛を装う。腹部は胸部と殆んど等長，黒色で金属的光沢を有し，基部と両側と第2〜4の各節後縁

にある1対の帯紋と尾節後縁とは黄色。翅は黄色の縁紋と帯黄色の翅脈とを有する。脚は全体黄色，腿節は辛うじて太まる。九州熊本から採集されている。

5. ミズアブ亜科

Subfamily ***Stratiomyinae*** Schiner 1862

Stratiomys Geoffroy (=*Stratiomyia*), *Eulalia* Meigen (=*Odontomyia*), *Cyphomyia* Wiedemann, *Myxosargus* Brauer, *Rhingiopsis* Röder 等が代表的な属で，本邦からは前2属が発見されている。ミズアブ (*Stratiomys (Hirtea) apicalis* Walker) (=*japonica* v. d. Wulp) (Fig. 1283) 体長14〜16mm，黒色。額は雌では頭幅の1/3より広く側縁平行，後縁に1対の黄色横斑を有し，前端に同色の1対の円斑を有する。雄では狭い単眼瘤を除き殆んど複眼で覆われている。額の前端は多少突出し，触角基部の上方に向う。顔部は大きく，眼縁に接し黄赤色（♀）または淡褐色（♂）の細長い斑紋を有し，全面に淡黄色毛を装う。触角は細長く，黒色，第1節は棒状で長く，第2節は微小，第3節は著しく側扁し前2節の和より長く5節からなり末端に短太棘を有する。複眼は雄のみに微毛を疎生する。胸背は前半中央に不明の灰色2縦条を有し，雄ではこれを欠き黄褐色毛で被われている。小楯板は著しく横形で，後縁赤褐色を呈し，同色の短棘を生ずる。腹部は第2と第3との各節の側紋・第3節後縁両端の横斑・尾端節中央の縦紋・雌の第4節前縁両端の小斑等は橙黄色，最も雄の第3節側紋はない。翅は著しく煤色で末端のみ淡色，縦皺多く，中央室は小形。脚は黒色で，膝部と脛節基部と跗節とは黄赤色。本州・九州・北部支那等に分布し，幼虫 (Fig. 1284) は水棲でナメウジ等と称えられている。この属には更に (*Hirtea longicornis* Scopoli) や *Laternigera furcata* Fabricius 等が知られている。コガタノミズアブ (*Eulalia garatas* Walker) は体長10〜13mm，青色で美麗な種類，本州以南台湾までと支那とに産する。

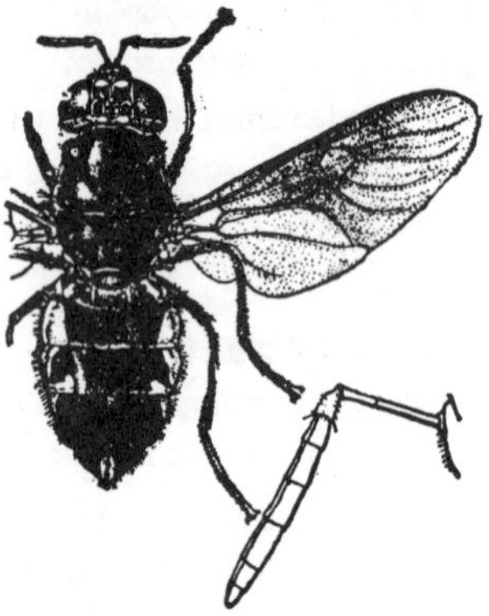

Fig. 1283. ミズアブ

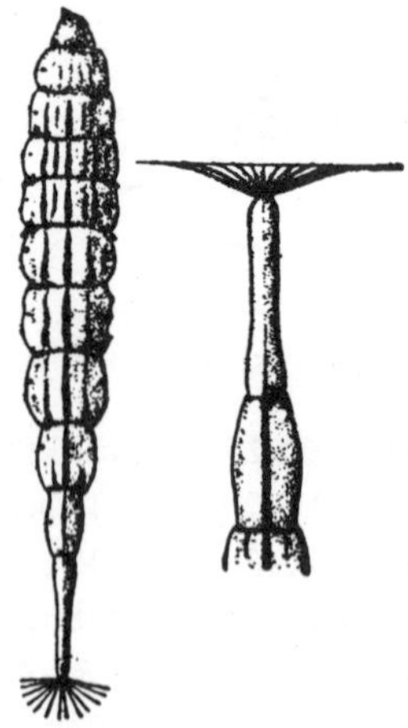

Fig. 1284. ミズアブ幼虫（川村）附図. 尾端毛を水表に開ける図

6. ハラビロミズアブ亜科

Subfamily ***Clitellariinae*** Kertesz 1908

翅は中央室から4本の翅脈を出し，触角第3節は長く普通末端棘を具えている。*Clitellaria* Meigen, *Euparyphus* Gerster, *Nemotelus* Geoffroy, *Hermione* Meigen (=*Oxycera* Meigen), *Engonia* Brauer (=*Negritomyia* Bigot), *Lasiopa* Brullé, *Adoxomyia* Kertesz, *Potamida* Meigen 等が代表的な属で，本邦からは *Engonia* 1属のみが発見されているのみ。ハラビロミズアブ (*Engonia bilineata* Fabricius) (Fig. 1285)，体長12〜15mm，黒色。頭部は比較的小さく，額は雌では頭幅の約1/4で，顕著な点刻を布し，側縁に白色毛を粗生する。雄では狭く，視眼の接合線は長い。額の前端は多少膨隆する。顔面は幅広く，触角基部の間に1大凹点を有する。複眼の後縁部は白色毛にて被われ，雌では広い。触角は黒色，第1節は基部縊れ他は円筒形，第3節は前2節の和の約1倍半長，末端棘毛は短かい。複眼は黒褐色毛を密生している。胸背は大きく後方に著しく開き，翅の基部に1大棘を後方に斜出せしめ，中央に相隔たる1対の暗色縦条を有するが雄では甚だ不明瞭。小楯板は後縁両端に各1大棘を具えている。複部は甚大，尾端2節に白色毛を生ずる。翅は著しく煤色，第2+3径脈は第1径脈に接近して平行に走り，第4中脈即ち第1肘脈は小形の中央室から出ている。脚は細く，黒色。本州・南アジア・インドマレー等に産し，稀れである。

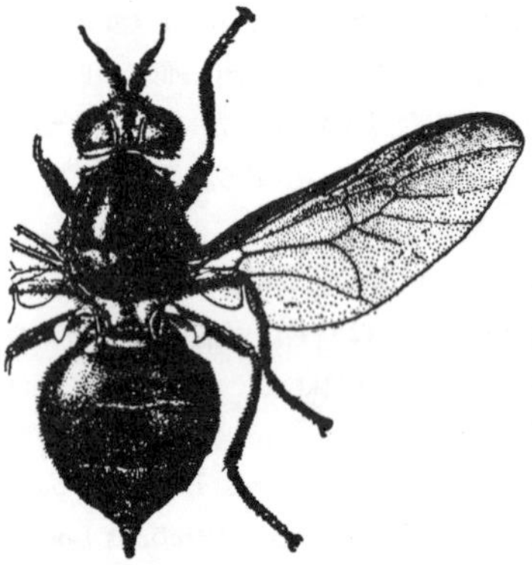

Fig. 1285. ハラビロミズアブ

7. チビミズアブ亜科

Subfamily ***Pachygastrinae*** Schiner 1862

大体微小で腹部は扁平で円く尾端が下方に曲り，触角第3節は一般にづんぐりして幾分砲丸状を呈し末端棘毛を具えている。翅は中央室から3脈を出し，即ち第1肘脈が中央室の下縁を構成している。最も稀れに中央室から2脈のみを出し第1肘脈が横脈によつて中央室と結び付いている。*Pachygaster* Meigen, *Zabrachia* Coquillett, *Cynipimorpha* Brauer, *Panacris* Gerster, *Evaza* Walker 等が代表的な属で，本邦からは *Abiomyia* Kertesz, *Craspedometopon* Kertesz, *Acanthinoides* Matsumura, *Evaza* 等の属が知られている。ネグロミズアブ (*Acanthinoides basalis* Matsumura) (Fig. 1286) 体長5～6mm，雄，黒色で直立の黒色毛と倒伏黄褐色毛とを装い，微点刻を布している。触角は褐黄色，第1節と末端棘毛とが褐色。口吻は褐色，小顋鬚も褐色，複眼は有毛。胸部は微点刻を布し，中胸背板は後縁の方に密で長い黄褐色毛を密生し，小楯板は微点刻を有し基部が黒褐色の淡黄色棘を4本具え，側板は黒色で光沢を有し部分的に帯黄色の光沢ある毛を装う。腹部は微点刻を布し，最後の3節は倒伏帯灰色毛を装う。翅は基半部が褐色で同色の翅脈を有し，末端半部は無色で淡黄色の翅脈と縁紋とを有す。平均棍は帯褐色。脚は黒色で，腿節の末端と脛節の両端と跗節とは黄色，爪は末端褐色。雌は額が光沢ある黒色で，頭幅の約1/5の幅を有し，触角の上方複眼縁に銀白色の光色ある毛斑を有し，複眼の後縁は幾分強く隆起縁を有する。北海道と本州とに産する。*Evaza japonica* Lindner は体長7～8mm で本州大山にて発見されている。

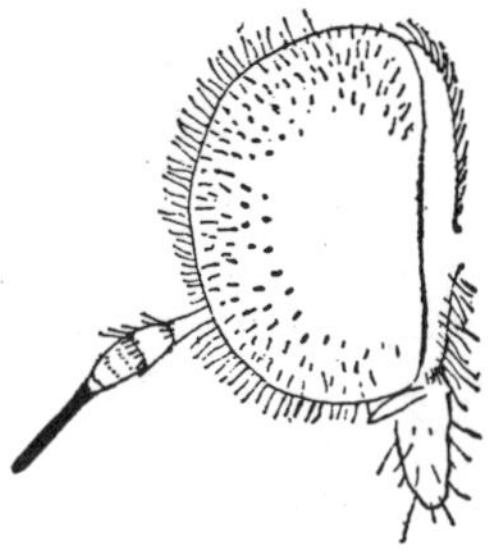

Fig. 1286. ネグロミズアブ 雌の頭部側面図

562. **クサアブ（臭虻）科**

Fam. Coenomyiidae Westwood 1840

この科は学者によつてはキアブ科の中に入れて取り扱つている。しかし顔眼縁部と頬とが顔面の中央部から縫合線によつて区劃され，前縁脈が翅の後縁に廻り，雄は合眼的である事によつて区別する事が出来る。体は太く，帯黄色か帯黒色。第1肘脈（第4中脈）が第3中脈とある距離間癒合し，即ち中央室から出ている。最も稀れに甚だ短かい横脈で結び付いている。径分脈は3分岐している。つぎの如く4亜科に分かつする事が出来る。

1．口吻は短かい……………………………………………2

　口吻は頭部と胸部との和と等長で斜に突出し，体は太い（*Arthroteles*, エチオピア）……………………………………………………… Subfamily *Arthrotelinae*

2．凡ての脛節は端距棘を具えている……………………3

　前脚脛節は距棘がない（*Arthroceras* Williston, *Arthropeas* Loew, *Glutops* Burgess, 新北区）……………………………………… Subfamily *Arthroceratinae*

3．腹部は胸部より幅広，小楯板は有棘またはしからず……………………………………Subfamily *Coenomyiinae*

　腹部は長く胸部より狭く，小楯板は有棘……………………………………………Subfamily *Stratioleptinae*

以上の亜科中本邦にはつぎの2亜科が発見されている。

1. ホソクサアブ亜科 Subfamily *Stratioleptinae*——この亜科は元来シベリヤと本邦とに産する *Stratioleptis* 1属からなるものであるが，著者は未だこれを見た事がない。しかし *Pseudoerinna* Shiraki をこの亜科に包含せしめる事が適当と思われる。ベッコウクサアブ (*Pseudoerinna fuscata* Shiraki) (Fig. 1287) 体長15mm，黒色。頭部は幅広で胸部より僅かに狭く，黒色の毛を多生する。触角は黄赤色，基部2節短かく暗色，第3節は長く8環節からなり基部は前2節より太い。頭楯の毛は黒色，小顋鬚は2節からなり基部赤褐色，長毛を装い，口吻は短かく黒色。胸背は光沢を有し，黒色の直立毛を密生し，肩瘤は赤褐色，小楯板は無棘。腹部は光沢を有し，黒色毛を密生し，産卵管は黒色。翅は黄赤色，斑紋は淡褐色，中肘横脈は存在する。脚は黒色，脛節と跗節とは黄赤色，脛節は端距棘を具えている。山城産。

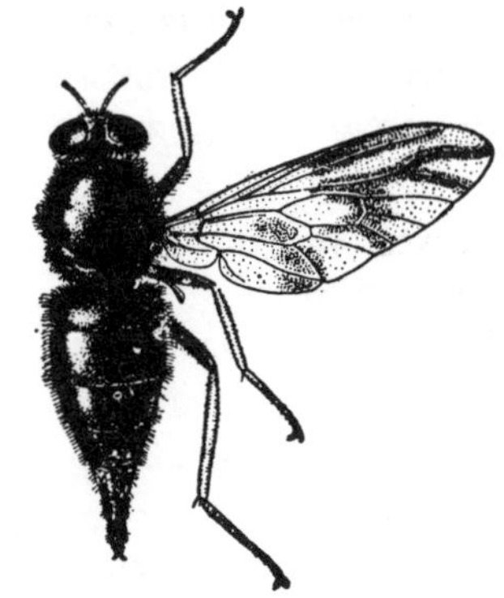

Fig. 1287. ベッコウサクアブ 雌

2. クサアブ亜科 Subfamily *Coenomyiinae*——*Coenomyia* Latreille, *Anacanthaspis* Röder 等が代表的な属で，これ等2属は本邦にも産する。ネグロクサアブ (*Coenomyia ferruginea* Scopoli) (Fig. 1288) 体長15(♂)～25(♀)mm内外，黒褐色（♂）または茶褐色（雌），頭部は小さく，額は雌では頭幅の約1/5で前方に著しく拡がり黄色粉で被われ，雄では線状。複眼は有毛。触角は黄褐色（♀）または黒褐色(♂)，第1節は長く，第2節は前節の 1/2 より短かく且つ細く，第3節は前2節の和と等長で数節からなり末端に短太棘を具えている。胸背は円味強く，淡黄色(♂)または黄褐毛(♀)の毛を密生し，小楯板は矩形を呈し後縁角に各1本の太

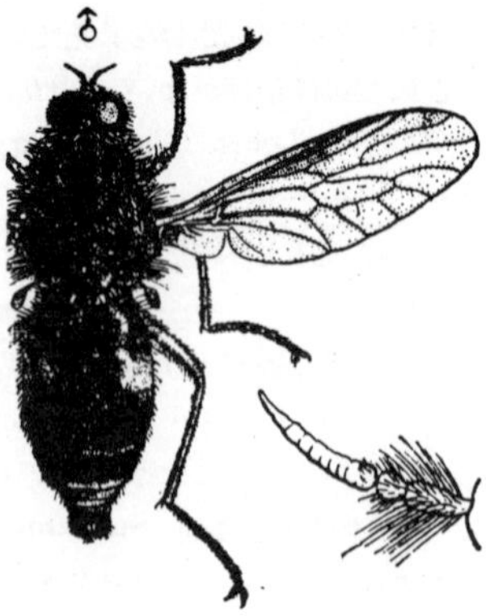

Fig. 1288. ネグロクサアブ

い棘状突起を有する。腹部は太い楕円形に近く尾端細まり，雄では第2節以下が多少栗色で第2節の側部に黄色の1大紋を有する。雄の尾節は小さいが顕著，産卵管は少しく突出する。翅は黄色を帯び，翅脈は褐色，中央室は大形，肘室は狭く開口する。脚は細く，黄褐色乃至赤褐色。北海道・本州・九州等に産し，欧州・北米等に分布する。キジマクサアブ（*Anacanthaspis bifasciata japonica* Shiraki）は体長15〜18mm，黒色で黄色の帯紋を腹部に同色の条紋を胸部に有する美麗な種類で，本州に産する。

563. **キアブモドキ（擬木虻）科**

Fam. Solvidae Enderlein

Xylomyiidae Verrall は異名，キアブ科に近似，しかし第3中室が閉ざされている事によつて直ちに区別する事が出来る。前脚脛節は距棘を欠く。蛹は幼虫の皮膚内に存在する。旧北区と米洲とアフリカとマレー等に分布し約50種類が知られ，*Xylomyia* Rondani, *Solva* Walker, *Nematoceropsis*, *Prista* 等が代表的な属で，本邦には *Solva* 属のみが知られている。キマダラキアブモドキ（*Solva maculata* Meigen）(Fig. 1289) 体長8〜17mm内外，黒色，額は頭幅の1/5で前方に多少拡がり，顔は黒色，口吻と小顋鬚とは橙黄色，触角は黒色。胸背は光沢を有し，黄色微毛を密生し，肩瘤・前胸側背・翅基後瘤・翅基下・中央の縦条・中胸背前縁・小楯板の後半等は黄色。腹部は光沢を有し，各背板と腹板との後縁に黄色細帯を有し，第1背板両側に黄色紋を有し，雄の尾節は顕著で淡褐色，翅は微かに曇り，暗褐色の翅脈を有する。脚は黄色，前脚跗節・中後両脚の腿節基部・跗節末端半・後脚腿節と脛節との末端等は黒色。本州に産し，欧洲とシベリア等に分布する。

Fig. 1289. キマダラキアブモドキ（青木）

564. **アブ（虻）科**

Fam. Tabanidae Leach 1819

Horseflies, Green-heads, Gadflies, Deerflies, Clegs, Breezes, Camel Flies, Green Flies, Seroot Flies, Mangrove Flies, Hippo Flies 等と称えられているものはこの科の蠅で，ドイツでは Bremsen，フランスでは Taons と称えている。中庸大乃至大形，太く有毛。一般に黄褐色で，透明又は曇色の翅を具えている。頭部は大形で，半球状かは幾分三角形に近い。複眼は大きくある雄では合眼的だが雌では常に離眼的，裸体か又は有毛，屢々点紋を有し，且つ青色や赤色や他の金属色の光沢を有する。単眼はあるものとないものとがある。触角は長いか短かく，突出し，基部2節は明瞭に関接付けられ，これに続く環節は様々な形状をを呈し且つ3〜8節

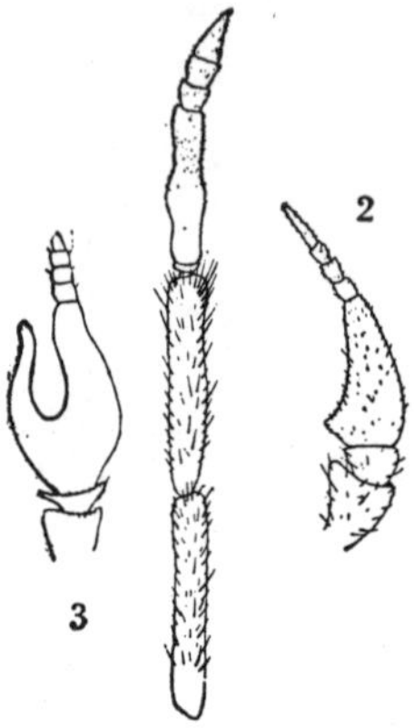

Fig. 1290. アブ科の触角 1. *Psyllochrysops dispar* 2. *Tabanus albimedius* 3. *Isshikia japonica*

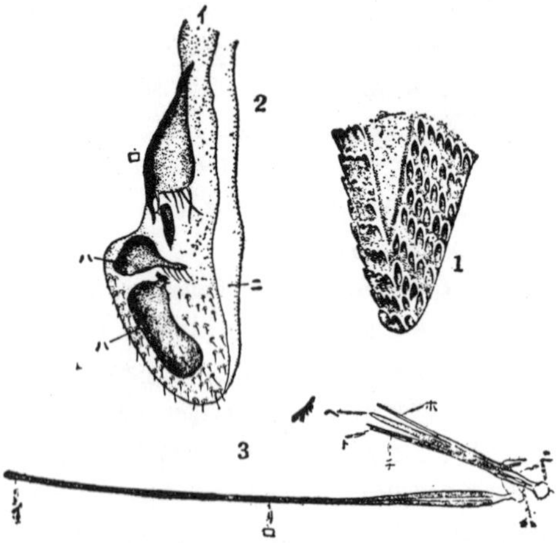

Fig. 1291. アブ科の口器部分図 (Patton)
1. *Tabanus* の小顋末端 2. *Chrysozona* の下唇（口吻）の外側面（イ. 咽喉部に連る膜質部 ロ. 基節 ハ. 下唇節片 ニ. 前面にある溝でその内に刺針が蔵されている）
3. *Corizoneura taprobanes* 雌の口部（イ. 唇弁 ロ. 下唇 ハ. 唾液管 ニ. 咽頭 ホ. 大顋 ヘ. 上唇咽部 ト. 下咽頭 チ. 小顋鬚）

の癒合体となつている（Fig. 1290）。口器は刺込み且吸収に適応し，小顎は幅広の切葉となり（Fig. 1291），小顎鬚は2節からなり末端節は大形で葉片状となり有毛，大顎は強く槍状，下唇即ち口吻は直線で短く且つ太いかまたは細長い（Fig. 1291）。胸部は大形で，屢々有毛。腹部は有毛で，幅広く，膨れているか又は扁平，7環節が認められ，交尾器は隠れている（Fig. 1292）。翅は大

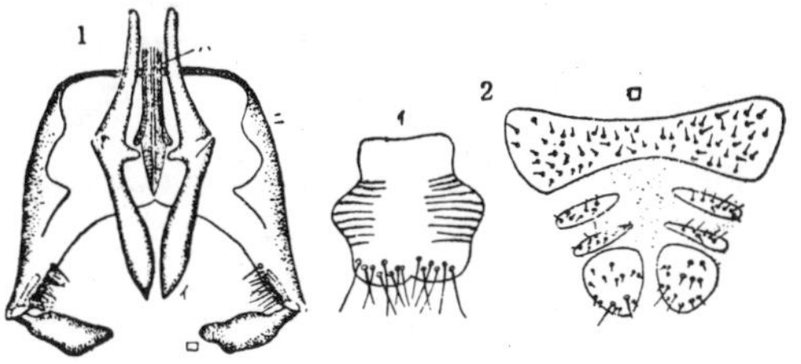

Fig. 1292. アブ科の交尾器（Patton）
1. *Tabanus albimedius* 雄の交尾器（イ. 下把握器　ロ. 上把握器　ハ. 陰茎鞘　ニ. 腹部末部背部）　2. *Chrysozona pluvialis* の産卵管（イ. 腹板　ロ. 背面節片）

形，前縁脈は翅の後縁に廻り，2個の亜縁室と5個の後室とを有し，基室は大形，臀室は一般に閉ざされている。胸瓣は大形（Fig. 1293）。平均棍は顕著（Fig. 1294）。脚は平滑又は有毛，脛節は正常か又は幅広となり中脚のものは2距棘を具え後脚のものはそれを有するものと欠くものとがあり，褥盤と爪間盤とは存在する。

卵は細長く，錘軸形か円筒形か亜円筒形で，両端細ま

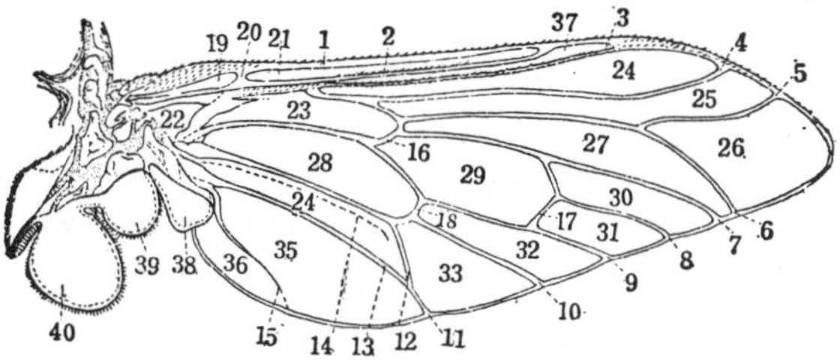

Fig. 1293. *Tabanus* の翅（Bromley）
1. 前縁脈　2. 亜前縁脈　3. 第1径脈　4. 2＋3径脈　5. 第4径脈　6. 第5径脈　7. 第1中脈　8. 第2中脈　9. 第3中脈　10. 第1肘脈　11. 第2臀脈＋第2肘脈　12. 第2肘脈　13. 第2臀脈　14. 第1臀脈　15. 第3臀脈　16. 径中横脈　17. 中横脈　18. 中肘横脈　19. 第1前縁室　20. 肩横脈　21. 第2前縁室　22. 中室第1　23. 径室　24. 第1径室　25. 第3径室　26. 第4径室　27. 第5径室　28. 中室第2　29. 第2中室第1　30. 第1中室　31. 第2中室第2　32. 第3中室　33. 第1肘室　34. 第1臀室　35. 第2臀室　36. 第3臀室　37. 亜前縁室　38. 覆片　39. 上胸瓣　40. 下胸瓣

Fig. 1294. *Psyllochrysops dispar* の平均棍（Patton）

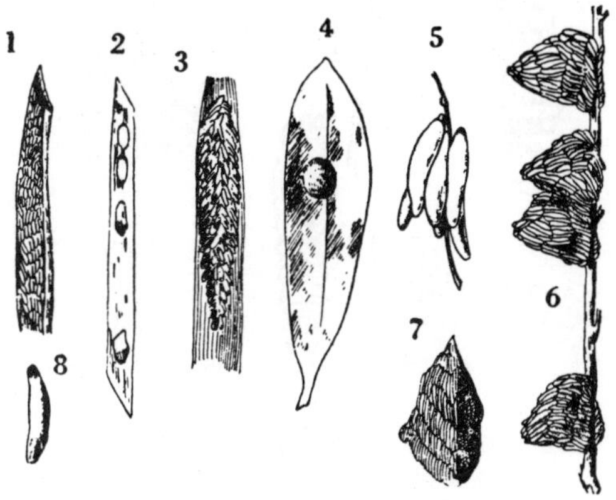

Fig. 1295. アブ科の卵塊　1. *Psylochrysops dispar*(Patton)　2. *Chrysops moleus*(Hine)　3. *Tabanus striatus*(Fletcher)　4. *Tabanus strigius* (Hine)　5. *Tabanus vigno* (Patton)　6. *Tabanus quatuoctatus* (Le' Caillon)　7. *Tabanus kingi* (King)　8. *Psylochrysops dispar* の卵子（Patton）

り，白色・黄色・淡帯褐色，孵化前には褐色または光沢ある黒色となる。1層乃至数層の塊状，即ち普通扁平又は円錘状に6～600個からなる塊状に産下される。（Fig. 1295）。幼虫は稀れに陸棲だが，普通は亜水棲か水棲，普通は長紡錘形，小形の頭部の他に12節からなり，各節は輪環状隆起を具え，それによつて移動する（Fig. 1296, 1297）。呼吸は尾端の1呼吸管によつて行なわれる。蛹は鱗翅目のものに甚だよく類似し，翅と脚とが体に密着している（Fig. 1298）。成虫は強い飛力を有し，水に近い個所に多数に見出される。あるものは花蜜や植物液を食するが，普通の種類は温血動物から吸血する。従つて種々の病気の伝播又は伝染をなす事が知られている。即ち *Tularoemia* 病が *Chrysops discalis* Williston によつて齧歯類に生じ，脾脱疽病が *Tabanus* や *Chrysozona* や *Chrysops* 等の属のアブによつて伝染せしめられ，フィラリア病が数種の *Chrysops* 属のアブによつて伝染せしめられ，更に動物の種々の病原虫が伝播せしめられる事が認められている。人類に対しては皮膚病や神経病等の1病因となる事が少なくない。

世界から約2500種程が知られ，亜熱帯や熱帯に多

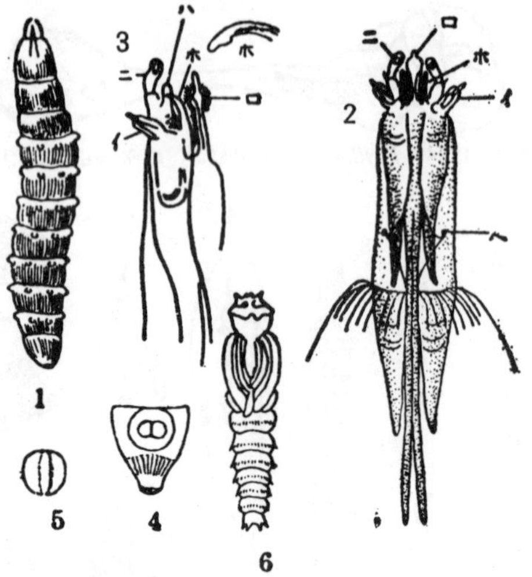

Fig. 1296. *Chrysozona pluvialis* の幼虫 (Perris)
1. 背面図　2. 頭部背面図 (Brauer)　3. 同側面図 (Brauer)　4. 尾節腹面部　5. 尾気門　6. 蛹腹面図　イ. 触角　ロ. 上唇　ハ. 下唇　ニ. 鬚　ホ. 大顋　ヘ. 眼

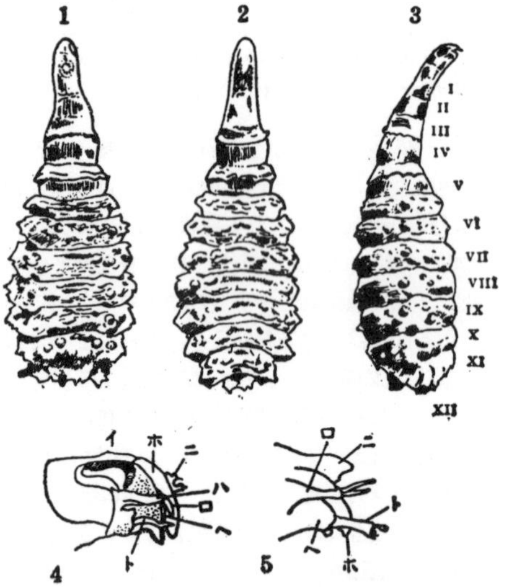

Fig. 1297. *Goniops chrysocoma* の老熟幼虫 (Mc Atee)
1. 背面図　2. 腹面図　3. 側面図　4. 頭部側面部　5. 口器　イ. 触角基節　ロ. 触角　ハ. 下唇　ニ. 上唇　ホ. 大顋　ヘ. 小顋　ト. 小顋鬚

種類が産するが，温帯にも少なくない。つぎの如く12亜科に分類する事が出来る。

1. 後脚脛節は端距棘欠く……………………………2
　後脚脛節は2本の端距棘を具えている。尤も時にそ

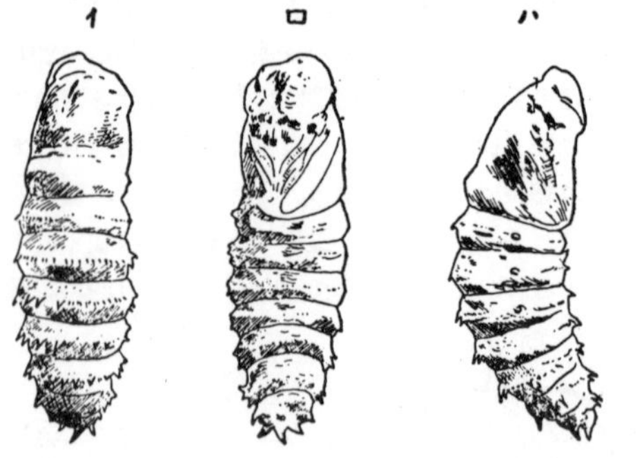

Fig. 1298. *Goniops chrysocoma* の蛹 (Mc Atee)
イ. 背面　ロ. 腹面　ハ. 側面

れ等が微小となつている事がある……………………8
2. 触角の第3節は4稀れに3節からなる………………
……………………………… Subfamily *Chrysozoninae*
　触角第3節は5節からなり，即ち触角が7節からなている。尤も稀れに不明瞭に10節の事がある………3
3. 翅のいわゆる臀室は開口，稀れに翅縁にて閉ざされ，単眼はない (*Chasmia* Walker マレー)…………
…………………… Subfamily *Chasmiinae* Enderlein
　臀室は閉ざされ柄部を存する……………………4
4. 小顋鬚の末端節は幅広で扁平，光沢ある黒色 (*Lepiselaga* Macquart 新熱帯)……………………………
………………… Subfamily *Lepiselaginae* Enderlein
　小顋鬚の末端節は正常………………………………5
5. 触角の第1節は幅より長く，単眼はなく，翅の第1後室(第5経室)は開口。比較的細い種類 (*Diachlorus* Osten Sacken, *Acanthocera* Macquart 新熱帯)……
………………… Subfamily *Diachlorinae* Enderlein
　触角の第1節は幅と殆んど等長……………………6
6. 触角の第3節の基節は背面凹まないで角張りも歯もない。然し少数の短かい黒色棘を具えている。小さな弱体 (*Stenotabamus* Lutz 新熱帯)……………………
……………… Subfamily *Stenotabaninae* Enderlein
　触角第3節は常に基方背面角張るかまたは指状突起を具えている……………………………………………7
7. 第1後室は開口，単眼は時に存在する………………
…………………………………… Subfamily *Tabaninae*
　第1後室は閉口，単眼はない (*Bellardia* Rondani アジア，*Psalidia* 新熱帯)……………………………
…………………… Subfamily *Bellardiinae* Enderlein
8. 触角第3節は5節からなり，稀れに4節かまたは1節に癒合している……………………………………9
　触角第3節は8節からなり，稀れに7節…………10

9．第1後室は開口 ……………… Subfamily *Silviinae*
　第1後室は閉口（*Scarphia* Walker, *Metaphara*, 南アフリカ）………Subfamily *Scarphiinae* Eederlein
10．臀室と第1後室とは開口，雌は長い産卵管を具えている（*Coenura* Bigot チリー，*Pelecorhynchus* Macquart 濠洲）（*Pelecorhynchinae* Enderlein）…………………………………Subfamily *Coenurinae* Handlirsch
　臀室は閉口 ……………………………………………11
11．第1後室は開口，稀れに翅縁にて閉ざされている………………………………………… Subfamily *Melpiinae*
　第1後室は閉口（*Pangonia* Latreille 旧北区，*Phara* Walker エチオピア，*Esenbeckia* Rondaui・*Fidena* Walker・*Scione* Walker 新熱帯，*Lilaea* Walker 濠洲）…Subfamily *Pangoniinae* Enderlein

以上の諸亜中つぎの4亜科が本邦に産する。

1. マルガタアブ亜科 Subfamily *Melpiinae* Enderlein 1922—*Melpia* Walker（新熱帯），*Corizoneura* Rondani（*Buplex* Austen）（広分布），*Apatolestes* Williston・*Goniops* Aldrich（新北区），*Scaptia* Walker（*Osca* Walker）（新北区）等が代表的な属で，本邦には1種のみが知られている。マルガタアブ（*Corizoneura yezoensis* Shiraki）（Fig. 1299），体長11〜14mm，頭部は小さく3個の単眼を有し，後脚脛節に端距棘を具え，第5径室は開口。雌，額は幅の約3倍長で下方に少しく開き，全面灰黄色粉を密布し，額瘤を欠き3縦溝を有し，単眼瘤はほぼ正三角形。複眼は無毛。顔は灰色。触角は全体黒色，第1節は第2節のほぼ2倍長で共に黒色毛を装い，第3節は8節からなりその第1節は最太最長。胸背は黒色で，灰黄色の2縦線を有する。翅は微かに黄色を帯び透明，第4経脈には小枝を欠き，第5経室と第3中室とは共に開口。脚は全体黒褐色。腹部は胸部より著しく幅広く楕円形，背面は黒色で各背板の後縁帯は灰黄色。雄。複眼は全体等大の小眼からなり，腹部の第1〜3節は橙黄色で背面に極めて細い中縦線を有する。北海道・本州・九州等に産し，吸血性でなく，主に花上で採集される。

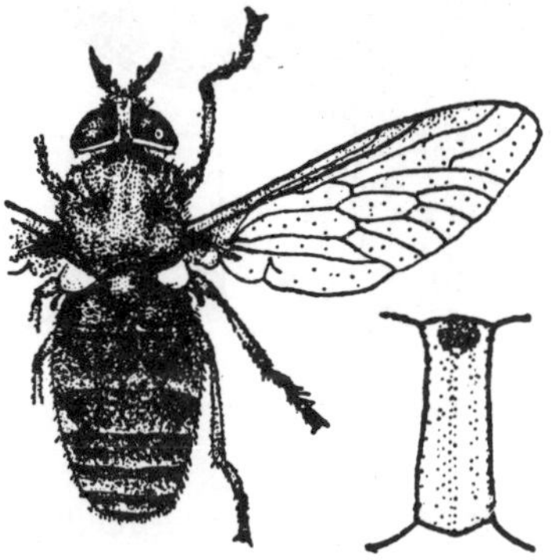

Fig. 1299. マルガタアブ雌（高橋）
附図．雌の額

2. ヒメアブ亜科 Subfamily *Silviinae* Enderlein 1922—*Silvius* Meigen, *Chrysops* Meigen 等が代表的な属で，本邦にはこれ等2属の他に *Heterochrysops* Kröber 属が発見されている。ヒメアブ（*Silvius dorsalis* Coquillett）（Fig. 1300），体長9〜14mm，全体黄色，額は頭幅のほぼ1/4で上方に少しく狭まり，全体裸体で濃栗色で光沢を有し，額瘤は円くて大，単眼瘤は円形，その周囲と眼縁部とは黄色粉を装う。複眼は無毛。顔は黄色毛を装い，左右に光沢ある濃栗色の勾玉状紋を有する。触角は細長く黄赤色で末端黒色，第1節は円筒形で第2節の2倍長，第3節は前2節の和より長く5節からなり，その基節は他の和より短かく基部太まる。胸背は灰黄色で濃灰色の3縦線を有する。翅は透明で前縁部やや褐色を帯び，第4経脈は基部曲折部に小枝を有する。脈は黄褐色，跗節の末端濃色となる。腹部は胸部より著しく幅広く，黄色乃至黄褐色，末端部は濃色となる。雄は大体雌と同様なれど，頭部が大形で，複眼の上方3/4が下方より大形の小眼からなつている。北海道・本州・奄美大島等に分布する。吸血性だが著しくない。ヨスジメクラ

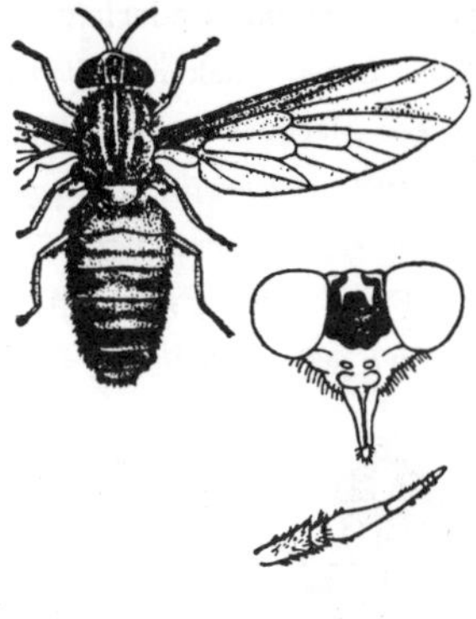

Fig. 1300. ヒメアブ雌
附図上．頭前面　下．触角

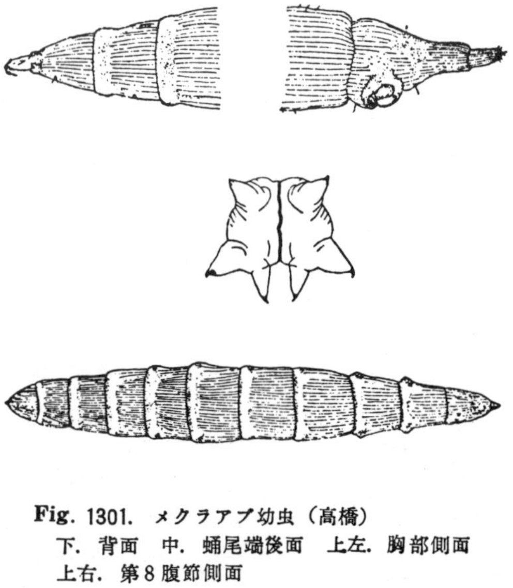

Fig. 1301. メクラアブ幼虫（高橋）
下．背面　中．蛹尾端後面　上左．胸部側面
上右．第8腹節側面

アブ (*Heterochrysops van der wulpi* Kröber) は全土その他に産し，メクラアブ (*Chrysops suavis* Loew) (Fig. 1302) は全土その他に産し，クロメクラアブ (*Chry. japonicus* Wiedemann) は本州・四国・九州その他に産し，何れも人畜の害虫として普通に知られている。

3. アブ亜科 Subfamily *Tabaninae* Enderlein 1922 *Tabanus* Linné, *Atylotus* Osten Sacken, *Therioplectes* Zeller, *Dichelocera* Macquart 等が代表的な属である。本邦には *Tylostypia*, *Ochrops*, *Tabanus*, *Isshikia* 等の属が知られている。アカウシアブ (*Tabanus chrysurus* Loew) (Fig. 1302)。本邦産虻中の最大種で体長23～33mm，黒色と黄色との横縞を有する美麗な種類である。雌。額は黄色で幅の約5倍長，額瘤は砲弾状で幅の約1倍半の長さを有し黄褐色乃至濃栗色，顔は黄色。触角は全体黄赤色，第3節の基節は幅広く大形の歯状突起を有し，同突起は前方に向つて尖つている。胸背は黒褐色乃至灰黒色で，灰黄色の5縦線を有する。翅は基部黄色を呈し外縁煤色に曇り，第4経脈に小枝を欠く。脚の腿節は黒色で，その末端と脛節とは褐色，中・後各脚の第1跗節の基部は赤褐色で他は黒色。腹部の各背板の基部は黒色で他は黄色，これ等黄色部は後方の節ほど幅広となり，第6節は全面黄色となる。雄，頭部は大きく半球形，複眼は上方3/4が下方のものより大形の小眼からなり，左右の接合線の長さは前額の長さの約5倍長。全土・朝鮮・アムール・満洲等に分布し，林内に普通で主として牛馬の背部より吸血する。カラフトアカアブ (*Tylostypia tarandinus* Linné)，ヤマトアブ (*Tabanus rufidens* Bigot) (Fig. 1303)，アカアブ (*T. sapporoenus* Shiraki)，ウシアブ (*T. trigonus* Coquillett)，キンイロアブ (*T. sapporoensis* Shiraki)，タイワンシロフアブ (*T. amaenus* Walker) 等が比較的吸血性が強い様である。

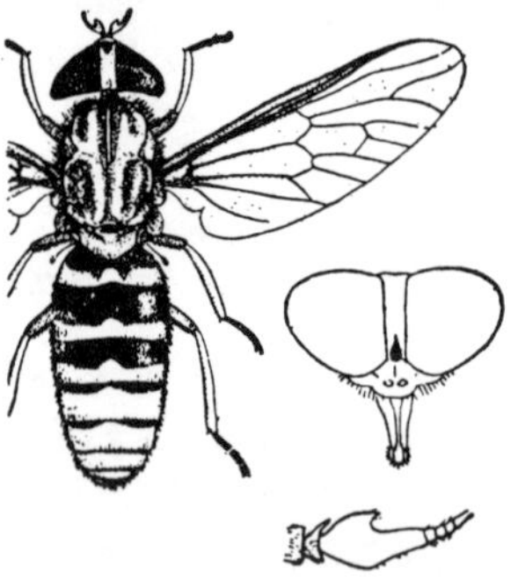

Fig. 1302. アカウシアブ雌
附属上. 頭部前面　下. 触角

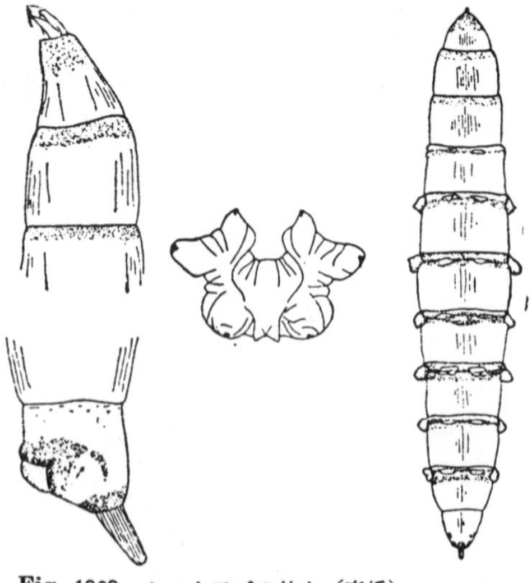

Fig. 1303. ヤマトアブの幼虫 (高橋)
右. 背面　中. 蛹尾端後面　左上. 幼虫胸部側面　左下. 同腹部第8節側面

4. ゴマフアブ亜科 Subfamily *Chrysozoninae* m.— *Chrysozona* Meigen (*Haematopota* Meigen), *Heptatoma* Meigen 等が代表的な属である。アカバネゴマフアブ (*Chrysozona rufipennis* Bigot) (Fig. 1304) 雌，体長9～11mm，体は黒褐色。額は灰色乃至灰黄色，ほぼ正方形を呈し上方に少しく狭まり，中央の小黒色斑は小さく円形または菱形，両側の黒色斑は大きくその外縁は複眼に接し下縁は額瘤に接する，額瘤は黒色で額の前端を占め複眼に接し，その上縁中央が突出する。顔と頬とは灰色，個体によつては触角の下部に黒色の小斑を有し，頬には常に黒色の小点を散布する。触角の第1節は黒褐色乃至黒色で幅の約2倍半の長さを有し末端に至るに従い太まり棍棒状を呈し，第3節の基節は黒褐色で太く末端の方に濃色となり第1節と等長。胸背は黒色で，灰色の5縦条を有する。翅はやや赤色を帯びる黒褐色で，小さな透明斑を散布し，これ等透明斑と後縁の外縁斑とが1列となつている。腹部は黒色で，各背板の後縁帯は細く灰白色，第3背板以下の各板には1対の灰白色小円紋を有する。本州・四国・九州等に分布する。北海道産のゴマフアブ (*C. tristis* Bigot) は森林地帯に非常に多産で7～8月に旅行者を苦しめる有名な虻である。

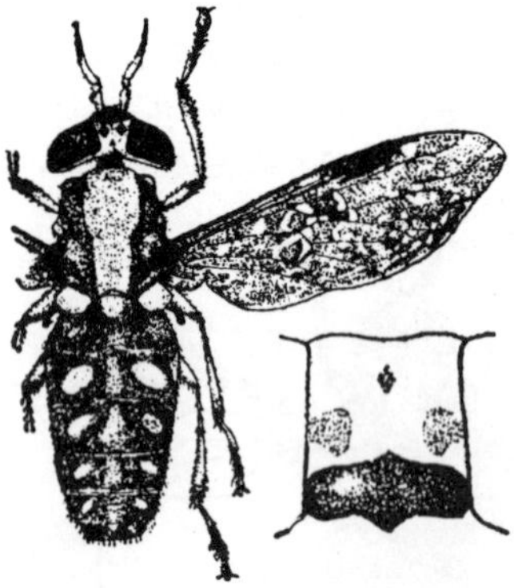

Fig. 1304. アカバネコマフアブ雌
(高橋)

565. ツリアブモドキ（擬長吻虻）科

Fam. *Nemestrinidae* Macquart 1834

ドイツにて Netzfliegen と称えている。中庸大でむしろ太く，多数の翅脈を有する細長い翅を具え，薄くまたは密に毛を装う。頭部は中庸大で胸部より狭いかまたは僅かに広く，複眼は雄では合眼的かまたは離眼的で雌では *Hyrmophloeba* 属以外は離眼的，口吻は長いかまたは痕跡的。触角は短かく且つ小形で，3節からなり，末端に太い環節からなる触角棘毛を具えている。脚の脛節は距棘がなく，爪間盤は褥盤状で，褥盤は屢々微小。翅脈は複雑で，第4と第5脈即ち中脈と肘脈とは前方に彎曲し翅頂前に前縁に終り，径中横脈は著しく傾斜し縦脈の観を呈し，基室は第1と第2と共に長く，後室は5個または6個，亜縁脈は2個または3個となつている。幼虫は捕食性かまたは他の昆虫の内部寄生性，蛹は裸蛹。世界から約200種程が発表され，暖地に産し，東地中海と濠洲と南アフリカとチリー等に多く，その他には甚だ少ない。普通つぎの如く2亜科に分類されている。

1．口吻は細長く且つ堅く，唇瓣は一般に狭く，小顋鬚は短かい（*Nemestrinus* Latreille, *Fallenia* Meigen, *Rhynchocephalus* Fischer, *Neorhynchocephalus* Lichtwardt）……Subfamily *Nemestrininae* Rondani

2．口吻は短かく太く，唇瓣は肉質，小顋鬚は長く上向，産卵管は伸縮自在，翅の覆片は幅広……………………………………………… Subfamily *Hirmoneurinae*

以上の内本邦にはつぎの1亜科1属1種が発見されているのみ。アカツリアブモドキ（*Hirmoneura hirayamae* Aoki）(Fig. 1305)，雄，体長12mm内外，体は赤銹色。頭部は多少扁平で赤褐色の複眼にて覆われ，単眼瘤は小さく黄褐色，額前端は赤褐色で同色の毛を装う。触角は短かく淡褐色。顔は中央と下面両側に球状の突起を具え，赤褐色の長毛にて被われ，口吻は微小。胸背は頭部と等幅，赤褐色で，黄褐色の棘毛を密装する。翅は細く黄褐色不透明，後縁は多少淡色，翅脈は淡褐色，第2肘脈と経中横脈と第1経脈とは太く前2脈の翅縁に終る部分は多少外方に突出する。平均棍は黄褐色。脚は黄色で同色の毛を密生し，爪間盤はよく発達し褥盤状，爪は黄色で先端褐色。腹部は胸部より多少幅広く赤褐色，黄金色毛を疎生し，腹板は淡黄褐色で両側に褐色斑を有し，交尾器は黄色。九州に産するが甚だ少ない。

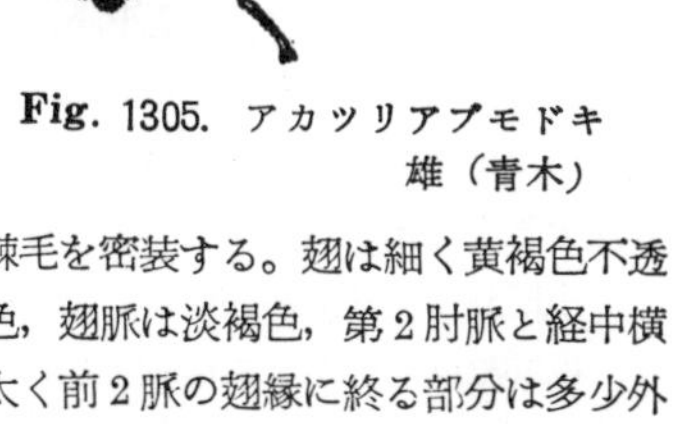

Fig. 1305. アカツリアブモドキ 雄（青木）

566. コガシラアブ（小頭虻）科

Fam. *Acroceridae* Leach 1815

Cyrtidae Rondani 1856, *Henopidae* Billb. 1820, *Vesiculosidae* Bigot 1852, *Oncodidae* Kertész 1909 等は異名。Small-headed Flies, Humpbacked Flies, Bladder Flies, Spider Flies 等と称えられ，ドイツの Spinnenfliegen や Kugelfliegen 等がこの種の蠅である。小形乃至中庸大で体長7～10mm，一般に有毛であるが稀れに裸体，鈍色か鮮明色か金属的青色・藍色・黄金色等。頭部は甚だ小さく下方に位置し殆んど背面から見えない。複眼は雌雄共に合眼的かまたは殆んど合眼的で，裸体かまたは有毛，単眼は一般に2～3個がある。触角は2～3節で第3節は小さいか又は大きく，末端に触角棘毛を有するものと欠くものとがある。口吻は痕跡的かまたは体より長く，小顋鬚はあるものとないものとがある。胸部は大きく球状，小楯板は大形。腹部は殆んど球状で，基部細く末端尖る。翅は普通形かまたは前縁に突出部を有し，透明かまたは曇り，翅脈は種々弱体かまたはよく発達し，前縁脈は翅頂に終つている。胸瓣は大きく，袋状。脚は正常，爪間盤と褥盤とは盤状。孵化当初即ち第1令虫は明瞭に環節付けられ，無数の微棘を生ずる各板を有し，尾端に2本の長い棘毛を具え，甚だ活潑で蜘蛛とその卵を求める。彼れ等の移動は第8腹節の末端に吸盤を具えそれより尾棘毛が生じていて，その棘毛を腹面の方に体下に曲げそれを急に延ばす事によつて空中にはねる。一度蜘蛛の体に附着すると体内に穿孔し，後環節不明の体に変化する（Fig. 1306）。後成長し

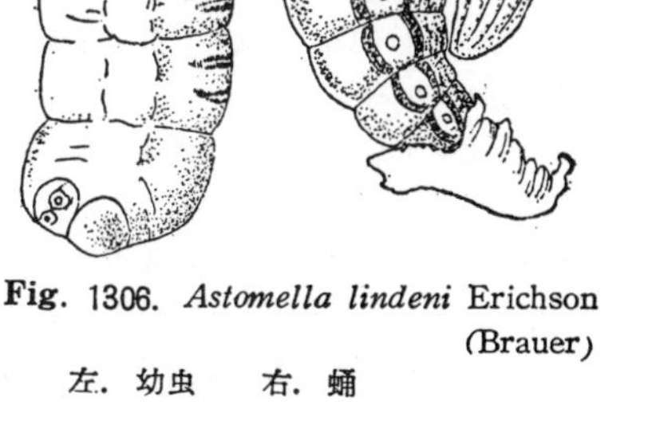

Fig. 1306. *Astomella lindeni* Erichson (Brauer)

左．幼虫　右．蛹

て裸蛹となる(Fig. 1306)。その蛹は大形の胸部を具え，背面に多数の棘を具えている。長い口吻を有する種類は恐らく花蜜を食するものであろう。世界から約200種程が知られ，大部分のものは温帯産である。普通つぎの如く3亜科に分類されている。

1. 触角の第3節は小さく，末端に触角棘毛または毛状の射出毛を具えている。口吻は普通短かい…………2
   触角の第3節は大形で多少側扁し末端棘を欠き，口吻は屢々非常に長く，時に痕跡的 (*Panops* Lam., *Astomella* Latreille, *Eulonchus* Gerstaecker, *Ocnaea* Erickson, *Lasia* Wiedemann, *Pialelidea* Westwood, 主にアメリカ)……………………………………………………Subfamily *Panopinae* Verrall 1909
2. 前胸片 (*Prothoracic lobes*) は左右離れ，腹部は一般に膨れている………………Subfamily *Acrocerinae*
   前胸片は甚だ大形で，中胸背板の前部に1楯板状に中央で幅広く癒合している。腹部は膨れていない……………………………………………Subfamily *Philpotinae*

以上諸科中つぎの2亜科が本邦に産する。

1. セダカコガシラアブ亜科 Subfamily *Philpotinae* Verrall 1909—翅脈は多少減退し，経分脈の後分岐脈は叉分しない。中脚は単一かまたは叉分し，中央室はあるものとないものとがあり，肘脈は叉分するかまたは然らず。*Philpota* Wiedemann, *Thyllis* Erickson 等が代表的な属で，本邦にはつぎの1種が発見されている。セダカコガシラアブ (*Philopota aenea* Bigot) (Fig. 1307) 体長6～8mm, 黒色で微かに青色または藍色を帯びる。頭部は小さく球形に近く，白色の微毛を密生する大きな複眼にて覆われ，後頭のみが帯環状に現われ横皺を密布する。額は三角形で隆起し栗色，触角基部の背方は黄色で前方に幾分突出する。口吻は甚だ細長く淡黄色。触角は微小で，末端に1棘毛を生ずる。胸背は背方に著しく膨隆し，褐色の微毛を密装し，

Fig. 1307. セダカコガシラアブ

前胸片は左右癒合し大形で各後角は黄褐色。小楯板は半円形。腹部は長く且つ太く，胸部に直角に附着し，尾端細く，背面甚だ円く，側縁は淡黄色，雄の交尾節は小さく淡黄色。翅は殆んど無色透明，前縁脈と亜前縁脈と径脈と中脈とが明瞭で黒褐色。胸瓣は甚だ大形で円く，幾丁質化している。脚は淡黄色，基節・腿節・脛節の下面等は黄褐色。北海道・本州等に分布する。

2. コガシラアブ亜科 Subfamily *Acrocerinae* Bezzi 1903—*Cyrtinae* Verrall 1909 と *Oncodinae* Kertesz 1909 とは異名。翅脈は正常で，径分脈の後分岐脈は叉分し，中脈は3支脈を有し，中央室を有し，肘脈は叉分している。尤も時に幾分減退しているものもある。口吻は短かく，前胸片は左右離れている。*Acrocera* Meigen, *Cyrtus* Latreille, *Oncodes* Latreille, *Opsebius* Costa, *Pterodontia* Gray 等が代表的な属で，本邦には *Cyrtus* と *Oncodes* との2属が発見されている。キイロコガシラアブ (*Oncodes trifasciatus* Shiraki) (Fig. 1308) 体長5mm内外，黄色。頭部は大部分橙黄色の複眼にて覆われ，額は微小三角形。触角の基部と口吻の基部とは黄色。触角は微小で栗色，第1と第2節とは球状，第3節は

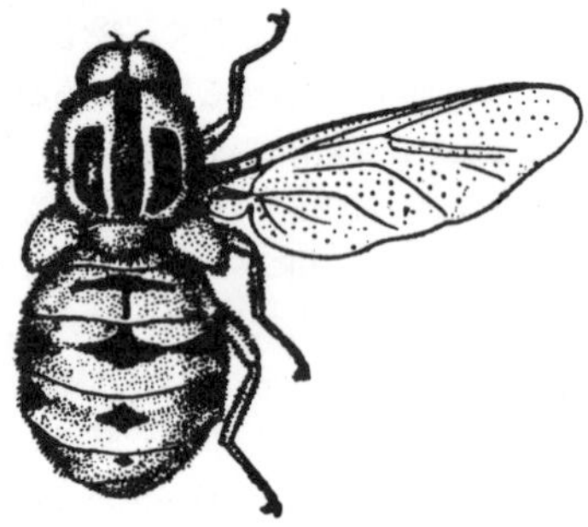

Fig. 1308. キイロコガシラアブ (青木)

細長。胸背は黄色で灰白色の微毛にて被われ，赤褐色の太い3縦条があり，その両側のものは肩部に達しない。小楯板は半球状に膨らみ黄色毛を密生する。腹部は黄色，背面著しく膨隆し，半球状，各背板の中央に赤褐色の横帯を有するが個体によつて変異がある。翅は小さく，殆んど無色透明，翅脈は淡黄色。胸瓣は頭部より大きく，淡黄色で半透明。脚は黄色で同色の微毛を密生し，跗節末端と爪とは淡褐色。本州と台湾とに産する。シバカワコガシラアブ (*Cyrtus shibakawae* Matsumura) は体長8～10mm，本州・九州・台湾等に産し，黒藍色で光沢を有し，翅脈は完全。

異 盤 類

Series *Heterodactyla* Brauer 1883

脚の跗節端に2個の褥盤を具え，爪間盤は普通退化するかまたはない。多くのものは太毛を装う。幼虫の最後の気門は尾端前に存在し，蛹は自由。つぎの如く8科に分類する事が出来る。

1. 爪間盤は痕跡的か細いかまたは枝状………………2
   爪間盤はないかまたは棘毛状，甚だ稀れに褥盤を欠く…………………………………………………………3
2. 触角のいわゆる第3節は20～36の普通櫛歯状の環節

からなる……………………… Family *Rhachiceridae*

触角の第3節は1環節で普通1本の長い触角棘毛または触角突起を具え，稀れに第1節と第2節とが癒合している……………………… Family *Rhagionidae*

3．頭頂は平かまたは隆起し，複眼が背面に張出ていない。雄の複眼は屢々左右出会つている。脚は太くない…………………………………………………………… 4

頭頂は沈み，複眼が背面に張出ていて決して左右出会う事がない。翅脈は多数。屢々大形で強い脚を具えている……………………………………………………… 7

4．翅の中脈はいわゆる4分岐し（最後の1本は第1肘脈），小横脈即ち中中横脈（中肘横脈）が存在している。即ち第2基室の鈍端が2後室と中央室とに接し（Fig. 1309），5後室を具えその第4のもの（第3中室）は普通開口。胸部は少数の棘毛を有し，腹部は長く後方に漸次細まる…………………………………………………………… 5

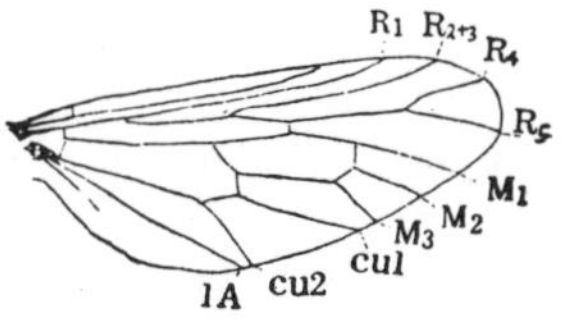

Fig. 1309. *Thereva* の翅
(Brues and Melander)

中脈は3は2分岐し，4または3個の後室を有する。若し5後室を有する場合はその1個は第3後室が余分の1脈によつて2分されている事による。第4後室は開口，小横脈はない即ち第2基室の鋭端が1後室と中央室とに接するのみ（Fig. 1310）。腹部は一般に楕円形かまたは長楕円形，胸部は真の棘毛を欠く…………………………………………………… 6

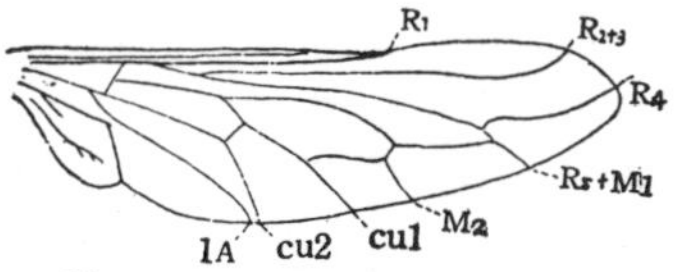

Fig. 1310. *Bombylius* の翅
(Handlirsch)

5．翅の末端の方の翅脈は前方に彎曲し，第3脈（第5径脈）と更に殆んど常に第4脈（第1中脈）とが翅頂前に終つている。少くとも小楯板は棘毛を装う。触角は末端に甚だ短かい触角突起を具え，複眼は左右離れ，小顋鬚は末端幅広となる。小さな科で，南アフリカとアメリカと濠洲とボルネオ等に産する（*Apiocera* Westwood, *Apomidas* Coquillett, *Rhaphiomidas* Osten Sacken）… Family *Apioceridae* Brauer 1880

第4脈は翅頂を越えて後翅縁に終り，体は有棘毛よりはむしろ有微毛で時に殆んど裸体。小顋鬚は末端幅広とならない……………………… Family *Therevidae*

6．前縁脈は翅頂を越えて延びていない，第4脈（第1中脈）は翅頂かまたはその前に前縁に終り，後室は3個。口吻は隠れ，触角は触角突起を欠き，体は裸体…………………………………………… Family *Scenopinidae*

前縁脈は全翅縁を廻り，第4脈は翅頂を越えて終り，後室は一般に4個。若し中央室が開口し第4脈が叉分して長い柄部を有する場合は *Rhagionidae* の *Hilarimorphinae* 参照。触角は普通小さな触角突起または棘毛輪環を具えている … Family *Bombyliidae*

7．体は棘毛を欠き，第4脈（第1中脈）は翅頂また翅頂前に前縁に終る様に前方に彎曲し，翅脈相が複雄で，径分脈の基分区が甚だ短かい。触角は棍棒状の触角突起を具え，口吻は肉質の幅広の末端を有し，小顋鬚は痕跡的。約130種で広分布，然し稀れな種類，屢々大形（*Mydas* Fabricius, *Leptomydas* Gerstaecker, *Lampromydas* Seguy, *Cephalocera*, *Miltinus*）……（*Mydasidae* Leach 1819）…………………………………… Family *Mydaidae* Coquillett 1901

体は普通棘毛を装い，顔は剛毛を装う。第4脈は前方に彎曲しない。翅脈相は普通で，径分脈の基分区は長い。口吻は刺込に適応し肉質でなく，小顋鬚は一般に顕著……………………………… Family *Asilidae*

以上の内つぎの6科が本邦に産する。

567. ツルギアブ（剣虻）科

Fam. Therevidae Westwood 1840

ドイツで Stilettfliegen と称えている。中庸大，細く多少棘毛を有し且つ屢々有毛。頭部は大形で，額は沈まず，雄の複眼は一般に合眼的かまたは殆んどそれに近く，単眼は存在し，口吻は突出して幅広の唇瓣を具え，小顋鬚は2節。触角は3節からなり，第1節は多く大形で，第3節は1～2節からなる普通末端鋭い触角突起を具えている。脚はかなり細長く棘毛を装い，爪間盤はなく，褥盤は普通存在する。翅脈相は正常，径分脈の後支脈は叉分し翅頂をはさみ，中脈は3分岐し中央室を有し，肘脈は叉分し，第1肘脈と第3中脈とが屢々末端にて合し，第2肘脈は一般に第1臀脈と末端の方で出会つている。胸瓣は退化する。幼虫（Fig. 1311）は双気門式でよく発達した口鉤を具え，触角は小乳房突起状，眼はなく，体節は多数にわかれ，胸部の各節側部に顕著な1対の棘毛を具え，第10節に3対の棘毛を具え，尾端に2個の小突起を有する。蛹は棘状の触角を有し，各翅鞘の基部に1本の長い彎曲せる棘を具えている。幼虫は地中や落葉中

Fig. 1311. ツルギアブ1種の幼虫（Imms）
1．前気門　2．後気門　3．尾端

や茸の中や腐敗木中等に棲息し，他の昆虫類の幼虫を捕食する事が認められている。

世界から約350種程が発見され，欧洲と北米に最も多数に産する。*Thereva* Latreille, *Anaborrhynchus* Macquart, *Epomyia* Cole, *Dialineura* Rondani, *Phycus* Walker, *Psilocephala* Zetterstedt, *Tabuda* Walker, *Ozodiceromyia* Bigot 等が代表的な属で，*Thereva* と *Psilocephala* との2属が本邦に産する。マルヤマツルギアブ(*Thereva maruyamana* Matsumura) (Fig. 1312) 体長12mm内外，灰白色。頭部は銀白色，頭頂は暗褐色で黒色毛を装う。触角は黒色で灰青色粉にて被われ，第1節は長く棍棒状で第2節の約4倍長で黒色棘毛を装い，第3節は第1節と殆んど等長で末端細まり短棘突起を具えている。顔は銀白色，下面は白色毛にて被われ，口吻は淡褐色。胸部は銀青色粉にて被われ，中胸背板に白色の2縦条を有し，両側と小楯板とに白色毛を密装し黒棘毛を混生する。腹部は黒色で白色毛を生じ，各背節後縁の両側に青白色の三角紋を有し，第5節以下は黒色毛を生ずる。産卵管は黒色で赤褐色の棘状突起を具えている。翅は透明なれど多少暗色を帯び，翅脈と縁紋とは淡褐色，平均棍は青白色で基部黒褐色。脚は黄色で黒色棘毛を有し，基節と腿節とは青白色で白色毛を装う。北海道産。本州に普通の種類はヤマトツルギアブ (*Psilocephala albata* Coquillett) で，体長9～11mm，黒色なれど雄は白色粉にて，雌は黄灰色粉にて被われている。

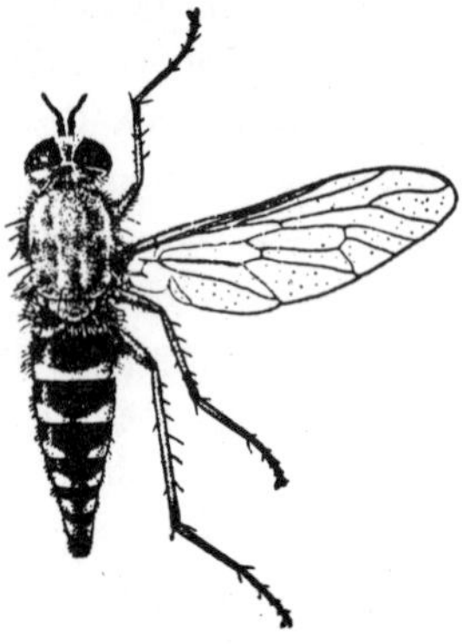

Fig. 1312. マルヤマツルギアブ（青木）

568. シギアブ（鷸虻）科
Fam. Rhagionidae Leach 1819

Leptidae Westwood 1840 は異名。Snipe Flies と称えられ，ドイツの Schnepfen fliegen である。小形乃至中庸大，細いかまたは太く，長い脚を具え，体は後方に漸次細まり，裸体か有毛で，鈍色かまたは鮮明の斑紋を有する蠅。頭部は比較的小さく，複眼は大きく円く一様または下方部が小形の小眼からなり，雄は合眼的かまたは離眼的。小楯板は裸体または有毛。脚の脛節は距棘を有するものとしからざるものとがあつて，前脚脛節は1本または2本を具えあるいはこれを欠き，後脚のものは1本または2本である。褥盤は存在し，爪間盤は痕跡的か細いかまたは褥盤状。翅は透明かまたは黒褐色の斑紋を有し，翅脈は明瞭，後室は普通5個稀れに4個のみ，中央室は存在するものとしからざるものとがあり，前縁脈は翅頂を廻り，径中横脈は明瞭，胸瓣はないものやあるものや時に痕跡的。幼虫は種々で，小さい1部分突出する頭部を有し，小顋鬚はよく発達し，大顋は長く垂直に位置し，体は11節からなり，普通擬脚を具えている。水棲のものは扁平で，長い尾糸の下に突出可能の2個の円い血液顋を具えている。陸棲のものは一般に円筒形 (Fig. 1313) で，簡単かまたは有棘の擬脚を第5腹環節または各腹環節に具え，時に側部に棘状突起を具え，*Vermileo* 属のものは第10と第11との各節に微鉤棘列を具えている。

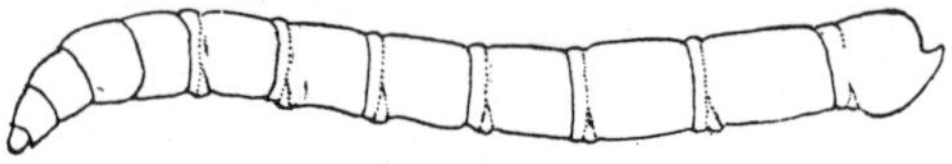

Fig. 1313. シキアブ1種 (Cameron)

成虫は淡水近くの森林地帯によく発見される。水棲性のものは幼虫が小さな水棲動物を捕食し，陸棲性のものも同様に捕食性で樹皮下や糞・茸・土・木材等の中に生活している。*Vermileo* 属の幼虫は Worm-lions と称えられ，アリヂゴク同様砂地に円錐状の孔を穿ちその底部にあつて捕食する。

世界から約400種程知られ，つぎの如く5亜科に分類される。

1．爪間盤はよく発達していない。中脈は叉分し長い柄部を有し，脛節は距棘を欠く (*Hilarimorpha* Schiner 全北区)……Subfamily *Hilarimorphinae* Handlirsch

爪間盤は褥板状，中央室は存在する……………… 2

2．顔は平たく且つ前方に突出し鼻状を呈し，触角は複眼の中央上方から生じ，覆片は発達せず，胸瓣は減退し，前脚脛節は強い端距棘を具えている (*Vermileo* Macquart, *Lampromyia* Macquart 全北区)……………………… Subfamily *Vermileoninae* Verall 1909

顔は凹み且つ突出しないで，むしろ幅広の頰部から1溝によ区劃され，触角は複眼の中央下方から生じ，翅の覆片は存在し，胸瓣はよく発達している……… 3

3．前脚脛節は1本または2本の距棘を具え，後脚脛節には2本の距棘がある (*Bicalcar* Lindner 旧北区，*Bolbomyia* Loew, *Dialysis* Walker, *Triptotricha* Loew 新北区)…………………………………………… Subfamily *Bicalcarinae* Lindner 1923

前脚脛節は距棘がない……………………………… 4

4．後脚脛節は2本の距棘を具え，複眼は一様の小眼からなる…………………………Subfamily *Rhagioninae*

後脚脛節は1本の距棘を具え，時にその1本が甚だ減退している。複眼の下方の小眼は上方のものより小形。翅の第2＋3径脈は末端が第1径脈の方に近く彎曲している……………………Subfamily *Chrysopilinae*

以上の中つぎの2亜科のみが本邦に発見されている。

1. シギアブ亜科 Subfamily *Rhagioninae* Enderlein 1936――*Leptinae* Verrall 1909 は異名。*Rhagio* Fabricius (=Leptis Fabricius) や *Atherix* Meigen 等が代表的な属で全北区に分布し，本邦産のものは大部分この両属に属する。キイロシギアブ (*Rhagio flavimedius* Coquillett) (Fig. 1314)，体長6～9mm，黄色。頭部は胸部と殆んど等幅で短かく，額は雌では頭幅の約1/5，黄灰色粉で被われ，1縦溝を有し，雄では甚だ狭く，複眼が中央1/3で右相接する。触角は黄褐色，第1節は長幅殆んど等大，第2節は前節より少しく短かく，第3節比較的大きく，末端棘毛は触角より長く暗褐色。胸背は雄では灰黒色で肩瘤と翅基後瘤とが黄灰色となり，中央に不明瞭な灰色の2縦線を有する。小楯板は黄色。腹部は雄では第3節迄黄色，第4節は褐色の前縁横帯を有し，第5節以下は黒褐色。雌では第3節以下各背板の前縁に中央切断されている褐色横帯を有する。翅は多少曇り中央部は殆んど無色，末端部は濃色，縁紋部に褐色斑を有し，臀室は殆んど閉口。脚は黄色で，各節以下は暗色となる事が多い。本州に普通。全土に分布するものはサツマモンシギアブ (*Atherix satsumana* Matsumura) で体長12mm内外，青藍色，翅は縁紋部から後方に亘り暗褐色の大紋を有する。

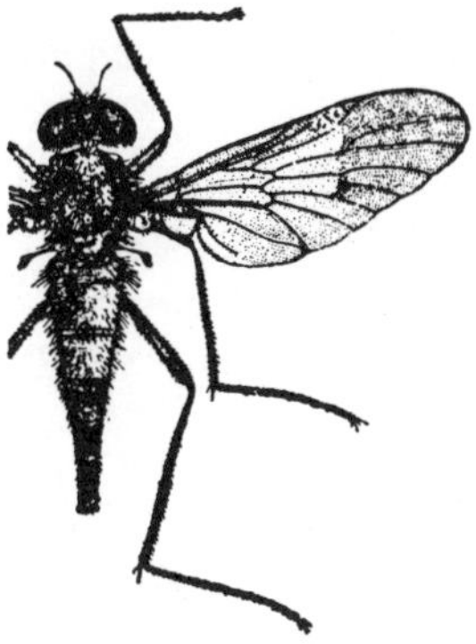

Fig. 1314. キイロシギアブ雄

2. キンシギアブ亜科 Subfamily *Chrysopilinae* Bezzi 1903――*Chrysopilus* Macquart, *Omphalophora* Becker, *Ptiolina* Zetterstedt, *Spania* Meigen, *Symphoromyia* Frauenfeld 等が代表的な属で，最初の1属のみが本邦に発見されている。キアシキンシギアブ (*Chrysopilus dives* Loew)(Fig. 1315)体長10mm内外，黒色で黄金色毛にて被われている。頭部は胸部より幅広く，単眼瘤は黒色で同色の毛を装う。触角は黒色，各節短かく等長，第3節は球茎状を呈し末端に長い触角棘毛を具えている。胸背と腹部とはビロード様黒色で，黄金色毛を密装する。しかし後者は末端に進むに従つて黒色毛を混生している。翅は薄く透明，翅脈と縁紋とは淡黄色。脚は細長く黄色，基節と転節とは黒色，中脚脛節の末端に2本，後脚脛節末端に1本の黄色棘毛を有する。平均棍は黄色。

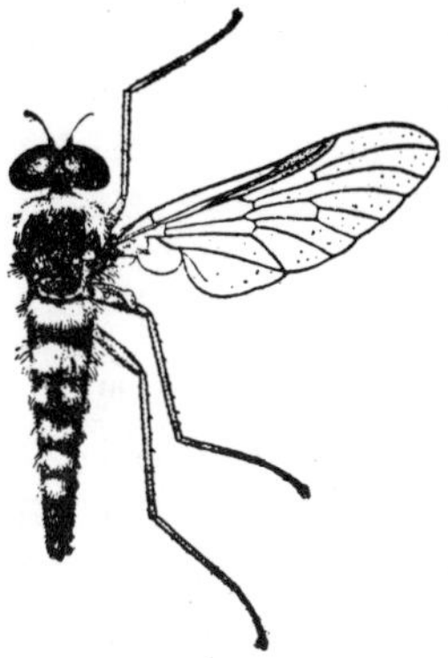

Fig. 1315. キアシキンシギアブ雄（青木）

569. クシヒゲキアブ（櫛角木虻）科
Fam. Rhachiceridae
Handlirsch 1908

Rachiceridae Curran は異名。この科は学者によつてはキアブ科またはキアブモドキ科の1亜科として取り扱つている。中庸大，細長く，甚だ薄く毛を生じ，ハバチ類似の蠅である。雌雄共に離眼的。触角は20～38節からなり，屢々強く鋸歯状かまたは櫛歯状。翅脈は強く，中央室は幅の3倍長，第4後室は閉口で柄部を有し，胸瓣は小さいかまたは痕跡的。脚は中庸長，爪間盤は発達して褥盤状，褥盤は存在する。幼虫は腐敗木中に発見され，多分捕食性。世界から僅かに20種程知られ，凡て *Rhachicerus* Walker 属に属し，インドマレー・新北区・新熱帯区・濠洲区・地中海沿岸等に分布し，本邦にはつぎの1種が発見されている。クシヒゲキアブ (*Rhachicerus galloisi* Séguy) (Fig. 1316)，体長7～9mm。雄，頭部は褐色，複眼の小眼は亜等大，額は複眼の3/4

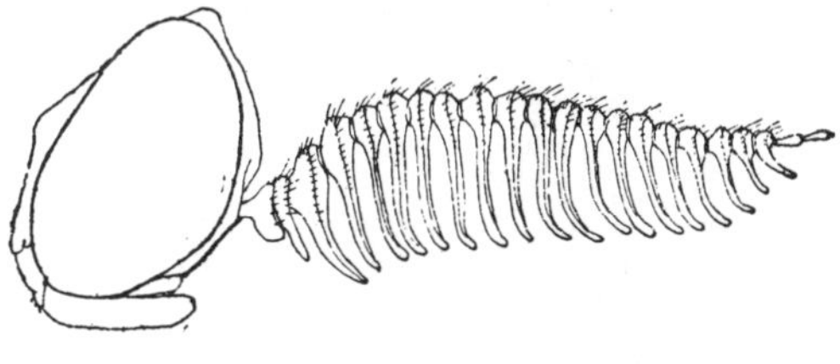

Fig. 1316. クシヒゲキアブ雄の頭部側面図 (Séguy)

の幅を有し，光沢を有し，触角基部に三角形の1銀色紋を有する。口吻は太く，黄色の唇瓣を具え，小顋鬚は黒褐色。触角は胸部より短かく，鞭節は褐色でその輪毛は赤色光輝を有し，櫛歯は細長い。胸部は黒褐色で，白色の微細直立毛にて被われ，側部は長毛を装う，肩瘤と側背板腹部と中胸側板線と翅側板等は黄色または赤黄色。脚は黄色で，腿節と後脚脛節とは帯黒色，平均棍は帯黄色。翅は無色透明で褐色の翅脈を有し，胸瓣は白色。腹部は褐色で，赤色の光沢を有し，短かい直立毛を装う。雌，雄に類似するが，触角は胸部の1/2長で頭幅より長く，胸部と腹部との毛は著しく短かく，後脚脛節と跗節の第1節とは黒色で末端帯黄色。本州中善寺湖から採集されているのみ。

570. マドバエ（窓蠅）科

Fam. Scenopinidae Westwood 1840

Omphralidae Kertész 1909 は異名。Window Flies と称えられている。小形乃至中庸大，普通帯黒色。額は凹まず，顔は裸体で短かく幅広，単眼を有し，雄は普通合眼的，口吻は隠れ，小顋鬚は円筒形で末端に棘毛を装う。触角は基部にて左右近より，基部2節は短かく，第3節は長く簡単で触角棘毛も突起もない。胸部はむしろ長く背面適度に隆まり，小楯板は幅広く且つ短かく末端凸形で無棘。腹部は扁平かまたは円筒状で，7節からなる。脚は短かく，爪間盤を欠く。翅脈は簡単で，第3脈は叉分し，第5径室は開口かまたは閉口，基室は長く第1のものは第2のものより著しく長い。幼虫は甚だ細長く，外見20節からなり，腐敗葺や材木中にまたカーペット下に棲息し，捕食性。蛹は自由。世界から約30種程知られ，旧北区・新北区・新熱帯・東洋区等に分布し，*Scenopinus* Latreille（=*Omphrale* Meigen）や*Pseudatrichia* Osten Sacken 等が代表的な属である。マドバエ（*Scenopinus fenestralis* Linné）（Fig. 1317）が本州にも産する。体長 5mm 内外，胸背は黒藍色，腹部は黒色共に光沢を有し，脚は淡黄色，翅は透明で黒褐色の翅脈を有する。成虫は六月に室内にてよく採集する事が出来る。幼虫は衣蛾を食する事が知られている。欧洲・北米等に分布する。

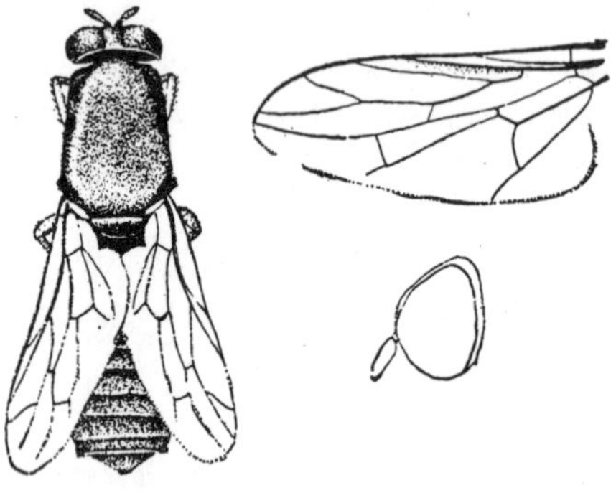

Fig. 1317. マドバエ（Curran）
部分図上．翅　下．頭部側面

571. ツリアブ（長吻虻）科

Fam. Bombyliidae van der Wulp 1877

Beeflies や Bombylids 等と称えられ，ドイツの Wollschweber である。小形乃至中庸大で太くマルハナバチ類似かまたは細くヒメバチ類似の蠅で，屢々棘毛を装うが密毛によつて隠されている。色彩は隠気色で種々変化が多く，鮮明色や金属的青色や銀白色や他色である。頭部は小さく半球形，複眼は大形で雄は屢々合眼的で雌も稀れに合眼的，単眼はある。触角は直線で突出し，短かいものや長いものがあり，稀れに小さく，3節からなり，末端の突起は1節または2節で時にこれを欠き棘毛の輪環にて置きかえられている。口吻は短かいか細長く，唇瓣は幅広。胸部は背上に著しくまたは僅かに膨隆し，腹部は幅広か細く6～8節からなり扁平のものと円味を有するものとがある。脚は細く且つ弱く，棘毛を欠き，褥盤は正常か微小かまたは痕跡的，爪間盤は普通なく，爪は小形。翅はよく発達し，透明か斑紋を有し，翅脈は減退し，亜縁室は1～2個，後室は4個。中央室は稀れになく，臀室は閉ざされているかまたは狭く開口，胸瓣は明瞭だが小形。

幼虫（Fig. 1318）は寄生性で，第1令虫は活潑で細く，甚だ小さい頭部と12体節とを有し，後気門式，胸部の各節に長い剛毛の1対を有し更に尾端にも1対の棘毛を具えている。過変態で，充分成長すると円筒形または多少扁平で，小さな引込まれている頭部を有し，眼はなく，気門は前胸と尾端前節とにある。蛹（Fig. 1319）は自由，ある種のものは頭上に甚だ特徴のある棘を装い且つ腹部背面に微鉤棘の横帯を具えている。成虫は蜂に非常に類似し，甚だ速力の早い飛翔を行い且つ時に静止飛翔を行う。湿気多い個所に時に見出され，且つ水辺近くの地上や岩石上に止まり，あるものは花粉や花蜜を求め

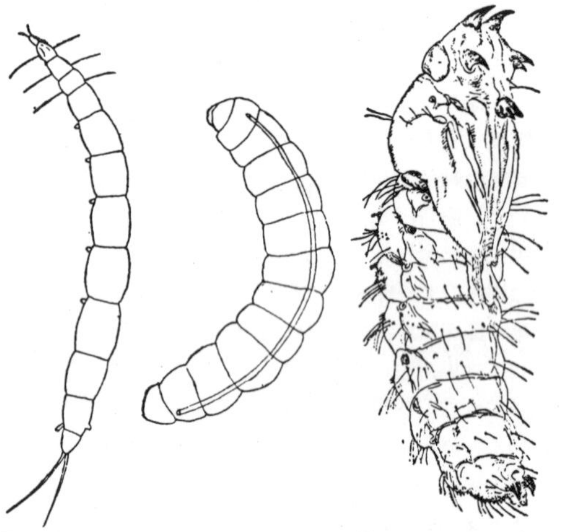

Fig. 1318. *Bombylius vulpinus* の幼虫（Handlirsch）
左図．第1齢虫　右図．最終齢虫

Fig. 1319. *Bombylius* の蛹（Engel）

る。卵は蜂の巣に近い個所に産み落され，幼虫孵化するとそれ等の巣に侵入して蜂の幼虫に外部寄生する。

世界から2000種以上が発表され，つぎの如く17亜科に分類されている。

1．翅の第 2+3 径脈即ち第 2 脈は径中横脈に甚だ近い処で径分脈から殆んど直角に生じ且つ基部にて膝状となつている (Fig. 1320)。複眼は後縁の中央に切れ目を有する……………………………………………… 2

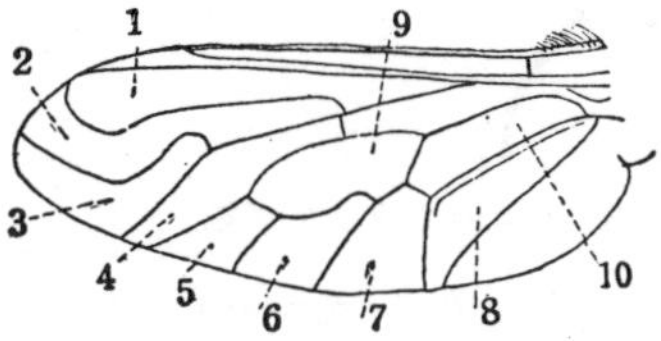

Fig. 1320. *Anthrax* の翅 (Engel)
1．縁室（第 1 径室） 2．第 1 亜縁室（第 3 径室） 3．第 2 亜縁室（第 4 径室） 4．第 1 後室（第 5 径室） 5．第 2 後室（第 1 中室） 6．第 3 後室（第 2 中室） 7．第 4 後室（第 3 中室） 8．臀室（肘室） 9．中央室（中室第 2） 10．第 2 基室（中室第 1）

第 2 脈と第 3 脈（第 4+5 径脈）とは径中横脈の遙か前方で鋭い角度に分かれているかまたは多少変曲して分かれている (Fig. 1321) ……………………………… 3

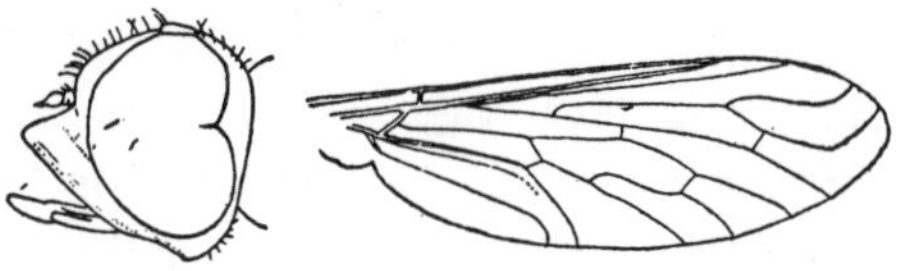

Fig. 1321. *Plesiocera europaea* の頭部側面図と翅 (Engel)

2．胸瓣は縁毛を装い，触角末端突起が末端に 1 毛束を具え，後胸側板は裸体………Subfamily *Anthracinae*

胸瓣は鱗毛を縁に装い，触角末端突起は末端毛束を有しない。後胸側板は有毛……………………………………………………………………Subfamily *Exoprosopinae*

3．触角基部は左右広く離れ，腹部は長く円筒状，複眼の後縁は切り込みがない (*Cytherea* Fabricius, *Callistoma* Macquart, *Pantarbes* Osten Sacken, *Sericosoma* Macquart) ……………………………………………………Subfamily *Cythereinae* Becker 1913

触角は左右接近し，若し広く離れる場合腹部が細長くない……………………………………………………… 4

4．腹眼は後縁の中央に 1 切れ目を有し，そこから雌雄共に複眼を 2 分する 1 線が出ている…………………… 5

複眼は斯くの如き切れ目を有しない。多くとも円い凹みを有するのみ……………………………………… 7

5．顔は長く且つ狭い口孔の上に屋根形に延び (Fig. 1321)，口吻は短かく，翅の第 2 脈は彎曲して分かれている (*Tomomyza* Wiedemann, *Antonia* Loew, *Plesiocera* Macquart)……………………………………………………Subfamily *Tomomyzinae* Becker 1913

顔は凸形で前方に延びない。第 2 脈は鋭角に分かれている…………………………………………………… 6

6．頭部は胸部より幅広くなく，腹部は少くとも胸部と等幅で扁平，翅の径中横脈は中室の中央を著しく越えた処に位置する (*Lomatia* Meigen, *Anisotamia* Macquart, *Oncodocera* Macquart) ……………………………………………Subfamily *Lomatiinae* Becker 1913

頭部は胸部より幅広いが後縁は狭い，体は扁平よりもむしろ円筒状，翅の径中横脈は中央室の中央近くに位置する (*Aphoebantus* Loew, *Desmatoneura* Williston, *Epacmus* Osten Sacken, *Eucessia* Coquillett) ………Subfamily *Aphoebantinae* Becker 1913

7．顔は垂直で額より著しく長く，頭楯は深い溝によつて頬とわかれ，翅の第 2 脈は彎曲して分かれている (*Mariobezzia* Becker)……………………………………………Subfamily *Mariobezziinae* Becker 1913

顔は多くとも額と等長，頭楯は頬から深い溝によつて分離していない。第 2 脈は鋭角に分かれている… 8

8．腹部は甚だ細長く柄部を有し，後胸腹板は甚だ強く発達し，後頭は凹み，複眼は雌雄共に合眼的かまたは殆んど合し，体は裸体，翅は基部細く覆片と胸瓣とを有しない………………………Subfamily *Systropinae*

腹部は著しく細くなく，翅は覆片と胸瓣とを有する……………………………………………………………… 9

9．翅の第 3 脈即ち第 4+5 脈は簡単，従つて亜縁室は 1 個，小さな裸体のせむし状の蠅……………………10

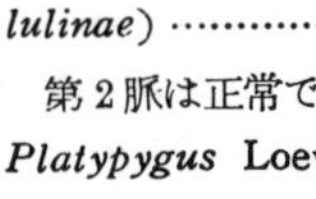

Fig. 1322. *Mythicomyia* の翅 (Williston)

第 3 脈は叉分し，亜縁室は 2 個または 3 個，第 2 脈は長く決して第 1 脈に終つていない…11

10．翅の第 2 脈は甚だ短かく第 1 脈に終つているかまたは全然ない (Fig. 1322) (*Mythicomyia*, *Empidideicus* Becker, *Glabellula* Bezzi) (*Glabellulinae*) …………………Subfamily *Mythicomyiinae*

第 2 脈は正常で前縁脈に終る (*Cyrtosia* Perris, *Platypygus* Loew)……………………………………………Subfamily *Cyrtosiinae* Bucker 1913

11．体は多少曲り細く，幅広でなく，胸部は顕著，腹部は円筒形かまたは時に扁平，時に裸体かまたは鱗毛を

生じあるいは棘毛を有し，翅は普通比較的短かい…12

体は細くもなく曲つてもいない，腹部はむしろ扁平で一般に有毛で棘毛を欠く…………………………13

12. 前胸は環状で強い彎曲せる棘毛を装う (*Toxophora* Meigen, *Lepidophora* Westwood)……………………………………………Subfamily *Toxophorinae* Schiner 1868

前胸は小さく彎曲棘毛を有しない (*Cyllenia* Latreille, *Amictus* Wiedemann, *Eclimus* Loew)………………………… Subfamily *Cylleniinae* Becker 1913

13. 触角の第1節は太く長毛を装い，翅は短かく4個の開口後室を有する (*Conophorus* Meigen, *Aldrichia* Coquillett)…… Subfamily *Conophorinae* Becker 1913

触角第1節は太くなく，翅は短かくない…………14

14. 顔は甚だ短かい鼻状に突出し，口吻は短かく直線で肉質端を有し，雄の複眼は2区分され，翅の中央室は末端幅広く第2後室より著しく幅広。殆んど裸体 (*Heterotropus* Loew, *Caenotus* Cole, *Prorates* Melander)…………………………………………………………… Subfamily *Heterotropinae* Becker 1913

顔は鼻状でなく，口吻は長く小さな唇瓣を具えている。稀れに裸体…………………………………………15

15. 翅の第2脈と第3脈の叉脈とは翅軸と同線上にある。体は幅広でせむし状，被毛は微細で多数でなく，脚の棘毛は弱体かまたはない (*Phthiria* Meigen, *Apolysis* Loew, *Geron* Meigen, *Rhabdopselaphus* Bigot)………… Subfamily *Phthiriinae* Becker 1913

第2脈と第3脈の叉脈とは前方に彎曲し明瞭に翅頂前に終り，体は一般に幅広…………………………16

16. 体毛は短かいかまたは発達しない。脚には棘毛がなく頭部は小形 (*Usia* Latreille)…………………………………………… Subfamily *Usiinae* Becker 1913

体毛は普通顕著，脛節は棘毛の3列を具え，後頭の下部は普通幅広………………Subfamily *Bombyliinae*

以上の諸亜科中本邦にはつぎの4亜科のみが見出されている。

1. クロバネツリアブ亜科 Subfamily *Exoprosopinae* Becker 1913——学者によつては *Anthracinae* 亜科に包含せしめて取り扱つている。翅の覆片は胸瓣の如く縁毛を装い，触角末端突起の末端に棘毛環を有しない。*Exoprosopa* Macquart や *Hemipenthes* Loew や *Hyperalonia* Rondani や *Villa* Lioy や *Stonyx* Osten Sacken, *Lepidanthrax* Osten Sacken や *Thyridanthrax* Osten Sacken や *Dipalta* Osten Sacken 等が代表的な属で，本邦には *Exoprosopa* と *Villa* との2属が知られている。クロバネツリアブ (*Exoprosopa tantalus* Fabricius) (Fig. 1323) 体長11～16mm，黒色。頭部は円く，額は褐色を帯び黒色の短毛を密生し前方部には黄色微毛を混生し，頭幅の約1/5なれど雄では著しく狭い。顔は長さの約1倍半の幅を有し，頭頂と同様に多毛，側縁に近く1黄褐色の裸体斜溝を有する。触角は黒褐色，第1節は円筒形，第2節は前節の約1/3長，第3節は前2節の和より長く長円錐形で殆んど尖り，棍棒状端突起を具え，同突起は黄褐色で末端に1微棘を有する。胸背は黒色の短毛にて被われ，側縁は橙黄色短毛を，前縁は黄褐色長毛を，夫々装う。小楯板は多少淡色，黒色の短毛にて被われ，後縁には黄色の短毛と黒色の棘毛とを装う。腹部は黒色毛にて被われ，第3節は黄色毛，末端節は白色毛，基節両側は橙黄色長毛にて夫々被われている。翅は長大，黒褐色，第3径室と第4径室とは夫々横脈によつて閉ざされている。脚は細く，黄色。本州・四国・九州・沖繩・台湾・東洋熱帯等に広く分布する。スキバツリアブ (*Villa limbatus* Coquillett) は体長11～15mm，翅は前縁のみ黒褐色，腹各節の前側両縁は黄色または橙黄色の毛を密生している。本州・九州・台湾等に産する。

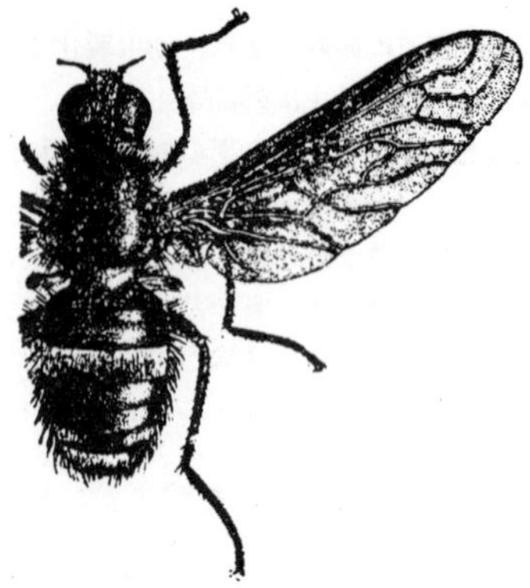

Fig. 1323. クロバネツリアブ雄

2. ネグロツリアブ亜科 Subfamily *Anthracinae* Becker 1913——前亜科に近似，しかし翅の覆片が顕著な縁毛を欠き単に微毛を生ずるのみ。*Anthrax* Scopoli, *Spongostylum* Macquart 等が代表的な属で，最初の1属が本邦に産する。ホシツリアブ (*Anthrax aygulus* Fabricius) (Fig. 1324) 体長9～11mm，黒色。頭部は円く胸部と

Fig. 1324. ホシツリアブ雄

殆んど等幅，額は頭幅の約1/5で前方に拡まり，黒色の短毛を疎生し前方には白色微毛を混生し，雄では著しく狭い。顔は下方に狭まり，黒色毛を生じ，これに白色毛を少しく混生する。触角は黒色，甚小，第1節は幅より短かく，第2節は前節の約1/2長，第3節は前2節の和より少しく長く，その基部球形に近く他は棒状で，末端に棒状突起を有し，多毛。胸背は黒色毛にて被われ，小楯板は半円形に近く黒色毛を疎生する。腹部は黒色長毛を密生し，雌では第2～4の各節側部に白色毛を生じ，雄の末端3節は白色鱗片から被われている。翅は1/2基部が暗褐色，中央室の末端と基部下角及び第4径室の基部等に暗黒色紋を有し，雄は基部と前縁とのみ暗黒色，雌は上記黒紋以外に第3径室と第5径室との各基部及び第2基室末端等に暗黒色紋を有する。脚は黒色。本州・九州・台湾・ニューギニヤ等に産する。この属には更に数種が産する。

3. ツリアブ亜科 Subfamily *Bombyliinae* Becker 1913——多くは短太で著しく密毛から被われ，径分脈の叉脈は幾分前方に彎曲し，長い口吻を前方に突出せしめている。*Bombylius* Linné, *Anastoechus* Osten Sacken, *Heterostylum* Macquart, *Systoechus* Loew, *Triplasius* Loew 等が代表的な属で，最初の2属が本邦に発見されている。ビロウドツリアブ（*Bombylius major* Linné）(Fig. 1325) 体長7～11mm，黒色で淡黄色の長毛を密生する。頭部は中庸大，額は頭幅の約1/3で前方に拡がり黒色毛を混生し，雄の額は複眼にて殆んど覆われている。顔は前方に著しく突起し，黒色と黄色との長毛にて密に被われている。触角は黒色で細長，第1節は棒状，第2節は前節の約1/4長で円筒状，第3節は前2節の和の1倍半以上の長さを有し中央部多少太く末端に進むに従い細まり，末端棘は短小だが基部に球形に近い1節がある。口吻は黒色で，体長より少しく短かい。胸背は前方部に黒色毛を混生し，側板に白色長毛を密生しその上縁部のものは褐色。腹部は短太，尾端と側縁の中央部とに黒色毛を混生している。翅は狭く，前半黒褐色でその後縁は波状を呈し，第5径室は閉ざされ柄部を有する。脚は細長く，黄赤色で基部幾分褐色を呈する。全土に産し，北米・欧洲・北アフリカ等に分布する。

Fig. 1325. ビロウドツリアブ雌

4. ハラボソツリアブ亜科 Subfamily *Systropinae* Brauer 1880——殆んど無毛で，短かい胸部と普通は甚だ細長い末端太まる腹部とを具え，複眼は大きく後縁えぐられていない。翅の覆片は非常に退化し，径分脈は正常に叉分し，第2中脈は退化するが中央室は閉ざされている。*Systropus* Wiedemann, *Cephenius* Enderlein, *Dolichomyia* Wiedemann 等が代表的な属で，本邦産のものは *Cephenius* 属に属する。ニトベハラボソツリアブ（*Cephenius nitobei* Matsumura）(Fig. 1326) 体長13～15mm，黒色で黄褐色の腹部を有する。頭部は胸部より幅広く，大形の複眼から覆われ，微小単眼瘤と銀白色粉にて被われている細い前額を現わすのみ。触角根部は微かに突起する。口吻は頭部の高さより長く，基部黄色で末端黒色。触角は細長く，第1節は長く黄色，第2節は前節の約1/3長で黒色，共に黒色微毛を有し，第3節は前節の2倍強の長さを有し黒色で扁平。胸背は黒色，肩瘤から前胸側縁に亙る1帯紋と中胸背板側部に縦列する3斑とは黄色。腹部は著しく細長く，背面暗色，後端上下に膨太する。翅は透明で多少煤色。脚は黄色，前・中両脚は短かく，後脚は著しく細長く赤褐色で脛節と跗節とは黒褐色を呈しその接合部は黄色。北海道・本州等に産し，灌木の間を飛翔する事が多い。この属には更にスズキハラボソツリアブ（*C. suzukii* Matsumura）が本州から発見されている。

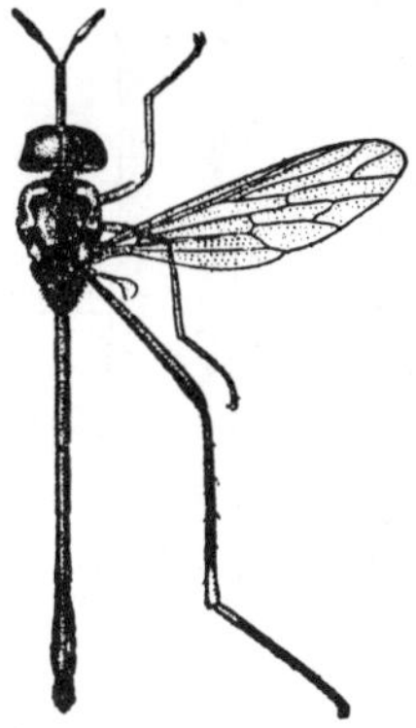

Fig. 1326. ニトベハラボソツリアブ（青木）

572. ムシヒキアブ（食虫虻）科 *Fam. Asilidae* Leach 1819

Robber Flies や Assassin Flies 等と称えられ，ドイツの Raubfliegen である。小形乃至大形で体長5～50mm であるものは甚だ太い体を有し，細長いものや長いもの等があり，一般に絨毛か毛か棘毛を装い，稀れに裸体，色彩は暗黒色・灰色・帯黄色・帯褐色・帯赤色またはこれ等の混合色。頭部は長さより著しく幅広で，額棘毛を具え，細い頸部によつて胸部に連る。触角は前方に突出し，簡単で，普通3節からなり，末端節は長く末端に太い1節または2節からなる突起あるいは羽毛状の棘毛を具えている。しかしこれ等のものがない事もあり得る。複眼は大形で左右離り，単眼は普通突出部上に位置して存在する。口器は下方に向いている太く堅く短か

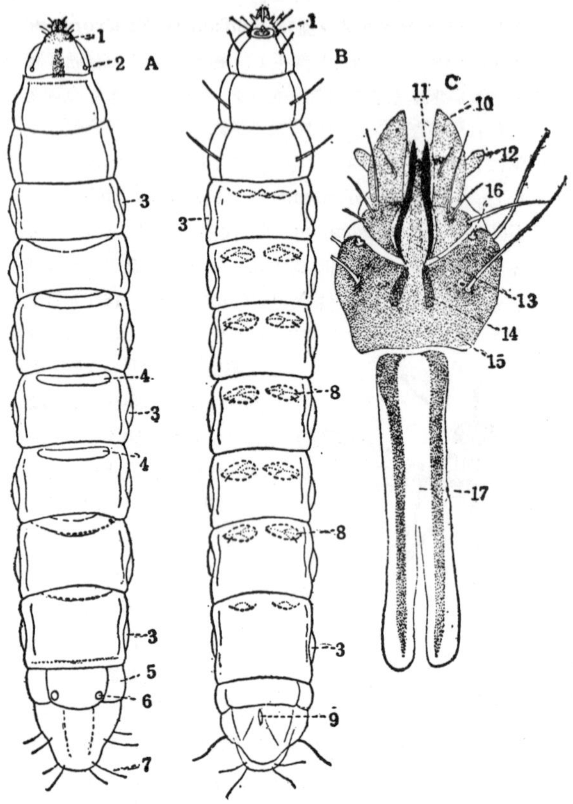

Fig. 1327. ムシヒキアブの幼虫（Efflatoun）
A．*Machimus atricapillus* の背面図 B．*Dysmachus forcipula* の腹面図 C．同頭部背面 1．環瘤部 2．前胸気門 3．側瘤部 4．背瘤部 5．末端節の前部 6．後気門 7．端棘毛 8．伸縮突起 9．肛門 10．大顋 11．小顋 12．鬚 13．上唇 14．咽頭保持片 15．頭蓋 16．触角 17．頭蓋棒

い角質の口吻からなり，末端に細長い唇瓣を具え，小顋鬚は2節で基節が小さく屢々癒合して1節となつている。胸部は大きく，背面に膨隆し，棘毛を装う。腹部は8節，雄の尾節は顕著，雌は尖る産卵管を具えている。脚は強く，普通細長く棘毛を装い，腿節と後脚脛節とは太まる事が多く，爪間盤はあるものとないものとがあり，褥盤は正常か痕跡的かまたはない。翅は大形で強く且つ長く，無色透明か帯白色か黒褐色，基室は長く，亜縁室は2個または3個，後室4～5個，第1径室と第3中室と臀室（肘室）とは開口または閉口。幼虫（Fig. 1327）は活潑で，円筒状かまたは殆んど円筒形で，明瞭に環節付けられ，普通淡色，胸部の各節は2本の長い側腹毛を具え，尾端節は種々な構造のものがある。蛹（Fig. 1328）は自由で頭と腹背等に普通棘を具え且つ剛毛を装う。

成虫は大部分飛翔中に食餌たる他の昆虫類を捕え，口吻にて刺し運動不可能ならしめ，後体液を吸収する。森林中や平野や河川及び池の岸や枯木上等に見出される。幼虫もまた土中や塵芥中や腐敗木中等に生活している昆虫類の幼虫に寄食するものと考えられている。ある種類は蜜蜂の害敵で，またある種類は人類を刺咬する。世界から約4000種程が知られ，つぎの如く7亜科に分類されている。

1．小顋鬚は1節，触角は細長い末端触角棘毛を具え，中胸側板には棘毛を欠き，腹部は8節……2
　小顋鬚は2節，触角は太い末端触角突起を有するかまたはこれを欠き，甚だ稀れに末端棘毛を具えている……………………………………………3
2．翅の第1径室即ち縁室は閉口。甚だ細長い種類で，僅かな毛と棘毛とを有し，爪は長く，褥盤はなく，産卵管は輪棘を有しない…………………………………………………Subfamily *Leptogasterinae*
　第1径室は閉口，僅かに細いかまたは太い種類で，有毛と云うよりはむしろ有棘毛，褥盤は存在し，産卵管は屢々輪棘を末端に具えている…………………………………………Subfamily *Asilinae*
3．第1径室は開口，稀れに末端で閉ざされ，中胸側板は棘毛を欠く……………………………………4
　第1径室は閉口，中胸側板は棘毛を装い，雄の腹部は7節稀れに6節，屢々太く且つ多毛……6
4．雄の腹部は6節（*Laphystia* Loew, *Psilocurus* Loew, *Triclis* Leow, *Trichardis* Hermann）…………Subfamily *Pyrtaniinae* Hermann 1920
　雄の腹部は7節で雌のものは8節……………5
5．前脚の脛節は爪状の末端突起を有しない…………………………………Subfamily *Eremocneminae*
　前脚の脛節は爪状の末端突起を有する…………

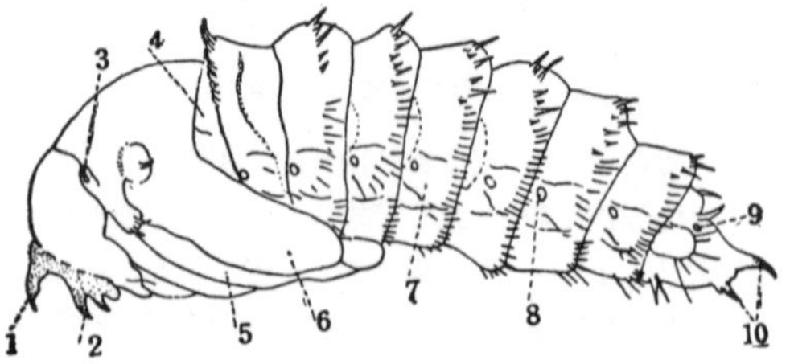

Fig. 1328. *Machimus atricapillus* の蛹（Efflatoun）
1．触角前突起 2．触角後突起 3．気門 4．後胸背板 5．中脚鞘 6．翅鞘 7．腹部の側部 8．腹部気門 9．末端気門 10．尾突起

……………………… Subfamily *Acanthocneminae*

6．小形，一般に暗色。触角の第3節は上縁に亜端棘を有し，後胸背板の側瘤は有毛かまたは鈍棘毛を生じ，翅の横脈は普通互に1線となつて中央室と第4後室とを閉ざし，雄の交尾器は比較的小形で下面に位置する（*Atomosia* Macquart, *Amathomyia* Hermann, *Loewinella* Hermann）………………………………………… Subfamily *Atomosiinae* Hermann 1920

中庸大乃至大形，むしろ甚だしく有毛。触角第3節は亜端棘を欠き，後胸背板の側片は決して棘毛を生じない。中央室と第4後室とを閉ざす各横脈は1線上に位置しない。雄の交尾器は自由で且つ普通大形………………………………………… Subfamily *Laphriinae*

以上の諸亜科中に本邦にはつぎの5亜科が産する。

1. **ホソムシヒキアブ亜科 Family *Leptogastrinae*** Schiner 1862――体は甚だ細長く棘毛と毛とを疎生する。触角第3節は環節からなる末端棘を具え，小顋鬚は1節，中胸側板の棘毛がなく，翅の第 2+3 径脈は自由で翅縁に達し，第3中室と臀室とは開口，臀部は非常に狭く，脚の褥盤はない。*Leptogaster* Meigen, *Euscelidia* Westwood, *Psilonyx* Aldrich 等が代表的な属で，最初の1属のみが本邦に見出されている。ホソムシヒキ（*Leptogaster basilaris* Coquillett）(Fig. 1329) 体長13〜14mm，黒色。額は幅狭く灰色粉にて被われ，前方に狭まり，顔は甚だ細く漸次下方に拡がり白色鱗毛にて被われている。雄の顔は触角基部の少しく下方にて狭まつている。触角は黄褐色乃至赤褐色，第1節と第2節とは各淡色で等長，第3節は前2節の和とほぼ等長で紡錘状，末端棘毛を具えている。口吻は頭の高さより短かく，黒色。胸背は光沢に富み，肩瘤と側縁とは灰色粉にて被われ，全面に白色微毛を疎布し，肩瘤と翅基瘤とは黄褐色乃至赤褐色を呈する事が多い。小楯板は甚小，灰色粉にて被われている。腹部は著しく細長く末端部多少太まり，各節の接合部に幅広の淡藍灰色粉からなる横帯を有する。翅は殆んど無色，縁紋は黒褐色，翅端は甚だ微かに曇る。脚は細く黒褐色，第1跗節と後脚の腿節及び脛節基部とは黄白色。本州・朝鮮・台湾・スマトラ等に分布する。本邦全土に普通な種類はミノモホソムシヒキ（*Leptogaster minomensis* Matsumura）で黄褐色種。

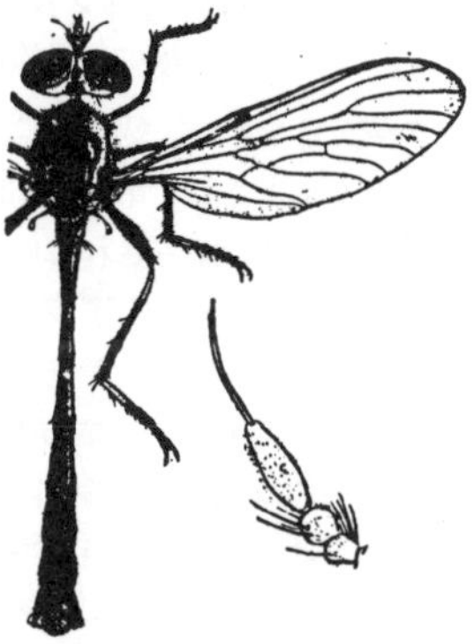

Fig. 1329. ホソムシヒキ雄

2. **ツメムシヒキアブ亜科 Subfamily *Acanthocneminae*** Hermann 1920――この亜科は *Dasypogoninae* Schiner 1862 に包含せしめて取扱われる事が多い。しかし前脚の脛節末端に爪状の1突起を具えている事によつて区別する事が出来る。而して狭義の *Dasypogoninae* 亜科である。*Dasypogon* Meigen, *Cophura* Osten Sacken, *Deromyia* Philis, *Isopogon* Loew, *Nicocles* Jaennicke, *Saropogon* Loew, *Selidopogon* Rondani, *Taracticus* Loew 等が代表的な属で，本邦には最初の1属のみが知られている。アシナガムシヒキ（*Dasypogon japonicum* Bigot）(Fig. 1330)，体長21〜23mm，赤褐色。額は長幅殆んど等大，単眼瘤の側方で急に多少狭まり，黒色で黄金色粉にて密に被われている。顔は下方に微かに拡がり，幅の約1倍長（雄では多少長い），黄金色粉にて被われ，下方に黄色の剛毛を密生する。触角は細長く黄赤色，第2節は前節より短かく，第3節は多少側扁するが細く前2節の和の約1倍半の長さを有し，末端に黒色短小棘を具えている。胸背は前方に著しく膨隆し，黒色で黄金色粉を疎布し，暗褐色の3縦条を有し，これ等の縦帯は黒色毛にて被われ中央のものは甚だ細く側方のものは前半外方に著しく幅広となる。腹部は細く，第5・6の両節は黒色，雄では更に第4節の前縁に黒色横帯を有する。翅は帯黄色，外縁から後縁に亙り曇り，翅脈は黒褐色，第3中脈と第1肘脈とに短かい横脈を有する。脚は著しく細長く黄色，前脚の脛節末端に爪状に彎曲する1突起を具えている。

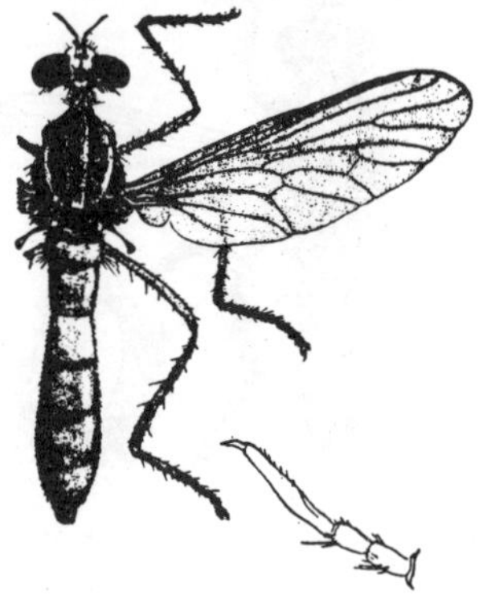

Fig. 1330. アシナガムシヒキ雄
附図．触角

3. **タセツムシヒキアブ亜科 Subfamily *Eremocneminae*** Hermann 1920――この亜科もまた広義の *Dasiponinae* に属するものであるが，他の2亜科からつぎの2特徴によつて区別する事が出来る。即ち雄の腹部は明瞭に7節で雌のものは8節，而して前脚の脛節末端に爪状突起を有しない事によつて独立せしめられている。形状は種々ある。*Anisopogon* Loew, *Ancylorrhyncus* Latreille, *Cyrtopogon* Loew, *Dioctria* Meigen, *Habropogon* Loew, *Heteropogon* Loew, *Holopogon*

Loew, *Lasiopogon* Loew, *Microstylum* Macquart, *Myielaphus* Loew, *Pycnopogon* Loew, *Rhadinus* Loew, *Stenopogon* Loew, *Stichopogon* Loew 等が代表的な属で，本邦には *Myielaphus*, *Clinopogon* Bezzi, *Lasiopogon*, *Cyrtopogen*, *Ceraturgus* Wiedemann, *Dioctria*, *Microstylum* 等の属が知られている。ツマグロヒゲボソムシヒキ (*Cyrtopogon pictipennis* Coquillett) (Fig. 1331) 体長10～15mm，黒色。額は頭幅の約1/3，微かに黄灰色粉から被われ，中央に1縦溝を有し，全面に黒色の軟毛を多生する。顔は前方に円味強く，白色粉で被われ，黒色と白色との柔毛を密生する。触角は黒褐色，第3節著しく長く中央少しく拡がり，末端棘は第2節とほぼ等長。胸背は褐色粉で被われ，中央の短かい1細縦条と肩瘤とは灰色粉で被われ，側縁の彎曲縦帯と横溝とは淡褐灰色粉で被われ，全面黒色の長柔毛にて被われている。小楯板は光沢に富み，胸背同様の毛にて被われている。腹部は光沢強く，第2～4（雄）または2～5（雌）の各背板の後縁は灰色粉で被われ且つ白色柔毛を多生し，他は凡て黒色毛を装う。産卵管は小，雄の交尾器は大きくなく上鋏子は幅広であるが末端急に尖る。翅は末端に黒褐色大紋を有し中央に不規則な褐色帯を有し，肘室（臀室）と第3中室と第1径室とは夫々開口。脚は黒色で，同色の毛を多生する。本州中部に普通。ハラボソムシヒキ (*Dioctria nakanensis* Matsumura) は本州・九州・台湾（高地）等に分布し殆んど無毛で，体細く，アシナガムシヒキに一見類似する。カワムラヒゲナガムシヒキ (*Ceraturgus kawamurae* Matsumura) は本州と九州とに産し，頭部が著しく幅広く，触角が胸部より長い事によつて明瞭である。またメスアカオオムシヒキ (*Microstylum spectrum* Wiedemann) は最大種で，体長34mm内外，奄美大島に産する。

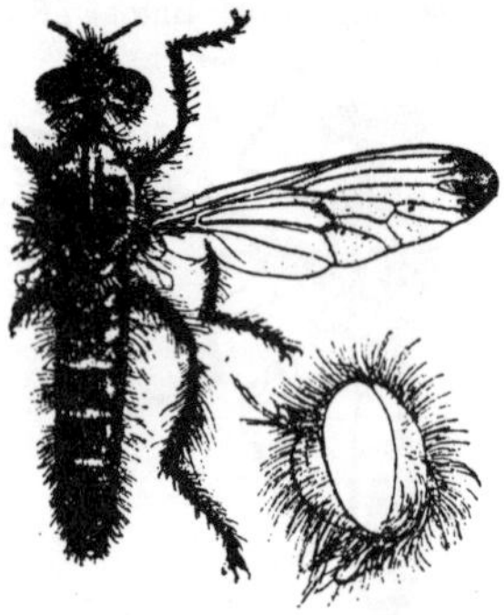

Fig. 1331. ツマグロヒゲボソムシヒキ

4. イシアブ亜科 Subfamily *Laphriinae* Hermann 1920――頭部は高さより幅広く，顔は殆んど常に明瞭な顔瘤を具えていない。触角は末端棘または棘毛を具え，中胸側板は常に棘毛を装う。腹部は多数のものは太く且つ多毛，しかし時に比較的僅かな毛を装うものがある。翅の第 2+3 径脈は常に第1径脈に終り，臀部は正常。脚の褥盤は存在する。*Laphria* Meigen, *Andrenosoma* Rondani, *Ctenota* Loew, *Dasyllis* Leow, *Lampria* Macquart, *Lamyra* Loew, *Stiphrolamyra* Hermann, *Pogonosoma* Rondani 等が代表的な属で，本邦には *Laphria* と *Pogonosoma* との2属が知られている。オオイシアブ (*Laphria mitsukuri* Coquillett) (Fig. 1332) 体長21mm，黒色。額は頭幅の約1/4，著しく凹み中央に単眼瘤を有し，側縁に多数の黒色毛を装う。顔は中央横に凹み，口縁上方著しく隆起し，黒色と黄色との長毛を密生する。触角は黒色で細く，第1節細長，第2節は前節よりやや細く1/3長，第3節は前2節の和の1倍半の長さを有し，末端多少細まり微棘毛を具えている。口吻は頭の高さと殆んど等長。胸背は幅より少しく長く，黒色毛にて被われ，翅基後瘤には赤褐色毛を混生する。腹部は太く，1/2基部は黒色毛で他は橙赤色毛で密に被われている。翅は多少黄色を帯び，翅脈部は黒褐色，肘室（臀室）は翅縁直前で閉ざされ，第3中室は明瞭な柄部を有し，第1径室は前縁前で閉ざされている。脚は太く，腿節後部から脛節末端迄に長毛を密装し，脛節の毛は殆んど橙赤色で他のものは黒色。トゲツヤイシアブ (*Pogonosoma funebre* Hermann) は本州・九州・台湾等に普通で，体長20～23mm，黒色で光沢に富み，毛が少ない。

Fig. 1332. オオイシアブ
附図．雄の交尾節

5. ムシヒキアブ亜科 Subfamily *Asilinae* Schiner 1862――前亜科に類似するが中胸側板に棘毛を欠く事によつて容易に区別する事が出来る。触角は第3節末端に2節からなる触角棘毛または触角棘突起を具えている。普通著しく棘毛を生じ，屢々多毛。腹部は多く胸部より細く且つ末端の方に漸次細まり，雌は屢々細長い産卵管を具えている。*Asilus* Linné, *Cerdistus* Loew, *Dysmachus* Loew, *Erax* Scopoli, *Mallophora* Macquart, *Philonicus* Loew, *Ommatius* Wiedemann, *Promachus* Loew, *Proctacanthus* Loew, *Tolmerus* Loew, *Machimus* Loew, *Neoitamus* Osten Sacken, *Eutolmus* Loew 等が代表的な属である。本邦には *Philonicus*, *Eutolmus*, *Neoitamus*, *Promachus*, *Ommatius*,

Machimus, *Astochia* 等の属が見出されている。シオヤアブ (*Promachus yesonicus* Bigot) (Fig. 1333) 体長25～28mm，黒色，額は頭幅の約1/4，褐色粉で被われ，側縁に黒色毛を装う。顔は下半著しく前方に膨隆し，黄色の粉と毛とにて被われている。口吻は黒色。触角は細く黒色，第3節は第1節より細く末端に至るに従い細まり，淡色の長い触角棘毛を具えている。胸背は褐色粉にて被われ，中央に暗色の2縦条を有し，側縁は多少黄色を呈し，後縁と後半側縁とは黒色毛または黄色毛を生じ，側縁の棘毛は黒色だが時に黄赤色のものを混生する。小楯板は黄褐色または褐色の粉にて被われ，黄色乃至黄赤色の毛を装う。腹部は細く，第5(雄)～第6(雌) 節迄各節の後縁に黄色毛からなる横帯を有し，雄の尾端に白色の毛塊を具え，雌の尾端2節は青藍色で光沢に富む。翅は細く微かに煤色を帯び，第1肘脈は普通中央室後縁より出ている。脚は黒色，脛節は末端を除き，黄赤色。全土に産し，最も普通種。他の属中比較的分布の広いものはマガリケムシヒキ (*Neoitamus angusticornus* Loew) で樺太から本州南部迄分布しこの亜科中最小のもので体長17～20mm，胸背に明瞭な白色粉からなる線紋を有する。これと同様胸背に白色粉からなる太い線紋を有するもので雌が著しく細長い産卵管を有する種類はトラフムシヒキ (*Astochia virgatipes* Coquillett) で，体長19～24mm，本州・九州・台湾等に産する。

Fig. 1333. シオヤアブ

c. 前切形亜目

Suborder *Prosechomorpha* Enderlein 1936

この亜目は普通 *Nematocera* に包含せしめられているが Enderlein によつて独立せしめられた。而して *Thaumaleidae* 1科のみからなり，欧洲・アメリカ・濠洲・ニュージランド・本邦等から発見されている。

つぎに特徴を記述する。

573. ユスリカバエ (揺蚊蠅) 科

Fam. Thaumaleidae de Meijere 1917

Orphnephilidae Rondani 1856 は異名。小形で体長6mm 以下，裸体，帯赤黄色または帯褐色。頭部は小さく円く，複眼は雌雄共に合眼的，単眼はなく，口吻は短かく，小顎鬚は触角より長く5節からなり第1節は短かく第2節が最太，触角 (Fig. 1334のa) は口縁近から生じ，柄節と梗節と鞭節とからなり，最後のものは10節からなりその基部の2節または数節が大形で合して球形となりいわゆる第3節を構成し残りの節は糸状でいわゆる触角棘毛を形成している。胸部は太く，背面に強く膨隆し，横線を欠き，大形の鈍三角形の小楯板前で幾分平となつている。後胸背板は弧状。腹部は胸部より狭く円筒形，7節からなり，雄の交尾器は大形で基片が膨れ，産卵管は幅広の円い葉片を具えている。脚は簡単で比較的短かく，基節は短かく，脛節は距棘を欠き，跗節は中庸長で前脚のものは脛節とほぼ等長で短かい末端前節を有し，爪間盤は痕跡的，爪は小形。翅 (Fig. 1334のb) は腹部より長く，亜前縁脈は短かく前縁に終り，第2脈は彎曲し，第3と第4との両脈は簡単，基室は短かく，中央室はなく，臀角は円い。幼虫はユスリ科のものに類似し，細長く，胸部に畸形脚を具え，尾端に突起と血液鰓とを具えている。小さな谷川等に棲息し，常に岩石上にあつて体の背面を水面上に現わしている。蛹は自由で，胸部に呼吸管を具え，常に水底の岩石下に見出されている。

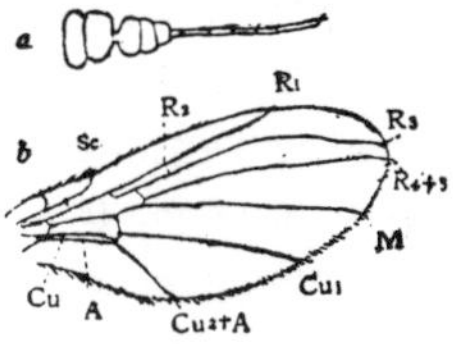

Fig. 1334. *Thaumaleidae* (Enderlein)
a. *Orphnephilina nigra* の触角
b. *Androprosopa larvata* の翅

世界から約35種程が知られ，主に旧北区に多く，*Thaumalea* Ruthe (=*Orphnephila* Haliday), *Androprosopa* Mik, *Trichothaumalea* Edwards, *Austrothaumalea* Tonnoir, *Prothaumalea* Enderlein, *Orphnephilina* Enderlein 等の属が知られている。最初の1属が本邦に産する。クロズユスリカバエ (*Thaumalea japonica* Okada) (Fig. 1335) 体長2～4mm，黒褐色。頭部黒色，触角は9節からなり甚だ短かく，基部の3節は太く短かく他は円筒状，小顎鬚は5節からなり触角よりも長い。胸背は暗黒色で，1対の不明瞭な灰褐色の縦帯を有する。脚は淡黄褐色で，膝部と脛節末端とは多少暗色を帯びる。翅はやや尖れる翅頂を有

Fig. 1335. クロズユスリカバエ (徳永)

し，全面は微毛を粗生し，前縁部は暗褐色を帯び，径室の末端は暗黒色，他は褐色，翅脈は黄褐色。平均棍は長く，灰黄色。雌の腹部は褐色，末端背板の左右は後方に突出せず，尾葉は円形で黄色，雄の腹部は黒色，第9背板は大きく後方切断状で左右に鉤状突起を出す。幼虫はユスリカ科のものに類似し，本州山地の清冷な溪流中に棲息する。

d. 畸 脈 亜 目

Suborder *Gephyroneura* Enderiein 1936

この亜目は一般に *Brachycera* 中に包含せしめられている。しかし翅のいわゆる臀室が甚だ小さく翅の基部の方に縮少され，且つ触角が高等の蠅類の様に構成され即ち第3節の背面または末端に棘毛を有する事等によつて独立せしめられたものである。つぎのごとき4科がこの亜目に属する。

1．翅端は鋭く尖り，前縁脈は翅の後縁に延びている…………………………………………Family *Lonchopteridae*

翅端は正常で円く，前縁脈は前縁のみに現われている……………………………………………………………………2

2．翅の覆片の縁は毛状の棘毛を有しない。中中横脈は一般に存在し且つ常に径中横脈を遥かに過ぎた処に位置し，いわゆる臀室は末端鋭いか直角か円いかまたは鈍角，若し臀室が鋭角に終つている場合には2基室が比較的長く亜前縁脈が痕跡的かあるいは前縁に終る。後脚の跗節の第1節は第2節より長い…………………3

翅の覆片の縁に羽毛状棘毛を具え，基室と中央室とは甚だ小さく，径中横脈と中中横脈とは同1線上に位置し，臀室は短かく鋭く，臀脈は翅縁に達し，中脈の支脈は基部にて結合しない。亜前縁は第1径脈に終り，後眼毛列は存在し，後脚の第1跗節は第2節より短かい（*Sciadocera* 新熱帯，濠洲）………………………………………………… Family *Sciadoceridae*

3．翅の径中横脈は翅の1/4基部を越えた処に位置し，中央室は普通第2基室から分劃され，第3脈は屢々叉分し，後室は屢々4個即ち第2中室が第3中室から分離し，亜前縁脈は痕跡的かまたは前縁に終り，胸瓣は微小，複眼は普通触角基部にて小さい凹みを有し，後眼毛列を欠き，触角棘毛は末端に位置し，口吻は普通堅く，雄の交尾器は内曲していない。鈍色で殆んど金属的色でない…………………………Family *Empididae*

径中横脈は翅の1/5基部内に位置し，中央室は常に第2基室と合体し，第3脈は決して叉分する事がなく，後室は3個即ち第1中脈と第2中脈とが癒合し，亜前縁脈は完全な場合には第1径脈に終り，胸瓣はむしろ大形で縁毛を装い，後眼の1毛列があり，口吻は殆んど常に軟く，雄の交尾器は腹部に幾分内曲する。普通金属的青色………………Family *Dolichopodidae*

以上の内つぎの3科が本邦に産する。

574. オドリバエ（舞蠅）科

Fam. Empididae Fallén 1817

Dance Flies や Empids 等と称えられ，ドイツの *Tanzfliegen* である。微小乃至小形で体長2～11mm，多くのものは細く，棘毛を装い，隠色で黒色や灰色や帯黄色や帯褐色を呈し少数のものは金属色。頭部は小さく球形で小さな頸部を具え，複眼は大きく雄では合眼的，単眼は存在し，口吻は短かいものや長いものがあつて堅く且つ末端尖り刺込に適応している。触角は前方に向い，2～3節で，第1節と第2節とは甚だ小さく，末端触角棘毛または棘があるものとないものとがある。胸部は短かいかまたは長く，著しく背面に膨隆する。腹部は7節，あるものは側部に空中での浮器を具え，雄の交尾器は大きく且つ複雑，産卵管は幾丁質化し突錐状で長い。翅は普通発達するが，減退せるものや欠けているもの等があり，長く，簡単か短縮するかの種々の翅脈相を有する。胸瓣は小形。脚は細く，あるものでは前脚が捕獲脚となつている。腿節かまたは脛節かが裸体のものやあるいは太まり棘や鱗片や顆粒等を具え，褥盤と爪間盤とは存在し後者は細長い。幼虫（Fig. 1336）は細長く円筒形かまたは紡錘状で，小さな頭部と11体節とからなり，双気門式で，擬脚はあり得る，尾端に1棘または1突起と1対の気門とを具えている。

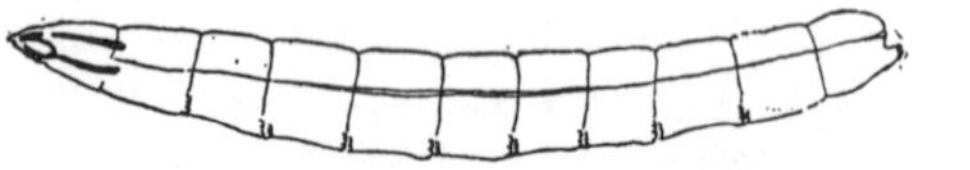

Fig. 1336. *Hilara maura* 幼虫の側面図 (de Meijere)

幼虫は捕食性で小さな節足動物を食物とする。陸棲性のものは土や蘚苔類や植物質塵芥や枯木等の中や樹皮下等に棲息し，水棲性のものは淡水中に生活している。成虫は交尾時期に空中に陸上または水上にて上下飛翔を行う。而して彼れ等は微小な昆虫や他のものを捕食し，あるものは吸血性である。世界から約1600種以上の種類が発見され，つぎの如く8亜科に分類されている。

1．翅の臀室（肘室）と中央室とは完全，もし何れも不完全な場合は前脚基節が甚だ長く且つ前脚が捕獲脚となつているかしからざれば翅の臀角が直角となつている………………2

Fig. 1337. *Platypalpus* の翅 (Melander and Brues)

中央室が第2基室と合体し (Fig. 1337)，臀室（肘室）と臀脈とがないかまたは不完全，後室は3個，亜前縁脈は痕跡的かまたはなく，第3脈は常に簡単（*Tachydromia* Meigen, *Drapetis* Meigen, *Coloboneura* Melander, *Micrempis* Melander, *Platypalpus* Macquart, *Stilpon* Loew, *Tachypeza* Meigen, *Tachyempis* Melander）…………………………………… Subfamily *Tachydromiinae* Schiner 1862

2．翅の臀角は突出しない，前縁脈は弱体であるが翅の後縁に廻り，臀室（肘室）の末端縁即ち第1肘脈は傾斜するか垂直かまたは円く更に稀れに鈍角に臀室を閉ざしている。前脚基節は中後両脚のものより長く，口吻は短かく，複眼は額上で左右広く離り，中胸側板は傾斜する…………………………………………………… 3

翅の臀角は多少明瞭，若し基部の方に漸次細まつている時は中胸側板は痕跡的かまたは翅の後縁が薄い。前脚基節は長くなく，雄は屢々合眼的……………… 5

3．前脚は捕獲脚となり明瞭に前方に位置し，その基節は腿節と亜等長，翅の径分脈は肩横脈に迄よりは径中横脈迄により近い処で分かれている（*Hemerodromia* Meigen, *Chelifera* Macquart, *Chelipoda* Macquart, *Colabris* Melander, *Drymodromia* Melander, *Monodromia* Melander）……………………………………Subfamily *Hemerodromiinae* Schiner 1862

脚は細く，前脚は他のものから離れていないで基節は長くなく且つ腿節が太くない。径分脈は翅の基部近くから生じている……………………………………… 4

4．触角の第2節は内側にある指状突起によつて第3節と結び付き，翅の臀室はない。南半球に限られて産する（*Ceratomerus*, *Icasma*）……………………………………………Subfamily *Ceratomerinae* Meander 1932

触角の第2節は正常，臀室は存在する。急流や滝等の近辺に見出される（*Clinocera* Meigen（*Atalanta* Meigen）, *Boreodromia* Coquillett, *Dolichocephala* Macquart, *Heleodromia* Haliday, *Oreothalia* Melander, *Wiedemannia* Zetterstedt）（*Atalantinae* Kertesz 1909）…………………………………………………… Subfamily *Clinoceratinae* Melander 1932

5．翅の臀室（肘室）の末端縁は臀脈の基部と明瞭な角度に現われ，口吻は稀れに頭部より長く，胸部は屢々背上に高く膨出する……………………………………… 6

臀横脈は内方に曲り臀室後縁と接触し，臀脈は普通独立の皺として現われ，口吻は屢々長く稀れに直線に突出し，触角は普通3節………Subfamily *Empidinae*

6．翅の臀室は第2基室と等長かまたはより長くその外角は鋭く，亜前縁脈は明瞭………………………………… 7

臀室は第2基室より短かいかまたはほぼ等長でその外角は鈍角かまたは直角，亜前縁脈は弱く，口吻は短かい（*Ocydromia* Meigen, *Anthalia* Zetterstedt, *Bicellaria* Macquart, *Euthyneura* Macquart, *Oedalea* Meigen, *Trichina* Meigen）…………………………………… Subfamily *Ocydromiinae* Schiner 1862

7．翅の中央室は3脈を出し，前縁脈は翅の後縁に連り，口吻は短かく内彎し，触角は3節，胸部は背方に高く隆まらない（*Brachystoma* Meigen, *Anomalempis* Melander）………………………………………………… Sublamily *Brachystomatinae* Williston 1908

中央室は2脈を出し，口吻は堅く直線，触角は2節，胸部は著しく背方に隆起する（*Hybos* Meigen, *Euhybos* Coquillett, *Meghyperus* Loew, *Lactistomyia* Malander, *Syndyas* Loew, *Syneches* Walker）……………………… Subfamily *Hybotinae* Bezzi 1903

以上の諸亜科中現在の処本邦には僅かにつぎの1亜科が知られているのみ，しかし他に多数の種類が産する，

オドリバエ亜科

Subfamily *Empidinae* Kertész 1909

翅の臀部は多少発達し，径分脈の後支脈は多くは叉分し，中央室は正常で3脈を出し，いわゆる臀室は多少短かくなりその外縁は下方が内方に著しく傾斜している。*Empis* Linné, *Gloma* Meigen, *Hesperempis* Melander, *Hilara* Meigen, *Hilarempis* Melander, *Hormopeza* Zetterstedt, *Iteaphila* Macquart, *Microphorus* Macquart, *Rhamphomyia* Meigen 等が代表的な属で，本邦には最初と最後との2属が知られている。

アシブトオドリバエ（*Empis pulmipes* Matsumura）(Fig. 1338) 体長7mm内外，灰黒色。頭部は小さく，顔は灰黒色粉にて被われ，小顋鬚は黄色，口吻は褐色で長く下方に伸び頭の高さの約2倍長。触角は黒褐色。第1節は第2節の2倍強の長さを有し，黒褐色毛を装い，第3節はやや扁平で末端に微棘毛を具えている。胸背は多少円く，灰黒色粉にて被われ，中央に灰色の3縦帯を有し，肩部と両側部と小楯板とは灰色，棘毛は黒色で小楯板には2本を生ずる。腹部は黒色，灰色粉にて被われ，黄白色と暗褐色との毛を装う。翅は半透明黄色で，淡褐色の

Fi.g 1338. アシブトオドリバエ（青木）

翅脈を具えている。脚は淡褐色，褐色毛を有し，中・後両脚の腿節と脛節と第1附節との背腹両面に黒褐色の長い鱗毛を櫛歯状に具えている。本州に普通。この種に類似し体長 11～15mm で脚の櫛歯毛を欠き北海道や本州等の高山の御花畑に普通の種類はネウスオドリバエ (*Empis flavobasalis* Matsumura) である。なお北海道と本州とに産し，腹部が細く，脚も長く，翅の径分脈の後支脈が叉分していない種類はセグロホソオドリバエ (*Rhamphomyia sapporensis* Matsumura) の事が多い。

575. ヤリバエ（槍蠅）科
Fam. Lonchopteridae 1851

Musidoridae Kertész 1909 は異名。Pointed-wing と称えられ，小さな細い，帯褐色か帯黄色の蠅で，体長 2～5 mm。頭部は強い棘毛を生じ，単眼を具え，口吻は短かく，触角は短かく3節で，第3節は円く末端に触角棘毛を具えている。翅は末端尖り稀れに細まつているが円味を有するものがあり，基部の方に中央より漸次細まり覆片を欠き，亜前縁脈と第1径脈とは甚だ短かく，径分脈は翅の基部近くから分かれ非常に長い叉分脈を有し，中脈は叉分し3支脈を有し，第1肘脈と第3中脈とが組合い，第2肘脈は甚だ短かく，臀脈もまた甚だ短かく屢々不明瞭，横脈は径中横脈のみが翅の基部近くにある。脚は中庸長で，棘毛を有し，褥盤は甚だ小さく，爪間盤は退化する。

幼虫は扁平でワラジムシ状を呈し，10節からなり，最初の2節と末端節とに長い棘毛を生じ，双気門式で，後気門は尾節に左右広く離つて1対があり，頭部は発達していない。彼等は落葉下や腐敗植物中に棲息し，腐物食性であるが，あるものは肉食性である。またある種は植物に虫癭を形成し害虫として知られている。老熟すると幼虫の皮膚下に即ち蛹殼中に蛹化する。成虫羽化に際し丁字形の割目が出来，そこから羽出する。成虫は湿気多い個所に普通見出される。世界から約25種程が知られ，大部分旧北区産であるが，新北区と東洋区とアフリカ等にも産する。*Lonchoptera* Macquart (*Musidora*) が模式属である。

Fig. 1339. ハコネヤリバエ

ハコネヤリバエ (*Lonchoptera hakonensis* Matsumura) (Fig. 1339) 体長 3.5mm，淡黄色。頭部は比較的短かく，暗色の単眼瘤を具え，顔は著しく幅広，額棘毛は長く黒色，後頭棘毛と顴棘毛とは短かいが顕著で帯黄色，触角は暗褐色で第1節基部と第3節とは淡黄色，触角棘毛は触角より長い。胸背は比較的長く，暗褐色の3縦条を有し，その中央のものは前方で幅広となり後方小楯板の中央に達し，側方のものは短かく，棘毛は黒色で長く後方に斜に立つている。腹部は尾端截断状，第1節と他の各節背面中央部とは暗褐色，腹面は一様に黄白色。翅は比較的幅広，半透明で少しく灰色を帯び淡黄色の翅脈を具え，翅脈に微棘毛を列するが，前縁脈の基分区と亜前縁脈と第 2+3 径脈と中脈基部等には棘毛を欠く。平均棍は黄白色。脚は黄白色，脛節に数本の黒色棘毛を有し，爪端は黒色。本州中部に産する。

576. アシナガバエ（長脚蠅）科
Fam. Dolichopodidae (Leach 1819) Gerster 1863

Long-legged Flies や Long-headed Flies や Dolichopodids 等と称えられ，ドイツの Langbeinfliegen である。微小乃至小形で体長 1～11mm，細く，長い脚を有し，あるものは長い頭部を有し，滑かで，普通頭部と胸部と脚とに棘毛を具え，黒色や灰色や黄色で，一般に金属的光輝ある青色や藍色や銅色や黄金色や銀白色。雄は屢々特別な装飾を有する頭部や触角や小顎鬚や翅や脚等を具えている。頭部は下口式で胸部より幅広く同属のものにも正常のものや長いものがあり，複眼は大形で雄では合眼的。触角は3節，触角棘毛は背面または末端から生じ雄では裸体かまたは羽毛状，第3節は雄では長く雌では顆粒付けられている。口吻は短かく，肉質で，伸縮自在，唇瓣は大形で肉質的。胸部は小楯板の前方で平圧される事が多い。腹部は5～6節，種々の形状のものがあつて，円筒形や円錐形や扁平や側扁，雄の尾節は小さく隠されているかまたは大形で顕著で複雑な構造を有する。翅は透明かまたは曇色，翅脈は簡単で中央室と基室とが合体し第6脈があるものとないものとがあり，胸瓣は減退する。脚は中庸長乃至著しく長く，基節は短かく，脛節は変化多く普通鮮明色，雄の前脚跗節は屢々大きな暗色または鮮明色の末端毛束を具え，爪と褥盤と爪間盤とは小形。幼虫 (Fig. 1340) は細長く，12節からなり甚だ小さい引込自由な頭部を具え，多くは双気門式で腹部の気門は甚だ小形となつている。後気門は左右分離し短かい葉片突起から囲まれている。水棲かまたは陸棲で，習性はあまりよく知られていない。蛹 (Fig. 1340) は自由で，頭部にある歯状突起を具え，腹部腹板に平たい棘を横列している。

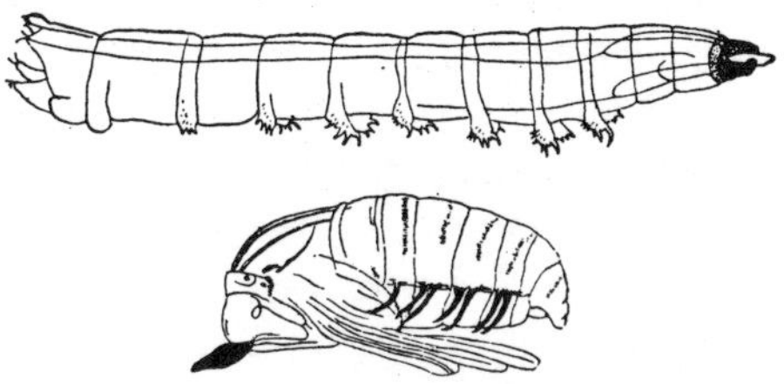

Fig. 1340. アシナガバエの幼虫と蛹
上図. *Dolichopus ungulatus* 幼虫 (Brauer)
下図. *Thrypticus smaragdinus* 蛹(Lübben)

成虫は水辺に多く且つ花や葉や樹皮や水溜等に見出され，大部分の種類は小さな双翅目の成虫や他の微小な昆虫やクモ等を捕食する性を有する。世界から約2000種程発見され，つぎの如く12亜科に分類する事が出来る。

1．第1中脈即ち第4脈の前分脈が後分脈から広く開き第3脈即ち第4+5径脈の方に角張つて近より (Fig. 1341)，頭部は短かく且つ幅広く，後頭は凹み，頭頂は沈み，単眼瘤は突出し，雄の交尾節は自由でその附属器が認められる。

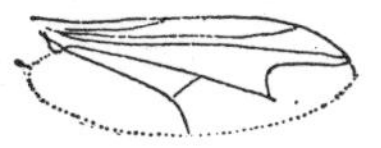

Fig. 1341. *Psilopodinus* の翅 (Aldrich)

体は細く，短かく幅広の胸部と狭く長い腹部と細長い脚とを具えている………Subfamily *Chrysosomatinae*

第1中脈は時に彎曲しているが角張つて曲つていない。頭頂は沈まず，胸部は幅より長い………………… 2

2．触角の第1節は裸体かまたは例外的に有毛，後の場合には後頭が凹んで胸部に密着し，あるいは小顋鬚が幅広かまたは雄の交尾節が自由となつていない…… 3

触角第1節は有毛，後頭は凸形，雄の顔は一般に狭く弱い横圧部を微かに有し，小顋鬚は小さく，翅基瘤は存在し，中肘横脈は翅縁から遠ざかり，中脚脛節は末端に5棘毛の1組を具え，雄の交尾節は大形でむしろ自由で明確で且つ屢々大きな葉片を具えている。太く有棘毛種 ……………… Subfamily *Dolichopodinae*

3．口吻は太く内曲せる1鉤棘を具え，脚の基節は有棘，前脚腿節は基方に2本の互に開らく棘状棘毛を具えている。海岸棲。(*Aphrosylus* Walker, *Teneriffa* Becker)…… Subfamily *Aphrosylinae* Aldrich 1905

口吻は鉤様の刺込器を具えていない。脚の基節と前脚腿節とは上述の如く棘を具えていない…………… 4

4．顔は一般に幅広く明瞭な横圧部を有する………… 5

顔は普通狭く，横圧部は不完全で時に全然ない… 8

5．触角棘毛は背面から生じ，後頭頂棘毛は明瞭，小顋鬚は普通甚だ幅広く口吻に接し，後頭は普通凸形，雄の交尾節は小さく自由でなく小形または大形の附属器を具えている……………………………………… 6

触角棘毛は末端か亜末端から生じ，後頭頂棘毛は微小かまたはなく，後頭は凹み，胸部は小楯板前の裸体で扁平な部を有し，雄の交尾節は長く長い明瞭な附属器を欠き，翅基瘤は明瞭でない (*Medetera* Fischer, *Oligochaetus* Mik, *Thrypticus* Gerster)…………… ……………… Subfamily *Medeterinae* Aldrich 1905

6．翅の中肘横脈は翅の後縁と殆んど平行に走り，第1中脈は前方に曲り翅頂前に終り，後頭の上部は凹み，中胸背板の中棘毛はなく，雄の交尾節は第6腹節内に沈んでいる (*Plagioneurus* Loew) ………………… ……………Subfamily *Plagioneurinae* Aldrich 1905

中肘横脈は殆んど横線で翅の後縁近くに位置し，第1中脈の末端分区は短かい……………………………… 7

7．中胸背板の中棘毛はない (*Thinophilus* Wahlberg, *Eucoryphus* Mik, *Peodes* Loew, *Schoenophilus* Mik)……… Sudfamily *Thinophilinae* Aldrich 1905

中胸背板の中棘毛は存在する (*Hydrophorus* Fallén, *Liancalus* Loew, *Orthoceratium* Schrank)…… …………… Subfamily *Hyarophorinae* Aldrich 1905

8．触角の第3節は普通長く且つ狭く末端に触角棘毛を具え，第2節は横形，後頭は凹み，中脚脛節は末端に棘毛輪を具え，雄の交尾節は長く且つ自由 (*Rhaphium* Meigen, *Eutarsus* Loew, *Machaerium* Haliday, *Syntormon* Loew, *Xiphandrium* Loew) …………………Subfamily *Rhaphiinae* Schiner 1862

触角の第3節は三角形かまたは球形で短かく，稀れに長く，触角棘毛は背面から生ずる………………… 9

9．雄の交尾節は大形且つ自由で多少顕著な附属器を具え，胸部は短かく幅より辛うじて長く前小楯板部 (Prescutellar area) を有し，腹部は長く，脚は細く，中脚脛節の末端に棘毛輪を有しない…………………… ……………………………… Subfamily *Neurigoninae*

雄の交尾節は一般に小さく，むしろ自由で屢々隠され，附属器は下面から認め得らるるが決して大形でない………………………………………………………10

10. 腹部と脚とは長く，触角は頭部の著しく上方から生じ，単眼瘤は突出し，脚に褥盤がなく，腹部の第1節の後縁は隆起する (*Stolidosoma* Becker)…………… …………… Subfamily *Stolidosominae* Becker 1921

腹部は短かく且つ太く，胸部は幅より長く，中脚脛節の末端に棘毛束を有する…………………………11

11. 後頭はむしろ凹み，触角棘毛は背面または亜末端から生じ，雄の交尾節は帽子状かまたは半球形で普通4本またはより多数の強棘毛を具え而して稀れにのみ明瞭な附属器を具えている。体は棘毛を具え，普通腹部末端に棘毛を装つている (*Diaphorus* Meigen, *Argyra* Meigen, *Asyndetus* Loew, *Chrysotus* Meigen, *Leucostola* Loew)…………………………………………………… Subfamily *Diaphorinae* Aldrich 1905

後頭は凸形，触角の第3節は短三角形で有毛で背面から触角棘毛を生じ，雄の顔は狭く，雄の交尾節は小さく稀れに自由，腹部末端は棘毛を欠く……………12

12. 中胸背板の中棘毛はない (*Xanthochlorus* Loew, *Chrysotimus* Loew, *Lamprochromus* Mik, *Micromorphus* Mik)……………………………………………………… Subfamily *Xanthochlorinae* Aldrich 1905

中胸背板の中棘毛は存在し，多少明瞭な1列または2列からなる (*Campsicnemus* Walker, *Sympycnus* Loew, *Syntomoneurum* Becker)………………………………… Subfamily *Campsicneminae* Aldrich 1905

以上の諸亜科中本邦にはつぎの3亜科のみが現在知られている。

1. アシナガバエ亜科 Subfamily *Dolichopodinae* Schiner 1862——体は比較的太く，後頭は凸形，雄の顔は普通狭く不明な横陥部を有し，触角の第1節は有毛，小顋鬚は小形。胸部は幅より長く，翅基瘤は発達する。翅の第1中脈は角張つて曲がらず，中肘横脈は翅縁から遠ざかる。中脚脛節は末端に5本の棘毛からなる1組を具えている。雄の交尾節は大形で，むしろ自由で，明瞭な附属器を具えている。有棘毛の種類。*Dolichopus* Latreille, *Trachytrechus* Walker, *Hercostomus* Loew, *Orthochile* Latreille, *Paracleius* Bigot, *Pelastoneurus* Loew, *Tachytrechus* Walker 等が代表的な属で，本邦には最初の2属が知られている。

アシナガキンバエ (*Dolichopus nitidus* Fallén) (Fig. 1342)，体長 5～6 mm，青色または藍青色で金属的光沢に富む。頭部は胸部より幅広く，額は頭幅の 1/4 内外，雄では多少狭く特に前方に於いて狭まる。触角は頭部より短かく黄色，第3節は幅より長く末端三角形を呈し帯黒色，背面中央に小突起があつてそこから2節からなる長い触角棘毛を生ずる。胸背は甚だ微かに灰色粉を装い，棘毛は黒色。小楯板は甚だ小さく，黄色毛を疎生し，後縁に著しく相隔つた1対の黒色長棘毛を具えている。胸側は灰色粉にて被われ，前胸部に淡色の微毛と1本の黒色棘毛を生ずる。腹部は銅色の光沢を現わす場合が多く，黒色の短毛を疎生し，各背節の後縁が黒色となつている。雄の交尾器は甚大，青黒色，末端の外片は扁平西洋梨形で白色を呈し後縁黒色で曲折した黒色毛を列する。翅は前縁多少曇り，第1中脈は中央で直角に曲り後第4+5脛脈に平行に走つて翅の外縁に終る。脚は短かく，淡黄色で，黒色の短毛と棘毛とを生ずる。本邦と欧洲とに産する。

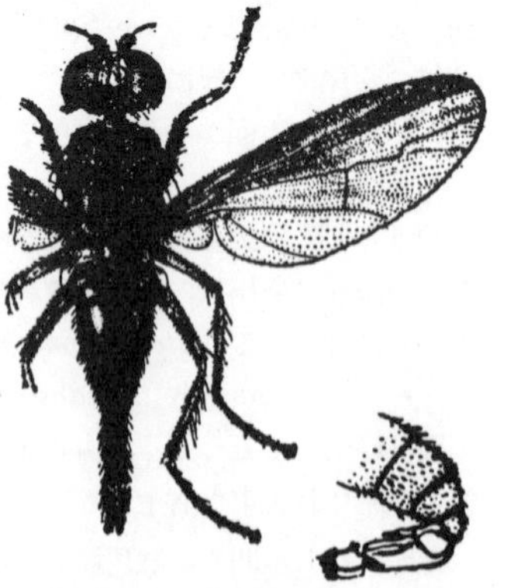

Fig. 1342. アシナガキンバエ
附図．雄の交尾節

2. ヒゲナガアシナガバエ亜科 Subfamily *Chrysosomatinae* Becker 1921——*Agonosominae* Aldrich 1905, *Leptopodinae*, *Psilopodinae* Bigot 1890, *Sciapodinae* Becker 1917 等は異名。頭部は短かく幅広で，頭頂は沈み突出する単眼瘤を具え，後頭は凹む。胸部は長くなく，腹部は細長い。翅の中脈は中肘横脈を遥かに越えた処で2分し，その前支脈即ち第1中脈は殆んど直角に立ちしかる後更に直角に近く彎曲して第3脈即ち第4+5径末端の方に近よつて翅頂に達し，後支脈即ち第2中脈は翅の外縁前にて切断されている。脚は細長い。*Chrysosoma* Guerin, *Sciapus* Zeller, *Condylostylus* Bigot, *Leptorhethum* Aldrich, *Mesorhaga* Schiner, *Psilopodinus* Bigot 等が代表的な属で，本邦からつぎの1種が知られている。マダラアシナガバエ (*Psilopus nebulosus* Matsumura) (Fig. 1343) 体長 6mm。額は幅広く光沢ある緑色，後頭と顔とは白色粉にて被われ，後者は下方に白色毛を多生し，頭頂両側に各2本・単眼瘤に2本の黒色棘毛を有する。触角は黒色，各節殆んど等長，第2節は黒色毛を装い，第3節の末端棘毛は頗る長く胸部と等長。口吻は黄色。胸背は金緑色で，前縁は多少白色粉にて被われ，棘毛は黒色で小楯板のものは4本。腹部は金緑色で黒色毛を疎生し，第1背板の両側に白色毛を装う。翅は透明で淡褐色の翅脈を具え，1/2末端前半部と横脈部とは暗色。平均棍は黄色。脚は淡黄色で黒色の短毛を密生し，基節と腿節下面とは白色軟毛を生じ，前脚の基節は黒色の棘毛を生ずる。全土に産し普通。

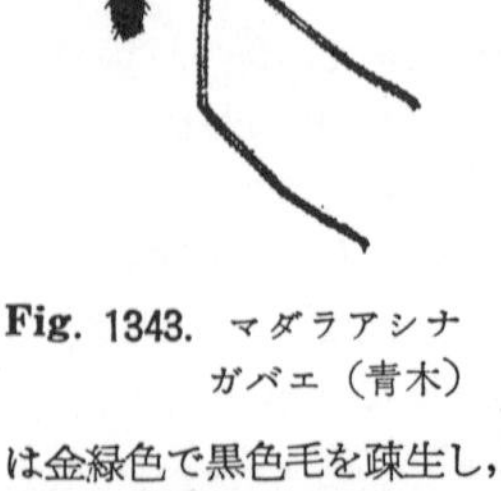

Fig. 1343. マダラアシナガバエ（青木）

3. キイロアシナガバエ亜科 Subfamily *Neurogoninae* Aldrich 1905――頭部は大形で狭い顔を有し，触角の第3節は三角形に近いかまたは球形に近く背面に触角棘毛を生じ，胸部はむしろ短かく小楯板前に平圧部を具え，腹部は長く，雄の交尾節は大形で自由，翅の第4脈は彎曲するが角張つていない。脚は細長く中脚脛節の末端に棘毛群を具えていない。*Neurogona* Rondani と *Oncopygius* Mik とが代表的な属で，最初の1属が本邦に産する。キイロアシナガバエ(*Neurogona denudata* Becker) (Fig. 1344) 体長5mm 内外，黄赤色。頭部は大形で胸部より幅広く，額は頭幅の1/4より狭く灰色粉にて被われ，顔は甚だ細長く銀白色粉にてわれ，雄では線状。触角は淡黄色，第3節は太く前2節の和より長く末端背方にて細まり，触角棘毛は触角の1倍半の長さを有し第3節背縁の基部近くから生じている。胸背の後方中央に褐色の1紋を有し，小楯板は中央褐色で後縁に2本の長棘毛を具えている。胸側板は淡黄色で微かに白色粉にて被われている。腹部は細長く黒褐色，第1節と他の各節後縁の幅広の横帯とは黄色，雄の交尾節は顕著であるがむしろ小さく栗色で末端外片は比較大形，産卵管は微細。翅は微かに曇り，中脈は中央著しく円く曲り，第5径室の開口部は狭い。脚は細長く淡黄色で，黒色微毛を多生している。本州・台湾・インド・オーストラリヤ等に分布する。

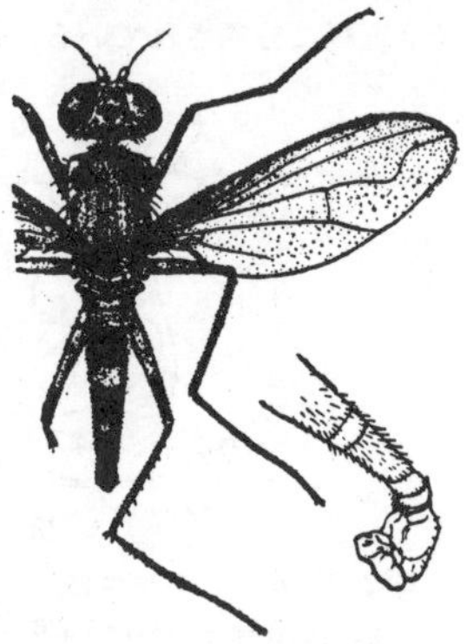

Fig. 1344. キイロアシナガバエ 附属．雄の交尾節

B. 環　縫　群

Group *Cyclorrhapha* Brauer 1880

甚だ様々な形状の蠅を包含している。触角は殆んど常に3節からなり，第3節は普通触角棘毛が背面に生し稀れに末端にあるものと全然ないものとがあり，多くの場合ある数の環節から構成されている。口吻は吸収または刺込に適応し屢々退化し，小顋鬚は多くの場合1節。額は触角根部上方に明瞭な額囊線を有し，同縫合線と触角との間に半月瘤 (Lunula) を具えている。翅脈相は常に特化し，径分脈は翅の基部近くから出で多くは2分岐し，中脈もまた多くは2分岐し，第2肘脈は常に短かく臀脈に終つているかまたは後走している。腹部は多くは7節より少数節からなる。幼虫は退化せる頭部を有し，多くは口鉤を具え，双気門式かまたは後気門式で，後気門は体の第12節即ち末端節に存在する。蛹は幼虫皮膚の剛化せるものの中に存在する。つぎの2亜目に分類する事が出来る。

1．額嚢と額嚢線とが普通なく，半月瘤は短かく半円形不明瞭 ……………………………… Suborder *Aschiza*

2．額嚢と額嚢線とはよく発達し，半月瘤は甚だ鋭く馬蹄形 …………………………… Suborder *Schizophoro*

a. 不 裂 額 亜 目

Suborder *Aschiza* Becher 1882

この亜目はつぎの如く8科に分類する事が出来る。

1．無翅または翅の痕跡を有する……………………… 5
　有翅……………………………………………… 2

2．翅は横脈を欠き，前縁脈とこれに終る他脈即ち第1径脈と第2+3径脈と第4+5径脈または第1径脈と径分脈等が著しく太く且つ強く，他の翅脈は甚だ弱体で何れも簡単。体特に額は多くの場合非常に長い棘毛を列し，触角棘毛は末端または背面に生じ，複眼は左右広く離たり，脚の腿節は扁平………Family *Phoridae*
　翅脈は普通，単眼を有する………………………… 3

3．触角棘毛は末端に生じ，後脚の脛節と跗節とは特に雄では幅広となり，翅の擬脈はなく第5径室は開口… ……………………………………… Family *Platypezidae*
　触角棘毛は背面から生じている…………………… 4

4．翅の第5径室は閉口，径脈と中脈との間に擬脈が発達する。頭部と胸部とは普通棘毛を欠き，単眼は常に存在し，胸瓣は簡単乃至多分岐毛を装い，複眼は中庸大 …………………………………… Family *Syrphidae*
　第5径室は開口，擬脈はなく，複眼は非常に大形で球状の頭部を殆んど全部覆うている…………………… ……………………………………… Family *Pipunculidae*

5．触角は自由で6節以上からなり各節が多少等形，小顋鬚は普通環節からなり，体の棘毛は発達していない。複眼は触角上方で左右合し，腹部は非常に膨大し末端の4節が細い1突起状を呈し，触角は長く糸状かまたは連鎖状，白蟻の巣に寄生する (*Termitomastus* Silvestri 新熱帯)…………………………………… …………… Family *Termitomastidae* Silvestri 1901
　触角は3節またはより少数節，稀れに6節。小顋鬚は無節，体の棘毛は屢々存在する…………………… 6

6．白蟻の巣に寄生する………………………………… 7
　蜜蜂の巣に寄生する。中胸背は短かく腹部環節に類似し，小楯板はなく，腹部は完全に無柄，触角は頭の側溝中に存在し2節 ……………… Family *Braulidae*

7．腹部は非常に膨大し，末端数節は腹面に曲り，触角棘毛は羽毛状，口器は自由，脚は側扁していない（*Termitoxenia* Wasmann インド・アフリカ，*Termitomyia* Wasmann アフリカ，*Odontoxenia* Wasmann ジャバ）……………………………………………Family *Termitoxenidae* Wasmann 1901

腹部は膨脹していない。若ししかる場合には肛門が末端にある……………………………………………… 8

8．頭部は大形で胸背にかぶさり，腹部は小さく明瞭な環節を有しない。複眼は存在し，触角は溝の内に存在し末端触角棘毛を具えている（*Thaumatoxena* Breddin et Bröner 欧洲・アフリカ）………………………
Family *Thaumatoxenidae* Breddin et Bröner 1904

頭部は胸背にかぶさつていない。触角は球形の1節からなり多少頭部の凹みの内に沈み，触角棘毛は細長く3節で裸体かまたは有毛，脚は特に後脚は太く側扁する。多くは蟻か白蟻かと共に棲息している（*Puliciphora* Dahl, *Chonocephalus* Wandolleck, *Platyphora* Verrall, *Acontistoptera* Brues, *Commoptera* Brues, *Ecitomyia* Brues）……………………………………………… Family *Phoridae* の1部

以上の諸科中本邦に発見されているものはつぎの5科。

577. ノミバエ（蚤蝿）科

Fam. Phoridae Haliday 1851

上科 *Hypocera* Latreille として取り扱われた事がある。Humpbacked Flies と称え，ドイツの Buckelfliegen である。微小乃至小形，黯色で多少棘毛を具え，せむし状の甚だ活潑な蝿である。頭部は小さく自由，触角は3節で末端節が大形で屢々他の1節または2節を覆っている事があり，触角棘毛は3節からなり亜背または末端から生じている。脚は中庸長で，棘を具えている。翅は普通の大さだが形状はしからず，痕跡的なものや無い場合があり，翅脈は前縁部の基半部において甚だ太くその他の部分のものは非常に減退している。腹部は8節からなる。幼虫は様々だが11節からなり，前方尖り後方截断状，後気門式かまたは双気門式，各体節に肉質突起を帯状に具えている。蛹（Fig. 1345）は幼虫の皮膚にて包まれ，両端細く，腹面は多少平たく背面隆まり，胸背に呼吸角の1対を具えている。成虫は花や葉上や建築物内等に見出され，幼虫は糞や植物塵芥や茸や死体特にカタツムリの死体等に寄食し，あるものは白蟻や蟻等の巣の中に共棲し，更にあるものは種々の節足動物に寄生している。

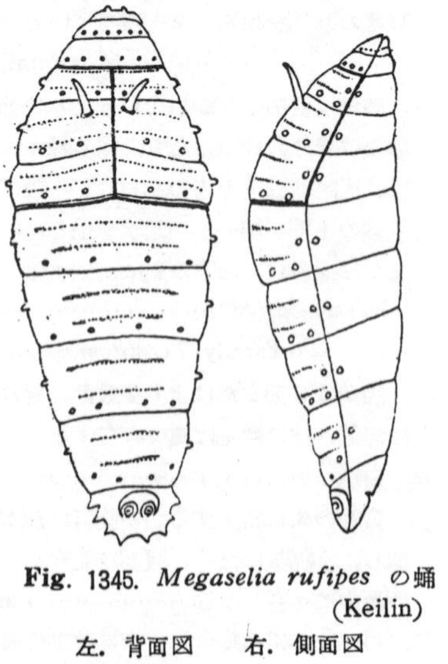

Fig. 1345. *Megaselia rufipes* の蛹 (Keilin)
左．背面図　右．側面図

現在世界から恐らく1000種類内外が知られ，つぎの如く3亜科に分類されている。(Fig. 1346)

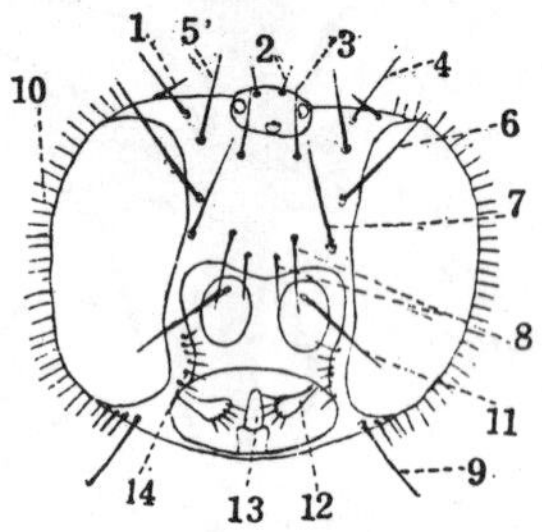

Fig. 1346. ノミバエ頭部の前面図 (Enderlein)
1．後頭棘毛 (Oberste Postocularcilie)
2．単眼棘毛　3．単眼前棘毛
4．頭頂棘毛 (Lateral Borste)
5．第3眼縁棘毛 (2. Lateral Borste)
6．第2眼縁棘毛 (1. Lateral Borste)
7．第1眼縁棘毛 (Antial Borste)
8．触角上棘毛 (1. u. 2. Paar. Supra-antennal Borste)
9．顳棘毛　10．後頭縁毛　11．触角棘毛
12．鬚　13．口吻　14．頬棘毛

1．前胸側板は小形で前方に位置し，肩隆は中胸背板から構成され，前胸気門は背面から見える。体は幅広で多少扁平で，特に普通無翅である雌虫では著しく扁平となつている。額は無翅毛かまたは僅かに棘毛を有し，触角上棘毛 (Supraantennal) は多くはなく決して前上方に向いていない。頭部は胸部下に密着している。有翅の雄は単眼を具え，雌はこれを欠く。蟻や白蟻の客分である。(*Platyphora* Verrall＝*Aenigmatias* Meinert, *Aenigmatistes, Psyllomyia*) (*Aenigmatinae* Enderlein) ……………………………………………
……………………Subfamily *Platyphorinae* Bezzi 1916

前胸側板は側部に位置し側面から見え，前胸気門は背面から見えない。体は幅広くなく且つ扁平でもなく，頭部は自由。雄は多くは有翅で3個の単眼を有する………………………………………………………… 2

2．脚の脛節は1本または数本の長い前端棘毛を具え，額の触角上棘毛即ち下額棘毛 (Lower frontal) がある場合には斜上方に彎曲し，中胸側板は一般に分劃されていない。雌雄共に有翅………Subfamily *Phorinae*

脛節は長い前端棘毛を欠き縁に微毛列を有するかまたはそれを欠き，額の触角上棘毛は2本または4本で前方にかたむいている。雌は屢々無翅かまたは短縮翅を具えている ………………… Subfamily *Metopininae*

以上の3亜科中 *Platyphorinae* 亜科の種類は本邦に未だ発見されてないが恐らく存在するであろう。

1. ノミバエ亜科 Subfamily *Phorinae* Bezzi 1916 ——雌雄共に有翅で，頭部は自由で胸部に密着する事がなく，腹部の各環節は明瞭となつている。習性は甚だ様々で，幼虫は有機質物中に棲息する。*Phora* Latreille, *Chaetopleuropha* Schmitz, *Conicera* Meigen, *Diploneura* Lioy, *Hypocera* Lioy, *Paraspinophora* Malloch 等が代表的な属で，本邦からは数属が発見されているが未だ正確な種名の発表がない。キゴシノミバエ (*Phora egregia* Brues) (Fig. 1347) 体長 5 mm 内外，黒色で腹面は淡黄色，頭部は短かく胸部より少しく狭く，額は光沢に富み頭幅の約 1/3，雌では更に広く，棘毛は黒色で長太。触角は黄褐色，末端節は甚大で幅の約2倍半の長さ有し末端上縁少し尖り，触角棘毛は黒色で亜端背面から出ている。口吻は黄色，小顋鬚は黄色で末端に黒色の短棘毛を列生する。胸背は短楕円形，小楯板は後縁に3対の棘毛を生ずる。腹部は基部黄色，雄の交尾器は黄褐色で白色の長い挿入器を突出せしめ，産卵管は細長く基部黄白色で末端淡褐色，翅は長大，多少煤色を帯び末端部濃色，径脈には微棘を欠く。脚は黄色で，後脚腿節の後半と背縁とは黒色，脛節以下は多少暗色，棘毛は黒色。本州・台湾等に産する。

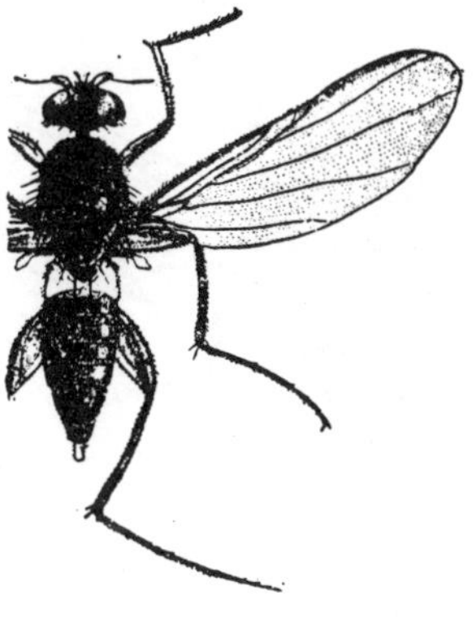

Fig. 1347. キゴシノミバエ

2. トゲナシアシノミバエ亜科 Subfamily *Metopininae* Brues 1932——*Puliciphoridae* Dahl や *Stethopathidae* 等は異名。雌虫は屢々無翅かまたは短縮翅を具え，額の触角上棘毛は常に前向で2本または4本があり，脚の脛節は前端棘毛を欠き縁に列毛を有するかまたは裸体。*Metopina* Macquart, *Apocephalus* Coquillett, *Chonocephalus* Wandolleck, *Gymnophora* Macquart, *Ecitomyia* Brues, *Megaselia* Rondani, *Aphiochaeta* Brues, *Puliciphora* Dahl (＝*Stethopathus*), *Rhyncophoromyia* Malloch, *Syneura* Brues 等が代表的な属である。本邦には恐らくある数の属が産するならんも現在種名の明確にされているものはつぎの1種である。キイロノミバエ (*Megaselia scalaris* Loew) (Fig. 1348) 体長2.5～2.6mm，帯黄色，胸部は時に少しく暗色。頭部と触角と小顋鬚とは帯黄色。額は幅広く，少しく膨れ，微点刻を布し，1本の細い中縦線を有し，触角上棘毛は2対でよく発達し前向。胸側板は無紋，胸背は1対の背中棘毛を具え，小楯板は4本の縁棘毛を具え，後胸背板は帯黄色。腹部は淡黄色または黄赤色で，第1背板の後縁は細く，他背板の側縁と後縁とはかなり広く，夫々黒色を呈している。脚は淡黄色，後脚腿節の末端は黒色，脛節は背面に微小棘毛を列し，中・後両脚のものは特に明瞭，翅は亜透明で甚だ微かに黄色を帯び，前縁棘はむしろ短かく，翅脈は暗色で臀脈は顕著。アジア・アフリカ・アメリカ等に広く分布する。幼虫は充分成長すると 4.4mm 内外の長さとなり，汚白色，扁平で前端尖り後方に幅広となる。各体節に甚だ小さい肉質突起を具え，これら突起は後方の環節に至るに従い大形となり第8腹節上のものが最長である。後気門は第8腹節の背面に位置し左右各々が相接近する幾丁質突起上に存在する。蛹殻は長楕円形で下面は平たく背面隆まり，腹部第1背板の中央両側に1本宛の細長い前側方に突出する呼吸角を具えている。

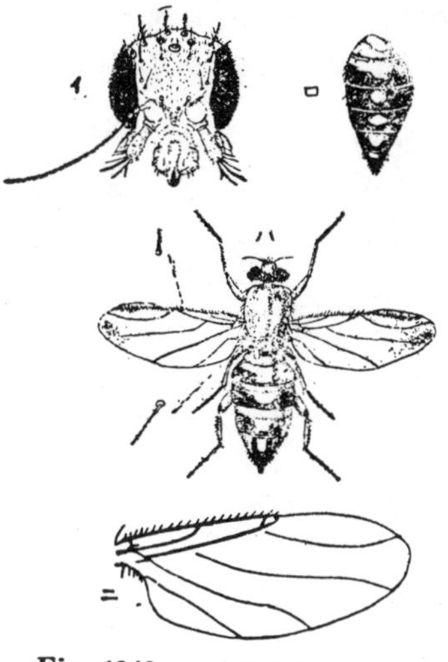

Fig. 1348. キイロノミバエ (Patton)
イ．雌の頭部前面図　ロ．雄の腹部背面図　ハ．雌　ニ．翅

このノミバエは腐敗物の如何なるものにも集来する性を有し，新鮮または古い肉に産卵する。幼虫は1種シャクトリムシの如き歩行をなし甚だ遙漫な動作をする。一般に玉葱や牛乳や昆虫の腐敗体内等によく発見されるが，偶然的に人類や哺乳動物等の組織中にも寄食し成育をとげる事が確められ，更に人類の消食系中にも発見さ

れた事がある。

578. ミツバチシラミバエ（蜜蜂蝨蠅）科

Fam. Braulidae Egger 1853

Bee Lice と称え，ドイツの Bienenlaüse である。微小で完全な無翅，体は簡潔で有毛，蜜蜂の頭部や胸部や腹部の基部等に附着している。白色か褐色か帯赤褐色。頭部は大形で胸部と等幅，触角は短かく深い触角溝中に存在し2節からなり触角棘毛を具え，口器は下口式で短かく，複眼は痕跡的，単眼はない。胸部は短かく不明瞭な環節からなる。腹部は円く，5節が現われ，3節が隠れている。脚は大きく，有毛，跗節は5節からなり末端節は大形，爪は15～16歯からなる櫛歯の形状を呈し，褥盤は西洋梨形。幼虫は無脚で蜜蜂の巣の内に棲息し，蜜や蜜蜂の幼虫の食物を食する。成虫は蜜蜂の成虫によつて移動し，1頭の蜜蜂に数頭乃至数百頭が附着する。

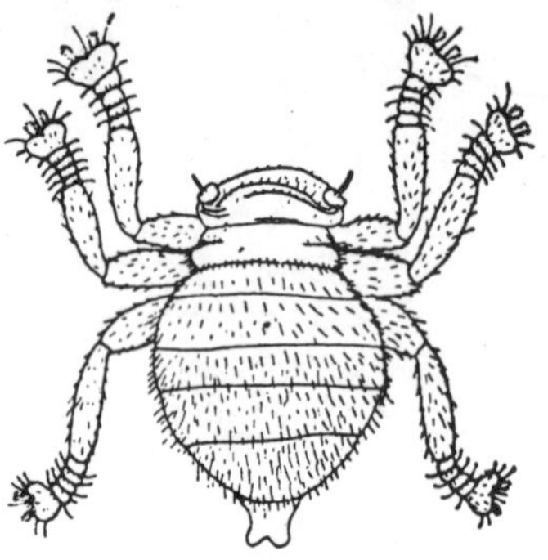

Fig. 1349. ミツバチシラミバエ

この科はつぎの1種からなり，本邦にも発見されたと考えられている。ミツバチシラミバエ（*Braula coeca* Nitzsch）(Fig. 1349) 体長 1～1.5mm，食物によつて白色か褐色かまたは赤褐色。雄は雌虫より微かに小形。アメリカ・欧洲・南アフリカ・タスマニヤ等に分布している。

579. ヒラタアシバエ（扁脚蠅）科

Fam. Platypezidae Welkar 1851

Clythiidae Kertész 1910 は異名。Flat-footed Flies と称え，ドイツの Tummelfliegen や Rollfliegen 等である。体長 2～4mmの小形種，薄く有毛で且つ有棘毛，黶色，後脚の跗節が大形で扁平となり時に雄ではある装飾を具えている。複眼は屢々合眼的，単眼は存在し，触角は3節で長い触角棘毛を背面かまたは末端に生じている。脚の脛節は距棘を欠いている。幼虫 (Fig. 1350) は幅広で扁平，淡色，体節の側部は棘突起を具え，同突起は有節のものや無節のものがあつて種々。幼虫は種々の茸に寄食し，時に有害である。成虫は屢々空中に群飛し，且つ植物の葉上等を走行する。

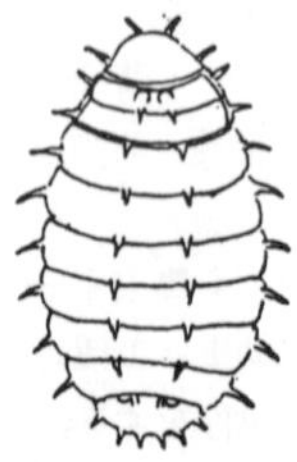

Fig. 1350. *Platypeza* の幼虫 (Lindner)

世界から僅かに100種内外が知られ，つぎの如く2亜科に分類され得る。

1. 後脚の第1跗節は雌雄共に著しく幅広となり且つ太く，翅の中肘横脈はなく，縁紋が明瞭に区劃され，径中横脈はあるが甚だ不明瞭。覆片はなく，翅の基部後縁は鱗毛の1列を生じじている (*Microsania* Zetterstedt) … Subfamily *Microsaniinae* Enderlein 1936
2. 後脚の第1跗節は正常，翅の縁紋はなく，径中横脈は常に明瞭，翅の基部後縁に鱗毛列を有しない………………………………………………Subfamily *Platypezinae*

本邦にはつぎの1亜科が発見されている。

ヒラタアシバエ亜科 Subfamily *Platypezinae* Enderlein 1936—*Platypeza* Meigen (=*Clythia* Meigen), *Agathomyia* Verrall, *Callomyia* Meigen, *Platycnema* Zetterstedt 等が代表的な属で，最初の1属のみが本邦に知られている。ヒラタアシバエ (*Platypeza argyrogyna* de Meijere) (Fig. 1351) 体長 3～4mm，帯褐黒色。頭部は半球形で胸部より幅広く，額は頭幅の約1/7で灰色粉にて被われ，雄では微小な頭頂と前額とを現わすのみ。触角は帯黄色，基部2節は殆んど等長で小形，第3節は前節より長く幅より少しく長く末端円くその中央から少し上方に触角棘毛を生ずる。胸背は幅より少しく長く，灰色粉にて被われ殆んど無毛，小楯板は大きく後縁に4棘毛を具えている。腹部は幅広く尾端に進むに従い細まり終に多少尖る。雄の交尾器は微小で帯黄色，翅は無色透明，翅脈は細く褐色，第5径室は甚だ細長く末端著しく狭まり，中央室は細長く殆んど長方形に近く，肘室即ちいわゆる臀室は小さく下後角は鋭い。脚は黄褐色，後脚跗節は著しく扁平となり黄色。本州・台湾・ジャバ等に分布する。

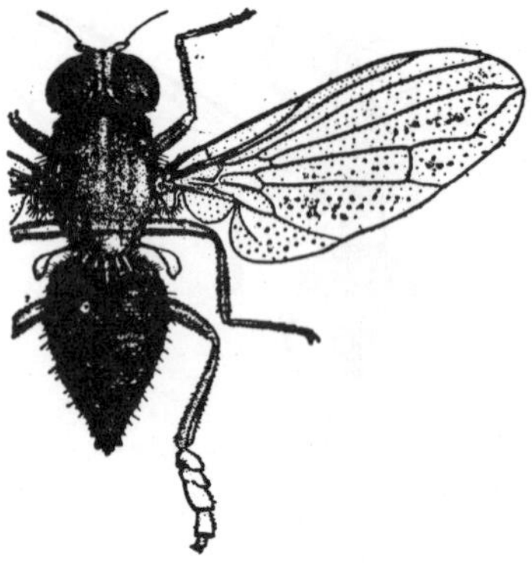

Fig. 1351. ヒラタアシバエ雄

580. ショクガバエ（食蚜蠅）科

Fam. Syrphidae Leach 1819

Syrphid Flies, Flower Flies, Sweat Flies, *Hover*

Flies, Drone Flies 等と称えられているものを包含し，ドイツの Schwebfliegen である。小形乃至大形，平滑または有毛，甚だ活潑な飛翔性で空中に静飛したりまた非常な早さで突進する。体は細いものや太いものがあり，色彩は陰色で一色かまたは鮮黄色・橙黄色・乳白色等の斑紋を有し，あるものは金属的藍色・青色・青銅色等である。頭部は大形で，あるものは額突起を具え，複眼は普通雌では離眼的で雄では合眼的，而して裸体かまたは有毛，単眼は存在し，口吻は一般に短かいが稀れに体と等長。触角は3節で小さなあるいは大きな顆粒突起から生じ，触角棘毛または触角棘突起を具え，それ等は普通背面から生ずるか稀れに背端から出で，1節かまたは3節からなり，触角第3節より長いかまたは短かく無毛あるいは羽毛状。腹部は4～5節からなり，雄の交尾節は屢々大形であるが顕著でない。脚は正常。翅は大形，第5径室といわゆる臀室とは閉口。後者は翅縁前にて

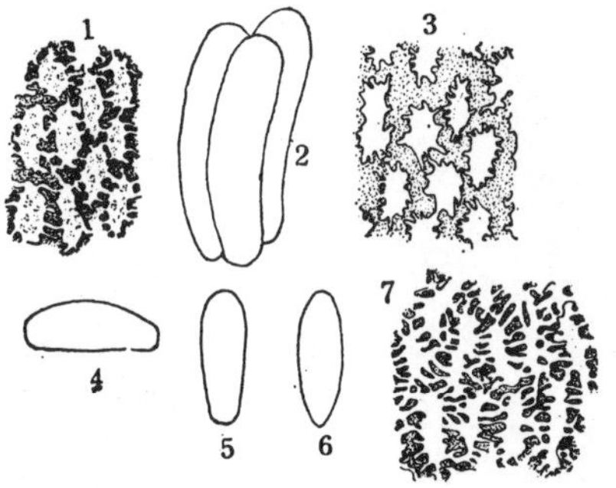

Fig. 1352. ショクガバエの卵 (Metcalf)
1．*Didea fasciata fuscipes* の卵殻面
2．*Eristalomyia tenax* の卵　3．同卵殻面
4．*Syrphus americanus* 卵の側面
5．同　背　面
6．*Allograpta obliqua* 卵の背面
7．同 卵 殻 面

閉ざされ，径脈と中脈との間に明瞭な擬脈を有しこの科の最も顕著な特徴の1つとなつている。しかし例外として欠けているものがある。更に肘脈に接して普通弱体の擬脈いわゆる爪状部線を具ている。

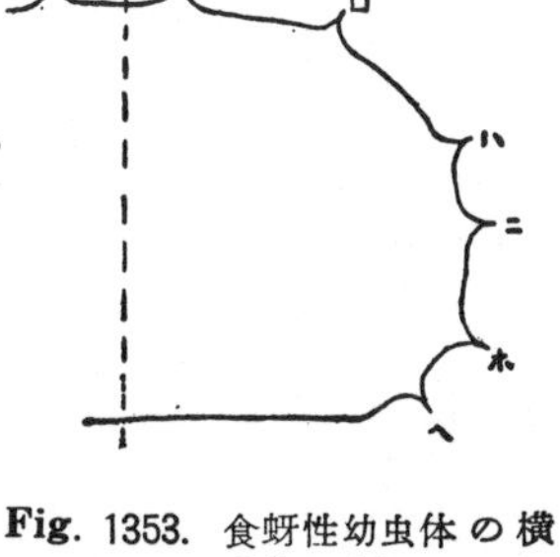

Fig. 1353. 食蚜性幼虫体の横断模式図 (Metcalf)
イ．中節棘　ロ．背節棘
ハ．背側節棘　ニ．側節棘
ホ．後腹側棘　ヘ．前腹側棘

卵 (Fig. 1352) は種々の形状のものがあるが総括的に長形，表面に種々の彫刻を有す

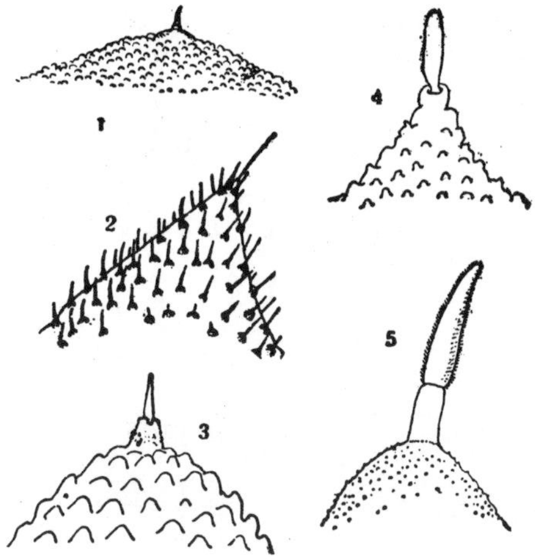

Fig. 1354. 食蚜蠅幼虫の節棘 (Heiss)
1．*Syrphus rectus*　2．*Didea fasciata*
3．*Epistrophe cinctus*　4．*Paragus tibialis*
5．*Baccha clavata*

る。幼虫は頗る変化が多く一般に11節からなり，双気門式と後気門式，頭部は著しく減退している。各節には普通棘の1横列を具え (Fig. 1353)，尤も腹面にはなく，各棘は種類によつて様々な形態となつている (Fig. 1354)。後気門の1対は1気門板上に位置する，尤も *Mesogramma* では左右の気門板が分離する事がある。つぎの4類に分かつ事が出来る。

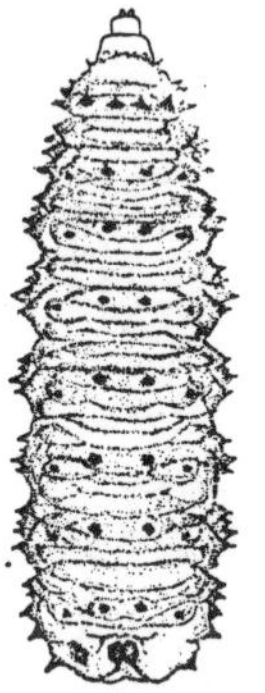

Fig. 1355. *Didea fasciata* の幼虫背面 (Heiss)

1．無尾型 (Non-tailed type) (Fig. 1355, 1356の3～5) 長く幾分扁平，前方に尖り後端截断状，後呼吸器は甚だ僅かに突出しているのみ。緑色，褐色，灰色，または模様付けられている。肉食性で，蚜虫や介殻虫等を食する。*Allograpta* Osten Sacken, *Baccha* Fabricius, *Didea* Macquart, *Melanostoma* Schiner, *Paragus* Latreille, *Pipiza* Fallén, *Scaeva* Fabricius, *Syrphus* Fabricius等が代表的な属がある。

2．短尾型 (Short-tailed type)。(Fig. 1356の1, 2, Fig. 1357) 円筒形で太く，後呼吸器は後端から適度に突出し，末端節には3対の肉質突起を具えているものとしからざるものとがあり，後気門板には分岐棘を具えている。*Syritta* St. Fargeau et Serville や *Tropidia* Meigen その他等が代表的で，普通汚物食性。

3．長尾型 (Rat-tailed type)。(Fig. 1358) 円筒形

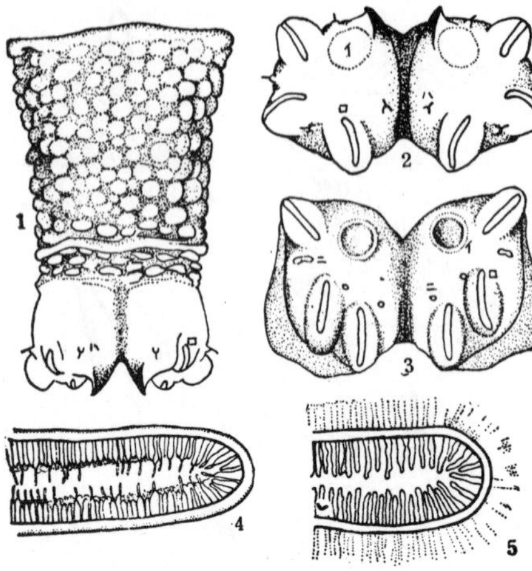

Fig. 1356. 食蚜蠅幼虫の後呼吸器管 (Heiss)
1. *Epistrophe cinctus* の後呼吸器突起背面
2. 同後気門板後面
3. *Lasiophthicus pyrastri* の後気門板後面
4. 同後気門幾丁棒
5. *Syrphus rectus* の後気門幾丁棒
イ. 円板(珠球) ロ. 気門 ハ. 気門間棘毛
ニ. 気門間結節

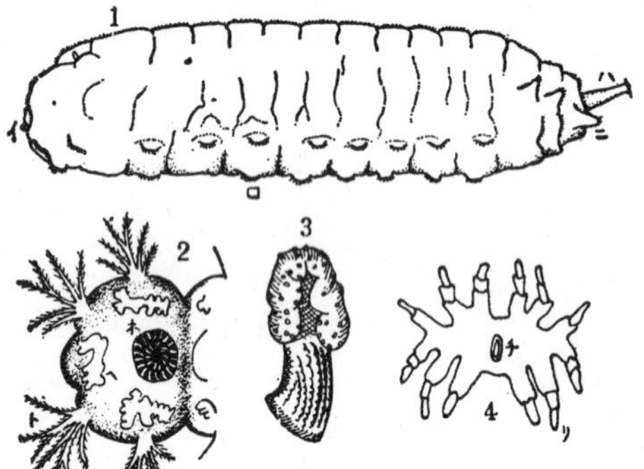

Fig. 1357. *Syritta pipiens* の幼虫
1. 側面図 (Hodson) 2. 後気門板後面左半分 (Metcalf) 3. 蛹の呼吸角 (Metcalf)
4. 直腸鰓 (Krüger) イ. 触角 ロ. 擬脚
ハ. 後呼吸器突起 ニ. 肉突起 ホ. 珠球
ヘ. 気門 ト. 気門間葉片 チ. 肛門
リ. 端糸

で細いかまたは太く，後呼吸器は著しく細長く体長の1〜3倍以上の長さを有し，その末端に長突器輪を具え，体節の多くに擬脚を具えている。半液体中に棲息している。*Eristalis* Latreille, *Lathyrophthalmus* Mik その他が代表的な属である。

4. ヨメガカサ型 (Limpet type) (Fig. 1359)。楕円

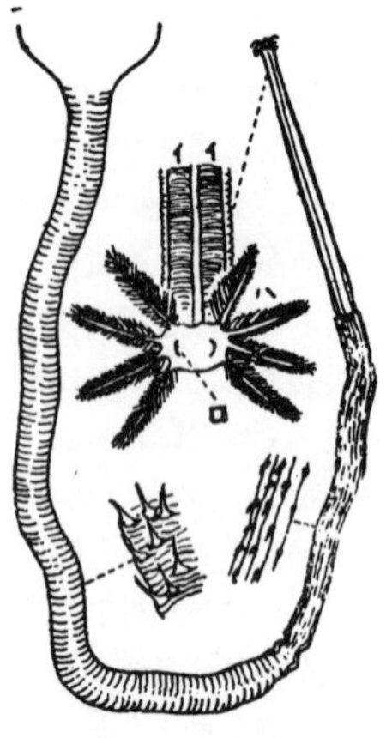

Fig. 1358. *Lathyrophthalmus aenea* 幼虫の尾部 (Metcalf)
イ. 気管 ロ. 気門 ハ. 気門間葉片

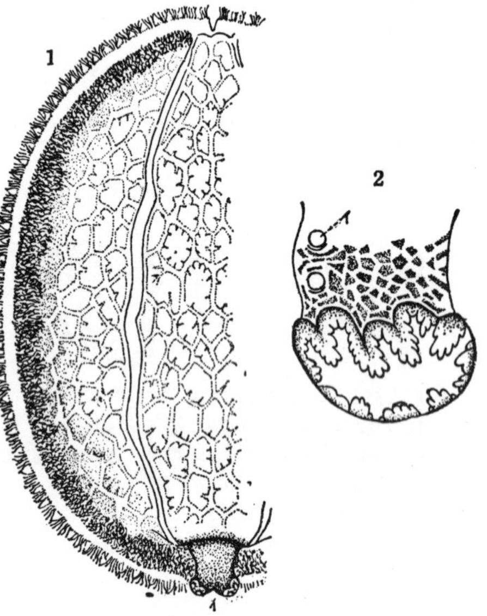

Fig. 1359. *Microdon* 幼虫 (Heiss)
1. 背面左半部 (イ. 後呼吸器突起)
2. 後気門板右半部 (イ. 珠球)

形で背面に膨隆し，表面に彫刻を有し堅く革質で環節を欠き，周縁に短縁毛を密生し，前気門はなく，後呼吸器管のみを具えている。蟻の巣の中に棲息する。*Microdon* Meigen が代表的な唯一の属である。

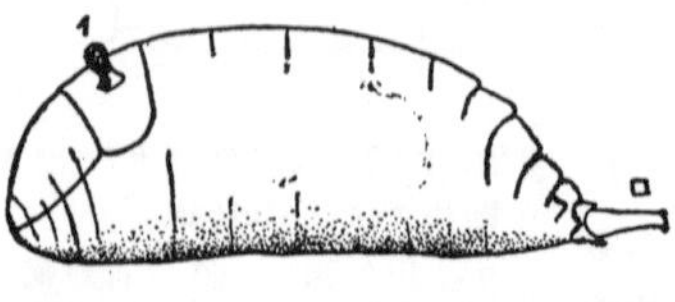

Fig. 1360. *Syritta pipiens* の蛹殻側面 イ. 呼吸角 ロ. 後呼吸器

蛹 (Fig. 1360〜1362) は原始的型で，幼虫の

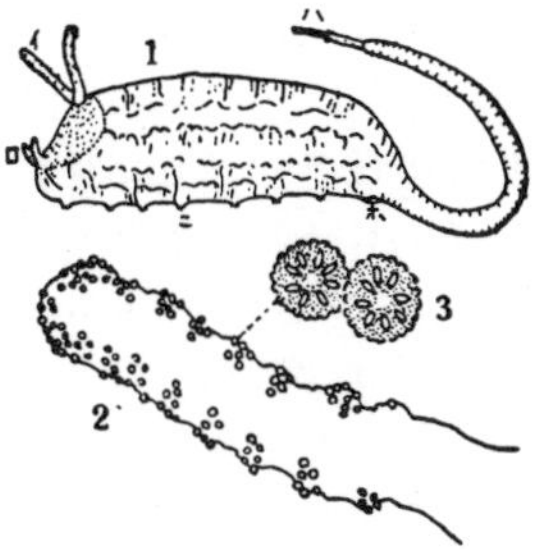

Fig. 1361. *Lathyrophthalmus aeneus* の蛹殻 (Metcalf)
1. 側面　2. 呼吸角　3. 同顆粒　イ. 呼吸角　ロ. 幼虫前呼吸器　ハ. 後呼吸器　ニ. 偽脚　ホ，肛門部

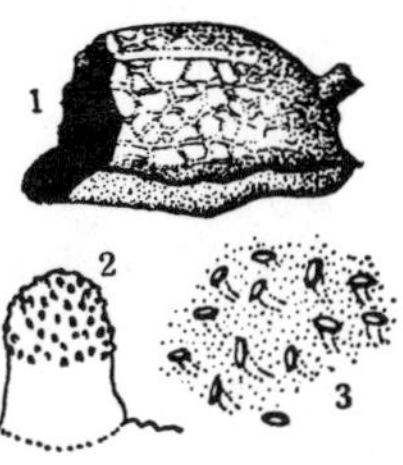

Fig. 1362. *Microdon tristis* の蛹殻 (Metcalf)
1. 蛹殻蓋が成虫羽化の際脱落せるもの　2. 蛹呼吸角(これを以つて蛹殻蓋を突出す) 3. 同表面の1部

最後の皮膚が短縮してその中に包まれる。楕円形，円筒形，西洋梨形，ほぼ半球形等で，呼吸器は幼虫の皮膚の外に突き出され，体の第4と第5節とに位置する。

成虫は花蜜を食し，農作物や野生植物の交配に有意に働いている種類が多い。また樹液や腐敗有機質物から生ずる汁液を食する。幼虫の食物は非常に種類が多いが大体つぎの如き類に分つ事が出来る。

1. 腐蝕質食性 (Saprophagous)
   a. 腐敗植物に寄食するもの——*Tubifera* Meigen, *Zelima* Meigen, *Copestylum* Macquart, *Chrysotoxum* Meigen その他等。
   b. 液体汚物に寄食するもの——*Eristalis* Latreille, *Lathyrophthalmus* Mik その他等。
   c. 掃除者即ち共棲者——蟻や白蟻の巣中に棲息するもの即ち *Microdon* Meigen と蜂の巣中に棲息するもの即ち *Volucella* Geoffroy 等。
2. 食草性 (Phytophagous)
   a. 樹木中に穿孔して生活するもの——*Temnostoma* St. Fargeau et Serville, *Mesogramma* Loew, *Cheilosia* Panzer その他等。
   b. 樹木の傷部内に棲息するもの——*Tubifera* Meigen, *Zelima* Meigen, *Myiolepta* Newman, *Cerioides* Rondani その他等。
   c. 植物の芽に寄食するもの——*Mesogramma polita* Say.
   d. 球虫根類に寄食するもの——*Lampetia* Meigen, *Eumerus* Meigen 等。
3. 捕食性 (Predaceous)
   a. 蚜虫を捕食するもの——*Allograpta* Osten Sacken, *Asarcina* Macquart, *Baccha* Fabricius, *Melanostoma* Schiner, *Paragus* Latreille, *Pipiza* Fallén, *Syrphus* Fabricius, *Scaeva* Fabricius その他等。
   b. 介殻虫を捕食するもの——*Baccha* Fabricius.

以上の他に偶然に人類の腸の蛆病の原因となる事が認められている。即ちハナアブ(*Eristalomyia tenax* Linné), *Eristalis arbustorum* Linné, *Er. dimidiata* Wiedemann, *Tubifera pendulus* Linné, *Tubifera horridus* Becker, ホソヒラタアブ (*Syrphus balteatus* de Geer) 等の幼虫が腸内に発見されている。

この科は大きな群で，世界から3500種内外が発見され，各区に分布している。つぎの如く21亜科に分類する事が出来る。

1. 体の幾丁質化せる部分は青蜂科の如く顕著は点刻を具え，腹部は雌雄共に4節からなり，翅の臀擬脈 (Anal spurious vein=anal furrow) は甚だ短かく翅縁に達する事がない (*Nausigaster* Williston 1884 アメリカ) …………Subfamily *Nausigasterinae* Shannon 1921
   体は顕著な点刻を有しない。腹部は雌では5節 (*Triglyphus* では4節)，翅の臀擬脈は長く翅縁の方に延びている……2
2. 翅の第1径室即ち縁室(Marginal cell) は開口…5
   第1径室は閉口，若し開口の場合は擬脈を欠く…3
3. 翅の径中横脈即ち前横脈 (anterior cross vein) は中央室即ち第2中室の中央から遙かに基部の方に位置する…………Subfamily *Volucellinae*
   径中横脈は中央室の中央近くかまたその後に位置する……4
4. 翅の径中横脈は中央室の中央より著しく後方に位置し，第4+5径脈即ち第3脈(3rd longitudinal vein) は第5径室即ち亜端室 (Subapical cell) 内に彎入していない。中脈の末端分区即ち亜端横脈 (Subapical cross vein) は外方に顕著に彎曲しない。顔は中瘤を具えず，触角棘毛は無毛………Subfamily *Milesiinae*
   径中横脈は中央室の中央近くかまたは後に位置し，第4+5径脈は第5径室内に顕著に彎入し，顔は中瘤を具えているかまたはしからず，触角棘毛は裸体かまたは有毛…………Subfamily *Eristalinae*
5. 径中横脈は中央室の中央より遙かに基部の方に位置する……11
   径中横脈は中央室の中央近くかまたは後に位置する……6
6. 第4+5径脈は彎入部を有しない……7
   第4+5径脈は第5径室内に彎入するかまたは角張

つて落ち込んでいる……………………………………10
7．径中横脈は中央室の中央近くに位置する…………9
　径中横脈は中央室の中央後に位置し，第5径室は末端尖り，触角棘毛は裸体，顔は中瘤を欠くかまたは有する………………………………………………………8
8．触角棘毛は背面より生じ，触角第3節は殆んど常に正常………………………………Subfamily *Zeliminae*
　触角棘毛は末端より生じ，触角第3節は大形で幾分三角形を呈し下方に円く著しく突出している…………………………………………Subfamily *Melapioidinae*
9．第5径室は上末角端が尖り，触角棘毛は羽毛状，顔は中瘤を具えている……………Subfamily *Cinxiinae*
　第5径室は尖らず，亜端横脈は外方に著しく彎曲し，触角棘毛は裸体，顔は中瘤を欠く…………………………………………………… Subfamily *Eumerinae*
10．前横脈は中央室の中央に位置し，第3脈は亜端室内に彎入し，亜端横脈は外方に著しく彎曲し，触角は短かく，触角棘毛は裸体で背面から生ずる………………………………………………S ubfamily *Lampetinae*
　前横脈は中央室の中央近くかまたはその後に位置し，第3脈は亜端室内に三角形に落ち込み，亜端横脈は強く彎曲しない。触角は長く末端棘を具えている……………………………………… Subfamily *Cerioidinae*
11．触角は長かい…………………………………………12
　触角は短かい…………………………………………16
12．触角は末端棘を具えている（*Callicera* Panzer 欧州・北アメリカ）…………………………………………………Subfamily *Callicerinae* Shiraki 1949
　触角は背棘毛を具えている……………………………13
13．翅の擬脈は発達している………………………………14
　擬脈は発達しない …… Subfamily *Graptomyzinae*
14．第3脈は第5径室内に1小支脈を出し，第5径室は上端角が尖らず，顔は中瘤を欠く…………………………………………………Subfamily *Microdontinae*
　第3脈は小支脈を欠き，第5径室は上端角が尖り，顔は中瘤を具えている…………………………………15
15．額は明瞭な額突起を具え，腹部は帯赤色横帯を有する（*Psarus* Latreille 欧州）………………………………… Subfamily *Psarinae* Brues et Melander 1930
　額は額突起を欠き，腹部は少くとも2個の黄色または帯赤黄色の横帯を有する…………………………………………………Subfamily *Chrysotoxinae*
16．触角は3節からなる太い末端棘を具えている（*Pelecocera* Meigen 欧州・北アメリカ）…………………………………Subfamily *Pelecocerinae* Shiraki 1949
　触角は背触角棘毛を具えている……………………17
17．腹部は有柄……………………………………………18
　腹部は正常……………………………………………19
18．顔中瘤は発達しない，翅の覆片は甚だ微かに発達し，後脚腿節は非常に太く，顔は口縁部にて前下方に緩く延びている………………Subfamily *Spheginiinae*
　顔中瘤はよく発達し，翅の覆片は正常かまたは痕跡的，後脚腿節は正常，顔は口縁にて延びていない…………………………………………Subfamily *Bacchinae*
19．顔は口縁部て前方に緩く延びている…………………………………………Subfamily *Brachyopinae*
　顔は正常…………………………………………………20
20．肩瘤と各肩瘤間とは明瞭に無毛，腹部は雌雄ともに5節尤も交尾器を除く…………Subfamily *Syrphinae*
　中胸背の前縁部は有毛，雄の腹部は交尾節以外に4節，雌のものは5節……………Subfamily *Chilosinae*
以上の諸亜科中3亜科以外はすべて本邦にも産する。

1．クロヒラタアブ亜科 Subfamily *Chilosinae* Shiraki 1949――小形乃至中庸大，全体黒色または金属的暗色，稀れに腹部に黄色斑を有する。額は正常か扁平，顔は中瘤を有するものとしからざるものとがある。触角は中庸長で下向，触角棘毛は裸体または稀れに有毛。複眼は有毛または無毛で雄では普通合眼的。中胸背板は前縁部に毛を生じている。腹部は下面著しく凹まない。側縁は常に斜下に向い，雄の交尾器は普通背面から大部分が見え，雌は5環節からなる（*Triglyphus* 属では4節）。翅は末端円く，第1径室は常に開口，径中横脈は中央前に位置し殆んど常に垂直，覆片は明瞭。脚は正常，時に後脚の第1跗節が幅広となつている。幼虫は半水棲かまたは食蚜性あるいは植物質に寄食する。世界に分布し，*Chilosia* Meigen, *Pipiza* Fallén, *Orthoneura* Macquart, *Heringia* Rondani, *Chrysogaster* Meigen, *Cnemodon* Egger などが代表的な属で，本邦には最初の4属の他に *Endoiasimyia*（＝*Sonanomyia*）属が発見されている。ヤマクロヒラタアブ（*Chilosia luteipes* Shiraki）（Fig. 1363）体長8～9mm，光沢に富む黒色。頭部は胸部より幅広く，額は頭幅の1/5強で前方にやや拡まり明瞭な中縦溝と不明瞭な側溝とを有する。雄では複眼接合線が甚だ長く，額は小さく長三角形。額突起は甚だ短かく，側面基部に白色粉を密布する。顔は微かに微粉を装い，幅の1倍半以上の長さを有し，中瘤顕著，眼縁部は明瞭で銀白色粉にて被われ且つ白色微毛を粗生する。触角は黄赤色，第3節は短楕円形で大きく前2節の和の約2倍長，触角棘毛は簡単。胸部は幅より少しく長く，背面に短黄褐色毛を生ずる。腹部

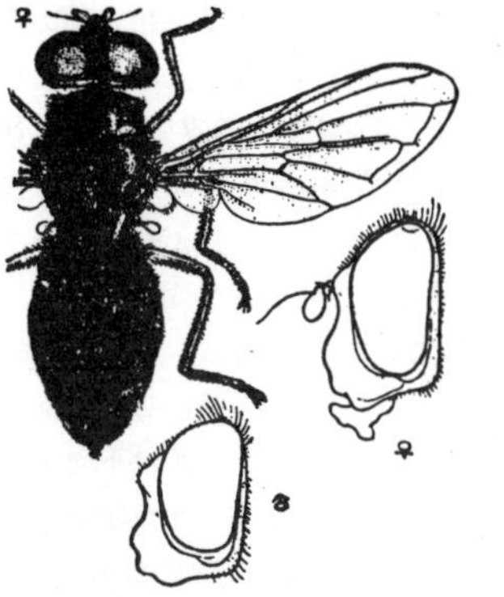

Fig. 1363. ヤマクロヒラタアブ　雌　附図. 頭部側面図

は中庸大，雌では幅広く，雄では細長く後方に進むに従い多少細まり，背面に淡色毛を粗生する。翅は比較的大きく，殆んど無色。脚は黄色で，後脚の脛節と跗節とは赤褐色。北海道・本州等に分布する。カルマイヒラタアブ (*Orthoneura karumaiensis* Matsumura) は体長 5mm 内外で，金属性光沢強い青黒色で微点刻を有し，他の属と異なり触角第 3 節が細長く翅の第 5 径室の上端角が殆んど直角となり腹部が著しく扁平となつている。本州・東北地方に産する。イイダヒゲクロヒラタアブ (*Endoiasimyia iidai* Shiraki) は *Chilosia* 属の種類に近似であるが触角棘毛が羽毛状を呈する事によつて直ちに区別する事が出来，体長 8mm 内外，本州中部産で珍種である。

2. ショイガバエ亜科 Subfamily *Syrphinae* Sack 1932——小形乃至大形，頭部と胸部と腹部とに淡色斑紋を有する。額は膨隆するかまたは正常，口孔は長いかまたは楕円形，顔は正常で決して前方に突出する事がなく中瘤を有するものとしからざるものとがあり且つ触角の下方が凹む場合としからざるものとがあつて普通口縁の方に後方に曲つている。複眼は無毛または有毛で，雄では普通左右接触している。触角は短かく下向，触角棘毛は背面より生じ無毛または僅かに有毛で決して羽毛状でない。胸背と小楯板とは幾分微点刻を有するかまたは全然これを欠き，肩瘤は無毛。腹部は無点刻で無柄，雌雄ともに生殖器以外に 5 節からなり，側縁は縁付られているものとしからざるものとがあり，第 3 節の気門は側膜の中央に位置する。翅の径中横脈は中央室の中央前に殆んど常に垂直に位置し第 4+5 径脈は直線かまたは僅かに彎曲し短支脈を出さない。第 1 径室は開口，臀擬脈は正常，覆片は正常。脚は正常，しかし時に雄の前脚の脛節と跗節とが幅広となつている。幼虫は食蚜性。世界に広く分布し，*Syrphus* Fabricius, *Allograpta* Osten Sacken, *Asarcina* Macquart, *Didea* Macquart, *Epistorphe* Walker, *Eriozona* Schiner, *Eupeodes* Osten Sacken, *Ischiodon* Sack, *Melanostoma* Schiner, *Lasiopticus* Rondani, *Olibiosyrphus* Mik, *Paragus* Latreille, *Pyrophaena* Schiner, *Scaeva* Fabricius, *Sphaerophoria* St. Fargeau et Serville, *Toxomerus* Macquart, *Xanthogramma* Schiner 等が代表的な属，本邦には *Paragus*, *Melanostoma*, *Xanthandrus*, *Leucozona*, *Ischirosyrphus*, *Didea*, *Dideoides*, *Asarcina*, *Lasiopticus*, *Epistrophe*, *Stenosyrphus*, *Metasyrphus*, *Syrphus*, *Sphaerophoria*, *Ischidion*, *Olibiosyrphus* 等の属が発見されている。ケヒラタアブ (*Syrphus torvus* Osten Sacken) (Fig. 1364) 体長 11～12mm, 黒色。雄，複眼接合線は短かい，複眼は帯白色の短毛にて被われ，前口縁は光沢ある黒色，顔と顴との間とそれらの下方部とは黒色，頭頂後方部の毛は凡て黄色で複眼の上方に当る部分には少数の黒色毛がある。中胸背は淡褐色毛を装う。腹部の横帯は黄色。翅は多少煤色。脚は黄褐色で，前脚腿節は基部 1/3 以上が黒色となり，後脚腿節は末端近くに黒色棘毛を生ずる。雌，複眼は短毛を装い，顔は外口縁とその下方部とが帯黒色，額は中央と側縁部とは暗灰色。触角は基部 2 節が黒色または帯黒色，第 3 節の下面のみ橙赤色，触角棘毛は暗橙赤色。脚は橙赤色で，全腿節は基部黒色，後脚の跗節は凡て黒色で同色の毛を装う。全土に産し，欧洲・北米等に分布する。シママメヒラタアブ (*Paragus fasciatus* Coquillett) は体長 6 mm 内外，黒色。複眼は白色微毛からなる 2 横帯を有し，腹部は 4 黄色横帯を有し，その第 3 のものは雄では明瞭に中央にて切断されている。本州・四国・九州等に分布する。ツマキヒラタアブ (*Dideoides lauta* Coquillett) はこの亜科中最大種で体長 15～17mm, 濃黒褐色，腹部に細い黄赤色の横帯を有し，尾端部は橙色で黄色毛を装う。本州・九州・台湾等に産する。ツマグロハナアブ (*Leucozona lucorum* Linné) は体長 12mm 内外，暗褐色で体毛が多く，腹部は短太，翅は前半中央に褐色の大紋を有する。北海道・本州・欧洲・北米等に分布する。ナガヒメヒラタアブ (*Sphaerophoria cylindrica* Say) は体長 6～8 mm で体が甚だ細長く，腹部の黄色横帯は甚だ幅広。本州・四国・九州・朝鮮・台湾・北米等に分布する。

Fig. 1364. ケヒラタアブ雌

3. コシボソハナアブ亜科 Subfamily *Bacchinae*

(Williston 1886) Sack 1932——中庸乃至大形しかし細長，短毛を装い，腹部は著しく細く，甚だ長く屢々棍棒状で稀れに線状。頭部は半球形で胸部より幅広く後面凹み，顔は前方または下方に延びる事がなく中瘤を有し，複眼は裸体で雄では左右接触する。触角は頭部より短かく下向，触角棘毛は背面から生じ裸体だが甚だ稀れに有毛。肩瘤とそれ等の中間部とは毛を欠き，小楯板は少くとも部分的に黄色。翅は末端円く，屢々暗色斑を有し，覆片は減退するが稀れに発達し，前縁脈は翅頂またはそれを僅かに越えた処まで延び，径中横脈は中央室の中央前に殆んど常に垂直に位置し，第1径室は開口。脚は比較的短かく甚だ細い。幼虫は大部分食蚜性で，稀れに腐敗木中に棲息している。*Baccha* Fabricius, *Doros* Meigen, *Ocyptamus* Macquart, *Salpingogaster* Schiner 等が代表的な属で，本邦には最初の2属が発見されている。ツマグロコシボソハナアブ (*Baccha apicalis* Loew) (Fig. 1365) 体長 9～14mm，黒色。顔は甚だ細く前半に1対の黄色粉からなる長紋を有し，雄では複眼接合線が三角形の前額部と等長で後者は銅色粉にて被われている。額突起は裸体。顔は下方に狭まり，中瘤は顕著で雌では黄色を呈し中央幅広く黒色となり雄では藍黒色で側縁に白色粉を粗布し，共に中央部が光沢に富む。触角は黄赤色乃至赤褐色，第3節は前2節の和より少しく長いか等長(雄)，触角棘毛は細く無毛。胸背は著しく光沢に富み，雄は多少銅色を帯び，雌では肩瘤と翅前瘤とが黄色，胸側板は雌のみに黄色の1横帯を有する。腹部は第2節棒状，雌は黄赤色，雄は銅黒色で第3節以下が多少赤色を帯び，第3～5の各節に黒色の3紋を有する。翅は大形，前縁と末端とが黒褐色で，他は多少または著しく煤色を呈する。脚は黄赤色，後脚脛節に褐色の1環帯がある。本州・九州・台湾・フィリッピン・ジャバ・セイロン等に分布する。本邦に最も普通の種類はマダラコシボソハナアブ (*B. maculata* Walker) で翅に数個の黒褐色斑を有し腹部に黄赤色の3横帯を有する。オオコシボソハナアブ (*Doros conopseus* Fabricius) は体長 14～18mm，黒色，腹部は比較的短かく縊部が短かく細い橙黄色の3横帯と基方の1対の斜紋とを有し，翅の前半部は濃褐色。北海道・欧洲等に産する。

Fig. 1365. ツマグロコシボソハナアブ

4. コシボソヒラタアブ亜科 Subfamily *Sphegininae* (Williston 1886) Sack 1932——甚だ小形乃至小形，むしろ細く，殆んど裸体で金属的黒色。頭部は明瞭に胸部より幅広く後面顕著に凹むかまたはしからず，額は雌雄共によく発達し離眼的，顔は触角下方で凹み中瘤を欠き口縁部が前方に著しく延びている。複眼は裸体。触角は中庸長，第3節は下向または幾分前向，触角棘毛は背面より生じ有毛または無毛。胸部は幾分方形で甚だ微細な毛を装い，肩瘤は時に淡色，小楯板は殆んど常に裸体で時に縁毛の1対を生じている。腹部は少くとも胸部の2倍長で基部縊れ棍棒状，殆んど常に淡色紋を具えている。脚は普通淡色斑を有し，後脚腿節は強く太まり下縁に微棘列を有する。翅はむしろ長く甚だ小さな覆片を具え，径中横脈は中央室の中央前でほぼ垂直に位置し，第4+5径脈は短支脈を欠き，第5径室の上端角は直角かまたは垂直角で決して鋭くなく，第1径室は広く開口。幼虫は半水棲。旧北区，新北区，南米，東洋区等に分布し，*Sphegina* Meigen, *Neoasia* Williston, *Chamaesphegina* Shannon et Aubertin, *Syrphinella* Hervé-Bazin 等の属からなり，前2属が本邦に発見されている。コシボソチビヒラタアブ (*Sphegina clunipes* Fallén) (Fig. 1366) 体長 6～7 mm，光沢ある黒色。額は複眼の 1/2 より狭く中央凹み殆んど平行の側縁を有し単眼瘤から触角基部近くまでに達する1細中縦溝を有し，甚だ短細の帯白色毛を装う。上口縁は強く突出し黄色。触角第3節は褐色または帯黄色，触角棘毛は淡褐色で多少微毛を生ず。中胸背と小楯板と側板の1部とは帯黄色毛にて被われ，肩瘤は屢々帯褐色，中胸背側縁と側板とは屢々帯白色粉にて被われ，小楯板後縁に2本の黄色の長棘毛を具えている。腹部第3節は最も幅広く基半部が赤黄色時に全体黒色，雌では雄より更に幅広く赤黄色部が更に大きい。翅は帯褐色で褐色の縁紋を有する。脚は基節と転節とが黄白色，前脚の脛節は褐色輪帯を有し，腿節の前縁末端前は多少

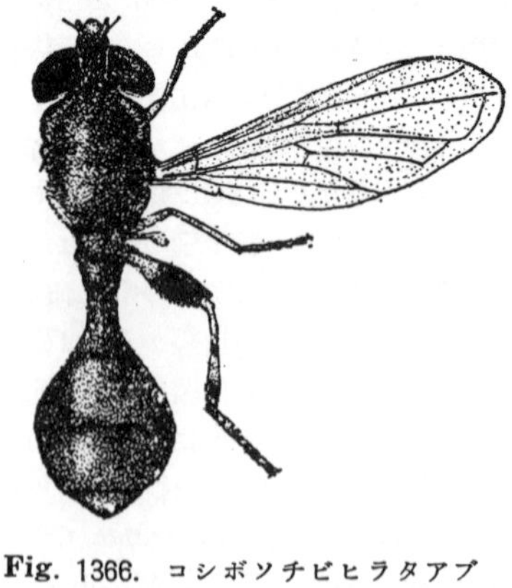

Fig. 1366. コシボソチビヒラタアブ

帯褐色，跗節末端節は暗色，後脚の腿節基部 1/3 は黄色で他は暗褐色または黒色を呈し下縁に長短２列の棘を具え，脛節は基部黄色でこれに続く部分は褐色その後は黄色で末端が褐色または黒色，跗節は褐色。本州・北海道・欧洲等に分布する。チビコシボソハナアブ（*Neoascia longiscutata* Shiraki）は北海道に産し，体長 5mm，黒色で，腹部は第２節が細まり後漸次後方に少しく太まり，第２節に黄赤色の２斑を有し，第３節基部 2/3 が赤褐色，複眼は不規則な線横列紋を有する。

5. ハナダカハナアブ亜科 Subfamily *Brachyopinae* (Williston) Sack 1932——むしろ中庸大，殆んど裸体で頭部と胸部と腹部とに淡色の斑紋を有し，形状は一見家蠅等の様である。頭部は胸部より微かに幅広かまたは狭く疎毛を生じ，複眼は裸体，雄では左右接触するか結合し，雌ではむしろ狭く離れている。顔は中瘤がなく，下方部は著しく前方に延びているが決して下向していない。触角は中庸長で下向，第３節は中庸大，触角棘毛は背面から生じむしろ細長く時に短毛を生じている。胸部は短かく，時に後方明かに幅広となり，翅基後瘤は短棘毛を生じ，小楯板は普通淡色で半透明，半円形，時に少数の縁棘毛を具えている。腹部は短かく，短卵形かまたは長卵形で，柄部を有しない。脚は正常で普通淡色，後脚の腿節は下縁に短棘毛を列し時にやや太まつている。翅はむしろ長く，斑紋がなく，径中横脈は中央室の中央前に位置し殆んど常に垂直。第１径室は広く開口，第５径室は上端角が殆んど常に鋭く尖り，覆片は正常。*Brachyopa* 属のある幼虫は半水棲で長い後呼吸管を具えている。*Brachyopa* Meigen, *Cyphipelta* Bigot, *Hammerschmidtia* Schummel, *Rhingia* Scopoli 等の属からなり，最後の１属のみが本邦に発見されている。ハナダカハナアブ（*Rhingia laevigata* Loew）(Fig. 1367) 体長 8～10mm，光沢に富む黒色。額は頭幅の 1/5 より狭く，側縁相平行し，表面平で側方に白色粉を疎布し，雄では小三角を呈し，複眼接合線は短くない。額突起は大きくないが顕著で，黄褐色。顔は黄蠟色，短かく下方に拡がり，上口縁著しく前方に水平に鼻状に突出する。

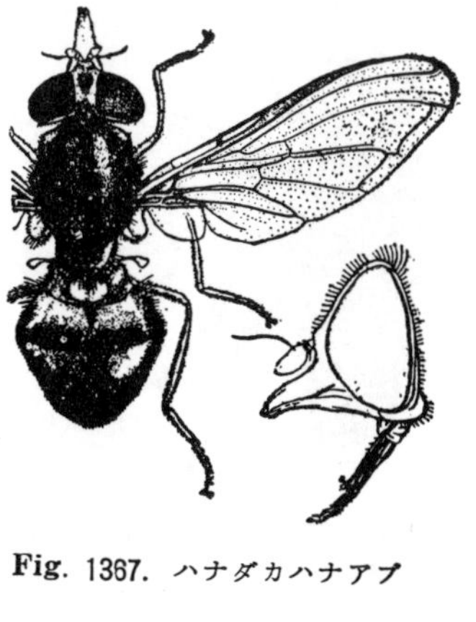

Fig. 1367. ハナダカハナアブ

触角は黄赤色，第３節は雌では前２節の和より長く，雄では長くなく，共に末端細まる。触角棘毛は細長く簡単。胸背は幅より少しく長く，白色粉からなる不明瞭な２縦条を有し，肩瘤は帯黄色で白色粉にて被われている。腹部は短かく幅広，第２と３との接合部が最も幅広で，これより前後に狭まり，基部黄赤色，第２と第３との各節の後縁と中縦線とは黒色，後部は一様に黒色。翅は大きく，前縁部帯黄色，第 4+5 径脈は前方に適度に彎曲する。脚は細く，黄褐色。北海道・本州等に産する。

6. ヒゲナガハナアブ亜科 Subfamily *Chrysotoxinae* Sack 1932——中庸大乃至大形で，一般に光沢ある黒色と黄色とからなり，多少有毛かまたは殆んど無毛。頭部は胸部と等幅かまたは微かに幅広，複眼は有毛だが屢々特に雌では不明瞭に毛を生し，雄では短距離間左右相接し，雌では幅広く離れている。額は触角基部にて前方に延び，適度に粉と毛とを装う。顔は多少毛を生ずるが粉付けられていない。上口縁直上に瘤を有し，それより上方は甚だ微かに凹み下方は殆んど直線となつている。触角は頭部より長く，前方に突出し，甚だ短かい額突起より生じ，基部２節は殆んど等長，第３節は前節より長く側扁し，触角棘毛は裸体で背面亜末端から生じている。中胸背板は中庸長の亜方形で肩瘤と小楯板前瘤 (Prescutellar callosities) とを具え，小楯板は半円形で幾分黄色。腹部は楕円形か長楕円形または両側が殆んど相平行し，背面に彎曲し，側縁は明瞭に縁付けられ，少なくとも２個の黄色または帯黄赤色の横帯を有し，雄の交尾節は著しく発達し左右不対称的。脚は簡単。翅は末端円く，径中横脈は中央室の中央前に位置し，第4+5径脈は幾分波状となり，縁室は広く開口し，亜端室は上端角が幾分尖り後角より小支脈を出し，中央室も又後角から小支脈を出している。幼虫は形状が *Syrphus* 属のものに類似し，腐敗木中に棲息している。*Chrysotoxum* Meigen や *Primochrysotoxum* Shannon 等の両属からなる。最初の１属のみが本邦に知られている。ヒゲナガハナアブ（*Chrysotoxum japonicum* Shiraki）(Fig. 1368) 体長 14～16mm，雌。額は光沢ある黒色で１対の淡黄色の側斑を有し，殆んど直線の側縁を有する。顔は複眼より幅広く橙黄色，中央に光沢ある黒褐色の比較的細い縦条を有し黄色の前口縁に達し，顴は顔と同色で複眼に接し黒色の三角形斑を有する。複眼の後縁は細いが明確に黄白色粉にて被われている。触角は黒色，第１節は下縁褐色を帯び第３節と殆んど等長。中胸背板は黒色で，前半中央に灰色粉からなる２縦条を有し，側縁は肩瘤から翅後瘤まで黄色なれど横線部にて切断されている。胸側板は2個の橙黄色紋を有し，小楯板は橙黄色で中央暗色。腹部は黒色で，4本の彎曲せる中央細く切断せる赤黄色横帯を有し，各節後縁は赤黄色なれど第1節はしからず。翅は微かに曇り，前縁部は橙黄色。脚は赤黄色。雄。額は殆んど額突起のみとなり，複眼の接合線は頭頂三角形部と殆んど等長で額突起より少しく短かい。腹部の横帯と後縁帯とは雌のものより細い。北海道・本州・朝鮮等に分布する。

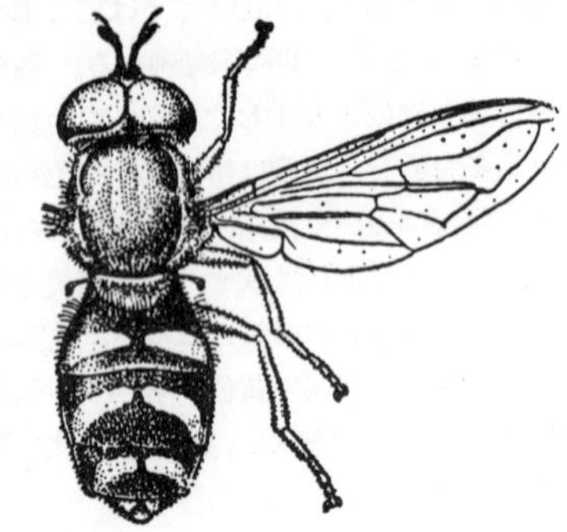

Fig. 1368. ヒゲナガハナアブ雄

7. マドヒラタアブ亜科 Subfamily *Eumerinae* Brues et Melander 1932——小形乃至中庸大，適度に毛を生じ，腹部に特徴ある淡色の半月斑を有する。頭部は半球形に近く胸部より幅広，顔はむしろ平たく中瘤を欠き短毛を生じ，頬は小さく複眼下方に隠れ，頭部の後面は凹み上1/4部は急に膨れている。複眼は幾分有毛，しかし同種のものの中にも殆んど無毛のものがあり，雄では1点乃至長区間接触しているが雌では広く離れている。触角は中庸長で下向，第3節はむしろ円く普通雌のものが大形，触角棘毛は裸体で3節からなり第3節の背面中央前に生じている。胸部は亜方形で微かに背面に膨れ，藍黒色，普通甚だ短い毛を生し，棘毛を欠く。小楯板は中胸背板と同色で，後縁縁取られているが明瞭な縁毛も縁棘毛も生じていない。しかし幾分鋸歯状を呈する。腹部は胸部より長く，側縁平行かまたは中央近くで幅広となり，雄では末端鈍角，雌では尖り，被毛は短かく且つ倒伏している。脚はむしろ強く，後脚腿節は太く下縁に短太棘毛または微棘を列し，後脚脛節は彎曲する。翅はむしろ幅広で斑紋を欠き，第1径室は開口，径中横脈は中央室の中央かその後に位置し，第4+5径脈は殆んど直線乃至落凹み，第5径室の外縁は著しく角張り上端角は鈍角，中央室の上端角は翅縁から著しく離っている。覆片はむしろ大形。幼虫 (Fig. 1369) のある種は球根類の害虫として有名である。世界に広く分布し，*Eumerus* Meigen 1属からなる。イイダハイジマハナアブ (*Eumerus iidai* Shiraki) (Fig. 1370) 体長10.5〜11mm，黒色。雄。額は殆んど正三角形，銅青黒色で光沢を有し，中央に深い1縦溝を有し，全体灰黄色毛を

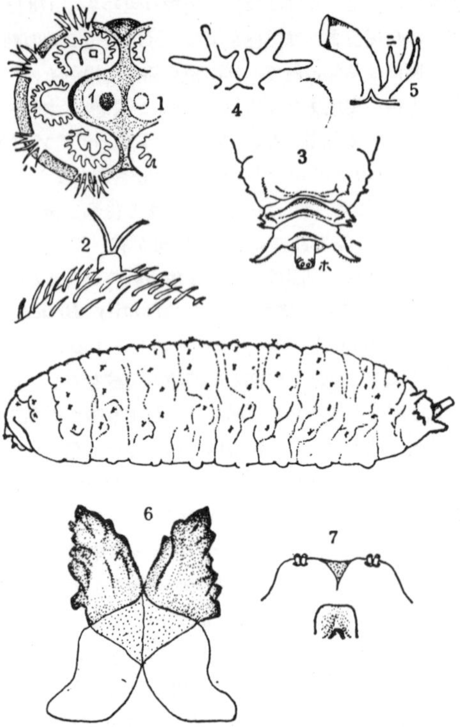

Fig. 1369. *Eumerus strigatus* の幼虫側面 (Heiss)

1. 後気門板後面図　2. 節棘　3. 尾端背面図　4. 直腸鰓（体外へ出されている）　5. 直腸鰓（体内にある）　6. 大鰓節片　7. 触角　イ. 珠球　ロ. 気門　ハ. 気門間葉片　ニ. 端糸　ホ. 後呼吸器突起

装う。頭頂三角形部は大きく，金属的銅黒色，帯黄色毛から被われている。複眼は帯黄色の微毛にて被われ，接合線は額の1/3より短かい。顔は甚だ微かに下方に拡まり，額と同様に色彩付けられ且つ毛を装い，甚だ微かに粉付けられている。中胸背板は暗銅色または紫黒色で，黒褐色毛を装い，白色粉からなる縦条が肩瘤の内側から横線後方に達し，それ等両縦条間に1本の甚だ細い不明瞭な縦条を有し，更に肩瘤後縁から翅の根部までに多少幅広の縦帯を有する。小楯板は淡褐色

Fig. 1370. イイダハイジマハナアブ

の長毛を装い，後縁は不規則且つ微かに歯状となる。腹部は黒色て微かに帯緑色の光沢を有し，黒色毛を装い，白色粉と同色毛とからなる3対の斜紋を有し，第3対のものは帯褐黄色を呈する。脚は銅黒色，脛節は基部褐赤色，前・中両脚の跗節の基部3節は褐黄色，後脚腿節の末端3/5の下縁に黒色棘を列する。翅は微かに曇り，褐色の小縁紋を有する。本州産，雌は不明。ハイジマハナアブ (*Eumerus strigatus* Fallén) (Fig. 1369) は体長7～8 mm，本州・北海道・欧洲・北米その他に分布し，幼虫は球根類の害虫として有名。しかし本邦にあつてはその害が少ない。

8. ナガハナアブ亜科 Subfamily *Milesiinae* Shannon 1921――大形，殆んど無毛，黒色または褐色で黄色紋を有する。頭部はむしろ短かく胸部より幅広，顔は触角下が凹み上口縁が多少前方に延び且つ截断状，頬は複眼下でよく発達していない。額は顕著，一般に裸体かまたは微かに有毛。複眼は裸体，雄では左右接触するかまたは近より，雌では離れている。触角は幾分長く強額突起上から生じ，第3節は長楕円形で幾分下向，触角棘毛は第3節の基部近くに生じ長く且つ無毛。胸部は大形で亜方形，適度に背面に隆まり，黒色で黄色紋を有するかまたは殆んど全体が帯赤黄色または帯赤褐色で淡色紋を有し，肩瘤は殆んと常に黄色。小楯板は比較的小形，帯赤黄色が帯黒褐色で黄色の後縁を有するが時に一様色。腹部は胸部のほぼ2倍長，側縁は平行かまたは殆んど平行，むしろ扁平，背面は普通殆んど無毛なれど腹面は多くのものが有毛，黒色か褐色で淡色の帯紋を有する。脚は強く，後脚腿節は長く下面末端前に1歯状突起を具え，後脚脛節は幾分彎曲する。翅は比較的小さく，末端円く，第1径室は閉ざされ，第4+5径脈は第5径室の中央部に浅い彎入部を有し，径中横脈は中央室の中央を遙かに過ぎた処に著しく傾斜して位置し，肘室の末端角にS字形小支脈を有する。覆片は明瞭。*Milesia* Latreille 1属からなり，主に熱帯産。シロスジナガハナアブ (*Milesia undulata* Vollenhoven) (Fig. 1371) 体長20～22mm，黒色。雌の額は比較的幅広く前方に拡がり，橙黄色で中央に暗色の1短縦条を有し，雄では細長い三角形で複眼接合線は甚だ短かい。額突起は顕著で末端細く，橙黄色。顔は下方に僅かに拡がり，中央凹み，全面橙黄色。触角は短かく黄赤色，第3節は側扁し円く前2節の和より短かい。胸背は長く，中央の1対の縦条・肩瘤・横溝部・翅後瘤とその内側部・後縁に接する1三角形紋等は何れも橙黄色。胸側は黄色の2紋を有し，小楯板は後縁が赤褐色を呈する。翅は前半帯黄色，その後半は煤色を呈する。脚は細く，黄褐色，基部黒色。腹部は細長，第2背板の基部に1対の透明な大斑を有し後縁に山字形の黄色紋を有し，第3・4各節は前縁に1対の横帯後縁に山字形紋を有し何れも黄色，第2腹板の基部は透明，各腹板の後縁が細く黄色。全土に産し，樺太に分布する。

Fig. 1371.

9. シマハナアブ亜科 Subfamily *Cinxiinae* Sack 1932 (*Sericomyinae* Shannon 1921)――むしろ大形，帯黒色で有毛。頭部は胸部と殆んど等幅で短かく，顔は触角下で甚だ微かに凹み後中瘤迄殆んど直線で中瘤下から後方に少しく傾斜して上口縁に達し，頬は大きくむしろ鈍角または鋭角の下口縁を有する。複眼は裸体，雄では接触するかまたは離れている。触角はむしろ短かく下向，触角棘毛は羽毛状で第3節の基部近くに生ずる。胸部は長いか短かく，有毛。腹部は多くは長楕円形で胸部より幅広く，適度に背面に隆まり，中央前で最も幅広となり，多くは帯黄色の横帯を有し，雄では4節からなる。翅は中庸長，屢々帯黒色の縁紋を有し，径中横脈は中央室の中央近くに位置し，第4+5径脈は第5径室中に深く彎曲していない。脚は普通かまたは強く，後脚腿節は太まるかまたはしからず，後脚脛節は僅かに彎曲し，後脚第1跗節は正常。ある *Cinxia* (＝*Sericomyia*) の幼虫は長尾型で湿気の多い腐敗木中に棲息する。約10属からなり，*Cinxia* Meigen 1800 (*Sericomyia* Meigen 1803), *Arctophila* Schiner, *Pyritis* Hunter, *Pseudovolucella* Shiraki 等が代表的な属で，本邦には最初と最後との2属が知られている。オオシマハナアブ (*Cinxia japonica* Shiraki) (Fig. 1372) 体長14～16 mm，光沢ある黒色。頭部は短かく胸部より幅広く，頭頂は頭幅の約1/6で額の前方に至るに従い幅広となり，雄では三角形。額突起は短かく，背面基部は白色粉を密装する。顔は黄色で中央に太い1黒色縦帯を有し，下方に拡がり，複眼下に延長し多少尖り，中瘤は明瞭。頬は黒褐色。触角は黒褐色で甚だ短かく，基部2節は微小，第3節は側扁し円形に近く，触角棘毛は羽毛状。胸背は褐色と白色との毛にて被われ，肩部は白色粉にて被われ，小楯板は比較的大。腹部は幅広く，第2・3・4の各背板の中央直前に1黄色横帯を有し，それ等は時に中

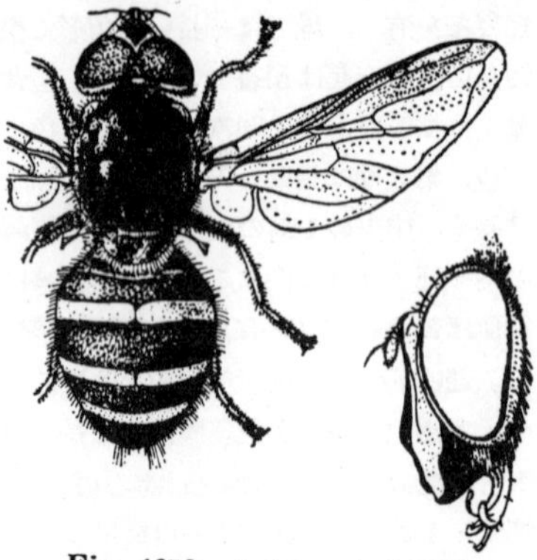

Fig. 1372. オオシマハナアブ

央で微かに切断され，第2・3の各腹板の後縁は細く黄赤色となる。翅は中庸大，前縁部橙黄色，末端に暗色紋を有する。脚は黄赤色，基部のみ黒褐色。北海道と樺太とに分布する。

10. モモブトハナアブ亜科 Subfamily *Zeliminae* Shiraki 1949 (*Xylotinae* Curran 1928)——小形乃至大形，細いものから太いものまであつて，帯黒色。頭部は普通胸部より幅広だがあるいは等幅のものがあり，更に甚だ稀れに狭いものがある。額は顕著，普通裸体かまたは甚だ微かに毛を生じ，顔は一般に触角下で凹み中瘤を欠くか稀れに扁平のものを有する，頬は普通複眼下方によく発達していない。複眼は一般に無毛，雄では左右接するかまたは近より，雌では常に離れている。触角は普通突出せずまた長くなく，適度に下向し，甚だ稀れに直線に突出し，触角棘毛は背面から生じ無毛。腹部は細長いものや幅広のものがある。翅の径中横脈は中央室の中央かまたはその後に位置し普通著しく傾斜し，第4+5径脈は第5径室中に深く曲つていない，第5径室の外縁は傾斜し多くとも上端甚だ微かに内方に曲り，第1径室は開口。幼虫 (Fig. 1373) は普通腐敗木中か樹木の傷害部から流出する樹液附近にまたは動物の排泄物中等に棲息する。世界の各区に産し，約50属内外が知られ，*Zelima* Meigen 1800 (*Xylota* Meigen 1803), *Brachypalpus* Macquart, *Calliprobola* Rondani, *Chalcomyia* Williston, *Chasmomma* Bezzi, *Crioprora* Osten Sacken, *Cynorrhina* Williston, *Kirimyia* Bigot, *Lepidostola* Mik, *Lycastris* Walker, *Myiolepta* Newman, *Penthesilea* Meigen, *Philippimyia* Shannon, *Neplas* Porter, *Rhinotropidia* Stackelberg, *Somula* Macquart, *Senogaster* Macquart, *Sphecomyia* Latreille, *Spilomyia* Meigen, *Stilbosoma* Philipp, *Syritta* St.-Farg. et Serville, *Takaomyia* Hervè-Bazin, *Temnostoma* St.-Farg. et Serville, *Tropidia* Meigen 等が代表的な属で，本邦からは *Penthesilea*, *Matsumyia*, *Cynorrhina*, *Myiolepta*, *Zelima*, *Rhynotropidia*, *Tropidia*, *Ferdinandea*, *Temnostoma*, *Spilomyia*, *Takaomyia* の11属が知られている。クロナガハナアブ (*Zelima longa* Coquillett) (Fig. 1374) 体長15～17mm，真黒色。頭部は比較的大，額は頭幅の約1/6で僅かに前方に拡がり，額突起の直前に白色粉からなる三角形の1対の紋がある。雄の頭頂は長三角形，複眼の接合線は短かい。顔は下方に多少拡がり，中央凹み中瘤を欠き，白色粉にて被われている。触角は帯黒色，第1節は円筒形第2節は幅広く前節と殆んど等長，第3節は前2節の和より短かく著しく側扁し幅より短かく，触角棘毛は長く基部から出ている。胸部は甚だ長く，肩瘤の内側に白色粉からなる小斑を有する。腹部は細長く後方多少太まる。翅は1/2末端部煤色だが各室の中央は淡色。径中横脈は中央直後に位置する。脚は真黒色，後脚腿節は太く，下縁の後半は斜に截断され，同所に短棘毛を密生し，後脚脛節は著しく彎曲し下縁末端に1大棘を具えている。北海道・本州等に普通。ハラブトハナアブ (*Penthesilea*

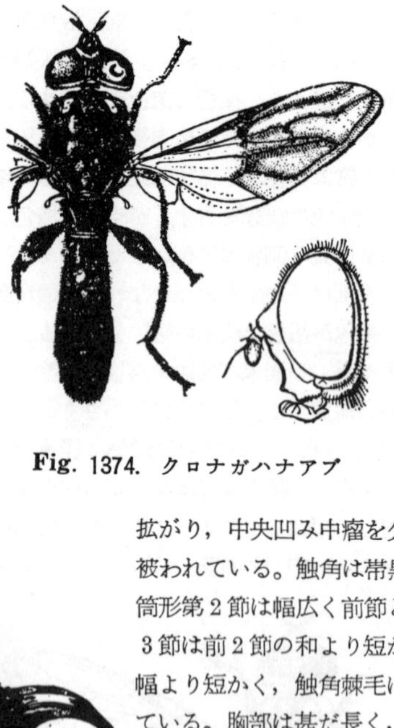

Fig. 1374. クロナガハナアブ

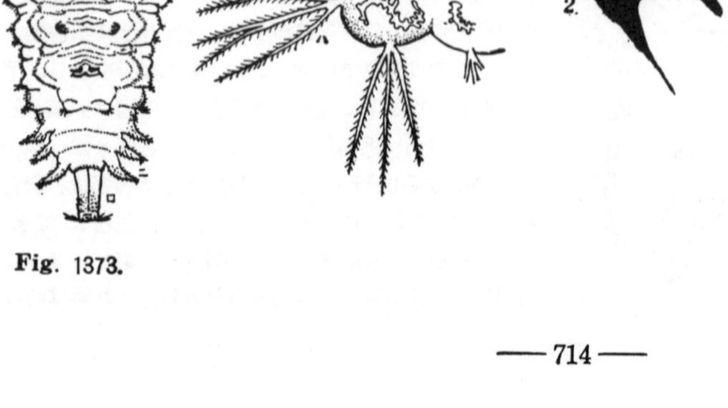

Fig. 1373.

japonica Shiraki)は体長20mm内外でこの亜科中の最大種，しかも腹部が甚だ幅広で，多毛で，一見 *Bombus* 蜂に類似する黒褐色種，本州に産する。ヤマトモモブトハナアブ（*Myiolepta japonica* Shiraki）は同科中最小なもので体長7mm内外，光沢が強い黒色，北海道に産する。ヒメハチモドキハナアブ（*Takaomyia johannis* Hervè-*Bazin*）は体長14mm内外で暗褐色，腹部は完全に細長い柄部を有する。本州と台湾とに産する。

11. ヒゲブトハナアブ亜科 Subfamily *Merapioidinae* Shiraki 1949——中庸大乃至大形，黒色で有毛。頭部は甚だ短かく胸部より明瞭に幅広で前方より見ると亜三角形，雌の額は幅広で殆んど平で有毛，額突起は小形，顔は下方に延びているが複眼下に長く延びていないで鈍円錐状。触角下でゆるやかに凹み，鈍角の顔瘤を具え，中央の大部分を除き有毛，頰は複眼下によく発達し有毛。触角は頭部とほぼ等長，第1節は細い円筒状で短かい第2節の約2倍長，第3節は甚だ幅広く第1節とほぼ等長，前方微かに凹み，第2節に結合する部分の下方に鈍角に延び，末端円錐状に尖り，上縁の基部微かに凸形となる。触角棘毛は上縁末端から生じ，触角より短かく，基部の方に少しく太まつている。複眼は無毛，雌雄共に離眼的。胸部は長くなく，無棘毛，むしろ密毛を装う。腹部は扁平で幅広または適度の幅で，金属色の横帯を有するのが普通。脚は簡単。翅は中庸大，第1径室は開口，第4+5径脈は殆んど直線，第5径室の外縁は微かに彎曲し翅縁より遙か前で第4+5径脈に合し，径中横脈は傾斜し中央室の中央後に位置する。この亜科は触角の構造によつて *Zeliminae* から分離する事が出来，現在ではアメリカ産の *Merapioidus* Bigot と本邦産の *Narumyia* Shiraki との2属のみ知られている。ナルミハナアブ（*Narumyia narumii* Shiraki）（Fig. 1375）体長8～9mm，黒色。雄，額は光沢が強い黒色で1横溝によつて頭頂と区劃され，額突起は著しく突出し中央少しく縊れ，その部分に1横溝を有し，それから触角基部に達する深い1縦溝を具えている。頭頂は狭く，鈍黒色で，黒褐色の長毛を装う。複眼は無毛，側面から見ると微かに傾斜している。顔は下方に著しく延び，中瘤は小さいが顕著，上口縁は突出し，被毛は側部のみに疎生し白色，全面白色粉にて被われている。触角は鈍黒褐色。中胸背板は黒色で緑色の光彩を有し，被毛は前半部では淡色となり後半部では褐色。小楯板はより多く帯緑色，淡色の長毛を装う。腹部は強い光沢がある黒色。第1背板は灰黄色粉にて被われ，第3と第4との各背板に灰黄色粉からなる1対の小横斑を有する。翅は甚だ微かに曇り，平均棍は赤褐色。脚は光沢ある黒色なれど膝部から跗節端までは汚黄色，尤も脛節の中部と前脚跗節及び他脚の跗節の2端節とは褐黒色，後脚腿節の下面1/4末端部に微棘を列している。雌。額は頭幅の約1/3で横溝が不明瞭となり，腹部の横紋は第2節にも存在し，後脚腿節は微棘を欠く。本州北部に産する。

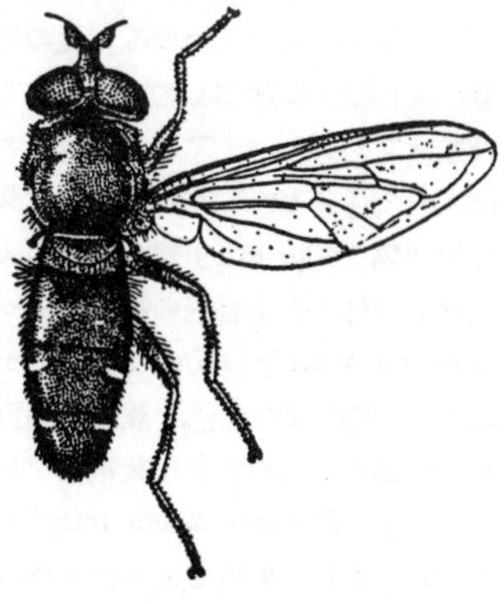

Fig. 1375. ナルミハナアブ

12. ハナアブ亜科 Subfamily *Eristalinae* Shiraki 1949——小形乃至大形，有毛で，黒色乃至金属的藍色または緑色。頭部は殆んど常に胸部より幅広かまたは甚だ稀れに狭い。時に充分横形または半円形。複眼は無毛または有毛，雄では殆んど常に合眼的。顔は有毛，しかし時に中央部が無毛，中瘤は常に発達するが *Dissoptera* Edwards 属にはない。額は常に有毛，額突起があるものと無いものとがあり時に著しく発達する。触角はむしろ小形で下向，触角棘毛は背面から生じ無毛乃至羽毛状。翅の第1径室は閉口で有柄，第4+5径室の約中央に明瞭な湾落部を有し，径中横脈は中央室の中央近くか中央後に位置するが *Dissoptera* 属のみは基部近くに存在し，第5径室の外縁は微かに彎曲する。後脚腿節は正常かまたは太まり，甚だ稀れに顕著な幅広部または歯状突起を具えている。幼虫の知られているものは長尾型で有機質物を食する。世界に広く分布し，約40属からなり，*Eristalis* Latreille, *Axona* Walker, *Dissoptera* Edwards, *Dolichomerus* Macquart, *Kertezsiomyia* Shiraki, *Korinchia* Edwards, *Lathyrophthalmus* Mik, *Lycastrirrhyncha* Bigot, *Meromacrus* Rondani, *Phytomia* Guerin, *Palumbia* Rondani, *Solenaspis* Osten Sacken 等が代表的な属で，*Eristalis*, *Lathyrophtalmus*, *Eristalomyia*, *Megaspis* 等の属が本邦に知られている。クロハナアブ（*Eristalis nigricans* Matsumura）（Fig. 1376）体長13～14mm，黒色。雄。複眼は微毛を装い，その接合線は頭頂三角形部と殆んど等長。頭頂は黒色毛を装い，前端が帯灰色粉から被われている。額は黄褐色粉で被われ，帯黒色毛を装い，半月瘤とその直前の小隆起とは帯赤褐色。顔は頭幅の約1/3，帯黄色粉にて被われ同色の毛を装い，中縦線は光沢ある黒色，側縁は幅広く殆んど三角形を呈し光沢ある黒色，顴は多

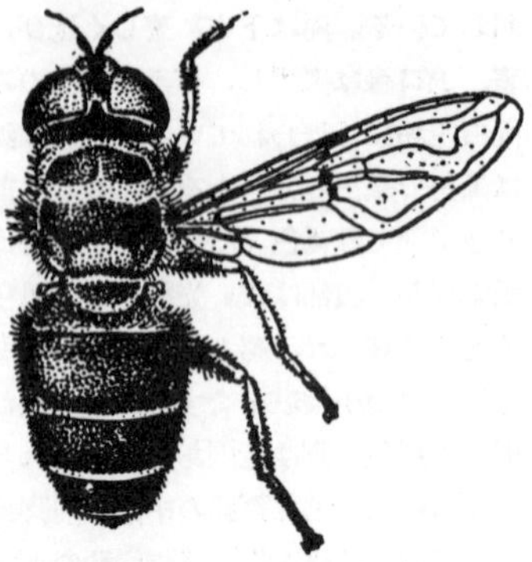

Fig. 1376. クロハナアブ

少帯灰色粉にて被われ帯白色毛を装う。触角は黒色，触角棘毛は基半部が明瞭に羽毛状。中胸背板は黒色で後方に少しく光沢を有し，前半の大部分と後縁部とは帯灰色粉にて被われ，被毛は粉装部のものが帯褐色で他のものは黒色，横線前に帯灰色粉からなる不明確な1横帯を有する。小楯板は褐色，後縁幅広く帯黄色に縁取られ，基部狭く黒色。腹部は光沢ある黒色で各背板後縁が帯赤色を呈し，第1節には帯黄色の2斑を有し，第2節には1対の大きな黄色斑を有する。翅は無色透明。脚は黒色で，後脚腿節の基部と前・後両脚の脛節の基半部と中・後両脚の跗節と中脚脛節と膝部とは何れも帯黄色。雌，額は突起前に1対の暗灰色側斑を有し，中胸背板の前縁は明かに粉付けられ明瞭な中横帯を有し，腹部第1背板は灰色粉にて被われ，第2節に斑紋を欠く。北海道産。この属で本邦各地に普通に産する暗色で黄色の横帯を有する種類はシマハナアブ (*E. cerealis* Fabricius) で体長 12mm 内外。世界共通種たるハナアブ (*Eristalomyia tenax* Linné) やアジアに普通のオオハナアブ (*Megaspis zonata* Fabricius) 等は全土に普通。一見 *Lucilia* に類似するホシメハナアブ (*Lathyrophthalmus ocularis* Coquillett) は体長 11〜13mm，光沢ある黒色，全土に産する。

13. モモブトハナアブ亜科 Subfamily *Lampetinae* (*Merodontinae*) Shiraki 1939——小形乃至大形，有毛，帯黒色で普通鮮明色の斑紋を有し甚だ稀れにそれを欠き，時に金属的光輝を有する。頭部は胸部より幅狭く前方より見ると円い。顔と額とは殆んど常に有毛，しかし前者は甚だ稀れに裸体，中瘤は時によく発達する。触角は中庸長で下向し決して直線に突出する事なく，触角棘毛は背面から生じ無毛乃至不明瞭な羽毛状。翅の第4+5径脈は第5径室中に深く彎入し，径中横脈は中央室の中央後に普通傾斜して存在するが甚だ稀れに中央直前に位置するものがあり，第1径室は開口。第5径室の外縁は僅かに波状となつているが時に上端内方に曲る。後脚腿節は太いか正常，屢々末端直前に明瞭な幅広部を有するかまたは顕著な1歯状突起を有する。幼虫は多くは長尾型で泥や泥炭等の中に棲息する。しかし *Lampetia* 属のものは短尾型で球根類を食害する。この亜科は *Eristalinae* 亜科から第1径室が開口している事によつて容易に区別する事が出来る。*Lampetia* Meigen, *Asemosyrphus* Bigot, *Azpeytia* Walker, *Dolichogyna* Macquart, *Eurinomyia* Mik, *Habromyia* Williston, *Mallota* Meigen, *Mesembrius* Rondani, *Quichuana* Knab, *Tubifera* Meigen 等が代表的な属で，*Tubifera*, *Helophilus*, *Mesembrius*, *Kirimyia*, *Eurinomyia*, *Pseudomallota*, *Pseudomerodon*, *Pseudozetterstedtia*, *Imatisma*, *Lampetia* (*Merodon* Meigen) 等の属が本邦に産する。カワムラモモブトハナアブ (*Lampetia kawamurae* Matsumura) (Fig. 1377) 体長 10mm，黒色で銅色の光沢を有する。額は頭幅の1/5強，前半の側縁が白色粉にて被われている。額突起は中庸大。顔は白色毛を疎生し，下方微かに凹み，上口縁は明瞭に突出し黒色。触角は黒褐色，第3節は黄赤色で前2節の和の2倍以上の長さを有し長楕円形，触角棘毛は短かく簡単。中胸背板は長幅殆んど等大，前縁部は中央を除き白色粉を粗布する。腹部は銅色で光沢がなく，第2背板には黄赤色の1対の三角形側紋を有し，第3・4各背板に1対の白色粉からなる細横帯を有する。翅は幅広，煤色，第1径室は開口，第5径室の外縁は著しく彎曲し，第4+5径脈は円く且つ深く陥入し，径中横脈は中央室の中央直後に位置する。脚は銅黒色，膝・脛節基部等は帯褐色，後脚腿節は太く下縁後方に三角形の1大歯を具えている。熊本県下で1雌が採集されたのみ。他の属は凡て第5径室の外縁が甚だ微かに彎曲しているのみである。全土に普通の種類はアシブトハナアブ (*Tubifera virgatus* Coquillett) で体長 12〜14mm，黒色で胸背に黄色の縦条を有し腹部第2背板上に1対の黄色の大三角形紋を有する。北海道以外に最も普通の種類はシマアシブトハナアブ (*Mesembrius flavipes* Matsumura) で体長 10〜11 mm，黄色に富む黒色，胸背に明瞭な黄色の4縦条を有し，腹部に2対の大きな黄色紋を有する。ミケモモブトハナアブ (*Pseudomallota tricolor* Loew) は体長16〜17mm，体太く黒色で灰黄色・黒色・橙色等の毛にて各々区分的に被われ，北海道・本州・欧洲等に分布する，

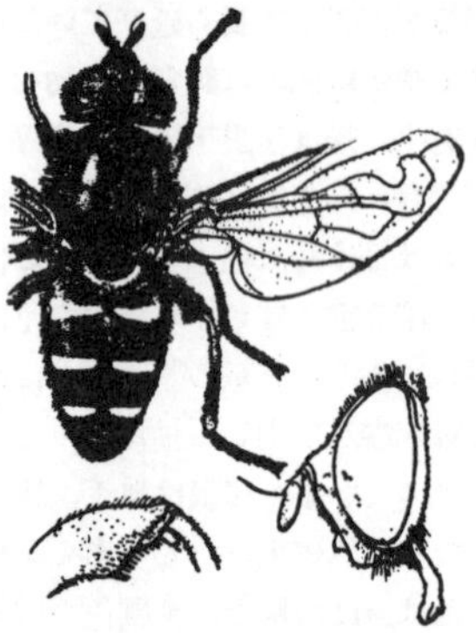

Fig. 1377. カワムラモモブトハナアブ

マガリモンヒメハナアブ（*Eurinomyia lunulata* Meigen）は体長8～10mm，黒褐色で，胸背に2対の淡藍灰色粉からなる縦条を有し，腹部は第2背板以下各節に帯黄色のコンマ形の紋を有する。北海道・欧洲等に分布する。

14. ベッコウハナアブ亜科 Subfamily *Volucellinae* Verrall 1901——小形乃至大形，種々のものがあつて稀れに金属色，むしろ裸体かまたは有毛。頭部は多くは半球形，しかし屢々前後に圧縮されている。顔は甚だ顕著に前口縁の方に延び，険阻な中瘤がある。複眼は有毛で，雄ではかなりの間接触し，雌ではよく離れている。触角は時に長いが何れも下向，触角棘毛は顕著に羽毛状または稀れに櫛歯状。中胸背板はむしろ短かく背面に膨隆し，小楯板は比較的大形で後縁縁取られているか棘を具えているかまたは棘毛を生じている。腹部は短かく且つ幅広かまたは甚だ稀れに長く多くは著しく弧状を呈し，胸瓣が第2背板まで後方に延び，第1背板は胸瓣下で非常に扁平となり時に溝状に凹み，それと同時にこの部分が無毛かまたは甚だ短い毛を生じている。翅は比較的大形，屢々帯黒色の斑紋を有し，径中横脈は中央室の中央より明かに基方に位置し，第5径室の外縁の上方は内曲し，第4+5径脈は正常，第1径室は閉ざされ，覆片はよく発達している。脚は普通。*Volucella* 属の幼虫（Fig. 1378）は大形の蜂の巣の中に棲息し，死亡せる蛹やその他を食し，寄生性ではない。世界から知られ約13属が発表され，*Volucella* Geoffroy，*Apophysophora* Williston，*Copestylum* Macquart，*Megametopon* Giglio-Tos，*Phalacromyia* Rondani 等が代表的な属で，最初の1属のみが本邦に産する。クロベッコウハナアブ（*Volucella nigricans* Coquillett）(Fig. 1379) 体長19～21mm，光沢に富む黒色。頭部は半球形に近く胸部より僅かに広く，額は細長く頭幅の約1/11で前方に微かに拡がり，栗色で前方部が橙黄色，雄では長三角形で細少となり複眼接合線は長い。額突起は小さく，顕著でなく，橙黄色。顔は橙黄色，触角下が凹み後直に突隆し大きな顕著な中瘤となり，口縁は水平でその前端角張り，頰は栗色。触角は橙黄色，第3節は楕円形なれど上縁多少凹み前2節の和より長く，触角棘毛は著しく羽毛状。中胸背板は幅より小しく長く，肩瘤橙黄色，翅後瘤は黒褐色でその両端橙黄色，小楯板は黒褐色。腹部は第2背板基部が淡黄色となる。翅は1/2基部が橙黄色で他は煤色，中央に黒褐色の大きな方形紋を有し，前縁末端に暗色の大紋を有する。脚は細く，黒色。本州・四国・九州・朝鮮・台湾等に分布する。

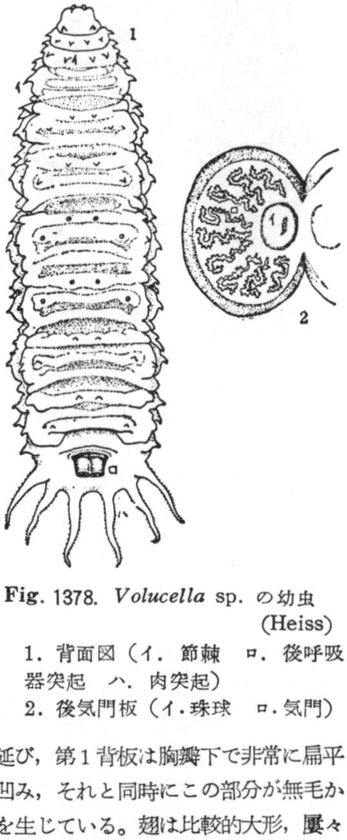

Fig. 1378. *Volucella* sp. の幼虫 (Heiss)
1. 背面図（イ. 節棘　ロ. 後呼吸器突起　ハ. 肉突起）
2. 後気門板（イ.珠球　ロ.気門）

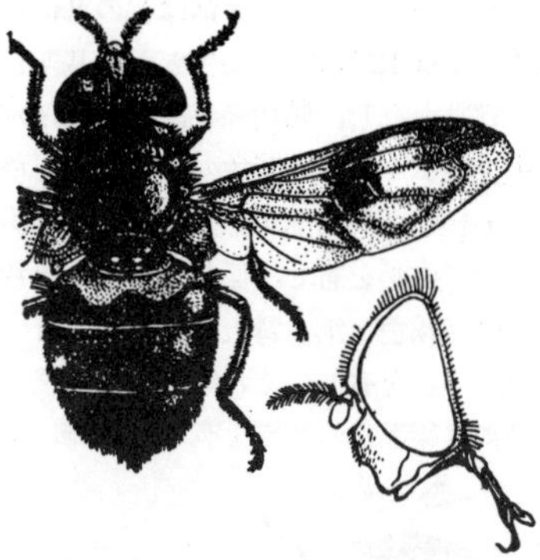

Fig. 1379. クロベッコウハナアブ

15. マルハナアブ亜科 Subfamily *Graptomyzinae* Shiraki 1949——小形，黒色で明瞭な帯黄色の帯紋または条紋を有しむしろ光沢ある円味が強い蠅。頭部は常に胸部より広幅で横形，複眼は雌雄共に離眼的で裸体または有毛，額はむしろ平で平行側縁を有し額突起を欠く，顔は普通下方に延び稀れにしからず狭い中瘤を具えている。触角の第3節は普通甚だ長いかまたは甚だ大形，触角棘毛は基部近くから生じ有毛または羽毛状。中胸背板は短かく，光沢を有し，側縁に沿い明瞭な黒色棘毛を生じ，小楯板は背面中央光沢のない大きな凹部を具え後縁に棘毛を列する。腹部は幅広く，強く弧状となる。翅は幅広く，第1径室は広く開口，擬脈がない。第4+5径脈は常に殆んど直線，第5径室と中央室との各外縁は殆んど直角に前縁に合するかまたは幾分内方に曲り，径中横脈は中央室の基部から1/3以前に位置している。脚はかなり太い。生態は全く不明。アメリカ以外の熱帯と亜熱帯とに産し，約50種程が知られ，*Graptomyza* Wiedemann 1属のみからなる。本邦には3種が発見されている。ヤマトマルハナアブ（*Graptomyza alabeta* Séguy）体長4～4.2mm，黄色。雄。額は複眼より幅広で褐色，額は平行する側縁を有し下半部は著しく前方に突出し，その前端幅広。触角は額の長さより長く，第3節は幅の2倍の長さを有し末端細まり上縁末端の方に褐色となり基部近くの外面に大きな感覚孔を有し，触角棘毛は触角とほぼ等長。中胸背板は中央幅広く黒色で紫色の光輝を有し横線部にて切断され，小楯板は凹陥部が黒褐色。脚と平均棍とは黄色。翅は透明で虹彩を有し，亜前縁脈部に黒色の1斑を有す。腹部は赤褐色，第1背板は黒色，第2・3の各背板には黒色の3紋を有し，それ等の3紋は後縁にて連続し，末端節には帯黒色の3紋を有する。雌。額は複眼より幅広で赤褐色。触角は一様に黄色，第3節は幅の2倍以上の長さを有する。中胸背板は赤褐色。翅は透明で，亜前縁脈と第1径脈と第2+3径脈との各末節に暗灰色斑を有し，2本の末端の方の横帯は暗灰色。腹部は雄と同様な斑紋を有するが淡色となる。本州産。イトウマルハナアブ (*G. itoi* Shiraki) (Fig. 1380) は本州産で京都と軽井沢とで採集され，他の1種は九州屋久島から発見されている。

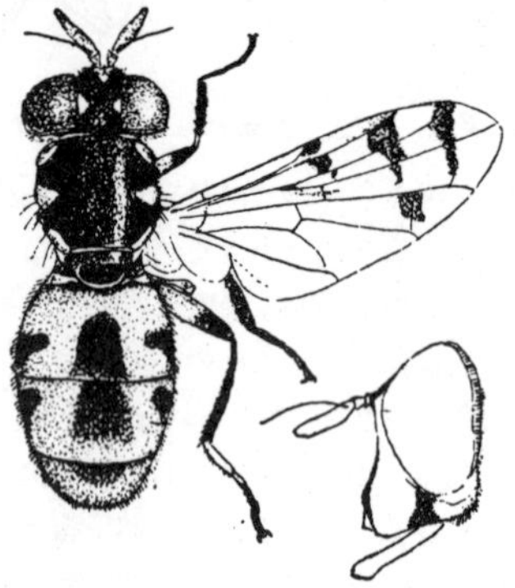

Fig. 1380. イトウマルハナアブ雌

16. **アリスアブ亜科 Subfamily *Microdontinae*** Verrall 1901——小形乃至大形，長いか楕円形，ときに金属的色彩を有する。頭部は短かく胸部より狭いかまたは広く，顔は平たく幅広で有毛，頬は複眼下に甚だ僅かに発達している。触角は長く且つ前方に突出し，基部にて左右著しく近より，第1節は細長く殆んど常に続く2節の和と等長，第2節は甚だ短かく，第3節は長く且つ最も太く末端の方に尖り，触角棘毛は裸体で第3節の基部近くに生ずる。複眼は無毛，雌雄共に離眼的。中胸背板は亜方形で強く弧状を呈し，小楯板は比較的大形かまたは小形で屢々2本の短棘を後縁に具えている。腹部は強く弧状で後方部が下方に彎曲し側縁が著しく下方に内曲し，殆んど常に短楕円形で胸部より幅広いが稀れに非常に細長いものや有柄のものがある。翅は一般に短いがときに長大で，甚だ稀れに明瞭な斑紋を有し，第4+5径脈はむしろ直線でときに後方に支脈を出し，その支脈によつて第5径室が2分される事があり，第5径室と中央室との各外縁は殆んど直角に各前縁に結合し，径中横脈は中央室の中央前に位置し，第1径室は開口，覆片はよく発達する。脚はむしろ強く，後脚脛節は微かに彎曲し末端の方に幅広となり，後脚の第1跗節は他の節の和と殆んど等長で太い。*Microdon* の幼虫は他の亜科のものと全然形態を異にし，蛹と共に蟻の巣中に棲息する。*Microdon* 属のものは殆んど世界に分布し，他の属のものは熱帯に発見され，約24属が知られている。*Microdon* Meigen, *Aristosyrphus* Curran, *Bardistopus* Mann, *Ceratophya* Wiedemann, *Ceriomicrodon* Hull, *Mixogaster* Macquart, *Papiliomyia* Hull, *Omegasyrphus* Giglio-Tos, *Parocyptamus* Shiraki, *Rhoga* Walker 等が代表的な属で，本邦から *Microdon* 属のみが知られている。キンアリスアブ (*Microdon auricomus* Coquillett) (Fig. 1381) 体長10～12mm，藍青色で金属的光沢を有し淡黄色毛を密生する。頭部は短かく，額は頭幅の1/3で多少前方に拡がり，雄では1/4弱で前額基部の1横溝部で著しく狭まり，暗褐色毛を密装する。顔は前方に彎曲し，頭幅の1/3より広い。触角は黒褐色，第1節は他節の和と等長で棒状，第2節は円錐形で第3節の1/3より長く，第3節は末端に進むに従い細まり，背面基部に短かい帯黄色の触角棘毛を有する。胸部は短かく，小楯板は半円形で長毛を密生する。腹部は太く，末端幾分尖る。翅は比較的小形，煤色，第5径室は細く末端下角が円く突出し中央に第4+5径脈からの短小支脈を有し，中央室の複角は多少外方に突出し，径中横脈は中央室の基部近くに位置する。脚は黒褐色で，末端に進むに従い黄色を帯びる。本州中部以南に産する。フタオビアリスアブ (*Microdon bifasciatus* Matsumura) は体長14～15mm，腹部が長く第2節から末端の方に漸次細まり第3・4各背板の各後縁に黄金色毛からなる横帯を有し，北海道に産する。

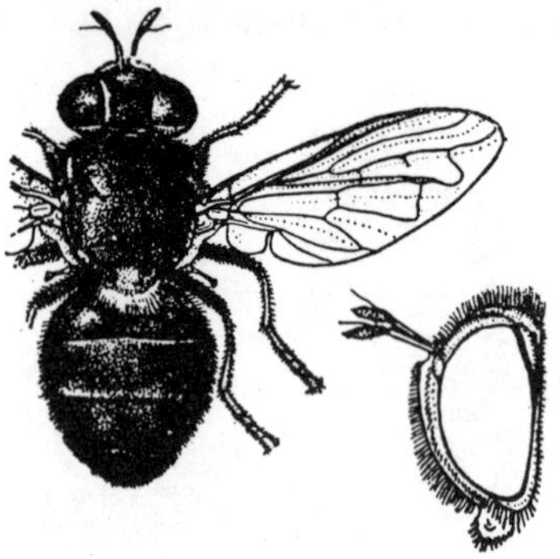

Fig. 1381. キンアリスアブ

17. **ハチモドキハナアブ亜科 Subfamily *Cerioidinae*** Shannon 1921——中庸大乃至甚大，細く，黒色でときに帯褐色で屢々黄色紋を有する。頭部は常に胸部より広くむしろ前後に扁平となり，顔は触角下で辛うじて凹み，複眼下に延び且つ前口縁にて延びている。複眼は雄では左右接触し雌では離れ，無毛または有毛。触角は長く直線に前方に突出し，普通は柄突起上から生じ，第3

節は末端に棒状触角棘毛を具え，第1節は細長，第2と3節とはむしろ短かく殆んど等長で共に合して長楕円形を呈する。胸部は長方形に近く，小楯板は半円形で甚だ屢々黄色。腹部は長くむしろ円筒状で甚だ屢々基部にて縊れ，雄は4節で雌は5節が認められる。脚は適度に強く，脛節は亜棍棒状。翅はむしろ細長く末端の方に明かに細まり，径中横脈は中央室の中央かまたはその後に位置し，第4+5径脈は第5径室内に陥入し屢々その部から1小支脈を出している。ある幼虫は樹液に寄棲している。多くは熱帯産であるが世界に分布し，約7属が知られている。*Cerioides* Rondani, *Monoceromyia* Shannon, *Polybiomyia* Shannon, *Primocerioides* Shannon, *Sphyximorphoides* Shiraki, *Tenthredomyia* Shannon 等が代表的な属で，最後の3属が本邦に発見されている。ハチドモキハナアブ (*Sphyximorphoides pleuralis* Coquillett) (Fig. 1382) 体長20mm 内外，黒色で全面に微小点刻を密布する。頭部は幅広く，頭頂が著しく膨隆し，額は前方甚だ幅広く後方に狭まり2暗色紋を有し，額突起は甚だ細く紫褐色で触角第1節より僅かに長い。顔は扁平で橙黄色，中央に細い黒褐色の縦隆起線を有し，額との境に同様同色の横隆起線を有し，同線の背上に橙黄色の小紋を有する。頰は黒褐色，複眼の下方に著しく延長する。触角は暗黒色。胸部は多少長く，肩瘤と翅後瘤とは多少赤色を呈し，小楯板は横形で後縁細く赤褐色に縁取られている。腹部は第2・3各背板の後縁と第2背板の基部両側とは赤褐色，第1と第2節との接合部は著しく縊れている。翅は幅広く，黒褐色で後縁に至るに従い淡色，中央室と第5径室とは後方殆んど無色。脚は赤褐色，腿節の基部が黒色を呈する。本州産。

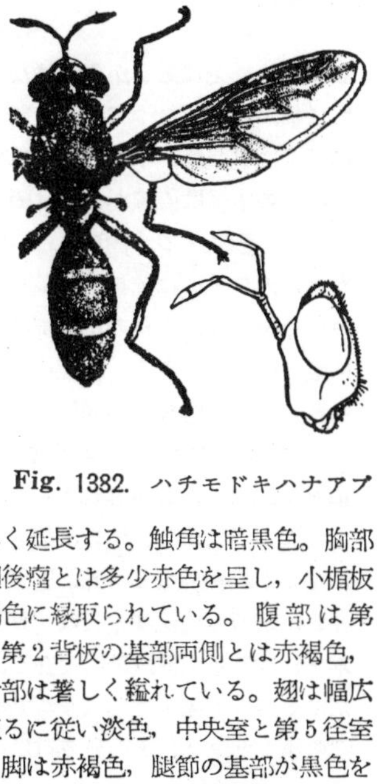

Fig. 1382. ハチモドキハナアブ

581. アタマアブ（頭虻）科

Fam. Pipunculidae (Zetterstedt 1842) Curtis 1851

Dorylaidae Kertész 1910 異名。 Big-headed Flies と称え，ドイツの Augenfliegen である。小形で細く，隠色，大形で殆んど球形の頭部と非常に左右接合せる複眼とを具えている。触角は小さく，第3節は楕円形や腎臓形や下方末端鋭く尖つたもの等があり，触角棘毛は背面から生じている。単眼は存在し，口吻は小さく普通隠れている。腹部は6節か7節からなり，小さく円筒状，雄の交尾節は顕著で屢々大形，産卵管は一般に長く腹面下前方に延びている。脚は簡単，跗節は幅広で第1節は長く，褥盤は存在する。翅は腹部より著しく長く，基室は長く，臀室即ち肘室は翅縁近くで閉ざされ稀れに不安定，第5径室は末端の方に狭まつているが常に開口，所謂後室は3個存在する。*Chalarus* Walker 属では翅脈が不完全となつている。胸瓣は痕跡的で，覆片は微小。翅は静止の際に腹背上に平らに置かれる。幼虫は幾分楕円形で太く，扁平で，両端細まり，裸体。12節からなり，各節に横皺を有し，双気門式で，前気門は前胸の前縁に存在し，後気門は左右相接する幾丁質板上にある。蛹は楕円形で両端鈍角，光沢ある黒色，幼虫より幾分小さい。

成虫は森林の縁近くや伐開地や陰多い小路等に沿うてあるやぶに普通発見され，幼虫はウンカやメクラカメムシ等に，おそらく他の同翅亜目と異翅亜目等の昆虫に寄生する。世界から約300種が発見され，主に旧北区に産するが，北米は勿論，アフリカや南米にも少数の種類が産する。*Pipunculus* Latreille (＝*Dorylas* Meigen), *Chalarus* Walker, *Cephalosphaera* Enderlein, *Jassidophaga* Enderlein, *Nephesocerus* Zetterstedt, *Verrallia* Mik 等が普通の属で，最初の1属のみが本邦に発見されている。クマモトアタマアブ (*Pipunculus kumamotensis* Matsumura) (Fig. 1383) 体長4.5mm 内外，暗褐色で褐色粉にて密に被われている。頭部は小豆色で光線の方向によつて金色を現わす大形の複眼から殆んど全面が被われ，顔と頰とは白色粉にて被われている。触角は暗褐色，第3節は黄褐色で末端尖り，触角棘毛は暗褐色で背面基部から生じている。単眼は小単眼瘤上に存在し，口吻は短かい。胸部は頭部より狭く，長幅殆んど等大。腹部は各背板の後縁両側端が灰白色粉にて被われ，産卵管の基部は暗褐色を呈し円錐形で1縦溝を具えている。翅は透明で虹彩を現わし，縁紋は灰黄色，翅脈は暗褐色，胸瓣は淡黄褐色，第5径室は末端甚だ狭く翅頂にて開口し，第1+2中脈は僅かに彎曲し

Fig. 1383. クマモトアタマアブ

支脈を具えていてない。脚は短かく黄色，腿節は再端以外が暗褐色，爪は黒色で白色の基部を有し，爪間盤は灰黄色。九州産。

b. 裂 額 亜 目

Suborder *Schizophora* Becker 1882

この亜目は次の如く5類に分類する事が出来る。

1．第2肘脈は長く延び，臀脈が翅の後縁に終る前に第2肘脈と合し，そのために肘室即ち所謂臀室が長く且つその末端が翅縁近くに達している。その他不裂額亜目のもの特にショクガバエ科の多くの特徴を具えている。例えば径脈と中脈との間の擬脈がある程度認められるとかまた肘脈に接する擬脈即ち爪状部線が基部に存在する。口吻は細長く，幾丁質化し，1回または2回膝状に曲つている。第3触角節は末端に触角棘毛あるいは触角棒状突起を具えているかまたは背面に触角棘毛を生じている……………………Series *Archischiza*

第2肘脈は甚だ短かく急に臀脈と結び付き，為めに所謂臀室が甚で短かく且つ小形となつている。あるいはまた臀脈と肘脈とが欠けているかまたはその1つのみが存在し，従つて臀室がないかまたは後方か外方が開口している。爪状部線は臀室に相当して存在するかまたは甚だ短かい不明なものとして現われている。無翅の寄生性のものもある…………………………………2

2．脚の基節は腹面で著しく近接して存在し，単眼は多く存在し，頭部は自由で下口式，体も正常，翅は多くは発達し正常……………………………………………3

脚の基節は腹面で互に広く離れ，脚は大きく強く，爪は発達し，頭部は多くはより前口式で自由かまたは僅かに自由，触角は深い溝の中に存在し，体は扁平，翅はないかまたは存在する…………Series *Pupipara*

3．後肩棘毛（Posthumeral）と翅間棘毛（Intraalar）とが同時に存在しない，下側棘毛（Hypopleural）はない。額は雌雄共に等幅かまたは雌は額帯（Frontalia）が幅広となる為めに雄より幅広，半月瘤は屢々額縁の下方に不明瞭に彎曲し，翅後瘤は規則的になく，腹膜は常に現われ，複眼は屢々斑点付けられ且つ鮮明色，翅の中脈は直線，頬板は複眼に沿い上昇しないで額帯が複眼から他の複眼に達し，頭頂板に上眼縁棘毛を有し，また頬板が額眼縁部に上昇し下眼縁棘毛を存し，同棘毛は常に上眼縁棘毛よりもより側方に位置している。内口孔には環節蓋を欠く，腹部の第2～5節の気門は各背板の縁に存在し，外口孔には前口歯（Prestomal teeth）がない。触角第2節は上外面に縦溝がない。胸瓣と翅瓣（下胸瓣と上胸瓣）とはあるものには大形に発達するが普通は甚だ小形かまたはないかあるいは殆んどない……………………………

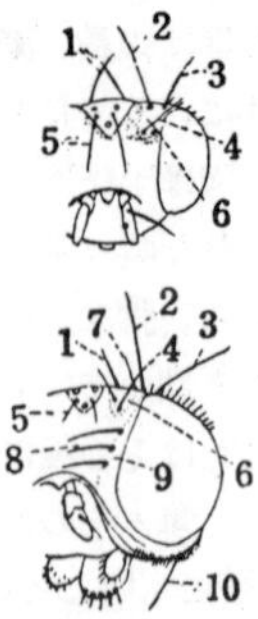

Fig. 1384. *Acalyptratae* の頭部（Enderlein）
上図．*Suillia*
下図．*Terellia*
1．後頭頂棘毛　2．内頭頂棘毛　3．外頭頂毛　4．上眼縁棘毛　5．単眼棘毛　6．頭頂板（額眼縁板）7．後頭棘毛　8．下眼縁棘毛　9．頬板　10．顳棘毛

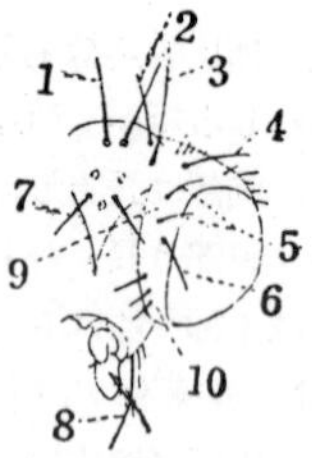

Fig. 1385. *Protomuscaria* の頭部（Enderlein）
Scatophaga の頭部
1．後頭頂棘毛　2．内後頭棘毛　3．内頭頂棘毛　4．外頭頂棘毛　5．上眼縁棘毛　6．下眼縁棘毛　7．単眼棘毛　8．髭棘毛　9．頭頂板　10．頬板

……………*Acalyptratae*
（Fig. 1384）

後肩棘毛と翅間棘毛とは規則的に同時に存在し，下側棘毛はあるかまたはなく，雌の額は側縁部即ち頬板が幅広となつて広く，雄のものは狭く屢々複眼にて全部覆われ，半月瘤は常に明瞭，複眼は斑紋を欠き，翅の中脈は直線かまたは彎曲しあるいは角曲し所謂横脈を形成する。内口孔は口吻の付け根に環節蓋を有し，外口孔には前口歯を具え，小顋の外葉は腹面に附属器を欠き，触角の第2節は乾燥標本に於て上外面に屢々縦溝を有する。腹部の第2乃至第5′節の各気門は多く背板と腹板との間膜に存在する………………4

4．額眼縁板（Frontorbital plate）は原始的で額と頭頂とが二次的に分割されていない（Fig. 1385）。胸瓣と翅瓣とが短かく，前者は後者より長くない。上眼縁棘毛と下眼縁棘毛とが殊に区別されないで1列上に存在し，胸背の横線は中央にて切断され，背中棘毛の1本または2本が横線前に存在し，腹胸側板上に2本または3本の棘毛を生じ（*Anthomyiidae* の如く），腹部の第1と第2板との分割線は明瞭となつている（*Scatophagidae*）………………Series *Protomuscaria*

頭頂板と頬板とが眼縁に沿い癒合し，後者には内方に彎曲する下眼縁棘毛の縦列を存し，これ等棘毛は頭頂板上の棘毛よりは眼縁からより多く離れて存在する。胸瓣と翅瓣とは非常に大形となり，腹部の第1と第2との背板が殆んど癒合している……………………
……………………………………Series *Calyptratae*

原 裂 額 群

Series *Archischiza* Enderlein 1936

次の1科のみからなる。

582. **メバエ**（**眼蠅**）**科**

Fam. Conopidae (Leach 1815)

Stephens 1829

Thick-headed Flies や Wasp Flies 等と称えられ，ドイツの Dickkopffliegen である。小形乃至中庸大，長く，屢々蜂状，袖体か薄く有毛かまたは稀れに微かに棘毛を生じ，隠色的黒色や帯赤色や褐色で，黄色または白色あるいは橙黄色の斑紋を有する。頭部は胸部より幅広で頭蓋嚢線即ち額線を有する。複眼は大形，単眼はあるものと痕跡的のものとないものとがある。触角は突出し額突起から生じ，3節からなり，末端節は大形，触角棘毛に背面か亜背面かまたは末端から生じときに棒状となつている。胸部は幾分背方に膨隆する。腹部は基部にて縊れ蜂状であるかまたは普通形で幅広，生殖器は雌雄共に大形で体下に彎曲し，産卵管はよく発達しときに体より長い。翅は透明か曇り，翅の第1径室は閉口かまたは甚だ狭く開口し，第1基室は常に甚だ長く第2基室は中庸長，肘室即ち臀室は細長く翅縁前にて閉口。卵は奇形で宿主の体に附着するように小さな鉤または糸状突起を具えている。幼虫（Fig. 1386）は幅広で卵形または西洋梨形，口器は減退し，後気門は大きな凸板を有し且つ膨張されている。蛹は幼虫殻中に存在し前気門と後気門との各一対を具えている。成虫は普通花に見出され，遅飛または速飛，あるものは空中に静止する。而して飛翔中には宿主たる蜂類に産卵する。幼虫は孵化すると宿主の腹部内に穿孔し，内寄生虫として発育し，死殻内に蛹化する。

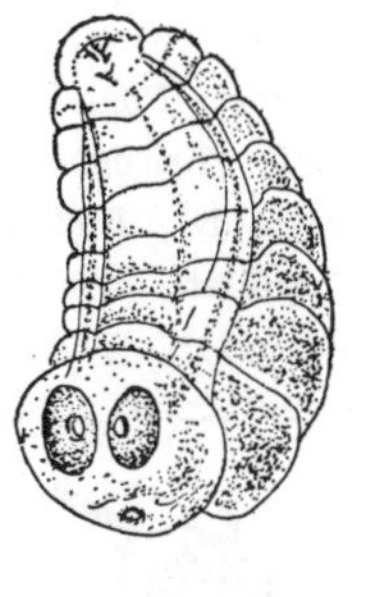

Fig. 1386. *Conops* の幼虫 (Brauer)

世界に広く分布し，約500種程が発表されている。普通次の如く4亜科に分類されている。

1．頭頂と脚の脛節とに棘毛を欠き，翅の臀室はむしろ長く且つ末端尖り，産卵管は非常に長くない………2

　頭頂は棘毛を具え，脛節は距棘を具え，臀室は小形，産卵管は甚だ長く，口吻は長く膝状，触角第3節は亜背触角棘毛を具えている（*Stylogaster* Macquart 主に新熱帯）…………………………………………………………… Subfamily *Stylogasterinae* Kröber 1917

2．触角第3節は2節からなる背触角棘毛を具え，口吻は一般に中央にて蝶番付けられその末端部が後方に畳まれ，単眼は存在する…………………………………3

　触角第3節は短かい端突起を具え，単眼は普通痕跡的，口吻は前向で中央で曲らず，腹部は基部の方に縊れている…………………………Subfamily *Conopinae*

3．翅の臀室は第2基室と等長，産卵管は大形で腹部下面に前方に畳まれている（*Dalmannia* Robineau-Desvoidy 全北区）………………………………………………………Subfamily *Dalmanniinae* Kröber 1917

　臀室は第2基室より甚だ長く，産卵管は腹部下面に前方に延びていない……………Subfamily *Myopinae*

上記中次ぎの2亜科のみ本邦に発見されている。

1. ミジカオメバエ亜科 Subfamily *Myopinae* Kröber 1917——体は短かく，触角は短かく背触角棘毛を具え，腹部は卵形に近く短かい産卵管を具えている。*Myopa* Fabricius, *Sicus* Scopoli, *Zodion* Latreille 等が代表的な属で，本邦には最初の1属が知られている。ナカホシメバエ（*Myopa testacea* Linné）(Fig. 1387) 体長10mm内外，赤褐色で胸背の中央広く黒色。頭部は胸部と殆んど等幅，額は比較的狭く赤黄色で頭頂膨隆部を欠き，単眼瘤は大形でなく3単眼を有し，前額は著しく前方に太く突出し，額は淡黄色で上半縦に著しく凹み中縦隆起線不明。触角の第2節は末端の方に著しく太まり前節の2倍半の長さを有し，第3節は短太で前2節の和の約1/2長で末端円く，触角棘毛は背縁の中央から生ずる。口吻は細く，頭の高さの約2倍長で，末端尖り，黒褐色。胸背は長幅殆んど等大，小楯板は比較的大。腹部は短太，基部縊れ黒色を呈し，末端白色粉を密布し，雌の腹面突起は短太。翅は煤色，第5径室は狭く開口し，径中横脈は中央室の中央に位置し黒褐色の1小円紋を有する。脚は太く，黄赤色，腿節に不明瞭な2暗色部がある。本州に産し，欧洲・アフリカ等に分布する。

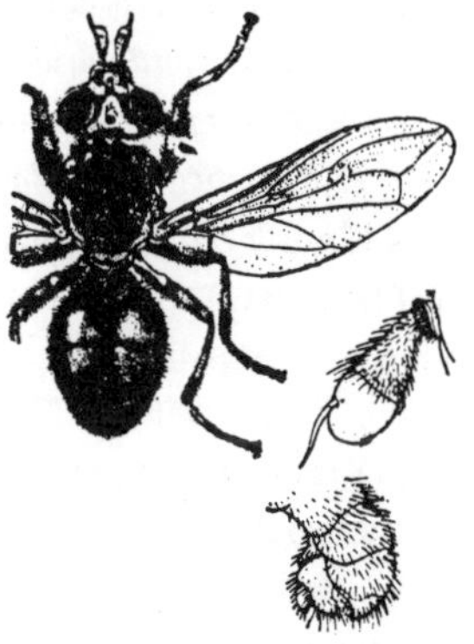

Fig. 1387. ナカホシメバエ

2. メバエ（**眼蠅**）**亜科 Subfamily *Conopinae*** Kröber 1917——体は細長く，触角は細長く末端に棘状の触角棘毛を具えている。*Conops* Linné, *Physocephala* Schiner, *Tropidomyia* Williston 等が代表的な属で，前2者が本邦に産する。オオヅグロメバエ（*Conops niponensis* Vollenhoven）(Fig. 1388) 体長12〜15mm，頭部は著しく膨大し，額は殆んど胸幅に等しく，頭頂膨

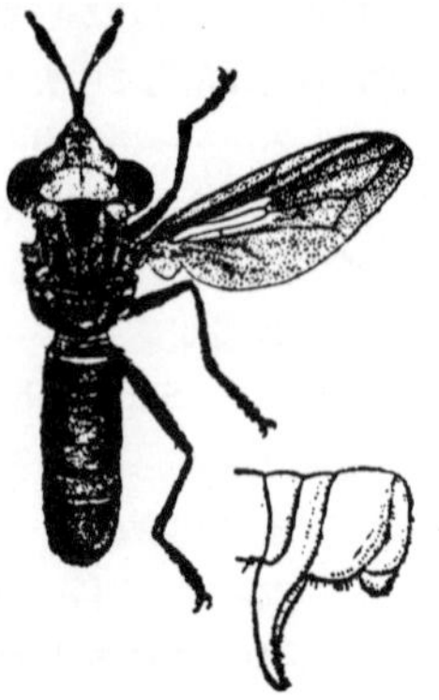

Fig. 1388. オオツグロメバエ（田中）

出部は顕著で赤黄色，額の前方部は横に凹み赤黄色，顔は濃赤黄色で上端に黒色の1小点を有する。触角は黒色，末端の触角棘は3節からなり，その第2節は内方に少しく突出する。口吻は黒色，頭部の高さの約1倍半長で，先端左右に叉分する。胸背は黒色で白色粉にて被われ，肩瘤は著しく突出し白色粉を密装し，側板と腹板とは帯褐黒色。腹部は黒色円筒状，雌の腹面突起は大きく直角に突出する。翅は淡煤色で，中央部は無色透明。本州と九州とに発見され，夏期花上の見られる。

前 蠅 類

Series *Protomuscaria* Enderlein 1936

この群には次の如く4科を包含せしめる事が出来る。

1．触角第2節は上外縁に沿い1縦縫合線を有する…2
　触角第2節には上述の如き縫合線を欠く…………3

2．翅の第1径脈は上面に普通微棘毛を列し，前胸側棘毛は存在する……………………Family *Cordyluridae*
　第1径脈は棘毛を欠き，前胸側棘毛はない…………
……………………………………Family *Scatophagidae*

3．体は太く，腹部は幅広で5節からなり，胸部と腹部と脚とに棘毛列を有し，触角第2節は第3節と等長かまたはより長く，触角棘毛は無毛，髭棘毛は存在し，翅の第4+5径脈は第2+3径脈に近接し翅頂より遥かに前方で終り，前縁脈は翅頂前に止まり，第1径脈と第4+5径脈とは少くとも基部に微棘毛を生じ，亜前縁脈は明瞭で末端斜に上昇し，臀室は鈍角に延びている。鮮明色の蠅で，体長7～18mm，翅に帯紋を有し，太いヤドリバエ科のものに類似する（*Tachinisca* Kertesz ペルー・ボリビア。*Anthophasia*=*Tachinoestrus*, *Tachiniscidia* エチオピア）…………………
…………………Family *Tachiniscidae* Kertesz 1903
　体は太くなく，著しく棘毛を生じていない………4

4．脚は細長く，胸部は大形で，前胸が頸状を呈し，腹部は長く棍棒状で第1節が他節の和と等長，翅の第1後室は狭くなく，額眼縁棘毛は1本かまたはなく，後頭頂棘毛か前胸側棘毛か腹胸側棘毛か背中棘毛かがなく，小楯板棘毛は2本，触角棘毛は長羽毛状，頬は屡々側突起として延びている。インドマレー産。（*Phytalmyia* Hendel=*Elaphomyia*, *Angitula*, *Angituloides*, *Atopognathus*, *Giraffomyia*, *Phytalmodes*, *Terastiomyia*）…………………………………………
…………………Family *Phytalmiidae* Hendel 1912
　脚は不相当に細長くなく，前胸は頸状とならない…（2参照）………………………Family *Scatophagidae*

以上の内次の2科が本邦に産する。

582. フンバエ（糞蠅）科

Fam. *Scatophagidae* Robineau-Desvoidy 1830

Scopeumidae は異名。Dung Flies と称えられ，ドイツの Dungfliegen や Mistfliegen や Kotfliegen 等がこの科に属する。この科は *Muscidae* 科から区別する事が甚だむずかしく，多くの学者によつて広義の家蠅科に包含せしめられている。複眼は雌雄共に広く離れ，額は常に交叉棘毛を欠き，下額眼縁棘毛は上額眼縁棘毛から明瞭に区別され得る。しかし頭頂板は頬板から明瞭に区割されていない。中胸背板の横線は中央広く切断されている。前胸側棘毛はなく，中胸背板横線前の背中棘毛は常になく，腹胸側棘毛もない。しかし少数の属ではこれ等両棘毛がある。腹部第1と第2背板との接合線は常に存在する。幼虫は腐敗植物質を食し，成虫は小昆虫を捕食する。*Scatophaga* Meigen=*Scapeuma*, *Acanthocnema* Becker, *Hydromyza* Fallén, *Microprosopa* Becker, *Pogonota* Zetterstedt, *Spathiphora* Rondani, *Tricopalpus* Rondani, *Norellia* Robineau-Desvoidy, *Plethochaeta* Coquillett, *Pycnoglossa* Coquillett 等が代表的な属で，第1属のみが現在の処本邦に知られている。ヒメフンバエ（*Scatophaga stercoraria* Linné）（Fig. 1389）体長8～10mm，頭部は球形に近く胸部とほぼ等幅，額は両性共に頭幅の1/3強で側縁が殆んど相平行し，単眼瘤と後頭と額の複眼に接した部分とが黒色で灰黄色粉で被われ，額は橙色。顔と頬とは黄色の微毛を密装し絹様の光沢を有する。触角は黒色，触角棘毛の1/2基部は羽状毛を疎生する。口吻は黒褐色。胸背は黒色で灰黄色粉にて被われ，黒色の4縦条を有し，背中棘毛は5対。胸側と胸腹とは胸背と同様灰黄色粉で被われ，淡黄色の長柔毛を密装する。腹部は胸部と同色で淡黄色の長柔毛にて被われる。雄は

Fig. 1389. ヒメフンバエ（田中）

雌に比し全体黄色で，長柔毛が濃黄色を呈する。翅は帯黄色，径中横脈部に褐色の小斑がある。脚は黄褐色で柔毛を生じ，黒色の棘毛が散生している。全土に産し，早春と晩秋とに牛糞上に多数に発見され，小虫を捕食する。世界共通種。この種に類似するが翅に褐色斑を有しないものはキアシフンバエ（*S. mellipes* Coquillett）である。

584. フンバエモドキ（擬糞蠅）科

Fam. Cordyluridae Macquart 1835

この科は一般にフンバエ科の1亜科として認められていて，前胸側棘毛を有し且つ翅の第1径脈上に微棘毛を生じている事によつて区別されている。*Cordylura* Fallén, *Acicephala* Coquillett, *Chylizosoma* Becker, *Cnemopogon* Rondani, *Hexamitocera* Becker, *Megaphthalma* Becker, *Leptopa* Zetterstedt, *Orthochaeta* Becker, *Parallelomma* Becker, *Phrosia* Robineau-Desvoidy 等が代表的な属である。本邦産のものは何れも未だ種名が明瞭にされていない。

無　瓣　類

Series *Acalyptratae* Macquart 1835

この類は次の如く54科に分類する事が可能である。

1．翅の前縁脈は完全で，亜前縁脈端近くかまたは肩横脈端かで破られていない。亜前縁脈は殆んど常に第1径脈から明瞭に分離し，第1径脈端のある離り前に前縁に終つている。第1径脈は常に翅の中央近くかまたはそれより後方に終つている（Fig. 1390のa）………2

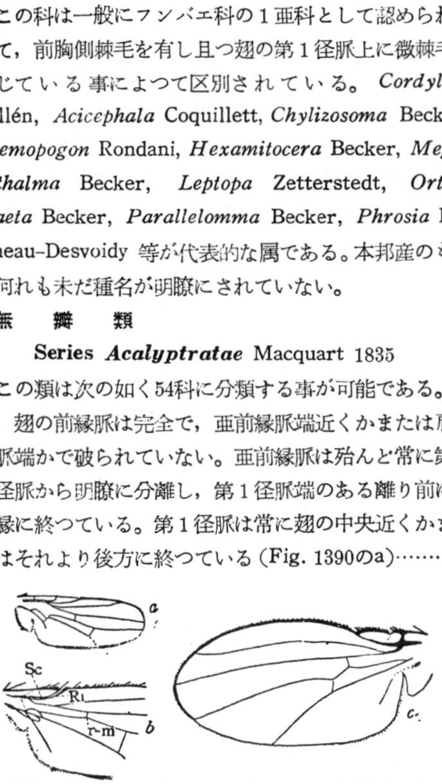

Fig. 1390. 双翅目の翅（Brues and Melander）
a. *Pandora*　b. *Trichoscelis*
c. *Meoneura* (Curran)

前縁脈は亜前縁脈の末端直前にて破砕されているかまたはもしも亜前縁脈が不完全なときには第1径脈の末端前にて破れているか縊れている（Fig. 1390のb），あるいは少くとも斯くの如き破砕の徴候がある。更にまた前に肩横脈近くにも破個所があるものがある（Fig. 1390のc）……………………………………29

2．翅の亜前縁脈は完全で前縁に達し普通第1径脈から自由，稀れに第1径脈に近接し，また稀れに亜前縁脈がない。臀室即ち肘室は存在する……………………3

亜前縁脈は不完全で，基部のみ発達しその後は次第に消失する1襞として存在し前縁に達していない。臀室は不鮮明かまたはなく，後頭頂棘毛は左右末端の方に開いている……………………………………………28

3．髭棘毛は頭の髭角（Vibrissal angle）に存在し，口縁棘毛（Peristomal or buccal bristles）または口縁毛から明瞭に区別され得る……………………………4

一定の髭棘毛はない…………………………………7

4．小顋鬚はよく発達している…………………………5

小顋鬚は甚だ小形で痕跡的。下額眼縁棘毛は決して発達しない，頭は球状で狭い頬を具え，触角棘毛は無毛かまたは殆んど無毛，後気門は普通少くとも1棘毛を有し，腹部は幾分長く普通基部にて細まる。黒色，汚物食性（22参照）……………………Family *Sepsidae*

5．腹部は背面に隆起し，頬と胸側板と脚とは顕著な棘毛がなく，後頭頂棘毛は末端の方に互に拡がる…………………………………6

中脚背板と小楯板とは多少扁平，頭と体と脚とは棘毛を粗生する。海岸棲（16参照）……………Family *Coelopidae*

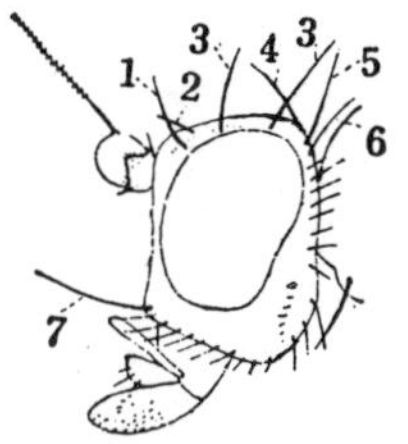

Fig. 1391. *Clusia* の頭部側面図
(Brues and Melander)
1．下眼縁棘毛　2．内額棘毛　3．上眼縁棘毛
4．単眼棘毛　5．内頭頂棘毛　6．外頭頂棘毛
7．髭棘毛

6．触角第2節は普通外縁に角張る突起を具え（Fig. 1391），内額交叉棘（Interfrontal cross-bristles）が屢々存在し，脚の脛節は普通前端棘毛を具え，翅の臀脈は短縮し翅縁に達していない（33と55参照）………………………………Family *Clusiidae*

触角第2節は触張る突起を欠き，内額交叉棘毛がなく，脛節は前端棘毛を欠き，臀脈は1襞として翅縁に達する（36参照）（*Actenoptera* Czerny＝*Gymnomyza* Strobl 旧北区）……………………………………………………………Family *Neottiophilidae* Hendel の1部

7．翅の第5径室即ち第1後室は閉口または第4+5径脈と第1+2中脈とが互に末端の方に近よつて狭く開口している（*Nothybidae*-9 参照-では広く開口し，前胸腹板は非常に長い），腹部は細く，脚は長いかまたは甚だ細長……………………………………………8

第5径室は広く開口する，著し狭く開口しているときは腹部が短かく且つ脚が特別に細長くない………12

8．複眼は大形，頬と後眼縁部とは狭く，上後頭は凹んでいる……………………………………………………9

複眼は適度に大形，額は狭くなく，頬と後眼縁部と

は明瞭に狭まらず，顔は屢々甚だしく後方に傾斜し，後頭は普通大形，単眼棘毛と肩棘毛とはない………10

9. 単眼棘毛と肩棘毛とは存在し，時にそれ等が細小，前脚は小形，翅の第1径脈は鈍微棘を生じ，雄の額は狭い (*Tanypeza* Fallén, *Myrmecomyia* Robineau-Desvoidy 欧洲，*Polphopeza*, *Scipopeza* 新熱帯) ………………………… Family *Tanypezidae* Frey 1921

単眼棘毛と肩棘毛とはなく，胸部は長く，前胸腹板は顕著，前脚は胸部の中央後に附着し，後脚腿節は後縁に棘毛を欠き，翅の第1径脈は裸体，額は雌雄共に幅広 (*Nothybus* マレー)……… Family *Nothybidae*

10. 触角棘毛は第3触角節の背面で基部の方に生じ，前脚は他脚より短かく且つそれ等から広く離れ，前脚基節は短かく，前胸側板は前方に辛うじて延び，触角第2節には突出部がなく，小顋鬚は一般に小形…………………………11

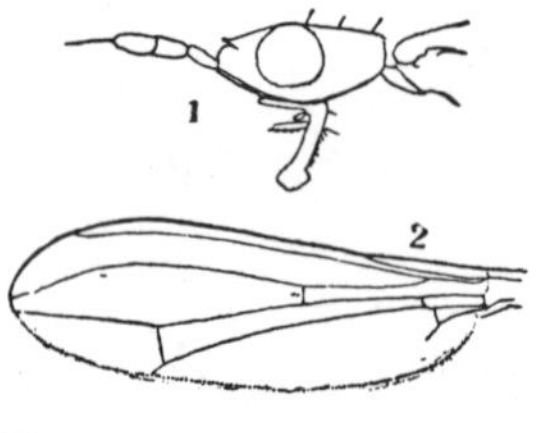

Fig. 1392. 双翅目の部分図
1. *Nerius* の頭部側面 (Brues and Melander)
2. *Calobata* の翅 (Curran)

触角棘毛は第3節の末端から生じ，前脚は他脚より長く，前脚の基節は長くなり斯くして前脚が中脚に接近して位置し，前胸側板は前脚基節の前方にて下面に強く発達し，触角第2節は内縁に指状の1突起を具え，小顋鬚は長い …… Family *Neriidae* (Fig. 1392の1)

11. 中後各脚の脛節は一様に毛を生じているが棘毛がなく，後脚の第1跗節は基部にある微棘毛を生じ，翅の亜前縁脈は明瞭) (*Calobata* Meigen, *Calobatella* Mik, *Paracalobata* Hendel, *Compsobata* Czerny) …Family *Colobatidae* Bigot 1853 (Fig. 1892の2)

中後各脚の脛節は短かい棘毛の1列を生じ，後脚の第1跗節は基部に微棘毛群を欠き，亜前縁脈は第1径脈に密接している…………………………………………………… Family *Micropezidae* Enderlein 1922

a. 第2基室がある (*Tanypoda*, *Cardiocephala*, *Eurybata*, *Grallipeza*, *Ptilosphen*, *Scipopus*)……………………………………Subfamily *Tanypodinae*

b. 第2基室は中央室と癒合する (*Micropeza* Meigen =*Tylos* Meigen, *Cliopeza*, *Neriocephalus*) ………………………………………Subfamily *Micropezinae*

12. 複眼は顕著に膨れ為めに頭頂は沈み，小楯板は屢々大形で溝付けられ，腿節と普通後脚脛節とが非常に太まり，臀室はむしろ大きく，前上唇 (Prelabrum) はよく発達している……………………………………………13

複眼は上述の如くでなく，頭頂は沈まない。翅の第5径室は幅広く開口しもし稀れに狭く開口しているときは腿節が太くなつていない…………………14

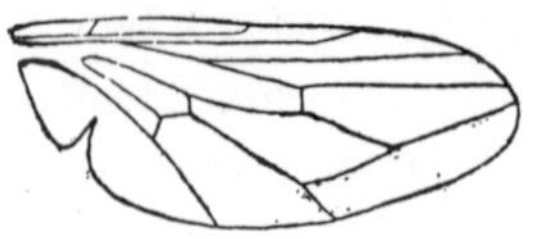

Fig. 1393. *Willistoniella* の翅 (Brues and Melander)

13. 翅の第1径脈は亜前縁脈端から遙か外方に終り，第5径室は普通に中央室の末端にて第1+2中脈が角曲する為めに狭く開口し，後気門は棘毛群を具え，小顋鬚は幅広となつている。主に新熱帯区産 (*Rhopalomera* Wiedemann, *Apophorhynchus* Williston, *Willistoniella* Mik) (Fig. 1393) ……………………… Family *Rhopalomeridae* Williston 1895

第1径脈は亜前縁脈端近くに終り，第5径室は広く開口し，後気門は棘毛群がなく，小顋鬚は細い (45参照) (*Rhinotora* Schiner 新熱帯，エチオピア)…………………………………Famili *Rhinotoridae* Hendel 1922

14. あるまたは凡ての脛節が外縁に前端棘毛を具え，産卵管は短かく伸縮自在………………………………………15

脛節は外前端棘毛を欠き，同棘毛がある場合は産卵管が長く幾丁質化するかまたは第1径脈が鈍微棘を生じているかあるいはまた臀横脈即ち第1肘脈が破砕している……………………………………………………19

15. 小楯板は決して翅と腹部とを覆う事がない………16

小楯板は非常に大形で背面に膨隆し腹部と静止の際は翅とを覆い，殆んど棘毛を欠き，胸部は短かく，触角は前方に突出し，触角棘毛は亜末端から生じ，前上唇は大形，腹部の腹板は甚小，翅の覆片は大形，中央室と第2基室とが合体している… Family *Celyphidae*

16. 胸部は背面に膨隆し，頰と胸側板と脚とは顕著な棘毛を有しない，跗節の末端部は扁平でない…………17

中胸背板と小楯板とは扁平，頭部と体と脚とは棘毛を疎生し，跗節の末端節は扁平で大形 (5参照) (Fig. 1394) ……………………………… Family *Coelopidae*

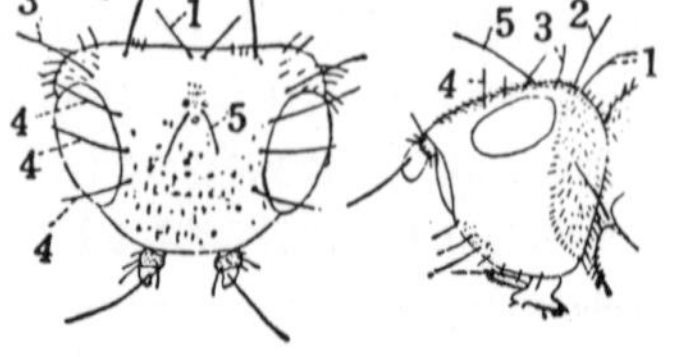

Fig. 1394. *Orygma* の頭部 (Brues and Melander)
1. 後部頂棘毛 2. 内頭頂棘毛 3. 外頭頂棘毛 4. 上眼縁棘毛 5. 単眼棘毛

17. 後頭頂棘毛は末端の方に互に近よるかまたは交叉し，触角第2節は背棘毛を有し，胸腹側棘毛は1本または2本，中胸側棘毛は1本，前脚腿節の下縁に棘毛を生じ，翅の臀室と第2基室とは小形，臀脈は短かく，額眼縁棘毛は2本または1本で下方のものは屢々内向……………………………… Family *Lauxaniidae*

後頭頂棘毛は互に平行するかまたは末端の方に開き稀れにない，触角の第2節は稀れに背棘毛を有し，中胸側棘毛と普通腹胸側棘毛とがなく，前脚腿節は下面に棘毛を欠き，臀脈は翅縁に達し少くとも襞として達している………………………………………………18

18. 前上唇は明瞭で口吻の内襞に引き込まれない。翅の第1径脈は翅の中央を越えた処に終り，腿節の棘毛は発達しない………………………Family *Dryomyzidae*

前上唇は痕跡的，稀れに幾丁質化し口吻が延ばされたときに口縁に接触しない。翅の第1径脈は翅の中央に終り，脚の腿節は鈍微棘を列し棘毛は発達し，中脚腿節の前面中央近くに1本の棘毛が普通生じている………………………………… Family *Tetanoceridae*

19. 頭部は両側に突起を具え，その末端に複眼を具え且つその中途に触角を生じ，半月瘤は扁平，翅の亜前縁脈は弱体で第1径脈に平行に走り，第4+5径脈は翅の中央近くで第2+3径脈から分岐し，中央室は第2基室と合体し，前脚腿節は多少太まり，小楯板は2顆粒付けられている……………………… Family *Diopsidae*

頭部は上述と異なり普通，翅の第4+5径脈は翅の基部の方で第2+3径脈から分かれ，小楯板は普通…
………………………………………………………………20

20. 翅の臀横脈は角張らず，臀室は鋭く延びていない。第1径脈は裸体，産卵管は引き込まれて顕著でない。(若し脚と胸部とが特に長い場合は *Nothybidae*（9）参照）………………………………………………………21

臀横脈は普通臀室が鋭く延びるように角張り（Fig. 1395)，あるいは少くとも臀室の末端が角張つている。第1径脈は普通上面に鈍微棘を生じ，産卵管は幾丁質化し多少突出し一般に扁平，後頭頂棘毛は互に末端の方に開くかまたは相平行し，小顎鬚は発達する。(若しインドマレー種で長形で，細長い脚と顕著な前胸を具えている場合には *Phytalmidae* 参照)……………………………………23

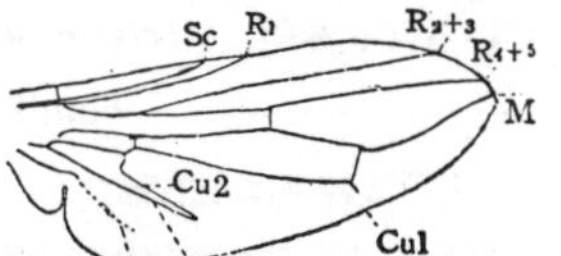

Fig. 1395. *Chrysomyza demandata* の翅 (Enderlein)

21. 後脚腿節は長く太く且つ下面に微棘を列し，翅の基室は2個共に長く，臀脈は普通翅縁に達し，腹部は長く基部にて細まり棍棒状，後頭頂棘毛はない…………
…………………………………Family *Megamerinidae*

後脚腿節は稀れに太く下面に2列の微棘を有しない。翅の2基室は短かく，臀脈は短かく翅縁に達しない。後頭頂棘毛は時に細小だが存在する……………22

22. 後頭頂棘毛は互に末端の方に開き，小顎鬚は痕跡的，雄の前脚は屢々幾分奇形となり且つ有棘毛，少くとも腹部は多少光沢を有する（4参照）………………………
…………………………………………Family *Sepsidae*

後頭頂棘毛は互に末端の方に近よりときになく，小顎鬚は発達し，腿節は無棘列。普通灰色粉にて密に被われ，腹部は卵形で普通に対をなす褐色点を有する…
……………………………………Family *Ochthiphilidae*

23. 翅の第1径脈と第4+5径脈とは普通に裸体，第5径室はときに末端の方に狭まるかあるいは稀れに閉ざされ，体は屢々金属色，頭部は大形で半球状，額は幅広く，複眼は膨出しない。口吻は太い…………………
……………………………………………Family *Ulidiidae*

第1径脈は普通微鈍棘または毛を生じ，若し裸体のときは第5径室が細くないか複眼が膨出するかあるいは前縁室が甚大………………………………………24

24. 単眼は存在し，産卵管は扁平………………………25

単眼は普通なく，産卵管は扁平でなく，額は突出し，顔は後方に傾斜し，口孔は小さく，頭楯は小さく，口吻は太くなく，触角第2節は長く，前胸側棘毛はなく，前胸気門は毛の1列を具え，第4+5径脈は裸体………………………………Family *Pyrgotidae*

25. 触角第3節は円いか短楕円形，翅の第1径脈は亜前縁脈端を遥かに越えた処に終り，複眼はむしろ膨出し，顔は垂直で中央凹み，触角溝はなく，前上唇は小形，中胸背板は後方にのみ棘毛を生じ，前胸側棘毛は弱いかまたはなく，腹胸側棘毛はある。金属色でない（*Peterocalla* Rondani, *Dasymetopa* Loew, *Myennis* Robineau-Desvoidy, *Pseudotephritis* Johnson)
……………………………Family *Pterocallidee* Frey

触角第3節末端鋭く，触角溝を有し，亜前縁室は大形でない………………………………………………26

26. 前胸側棘毛と普通腹胸側棘毛とがなく，翅背棘毛は3本，口孔は甚だ大きく，頭楯は大，口吻は太く，小顎鬚は幅広………………………………………………
………Family (*Platystomatidae*) *Achiasidae* Bigot

前胸側棘毛と腹胸側棘毛とは存在し，翅背棘毛は4本，前背中棘毛は存在し，口器はより少しく発達し，頬は幅広（*Otites* Latreille=*Ortalis* Fallén, *Me-*

ckelia Robineau-Desvoidy = *Anacampta*, *Herina* Robineau-Desvoidy, *Dorycera* Meigen, *Melieria* Robineau-Desvoidy, *Tetanops* Fallén, *Tephronota* Loew) ································ Family *Otitidae*

27. 翅の中央室は完全，径中横脈は翅の中央近くに位置し，前縁脈は第4+5径脈端までに達し，第2+3径脈は長く翅頂近くまで延び，鬚棘毛はない（*Periscelis* Loew, *Cyamops* Melander, *Marbenia* Malloch, *Neoscutops* Malloch, *Sphyroperiscelis* Sturtevant, *Scutops* Coquillett）（Fig. 1396）························ ························Family *Periscelidae* Hendel 1922

翅の中央室は完全になく，径中横脈は翅の基部近くに位置し，前縁脈は第1+2中脈端まで延び，第2+3径脈は甚だ短かく第1径脈端近くに終り，鬚棘毛は存在する（51参照）（*Astia* Meigen = *Asteia*, *Liomyza* Macquart, *Sigaloessa* Coquillett）（Fig. 1397········ ·· Family *Astiidae*

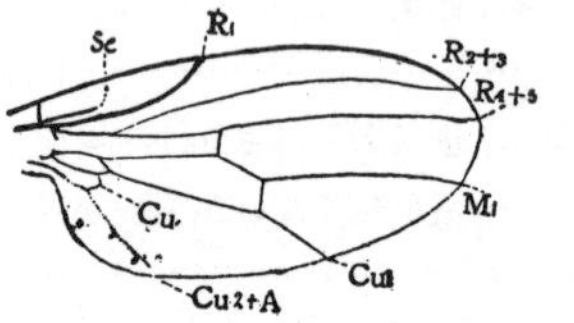

Fig. 1396. *Microperiscelis* の翅 (Enderlein)

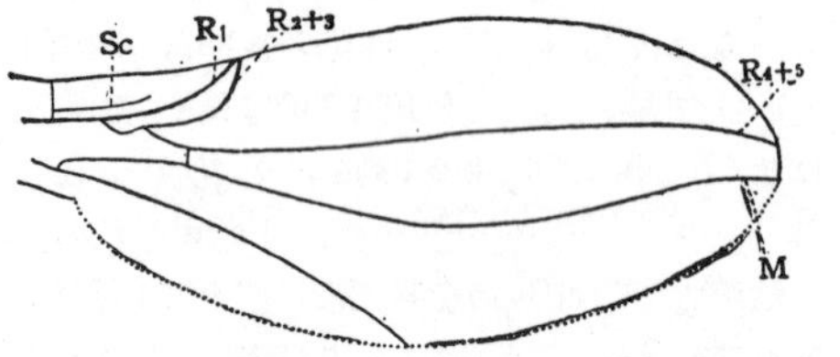

Fig. 1397. *Astia* の翅 (Brues and Melander)

28. 翅の前縁脈は亜前縁脈端のみに破砕部がある······39

前縁脈は亜前縁脈端と肩横脈近くとの2個所に破砕部があり，稀れに（*Acartophthalmus* 55参照）肩横脈の所にのみ破砕部がある························52

29. 翅の亜前縁脈は完全で前縁に終り普通第1径脈から独立し（Fig. 1398の1），第2基室と臀室とは完全（尤も（*Aulacogastridae* 32参照は例外でこれ等両室が癒合している）··· ··························30

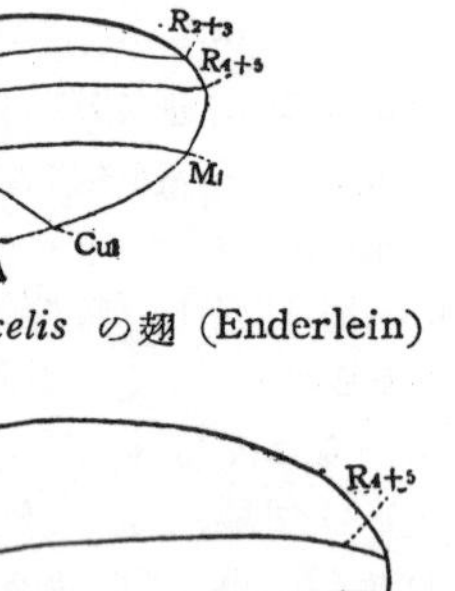

Fig. 1398. 双翅目の翅 (Brues and Melander)
1. *Canace*
2. *Neottiophilum*

亜前縁脈は不完全かまたは痕跡的で，その末端部が1襞として存在し前縁に独立して終つていない（Fig. 1398の2）···41

30. 髭縁毛は髭角に存在する（Fig. 1391）··············31

鬚棘毛はなく，口縁毛または微棘毛のみが存在し，脚の脛節の前端棘毛はない··································38

31. 後頭頂（後単眼）棘毛は互に末端の方に開いているかまたは相平行するかまたはない························32

後頭頂（後頭）棘毛は互に末端の方に近よるかまたは交叉し，最前の額眼縁棘毛は上向，翅の前縁脈は屢々微棘毛を列する···36

32. 翅の第2基室と中央室とが合体し，径中横脈はその室の中央前に位置し，前縁脈は細いが肩横脈近くで破砕していない。後頭頂棘毛はなく，鬚棘毛に続き口縁棘毛の1列があり，脚の脛節は前端棘毛を欠いている（*Aulacogaster* Macquart 全北区）（Fig. 1399）·· ··········· Family *Aulacogasteridae* Enderlein 1936

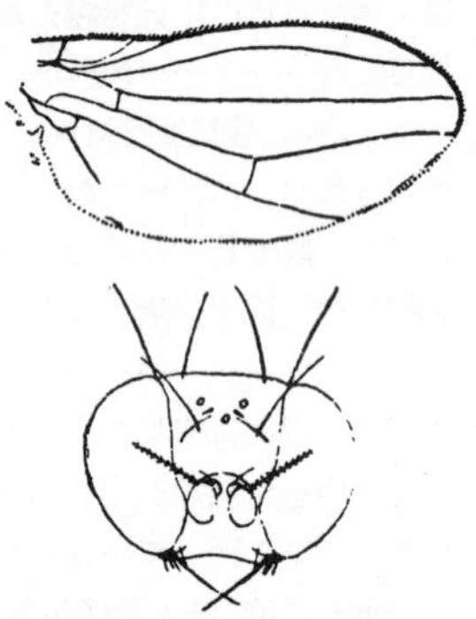

Fig. 1399. *Aulacogaster* の部分図 (Brues and Melander)
上図．翅　下図．頭部前面

第2基室と中央室とは分離している·················33

33. 額眼縁部（Frontal orbits）は額の前縁に達し2～4本の額眼縁棘毛を具え，触角第2節は殆んど常に外側に1三角形突起を具え，脛節は普通前端棘毛を具えている（6参照）（*Heteroneuridae* Loew 1862）······ ···························· Family *Clusiidae* Frey 1921

a. 後頭頂棘毛は左右離たり，複眼は有毛，触角棘毛は短かく，翅の前縁脈は肩横脈の処のみで破砕し，亜前縁脈は第1径脈と末端の方で開いている（*Acartophthalmus* Czerny）（Fig. 1400の1）（55参照）··· ···························Subfamily *Acartophthalminae*

b. 後頭頂棘毛（後単眼瘤棘毛）は左右接近して生じ，複眼は無毛，触角棘毛は触角の2倍長またはより長く，翅の前縁脈は亜前縁脈端で破砕する。（*Clusia* Haliday, *Clusiodes* Coquillett = *Heteroneura* Fallén 1823, *Sobarocephala* Czerny（6.55参照）

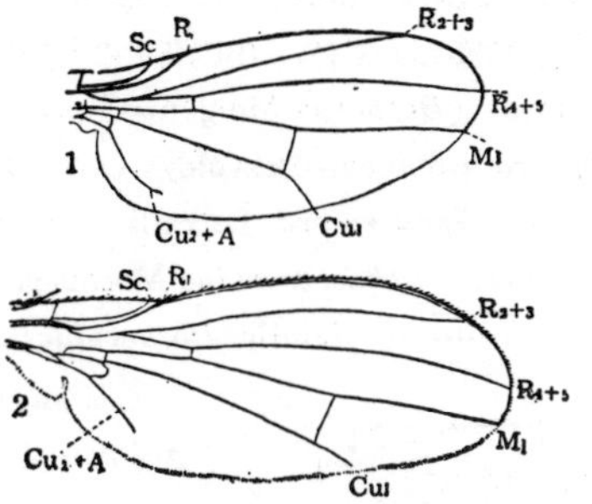

Fig. 1400. 双翅目の翅
1. *Acartophthalmus* (Enderlein)
2. *Clusia* (Curran)

(Fig. 1400の2)………………Subfamily *Clusiinae*

額眼縁部は短かく，額眼縁棘毛はないかまたは1対あるいは2対存在し，触角の第2節は外側に三角形突出部を有しない………………………………………34

34. 複眼は円く，後頭は凸形，産卵管がない…………35

複眼は大きく半円形，後頭は凹形，雄の額は頭幅の約1/5，雌は長い産卵管を具えている(40参照)………
……………………………………Family *Lonchaeidae*

35. 翅の前縁脈は棘毛を列し，第1径脈は上面有毛，臀脈は翅縁に達し，腹胸側棘毛は4本または5本，額眼縁棘毛は2対，単眼瘤は大形(6参照)(*Neottiophilum* Frauenfeld—*N. praeustum* Meigen は欧洲産で，幼虫が野鳥の巣鳥の外寄生で血液を吸収する事が知られている)(Fig. 1398の2)………………………………
…………………Family *Neottiophilidae* Hendel 1922

前縁脈は棘毛を欠き，第1径脈は無毛，臀脈は短かく翅縁に達しない。腹胸側棘毛は2本，額眼縁棘毛は1対かまたはない…………………Family *Piophilidae*

36. 額眼縁棘毛を生ずる額眼縁板は短かく(Fig. 1384の上図)，額眼縁棘毛は後向で1対または2対で複眼から離れて存在し，その最前方の1対は額の中央近くにある。亜前縁脈は強く且つ明瞭に第1径脈から独立し末端の方に開き，第1径脈は翅長の2/5近くに終り(Fig. 1401の1)，脚の脛節の前端棘毛は存在する……
…………………………………Family *Helomyzidae*

額眼縁板は長く殆んど触角と同列の処に達し，額眼縁棘毛は複眼縁に近く存在し，その最前方の1対は額の前方部に位置している。亜前縁脈は弱体で第1径脈と平行に走り末端互に癒合し，第1径脈は短かく翅の1/4乃至2/5の処に終り，臀脈は翅縁に達しない(Fig. 1401の2)………………………………………………37

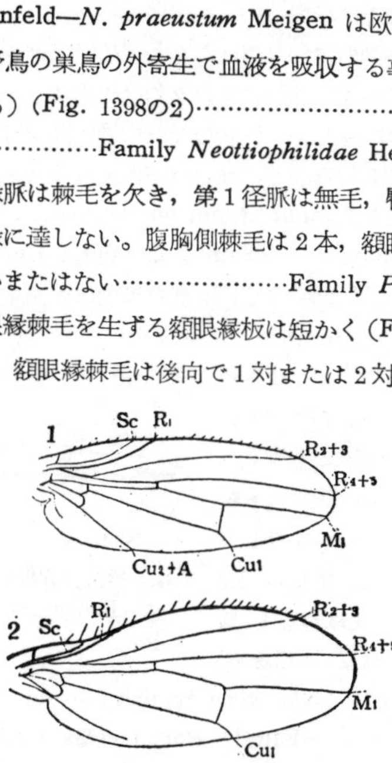

Fig. 1401. 双翅目の翅 (Enderlein)
1. *Acantholeria*　　2. *Trichoscelis*

37. 凡ての脚の脛節は前端棘毛を具え，額眼縁棘毛は2対，前胸側棘毛は存在し，横線前背中棘毛は強く，前縁脈は鈍棘毛を列生する(*Trichoscelis* Rondani＝*Geomyza* Loew＝*Diastata* Malloch, *Spilochroa* Williston, *Zagonia* Coquillett)(*Trixoscelidae* Hendel)…………………………………………………
… Family *Trichoscelidae* Brues et Melander 1932

脛節は前端棘毛を欠き，額眼縁棘毛は2または3対，前胸側棘毛はなく，小顋鬚は短かく，前縁脈は無棘毛列，黄色種(Fig. 1402)(*Chyromyia* Robineau-Desvoidy＝*Chiromyia*＝*Peletophila*, *Aphaniosoma* Becker)……………Family *Chyromyiidae* Frey 1921

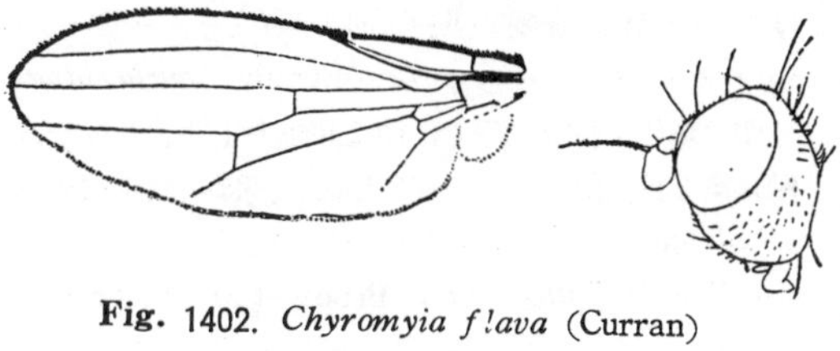

Fig. 1402. *Chyromyia flava* (Curran)

38. 腹部の第2背板は側棘毛を具え，第1径脈は無毛で亜前縁脈端の破砕部を越えた処に小さな縁紋部を形成するように末端近くで曲つている。腿節は屢々太まり且つ棘毛を生じ，翅は少数の点斑または曇色部を具え，臀横脈は内方に曲り，臀室は鋭く尖つていない。複眼はときに柄部を具えている。多数の属と種類とがあつて，多くは熱帯産。(Fig. 1403)(*Richardia* Robineau-Desvoidy, *Coelometopia* Macquart, *Coniceps* Loew, *Epiplatea* Loew, *Odontomera* Macquart, *Macrostenomyia* Hendel, *Stellia* Robineau-Desvoidy)………………

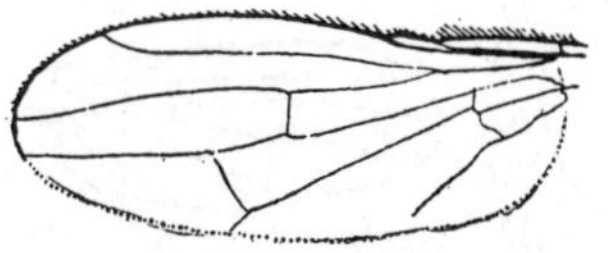

Fig. 1403. *Richardia* の翅 (Curran)

…………………………Family *Richardiidae* Frey 1921

腹部の第2背板は側棘毛を欠き，第1径脈は特別に縁紋を形成していない。腿節は太くない……………39

39. 臀横脈は内方に曲り，臀脈は臀室を越えて延び(Fig. 1404)，額眼縁棘毛は1対，後頭頂棘毛は互に平行する

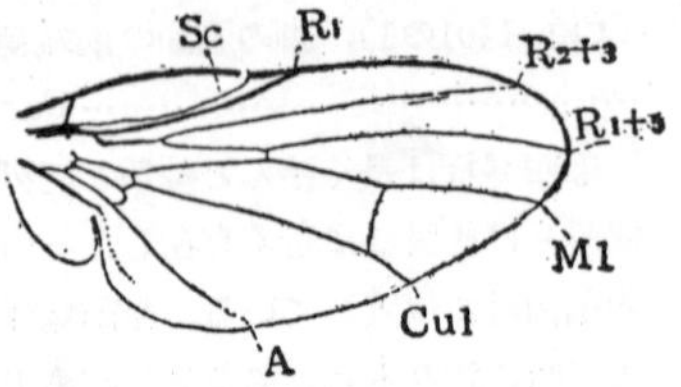

Fig. 1404. *Lonchaea* の翅 (Enderlein)

かまたは微かに末端の方に開き，頭部は側面から見ると三角形でなく，産卵管は一定の引込まれない基部を具えている……………………………………………40

臀横脈は直線，臀室は痕跡的(Fig. 1398の1)，額眼縁棘毛は普通弱体で3～5対，後頭頂棘毛は互に末端の方に開き，顔の上方部は膨出し左右の触角を分離せしめ，頬は幅広，額は幅広，単眼瘤は大形，触角第3節は球状，産卵管はない(46参照) (*Canace* Haliday, *Xanthocanace* Hendel) ……………………………

…………………Family *Canaceidae* Enderlein 1920

40. 頭部は側面より見ると半円形，複眼は大さく半円形で垂直に位置し，頬は狭く，額は狭く雄では頭幅の1/5乃至1/4，後頭頂棘毛は左右近接し，触角第3節は多少円筒状，金属的黒色 (34参照) …………………

………………………………………Family *Lonchaeidae*

頭は球状，複眼は円く，額は頭幅の1/3より広く，触角第3節は眼状，多少淡色種で，翅は斑紋を有する (*Palloptera* Fallen) (Fig. 1405) 全北区……………

……Family *Pallopteridae* Brues et Melander 1932

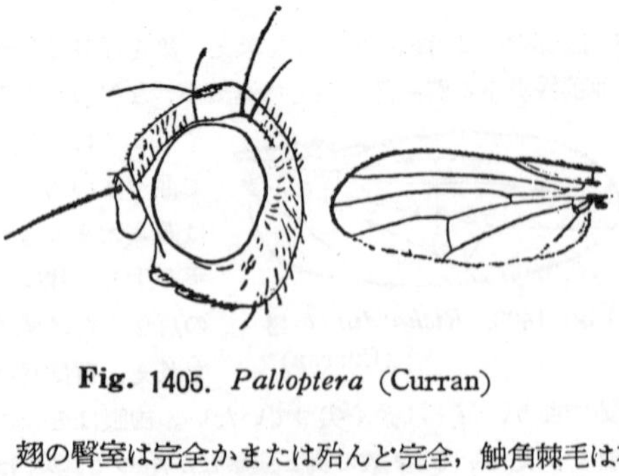

Fig. 1405. *Palloptera* (Curran)

41. 翅の臀室は完全かまたは殆んど完全，触角棘毛は有毛…………………………………………………………42

臀室は全くなく，脚の脛節の前端棘毛はない。若し後脚の第1跗節が短かく太い場合には61 *Leptoceridae* 参照…………………………………………………………51

42. 後脚の第1跗節が短かく急に太まり，腹胸側棘毛はなく，髭棘毛は強体，中胸背板の背中棘毛は弱体(Fig. 1406) (*Borborus* Meigen=*Cypsela* Meigen, *Scatophora* Robineau-Desvoidy=*Olina* Robineau-Desvoidy, *Sphaerocera* Latreille) (*Cypselidae* Hendel 1922, *Sphaeroceridae* Macquart 1835)……

……………………… Family *Borboridae* Loew 1862

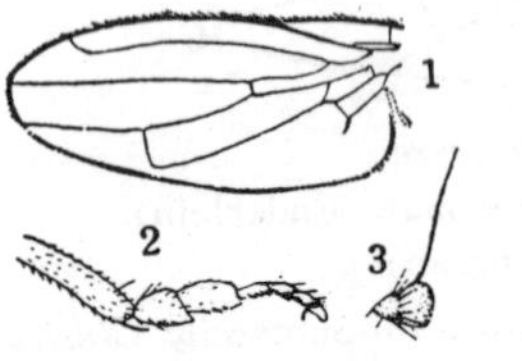

Fig. 1406. *Borborus* (Curran)
a. 翅　b. 後脚跗節
c. 触角

後脚の第1跗節は短かくなく且つ太くない……………………43

43. 後頭頂棘毛は左右末端の方に互に近より，中胸背板の横線前背中棘毛は存在し，額眼縁棘毛は外向，内額交叉棘毛は普通存在し，腹胸側棘毛は1本。若し脛節の前端棘毛がある場合には37 *Trichoscelidae* 参照。海岸棲種，(*Tethina* Haliday, *Rhicnoessa* Loew, *Neopelomyia* Hendel, *Pelomyia* Williston) ………

………………………Family *Tethinidae* Becker 1895

後頭頂棘毛は互に末端の方に開いているかまたはなく，若し (49 *Anthomyzidae* 参照) すぼまつているときは横線前背中棘毛は発達しない且つ2対の顕著な額眼縁棘毛は後向……………………………………44

44. 脚の脛節の前端棘毛は存在し，後頭頂棘毛は末端の方に互に開き，額眼棘毛の2対は後向で1対が内向，髭棘毛は存在し，中胸背板の背中棘毛は横腺前に1対で後方に3対存在し，雌の腹部末端数節は細く体内に引込まれる (*Odinia* Robineau-Desvoidy, *Neoalticomerus* Hendel)……Family *Odiniidae* Hendel 1922

脛節の前端棘毛はないかまたは前述と異なるもの…

……………………………………………………………45

45. 複眼は膨出し，小楯板は普通顆粒状で中央溝付けられ，前脚の腿節は太く，翅の第2基室と臀室とは比較的大形，少くとも臀脈の基部はしつかりし，2対の後向額眼縁棘毛を有し，髭棘毛は存在し，後頭頂棘毛はない(13参照) (Fig. 1407) (*Rhinotora* Schiner) ……………………

…………………… Family *Rhinotoridae* Hendel 1922

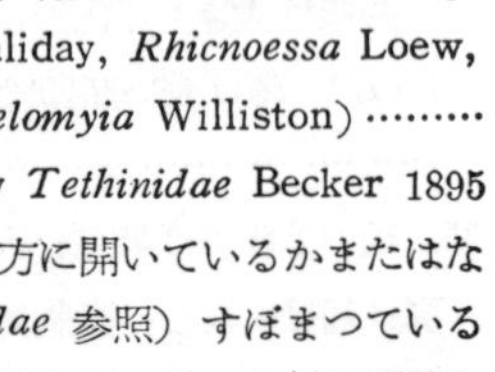

Fig. 1407. *Rhinotora* の翅 (Brues and Malander)

複眼は膨出しない。小楯板は顆粒状でなく，前脚腿節は太くなく，翅の基室は普通小形……………………46

46. 亜前縁脈は細いが一ようにしつかりしていて，末端まで殆んど第1径脈から分離し，第2基室と臀室とは甚だ小さく，臀横脈は直線。臀脈は弱い襞によつて認められ（Fig. 1398の1），腹胸側棘毛はなく，後頭頂棘毛は末端の方に開き，3～5対の上額眼縁棘毛は外向，単眼瘤は大形で額縁に達し，触角は左右よく離り第3節は眼状（39参照）。若し翅の第2基室が開口する場合は額眼縁棘毛が2対でその前方のものは前向で後方のものは後向となり，後頂棘毛はないが腹胸側棘毛は存在する（32 *Aulacogastridae* 参照）（*Canace* Haliday, *Xanthocanace* Hendel）…………………… …………………………Family *Canaceidae* Enderlein

亜前縁脈は末端の方に弱体となる…………………47

47. 明瞭な髭棘毛が顔の髭角に存在する………………48

たとえ棘毛が頬の中央部にあつても，髭棘毛はない。臀脈は臀室を去つた後ある間しつかりしている。しかし翅の臀角がない場合には例外……………………50

48. 翅の第2基室は存在し，腹胸側棘毛はある………49

翅の第2基室は開口，中脈は中央室を越えると痕跡的となり，後頭頂棘毛は互に末端の方に開くかまたは相平行し，胸側には前胸側棘毛以外に棘毛がなく，後脚の第1跗節は短かくない（*Cypselosoma* Hendel, 台湾）……………………Family *Borboridae* の1部

49. 後頭頂棘毛（後単眼瘤棘毛）は互に末端の方に開き，前額眼縁棘毛は存在し内向，雌の腹部第7節は長く且つ幾丁質化し体内に引込まれない。触角棘毛の基節は幅より短かい………Family *Agromyzidae*

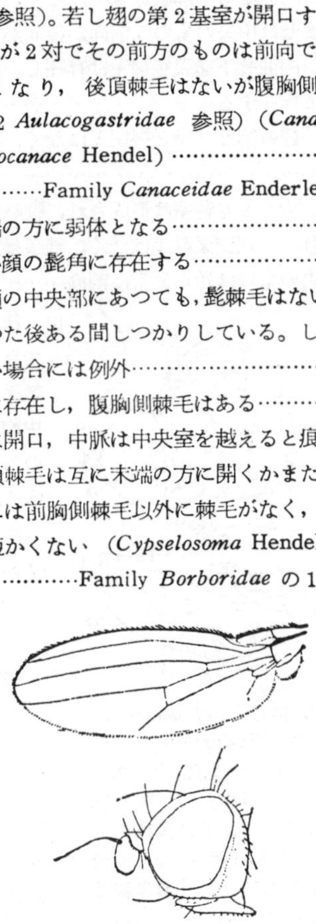

Fig. 1408. *Anthomyza* (Curran)

後頭頂棘毛（後頭棘毛）は互に末端の方にすぼまり稀れになく，雌の交尾器節は体内に引込まれ，触角棘毛の基節は幅より長い（*Anthomyza* Fallén, *Anagnota* Becker, *Ischnomyia* Loew, *Mumetopia* Melander, *Paranthomyza* Czerny, *Stiphrosoma* Czerny) (Fig. 1408)………Family *Anthomyzidae* Frey 1921

50. 中胸背板は1対の横線前背中棘毛と2～3対の横線後背中棘毛とを具え，後頭頂棘毛は微小かまたはなく，腹胸側棘毛は1本（*Opomyza* Fallén, *Anomalochaeta* Frey, *Geomyza* Fallén) (Fig. 1409)……… ………………………Family *Opomyzidae* Frey 1921

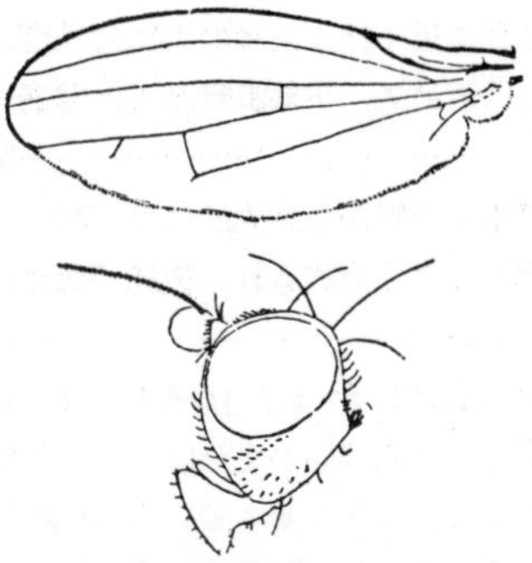

Fig. 1401. *Opomyza* (Curran)

横線前背中棘毛はなく（甚だ稀れに1対）且つ多くとも2対の横線後背中棘毛を有し，後頭頂棘毛は互に末端の方に開くかまたはなく，腹胸側棘毛はない……Family *Psilidae*

a. 臀室は直線の横脈にて閉ざされ，背側棘毛は無いかまたは1本，触角第3節は長楕円形乃至甚だ長い………………b

臀室は彎曲横脈にて閉ざされ，頭部は球形，触角第3節は円く，背側棘毛は2本，小楯板棘毛は2本（*Strongylophthalmyia* Heller, *Chamaepsila*)…… …………………Subfamily *Strongylophthalmyiinae*

b. 後頭は凹み，後胸側瘤はビロード様，臀室は第2基室より明かに短かい（*Chyliza* Fallén）(Fig. 1410の1)……………………Subfamily *Chylizinae*

後頭は凸形，後胸側瘤は裸体，臀室は第2基室より短かくない（*Psila* Meigen, *Loxocera*) (Fig. 1410の2)…………………………Subfamily *Psilinae*

51. 単眼三角部は大形，触角棘毛は裸体か有毛か羽毛状，後頭頂棘毛は末端の方にすぼまるかまたはなく，翅の第2+3径脈は長く翅の中央を越えて終る…………… ……Family *Chloropidae*

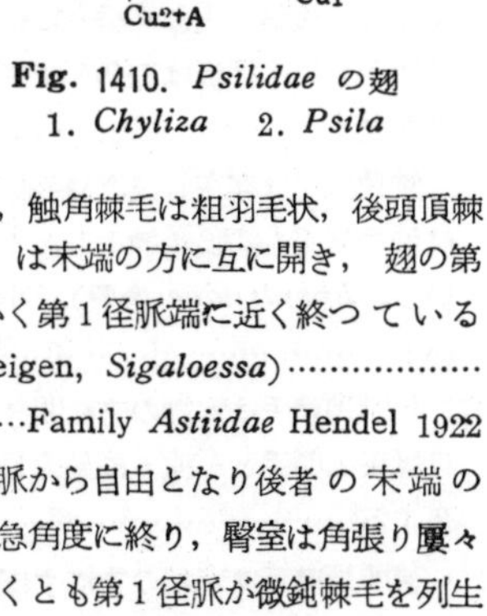

Fig. 1410. *Psilidae* の翅
1. *Chyliza*　2. *Psila*

単眼三角部は小形，触角棘毛は粗羽毛状，後頭頂棘毛（前単眼瘤棘毛）は末端の方に互に開き，翅の第2+3径脈は甚だ短かく第1径脈端に近く終つている（27参照）（*Astia* Meigen, *Sigaloessa*)……………… …………………………Family *Astiidae* Hendel 1922

52. 亜前縁脈は第1径脈から自由となり後者の末端の遥か前にて破砕部に急角度に終り，臀室は角張り屡々鋭く末端に延び，少くとも第1径脈が微鈍棘毛を列生し，翅は一般に帯紋を有するかまたは斑紋を有し，内向の下額眼縁棘毛が存在し，髭棘毛はないが口縁棘毛

は発達し，脛節の前端棘毛はなく，雌の腹部第7節は長く且つ幾丁質化している………Family *Trypetidae*

亜前縁脈は第1径脈に近く終り前縁の方に急角度に曲つていないかまたは痕跡的，下額眼縁棘毛は普通はない…………………………………………………………53

53. 亜前縁脈は完全で第1径脈から独立的に前縁に終り，第2基室と臀室とはよく形成され，後頭頂棘毛は末端の方に互に開いている……………………………………54

亜前縁脈は不完全か痕跡的かまたは第1径脈に終り，第2基室と臀室とは普通弱いかまたはない……56

54. 髭棘毛はなく，臀室は多少尖り屢々鋭い片状に延び，第2基室は中庸大，雌は幾丁質化せる卵産管を有する ……………………………… 23参照 *Ortalid* series

髭棘毛は存在し，臀室は延びていない……………………55

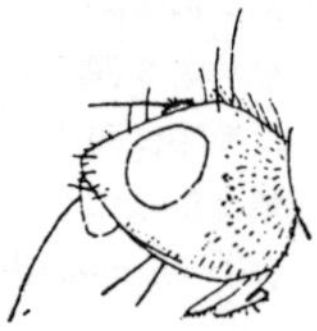

Fig. 1411. *Thyreophora* の頭部側面 (Brues and Melander)

55. 触角は深い溝内に入り，顔は後方に傾斜し，複眼は円く且つ小形 (Fig. 1411)，小楯板は甚だ長く扁平で末端が微棘を装う2顆粒状となり，髭棘毛は2本。欧洲・アフリカ・濠洲産。(*Thyreophora* Meigen, *Centrophlebomyia* Hendel, *Dasyphleobomyia* Hendel, *Piophilosoma* Hendel)……………………………………………… Family *Thyreophoridae* Macquart 1835

触角は溝内に引き込まれない，顔は扁平で垂直，翅の前縁脈の亜前縁脈端破砕部は明瞭でない (6. 33参照 (*Acartophthalmus* Czerny 前北区)…………………………………………………… Family *Clusiidae* の1部

56. 触角棘毛はなく，触角は頭部上方に生じ第3節は長く葉片状，頭部の後頭頂棘毛や眼縁棘毛や髭棘毛やその他の棘毛がないが，体は中胸側板を含めて微鈍棘毛を生じ，複眼は大きく垂直に位置し，頬は線状，口吻は短かく，小楯板は三角形で鋭い縁を具え，胸瓣は縁毛を欠く ……………………… Family *Cyrptochaetidae*

触角棘毛は存在し，額眼縁棘毛は存在し(*Lipochoeta* は触角棘毛も額眼縁棘毛もなく，小形の触角を具えている。*Ephydriidae* 参照)，小楯板は円い縁を具えている………………………………………………………57

57. 後頭頂棘毛は末端の方に開き，髭棘毛はないが屢々口縁毛と顔毛とが種々に発達し，腹胸側棘毛は普通存在する……………………………………………………58

後頭頂棘毛は末端の方にすぼまるかまたは相平行し稀れになく，髭棘毛は存在する……………………………59

58. 有毛，小楯板は後縁に細小の棘毛を列し，頬は幅広く且つ有毛，額は有毛で触角を越えて亜円錐状の突起として前方に延びている (*Selachops* Wahlburg 欧洲)………………………Family *Agromyzidae* の1部

普通無毛または殆んど無毛，額は突出せず，翅の第2基室と臀室とは形成されていない…………………………………………………………………Family *Ephydridae*

59. 内曲せる下額眼縁棘毛はなく，上額眼縁棘毛の最下または中央のものは前向か後向かまたは外向する…60

内曲せ下額眼縁棘毛は存在し，内額交叉棘毛は一般に存在する…………………………………………………63

60. 翅の第2基室と臀室とはなく，前向額眼縁棘毛もない…………………………………………………………61

少くとも臀室は形成され，臀脈は常に翅縁まで現われ，内額交叉棘毛はなく，額眼縁棘毛の最前または中央のものは殆んど常に前向………………………………62

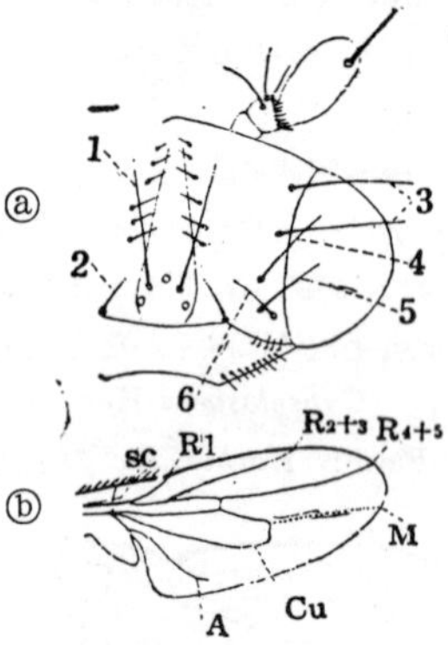

Fig. 1412. *Leptocera* の部分 (Enderlein)
a. 頭部背面図 b. 翅
1. 単眼棘毛 2. 後頭頂棘毛 3. 下眼縁棘毛
4. 上眼縁棘毛 5. 内頭頂棘毛 6. 外頭頂棘毛

61. 後脚の第1跗節は短太でなく，中脚の脛節は無棘毛，額眼縁棘毛は後向，中胸背板の中棘毛は1列のみ，産卵管は大きく幅広で卵形でその側縁は細い縁を形成している (*Pseudopomyza* Strobl) ·····Family *Milichiidae* の1部

後脚の第1跗節は短く且く太く，中脚脛節は棘毛を生じ，内額交叉棘毛は存在し，額眼縁棘毛は外向，翅の中脈は中央室を越えて襞としてのみ現われている (*Leptocera* Olivier=*Limosina* Macquart) (Fig. 1412)…………·····Family *Leptoceridae* Brues et Melander 1932

62. 亜前縁脈は完全，前縁脈は普通微棘毛を列し，中胸背は前方に隆まり，中胸側板は棘毛を有し，腹胸側棘毛は存する……………………………………………………63

亜前縁脈は基部の後は不明瞭となり，前縁脈は微棘毛を列せず，中胸側板は稀れに棘毛を生じ，前向額眼縁棘毛は後向額縁棘毛によりは複眼に近く位置しない……………………………………………………………………64

63. 前向額眼縁棘毛は後向棘毛の前に生じ，共に複眼から離れて存し (*Apsinota* 属では最上の額眼縁棘毛のみを有する)，触角棘毛は疎に長羽毛状 (Fig. 1413) (*Cyrtonotum* Macquart) ……………………………

Family *Cyrtonotidae* Enderlein 1936

前向額眼縁棘毛は後向棘毛の最前のものの後方に生じ複眼に接して位置し，触角棘毛は短羽毛状（*Diastata* Meigen, *Euthychaeta* Loew, *Tryptochaeta* Rondani）………………Family *Diastatidae* Frey 1921

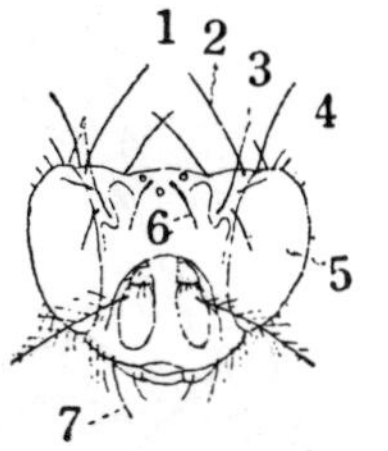

Fig. 1413. *Diastata* の頭部前面図 (Brues and Melander)
1.後頭頂棘毛　2.内頭頂棘毛　3.後向上額眼縁棘毛　4.外頭頂棘毛　5.前向上額眼縁棘毛　6.単眼棘毛　7.髭棘毛

65. 腹胸側棘毛はなく，中胸側板は有棘毛，後脚脛節は前端棘毛を欠き，臀室は末端開口，金属的色彩（*Camilla* Haliday 旧北区）………………………Family *Camillidae* Frey 1921

腹胸側棘毛は存在し，中胸側棘毛はなく，後脚脛節は普通前端棘毛を具えている………………………………Family *Drosophilidae* Frey 1921

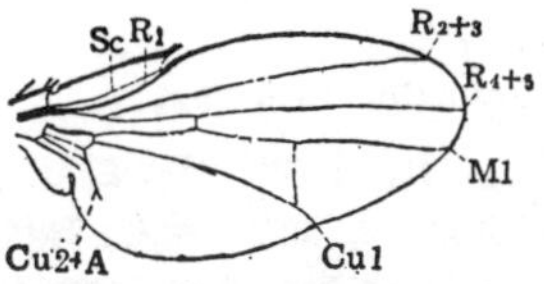

Fig. 1414. *Milichia speciosa* の翅 (Enderlein)

66. 後頭頂棘毛は末端の方にすぼまり，口吻は普通長く且つ膝状，口縁毛は髭棘毛より小さい…………Family *Milichiidae* Hendel 1993

a. 前縁脈は亜前縁脈端で尖つた襞として延び，中脈の末端分区は長くともその前区の2倍長，胸瓣は長い縁毛を生じ，頬は甚だ狭く，中胸側板は屢々棘毛を生じている（*Milichia* Meigen, *Milichiella* Giglio-Tos, *Pholeomyia* Bilimek）(Fig. 1414)………………Subfamily *Milichiinae* Hendel 1913

b. 前縁脈は亜前縁脈端の破砕にて尖つて延びず，中脈の末端分区は少くとも前分区の3倍長，胸瓣は稀れに密縁毛を有し，中胸側板は稀れに棘毛を生じている（*Madiza* Fallén, *Phyllomyza* Fallén, *Desmometopa* Loew, *Aldrichiella* Hendel, *Eusiphona* Coquillett, *Paramyia* Williston）………………………Subfamily *Madizinae* Hendel 1913

後頭頂棘毛は平行，口吻は短かく，ある口縁棘毛は髭棘毛と等しく強大，単眼三角部は幅広（*Carnus* Egger, *Meoneura* Rondani, *Hemeromyia* Coquillett）(Fig. 1390のc)……………………………………………Family *Carnidae* Frey 1921

以上の諸科の内本邦に知られている科に就て次に説明する。

585. ベッコウバエ（鼈甲蠅）科

Fam. Dryomyzidae Enderlein 1920

中庸大，腿節に棘毛がない。頭部は短かく胸部と等幅かまたはより幅広，顔は後方に傾斜するが下方部は幾分垂直となり髭棘毛がない。腹部は6節からなり，中庸長で多少円筒形。翅は腹部より長く，亜前縁脈は第1径脈から離り，第2基室と臀室とは完全。脚は中庸長，脛節は1本の前端棘毛を具えている。

成虫は川や池等の岸に沿う湿気ある個所に見出され，沼沢地帯の森林に最も多く見出される。幼虫は水棲で，細長く円筒状で，前方に細まり，後端節は6または8個の肉質円錐状の突起を具えている。

この科は一般に *Tetanoceridae* と *Helomyzidae* とに包含されているが，前者からは腿節に棘毛がない事によつて，後者からは髭棘毛がない事によつて，夫々区別される。*Dryomyza* Fallén や *Neuroctena* Rondani 等が代表的な属で，本邦には次の1種が発見されている。

ベッコウバエ（*Stenodryomyza formosa* Wiedemann）(Fig. 1415) 体長15～19mm，黄褐色。頭部は黄赤色，額は雌雄共に著しく幅広く，前方に斜に扁平となり，2小棘毛を上方に生ずるのみ。複眼は小形。触角は小さく黄赤色，第1節は甚だ短かく，第2節は長幅殆んど等大，第3節は前2節の和より長く幅の約2倍長で末端円く，触角棘毛は羽化状で基部近くに生ずる。顔は著しく凹み，上方部は屢々額突起下に隠れる事がある。胸背は長く後方に多少幅広となり，中央と横線以後の側縁とには黒褐色の太い縦帯を有し，棘毛は顕著。小楯板は小さく，三角形に近く，中央に黄赤色の1縦帯を有し，後縁に2対の大棘毛を具えている。腹部は小さく，黄色毛を密装する。翅は長大で淡黄褐色，縁紋部・第5径室と中央室との各基部・中央室の外縁・第1+2中脈の末端部等に各黒褐色の斑紋を有し，更に第2+3径脈の末端に不明な斑を有する。脚は黄色，多毛，腿節の基部は暗黒色。本邦・支那・インド等に

Fig. 1415. ベッコウバエ雄

分布する。

586. ツヤホソバエ（艶細蠅）科

Fam. Sepsidae Verrall 1901

Schwingfliegen と称えられ，小さな光沢ある黒色または帯赤色。頭部は多少球形，後頭は普通凸形，顔は隆起線を有し，亜側顔（Parafacialia）は甚だ狭く眼縁線として現われる。頭頂棘毛は1対または2対，額眼縁棘毛は1対またはなく，後頭頂棘毛は末端の方に開いている。触角は垂下し，第3節は楕円形，触角棘毛は普通無毛。中胸背板は普通粉付けられ，無毛，微棘毛は一般に3縦列を生じている。小楯板棘毛は普通2本，稀れに4本。中胸背板の背中棘毛は1対または2対。腹胸側板は普通部分的かまたは全面粉付けられている。腹部は毛を粗生するかまたは微細な剛毛を粗生し，屢々第2節にて縊れ且つ少数の棘毛を有し，雄の交尾器は一般に突出し対称的で，対をなす側片を具えている交尾節を構成し，各側片の末端は長いかまたは扁平な顕著の部分を具え，産卵管は延びていないで雌の尾端は円味を有する。翅の亜前縁脈は第1径脈端の遙か手前で前縁に曲り，前縁脈は破砕部を欠き，第4+5径脈と第1+2中脈とは末端の方に互に多少近より，臀脈は直線で翅縁に達しない。雄の脚は普通異状形で，一般に前脚に棘または角状突起を具えている。

成虫は排泄物や腐敗植物上に見出され，幼虫はそれ等の中に棲息している。本邦に産する種類は未だ学名が明確にされていないが，数種は明かに見出されている。一般に次の如く7亜科に分類される。

1．後頭頂棘毛はなく，頭部は幅広く突出せる複眼を具えている（*Eurychoromyia* Hendel）…………………… …………………………… Subfamily *Eurychoromyiinae*

　後頭頂棘毛は存在し左右互に末端の方に開き，若し同棘毛がない場合は頭部が幅広となつていない……2

2．翅の第1基室と第2基室とが合体している（*Pandora* Haliday 広分布，*Saltelliseps* エチオピア・アジア）（Fig. 1390）……………………Subfamily *Pandorinae*

　基室は分離している………………………………3

3．胸部は顆疣付けられ，亜光沢，被毛は微細で光輝を生じ，腹部の背板は棘毛や微剛毛を欠く（*Toxopoda*, *Paratoxpoda*, 主にエチオピア産）……………………… …………………………………Subfamily *Toxopodinae*

　胸部は顆疣付けられない。少くとも中胸側板は光沢を有し，被毛は短かく光輝を生じない。腹部は屢々棘毛を生ずる…………………………………………………4

4．後単眼棘毛と中胸側棘毛とはない（*Themira* Robineau-Desvoidy, *Enicita* 全北区，*Protothemira* 旧北区）（Fig. 1416）………… Subfamily *Themirinae*

　少くとも中胸側棘毛は存する…………………………5

5．雄の前脚腿節は末端前で多少えぐられ且つ棘毛や突起等の種々な群を具え，額眼縁棘毛は弱体かまたはない（*Sepsis* Fallén 世界共通，*Lasiosepsis* 欧洲・エチオピア）… Subfamily *Sepsinae*

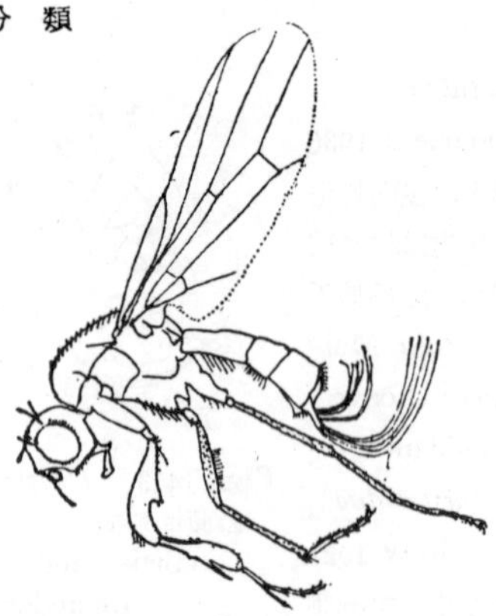

Fig. 1416. *Themira* の雄（Brues and Melander）

　前脚腿節は末端の方でえぐられていない。棘毛を有するかまたはなく，微棘を生ずる疣を有する事がない……………………………6

6．額眼縁棘毛は1対で強大，腹部は雌雄共に棘毛を欠き，後単眼棘毛は強大（*Meroplius* Rondani 広分布）…………………………… Subfamily *Meropliinae*

　額眼縁棘毛は弱体かまたはなく，あるいは若しある場合には後単眼棘毛が弱体かまたはない（*Nemopoda* Robineau-Desvoidy, *Sepsidomorpha* 全北区）… ……………………………… Subfamily *Nemopodinae*

587. ホソバエ（細蠅）科

Fam. Megamerinidae Frey 1921

Schenkelfliegen と称えられ，小さな細長い蠅で，腹部は柄部を具え，後脚腿節は太い。頭部は殆んど球状で高さより幅広く，額は雌雄共に中庸幅，額棘毛はなく，単眼瘤棘毛と頭頂棘毛とは強く，顔は甚だゆるやかに隆出し鬚棘毛を欠く。触角は中庸長，垂下している。胸部は長く，後方に棘毛を生じ，中胸腹板は長く，中・後両脚は互に近く位置し，小楯板は短かく幅広。腹部は細長く棍棒状で，基部数節は癒合して細くなつている。脚は中庸長，後脚腿節は強く太まり，下面の後半部に棘毛を列する。翅は狭く覆片を欠き，亜前縁脈は痕跡的，第1径脈は翅の1/3基部乃至基半部に終り，第1基室は長く，臀室は第2基室と等長で末端円い。小さな科で，欧洲・北米・太平洋諸島・東洋区等に発見され，*Megamerina* Rondani, *Syringogaster*, *Syrittomyia*, *Texcra* 等が代表的な属で，本邦には次の1種が発見されている。

ヤマトフトモモホソバエ

Texara compressa Walker (Fig. 1417)

体長9.5（♂）〜11mm（♀）。多少褐色を帯びた黒色。頭部は胸部とほぼ等幅で円味強い。額は頭幅の1/3より明かに狭く，側縁は甚だ微かに後方に拡がり，後半部は凹み前半部は膨れその境に不明瞭な1横溝を有し，前半部に1対の縦線を有する。後頭は多少膨れ黄褐色，その下方部は凹んでいる。顔は黄褐色で甚だ狭く多少下方に開き，中央は前方に突出する垂直の縦隆起縁を有し，眼

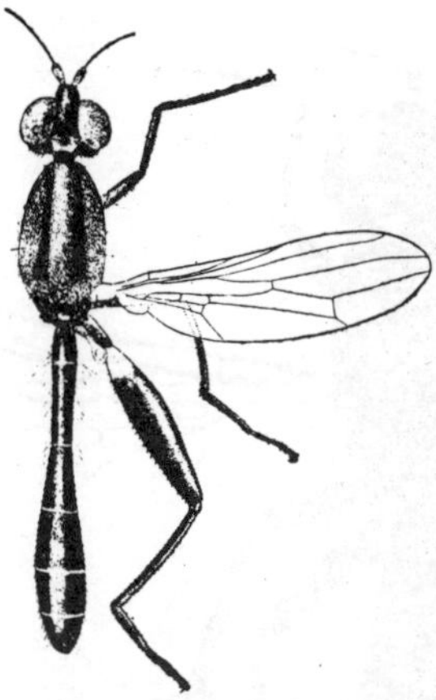

Fig.1417. ヤマトフトモモホソバエ雄

縁部の内側は顕著な隆起線となつている。頬は甚だ低く横線状でむしろ平たく，黄褐色。頭部の棘毛は黒色，上額眼縁棘毛と内外面両頭頂棘毛との各1対と後頭棘毛列とを有するのみ。触角は黄色で背縁暗褐色，前方に直線に突出し，第2節は大形で末端の方に幅広となり側面図はほぼ三角形，第3節は前節とほぼ等長で側扁円形に近く，触角棘毛は長く絹様白色で同色の微毛を密生し基部に数節からなる棒状部を具えている。口吻は黒褐色，小形の鬚を具えている。胸部は細長く幅の約2倍長，中胸背板は表面粗で，中央部は黄褐色の直立微毛を側方部はやや長い斜立微毛をそれぞれ密生し，1対の縦線が肩瘤内側から小楯板の基部外方までに走つている。小楯板は小形で円味強く，粗面で微毛を生じている。胸側板は背板より光沢強く，殆んど微毛を欠く。胸部の棘毛は2対の翅基背棘毛と1対宛の肩棘毛・翅基後棘毛・小楯板前棘毛・小楯板縁棘毛とて，何れも黒色。腹部は著しく細長く，第2節最長且つ最細，第4節最も幅広であるが胸部より著しく細く，第6節は雌雄ともに存在し雄では雌より長形，産卵管も雄の交尾節もともに体内に蔵され現われていない。翅は最長で基部の方に漸次細まり小さい覆片を有し，殆んど無色透明，第5径室は微かに末端の方に狭まるが広く翅頂に開口，臀室（肘室）は末端縁垂直。胸瓣は小形淡汚黄色で長い縁毛を装う。脚は光沢ある黒褐色で基節末端から腿節基部まで帯黄色，各跗節は末端4節（前脚）・2節（中脚）・3節（後脚，末端節を除く）などは黒色。後脚腿節は太く下縁の2/3末端部に2列の短棘を具えている。本州に産し，東洋に分布する。

588. チーズバエ（ちーず蠅）科
Fam. Piophilidae Macquart 1835

Skippers, Cheese Maggots 等と称えられ，稀れに体長5mmを越す事があり，一般に光輝ある黒色または微かに藍色の光輝を有する。顔は隆起線がなく，後頭は多少扁平。常に2対の頭頂棘毛を具え，後頭頂棘毛は末端の方に開き，額眼縁棘毛は2対から無対までのものがある。触角は垂下し，第3節は長楕円形，触角棘毛は普通無毛。頬は稀れに縁毛を装い，髭毛は普通顕著，亜側額は顕われない。小顋鬚はよく発達している。中胸背板は殆んど常に微毛を装い且つ平滑，腹胸側板は決して粉付けられていない。背中棘毛は1対，小楯板棘毛は4本。腹部は多少平滑で，毛を生ずるが棘毛を欠き，幅広で扁平となり基部にて縊れていない。雄の交尾器は多少隠れていて，不対称的，産卵管は伸張可能。雄の脚は決して歯もなく異形でなく，前脚腿節は普通長く傾斜する棘毛を具えている。翅の亜前縁は第1径脈末端近くに終り，第4+5径脈と中脈とは平行かまたは幾分末端の方に消失し，中央室は普通大で普通長い後横脈を有する。

幼虫は一般に掃除者であるが，あるものはチーズや貯蔵肉類等の中に棲息する。チーズバエの幼虫（Fig. 1418）はむしろ長円錐形で前端尖り後端裁断状，体は光沢を有し滑か，触角は2節，口鉤は分離して互に末端の方に開き，前気門は帯白色，末端節は肉質の4突起を具えている。蛹殻は楕円形で，表面粗造。

Fig. 1418. チーズバエ老熟幼虫
(Graham-Smith)

この科は多数の学者によつて *Sepsidae* 科に包含せしめられているが，種々の点にて異なり，特に前縁脈が亜前縁脈端にて破砕し，中胸背板は微棘毛を生じ，胸部の後気門の後縁に毛または棘毛を欠いている事等によつて区別する事が出来る。*Piophila* Fallén, *Mycetaulus* Loew, *Prochyliza* Walker, *Amphipogon* Wahlberg 等が代表的な属である。本邦には次の1種が知られている。

チーズバエ（*Piophila casei* Linné）(Fig. 1419) 体長4～5mm 内外，光沢ある黒色。顔は黄赤色で中央多少白色に光り，額は光沢ある黒色で触角基部の上方に細い黄赤色を呈する凹点を有する。触角は黄赤色で，第3節は屢々暗色を呈する。小顋鬚は淡黄色。中胸背板は金属的光沢を有し，微小点刻を有し，点刻列からなる3縦線を有する。前脚は黒色で基節と膝とが黄色，中・後両脚は黄赤色で腿節の中央と後脚脛節の末端とは幅広く黒色となり跗節の各節末端が多少帯褐色を呈するが末端節は凡て褐色。翅は無色透明。世界に広く分布し，幼虫はときに人類の腸の蛆病の原因となつている。また更に鼻腔内の蛆病を生ぜしめる事が認められている。

Fig. 1419. チーズバエ
(Graham-Smith)

589. ハネオレバエ（折翅蠅）科
Fam. Psilidae Walker (1853)

小形乃至中庸大，額は幅広く上方に棘毛を生じ，顔は垂直かまたは後方に傾斜し，口縁鬣毛を欠き，触角は下向で短かいものからやや長いものがあり，触角棘毛は微毛を生じ稀れに羽毛状。腹部は細いかまたは適度に細く，雄の交尾器は顕著でなく，産卵管は一般に細長い。翅は中庸大，前縁脈は亜前縁脈末端にて破切し，亜前縁脈は不完全かまたはなく，R_5 室は末端の方に狭まる事がなく，第二基室と臀室（肘室）とは大形。脚はむしろ細長，脛節には前端棘毛を欠く。

成虫は普通湿気の多い個処即ち陰暗な森林中に発見される。この科の昆虫は簡単に見分ける事がむずかしいが，多分亜前縁脈端の破切部から後方脈端を過ぎ第二基室の外端に達する弱線（この線に沿い翅が折れ易くなつている）を有する事によつて認められ得るであろう。幼虫は植物の根または虫癭中に棲息し，無毛の円筒状で，ボタン状に突出する微小後気門を具えている。世界から約10属以上が知られ，***Psila rosae*** Fab. は Carrot rust fly と称えられニンジンやセルリーや他の繖形植物の根部や花冠等の有名な害虫で，また ***Chyliza*** Fallén 属のものは虫癭を作る事が知られている。本邦からは次の1種が発見されている。

クロハネオレバエ ***Chyliza leptogaster*** Panzer (Fig. 1420)

体長 6mm 弱，全体光沢ある黒色で褐色微毛にて被われている。頭部は胸部より微かに幅広く，横形。額は頭幅の 1/2 より幅広で，前方に微かに狭まり，単眼瘤の両側部に縦凹を有し，同溝は前端で合し 1 細縦溝となつて橙色の半月瘤に達し，同溝の外側部は黒褐色を呈する。額の被毛は顕著で白色，前半部のものは内方に向い後半部のものは主に前外方に向う。尤も眼縁部のものは凡て外方に向つている。棘毛は細小で殆んど等長，しかし前向眼縁棘毛（3本）は微小。単眼棘毛と後頭頂棘毛とは末端の方に著しく開き，内頭頂棘毛は最長で微かに内向，外頭頂棘毛は2対で外向。顔は著しく凹み上口縁にて少しく前方に突出し，額より狭く，眼縁部明瞭で全長等幅，頬は甚だ低い。触角は黄褐色，第3節は幅の約 1½ 長で末端多少細まつて円い。触角棘毛は微毛を装う。胸部は長幅殆んど等大，中胸背板は微点刻を密布し白色短毛を装い，小楯板は殆んど点刻を欠き最も光沢が強い。胸側も亦殆んど点刻を欠くが，中胸側板は点刻を密布し且つ白色毛を装う。胸部の棘毛は細く，小楯板前棘毛と2本の翅背後棘毛と1本の翅背前棘毛と1対の小楯板端棘毛とが明瞭。腹部は細長く頭胸の和より長く，背面微点刻を有し黒褐色微毛にて被われ，側縁部特に第1節に少数の白色毛を装う。翅は腹部より著しく長く，比較的細く，翅脈は大体黒褐色，全面甚だ微かに曇り，前縁に沿う部分特に第1径室は明瞭に煤色。前縁脈は黒色の棘毛を列し，同棘毛は第1径室の前縁末端半から先端までに於て微毛となつている。平均棍は基部褐色で他は淡黄白色，頭部は比較的大。脚は細く淡褐黄色で各腿節（両端を除く）が黒褐色，前・後両脚の脛節の末端半に黒褐色部を有す。脚の被毛は短かく大部分黒褐色，腿節の下面のものは長く前腿節の外下縁に黒色棘毛を列している。爪は黒色で著しく彎曲する。中・後両脛節の末端下縁に1棘を具えている。岡山県倉敷にて4月に採集される。

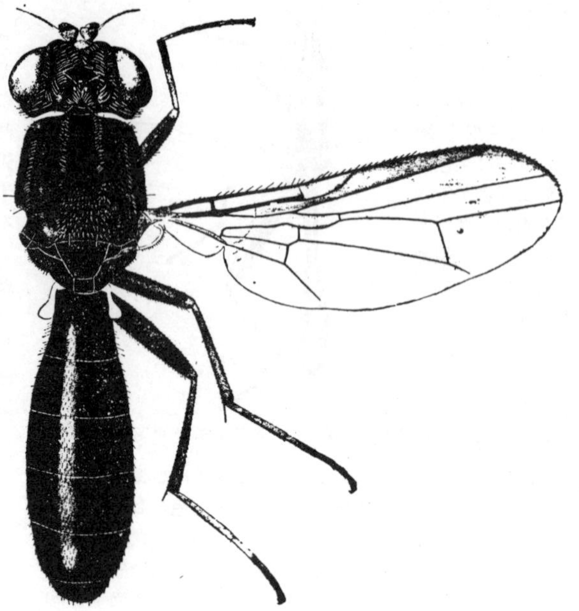

Fig 1420. クロハネオレバエ雄

590. アシナガヤセバエ（長脚痩蠅）科 *Fam. Neriidae* Frey 1921

中庸大，細長く，長い脚と末端触角棘毛とを具えている。頭部は幅より長く，額棘毛は2対。額は雌雄とも幅広，顔は後方に傾斜し鬣棘毛を欠く。触角は前方に突出し，末端に無毛または有毛の触角棘毛を具えている。胸部は長く，前胸腹板は中胸腹板と等長，翅側板は裸体，腹胸側棘毛は1本かまたはない。脚は長く且く細く，前脚と中脚とは広く離り，腿節は下面に短棘を生じている。翅は長く，第5径室は普通末端の方に狭まり開口，臀室と第2基室とは短かく，亜前縁脈は第1径脈に終る。腹部は長く，背面はむしろ扁平，産卵管は長く腹部下に曲げられている。

成虫は水辺か湿地帯に見出されてる。*Nerius* Fabricius, *Macrotoma* Enderlein, *Telostylus* Enderlein 等が代表的な属で，多く熱帯産。本邦には *Stypocladius*, *Trepidaria*, *Gymnonerius* の3属が発見されている。ホシナアシガヤセバエ(*Stypocladius appendiculatus* Hendel) (Fig. 1421)体長 8～10mm，褐色。頭部は長く扁平，

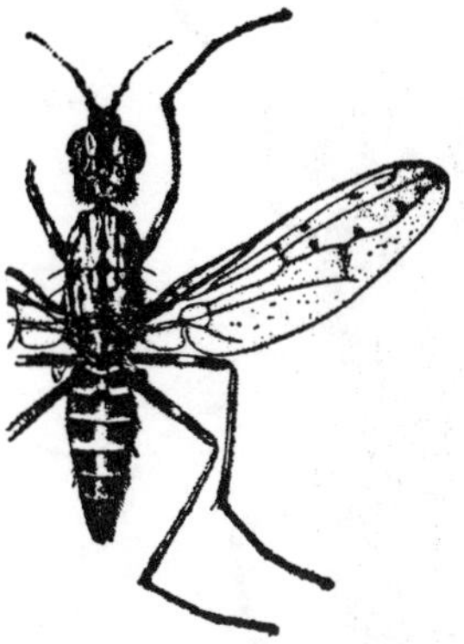

Fig. 1421. ホシアシナガヤセバエ

側面に栗色の縦帯を有し，複眼は両側の中央に位置する。触角は長く，黒褐色，第1節は幅より少しく長く末端太く，第2節は前節より著しく長く且つ幅広，第3節は第2節より長く著しく側扁し末端円く背縁の末端近くから白色の触角棘毛を生じている。胸背は著しく長く灰色を帯び褐色の3縦条を有し，それ等の間に細縦線があり，何れも不規則。小楯板は中央に灰色の1縦帯を有し，縁棘毛は4本で外方のものは甚小。腹部は細く，各背板の後縁に灰色の横帯を有し，更に中央に不明な灰色縦条を有する。雄の交尾器は長大で腹面に曲り，産卵管は著しく長く後方に延長する。翅は細く，第2+3径脈と第1+2中脈とに数個の褐色斑を附する短小支脈を前者は後方に後者は前方に出し，中央室は末端縁多少褐色。脚は細長，腿節は褐色で黄色の1輪環を有し，他節は帯黄色。本州・台湾等に産する。本種と共に夏期クヌギ等の樹液に普通見出される他の1種はモンキアシナガヤセバエ (*Gymnonerius femoratus* Coquillett) で翅は殆んど無色で第2+3径脈と第1+2中脈とに支脈を欠く事によつて容易に区別する事が出来る。

591. クロツヤバエ（黒艶蠅）科

Fam. Lonchaeidae Loew 1862 (Fig. 1422)

小さな光沢ある帯黒色の蠅で，亜前縁脈が完全，脛節に前端棘毛がない。頭部は高さより短かく，顔と額とは中庸幅，髭棘毛はなく，額は1対の額眼縁棘毛を具え短毛にて被われ，単眼棘毛は存在し，後単眼棘毛は末端の方に開く。

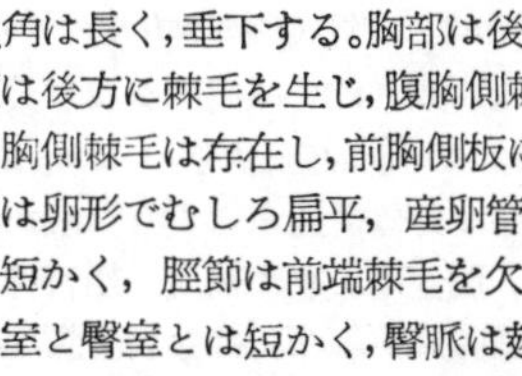

Fig. 1422. *Lonchaea* の翅 (Enderlein)

触角は長く，垂下する。胸部は後方に棘毛を有し，中胸側板は後方に棘毛を生じ，腹胸側棘毛は1本かまたは2本，前胸側棘毛は存在し，前胸側板には毛を生じていない。腹部は卵形でむしろ扁平，産卵管はむしろ長く三角形。脚は短かく，脛節は前端棘毛を欠く。翅脈は完全で，第2基室と臀室とは短かく，臀脈は翅縁に微かに達している。

成虫は殆んど如何なる処にも見出されるが，湿気のある個所かまたは日陰を好むようである。幼虫は植物内や腐敗植物質中に棲息し，あるものは樹皮下にあつてキクイムシの幼虫を食する。*Lonchaea* Fallén, *Earomyia* Zetterstedt, *Spermatolonchaea* Hendel, *Dasyops* Rondani 等が代表的な属で，本邦産のものは未だ学名が確定されていない。台湾に最も普通の種類はクロツヤバエ (*Lonchaea cyaneonitens* Kertész) (Fig. 1423) 体長3・5mm，黒色。額は頭幅の約2/7，雄では約1/6。

Fig. 1423. クロツヤバエ雌

触角は黒色，基部の2節は小形で第2節は長さより幅広く第1節より長く，第3節は前2節の和の2倍以上の長さを有し上下両縁がほぼ平行に円い末端を有し，触角棘毛は触角より長く上下両側に羽状毛を粗生し第3節背縁基部に生じている。胸背は長幅殆んど等大，光沢を有し，棘毛は甚だ長く黒色，小楯板は後縁に2対の甚だ長い黒色棘毛を生じている。腹部は甚だ太く円く，尾端尖り，産卵管は細小なれど突出する。翅は殆んど無色，翅脈は褐色，肘室所謂臀室は小さく外縁円く外方に彎曲する。脚は黒色，腿節は下面にて短棘毛を多数に生じている。

592. デガシラバエ（出頭蠅）科

Fam. Pyrgotidae Frey 1921

中庸大，長形で長い翅を有し，脚は幾分長い。頭部は大形，額は前方に突出し棘毛を欠き，単眼は普通ない。頰は幅広く，口吻は太くよく発達した唇瓣を具え，小顋鬚は大きく扁平，または口吻は短かく唇瓣を欠き且つ小顋鬚が細い。触角は短かいかまたは中庸長，第2節は背端でえぐれていない。第3節は普通前節より大形なれど稀れに微小。腹部はむしろ長く，ときに雄では棍棒状，雌の外生殖器は大形で幾分円筒状。翅は長く，亜前縁脈は長く自由かまたは前縁脈に終り，第5径室は広く開口し末端の方に狭まつていない。臀室は普通に末端三角形を呈する。脚は中庸長。

成虫は曇天の際にまたは夕刻にあるいは夜間に活動する性質を有し，ときに燈火に飛来する。*Pyrgota* 属や他の属のものは金亀子の成虫の腹部に，同虫の飛翔中に産卵し，幼虫は内部寄生性である。*Pyrgota* Wiedemann, *Adapsilia* Waga, *Campylocera* Macquart, *Bromophila* Loew, *Teretrura* Bigot 等が代表的な属で，最後の属は単眼を具えている。本邦にはオオハチモドキバエ (*Adapsilia luteola* Coquillett) (Fig. 1424) が産する。体長15～19mm，褐色。頭部は胸部より幅広く，額は雌雄共に著しく幅広く複眼の前方に多少三角形に突出し扁平，複眼は小形，単眼はない。触角は比較的長く赤褐色，第1節は円筒形，第2節は前節の1倍半以上の長さを有し基部細く末端に進むに従つて太まり，第3節は前節より僅かに短かく側扁し末端の方に狭まり，触角棘毛は背縁の基部近くに生じている。胸背は幅の約1倍半長，黄赤色で特徴ある黒色紋を有し，雌では中縦帯を欠く。腹部は比較的小形，第1と第2節とは合して縊れ後端太まり側縁が明瞭に縁取られ雄では後縁を除き黒色，他節は太く，末端節は細い，産卵管は扁平でない。翅は黄褐色で，末端・中央室の外縁・中脈部等は褐色，肘室の外縁は内方に曲り，第2+3径脈は1支脈を後方に出している。脚は長く褐色，腿節は多少帯黒色。本州に産し，台湾北部にも産する。

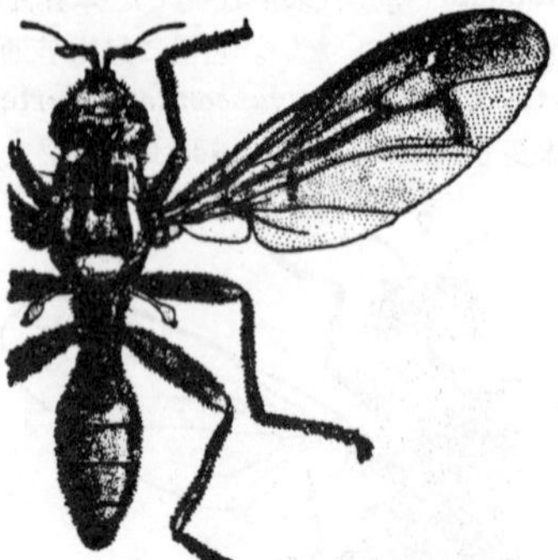

Fig. 1424. オオハチモドキバエ

593. ハネフリバエ（振翅蠅）科

Fam. Ulidiidae (Bigot 1852) Frey 1921

学者によつては *Otitidae* 即ち *Ortalidae* 科に包含せしめている。普通金属的な色彩を有し，頭部は大きく半球形または横形，額は雌雄共に幅広く，口吻は太く，触角は左右離れ，小顋鬚は発達し，産卵管は幾丁質化し一般に扁平。翅の第1径脈と第4+5径脈とは普通裸体，第5径室はときに末端の方に狭まりあるいは稀れに閉ざされ，臀室即ち肘室は末端鋭く延びているかまたは少くとも角張つている。

Wippfliegen と称えられ，活潑に翅を上下に動かす性質を有する。*Ulidia* Meigen, *Chaetopsis* Loew, *Chrysomyza* Fallén, *Euxesta* Loew, *Mosillus* Latreille, *Timia* Wiedemann 等が代表的な属である。本邦には次ぎの1種が発見されている。

ハネフリバエ *Physiphora demandata* Walker (Fig 1425) は体長4.5（♂）～5.3mm（♀），金属的光沢ある青緑色。頭部は大形で半球形に近く胸部より微かに幅広。額は頭幅の1/3より著しく幅広く平行せる側縁を有し，甚だ僅かに膨隆するが前方約1/3の処で横に凹み，栗褐色で眼縁部前方に灰白色の1小円紋を有し，中央に淡色の1縦帯を有し，単眼部は黒色。後頭は黄褐色で，両側部と下方部とは黒色。顔は甚だ短かく下方に著しく開き，上口縁の方に前方に少しく突出し，深い触角溝を有し，眼縁部は顕著でその内縁明かに縁取られている。頬部は高く，複眼の高さの1/3より高く且つ膨出し，顔とともに光沢ある淡栗色。頭部の棘毛は甚だ短かく黒色，単眼棘毛・後向額眼縁棘毛・頭頂後棘毛・内外両頭頂棘毛などがそれぞれ1対宛存在する。複眼は鈍黒色，単眼は黄褐色。触角は短かく，黄褐色で末端暗褐色，第3節は側扁し円く長幅殆んど等大，触角棘毛は黒色で裸体で基部に太く長い淡色の棒状の基部を具えている。口吻は黒色で肩弁以外は光沢を有し，鬚は暗色で幅の約2倍長。中胸背板は方形に近く長幅殆んど等大，青緑色で強い金属的光沢を有し，3本の銅色縦帯を有し中央のものは前縁から後縁前まで延びやや幅広く，他の1対は肩瘤の内方近き前縁から横線の内端を過ぎ後縁に達している。小楯板は中胸背板と同色，ほぼ三角形を呈し円味強い。胸側部は黒味強く，光沢が強い。胸部の棘毛は黒色で頭部のものより顕著，肩棘毛・側背棘毛・翅基後棘毛・小楯板縁棘毛・中胸側棘毛・腹胸側棘毛など各1対宛と翅基背棘毛の2対とを具えている。腹部は胸部とほぼ等長で尾端の方に漸次細まり光沢強い黒緑色，第2背板最も幅広く特に雌では側縁外方に突出し，第5背板は最長，第6背板は雌のみに認められ，雄の交尾節は第5背板下に顕著，産卵管は暗色で細長く扁平で末端鋭く尖る。翅は無色透明で黄褐色の翅脈を有し，覆片は大形で胸弁もまた明瞭，第5径室は末端の方に狭まり翅頂直前で細く開口，臀室（肘室）はその外後角部が著しく延長している。平均棍は白色，基部の方は暗色。脚は光沢ある黒色で，前脚第1跗節（末端を除く）と中後各脚の跗節（末端の2節を除く）とは淡黄褐色，中脚最も細く，後脚の脛節は中央外方に少しく曲つている。本州に産し，欧洲に分布している。

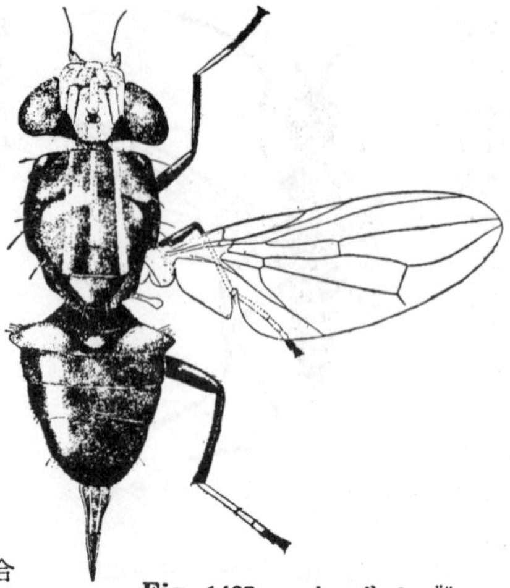

Fig. 1425. ハネフリバエ雌

594. ヒログチバエ（広口蠅）科

Fam. Achiasidae Biget 1853 (*Platystomatidae*)

種々な形状のものがある。頭部は普通円味を有し大形乃至小形，頭楯は大きく，口孔は甚だ大形，口吻は太く，小顋鬚は幅広。触角第3節は普通末端尖り，触角溝は明瞭。単眼は存在する。胸部はときに甚大，翅背棘毛は3本，前胸側棘毛と普通腹胸側棘毛とはない。腹部は有柄や紡錘状や屢々短太，産卵管は扁平。翅は普通斑紋や帯紋を有し，亜前縁室は大形でなく，第5径室は開口，肘室は後端尖るものやしからざるものがあり，第1径脈は普通微棘毛を生じている。大きな科であるが主に熱帯産で，普通次の5亜科に分類されている。

1．後頭上方部は凸形，腹部は長く有柄，翅の基室は微小，腹胸側棘毛は一般に存在する。蟻状（*Myrmecomyia* Robineau-Desvoidy, *Delphinia*, *Myrmecothea*, *Tritoxa*）……… Subfamily *Myrmecomyiinae*

後頭上方部は決して凸形でなく，腹部は蟻状でなく，若し長い場合には腹胸側棘毛を欠き，翅の基室は小さくない……………………………………………………… 2

2．前顔（Epistome）は口縁上に凸形に突出する（*Traphera* Loew, *Lute*, *Piara*, *Xiria*）…………………………………………………………Subfamily *Trapherinae*

前顔は凸形に突出していない……………………… 3

3．腹部は幅より著しく長く，普通側扁し，触角第3節は幅より著しく長く，触角棘毛は長羽毛状でなく末端部は裸体，額は大くとも1本の弱い額眼縁棘毛を有するのみ（*Stenopterina* Macquart, *Antineura*, *Duomyia*, *Elassogaster*, *Lamprophthalma*, *Xenaspis*）…………………… Subfamily *Stenopterininae*

腹部は普通楕円形か短卵形，若し細い場合は触角棘毛が末端まで羽毛状か触角が短かいかまたは2本の額眼縁棘毛を具えている……………………………… 4

4．腹部は紡錘状で中央か中央後方が最も幅広となつている（*Rivellia* Robineau-Desboidy, *Cleitamia*, *Idana*, *Laglaisia*）……………Subfamily *Rivelliinae*

腹部は幅広で中央前で最大幅となつているが基部甚だ細く胸部に附着している（*Achias* Fabricius, *Euprosopia*, *Lamprogaster*, *Loxoneura*, *Naupoda*, *Peltacanthina*, *Scholastes*）………………………………………Subfamily *Achiastinae*（=*Platystomatinae*）

以上の内本邦には *Rivelliinae* 亜科のみが発見され，台湾には *Achiastinae* も産する。

ムネアカマダラバエ（*Rivellia basilaris* Wiedemann）（Fig. 1426）体長3～5mm，赤褐色または黄赤色。頭部は胸部より微かに幅広，額は雌雄共に頭幅の1/3弱で側縁が殆んど相平行している。触角は膝状，第1節は甚だ短かく，第2節は幅より長く，第3節は前2節の和の2倍以上の長さを有し側扁し末端円い，触角棘毛は甚だ微かに羽毛状を呈する。胸背は幅より長く黒色の棘毛を生じ，小楯板は後縁に2対の黒色棘毛を具えている。腹部は黒褐色で基部帯黄色，産卵管は扁平で小さい。翅は中庸大，前縁基部多少帯黄色，中央の3横帯は暗褐色，前縁末端は暗褐色。脚は黄赤色，脛節は暗褐色を呈する。本州・九州等に稀れで，台湾や東洋に広く分布する。

Fig. 1426. ムネアカマダラバエ

タイワンオオルリバエ（*Loxoneura formosae* Kertész）体長10～18mm，藍青色で黄赤色の頭部を有し，翅は黒褐色で後縁に沿い無色透明の3大紋を有する。台湾に普通で，この科の最大種である。

595. ミバエ（果実蝿）科

Fam. Trypetidae Loew 1862

Tephritidae Macquart 1835, *Trypaneidae* Hendel 1910, *Trupaneidae* Curran 1934 等は異名。Fruit Flies と称えられ，ドイツの Fruchtfliegen である。大部分の種類は小形で斑紋ある翅を具え，その亜前縁脈は末端直角に前方に曲つている。頭部は半球状で普通短かく，額は幅広く，下額眼縁棘毛は眼縁に近く存在し，顔は垂直かまたは少しく後方に傾斜し，髭棘毛はなく，後頭棘毛は細く鋭いかまたは太く鈍端かである。触角は短かく垂下し，稀れに長く，触角棘毛は背縁基部の方に生じ無毛か有毛。複眼は大形で屢々青色の光輝を有し，単眼はあるものとないものとがある。口吻は短かく肉質で，大形の唇瓣を具えている。稀れに細長く膝状となつている。胸部は棘毛を生じているが，ときに前方にはない事がある。腹部は普通4～5節が明瞭で，産卵管は数節からなり幾丁質化し，突出し，稀れに体長より長いものがある。雄の交尾器は小さく部分的に現われている。翅は大形で普通濃色の斑紋を有し，稀れに無紋，亜前縁脈は末端近くで鋭く前方に曲り，基室と臀室とは存在し，後者は末端角張り普通尖つている。脚は中庸長，脛

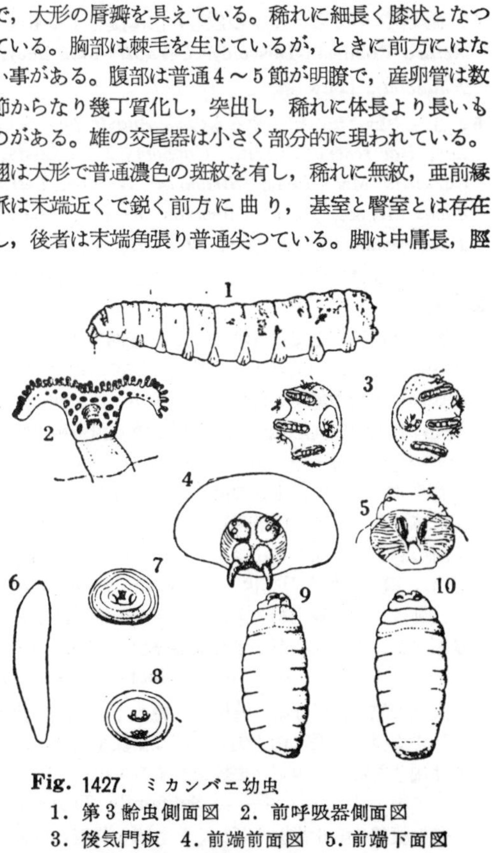

Fig. 1427. ミカンバエ幼虫
1．第3齢虫側面図　2．前呼吸器側面図
3．後気門板　4．前端前面図　5．前端下面図
6．卵子背面　7．蛹殼前端前面図　8．同後端後面図　9．蛹殼側面図　10．同背面図

節は前端棘毛を欠き，中脚脛節は距棘を具えている。

成虫は果物や芽や葉等に集まり，葉の場合は一般に裏面に見出される。幼虫（Fig. 1427）前方に細まり後方截断状，前気門は14～36葉片からなり，後気門は尾端に左右各不平行に横列する3個からなる。幼虫はその食性によつて次の5群に分つ事ができる。

1．菊科植物の花頭に寄生するもの——*Acanthiophilus* Becker, *Aciura* Robineau-Desvoidy, *Ensina* Robineau-Desvoidy, *Noeeta* Robineau-Desvoidy, *Oedaspis* Loew, *Myopites* Brebisson, *Paracantha* Coquillett, *Tephritis* Latreille, *Trypanea* Agassiz その他。

2．潜葉性——*Trypeta* Meigen, *Philophylla* Rondani.

3．茎内に棲息し中癭形成者または樹木の小枝に食入するもの——前者は *Aciurina* Curran, *Euribia* Latreille, *Eutreta* Loew, *Straussia* Agassiz, *Tephritis* Latreille, *Euphranta* Loew, *Paratephritis* Shiraki，後者は *Adrama* Walker.

4．種子莢や種子とナッツの殻等の内に棲息するもの—*Aciura* Robineau-Desvoidy, *Ceratitis* Mac Leay, *Rhagotetis* Loew 等。

5．生果や野菜類に寄生するもの——*Anastrepha* Schiner, *Bactrocera* Guérin, *Carpomyia* A. Costa, *Ceratitis* Mac Leay, *Strumeta* Walker, *Tetradacus* Miyake, *Dacus* Fabricius, *Epochra* Loew, *Toxotrypana* Gerstaecker, *Staurella* 等。

これ等の属は形態学的には次の如く4亜科に分類する事が出来る。

1．棘毛式は不完全で，単眼棘毛と内後頭棘毛（Inner occipital）と後頭頂棘毛と肩棘毛と横線前棘毛（Presutural）と背中棘毛と腹胸側棘毛等がない。翅の第2基室は普通幅広)。触角は長く，雌の第6腹背板は短かい……………………………………………………2

棘毛式は完全で，上述の棘毛は普通存在し，第2基室は広くなく，触角は普通短かい……………………3

2．脚の腿節は下面に多小棘を列し，中胸背板の横線は完全，腹部は長く円筒状……Subfamily *Adraminae*

腿節は下面に棘毛を欠き，中胸背板の横線は中央で切断され，腹部は卵形かまたは棍棒状…………………………………………………………Subfamily *Dacinae*

3．腹部の第6背板は第5背板より短かく，複眼の後縁に列する後頭棘毛は細く尖り，翅は帯紋を有するかまたは褐色あるいは透明な斑紋を有する……………………………………………… Subfamily *Trypetinae*

雌の腹部の第6背板は短かくとも第5背板と等長，後頭棘毛は普通太く且く鈍端，翅は普通多数の細小点斑を有する……………………Subfamily *Tephritinae*

1. ホシマダラバエ亜科 Subfamily *Tephritinae* Hendel 1927——雌の腹部第6背板が短かくとも第5背板と等長で，普通はより長く，甚だ稀れに微かに短い事があるがその場合には後頭の列生棘毛が帯白色で鈍端で太い。またときに後頭の列生棘毛が細く鋭く且つ黒色のものがあるがその場合には雌の腹部の第6背板が前背板より長い。*Tephritis* Latreille, *Actinoptera* Rondani (=*Urellia* Loew), *Ensina* Robineau-Desviody, *Enaresta* Loew, *Eurosta* Loew, *Eutreta* Loew, *Icterica* Loew, *Orellia* Robineau-Desvoidy, *Terellia* Robineau-Desvoidy 等が代表的な属で，本邦には *Chaetostomella* Hendel, *Paroxyna* Hendel, *Campiglossa* Rondani, *Paratephritis* Shiraki, *Ensina*, *Xyphosia* Robineau-Desvoidy, *Icterica*, *Noeëta* Robineau-Desvoidy, *Trypanea* Schrank 等の属が知られている。ツワブキハマダラバエ（*Paratephritis fukaii* Shiraki）(Fig. 1428) 体長4～5mm，帯褐色。額は黄褐色乃至

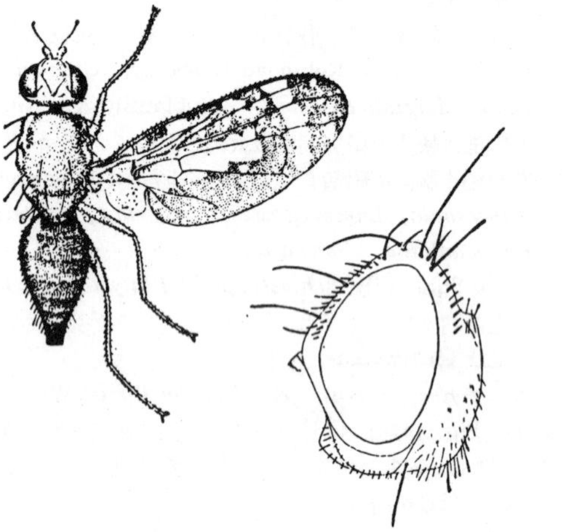

Fig. 1428. ツワブキハマダラバエ雌

淡赤褐色で灰黄色の細い眼縁部を有し，半月瘤は淡蠟黄色，頭頂はやや帯灰色。顔は黄白色で多少蠟色を呈し，淡赤黄色の眼縁隆起部を有する。頭の後面は黄色乃至淡赤黄色で，上中部は帯黒色。頰は黄色乃至赤黄色。触角は赤黄色乃至赤褐色，第3節は幅より少しく長く，触角棘毛な黒色で裸体。口吻と小顋鬚とは赤黄色乃至淡赤褐色。中胸背板は黒褐色で肩瘤と背側瘤とが帯黄色，全面が灰褐色または帯緑灰褐色粉にて密に被われ且つ帯白色微毛を装う。胸側板は黒褐色で，幅広の上縁部と前胸と翅基とが赤黄色を呈し，帯灰色粉にて被われている。小楯板は中胸板と同色，中胸分割甲は黒色。腹部は黒褐色で帯白色微毛を装い，各背板の後縁は黄褐色，産卵管の

基部は光沢ある黒色，雄の交尾節は黄褐色。翅は黒褐色，斑点は帯黄色と帯白亜透明，帯紋は帯白色。脚は赤褐色。額眼縁棘毛は上下共に2対，顴棘毛は強大，後頭列棘毛は帯白色，小楯板棘毛は2対で端棘毛が交叉している。九州産でツワブキの茎内に寄生し虫瘤を形する。ツママダラミバエ(*Trypanea amoena* von Frauenfeld)は本州・台湾・欧州・アフリカ・アジア等に広く分布し，チサの害虫として知られている。

2. ハマダラバエ亜科 Subfamily *Trypetinae* Hendel 1927——前亜科に類似しているが，後頭の列生棘毛は常に弱体で帯黒色かまたは甚だ稀れに帯黄色，しかし決して太くもなく鈍端でもない。腹部は雌の第6背板が常に前背板より短かい。翅は帯紋を有するかまたは透明斑点を散布する。しかし決して網目状でなく，稀れに無紋。前脚の腿節は常に下面に棘毛を生じ，稀れに無棘毛。*Trypeta* Meigen, *Acidia* Robineau-Desvoidy, *Aciura* Robineau-Desvoidy, *Anastrepha* Schiner, *Ceratitis* Mc Leay, *Epochra*, Loew, *Euribia* Latreille, *Neospilota* Osten-Sacken, *Platyparea* Loew, *Procecidochares* Hendel, *Oedaspis* Loew, *Rhagoletis* Loew, *Straussia* Robineau-Desvoidy, *Zonosemata* Benjamin 等が代表的な属で，本邦には *Proanoplomus* Shiraki, *Acrotaeniostola* Hendel, *Paragastrozona* Shiraki, *Pseudospheniscus* Hendel, *Phagocarpus* Rondani, *Hemilea* Loew, *Parahypenidium* Shiraki, *Staurella* Bezzi, *Acidia*, *Pseudacidia* Shiraki, *Aciidiella* Hendel, *Myiolia* Rondani, *Trypeta*, *Paramyiolia* Shiraki, *Anastrephoides* Hendel, *Magnimyiolia* Shiraki, *Acanthoneura* Macquart, *Rioxoptilona* Hendel, *Ortalotrypeta* Hendel, *Euphranta* Loew, *Tetramyiolia* Shiraki, *Oedaspis*, *Sphenisco-myia* Bezzi, *Euribia* Meigen, *Matsumuracidia* Ito, *Euchaetostoma* Chen, ***Rhacochloena*** Loew 等の属が発見されている。

ミスジハマダラバエ(*Trypeta trifasciata* Shiraki)(Fig. 1429) 体長4～5mm，光沢ある淡帯褐黄色。額は淡黄色乃至黄褐色，半月瘤は黄色，顔は幅より長く淡帯黄色で眼縁黄色，頭の後面は淡帯黄色，頬は複眼の高さの1/5で顕著な顴溝(*Genal groove*)を有する。触角は淡黄色乃至黄色，第3節は幅の1倍半長，触角棘毛は黒色で同色の微毛を装い基部1/4は橙黄色で殆んど裸体。小顋鬚は淡黄色，口吻は淡赤黄色乃至淡黄色。中胸背板は淡褐黄色，肩瘤は黄白色，翅基後瘤に明瞭な1小黒色点を有し，小楯板は淡帯黄色，胸側板は帯黄色で黄白色の背側縦線を有し，中胸分割甲は光沢ある黒色で細い帯黄色の1縦条を有する。腹部は光沢ある淡黄色乃至淡赤黄色，産卵管の基節は淡黄色乃至淡赤黄色，雄の交尾節は淡帯黄色。翅は透明で部分的に多少黄色を帯び，帯紋は暗褐色。脚は淡黄色。棘毛は黒色なれど前胸側棘毛は帯黄色，額眼縁棘毛は上方のものが2対で下方のものが3対，単眼棘毛は最上額眼縁棘毛より長く，顴棘毛は短かく，後頭頂棘毛は平行で単眼棘毛より長い。幼虫はゴボウの花部に寄生する。本州・樺太等に分布する。この亜科の種類で宿主の明瞭な且つ害虫として普通に知られているものはオウトウミバエ(*Rhacochloena japonica* Ito)とツバキミバエ(*Staurella camelliae* Ito)で，前者は北海道と本州北部とに産しときに桜桃に大害を与え，後者は九州産でツバキやクリ等の実に寄生する。更にキジョウランミバエ(*Euphranta longicauda* Shiraki)はキジョウランの実に寄生し，九州産で，本邦産のミバエ科の中で最も長い産卵管を有する種類である。

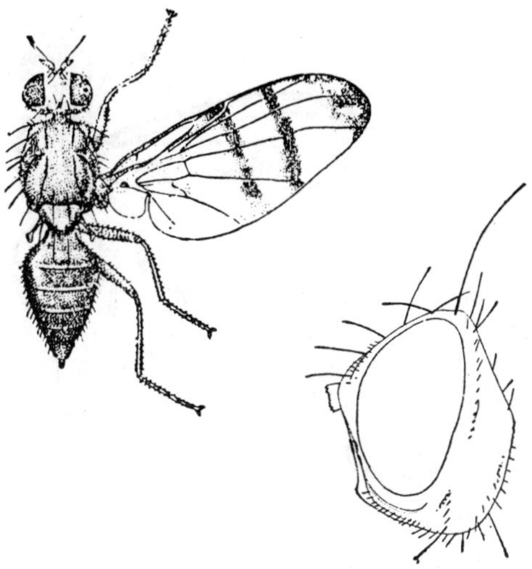

Fig. 1429. ミスジハマダラバエ雌

3. ミバエ亜科 Subfamily *Dacinae* Hendel——棘毛式が不完全で，体は著しく幾丁質化し，腹部は卵形かまたは棍棒状で，雌の第6背板は短かい。翅は斑紋が甚だ少なく，脚は腿節下面に棘を生ずる事がなく，中胸背板の横線は中央広く切断され，触角は一般に長い。主に熱帯や亜熱帯に産し，生果に寄生する。*Dacus* Fabricius, *Bactrocera* Guérin, *Strumeta* Walker, *Pelmatops* Enderlein, *Toxotrypana* Gerstaecker, *Leptoxyda* Macquart 等が代表的な属で，本邦には *Strumeta* と *Zeugodacus* Hendel と *Tetradacus* Miyake, *Matsumurania* Shiraki との4属が発見されている。カボチャ

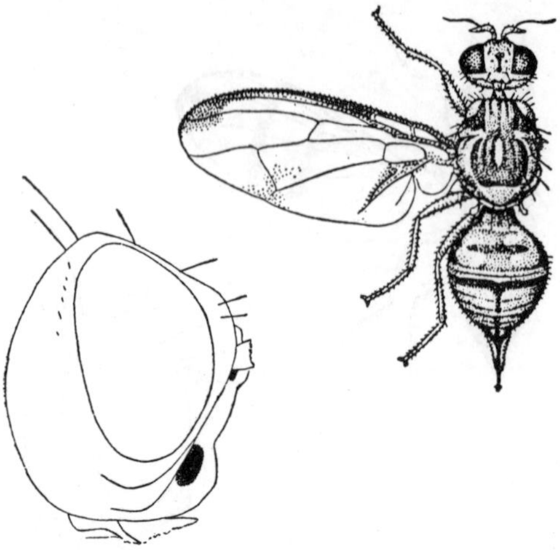

Fgi. 1430. カボチャミバエ雌

ミバエ (*Zeugodacus depressus* Shiraki) (Fig. 1421) 体長 9～10.5mm，帯褐色。額は頭広の 1/3 より微かに狭く後方に微かに狭まり直線の側縁を有し，中央の縦紋と 3 対の側斑とは褐色，黒褐色の単眼瘤後縁に沿い 1 本の細い褐色横線を有する。顔は淡橙黄色で，黒褐色の 1 対の小斑を有する。触角は淡褐色乃至褐色，第 3 節は幅の 3 1/3 (♀) 乃至 4 (♂) 倍長で末端狭まる。小顎鬚は比較的大形で，末端は雌では適度に雄では著しく尖る。胸部は帯赤褐色，横線前に 1 対の黒色で多少三角形を呈する斑紋を有し，横線後方に 1 対の黒色長紋を有し，これ等斑紋は内端で連続し，肩瘤と横線瘤とは黄色で幅広，小楯板末端は微かに褐色を呈する。胸側板は帯黄色乃至帯赤褐色，中胸側板の黄斑の前縁と腹胸側板の大形の黄色斑の下方とは帯黒色，中胸分割甲は帯黒色で幅広の帯赤色縦帯を有する。腹部第 5 背板上の光沢斑は幅広く半円形，産卵管の基節は扁平で第 4・5 両背板の和より短かい。翅の斑紋は黒褐色。脚は淡褐色。頭部の各棘毛は黒色，後頭頂棘毛は最長，額眼縁棘毛は 3 対。本州と九州とに産し，南瓜の害虫。ミカンバエ (*Tetradacus tsuneonis* Miyake) は九州と奄美大島とに産し柑橘の害虫として有名。マツムラハマダラバエ (*Matsumurania sapporensis* Matsumura) は *Trypetinae* 亜科に最も近い種類で北海道のみに発見されている。

4. トゲアシミバエ亜科 Subfamily *Adraminae* Enderlein——前亜科同様棘毛式が不完全なれど，脚の腿節下面に多少微棘を列し，中胸背板の横線は中央で切断されていない。且つ腹部が細長い円筒状である事によつて区別する事が出来る。凡て亜熱帯と熱帯とに産する。*Adrama* Walker と *Meracanthomyia* Hendel とが代表的な属で，台湾からこれら両属が発見されている。トゲアシミバエ (*Adrama apicalis* Shiraki) (Fig. 1431) 体長 10mm 内外，黒褐色。頭部は球形で胸部と約等幅，額は頭幅の 1/4 より狭く，黄色で前半部に楕円形の 1 大黄色斑を有し，半月瘤は甚だ小さく淡黄色，頭頂は光沢ある黒色，顔はむしろ長く淡蠟黄色で上口縁近くに大きな亜方形の 1 黒色斑を有し，触角溝は中庸幅。頭の後面は光沢ある黒色であるが，狭い側縁と下半部とが黄色。頰はむしろ幅広なれど，複眼下が短かく，一様

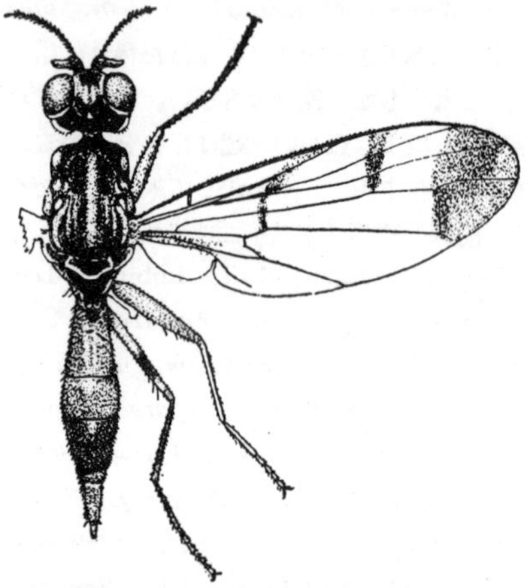

Fig. 1431. トゲアシミバエ雌

に黄色。触角はむしろ短かく顔と殆んど等長で黄色，第 3 節は褐色で幅の約 3 倍長で前節の約 2 倍半の長さを有し，触角棘毛は触角より長く黒褐色で黄色の太い基部を有し，全長に短かい毛を生じている。小顎鬚は黄色でむしろ大きく黒褐色の短棘毛を粗生し，口吻は帯黄色。胸部は幅の約 2 倍長で後方に幅広となり，黒色で黄褐色の短毛にて被われ，黄褐色の 3 縦条を有する。肩瘤は鮮黄色，胸側板は黒色で鮮黄色の 4 斑紋を有し，中胸分割甲は光沢ある黒色，小楯板は橙黄色なれど背面黒色。腹部は胸部より著しく狭く，両端が狭まり，頭胸の和とほぼ等長，赤褐色で幾分帯紫色，第 4 と第 5 との両背板は黒色，全面に淡色毛を生じ，第 1 背板に黒色の長斑を 1 対存し，第 6 背板は最短，腹部腹面は橙黄色なれど各腹板は黒色。産卵管は長く淡赤褐色。翅は狭く，斑紋は黒褐色。脚は黄褐色で，前脚の脛節と跗節・後脚の転節と脛節等は帯黒色，後腿節は黒褐色の基斑と中縦条とを有し，中脚の腿節は太まり他の腿節より長く，各腿節の下面に小棘を有する。棘毛は凡て黒色。台湾恒春にて 1 雌を採集せるのみ。

596. シマバエ (縞蠅) 科
Fam. Lauxaniidae Macquart 1835

Sapromyzidae Loew 1862 は異名。むしろ小形，稀れに体長 6mm 以上の種類がある。頭部は様々で，顔は突出するものや後方に傾斜するものがあつて，しかも凸形や扁平や凹形，髭棘毛はないが稀れに弱体。額は幅広く，2対の額棘毛を具えその上方のものは常に後向で下方のものは叉交し，単眼棘毛は存在する。触角は様々で，触角棘毛は羽毛状かまたは裸体。胸部は少くとも横線後方に棘毛を有し，小楯板は普通縁棘毛以外に棘毛を欠き，前胸側棘毛は有るものと無いものとがあり，腹胸側棘毛は1本または2本，腹部は卵形で，稀れに長い。翅脈は完全で，第2基室と肘室とは短かく，第5径室は普通広く開口する。脚の凡ての脛節は前端棘毛を具えている。

成虫は如何なる処にも発見されるが，特に湿気多き個所に多数見出され，多くの種類は夕刻近くに最も普通に採集出来る。幼虫はある種類は植物組織中に潜入し，農作物の害虫であるが，他のものは腐敗植物質上に生活している。*Lauxania* Latreille, *Camptoprosopella* Hendel, *Homoneura* v. d. Wulp, *Minettia* Robineau-Desvoidy, *Peplomyza* Haliday, *Sapromyza* Fallén, *Trigonometopus* Macquart 等が代表的な属で，本邦には次の1種が普通に知られている。ヤブクロバエ (*Minettia longipennis* Fabricius) (Fig. 1432) 体長3.5～4.5mm，黒色。額は幅広く，黒色で前方黄褐色，額眼縁棘毛は2対で強大，これ等棘毛の根部と単眼瘤の両側から額帯の中央先端に達する三角形の部分とには灰褐色の反射斑がある。顔側と頰とは黒褐色乃至黒色で白色に光り，顔の前方口縁に近い両側に各1瘤状部がある。小顎鬚と口吻とは黒色，前口部は著しく発達している。触角は黄褐色，触角棘毛は長羽毛状。胸部は灰黒色で，中胸背板には幅広の4黒色縦帯を有し，小楯板の基部と側面とは黒色。背中棘毛は横線の後方に3対がある。腹部は短太，黒色で斑紋がない。脚は黒色で，淡黄色の跗節を具えている。翅は黄色で基部黒色を呈し，翅脈は基部以外が黄色，覆片は黒色，平均棍は黄色で黒色の頭部を有する。北海道・本州等に産し，欧洲・アジア・北米等に広く分布する。更に他属他種が産するが未だ学名が確定されていない。

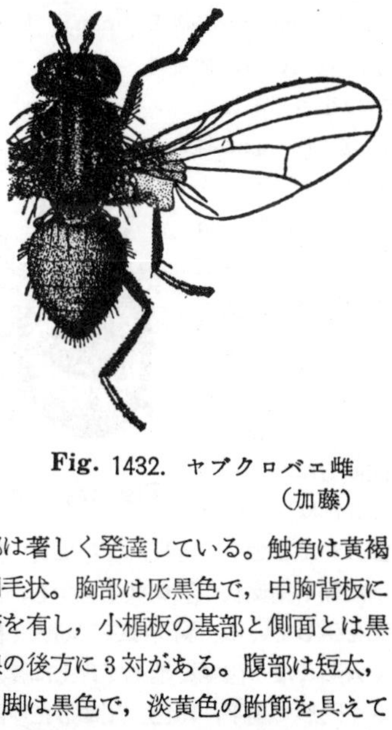

Fig. 1432. ヤブクロバエ雌 (加藤)

597. アブラコバエ（蚜小蠅）科

Fam. Chamaemyiidae Hendel 1910

Ochthiphilidae Zetterstedt 1890 は異名。小形で，一般に帯灰色。額は幅広で，多くとも2対の棘毛を有し，屢々無棘毛。後頭頂棘毛は互に末端の方に近よるかまたはこれを欠く。顔はゆるやかな凹形かまたは強く後方に傾斜し，髭棘毛を欠き，口吻は短かく，小顎鬚はよく発達している。触角は短かい。中胸背板は棘毛を有し，前胸棘毛はなく，腹胸側棘毛は1本，中胸側板は普通裸体だが稀れに微棘毛を生じている。腹部は普通短太。翅の前縁脈は完全，亜前縁脈は完全でときにその末端にて第1径脈に接し，臀脈は翅縁に殆んど達しない。肘室と第2基室とは常に完全。

Leucopis 属の幼虫は蚜虫を捕食するもので，体は幾分長三角形を呈し，後気門は尾端の側角に突出して存在する。普通蚜虫群の下や葉腋中に隠れて存在し，蛹は葉腋中に見出される。*Chamaemyia* Meigen＝*Ochthiphila* Fallén, *Acrometopia* Schiner, *Leucopis* Meigen, *Pseudodinia* Coquillett 等が代表的な属で，本邦には次の1種が普通である。セジロアブラコバエ (*Leucopis puncticornis* Meigen) (Fig. 1433) 体長2～2.3mm，灰白色。額は複眼の幅よりやや狭く，額側・顔側・半月瘤・頰等は灰白色，額帯の中央は灰色で側部は暗褐色，額眼縁棘毛はない。触角は暗灰色，第3節は円形，触角棘毛は殆んど裸体。小顎鬚は黒色。胸部は青味を帯びた灰白色で，中胸背板の中央に暗色の2縦線とその外側に淡褐色の幅広の縦帯がある。しかし個体によつては判然でない。背中棘毛は小楯板前方に2対で，その第1対から前方部には微毛を列生しているが後方は全く裸体。腹部は普通第2背板の中央に1対の暗色斑紋を有する。翅は基部白色を帯び，翅脈は黄色。脚は黒褐色乃至黒色で灰色粉を装い，膝部と跗節とは黄色。本州に産し，欧洲に分布し，幼虫は蚜虫類を捕食する。

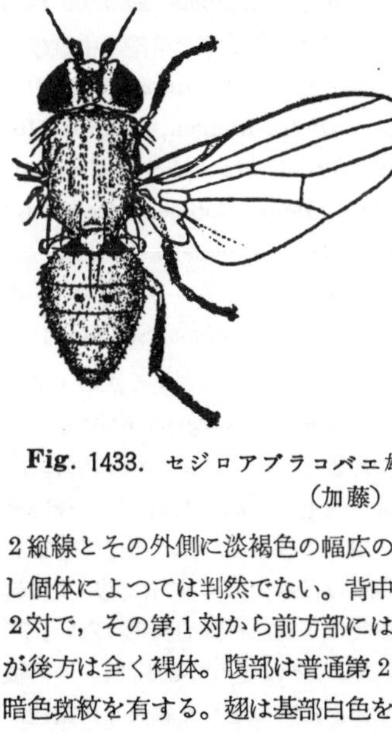

Fig. 1433. セジロアブラコバエ雄 (加藤)

598. ヤチバエ（野地蠅）科

Fam. Tetanoceridae Macquart 1843

Sciomyzidae Macquart 1835, *Tetanoceratidae* Brues et Melander 1932 等は異名。March Flies と称えられ，ドイツの Hornfliegen である。頭部は短かく胸部と等幅かまたはより幅広，顔は後方に傾斜するが下方部は幾分垂直，髭棘毛はない。腹部は普通6節からなり，むしろ細長く亜円筒状。翅は腹部より長く，亜前縁脈は完全で第1径脈から全体が分離し，第2基室と肘室とは完全で小形。脚は中庸長，腿節は棘毛を有し，中脚のものは前面の中央近くに1短棘毛を具え，脛節は前端棘毛を具えている。

成虫は河川や池等の岸に沿う湿気多き処に見出される。次の如き3亜科に分つ事が出来る。

1．雌の腹部は7節からなり，産卵管は体内に引き込まれていない。触角棘毛は触角第3節の亜末端から生じ，前脚腿節は無棘毛（*Tetanura* Fallén）…………………………………Subfamily *Tetanurinae* Melander

産卵管はなく，雌の腹部末端数節は第5節以後が体内に引き込まれ，触角棘毛は触角第3節の基部から生じ，前脚腿節は棘毛を具えている……………………2

2．前胸側棘毛は存在し，額は普通平滑の中央縦帯を欠く（*Sciomyza* Fallén, *Melina* Robineau-Desvoidy, *Ditoenia* Hendel, *Pteromicra* Lioy）…………………………Subfamily *Sciomyzinae* Schiner 1864

前胸側棘毛はなく，額は普通明瞭な平滑の中縦帯を有し稀れに同中帯が亜光沢（*Tetanocera* Duméril, *Antichaeta* Haliday, *Dictya* Meigen, *Elgiva* Megerle, *Hedroneura* Hendel, *Hoplodictya* Cresson, *Euthycera* Latreille, *Limnia* Robineau-Desvoidy, *Poecilographa* Melander, *Renocera* Hendel, *Sepedon* Latreille）……………………………………………………Subfamily *Tetanocerinae* Schiner 1864

以上の亜科中現在の処最後のものに属する次の1種，即ちヒゲナガヤチバエ（*Sepedon sphegeus* Fabricius）(Fig. 1434) が本邦に普通である。体長7mm内外。頭部は藍黒色で金属的光沢を有し，額・顔側・頰の後部等は淡く銀白色に光る。触角の根部の外側に黒色斑を有し，顔帯の中央と両側とは凹み，顔の前方に鋭い横隆起部を有する。額眼縁棘毛は1対，単眼瘤棘毛はない。額突起は著しく突出し，顔と頰とは極めて幅広，触角の両根部間に瘤状突起を有する。触角は著しく細長く黒褐色，第3節の基部と第1節とは黄褐色，第2節は第3節の約2倍長，触角棘毛は長く末端白色。中胸背板は薄く灰色粉を装い，暗褐色の4縦条を有する。小楯板は青銅色の光沢を有し，1対の縁棘毛を具えている。腹部は細長，黒色。翅は暗褐色，径中横脈は暗色に縁取られている。脚は長く赤褐色，基節は黒色で灰色の光沢を有し，跗節は暗色，後脚の腿節は末端半の下面に2列の短棘毛を生じている。本州に産し，水田その他の水辺に普通，欧洲に分布する。

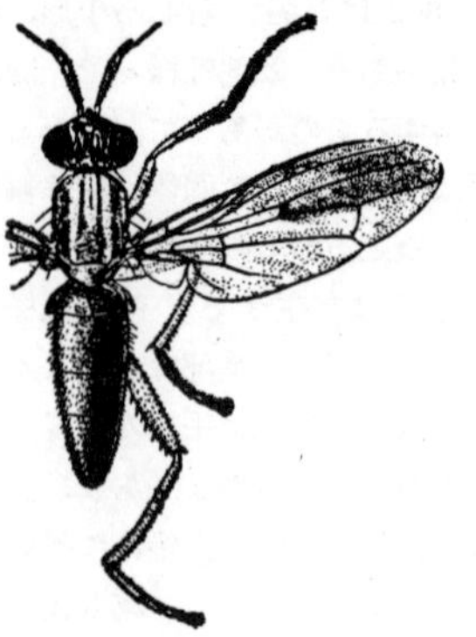

Fig. 1434. ヒゲナガヤチバエ雌（加藤）

599. ヨロイバエ（鎧蠅）科

Fam. Celyphidae Bigot 1852

この科は無瓣類の他の科と形状が全然異なり，一見テントウムシに類似するが，頭部が明瞭に細い頸部によつて前方に完全に現われ，翅のかわりに小楯板が大形となり腹部と翅とを全部覆うている事によつて容易に区別する事が出来る。尤も静止の際以外には大形の翅を側方に現わしている。*Celyphus* Dalman が代表的な属で，*Acelyphus* や *Paracelyphus* や *Spaniocelyphus* 等の属が知られ，インドマレー区とアフリカとに産するのみ。本邦には産しないが，台湾にはウスイロヨロイバエ（*Celyphus obtectus* Dalman）(Fig. 1435) その他が発見されている。体長4～5mm，光沢ある帯紫黄色。頭部は小さく前後に圧縮され，額は雌雄共に頭幅の約1/2，単眼瘤は微小。触角は前方に突出し黄色，第1節は棒状で末端少しく太まり，第2節の約1/2長で内面前方に突出し，第3節は太く前2節の和より短かく末端に進むに従い細まり，その先端直前に扁平細葉状の触角棘毛を生じ，同毛の末端に更に羽毛を生じている。胸背は甚だ幅広く横形，小楯板は著しく大形となり尾端を越えて背上に膨隆し円形。腹部は小さく円形で扁平，黒色。翅は静止の際には小楯板下に水平に置かれ翅頂を現わし，幾分帯黄色，中央室は大，肘室は小さく後角多少尖り，覆片は大形。脚は淡黄色。台湾以外東洋の熱帯地に広く分布する。

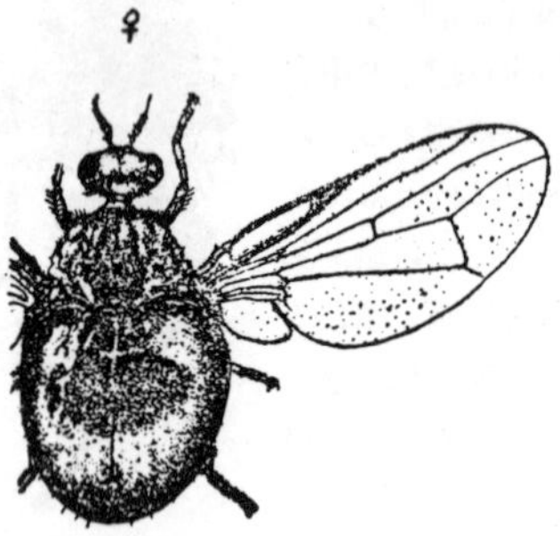

Fig. 1435. ウスイロヨロイバエ

600. **ハマベバエ（浜辺蠅）**

Fam. Coelopidae (Hendel 1910) Enderlein 1920

Phycodromidae Loew 1862 は異名。Tangfliegen と称えられ小形乃至中庸大，海岸に棲息する。額は棘毛を具え，頬は毛と棘毛とを有し，顔は深く凹形，髭棘毛はないかまたは非常に弱体。触角は短かく垂下し，第2節は第1節と等大。胸部と腹部とは平たく，中胸側板は裸体で光沢を有し，小楯板は背面平たい。脚は普通太く棘毛と毛とを装い，脛節は凡て前端棘毛を背面に具え，第1跗節は長く，末端跗節は幅広となり太い爪を具えている。翅脈は完全，第2基室と肘室とは等長，亜前縁脈は完全，第1径脈は前縁脈の中央に終つている。幼虫は海岸に打ち上げられている海草中に棲息し，ときに無数に生活している。*Coelopa* Meigen, *Fucomyia* Haliday, *Malacomyza* Haliday 等が代表的な属で，本邦にはハマベバエ (*Fucomyia frigida* Fadricius) (Fig. 1436) が発見されている。体長 3～7 mm，黒色，長棘毛を多数生じている。雌。頭部は黒色で淡く黄灰色に光る。額帯の前半には短剛毛を粗生し，上額眼縁棘毛は2本，顔は凹み，触角の根部と頬とは前方に著しく突出している。触角・頬・顔・小顋鬚・口吻等は黄褐色。頬には長剛毛を粗生し，触角第3節は円形。胸背は暗黄灰色で著しく平で一面に短毛を粗生し，背中棘毛と中棘毛とは発達していないで小楯板に近い1～2のみやや顕著。腹部は黒色で扁平，各関接部が黄褐色を呈し，各背板の後縁と側縁とに顕著な剛毛列を有する。脚は黄褐色，短太で，全面に長短両様の剛毛を粗生する。翅は暗褐色を帯び暗褐色の翅脈を具え，亜前縁脈は完全，臀脈は翅縁に達する。雄は雌よりも体の剛毛が著しく強大で，前脚跗節の第1節の下面はブラッシュ状の短毛を具え内面先端が斧状に突起し，各腹節は基部を除き黄褐色。四国（香川県）の海岸に発見され，欧洲・北米・シベリヤ・カムチャッカ・支那等に分布し，幼虫は海岸に打ち上げられた海藻の堆積中に生活している。

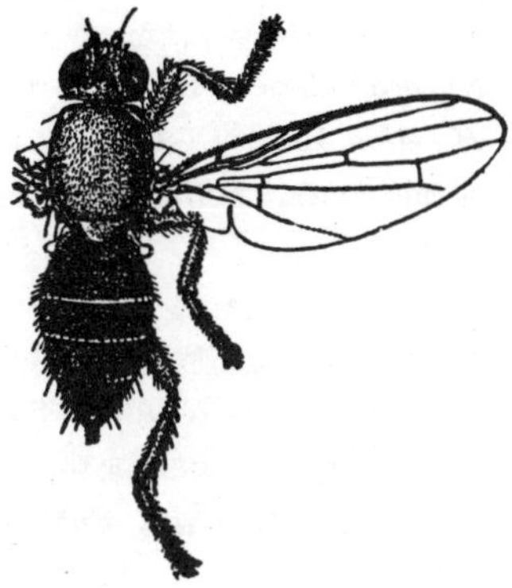

Fig. 1436. ハマベバエ雌(加藤)

601. **トゲハネバエ（棘翅蠅）科**

Fam. Helomyzidae Loew 1862

Heteromyzidae Frey 1921 は異名。Scheufliegen と称えられ，小形乃至中庸大の蠅で髭棘毛を具えている。額は後半部以上に棘毛を具え，顔は垂直かまたは後方に傾斜し，触角は短かく多少円い第3節を具えている。腹部は6節からなり，雄の交尾節は顕著。翅は中庸大，前縁脈は普通短棘毛を列し，第2基室と肘室とは小さく，第1径脈は裸体。脚の脛節は前端棘毛を具えている。所謂額板は額の側部に明瞭に区劃され，幅広で，粉付けられ，額棘毛はその上に生じ，前方は複眼縁から離れている。

成虫は種々な個所に見出されるが，一般に陰所や湿気多き処に存在する。幼虫は所謂掃除者で，腐敗動物や植物上にまたは茸中や排泄物中その他に棲息する。円筒状で前方に細まり後方に太まり，触角は長い円錐状の突起の上に生し，口鉤は大形，腹部環節は前側部に幅広とはり腹面に有棘毛の擬脚を具えている。次の2亜科に分類する事が出来る。

1. 前胸側棘毛はなく，臀脈は翅縁に達しない。上額眼縁棘毛を生ずる額眼縁板所謂額板 (Frontal plates) は複眼縁から内方に達している (Fig. 1384 の上図) (*Suillia* Rodineau-Desvoidy, *Allophyla*, *Didymochaeta*, *Porsenus*) ……………Subfamily *Suilliinae*
2. 前胸側棘毛は存在し，臀脈は翅縁に殆んどまたは完全に達し，額板は眼縁に沿いて延びている (*Helomyza* Fallén=*Blepharoptera* Macquart, *Amoebaleria*, *Anorostoma*, *Eccoptomera*, *Oecothea*, *Scoliocentra*, *Tephrochlamys*)……………Subfamily *Helomyzinae*

以上の2亜科中現在本邦には後者のみが知られている。

トゲハネバエ (*Helomyza modesta* Meigen) (Fig. 1437) 体長 4mm 内外。頭部は黄赤色，額板・顔側・顔・頬・後頭部等は淡白色に光る。額眼縁棘毛は2対で長大で額板上に存在し，その上方のものを境として後方は額板と額帯とが共に暗色を帯びている。頬の高さは後方で複眼の高さの約1/2。髭棘毛は2本で，その上方に1～2本の短棘毛を供つている。頬の上部には1～2列の短毛列

Fig. 1437. トゲハネバエ雄(加藤)

を有する。触角の基部2節は赤褐色，第3節は黒褐色乃至黒色，触角棘毛は微毛を粗生する。小顋鬚は黄色乃至赤褐色。胸背は暗褐色で，不鮮明な暗色の5縦条を有し，その中央の1本は細く，両側のものは幅広く斑紋状。前胸側板には毛列を有し，2本は棘毛となる。腹部は暗灰色で，末端部は暗赤色。脚は暗褐色乃至黒色，膝部と脛節と跗節の基部等は黄色。翅は暗色，前縁脈には顕著な棘毛を列し，亜前縁脈との接触点に破砕部を有し，胸瓣と平均棍とは暗黄色。本州に産し，欧洲に分布する。

602. ミギワバエ（渚蠅）科

Fam. Ephydridae **Osten Sacken 1878**

Hydrellidae Macquart 1835 と *Notiphilidae* Bigot 1853 とは異名。Shore Flies と称えられ，ドイツの Dornfliegen や Sumpffliegen や Weitmaulfliegen 等がこの科の蠅である。微小乃至小形で，翅の肘室がなく且つ第2基室と中央室とが合体している。顔は多少または屢々著しく凸形となり，口孔は円くときに甚だ大きく，上口部は明瞭だが屢々口孔内に引き込まれている。髭棘毛はないが，顔側部には屢々棘毛または毛を生じている。触角は短かく，触角棘毛は触角第3節の背面から生じ裸体か有毛かまたは櫛歯状。胸部は背面にゆるやかに隆まり，棘毛を生じている。腹部は雄では6節，雌では7節からなるが，その数は外観上ときに3節までに減少し，種々の形状を呈するが決して長くなく屢々充分幅広となり，普通少数の毛を生じ，生殖器は一般に体内に引き込まれている。

成虫はヤチや沼沢地や湖水・池・川・海岸等の岸のような湿気ある個所に見出され，棲息個所は種類によつては極限されているが，多くの種類は広く分布している。幼虫は種々の所に生活していて，多数のものは水棲かまたは泥の中に，または他のものは水生や亜水生植物の茎中に，更に少数のものは樹木から出ずる液体中に生活する。多数の種類は塩分ある水に棲息するが，しかし淡水またはアルカリー水中にも生活し得る。または粗石油の貯蔵地に棲息する種類が発見されている。尤も呼吸は後気門を油面外に現わして行つている。多数の属が発見され，次の如く7亜科に分類する事が出来る。

1．触角は小形で，左右広く離れて触角溝内に位置し，触角棘毛を欠いている。複眼は毛を装い，体は棘毛を欠き灰色。海岸に棲息する（*Lipochaeta* Coquillett 新北区）…………Subfamily *Lipochaetinae*

触角は左右接近して存在し，触角棘毛は発達する……………2

2．触角の第2節は背末端に棘毛を生じ，または中脚脛節は1本の強い棘毛を外側に具え，口器は小形・・

触角の第2節は棘状棘毛を欠き，中脚脛節は側外に1強棘毛を欠く……………5

3．口後部は鋭い1隆起線によつて後頭の凹んでいる下部から分離され，頭楯即ち上口縁部は一般に細いが蓋状に突出し，亜側顔は頬にまで下方に拡がり，後向額眼縁棘毛がない（*Gymnopa* Loew, *Athyroglossa* Loew, *Cerometopum* Cresson, *Ochtheroidea* Williston）…………Subfamily *Gymnopinae*

口後隆起縁はなく，頬は後頭の方に円く連り，亜側顔は眼縁に平行に存し，額眼縁棘毛は前向と後向…4

4．中胸背板の背中棘毛と中棘毛とは稀れに発達する……………Subfamily *Psilopinae*

中棘毛は普通に存在し，背中棘毛は1本またはより多数に常に存在する…………Subfamily *Notiphilinae*

5．口孔は小さく，複眼は普通毛を装う……………Subfamily *Hydrellinae*

口孔は大きく，複眼は明瞭な毛を欠く……………6

6．顔は中央部裸体，顔の棘毛列は複眼縁に平行に存在し，横線前背中棘毛はないかまたは発達していない（*Napaea* Robineau-Desvoidy, *Brachydeutera* Loew, *Hyadina* Haliday, *Lytogaster* Becker, *Parydra* Stenhammer, *Pelina* Haliday）……………Subfamily *Napaeinae*

顔は中央部に微毛を生じ，顔の棘毛列は上方に複眼縁から開き，横線前背中棘毛は普通よく発達している……………Subfamily *Ephydrinae*

以上の中本邦には次の4亜科が知られている。

1. トゲミギワバエ亜科 Subfamily *Notiphilinae* ——*Notiphila* Fallén, *Dichaeta* Meigen, *Ilythea* Haliday, *Paralimna* Loew 等が代表的な属で，本邦には最初の2属が発見されている。イミズトゲミギワバエ（*Notiphila sekiyai* Koizumi）(Fig. 1438) 体長3～4mm。雄。額は幅広く暗褐色，側額は暗黄色，単眼瘤の前方中央に触角根部に達する鎗状の黒色帯を有し，額眼縁棘毛は2対で下方の1対は細毛状，眼縁毛はこれより後方に列生する。触角は黄赤褐色，第2節の背末端に1棘毛を具え，触角棘毛は12本の櫛歯

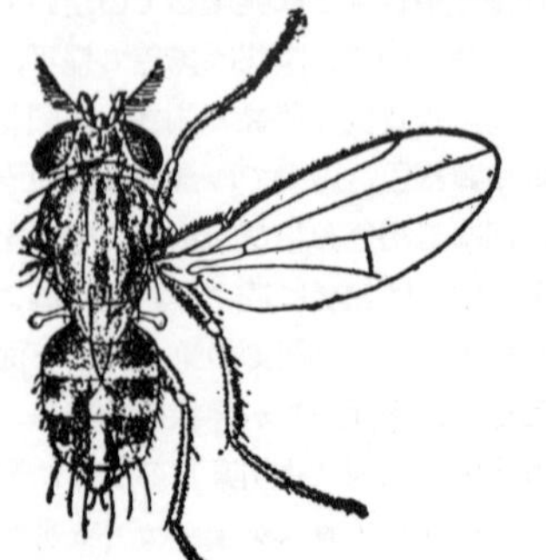

Fig. 1438. イミズトゲミギワバエ雄（加藤）

状毛を列する。顔は黄色，側顔毛は2列からなる。胸部は暗黄褐色で，背面に不明瞭な暗褐色の3縦線を有し，前胸側板に暗褐色の横斑がある。背中棘毛は横線前に1対後方に1対存在し，中棘毛はほぼ6列からなり，小楯板前棘毛は顕著。腹部は黒褐色で，第2背板の後縁と第3・4各節の中央及び側面とは青灰色，第4背板の後縁には6本の長棘毛を列し，末端節の後縁には上方に曲る1対の長棘を具えている。脚は黄色で，基節と腿節とが暗褐色を呈する。翅は黄褐色を帯び，前縁脈は第4+5径脈端に終り2個の破砕部を有する。平均棍は黄色で，白色の頭部を有する。雌。腹部末端は正常で棘を欠く。本州産，幼虫は水棲で水田に於て稲の根部を食害する。

2. ケメミギワバエ亜科 Subfamily *Hydrelliinae* ——*Hydrellia* Robineau-Desvoidy, *Hydrina* Robineau-Desvoidy, *Glenanthe* Haliday, *Axysta* Haliday 等が代表的な属で，本邦には最初の1属が発見されている。イネクキミギワバエ (***Hydrellia sasakii*** Yuasa et Ishitani) (Fig. 1439) 体長2～2.3mm。額は前方に著しく狭まり，額眼縁棘毛は2でその上方のものは後向・下方のものは前向，これ等両棘毛の中間外側に微短毛を生ずる。単眼棘毛は短細。複眼は大形で，微棘毛を密生する。触角は黒色，触角棘毛は7本の櫛歯毛を列する。顔は黄色，側顔毛は1列で5～6本，半月瘤は銀灰色，小顋鬚は黄色。胸背は暗灰褐色，中棘毛は2列で顕著，背中棘毛は横線前に1対・後方に2対，小楯板前棘毛はよく発達する。腹部は背面中央に暗黄色乃至暗褐色の大紋を有し，側部と末端とは暗灰色。脚は黄色で，基節は灰黄色乃至灰黄褐色，腿節は灰褐色乃至暗灰色，脛節は黄色，跗節の末端節は褐色。翅はやや暗黄色を帯び，前縁脈には微棘を列生する。北海道・本州等に分布し，幼虫は水稲の茎内に潜つて形成中の新葉を食害する。他の1種イネミギワバエ (*H. griseola* Fallén) は同じく北海道と本州とに分布し，幼虫は水稲の潜葉虫である。

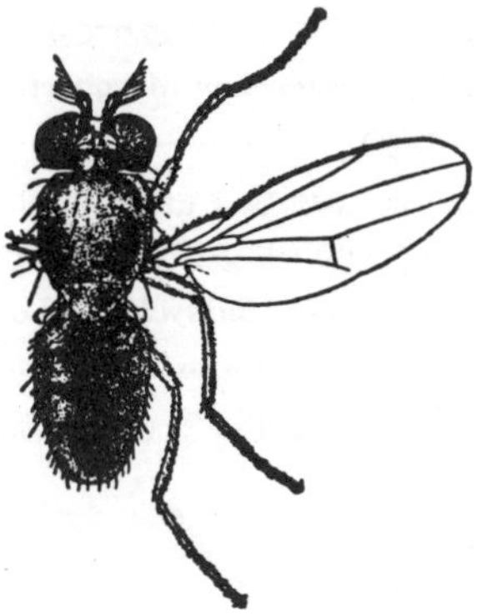

Fig. 1439. イネクキミギワバエ雌（加藤）

3. ツヤミギワバエ亜科 Subfamily *Psilopinae* ——*Psilopa* Fallén, *Atissa* Haliday, *Allotrichoma* Becker, *Discocerina* Macquart, *Discomyza* Meigen, *Trimerina* Macquart 等が代表的な属で，本邦には最初の1属のみが知られている。クロツヤミギワバエ (***Psilopa nitidula*** Fallén) (Fig. 1440) 体長2mm内外。金属的光沢に富む黒色。額は横形で光沢強く，強大な2対の額眼縁棘毛を具え，単眼棘毛は顕著。触角は暗褐色で第3節の下半部は黄色，触角棘毛は7本の櫛歯毛を列する。顔は漆黒，中央部はゆるく膨隆し，側額に1対の強大な交叉棘毛を有し，頬の後端にも1棘毛を生ずる。胸部は光沢ある黒色，背中棘毛は小楯板前に1対，中棘毛は2列で疎生，肩棘毛は1本，背側棘毛は2本，横線前棘毛は1本，翅基間棘毛は1本，小楯板縁棘毛は2本。腹部は漆黒色。脚は黒色で，中・後両脚の脛節は黄赤色。翅はやや暗色で，黄色の翅眼を具え，前縁脈は顕著な2破砕部を有する。平均棍の頭部は白色。本州に産し，水田附近の禾本科雑草中に多く，欧洲と北アフリカ等に分布する。

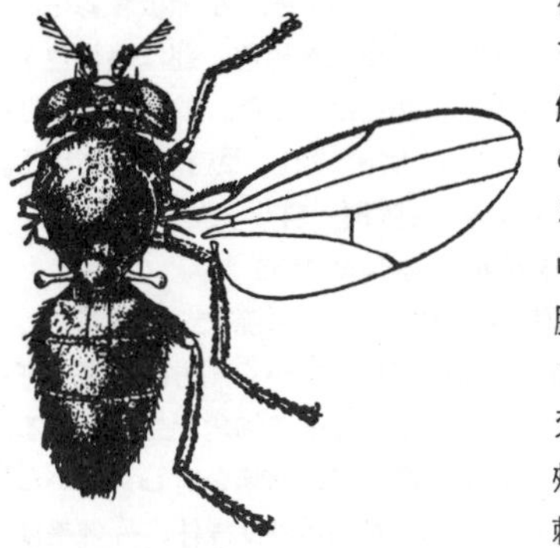

Fig. 1440. クロツヤミギワバエ雌（加藤）

4. ミギワバエ亜科 Subfamily *Ephydrinae* ——*Ephydra* Fallén, *Coenia* Robineau-Desvoidy, *Scatella* Robineau-Desvoidy, *Scatophila* Becker, *Teichomyza* Macquart 等が代表的な属で，本邦にはハマダラミギワバエ (***Scatella crassicosta*** Becker) (Fig. 1441) が知られている。体長2～2.5mm，暗灰褐色。額は幅広く黒色で額帯の後半部は強い光沢を有する。額眼縁棘毛は2対で何れも外向，その中間に微毛を有し，単眼棘毛は長大。触角は黒色で，第3節の基部が僅かに暗黄褐色を呈し，触角棘毛は微毛を粗生している。顔は著しく膨隆し，微毛を粗生し，口縁両側に近く1対の強大毛を生し，個体によつては更にその内側に1対のや

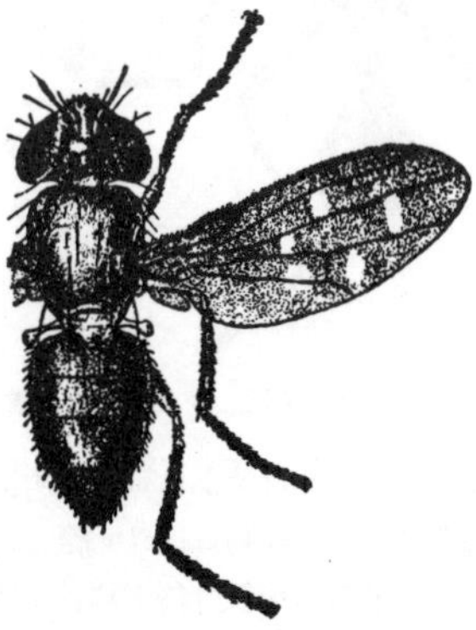

Fig. 1441. ハマダラミギワバエ雄（加藤）

や長い毛を生じている。口縁には下向の顕著な毛列があり，頰の毛列中に１本の長大毛を具えている。口吻は大きく，小顎鬚は暗褐色。胸部は暗灰褐色，背面は後方から見ると中央とその両側とに不明瞭な褐色縦線を認める事が出来，背中棘毛は横線後方の２対は著しく強大，中棘毛は横線直前の１対が特に顕著，小楯板縁棘毛は１対。腹部は黒色。脚は黒褐色乃至黒色。翅は暗褐色を帯び５個の透明紋を有し，翅脈は暗褐色。前縁脈は２個の砕部間が著しく太い。本州に産し，欧洲に分布する。

603. トビメバエ科（突眼蠅）科

Fam. Diopsidae Bigelow 1852

Stalk-eyed Flies と称えられ，小形で，複眼が長い柄部の末端にある。頭部は横形で短かく側方に細長く延長し，その末端に複眼を具え，途中に触角を生じている。触角の第１節は短かく，第３節は円味を有し背面から触角棘毛を出している。額は頭頂以外は裸体，髭棘毛はない。脚は中庸長，前脚の腿節は太く下面に短棘を具えている。翅の亜前脈はその大部分が第１径脈に近接して走つているが末端は著しく離つている。第２基室と中央室と合体し，第５径室は末端の方に幾分狭まり，肘室は長く，臀脈は短かい。小さい科で主に熱帯産，*Diopsis* Linné, *Sphyracephala* Say, *Teleopsis* Rondani 等が代表的な属で，本邦には産しないが台湾には最後の属が普通に発見される。トビメバエ（*Teleopsis bigotii* Hendel）(Fig. 1442) 体長５～６ mm，黒褐色または褐色。頭部は光沢ある黄褐色乃至赤褐色，側方に棒状に突出しその末端著しく太まり半球形に近い複眼を具え，その直前前方に帯黄色の触角を具えている。触角は基部２節が小形，第３節は前２節の和より長く扁平で円く，その背縁より細い触角棘毛を生じている。胸部は円く，前胸背板は明瞭で光沢に富み頸状となり，翅基の直前と直後とに各１本の棘を具えている。小楯板は後端に２本の太い棘を具え，同棘は微毛を粗生し且つ末端に１細毛を生じている。腹部は基部２節が著しく細く柄部を形成し，他は太く雌では殆んど円形に近く雄では多小細く，第３背板の基部に白色粉からなる２斑を有する。脚は黄赤色，前脚腿節は著しく太まる。翅はむしろ細く，煤色で無色の３横帯を有し，その中央のものは中央切断されている。

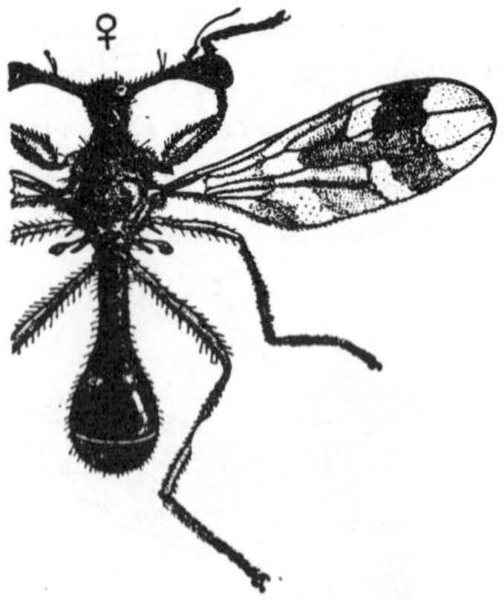

Fig. 1442. トビメバエ雌

604. ホソショウジョウバエ（細猩々蠅）科

Fam. Diastatidae Frey (1921)

小形，口孔は普通で機能的口器を具え，触角棘毛は羽毛状，前向額眼縁棘毛は１本，内額交叉棘毛を欠く。前胸は頸状を呈しない。中胸は前方隆起し，中胸側板は棘毛を具え，腹側棘毛は存在する。腹部は適度に細い。脚は普通で著しく細長となつていない。前縁脈は一般に微棘毛を列し，亜前縁脈端の直前でときに更に肩横脈近くで破切している。亜前縁脈は完全で R_1 に接近しているが単独に前縁脈に終り，決して急角度に曲折する事がない。第２基室と臀室（肘室）とは形成されている。この科は次の２亜科に分つ事が出来る。

1．前向額眼縁棘毛は後向額眼縁棘毛の前方から生じ，共に複眼からよく離れて生じ，触角棘毛は疎に長羽毛状（*Cyrtonotum* Macquart, *Diplocentra* Loew その他）……………………………Subfamily *Cyrtonotinae*

2．前向額眼縁棘毛は後向額眼縁棘毛の前方の１本の後方から複眼に接近して生じ，触角棘毛は短羽毛状（*Diastata* Meigen, *Euthychaeta* Loew, *Tryptochaeta* Rondani その他）………………………Subfamily *Diastatinae*

この科の成虫は湿気多き個所に発見され，生態は未だ

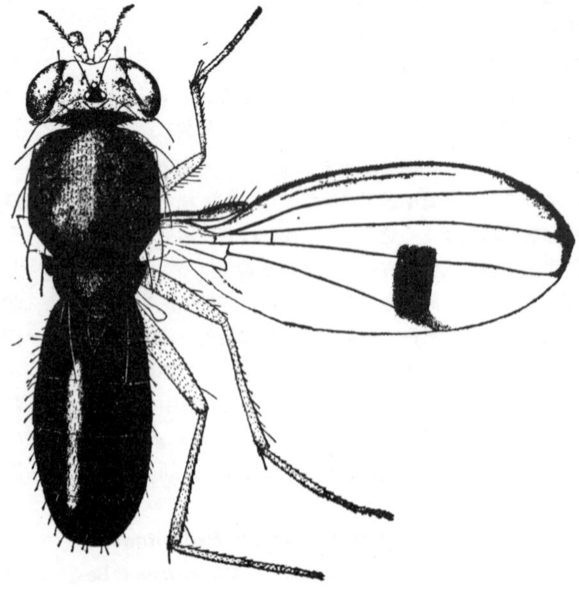

Fig. 1443. ホソショウジョウバエ

知られていないが，ある程度ショウジョウバエに類似しているもののようである。本邦からは *Diastata* Meigen 属のものが2種類発見され，何れも翅に斑紋を有する。

ホソショウジョウバエ *Diastata vagans* Loew (Fgi 1443)

体長 4mm 内外。灰黒褐色。額は淡黄褐色，幅広く頭幅の2倍以上の幅を有し後方に著しく拡がり，微毛を疎生している。単眼瘤は暗色。頭の後面部は灰黒色で上方部淡褐色，後頭棘毛列は疎なれど顕著。顔は黄色で，額より幅狭く且つ少しく短かく，髭棘毛は顕著。頭部の棘毛は凡て黒色で長大，尤も後向額眼縁棘毛の上方の1本は甚だ細短となり，後頭頂棘毛は単眼棘毛の約 1/2 長で交叉している。触角は額よりやや濃色，第2節の背縁の1黒色中棘毛は顕著，第3節は幅の約2倍長で末端縁は多少斜上方に円味を有し背縁に長微毛を列生，触角棘毛は羽毛状でその枝毛は比較的長く且つ疎なれど 1/4 基部のものは急に短小となり且つ密生している。中胸背は幅より微かに長く，灰色粉にて被われ黒色微毛を装い，肩瘤はやや淡色。小楯板はやや正三角形に近く，胸側は灰色粉少なく殆んど微毛を生ぜず，前後両気門は黄褐色。胸部の棘毛は黒色で長太，小楯板前棘毛と後翅背棘毛とは細小，小楯板端棘毛は短かく交叉し，中胸側棘毛は6本で翅側棘毛と共に短小。腹部は細く，多少藍色の光沢を有し，灰色粉で薄く被われ，被毛は胸背のものより大なれど比較的疎生している。翅は卵形に近く第 4+5 径脈端で甚だ微かに尖つている感を呈し，全面やや曇り，前縁脈は中脈端に達し特に黒色で，その後縁部淡墨色，中肘横脈上に黒褐色帯紋を有する。平均棍は淡汚黄色。脚は淡黄褐色なれど基節特に前基節が淡色となり，被毛は黒色で短小。基節は前面に黒色長棘毛を装う。腿節は適度に太く黒色顕著な棘毛を具え，前腿節の棘毛は外側面に10本内外・外下縁末端部に3本，中腿節のものは5本内外で背面の末端半部に，後腿節のものは1本で背面末端前に生じている。各脛節は背縁末端前に黒色1棘毛を具え，中・後各脛節の下端に黒色の距棘を具えている。前跗節の第1節基部に2本の棘毛様大毛を生じ，凡ての爪は黒色で微小。

欧洲・北米等に分布し，奄美大島や本州西南部に産する。

605. ショウジョウバエ（猩々蝿）科 *Fam. Drosophilidae* Loew 1862

Small Fruit Flies や Vinegar Flies 等と称えられ，ドイツの Taufliegen や Essigfliegen がこれである。小形で稀れに体長 5mm 以上のものがあり，多くのものは淡黄色。額は3対の棘毛を具え，単眼後棘毛は互に末端の方に近より稀れにこれを欠く。顔は殆んど垂直で稀れに突出し，髭棘毛はときに甚だ弱体であるが存在する。触角の第3節は楕円形か円形で，第1・2の各節は小形，触角棘毛は普通羽毛状で稀れに単に毛を生ずるかまたは1列に櫛歯長毛を列する。腹部は一般に短かく，属によつてはむしろ細く垂下している。翅の亜前縁脈は普通甚だ短かく第1径脈に終り，前縁脈は2回破砕し，第1径脈は短かく，第2基室は普通中央室と合体し，肘室は存在するが稀れに不完全。

成虫は腐敗植物や樹液や菌類や熟果等の週辺に見出され，幼虫はこれ等の物質内に棲息している。成虫は屢々炊事中の人々に対しまたある種は野外にあつて甚だしいわづらいとなる事が少くない。それは眼の周囲にうるさく飛び来り神経をいらだたせるばかりでなく，万一眼に入つた時には甚だしい苦痛を生ぜしめる事が少くない。また牛乳や味噌やその他の食料品に卵や幼虫があつてその儘食入せられ腸内にある種の蛆病を起す事がある。世界から多数の属が知られ，次の如く亜科に分類されている。

1．翅の中央室と第2基室とが着色横脈によつて分離されている……………………………………………………2
　中央室と第2基室とは合体している…………………………………………………… Subfamily *Drosophilinae*
2．中脚の脛節は背縁の棘毛列を具え，複眼は水平線で最大長（*Stegana* Meigen 全北区）……………………………………………………… Subfamily *Steganinae*
　中脚の脛節は外方に棘毛を欠き，複眼は垂直線で最大長…………………… Subfamily *Amiotinae*

本邦には最初の1亜科と最後のものとが知られている。

1. ショウジョウバエ亜科 Subfamily *Drosophilinae*——*Drosophila* Fallén, *Chymomyza* Czerny, *Cladochaeta* Coquillett, *Gitona* Meigen, *Leucophenga* Mik, *Mycodrosophila* Oldenberg, *Scaptomyza* Hardy, *Zygothrica* Wiedemann 等が代表的な属で，本邦には最初の1属が普通に知られている。

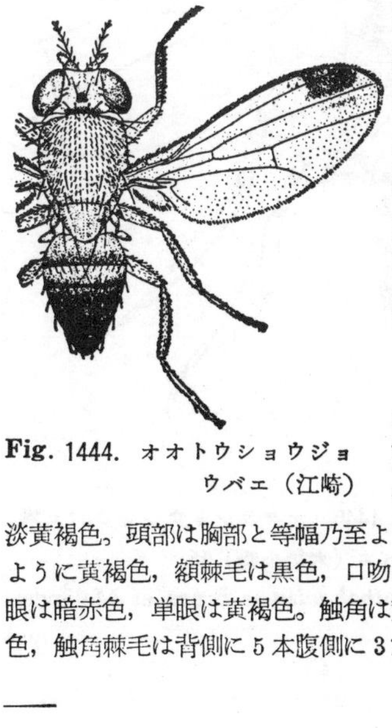

Fig. 1444. オオトウショウジョウバエ（江崎）

オオトウショウジョウバエ (*Drosophila suzukii* Matsumura) (Fig. 1444) 体長2〜2.5mm 淡黄褐色。頭部は胸部と等幅乃至より多少幅広，額は一ように黄褐色，額棘毛は黒色，口吻は短小で黄褐色，複眼は暗赤色，単眼は黄褐色。触角は黄褐色，第3節は暗色，触角棘毛は背側に5本腹側に3本の櫛歯毛を生じている。顔はやや灰色を帯びている。胸背は一ように黄褐色で光沢を有し，前縁部は不明瞭な3暗色縦条を現わしている事があり，棘毛は黒色。小楯板は長くやや舌状を呈し，長い縁棘毛を具えている。腹部は黄褐色で各背板後縁部が黒褐色を呈し，特に後方の数節は殆んど全部が暗色を呈する事が多い。しかし雌は雄より淡色。翅は微かに灰色を帯び，雄では翅頂近くや前縁に顕著な暗褐色紋を有し，雌ではその部分やや暗色を帯びるのみ。脚は一ように淡黄褐色。全土に産し，桜桃やブドウ等の熟果に集まり，ときに大害を与うる事がある。朝鮮・支那等にも産する。世界各国で遺伝学の実験材料として最も普通に使用されているキイロショウジョウバエ(*D. melanogaster* Meigen) は全土に普通で厨房や倉庫等で各種の醗酵物に群集する。

2. タカメショウジョウバエ亜科 Subfamily *Amiotinae*——*Amiota* Meigen (*Phortica* Schiner), *Sinophthalmus* Coquillett 等が代表的な属で，本邦にはマダラショウジョウバエ (*Amiota variegata* Fallén) (Fig. 1445) が岡山地方に発見され，メマトイとして知られている。全体黒褐色で灰色の斑紋を有し，体長3mm 内外。本種は欧洲に普通種であるが彼の地ではメマトイの性質がないようである。

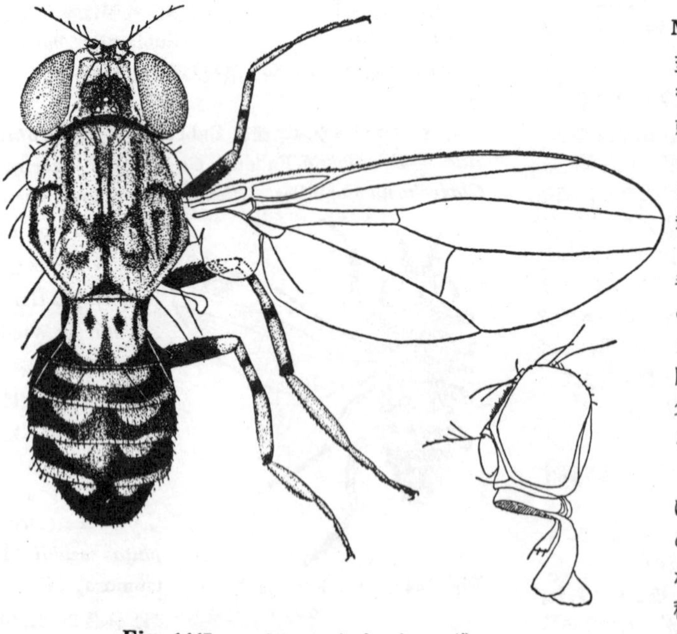

Fig. 1445. マダラショウジョウバエ雄

606. フトヒゲコバエ（太角小蠅）科
Fam. Cryptochaetidae Brues et Melander 1932

小形。複眼は大形で垂直に位置し，頬は線状，口吻は短かく，触角は頭の上方から生じ，第3節は甚だ大形で楕円形となり触角棘毛を生じていない。頭部には後頭頂棘毛と額眼縁棘毛と髭棘毛とその他の棘毛等を欠き，体には微棘毛を生じている。小楯板は三角形を呈し，鋭い後縁を具えている。翅は幅広，前縁脈は亜前縁脈端部と肩横脈附近とで破砕し，亜前縁脈は第1径脈に接近して走りその末端に終り，第2基室は中央室と合体し，胸瓣は縁毛を欠く。インド・濠洲産で，*Cryptochaetum* Rondani (=*Lestophonus*) 1属からなり，幼虫はワタフキカイガラムシの内部寄生虫で，尾端に体長より長い1対の線状附属器を具えている。本邦本州に普通に発見され，成虫はメマトイで特に岡山県下に多産，(*Cryptochaetum grandicorne* Rondani (フトヒゲコバエ) として発表されている。(Fig. 1446) 体長2.5mm 内外，青黒色で光沢を有し，脚の跗節は淡黄色，翅は微かに曇り濃褐色の翅脈を有し，平均棍は淡黄白色。全体の背面は黒褐色の短い微剛毛を直立に密生し，各微毛の根部は点刻つけられている。大形の小楯板末端にやや長い褐色の棘毛を多数に具え，同様な棘毛が胸背の側部にもある。触角は黒色，第3節は顔の長さと等長で微点刻を布し触角棘毛を欠いている。

607. ハモグリバエ（潜葉蠅）科
Fam. Agromyzidae Bigelow 1852

Leaf Miners と称えられ，ドイツでは Mimierfliegen とよんでいる。微小乃至小形で，帯黒色または帯黄色。頭部は普通長さより高く，額は少くとも3対の棘毛を具え，単眼瘤棘毛と後単眼瘤棘毛とは存在し，後者は先端の方に互に開き，顔は後方に傾斜するかまたは凹み，髭棘毛を具えている。触角は垂下し，第3節は稀れに幅より長く，触角棘毛は有毛か無毛。複眼は大形，顳は稀れに複眼の高さの1/2の幅を有する。脚は短かく，腿節は棘毛を装う。翅は中庸大，翅脈は完全かまたは中肘横脈即ち後横脈を欠き，亜前縁脈は多少第1径脈と癒合するかまたは不完全。腹部は幾分扁平。

成虫はいかなる所にも発見され，幼虫は殆んど凡ての落葉樹の葉に潜入し，その潜孔の形状によつて種名を判定する事が出来るものが少くない。世界から500種以上が発表され，*Agromyza* Fallén, *Cerodonta* Rondani, *Dizygomyza* Hendel, *Domomyza* Rondani, *Liriomyza* Mik, *Napomyza* Haliday, *Phytomyza* Fallén 等が代表的な属で，本邦には

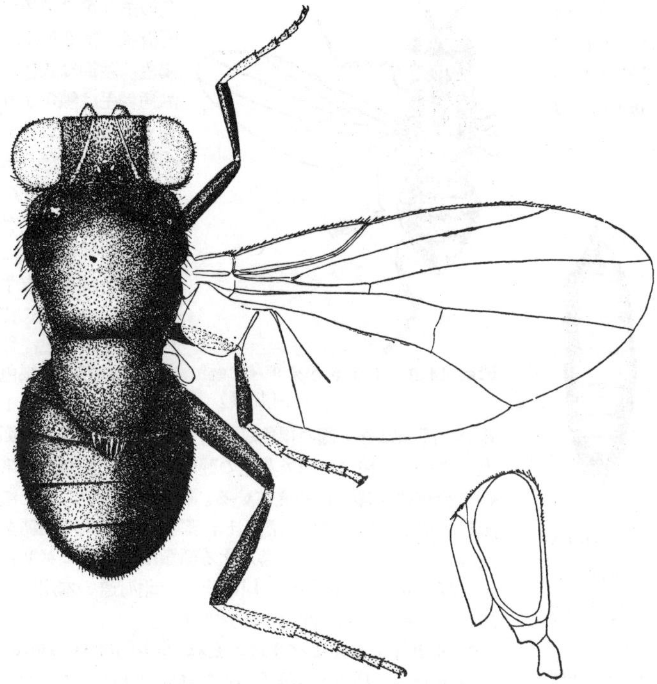

Fig. 1446. フトヒゲコバエ雌

Phytomyza, *Cerodonta*, *Dizygomyza*, *Agromyza* 等の属が発見されている。

イネモグリバエ(*Agromyza oryzae* Munakata)(Fig. 1447) 体長2.5～3mm, 光沢ある黒色。額は複眼より幅広く平行する側縁を有し，単眼三角部の先端は額帯のほぼ中央に達する。上額眼縁棘毛は2本で下額眼縁棘毛は4本，単眼棘毛は短少。触角は黒色，第3節の末端は斜めに截断され斧状を呈し，触角棘毛は触角の約2倍で微毛を装う。胸背は光沢ある黒色，背中棘毛は横線前に2本後方に4本で後者は長大，中棘毛はほぼ6列。腹部は光沢ある黒色。脚は黒色，前脚の膝部は暗黄褐色。翅はほぼ透明，翅脈は黄褐色，前縁脈は中脈端まで延びている。胸瓣は暗黄色で黒色の縁毛を装う。平均棍は暗色で頭部が白色を呈する。北海道と東北と北陸等に分布し，幼虫は水稲や真菰の葉肉内に潜入しやや太い蛇行線状の潜孔を作る。この科には更に次の如き害虫が発見されている。

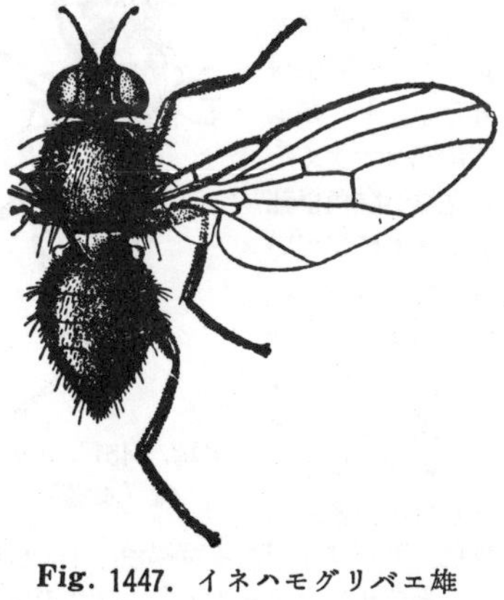

Fig. 1447. イネハモグリバエ雄
(加藤)

ムギクロハモグリバエ (*A. albipennis* Meigen), ヤノハモグリバエ (*A. ambigua yanonis* Matsumura), ネギハモグリバエ (*Dizygomyza cepae* Hering), ムギキイロハモグリバエ (*Cerodonta denticornis* Panzer), ナモグリバエ (*Phytomyza atricornis* Meigen), ムギスジハモグリバエ (*Phytomyza nigra* Meigen) 等。

608. トゲアシモグリバエ(棘脚潜蠅)科
Fam. Odiniidae Hendel 1922

ハモグリバエ科に包含せしめられている場合が多いが，脚の脛節には前端棘毛を具え，単眼瘤後棘毛は先端の方に開き，額眼縁棘毛は2対が後向で1対が内向，鬣棘毛は存在し，背中棘毛は横線前に1対後方に3対となり，雌の腹部末端節は細長く且体つ内に引さ込まれ得る。*Odinia* Robineau-Desvoidy, *Neoalticomerus* Hendel, *Traginops* Coquillett 等が代表的な属で，本邦には *Odinia* (Fig. 1448) と *Traginops* と *Schildomyia* Malloch との3属が発見されているが未だ種名が確定していない。

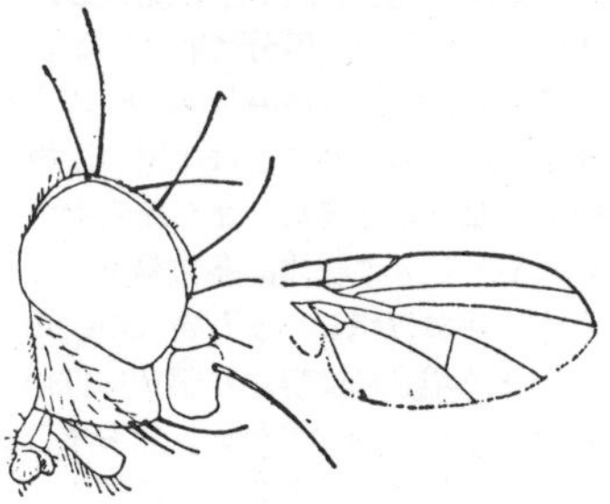

Fig. 1448. *Odinia* (Curran)

609. キモグリバエ (黄潜蠅) 科
Fam. Chloropidae Rondani 1856

Oscinidae Bigelow 1852 は異名。Frit Flies, Grass Flies, Stem Flies 等と称えられ，ドイツの Halmfliegen がこの科の蠅である。微小乃至小形で，多くは淡色の裸体かまたは僅かに毛を生ずる，活潑な蠅。頭部は幾分角張り，鬣棘毛は減退しているかまたはなく，頭頂三角部は異常に大形。触角は顕著で突出し，触角棘毛は背面の基部から生じ稀れに末端から生じ，裸体か有毛かまたは羽毛状。翅の亜前縁脈は退化し，第2基室と中央室とは合体し，肘室はなく，中脈は彎曲する。

成虫は甚だ普通で，殆んど何れの個所でも採集が出来る。野外に於て植物の葉上に静止しているものが多いが，空中に浮飛しているものも少くなく，且つ吾人の眼前を盛んに飛んで廻るものもある。幼虫は禾本科植物や他の植物中に棲息するものが普通で，従つて農作物の害虫として知られるものもある。しかし *Chloropisca* 属の中には蚜虫を捕食する種類がある。

幼虫（Fig. 1449）は円筒形で長いかまたは短かく，腹部下面に体の移動に使用される膨隆部を有するのが普通である。口鉤は一般に太く，触角は2節からなり，前気門は4葉突起からなり，後気門は尾端の短かい疣状突起の上に開口し，左右の各3気門は幾丁質隆起によつて区分されている。

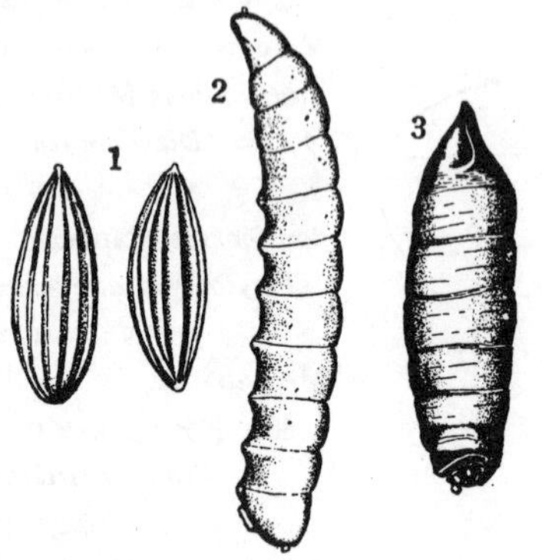

Fig. 1449. *Hippelates pusio* (Hall)
1．卵　2．幼虫側面　3．蛹側面

Chlorops と *Hippelates* と *Microneurum* (*Siphunculina*) 等の属の成虫は家屋の屋根から垂下する糸類や紐類や藁その他等に，また屋内やトンネル内やその他の処にある種々の物体に多数静止している事が少くなく，且つ空中に浮飛し，また吾人の眼辺を飛び廻り，若し顔に止まる場合には静かに眼角に匍いより眼からの分泌液を食する事が稀れでない。なおまた腫傷や新鮮な切口や潰瘍その他に誘導される性に富み，それ等の個所にて膿汁や血液等を食する。人類以外に牛や馬等に対しても同様な生活をなす。斯かる習性を成虫が有するために各種の病原体を伝播する事が考えられているが，現在は *Haemophilus conjunctivitis* や *Treponema pertenue* 等が伝播さされる事が認められている。一般に次の2亜科に分類されている。

1．翅の前縁脈は第4+5径脈端に達するかまたは僅かにそれを越えている…………Subfamily *Chloropinae*
2．翅の前縁脈は中脈端に達する……………………………………………………Subfamily *Botanobiinae*

1. キモグリバエ亜科 Subfamily *Chloropinae*—— *Chlorops* Meigen (=*Oscinis* Latreille), *Chloropisca* Loew, *Eurina* Meigen, *Ectecephala* Macquart, *Meromyza* Meigen 等が代表的な属で，本邦には *Chlorops* や *Meromyza* 等の属が知られている。イネキモグリバエ (*Chlorops oryzae* Matsumura) (Fig. 1450) 体長2～2.5mm，黄色。頭部は胸部より微かに幅広，頭頂三角部は光沢を有しその先端が針状に延び額の前縁に達し，その両側に沿い数個の短毛を列生し，単眼に囲まれた部分とその前方とは黒色，後頭の中央は暗褐色。触角の第3節は黒色で円板状，第2節は暗褐色，基節は黄色，触角棘毛は触角より長く淡黄色。口吻と小顋鬚とは黄色。胸部は黄色で，背面に黒色の3縦紋を有し，その外側に更に細い黒色縦条を有する。小楯板は淡黄色。腹部は黄色，各背板の基部には褐色の横帯を有し，第1背板の両側に各1個の褐色点を有する。脚は黄色，跗節末端は褐色。翅は透明で黄色の翅脈を具え，前縁脈は第4+5径脈端を僅かに越えている。平均棍は白色。全土に産し，幼虫は稲の茎中に潜入し，形成中の新葉や幼穂を食害する。麦類の茎中に潜入する種類はムギキモグリバエ (*Meromyza saltatrix* Linné) で北海道・本州等に産し，支那・欧洲・北米等に分布する。

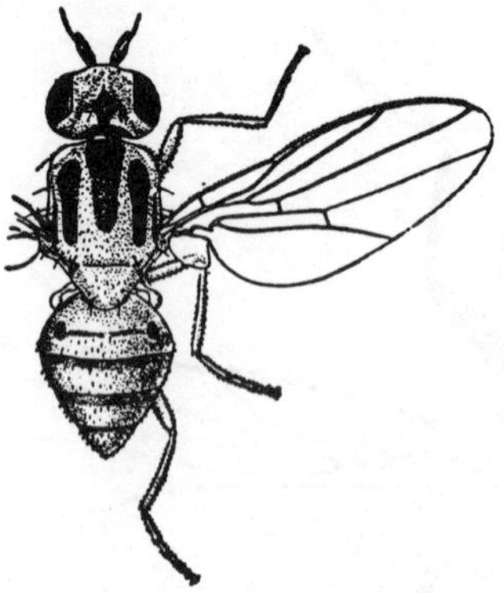

Fig. 1450. イネキモグリバエ雌（加藤）

2. ナガミャクキモグリバエ亜科 Subfamily *Botanobiinae*—— *Botanobia* Lioy (=*Oscinosoma* Lioy), *Elachiptera* Macquart, *Hippelates* Loew, *Gaurax* Loew, *Microneurum* Becker (=*Siphunculina* de Meijere) 等が代表的な属で，本邦にはヒゲブトキモグリバエ (*Elachiptera insignis* Thomson) (Fig. 1451) が発見されている。体長1.5～2mm。頭部は胸部とほぼ等幅，額は幅より長く2本の額眼縁棘毛を具え，頭頂三角部は大きくその先端が触角根部近くまで延びている。触角は黄色，第3節は円く上面褐色，触角棘毛は額の長さとほど等長で幅広く扁平となり短毛を密装し黒色。胸背は光沢ある黄褐色，小循板は幅より長く黒色で，その縁棘毛は6本で各々瘤状の突起から生じている。腹部は基部と側面とが黄色で，末端部は暗褐色。脚は黄色。翅は透明で黄色の翅脈を具え，前縁脈は中脈端に達し，第2+3径脈は末端前方に彎曲し，第4+5径脈は殆んど直線，中脈は直線で比較的翅端に近く終つている。本州に産し麦畑や禾本科植物の附近に普通見出され，支那・台湾等に分布する。

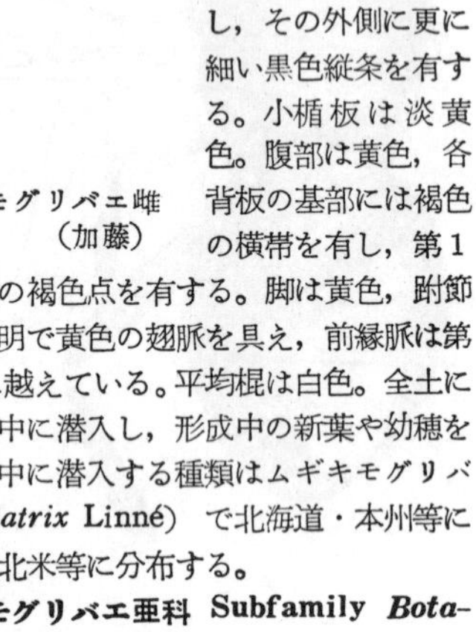

Fig. 1451. ヒゲブトキモグリバエ雌（加藤）

有　瓣　類

Series *Calyptratae* Macquart 1883

この類はつぎの如く3上科に分類する事が出来る。

1．胸部の下側棘毛 (Hypopleural) はない。若し腹胸側棘毛 (Sternopleural) が3本ある場合には前方に1本後方に2本の配列をする。腹部の背腹間膜は規則的に発達している (Fig. 1453)。翅の中脈は直線かまたは角張つて曲つている而してその角部に支脈または脈様の襞を有していない……………………………………Superfamily *Muscoidea*

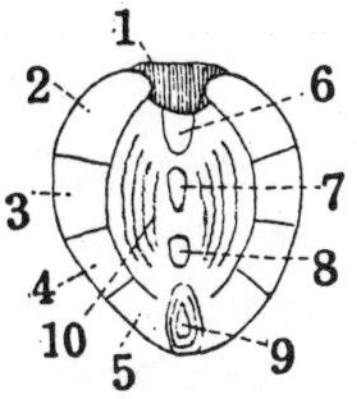

Fig. 1453. *Stomoxys* の腹部腹面図 (Enderlein)
1．第1背板　2．第2背板　3．第3背板　4．第4背板　5．第5背板　6．第2腹板　7．第3腹板　8．第4腹板　9．第5腹板　10．膜質部

下側棘毛は垂直に近い1線に配列して存在し，3本乃至2本の腹胸側棘毛がある場合には前方に2本で後方に1本かまたは各1本宛配列している。背腹間膜はないかまたはある……………………………………………………2

2．翅の中脈は完全に直線，腹部の間膜は存在し，腹部に太毛を装い，3本の腹胸側棘毛があり，翅側棘毛 (Pteropleural) はなく，前縁脈は第4＋5径脈端に終つている……………Superfamily *Protachinoidea*

中脈は多くは角張つて曲り，その角部に襞様支脈または完全な短支脈を生じている……………………………………………………………Superfamily *Tachinoidea*

家　蠅　上　科

Superfamily *Muscoidea* Comstock 1924

この上科はつぎの如く5科に分類されている。

1．腹胸側棘毛はなく，翅の中脈は直線，前縁脈は第4＋5径脈端に達するかまたは僅かに越えて終り，口吻は痕跡的，小顎鬚はない……………………………………………………………Family *Gasterophilidae*

腹胸側棘毛は存在し，口吻は発達している………2

2．中脈は直線，若し僅かに曲つている場合には触角棘毛が裸体。触角棘毛は長く多毛でない……………………………………………………Family *Anthomyiidae*

中脈は後半明瞭に前方に曲り横脈状となり，触角棘毛は長毛を装う……………………………………………3

3．口吻は外方に拡がる肉質の唇瓣を具え，触角棘毛は短かく多毛…………………………Family *Muscidae*

口吻は末端尖り強く幾丁質化せる角質の滑かな長い吸針に変化している……………………………………4

4．翅脈は中脈迄が翅端遙か前方に終る事がなく，中央室は完全。触角棘毛が上側のみに毛を列している場合にはその毛が羽毛状となつていない……………………………………………………Family *Stomoxidae*

翅脈は中脈迄が翅端遙か前方に終り，中央室の基半部が著しく狭まつている。触角棘毛は上縁にのみ長毛を列しその毛が羽毛状となつている (*Glossina* Wiedemann エチオピア) Tsetse Flies と称えられ，吸血性で，睡眠病原体たる Trypanosoma の伝播者として有名。なお *Nemorhina* Robineau-Desvoidy や *Newsteadina* Townsend, *Austenina* Townsend 等の属が知られている (Fig. 1454)。

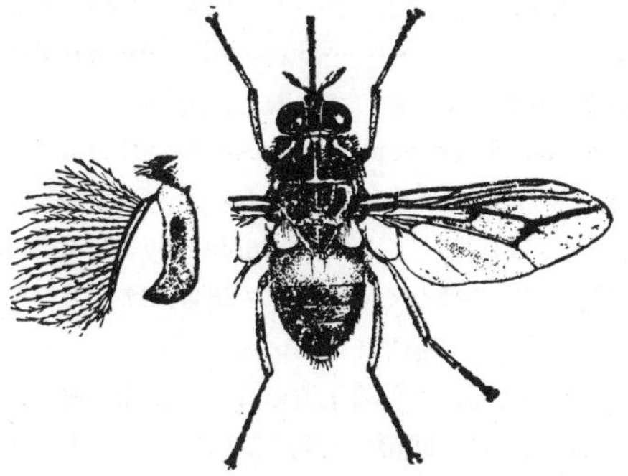

Fig. 1454. *Newsteadina fusca* 雌 (Austen)
附図　触角

つぎの4科が本邦に産する。

610. ハナバエ（花蠅）科

Fam. Anthomyiidae Loew 1862

Root Maggots や Anthomyiid Flies 等と称えられ，ドイツの Blumenfliegen である。小形乃至中庸大，細く，有棘毛で，活潑な，普通黒色か灰色か暗黄色の蠅。頭部は大形で自由，複眼は大形で離眼的かまたはある雄では合眼的，触角棘毛は裸体か有毛かまたは羽毛状，口吻は肉質。翅の第5径室は広く開口し，中脈は末端僅かに前方に彎曲し，胸瓣は大形。腹部は普通棘毛を装い，4～5節からなり，雄の交尾節はあるものではよく発達している。幼虫は変化が多いが多くのものでは家蠅型，円筒状で後端截断状，2本の口鉤を具え，気門は短かく放射状に配列し，気門板は突起から囲まれている。

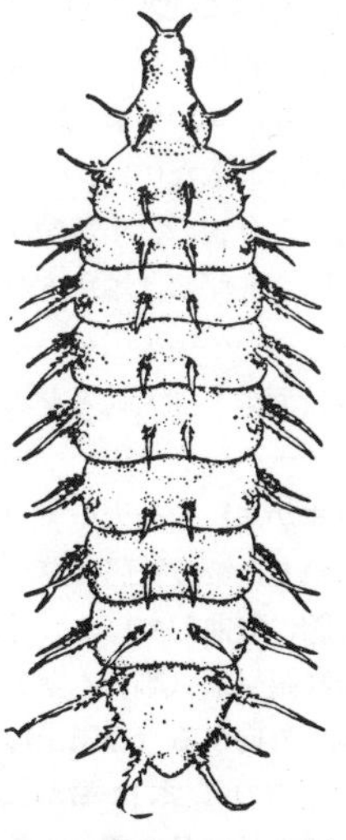

Fig. 1455. *Fannia canicularis* の幼虫（加納）

Fannis 属の幼虫は他のものと著しく異なり(Fig.1455)，扁平で，前方に狭まり，各節に背面と側面と腹面とに肉質の有棘突起を具えている。幼虫は多くは腐敗物に寄食し，糞や腐敗動植物等を食する。しかし或るものは食草性で栽培植物の重要害虫となり，また食肉性のものもあり，更にまた偶然に人類や他の動物の消食系中に蛆病を起す事もある。世界に広く分布し，多数の属が発見され，つぎの如く8亜科に分類する事が出来る。

1．臀脈は完全で末端の方にかすかになつているが翅縁に達している……………………………………………… 2

臀脈は翅縁に達していない……………………………… 3

2．雄の複眼は狭い額上に接近し，胸瓣は大形………… ………………………………… Subfamily *Anthomyiinae*

雌雄の複眼は広い額にて分離し，胸瓣は小形 (*Fucellia* R-Desvoidy, *Chirosia* Rondani, *Mycophaga* Rondani, *Myopina* Robineau-Desvoidy) … ………………………………… Subfamily *Fucelliinae*

3．下腹胸側棘毛はなく，若しある場合には上方のものの1つに接近して生じている…………………………… 4

下腹胸側棘毛は2個の上方のものと等距離に存在し，額は雌雄共に頭幅の1/3，額眼縁板は上方半部に1本の長い後向の棘毛を有する。中胸背は横線前背中棘毛の1対を有し，気門下棘毛は下向，額は雌雄共に幅広 (*Coenosia* Meigen, *Chelisia* Rondani, *Atherigona* Rondani, *Limnospila* Schnabel, *Lispocephala* Pokorny, *Schoenomyza* Haliday) …………………… ………………………………… Subfamily *Coenosiinae*

4．翅側板は中央に毛群を有し，小顋鬚は末端の方に幅広となり，額は雌雄共に複眼と等幅で交叉内額棘毛を有しない，亜側額は全長にある毛を生じている (*Lispa* Latreille) ……………………… Subfamily *Lispinae*

翅側板は普通上述の如き毛群を有しないが，若し有毛の場合には雄の額は雌のものより狭い。小顋鬚は顕著に末端の方に幅広とならず。亜側顔は触角下が裸体………………………………………………………… 5

5．雄の後脚脛節は中央直後に背面に1強大棘毛を具えている……………………………………………………… 6

雄の脛節には上述の如き棘毛がない………………… 7

6．翅の臀脈は甚だ短かく急に終り，第2臀脈は第1臀脈の末端を廻り前方に多少明瞭に彎曲している。雌は全体凸形の額を具え，幅広の額眼縁部 (雄でも幅広の額を有する) は上半部に2本の外向する (複眼上に) 額眼縁棘毛を具えていてその上方の1本は微かに後向。雄の中脚脛節は多少密に毛を装い且つ屢々内側に膨出する………………………… Subfamily *Fanniinae*

第2臀脈は第1臀脈端を廻つて上方に彎曲していない。雄の額は前方に多少突出し，額眼縁部は雌雄共に複眼上に外向する2本の上額眼縁棘毛を有しない。雄の中脚脛節は有毛でも膨れてもいない…………………… ………………………………… Subfamily *Phaoniinae*

7．胸背は奇数の暗色縦条を有するかまたは之れを欠き，小循板は基棘毛と亜端棘毛とを具え，顔と口縁とが一般に突出し，翅の第4＋5径脈と中脈とが平行かまたは末端の方に僅かにすぼまり，稀れに開らいている。普通短棘毛を疎生している (*Limnophora* Robineau-Desvoidy, *Hebecnema* Schnabl) ……………… ………………………………Subfamily *Limnophorinae*

胸背は偶数の暗色縦条を有し，稀れに之れを欠き，小循板は基棘毛と亜端棘毛との他に太い中棘毛と前基 (Prebasal) と前端 (Preapical) との各棘毛を一般に具えている。顔は普通垂直で稀れに突出し，第4＋5径脈と中脈とは普通末端の方に開くかまたは平行。普通強棘毛を装う……………Subfamily *Mydaeinae*

1．トゲハナバエ亜科 Subfamily *Phaoniinae*

Malloch 1917——*Ariciinae* Robineau-Desvoidy は異名。*Phaonia* Robineau-Desvoidy (＝*Aricia*), *Alloeostylus* Schnabel, *Dialyta* Meigen, *Hera* Schnabel, *Hydrotaea* Robineau-Desvoiby, *Ophyra* Robineau-Desvoidy, *Pogonomyia* Rondani 等が代表的な属で，本邦には *Polietes* Rondani, *Phaonia*, *Alloeostylus*, *Dialyta*, *Hydrotaea*, *Ophyra* 等の属が知られている。

ミヤマトゲハナバエ (*Phaonia apicalis* Stein) (Fig. 1456) 体長6.5～7.5mm，雄。複眼は微毛を疎に装い，額にて左右殆んど相続する。額側と側顔と頬とは銀灰色に光り，頬は暗赤褐色，額帯は暗褐色乃至黒色。半月瘤は暗黄色。触角は細長く黒色。第3節は第2節の約2倍半の長さを有し，触角棘毛は長羽毛状。小顋鬚は黒色。胸背は灰色粉を装い，後方より見る時は4黒色縦条が辛うじて認められ，背中棘毛は横線前に2対後方に3対，中棘毛は横線前に1対と小循板前に2対，翅背前棘毛は長大，腹胸側棘毛は前方に1本後方に2本，それぞれ存

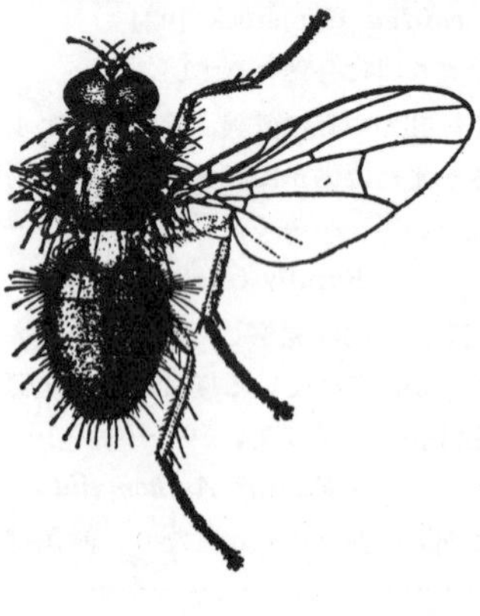

Fig. 1456. ミヤマトゲハナバエ雄 (加藤)

在する。小循板は黄色。腹部は灰色粉にて被われ，背面中央に1本の黒色縦帯を有する。脚は黄色，基節と前脚腿節の大部分とは灰褐色乃至灰黒色，跗節は黒色，後脚脛節の前内面に3～4本・前外面に2本・外面に1本の夫々棘毛を生じている。翅は黄色を帯び，胸瓣と平均棍とは黄色。雌，額は頭幅の約1/4，中胸背の中棘毛は小循板前に1対があるのみ。北海道・本州・九州等に産し，欧洲に分布する。高山地帯に極めて普通で，雑草葉上に多数発見される。

2. ヒメイエバエ亜科 Subfamily *Fanniinae* Malloch 1917——*Fannia* Robineau-Desvoidy, *Coelomyia* Haliday, *Piezura* Rondani，等が代表的な属で，本邦には最初の1属が知られている。ヒメイエバエ (*Fannia canicularis* Linné) (Fig. 1457)，体長5～7 mm。雄。額は甚だ狭く，額側と側顔と頬とは白色に光る。触角は黒色，第3節は第2節のほぼ2倍長，触角棘毛は微毛を粗生する。胸部は灰褐色，胸背には不明瞭なる暗色縦条を有し，中棘毛は顕著で2列に並び，その中間に更に細毛列を有し，翅背前棘毛はない。腹部の最初の3節は大部分半透明の黄色，各背板には黒色の三角形紋を有する。脚は黒褐色乃至黒色，膝部は黄色，中脚脛節の内面には全長に亙り短毛を密生し，後脚脛節の前内面に2本・前外面に4～5本・外面に2本の夫々棘毛がある。翅はやや暗色，翅脈は黄褐色，臀脈は彎曲する。雌は雄より淡色，額は頭幅の約1/3，腹部は暗灰色で黄色部がない。全土に産し，世界共通種で，幼虫は腐敗動植物質中に生活し，成虫は屋内に普通。この種に類似し雄の中脚脛節内面に1瘤を具えている種類はコブアシヒメイエバエ (*F. scaralis* Linné) である。

Fig. 1457. ヒメイエバエ雄（加藤）

3. マルハナバエ亜科 Subfamily *Mydaeinae* Hendel——*Mydaea* Robineau-Desvoidy, *Helina* Robineau-Desvoidy 等が代表的な属で，これ等両属共本邦に発見されている。キアシマルハナバエ(*Mydaea urbana* Meigen (Fig. 1458) 体長9～11mm。雄。複眼は額のほぼ中央に殆んど相接し，額側と側顔と頬とは灰白色に光り，半月瘤は暗黄色。触角は黒色で基部赤褐色を帯び，第3節は細長く第2節の2倍半の長さを有し，触角棘毛は黄褐色で長羽毛状，小顋鬚は黒色。胸背は青灰白色粉にて被われ，後方から見ると4黒色縦条が認められ，これ等の中央の2本は細く，両側のものは著しく太い，個体によつては小楯板の中央にも裸体の黒色縦条がある。背中棘毛は横線前に2対後方に4対存在し，翅背前棘毛は長大で横線直後の背中棘毛と等長，中棘毛は小楯板前に1対，腹胸側棘毛は前方に1本後方に2本存在する。腹部は卵形，背面には黒色の1中縦条がある。脚は黄色，跗節は黒色，前脚脛節の基部と上面とは黒色，後脚脛節の前内面には2～3本・前外面には2本の夫々棘毛があり，外面には棘毛がない。翅は暗褐色を帯び，基部は黄褐色，第4＋5径脈の分岐部に2～3本の微棘毛があり，臀脈は翅縁に達していない。胸瓣と平均棍とは黄色。雌は額が幅広く，頭頂で頭幅の約1/4，前脚脛節は雄よりも黒色部が少い。北海道・本州・九州等に産し，欧洲に分布し，山地の雑草葉上に普通。本州の高山地帯で雑草の花上に普通に見出される種類はクロマルハナバエ (*Helina doubletti* Pandellé) である。

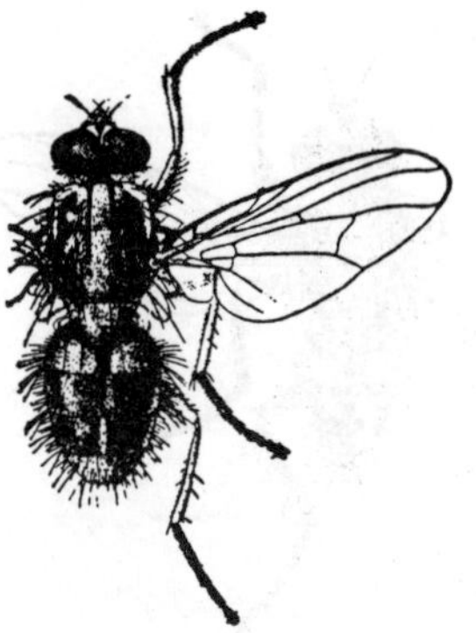

Fig. 1458. キアシマルハナバエ雄（加藤）

4. ハナバエ亜科 Subfamily *Anthomyiinae* Malloch 1917 (*Hylemyiinae*, *Pegomyiinae*) ——*Anthomyia* Meigen, *Chortophila* Macquart, *Egle* Robineau-Desvoidy, *Hammomyia* Rondani, *Hylemyia* Robineau-Desvoidy, *Hydrophoria* Robineau-Desvoidy, *Opsolasia* Coquillett, *Pegomyia* Schnabl, *Pycnoglossa* Coquillett 等が代表的な属で，本邦には *Hydrophoria*, *Pegomyia*, *Hylemyia*, *Paregle* Schnabl et Dziedzicki 等の属が発見されている。タネバエ (*Hylemyia platura* Meigen) (Fig. 1459) 体長4～6 mm。雄。暗黄褐色乃至暗褐色。複眼は単眼三角部の前方にて左右殆んど相接し，額側と側額と頬とは黄灰色粉にて被われている。触角は黒色，第3節は前節の約2倍長，触角棘毛は微毛を粗生する。胸背は暗色の3縦条を有するが個体によつては判然しない。複胸側棘毛は前方に1本後方に2本，翅背前棘毛は極めて短小。腹部は長卵形で扁平で比較的小さく，背面には黒色の中央縦条と各背板の接合部に黒色の横帯を有する。脚は黒色，後脚脛節の後内面に細長毛を密に列生する。翅はやや暗色を帯び，脈は暗褐色，臀脈は翅縁に達する。雌。灰色乃至灰黄色。額は頭幅のほぼ1/3，額帯の前方部は黄赤色で後部は黒色，交叉棘毛を有する。中脚脛節の前外面に1本後外面に2本の棘毛を有する。全土に産し，幼虫は地中にあつてマメ類や瓜類やその他多数の農作物の根部を食害し発芽を害する有名な害虫で，全北区に広く分布している。この属には更にネギ類の根部の害虫たるタマネギバエ（*H. antiqua* Meigen）が本州と北海道に産し，ダイコンその他十字花植物の根部の大害虫たるダイコンバエ（*H. floralis* Fallén）が北海道に産する。尚は幼虫がホウレンソウやテンサイ等の葉肉内に潜入食害するアカザモグリハナバエ（*Pegomyia hyoscyami* Panzer)が北海道・本州・九州等に産する。

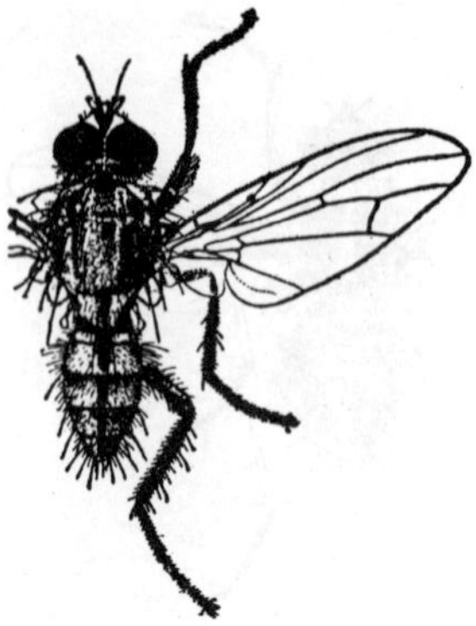
Fig. 1459. タネバエ雄（加藤）

5. ハナレメハナバエ亜科 Subfamily *Coenosiinae* Malloch 1917——*Coenosia* Meigen, *Chelisia* Rondani, *Atherigona* Rondani, *Limnospila* Schnabl, *Lispocephala* Pokorny, *Schoenomyza* Haliday，等が代表的な属で，本邦には *Orchisia* Rondani 1属が知られている。ヘリグロヒメハナバエ（*Orchisia costata* de Meijere）（Fig. 1460）体長2.5～3mm，灰黒色。頭部は大きく胸部より幅広，額は頭幅の約1/3で中央部が黄灰色で前方部が黄赤色。触角は淡黄色，第3節は前2節の和の約1倍半長で上縁多少内方に彎曲し，触角棘毛は黒褐色で基部少しく太く全長に短羽状毛を疎生する。胸背は幅より長く，甚だ長い棘毛を生じ，小循板は中庸大で三角形に近く末端に2本の長棘毛を生ずる。腹部は細く頭胸の和と等長，基部黄色を呈する。雄の交尾節は帯黄色で比較的顕著。翅は中庸長，前縁に幅広い黒褐色の縦帯を有し，外縁と後縁部とは白色を呈し，第5径室は等幅なれど基部狭まり，径中横脈は中央室の中央直後に位置する。脚は黄色。九州に産し，台湾や東洋熱帯地に広く分布する。

Fig. 1460. ヘリグロヒメハナバエ雌

611. イエバエ（家蠅）科

Fam. Muscidae (Fallén 1810) Leach 1815

Houseflies と称えられ，ドイツの Echte Fliegen である。小形乃至中庸大で体長3～8mm，体は比較的短かく，殆んど裸体かまたは棘毛を生じている。頭部は大形で自由，複眼は大きく一般に離眼的であるが稀れに雄では合眼的。口吻は肉質で，全体かまたは1部分引き込まれ得て，唇瓣はよく発達し舐食に適応し且つ唾液を出しあるいは食液をはき出すのに適応している。触角は3節からなり，第3節は大形，触角棘毛は基背から生じ先端迄羽毛状。中胸の下側棘毛は一般にない。翅は強く且つ大形，第5径室は末端狭まり，中脈の末端部は鋭いかまたは弱く上方に曲り翅頂の前か後に終つている。胸瓣はよく発達し，平均棍は小さい。腹部は有毛，短かく基部縊れ，基方は太毛を生じていない。腹部気門は第2乃至第5背板側上に位置している。幼虫は淡色でいわゆる家蠅型，円筒状で前方尖り後端太く截断状，各節明瞭，腹面に擬脚様隆起部を具えている。双気門式で，前気門は左右各々が6～8突起を具え，後気門板は左右半球形で放射状に配列された割目様気門孔を具えている。体長6～10mm。蛹はいわゆる蛹殼中に包まれ，帯黄色または赤褐色で卵形，3～6mm の長さを有し，各節が認められる。

世界から約25属100種程が発見され，幼虫は汚物食で，成虫は少くとも55種の病原体を伝播する事が知られ，その主なものは，肺結核，癩病，チブス，コレラ，ペスト，ジフテリヤ，アメーバ赤痢，赤痢，腸炎，下痢症，ライシマン錐虫病，熱帯性腫症，熱帯性苺子瘡，天然痘，水痘，丹毒，インフルエンザ，肺炎，鼻加答児，カタール性結膜炎，トラホーム，眼炎即ち化膿性結膜炎，菌黴病，瘰瘡，膿瘡，腐敗病，黴毒，淋病，幼児痲痺症，田字菌病，蛔虫病，脾脱疽熱，気腫疽，鵞口瘡，破傷風，真頭虫昏睡病，非トリパノゾーマ睡眠病，マルタ熱，猩紅熱，耳下腺炎，ハシカ，百日咳，肋膜炎，ヒゼン，肋膜肺炎，流血壊血症，その他で，これ等は凡て成虫の器械的伝染のみに就て明確にされている。

この科は次の如く3亜科に分類する事が出来る。

1．中脈の彎曲部はゆるやかとなつている……………2
　中脈の彎曲部は円く角張つている……………………………………………………………Subfamily *Muscinae*
2．中脚脛節の後内面の中央に強棘毛を具えている……………………………………Subfamily *Pyrelliinae*
　中脚脛節は上述の如き棘毛を欠く……………………

1. イエバエ亜科 Subfamily *Muscinae* Enderlein 1936——*Musca* Linné, *Cryptolucilia* Brauer et Bergenstamm, *Orthellia* Robineau-Desvoidy 等が代表的な属で，本邦には最初の1属が発見されている。イエバエ (*Musca domestica* Linné) (Fig. 1461) 体長 6mm 内外，帯黒色。頭部は胸部と等幅かまたはより微かに幅広く，額は雄では頭幅の約1/3で前方に多少広まり雄では約1/8で中央少しく狭まり，額帯は黒色，額側は黄灰色粉にて被われている。触角は黒色，基節は甚だ短小，第2節は幅より長く，第3節は前2節の和の1倍半以上の長さを有し上縁直線で下縁外方に彎曲し末端狭まり，触角棘毛は全長に長羽状毛を疎生する。胸背は幅より長く，多少光沢を有し，黄灰色または灰色の粉からなる5縦条を有する。小楯板は大きく，末端多少尖り，中胸背同様の2縦条を有し，縁棘毛は2対で黒色。腹部は頭胸の和より短かく，黒褐色，基方に黄色の1大側紋を有し（雌では第2節のみに限られている）黄灰色粉にて被われ，3裸体縦帯を有する。翅は殆んど無色透明，肘室は甚小。脚は黒色。世界共通で，既述せる各種の病原体を機械的に伝染する恐る可き大害虫として一般に知られ，本邦産のものは1亜種である。

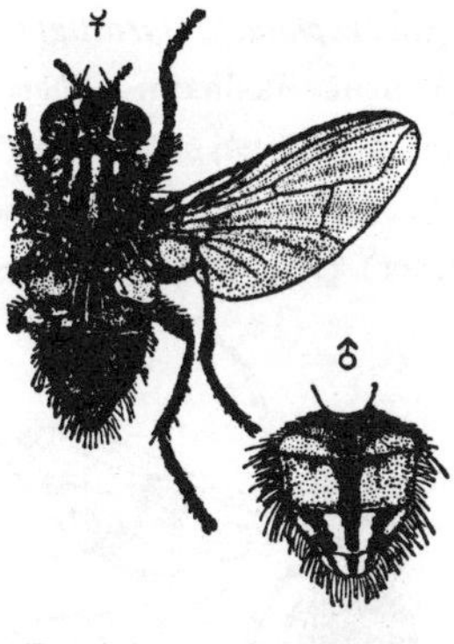

Fig. 1461. イエバエ雌
附図　雄腹部

2. ツヤイエバエ亜科 Subfamily *Pyrelliinae* Enderlein 1936——*Pyrellia* Robineau-Desvoidy や *Dasyphora* Robineau-Desvoidy 等が代表的な属で，これ等2属は本邦にも発見されている。コミドリハナバエ (*Pyrellia cadaverina* Linné) (Fig. 1462) 体長 4.5〜5.5mm，強い金属的光沢を有する金緑色乃至青緑色。雄。額は極めて狭く黒色，額側と側顔と頬とは銀色に光る。触角は黒色，第3節は前節の約2倍長，触角棘毛は長羽状毛を疎生する。胸背は斑紋がなく，前胸気門は黒褐色乃至黒色，腹胸側棘毛は前方に1本後方に2本，下側棘毛はない。腹部は短太，斑紋を欠く。脚は黒色，中脚脛節の内面に1本の顕著な棘毛を有する。翅は透明，翅脈は褐色。雌。額は頭幅のほぼ1/3，額側は幅広く額帯の約1/2の幅を有し光沢ある黒色。北海道と本州とに産し，成虫は馬糞等に多く集まるが，路辺の雑草花上にも見出される。欧洲と北米とに広く分布する。大形で青藍色で胸背に暗色の4縦条があるものはセスジミドリハナバエ (*Dasyphora cyanella* Meigeu) である。

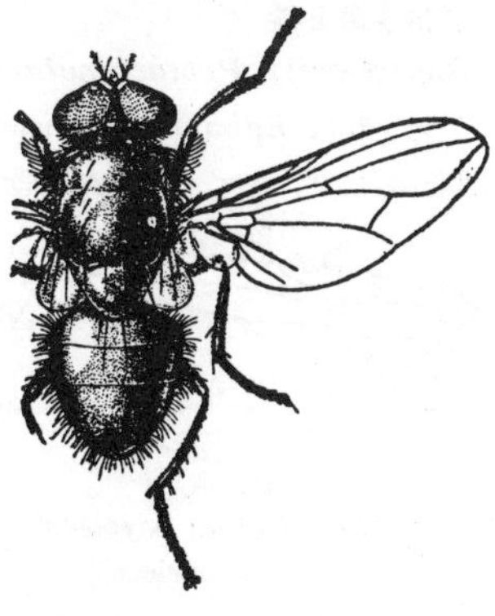

Fig. 1462. コミドリハナバエ雄
（加藤）

3. マダライエバエ亜科 Subfamily *Morelliinae* Enderlein 1936——*Morellia* Robineau-Desvoidy, *Mesembrina* Meigen, *Muscina* Robineau-Desvoidy, *Graphomyia* Robineau-Desvoidy, *Myiospila* Rondani, 等が代表的な属で，本邦には最後の3属が知られている。オオイエバエ (*Muscina stabulans* Fallén) (Fig. 1463) 体長 7〜9mm。雄。額は甚だ狭く，額側と側顔と頬とは灰色に光る。触角は黒色で基部が黄赤色を呈し，第3節は前節のほぼ3倍長，触角棘毛は長羽状毛を有する。小顋鬚は黄色。胸部は黒色で灰白色粉を装い，胸背には黒色の4縦帯を有する。小楯板は末端黄褐色。中棘毛は2列からなり顕著であるが，小楯板前の2対と横線切断部のものは発達しない。腹胸側棘毛は前方に1本後方に2本存在する。腹部は黒色で灰白色乃至黄灰色の粉にて被われ，背面には黒色の1中縦条と各節基部側方に裸体の反射紋とを具えている。脚は黒色，脛節は黄色乃至黄褐色。翅は透明，翅脈は暗褐色。雌。額は幅広く頭頂部にて複眼とほぼ等幅，前脚腿節の末端と中後両腿節の前半とは黄色。全土に産し，世界共通種。

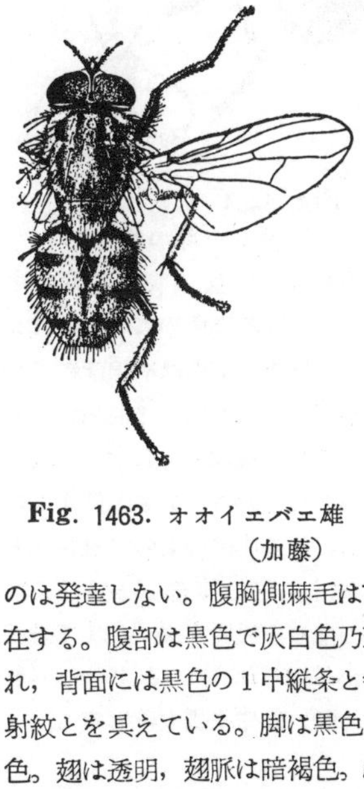

Fig. 1463. オオイエバエ雄
（加藤）

612. サシバエ（刺蠅）科
Fam. Stomoxyidae Meigen 1824

Stomoxid Flies, Stable Flies, Horn Flies 等と称えられ，ドイツの Stechfliegen である。小形，外観的に普通のイエバエに類似している。口吻は長く堅く末端に小さな唇瓣を具え，刺込と吸血に適応している。触角棘毛は裸体か有毛かまたは櫛歯状で背面にのみ長毛を列している。胸瓣は後方円く，内縁が小楯板から離れている。幼虫は模式的な家蝿型で，腐敗物食性で，特に暗い温気の多い個所に多く見出される。成虫のある種類は人類や家畜から吸血し，コレラ菌や炭疽菌や *Spirochaeta* や *Leptospira* 等を機械的に伝播する事が知られている。 *Stomoxys* Geoffroy, や *Lyperosia* Rondani や *Haematobia* Robineau-Desvoidy 等が代表的な属で，本邦には前2属が知られている。サシバエ（*Stomoxys calcitrans* Linné)(Fig. 1464) は Stable fly や Biting housefly 等と称えられ，体長5〜6.5mm，灰黒色。額は雌では頭幅の1/3強・雄では1/4強。共に前方に多少拡まり，額帯は黒色，額側は黄灰色（雌）又は黄白色（雄）粉にて被われている。口吻は頭の高さより著しく長く，小顋鬚は細長。触角は黒褐色。第2節は長幅殆んど等大，第3節は幅広く前2節の和の約2倍長で雌では末端尖る。触角棘毛は末端半部は著しく細く，全長の背縁に長羽状毛を疎生し且つ微毛を疎生する。胸部は比較的短かく，背面は黄灰色粉にて被われ2対の暗褐色縦条を有し，その外方のものは横線部にて切断されている。小楯板は小さく，灰色粉にて被われ，基部中央に1褐色紋を有し，2対の縁棘毛を有する。腹部は比較的大きく，黄灰色粉にて被われ，第3と第4との各背板には3褐色紋を有し，その中央のものは縦帯状となる。翅は中庸大，脚は細く黒色で膝部が黄赤色となる。世界共通種で，人畜の血液を吸収するを以て著名である。北海道と本州とから知られているノサシバエ（*Lyperosia irritans* Linné）は牛や馬や羊等の血液を吸収する害虫である。

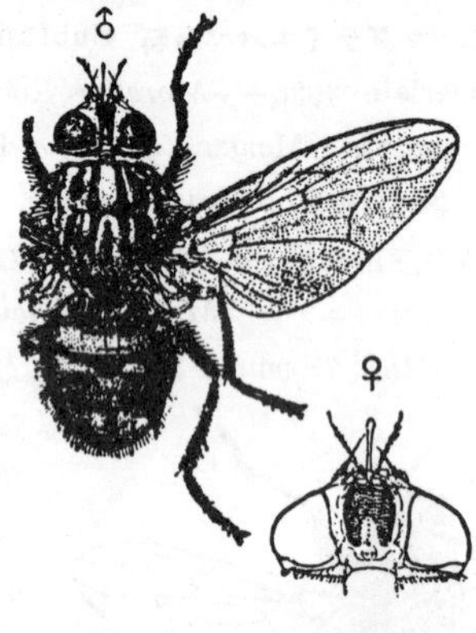

Fig. 1464. サミバエ雄
附図　雌の頭部背面

613. ウマバエ（馬蝿）科

Fam. Gasterophilidae Bezzi et Stein 1907

Gastrophilidae は異名。Horse Botflies や Breeze Flies 等と称えられ，ドイツの Magenbremsen である。中庸大で体長9〜18mm，長く太く，粉付けられ，棘毛を欠く。複眼は大形，単眼は存在する。触角は顔溝内に安置され，触角棘毛は裸体，口吻は短かく，口器は僅かに発達し，小顋鬚は短かく拡がり口吻より大形。胸部は柔毛を装い，小楯板は大形，後小楯板はない。翅は大きく，透明かまたは暗色斑紋を有し，中脈の末端部は横脈状に曲つていない。胸瓣は小形。腹部は雄では卵形で雌では末端尖り，産卵管は大きく突出可能。卵は幾分三角状かまたは有柄で，細端を下にして動物の毛に粘着せしめ，2〜多数を列着せしめている。幼虫は太く，円筒形で前端尖り，2対の口鉤を具え，多くの環節に微棘の1横列または数横列を具え，体長12〜18mm。馬や驢馬や騾馬等の胃中に棲息するが，稀れにまたは遇然に犬や兎や人類等の胃中に発見される。 *Gasterophilus* Leach (*Gastrophilus*), *Gyrostigma*, *Rodhainomyia* Bequaert, *Ruttenia* Rodhain, *Cobboldia* Brauer 等の属が知られ，約20種内外が発見されている。主に旧北区産である。本邦にはウマバエ（*Gasterophilus intestinalis* de Geer）(Fig. 1465) 体長12〜14mm，多毛で銹色。頭部は淡灰褐色，複眼は小さく，単眼と共に濃紫褐色。胸背には3行2列に配布される黒褐色の大きな斑紋があつて，周辺には淡灰褐色の長毛を密生している。翅は中庸大，中脈は直線で第4＋5径脈と末端の方に広く開き，前縁の中央から後角近くに亙り幅広の紫黒色帯を有し，第5径室の外方に2個の紫黒色紋を有する。腹部は各背節の前方部に暗褐色の1横帯を有するが，雌では後方の3節が黒色となり各後縁部のみが淡色となつている。被毛は黄色で腹面が特に密となつている。殆んど世界共通種，遇然に人類の皮下に発見された事があるが，普通は馬や驢馬や騾馬や犬等の寄生蝿である。

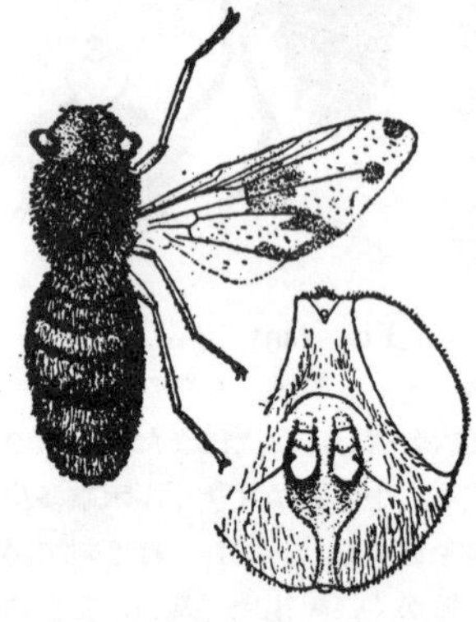
Fig. 1465. ウマバエ
附図　頭部前面図

前寄生蝿上科

Superfamily *Protachinoidea* Enderlein 1936

この上科は *Eginiidae* Enderlein 1936 (Fig. 1466) 1科からなり，イエバエ科に近似するが，第5径室の末端広く開口し，中脈が後方にゆるやかに彎曲し，下側棘毛が後脚基節の上方に存在し，翅側棘毛が翅根部の下にない事によつて区別する事が出来る。*Eginia* Robineau-Desvoidy 属によつて代表され，欧洲産で，本邦

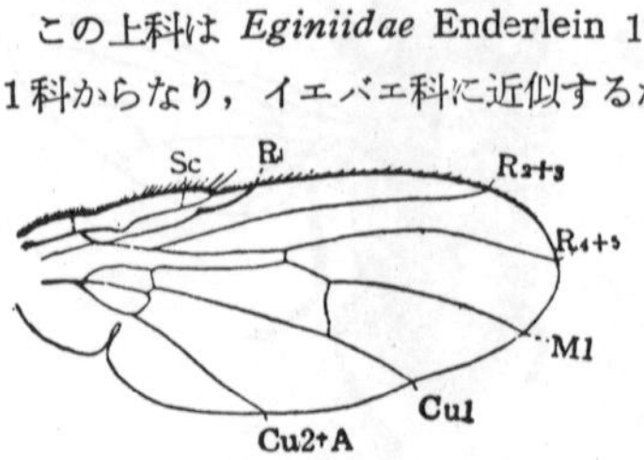

Fig. 1466. *Eginia ocyptera* の翅 (Enderlein)

には未だ発見されていない。

寄生蠅上科

Superfamily *Tachinoidea* Enderlein 1936

この上科はつぎの如く9科に分類する事が出来る。

1．口器は可機能的，一般に少くとも腹胸側棘毛を具え，屢々甚だしく棘毛を具えている……………………4

口孔は小さく，口器は痕跡的かまたはなく，棘毛は発達していないで腹胸側棘毛がない。額は雌雄共に幅広く，触角は顔溝または触角溝内に置かれ，胸瓣は微かに縁毛を生じている……………………………………2

2．頭部は明かに下方閉ざされ，小さな口孔が膜にて連らなる口吻から満たされ，口器は退化するかまたはなく，口吻は決して基部にて角張つていない。触角棘毛は常に無毛……………………………………………3

頭部は下面に深い溝を有し，口器は存在し，口吻は基部にて角張り口溝内に引き入れられ，小顋鬚は見えない。触角棘毛は裸体かまたは羽毛状……………………………………………Family *Cuterebidae* Brauer 1889

a．顔隆起縦線がなく，触角孔は大きく且つ深く，触角は長く第3節が第2節の3倍長…………………6

顔隆起縦線は存在し，触角孔は小さく且つ浅く，触角は短かい。齧歯類の寄生蠅で，多くアメリカ産 (*Cuterebra* Clark, *Rogenhofera* Brauer)………………………………………Subfamily *Cuterebrinae*

b．上口部はむしろ幅広く顔の両側間に斜に前下方に突出し，触角棘毛は先端迄密に羽毛状（*Pseudogametes* Bischof）……Subfamily *Pseudogametinae*

上口部は甚だ狭く真直に下方に突出し，触角棘毛は上縁のみに毛を列生している（*Dermatobia* Brauer）新熱帯産で，哺乳動物や人類の皮下に寄生する………………………………Subfamily *Dermatobiinae*

3．顔の中央部は狭く，胸部下側板には強毛の扇状群を具えている…………………………Family *Oestridae*

顔の中央部は幅広……………Family *Hypoderidae*

4．後小楯板（後胸背板）は僅かに発達し凸形に突出していない(Fig. 1467)，若し多少突出している時は後胸気門の蓋板は2部分となつていないで下方の全体が覆われ上方の中央に小さい開孔部を残している。腹部の中央数節は稀れに強毛を装い，第2腹板は背板の側部を幾分覆うている……………………………………5

後小楯板は横隆起状に強く発達し屢々小楯板末端を越えて突出する。腹部の背板は細毛の他に強棘毛を装い，それ等の側部は腹板を覆うている………………7

5．肩後棘毛の最後方のものは横線前棘毛に迄側方に位置し (Fig. 1468)（時にない），前胸側板と前胸腹板とは有毛（*Pollenia* 属では裸体で，中胸背板に金属色の鏈毛を有する）普通に背側棘毛は2本稀れに3本，触角棘毛は普通に長羽毛状。体は普通金屬的藍色または青色。雄の腹部第5腹板の後縁に1割目を有し時に顕著。雄の複眼は左右接触するかまたは近より，雌のものは離れている………Family *Calliphoridae*

肩後棘毛の最後のものは横線前棘毛と同列かまたはより内方に位置し，前胸側板と前胸腹板とは無毛で中胸背板に鏈毛を装わない。背側棘毛は屢々4本。触角棘毛は裸体かまたは基半部に有毛。複眼は左右接触しないで，雄の額は狭いかまたは雌と等幅……………6

6．胸瓣は大きく円く小楯板に達し，雄の複部第5腹板の後縁は直線かまたは同腹板がない。触角棘毛は一般に基半部のみ羽毛状で時に裸体。複眼は無毛…………………………………………Family *Sarcophagidae*

胸瓣は狭く，その内縁は普通小楯板から離れて曲つている。雄の腹部第5腹板の後縁は中央に割目を有する。触角棘毛は有毛。複眼は時に有毛……………………

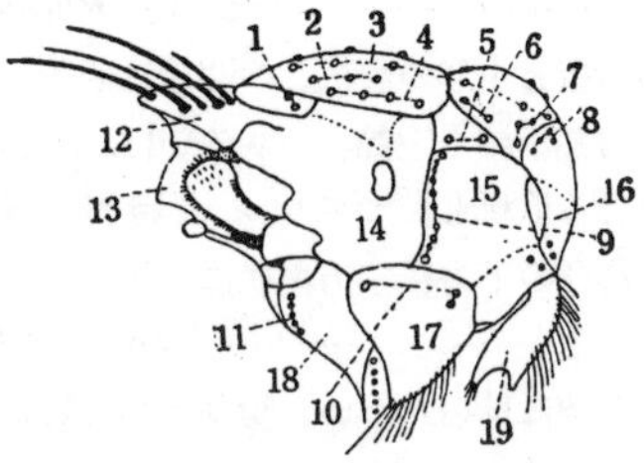

Fig. 1467. *Calliphora* の胸部側面図 (Walton)
1. 翅後棘毛　2. 翅間棘毛　3. 背中棘毛　4. 翅背棘毛　5. 背側棘毛　6. 横線前棘毛　7. 肩後棘毛　8. 肩棘毛　9. 中胸側棘毛　10. 腹側棘毛　11. 下側棘毛　12. 小楯板　13. 後胸背板　14. 翅側板　15. 中胸側板　16. 前側板　17. 腹側板　18. 下側板　19. 前脚基節

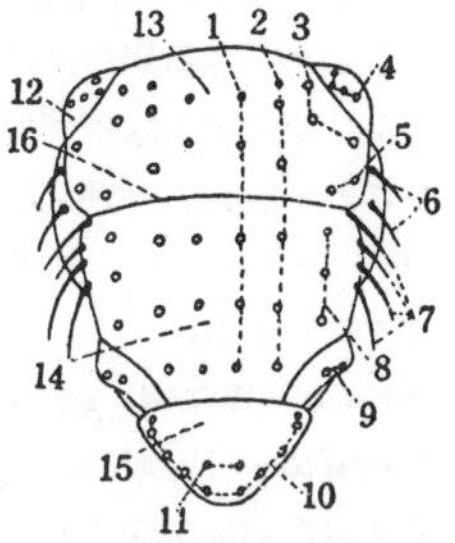

Fig. 1468. *Calliphora* の胸部背面図 (Walton)
1. 中棘毛　2. 背中棘毛　3. 肩後棘毛　4. 肩棘毛　5. 横線前棘毛　6. 背側棘毛　7. 翅背棘毛　8. 翅間棘毛　9. 翅後棘毛　10. 小楯板縁棘毛　11. 小楯板中棘毛　12. 肩板　13. 中胸背前部　14. 中胸背後部　15. 小楯板　16. 横線

……………………………………Family *Rhinophoridae*

7．腹部の背板と小形の腹板との間膜は明瞭，若ししからざれば腹部が細く円筒状，あるいは雌の腹部末端が下前方に曲る爪状となつている。腹部の被毛は強棘毛。顔は髭角の下方に前方鼻状に突出し且つ上口部と癒合している…………………………Family *Phasiidae*

腹部の間膜は見られない。腹部はある数の棘毛を装い，顔は平たく多くとも微かに突出するのみ………8

8．触角は複眼の中央かまたは中央の下方から生じ，触角棘毛は普通有毛。横線前翅間棘毛はない。腹部の腹板は背板の側部の下に隠され，脚は屢々比較的長い…
…………………………………………Family *Dexiidae*

触角は複眼の中央の上方から生じ，触角棘毛は一般に無毛で稀れに短毛を装う。翅間棘毛は普通横線の前方に発達し，若ししからざる場合には腹部腹板が幅広く現われるかまたは雄の第5腹板が痕跡的。少くとも肩瘤後棘毛の2本と横線後方の翅肉棘毛の3本がある
……………………………………Family *Tachinidae*

つぎの諸科が本邦に産する。

614．ヒラタハナバエ（扁花蠅）科

Fam. Phasiidae Bigelow 1852

普通広義のヤドリバエ科に包含されている。しかし腹部下面の側部に明瞭な間膜が現われ，且つ顔が上口部と癒合して髭角の下に鼻状に多少とも突出している事によつて区別することが出来る。幼虫は椿象類や甲虫類に内寄生している。*Phasia* Latreille, *Allophora* Robineau-Desvoidy, *Cystogaster* Latreille, *Clytiomyia* Rondani, *Gymnosoma* Meigen, *Leucostoma* Meigen, *Phania* Meigen 等が代表的な属で，本邦には *Allophora*, *Ectophasia*, *Phasia*, *Xysta*, *Hermyia*, *Phania*, *Gymnosoma* 等の属が知られている。ハマダラヒラタハナバエ（*Phasia crassipennis* Fabricius）(Fig. 1469) 体長10～13mm，黄褐色。頭部は胸部より著しく幅広く且つ高さより遥かに幅が大，額は頭頂部が狭く前方に著しく拡がり，額帯は赤褐色，額側は黄金色，側顔は銀白色。触角は頗る短小，末端2節は殆んど等長。胸部は甚だ小さく，背面は黄色粉にて被われ黒色の4縦条を有する。腹部は扁平で殆んど円板状，背面中央に光沢ある幅広の縦帯を有し，その両側部は黄色乃至灰白色粉にて被われ光沢がない。脚は黄色，爪間盤は長大。翅は幅広くほぼ三角形で，数個の褐色紋を有し，周辺部は淡墨色を帯び，第5径室は翅端近くに狭く開口している。雌は未だ不明。北海道と本州とに産し，夏期各種の花上に発見され，欧洲に分布する。マルボシハナバエ（*Gymnosoma rotundatum* Linné）は全土に産し，幼虫は椿象の体内に寄生し，朝鮮・支那・欧洲等に分布する。マガリハナバエ（*Phania vittata* Meigen）は腹部が円筒状で尾端の数節が体下前方に曲つているので，この科の他の属のものと全体異つている，北海道・本州等に産し，台湾・欧洲等に分布している。

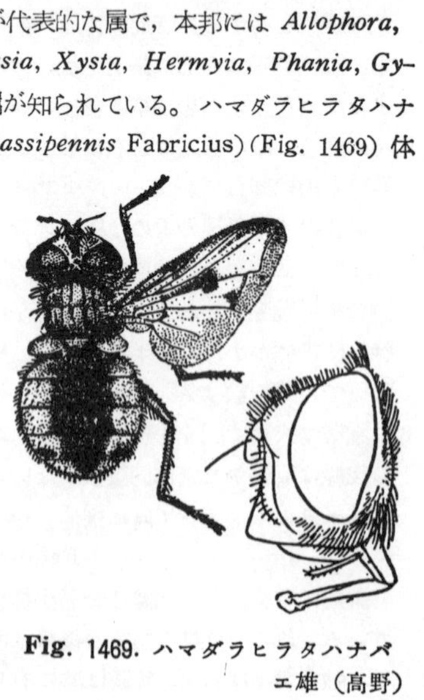

Fig. 1469．ハマダラヒラタハナバエ雄（高野）

615．ウシバエ（牛蠅）科

Fam. Hypodermatidae (Rondani 1856) Townsend 1916

Warble Flies や Heel Flies や Bomb Flies 等がこの科の蠅で，ドイツの Dasselfliegen や Biesfliegen 等がこの類である。大形で太い有毛な蜜蜂類似の蠅。顔に1対の広く離れている触角溝を有し，触角棘毛は裸体，口吻はあるものとないものとがある。小顋鬚は小さいかまたは無く，小楯板の末端部は裸体かまたは有毛。翅は大形で，第5径室は開口。*Hypoderma* Latreille, *Oedemagena* Latreille, *Oestromyia* Brauer 等が代表的な属である。

ウシバエ（*Hypoderma bovis* Linné）(Fig. 1470) 体長15mm内外。頭部は比較的狭く，額は著しく幅広く柔毛にて被われている。触角は黄色で，帯黒色の第3節を具え，触角溝中に置かれ，小顋鬚はなく，顔の被毛は淡黄色，複眼と単眼とは黒色。胸部は黒色で，背面に4本の縦条があるが黒色毛の為めに多少断続して現われ，小楯板は黒色で中胸背同色黄色の密毛にて被われている。腹部は比較的短かく，各背板に黒色の横帯を有し，末端は黄色毛を装う。翅はちりめん様の微縦皺が多く，翅脈は明瞭なれど肘脈の末端区不明，中央室は甚だ細長く，第5径室は長

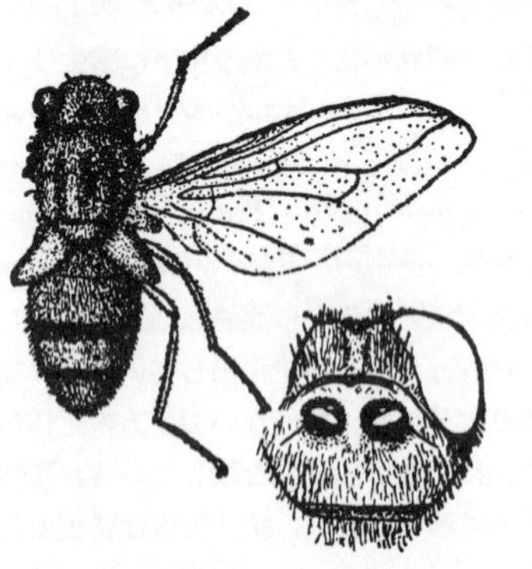

Fig. 1470．ウシバエ

三角形を呈し末端狭く開口している。胸瓣は大きく多少三角形を呈している。脚は比較的弱体，腿節と脛節とは黒色，跗節は黄褐色，温帯地方に広く分布し，本邦にも幼虫が発見されている。幼虫は牛馬の皮下に寄生し，老熟すると皮膚に孔を穿ち外部に出て地上に落下して蛹化する。過然的に人の消食系にも寄生する。*Oestromyia satyrus* Brauer は野鼠に寄生し，*Oedemagena tarandi* Linné はトナカイに寄生する種類である。

616. ヒツジバエ（羊蠅）科

Fam. Oestridae(Leach 1815)Enderlein 1936

Botflies, Gadflies, Nose Flies 等と称えられ，ドイツの Nasenbremsen である。大形の太い密毛を装う蠅。頭部は大きく，複眼は小さく裸体，単眼は存在し，触角は顔溝内に密着して存し，触角棘毛は無毛，口器は消失している。胸部は大形，下側板に長毛を密生している。翅と胸瓣とは大形。雌虫は卵産かまたは幼産。幼虫(Fig. 1471) は大形で，環節明瞭で，微棘を生じ，口鉤は発達し，前気門は小さく，後気門板は殆んど円形で1孔中に存し微棘の環列から囲まれている。幼虫は羊や山羊や鹿や馴鹿やラクダや稀れに人類等の鼻腔内に寄生する。*Oestrus* Linné, *Cephalopina* Strand, *Cephenemyia* Latreille, *Rhinoestrus* Brauer 等が代表的な属である。

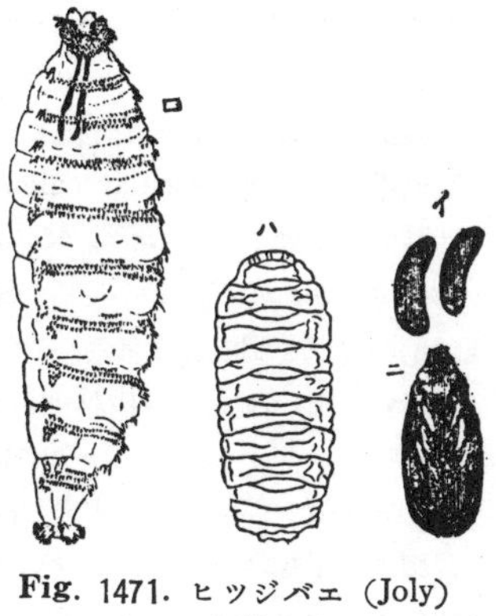

Fig. 1471. ヒツジバエ (Joly)
イ．卵　ロ．第1令虫　ハ．老熟幼虫 (Brocchi)　ニ．蛹

ヒツジバエ (*Oestrus ovis* Linné) (Fig. 1472) 体長11mm内外，密毛にて被われ一見蜜蜂様の蠅。頭部は淡褐色，額は雌では複眼の約2倍の幅を有し，雄では狭い。複眼は側方に円く突出し褐色または灰褐色，単眼三角部は大きく黒色の単眼を具えている。顔は膨らみ，下方部に白色の密毛を装う。触角は黄色，第3節は黒色。胸背は帯褐色で全面に黒色の顆粒を密布し，肩部は白色毛を装う。小楯板は褐色で毛を疎生し，黒色の顆粒を疎布する。胸部は黒褐色乃至黒色で白色の不規則紋を有し，側縁部には白色の長毛を装う。翅は透明で黄色の翅脈を具え，覆片は大形，翅脈は顕著なれど何れも外縁に達していない。胸瓣は著しく大形。脚は黒色で，黒色毛を装う。幼虫は主に羊の鼻腔内の粘膜に附着して生活し，大害を与える有名な害虫で，本邦にも輸入された事があるが，土着しているのか全く不明。過然に人類の頭内腔やその他から発見されている。

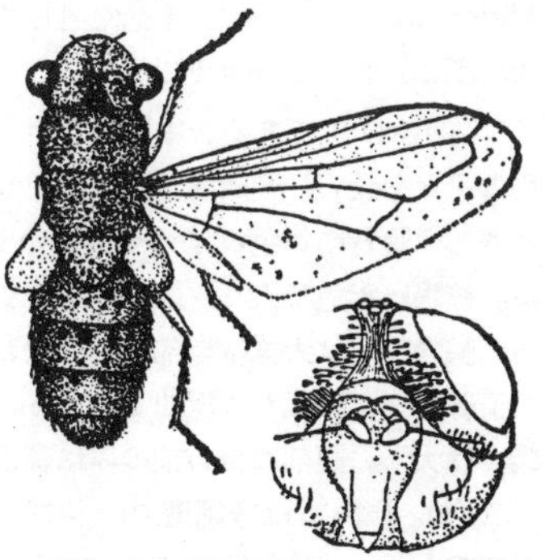

Fig. 1472. ヒツジバエ雌
附図　頭部の前面

617. クロバエ（黒蠅）科

Fam. Calliphoridae Brauer 1889

Blowflies, Greenbottle Flies, Bluebottle Flies 等がこの科の蠅で，ドイツの Schmeissfliegen である。中庸大乃至大形で体長5～17mm，鈍黒色または暗灰色または金属的藍色乃至緑色で黄金色や銅色その他の彩虹を有し，活潑。イエバエ類に似て，口吻は肉質，体は一般に有毛で，剛毛は僅かに発達するかまたは背面にこれを欠き，下側棘毛は存在し，触角棘毛は殆んど全長に羽状毛を生じている。幼虫(Fig. 1473) は模式的家蠅型で，体長17mm 迄のものがあり，腹部の第8乃至第10節に乳頭状突起を具え，前気門は約10個指状突起を具え，後気門板は殆んど円形で，左右各板3個にの縦気門孔を具えている。蛹殻は幼虫時の前気門を腹部第1節に小さな

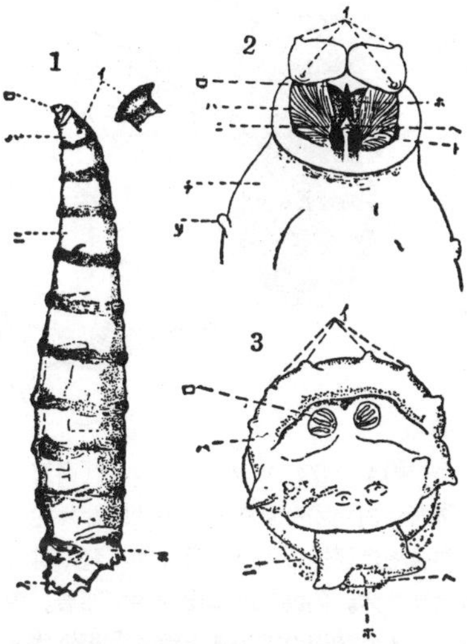

Fig. 1473. *Calliphora erythrocephala* の第3齢虫 (Patton)
1. 側面図（イ．前気門　ロ．頭部　ハ．第1胸節　ニ．第1腹節　ホ．第8腹節　ヘ．第9腹節）
2. 頭節と第1胸節との腹面図（イ．触角粒　ロ．口鉤一下唇節片　ハ．口瓣　ニ．食管　ホ．幾丁質中突起　ヘ．口　ト．下唇　チ．第1胸節）
3. 尾端後面図（イ．肉突起　ロ．後気門　ハ．第8腹節　ニ．第9腹節　ホ．肛門　ヘ．第10腹節）

1対の棒状突起として止めている。

この科は比較的少数の属と種とからなるが，個体数は甚だ多数である。人類や家畜類の害虫として有名な種類を包含している。最も重要な属は ***Auchmeromyia*** Brauer et Bergenstamm, ***Calliphora*** Robineau-Desvoidy, ***Cochliomyia*** Townsend, ***Chrysomyia*** Robineau-Desvoidy, ***Cordylobia*** Grünberg, ***Cynomyia*** Robineau-Desvoidy, ***Lucilia*** Robineau-Desvoidy, ***Nitellia*** Robineau-Desvoidy, ***Onesia*** Robineau-Desvoidy, ***Phormia*** Robineau-Desvoidy, ***Pollenia*** Robineau-Desvoidy, ***Protocalliphora*** Hough, ***Pycnosoma*** Brauer et Bergenstamm, ***Rhinia*** Robineau-Desvoidy 等である。本邦には ***Lucilia***, ***Chrysomyia***, ***Calliphora***, ***Triceratopyga***, ***Melinda*** 等の属が知られている。

オオクロバエ (***Calliphora vomitoria*** Linné) (Fig. 1474) 体長11～15mm，胸部は黒色，腹部藍青色。雄。複眼は額の後部にて左右接近し，額帯は黒褐色乃至赤褐色，額側は灰白色，側顔は灰黄色，頰は灰色で広く黒色毛を密生している。触角は黒褐色，第3節は前節の約3倍長，触角棘毛は基部約2/3に長羽状毛を装い，小顎鬚は橙黄色。胸背は白色粉を粗布し，不明瞭な黒色の4縦条を有し，中棘毛は横線の前後に各3対，背中棘毛も同数，翅間棘毛は3本。前胸気門は橙黄色で顕著。腹部は肥大し，第3・4各背板の前半部と第5背板全体とは薄く白色粉を装う。雌。額は複眼とほぼ等幅，額帯は額側の約3倍の幅を有し赤褐色乃至黒褐色，額側と側顔とは黄色・灰色・黒褐色等の入り混つた汚い斑紋を現わし，頰は灰黄色で黒色毛を密生している。殆んど世界共通で，幼虫は便所その他で生育し，成虫体には不潔物を附着する為め衛生害虫として認められている。本州以南台湾・支那・比島・インド等に分布するオビキンバエ (***Chrysomyia megacephala*** Fabricius) は成虫が腐肉や人糞や牛糞その他に集まる性を有し屋内にも飛来し，前種同様衛生害虫として知られ，尙衛生害虫たる，キンバエ (***Lucilia caeser*** Linné) やコガネキンバエ (***L. ampullacea*** Villeneuve) やヒロズキンバエ (***L. sericata*** Meigen) やヒツジキンバエ (***L. cuprina*** Wiedemann) 等が本邦にも産し，最後の種類は濠洲にて羊の大害虫である。

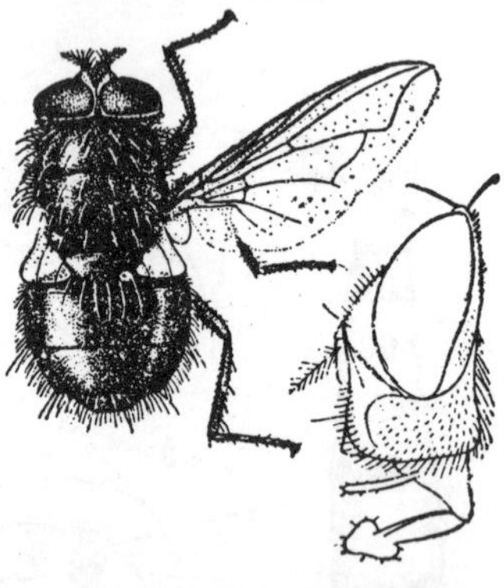

Fig. 1474. オオクロバエ雌 (高野)

この科は普通つぎの如く5亜科に分類されている。

1．頰は狭く複眼の高さの約1/5，触角棘毛は先端迄羽毛状，翅の中脈の彎曲部は大きく円く，径脈の基部は時に有棘毛，後胸気門はその前後両端が同様に円く，後小楯板は普通よく発達している (***Mesembrinella*** Giglio-Tos) 新熱帯産…Subfamily ***Mesembrinellinae***

頰は亜方形で複眼の高さの約1/2の幅を有し，翅の中脈の彎曲部は普通角張り，後小楯板は強く発達していない……………………………………………… 2

2．径脈の基分区は後上面に明瞭な微毛または毛を生じている……………………………………………… 3

径脈の基分区は後上面に微棘毛を生じていない… 4

3．胸瓣は末端平截断状で外縁は凹み表面は1部有毛，翅根の下の小さな円い隆起部は屢々直立毛を具えている (***Phormia***, ***Chrysomyia***, ***Cochliomyia***, ***Protocalliphora***, ***Protophormia***) (***Chrysomyiinae***) ………………………………………Subfamily ***Phormiinae***

胸瓣は末端がむしろ狭く円く外縁は殆んど直線で上面無毛，翅下瘤 (Subalar callosity) は裸体かまたは明瞭な毛を欠く (***Rhinia***, ***Metallea***, ***Rhyncomyia***, ***Stomatorhina***) …………………Subfamily ***Rhiniinae***

4．前胸腹板と側板とは有毛，亜側顔の毛列は複眼の下縁に延びていない (***Calliphora***, ***Cynomyia***, ***Lucilia***, ***Onesia***) ……………………Subfamily ***Calliphorinae***

前胸腹板と前胸側板の中央とは裸体，亜側顔の毛列は複眼の下縁迄延びている (***Pollenia***, ***Anthracomyia***) ………………………………………Subfamily ***Polleniinae***

618. ニクバエ (肉蠅) 科

Fam. Sarcophagidae (Macquart 1835)

Brauer 1889

学者によつてはクロバエ科とこの科とを包含する *Metopiidae* Curran 1934 を採用している。Fleshflies, Blowflies, Scavenger Flies 等がこの科の蠅で，ドイツの Aasfliegen である。中庸大乃至大形，粉付けられ棘毛と毛とを装い，普通灰色で，暗色の縦斑を中胸背板上に有し，腹背に銀色のイチマツ状の斑紋を現わしている。複眼は赤色で大形，雄では雌よりも左右近よつている。触角棘毛は大体基半部が羽毛状となり，口吻は肉質で直線かまたは微かに彎曲している。脚は太く，翅と胸瓣とは大形。腹部は後方部のみに棘毛を生じている。幼虫 (Fig. 1475) は家蠅型で，後端の截断部に種々な肉質突起を具え，後気門板は殆んど円く，深い凹の中に存在し，左右各板に殆んど平行する3気門孔を具えている。

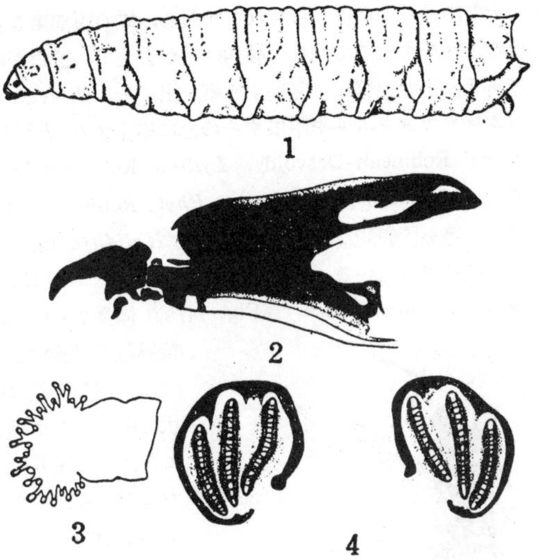

Fig. 1475. *Sarcophaga peregrina* の幼虫(加納)
1．成熟幼虫側面　2．咽頭骨路　3．前呼吸器
4．後気門板

大きな科で，多数の種類は腐肉食性で，また他の多くは生動物の肉を侵し，更に他のものは各種の動物に寄生し，あるものは人類や家畜の蛆病を引起す。成虫は甚だ活發で，凡てのものは宿主上に幼虫を産下する，特に肉食性や寄生性のものでは顕著である。全生活史はイエバエ類と同様である。世界から約100属1000種が発表され，つぎの如く5亜科に分類されている。

1．頭部側面図は方形，触角棘毛は普通羽毛状で稀れに有毛，腹部の第3と第4との腹板は多小明瞭，たとえ背板の側縁を完全に覆うていないでも明瞭，陰茎鞘(Theca of penis)は稀れに棘を具え，雄の額は一般に多少狭く且つ眼縁棘毛を欠き，腹側棘毛は2本より多数……………………………Subfamily *Sarcophaginae*

頭部側面図は方形でなく，腹部の第3第4腹板はより僅かに明瞭で背板から覆われている。陰茎鞘は一般に有棘。触角棘毛は裸体かまたは甚だ短かい毛を装い，腹胸側棘毛は2本，額は屢々眼縁棘毛を有する……2

2．中脚脛節は中央近くに1本の外棘毛を有し，頰はむしろ狭く，複眼は大形，雌雄の額は殆んど等幅。触角棘毛は時に微かに毛を生じ，腹部の第3・第4両腹板は完全に覆われている…………………………………………………………………Subfamily *Miltogrammatinae*

中脚脛節は中央に近くに少くとも2棘毛を具え，複眼は小さく，頰は幅広く，顔は頭頂より幅広く，雌の額は雄のものより幅広，触角棘毛は裸体……………3

3．触角は甚だ短かく，雄の交尾節は大形，腹部の第2～5腹板は大形で現われ，複眼は甚だ小形(*Paramacronychia* Brauer et Bergenstamm, *Nemoraea*)………………………………Subfamily *Paramacronychiinae*

触角は正常，雄の交尾節は小形，腹部の第2～5腹板は多少覆われている…………………………………4

4．腹部背板の第3節と第4節とは中棘毛を有し，体は有棘毛，複眼は有毛，陰茎鞘は陰茎と結合し鋏子は長い(*Rhaphiochaeta* Brauer et Bergenstamm, *Brachymera*)………………Subfamily *Rhaphiochaetinae*

腹部背板の第3と第4とは中棘毛を欠き，体は短棘毛を装い，複眼は無毛，陰茎鞘は自由，陰茎は膜を有しない(*Amobia* Robineau-Desvoidy)………………………………………………………Subfamily *Amobiinae*

以上の内つぎの2亜科が本邦に産する。

1. ニクバエ亜科 Subfamily *Sarcophaginae*—— *Sarcophaga* Meigen, *Agria* Robineau-Desvoidy, *Brachycoma* Rondani, *Helicobia* Coquillett, *Blaesoxipha* Loew, *Ravinia* Robineau-Desvoidy, *Sarcophila* Rondani, *Sarcotachina* Townsend, *Tephromyia* Brauer et Bergenstamm, *Wohlfartia* Brauer et Bergenstamm 等が代表的な属で，本邦には最初の1属が知られている。ゲンロクニクバエ (*Sarcophaga albiceps* Meigen)(Fig. 1476)体長10～15mm，灰色。中胸背板の前縁から小楯板にかけて明瞭な黒色の3縦帯がある。額は複眼の幅の約3/5，額帯は黒色，額側部は額帯の約1/2より狭く黄金色，側顔は黄金色。触角は黒色，第3節は第2節の2倍半乃至3倍の長さを有し，触角棘毛は基部2/3が羽毛状。小顋鬚は黒色。胸背は黒色で黄白色粉にて被われ，3条の明瞭な黒色縦帯を有し，中棘毛は1対，横線後方の背中棘毛は4対。腹部は細長く，背面は正中線を境として左右平等に黒色と灰色との不規則な斑紋がある。交尾節はやや大形で，第5腹節から半ば現われ，第1尾背板の前半は漆黒色で光沢を有するが後半は灰白色粉にて密に被われ灰白色で光沢がなく後縁には棘毛を欠く。第2尾背板は全体漆黒色で光沢を有する。後脚は脛節に2重の長い縁毛を有する。雌，額は複眼とほぼ等幅，額眼縁棘毛は2本，腹部第6背板は左右2紋に分かれ上方にて互に接している。後脚脛節は

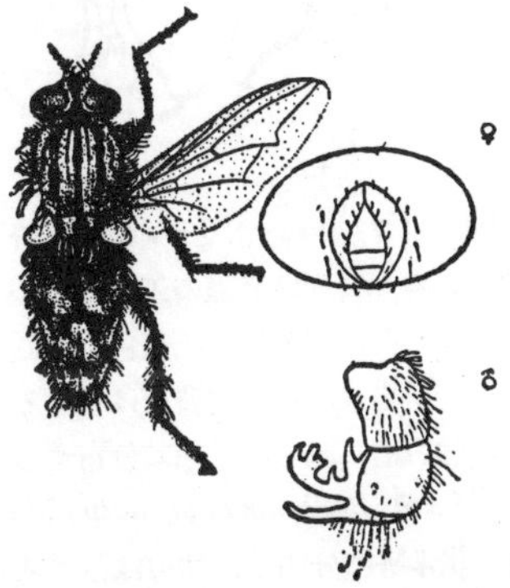

Fig. 1476. ゲンロクニクバエ(高野)

縁毛がない。北海道と本州とに産し，肉質に多数集まるが，稀れにマツケムシ等に寄生する。支那・インド・アフリカ・濠洲等に分布する。*Sarcophaga* 属の蠅は本邦に十数種が発見されている。

2. ヤドリシマバエ亜科 Subfamily *Miltogrammatinae*——*Miltogramma* Meigen, *Apodacra* Macquart, *Craticulina* Bezzi, *Hilarella* Rondani, *Metopia* Meigen, *Opsidea* Coquillett, *Pediasiomyia*, *Pachyophthalmus* Brauer et Bergenstamm, *Senotainia* Macquart 等が代表的な属で，本邦には ***Cylindrothecum***, ***Miltogramma***, ***Pachyophthalmus***, ***Setulia***, ***Araba***, ***Metopia*** 等の属が知られている。コバネシマバエ(***Miltogramma punctatum*** Meigen) (Fig. 1477) 体長 7～10mm，灰黄色。額は複眼の約 1/2 の幅，額帯は橙黄色で触角根部から頭頂に進むに従つて次第に幅広となり，額側部は灰黄白色で光沢を有し後方に漸次狭まる。側顔と頬とは灰白色。触角は甚だ小さく黒褐色，第 3 節は第 2 節の1.5～2倍長，触角棘毛は裸体。小顎鬚は橙黄色。胸背は不明瞭な 5 黒色縦帯を有する。腹部背面は光線の工合によつて不規則形の黒褐色斑を現わし，尾背板は灰黄色。腹端の構造によつて雌雄の区別が出来，雄の尾背板は見えるが雌のものは見えない。北海道に産し，欧洲に分布する。ドロバチャドリバエ (***Pachyophthalmus signatus*** Meigen) は本州・欧洲・北米等に分布し，幼虫はスズメバチ等の巣の中に棲息し貯蔵食物や同蜂の幼虫を食する。アナバチャドリバエ (***Setulia fasciata*** Meigen) は本州・支那・比島・欧洲等に分布し，幼虫はアナバチの巣の中に生活し，シロオビギンガクシマバエ(***Araba fastuosa*** Meigen) は北海道・本州・支那・欧洲に分布し，幼虫はジガバチの巣の中に棲息し，ギンガクシマバエ (***Metopia leucocephala*** Rossi)は全土に産し，支那・欧洲等に分布し，幼虫は土蜂類の巣の中に生活している。

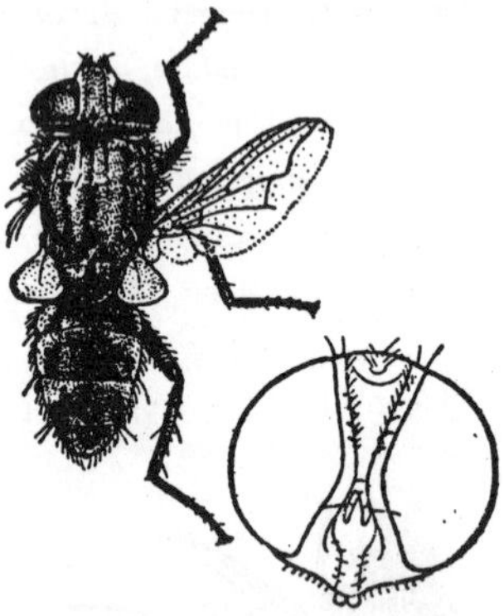

Fig. 1477. コバネシマバエ（高野）

619. タンカクヤドリバエ（短角寄生蠅）科
Fam. Rhinophoridae Robineau-Desvoidy 1863

普通ニクバエ科に包含せしめられているが，胸瓣が狭くその内縁が小楯板から離れて彎曲し，雄の腹部第 5 腹板の後縁が中央にて割れ，触角棘毛が有毛で，複眼が時に有毛，その他等にて区別する事が出来る。幼虫はワラジムシやカタツムリや甲虫やその他に寄生する。*Rhinophora* Robineau-Desvoidy, *Lydina* Robineau-Desvoidy, *Melanophora* Meigen, *Phyto* Robineau-Desvoidy 等が代表的な属で，本邦には ***Halidaya*** Egger 属が発見されている。キイロタンカクハリバエ (***Halidaya luteicornis*** Bezzi) (Fig. 1478) 体長 7～9mm，黄褐色で円筒状。頭部は半球形，額は帯状で中央部やや幅広で複眼の約 4/5 の幅を有し，額帯は黒色で額側の約 1/3 の幅を有し，額側は幅広く銀白色で 2 列に棘毛を生じている。触角は甚だ小形で黄色，複眼の中央より下方に位置し，第 3 節は前節の約 1.5 倍長，小顎鬚は黄色。胸背は灰白色で不明瞭な 4 黒色縦条を有する。翅の第 5 径室は翅端直前にて狭く開口し，第 1 径脈の全長と第 4 + 5 径脈の基部 3/5 と中脈基部 1/4 とに微棘毛を列している。腹部は細長く円筒状，橙色半透明，背面の正中線は黒褐色，第 4 背板の後半部と第 5 背板とは黒褐色。第 2 背板の後縁と第 3 背板以後の各節の後縁及び中央等に 2 対宛の棘毛を生じている。雌。腹部は橙黄色の部分が少く，第 3 背板以後は黒色，各背板の前縁に沿い白色粉を装う。日本・台湾・インド等に分布し，幼虫はセセリの幼虫に寄する。

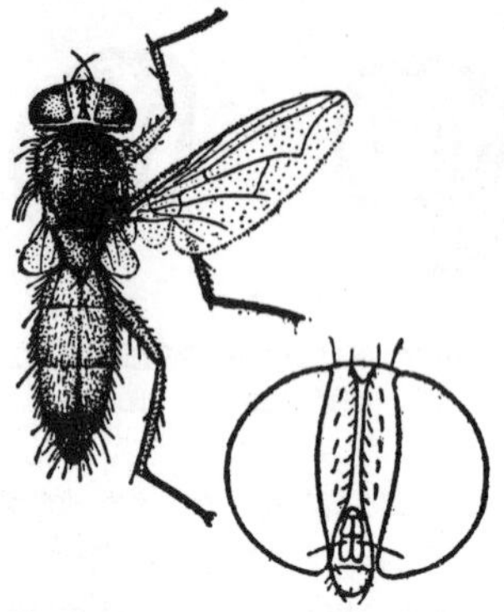

Fig. 1478. キイロタンカクハリバエ（高野）

620. ヤドリバエ（寄生蠅）科
Fam. Tachinidae Bezzi et Stein 1907

1863年 Robineau-Desvoidy は34科に分類し，後1889年に Brauer が24科として取扱つたものであるが，それ等は何れも現在に於ける雙翅目学者によつて認められていない。*Larvaevoridae* は異名。Tachina Flies や Tachinid Flies と称えられ，ドイツの Raupenfliegen である。小形乃至中庸大で太いものや細いものがあり，何れも活潑，陰黒色や灰色や褐色等で淡色の斑紋を有し，有毛か有棘毛で下側棘毛は長大で 1 列に生じている。頭部は大形で自由，複眼は離眼的であるがある種の雄では合眼的，触角は複眼の中央より上方から生じ，触角棘毛は 3 節からなり裸体かまたは有毛。中胸背板は顕著。腹部は顕著な縁棘毛と背棘毛と端棘毛とを具えている。翅は大形，第5径室は狭く開口するかまたは閉口，基室と肘室とは閉口，胸瓣は大形。多くの種類は日中活動性で，花に集まり，稀れに夜間活動性のものがある。産卵性のものと産幼性のものがあつて，1雌の産出数は50～5000。幼虫は家蠅型で，円筒形，前方に細まり，環節明瞭，前気門は小さく，後気門は顕著。第1齢虫は後気門式であるが，後に雙気門式となる。寄生性のものは宿主の皮膚の開口部から外気を呼吸するか，しからざれば宿主の気管系によつて呼吸する。蛹化は幼虫の皮膚中に行われ，蛹殻は土中や繭内やその他に存在する。卵または第1齢虫は宿主の体上かまたは体内に，または宿主によつて食される植物上に，あるいは宿主の住所である室内や地上に産み落される。若幼虫は宿主の皮膚より穿入するかまたは宿主の尾孔を通して内部に侵入し，また植物上の卵から孵化して宿主によつて食入される。あるいはまた植物や土上等を移動し且つ垂直に立ち後宿主にすがり付いて皮膚より穿入する。一度宿主の体内に侵入すると，宿主の体組織によつて包まれ，宿主の皮膚に小孔を造りその処から呼吸する。体内深く寄生するものは気管系に接する種類の組織に包まれて存在する。

各種の生活史は広範囲の変化がある。少数のものは宿主の脂肪体と血液とのみによつて生活し，宿主を殺す事なく宿主の体外に去り蛹化する。しかし他のものは第3齢にて宿主体内の被包を破り，宿主体内の主要部分を食害し，宿主を死に至らしめる。殆んど全種類が昆虫の寄生虫で，最も多数が鱗翅目の幼虫と蛹とに寄生し，他のものは鞘翅目，直翅目，革翅目，膜翅目，雙翅目等の寄生虫である。

世界から約300属5000種が発表され，内重要な属はつぎの諸属である。

1．鱗翅目に寄生するもの――*Actia* Robineau-Desvoidy, *Ceromasia* Rondani, *Compsilura* Bouché, *Cuphocera* Macquart, *Echinomyia* Duméril, *Exorista* Meigen, *Frontina* Meigen, *Gonia* Meigen, *Lixophaga* Touwsend, *Masicera* Macquart, *Nemoraea* Robineau-Desvoidy, *Peletieria* Robineau-Desvoidy, *Phorocera* Robineau-Desvoidy, *Sturmia* Robineau-Desvoidy, *Tachina* Meigen, *Winthemia* Robineau-Desvoidy 等。

2．鞘翅目に寄生するもの――*Celatoria* Coquillett, *Centeter* Aldrich, *Eleodiphaga* Walton, *Erynnia* Robineau-Desvoidy, *Dionaea* Robineau-Desvoidy, *Lypha* Robineau-Desvoidy, *Myiophasia* Townsend, *Ochromeigenia* Townsend, *Tachinophyto* Townsend, *Viviania* Rondani 等。

3．広義の直翅目に寄生するもの――*Acemyia* Robineau-Desvoidy, *Bigonicheta* Rondani, *Racodineura* Rondani, *Stomatomyia* Rondani 等。

4．膜翅目に寄生するもの――*Trichoparia* Brauer et Bergenstamm 等。

5．双翅目に寄生するもの――*Trichoparia* Brauer et Bergenstamm 等。

本邦には，*Servillia* R.-D., **Echinomyia*, **Peletieria*, **Cuphocera*, **Micropalpus*, **Chrysosoma*, **Gymnochaeta*, **Ernestia*, **Panzeria*, *Meriania*, **Nemoraea*, *Protonemoraea*, *Tamanukia*, **Sturmia*, **Argyrophylax*, **Winthemia*, **Carcelia*, **Exorista*, **Nemorilla*, *Epicampocera*, *Phorocerosoma*, **Masicera*, **Ceromasia*, *Vibrissina*, *Dolichocolon*, **Prosopodes*, *Frontina*, △*Centeter*, **Compsilura*, **Pales*, **Eutachina*, **Chaetotachina*, **Tricholyga*, **Gonia*, **Voria*, **Hystricovoria*, **Bucentes*, **Actia*, △*Ochromeigenia* 等の属が知られ，＊字のものは鱗翅目に，△字のものを鞘翅目に寄生する。ブランコヤドリバエ (*Eutachina japonica* Townsend) (Fig. 1479) 体長9～14mm，黄色。雄。額は複眼の約4/5の幅を有し，額帯は黒色で額側部より狭く，額側部は黄金色，側顔は黄金色。触角は細長く，第3節は第2節の約3.5倍長，第2節は黄褐色で第3節は黒褐色。額の棘毛列は側顔の中央にまで達し，頭楯の側縁の基部1/3に棘毛を列生している。小顋鬚は赤褐色。胸背は明瞭な黒色縦帯を有する。腹部は長く，各背板の後縁に幅広の黒色横帯を有し，光沢に富む。各背板には中棘毛を欠き，第3背板の後縁棘毛は2本，末端に光沢ある黒色の尾背板と尾板とが見え，腹面は光沢ある黒色。脚は黒色で，大形の爪間盤を具えている。翅の第5径室は翅端の遙か前に狭く開口し，その外下角より長い皺状の支脈を生じている。雌。額は複眼とほぼ等幅，額眼縁棘毛は2本，爪間盤は微小，北海道・本州等に分布し，幼虫はブランコケムシその他多数の鱗翅目幼虫に寄生している。マメコガネヤドリバエ (*Centeter cinerea* Aldrich) は幼虫 (Fig. 1480) がマメコガネやヒメコガネその他の有力な天敵で，現在北米に輸入され盛んに効果を現わしつつある。ノコギリバエ (*Compsilura concinnata* Meigen) は雌

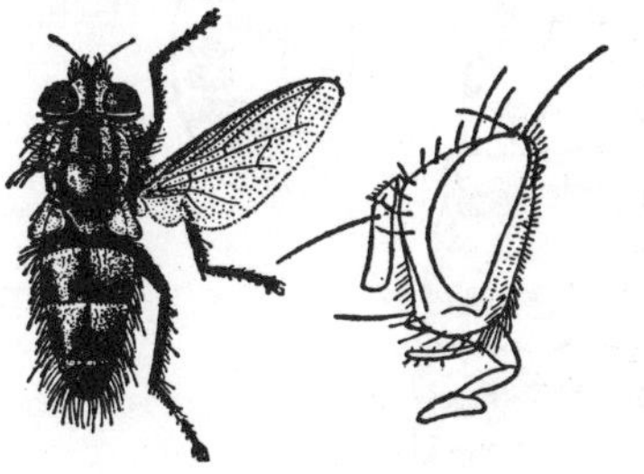

Fig. 1479. ブランコヤドリバエ(高野)

の腹部腹板上に鋸歯状の突起を具え且つ産卵管は剣状となつている。日本・欧洲・アメリカ等に分布し，幼虫は多数の鱗翅目の幼虫に寄生する。養蚕家が最も恐れているカイコノウジバエ(***Sturmia sericariae*** Cornalia) (Fig. 1481) はこの科に属する。

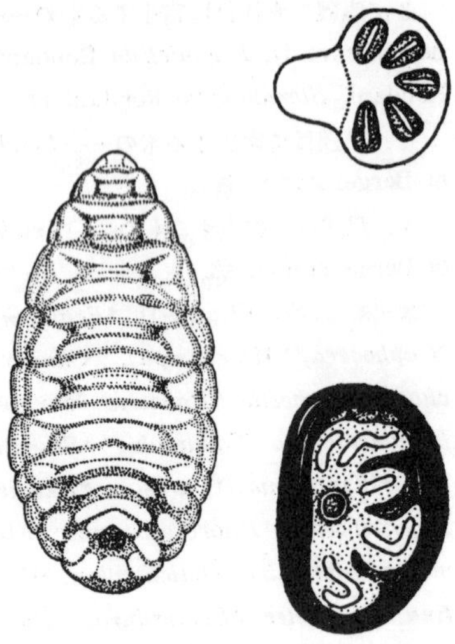

Fig. 1480. マメコガネヤドリバエ幼虫（高野）
附図　上　前呼吸器（右）
　　　下　後呼吸器右気門板

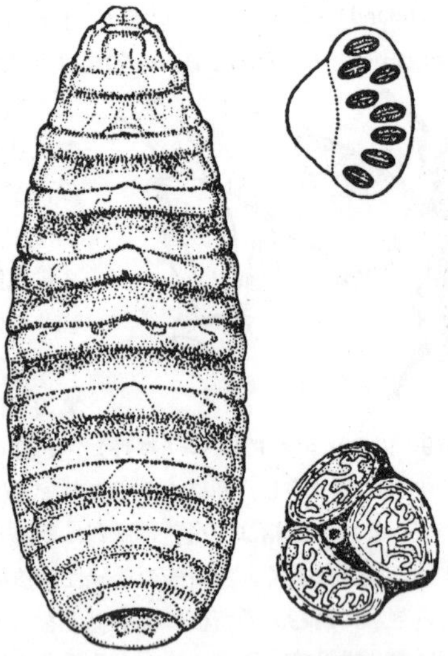

Fig. 1481. カイコノウジバエ幼虫（高野）
附属　上　前呼吸器（右）
　　　下　後呼吸器右気門気門板

621. アシナガヤドリバエ（長脚寄生蠅）科
Fam. Dexiidae Macquart 1835

Dexid Flies と称えられ，ドイツの Schlupffliegen がこの科の蠅の総称である。ヤドリバエ科にその習性と形態とが近似しているが，触角が複眼の中央かまたはその下方に生じている事によつて区別する事が出来，触角棘毛が有毛かまたは羽毛状，中胸背板は強く背上に膨出し，横線前に翅間棘毛がなく，腹部の腹板は背板にて隠され，脚は比較的長い。幼虫は主に鞘翅目の幼虫や鱗翅目の幼虫の内寄生虫である。

世界から約2300種程が発表され，*Dexia* Meigen, *Billaea* Robineau-Desvoidy, *Degeeria* Meigen, *Macquartia* Robineau-Desvoidy, *Myiocera* Robineau-Desvoidy, *Prosena* Lepeletier et Serville, *Thelaira* Robineau-Desvoidy, *Theresia* Robineau-Desvoidy, *Zophomyia* Macquart 等が代表的な属で，本邦には *Succingulum*, **Zophomyia*, *Janthinomyia*, *Aphria*, *Ocyptera*, *Anisia*, *Prosofia*, *Thelaira*, *Myiostoma*, ▵*Prosena*, ▵*Dexia*, *Dexiosoma* 等の属が発見されている。△字は鞘翅目に＊字は鱗翅目に寄生する事が知られている。

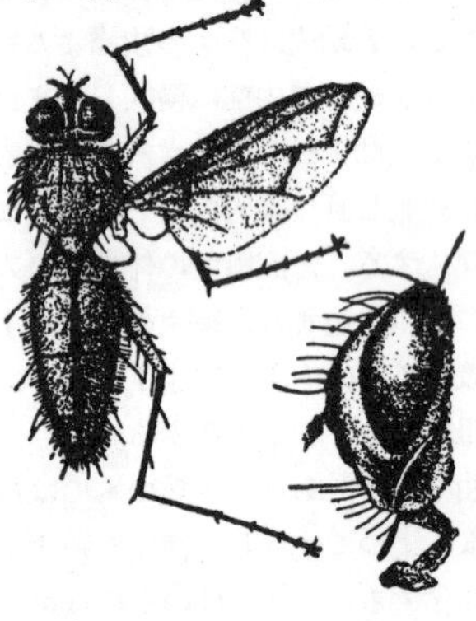

Fig. 1482. セスジナガハリバエ雄（高野）

セスジナガハリバエ (*Dexia flavipes* Coquillett) (Fig. 1482) 体長 9〜12mm，橙黄色。雄。複眼は無毛，額は複眼の約 1/3 の幅を有し，額帯は黒色，額側部は灰褐色，側顔と頬とは灰白色。額側部には額眼縁棘毛以外に毛を欠き，側顔と頬ともまた無毛。触角は橙黄色で短小，第3節は前節の約2倍長，触角棘毛は長羽毛状，小顋鬚は黄色。胸背は黄色粉にて密に被われ，黒色の4縦条を有する。腹部は著しく細長，背面は一様に淡橙黄色で，中央に黒色の1縦条を有し，各背板には中棘毛

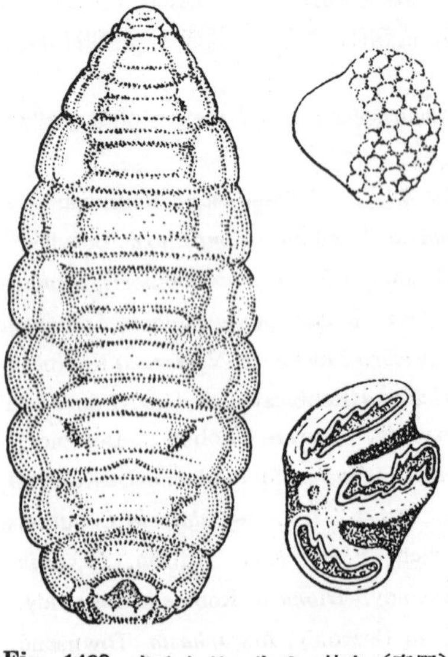

Fig. 1483. クチナガハリバエ幼虫（高野）
附属　上　前呼吸器（右）
　　　下　後呼吸器 左 気門板

がある。脚は細長く淡橙黄色で黒色の跗節を有し，爪間盤は長大で灰褐色。翅は長形，第5径室は翅端前に狭く開口し外後角から短支脈を出している。雌。額は複眼よりやや広く，額側部に2本の強大な額眼縁棘毛を有し，腹部背面の中縦線は不明，爪間盤は微小。本邦以外に支那・馬来等に分布し，*Melolontha* 属の幼虫に寄生する。尚コガネムシに寄生する有力な天敵としてはクチナガハリバエ (*Prosena sybarita* Fabricius) (Fig. 1483) が産し，特に北海道に最も普通で，口吻が著しく細長く前方に突出するので顕著，台湾・支那・比島・ジャワ・欧州等に広く分布している。

蛹　生　類

Series *Pupipara* Nitzsch 1818

皮膚は多少革質で，脚の基節が普通に左右著しく隔たり，規則的に著しく扁平であるが少数の例外として幾分側扁的なものもあり，雌の腹部は常に大部分膜質で非常に膨脹され得る。従つて各環節が不明瞭となつている。この特徴は雄の場合にも適用されるが *Nycteribiidae* 科の雄はその雌と異なり各環節が明確に構成されている。翅は種々発育程度を異にし，完全にないものから完全に機能的なものまでがある。平均棍は時に充分小形で孔凹中に蔭されているものがある。凡て吸血性で動物の外寄性である。つぎの如き3科に分類されている。

1．頭部は小さく，後脚基節の前方から生じ且つ胸背上に後方に畳まれ得る。胸部は非常に扁平で側方に拡がり，複眼がある場合には多くとも左右各々が2小眼によつて代表され，翅は常にない…………………………………………………………Family *Nycteribiidae*

頭部は前脚基節の前方から生じ胸背上に後方に畳まれる事がなく，胸部は著しく扁平でなく且く側方に拡がつていない………………………………………………2

2．小顋鬚は長さより幅広く頭の前方に葉状に突出し，翅はないか痕跡的かまたは充分発達し，翅脈は前縁の方に集合していない………………Family *Streblidae*

小顋鬚は細長く口吻を多少包み，翅は跡跡的かまたは完全に発達し，主翅脈は前縁の方に集合している………………………………………Family *Hippoboscidae*

622. シラミバエ（蝨蠅）科

Fam. Hippoboscidae Leach 1817

Louse Flies, Flat Flies, Forest Flies 等と称えられ，ドイツの Lausfliegen である。微小乃至小形，長楕円形かまたはより幅広で，扁平有毛，有微棘，有翅か無翅で，鳥や哺乳動物等の外寄生性の蠅で，幾分蝨またはダニ等に類似している。頭部は扁平で，普通に胸部のへこみの内に附着し，口吻は細く彎曲し引き込まれ得て蔭されている。小顋鬚は長く口吻の鞘となつている。複眼は卵形か円形で大きく，単眼はあるものとないものとがある。触角は微小で，外観的には1節であるが，実際は3節からなり，口吻の根部近くの孔または圧凹部から生じ，末端に棘毛または毛を生ずるものとしからざるものとがある。胸部は頭部より少しく幅広で，腹部より狭く，扁平，小楯板は短かく幅広。腹部は幅広で，円いか三角形，各節不明瞭で基部数節は普通に充分幾丁質化している。脚は短かく且つ太く，跗節は5節からなり，最初の4節は微小，爪は大形で簡単かまたは1～2歯を具えている。翅は雄かまたは雌雄共に発達するものと痕跡的なものと全然これを欠くものとがあつて，有翅の場合には終生附着しているものと途中にて脱落するものとがあり，翅脈は前方のものが強大で後方のものが弱小。平均棍は顕著か非常に退化するかまたはない。

成虫のみが鳥類や哺乳動物等から吸血し，偶然的に人類にも寄生し，ある種類は病原体の伝播をなす。世界から約20属400種が知られ，つぎの如く5亜科に分類する事が出来る。

1．単眼は屢々存在し，若しこれがない場合には翅の肘室が形成されている………………………………………2

単眼はなく，翅の肘室は普通ない…………………3

2．機能的な翅を有するものはその翅脈が非常に減退し，普通は痕跡的な翅を有するのみ (*Melophagus* Latreille 世界共通の *M. ovinus* Linné が代表，*Echestypus* Speiser エチオピア，*Lipoptena* Nitzsch 全北区) ……………………Subfamily *Lipopteninae*

翅は機能的かまたは痕跡的で，肘室が一般に存在する (*Ornithomyia* Latreille 世界共通，*Ornithoica* Rondani 多くはインド濠洲産，*Ornithopertha* Speiser 新熱帯，*Stenopteryx* Leach・*Crataerrhina* Olfers 旧北区) …………Subfamily *Ornithomyiinae*

3．翅はよく発達する………………………………………4

翅は痕跡的で，臀脈は肘室を閉ざしている (*Allobosca* Speiser エチオピア) …Subfamily *Alloboscinae*

4．前胸背板は背面から見えない (*Olfersia* Wiedemann 世界共通，*Icosta* Speiser 馬来，*Lynchia* Weyenbergh 広分布) ………Subfamily *Olfersiinae*

前胸背板は背面から見え，通普淡色の環輪として現わしている (*Hippobosca* Linné 大部分旧北区) ……………………………………Subfamily *Hippoboscinae*

以上の諸亜科中 *Alloboscinae* 以外は凡て本邦からも発表されているが，それ等の中最も正確なものはウマシラミバエ (*Hippobosca equina* Linné) (Fig. 1484) 1種である。体長6～8mm，黄色で暗褐色の斑紋を有する。額は黄色で，中央部やや四角形に凹み暗色を呈する。複眼は黒色。触角は短小で，頭端の凹陥内に存在し黄色，端棘毛は3本でその中央の1本は黒色で長大。小顋鬚は長大で下方に延び，前縁は黒褐色，外面に剛毛を叢生している。前胸背板は短小で中央に襟状となつて現われ，中胸背板は平滑で，周縁部は黄色，中央部は暗褐色の濃淡ある不規則形の斑紋を現わし，小楯板は黄色。腹部は雄ではやや四角形，雌ではやや円形，灰褐色乃至黒褐色。翅はよく発達し，黄色を帯び透明，翅脈は黄褐色，中脈と肘脈と臀脈とは翅縁に達する事がなく弱体に終り，径中横脈の附近と中肘横脈の両端部とは黒色。平均棍は黄色，脚は黄褐色，腿節の末端部・脛節の基部と末端等は暗色を帯び，腿節は末端の方に太まり，前脚腿節は特に短太，跗節は短かく暗色，爪は強大で黒色。本邦の馬の放牧地帯で発見され，欧洲・アフリカ等に広く分布し，牛や犬や兎やその他の野獣から吸血し，南アでは牛の Trypanosoma の媒介をすると云う。

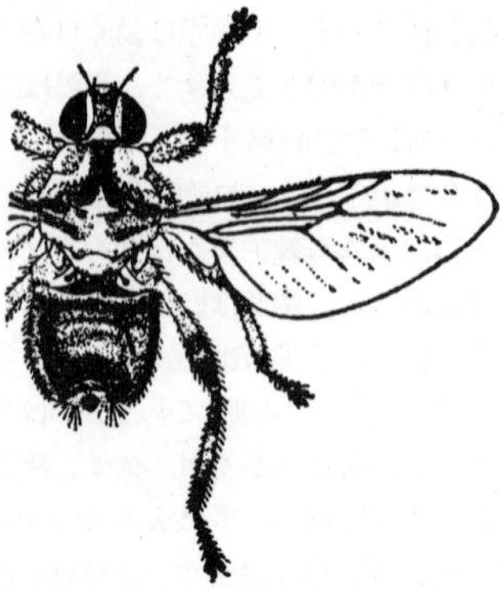

Fig. 1484. ウマシラミバエ（江崎）

623. コウモリバエ（蝙蝠蠅）科

Fam. Streblidae Kolenati 1862

Bat Flies と称え，頭部は中庸大で可動的な頸部を具え，複眼はある場合には小形で甚だ少数の小眼からなるかまたは単1眼からなり，単眼はない。触角は孔の内に存在し，2節で，第2節は1本の棘毛を具えている。口吻は短かく，基部太まり，小顋鬚は長さより幅広で頭部の前方に葉片状に突出し口吻の鞘を形成していない。腹部は明瞭な基節を具え，他の数節は稀れに明瞭となり，基節は静止の際に翅を保護する特種な棘毛を具えている。後脚の基節は常に大形，跗節の第5節は一般に長く且つ太く，褥盤は存在し，爪は簡単。翅は時に痕跡的かまたはなく，存在する場合には翅脈は太く且つ毛を装う。平均棍はある。*Strebla* Wiedemann, *Aspidoptera* Coquillett, *Ascodipteron* Adens, *Megistopoda* Macquart, *Nycteribosca* Speiser, *Nycterophilia* Ferris, *Pterellipsis* Coquillett, *Trichobius* Gervais 等が代表的な属で，本邦にはコウモリバエ(*Nycteribosca kollari* Frauenfeld)(Fig. 1485) が発見されている。体長 3mm 内外，淡黄褐色。頭部は小さく背面に剛毛を叢生し，複眼小さく淡色の円盤状の痕跡部として現われている。触角は極めて短小で頭端に存在し，第2節即ち末端には分岐せる1棘毛を具えている。小顋鬚は楕円形で，触角の直下に前方に突出している。腹部は大形でやや球状を呈し，剛毛を密生し，中胸背板の前楯板と楯板と小楯板とが凹陥線によつて区別され，腹面は平滑で，前胸腹板は前脚基節によつて満たされ，中・後両腹板は正中線に凹陥線を有する。腹部は細く，環節なく長剛毛を密生する。翅はよく発達し褐色を帯び半透明，翅脈は黄褐色。脚は短小で剛毛を密生し，腿節は特に太く，跗節は短小で，最初の4節は微小，末端節は太く顕著な黒色爪を具えている。本州・四国・九州等に産しユビナガコウモリ等に寄生し，支那・東洋熱帯等に広く分布する。

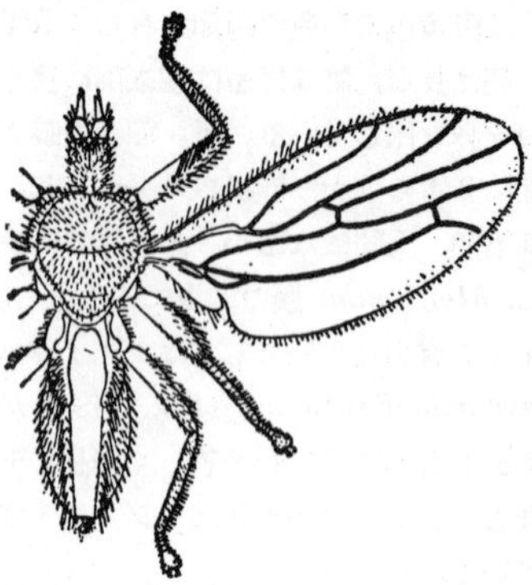

Fig. 1485. コウモリバエ（江崎）

624. クモバエ（蛛蠅）科

Fam. Nycteribiidae Leach 1817

Fledermausläuse と称えられ，微小で無翅でクモ状の蠅。頭部は卵形で，静止の際には中胸背板上の溝の内に後方に反転している。触角は短かく溝内に存在し，2節からなり，末端節は楕円形で棘毛を生じている。複眼と単眼とは痕跡的。胸部は扁平で，前側部に櫛歯状棘毛を生じている。腹部は卵形で，多少明瞭な環節からなる。脚は長く，静止の際には膝部を胸背に突出せしめ，腿節は幅広，脛節は末端の方に幅広となり，跗節第1節は甚だ長い。平均棍は有柄か無柄で，屢々不明瞭。幼生類。凡てコウモリに外寄生性で，熱帯と亜熱帯とに分布するが特に旧大陸に多い。*Nycteribia* Latreille, *Basilia* Ribeiro, *Listropodia* Kolenati, *Penicillidia* Kolenati 等が代表的な属で，本邦にはケブカクモバエ (*Penicillidia jenynsi* Westwood) (Fig. 1486) が発見されている。体長 2.5mm，淡黄褐色。頭部は小さく，複眼間と頬の縁には長剛毛を叢生し，複眼は痕跡的。小顋鬚の末端は特に長い剛毛を装う。触角は複眼の前方で小顋鬚の背方に位置し，短小で2節からなる。胸部は幅広く扁平で剛毛を欠き，腹面はやや暗色で膨出し，表面平滑で，正中線は黒線をなす。脚はやや太く，背面に曲り，基節端と腿節下面と脛節と跗節末端等には長剛毛を叢生し，腿節は太く且つ長く基部から約 1/4 の所が弱体

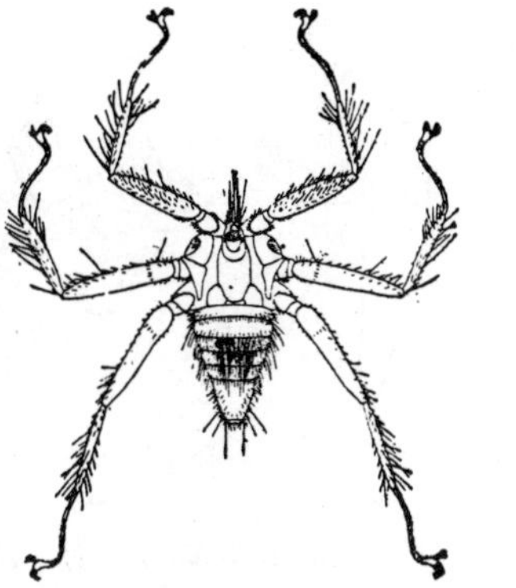

Fig. 1486. ケブカクモバエ（江崎）

となり白色の環をなし，跗節の第1節は甚だ細長く彎曲し裸体，第2～4節は短小，第5節は著しく幅広く，爪は1対で著しく彎曲し強大。腹部は雄では細く，各節の後縁に長剛毛を列生し，特に第2～4節の中央部では長い，腹面は第1腹板の後縁に微櫛歯（Ctenidium）を具えている。雄の腹部末端節は細く，1対の長大な把握器を具え，同器は腹面上前方に曲つている。本州・四国・九州等に産し，ユビナガコウモリに普通外寄生している。東洋の亜熱帯・熱帯に広く分布する。

無翅又は痕跡的な翅を有する雙翅目の科の索引

1．触角と口器とがなく，体は大概蛹状……………… 2

触角と口器とが存在し，体は成虫の蠅状………… 3

2．完全に海水棲で，脚は痕跡的（*Pontomyia* ♀サモア産）………………… Family *Chironomidae* の一部

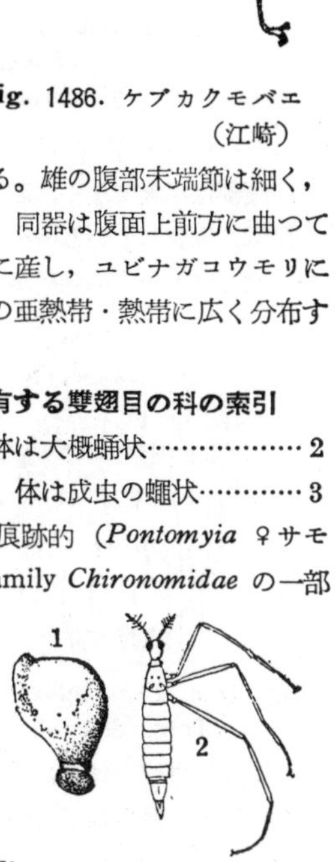

Fig. 1487. 無翅双目の成虫
1. *Ascodipteron* の退化雌（Adensamer）
2, *Chionea*（Johnson）

コウモリの皮膚内に潜穿し，完全に袋状で，頭部と胸部と腹部とが区別されない（*Ascodipteron* ♀ Fig. 1487 の1広分布）(*Ascodipteridae*) ……Family *Streblidae* の1部

3．触角は自由で，多少等形の6節以上からなり，小顎鬚は普通明かに環節付けられ，体の棘毛は発達していない………………… 4

触角は3節またはより少数節からなり稀れに6節，小顎鬚は環節付けられていない。棘毛は屢々存在する……………………………………………………… 12

4．雌は長い幾丁質化せる産卵管を具え，中胸背板は模式的にV字形の縫合線を具えている……………… 5

幾丁質化せる産卵管を欠き，中胸背板はV字形横線を有しない…………………………………………… 6

5．触角の鞭状部は短かく細長毛を装う（*Chionea*, Fig. 1487の2全北区，*Zalusa* ファルクランド島，*Zaluscodes* 南極）……………… Family *Limoniidae*

触角の鞭状部は基方の節より著しく細くなく，翅は紐状（*Tipula* ♀，広分布）Family *Tipulidae* の1部

6．複眼は触角の上方で左右合する…………………… 7

複眼は額上にて左右広く離り，口器は退化する…10

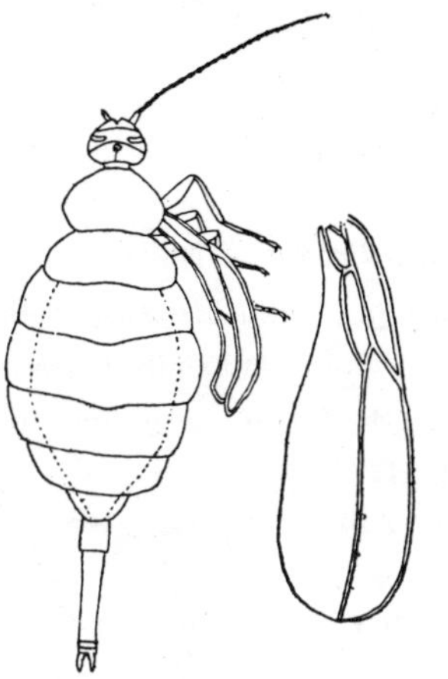

Fig. 1488. *Termitomastus* (Silvestri) 附図　翅

7．腹部は異状に膨れ末端の4節が細い突起として現われ，触角は長く糸状かまたは数珠状。白蟻の巣中に棲息するもの（*Termitomastus* Fig. 1488, 新熱帯）…… Family *Teritomastidae*

腹部は上述と異なるもの……………………………… 8

8．脚の爪は有歯，褥盤はない。触角の各節は棍棒状で輪毛を装う（*Wasmanniella* 旧北区）…………………………………Family *Cecidomyiidae* の1部

爪は簡単……………………………………………… 9

9．小楯板と平均棍とは存在し，脚は強い（*Coboldia* 客蟻，新北区，*Thripomorpha* Fig. 1489 旧北区）…………………………… Family *Scatopsidae* の1部

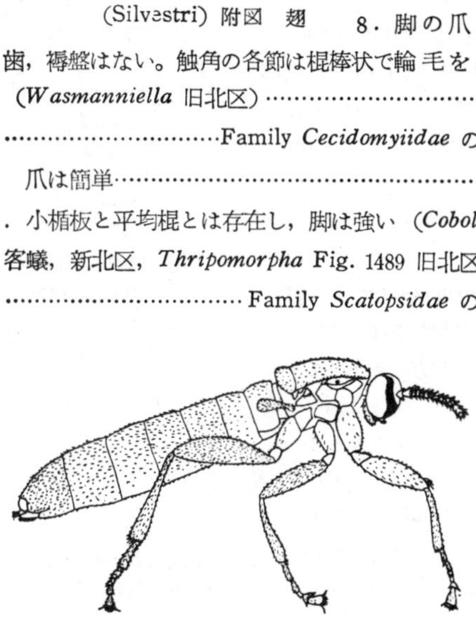

Fig. 1489. *Thripomorpha* (Enderlein)

小楯板はなく，脚は細長い……………………………………………… Family *Sciaridae* の1部

つぎの如く2群に分つ事が出来る。

a．小さな平均棍と翅根とがある（*Austrosciara* ♀，白蟻の巣中に発見され，濠洲産，*Aptanogyna*, *Bertea*, *Dasysciara* 旧北区）

b．平均棍と翅とがない（*Epidapus* 全北区，*Pnyxia* Fig. 1490 新北洲，Potato-scab mite）

10．白蟻の巣の中に生活する。触角は14節，単眼はな

Fig. 1490. *Pnyxia* (Schmitz)

く，翅は数脈を有する（*Termitadelphus*, *Termitodipteron*, 新熱帯）………………Family *Psychodidae*

白蟻の巣の中に棲息しない…………………………11

11. 中胸背板は大形で頭の基部の上にかぶさり，腹部は胸部にて縊れ，平均棍はある（*Clunio*, Fig. 1491, 海上棲，旧北区；*Eretmoptera*, 海上棲，新北区；*Pontomyia* ♂，海水棲で脚が游泳に適応している。サモア産；*Belgica*, *Jacobsiella*, パタゴニア産）（*Eretmopteridae*）…………………………………………Family *Chironomidae* の1部

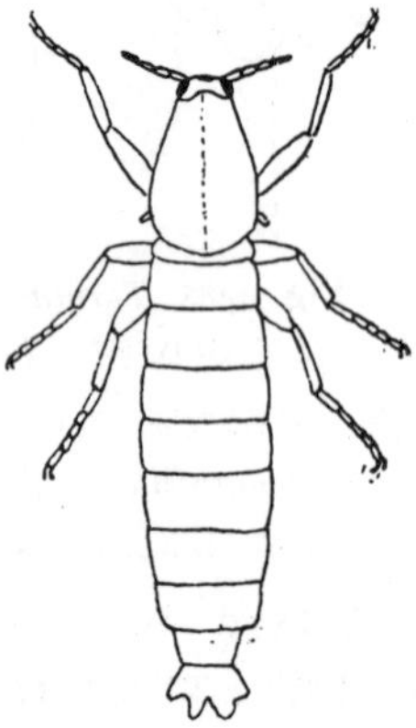

Fig. 1491. *Clunio* (Carpenter)

中胸背板は小さく頭部の方に突出していない。腹部は幅広く無柄，平均棍と小楯板とは発達していない（*Dahlica*, Fig. 1492, 旧北区）(Subfamily *Dahlicinae*)………………………Family *Mycetophilidae* の1部

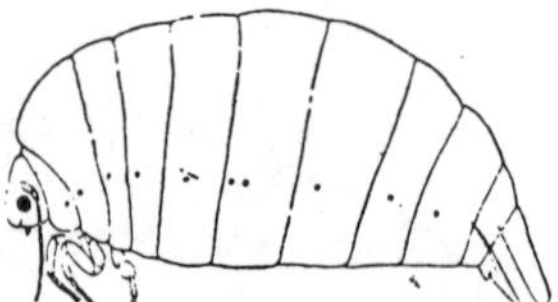

Fig. 1492. *Dahlica larviformis* (Dahl)

12. 爪間盤は褥盤状，脚は長く，複眼と単眼とはよく発達し，触角は短かく6節で触角棘毛を欠き，胸部は背上に隆起し，無翅（*Boreoides* 濠洲産）……………………………………………Family *Chiromyzidae* の1部

爪間盤は褥盤状でない………………………………13

13. 白蟻の巣の中に棲息し，腹部が非常に膨大し且つ尾方の数節が腹面下に曲つている。触角棘毛は羽毛状，口器は自由，脚は側扁していない（*Termitoxenia*, Fig. 1493の2，インド，アフリカ産；*Termitomyia*, アフリカ，*Odontoxenia*, ジャバ）………………………

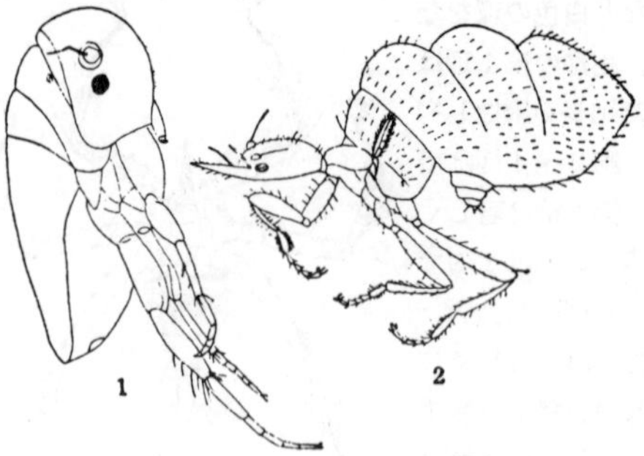

Fig. 1493. 双　翅　目　成　虫
1. *Thaumatoxena* (Börner)
2. *Termitoxenia* (Wasmann)

…………………………………Family *Termitoxeniidae*

腹部は膨大でなく，若し膨れている場合には肛門が尾端に位置している…………………………………14

14. 頭部は大きく胸部にかぶさり，腹部は小さく明瞭に環節付けられていない。複眼は存在し，角触は溝の中に存在し末端節が端棘毛を具えている（*Thaumatoxena*, Fig. 1493の1，1494, 欧洲・アフリカ産）……………Family *Thaumatoxenidae*

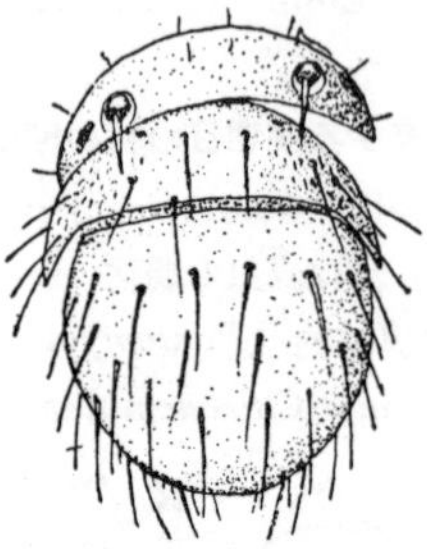

Fig. 1494. *Thaumatoxena* (Trägårdh)

頭部は胸部にかぶさつていない………………15

15. 触角は外観上球状の1節からなり，頭部の溝の中に多少沈み，触角棘毛は細長く3節からなり無毛か有毛。脚は特に後脚が太く側扁している。多くは白蟻や蟻等の巣中に生活する雌虫（*Puliciphora*, *Chonocephalus*, 広分布；*Platyphora* 全北区；*Acontistoptera*, Fig. 1495, *Commoptera*, *Ecitomyia*, *Adelopteromyia*, 新熱帯；*Psyllomyia*, *Aenigmatistes*, *Aenigmopoeus*, エチオピア）（*Stethopathi-*

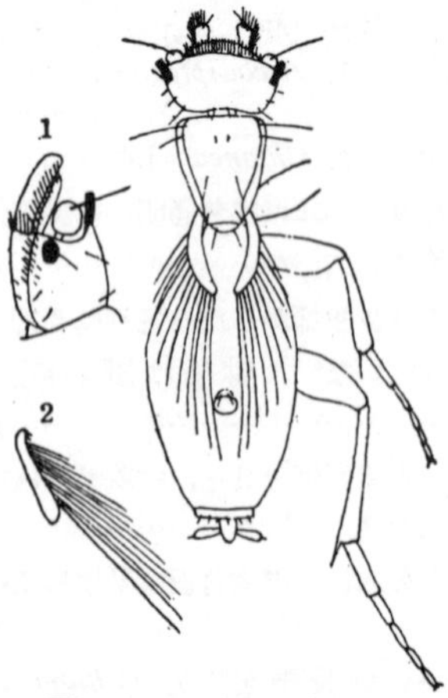

Fig. 1495. *Acontistoptera* (Brues)
1. 頭部側面
2. 翅の側面

dae)……………………………Family *Phoridae* の1部

　触角は2節または3節，脚は決して側扁していない……………………………………………………16

16. 脚の基節は胸腹板にて左右に離されていない。腹部は環節付けられている。温血動物または蜜蜂に寄生していない……………………………………………17

　基節は腹板にて分離され，腹部は時に不明。鳥や哺乳動物やまたは蜜蜂に外寄生性……………………28

17. 額は触角の直上に半月瘤または縫合線を有しない。触角の第3節は幾分末端の方に細まつている………18

　触角の直上にΩ字形縫合線を有し，触角第3節は多少楕円形で背面から触角棘毛を生じ，小顋鬚は大概1節からなる……………………………………………19

18. 触角棘毛または触角棒状突起を一般に末端から生じ，若し背面から出ている場合（*Thinodromia*）は体が灰色粉にて密に被われている（*Ariasella*, *Dusmetina*, *Pieltania*, 南欧産；*Thinodromia* 海上棲，北米産）……………………Family *Empididae* の1部

　触角棘毛は背面から生じ，体は金属色(*Emperoptera*)か褐色（*Schoenophilus*）（*Emperoptera*, Fig. 1496，ハワイ；*Schoenophilus* 南極）……Family *Dolichopodidae*

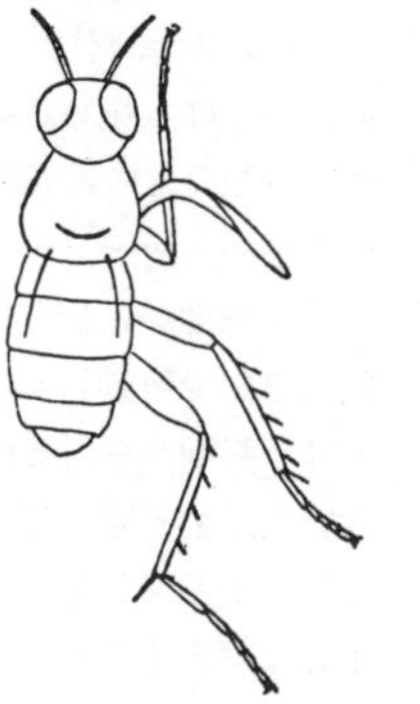

Fig. 1496. *Emperoptera* (Grimshaw)

19. 後脚の第1跗節は第2腹より短かい（*Aptilotus* 全北区，*Apterina* 旧北区；*Antrops*, *Anatalanta*, *Siphlopteryx* 南極）……………………………Family *Borboridae* の1部

　後脚の第1跗節は第2節より長い…………………20

20. 口孔は大形（*Amalopteryx*, *Chamaebosca*, 南極）……………………………Family *Ephydridae* の1部

　口孔は普通……………………………………………21

21. 触角棘毛は粗に羽毛状（*Drosophila*, 痕跡的翅を有するかまたは無翅の状態）………………………………………………Family *Drosophilidae* の1部

　触角棘毛は有毛か裸体…………………………………22

22. 脚は太く，綿様の毛を装う（*Pezomyia* ファルクランド島）…………………Family *Dryomyzidae* の1部

　脚は太くなく且つ綿様の毛を生じていない………23

23. 中胸背板に前方部によく発達した棘毛を具えている……………………………………………………24

　中胸背板は強大な背中棘毛を欠く…………………25

24. 胸部は扁平，脚は有毛，*Icaridion* の腿節は太く下面に棘状棘毛を生じている（*Apetenus*, *Icaridion*, 南極）……………………Family *Coelopidae* の1部

　胸部は背上に隆起し，脚は有棘毛(*Coenosia*, 南極)……………………………………Family *Anthomyiidae*

25. 脚は長く且く細い（*Calycopteryx* 南極）…………………………………Family *Micropezidae* の1部

　脚は長くない……………………………………………26

26. 頭部は棘毛を欠き，単眼三角部は大形（*Alombus* アフリカ；*Myrmecomorpha* 欧洲）……………………………………………Family *Chloropidae* の1部

　頭部は頭頂棘毛と額棘毛とを具え，単眼三角部は大形でない……………………………………………27

27. 翅は普通に発達するが基部にて破脱する（*Carnus* Fig. 1497）…………………Family *Carnidae* の1部

Fig. 1497. *Carnus hemapterus* の雄 (de Meijere)

27. 翅は退化し，裂落しない（*Penguistus* チリー）…………………………………Family *Opomyzidae* の1部

双翅目の主な科の幼虫に対する検索表

1. 頭部は完全かまたは後方部に深い縦刻目があり，大顋は水平に動作し咀嚼に適応している。3齢以上の齢期を有し，体は頭部以外に13節からなり，気門は9対……………………………………………………3

　頭は不完全で背上に強く発達した弧状板を有しない。大顋は垂直に動作し，口器は本質的に吸収作用を行う。体は13節より少数節からなり，例外として9対の気門を具えている……………………………2

2. 大顋は普通鎌状で，よく発達した小顋の先端を越えて突出していないで屢々著しく短い。小顋鬚は明瞭(Fig.1498)。触角はよく発達し，微かに弧状を呈する幾質背板の上面に位置している。頭蓋内に自由な咽頭節片がなく，頭部の外骨骼は少く

Fig. 1498. *Dixa* 幼虫の頭部背面図 (Malloch)

1. 触角　2. 小顋鬚　3. 大顋
4. 上咽頭　5. 小顋葉（口刷毛）
6. 上唇

とも背面に認められる……………………………………25

大顋は短かく鉤状で哀弱な小顋の先端を著しく越えて突出可能，小顋鬚は稀れに見られる。触角は哀弱な発達かまたはなく，有る場合には膜面上に存在する。自由な咽頭節片が存在し，頭部は甚だ哀弱な発達で背面は全く幾丁質化していない…………………………38

3．頭部は不完全で2部分からなり，その前方部は背面幾分幾丁質化し後方部は幾丁質化しないで眼点を具えている。胸部と腹部とでは13節からなり，普通に第2胸節の下面に1幾丁質板いわゆる暢思骨（Wishbone）を少くとも老熟幼虫にて具えている。側気門式。大顋は明かになく，触角は長く2～3節。一般に植物の汁を食し，多くのものは虫癭を構成し，あるものは蚜虫や介殻虫やダニその他の微小動物を食する。甚だ小形。（Fig. 1499）…………Family *Cecidomyiidae*

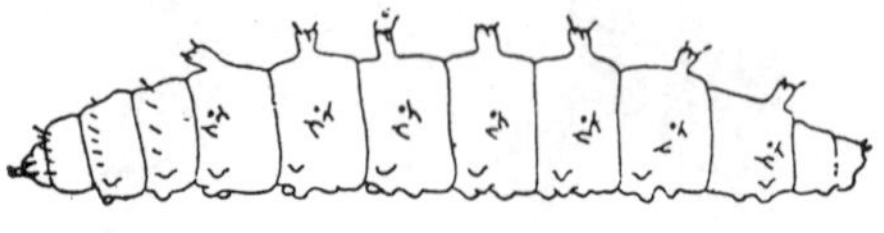

Fig. 1499. *Retinodiplosis* 幼虫の側面図 (Malloch)

上述と異なるもの……………………………………4

4．腹部の各節間は深く縊れ，腹面に吸盤の列を具えている。急流中の岩石面に附着している………………5

腹部の腹面には大形の吸盤列を具えていない……6

5．腹部腹面の吸盤は中央に位置し，その最初の1個は前方の腹合節に存在し，他のものは続く5節に各1個宛存在する。頭部と胸部に腹部の最初の2節とが癒合してむしろ小さな第1体節を形成し，大顋は3歯を具えている……………………Family *Blepharoceridae*

腹部腹面の吸盤は側部に位置し，腹部環節の側突起上に存在する。胸部の環節は明瞭，大顋は深い刻目を有しその外岐は長櫛歯状となつている……………………………………………Family *Deuterophlebiidae*

6．頭部は後方不完全で，3個の深いクサビ形の刻み目を有し，その2個は背面に他の1個は腹面に位置している(Fig. 1500)即ち腹面が甚だ哀弱に幾丁質化し背面後方が4本の細い著しく幾丁質化せる棒状となつているか，または背面の前半部に弱く幾丁質化した分離せる1板を有するかの何れかである……………………7

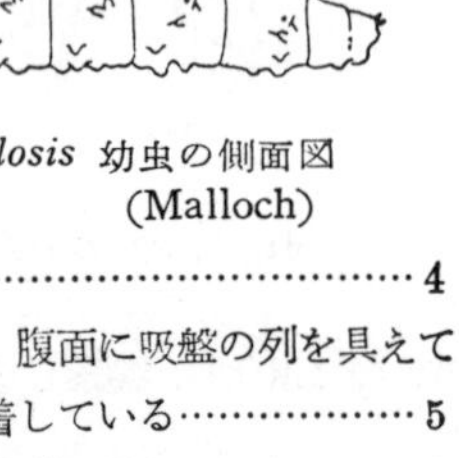

Fig. 1500. *Limonia* 幼虫の頭部背面図 (Malloch)

頭蓋は完全で，少くも後背面が幾丁質板で区割され，板または棒に分離していない。大顋は対置している……………………………………………………8

7．腹部の末端は6個の放射状突起を具え，体には規則正しい棘毛を有し，頭部は強く幾丁質化し，背面微かに弧状を呈し2縦割目を有し，腹面は円く1中割目を有する。触角は小顋鬚より長く，下唇は尖り2部に分割されていないで前縁有歯，大顋は甚だ太く末端に2歯を具えている。湿地に棲息し，植物根を食し，あるいはいわゆる掃除者として生活し，時に水中に棲息する…………………………………Family *Tipulidae*

腹部末端は多くも5個の放射状突起を有し且つ1本または2本の呼吸管を具えている。若し6個の末端突起を有する時は下唇が中央で亜分割されている。体は普通に規則正しく配列する棘毛を欠き，屢々密毛を装う。頭部は多少引き込まれ，時に弱く幾丁質化し明瞭な下唇を欠く。触角は時に短かく細く小顋片の如く長くない。大顋は決して2本のみの歯を有する事がない。多くは水棲あるものは湿地に棲息し，時に肉食性，少数のものは陸棲で植物葉を食し緑色を呈する……………………………………………Family *Limoniidae*

8．3胸環節が癒合して幅広の1節を形成している。頭部は自由で可動的で幾丁質化し，少くとも老熟のものでは小眼面からなる複眼を具えている。第8腹環節は太い突出する呼吸管を具え，第9節には4個の尾鰓片と刷毛子とを具えている。水棲で，自由に游泳するかまたは懸垂する……………………Family *Culicidae*

胸部の3環節は明瞭に分離している………………9

9．下唇基節即ち下唇板は有多歯で頭部の下面に存在し，同板は原始型のものでは亜基節と基節とに分かれている。側気門式だが，水棲の *Simuliidae* では気門が痕跡的…………………………………………………10

下唇基節は多少退化するかまたは完全になく，多くとも陸棲の側気門式の *Bibionidae* に於て3歯を具えている。頭蓋の側板は下面にて幾丁質橋板にて左右が普通連結している……………………………………16

10．腹部の後方部は膨太し，末端節は腹面に1吸盤を具え同板には棘毛の集合を有し，それによつて急流中の岩石を保持している。口部は両側に大きな環節付けられている小顋を具え，同小顋には長毛の扇子状配列がある。胸部は1対の互に密に癒合している擬脚を具え，微小な気門が全腹部環節に開口している…………………………………………………Family *Simuliidae*

体は棍棒状でなく且つ尾端吸盤を欠き，あるいは大形の扇子状の口毛を欠く（*Dixidae* では小顋が小さな扇毛を具えている），後気門式で最後の1対の気門を有するか，または双気門式で第1対と最後の1対との気門を有する……………………………………………11

11. 第1と第2との各腹環節は背面に擬脚様の2疣突起を具え（Fig. 1219），その末端に多数の微鉤様棘毛を具えている。後気門の後方に2対の有縁毛の突起と1本の棘毛状の端管を具えている。寒流中に見出される（Fig. 1498）…………………………Family *Dixidae*

腹部の第1，第2両節には背面に突起を欠く……12

12. 末端の数腹節は引き込まれ，末端に細長い1本の呼吸管を具え，腹面の擬脚は存在し，それに棘毛を生じている。水棲（Fig. 1209）…Family *Ptychopteridae*

腹部末端に細長い裸体の呼吸管を具えていない…13

13. 胸部と腹部とには二次的環節を有し，それは狭い幾丁質横帯の存在によるもので，多くの節では3横帯を有する。あるいは末端節が短かい幾丁質管状を呈している。稀れに腹面節が正中線上に吸盤様の小板の1列を具えている。体は前後両端の方に細まつている。下水汚物や獣糞や茸類や樹乳等の中に発見される（Fig. 1212）……………………………Family *Psychodidae*

体の背面に紐状の横帯がなく，末端節は短管とならず，腹部腹面に吸盤を有する事がない………………14

14. 下唇基節は突出し幾丁質化せる切縁を具え，上唇は可動的，尾端に4本の指状尾鰓を具え，頭蓋は特形の尖れる突起を具え，末端前節は背側部が膨出し，前胸は脚根を具えている。木質内や湿気ある岩石上等に発見され，稀れな種類…………Family *Thaumaleidae*

下唇基節は削截器の形状に突出していない。上唇は固着している……………………………………………15

15. 体は甚だ細く両端細まり，胸擬脚も尾擬脚もなく，

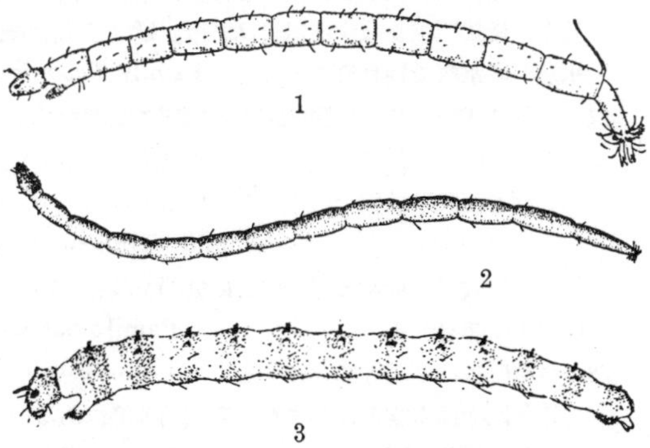

Fig. 1501. ヌカカの幼虫（徳永）
1. *Forcipomyia crinume* 側面
2. *Culicoides circumscriptus* 背面
3. *Lasiohelea acidicola* 側面

且つ体毛もない。またはより太く各環節が明割で強棘毛を装い，棘毛のあるものは槍状，胸部に1対の擬脚を具い，1本の尾擬脚を有するかまたはこれを欠く。陸棲で堆肥の中や樹皮下やその他に棲息し，また水中にも発見される（Fig. 1501）………………………………………………………………Family *Ceratopogonidae*

体は一般に円筒状（Fig. 1502）で稀れに胸節が膨れ，明瞭な体棘毛がないが屢々柔毛を生じ，末端節は普通背面に毛束を有し，擬脚は一般に存在し，前胸と

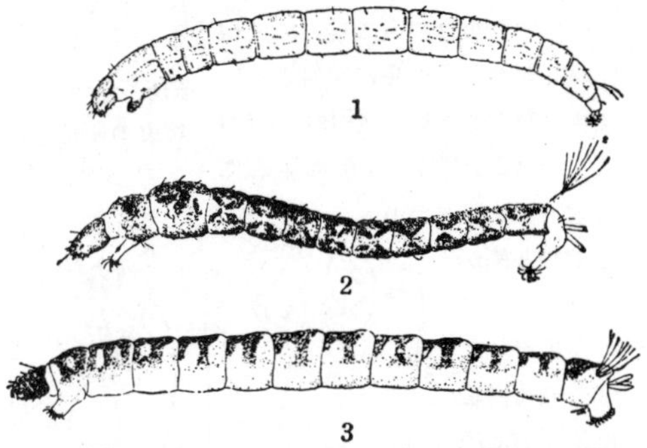

Fig. 1502. ユスリカの幼虫（徳永）
1. *Telmatogeton japonicus* 側面
2. *Pentaneura monilis* 側面
3. *Heptagyia brevitarsis* 側面

尾節とに各1対宛ある。多くは水棲で，砂管中に存在し，あるものは海水棲，稀れに陸棲………………………………………………………Family *Chironomidae*

16. 側気門式で，腹部の大部分の環節に気門を具えている……………………………………………………17

双気門式で第1対と末端対の気門を具え，また後気門式で最後の気門のみ止まり，あるいはまた胸部と腹部との気門が明瞭でない…………………………22

17. 触角は長く，体はある顕著な棘毛または毛を装う………………………………………………………18

触角は普通短かく且つ不明瞭で時に全くなく，体の顕著な棘毛はない，主として茸中に棲息する………19

18. 尾気門は長い棒状突起の末端に開口し，頭部直後に擬環節がない。腐敗植物や腐敗果物や排泄物等の中か古い樹皮下等に棲息している…Family *Scatopsidae*

尾気門は無柄，後胸気門は存在し，頭部直後に背面に棘状突起を具えている充分に発達する1擬節を有する。土中に生活しいわゆる掃除者で，時に獣糞の近辺に多数に見出されまた時に茎根植物を食害する………………………………………………Family *Bibionidae*

19. 頭部の背節片あるいは頭楯板，いわゆる前額（Praefrons）は明瞭に後方に狭まつていない。触角は2節

…………………………………………Family *Bolitophilidae*

頭部の背節片あるいは頭楯板は明瞭に後方に狭まり，触角は殆んど不明確……………………………20

20. 頭部の側板は下面にて口孔の直後で短距離間合し，しかる後著しく拡がりそうして後縁にて結合していない，小顎と大顎とは多数の歯を具えている鑢器の1対を構成する為めに互に共に生じている………………Family *Mycetophilidae* (Fig. 1503)

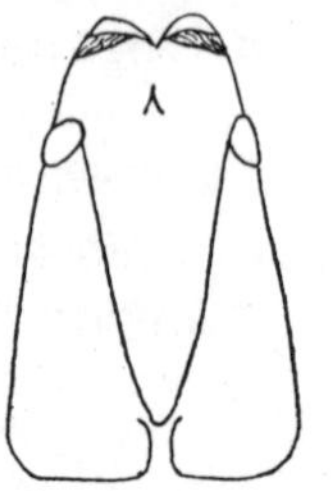

Fig. 1503. *Leia* 幼虫の頭部背面図 (Malloch)

頭部の側板は口孔の後方にて短距離間結合し且つ更に後縁近くにて再び結合している (Fig. 1504のA)。小顎と大顎とは互に明瞭に分離し，大顎は末端3歯からなる……21

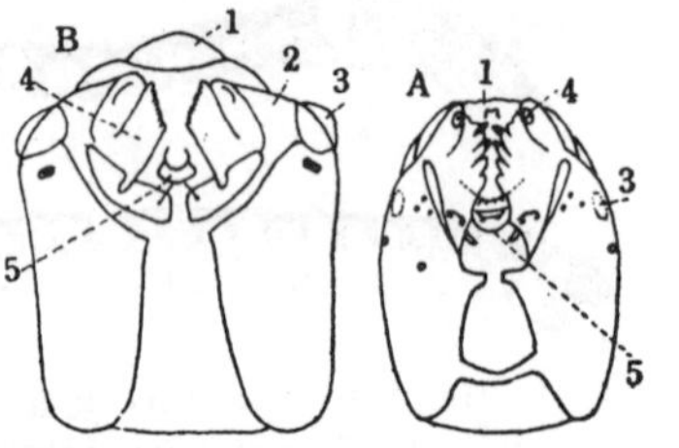

Fig. 1504. 双翅目幼虫の頭部腹面図 (Malloch)
A. *Sciara* B. *Ceroplatus*
1. 上脣 2. 大顎 3. 触角 4. 小顎 5. 下脣

21. 頭楯節片は頭蓋の後頭縁に迄後方に延び，体節は明瞭で特に腹面ではその外線が珠数状を呈し，2～3点を有する棘を具えている……Family *Ditomyiidae*

頭楯節片はより短かく頭蓋の後頭縁に達していない。体節は明瞭であるが数珠状でなく，棘は簡単。土中に棲息し，本質的に掃除者である……………………
…………………………………………Family *Sciaridae*

22. 頭楯節片 (Praefrons) は後方に狭まり終に尖る。頭部は自由，体は扁平で各腹節は二次的きざみを有し，最後の環節は気門を囲んで4個の肉質突起を具えている。腐蝕質土中や落葉下に生棲している (Fig. 1192) ………………………Family *Trichoceratidae*

頭楯節片は後方に尖つていない……………………23

23. 触角は発達しないで頭の側部に淡色の円点として現われている。頭部の下面で側節片が前方で左右連り後方で著しく離れている。茸上に粘質の巣を張りその中に生活している (Fig. 1504のB) ……………………
…………………………………Family *Ceroplatidae*

触角は有柄で一般によく発達し，頭部の下面は全長接合せる節片を具え後方広く別かれていない。体は細長く末端の方に細まり，腹部の各節は前縁近くに1縊れを有する………………………………………………24

24. 体の末端節は気門板を囲み短かいが明瞭な5突起を具え，大顎は末端円く且つ長棘毛の密列を装い，頭部の下面にある側板を結ぶ幾丁質橋片はちぎれていない。掃除者で，腐敗植物質や堆肥等の中に棲息し時に下水の汚物中に見出される (Fig. 1505) …Family *Anisopodidae*

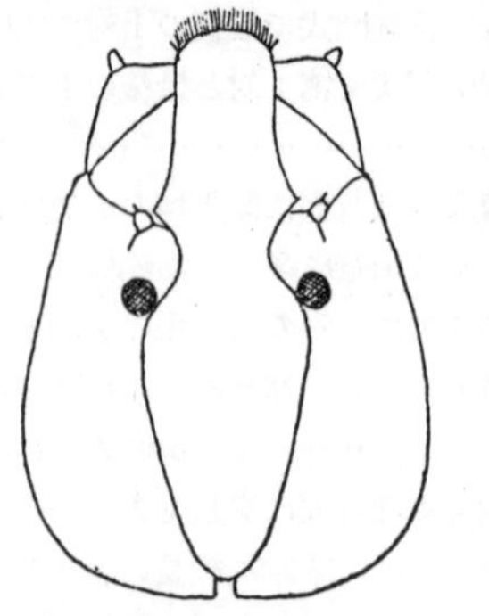

Fig. 1505. *Anisopus* 幼虫の頭部背面図 (Malloch)

末端節は気門板を囲み微突起を具え，大顎は末端3歯を具え，頭部下面の側板間に後方に延びる細い幾丁質橋は中央にて切断されている。樹木の流液中に見出される………………
…………………………………Family *Mycetobiidae*

25. 後気門板は左右接近し尾端または亜尾端の割れ目あるいは室の中に存在し，普通隠されているか，または尾端の呼吸管端にある。体長は普通鮫皮様かあるいは全体または部分的に縦皺を有する……………………26

後気門板は左右広く離れ，現われていて，尾節上に位置し，尾節は截断状で幾丁質化しまたは末端突起を有する。あるいは末端前節か末端前前節に後気門板を有する。体表はサメハダでもなくまた明瞭な縦線も有しない……………………………………………………28

26. 頭部は外部に現われ棘毛を生じ，体は11節で扁平で，表面は微細にサメハダとなり，擬脚がない。後端の気門板を蔵する割れ目は横線で時に小形。蛹は幼虫の皮膚内に包まれている……………………………27

頭部は引込まれ，体は12節で円筒状，表面はサメハダでなく一般に縦皺を具え，腹部各節には1擬脚帯を具え，後気門板を蔵する割目は垂直。蛹は自由。普通水棲か半水棲で捕食性……………Family *Tabanidae*

27. 側気門式で，多くの腹部環節の側部に気門を具えている。水棲かまたは半液体物の中や樹皮や堆肥中やあるいはまた腐敗植物上に生活している………………
……………………………Family *Stratiomyiidae*

双気門式で，前胸と尾端節とに気門を具えている。樹皮下に棲息する ……………………Family *Solvidae*

28. 後気門板は末端節に存在する……………………29

後気門板は末端前節かまたは末端前前節にある…34

29. 頭部の外部に現われている部分と尾端節の扁平な末端板とは著しく幾丁質化し，前者は円錐形で先端以外には全体閉ざされ体内に引き込まれる事がない。最後の環節は斜に切断され突出部を具えている…………30

頭部の突出部分は幾分引き込まれ，円錐状に尖つていないで可動部分は包まれていない。最後の腹節は著しく幾丁質化した末端板を有しない……………31

30. 頭部はその最大幅の約2倍の長さを有し，胸部の各節は背面幾丁質化していないで，各々が2個の内幾丁質板を有する。体は長毛を欠き，尾端節は甚だ大形。気門板は縦に長く末端の対をなす突起は小さく互に広く離れ，各々が内側に1短毛を生じている。土中または腐敗本質中に生活している (Fig. 1506)………… Family *Coenomyiidae*

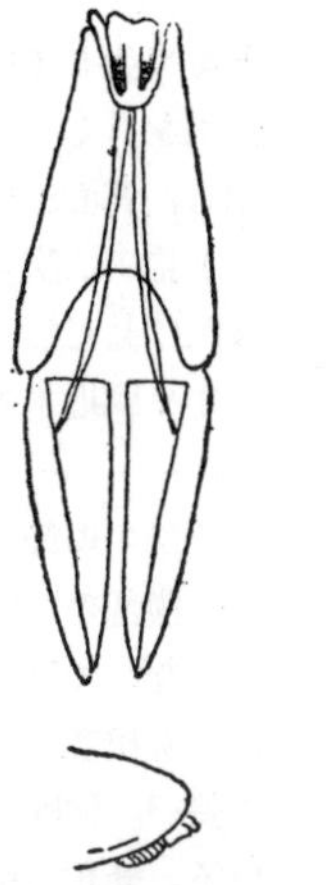

Fig. 1506. *Coenomyia* 幼虫の頭部腹面図 (Malloch)
下図　頭端側面図

頭部は少くともその最大幅の3倍の長さを有し，少くとも第1と第2との胸節は背面幾丁質化し，内幾丁質板を欠く。体はある数の長毛を装い，その内各節に垂直列をなす4本は顕著。腹部末端板はむしろ小形，気門板は円く，末端の対をなす突出は大形で基部合体し各々が長毛のある数を有する。樹皮下や土中に棲息している(Fig. 1507)……Family *Xylophagidae*

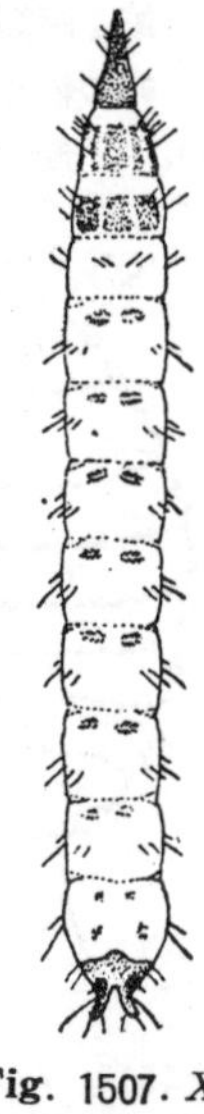

Fig. 1507. *Xylophagus lugens* 幼虫の背面図 (Malloch)

31. 後気門板は左右広く離り尾端の1横割目中に位置する。頭部は甚だ小さく，引き込まれる。老熟幼虫は太く円筒状で裸体，背面に3個の楕円形膨出部を有し，腹面には各節に1横擬脚を具えている。鞘翅目の外寄生虫………………………………Family *Nemestrinidae*

後気門板は末端の横の割目の中に位置していない…32

32. 下唇板とその後方の棒状節片とは一平面に平たく位置するかまたはなく，あるいは頭蓋と癒合している…………………………………………………………………33

下唇板と棒とは角張つて出合い前方V字状に一所になり側面より見ると彎曲し且つ普通に幕状骨棒と後方で癒合している。頭部は大部分膜質で背面の三角板に迄上方に膜質。普通双気門式，捕食性で，多くは湿地に棲息し，あるものは水棲，またあるものは樹皮下に，更に他のものは腐敗植物質中に生活する…………

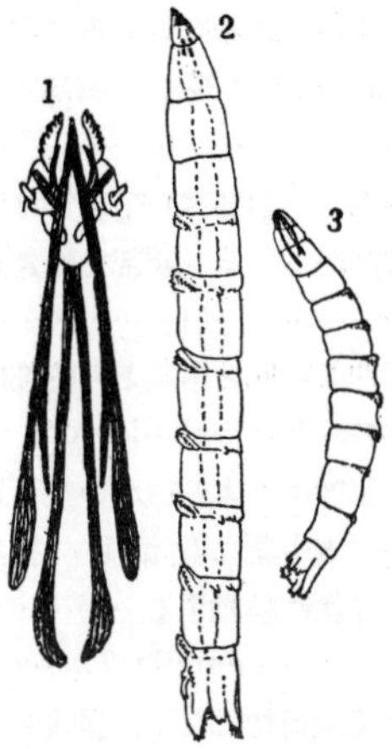

Fig. 1508. 双翅目幼虫 (Malloch)
1. *Drapetis* の頭部背面 頭咽頭骨骼を現す
2. *Dolichopus* 側面図
3. *Aphrosylus* 側面図 (Wheeler)

… (Fig. 1508の1)…………Family *Empididae*
… (Fig. 1508の2, 3) Family *Dolichopodidae*

33. 頭蓋は長く大部分は体内に位置して後端が後胸に達し，背板は甚だ長く西洋梨型で後方幅広となる (Fig. 1509)，後気門は2板に分離して終るかまたは2個の気管鰓に終つている (Fig. 1510)……… Family *Rhagionidae*

頭蓋は短かく，背板は胸部の内に入つている部分を覆うていない。体内にある部分は扁平かまたは棒に分離している。腹部の末端節は突出物を具えていない，後気門板は微小，クモの内寄生……………………………………………Family *Acroceratidae*

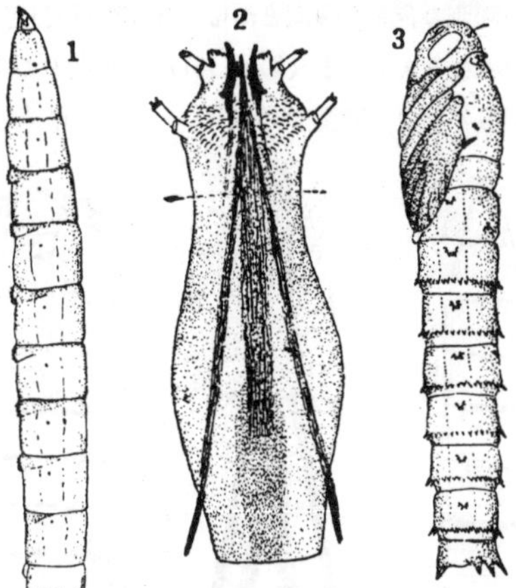

Fig. 1509. *Chrysopila* の幼虫と蛹
1. 幼虫側面図　2. 同頭部背面図 (頭咽頭骨骼)
3. 蛹側面図

Fig. 1510. *Atherix* の幼虫 (Engel)

34. 後気門は末端前前節に存在し，腹部の第1乃至第6

環節は二次的に分かれ，全体が20節に見える（頭部を除き）。頭部は自由で幅より僅かに長く，胸部内に置かれていない……………………………………………35

後気門は末端前節に位置し，腹部の各環節は簡単で，全体が11節または12節からなる（頭部を除き）…………………………………………………………36

35. 頭部の後背内延長部（即ち前胸と中胸との内部に横わる2本の癒合せる後頭棒 Metacephalic rods は後端箆状で，腹面の後方突出部は2本の短かい幾丁質棒となつている。土中や腐敗木中葉に生活し，捕食性で，口器の助けによつて蛇状に移動する……………………………………………………………Family *Therevidae*

頭部の後背内延長部は後端箆状でなく，腹後突出部がない。茸類や腐敗木等の中に見出され，更に屋内の敷物や家具等の中にも見出され，捕食性…………………………………………………………Family *Scenopinidae*

36. 腹部の末端前節は末端節より長く，その末端近くに深い1横圧凹部を有し恰も2節からなつている様に見え，末端節の後縁は鋭く且つ中央で鋭く尖つていて，その両側の背面と腹面とに位し4個の甚だ接近する4本の毛を具えている（Fig. 1511）。腐敗木の中に生活し甲虫の幼虫を捕食する…………Family *Mydaidae*

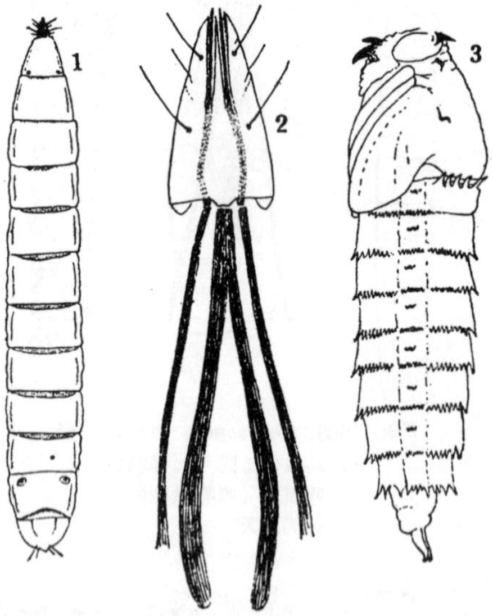

Fig. 1511. ***Mydas*** の幼虫と蛹（Malloch）
1. 幼虫背面図　2. 回頭部背面図　3. 蛹側面図

腹部の末端前節は末端節より短かいか，また若し長い場合には深い横圧凹部がない。末端節は上述と異なり毛が接近して生じていない………………………………37

37. 胸部の各節は2本の長毛を具え，各1本が各側の腹側縁に生じている。腹部の末端節は6本または8本の長毛を具えている。頭部はよく発達し真直に前方に突出し，背面から見ると多少円錐形を呈し，側面から見ると扁平。腹部の末端前節は普通末端節より短かいかまたは甚だしく長くない。体は直線に保たれている。土中や腐敗木中に生活し，捕食性（Fig. 1327）…………………………………………………Family *Asilidae*

胸部の環節には毛がないかまたは甚だ弱い毛を生し，腹部の末端節には顕著な毛がない。頭部は多く突出しないで下向，円錐形でなく，側面から見ると背面に1突出部がある。腹部の末端前節は末端節より明瞭に長い。体は一般に静止の際には半円形に彎曲している。蜂類の巣の中や蝗虫の卵莢内に棲息している（Fig. 1318）……………………Family *Bambyliidae*

38. 甚小で曲つている大顋に近く小顋と小顋鬚とが存在している。体は明瞭な9節からなり，頭部と前胸，後胸と第1腹節とが一所となり，著しく扁平で種子状で，幅の約2倍長。頭部は各側の下面に三角状の1片を具え，胸部内に引き込まれ，額嚢（Frontal sac）は頭部の上面に直接開口し，体の背面分列部は幾丁質化し，側縁には多数のきざみ目を有し，腹面は膜質，末端節には2本の糸状附属器を具えている（Fig. 1512）。泥の中や腐敗有機質物の近辺に棲息する…Family *Lonchopteridae*

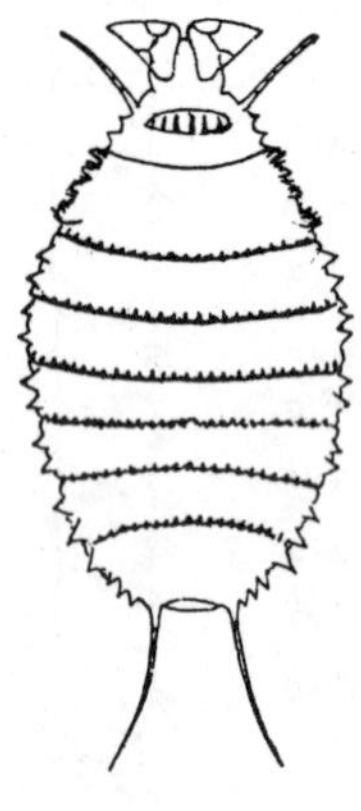

Fig. 1512. ***Lonchoptera*** 幼虫，背面図（de Meijere）

小顋は発達していないで，口鉤のみが存在し，額嚢の開口部は口腔内の1室中にある……………………………39

39. 上唇は2個の口鉤の間の下に前方に突出し，末端が鉤状となるかまたは歯を具え，口鉤は直線に突出し末端単一に尖るかまたは屢々有歯。体は11のきざみ目を有し，長く，前方に細まり，後方鈍角となりあるいは第8節が管状となつている。後気門式。獣糞や蟻の巣やその他種々な処に棲息する……………………………………………Family. *Phoridae*

下唇基節は2本の口鉤の間から1点としてまた鉤として突出する事がなくしかし蚜虫を食する *Syrphidae* では下唇基節の側棒が基節を越えて前方に突出し尖つている上唇を形成するように癒合している。多くのものは双気門式である……………………………………40

40. 体は幅広で扁平，背面には9節または10節のみを有する。それは頭部と前胸とが腹面に曲つている為めである。体の側部には長い棘毛を具え，時に深く割れて鋸歯状を呈している。後気門板は僅かに突出し，左右が幅広く分離し末端節の基部に存在している。前胸気門は顕著。茸類中に生活する (Fig. 1513) ……Family *Platypezidae*

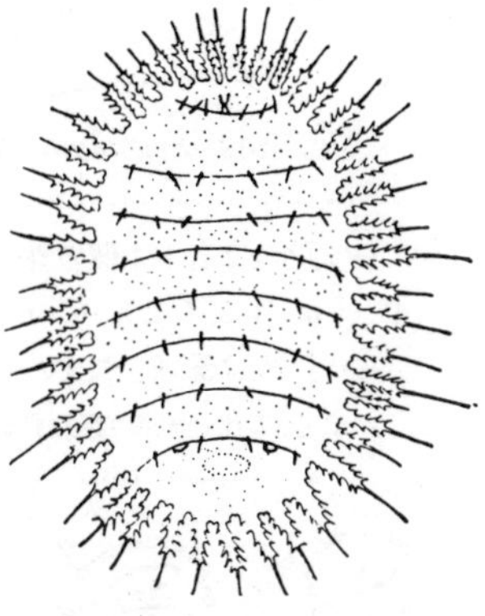

Fig. 1513. *Callomyia* 幼虫 背面図 (de Meijere)

上述と異なるもの……………………………………41

41. 後気門は体の末端より前方に在る共通の1幾丁質板上に互に離れる3～4部分からなる。頭部がなく，口器は甚だ不明瞭で，口鉤は無柄。体は10～11節からなる。同翅亜目の内寄生 (Fig. 1514) …Family *Pipunculidae*

若し後気門が共同の1幾丁質板上に存在する時は各気門板が互に連結している…………………42

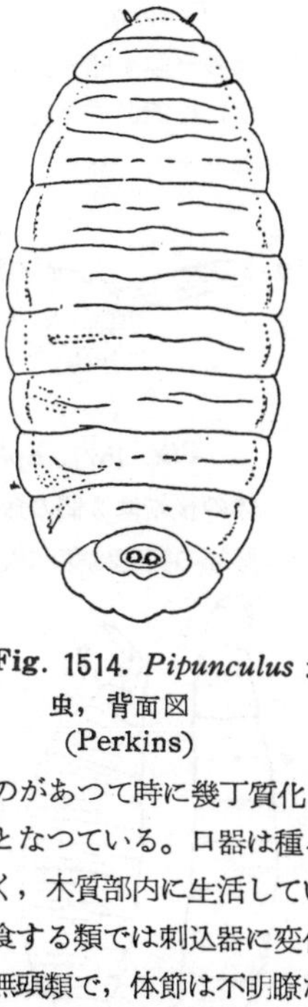

Fig. 1514. *Pipunculus* 幼虫，背面図 (Perkins)

42. 後気門板は1呼吸管の末端に左右癒合して存在し，その呼吸管は甚だ短かいものから非常に長いものがあつて時に幾丁質化しまた時に非常に延びて尾状となつている。口器は種々で，いわゆる長尾型ではなく，木質部内に生活しているものでは発達し，蚜虫を食する類では刺込器に変化している。幼虫は外観的に無頭類で，体節は不明瞭な11節からなり，皮膚は粗く，形は円錐形か多少円筒形か半球形等。樹皮下や球根中や下水の汚物中や蟻・蜂等の巣の中やまたは自由に棲息している……………………………………………… Family *Syrphidae*

無頭類で真の蛆で，一般に円錐状なれど時に短太。形態的に分つ事が甚だ困難であるが，大部分食生活を以つてつぎのように分類する事が出来る……………43

43. 昆虫類またはより高等な動物の内寄生……………44

寄生性でない…………………………………………50

44. 昆虫類に寄生するもの………………………………45

哺乳動物か蛙類か亀かその他に寄生するもの……48

45. 体は卵形かまたは西洋梨形で，明瞭な環節からなり，触角は疣状で末端に幾丁質の眼状輪を具え，後気門板は大きく円いかまたは腎臓形。蜂類の腹部内に寄生する (Fig. 1386) ………………Family *Conopidae*

体は多少長く，各環節がより不明瞭………………46

46. 体の後端はむしろ截断状かまたは幅広く円く，長い突起を具えていない……………………………………47

体の後端には体長の2～5倍の2本の細長い尾状様突起を具え，若虫は体の後半部が有毛。ワタフキカイガラムシの内に棲息する (Fig. 1515)……………………………………………Family *Cryptochaetidae*

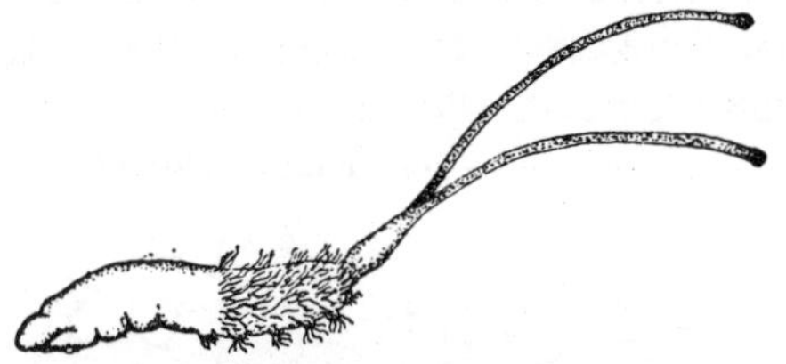

Fig. 1515. *Cryptochaetum* 幼虫，側面図 (Smith and Compere)

47. 後気門板は1珠球 (Button) を具えている。若い時代には種々の昆虫体内に寄生する…………………………………………………Family *Tachinidae*

後気門板は珠球を具えていない (Fig. 1475)………………………………………Family *Sarcophagidae*

48. 体は著しく細まつていないで，屢々肥満し，普通に多数の強い幾丁質棘を装う…………………………49

体は前方に著しく細まり，多くとも微棘帯を具えている……………………………Family *Sarcophagidae*

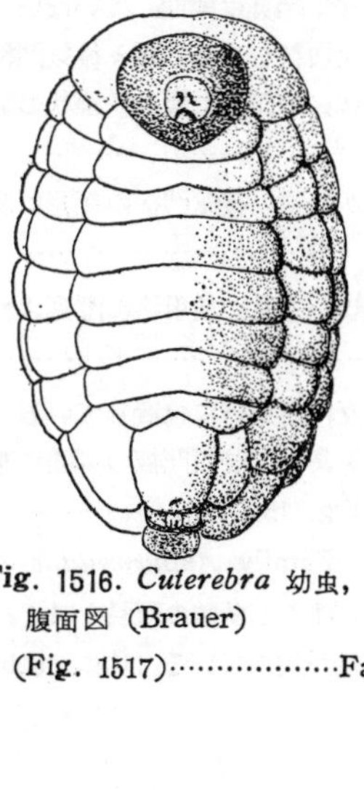

Fig. 1516. *Cuterebra* 幼虫，腹面図 (Brauer)

49. 種々な単蹄動物や齧歯動物や犬や人類等の皮膚下，または種々の動物の鼻腔内や咽喉内に寄生し，体には強棘を具えているものとしからざるものとがある…………Family *Cuterebridae* (Fig. 1516) Family *Oestridae*

主として馬の胃や腸内等に寄生するもの (Fig. 1517)………………Family *Gasterophilidae*

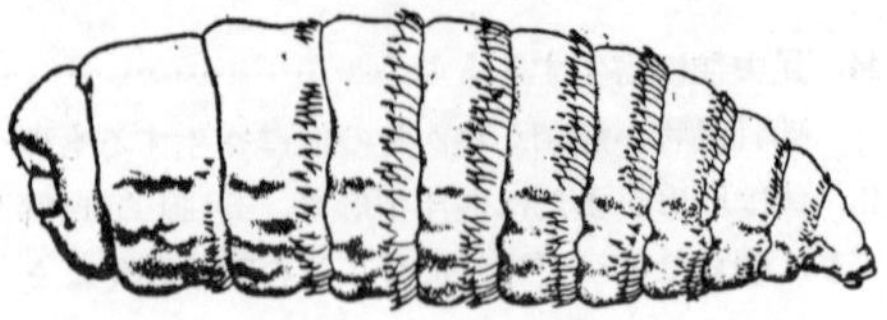

Fig. 1517. *Gasterophilus equi* 幼図

50. 体は側部と背面部とに棘状突起を有するもの (Fig. 1455) ……………………Family *Anthomyiidae* の1部

体には上述の如き棘状突起を具えていない………51

51. 体は後端截断状かまたは幅広く円い…………………52

体は後端に1本または2本の突起を具え，むしろ小形………………………………………………………………57

52. 大顋口鉤は1本，後気門板は彎曲せる気門孔を有し，各体節の側部に明瞭な紡錘状の擬脚を具えていない。体の後端には少数の円錐状突起を具え，前端は甚だ細くなつている (Fig. 1518)…………………………………………………………………Family *Muscidae* の1部

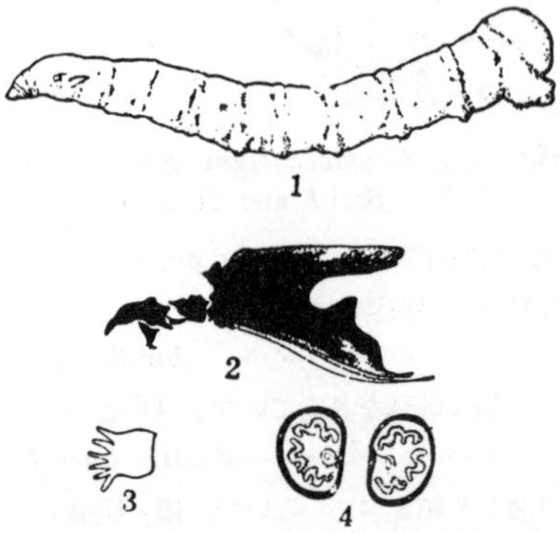

Fig. 1518. イ エ バ エ 幼 虫 (加納)
1. 成熟せるもの 2. 頭咽頭骨骼側面 3. 前呼吸器側面 4. 後気門板

大顋口鉤は2本，後気門孔は彎曲していない……53

53. 尾部の背面に明瞭な顆粒を具え，屢々後気門板の周囲に突起を具え，各体節の側縁に屢々紡錘状の膨出部を具えている…………………………………………54

尾部の背面に顆粒がなく，後気門板の周囲に明瞭な突起を欠く…………………………………………………59

54. 後気門孔はむしろ短かく且つ放射状に配列されている…………………………………………………………55

後気門孔は細長く互に亜平行に位置している……56

55. 尾部背上に2顆粒を具え，後気門板の周囲に明瞭な突起を具えている (Fig. 1519)…………………………………………………Family *Anthomyiidae* の1部

尾端背上に4個またはより多数の顆粒を具え，後気門板の気孔は普通内端が尖つている (Fig. 1520の1)

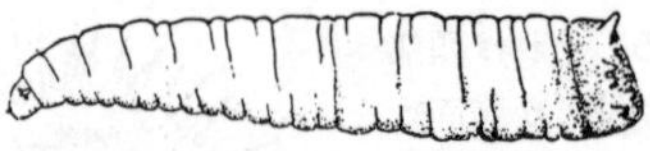

Fig. 1519. *Pegomyia* 幼虫，側面図 (Frost)
…………………………………Family *Muscidae* の1部

56. 後気門板は各々1個の珠球を具え，気孔はむしろ横位 (Fig. 1520の2)……………Family *Calliphoridae*

後気門板は珠球を欠き，気孔はむしろ垂直に位置し，各板は孔の底に存在する (Fig. 1520の3)………………………………………………Family *Sarcophagidae*

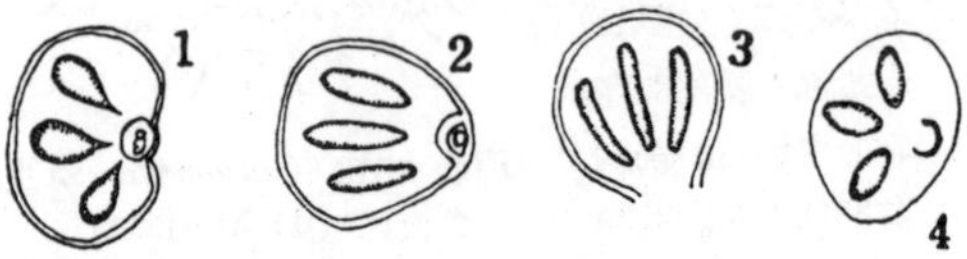

Fig. 1520. 双翅目幼虫の左後気門扱 (Banks)
1. *Muscina* 2. *Calliphora* 3. *Sarcophaga*
4. *Tritoxa*

57. 体の後端に呼吸器たる普通叉状をなす尾管を具え，腹面には彎曲鉤を装う擬脚を具えている。水棲 (Fig. 1521)…………………………………Family *Ephydridae*

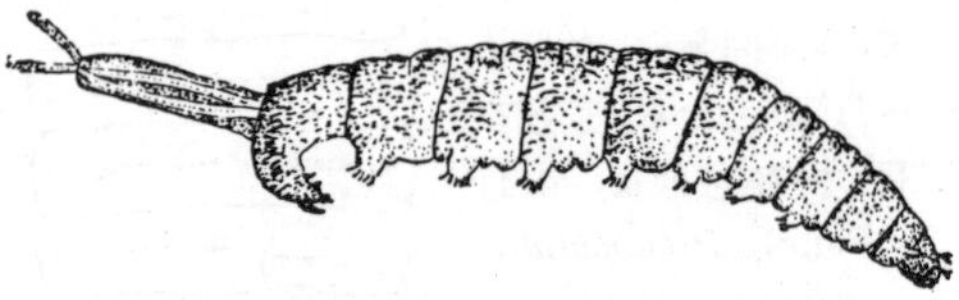

Fig. 1521. *Ephydra* の幼虫 (Jones)

体の後端は2個の短かい肉質突起を具えている…58

58. 尾端の突起は気門板を具えている (Fig. 1522)……………Family *Drosophilidae*

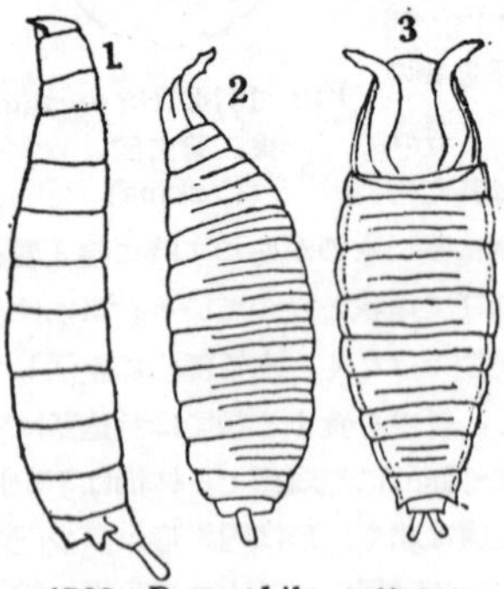

Fig. 1522. *Drosophila* の幼虫と蛹 (Silvestri)
1. 幼虫側面図 2. 蛹殻側面図
3. 蛹殻背面図

尾端の突起は気門板を具えていない………Family *Piophilidae*

59. 前気門板は黒色の顆粒上に存在し，体側縁の紡錘状部は明瞭だがむしろ弱体。むしろ細い体を有する (Fig. 1520の4)………………………………………Family *Otitidae*

後気門板は隆起上になく，体側の膨出部は不明瞭，後気門板は屢々左右連続するかまたは殆んど連続し，気孔は長く且つ亜平行，珠球はない…………………………

……………………………………Family *Trypetidae*

以上の表は Brues and Melander による。

主な科の蛹に対する検索表

1．蛹は自由，もししからざれば頭部は幼虫に於けると同様，あるいは蛹殼は僅かに扁平でその殼は革質で幾丁質化していない且つ前呼吸器官は顕著でない。成虫または蛹は，幼虫皮膚の背面に於けるT字形の割れ目から脱出する……………………………………2

蛹は囲蛹即ち幼虫の最後の皮膚内に包まれ，普通樽状で褐色。頭部は常に引き込まれ，幾丁質部は蛹殼の腹面の内側の位置に位置している。前呼吸官は明瞭で腹部の基部背面からかまたは頭部の前側角からかの何れかから突出している。幼虫は蛹殼の前端を円い帽子状におし破つて羽出する，または胸部の背半から羽出する。後の場合にはその割れ目は腹部の基部の1点に迄側縁に沿うている。稀れに蛹殼の背面の直角の割れ目から羽出する（Fig. 1523）…………*Cyclorrhapha*

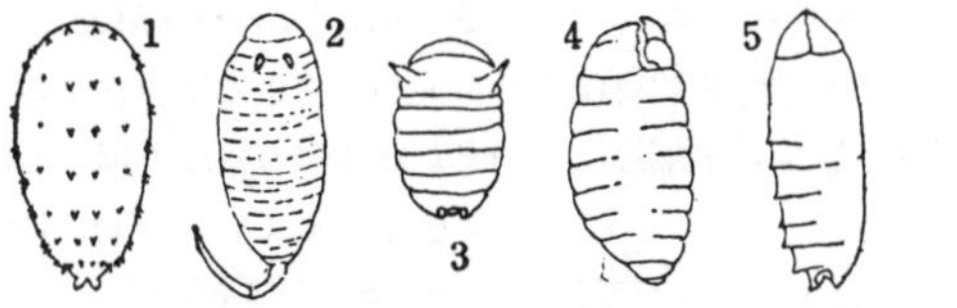

Fig. 1523. *Cyclorrhapha* の蛹
1．*Didea* 背面（Metcalf）
2．*Criorhina* 背面（Green）
3．*Pipunculus* 背面（Perkins）
4．*Sarcophaga* 側面（Green）
5．*Exorista* 側面（Green）

（この類は索引によつて示す迄に研究が進んでいない）

2．触角は長く蛹の皮膚下に明瞭に認められ，普通に複眼の上縁を越えて彎曲し翅の基部迄かまたはそれを越えて延びていて，ある場合には翅の殆んど末端に達している。頭部はある *Cecidomyiidae* と少数の *Tipulidae* とを除いては強太棘を具えていない。胸部の呼吸気管は長いかまたは無柄。腹部は短かい触角を具えている種類では時に無棘（*Nematocera*）…………3

触角はより短かく下外方に突出し，複眼を越えて彎曲していないかまたは翅の基部に近く達してもいない。頭部は普通強い太棘または角を具え，胸部の呼吸気管は無柄で稀れに棒状，腹部と一般に棘または棘毛を具え，若ししからざれば腹部各節に4対かまたは5対の明瞭な棘毛を装う（*Orthorrhapha*）……………26

3．頭部は種々な強太棘を正中線上に具えている。植物の種々な部分に生ずる虫癭中に存在し，時に剛化せる幼虫の皮膚内に包まれ亜麻の種子状を呈する…………
…………………………Family *Cecidomyiidae* の1部

頭部は強太棘を欠き，若し各触角の基部に突起があればそれは尖つていない。生植物の虫癭中に包まれていないで普通自由で且つ幼虫の皮膚から包まれていない。若し包まれている場合には幼虫脱皮が家蠅の蛹殼に似ていない……………………………………………4

4．胸部の呼吸器官は無柄。腹部は強太棘あるいは葉片状の隆起を具えていない。脚は直線……………………5

胸部の呼吸器官は棒状，若し無柄の場合は腹部が強太棘または葉片状の隆起を具えているかまたは脚が腹部の基部と胸部の末端とに対し，あるいは脚の基節が腹胸側板を蔭す事がなく且つ触角の柄節が殆ど球状。脚は直線かまたは彎曲している………………………9

5．脚は短かく，後脚の跗節末端が翅の末端を微かに越えて突出し，触角は短かく複眼の中央を横ぎつて彎曲している（Fig. 1182）……………Family *Bibionidae*

脚は長く，普通全跗節が翅端を遥かに越えて突出し，触角は長く翅の基部迄にまたは越えて延びている………………………………………………………6

6．触角は殆んど直線で著しく扁平となり翅の基部迄に延び，胸部前方にて著しく膨出していない。その前方側面図は下向していない（Fig. 1524の4）……………
…………………………………Family *Ceroplatidae*

触角は明瞭に彎曲し扁平でなく翅の基部を越えて延びている…………………………………………………7

7．胸部は非常に膨出し殆んど球状でその前方側面図は下向し，腹胸側板は隠されている（Fig. 1524の3）…………
………Family *Mycetophilidae*

胸部は顕著に膨出していないでその前方側図は下方に傾斜していない……8

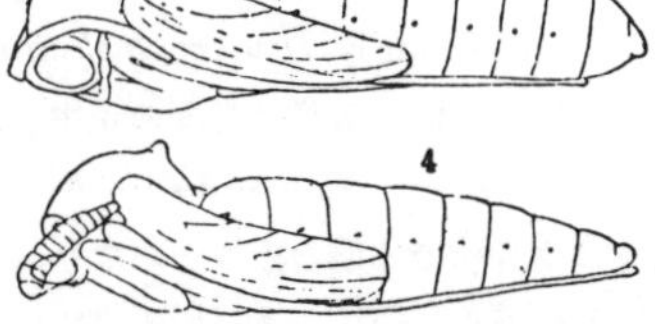

Fig. 1524 蛹側面図（Malloch）
1. *Sciara*　3. *Leia*
2. *Monardia*　4. *Ceroplatus*

8．触角の柄節は著しく膨れ球形，腹部の気門は小さいかまたはなく，腹胸側板は大形で前脚の基節と腿節とによつて隠されていない……………………………………
……………………………………Family *Chironomidae*

触角の柄節は著しく膨れていない，腹部の気門は明瞭，腹胸側板は見えないで前脚の基節と腿節とから隠されている…………………………………………………
……（Fig. 1524の2）Family *Cecidomyiidae* の1部

(Fig. 1524の1)…………Family *Sciaridae* の1部

9. 胸部の呼吸気官は細長く管状，脚は直線で翅の末端を越えて延び，体は頭部の前縁にある1対の毛以外に毛または棘毛その他を具えていない。腹胸側板は隠されている………………Family *Cecidomyiidae* の1部
………………………………Family *Sciaridae* の1部

上述と異なるもので，腹部は普通毛または棘毛を装うかまたは腹胸側板が露出している…………………10

10. 蛹は粗糸からなるポケット状またはスリッパー状の繭の中にあつて，同繭の広い開口部から胸部呼吸器官を突出せしめている。水棲で急流中に棲息する (Fig. 1525)…Family *Simuliidae*

蛹は自由，若し全体包まれているかまたは1部分包まれている場合には，その繭はポケット状でなく，呼吸器官が管状板から構成されていない………………11

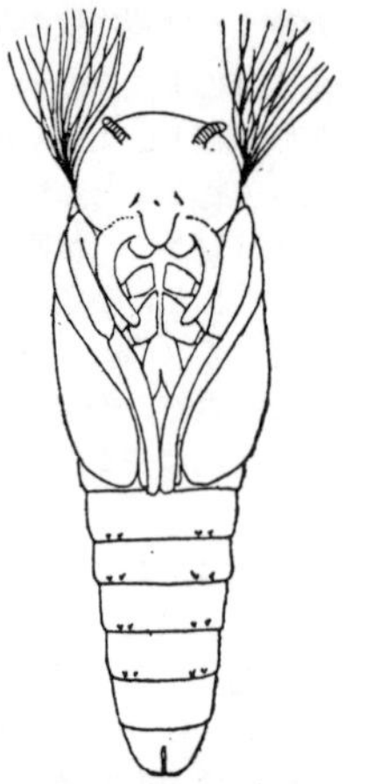

Fig. 1525. Simulium の蛹 (Malloch)

11. 蛹は背面から見ると楕円形または円形で，腹部は基部にて胸部より著しく狭くなく側線が連続している。背面は強皮膚からなり，腹面は流水中の岩石に附着する吸盤を具えている……………………………………12

蛹は胸部と区別され得る腹部を具え，背面は膜質で，若し強く且つ殆んど幾丁質化されている時は表面に棘を具えている……………………………………14

12. 触角は非常に長く，左右各々が腹面にて二重に彎曲し，吸盤は側部にあつて3対，呼吸糸は短かく管状 (Fig. 1178) ……………Family *Deuterophlebiidae*

触角は2回捲廻していない。吸盤は腹面の正中線上にある……………………………………………13

13. 胸部の呼吸器官は葉片状で4個の板片からなり，それ等の幅広の面は互に連らなつている (Fig. 1181)…
……………………………Family *Blepharoceratidae*

胸部の呼吸器官は簡単で管状……………………………
…………………………Family *Psychodidae* の1部

14. 腹部の末端節は2個または4個の橈状または鰭状の器官を具え，同附属器は外面の全体または1部分が紐状の毛を装う。若し末端節が2本の長い亜円錐状の突起を具えている場合には跗節が腹部の基部と胸部の末端との腹面に対して逆走し翅の末端を越えて後方に延びていない……………………………………15

腹部の末端節は鈍角となり短かいかまたは長い棘あるいは太棘を具え，若し細長い突起の1対を具えている場合にはそれ等の横断面は幾分楕円形で紐状の毛を装う事がない。跗節は一般に直線で稀れに後脚のものが微かに内曲している。しかし上述の如く決して逆走していない………………………………………………20

15. 胸部の呼吸器官は末端多数の糸状突起を有する……
…………………………Family *Chironomidae* の1部

胸部の呼吸器官は1幹からなり，ある場合には少数の長いまたは多数の短かい鱗片状の表面毛を装う。しかし決して多数の糸状突起に終る事がない。時に胸部呼吸器官が隆出していない……………………………16

16. 胸部呼吸器官は隆出していない，腹胸側板は露出している…………………………Family *Chironomidae*

胸部呼吸器官は顕著に突き出ている………………17

17. 胸部呼吸器官は胸部の前縁に近く存在し，胸部と腹部とには星状毛を欠いている…………………………
…………………………Family *Chiromonidae* の1部

胸部呼吸器官は胸部背面の中央近くに存在する…18

18. 腹部の末端節は2個または4個の幅広で扁平の橈状板を具えている(Fig. 1526)
…Family *Culicidae* の1部

腹部の末端節は2本の長い亜円錐状の突起を具えている
……………………………………19

Fig. 1526. *Anopheles* の蛹，側面図 (Howard)

19. 腹部尾端の突起は末端と外縁の中央部とに短毛を装う…
…Family *Culicidae* の1部

腹部尾端の突起は裸体 (Fig. 1219の右) ……………………Family *Dixidae*

20. 脚の末端は翅端を越えて延びていない……………21

脚の末端は少くとも翅端を越えている……………22

21. 腹部末端は2個の円錐状突起を具えている…………
……………………………… Family *Ceratopogonidae*

腹部末端節は上方と下方とに各2本の短い太棘を具えている (Fig. 1212の3)……Family *Psychodidae*

22. 腹部呼吸器官は長く叉分し，腹部末端節は円く突起を欠き，腹部気門板は有柄……………………………
……………………………………Family *Scatopsidae*

胸部呼吸器官は簡単，腹部末端節は円くなく一般に隆出部を具えている……………………………………23

23. 胸部呼吸器官は隆出するが胸背板上に僅かに出ているのみ，前脚の跗節は中脚のものの上にかぶさり，中脚のものは後脚のものの上に存在し，凡てがむしろ互に1所に且く翅に密接している……………………

……………………………………Family *Anisopodidae*

胸部呼吸器官は甚だ顕著に隆まり，脚は上述と異なる……………………………………………………24

24．胸部呼吸器官は左右等長，稀れに1方のものが他の2倍長，凡ての跗節は明瞭……………………………25

胸部呼吸器官は左右長さを異にし，1方のものは短かく他方のものは甚だ長い。前脚の跗節は中脚のものの上にかぶさつている（Fig. 1209の上図）…………… ……………………………………Family *Ptychopteridae*

25．腹部各節は太棘様の突起の1横列または時に2横列を具え，小顋鬚は末端が前曲する（Fig. 1207）……… ……………………………………Family *Tipulidae*

腹部の各節は稀れに明瞭な太棘状突起を具え，一般には弱毛を装い，小顋鬚は直線で末端前曲していない……………………………………Family *Limoniidae*

26　蛹は幼虫の最後の皮膚内に包まれている…………27

蛹は自由……………………………………………………28

27．胸部の環節は第1と第2とが各々背面に滑かな1板を具え，腹部末端節は腹面の基部近くに短歯の1横列を具えている。成虫羽化の際には蛹の皮膚が大部分または全体が蛹殻の外に引き出される……………………… ……………………………………Family *Solvidae*

胸部環節は平滑な背板を具えていない。皮膚は成虫羽出の際蛹殻内に止まつている………………………… ……………………………………Family *Stratiomiiydae*

28．前胸は中央で気門と連結する1個の大きな孔口を具えている……………………………Family *Tabanidae*

前胸は上述の如き孔口を有しない…………………29

29．頭部は強大な前向の太棘を欠き，多くとも触角基部に側向の1本を有するのみ。腹部の棘は弱体で尾端の方に進むにつれ漸次強大となつている。翅は短かく腹部の基節の末端に達するかまたはそれを微かに越えている。後脚跗節の末端は多くとも翅端を微かに越えて延び，腹部気門は7対…………………………………30

頭部は普通強棘を具え，若しない場合には腹部の棘が基節または第2節末端節のものより強大となつているかあるいは腹部気門が7対より少数。後脚跗節の末端は普通翅端を明かに越えて延びている……………33

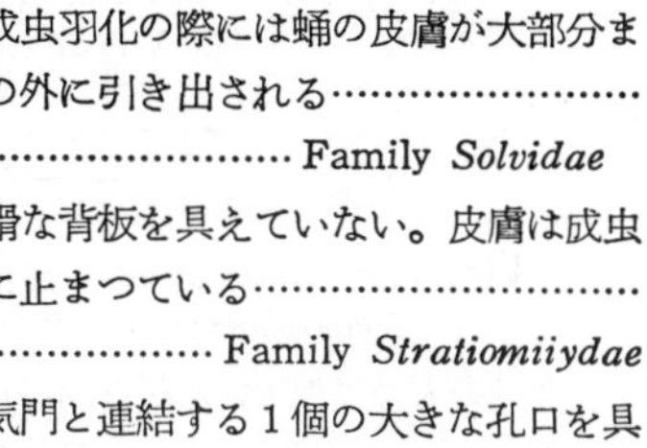

Fig. 1527. *Rhagio* の幼虫と蛹
1．幼虫（de Meijere）
2．蛹（Handlirsch）

30．触角鞘は基部にて著しく厚太で末端部が細く針状，全体が殆んど直線に下方に向つている（Fig. 1527）……Family *Rhagionidae*

触角鞘は全体太く末端節は一般は多少明瞭に環輪を附していて，全体が直線に側方に向いているかまたは微かに下方に向いている……………………………………31

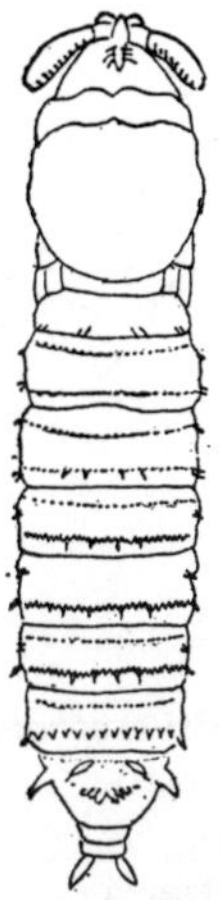

Fig. 1528. *Rhachicerus* 蛹の背面図（Greene）

31．触角鞘は環輪が10個以上（Fig. 1528）……Family *Rhachiceridae*

触角鞘は10個以上の環輪を有しない……………………………32

32．触角鞘は甚ば太く基部の太さの2倍以上の長さを有しない。顔は中央の僅か上方で触角末端の垂直線の少しく内方の側に各1個の小さい鋭い突起を具え，それ等の各基部内側に2本の短毛を生じている。腹部各節の後気門棘毛は2本で甚だ強い（Fig. 1529）…………………………… ……………Family *Coenomyiidae*

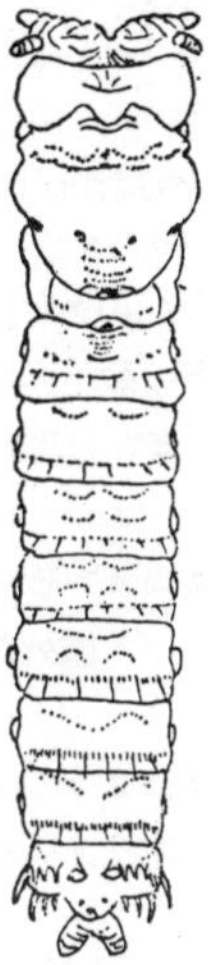

Fig. 1529. *Coenomyia* 蛹背面図（Greene）

触角鞘は明瞭な環輪を有し細長く基部の太さの約4倍長。顔は突起を欠き，腹部の後気門棘毛は細長く各節に8～10本がある（Fig. 1530）…… ……………………………Family *Xylophagidae*

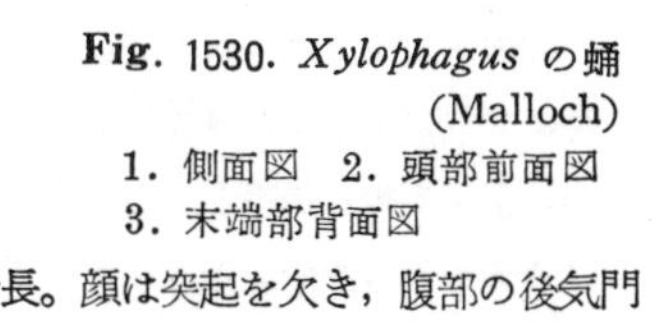

Fig. 1530. *Xylophagus* の蛹（Malloch）
1．側面図　2．頭部前面図
3．末端部背面図

33．頭部は強棘を欠き，腹部は3対または4対の明瞭な気門を具え微棘を装わない…Family *Acroceratidae*

頭部は普通強棘を具え，少くとも隆起せる触角鞘と数個の小さな隆起縁を具えている，腹部は7対の気門と微棘とを具えている……………………………………34

34．頭部は2個の太棘を具えている……………………35

頭部は2個以上の太棘を具えているかまたは数個の短かい顆粒突起を具えている…………………………36

35. 腹部は各背板に棘の1横列を具え，翅は基部に1本の長い棘を具えている（Fig. 1531）…Family *Therevidae*

腹部は各背板に棘の2横列を具え，翅は基部に太棘を欠く………………………………Family *Scenopinidae*

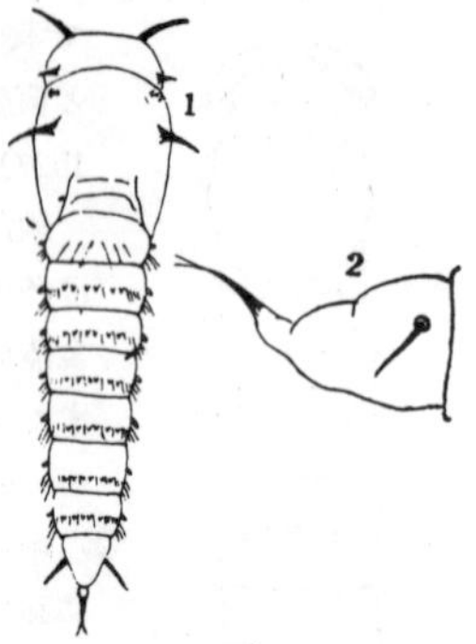

Fig. 1531. *Psilocephala* の蛹（Malloch）
1. 背面図
2. 尾端側面図

36. 頭部の棘の上方の1対は側向で微かに上向，翅の末端は腹部第1節の末端またはそれを微かに越えた処迄延び，中脚の跗節末端は翅端を越えていない（Fig. 1532）……………………………………………Family *Mydaidae*

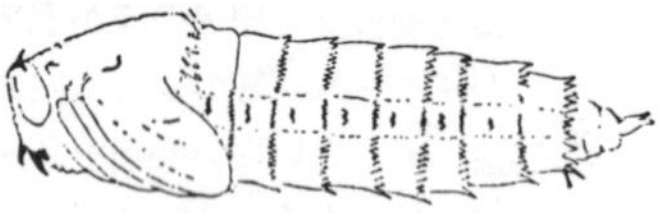

Fig. 1532. *Mydas* の蛹側面図（Malloch）

頭部の上棘は前向で多くとも末端の方に微かに拡がり，一般に微かに下方に彎曲している。または頭部上方に強棘がない……………………………………………37

37. 頭部は強棘を具え，若しない場合には腹部背板に甚だ強い棘とそれ等の間に細長い毛とからなる横列があり，触角の末端は鈍角………………………………………38

頭部は甚だ稀れに強棘を具え，上前縁に2本の隆起縁を具え，触角は左右の末端が接近し，体は太棘を欠き時に棘毛を装う……………………………………………39

38. 顔の中央下方に1対の接近する強棘を具え，同棘は時に先端にて殆んど合体している。腹部の各背板は短かい扁平の棘と長毛とからなる1横列を具え，その棘は普通腹部の部分を形成していると云うよりはむしろ腹部に附着しているように見え且つ時には基部と末端とにて上向（Fig. 1533）……………………………………………Family *Bombyliidae*

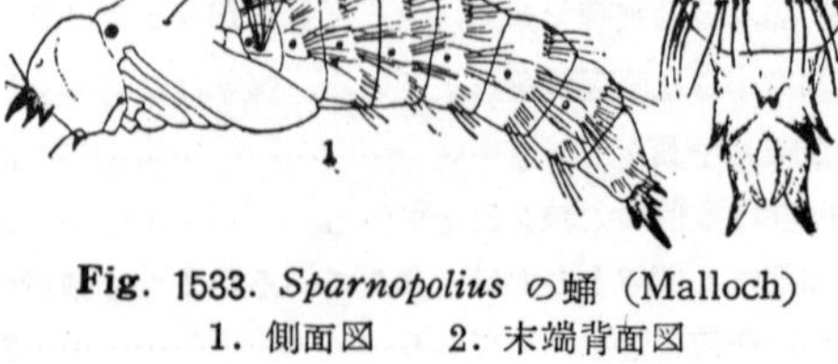

Fig. 1533. *Sparnopolius* の蛹（Malloch）
1. 側面図　2. 末端背面図

顔の中央下方部に棘がなく，腹部の各背板は長短各棘の交互からなる1横列を具えている（*Leptogaster* は側外）（Fig. 1534）…Family *Asilidae*

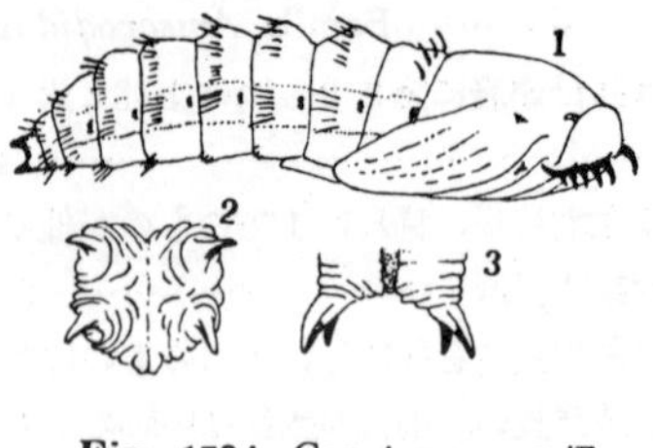

Fig. 1534. *Ceraturgus* の蛹（Malloch）
1. 側面図　2. 尾端後面図
3. 尾端背面図

39. 頭部は上方縁に2隆起縁を具え，その各々が1本の甚だ長い毛を具えている。触角鞘は顔面の上に隆まり末端の方に細まり下方で微かに外方に向いている。口吻は屢々著しく長い（Fig. 1535）……………………………………………Family *Empididae*

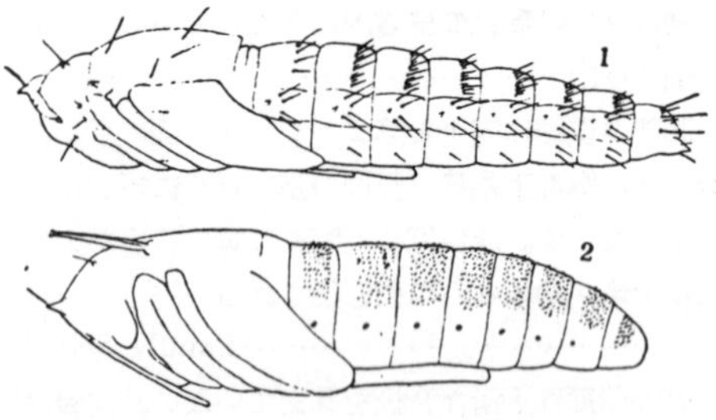

Fig. 1535. *Empididae* の蛹（Malloch）
1. *Rhamphomyia*　2. *Drapetis*

上述のものに似ているが口吻が長くない……………………………………………Family *Dolichopodidae*

XXXIII 隠 翅 目

Order Aphaniptera Latreille 1825

Fig. 1536

Suctoria De Geer (1778), *Aphaniptera* Kirby (1826), *Pulicina* Burmeister (1829), *Suctorida* Walker (1851), *Pulicida* Haeckel(1896) 等は異名。Fleas や Chigoes 等がこの目の昆虫で，ドイツで Flöhe, フランスで Puces と称えられている。微小乃至小形，無翅，側扁し，匍匐と跳躍とを行う。完変態。頭部は小さく，刺し且つ吸収に適する口器を具えている。複眼はあるものとないものとがあつて簡単，単眼はない。触角は短かく球桿状，一部分は溝の中に隠されている。脚は長く且つ太く，基節は大形，跗節は長く5節からなり，爪は1対で太い。尾毛はない。生きた鳥や哺乳動物の外寄生性で吸血性。

幼虫は細長く，よく発達した頭蓋を具え，口器は咀嚼に適応し有歯の大顋を具え，触角は1節，無眼，無脚，寄生性でなく動植物の汚物を食する。

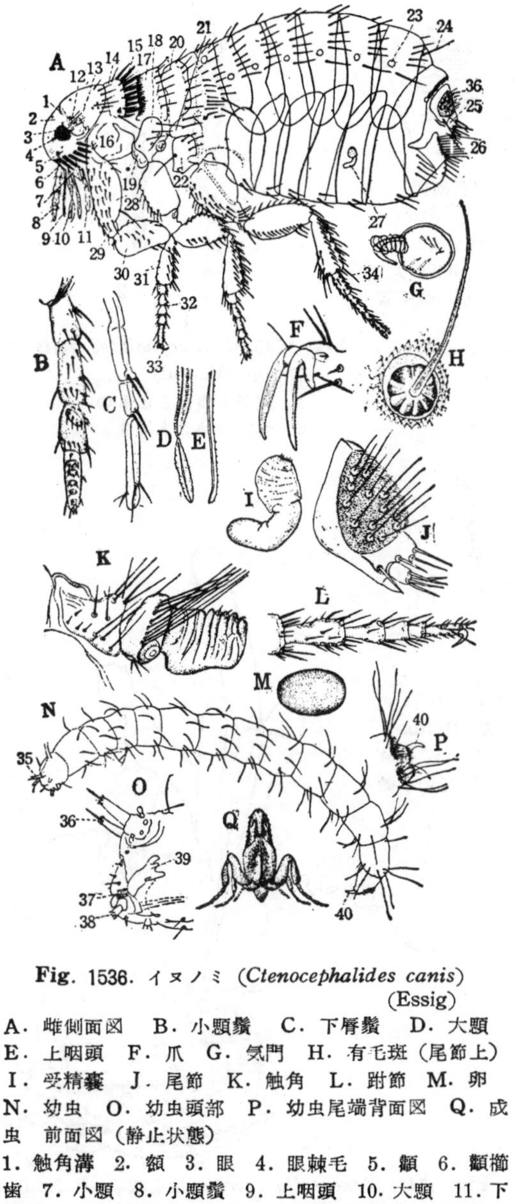

Fig. 1536. イヌノミ (*Ctenocephalides canis*) (Essig)

A．雌側面図　B．小顋鬚　C．下唇鬚　D．大顋　E．上咽頭　F．爪　G．気門　H．有毛斑（尾節上）　I．受精嚢　J．尾節　K．触角　L．跗節　M．卵　N．幼虫　O．幼虫頭部　P．幼虫尾端背面図　Q．成虫　前面図（静止状態）

1．触角溝　2．額　3．眼　4．眼棘毛　5．顴　6．顴櫛歯　7．小顋　8．小顋鬚　9．上咽頭　10．大顋　11．下唇鬚　12．触角　13．後頭　14．前胸背板　15．前胸櫛歯　16．前胸腹板　17．中胸背板　18．後側板　19．前腹板　20．後胸背板　21．前腹板　22．腹板　23．気門　24．尾前棘毛　25．把握器　26．腹板　27．受精嚢　28．基節　29．転節　30．腿節　31．脛節　32．跗節　33．爪　34．端棘　35．触角　36．尾節　37．口　38．小顋鬚　39．大顋　40．後棘

外形態

微小乃至小形で0.8～5mmの体長を有し，非常に側扁し，幾分前方に尖つている。皮膚は強靱で堅く幾丁質化し，平滑で光沢を有し，短剛微棘毛と毛と時に後向の櫛歯を具えている。色彩は黄色，褐色，赤褐色，黒褐色等で，あるものは殆んど黒色。頭部は小さく頸部を欠き，胸部に密接し，屢々2本または3本の縫合線によつて分割され，あるものは顴櫛（Genal comb or genal ctenidium）と額瘤（Frontal tubercle）即ち頭楯瘤（Clypeal tubercle）とを具えている。複眼はなく，その位置に即ち触角の根部近くに無小眼面の単一眼を具え，単眼はない。触角は短かく球桿状，外観3節からなるが実際は11～12節で，1柄節と1梗節と9～10節の棍棒部とからなり，頭側にある触角溝内に後方に畳まれている。時に6部分に変形している。口器は下向式，刺込と吸収とに適応し，後方に延び，各器共同で刺込と吸収とを行う。上唇（上唇下咽頭）は大顋と等長で小刀状で下面溝付けられ，大顋は長く剣状で内側に溝を具え末端鋸歯状，小顋は普通三角形片で大顋の半分の長さを有し，小顋鬚は長く4節で触角と見あやまれ得る。下唇は短かく，下唇鬚は大顋と等長で溝付けられ普通5節で中央の1節は2～17部分に分割され刺込器の鞘を形成し，下咽頭はないかまたは甚だ微小。胸部は小さく普通頭部より大形でなく，各節明瞭，前胸背板の後縁にはある種類では前胸櫛棘（Pronotal ctenidium）を具え，前胸腹板は大形。胸部気門は前胸に1対と中後両節間に1対とを具え，何れも微棘を装う。脚は強く，前中両脚はむしろ小形で，後脚は著しく大形で跳躍に適応している。基部は大きく且つ扁平，腿節は短かく太く，脛節は腿節とほぼ等大，跗節は長く5節からなり1対の強爪と褥盤とを具えている。腹部は一般に10節からなると考えられているが，学者によつては11～12節からなると考えている。尾毛は雌に存在し，小形で無節。外部生殖器は突出していない。雄では第9節に把握器を具え，尾板（Pygidial plate）は雄の第10節上にあつて感覚器即ち有毛斑（Trichobothrium）を具え，雌の第10背節は1針状突器を有する。

内形態

消食系（Fig. 1537）——口腔即ち口は長く，咽頭は幾丁質化せるポンプ器官となり，咽喉は長い管で，前胃（Fig. 1538）は円錐形を呈し円錐形の棘状突起を内面に装い，胃は腹部の大部分を占め，後腸は後方が細まり直腸となり，直腸は細長い管状で6個の直腸乳頭突起を具えている。唾液腺（Fig. 1539）は腹部内に存在し下咽頭の基部即ち口の底部に終つている。

循環系——心臓はむしろ大きく長く，末端の方に太まり，前方に漸次細まり，胸部に開口している。

呼吸系——簡単で，気門は胸部に2対，腹部に第1～

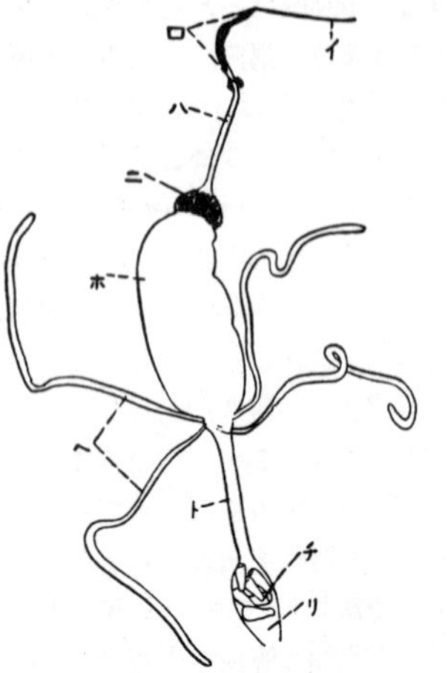

Fig. 1537. *Xenopsylla cheopis* 雌の消食系 (Patton)
イ．上脣上咽頭　ロ．咽頭　ハ．食道　ニ．前胃　ホ．中腸　ヘ．マルピギー氏管　ト．後腸　チ．直腸板　リ．直腸

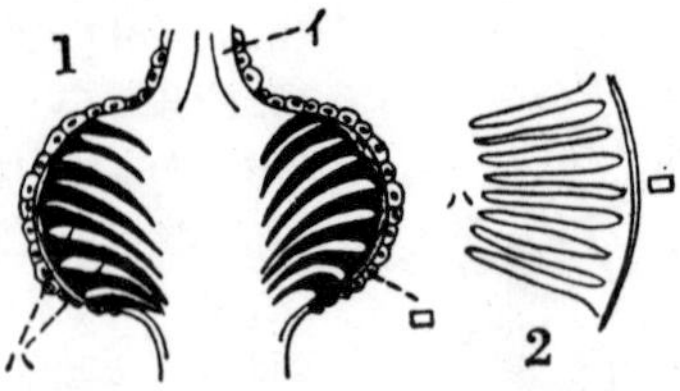

Fig. 1538. ノミの前胃断面図 (Patton)
1. *Xenopsylla cheopis* (縦断面)
2. *Ctenocephalides felis* (横断面)
イ．食道　ロ．環状筋肉　ハ．幾丁質棒

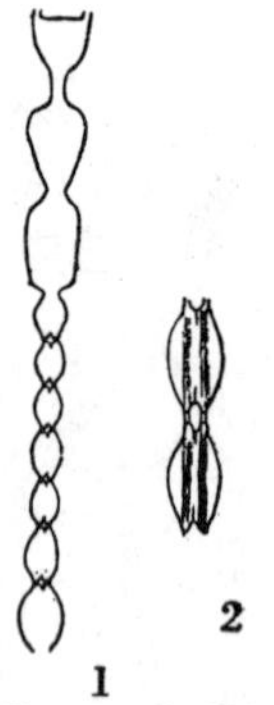

Fig. 1540. *Ctenocephalides felis* の神経系 (Patton)
1. 胸部と腹部とのもの
2. 腹部の第2と第3

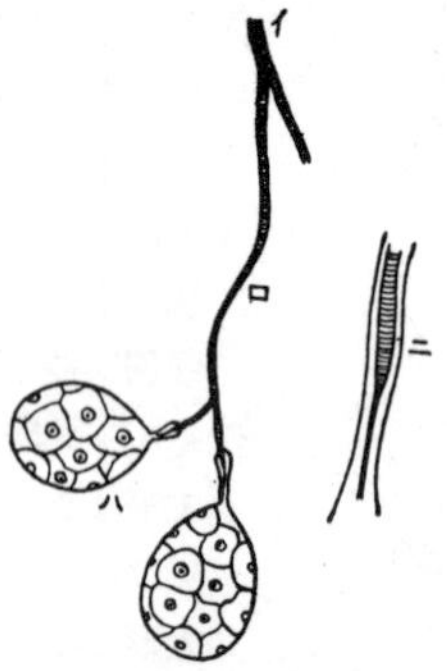

Fig. 1539. *Ctenocephalides felis* の唾液腺 (Patton)
イ．唾液主管　ロ．唾液管　ハ．唾液腺　ニ．唾液腺内に進入している唾液小管

第8または第2～第8の各節に1対宛あるが，ある学者によつては8対または9対であると考えている。

神経系 (Fig. 1540)——正常で頭神経球と3個の胸神経球と7～8個の腹部神経球とからなる。

生殖系——雄。(Fig. 1541) 睾丸は1対で紡錘状，輸精管は細く左右合体して貯精嚢に開口し，交尾器管は複雑化している。雌。(Fig. 1542) 卵巣は1対からなり，各々は4～8個の無栄養室型の卵巣小管からなる。受精嚢 (Fig. 1543) は著しく幾丁質化し，直腸の下面に拡り，雌虫腹部後端内部の顕著な器管で，透明体となせる標本では外部から明瞭に認める事が出来，鉤状または鎌状を呈し，太い部分を頭部細い末端部を尾部と称え，頭部と尾部との間に縊れがある。尾部は末端が透明で基部が帯黒色を呈するのが普通で，その透明部と頭部とは筋肉によつて結び付いている。この形状によつて雌虫の分類を可能ならしめている。

Fig. 1541. *Xenopsylla cheopis* 雄生殖系 (Patton)
イ．睾丸　ロ．附属腺　ハ．輸精管　ニ．貯精嚢　ホ．射精管　ヘ．挿入器　ト．第1把握器　チ．第2把握器　リ．送入器　ヌ．第9腹板

卵 (Fig. 1544)

微小，卵形，新しい時は真珠白色。常に寄主の棲息個所に単独に産み落される。ケオプスネズミノミは1度に2～6個，一生中に300～400個も産卵する。卵期間は2～4日間。

幼虫 (Fig. 1545)

卵殼内の幼虫は頭頂に破卵器を具え，それによつて外部に孵化して出て，後2回の脱皮を経て最後齢虫となる。外見蛆状で雙翅目のものに著しく類似し，頭部と3胸節と10腹節とからなる。頭部は体節よりも多く幾丁質化し，頭蓋線はなく，触角は短かく額の両側に存在し2節からなる。口部は前端に位置し，口器は大顎と小顎と下脣と1節からなる甚小の小顎鬚及び下脣鬚等からなる。胸部と腹部との各節には多少横列となる短長両様の

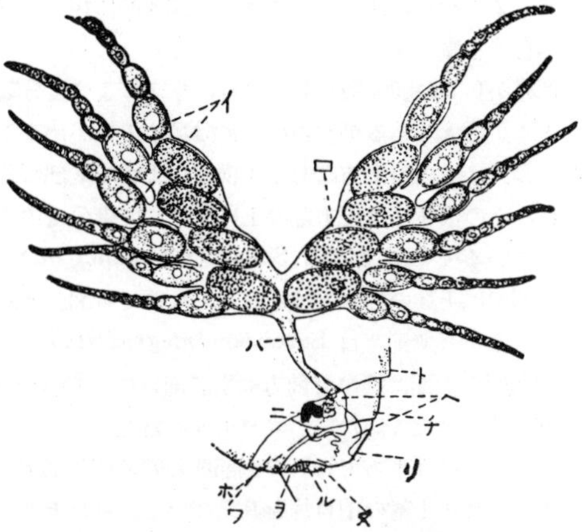

Fig. 1542. *Xenopsylla cheopis* 雌の生殖系 (Patton)
イ．卵巣小管　ロ．輸卵管　ハ．総輸卵管　ニ．受精嚢　ホ．交尾嚢　ヘ．膣　ト．第6腹板　チ．第7腹板　リ．第8腹板　ヌ．第10背板　ル．第9背板　ヲ．第8背板　ワ．第7背板

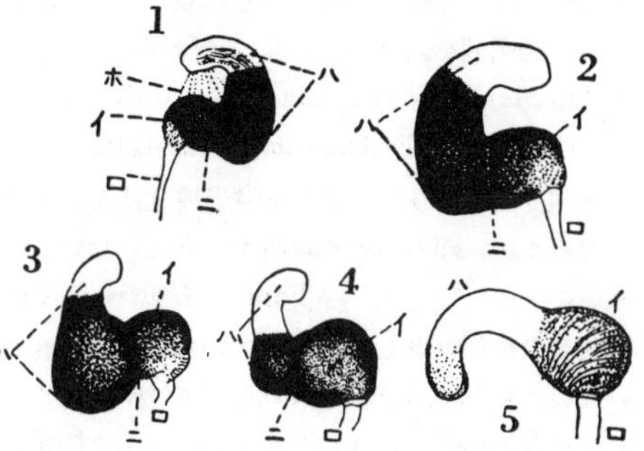

Fig. 1543. ノミの受精嚢 (Patton)
1．*Xenopsylla cheopis*　2．*Xenopsylla cheopis*
3．*Xenopsylla astia*　4．*Xenopsylla braziliensis*
5．*Pulex erritans*
イ．頭部　ロ．管　ハ．尾部　ニ．縊部　ホ．筋肉

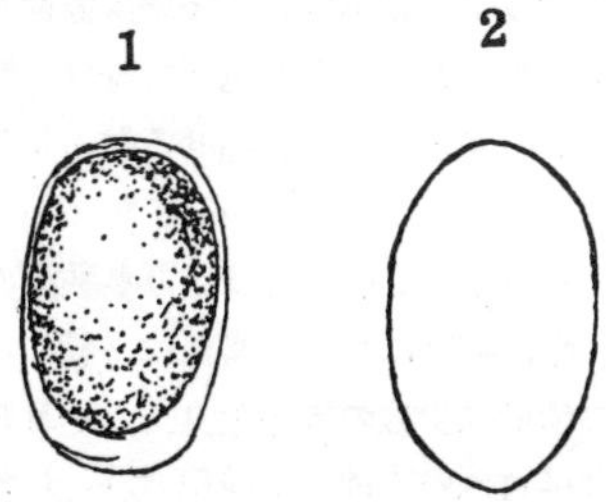

Fig. 1544. ノミの卵子 (Patton)
1．*Xenopsylla cheopis*　2．*Ctenocephalides felis*

毛を生じ，短毛は前縁部に長毛は後縁部に生じている。第10腹節は前節より小形で，1対の太い鋭く尖つている鉤状の幾丁質突起を後端に具えている。このものは尾突起 (Anal struts) と称えられ，蚤の幼虫の特徴となつ

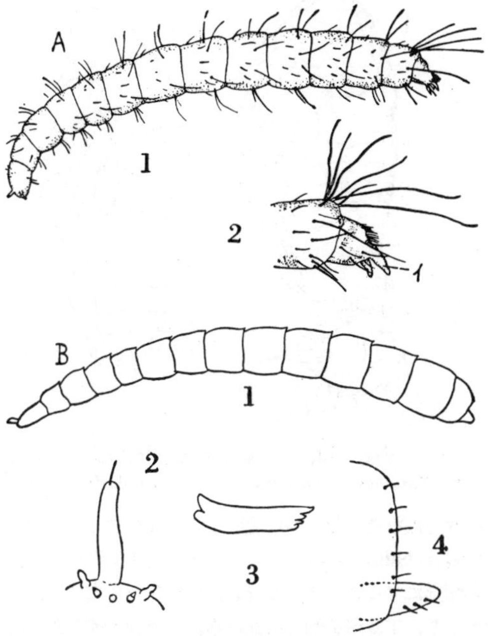

Fig. 1545. ノミの幼虫 (Patton)
A．*Xenopsylla cheopis* の成熟幼虫
1．側面図　2．尾端側面図（イ．尾突起）
B．*Echidnophaga gallinaceus* の幼虫
1．側面図　2．触角　3．大顋　4．尾端側面図

ている而してこれによつて前進運動が行われる。幼虫はその食物の一部として成虫が食せる過分の血液が肚門より排泄せられたものを食する事が認められている。第3齢虫となり充分老熟すると甚だ不活潑となり不透明白色に変じ，体は縮み，両端著しく細まり，後蛹化に適当な個所を求め粗造な繭を造営し，その内に蛹化する。繭は外表に塵芥を附着しているために発見に困難で，大体楕円形に近い。

蛹 (Fig. 1546)

白色の弱皮に包まれ，触角や脚は体表に接して畳まれ，頭部は少しく腹面の方に曲つている。尾端には幼虫時の皮膚を附着せしめている。胸背の1縦切目から成虫が脱出し，後繭の外部に現われる。

習　性

殆んど凡ての蚤は寄主の外部に自由に寄生するものであるが，例外として *Tunga penetrans* Linné の受精せる雌虫は寄主に固着する性を有する。種類により特種の寄主を有するが，若し正常の寄主を失つた場合にはその寄主と類似なものまたは全然異なるものの血液によつても生活し得る。食物即ち血液を摂取せざるノミは相当長日数間生存し，雌は雄よりも大体長命である。然かし

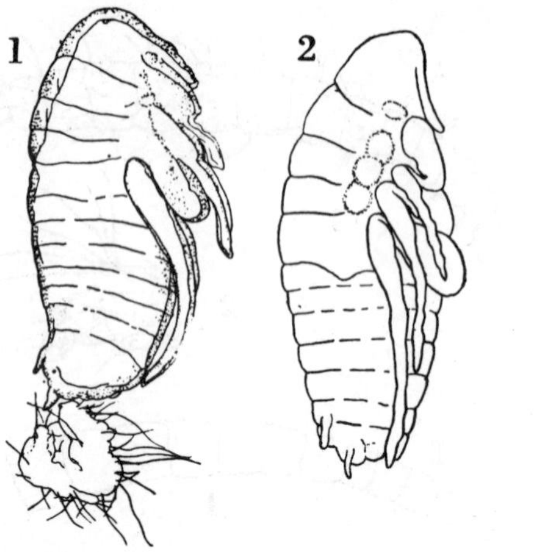

Fig. 1546. ノミの蛹 (Patton)
1. *Xenopsylla cheopis* 2. *Ctenocephalides felis*

一度血液を食したものは連続して血液を得る事が出来ない場合は短命である。吸血の方法は比較的簡単で，最初小顋鬚にて皮膚の調査を行い，後頭部を皮膚につけ腹部が返り，下唇鬚が側方に拡げられ，大顋の速かな前後運動によつて皮膚を切開する。その際に唾液が傷にそそがれ，血液が食管を通過して咽頭に吸入される。

ノミは平滑面を匍匐する事が出来ないが，若しその面に湿気がある場合には匍匐可能となる。普通毛間等は甚だ速かに匍匐する。またよく跳躍する性を有し，垂直には少くとも 10cm 以上を跳び，水平には 20cm 以上を跳ぶ事が知られている。

病気との関係

1. ペスト菌の伝染をなす種類が発見されている。即ちケオプスネズミノミ (*Xenopsylla cheopis* Rothschild)によつてペストの流行が実現し，この蚤の発生がない場合にはペストの発生がない事が確められたのである。なお実験的には *Xenopsylla astia* Rothschild とネコノミ (*Ctenocephalides felis* Bouché) とイヌノミ (*Ctenocephalides canis* Curtis) とメクラネズミノミ (*Leptopsylla segnis* Schöncherr) とヒトノミ (*Pulex irritans* Linné) 等が鼠から鼠へペストを感染せしめ得ている。
2. サナダムシ (*Dipylidium caninum*) が遇然的に子供の腸内に生活するが，その事実は同サナダムシの仔虫を消食系内に有する蚤を牛乳やその他の液体と共に飲み込んだ場合に生ずるものと考えられている。
3. 皮膚病——スナノミ (*Tunga penetrans* Linné) は元来豚の皮膚下に寄生する種類であるが，人類の足の下面の皮膚下に寄生して害をなす場合がある。なおヒトノミやその他のノミによつて個体的に相当の皮膚病を伴う事が少くない。

世界から140属900種が発見され，学者によつて分類の方々が種々であるが次の如くに分類する事が出来る。

1. 頭部は触角の上方にある1横線によつて2部に分かれ，その前背部は後方部の上に重なつて幾分自由に接している……(有節亜目 Suborder *Fracticipita*)… 2

 頭部は上述の如き横線を有してないで背面が連続している… (無節亜目 Suborder *Integricipita*) …… 4

2. 頭部の側面は簡単で前方に所謂前口片 (Praeoral lobes)を具えていない。コウモリに寄生しない…… 3

 頭部の側面下方で口孔の側部即ち頭の前角部下に幾丁化される1対の前口片を具えている。コウモリに寄生する (*Ichnopsyllus* Westwood, *Nycteridopsylla* Oudemans) ……………………………………………… ……………Family *Ischnopsyllidae* Wahlgren 1907

3. 後頭部は中央近くに1背横厚化部を有し，頭部の横線は触角の下方頭の下縁に達し，額の後縁には普通太い棘の櫛歯列を具えている (*Macropsylla* Rothschild, *Stephanocircus* Skuse)……………………… ……………Family *Macropsyllidae* Oudemans 1909

 後頭部は一ようで上述の如き背厚化部を欠き頭は有棘であるが，額の後縁に棘列を具えていない………… ……………………………Family *Hystrichopsyllidae*

4. 胸部の環節は著しく短縮していないで且つ縊れてもいない。而して各背板の和は腹部の第1背板より長く，後胸の側部はときにこれに続く2～3腹節の上に延びている。下唇鬚は3個またはより多数の擬節を具え，小顋鬚は殆んど常に前脚基節より短かい。触角の第3節は9個の多少明瞭な分離節からなる………… 5

 胸部環節は非常に短かく且つ縊れ，各背板の和は腹部の第1背板より短かい。下唇鬚は擬節を欠き，小顋鬚は殆んど常に前脚基節を越えて延び，触角第3節は明瞭な環節を欠き，充分成熟せる雌の腹部は著しく膨脹する…………………………………………………… 8

5. 腹部の各背板は2列またはより多数列の多数の棘毛を装い，眼は非常に小形かまたは一般にない……… 6

 腹部の環節は少数の棘毛を具え，それ等の棘毛は全背板または背板の大部のものの上に1列に生じている。眼は殆んど常に存在する……………………………… ……………………………………………Family *Pulicidae*

6. 頭部は顳櫛歯を欠く……………………………… 7

 頭部は左右に2～6本の太棘毛または棘からなる顳櫛歯を具えている (*Ctenophthalmus* Kolenati, *Rhadinopsylla* Jordan et Rothschild, *Neopsylla* Wagner) …………Family *Ctenophthalmidae* Rothschild

7．頭部は額上に1顆粒突起を具え，眼は屢々ない……
………………………………Family *Dolichopsyllidae*

頭部は額上に突起を欠き，眼は普通存在する(*Uropsylla* Oudemans, *Malacopsylla* Wey.) …………
………………Family *Uropsyllidae* Oudemans 1909

8．小顋は下方に突起する1本の長い細い彎曲せる葉片を具え，小顋鬚は前脚基節と等長，頭部は背面一ように円く，後胸の側片は腹部第1節上にのみ延び，充分成熟せる雌の腹部は蠕虫形 (*Hectopsylla* Frauenfeld)………Family *Hectopsyllidae* Oudemans 1909

小顋は葉片を欠くかまたは甚だ短い幅広の葉片を具え，小顋鬚は前脚基節を越えて延び，頭部は前背面著しく角張り，後胸側片は続く腹部の殆んど2～3節上に延び，充分成熟せる雌の腹部は球状…………………
………………………………………Family *Tungidae*

本邦に発見されたものは次の4科のみである。

625．スナノミ（砂蚤）科

Fam. Tungidae Brues et Melander 1932

Sarcopsyllidae Baker 1904, *Echidnophagidae* Oudemans 1915, *Dermatophilidae* Oudemans 1906, *Rhynchoprionidae* Baker 1905 等は異名。学者によつては *Hectopsyllidae* の内に包含せしめている。甚だ小さな科で，雌の成虫は多少永久的に外寄性で，小さな胸部と脚と非常に膨大する腹部とを具えている。*Tunga* Jarock 1838 と *Echidnophaga* Olliff 1886 との2属からなる。

スナノミ (*Tunga penetrans* Linné 1767) Fig. 1547 Chigoe, Jigger, Burrowing flea 等と称えられている。体は短かく幅広で褐色。頭部は背面前方に緩かに斜となり，微毛を装い，前方にて少しく凹み後殆んど直角に下方に曲り，その曲点は多少突出している。眼は触角溝の前縁基部に位置する。触角の第1節は洋杯状，第2節は円く鉢状で末端縁に棘毛を装い，第3節は短楕円形で擬節を有しないが6個の感覚器を1縦列に具えている。小顋は甚だ幅広く殆んど方形で小さく頭の下面に突出していない。小顋鬚は長く，多数の微毛を生じている。大顋は小顋鬚の $1^1/_4$ 長で，頭長よりやや長い。胸背板は各節とも短かく，後胸背板の側面後方に大形の側板を後方に突出せしめている。後脚基節は前下端に1大棘を具え，跗節は甚だ細長く第5節が最長，前脚跗節の最初の4節は殆んど等長，中脚の跗節は第4節が第1節より少しく短かく第1節は第5節の約1/2長，後脚跗節は第1節が第5節と殆んど等長。腹部は各背板の側面1/3上方に各1本の短棘毛を生ずる。雄の尾端は交尾器

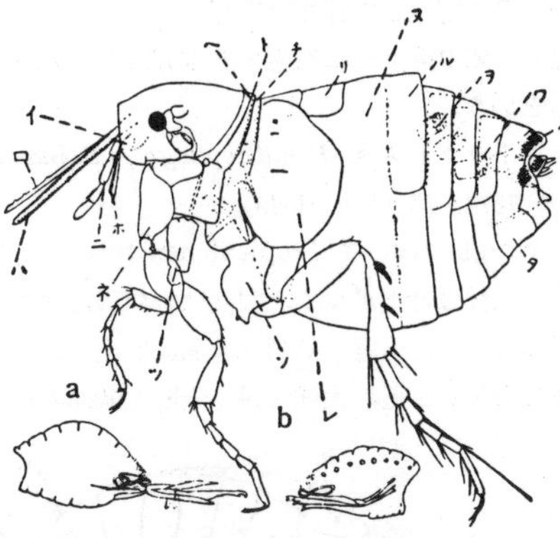

Fig. 1547．スナノミ雌の受精直後 (Patton)
イ．小顋　ロ．上脣上咽頭　ハ．大顋　ニ．小顋鬚　ホ．下脣　ヘ．前胸背板　ト．中胸背板　チ．後胸背板　リ．腹部第2背板　ヌ．間膜　ル．腹部第3背板　ヲ．第5腹節気門　ワ．第7腹節気門　カ．第8腹節気門　ヨ．尾節　タ．腹部第7腹板　レ．後胸後側板　ソ．後脚基節　ツ．中脚基節　ネ．前脚基節
a．雄の交尾器を外部に現わせる場合
b．雄の交尾器を体内に引込みたる場合

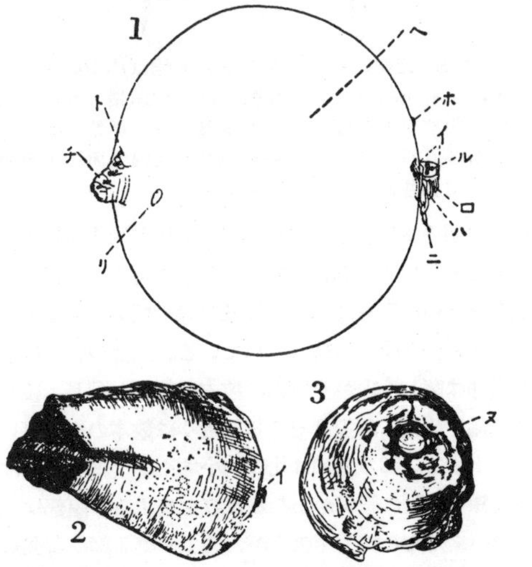

Fig. 1548．スナノミ雌の産卵中のもの (Patton)
1．側面図　2．同蚤の寄生している皮膚腫瘤側面図　3．周側面　イ．頭部　ロ．前脚　ハ．中脚　ニ．後脚　ホ．腹部第2背板　ヘ．腹部第2第3背板間膜　ト．腹部第3背板　チ．同第7背板　リ．受精嚢　ヌ．腹部　ル．複眼

が常に体内に存在するが細長。雌の腹部 (Fig. 1548) は卵が成熟するにつれ膨大し終に球状となり体長5～7 mm内外となる。しかししらざるものは雄と同様 1 mm 内外。本虫はメキシコ・西インド諸島・中南米その他の熱帯地方に広く分布し，家畜に寄生するが，人類の足の

母指下等に寄生して腫物を生ぜしめる。普通のノミ類と異なり皮膚の瘡下等に寄生する本邦にも発見された事があるという。

ニワトリフトノミ *Echidnophaga gallinaea* Westwood 1874～75 (Fig. 1549)

Sticktight flea や Tropical hen flea 等と称えられている。体は棘毛が少く，頭部は触角溝の前方で微かに角張つている。上唇上咽頭は普通に突出し，上縁に6～7個の微歯を具え，大顋は長く上唇上咽頭の鞘となり左

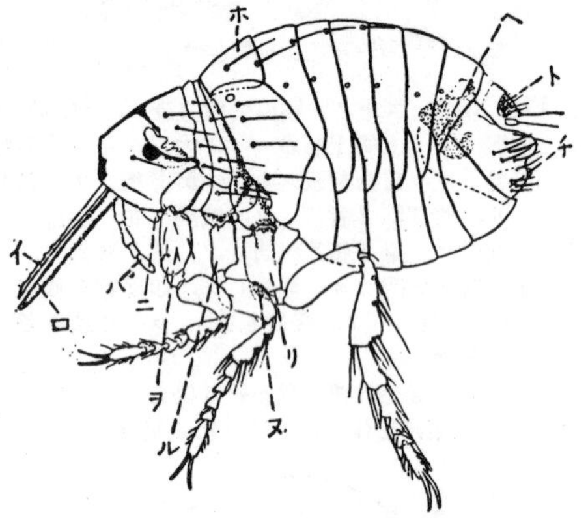

Fig. 1549. ニワトリフトノミ雌 (Patton)
イ. 上唇上咽頭　ロ. 大顋　ハ. 小顋鬚　ニ. 小顋
ホ. 腹部第1背板　ヘ. 受精嚢　ト. 尾節　チ. 腹部第8背板　リ. 後脚基節　ヌ. 同内側面の微棘群
ル. 中脚基節　ヲ. 前脚基節

右各54個の微棘列を4本配列し常に体と同水平線に前方に突出せしめている。小顋は三角形に近く，4節からなる鬚を伴い，下唇は末端に2個の扁平板を有するやや長い甚だ孱弱な膜から構成されている。胸部の背板は前中の両節は著しく短かく側面に数本の棘毛を列し，後胸背板は側片後方に角張りその基部近くに数本のやや長い棘毛を生ずる。脚の基節は比較的小さく，後脚のものは末端前縁の内面に微棘からなる斑紋を有する。腹部は比較的短かく殆んど棘毛を欠くが，第1～第4節は背面近き側面に1～2本を装う。気門は小形。雄の把握器は比較的簡単で，上方のものは末端に下向の1細棘を具え上縁に微棘毛を列する。世界の各地に分布し，本邦では神戸・大阪附近に多く発見されている。人・牛・馬・犬・キツネ類・猫・スカンク類・ネズミ類・ウサギ類・ハリネズミ類・トガリネズミ類・コウモリネズミ類・リス類・ワシタカ類・ドバト・ニワトリ・スズメ等から吸血する。

626. ノミ (蚤) 科

Fam. Pulicidae Stephens 1829

この科に属せしめる *Archaeopsylla* Dampf は学者によつては *Archaeopsyllidae* Oudemans 1909 として1科を構成せしめている。大きな科で，世界に広く分布し，哺乳動物の多数の種類に寄生する。而して人類に最も深い関係を有する。*Pulex* Linné, *Xenopsylla* Glinkiewicz, *Hoplopsyllus* Baker, *Cediopsylla* Jordan, *Ctenocephalides* Stiles et Collins (=*Ctenocephalus* Kolenati) 等が重要な属である。本邦からは *Pulex*, *Xenopsylla*, *Ctenocephalides* 等の3属が知られている。

ヒトノミ *Pulex irritans* Linné 1758 Fig. 1550

Human flea と称えられ，ドイツの Menschen floh である。体長，雌は2～4 mm，雄は1.5～3mm。体は大且つ太い。眼は倒西洋梨形，頭楯瘤と顳櫛歯とを欠く。頭部は背面部に多数の微剛毛を装い，顳には2本の棘毛を具え，触角窩の後方に同様の棘毛を1本生じている下脣鬚は前脚基節の中央を越えて延び，大顋は鋸歯状。触角第2節は第3節に達する多くの小剛毛を生じている。胸部の各背節には1横列に棘毛を有し，中胸側板線はない。後脚腿節の内側には7本以上の微棘毛の不規則列を具え，各脚の第5跗節には両側下縁に4対の棘毛列を有し，後脚第5跗節は第2跗節より長い。第7背板の棘毛即ち尾前棘毛 (Antepygidial bristle) は1対。雌の腹部第7背板には湾入部がなく，受精嚢は頭部が円く尾部が半月形に彎曲している。

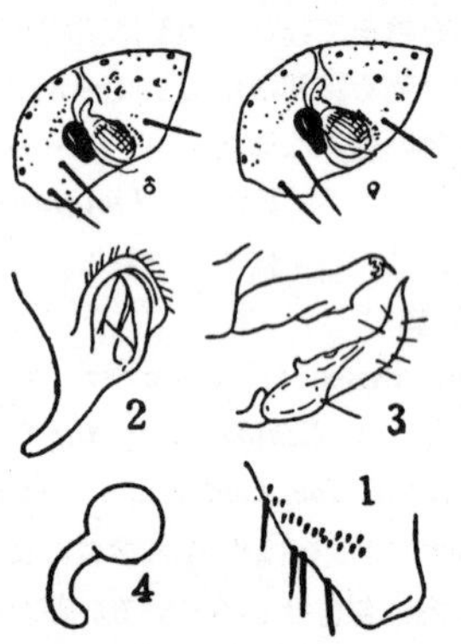

Fig. 1550. ヒトノミ (安松)
上図左　雄の頭部側面
上図右　雌の頭部側面
1. 後脚腿節の内面
2. 雄の把握器基片
3. 同側面図　4. 受精嚢

幼虫。老熟せるものは体長4 mm に達する。頭部は充分硬い蓋板からなり，前外隅の窩中から単節の長徳利状の触角を生じ，その窩縁には4本の棘を具えている。大顋は縁に4～5本の鋭歯を具え，小顋は刷毛状を呈し縁に5歯を具え，その鬚は小さく2節からなる。下脣鬚は単節で，太い棘を具えている。体は3胸節と10腹節とからなり，胸節は脚を欠き各1対の気門を具え，第1と第2との各節には3対，第3節には4本の夫々長棘毛を有する。第1～第8腹節には各1対の気門と4対乃至6対の長棘毛を有し，第9節には気門がなく後縁に近く8対の長棘毛を有し，第10節は短小で気門を欠き後縁下半に

4対の長棘毛と上半に8対の短棘毛を有し，末端の2尾突起は基半部が軟く太く背面に多数の短棘毛を生じ後半部はよわく曲れる爪状となり平滑。幼虫は2回の脱皮を経て蛹化する。

全世界に分布し，人類の害敵であるがペストの伝播を行わない。しかし鼠間にはペストを感染せしめる。犬・キツネ・イタチ・スカンク・アライグマ・アナグマ・ネコ・馬・豚・ネズミ・ハリネズミ・ハツカネズミ・ウサギ・コモリネズミ・リス・ハタリス・ニワトリ・ゴイサギ・シジュウカラその他から吸血する事が知られている。

ケオプスネズミノミ *Xenopsylla cheopis* Rothschild (Fig. 1551)

体長，雌は2～3.8mm，雄は1.4～1.6mm。頭部は円味を有し，眼は円形，頭楯瘤と顳櫛歯と前胸櫛歯とを欠き，顳突起が触角窩を覆うている。頭部は小顋の基部に1本と，眼の近くに1本との棘毛を有し，それ等の間に若干の微棘毛を有する。下脣鬚は前脚基節とほぼ等長。触角の第3節は短かく前面は分節不明，第1節には不同の約10本の棘毛を，第2節には長い。4棘毛を生じている。触角窩の後方に3個の棘毛列を有し，それ等の第1と第2との両側はそれぞれ1対，第3列は5対と4対との長短棘毛が交互に生じている。前胸背板には1列の棘毛を有し，中胸側縁は太く明瞭。後脚基節の内側には微棘群を有し，第5跗節は4対の両側下縁棘毛を具えている。尾前棘毛は円錐状突起上に生じていない。雌の受精嚢は大きく顕著な縊部を有する。

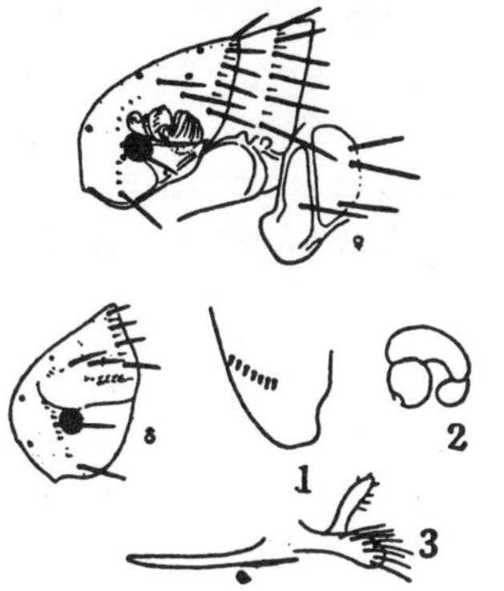

Fig. 1551. ケオプスネズミノミ (安括)
上図　雌の頭部側面
左図　雄の頭部側面
1. 後脚基節の内面
2. 受精嚢　3. 雄把握器

本虫はエジプトやインド地方に於ける主要な鼠蚤で，その他の地方でも開港地やその附近に発見される事が普通でペスト流行に最も重要な役割をなし，各種動物間の移行性著しく，人・犬・猫・鹿・イタチ・カイウサギ・ネズミ・コウモリネズミ・トガリネズミ・トビネズミ・ハタリス・コモリネミズその他多種類の動物から吸血する。ペスト菌の他に流行性鼠チブス菌の有名な伝播者で，更に *Hymenolepis diminuta* や *H. nana* の中間宿主として認められ，また下痢性熱病等にも関係があるとの事である。

この科には更に人類にも関係があるネコノミ (*Ctenocephalides felis* Bouché) やイヌノミ (*Ctenocephalides canis* Curtis) 等が知られている。

627. トゲノミ（棘蚤）科

Fam. Dolichopsyllidae Baker 1905

Ceratophyllidae Dampf 1910 と *Vermipsyllidae* Wagner 1889 とは異名。この科は隠翅目中最大の科で，少くとも30属以上からなる。*Dolichopsyllus* Baker, *Ceratophyllus* Curtis, *Ctenophyllus* Curtis, *Ctenophyllus* Wagner, *Nosopsyllus* Jordan, *Monopsyllus* Kolenati, *Amphipsylla* Wagner, *Vermipsylla* Schönherr, *Megabothris* Jordan, 等が代表的な属で，本邦からは *Monopsyllus* と *Nosopsyllus* との2属が知られている。

ヤマトネズミノミ *Monopsyllus anisus* Rothschild (Fig. 1541)

体長，雌は2.5mm内外，雄は2mm内外，頭楯瘤は顕著，眼の長径は眼と顳の特に幾丁質化強い部分の角との間の距離よりも大。頭部は眼の前方に3本の棘毛を有し，触角窩の後方には2本の棘毛がある。頭部後縁近く4対の棘毛を列する。前胸櫛歯は左右で16～20本。後脚跗節の第1と第2との各節の棘毛は次節を越さない。雄では触角第2節の棘毛は第3節の中央を越すものがない。雄の把握器の突起は円錐形，可動指は長大で斧状となり上端尖り下端は円い。雌では触角第2節の棘毛は第3節の末端に達するかまたはそこを越え，受精嚢は図の如き特種形を有する。下脣鬚の末端は前脚基節の末端近くに達し，尾前棘毛は雄で1対，雌では3対。日本，朝鮮，満洲，支那アメリカ等に産し，猫や鼠に寄生し，ペスト菌の伝播をする。ヨーロッパネズミノミ (*Nosopsyllus fasciatus* Bosc.) は前種に似ている。世界共通なれど，

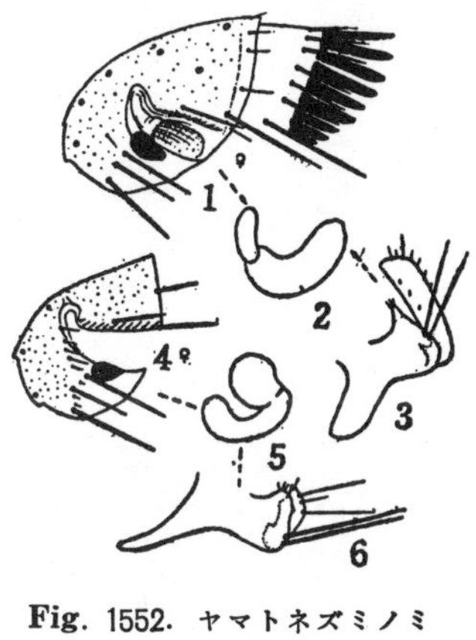

Fig. 1552. ヤマトネズミノミ (安松)
1. 頭部と前胸背板との側面図(雌)
2. 受精嚢　3. 雄把握器　4.5.6. ヨーロッパネズミノミ

本邦には少なく，流行鼠チブス菌の伝播者で，*Hymenolepis diminuta* や *H. nana* 等の中間宿主である。

628. ミゾノミ（溝蚤）科

Fam. Hystrichopsyllidae Tiraboschi 1904

この科のノミは腹部のある背板の後縁にある数の櫛歯を具え，且つある類の雌虫は2個の受精嚢を具えている。*Ctenopsyllus* Kolenati, *Leptopsylla* Jordan et Rothschild, *Hystrichopsylla* Taschenberg, *Typhloceras* Wagner 等が代表的な属で，本邦には次の1種が発見されている。

メクラネズミノミ ***Leptopsylla segnis*** Schönherr (Fig. 1553)

Mouse flea と称えられ，ドイツの Hausmausfloh である。体長，雄は1.5～1.8mm，雌は2～2.5mm，体は細く淡色。頭部は先端に向つて細まり円錐状，頭楯瘤はなく，眼は痕跡的，顴櫛歯は4本からなり最上のものは幅広くこれに続くものは最長。前胸櫛歯は各側11本よりなる。額には左右各9本の棘毛を有し，最先端にある2本は短太で尖らず，その上方の2本と下方の5本とは長く尖つている。後脚脛節の後縁に約14本の棘毛を有し，その中の3～4本は特に長い。第5跗節には1対の基棘毛と4対の側下縁棘毛とがある。尾前棘毛は雌では両側に4本雄では3本。雄の把握器可動枝は基部から末端まで等幅で幅の2倍長，後縁は円味を有し5～6本の棘毛を有しその中の3本は特に長い。雌の受精嚢の頭部は長い。欧洲・アジア・北米等に分布し，本邦ではネズミ・トガリネズミ・リス・オオコウモリ・ミミズク等から吸血する事が認められている。人類には関係ないが，鼠間にはペストを伝播し且つ流行性鼠チブスの伝播者として知られ，且つ *Hymenolepis diminuta* の中間宿主でもあると考えられている。

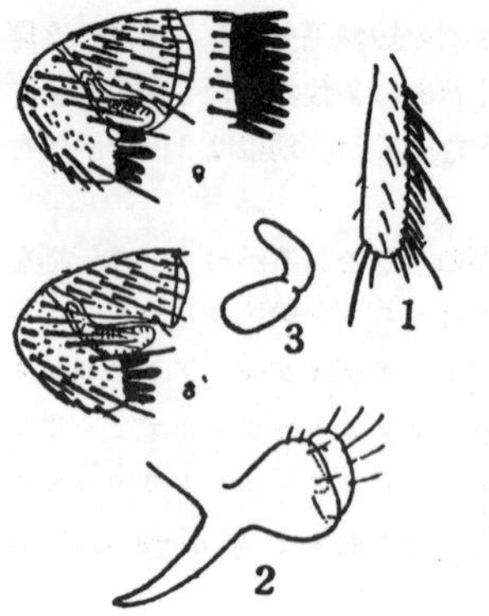

Fig. 1553. メクラネズミノミ（安松）
左上図　雌の頭部と前胸背板との側面
左下図　雄の頭部側面
1. 後脚脛節　2. 雄把握器
3. 受精嚢

索　　　引

索　引

A

Aasfliege 760
Abala 464
アバタヒゲナガカミキリ 515
Abavus 674
Abbella 586
Abdera 496
Abdomen 2,31
abdominalis (Microcephalothrips) 220
Abdominal stylus 93
abducta (Ectinohoplia) 508
Abedus 257
Abeilles 616
Abia 554,555
abieticola (Gilpinia) 561
abietis (Cercopis) 261
abietis haroldi (Hylobius) 529
Abiomyia 677
Abisara 406
Ablabera 507
Ablabia 349
Ablerus 587
Abraeinae 458
Abraeus 458
Abraxas 393,394
Abrictna 262
Abrosoma 139
Abrostola 367
ア　ブ 38,68
アブ亜科 682
アブ（虻）科 678,679
アブラコバエ（蚜小蠅）科 741
アブラムシ（蚜虫） 65,73,76,221, 227,228,229, 326,488,585, 587,597,604, 605,669,750, 774
アブラムシ亜科 281
蚜虫上科 276
アブラムシ（蚜虫）科 76,186,224, 225,226,227, 229,279
アブラムシコマユバチ 576
アブラムシヤドリバチ（蚜虫寄生蜂）科 575
アブラゼミ 261,589
Acalla 348
Acalypta 248
Acalyptratae 720,723
Acanalonia 271
Acanaloniidae 238
Acanaloniinae 271
Acanthaclisis 304
Acanthaspis 251
acanthedra (Chauliodus) 343
Acanthidae 255
Acanthiidae 252
Acanthinoides 677
Acanthiophilus 738
Acanthobemisia 275
Acanthocera 680
Acanthoceridae 503
Acanthocerus 503
Acanthochermes 278
Acanthocnema 722
Acanthocneminae 693
Aeanthocolonia 139
Acanthocoris 244
Acanthocorydalis 293
Acantholeria 727
Acantholipes 367
Acantholobus 147
Acantholyda 553,554
Acanthomera 672
Adanthomeridae 672
Acanthomyops 600
Acanthoneura 739
acanthopanaxi (Cryphalus) 539
Acanthoplus 152
Acanthops 131
Acanthopsyche 361
Acanthopteroctetes 327
Acanthosoma 243
Acanthostoma 570
Acanthotomicus 537,539
Acanthostichus 598
Acarina 3,12,186
Acartophthalminae 726
Acartophthalmus 726,727,730
Acaudus 281
Accessory gland 41
Accessory pulsating organ 36
Accessory stridulating apparatus 234
Acelyphus 742
Acemyia 763
Acentropus 353
Acephala 632
Acerella 86
Acerentomidae 86
Acerentomon 85
Acerentuloides 86
Acerentulus 86
aceri (Euops) 534
aceri (Myllocerus) 527
aceris (Phenacoccus) 286
aceris (Xylaterus) 539
aceris intermedia (Neptis) 415
Acerophagus 585
Achaea 367,369
Achaenops 517
achatina (Orthaga) 354
Acherontia 385,388
Acheta 156
Achetidae 143,154
Achetinae 156
Achias 737
Achiasidae 725,736
Achiastinae 737
Achilidae 238,268
Achilixia 238

Adelocera 467
Adelognathus 569
Adelopteromyia 768
Adelostoma 498
Adelotopus 435
Adelphe 600
Adelphocoris 254
Adelphomyia 642
Adelungia 265
Adenophlebia 104
Adenopoda 192
Adephaga 435
Adephagid 430
Aderidae 495
Aderorhinus 532,533
Adesmia 498
Adfrontals 322
Adimeridae 479
Adimerus 479
Adisofiorinia 288
Adlerius 649
admirabilis (Afissa) 489
admorsus (Glyphotaelius) 318
adonidum (Pseudococcus) 286
Adoretus 508
Adoxomyia 676
Adoxophyes 349
Adoxus 512
Adrama 738,740
Adraminae 738,740
Adranes 442,448
Adrapsoides 367
Adrastus 467
Adris 367,369
Adrisa 241
Adult 69,71
Adulthood 69
Adult of the first form 182
Adult of the second form 182
Adult of the third form 182
advenaria (Cepphis) 398
Aedeagus 41,99,202,550
Aëdes 630,652,653,654
Aegeria 342
Aegeriidae 338,342,419
Aegialia 505
Aegialiidae 503,505
Aegialites 490
Aegialitidae 490
Aegilips 577
Aegipalpia 313
Aegithus 484
Aegocera 366
Aegus 510,511
aegypti (Aëdes) 654
Aelia 243
Aellopus 386
aemulans (Ammophila) 606
Aenaria 243
Aenasioides 585
aenea (Chrysomela) 518
aenea (Philopota) 684
aenea amurensis (Cordulia) 120
aenescens (Naranga) 372
aeneus (Lathyrophthalmus) 706,707
aeneus (Malachius) 462
Aenictus 598
Aenigmatias 702
Aenigmaticum 452
Aenigmatiinae 702
Aenigmatistes 702,768
Aenigmopoeus 768
亜縁脈 578
Aeoloderma 467
Aeolothripidae 218,219
Aeolothripoidea 217,219
Aeolothrips 219
Aepophilidae 231
Aepophilus 230,231
aequalis (Apus) 5
aequipunctatus (Scolytus) 536
aerarius (Halictus) 619
Aeromachus 404
Aeromyrmex 599
Aerorchestes 250
Aesalus 511
Aeschna 111,112,119
Aeschnoidea 114,117,118
Aeschnini 112
Aeschnidae 114,115,119
Aeschninae 110,112
Aeschnophlebia 119
aestivaria (Hemithea) 390
Aestivosistens 277
Aethalochroa 130
Aethalura 393,395
Aethia 367
Aethialion 235
Aethialionidae 235
aethiops (Endelomyia) 72
Aethra 461
Aethus 241
aexaria (Angerona) 397
α-female 595
affinis (Byturus) 477
affinis (Calymnia) 372
affinis (Hydrophilus) 448
affinis (Olibrus) 486
Afissa 489
africana (Gryllotalpa) 158
africanus (Mansonioides) 652
Agabus 439,440
Agallia 266
Agamic generation 224
Aganaidae 366
Aganais 366
Agalliaphagus 545
Agaontidae 579,580,583
Agaonidae 583
Agapanthia 515
Agapetidae 415
Agapetus 313
Agarista 366
Agaristidae 363,366,421
Agathia 390
Agathis 573
Agathomera 140
Agathomyia 704
Agdistis 350
Agdistidae 350
アゲハ 407,425,568,569,585
鳳蝶上科 405
アゲハチョウ (鳳蝶) 科 322,406,425

amoena (Ampulex) 602
amoena (Trypanea) 739
Amorbia 348
Amorpha 387
Amorphococcus 285
Amorphoscelinae 130
Amorphoscelis 130
Amota 364
Ampelophaga 386
Amphiacusta 156
Amphibolips 74
Amphicapsus 254
Amphicerus 501
Amphicoma 503
Amphicrossus 482
Amphidasis 393
Amphientomidae 198
Amphientomum 198
amphigena (Macromia) 120
Amphigerontia 199
Amphilecta 674
Amphimallon 507
Amphiops 448
Amphipneustic 634
Amphipoda 9
Amphipogon 733
Amphipsocus 199
Amphipsylla 789
Amphipterygidae 114,115
Amphipteryx 113
Amphipyra 371,373
amphisalis (Pagyda) 356
Amphiscepa 238,271
Amphiscepidae 238
Amphisternus 488
Amphithera 343
Amphitheridae 343
amphitritaria (Chlorissa) 390
amphitrite (Balanus) 9
Amphix 488
Amphizoa 435
Amphizoidae 435
Amphorophora 281
ampliata (Tingis) 248
amplipennis (Larra) 604
Amplipterus 387
Ampulicidae 601,602
Ampulicimorpha 590
ampullacea (Lucilia) 760
amputatus (Xyleborus) 540
Amsacta 365,366
amurensis (Amorpha) 387
amurensis (Hololepta) 458
amurensis (Hydroecia) 372
amurensis (Leptidea) 408
amurensis (Limnophilus) 319
アムールトビケラ 318
Amydetes 461
Amydria 333
Amydriidae 333
Amyna 371
Amystax 527,528
Amytta 150
アナアキオオゾウムシ 529
アナバチヤドリバエ 762
Anabolia 310,318
Anabolism 50
Anaborrhynchus 686
Anabrolepis 586
Anabrus 152
Anacampsis 344
Anacampta 726
Anacanthaspis 677,678
Anacanthella 674
Anacanthocoris 244
Anacanthotermes 190
Anacharidae 577
Anacharis 577
anachoreta (Melalopha) 378
Anaciaeschna 119
Anacrabro 607
anadyomene parasoides (Argynnis) 414
Anaerobic tolerance 51
Anagenesia 101
Anaglyptus 513,514
Anagnota 729
Anagoga 394,397
Anagrus 581
Anagyrus 585,586
Anaitis 391,392
Anajapyx 96
Anal appendage 112
Anal brush 658
Anal clasper 322
Anal cleft 287
Analcocerinae 674
Analcocerus 674
Anal crossvein 30
Anal fimbria 617
Anal fin 652
Anal fold 309
Anal furrow 707
Anal gill 110,652
Anal horn 329
analis (Arthria) 668
analis (Tenthredo) 560
Anal lobe 240,285,564
Anal loop 114
Anal paddle 652
Anal papilla 296
Anal plate 279,287,422
Anal process 162,659
Anal proleg 322
Anal ring 239,284
Anal ring seta 284
Anal segment 526
Anal spurious vein 707
Anal sulcus 122
Anal tube 283
Anal vaciform orifice 275
Anal vein 30
Anamerentoma 85
Anamorphosis 85
アナナスシロカイガラムシ 289
Anapausis 668
Anapestus 497
Anaphes 581
Anaphoide 581
Anaphothrips 217,220
Anaplecta 124
Anaptycha 125
Anareolatae 136,139,141
Anareta 669
anarmatus(Ecacanthothrips) 221

Anarmonia 349
Anarsia 344
Anartula 354
anas (Niphonympha) 339
Anasa 224,225,226,244
Anasigerpes 133
Anaspides 22
Anaspis 492
Anastatus 586
Anastoechus 691
Anastrepha 738,739
Anatalanta 769
Anatelia 168
Anateliinae 168
Anaticola 205
Anatifera (Lepas) 9
Anatis 490
Anatoecus 205
Anatopynia 662,664
Anax 110,119
Anaxandra 243
Anaxarcha 133
Anaxiplus 157
鞍 板 653
Anchonoma 345
Anchonus 527
Anchylopera 347,348
Anchytarsus 474
Ancistocerus 614
Ancistrogaster 170
Ancistrogastrinae 170
Ancistrona 202,204
Ancyla 619
Ancylis 347
Ancylometis 346
Ancylolomia 353
Ancylolomidae 351
Ancylolomiidae 353
Ancylopus 488
Ancylorrhyncus 693
Ancyrona 481
Ancyronyx 473
Andes 268
Andex 169
andoi (Japania) 589
Andracn 401
Andrallus 423
andreae (Dysdercus) 246
Andrena 619
Andrenidae 617,619
Andrenid Bee 618
Andrenosoma 694
Andricus 74,77,579
Androconia 321
Androprosopa 695
Anechura 163,165,170,171
Anechurinae 170,171
Anepisceptus 152
Anepisternal suture 663
Anepitacta 150
Anepsius 498
Aner 594
Anerastia 351
Anerastiidae 351
Anergates 595,597,599
Aneristus 587
Aneugmenus 557
Aneuretus 598,599,600
Aneurus 247
Angasma 340
Angela 130,131
angelina (Libellula) 120
Angelinae 131
Angerona 393,394
Angitia 569
Angitula 722
Angituloides 722
Anglewing 412
Angular-winged Grasshopper 148
angulata (Tituria) 264
angulatus (Ips) 540
angulicollis (Paraulaca) 520
angulifera (Alcis) 395
angulosa (Dactylispa) 521
angusticollis (Dasyvalgus) 510
angusticollis (Psylliodes) 521
angusticornis (Neoitamus) 695
angustipennis (Panesthia) 127
Anicetus 586
Anidrytus 488
Anigrus 268
Anilastus 569
Anisacantha 139
Anisembia 195
Anisembiidae 195
Anisia 764
Anisocentropus 316
Anisodactylus 437
Anisogomphus 118
anisogramma (Compsolechia) 345
Anisolabidae 168
Anisolabis 161,163,164,165,166,167,168,169
Anisomerinae 643
Anisomorpha 140,141
Anisomorphinae 140,141
Anisopa 258
Anisopleura 114
Anisoplia 508
Anisopodidae 632,633,634,772,779
Anisopogon 693
Anisops 258
Anisoptera 97,113,114,118
Anisopteryx 393
Anisopus 635,772
Anisota 401,425
Anisotamia 689
Anisotoma 451
Anisotylus 585
Anistomyia 636
Anisozyga 390
Anisozygoptera 113,114,117
Ankothrips 218
Annelida 1,20
annosus (Melanotus) 467
annulata (Campsomeris) 613
annulatus (Anicetus) 586
annulatus (Cordulegaster) 108
annulicornis (Pyrrhalta) 520
Annulipalpia 313
annulipes (Anisolabis) 169
annulipes (Euborellia) 167
annulitarsis (Epiurus) 569

Anastrephoides 739
anisus (Monopsyllus) 787
Anobiid 501
Anobiidae 501
Anobium 502
Anochetus 598
Anoecia 281
Anogaster 119
Anogdus 442
Anomala 508
Anomalaphis 281
Anomalempis 697
Anomalochaeta 729
Anomalon 569,570
Anomologa 346
Anomologidae 346
Anomoneura 273
Anomoses 327
Anomosetidae 327
Anopheles 652,656,657,778
Anophelinae 653,656
Anophia 367,368
Anophthalmus 431
Anoplius 616
Anoplognathus 508
Anoplagenius 437
Anoplotermes 183,186
Anoplura 26,70,83,201,206
Anoplus 528
Anorostoma 743
Anostostoma 153
Anostostomatinae 153
Anoxia 507
Ant 546,594
Antarctophthirius 212
Anteapical cell 232,237
Anteclypeus 178,196,428
Antecoxal sclerite 435
Antenna 1,20
Antennal hair 653
Antennal tuft 653
antennata (Nezara) 243
antennata (Pachygrontha) 246
Antennal pore 469
Antennal sclerite 20,142
Antennal scrobe 149
antennatus (Mycetophagus) 487
antennatus (Urocerus) 563
Antennophorus 597
Antenodal crossvein 113
Antenodals 107
Anteon 593
Antepygidial bristle 786
Anterior arm 21
Anterior crossvein 707
Anterior intestine 35
Anterior mesenteron rudiment 68
Anterior portion 19
Anterior pronotal pleural bristle 239
Anterior tentorial pit 22
Antha 371
Anthalia 697
Anthaxia 469,470
Anthela 363
Anthelidae 363
Antheraea 402,425
Anthericomma 544,545
Antherophagus 485
Anthicomorphus 495
Anthicidae 491,495
Anthicus 495,496
Anthidum 622
Anthobates 492
Anthobium 452
Anthobosca 611
Anthoboscidae 611
Anthocoridae 231,252,253
Anthocoris 253,408
Anthomyia 630,753
Anthomyiidae 720,751,769,776
Anthomyiid Fly 751
Anthomyiinae 752,753
Anthomyza 729
Anthomyzidae 728,729
Anthonomus 528,529,530
Anthophagus 453
Anthophasia 722
Anthophila 341
Anthophora 621,622
Anthophoridae 617,621
Anthophorid Bee 621
Anthracias 498,499
Anthracinae 689,690
Anthracomyia 760
Anthracophora 509
Anthrax 689,690
Anthreninae 476
Anthrenus 442,475,476,477
Anthribidae 524
Anthribus 524,525
Anthroherpon 450
Antial Borste 702
Antichaeta 742
Antichira 508
Anticoagulin group 45
Antigius 409,410
Antilochus 246
Antineura 737
antiopa asopos (Nymphalis) 413
Antipa 517
antiqua (Hylemyia) 754
Antisolabis 169
Antispila 346
Antissa 674
Antissinae 674
Ant Lion 303,304
Ant Lion Fly 303
Antocha 642
Antochinae 642
Antomeris 402
Antongilia 139
Antonia 689
antoniae (Anagyrus) 586
Antonina 286
Antrops 769
Anuga 371
Anuraphis 281
Anurida 88,90
Anus 1,34
Anusia 585
アオバアリガタハネカクシ 456
アオバハガタヨトウ 374

アオバハゴロモ 271
アオバハゴロモ（青翅羽衣）科 271
アオバナガクチキムシ 499
アオバネサルハムシ 518
アオバセセリ 404
アオバヤガ 375
アオドウガネ 508
アオグロケシジョウカイモドキ 462
アオハムシダマシ 500
アオハナムグリ 509
アオヒゲナガトビケラ 317
アオホソガガンボ 646
アオイラガ 361
アオイロハバチヤドリバチ 570
アオイトトンボ 667
アオイトトンボ（青糸蜻蛉）科 116
アオカナブン 501
アオケナガチョッキリ 533
アオクチブトカメムシ 247
アオクサカメムシ 243
アオマダラタマムシ 473
アオマツムシ 159
アオモリコマユバチ 573
アオムシ 39
アオムシコマユバチ 573,584
アオムシヒラタヒメバチ 569
アオムシコバチ 584
アオムシコマユバチ 585,587
アオムシコマユヒメバチ 587
Aonidiella 288,290
アオオビナガクチキムシ 496
Aorta 35
Aortic diverticulum 36
アオシャクガ（青尺蠖蛾）科 389
アオスジアゲハ 407
アオスジアオリンガ 376
アオスジハナバチ（青条花蜂）科 621
アオスジカミキリ 513
アオタマムシ 471
アオタテハモドキ 414
アオヤンマ 119
Apachyidae 167
Apachyinae 162
Apachyus 161,162,163,167
Apalimna 515
Apalus 493
Apamea 371
Apanteles 573
apanteloctenus (Trichomalus) 585
apantelophagus (Hypopteromalus) 585
Apantesis 365
Apatania 318
Apatelodes 400
Apatelonidae 424
Apatidae 501
Apatolestes 681
Apatura 413,415
Apechthis 569
Apemon 634
Apetenus 769
Apethymus 559
Apex 19
Apha 400,424
Aphaenocephalidae 449
Aphaenocephallus 449
Aphaenogaster 599
Aphaereta 565
Aphalara 272
Aphalaroida 272
Aphamis 246
Aphana 267
Aphaniosoma 727
Aphaniptera 780
Aphanogmus 591
Aphanus 246
Aphanisticus 469
Aphanostigma 278
Aphelara 274
Aphelinidae 580,587
Aphelinids 587
Aphelinus 587,588
Aphelocheiridae 234
Aphelochiridae 256
Aphelochirus 256
Aphelopus 593
Aphelosetia 346
Aphelosetiidae 346
Aphid 221,279
Aphidae 279
Aphiden 279
Aphidencyrtus 585
Aphides 279
Aphididae 239,279
Aphidiidae 566,575
Aphidinae 281
Aphidius 575
Aphidoidea 239,276
Aphid Parasite 575
Aphid Wasp 605
Aphilanthops 602
Aphiochaeta 703
Aphis 279,280,281,282
Aphis Lion 301
Aphis Wolf 300
Aphodiidae 503,505
Aphodius 432,505
Aphoebantinae 689
Aphoebantus 689
Aphomia 352
Aphonomorphus 157
Aphorista 488
Aphrastobracon 576
Aphrastus 527
Aphria 764
Aphrophora 228,260,261
Aphrophoridae 260
Aphrosylinae 699
Aphrosylus 699,773
Aphthona 520
Aphthonetus 343
Aphycus 585
Apical area 124
Apical field 124
apicalis (Adrama) 740
apicalis (Baccha) 710
apicalis (Chrysochroma) 675
apicalis (Diestrammena) 153
apicalis (Erythroneura) 266
apicalis (Nabis) 252
apicalis (Oliarus) 268
apicalis (Phaenolobus) 569
apicalis (Phaonia) 752

apicalis (Pristiceros) 568
apicalis (Stratiomys) 676
apicalis (Xyleborus) 540
Apical process 143
Apical triangle 122
Apical triangulear e 136
apicana (Euxanthis) 349
Apidae 617,625,627
Apiocera 685
Apioceridae 685
Apiococcus 240
Apiomerus 251
Apiomorpha 240
Apiomorphidae 240
Apion 532
Apioninae 526,532
Apioscelis 148
Apis 551,625
Apistomyinae 636
Apistus 487
Aplastus 466
Aplatopterus 461
Aploneura 278
Aplotes 531
Aplecta 371
Apneustic type 631
Apocephalus 703
Apochrysa 302
Apochrysidae 297,302
Apocrita 563,626
Apocrypha 498
Apodacra 762
Apodemes 19
Apoderus 534
Apogonia 507
Apoidea 563,564,616,627
Apolecta 525
Apolites 498
Apollofalter 407
Apollos 407
Apolysis 690
Apomecyna 515
Apomidas 685
Apontoptera 86
Apopestes 367
Apopetelia 393
Apophorhynchus 724
Apophysophora 717
Apoprogenes 331,388
Apoprogenidae 332
Aporia 408,409
Aporus 616
Apospasma 673
Apostraphia 406
Apparatus 234
Appendage 31
Appendices anales 87
appendiculata circumvolans (Xylocopa) 623
appendiculatus (Stypocladius) 734
appendigaster (Eurytoma) 584
appendigaster (Evania) 566
Appendix dorsalis 110
Appias 408
Apple leaf-miner 336
approximatus (Cryptocephalus) 518
Aprastus 437
Apriona 515,516
Aprionus 670,671
Aproceros 555
Apsinota 730
Aptanogyna 767
Aptera 82,95,201
Apterina 769
Apterogyna 609
Apterogynidae 609
Apteroloma 450
Aptilotus 769
Apteroscirtus 150
Apterous form 182
Apterygida 166,170,171
Apterygota 92
apuans (Lygaeus) 227
Apus 5
Aquarius 249,250
aquatica (Podura) 89
Aquatic Insect 81
aquilina chrysaeglia (Bibasis) 404
aquilus (Xyleborus) 540
アラアシキクイムシ (粗脚小蠹虫) 科 541
Araba 762
Arachnida 2,10
Arachnoidea 2,3,10
Aracima 390
Aradidae 231,246
Aradoidea 231,246
Aradophagus 592
Aradus 247
Araeocerus 525
Araeognatha 367
Araeopidae 238,269
Araeopinae 269
Araeopus 269
Araeoschizus 498
アライラガ 361
arakii (Cladoborus) 539
アラキサイダキクイムシ 539
アラメハナカミキリ 514
Aranda 416
Araneae 11
Araragi 409,410
Araschnia 413,414
arata (Rapala) 410
aratus (Scolytus) 536
Arbela 252
Arbelidae 358
arbustorum (Eristalis) 707
Archaeognatha 94
Archaeolothrips 219
Archaeopsylla 786
Archaeopsyllidae 786
Archedictyon 174
Archescytinidae 229
Archiblatta 124
Archiblattinae 124
Archichauliodes 293
Archidux 170
Archihymeidae 610
Archihymen 610
Archilestes 117
Archimandrita 125

Archimantinae 133
Archimantis 133
Archimyia 673
Archimyza 672
Archinsecta 95
Archips 349
Archipsocidae 198
Archipsocus 198
Archipterygota 97
Archistratiomys 671
Architipulidae 628
Archotermopsis 179,180,181,182,183,184,187,188,189
Arctia 365,423
Arctiidae 363,365,421,423
arctipennis (Polyploca) 382,421
Arctocoris 242
Arctophila 713
Arctopsyche 315
Arctopsychidae 312,313,315
Arctornis 380,381
arctotaenia (Parallelia) 369
arcuella (Olethreutes) 348
Arculus 109
Arcynopteryx 176
Ardeicola 205
ardescens (Conistra) 374
ardisiae (Nipponorthezia) 284
Area apicalis 136
Areoda 508
Areolaria 125
Areolariinae 125
Areolatae 136,139,140
Arge 555
argentata (Setodes) 317
argiades seitzi (Everes) 411
Argidae 406,553,555,626
argiolus ladonides (Celastrina) 411
Argopistes 519,521
Argosarchus 141
Argulus 8
argus (Ypthima) 416
argus micrargus (Plebejus) 412
Argynnis 413
Argyra 700
Argyresthia 339
Argyresthesia 421
Argyresthesiidae 419
Argyresthiidae 338,339
Argyria 352
argyrognomon praeterinsularis (Lycaeidae) 412
argyrogyna (Platypeza) 704
Argyrophylax 763
Argyroploce 347,348
Argyrotoxa 349
Argyrotypidae 331
Argyrotypus 330
Arhopala 409
蟻 78,79,326,549,592,774
アリ亜科 600
Ariasella 769
アリバチ（蟻蜂）科 611
アリバチモドキ 614
アリバチモドキ（擬蟻蜂）科 614
Arichanna 393,394
Aricia 409,752
Ariciinae 752
arida (Gonodontis) 397
蟻形蜂上科 592
アリガタハネカクシ亜科 456
蟻上科 594
アリドウシハバチ 558
アリガタバチ（蟻形蜂）科 593
アリジゴク 296
アリ（蟻）科 47,594
Arilus 251
アリモドキカッコウムシ 463
arion (Lycaena) 324
アリノタカラカイガラムシ 286
アリノストビムシ 91
アリノストビムシ（蟻巣跳虫）科 91
Ariola 349
Ariolica 376
Aristosyrphus 718
Aristotelia 344
アリスアブ亜科 718
アリヤドリコバチ 582
アリヤドリコバチ（蟻寄生小蜂）科 582,595
アリヅカコオロギ 155
アリヅカコオロギ亜科 155
アリヅカムシ 442
アリヅカムシ（蟻塚虫）科 186,429,457
Arixenia 160,161,163,164,165,166,167,171
Arixenid 160
Arixeniidae 160,167,171
Arixenina 162,163,164,167
Arma 243
Armacia 271
armata (Fleautiauxia) 520
armatassimus (Polidius) 252
armatus (Phyllobius) 527
armigera (Heliothis) 326
Armigeres 653,654
Armitermes 191
Armored Scale 287
Army Worm 370
Arnly 292
Arnobia 150
Arocatus 246
Arolia 221
Arphax 140
Arphia 145
Arretocera 581
Arrhaphipterus 466
Arrhenodes 523
Arrhinotermes 181
Artactes 499
Artematopus 474
artemis (Actias) 402
artemisiae (Aphelara) 274
Artemita 674
Arthmius 457
Arthria 668
Arthroceratinae 677
Arthroceras 677
Arthrolips 452
Arthromacra 499,500
Arthropeas 677

Arthropleona 88
Arthroteles 677
Arthrotelinae 677
Articerus 428,448,457
Artona 359
Artopoetes 409
Aruanoidea 140
アルファー雌型 595
アルマンモモアカアナバチ 606
arundinariae (Myzocallis) 280
arundinis (Hyalopterus) 279
Arytaira 273
Arytropteris 149
アサギマダラ 412
アサハナノミ 492
アサカミキリ 515
アサケンモン 373
アサマイチモンジ 415
アサノミハムシ 521
Asaphes 584
Asaphidion 437
Asarcina 707,709
Ascalaphidae 304
Ascalaphides 304
Ascalaphus 305
Ascalaphus Fly 304
Ascaleaphidae 298
Ascaphium 452
Asceles 140
Ascelis 240
Ascepasminae 139
Aschiphasma 139
Aschiphasminae 139,140
Aschiza 701
Asclea 491
Asclepios 249,250
Asclera 491
Ascidae 426
Ascodipteridae 767
Ascodipteron 766,767
Ascogaster 573
Ascomeryx 386
Ascotis 393,395
亜成虫 69,70,98
亜生殖板 122,295
Asellus 9
Asemosyrphus 716
アシアカクチブトカメムシ 243
アシベニカギバ 383
アシブト 369
アシブトハバチ 552
アシブトハナアブ 716
太脚小蜂上科 551
アシブトコバチ（太脚小蜂）科 581
アシブトオドリバエ 697
アシブトサシガメ 252
アシブトツノバチ 576
アシブトウンカ（太脚浮塵子）科 271
アシエダトビケラ 316
アシエダトビケラ（葦枝石蚕）科 316
アシガルコバチ 586
亜雌蟻型 595
アシグロアリガタハネカクシ 456
アシマダラブユ 661
アシマダラヒメカゲロウ 301
アシマダラヌマカ 654
Ashinaga 341
アシナガバチ（長脚蜂）科 615
アシナガバエ 699
アシナガバエ亜科 700
アシナガバエ（長脚蠅）科 698
アシナガドロムシ（長脚泥虫）科 473
アシナガガ（長脚蛾）科 341
アシナガキンバエ 700
アシナガコガネ 508
アシナガムシヒキ 693,694
アシナガオトシブミ 534
アシナガサシガメ 251
アシナガサシガメ（長脚刺椿象）科 251
アシナガトゲササキリモドキ 151
アシナガヤドリバエ（長脚寄生蠅）科 764
アシナガヤセバエ（長脚痩蠅）科 734
Ashinagidae 334,338,341
亜翅節片 29,62
Ashmeadiella 622
亜触角板 617
asiatica (Carephora) 361,420
asiatica (Erioptera) 644
Asiatic Cockroach 126
asiaticum (Nosodendron) 478
asiaticus (Aesalus) 511
Asida 498
Asiemphytus 559
Asilidae 685,691,774,780
Asilinae 692,694
Asilus 630,694
Asindulum 634
asini (Haematopinus) 213
Asiphum 278
Asiracinae 269
askoldensis (Pergesa) 385
asmara (Celoenorrhinus) 404
亜　爪 275
亜側顔 732
Asopia 355
Asota 366
Asotidae 366
Asotocerus 316
Asparagobius 582
aspersa (Myrmecozela) 335
Asphondylia 670
Aspicera 577
Aspiceridae 577
Aspicolpus 572
Aspidiotinae 288,290
Aspidiotiphagus 587,588
Aspidiotus 288,290
Aspidiphoridae 497
Aspidiphorus 497
aspidistrae (Pinnaspis) 289
Aspidobyctiscus 532,533
Aspidomorpha 521,522
Aspidoptera 766
Aspilates 393
Aspisoma 461
Aspistes 668
Aspistinae 668
Aspitates 394,396
Assassin Bug 251

Assassin Fly 691
Assimilation 48
assimilis (Eoscarta) 260
assimilis (Phalera) 379
assimulans (Lagynotomus) 243
Association nerve cell 61
assulta (Chloridea) 376
Astata 602
Astatidae 602
astauropa (Acrocercops) 337
Astega 660
Astegopteryx 278
Asteia 726
Astenus 454,455,456
asteris (Cucullia) 374
Asterolecaniidae 240,285
Asterolecanium 285
Asthenidae 635
Astia 726,729
astia (Xenopsylla) 783,784
Astichus 588
Astiidae 726,729
astictopus (Chaoborus) 658
Astochia 695
Astomella 683,684
Astroma 148
Asteropetes 366
Asthena 392
Asthenida 399
Astocerus 316
Astollia 131
Asura 364,365
Asynapta 670
Asyndetus 700
Atabryia 335
Ataenius 505
Atalanta 697
atalantae (Theronia) 569
Atalantinae 697
Atalophlebia 104
アタマアブ（頭虻）科 719
アタマチビムシ（頭矮虫）科 452
アタマジラミ 206
亜端横脈 707
亜端棘 124
亜端糸 87
亜端室 707
Atarphia 482
Atelura 95,597
Atemeles 455,456
ater (Lypesthes) 519
ater (Psen) 605
aterrima (Phymatocera) 558
aterrima (Pimpla) 569
Athalia 560
Athemus 460
Atherigona 752,754
Atherix 687,773
Athermantus 555
Atheta 455
athleta (Jankowskia) 394
Athlophorus 557
Athous 467
Athyroglossa 764
Athysanus 265
Atimura 515
Atissa 745
atlas (Goliathus) 509
atlas (Samia) 403
アトボシエダシャク 398
アトボシハマキ 349
アトボシハムシ 520
アトボシウスキヒゲナガ 332
アトグロジュウジゴミムシ 438
アトグロナミシャク 393
アトジロエダシャク 396
アトキハマキ 349
アトコブゴミムシダマシ 499
Atomaria 485
アトマルキクイムシ 540
アトモンヒロズコガ 335
Atomosia 693
Atomosiinae 693
Atopida 474
Atopocixius 237
Atopognathus 722
Atopopus 105
Atoposomoidea 587
アトトゲナガシンクイ 501
Atractoceridae 464
Atractocerus 464
Atractodes 568
Atractomorpha 146
Atractotomus 254
atrata (Lithacodia) 372
atrata (Silpha) 450
atratus (Taeniothrips) 217
atratus (Xyleborus) 540
atricapillus (Machimus) 692
Atrichopogon 666
atricornis (Phytomyza) 749
atrilineata (Hemerophila) 397
atripes (Basilepta) 519
atriplaga (Laphocosma) 379
atriplicis (Trachea) 373
atririvis (Decadarchis) 336
Atropidae 198,200
atropos (Acherontia) 385
Atropos 200
atrovenosa (Nisia) 268
atrovittata (Shaka) 378
Atta 599
Attacidae 401
Attacus 323,402
Attageninae 475,476
Attagenus 475,476
Attaphila 124
Attaphilinae 124
圧低筋 62
Attelabinae 526,534
Attelabus 534
attennatus (Xyleborus) 540
Atteva 339
Attevidae 339
Atticola 125
Atticolinae 125
attilia (Antigius) 410
Atylotus 682
Auaxa 394
Auchenomus 169
Auchenorrhyncha 234,259
Auchmeresthes 528
Auchmeromyia 760
Auchmobius 498
Aucla 371

B

bilineata (Aleochara) 434
bilineata (Clanis) 387
bilineata (Engonia) 676
bilineatus (Cryptocephalus) 518
Billaea 764
biloba (Hyperaeschra) 378
bimaculata (Uranotaenia) 655
bimaculata subnotata (Bapta) 394
尾 毛 31,97
尾 嚢 284
binodulus (Lacon) 467
binotatus (Siphlonurus) 106
尾乳房突起 296
Biosteres 574
bipartitus (Elaunon) 171
Biphyllidae 479,485
Biphyllus 485
bipunctata (Anechura) 165
bicunctata (Perla) 174
bipunctatus cincticeps (Nephotettix) 265
尾 裂 287
Bird Louse 201
Birdwinged Butterfly 406,407
ビロウドハマキ 349
ビロウドコガネ 507
ビロウドコヤガ 372
ビロウドスズメ 386
ビロウドツリアブ 691
尾 鰓 110,112,652
尾刷毛 658
尾 腺 123
尾 節 3,136,162,630
尾節腺 431
微櫛歯 767
微櫛歯棘 652
biseriatum (Eomenacanthus) 204
bisignifer (Anthonomus) 529
尾 糸 100
尾 棘 323
微 棘 329
微 窓 121
Biston 393,396
ビーター雌型 595
Biting Bird Louse 204
Biting Cat Louse 205
Biting Dog Louse 205
Biting Goat Louse 205
Biting Guinea Pig Louse 204
Biting Horse Louse 205
Biting Housefly 756
Biting Louse 201
Biting Midge 665
Biting Sheep Louse 205
尾突起 31,659
尾突片 162
Bitrabeculus 205
Bittacidae 308
Bittacomorpha 648
Bittacomorphinae 647,648
Bittacomorphella 648
Bittacus 307,308
bituberculata (Allocapnia) 177
bivittatus (Melanoplus) 147
ビワアザミウマ 220
biwaensis (Leptocerus) 317
ビワノメイガ 357
尾前瘤 279
尾前棘毛 786
bjerkandrella (Choreutis) 341
尾 葉 653
Blabera 125
Blaberinae 125
Blacinae 572
Black Beetle 121,126
Black Fly 658
Black Scale 287
Black Thrips 218
Blacus 572
Bladder Fly 683
Bladina 271
Blaesoxipha 761
Blapidae 498
Blaps 431,498
Blaptica 125
Blasenfüsse 214
Blasenkäfer 493
Blasticorhinus 367,368
Blasticotoma 555,556
Blasticotomidae 553,555,626
Blastobasidae 342,343,345,421
Blastobasis 345
Blastodacna 343
Blastophaga 583
Blastothrix 585,586
Blatta 121,123,124,126
Blattaria 83,120,121
Blattariae 120,121
Blattella 123,125,126
Blattellinae 126
Blattes 121
Blattflöhe 272
Blatthornkäfer 504
Blattidae 120,124,126
Blattinae 124,126
Blattlouslöwe 300
Blattodea 120
Blattoidea 120
Blattschneiderbiene 622
Blattwespe 556
Bläuling 409
blechni (Strongylogaster) 557
Bledius 454,455
Blenina 371
Blennocampa 558
Blennocampinae 557,558,626
Blepharidia 371
Blepharita 371
Blepharoceratidae 633,636,778
Blepharoceridae 635,770
Blepharocerinae 636
Blepharodes 130
Blepharopsis 130
Blepharoptera 743
Bleptina 367
Blissus 226,246
Blister Beetle 493
Blitophaga 450
blomeri (Discoloxia) 393
Blood 35
Blood corpuscle 35
Blood feeder 74
Blood property 56

Blood respiration 53
Blood Worm 662
Blotch Miner 337
Blowfly 759,760
Bluebottle 759
Blues 409
Blumenfliege 751
Boarmia 393,395
Boarmiidae 393
Boat Fly 258
帽　部 247
Bocchoris 356
Bodenlause 191
Body shape 66
Body wall 42
boeticus (Lampides) 411
ボウフラ 55
boisduvalii (Diaspis) 289
boisduvali jonasi (Caligula) 402
防凝結群 45
紡脚目 78,84,192
ボケハバチ 558
ボクトウガ 421
ボクトウガ（木蠹蛾）科 331,419,421
木蠹蛾上科 330
Bolbe 132
Bolboceras 443,506
Bolbocerosoma 506
Bolbomorphus 488
Bolbomyia 686
Bolbula 132
Boletina 638
Bolitobius 454,455,456
Bolitophagus 498,499
Bolitophila 639
Bolitophilidae 633,639,772
Bolitoxenus 499
Bolivaria 131
Boloria 413
Boloschesis 518
Bombay Locust 146
Bomb Fly 758
Bombidae 617,624,627
Bombus 612,624,715
Bombycia 382
Bombycidae 398,399,401,425
Bombycoidea 330,398
bombylans (Macroglossum) 386
Bombylids 688
Bombyliidae 688,774,780
Bombyliinae 690,691
Bombylius 671,688,691
Bombyx 401,425
Bomolocha 367
棒竹節虫科 141
Bondia 347
bonzicus (Abraeus) 458
Book Louse 195,196,200
Boophthora 661
Boopia 204
Boopiidae 203
Boopiidas 204
Borboridae 728,729,769
Borborus 728
Bordered Plant Bug 246
Boreidae 307
Borellia 161,163
Boreodromia 697
Boreoides 768
Boreus 307
Boridae 497,499
Borkhausenia 343,345
Bormansia 164,168
Börneria 277
Borolia 371
Boros 499
母性看護 78
紡績腺 197
膨職蟻型 596
Bosmius 5
Bostra 140,355
Bostrichid 501
Bostrichidae 500,501
Bostrichus 501
Botanobia 750
Botanobiinae 750
Botfly 759
Bothriothorax 585
Bothrosternus 536
Bothrideres 480
Bothrideridae 480
Bothynostethus 608
Botyodes 356,357
boucheanus (Dibrachys) 585
Bourletiella 92
Bourbons 624
Bovicola 205
Bovidae 213
bovis (Bovicola) 205
bovis (Hypoderma) 758
bovis (Trichodectes) 201
bowringi (Hydaticus) 441
Boyeria 119
Brabira 392
Brachinus 437
Brachistes 572
Brachistinae 572
Brachmia 344
Brachyacantha 489
Brachycentrus 319
Brachycera 632,671
Brachycercidae 103
Brachycercus 103
Brachycerinae 526
Brachycerus 526
Brachycistis 610
Brachyclytus 513,514
Brachycolus 281
Brachycoma 761
Brachycystis 611,613
Brachydeutera 744
Brachygaster 566
Brachygastra 615
Brachygluta 457
Brachylabinae 160,161,162,169
Brachylabis 169
Brachymera 761
Brachymeria 581,582
Brachyneura 670
Brachyneurus 304
Brachyopa 711
Brachyopinae 708,711
Brachypalpus 714
Brachypelta 241

Brachypeplus 482
Brachyplatys 241
Brachypogon 666
Brachypogoninae 666
Brachypremna 645
Brachypsectra 474
Brachypteridae 479
Brachypterolus 479,482
Brachypterous form 182
Brachypterus 479,482
Brachyrhynchus 247
Brachys 469
Brachyscelidae 240
Brachysphaenus 484
brachystigma (Empicoris) 251
Brachystoma 697
Brachystomatinae 697
Brachystylus 527
Brachytarsus 525
Brachythemis 120
Brachytronini 112
Brachytypus 146,156
Bracon 573
Braconidae 565,566,571
Braconid Fly 570
Braconids 546,571
Braconinae 572,573
Bradina 355
bradyi (Centropages) 6,7
Bradipodicola 326
Bradyporinae 149,152
Bradyporus 152
Bradypus 326
Bradythrips 217,218
Bradytus 437
Brahmaea 401
Brahmaeidae 399,401
Brain 38
Branch and Limb Borer 501
Branched colleterial gland 123
Branchial Basket 112
Branchinella 4
Branchiopoda 4
Branchus 498
Brancsikia 133
brassicae (Barathra) 375,422
brassicae (Brevicoryne) 76,280,282
brassicae (Cecidomyia) 670
brassicae (Phaedon) 519
Brassolidae 406
Brassolis 406
Brathinidae 449
Brathinus 449
Braula 704
Braulidae 701,704
Braunsia 573
braziliensis (Xenopsylla) 783
Breeze Fly 756
Breezes 678
Bremidae 624
Bremse 678
Bremus 624
Brenthia 341
Brenthis 413
Brentidae 523
Brentoidea 523
Brentus 523
Brephidae 388,389
Brephos 389
brevicornis (Kodamaius) 199
Brevicoryne 76,280,281,282
brevilinae (Nemotaulius) 318
brevilineata (Hydropsychodes) 315
breviplicana (Cacoecia) 349
brevis (Xyleborus) 540
brevitarsis (Heptagyia) 663,771
Brimstones 408
Brithys 371,374
Bristletail 93,94
Brixia 268
brizoalis (Cirrhochrista) 353
Brizoides 140
Broad-shouldered Water-strider 249
bromeliae (Diaspis) 289
Bromophila 735
Brood chamber 543
Brood passage 543
Brood pouch 123
Brontes 442
Broscosoma 439
Brotheus 526
Brown Lacewing 300
Brown Locust 147
Browns 415
Bruches 522
Bruchidae 511,522
Bruchidius 522,523
Bruchomorpha 270
Bruchomyia 649
Bruchomyiinae 649
Bruchophagus 584
Bruchus 522
brui (Thripoctenus) 587
Brumptius 649
brunnea (Agrotis) 376
brunnea (Sericea) 432
Brunneria 131
brunnipennis (Tropidocephala) 269
brunneus (Lyctus) 501
Brush-footed Butterfly 412
Bryaxia 442,457
Byrcops 527
Bryobia 220
Bryocrypta 669,670
Bryophila 370,371
Brysopidae 527
Bublemma 371
Buccal bristle 723
Buccal cavity 207
Buccal funnel 207
Bucculotrix 336,419
Bucentes 763
bucephala (Atabryia) 335
ブチヒゲヘリカメムシ 244
ブチヒゲカメムシ 243
ブチヒメヘリカメムシ 244
Buckelfliege 702
Buckelzirpe 262
buculus (Lipeurus) 205
ブドウアワフキ 261
ブドウドクガ 381
ブドウハマキチョッキリ 533
ブドウホソハマキ 349

ブドウネアブラムシ 277
ブドウノコナジラミ 275
ブドウフィロキセラ 76,227,228
ブドウスカシバ 342
ブドウスカシクロバ 359
ブドウタマバエ 670
ブドウトラカミキリ 514
ブドウトリバ 350
Buffalo Gnat 655
Bug 221
Bulbus arteriosus 203
Bulbus ejaculatorius 324
Bulla 148
Bulldog Ant 598
Bumblebee 624
分解作用 50
ブナシャチホコ 378
Bundera 264
分割甲 28,568
分横脈 30
分節亜目 88
分岐部 88
分岐筋肉 224
分岐膠質腺 123
Buntkäfer 463
Bupalus 393
Buplex 681
Buprestid Beetle 468
Buprestidae 465,468
Buprestinae 469,470
Buprestis 469,470
buprestoides (Anisomorpha) 141
ブランコケムシ 569,573,582,586,763
ブランココマユバチ 592
ブランコルリタマバチ 586
ブランコヤドリバチ 573,584,585,587
ブランコヤドリバエ 763
burejana (Araschnia) 414
Burmitembia 195
Burriola 170
Burrower Bug 241
Burrowing Flea 785
Burrowing Roach 127
Burrowing Wasp 604
Bursa copulatrix 59
Bursinia 267
Burying Beetle 480
ブタジラミ 213
Butalidae 339
Butalis 339
舞踊群飛 98
Butterfly 319,412
Button 775
ブユ亜科 661
ブユ（蚋）科 658
Buzura 393,396
Byctiscus 532,533
病形雌型 595
病形職蟻型 595
病形雄型 595
Byrrhidae 472,474,477
Byrrhus 477
Byrsops 528
Byssodon 661
Bythoscopidae 236,266
Bythoscopus 266
Byturidae 474,477
Byturus 477

C

c-album hamigera (Polygonia) 414
c-aureum (Polygonia) 414
Cabera 393,394
Caccobius 505
Caccorhinus 525
Cacellus 592
Cacoblatta 125
Cacodmidae 252
Cacodmus 252
Cacoecia 348,349
Cactopus 468
cadaverina (Pyrellia) 755
Caddis Worm 310
Caddisfly 308
Cadises 308
Caeciliidae 198,199
Caecilius 198,199
caecus (Smerinthus) 389
Caenestheriella 4
Caenidae 100,101,103
Caenides 404
Caenis 103,104
Caenocara 502
Caenocholax 544
Caenocolax 544
Caenotus 690
caerulatus (Megaloprepus) 107
caeruleipennis (Stenocorus) 514
caeser (Lucilia) 760
caespitum (Tetramorium) 599
Cafius 454,455,456
Cagosima 515
caja phaeosoma (Arctia) 365,423
calamina (Miltochrista) 365
Calamoceratidae 312,313,316
Calamoceras 316
Calamochrous 356
Calamoclostes 195
calamoides (Xyleborus) 540
calamorum (Cercion) 116
Calamothespis 131
calamus (Platypus) 535
Calandra 434,531
Calandrinae 527,531
Calanus 6,7
Calathus 437
Calcar 548
calcaratus (Alydus) 222
Calcipala 660
calcitrans (Stomoxys) 756
Calendrinae 531
Calephelis 406
Calicha 393
Calicotis 340
Calicurgus 616
calida (Oreta) 383,422
Calidomantis 132
California Salmonfly 176
californica (Pteronercys) 176
californicus (Sialis) 291
caligineus (Sphinx) 388
Caligo 406
Caligonidae 406

Caligula 402
Calindinae 132
Caliridinae 133
Caliris 132
Caliroa 72,557,558
Caliscelinae 270
Caliscelis 270
Callabraxas 392
Callambulyx 387
Callaspidia 577
Calleida 437
Calleulype 392
Callus 242
Callia 168
Callibaetis 98
Callibia 131
Callicaria 490
Callicera 591,708
Calliceratidae 591
Callicerinae 708
Callicerus 455
Callichroma 513
Callida (Blastophaga) 583
Callidrepana 382
Callidulidae 381,382,383
Calligrammatidae 296
Callimenidae 152
Callimenus 152
Callimerus 463
Callimome 582,583
Callimomidae 579,580,581,582
Callimorpha 366
Callimorphidae 366
Callipappus 283
Callipharixenidae 544
Calliphora 49,757,759,760,776
Calliphoridae 757,759,776
Calliphorinae 760
Calliprobola 714
Calliptamus 147
callipteris (Lethe) 416
Callipterus 281
Callirhipis 466
Callispa 521
Callistoma 689
Callistoptera 199
Callogonia 371
Callomyia 704,775
Callosobruchus 522,523
Callygris 392
Calobata 724
Calobatella 724
Caloblatta 125
Calocalpe 392
Calocasia 367
Calodema 468
Calognathus 498
Calolampra 125
Calophya 272,274
Calopsocus 199
Calopterus 482
Calopteron 461
Calopterygidae 114
Calopterygina 117
Calopteryginae 117
Calopteryx 112,117
Calopus 491
Calosima 345
Calosoma 426,427,437,438
Calotermes 181,182,184,187,190
Calotermitidae 179,189,190
Calothysanis 391
Calpe 367,368
Calvia 490
Calycopteryx 769
Calymmaderus 502
Calymnia 372
Calypteres 629
Calypteron 629
Calyptinae 572
Calyptillus 527
Calyptocephalus 461
Calyptomerus 451
Calyptotrypus 157
Calyptratae 629,720,751
Calyptus 572
Calyx 41,551
Camarotus 528
Cambaroides 10
Camel Cricket 152
Camel Fly 678
Camelidae 213
camelliae (Curculio) 529
camelliae (Staurella) 739
camelus (Xiphydria) 562
cameroni (Alysson) 608
Camilla 731
camilla japonica (Limenitis) 415
Camillidae 731
campestris (Lyctocoris) 253
Campiglossa 738
camphorae (Trioza) 273
Campodea 96
Campodeidae 96
Campodeid 95,96
Campodeiform 433
campodeiformis occidentalis (Grylloblatt) 159
Campodeoidea 95
Camponotinae 600
Camponotus 600
Campoplex 569,570
Campsicneminae 700
Campsicnemus 700
Campsila 630
Campsomeris 612,613
Campsurus 101
Camptobrochis 254
Camptocerus 536
Camptochilus 358
Camptocladius 664
Camptodes 481
Camptogramma 392
Camptomastix 355
Camptomyia 669
Camptonotus 152
Camptoprosopella 741
Camptoptera 581
camptostigma (Calymnia) 372
Campylocera 735
Campylodes 359
Campylomyza 667,670,671
Campylomyidae 668,670,671
Campylostira 248
Canace 726,728,729

Canaceidae 728,729
canaceno-japonicum (Kaniska) 414
Canadaphis 280
canadensis (Aëdes) 52
canalifer (Georyssus) 473
canavaliae (Taeniothrips) 220
Candacia 6,7
candida (Stilpnotia) 380
candidipes (Oropeza) 645
canditata (Anareta) 669
Canephora 361,420
canicularis (Fannia) 751,753
canidia juba (Pieris) 409
caninum (Dipylidium) 784
canis (Ctenocephalides) 781,784,787
canis (Trichodectes) 201,205
Canna 371
cannabis (Phorodon) 282
cannabis (Trichiocampus) 558
cannabisi (Mordellistena) 492
Canomema 316
Cantacader 248
Cantharidae 460,493
Cantharid type 430
Cantharis 434,435,460
Cantharoctonus 571
Cantharoidea 444,445,446,459
Cantheconidea 243
Canthidium 504
Canthon 504
Canthydrus 439,440
Canuleius 137,139
Caocoris 254
Caphys 351
Capillate cattle louse 214
capillatus (Solenopotes) 214
capitata (Piesma) 248
Capitate 20
capitis (Pediculus) 213
capito (Harpalus) 437
Capitoniidae 565
Capitonius 565
Capitophorus 281
Capitulum 138
Capnia 173,176
Capniella 176
Capniidae 175,176
Capnistis 367
Capnodes 367
Capnodis 469
capnomicta (Hypophrictis) 335
Capnura 176
caponis (Lipeurus) 205
caprae (Bovicola) 205
Capritermes 184,191
caproides (Cyrtoclytus) 516
Capsidae 253
Capsid 253
Capsule 138
Capsus 228,254
captiva (Arge) 555
Capua 349
capucina (Calpe) 368
capucina giraffina (Lophopteryx) 379
Caput 19
Carabidae 435,436
Carabid Beetle 436
Carabiques 436
Caraboid 427
Caraboidea 435
Carabus 431,437
Caradrina 371
Caradrinidae 370
Caradrininae 371
Caratomus 584
Carausius 138,140
Carbatina 344
carbonaria (Macrophya) 560
Carbula 243
Carcelia 763
Carcilia 528
Carcinops 459
Carder Bee 624
Cardia 47
Cardiac coeca 48
Cardiac valve 34
cardinalis (Rodolia) 490
Cardiocephala 724
Cardiochilinae 572
Cardiochilus 572
Cardiocondyla 599
Cardiodactylus 157
Cardiophorus 467
Cardo 23
cardui (Vanessa) 414
Carea 367
carearia (Eupithecia) 393
Carecomotis 393,395
Caria 406
Carige 392
carinata (Lophops) 272
darinata (Neduba) 148
Carineta 262
carinulata (Cimbex) 554
carissa (Parabapta) 394
carissima (Agathia) 390
Carnidae 731,769
Carniolan Honey Bee 625
carnipennis (Monima) 374
Carnus 731,769
Carpenter Bee 623
Carpenter Moth 331
carpenteri (Canadaphis) 280
carpini (Sphaerotrypes) 540
Carpocapsa 349
Carpocoris 243
Carpomyia 738
Carpophagus 512
Carpophilus 482
Carposina 347,420
Carposinidae 346,347,419
Carrion feeder 73
Carrot rust Fly 734
Carsidara 272
Carsidarinae 272
Cartaea 271
Carterocephalus 404
Cartodere 488
Carventus 247
Casebear 334,417
Casefly 308
casei (Piophila) 733

Casemoth 361
Casinaria 569
Casmara 345
Cassida 432,521,522
Cassidae 421,512,521
casta (Deva) 368
castanea (Acosmeryx) 386
castanea (Clivina) 438
Castes 182
Castinoidea 331
Castnia 332
Castniidae 332
Castnioidea 329
castoris (Platypsyllus) 449
Castration parasitaire 187
Catabolism 50
Cataclysta 355
Catapionus 527,528
Cataplectica 343
Cataprosopus 354
Catara 124
Catarete 669
Cataulacus 599
Catch 87
Catephia 367
Cateretes 479,482
Catharsius 504
Cathartus 483
Catocala 367,377
Catocalinae 367
Catonidia 268
Catopochrotidae 479
Catopochrotus 479
Catopodes 450
Catopomorphus 450
Catops 450
Catopsilia 408
Catoptrichus 442
Catorama 502
Cattle red Louse 205
Catullia 270
Caucasian Honeybee 625
Cauda 279
Caudal filament 100
Caudal hook 309
Caudal seta 97
caudex (Melanotus) 467
Cavariella 281
Cave Cricket 152,153
Cebrio 466
Cebrionidae 466
Cebriorhipis 466
Cecidomyia 74,670
Cecidomyiidae 668,669,767,770,777,778
Cecidomyiinae 670
Cediopsylla 786
Cecidoses 333
Cecidosidae 333
Cehodaeidae 506
Celama 364
Celamacris 146
Celastrina 409
Celatoria 763
celatus (Tachyporus) 456
Celerena 389
Celerio 385
Celes 145
Celeuthetes 527
Celina 440
Celithemis 120
Celoenorrhinus 404
celtis celtoides (Libythea) 412
Celyphidae 724,742
Celyphus 742
cembrae (Ips) 540
cembrae (Pissodes) 529
Cemiostoma 346
Cemiostomidae 346
Cement gland 295
Cenoloba 350,355
Centeter 763
Centistes 572
Centistina 572
Central nervous system 38
Central submedian prothoracic hair 657
Centratus 262
Centris 621
Centromeria 267
Ceutromyrmex 598
Centropages 6,7
Centrophlebomyia 730
Centroptilium 103
Centrotoma 457
cepae (Dizygomyza) 749
Cephalcia 553
Cephalelinae 265
Cephalelus 265
Cephalic heart 110
Cephalocera 685
Cephalodonta 521
Cephaloidae 490,491
Cephalolia 521
Cephaloon 491
Cephalopharygeal skeleton 631
Cephalopina 759
Cephaloplectinae 453
Cephaloplectus 453
Cephalosphaera 719
Cephalothrips 215
Cephenemyia 759
Cephenius 691
Cephennium 451
Cephidae 561,627
Cephonodes 385,386
Cephus 561
Cepphis 394,398
Cerace 349
Cerambycidae 511,513
Cerambycoid 427
Cerambycoidea 443,445,511
Cerambyx 431,513
ceramitis (Acria) 340
Ceramius 609
Cerapachys 598
Ceraphron 591
Ceraphronidae 591
Cerapterocerus 586
cerasi (Caliroa) 72
Cerasommatidiidae 480
Ceraspis 507
Cerataphis 281
Ceratia 519
Ceratipsocus 199

Ceratina 623,624
Ceratinidae 617,623
Ceratinid Bee 623
Ceratitis 738,739
Ceratocampidae 401
Ceratocombidae 224,230,254
Ceratocombus 230
Ceratocrania 130
Ceratognathus 511
Ceratomantis 131
Ceratomegilla 489
Ceratomerinae 697
Ceratomerus 697
Ceratonema 360
Ceratoneura 587
Ceratophya 718
Ceratophyllidae 787
Ceratophyllus 787
Ceratopogon 665,666
Ceratopogonidae 647,665,771,778
Ceratopogoninae 666
Ceratopus 528
Ceratorrhina 509
Ceratothripidae 218
Ceratothrips 218
Ceraturgus 694,780
Ceravitreous Coccid 285
Cerceridae 602,608
Cerceris 608
Cercion 116
Cercophana 401
Cercophanidae 401
Cercopidae 235,260
Cercopis 260,261
Cercopoidea 235,259
Cercus 31
Cercyon 448
Cerdistus 694
Cereal and Dried Fruit Moth 353
cerealella (Sitotroga) 345
cerealellae (Habroeytus) 585
cerealis (Eristalis) 716
Cereal Psocid 200
cerealium (Limathrips) 214
Cercoid 112
Ceresa 262
Ceresium 513
Ceriacreminae 272,273
Ceriacremum 272,273
Ceriagrion 116
ceriferus (Ceroplastes) 287
Cerioides 707,719
Cerioidinae 708,718
Ceriomicrodon 718
Cerlonolestes 117
Cerococcus 285
Cerocoma 493
Cerocosmus 502
Cerodonta 748,749
Ceromasia 763
Cerometopum 744
Ceropales 616
Cerophytidae 466
Cerophytum 466
Ceroplastes 287
Ceroplastis (Cheiloneurus) 586
Ceroplatidae 634,772,777
Ceroplatus 634,772,777
Ceropsylla 273
Cerostoma 337
Cerotelion 634
Ceroys 139
Cerscentius 230
Ceruchus 511
Cerura 377,379
Ceruridae 377
Cervaphis 281
Cervidae 213
Cervix 26
Cerynia 271
Ceryx 364
Cethosia 406,413
Cetonia 432,509
Cetonidae 504,509
Ceuthophilinae 153
Ceuthophilus 153
Ceutorrhynchus 528
ceylonicus (Termes) 180,181
チャバネゴキブリ 123,124,126
チャバネヒゲナガカワトビケラ 314
チャバネセセリ 405
Chabuata 371
チャダモノナガキクイムシ 535
Chadisra 377
チャドクガ 380
チャエダシヤク 396
Chaerocampa 386
Chaeteessa 130
Chaeteesinae 130
Chaetopleuropha 703
Chaetopteryx 318
Chaetopsis 736
Chaetosema 359
Chaetospania 169
Chaetospila 585
Chaetostomella 738
Chaetotachina 763
チャイロチョッキリ 533
チャイロハバチ 559
チャイロヒメバチ 569
チャイロヒメタマキノコムシ 450,451
チャイロカメムシ 242
チャイロキリガ 374
チャイロコガネ 508
チャイロコメゴミムシダマシ 499
チャイロサルハムシ 519
チャイロセスジムシ 478
Chaitophorus 280,281
チャクロボシカイガラムシ 290
着翅節 548
Chalarus 719
Chalastogastra 552
Chalcaspis 585
Chalcid Fly 578,581
Chalcididae 579,581
Chalcidier 578
Chalcidoidea 563,578,627
Chalcid 581
Chalcis 581
chalcites (Amara) 437
Chalcodectus 580
chalcographus (Pityogenus) 538,539

Chalcomyia 714
Chalcophora 469,471
Chalcophorella 471
Chalcophorinae 469,471
Chalcopteryx 114
Chalcosia 359,360
Chalcosiidae 359
Chalcosoma 509
Chalepus 521
Chalicodema 622
Chalioides 362
Challia 168
Challipharixenos 544
Chalybion 606,612
チャマダラセセリ 404
チャマドガ 358
チャミノガ 362
Chamaebosca 769
chamaecypariae (Cryphalus) 539
Chamaemyia 741
Chamaemyiidae 741
Chamaepsila 729
Chamaesphecia 342
Chamaesphegina 710
チャミノガ 569
champa (Moma) 369
チャノハマキ 349,420,589
チャノホソガ 337
チャノマルカイガラヤドリバチ 586
チャノメクラガメ 65
チャノウンモンエダシャク 394
Chanystis 346
Chaoboridae 646,658
Chaoborus 658
chaon (Drymonia) 378
Chapuisia 524,535
Chapuisiidae 524
chaquimayensis (Termes) 186
Charagia 328
Charidea 359
Charideidae 359
Charipidae 577
Charipis 577
charon (Cleora) 395
charonda (Sasakia) 415,424
Charops 569
Chartoscirta 255
Chasmatopterus 507
Chasmia 680
Chasmiinae 680
Chasmina 371
Chasminodes 371
Chasmomma 714
Chasmoptera 297
チャタテムシ 201,202,581
チャタテムシ (茶柱虫) 科 199
Chauliodes 291,292
Chauliodus 343
Chauliognathus 460
Chauliops 246
Checkered Beetle 463
Cheese Maggot 733
Cheiloneurus 585,586
Cheilosia 707
Cheimatobia 392
Cheiromeles 166,171
Cheiropachys 580
Cheirotonus 504
Chelaria 344
Chelepteryx 363
Chelicerae 22
Chelidonium 513
Chelidura 164,165,166,170
Chelidurella 170
Chelidurinae 170
Chelifera 697
Chelinidea 244
Chelipoda 697
Chelisia 752,754
Chelisoches 162
Chelisochidae 167,169
Chelisochinae 162
Chelisodochidae 163
Chelogynus 593
Chelonariidae 474
Chelonarius 474
Chelonella 573
Cheloninae 572,573
Chelonogastra 573,576
Chelonomorpha 366
Chelonus 573,574
Chelymorpha 521
cheopis (Xenopsylla) 782,783, 784,787
Chermes 227,272,273,276
Chermesidae 276
Chermidae 239,272,276
Chermides 272
Cherminae 273
Chermoidea 272
Chevrolatia 451
Chewing-Lapping type 25
Chewing type 24
Chiasmia 393,394
Chiasognathus 511
chibensis (Euterpnosia) 261
チビアナバチ 605
チッチゼミ 262
チッチゼミ (ちっち蟬) 科 262
チビチョッキリ 533
チビゲンゴロウ 440
チビゲンゴロウ (矮龍蝨) 亜科 440
チビハサミムシ 169
チビハサミムシ亜科 169
チビハサミムシ (矮蠼螋) 科 169
チビヒゲナガハナノミ 474
チビヒラタカメムシ 248
チビヒラタカメムシ (矮扁椿象) 科 248
チビイッカク 495
チビカ亜科 655
チビカクカニムシ 11
チビケカツオブシムシ 476
チビキアシフシオナガヒメバチ 569
チビコシボソハナアブ 711
チビマツアナアキゾウムシ 529
チビミズアブ亜科 676
チビミズムシ 259
チビタケナガシンクイムシ 501
チビゾウムシ亜科 531
Chigoe 780,785
chikisanii (Scolytus) 536
Chilo 352
Chilocoris 241
Chilocorus 489,490

chilonis (Sympiesomorpha) 588
chilonis (Trichogramma) 589
Chilopoda 1,3,186,201
Chilopode 14
Chilosia 708,709
Chilosinae 708
チマダラヒメヨコバイ 253,266
Chimarrhometra 249
チンバレーキコバチ 585
Chinch Bug 245
チンチバッグ 221
chinganensis (Lampra) 471
chinensis (Callosobruchus) 523
chinensis (Calodema) 468
chinensis (Haprothrips) 220
chinensis (Lathridius) 486
chinensis (Lytta) 493
chinensis (Melaphis) 278
chinensis (Phlebotomus) 649,650
chinensis (Podagrion) 583
chinensis (Ranatra) 258
chinensis (Xylotrechus) 514
chinensis macularius (Melanauster) 516
Chinese blistering Cicada 262
Chinese Silkworm 401
Chinese Wax Scale 287
Chinocentrus 574
Chionaema 364
Chionaspidinae 288,289
Chionaspis 288,289
Chionea 643,644,767
チラカゲロウ 106
Chirembia 195
Chirida 521
Chiromyia 727
Chiromyza 672
Chiromyzidae 672,768
Chironomidae 647,626,767,768,771,777,778
Chironominae 662,665
Chironomus 57,662,665
Chirosia 752
蜘蛛亜綱 10
蜘 蛛 目 11
Chirothripoididae 218
Chirothrips 220
Chirotonetes 106
Chitoniscus 136,139,140
膣 41,59
膣 垂 扇 209
チーズバエ 733
チーズバエ (ちーず蠅) 科 733
Chizuella 152
チズモンアオシャク 390
Chlaenius 437
Chlamydidae 512
Chlamyphoridae 364
Chlamys 512
Chlidanota 347
Chlidanotidae 347
Chlidonia 349
Chloeophora 376
Chloridea 370,371,376
Chloridolum 513
Chlorina 292
Chlorion 606
Chloriona 269
Chlorissa 390
Chlorita 266
chlorizans (Ebaeus) 463
Chlorochara 238,271
Chlorochromatidae 390
Chlorochromidae 390
Chlorocnemis 113,116
Chlorocystini 262
Chloroclystis 392,393
Chlorogomphus 119
Chlorolestes 116
Chlorometridae 390
Chloromiopteryx 133
Chloroniella 293
chlorophanta (Dichocrocis) 357
Chlorophanus 527,528
Chlorophorus 513,514
Chloropidae 729,749,769
Chloropinae 750
Chloropisca 750
Chlorops 750
chlorosata (Lithina) 398
Chlorotettix 265
テ　ウ 6,8
Choaspes 404
チョウバエ亜科 649
チョウバエ (蝶蠅) 科 186,648
蝶　番 201
長 尾 型 705
chocorata (Paraleptophlebia) 104
Choeradodinae 133
Choeradodis 133
Choeridium 504
腸外消化 45
腸原生動物 187
蝶　群 403
長角亜目 632
チョウカクハジラミ (長角羽蝨) 科 205
聴　器 148
Chokkirius 532,533
チョッキリゾウムシ亜科 532,534
蝶 鉸 節 23
直　腸 35
直 腸 板 137,210
直腸血液鰓 659
直腸気管鰓 110
直腸乳房突起 110
直 腸 鰓 38,706
直 腸 腺 295
直 顎 式 172
直縫亜目 631
直 縫 群 632
直 翅 目 73,75,83,141,544,581,763
Choleothrips 216
Choleva 450
腸 盲 管 93,110,430
Chonocephalus 702,703,768
Chonosia 234
choreutes (Lophognathella) 90
Choreutidae 340
Choreutinae 341
Choreutis 341
Chorion 58,64
Chorismagrion 116
Chorisoneura 125

Chorisoneurinae 125
Chorista 308
Choristella 307
Choragus 525
Chordonota 674
Chorinaeus 570
Choristima 125
Choristidae 307,308
Choroetypinae 145,146
Choroetypus 146
Choroterpes 104
Chorthippus 145
Chortophila 753
調 整 61
貯精嚢 41,58,123
チョウセンハマダラカ 657
チョウセンコシブトヒメバチ 570
チョウセンクロコガネ 507
チョウセンヤブカ 654
長翅型 182
暢思骨 770
長翅目 82,84,305,306
畳翅目 83
長 室 430
Chremylus 571
Chreonoma 515
Chriothripoides 218
christophi (Plagionotus) 514
Chrosis 348
Chrotogonus 146
Chrysalis 323
Chrysanthia 491
Chrysauge 351
Chrysaugidae 351
chrysicioides (Sternocera) 468
Chrysides 601
Chrysididae 600,601
Chrysidoidea 563,564,600
Chrysis 601
chrysitis (Plusia) 368
Chrysobothrinae 469,470
Chrysobothris 469,470
Chrysochraon 145
Chrysochroa 468,469,471
Chrysochroinae 469,471
Chrysochroma 676
Chrysochlora 674
Chrysochlorinae 674
Chrysochorixenos 544
Chrysochus 512
chrysocoma (Goniops) 680
Chrysocoris 241
Chrysodema 469,471
Chrysogaster 708
chrysographella (Ancylolomia) 353
Chrysolampra 512
Chrysolina 518,519
Chrysoma 700
Chrysomela 432,518
Chrysomelidae 512,518
Chrysomphalus 288,290
Chrysomyia 760
Chrysomyiinae 760
Chrysomyza 725,736
chryson (Plusia) 368
Chrysopa 295,301,302
Chrysopeleiidae 346
Chrysophanus 409
Chrysophes 301
Chrysopidae 297,301
Chrysopila 773
Chrysopileia 346
Chrysopilinae 687
Chrysopilus 687
Chrysoplatycerus 585
Chrysopoloma 359
Chrysopolomidae 359
Chrysops 301,679,681,682
chrysops (Osmylus) 300
Chrysoptera 367
Chrysorithrum 367
Chrysosoma 763
Chrysosomatinae 699,700
chrysothrix(Pseudaealesthes) 514
Chrysotimus 700
Chrysotoxinae 708,711
Chrysotoxum 707,711
Chrysotropia 301,302
Chrysotus 700
Chrysotypidae 331
Chrysoaypus 331
Chrysozona 678,680,682
Chrysozoninae 680,682
chrysurus (Tabanus) 682
中 部 19,132
中 腸 34,35,46,142,295
中腸葉突起 210
中肘横脈 30
肘臀脈 30
虫 癭 626
虫癭型 276,277
虫癭造性昆虫 73,74
中額毛 653
チュウガタナガキクイムシ 536
中 片 108,550
中縦隆起腺 128
中間附属器 649
Chu-ki 262
肘 溝 30
中肛下附属器 109
中 胸 27
中胸腹板溝 601
中胸小腹板 179
中胸前側板 109
中 脈 30
肘 脈 30
中央脈 549,609
中横脈 30
肘横脈 30
中央逆走神経 39
中央神経系 38
チュウレンジバチ 24
中裂片 242
Churia 367
中性者 597
中生殖巣 323
中 節 122
中節棘 705
中 棘 130
中唇棘毛 657
中 室 109,567
虫食性昆虫 74
中 体 21
中単眼 20

Chutapla 371
中突起 22
中　葉 230,242
中前房 324
Chuzenjianus 461
中　舌 23
Chydorus 5
Chyle stomach 630
Chyliza 729,734
Chylizinae 729
Chylizosoma 723
Chymomyza 747
Chyphotes 610,613
Chyromyia 727
Chyromyiidae 727
Chytonix 371
Cibdela 555
Cicada 227,228,229
Cicadas 221,261
Cicadella 263
Cicadellidae 230,235,263
Cicadidae 234,261
Cicadoidea 234,261
Cicadula 265
Cicindela 20,432,436
Cicindelidae 435,436
cicindeloides (Trigonidium) 157
Cicinnus 383
Cicones 487
Cidariplura 367
Cifuna 380,381
Cigales 261
Ciidae 497,500
ciliata (Corythucha) 247
Cilix 382
Cillibano 597
Cimbex 554,555
Cimbicid 554
Cimbicidae 553,554,626
Cimbicids 554
Cimex 252
Cimicidae 230,231,242,252
Cimicides 252
Cimicoidea 231,252
Cinara 280,281
cincta (Thea) 490
cinctaria insolita (Cleora) 395
cinctus (Epistrophe) 705,706
cinerea (Centetar) 763
cingulata (Herse) 385
cingulatus (Dysdercus) 246
cingulatus (Hylesinus) 538
cinnamomi (Aleurocanthus) 276
cinsiana (Cantharis) 460
Cinura 92
Cinxia 713
Cinxiinae 708,713
Cioidae 500
Cionus 528
Circulation 57
Circulatory system 35
circumclusana (Ptycholoma) 349
Circumfili 669
circumflexum (Exochilum) 570
circumscriptus (Culicoides) 667,771
Cirrhencyrtus 585
Cirphis 370,371,374
Cirrhochrista 353
Cirripedia 8
Cirrospilus 588
Cirsia 139
Cis 500
Cisidae 500
Cisseis 469
Cissites 493
Cistela 497
Cistelidae 497
Citharomantis 133
Citheronia 401
Citheroniidae 401,424,425
citrella (Phyllocnistis) 338
citri (Dialeurodes) 274,275
citri (Leptomastix) 586
citri (Pseudococcus) 286
citricidus (Aphis) 282
citriculus (Pseudococcus) 286
citrina (Aonidiella) 290
Ciulfina 132
Cixiidae 238,267
Cixius 268
Cladiinae 558,627
Cladiscus 463
Cladius 558
Cladoborus 537,539
Cladocera 314
Cladochaeta 747
Cladolipes 643
Cladotoma 475
Cladypha 267
Clambidae 449,451
Clambus 451
Clanis 387
claripennis (Dichromia) 368
Clasper 99,321,550
Clastoptera 235
Clastopteridae 235
clathrata albifenestra (Chiasmia) 394
clathratus (Cupes) 465
clauseni (Microterys) 586
Clausenia 586
Claval suture 238
Claval vein 235
clavata (Baccha) 705
Clavate 20
clavatus (Riptortus) 244,245
Clavicera 623
Clavicornia 478
Claviger 448,457
claviger (Scolytus) 536
clavigera (Stenodryas) 514
Clavigeridae 442,448,457,597
Clavimyia 672
Clavipalpula 371
Clavus 224
Claymnia 371
Cleandrus 151
Clearwinged Bug 250
Clear-wings 342
Cledeobia 355
Clegs 678
Clelea 359
Cleitamia 737
cleroides (Stenhomalus) 514

Coenagriidae 113,114,116
Coenagriinae 116
Coenagrioidea 113,116
Coenagrionidae 113,116
Coenagrion 116
Coenagrionoidea 113,116
Coenia 745
coenobita insularum (Neptis) 415
Coenomyia 773,779
Coenomyiidae 672,677,773,779
Coenomyiinae 677
Coenonympha 416,417
coenosa (Laelia) 381
Coenosia 752,754,769
Coenosiinae 752,754
Coenura 681
Coenurinae 681
Coera 319
coerulea (Agelastica) 520
coerulea (Cocytodes) 369
coeruleipennis (Arge) 555
coerulescens (Arge) 555
coffearia (Homona) 349,420
cognatoria (Hadrojoppa) 568
Colabris 697
Colaenis 406
Colaspis 512
Colasposoma 512,518,519
Coleocentrus 569
Coleophoridae 334,417,419
Coleoptera 83,290,426
Coleopteres 426
coleoptrata (Lepyronia) 261
Coleoptratidae 219
Coleorrhyncha 234
Colgar 271
Colias 408
collare (Apion) 532
collaris (Colletes) 618
collaris (Endelus) 470
collaris (Lithurgus) 622
Collateral branch 61
Collembola 82,86
Collemboles 86
Colleterial gland 432,551
Colletes 618
Colletidae 617,618
Colletid Bee 618
Collibaetis 103
colligata (Parum) 387
Collyris 436
Colobathrister 245
Colobathristidae 232,245
Colobatidae 724
Colobicus 487
colobocheoides (Aglaophis) 514
Colobochyla 367,368
Colobogaster 469
Coloboneura 697
Colobopterus 305
Coloburiscus 106
Colocasia 367
Colon 180,293,450
Colophon 511
Color 43
Color-pigment metabolism 51
Colosima 343
colossea (Anisolabis) 166
Colotermes 188
Colotois 393,396
Colpocephalum 204
Colpodes 437
columbae (Columbicola) 205
columbarius (Cimex) 253
Columbicola 205
Colydiidae 480
Colydium 487
Colymbetes 440
Colymbetinae 440
Comacla 364
Comb spines 652
Comes (Rhysodes) 478
cometes (Judolia) 514
Comibaena 390
comitata (Biston) 396
Commatarcha 347
Commissure 38,238
Common Cockroach 126
Common Goat Moth 331
Common oviduct 41
Commophila 349
Commophilidae 349
Commoptera 702,768
Communis 9
Communis (Hoplia) 508
communis (Hypogastrura) 89
Community development 78
Comopia 342
Comperiella 586
complanella (Tischeria) 336
Complex metamorphosis 71
Comphus 118
Compodea 96
compositata (Callygris) 392
Compound eye 20
Compound pygidium 239
compressa (Texara) 732
compressa improvisa (Paratya) 10
Compsilura 763
Compsobata 724
Compsolechia 344,345
Compsomantinae 133
Compsomantis 133
Compsothespinae 130
Compsothespis 130
comstocki (Pseudococcus) 286
Comstock-Needham System 548
Comys 585
Conagriidae 116
Conchaspididae 240
Conchaspis 240
Conchylidae 349
Conchylis 349
Conchylodes 356
concinnata (Compsilura) 763
concisus (Xyleborus) 540
concoloratus (Anacanthocoris) 244
Condyle 201,429
Conductivity 59,61
Condylostylus 700
confluens (Amphibolips) 74
confucius flava (Potanthus) 405
confuscalis (Celama) 364

Coniceps 727
Conicera 703
Coniocompsa 298
Coniontis 498
Coniopterygides 298
Coniopterygidae 195,296,298,299
Coniopterygids 298
Coniopterygoidea 296,298
Coniopteryx 299
Conistra 371,374
conjugella (Argyrestia) 339
conjunclaria (Hemerophila) 397
conjunctivitis (Haemophilus) 750
Conmachaerota 260
Connexivum 242
Conniption Bug 292
Conocephalinae 149,151
Conocephalus 151
Conoderus 467
Conodes 452
Conognatha 469
Conopalpus 496
Conophorinae 690
Conophorus 690
Conophthorus 537
Conopia 342
Conopidae 721,775
Conopinae 721
Conops 721
Conopore 321
conopseus (Doros) 710
Conosia 644
Conosimus 270
Conosoma 454,455,456
Conostigmus 591
consanguinea (Coenotephria) 393
consanguis (Acronycta) 373
consanguis (Polio) 375
consocia (Endotricha) 354
consocia (Parasa) 361
consonaria (Ectropis) 395
Constantia 355
contaminata (Glossosphecia) 342
contaminata (Naenia) 375
contaminatus (Crossotarsus) 535
Contarinia 670
conterminella (Depressaria) 345
contigua (Polia) 374
continuus (Crabro) 607
contracta (Bembecia) 342
Contractility 59,62
convexa (Cythereis) 6
convexus (Psammobius) 505
convolvuli (Herse) 388
Conwentzia 298,299
Coordination 61
Copelatus 439,440
Copeognatha 195
Copepoda 6
Copera 116
Copestylum 707,717
Cophura 693
Copidosoma 585
copiosa (Trichothrips) 216
Copiphora 151
Copiphorinae 149,151
Copium 248
Coppers 409
Copridae 504
Copris 504,505
Coprophagous insect 73
Coprophilus 454
Coptocycla 521
Coptodera 437
Coptodisca 346
Coptoporus 454
Coptosoma 241
Coptosomidae 241
Coptotermes 181,184,190
Copulatory sac 197
coquilletti (Tipula) 645
Coraebus 469,470
Corbicula 548
Corcyra 352
Cordax 170,171
Cordulegaster 108,115,119
Cordulegasteridae 119
Cordulegasterinae 112
Cordulegastridae 114,115
Cordulia 120
Corduliidae 114,115,120
Cordyla 638
Cordylobia 760
Cordylura 723
Cordyluridae 722,723
Coreana 409,410
coreanus (Metopius) 570
Coreidae 232,244,245,246,253
Corennys 513,514
Coreocoris 244
Coreoidea 232,244
Coreozelia 642
Corethra 658
Corethrella 658
Corethridae 646
Corgatha 371,372
coriaceus (Scleropterus) 155
Corimelaena 233
Corimelaenidae 233
Coriomeris 244
Coriscidae 244
Coriscium 337
Corium 224
Corixa 259
Corixidae 233,259
Corizidae 232,244
Corizid Bug 244
Corizoneura 678,681
Corizus 244
Cornea 60
Corneagenous cell 60
cornelia (Agrion) 117
corni (Anoecia) 281
Cornicles 239,277
corniger (Nasutitermes) 178
Corn Thrips 214
cornutus (Corydalus) 291,292
coronata lucinda (Chloroclystis) 393
Corotoca 186
Corpora allata 41,63
corporis (Pediculus) 213
Corporotentorium 21
Corpus 88
Corpus tenaculus 87

correptus (Limnophilus) 318
Corrodentia 82,84,195
corrodeus (Liposcelis) 200
Cortical layer 65
Corticaria 486
Corticariinae 486
Corticoris 255
Corticus 487
corvina (Amphipyra) 373
corvinus (Meloe) 493
Corycaeus 6,8
Corydalida 292
Corydalidae 292
Corydalus 291,292
Corydia 124,126
Corydiidae 124,126
Corydiinae 124,126
corylata granitalis (Electrophaës) 392
Corylophidae 451
Corylophodes 452
Corylophus 452
Corymbites 442,467
Corymica 394
Coryna 493
Corynephoridae 92
Corynetes 442,464
Corynetidae 442,459,463,479
Corynodes 512
Corynoneura 664
Corynoneurinae 663,664
Corynorhynchus 148
Corynoscelidae 667
Corynoscelis 667
Corynothripoides 218
Coryssomerus 528
Corythoderus 505
Corythucha 247,248
Coseinia 365
Cosmia 373,374
Cosmophila 367,369
Cosmophorus 572
Cosmopterygidae 334,343,344,420
Cosmopteryx 344
Cosmoscarta 261
Cosmosoma 364
Cosmostola 390
Cosmotriche 399,400
Cossidae 323,331,419
Cossids 331
cossis (Hylecoetus) 465
Cossoidea 328,330,331
Cossoninae 527
Cossonus 527
Cossula 419
Cossus 323
cossus (Coccus) 331
Cossyphodes 480
Cossyphodidae 480
Cossyphodinus 480
Cossyphodites 480
Cossyphus 498
Costa 30
Costal crossvein 30
costalis (Megalotomus) 245
costata (Orchisia) 754
costatus (Hylesinus) 538
costimaculella (Cryptolechia) 345
costirostris (Listroderes) 530
Coteophora 335
Cothonaspis 577
Cotochena 354
Cotton stainer 246
Cottony Cushion Scale 283
couaggaria eurymede (Cystidia) 394
coulonianus (Duolandrevus) 156
Coxa 26,28
Coxal cavity 225,429
coxalis (Macrophya) 560
Coxal process 27
Coxal stridulatory organ 225
Coxelus 487
Coxite 159
Coxopodite 22,32
Crabro 607
Crabronidae 602,606
Crabronid Wasp 606
crabroniformis (Vespa) 616
crabronis (Vespaexenos) 546
Crambidae 351,352
Crambus 352
Cramptonomyia 638
Crane Fly 644
Cranial capsule 547
Craniophora 371,373
Craniotus 498
Cranopygia 168
Cranothrips 218
Craspedometopon 677
Craspedonotus 437
crassicorne (Anaticola) 205
crassicornis (Araeopus) 269
crassicornis (Inocellia) 294
crassicornis (Megatomostethus) 559
crassicorris (Neoseverinia) 319
crassicosta (Scatella) 745
crassicornis (Stictopleurus) 244
crassipennis (Phasia) 758
crassipes (Phymata) 251
crassinsculus (Corycaeus) 6,8
crassuliformis (Macrophya) 560
crassus (Nematus) 558
crataegana (Cacoecia) 349
crataegi adherbal (Aporia) 409
Crataerrhina 765
Craticulina 762
Cratomelus 153
Cratoparis 525
Cratyna 669
Cratyninae 669
crawfordi (Panurginus) 620
crawii (Antonina) 286
Crawler 292
Creagris 304
Creatonotus 365,366
Cremaster 323
Cremastogaster 599
Cremastus 569,570
cremata (Diomea) 368
Cremnops 573
Creobroter 133
Creobrotinae 133

Creontiades 254
Creophilus 432,454,455,456
Crephidactyla 437
Crepidodera 520,521
crepuscularia (Ectropis) 395
cretacea (Trichophysetis) 354
Cricetomys 172
Cricket 141,154
crinitata (Taipinia) 171
Crinodes 377
crinume (Forcipomyia) 771
Criocephalus 513,514
Crioceridae 512,516
crioceris 516
crioceroides (Aderorhinus) 533
Cricotopus 664
Crioprora 714
Criorhina 777
cristata (Euhampsonia) 378
criticana (Cacoecia) 349
Crocallis 393
crocea (Konjikia) 383
croceus (Diallactes) 670
Crochet 322
Crocisa 621
Crocidophora 356,357
crocopepla (Peronea) 349
Crocothemis 120
Croesus 558
Cromna 271
Crop 34,630
Crossotarsus 535
Crossvein 30
Crotonbug 121,126
Crown 235
cruciata (Luciola) 461
cruciatus (Graphopsocus) 199
cruciger (Lygaeus) 245
Crunoecia 319
Crusoria 120
Crustacea 2,3,201
Cryophila 658
Cryophilus 502
Cryphalus 537,539
Cryptarcha 482
Crypteria 642
Crypterinae 642
Crypticus 498
Cryptinae 568
Cryptobehylus 590
Cryptobium 454,455,456
Cryptocephalidae 512,517
Cryptocephalus 517,518
Cryptocerata 228,230,256
Cryptocercinae 125
Cryptocercus 78,125
Cryptococcus 285
Cryptocerus 599
Cryptochaetidae 748,775
Cryptochaetum 748,775
Cryptocheilus 616
Cryptochile 498
Cryptoderma 531
Cryptoderminae 531
Cryptodontia 106
Cryptodontus 510
Cryptogenius 506
Cryptoglossa 498
Cryptokermes 283
Cryptolaemus 489
Cryptolechia 345
Cryptolucilia 755
cryptomeriae (Aspidiotus) 290
Cryptoparlatoria 289,290
Cryptophagidae 479,480,485
Cryptophagus 485
Cryptophasa 340
Cryptophasidae 340
Cryptophilus 485
Cryptophion 569
Cryptophlebia 347
Cryptopleuron 448
Cryptopleurum 448
Cryptorhopalum 476
Cryptorrhynchidius 528
Cryptorrhynchus 528,530
Cryptoscena 666
Cryptosiphum 281
Cryptostemma 255
Cryptostemmatidae 230,254
Cryptotermes 190
Cryptothelea 361,362
Cryptothrips 220
Cryptotympana 261
Cryptus 568,569
crystallina (Sida) 5
crystallinus (Chaoborus) 658
Ctenichneumon 568
Ctenidium 767
Cteniopus 497
Ctenacroscelis 645
Ctenisolabis 169
Ctenocephalides 781,782,783,784,786,789
Ctenocephalus 786
Ctenochauliodes 293
Ctenolepisma 95
Ctenophorinae 644,645
Ctenophorus 536
Ctenophyllus 787
Ctenophthalmidae 785
Ctenophthalmus 784
Ctenoplectra 617
Ctenopsyllus 788
Ctenopus 493
Ctenota 694
Ctenucha 364
Cubital crossvein 30
Cubital furrow 30
Cubitermes 179
Cubito-anal crossvein 30
Cubitus 30
Cucarachas 121
Cuckoo Spit Insect 260
Cuckoo Wasp 601
Cucujidae 479,480,483
Cucujoidea 444,445,446,447,478
Cucujus 483
cucularis (Myrsidea) 202
Cuculiphilus 204
Cucullia 371,374
Cuculoecus 205
Culex 652,653,654
Culicidae 628,647,651,770,778
culicifacies (Anopheles) 652

Cyphoderidae 89,91
Cyphoderus 91
Cyphogastra 469
Cyphomyia 676
Cyphomyrmex 599
Cyphon 474,475
Cyphonidae 474
Cyphononyx 616
Cyphus 527
Cypridina 6
Cypsela 728
Cypselidae 728
Cypselosoma 729
Cyptolithus 3
Cyrestis 413,415
Cyrnus 315
cyrptomeriae (Cryphalus) 539
Cyrtacanthacrinae 145,146
Cyrtacanthacris 146
Cyrtaspis 150
Cyrtidae 683
Cyrtinae 684
Cyrptochaetidae 730
Cyrtoclytus 513,514
Cyrtonotidae 731
Cyrtonotinae 746
Cyrtonotum 730,746
Cyrtopogon 693,694
Cyrtorrhinus 254
Cyrtosia 689
Cyrtosiinae 689
Cyrtoxiphus 157
Cyrtus 684
Cyrtusa 450
Cysteodemus 493
Cystidia 393,394,422
Cystiphora 670
Cystocoelia 148
Cystococcus 240
Cystogaster 758
Cysts 58
Cytherea 689
Cythereinae 689
Cythereis 6
Cytilus 477
Cytoplasm 65
Cytoplasmic filament 42
Cytosternum 231

D

Daceton 599
Dacinae 738
Dacne 484
Dacnostomata 127
Dacnus 565
Dacoderus 498
Dactylethra 344
Dactylipalpus 536
Dacty lispa 521
Dactylolabis 643
Dactylopiidae 240,286
Dactylopiinae 240
Dactylopius 286
Dactylopteryx 132
Dactylosphaera 277,278
Dactylotritoma 484
Dactylozodes 469
Dacus 738,739
Dacycerinae 486
Daddy Long Leg 644
Dadophora 461
唾液貯嚢 122
唾 液 管 227
唾液唧筒 227
唾 液 腺 180,210
ダフリアキクイムシ 536
Dahlica 768
Dahlicinae 768
bahlii (Agrotis) 375
bahuricus (Scolytus) 536
大 動 胃 36
大 動 脈 35
第1瓣片 32
第1逆走脈 549
第1形成虫 182
第1基板 32
第1横肘脈 549
ダイコクコガネ 431,505
ダイコンアブラムシ 280,282
ダイコンバエ 754
ダイコンノミハムシ 521
ダイコンサルハムシ 519
ダイコンタマバエ 670
daimiaona (Anmala) 508
Daimio 404,425
daimio (Anthribus) 525
daimio (Pedicia) 643
daimio (Scolytoplatypus) 542
daimio (Staphylinus) 456
Daimyo 404
ダイメョウガドンボ 643
ダイメョウハネカクシ 456
ダイメョウセセリ 404,425
第2若虫 86
第2形成虫 182
ダイミョウキクイムシ 542
第2触角 22
第2小腮 2
第2端室 549
代理生殖型 79
第3若虫 86
第3形成虫 182
第3大脳 38
代 謝 率 50
代謝作用 50
大 雌 型 595
大職蟻型 595
大 雄 型 595
ダイズクキタマバエ 670
Dalaca 328
Dalcera 359
Dalceridae 359
Dalla 404
Dalmannia 721
Dalmanniinae 721
Damasippoides 140
Damias 364
damicornis (Goniodes) 205
damnacanti (Pteronidea) 558
Damsel Bug 252
Damselfly 107,115
Danacaea 462
Danaidae 406,412,426
Danais 323
Danaus 412
弾 尾 目 82

Dancing swarm 98
ダンダラチビタマムシ 470
ダンゴムシ 9
ダ　ニ 585,597,669,770
ダニ目 2
ダニカ亜科 666
Daphnia 5
daphne rabbia (Brenthis) 413
Daphnis 385
脱　皮 43,69
脱皮液 44
脱皮殻 69
脱皮腺 43
Dapsa 488
Darkling Ground Beetle 498
Dark-winged Fungus Gnat 668
Darthula 235
ダルマカメムシ 255
ダルマカメムシ（達磨椿象）科 255
darwiniensis (Mastotermes) 180,189
Dascalia 271
Dascillidae 474
Dascillocyphone 474
Dascilloidea 441,443,444,473
Dascillus 474
Daseochaeta 371
Dasselfliege 758
Dastarcus 487
Dasycerus 442,486
Dasychira 380,381
Dasydia 393
Dasyllis 694
Dasylophia 377
Dasymetopa 725
Dasymutilla 612
Dasyneura 670
Dasyops 735
Dasyphleobomyia 730
Dasyphora 755
Dasypoda 620
Dasypogon 693
Dasypogoninae 693
Dasypsocus 199
Dasysciara 767
Dasytes 460,462
Dasytidae 459,460,462
Dasyvalgus 509,510
Datames 139,140
Daulia 355
dauricum (Colasposoma) 519
dauricus (Dytiscus) 441
dautziae (Asiemphytus) 559
Davidius 118
Dayfly 98
Day Flying Moth 401
Deaths' Head Moth 385
Death Watch 200,501
debilis (Micromalthus) 72,77
Decadarchis 336
Decapoda 9
Decapotoma 493
Decatoma 584
Decatomidea 584
Decetia 384
Dechomus 487
Decidia 140
Decimia 131
decipiens (Lemula) 514
declivis (Scobicia) 501
decolor (Blastbasis) 345
Decolya 151
Decticinae 152
Decticus 152
Deerflies 678
defensus (Xyleborus) 540
デガシラバエ（出頭蠅）科 735
Degeeria 764
degerella (Ilema) 364
Degeriella 205
dehaanii (Carabus) 437
Deielia 120
Deilephila 385
Deilephilinae 385
Deilinia 393
Deinacrida 153
Deiopeia 365
Deiphobe 131
Deipnopsocus 198
delauneyi (Dysdercus) 246
Deleaster 455
Delias 408
pelicatula (Lycorma) 267
delicatulus 511
Deloyala 521
Delphacidae 238,269
Delphacixenos 545
Delphacodes 269
Delphinia 737
Deltocephalus 265
Deltoia Moth 367
deltoides (Ninguta) 301
demadata (Chrysomyza) 725
demandata (Physiphora) 736
Demimaea 528,530
Demodex 12
Demonax 513,514
伝導性 59,61
Dendroctonus 434,442,537,540
Dendroides 442,494
Dendroiketes 167
Dendroleon 304
dendrolimi (Trichogramma) 589
Dendrolimus 399,424
Dendrophagus 483
Dendrosoter 572
臀擬脈 629,707
臀　溝 122
臀　脈 30
Denochroma 389
臀横脈 30
臀　片 285,564
Dens 87
臀　皺 309
dentatus (Cryptophagus) 485
dentatus (Heterogenea) 360
dentatus (Philopterus) 201
Dentes 87,88
denticauda (Acanthosoma) 243
Denticollis 467
denticornis (Cerodonta) 749
dentifrons (Bolitoxenus) 499
dentipes (Curculio) 528
dentipes (Monodontomerus) 583
denudata (Neurogona) 701

デオヒラタムシ（出尾扁虫）科 482
デオキノコムシ（出尾蕈虫）科 452
deplanata (Baris) 530
deponeus (Dinumma) 368
Deporous 532,533
depravata (Sidemia) 373
Depressaria 345,421
Depressaridae 345
Depressor muscle 62
depressus (Zeugodacus) 740
Deraeocoris 254
Derallimus 152
Derancistrus 513
derasa (Habrosyne) 382
Deratoptera 127
Derbe 268
Derbidae 237,268
Dere 513,514
Dermaleipa 367,369
Dermal gland 43
Dermaptera 83,160,171
Dermatobia 757
Dermatobiinae 757
Dermatophilidae 785
Dermatoxenus 527,528
Dermestes 475,476
Dermestidae 474,475
Dermestides 475
Dermestids 475
Dermestinae 475,476
Dermodermaptera 171
Deroca 382
Derodontidae 479,484
Derodontus 484
derogata (Sylepta) 357
Deromantis 132
Deromyia 693
Deronectes 439,440
Deropeatys 132
Deropeltis 124
Deroplatinae 133
Deroplatys 133
desbrochersi (Hylobius) 529
Desert Locust 146
Desmatoneura 689
Desmergate 596
Desmis 356
Desmometopa 731
Desmoptera 146
Desmothrips 218
destructor (Phytophaga) 69
destructer (Aspidiotus) 290
Deuteragenia 616
Deuterocopus 350
Deuterophlebia 635
Deuterophlebiidae 632,635,770,778
Deutocerebrum 38
Deutonymph 86
Deva 367,368
Devadatta 113
devastator (Melanoplus) 147
Develepment 64
Development control 51
Development of Eye 58
Development of Spermatozoa 58
Devilhopper 262
Devil horse 127
Devil's Darning Needles 107
dewbowskii (Notodonta) 377
Dexia 764
Dexidae 758,764
Dexid Fly 764
Dexiosoma 764
deyrollei (Kirkaldyia) 257
dharma (Asura) 365
Diabantia 131
Diaborus 570
Diabrotica 72,519
Diacamma 598
Diachasma 574
Diachlorinae 680
Diachlorus 680
Diacrisia 365,366
Diactinia 392
Diadocidia 633
Diadocidiidae 633
Diadromus 568
Diagonal vein 672
Diagrynodes 479
Dialeurodes 274,275,276
Dialeurodicus 275
Dialineura 686
Diallactes 670
Diallactinae 670
Diallactus 670
Dialysis 686
Dialyta 752
Diamesa 663
Diamesinae 662,663
Diamma 611
Diamond back Moth 337
Diamusonia 131
diana (Letha) 416
Dianeura 359
Dianous 453
Dianthidium 622
Diapause 52
Diaperasticinae 171
Diaperasticus 171
Diaperidae 498
Diaperis 498,499
Diaphanes 461
Diapheromera 138,140
Diaphorinae 700
Diaphorus 700
Diapria 590
Diapriidae 590
Diapus 535
Diardia 140
Diarthronomyia 670
Diartiger 457
Diasemia 356
Diaspididae 240,287
Diaspidinae 289
diaspidis (Aphelinus) 588
Diaspis 227,228,288,289
Diastata 727,731,749,747
Diastatidae 731,746
Diastatinae 746
Diastephanus 576
Diazosma 640
Diathrausta 355
Diatraea 352
Dibrachys 585

Dipalta 690
Dipara 584
Diphaglossa 621
Diphlebia 113
Diphleps 231,255
Diphthera 367,369
Diphucephala 507
Diphyllidae 485
Diphyllostoma 511
Diplacodes 120
Diplatyinae 168
Diplatys 160,161,162,165,166,167,168
Diplectrona 312,315
Diplocentra 746
Diplocheila 437
Diplocoelus 485
Diplogrossata 83,171
Diplolepis 578
Diploneura 703
Diplons 437
Diplonychus 257
Diploplectron 602
Diplopoda 2,3,13,186,201
Diploptera 125
Diplopterinae 125
Diplosara 343
Diplosaridae 343
Diplosis 670
Diplotaxis 507
Diplura 95,399
Diprion 59,560
Diprionidae 553,626,627
dipsacea (Chloridea) 376
Dipseudopsis 315
Dipsocoridae 230,252,254
Dipsocoris 230
Dipsocoroidea 230
Dipsosphecia 342
Diptera 83,290,629
Dipteromimus 106
dipterum (Cloëon) 103
Dipterygia 371
Dipylidium 784
Diradius 195
Diraphia 274
Dircaeomorpha 496
Dircenna 406
Directing tube 325
Dirhagus 468
Dirhinus 581
Dirotognathus 527
dirus (Termes) 186
Discaea 496
discalis (Agrilus) 470
discalis (Chrysops) 679
Discobola 642
Discocerina 745
Discoelius 614
Discoidal cell 109
Discoidal portion 132
Discoidal spine 130
Discoidal vein 549,609
Discomyza 745
Discoloxia 393
Dischissus 437
discicolle (Apteroloma) 450
disciguttus (Eutettix) 265
Discoderes 469
Discoloma 449
Discolomidae 449
discol (Petalocephala) 264
disjuncta (Bolitophila) 639
Disklike pore 283
Disogmus 591
Disophrys 573
dispar (Lymantria) 380,423
dispar (Psylochrysops) 678,679
disparilis albofascia (Numenes) 380
disparis (Anastatus) 586
disseminata (Spermophorella) 302
Dissimilar ckicken Louse 205
dissimilis (Ephesia) 370
dissimilis (Goniodes) 205
dissimilis (Phyllosphingia) 386
Dissoptera 715
Dissosteira 145
Distal portion 19
distanti (Sigara) 259
Distenia 513,514
distincta (Clethrophora) 376
distincta (Galerucella) 520
distinctissima (Cylindrotoma) 641
distinctissima (Geisha) 271
distinctus (Eugnathus) 527
bistingendus (Lariophagus) 585
distinguenda (Lithacodia) 372
Dististyle 640
Distoleon 304
Distrophus 74
Dithecodes 391
Ditoenia 742
Ditoma 487
Ditomyia 634
Ditomyiidae 634,772
ditrapezium (Agrotis) 376
Dittopternis 145
Ditylus 491
Divaricator muscle 224
divergens (Cosmia) 373
Diverse Damselfly 117
Diversicornia 433
diversus (Microdus) 573
Diverticulum 325
dives (Chrysopilus) 687
dives (Spatalia) 379
divina barine (Sinia) 411
divinatorius (Liposcelis) 200
Diving air store 55
divisa (Cosmotriche) 400
Dixa 650,651,769
Dixidae 646,650,771,778
Dixippus 51
Dizygomyza 748,749
同盤類 671
ドウボソハサミムシ 168
Dobsonfly 291,292
Dobsons 292
動物食性 73
docilis (Motes) 604
Dociostaurus 147
Docophorus 205

Dccosia 638
dcderoi (Acerentomon) 85
Dcdona 406
ドウガネブイブイ 508
ドウガネチビマルトゲムシ 477
ドウガネエンマムシ 458,459
ドウガネヒラタコメツキ 467
ドウガネツヤハムシ 518
働　蟻 183
働蟻型 78
dohrni (Agriosphedrus) 251
導　鋸 556
ドクガ 380,423
ドクガ（毒蛾）科 322,379,423
同化作用 48
毒　毛 43
毒　針 550
Dolba 388
Dolbina 388
Dolerinae 556,557
Dolerus 553,557
Dolichasters 305
Dolichocephala 697
Dolichocolon 763
Dolichoderidae 598
Dolichoderinae 596,599
Dolichoderus 600
Dolichogyna 716
Dolichomerus 715
Dolichomyia 691
Dolichopeza 632,645
Dolichopezinae 644,645
Dolichopoda 153
Dolichopodidae 696,698,769,773,780
Dolichopodinae 699,700
Dolichopodids 698
Dolichopsyllidae 785,787
Dolichopsyllus 787
Dolichopus 699,700,773
Dolichovespula 616
Dolichurus 602
Dolichus 437
dolobraria (Plagodis) 397
dolosa (Pachyligia) 396
Dolycoris 243
Domene 455,456
domestica (Musca) 755
Domiduca 246
dominica (Rhizopertha) 501
Domomyza 748
Donacia 81,431,432,516
Donaciidae 512,516
Donaconethis 193,195
鈍角亜目 201,203,204
動脈球 203
呑　入 45
Donusa 137,140
Docdle Bug 303,304
Dcratura 265
Dorcatoma 442,502
Dorcus 510,511
奴隷作成者 597
Dores 139
ドリルス形雄型 595
doris (Gaurotes) 514
Dornfliege 744
ドロバチ 590
ドロバチモドキ（擬泥蜂）科 603
ドロバチヤドリバエ 762
ドロハバチ 558
ドロハマキチョッキリ 533
ドロハムシ 581
ドロケンモン 373
ドロキナミシャク 392
ドロムシミドリコバチ 585
ドロムシムクゲタマゴバチ 581
ドロムシ（泥虫）科 81,472
ドロノキハムシ 518
ドロオイムシ 569
Doros 710
ドロトビスジエダシャク 395
Dorsal abdominal gland 227
Dorsal arm 21
Dorsal brush 652
Dorsal diaphragma 36
disalis (Aëdes) 654
dorsalis (Bruchidius) 523
dorsalis (Chironomus) 662,665
dorsalis (Cyphononyx) 616
dorsalis (Deltocephalus) 265
dorsalis (Silvius) 681
Dorsal prothoracic gland 138
Dorsal stridulatory organ 225
Dorsal stylet 207
Dorsal tracheal trunk 37
Dorsal vessel 35
dorsata (Pteronarcys) 175
dorsigutella (Nematopogon) 332
Dorsum 19
Doru 170
Dorycera 726
Doryctes 572,573
Doryctinae 571,572
Dorydium 265
Dorylaner 595
Dorylaidae 719
Dorylas 719
Dorylinae 595,596,597,598
Doryloxenus 186
Dorylus 598
Dorymyrmex 600
Doryphora 578
同翅亜目 48,224,225,226,227,228,229,544,581,593,775
doson albidus titipu (Graphium) 407
同鬚亜目 313
動水機能 57
doubletti (Helina) 753
Douglasia 346
douglasi (Microvelia) 249
Douglasiidae 346
Drabescus 265,266
Draeculacephala 263
Dragonfly 107,118
Drapaniscus 303
Drapetes 468
Drapetis 697,773,780
Drepana 382,383
Drepanaphis 281
Drepanidae 381,382,422
Drepanoidea 330,381
Drepanopteryx 300,301
Drepanothrips 219

Drepanulidae 382
Dreyfusia 277
Drilidae 460,462
Drillonius 462
Drilus 462
Dromaeolus 468
Dromius 437
Drone Fly 705
Drones 81
Drosicha 283,284
Drosophila 747,748,769,776
Drosophilidae 731,747,769,776
Drosophilinae 747
Drunella 104
Drupeus 474
Drusus 318
dryas bipunctatus (Minois) 416
Dryinidae 592,627
Dryinids 592
Dryinid Wasp 592
Dryinus 593
Drymodromia 697
Drymonia 377,378
drymoniae (Rhogas) 574
Drymus 246
Dryocoetes 537,538,540
Dryocosmus 578
Dryomyza 731
Dryomyzidae 725,731,769
Dryoperia 349
Dryophanta 74
Dryophthorus 527
Dryopidae 472
Dryopoidea 443,444,445,446,471
Dryops 472
Drypta 437
dubia (Bryocrypta) 670
dubia (Oedecnema) 514
Ducetia 150
duellicus (Anthracias) 499
Dufourea 617
Dufoureidae 617
dula (Mormonia) 370
Dulichius 222
Duliophyle 393
duminatus (Rhynchites) 533
Dung Beetle 504
Dung feeder 73
Dungfliege 322
Dungkäfer 504
Dungmücke 668
Dunstaniidae 229
duodecimguttata (Vividia) 490
Duolandrevus 156
Duomyia 737
duplaris (Bombycia) 382
duplex (Pseudaonidia) 290
Duplex system 112
Dusmetina 767
Dust Louse 195,196
Dusty-tail roach 127
Dustywings 298
Duvita 344
Dyadentomum 98
dybowskyi (Dinorhynchus) 243
Dybowskyia 242
Dyme 140
Dynastes 509
Dynastidae 504,508
Dynatosoma 638,639
Dyodirhynchidae 524
Dysauxes 364
Dyscoletes 572
Dyschirius 437
Dysdercus 226,246
Dysmachus 692,694
Dysmilichia 371
Dysodia 358
Dysodiidae 231,247
Dysodius 247
Dysphaea 114
Dysphania 390
Dysstroma 392
Dystacta 131
Dystactinae 131
Dystiscidae 435,439
Dystiscids 439
Dystiscinae 440,441
Dystiscus 428,431,432,439,441
Dziedzickia 633,639

E

Eacles 401
Earias 376,377
Earinus 573
Early cleavag 65
Earomyia 735
Earwing 160
Eatonice 102
Ebaeus 462,463
エビガラスズメ 36,385,388,568
エボシカイ 9
ebriosus (Xyleborus) 540
Eburia 513
Ecacanthothripidae 218,221
Ecacanthothrips 218,221
Eccoptomera 743
Eccrita 367
Ecdyonuridae 105
Ecdyonurus 105
Ecdysis 43,69
Ecdyuridae 100,101,105
Ecdyuroidea 100,105
Ecdyurus 105
Echestypus 765
Echidnophaga 783,785,786
Echidnophagidae 785
echinocacti (Diaspis) 289
Echinocnemus 528,530
Echinomyia 763
Echinophthiriidae 212
Echinophthirius 206,212
Echinopsalis 168
Echinosoma 161,168
Echinosominae 168
Echmepteryx 198
Echte Fliege 754
Echte Motte 335
Echte Netzflügler 294
Echthistalus 515
Echthrus 569
Ecitomyia 702,703,768
Eciton 598
Eclimus 690
Ecliptopera 392
Ecnomus 315

Ecpantheria 365
Ecphylus 571
Ectadoderus 155
Ectaetia 667
Ectatomma 598
Ectatops 246
Ectatorrhinus 528,530
Ectemnia 660
Ectemnus 253
Ectemniinae 660
Ectecephala 750
Ectinocephalus 452
Ectinohoplia 507,508
Ectobia 124
Ectobiinae 124
Ectoedemia 333
Ectognatha 92
Ectogonia 367
Ectoparasites 597
Ectophasia 758
Ectopria 474
Ectrephes 497
Ectrephidae 497
Ectropa 359
Ectropis 393,395
Ectrychotes 251
Eculemeusia 340
エダヒゲネジレバネ 545
エダヒゲネジレバネ（枝角撚翅）科 545
エダオビホソハマキ 349
Edaphus 455
Edapteryx 382
エダシャクガ（枝尺蠖蛾）科 393,422
Edelfalter 406
Edessena 367
editha (Zenodoxus) 342
edoensis (Narosa) 361
Edrotes 498
Edwardsellum 661
edwardsi (Anopheles) 657
edwardsii (Calodema) 468
Edwardsina 636
Edwardsininae 636
Eenicocephalidae 250
Efferent trachea 112
Egg 64
Eggars 399
Egg burste 69,229
Egg parasite 592
Eginia 756
Eginiidae 756
Egle 753
エゴシギゾウムシ 529
egregia (Phora) 703
Egropa 234
エグリヒメカゲロウ 301
エグリシャチホコ 379
エグリトビケラ 311,318
エグリトビケラ（刳石蚕）科 318
エグリトラカミキリ 514
エグリヅマエダシャク 397
ehlersi (Cryphalus) 539
Eidophasia 337
Eidophelus 537,540
Eilema 364
Eirenephilus 146
栄　養 48
栄養細胞 58
Ejection canal 223
Ejaculatory duct 41
Ejaculatory sac 631
腹割部 610
腹　脈 632
液体食物えの適応 47
Elachertidae 580,588
Elachertus 588
Elachiptera 750
Elachista 346
Elachistidae 346
Elachistoidea 329,346
Elaphidion 513
Elaphocera 507
Elaphomyia 722
Elaphroptera 611
Elasmidae 580,588
Elasmoscelis 271
Elasmosoma 571
Elasmostethus 243
Elasmucha 243
Elasmus 580,588
Elassogaster 737
Elassoneuria 103
Elater 467
Elateridae 466
Elateroidea 444,445,465
Elatobia 335
Elaumon 171
Elcysma 359
Eleautiauxia 519
electa (Catocala) 370
Electric Light Bug 257
Electrophaës 392
elegans (Chaetospila) 585
elegans (Haruka) 635
elegans (Lemaea) 8
elegans (Macalla) 354
elegantula (Habroloma) 470
Elenchidea 544
Elenchidae 545
Elenchinus 545
Elenchoidea 544,545
Elenchoides 545
Elenchus 545
Elenophorus 498
Eleodes 498
Eleodiphaga 763
Elephantomyia 642,643
Eleusis 455
Eleuterata 426
Elevator muscle 62
Elgiva 742
Eligma 371
Elipsocus 199
Elis 613
Ellampus 601
Ellipes 158
Elliptera 642
Elliptoblatta 126
Ellipsidion 125
Elmidae 473
Elodiidae 474
elongata (Mecopoda) 150
elongata (Orthogonalos) 575

elongatus (Coccus) 287
elongatus (Phraortes) 141
elpenor lewisi (Pergesa) 386
Elphos 393
Elydna 371
Elyptroptera 426
Elysius 365
Elythroptera 127
emancipatus (Crossotarsus) 535
emarginata (Oraesia) 368
Ematurga 323
Embia 193,194,195
Embiae 192
Embiaria 192
Embidae 195
Embidaria 192
Embidina 192
Embidopsocus 200
Embidopteres 192
Embidotroctes 198,200
Embidos 192
Embien 192
Embiidae 193,195
Embiidina 192
Embiids 192
Embiodea 192
Embioidea 192
Embioptera 84,192
Embiopterans 192
Embolemidae 590
Embolemus 590
Embonycha 195
Embolium 224
Embryology 64
Embryonic covering 66
Emesa 251
Emesidae 251
Emmenognatha 293
Emperoptera 769
Emperors 412
Empheriidae 198
Emphor 621
Emphoridae 621
Emphyastes 528
Emphytinae 626
Emphytus 559
Empicoris 251
Empidideicus 689
Empididae 696,769,773,780
Empidinae 697
Empis 697,698
Empoasca 229,266
Empodia 221
Empusa 128,130
Empusinae 130
Emus 454
Enallagma 116
Enaresta 738
Enargopelte 585
Enarmonia 347
縁 板 239
Encarsia 587,588
Encaustes 484
Enchenopa 262
Enchroeus 601
Encyalesthes 498
Encyclops 513
Encymes 46
Encyrtidae 579,581,,585
Encyrtid parasite 585
Encyrtothynnus 611
Encyrtus 585
Endacusta 156
Endamus 404
Endelus 470
Endelomyia 72
Enderleinellus 213,214
Enderleinia 260
Enderleiniinae 260
End hook 108
Endites 22
Endochus 251,252
Endocrine process 64
Endocuticle 42
エンドウヒゲナガアブラムシ 282
Endoiasimyia 708,709
Endomia 495
Endomychidae 480,488
Endomychus 488
Endoparasite 597
Endophloeus 487
Endophytic 107,110
Endopterygota 97,294
Endotergite 548
Endothenia 347
Endotricha 354
Endotrichidae 351,354
エンドウゾウムシ 522
Endromididae 363
Endromis 363
Endropiodes 394,397
Endrosa 364
Endrosis 343,345
Eneoptera 157
Eneopterinae 155,157
Engonia 676
Engyophlebidae 330
Engyophlebus 330
Engytatus 254
Enhydrus 442
Enicita 732
Enicmus 486
Enicocephalidae 232,250
Enicocephalus 250
Enicophloebia 132
Enipeus 270
縁 状 部 224
エンジュチョッキリ 532
Enlachnus 281
エンマコオロギ 156
エンマムシ 442
エマムシ亜科 459
エンマムシ（閻魔虫）科 458,459,597
エンマムシモドキ 480
エンマムシモドキ（擬閻魔虫）科 480
縁 紋 109,548
縁紋下室 298
縁 紋 脈 578
縁 脈 578
縁 室 571,707
Enmonodia 367,369
Enneathron 500
Ennomos 393,394,397

Epipsocus 199
Epipsylla 273
Epipyropidae 358,360,422
Epipyrops 360
Epirhyssa 569
Epirrhoë 392
Episcapha 484
Episcaphium 452
Episilia 371
Episomus 527,528
Episterna 460
Epistenia 580
Episternum 27,179,563
Epistoma 503
Epistome 737
Epistor 386
Epistrophe 705,706,709
Episyron 616
Epitheca 120
Epitragus 498
Epiurus 569
Epizaranga 377
Epizeuxis 367
Epochra 738,739
Epoecus 595
Epomyia 686
Epophthalmia 120
Epoplium 464
Epopterus 488
Epora 269
Epotiocerus 269
Epuraea 481,482
Epyris 593
equi (Gasterophilus) 776
equi (Trichodectes) 205
Equidae 213
equina (Hippobosca) 765
equina (Wilhelmia) 659
Equitidae 406
Erannis 393,396
Erasmia 359
Erastria 326,367,371
Erax 694
Ercheia 367
Erdwanze 241
Erebia 416
erebia (Pachyta) 514
erebina (Amphipyra) 373
Erebomorpha 393
Eremazus 505
Eremiaphila 132
Eremiaphilinae 131,132
Eremiasphecium 602
Eremnus 527
Eremochrysa 301
Eremocneminae 692,693
Eremopsocus 199
Eremotes 528
Eremus 152
Eressa 364
Eretes 439,441
Eretmocerus 587,588
Eretmoptera 768
Eretmopteridae 768
Ergasilus 6,8
Ergatandromorpha 595
Ergataner 595
Ergate 594
Ergatcgyne 595
Erianthus 146
ericeri (Microterys) 586
Ericerus 287
erichsoni (Pristiphora) 558
Erichsonia 512
Erinna 673
Erinnyis 386
Eriocampa 560
Eriocephalidae 327
Eriocera 643
Eriocerini 643
Eriococcus 285
Eriocrania 328
Eriocraniidae 327,418
Eriogaster 399
erinacei (Andricus) 77
Eriopeltis 287
Erioptera 643,644
Eriopterinae 642,643
Eriopus 371,373
Eriopyga 371
Eriosoma 227,228,278
eriosoma (Plusia) 368
Eriosomatidae 239,278
Eriosomatinae 278
Erirhinus 528
Eristalinae 707,715,716
Eristalis 706,707,715,716
Eristalomyia 705,707,715,716
Eriozona 709
エリユスリカ亜科 664
Erma 294
Ermidae 294
Ernestia 763
ernimea menciana (Dicranura) 379
Ernobius 502
Eros 461
erosa (Cosmophila) 369
Erotylus 484
Erotylidae 479,480,484,485
Erpetogomphus 118
erritans (Pulex) 783
erro (Alcides) 532
Erromenus 570
Erthesina 243
Eruciform 433
エルモンドクガ 381
エルタテハ 414
Erycinidae 406
Erygia 367
Erynnia 763
Erynninae 404
Erynnis 404
Eryssamena 515
Erythria 266
erythrocephala (Calliphora) 759
Erythroneura 266
erythropygus (Melanotus) 467
esaki (Pseudachorutes) 90
エサキアリヤドリコバチ 582
エサキヒメコシボソガガンボ 648
esakii (Bittacomorphella) 648
esakii (Eucharis) 582
esakii (Protanyderus) 647
エサキニセヒメガガンボ 647

Eutephria 356
Eutermes 179,181,184,186
187,189,191
Euterpnosia 261
Eutetrapha 515
Eutettix 265
Euthalia 413
Eutheniidae 174
Euthia 451
Euthore 114
Euthyatira 382
Euthycera 742
Euthychaeta 731,746
Euthyneura 697
Euthyphleps 131
Euthyplocia 101
Euthyrrhapha 124
Euthyrrhaphinae 124,126
Euthysanius 466
Eutlia 367
Eutolmus 694
Eutomostethus 559
Eutonia 643
Eutreta 738
Eutrichosiphum 281
Eutriplax 484
Euura 74
Euurobracon 574
Euurobraconinae 571,574
Euxanthis 349
Euxesta 736
Euxiphydria 562
Euxoa 371,376
Euzonitis 493
Evania 566
Evaniidae 565,566
Evaniocera 492
Evanioidea 563
Evaniosomus 498
evaniscens (Trichogramma) 589
Evaporation 42,54
Evaza 677
Evergestis 356,357
Everes 409,411
Eversible sac 93
Evetria 347
evonoralis (Crocidophora) 357
Evoxystoma 584
exanthemata (Cabera) 394
excavata (Oraesia) 368
excavata (Zamacra) 396
excellens (Ectropis) 395
excellens (Rhynchaenus) 531
excerpalis (Scirpophaga) 353
excisa (Chloroclystis) 393
excisa (Meridarchis) 347
excitator (Caleocentrus) 569
exclamationis (Ilyocoris) 256
excrescens (Phassus) 328
Excretion 49
excultus (Paraclytus) 514
exedra (Bucculatrix) 336
Exechia 639
Exeiridae 601
Exeirus 601,603
Exema 512
Exenterus 570
Exeristes 569
Exeristesoides 569
exesus (Xyleborus) 540
Exetastes 569,570
Exeuthyplocia 101
exignus (Cryphalus) 537
exigua (Calymnia) 372
exigua (Laphygma) 372
exigua (Susumia) 356
exilis (Yemma) 245
eximia (Corynoscelis) 667
eximius (Malachius) 463
Existing form 28
Exites 22
Exocentrus 515
Exochilum 570
Exochomus 489
Exochus 570
Exocuticle 42
Exolytus 568
Exoneura 623
Exophytic 107,110
Exopodite 93
Exoprosopa 690
Exoprosopinae 689,690
Exopterygoptera 127
Exopterygota 97
Exorista 763,777
Exoskeleton 18
Exothecinae 571
Exothecus 571
Exsules 276
extensa (Galeruca) 519
exanthematica (Chrysolina) 519
External process 19
extimalis (Evergestis) 359
Extraintestinal digestion 45
Exudation theory 187
exusta (Phodoneura) 358
Exuviae 69
Exypnus 162
Eye 60
Eyespot 330
ezoana (Baris) 530
エゾアオコバチ 583
エゾアオタマムシ 471
エゾベニシタバ 370
エゾチッチゼミ 262
エゾギクキンウワバ 368
エゾハサムシ 171
エゾイトトンボ 116
エゾヒメゾウムシ 530
エゾカタビロオサムシ 438
エゾキクイムシ 539
エゾクビナガバチ 562
エゾマツホソキクイムシ 539
エゾマツカレハ 399
エゾマツカサアブラムシ 277
エゾマツキクイムシ 540
エゾマツオオキカワムシ 494
エゾマツオウキクイムシ 540
エゾミドリシジミ 410
Ezonacerda 491
エゾリンゴシジミ 410
エゾルリミズアブ 674,675
エゾルリオトシブミ 534
エゾシモフリエダシャク 396
エゾシモフリスズメ 388

エゾシロチョウ 409,569
エゾシロシタバ 370
エゾスジグロシロチョウ 409
エゾスズ 155
エゾスズメ 386
エゾトンボ亜科 120
エゾヤブカ 654
エゾヨツメ 402

F

Fächerflügler 542
Facial fovea 617
fagi persimilis (Stauropus) 379,423
Fagitana 371
Falagria 455,456
Falcaria 382,383
falcata (Molanna) 316
falcata (Phaneroptera) 150
falcatella (Pyroderces) 344
fallax (Chauliops) 246
Fallenia 683
Fall Webworm 365
False Bumblebee 624
False Crane Fly 647
False Mantid 303
False Wireworm 498
Fanghaft 303
Fangheuschrecke 127
Fannia 751,753
Fanniinae 752,753
Fannis 752
farinae (Tyroglyphus) 12
farinalis (Pyralis) 355
Faronus 457
Farsus 468
fasciana (Lithacodia) 372
fasciata (Adoxophyes) 349
fasciata (Dictenidia) 645
fasciata (Setulia) 762
fasciata (Sybrida) 355
fasciata fuscipes (Didea) 705
fasciatus (Aeolothrips) 219
fasciatus (Amystax) 528
fasciatus (Nosopsyllus) 787
fasciatus (Paragus) 709
fasciatus (Trichius) 510
fasciculare (Nosodendron) 478
fasciicornis (Epipsocus) 199
fasciifrons (Cicadula) 265
Fasisuga 240
Eastigium of Vertex 143
fastuosa (Araba) 762
Fat body 41
fausti (Byctiscus) 533
ファウストハマキチョッキリ 533
Faventhia 268
Favonius 409,410
feae (Apachyus) 163
Facundation canal 432
Federling 201
Federmotte 350
Feeding 75
felderi (Pterodecta) 383
Felicola 205
felis (Ctenoceptalides) 782,783,784,787
felix (Bolitophagus) 499
Felsenspringer 93
Feltia 371,376
Female reproductive system 40
Femoral furrow 579
femoralis (Aulacophora) 519
femoralis (Obipteryx) 176
Femoral spur 158
femorata (Cimbex) 555
femorata (Diapheronera) 138
femoratus (Gymnonerius) 735
Femur 28
femur-rubrum (Melanoplus) 147
Fenestrae 121
fenestralis (Scenopinus) 688
fenestraria (Macrauzata) 383
fenestrata (Trypetimorpha) 267
fenestratus (Coelioxys) 623
fenestratus (Heterocerus) 472
fengwhanalis (Nymphula) 355
Fentonia 377,378
Fenusinae 627
Ferdinandea 714
ferox (Siobla) 560
ferrea (Ahlbergia) 410
Ferrisia 204
ferruginea (Cicadella) 263
ferruginea (Coenomyia) 677
ferruginea (Tenthredella) 560
ferrugineum (Tribolium) 499
ferrugineus (Laemophloeus) 483
Fertilization 58
festaliella (Schreckensteinia) 340
festata (Plusia) 367
festivus (Scaphoideus) 265
Feuerfalter 409
Feuerwanze 246
Fibla 294
Ficalbia 653
ficus (Chrysomphalus) 290
Fidena 681
Fidia 512
Fidonia 393
fieberi (Aelia) 243
Field Anthocorid 253
Figites 577
Figitidae 577,627
Fig Wasp 576,583
Figulus 511
File 148
Filiform 20
Filter chamber 48,227
Fiorinia 288,289
Fioriniinae 288,289
fioriniae (Fiorinia) 289
Fire Bug 246
Firefly 461
First recurrent vein 549
First transverse cubital vein 549
First valvifer 32
First valvulae 32
フィロキセララ科 76
fischeri (Tongeia) 411
Fischeriinae 131
Fishfly 291
Fish killer 257
Fish Moth 94
Fischchen 93
fiskei (Brachymeria) 582

Gastric mill 35
Gastrimargus 145
Gastrodes 246
Gastrolina 518,519
Gastropacha 399,400
Gastrophilidae 756
Gastrophilus 756
Gastroserica 507
Gastrotheca 576
Gastrotheus 95
Gastrulation 66
ガタナミシャク 393
Gaurax 750
Gaurotes 513,514
Gayella 609,614
Gayellidae 609
gayeri (Eutelia) 371
gebleri (Thyestilla) 515
Geisha 271
Geistchen 350
ゲ ジ 15
Gelasma 390
Galastocera 376
Gelastocoridae 233
Gelastocoris 233
Gelastorrhinus 145
Gelbling 408
Gelechia 344,345
Gelechid Moth 344
Gelechiidae 343,344,417,419,421
Gelechioidae 340
Gelechioidea 329,342
geminus (Apoderus) 534
gemmata (Helota) 484
Gempylodes 487
Genae 21,207,222,428
Genal ctenidium 781
Genal comb 781
Genal groove 739
Genal suture 21
原尾目 27,82,85
原尾突起 450
原腸成生 66
原虫科 86
原動細胞 61
原動神経細胞 61
Genecerus 474
General scavenger 73
generosus (Ichneumon) 568
原 核 59
ゲンゴロウ 429,431,432,434,439,441
ゲンゴロウ(龍蝨)科 47,55,81,430,431,433,434,439,441
ゲンゴロウモドキ(擬龍蝨)亜科 441
Geniates 508
geniculata (Anomala) 508
geniculata (Nesopeza) 645
genistae (Gargara) 262
Genital fossa 109
Genital plate 279
Genital pouch 123
genji (Anisopa) 258
ゲンジボタル 461,462
原蚊類 632
顕角群 241
原 脈 174
原裂額群 720
ゲンロクニクバエ 761
原生動物 187
現存形 28
genutia (Danaus) 412
Geococcus 286
Geocoridae 245
Geocoris 246
Geocorisae 230
Geodromicus 453
Geomantis 131
Geometra 393,394
Geometridae 320,388,390,393,422
Geometroidea 330,388
Geomys 212
Geomyza 727,729
Georyssidae 472,473
Georyssus 473
Geosarginae 674,675
ゲンセイシロアリ 190
ゲンシシロアリ(原始白蟻)科 189
Geoscapheus 125
Geotrupes 431,432,506
Geotrupidae 503,506
Geotomus 241
Gephroneura 632,696
Gephyra 351
geranii (Protemphytus) 559
Geranomyia 642
Gergithus 270
germana (Amata) 364
German Honey Bee 625
germanica (Blattella) 123,126
German roach 126
germanus (Xyleborus) 540
germari japonica (Apriona) 516
Germarium 58,88
Germ band 65
Germ cell 58
Germ disc 66
Germ layer 66
Geron 690
Gerridae 233,249
Gerris 249,250
Gerroidea 230,249
gerstoeckeri (Diplatys) 165
Gesomyrmex 600
Gespenster 134
gestroi (Amblythreus) 251
gevistae (Polio) 375
Ghost Moth 328
逆走脈 556
逆走神経 137
Giant Coccid 283
Giant Silkworm 401
Giant Stonefly 175
Giant water Bug 257
gibba (Oyamia) 174
gibbeerum (Holopdium) 5
Gibbium 502
Gibbus 136
擬尾毛 112
ギボシゾウムシ 428
Gibosia 176
giffardi (Bemisia) 276

gifuana (Hydropsyche) 315
ギフチョウ 407
gifuensis (Caenestheriella) 4
gifuensis (Macrocentrus) 69,574
gifui (Tenthredella) 560
ギフシマトビケラ 315
ギフヤマトンボ 118
擬 眼 85
gigantea (Agylla) 364
gigantea (Megaxyela) 553
giganteum (Ostoma) 481
giganteum (Macrosiphum) 282
Gigantodax 660
Gigantostroca 10
gigas (Stereopalpus) 495
Gigantothrips 218
gigas (Goniocotes) 205
gigas (Urocerus) 563
偽平均棍 542
擬蜚蠊目 83
偽 陰 茎 209,213
擬 蠍 目 11
撓脚亜綱 6
ギクロハサミムシ 169
Gillettea 277
Gilletteella 277
Gill respiration 55
Gilpinia 560,561
Gilson gland 310
擬 脈 629
ギンバネコガ 337
ギンボシヒョウモン 413
ギンボシスズメ 387
ギンボシツツトビケラ 317
ギンガクシマバエ 762
Ginglymus 201
ギングチバチ 607
ギングチバチ (銀口蜂) 科 606
ギンイチモンジセセリ 404
ギンマダラホソガ 337
ギンモンハムグリガ 336
ギンモンマイコガ 340
ギンモンシャチホコ 379
ギンスジエダシャク・ 396
ギンスジクロカザリバ 344
ギンツバメ 384
giraffata (Percnia) 394
Giraffomyia 722
擬脂肪体 229
擬 雌 型 595
擬蟋蟀目 159
擬 小 眼 87
擬 態 321
擬 態 者 597
偽 単 眼 276
蟻 塔 183,596
Gitona 747
Gitterwanze 247
Givira 330
Gizzard 93
Glabellula 689
Glabellulinae 689
glaber (Loricaster) 451
glabratus (Hylurgops) 538
glabratus (Xyleborus) 540
glacialis (Pranassius) 407
Glandular acinus 122
Glandular papilla 137
Glandular reaction 63
Glandular secretion 50
Glaphyria 351
Glaphyridae 503
Glaphyriidae 351
Glaphyrus 503
glarela (Striglina) 358
Glaresis 506
Glasfügler 342
Glassy-wing 342
Glaucias 243
glaucinalis (Herculia) 355
glaucippe liukiuensis (Hebomoia) 408
Glaucolepis 333
glaucopis (Pidorus) 360
Glaucopsyche 409
glaucopterus (Opheltes) 570
Glenanthe 745
Gleneaoberea 515
Globicornis 476
globosa (Xystrocera) 513
Gloma 697
glomeratus (Apanteles) 573
Glenuroides 304
Glenurus 304
Gliricola 202,203,204
Glischochilus 482
Globular sac 209
glorifica (Limenitis) 415
gloriosa (Melandrya) 496
Glossa 23
Glossina 73,612,751
Glossosoma 313
Glossosphecia 342
gloverii (Lepidosaphes) 289
Glowworm 461
Glucke 399
Gluphisia 377
Glutops 677
glycinicola (Liothrips) 220
glycinivorella (Grapholita) 348
Glycyphana 509
Glyphidocera 344
Glyphipterygidae 338,340,421
Glyphipteryginae 341
Glyphipteryx 341
Glyphodes 356
Glyphotaelius 318
Glypta 569
Glyptocombus 230
Glyptometopa 611
Glyptomorpha 576
Gnat 628
Gnat Bug 250
Gnatal segment 2
Gnathodus 265
Gnathoconus 241
Gnathoncus 459
Gnathos 321
Gnathotrichus 537
Gnophomyia 644
Gnophos 393
Gnorimoschema 344
Gnorimus 510
Gnostus 448
Gnostidae 448

Gnawing Beetle 481
Goat Moth 331
ゴボウヒゲナガアブラムシ 282
gobonis (Macrosiphum) 282
ゴボウトガリヨトウ 372
ゴボウゾウムシ 529
Goeldia 654
Goera 319
ゴイシシジミ 411
ゴキブリ 23,35,36,39,44,46,47,48,55,70,73,78,79,587,597,603
ゴキブリ亜科 126
ゴキブリ（蜚蠊）科 126
ゴキブリコバチ 587
ゴキブリヤセバチ 566
Goldauge 301
Gold Wasp 601
Galdwespe 601
Goliathus 509
goliathus (Goliathus) 509
ゴマダラチョウ 415
ゴマダラヒゲナガトビケラ 317
ゴマダラカミキリ 516
ゴマダラキコケガ 365
ゴマダラノメイガ 357
ゴマダラオトシブミ 534
コマダラツツガ 335
ゴマフアブ 682
ゴマフアブ亜科 682
ゴマフボクトウ 331,421
ゴマフボクトウガ（胡麻斑木蠹蛾）科 331,421
ゴマフドクガ 380
コマケンモン 369
ゴマシジミ 411
ゴミアシナガサシガメ 251
ゴミムシ 433,437
ゴミムシダマシ 431,432,433,597
ゴミムシダマシ（偽歩行虫）科 186,430,431,498
剛　毛 43
Gomomyia 643
Gomphidae 114,115,118
Gomphinae 112
Gomphocerus 145
Gomphomastasinae 145
Gomphomastax 145
Gomphus 115,118,119
Gonad 59
Gonapophyses 109,295,549
Gonatista 132
Gonatistella 132
Gonatocerus 581
Gonatopus 593
Gonepteryx 408
Gongrozus 675
Gonia 763
Goniadera 498
Goniocotes 205
Goniocryptus 568
Goniodes 205
Goniogaster 583
Gonionidae 205
Goniops 680,681
Goniorhynchus 356
Goniozus 593
Gonocephalum 498,499
Gonoclostera 377
Gonocoxite 295,321,550
Gonodera 497
Gonodontis 394,397
Gonolabidura 168
Gonolabina 162,168
Gonolabis 164,168
Gonophora 521
Gonopsis 243
Gonospileia 367
gonostigma approximans (Orgyia) 381
Gonypeta 133
Gonypetella 131
gorhami (Endomychus) 488
gorhami (Epicauta) 493
gorillae (Preudopenis) 213
Gorpis 252
Gortyna 371,372
Gorytes 607
Gorytidae 602,607
Gosargus 675
goschkevitschii (Neope) 416,422
合節亜目 91
Gossamer-winged Butterfly 409
Gossyparia 285
gossypiella (Pectinophora) 345
gossypii (Aphis) 279,282
gatama (Mycalesis) 417
gothica askoldensis(Monima) 374
Gottesanbeterinnen 127
Gracilaria 337
Gracilariidae 334,337,418
gracilicorne (Megymenum) 243
gracilis (Agriotypus) 575
gracilis (Artona) 359
gracilis (Distenia) 514
gracilis (Monima) 374
gracilis (Oligochrysa) 302
gracilis (Polygraphus) 539
Gradual metamorphosis 70
Grallipeza 724
Grammeubria 474
Grammodes 367
granaria (Sitophilus) 531
granarium (Macrosiphum) 282
grandicollis (Acrotrichis) 452
grandicorne (Cryptochaetum) 748
grandis (Chlorophanus) 528
grandis (Eucorysses) 242
grapholithae (Phanerotoma) 574
grandis (Phryganea) 310
grandis (Protohermes) 293
grandis (Synonycha) 490
granicollis (Eubrianax) 474
Granida 507,508
granella (Tinea) 335
granulata (Leptura) 514
granulatus (Tylos) 9
Grape phylloxera 277
Graphium 407
Graphocephala 263
Graphoderes 439,441
Grapholitha 347,348
Grapholithidae 347
Graphomyia 755
Graphopsocus 199

Graphosoma 242
Graphosomatidae 242
Graptodytes 439,440
Graptolitha 371,374
Graptomyza 717,718
Graptomyzinae 708,717
Graptopsaltria 261
Graptostethus 246
Grasping type 28
Grass Bug 244
Grass Fly 749
Grasshopper 141,143
Grass Moth 352
Grass Webworm 352
Gratidia 140
gratus (Corymbites) 467
Graylings 415
Greasy Cutworm 370
Green 279
Greenbottle Fly 759
Green Fly 678
Green Grasshopper 148
Green-head 678
Greenhouse Thrips 219
greeni (Diplatys) 165
Greenidea 281,282
Green Lacewing 301
gregaria (Schistocerca) 146
Gresoria 134
griceus (Scepticus) 528
Gripopterygidae 175
grisea (Eugoa) 365
grisea (Serica) 507
griseipennis (Stenopsyche) 314
griselda (Zanclognatha) 368
griseofasciata (Trachys) 470
griseola (Hydrellia) 745
griseonigra (Habroloma) 470
griseus (Myllocerus) 527
griseopilosus (Larinus) 529
Grossflügler 291
grossulariata conspureata (Araxas) 394
grotiana (Epagoge) 349
Ground Bug 241
Ground Nesting Wasp 616
Ground pearl 283
Grouse Locust 147
Grown 263
Growth of Embryo 66
Gryllacridae 143,152
Gryllacris 152
Gryllidae 143,154
Gryllinae 155,156
Grylloblatta 159
Grylloblattidae 159
Grylloblattodea 83
Grylloblattoden 159
Gryllodes 156
Gryllomorphinae 155,156
Gryllomorphus 156
Gryllotalpa 142,158
Gryllotalpidae 143,158
Gryllus 142,156,221
Grynocharis 481
Gryptoripersia 286
Grypotes 265
Gryropidae 203
Guard seta 87
Guercioja 278
Guest 597
guinensis (Zorotypus) 191,192
Gula 179,428
Gulamentum 179
gularis (Aphomia) 352
Gularostria 234
Gular region 229
Gular suture 428,435
グミチョッキリ 533
グミシギゾウムシ 528
グンバイメクラガメ 254
軍配虫上科 247
グンバイムシ(軍配虫)科 223,224,229,247
グンバイトンボ 116
グンバイトンボ亜科 116
グンバイウンカ(軍配浮塵子)科 269
群飛型 144
Gunus 661,662
グラナリヤコクゾウ 531
Gurelca 386
Gustatory organ 226
Gut 202
gutta (Physopelta) 246
guttana (Cerace) 349
guttata (Parnara) 405
guttigera (Epilampra) 127
guttiger (Epiacanthus) 263
guttiger (Eusarcoris) 243
Gymmastes 644
Gymnaspis 289
Gymnetis 509
Gymnocerata 230,241
Gymnochaeta 763
Gymnognatha 214
Gymnomyza 723
Gymnonerius 734,735
Gymnopa 744
Gymnophora 703
Gymnopinae 744
Gymnopleurus 504
Gymnoscelus 572
Gymnosoma 758
Gymnus 453
Gynacantha 119
Gynaecoid 595
Gynandromorph 595
Gynandromorphism 406
Gyne 594
Gynecaner 595
Gynoparae 279
橈 足 652,654
橈足毛 654
Gypona 235,263
Gyponidae 235,236,263
Gypsonoma 349
Gypsy Moth 380
Gyretes 442
Gyrinoidea 435,441
Gyrinus 434,441,442
Gyrodonta 568
Gyromantis 129
Gyroneuron 574
Gyropidae 204
Gyropus 202,203,204
Gyrostigma 756

Henous 493
片利共棲者 186,597
変　態　51,52,69,70,188,216,229
変態類 70
heparana (Pandemis) 349
Hepialidae 321,327,328,419
Hepialid Moth 325
Hepialoidea 326,328
Hepialus 328
Heptagenia 105
Heptageniidae 105
Heptageneoidea 105
Heptagyia 663,664,771
heptapleuricola(Smerinthothrips) 216,220
Heptatoma 682
Heptaulacus 505
Heptophylla 507
Hera 752
Hercinothrips 220
Hercostomus 700
Hercothrips 219
herculeanus obscuripes (Camponotus) 600
hercules (Acronycta) 373
hercules (Dynastes) 509
Herculia 355
hercyniae (Diprion) 59
Herdonia 358
Heresiarches 568
ヘリグロヒメハナバエ 754
ヘリグロトガリメイガ 354
ヘリグロキノメイガ 357
ヘリカメムシ 224,244
ヘリカメムシ（縁椿象）科 222,224,229,244,245,246
ヘリカメムシ（縁椿象）上科 244
Herina 726
Heringia 708
Hermaphrodite 40
Hermarchus 140
Hermes 293
Hermetia 673,674
Hermetiinae 674
Herminia 367
Hermione 676
Hermonassa 371
Hermyia 758
hero neoperseis (Coenonympha) 417
heros (Rhynchites) 532
Herpetocyhris 6
Herse 385,388
Hesperia 404,405
Hesperempis 697
hesperidum (Coccus) 287
Hesperiidae 403,425
Hesperiides 403
Hesperiinae 403,404
Hesperinidae 633,638
Hesperinus 638
Hesperioidea 330,403
Hesperoctenes 234
Hesperophylum 231
Hesperus 454,455,456
Hestia 412
Hestiasula 133
Hestina 413,415
Hetaeriinae 458
Hetaerina 117
Hetaerius 458
Heteracanthia 674
Heterarthrinae 556,557,626
Heterarthrus 557
Heterocampa 377
Heterocera 328,330
Heteroceridae 442,472
Heterocerus 442,472
Heterecaetula 133
Heterochelus 507
Heterochrysops 681,682
Heterocopus 139
Heterodactyla 671,684
Heterodoxus 204
Heterogenea 360
Heterogeneidae 360
Heterogymna 347
Heterogyna 594
Heterogynidae 359
Heterogynis 359
Heterojapyx 96
Heterolepsis 593
Heterolampra 125
Heterolepisma 95
Heterolocha 394
Heteromera 433
Heterometabola 97
Heteromyzidae 743
Heteroneura 326,328,727
Heteroneuridae 726
Heteronyx 507
Heteropeza 668
Heteropezidae 78,668
Heterophleps 392
Heteropogon 693
Heteropsyche 360
Heteropsylla 272
Heteroptera 221,230,241
Heteropteryginae 140
Heteropteryx 139
Heterorrhina 509
Heterosternus 508
Heterospilus 571
Heterostylum 691
Heterotecnomera 197,199
Heterothops 453
Heterothripidae 218
Heterothrips 218
Heterotropinae 690
Heterotropus 690
Hetops 498
Hetrodes 152
Hetrodinae 150,152
Haxacentrus 151
Hexacolus 536
hexadactyla (Gryllotalpa) 153
hexadactyla (Orneodes) 350
Hexagenia 102
Hexamitocera 723
Hexaphyllum 511
Hexatoma 643
Hexatominae 641,643
Hexodon 509
ヒバノキクイムシ 539
hibari (Philopterus) 205

hypocrita (Sipalus) 531
Hypocyptus 454
Hypoderidae 757
Hypoderma 758
Hypodermal cell 181
Hypodermatidae 758
hypogastricus (Elater) 467
Hypogastrura 89
Hypogastruridae 89
Hypognethous 87
Hypognathous type 19
Hypogymna 380
Hypocaccus 459
Hypocera 702
hypogaea (Diarthronomyia) 670
Hypolimnas 413,414
Hypopharynx 20,24
Hypophloeus 498
Hypophrictis 335
Hypopleural bristle 720,751
Hypoproct 295
Hypopteromalus 585
Hypoptidae 330
Hypopygium 630
Hyposmocoma 343
Hyposmocomidae 343
Hypostigmatic cell 298
Hypostomal bridge 229
Hypoxestia 371
Hypsa 366
Hypselophidae 339
Hypsidae 363,366
Hypsomadius 382
Hypsolosoma 230
Hypsopygia 355
Hypsotropa 351
Hypsotropinae 351
Hyptia 566
Hyptiogaster 566
Hypulus 496
Hypurgus 161,170
hyrcanus sinensis (Anopheles) 657
Hyrmophloeba 683
Hyrophicnoda 125
Hysteropterum 270
Hystrichoscelus 347
Hystrichopsyllidae 784,788
Hystrichothripidae 218,220
Hystrichothrips 218,220
Hystricovoria 763

I

胃 35,202,530,551
Ibalia 577
Ibaliidae 577,629
異 盤 類 684
ibara (Coreana) 410
イバラヒゲナガアブラムシ 282
イボソコカイミジンコ 6
イボタガ 401
イボタガ (水蠟蛾) 科 401
イボタカイガラコバチ 586
イボタカイガラムシ 344,586
イボタロウヒゲナガゾウムシ 525
イボタロウカタカイガラムシ 287
イボタケンモン 373
イボトビムシ (瘤跳虫) 科 90
Icaria 610
Icaridion 769
Icerya 227,228,283,284
イチゴハナゾウムシ 529
イチゴキリガ 374
イチゴコシボソハバチ 559
イチゴナミシャク 392
イチゴルリサルハムシ 519
イチジクキンウワバ 368
イチジクコバチ(無花果小蜂)科 583
イチジクノコキクイムシ 539
イチモンジチョウ 415
イチモンジハムシ 520
イチモンジカメムシ 243
イチモンジカメノコハムシ 522
イチモンジセセリ 326,405,569
Ichneumon 564,568
Ichneumon Fly 567
Ichneumonid 567
Ichneumonidae 565,566,567
Ichneumonides 567
ichneumonides (Methoca) 613
Ichneumoninae 567,568
Ichneumonoidea 564,627
Ichneumons 546
Ichneutes 572
Ichneutidea 572
Ichneutinae 572
Ichnopsyllus 784
Icosta 765
Icterica 738
Ictinogomphus 119
Ictinus 118
idae (Lebia) 438
Idana 737
Idarnes 583
Idiocerus 266
Idiococcidae 240
Idiococcus 286
Idiocoris 233
Idioglochina 642
Idioglossa 340
Idiographis 349
Idioptera 643
Idiotephria 392
Idolomorpha 130
Idolopsalis 169
Idolothripidae 218
Idolothrips 218
Idolum 130
Idris 592
イエバエ 20,25,37,63,76,755,776
イエバエ亜科 755
家蠅上科 751
イエバエ (家蠅) 科 754
イエゴキブリ 126
イエヒメアリ 599
イエシロアリ 190
胃 粉 機 35
イ ガ 335
igneola (Lamprystica) 341
ignis (Peripsocus) 199
ignita (Chrysis) 601
ignobilis (Aethalura) 395
iguchii (Gergithus) 270
イハバチ 559
胃 反 応 48

異変態類　97
iidai (Endoiasimyia)　709
iidai (Eumerus)　712
イイダハイジマハナアブ　712
イイダヒケクロヒラタアブ　709
移 住 型　144,278,279
イッカクチュウ（一角虫）科　495
イカリモンガ　383
イカリモンガ（錨紋蛾）科　383
イカリムシ　6,8
イクビマメゾウムシ　523
育　房　543
Ilema　364
Ileum　180,551
ilia substituta (Apatura)　415
ilicifolia japonica (Epicnaptera)　400
Iliocryptus　5
Ilithyia　353
illepidus (Phraortes)　141
Illiberis　359
illoba (Polio)　375
illucens (Hermetia)　673
Ilybius　431,439,440
Ilyocoris　256
Ilythea　744
Imago　69
イマニシガガンボダマシ　641
imanishii (Trichocera)　641
Imatisma　716
異脈亜目　328
imitans (Eidophelus)　540
imitator (Cacoecia)　349
イミズトゲミギワバエ　744
immaculata (Scutigerella)　15
immaculatella (Paramartyria)　327
immitis (Ptilocerus)　251
胃 盲 管　202
イモキバガ　344
イモムシ　384
胃 盲 嚢　35,48,142,210,226
イモサルハムシ　519
impar (Euconnus)　451
imparilis (Diacrisia)　366
imperator (Doryctes)　573
impostor (Iphiaulax)　576
impressicollis (Niponius)　459
inachus (Aeromachus)　404
Inaegipalpia　313
inaequalis (Diacrisia)　366
イ ナ ゴ　604
イナヅマヨコバイ　265
Inca　510
incerta (Monima)　374
incerta (Panesthia)　127
incertellus (Schoenobius)　353
Incomplete metamorphosis　70
inconsequens (Heliothrips)　214
inconsequens (Taeniothrips)　214,216,217
inconspicua (Trachys)　470
increta (Psilogramma)　388
incretata (Acronycta)　373
Incubibae　575
Incurvaria　324,332
Incurvariidae　332,418
Incurvarioidea　329,332
Indian Lac Insect　284
Indian Wax Scale　287
indica (Margaronia)　357
indica (Vanessa)　414
indica japonica (Apis)　625
indica nigrocincta (Apis)　625
indica peroni (Apis)　625
indicata (Lamprosema)　357
indicataria morata (Somatina)　391
indicator (Bostra)　355
indictinaria (Endropiodes)　397
indicus (Oecanthus)　156
indigena (Euops)　534
Indirect metamorphosis　71
indistinguenda (Paraplea)　258
イネドロオイムシ　516,585
イネカメムシ　243
イネキモグリバエ　750
イネキンウワバ　367
イネコミズメイカ　355
イネクダアザミウマ　220
イネクキミギワバエ　745
イネマダラヨコバイ　265
イネミギワバエ　745
イネミズメイガ　355
イネモグリバエ　749
イネネクイハムシ　516
イネノネカイガラムシ　286
inexacta (Gadirtha)　371
イネヨトウ　372
イネゾウムシ　530
inferens (Sesamia)　372
Inferior appendage　112
Inferior clasper　649
Inferior claw　87
Inferior Spur　440
infernalis (Diacrisia)　366
infesta (Ammophila)　606
infestans (Triatoma)　251
inflexum (Sceliphron)　606
inflatus (Dulichius)　222
informis (Feltia)　376
Infrabuccal cavity　550
Infrabuccal chamber　550
Ingestion　45
陰 具 片　109,295,549
陰具器基　295,550
陰具基節　321
隠 角 群　222,256
陰　茎　209,321,550
陰茎基部　550
陰茎膜鞘　321
陰 茎 嚢　109,164
陰茎糸突起　321
陰 茎 鞘　239,761
咽　喉　34,142
咽 喉 瓣　180,295
咽喉喞筒　630
咽喉節片　197,202
咽喉神経球　137
咽喉側線　41,63
Inner frontal hair　653
Inner marginal tooth　87
Inner occipital bristle　738
Inner submedian prothoracic hair　657

陰 嚢 323
Inoceillids 294
Inocellia 294
Inocelliidae 294
inodorus (Haematosiphon) 253
inopiana (Idiographis) 349
inornata (Udea) 357
ino tigroides (Brenthis) 413
inquilinus (Lipinotus) 200
inquisitor rugipenne (Rhagium) 514
Insecta 3,15
Insects 542
隠翅虫上科 448
隠翅目 83,780
insidiator (Acanthostoma) 570
insignis (Elachiptera) 750
insignis (Hypsomadius) 382
insignis (Pseudorychodes) 523
insolitus (Limnocentropus) 318
instabilis (Pheidole) 80
Instar 69
instigator (Pimpla) 569
Instinct 64
insularis (Prionus) 513
insularis (Scepticus) 528
insulicola (Loderus) 557
Integricipita 784
Integripalpia 313
Integument 42
intensa (Bombycia) 382
intercubital vein 556
Intercubitus 611
Interfrontal crossbristle 723
interjectus (Xyleborus) 540
intermedia (Aphrophora) 261
intermedia (Herpetocypris) 6
intermedia (Strobiella) 670
intermedia (Rubiconica) 243
Intermediate appendage 649
intermedius (Hylastes) 540
intermedius (Macrobiotus) 13
intermedius (Peltodytes) 439
intermedius (Pristaulacus) 567
intermixa (Plusia) 368
Internal anatomy 34
Internal process 19
Internal skeleton 28
interpunctata (Stenonema) 98
interruptaris (Nymphula) 355
interruptus (Euacanthus) 264
interruptus (Necrophorus) 428
interruptus (Rhynchites) 533
interstitialis (Hylastes) 540
interstitialis (Hylurgops) 537
intestinalis (Gasterophilus) 756
Intima 53
intima (Chrysopa) 302
咽 頭 34
咽頭管 223
咽頭喞筒 45
Intraalar bristle 720
intrusus (Phyllobius) 527
inubiae (Goniogaster) 583
イヌビワコバチ 583
イヌビワオナガコバチ 583
イヌハジラミ 205
イヌジラミ 213
イヌノミ 65,781,784,787
Iodis 390,391
io geisha (Nymphalis) 413
iphiata (Acropteris) 384
Iphiculax 576
Iphicrates 246
Ipidae 524,536
Ipidia 482
イッポンセスジスズメ 385
Ips 537,540
イ ラ ガ 361,601
イラガイツツバセイボウ 601
イラガ (刺蛾) 科 324,360,417
Iratsume 409,410
Irbisia 254
iridescens (Abia) 555
iridescens (Aleuroparadoxus) 274
iridescens (Neurotoma) 554
Iridomyrmex 600
Iridopteryginae 132,133
Iridopteryx 132,134
Iridotaenia 469
Iris 131
Iropoca 380
irregulariterdentatum (Baculum) 141
Irritability 59
irritans (Lyperosia) 756
irritans (Pulex) 784,786
irrorata (Conosia) 644
irrorataria (Ophthalmodes) 395
Isanthrene 364
Ischalia 495
Ischiodon 709
Ischiopachys 517
Ischiosyrphus 709
Ischnocera 201,203,205
Ischnodemus 246
Ischnogaster 610
Ischnomantis 131
Ischnomyia 729
Ischnonyctes 251
Ischnopsyllidae 784
Ischnoptera 125
Ischnopteryx 199
Ischnura 116
Ischnus 568
Ischyrus 484
イセリヤカイガラムシ 490
異節亜目 199
Ishiana 160
異翅亜目 222,224,225,226,227,228,229,241,544,581
イシアブ亜科 694
ishidae (Phlepsius) 265
ishidae (Saigona) 267
イシガケチョウ 415
ishii (Campodea) 96
イシイコオロギモドキ 159,160
イシイナガコムシ 96
Ishikawa 4
胃神経球 137
イシノミ 31,94
イシノミ亜科 94
イシノミ (石蚤) 科 93,94
囲食膜 47,551
異鬚亜目 313

Isia 365
Ismene 403
Ismeninae 403
Isobrachium 593
Isodermidae 231
Isodermus 231
Isodromus 585
Isognathus 386
Isohelea 666
Isomerocera 674
Isometopidae 231,255
Isometopus 231,255
Isometrus 11
Isomira 497
イソヌヌカ 667
Isonychia 98,106
Isonychus 507
Isoperla 176
Isophya 150
Isoplata 584
Isopoda 2,9
Isopogon 693
Isopsera 150
Isoptera 83,84,177
Isopteres 177
Isorhipis 468
Isosoma 584
Isosticta 115
Isotecnomera 197,199
Isoteinon 404
Isotima 150
Isotoma 87,90
Isotomidae 89,90
Isotomurus 90
Isshikia 678,682
イッシキハイロヤガ 376
Isshikii (Agrotis) 376
Issidae 238,270
Issinae 270
Issus 270
Isyndus 251
イタドリハムシ 520
イタドリクロハバチ 559
Italian Locust 147
Italian Honeybee 625
italicus (Calliptamus) 147
イタビコバチ 583
イタヤハマキチヨッキリ 533
イタヤハマキゾウムシ 532
イタヤハムシ 520
イタヤキリガ 372
イタヤクチブトゾウムシ 527
イタヤノキイクムシ 539
Iteaphila 697
Ithomia 406,412
Ithomiidae 406
Ithone 295,296
Ithonidae 296
Ithonoidea 296
Ithycerinae 526
Ithycerus 526
イトアメンボ 249
イトアメンボ（糸水黽）科 222,223,225,249
itoi (Graptomyza) 718
イトカメムシ（糸椿象）科 245
イトカメムシ 245
イトウマルハナアブ 718
Itonididae 632
イトトンボ 55
イトトンボ亜科 116
糸蜻蛉上科 116
イトトンボ（糸蜻蛉）科 116
イツホシヒゲブトオサムシ 442
イツトガ 352
イッテンオオメイガ 353
Ivania 496
Ivela 380
iwatai (Homonotus) 616
iwatai (Pseudoxenos) 546
イワタツツベッコウ 616
イワトビケラ 314
イワトビケラ（岩石蚕）科 314
Ixalma 528,530
囲 幼 虫 493
囲幼虫型 625

J

Jablotia 654
Jacobsiella 768
jacobsoni (Arixenia) 163,165,166,167,171
Jadera 244
ジヤガイモハムシ 51
jakima (Sterrha) 391
ジャコウアゲハ 406
若　虫 107,165,172
若 虫 嚢 123
ジャノメチョウ 416,425
janasi (Thecla) 410
Janiodes 401
Jankowskia 393,394
jankowskii (Marumba) 387
jankowskii (Rhodinia) 403
ジャノメチョウ(蛇目蝶)科 405,422
jansonis (Pelopidas) 405
Janthinomyia 764
Janus 561
japana (Cicindela) 436
japana (Haemonia) 516
japana (Trichochrysea) 519
Japanese Beetle 508
japanensis (Paracylindromorphus) 470
Japania 589
japanus (Cryptocephalus) 517
japonica (Periplaneta) 126
japonica (Psylliodes) 521
japonica (Ricania) 271
japonicus (Protidricerus) 305
japona (Chelonomorpha) 366
japonensis (Alsophila) 389
japonensis (Cryptotympana) 261
japonensis (Laccotrephes) 258
Japonica 409,410
japonica (Acanthaclisis) 304
japonica (Acromantis) 134
japonica (Albara) 383
japonica (Anabrolepis) 586
japonica (Andrena) 619
japonica (Anechura) 171
japonica (Arhopala) 409
japonica (Athalia) 560
japonica (Baëtiella) 103
japonica (Bibio) 637
japonica (Bibiocephala) 636
japonica (Brahmaea) 401
japonica (Brenthia) 341
japonica (Cantheconidea) 243

japonica (Cerceris) 608
japonica (Chalcophora) 471
japonica (Chrysotropia) 302
japonica (Cimbex) 555
japonica (Cinxia) 713
japonica (Coniocmpsa) 298
japonica (Corticaria) 486
japonica (Crepidodera) 521
japonica (Croesus) 558
japonica (Cylindrotoma) 641
japonica (Dasypoda) 620
japonica (Diamesa) 663
japonica (Dictyoploca) 402
japonica (Diestrammena) 153
japonica (Dinarthrodes) 319
japonica (Diplectrona) 315
japonica (Entoria) 141
japonica (Eutachina) 763
japonica (Evaza) 677
japonica (Gluphisia) 377
japonica (Goera) 319
japonica (Gryllacris) 152
japonica (Hadrojoppa) 568
japonica (Hestina) 415
japonica (Isonychia) 106
japonica (Isshikia) 678
japonica (Labidura) 168, 169
japonica (Leucaspis) 290, 590
japonica (Limnophila) 643
japonica (Luehdorfia) 407
japonica (Lyroda) 604
japonica (Macrotria) 495
japonica (Mantispa) 303
japonica (Megouraviciae) 282
japonica (Melittia) 342
japonica (Melolontha) 507
japonica (Methoca) 613
japonica (Morphosphaera) 520
japonica (Myiolepta) 715
japonica (Neohirasea) 141
japonica (Nesodiprion) 561
japonica (Nogiperla) 177
japonica (Nomada) 620
japonica (Nothochrysa) 301
japonica (Oligotoma) 195
japonica (Oregma) 278
japonica (Orientabia) 555
japonica (Orneodes) 350
japonica (Oxya) 147
japonica (Oxyambulyx) 387
japonica (Paraplea) 258
japonica (Pelecotomoides) 492
japonica (Pentatoma) 243
japonica (Penthesilea) 715
japonica (Penthetria) 637
japonica (Popillia) 508
japonica (Propylaea) 490
japonica (Ptychoptera) 647
japonica (Rhacochloena) 739
japonica (Rhomborrhina) 509
japonica (Rhyacophila) 314
japonica (Scolia) 612
japonica (Serica) 507
japonica (Sialis) 292
japonica (Silpha) 450
japonica (Speiredonia) 369
japonica (Stratiomys) 676
japonica (Takahashia) 287
japonica (Temnaspis) 517
japonica (Temnochila) 481
japonica (Thaumalea) 695
japonica (Theretra) 385
japonica (Thlaspida) 522
japonica (Trichocera) 640
japonica (Waldheimia) 559
japonica (Xyela) 553
japonica fadwigae (Polistes) 615
japonicum (Chrysotoxum) 711
japonicum (Copium) 248
japonicum (Dasypogon) 693
japonicum (Gasteruption) 566
japonicum (Omalium) 455
japonicum (Rhabdoceras) 316
japonicum(Rhamphophasma) 141
japonicum (Simulium) 661
japonicum (Sinoxylon) 501
japonicum (Trichogramma) 589
japonicus (Acantholobus) 147
japonicus (Adelges) 277
japonicus (Aëdes) 654
japonicus (Agabus) 440
japonics (Anthocoris) 253
japonicus (Aphamis) 246
japonicus (Aphonomorphus) 157
japonicus (Attagenus) 476
japonicus (Bidessus) 440
japonicus (Cerapterocerus) 586
japonicus (Chlorophorus) 514
japonicus (Chrysochraon) 145
japonicus (Chrysops) 682
japonicus (Combaroides) 10
japonicus (Cupes) 465
japonicus (Cybister) 439, 441
japonicus (Dasypsocus) 199
japonicus (Dasytes) 462
japonicus (Dilar) 302
japonicus (Diplonychus) 257
japonicus (Dolerus) 557
japonicus (Elasmus) 588
japonicus (Elenchinus) 545
japonicus (Enicocephalus) 250
japonicus (Glenuroides) 304
japonicus (Gunus) 662
japonicus (Gyrinus) 442
japonicus (Haliplus) 438
japonicus (Haplogonatopus) 593
japonicus (Hemitaxonus) 557
japonicus (Hexacentrus) 151
japonicus (Hister) 459
japonicus (Hodotermopsis) 190
japonicus (Homoeogryllus) 156
japonicus (Homoporus) 585
japonicus (Hydrochus) 448
japonicus (Isometopus) 255
japonicus (Janus) 561
japonicus (Japyx) 97
japonicus (Lepyrus) 529
japonicus (Librodor) 482
japonicus (Lysiphlebus) 576
japonicus (Mataeopsephenus) 473
japonicus (Megarthrus) 455
japonicus (Mikado) 452
japonicus (Nematinus) 558
japonicus (Noterus) 440
japonicus (Orussus) 563

コバネシマバエ 762
交尾鉤 164,208,209,305,550
交尾嚢 59,197
後尾節 162
喉　部 19,229
後　部 128,143
コブアシヒメイエバエ 753
コブフシヒメバチ 569
コブハサミムシ 171
コブハサミムシ亜科 171
コブガ（瘤蛾）科 364,422
コブナナフシ 140
コブノメイガ 356
コブスジゴミムシダマシ 499
コブスジコガネムシ
（瘤条金亀子）科 506
コブウンカ 269
コチャバネセセリ 405
Köcherfliege 308
コチニールカイガラムシ
（こちにーる介殻虫）科 286
蝗　虫 28,59,70,592,774
甲　虫 59,62,72,592,593,774
蝗虫亜目 143
嚙虫目 82,84,195
後　腸 210
後中腸素 68
Kodamaius 199
鼓動器管 57
口道孔 1
Koebelea 236
koebelei (Cephalcia) 554
koebelei (Lygocerus) 592
koebelei (Stromboceros) 557
Koebeleidae 236
Koebelia 265
コエビガラスズメ 388
後縁紋脈 578
口縁棘毛 723
コフキコガネ 443,507
コフキコガネムシ
（粉吹金亀子）科 507,508
コフキゾウムシ 527
後腹柄 594
後腹側棘 705
口　吻 223
口吻鞘 207
コフタオビシャチホコ 377
小　蛾 597
コガムシ 448
コガネキンバエ 760
コガネコバチ（黄金小蜂）科 584
睾丸包膜 228
コガネムシ 64,70,75,431,432
433,434,435,597
金亀子上科 503
コガネムシ（金亀子）科
186,434,435,504
コガネムシ型 427
コガネムシ類 73
コガシラアブ亜科 684
コガシラアブ（小頭虻）科 683
コガシラアワフキ 260
コガシラアワフキ
（小頭泡吹）科 260
コガシラカミキリモドキ 491
コガシラミズムシ 434,438,439
コガシラミズムシ（小頭水虫）科
433,438
コガシラナガゴミムシ 438
コガシラウンカ
（小頭浮塵子）科 268
コガタアカイエカ 654
コガタボクトウ 331
コガタコメツキ 467
コガタイチモジエダシャク 394
コガタノゲンゴロウ 441
コガタノキシタバ 370
コガタノミズアブ 676
コガタシマトビケラ 315
後後背板 429
交互栄養室型 164
後背板 28,142
後胚子的発達 69,88,194,197
後方腸 35
コゴモクムシ 438
コグロアナバチ 606
コハナバチ 608
コハナバチ（小花蜂）科 619
コハナコメツキ 467
コヒヨウモン 413
コヒヨウモンモドキ 413
コヒサゴキンウワバ 368
行　為 64
コジヤノメ 417
kojimae (Eutelus) 585
コジマコバチ 585
肛上板 95,109,293
肛上附属器 109
喉上神経球 38
コウカアブ 675
肛下板 109
小蜉蝣上科 102
コカゲロウ（小蜉蝣）科 103
厚化斑 242
後　角 143
鉤　角 22
コカクモンハマキ 349
コカクツツトビケラ 319
コカマキリ 134
コカミナリハムシ 521
後　顬 21
口　陥 34,46
口陥瓣 34
口陥神経系 39
交感神経系 39
後下唇 23
喉下神経球 38
鉤　器 86,88,321
口　器 22,178,193,196,
201,207,222,547
後気門式 631
喉基節 179
コケムシ（苔虫）科 451
コケシロアリモドキ 195
コキアシヒラタヒメバチ 569
コキマダラセセリ 404
コキノコムシ（小蕈虫）科 73,487
口　鉤 631
後口節 19,22
甲殼綱 2,3
後後頭 21
後後頭線 21
コクチャタテムシ 200
コクチャタテムシ

Lobogoster 635
Lobogonodes 392
Lobules 110
Lobophora 392
Lobopoda 497
Loboptere 125
Locastra 354
locuples (Cifuna) 381
Locusta 145
Locustana 147
Locusts 141,143
Locustidae 143,148
Locustinae 152
Locustoidea 148
Locustodea 143
Loderus 557
Loewinella 693
Loganius 536
Lollius 270
Lomamyia 302
Lomaptera 509
Lomaspilis 393,394
Lomatia 689
Lomatiinae 689
Lomechusa 455
Lomographa 393
lomozemia (Alcis) 395
Lonchaea 728,735
Lonchaeidae 727,728,735
Lonchodes 140
Lonchodinae 140,141
Lonchoptera 698,774
Lonchopteridae 696,698,774
longa (Scopura) 177
longa (Zelima) 714
Longevity of Adult 73
Longevity of Spermatozoa 59
Long-headed Fly 698
Long-horned Caddisfly 317
longicauda (Euphranta) 739
longicauda (Oecanthus) 156
longicauda (Tipula) 646
longicellana (Cacoecia) 349
longicollis (Tremex) 563
longicornis (Bulla) 148
longicornis (Dendrophagus) 483
longicornis (Hertea) 676
longicornis (Paratrachelophorus) 534
longicornis (Phyllobius) 527
longipalpis (Microleon) 361
longipedata (Pontella) 6,7
longipennis (Minettia) 741
longirostris (Bosmina) 5
longiscutata (Neoascia) 711
Longitarsus 520
longitarsus (Heterodoxus) 204
Longitudinal sulcus 143
Long-legged Fly 698
Long-necked Snakefly 294
Long-nosed Ox louse 213
longulus (Dastarcus) 487
Longurio 645
longurus (Throscus) 468
longus (Cryphalus) 539
Lonomiidae 389
Looper 393
Lophocosma 377,379
Lophodonta 377
Lophognathella 90
Lophograpta 367
Lophomilia 367
Lophomyrmex 599
Lophontosia 377
Lophopidae 238,271
Lophops 271,272
Lophopteryx 377,379
Lophoteles 674
Lophotelinae 674
Lophyidae 560
Lora 222
Loricaster 451
Lorum 547
Louse Fly 765
Lowodiplosis 670
Loxoblemmus 156
Loxocera 729
Loxomantis 131
Loxoneura 737
Loxostege 356,357
Loxostegopsis 352
Loxoterma 347
Loxotropa 590
lubricipeda (Diacrisia) 366
Lucanidae 503,510
Lucanids 510
Lucanus 431,443,510,511
lucidicollis (Oedemera) 491
Lucidina 461
Lucidota 461
lucidus (Pamphilius) 553
lucifugus (Leucotermes) 181,187
lucifugus (Reticulotermes) 181
Lucilia 716,760
Luciola 461,462
lucipara (Euplexia) 373
lucorum (Leucozona) 709
Lucernuta 461
luctifer (Allantus) 559
Luctoxylon 500
luctuosalis (Sylepta) 357
luctuosaria (Euphyia) 392
Ludia 402
Ludiinae 401
Ludius 442,467
Luehdorfia 407
Luffia 358
lugens (Neohirasea) 141
lugens (Nilaparvata) 269
lugens (Xylophagus) 773
lugens infumata (Athalia) 560
lunigera (Selenephera) 399
Lunula 629
lunulata (Dasychira) 381
lunulata (Eurinomyia) 717
lunulifer (Orthophagus) 267
Luperina 371
Luperodes 519,520
Luperus 519
lurida (Scotinophara) 242
Lute 737
lutea (Japonica) 410
luteicornis (Halidaya) 762
luteipes (Chilosia) 708

luteola (Adapsilia) 735
luteolus (Aeolothrips) 219
luteovaria (Urochela) 244
luteum (Liobunum) 12
Luxiaria 393
Lycaedes 409
Lycaeides 412
Lycaena 324,409,411
Lycaenidae 406,409,425
Lycastrirrhyncha 715
Lycastris 714
Lycidae 460,461
Lycogaster 575
lycoides (Homoeoxiphus) 157
Lycoperdina 488
Lycophotia 371,375
Lycoriidae 668
Lycoriinae 669
Lycorma 267
Lycostomus 461
Lyctidae 500
Lyctocoris 253
Lyctus 500,501
Lycus 461
Lyda 553
Lydidae 553
Lydina 762
Lydus 493
Lygaeidae 232,245,246
Lygaeid Bug 245
Lygaeides 245
Lygaeoidea 232,245
Lygaeonematus 558
Lygaeus 227,228,245,246
Lygistopterus 430,461
Lygistorrhina 638
Lygistorrhininae 638
Lygocerus 591,592
Lygris 391,392
Lygropia 356
Lygus 222,223,254
Lymantria 380,423
Lymantriidae 363,379,423
Lymexylidae 464
Lymexyloidea 445,464
Lymexylon 464,465
Lymexylonidae 464
Lymnas 406
Lynchia 765
Lyonetia 336
Lyonetiidae 333,335,419
Lyperosia 756
Lypesthes 518,519
Lypha 763
Lyponia 461
Lyprops 499
Lyriothemis 120
Lyroda 604
Lysiognatha 565
Lysiognathidae 565
Lysiphlebus 565,576
Lysozum 675
Lytogaster 744
Lystra 267
Lythria 391
Lytta 493
Lyttidae 493

M

maackii satakei (Papilio) 407
maaki (Phymatodes) 514
Mabra 355
Macalla 354
Macerergate 595
Machaerium 699
Machaerota 260
Machaerotidae 235,259
Machaerotinae 260
Machaerotypus 262
machaon hippocrates (Papilio) 407
Machilidae 94
Machilids 94
Machilinae 94
Machilinus 94
Machilis 33,94
Machiloidea 94
Machiloides 94
Machimus 692,694,695
macilentus (Papilio) 407
Macquartia 764
Macraner 595
Macraspis 508
Macratria 495
Macrauzata 382,383
Macrembia 195
Macrobiotus 13
Macro-caddisfly 318
Macrocentrinae 572,574
Macrocentrus 69,574
Macrocephalidae 250
Macrocephalus 251
Macrocera 621,640
Macroceras 344
Macroceratogonia 265
Macroceratogoniinae 265
Macroceridae 634,640
Macrochthonia 376
Macrocilix 382
Macrodactyli 471
Macrodactylus 507
Macrodorcus 511
macrogamma (Plusia) 368
Macrogaster 568
Macroglossa 342
Macroglossinae 385,386
Macroglossum 386,425
Marogyrus 442
Macrojugatae 328
Macrolycus 461
Macromantis 131
Macromia 120
Macronema 315
Macronemurus 304
Macronia 120
Macronota 509
Macrophya 560
Macrophylla 507
Macrophyopsis 560
Macropididae 617
Macropis 617
Macropogon 474
Macropsis 266
Macropsylla 784
Macropsyllidae 784
Macropterous form 182

Macrostenomyia 727
Macrothyatira 382
Macrothylacia 399
Macrotoma 734
macroscopa (Brachmia) 344
Macroscytus 241
Macrosiagon 492
Macrosiagona 492
Macrosiphoniella 281,282
Macrosiphum 249,279,280,281,282
Macrotermes 178
Macrotheca 351
Macrothecidae 351
Macrotoma 512
Macrotrichia 193
Macroxyela 22,553
Macroxyelinae 553
Macrurocampa 377
Macrurothrips 218
mactator (Dinotomus) 568
maculata (Arctopsyche) 315
maculata (Baccha) 710
maculata (Iridopteryx) 134
maculata (Litomastix) 586
maculata (Nivellia) 514
maculata (Notonecta) 227
maculata (Solva) 678
maculata (Statilia) 134
maculaticollis (Oncotympana) 261
maculatipes (Eumicromus) 300
maculatus (Aneugmenus) 557
maculatus (Conocephalus) 151
maculatus (Lixus) 529
maculatus (Ochodaeus) 506
maculatus (Pyrgus) 404
maculatus (Rhopalus) 244
maculatus (Xylophagus) 673
maculicaudarix (Euctenurapteryx) 398
maculicollis (Galerucella) 520
maculicollis (Teneroides) 463
maculifemoratus (Lucanus) 511
Maculinea 409,411
maculipennis(Anopheles) 656,657
maculipennis (Pluteila) 337
maculosa (Sinophora) 261
マダケコバチ 584
マダラアシナガバエ 700
マダラアシゾウムシ 530
マダラチヤイロヒメバチ 569
マダラチョウ（斑蝶）科 321,412,414,426
マダラエグリバ 368
マダラガガンボ 645
斑蛾上科 358
マダラガ（斑蛾）科 359
マダラゴキブリ 127
マダラゴキブリ亜科 127
マダラヒメバチ 568
マダラヒメガガンボ亜科 642
マダラバエ亜科 755
マダラカゲロウ（斑蜉蝣）科 104
マダラカギバラバチ 575
マダラカマドウマ 153
マダラカモドキサシガメ 251
マダラカツオブシムシ亜科 476
マダラコシボソハナアブ 710
マダラコナカゲロウ 298,299
マダラクワガタ 511
マダラマドガ 358
マダラマルハヒロズコガ 335
マダラメイガ（斑螟蛾）科 353,354
マダラヌカカ亜科 667
マダラミズメイガ 355
マダラオオアメバチ 570
マダラサソリ 11
マダラショウジョウバエ 748
マダラウスバカゲロウ 304
マダラヤンマ 119
maderae chinensis (Calosoma) 438
Madiza 731
Madizinae 731
マドバエ 688
マドバエ（窓蠅）科 688
マドチヤタテ 199
マドカ 358
マドガ（窓蛾）科 357,420
マドヒラタアブ亜科 712
Madoryx 386
マエアカヒトリ 366
マエアカスカシノメイガ 357
Maechidius 507
マエグロコシホソハバチ 560
マエグロトガリメイガ 354
マエジロヤガ 375
マエヒゲガ（前角蛾）科 336,419
マエヒゲモドキガ（擬前角蛾）科 341,419
マエジマアシブトウンカ 271,272
マエキカギバ 383
マエキトビエダシヤク 397
マエキウスアメバチ 570
マエモンクロヒロズコガ 335
マエウスキノメイガ 357
maga (Poecilogonalos) 575
曲蛾上科 332
マガリガ（曲蛾）科 332,418
マガリハナバエ 758
マガリケムシヒキ 695
マガリキンウツバ 368
マガリモンヒメハナアブ 717
Magdalis 528
Magenbremse 756
Magicicada 261
magna (Climaciella) 303
magna (Entoria) 141
magna (Syntomoza) 273
magna (Triplectides) 317
Magnimyiolia 739
Magrettia 153
マグソコガネ 505
マグソコガネムシ（馬糞金亀子）科 505,506
maha argia (Zizeeria) 411,425
mahaguru niphonica (Gonepteryx) 408
磨　片 107,429
maidis (Aphis) 282
Maikäfer 504
マイコガ（舞小蛾）科 340,419
Maimaia 380
マイマイガ 380,423
マイマイツツハナバチ 622

Mellinus 607
mellipes (Scatophaga) 723
mellonella (Galleria) 352
Melobasis 469
Meloe 432,493
Meloidae 491,493
Meloides 493
Meloids 493
Melolontha 431,432,507,765
Melolonthidae 503,507
Melophagus 73,765
Melophorus 600
Melpia 681
Melpiinae 681
Melusinidae 658
Melyris 462
メマトイ 748
Membracidae 234,262
Membracioidea 234,235,262
Membracis 262
membranacea (Mezira) 247
membranaria (Alsophila) 389
Membranous 42
メミズムシ 256
メミズムシ（眼水虫）科 256
memnon thunbergii(Papilio) 407
Memoraea 763
Menacanthus 204
メナシラクダムシ（無眼駱駝虫）科 294
メナシシミ亜科 95
Mendicants 127
Menelaides 407
Menemachus 528
Menesia 515
Menesta 343
menetriesi (Luperodes) 520
メンガタスズメ 325,388
Mengea 544
Mengeidae 542,543,544
Mengenilla 544
Mengenillidae 544
Mengoidea 544
Menida 243
Meniscus 569
Menopon 201,202,203,204
Menoponidae 203,204
Menoxemus 140
menthae (Baris) 530
menthae (Phorodon) 282
Mentum 23
Meoneura 723,731
Meracantha 498
Meracanthomyia 740
Meranoplus 599
Merapioidinae 715
Merapioidus 715
Meriania 763
Meridarchis 347
meridionalis (Amitermes) 178
Merisus 584
Mermis 595,597
Mermithaner 595
Mermithergate 595
Mermithogyne 595
Meroblastic cleavage 65
Meron 179
Merocrine secretion 46
Merodon 716
Merodontinae 716
Meromacrus 715
Meromyza 750
Meromyzobia 585
Meron 28
Merope 307
Merophysia 486
Meropidae 307
Meropliinae 732
Meroplius 732
Merostomata 2,10
Merothripidae 217
Merothripoidea 217
Merothrips 217
Merragata 248
メルミス病形雌型 595
メルミス病形雄型 595
merus (Strymon) 410
Mesargus 236
Mesasiobia 170
Mesembia 195
Mesembrina 755
Mesembrinella 760
Mesembrinellinae 760
Mesembrius 716
Mesenteron 34,35,46,295
Mesepisterna 109
Mesidia 587
Mesites 527
Mesitius 593
Mesobracon 571
Mesocerus 244
Mesochelidura 170
Mesochorus 569
Mesocoelopus 502
Mesocoelus 573
Mesoderm 66
Mesogereonidae 229
mesogona (Cosmophila) 369
Mesogramma 705,707
Mesolabia 171
Mesoleius 570
Mesoleptus 570
Mesoleuca 392
Mesolycus 461
mesomelas (Tenthredella) 560
Mesomphalia 521
Mesomyza 672
Meson 19
Mesoparopia 236
Mesoplecta 367
Mesopsocidae 197,198,199
Mesopsocus 198,199,200
Mesorhaga 700
Mesosa 515
Mesosemia 406
Mesostenus 568
Mesosternellum 179
Mesotermitidae 189
Mesothrips 220
Mesothorax 27
Mesotitan 229
Mesotrichia 623
Mesovelia 249
Mesoveliidae 232,249
Mespleuca 392

N

ナガサキケバエ 668
ナガシンクイムシ（長蠹虫）科 501
ナガタマムシ亜科 470
ナガトビムシ型 433,434
ナガズツヤヒメハナバチ 618
ナギナタハバチ 553
ナギナタハバチ（長刀葉蜂）科 553
内 部 19
内部寄生者 597
内縁歯 87
内額交叉棘毛 723
内額毛 653
内背板 548
内胚葉 66
内表皮 42
Naiad 70,107,172
内因説 187
内顎亜目 95
内顎口 86
内形態 34,194,197,202,209,216,226,293,295,307,310,323,430
内寄生虫の呼吸 55
内 甲 19
内後頭棘毛 738
内骨骼 28
内鋏子 550
内 膜 53
内 産 107,110
内肩棘毛 657
内翅類 97,294
内突起 19,22
内 葉 23,196
内臓筋肉 40
ナカアオツトメイガ 354
ナカボシカメムシ 243
nakabusensis (Emphytus) 559
nakagawae (Kermes) 285
ナカグロカミキリ 569
ナカグロホソキリガ 374
ナカグロモクメ 379
ナカホシメバエ 721
ナカジロシタバ 368
ナカキエダシャク 397
nakanensis (Dioctria) 694
nakanonis (Dictyophara) 267
ナカノテングスケバ 267
ナカシロヨトウ 375
ナカトビフトメイガ 354
ナカウスエダシャク 395
ナキイナゴ 145
Nala 169
ナミミガタチビタマムシ 470
ナミガタエダシャク 395
ナミガタシロナミシャク 392
ナミガタウスキアオシャク 391
ナミホソキノコバエ 639
ナミカ亜科 653,655
ナミクチキ 498
ナミモンハマキモドキ 341
ナミシャクガ（波尺蠖蛾）科 391
ナミトビイロカゲロウ 104
ナミトモエ 369
ナモグリバエ 749
nana (Hymenolepis) 787,788
ナナフシ 141
竹節虫上科 140
竹節虫目 134
ナナホシテントウ 432,435,489
ナンキンキリバモドキ 371
軟甲亜綱 8
Nannisolabis 169
Nannochorista 307
Nannochoristidae 307
Nannophya 120
ナノメイガ 357
Nanophyes 531,532
Nanophyinae 527,531
Nanophyllium 139,140
Napaea 744
Napaeinae 744
Napata 364
napi nesis (Pieris) 409
Napomyza 748
ナラヒラタキクイムシ 501
Naranga 371,372
narangae (Nesopimpla) 569
narangae (Zacharops) 570
ナラピストルツツガ 335
ナラルリオトシブミ 533
ナラシギゾウムシ 529
ナラタマカイガラムシ 285
Narnia 244
Narosa 360,361
Narosoideus 360,361
ナルミハナアブ 715
narumii (Narumyia) 715
Narumyia 715
Nasenbremse 759
nashi (Stephanitis) 248
ナシアシブトハバチ 554
ナシアザミウマ 214
ナシグンバイ 248,254
ナシハバチ 72
ナシハナゾウムシ 530
ナシホソガ 337
ナシイラガ 361
ナシカメムシ 244
ナシケンモン 373
ナシキジラミ 273
ナシキリガ 372
ナシマダラメイガ 354
ナシマルカイガラムシ 290
ナシミバチ 558
ナシミドリオオアブラムシ 281
ナシモンエダシャク 397
ナシノヒメシンクイ 347,585,589
ナシヒメシンクイムシ 573,574
ナシノクロキクイムシ 539
ナシオオハバチ 570
ナシシロナガカイガラムシ 290
Naso 270
ナスノミハムシ 521
nasuta (Platycis) 461
Nasutes 79
Nasute type 183
Nasutitermes 178,191
nasutum (Macrosiagon) 492
Natada 360
Natatory lamella 158
Nathrenus 476,477
Natural plate 208
Naucoridae 234,256
Naucoris 256
Naupactus 527
Nauplius 4
Naupoda 737
Nauphoeta 125
Nausigaster 707

Nausigasterinae 707
Nausibius 483
Navasiella 195
nawae (Aphelochirus) 256
nawai (Epipomponia) 360
nawaii (Aclitus) 575
Naxa 389
Naxidia 392
Nazeris 455,456
ネアブラムシ（根蚜虫）科 277
Neanias 152
Nebria 437
nebulosa (Cassida) 522
nebulosus (Diastrophus) 74
nebulosus (Psilopus) 700
Neck 26
Necrobia 464
Necrodes 450
Necrophilus 450
Necrophorus 428,450
Necroscia 140
Necrosciinae 140,141
Necrotuliidae 311
Necydalis 513
Neduba 148
Nedusia 384
Needle-bug 256
Neelidae 88,92
Neelus 92
ネギアザミウマ 214,219
ネギハモグリバエ 749
ネギハムシ 519
ネギコガ 341
ネギノアザミウマ 587
Negritomyia 696
Negro-bug 233
ネグロキジラミ 273
ネグロクサアブ 677,678
ネグロミノガ 361
ネグロミズアブ 677
ネグロセンブリ 292
ネグロツリアブ亜科 690
Neides 245
ネジロミズメイガ 355
Nehalennia 116
ネジレバネ 597
ネジレバネ科 75
ネキリムシ（根切虫） 64,370
ネッカコキクイムシ 539
ネコハジラミ 205
ネコノミ 784,787
ネクイハムシ 431,432
ネクイハムシ（喰根金花虫）科 516
ネマルハガ（基円翅蛾）科 345,421
Nematidium 487
Nematinae 556,558,627
Nematinus 558
Nematocera 632,695,777
Nematoceropsis 678
Nematodes 468
Nematois 323,324
Nematopogon 332
Nematus 558
Nemeobiidae 406
Nemeobius 406
Nemestrinidae 672,683,773
Nemestrininae 683
Nemestrinus 683
Nemobiinae 155
Nemobius 154,155
Nemognatha 493
Nemonychidae 524
Nemonyx 524
Nemopalpinae 649
Nemopalpus 649
Nemophora 332
Nemopistha 297
Nemopoda 732
Nemopodinae 732
Nemoptera 296,297
Nemopterella 297
Nemopteridae 297
Nemopteroidea 297
Nemoraea 761,763
nemoralis (Acantholyda) 554
Nemorilla 763
Nemorhina 751
Nemosoma 481
Nemostira 499
Nemotaulius 318
Nemotelus 676
Nemotois 332
nemoralis (Zanclognatha) 368
Nemoura 174,176
Nemouridae 174,175,176
Nemuraedes 172
Nenacris 672
粘液腺 142,295
粘管目 86,186
粘管目類 73
粘毛 87
撚翅目 62,83,542
Neoalticomerus 728,749
Neoasia 710,711
Neobisnius 454
Neobittacus 308
Neoblattariae 120
Neocatolaccus 585
Neocatnia 332
Neocapritermes 191
Neocelatoria 630
Neochauliodes 293
Neoclerus 463
Neoconocephalus 151
Neocurupira 636
Neodiospilus 572
Neodiprion 560,561
Neodixa 651
Neoempheria 633,639
Neoexaireta 673
Neohaematopinus 213,214
Neohermes 293
Neohipparchus 390
Neohirasea 141
Neoitamus 694,695
Neolathromera 589
Neolenus 3
Neolobophora 170
Neolobophorinae 170
Neomaskiella 275
Neomicropteryx 327
neonebulosa (Limonia) 642
Neoneurinae 571
Neoneurus 571
Neopanorpa 308

Neope 416,422
Neopelomyia 728
Neoperla 176
Neophoninae 454
Neophonus 454
Neophyllaphis 281
Neoplatypedia 234
Neopseustidae 327
Neopseustis 327
Neopsylla 784
Neoptera 97
Neorhacodes 566,572
Neorhacodidae 566
Neorhacodinae 572
Neorhynchocephalus 683
Neosalpimia 513
Neoscutops 726
Neoseverinia 319
Neosistens 276
Neospilota 739
Neostomboceros 557
Neosyrista 561
Neoteinic form 185
Neotermes 184,190
Neotettix 147
Neotrichophorus 467
Neotriplax 484
Neottiophilidae 723,729
Neottiophilum 726,727
Neozele 574
Neozephyrus 409,410
Nepa 223,225,257,258
Nepadae 257
Nepal 302
Nephele 386
Nephesa 271
Nephesocerus 719
Nephopteryx 353
Nephotettix 265
Nephrotoma 645,646
Nepidae 234,257
Neplas 714
Nepticula 324,333
Nepticulidae 332,333,418
Nepticuloidea 329,332
Neptis 413,415
Nerice 377
nerii (Daphnis) 385
Neriidae 724,734
nerippe (Argynnis) 413
Neritos 365
Nerius 724,734
Neriocephalus 724
Nerophilus 316
Nersia 267
Nerthra 233
Nerthridae 233
Nerve cell 61
Nervellus 617
Nerve-winged Insect 294
Nervous system 38
nesimachus nesiotes (Dichorragia) 415
Nesiope 272
Nesiotinidae 204
Nesiotinus 204
Nesodiprion 560,561
Nesogaster 169
Nesogastrinae 169
Nesomachilis 33
Nesomesochorus 569
Nesopeza 645
Nesopimpla 569
Nesostylops 544
Nesotaxonus 559
Nesopauropus 14
nessus (Theretra) 385
ネスイムシ（根吸虫）科 482
ネッタイハサミムシ（熱帯蠼螋）科 169
ネッタイイエカ 654
ネッタイシマカ 652,654
ネッタイトコジラミ 252
Net-winged midge 635
Netzfliege 683
Neucleus 61
Neuraphes 451
Neureclipsis 315
Neurigoninae 699
Neuroctena 731
Neuroctenus 247
Neurogona 701
Neurogoninae 701
Neurolestes 113
Neuromachaerota 260
Neuromus 293
Neuron 61
Neuronia 318
Neuroptera 84,172,177,195,290,291,293,294,308
Neuroptynx 305
Neurorthus 299
neustria testacea (Malacosoma) 400
Neuroterus 578
Neurothemis 120
Neurotoma 553,554
ネウスオドリバエ 698
Neutrals 597
Nevermannia 660,661
Nevermanniinae 660
Newsteadina 751
Nezara 243
ネズミエグリバキバカ 340
ni (Plusia) 368
Nicagus 511
Nicobium 502
Nicocles 693
Nicoletia 94,95
Nicoletiinae 95
Nicrophorus 450
Nicsara 151
Nictipao 367
Nidus 46
nigellus (Sphex) 606
nigra (Ephemerella) 105
nigra (Illiberis) 359
nigra (Metapsylla) 273
nigra (Orphnephilina) 695
nigra (Phloeothrips) 220
nigra (Phytomyza) 749
nigra (Saissetia) 287
Nigra Scale 287
nigratus (Hesperinus) 638
nigrescens (Macalla) 354

O

オビモンヒメガガンボ亜科 643
オビモンヒョウタンゾウムシ 528
Obipteryx 176
オビヤスデ 14
オビゾウムシ亜科 531
obliqua (Allograpta) 705
obliqua (Diacrisia) 366
obliquizonata (Diacrisia) 366
obliterans (Crambus) 352
obliteratus (Cryptophilus) 485
oblonga (Leptostyla) 247
oblong cell 430
oblongus (Cryphalus) 539
oblongus (Polyraphus) 539
Obriminae 139
Obrimus 139
Obrussa 333
obsoleta (Chloridea) 370,376
obscura (Litaneutria) 129
obscurata (Brachymeria) 581
obscurata (Pangrapta) 363
obscurus (Loderus) 557
obscurus (Tenebrio) 499
obscurus tristis (Mellinus) 607
obsonator (Trypoxylon) 605
obtectus (Celyphus) 742
obturbans (Armigeres) 654
obtusa (Homalogonia) 243
Obtuse-tongued Bee 618
オオブユ 660
オオブユ亜科 660
Ocalea 453
Occipital condyle 21
Occipital foramen 20
Occipital suture 21,317
Occiput 21
oceanis (Dichomeris) 344
Ocellanae 276
Ocellus 20,61
オオチャバネセセリ 405
オオチヤタテ 199
Ochetomyrmex 599
Ochlodes 404,405
Ochodaeidae 503
Ochodaeus 506
ochracea rikuchina (Ochlodes) 405
Ochraceella 335
Ochrognesia 390,391
ochrogramma (Heterogymna) 347
Ochromeigenia 763
Ochrops 682
Ochrostigma 377,378
Ochteridae 230,233,256
Ochterus 256
Ochtheroidea 744
Ochthiphila 741
Ochthiphilidae 725,741
ochus (Copris) 505
横中脈 549,609
横肘脈 556
ocellana (Spilonota) 348
Ocnaea 684
Ocneria 380
Ocneridae 379
Ocnogyna 365
Ocnophila 140
Octavius 455
Octhispa 521
octiesdentatus (Xyleborus) 541
Octotemnus 500
ocularis (Lathyrophthalmus) 716
Ocularium 20
Ocular sclerite 20,142
Ocular tubercle 222,279
Ocularum 20
Ocydromiinae 697
Ocymirmex 599
ocypete (Fentonia) 378
Ocyptamus 710
Ocyptera 764
ocyptera (Eginia) 756
Ocypus 428,431,432
Odagmia 661,662
王台 185
Odinia 728,749
Odiniidae 728,749
odiosa (Monima) 374
Odites 340
Odonaspis 290
Odonata 84,97,106
Odonestis 399
Odontella 90
Odontembia 195
Odontobracon 572
Odontoceridae 312,313,316
Odontocerum 311,316
Odontolabis 511
Odontomachus 598
Odontomantis 133
Odontomera 727
Odontomerus 569
Odontomyia 676
Odontotermes 183,184,189,191
Odontoxenia 702,768
Odontoxiphidium 151
オドリバエ亜科 697
オドリバエ（舞蠅）科 696
Odoriferous gland 227
Odoriferous gland orifice 242
オドリハマキモドキ 341
オオドロバチモドキ 603
Odrapteryx 394
Odynerus 614
Oebia 356,357
Oecanthinae 155,156
Oecanthus 142,154,156
Oecetis 317
Oeciacus 252
Oeclidius 237
oecophila (Macroceras) 344
Oecophora 345
Oecophoridae 343,345,421
Oecophylla 600
Oecothea 743
Oedalea 697
Oedaleus 145
Oedancala 226
Oedaspis 738,739
Oedecnema 513,514
Oedemagena 758,759
Oedematopoda 340
Oedemera 431,491
Oedemeridae 490,491
Oedichirus 454,455

Oedionychis 520
Oedipoda 145
Oedipodinae 143,145,146
oedippus annulifer
(Coenonympha) 417
オオエグリバ 368
オオエグリシャチホコ 368
Oeneis 416
Oenochromatidae 389
Oenophila 333
oenophila (Cecidomyia) 670
Oenophilidae 333
Oeonistis 364
Oesophageal ganglion 137
Oesophageal sclerite 197,202
Oesophageal valve 180,295
Oesophagus 34
Oetheca 123
Oestridae 628,757,759,775
Oestromyia 758,759
Oestrus 759
オオフタオカゲロウ 106
オオフトキノコバエ 639
オオガンマキンウワバ 368
オガサワラゴキブリ 127
ogasawarai (Xiphydria) 562
オガサワラクビナガバチ 562
ogimae (Atoposomoidea) 587
オウギトビムシ（扇跳虫）科 91
オオゴキブリ 127
オオギンスジハマキ 349
Ogmoderes 480
Ogmophasmus 571
オオゴボウヒゲナガアブラムシ 282
オオゴボウゾウムシ 529
オオゴマダラエダシャク 394
オオゴモクムシ 437
オグマブチミヤクヨコバイ 266
ogumae (Drabescus) 266
オオハチモドキバエ 735
オオハジラミ（大羽蝨）科 204
オオハキリバチ 622,623
オオハナアブ 716
オオハナカミキリ 514
オオハナコメツキ 467
オオハナノミ（大花蚤）科
433,434,492
オオハサミムシ 168,169
オオハサミムシ（大蠼螋）科 168
オオハッカヒメゾウムシ 530
オオヒカゲ 416
オオヒゲナガトビケラ 317
オオヒメヒョウタンゴミムシ 438
オオヒラタエンマムシ 458
オオヒラタハネカクシ 455
オオヒラタカメムシ
（大扁椿象）科 247
オオヒラタコクヌスト 481
オオヒラタシデムシ 450
オオホシカメムシ 246
オオホソアオバヤガ 375
Ohrwürmer 160
オオイチモンジ 415
Oidaematophorus 350
オオイエバエ 755
Oiketicus 361
Oil Beetle 493
Oinophilidae 333
オオイシアブ 694
オオイシハバチ 558
oishii (Caliroa) 558
オオイトカメムシ 245
オジマコバチ 587
オジロアシナガゾウムシ 532
オオカ亜科 655
オオカバイロコメツキ 467
okadai (Diplosis) 670
オオカクツツトビケラ 319
オオカマキリモドキ 303
オカモトトゲエダシャク 396
okamotonis (Acroberotha) 302
Okatropis 268
オオケブカアブラムシ 282
オオケンモン 373
オオケンモンヨトウ 375
オオキバハネカクシ 455
オオキバハネカクシ亜科 456
オオキカワムシ 494
オオキノコムシ 443,484
オオキノコムシ(大蕈虫)科 484,512
オオキノメイガ 357
オオキンカメムシ 242
オオキンウワバ 368
オオキリウジガガンボ 646
オオキスイ（大木吸虫）科 484
凹　溝 236
横　溝 128
オオコブオトシブミ 534
オオコフキコガネ 507
オオコクヌスト 481
オオコオイムシ 257
オオコシアカハバチ 560
オオコシボソハナアブ 710
オオクチブトゾウムシ 527
オオクチキムシダマシ 464
オオクモヘリカメムシ 244
オオクニハサミムシ 168
オオクロバエ 760
オオクロハバチ 560
オオクロコガネ 507
オオクロトビメクラガメ 254
オオクロヤブカ 654
オオクシヒゲシマメイガ 355
オオクシコメツキ 467
okutanii (Perineura) 560
オオクワガタ 511
Olbigaster 635
oldenlandiae (Theretra) 385
oleae (Liothrips) 217
oleae (Saissetia) 287
Oleander hawkmoth 385
Olenecamptus 515
Olethreutes 347,348
Olethreutidae 347,420
oleus (Ocypus) 428
Olfactory hair 87
Olfersia 765
Olfersiinae 765
Oliarces 296
Oliarus 268
Olibiosyrphus 709
Olibrus 486
Oliera 333
Oligarces 72,77,78,668
Oligembia 195

Oligembiidae 195
Oligia 371,373
Oligoaeschna 119
Obigochaetus 699
Oligochrysa 302
Oligoentoma 82,86
Oligomerus 502
Oligoneura 192,632,646
Oligoneuria 103
Oligoneuridae 101,103
Oligoneuriidae 100
Oligoneuriella 103
Oligoneuriellidae 103
Oligonycinae 130
Oligonyx 129,130
Oligosita 589
Oligostigma 355
Oligota 194,454
Oligotoma 195
Oligotomidae 193,194,195
Oligotrophus 670
Olina 728
Olinx 588
Olisthaerus 454
Ölkäfer 493
Olliffiella 285
Olophrum 453,455
Oma 465
Omaliinae 453,455
Omalium 453,455
Omalus 601
Omegasyrphus 718
オオメイガ（大螟蛾）科 353
オオメミジンコ 6
Omias 527
オオミドリシジミ 410
オオミノガ 362,569
オオミスジ 415
オオミズアオ 402,570
Omma 430
Ommadius 463
Ommatidia 61
Ommatidiotus 270
Ommatissus 270
Ommatius 694

Omoglymmius 478
オオモクメガ 379
Omomantis 131
オオモンハラナガツチバチ 612
オオモンコマユバチ亜科 573
Omophron 437,438
Omophronidae 436,438
Omophlus 497
Omoptera 214
Omorgus 569
Omosita 481,482
Omphale 580,688
Omphalodera 513,514
Omphalophora 687
Omphisa 356
Omphralidae 688
オオムギナガシンクイ 501
オオムラサキ 415,424
オオムラヤブカ 654
Omus 436
横　脈 30
オナガアゲハ 407
オオナガゴミムシ 438
オナガヒメバチ亜科 569
オナガコバチ（長尾小蜂）科 582
オナガコマユバチ亜科 572
オナガクダアザミウマ（長尾管薊馬）科 220
オナガキバチ 563
オナガミズアブ 402
オオナガレトビケラ 314
オナガシジミ 410
オナガウジ 55
オオナギナタハバチ 553
オナシカワゲラ 176
オナシカワゲラ（無尾積翅）科 176
オナシカワゲラモドキ科 176
オンブバッタ 146
Oncaea 6,8
Oncideres 515
Oncocepharus 251
Oncodes 684
Oncodidae 683
Oncodinae 684
Oncodocera 689

Oncomera 491
Oncometopia 263
Onconotus 152
Oncopeltus 246
Oncopsis 266
Oncopygius 701
Oncotympana 261
Oncozygia 242
温度調整 50
温度抵抗 51
Onesia 760
オニベニシタバ 370
Oniella 264
オニゴミムシダマシ 499
オニグモ 12
オオニジュウヤホシテントウ 489
オニコメツキダマシ 467,468
Onion thrips 219
Oniscigaster 106
Oniscosoma 125
オニツノクロツヤムシ 510
オニヤンマ 119
オニヤンマ（鬼蜻蜓）科 119
音 器 官 32
onocleae (Strongylogaster) 557
onoharaensis (Xyleborus) 541
オノハラキクイムシ 541
オオノコメヤガ 376
オンタケキクイムシ 539
Ontherus 504
Ontholestes 455,456
Onthophagus 504,505
Onthophilus 458
Onukia 264
onukii (Bracon) 573
onukii (Onukia) 264
オヌキヨコバイ 264
Onychium 444
Onychiuridae 89,90
Onychiurus 90
Onychogomphus 119
Onychomyrmex 598
Onychophora 3
Onychotrechus 249

Ooctonus 581
Oöcytes 58,187
Oodes 439
Ooencyrtus 585,586
Oospila 390
Ootetrastichus 587
オオオサムシ 437
Oötheca 73
opaca (Grammeubria) 474
opacifrons (Oxytelus) 455
opacus (Microprius) 487
Opatridae 498
Opatrum 498
Opatus 528
Open system 35
Open tracheal system 37
Operculum 136,138,193
206,229,287
Operophtera 392
Opetiopalpus 464
Opharus 365
Ophelinoideus 588
Ophelinus 588
Opheltes 570
Ophideres 367
Ophiogomphus 118
Ophion 569,570
Ophionea 437
Ophionellidae 565,566
Ophionellus 565
Ophioninae 568,569
Ophiuchus 265
Ophiusa 367
Ophrynops 563
Ophthalmodes 393,395
Ophyra 752
Ophryastes 527
Opiinae 572,574
Opilo 463
Opisthocosmia 170
Opisthocosmiinae 162,165,171
Opisthoplatia 127
Opisthoscelis 240
Opius 574
Opogona 333,336
Opomyza 729
Opomyzidae 729,769
Oporinia 392
Opostega 332
Opostegidae 332,418
Opsebius 684
Opsidea 762
Opsiphanes 406
Opsolasia 753
Opsomantis 133
Optera 165
optilete daisetsuzana
(Vaciniina) 412
Oraesia 367,368
Orasema 582,595
oratai (Salon 151
Orbital bristle 638
Orchelimum 151
Orchesella 88
Orchesia 496
Orchestes 527,530
Orchestinae 527,530
Orchisia 754
Orectochilus 442
Orectogyrus 442
Oregma 278
Orellia 738
Oreothalia 697
Oreopsyche 361
Oreta 382,383
Organ of Berlese 228
Orgerius 267
Orgilus 573
Orgyia 379,380,381
オリーブカタカイガラムシ 287
Oricia 362
Orientabia 554,555
Oriental Cockroach 126
orientalis (Aradus) 247
orientalis (Blatta) 123,126
orientalis (Corymbites) 467
orientalis (Epanerchodus) 14
orientalis (Ergasilus) 6,8
orientalis (Favonius) 410
orientalis (Holostrophus) 496
orientalis (Mesovelia) 249
orientalis (Nirvana) 265
orientalis (Opisthoplatia) 127
orientalis (Osmia) 622
orientalis (Osphya) 496
orientalis (Phyllopertha) 508
orientalis (Serica) 507
orientalis (Tettigonia) 152
orientalis (Tettigoxenos) 545
Orientation 19
Orimarga 642
Orimargula 642
orion jezoensis
(Scolitantides) 411
Orissidae 627
orithya (Precis) 414
Orius 253
Orlfly 291,292
Ormenis 271
Ormocerus 589
Ormosia 643,644
Ormothrips 218,221
Ormyridae 579
Ormyrus 579
ornata (Odagmia) 662
ornaticapitata (Paradohrnia) 171
Ornebius 155
Orneodes 350
Orneodidae 350,418
orni (Cicada) 228
Ornithobius 205
Ornithoica 765
Ornithomyiinae 765
Ornithopertha 765
Ornix 337
Orobia 139
Orobitis 528
Orocharis 157
Oropeza 645
Orophius 500
Orothripidae 218
Orothrips 217
Orphilinae 476
Orphilus 476
Orphnephila 695
Orphnephilidae 695
Orphnephilina 695

Orphnidae 503
Orphnus 503
orsedice (Iratsume) 410
Orsodacne 516
Orsodacnidae 516
Ortalid 730
Ortalidae 736
Ortalis 725
Ortalotrypeta 739
Orthaga 354
Orthellia 755
Orthetrum 120
Orthezia 226,284
Ortheziidae 239,284
Ortheziola 284
Orthobelus 262
Orthocentrus 570
Orthocephalus 254
Orthoceratium 699
Orthocerus 487
Orthocladiinae 663,664
Orthocladius 664
Orthochile 700
Orthochaeta 723
Orthoderella 131
Orthoderinae 132
Orthognathous 172
Orthogonalos 575
Orthogonia 371
Orthogonius 186
Ortholitha 391
Orthoneura 708,709
Orthophagus 267
Orthoperidae 449,451
Orthoperus 451
Othopodomyia 653
Orthoptera 83,120,127
134,141,171
Orthorrhapha 632,777
Orthosia 371
Orthosoma 513
Orthostixis 389
Orthotaelidae 339
Orthotalia 339
Orthotrichia 313
Orthotylus 254
オオルリシジミ 411
Orussidae 563
Orussoidea 552,563
Orussus 563
Oruza 371
Oryctes 509
Orygma 724
Oryssidae 563
Oryssus 563
oryzae (Agromyza) 749
oryzae (Chlorops) 750
oryzae (Deltocephalus) 265
oryzae (Geococcus) 286
oryzae (Haplothrips) 220
oryzae (Lema) 516
oryzae (Sitophilus) 531
Oryzaephilus 483
オサムシ 431,432,433
オサムシ（歩行虫）科
47,186,429,430
431,434,436,438
オサムシ型 427
擬歩行虫上科 497
オサシデムシ 450
オウサシガメ 222,228
osawai (Drillonius) 462
Osca 681
Oscinidae 749
Oscinis 750
Oscinosoma 750
オオセンチコガネ 506
横線前棘毛 738
オオシモフリスズメ 387
オオシロアリ 190
オオシロアリ（大白蟻）科 189
オオシマハナアブ 713,714
オオシモフエダシャク 396
オオシロカゲロウ 101
オオシロオビアオシャク 390
オオシロオビゾウムシ 531
オオシロシタバ 370
王 食 物 81
osmanthus (Lastremia) 668
Osmeteria 322
Osmia 622
Osmoderma 510
osmundae (Thrinax) 557
Osmylidae 295,297,300
Osmylid Fly 300
Osmylops 298
Osmylus 295,300
Osorius 454,455
Osphya 496
Osprynchotus 568
Ossa 269
Ossoides 270
Ostia 36
Ostoma 481
Ostomidae 481
Ostracoda 4,314
オオスギムシ 507
オスグロハバチ 557
オオスカシバ 386
osumiensis (Xyleborus) 541
オウスミキクイムシ 541
オオタバコガモドキ 370,376
オオテントウ 490
Othius 453,455,456
Othniidae 460,464
Othnius 464
Otidocephalus 528
Otidognathus 531
Otiorhynchinae 526,527
Otiorhynchus 527
otis alope (Zizina) 411
Otites 725
Otitidae 726,736,776
応 答 59
オオトビモンシャチホコ 378,574
オオトビスジエダシャク 395
オオトゲクダアザミウマ 221
オオトゲシラホシカメムシ 243
オトヒメトビケラ 313
Otomantis 133
オウトウミバエ 574,739
オウトウミバエコマユバチ 574
Otoplecta 392
オトシブミ 534
オトシブミゾウムシ亜科 534
オウトウショウジョウバエ 747
オツネントンボ 117
オオツノトンボ 305

Ourapteryx 398
Ourococcus 240
オオウラギンヒョウモン 413
オオウラギンスジヒョウモン 414
オオウスバカゲロウ 304
オオウスヅマガラス 373
Outer frontal hair 653
Outer submedian prothoracic hair 657
Ovariole 40,58
Ovary 58
ovalis (Gyropus) 203
ovalis (Larinus) 529
ovillus (Linognathus) 214
ovinus (Melophagus) 765
Oviposition 41,72
ovis (Bovicola) 205
ovis (Oestrus) 759
ovivora (Enargopelta) 585
ovivorus (Thaumaglossa) 476
Ovoviviparous 123,279
Ovum 64
オオワタコナカイガラムシ 286
Owl Fly 304
Oxacis 491
Oxaea 621
Oxya 146,147
Oxyambulyx 387
Oxybelidae 602,608
Oxybelus 609
Oxycarenus 246
Oxycentrus 437
Oxycera 676
Oxycetonia 509
Oxychirota 350
Oxychirotidae 350
Oxychirus 504
Oxycnemus 482
Oxycoryninae 526
Oxycorynus 526
Oxyethira 313
Oxygen requirement 51
Oxyhaloa 125
Oxyhaloinae 126
Oxylococcus 226
Oxynodera 521
Oxyopsis 130
Oxyothespinae 133
Oxyothespis 133
Oxypilinae 131
Oxypilus 131
Oxypoda 453
Oxyporinae 454,456
Oxyporus 454,455
Oxypsocus 198
Oxyptilus 350
Oxytelinae 454,455
Oxytelus 454,455
Oxytenidae 399
Oxytenis 399
Oxythyrea 509
oyamai (Caecilius) 199
Oyamia 176
オオヤマカワゲラ 174
オオヨコバイ 263
オオヨコバイ(大横這)科 263
Oyster-shell scale 289
オオユウレイガガンボ 645
Ozarba 371
Ozodiceromyia 686
オオゾウムシ 531
Ozotomerus 525
オオヅグロメバエ 721,722
オオヅカヤキリ 115
オオヅカヤキリ亜科 151

P

Pachychelonus 573
Pachycnema 507
Pachycondyla 598
Pachycoridae 241
Pachycraerus 458
pachydactyla (Candacia) 6,7
Pachydema 507
Pachygaster 677
Pachygastrinae 674,676
Pachygrontha 246
Pachylia 386
Pachyligia 396
Pachylomma 565
Pachylommatidae 565
Pachylopus 459
Pachymantis 131
Pachymerus 522
Pachymorpha 140
Pachymorphinae 141
Pachyligia 393
Pachyneura 633
Pachyneuridae 633
Pachyneuron 584
Pachyphthalmus 762
Pachypodidae 504
Pachypsylla 272,273
Pachypus 504
Pachyrhina 645
Pachyschelus 469
Pachysima 598
Pachyta 513
Pachytarsus 231
Pachytrachys 517
Pachytroctes 200
Pachytylus 145
Pachyzancla 356
Pacific salmon fly 176
pacifica (Pontomyia) 665
pacifica (Taeniopteryx) 176
pacificus (Clunio) 663
packii (Paraleptophlebia) 104
Paddle 654
Paddle hair 654
Paederinae 454,456
Paederus 454,455,456
Paedogenetic form 77
paedisca (Sympecna) 117
pagana (Arge) 555
Pagasa 252
Pagria 518
Pagyda 356
palaeanarctica (Xiphydria) 562
palaemon satakei (Carterocephalus) 404
palaeno aias (Colias) 408
Palaeococcus 283
Palaeopsyche 360
palaeosema (Commatarcha) 347
Palaeoses 327

Parthenodes 355
Parthenogenesis 72
Parudea 356
Parum 387
パルメン氏器官 99
parumpilosus (Trichodectes) 205
parvadistans (Geometra) 394
parviceps (Goniodes) 205
parvonasutus (Eutermes) 191
parvus (Eusarcoris) 243
Parydra 744
pasanii (Leewenia) 220
Paskia 233
Passalidae 503,510
passaloecus 605
Passalus 432,510
Passandra 479
Passandridae 479
Passerini 276
Patagia 321
patala (Catocala) 370
patalis (Cylindrocaulus) 510
Patanga 146
patellana (Halticoptera) 589
Patiala 491
Patissa 353
patruelis (Dictyophara) 267
Paurometaborous 188
pauper (Platynchus) 467
Paurocephala 272
Pauropoda 2,3,13
Pauropsalta 262
Pauropsylla 272
Pauropsyllinae 272,273
Paussidae 442
Paussoidea 435,442
pavonis (Goniodes) 205
pavoniella (Parectopa) 337
Pazius 308
Peacock Louse 205
Peacocks 412
Pealius 275
Peanut Bug 267
Pear Root Aphid 278
Pecten 652,653
pectinata (Silis) 460
pectinata (Vates) 129
Pectinate 20
pectinicors (Cladius) 558
Pectinophora 344,345
Pectocera 467
Pectus 320
Pedal stridulatory organ 225
Pediacus 483
Pediasiomyia 762
Pedicel 41,547
Pedicellus 549
Pedicia 643
Pediciinae 642,643
Pedicinus 206
pedicularia (Pterodela) 196,199
Pediculida 206
Pediculidae 212,213
Pediculides 201
Pediculina 206
Pediculoidea 206
Pediculus 201,206,207,208,213
pediculus (Polyphemus) 6
Pedilidae 491,494
Pedilophorus 477
Pedilus 495
Pedinus 498
Pediobius 580
Pediopsis 266
Pedipalpi 10
Pedisulcus 660
Pedogenesis 72
Pedrillia 516
Pflasterkäfer 493
Pegomyia 753,754,776
Pegomyiinae 753
Pe-la 287
pela (Ericerus) 287
Pelastoneurus 700
Pelatines 450
Pelecinella 579
Pelecinellidae 579
Pelecinidae 590,627
Pelecinus 590
Pelecocera 708
Pelecocerinae 708
Pelecorhynchinae 681
Pelecorhynchus 681
Pelecotoma 492
Pelecotomoides 492
ペレーキスジジガバチ 607
Peletieria 763
Peletophila 727
Pelidnota 508
Pelina 744
pelliculosus (Xyleborus) 541
pellucida (Polytremis) 405
pellionella (Tinea) 335
Pelmatops 739
Pelochares 472
Pelogonidae 256
Pelogonus 256
Pelomyia 728
Pelonium 464
Pelonomus 472
Pelopidas 405
Peloridiidae 233,241
Peloridium 233
Peloridum 240
Pelosia 364
Peltacanthina 737
Peltastica 484
Peltis 481
Peltodytes 434,438,439
Peltonotellus 270
Peltoperla 177
Peltoperlidae 175,177
Pelzfresser 201
Pelzkäfer 475
Pemphegostola 332
Pemphigella 278
Pemphigidae 278
Pemphigostola 388
Pemphigus 76,277,278
Pemphiliidae 552
Pemphredon 605
Pemphredonidae 602,605
Pemphredon Wasp 605
Penaeus 4
pendulus (Tubifera) 707

penetrans (Tunga) 783,784,785
Penguistus 769
Penicillidia 766
Penis 209,321,550
Penisfilum 321
Penis sheath 239
Penis vesicle 109
pennaria ussuriensis (Colotois) 396
Pentacentrinae 155,156
Pentacentrus 156
Pentacladocera 545
Pentacladus 200
Pentacora 255
Pentagenia 102
pentagona (Pseudaulacaspis) 289
pentagona (Takeuchiella) 559
Pentagrammaphila 545
Pentaneura 664,771
Pentaphlebia 117
Pentastomida 3,13
Pentatoma 243
Pentatomid Bug 242
Pentatomidae 241,242
Pentatomoidea 233,241
Penthe 496
Penthelispa 487
Penthesilea 714
Penthetria 639
Penthimia 263
Penthimiidae 263
Penthoptera 642
Penthopterinae 642
Pentodon 509
Pentozocera 545
Peodes 699
Peoria 351
Peplomyza 741
peponis (Plusia) 368
Pepsis 616
Perasemia 365
Perce-oreilles 160
Percnia 393,394
Perdita 619
perdix (Quadricalcarifera) 378
perelegans (Anaitis) 392
perelegans (Cryptocephalus) 518
peregrina (Sarophaga) 761
peregrina (Schistocerca) 146
perforata (Cucullia) 374
perforatus (Hylaeus) 618
perforatus (Hylobius) 529
Perga 553
pergandei (Parlatoria) 290
Pergandeidia 281
Pergesa 385,386
Pergidae 553,627
Periacma 345
Pericallia 365
Pericapritermes 179
Pericardial cord 85
Pericoma 648,649
Pericominae 169
Pericomus 169
Pericopidae 363,423
Pericopis 363
Periclista 559
Peridinetus 528
Peridromia 366
Perientomidae 198
Perientomum 198
Perigea 371
Perigona 437
Perigonia 386
Perigrapha 371
Perilampidae 580,582,627
Perilampus 582
Perilestes 116
Perilissus 570
Perilitus 572
Perillus 51
Perinaenia 371,373
Perinephela 355
Perineura 560
Perineus 205
Periodical Cicada 261
Peripatus 1,2
Peripheral layer 65
Peripheral system 137
Periplaneta 122,123,124,126
Peripneustic type 631
Periproct 1
Peripsocus 199
Periscelidae 726
Periscelis 726
Perisphaeria 126
Perisphaeriinae 126
Perissoneura 316
perissopis (Odites) 340
Perissopterus 587,588
Peristomal Bristle 723
Peritelus 527
Peritheatus 636
Peritoneal membrane 325
Peritrophic membrane 47,551
Perittia 346
Peritymbia 277
persimilis (Mimeusemia) 367
Perla 173,174
Perlamantinae 130
Perlamantis 130
Perlaria 172
Perlarides 172
perlatus (Phoeosinus) 539
Perle 172
Perliae 172
Perlidae 172,173,175,176
Perlids 172
Perlodes 176
Perlodidae 175,176
Perloidea 172
Perlomyia 176
Permithone 296
Perniciosus (Aspidiotus) 290
pernyi (Antheraea) 402
Peronea 347,349
Peronecera 643
Perophora 383
Perophoridae 384
Perpendicular tergosternal muscle 40
Perreyiidae 560
persicae (Myzus) 279,282
persicariae (Polio) 375
persimilis (Agriotes) 467

Phyllophila 371
Phyllophora 150
Phyllophorina 150
Phyllophorinae 149,150
Phylloporia 332
Phylloptera 127
Phyllorycteridae 337
Phylloscelis 270
Phyllosphingia 386
phyllostachitis (Harmolita) 584
Phyllotreta 520
Phyllotocus 507
Phyllotominae 556,557
Phylloxeninae 229
Phylloxera 74,227,228, 239,277,278
Phylloxeras 277
Phylloxeridae 76,239,277
Phylloxerides 277
Phylloxerina 278
Phyma 271
Phymaphora 443
Phymata 251
Phymatapoderus 534
Phymatidae 230,232,250
Phymatocera 558
Phymatodes 513,514
Phymatostetha 260
Phyothemis 120
Physapida 214
Physapodes 214
Physapus 214
Physcus 587,588
Physeta 353
Physiphora 736
Physocephala 721
Physogaster 498
Physokermes 287
Physopelta 246
Physopoda 214
Physoronia 482
Physostomum 203
Phytalmidae 725
Phytalmiidae 722
Phytalmodes 722
Phyto 762
Phytocoreidae 253
Phytocoris 254
Phytodecta 518,519
Phytodietus 569
Phytoecia 515
Phytomia 715
Phytalmyia 722
Phytomyza 748,749
Phytophaga 69,511,552
Phytophagous 73,707
Pialelidea 684
Piara 737
picea (Heptophylla) 507
picea (Periplaneta) 126
piceae (Cryphalus) 539
piceus (Alcides) 532
picipennis (Dryocoetes) 540
picipes (Monotoma) 482
picrocarpa (Carbatina) 344
Picromerus 243
picta (Sypna) 368
picticollis (Ebaeus) 463
pictipennis (Cyrtopogon) 694
Pidonia 513,514
Pidorus 360
Pieltania 769
Piercing-sucking type 25
Pieridae 321,405,426
Pierides 408
Pieris 63,408,409,426
Piesma 230,248
Piesmidae 230,248
Piestinae 454,455
Piestoneus 455
Piezodorus 243
Piezura 753
Pigment 50
Pigmy Locust 147
Pigeon Louse 205
Pigritia 345
pila (Sphaerotrypes) 540
Piletocera 355
pilicornis (Agapanthia) 515
pilifera (Cetonia) 509
Pilifer 309
pilipes (Arnobia) 150
pilleriana (Sparganothis) 349
Pilocrocis 356
Pilophorus 254
pilosa (Baris) 530
Pilose biting Horse Louse 205
pilosellus (Cimex) 253
pilosovittatus (Agrilus) 470
pilosus (Dryocoetes) 540
pilosus (Rhynchites) 533
pilosus (Trichodectes) 205
Pilzmücke 638
Pimelia 498
Pimeliidae 498
pimpinellae (Anthrenus) 477
Pimpla 569
Pimplinae 568,569
pinastri (Hylobius) 529
pinastri morio (Sphinx) 388
Pincate Beetle 498
pinea (Cinara) 281
Pineinae 277
Pineodes 277
Pineus 276,277
Pingasa 390
pinicola (Fioriniae) 290
Pinicolidae 553
piniperda (Myelophilus) 537
pinivora (Kononia) 400
Pink-spotted Hawkmoth 385
Pinnaspis 289
Pinophilus 454,455,456
Pinotus 504
Pinthaeus 243
Pionea 356
Piophila 733
Piophilidae 727,733,776
Piophilosoma 730
piperata (Cassida) 522
piperita (Porthesia) 380
pipiens pallens (Culex) 653
pipiens (Syritta) 706
Pipiza 705,707,708
Pipunculidae 701,719,775

pleuralis (Sphyximorphoides) 719
Pleural process 62
Pleural suture 27,435
Pleurodema 27
Pleuron 27
Pleurosternal suture 429
Pleurota 345
Peurotropis 586
Plinachtus 244
Plocomaphis 280
Plodia 353
Ploiaria 251
Ploiariidae 232,251
Plumariidae 610
Plumarius 610
plumosaria (Megabiston) 396
plumbeus (Hylastes) 540
plumbeus (Rhynchites) 533
Plumed Bee 618
Plume Moth 350
plumigera (Ptilophora) 378
Plumiliform 20
Plusia 367,368
Plusidia 367
Plusiidae 363,367
Plusiinae 367
Plusiotis 508
Plutellidae 334,336,419
pluto (Pimpla) 569
pluvialis (Chrysozona) 679,680
Pneumora 148
Pneumoridae 143,148
Pnyxia 767,768
Pocadius 481,482
Pochkäfer 501
Pochozia 271
Pochyta 514
Pococera 354
Pococerinae 354
poculum (Cecidomyia) 74
Podabrus 460
Podacanthus 138
Podagrion 583
Podaliriidae 621
Podalirius 621
Podisma 146
Podisminae 146
Podogrica 520
Podolestes 117
Podopidae 233,242
Podops 242
Podopteryx 117
Podoscyrtinae 155,157
Podoscyrtus 157
Podosesia 342
Podothrips 220
Podura 89
Podurida 86
Poduridae 89
Poecilaspis 521
Poecilocampa 399
Poecilocapsus 254
Poecilocoris 241,242
Poecilogonalos 575
Poecilographa 742
Poeciloscytus 254
Poecilus 437
Poekilloptera 271
Pogonitis 393
Pogonochaerus 515
Pogonomyia 752
Pogonomyrmex 599
Pogonopygia 393
Pogonosoma 694
Pogonostoma 436
Pogonota 722
Poison hair 43
Pointed-tailed Wasp 591
Polar body 59
Polemius 460
Polia 371,374,375
Poliaspis 288,289
Polididus 251,252
Polietes 752
Poliinae 371
Polistes 80,615
Polistes Wasp 615
Polistidae 610,615
Polistomorpha 590
polita (Mesogramma) 707
polita (Rhomborrhina) 509
politivaginatus (Lygaeonematus) 558
politus (Diostrombus) 269
politus (Canthydrus) 440
Pollenia 757,760
Polleniinae 760
Pollinia 285
Polphopeza 724
Polybia 615
Polybiidae 610,615
Polybioides 615
Polybiomyia 719
Polyblastus 576
Polycanthagyna 119
Polycaon 501
Polycentropidae 312,313,314
Polycentrpus 314,315
Polycesta 469
Polycestinae 469
Polychrosis 347
Polyctenes 234
Polyctenidae 222,234
Polycyrtus 568
Polydesma 367
Polydictya 267
Polydrusus 527
Polyembryony 69
Polyergus 600
Polygnotus 591
polygoni (Ametastegia) 559
Polygonia 413,414
Polygrammodes 356
Polygraphus 537,539
Polyhymno 344
Polylepta 633,639
Polymitarcidae 100,101
Polymitarcis 101
Polymorphism 406,594
Polynema 581
Polyneura 632,640
Polypedilum 665
Polyphemus 6
Polyphaenis 371

Polyphaga 124,435,442
Polyphaginae 124
Polyphylla 507,508
Polyplax 206,213
Polyplectropus 315
Polyploca 382,421
Polyplocidae 382
Polypneustic type 631
Polypoda 3
Polyptychus 387
Polyrachis 222
Polyrhachis 600
Polyspila 518
Polyspincta 569
Polyspolota 132
Polystoechotes 297
Polystoechotidae 297
polytes (Papilio) 407
Polythlipta 356
Polythoridae 114,115
Polytremis 404,405
Polytrophic 164
Polyzosteria 124
pomi (Aphis) 279
pomorum (Anthomus) 530
Pompilidae 616
Pompilus 616
Pomposa 140
Poncalia 340
Ponera 598
Ponerinae 596,598
Ponerine Ant 598
Ponjadia 351
Pontania 556
Pontella 6,7
Pontia 408
Pontomyia 665,767,768
Poomyia 670
Popa 130
Popillia 508
popilliavora (Tiphia) 613
populata (Lygris) 392
populi (Chrysomela) 518
populi (Trichiocampus) 558
populifolia (Gastropacha) 400
populi jezoensis (Limenitis) 415
populitransversus (Pemphigus) 278
ポプラモンシロムグリガ 336
porcelli (Gliricola) 202,203,204
Porcellio 9
porcellira (Ancistrona) 202
Porilla 101
Porina 328
Porizon 569
Poronellidae 89
porphyrogona (Tyriozela) 346
Porpocera 674
Porricondyla 669
Porricondylinae 669
portentosus (Brachytrupes) 156
Porthesia 380
Porthetria 380
Postantennal organ 87
Postclypeus 178,196,428
Postembryonic development 69
Posterior arm 21
Posterior coecum 431
Posterior horn 385
Posterior intestine 35
Posterior mesenteron rudiment 68
Posterior portion 19
Posterior tentorial pit 22
Postgena 21
Posthumeral Bristle 720
Postigmal vein 578
Postlabium 23,545
Postnodal crossvein 113
Postnotum 28,142
Postoccipital Suture 21
Postocciput 21
Postoral segment 19,22
Postpetiole 594
Post-pronotum 646
Post-sternellum 173
Potamanthidae 100,101,102
Potamanthodes 102
Potamanthus 102
Potamarcha 120
Potamida 676
Potamophilus 472
Potanthus 404,405
Potato Aphid 279
potatoria (Casmatriche) 400
Potato-scab mite 767
Pothyne 515
Potter Flower Bee 621
Potter Wasp 614
Potomaphagus 450
Potyptera 206
Poultry Bug 253
Poux 206
poweri (Baryrrhynchus) 523
Powder Post Beetle 500
praecox flavomaculata (Lycophotia) 375
praecurrens (Lycophotia) 375
Praefrons 771,772
praegnax (Ephesia) 370
praelata (Scirpophaga) 353
Praemachilinae 94
Praemachilis 94
praenobilis (Encaustes) 584
Praeoral lobe 784
praesul (Jassus) 266
praeustum (Neottiophilum) 727
praevius (Xyleborus) 541
Praia 554
Praocis 498
Praolia 515
Praon 575
Praos 170
prasina (Eurois) 375
prasina (Stenoperla) 173
prasinana (Hylophila) 376
Prasinocyma 390
Prasocuris 518
pratensis (Lygus) 254
Praying Mantid 127
Preachers 127
Preanal appendage 309
Preapical Bristle 752

Psocinella 198
Psocoptera 195
Psocus 196,197,199
Psorophora 653
Psoquilla 198
Psoquillidae 198
Psyche 323,324,361
Psychidae 321,323,359,361,420
Psychoda 630,648,649
Psychodidae 646,648,768,771,778
Psychodinae 649
Psychoidea 358
Psychomyia 315
Psychomyidae 312
Psychomyiidae 313,315
Psychopsidae 297,302
Psychopsis 295,303
Psychostrophia 384
Psylla 225,228,229,272,273,276
Psyllid 221,272
Psyllidae 239,272
Psyllinae 273
Psylliodes 520,521
psyllioides (Gibbium) 502
Psyllobora 489
Psyllochrysops 678,679
Psyllomyia 702,768
Psylloneura 198
Psyra 150,394
Ptecticus 675
Ptendium 452
Ptenothrix 92
Pterergate 596
Pterellipsis 766
pterides (Agallia) 266
Pternaspatha 660
Pternozya 349
Pterobosca 666
Pterocallidae 725
Pterochilus 614
Pterochlorus 281
Pterocolinae 526
Pterocolus 526
Pterocomma 281
Pterodecta 383
Pterodela 196,199
Pterodontia 684
Pteroloma 428,450
Pterolophia 515
Pteromalidae 579,581,584
Pteromalids 584
Pteromalus 584
Pteromicra 742
Pteronarcella 176
Pteronarcidae 175
Pteronarcys 173,174,175,176
Pteronemobius 155
Pteronidea 558
Pteronychella 90
Pterophoridae 349,350,422,423
Pterophoroidea 330
Pterophorus 350
Pteropleural Bristle 751
Pteropterix 587
Pterorthochaetes 503
Pterostichus 437,438
Pterostigma 109,548
Pterostoma 377,378
Pterothysanidae 382
Pterothysanus 381
Pteroxanium 200
Pterygida 161,163,170
Pterygophoridae 560
Pterygota 92,97
Ptiliidae 449,452
Ptilineurus 502
Ptilinus 502
Ptiliolum 452
Ptilium 452,629
Ptilocera 674
Ptilocerembia 195
Ptilocerus 251
Ptilodactyla 475
Ptilophora 377,378
Ptilosphen 724
Ptinella 452
Ptinidae 500,502
Ptinid Beetle 502
Ptinobius 580
Ptinoidea 444,445,500
ptinoides (Microlera) 515
Ptinus 502
Ptiolina 687
Ptochomyia 186
Ptochoryctis 340
Ptomascopus 450
Ptosima 469
Ptycholoma 349
Ptychoptera 647
Ptychopteridae 646,647,771,779
Ptychopterinae 647
Ptyelus 260
puadrata (Piesma) 230
pubens (Gonocephalum) 499
puberulus (Byctiscus) 533
pubipennis (Xyloterus) 539
pubis (Phthirus) 206,212
Pucerons 279
Puces 780
Pucnoscellus 125
pudifunda (Dasychira) 381
pudicana (Earias) 377
pulchella (Triplosoba) 98
pulchella tenuella (Utethesia) 365
pulcherrima (Hupodonta) 378
pulcherrimus (Stizus) 603
pulchra (Eurydema) 243
pulchrina (Plusia) 368
pulchripes (Oreta) 383
Pulchriphyllium 138,139,140
Pulex 783,784,786
pulex (Daphnia) 5
Pulicida 780
Pulicidae 784,786
Puliciphora 702,703,768
Puliciphoridae 703
pulla (Taipinia) 171
pullatus (Paracardiophorus) 467
pulmipes (Empis) 697
Pulsatile membrane 228
Pulsatile organ 57,228,323
pulsatorium (Atropos) 200
Pulse Beetle 522
pulveraria japonica

(Anagoga) 397
pulverea (Euprotis) 380
pulverosa (Acronycta) 373
pulvrulenta (Coniopteryx) 299
Pulvinaria 287
Punaises des lits 252
punctaria (Diacrisia) 366
punctata (Sticholotis) 490
punctatostriata (Euops) 533
punctatostriata (Sangariola) 520
punctatum (Miltogramma) 762
punctatus (Neurorthus) 299
puncticornis (Leucopis) 741
punctiferalis (Dichocrocis) 357
punctifrons (Pison) 606
punctifrons (Psylliodes) 521
punctigera (Alsophila) 389
punctinalis conferenda (Boarmia) 395
punctipennis (Tanypus) 664
punctissimum (Coptosoma) 241
pungens (Ophion) 570
Punky 628, 665
Pupa 71
Pupa incompleta 323
Pupa libera 322
Pupa obtecta 323
Pupa semilibera 323
Pupal case 275
Pupal horn 637
Puparium 71
puparum (Pteromalus) 584
pupillaris (Dendroleon) 304
Pupipara 720, 765
purchasi (Icerya) 40, 284
Purex 169
purpurascens (Thyreodon) 570
purpurea (Clausenia) 586
purpureipennis (Carpocoris) 243
purpureum (Xenophyrama) 514
Purpuricenus 513
pusillus (Crypturgus) 539
pusio (Hippelates) 750
Puss Moth 377
Puto 286
putris (Agrotis) 376
puziloi (Omphalodera) 514
puziloi inexpecta (Luehdorfia) 407
Pycnarmon 356
Pycnogaster 152
Pycnogastrinae 152
Pycnoglossa 722, 753
Pycnogonida 2, 13
Pycnogonum 13
Pycnomerus 487
Pycnopogon 694
Pycnosoma 760
Pycnostigmidae 577
Pycnostigmus 577
Pygaera 377
Pyge 168
Pygidial gland 123, 431
Pygidial plate 781
Pygidicrana 168
Pygidicrania 162
Pygidicranidae 167
Pygidicraninae 161, 162, 168
Pygidium 3, 162
Pygirhynchinae 139
Pygirhynchus 139
pygmaeum (Microbisium) 11
pygmaeus (Geotomus) 241
pygmaeus (Stenopsocus) 199
Pygodods 291
Pygolampis 251
Pygospila 356
Pygostolus 572
Pygothripidae 218, 220
Pygothrips 217, 218, 220
Pylargosceles 391
pyloalis (Margaronia) 357
Pyloric valve 34
Pyragra 168
Pyragrinae 168
Pyragropsis 168
Pyralidesthes 367
Pyralididae 351, 354, 418
Pyralidoidea 329, 351
pyralina (Calymnia) 372
Pyralis 355
Pyrameis 413
Pyramid 110
pyramidea (Amphipyra) 373
pyranthe (Catopsilia) 408
pyrastri (Lasiophthicus) 706
Pyrausta 356
Pyraustidae 352, 356
pyrella (Swammerdamia) 339
Pyrellia 755
Pyrelliinae 754, 755
pyrenaica (Chelidura) 165
Pyrestes 513
Pyrgidae 404
Pyrgomantis 132
Pyrgomorpha 146
Pyrgomorphinae 145, 146
Pyrgota 735
Pyrgotidae 725, 735
Pyrgus 404
pyricola (Hoplocampa) 558
pyricola (Psylla) 225
pyriformis (Nasutitermes) 178
pyrisuga (Chermes) 273
Pyritis 713
Pyrochroa 431, 494
Pyrochroidae 491, 494
Pyrocoelia 461
Pyrodes 513
Pyroderces 343, 344
Pyromorpha 358
Pyromorphidae 358, 359, 423
Pyrophaena 709
pyropia (Plusia) 368
Pyrops 267
Pyrrhalta 519, 520
Pyrrhia 371, 372
Pyrrhocoridae 232, 246
Pyrrhocoris 246
pyrrhoderus (Xylotrechus) 514
Pyrrhopyge 403
Pyrrhopyginae 403
pyrrhosticta (Macroglossum) 386, 425
Pyrtaniinae 692

Pythamidae 237,264
Pythamus 237,264
Pythidae 490,494
Pytho 494
Pythonidae 494
Pytiophagus 482
Pyxidicerus 457

Q

quadra (Lithosia) 364,421
Quadrangle 109
quadraria (Thalassodes) 390
Quadricalcarifera 377,378
quadricolle (Chelidonium) 513
quadricollis (Lyponia) 461
quadricostulatum (Criocephalus) 514
quadrifasciata (Diplosis) 670
Quadrilateral 109
quadrinotatum(Stenygrinum) 514
quadriplagiata (Paraulaca) 520
quadripunctatus (Nicrophorus) 450
quadripunctata (Silpha) 428
quadripunctatus sibiricus (Dolichoderus) 600
quadrituberculatus (Megathrips) 221
quadriundulatus (Coraebus) 470
Quasimus 467
quatuoctatus (Tabanus) 679
Quaylea 585
Quedius 454,455,456
querceti (Chalcophorella) 471
quercicola (Xyleborus) 541
quercifolia (Gastropacha) 400
quercivorus (Crossotarsus) 535
quercivorus (Curculio) 529
quercus (Xyloterus) 539
Quesada 262
Quinchuana 716
quinquecincta (Cerceris) 608
quinquepunctatus (Pseudorhopalus) 442
quinquefasciatus (Chlorophorus) 514
Quintilia 262

R

Racheospila 390
Rachiceridae 687
Rachtkäfer 468
Racodineura 763
Racotis 393
raddei (Mallambyx) 513
Radial crossvein 30
Radial section 30
radians (Haemorrhagia) 386
Radicolae 278
radiator (Melampsalta) 262
radiatum (Homotoma) 274
radiatum (Macronema) 315
Radio-medial crossvein 30
radiopicta (Matsumuraiella) 199
Radius 30
rafflesia (Euschemon) 403
ラクダムシ 294
駱駝虫目 84,293
ラクダムシ（駱駝虫）科 294
ラックカイガラムシ 284
ラックカイガラムシ（らっく介殻虫）科 284
絡　室 114
ramburi (Ascalaphus) 305
Ramesa 377
ramicornis (Eubrianax) 474
ramidulus (Henicospilus) 570
ラミイカミキリ 515
Ramila 353
ramosus (Dirhagus) 468
Ramus 87,88
卵　64,138,165,229,432,705,782
Ranatra 223,228,257,258
ranatriformis (Phasmodes) 153
卵母細胞 58,187
卵　蓋 138,193,206,229
卵　殻 58,64
卵　莢 73,123
卵　黄 65
卵黄膜 64
卵　子 64
ランシロカイガラムシ 289
卵　巣 58
卵巣傘 41
卵巣小管 40,58
卵胎生 123,279
螺旋弾糸 53
rapae crucivora (Pieris) 408,426
Rapala 409,410
Raphidia 291,293,294
Raphidians 293
Raphidides 293
Raphidiidae 294
Raphidiina 293
Raphidiodea 84,290,291,293
Raphiglossa 609,614
Raphiglossidae 609
Raphiptera 351
Rapisma 296
rapo (Tetrastichus) 587
Raptorial leg 128
Rasahus 251
Ratarda 331
Ratardidae 331
Rot-tailed type 705
ratzburgi (Prodendrocerus) 592
Raubfliege 691
Raubkäfer 453
Raubwanze 251
Raupenfliege 762
ravida (Agrotis) 376
Ravinia 761
Rear horse 127
Rebelia 361
Reception 59
Rechertella 668
reciprocata confusiaria (Tanaorhinus) 390
Rectal gill 38,659
Rectal gland 295
Rectal papilla 110,137
Rectal plate 210
Rectal tracheal gill 110
rectangulata (Chloroclystis) 393

rectifasciata (Metopta) 369
Rectum 35
rectus (Aphodius) 505
rectus (Syrphus) 705,706
Recurrent nerve 137
Recurrent vein 556
recursaria superans (Buzura) 396
Recurvaria 344
recurvalis (Hymenia) 356
Red Bug 246
Red cotton bug 246
redemanni (Termes) 178,183,185
Red flour Beetle 499
Red-legged Locust 147
Red Locust 147
Reduviidae 232,251
Reduviid Bug 251
Reduvioidea 230,231,250
Reduvius 251,252
Leechia 352
reflexus (Pompilus) 616
regalis (Byctiscus) 533
regalis (Calodema) 468
regalis (Paranthrene) 342
Regimbartia 448
regina (Neuronia) 318
齢 69
レイビシロアリ（麗美白蟻）科 190
Reichenbachia 457
齢 虫 69
reitteri (Peltastica) 484
rejecta (Arge) 555
擽 器 137
Relaxed muscle 53
religiosa (Mantis) 134,592
Remigia 367
Remipedella 498
romota (Chalcosia) 360
Renania 484
連合神経細胞 61
Reniform salivary gland 210
Renocera 742
Repetions generations 76
Replete 596
replicata (Phalacrocera) 641
Reproduction 58
Reproductives 182
Reproductive system 40
Reproductive type 32
Repugnatorial gland 122,123,227
repulsaria (Carecomotis) 395
Respiration 52
Respiration control 54
Respiratory siphon 226,652
Response 59
restrictus (Sphenisсosomus) 467
Respiratory trumpet 652
reticulata (Eustroma) 393
reticulatus (Lipinotus) 200
Reticulitermes 190
Reticulotermes 181,182,184
Retina 60
Retinaculum 87,88,321
Retinia 347
Retinodiplosis 770
retorta (Speiredonia) 369
Retort-shaped organ 223
レトルト状器官 223
retrofasciata (Lebia) 438
裂額亜目 720
revayana (Sarrothrips) 371
Rhabdoceras 316
Rhabdom 61
Rhabdophaga 670
Rhabdopselaphus 690
Rhabdura 96
Rhabiopteryx 176
Rhachicera 671,687,779
Rhachiceridae 685,687,779
Rhachisphora 275
Rhacochloena 739
Rhadalus 462
Rhadinopsylla 784
Rhadinosa 521
Rhadinus 693
Rhaebus 522
Rhagadochir 195
Rhagastis 385,386
Rhagigaster 610,611
Rhagio 687,779
Rhagionidae 685,686,773
Rhagioninae 686,687
Rhagium 513,514
Rhagoletis 739
Rhagonycha 460
Rhagophthalmidae 460
Rhagovelia 249
Rhammatopoda 150
rhamni maxima (Gonepteryx) 408
Rhamphidia 642
Rhamphomyia 697,698,780
Rhamphophasma 141
Rhamphus 527,530
Rhantus 439,440
Rhaphicerina 675
Rhaphidophora 153
Rhaphidophorinae 153
Rhaphiinae 699
Rhaphiocera 675
Rhaphiocerinae 674,675
Rhaphiochaeta 761
Rhaphiochaetinae 761
Rhaphiomidas 685
Rhaphiorrhynchus 672
Rhaphitelus 584
Rhaphium 699
Rhaphuma 513
Rhegmoclema 668
rhenana (Oligoneuriella) 103
Rheomantis 133
Rheotanytarsus 665
Rheumatobates 249
Rhicnoessa 728
Rhingia 711
Rhingiopsis 676
Rhinia 760
Rhiniinae 760
Rhinocola 272
Rhinocypha 114
Rhinoestrus 759
Rhinomacer 524
Rhinomaceridae 524

Rhinophora 762
Rhinophoridae 758,762
Rhinophus 574
Rhinopsis 602
Rhinopsylla 272
Rhinosimus 494
Rhinotermes 184,190
Rhinotermitidae 189,190
Rhinotora 724,728
Rhinotoridae 724,728
Rhinotropidia 714
Rhiodinidae 406
Rhipicera 466
Rhipiceratidae 466
Rhipiceridae 465,466
Rhipidandrus 498
Rhipidioptera 542
Rhipidius 492
Rhipidolestes 117
Rhipidoptera 542
Rhipidosmylus 300
Rhipidothrips 219
Rhipiphoridae 490,492
Rhipiphorus 492
Rhipiptera 542
Rhipipteryx 158
Rhithrogena 105
Rhizobius 489
Rhizoecus 286
Rhizomyrma 286
Rhizopertha 501
Rhizophagidae 479,480,482
Rhizophagus 482
Rhizotrogus 432,507
Rhodinia 402,403
Rhodites 578
Rhodnius 58
Rhoënanthus 102
Rhodoneura 358
Rhodopis 515
Rhoga 718
Rhogadinae 571,574
Rhogas 565,574
rhombifolia (Stylopyga) 126
Rhomborrhina 509
Rhopalidiinae 610
Rhopalocera 328,403
rhopaloides (Aiolomorphus) 584
Rhopalomera 724
Rhopalomeridae 724
Rhopalomyia 670
Rhopaloscelis 515
Rhopalosiphum 280,281,282
Phopalosoma 610
Rhopalosomatidae 627
Rhopalum 607
Rhopalus 244
Rhopatosomidae 610
Rhopobota 347,348
Rhopus 585
Rhotala 268
Rhotana 268,269
rhusii (Cryphalus) 539
Rhyacionia 347
Khyacophila 311,313,314
Rhyacophilidae 312,313
Rhymbus 488
Rhymosia 639
Rhynchaenus 531
Rhynchina 367
Rhynchites 532,533
Rhynchitinae 526,532
Rhynchium 614
Rhynchobapta 393
Rhynchocephalus 683
Rhynchophora 442,435,523,581
Rhynchophorus 531
Rhynchoprionidae 785
Rhynchothrips 220
Rhyncolus 527
Rhyncomyia 760
Rhyncophoridae 531
Rhyncophoromyia 703
Rhyngota 214
Rhynocoris 251
Rhynotropidia 714
Rhyobius 452
Rhyopsocus 198
Rhyparus 505
Rhyphidae 628,634
Rhyphus 635
Rhysodes 478
Rhysodidae 478
Rhysodoidea 443,478
Rhysopaussus 498
Rhyssa 569
Rhyssemus 505
Rhythmic ventilation 54
Rhythmonotus 570
Rhytidoponera 598
Ribaga 196
ribagai (Eosentomon) 85
Ribbed-case bear 335
ribeana (Pandemis) 349
Ricania 271
Ricaniidae 238,271
Rice skipper 405
Richardia 727
Richardiidae 728
Ricinidae 203,204
Ricinus 201,205
Ridiaschina 333
Ridiaschinidae 333
riederi (Obenbergeria) 499
Rielia 592
Riesenwanze 257
Rifargia 377
Rileya 584
鱗尾節 162
リンゴアブラムシ 280
リンゴアオナミシャク 393
リンゴアオシャク 390
リンガ（実蛾）科 376
リンゴドクガ 381,569
リンゴハマキクロバ 359
リンゴハマキモドキ 341
リンゴヒゲナガゾウムシ 527
リンゴヒメハマキ 349
リンゴヒメシンクイ 339
リンゴカレハ 399
リンゴカキカイガラムシ 289
リンゴケンモン 373
リンゴキジラミ 226
リンゴコブガ 364,422
リンゴコフキハムシ 519

sauteri (Parastenopsyche) 314
sauteri (Rhizomyrma) 286
sauteri okunii (Pyge) 168
sauteri (Entomobrya) 91
サワシバキクイムシ 536
Saw 556
Saw guid 556
Sawfly 546,552,556
Saw sheath 556
saxeseni (Xyleborus) 541
サザナミヒメシャク 391
サザナミスズメ 388
scaber (Porcellis) 9
scabiosa (Albara) 383
scabra (Ponera) 598
scabriuscula (Allodahlia) 171
Scaeva 705,707,709
scalaris (Megaselia) 703
scalaris (Trichodectes) 205
Scale Insect 221,282,287
Scale Parasite 587
Scales 43
Scalidiidae 479
Scape 547
Scapeuma 722
Scapheutes 608
Scaphidiadae 452
Scaphididae 452
Scaphidiidae 448,449,452
Scaphidium 452
Scaphinotus 437
Scaphium 321
Scaphoideus 265
Scaphosoma 452
Scapsipedus 156
Scapteriscus 158
Scaptia 681
Scaptolenus 466
scapularis (Lebia) 434
Scar 322
Scarabaeidae 503,504
Scarabaeoid 427
Scarabaeoidea 503
Scarabaeus 504
Scarabees 504
Scaraboidea 443
Scarabs 504
scaralis (Fannia) 753
Scardia 335,419
Scarites 437,438
Scarphia 681
Scarphiinae 681
Scaptomyza 747
Scatella 745
Scatonomus 504
Scatophaga 720,722,723
Scatophagidae 720,722
Scatophila 745
Scatophora 728
Scatopse 668
Scatopsidae 667,668,767,771,778
Scatopsinae 668
Scaurus 498
Scavenger Fly 760
Scedopla 367
Scelio 592
Scelionidae 591,592,627
Sceliphron 606
Scelorthus 340
Scenedra 354
Scenopinidae 685,688,774,780
Scenopinus 688
Scent-brush 309
Scent gland 295
Scent patch 321
Scent-scale 309
Scepticus 527,528
Schabe 12
schäffi (Pediculus) 213
schaufussi (Xyleborus) 541
Schauinslandia 572
Schedorhinotermes 190
Schenkelfliege 732
schenklingi (Throscus) 468
Scheufliege 743
Schiffermülleria 345
Schildomyia 749
Schildwanze 242
Schildzirpe 260
Schistocerca 146,147
Schistomitra 384
Schizocephala 130
Schizocephalinae 131
Schizoceros 555
Schizoconops 666
Schizoneura 278
Schizonycha 507
Schizophora 701,720
Schizopinae 469
Schizoptera 230
Schizopteridae 230
Schizopus 469
Schizorrhina 509
Schizotus 494
Schlupffliege 764
Schlupfwespe 567
Schmeissfliege 759
Schmetterling 319
Schmetterlingshafte 304
Schmetterlingsmücke 648
Schoenbaueria 660
Schoenobiidae 351,353
Schoenobius 353
Schoenomyza 752,754
Schoenophilus 699,769
Schnabelfliege 305
Schnaken 644
schneideri (Boros) 699
Schnellkäfer 466
Scholastes 737
Schräter 510
schreberiana (Argyroploce) 348
Schreckensteinia 340
Schreckensteiniidae 340
schrenckii (Aranda) 416
Schusterkäfer 460
Schwärmer 384
Schwarmmücke 662
Schwarzkäfer 498
Schwebfliege 705
Schwimmkäfer 439
Schwingfliege 732
Sciadocera 696
Sciadoceridae 696
Sciaphilus 527

Sciapodinae 700
Sciapteron 342
Sciapus 700
Sciara 669,772,777
sciaria (Zygoneura) 669
Sciaridae 667,668,669,767,772,778
Sciarinae 669
Scinomia 394
Sciomyza 742
Sciomyzidae 742
Sciomyzinae 742
Scione 681
Sciophila 633,639
Sciophilidae 633,639
Scioptera 361
Sciopopeza 724
Sciopopus 724
Scirpophaga 353
Scirtes 475
Scirtesidae 474
scitaria (Striglina) 358
Scirtothrips 219,220
Scirtotypus 146
scitula (Erastria) 326
scitulus (Cryptocephalus) 518
Sclerite 18,19
Sclerodermus 593
Sclerogibba 590
Sclerogibbidae 590
Sclerognathus 511
Scleropterus 155
Sclerotized 42
Scobicia 501
Scolia 612
scoliaeformis (Sesia) 324
Scoliaula 333
Scolidae 612
Scoliidae 610,627
Scoliid Wasp 612
Scoliocentra 743
Scoliocerus 467
Scolioneurinae 557,627
Scoliopteryx 367,369
Scolitantides 409,411
Scolopendra 14
Scoloposcelis 253
Scolops 267
Scolothrips 219,220
Scolus 322
scolymus (Anthocaris) 408
Scolytidae 524,536
Scolytoplatypodidae 541,542
Scolytoplatypus 541,542
Solytus 536
Scopaeus 454
Scoparia 356
Scopariidae 351,356
Scopelodes 361
Scopeumidae 722
Scopula 391
Scopura 177
Scopuridae 175,177
Scorpionfly 305
Scorpionida 10
Scotobius 498
Scotinophara 242
Scotodes 496
scribae (Meganoton) 388
Scraper 148
Scraptia 490
Scraptiidae 490
Scrobe 236,428
Scrotum 228,323
scudderi (Forficula) 170,171
Scudderia 148,150
sculpturalis (Megachile) 622
Scutare 240
scutellaris (Scythropus) 527
scutellata (Sastragala) 243
Scutellera 241
Scutelleridae 233,241
Scutellerid Bug 241
Scutelleroidea 233,241
Scutigerella 15
Scutoprescutum 548
Scutops 726
scutulatus (Hylesinus) 538
Scydmaenidae 449,451
Scydmaenus 451
scymni (Proctotrupes) 591
Scymnus 489,490
scythe (Pulchriphyllium) 139
Scythridae 339
Scythrididae 338,339,424
Scythris 339
Scythropochroa 669
Scythropus 527
Scytinopteridae 229
セアカキンウワバ 368
セアカクサカゲロウ 301
セアカツノカメムシ 243
Seasonal cycle 75
セボシジョウカイ 460
セボシナガハムシ 516
secalis (Parastichtis) 373
Second apical cell 549
Secondary efferent 112
Second antenna 22
Seconds 279
secreta (Odonaspis) 290
Sectorial crossvein 30
secundaria (Cleora) 395
secundus (Pseudotaxonus) 557
Securifera 552
セダカガガンボ 644
セダカコガシラアブ 684
セダカコガシラアブ亜科 684
セダカモクメ 374
semiherbida (Triphaena) 375
セダカシャチホコ 378
セダカヤセバチ（高背痩蜂）科 567
sedula (Micronecta) 259
Sedulothrips 218
Seeb Weevil 522
Segmental band 40
Segmentation 66
Segmentum anale 136
segnis (Leptopsylla) 784,788
segetis (Euxoa) 376
セグロアオハバチ 560
セグロアシナガバチ 615
セグロホソオドリバエ 698
Sehirus 241
セイボウ 601
精　帽 229

セイボウ（青蜂）科 601
青蜂上科 600
成　虫 69,71
精虫の発達 58
成虫の寿命 59,73
成虫たる事 69
Seidenspinner 401
精原細胞 58
Seiidae 342
成　熟 72
精　管 41
生活環 64
生活環世態 75
生活史 543
精　孔 58,64
精孔器 292
精　莢 59
生毛部 254
Seine-making Caddisfly 315
精　嚢 123
蜻蛉目 70,71,81,84,106,581
精　繭 110
性成熟 72
生　殖 58
生殖板 279
生殖窩 109
生殖系 40,86,88,116,197,210,211,216,228,325,432,543,551,631,782
生殖型 32,182
生殖器官 181,203,323
生殖孔 321
生殖嚢 123
生殖細胞 58
生殖室 58
精小管 551
生殖巣 59,88
生　態 310,325
セジロアブラコバチ 741
セジロイエカ 654
セジロウンカ 269,593
襀翅目 70,81,84,172
昔蜻蛉亜目 117
sekiyai (Notiphila) 744
セッケイカワゲラ 177
セッケイムシ 177
Selachops 730
Selalia 462
Selectivity 60
selenaria cretacea (Ascotis) 395
Selandria 557
Selandriinae 556,557,626
selene (Actias) 402
Selenephera 399
Selenia 393,394,397
Selenocephalus 265
Selidopogon 693
Selidosemidae 393
Seliza 271
セマダラコガネ 508
Semaeodogaster 566
Semaiophora 234
Semanotus 513,514
セマルヒョウホンムシ 502
セマルケシガムシ 448
セマルケシマグソコガネ 505
Sematura 388
Sematuridae 388
セミ（蟬） 34,46,48,224
Semiaquatic Insect 82
semicoccinea (Labdia) 344
Semidalis 299
セ　ミ 225
セミ（蟬）科 222,225,229,261
セミタマゴバチ 589
semiflavus (Spongovostox) 169
semifluva (Galerucella) 520
蟬上科 261
semilaeve (Calosoma) 426,427
Semilooper 367
Seminal cup 229
Seminal vesicle 41,58
seminator (Andricus) 74
Seminiferous tubuli 551
Seminota 575
Semioptila 358
Semiotellus 580
Semiothisa 393
semipurpurella (Eriocrania) 328
semirubra (Oedematopode) 340
semistriatus (Saprinus) 458
セミヤドリガ 360
セミヤドリガ（蟬寄生蛾）科 360,422
セミゾヨツメハネカクシ 455
セモンジンガサハムシ 522
セモンカギバハマキ 348
セナガアナバチ 602,603
セナガアナバチ（長背穴蜂）科 602
腺分泌物 50
センブリ 292
センブリ（千振）科 292
センチコガネ 430,443,506
センチコガネムシ（雪隠金亀子）科 506
線　虫 595,597
センダツキクイムシ 541
senex (Blenina) 371
腺反応 63
senilis (Melanotus) 467
穿孔亜目 215,219
穿孔器 110,550
センモンヤガ 376
センノカミキリ 569
Senogaster 714
Senotainia 762
腺　粒 45
腺粒起 122
Sense band 218
Sense club 87
Sense cone 218
Sense receptor 60
Senserod 87
腺質乳房突起 137
Sensitivity 59
Sensory nerve cell 61
Sensory seta 43
潜水用空気貯蔵 55
選択性 60
潜葉性昆虫 73
Sepedon 742
Sepidium 498
Sepontia 243
節　片 18,19
節片化 42

雌雄両型　595
雌雄両性　406
自然板　208
ショウブオオヨトウ　372
小　腸　551
初虫科　86
小腹板　173
ショウジョウバエ　747
ショウジョウバエ亜科　747
ショウジヨウバエ（猩々蠅）科　747
小楯板前瘤　711
小　眼　61
ショクガバエ(食蚜蠅)　570,597,705,706
ショクガバエ亜科　709
ショクガバエ（食蚜蠅）科　63,704
食蚜性幼虫　705
shogun (Scolytoplatypus)　542
ショウグンキクイムシ　542
消　化　44
消化群　45
消化系　543
消化系の形成　68
小　型　183
初期共棲　596
食　球　56
食物交換　79
植物食性　73
職　蟻　183,594
職蟻形雌型　595
職蟻形雄型　595
職兵蟻型　596
触　角　1,20,547
触角上架　236
触角上隆起縁　235
触角上棘毛　702
触角軸孔　20
触角陥窩　149
触角感覚孔　469
触角後器　87
触角毛總　653
触角節片　20,142
少脈類　646
食毛目　70,82,201
食　物　596
食物貯嚢　630
食物交換性　596
食肉性　596
食刷毛　652
食草性　707
食習性　73
漿　膜　68
Shore Bug　255
Shore Fly　744
Short-circuit Beetle　501
Shorthorned Grasshopper　143
Short-nosed Ox Louse　213
Short-tailed type　705
Short-tongued Burrowing Bee　619
ショウリョウバッタ　145,146
少節昆虫亜綱　82,86
小　顋　2,23
小雌型　595
小腮脚　9
鞘翅目　71,81,83,426,763
少脚綱　13
小顋槓杆　223
小顋刺針　215
小顋葉片　223
小職蟻型　595
消食管　34,142,154
消食系　34, 88, 163, 180, 197, 202,216,226,323,324, 430,431,550,630,781
小　爪　87
小転節　429,443
Shoulder　128
小　葉　110
小雄型　595
小前楯板　548
集　眼　20
周辺系　137
周辺層　65
周囲膜　325
臭　角　322
蛛形綱　10
珠　球　775
シュモクカメムシ　245
シュモクカメムシ（撞木椿象）科　245
シュロマルカイガラムシ　290
習　性　165,631
嗅　腺　162,164,227
嗅腺孔　242
蝨蜥亜目　148
収縮性　59,62
主　体　87
Siagonium　455
Sialida　292
Sialidae　292
Sialides　291
Sialids　291,292
Sialis　291,292
Sibatania　392
Sibine　360
sibirica (Sialis)　292
Sibylla　132
Sibyllinae　132
siccifium (Phyllium)　139
sicelis (Lethe)　416
Siculidae　357
Sicus　721
Sida　5
sidae (Dysdercus)　246
Sidemia　371,373
sieboldii (Anogaster)　119
Sieboldius　118,119
Sierolomorpha　611
Sierolomorphidae　611
Siettitia　439
Sigaloessa　726,729
Sigalphinae　572
Sigalphus　572
Sigara　259
Sigerpes　133
Sigmatoneura　199
signata (Pagria)　518
signata (Wagimo)　410
signatus (Anisodacylus)　437
signatus (Pachyophthalmus)　762
signifer (Phassus)　328
signifera (Pidonia)　514
signipes (Cyphagogus)　523

Signiphora 579
Signiphoridae 579
Signoretia 237
Signoretiidae 237
Silesis 467
silhetensis (Theretra) 385
Silis 460
Silken Fungus Beetle 485
Silk lacewing 302
Silk reservoir 296
Selkworm 401
Silo 319
Silpha 428, 431, 432, 434, 450
Silphidae 449, 480
Silphomorpha 435
Silvanidae 479, 480, 483
Silvanus 483
Silverfish 94
Silver Fish Moth 93
Silvestrella 95
Silviinae 681
Silvius 681
Sima 599
Simaethidae 340
Simaethis 341
similis (Arge) 555
similis (Neosyrista) 561
similis (Porthesia) 380
similis (Serica) 507
simplex (Crossotarsus) 535
simplex (Prosopolopha) 396
Simplocaria 477
Simuliidae 647, 658, 661, 770, 778
Simuliinae 660
Simulium 661, 662, 778
sinicum (Pterostoma) 378
sinanensis (Neostomboceros) 557
sinapina (Tortrix) 349
Sinella 90, 91
sinensis (Culex) 654
sinensis (Paratenodera) 128, 134
senensis (Scythris) 339
sineroides (Anopheles) 657
singularis (Brachyclytus) 514
singularis (Sigmatoneura) 199
Singzikade 261
Sinia 409, 411
sinica (Eurygaster) 242
sinica (Megopis) 513
sinica (Parasa) 361
sinica (Pryeria) 360
Sinna 376
Sinodendridae 503
Sinodendron 503
Sinogomphus 118
Sinophora 261
Sinophthalmus 748
Sinoxylon 501
Sintonius 649
sinuatus (Athous) 467
sinuosaria (Phigalia) 396
Sinus 36, 549
Siobla 560
Sipalus 531
Siphlonisca 106
Siphlonurus 106
Siphlonuridae 106
Siohlopteryx 769
Siphlurella 106
Siphluridae 100, 101, 106
Siphonaptera 83, 290
Siphon hair 653
Siphoning-tube type 26
Siphunculata 206
Siphunculina 750
Sipyloidea 140, 141
sipylus (Sipyloidea) 141
Sira 90
Sireces 562
Sirex 562
Siricidae 561, 562, 627
Siricodea 561
Siricoidea 552
Sirthenea 251
Sistens 277
Sistentes 276, 277
Sisyphus 504
Sisyra 299
Sisyridae 294, 295, 296, 297, 299
Sitodiplosis 670
Sitona 528
Sitophilus 531
Sitotroga 344, 345
Skalistes 170
Skin Beetle 475
Skin Miner 337
Skimmer 120
Skipjack 466
Skipper 403, 733
Slave-making Ant 597
Slicker 93, 94
Slug-caterpillar 417
Slug Moth 360
Small Carpenter Bee 623
Small Dung Beetle 505
Small Fruit Fly 747
Small-headed Fly 683
Small Pigeon Louse 205
smaragdinus (Neozephyrus) 410
smaragdinus (Thrypticus) 699
Smerinthidae 384
Smerinthinae 385, 387
Smerinthothrips 216, 220
Smerinthus 387
Smermus 515
Smicra 581
Smicridea 315
smithi (Eumyrmococcus) 286
smithi (Prospaltella) 588
Sminthurices 92
Sminthurinus 92
Sminthurus 87, 88, 92
Smynthuridae 88, 92
Smynthuroidea 91
Snakedoctor 107
Snakefly 293
Snapping Beetle 466
Snout Beetle 525
Snout Moth 352
Snowflea 86, 90
Sobarocephala 727
總 尾 目 32, 33, 82, 92, 186
sobrina (Catonidia) 268
sobrinus (Xyleborus) 541

Stenotrachelus 496
Stenovates 130
Stenus 431, 434, 453, 455, 456
Stenygrinum 513, 514
Stephanidae 565, 576
Stephaniscinae 571
Stephaniscus 571
Stephanitis 248
Stephanocircus 784
Stephanopachys 501
Stephanus 576
stephensi (Anopheles) 652
Steraspis 469
Stereodermus 523
Stereomyrmex 599
Stereopalpus 495
Sterepsipteres 542
Stericta 354
Sterictiphora 555
Sterile or aborted form 183
Sternal gland 123
Sternal thoracic spatula 669
Sternauli 601
Sternechus 528
Sternellum 173
Sternocera 468, 469
Sternolophus 448
Sternonotal muscle 63
Sternopleural bristle 751
Sternorrhyncha 234, 272
Sternoxia 465
Sternum 26, 28
sterooraria (Scatophaga) 722
Steropes 495
Steropleurus 152
Sterrha 391
Sterrhidae 391
Stethoconus 254
Stethomostus 559
Stethopathidae 703, 769
Stethopathus 703
Stethorus 489
Stenopis 419
Sticholotis 490
Stichopogon 694
Stichotrema 544
Stichotrematidae 544
Stichotrematoidea 544
Sticktight Flea 786
Stick Insect 134
stictica (Aphrophora) 261
sticticus (Aëdes) 654
sticticus (Eretes) 441
Stictopleurus 244
Stictoptera 367, 371
Stigma 548
stigma (Cephalcia) 554
stigma (Hemerobius) 300
Stigmal vein 578
Stigmatium 463
Stigmatomma 598
Stigmatopathus 198
Stigmatophora 364, 365
Stigmellidae 333
Stigmodera 469
Stigmoderinae 469
Stigmus 605
Stilbopterygidae 296, 298
Stilbopteryx 298
Stilbosoma 714
Stilbula 582
Stilbum 601
Stilettfliege 685
Stilicus 454, 455
Stilobezzia 667
Stilpnotia 380
Stilpnus 568
Stilpon 697
Stilt Bug 245
stimpsoni (Typopeltis) 11
Sting 550
Stink Bug 242
Stink Fly 301
Stink gland 162
Stipes 23
Stiphrolamyra 694
Stiphrosoma 729
Stipula 23
Stizidae 601, 603
Stizus 603
Stolidosoma 699
Stolidosominae 699
Stomachic ganglion 137
Stomach Reaction 48
Stomatoceras 581
Stomatomyia 763
Stomatorhina 760
Stomatothrips 218
Stomodeal nervous system 39
Stomodeal opening 1
Stomodeal valve 34
Stomodeum 34, 46
Stomoxidae 751
Stomoxid Fly 755
Stomoxyidae 755
Stomoxys 751, 756
Stonefly 172, 175
Stonyx 690
Storehouse Beetle 502
straminea (Sinella) 91
stramineum (Menopon) 202, 203
stramineum (Epiacanthus) 263
strandi (Oxybelus) 609
Strangalia 513
Strangalomorpha 513, 514
Strategus 509
Stratioleptinae 677
Stratioleptis 677
Stratiomyia 673, 676
Stratiomyidae 671, 673
Stratiomyiidae 673, 772, 779
Stratiomyinae 674, 676
Stratiomys 673, 676
Stratocles 140
stratonice (Cystidia) 394, 422
Straussia 738, 739
Straw Worm 583
Strebla 766
Streblidae 765, 766, 767
Strepsata 542
Strepsimana 338
Strepsimanidae 338
Strepsiptera 3, 83, 542

Strepsipterans 542
Strepsiptere 542
Stretchia 371
striatella (Delphacodes) 269
striatipennis (Pelatines) 450
striatulus (Drillonius) 462
striatus (Tabanus) 679
Stridulating apparatus (Accessory) 234
Stridulatory apparatus 144
strigata (Ephemera) 102
strigatus (Eumerus) 712, 713
Strigil 321
Strigilator 597
Strigilis 548, 594
strigius (Tabanus) 679
Strigiphilus 205
Striglina 358
Strigoderma 508
strigosa (Acronycta) 373
Strigose ventral area 225
strigosula (Pseudoliodes) 451
striicornis (Anacanthocoris) 244
Striicornis (Urostylis) 243
striolata (Phyllotreta) 520
Striped or banded Thrips 219
strobiloides (Phabdophaga) 74
Strobliella 670, 671
Strobliellinae 671
Stromboceros 557
Strongylium 498, 499
Strongylocephalus 265
Strongylogaster 557
Strongylophthalmyiinae 729
Strongylophthalmyia 729
Strongylopsaliinae 169
Strongylopsalis 169
Strumeta 738, 739
Strumigenys 599
Strymon 409, 410
stubbendorfi hoeni (Pranassius) 407
studiosum (Pareusemion) 586
stuposa (Parallelia) 369
Sturmia 763, 764
Stutzkäer 458
Stygia 331
stygia (Lithacodia) 372
Stygiaridae 331
Stylet 207, 549
Stylet sac 207
Stylet–sheath 207, 550
Styliform appendage 196
Styliform rod 202
Stylogaster 721
Stylogasterinae 721
Stylopida 542
Stylopidae 544
Stylopites 542
Stylopization 619
Stylops 542, 544
Stylopyga 126
Stylosomus 517
Stylus 31, 93, 122
Stypocladius 734
styracis (Curculio) 529
Styx 408
styx crathis (Acherontia) 388
巣 596
鬚 23
suavis (Chrysops) 682
Subalar callosity 760
Subalar sclerite 29, 62
Subapical cell 707
Subapical crossvein 707
Subapical filament 87
Subapical spine 124
subcarnea (Diacrisia) 366
Subcosta 30
Subcoxa 26
Subcoxal arc 27
subcunctans (Tipula) 646
Subdiscoidal vein 549, 571, 617
subera (Phellopsis) 499
subflava (Zalissa) 367
Subgenital plate 122, 295
Subimago 69, 98
subjacens (Hybris) 305
Submarginal vein 578
Submedian cell 549, 609
Submedian lamella 649
Submedian vein 549
Submedius 557
Submetum 23
Subnodus 107
Suboesophageal ganglion 38
subolivacea (Notiobiella) 301
subopacus (Polygraphus) 539
subpolita (Crioceris) 516
subpunctatum (Meconema) 150
subquadrata (Dactylispa) 521
subrosea (Perynea) 372
subrostratus (Felicola) 205
subrostratus (Trichodectes) 201
subspinipes (Scolopendra) 14
subspinipes mutilans (Scolopendra) 14
substriatus (Thanasimus) 463
subtile (Cryptopleurum) 448
subtissimus (Haplothrips) 220
Subulonia 671
Succhiphantes 277
succincta (Cyrtacanthacris) 146
Succingulum 764
Sucking Dog Louse 213
Sucking Goat Louse 214
Sucking Horse Louse 213
Sucking Louse 206
Sucking Sheep Louse 214
Suction canal 223
Suctria 780
Suctorida 780
suffumata (Lampropteryx) 393
suffusus (Xantholinus) 456
スガ（巣蛾）科 339, 419, 421
巣蛾上科 338
Sugarcane Froghopper 260
スゲドクガ 381, 569
スギドクガ 381
スギカミキリ 514
スギコキクイムシ 539
スギクロボシカイガラムシ 290
sugillatus (Cybister) 441
スギマルカイガラムシ 290
sugimotonis (Culicoides) 667

スグリシロエダシャク 394
スグリゾウムシ 527
Suhpalacsa 305
垂 部 30
催 唖 45
Suidae 213
垂直背腹筋肉 40
垂 溝 30
スイコバネガ（吸小翅蛾）科 307, 418
Suillia 743
Suilliinae 743
垂 脈 30
suis (Haematopinus) 213
水棲若虫 70
水棲昆虫 81
水棲生活えの適応 55
スジアシイエカ 654
スジボソヤマキチョウ 408
スジグロチャバネセセリ 405
スジグロシロチョウ 409
スジカミナリハムシ 521
スジキリヨトウ 373
スジクロカバマダラ 43, 412
スジモンヒトリ 366
スジトビケラ 318
鬚状突起 550
スカシバ（透翅蛾）科 342, 419
スカシドクガ 380
スカシヒロバカゲロウ 300
スカシホソチャタテ 199
スカシカギバ 383
スカシミズアブ 673
スカシノメイガ 357
スカシシリアゲモドキ 308
スキバホウジャク 386
スキバジンガサハムシ 522
スキバツリアブ 690
smatranum (Echinosoma) 168
スミナガシ 415
スモモエダシャク 397
スモモキリガ 374
Sumpffliege 744
Sulphurs 408
スナゴミムシダマシ 499
un Moth 340
スナノミ 784, 785
スナノミ（砂蚤）科 785
superans (Dendrolimus) 399
superans (Terpna) 390
superba (Auzata) 383
superba (Callicaria) 490
superbiens (Thalessa) 569
Superior claw 87
superior (Scopula) 391
Superior appendage 112
Superior clasper 649
Superlingua 160, 179, 197
superstes (Epiophlebia) 117
Supertriangle 109
Suphis 440
Supplemental sector 113
Supplementary eye 222
Supra-anal appendage 109
Supraantennal Borste 702
Supraantennal ledge 236
Supraantennal ridge 235
Supraoesophageal ganglion 38
supressalis (Chilo) 352
Suranal plate 95
Surface Swimmer 441
surinamensis (Leucophaea) 127
surinamensis (Oryzaephilus) 483
Surinam roach 127
surusalis (Dichocrocis) 357
趨 性 64
susinella (Leucoptera) 336
Suspensorium 137
suspecta latifasciata (Abraxas) 394
Suspended activity 52
sussedanea (Chrysobothris) 470
Susumia 355, 356
Sutural hair 653
Sutural margin 161
suturalis nigrobilineata (Monolepta) 520
Suturaspis 289
Suture 19, 21
suturellus (Dysdercus) 246
uva 268
scythe (Pulchriphyllium) 138
スズ亜科 155
スズバチ 568, 762
スズバチネジレバネ 546
スズキハラボソツリアブ 691
suzukii (Anisopus) 635
suzukii (Cephenius) 691
suzukii (Cryptus) 569
suzukii (Drosophila) 747
suzukii (Hemicaecilius) 199
suzukii (Xiphidiopsis) 151
スズキカバエ 635
suzume (Philopterus) 205
スズメガ 36, 50
スズメガ（雀蛾）科 384
スズメバチ 616
スズメバチ（胡蜂）科 80, 615
胡蜂上科 609
スズメガ亜科 388
雀蛾上科 384
ズズメガ（雀蛾）科 63, 322, 424
スズメハジラミ 205
スズメヤドリコマユバチ 573
スズムシ 154, 156
Swallow Bug 252, 253
Swallowtail 406, 407
Swammerdamella 668
Swammerdamia 339
Swarming phase 144
Sweat Bee 619
Sweat Fly 704
Swift Moth 328
Swimming type 29
sybarita (Prosena) 765
Sybrida 355
Sycophaga 583
Sycorax 648
Sydonia 515
Sylepta 356, 357
sylpha (Hylophila) 376
sylvestris (Nemobius) 154
Symbiont 597
Symbiotic digestion 47
Symbiotic theory 187

T

テングチョウ（天狗蝶）科 426
テングハマキ 349
テングイラガ 361
テングシロアリ 191
テングスケバ 267
テングスケバ（天狗透羽）科 267
テンマクケムシ 78,569
転　節 28
Tenthredaria 552
Tenthredella 560
Tenthredes 556
Tenthredinidae 553,556,560,626,627
Tenthredininae 557,626
Tenthredinoidea 552
Tenthredo 560
Tenthredomyia 719
Tent caterpillar 399
テントウゴミムシダマシ 499
テントウハムシ 521
テントウムシ 65,488,490,591,585,742
テントウムシ亜科 489
テントウムシ（瓢虫）科 435,488
テントウムシダマシ（擬瓢虫）科 430,488
Tentorium 20,21
テントウヤドリクロバチ 591
Tentyria 498
tenue (Pycnogonum) 13
tenuiabdominalis (Cryptus) 568
tenuimaculatus (Adoretus) 508
tenuirostris (Helius) 643
tenuis (Alsophila) 389
tenuis (Engytatus) 254
tenuis (Illiberis) 359
tenuistriata (Eurythyrea) 471
Tephritidae 737
Tephritinae 738
Tephritis 738
Tephrochlamys 743
Tephroclystia 392
Tephromyia 761
Tephronota 726
Teracolus 408
Teragra 358
Teragridae 358
テラニシハリアリ 598
Terastiomyia 722
Teratembia 195
Teratembiidae 195
Terauchiana 269
Tterebra 110,550
Terebrantia 215,217,219,220,626
Terellia 738
Teretrura 735
Tergum 26
Terias 408
Termatophylidae 231
Termatophylum 231
Termes 178,180,181,183,185,186,189,191
Terminal filament 40
terminalis (Epuraea) 482
Termitadelphus 649,768
Termitaphididae 234
Termitaphis 186,234
Termitaradus 234
Termitarium 183
Termite 177
Termites 177
Termitidae 180,182,183,189,191
Termitina 195
Termitobia 186
Termitocoridae 234
Termitocoris 234
Termitodipteron 648,768
Termitomastidae 701,767
Termitomastus 186,701,767
Termitomimus 186
Termitomyia 186,702,768
Termitoxenia 186,702,768
Termitoxeniidae 702,768
Termopsis 179,180,181,183,184,188,190
Terpna 390
Terpnosia 261
terricola pacificus (Scarites) 438
tertiaria (Mengea) 544
Tessaratoma 225
tessellatus (Osmylus) 300
testacea (Myopa) 721
testaceator (Zele) 574
testaceus (Paniscus) 570
testata (Lygris) 392
testulalis (Maruca) 357
Tetanocera 742
Tetanoceratidae 742
Tetanoceridae 725,731,742
Tetanocerinae 742
Tetanops 726
Tetanura 742
Tetanurinae 742
Tethina 728
Tethinidae 728
tethys (Daimio) 404,425
Tetracampe 580
Tetracanthina 674
Tetraconus 565
Tetradacus 738,739,740
Tetragoneura 633
Tetragoneuria 120
tetragramicus (Distoleon) 304
Tetralobus 467
Tetralonia 621
tetralunaria (Selenia) 397
Tetramorium 597,599
Tetramyiolia 739
Tetranychus 12,220
Tetraopes 515
Tetraonyx 493
Tetrapedia 621
Tetrastichidae 580,586
Tetrastichid parasite 586
Tetrastichus 587
Tetratheminae 115
Tetratoma 496
Tetrigidae 143,147
Tetrigus 467
Tetrozocera 544
Tettigades 234
Tettigarcta 234
Tettigarctidae 234
Tettigidae 143,147
Tettigidea 147
Tettigometra 237

Tettigometridae 237
Tettigomyia 262
Tettigonia 152
Tettigoniellidae 263
Tettigoniidae 143, 148, 263
Tettigoniinae 149, 152
Tettigoniodea 143, 148
Tettigoxenos 545
Tettix 147
Teucholabis 642
texana (Embia) 193
Texara 732
thais (Metriona) 522
Thalassodes 390
Thalessa 569
thalictri (Pristiphora) 558
thaliodes (Chloridolum) 513
thalossina (Polio) 375
Thalperus 170
Thamnotettix 265
Thamnurgus 537
Thamyrididae 403
Thanaos 404
Thanasimus 463
Thaumaglossa 476
Thaumaleidae 695, 771
Thaumaspis 150
Thaumastocoridae 232
Thaumastoptera 642
Thaumastoscopa 236
Thaumastoscopidae 236
Thaumastotheriidae 231
Thaumastotherium 231, 232
Thaumatolestes 113
Thaumatomyrmex 598
Thaumatoperla 173
Thaumatotypidea 565
Thaumatotypus 565
Thaumatoxena 702, 768
Thaumatoxenidae 702, 768
Thaumetopoeidae 400
Thaumetopoes 400
Thea 489, 490
theae (Parlatoria) 290
Theca 502
Theca of Penis 761
Thecesterninae 527
Thecesternus 527
Thecla 409, 410
Thecodiplosis 670
Theisoa 343, 344
theivora (Gracilaria) 337
Thelaira 764
Thelaxes 281
Thelaxinae 281
Themira 732
Themirinae 732
Themus 460
Theobaldia 652, 653
Theomantis 133
Theopompa 132
Theopompula 132
Theophila 401
theoris (Stathmopoda) 340
Theory of Extrinsic Causes 187
Theory of Intrinsic Causes 187
Thera 392, 393
Thermesia 367
Theresia 764
Theretra 385
theretrae (Microplitis) 573
Thereva 671, 685, 686
Therevidae 685, 774, 780
Thereuonema 15
Therioplectes 682
thermicus (Baëtis) 103
Thermobia 95
Theronia 569
Thespinae 131, 132
Thespis 131
Thesprotia 130
Thessitus 238
Thestor 409
Theumalea 695
thiadelpha (Opogona) 336
Thick-headed Fly 721
Thienemanniella 664, 665
Thinobatis 498
Thinobius 454
Thinodromia 769
Thinophilinae 699
Thinophilus 699
Thinopteayx 394
Thiotricha 344
Thiphiidae 610
Third longitudinal vein 707
Thlaspida 521, 522
Thnetus 98
tholoneura (Coleophora) 335
Thompsonia 205
Thoacaphis 278
thoracica (Dere) 514
thoracica (Gastrolina) 519
thoracic pulsating organ 36
thoracius (Macrocentrus) 574
Thorax 27
thore jezoensis (Boloria) 413
Thorictidae 479, 597
Thorictodes 479
Thorictus 479
Thorneuma 528
Thosea 360
Thracides 404
Thranius 513, 514
Thraulus 104
Thread-legged Bug 251
Thread-press 325
Thread-waisted Wasp 606
Thremma 319
Thrinaconyx 129
Thrinax 557
Thrincopyge 469
Thrincopyginae 469
Thripidae 214, 217, 218, 219
Thripididae 214
Thripoctenus 587
Thripoidea 217, 219
Thripoides 214
Thripomorpha 767
Thrips 214, 217, 219
Thripsida 214
Thripsides 214
Thripsina 214
Thripsites 214
Throat-plate 458

Throscidae 465,468
Throscus 468
Thrypticus 699
thunbergii (Eulachnus) 281
Thyatira 382
Thyatiridae 382
thyellina (Orgyia) 381
Thyestilla 515
Thylacites 527
Thyllis 684
Thymalus 481
Thymelicus 404,405
Thymelidae 404
Thynnidae 610,611
Thynnus 611
thyodamas mabella (Cyrestis) 415
Thyreocoridae 233
Thyreocoris 233
Thyreodon 570
Thyreophora 730
Thyreophoridae 730
Thyreus 621
Thyridanthrax 690
Thyrididae 351,357,420
Thyridopteryx 359,361,420
Thyris 358
Thyrsophoridae 199
Thyrsophorus 198,199
Thyrsostoma 344
Thysanoptera 83,84,214,221
Thysanoures 93
Thysanura 82,92,214,95
Thysanurans 93
Tibia 28
Tibicen 261
Tibicina 262
Tibicinidae 234,262
Tibicinini 262
tibiale aterrima (Baptria) 392
tibialis (Dicerca) 471
tibialis (Halticus) 254
tibialis (Kamimuria) 176
tibialis (Paragus) 705
tibialis (Pyrrhalta) 520
tibialis (Pyrrhocoris) 246
Tibio-tarsus 28,87
Tichodesma 502
Tiger Beetle 436
Tiger Moth 365
tibiae (Kissophagus) 540
tibiae christophi (Mimas) 387
Tillus 463
Timandra 391
Timarcha 518
timberlakei (Aphycus) 585
Timema 136
Timena 140
Timia 736
Timomenus 170,171
Timnomenus 162
timonides (Gonoclostera) 377
Timulla 612
Tinagma 346
Tinda 674
Tinea 335
Tineidae 320,333,335,419
Tineid Moth 335
Tineina 323
Tineodes 351
Tineodidae 351
Tineoidea 330,333
Tineola 335
Tineomorpha 198
Tingidae 247
Tingidides 247
Tingidites 247
Tingidoidea 230,247
Tingids 247
Tingis 248
Tingitidae 230
Tiphia 613
Tiphiid Wasp 613
Tiphiidae 613,627
Tips 408
Tipula 630,645,646,767
Tipulidae 640,644,767,770,777,779
tipulina (Myiophanes) 251
Tipulinae 644,645
Tisamenus 139
Tischeria 336
Tischeriidae 334,336,418
Titanio 356
Tithraustes 362
Tithrone 131
Titillator 137
Tituria 263,264
Tmasis 554
Tmesiphorus 457
Tmetocera 347
Toad-bug 233
Tobacco cutworm 376
Tobacco Thrips 219
トビイロハゴロモ 271
トビハマキ 349
トビハムシ 431,434
トビイロデオヒラタムシ 482
トビイロヒメハムシ 486
トビイロカゲロウ (鳶色蜉蝣) 科 104
トビイロカマバチ 593
トビイロクシコメツキ 467
トビイロマルカイガラムシ 290,586
トビイロムナボソコメツキ 467
tobiironis (Ecdyurus) 105
トビイロセスジムシ 478
トビイロマルハナノミ 475
トビイロスズメ 387
トビイロトラガ 367
トビイロウンカ 269,589
トビイロウンカタマゴバチ 589
トビケラ 17,30,31,32,38,55,69,70,73,597
トビケラ (石蚕) 科 318
トビコバチ (跳小蜂) 科 585
トビマダラシャチホコ 377
トビメバエ 746
ビトメバエ (突眼蠅) 科 746
トビモンハマキ 349
トビモンオオエダシャク 396
トビモンシャチホコ 378
トビモンシロナミシャク 392

トビムシ　597
トビムシモドキ（擬跳虫）科　90
トビナナフシ　141
トビナナフシ亜科　141
トビナナフシ（飛竹節虫）科　141
トビサルハムシ　519
トビスジアツバ　368
トビヅムカデ　14
頭　部　19,178,193,196,201,206 215,222,320,322,428,547,629
頭　頂　21
頭頂突起　143
頭　蓋　222,547
頭蓋幹線　21
頭蓋線　21
頭蓋側線毛　653
頭蓋翼線　21
トガリアナバチ（尖穴蜂）科　604
トギリバガ（尖翅蛾）科 382,421,424
トガリバアカネトラカミキリ　514
トガリハチガタハバチ　560
トガリハナバチ　622,623
トガリハナバチ（尖花蜂）科　622
トガリキジラミ亜科　273
トガリクダアザミウマ　220
トガリメイガ（尖螟蛾）科　354
トガリナナフシ亜科　141
Togea　568
トゲアナアキゾウムシ　529
トゲアシコバチ　583
トゲアシミバエ　740
トゲアシミバエ亜科　740
トゲアシモグリバエ（棘脚潜蠅）科　749
トゲアワフキ（棘泡吹）科　259
トゲフタオタマムシ　471
トゲハムシ（棘金花虫）科　521
トゲハナバエ亜科　752
トゲハネバエ　743
トゲハネバエ（棘翅蠅）科　743
トゲヒゲトラカミキリ　514
トゲヒメコバチ（棘姫小蜂）科　586
トゲヒシバッタ　147
トゲキクイムシ（棘小蠹虫）科　536
トゲクダアザミウマ（棘管薊馬）科　221
トゲミギワバエ亜科　744
トゲモチヒゲナガトビケラ　317
トゲムネアナバチ（棘胸穴蜂）科　608
トゲナベブタムシ　256,257
トゲナガキクイムシ　535
トゲナシアシノミバエ亜科　703
トゲナシクダアザミウマ　221
トゲナシクダアザミウマ（無棘管薊馬）科　221
トゲナシミズアブ　674
トゲナシミズアブ亜科　674
トゲネズミジラミ　213
トゲノミ（棘蚤）科　787
トゲオオイトトンボ　117
トゲルリミズアブ亜科　674
トゲサシガメ　252
トゲシラホシカメムシ　243
トゲトビムシ（棘跳虫）科　91
トゲツヤイシアブ　694
Togo　246
togoi (Aëdes)　654
Togona　151
Togoperla　176
トウゴウヤブカ　654
トドコブキクイゾウ　530
todomatsuanus (Xenomimetes)　530
トドマツアワフキ　261
トドマツキボシ　529
トドマツキクイムシ　537
トドマツノコキクイムシ　539
トドマツオオキクイムシ　541
Toe-biter　256,257,292
tohi (Gilpinia)　561
トウヒハバチ　561
トウヒホソキクイムシ　539
トウヒノヒメキクイムシ　538,539
トウヒノコキクイムシ　539
トウヒノネノキクイムシ　538
トホシハムシ　519
トホシテントウ　489
頭咽頭骨骼　631
頭　楯　21
頭楯毛　653
頭楯瘤　781
頭楯線　149
頭楯節片　772
頭楯側片　309
等脚目　2,9
tokiella (Eurodope)　353
tokionis (Aclerda)　287
tokionis (Agrotis)　375
特化細胞　42
トックリバチ　614
トックリバチ（徳利蜂）科 601,609,614
トコジラミ　48,59,73,228,252,253
床蝨上科　252
トコジラミ（床蝨）科　222,229,252
tokunagai (Idioglochina)　642
tokunagai (Pterobosca)　666
tokunagai (Uenoa)　319
Tolmerus　694
Tomaspididae　235,260
Tomaspis　235,260
Tomoceridae　89,91
Tomocerus　91
Tomoderus　495
トモエガ　369
Tomomyza　689
Tomomyzinae　689
Tomopyga　169
トウモロコシアブラムシ　282
Tomoxia　492
トンボ　38,62,65,82
トンボダニカ　666
トンボエダシャク　394,422
蜻蛉上科　118,120
トンボ（蜻蛉）科　120
Tongeia　409,411
トノサマバッタ　145
Toosa　359
Toper　120
Topomesoides　380
トラフホソバネカミキリ　514
トラフムシヒキ　695
トラフシジミ　410

トラガ 366
トラガ（虎蛾）科 366,421
トラハナモグリ（虎花潜）科 509
トラカミキリ 514
トラマルハナバチ 612
Tore 114
鳥羽蛾上科 349
トリバガ（鳥羽蛾）科 350,422,423
Torleya 104
Tormogen cell 43
蟷螂目 83,84,127
torquatus (Cheiromeles) 166,171
Tortoise Scale 287
Tortoiseshells 412
Tortricidae 347,348
Tortricids 348
Totricoidea 330,346
Tortrididae 420
Tortrix 349
torvus (Syrphus) 709
Torymidae 582
Torymus 583
トサヤドリキバチ 563
tosensis (Orussus) 563
等節亜目 199
吐糸管 325
等翅目 78,83,84,177
頭心臓 110
盗食共棲者 597
Totoglossa 23
突然変異説 188
Toumeyella 287
Tourniquets 441
トワダカワゲラ 177
トワダカワゲラ（十和田積翅）科 177
towadensis (Megarhinus) 655
トワダオオカ 655,656
Toxidium 452
Toxocampa 367
Toxocerus 503
Toxodera 131
Toxoderinae 131
Toxomerus 709
Toxoneuron 572
Toxophora 690
Toxophorinae 690
Toxopoda 732
Toxopodinae 732
Toxoptera 280,281
Toxorhina 642
Toxoscelus 470
Toxotrypana 738,739
Toxotus 513,514
trabealis (Erastria) 371
Trabutina 285
Trache 371
Trachea 371,373
Tracheae 36,53
Tracheal air sac 37
Tracheal system 36
Tracheal trunk 37
Trachelizus 523
Tracheole 53
Tracheole cell 53
Tracheole liquor 53
Trachydromia 697
Trachyphloeus 527
Trachypholis 487
Trachypus 602
Trachys 470
Trachyscelis 498
Trachytrechus 700
Traginops 749
Tragocephala 515
Trama 228,280
Tramea 120
transilis (Demonax) 514
transparipennis (Aspidomorpha) 522
transversa (Acontia) 376
Transversal sulcus 128
Transversal vein 556
Transverse median vein 549,609
transversus (Enicmus) 486
Traphera 737
Trapherinae 737
Trauermücke 668
Trebania 355
Trechus 437
Tree Cricket 154
Treehopper 221,262
Tremex 562,563
tremula (Pheosia) 378
Trepidaria 743
Treponema 750
Triaenodella 312
Triaenodes 312,317
Triangle 109
triangulum (Agrotis) 375
Triarthrus 3
Triaspidinae 572
Triaspis 572
Triassocoridae 229
Triatoma 222,251
Tribolium 498,499
Tricamptus 570
Triceratopyga 760
Tricentrus 262
trici (Agrotis) 376
Trichaeta 364
Trichagalma 578
Trichardis 692
Trichiidae 504,509
Trichina 697
Trichiocampus 558
Trichiosoma 554
Trichistus 570
Trichiura 399
Trichius 510
Trichlophoroncus 254
Trichobaptria 392
Trichobius 766
Trichobothria 254
Trichobothrium 781
Trichocera 632,640,641
Trichoceratidae 640,772
Trichoceridae 640
Trichochermes 273
Trichochrysea 518,519
Trichodectes 201,202,205
Trichodectidae 203,205
Trichodes 463
Trichogen cell 43
Trichogramma 580,589

Triungulin 493
triviale (Mononorium) 599
Trixagidae 468
Trixoscelidae 727
Trochalopoda 257
Trochalus 507
Trochanter 28
Trochantin 429,443
Trochiloecetes 205
Troctes 196,200
Troctidae 198,200
Trogidae 503,506
Trogiidae 198,200
Trogium 200
troglodyta (Micromelalopha) 377
Troglophilus 153
Trogoderma 475,476
Trogophloeus 454,455
Trogosita 481
Trogositidae 481
Trogoxylon 501
Trogus 568
Troides 407
Troitzkya 278
Trophallactic 596
Trophallaxis 79
Trodical Hen Flea 786
tropicalis (Lachnus) 281
Tropideres 524,525
Tropidia 705,714
Tropidocephala 269
Tropidomyia 721
Tropiduchidae 238.269
Tropiduchus 270
Tropinota 509
Trpiphorus 527
Tropism 64
Tropusia 200
Trotommidea 490
Trox 506
True guest 597
True Louse 206
True Locust 148
True Scorpionfly 308
True Water Beetle 439
Trullifiorinia 288
truncatellus (Litomastix) 69
Trupaneidae 737
Truxalinae 145
Truxalis 145
Trymaltis 347
Trypanea 738,739
Trypanaeinae 458
Trypanaeus 458
Trypaneidae 737
Trypanosoma 251,766
Trypeta 738,739
Trypetes 528
Trypetidae 730,737,777
Trypetinae 738,739
Trypetimorpha 267,270
Tryphon 570
Tryphoninae 568,570
Trypoxylidae 602,605
Trypoxylon 605
Tryptochaeta 731,746
Tryxalinae 145
ツエツエバエ 73
Tsetse Fly 751
ツバキマルカイガラムシ 290
ツバキミバエ 739
ツバキシギゾウムシ 529
燕蛾上科 383
ツバメガ（燕蛾）科 384
ツバメシジミ 411
ツブエンマムシ亜科 458
ツブゲンゴロウ 440
ツブゲンゴロウ（粒龍蝨）亜科 440
土 蜂 762
ツチバチ（土蜂）科 612
ツチハンミョウ 72,427,431,432
ソチハンミョウ（地膽）科 75,432,433,434,493
ツチホリカイガラムシ亜科 284
ツチイロビロウドムシ 494
ツチカメムシ（土椿象）科 241
ツチスガリ 608
ツチスガリ（土棲蜂）科 608
tsudai (Megacrania) 135,137
ツダナナフツ 135,137,138
ツガカレハ 399
ツガノヒロバキバガ 340
ツゲノキクイムシ 540
tsugensis (Ptochoryctis) 340
縋棘毛 652
ツマアカマルハナノミダマシ 475
ツマアカナミシャク 392
ツマアカシャチホコ 378
ツマベニチョウ 408
ツマギンムグリチビガ 333
ツマグロフトメイガ 354
ツマグロハナアブ 709
ツマグロヒゲボソムシヒキ 694
ツマグロヒョウモン 414
ツマグロカミキリモドキ 492
ツマグロキチョウ 408
ツマグロキノコバエ 639
ツマグロコシボソハナアブ 710
ツマグロオナガバチ 569
ツマグロオオヨコバエ 263
ツマグロシマメイガ 355
ツマグロスケバ 267
ツマグロツツシンクイ 465
ツマグロヨコバイ 265,589
ツマジロエダシャク 395
ツマジロカメムシ 243
ツマキアオジョウカイモドキ 462
ツマキチョウ 408
ツマキリエダシャク 397
ツマキヒラタアブ 709
ツマキケシデオキノコムシ 452
ツマキモンシロモドキ 366
ツマキオオメイガ 353
ツマキシャチホコ 379
ツママダラミバエ 739
ツマオビアツバ 368
ツマオビホソハマキ 349
ツマオレガ（褄折蛾）科 335,336,419
ツマオレガモドキ（擬褄折蛾）科 336,418
ツマスジトガリホソガ 344
ツマトビエダシャク 397
ツメクサガ 376
ツメムシヒキアブ亜科 693

ツメトゲブユ 662
tsuneonis (Tetradacus) 740
ツノホソバチ（角細蜂）科 576
ツノアオカメムシ 243
ツノゴミムシダマシ 499
ツノケムシ 569
ツノメクラカメムシ 221
ツノロウカイガラムシ 287
ツノロウムシ 586
ツノトビムシ 34
ツノトビムシ（角跳虫）科 90
ツノトンボ 305
ツノトンボ（角蜻蛉）科 296,304
ツノゼミ 226,227,326,593,597
角蟬上科 262
ツノゼミ（角蟬）科 224,227,262
Tsunozemia 262
ツラホシスカシヨコバイ 265
ツリアブ亜科 691
ツリアブ（長吻虻）科 688
ツリアブモドキ（擬長吻虻）科 683
ツルギアブ 685
ツルギアブ（剱虻）科 685
ツタウルシノキクイムシ 539
ツトガ 353
ツトガ（苞蛾）科 352
ツツキノコムシ（筒蕈虫）科 500
ツツマダラメイガ 353
ツツミノガ（筒蓑蛾）科 334,417,419
筒蠹虫上科 464
ツツシンクイムシ（筒蠹虫）科 464
ツワブキハマダラバエ 738
ツヤアリバチ 613
ツヤアリバチ（艶蟻蜂）科 613
ツヤチビタマキノコモドキ 451
ツヤドロバチモドキ 608
ツヤドロバチモドキ（擬艶泥蜂）科 608
ツヤイエバエ亜科 755
ツヤハダコメツキ 467
ツヤヒメハナバチ（艶姫花蜂）科 618
ツヤヒラタハバチ 553
ツヤホソバエ（艶細蠅）科 732
ツヤケシヒメホソカタムシ 487
ツヤキカワムシ 499
ツヤキカワムシ（艶樹皮虫）科 499
艶小蛾上科 346
ツヤコガ（艶小蛾）科 346,418
ツヤクロジガバチ 606
ツヤミギワバエ亜科 745
ツヤタマムシ亜科 471
ツヤツツキノコムシ 500
ツユムシ 148,150
ツユムシ亜科 150
ツヅリガ 352
ツヅリガ（綴蛾）科 352
tuberculata (Thereuonema) 15
Tuberculatus 281
tuberculatus (Ephialtes) 569
Tuberculum carina 136
Tuberolachnus 281
tuberosus (Crypturgus) 539
Tubifera 217,707,716
Tumbling Flower Beetle 492
Tubulary salivary gland 210
Tubulifera 215,220
tuburolum (Lepidosaphes) 289
Tullbergia 90
Tummelfliege 704
Tunga 783,784,785
Tungidae 785
Turkey Gnat 658
Turkey Louse 205
Turnip Moth 376
Turnip Mud Beetle 448
turritus (Episomus) 528
Tussock Moth 379
Twisted-winged 542
Two-striped Locust 147
Tychepsephenus 471
Tychius 528
tychoona (Apha) 400,424
Tychus 457
tycon (Scolytoplatypus) 542
tyhae (Hadrodactylus) 570
Tylana 270
Tylocomnus 570
Tylopsis 150
Tylos 9,724
Tylosema 577
Tylostypia 682
Tylus 230,242
Tympanal hood 363
Tympanistria 262
Tympanophora 151
Tympanophorinae 149,151
Tympanum 144
Typhaea 487
Typhloceras 788
Typhlocyba 222,266
Typhlocybidae 236,266
Typhlocyptus 454
Typhlomyrmex 598
Typhoeus 506
typographus (Ips) 537
Typhlusechus 498
Typical Ant 600
Typopeltis 11
tyrannus (Adris) 369
Tyriozela 346
Tyroglyphus 12
Tyspanodes 356
tytia niphonica (Danaus) 412

U

ウバタマムシ 471
ウバタマムシ亜科 471
Uchida 204
ウチイケオオトウハバチ 558
ウチジロマイマイ 380
ウチキシャチホコ 377
ウチスズメ 324,387
ウチスズメガ亜科 387
ウチワコガシラシラウンカ 268
Udamacantha 674
Udamoselinae 275
Udamoselis 275
Udea 357
ウドノメイガ 356
Uenoa 312,319
Uferbolde 172
Uferfliege 172
ウゲヨトウ 372
uhleri (Triatoma) 251

Uhlerites 248
ウコギノコキクイムシ 539
ウコンカギバ 383
ウコンノメイガ 357
Ula 643
Uleiota 483
Ulidia 736
Ulidiidae 725,736
ulmi (Lepidosaphes) 288
Ulocerus 523
Uloda 498
Uloma 498
Ulomyia 649
Ulopa 236
Ulopidae 236
Ulula 305
Ululodes 305
ultramarinus (Favonius) 410
ウマバエ 51,75,756
ウマバエ(馬蠅)科 756
ウマジラミ 213
ウマジラミバエ 765
ウマノオバチ 574
リウマノオバチ亜科 574
ウマオイムシ 148,151
ウマオイムシ亜科 151
umbra (Pyrrhia) 372
umbrosa (Sphex) 606
ウメチビタマムシ 470
ウメチョッキリ 532
ウメエダシャク 394
ウメノキクイムシ 536
ウメスカシクロバ 359
ウミミズカメムシ 249
ウミユスリカ亜科 663
羽毛状 20
ulmi (Lepisosaphes) 289
ウミホタル 6
Unaspis 289
undalis (Oebia) 357
Underwing Moth 370
Underwings 367
undulata (Milesia) 713
Undulate 112
ウンカ 221,225,254
ウンカ(浮塵子)科 225,269
Uncus 321
undus excellens (Dendrolimus) 399
Unguiculus 87
Unguis 87
ungulatus (Dolichopus) 699
unicolor (Aradus) 247
unicolor (Deporaus) 533
uniclor (Leptalina) 404
uniclor (Paraplesius) 245
unicolor (Psyche) 323
unicolor (Rhomborrhina) 509
unicolor (Togona) 151
unifasciata (Comperiella) 586
uniformis (Auletobius) 532
uniformis (Mansonia) 654
unipuncta (Cirphis) 370,374
unipunctatus (Homoeocerus) 244
unipunctatus (Nesopsocus) 200
uniremis (Harpacticus) 6,7
univittatus (Tarsostenus) 463
ウンモンチャイロハマキ 349
ウンモンヒロバカゲロウ 300
ウンモンスズメ 387
ウンモントビケラ 318
運　搬 56
Unique-headed Bug 250
ウラボンハバチ亜科 557
Uraecha 515
ウラギンヒョウモン 413,414
ウラギンシジミ 409
ウラゴマダラシジミ 409
ウラジャノメ 416
ウラジロカシキクイムシ 541
ウラジロミドリシジミ 410
ウラキンシジミ 410
ウラクロシジミ 410
ウラモンオオシロヒメシャク 391
ウラミスジシジミ 410
ウラナミアカシジミ 410
ウラナミジャノメ 416
ウラナミシジミ 411
ウラナミシロチョウ 408
Urania 384
Uraniidae 384
Uranioidea 330,383
Uranotaenia 652,655
Uranotaeniinae 653,655
Uranotaeniini 647
Urapteroides 384
Urapteryx 393
Uratochelia 96
urbana (Mydaea) 753
Urellia 738
Ureter 154
ウリハムシ 519
ウリキンウワバ 368
Urmotte 327
Urocerus 562,563
Urochela 243,244
Urodes 339
Urodiscella 597
Urodon 524
Urodonta 377
Urogomphi 450
ウロコナガコムシ 96
Urolabidae 243
Urolabididae 243
Uromantis 132
Uromenus 152
Uropetala 118
Uropoda 597
Uropsylla 785
Uropsyllidae 785
Urosema 671
Urostylidae 233,243
Urostylis 243
ursulus (Rhynchites) 533
Urothripidae 218
Urothripoidea 218
Urothrips 218
urtica connexa (Aglais) 414
Usana 268
Usechus 498
ウシアブ 682
ウシバエ 75,758
ウシバエ(牛蠅)科 758
ウシブユ 661
ウシホソジラミ 213
ウシジラミ 213

Usia 690
Usiinae 690
usitata (Thrips) 358
ussuriensis (Blasticorhimus) 368
ussuriensis (Nymphula) 355
ustulata (Graptolitha) 374
ウスアミメハマキ 348
ウスアミメキハマキ 349
ウスアオエダシャク 394
ウスバフユシャク 389
ウスバガガンボ 642
ウスバヒメガガンボ亜科 642
ウスバカゲロウ 304
薄翅蜻蛉上科 303
ウスバカゲロウ（薄翅蜻蛉）科 303
ウスバカマキリ 129, 134
ウスバカミキリ 513
ウスバキエダシャク 395
ウスバキトビケラ 318, 319
ウスバマガリガ 332
ウスバシロチョウ 407
ウスバシロチョウ
（薄翅白蝶）科 407, 425
ウスバツバメガ 359
ウスベニコヤガ 372
ウスチャハムシ 520
ウスエグリバ 368
ウスグロコスガ 339
ウスグロノコバエダシャク 397
ウスイロチビゾウムシ 532
ウスイロガガンボ 646
ウスイロヒメバチ 568
ウスイロカザリバ 344
usuironis (Nanophyes) 532
ウスイロオオエダシャク 396
ウスイロシギゾウムシ 529
ウスイロヨロイバエ 742
ウスジロシンクイ 347
ウスキケシマキムシ 486
ウスキキスイムシ 485
ウスキシマヘリガガンボ 643
ウスキツバメエダシャク 398
ウスマルカイガラムシ 290
ウスマダラモグリガ 336
ウスマユコバチ 588
ウスモンオトシブミ 534
ウスモンヒメガガンボ 642
ウスモンツツヒゲナガゾウムシ 525
ウスナミガタガガンボ 642
ウスオビカギバ 383
ウスオビネマルハ 345
ウスシロフコヤガ 372
ウシシタムシ 13
ウススジモンヒトリ 366
ウスタビガ 402
ウストビモンナミシャク 392
ウスヅマガラス 368
ウシズラヒゲナガゾウムシ 525
Utetheisa 421
Utethesia 365
ウツギハバチ 559
ウワバミスジエダシャク 395
Uzuchidae 340
ウズラカメムシ 243

V

Vaciniina 409, 412
Vacronus 498
vadatorium (Amblyteles) 568
vagans (Culex) 654
vagans (Diastata) 747
vagelli (Ancistrona) 202
Vagina 41, 59
Vaginal palp 209
Valgus 509, 510
Valentinia 345
Valeria 371, 374
valida (Hipparchus) 390
validus (Xyleborus) 541
vallata (Neohipparchus) 390
Valve 110, 321
Valvular ovipositor 225
van der wulpi
(Heterochrysops) 682
Vandex 169
vaneeckii (Liothrips) 220
Vanessa 413, 414
Vanhornia 590, 591
Vanhorniidae 591
Varcia 271
varia (Antopynia) 662
varia (Halpe) 405
varia (Parapolybia) 615
Variable chicken Louse 205
variabilis (Gergithus) 270
variabilis (Lipeurus) 205
variabilis (Machilis) 33
variabilis (Myllocerus) 527
variata (Thera) 393
varicornis (Leptocorisa) 245
variegata (Amiota) 748
variegatus (Niphades) 529
variegatus (Nipponophion) 570
variegatus (Thranius) 514
Varina 296
variolaris (Trachys) 470
varium (Trogoderma) 476
varius (Tomocerus) 91
Vas deferens 41, 58
Vas efferens 58
Vasiform orifice 226
vastatrix (Phylloxera) 277
Vatellinae 439
Vatellus 439
Vates 129, 130
Vatinae 130
Vein 30
Veliidae 233, 249
Velinoides 251
Velinus 251
Velleius 454, 455, 456
Velocipeda 231
Velocipedidae 231
Velvet Ant 609, 611
venata herculea (Ochlodes) 404
Venation 29, 30
Vendicidae 169
veneficum (Clinidium) 478
veneta (Hemistola) 391
venosa (Scopelodes) 361
Venter 19
Ventilation of the Tracheal
system 53
Ventral blood sinus 110
Ventral brush 652
Ventral cannel 563

Ventrl chain 551
Ventral cord 551
Ventral diaphragma 36
Ventral fin 652
Ventral gland 322
ventralis (Epealus) 621
ventralis (Eusarcoris) 243
Ventral nerve cord 39
Ventral sac 87,93
Vensral stylet 208
Ventral tube 86,87
ventricosus (Araneus) 12
ventricosus (Haemoclipsis) 214
Ventriculus 35,551,630
Venusia 392
venustum (Simulium) 662
venustus (Byctiscus) 533
verbasi (Nathrenus) 477
Vercillate 547
Vermileo 686
Vermileoninae 686
Vermipsylla 787
Vermipsyllidae 787
veronicae (Athalia) 560
Verrallia 719
Verrucae 322
Verruga 650
Vertex 21
verticalis (Loxostege) 357
Vesicula seminalis 58,123
Vesiculaphis 281
Vesiculosidae 683
vesiculosus (Anajapyx) 96
Vespa 80,492,551,616
vespae (Metoecus) 492
Vespaexenos 546
vespertilio (Enmonodia) 369
Vespidae 610,615,627,628
vespillodes (Necrophorus) 430
Vespoidea 564,609,627
Vespula 616
Vesta 461
Vestalinae 117
Vestalis 117
vestimenti (Pediculus) 213
vestitus (Scydmaenus) 451
Vetillia 140
vexans (Aëdes) 52,654
viator (Hartigia) 561
Vibidia 489
Vibrissal angle 723
Vibrissina 763
vicarius (Holcocerus) 331
vicarius (Oeciacus) 253
vicinalis (Pyrausta) 356
victor (Cosmopteryx) 344
vigintioctomaculata (Epilachna) 489
vigno (Tabanus) 679
vilis (Pselnophorus) 350
Villa 690
villosa (Ctenolepisma) 95
viminalis (Pontania) 556
Vinegar Fly 747
vinula felina (Dicranura) 379
violacea (Menida) 243
violacea (Necrobia) 464
Vipionidae 576
Vipionids 576
virens (Athous) 467
virescens (Macropsis) 266
virgata (Lampra) 471
virgatipes (Astochia) 695
virgatus (Tubifera) 716
virginicus (Retictlutermes) 182
Virginogenie 276
virgulatus (Liposcelis) 200
viridana (Platycrania) 138
viride (Leontium) 514
viridicyanea (Haltica) 521
viridimacula (Valeria) 374
viridimetallicus (Catapionus) 528
viridis (Cicadella) 263
viridis (Calophya) 274
viridis (Isotoma) 90
viridis annulatus (Sminthurus) 92
viridissima (Arthromacra) 500
viridissima (Phasgonura) 152
viridiventris (Gampsocoris) 245
Visceral muscle 40
Visual organ 60
Vitelline membrane 64
vitellinus (Athemus) 460
Viticicola 598
vitifoliae (Pemphigus) 277
vitifolii (Dactylosphaera) 277
vitis (Aphrophora) 261
vitripennis (Mormoniella) 585
vittalis (Nymphula) 355
vittata (Catullia) 270
vittata (Nineta) 302
vittata (Phania) 758
vittatus (Aphelochirus) 256
vituli (Linognathus) 213
vivata (Lampra) 471
Viviania 763
Vividia 490
Viviparity 73
Viviparous 279
Vlax 170
vomitoria (Calliphora) 760
volatilis (Pamphilius) 553
Vollenhovia 599
Volsellae 550
Volucella 707,717
Volucellinae 707,717
Vomer subanalis 137
Voria 763
Vostox 169
vulgaris (Cardiophorus) 467
vulgaris (Chrysops) 301
vulgaris (Oligia) 373
vulpinus (Bombylius) 688
vulpinus (Dermestes) 476
Vulturops 198

W

Waffenfliege 673
Wagimo 409,410
w-album fentomi (Strymon) 410
Waldheimia 559
Walking Leaf 140
Walking Stick 134
ワモンゴキブリ 59,122,126

ワモンカイガラコバチ 586
ワモンキシタバ 370
Wandelnde Blätter 134
Wanderers 412
湾入部 549
Wanze 221
ワラビーハジラミ 204
ワラジムシ 9
Warble Fly 758
Wasmanniella 767
Wasp Fly 721
Wasp 546, 609
Wasserflorfliege 292
Wasserkäfer 447
Wasserzikade 259
ワタアブラムシ 279, 282
ワタアブラムシ（綿蚜虫）科 278
ワタアカキリバ 369
ワタアカミムシ 345
ワタフキカイガラムシ 40, 226, 284, 748, 775
ワタフキカイガラムシ亜科 284
ワタフキカイガラムシ（綿吹介殻虫）科 283
ワタクロヘリノメイガ 357
watanabei (Onychiurus) 90
ワタナベトビムシモドキ 90
ワタノメイガ 357, 573
ワタノメイガコウラコマユバチ 573
ワタリンガ 377
watasei (Aëdes) 654
ワタセヤブカ 654
Water absorption 47
Water Beetle 439
Water Boatman 259
Water Bug 126, 221
Water Creeper 256
Water Cricket 259
Water Moth 308
Watr Scavenger Beetle 447
Water Scorpion 257
Water Tiger 439
Wax gland 227
Wax plate 227
weberi (Lepidocampa) 96
Webspinner 192
Webspinning Sawfly 553
Webworm 356
Weevil 426, 525
Weichkäfer 460
Weichwanze 253
Weisslinge 408
Weitmaulfliege 744
Westermannia 367
westwoodi (Elcysma) 359
Wetas 152
Whirlgig Beetle 441
White Ant 177
White Grab Parasite 613
Whitefly 221, 274
White-lined Sphinx 385
White Swan Louse 205
whitmorei (Culex) 654
Wiedemannia 697
Wild Silkworm 401
Wilemania 393, 396
Wilemanus 377, 378
Wilhelmia 659, 660, 661
wilkinsoni (Podacanthus) 138
Willistoniella 724
Wing 29
Winged Imagine 182
Wing muscle 36
Wing process 27
Winnertzia 670
Winter Crane Fly 640
Wintermücke 640
Winthemia 763
Wippfliege 736
Wireworm 466
Wishbone 770
woglumi (Aleurocanthus) 274
Wohlfartia 761
Wollschweber 688
Wonardia 777
Wood Bee 623
Wood Moth 331
Wood Wasp 562
Woolly Bear 365
Woolly and Gallmaking Aphid 278
Worker 183
Wyeomyia 654

X

Xandrames 393
Xanthampulex 616
Xanthandrus 709
xanthocampa (Porthesia) 380
Xanthocanace 728, 729
Xanthochlorinae 700
Xanthochlorus 700
Xanthochroa 491
Xanthogramma 709
Xantholeuca 371, 374
Xanthollininae 453, 456
Xantholinus 453, 455, 456
xanthomelas japonica (Nymphalis) 413
Xanthopimpla 569
Xanthopygus 454
Xanthorhoë 392
xanthospila (Pseudodera) 521
Xanthospilopteryx 337, 366
xantydima (Cosmophila) 369
xarippe (Ephesia) 370
Xenaspis 737
Xenidae 544, 546
Xenocephalus 453
Xenogryllus 157
Xenoidea 544
Xenomicta 345
Xenomimetes 528, 530
Xenomorpha 672
Xenophyes 241
Xenophyrama 513, 514
Xenopsylla 782, 783, 784, 786, 787
Xenopterophora 350
Xenorchestes 525
Xenortholitha 392
Xenoscelis 484
Xenylla 89
Xeris 562, 563
Xerompelus 277
Xerophloea 235
Xerophylla 278

Xeroscopa 356
Xestobium 502
Xestocephalus 265
Xestotermopsis 189
Xiphandrium 699
Xiphidiinae 151
Xiphidion 151
Xiphidiopsis 151
Xiphosoma 569
Xiphydria 562
Xiphydriidae 561,562,627
Xiria 737
Xoanon 562,563
Xorides 569
Xosopsaltria 262
Xuthus (Papilio) 407,425
Xyela 552,553
Xyelidae 552,553,626
Xylariopsis 515
Xylastodoris 231
Xyleborus 537,538,540,541
Xylelobius 502
Xyletinus 502
Xylica 139
Xylina 371,374
Xylion 501
Xylobius 468
Xylococcinae 283,284
Xylococcus 227,283
Xylocoris 253
Xylocopa 623
Xylocopidae 617,623
Xylocopids 623
Xylodrepa 450
Xylomania 371
Xylomyia 672,678
Xylomyiidae 678
Xylonomus 569
Xylophagidae 672,673,773,779
Xylophagus 671,672,673,773,779
Xylophanes 385
Xylophidae 491
Xylophilidae 495
Xylorictes 340
Xylorictidae 338,340
Xyloryctidae 424
Xyloscia 394
xylosteana (Cacoecia) 349
Xylota 714
Xyloterus 537,539
Xylotinae 714
Xylotrechus 513,514
Xylotrupes 509
Xyphosia 738
Xyrosaris 339
Xysta 758
Xystrocera 513

Y

ヤブキリ 152
ヤブコウジハカマカイガラムシ 284
ヤブクロバエ 741
ヤチバエ（野地蝿）科 742
ヤチダモキクイムシ 538
ヤチダモコキクイムシ 538
ヤチダモオオキクイムシ 539
ヤドカリチョッキリ 533
ヤドリバエ 55,582
寄生蝿上科 757
ヤドリバエ（寄生蝿）科 75,762,764
ヤドリキバチ 552,563
寄生樹蝿上科 563
ヤドリキバチ（寄生樹蜂）科 563,625
ヤドリミツバチ（寄生蜜蜂）科 621
ヤドリノミゾウムシ 531
ヤドリシマバエ亜科 762
夜　蛾 326
夜蛾上科 326
ヤガ（夜蛾）科 370,421
yagii (Onychiurus) 90
ヤギジラミ 214
ヤギトビムシモドキ 90
ヤハズナミシャク 393
Yakuhananomia 492
躍　器 88
ヤマアリ 582
yamadai (Helicopsyche) 319
yamadai (Kunugia) 399
ヤマダカレハ 399
ヤマイトトンボ（山糸蜻蛉）科 117
ヤマキチウョウ 408
ヤマクロヒラタアブ 708
yamamai (Antheraea) 402,425
ヤママユ 570
ヤママユガ 325.402,425
野蚕蛾上科 401
ヤママユガ（野蚕蛾）科 324,325,401,424
ヤマメイガ 356
ヤマメイガ（山螟蛾）科 356
ヤマモモノコナジラミ 275
yamamotoi (Triaenodes) 317
ヤマモトセンカイトビケラ 317
yamashironis (Ecnomus) 315
ヤマシロムネカクトビケラ 315
ヤマタカカイガラムシ 287
ヤマトアブ 682
ヤマトアミカ 636
ヤマトアリズカムシ 457
ヤマトデオキノコムシ 452
ヤマトエンマムシ 459
ヤマトフトモモホソバエ 732,733
ヤマトゴキブリ 126
ヤマトハマダラカ 657
ヤマトハサミコムシ 97
ヤマトヒバリ 157
ヤマトヒジリムクゲキノコムシ 452
ヤマトホソガムシ 448
ヤマトイソユスリカ 663
ヤマトキバガ 383
ヤマトキクイムシ 541
ヤマトマルハナアブ 717
ヤマトモモブトハナアブ 715
ヤマトナナフシ 141
ヤマトネスイムシ 482
ヤマトネズミノミ 789
ヤマトニジュウトリバ 350
ヤマトセンブリ 292
ヤマトシジミ 411,425
ヤマトシミ 95
ヤマトシロアリ 190
ヤマトトゲムネアナバチ 609
ヤマトツルギアブ 686
ヤマトヤブカ 654
ヤナギアカモンハバチ 558

ヤナギチビシギゾウムシ 529
ヤナギチビタマムシ 470
ヤナギチョッキリ 533
ヤナギドクガ 380
ヤナギギンモグリガ 338
ヤナギハムシ 518
ヤナギハトムネヨコバイ 266
ヤナギオオアブラムシ 281
ヤナギシントメタバエ 670
ヤナギシリジロゾウムシ 530,569
Yankee settler 126
ヤンマ 55,63
ヤンマ（蜻蜓）科 119
ヤノハモグリバエ 749
ヤノネナガカイガラムシ 289
yanonensis (Prontaspis) 289
yanonis (Usana) 268
ヤリバエ（槍蠅）科 698
ヤサイゾウムシ 530
ヤセバチ（痩蜂）科 566
ヤシマルカイガラムシ 290
yasumatsui (Methoca) 614
yasumatsui (Micadina) 141
ヤスマツトビナナフシ 141
ヤツバキクイムシ 537
ヤツボシサルハムシ 517
Yellow-faced Bee 618
Yellowjacket 609,615
Yemma 245
Yersinia 133
yesonicus (Promachus) 695
yezoensis (Prosimulium) 660
yezoensis (Corizoneura) 681
yezoensis (Eparchus) 171
yezoensis (Melampsalta) 262
yezoensis (Nemobius) 155
幼虫 295,310,321,324,433,550,631,659,665,669,673,688,705,754,759,760,762,763,780,782
幼虫脱出口 543
幼虫期の適応 48
幼虫脚 71
ヨフシハバチ（四節葉蜂）科 555
葉状型 112
ヨコバイ 221
ヨコバイ亜科 265
横這上科 262
ヨコバイ（横這）科 225,264,265
ヨコハマハバチ 557
yokohamae (Euurobracon) 574
yokohamae (Polistes) 615
yokohamensis (Dolerus) 557
蛹殻 71,275,629,631,637,707,759,763
yokoyamai (Epiclytus) 514
ヨコヤマトラカミキリ 514
翼筋 36
ヨコズナサシガメ 251
Yolk 65
ヨメガカサ型 706
羊膜 68
ヨモギエダシャク 395
ヨモギハカマカイガラムシ 284
ヨモギハムシ 519
ヨモギキジラミ 274
ヨモギキリガ 374
ヨナクニサン 403
yorofui (Leptocimbex) 554
ヨロイバエ（鎧蠅）科 742
ヨーロッパネズミノミ 787
幼産生殖 72
幼産生殖型 77
蛹生類 765
ヨシブエナガキクイムシ 535
ヨシカレハ 400
yoshidae (Coccophagus) 588
yoshimurai (Corynoneura) 664
ヨシムラコナユスリカ 664
葉食性昆虫 73
ヨスジメクラアブ 681
腰帯 545
ヨトウガ 375,422
ヨトウムシ 570,589
夜盗虫 370
ヨトウタマゴバチ 589
ヨツバコセイボウ 601
ヨツボシヒゲナガカミキリ 569
ヨツボシヒラタシデムシ 450
ヨツボシホソバ 364,421
ヨツボシカメムシ 243
ヨツボシカミキリ 514
ヨツボシケシキスイ 482
ヨツボシモンシデムシ 450
ヨツボシオオキスイ 484
ヨツボシサルハムシ 517
ヨツボシテントウムシダマシ 488
ヨツボシウリハムシ 520
ヨツコブトゲアザミウマ 221
ヨツメアオシャク 391
ヨツメハネカクシ亜科 455
ヨツメトビケラ 316
ヨツモンヒメヨコバイ 266
ヨツモンホソチャタテ 199
ヨツスジトラカミキリ 514
ヨツテンヨコバイ 265
Yponomeuta 339
Yponomeutidae 338,339,419,421
Yponomeutoidea 329,338
ypsilon (Agrotis) 370,375
Ypthima 416
有瓣類 629,751
Yucca Moth 332
游泳片 158
游泳型 28
有吻亜目 523
游擬球 56
雄蜂 81
有管亜目 215,220
ユウマダラエダシャク 394
ユメムシ 13
幽門瓣 34
有毛斑 781
輸尿管 154
ユウレイガガンボ亜科 645
ユリクダアザミウマ 220
有性虫 277,278
輸精管 41,58
有性型 228,279,280
輸精小管 58
雄生殖系 41
有施毛 547
有節亜目 784
有翅上目 97
有棘毛瘤 322

有翅成虫 182
有翅職蟻 596
有翅単性型 280
有棘突起 322
雄職両型 595
輸出気管 112
有 爪 綱 3
ユスリカ 38,55,57,250,255,771
ユスリカ亜科 665
ユスリカバエ（揺蚊蠅）科 695
ユスリカ（揺蚊）科 72,82,662
有 頭 型 632
誘 惑 腺 142
ユウヤミキバガ 345
ユズリハノキクイムシ 540

Z

ゾウテルツノビムシ 91
Zabalius 151
Zabrachia 677
Zabrus 437
Zacharops 570
Zaea 4
Zagonia 727
Zalissa 367
Zaluscodes 767
Zamacra 393,396
Zamila 271
Zanclognatha 367,368
漸進変態 70,188
ザリガニ 10
Zaprochilinae 149,150
Zaprochilus 150
Zaraea 554,555
Zarhopalus 585
雑腐物食性昆虫 73
雑 食 性 596
zawai (Cyphodersho) 91
zebroides (Theronia) 569
Zehrwespe 581
Zele 574
Zelima 707,714
Zeliminae 708,714,715
zelleri (Schiffermülleria) 345
Zelleria 339
Zelus 251
Zemeros 406
前尾附属器 309
前 部 19,128,143
前 腸 34,46
前中腸素 68
前 縁 脈 30
前 腹 板 27,179,460,563
前腹板線 663
前腹側棘 705
前 跗 節 28
前 額 771
前 額 線 207
前 顔 503,737
前 背 板 547,594
前 胃 34,46,551,630
前 若 虫 86,110
前若虫膜 69
前 上 唇 724
前 角 143
全割分割 65
前下胸片 548
前 下 唇 20
全 蠍 目 10
前気門式 631
前 基 節 23
前基棘毛 752
前 口 19,207
前 口 片 784
前 口 腔 20,34
前 口 節 1
前 口 歯 207,720
前 口 式 19,87
前 胸 27
前胸腹板線 435
前胸腹角 310
前胸腹溝 225
前胸腹腺 322
前胸腹突起 143
前胸背側片 662
前 胸 片 684
前胸櫛棘 781
前幕状骨孔 22
Zenoa 466
Zenodoxus 342
前 横 脈 30,707
前 方 腸 35
前切形亜目 695
前 斜 溝 564
前伸腹節 547
前 進 型 277
前小楯板部 699
前 側 板 445
前 側 片 429,460,563,602
前 大 脳 38,551
前 頭 196
前 頭 楯 178,196,428
前端棘毛 752
前 端 室 232,237
前 腕 21
前寄生蠅上科 756
前 蛹 216
前 蠅 類 722
前前胸側板棘毛 239
全 舌 23
Zephyrus 409
舌虫亜綱 13
舌 腺 197,202
絶 翅 目 82,84,191
Zethenia 394,397
Zethes 367
Zethidae 610
Zethus 610,614
Zeugodacus 739,740
Zeuzera 331
Zeuzeridae 331,421
zeuzeroides nawai (Langia) 387
Zicrona 243
Zilora 496
zinckenella (Etiella) 354
Zizeeria 409,411,425
Zizina 409,411
ziziphus (Parlatoria) 290
Zodion 721
ゾウジラミ（象蝨）科 214
ゾウミジンコ 5
ゾウムシ 65,427,428,429,431,433
ゾウムシ亜科 528
象鼻虫上科 524
ゾウムシ（象鼻虫）科 433,434,435,525

ゾウムシ型 427,433
ゾウムシコガネバチ 585
zona (Pyrgus) 404
zonata (Corydia) 126
zonata (Erythria) 266
zonata (Megaspis) 716
Zonitis 493
Zoophagous 73
Zootermopsis 190
Zopherus 498
Zophomyia 764
Zophosis 498
Zoraida 268,269
Zoraptera 82,84,180,191
Zorapteran 191
Zorotypidae 192
Zorotypus 191,192
増節変態 85
Zottenschwänze 93
ズイムシアカタマゴバチ 589
ズイムシヒメコバチ 588
ズイムシキイロタマゴバチ 589
ズイムシクロタマゴバチ 592
ズイムシヤドリバチ 573
Zuleica 269
ズミノキクイムシ 541
Zweiflügler 629
Zwerglause 277
Zygaena 323,359
Zygaenidae 323,359
Zygaenodes 525
Zygaenoidea 329,358
zygentoma (Lepismatoidea) 94
Zygia 462
Zygina 266
Zygomyia 639
Zygoneura 669
Zygoneurinae 669
Zygophthalmia 632,667
Zygops 528
Zygoptera 113,114,115
Zygote 59
Zygothrica 747
Zygothrips 220
Zyras 455,456

復刻版

昆虫の分類

平成22年7月20日　復刻版発行
（昭和48年11月25日　初版発行）

著　　者　素　木　得　一
発行者　福　田　久　子

発行所　株式会社　北隆館
〒108-0074　東京都港区高輪3-8-14
東京03(5449)4591　振替00140-3-750
http://www.hokuryukan-ns.co.jp/
hk-ns2@hokuryukan-ns.co.jp

印刷所　株式会社　東　邦

ISBN978-4-8326-0963-1　C3045